INDICATEUR

UNIVERSEL

DU COMMERCE

VIENNE, IMP. SAVIGNÉ

VALENCE, IMP. BERGER ET DUPONT

INDICATEUR

UNIVERSEL

DU

COMMERCE

DES TISSUS EN GÉNÉRAL

SOIE, COTON, FIL, LAINE, DORURE, ETC

ET DES INDUSTRIES QUI S'Y RATTACHENT

CONTENANT L'ADRESSE

Des Fabricants et Marchands en gros de Lyon, Paris, la France et l'Etranger

Classés par ordre alphabétique

De professions, de nations, de départements et de villes

PUBLIÉ

Par Jules BENOIT

ÉDITEUR DE L'INDICATEUR LYONNAIS DES CHEMINS DE FER

PRIX : 8 fr. Broché et 9 fr. Relié

1870

EN VENTE A LYON

MONITEUR DES SOIES	FACTEURS DU COMMERCE
RUE DE LA BOURSE, 14	RUE SAINT-PIERRE, 6

PRÉFACE

La ville de Lyon, que l'on peut appeler la Reine du monde pour l'industrie des soies et soieries, était privée d'un *Indicateur* universel et spécial.

Cette lacune avait besoin d'être comblée ; nous avons essayé de le faire, et nous croyons avoir réussi.

Notre *Indicateur* se divise en trois parties :

La première comprend Lyon et Paris ;

La deuxième, les Départements de la France, l'Algérie et les Colonies ;

La troisième, les Pays étrangers.

Les capitales et chefs-lieux se trouvent en tête des provinces et départements.

Pour faciliter les recherches des industries diverses, une table est placée à la fin du volume.

Afin que notre *Indicateur* soit on ne peut plus complet et exact, nous n'avons reculé devant aucun sacrifice de temps, de travail et d'argent.

300,000 noms environ figurent dans notre ouvrage.

Nous adressons nos sincères remerciements aux personnes qui ont bien voulu nous aider dans notre tâche si difficile, en nous fournissant des notes et des documents,

Et nous prions celles qui auraient des rectifications à faire pour 1871, de vouloir bien nous les adresser ; nous les recevrons avec reconnaissance.

JULES BENOIT,

EDITEUR DE L'INDICATEUR LYONNAIS DES CHEMINS DE FER.

Lyon, 10 *février* 1870.

LYON

CHEF-LIEU.

~~~~~*~~~~~

PREMIÈRE PARTIE DE L'INDICATEUR

COMPRENANT LYON ET PARIS

Diverses administrations, la Chambre de Commerce, le Tribunal de Commerce, le Conseil des Prud'hommes, la Société de garantie contre le piquage d'once, l'Association de la fabrique lyonnaise, les Musées concernant l'industrie des tissus, les Consulats étrangers, la Condition des soies, le Magasin général des soies, le Cours officiel des marchandises sur la place et la Banque de France ; le commerce et l'industrie de Lyon, de Paris et de leur département. *(Voir la table à la fin du volume).*

Valence, imp. Berger et Dupont.

CHAMBRE DE COMMERCE DE LYON.

Cette Chambre, dont la fondation remonte à 1702, fut frappée de proscription par une loi du 16 octobre 1791, puis rétablie par un arrêté des consuls de la République du 3 nivôse an XI. Elle est composée de quinze membres, dont le renouvellement s'opère par tiers, tous les deux ans. Elle nomme son président dans son sein. M. le Préfet du département du Rhône en est, en outre membre-né et le président d'honneur. Il préside effectivement les séances où il assiste en personne.

Listes des membres de la chambre de commerce de Lyon.

Vidal (Alexis) ✳, toilier, rue de l'Impératrice.

Sevène, fabricant de soieries, rue Impériale, 1.

Schulz, fabricant de soieries, rue du Griffon, 8.

Brosset-Heckel (E), fabricant de soieries, place Tholozan, 18.

Testenoire-Desfuts ✳, marchand de soie, rue du Griffon, 13.

Perret (J.-B.) ✳, (de Chessy), quai Saint-Antoine, 35.

Vindry, teinturier, quai Saint-Vincent, 8.

Jame ✳, marchand de soies, rue Désirée, 4.

Pariset ✳, fabricant de soieries, rue Royale, 29.

Galline ✳, banquier, rue Impériale, 13.

De la Rochette ✳, maître de forges à Givors, 11, cours Napoléon.

Lyonnet ✳, épicier en gros, rue Bât-d'Argent, 34.
~~~~~

Guérin ✳, banquier, marchand de soie, rue Puits-Gaillot, 31.
Duseigneur ✳, ancien marchand de soies, cours Morand, 29.

Bureau.

Président d'honneur, M. le Préfet du Rhône.
Président élu, M. Guérin (Louis) ✳.
Secrétaire-trésorier. M. Jame (Hippolyte).

Secrétariat.

Secrétaire-archiviste, M. Tisseur (Jean) ✳, rue de la Reine, 10.
Concierge, M. Chapuis, rue Pisay, 5.
Le bureau du secrétariat de la Chambre, établie au *Palais du Commerce*, est ouvert tous les jours, excepté les dimanches et fêtes, depuis onze heures du matin jusqu'à quatre heures après midi.

Bibliothèque.

M. Morand, bibliothécaire, avenue de Noailles, 48.
Dans cette bibliothèque se trouvent rassemblés, avec les publications ministérielles, un grand nombre de documents commerciaux et industriels.
Le public est admis à la consulter, les mardi, mercredi, vendredi et samedi de chaque semaine, de midi à trois heures.

COURS OFFICIEL.

DES MARCHANDISES EN GROS SUR LA PLACE DE LYON.

(Ce cours se règle le vendredi à 3 heures pour les soies et à 4 heures pour les autres marchandises.)

Au Palais de la Bourse.

COMMISSION DÉSIGNÉE PAR LA CHAMBRE DE COMMERCE.

Cours des Soies.

MM. Testenoire, président, rue du Griffon, 15.
Besson, courtier inscrit, rue Impériale, 83.
Raynaud, courtier inscrit, rue Lafont, 6.
Giraud, courtier inscrit, rue Puits-Gaillot, 25.
Armand (Ch.), courtier, r. Puits-Gaillot, 31.
Quizard, marchand de soie, rue Puits-Gaillot, 33.
Desgeorges (A.), marchand de soie, r. Puits-Gaillot, 19.
Lilienthal, marchand de soie, rue du Garet, 3.

Bardon, fabricant de soieries, Grande-Rue-des-Feuillants, 4.
Montet (A.), courtier, r. du Griffon, 14.
Delcroix (N.), courtier, r. Désirée, 2.
Schulz ✳, fabr. de soieries, r. du Griffon, 8.
Camus (G.), fabricant de soieries, rue Royale, 31.
Paule, fabricant de soieries, rue Royale, 31.

Cours des Marchandises autres que la soie

Biétrix, président, r. Lanterne, 29.
Journet, négociant, rue Neuve, 17.
Girard (A.), négociant, r. des Augustins, 8.
Vachon fils, négociant, quai St-Vincent, 29.
Mayet fils, négociant, r. d'Oran, 2.
Blanchard (G.), négociant, r. Constantine, 5.
Berindoague, négociant, r. de Sèze, 25.
Lafoy, négociant, r. Impératrice, 82.

TRIBUNAL DE COMMERCE DE LYON

ANNÉE JUDICIAIRE 1869-1870.

Président.

Osmont (J.-C.) ✳, rue Puits-Gaillot, 15.

Juges.

Colleuille (A.), cours Morand, 11.
Boffard (B.), q. de Retz, 12.
Devilliers (L.), r. Saint-Pierre, 28.
Mathevon (A.) ✳, pl. Tholozan, 26.
Million (A.), r. de l'Impératrice, 34.
Clément-Désormes (A.) q. Castellane, 20.
Villard (J.-J.). r. de l'Impératrice, 31
Brolemann (A.), r. Impériale, 4.
Bianchi (L.-C.), rue Puits-Gaillot, 1.
Audibert (L.), r. du Garet, 3.

Juges Suppléants.

Casati (Isaac), r. Bât d'Argent, 12.
Chantre (J.) place des Célestins, 6.
Jurie (A.), r. Victor-Arnaud, 21.
Bergeret (Eugène), r. Bât-d'Argent, 11.
Favre (César), quai St-Vincent, 61.
Ricard (Joseph), r. des Capucins, 25.

Greffier.

Chantilly (M.-B.) quai St-Vincent, 47.

Commis greffiers assermentés.

Buchet (C.), quai de l'Hôpital, 10.
Pinet (J.), r. Vendôme, 145.
Chipier (M.-A.), r. Moncey.

Huissiers audienciers.

Bret jeune (A.), place Saint-Pierre, 2.
Borgat jeune (J.-A.), r. de l'Impératrice, 37.
Balmont (P.), r. Impériale, 28.

Secrétariat de la Présidence.

Garrone (F.), rue Pareille, 2, *secrétaire.*

Audiences (Palais-du-Commerce).

Lundis, mardis, jeudis, et vendredis, à cinq heures du soir. Mercredi, 1re et 2e chambre du Conseil, à midi.

Le Greffe du Tribunal, situé au Palais-du-Commerce, est ouvert tous les jours non fériés de 8 h. du matin à 4 h. du soir, sans interruption.

Le secrétariat de la Présidence, où se trouve la comptabilité des faillites, est situé au Palais-du-Commerce; il est ouvert tous les jours non fériés de 10 h. du matin à 3 h. du soir.

M. le Président reçoit à la présidence, à 1 h. du soir les mardis, jeudis et vendredis.

Brenot (C.) ✱ concierge du tribunal rue Champier, 5.

Arbitres de commerce et syndics de faillite.

Dargère, place des Cordeliers, 12.
Grizard-Delaroue, rue Puits-Gaillot, 15.
Rolland (J.), r. de la Bourse, 53.
Dode (J.), r. Sainte-Catherine, 13.

Défenseurs au Tribunal de Commerce.

Abel, avocat, rue de la Préfecture, 4.
Gandil, r. Impériale, 33, et r. Tupin, 38.
Lavaraine, r. de Chartres, 32.
Martin, r. Ferrandière, 27.
Rivals, r. St-Côme, 9.
Rongier, avocat, r. Grenette, 32.
Trahand, avocat, r. Impériale, 52.

Experts en affaires de commerce.

Bellay aîné, r. Sainte-Catherine, 3.
Muret, r. Lanterne, 8.
Ganeval, r. Sainte-Hélène, 6.
Galley (L.), r. Ferrandière, 9.
Paoli, r. Sainte-Catherine, 13.
Morand, av. de Noailles, 48.
Dumas, r. Constantine, 8.
Desmeurs, r. de l'Annonciade, 16.
Vachez, r. Romarin, 16.

———

CONSEIL DES PRUD'HOMMES.

Thevenet (Jean-Antoine), *Président,* ✱ rue Terme, 21.
Favrot (Jean), *vice-président,* quai de l'Hôpital, 9.

Section de la soierie.

FABRICANTS.

Silvent (Alexandre), r. Saint-Joseph, 44.
Gourd (Adrien), quai de Retz, 1.
Sévène (Auguste), r. Impériale, 1.
Pin (Anthelme), r. de l'Impératrice, 1.
Tapissier (Hippolyte), pl. Tholozan, 26.
Bollud (Claude-Marie), chemin de la Côte à Villeurbane.
Laboré (Charles), r. Puits-Gaillot, 33.
Falsan (Jean), r. Puits-Gaillot, 2.

CHEFS D'ATELIER.

Carbonel (Pierre), place Saint-Georges, 44.
Thévenon (Melchior), passage Lamure, 3, (Croix-Rousse).
Couturier (Valentin), r. Duviard, 7.
Condamin (Paul), r. Lebrun, 7.
Burlat (Jean-Antoine), avenue des Tapis, 2.
Picot (Jean-Pierre), r. Suchet, 19.
Gadoux (Claude), montée Rey, 7 et 9.
Chepié (Jean-Baptiste), r. Sainte-Blandine, 5.
Bonnet (Jean), r. de la Madeleine, 16.

Section de la dorure et passementerie.

Siméan (Claude), place Sathonay, 4.
Girerd (Louis), r. Bât-d'Argent, 12.
Fichet (Aimé), r. Terme, 20.
Ferra (Emmanuel-Ch.), avenue de Saxe, 100.
Blanquet (Stanislas), r. Monsieur, 37.
Truchet, r. Neyret, 13.

Section des tulles et bonneterie.

Manigot (Jean), place St-Clair, 2.
Berthaud (Jean-François), place Rouville, 6.
Fontaine (Jean-Baptiste), r. de la Terrasse, 4.
Devaux, rue Cuvier, 155.

Section de la chapellerie.

Noyer (Charles), cours Lafayette, 8.
André (Ferdinand), rue St-Joseph, 24.
Berger (Hugues), rue Palais-Grillet, 32.
Soubrat (Barthélemy), rue de l'Arbre-Sec, 35.
Charmette (Paul), rue Madame, 177.
Rodde (Alexandre), place Saint-Louis, 29.

AVOCAT DU CONSEIL.

M. le Bâtonnier de l'Ordre.

MÉDECIN DU CONSEIL.

Passot, rue du Plat, 16.

Secrétariat du Conseil.

Poly (Claudius), secrétaire, rue du Jardin-des-Plantes, 1.
Guiot (Octave), secrétaire-adjoint, rue Ste-Elisabeth, 63.

Fonbonne, huissier, rue Ferrandière, 34.
Ouvert tous les jours non fériés, de 10 h. du matin à 2 heures du soir.

Conservatoire des échantillons de tissus, vérification des plaques et cylindres pour la Jacquard.

Dova (Jean-Claude), conservateur et vérificateur, rue d'Ivry, 31.
Ouvert les mardis, jeudis et samedis, de 10 h. à 1 h.

Référé de M. le Président.

Lundis, mercredis et vendredis, de 10 h. à 11 h. du matin.

Audiences pour la soierie.

Lundis, mercredis et vendredis, à 6 h. du soir.

Arbitrages.

Lundis, mercredis et vendredis, à 10 h. du matin.

Audiences de la passementerie, la dorure et la chapellerie.

Lundis, mercredis et vendredis, à 10 h. du matin.

Audiences des tulles et de la bonneterie.

Le lundi de chaque semaine, à 5 h. 1/2 du soir.

Caisse de prêts pour les ouvriers tisseurs.

Grand-Clément (François-Antoine), agent-comptable, quai St-Antoine, 20.
Depalme (Joannès), teneur de livres, rue St-Denis, 16.
Ychalette (Pierre), commis-visiteur, rue des Tables-Claudiennes, 11.
Jacquet (Hubert), commis pour les livrets, rue Montesquieu, 3.
Ouverte tous les jours non fériés, de 10 h. du matin à 2 h. du soir.

Garçon de bureau du Conseil.

Viala (Matthieu), rue de l'Annonciade, 17.

SOCIÉTÉ DE GARANTIE
CONTRE LE PIQUAGE D'ONCE
Rue Impériale, 7.

Président : de Boissieu.
Vice-Président : Bié (P.)
Trésorier : Algoud (J.-B.).
Secrétaire : Repelin.

Conseillers : Brossel-Héchel et F. Besson.
Sous-Secrétaire : Charvet (Vincent).

ASSOCIATION DE LA FABRIQUE
LYONNAISE.

Chambre Syndicale, rue Impériale, n° 7.
Président : Pariset.
Vice-Président : Algoud (H.).
Secrétaire : Sevene.
Trésorier : Schulz.

Membres d'Administration :

Bardon, Brunet-Lecomte, de Boissieu, Brun (J.), Faye, Desmarquest, Gourd (A.) Lamy, Montessuit, Pin (A.), Quinson, Ravier, Richard, Trapadoux (A.).
Secrétaire-Archiviste : Mas (René).

MUSÉE D'ART ET D'INDUSTRIE
au Palais du Commerce.

Le but de ce Musée est d'aider au développement de l'art appliqué à l'industrie.

Fondé par la Chambre de Commerce et organisé sur un plan nouveau et pratique, cet établissement intéressant est appelé à rendre de grands services aux artistes, aux dessinateurs et aux industriels.

Les collections sont déjà remarquables ; elles embrassent toutes les branches de l'art industriel.

Une salle de travail est réservée aux personnes qui désirent consulter les portefeuilles et collections que possède l'établissement. Elle renferme une bibliothèque spéciale composée d'ouvrages d'art à figures et d'estampes décoratives d'ornements classés par maîtres, par écoles et par époques.

Le Musée d'Art et d'Industrie est ouvert les dimanches, les jeudis et jours de fêtes, de onze heures à trois heures. Les mardis, mercredis, vendredis et samedis, jours réservés, le public est admis aux mêmes heures avec des billets d'entrée. Les étrangers sont admis tous les jours sur leur demande.

Les cartes d'étude et billets d'entrée, pour les jours réservés, sont délivrés à la direction du Musée, 2e étage, pavillon sud-ouest.

Conservateur : M. P. Brossard, place St-Clair, 8.

MUSÉE INDUSTRIEL DE LA MARTINIÈRE
rue des Augustins.

Ce Musée contient un grand nombre de modèles de machines propres à la fabrication des étoffes de soieries; on y enseigne la théorie aux élèves de l'Ecole.

Il est ouvert au public pour le visiter les dimanches, de 11 heures à 2 heures, excepté pendant les vacances.

———

CONSULATS ÉTRANGERS.

Italie.

Ange Comello, gérant le consulat, rue Lafont, 10.

Belgique.

Quisard (Jean-Victor), r. Puits-Gaillot, 33.

Grèce.

Yéménie fils, rue Ravez, 9, ou r. Royale, 6.

Brésil.

Puy (B.), fils, vice-consul du Brésil, place Bellecour, 8.
Les bureaux, Petite-R.-des-Feuillants, 5.

Espagne.

Elviro Fabra, vice-consul, quai St-Clair, 3.

État-Unis.

Osterhaus (P.-J.), consul des États-Unis d'Amérique, rue Victor-Arnaud, 7.
Alber de Zeyk, consul-députe.

Royaume de Bavière et de Wurtemberg, grand-duché de Bade, de Hesse et de Saxe-Weimar.

Schlenker (J.), consul, r. Sainte-Catherine, 5.
Schopfer, chancelier.

Portugal.

M..., vice-consul du Portugal.
Les bureaux, quai Saint-Clair, 3.

Suisse.

Rüffer (Alphonse), banquier, r. Impériale, 19.
Kimmerling, chancelier.
Thuillard (F.), secrétaire du consulat de la Confédération.

Turquie.

Yéméniz, consul de la Sublime-Porte ottomane, rue Sainte-Hélène, 30. Bureaux, rue Royale 6.

Vénézuéla et Uruguay.

Londe (Paul), consul, quai Castellane, 1.

———

CONDITION PUBLIQUE DES SOIES.

Rue Saint-Polycarpe, 7.

Cet établissement, créé par un décret du 23 germinal an XIII, a pour destination de ramener toutes les soies qu'on y dépose à un degré uniforme d'humidité. Elles sont pesées à leur entrée en condition et au moment de leur sortie. Le poids auquel la dessication les a réduites fait foi entre le vendeur et l'acheteur.

Une ordonnance royale du 23 avril 1841 a complètement changé le procédé de conditionnement prescrit par le décret de fondation; et celui qui est actuellement suivi a pour base la dessication absolue de la soie.

Les opérations de l'établissement de la Condition des soies de Lyon sont assujetties aux dispositions déterminées par le gouvernement sous l'administration de la Chambre de commerce de Lyon, laquelle délègue, en outre, chaque mois, deux commissaires choisis, l'un parmi les marchands de soie, l'autre parmi les fabricants d'étoffes de soies, pour surveiller l'exploitation.

La gestion de l'établissement est confiée à un directeur comptable et responsable, nommé par le ministre du commerce, sur la présentation de la Chambre de commerce, et qui exerce ses fonctions sous l'inspection d'une Commission administrative, composée du président et de cinq membres de ladite Chambre.

Commission administrative.

Guérin (L.), président de la Chambre de commerce.
Jame (Hippolyte) ✳, membre et secrétaire de la Chambre de commerce.
Sévène, membre de la Chambre de comm.
Pariset (E),   —
Duseigneur (E.), ✳,   —
Schulz,   —
Perret (Adrien), directeur, à la Condition.
Bouillard, contrôleur, Cours Morand, 13.

Droits à percevoir pour le conditionnement.

Pour la soie, de 1 à 20 kil., 2 fr. 60 c.
Pour toute partie excédant 20 kil., 14 c. le kilo.
Pour chaque partie de laines non filées, du poids total de moins de 100 kil., 3 fr.
Pour chaque partie de laines filées, du poids total de moins de 100 kil., 3 fr. 50 c.
Pour toutes les qualités au-dessus de 100 kil., filées ou non filées, 5 c. par kil.
Pour chaque opération de titrage 1 fr. 50.

———

SOCIÉTÉ LYONNAISE DES MAGASINS GÉNÉRAUX.

Place des Pénitents-de-la-Croix.

La Société lyonnaise des Magasins généraux est administrée par un conseil de dix-huit membres, et un comité de trois censeurs.

Elle est autorisée à recevoir dans ses divers magasins les marchandises ci-après, sur lesquelles elle délivre des warants, aux termes de la loi du 28 mai 1858.

A Lyon, cocons soies, déchets de soie et toutes matières textiles filées propres à la fabrication des tissus.

A Marseille, cocons soie et déchet de soie.

A Avignon, toute espèce de marchandises.

ARLÈS-DUFOUR, C. ✳, président du Conseil d'administration.
Philippe (V.), directeur général à Lyon.
Lambert (E.), directeur particulier à Marseille.
Fabre (F.), directeur particulier à Avignon.

—

DOCKS LYONNAIS

MAGASINAGE PUBLIC. — AVANCE SUR MARCHANDISES. — VENTE ET ACHATS.

(Loi du 23 mai 1863).

Adolphe Philippe, propriétaire gérant.

Tarif spécial pour les soies brutes et les soieries.

La Compagnie des Docks verse immédiatement, après la régularisation du contrat d'avances, au déposant, le montant des avances qu'elle a consenti sur les marchandises qui lui sont remises en nantissement.

Les avances sur bulletin sont faites pour trois mois, au taux de la Banque, avec les plus grandes facilités pour le renouvellement ou le remboursement anticipé, suivant les convenances des deux parties contractantes.

Les Docks de Lyon reçoivent en consignation toutes les soies et tissus de soies qui lui sont remis par les maisons de la place et par celles du dehors, françaises ou étrangères ; ces marchandises sont classées, de gré à gré, dans les magasins libres des Docks, constamment accessibles et où les porteurs d'ordres des déposants peuvent les visiter comme dans les Dock de Londres.

—

BANQUE DE FRANCE.

SUCCURSALE DE LYON.

Hôtel, rue Impériale, 14.

Monet (J.), directeur.
Auger, caissier principal.

CONSEIL D'ADMINISTRATION

Administrateurs :

Guérin (L.), négociant.
Galline (Oscar), banquier.
Morin (A). banquier.
La Selve, ancien fabricant.
Monterrad, ancien fabricant.
Desgrand, négociant.
Dugas (P.) négociant.
Lyonnet, négociant.
Michel (César), fabricant.
Testenoire (Ph.), négociant.
Aynard (Ed.), banquier.

Censeurs :

Arlès-Dufour, négociant.
Le Febvre, ancien receveur général.
D'Espagny, trésorier général.

Chefs de service :

Le Bègue, contrôleur.
Bonnin, chef des livres.
Fontanel, chef des titres.
Chatry de la Fosse, chef d'escompte.
Dubost, caissier des paiements.

—

COMMERCE, INDUSTRIE.

NOTA. Voir la *Table* à la fin du volume pour faciliter les recherches.

Affineurs d'or et d'argent.

Buchet-Revol, affineur et tireur d'or et d'argent, rue Monsieur, 52.
Richard (X.) Radisson et Cie. affineurs d'or et d'argent, rue de la Préfecture, 7.
Demolins, essayeur, rue Mercière, 28.

Apprêteurs, moireurs et cylindreurs d'étoffes.

Allard (C.), apprêteur, rue des Capucins, 12.
Barillot et Serviant, cylindr., r. Royale, 20.
Berthet (L.), crêpes, quai Castellane, 9.
Bigex et Dely, place des Pénitents-de-la-Croix, 6.
Bon (J.-B.), moireur, avenue de Noailles, 11.
Bon (Francisque) et Cie. spécialité de cylindrages et apprêts, rue Vieille-Monnaie, 41.
Brossard fils, apprêteur de châles, rue de Sèze, 19.

Carriot, apprêteur de satin, rue Victor-Arnaud, 1.

Brun et Monarque, rue des Capucins, 12.

Charvet et Dumont neveu, gazes, cols et nouveautés, rue des Capucins, 6.

Conand père, rue des Feuillants, 4.

Cullet, moireur, rue du Griffon. 13.

Dufour, étireur, r. Vieille-Monnaie, 35.

Duport fils, tissus de laine, r. Rabelais, 5.

Durand r. du Commerce, 50.

Faure (G.), côte St-Sébastien, 22.

Fayard & Chamba, r. Coysevox, 2.

Galtié, tous genres, moire antique, meubles, ornements d'église; art. du Levant, rue Vieille-Monnaie, 21.

Galbit & Maréchal, rue Vieille-Monnaie, 35.

Galy, cylindrages, rasages et apprêts pour soieries et lainages, rue du Commerce, 41.

Gantillon (D.), ✳ apprêteur de foulards imprimés, rue Malesherbes, 2.

Garambois & Bertrand, crêpes lisses, rue de Créqui, 71.

Garde (J.) & Cie, étirage de cordons, place Tholozan, 21.

Garnier (C.) apprêts de foulards et nouveautés, gaze de soie, r. Charlemagne, 50.

Guillermet (A.), apprêteur-teinturier, rue de Vauban, 6.

Grésillon, rue du Commerce, 32.

Guinand père & fils, apprêteurs-moireurs, r. des Capucins, 10.

Guillin & Cie, Côte St-Sébastien, 22.

Hilaire, rue Désirée, 8.

Lapierre & Vuichard, cylindreurs, impasse St-Polycarpe.

Larrivé, Jaboulay & Déclairieux, rue Coysevox, 2.

Marchand (J.-R.), rue Vieille-Monnaie, 35.

Mille frères & Violet, en crêpes, cours d'Herbouville, 2.

Miquet, Sage & Guinet, côte Saint-Sébastien, 23.

Moiroud & Cie, en satin pour chapellerie; r. Montbernard, 24.

Moreau apprêteur de laine et moire antique, r. Vieille-Monnaie, 39.

Orceaux (J.-P.), r. Victor-Arnaud, 19.

Paraz et Cie, en foulards et nouveautés, rue Duguesclin, 29.

Pegout Charpy et Cie, pour châles, place Louis XVI, 8.

Poulat et Mollard, impasse St-Polycarpe, 8.

Prat, r. du Commerce, 30.

Renaud-Chatelard, r. Thomassin, 39.

Roustan et Signemartin, cylindreurs, rue des Feuillants, 6.

Simon, en étoffe pour chapellerie, impasse Saint-Polycarpe, 2.

Surand, presseur de châles laines, rue des Tables-Claudiennes, 33.

Tavernier, breveté s. g. d. g., moire antique, cylindrage et gauffrage, rue Tronchet, 2.

Termoz-Debat, rue Vieille-Monnaie, 12.

Tissot, cylindreurs de taffetas, rue des Capucins, 21.

Travers & Cie, rue Duquesne, 43.

Vanhout, pour rubans et soieries, rue du Commerce, 32.

Vanhout & Vollat, en velours, r. Vieille-Monnaie, 19.

Vignet frères, moire et apprêt, r. Montbernard, 34.

Apprêteurs en tulle.

Bernard-Combepine, r. Imbert-Colomès, 18.

Bernard (X.) rue Cuvier, 104.

Clément (J.), apprêteur de tulles-dentelles, écharpes, châles, mantelets, voiles et voilettes, broderies en tous genres, tissus pour gants, filets coton et soie pour résilles, spécialité de rideaux brochés, guipure et autres, rue Philibert-Delorme, 2.

Dangon, rue de Créqui, 16.

Dumolard, rue de Barême, 22.

Duval (Mme), rue Vieille-Monnaie, 35.

Escoffier, place Saint-Pothin, 12.

Gay (P.), place des Capucins, 3.

Isaac, rue Constantine, 15.

Jacquet, rue Romarin, 8.

Montant, rue des Capucins, 6.

Moutoz, rue des Tables-Claudiennes, 20.

Noyer et Moiroud, rue des Tables-Claudiennes, 20.

Philipon-Thomasson, rue Bossuet, 94.

Pennet (J.), rue des Tables-Claudiennes, 20.

Ricannet, rue Malesherbes, 2, apprêteur de tulles façonnés en tous genres.

Rodary, quai Vaïsse.

Rossillon (J.), rue Bossuet, 94.

Touchebœuf, rue de Sèze, 135.

Apprêteurs en étoffe de coton.

Dechamp frères, teinture et apprêts, rue des Culattes, 21.

Montier et Sigot, teinture et calendrage, chemin de Scaronne, 1.

Articles de blanc, St-Quentin, Tarare et autres.

Bailly (J.), rue Palais-Grillet, 24.

Baron (Mme), trousseaux, rue de l'Impératrice, 97.

Baugier (R.) et Cie, maison de gros, rue Bas-d'Argent, 9.

Berchoux et Cie, lingeries, broderies, dentelles, rue Centrale, 15.

Boyer-Gros (Vve) et Cie, lingerie, dentelles et broderies, rue Saint-Marcel, 38.

Bongiraud (V.), rue Neuve, 26.

Carlod, place de la Croix-Rousse, 1.

Chapuis, rue Centrale, 23.

Charbon, articles blancs, dentelles, broderies, etc., maison de gros, r. de l'Impératrice, 49.

Charrin, rue de la Plâtrière, 20.

Chatagnier (J.) et Cie, rue Dubois, 46, maison à Saint-Quentin.

Charavay-Genevay, maison de gros, rue de la Monnaie, 2.

Chevrolat-Bonardel, rue Saint-Pierre, 5.

Costadau et Peloux, maison de gros, rue de l'Impératrice, 13.

Cottet (Ch.), rue Gentil, 1.

Coutelier (S.), dépôt de blondes, rue de l'Impératrice, 74.

Cusenier et Gentelet, en gros, quai de Retz, 10.

Daboneau et Barrard (Ville de Lyon), rue Impériale, 31.

Denave-Ronat (H.) rue Saint-Pierre, 41.

Dumas (A.) et Cie, rue Gentil, 4.

Durand et Masson, rue Pizay, 6.

Dutroncy (E.), rue de l'Impératrice, 68.

Emery (Mmes) et Cie, rue Saint-Pierre, 18.

Espirat, Cluny, valenciennes et tatings anglais, rue Bugeaud, 9.

Finand-Bony (Mme), rue Bât-d'Argent, 8.

Fournier (Mlle), rue Centrale, 21.

Fraque, Elie et Cie, rue Saint-Pierre, 33.

Gallice (C.), spécialité de blondes, dentelles et broderies, rue Bât-d'Argent, 10.

Garnier (J.) et Cie, dépositaires de la maison Thomas Cambric, à Nothingam, dépôt de rideaux, guipures et tissus blancs, rue Impériale, 6.

Giroud-Tivel, de Tarare, fabrique de rideaux, rue Gasparin, 12.

Grataloup (J.-B.) et Cie, rue Gentil, 11.

Châtillon-Brunot (Mme), rue Centrale, 52.

Hébrard fils, Rivoire et Cie, dentelles et broderies, rue Impériale, 11.

Hervilly et Cie, rue Bât-d'Argent, 10.

Humbert (A.,) maison de gros, lingerie en tous genres, broderies, articles de Saint-Quentin et Tarare, rue Monsieur, 5.

Julien aîné, rue Tupin, 6.

Lataste et L. Glayzal, maison de gros, rue de la Fromagerie, 5.

Larochette (L.), en gros, rue Grenette, 43.

Leplage-Planus, rue de l'Impératrice, 56.

Lucas et Veyron (Mmes), rue de l'Impératrice, 100.

Marduel (J.), articles de Saint-Quentin, Tarare et Alsace, fabrique à Tarare (Rhône), rue Sainte-Catherine, 15.

Million (Aimé) et Cie, calicots d'Alsace rue de l'Impératrice, 32.

Mazaira, fabrique de lingerie, broderies et dentelles, rue de Chartres, 6.

Noel (Vve) et Cie, rue Impériale, 32.

Panisset (Louis), cours de Brosses, 6.

Pichot père, fils et Cie, dentelles, blondes, rue Saint-Pierre, 4.

Pion (Léon), dépôt de mouchoirs de Cholet, rue Impériale, 30.

Poyet-Ferrière, en gros, rue Centrale, 27.

Rippart (C.), Argoud et Cie, maison de gros, rue Grenette, 3.

Robin, rue Tupin, 14.

Royané (S.), dépôt de rideaux, mousselines brodées de Tarare et de Hérisau (Suisse), rue de l'Impératrice, 7.

Saboureault et Cie, maison de gros, rue Bât-d'Argent, 8.

Sage, rue Centrale, 41.

Séguin, tulles coton, rue desForces, 3.

Serviant (F.) et Maigre, rue St-Pierre, 31.

Simon (Mme) fabrique de lingerie et broderie, rue Impériale, 52.

Sourd (A.) et Cie), représentants, rue Ferrandière, 34.

Storck (Mlle), articles de blanc, rue Impériale, 7.

Thiers (A.) rue de l'Impératrice, 17.

Thomas, en gros, rue de l'Impératrice, 86.

Tiran, Ribes et Descombes, en gros, rue de l'Impératrice, 33.

Vaucheret (J.) et Cie, au Bât-d'Argent, rue Impériale, 9.

Vial (M.), rue de la Plâtière, 8.

Vincent (J.-B.) et Cie, maison de gros, rue Dubois, 44.

Vulliod et Boutellier, tulles-mousselines, rue Centrale, 30.

Articles du Beaujolais (en gros).

Chevallard, Breisse et Cie, rue Grenette, 14.

Colomb et Minzemberger, rue Bât-d'Argent, 10.

D'Hauteville et Cie, r. de l'Impératrice, 19.

Faure frères, rue Centrale, 1.

Faure et Cie, rue de l'Impératrice, 50.

Finette cousins, rue de l'Impératrice, 33.

Foray et Cie, rue Grenette, 24.

Gagnière et Brenant, rue Bât-d'Argent, 1.

Girier, Damour et Cie, rue de la Poulaillerie, 11.

Goutelle (P.) et Royé-Vial, maison à Thizy (Rhône), rue de la Fromagerie, 3.

Jassaud et Faussemagne, rue Bât-d'Argent, 10, maisons à Thizy et Villefranche (Rhône).

Jouve, Lefèvre et Cie, rue Bât-d'Argent, 8.

Moncel, Pagat et Cie, rue Centrale, 17.

Morétau (P.) cadet et Cie, cotonnes, doublures, rue Ferrandière, 13.

Murat et Verzy, rue de l'Impératrice, 45.

Niogret et Cie, rue de l'Impératrice, 21.

Pascal-Lauzier, rue de l'Impératrice, 17.

Traclet fils aîné, rue Mulet, 3.

Articles de Flers (Orne), en gros.

Bouthéon (F.) et Cie, fabrique à Flers, rue Bât-d'Argent, 1.

Huc-Chesnel, fabrique à Flers, rue Bât-d'Argent, 5.

Moréteau (P.) cadet et Cie, coutils de Flers, rue Ferrandière, 13.

Murat et Verzy, rue de l'Impératrice, 45.

Balanciers pour les fabriques.

Hersant, successeur de Parent, rue Luizerne, 5. Maison de confiance, fournisseur de la condition des soies de la ville de Lyon, balancerie fine et ordinaire, bascules, romaines, balance-bascule de comptoir, perfectionnée, spécialité pour la fabrique; tous les instruments sont garantis.

Tétaz, rue Saint-Claude, 2, en face la place du Griffon. Balancier-mécanicien de la Faculté des Sciences, de l'École de médecine et des principaux établissements d'or et d'argent; balances d'essai de soies, médaille d'argent exposition universelle 1867, Paris. Lyon, 1856, 1867 et 1868, même médaille.

Banquiers.

Aynard et Rüffer, rue Impériale, 19.

Banque des Actionnaires, siége à Paris, rue de Provence, 17, succursale à Lyon, rue Impériale, 15. La caisse des dépôts et de comptes courants accepte les dépôts de fonds avec chèque et à échéance fixe. La banque reçoit les titres en rente française et autres valeurs de Bourses en compte courant avec intérêt; paiement de tous coupons échus, ordre de Bourse, vente et achats d'actions et d'obligations; renseignements et notice au bureau de la succursale (écrire *franco*), maisons à Mâcon et Besançon.

Collet (A.-F.) et Cie, Comptoir d'escompte rue Saint-Côme, 9.

Comptoir d'escompte de Paris, capital et réserve 100 millions, banque et recouvrements; dépôt d'espèces avec chèques: agence dans les Indes, la Chine et le Japon; directeur: Philippe Germain; sous-directeur: E. Cottet, rue Impériale, 17.

Côte (Marius), rue Neuve, 47 et r. Mulet, 12.

Crédit Lyonnais, société à responsabilité limitée au capital de vingt millions. Président: H. Germain; directeur, J. Letourneur; Palais-de-la-Bourse, rue Impériale. Succursales : à Paris, boulevard des Capucines, 6; agence à Marseille, pl. Royale, 4.

Decour, Vincent et Cie, rue Bât-d'Argent, 8.

Deriaz-Andra et Cie, quai de Retz, 10.

Droche ✳, Robin ✳ et Cie, Comptoir lyonnais, rue de l'Impératrice, 38, maison à Marseille.

Dubost et fils, cuirs et banques, rue Champier, 5.

Evesque et Cie, marchands de soies, r. Puits-Gaillot, 34.

Galline (P.) et Cie, rue Impériale, 13.

Garcin (J.-V.), marchand de soie, rue du Griffon, 13.

Guérin (Vve) et fils ✳, marchands de soie, r. Puits-Gaillot, 31, maison à Saint-Etienne.

Huguet (E.) rue de l'Impératrice, 76, maison à Paris.

Kayser-Siegfried et Cie, place Tholozan, 24, maison à Londres et Créfeld.

Joannon (A.), négociant, quai Tilsitt, 23.

Morin-Pons (Vve) et Morin, r. Impériale, 12.

Office des coupons, banque et change, rue de l'Impératrice, 85.

Office Financier, change, achat et vente de toutes les valeurs cotées et non cotées à la Bourse; escompte de coupons français et étrangers: avances sur titres; ordre de Bourse pour Paris et Lyon; banque et recouvrements; change de monnaies. Rue Saint-Pierre, 35.

Quisard ✳ et Cie, marchands de soie, rue Puits-Gaillot, 33.

Recouvrements et encaissements sur Lyon et les départements et acquittement à la commission, d'effets et valeurs, payables à son domicile, par Ami fils aîné, q. de Retz, 27.

Reboulet, cours de Brosses, 14.

Schlenker (J.) et Cie, rue Sainte-Catherine, 5.

Société Générale pour favoriser le développement du Commerce et de l'Industrie en France. Agence de Lyon, rue Impériale, 6. Directeur, Henry Rolland.

Société lyonnaise de Dépôts et Comptes courants et de Crédit industriel. Administrateur, Robert (F.). Palais-Saint-Pierre, rue de l'Impératrice, 20.

Société lyonnaise du Crédit au Travail, à responsabilité limitée, capital : quatre-vingt-dix mille francs. A. Gérard, directeur, 27. Grande-Rue-Longue.

Verlonjus, comptoir d'escompte, rue de Créqui, 104.

Vitta (J., le baron) soie et banque, r. Lafond, 8.

Moniteur des tirages financiers (le), publiant tous les tirages d'actions et obligations françaises et étrangères, 4 fr. par an, Paris, rue Richelieu, 104; succursale à Lyon r. de l'Impératrice, 5.

L'Épargne, guide des actionnaires et obligataires, journal financier, paraissant chaque semaine; abonnement 2 fr. 40 l'an. Lyon, rue de l'Impératrice, 92; Paris rue de la Bourse, 1.

Batteur d'or.

Debaune (Vve) et fils, quai de l'Hôpital, 16.

Blouses et sarreaux en gros.

Bruyas (A.) r. de la Barre, 12.

David, Champestève et Berlie, rue de l'Impératrice, 35.

D'Hauteville et Cie toiles du Nord, r. de l'Impératrice, 19.

Forêt (C.) et Cie, r. Dubois, 19.

Gauthier aîné et Cie, r. de l'Impératrice, 42.

Jalon, r. des Quatre-Chapeaux, 9.

Neyret (J.) et Cie, toiles et chemises, rue Grenette, 18.

Sermet & Achard, rue de l'Impératrice, 58.

Bonneterie et ganterie en gros et en détail.

Achard (Vve), ganterie de peaux, détail, rue de l'Impératrice, 101.

Aguettant père et fils, fab. de bonneterie et ganterie, maison à Troyes, (Aube) r. Impériale, 41 et 43.

André (Mlle), ganterie, détail, r. St-Pierre, 29.

Bernard (P.) fab. de ganterie en tissus laine, rue Saint-Pierre, 15.

Blanc, fab. de bonnets linge, r. Rabelais, 40.

Blanchon, détail, bonneterie, r. St-Pierre, 15.

Damiron, ganterie, r. de l'Impératrice, 76.

Desjardin, dépot de bonneterie de laine et de coton de diverses fab., ganterie de toutes sortes, mitons, gants filet soie, jupes pour dames, chaussons de Strasbourg, chaussett. et bonnets laine et en coton, mouchoirs de Cholet et batiste, fab. de flanelle de santé pure laine à Rheims; confection de gilets, pantalons, camisolles et flanelle pure laine, rue des Forces, 2.

Demons et Morel, manuf. spéciale de gants de laine, r. de l'Impératrice, 65.

Durieux (Mlle), bonneterie, détail, rue de l'Impératrice, 50.

Fages (Ed.), fab. de gants de peau, gros et détail, gants de soie, gants de fil d'Ecosse et de tissus, gants sur mesure, rue Bourbon, 14.

Falconnier frères et Savoye, bonneterie en gros, fabrique de capelines et de gilets de flanelle, r. Centrale, 28.

Faure-Sénéchal, détail, r. Lafont, 6.

Favre, bonneterie, r. de l'Impératrice, 67.

Fournier-Maillet, détail, r. Impériale, 67.

Garin-Chevillard, bonneterie détail, r. Saint-Pierre, 25.

Gontier, bonneterie en gros, r. Mercière, 49.

Grandjanny père et fils, bonneterie et ganterie en gros, r. Impériale, 32.

Guigard (J.-B.) et Cie, gants, r. Centrale, 23.

Hyver, bonneterie fantaisie, nouveauté en gros, rue Palais-Grillet, 22.

Labarre père, fab. de gants tissus, r. Thomassin, 6.

Laplace fils, fab. de chaussons, p. Saint-Georges, 2.

Levret, gants de peaux, r. de l'Impératrice, 15.

Leydet (A.), bonneterie, gros, p. d'Albon, 3.

Martin frères, ganterie de peaux, en gros, rue de l'Impératrice, 82.

Mercoyrol et Lefebvre, ganterie de peau, maison de vente, rue Grenette, 36, fab. à Millan (Aveyron).

Michel-George, pl. Louis le Grand, 8.

Miette (Ch.), gros et détail, r. de l'Impératrice, 1.

Millou aîné et Cie, fab. de ganterie en tissus soie, laine et fil, r. de l'Impératrice, 91.

Montaland (N.), gants tissus en gros, r. des Archers, 3.

Montaut (H.), fab. de tricots de laine à Montréjeau (Hte-Garonne), bonneterie, ganterie et nouveautés en gros, r. Impériale, 71.

Moucot et Bayard, ganterie, chaussons, rue et Palais de la Bourse.

Mulet fils, Carron et Vacher, bonneterie, ganterie tissus, r. de l'Impératrice, 77.

Murat (Vve), détail, r. Impériale, 77.

Mussillon (F.), magasin des 4 Saisons, détail, r. de la Reine, 31.

Nantas et Dauvergne, ganterie en gros, rue des Quatre-Chapeaux, 6.

Pallias et Salomon, bonneterie en gros, rue Centrale, 25.

Panisset (Louis), cours de Brosses, 6.

Poyet (A.), bonneterie détail, quai St-Antoine, 1.

Redon, ganterie en détail, rue Impériale, 7.

Repécaut (C.), bonneterie en détail, rue de l'Impératrice, 46.

Rippart (C.), Argoud et Cie, foulards, tricots, filets, rue Grenette, 3.

Ronzon jeune et Bergeron frères, bonneterie, rue Gentil, 1.

Salignat aîné, bonneterie, mi-gros, rue Centrale, 23.

Salles jeune et Cie, fabricants de gants tissus, rue d'Algérie, 25.

Sirand, fabricant de gants de peaux en gros et détail, rue de l'Impératrice, 63, maisons à Grenoble et à Bruxelles.

Saron (C.) et Beroud (P.), articles lainage et ganterie, effilés, cordonnet, mitons, rue Impériale, 2.

Tellot et Dœlsch aîné, bonneterie en gros, rue Impériale, 30.

Vié-Poncet, bonneterie gros et détail, place Saint-Nizier, 1.

Villard et Relave, ganterie, tissus, rue de l'Impératrice, 31.

Vincent fils, bonneterie en gros, rue Ferrandière, 14.

Vivien (H.), bonneterie et ganterie en gros, rue de la Monnaie, 2.

Boutons (fab. de).

Brunier-Maréchal fils, dorés et argentés, quai de Retz, 12.

Duchet aîné, boutons nacre, rue Quatre-Chapeaux, 16.

Galonnaire, en métal, pour pantalons, rue Villeroy, 21.

Mermet, fabrique de boutons en tous genres, boutons de fantaisie depuis 3 lignes jusqu'à 15, rue Belle-Cordière, 12.

Mouterde père et fils, en tous genres, rue Madame, 38.

Panisset, pour civils et militaires, place Kléber, 3.
Robert (N.), en tous genres, r. de Condé, 8.
Stanis, fabricant en nacre, rue Palais-Grillet, 46.
Silvestre frères, dépôt de boutons, rue Impératrice, 67.

Broderies de Nancy et autres.

Aubert et Fournier, broderie et lingerie d'église, rue du Plâtre, 6.
Aujogue (Vve), Catenot-Pobert, successeur, rue Impériale, 26.
Badin (S.) et Cie, sur tulles, soie, or, argent, rue Désirée, 6.
Bailly (J.), rue Palais-Grillet, 24.
Bazalgette (V.) et Rozet, broderie, soie et confection pour dames, rue de l'Impératrice, 62.
Berchoux et Cie, articles de Mulhouse, rue Centrale, 15.
Bongiraud et Cie, rue Neuve, 26.
Bonnardel, Boirayon (J.), rue Impériale, 35.
Cerf frères, rue Centrale, 31.
Charavay-Genevey, rue de la Monnaie, 2.
Chassaignon-Dominget, broderie or, argent et soie pour église, rue Saint-Jean, 70.
Chatagnier (J.) et Cie, rue Dubois, 46.
Costadeau et Pelloux, r. de l'Impératrice, 13.
Dally (J.), rue Dubois, 14, broderies mécaniques, spécialité pour chiffre de trousseaux à 1 fr. 50 les 24 lettres, et flanelles pour hommes en tissus végétal depuis 5 fr.
De la Rue (D.), successeur de l'ancienne maison Jouve frères, soieries et dorures pour ornement d'église et ameublements, rue de l'Arbre-Sec, 3 ; maison à Bruxelles, r. Galilée, 14, boulevard de l'Observatoire.
Denave-Ronat (H.), rue Saint-Pierre, 41.
Dime jeune et Cie, broderies, soieries pour ornements d'église, rue de la Plâtière, 12.
Dumus (Charles), broderies, soieries pour ornements d'église, rue d'Algérie, 22.
Duphéïs (Mlle), ornements, broderie et lingerie d'église, rue Saint-Jean, 68.
Dutroncy (E.), tulles, r. de l'Impératrice, 68.
Fayeton (Mme), ornement d'église, broderie or, argent et soie, quai Fulchiron, 2.
Finand-Bony (Mme), broderies et lingeries fines pour trousseaux, rue Bât-d'Argent, 8.
Frinzine et Duviard-Dime, fabrique de dorures, passementeries, broderies or et argent, soieries pour ornements d'église, rue Saint-Marcel, 23.
Gallice (C.), spécialité de tulles en gros, blondes, dentelles et broderies, rue Bât-d'Argent, 10.
Garnier (S.) fils, quai Saint-Clair, 7.
Gros (Mme), rue Saint-Dominique, 3.
Guyot (J.-P.), voilettes, r. Impériale, 77.
Ginsburger-Blum, sur tulle, r. Romarin, 31.

Henry (J.-A.), ancienne maison A. Henry et Jouve, broderies or, argent et soie pour ornements d'église, pour civils et militaires ; broderies d'art, rue du Garet, 3.
Hebrad fils, Rivoire et Cie, rue Impériale, 11.
Hirsch, sur tulle, rue Impériale, 7.
Idril (J.), dentelles, rue Constantine, 20.
Jallifier (Mlle), cours Morand, 23.
Leroudier, pour ornements d'église, place Croix-Pâquet, 2.
Leroy, rue Bugeaud, 62.
Liénard (Justin) et Cie, rue Bât-d'Argent, 4, broderies de Nancy, Lyon, Saint-Gall et Lunéville.
Liobard (G.) dessinateur en broderie, seul successeur de J.-C. Dally, pl. Sathonay, 6.
Manigot et Cie, place Saint-Clair, 2
Marini (Mlles), rue des Capucins, 18.
Melousay (Mlles), cours Morand, 53.
Michel (C.), nouveautés pour deuil, place des Terreaux, 7.
Panisset, broderies civiles et militaires, place Kléber, 3.
Petit et Gayat, pour église, rue Tramassac, 4.
Peyrot aîné, broderies civiles et militaires, rue Impériale, 47.
Philibert (Mme), rue Centrale, 21.
Pichon jeune, broderie, tapisserie sur canevas, laine et soie, rue Saint-Pierre, 27.
Poy-Liénard (Mme), broderies, tapisseries, canevas, dessins spéciaux pour tapis d'église, chasubles, etc., rue Impériale, 18.
Pulliat (J.), r. Impériale, 5, maison à Paris.
Pichot père et fils et Cie, r. Saint-Pierre, 4.
Ravier (J.) et Cie, quai de Retz, 6, fabricants de cols, crêpe et grenadine, violettes et bandes pour deuil ; exportation.
Rippart, Argoud et Cie, dentelles, rue Grenette, 3.
Roche (H.), or et argent, quai Saint-Vincent, 51.
Rochet, franges et broderies en tous genres, rue du Garet, 6.
Rollet fils aîné, de Nancy, rue de l'Impératrice, 31.
Roque (C.) et Cie, Petite-rue-des-Feuillants, 5, maison à Paris.
Roux (Ernest), rue Saint-Pierre, 33.
Royané (S.), rue de l'Impératrice, 7, dépôt de rideaux, mousselines brodées de Tarare et de Hérissau (Suisse).
Seppe (P.), spécialité pour broderies d'uniformes civils et militaires, fanfares et pompiers, fourniture maçoniques, r. Centrale, 3.
Storck (Mlle), rue Impériale, 7.
Servian et Maigre, rue Saint-Pierre, 31.
Strauss, tulles voilettes, nouveautés, rue des Capucins, 15, maison à Paris.
Sublet-Thiers (Vve), rue Poulaillerie, 2.
Thiallier (A.) successeur de Vve Ribolet-Bauchu, broderie pour église, rue de l'Impératrice, 49.

Vassé (C.), rue de l'Impératrice, 42, maison à Nancy.

Vidal, ornements d'église, rue Mercière, 3.

Volay, Verger et Cie, fabricants de broderies or et argent, pour ornements d'église et militaires, rue de l'Impératrice, 1.

Calicots (en gros).

Alix (A.-J.), dépôt de Wesserling, rue Bât-d'Argent, 18.

Baugier (R.) et Cie, rue Bât-d'Argent, 9.

Coquart frères, rue Saint-Pierre, 37.

Cusenier et Gentelet, quai de Retz, 10.

Debar (Samuel), les héritiers, q. de Retz, 6.

Dumas (A.) et Cie, rue Gentil, 4.

Dumoulins, mi-gros, rue Impériale, 15.

Gagnière et Brenant, dépôts d'Alsace, rue Bât-d'Argent, 1.

Hartmann et fils, rue Impériale, 12.

Hébrard fils, Rivoire et Cie, rue Impériale, 11.

Lataste et L. Gleyzal, rue de la Fromagerie, 5.

Million (Aimé) et Cie, calicots d'Alsace, rue de l'Impératrice, 32.

Mequillet, Noblot et Cie, calicots d'Alsace, quai de Retz, 16.

Offant, Boisson et Décombes, rue de l'Impératrice, 40.

Pascal-Lauzier, rue de l'Impératrice, 17.

Perrot, Ducrot et Cie, rue Saint-Pierre, 35.

Pion (Léon), rue Impériale, 30.

Royané (S.), rue de l'Impératrice, 7.

Tiran, Ribes et Descombes, rue de l'Impératrice, 33.

Caoutchouc (fabricant de).

Jubié (Antoine), fabrique de caoutchouc souple et durci, spécialité pour usines et filatures, gros et détail, rue Impériale, 87, près Bellecour.

Cartons en feuilles (fabrique de).

Chapard et Chanal, dépôt des papeteries du Marais pour les cartons lustrés d'apprêteurs et de fabrique, rue Lafont, 18, et rue Garet, 9.

Dubreuil frères, rue Imbert-Colomès, 12.

Girerd (J.), étiquettes, cartes d'envoi et de fantaisie, cartons pour broderies et modes, collage à façon pour la soierie, rue Sainte-Catherine, 17.

Luginbuhl et Brivot, fabrique d'étiquettes pour soieries et nouveautés, cartons blancs et couleurs, fabrique de papiers couleurs de fantaisie, rue de Créqui, 33 et 35, près le parc de la Tête-d'Or (Brotteaux).

Pascal frères, manufacture de cartons, aux Eparres, près Bourgoin (Isère), quai Saint-Clair, 11.

Véron (Norbert), rue Camille-Jordan, 3, maison à Saint-Etienne, rue Royale, 40.

Voisin frères et Cie, manufacture pour apprêts de draps et de soieries, cours Bourbon, 27, fabrique à Jaillieu (Isère).

Voisin (H), fils et Cie, grande-rue-des-Feuillants, 4.

Cartonniers spéciaux pour la fabrique.

Bernard (P.), rue des Capucins, 21.

Béchet (L.), Petite-rue-des-Feuillants, 4.

Bédé, rue Désirée, 5.

Blanchet, rue des Capucins, 27.

Brocard et Cie, rue Romarin, 21.

Colrat (R.), rue Romarin, 13.

Debrabant, fabrique de tuyaux imperméables en papier fin vernis pour le tissage de la soierie, rue Imbert-Colomès, 37.

Dubessey (J.), cartonnage riche et ordinaire pour la soierie, cartes et carnets d'échantillons, boîtes de bureaux, cartons de magasins et boîte de voyage, exportation, rue Terraille, 9.

Fenouille, rue Royale, 21.

Gacon, rue Dauphine, 2.

Guinet et Cie, place Croix-Paquet, 7.

Loup, rue St-Polycarpe, 8.

Mayoux, rue Désirée, 8.

Mercier et Biesse, rue Saint-Claude, 4.

Monin aîné, rue Romarin, 12.

Ory, rue Saint-Polycarpe, 16.

Philippe, fabrique de cartonnages en tous genres, rue Vauban, 73 (Brotteaux).

Ravier, rue des Capucins, 7.

Richard (A.), rue des Capucins, 22.

Rivière (E.), rue Romarin, 7.

Roche (J.), fabrique de cartonnages en tous genres, boîtes pour gants, velours, châles et nouveautés, de bureaux, de voyage et magasins, rue du Griffon, 3, au 3me.

Saillard, rue Centrale, 5.

Salignac, rue Romarin, 1.

Sékiége (Mlle), rue Saint-Marcel, 36.

Voisin fils et Cie, Petite-rue-des-Feuillants, 2.

Casquettes (fabrique de).

Aubry (J.-B.) militaire, place Grôlier, 3.

Biagiotti, rue Childebert, 3.

Baroni (F.), rue Basse-Combalot, 2.

Bedini (A.), rue Belle-Cordière, 16.

Chenebrard (C.), rue Impériale, 48.

Del-Greco et Renaud, place des Célestins, 6.

Fahy père et fils, rue Sala, 54.

Font, gros et détail, rue d'Aguesseau, 6.

François, fabricant en tous genres, rue des Maronniers, 9.

Giorgi (A.), rue Moncey, 15.

Jourdan (J.), place Napoléon, 7.
Landi, rue Stella, 8.
Mazini (Michel), maison de gros, Cours de Brosses, 2.
Moncharmont, rue Romarin, 3.
Rivier sœurs, passage de l'Argue.
Santini, rue Saint-Georges, 58.

Ceintures (fab. de).

Moreau-Paufin, ceintures soie et laine pour ecclésiastiques, bas et gants pour évêques, articles pour tribunaux, place St-Jean, 8.

Châles, Laines et Cachemires (fab. de).

Ballard (J.-B.), châles imprimés et foulards, rue Royale, 20.
Bellon (F.), fab. de laines et cachemires, rue Puits-Gaillot, 27.
Blaizot et Cie, rue des Capucins, 15, maison à Paris.
Bonnardel et Naville fils, rue du Griffon, 3.
Bouteille (C.), rue de l'Impératrice, 3.
Breyton aîné, rue Romarin, 27.
Chanel (J.), cachemires, indous et nouveautés, place Croix-Pâquet, 11; Paris, rue d'Aboukir, 40.
Cambon (A.), imprimés et brodés, rue des Capucins, 15.
Chapeau (A.), fab. de châles laine brochés, rue St-Marcel, 24.
Gaillard (E.), nouveautés, rue des Capucins, 29.
Goüin, Janoray et Cie, rue des Capucins, 6, maison à Paris.
Jurien fils et Domenjon, rue Saint-Polycarpe, 9.
Pin (A.) et Cie, rue de l'Impératrice, 1, maison à Paris.
Placet et Cie, rue Impériale, 6.
Prouvier (J.), laine brodé, rue Lafont, 18.
Rivoiron (E.), laine et cachemire, place Croix-Pâquet, 1.

Châles (raccommodage de).

Cabin, rue Neuve, 26.
Catin (Mme), rue St-Pierre, 14.
Colomb (Mlle), rue Donnée, 2.
Daudet (Mme), rue Bodin, 20.
Dugoujard (veuve), côte St-Sébastien, 23.
Faure (veuve), place Croix-Pâquet, 1.
Girard (Mme), rue Griffon, 2.
Gelin et Cie, rue Centrale, 40.
Goux (Mlle), rue des Capucins, 35.
Guillemoud-Ledru (Mme), Petite-rue-des-Feuillants, 6.
Jardinet et Cie, rue Boissac, 7.
Juge (Mme) rue de l'Annonciade, 22.
Rabusson (Mlle), rue Vieille-Monnaie, 10.
Rodier (Mlle), rue des Capucins, 22.

Santa (Mme), rue Vieille-Monnaie, 41.
Tardy et Cie, rue St-Dominique, 2.
Tissot (Mme), rue du Plat, 16.
Voras (Mme), Grande-rue-des-Feuillants, 3.

Chanvre en gros.

Guitard, Aulagne et Cie, rue Saint-Joseph, 3; filature rue Suchet, 8.
Mayet fils aîné et Cie, rue d'Oran, 2.
Zindel et Cie, rue Pizay, 5.

Chapeliers (fabricants).

André (F.), rue Saint-Joseph, 24.
Avias (Célestin), feutre, soie et fantaisie, quai de l'Hôpital, 10.
Benini, rue Belle-Cordière, 16.
Biagiotti, rue Childebert, 5.
Baton frères, rue Impériale, 44.
Bergé (H.), rue du Palais-Grillet, 32.
Blache frères, rue Monsieur, 95.
Bonnard jeune, place du Gouvernement, 4.
Boulliat (J.), rue de Castries, 8.
Charrière, Sevat et Cie, spécialité de chapeaux de soie, rue Paradis, 4, et rue Childebert.
Chenebrard (C.), rue Impériale, 48.
Cheyssac, rue Grolée, 41.
Degand (F.), soie et feutre, rue Sainte-Hélène, 49.
Delseries, rue Ferrandière, 42.
Denis (T.), rue Neuve-St-Michel, 7.
Denuel, approprieur, rue Saint-Joseph, 34.
Duclos (J.-B.), avenue de l'Archevêché, 5.
Durdilly (J.), comptoir, rue Saint-Joseph, 15; magasins, rue Sala, 26.
Durst-Wild frères, fabrique de feutre, rue Centrale, 29.
Fahy père et fils, chapeaux sans apprêt, rue Sala, 54.
Gayet, rue Belle-Cordière, 24.
Guillaume fils, mi-gros, quai de Bondy, 20.
Lonchamp (Ch.) et Revenant, rue Paradis, 2.
Martin, rue Saint-Joseph, 38.
Mas et Félizat, exportation, rue Ferrandière, 44.
Maublanc (A.), rue Montesquieu, 92.
Moulin (E.), rue de Sèze, 25.
Noyer père et fils, cours Lafayette, 8.
Pillard, rue de la Charité, 43.
Pillet (J.) et Cie, en soie, rue de Jussieu, 13.
Pipon-Faure, place Impériale, 55.
Pitaval et Rager, fabrique de chapeaux feutre et paille, fournitures pour modes et chapellerie, rue de la Barre, 12.
Poyard jeune et Echalié, rue Sala, 58.
Puthod (J.), rue du Palais-Grillet, 46.
Rivoire (A.) et Cie, rue Passet, 12.
Valette aîné, rue de la Charité, 46.

Capellerie, teinture et apprêt.

Bernard (veuve), en feutre, r. de Créqui, 40.
Durand, teinturier-apprêteur, r. de Condé, 44.
Lablanche (A.), rue Impériale, 83.
Mayoux jeune, Grand'Rue-de-la-Guillotière, 47.
Moyroux et Collomb, rue des Trois-Rois, 15.
Pacalin, Grand'Rue-de-la-Guillotière, 8.
Perrier, quai Fulchiron, 40.

Chapellerie, (fournitures en tous genres).

Arnaud (B.), coiffes papier imprimées, place Saint-Nizier, 3.
Barogy (André) et Bouteille, fabrique de galons, bourdaloux et étoffes pour chapellerie, rue des Capucins, 14.
Bayard aîné et fils, rue du Bât-d'Argent, 17, maison à Paris.
Bayard (Louis), fab. de bords et bourdaloux et soieries, rue de l'Impératrice, 100; maison à Paris.
Bedini aîné, rue Belle-Cordière, 16.
Besse, rue Monsieur, 33.
Biagiotti, rue Childebert, 5.
Bonnin (V.), bords et bourdaloux, rue de l'Impératrice, 91.
Branciard (F.) et Martel (D.), soieries, quai de Retz, 23.
Brillet et Lablanche jeune, matières premières, rue Gasparin, 8.
Callamard-Rabatel, maroquins, rue de Jussieu, 6.
Callamard et Cie, maroquins, rue Impériale, 73.
Caron, étuis pour chapeaux, rue Jean-de-Tournes, 7.
Chandellier (J.-C.) et Gallet, coiffes et maroquins, rue Ferrandière, 52.
Chave fils et veuve Guillot, doreurs, rue de Marseille, 19.
Chenebrard (C.), rue Impériale, 48.
Chency, fabrique de coiffes, r. Grenette, 29.
Consiglièra (Mme), fabrique de coiffes, rue de l'Hôpital, 8.
Courtois fils, matières premières, place de l'Ancienne-Douane, 3.
Dalmais (J.-J.), fabrique de soieries pour chapellerie, spécialité de confection de coiffes, rue Sainte-Catherine, 11.
Delorme (veuve) et fils, fabrique de bourdaloux en tous genres, rue Childebert, 9.
Delosme (J.), fabrique de coiffes et satins, rue Impériale, 37.
Déprez (F.), fab. de formes, rue Sala, 60.
Denis (T.), chapeaux sans apprêt, et fournitures en tous genres, r. Neuve-St-Mi-chel, 7
Digoin (J.-M.), fabrique de soieries pour chapellerie, spécialité de coiffes pour chapeaux soie et souple, rue des Marronniers, 7.

Duchaine, Lachize et Bailly, fabricants de soieries pour chapellerie et bourdaloux, rue des Capucins, 13.
Dumond et Roland, fabricants d'étoffes, rue Pizay, 14.
Doux (A.) Brun et Cie, étoffes, r. Romarin, 1.
Dulac et Large, fabrique de bourdaloux, rue du Plâtre, 4.
Durdilly, matières premières, comptoir rue Saint-Joseph, 15, magasins rue Sala, 26.
Eschenbrenner et Cie, matières premières, couperie de poils de lièvres et de lapins, laines d'Australie pour chapellerie lavées cardées et en suint, entrepôt quai de la Charité 30, usine, à Schiltigheim, près Strasbourg (Bas-Rhin).
Etier, fabrique d'étuis à chapeaux, rue Grôlée, 48.
Gebert et Sauchon, formiers, rue Duguesclin, 128.
Genion, formier, quai du Prince-Impérial, 10.
Gourd et Pellet, foulards pour doublures, rue Impériale, 7.
Gardon, doreur pour chapellerie, place de l'Hôpital, 3.
Guinand (C.-J.), matières premières, place Bellecour, 17.
Grossat (A.), bords et bourdaloux, rue Ste-Elisabeth, 61.
Larramendy, formier et modeleur, outillage pour chapellerie, toutes espèces d'ovales, r. de Bonnel, 33.
Laurès et Cie, coiffes, rue des Remparts-d'Ainay, 7.
Lerocher (A) et fils, fab. de soierie pour chapellerie et doublure, tissage mécanique, rue St-Dominique, 11.
Lonchamp (C.) et Revenant, rue Paradis, 2.
Massia (J.-E.), galons, rue Confort, 3.
Martignat (P.), fab. de coiffes et bourdaloux, rue Saint-Dominique, 14.
Martin ✳ (J.-B.), peluche pour chapellerie et velours (Londres, 1855, 1re médaille d'honneur), quai de Retz, 3, et à Paris; manufactures à Tarare et à Metz; teinturerie à Roanne (Loire).
Mathon (A.), fabricant d'étoffes, rue de la Bourse, 33.
Misset (L.), coiffes et impressions, rue du Palais-Grillet, 12.
Mulatier-Silvent et Villion, étoffes, rue Lafont, 11.
Mulcey (C.), apprêt de coiffes pour chapeaux, rue Grôlée, 26.
Neyret (A.) et Cie, étoffes, rue Pizay, 22.
Niclot (E.) et P. Brun, soieries et galons, rue Impériale, 26; maison à Paris, rue du Temple, 55.
Nicolas (veuve A.), rue Impériale, 81.
Pellatier (A.), poils pour chapellerie, place Bellecour, 16.
Pipon-Faure, place Impériale, 55.

Pitiot (E.) fils et Bugey, matières premières, quai de la Charité, 4.
Poyard et Echalié, rue Sala, 58.
Ray père, formier, rue Stella, 4.
Ray fils, formier, rue Ferrandière, 31.
Rivoire (A.) et Cie, rue Passet 12.
Sage (C.), fabrique de coiffes, rue Quatre-Chapeaux, 11.
Spiess (H.), matières premières, rue des Marronniers, 7.
Teste, maroquinier, rue Ferrandière, 44.
Vaillant (Guillot), soieries, coiffes et fournitures, rue des Capucins, 13.
Valansot et Murillon, fabr. de bourdaloux, rue Impériale, 3.
Volque, fabr. d'étuis à chapeaux, rue Grôlée, 53.
Vulpillat (P.) soieries, rue Mulet, 12.

Chapeaux de paille (fabric. et marchands).

Amblard (Mme), modes et nouveautés de Paris, et rubans; spécialité de chapeaux pour hommes, dames et enfants; ancienne maison Rendu, rue Mercière, 61.
Bergeret (Mlle), rue des Remparts-d'Ainay, 29.
Bertrand, quai de Vaise, 8.
Besson, Grande-Côte, 45.
Bienvenu (veuve), rue de la Pyramide, 67.
Bridon, rue Mercière, 11.
Burlant sœurs (Mlles), rue de l'Impératrice, 63.
Clapeau, rue Saint-Cyr, 36.
Delagarde (veuve), fab. paille et feutre, rue Mercière, 15.
Dominget (veuve), rue de la Pyramide, 7.
Drevet (L.), manufacture de chapeaux et tresse de paille par procédé mécanique, blanchiment perfectionné, rue Magenta, 1, et cours Lafayette, Cité-Napoléon, près Lyon.
Drevon, quai de Vaise, 7.
Duboin, rue Port-du-Temple, 16.
Dubost (Mme), rue Mercière, 18.
Dupré-Clapier, rue Mercière, 64.
Dupré (A.) fils et Cie, fabrique de tresses d'Italie, rue Saint-Dominique, 14.
Durst-Wild frères, représentés par L. Monceau, rue Centrale, 29, maisons à Paris et à Saint-Pétersbourg.
Fenouillot, quai de Vaise, 13.
Fléchet, Grand'Rue-de-Cuire, 29.
Fléchon (Mlle), rue Mercière, 58.
Gaillard (D.), maison de gros, rue Mercière, 11.
Galabert (Mlle), rue de la Bourse, 25.
Gayet jeune et Cie, maison de gros, place St-Nizier, 1.
Girier, Grand'Rue-de-la-Guillotière, 98.
Grandon-David, rue Mercière, 39.
Guérin, rue du Mont-d'Or, 16.

Guillermier, rue Grenette, 2.
Kenney (E.), rue Grenette, 3.
Lambert-Marius, fabricant, rue Centrale, 39.
Lardière (Mlle), rue Bât-d'Argent, 2.
Longre, rue de la Pyramide, 77.
Monnier, rue de Bourgogne, 44.
Nicolas (A. veuve), manufacture de chapeaux de paille cousus, rue Impériale, 81.
Noel-Rietti, rue Mercière, 51.
Paraton, fabrique de fournitures pour modes, blanchissage, apprêt et teinture, rue de la Plâtière, 12.
Pitaval (F.) et Rager, fabrique de chapeaux de paille et feutre, dépôt de paille en tresses, rue de la Barre, 12.
Pouilly, teinture, rue Saint-Joseph, 70.
Rastrelli, fabrique de chapeaux de paille d'Italie, blanchissage et réparations en tous genres, rue Dubois, 9.
Robert, rue Centrale, 4.
Rousseau, Grand'Rue-de-la-Croix-Rousse, 34.
Sargnon, quai Saint-Antoine, 6.
Terraillon (veuve), quai de Vaise, 12.
Thibaut et Pondevaux, maison de gros, rue Saint-Dominique, 2.
Thomasset (veuve), rue Mercière, 4.
Torty (S.-A.) et Cie, soie, feutre, paille, cours de Brosses, 2.
Turge-Chollet, fabrique en tous genres, place Bellecour, 18.
Vugnon, Grand'Rue-de-Vaise, 1.
Velay, rue de la Pyramide, 41.
Venet, gros et détail, rue Saint-Marcel, 39.

Blanchissage et apprêt de chapeaux de paille.

Alarousse, rue d'Amboise, 12.
Arpin, rue Sainte-Catherine, 18.
Audra, rue Confort, 24.
Bogey, blanchissages, teintures et apprêts, spécialité de couleur marron; réparations de chapeaux de feutre, rue Mercière, 6.
Chady (L.), rue Grenette, 12.
Clerc, rue de la Poulaillerie, 8.
Clerc-Baudin, rue de la Gerbe, 4.
Darolles, rue de la Poulaillerie, 2.
Duboin (E.), blanchissage, apprêt et teinture, dépôt de tresses et chapeaux de paille d'Italie, rue Port-du-Temple, 16.
Dupont, rue Mercière, 45.
Duperret, rue Tupin, 3.
Genin, blanchissage et apprêt, r. Tupin, 18.
Glenat, rue Centrale, 17.
Guillermier, rue Grenette, 2.
Magnin, rue Grenette, 10.
Meucci (A.), blanchisseur de chapeaux de paille en tous genres, vente de tresses d'Italie et chapeaux en gros, rue Dubois, 36.
Mignaud, rue Dubois, 46.

Monier-Salin, rue de Bourgogne, 44.
Pouilly, rue Saint-Joseph, 70.
Rastrelli, rue Dubois, 9.

Chasubliers.

Benech-Dufay, avenue de l'Archevêché, 3.
Chassaignon-Dominget, rue Saint-Jean, 70.
De La Rue (D.), successeur de l'ancienne maison Jouve frères, dorures, étoffes de soie, broderie et passementerie, ornements d'église, ameublements, rue de l'Arbre-Sec, 3; maison à Bruxelles, rue Galilée, 14, boulevard de l'Observatoire.
Duphéis (L. Mlle), ornements, broderie et lingerie d'église, rue Saint-Jean, 68.
Fayeton (Mme), broderie or, argent et soie, quai Fulchiron, 2.
Flachy, lingerie pour église, rue Saint-Jean, 46.
Monteilhet (veuve), place Saint-Jean, 1.
Monteilhet jeune, avenue de l'Archevêché, 2.
Monteilhet fils, place Saint-Jean, 2.
Portaz, rue S-Jean, 46.

Chaussure en tissus (fournitures pour la).

Association pour la fourniture en tout genre, rue Thomassin, 31.
Barlet (Mme), rue Ferrandière, 48.
Berthelon, rue de la Pyramide, 14.
Boibet et Cie, Grande-Côte, 69.
Borel (Constant), représentant pour le crépin et la chaussure, rue Belle-Cordière, 4.
Bonjour, formier, rue du Palais-Grillet, 40.
Calvet (veuve) et Badaraco, rue Ferrandière, 36.
Chagniard frères et Gaivallet, rue Ferrandière, 31.
Christmann, rue de Marseille, 7.
Coquet-Fontaine, rue Saint-Jean, 17.
Courcy (L.) et Cie, étoffes et tissus, rue de l'Impératrice, 53.
Desprez et Favre, rue de l'Impératrice, 56.
Dodici, rue Madame, 75.
Falquet et Ollagnier, fabrique de tissus élastiques, rue Bossuet, 67.
Faure, dépôt de tissus élastiques, rue Terraille, 13.
Grosbois, passage de l'Hôtel-Dieu, 41.
Hériey, avenue de Saxe, 129, aux Brotteaux.
Hess (T.), passage de l'Hôtel-Dieu, 41.
La Selve (H.), rue Quatre-Chapeaux, 19.
Laurent, rue Imbert-Colomès, 16.
Louis (A.), tissus élastiques, r. Bourbon, 17.
Perrin (C.), fabrique de tresses élastiques et étoffes, rue de l'Annonciade, 23.
Reynaud et Cie, fabrique de tissus élastiques, rue Duguesclin, 217.
Rochette, tissus élastiques, r. Impératrice, 61

Sauzet, rue Palais-Grillet, 17.
Thinel, Grand'Rue-de-la-Guillotière, 24.
Trayoux, rue de la Loge, 2.
Trouttet et Thevenet, rue Ferrandière, 34.
Vial (Ant.), rue Confort, 26.

Chemisiers (gros et détail).

Arnoult et Cie, rue Constantine, 22.
Barnola (D.) fils, rue Impériale, 10.
Billet (F.), en gros, rue de la Bourse, 45.
Boulogne (veuve), rue Romarin, 29.
Bois-Bongrand, rue de l'Impératrice, 68.
Brébion-Carrier, place Sathonay, 5.
Cantuel et Savoye, fab. de corsets et chemises, en gros, brevetés s. g. d. g. rue Mercière, 90.
Cavaroc (veuve), flanelles, rue Saint-Côme, 5.
Chambellan (C.), rue Impériale, 19.
Charpas, rue de l'Impératrice, 72.
Charvet, détail, rue d'Algérie, 18.
Chavat et Cie, en gros, rue Impériale, 43.
Chomat (H.), rue Impériale, 2.
Comberousse (L.), rue Bourbon, 6.
Daboneau et Barrard (*Ville de Lyon*), rue Impériale, 31.
David, Champestève et Berlie, en gros, rue de l'Impératrice, 35.
Deromieu-Roland, rue Saint-Côme, 1.
D'Hauteville et Cie, maison de gros, rue de l'Impératrice, 19.
Dumoulin, *à la Chemise lyonnaise*, rue Impériale, 15.
Fiard et Mettey, maison de gros, rue de l'Impératrice, 33.
Forest et Cie, maison de gros, rue de l'Impératrice, 30.
Gacon, rue Impériale, 6.
Gauthier aîné et Cie, maison de gros, rue de l'Impératrice, 42.
Giraudier et Cie, maison de gros, rue Tupin, 34.
Hayem aîné, maison de gros du Phénix, rue Saint-Pierre, 29.
Jalon, rue des Quatre-Chapeaux, 9.
Jametton (A.), spécialité de chemises d'hommes, jupes, pantalons, camisoles et dessus de corsets, rue Mercière, 47.
Jay (A.), rue Impériale, 4.
Jullien fils, maison de gros, rue Centrale, 1.
Lacombe (J.) et Cie, en gros, place Saint-Nizier, 5.
Miette (C.), rue Centrale, 56, et rue de l'Impératrice, 1.
Molin frères, en gros et sur mesures, r. de l'Impératrice, 47.
Musillon (F.), magasin des Quatre-Saisons, rue de la Reine, 31.
Neyret (J.) et Cie, maison de gros, rue Grenette, 18.

Panisset (Louis), et flanelles, cours de Brosses, 6.
Pitiot (D.), rue Saint-Pierre, 18.
Pitiot-La-Selve, rue Lafont, 10.
Prost (veuve), en gros, rue Grenette, 14.
Ray (veuve) aîné, en gros, rue des Quatre-Chapeaux, 6.
Répécaud (C.), rue de l'Impératrice, 46.
Sermet et Achard, en gros, rue de l'Impératrice, 58.
Tissot, détail, rue Impériale, 7.
Veillas, passage de l'Argue, 70.
Verdure (L.), apprêteur, rue Monsieur, 95.
Vaucheret (J.) et Cie, au Bât-d'Argent, rue Impériale, 9.
Vie-Poncet, place Saint-Nizier, 1.

Chenilles et Résilles (fabricants de).

Augris, rue des Capucins, 24.
Bernardin (L.), grande manufacture de chenilles en tous genres ; exportation, maison la plus ancienne de Lyon, brevetée s. g. d. g., en France et en Angleterre, montée Saint-Barthélemy, 26.
Bonnamour aîné, comptoir, rue de l'Impératrice, 27, fabrique de lacets, cours Lafayette, 50, à Villeurbanne.
Chapard, fabricant de résilles et nouveautés, rue Impératrice, 33.
Cornillon (Ch.) et Cie, et articles nouveautés, rue de l'Impératrice, 57.
Crépon (A.) et Cie, fabrique de passementerie, franges, chenilles et nouveautés pour dames, rue de l'Impératrice, 40.
Delorme (N.), fabrique en tous genres, rue Grôlée, 16.
Divat-Magdinier, rue de l'Impératrice, 48.
Duinat, franges et éfilés, rue des Capucins, 25.
Favre jeune et Lioux, rue Grenette, 4.
Favre (Gabriel), rue Saint-Pierre, 26.
Gay (J.), résilles et coiffure, rue Impériale, 18.
Gancel (E.) et Cie, rue Impériale, 11.
Gizon, franges et nouveautés, rue Impériale, 36.
Grossat (A.), rue Sainte-Elisabeth, 61.
Héraud (J.-B.), filets et résilles nouveautés, rue Grôlée, 61.
Martel et Cie, fabricants de chenilles et résilles, impasse Monsieur, 2.
Mayot, rue Centrale, 54.
Martin (F.), fabrique de résilles, rue Mercière, 5.
Martin, rue Dubois, 11.
Martin aîné, fabrique de résilles, rue Constantine, 15.
Mohier (C.) et Cie, rue Saint-Pierre, 39.
Meyer (J.), rue Mercière, 11.
Pierry, rue Bât-d'Argent, 1.

Poncet (Ch.), coiffures et nouveautés, place Saint-Nizier, 1.
Poyet (A.) et Blanc, rue Bât-d'Argent, 3.
Rippard (C.) Argoud et Cie, fabr. de résilles, rue Grenette, 3.
Rozier Bonnard et Cie, rue Jean-de-Tournes, 15.
Saron et Beroud, fabrique de chenilles, résilles en tous genres, effilés, cordonnets, mitons et articles nouveautés, lainage et ganterie, rue Impériale, 2.
Sonthonnax (L.), rue de l'Impératrice, 33.

Cols-Cravates (fabricants de).

Abraham-Hayem, exportation, rue Grenette, 43.
Aubert et Bockisch, place des Terraux, 7.
Augier (Rodolphe), et dépôt de foulards anglais, exportation, rue Centrale, 12.
Barbier (J.) et Cie, fabr. de cols-cravates, place des Capucins, 1.
Battur (V.) et Cie, soieries et foulards, rue du Plâtre, 4.
Blun (Marix), rue de l'Impératrice, 56.
Bordet (A.), rue Romarin, 24.
Borgé (Constant) fabricant, quai de l'Hôpital, 4.
Brun (J.) et Cie, rue de Sully, 44.
Brunswick frères, rue Saint-Pierre, 14.
Carret (J.-C.) et Cie, rue Romarin, 31.
Champanhet, rue de l'Impératrice, 60.
Darier (S.), rue de l'Impératrice, 15.
Duchesne, rue de l'Impératrice, 53.
Durieux (L.) et Cie, exportation, place des Terreaux, 1.
Ferrier (Vincent), place des Cordeliers, 3.
Goujon (F.), rue de l'Arbre-Sec, 3.
Hayem (S.) aîné, gros, exportation, rue St-Pierre, 29.
Heraud (J.-B.), fabr. de résilles, rue Grôlée, 61.
Jacquetant et Cie, fabr. de cols-cravates, foulards et soieries, rue Vieille-Monnaie, 14, à l'entre-sol.
Martin, rue de l'Impératrice, 80.
Marix-Picard frères, fabr. de faux-cols, rue Puits-Gaillot, 9.
Marx-Hirsch et Nachman, rue de l'Impératrice, 87.
Millot, et foulards, rue Saint-Nizier, 6.
Panisset (Louis), cours de Brosses, 6.
Pierry (L.), fab. de résilles, rue Bât-d'Argent, 1.
Rippard (C.) Argoud et Cie, rue Grenette, 3.
Rousset (L.), place des Terreaux, 3.
Roy aîné et Cie, exportation, rue de l'Impératrice, 72.
Rozier Bonnard et Cie, rue Jean-de-Tournes, 15.
Varand (F.), exportation, rue Impériale, 65.

Commissionnaires en Soieries.

Abel, Soubranche et Cie, rue Lanterne, 1.

Albert, Lyon, place des Terreaux, 1.

Andreae, Greeven et Cie.

Anrès (A.-H.), rue Impériale, 1 ; maison à Saint-Etienne.

Arbey (P.), place des Terraux, 1.

Arlès-Dufour (C.) ✻ et Cie, place Tholozan, 19 ; maisons à Paris, Saint-Etienne, Marseille, Bâle et Créfeld.

Aubert et Bockisch, place des Terraux, 7.

Auffm-Ordt (C.-A.), Sturmer et Cie, rue du Garet, 3 ; maisons à Paris, New-York, et Saint-Etienne.

Avon, rue Goysevox, 3.

Bacouel et Pognon, place Croix-Pâquet, 2 ; maison à Paris.

Baillie, représentant, rue du Garet, 3 ; maison à Paris.

Barban et Masson, rue Mercière, 26.

Bardey (F.), place Tholozan, 18, maison à Paris, rue d'Aboukir, 71.

Bardin et Bourgeois, rue des Capucins, 22 ; maison à Paris.

Barry (Thomas), représentant de Pawson, quai Saint-Clair, 10.

Basset (F.), rue Pisay, 11.

Battur (V.) et Cie, rue du Plâtre, 4.

Bayol (H.) et Cie, rue Vieille-Monnaie, 17.

Beaucaire (S.) aîné, rue Victor-Arnaud, 9, achats à la commission.

Beisson (E.), r. des Capucins, 6, maison à Paris

Bergier (G.), en ornements d'église, rue du Jardin-des-Plantes, 9.

Bellefonds (E.), rue de l'Impératrice, 3.

Bellisent cousins, rue Victor-Arnaud, 13 ; maison à Paris.

Bernelin (J.), rue Désirée, 4.

Berteaux et Radou, place Tholozan, 18 ; maison à Paris.

Beyer (Daniel), rue de l'Arbre-Sec, 18.

Billon (H.) et Cie, rue de la Bourse, 45.

Biguet (G.), rue Désirée, 15.

Bloch (J.-J.), rue Royale, 13.

Boggio (P.) et E. Garand, quai St-Clair, 2 ; maison à St-Etienne, rue Gérentet, 2.

Boisbluche et Péronne, rue des Capucins, 6, maison à Paris.

Borgé (Constant), quai de l'Hôpital, 4.

Bougleux (A.) et Cie, place de la Bourse, 2 ; maisons à Paris, rue des Petites-Ecuries, 47 ; Londres St-Ann's Lane City, 3.

Bouillier, Gaillard et Cie, rue Impériale, 12.

Bouillod, Seure et Granjon, rue Bât-d'Argent, 1.

Bourcicaut (A.), rue Victor-Arnaud, 13.

Bourdelin et Laborde, quai Saint-Clair, 12.

Bouruet-Aubertot, rue de la Bourse, 14 ; maison à Paris, rue des Moineaux.

Boyd (J.-V.-C.), rue Victor-Arnaud, 11 ; maison à Londres.

Bradbury, Greatorex et Cie, rue Victor-Arnaud, 5, représentant Noble Hall ; maison à Londres, 6, Aldermanbury.

Branciard (F.) et Martel (D.), quai de Retz, 23.

Brochot et Lavesvre, place Saint-Clair, 2 ; maison à Paris.

Brolemann et Cie, rue Impériale, 4 ; maison à Londres.

Brown (G.-B.) et Co, quai Saint-Clair, 10.

Brun (J.) et Cie, rue de Sully, 44.

Brunswick (Samuel) et Cie, r. du Plâtre, 4.

Candy (C.) et Cie, rue d'Algérie, 18.

Carl Fiedler et Cie, rue Puits-Gaillot, 7 ; maison à Créfeld.

Carpentier frères et Saint-Germain, quai Saint-Clair, 1 ; maison à Paris.

Carrand (E.), rue Saint-Marcel, 19.

Cerf (L.), rue Impériale, 2.

Chambeyron, en lainage, quai de Retz, 26.

Chandler (Richard), place Tolozan, 18 ; maison à Paris.

Chapeau (E.), achats à la commission, rue Impériale, 48.

Chas, Fournier, Lanxade et Cie, place Tholozan, 20 ; maison à Paris.

Chevalier et Burel, rue Royale, 6.

Chevallay-Coquidé, quai de Retz, 9.

Charpine (P.) frères, rue Royale, 13 ; maison à Vienne (Autriche).

Chartier (Ch.) et Cie, rue Royale, 14 ; maison à Paris.

Chauchard-Hériot et Cie, rue Victor-Arnaud, 13, maison d'achat des Grands Magasins du Louvre, de Paris.

Chicotot (A.), quai Saint-Clair, 4, maison à Paris.

Christ, Jay et Cie, de New-York, Tresca et Cie, rue Impériale, 3.

Claudé-Chaninel, rue de l'Impératrice, 35.

Clavé, Guix et Menjoulat, quai Saint-Clair, 3, rue de Provence, 2, et rue Royale, 5 ; maison à Paris.

Clergué (G.), achat à la commission, rue Lafont, 2.

Collomb et Arnaud, place du Prince-Impérial, 2.

Combe (C.), représentant de diverses maisons, rue Puits-Gaillot, 5.

Cook Son et Co, de Londres, quai Saint-Clair, 3, représenté par Robert Propach.

Court (Stéphen), rue Royale, 8, maisons à Londres, Zurich et Manchester, représentée à Lyon, par J. Soulary.

Couturier (F.), rue Romarin, 27.

Creton et Cie, quai de Retz, 4 ; maison à Paris.

Crozet, rue Terme, 4.

Curtis et Cie, rue Victor-Arnaud.

Dambmann (C.-F.) et Cie, rue Lafont, 24, et à New-York.

Deboille (A.), rue d'Oran, 2.

Defrasse (T.), rue Désirée, 2; maison à Paris.

Deines et Molleron, quai Saint-Clair, 7.

De la Fléchère (U. E.) jeune, rue Bât-d'Argent, 11.

De la Rue (D.), rue de l'Arbre-Sec, 3, successeur de l'ancienne maison Jouve frères, soieries et dorures pour ornements d'église, ameublements; maison à Bruxelles, rue Galilée, 14, boulevard de l'Observatoire.

Delestang (Fleury), rue Désirée, 2.

Delorière (A.), place Tholozan, 27.

Deplace Lecerf et Cie, rue Tupin, 29.

Dequinsieux (A.), rue d'Algérie, 12.

Desjardin, rue des Forces, 2.

Deschamps, Torre et Blanc, rue Royale, 13.

Desprès (Eugène) et Cie, quai de Retz, 8; maison à New-Yorck.

Deyme (V.), quai Saint-Clair, 12; maison à Paris.

Dietz (Ch.), rue Victor-Arnaud, 21.

Digoin (J.-M.), article chapellerie, rue des Marronniers, 7.

Dormeuil frères, rue Lafond, 10; maison à Paris.

Drissler et F. Pascal, quai de Retz, 3.

Duchaine, Lachize et Bailly, rue des Capucins, 13.

Dupont (Sébastien), place des Pénitents-de-la-Croix, 8.

Elliot (C.), Cadwdin et Cie, rue d'Algérie, 21; maison à New-York.

Ellis-Howell et Cie, quai Saint-Clair, 1; maison à Londres.

Escher et Cie, représenté par S. Gotthelf, rue Pizay, 14; maisons à New-York, et Zurich.

Espagnac et Deleuze, rue Puits-Gaillot, 1; maison à Paris, rue de la Boule-Rouge, 1.

Falaise et C. Patel, r. Vieille-Monnaie, 43.

Faliero (les fils de Sti.), rue de l'Arbre-Sec, 16.

Farcy, Bachelier et Cie, rue Lafond, 6; maison à Paris.

Fayolle, rue des Capucins, 12.

Ferlay et Giraud, rue Impériale, 6.

Ferrier (L.) et Cie de Paris, rue Puits-Gaillot, 5.

Félix frères, de Leipsik, rue Impériale, 2.

Félix (H.) et Veil, rue Constantine, 9.

Fore street warehouse Company limited, représentée par J. W. Forrester, rue Royale, 2.

Fougasse ✱ aîné et Cie, rue d'Algérie, 21.

Fournier, représentant Mac-Intyre, Buchanan et Cie, de Londres, quai Saint-Clair, 2.

Franc et Benoît, quai Saint-Clair, 12; maisons à Paris et à Nîmes.

Gagnet (O.) et Cie, rue Victor-Arnaud, 11; maison à Paris.

Gaismann (Henri), commission, soieries et rubans, rue Lafond, 10; maison à Saint-Étienne, place de l'Hôtel-de-Ville, 12.

Gaillard et Cie, dépôt de tisus coton pour parapluies, rue Capucins, 12.

Gancel (E.) et Cie, rue Impériale, 11.

Ganeval (veuve), Brun et Cie, rue Puits-Gaillot, 3.

Garcin (A.), place des Terreaux, 6.

Garnier et Cie, place Croix-Pâquet, 11; maison à Paris.

Gautier, rue Neuve, 17.

Gauthier, Zardetti et Mugnier, quai Saint-Clair, 12.

Génier, en tous genres, place Saint-Clair, 9;

Gesell (G.), place Croix-Paquet, 2.

Girerd et Dalmazanne, rue du Griffon, 13. maison à Paris, rue d'Aboukir.

Goudchaux (Georges) et Cie, r. Impériale, 6; maisons à Paris et à Londres.

Goujon (F.), rue de l'Arbre-Sec, 3.

Graetzer et Hermann, quai Saint-Clair, 3; maisons à Paris et à Londres.

Graffenill (J.) et neveu, rue de la Bourse, 37; maison à Paris.

Greulich (W.) et Cie, place Tholozan, 23.

Gulliet (J.), rue Désirée, 2.

Halmburger, Gavard et Cie, p. Tholozan, 21.

Hammamndjian, rue de l'Arbre-Sec, 9.

Hardt et Cie, de New-York, quai Saint-Clair, 3; représenté par Rob. Propach.

Hecht, Lilienthal et Cie, importeurs de soie, rue du Garet, 3.

Henneguy et Bissuel, quai de Retz, 8.

Henking (L.), rue Lafont, 20.

Herbez et Bouché, quai Saint-Clair, 13; maison à Paris.

Hervieu, Potard et Dehu, rue Désirée, 16.

Hess (Jules) et Cie, place Tholozan, 19; maisons à Paris, rue Bergère, 35, à Saint-Etienne, rue des Jardins, 4, et à Londres, Milk Street, 30.

Hieropoulo (Nicolas), rue Royale, 15.

Hogard et Cie, quai de Retz, 2; maisons à Paris, Londres et Saint-Etienne.

Hoschedé, Blémont et Cie, rue Victor-Arnaud, 13; maison à Paris.

Imbert et Cie, rue de l'Impératrice, 52.

Josenham et Chabert, rue Saint-Pierre, 25.

Jeantet (A.), quai de Retz, 9.

Jubié (Antoine), représentant de commerce, article caoutchouc pour filatures et usines, rue Impériale, 87.

Jubin (A.), rue Bât-d'Argent, 7.

Kessler frères et Cie, place Tholozan, 24.

Klein (J.), rue Dubois, 44.

Knobloch (V.), rue Victor-Arnaud, 7.

Kolp et Sinner, place des Pénitents-de-la-Croix, 3; maisons à Paris et à Londres.

Kutter, Luckmeyer et Cie, rue de la Bourse, 35; maison à New-Yorck, Zurich et Leipsig.

Laederich (J.) et Cie, rue Victor-Arnaud, 21.

Lallemand (A.), quai Saint-Clair, 9.
Landron et Franclet, rue Bât-d'Argent, 6.
Lang-Picard, quai de Retz, 9.
Levi (E.) et fils, rue Bât-d'Argent, 4.
Lopez (S.), Rondeau et Cie, quai Saint-Clair, 17; maisons à Paris, Roubaix et Nimes.
Louvet (E.) et Cie, quai de Retz, 8; maison à Paris.
Londe (P.), Languillet et Cie, q. Castellane, 1; maison à Paris.
Mac-Intyre, Buchanan et Cie, de Londres, quai Saint-Clair, 2.
Macé (S.) et Cie, en tous genres, place Sathonay, 6.
Magnant, Rulat et Cie, rue de l'Impératrice, 40.
Maillet (C.) rue des Capucins, 19
Makower (M.), rue de l'Arbre-Sec, 3.
Malherbes (A.), rue Lafont, 2; maison à Paris.
Marchand (A.), quai de Retz, 10.
Marcilhacy, Arbelot et Cie, rue de Berry, 2; maison à Paris.
Margaron (J.) et Cie, rue Saint-Pierre, 41.
Marix-Picard frères, fabrique de faux-cols, rue Puits-Gaillot, 9.
Martignat (P.), en chapellerie, rue Saint-Dominique, 14.
Martini (Ph.), quai Saint-Clair, 7.
Marthoud et Barcet, rue des Capucins, 25.
Martin Hübsch et Cie, rue du Bât-d'Argent, 6.
Mas (L.) et Cie, place Tholozan, 22; maison à Paris.
Mathieu (J.), et soie, place Croix-Pâquet, 5.
Mayet-Paturle (A.), place des Cordeliers, 5.
Mayrargues (H.-A.) frères, rue de l'Arbre-Sec, 40.
Mignot et Caill, rue des Capucins, 24, maison à Paris.
Mill (L.) et Cie, rue Lafont, 24; maison à Paris.
Milsom, Poy et Ch. Berry, place Tholozan, 19.
Mombrun (A.) et Cie, rue d'Algérie, 23.
Monnin (G.), place des Terreaux, 6.
Montessuit (P.) et Cie, quai Saint-Clair, 16.
Morand oncle et neveu, rue Romarin, 1; Biollay représentant, maison à Paris.
Moret et Payen, Grande-Rue-des-Feuillants, 3; maison à Paris.
Mondon (Pétrus) et Cie, rue des Capucins, 31; maison à Londres.
Mougin-Rusand (G.), représentant de commerce, tissus français et étrangers, rue Bât-d'Argent, 3.
Munch et Cie, rue de l'Arbre-Sec, 16; à Paris, rue Richelieu, 52.
Muron (C.) et Bunel, place Tholozan, 27; maison à Paris.
Neuville-Mas, Saunois et Cie, rue Impériale, 4; maison à Paris.

Niclot (E.) et P. Brun, soieries pour chapellerie, rue Impériale, 26; maison à Paris, rue du Temple, 55.
Noether (S.) et Cie, place Saint-Clair, 7; maison à Paris.
Ohrtmann (L.) et Cie, rue Lafont, 8; représentant Félix Dargaud, Paris, rue Riche, 23, Leipzig, Markt, 14.
Oppé et Cie, quai de Retz, 6; maison à Vienne (Isère).
Oudard (A.); place Croix-Pâquet, 5; maison à Paris.
Palluis (A.) fils et Cie, rue d'Algérie, 12; maison à Paris.
Paradis (J.) et Cie, vente et achats, rue Vieille-Monnaie, 33.
Patricot et Lecoultre, rue Romarin, 18.
Pawson (J.-F.) et Cie, de Londres, quai Saint-Clair, 10; maison à Paris, rue d'Enghien, 35.
Payen (L.) et Cie, Petite-Rue-des-Feuillants, 5.
Perdrix (E.-M.-J.) frères, quai de Retz, 9.
Pernet (E.), quai Saint-Clair, 12.
Personnaz, Lamaignière et Gardin, quai Saint-Clair, 11.
Petit (L.), p. des Pénitents-de-la-Croix, 3.
Picard (S.) jeune, (ancienne maison Isidore Picard), rue Royale, 23.
Picard (G.) et Cie, rue Royale, 14.
Pidard (A.), rue Sainte-Catherine, 13.
Ponson fils et Cie, rue Pizay, 22.
Pouquet (E.), rue Victor-Arnaud, 19; maison à Paris.
Pradère (V.-B.), rue de l'Abre-Sec, 40.
Prègre aîné et Cie, place des Terreaux, 6.
Propach (Robert), quai Saint-Clair, 3.
Prud'homme (C.), rue Royale, 11.
Quillon (J.) et Cie, rue Coustou, 4.
Rajon (L.), place Sathonay, 5; maison à Paris, boulevard Sébastopol, 83.
Ramié (A.) et Cie, rue Bât-d'Argent, 18; maison à Saint-Pétersbourg.
Rattier et Roche, rue Puits-Gaillot, 4.
Raynaud (P,), représentant en tissus anglais, rue Lafont, 6.
Ribaud (Léon), rue Victor-Arnaud, 19.
Rieu et Accary, rue Centrale, 20.
Renaud, Bussière et Chaussier, rue des Capucins, 6.
Robert, place Croix-Pâquet, 3; maison à Paris.
Rodier (Théophile), place de la Miséricorde, 5.
Roesch (L.), rue Puits-Gaillot, 19.
Rosenthal (J. et T.) et Cie, quai Saint-Clair, 7, et rue Royale, 13.
Roux et Christin jeune, rue Puits-Gaillot, 1.
Rumpf (C.) et Cie, quai Saint-Clair, 9; maison à Londres.
Royané (S.), rue de l'Impératrice, 7.
Rylands et Sons, Chandeler (R.), représentant, place Tholozan, 18.

Sandrier (P.), place Saint-Clair, 7.
Sauvage frères, rue Impériale, 1 ; maison à Paris, Leipzig, Zurich, Berlin.
Schadrack, Sacirère et Lang, place des Pénitents-de-la-Croix, 6.
Schletter (S.-G.), rue Impériale, 9.
Schuster (M.), rue Impériale, 2 ; maison à Paris.
Seigle-Agnellet, place Tholozan, 19.
Sichel (Ad.) et Co, quai Saint-Clair, 17 ; maisons à Paris, Londres et New-York.
Silve et Gellon, rue Grenette, 2.
Simon (H.), rue Romarin, 18.
Smith (Alfred), rue Saint-Polycarpe, 10 ; maison à Londres.
Sinn (John), rue Impériale, 2.
Solichon (A.) étoffes en tous genres pour ornements d'église, ameublements et articles du Levant, rue Sainte - Catherine, 17.
Sorchan, Allien et Diggelmann, place Tholozan, 24 ; maison à New-York.
Sourd (A.) et Cie, représentants, rue Ferrandière, 34.
Soulary (J.), représentant de la maison Stéphen Court, rue Royale, 8.
Stewart et M. Donald, de Glascow, quai Saint-Clair, 3, représentant Robert Propach.
Stewart (A.-T.) et Cie, rue de la Bourse, 8.
Strauss, rue des Capucins, 15 ; maison à Paris, faubourg Poissonnière, 18.
Streisguth et Cie, rue Victor-Arnaud, 3.
Sudan et Michel, rue Bât-d'Argent, 4.
Tabourier, Perreau et Bisson, rue des Capucins, 16.
Talon (J.-G.) et Cie, rue Victor-Arnaud, 7.
Terra (J.) et Cie, rue Impériale, 15.
Thompson, Pattinson et Cie, rue Bât-d'Argent, 6 ; maison à Londres.
Thirion et Daydou, rue de l'Impératrice, 5 ; maison à Paris.
Tissot aîné, représentant, rue Désirée, 1.
Trayvous (L.), Grande-Rue-des-Feuillants, 6.
Tresca (L.) et Cie, rue Impériale, 3.
Trévoux frères, rue de l'Impératrice, 34.
Valich fils aîné et Cie, rue d'Algérie, 11.
Valioud (J.) et Cie, quai Saint-Clair, 8.
Verdun (A.), quai St-Clair, 6.
Verneaux et Cie, rue Royale, 8 ; maison à Paris.
Vernet, rue Pizay, 12 ; maison à Saint-Pierre-Martinique.
Vogel (F.), et Cie, quai de Retz, 1 ; maisons à Paris, New-York et Londres.
Vulliermet et Cie, rue Montbernard, 9.
Warburg (R.-D.) et Cie, rue Impériale, 8.
Watts (S. et J.) et Co, de Manchester, quai Saint-Clair, 3, représentant Robert Propach.
Wickelmann (G.) et Cie, quai de Retz, 8.

Confection d'habillements pour hommes.

Abadie (J.-R.), cours de Brosses, 4.
Ader, place de la Croix-Rousse, 6.
Alix (veuve J.), spécialité des Monts-de-Piété, quai de l'Hôpital, 50.
Albert (A.), rue Impériale, 47.
Barbe et Cie, quai de l'Hôpital, 71.
Barral jeune, successeur de P. Ozier et Cie, maison de gros, rue de l'Impératrice, 64.
Bernard Lévy, rue Impériale, 39.
Bernard, rue Impériale, 48.
Bessand et Cie, maison de la *Belle-Jardinière*, de Paris ; à Lyon, rue Saint-Pierre, 25 ; à Paris, quai de la Mégisserie.
Blod, costumier des théâtres, rue des Célestins, 6.
Bordesol jeune, rue de Chartres, 7.
Bouton article militaire, en gros, rue de la Charité, 56.
Brébion (J.-B.), rue Centrale, 35.
Bréger, rue Impériale, 61.
Bressac, rue de la Magdeleine, 46.
Bruyas (A.), maison de gros, rue de la Barre, 6.
Cahen (A.), *Au Prince Eugène*, rue Impériale, 33.
Cahn et Isaac, *Aux Mousquetaires*, rue de l'Impératrice, 81.
Charbonnier (E.), Grande-Rue-de-Vaise, 41.
Charbonnier, cours de Brosses, 10.
Charderon (L.), manufacture en gros, rue Impériale, 52.
Colomban (R.), rue Bourbon, 42.
Chastellière, passage de l'Hôtel-Dieu, 24.
David (A.) et fils, maison de gros, quai Saint-Antoine, 33.
Fenetrier (J.), rue Impériale, 30.
Franck (Léon), *A Guignol*, rue Impériale, 48.
Fuchez, passage de l'Hôtel-Dieu, 15.
Fonteret, quai de Vaise, 39.
Gaspin (B.), Grand-Rue, 21 (Guillotière).
Gervasy, cours Morand, 25.
Gorse (J.), maison de gros, rue Confort, 14.
Grosrichard, quai de Vaise, 17.
Guillon et Cie, *Au Petit Bambin*, rue Centrale, 54.
Isidore, Grand'Côte, 27.
Isidore fils, quai Saint-Antoine, 13.
Jacob Lévy et Simon (H.), place de l'Impératrice, 4.
Jalon, maison de gros, rue des Quatre-Chapeaux, 9.
Lafont (L.), Grand'Rue, 25 (Guillotière).
Lafuste, rue d'Austerlitz, 1.
Mazière, pour enfant, rue Impératrice, 72.
Montamat, Grand'Rue-de-la-Croix-Rousse, 3.
Moreteau (P.), rue Impériale, 52.
Moreteau aîné, rue Impériale, 24.
Perraud père et fils, rue de la Pyramide, 47.

Picot et Jourdan, maison de gros, place Impériale, 44.
Régipas (J.), galerie de l'Argue, 64.
Sacerdote (J.), rue Impériale, 68.
Sermet et Achard, maison de gros, rue de l'Impératrice, 58.
Sosto, rue Bourdon, 46.
Tiradon, détail, rue Terme, 4.
Thomas (J.), quai des Célestins, 3.
Vernanchet et Cie, manufacture pour hommes et enfants, exportation, rue Impériale, 51

Confection pour Dames.

Aillaud de Bornes (veuve), rue Impériale, 36.
Berthuin (Mme), rue de l'Impératrice, 103.
Blanchet et Martin, gros et détail, rue Romarin, 16.
Boudoint (Mme), rue de l'Impératice, 1.
Clooten et Cie, rue Centrale, 31.
Daboneau et Barrard, rue Impériale, 31, *A la ville de Lyon*, magasins les plus vastes de l'Europe ; choix immense d'étoffes nouveautés.
Debalme, fabricant de crinolines et jupon, rue de l'Impératrice, 59.
Deroche (Mme), rue Neuve, 34.
Franville sœurs, (Mmes), et robes, rue de l'Impératrice, 77.
Gacon-Bouvier, rue Dubois, 48.
Glénat, fabrique unique de tissus duvet pour remplacer la peau de cygne (article déposé) pour garniture de robes et confection, broderie de duvet sur crêpe et gaze, application sur tulles en tous genres ; spécialité de tissage de la plume, rue Trouchet, 45 bis.
Gosset (Mlle), rue de l'Impératrice, 61.
Guérard et Cie, maison de gros, rue de l'Impératrice, 68.
Jourdan, *Au Louvre*, rue Impériale, 13.
Jussieu (Mme de), spécialité pour enfants et dames, place Bellecour, 16.
Lacroix, rue de la Plâtière, 9.
Longepierre, *Au Bébé*, pour enfants, mont. de l'Amphithéâtre.
Longue-Martin, rue d'Algérie, 6.
Michaland-Sangouard (Mme), et robes, rue de l'Impératrice, 98.
Miège jeune, rue Centrale, 37.
Piéry et Cie, place Saint-Nizier, 6.
Petit (Mme A.), *Au Manteau Royal*, pour dames et enfants, gros et détail, rue Centrale, 40.
Royané (S.), dentelles et guipures en tous genres, garnitures de châles et confections, rue de l'Impératrice, 7.
Seys sœurs, robes, rue Neuve, 32.
Siebenfeifer, *Au Cardinal*, r. Centrale, 30.
Tavernier (A.), fabricant de sous-jupes acier,
breveté s. g. d. g., tissus et jupons, rue Impériale, 32 ; maison à Paris.
Thomassin (Clémentine Mlle), confections pour dames et enfants, rue Impériale, 15.

Confection de tentures.

Perret (Mmes), spécialité pour rideaux, draperies, housses, etc., rue Impériale, 45.

Cordiers spéciaux pour la fabrique. (fabr.).

Béraudière, fabricant d'arcades, gros et détail, Grand'Rue-de-Cuire, 10.
Boyer (veuve), marchande, Grand'Rue-de-la-Croix-Rousse, 15.
Chardon (J.-P.), cordier pour la fabrique, fabricant d'arcades, collets-cordes pour les métiers à la Jacquard et les lisages. Commission pour tout ce qui concerne la fabrique, à des prix modérés, articles de toile en tous genres, rues Magneval, 3 et Saint-Vincent-de-Paul, 10.
Curvat, fabricant, Petite-rue-de-Cuire, 3.
Gauthier (Mlle), marchande, rue Vieille-Monnaie, 19.
Gautier (F.), filature de chanvre, arcades, collets et cordes pour les métiers à la Jacquard et les lisages, boulevard de l'Empereur, 95 (Croix-Rousse).
Raquet (veuve), fabricant de cordes d'emballages, arcades et collets pour la fabique des étoffes de soies, rue Pailleron, 14.
Silvan, fabricant, avenue de Saxe, 70.
St-Genis (J.-B.), fabricant, rue Vieille-Monnaie, 14.

Corsets (fabr. de) et fournitures.

Augarde, maison de gros, rue Centrale, 40.
Bajard (M.), rue Neuve, 28.
Beaumont sœurs, rue Centrale, 38,
Bellet L. et Cie, buscs, mécaniques et agrafes, rue Madame, 107.
Bernier (veuve A.), en gros, r. Mercière, 40.
Berthet, place du Petit-Change, 1.
Billet (F.), rue de la Bourse, 45.
Bobilier (E.), mécaniques pour corsets, rue Belle-Cordière, 4.
Bois-Bongrand, rue de l'Impératrice, 68.
Boisson-Gazanion, gros, place Impératrice, 8.
Borel-Constant, représentant pour les tissus pour corsets et pour le crépin et la chaussures, rue Belle-Cordière, 4.
Boulharde, maison de gros, rue Suchet, 23.
Boziny, à façon, rue Thomassin, 13.
Brun et Cie, maison de gros, r. Centrale, 44.
Cabanon (Mme), recommande aux dames son nouveau corset-brassière pour enfant. Breveté, Prix : 5 fr. — Elle recommande également ses corsets dont la coupe et la confection sont des meilleures, ainsi que ses

ceintures-ventrières en tous genres. Spécialité pour les tailles déviées. — Rue Centrale, 1, l'allée joint l'église St-Nizier.

Cantuel et Savoye, fabr. de corsets et chemises en gr., brev. s. g. d. g., r. Mercière, 90.

Chaput (Mlle), rue Mercière, 67.

Chauvet, gros et détail, rue Bourbon, 47.

Chavat et Cie, rue Impériale, 43.

Cochet, rue Terme, 16.

Defarge (Mme), rue Bât-d'Argent, 17.

Degalle, mécaniques à corsets, r. Grenette. 34

Des Bruyères (Mlle), rue Tholozan, 14.

Desvignes (L.) et Cie, successeurs de Mme Jaillet, corsets en gros, exportation, rue Saint-Côme, 8, au 1er.

Duchamp (Adèle) et Cie, exportation, rue Quatre-Chapeaux, 5.

Fabre et Ravier, à Sans-Souci, maison de gros, chemin des Tournelles.

Friard et Mettey (F.), maison de gros, rue de l'Impératrice, 33.

Fils, place du Prince-Impérial, 7.

Garnier (A.), *Aux Deux Créoles*, place St-Nizier, 5, fabrique en tous genres, corsets orthopédiques, corsets-ventrières, brassières et ceintures.

Gelet (Mme), rue Hippolyte-Flandrin, 3.

Gely (Vve), rue Mercière, 13.

Giraudier et Cie, maison de gros, r. Tupin, 34.

Goyet (Mlle), rue Cuvier, 29.

Groche-Ricanet (Mme), rue d'Egypte, 2.

Guigue (Vve), rue Centrale, 23.

Jomand (Mlle), rue Vendôme, 131.

Lafay-Bugnot, plastiques, rue de l'Impératrice, 85.

Lambert (Mlle), rue de l'Impératrice, 52.

Laissu (A.) place impériale, 55.

Léon, rue Bourbon, 15.

Marnet-Veuillet, rue Ferrandière, 36.

Martin (Mlle), rue Grenette, 19.

Martin, buses pour corsets, av. de Saxe, 124.

Martin (A.), rue Centrale, 15.

Martin (Mlles), quai de Vaise, 30.

Michaud (Mme), rue Quatre-Chapeaux, 16.

Moretti (Mme), rue St-Pierre, 16

Moiroux-Brun, rue Centrale, 23.

Moulin (Mme), rue Pailleron, 8.

Mounier (Véronique), montée St-Barthélemy, 7.

Nuer (Mme), Grand'Côte, 122.

Ostermann (L.), rue Saint-Dominique, 13.

Pasquier (Mme), fab. de corsets, rue de l'Impératrice, 100.

Passas (Mme), rue Vieille-Monnaie, 19.

Peysson (Mme), rue Impériale, 28.

Pauthonnier, fournitures, rue Vaudray, 15.

Prel, rue du Commerce, 37.

Priez (L.) et Prel jeune, fournitures Grande-Rue-Longue, 9.

Rey (Mlle), place Impériale, 58.

Reymond (Mme), rue Impériale, 58.

Robert (Mlle), rue Saint-Dominique, 17.

Roget (Mme), maison de gros, rue Thomassin, 5.

Rorher (Mlle Pauline), rue St-Dominique, 13.

Sarcey (Mme), rue Grenette, 36.

Veyrandon (Mlles), cours Morand, 25.

Cotons en bourre et filés.

Arlès-Dufour (C. ✳) et Cie, place Tholozan-19; maisons à Paris, Marseille, Bâle et Créfeld.

Arnaud, coton pour mercerie, r. Grenette, 12

Augier (D.), rue Childebert, 5.

Bertrand (Ch.), cotons à tisser et à tricoter, laines à broder et à tricoter, rue St-Nizier, 6.

Blein (J.-M.), retordeur de coton, rue Tête-d'Or, 107.

Bloch (Maurice), cotons en tous genres, rue Gasparin, 19.

Boissière (A.) et fils, représentés par Dubost, rue Pizay, 3.

Bouez (L.) filature et retorderie, dépôt rue Romarin, 33.

Brante (A.) fils, cotons filés et fantaisies, pl. des Capucins, 2.

Challiol, glaceur sur cotons, rue Tronchet, 89.

Charmillon-Mayet, laine et coton filés, rue Saint-Polycarpe, 6.

Clunet, déchets et fils blanc de filature, rue Saint-Polycarpe, 10.

David (F.-A.) et Cie, fabrique d'ouates, usine à vapeur, rue Juiverie, 20.

Desgeorges (F.) et Cie, rue Puits-Gaillot, 19.

Dobler, Rodolphe et Cie, coton, laine et déchets, rue Malesherbes, 33.

Duparquet (A.), mèches pour chandelles, cité Napoléon.

Farge-Girard, mercerie, rue de l'Impératrice, 65.

Fugier (veuve), fabrique de cardes, rue de la Préfecture, 1.

Gache, carde de coton et laine, rue Grenette, 35.

Hogard et Cie, coton filé et retord, quai de Retz, 2.

Horoy (N.), coton pour mercerie, r. Mulet, 6.

Igonnet (H.), et Cie, cotons filés, bourre de soie et fantaisie, quai Saint-Clair, 16.

Jallade-Crépet, cotons filés et retords en tous genres, spécialité de glacé et gaze, blanchi, écru et teint, laines et fantaisies, rue Romarin, 13.

Janselme, fabrique d'ouates, r. de Précy, 42.

Kunz, filateur, rue de l'Arbre-Sec, 16.

Le Bas (Albert), blanchissage de fils et cotons en tous genres, rue Suchet, 7.

Osmont fils aîné, cotons filés et retords, rue Puits-Gaillot, 15.

Pasquet, Knoeri et Cie, rue Vieille-Monnaie, 33.

Perrin, fabr. de cardes, et coton en bourre, rue Tramassac, 2.

Raffard et Chassignol, rue des Capucins, 25.

Rambaud-Thoral et Sestier, cotons et laines, quai de Retz, 7.

Ruef (F.), coton, schapp et laine, rue Royale, 17.

Scotti (R.) et Chavanes, commissionnaires, quai de Retz, 10.

Soviche (G.) et Karcher (L.), Petite-Rue-des-Feuillants, 2.

Thiallier (Antoine), cotons simples, moulinés et retords, rue Impératrice, 49.

Vial (C.), cotons filés à tisser et à tricoter, teinture et moulinage, rue des Remparts-d'Ainay, 4.

Vernier (Francisque), cotons filés et retords, rue Mulet, 18.

Coupeurs de poils pour la chapellerie.

Eschenbrenner et Cie, poils anglais de la maison de Clermont, Donnet et Lee de Londres, entrepôt, quai de la Charité, 30, usine à Schiltigheim, près Strasbourg, (Bas-Rhin).

Gaillard, rue de la Thibaudière, 36.

Pitiot fils et Bugey, quai de la Charité, 4.

Vallin, à Monplaisir, route de Grenoble, 21.

Couvertures (fabricants de). — Voyez *Literie.*

Albrand-Revol, fabr. en laine, rue d'Aguesseau, 5.

Accary (veuve) et fils, fabricant, rue Centrale, 24.

Bergeret (E.), Bourret, Bouvier et Vigne, rue Bât-d'Argent, 11.

Boirivant (C.) et Bruyas, rue Bât-d'Argent, 3 ; fabrique à Réaumont (Isère).

Bremont (H.), dépôt, rue Chilbebert, 17.

Cazeneuve et Pradère, fabricants, rue de Chartres, 10.

Coste, impression sur couvertures, rue de Chartres, 103.

Desjardins, dépôt de couvertures, coton, tricot, brevetées s. g. d. g., grande médaille de 1re classe, rue des Forces, 2.

Dumont (veuve H.) et Cie, fabr. rue Dubois, 9.

Giroud (J.-J.), usine hydraulique à Seresin-du-Rhône (Isère, spécialité pour les belles couvertures laine blanche, pour voyage et chevaux, blanchissage de vieilles couvertures pour les administrations et le commerce, rue Grenette, 11.

Laurent, marchand, quai Saint-Antoine, 19.

Mary (Mme), fabrique de couvertures de laines, rue Grenette, 16.

Miegemolle, fabricants en bourre de soie, place du Pont, 12.

Mignot (Paul), fabr., pl. du Gouvernement, 4.

Morin (L.), fabricant en indiennes piquées, rue Gasparin, 14.

Morin (J.), fabricants de couvertures en tous genres, place Neuve-Saint-Jean, 1, derrière le Palais-de-Justice.

Pradère (B.), fabricant en soie, rue de l'Arbre-Sec, 40.

Pradère frères, fabricants en soie, cours de Brosses, 15.

Regny-Josserand, fabricant, cours Perrache, 22.

Revol et Ville, fabricants, rue Belle-Cordière, 26.

Découpage d'étoffes.

Duvernay, rue du Commerce, 15.

Muffat, découpage et gaufrage sur velours, haute nouveauté, rue Saint-Polycarpe, 16.

Ronzière, découpage d'étoffes et gaufreur sur rubans, crêpes et tulles, Grand'Rue-Longue, 15.

Tavernier-Micolon, spécialité pour le découpage de velours au rasoir, sur étoffes fabriquées, rue Madame, 21.

Dégraisseurs pour la Fabrique.

Armand (veuve), rue Terraille, 9.

Bessenay (F.), rue Désirée, 21.

Bevoz, rue du Griffon, 13.

Bévoz (Mme), rue Romarin, 7.

Bouvery (J.), rue de Thou, 4.

Carret, rue du Griffon, 3.

Chavel (Mme), rue des Capucins, 22.

Cordier (C.), Grande-Rue-des-Feuillants, 2.

Genillon, place Croix-Pâquet, 8.

Jannard (Mme), place Croix-Paquet, 11.

Loste (Jh.), place Croix-Pâquet, 4.

Lyon (Mme), rue Romarin, 3.

Maltère (J.), rue Terraille, 6.

Maréchal (Mlle), rue du Griffon, 8.

Peillon (Mme), rue Désirée, 9.

Poizat (S.), place Croix-Pâquet, 2.

Reynard, rue Désirée, 6.

Trinque (Mme), rue Saint-Claude, 2.

Dentelles (fabrique de).

Association des Tullistes, rue du Griffon, 1 ; fabrique de tulles dentelles unis en tous genres, nouveautés, façonnés, damassés et lama, directeur : J. Guillard.

Aymard, rue Bourbon, 34.

Bailly fils, points d'Espagne or et argent, rue la Préfecture, 10.

Baron (Mme), détail, r. de l'Impératrice, 97.

Baud (Mme), place Bellecour, 7.

Berchoux et Cie, rue Centrale, 15.

Berger sœurs, rue de l'Impératrice, 5.

Berthier (Joannès), fabrique de tulles et dentelles, rue Saint-Polycarpe, 16.

Bonnardel (J.) et Boirayon, r. Impériale, 35.
Berliet et Cie, fabrique de dentelles, lama et tulle, rue Impériale, 5.
Biscornet, dentelles en gros en tous genres, rue de l'Impératrice, 32.
Bongiraud (V.), rue Neuve, 26.
Boncharlat jeune, fabrique de dentelles, tulles brodés, place Croix-Pâquet, 5.
Boussuge (A.), quai de Retz, 17.
Boyer (veuve), détail, rue Terme, 18 ;
Boyer-Gros (veuve) et Cie, fabrique de dentelles, tulle nouveauté et broderies, articles de Saint-Quentin, d'Alsace et de Tarare, rue Saint-Marcel, 38.
Breul et Cie, rue Centrale, 50.
Bruchon et Jacquin, Cambrai et Lama, rue Mulet, 18.
Carterade-Dumas, rue Saint-Joseph, 1.
Champallier (A.), breveté, s. g. d. g., fabrique, rue Griffon, 9.
Chapeaux (Mme), tulles et voilettes, rue Royale, 18.
Charbon (C.), tulles soies, dentelles et broderies, maison de gros, r. Impératrice, 49.
Chatillon-Brunot, détail, rue Centrale, 52.
Costadau et Pelloux, tulles, rue de l'Impératrice, 13.
Dechance (Mlle), fabrique, r. Impériale, 36.
Delormage, tulle, rue Mercière, 42.
Dognin ✳ et Cie, rue Puits-Gaillot, 1 ; fabrique, rue Pelletier, 8 (Croix-Rousse) ; à Paris, et à Londres.
Dolfus-Moussy et fils, imitation dentelles, tulles façonnés, rue Lafont, 18 et 20.
Gallice (C.), rue Bât-d'Argent, 10.
Gallois et Mériel, et guipures, rue de l'Impératrice, 70.
Garnier (P.) fils, fabrique de tulles-dentelles, rue Royale, 19.
Geay (P.) et Cie, fabricants de tulles-dentelles soie et lama, médaille de bronze, exposition du Hâvre, 1868, rue Lafont, 22 ; maison à Paris, r. des Jeûneurs, 24.
Gourgaud (J.) et Cie, fabr. de tulles, dentelles laine et soie, rue Royale, 18.
Guillot (J.), rue Pizay, 9.
Guttin père et fils, frappage de dentelles sur crêpe, rubans, etc., chemin de l'Oratoire, 6 (clos Bissardon).
Guyon (Mme), rue Romarin, 33.
Hebrard fils, Rivoire et Cie, broderies, rue Impériale, 11.
Idril (J.), fabr. de dentelles Cambrai et Lama en tous genres, rue Constantine, 20, près les Terreaux.
Jallade frères, fabr. de tulles et dentelles, rue Impériale, 1.
Lachal-Denis, rue de la Pyramide, 12.
Legros (veuve), fabr. de voilettes en tulle, rue de l'Impératrice, 15.
Lelarge et Cie, fabr. de dentelles noires, rue de l'Arbre-Sec, 25.

Lepage-Planus, rue de l'Impératrice, 56.
Peroche (Mme), dépôt et fabr. de dentelles du Puy, rue des Forces, 1, angle rue Impératrice.
Pichoz père, fils et Cie, dentelles, blondes, rue St-Pierre, 4.
Placet (E.) et Cie, grande manufacture, rue Impériale, 6.
Poy-Fourchet (Mme), rue Saint-Pierre, 13.
Pulliat (J.), imitation, rue Impériale, 5 ; maison à Paris,
Raffard (E.), fabricant, breveté s. g. d. g., rue Désirée, 2.
Reboullet fils, rue Impériale, 24.
Rippard (C.), Argoud et Cie, r. Grenette, 3.
Roque (C.) et Cie, Petite-Rue-des-Feuillants, 5.
Roux (E.), rue Saint-Pierre, 33.
Royané (S.), fabr. de dentelles et guipures en tous genres, vraies et imitations, rideaux guipures et mousselines brodées, rue de l'Impératrice, 7.
Saurou et Béguin, en gros, rue de l'Impératrice, 42.
Scherer (Mlle), rue de l'Impératrice, 50.
Strauss, tulle, voilettes nouveautés, rue des Capucins, 15 ; maison à Paris.
Terrasson, fabricant, rue de l'Impératrice, 101.
Verdaulon (veuve) et fils, quai Saint-Antoine, 36.

Dessinateurs (Cabinets de) *pour la Fabrique.*

André Vigouroux (cabinet de 1er ordre), ameublement façonné et imprimé, tapis de table, nouveautés pour soierie, façonnée, impressions pour chaîne et tissus, articles du Levant, ornements d'église, linge damassé et rideaux, place Tholozan, 18.
Bergeret et Imbert, nouveautés, place Tholozan, 21.
Bergeret, foulards, pl. de la Miséricorde, 4.
Bléchy, tulles, rue Saint-Polycarpe, 3.
Bourchanin, tulles, place Croix-Pâquet, 2.
Bouillier (A.), nouveautés, q. d'Orléans, 1.
Boullier et André, nouveautés, rue du Garet, 4.
Bruyère et Hébert, nouveautés, rue des Capucins, 14.
Chifflet (P.), tulles et ornements d'église, rue St-Pierre, 16.
Constantin, linge de table et meuble, rue du Commerce, 36.
Douillet, en bannières, rue Monsieur, 60.
Lachapelle, tulle, place des Capucins, 3.
Leture, nouveautés, rue Coustou, 4.
Mesoniat et Baudin, nouveautés, rue du Griffon, 10.
Mertz et Benoît, cachemires, r. Coysevox, 3.
Moulin, nouveautés, place Croix-Pâquet, 1.

Polme, nouveautés, place Croix-Pâquet, 11.

Pompaski père et fils, ornements d'église, rue Lafont, 8.

Reverchon, dentelles et tulles, Grande-rue-des-Feuillants, 4.

Rostain, spécialité pour gilets et cravates, rue Imbert-Colomès, 37.

Roux, nouveautés, meubles et tapis, rue du Griffon, 3.

Trouillet, linge de table, cours Vitton, 48.

Veuillet et Lusy, successeur de Pognan et Conty, nouveautés, ameublements façonnés, linge damassé, etc., rue du Commerce, 41.

Villard et Cuissard, nouveautés, rue du Griffon, 14.

Dessin (Fournitures de).

Audaz, quai d'Orléans, 7.

Dusserre, à la *Palette-d'Or*, place des Terreaux, 25.

Meunier père et fils, rue Saint-Pierre, 9.

Dessinateurs en broderies.

Arnaud (Mlle), rue de l'Arbre-Sec, 9.

Audran (E.), sur canevas, rue Centrale, 32.

Bazalgette (V.) et Rozet, rue de l'Impératrice, 62.

Bergeron (Mme), cours Morand, 24.

Bouget (Mme Vve), nouveautés et ornements d'église, exportation, rue Vieille-Monnaie, 23.

Branca, pour églises, rue Lanterne 13.

Dally (Jules), dessinateur breveté s. g. d. g., spécialité pour broderies mécaniques, rue Dubois, 14; ci-devant place Sathonay, médaille Cobden à l'exposition ouvrière de Londres.

Finand-Bony (Mme), spécialité pour lingerie de trousseaux, rue Bât-d'Argent, 8.

Hirsch, sur tulle, rue Impériale, 7.

Juveny (Mlle), rue Vieille-Monnaie, 27.

Leroy, rue Bugeaud, 62.

Liobard (G.), seul successeur de J.-C. Dally, dessinateur pour la broderie, maison du *Bon-Pasteur*, impressions sur mousseline, tulle, soie, drap, cachemire, velours, etc., place Sathonay, 6.

Métroz, rue Bourbon, 8.

Morel (Joseph), dessins et peintures pour ornements d'église, rue Terme, 12.

Philibert (Mme), rue Centrale, 21.

Pochon (Mlle), rue Bât-d'Argent, 2.

Pompaski père et fils, ornements d'église, peintres de bannières et autres genres, rue Lafond, 8.

Pouzols-Darne (Vve), rue Impériale, 66.

Seppe (P.), spécialité pour broderie d'uniformes civils et militaires, fournitures maçonniques, fanfares et pompiers, r. Centrale, 3.

Storck (Mlle), rue Impériale, 7.

Van-Doren, pour églises, rue des Augustins, 11.

Vincent (Mme), rue de l'Impératrice, 104.

Deuil (Nouveautés pour).

Arnoult et Cie, rue Saint-Pierre, 2.

Artaud (J.), rue Pisay, 11.

Bernardin (L,) fab. de cols bandes, voilettes, en crêpes brodés et nouveautés, commission, exportation, montée Saint-Barthélemy, 26.

Beysson et Ramet, (Mmes), rue de l'Impératrice, 55.

Chéreau fils, fabrique spéciale de cols et voilettes crêpe, parures, etc., commission et exportation, rue de l'Impératrice, 29.

Cochet (G.), rue Impériale, 65.

Daboneau et Barrard, rue Impériale, 31. *A la Ville de Lyon*.

Hodieux et Salvy, place de l'Impératrice, 9.

Lachal-Denis, rue de la Pyramide, 12.

Landry et Cie, *A l'Immortelle*, rue Impériale, 17.

Michel (C.) fabrique de cols, crêpes et grenadines, place des Terreaux, 7.

Parceint (Mme), fabrique de cols, crêpes et articles de deuil, envoi d'échantillons, rue Mercière, 9, près la place d'Albon.

Perrot (Henry) *Aux Deux Passages*, rue Impériale, 36.

Ponthus (Henry), *Au Sablier*, rue de l'Impératrice, 98.

Raffard (E.), rue Désirée, 2.

Ravier (J.) et Cie, fabrique de cols crêpe et grenadine, voilettes et bandes, exportation, quai de Retz, 6.

Roux (E.), fabrique de cols de crêpe, manches et parures, rue Saint-Pierre, 33; maison à Paris.

Royané S.), achats à la commission, grands choix de cols crêpes, rue de l'Impératrice, 7.

Ruel et Buscoz, rue Saint-Marcel, 34.

Strauss, voilettes, hautes nouveautés pour modes, rue des Capucins, 15.

Dorures et étoffes pour ornements d'église (Fabr. de).

Amy (F. Vve.), fab. de découpures et de diamants pour broderie, rue de La Martinière, 8.

Aubert et Fournier, broderie et lingerie d'église, treillis et lustrines, rue du Plâtre, 6.

Bailly fils aîné, dentelles et points d'Espagne, rue de la Préfecture, 10.

Barban (J.-V.) et Masson, ornements d'église, rue Mercière, 26.

Bardin et Cie, étoffes pour ornements d'église, rue Romarin, 12.

Bellon (B.), dorure et passementerie en tout genre, rue Sainte-Catherine, 11; exportation.

Bergier (G.), fabrique de dorures, tirage d'or, franges, traits filés, lames, cannetilles, paillettes, commissions étoffes, soieries nouveautés et ornements d'église, exportation, bobinage mécanique des soies et coton à coudre, fils d'or et d'argent à métrage fixe, rue du Jardin-des-Plantes, 9.

Blancard frères, ornements d'église, rue du Griffon, 5.

Bonvalot, broderies d'église, r. Romarin, 18.

Borday (A.), fabrique de dorures, ceintures ecclésiastiques, passementeries, enjolivures, rue Terme, 22.

Bosson (F.), fabr. de passementerie or et soie, spécialité de frange soie unie et nuée, article byzantin, place Saint-Pierre, 2.

Bovey (E.), achat de vieilles dorures, rue Soufflot, 3.

Bret (A.), équipement militaire et passementerie en dorure, rue Bourbon, 15.

Brunier-Maréchal fils, pour militaires, quai de Retz, 12.

Chassaignon-Dominget, fab. d'étoffes et de broderies or, argent et soie, chasublerie, lingerie pour église, rue St-Jean, 70.

Clémenso (C.) et Cie, rue d'Algérie, 16.

David (J.) rue Vieille-Monnaie, 4.

De Clavière (G.) et Cie, soieries et broderies or et argent pour ornements d'église et militaires, rue Saint-Marcel, 30, maison à Paris.

Degabriel père, fils, Bourrin et Cie, r. Bât-d'Argent, 6, dorures fines et mi-fines pour broderies en tous genres, usine à vapeur à Saint-Paul-en-Jarret (Loire).

De la Rue (D.), successeur de l'ancienne maison Jouve frères; soieries et dorures pour ornements d'église, ameublements, broderie et passementerie, rue de l'Arbre-Sec, 3; maison à Bruxelles, r. Galilée, 14, boulevard de l'Observatoire.

Desgrange, fabrique de gaze or et argent, rue Bât-d'Argent, 2.

Desalla (F.), dorure fine et mi-fine, rue du Garet, 13.

Dine jeune et Cie, en tous genres, rue de la Platière, 12.

Douillet (E.), fabrique de banières d'église, rue Monsieur, 60.

Dumur (Ch.), rue d'Algérie, 22, broderies, soiries pour ornements d'église, passementerie or argent, filés en tous genres (exportation, fabrique et usine hydraulique à Fontaines (Rhône), maison à Paris, rue de Mezières, 7.

Durret (P.), traits or et argent, quai de Retz, 24.

Dutel (G.) et Cie, dorures, passementeries, broderies, rue Puits-Gaillot, 7.

Escoffier (P.) et Cie, rue d'Algérie, 6.

Fichet frères, Muraour et Cie, fabrique spéciale de filés or et argent, traits, lames, cannetilles, paillettes, découpures et étoffes brochées, rue Terme, 20.

Frinzine et Duviard-Dime, fabrique de dorures, passementeries, broderies or et argent, soieries pour ornements d'église, rue Saint-Marcel, 23.

Gauthier (Auguste), dorures fine, mi-fine et fausse, broderies et étoffes, rue Constantine, 12.

Gillot, br. s. g. d. g., fabr. d'étoffes, ornements d'église et ameublements, rue Ste-Catherine, 13.

Girerd frères, dorures et soieries, rue du Bât-d'Argent, 12.

Guibout (Jules) et Cie, passementeries et ornements d'église, rue des Capucins, 16; maison à Paris.

Guillermin et Louis, rue des Capucins, 19.

Henry (J.-A.), ancienne maison A. Henry et Jouve, dorures, passementeries, broderies civiles et militaires, ornements d'église, soieries, rue du Garet, 3.

Jacob-Desportes, rue des Marronniers, 6.

Jaillard père et fils, maison fondée en 1768, ornements d'église, tréfileries et articles militaires, rue Impériale, 12.

Jumont, Buer et Cie, équipement militaire, place Bellecour, 5.

Lara (J.-B.), pour militaires, rue de l'Impératrice, 105.

Louis (M.-J.), associé de Siméan, place Sathonay, 4.

Marin, paillettes or et argent, Grand'Rue-de-Cuire, 95.

Mas (P.), successeur de Mme Delport, fabrique de paillettes or et argent, rue Vieille-Monnaie, 15, dans la cour.

Moreau-Paufin, fabr. de ceintures soie et laine pour ecclésiastiques, bas et gants pour évêques, articles pour tribunaux, place Saint-Jean, 8.

Morel et Cie, pour église et militaires, rue de l'Impératrice, 9.

Multier (F.) et Payan, rue Impériale, 7.

Olivier-Saint-Cyr, représentant, quai de Retz, 16.

Panisset, pour civils et militaires, passementerie, place Kléber, 3.

Peyrot aîné, fabrique de dorures, équipements militaires, spécialité d'épaulettes or et argent, galons, broderies, ceinturonnerie, coiffure, armes blanches, rubans, décorations françaises et étrangères, assortiment de bijoux et insignes maçonniques, bannières pour société, rue Impériale, 47.

Picollet (J.) fils et Cie, soies pour dorures et broderies, Grande-Rue-Longue, 20 et 22.

Roche (H.), broderies or et argent, quai Saint-Vincent, 51.

Rodes (Fr.), place Miséricorde, 4, fabr. spéciale de filés or et argent fins pour passementeries, broderies et l'exportation, dépôt à Paris, chez Albert Perrot, St-Denis, 243.

Roux (B), fabrique de dorure, passementeries et enjolivures or, argent et soie, ornements d'église, rue Saint-Polycarpe, 9, et rue Romarin, 12.

Seur (P.) et Peyrot jeune, pour militaires, rue Saint-Pierre, 48.

Siméan et Cie, fabr. de dorures fines, mi-fines, fausses, broderie, passementerie civile et militaire, place Sathonay, 4.

Solichon (A.) étoffes en tous genres pour ornements d'église, ameublements et articles du Levant, rue Sainte-Catherine, 17.

Tarpin père et fils, tréfilerie d'or, d'argent, rue Lafont, 8; maison à Paris, rue Montmorency, 13; usine à Persan-Beaumont (Seine-et-Oise).

Trouillet, paillettes or et argent, rue Imbert-Colomés, 22.

Truchy et Vaugeois, quai de Retz, 16; maison à Paris.

Volay, Verger et Cie (ancienne maison Moulin et Cie), passementerie en dorure de tout genre, civile et militaire, spécialité pour ornements d'église, broderies soie et étoffes brochées, articles du Levant, traits, lames, filés, galons, dentelles, etc., rue Impératrice, 1.

Doublures.

(Voyez Articles du Beaujolais.)

Drapiers.

Aubert et Fournier, spécialité pour communautés religieuses, rue du Plâtre, 6.

Aynard ✳ et fils, rue Impériale, 19

Bergeret (E.), Bouret, Bouvier et Vigne, rue Bât-d'Argent, 11.

Boucaud (J.) et Cie, rue de l'Impératrice, 70.

Bouland, quai Saint-Antoine, 10.

Charrin et Cie; Garcin et Cie, successeurs, draperies et soieries, rue Centrale, 11; comptoir à Alexandrie (Egypte).

Darnat frères, quai de Retz, 22.

Darnat (F.) et Cie, nouveautés, rue de l'Impératrice, 19.

De Saint-Jean et Cie, r. de l'Impératrice, 46.

De Saint-Jean-Vadon, rue Dubois, 15.

Dufour frères et Co; représenté par P.-H. Kiener, rue Saint-Nizier, 6; Londres, Bradfords, Manchester et Leeds.

Dubœuf (J.-B.), clergé et la magistrature, rue Saint-Jean, 48.

Fénétrier et Morin, rue Bât-d'Argent, 2.

Garel-Lacroix, rue Dubois, 3.

Gayet et Cie, nouveautés, rue Centrale, 6.

Genin aîné et Cie, nouveautés et lainage noir, rue Mercière, 62.

Grobon (J.) aîné et Cie, nouveautés, rue Saint-Pierre, 39.

Huit-Fidor et Vincent, rue de l'Impératrice, 25.

Lambert et Cie, rue Saint-Pierre, 26.

Laroque aîné et Cie, rue de la Fromagerie, 3.

Lombard, Sofferand et Chapoton, rue Grenette, 21.

Méry-Samson, J. Samson et A. Fleuriot; représenté par Richard, quai de Retz, 21.

Pichot jeune et Cie, rue de la Fromagerie, 9.

Pouget et Bertrand, rue de l'Impératrice, 19.

Reynaud et Cie, rue Centrale, 18.

Roudet et Cie, rue de l'Impératrice, 38.

Silvan, Sanimorte et Cie, rue Dubois, 4.

Silve et Gellon, spécialité de gilets coutils et velours anglais, rue Grenette, 2.

Souvras, Chevalon, Vigne et Cie, rue du Plâtre, 8.

Supéry, rue Luizerne, 12.

Talon fils et Cie, soieries et nouveautés, rue de l'Impératrice, 62.

Touni (A.), rue Centrale, 10.

Tournissoud frères et Monternot, rue Quatre-Chapeaux, 1.

Vernay Brachet et Cie, rue Centrale, 22.

Villaret et Cie, et nouveautés, rue Tupin, 38, et rue Impériale, 33.

Wormser, drapier, rue de la Préfecture, 10.

Draps (Coupons de).

Clauri (V.), lisières de drap, rue Ferrandière, 42.

Collomb (veuve), coupons de drap, rue Luizerne, 5.

Drivon, rognures et lisières de draps et de velours, rue Lanterne, 10.

Labit, rue Valfinière, 2.

Levy (Michel), place d'Albon, 13.

Levy (Alexandre), rue Grenette, 8.

Rossi (L.), coupons et lisières, quai de l'Hôpital, 10.

Sauge, rue de la Valfinière, 3.

Supery (F.), rue Luizerne, 3.

Weigel, rue Luizerne, 4.

Droguistes pour la teinture.

Berthoz (L.) fils aîné, commissionnaire, rue Saint-Côme, 7.

Bidaut père et fils, fabrique de bleu, rue Sainte-Catherine, 13.

Biétrix aîné et Cie, rue Lanterne, 20.

Burnicat jeune et Fuzier, rue Lanterne, 24.

Cherblanc, rue Tupin, 10.

Chevalier, amidon translucide et gommeline dextrine, breveté s. g. d. g., pour apprêts de tulles et de dentelles, médaille à l'exposition universelle de 1867, rue Montesquieu, 24, et rue de Marseille, 18.

Chauvet et Solignac, quai Castellane, 29.

Collin-S. et Aubert, fabrique de savons pour teinture, rue Neuve, 19, aux Charpennes-Lyon.

Comte (E.) et E. frères, commissionnaires, rue Malesherbes, 37.

Dubost (L.), rue des Capucins, 20.

Farges, fabrique de bleu, rue Lanterne, 4.

Favre et Cie, quai Saint-Vincent, 61.

Ferrus-Bony, rue Childebert, 5.

Franc (Théophile), fabrique de carmin, rue Neuve, 7.

Gilliard (M.), quai de Retz, 6.

Girard (Ant.) et Cie, droguerie et produits chimiques pour impression; teinture et papeterie, rue des Augustins, 8.

Girard (Augustin), rue Sainte-Marie, 2.

Henry et Cie (C.-A.), bleu pour l'azurage, place des Cordeliers, 6.

Hominal-Goutines, fabr. de cristaux de soude et savons, cours d'Herbouville, 48.

Imbert (J.) aîné, place de l'Ancienne-Douane, 5.

Jomain et Cie, rue Sainte-Catherine, 11.

Malibran, quai de l'Hôpital, 10.

Marcout (J.-B.), place du Gouvernement, 5.

Mélot, rue de l'Arbre-Sec, 27.

Mulaton (C.) et Cie, rue Neuve, 12.

Nachury, fabrique de bleu, rue Constantine, 1.

Ozier frères, amidonnerie modèle de toutes espèces et gluten, rue Béchelin, entrée rue de Marseille, 35.

Pernel frères, quai Castellane, 31.

Philippe (Adolphe), ancienne maison A. Philippe et Cie (Docks lyonnais), syndicat des produits ammoniacaux, magasinage public, avances sur marchandises, ventes publiques, dépôts et consignations, achats et ventes à la commission, produits chimiques, grosse droguerie pour teinture, papeteries, apprêts et impression, rue Tronchet, 42.

Prunier (P.), spécialité de matières colorantes pour la teinture, breveté s. g. d. g., à Pierre-Bénite (Rhône).

Ravier-Millou, cours Morand, 31.

Renaud (J.-L.) et Jay, rue Lanterne, 28.

Rubsamen et Remp, quai Castellane, 6.

Venet (P.), rue Vendôme, 94.

Verchère jeune, rue Lanterne, 23.

Ecoles pour la Fabrique.

Audibert (P.), rue Imbert-Colomès, 37.

Bourbon, montée Bonafous, 4.

Chantre, boulevart de l'Empereur, 21.

Girardy (J.), professeur, rue Imbert-Colomès, 5.

Maisiat (S.), rue Vieille-Monnaie, 7.

Martin (C.), rue Ornano, 2, professeur à l'école Dominicale, rue Vauban, 23.

Meyssin, professeur de fabrique, rue des Capucins, 2.

Peyot (F.), professeur de théorie, auteur du Cours complet de fabrique pour les étoffes de soie. Cet ouvrage a mérité l'approbation de la Chambre de commerce de Lyon et une mention à l'exposition universelle de 1867, place Croix-Pâquet, 5.

Emballeurs.

Bernoud (L.), rue des Capucins, 29.

Bizet, place des Pénitents-de-la-Croix, 1.

Borel (J.), rue Gentil, 4.

Bruiset et Buy, rue Terraille, 22.

Brun jeune, rue Sainte-Catherine, 17.

Brunier, Petite-Rue-Pizay, 4.

Carret père et fils, rue Impériale, 10.

Carret et Forrat, rue des Capucins, 14.

Charrin, rue Royale, 19.

Charles aîné, rue Victor-Arnaud, 15.

Combet et Ravassod, place Tholozan, 21.

Delorme (A.), rue Royale, 16.

Deneuville et Debeau, pl. de la Comédie, 25.

Depigny et Desserey, rue Bât-d'Argent, 17.

Dubourget et Fraque, rue Royale, 17.

Dupéray (C.) quai Saint-Clair, 8.

Latour, rue Royale, 23.

Maître-Brun (J.), rue des Capucins, 25.

Malleval et Cie, rue de Thou, 5.

Mermod frères, rue Victor-Arnaud, 13.

Millet (A.), rue Terraille, 18.

Monnoyeur jeune, rue du Garet, 5.

Moussy et Mangier, Petite-Rue-des-Feuillants, 9.

Pardon (J.) et Peillon jeune, rue de l'Arbre-Sec, 38.

Peillon et Giboz, rue de l'Arbre-Sec, 12.

Pessat (J.-B.), rue Saint-Bonaventure, 9.

Peytel, Petite-Rue-des-Feuillants, 5.

Pourchet et Margueron frères, rue du Garet, 9.

Raginel (F.), rue de l'Arbre-Sec, 31.

Tavernier, rue de la Bourse, 10.

Trizac, rue de l'Arbre-Sec, 27.

Epingliers pour la Jacquard.

Bal (J.-B.), rue Pouteau, 11.

Bonnefond (A.), Grand'Côte, 29.

Braisaz, montée Saint-Sébastien, 11.

Brun, aiguilleur, fabrique d'aiguilles en fer et acier, rue Dumont, 21.

Fournier, place de la Visitation, 5.

Merle, rue du Mail, 29.

Rossat frères, rue Imbert-Colomès, 18.

Tabourier, Petite-Rue-de-Cuire, 4.

Vaginay (L.), Grand'Côte, 21.

Étireurs de plombs pour la fabrique.

Desmard, rue Bodin, 9.
Fontaine, étireur de plombs pour la fabrique depuis un gramme jusqu'à cinq cents, maillons garnis en tous genres, spécialité de balles pour cantres, rue Sainte-Blandine, 2.

Fers pour velours.

Billion (B.), fabrique de fers pour velours, Grand'Côte, 53.
Chupin (J.), rue des Tables-Claudiennes, 18.
Pelossier, fabrique de fers pour velours unis et façonnés, fers pour peluches en bois et en cuivre, r des Tables-Claudiennes, 25.
Revol (L.), place du Perron, 5.
Riche (L.), fabrique de fers pour velours unis, fers pour nouveautés en cuivre et en bois en tous genres, fabrique de conducteurs pour navettes, rue d'Austerlitz, 10.
Riondet, piquage de rouleaux, montée de la Boucle, 57.

Fleurs artificielles (fabricants de).

Albran (Mme), rue Mercière, 90.
Alibert, Grand'Côte, 114.
Amic, rue de l'Arbre-Sec, 14.
Annequin (B.) et Tixier, rue Centrale, 35.
Avallet (Mlles), place de la Baleine, 6.
Boivin (Y.) et Detallancourt (L.), rue de la Poulaillerie, 14.
Bouchardier sœurs, fleurs et plumes de Paris, parures de mariées, coiffures de bals, fleurs d'église et de salons ; fourniture pour fleurs, rue Saint-Pierre, 31, au 2e.
Boudet (Mme), rue Impériale, 30.
Bouvagnier, Grand'Rue-de-la-Croix-Rousse, 59.
Brun (Jn.) et Cie, fleurs de modes, d'église et mortuaires, rue de Sully, 44.
Calley (Mme), rue Saint-Pierre, 26.
Castel sœurs, fleurs et plumes et fournitures pour fleurs, fleurs de Paris, coiffures de noces et de bal, fleurs d'église, feuillages, couleurs papiers, boutons, pistils, tissus or et argent, etc., rue Saint-Pierre, 20, angle de la rue Saint-Côme.
Caustaud (Mme), fabrique de fleurs blanches, spécialité de coiffures pour noces, rue Juiverie, 22.
Combalot, rue Saint-Pierre, 35.
Combanayre (P.-A.), rue Vendôme, 82.
Coste (Mme), à façon, rue Mulet, 10.
Cros et Saunier (Mmes), rue du Palais-Grillet, 22.
Detours (Mme), rue Saint-Pierre, 37.
Duphéïs (Mlle L.), spécialité de fleurs d'église et lingerie pour église, rue Saint-Jean, 68.

Fontaine, rue Lanterne, 9.
Fugier-Breton, rue Tramassac, 4.
Geille et Cie, rue Constantine, 16.
Gérard (Mme), rue Saint-Côme, 4.
Girard Palley, fabrique de fleurs et statues en cire, rue de Loge, 4.
Girard (J.) et fils, deuil, rue de la Préfecture, 9.
Grept fils, Grand'Rue, 75 (Guillotière).
Grivet (Mlle), rue d'Algérie, 23.
Guinochet (Mlle), rue Duguesclin, 99, et cours Morand, 31.
James (Mlles) sœurs, rue de la Plâtière, 9.
Janin (L.) jeune, rue Lanterne, 24.
Joanin et Julien, rue Saint-Côme, 3.
Jubin (N.), fleurs et plumes, rue de l'Impératrice, 59.
Liebelin (Mlle), rue Bourbon, 46.
Mayoux-Marrel, fabrique et fourniture, rue Mercière, 47.
Merlanchon (P.), spécialité mortuaire, cours de Brosses, 9.
Mollier (Mme), à façon, rue Hippolyte-Flandrin, 13.
Morot-Desous, rue de Chartres, 24.
Nandron (veuve), rue Neuve, 30.
Nigay (Mme), à façon, rue Ferrandière, 44.
Nicolardot, à façon, rue Tramassac, 21.
Petit-Huguenin sœurs (Mlles), rue Centrale, 14.
Petite (veuve), rue Mercière, 59.
Perriod (H.) aîné, rue Centrale, 32.
Picollet (A.), rue Bât-d'Argent, 1.
Plagne aîné, fleurs et plumes de Paris, spécialité de montures, rue Bât-d'Argent, 2.
Raphanel-Métrat, plumes en tous genres, place d'Albon, 2.
Riché (E.), place de la Bourse, 2 ; maison à Paris, rue Neuve-Saint-Augustin, 5.
Rivière (L.) et Cie, fabr. de fleurs, rue Mercière, 58.
Rouvière (F.-E.), rue Mercière, 42.
Tailland (J.-M.), rue Hippolyte-Flandrin, 1.
Teste, Grand'Rue-de-la-Guillotière, 65.
Turbil, rue Centrale, 23.
Voyant (Ch.), rue Centrale, 37 ; maison à Paris.

Fleurs (Fournitures et Apprêts pour).

Alix-Thurel, rue Saint-Côme, 3.
Boivin Y. et L. Detalancourt, rue Dubois, 21.
Brun (Jh.) et Cie, rue de Sully, 44.
Calley (Mme), rue Saint-Pierre, 26.
Castel sœurs, rue Saint-Pierre, 20.
Chalandon et Fonteret (Mmes), rue du Plâtre, 9.
Combalot, perles d'Allemagne et de Venise, rue Saint-Pierre, 35.
Courvoisier, rue Impératrice, 91.
Dassier, plumassier, rue Tupin, 5.

Desgranges (Mlle), rue Bât-d'Argent, 2.
Fontaine, rue Lanterne, 9.
Geille et Cie, rue Constantine, 16.
Girard Pallay, rue de la Loge, 4.
Grillet, plumassier, rue Neuve, 11.
James sœurs, rue de la Platière, 9.
Marietton-Garnier, rue Constantine, 22.
Mayoux-Marrel, rue Mercière, 47.
Piccollet (A.), rue du Bât-d'Argent, 1.
Rivière (L.) et Cie, fab. de fleurs, rue Mercière, 58.
Salomon (Jh.) fabrique de gazes, rue Pizay, 5.

Frangeurs de châles.

Acrin (Mme), rue du Commerce, 23.
Badin (Vve), rue Bouteille, 18.
Bouveret (Mme), rue Coustou, 6.
Brezat (Mlle), rue du Commerce, 41.
Faure (Vve), impasse Saint-Polycarpe, 6.
Giraud (Mlles), rue Romarin, 18.
Guetton (Mme), rue Lanterne, 25.
Mélinand, rue de l'Impératrice, 34.
Rochet, franges et broderies en tous genres, rue du Garet, 6.
Seyssel (Mme), côte Saint-Sébastien, 26.
Vuarin (Mlles), rue Sainte-Catherine, 12.

Ganterie, (Voyez bonnetiers).

Gaufreurs.

Chassot, gaufreur et plieur par fils, rue Vendôme, 79.
Chevalier père, gaufreur et découpeur, place Impériale, 40.
Cuzin (Mmes), rue des Capucins, 6.
Delorme (Mme), rue Mulet, 1.
Grenet, place des Terreaux, 2.
Janicot frères, pour chapellerie galerie de l'Argue, escalier H.
Josserand, rue Vieille-Monnaie, 41.
Largefeuille, rue Luizerne, 5.
Martin (Mlle), rue Dubois, 25.
Martin, rue Dubois, 11.
Ronzière, gaufreur sur rubans. crêpes, tulles et découpage d'étoffes, Grande-Rue-Longue, 15.
Muffat, découpage et gaufrage sur velours, haute nouveauté, rue Saint-Polycarpe, 16.
Thorens, rue Centrale, 28.
Torally, rue Centrale, 56.
Vallat (Mme), rue Soufflot, 3.
Violet (Mme) et Cie, quai de Retz, 15.
Voland frères et cousin, rue Duguesclin, 115.

Gazeurs de soie.

Bernard, lustreur, rue Sainte-Catherine, 13.
Domeck, chevilleur, plieur et gazeur, gazage pour toutes matières duvetteuses, tels que fantaisie, schapp, poils de chèvre et coton ; par un nouveau procédé il se charge d'enlever le duvet aux couleurs sans altérer les nuances, et en conservant leur fraîcheur primitive, rue du Garet, 18.
Pollaud (C.), lustreur, grilleur de fantaisie, pliages en tous genres, r. du Commerce, 38.
Richarme (M.), gazage, chevillage de soie, cordonnet, fantaisie, rue Saint-Marcel, 11.

Graveurs pour l'impression.

Association des ouvriers graveurs de Lyon, société anonyme à capital variable, rue Tronchet, 45 bis.
Brouchoud (A.), rue Voltaire, 34.
Cadgène, sur bois, cuivre, place Saint-Pothin, 13.
Cettier (F.), cours Laffayette, 8.
Charles (E.), avenue de Saxe, 133.
Dalbos, rue Tronchet, 54.
Duchesne (E.), rue du Commerce, 41.
Gas, place des Pénitents-de-la-Croix, 6.
Gros, rue Sainte-Elisabeth, 24.
Iltiss (Frédéric), rue de Sully, 64, spécialité de gravures sur rouleaux, sur planches plates et rouleaux pour gaufrages en tous genres.
Kauffmann, quai d'Albret, 7,
Lamellet et Leroux, avenue de Saxe, 105.
Marcoud et Geoffray, rue Sainte-Marie-des-Terreaux, 1.
Holtzel (Paul), rue de la Villette.
Mazuyer, avenue de Saxe, 77.
Perlet, cours Vitton, 4.
Piraudon (P.) rue Bodin, 1.
Pitiot et Bardin, rue Duquesne, 29.
Placet, rue Masséna, 58.
Revert (H.), planches plattes et bois, rue de Sèze, 54.
Roche fils, bois et métaux, rue Cuvier, 56.
Vaganay, graveur héraldique, cartes de visite, poinçons, caractères à jour, cachets, timbres secs et humides, plaques de portes, médailles et articles de religion, commission et exportation, passage de l'Hôtel-Dieu, 34.

Grilleurs d'étoffes.

Boutin père et fils, atelier de rasage, grillage, polissage des taffetas et satins pour parapluies et robes, rue Vieille-Monnaie, 30.
Boutin et Cie, grilleurs et raseurs, rue Madame, 13.
Brunet, grilleur d'étoffes soie, rue Vendôme, 89.
Cot (A.), soie et foulard, rue Duquesne, 30.
Durand et Gayet, rue Bugeaud, 28.
Garcin (P.), foulards et nouveautés, rue Monsieur, 9.
Thomassin, chineur et raseur d'étoffes, rue Madame, 10.

Guêtres (fabricant de).

Sassot, seule maison ou on fabrique spécialement la guêtre eu tous genres : grand assortiment pour la chasse en peau et toile à voile, jambières, houseaux, Guêtres d'étoffes pour hommes, dames, enfants et livrées, sur mesure à façon assortie au pantalon, rue Constantine, 20.

Guimpiers.

Astier (J.(, batteur de lames, r. du Garet, 9.
Battard, rue des Capucines, 6.
Bayet (C.), rue de l'Arbre-Sec, 36.
Berlier, rue Tholozan, 12.
Berthet père, rue de Gadagne, 12.
Berthet fils, rue Tavernier, 3.
Biollety, rue Saint-Jean, 40.
Blanc, rue Bouteille, 15.
Blanchet, rue Vieille-Monnaie, 3.
Borgat pére et fils, rue Saint-Marcel, 8.
Boullet, rue Bouteille, 25.
Bouillin fils, rue Vieille-Monnaie, 15.
Bosson (R.), passage Thiaffait, 4.
Burrat, rue des Capucins, 6.
Chaboud, rue Bouteille, 13.
Chal frères, rue de la Vieille, 17.
Chareyzieu, rue Pouteau, 19.
Chavel, côte de Carmélites, 18.
Cottier, côte des Carmélites, 20.
Cornu (Vve), rue des Capucins, 21.
Courtiat (F.), place du Perron, 1.
Damour (Vve), rue Saint-Marcel, 10.
Descombes, quai de Pierre-Scize, 61.
Desroches, rue Lainerie, 18.
Doix (J.), rue Désirée, 6.
Drevet (J.-F.), rue Tholozan, 16.
Espercieux, place du Perron, 5.
Garçon-Sodon (J.), rue des Tables-Claudiennes, 21.
Gavot aîné, place du Perron, 5.
Gerbaud, rue Grôlée, 14.
Gery, rue des Tables-Claudiennes, 2.
Gouillon, rue Confort, 20.
Hopital (H.), place du Perron 2.
Isabelle (J.), rue des Tables-Claudiennes, 20.
Janon, rue de l'Annonciade, 30.
Lafaverge, rue des Tables-Claudiennes, 18.
Lamy, rue des Tables-Claudiennes, 12.
Lecorney, batteur de lames, rue Grôlée, 4.
Lhopital (H.), aîné, rue Vieille-Monnaie, 24.
Maillard, rue du Commerce, 36.
Maillou, rue Bouteille, 25.
Marcot, rue Sainte-Catherine, 11.
Mathelin (J.-B.), rue des Tables-Claudiennes, 8.
Mathelin jeune, r des Tables-Claudiennes, 8.
Mathias, rue Saint-Polycarpe, 10.
Mathieu, rue du Palais-Grillet, 40.
Messonnier (Vve) et fils, r de la Platière, 5.

Mollard (P.), rue des Tables-Claudiennes, 16.
Mollard, rue des Tables-Claudiennes, 23.
Morel, rue des Capucins, 21.
Morel, passage Thiaffait, 4.
Motta, rue Tholozan, 18.
Muraour (F.), rue Terme, 18.
Orset, batteur de lames, rue Sainte-Catherine, 15.
Pallet, rue Terme, 1.
Pallouy, rue du Bœuf, 15.
Palu, rue Vauban, 85.
Paravy (P.) rue du Commerce, 36.
Perrot (F.), rue Madame, 26.
Pitiot (B.), rue Tholozan, 19.
Pitiot (J.), rue des Tables-Claudiennes, 16.
Reymond neveu, côte des Carmélites, 16.
Reydet (L.), avenue de Saxe, 100.
Renaud (L.), batteur de lames, r. impériale, 33.
Rivière (J.), quai de l'Archevêché, 7.
Rocher (Mlle), rue Saint-Polycarpe, 10.
Saudon, rue Monsieur.
Seillon (V.), rue Godefroy, 18.
Sybille, rue Tholozan, 21.
Troncy, place Kléber.
Valentin, rue Vauban, 23.
Vasserot (D.), rue Tholozan, 10.
Vasserot (J.-A.), rue Tholozan, 21.
Vattoud, rue Godefroy, 14.
Vidal, Grand'Côte, 59.
Vigouroux (Vve), rue Neyret, 13.
Vincent, rue Madame, 23.
Vivant, rue Bouteille, 6.
Warin (Vve), et fils aîné, rue Ferrandière, 44.

Impressions sur étoffes.

Cambon (A.), rue des Capucins, 15.
Coste, impressions sur couvertures, rue de Chartres, 103.
Durand frères, rue de l'Arbre-Sec, 19; fabr. au Cheylard.
Gandy, application or et argent, rue du Palais-Grillet, 42.
Guttin, frappeur sur étoffes, impressions or et argent, ch. de l'Oratoire, 6, clos Bissardon.
Figurey père et fils. — Impressions sur étoffes, à Bourg-Argental (Loire), dépôt rue des Capucins, 12.
Jandin (C.), Grand'Rue-Saint-Clair, 90 (Caluire).
Jurien fils et Domenjon, rue Saint-Polycarpe, 9.
Leroy, rue Bugeaud, 62.
Massard, sur bannières, impressions et applications or et argent sur velours, rue des Deux-Cousins, 6.
Misset (L), rue du Palais-Grillet, 12.
Samuel frères, à Neuville, et rue des Capucins, 25, boîte.

Indicateur des Soies. — Moniteur des Soies.

Indicateur des Soies, feuille hebdomadaire, publiée par Ponthus-Cinier, ancien courtier; bureaux rue Puits-Gaillot, 25.

Moniteur des Soies et Revue de Sériciculture, agence de graines de vers à soie et renseignements, 14, rue de la Bourse.

Instruments de précision pour la Sériciculture.

A. Gaiffe et A. Darlot, opticiens (ancienne maison Richard), 12, rue de l'Impératrice (Palais-Saint-Pierre), Lyon. Compte-fils, Hygromètres, Manomètres, Microscopes, Sabliers, Thermomètres. (Voir aux annonces.)

Lacets et cordons (fabricants et marchands).

Barvet, dépôt, rue Centrale, 48.

Boffard (B.) et Cie, fabricant, quai de Retz, 12.

Bonnamour aîné, comptoir, rue de l'Impératrice, 27, fabrique en tous genres, cours Lafayette, 50, à Villeurbanne près Lyon.

Bonnamour jeune, marchand, rue Grenette, 23.

Chabrier et Liénard, marchands, rue Centrale, 33.

Gaillard, fabr. de cordons, rue Mercière, 49.

Rochard-Corcelette, marchand, rue de la Poulaillerie, 6.

Lacets (Ferreurs de).

Capit (Mme veuve), rue Tupin, 27.

Chaumier, rue Dubois, 11.

Chalon (Mlle), rue Poulaillerie, 6.

Dumond (Mme), rue Mercière, 58.

Lainages et nouveautés en gros.

Aubert et Fournier, spécialité pour communautés religieuses, rue du Plâtre, 6.

Auberd (Louis) et Cie, rue de l'Impératrice, 36.

Baugier (R.) et Cie, rue Bât-d'Argent, 9.

Benjamin et Constant, nouveautés, rue Centrale, 20.

Bouillod, Seurre et Granjon, soieries, rue Bât-d'Argent, 1.

Chabert et Josenhans, dépôt d'articles anglais, rue Saint-Pierre, 25.

Crétinon-Ricard, Belmont et Cie, châles, rue des Capucins, 23.

Cusenier et Gentelet, quai de Retz, 10.

Cuvillier et Cie, rue de l'Impératrice, 49.

Desguers (E.) et Cie, gros et détail, rue de l'Impératrice, 25.

Décrand et Cie, rue de la Fromagerie, 5.

Delore (F.) et Cie, tissus anglais, rue de l'Impératrice, 31.

Devilliers et Cie, châles, r. Saint-Pierre, 28.

Dufour frères et Co, représenté par P.-H. Kiener, rue Saint-Nizier, 6; Londres, Bradfords, Manchester et Leeds.

Empaire ✳ (veuve) et fils, nouveautés, rue Impériale, 22.

Furnion (E.), couleurs, fantaisies unies, pl. Saint-Nizier, 5.

Guillermet et David, châles, rue Impériale, 27.

Imbert et Cie, châles et soieries, rue de l'Impératrice, 52.

Lœderich (J.) et Cie, châles, rue Victor-Arnaud, 21.

Lévy (Léopold), gros et détail, quai Saint-Antoine, 28.

Michel et Cie, rue Grenette, 23.

Magnan, Rulat et Cie, rue de l'Impératrice, 40.

Mathevon (A.) et Cie, rue Grenette, 2.

Mollard jeune et Cie, rue Grenette, 4.

Moréteau (P.) cadet et Cie, lainages unis, cotonnes, doublures et coutils de Flers, rue Ferrandière, 13.

Piéry et Cie, gros et détail, place Saint-Nizier, 6.

Riche, Lanfrey et Masseran, place Saint-Nizier, 5.

Terret, Dumoulin et Cie, rue Centrale, 14.

Vuarin, Argoud et Cie, rue de l'Impératrice, 39.

Lainage (Coupons et solde de tissus divers de).

Begon, rue Saint-Joseph, 3.

Brunswick (Samuel), montée du Gourguillon, 2.

Penet, *A Saint-François,* r. St-Joseph, 18.

Rivoire, rue de la Platière, 20.

Laines en bourre, crins et fantaisies filées (filateurs et marchands de).

Aubert et Cie, laines filées à tricoter, rue Confort, 5.

Angier (D.), laines filées, rue Childebert, 5.

Baumann jeune, laines à matelas, gros et détail, rue Terme, 13.

Bertrand (Ch.), cotons et laines à tricoter et à broder, rue Saint-Nizier, 6.

Boissière (A.) et fils, de Roubaix, rue Pizay, 3.

Bouez père et fils, fantaisies filées, rue Puits-Gaillot, 1.

Brante fils, fantaisies filées et coton, place des Capucins, 2.

Burgat et Cie, laines et crins, quai Pierre-Scize, 93.

Charmillon-Maillet, laine et coton filés, rue Rozier, 6.

Clunet, fantaisie en barbe filés, **rue Saint-Polycarpe, 10.**

Dailly, laines en bourre, quai de l'Hôpital, 8.

Dubessy (B.), laines filées, rue Bât-d'Argent, 18.

Dufour frères et Co, représenté par P.-H. Kiener, rue Saint-Nizier, 6; Londres, Bradfords, Manchester et Leeds.

Eschenbrenner et Cie, laines d'Australie pour chappellerie lavées, cardées et en suint, entrepôt quai de la Charité, 30; usine à Schiltigheim, près Strasbourg (Bas-Rhin).

Forrer et Vergnier, rue Bât-d'Argent, 17.

Franc (A.), père et fils et Martelin, filateurs, rue Neuve, 7.

François frères, laines en tous genres, quai Castellane, 11.

Gassier (H.), fantaisie, rue Romarin, 33.

Granjanny père et fils, rue Impériale, 32.

Guillermet (J.-B.) et Cie, cours Lafayette, 7.

Henry et Vaillat, crins frisés, rue du Bourbonnais, 9.

Horoy (N.), laines à tricoter, rue Mulet, 6.

Hyver, laine filée pour bas en gros, rue Palais-Grillet, 22.

Igonnet, laines anglaises et autres, quai Saint-Clair, 16.

Laresse (Ch.) et Cie, manufacture de fleurets pour passementeries, laines et soies filées, fantaisies, bourre de soie cardée ou non, articles padoux, rue Saint-Jean, 68.

Levet et Cie, fantaisies filées, rue Saint-Claude, 4.

Mignot (Paul), laines en tous genres, place du Gouvernement, 4.

Millot et Cie, laines filées et à broder, rue Ferrandière, 7.

Mongrenier (A.), laines en bourre, rue Rabelais, 1.

Morin, commissionnaire, rue Gasparin, 14.

Olph-Gaillard (L.) et Cie, laines filées, place des Capucins, 3.

Osmont fils aîné, fantaisie, rue Puits-Gaillot, 15.

Paradis (J.) et Cie, vente et achat, rue Vieille-Monnaie, 33.

Pasquet, Knœri et Cie, commissionnaires en laine, rue Vieille-Monnaie, 33.

Pichon jeune, pour tricots et broderies, rue Saint-Pierre, 27.

Popelin (J.), laines à matelas, rue Neuve, 5.

Poy-Liénard (Mmes), laine à broder, canevas, fabrique de tapisseries, rue Impériale, 18.

Prat-Salle, laines filées et crins, rue Ferrandière, 27.

Rambaud-Thoral et Sestier, laines filées, quai de Retz, 7.

Ruef (F.), coton, schapp et laine, rue Royale, 17.

Scotti (R.) et Chavanes, commissionnaires, quai de Retz, 10.

Soviche et Karcher, Petite-Rue-des-Feuillants, 2.

Tavernier (J.-P.), rue Sainte-Catherine, 7.

Thevenin jeune et Cie, dépôt de laines, quai de Retz, 27.

Warnery et Morlot, déchets de soie, quai Saint-Clair, 14.

Zindel et Cie, laines filées, gros et détail, rue Pizay, 3.

Laines, canevas et tapisserie.

Abadie (Mlle), rue Bourbon, 2.

Aujogue (Mlle A.), rue Impériale, 11.

Ballet (Mlle), rue de l'Impératrice, 59.

Berger (Mme), rue Mercière, 3.

Bourdin (Mlles), place Saint-Pierre, 2.

Cathenod-Robert (Mme), rue Impériale, 26.

Chapard sœurs, rue de l'Impératrice, 56.

Condamin (J.), rue Impériale, 5.

Deromien (Mlle), rue Bourbon, 11.

Farge-Girard, rue de l'Impératrice, 65.

Hyver, maison spéciale pour la fabrication de pantoufles, rue du Palais-Grillet, 22.

Marcet, dépôt de broderie et tapisserie, rue Constantine, 2.

Maréchal (Mme), rue de l'Impératrice, 32.

Millet (Mlle), rue Impériale, 45.

Myon (J.), place de l'Impératrice, 7.

Pichon jeune, pour tricots et broderies, rue Saint-Pierre, 27.

Poy-Liénard (Mmes), laines, canevas, fab. de tapisseries, dessins spéciaux pour tapis d'église, chasubles, etc., r. Impériale, 18.

Prat-Salle, maison de gros, rue Ferrandière, 27.

Raginel (M.), rue Centrale, 48.

Revol (Mlle), rue Impériale, 63.

Thiallier (A.), successeur de veuve Ribollet-Bauchu, rue de l'Impératrice, 49.

Lingerie confectionnée en gros et détail.

Abriot, rue du Plâtre, 3.

Aubert et Fournier, pour église, rue du Plâtre, 6.

Badet, rue de l'Impératrice, 23.

Barbier, rue de l'Impératrice, 34.

Baron (Mme), rue de l'Impératrice, 97.

Beguet-Anselmier, lingerie fine, rue de l'Impératrice, 95.

Berger (Mlles), trousseaux et layettes, rue de l'Impératrice, 5.

Biscornet (Mme), dentelles et broderies, rue du Plâtre, 10.

Bois-Bongrand, rue de l'Impératrice, 68.

Bonnassieux père et fils, linge de table, rue de l'Impératrice, 23.

Boyer-Gros (veuve) et Cie, gros et détail, rue Saint-Marcel, 38.

Cahen (S.), rue de l'Impératrice, 73.
Cerf, rue Centrale, 31.
Chapelle sœurs (Mlles), dentelles, broderies, trousseaux et layettes, spécialité pour enfants, rue Saint-Pierre, 14.
Charavay-Genevey, maison de gros, rue de la Monnaie, 2.
Chassignol (F.), en gros, rue Impériale, 43.
Chauvet, flanelle végétale, rue de l'Impératrice, 78.
Chereau fils, pour deuil, rue de l'Impératrice, 29.
Chevalier, gros et détail, pl. Impériale, 40.
Chol, maison de gros, rue de l'Impératrice, 32.
Chosson, rue Centrale, 41.
Condamin (J.), rue Impériale 45.
Convert, en gros, rue Impériale, 28.
Costadau et Pelloux, maison de gros, rue de l'Impératrice, 13.
Daboneau et Barrard, rue Impériale, 31.
Dauphin (Mlle), rue de la Fromagerie, 7.
Dumas-Sparvié (Mme), en gros, rue Dubois, 29.
Esprit (Mlle), rue Saint-Pierre, 27.
Finand-Bouy (Mme), spécialité de lingeries, broderies pour trousseaux, rue Bât-d'Argent, 8.
Goin, en gros, rue Impératrice, 52.
Grélon et Satin (Mmes), en gros, rue Centrale, 10.
Hébrard fils, Rivoire et Cie, rue Bât-d'Argent, 7.
Hébert-Paque, rue Romarin, 12.
Herbin (Mme), rue Impératrice, 8.
Humbert (A.), lingerie en tous genres, broderies, articles de Saint-Quentin et Tarare, maison de gros, rue Monsieur, 5.
Jametton (A.), fabrique de jupes, pantalons, camisoles et dessus de corset; rue Mercière, 47.
Jussieu (Mme de), vêtements d'enfants, place Bellecour, 16.
Lacordaire, fabricant de lingerie en gros, expédition, exportation, c. Lafayette, 120.
Laprévote (Mlle), rue Impériale, 12.
Larochette (L.), en gros, rue Grenette, 43.
Legros (Vve), voilettes et cols, rue Impératrice, 15.
Lepetit-Charrolet, en gros, représenté par Mlle A. Henry, rue de l'Impératrice, 42; maison à Paris.
Lucas et Veyron (Mmes), rue de l'Impératrice, 100.
Low, trousseaux et layettes, rue de l'Impératrice, 94.
Mathellon (Mme), rue Grenette, 36.
Mazaira, fabrique de lingerie, broderie et dentelles, rue de Chartres, 6.
Mouchet, fabrique de lingerie apprêtée, cols, manchettes, genre de Paris, r. Cuvier, 76.
Noel (Vve) et Cie, rue Impériale, 32.

Nyd (Mme), rue Impératrice, 82.
Pascal (A.) et Cie, en gros, r. Impériale, 71.
Pasquier (Mme), lingerie et trousseaux, rue Bourbon, 49.
Perrache-Perrin, en gros, rue Impériale, 11.
Peroche (Mme), lingerie et corbeilles de noce, rue des Forces, 1, angle rue Impératrice.
Pichoz père, fils et Cie, rue Saint-Pierre, 4.
Pin (Vve), rue Impériale, 62.
Piraud, rue Impériale, 63.
Pouzols-Darne (Mme Vve), r. Impériale, 66.
Poy-Fourchet (Mme), détail, rue Saint-Pierre, 13.
Rippart (C.), Argoud et Cie, en gros, rue Grenette, 3.
Roux (Ernest), articles de deuil, rue Saint-Pierre, 33.
Royané (S.), rue de l'Impératrice, 7.
Rubinstein, en gros, rue Impériale, 39.
Serviant et Maigre, en gros, r. St-Pierre, 31.
Scherer (Mlle), rue Impératrice, 50.
Simonin et Jossaume, maison en gros, place des Célestins, 10.
Serve (Vve), rue Impératrice, 95.
Simon (Mme), lingerie en gros et article blanc, rue Impériale, 52.
Teillon, rue Impériale, 55.
Vaillant (S.) et Cie, fabrique de lingerie en tous genres, spécialité de bonnets et cols rue Port-du-Temple, 14.
Vaudel (Mme), rue Impériale, 47.
Vial, coiffes pour dames, en gros, rue Romarin, 18.
Vaucheret et Cie, *Au Bât-d'Argent*, rue Impériale, 9.

Liseurs d'étoffes.

Agnès (J.) et Suchet, rue Tables-Claudiennes, 18.
Audibert (Mme), rue Imbert-Colomès, 24.
Berthet, rue Pouteau, 13.
Bertholier (L.), rue du Commerce, 38.
Besson (J.), rue Neyret, 4.
Billard, rue Pouteau, 21.
Casi (P.), enlaceur de cartons, rue Tables-Claudiennes, 31.
Chaleyssin, rue Imbert-Colomès, 18.
Charles (J.), rue Imbert-Colomès, 25.
Chatet, rue du Bon-Pasteur, 22.
Chazellet rue Pouteau, 21,
Condamin (J.-B.), rue Camille-Jordan, 3.
Croix, rue Pouteau, 18.
Daloz (L.), rue Vieille-Monnaie, 12.
Darphin, rue des Tables-Claudiennes, 33.
David, rue des Tables-Claudiennes, 18.
Dufour (J.), boulevart de l'Empereur, 1.
Dufour, rue du Commerce, 22.
Faure, rue du Commerce, 36.
Favier, rue du Commerce, 24.
Fix (P.), rue Imbert-Colomès, 16.
Fournier, place du Perron, 1.

Garin, rue Pouteau, 16.
Garnier (Vve), r. des Tables-Claudiennes, 31.
Gattaz, rue Sainte-Blandine, 8.
Girardon, rue du Commerce, 18.
Gauthier frères, r. des Tables-Claudiennes, 20.
Giraud (H.), rue Pouteau, 11.
Guinganino, enlaceur, rue Caponi, 1.
Guignard, rue Camille-Jordan, 3.
Guiguet, rue Bodin, 8.
Jacquet, montée des Carmélites, 10.
Jaillet, rue Caponi, 1.
Jund (H.), rue Vieille-Monnaie, 19.
Labey, rue des Fantasques, 6.
Lespinasse, rue Imbert-Colomès, 5.
Luquin (G.), rue du Commerce, 36.
Maillot (E.), rue du Commerce, 36.
Mairot (J.), rue des Tables-Claudiennes, 14.
Maurel (F.), rue Imbert-Colomès, 16.
Meunier, rue Imbert-Colomès, 14.
Michallet, rue Imbert-Colomès, 12.
Molin fils, rue des Tables-Claudiennes, 25.
Molin, place du Perron, 2.
Monnier (A.), rue Vieille-Monnaie, 19.
Morel-Schorisch, rue du Commerce, 50.
Morel, rue Imbert-Colomès, 16.
Morel, rue Vieille-Monnaie, 8.
Perret, enlaceur, r. Tables-Claudiennes, 14.
Prost (E.), rue Vieille-Monnaie, 19.
Revel (F.), rue Imbert-Colomès, 7.
Richard, rue des Tables-Claudiennes, 14.
Richard (Vve), rue Camille-Jordan, 3.
Richard et Pernon, rue des Tables-Claudiennes, 18.
Rivoire, rue du Commerce, 26.
Rochat, rue Camille-Jordan, 3.
Salles (Vve), rue du Griffon, 15.
Timottet (J.), enlaceur de cartons, rue Imbert-Colomès, 19.
Toilon, rue du Commerce, 28.
Vachon frères, rue Vieille-Monnaie, 23.
Vincent, rue des Tables-Claudiennes, 25.
Venière (A.), Grand'Côte, 59.
Vincent, rue des Tables-Claudiennes, 25.
Vincenzi, rue Imbert-Colomès, 14.

Literie.

Augros, Grand'Rue-de-la-Croix-Rousse, 66.
Baron, épuration et assainissement, remet la plume vieille à neuf ainsi que les duvets, épure la laine et les crins de literie, rue Montgolfier, 53.
Bascans-Arguillet, rue Coustou, 5.
Baumann aîné, marchand de meubles neufs et d'occasion, tapisseries, tentures, glaces, pendules et porcelaines, laines, plumes et crins, rue Palais-Grillet, 15, dite du Puits-Pelu.
Baumann, jeune, fabricant de meubles, rue Terme, 13.
Boiron frères, épuration et assainissement, avenue de Noailles, 26.

Bouvier (A.), quai de l'Hôpital, 36.
Buisson (P.), quai des Célestins, 11.
Bobard, épuration, passage Sathonay, 1.
Bussac (J.) fils, épuration, r. Vaubecour, 10.
Buisson aîné (Vve), rue Terme, 12.
Cabal, marchand de meubles, quai Castellanne, 1.
Collet-Gerrier (ex-employé de la maison Vve Accary et fils), grande confection d'articles pour literie, dépôt de crins d'Afrique, lits en fer, sommiers élastiques, assortiment de tapis, etc., rue Mercière, 44, angle de la rue Tupin.
Camus, Grande-Rue-de-la-Croix-Rousse, 26.
Daviet (F.), quai d'Orléans, 8.
Démars (J.-B.), rue Mercière, 70.
Demoly, rue du Mail, 5.
Derville, successeur de Vve Accary, confection de tous objets de literie, lits en fer et sommiers en tous genres, rue Centrale, 8.
Dutel et Cie, couvertures, rue Mercière, 12.
Ferrand fils et Cie, passage de l'Hôtel-Dieu, 35 et 37 et quai Saint-Antoine, 16.
Grand, épuration, rue Saint-Georges, 30.
Guillot fils aîné, quai des Célestins, 5.
Hoffmann, rue Mercière, 92.
Koster (L.), rue Saint-Joseph, 29.
Laguaite et Cie, rue de l'Impératrice, 97.
Laurent (J.), quai Saint-Antoine, 19.
Lombard (A.), rue Saint-Côme, 1.
Mollard, Grand'Rue de Vaise, 36.
Ollier, place Bellecour, 5.
Pélissier-Dumoulin, r. Hippolyte-Flandrin, 2.
Roche (P.), rue Centrale, 35.
Rozès, ancien directeur de la maison Vve Accary et fils, rue Terme, 9.
Royané (S.), spécialité de lits, stores et vitrages en guipures et en mousselines brodées, de Tarare et de Hérisau (Suisse), rue de l'Impératrice, 7.
Tivolle (J.), quai Castellane, 30.
Tranchant fils, quai d'Orléans, 11.
Vallernaud, quai de la Charité, 2.

Machines à coudre.

Américaine (maison) ✳, fournisseurs brevetés de LL. MM. l'Impératrice des Français, la Reine d'Espagne, l'Impératrice du Brésil et la Reine des Pays-Bas. Machines de Salon, de famille et d'ateliers ayant obtenues à l'exposition universelle de Paris 1867, la croix de la Légion d'honneur (hors concours), — Pascalis, passage de l'Hôtel-Dieu.
Blaise (J.-Emm.) (Ancienne maison C.-M. Martongen, Wheler et Wilson, manufacturing company) seule médaille d'or à l'exposition universelle 1867, machines de tous systèmes, rue de l'Impératrice, 47.
Bissuel, réparation, rue Mercière, 92.

Costal, machines à coudre, dépôt central des meilleurs systèmes connus, garanties sérieuses. Agences dans les principales villes de France. — Vente en gros et en détail ; commission, expédition et exportation, rue Grenette, 23 à Lyon et chez Bourgeod, rue Impériale, 39, à Lyon.

Callebaut (les fils de Ch.), fournisseurs des armées (de France et de Russie), rue Impératrice, 62.

Croquefer, constructeur mécanicien, vente de machines à coudre, réparation de tous les systèmes à des prix modérés avenue de Saxe, 109.

Elias Howe ✻ ayant obtenu à l'exposition de Paris, 1867, la croix de la Légion d'honneur et la médaille. *(Exiger la médaille du célèbre inventeur incrustée sur chaque machine).* Système Bonnaz, brodeuse au crochet exécutant les dessins sans tourner l'étoffe, médaille à l'exposition universelle de Paris, 1867 ; machines à faire les boutonnières, Pascalis, passage de l'Hôtel-Dieu.

Gueux (Alexandre), place Impériale, 44.

Jackson et Cie, quai d'Orléans, 11.

Jarry (E.), fabrique de fournitures pour machines à coudre, tels que soie, fil, coton, etc., avenue de Saxe, 105.

Larray (J.) et Rotton jeune, rue Centrale, 29.

Lecomte, machines à coudre et à broder perfectionnées, constructeur-mécanicien, vente et réparation de tous les systèmes français et américains, aiguilles, navettes et accessoires, rue Saint-Dominique, 14.

Mollière (J.-P.), rue Impériale, 63.

Pinmartin (M.), réparations, rue Thomassin, 20.

Pascal, avenue de Noailles, 65.

Simpson (R.-E.) et Cie, constructeurs brevetés, à Glasgow (Ecosse) ; Agence à Lyon, quai Joinville, 19, manufacture de machines à coudre, système Américain à navette (points enlacés), fournisseurs des gouvernements anglais et belges, médailles aux expositions anglaises et françaises.

Veillet (E.), rue de Crillon, 35.

Weber (A.), mécanicien, fabrique de machines à coudre et réparation, rue François-Dauphin, 11.

Maillons (Fabricants de).

Fontaine, maillons garnis en tous genres, rue Sainte-Blandine, 2.

Sagnon, fils, plombs et maillons, montée Saint-Sébastien, 18.

Poizat, verroterie, escalier du Change, 2.

Vammoë, rue Vieille-Monnaie, 11.

Verchera, fabrique de verres pour la soierie, filature, moulinage, passementerie et guimperie, barbins, carcagnoles, crochets, grenouilles, baguettes, etc., annelets, maillons, poulies en verre, fabrique de remisses, boulevart de l'Empereur, 155.

Vial aîné, rue Magneval, 16.

Vial (J.), rue Vieille-Monnaie, 27.

Villetant, fabrique de maillons en tous genres, auclais, barbins et carcagnoles, baguettes en verres, crochets pour le dévidage en tous genres, rue Bodin, 11.

Vincent, rue Calas, 20.

Mécaniciens pour les fabriques de tissus.

Abrias, Grande-Rue-de-Cuire, 2.

Allibert, pour dévidage, rue du Commerce, 16.

Armand, pour tulliste, rue Cuvier, 104.

Arnal (L.), mécanicien breveté s. g. d. g., brocheur-mobile, mécaniques Jacquard, armure à accrochetage et à la lève et baisse, spécialité de mécaniques, planches d'arcades, rue Sainte-Blandine, 11.

Baraud, sur bois, rue Lebrun, 1.

Barbier frères, constructeurs mécaniciens, rue Montgolfier, 30 et 32; moteurs, transmissions, machines et appareils pour apprêter et moirer les tissus, métiers de tulle.

Baudit (F.), machines à dévider, à détrancanner, à doubler et à canneter toutes les matières textiles, plans, devis et transmissions, installations et moteurs divers, rue des Fantasques, 6.

Baverey, mécanicien, breveté s. g. d. g., cannetières à défiler pour taffetas, laine et coton, dévidage et détrancannoirs à décroissement, cannetières à dérouler et à filer, verticales à décroissement, doublage, machines à polir les étoffes de soie, système breveté et métiers mécaniques, cours Lafayette, 224, près la cité Napoléon.

Bayet, Grande-Côte, 27.

Bénistand, serrurier-mécanicien et fabricant de marcheurs et régulateurs à règle fassure en tous genres, breveté s. g. d. g., taillage d'engrenages en fers, fontes, acier, cuivre et bois, rue de la Visitation, 17.

Bert, fabricant de battants, rue Magneval, 18.

Berthaud (J.) et Cie, médailles Lyon 1867 et Paris 1867, ingénieurs mécaniciens, construction d'usines pour filatures, moulinages et essais des soies, fabrique spéciale de métiers mécaniques pour tissage et en général pour tout ce qui se rattache à l'industrie séricicole; expédition pour tous pays, rue Désirée, 6 ; atelier et usine à vapeur, r. Vieille-Monnaie, 31.

Bigot, battants, boul. de l'Empereur, 151.

Billion, fabricants de battants, r. du Mail, 19.

Blardon, fabricant de battants, rue de la Visitation, 5.

Blin, fabricant de battants, rue Saint-Vincent-de-Paul, 3.

Bodon, pour le moulinage et dévidage de soies grèges rue Vauban, 81.

Boland, rue Audran, 6, fabrique de métiers de tulles et métiers de velours.

Bonnet, pour la Jacquard, rue Bodin, 15.

Bouillet frères, construction spéciale des machines pour la chapellerie, machines à vapeur, souffleuses, coupeuses, tondeuses, ponceuses, bastisseuses, etc. ; spécialité des machines à l'usage de la charcuterie, hachoirs à viande, poussoirs-presse à gras, rue d'Aguesseau, 3.

Boulieu frères, constructeurs mécaniciens ; spécialité pour apprêt et teinture, rue Malesherbes, 36.

Boyer (J.), mécanicien, pour la Jaquard, raquettes pour velours à deux pièces et fabricant de satins brocheurs en bois, rue du Mail, 26.

Branche, sur bois, rue Neyret, 13.

Brossier, construction sur dessins, rue Vieille-Monaie, 17.

Brun, fabr. de velours à deux pièces, de régulateurs, outillage de précision, forge, tours, ajustage, taille toutes sortes d'engrenages, fer, cuivre et bois, angle de la rue Pouteau et de la rue Imbert-Colomès, 12.

Buffaud frères, brevetés s. g. d. g., premier prix à l'Exposition universelle de 1867, sept médailles or et argent, spécialité pour les hydro-extracteurs à moteur direct et à courroies, chemin de Baraban, 5.

Burdet et Cie, dix récompenses obtenues aux Expositions. Nouveau système breveté s. g. d. g., pour régulariser la soie au moulinage ; nouveau système pour filatures, spécialité, d'instruments pour filatures et moulinages ; essai des soies, coton, etc., rue Désirée, 17.

Burtin (F.), pour dévidage, rue des Tables-Claudiennes, 23.

Buy, fabrique de chaînes à la Vaucanson, Grande-Côte, 59.

Caburol aîné, mécanicien et tourneur sur métaux, rue Bessuet, 80.

Camp, pour tulles, rue Tête-d'Or, 65.

Carrier, pour machines à coudre, cours d'Herbouville, 30.

Chantel, mécanicien sur bois en tous genres, spécialité pour sparterie, rue Saint-Jérôme, 4 (Guillotière).

Charlaix, pour tullistes, rue Charlemagne, 69.

Charnier, pour tireurs d'or, place du Perron, 3.

Chermette (veuve), fabr. de régulateurs à tisser les étoffes, laine, soie, coton et fil, rue de la Martinière, 7.

Chevalier, pour la dorure, rue du Commerce, 22.

Chessout (ancienne maison Gache), fabr.

d'ourdissoirs en fer tous genres, rue Vieille-Monnaie, 23.

Claudy (J.), pour le moulinage, rue Cuvier, 87.

Clerc (E.), horloger-mécanicien, rue Godefroy, 11.

Comte, ferrures pour la jacquard, rue Dumenge, 10.

Côte, mécaniques rondes, longues et détrancanoirs ayant leur appareil s'adaptant aux détrancanoirs ronds et longs, dévidage et tissage, brevetés s. g. d g., prix modérés, rue Imbert-Colomès, 24.

Coué (L.), fabr. de régulateurs, breveté s. g. d. g., rue des Chartreux, 14 ; exportation.

Croizier-Desronzières, mécanicien-constructeur de métiers ; mécaniques à moteurs pour taffetas, satin, foulard et velours à deux pièces, machine à polir perfectionnée (voir aux annonces), rue Bodin, 2.

Cropper (John), de Nottingham, constructeur d'intérieur de métiers tulle, représenté par S. Royané, rue de l'Impératrice, 7.

Delaigue, mécaniques rondes, rue Imbert-Colomès, 12.

Delaye, réparation, rue Madame, 12.

Demotat, tourneur, spécialité de rouets à cannettes, côte des Carmélites, 24.

Denis (A.), fabrique de cannetières à défiler et dérouler, perfectionnées pour le tissage, par brevet d'invention, s. g. d. g., plusieurs fois breveté ; mécaniques rondes et longues à dévider, doubloirs, moulinoirs et détrancanoirs, Grande-Place-de-la-Croix-Rousse, 26.

Dessaché, mécaniques à dévider, rue des Tables-Claudiennes, 11.

Dumas, fabricant de régulateurs, boulevart de l'Empereur, 164.

Durafort, rondes et cannetières, rue Imbert-Colomès, 18.

Durand (J.), cannetières à dévider, rue Saint-Vincent-de-Paul, 3.

Durand, mécanicien, spécialité de perçages pour plaques, planchettes en métal et en bois, cantre, etc., ferrures pour velours à deux pièces, tournages de métaux et bois, tels que rouleaux en tous genres, piqués et autres ; fait les modèles en tous genres, les presses de lithographes, et fabrique les vélocipèdes, rue Dumont, 18 (Croix-Rousse).

Fillod (C.), fabr. de régulateurs pour métiers à tisser, place Colbert, 8.

Fion (V.), moulinages Jacquard, place du Perron, 1.

Florian et Finken, réparation de métiers de de tulles et autres, rue Tronchet, 79.

Forestier, mécanicien, grande baisse de prix de mécaniques à dévider, longues et détrancanoirs ; mécaniques en 10 guindres, 130 fr. ; en 12 guindres, 140 fr. en 14 guindres, 150 fr., garanties pour deux ans, échanges et réparations, rue Mottet-de-Gérando, 15, près l'église Saint-Bernard.

Futin, tourneur sur bois et métaux, tournages pour fabriques et machines industrielles, rouleaux et apprêts de toutes dimensions, rue des Tables-Claudiennes, 13.

Francillon frères, spécialité pour l'ourdissage et le pliage, rue Rozier, 3.

Gabert frères, rue Bugeaud, 73.

Gache frères, ourdissoirs, rue Vieille-Monnaie, 29.

Gandit aîné et neveu, rondes, r. Coustou, 4.

Ganty, pour la Jacquard, rue du Chariot-d'Or, 9.

Gascuel (J.-J.), pour apprêts, rue des Tables-Claudiennes, 35.

Gervat, machines en tous genres, place St-Laurent.

Girard (F.-Cl.), successeur de Girard père (maison fondée en 1734), mécanicien des Guimpiers, tireurs d'or, et enjolivures en tous genres, rue Palais-Grillet, 14.

Guicherd, cannetières à défiler pour soie, fil, laine et coton, montée Bonafous, 10.

Guigon, articles pour moulinage, quai Castellane, 1.

Henry, sur métaux, rue Duguesclin, 93.

Hild, pour tulles, rue Bugeaud, 32.

Husson (J.), brocheur, rue du Commerce, 36.

Jobert, fabr. de métiers à la barre, par dorure, soie ameublement et tout article galons, rue Clos-Suiffon 25 (Guillotière).

Jeunet père et fils, frères, mécaniciens, outillage pour cartonniers et le lisage, rue Bossuet, 39.

Keller, battants, rue du Mail, 31.

Lagrange, fabricant de battants, rue Mottet-de-Gérando, 11.

Laray (J.) et Rotton jeune, machines à coudre, rue Centrale, 29.

Loubet, fabrique de cannetières, rue Imbert-Colomès, 16.

Lozet, fabr. de métiers, rue Gigodot, 13.

Magat fils, fabr. de brodeuses volantes aux battants et à location, nouveau système à dérouler pour brodeuses pouvant employer toutes les soies, exportation, rue du Bon-Pasteur, 7.

Mara (J.-B.), pour la Jacquard, place des Tapis, 3.

Maréchal, fab. de battants en tous genres, rue du Mail, 30.

Martinier, sur métaux, rue Duguesclin, 48.

Martin (J.), pour Tulles, r. Charlemagne, 66.

Martinet (J.-B.), pour tullistes, cours Morand, 56.

Massot (C.), brocheurs, rue Pouteau, 8.

Mazière fils, fabr. de battants en tous genres, rue du Mail, 32.

Mazoyer (L.), pour moulinage des soies, rue Bugeaud, 62.

Michel (L.), pour la Jacquard, r. Dumont, 10.

Minvielle, mécanicien, spécialité de détrancanoirs et mécaniques rondes à dévider la soie, laine, fantaisie, coton, etc. ; mécaniques longues dévidant toutes matières ; nouveaux systèmes de rouet dévidant, doublant et moulinant à la fois à un degré de tord voulu pour toutes sortes de matières; nouveaux réglages à défiler au dévidage, grand avantage pour la fabrique ; assortiment de toutes sortes de fournitures pour passementiers ; régulateurs en tous genres pour toutes sortes d'étoffes, machines pour caoutchouc et milanaises, rue Pouteau, 17.

Monnier, battants, rue de Flesselles, 19.

Monteiller, rue des Gloriettes, 9.

Montellier, spécialité de brochures, rue des Gloriettes, 12.

Mosnier (P.) fils, fabricant de battants, côte St-Sébastien, 11.

Mosnier, réparation, rue Cuvier, 148.

Mosnier (L.), fabricant de battants, rue Lafayette, 10.

Muller, spécialité de brocheurs en bois et mécaniques diverses, rue Magneval, 10.

Nayme, en tous genres, rue de Sèze, 59.

Niel et Cie, breveté (s. g. d. g.), mécaniciens pour machines à décruer les tissus, fabricants de bois pour gravure, cuivre pour planches plate et taille-douce, spécialité pour tous les travaux d'impression, construction de coffres-forts et cassettes en tous genres, usine à vapeur, Grand'Rue Saint-Clair, 100, boîtes place Tholozan, 21, et rue Puits-Gaillot, 33.

Noël, battants-brocheurs, rue du Bon-Pasteur, 45.

Oysel, menuisier en ustensiles, rue des Tables-Claudiennes, 2.

Pallais, fabricant de battants, r. Dumont, 16.

Pancrace-Pourcheron, mécanicien pour le moulinage des soies, rue de Créqui, 125 (Brotteaux).

Picherau, rue de Créqui, 8, constructeur-mécanicien pour la Jacquard et fournitures générales pour la fabrique.

Publier, pour tulliste, rue du Pavillon, 3.

Pianne, à dévider, rue Duquesne, 79.

Rassat (C.), fabricant de battants, rue Cuvier 152.

Reynoard (F.), mécaniques en tous genres pour la soierie, rondes et longues à dévider, détrancannoirs, ourdissoirs et cantres à pivots ; éprouvettes pour le titre des soies et balances ou pesage, compteurs d'apprêts et sérimètres, pliages en tous genres et moulinage, rue Imbert-Colomès, 9.

Richard, pour la Jacquard, Grand'Côte, 51.

Richard, constructeur-mécanicien en tous

genres, spécialité pour les mécaniques à apprêter les tissus, rue Cuvier, 121,

Roche, en tous genres, rue de Crimée, 32.

Robin, menuisier pour la fabrique, rue Pailleron, 13.

Rougemont, mécaniques à dévider, place du Perron, 1.

Rubin, articles pour moulinage, avenue de Saxe, 136.

Sallier aîné, rue Tronchet, 43 et 45, s. s. g. d. g., 2 médailles de 1re classe, Paris 1855 et 1867, manufacture de machines pour fabrique de tissus, machines à dévider, détrancannoirs, cannetières, métiers mécaniques pour taffetas, moteurs et transmissions, etc.

Schirmeyer, spécialité de Jacquard, rue du Bon-Pasteur, 4.

Sigalon, sur métaux, réparation de machines à coudre et à broder, guides pour la ganterie, rue Juiverie, 8.

Stoermer, rue Saint-François-d'Assises, 13.

Therisse, mécanicien pour moulinage et dévidage des soies, laine et coton, cannetage, transmission, métier mécanique, etc., rue de Sèze, 42.

Tissieux et Dumais, pour chapellerie, rue Duguesclin, 140.

Tribollet (E.) successeur de Vieux aîné, fabricant de détrancannoirs ronds, doubles et simples ; détrancannoirs longs à tours comptés, mécaniques rondes et longues, garanties pendant deux ans, sauf fractures, place du Perron, 4.

Triquet frères, rue Imbert-Colomès, 17, constructeurs en tous genres, spécialité de lisages, piquages pour cartons Jacquard, machines à découper les cartons et papiers, nouveaux systèmes de régulateur brevetés s. g. d. g. pour métiers à tisser la soie, la laine et coton, supérieurs à ce qui a paru jusqu'à ce jour.

Vadoux, spécialité de Jacquard, r. Lebrun, 4.

Vaisse et Troileton, battants, rue Imbert-Colomès, 12.

Valette, réparations sur bois, rue Cuvier, 69.

Vernet, pour tullistes, Grand'R.-de-Cuire, 11.

Viallon et Cie, spécialité de brocheurs et brodeuses en tous genres, brevetés s. g. d. g. métiers à la barre pour galons, boulevard de l'Empereur, 159.

Vieux (F.), montée Saint-Sébastien, 12; fabrique de mécaniques rondes et longues, banques de moulinages, doublages et détrancannoirs pour les soies grèges, cannetières à défiler et à dérouler, par un nouveau système, breveté s. g. d. g.

Weber (A.), fab. de machines à coudre, et outillage concernant la fab. de parapluies, rue François-Dauphin, 11.

Weber, réparation de machines à coudre, rue de Bonnel, 39.

Winter (Henri), rondes à dévider, rue Vieille-Monnaie, 2.

Mercerie en gros et quincaillerie fine.

Arnaud (J.), spécialité de coton, rue Grenette, 12.

Assada neveu, rue Jean-de-Tournes, 12.

Bacheville et Roux, rue Quatre-Chapeaux, 9.

Bailly (A.) et Cie, rue de l'Impératrice, 54.

Barbe (Marius), dépôt de mercerie, rue Centrale, 7.

Barvet, rue Centrale, 48.

Benoist, galons, boutons et velours, rue Mercière, 53.

Bergmann (F.), articles de garnitures pour robes et confections, passementeries et boutons, rue de l'Impératrice, 51.

Billaz (A.), rue Tupin, 9.

Bonnand (A.), bijouterie fausse, rue Centrale, 38.

Bourdeyron-Beauchamp, rue Centrale, 12.

Bonvallet frères, rue Grenette, 35.

Boucher aîné, rue de l'Impératrice, 29.

Budillon (L.) (ancienne maison Bouyer-Fore), rue de l'Impératrice, 34.

Braunschvig frères jeunes, rue de l'Impératrice, 78.

Braunschvig (A.), rue Jean-de-Tournes, 10.

Brunot jeune, rue de la Barre, 10.

Calvat fils, dépôt de l'aiguillerie de Teste, rue Centrale, 38.

Chabert, Berger et Canton, r. Mercière, 44.

Chabrier et Liénard, rue Centrale, 33.

Crevat jeune et Fray (S.), rue Tupin, 35.

Delay et Bouchu, rue Mercière, 39.

Dervieux jeune, rue Mercière, 20.

Duchet aîné, fabricant de boutons de nacre, rue Quatre-Chapeaux, 16.

Duhart (P.) et Cie, rue Mercière, 26.

Farge-Girard, rue de l'Impératrice, 65.

Fontvieille-Collin, rue Quatre-Chapeaux, 5.

Fouret (E.), rue Impériale, 30.

Fournet (J.), rue Centrale, 46.

Fournier aîné et Cie, r. de l'Impératrice, 68.

Georges (L.), rue Centrale, 21.

Girard (J.) fils, quincaillier, rue de la Préfecture, 9.

Grandjanin-Fournier, rue Grenette, 10.

Jubié (Mme), détail, rue Impériale, 87.

Janeas, rue Thomassin, 5.

Jeannin (J.-S.), dépôt de passementerie, rue Centrale, 35.

Lacroix, lacets et boutons, rue Centrale, 52.

Laliche, fabricant de crochets, rue Ferrandière, 8.

Levrat (V.), rue Centrale, 44.

Magniny et Picotin, rue de l'Impératrice, 44.

Maureau (P.), rue de l'Impératrice, 46.

Mazoyer fils, spécialité de perles, rue Mercière, 57.

Menu et Claret, rue et Palais-de la Bourse, 4.

Mignot-Drevet, mi-gros, **rue du Palais-Grillet**, 46.

Musillon, détail, rue de la Reine, 31.

Noailles (L.), rue Mercière, 64.

Nevière (G.) jeune, rue de la Poulaillerie, 9.

Pagnon, quincailler, r. de la Poulaillerie, 3.

Perret, jeune et fils, rue des Forces, 4.

Piguet (J.), dépôt de mercerie et quincaillerie, rue Ferrandière, 36.

Prud'homme fils, quincaillerie, rue Mercière, 64.

Ratton (Vve), quincaillerie fine, rue Mercière, 62.

Ronzon (H.), spécialité de laine, rue Mercière, 5.

Rousselon frères, quincaillerie, rue Impériale, 39.

Silvestre frères, spécialité pour tailleurs, rue Impératrice, 67.

Sullice frères et Favre, place des Cordeliers, 12.

Sauvier et Dunoyer, boutons et nouveautés, rue Centrale, 23.

Stanis, fabrique de boutons de nacre, rue Palais-Grillet, 46.

Teillard jeune, rue Grenette, 4.

Teste père et fils, fabricants d'aiguilles, rue de la Claire, 11.

Vallet aîné et L. Magnin, r. Saint-Nizier, 10.

Varraud et Pirodon, articles de Paris, Allemagne, Saint-Etienne et Lyon, rue Centrale, 32.

Valette (P.-F.), quincaillerie, rue Tupin, 15.

Viallet et Cie, rue Centrale, 25.

Vigouroux aîné, agent de manufactures françaises et étrangères, harlem et rubans rose, place Tholozan, 18.

Modes (fournitures pour).

Annequin (B.) et Tixier, rue Centrale, 35; maison à Paris.

Bajat (Mlle), rue Mercière, 52.

Besson (Mlles), tulles, crêpes et soieries, rue Lanterne, 15.

Celle (A.), rue Centrale, 28.

Charbon (C.), spécialité d'articles modes, crêpes, blondes et tulles-soies en gros, rue Impératrice, 49.

Claudé-Chaninel, étoffes et rubans, rue de l'Impératrice, 35.

Clunet (Mme), rue de l'Impératrice, 67.

Durst-Wild frères, représentés par Monceau, rue Centrale, 29; maison et fabrique à Paris.

Favre jeune et Lioux, résilles, rue Grenette, 4.

Ferlay et Giraud, rue Impériale, 6.

Ferry (J.-B.), rubans et velours, rue de l'Impératrice, 32.

Gachet-Lepind et Cie, rubans et fleurs, rue Impériale, 20.

Gauthier (Mmes), place du Pont, 13.

Gaydon, Petite-Rue-Longue, 1.

Gayet jeune et Cie, place Saint-Nizier, 1.

Gizon, rue Impériale, 36.

Glénat, application en tous genres, fabrique de plumes et frisage, r. Tronchet, 45 bis.

Grillet, marchand de plumes, r. Neuve, 11.

Guyonnet, rue Terme, 22.

Krause (H.), tourneur d'objets pour modes, rue des Capucins, 18.

Lambert (M.), rue Centrale, 39.

Martin (A.), gaufrage, rue Dubois, 11.

Martin (F.), fabricant de fournitures, rue Mercière, 5.

Mathon, rue de la Bourse, 33.

Mazaira, tulles et blondes, rubans, velours et fleurs, rue de Chartres, 6.

Meyer (J.), rue Mercière, 13,

Musy, cours de Brosses, 19.

Perriod (H.), rue Centrale, 32.

Pitaval (F.) et Rager, fournitures pour modes et chapellerie, dépôt de pailles en tresses, blanchissage et teinture, rue de la Barre, 12.

Rieu et Acary, soieries et nouveautés, rue Centrale, 20.

Royané (S.), dentelles vraies et imitations, tulles et crêpes, rue de l'Impératrice, 7.

Strauss, voilettes haute nouveauté, rue des Capucins, 13.

Trévoux frères, rue de l'Impératrice, 34.

Monteurs de métiers.

André, boulevard de l'Empereur, 180.

Association des Monteurs de métiers, rue Dumont-d'Urville, 24.

Barjot, rue de Flesselles, 20.

Desmard et Cie, marchands de métiers, rue du Mail, 23.

Desmard (P.), marchand de métiers, rue d'Austerlitz, 21.

Hermitte frères, marchands de métiers, Grande-Côte, 2.

Hermitte (J.), Grand'Rue-de-Cuire, 2.

Janin, rue d'Ivry, 25.

Mollard, rue de la Visitation, 23.

Montel, rue Gigodot, 15.

Morel, marchand de métiers, place de la Visitation, 4.

Reynaud, place de la Croix-Rousse, 3.

Mouliniers.

Arméry (Mme), moulinage-retórdage de coton, cours d'Herbouville, 37.

Armand, rue Vendôme, 92.

Avon (F.), rue de Vaudrey, 15.

Avy (Mlle), rue de Créqui, 7.

Barbier et Rey, article broderie de tulle, rue de Sèze, 45.

Berthaud, rue des Martyrs, 133.

Berthet, rue de Sèze, 45.
Bettier, rue Vaudray, 13.
Blanc, boulevard des Brotteaux, 12.
Blein (J.-M.), pour le coton, rue Tête-d'Or, 109.
Boiron, rue de Vauban, 98.
Bois, rue Duphot, 1.
Bonardel, rue Bossuet, 65.
Bouchet, rue Bugeaud, 128.
Bret, rue Saint-François-d'Assise, 13.
Brun, rue Cuvier, 152.
Buyat, dévidages de soies grèges, montée de la Boucle, 36.
Caillat, rue Tête-d'Or, 104.
Chareyre (F.), ateliers rue Tête-d'Or, 106, et rue des Trois-Pierres, 20; autre atelier et bureau, rue Ney, 33.
Chauvet, rue Sainte-Elisabeth, 85.
Chazalet (M.), rue Duguesclin, 210.
Chomat, rue Magneval, 15.
Chomat, rue des Martyrs, 96.
Christophe (V.), rue du Gazomètre, 10.
Christophe (J.), rue de Vauban, 98.
Coudemme, rue Boileau, 13.
Couraton (A.), Grand'Rue-des-Charpennes.
Craponne, montée des Carmélites, 10.
Crochet (Mme), cours Vitton, 81.
Dallard, rue Jacquard, 14.
Deroudille père et fils et Cie, rue Vendôme, 141.
Detrie (A.), montée des Carmélites, 10.
Donjon, rue Cuvier, 141.
Durand frères, rue de l'Arbre-Sec, 19, et rue Bossuet, 35.
Esclosant, rue Montgolfier, 45.
Eyraud, place Rouville, 5.
Favrot, montée des Carmélites, 10.
Ferrand, trieur de soies en tous genres, flottes à tours comptés, titrés et repugés, rue Montbernard, 24.
Fournet (J.), Grand'Rue-des-Charpennes.
Gamondet, rue Masséna, 33.
Giraud (F.), place des Pénitents-de-la-Croix, 6.
Glaizal, rue Cuvier, 120.
Guigon, fabricant de purgeoirs; spécialité d'articles pour moulinage et verroterie en tous genres, q. Castellane, 1 (Brotteaux).
Guillermier, rue des Fantasques, 12.
Hebrard-Béranger, rue Sainte-Elisabeth, 95.
Jourdan, montée Rey, 11.
Joutteur, rue de Créqui, 84.
Ladret, montée des Carmélites, 10.
Lacombe, rue Imbert-Colomès, 12.
Lejeune (J.), rue Bugeaud, 55.
Levrat (A.), cours Lafayette, 55.
Lorat, rue de Précy, 52.
Mallessard, pour coton, rue des Fantasques, 12.
Maria, rue des Fantasques, 12.
Marin, place Colbert, 8.
Martinet, rue des Martyrs, 96.

Maurel (A.), rue de Sèze, 112.
Maurel (C.), rue de Sèze, 112.
Maurel et Otier, rue Vauban, 38.
Méaly, montée des Carmélites, 10.
Messier, rue des Martyrs, 89.
Pailhes, rue des Martyrs, 89.
Pichat, rue Charlemagne, 72.
Ragon, rue Cuvier, 104.
Reboul, rue Cuvier, 47.
Robin, rue Barême, 11.
Ruby, rue Bossuet, 37.
Romégon, rue Masséna, 35.
Rostain, rue de Vauban, 98.
Tastevin, rue Cuvier, 156.
Tastevin, cours Vitton, 17.
Thourasse, rue de Sully, 105.
Terrasse, rue Pérod, 13.
Terasse (B.), rue de Flesselles, 20.
Throphème, cours Lafayette, 74.
Toureille, montée de la Boucle, 34.
Vaudray, coton et laine, rue Rivet, 4.
Viallet (E.), rue Bugeaud, 99.
Victor m. des Carmélites, 10.
Vincent, rue Cuvier, 140.

Navettes (Fab. de).

Aury et Guinet, fabrique de pointiselles, rue Jean-Baptiste-Say, 5.
Berthon (F.), rue Bodin, 5.
Burjoud, rue de la Tour-du-Pin, 7.
Comte, rue d'Austerlitz, 17.
Comte fils, rue Tholozan, 4.
Cottet (J.), rue du Mail, 33.
Dalloz, côte Saint-Sébastien, 14.
Descombes et Pellet, fabrique de navettes en tous genres; spécialité pour métiers mécaniques, place Colbert, 6.
Fayet (A.), rue d'Austerlitz, 11.
Ferlat (A.), fabricant en tous genres, spécialité de navettes, brevetées s. g. d. g. pour les manufactures de draps et pour métiers mécaniques de soieries; seul dépôt de tuyaux à déroulés en copeaux croisés, côte Saint-Sébastien, 10.
Flachet, rue Perrod, 5.
Jacquetant, rue Bossuet, 94.
Jamet (E.), rue du Mail, 18.
Lacroix (Vve), place Kléber, 7.
Martignat (A.), rue Masséna, 43.
Martignat, rue Sainte-Elisabeth, 61.
Mercier fils, fabricant de navettes et conducteurs en tous genres, rue Célu, 16 (Croix-Rousse).
Montbillard (F.), rue du Chariot-d'Or, 17.
Murat, fabrique de navettes en tous genres, tampias pour velours. Rasteaux pour pliage et piquage de rouleaux; polissoirs de cornes et d'aciers; spécialité de pointiselles pour toutes sortes de tissage, tuyaux à défilés et déroulés, vernis, place Saint-Laurent, 1 et 2.

Orelle aîné, fabr. de navettes de tous gen-
res brevetées s. g. d. g. spécialité de na-
vettes à défiler, exportation pour la
France et l'étranger, rue de Flesselles, 10.
Pacut (J.), rue Cuvier, 123.
Poutet (J.), rue Tête-d'Or, 59.
Rossat, avenue des Tapis, 2.
Relave (Jules), fabr. de navettes en tous
genres, spécialité pour métiers mécani-
ques, tuyaux à la défilée, en carton verni,
verres et pointiselles, montée Saint-Sé-
bastien, 14.
Rigot (F.), rue Dumenge, 15.
Roche, fabr. de navettes en tous genres, rue
de la Visitation, 4.
Sigaud, rue Saint-Georges, 62.
Sigaud fils, rue Saint-Paul, 34.
Vincent (A.), fabr. de navettes en tous gen-
res, rue du Mail, 38.

Nouveautés de tissus en tous genres
(magasins de).

Arnould et Cie, (ancienne maison Chaîne),
rue Saint-Pierre, 1.
Beguin et Hotelard, rue de la Barre, 1.
Blanchard, rue Bugeaud, 26.
Berlin jeune, rue de l'Impératrice, 85.
Benjamin et Constant, rue Centrale, 20.
Bodin, cours Morand, 2.
Bonnefont (E.), rue Impériale, 54.
Bonneton (J), cours de Brosses, 18.
Bordesol, rue de Chartres, 14.
Bournet et Cie, rue Centrale, 2.
Boyriven-Lagarde, rue Grenette, 3.
Brachet, rue Bourbon, 37.
Brebion-Carrier, rue Saint-Marcel, 21.
Carlod, place de la Croix-Rousse, 11.
Charbonnier-Lambert, draperie, Grand'Rue-
de-Vaise, 41.
Clément (L.), rue Centrale, 46.
Clooten et Cie, rue Centrale, 31.
Courtieu (J.), rue Bourbon, 8.
Combat (Mme) place Impératrice, 6.
Daboneau et Barrard, *A la Ville de Lyon*,
magasins les plus vastes de l'Europe,
choix immense d'étoffes nouveautés, rue
Impériale, 31.
Damey (J.), rue Centrale, 28.
Delanoë (J.-B.), rue des Capucins, 1.
Delore (F.) et Cie, rue de l'Impératrice, 31.
Devaux cousins, rue de l'Impératrice, 75.
Deromieu-Rolland, rue Saint-Côme, 1.
Devilliers (L.) et Cie, rue Saint-Pierre, 28.
Donnet (M.), rue de l'Impératrice, 57.
Duchatel, spécialité de foulards, rue Impé-
riale, 28.
Dupaire ✳ (V) et fils, rue Impériale, 22.
Fougerat, Honorat et Pallard, rue Saint-
Pierre, 14.
Gandon, rue Vieille-Monnaie, 43.
Garanty (Vve), cours Morand, 40.

Gorand, rue de l'Impératrice, 102.
Gollet *(Aux Dames Françaises)* chales, soie-
ries et nouveautés; lainages, confections,
toiles et madapolams; spécialité pour
deuil, rue Bourbon, 6.
Girard (Mlle), rue Romarin, 8.
Grandin, Grand'Rue-de-la-Guillotière, 10.
Guigard jeune et Cie, rue Centrale, 7.
Héritier, rue Terme, 13.
Hirchel (A.), rue Bourbon, 1.
Hodieux et Salvy, m. fondée 1712, place de
de l'Impératrice, 9.
Jourdan (A.), *Au Louvre*, rue Impériale, 13.
Imbert, art. foulards, rue Impératrice, 104.
Kessler (H.), Gde-Place, 22 (Croix-Rousse).
Lamarque-Delaigue, cours Morand, 18.
Laval (A.), place du Marché, 3 (Vaise).
Lemann et Cie, soieries, châles, quai des
Célestins, 6.
Levy (Léopold), quai Saint-Antoine, 27 et 28.
Marix frères, rue de l'Impératrice, 96.
Miège jeune, rue Centrale, 37.
Morel, Grand'Rue-de-la-Croix-Rousse, 16.
Noally, rue de la Magdeleine, 10.
Nordheim et Cie, rue Saint-Pierre, 41.
Pahud, Humel et Cie, rue Saint-Pierre, 10.
Pascal et Cie, rue du Plâtre, 1.
Picard (Vve) et fils, Magasins du Palais-Royal
rue du Plat, 2.
Perrot (Henri) *Aux Deux Passages*, place
impériale, 38 et rue Impériale, 36, véritable
prix fixe marqué en chiffres connus.
Piéry et Cie, place Saint-Nizier, 6.
Placet (E.) et Cie, châles cachemires rue
Impériale, 6.
Ponthus (H.), *Au Sablier*, rue de l'Impéra-
trice, 18
Regaudiat, quai des Célestins, 11.
Royané (S.) fab. de dentelles, guipures en
tous genres pour garnitures de châles et
confections, rue de l'Impératrice, 7.
Ruel et Buscoz, rue Saint-Marcel, 34.
Savarin, rue Terme, 6.
Siebenpfeifer, *Au Cardinal,* rue Centrale, 30.
Tronel, rue Saint-Marcel, 21.
Viron (L.), Grand'Rue, 2 (Croix-Rousse).
Vondière (F.), rue Romarin, 1.

Papiers spéciaux pour la Soierie.

Chapard et Chanal, rue Lafond, 18 et rue
du Garet, 9, fab. de registres et fournitures de bureau, dépôt des manufactures
de papiers d'Angoulême de C. Chertier et
Cie, usines à Laprade et à Pontvieux
(Charente).
Chavent (Vve), spécialité de papiers pour la
soierie, fournitures du bureau, fab. de
registres, barèmes et tableaux à l'usage
de la soierie, place Croix-Pâquet, 2 et 3.
Michaud, rue des Capucins, 19.
Molard, r. Royale, 6, et r. Victor-Arnaud, 5.

Guillermier, pour meubles, rue Grenette, 11.
Guillermin et F. Louis, dorures, rue des Capucins, 19.
Héraud (J.-B.), fabricant de filets et résilles, rue Grôlée, 61.
Henry (J.-A.), ancienne maison (A.), Henry et Jouve, dorures, passementeries, broderies civiles et militaires, ornements d'église, soieries, rue du Garet, 3.
Jacob, rue des Maronniers, 6.
Jaillard père et fils, passementerie, dorure, ornements d'église et articles militaires, rue Impériale, 12.
Jeannin (J.-S.), modes et boutons, rue Centrale, 35.
Jumont-Buer et Cie, pour militaires, place Bellecour, 5.
Laresse (Ch.) et Cie, manufacture de fleurets pour passementerie, soies filées, fantaisies, bourres de soie cardée ou non, rue Saint-Jean, 68.
Levrat (V.), rue Centrale, 44.
Louis (M.-J.), associé de Siméan, place Sathonay, 4.
Mairesse, articles pour dames, r. Impériale.26
Martel (Mme), fab. de franges, passementerie, enjolivures pour meubles, garnitures riches de commande, rue Centrale, 22.
Martin aîné, chenilles et résilles, rue Constantine, 15.
Martin, soie et nouveauté, place de l'Impératrice, 6.
Maureau, rue de l'Impératrice, 46.
Mayot (C.) fabrique de résilles et coiffures, rue Centrale, 54.
Méhier (Ch.) et Cie, pour dames, nouveautés, rue Saint-Pierre, 39.
Morel et Cie, passementerie or et soie, rue de l'Impératrice, 9.
Nicod, passementerie pour ameublement, rue Duguesclin, 99.
Papon (Vve), meubles, rue des Forces, 3.
Perret-Gros, enjolivures et passementeries nouveautés, r. Ste-Marie-des-Terreaux, 3.
Petit et Gayat (Dlles), pour église, rue Tramassac, 4.
Peyrot aîné, fabrique de dorures, équipements militaires, spécialité d'épaulettes or et argent, galons, broderies, ceinturonnerie, coiffure, armes blanches, rubans, décorations françaises et étrangères, assortiment de bijoux et insignes maçonniques, bannières pour sociétés, r. Impériale, 47.
Poncet (Ch.), fabrique de résilles, coiffures et nouveautés, ceintures et soiries, place Saint-Nizier, 1.
Poyet (A.) et Blanc, résilles, rue Bât-d'Argent, 3.
Rivoire (L.) et Cie, dorure, p. d'Albon, 3.
Rochet, franges et broderies en tous genres, rue du Garet, 6.
Rodes (F.), dorures, pl. de la Miséricorde, 3.

Roux (B,), fabrique de dorures, passementeries et enjolivures or, argent et soie, ornements d'église, rue Saint-Polycarpe, 9, et rue Romarin, 12.
Seillier, franges, rue Vieille-Monnaie, 15.
Siebenpfeifer, articles pour dames, rue Centrale, 28.
Silvestre frères, dépôt de boutons et galons de Paris et d'Allemagne, passementerie pour dames, rue de l'Impératrice, 67.
Siméan (C.) et Cie, fabrique de dorures fines mi-fines, fausses, broderie, passementerie civile et militaire, place Sathonay, 4.
Sonthonnax (A.), passementerie, nouveauté pour dames, rue de l'Impératrice, 33.
Tarpin père et fils, tréfilerie d'or et d'argent, rue Lafont, 6; maison à Paris, rue Montmorency, 13; usine à Persan-Beaumont (Seine-et-Oise),
Tissot (Vve), détail, rue de l'Impératrice, 40.
Truchy et Vaugeois, dorures, quai de Retz, 16, maison à Paris.
Volay, Verger et Cie, ancienne maison Moulin et Cie, passementerie en dorure de tous genres, soieries, articles d'exportation, traits, lames, filets, galons, dentelles, spécialité pour le Levant, rue Impératrice, 1.

Passementiers en dorure (A façon).

Badet, rue Tholozan, 2.
Bayon, rue du Commerce, 15.
Baroche, rue Thomassin, 29.
Borge (Aimé), montée St-Barthélemy, 9.
Bouchet (J.-C.), rue Masséna, 43.
Bruchon, rue Vieille-Monaie, 2.
Chaudier, à Chaponost, près Lyon.
Collin (J.-P.), rue Duviard, 3.
Collin (S.), rue de Crimée.
Combaz, rue Bouteille, 15.
Debuella, rue de Noailles, 1
Doublier (J.-B.), rue Boileau, 54.
Duclos, montée St-Barthélemy, 2.
Finet, montée des Carmélites, 9.
Giraudin, rue Tholozan, 9.
Gruffay, rue Sainte-Elisabeth, 65.
Hilaire, rue des Martyrs, 85.
Jannet, rue Tholozan, 10.
Levrat (F.), rue Imbert-Colomès, 16.
Marmonnier (G.), côte des Carmélites, 16.
Marmonnier (J.), rue Tholozan, 11.
Matton, rue Grôlée, 48.
Monan, rue Pouteau, 3.
Neyroud (J.), rue de Sèze, 82.
Nicoud (J.-P.) rue Charlemagne, 78.
Ours, rue Thomassin, 29.
Paguet, rue Rivet, 2.
Pariel, rue Tholozan, 12.
Peruchon, rue Caponi, 2.
Rousset (A.), montée St-Barthélemy, 9.
Rousset (J.), montée St-Barthélemy, 9.
Royet, rue Lafayette.

Thiollière, place Morel.
Vidon, rue Tholozan, 10.

Peignes à tisser (fab. de).

Baile fils, rue Romarin, 17.
Bigé (J.-B.) rue Désirée, 19.
Bugnet (A.), côte Saint-Sébastien, 14.
Chautin (J.), rue des Capucins, 22.
Coint, Bavarot aîné et Cie, r. des Capucins, 2
Dumas (B.), rue Romarin, 13.
Durand (A.) et Souton, rue Terraille, 18, successesseurs de Chatelard et Perrin, fab. de peignes à tisser en tous genres, et fournitures d'ustensiles de fabrique, 14 médailles bronze, argent et or à diverses Expositions de Paris, Toulon, Londres, Bordeaux et le Hâvre, depuis 1827 à 1868.
Garnier aîné, rue du Commerce, 41.
Gras fils aîné, place de la Croix-Rousse, 19.
Gras (G.), rue Puits-Gaillot, 7.
Mardienne et Cie, manufacture de peignes à tisser, systèmes régulateurs, brevetés, s. g. d. g., rue des Capucins, 12.
Menin, rue du Griffon, 3.
Noël, rue Vieille-Monnaie, 35, fab. de peignes à tisser, breveté pour un nouveau système s. g. d. g.; gros, exportation.
Perret (L.) fils, rue Romarin, 8. Nouveau système de peignes à tisser dits flexibles, facilitant avec avantage l'emploi des matières de tous genres ; brevets d'invention et de perfectionnement pour la France et l'étranger. Mention honorable à Paris 1867. Spécialité de peignes garantis pour taffetas forts et moires.
Pichon (E.), rue des Capucins, 18.
Privat (Mme), rue du Commerce 26.
Rivoire et Paul, montée Saint-Sébastien, 18.
Simond, réparation, rue du Mail, 12.
Vion (C.), rue des Capucins, 21.

Peignes à tisser (Fabrique de dents de).

Auzet (Vve), rue Montbernard, 15.
Braisaz, fabrique de dents de peignes en tous genres, par machine à vapeur, rue Boileau, 28.
Poncet, rue Monsieur, 75.
Vally (L.), manufacture de dents de peignes à tisser, laminage de métaux, spécialité de paille de fer, rue Bugeaud, 69.
Venet, Grande-Côte, 79.

Perceurs pour la fabrique.

Blanc, place de la Croix-Rousse, 17.
Jambon, rue d'Austerlitz, 11.
Porte, rue du Pavillon, 2.
Vauchez, rue du Chariot-d'Or, 19.

Planches à impressions (Fabricants de).

Bachelard et Robert, bois, r. de Sèze, 61.
Esticoule, planches sur cuivre, r. Cuvier, 94.
Leroy, planches sur bois, rue Tronchet, 23.
Merle, sur cuivre, rue Duguesclin, 177.

Niel et Cie, fabr. bois et cuivre, Grand'Rue-St-Clair, 100.
Vincent frères, sur cuivre, rue Cuvier, 48.

Plieurs pour soie à coudre.

Baptiste (J.), rue Centrale, 17.
Bernard, lustreur, rue Sainte-Catherine, 15.
Chanet, rue Ferrandière, 18.
Curbillon, quai Pierre-Scize, 404.
Chassot, gaufreur et plieur par fils, rue Vendôme, 79.
Domeck, chevilleur, plieur et gazeur, gazage de toutes matières duveteuses, tels que fantaisie Chapp, poils de chèvre et coton; par un nouveau procédé, il se charge d'enlever le duvet aux couleurs sans altérer les nuances et en conservant leur fraîcheur primitive, rue du Garet, 18.
Guerrier (V.), lustreur, étireur et reflotteur, rue Neuve, 10.
Lamadon (F.), rue de l'Arbre-Sec, 26.
Pollaud, rue du Commerce, 38.
Richarme (M.), plieur et gazeur, rue Saint-Marcel, 11.
Serrain, rue Grolée, 46.
Trossard (L.), plieur de laine, rue Juiverie, 17.

Produits chimiques pour la Teinture (Fabricants de)

Accarie (A.-C.), fab. de crème de tartre, r. Montesquieu, 11.
Armand, rue Tronchet, 8.
Berthoz (L.) fils aîné, commissionnaire, rue St-Côme, 7.
Bertrand et Cie, albumine. r. Duquesne, 41.
Biétrix frères, pour teinture, r. Lanterne, 29.
Bourgeaud (J.), rue de St-Cyr, 62, cristaux de soude.
Bouvier, acide tartrique, r. de Gerland, 22.
Chanal et Billand, l'arvine, huile végétale à graisser, rue de Bonnel, 43.
Chauvet et Solignat, quai Castelane, 29.
Chevalier, pour teinture, cité Napoléon.
Coignet père et fils et Cie, gélatines et colles fortes pour apprêts, rue Rabelais, 3.
Comte frères, rue Malesherbes, 37.
Cornu (Charles), rue de Gerland, 55.
Delaval, au Moulin-à-Vent, appart. place du Pont, 11.
Drogniet, rue Saint-Amour, 11, dextrine pour impression.
Franc (Théophile), pour impressions, rue Neuve, 7.
Girard (Ant.) et Cie, rue des Augustins, 8, pour teinture, impression et papeterie.
Gros (C.), fabricant d'acide nitrique, mordants, rouille et couperose, rue du Sacré-Cœur, 35.
Guimet fabricant de bleu, place de la Miséricorde, 1.

Guinon jeune et Picard, carmin d'indigo, quai Joinville, 39.

Guinon, Marnas et Bonnet, pourpre française, rue Bugeaud, 6.

Guinon fils et Cie, q. de l'Hôpital, 7, pourpre française, orseille et cud-beard, extrait liquide, et carmin d'orseille, azuline, coralline jaune et rouge, laque et carmin de coralline, acide picrique, brute et cristalisée, cochenille, amoniacale, indigotine ; composition et carmin d'indigo, sulfite et hyposulfite de soude vert lumière.

Henry et Cie, fabricant de bleu, place des Cordeliers, 6.

Hegmann et Henriet, fabrique d'orseille, cud-beard, carmin d'indigo, etc., rue du Bourbonnais, 22.

Hominal-Goutines, fabricant de cristaux de soude et savons, cours d'Herbouville, 48.

Jalabert et Cie, rue de Marseille, 31.

Laroche, Ruegg et Cie, orseille et carmin d'indigo, cours d'Herbouville, 80.

Manin jeune et Cie, rue de l'Arbre-Sec, 40.

Marcout (J.-B.), pl. du Gouvernement, 5.

Monier père et fils, carmin, indigo et rouille, c. Vitton, 53.

Mulaton (C.) et Cie, rue Neuve, 12.

Napolier jeune, fabricant de bleu, rue de la Vierge-Blanche, 1.

Napolier, fab. de bleu, rue de Chartres, 86.

Parel et Mochel, extraits de bois, rue de Chartres, 88.

Perret frères et Olivier, q. St-Antoine, 35.

Philippe (A), docks lyonnais, r. Tronchet, 42.

Piller et Bartet, r. Transversale, 15, à Vaise.

Pin (C.), extrait de bois de teinture, rue de la Villardière, 34.

Poirrier (A), produits divers, r. Constantine, 1.

Poget et Benoît, fabrique d'extraits de bois de teinture, quai de Serin, 53-54.

Prunier (P.), spécialité de matières colorantes pour la teinture, breveté s. g. d. g., à Pierre-Benite (Rhône).

Rambaud (P.), carmin d'indigo, rouille, couperose et savons en tous genres, boîte, rue Puits-Gaillot, 33, Gr.-R.-Charpennes, 19.

Ribollet et Cie, pour teinture, rue Sainte-Anne, 5, à Baraban.

Renaud et Jay, indigo, cochenille, rue Lanterne, 20.

Rubsamen et Remp, carmin et indigo, quai Castellane, 6.

Trux, Mistral et Cie, eau de Javelle, rue Sébastopol, à la Villette.

Venet (P), carmin et sulfate d'indigo, rue Vendôme, 94.

Violet, carmin et indigo, rue Monsieur, 15.

Voisin (M.), violet d'aniline, c. Lafayette, 9.

Rascurs de velours.

Basset (C), rasage et pliage de velours unis et façonnés, rasage, grillage et polissage d'étoffes de soie, P.-R.-des-Feuillants, 5.

Berrier-Gilbert, impasse St-Polycarpe, 8.

Boulot-Cuzin et Guétat, Petite-Rue-des-Feuillants, 5.

Campiche, rue du Griffon, 8, à la mécanique.

Convert (Mlle), place Tholozan, 20.

Fabre, rasage et grillage de satins noirs et couleurs, nouveau perfectionnement, rue Désirée, 21, au troisième.

Lamotte et François, rasage à la mécanique et découpage de rubans, rue des Tables-Claudiennes, 20.

Marcoz-Gurset, Petite-rue-des-Feuillants, 5, et rue de Thou, 4.

Rabilloud, rue de Thou, 3.

Rey, procédé mécanique pour le rasage de velours en tous genres, place Tholozan, 21, allée des Fiacres ou rue du Griffon, 7, au 2me, 2me montée.

Vignaud, place Tholozan, 19.

Remisses (Fab. de).

Baril, rue Rozier, 3, et rue des Capucins, 19.

Beaumont, rue Vieille-Monnaie, 33.

Bellin-Barbié, successeur de Jacquetant, rue Vieille-Monnaie, 43.

Bergeret (Vve), rue du Mail, 6.

Boiron (F.), montée du Gourguillon, 25.

Camet (G.), rue Tête-d'Or, 46.

Couturier, rue du Mail, 14.

Demard et Cie, gros et détail, r. du Mail, 23.

Desmard (P.), gros et détail, exportation, rue d'Austerlitz, 21.

Dugnat (Mlle), articles de passementeries et de rubanneries, rue du Pavillon.

Durand (P.), rue Vieille-Monnaie, 15.

Fournet (Mme), côte Saint-Sébastien, 22.

Gavillet, rue de Flesselles, 20.

Hermitte frères, Grand'Côte, 2.

Jochs (Mlle), rue Imbert-Colomès, 5.

Jochs (Mme), Grand'Côte, 65.

Mathieu (P.), assortiment, rue Vieille-Monnaie, 23.

Morel, fab. de remisses en tous genres, gros et détail, ustensiles de fabrique et échange, montage de métiers, expédition, exportation, place de la Visitation, 4.

Moreton (Vve) aîné, ustensiles de fabrique, rue du Chariot-d'Or, 18.

Moussy, gros et détail, lamettes et lisserons, rue Saint-Polycarpe, 12.

Plassard (A.), Grand'Côte, 4.

Roux (Vve) et Berthier, fab. de soie, fil et coton, pour remisses, rue Terme, 14.

Sagnon fils, gros et détail, montée Saint-Sébastien, 18.

Seigle-Goujon, fabrique de remisses en tous genres, fournitures spéciales pour le tissage mécanique, et généralement toutes sortes d'ustensiles, soie, fil, laine et coton pour remisses. Dépôt de cordes et ficelles, courroie cuir et caoutchouc, gros et détail, rue du Griffon, 7.

Thevenet (Mme), rue des Chartreux, 21.

Tournier (A.), breveté s. g. d. g., rue du Commerce, 50.

Tréboux, Grand'Côte, 57.

Vammoë, rue Vieille-Monnaie, 11.

Verchera, boulevard de l'Empereur, 155.

Vivier (Mme), fabricant de remisses, gros et détail, côte Saint-Sébastien, 23.

Renseignements commerciaux (Comptoir de).

Durand (J.-B.), renseignements rendus franco sur Lyon, 1 fr.; pour la France, 2 fr. Quai de Retz, 21.

Rouennerie en gros.

Bernard (J.) et Cie, rue de la Fromagerie, 9.

Bouyer (Ch.) et Cie, mouchoirs et lainages, rue Centrale, 5.

Charles jeune et Cie, rue Dubois, 5.

Chartron (C.) et Cie, rue Grenette, 5.

Cuvillier et Cie, rue de l'Impératrice, 49.

Desguers (E.) et Cie, gros et détail, rue de l'Impératrice, 25.

Décrand et Cie, rue de la Fromagerie, 5.

Dubœuf (J.-B.), rue Saint-Jean, 48.

Dumond aîné et Cie, lainages, rue Centrale, 21.

Faure, Justin Rochas et Cie, rue Dubois, 6.

Fillon aîné et Cie, rue Centrale, 12.

Josserand (F.), représentant de A. Scheurer, Rott et fils de Thann (Haut-Rhin), fabr. d'indiennes, quai de Retz, 12.

Mathevon (Auguste), et Cie, lainage, rue Grenette, 2.

Mollard jeune et Cie, rue Grenette, 4.

Michel et Cie, lainage, rue Grenette, 23.

Plasson et Viallet, rue de l'Impératrice, 55.

Revel, Blache et Cot, lainage, rue Dubois, 23.

Terret, Dumoulin et Cie, rue Centrale, 14.

Vuarin, Argoud et Cie, rue de l'Impératrice, 39.

Rubans (marchands de).

Allard et Cie, rue Gentil, 11.

Aubry, rue Mercière, 80.

Berger frères, rue Neuve, 17.

Bernard et Cie, rue Centrale, 15.

Bernard (veuve), rue Lanterne, 1.

Bernard, rue Sainte-Catherine, 2.

Beysson (Mlle), rue Romarin, 21.

Bonnin (V.), et galons, rue de l'Impératrice, 91.

Cazot (B.), rubans au poids, r. Impériale, 63.

Celle (A.), rue Centrale, 28.

Chatillon (Mlle), rue Saint-Côme, 1.

Chapel (veuve) et Cie, rue de l'Impératrice, 38.

Chapard, rubans unis et nouveautés, rue de l'Impératrice, 33, près de l'église Saint-Nizier.

Claudé-Chaninel, rue de l'Impératrice, 35.

Daboneau et Barrard, rue Impériale, 31 (*A la Ville-de-Lyon*).

Ducret et Cie (Mlles), rue du Plâtre, 8.

Dommartin, r. Sainte-Marie-des-Terreaux, 1.

Dufieux (Mlle), place du Change, 3.

Duplâtre, fabr. de rubans et galons, rue Poulaillerie, 15.

Egraz, coupons, rue de l'Impératrice, 103.

Favre jeune et Lioux, et lacets, rue Grenette, 4.

Favre fils aîné, rue Saint-Pierre, 26.

Ferry (J.-B.), rue de l'Impératrice, 32.

Ferlay et Giraud, rue Impériale, 6.

Fond, avenue de Saxe, 70.

Fontvieille-Collin, rue Quatre-Chapeaux, 5.

Gachet-Lepind (Mmes) et Cie, rue Impériale, 20.

Gaismann (H.), rue Lafont, 10; maison à Saint-Étienne.

Gengel-Mercier, rue Mercière, 3.

Gleyre (Samuel), rue Impériale, 10.

Gouilloux (J.), rue de Sèze, 5.

Grand-Rodier et Poizat, rue de l'Impératrice, 42.

Grataloup-Lafont, rue de l'Impératrice, 56.

Gros (Mme), place du Pont, 7 (Guillotière).

Guyonnet, rue Terme, 24.

Mairesse (E.), rue Impériale, 26.

Manot (R.), rue Impériale, 50.

Michaud, achat et vente en solde, rue Terme, 21.

Mignot sœurs (Mlles), rue de l'Impératrice, 103.

Moreau-Paufin, ceintures soie, place Saint-Jean, 8.

Muller, fabricant, rue Bât-d'Argent, 6.

Mure et Chalaye, rue Impériale, 9.

Pavallier, rue de l'Impératrice, 61.

Ponsot (veuve), rubans et nouveautés, rue Centrale, 14.

Portier-Sauge, rue Bât-d'Argent, 7.

Poyet (J.-B.), rue Impériale, 49.

Prévost (A.) et Cie, en gros, rue de l'Impératrice, 45.

Ressier, rue du Plat, 2.

Reybaud (M.-P.) et Boucharlat, rue de l'Impératrice, 36.

Rochard-Corcelette, et lacets, rue Poulaillerie, 6.

Rome (Mme), place du Pont, 7.

Sage, rue Centrale, 41.

Salomon, rue Bourbon, 24.

Souhait (Mme), rue Terme, 19.

Valla-Tessier, rue Centrale, 23.

Venot (Mlle), rue Saint-Pierre, 11.

Soie (commissionnaires et marchands de)

Arlès-Dufour (C.) ✳ et Cie, place Tholozan, 19 ; maisons à Paris, Saint-Etienne, Marseille, Bâle et Créfeld.

Armandy et Cie, commissionnaires, quai de Retz, 8.

Astesani, place Tholozan, 21.

Auffm-Ordt (C.-A.), Sturmer et Cie, rue du Garet, 3 ; maisons à Paris, New-York et Saint-Etienne.

Bard et Woringer, rue Désirée, 6 ; maison à Bâle.

Barrel, rue Désirée, 4.

Beauser, soies teintes et écrues, trame et organsin pour fabrique, rue de la Poulaillerie, 3.

Beaux (A.) et Gervais frères, place Croix-Paquet, 11,

Benoît (A.), Miroglio (J.) et Cie, rue Puits-Gaillot, 29.

Bérjon (A.) fils, Aillaud et Cie, rue Pizay, 7.

Bertholon, rue Désirée, 4.

Besson (J.), rue Puits-Gaillot, 5.

Bianchini (P.), commissionnaire, r. Pizay, 3.

Bié père et fils, commissionnaires, quai de Retz, 1.

Blanc-Gindre, rue du Garet, 4.

Boldetti, rue Désirée, 6.

Bony (C.), achat des soies à la commission et par représentation, France et étranger, rue du Garet, 4.

Bouiller (V.) et Cie, commissionnaires, rue Désirée, 14.

Boule (E.), rue Romarin, 33, et rue Puits Gaillot, 1.

Bouniard et Volle, rue Désirée, 9.

Bouniols (E.), commissionnaire, quai de Retz, 16.

Brémal (T.) et Fayolle (L.), rue Pizay, 3.

Brunet (P.) et Vieil (A.), rue Pizay, 5.

Caccianiga, représentant, rue Désirée, 6.

Casati-Brochier et Cie, commissionnaires, rue Puits-Gaillot, 23.

Castelmur (B.), rue du Griffon, 9.

Ceresole et Montu, rue de l'Arbre-Sec, 3 ; maison à Turin.

Cesano et Zurcher, rue Désirée, 14.

Chabannes, commissionnaire, rue Désirée, 9; boîte, rue Puits-Gaillot, 25.

Chartron père et fils et Monnier, filature et moulinage de soies à Saint-Vallier et Saint-Donat (Drôme), rue de l'Arbre-Sec, 11.

Chomel, Auvergne et Molard, Petite-rue-des-Feuillants, 5.

Comi (Ch.) commissionnaire en soie et déchets, rue Saint-Polycarpe, 10.

Conrad frères, grèges et ouvrées, rue Puits-Gaillot, 1.

Contant (Eug.), soies teintes et écrues, rue Pizay, 5.

Comte et Vignard, déchets, q. Saint-Clair, 13.

Coumert et Jaillard, rue Pizay, 18 ; rue Impériale, 4.

Derussy (Vve), Gauthier et Cie, rue du Griffon, 14.

Desgorges (F.) et Cie, rue Puits-Gaillot, 19.

Desgrand père et fils, commissionnaires, rue du Garet, 5; maison à Créfeld.

Desgrand (L.) et Cie, commissionnaires, rue Lafond, 24; maisons à Londres et Marseille.

Desplagnes (J. et E.) frères ; rue du Griffon, 3 ; maison à St-Etienne.

Despit (L.), fantaisie et soie, rue Désirée, 4.

Domergue (A.), rue Pizay, 5.

Dubost, rue Désirée, 19.

Ducarre (P.) et Cie, rue Pizay, 14.

Dugaz (P.), et banque, place Tholozan, 22.

Dumontel et Craponne; maison à Turin; rue du Garet, 3.

Dunod (C.), commissionnaire et courtier pour la soie, quai de Retz, 10.

Duplay et Repelin, rue Pizay, 9.

Durieux (A.), commissionnaire, rue de l'Arbre-Sec, 3.

Durieux et Charbon, rue Impériale, 24.

Evesque et Cie, et banque, rue Puits-Gaillot, 31.

Fermaud, commissionnaire, rue de l'Arbre-Sec, 16.

Feroldi (L.) et Cie, commissionnaires, rue Pizay, 5.

Ferrieu (J.-A.), maison à Marseille, rue Lafond, 20.

Fischer (E.), commissionnaire, rue Lafond, 24.

Forrer et Vernier, laines et fantaisies, rue Bât-d'Argent, 17.

Frau (Henri), rue Désirée, 4.

Gallizier (Maximilien), commissionnaire, quai St-Clair, 8.

Gamot (P.) et Cie, rue Puits-Gaillot, 11.

Garcin (J.-V.), rue du Griffon, 13.

Gassier (H.), représentant, rue Romarin, 33.

Germain, frères et Cie, grèges et ouvrées, rue Sainte-Catherine, 3.

Giraud (J.-B.), rue Puits-Gaillot, 7.

Godard (T.) et Cie, rue Lafond, 3.

Guérin (Vve) ✳ et fils, et banque, rue Puits-Gaillot, 31.

Guichard (V) et (E.) Mercier, rue de l'Arbre-Sec, 6; maison à Saint-Etienne.

Harmand, Mégemond et Cie, rue Désirée, 2.

Hecht, Lilienthal et Cie; comptoir au Japon; rue du Garet, 3.

Heitz et Devèze, commissionnaires, rue de l'Arbre-Sec, 16,

James (C.), rue du Garet, 4.

Jame (H.), rue Désirée, 4.

Kayser-Siegfried et Cie; maison à Créfeld et Londres; place Tholozan, 24,

Lacroix cousins et Cie; rue Désirée, 15; maison à Londres.

Lardon (P.), rue Désirée, 19.
Larivière (H.), spécialités de soies grèges Cévennes, rue des Capucins, 22.
Laurent (R.), commissionnaire, rue Terraille, 18.
Lehmann et Cie, de Londres, rue Pizay, 22.
Lombard et Cie, rue Désirée, 19.
Longin et Cie, rue Désirée, 16.
Lyon-Albert, commissionnaire, place des Terreaux, 1.
Mallier (P.), rue Pizay, 22.
Martin (L.) et Cie, spécialité de grèges des Cévennes, rue Lafond, 16.
Martorelli et Cie, place Tholozan, 23.
Mathieu (J.), place Croix-Pâquet, 5.
Mathieu (M.) et Charreton, rue de l'Arbre-Sec, 20.
Maurer (L.), commission., r. Madame, 14.
Mayor, Leydier et Cie, r. de l'Arbre-Sec, 16.
Mayrargues et Cie, commissionnaires, rue de l'Arbre-Sec, 40.
Meyer, Schinz et Cie, place Tholozan, 21, agence en Suisse et Allemagne.
Micheaux (de) (F.) et Cie, rue Pizay, 16.
Milsom (F.), Poy et Ch. Berry, place Tholozan, 19.
Momfaure et Cie, commissionnaires, rue de l'Arbre-Sec, 11.
Montet et Rougane, rue Désirée, 14.
Moro (M.) et Cie, représentants, r. Pizay, 22.
Olivier (B.), rue Terraille, 22.
Palluat (H.) et Testenoire, r. du Griffon, 13.
Pattison (J.) et Son (Y.), Tronel, représentant, rue Puits-Gaillot, 1.
Pavia, Osio et Cie, r. de l'Arbre-Sec, 18.
Payen (L.) et Cie, P.-R.-des-Feuillants, 5.
Penet, Reiser et Cie, rue de l'Arbre-Sec, 13.
Picollet (J.) fils et Cie, fabricants de soies pour dorures, Grande-Rue-Longue, 20, et rue de la Fromagerie, 5.
Perrin et Vialletton, r. de l'Arbre-Sec, 9.
Pirjantz (A.), rue Puits-Gaillot, 31.
Pittaluga (F.), place Tholozan, 19.
Planchon (Max), commissionnaire, rue Romarin, 34.
Ponson (A.) fils, rep. rue Pizay, 22.
Ponzio, la Nicca et Cie, commissionnaires, rue Désirée, 4, maison à Marseille.
Quisard ✳ et Cie, rue Puits-Gaillot, 33.
Raffard et Chassignol, r. des Capucins, 25.
Rambaud-Thoral et Sestier, q. de Retz, 7.
Revol et Dassier, rue Bât-d'Argent, 18.
Royané (S.), spécialité de soies de grenadines et fantaisie teintes pour dentelles, rue de l'Impératrice, 7.
Semenza (E.), rue Pizay, 3, maison à Londres, sous la raison sociale : Semenza (G.) et Cie ; maison à Milan, sous la raison : Ferri et Cie.
Seux (A.) et Cie, rue Pizay, 11.
Simian (A.-O.), rue Désirée, 2.
Tavernier (J.-P.), rue Sainte-Catherine, 7.

Thomas frères, rue Lafont, 16.
Tillard (Ch.), rue Désirée, 13.
Thompson et Pattinson, r. Bât-d'Argent, 6.
Tonoir (A), rue Désirée, 16.
Thommasi-Gavazzi et Cie, commissionnaires, rue Puits-Gaillot, 7.
Travi et Denavit, place Tholozan, 22.
Tronel (Côme), rue Puits-Gaillot, 25.
Tronel (J.-F.), représentant de la maison Pattison (J.) et fils, de Londres, r. Puits-Gaillot, 1.
Vallelion (J.), rue Romarin, 33, et r. Puits-Gaillot, 1.
Vernier (Francis) et Cie, commissionnaires, rue Mulet, 18.
Verzegnassi (Lucien), rue Puits-Gaillot, 11.
Vincens et Soulier, pour tulles, r. Désirée, 4.
Vitta (J.) (le baron), rue Lafont, 8.

Courtiers pour la soie,

Armand (Ch.), bureau, 31, r. Puits-Gaillot.
Barrel (P.), bureau, 4, rue Désirée, et 7, rue Puits-Gaillot.
Besson (F.-L.-M.), bureau et dépôt d'échantillons, 27, rue Puits-Gaillot, boîte même rue, numéro 25.
Besson (J.), rue Puits-Gaillot, 5.
Bony (C.), achat des soies à la commission et par représentation, France et étranger, rue du Garet, 4.
Brisson (H.), bureau, 29, rue Puits-Gaillot ; domicile rue Terme, 16.
Bruni (T.), boîte rue Puits-Gaillot, 25.
Cagear (R.-L.), rue des Capucins, 23.
Chavent, boîte, rue Lafont, 8.
Delcroix (N.), bureau, 2, rue Désirée, boîte, rue Puits-Gaillot, 2.
Dime, boîte, rue Lafont, 6.
Duchamp, boîte, rue Puits-Gaillot, 27.
Duclaux (C.-J.), bureau, 7, rue de l'Arbre-Sec, boîte, rue Puits-Gaillot, 25.
Dussourd (T.), boîte, rue Puits-Gaillot, 25, domicile, place Croix-Paquet, 5.
Eymard (V.), boîte, rue Puits-Gaillot, 21, domicile, rue Cardinal-Fesch, 48.
Eymard (René), bureau, rue Désirée, 21.
Giraud, boîte, rue Puits-Gaillot, 25.
Girerd, rue des Capucins, 23.
Guerrier, boîte, rue Puits-Gaillot, 27.
Janson (C.), boîte, rue Puits-Gaillot, 27.
Jarrosson (P.-M.), boîte, r. Puits-Gaillot, 2.
Joannon (E.), bureau, 14, rue du Griffon, boîte, rue Puits-Gaillot, 27.
Maurel, bureau, rue Puits-Gaillot, 11.
Mazeirat (P.-A.), boîte, rue Puits-Gaillot, 25 ; domicile, rue Vaubecour, 15.
Montet (A.), bureau, 14, rue du Griffon, boîte, rue Puits-Gaillot, 27.
Office Lyonnais du courtage pour la soie, Roque, Montet et Joannon, rue du Griffon, 14.

Peter Moll, rue du Griffon, 14.
Raynaud (L.), bureau, rue Lafont, 6.
Reiser, jeune, boîte, rue Puits-Gaillot, 25.
Renaud-Dupasquier, rue d'Algérie, 11.
Roque (M.), bureau, 14, rue du Griffon; boîte, rue Puits-Gaillot, 27.
Rossetti, boîte, rue Puits-Gaillot, 25.
Sautel (Ernest), bureau, rue Puits-Gaillot, 19.
Sève (C.-L.), boîte, rue Puits-Gaillot, 2; domicile, rue Pizay, 3.
Sorlin, rue du Théâtre, 1.
Souzy, boîte, rue Puits-Gaillot, 2.
Tardy (J.-L.-F.), bureau, rue Puits-Gaillot, 31.
Troubat (A.), bureau, 14, rue du Griffon; boîte, place des Terreaux, 1.

Soie (Essayeurs de).

Angelby, (Mme), rue Mulet, 4.
Bertrand, rue du Griffon, 12.
Bouvet (A.), Dupoyet et Cie, rue Désirée, 6.
Cornet (J.), rue Désirée, 6.
Cornet (Jean), place de la Comédie, 25.
Duvivier (L.), rue du Griffon, 14.
Hattemberger (G.), rue Pizay, 12.
Humblot (L.), Petite-Rue-des-Feuillants, 3.
Joly (Mme), rue Désirée, 5.
Melon, rue Terraille, 13.
Mélon-Carrez, rue Désirée, 21.
Monti et Caffi, rue Saint-Polycarpe, 14.
Nicolas (G.), rue Saint-Claude, 4.
Ollier (A.), Mercier et Cie (Mmes), rue Lafont, 24.
Passchois (F.), rue Terraille, 14.
Passchois (T.), rue du Griffon, 11.
Perret, rue du Griffon, 1.
Ravet, rue du Garet, 3.
Roussel (L.) et Jandeau, rue Désirée, 8.
Sachet (J.), rue Désirée, 19.
Sautel (Mme), rue Terraille, 18.
Tisserand (J.), rue Puits-Gaillot, 25.
Valentin (E.), rue Terraille, 4.
Vincent, rue Désirée, 11.
Voisin (L.), rue du Griffon, 5.

Soie (bourres et déchets de).

Albert-Lyon, place des Terreaux, 1.
Arlès-Dufour (C.) ✳, place Tholozan, 19.
Beaurepaire (Eugène), quai Saint-Clair, 8; ex-associé de Perriollat fils et Beaurepaire, bourre et déchets.
Beauser, rue de la Poulaillerie, 2.
Boissière (A.) et Cie, rue Pizay, 3.
Boucharlat, rue Boileau, 54.
Bouniard et Volle, rue Désirée, 9.
Brante fils, cotons filés, bourre de soie et fantaisie, place des Capucins, 2.
Carrier (H.), déchets de soie divers, rue Sainte-Catherine, 13.

Chassignol (T.), schappes, cotons, laines, simples et retords, rue Désirée, 4.
Chaverot (F.), frisons, cocons et déchets, quai de Retz, 15.
Clunet, soldes de fabriques, peignes, rue Saint-Polycarpe, 10.
Comi (Ch.), commissionnaire en soie et déchets, rue Saint-Polycarpe, 10.
Comte et Vignard, quai Saint-Clair, 13.
Debroas (Mlle), spécialité de peignes soies pour la passementerie et remisses, quai de Retz, 10.
Depey-Brunet, rue Sainte-Catherine, 13.
Despit (L.) soies et fantaisies, r. Désirée, 4.
Disdier, spécialité de peignes soies pour la passementerie, bourres et déchets, à la Demi-Lune, par Vaise.
Domergue (A.), soies et déchets, r. Pizay, 5.
Dubost (J.), rue Désirée, 19.
Durieux, rue Désirée, 19
Fillod père et fils, rue des Capucins, 3.
Forrer et Vergnier, rue Bât-d'Argent, 17.
Françon, bourre, peignes de soie, rue Vieille-Monnaie, 15.
Franc (A.), père et Martelin, rue Neuve, 7.
Gamot et Delahaye, r. Vieille-Monnaie, 33.
Igonnet (H.) et Cie, cotons filés, bourres de soie et fantaisie, quai Saint-Clair, 16.
Imbert et Solari, achats et ventes à la commission de déchets de soie, fantaisie coton et peignes soies, r. des Capucins, 24.
Lardon (P.), bourre de soie, r. Désirée 19.
Laresse (Ch.) et Cie, fleuret pour passementerie, fleuret Piémont, Zurich, fantaisie, chappe et galette pour dorure, fleuret à tricoter, bourre de soie cardée ou non, articles de Villefranche et padoux en tous genres, rue Saint-Jean, 68
Levet (E.), et Cie, rue Saint-Claude, 4.
Lyon (Albert), place des Terreaux, 1.
Maillet (P.), rue Pizay, 22.
Moro (M.) et Cie, rue Pizay, 22.
Mestrallet, déchets en tous genres, rue Sainte-Catherine, 19.
Moretton et Cie, rue Désirée, 5.
Olph-Gaillard (L.) et Cie, soie filée, place des Capucins, 3.
Paradis et Cie, fantaisie filée, rue Vieille-Monnaie, 33.
Pasquet, Knœri et Cie, laines et cotons filés, rue Vieille-Monnaie, 33.
Raffard et Chassignol, fantaisie, rue de Capucins, 25.
Rambaud-Thoral et Sestier, frisons, q. de Retz 7
Riondel (E.), rue Puits-Gaillot, 15.
Sabatier, rue Coustou, 5.
Scotti et Chavannes, quai de Retz, 10.
Soviche (L.) et (G.), Karcher, Petite-Rue des Feuillants, 2.
Tavernier (J.-P.), rue Sainte-Catherine, 7.
Turin frères, déchets de soie, bourrette, rue des Capucins, 13.

Vernier (Francis) et Cie, cocons, frisons, bourres de soie, rue Mulet, 18.
Warnery et Morlot, filature à Tenay, quai Saint-Clair, 14.

Soie à coudre (fabricants de).

Albert-Lyon, place des Terreaux 1.
Ayné frères, quai de Retz, 4.
Bergier (G.), bobinage mécaniques des soies et coton à coudre, fils d'or et d'argent à métrage fixe, rue du Jardin-des-Plantes, 9.
Boffard (B.) et Cie. quai de Retz, 12.
Costal, fabrique spéciale de soies à coudre et à broder pour machines à coudre et à la main ; 25 0/0 plus légère et 25 0/0 meilleur marché. Supérieures pour toutes les industries ; fournitures pour tous les systèmes de machines à coudre, rue Grenette 23, et chez Bourgeod, rue Impériale, 39.
Daillon Henry, et Chevassu, rue Centrale, 48
Degabriel père, fils, Bourrin et Cie, rue Bât-d'Argent, 6 ; usine à vapeur à St-Paul-en-Jarret.
Delay et Bouchu, rue Mercière, 39.
Durieux et Charbon, spécialité pour machines, rue Impériale, 24.
Faure, soies teintes et écrues, rue Ste-Catherine, 15, maison principale à Paris, rue St-Denis, 369.
Fayard et J. Blanc, rue Impériale, 60.
Germain frères et Cie, soies à coudre et à franges, teintes et écrues, gréges et ouvrées, rue Ste- Catherine, 3, usine à la Seauve (Haute-Loire).
Guyet (J.), fab. de soies à coudre et à broder, rue Duviard, 2.
Jaricot (Vve) et fils, rue Puits-Gaillot, 21, maison à Paris.
Monnet et Bazin, usine à Vaux (Ain), rue Centrale, 4.
Pascalis, pour machines, passage de l'Hôtel-Dieu, 36.
Pelletier et Cie, teintes et écrues, rue Impériale, 26.
Pichon jeune, rue Saint-Pierre, 27.
Picollet (J.) fils et Cie, fabrique de soie pour dorures, Grande-Rue-Longue, 20 et 22, rue Fromagerie, 5 *bis*, à l'entresol.
Séon (Léon), succes. de Séon-Maron, rue et palais de la Bourse.
Varraud et Pirodon, rue Centrale, 32.

———

Baverey et Lacombe, fabrique de soies à coudre (à façon), usine à vapeur, cours Lafayette, 224, près la cité Napoléon.

Soie, fil et coton pour remisses.

Barbié, succes. de Jacquetant, rue Vieille-Monnaie, 43.
Baril, rue Rozier, 3.
Chardon (J.-P.), fabricant d'arcades, colets-cordes pour les métiers à la Jacquard et les tissages, articles toile en tous genres, commission pour tout ce qui concerne la fabrique à des prix modérés, rues Magneval, 3, et St-Vincent-de-Paul, 10.
Mathieu (P.), rue Vieille-Monnaie, 23.
Martel, côte Saint-Sébastien, 20.
Moussy, assortiment, gros et détail, r. Saint-Polycarpe, 12.
Perret jeune et fils, mercerie, r. des Forces, 4.
Rambaud-Thoral et Sestier, q. de Retz, 7.
Sagnon fils, gros et détail, montée Saint-Sébastien, 18.
Seigle-Goujon, soies, fils et cotons pour remisses, ustensiles de toutes sortes pour le tissage, gros et détail, commission et exportation, rue du Griffon, 7.
Tournier, breveté s. g. d. g., rue du Commerce, 50.
Vammoë, rue Vieille-Monnaie, 11.

Soieries, foulards, châles, velours (Fab. de)

Adam (H.) et Cie, unies et façonnées, rue Lafond, 18.
Affre et Jobert, fab. de foulards imprimés, rue des Capucins, 20.
Algoud frères, unies, méd. argent 1867, rue du Griffon, 3.
Amiet et Proux, unies et nouv. rue des Capucins, 25.
Araud frères, parapluies, r. St-Polycarpe, 12.
Arlin frères, unies et nouv., place Croix-Pâquet, 11.
Audry (B.), velours unis, couleurs, r. Puits-Gaillot, 33.
Association des tisseurs de Lyon, fabrique et vente de tissus en tous genres, rue Romarin, 1, et place du Griffon, 7, au 1er.
Bachelu et Ribolet, robes nouveautés, rue Romarin, 3.
Ballard (J.-B.), foulards imprimés et châles, rue Royale, 20.
Balmont et Cie, velours et étoffes pour voitures, rue de l'Arbre-Sec, 20.
Bardin et Cie, ornements d'église et articles du Levant, rue St-Polycarpe, 9, et rue Romarin, 12.
Bardon et Ritton, armures et unies, Grande-Rue-des-Feuillants, 4.
Barogy (André) et Bouteille, chapellerie, rue des Capucins, 14.
Battur (V.) et Cie, cols-cravates et foulards, rue du Plâtre, 4.
Baudinot, Couturier et Cie, velours et nouv. rue des Capucins, 18.

Bayard, aîné et fils, chapellerie, rue Bât-d'Argent, 17.

Bayard (L.), chapel., r. de l'Impératrice, 100.

Bayzelon (A.) et fils, étoffes pour ameublements, rue Pizay, 9, et rue Lafont, 8.

Bellaton (J.-B.) et Cie, étoffes noires, place Tholozan, 26.

Belmont frères et Cie, unies et façonnées, place Croix-Pâquet, 8.

Berger (Vve) et Cie, gilets et cravates, place Croix-Pâquet, 5.

Berger (J.-B.), armures, gilets, cols-cravates, place Croix-Pâquet, 2.

Berger (H) et Ritton, velours pour gilets, place Croix-Pâquet, 11.

Bergeron (A), vel. unis, r. Puits-Gaillot, 29.

Bernard (J.) et Gonin, velours, satins et moire antique, rue Lafont, 20.

Bidon (J.-M.), ornements d'église, r. Saint-Polycarpe, 12.

Billiard frères et Cie, velours, rue des Capucins, 25.

Binoux et Drogue frères, velours, Gr.-R.-des-Feuillants, 1.

Blache ✳, André et Lemaître, velours, pl. Tholozan, 27.

Bloch (J.), foulards imprimés, rue des Capucins, 19.

Boirivant (A.) aîné, noirs unis, rue des Capucins, 25.

Boissieu (de) et Cochaud, unies et façonnées, rue du Griffon, 17.

Bonnet (les petits-fils de C.-J.) et Cie, unies noires, rue du Griffon, 8.

Bonnet, Piot et Cie, lustrine noire et couleur, rue Terraille, 15.

Bonnetain (E.) et Ch. Richarme, cols-cravates, place Croix-Pâquet, 11.

Bonnevay aîné et A. Mietton, ornements d'église, articles brochés, r. Romarin, 16.

Borgnis (F.) et Cie, unis et nouveautés, rue du Griffon, 8.

Botton (L.), Chavant et Cie, unies et nouveautés, rue Victor-Arnaud, 21.

Bourdon et Richarme, unies et armures, pl. Tholozan, 18.

Boyriven frères et Cie, soieries pour voitures, place Croix-Pâquet, 5.

Brassier (A.), gazes, soie pour bluterie, étamine pour rabats, rue Ste-Catherine, 12.

Brébant et Cie, unies et façonnés, couleurs et noirs, r. du Griffon, 5.

Breyton (J.) aîné, châles et nouveautés, rue Romarin, 27.

Brisson (E. et G.), velours unis, Gr.-R.-des-Feuillants, 6.

Brosset-Heckel et Cie, satin et armures, pl. Tholozan, 18.

Brun (J.), parapluies et taffetas noirs, rue Terraille, 18.

Brunet-Lecomte ✳, Devillaine et Cie, nouveautés et foulards, place Tholozan, 24.

Bruny et Mayot, parapluies, rue des Capucins, 16.

Buffe (A.), unies et armures, Gr.-Rue-des-Feuillants, 5.

Burel oncle, neveu et Cie, gilets et articles du Levant, rue Saint-Polycarpe, 14.

Burlaton et Cie, velours et gilets, rue des Capucins, 22.

Caffarel (F.), unies, rue du Griffon, 3.

Camus (G.) et J. Croizier, velours unis, rue Royale, 31.

Caquet-Vauzelle ✳ et Côte, tous genres, Gr.-R.-des-Feuillants, 6.

Carrabin et Cie, velours unis noirs et couleurs, rue Lafond, 8.

Carrier et Schenk, taffetas noirs et lustrines, rue du Griffon, 3.

Chabanit, fabrique d'écharpes, q. Joinville, 41.

Chaboud aîné, ornements d'église et ameublements, rue St-Polycarpe, 10.

Chaffanjon et Blanc, unies, nouveautés, Petite-Rue-des-Feuillants, 9.

Chambon et Chaninel, nouveautés, cravates, quai Saint-Clair, 44. maison à Paris.

Champagne, Humbert et Cie, unies, nouveautés, Grande-Rue-des-Feuillants, 6.

Chamard et Bollud, velours unis, Gr.-Rue-des-Feuillants, 2.

Chanay (A.), florence et taffetas, r. Lafont, 8.

Chapuy (E.), parapluies et ombrelles, rue Saint-Polycarpe, 8.

Charbin (F.) et Cie, velours, pl. Tholozan, 27.

Charbonnet fils et Roche-Janez, velours unis, place Tholozan, 27.

Chavent (A.) et Cie, façonnées, rue Puits-Gaillot, 2.

Chenevier, Duressy et Cie, Châles, crêpes de Chine, unies et brodées, rue des Capucins, 19.

Chevillard (E.), fab. de foulards, articles pour chapellerie, place Croix-Pâquet, 11.

Chéreau fils, nouveautés pour deuil, rue de l'Impératrice, 29.

Christin (A.) et Cie, foulards, rue des Capucins, 29.

Cirlot et Frachon, foulards, rue des Capucins, 21.

Clarard, velours, rue Désirée, 14.

Clayette et Mantelier jeune, velours coupés, place Tholozan, 18.

Clerc (A.) fabr. de crêpes, exportation, rue Puits-Gaillot, 27.

Colin et Berger, unies et armures, Grande-Rue-des-Feuillants, 1.

Cornu (G.) et Cie, parapluies et velours, r. des Capucins, 15.

Corrompt (J.) et fils, foulards, rue Victor-Arnaud, 13.

Coste (E.) et Holstein, taffetas noir, Grande-rue-des-Feuillants, 8.

Couder (P.) et Cie, cravates et cols, rue Lafond, 20.

Dalmais (J.-J.), pour chapellerie, rue Sainte-Catherine, 11.

Darier (S.), fabrique, cols-cravates, rue de l'Impératrice, 15.

David et Scipion, taffetas noir, r. Romarin, 3.

Derbez (A.) et Cie, unies et nouveautés, quai de Retz, 6.

De Clavières (G.) et Cie, ornements d'église et militaire, rue Saint-Marcel, 30.

Desgranges, gazes, rue Bât-d'Argent, 2.

De La Rue (D.), successeur de l'ancienne maison Jouve frères, dorures, étoffes de soie, broderie et passementerie, ornements d'église, ameublements, rue de l'Arbre-Sec, 3 ; maison à Bruxelles, rue Galilée, 14, boulevard de l'Observatoire.

Desmarquest (F.), Prénat et Cie, velours unis, rue de l'Impératrice, 1.

Desq (P.) et Cie, unies pour modes, rue Puits-Gaillot, 23.

Detroyat (G.), ameublements, rue des Capucins, 12.

Detroyat et Josserand, parapluies, rue des Capucins, 20.

Donat (A.), Suchet et Vallet, velours pour gilets, grenadine pour robes et châles, pl. Croix-Pâquet, 3.

Delasalle et Rebatel, pour voitures et ameublements, rue des Capucins, 29.

Delosme (J.), soierie pour chapellerie, rue Impériale, 37.

Doux, Brun (A.) et Cie, satin, unis, rue Romarin, 1.

Dornon, gaze, soie pour bluterie, r. Neuve, 17.

Dreyfus et Cie, foulards et cols-cravates, rue Puits-Gaillot, 15.

Drogue (L.) et Cie, popelines, Petite-Rue-des-Feuillants, 9.

Dubois jeune, foulards imprimés, rue Puits-Gaillot, 23.

Dufêtre père et fils, parapluies, rue Saint-Polycarpe, 14.

Dufêtre neveu, étoffes pour parapluies et ombrelles, rue des Capucins, 15.

Dufour frères et Cie, représenté par P.-H. Kiener, foulards, soie; fantaisie, rue Saint-Nizier, 6 ; Londres, Bradforts, Manchester et Leeds.

Douillet (E.), fabrique de bannières, rue Monsieur, 60.

Dumaine frères, parapluies et ombrelles, rue des Capucins, 22.

Dumont (F.), robes, rue Puits-Gaillot, 27.

Dumond et Roland, unies, foulards, rue Pizay, 14.

Dumur (Ch.), soieries pour ornements d'église, rue d'Algérie, 22.

Dupont fils et G. Blanc, velours unis, rue Victor-Arnaud, 17.

Durand frères, crêpes, foulards, gazes, rue de l'Arbre-Sec, 19.

Durieux (P.) fils, foulards, florentines, satins

fantaisie, satinettes pour modes, chapellerie et coiffe collée, rue Mulet, 8.

Duringe, Gouttebaron et Cie, unies, rue Puits-Gaillot, 4.

Emery (Léon et Adrien), brochés d'or et ameublements, rue Bât-d'Argent, 17.

Espiard frères et Cie, façonnées, exportation, Grande-Rue-des-Feuillants, 6.

Eude, Vieugné et Cie, soieries pour meubles, rue Centrale, 27.

Falsant et Cie, velours unis, pl. Tholozan, 27.

Faure, fabrique spéciale de taffetas noirs et faille, rue Terraille, 13.

Favrot frères, foulards et robes, rue des Capucins, 31.

Faye et Thevenin, unies et nouveautés, place Tholozan, 24.

Félix (A.) et Veil, foulards, r. Constantine, 9.

Ferteau jeune et Cie, ameublements, rue Sainte-Catherine, 18.

Ferteau et Clarion, unies et façonnées, rue Puits-Gaillot, 2.

Flandrin (A.), unies et à disposition, rue Impériale, 4.

Font, Chambeyron et Benoît, velours unis, rue Impériale, 2.

Fortoul (P.) et fils, taffetas failles et satins noirs, impasse Lorette, 11.

Fornas et Bassieux frères, velours, rue Lafont, 6.

Fournier (E.), étoffes brochées, rue Désirée, 6.

Framinet frères et Cie, unies pour modes, place Tholozan, 24.

Furnion fils aîné, nouveautés pour confection, rue Désirée, 2.

Furnion (F.) et Cie, gilets, velours, rue du Griffon, 10.

Galland (F.), cravates et façonnées, place Croix-Pâquet, 5.

Galle (Aimé) et Cie, unies et nouveautés, Grande-Rue-des-Feuillants, 3.

Gamot et Delahaye, ameublement, r. Vieille-Monnaie, 33.

Garcin (A.) et Cie, velours unis, rue Lafont, 10.

Garin et Cie, gilets nouveautés, place Croix-Pâquet, 2.

Garnier et Cie, velours, r. Puits-Gaillot, 17.

Gauthier (J.) et Cie, velours, place Tholozan, 27.

Gauthier et Odet, ornements d'église et articles du Levant, rue Saint-Polycarpe, 14.

Gelot, Vermorel et Cie, unies et nouveautés pour modes, rue Royale, 27.

Gillot, breveté s. g. d. g., fabrique d'étoffes unies et façonnées, ornements d'église et ameublements, velours unis, rue Sainte-Catherine, 13.

Gindre et Cie, satins unis, rue Puits-Gaillot, 2.

Girard oncle et neveu, taffetas, florence,

lustrine, rue des Capucins, 26 et place Croix-Pâquet.

Giraud frères, unies noires, pl. Tholozan, 19.

Giraud (A.) et Cie, unies pour parapluies, noires et nouveautés, rue du Griffon, 12.

Girerd (J.), unies et cravates sergées, Petite-Rue-des-Feuillants, 6.

Girerd frères, ornements d'église, rue Bât-d'Argent, 12.

Girod et Miquey, étoffes unies et façonnées, parapluies et ombrelles, rue des Capucins, 18.

Girodon (A.) ✳, nouveautés et foulards écrus, quai de Retz, 3.

Gondre et Cie, velours satin nouveautés, place Tholozan, 19.

Gonon, Vallorges et Cie, unies et nouveautés, rue de l'Arbre-Sec, 26.

Gonnet (Eugéne) et Cie, foulards imprimés, rue de l'Arbre-Sec, 3.

Goujon (F.), unies et façonnées, rue de l'Arbre-Sec, 3.

Gourd, Croizat fils et Dubost, unies, façonnées et satins unis, quai de Retz, 1.

Gourd et Pelet, foulards et chapellerie, rue Impériale, 7.

Gouzène (F.) et Cie, foulards et couvertures, rue Pizay, 22.

Graissot et Claret, foulards unis et damassés, rue Pizay, 11.

Grand ✳ frères, ameublements, rue Impériale, 7.

Guéneau (C.), étoffes unies et façonnées, rue du Griffon, 3.

Gueydan et Chavassieux, gilets, rue des Capucins, 22.

Guibout (J.) et Cie, ornements d'église, rue des Capucins, 16.

Guinet (Joseph) et fils, unies et façonnées, rue Lafont, 20.

Guinet (A.) et Cie, unies et velours, rue du Griffon, 13.

Guise frères et Cie, unies et velours, rue Lafont, 8.

Guitard (A.), velours unis, rue Romarin, 12.

Guivet (J.), unies et nouveautés, place Croix-Pâquet, 3.

Guyot (S.), cravates et nouveautés, r. Saint-Polycarpe, 16.

Henry (J.-A.), ornements d'église, rue du Garet, 3.

Jaillard père et fils, ornements d'église et articles militaires, rue Impériale, 12.

Jametton (A.) et Cie, unies, rue des Capucins, 22.

Jandin et Duval, foulards, rue Puits-Gaillot, 31.

Janin et Cie, velours unis, rue Puits-Gaillot, 29.

Jarrosson (L.), crêpes, rue Puits-Gaillot, 5.

Jaubert, Lions, Audras et Cie, unies, rue du Griffon, 8.

Josserand, Fevrot et Cie, gaze, grenadine et nouveautés pour robes, place Tholozan, 19.

Jourdan, Verchère et Cie, foulards et taffetas unis, rue des Capucins, 23.

Jullien, Jance et Cie, unies et nouveautés, rue Puits-Gaillot, 29.

Jurien fils et Demenjon, impressions, châles, rue Saint-Polycarpe, 9.

Kuppenheim et Lévy, foulards, rue Impériale, 5.

Labaume frères, taffetas noirs, rue des Capucins, 22.

Laboré (C.) et Barbequot, unies et façonnées, rue Puits-Gaillot, 33.

Lachard, Besson et Cie, nouveauté et unis en Chambéry, grenadine et crêpe de Chine, rue Puits-Gaillot, 31.

Lachard frères et Cie, soieries noires et couleurs pour doublures, r. Puits-Gaillot, 31, Paris, rue des Victoires, 2.

Lacroix-Martin (J.), unies et nouveautés, rue Désirée, 16.

Lafont (E.) et Cie, unies, façonnées, Gr.-R.-des-Feuillants, 8.

Lagnaite (A.) et Escot, nouveautés pour modes, place Tholozan, 25.

Lamy (Ant.), Aug. Giraud et Cie, robes, nouveautés, unies noires, ameublements et ornements d'église, quai de Retz, 3.

Lang et Buffavant, nouveautés pour cols, Grande-Rue-des-Feuillants, 6.

Landru (E.), parapluies et ombrelles, rue des Capucins, 16.

Lavenir et Merle aîné, cols-cravates, rue Pnits-Gaillot, 5.

Lavergne, Quinqueton et Cie, grenadine, rue Terraille, 22.

Lempereur et Despinay, florence et lustrine, rue Pizay, 17.

Lenoir (V.), unies et nouveautés, place Tholozan, 26.

Lerocher (J.) et fils, doublure, soierie pour chapellerie, tissage mécanique, rue Saint-Dominique, 11.

Lupin, Girard et Cie, velours unis, rue Royale, 33.

Macors (E.) et Cie, unies, dispositions, rue des Capucins, 23.

Maffei et Bouvier, foulards, cravates, place Croix-Pâquet, 11.

Magnillat (J.), parapluies et ombrelles, rue des Capucins, 31.

Mantoux (J.-M.) et Cie, gilets et faille, rue du Griffon, 11.

Mancardi (A.), unies et à disposition, place Croix-Pâquet, 2.

Margaron (J.) et Cie, soieries unies et façonnées, rue St-Pierre, 41.

Marion (H.), satins unies et foulards, rue de l'Arbre-Sec, 18.

Marix-Picard frères, cols-cravates, r. Puits-Gaillot, 9.

Martignat (P.), soierie pour chapellerie, rue Saint-Dominique, 14.

Martin (J.-B.) ✻, peluches pour la chapellerie et velours, médaille d'honneur 1855 (P M), Londres 1861 ; quai de Retz, 3, et à Paris, rue Béranger, 24 ; manufactures à Tarare et à Metz ; teinturerie à Roanne (Loire).

Martin, Alliod et Vallete, velours unis noir et couleurs, rue Lafont, 8.

Martin (P.), parapluies et ombrelles, rue des Capucins, 20.

Martin et Dolbeau, façonnées et châles soie, rue Pizay, 5.

Martin et Payan, unies armures, place Tholozan, 19.

Mathon (A.), pour modes et chapellerie, rue de la Bourse, 33.

Mathevon et Bouvard, ameublements, place Tholozan, 26.

Mauvernay et Cie, unies, place Tholozan, 21, et rue du Griffon, 7.

Mayet et Reignier, foulards, r. du Griffon, 1.

Mayet et Thevenet, robes et nouveautés, rue Puits-Gaillot, 21.

Menet (H.), taffetas en tous genres, place Tholozan, 20.

Mermet et Mouly, satin et taffetas, rue Lafont, 20.

Miegemolle, foulards, place du Pont, 12 (Guillotière).

Michel frères, unies noires et couleurs, rue Royale, 27.

Michel (J. et P.), foulards nouveautés, place Tholozan, 21.

Micol et Triquet, velours unis, noirs et couleurs, rue Lafont, 10.

Million (J.-P.) et Servier, unies et taffetas, quai St-Clair, 12.

Millioz (J.) et Cie, cols-cravates et fichus, pl. Croix-Paquet, 5.

Misset, fabricant de coiffes pour chapellerie, rue Palais-Grillet, 12.

Mollard et Guigou, unies noires, Grande-Rue-des-Feuillants, 1.

Monestier ✻ aîné et Cie, taffetas unis, rue Pizay, 20.

Montessuy (A.) ✻ et A. Chomer, crêpes, pl. de la Comédie, 25.

Morel-Patel (Vve) et fils, unies noires, rue Impériale, 1.

Morel et Cie, ornements d'église, rue de l'Impératrice, 9.

Morin et Bost aîné, pour meubles, dorure, rue Désirée, 14.

Mortier-Mazet, velours et taffetas, r. Neuve, 18, angle de la rue Impériale.

Moyet et Pradelle, nouveautés pour robes, rue Puits-Gaillot, 33.

Mulatier-Silvent et Villion, foulards unis, rue Lafont, 20.

Muller (L.), rubans, rue Bât-d'Argent, 6.

Neyret (Ant.) et Cie, satins en tous genres, chapellerie, gainerie, etc., rue Pizay, 22.

Nouveau (L.), ornements d'église, rue Désirée, 2.

Nouvellet (J.), unies et nouveautés, place Tholozan, 20.

Odin, Péronnier et Cie, fabricants de soieries unies, couleurs, taffetas, fantaisie et armures, rue Puits-Gaillot, 17.

Ogier aîné et Cie, unies et armures, rue Romarin, 1, ou place du Griffon.

Ogier (Victor) et Cie, unies, rue Pizay, 11 ; usine de tissage, rue de Sèze, 77.

Pansut (L.), pour ornements d'église, r. des Capucins, 13.

Papillon (C.) et Cie, nouveautés pour robes et articles du Levant ; spécialité de velours découpés à réserve, quai de Retz, 2.

Pascal et Tabard, unies ; médaille d'argent 1867, rue Lafont 18.

Patin aîné et Cie, pour parapluies, rue des Capucins, 18.

Paule et Coudurier, étoffes noires et pour modes, rue Royale, 29.

Pealat (L.), gaze et grenadine, r. Impériale, 2.

Penet aîné, pour parapluies, rue Saint-Polycarpe, 10.

Perrat (J.), taffetas et parapluies, rue du Griffon, 11.

Perret (A.), unies, place Croix-Paquet, 3.

Perrin et Revol-Sandoz, foulards, châles, rue Désirée, 14.

Perriolat (S.) fils et Dumoulin, unies, rue du Griffon, 15.

Peyroud et Monfray, cols-cravates et gilets, rue de Thou, 1.

Philippon (J.), Blanc et Cie, unies et façonnées, rue Pizay, 16.

Pierron et Roche, foulards imprimés, rue du Griffon, 17.

Piotet (J.-M.), pour robes, Grande-Rue-des-Feuillants, 4.

Placet (E.) et Cie, châles en tous genres, rue Impériale, 6.

Poidebard, Gondard et Cie, unies et nouv., place Tholozan, 19.

Poncet père et fils, unies et nouveautés, rue Royale, 21.

Poncet et Girodon, fabrique de soieries nouveautés, articles du Levant, rue du Griffon, 3.

Ponson ✻ (C.), étoffes unis et nouveautés, rue Victor-Arnaud, 21.

Pradel père et fils, foulards, r. Romarin, 8.

Pradel cadet, tissus, foulards écrus, rue Sainte-Marie, 5.

Pradère frères, foulards, couvertures soies, cours de Brosses, 15.

Pradère (B.), foulards et couvertures, rue de l'Arbre-Sec, 40

Pramondon, Veyret et Coront, ameublements, quai St-Clair, 11.

Pravaz (J.), crêpes, rue St-Polycarpe, 16.

Pravaz (Hte) et Boufiier, crêpes, rue Lafont, 16.

Puigsech et Ponchon, foulards unis et façonnés, rue Romarin, 3.

Quinson (F.) et Cie, velours, r. Impériale, 8.

Rabatel et Vachon, unies et façonnées, rue Lafont, 20.

Rave (A.) aîné, pour parapluies, rue du Griffon, 2.

Rave et Chenaud, pour parapluies, rue du Griffon, 1.

Ravier, Chanu et Sauzion, velours et nouv., place Tholozan, 22.

Ray jeune et Cie, foulards imprimés, place Croix-Pâquet, 2.

Reyre, Louvier, Verset et Cie, serge et satins, rue Lafont, 2.

Régné et fils, pour parapluies, rue Saint-Polycarpe, 5.

Renaudin (F.), pour parapluies, rue Saint-Polycarpe, 10.

Rendu (L.) et Moïse, grenadines et gazes, rue Royale, 33.

Revay cousins, taffetas noir, rue des Capucins, 26.

Reverchon, foulards et cravates, rue des Capucins, 27.

Reynier et Bosson, châles et fichus, rue du Griffon, 12.

Ribollet et Piraud, unies et façonnées, rue du Griffon, 8.

Ribolet et Cie, velours façonnés, rue Victor-Arnaud, 24.

Riboud frères, velours unis, rue des Capucins, 20.

Richard (Gabriel), étoffes unies et façonnées, parapluies et ombrelles, rue des Capucins, 18.

Richard et Gelly, unies et nouveautés, rue Impériale, 3.

Richerot, Janoray et Cie, velours unis, pl. Croix-Pâquet, 3.

Rivière (J.-L.), velours unis, rue Saint-Polycarpe, 8.

Rivière (A.), manufacture de crêpes, quai de Retz, 5.

Roche (A.) et Cie, velours unis, pl. Croix-Pâquet, 4.

Roche (Alfred) et Cie, nouveauté, Grande-Rue-des-Feuillants, 6.

Roche (H.), ornements d'église, quai Saint-Vincent, 51.

Rolland aîné et Cie, cols et nouveautés, rue Puits-Gaillot, 4.

Rosset, grenadine et châles, rue du Griffon, 9.

Rousset (L.), velours et étoffes unies, rue des Capucins, 9.

Rouveure et Musy, velours unis, Gr.-R.-des-Feuillants, 1.

Roux (H.), unies et nouveautés, place Croix-Pâquet, 4.

Roux (J.), foulards, rue Puits-Gaillot, 21.

Roybet et Naquin, châles, foulards et satins, Petite-Rue-des-Feuillants, 9.

Ruby et Cie, foulards, Grande-Rue-des-Feuillants, 4.

Rulliat, velours, rue du Griffon, 2.

Salomon (J.), fabrique de gazes or et argent, rue Pizay, 5.

Sauvage (R.) et Camel frères, unies, place Tholozan, 20.

Schulz et Beraud ✳, façonnés et nouveautés, rue du Griffon, 8, 10.

Secrétant (F.), étoffes brochées or, ameublement, rue des Capucins, 16.

Seguy, pour parapluies, r. des Capucins, 20.

Seigle jeune, velours, rue Désirée, 6.

Servant (G.-J.), gilets, velours et nouveautés, rue Lafont, 6.

Seux-Mathevon, velours, taffetas pour église, rue Romarin, 10.

Sève et Cie, velours unis noirs et couleur, rue Impériale, 4.

Sevène, Barral et Cie, taffetas noir et couleur, rue Impériale, 1.

Seyssel (C.), unies et articles du Levant, rue Romarin, 13.

Sigaud, Gondard et Cie, velours, rue Puits-Gaillot, 4.

Sisley et Colenille, unies et façonnées, place Tholozan, 18.

Soiderquelk (F.-O.), église et ameublements, rue d'Algérie, 2.

Société anonyme des tisseurs de Lyon, rue Romarin, 1.

Strauss, dépôt de gaze Dle Mde de la maison Bureau, de Paris, rue des Capucins, 15.

Suchard, pour parapluies et ombrelles, rue des Capucins, 23.

Tabard (G.-F.) et Cie, unies et velours, quai de Retz, 2.

Tapissier fils et Debry, taffetas noir et nouveautés, place Tholozan, 26.

Tassinari, Chatel et Viennois, ameublements et ornements d'église, place Croix-Pâquet, 11.

Teillard ✳ (C.-M.) et Cie, unis, velours et couleurs, rue Royale, 20.

Thevenet et Roux, robes et nouveautés, place Tholozan, 21.

Thévenet-Monet (A.), taffetas et cravates, rue Romarin, 14.

Tholon et Vernon, pour parapluies, r. Saint-Polycarpe, 8.

Tibaud et Monnet jeune, florence, rue du Griffon, 10.

Tournu (A.) et Cie, unies, place Croix-Pâquet, 5.

Trapadoux frères et Cie, foulards impr., rue Puits-Gaillot, 29.

Trayvoux, Lesne et Cie, unies et nouveautés, rue des Capucins, 26.

Troubat cousins, velours unis, r. Lafont, 16.

Truchot (H.), Bruneau, nouveautés, rue Puits-Gaillot, 13.

Vacher, dit Veyret et Coquard, étoffes pour ameublements, rue Saint-Polycarpe, 8.

Valansot et Geoffray, cols-cravates, quai de Retz, 7.

Vanel (L.) et Cie, ornements d'église, rue St-Polycarpe, 10.

Vermorel, Maurel et Chabert, unies, Grande-Rue-des-Feuillants, 10.

Verpillat (Irénée), unies, armures et moires, rue du Griffon, 3.

Vert (G.), unies et façonnées, place Croix-Pâquet, 5.

Viennois, noirs et armures, rue du Griffon, 12.

Villard, Beaucoup fils et Cie, lustrine, gaze, rue du Griffon, 5.

Villard et Cie, velours unis, quai Saint-Clair, 16.

Villy (A.) et Cie, foulards, tenture, rue Lafont, 18.

Vincent et Cie, robes et parapluies, rue du Griffon, 9.

Vivier (Joannès), montée Saint-Sébastien, 23; à Paris, rue Notre-Dame-des-Victoires, 16.

Voron (A.) et Cie, soieries unies et nouveautés, rue Coustou, 4.

Vulpilliat, pour fleurs et chapellerie, rue Mulet, 12.

Willermoz et Morel, parapluies et ombrelles, rue Saint-Polycarpe, 10.

Yemeniz ✳, brochées d'or et ameublements, rue Royale, 6.

Soieries (Marchands de).

Benjamin et Constant, lainages, châles, rue Centrale, 20.

Berger frères, rue Neuve, 17.

Blum (M.), rue de l'Impératrice, 56.

Bordet (A.), en gros, rue Romarin, 21.

Bouillod, Seurre et Granjon, et châles, rue Bât-d'Argent, 1.

Brunswick (Samuel), spécialité de solde, rue du Plâtre, 6.

Cazot, coupons, rue Impériale, 63.

Chambeyron aîné, quai de Retz, 26.

Chaninel (Mme), prix de fabrique, détail, envois d'échantillons, expéditions contre remboursement, rue Gentil, 11, près la banque.

Chapeau (E.), commission, rue Impériale, 48.

Charrin et Cie, Garcin et Cie, successeurs, draperies en gros et soieries, rue Centrale, 11.

Claudé-Chaninel, pour modes, rue de l'Impératrice, 35.

Clunet (Mme), rue de l'Impératrice, 67.

Duchesne, rue de l'Impératrice, 53.

Favre (Gabriel), rue Saint-Pierre, 26.

Ferlay et Giraud, pour modes, rue Impériale, 6.

Félix et Veil, rue Constantine, 9.

Ferry (J.-B.), pour modes, rue de l'Impératrice, 32.

Furnion (E.), velours anglais, soie, place Saint-Nizier, 5.

Garnier (S.), place Sathonay, 5.

Guy (A.), rue Neuve, 9.

Havem (A.), rue Grenette, 43.

Imbert et Cie, rue de l'Impératrice, 52.

Imbert, foulards, rue de l'Impératrice, 104.

Jubin (Arthur), rue Bât-d'Argent, 7.

Klein (Isidore), châles, foulards, r. Dubois, 44.

Laederisch (J.) et Cie, r. Victor-Arnaud, 21.

Laforest (G.), rue Grenette, 26.

Lambert (L.), rue Grenette, 10.

Loëb (M.), place Saint-Nizier, 5.

Magnan, Rulat et Cie, rue de l'Impératrice, 40.

Marduel (J.), marchand de soieries, velours en coupons et en pièces, rue Sainte-Catherine, 15.

Margaron (J.) et Cie, rue Saint-Pierre, 41.

Michaud, achat et vente en solde, rue Terme, 21.

Mortier-Mazet, rue Neuve, 18.

Mure et Chalaye, rue Impériale, 9.

Musy, articles de solde, cours de Brosses, 19.

Palais (Mme), coupons, Petite-Rue-Pizay, 4.

Pailler-Bataille (J.), et coupons, rue de l'Impératrice, 9.

Pegon (Mme), solde de coupons, rue Saint-Joseph, 3.

Peroche (Mme), rue des Forces, 1.

Perrot (Henry), *Aux Deux Passages*, place Impériale, 38, et rue Impériale, 36, véritable prix fixe, marqué en chiffres connus.

Podesta, rue des Capucins, 18.

Prevost (A.) et Cie, rubans en gros, rue de l'Impératrice, 45.

Reybaud et Boucharlat, rue Impératrice, 36.

Rieu (A.) et Acary, pour modes, rue Centrale, 20.

Rossi (L.), coupons en solde, quai de l'Hôpital, 10.

Roux (Ernest), articles deuil, rue Saint-Pierre, 33.

Silve et Gellon, pour gilets, doublures, rue Grenette, 2.

Simonin et Josseaume, p. des Célestins, 10.

Trévoux frères, rue de l'Impératrice, 34.

Tailleurs. (Fournitures pour).

Braunschvig, frères jeunes, rue de l'Impératrice, 78.
Cassagne-Ducret, rue Impériale, 42.
Combrichon (A.), rue du Plâtre, 4.
Comte-Ninet, rue Centrale, 45.
Franck, rue Constantine, 9.
Gamonet (A.), rue Dubois, 6.
Gauthier-Bouillod, en tous genres, rue de l'Impératrice, 15.
Gudin jeune, rue du Plâtre, 10.
Guy (A.), rue Neuve, 9.
Meyre, rue du Plâtre, 3.
Mignot-Drevet, place Impériale, 40.
Münch et Cie, rue de l'Arbre-Sec, 16 ; Paris, rue Richelieu, 52.
Musillon (F.), magasins des *Quatre saisons,* rue de la Reine, 31.
Roche (J.), en tous genres, rue Longue, 27.
Schalle, rue Centrale, 48.
Séchaud, rue Neuve, 18.
Silve et Gellon, spécialité pour doublures soie ou laine, rue Grenette, 2.
Sylvestre frères, boutons de Paris et d'Allemagne, boucles et passementeries pour pour dames, rue de l'Impératrice, 67.
Trolliou (Joanny), rue Constantine, 11.
Vallet aîné et Magnin, rue Saint-Nizier, 10.

Tapis (Fabricants et marchands de).

Blanc (Gabriel), étoffes pour meubles, rue de l'Impératrice, 84.
Blanc (Jean), quai Saint-Antoine, 23.
Brémond (H.), rue Childebert, 17.
Chambard (C.) et Cie, rue de Impériale, 49.
Capoulade (Réné), *Aux Gobelins,* rue Impériale, 6.
Coudour frères, sparterie, rue Delandine, 30.
Dumas (P.), sparterie, montée des Carmes-Déchaussés, 12.
Empaire (Vve) et fils, rue Impériale, 22.
Geoffray, fabricant de tapis en sparterie de tous genres, rue de la Vigilance, 4.
Lafond, Gonnard et Cie, fabricants de tapis en sparterie, aloës, coco et autres végétaux, à Fontaines-sur-Saône, près Lyon.
Laugier, Farnaud et Cie, fabricants de tapis rayés et façonnés, en sparterie, aloës et autres végétaux, paillassons de tous genres, magasins, rue Impériale, 19 ; ateliers chemin du Sacré-Cœur, 84, (Guillotière).
Mignot (Paul), place du Gouvernement, 4.
Marthouret fils et Cie, sparterie, à la Mulatière.
Quenin, rue Centrale, 38.
Raffin, tapis et paillassons en sparterie en tous genres, toiles cirées, stores, tissus de bois, sacs à charbons et à coke, place Léviste, 4.
Raffin (Mme), sparterie, rue de la Loge, 2.

Testanier aîné, tapis en sparterie, rue Bourbon, 14.

Tapissiers (Fournitures pour).

Chassaignon, rue d'Amboise, 2.
Crozet (G.), fab. d'élastiques pour siéges, quai de l'Hôpital, 6.
Dupuis frères, étoffes d'ameublement en tous genres et fabrique de ressorts pour siéges et sommiers, rue de Jussieu, 3, près la place Impériale.
Eude (L.), Vieugué et Cie, fab. de soiries, pour ameublement de velours d'Utrecht, représentés par Ch. Duplanty, rue Centrale, 27.
Gallonnaire, fab. de clous pour fauteuils, rue Villeroi, 21.
Giroud-Thivel, fabrique de rideaux, rue Gasparin, 12.
Greppo, rue des Célestins, 6.
Morin (J.), fabrique spéciale de bourrelets, rue Gasparin, 14.
Quenin, dépôt de velours d'Utrecht, rue Centrale, 38.
Roche (Petrus), rue Centrale, 35.
Royané (S.), lits, stores et vitrages en guipures ; dépôt de rideaux mousselines brodées de Hérisau (Suisse), rue de l'Impératrice, 7.

Teinturiers en soie, laine et coton.

Bajard (E.), en laine, Grande-Rue-Saint-Clair, 42 ; boîte, rue de l'Impératrice, 1.
Baugé (F.) fils, en soie noire et velours, cours d'Herbouville, 67.
Bernard (Vve), en chapeaux de feutre, rue de Créqui, 40.
Berthet (L.) et Gerbaud, en crêpes, quai Castellane, 9.
Bruyas, Grataloup et Gonnet, en soie, place de la Butte.
Burine et Lambert, en soie noire, rue des Prêtres, 22.
Bouche, Courtot et Trizac, en coton, rue Tupin-Rompu, 6.
Callamard-Rabatel, en peaux, r. de Jussieu, 6.
Callamard et Cie, en peaux, r. Impériale, 73.
Carrier, chineur en laine, place des Pénitents-de-la-Croix, 10.
Chappuis et Haug, en soies à coudre, rue Tavernier, 4.
Charrier, en laine, rue du Consulat, 10.
Charvet (J.), chineur, cours Vitton, 91.
Chavagnon et Chassot, teinturier en flottes soie et coton, rue de Chartres, 126.
Collomb, en soie noire, q. Saint-Vincent, 21.
Corron (J.) et Toussaint, en soie, rue Godefroy, 27.
Dailly, en peaux, quai de l'Hôpital, 8.

Dagaud, fab. de bâtons, rue Vendôme, 15.
Decome, chineur, rue de Jussieu, 13.
Demail, en gants, rue St-Marcel, 25.
Deschamp frères, pour doublures en coton, rue des Culattes, 21.
Dethomme (J.), sur crêpes, rue de l'Arbre-Sec, 36.
Drevon aîné, en noir, c. d'Herbouville, 58.
Dufour (L.), en soie, quai Castellane, 8.
Durand, et apprêteur en chapeaux, rue de Condé, 44.
Dubois, Adam et Buenerd, soie, laine, coton, rue Tavernier, 8.
Fayolle, en soie, cours d'Herbouville, 60.
Filliat et Cie, en soie, c. d'Herbouville, 70.
Four (Vve) et Coste, en soie, tulles et laines, cours d'Herbouville, 8.
Galvin neveu et Roche, en soie, quai Pierr-Scize, 43.
Gay (A.), en laine, et soie, avenue de Noailles, 9.
Gillet et fils, quai de Serin, 8, teinture en noir sur soie, fantaisie et coton, glaçage de cotons, expositions universelles, médailles d'honneur, Londres 1862; médaille or Paris 1867; exposition du Hâvre; maison à St-Chamond (Loire).
Gillet (E.) Perréo et Bouillet, en soie noire et gros bleu sur soies chappes et fantaisie, spécialité pour soies à coudre, tissus élastiques et passementerie, quai de Serin, 62, 63, 64.
Giraud (C.) et Cie, en soie, quai de Serin, 58.
Giraud, crêpes, quai de Retz, 9.
Gonraud, quai Pierre-Scize, 43.
Grobon et Cie, rue Royale, 27.
Guillermet (André), en laine, r. Vauban, 6.
Guillon, Robin et Cie, soie couleurs, rue de Sèze, 31.
Guinon ✳, Marnas et Bonnet, en soie, rue Bugeaud, 6.
Imbert (J.), en couleurs, cours d'Herbouville, 55-56.
Jandin (C.), pour impressions, Grande-Rue-Saint-Clair, 90.
Janin fils, en soie, quai Saint-Vincent, 56.
Jourdan, chineur, rue de la Martinière, 9.
Julliard (G.), trituration des bois, chemin de Barabant, 25.
Jullien (A.), en laine, rue Tavernier, 12.
Larpin (G.) et fils, en soie, r. St-Marcel, 11.
Martelet frères, soie et coton, quai Saint-Vincent, 12.
Mas, en soie, place de la Boucle, 2.
Méray (J.-C.) et Cie, en soie et coton, quai de Vaise, 39.
Montier et Sigot, teinturiers-apprêteurs en doublure, coton, ch. de la Scaronne, 1.
Morin, tulle, rue Lafayette, 34.
Mourier, système unique pour teindre en pièce les velours, taffetas satin, sans briser les étoffes, rue Vieille-Monnaie, 17.

Paccaly frères, en tulle, rue Bossuet, 29.
Page père et fils, trituration, quai Saint-Vincent, 20.
Perrin (J.) et Cie, en laines, rue Lafayette, 36, place Tholozan, 21.
Petré (E.) et Bennier, en soie toutes nuances, rue Monsieur, 12.
Piaton, Bredin et Cie, soie noire, rue de la Quarantaine, 3.
Picot (F.) et Fayard, en foulards, rue Mont-bernard, 14.
Pierron et Gras, soie, place de la Boucle, 3.
Pilaz frères, Grande-Rue-Saint-Clair, 1.
Pinet aîné et Cie, soie, laine et coton, rue de Créqui, 20.
Pitrat et Cornu, en couleurs, cours d'Herbouville, 63 et 64.
Prunier (P.), spécialité de matières colorantes pour la teinture; breveté s. g. d. g. à Pierre-Bénite (Rhône).
Ramel frères et Couturier, en soie, rue de la Vieille, 13.
Randu fils aîné, en laine, rue Neyrard, 9.
Renard et Villet, en soie, quai Pierre-Scize, 53.
Reynaud, chineur, quai de l'Hôpital, 13.
Rivière, Arcelin et Cie, en coton, quai Saint-Vincent, 9.
Salignat frères, en soie, q. Saint-Vincent, 58.
Savigny et Bunand, en soie, rue Monsieur, 29, rue Bugeaud, 15.
Seux et Tardy, soie et coton, rue Cuvier, 11.
Société des ouvriers teinturiers, rue Lafayette, 37.
Thivolet (A.), en parapluies, rue de Barême, 10.
Thomassin (A.), chineur et rasour d'étoffes, rue Madame, 10.
Tranchand et Cie, soie noire, cours d'Herbouville, 46.
Triquet (L.), rue Thomassin, 42.
Veuillod jeune et Dussac, foulards et apprêt de satin, rue du Nord, 2.
Vial, en laine, rue Pareille, 11.
Vindry (F.), neveu et Cie, en soie, quai Saint-Vincent, 8.

Tireurs d'or (Marchands fabricants).

Bergier (G.), tirage d'or, rue du Jardin-des-Plantes, 9.
Blancard frères, rue du Griffon, 5.
Borday (A.), rue Terme, 22.
Buchet-Revol, affineurs et tireurs d'or et d'argent, rue Monsieur, 52.
Desalla, fin et mi-fin, rue du Garet, 13.
Duchavany et Cie, quai de Retz, 18; fabrique à Pont-de-Chéruï.
Dumur (Charles), rue d'Algérie, 22; maison à Paris, rue de Mézières, 7.
Durret (P.), exportation, quai de Retz, 21.
Dutel (C.) et Cie, rue Ponts-Gaillot, 7.

Fichet frères, Muraour et Cie, fabrique spéciale de filés or et argent, traits, lames, cannetilles, paillettes, découpures et étoffes brochées, rue Terme, 20.
Frinzine et Duviard-Dime, r. Saint-Marcel, 23.
Ganthier (Ate), rue Constantine, 12.
Guibont (J.) et Cie, rue des Capucins, 16.
Gérard père et fils, à Sainte-Foy-lès-Lyon.
Jaillard père et fils, rue Impériale, 12.
Panisset, place Kléber, 3.
Peyrot aîné, fin et mi-fin, rue Impériale, 47.
Roche (H.), quai Saint-Vincent, 54.
Rodes (F.), place de la Miséricorde, 4.
Siméan (C.) et Cie, place Sathonay, 4.
Tarpin père et fils, rue Lafont, 8.

Tireurs d'or (à façon).

Amand, rue des Augustins, 3.
Barmont (L.) et fils, rue du Garet, 9.
Barmont (T.), rue Neyret, 14.
Béroujon (C.), place du Perron, 2.
Berthet, impasse Vieille-Monnaie, 7.
Bourgeois, rue Tables-Claudiennes, 16.
Buy (F.), fabricant de chaînes à la Vaucanson, Grand'Côte, 59.
Cellard, rue Impériale, 63.
Chataignier (veuve), rue Grôlée, 41.
Chaud (P.), rue Tourette, 5.
Delafond, rue du Commerce, 46.
Deschamps (Mme veuve), rue Désirée, 4.
Longin, à Fontaines, près Lyon.
Neyrard, côte des Carmélites, 9.
Nugoz (veuve), rue Saint-Polycarpe, 16.
Nugoz (A.), rue Grôlée, 14.
Olivier (J.), impasse Saint-Polycarpe.
Pelosson, rue Saint-Polycarpe, 14.
Planche (J.), rue Romarin, 8.
Portier (Mme), rue Désirée, 7.
Valansot (F.), rue Imbert-Colomès, 20.

Toiles (gros et détail).

Arnould et Cie, rue Saint-Pierre, 2.
Alix (A.-J.), toiles peintes, rue Bât-d'Argent, 18.
Aubert, Bassot et Dousselin, rue de l'Impératrice, 27.
Barbezieux-Bouvier, détail, Grand'Rue-Longue, 25.
Berchoux et Cie, maison de gros, rue Centrale, 15.
Berthon, détail, rue Centrale, 9.
Blanc, détail, Grand'Rue, 51 (Guillotière).
Blanc (J.), détail, rue Vieille-Monnaie, 1.
Béranger et Gonnet, maison de gros, place Saint-Nizier, 5.
Berthon, rue Centrale, 9.
Bonnassieux père et fils, rue de l'Impératrice, 23, fabrique de linge de table.
Bordesol, détail, rue de Chartres, 14.
Chaffange, détail, quai Saint-Antoine, 20.

Chardeyron (J.), gros et détail, rue Saint-Pierre, 29.
Chartron (C.) et Cie, en gros, rue Centrale, 26.
Chevelu (A.), toiles en coton, rue Terme, 40.
Chevrolat-Bonardel, détail, rue St-Pierre, 5.
Coquard frères, gros et détail, rue Saint-Pierre, 37.
Coulon (X.) fils, en gros, Grande-Rue-Longue, 22.
Daboneau et Barrard, rue Impériale, 31 (A la Ville de Lyon).
David, Champesteve et Berlie, gros, rue Impératrice, 35.
Defond, Grande-Rue-Longue, 14.
Delanoë, détail, Grand'Côte, 99.
Desguers (E.) et Cie, rue de l'Impératrice, 25.
D'Hauteville et Cie, rue de l'Impératrice, 19.
Donnet (C.), détail, rue de l'Impératrice, 57.
Dumoulin frères, toilerie en tous genres, linge de table, gros et détail; manufacture de chemises et flanelles sur mesure. Un coupeur de Paris est attaché à la maison; rue Impériale, 15, angle de la rue Neuve.
Empaire (veuve) et fils, étoffes, ameublements, rue Impériale, 22.
Faidy frères, en gros, place Saint-Nizier, 2.
Faure, détail, rue de la Pyramide, 70.
Finette cousins, rue de l'Impératrice, 33.
Gaillard et Courtieu, en gros, r. Dubois, 38.
Garcin cadet et fils, Grande-Rue-Longue, 25.
Gauthier aîné et Cie, en gros, rue de l'Impératrice, 42.
Genet (L.), Grand'Rue, 32 (Guillotière).
Geynet et Couthon, en gros, rue Gentil, 4.
Girond (J.) et Roule, toiles d'emballage en tous genres, commission, consignation, rue Sainte-Catherine, 43.
Grouës-Brottet, détail, rue du Plâtre, 11.
Harty (J.), toiles d'emballage, rue de l'Impératrice, 61.
Hébert-Pâque, détail, rue Romarin, 12.
Hellion-Bulliod, détail, r. des Capucins, 19.
Hue Chesnel, articles de Flers, rue Bât-d'Argent, 1.
Jouve, Lefevre et Cie, rue Bât-d'Argent, 8.
Loire (J.) fils, linge de table, fils de chanvre en gros, fabrique à Panissières (Loire), magasin à Lyon, Grande-Rue-Longue, 16.
Marpot-Pittion, détail, rue Saint-Pierre, 39.
Martin père et fils, Grande-Rue-Longue, 22; fabrique à Panissières (Loire).
Meffre, commissionnaire, cours Morand, 3.
Meillard (A.-R.) fabr. de papier toile, rue Moncey, 149.
Mollin frères, gros et détail, rue de l'Impératrice, 47.
Meyran (A.), rue de l'Impératrice, 30.
Mollard jeune et Cie, rue Grenette, 4.

Münch et Cie, fournitures pour tailleurs, rue de l'Arbre-Sec, 16.
Neyret (J.) et Cie, maison de gros, rue Grenette, 18.
Offant, Boisson et Décombe, rue de l'Impératrice, 40.
Panisset (Louis), cours de Brosses, 6.
Paris jeune et Cie, rue Centrale, 23.
Passot et Bertrand, fabr. de bâches et sacs, dépôt de toiles d'emballage, Grande-Rue-Longue, 1.
Perrot fils aîné, en gros, Grande-Rue-Longue, 27.
Perrot, Ducros et Cie, rue Saint-Pierre, 35.
Pion (Léon), fabr. de mouchoirs de Valence, rue Impériale, 30.
Plattard, sacs de toile, quai Saint-Antoine, 29.
Roche (P.), rue Centrale, 35.
Rolland et Guicherd, détail, rue de l'Impératrice, 42.
Saint frères, emballage, sacs et bâches, rue Sainte-Marie, 2.
Sudre (J.) et Cie, rue Saint-Pierre, 31.
Valette et Cie, en gros, rue Bât-d'Argent, 11.
Vaucheret et Cie, *Au Bât-d'Argent*, rue Impériale, 9.
Vidal (Alexis) et Cie, maison de gros, rue de l'Impératrice, 38.

Toilette (marchands à la).

Baussard (veuve), rue Sala, 44.
Bourde (veuve), quai de l'Archevêché, 15.
Gay (Mme veuve), articles en solde, rue Chaponay, 10.
Maroc (Mme), quai de l'Archevêché, 22.
Michaud, solde d'étoffes, rue Paradis, 4.
Payot, robes et nouveautés, achats de solde, rue Sainte-Catherine, 3.
Rousset, rue de l'Anonciade, 17.

Toiles cirées.

Bernard-Chavanne, marchand, rue de l'Impératrice, 63.
Bérard (R.), successeur de J. Guétard, manufacture de toiles cirées en tous genres, tapis de table et d'appartements, percales vernies noires et vertes pour broderies, toiles maroquinées, etc., rue Confort, 13 ; usine au Moulin à Vent.
Boistard, marchand, rue Grenette, 18.
Courjon et Cie, fabricants, rue de l'Impératrice, 100.
Genthon (J.), fabricant, rue Centrale, 39.
Giroud et Roule, toile d'emballage, rue Ste-Catherine, 13.
Harti, marchand, r. de l'Impératrice, 61.
Meillard (A.-L.), seul fabricant du papier-toile pour emballage, breveté en France

et à l'étranger, rue Moncey, 149 ; dépôt à Paris.
Mottet (H.) et Cie, fabricants, rue Centrale, 31.
Plattard (Vve), marchande, quai Saint-Antoine, 29.
Viallon frère et sœur, fabricants, rue Saint-Pierre, 20.
Yvose-Laurent et Cie, fabricants de bâches, route de Bourgogne (à Vaise).

Toiles imperméables pour les transports.

Ducarre et Cie, quai d'Orléans, 14, bâches de voitures, chemins de fer et bateaux.

Tourneurs pour la fabrique.

André (F.), en tous genres, r. Villeroi, 62.
Barioz, rue Villeroi, 11.
Bernin, pour guimpiers, rue Grôlée, 32.
Barral, pour parapluies, rue Monsieur, 84.
Bracmard (L.), rue du Commerce, 13.
Briet, place du Perron, 5.
Chapelle fils aîné, rue Vieille-Monnaie, 26.
Chapelle jeune, rue Tables-Claudiennes, 8.
Chapotton (P.), tournages en tous genres, sur bois et métaux, spécialité pour moulinage, dévidage et ourdissage des soies, guindrage pour toutes espèces de machines, roquets pour moulinage et banques, broches pour mécaniques rondes et longues, canetières, et cantres à pivots, rue du Commerce, 36.
Chevalier, pour la dorure, rue du Commerce, 22.
Claret aîné, tourneur mécanicien, place Saint-Laurent, 2.
Collet, rue du Commerce, 25.
Combe, rue Bossuet, 65.
Coulet (J.), rue Dumenge, 4.
Crétinon, cours Vitton, 19.
Degravel, rue d'Ivry, 29.
Deloy, rouleaux pour la fabrique, avenue de Saxe, 86.
Demotat, rouets à cannettes et roquets, côte des Carmélites, 24.
Déprez (C.), pour chapellerie, rue Sala, 60.
Dornier (C.), spécialité de tuyaux à défiler et roquets en tous genres, gros et détail, rue des Capucins, 8.
Favier, rue Tramassac, 40.
Futin (L.), tourneur sur bois et métaux, tournage pour la fabrique et machines industrielles, rouleaux et apprêts de toutes dimensions, rue Tables-Claudiennes, 13.
Galland, rue Lafayette, 15.
Garcon (B.), Grand'Rue-de-la-Croix-Rousse, 2.
Girard (F.-Cl.), maison fondée en 1734 ; rouets pour guimpiers tireurs d'or, enjolivures, etc., rue Palais-Grillet, 14.

Glaser, rue Neyret, 37.

Hudriot, fabrique de roquets en tous genres pour la soierie, par brevet de perfectionnement, s. g. d. g., rue Sainte-Elisabeth, 32 (Brotteaux).

Jaboulay, rue de Trion, 77.

Julliard (J.), montée du Gourguillon, 1.

Krause (A.), spécialité pour la fabrique, rue des Capucins, 17.

Lacroix (J.), rue Vieille-Monnaie, 41.

Lassale, rue Neyret, 27.

Laurent (Etienne), ancienne maison Millet; rouleaux pour la fabrique, cylindres pour apprêts, chevilles et chevillons pour teinturiers, fournitures pour formiers, coins, ronds, courbes détachées, moulures ceintrées pour la menuiserie, torses et ovales, sciage et découpage, rue Duguesclin, 32.

Léonard, côte Saint-Sébastien, 23.

L'Héritier (A.), rue Imbert-Colomès, 24.

Maçon, rue Cuvier, 40.

Mermet, rue Imbert-Colomès, 24.

Métral (C.), rue Cuvier, 120.

Michal, rue St-Paul, 24.

Mornay (J.-A.), rue Poutéau, 12.

Micod (A.), rue Bodin, 2.

Numa-Lacharrière, dépôt général, rue Désirée, 4.

Pachod (Vve), rue St-Vincent-de-Paul, 10.

Perrin, rue des Capucins, 19.

Perrin (Vve), r. des Tables-Claudiennes, 29.

Peron fils, rouets à cannettes en fer, place Morel, 2.

Perron (L.), rue d'Austerlitz, 11.

Pichon (H.), rue Vieille-Monnaie, 29.

Piquet (S.), tourneur-mécanicien, fabrique de brocheurs, tours et ajustage, découpage de toutes sortes d'objets, fabrique d'outillages pour découpoirs et articles de tournages en tous genres, rue Sainte-Rose, 1.

Poncet, rue Claude-Joseph-Bonnet, 26.

Quinson, tourneur en tous genres (spécialité pour ortopédistes, jambes de bois, béquilles, vente et location), ébénisterie, fabricants de tuyaux et roquets en tous genres, ornements, magasin de quincaillerie, objets de ménage et jouets d'enfants, etc., rue Bodin, 1. Exportation.

Robichon, rue du Bon-Pasteur, 12, spécialité de guindres.

Saunier, modes et chapellerie, rue Saint-Joseph, 36.

Strien (E.), rue Charlemagne, 18. *(Au Singe Vert)*.

Tivel, rue Vauban, 29.

Trambouze, rue Tables-Claudiennes, 18.

Tulles (Fab. et marchands de).

Arragon (Vve) et Limb fils aîné, fabrique de pointons (picots), r. Vieille-Monnaie, 35.

Association des tullistes, rue du Griffon, 1, fab. de tulles dentelles, unis, en tous genres, nouveautés façonné, damassé et Lama; directeur J. Guillard.

Aubert (Jh) fils, fabrique de tulles, rubans pour perruques et tricots pour ceintures, place Sathonay, 4.

Aubert (J.) fils aîné, rue du Griffon, 7.

Baboin (Aimé) ✳, manufacture de tulles unis et nouveautés, rue Royale, 33.

Badin (S.) et Cie, fab. de tulles, voiles, voilettes, alençon, grenadines, châles, rue Désirée, 6.

Barrier (J.) et Cie, tulles façonnés, quai St-Clair, 8.

Basset (S.), tulles, perruques et raies de chair, rue Sainte-Catherine, 11.

Berliet et Cie, fab. de tulles façonnés et nouveautés, rue Impériale, 5.

Berthet (Mme), tulles unis, rue Saint-Polycarpe, 12.

Berthier (Joannes), fabrique de dentelles et tulles, rue St-Polycarpe, 16.

Bongirand (V.), unis et damassés, r. Neuve, 26.

Boucharlat jeune, fabrique de tulles brodés et façonnés, place Croix-Pâquet, 5.

Boussuge, tulle, coton et dentelles, quai de Retz, 17.

Boyer-Gros (Vve) et Cie, spécialité de voilettes, rue St-Marcel, 38.

Brès (F.) et Cie, nouveautés et unis, rue Pizay, 6.

Bruchon et Jacquin, façonnés et dentelles Lama, rue Mulet, 18.

Brugel (E.), unis et nouveautés, rue Saint-Polycarpe, 10.

Champagne (A.), rue Royale, 21.

Champallier (Alfred), fab. de dentelles, rue du Griffon, 9.

Chapeaux, voilettes, rue Royale, 18.

Charbon (C.), crêpes, blondes et tulles, soie en gros, rue Impératrice, 49.

Chatagnier (J.) et Cie, rue Dubois, 46; maison à Saint-Quentin.

Clerc (L.-A.), tulles damassés et broderies, rue Royale, 21.

Cochet (Michel) et Cie, fabrique de tulles de soie unis, place de la Comédie, 27.

Coutelier (E.), dépôt de blondes, rue de l'Impératrice, 74.

Depagne (Mme), rue des Feuillants, 4.

Desportes (A.) et Cie, façonnés, rue Victor-Arnaud, 21.

Devaux, Bouteille, Combe et Cie, place de la Comédie, 23.

Dognin ✳ et Cie, rue Puits-Gaillot, 1, maison à Paris et à Londres.

Dolfus-Moussy et fils, imitation dentelles, tulles façonnés et nouv., r. Lafont, 18.

Durozat, fabricant, rue Pizay, 6.

Durand et Masson, fabrique de tulles-coton, rue Pizay, 6.

Dutroncy (E.), rue de l'Impératrice, 68.
Espérat, tulles blondes, broderies de Cluny, rue Bugeaud, 9.
Gallice (C.), spécialité de tulles en gros, blondes, dentelles et broderies, rue Bât-d'Argent, 10.
Garnier (P.) fils, fab. de tulles-dentelles, rue Royale, 19.
Garnier (J.) et Cie, dépositaires de la maison Thomas Cambric, fabricant à Nothingham, dépôt de rideaux, guipures et tissus blanc, rue Impériale, 6.
Geay (P.) et Cie, fab. de tulles-dentelles soie, Lama, rue Lafont, 22 ; maison à Paris, rue des Jeuneurs, 21.
Gonnard-Moine, tulles bobins, place Croix-Pâquet, 8.
Gourgaud (J.) et Cie, tulles-dentelles, laine et soie, rue Royale, 18.
Grataloup et Cie, tulles et crêpes, r. Gentil, 11.
Guillot (J.), rue Pizay, 9.
Hébrard fils, Rivoire et Cie, r. Impériale, 11.
Hembert (E.) et Cie, soie, r. Impériale, 6.
Hervilly et Cie, rue Bât-d'Argent, 10.
Hobitz frères, bobins, malines et zéphirs, rue des Capucins, 26.
Idril (J.), dentelles Cambrai et Lama en tous genres, r. Constantine, 20, près les Terreaux.
Jallade frères, rue Impériale, 1.
Jarrasson (Maurice) et Cie, nouveautés, rue de l'Impératrice, 1.
Lavergne, Quinqueton et Cie, fab. de tulles unis, gaze Dona-Maria et grenadine, rue Terraille, 22.
Lelarge et Cie, tulles, soie et laine, rue de l'Arbre-Sec, 26.
Limb jeune, rue Royale, 7.
Macron (A.) et Cie, rue Impériale, 6, fab. à Calais.
Manigot et Cie, brodés et damassés, place St-Clair, 2.
Marion frères, bobins unis, pl. Tholozan, 26.
Missimilly (J.) et Cie, r. de l'Impératrice, 3.
Péju (C.), tulles-soie, rue de la Bourse, 33.
Pichoz père et fils et Cie, rue St-Pierre, 4 ; maison à Marseille.
Pihen)J.), soie unis et articles de Calais, rue de l'Arbre-Sec, 18.
Placet (E.) et Cie, rue Impériale, 6.
Ponthus-Cinier (E.), unis et façonnés, blondes et guipures, rue Lafont, 22.
Pulliat (J.), façonnés et dentelles, rue Impériale, 5 ; maison à Paris.
Raffard (E.), et dentelles, breveté, rue Désirée, 2.
Revol fils aîné, Bossu et Cie, soie, unis, rue Impériale 5.
Richard et Lagier, bandes et grenadine, rue Pizay, 3.
Roque (C.) et Cie, P.-R.-des-Feuillants, 5.
Royané (S.), tulles du Calais, imitation dentelles, spécialité de rideaux guipures, rue Impératrice, 7.
Séguin, tulle-coton, rue des Forces, 3.
Strauss (M.), fabrique de voilettes fantaisies et deuil, art. de haute nouveauté ; dépôt de gaze Dona-Maria, commission et exportation, rue des Capucins, 15 ; maison à Paris.
Touchebœuf (A.), tulles de Lyon, rue de la Bourse, 2.
Trichon, Humbert et Cie, unis soie, rue Pizay, 9.
Vial (E.) et Cie, fabrique de tulles soie, unis et nouveautés, rue Lafont, 16.
Vial, imitation dentelle, r. de la Platière, 8.

Tuyaux pour la fabrique (Fabr. de)

Belingard fils, quai Pierre-Scize, 76.
Carrichon aîné, rue d'Ivry, 24.
Clasis (Auguste-N.), rue Célu, 1.
Clasis (J.) aîné, r. du Mail, 15, dans la cour.
Debrabant, fabricant de tuyaux imperméables en papier fin verni intérieurement pour le tissage de soieries, rue Imbert-Colomès, 37.
Doussain, rue Childebert, 7.
Quinson, fab. de tuyaux à défiler en tous genres, rue Bodin, 1

Ustensiles pour les fabriques et marchands de Métiers.

Argoud, revendeur, rue d'Austerlitz, 10.
Arnal (Louis), fournitures de métiers pour la fabrication des étoffes unies et façonnées, rue Sainte-Blandine, 11.
Aury et Guinet, nouveau système de conducteur dit papillon, sans caoutchouc, brev. s. g. d. g., régularisant la tension des trames pour défiler et dérouler, pointizelles en tous genres, gros et détail, dépôt général, rue Jean-Baptiste-Say, 5, près de la gare du chemin de fer de la Croix-Rousse.
Berger, marchand d'ustensiles, Grande-Rue-de-Cuire, 14.
Bergeret, marchand, rue du Mail, 8.
Bernard (J.-M.), revendeur, rue du Mail, 36.
Bonnet, marchand de métiers, rue Bodin, 2.
Bouchet, revendeur, rue Dumont-d'Urville, 10.
Bouillon (J.-C.), revendeur, Petite-Rue-de-Cuire, 7.
Branche aîné, fabricant de métiers, rue de Bœuf, 7.
Brossier, revendeur, rue d'Austerlitz, 14.
Bully, marchand d'ustensiles, rue de la Tour-du-Pin, 3
Caire, marchand de métiers Grand'Côte, 1.
Camet, marchand de métiers, rue Tête-d'Or, 46.

Canonge (A.), marchand de métiers, rue de Trion, 78.

Chalon, marchand de métiers, rue Moncey, 15.

Chardon (J.-P.), cordier pour la fabrique, fabricant d'arcades, collets, cordes pour les métiers à la Jacquard et les lisages; articles de toiles en tous genres, commission pour tout ce qui concerne la fabrique, à des prix modérés, rues Magneval, 3, et Saint-Vincent-de-Paul, 10.

Chiese (J.), revendeur, Grand'Côte, 31.

Chupin (J.), forces à raser et taille-pinces pour veloutiers, rue des Tables-Claudiennes, 18.

Colombant, marchand de métiers, rue Sainte-Rose, 5.

Demard et Cie, ustensiles en tous genres, rue du Mail, 23.

Depierrefeu, marchand d'ust., rue Dumont, 20.

Desmard (P.), ustensiles pour unies et façonnées, exportation, rue d'Austerlitz, 21.

Dugnat (Mlle), marchande d'ustensiles, rue du Pavillon, 9.

Emin, revendeur, rue du Chariot-d'Or, 5.

Estellon (R.), articles de moulinage, rue Monsieur, 25.

Genet-Coné, marchand d'ustensiles, place de la Croix-Rousse, 11.

Gindre, marchand d'ustensiles, boulevart de l'Empereur, 164.

Guigon, fabr., de purgeoirs, spécialité d'articles pour moulinage et verroterie en tous genres, quai Castellane, 1 (Brotteaux).

Hayn, marchand de métiers, rue du Mail, 1.

Hermitte frères, marchands d'ustensiles pour la fabrique, et monteurs de métiers en tous genres; remisses en soie, fil et coton, maillons, cordes, fil et arcades, Grand'Côte, 2.

Hermitte (J.), marchand d'ustensiles, Grande-Rue-de-Cuire, 2.

Leprêtre, revendeur, Grand'Côte, 17.

Martin, articles pour moulinage, avenue de Saxe, 124.

Mazoyer, revendeur d'ustensiles, rue Jacquard, 14.

Mercier, revendeur d'ustensiles, Grand'Côte, 11.

Micouloud, marchand d'ustensiles, rue Duviard, 5.

Morel, grand assortiment d'ustensiles de fabrique en tous genres, et montage de métiers pour ateliers et fabriques étrangères, place de la Visitation, 4.

Morelton (veuve) aîné, fabr. de remisses en tous genres, ustensiles de fabrique et échange, rue du Chariot-d'Or, 18.

Muscat, marchand d'ustensiles, ch. de la Favorite.

Oysel, menuisier en ustensiles, rue des Tables-Claudiennes, 2.

Paviot, marchand de métiers, rue de Sèze, 94.

Péron, rouets à cannettes en fer, place Morel, 2.

Péronnet, revendeur, Grand'Côte, 41.

Pérony, marchand de métiers, Grand'Côte, 7.

Quinson, marchand de métiers, rue Bodin, 1.

Salomon, marchand de métiers, rue des Machabées, 29.

Sonthonax, revendeur, rue Dumenge, 7.

Tissot, marchand de métiers, rue Saint-Georges, 10.

Truchon, revendeur d'ustensiles, Grand'Côte, 13.

Vammoë, marchand de métiers, rue Vieille-Monnaie, 11.

Vidaud, marchand d'ustensiles, rue Sève, 8.

Vincent, marchand d'ustensiles, r. Calas, 20.

Verroterie pour les fabriques (fabricants).

Guigon, quai Castellane, 1.

Couturier (A.), fabr. d'articles de verrerie pour les fabriques, filatures et moulinages, rue des Capucins, 7.

Lallier (veuve), rue d'Ivry, 17.

Lièvre (P.), rue Vendôme, 140.

Poizat, escalier du Change, 2 (maison la plus ancienne en ce genre), barbins en tous genres, agathe, guide-bout, fillières, carcagnolles élevant les fuseaux, grenouilles équerres pour griffes et tavelles, purgeoirs et capelettes, baguettes et tubes de toutes dimensions, annelets, poulies, etc.

Revel, fabr. de verres pour soierie, filature, moulinage, passementerie et guimperie, barbins, carcagnolles, crochets, grenouilles, baguettes, etc., annelets, maillons, poulies en verre, articles de chimie, rue Madame, 9.

Verchera, fabrique de verres pour la soierie, filature, moulinage, passementerie et guimperie, barbins, carcagnolles, crochets, grenouilles, baguettes, etc., annelets, maillons, poulies en verre, fabrique de remisses, boulevart de l'Empereur, 155.

Vial aîné, rue Magneval, 16.

Vial jeune, rue Neyret, 2.

Vial, rue Vieille-Monnaie, 27.

Villetant, fabricant de maillons en tous genres, ainsi que tous les objets en verre concernant la fabrique, rue Bodin, 11.

———

SUITE DU DÉPARTEMENT DU RHONE.

Amplepuis.

Conseil des Prud'hommes (tissus de coton.) — Béroud (A.-B.), président ; Jal (C.-G.), vice-président ; Mocozet, secrétaire.

Blanchisseurs de tissus. — Appercel frères et Choitel, Dury fils.

Cotonnade (fab. de). — Goutard, Lagoutte Mitton et fils, Moulin jeune, Raffin (Vve) et fils.

Draperie, rouennerie et soierie. — Dumas (M.), Goutte (Mlle), Goujat (Vve), Lachaise jeune, Léty (J.), Thellemon, Vignon-Charras, Vignon Noël (Vve), Vignon sœurs.

Foulards et lainages (fab. de). — Breyton ; Villy (A.), comptoir à Lyon.

Mousselines (fab. de). — Bedin (A.), Billet (F.), Dessales fils, Giraud (Vve) fils, Goutard aîné, Goutard (C.), Lagoutte (J.) jeune, Lagoutte-Mitton et fils, Raffin (Vve C.-M.) et fils, maison à Tarare ; Raffin neveu, Vignon (M.) fils.

Navettes (fab. de). — Chassin aîné, fabricant de navettes et battans en tous genres ; Lafay, Subtil.

Arbresle.

Draps (marchands de). — Copin, Cotte, Jomard, Valois.

Mécanicien. — Minvielle, pour la fabrique.

Nouveautés. — Chanel, Durieux (G. Mile), Dury, Longin, Merle, Nicolas, Picard.

Peignes (fab. de). — Berjon neveu.

Soieries (fab. de). — Maisons à Lyon, Brisson et Cie, Chanay, Giraud frères, Jaubert Lions Audra et Cie, Pascal et Tabard, Viennois, Reyre Louvier Versetet Cie.

Soieries (fab. de). — Contre-maîtres : Barret, Chartron, Faye et Patoud, Terrasse-Damiron, Terrasse aîné, Terrasse jeune.

Velours (fab. de). — Bernard et Gonin, maison à Lyon ; Gonin aîné, manufacturier.

Bessenay.

Soieries (fab. de). — Contre-maîtres : Dumas, Garlon, Guinamard (J.-C.), Mazard.

Caluire-et-Cuire.

Imprimerie sur foulards. — Jandin, Grande-Rue-St-Clair.

Mécaniciens. — Niel et Cie, fabrique de bois pour gravures, caisse pour planche plate, Grande-Rue-St-Clair, 100.

Produits chimiques (fab. de). — Gonnet, quai de Caluire ; Hominai-Goutines, cours d'Herbouville, 48 ; Laroche, Ruegg et Cie, cours d'Herbouville, 80.

Teinturiers. — Bajard, Grande-Rue-St-Clair, 42 ; Charret, cours d'Herbouville, 75; Baugé, cours d'Herbouville, 67 ; Drevon, cours d'Herbouville, 58 ; Fillat, cours d'Herbouville, 49; Fayolle, cours d'Herbouville, 61; Imbert, cours d'Herbouville, 56 ; Pitrat et Cornu, cours d'Herbouville, 64 ; Tranchant, cours d'Herbouville, 45.

Chessy-les-Mines.

Soieries (fab. de). — Montessint, contre-maître ; Rivoire, contre-maître.

Condrieu.

Broderies (fab. de). — Dognin ✳ et Cie ; maison à Paris et à Lyon.

Chapeaux (fab. de). — Besson, Charles, Goutarel.

Draps. — Bertholat, Peillon, Villard.

Gants tissus (fab. de). — Montaland, maison à Lyon.

Mercerie et Rouennerie. — Favier, Four, Guy (Mlles), Levet, Pouzet, Frécon, Juillet, Morel.

Teinturiers en soie. — Font, Morel, Charmy.

Cours.

Couvertures de coton, bourre de soie, milaine, etc. (fab. de). — Bosland (J.-P.), Burnichon (Antoine), Cherpin (André), manufacture de couvertures et molletons, hydraulique et à vapeur ; Chapon (J.), Chassignol-Duperret, Dyan-Bonnefond, Fusy (C.-M.), Guérin-Joly, Michalot jeune, Perrin-Marchand fils, Poizat frères, Poizat Jules et Cie, Quiet-Michard, médaille de bronze, Paris, 1867 ; Ville (J.-C.) fils.

Draperies et nouveautés. — Banelle, Copier-Fleury, Marchand, Napollier, Poizat frère et sœur, Trouiller-Lacour.

Filateurs. — Chapon-Cortay frères et fabricants de cotonnes, Chapon (J.), Renon (J.-C.).

Cublize.

Bourres de soie et laines. — Glatard (Ch.).

Cardes (fab.). — Clément.

Coton (carderie de). — Béroud, Dupuis (P.), Laroche aîné, Forêt, Trambouze.

72 RHONE.

Coton (filat.). — Pierrefeu frères.
Coton (déchets). — Fouillet, Girin, Lafont, Perras (E.), Laroche, Longère (Claude), Ollier.
Cotonnades. — Bonnetain, Fournaux.
Draps, toilerie (march.). — Lachal Denis, Dulac, Fourneaux, Place.
Mécaniciens. — Botton, Sapin.
Molletons (fab.). — Favre, Fillion cadet, Sanlaville, Thoviste.

Demi-Lune (la), commune d'Ecully.

Chapeliers. — Driot (J.), fabricant gros et détail.
Bourre de soie et déchets. — Disdier, spécialité de peignes soie pour la passementerie.

Fleurieux-sur-Saône.

Bleu d'outre-mer (fab. de). — Guimet.

Fontaines.

Produits chimiques. — Longuemard, Sourdois.
Tapis en sparterie (fab. de). — Lafond, Gonnard et Cie, tapis en tous genres, aloës, coco et autres végétaux.
Teinturier en soie. — Cochard.
Tirage d'or (Usine hydraulique de). — Dumur (Ch.), maison à Lyon, rue d'Algérie, 22.
Tireur d'or à façon. — Longin.

Givors.

Chanvre (commerce de). — Combe-Pochet (André), chanvres d'Italie pour cordages et peignes. — Falque (Joannès), représentant.
Chapeliers (fab.). — Argoud, Colombier, Imbert, Perret et Guy, Pieroux fils.
Draperies et nouveautés. — Barrier (Mme), Boiron, Durand (Mme), Joly (Mme), Laprade, Moussy aîné, Moussy jeune, Renaud.
Soie (moulinier). — Michel frères.
Teinturier en soie. — Pochet-Bertholon, en blanc solide.

Grandris.

Cotonnades, doublures et filature de coton. — Bouhet (Jules).
Draperies. — Gaydon, Gravier, Mellet.
Toiles cotons et fils bleues et japés (fabr. de). — Bonnetain, Breton, Chanfray, Chavanis, Chiguier, Condemine, Cottinet, Desbas, Delac, Ducros fils, Dumont, Forest père et fils, Gaydon, Gobet, Lagoutte, Mellet aîné, Mellet cadet, Mougoin, Néanne, Perrier, Kelbut, Sanquin, Troncy-Duret.

Grigny.

Chapeaux (fabr.) — Guy et Messy, Rivoire neveu, Trémolet et Gay, Tissot.

Joux.

Blanchissage à la vapeur des mousselines de Tarare. — Chamfray (A.), Rolet et Varenne.
Mousselines (fab.) — Duthel.

Lamure.

Soieries (fabr. de). — Guillard, représentant la maison Milloz et Picollet, de Lyon.

Meaux.

Coton (filature de). — Farichon cadet.
Soieries (fab. de). — Depay.

Mornant.

Rouennerie, draperie et nouveauté. — Barrel (Mlle), Charles, Pizay sœurs, Paradis Mlle), Rivolet.
Chapeaux de feutre fab. de). — Flachy aîné, Berthet.

Neuville-sur-Saône.

Etoffes gazes et argent (fab.) — Salomon maison à Lyon, rue Pizay, 5.
Impressions sur étoffes. — Roux, Samuel frères, Wissel et Cie.
Laine (filature de). — Ciceron aîné.
Mécanicien. — Moser (David).

Pierre-Bénite.

Impressions sur étoffes. — Giraud, Vernhès.
Produits chimiques (fab. de). — Prunier (P.) pour la teinture.

Pont-Charra.

Soieries (fab. de). — Contre-maîtres : Chatelard, De St-Jean, Devienne, Lachat, Laurent (Clément), Laurent (Pétrus), Napoly, Planus, Solichon.

Ranchal.

Coton (filature de). — Foray, Morel fils, Plasse.

Ronno.

Mousseline (fab. de). — Brun frères, fils et Denoyel.

St-Bonnet-le-Troncy.

Filature de coton. — Giraud (J.-M.), Magnin, Montibert (Jean).
Filatures de bourre de soie. — Pelloux et Vermorel.

St-Clément-sous-Valsonne.

Foulards (fab. de). — Claude Pradel, maison à Lyon.
Impressions de foulards. — Pradel (Georges), Bon (Clément).

St-Genis-l'Argentière.

Rubans (fab. de). — Ballay.

St-Genis-Laval.

Impression sur étoffes. — Giraud.
Chapeaux de paille (fab. de). — Chapuis, Rémond, Simon.

St-Igny-de-Vers.

Coton (filature de). — Mercier fils.

St-Jean-la-Bussière.

Coton (filature et tissage mécanique). — Martin frères.
Tissus et mousselines (fab.). — Bonnetain, Chorenne (J.-M.) cadet, Guillermin, Magnin, Martin-Cortey.

St-Just-d'Avray.

Soieries (fab. de). — Dumontet (J.-C.), Dumontet (Julien), Desperry (Vve) Despéray (C.), Micolon.

St-Laurent-de-Chamousset.

Soie (fab. d'étoffes de). — Bazin, Bourget, contre-maître, Garrelon.

St-Martin-en-Haut.

Rouennerie et draperie. — Augier, Garbit, Bouchut, Flachard, Venet (Vve), Vincent fils.
Soieries (fabricants de).— Contre-maîtres : Clavel, Gagnare, Guyot, Garbit.

St-Symphorien-le-Château.

Chapeaux (fabricants de). — Bazin, Escot, Pinet frères.
Draps.— Achard, Moulin, Vericel, Vernay.
Soieries (fabricant de).— Laurent, contre-maître.

St-Vincent-de-Rheins.

Filatures de coton. — Montibert fils, Lacroix (Louis) et Berger, Trambouze père et fils, Rollin fils.

Savigny.

Soieries (fabricant de).— Martin fils, contre-maître.

Tarare.

Chambre de commerce.

Thivel (E.), président.
Cazaban, secrétaire-trésorier.

Membres.

Thivel-Duvillard. Sonnery. Chaverondier, Avril-Perrin ✳. Cazaban-Matagrin. Pepin (Eugène). Godde (Camille).

Conseil des prud'hommes.

Président · Avril (J.) ✳. Vice-président . Brisson (G.).

Section des mousselines unies et soieries.

Girin , fabricant. Filon (F.), ouvrier. Demaugé-Bost, ouvrier.

Sections des mousselines façonnées et brodées.

Perrin (A.), fabricant. Dufour (B.), fabricant. Londiche (A.), ouvrier. Variga (C.), ouvrier.

Section du blanchissage, grillage et apprêt.

Gourdiat (J.), négociant. Malleval (A.), négociant. Cheverot (C.), ouvrier. Marcelin-Chambost, ouvrier.

Apprêteurs en tissus.

Mac-Culloch et Gourdiat. Delharpe, teinturier, apprêteur. Dumas (J.) fils. Margand aîné, Mazerand et Cie.

Articles de blanc (Marchands).

Caire. Dusserre (Vve). Favel - Chardon. Micheland-Bidon. Putiginer.

Banque et recouvrements.

Chrétien fils. Noilly.

Blanchissage.

Champier (F.). Charenton. Dumas (J.). Garrachon (Vve). Perret jeune. Rollet et Varennes. Zher fils aîné.

Bonneterie, ganterie, articles au crochet en gros.

Martin (Martial).

Calicot crétonne et doublures.

Chavannon-Gourdial.

Ceintures laine (Fabricant de).

Chatelus aîné (veuve). — Chermette-Cœur et P. Gabriel, fabricant de ceintures laine, exportation.

Chefs ou ornements pour mousseline (Fab.)

Cœur. — Laforest jeune. — Mauret. — Noailly. — Vincent (Alexis).

Commissionnaires en marchandises et articles de Tarare.

Adolphe Malleval et Aubry. Bernicat-Badet. Bedin (A.). Bellon, Cazaban et Gallet. Boffard frère. Bovet et Cie. Buthaud (M.) et Cie. Coquard (A.). Coquet jeune. Duperray (T.). Émorine (J.) fils. Estoul père et fils. Ferrière (P.-M.), et fabr. Gellin (J.) et Beschenstein (V.). Godde fils aîné. Martel (T.). Schweiss (A.), Sonnery (George), commission pour tous les articles de Tarare. Panissière et Thizy. Staps et Goutard.

Corsets.

Galicien. Madinier-Farge (Mme).

Cotons filés et cotons retors pour broderie (Fabr. de).

Chrétien. Noilly. Gignoux. R.-H. Thoral. Gouttenoire (Paul). Lacroix (Louis) et Berger. Massard et Garcin. Putinier. Rochet-Ferrière. V. Schweiss-Bataille, dépositaire.

Draperie, rouennerie et nouveautés.

Dumas et Mollon. Faury (Vve). Giroudon. Goutard sœurs. Jacquemot. Passemard père. Passemard fils. Plassard (Mlle). Recorbet fils. Rabut. Raquin. Sève.

Droguerie.

Cherblanc frères. Montrussier.

Grilleurs de mousseline.

Dumas (J.). Girardet fils. Vve Fourny.— Balmont. Zher fils aîné.

Liseur et monteur de métiers.

Reynard-Mistilbord.

Mercerie en gros.

Gallicien. Sullice.

Mousselines unies et tarlatanes. (Fab. de).

Badier et Rozier. Bedin (A.), fabr. à Amplepuis et à St-Just. Berchoux et Alcippe Estragnat, fabrique à St-Symphorien de Lay. Binder-Varennes (G.), fabr. à St-Just (Loire). Brossette et Chanel. Berthaud et Massard ; maison à Paris et St-Quentin.

Chatelard père et fils. Collangette et Chatard. Coquart et Chatelus.

Demonceaux-Giroud. Devillaine-Madinier et Louis Bréguet. Dubost frères. Duperray (P.) Duvierre frères, fab. à St-Cyr-de-Valorge (Loire).

Farjat frères. Favel-Godde. Faye. Favel-Chardon. Fougerat-Verrière et tarlatanes.

Giraud (Vve) fils, tarlatane. Guyot (A.) fils aîné.

Hartmann, Jamais et Cie.

Janisson fils.

Lacotte sœurs. Lacroix (Louis) et Berger tarlatanes. Lièvre-Maurin.

Madignier et Matray et tarlatanes. Margand aîné. Mazerand et Cie, médaille argent Paris 1867, unies et tarlatanes. Martel (T.), fab. de mousselines unies, façonnées et brodées, place Denave. Matagrin ✳ (Etienne). Matagrin-Brunel. Mignard fils et Girin, fab. à Machesal (Loire. Mosselli-Chavany. Mottin frères.

Pepin (Eug.). Perronnet et Martin. Planus (J.) fils.

Raffin (Vve C. M.) et fils. Rauch (Théodore), spécialité de tarlatanes, fabrique à Sainte-Agathe (Loire). Ruffier-Leutner ✳, (C. et A.).

Salmon-Roure et Nottret. Sonnery cousins. Tannich et Verrière. Thivel-Michon, fab. de tarlatane.

Négociants-commissionnaires en coton filés.

Ferrière, Noilly et Riboulet, cotons filés e t gros et banque. Massard et Garcin. Rochet-Ferrière. Schweiss. Gignoux. R.-H. Thoral.

Peignes d'acier (Fab. de).

Berjon (Jean-Marie), fabrique de peignes à tisser en tous genres, Grande-Rue, 67. Moyne fils. Sonnery-Lacroix.

Peluches de soie et velours (Fab. de).

Brisson (E. D. et G.), maisons à Lyon et à Paris. Martin (J.-B.) ✳ manufact. considérable de peluches pour la chapellerie et velours noir et couleurs, teinturerie de soie et coton à Roanne (Loire); deux méd. d'honn. Paris 1867, maison à Paris, boulevard Saint-Denis, 16, et à Lyon, quai de Retz, 3.

Plumetis, articles façonnés et nouveautés.

Avril-Perrin ✳. Balmon-Ferrière. Besson Chenevat. Bœuf fils. Charles-Givre. Cote-Rey. Coton-Coton. Décloitre-Auclair. Denave-Ronat frères. Dubost-Dubost. Dumas et Guilhermet. Dufour fils. Foras sœurs Forest Cadet. Vve Grisaud-Chambost, fabrique de plumetis et broderies. J. Gros Lacôte sœurs. Vve Michon. Mônier et Guillard. Marie Pariel. Alexandre Perrin. Ribe (A.). Rourre-Dubost. Merlier fils. Société

industrielle des tisseurs. Thyvenard veuve.
Valentin jeune.

Rideaux brodés (fabricants de).

Augagnieur et Barriquand, Grande-Rue,
49. Bellon, Cazaban et Gallet. Bertaux et
Massard, médailles de 1re classe, Paris 1855
et Londres 1862, argent, Paris 1867, maison
à Paris, rue de Cléry, 25 et à Saint-Quentin.
Brun frères fils et Dénoyel. Chizalet père et
fils. Coquet-Duclos. David et Trouillier. Dubessy fils. Estoul père et fils. Estragnat fils aîné
et Susse. Eugène Estragnat. Ferouelle fils, Saphore et Gillet, broderies pour ameublement,
maisons à Paris, rue du Sentier, 8, St-Quentin, Hériseau, St-Gall (Suisse) et à Tarare,
rue de la Burie. Forest jeune, Forest Trep-
poz et Janin, spécialité de rideaux brodés,
médaille de 1re classe, Paris 1855 et Besançon 1860. Forest-Lamure. Gellin et Victor
Beschenstein. Hamelin et Ochs. Lepelletier
fils. Meunier et Cie. P.-A. Perrot. Henri
Rey. Planus (J.) fils. Planus-Malleval. Planus
jeune, fabrique de rideaux brodés, breveté
(s. g. d. g.), Grande-Rue, 28, et route de
Paris. Ruffier-Leutner ✻ (G. et A.) médaille
d'or 1819, 1824, 1829, 1834, 1839, médaille
de 1re classe Paris 1855, médaille de 1re
classe Londres 1862, médaille d'argent Paris 1867, tarlatane, mousseline unie, rideaux
brodés.

Rouennerie en gros.

Chavanon-Gourdiat.

Tailleurs et confectionneurs.

Giroudon. Montmain. Rabut. Sève.

Teinturiers indienneurs.

Dessalles frères. Malleval-Thivel. Ville et
Semanovitz·

Soieries (fab. de).

Graissot et Claret, maison à Lyon. Mulatier, Silvan et Villon, maison à Lyon. Pealat,
maison à Lyon.

Thizy.

Conseil des prud'hommes. Pierrefeu (Et.),
président.

Banquiers. — Foray et Cie, Perier-Roure
(Louis), Suchel-Damas et fils.

Commissionnaires en articles du Beaujolais. — Brunel, Champalle père et fils, Cha-
lumet, Chazelle père et fils et Badolle, Couturier frères et Glatard, Fayot fils, Foray
et Cie.

Cotons filés et doublures. — Foray et Cie,
maison à Rouen, Lyon et Mulhouse; Fournier fils et Burdin, Girard-Vignon, Ovize
fils et Tamin, Pierrefeu frères, Verrière-
Billard.

Corsets sans coutures, crinolines. — Trambouze (A.), Suchel-Damas et fils, maison à
Paris.

Cotons filés de Normandie, d'Alsace, etc.
— Ballaguy fils, Geluze, Burnichon (A.), Dé-
haye, Foray et Cie, Marchand-Gonin, Périer-
Roure, Varinay et Cie, Vermorel (A.).

Cotonnades (fab. de), articles du Beaujolais. — Bonnetin, Champalle père et fils,
Coquard, Chazelle père et fils et Badolle,
Chervin-Jacqueton, Couturier frères et Glatard, Dessaut, Foray et Cie, manufacturiers,
dépôt à Lyon, rue Grenette, 24, Grillet-Gi-
rerd, Mazille-Besacier, Millaud, Maguet fils,
Perret, Perrin-Comby, Perrin-Valossières,
Perrin-Muguet, Pierrefeu frères, Poizat-Co-
quard, Robin (E.), Suchel et Verrières,
Trambouze jeune.

Déchets de soie et coton. — Auquier frères, filateurs, Foray et Cie, filature à Cu-
blize.

Déchets fils de coton, dits de Montagne. —
Brunel (A.), Blondei, Comby, Debade, Dupuis,
Dobler, Rodolphe et Cie, Durand, Foray et
Cie, Fouillet, Fournier fils, Girerd-Chalumet,
Giren, Grillet cadet, Magnin et Sanlaville,
Montibert (J.), Natton-Demonceau, Philippe-
Marchand.

Droguerie. — Cherpin (J.).

Peignes (fab. de). — Moyne (J.), peignes
et lisses en tous genres.

Teinture et apprêt. — Chevenard, Christo-
phe-Giraud, Girerd-Chalumet, Mayennat
(L.), Perrad, Thevenet et Herbin.

Toiles et mercerie. — Chollet (Vve), De-
nis (Mlle), Desfournel, Depay (B.), Dessalles
(Mme), Dumoulin-Lafay, Jouglerd, Perrin-
Christophe, Renard.

Valsonne.

Tissus au plumetis (fab. de). — Tanich
de Tarare, Valentin.

Venissieux.

Banquier. — Moulin (J.-M.).

Colle forte (fab. de). — Chartoire, Neuville, et Cie, à Saint-Fons; Gidodot et Laprévote, à Saint-Fons.

Filateur de soie. Berlier au Moulin-à-Vent.

Filateur de laine. — Pascal.

Mercerie et toilerie. — Cagère, Sublet.

Produits chimiques (fab. de). — Guinon
jeune et Picard à Saint-Fons, Perret et ses
fils à Saint-Fons, Rendu et Clot, à St-Fons.

Vernaison.

Tissage pour la soierie (atelier de). —
Vignaud.

Villefranche.

Tribunal de commerce. — Président :
Bernand (J.-B.). — Juges : Favre (Francis-

que), Savigny, Colombat. — Juges supplémentaires : Moniotti, Terret. — Greffier : Picard.

Arbitres de commerce. — Guichard, Guyot.

Banquiers. — Bourgeot et Poulet, Franville et Cie.

Blanchisserie, apprêt et teinture. — Desaigne (Grégoire), Gaidon.

Coton filé (négociants et filateurs de). — Charmotton frères, Clerc (Claudius), Couturier et Savigny, Giraud et Cie, Mulsant et Caillat.

Couverture de coton (fab. de). Deveaux aîné.

Cotonnade (fab. de). — Vially, Décote et Cie, association des ouvriers tisseurs.

Impressions sur étoffes. — Merlat aîné, Fonsalla-Semanovitz.

Nouveautés. — Chemarin, Janin fils, Damiron, Wald, Valther.

Tailleurs et confection. — Bècle, Bruchet, Chapoton, Debiesse, Fayard, Henry, Coch, Noirot, Perrachon, Quillon, Revin, Rivet-Damiron, Thomas.

Teinturiers en coton. — Bernand (J.), Berthier-Constantin, Berthier frères, Berthier-Descroix, Dessaigne (G.), Gaidon et Cie, Lerat, Lorain cousins et Mandy.

Toilerie et articles de blanc. — Baizet-Gutty, Cortay, Dupuy (Mme), Janique, Mazoyer, Monsieux (E.), Revel frères et Cie, Robert neveu et Besson.

Toiles de coton pour doublures (Commerce de). — Aubert et Chagny, négociants; Balloffet et Cie; Biollay et Dutang; Boisson et Cie; Colombat frères; Couprie (E.) et Cie; Depagneux et Cie; Desplaces et A. Léal; Ducharne père, fils, et Bordet; Durand frères et Royer; Dupont, Duroy et Dussuc; Forgeot (Louis) et Lebrun; Guillot frères; Jasseau (F.) et Faussemagne; Journed (P.) et Cie; Laposse et Grillet; Louvrier, Fabre et Cie; Mazoyer; Mathieu et Croizet frères; Montet et Cornier; Millet-Morel fils et Cie; Moncel; Pagat et Cie; Morel, Collonge et Jacquet frères; Niogret et Cie, maison à Lyon; Proton frères; Payant frères; Revel frères et Cie; Robert neveu et Besson; Roques; Ravier et Cotarel; Suchet frères; Tête (L.) et V. Devige.

Tissus-coton pour pantalons, robes (Fab.).

— Chévenas et Cie, Delvaux, Fray, Guillemet neveu, Payant frères, Trambouze aîné.

Villeurbanne.

Amidon (Fab.). — Descours (Jules), à Monplaisir.

Chapeaux de paille (Manufacture de). — Drevet (L.), à la cité Napoléon.

Coton (Marchands de). — Duparquet (A.), mèches tressées pour bougies, coton filés en tous genres, mèches coupées pour chandelles et cotons blanchis pour cierges, rue St-Antoine, 23, cité Napoléon.

Filateur de soie. — Quantin.

Fournitures pour chapellerie. — Pitiot fils et Bugey (ch. de Baraban), maison à Lyon.

Impressions sur châles. — Jurien fils et Domenjon, maison à Lyon.

Mécaniciens pour la fabrique. — Rey, pour tulistes, aux Charpennes, Buffaud frères, Ch. de Baraban.

Mouliniers. — Boffard, comptoir à Lyon; Bonamour aîné, fab. de passementeries et lacets, comptoir à Lyon; Couraton, aux Charpennes, Fagot, à la Villette.

Parapluies (Fab. de). — Poncet fils jeune et Cie, maison à Lyon.

Produits chimiques (Fab. de). — Chevalier, à la cité Napoléon; Gros (G.), ch. du Sacré-Cœur; Manin jeune et Cie, à Lyon; Monier père et fils et Cie, comptoir à Lyon; Mulaton (C) et Cie, comptoir à Lyon; Rambaud (Etienne) et Cie, au Grand-Camp; Rambaud (Ph.), carmin d'indigo, rouille, couperose et savons en tous genres, Grande-Rue-des-Charpennes, 21, boite, rue Puits-Gaillot, 33 : Ribollet et Cie, r. Sainte-Anne, quartier Baraban; Rubsamen et Remp, comptoir à Lyon.

Savons (Fab. de). — Collin-S. et Aubert, aux Charpennes, rue Neuve, 19, fabrique de savons pour blanchissage et teinture; Montalant (Charles) et Cie; Rambaud (Ph.), Gr.-R.-des-Charpennes, 21.

Vourles.

Soies à coudre (Fab.). — Jaricot veuve) et fils, maison à Lyon.

DÉPARTEMENT DE LA SEINE.

PARIS

CAPITALE.

CHAMBRE DE COMMERCE

Séant place de la Bourse, 2.

Cette chambre est composée de M. le préfet de la Seine et de vingt et un membres électifs.

Membres de la Chambre.

Denière, président, boul. Malesherbes, 29.
André (Alfred), trésorier, r. Lafayette, 31.
Aubry (Félix), Faubourg-Poissonnière, 35.
Bailler (E.), boul. Saint-Germain, 100.
Boucherot, quai Impérial (à Puteaux), 30.
Calla, r. Marronniers-Passy, 8.
Darblay, C. ✳, r. Rivoli, 156.
Feray (Ernest), r. Sentier, 29.
Gouin (Ernest), vice-président, r. Cambacérès, 4.
Grellou (Henri), r. François 1er, 23.
Carlhian, rue du Sentier, 26.
Halphen (George), r. Chaptal, 24.
Houette (Ad.) ✳, secrétaire, r. de Berri, 25.
La Chambre (Charles), boulevart Malesherbes, 48.
Fourcade (O.), quai de Javel.
Moreau (F.) ✳, rue de la Victoire, 98.
Payen, O. ✳, r. de Cléry, 9.
Raimbert (Estave), boul. de Strasbourg, 19.
Teissonnière ✳, quai de la Rapée, 44.
Sauvage, rue Chauchat, 13.
Say (Constant), place Vendôme, 14.
Cottenet (Emile), chef du secrétariat, place de la Bourse, 2, hôtel de la Chambre.
Le bureau est ouvert tous les jours, de 11 à 4 heures.

Dans l'hôtel se trouvent l'établissement public de la CONDITION DES SOIES ET DES LAINES et le BUREAU DE TITRAGE DES SOIES. On y entre par la rue Notre-Dame-des-Victoires, 21. — Persoz, O. ✳, directeur, rue Madame, 55.

Bibliothèque du Commerce. — Cette bibliothèque se compose de tous les ouvrages qui intéressent le commerce et l'industrie. — Conservateur : J. Desmarest.

TRIBUNAL DE COMMERCE

Boulevart du Palais.

Les Membres du Tribunal de commerce sont élus par une assemblée composée des commerçants notables, conformément à l'article 618 du Code de commerce (loi de 1807), remis en vigueur par le décret du 2 mars 1852.

Le Tribunal de commerce de la Seine est composé d'un président, de 14 juges et de 16 suppléants. Il est divisé en sections, chacune desquelles est présidée par un juge titulaire.

Il tient ses audiences les lundis, à 11 heures, pour le grand rôle; mardis, mercredis, jeudis, vendredis et samedis, à 10 heures, pour l'appel des causes et affaires sommaires; l'audience du mercredi est plus particulièrement consacrée aux affaires dans lesquelles une instruction a été faite par un arbitre rapporteur, ou par les juges-commissaires dans les contestations qui intéressent les faillites.

Président.

Drouin (J. B.), O. ✳, r. Ste-Croix-la-Bretonnerie, 21.

Juges.

Girard, rue Vauvilliers, 45.
Melon de Pradon (J.-E.), chaussée de la Muette, 16.
Boullay (Et.), quai de l'Ecole, 30.
Evette fils, rue Turgot, 15.
Dommartin ✳, rue des Petites-Ecuries, 13.
Cousté (Jh.), quai des Célestins, 26.
Séguier, rue Cadet, 24.
Chabert (J.), rue Royale-St-Honoré, 11.
Moreau (E.-F.), rue de la Victoire, 98.
Jourde, r. Paradis-Poissonnière, 50.
Cappronnier, r. Billault, 15.
Mercier, rue d'Enghien, 48.
Baudelot (Ern.), quai de la Rapée, 84.
Hussenot (J.), rue du Mail, 4.

Juges suppléants.

Firmin Didot (P.), r. Jacob, 56.
Martinet, boulevart Sébastopol, 131.
Dépinay (L.), boul. Strasbourg, 12.
Baugrand ✳, rue de la Paix, 19.
Rondelet ✳, rue Bonaparte, 76.
Cheysson, boulevart Sébastopol, 109.
Bouillet, rue Notre-Dame-des-Victoires, 26.
Bessan (H.), r. du Pont-Neuf, 2.
Truelle, rue de la Verrerie, 15.
Marteau, rue Gay-Lussac, 3.
Bardou (P.-G.), rue Chabrol, 55.
Foucher (L.-A.), à la Briche-St-Denis.
Simon (Ernest), boulevart Richard-Le-noir, 22.
Dietz Monin, r. du Château-d'Eau, 11.
Courvoisier (M.-P.), rue Lafayette, 126.

Greffier.

Glandaz, boulevart de la Madeleine, 9.
Commis-greffiers assermentés.
Daniel, rue David, 15.
Poidevin, rue Marie-Antoinette, 1.
Bastard, Chaussée-Clignancourt, 17.
Lebrun, rue Lamartine, 19.
Grattard, à Colombes.
Roy, rue du Petit-Carreau, 33.
Le Becq, r. Fazillau, 50, à Levallois-Perret.

Secrétaire de la présidence.

Camberlin, au tribunal de Commerce.

Huissiers audienciers.

Devaux, Châle, Nittot, Deschamps.

———

AGRÉÉS PRÈS LE TRIBUNAL DE COMMERCE

Chambre syndical.

Président : Deleuze. — Syndic : Meignen. — Secrét. : Martel. — Trésor. : Schayé.
Bra, rue Croix-des-Petits-Champs, 25.
Buisson, avenue Victoria, 22.
Delaloge, r. des Jeûneurs, 42.
Deleuze, r. Montmartre, 146.
Caron (Ernest), pl. Boieldieu, 3.
Mermillod (E.), boul. Sébastopol, 24.
Hervieux (Léopold), quai de la Mégis-serie, 12,
Desouche, r. Bertin-Poirée, 15.
Marraud, r. Rossini, 2.
Martel, r. Croix-Petits-Champs, 38.
Meignen (L.), r. Rivoli, 77.
Prunier (Quatremère), r. Pernelle, 12.
Ribot (A.), r. Bergère, 18.
Schayé, r. Faubourg-Montmartre, 8.
Walker, r. Grange-Batelière, 16.

ARBITRES DE COMMERCE

Baudeuf, quai de Béthume, 24.
Binot de Villiers, r. Taitbout, 80.
Bolle (*céréales*), quai de l'École, 24.
Cauderon (Émile), boul. Montmartre, 19.
Combe, O. ✳, r. Valois, 31 (*Palais-Royal*).
Coquerel, r. Chaussée-d'Antin, 50.
Corsel, rue de St-Pétersbourg, 14.
Delanoy (E.), r. Pigalle, 49.
Daunay, r. Lafayette, 129.
Delacroix, rue de Turbigo, 16.
De la Hodde, r. Laffitte, 56.
Denieport, r. Dames-Batignolles, 52.
Fritel, boul. de Sébastopol, 85.
Devèze, rue Turbigo, 64.
Heurtey père, r. Tournon, 17.
Jessé, place de la Madeleine, 13.
Guemet (T.), boul. Strasbourg, 12.
Lacoste (Henri), r. Chabanais, 8.
Laming, r. de l'Odéon, 9.
Langlois, boul. Beaumarchais, 73.
Leboucher ✳, boul. Bonne-Nouvelle, 10.
Isbert, faub. Montmartre, 54.
Julien (P.), rue Bondy, 54.
Leyris, rue Moncey, 16.
Magnier, r. Trévise, 26.
Morand (J.), rue du Temple, 14.
Mouillard, r. Faubourg-Poissonnière, 78.
Mowbray Laming, r. de l'Odéon, 9.
Peyre, *gaz*, r. Lafayette, 106.
Pihan de la Forest, r. Lancry, 45.
Pinel de Grandchamp, boulevart de Stras-bourg, 68.
Pouget, r. des Martyrs, 41.
Loiseau, boul. Magenta, 8.
Rolland, r. Dunkerque, 27.
Ranc, r. Rodier, 43.
Stiebel, r. Lamartine, 5 bis.

———

SYNDICS DE FAILLITES.

Barbot, boulev. Sébastopol, 22.
Battarel neveu, r. de Bondy, 7.
Beaufour, r. Château-d'Eau, 63.
Beaugé (T.), r. St-André-des-Arts, 50.
Beaujeu (A.), r. Rivoli, 66.
Bégis (A.), r. des Lombards, 31.
Bourbon, r. Richer, 39.
Chevalier, r. Bertin-Poirée, 9.
Copin (Louis), r. de Lille, 1 ; bureaux, r. Gué-négaud, 17.
Crampel, r. St-Marc, 6.
Dufay, rue Laffite, 43.
Gauche, rL Coquillière, 14.
Grison (Richard), boulev. Magenta, 75.
Hécaen (Émile), r. de Lancry, 9.
Gautier (P.-E.), r. d'Argenteuil, 11.
Heurtey fils, r. Mazarine, 68.

Kéringer (E.), r. Labruyère, 22.
Lamoureux (Hy), quai de Gèvres, 8.
Lefrançois, r. Richer, 26.
Legriel, r. Godot-Mauroy, 37.
Meillencourt, r. N.-D. des Victoires, 40.
Meys, r. des Jeûneurs, 41.
Moncharville, r. de Provence, 40.
Normand, rue des Grands-Augustins, 19.
Pinet, r. de Savoie, 6.
Plusauzki, boul, St-Michel, 53.
Quatremère, quai des Grands-Augustins, 55.
Sarazin, r. Rivoli, 39.
Sauton (J.), boul. Sébastopol, 9.
Sommaire (D.), r. des Ecoles, 62.
Trille, r. St-Honoré, 217.

CONSEILS DES PRUD'HOMMES
Boulevart du Palais.

Conseils de prud'hommes. Créés par ordonnances des 29 décembre 1844 et 9 juin 1847, modifiés depuis dans le sens du décret de l'Assemblée Nationale du 29 mai 1848; ces conseils ont été définitivement reconstitués d'après la loi du 4 juin 1853.

Indépendamment du président et du vice-président, directement nommés par l'Empereur, chacun des conseils est composé de vingt-six membres, dont treize patrons et contre-maîtres ou ouvriers, remplissant leurs fonctions au même titre.

Les électeurs-patrons, réunis en assemblée particulière, nomment directement les prud'hommes patrons. Les électeurs contre-maîtres, chefs d'ateliers et ouvriers, également réunis en assemblée particulière, nomment directement les prud'hommes ouvriers.

Les conseils de prud'hommes sont renouvelés par moitié tous les trois ans; leurs membres sont rééligibles.

Les jugements des conseils de prud'hommes sont définitifs et sans appel lorsque le chiffre de la demande n'excède pas 200 francs en capital : au-dessus de 200 francs, les jugements sont sujets à l'appel devant le tribunal de commerce.

Les bureaux sont ouverts tous les jours, de neuf heures du matin à quatre heures après midi, les dimanches et jours de fêtes exceptés.

CONSEIL DES TISSUS ET DES INDUSTRIES QUI S'Y RATTACHENT.

Jugements, le jeudi à midi.

Marienval ✶, fleuriste, président, rue St-Denis, 354.
Stopin, ancien chapelier, r. St-Hippolyte Passy, 45.

Patrons.

Pagez-Baligot ✶, fab. de tissus, r. Martel, 5 *bis*.
Mourceau ✶, fab. tissus, r. du Mail, 27.
Leroy, grav. pour imp. sur étoffes, rue de Ménilmontant, 98.
Clavel, apprêt. d'étoffes, r. N.-Dame-de-Nazareth, 90.
Bessard, cordonnier, r. Montmartre, 65.
Dida, chapelier, r. Vivienne, 20.
Deshayes, plumass., boul. des Italiens, 27.
Stritter, tailleur, rue de Grammont, 17.
Devening, tailleur, r. Mazagran, 2.
Barbier, tapissier, r. des Moulins, 19.
Deforge, passement., r. St-Sauveur, 4.
Lemonnier, chapelier, r. St-Martin, 184.
Delassaussaye, fleuriste, r. d'Auteville, 92

Ouvriers.

Consigny, chef d'atelier, fab. de châles, rue Vaudrezane, 41.
Ad. Michel, contre-maître, fab. de châles, r. de Belleville, 54 *bis*.
Bichut, tapissier, r. du Faub. S.-Denis, 41.
Delesse, cordonnier, boul. Sébastopol, 16.
Angibout, cordonnier, r. des Deux-Portes-St-Sauveur, 20.
Vinceneux, chapelier, r. des Deux-Ponts, 35.
Vallot, chapelier, rue St-Martin, 85.
Saunier, fleuriste, rue de la Banque, 19.
Hardy, plumassier, rue du Caire, 37.
Ancelin, contre-maître tailleur, rue Molière, 15.
Pernot, graveur, place aux Gueldres, 7, à St-Denis.
Berthier, tailleur, r. Ste-Anne, 16.
Tamoyneau, imprim. sur étoffes, r. Napoléon, 15, à St-Denis.
Lecucq, secrétaire, rue St-Denis, 373.
Pescara, commis-secrétaire, r. Montorgueil, 21.

BANQUE DE FRANCE,
rue de La Vrillière, 1 et 3.

La Banque de France a, par les lois du 24 germinal an IX, du 22 avril 1806, et du 9 juin 1857, le privilége d'émettre seule des billets de banque jusqu'au 31 décembre 1897.

Les opérations consistent :

1° A escompter des effets de commerce sur Paris ou sur les villes où elle a des succursales, timbrés, jusqu'à 3 mois d'échéance, à 3 signatures, ou à 2 signatures seulement pour des effets créés pour fait de marchandises avec un transfert d'effets publics français ou d'actions de la Banque ; ou de récépissés de marchandises ;

2° A faire des avances sur effets publics français à échéance déterminée ;

3º Id. sur effets publics français à échéance non déterminée;

4º Id. sur actions et obligations de chemins de fer français;

5º Id. sur obligations de la ville de Paris;

6º Id. sur bons de la Caisse de boulangerie;

7º Id. sur bons de la Caisse des travaux de Paris;

8º Id. sur obligations du Crédit foncier;

9º Id sur lingots et monnaies d'or et d'argent : il n'est pas admis de dépôt au-dessous de 10,000 francs;

10º A émettre des billets à vue et au porteur, et des billets à ordre transmissibles par la voie de l'endossement;

11º A recevoir en garde les titres, les diaments, les effets publics nationaux et étrangers au porteur ou nominatifs, et à en percevoir les arrérages payables à Paris, moyennant un droit de garde : la Banque ne reçoit pas d'argenterie en garde;

12º A recevoir en dépôt à Paris, des colis contenant des matières d'or et d'argent provenant de l'étranger, moyennant un droit fixe de 1 fr. 50 par colis déposé, sans responsabilité de la part de la Banque, ni du contenu ni du poids desdits colis, lesquels sont remis aux ayants-droit;

13º A recevoir en compte courant les sommes qui lui sont versées et les effets sur Paris à encaisser, et à payer les dispositions faites sur elle jusqu'à la concurrence des sommes encaissées;

14º A émettre des billets à ordre payables dans ses succursales.

La Banque délivre aussi des récépissés nominatifs, remboursables à vue, seulement sur l'acquit des titulaires.

Les personnes domiciliées à Paris, qui veulent être admises à l'escompte ou au compte courant, doivent en faire la demande par écrit au gouverneur, et l'accompagner d'un certificat dont la Banque délivre la formule. Il y a une formule particulière pour les sociétés anonymes.

La Banque ne reçoit pas d'opposition sur les sommes en compte courant. On peut céder l'usufruit des actions de la Banque et disposer séparément de la nu-propriété.

Les actions peuvent être immobilisées par la déclaration du propriétaire, et elles deviennent sujettes aux lois qui régissent les immeubles; la loi du 17 mai 1834 permet de les remobiliser.

La Banque escompte tous les jours non fériés. Le taux de l'escompte est déterminé par le conseil général de la Banque.

Succursales de la Banque où se font les mêmes opérations qu'à la Banque même :

Agen,	Limoges,
Amiens,	Lons-le-Saulnier,
Angers,	Lyon,
Angoulême,	Le Mans,
Annecy,	Marseille,
Annonay,	Metz,
Arras,	Montpellier,
Avignon,	Mulhouse,
Bar-le-Duc,	Nancy,
Bastia,	Nantes,
Bayonne,	Nevers,
Besançon,	Nice,
Bordeaux,	Nîmes,
Brest,	Niort,
Caen,	Orléans,
Carcassonne,	Poitiers,
Castres,	Reims,
Châlon,	Rennes,
Chambéry,	La Rochelle,
Châteauroux,	Rouen,
Chaumont,	Saint-Étienne,
Clermont-Ferrand,	Saint-Lô,
Dijon.	Saint-Quentin,
Dunkerque,	Sedan,
Evreux,	Strasbourg,
Flers,	Toulon,
Grenoble,	Toulouse,
Le Havre,	Tours,
Laval,	Troyes,
Lille,	Valenciennes.

Gouverneur. — Rouland, G. ✳, sénateur.

Sous-gouverneur. — Cuvier, C. ✳. — Marquis de Plœuc, O. ✳. — Comte de Germiny, G. O. ✳, sénateur, gouverneur honoraire. — Andouillé, C. ✳, sous-gouverneur honoraire.

Administration. — Conseil général. Régents. — Périer (Joseph), O. ✳. — Durand (A.), ✳. — Devalois, O. ✳. — Schneider, G. O. ✳. — Rothschild (baron Alph. de) ✳. — De Waru, O. ✳. — Lefebvre, ✳. — Akermann, O. ✳. — Mallet (Alph.), ✳. — Comte Pillet-Will, O. ✳. — Daviller, O. ✳. — Comte Adrien de Germiny, ✳. — Denière fils, O. ✳. — Sieber, O. ✳. — Legrand de Villers ✳.

Censeurs. — Bayvet, O. ✳. — Darblay jeune, C. ✳. — Fère, O. ✳.

Conseil d'escompte. — Guyot de Villeneuve, ✳. — Vassal fils, ✳. — Millescamps, ✳. — Billet, ✳. — Moreau fils. — Milliet, ✳. — Baillière fils. — Jardin jeune. — Boullay, ✳. — Hubin. — Pénicaud. — Larsonnier.

Chefs principaux. — Marsaud, ✳, secrétaire-général. — Chazal, ✳, contrôleur. — Soleil, ✳, caissier principal. — De Mont de Benque, secrétaire du conseil général.

Chefs particuliers. — De Lisa, ✳, inspecteur des succursales. — De Jancigny, id.

Bureau des actions. Jacquin, chef.
— des avances. De Varenne, chef.
— de la comptabilité des billets. Martin, chef.
— du contentieux. Fortier, chef.
— du contrôle. Gebauer, contrôleur-adjoint.
Service des dépôts. Paris de Mondonville, chef du service.
Bureau des effets au comptant. Chopin, chef.
— de l'escompte. Laurent, chef.
— — Paquin, chef-adjoint.
— de l'imprimerie des billets. Ermel, chef.
— des livres. Charpentier, chef.
— des succursales. Carré, chef.
Caissiers particuliers. Recettes. Vallet.
1re caisse de dépense. Rodier de Saliéges.
2e Id. baron Daumesnil.
3e Id. Maisonnier,
4e Id. Murel.
Sous-caissier de la caisse principale. Mignot.
Caisse des avances. Vally.
Caisse de délivrance des billets à ordre. Martin-Crécy.
Caisse des dépôts libres. Debressenne.
Caisse d'échange des billets. Thierrard, ✳.
Service des recettes en ville. Dussummier de Fonbrune.
Econome-inspecteur. Solente.
Architecte. Crétin, ✳; contrôleur des travaux. Ramus.
Avocats, conseils de la Banque. Bellaigne, avocat au conseil d'Etat et à la cour de cassation. — Bethemont, avoué à la cour impériale. — Castaignet, avoué de 1re instance. — Buisson, agréé. — Dumant, agent du contentieux. — Doré, Marquet, Neuville, huissiers. — Delapalme, notaire.

———

CONSULS ÉTRANGERS A PARIS.

Anhalt (consul d'), Schlesinger, r. Rossini, 3.
Autriche. Baron Gustave de Rostchild cons. gén., r. Laffitte, 21.—Baron de Schwartz, direct. de la chancellerie, r. Laffitte, 21.— Ch. Hofmans, chancelier.
Bavière. Frédéric Schwab, consul, faub. Poissonnière, 12.
Belgique. Ribeau, agent consulaire, boul. Denain, 9.
Brésil. J. Maciel da Rocha, ✳, consul général, r. de Colisée, 43. — (L. A.) Martins, vice-consul, r. de Montholon, 10.
Brunswick. H. A. de Haber, consul, r. de Provence, 58.
Chili. Fernandez-Rodella, chargé d'affaires et consul général, r. de Laval, 26.

Confédération Argentine. Remberg (Otto), consul, r. Richer, 15. — Marco del Pont (Ventura), vice-consul, r. de St-George, 35.
Costa-Rica. Gabriel Lafond (de Larcy), ✳, ✠, C. ✠, consul général, pl. de la Bourse, 4.
Danemark. Calon (Paul), ✳, consul, r. Hauteville, 53.
Dominicaine (république), Jules Thirion, consul général, faub. Poissonnière, 177.
Equateur (république de l'). Fourquet (B.), consul général, boul. de Strasbourg, 19.
Espagne. Calvo y Terreuil vice-consul r. de Ponthieu, 70. — Juan Carlos de Trigueros, chancelier.
Etats-Unis d'Amérique. John Médérith Réad jeune, cons. — Franklin-Olcott, vice-cons., r. du Cardinal Fesch, 55.
Etats-Unis de Colombie (république des). Suarez Fortoul, consul général, boul. Malesherbes, 53. — Garcia (Raphaël), vice-consul, bureaux, r. Hauteville, 53.
Grande-Bretagne. F. Atlée, secrétaire d'ambassade et consul, r. du Faub.-St-Honoré, 39.
Grèce. Erlanger (baron Emile d'), consul général, r. Taitbout. 20.—Vréto, vice-consul.
Guatemala. Alcain (B.), consul général, r. du Sentier, 12.
Hesse Grand-Ducale. Aug. Ewald, consul, r. d'Antin, 24.
Honduras, Pelletier E., O. ✳, consul général, Faub. Poissonnière, 177.
A. Pelletier, ✳, O. ✠✠, vice-consul, boulevart Sébastopol, 18.
Italie. Cerutti (le Chevalier Louis) ✳, consul, Cornello, vice-consul, r. Boissy-d'Anglas, 45.
Japon, P. Flury-Hérard, consul général, r. St-Honoré, 372.
Mecklenbourg-Schwerin, Ily, Hermann, consul, rue de l'Echiquier, 24.
Nicaragua. Amédée Mevil, consul général, r. du Helder, 5.
Oldenbourg (grand duché d'). Grieninger (F.), consul, r. Chaussée-d'Antin, 24.
Paraguay (république du), Tenré (L.), ✠, consul, r. Laffitte, 13.
Pays-Bas. Coster (Martin) ✳, consul général, Cardinal Fesch, 17.
Perse. Hermann Openheim, consul, rue de Londres, 17.
Péruvienne (république). Marco-del-Pont (Ventura), consul, r. St-Georges, 35.
Portugal. Hector Gitton ✠, consul, rue d'Astorg, 12.
Prusse. Baron A. Rotchild ✳, consul général, r. St-Florentin, 2.—Le conseiller Félix Bamberg ✳, consul, r. Victoire, 46.
Russie. Foelkersham, consul général, rue Grenelle St-Germain, 79. Meisner, vice-consul.
San-Salvador (république de). Thirion (Jules) O. ✳, consul général. r. Faub.-Poissonnière, 177.

Saxe. Ch. Leiden, consul, r. Taibout, 52.
Saxe-Meiningen. J. Rothschild, consul, rue de l'Ouest, 48.
Saxe-Weimar. Wagner (H. G.), consul, boulevart Magenta, 145.
Schaumbourg Lippe. Eug.-Thirion ✳. O. ✠, consul général, rue Faub.-Poissonnière, 32.
Siam (Royaume de). Gréhan (A.) ✳, consul, r. Amsterdam, 18.
Suède et Norwége. Le Roux (Jules) ✳, consul général, r. Chaillot, 96.
Turquie. Donon (Armand) ✳, consul général, r. de la Banque, 22.
Uruguay. E. Tiberghien Achermann, consul général, rue Grange-Batelière, 12. — Vice-consul, chancelier du consul, Henri Charlet, rue Bleue, 1.
Venezuela. Thirion (Eugène), ✳.O. ✠, consul, r. Faub.-Poissonnière, 32.
Villes libres hanséatiques. Bleymuller ✳, consul, r. Mogador, 12.

COMMERCE, INDUSTRIE.

Affineurs de métaux.

Boucher, r. des Ardennes, 10.
Caplain-St-André frères, rue Michel-le-Comte, 28.
Chardon, pas. des Fourneaux-Vaugirard, 12.
Decaux, r. Turbigo, 42.
Dreyfus, Scheyer et Cie, rue Grange-Batelière, 16.
Dubois-Caplain, (H.), rue des Entrepreneurs-Grenelle, 34.
Dubois (E.) et Cie, r. Geoffroy-Marie, 9.
Dufayet (P.), r. Roquette, 80.
Gadala-St-André (J.) et Cie, q. Valmy, 261.
Gautier ainé, Basfroid, 30.
Guérin-Pithon ✳, r. St-Martin, 143.
Hesse (I.), boul. Sébastopol, 44.
Hirsch fils aîné, r. Richelieu, 99.
Lyon-Allemand (Vve) et fils, rue Montmorency, 13.
Martin (J.) et Cie, r. Lagny-Charonne, 13.
Quiquandon fils, r. Aubry-le-Boucher, 10.

Agents des manufactures et représentants de fabriques françaises et étrangères.

Acard (L.), r. Labruyère, 24.
Alberti, r. Paradis-Poissonnière, 34.
Alcan, r. Tournelles, 64.
Allain et Destombes, p. des Victoires. 9.
Altmager, r. Hauteville. 33.
Altsmann, (J.), fab. de tissus anglais, boutons d'Allemagne, rue de l'Echiquier, 22.
Ampt, r. Chabrol, 42.

Andrieux (Emile), consignation de draperies, rue Coquillière, 37.
Aubanel (Ach.) ✳, représent. Ader-Preyer et Cie, de Bradfort, pour les laines et blouses anglaises, r. Richer, 22.
Bailly (Georges), coutils, tissus élast., rubans et passementerie, boul. Strasbourg, 58.
Barbieux jeune et Lebreton, rue St-Fiacre, 13.
Bardenat E., rue Paradis-Poissonnière, 10.
Bartels et Chaigneau, tresses et galons, boul. Sébastopol, 29.
Bartenstein et Zinner, cour des Petites-Ecuries, 20.
Basy (A.) et Cie, r. Faub.-Poissonnière, 74.
Bels (Barthelemy), fab. de draps françaises et étrangères, r. de la Banque, 20.
Bernier (Félix), velours, tapis et élastiques anglais, r. du Sentier, 8.
Blochwits (Max), allemandes, r. des Petites-Ecuries, 59.
Brand G., r. Hauteville, 66.
Burch (William), fab. anglaises, r. Neuve-St-Augustin, 21.
Caron, cour des Petites-Ecuries, 20.
Chatelain (L.) (Ch. Daniel, successeur), dépôt de mercerie, tresses, lacets, r. Quincampoix, 59.
Chaumas (Ed.), r. Paul-Lelong, 7.
Chauvelot (E.), articles de Suisse, pour chapeaux de paille, passementerie d'Allemagne soie et coton, r. St-Denis, 319.
Christophe (Léopold), représentant de Stocklin et Galland, de Mulhouse, rue Poissonnière, 21.
Claro (V.), tissus, r. Petites-Ecuries, 11.
Cohn (Edouard), dépôt de fabriques, r. Turbigo, 18.
Comer (Paul), r. Vivienne, 2.
Coopman et Cie, articles d'Allemagne et laines effilochées, r. Bleue, 12.
Copeau aîné et B. Cubain, dés à coudre, rue faub. St-Denis, 64.
Crépin père et fils, tissus, jupons, pantoufles, soies à coudre, gants de soie et laine, rue Richer, 24.
Cubain (Léon), r. d'Enghien, 17.
Daniet (Ch.), dépôt de mercerie, tresses, lacets, articles de Laigle, rue Quincampoix, 59.
Detrave et Le Roy, mercerie, velours, rubans et dorure de Lyon, rue du Petit-Lion, 15.
Eigen (Gustave) et Cie, mercerie, passementerie et boutons, r. Rambuteau, 65.
Engelhart (E.), r. Lancry, 53.
Erckmann Ch., faub. St-Denis, 57.
Falcke et Doring, c. des Petites-Ecuries, 20.
Fauh (E.), tissus pour meubles, rue Laffitte, 18.
Fesser (Ch.), tissus anglais et français, rue des Jeûneurs, 40.

Gerbaut Ch., r. Poissonnière, 10.
Giebel (C. F.), fab. d'Allemagne, quincaillerie et tissus, r. Paradis-Poissonnière, 37.
Girard (Louis), r. des Petites-Écuries, 45.
Givry (Théodore), aiguilles de Geo-Towsend, de Hunt End. (Angleterre), rue Réaumur, 54.
Goltschalk et Cie, faub. St-Martin, 76.
Grandin (G.), représ. de fabr. de drap. rue Argout, 43.
Greiff (A. de), r. des Petites-Écuries, 50.
Grünewald et Maret, agents de fabriques de Bradford (Angleterre), de Bavière, Bohême et Autriche, r. Entrepôt, 12.
Gubian (Ch.), représentant de Ponsfort, Southall et Cie, de Londres, r. du Mail, 18.
Gutmacher (S.), r. du Château-d'Eau, 37.
Guttinger (U.), filés et tissus, broderies, mousselines, mouchoirs et châles imprimés, rue Paradis-Poissonnière, 27.
Habert-Desrousseaux, rue des Bons-Enfants 19.
Hadamard (A.), représ. des fabr. de rubans de soie et velours, tresses et chapeaux de paille, boutons d'Allemagne, tissus élastiques d'Angleterre, tissus et velours de Bradfort et Manchester, rue Pagevin, 4.
Hadfield (G.), fabr. anglaises, r. des Petits-Hôtels, 7.
Hocbert et Frankenfeld, r. Bergère, 9.
Holzin (W.), représ. de Rheinberg et Wiener de Londres, tissus élastiques pour chaussures et autres, r. Paradis-Poissonnière, 24.
Hours L. et Cie, r. Paradis-Poissonnière, 2.
Jacob (A.) et Brückmann, fabriques anglaises, allemandes et belges, r. Paradis-Poissonnière, 54.
Jordan (Aug.), tissus anglais et allemands, r. Paradis-Poissonnière, 6.
Jordan (J.), r. de Trévise, 11.
Juhel (A.) fils, r. Montmorency, 18.
Kahn (Léon D.), r. Dunkerque, 24.
Kamphovener (Otto), tissus anglais, r. Coquillière, 8.
Keller et Bodmer, rue Paradis-Poissonnière, 49.
Klein, r. des Fontaines-du-Temple, 25.
Kellner (Ferd.), échantillons de tissus français et étrangers, châles, bonneterie, draperies, soieries, galons, boutons, etc., r. Faubourg-Poissonnière, 4.
Kohlagen et Diepmann, boulevard Sébastopol, 38.
Kuhn (W.), tissus et broderies suisses en tous genres, rue Faub.-Poissonnière, 32.
Lafeuillé et Thibault, r. Paradis-Poissonnière, 40.
Lambert (Henri), tressses, lacets, galons, boutons et rubans de velours, etc., des fabriques françaises et étrangères, r. Palestro, 3.

Lehmann (Henri), bonneterie et ganterie de Saxe, France et export., rue de Bondy, 32.
Lemaire (Emile), r. Paul-Lelong, 13.
Lemaître (L.), r. des Petites-Écuries, 58.
Le Montréer (Y.), représ. de fabr. de tous articles d'Allemagne, r. du Château-d'Eau, 37.
Lépine (C.-T.), représentant de Bayard aîné et fils, r. La Reynie, 19.
Maquaire (Amédée), machines à coudre et fournitures, boul. Sébastopol, 97.
Marc (C.-E.), r. de l'Echiquier, 17.
Mathias, r. de la Bruyère, 42.
Mathiss (H.) et Cie, r. du Château-d'Eau, 60.
Martin (Edouard), dépôt de tresses, galons, art. de passementerie, r. St-Denis, 183.
Maupetit (Ch.) jeune, r. Richer, 24.
Mauprivez (Jules), gommes, teintures et produits chimiques, rue des Guillemites, 1.
Middeldorff (A.) et Noël, r. Turbigo, 32.
Moser (Ch.), broderies, soieries, soie teinte et écrue, calicots teints et imprimés, rue de l'Echiquier, 28.
Neuburger (J. W.), rue d'Enghien, 43.
Nicolle (Léon), couvertures laines et coton, tous articles de Manchester et St-Gall, soies à coudre de Nimes, rue Faubourg-Montmartre, 27.
Nourtier (H.), soieries, velours, rubans d'Allemagne et de Suisse, passage Saulnier, 9.
Ohrtmann (L.) et Cie, r. Richer, 23, maison à Lyon et à Leipzig.
Paul et Florin, r. Française, 4.
Peltzer, Mayer et Cie, r. Hauteville, 44.
Pappel, dépositaire de fabr. françaises et allemandes, galons et tresses mérinos, soie et laine de Barmen; boutons, r. du Cloître-St-Jacques, 8.
Pinpernel (Paul), chapeaux, feutre, laine, paille, panama, vêtements confectionnés, soies et fils à coudre, etc., r. Faub.-St-Denis, 78.
Podio (H.) et Cie, commiss. pour l'Italie, rue Paradis-Poissonnière, 40.
Rappard (Ch. de), pour l'exportation, rue Hauteville, 55.
Renaudier (P.), r. Hauteville, 13.
Richard frères, de St-Chamond, manufacture de tresses, de lacets soie et coton, boul. Sébastopol, 131.
Rumpler (Théophile), agent de manufactures d'Alsace, r. Beauregard, 8.
Schuller (A.) et Cie, dépositaires d'articles d'Allemagne, spécialité de mercerie, passementerie, boul. Sébastopol, 60.
Schultz (Carl.), représentation de tous les articles d'Allemagne, boul. St-Denis, 16.
Salberg (Moritz), r. St-Denis, 374.
Steegmann (E.-H.), représ. de fabr. françaises et allemandes, r. Hauteville, 72.

Steinlin (Charles), représentant de Schlaepfer, Schlatter et Kursteiner, de St-Gall,
pour exportation, r. Faubourg-Montmartre, 27.
Steinmetz (Charles), tresses, lacets, galons,
boutons et rubans, boulevart Sébastopol,
67.
Steger et Lebreton, boutons, tresses, lacets,
boucles, dés à coudre, boulevart Sébastopol, 32.
Sutter (Ulr.), dépôt de soieries suisses et
allemandes, r. du Conservatoire, 9.
Thomas (E.), articles de chapellerie, r. Ste-
Croix-de-la-Bretonnière, 28.
Vitry (E.), agent dépos de manufact. anglaises et étrangères, rue Faubourg-du-
Temple, 25.
Weber et Cie, cité Trévise, 12.

Agrafes (fabricants et marchands d')

Aucler (Augte.) et fils, boulevart Sébasto-
pol, 75.
Bac (G.), agrafes sur rubans pour robes, r.
de Potefoin, 12.
Boudin (Henri) et Aubinet, boulevart Sébas-
topol, 46.
Bourgerie (G.), agrafes sur rubans pour robes
et œillets, r. de Granges-aux-Belles, 13.
Camus, r. Phélipeaux, 30.
Copeau aîné, et B. Cubain, agrafes pour bretelles, ceintures et jarretières, r. du Faub.
St-Denis, 61.
Daniet (Ch.), r. Quincampoix, 59.
Daudé, inventeur breveté s. g d. g. des
agrafes à œillets sur rubans, r. du Tem-
ple, 79.
Delmas (E.), r. Chapon, 26.
Didron, fab. d'agrafes de ceintures en acier
poli et boucles, r. Pastourel, 5.
Duthoit (Henri), fab. d'épingles et d'attaches
parisiennes, r. du Caire, 31.
Gingembre père, ✳, et fils, manuf. d'agrafes
et d'œillets métalliq., spéc. pour robes,
corsets, paletots, manteaux, blouses, sarraux, chapes d'église, etc., rue de Bondy,
74.
Grandel (R.), r. des Vieilles-Haudriettes, 2.
Grellou (Henri), ✳, et Cie, r. de Rambuteau, 84.
Guiot (J.-B.), agrafes et choix pour ceintures en tous genres, r. Gravilliers, 42.
Hyard aîné, r. du Buisson-St-Louis, 23.
Lallemand, nouveau système d'agrafes pour
ceintures, r. Geoffr.-l'Angevin, 11.
Lefèvre (V.), fab. d'agrafes de ceintures en
acier poli, r. de St-Martin, 220.
Légrand, fab. d'agrafes, plaques de ceintures, coulants, boutons en acier poli, r.
de St-Martin, 254.
Leriche (Viallefont, success.), brev. s. g. d. g.,
r. du Temple, 79.

Maillot (Vve), et Vve Vincent-Hardy, bou-
tons-agrafe p. robes, r. Rambuteau, 43.
Martin (Edouard), dépôt spécial d'agrafes
cristal, r. de St-Denis, 183.
Metton (Gustave), fab. d'agrafes, anneaux
découpés et arrondis, export., r. des
Quatre-Fils, 11.
Millereau (P.), passage des Panoramas, 25.
Muleur et ses fils, r. du Grand-Chantier, 14;
usine à Sens (Yonne).
Pasquier fils, pass. d'Angoulême, 15.
Person (H.), boul. du Prince-Eugène, 127.
Picot, r. de St-Maur, 214.
Pradel (A.), breveté s. g. d. g. pour un porte-
robes et une agrafe de corsets, boulevart
de St-Denis, 9.
Ranvaud-Gingembre, r. Rambuteau, 2.
Rousset (Mme Vve L.), r. du Faubourg-St-
Martin, 172.
Voisin (Ch.), r. Michel-le-Comte, 13.

Aiguilles (fab. et march. d')

Allwood spécialité pour tous systèmes de
machines à coudre, exportation, fabrique
à Alcester (Angleterre) ; dépôt rue de
Cléry, 25.
Amédée-Charpentier, dépôt d'aiguilles an-
glaises pour toutes les machines, navettes,
cannettes, etc., boul. Sébastopol, 76.
Asselineau-Proust, fabrique spéciale pour les
aveugles, brev. s. g. d. g., rue du Bac,
16.
Aubert Ponjade, r. du Caire, 10.
Aucler (Auguste), et fils, boulevart de Sé-
bastopol, 75.
Bartels et Chaigneau, agents de Georges
Printz et Cie, d'Aix-la-Chapelle, dépôt d'ai-
guilles et épingles anglaises, boulevart Sé-
bastopol, 29.
Béisset (Vve Etienne), et fils, (Gottschalk et
Cie, représentants), rue du Faubourg-St-
Martin, 76.
Bohin-Benjamin, r. de Sévigné, 27 ; fab. à
Laigle (Orne).
Boudin (Henri), et Aubinet, boulev. Sébas-
topol, 46.
Bourgeois (T.), boul. Sébastopol, 69.
Chantrel (Camille), r. Rambuteau, 77.
Charpentier et Gautheron, aiguilles, épingles
hameçons en gros, boul. Sébastopol, 47.
Charpentier, r. du Faub.-du-Temple, 75.
Chassaing et Lepraitre, rue de Grenétat, 36.
Courty (A.), r. de Flandre, 108.
Cribier (Henri), r. Turbigo, 18.
De Prez (A.), boul. Sébastopol, 8.
Demer et Cie, r. Turbigo, 38.
Delmas (F.) r. Chapon, 26.
Duquesne (L.), épingles, r. aux Ours, 29.
Durand fils et Jossier, aiguilles à bonneterie
pour métiers rectilignes, circulaires, hol-
landais, etc., r. Bertin-Poirée, 13.

Durand jeune, manuf. pour bonneterie circulaires, tricots, etc., fer et acier, r. de
Charenton, 12.

Granger (A.) Aiguilles pour machines à coudre, r. Beaubourg, 42.

Gasteau (Ernest), et Harlaux, dépôt de
Vve Beissel's et fils, d'Aix-la-Chapelle, r.
de St-Denis, 138.

Givry (Théodore), aiguilles à la main, qualité supérieure, r. Réaumur, 54.

Gottschalk et Cie, aiguilles à coudre, machines à coudre, r. du Faubourg-Saint-
Martin, 76.

Hemming (E.) Victoria place, à Redditch
(Angleterre).

Hemming (J.) et son, boul. Sébastopol, 8.

Hoeber et Frankenfeld, r. Bergère, 9.

Kirby, Beard et Cie, r. Aubert, 3.

Laligant (J.-B.) aîné, aiguilles et crochets
pour machines Jacquart, rue Oberkampf,
147.

Lebon (A. le baron), boul. Sébastopol, 63.

Lerebour, seul dépositaire de MM. Milward
et sons, r. de St-Denis, 216.

Leclerc-Mercier, r. Turenne, 80.

Lippert jeune, r. de Ramey, 63.

Louis (J.), r. Oberkampf, 142.

Maquaire (A.), dépôt, boulevart Sébastopol, 97.

Morand, r. St-Maur-Popincourt, 136.

Neuss (H.-J.), fabr. d'aiguilles et épingles,
dépôt de J. English et fils de Redditch, de
H. F. Neuss, d'Aix-la-Chapelle, rue Rambuteau, 71.

Neveu frères, faub. Poissonnière, 25.

Noury (J.), aiguilles pour tous systèmes de
machines à coudre, fabr. à Redditch (Angleterre), boul. Sébastopol, 61.

Ploquin (A.) et Cie, aiguilles et épingles,
seul dépôt en France de la fabrique Arthur Pastor de Borcette (près Aix-la-Chapelle), boul. Sébastopol, 42.

Poujade, r. du Caire, 10.

Ranvaud-Gingembre, r. Rambuteau, 2.

Roger (A.) et Cie, dépôt de S. Thomas et
sons de Redditch (Angleterre), r. St-Denis,
168.

Schleicher (Ch.), de Bellevallée, près d'Aix-
la-Chapelle ; boul. de Sébastopol, 41 ; F.
Ingelbach et Schleicher, gérants.

Selckinghaus et Cie, fab. d'aiguilles, dés à
coudre ; dépôt de P.-H. Pastor fils, à
Borcette près d'Aix-la-Chapelle ; r. Grand-
Chantier, 1.

Stoffel, r. St-Martin. 325.

Tatout (Marie B.), r. Beaubourg, 3.

Ullathorne (W.) et Cie, r. Française, 10
et 12.

Warner (Molle), quai de l'Ecole, 30, fab. à
Redditch (Angleterre).

————

Albumine (fabricants).

Bourgeois jeune, fabr. d'albumine pur de
sang pour impress. sur étoffes, boul. d'Al-
fort, Ivry.

Defay (J.-B.) et Cie, pour impressions sur
étoffes, boul. Magenta, 118.

Dominique (Nicolas), fabr. d'albumine
d'œufs, rue Duperré, 10 bis, fabr. à Pla-
gny près Nevers, à Clermont-Ferrand
(Puy-de-Drôme) et à Avignon.

Nolot (Ch.), fabr. d'albumine d'œufs pour
impression sur étoffes, exportat., rue
Linné, 15.

Pinta (E.), albumines d'œufs, rue de Buffon, 15.

Romsins Morel, rue St-Antoine, 110 bis.

Apprêteurs d'étoffes.

(*Voyez aussi* Imprimeurs sur étoffes et Teinturiers).

Agnellet (les frères), linons, tulles, sparterie, rue Richelieu, 73 ; fabr. Reuilly,
123.

Albengre, r. St-Honoré, 123.

Aufray (Mme), r. Feydeau, 21.

Bailly, rue St-Germain-l'Aux., 48.

Bassaget fils, apprêts sans plis, lainages,
rames, tondages pour toutes espèces de
draps et d'étoffes de laine, rue Coq-Héron, 15.

Baussan frères, r. St-Sauveur, 26.

Bernaux, Remant et Cie, rue Robert, 20.

Bertrand (A.) et Cie, rue de la Monnaie, 9.

Bessière, apprêteur de châles et tissus en
t. g., r. N.-D.-de-Recouvrance, 20.

Blanquet père et fils, teinture et apprêt, r.
Claude-Vellefaux, 15.

Bossant, r. Jardins-St-Paul, 11.

Bouchel (J.), r. Faub.-St-Denis, 14.

Bouland, r. St-Sauveur, 85.

Bourgeat-Lemaréchal, r. Faubourg-Saint-De-
nis, 12.

Bourgoin, r. St-Sauveur, 1.

Bousquet et Coupiac, r. St-Spire, 8.

Bruno, r. Faub.-St-Denis, 17.

Cadilhac (F.), r. du Petit-Carreau, 8.

Cadilhac-Thomassin, r. de l'Arbre-Sec, 12.

Cantrel (Mme), r. Verrerie, 85.

Cardon, rue Schomer, 19.

Chalaust, r. St-Martin, 198.

Chalumeau (L.-L.), à Port-à-l'Aglais, 1 ; dépôt r. de Cléry, 19.

Chambosse, pass. Piver, 11.

Charnelet (J.) et ses fils, r. St-Maur, 94 ;
dépôt place des Victoires, 6.

Chipier (J.), r. St-Sauveur, 87.

Clavel (E.), r. N.-D. de Nazareth, 90.

Colombier, r. Censier, 6.

Compard, r. Montorgueil, 33.

Damourette, r. Coquillière, 39.

Dapoigny, r. Lavandières-St-Opportune, 7.
David (H.), r. Deux-Ecus, 36.
Desnoyers (L.), r. Grange-aux-Belles, 33.
Devaulx (H.), découpage de châles et apprêt du cachemire de l'Inde; r. Faub.-St-Denis, 80.
Dubois, quai Jemmapes, 110.
Dubrule et Charnay de Tarare, blanchissage et remise à neuf des rideaux en mousseline, etc., route de Versailles, 146.
Duhamel (J.) et Cie, q. de la Gare-d'Ivry, 62.
Dumont, r. Port-Mahon, 2.
Dupain (N.), r. Oberkampf, 106.
Duparet et Métivier, r. Bois-Belleville, 18.
Dupluvinage fils, r. Roquette, 114.
Fay, quai Jemmapes, 152.
Frélon aîné, r. St-Honoré, 99.
Gellerat (E.) et Cie, rue du Cardinal-Fesch, 22.
Gessionme, r. Montmartre, 32.
Gillot, r. des Vinaigriers, 42 bis.
Goubet, r. Cléry, 35.
Gurbaldiés, r. Chapon, 56.
Harvier (Frédéric), r. Lévis-Batignolles, 43.
Haudry, r. Petit-Careau, 26.
Hansquine et H. Durmois, r. Valois-Palais-Royal, 12.
Hérant (Mme), r. de Cléry, 39.
Joanes, r. Jarente, 7 et 9.
Labiosse, r. Faub.-du-Temple, 129.
Laffitte, r. Villehardouin, 11.
Lamic, r. Aubriot, 7 et 9.
Langlois, r. Villedo, 10.
Lavey, r. St-Bon, 12.
Lecocq (Mme), r. Poisonnière, 21.
Lefebvre, r. Plâtre-du-Temple, 3.
Lefebvre, boul. Ménilmontant, 113.
Leggeretti (A.) et Cie, gaufrage en relief des étoffes et moirage de soieries, rue Chabrol, 25.
Leleu (Eug. et Ch.) r. St-Sauveur, 77.
Lenoir, cité Popincourt, 5.
Maillet (E.), r. Bouchardon, 11.
Maissonnieret Gallot, bonneterie, r. Cléry, 40.
Mangin (Vve), r. Vavin, 14.
Mangin fils, rue Petit, 5.
Marchal, pour fleurs, pas. Aubert, 12.
Marchand, r. Poissonnière, 21.
Masselot (F.), r. Jean-Lantier, 17.
Massin (F.), r. St-Germain l'Auxerrois, 68.
Michau (C.-D.), r. Rosière, 17.
Michel, r. Boucher, 10.
Michel, r. St-Honoré, 91.
Morel, spécialité p. teinturiers, apprêt de drap p. casquettes, r. du Chaume, 8.
Moret, r. Brantôme, 8.
Nicoup (Vve), r. Mandar, 6.
Noiret, apprêt. de gazes, brillanté, et argentine, rue Jouge-Rouve, 17.
Olier-Glenard fils, Morel et Cie, apprêts divers, gaufrage, moirage, placage, dépôt à Paris, rue du Sentier, 3; usine à St-Denis.

Perregaux, r. Riquet, 43.
Perrin (E.), r. St-Anne, 17.
Peteau (Aug.), r. Piat-Belleville, 10.
Petitdidier, soierie, gaze, velours, impressions sur tissus, boul. Sébastopol, 123.
Pinson (V.), r. Rocher, 60.
Pitois, r. Taibout, 25.
Poirot, (Vallon-Poirot successeur), spéc. d'apprêt p. soieries, gaze et velours, rue St-Honoré, 185.
Roberts, r. Pépinière, 72.
Rohaut-Dubois, quai Jemmapes, 152.
Rouelle, r. Argout, 20.
Roux, rue des Moineaux, 7.
Ruot (H.), r. Sentier, 20.
Rupp (Auguste), boul. Mazas, 138.
Rupp (Ch.) et fils, rue Charenton, 226.
Salmès, r. Montorgueil, 96.
Sibille frères (aux apprêts de Lyon), spécialité d'apprêts en soierie, velours, lainages, et articles de Paris, rue des Vinaigriers, 50.
Tessier (Ernest), r. Salneuve-Batignoles, 15 et 17.
Thabourin (Vve), r. Billettes, 12.
Varlet (Alp.), r. Fontaine-au-Roi, 41.
Varnier (L.), r. Roquette, 90.
Warinier frères, blanchisseurs d'étoffes, à l'Ile St-Denis (Seine), dépôt rue du Sentier, 33.

Apprêteurs et teinturiers pour chapeaux de paille.

Agnès (Luce), r. de Cléry, 64.
Barre, galerie de Cherbourg, 7.
Barré, r. St-Denis, 368.
Beyrounat jeune, r. Beaubourg, 56.
Billoux (Vve), r. Geoffroy-l'Angevin, 11.
Bonnefoy, r. Marie-Stuart, 13.
Bouchet aîné, r. des Tournelles, 48.
Brimontier, r. Coq-St-Jean, 8.
Carlet, r. Simon-le-Franc, 21.
Carré, r. Ponceau, 8.
Chevillard, r. St-Denis, 282.
Chevy (F.) fils, r. Aboukir, 126.
Chevy (G.), rue du Caire, 37.
Chiappy et Balduini, r. St-Martin, 198.
Contet-Lefebvre, r. Montmorency, 40.
Cornichon (M.), rue du Temple, 79.
Duchemin, r. Ste-Foy, 8.
Fialon et Victor Hénault, rue du Mail, 29.
Fraikin (R.), r. de la Michodière, 3.
Galland, r. Vieille-du-Temple, 44.
Gallay, blanchiss., r. Deux-Portes-St-Sauveur, 27.
Ganard, rue du Temple, 75.
Glize (V.), r. Simon-le-Franc, 13.
Henry (J.), r. Montmartre, 146.
Huignard (Al.), r. Petit-Carreau, 43.
Humbert, r. Simon-le-Franc, 22.
Haunetelle, r. Grenetat, 51.

Javauelle, r. Ste-Foy, 26.
Jolivet, r. St-Martin, 287.
Kips, r. Aboukir, 95.
Lemmens, r. Blondel, 23.
Lirot, r. St-Denis, 268.
Mannetti et Cie, r. Aboukir, 106.
Mathias (F.). r. de Châlons, 22.
Mayech, r. Aboukir, 141.
Mélard, r. Aboukir. 136.
Paoletti, r. St-Martin, 123.
Petit, r. N.-D. de Nazareth, 61.
Pirsch (H.), avenue St-Ouen, 15.
Ponceau (Andr.), r. Beaubourg, 24.
Renault (Fr.), r. Ville-du-Temple, 41.
Saint-Sévin, r. St-Denis, 369.
Solanet, r. Montorgueil, 47.
Thenadet, r. St-Martin, 234.
Thuillier, r. Neuve-des-Petits-Champs, 5,
Tonosi (A.), r. d'Aboukir, 89.
Treutens (B.), r. St-Martin, 107.

Bâches.

Beaudouin (Achille), boulevart Sébastopol,
    65.
Binet et Vieillard, vente et location, habille-
    ments imperméables, quai de Bercy, 56.
Chapon frères, rue du Temple, 13.
Clément (G.), toiles imperméables pour bâ-
    ches et rideaux, r. St-Denis, 168.
Danlos-Armandot, dépôts de bâches de Mon-
    soury, r. Beccaria, 20.
Dybowski (J.), r. Paris-Charonne, 35.
Fauc.lle (Jules), r. Château-d'Eau, 13; fabri-
    que, auenue de Paris, 60 (à St-Denis).
Fleury (Aug.), r. Bertin-Poirée, 11.
Frélon aîné, r. St-Honoré, 99.
Fromain (Aug.) et Pivron, fab. de toiles à
    tentes, bâches et voiles, à Condé-Folie
    (Somme), rue des Bourdonnais, 22
    et 24.
Gagin et Cie, manuf. à St-Ouen (Seine), F.
    Bourgois, direct.; maison à Paris, r. Ra-
    mey, 41.
Gonet (F.-A.), dépôt des toiles cirées et bâ-
    ches de Seib, Hoffmann et Cie de Stras-
    bourg, cité du Wauxhall, 6.
Guicestre et Cie, enduits imperin. de Ruoltz,
    pour toiles et bâches, r. d'Enghien, 8.
Hespel-Lenoir, r. J.-J. Rousseau, 53.
Husson (C.) ✳, (Chapon frères success.),
    bâches histasapes et imperméables, rue du
    Temple, 13; usine quai Napoléon, à Cour-
    bevoie (Seine).
Jourdain (A.', r. Ferronnerie, 11.
Lacroix-Lassez (Henri-Martin, success.), rue
    des Filles du Calvaire, 14.
Lang (B.) et Cie, r. Turbigo, 70.
Le Crosnier (Ch.), r. St-Denis, 338, et r. du
    Caire, 15; manufacture au Bourget (Seine).
Leduncq, quai Jemmapes, 168.
Lerenard (A.), tous tissus imperméables, et
    à tout usage, rue Palikao, 9, Belleville.

Martin-Delacroix, r. St-Antoine, 24.
Monsoury (André), pl. de l'Hôtel-de-Ville, 5.
Pernet, Chênes et Cie, r. Vannes, 5 et 7.
Saint, frères, usine à Flixecourt (Somme);
    maisons à Rouen, le Havre, Lyon, Mar-
    seille, r. Bourdonnais, 13 à 19.
Saint-Yves (L.), r. Mercier, 4.
Thyeux, r. Vieux pont de Sève, 123.
Tholomé (E), r. de Jean-Lantier, 7.
Tournant (Al.), r. Douane, 8.
Varin, C. ✳, r. Bourdonnais, 20.
Yvose-Laurent et Cie, fourniss. des chemins
    de fer de Lyon, de la Méditerranée, r.
    Nve-Popincourt, 17, fab. de toiles à Sa-
    leux (Somme); maisons à Rouen, à Mar-
    seille et à Lyon-Vaise.
Zagrodzki (A.) et Cie, r. Viarmes, 17.

Baleines (fabr. et march. de).

Aucler (Augte) et fils, boul. de Sébas-
    topol, 75.
Berger et Blanchard (Blanchard successeur),
    balaines et articles pour corsets, r. du
    Caire, 6.
Berger (Et.), coupeur de fanons de baleines,
    baleines laminées pour corsets, parapluies,
    etc., r. de St-Denis, 279.
Blard et Pernet, r. Quincampoix, 98.
Cathiard frères, fabrique et magasins de ba-
    leines en tous genres, rue du Petit-
    Lion, 8.
D'Ambly et Cie, fabrique de baleines des
    Indes, r. d'Angoulême, 88.
Daudé, r. du Temple, 72.
Grellou (Henri), ✳, et Cie, rue Ramba-
    teau, 84.
Hantich (E.), r. de St-Martin, 167.
Lange (E.) et Cie, baleines de corne, dites
    baleines américaines, r. St-Sauveur, 5.
Lanoë (A.), fabr. de baleines en jonc trempé
    et renforcé, r. St-Maur, 214.
Ledoux aîné, coupeur de fanons de baleines,
    r. de St-Denis, 177.
Paisseau (Vve jeune), fabr. de baleines et
    buscs en corne de buffles, r. de Julien-
    Lacroix, 29.
Pechinez, frères et sœur, fabr. de baleines
    et buscs en corne de buffle, Calcutta, r.
    du Temple, 147.
Pierson, r. Grénetat, 37.
Regairaz (Amédée), r. aux Ours, 22.
Truchy (A.), fabr. de baleines, buscs d'acier
    et ressorts pour jupons, r. aux Ours, 25.

Banquiers.

Abaroa-Uribarren et Coguel, rue Riche-
    lieu, 102.
Allan Dahl, Wolff et Cie, banque Scandinave,
    r. Lepeltier, 29.
Allegri (B.) et Cie, r. Richer, 18.
Allémandi, Rugel et Cie, r. de la Chaussée-
    d'Antin, 38.

Alphen (Em.) et Cie, r. des Petites-Ecuries, 47. ♦

Archambault, ✳, Chantrot et Cie, r. de La Vrillière, 4.

Ardoin, Ricardo et Cie, rue de la Chaussée-d'Antin, 44.

Armand (C.), boul. Beaumarchais, 96, bureaux et caisse, r. Port-de-Bercy, 24.

Aron (H.), et Cie, r. de Grammont, 14.

Arosa (Achille), r. de Provence, 23.

Arthur (John) et Cie, r. de Castiglione, 10.

Artigues (Jules), r. Cadet, 7.

Astruc (Nathan), rue de St-Marc, 21.

Astruc (T) et fils, r. de Richelieu, 92.

Audenet fils, rue du Faubourg-Poissonnière, 25.

Audéoud, Guet et Cie, r. Halévy, 4.

Auffin Ordt (C. A.), Sturmer et Cie, rue Drouot, 21, m. à Hambourg et à New-York.

Anzéby (C.), boul. de Clichy, 8, m. à Nîmes (Gard).

Badel (Bernard), r. Rossini, 43.

Badoil (L.), r. Lepic, 36.

Balensi (E.) et Cie, r. Grammont, 15.

Ballin (F. S.) et Cie, r. du Fg-Poissonnière, 31, m. à Francfort-s-le-Mein et à New-York.

Banque des chemins de fer d'intérêt local boul. Haussmann, 37.

Banque des actionnaires, directeur, Mancel et Cie, placements en rente française, rue de Provence, 17.

Beauvais (E.), quai Voltaire, 17.

Béchel, Dethomas et Cie, boulevard Poissonnière, 17.

Belmann et Wolf, r. Lafayette, 34.

Belotte (Francis) et Cie, boul. de Strasbourg, 11, succursale, boul. Péreire, 229.

Berger (A) et A Patou, change, achat et vente de valeurs, r. Coquillière, 6.

Bergon (Frédéric), boul. du Temple, 10.

Bernard, r. Grange-Batelière, 17.

Berthoud (L.) et Cie, r. Richer, 15.

Bezet (Vor), r. des Halles, 5.

Bischsffsheim, Goldschmidt et Cie, boulevard Haussmann, 39.

Bizemont (A de), rue Victoire, 14.

Blacque d'Eichthal et Cie, r. Gramont, 19.

Blanquet (A.) et E. Fourton, r. Neuve-St-Augustin, 31.

Blount (Edward) et Cie, r. de la Paix, 3.

Blum (L.), r. Richelieu, 112.

Boissonnas (B.) et Cie, r. de Provence, 46.

Boock (F.), pas. Saunier, 23.

Borde (M. N.) et Cie, r. Taitbout, 63.

Bouillerie (A. de la), Ch. Catoire et Cie, r. Victoire, 61.

Bourdon (de) et Cie, r. Laffite, 28.

Bourdon (A.) et Cie, société générale de représentation, avances sur marchandises, escompte, r. Laffite, 28.

Bourgeois et Cie, boul. Poissonnière, 15.

Bourgeois frères, r. du Pont-Neuf, 21.

Bowles frères et Cie, r. de la Paix, 12.

Bureau (Gve), boul. St-Martin, 53.

Brocheton (Léonard), r. de Clichy, 39.

Cahen (M.) d'Anvers, r. Laffite, 47.

Cahusac frères, r. Rossini, 8.

Cailliez, de Baecque et Beau, r. du Faub.-Poissonnière, 9.

Caisse financière, banque et commission en fonds publics, r. Maubeuge, 1.

Caisse syndicale du Marais, r. Turbigo, 52.

Callaghan (Luc) et Cie, r. Neuve-des-Mathurins, 40.

Calon jeune, ✠ ✳, et Cie, r. Hauteville, 53.

Calzado (Adolphe R.), p. de la Bourse, 10.

Camondeau (J.) et Cie, r. Lafayette, 33.

Camus et Dinochau, r. Lafayette, 82.

Caperon (Gustave), r. de Boulogne, 2.

Cathrein (Franz), r. de Trévise, 43 et 45.

Cayard (L.), r. Richelieu, 92.

Chanteloup et F. Le Couppey, ordres de bourse, avances sur titres, r. Neuve-des-Petits-Champs, 79.

Chefneux, Brocard et Cie, r. Vivienne, 7.

Chenault et Cie, boul. de Strasbourg, 21.

Chollet et Cie, vente et achats de fonds publics. r. Amboise, 3.

Claude-Lafontaine et fils, H. Prévost, Martinet et Cie, succursale de leur maison de Charleville, boul. Sébastopol, 131.

Clerc (Urbain) et Cie, rue de la Chaussée-d'Antin, 22.

Collin (Louis), r. de Rivoli, 122.

Comptoir de l'alliance du commerce et de l'industrie, G. Serrail, H. Gonat, A. Robin, administrateurs, rue de Montmartre, 128.

Comptoir central des coupons, H. Piton, direct., p. du Havre, 15.

Comptoir commercial et agricole, r. du Pont-Neuf, 21.

Comptoir Franco-Belge, A. Gislain, boulev. Sébastopol, 6.

Cordier (N) et Cie, r. Richelieu, 108.

Crédit-général, Godot de Mauroy, 18.

Crédit Lyonnais, succursale de Paris, boulev. des Capucines, 6.

Crédit mutuel, Pascal Bonnin et Cie, boul. Sébastopol, 82.

Crouillebois et Cie, rue du Faubourg-Saint-Martin, 188.

Cuadra (L. de), r. Taitbout, 59.

Cuinat, r. Geoffroy-l'Asnier, 28.

Dalh et Woulf, r. Lafayette, 12.

Darasse (Jh) père, O. ✳, r. de Lille, 5.

Dartigues, r. Lafitte, 18.

Dauphin et Lemaire, r. Bergère, 9.

David (Ch.), r. Baudin, 8.

David (F.), r. Paradis-Poissonnière, 5.

David et Sossa, r. Hauteville, 11.

Davillier, O. ✳, et Cie, r. Roquepine, 14.

De Bizemont (A.), r. Victoire, 14.
De Carcer, Salamanca et Cie, r. Victoire, 56.
De Gas (A.), r. Victoire, 28.
Delacomble (P.), r. Rivoli, 79.
Delamotte, Bénilan et Cie, r. des Petites-Ecuries, 56.
Delbard (A.) et Cie, r. Croix-des-Petits, 29.
Delcroix (E.), r. d'Enghien. 21.
De Lisle (Ve Thomas) et Cie, r. Pasquier, 17.
Delore (A.), r. N.-D.-Bonne-Nouvelle, 2.
Delore (E.) fils, faubourg-St-Martin, 74.
De Lorme (A.) et Cie, passage Saulnier, 18.
D'Escrivain (J.) ❄, r. de Nesle, 8.
Delrue (H.), r. Vivienne, 19.
Desfosssés (V.) et Cie, r. Vivienne, 31 (pl. de la Bourse).
Desmarest, Ducoing et Cie, r. Montmartre, 172.
Destrem (Hte) et Cie, r. St-Lazare, 11.
Doniau, r. des Bons-Enfants, 24.
Donnet (Ad.), r. Montmartre, 122.
Donon ❄, Aubry, Gautier et Cie, r. Chaussée-d'Antin, 51.
Dreiffus (J.), r. Richer, 54.
Drexel Winthrop et Cie, r. Scribe, 3, m. à New-York.
Drexel et Cie, r. Scribe, 3, maison à Philadelphie.
Dreydel (Léopold), r. Aumale, 10.
Dreyfus, Scheyer et Cie, r. Grange-Batelière, 16.
Drye (A.) et Cie, r. Turbigo, 85.
Dumas et Pinon, r. N.-D.-des-Victoires, 40.
Dumoutier et Marié, boul. Denain, 5.
Durand (François) ❄ et Cie, r. Neuve-des-Mathurins, 43.
Durand (Joseph et Gustave), r. Rivoli, 5.
Durand ses fils et Dumont, faub.-Poissonnière, 29; m. à Mondidier (Somme).
Durant (A.), r. Ste-Anne, 46.
Duteurtre (E.), r. des Vieilles-Haudriettes, 3.
Dutfoy (A.) ❄ et Cie, r. Taitbout, 43.
Duval et Berthe, r. N.-D.-des-Lorettés, 10.
Ellissen (Maurice), boul. Haussmann, 77.
Erlanger (Emile d') et Cie, r. Taitbout, 20; m. à Francfort-sur-Mein.
Escourbiac (L. H.), r. Feydeau, 24.
Ettinghausen et Cie, boul. Sébastopol, 133.
Fabre (B.) et Zunz, pass. Verdeau, 6 et 8.
Fabre, r. Chaussée-d'Antin, 64.
Fantauzzi frères, r. Lafayette, 77 ; maison à Porto-Rico.
Ferrere (P.) ❄ et Cie, r. Laffitte, 3.
Flury-Hérard (P.), r. Saint-Honoré, 372.
Forcade (E.) et Cie, r. Richelieu, 83.
Fould et Cie, r. Bergère, 22.
Frémont-Mustel, r. Bertin-Poiret, 14.
Frogier-Thory, r. St-Lazare, 11.
Gadala St-André (J.) et Cie, boul. de Sébastopol, 26.
Gaillard (Emile) ❄, r. de Provence, 59 ; m. à Grenoble.
Gailliot, r. Montyon, 11.

Garnier (Félix) et Cie, faub.-Montmartre, 11.
Garnot (E.) fils, r. Bergère, 11.
Gay, Rostand et Cie, r. Chaussée-d'Antin, 64.
Gaytte (A.) et fils, r. Montmartre, 131.
Gélis (Léon), r. Rivoli, 63.
Gellinard (E.), r. Le Pelletier, 31.
Gil (P.), boul. des Capucines, 6.
Gillet fils aîné ❄, q. de Béthune, 18.
Gillibert (Paul) et Cie, r. Vivienne, 33.
Girard (A.), caisse générale des actionnaires, r. Grange-Batelière, 16.
Giraud (Daniel), r. Feydeau, 24.
Godefroy (A.), r. du Mail, 18.
Goldschmidt (S. B. H.), r. Milan, 9.
Gorre aîné et fils, boul. Beaumarchais, 7.
Gosselin (A.), pl. des Victoires, 12.
Goudchoux (Mathieu), r. Joquelet, 11; maison principale à Metz (Moselle).
Gourdin (A.) et Cie, r. St-Martin, 9.
Graillet, comptoir d'avances sur titres, boul. de Strasbourg, 21.
Grand (Vict.) et Cie, r. Trévise, 14.
Grevedon (H.), r. Neuve-St-Augustin, 11.
Grisar (J.-L.), r. de la Banque, 18.
Grouard (Stephen) r. St-Marc, 14.
Guebin, Giraud et Cie, r. Enghien, 11.
Guillaumeron et Kresser, r. de Provence, 48.
Guilloteaux-Bouron et Cie, r. Trévise, 32.
Gunzburg (J. E.), r. Drouot, 11.
Halphen (G.-L.), r. Drouot, 18.
Haudebourt (J.), ouverture de crédit et escompte, avances sur titres et marchandises, r. Vivienne, 22.
Hébert et Cie, boul. Sébastopol, 92.
Hentsch, Lutscher et Cie, r. Le Pelletier, 20.
Hermet (A.), r. Cardinal-Fesch, 7.
Hesse (I.), boul. de Sébastopol, 44.
Hirsch fils aîné, r. Richelieu, 99.
Homberg (J.) et Cie, r. Chaussée-d'Antin, 22.
Honan et Cie, r. Taitbout, 54.
Hottinguer ❄ et Cie, r. de Provence, 38.
Houdry, r. Allemagne, 206.
Housiaux et Cie, r. Lafayette, 37.
Hubert de Ste-Croix, r. Laffitte, 28.
Huffer (W.) et Cie, r. de Londres, 18.
Huguet (Ernest), avances sur titres, ordres de Bourse, r. N.-D.-des-Victoires, 32.
Icard (Gve), r. Le Pelletier, 31.
Jacob-Métivier, r. de Rivoli, 57.
Jacob Pètre, comptoir des Ardennes, r. Jean-Lantier, 7; maison à Charleville.
Jametel ❄ frères, r. de la Bourse, 4.
Jobit (L.-F.), r. St-Honoré, 121.
Johanneau, r. des-Bons-Enfants, 21.
Joliclerc (Elie), r. Taitbout, 44.
Joublin (P,), dépôts, r. Bonaparte, 13.
Kahn (Sigismond), r. Enghien, 21 ; maison à Francfort-sur-Mein.
Kann et Benary, r. de la Banque, 20.
Kann (J.-E.) et Cie, r. Grammont, 14.
Kinen (W.) et Cie, r. Grammont, 28.
Kleeberg (Martin), boul. Montmartre, 11.

Kœnigswarter (Léopold-S.), r. de la Chaussée d'Antin, 60, m. à Vienne et Hambourg.

Kohn, Reinach et Cie, r. Drouot, 19; m. à Bruxelles , Francfort-sur-Mein , Milan et Florence.

Lacour et de Mirmont, transmission des ordres de Bourse, payement des coupons, avances sur titres, faub. Montmartre, 10; caisse du Marais, r. du Foin-Turenne, 6.

Laffitte (Charles) ※ et Cie, r. Basse-du-Rempart, 48 bis.

Lagrange (A.) et Cie, b. Bonne-Nouvelle , 31.

Lassale (X. de), r. de Montmartre, 146.

Laurent-Coppens et Cie, r. Richelieu, 67.

Lauret et Cie, r. St-Bon, 8.

Lauze (L.) et Cie, banque Franco-Italienne, pl. de la Bourse, 7, à Turin et à Milan.

Lazard (Hermann) ※, r. Cadet, 26.

Lebeaud père, fils et Cie, r. Rivoli, 180.

Lebédeff, banque russe, boul. Malesherbes, 21.

Lebrun fils. r. Feydeau, 28.

Leclaire (Julien), r. de l'Allemagne, 143.

Lecoin (A.), boul. Sébastopol, 34.

Lecuyer ※ et Cie; maisons à St-Quentin et à Paris, r. de la Banque, 17.

Lefebvre et Cie, faub. Poissonnière, 60.

Lefèvre (H.), cité d'Antin, 5.

Lefort (G.), r. Joquelet, 11.

Lefranc (A.) et Cie, r. St-Marc, 20.

Legendre, r. Le Pelletier , 31 ; succursale à Bruxelles.

Lehideux et Cie, r. N.-D.-des-Victoires , 9, et r. de la Banque, 16.

Leiden, Premsel et Cie, r. Taitbout, 52.

Leraillé (A.) (Comptoir des coupons), 7, r. St-Marc, escompte, encaissement de t. coupons, publication du Moniteur des valeurs , 8 fr. par an, un numéro chaque semaine.

Leroy-Dupré et Cie , banquiers-changeurs , faub. St-Antoine, 74.

Leroy et Rosset, r. St-Honoré, 90.

Lévêque (H.), r. Montmartre, 18.

Levy-Bing et Cie, r. de la Banque, 15, maison à Nancy (Meurthe).

Levy-Cremieu frères et Cie, pas. Laferrière, 5.

Lherbette, Kane et Cie, pl. de la Bourse , 8; même maison au Havre et à New-York.

Lillo (C.) et Cie, r. Chaussée-d'Antin, 15.

Lyon-Allemand (Vᵉ) et fils, r. Montmorency, 13.

Mahe et Cie, Cité Bergère, 2.

Mahieu, r. de Rivoli, 88.

Maigre (Ern.), r. Provence, 46.

Maillet, avances aux expropriés, r. Victoire 21.

Mallet (Alexandre), boul. Poissonnière, 24.

Mallet ※ fr. et Cie, r. Anjou-St-Honoré, 37.

Marcuard (André) et Cie, r. Lafayette, 17.

Mare (A. de), r. Grange-Batelière, 16.

Maricot (Ernest) et Cie, r. Louvois, 12.

Marion (E.), r. Faub.-Poissonnière, 31.

Mathias (Gustave), r. Richer, 34, maisons à Marseille, à Londres, à Vienne et à Mannheim.

Maustené (A.) r. Lions-St-Paul, 5.

Maurisseau fils et Cie, r. Viarmes, 21.

Mayer (Eug.) et Cie, correspondances avec l'Allemagne et l'Amérique, r. Vivienne, 32.

Mayer (David), r. Chaussée-d'Antin, 10, maisons à New-York et à San-Francisco.

Mazuro et Cie, paiement immédiat de tous coupons, commiss. 50 cent. par 100 fr., r. Neuve-St-Augustin 4.

Merckens (A.) et Cie, banque et change avances sur titres, r. de Richelieu, 91.

Merit et Cie, l'Union, boul. du Prince-Eugène, 110.

Merten (Louis), r. Paix, 4.

Meyer (Maurice), r. Labruyère, 43.

Mignot-Ladeuil, boul. Magenta, 48.

Millaud (M.), r. Lafayette, 61.

Mirabaud-Paccard et Cie, r. Richer, 15.

Moitessier et Cie, r. Grange-Batelière, 10.

Monteaux (V.), gal. Montpensier, 70.

Monteaux (Ch.) et B. Lunel, achats et ventes de fonds publics et valeurs industrielles, boul. Montmartre, 17.

Montel frères, r. Turbigo, 2.

Moré et Cie, pass. Saulnier, 13.

Morin et Cie, et changeurs, boul. des Italiens, 17.

Mesler et Cie, r. Rougemont, 8.

Mottu et Cie, boul. Sébastopol, 110.

Müller (J.-J.) et Cie, r. St-Lazare, 7.

Munroe (John) et Cie, r. Scribe, 7 ; maison à New-York.

Nahmias frères et Bajona, r. Grammont, 16.

Namslauer (D.), r. Chaussée-d'Antin, 21.

Nathan (N.), r. Le Pelletier, 31.

Naud (E.) et Cie, Chaussée-d'Antin, 51.

Née et Cie, succurs. de leur Caisse industrielle de St-Quentin, r. Faub.-Poissonnière, 35.

Neu (Maurice), boul. Bonne-Nouvelle, 31.

Neufville (Sébastien de), r. Halévy, 8.

Moël (Charles) et Cie, r. Faub.-Poissonnière, 9.

Offroy, Fouchet et Cie, success. de Louis Lebeuf et Cie, r. Faub-Poissonnière, 63.

Olivetti, r. Meyerbeer, 2.

Oppenheim Alberti et Cie, r. Londres, 17.

Oppenheim (H.) neveu et Cie, r. Londres, 17; maison à Alexandrie (Egypte).

Oppermann (L.-G.), r. St-Georges, 15.

Oriental Bank Corporation, à Londres; corresp. à Paris, P. Gil, boul. des Capucines, 6.

Ormancey, Thiesset et Cie, comptoir commercial, r. d'Enghien, 24.

Pagès Duport (A.), achats et ventes de toutes valeurs cotées ou non cotées en France et à l'étranger, r. Taitbout 14.

Palézieux-Falconnet (Louis de), r. de Provence, 46.

Pascal Bonnin et Cie, Crédit Mutuel, boul. Sébastopol, 82.

Péan (Alexis), achats et ventes de valeurs in-

dustrielles et autres, r. Poussin 25.
Perier frères et Cie, r. Provence, 59.
Perinelle et Cie, r. Choiseul, 18.
Petit (A.) et Cie, boul. Sébastopol 115.
Petitjean d'Inville et Cie, comptoir de la rive gauche, r. Sts-Pères, 31; succursale, comptoir du Nord, r. Lafayette, 138.
Picard (C.), pass. Saulnier, 9.
Pigault (V.-L.) et Cie, r. Filles-St-Thomas, 5.
Pillet-Will, O. ✳, et Cie, banquiers, r. Moncey, 14.
Pillois (Ch.), boul. Sébastopol, 25.
Piton (H.), comptoir central des coupons, pl. du Havre, 15.
Podreider (F.), r. St-Georges, 20.
Poncet et Cie, renseignements sur Paris et l'étranger, Grèce, Turquie, Egypte, etc.... mandats dans les faillites, boul. Sébastopol, 78.
Porgès (Charles), banquier, r. Blanche, 2.
Poulet (A.), r. Rossini, 22.
Prieur (L.) neveu, r. Petites-Ecuries, 45; maison à Elbeuf.
Provôt et fils, boul. Sébastopol, 108.
Quentin (E.) et Cie, r. Bergère, 28; maison à St-Quentin.
Quiquandon fils, r. Aubry-le-Boucher, 10.
Raphaël, Berend et Cie, r. Le Pelletier, 20.
Rebiére, Kneip et Cie, crédit mutuel, r. St-Maur-Popincourt, 138.
Réjou et Cie, crédit hypothécaire, r. Le Pelletier, 9.
Renard frères et Cie, r. Grange-Batelière, 10.
Renouard (Ch.), r. Victoire, 47.
Ringer (J.), r. Louis-le-Grand, 20.
Rodrigues et Haim, pass. des Princes, escal. E.
Rothschild frères, r. Laffite, 21; maisons à Francfort-sur-le-Mein et à Londres.
Rougemont de Lovemberg, r. St-Lazare 7.
Sabourin jeune, r. Grenelle-St-Germain, 206.
Sallerin, r. Taitbout, 3.
Sautier (Ch.) et Cie, r. St-Georges, 1.
Schnapper (Ant.-Maurice), r. St-Lazare 108.
Schwabacher (Antoine), r. Londres, 17.
Sée (Ld) fils ✳ et Cie, comptoir d'Alsace, r. Bleue, 17.
Seillière (baron A.), ✳, r. Provence, 58.
Seligmann (A. et H.), r. Richer, 44.
Seraphin (H.), r. Aubert, 12.
Seray, Dufour et Cie, boul. Sébastopol, 16; maison principale à Mantes (Seine-et-Oise).
Sescau (J.) et Cie, r. Faub.-Poissonnière, 39.
Simonin (John), r. Petites-Ecuries, 46.
Société de crédit foncier international (limited), succursale. r. Victoire, 14.
Société financière d'Egypte, société anonyme, r. Scribe, 5.
Soulaine et Cie, r. Bergère, 30.
Spronck (Edouard), boul. Sébastopol, 92.
Stein (J.) et Cie, pass. Jouffroy, 40.
Stern, r. Ferme-des-Mathurins, 15.

Stern (A.-J.), r. Cardinal-Fesch, 55.
Sureau (G.), r. Lafayette, 79.
Tenré (L.) ✳ fils et Cie, r. Laffite, 13.
Thélier et Henrotte, r. Chauchat, 10.
Theulot, Gauthier et Cie, boul. Sébastopol, 52.
Thomas ✳, La Chambre ✳ et Cie, r. St-Lazare, 138.
Tiano (Isaac) et Cochn, r. de Provence, 9.
Thomas (A.), r. Vivienne, 53.
Tison (L.-A.), r. Blomet, 90.
Tournier (Ch.), r. Blanche, 69.
Trivulzi, Hollander et Cie, r. Provence, 8.
Tucker (James W.) et Cie, r. Scribe, 3 et 5.
Union Bank of London, London and County Bank, correspondant à Paris : P. Gil, boul. des Capucines, 6.
Vallet (Edouard), négociation de fonds espagnols, r. Richelieu, 99.
Vavin, Durruthy et Cie, boul. St-Germain, 72.
Verdier (Mlle A.), r. Deux-Portes-Saint-Sauveur, 20.
Vergniolle, r. Le Pelletier, 9.
Vernes et Cie, r. Drouot, 20.
Vidal (J.) et Cie, r. Nve-St-Augustin, 8.
Villaux (A.) et Cie boul. Poissonnière, 14.
Vimeux (A.), Stouff et Cie, r. Payenne, 4.
Weber, Gotz et Cie r. Cardinal-Fesch, 51.
Weismann (J.) et Sceligmann, Chaussée-d'Antin, 12.
Weisweiller et Goldschmidt, r. Lafayette, 36.
Werbrouck (E. de) frères, r. St-Georges, 5.
Werner (Léopold), r. Rougemont, 4.
Werthember (W.) et Cie, boul. des Capucines, 8.
Wolff et Cie, r. Provence, 5, siége social à Nancy.
Zamoyski (comte de), r. Lafayette, 37.
Zelleweger (U.) et Cie, r. Provence, 29.

Banques, caisses et sociétés de crédit.
Caisses d'amortissement et des dépôts et consignations, r. de Lille, 56.
Comptoir d'escompte de Paris, r. Bergère, 14.
Caisses d'épargne et de prévoyance de Paris.
Caisse centrale, r. Coq-Héron, 9.
Crédit foncier de France.
Siége à Paris, r. Neuve-des-Capucines, 17 et 19.
Sous-comptoir des entrepeneurs
Rue Neuves-des-Capucines, 21.
Banques coloniales.
(agence centrale des).
Martinique, Guadeloupe, Réunion, Guyane, Sénégal, r. d'Amsterdam, 37.
Crédit agricole.
Siége à Paris, r. Neuve-des-Capucines, 17 et 19.
Soci.té générale Algérienne.
Siége social à Paris, 13, r Neuve-des-Capucines.

Comptoirs : à Alger, Constantine et Oran.

Société générale

Pour favoriser le développement du commerce et de l'industrie en France.
Siége social, rue de Provence, 54 et 56.

Société générale de crédit mobilier.

Siége à Paris, p. Vendôme, 15.

Société générale de crédit industriel et commercial.

Siége à Paris, r. de la Chaussée-d'Antin, 66 ; bureaux et caisse, r. de la Victoire, 72.

Société de dépôts et de comptes courants.

Siége social, place Vendôme, 10.
Succursales : Rue de Rivoli, 17.
—Rue Dauphine, 57.
—Rue Royale St-Honoré, 18.

Caisse des associations coopératives.

Siége social, r. des Vosges, 14.

Sous-comptoir du commerce et de l'industrie.

—Rue Chaussée-d'Antin, 66.

Société générale de crédit mobilier espagnol.

Place Vendôme, 8. Comité de Paris, Guérin de Litteau, secrétaire.
Banque impériale ottomane, bureaux, boul. Hausmann, 68 ; comité de Paris : Mallet (président).—M. Alberti.

Crédit foncier Suisse.

Société anonyme autorisée par le conseil d'Etat de Genève. Siége social à Genève, r. du Rhône, 23. — Siége administratif, à Paris, r. Scribe, 3.

Banque de crédit et de dépôt des pays-bas.

Siége à Amsterdam et à Paris, r. Drouot, 8.

Crédit lyonnais.

Société à responsabilité limitée.
Capital versé : 20 millions.

Conseil d'administration :

MM. Germain (Henri), président. Bellon (Joseph), vice-président.
Siége social à Lyon : M. J. Letourneur, directeur.
Succursale de Paris, boul. des Capucines, 6 ; Adrien Mazerat, directeur ; C. Borgeaud, E. Mercet, P. Garde, fondés de pouvoir.
Agence de Marseille : S. Dentan, représentant.

Caisse d'escompte des associations populaires de crédit, de production et de consommation. —Rue Saint-Martin, 141.

Société à responsabilité limitée.

Comptoir de l'agriculture.

Directeur : M. Anquetil Delisle.
Siége de la société, r. Neuve-des-Capucines, 21 (hôtel du crédit foncier de France).

Avenir mutuel (L') : Josselin et Cie, r. Ravignan, 26.

Banque des actionnaires,

Directeur : Mancel et Cie, ventes et achats de titres, ordres de bourse à terme et au comptant, renseignements sur les valeurs, avances et reports, encaissements de coupons sans frais et autres opérations financières, rue Le Pelletier, 7 et rue de Provence, 17.

Banque générale pour favoriser l'agriculture et les travaux publics (Limited).—Administration générale, à Bruxelles.
Succursale de Paris, r. Auber, 19.

Banque du crédit agricole.— Administration : r. Filles-St-Thomas, 5.

Banque d'épargne, Lyon (E.), placements quotidiens sur les meilleurs titres, r. Laffitte, 1 et 3.

Banque franco-italienne, à Paris, 7, place de la Bourse, à Turin et à Milan.

Banque immobilière, prêts et ouvertures de crédit sur hypothèques, Hirschler et Cie. r. Ste-Anne, 48.

Banque des propriétaires, directeur : M. Leroy, r. Ménars, 8.

Caisse de crédit et dépôts du commerce et de l'industrie; E. Rossignol et Cie, r. Turbigo, 52.

Caisse financière, r. Maubeuge, 1

Caisse de prêts sur titres, r. Neuve-Saint-Augustin, 8.

Caisse et journal l'*Epargne*, société anonyme, r. de la Bourse, 1.

Caisse générale et centrale de Paris (système syndical), r. Grange-Batelière, 1.

Caisse générale des coupons, Obert-Duvillier, directeur, r. Richelieu, 19.

Caisse générale des loyers, banque et recouvrements, r. Sts-Pères, 79.

Caisse des mines, place Vendôme, 16, à Londres, Lombard Street, George Yard, Lombard House.

Caisse syndicale du Marais, société anonyme, r. Turbigo, 52.

Commission des finances d'Espagne, r. Pigalle, 11.

Compagnie consolidée des terrains de France, banque, ventes et achats, r. St-Honoré, 356. Siége social à Londres.

Comptoir commercial et agricole, société à responsabilité limitée, Bourgeois frères, r. du Pont-Neuf, 21 (maison Corbeil) (Seine-et-Oise).

Comptoirs commerciaux, r. Chabrol, 42, commission et warrants, représentations.

Comptoir des capitalistes, société anonyme, banque et commission. Administrateur-directeur : M. Sourigues, r. Laffitte, 41.

Comptoir des consommateurs : r. Richer, 46.

Comptoir financier et industriel, fondé en 1862, prêts sur titres, direc.; r. d'Ambroise-Richelieu, 3.

Comptoir de crédit en marchandises, Pape et Cie, r. Faubourg-Montmartre, 27.

Comptoir de crédit mutuel, escompte d'effets et de coupons, ouverture de crédit, boul. du Prince-Eugène, 29.

Comptoir général des locations et ventes d'immeubles, rue Castiglione, 7.

Comptoir hypothécaire, prêts sur maisons et biens ruraux, r. St-Lazare, 10.

Comptoir international : Cipri et Cie, avenue Trudaine, 47.

Comptoir maritime et agricole, Barthe (Laurent) et Cie, r. Cardinal-Fesch, 17.

Crédit mutuel des marchés de Paris, r. de la Vrillière, 8, en face de la Banque de France.

Economie (L'), achat et vente de rentes, rue Victoire, 46.

L'Intérêt privé, agence financière. — F. Henry et Cie, 27, rue Laffitte, paiement immédiat de tous coupons.

Office général des compagnies houillières, rue Richer, 3.

Première union de crédit mutuel, boul. Saint-Denis, 19, A. Lacroix, délégué, union de commerçants industriels.

Société anonyme d'escompte et de dépôt, bureaux et caisse, rue Paradis-Poissonnière, 50.

Société coopérative de crédit composée exclusivement de Francs-maçons, directeur, Beaujanot (J.) et Cie, r. de Provence, 21.

Société financière anonyme au capital de 15 millions, place Vendôme, 10.

Société anonyme de la caisse coopérative des consommateurs unis, r. Magnan, 2.

Société financière pour favoriser le placement de l'Epargne, r. Feydeau, 24.

Société générale de commerce et industrie à Amsterdam, bureau, place Vendôme, 15.

Sureté financière (journal et comptoir de la), vulgarisation des affaires de bourse et d'escompte. — Paul Klotz, directeur, r. Cardinal-Fesch, 4.

The assurance Bank, société anglaise, limited, fondée sous les actes de Parlement ; banque d'émission et d'épargnes, r. Laffite, 52. — Administrateur délégué pour la France, James Robel au bureau central, r. Laffite, 52.

Bas élastiques contre les varices.

Bardin et Cie, fab. spéc. de bas p. varices et ceintures, r. St-Martin, 314.

Blary père, r. Galande, 51.

Boucher (J.), r. Bezout, 16.

Charrière (maison) (Robert et Collin success.), r. Ecole-de-Médecine, 6.

Creuzot, bas élastiques en soie, fil, coton, boul. Sébastopol, 72.

Dheurle, r. Morand, 10.

Ducourtioux (Charles), fabr. spéciale de bas pour varices, boul. Sébastopol, 141.

Ferté, fabr. de bas et tissus pour corsets, rue Monsieur-le-Prince, 48.

Flamet (E.), bas et ceintures élastiques, r. St-Martin, 143.

Lang (B.) et Cie, bas anglais perfectionnés en soie et en coton, ceintures, r. Turbigo, 70.

Lefondeur (Mme), r. Trois-Bornes, 21.

Le Perdriel, bas contre les varices, deux tissus, r. Ste-Croix de la Bretonnerie, 54.

Roux (Désiré), r. des Carmes, 34.

Roux (L.-A.), r. Charonne, 166, dépôt, rue l'Echiquier, 22.

Batistes (fabricants et marchands de).

Bertrand-Milcent, toiles et mouchoirs imprimés, r. des Jeûneurs, 32 ; tissage à Cambray, à Courtrai et à Belfast.

Blériot (Auguste), r. Cléry, 25 ; fab. à Cambrai (Nord).

Boulard et Cie, r. Bourdonnais, 28.

Bricout-Molet, toiles et mouchoirs, r. Sentier, 10 ; fabr. à Cambrai.

Degrelle et Cie, r. Sentier, 35 ; fabrique à Carnières (Nord).

Delame-Lelièvre et fils et Sueur, r. Sentier, 9 ; fabr. à Valenciennes et à Cambrai.

Devemy (E.), à Valenciennes, représenté par Henri Arachequesne, boul. Bonne-Nouvelle, 14.

Godard (A.), fabr. à Valenciennes, à Cambrai, et à Bapaume ; dépôt, r. Cléry, 40.

Guynet (H.), r. Sentier, 33.

Hamoir frères, batistes et toiles d'Irlande, (Violte et Mathieu successeurs), rue des Jeuneurs, 29.

Lussigny frères, r. Mail, 30 ; fabr. à Valenciennes.

Mascré, linons, toiles fines, mouchoirs unis, commission, r. St-Joseph, 11.

Menard (Louis), r. Sentier, 13 ; fabr. à Solesmes (Nord) et Belfast (Irlande).

Menard (Antoine), r. Sentier, 23 ; fabr. à Solesmes (Nord).

Menard-Réal et fils, r. St-Fiacre, 3 ; fabr. à Solesmes (Nord).

Périnet (E.), r. des Jeûneurs, 17.

Vinchon et Basquin, r. de Mulhouse, 13 ; fab. à Cambrai.

Batteurs d'or et d'argent.

Baudry, r. des Juifs, 11.

Beaujean, r. du Chemin-Vert, 6.

Blumenfeld (Isidore), déchets d'or faux et paillons, boul. Sébastopol, 100.

Bottier, r. St-Jacques, 12.

Brandeis (J.) jeune, manuf. à Furth, mais. à Londres, à New-York et à Paris, boul. du Prince-Eugène, 24.

Brunet, r. des Tournelles, 11.

Buisson aîné, imp. Guéménée, 3.

Ganoville, Faub. St-Martin, 42.

Choisy (Aug.), or fin en poudre et en coquilles, r. du Parc-Royal, 19.

Couteret (Bte), Lepetit et Cie, r. Hospitalières-St-Gervais, 12.

Dauvet, r. Gravilliers, 7.

Degousse (E.), fab. d'or en feuilles, en poudre et en coquilles, dépôt d'or faux et de bronze, r. St-Martin, 16.

Delafon, r. St-Maur, 185.

Dornel, r. des Amandiers-Belleville, 55.

Buet, r. Morand, 7.

Dumilatre, r. du Faub.-du-Temple, 22.

Duquesne, r. Montmorency, 21.

Eiermann et Tabor, manuf. à Fürth (Bavière), mais. à Londres et à New-York, dépôt à Paris, chez M. Frédéric-Reitlinger, rue Hauteville, 26.

Gallois jeune, or et argent en poudre, bronzes, exportat. r. Aumaire, 39.

Gérard, or et argent en feuilles, r. Charlot, 38.

Goguel et Cie, r. du Caire, 43.

Gottschalk et Cie, dépôt de bronze et brocard, r. du Faub.-St-Martin, 76.

Grünewald et Maret, r. Entrepôt, Marais, 12.

Guérin, or et argent en feuilles, en poudre et en coquilles, r. Gravilliers, 24.

Guillemain, r. Lesdiguières, 3.

Herrmann (G.), r. Echiquier, 19.

Jacquart, r. du Faub.-St-Denis, 28.

Joret, r. N.-D.-de-Nazareth, 26.

Lalouette (Vve), et Cie, r. du Faub.-St-Martin, 134.

Léger-Pomel, or faux, r. Grenetat, 3.

Lucy, or et argent en feuilles, en poudre et en coquilles, r. Faub.-St-Denis, 81.

Meunier (A.) et A. Teissier et Cie, succ., or et argent en feuilles et en coquilles, r. Chapon 54.

Mare r. des Cordiers 6.

Meunier père et fils, cité Holzbacher, 9.

Mohrenwitz et Hellemann, dépôt d'or en feuilles de la manufact. B. Ullmann et Cie, à Furth (Bavière), boul. St-Martin. 15.

Offenbacher (Joseph), r. Portefoin, 9, même maison à Furth (Bavière).

Riché (A.), anc. maison C. Dubray, spéc. de coquilles et godets d'or fin, vert, rouge, citron, encre d'or, r. du Faub.-St-Martin, 90.

Sallé, export. r, St-Maur, 139.

Sevestre et Cie, r. Gravilliers, 77.

Taillandier, r. Tourtille, 9 et 11.

Bleus divers (fab. de).

Armet de Lisle ❀ et Cie, usines à Nogent-sur-Marne, dépôt chez J. Drouin, O. ❀, rue Ste-Croix-de-la-Bretonnerie, 21.

Bajot (Vve) et Dornémann, bleu d'outremer en poudre et en boules, r. Charlot, 15.

Becker, bleu d'azurage en liqueur et en poudre, r. Glacière, 72.

Berly, r. Lecourbe, 257.

Carlhian (Eug.), dép. des bleus Guimet ❀, r. Barbette, 6.

Chevillet, couleurs fines et bleus divers, rue Vieille-du-Temple, 31.

Delestre frères, r. Rendez-vous-St-Mandé, 39.

Deschamps frères, outremers pour impressions, r. St-Gilles, 12; usines à Vieux-Jean d'Heurs et à Revesson (Meuse).

Drouin (J.) O. ❀, bleu de Berlin, de Prusse, outremer, Armet et Richter, r. Ste-Croix-de-la-Bretonnerie, 21.

Duret aîné, bleu de Prusse, r. Oberkampf, 123

Gottschalk et Cie, outremer en boules et en poudre, r. du Faub.-St-Martin, 76.

Guimet ❀, fab. de bleu d'outremer, r. Barbette, 6, chez M. Carlhian (Eug.), seul dépositaire.

Huillard fils et Marquet, bleus de cobalt en poudre et en grains, r. Vieille-du-Temple 15.

Jacquot (A.) et Cie, r. Pernelle, 1.

Lemelle jeune, r. Suger, 6.

Malet, r. Réaumur, 27.

Masson (Ale), seul dépos. de la mais. Passier-Boux de Dôle (Jura), r. St-Denis, 266.

Migevent et Ecarnot, r. St-Mandé, 70, à Montreuil-sous-Bois.

Raquet (J.-J.), dép. des bleus de Berlin des frères Appolt à St-Avold, pass. Saulnier, 23.

Reitlinger (Frédéric), r. Hauteville, 26.

Rossi (Ene), bleu de Berlin, de Prusse, indigos, outremer, carmins, boules de rose, rue Billettes, 7.

Ruch (J.) et Cie, (dép. des bleus de Bouxwiller et des outremer de Kaisers-Lautern), r. des Quatre-Fils; 22.

Samuel, fabr. de bleus, r. Sévigné, 36.

Wuy, r. du Temple, 13.

Blouses, cottes et Sarraux (Voir Sarraux).

Bois de teinture.

Debelle (J.) et Quillardet, r. de Chaume, 5.

Kil (Nas), extraits de bois de teintures, r. de la Croix-Doucette, 36, à Montreuil-sous-Bois (Seine).

Martin, r. Javel, 5.

Bonneterie et ganterie de laines, soies, cotons, etc. (fab. et dépôt de). (Voy. aussi Ganterie).

Adnot jeune, r. Quincampoix, 80.

Andrieu-Ducournau (F.), bonneterie de coton en gros, de Troyes et du Midi, r. Jean-Lantier, 5

Aucoc (Paul), bonneterie, r. de la Paix, 6.

Baclet (A.), r. St-Martin, 148.

Baton-Rambos (E.) fils, fabr. de bonneterie tricotée à la main en tous articles, fantaisie, r. de la Banque, 16.

Bazin (H.), r. Rivoli, 71.

Béasse frères et Cie, r. Rivoli, 65, fabr. à Hesdin (Pas-de-Calais).

Beaudoin (E.), r. Échiquier, 22, dépôt de filets et gants de drap de T. Fucher, à Thionville.

Bechtel (W.), représ., r. Richer, 10.

Becker jeune, r. des Bourdonnais, 33.

Bédier (Jules) , bas d'enfants , r. des Bourdonnais, 16; fab. Moreuil.

Benoist aîné, bon. en gros, r. St-Martin, 184.

Bertrand (A.) et Cie, r. de la Monnaie, 9.

Bethemont, boul. des Capucines, 1.

Biema (J. Van), bas, gants et articles de fantaisie de Saxe, r. des Petites-Ecuries, 9.

Blanchet, r. Rivoli, 118; manuf. à Saint-Just (Oise), fabr. à Troyes.

Bloch jeune, boul. St-Denis, 20.

Boffin, fab. de bas, r. Mouffetard, 118.

Boileau frères, r. des Bourdonnais, 35; fab. à Marseille-le-Petit (Oise).

Bouillet, r. des Halles, 15.

Boullenger-Goret, r. des Bourdonnais, 41.

Bourgogne, faub. St-Antoine, 245.

Boutteville (X.), fab. de coiffures, châles et mitaines en filet, boul. Sébastopol, 94.

Breytspraak (Henri) , bas, chaussettes, gants d'Otto Reiff de Hohenstein (Saxe), r. Martel.

Bruhière et Gresset, r. des Lavandières-Ste-Opportune, 31.

Buquet, fabr. à Merville-au-Bois près Moreuil , r. des Déchargeurs, 9.

Cambon (Jules), r. Rivoli 132; fab. à Sumène (Gard), à Troyes et à Lyon.

Carré, faub. du Temple, 103.

Chambaud (Jules) fils, cotons et fils d'Écosse, r. de Rivoli, 73; fab. à Arcis-sur-Aube.

Chenu (Ch.), cache-nez, chatelaines, coiffures, quai Impérial, 16; à Puteaux (Seine).

Clément (A.) et H. Guyot, boutons , fantaisie et soie pour dames, r. St-Denis, 118.

Colin-Honnet (E.), r. Rivoli, 59.

Collard (C.), r. Bertin-Poirée, 8 et 10.

Comte (P.), fantaisies, r. Ferronnerie, 73.

Contour (F.), r. des Halles , 9 , fabr. de bonneterie de cotons à Troyes , et de laines à Hangest en Santerre (Somme).

Courtois, succ. de Levrien aîné fils, r. Rivoli , 122, fab. à Caix (Somme).

Courtois (A.), boul. Sébastopol, 24.

Coutant , Dubuy , Maréchaux et Cie , r. des Deux-Boules, 3.

Cressin-Desmarquet, r. Rivoli, 124.

Daudé (E.), faub. Poissonnière, 8.

Delacour (Téop.), r. Rivoli, 61.

Delacour (Théodore) et fils; filat. et manuf. de bonneterie de laines en tous genres, à Villers-Bretonneux (Somme); dépôt à Paris, r. des Bourdonnais, 30.

Delétoille fils, r. Rivoli, 120 ; fabr. à Arras (Pas-de-Calais).

Delon (E.), châles, cache-nez , châtelaines et articles confectionnés en nouveautés, r. du Sentier, 23.

Deschamps et Cie, r. Rivoli, 51.

Devallon (Ch.), (maison Bethemont), boul. des Capucines, 1.

Devergie, r. Rivoli, 134 ; fab. à Hangest , à Villers-Bretonneux (Somme) et à Freneuse (Seine-et-Oise).

D'Heilly (Ed.), r. Bertin-Poirée, 17.

Drulhon-Delisle, fabr. de nouveautés lainages et tissus, capelines, r. des Halles, 2.

Ducourtioux (Charles), boul. Sébastopol, 141.

Dupa (E.), spécialité de vestes de castor , r. des Déchargeurs, 11.

Durand (A.), bonneterie de fantaisie , articles de Troyes, r. des Déchargeurs, 11.

Duval et Magnon, art. de Troyes , Picardie et Falaise, chaussons drapés et Strasbourg, r. St-Martin , 153.

Emery (A.), r. St-Denis , 138 , et au Vigan (Gard).

Enot et fils, r. des Bourdonnais, 38.

Escoffier-Cyrille et Cie, r. Rivoli, 49.

Fleury (Emile), fabr. à Ailly-sur-Noye; dépôt, r. des Bourdonnais, 35.

Fontaine (Théoph.) , fab. à Rantigny (Oise) ; dépôt, r. du Boucher, 14.

Forteau (H.) et H. Guérin , fabr. de bourre-cachemire , dépôt de chaussons de Strasbourg drapés, r. St-Denis, 192.

Fortier (D.), r. Rivoli , 128 , bas de soie , fil d'Ecosse, coton fin ; fab. à Paris et Arcis-sur-Aube.

Frérot (A.), r. Rivoli, 59; fab. à Troyes.

Galante (H.), O. ✳, bas pour varices, tous les tissus élastiques, rue de l'Ecole de Médecine, 2.

Galicher aîné, r. Bertin-Poirée, 14.

Gallot (Ch.), r. Déchargeurs, 5.

Gilson (A.), bonneterie, ganterie, articles de Troyes, Picardie et du Midi, passage des Petites-Ecuries, 18.

Godin (Léon), spécialité de bas et gants pour l'épiscopat. — Articles de luxe et d'exportation, r. Déchargeurs, 3.

Gorin-Lavallard, r. Rivoli, 65.

Goron (A.), fabr. de bonneterie fantaisie, export., r. du Temple, 17.

Grégoire (A.), r. Bertin-Poirée, 11.

Guivet et Cie, r. Bourdonnais, 35.

Gulpen, manufacture de tricots fantaisie, à l'aiguille, r. Rambuteau, 35.

Hareux (Amédée), r. Bourdonnais, 35 ; fab. à Villers-Bretonneux (Somme).

Hermann (Wm.) et Kahn, bonneterie de Saxe, r. de l'Echiquier, 32.

Hirsch, Regley et Cie , r. Faub.-Poissonnière, 12.

Huchard père et fils, fabr. à Gélannes (Aube), dépôt à Paris, r. des Déchargeurs, 1.

Joseph (A.), r. Rambuteau, 56.

Kalique (F.), r. St-Martin, 5.

Kellner (Ferd.), bonneterie de Saxe pour l'exportation, fabr. à Hartmannsdorf, r. Faub. Poissonnière , 4.

Lahaye (A.), chemises et gilets de flanelle, r. Croix-des-Petits-Champs, 5.

Laridan (veuve), et Cie, fabr. spéc. de bonne-
terie, tricots, r. Elzévir, 4.
Larue et Cie, r. Rivoli, 16 et 18.
Lavalard frères, r. Bourdonnais, 33.
Leblond (Victor) et E. Dramard, r. St-Martin,
150 ; mais. à Troyes.
Leclerc, r. St-Honoré, 41.
Ledoux (Octave) et Cie, r. Basfroid, 41.
Lefébure (P.), spéc. de cavelines, cache-nez
et tricots nouveautés, boul. Rivoli, 114, fab.
à Abancourt (Oise) et à Puteaux (Seine).
Lefebvre aîné et Duponchel, fabr. de bonne-
rie, ganterie, r. St-Martin, 158.
Lefèvre (Eugène), r. Quincampoix, 76.
Lefèvre (Henri) et Bonnier (A.), articles de Pi-
cardie, Troyes, Falaise et Strasbourg, rue
Aux-Ours, 23.
Lefevre et Lefevre, bonneterie en gros, r. St-
Bon, 4, maison à Tourcoing (Nord).
Lefils (A.), fabr. de filets, mitons, gants, ré-
silles, coiffures, r. de l'Hauteville, 5.
Léger (L.), r. St-Martin, 133.
Leguay (Alexis), fabr. de bas, r. Pré-aux-
Clercs, 2 ; fabr. à Nonancourt (Eure).
Lemée, fab. de bonneterie fantaisie, capelines,
châles, coiffures, r. Rivoli, 106.
Lemoyne (H.), fantaisies hautes-nouveautés, r.
Vieille-du-Temple, 34 ; exportation, fabr. à
Courbevoie.
Le Perdriel, bas, ceintures et tricots élastiques,
r. Ste-Croix de la Bretonnerie, 54.
Leplanquais (F.) ✻, bas contre les varices,
r. Rivoli, 15 ; manuf. à Vanves (Seine).
Leroy (Adolphe), r. Bourdonnais, 24.
Linder, r. Pré-aux-Clercs, 12.

Maigron et Neyret, r. Bourdonnais, 34.
Maillot, inventeur des tricots de théâtre, fabr.
de caleçons à pied, r. Palestro, 33.
Marais-Codechèvre (Picard frères succ.), fabr.
de bonneterie, r. des Halles, 24.
Marmi (H.) et Cie, r. St-Martin, 14.
Marot frères, bas et chaussettes en coton.
r. Rivoli, 130, manufacture à Troyes.
Mayer et Gouguenheim, r. St-Martin, 182.
Meyrueis frères, à Ganges et Villers-Breton-
neux, r. Rivoli, 65.
Milon aîné, fabr. spéc. bonneterie, seul four-
niss. de l'Opéra impérial, des théâtres de
France et de l'étranger, exportation, r. St-
Honoré, 98.
Obry (A.), représentant Wesse Erckmann de
Phalsbourg (Meurthe), r. Saint-Denis, 277.
Panon aîné, fabr. de bonneterie à Troyes, et
à Paris, r. St-Martin, 22.
Pasquier (Jules), bonneterie et mercerie, r. St-
Denis 173.
Perlin (Ch.) et Cie, r. Déchargeurs, 2.
Perrin (A.), bonneterie, tissus, châtelaines, r.
Bourdonnais, 41, et fabrique à Puteaux.
Perrinel et Neveu. r. St-Antoine, 152.
Perrotin, fab., r. Missions, 11.

Picard et Cie, cache-nez, châtelaines, châles,
boul. Sébastopol, 36.
Decaux et Mauge, r. Bourdonnais, 34.
Pinguet, r. Faub.-Montmartre, 15.
Plantard, r. Bourdonnais, 39.
Ponthieu, Lhoste et Ségaux, rue Bertin-Poi-
rée, 12.
Pringault, r. Rivoli, 84.
Rabanis, r. Rivoli, 61.
Raguet (Paul) et Cie, r. Rivoli, 55.
Rault (Vital), r. Rivoli, 94, et à Rouen.
Renaud-Cressin, r. Rivoli, 61.
Ricquebourg (E.), r. Bourdonnais, 38.
Rosenwald (J.), bonneterie de laines et de co-
tons en gros, boul. Sébastopol, 53.
Roussel (A.), coiffures et lainages, haute-nou-
veauté, r. de l'Hauteville, 30.
Roux (L.-A.), manufact. de bonneterie, haute
nouveauté, dentelles, châles, r. d'Echi-
quier, 22.
Salomon (L.), Schild-Dreyfus et Cie, fab. de
cache-nez, tissus nouveautés et flanelles,
r. Quincampoix, 47.
Savoiré (J.), fabriques de bonneterie de Paris
en fil d'Ecosse, coton uni et à jour, r. Rivoli, 120.
Schweitzer et Lévy, dépôt de bonneterie en
laine et en coton, de toutes les fabriques,
exportation, r. des Bourdonnais, 14.
Sculfort, Bonneterie de Paris, bas de soie,
fil d'Ecosse, coton fin, unis et à jour (fab.),
dépôt r. de la Monnaie, 9.
Séjourné fils, à Falaise (Calvados), r. Quincampoix, 61.
Sriber (Alphonse), fabr. de bas élastiques à
Londres ; à Paris, r. Turbigo, 18.
Sriber-Mock (Mme), fab. de chaussons et bot-
tes en cachemires et satin brodés pour en-
fants, boul. Sébastopol, 107.
Tabourier, Perreau et Bisson, fabricants, r.
d'Aboukir, 6.
Tailbouis ✻ et Renevey, bonneterie de coton,
laine, soie et bourre, nouveautés, r. Bour-
donnais, 30.
Teissonnière (Prosper), r. Jeûneurs, 12.
Tonnel frères, r. Rivoli, 130.
Tribout (Louis), bonneterie fine de Paris,
Fbg-St-Honoré, 5 ; fabrique boul. Males-
herbes, 119.
Varé (H.), r. Rivoli, 67, fab. à Troyes,
Verrut (François), r. Pavée-Marais. 24.
Vincent (L.), r. Rivoli, 80 ; maison au Callao
(Pérou).
Vital-Rault et Cie, r. Rivoli, 94, et à Rouen.
Voriot (Emile), r. Bourdonnais, 13 ; fab. à
Villers-Bretonneux, à Arvillers (Somme),
et à Hangest-en-Santerre (Somme).
Wertheim, r. Petites-Ecuries, 6.
Wisotzky (Aug.) et Cie, gants en draps, fil
d'Ecosse, soie, et filets en gros, r. Faub.-
St-Denis, 39.

Bonnets montés (Lingerie).

Aigoin (E.), r. Béranger, 13.
Bachelot, r. St-Sauveur, 2.
Bergé et Cie, r. Cléry, 42.
Bernard (E.), r. St-Denis, 367 bis.
Bousquet-Voignier, r. St-Denis, 374.
Brochard (Mme), r. St-Denis, 371.
Cance (Mme), r. Aboukir 60.
Chamon jeune, r. Thévenot, 8.
Chomely (Mme), r. Joquelet, 7.
Despouy (E.). en gros, r. Montmartre, 130.
Duvignaud (Mme), r. Dupetit-Thouars, 14.
Fleury (Mlle), r. Dupetit-Thouars, 12.
Galliard-Junior, r. Montmartre, 164.
Gilbert (Mlle H.), r. Sentier, 18.
Girard (Emile), boul. Sébastopol, 78.
Glaize et Vertamy, r. Caire, 44.
Goury (N.), et de deuil, r. St-Denis, 272.
Grandjean, et à rubans, r. St-Denis, 271.
Grünler (Louis), r. Cléry, 19.
Guillaume (H.), r. Rambuteau, 43.
Jacob (Marie) et Adeline Prud'homme (Mlles), r. St-Marc, 13.
Margerin (Mlle), r. Cléry, 40.
Martin (J.), boul. Sébastopol. 65.
Martin (maison), r. Aboukir, 68.
Meyer (Vve), r. Saintonge, 59.
Millet, r. Montmartre, 127.
Nicolle-Diès, en tous genres, commission, exportation, boul. St-Martin, 29.
Paul (Alexandre), r. Cléry, 14.
Pérée (Mme), r. Mulhouse, 9.
Pierre (Ch.), r. Montorgueil, 76.
Poirier (Em.), bonnets de deuil, cols et manches, r. St-Denis, 278.
Pouget-Sognier, r. Bourgogne. 40.
Renaud, r. Réaumur, 42.
Renaudot (P.), r. N.-D.-des-Victoires, 16.
Tainturier (Mme), et cols, r. St-Denis, 229.
Vanneuville (Vve), r. Tiquetonne, 7.
Voluzan et T. Laurent, r. Cléry, 25.
Wolfssohn (Vve), r. St-Fiacre, 4.

Boucles (Fab. et Mds de).

Aucler (Aug.) et fils, boul. Sébastopol, 75.
Auclin-Baptiste, r. Vieille-du-Temple, 58.
Baudit (M.-A.), Faub. St-Denis, 202.
Bourgain (Léon) fils, boucles de gilets, pantalons, chaussures, boul. Sébastopol, 91.
Bourgerie (G.), fab. de boucles en cuivre, fer et acier en tous genres, fab. à Raucourt (Ardennes), r. Grange-aux-Belles, 13.
Boutet, r. Cloître-St-Jacques, 10.
Cautru-Brugehat, r. Temple, 123.
Chassaing et Lepraître r. Grenétat, 36.
Combemale-Bréard, r. N.-D.-de-Nazareth, 12.
Copeau aîné et B. Cubain, exportation; fab. de boucles et coulants pour bretelles, et jarretières, etc.; dépôt de boucles de Raucourt, Faub. St-Denis, 61.
Déjardin, r. Rambuteau, 50.

Didron, fab. de boucles et agrafes de ceintures et de souliers, r. Pastourel, 5.
Dumont, fab. pour bretelles, pantalons, guêtres, r. Trois-Bornes, 37.
Duval, r. Amelot, 62 ; dans la ruelle, 12.
Geoffroy et Brocard, r. Claude-Vellefaux, 18.
Grobet (J.), fabr. de boucles fantaisie pour dames, r. Trois-Bornes, 9.
Guyot (Ch.), r. Béranger, 13.
Hartuz (Ch.), Jean et Cie, tous genres pour gilets et pour pantalons, boul. Poissonnière, 14.
Javelle, r. Bondy, 80.
Lairez aîné, cité Riverin, 3.
Lallemand, boucles sans pointes ni ardillons, exportation, r. Geoffroy-l'Angevin, 11.
Lambard (Eugène), r. Neuve-des-Petits-Champs, 5.
Langrognet (Alexis), r. Chapon, 45.
Legrand, fab. de boucles, coulants de robes, r. St-Martin, 251.
Lepage-Vatrin, r. Ramponneau, 27.
Lenoir, spécialité de boucles dorées pour chaussures, r. Charlot, 52.
Leriche (Viallefont succ.), brev. s. g. d. g., fab. de boucles, agrafes, r. Temple, 70.
Mandon, breveté s. g. d. g., boucle Impératrice, r. Plâtre-du-Temple, 5; fabr. à Ribecour (Oise).
Masson, manufact. de boucles parisiennes, export. r. de Châlons, 20.
Masson et Cary, r. du Grand-Chantier, 7, boucles p. tailleurs, boutons métal p. pantalons et anneaux p. rideaux.
May et Bernieu, boucles et boutons dép. en nacre, r. Thévenot, 14, fabr. à Rouen.
Mazard et Gilbert, boucles et boutons, r. de la Grande-Truanderie-Prolongée, 3.
Morisseau (G.), boucles et boutons p. chaussures et chapellerie, r. des Gravilliers, 65.
Persinet, fabr. r. des Gravilliers, 16.
Person (H.), en acier poli, dorées et argentées, boul. du Prince-Eugène, 127.
Rauvaud-Gingembre, r. Rambuteau, 2.
Rouvyrenc (Constant), r. Ménilmontant, 24.
Steger (E.) et F. LeBreton, boul. de Sébastopol, 32.
Thireau (P.) et V. Lefort, p. pantalons, gilets et bretelles, r. N.-D.-de-Nazareth, 25.
Tillier (Ch.), boul. Sébastopol, 72.
Voisin (Ch.), fab. de boucles à ressort p. cols-cravates, r. Michel-le-Comte, 13.
Warin fils, fab. de boucles de bretelles, guêtres et pantalons, fab. à Angecourt (Ardennes), r. Bouchardon, 16.

Bourrelets pour calfeutrages.

Beauvais aîné, fab. de bourrelets couleurs, en fil, pour le calfeutrage des portes et fenêtres, boul. de Belleville, 52.
Chalory, breveté, s. g. d. g., inventeur et fab. des bourrelets automobiles, r. Victoire, 91.

8

De Dave, breveté s. g. d. g., fab. à Auteuil, quai de l'École, 26.

Gailliard (S.), fab. de bourrelets en chenilles de laines de toutes grosseurs et couleurs, se fixant sans clou, système le plus propre. le meilleur marché, le seul interceptant complétement l'air, gros et détail, r. Albouy, 22.

Gaujon. r. du Faub.-du-Temple, 95.

Jaccoux et fils, calfeutrage de tous systèmes breveté, s. g. d. g., expédit., r. Richer, 20.

Mesnard, 3, Cloître St-Benoît, près le musée de Cluny, fab. de bourrelets flexibles, inusables.

Bréteau (Ad.), brev. s. g. d. g., fab. en tous genres, export., r. St-Martin, 236, fabr. de bourses tissu à Gonesse (Seine-et-Oise).

Camus, r. du Grand-Chantier, 18.

Chauvot, r. N.-D.-de-Nazareth, 26.

Claret, en daim, r. Beaubourg, 45.

Cosman (Cahen D.), r. N.-D.-de-Nazareth, 52.

Destresse-Sigean, bourses, sacs de dames, etc, France, export. r. de la Verrerie, 36.

Didout oncle, r. du Temple, 79.

Didout (N.), fils, r. du Temple, 131.

Dutoit (G.), passage Chausson, 5.

Fourmy (J.), r. Montmorency, 44.

Fourmy (Vor), r. St-Martin, 323.

Gerboulet (Vve), r. N.-D.-de-Nazareth, 79.

Guillaume, r. Oberkampf, 107.

Hanau (Maurice), r. du Temple, 110.

Hertoux, pass. Saumon, 26 et 28.

Huet (Vve Ch.), nouveautés en bourses riches et ordinaires, r. Turbigo, 62.

Huet (C.), r. St-Martin, 255.

Jeannisson (Vve), fab. en daim, cuir de Russie, velours, exp. r. Aumaire, 3.

Kahn, r. St-Martin, 331.

Ladislas (Mme), r. Montorgueil, 61.

Lambert (Aug.). fab. de bourses à la méc. ; cordons de montre sans fin, exp. r. Michel-le-Comte, 20.

Lasserre (A.), spécialité de bourses et de porte-monnaies, sacs de dames et tous les articles de voyage, r. du Temple, 191.

Lederet (Simon) et Cahen bourses en tous genres, r. de la Verrerie, 85.

Lemoine aîné, r. du Temple, 90.

Lenoir, r. du Petit-Thouars, 14, cité Boufflers, 11.

Lesigne, r. Beaubourg, 30.

Levé (Lambert succ.), r. Michel-le-Comte, 20.

Lévêque (Ch.), fab. de bourses en daim, spécialité de fantaisie, r. Beaubourg, 73.

Lindenblith (J.), r. St-Martin, 138.

Lorin (D.), r. St-Denis, 239.

Maleret, r. Lancry, 53.

Marchal, r. du Temple, 108.

Martin (P.) et E. Gazanhe, bourses et petits sacs fantaisie, etc., r. Chapon, 10.

Masson (Vve), r. Oberkampf, 36.

Mauhourat-Michelet (Vve), r. St-Martin, 158.

Michalet (Vve) r. du Faub.-St-Denis, 23.

Millet-Milsans, r. Chapon, 18.

Morival, r. du Bac, 112.

Nathan, r. du Temple, 134.

Oulman fils, brev. s. g. d. g., bourses et sacs en daim, chevreau, cuir de Russie. art. d'export., boul. Sébastopol, 96.

Peltier-Chabanaux (Vve), r. N.-D.-de-Nazareth, 50.

Perrier (à la bourse parisienne), dite ouverture invisible, brev. s. g. d. g., export. r. des Gravilliers, 18.

Plousey (Victor), spéc. de cuir russe et de paux de daim, r. Bourbon-le-Château, 16.

Regny (Mme), r. Beaubourg, 24.

Richard (Vor), fab. de bourses, haute nouveautés, r. Rambuteau, 26.

Bourses (fabricants de).

Allain-Moulard, r. Montmartre, 33.

Albustroff, pass. de l'Ancre, 12.

Almayer (A.), cuirs Russes. r. du Temple, 81.

Amson (G.), en castor, r. Turbigo, 46.

Année (Mme), r. Meslay, 27.

Appert (E.), r. du Caire, 8.

Aufholz (J.), r. Bourtiboug, 12.

Baille, r. Rambuteau, 56.

Baré et Boyer, r. du Temple, 114.

Bazergue, r. Chapon, 11.

Bendheim (A.), fab. de bourses en daim, sacs de dames, r. Aubriot, 3.

Berthier, r. Geoffroy-l'Angevin, 2.

Betant, r. St-Maur, 50, Cité Dupont, 8.

Blanc et Coquard, r. Magnan, 27.

Bloch frères (S. et M.), r. St Martin, 295.

Boisseau (J.), r. Aux-Ours. 21.

Boucheron, et guêtres. r. de l'Échiquier, 4.

Boy (L.), r. Aboukir, 143.

Richard (Ch.), r. Montmorency, 41.

Schloss (Simon) ✻ et neveu, fab. de bourses avec cadres anglais, daim, chevreau, cuir de Russie, nouveautés, r. Chapon, 15.

Schoenfeld (J.), r. Meslay, 61.

Sigean-Couchard (Languedocq success.), fabr. en tous genres, r. du Temple, 71.

Boutons (march. et fab. de).

Voyez aussi *Passementiers, merciers.*

Alekan (F. et J.) frères, inventeurs du bouton HÉLICE, brevet en France et à l'étranger, r. Chapon, 5.

Alleaume (Mme), r. Rambuteau, 26.

Allemand (Caffin Allemand successeur), fabr. de nacre et os, manchettes et fantaisie, r. St-Denis, 258, maison à Méru (Oise).

Arger (Ch.), boutons haute nouveauté pour dames, boul. Sébastopol, 96.

Arnould, faub. du Temple, 99.

Assegond (E.), r. des Enfants-Rouges, 11.

Aston's (John), boul. Sébastopol, 36.

Aucler (Aug) et fils, boul. Sébastopol, 75.

Auclin (Célina), spéc. de boutons jais et fant., r. des Blancs-Manteaux, 19.

Auclin-Baptiste, manuf. de boutons fantaisie pour dames, nouveautés et chapellerie, export., r. Vieille-du-Temple, 58.

Auflère et Grillet, r. St-Denis, 134.

Bagriot (A.), graveur héraldique, manuf. de boutons de livrée, lettres et couronnes, uniformes de l'armée, d'administrations, r. Evêque, 11,

Bapterosses (F.) ✸, seul dépôt chez Masson et Cary, r. du Grand-Chantier, 7; boutons agates blancs, noirs et couleurs, toutes formes; boutons perles à trous, blancs et noirs pour pantalons et paletots, fabr. à Briare et Gien.

Bartels et Chaigneau, boul. Sébastopol, 29.

Bassot frères, uniformes, chasse et fantaisie, tissus anglais pour boutons, seuls déposi taires d'Hammond, Turner et Sons de Birmingham, Cloître St-Jacques, 3.

Beauchamp (Mme), passage du Perron, Palais-Royal.

Beaumert (E.), faub. St-Martin, 3.

Beauvais aîné, fab. de boutons de corne en toutes nuances, boul. de Belleville, 52.

Beauvilain, Godard et Cie, r. Vivienne, 2.

Bechlel, représentant de fabriques étrangères, r. Richer, 10 et 12.

Bélhomme, r. du Caire, 37.

Belloc, r. St-Maur, 158.

Belot (J.), et passementerie, r. St-Martin, 243.

Bernard et Caré, fab. de galons, tissus pour boutons, r. Michel-le-Comte, 16; manufact. à St-Etienne.

Blanchi (E.), fab. de boutons fantaisie, soie et métal, quai Jemmapes, 206.

Belot (I.), r. St-Martin, 243.

Bongrand frères, r. Croix-des-Petits-Champs.

Bonneville, aven. de Choisy, 69.

Boudier, r. N.-D.-de-Nazareth, 12.

Boudin (Henri) et Aubinet, b. Sébastopol, 46.

Bouillon et Cie, fab. de boutons passementerie et ceintures, r. Montmartre, 85.

Bouju (Ve), 13, r. Grenier-St-Lazare, os et ivoire fantaisies pour manchettes.

Bouline et Langlois, nouveautés pour robes et confection, r. Louvois, 12.

Bourel, boutons de soie, r. Cléry, 9.

Boutet, r. Cloître-St-Jacques, 10.

Bouvet et Auxerre, hautes nouveautés pour dames. r. Montmartre, 114.

Bouvot (E.), boutons solitaires, à manchettes, parures, r. Meslay, 61.

Brunshvicg (N.), passementeries et boutons, nouv. pour dames, r. Montmartre, 80.

Buc (A.) et Duner, r. St-Denis, 376.

Buigny (A.) et G. Martin, r. Folie-Méricourt.

Caffin-Allemand, r. St-Denis, 258.

Cahagne (Louis) et Favrot, boutons de nacre blanc pour chemises et garnitures, boutons soies noires et couleurs, r. St-Denis, 144.

Cahen (M. François), boul. Sébastopol, 10.

Calibre (F.), r. Montmorency, 16.

Cartault (J.), hautes nouveautés, pour robes et confections, r. Montmartre, 55.

Cartereau, pass. St-Pierre-Popincourt, 6.

Cestaret (Henry) et Cie, boutons et nouveautés pour dames, boul. Sébastopol, 56.

Chapsal, r. Croix-des-Petits-Champs, 46.

Chapuis, r. Turbigo, 43.

Charpentier, pass. St-Louis-du-Temple, 28.

Chassaing et Lepraitre, r. Grénétat, 36.

Chauveau (Eug.), fabr. spéciale de boutons nouveautés, soies, fantaisies et manchettes, export., r. Fontaine-au-Roi, 56.

Chauveau et Bonnel, passementerie pour vêtements d'hommes, boutons de soie et métal, r. Cloître-St-Jacques, 3.

Chicolot (A.), r. du Corbeau, 13.

Christinens (D.), boutons de manchettes dorés à patins, r. des Gravilliers, 2.

Clergué (B.), r. Fontaine-au-Roi, 49.

Combemale-Bréard, r. N.-D.-de-Nazareth, 12.

Commeny (Alex.), r. Florence-Belleville, 8.

Copeau aîné et B. Cubain, spéc. de boutons grelots acier, faub. St-Denis, 61.

Cordier (A.), faub.-St-Martin, 162.

Cordier (Maxime), fab. de satin mécanique, r. des Marais, 30, et r. Magnan, 7.

Costeargent, r. Fontaine-au-Roi, 24.

Cottin, manuf. de boutons pour tailleurs et hautes nouveautés pour dames, r. des Enfants-Rouges, 7.

Courcel et Vieillard fils, fabr. de boutons de soie, émail et corne, r. St-Maur, 181.

Crépelle (Martin success.), graveur héraldique, livrées, uniformes, boutons à lettres et couronnes, r. Rambuteau, 57.

Cuisinier, r. N.-D.-de-Nazareth, 9.

Cuyver-Bresson, nouveautés pour dames, boul. Sébastopol, 86.

Dalsace frères et Cie, r. Mail, 12.

Decamp et Dominici, fab. de boutons de nacre en tous genres, r. Grenier-St-Lazare, 5; fabr. à Udy-St-Georges (Oise).

Dechalotte jeune, boutons en acier poli et bronzés, r. Grenier-St-Lazare, 7.

Dechavanne, boutons fantaisie et artistique, r. Château-d'Eau, 60.

De Chilly aîné, r. Belleville, 19.

Deitz (A.), boutons nouveautés pour dames, boul. de Sébastopol, 68.

Delamain aîné fils, r. de l'Oberkampf, 114.

Delamain (Nicolas) et Haquin, r. Chaudron-Belleville, 16.

Delambre (M.), r. Quincampoix, 62.

Demmer et Cie, r. Turbigo, 38.

Demolliens (L.), os à trous, r. Petit-Lion, 13.

Diehl (Henri) et Cie, r. St-Denis, 248.

Diehl frères, manufact. de boutons, dépôt de fabriques, boul. Sébastopol, 16; maison à Cologne.

Dobelin (Ch.) ✸, A. Maxein et Cie, boul. Sébastopol, 50, et r. Quincampoix, 85.

Dollier (Henry), r. Aboukir, 6.

Domart (Henri), fab. de boutons de soie pour hommes et dames, r. des Lombards, 31.

Dret (N.), r. Popincourt, 25.

Dreyfus et Willard, boul. Sébastopol, 91.

Droussaut, r. Faub.-St-Honoré, 54.

Dubarle (Ch.), manufact. de boutons haute nouveauté pour robes et confection, r. Petit-Lion, 15 ; fabrique à la Chapelle-en-Serval (Oise).

Duflos (Paul) et Marrel, manuf. de boutons en tissus soie et à l'aiguille, r. Rambuteau, 63, exportation.

Dufour et Cie, r. du Caire, 13.

Duhaut, r. Faub.-St-Denis, 54.

Dumont, fabr. spéciale de boutons métalliques pour tailleurs, r. des Trois-Bornes, 37.

Duperon jeune, fabr., soie et métal, fantaisie, nouveautés pour dames, r. St-Maur, 190.

Dupont et Deschamps, manuf. de boutons tournés, r. Turbigo, 65.

Dupraz, boul. de Belleville, 62.

Duquesne (L.), nacre et os, r. Aux-Ours, 29.

Durand, r. Julien-Lacroix, 32.

Durand (C.), r. St-Maur, 139.

Elias, Aron et Willard, boutons, passementerie, boul. Sébastopol, 98.

Engler, r. Montmorency, 32.

Esquoy, r. Oberkampf, 95.

Estourbe (J.), r. Ermitage, 6,

Faivre (L.) aîné, r. Montmartre, 152.

Faivre et Vatelot, r. Turbigo, 59.

Favier et Boulley, fabr. de boutons soies et passementeries, r. Aux-Ours, 28.

Fessart (Alexandre), boutons de nacre, os, corozos, r. Turbigo, 21.

Floury, r. St-Martin, 213.

François, r. St-Maur-Popincourt, 134.

Fransson, r. St-Denis, 271.

Frappié, r. N.-D.-de-Nazareth, 55.

Frekleng, r. Petit-Lion, 6.

Gasteau (Ernest) et Harlaux, boutons en tous genres, r. St-Denis, 138.

Gaultier, pass. Ménilmontant, 10.

Gautier (A.), fabr. de boutons métalliques, livrées, uniform, etc., r. St-Roch, 37.

Gay-Lebrun, r. Grenier-St-Lazare, 28.

Germann et Gayer, boutons en verroterie, noirs et couleur, r. St-Martin, 168.

Giacomotti (B.), rue Bailly, 11, et rue Beaubourg, 98.

Goll (E.), seul dépositaire de Green et Cadbury, de Birmingham, r. de l'Echiquier, 14.

Gottschalk et Cie, représ. de fabriques d'Allemagne, boutons agathe, émail et jais, rue Faub.-St-Martin, 76.

Gourdin et Cie, r. Cloître-St-Honoré, 16.

Grégoire, r. St-Maur-Popincourt, 158.

Grellou (H.), boul. Montparnasse, 96.

Grellou (H.) ✳ et Cie, exportation, r. Rambuteau, 84.

Grellou (Alexis) et Cie, nouveautés pour robes et confections, r. St-Denis, 132.

Grobet (J.), boutons fantaisie pour manchettes et confections, r. des Trois-Bornes, 9.

Gruselle frères, r. de l'Aumaire, 7.

Guay-Lebrun, spécialité de solitaires en nacre, r. Grange-aux-Belles, 13.

Guillen, r. St-Maur-Popincourt, 148.

Guillon (A.), r. du Temple, 169.

Gumprecht (Gve), pour modes, en jais, cristal et étoffes, r. de Marseille, 7.

Hardy (V.) aîné, boutons nouveauté, pour l'exportation, r. Montmartre, 35.

Hartog, Ch. Jean et Cie, fabr. de boutons de métal pour uniformes, chasse, fantaisies et os pour pantalons, boutons de soie et lasting pour hommes, boul. Poissonnière, 14 bis.

Heegmann et Mesthaler, de Barmen (Prusse Rhénane), manuf. de boutons métal et étoffe, boul. Sébastopol, 60.

Henocq (P.), r. Grande-Truanderie, 5.

Herber (A.) et B. Grancher, manuf. de boutons de soie, métal et fantaisie, rue Saint-Maur, 198.

Herbet, boutons en corail, r. Thévenot, 12.

Henry, r. Faub.-St-Martin, 46.

Hoinville jeune, émailleur, boutons à queue pour robes et gilets, r. Morand, 23,

Horne, r. Faub.-du-Temple, 99.

Huet (J.), acier et cuivre, r. Turenne, 118.

Husson (F.) et L. Guérin, r. St-Martin, 241.

Huteau (L.), boutons pour tailleurs et confections de dames, r. Montmartre 72.

Ingelbach (F.) et Schleicher, dépôt des manufactures d'Allemagne, boul. Sébastopol, 41.

Jamet, boutons rivés pour gants, équipements militaires et autres, r. St-Maur, 214.

Jannin et E. Marre, r. Croix-des-Petits-Champs, 31.

Juhel (L.-C.) et fils, boutons de corne, nouveautés pour dames, usine à Venoix, près Caen; dépôt à Paris, r. Montmorency, 18.

Jumelle et Hardy, nouveautés, r. St-Denis, 123.

Keim (M.), nouveautés, r. St-Martin, 245.

Kohlbagen et Diepmann, boutons d'Allemagne, boul. Sébastopol, 38.

Krauss (Gme), porcelaine, r. Enghien, 54.

Krauss (E.-F.), représentant de fabr. allemandes en tous genres, r. de l'Echiquier, 30.

Labreuvoir (L.) et Gindre, manufactures pour civils et militaires, r. St-Denis, 357.

Ladouze et Cie, r. Buisson-St-Louis, 2.

Lafontaine (Jules), en papier, r. Moret, 30.

Lageste, r. Richelieu, 41.

Lambard (Eugène), r. Nve-des-Petits-Champs, 5, boutons en tous genres.

Lambard (J.), r. Rambuteau, 1.

Lambard jeune, r. Corbeau, 22.

Lambert (Henri), dépôt de boutons, spécialité boutons jais, r. Palestro, 3.

Lampy, r. St-Denis, 373 (aux Armes de Lyon).

Langlet (J.-B.) et Cuzin, fabr. de boutons point Milan à la mécanique, r. Bichat, 52.

Larrivé (E.), fab. boutons d'uniformes et administrations, r. Rambuteau, 65.

Latry (A.) ✳ et Cie, boutons en bois durci; vente en gros, r. du Grand-Chantier, 7.

Laurence (Mme), r. Cléry, 1.

Laurent frères (A. Laurent, succ.), spécialité de fournitures pour tailleurs, r. Aboukir, 12.

Laurent (J.-B.) fils, boul. de Sébastopol, 52.

Lebarbier (D.) et Delmas, r. Aboukir, 7.

Leblond (E.), spécialité pour tailleurs, pl. des Victoires.

Lebon (A. Lebaron), boul. Sébastopol, 63.

Lebreton (H.), pour dames, r. Cléry, 36.

Lefebvre-Levasseur, r. Michel Lecomte, 13.

Lefèvre (D.), r. Amandiers-Belleville, 95.

Legendre et Huart, r. Faub.-du-Temple, 121.

Legrand, manufacture d'acier poli, plaques de ceintures, r. St-Martin, 251.

Le Lorrain (Mme), r. Caire, 19.

Le Moutrier (Y.), représentant de fab. de boutons de Bohême, r. Château-d'Eau, 37.

Leroy, boutons de nacre, d'os, buffle, ivoire, etc., boul. de Sébastopol, 95, fabr. à Méru (Oise).

Leroy, Thibault et Cie, r. Notre-Dame-de-Nazareth, 8.

Letellier (A.), r. Petit-Lion 15; fabrique à Méru (Oise).

Létondot frères, boutons de nacre, r. St-Martin, 176, et à Andeville (Oise).

Levêque (Ch.), pour dames, r. Rambuteau, 85.

Le Villain et Griffon, r. St-Martin, 285.

Lévy (Daniel) et Cie, boutons nouveautés, boul. Sébastopol, 129.

Lévy (Félix) frères et Kilian, boul. Sébastopol, 93.

Lévy (J.) et Cie, Faub. St-Denis, 23.

Lhuillier (A.), fab. de haut. nouveautés, boul. Sébastopol, 66.

Lindos (P. et E.) frères, fab. de nacre, os, buffle et corne, r. Montmorency, 47.

Lion (Jules), r. des Jeûneurs, 21.

Lorgnié et Ch. Denis, r. Richelieu 69.

Lorrain, Souriau et Lemoyne, boul. Sébastopol, 73.

Lucas frères, r. St-Denis, 168.

Lucet (E.), r. de l'Ermitage-Ménilmontant, 28.

Lunaud (André), r. Réaumur, 42 bis.

Lux et Marbé, manufact., r. Chapon, 7.

Maas et Strauss frères, boutons perles d'Allemagne et de Venise, r. St-Denis, 151.

Maillot (Vve) et Vve Vincent-Hardy, fab. de boutons en acier de tous genres, r. Rambuteau, 43, fab. à Sens (Yonne).

Malterre, fabr. de passementerie, spécialité de boutons riches, hautes nouveautés pour dames, r. Vieilles-Haudriettes, 3.

Marest-Petit et Cie, boutons dorés et en passementerie pour costumes de théâtres, r. Grammont, 13.

Maria (G.), r. Richelieu, 86.

Marie (E). et A. Dumont, manuf. de boutons de nacre, r. Chapon, 47 ; ateliers à la maison centrale de Clairvaux (Aube), et à celle de Loos (Nord).

Martin-Baron (A. Paumier et G. Deguy, success.), r. Bourse, 4.

Massé (A.) et Anglade, boutons de soie et fantaisie pour tailleurs, administrations et collèges, r. Feuillade, 3.

Masson et Cary 7, r. du Grand-Chantier, déposit. des boutons agates, blancs, noirs, imprimés et minérals, couleurs, boutons de soie et lasting, nouveautés pour dames.

Maugeard, Gde-rue-Vaugirard, 72.

May et Bernieu, dép. de boutons de nacre, r. Thévenot, 14, fab. à Rouen.

Mayer et Leoboldti, fab. de boutons nacre, manchettes et cols, r. Ste-Apolline, 9.

Mazard et Gilbert, boutons et boucles, articles tailleurs, nouv. pour dames, r. de la Gde-Truanderie-Prolongée, 3

Meinvielle (J.), r. du Cloître-St-Jacques, 7.

Menssing (E.), perles et boutons en gros, r. St-Martin, 208, fab. en Bohême.

Mercat (M.), boul. du Temple, 18.

Mesnager frères, fab. de boutons fantaisie en soie ; passementeries, r. St-Denis, 210.

Mesthaler (A.), dép. de boutons de métal, étoffes et jais, r. St-Martin, 243.

Meunier et Cie, boutons doubles, en nacre, ivoire et en écaille etc., r. St-Martin, 333.

Meyer (Desiderius) et Cie, rue Turbigo, 47, fab. à Gablonz-sur-Neisse (en Bohême).

Michard jne, r. Cléry, 25.

Millet (Mme), en os, r. Oberkampf, 87.

Miquet, de corne, r. Remponneau, 29.

Mittler aîné, manuf. de boutons à l'aiguille et points de Milan, nouv. pour dames, r. de la Grande-Truanderie, 43.

Moreau, nacre et fantaisie, rue des Gravilliers, 26.

Morisseau (G.), manuf. spéciale de boutons et fermoirs pour gants, acier toutes sortes, r. des Gravilliers, 65.

Mottet (Adolphe), r. du Sentier, 3.

Moussault-Tourneau, boutons et passement., r. Turenne, 51.

Moutach (Jh), nacre, r. des Gravilliers, 26.

Muleur et ses fils, fab. de boutons, agrafes et plaques de cientures, r. du Grand-Chantier, 14 ; usine à Sens (Yonne).

Najean (J.), haute nouv. pour dames, r. Cléry 4 bis, usine à vapeur à St-Denis (Seine).

Neau et Lecomte, manufact. de boutons de soie pour hommes et p. dames, r. Angoulême-du-Temple, 66.

Neuss (H. J.), de jais, r. Rambuteau, 71.

Nicoud, r. St-Martin, 149.

Nivert (Ch.), r. Croix-des-Petits-Champs, 29.

Ogez, Faub.-St-Martin, 52.
Ometz (C.), pour dames, r. St-Sauveur, 51.
Page (A.), r. St-Martin, 155.
Paquelin (G.), r. Cléry, 11.
Parent (A.) T. Hamet et Cie, boutons de soie à la Ruche, tissus divers, imitation passementerie, nouveautés p. dames, hommes et enfants, boutons de métal en tous genres, r. Michel-le-Comte, 27 ; fabr. à Montgeron (Seine-et-Oise).
Pariot-Laurent, r. du Sentier, 37 bis ; fab. à St-Leu d'Esserent (Oise).
Pelletier (Fréd.), p. dames, r. Grenétat, 11.
Pignon (J.) et Bayard, boutons p. hommes et p. dames, r. La Reynie, 26.
Poisson et Prestat, boul. Sébastopol, 47.
Poittevin frères, fab. de boutons et passem. nouv. p. dames, r. du Caire, 18.
Postel frères, fab. de boutons de nacre, boucles de ceintures, r. Aumaire-Prolongée, 4.
Postel jeune, fab. de boutons de nacre, commission et export., r. des Gravilliers, 45.
Potier (A.) r. de la Banque. 15.
Potrel (V.), r. Croix-des-Petits-Champs, 40.
Prochasson (Paul), r. Aux-Ours, 34.
Prud'hon, r. St-Maur, 185.
Rahn (E.), boutons jais, dép. de la maison Wiesenthal (Bohême), représentant Ch. Jacob, r. Turbigo, 38.
Radlauer (S.), spéc. de boutons de jais en tous genres, r. St-Denis, 195.
Raimbert Geoffroy et Cie, boutons nouv. pour dames et tailleurs, boul. Sébastopol, 62 ; usine à vapeur.
Rameau (A.), linges, boul. Sébastopol, 74.
Ranvaud-Gingembre, r. Rambuteau, 2.
Raynaud (F.), r. Bouret, 7.
Réard, fab. de bout. de manchettes solitaires nacre et ivoire, r. Chapon, 17.
Rédelix (Henri), p. gilets, pantalons et gants fantaisie p. robes, r. Béranger, 20.
Regala, r. St-Maur-Popincourt, 214.
Renard (A.) et D. Delisle, r. St-Maur-Popincourt, 214.
Renard (C.), r. Vivienne, 16.
Rescher (J.), fab. boulev. Sébastopol, 85.
Rogissé (Gve), r. Lancry, 48.
Rose Léopold et Cie, boul. Sébastopol, 92.
Rosenberg (J.), r. N.-D.-de-Nazareth, 60.
Roulinat-Lemesle (Ch.) et frères, boutons métal 4 trous p. pantalons, fantaisies, de soie et lasting, r. Neuve-Bourg-l'Abbé, 4.
Rousseau (L.), r. Morand, 1.
Routier (A.), pass. Bourg-l'Abbé, 1.
Rouvyrenc (C.), r. Ménilmontant, 24.
Rouzé (Henry), spécialité de boutons fantaisie, r. N.-D.-de-Nazareth, 14.
Rozey, Delibu et Cie, boul. Sébastopol, 36 , manuf, de bout. soie fantaisie et nouveautés pour hommes et dames, seuls dépositaires des boutons linen de John Aston's, à Birmingham.

Saint-Denis et Cie, faub. du Temple, 58.
Saradin, fabr. spéciale de boutons d'émail, r. Henri-Chevreau, 25.
Sartelet jeune (Ve), r. Quincampoix, 12.
Saussay-Luis, boul. Sébastopol, 37.
Savoie, fabr. de boutons et passementeries, commission, r. St-Denis, 240.
Scheidel (Ch.), passementeries, boutons de jais pour robes, boul. Sébastopol, 66.
Schultz (Carl), fabr. de boutons nacre et chemises, dépôt de corozo, jais, couvert de tissus, boul. St-Denis, 16.
Sciot (Rémond), r. Aboukir, 80.
Segnitz (M.), boutons d'Allemagne, r. Turbigo, 50.
Selckinghaus et Cie, dépôt de boutons, tresses, galons, aiguilles, dés, etc., d'Allemagne, en gros, r. du Grand-Chantier, 1.
Soupplet (P.) et E. Gaillard, boul. Sébastopol.
Steger (E.) et F. Le Breton, dépôt d'Allemagne et d'Angleterre, boul. Sébastopol, 32.
Steinmetz (Charles), représent. de boutons d'Allemagne et autres, b. Sébastopol, 67.
Suriray (J.), r. du Château-d'Eau, 13.
Theveny ainé, r. Claude-Vellefaux, 4.
Thireau (P.) et V. Lefort, spéc. de boutons, grelots acier, r. N.-D.-de-Nazareth, 25.
Thierri-Mougnard, boul. Sébastopol, 76.
Thimothée, r. St-Maur-Popinc., 40.
Thirouin et Cie, boutons en verroterie, ambre fin, r. St-Martin, 236 et 213.
Tillier (Ch.), boul. Sébastopol, 72.
Tourette et Cie, manufacture, spécialité de boutons corne, articles de commiss., r. St-Denis, 173; fab. à Pavant (Aisne).
Vallet (Alfred), boutons cordonnet, r. Palestro, 3.
Vangora (A.), fab. de boutons, os, coco et corozo de toutes nuances, r. du Temple, 175.
Vangorp jeune, r. Fontaine-au-Roi, 61.
Vauzelle (J.-B.-F.), r. Morand, 19.
Vetter frères, boutons et passementeries, boul. Sébastopol, 101. fabr. r. Jenner, 39.
Viaux (F.), boutons et perles de Bohême et de Venise, r. Meslay, 59.
Vinchon, r. Angoulême-du-Temple, 72.
Voisin (Ch.), r. Michel-le-Comte, 13.
Vollée (E.), spécialité de boutons, perles et fantaisie, r. Chapon, 25.
Voyard et Martin, r. Duris-Belleville, 10.
Waldemard, Lund et Cie, fabr. spéciale d'Aureburncan et Perlakrosus, r. de la Verrerie, 38; maisons à Londres et à Birmingham.
Wilkens (Ch.), boutons de jais et d'Allemagne, r Grenier-St-Lazare, 5.
Welling, pass. du Saumon, 20.
Worms jeune, boutons pour dames et pour hommes, boul. Sébastopol, 59.

Bretelles et jarretières (fabricants).

Aucler (Aug.) et fils, boul. Sébastopol, 75.
Bardin et Cie, r. St-Martin, 314.

Barthélemy (E.). r. St-Denis, 277.

Berthon (H.), r. Neuve-des-Petits-Champs.

Boudin (Henri) et Aubinet, b. Sébastopol, 46.

Bouht-Phily, fab. de tissus caoutchouc, r. Grénétat, 55, fab. à Noisy-le-Grand (Seine-et-Oise).

Bourgeois (T.), boul. Sébastopol, 69.

Boy (L.), r. Aboukir, 143.

Brunessaux (J.), haute nouveauté, tissus élastiques en tous genres, r. St-Denis, 192.

Camus, r. du Grand Chantier, 18.

Cantier et Cie, r. Béranger, 12.

Chaillier (Félix), r. St-Denis, 214.

Charoin (Jules), r. Neuve-St-Merri, 42.

Clair (Ch.), r. Volta, 30.

Chillet et Cie, r. Thévenot, 5, représentés par Desparin.

Claret, fabr. de bretelles et jarretières en tous genres; r. Beaubourg, 45.

Clément (A.) et H. Guot, fab. de bretelles, jarretières, tissus fantaisie, r. St-Denis, 118.

Coder (Léon), r. St-Martin, 127.

Conor, r. St-Denis, 261 et 263.

Daubié frères, fab. spéciale de bretelles et jarretières en peau, en soie et en broderies de tous genres, r. Béranger, 12.

Daudé, r. du Temple, 79.

Denaud Cautier (Vᵉ), r. du Grand-Chantier, 7.

Délivaud (B.), r. Rambuteau, 30.

Duclos, r. St-Martin, 218.

Fayaud (A.), nouveautés, spécialité en chevreau et en daim, r. St-Denis, 142.

Fine, tissus élastiques en caoutchouc, r. du Caire, 20, fab. à Lagny (Seine-et-Marne).

Fonteneau, r. St-Denis, 275.

Foucault (F.), manuf. de tissus pour bretelles, jarretières et ceintures, commis., export., r. du Petit-Lion, 11.

François (E.) et Cie, r. Quincampoix, 84, fab. à Sailly (Somme).

Fromage (Lucien) et Cie, r. de l'Échiquier, 21, fabriques à Darnétal.

Gallot fils aîné, boul. Sébastopol, 41.

Gaubusseau (Léopold). r. du Grand-Chantier.

Girardin, r. Réaumur, 29.

Graindorge (A.), breveté, r. St-Denis, 173.

Grandel (R.), r. des Vieilles-Haudriettes, 2.

Guibal (C.) ✳ et Cie, tissus en caoutchouc de tous genres, r. Vivienne, 40.

Guyot (Ch.), fab. spéciale des bretelles hygiéniques, r. Béranger, 13.

Hammelmann, fab. de bretelles, jarretières élastiques, r. St-Denis, 229.

Huet (E.), dépôt de fab., r. Turbigo, 63.

Huet et Cie, tissus élastiques, r. Echiquier, 3, fab. à Chelles (Seine-et-Marne).

Lang (B.) et Cie, fab. de bretelles et jarretières, r. Turbigo, 70 ; maison à Londres.

Langlois (E.), tissus élastiques pour bretelles, r. Faub.-du-Temple, 129.

Lavigne, r. St-Martin, 190.

Ledru (A.), r. Grénétat, 39.

Lejeune (A.), tissus caoutchouc et élastique, haute nouveauté, r. N.-D.-de-Nazareth, 39.

Lesueur (S.), jarretières haute nouveauté, exportation, r. Faub.-St-Denis, 21.

Levy (Baruch), r. Faub.-St-Antoine, 104.

Magnier (A.), fabr. de bretelles, jarretières, ceintures, exp., boul. Sébastopol, 30.

Maillot, r. Thévenot, 4.

Marigny, haute nouveauté en jarretières, exportation, r. Faub.-St-Martin, 67.

Masson, fab. spéciale de jarretières, boucle parisienne brev. s. g. d. g., commission, exportation, r. de Châlons, 20.

Méjan (A.), montage de bretelles, r. Francs-Bourgeois-Marais, 14.

Michelin (Veuve), r. St-Denis, 121.

Mille, fabr. de jarretières, fantaisies et nouveautés, bracelets, r. Oberkampf, 7.

Moskowite (D.) et fils, bretelles, jarretières et ceintures, r. Palestro, 5.

Nicolas (Félix), fabricant, r. St-Denis, 266.

Normand (Emile), fabr. de bretelles et ceintures caoutchouc, r. St-Denis, 166.

Oulmann fils, nouv., boul. Sébastopol.

Paillard (Elie), manuf. des tissus p. bretelles, et ceintures élast., r. Rambuteau, 40 ; fabr. à Chaulnes et à Quevauvillers (Somme).

Persent et Cie boul. Sébastopol, 53.

Piault (Alfred), fab., spécialité de tissus élastiques, r. d'Anjou-Marais, 8.

Plancher (F.), r. de la Perle, 1.

Quantier, r. Rambuteau, 54 ; fabr. à Quevauvillers (Somme).

Rattier ✳ et Cie, inventeurs de l'art de réduire le caoutchouc en fil et d'en former des tissus élastiques, r. d'Aboukir, 4, usine à Bezons (Seine-et-Oise).

Repos (Henri), boul. Sébastopol, 86.

Rouyer (C.). r. St-Martin, 156.

Son jeune (Desesquelles succ.), fabr. spéciale de jarretières en peau et bretelles en soie et bracelets, exportation, r. Quincampoix, 75.

Suzor (A.), boul de Sébastopol, 62.

Thireau (P.) et V. Lefort, r. N.-D.-de-Nazareth, 25.

Vivet, r. Grénétat, 43.

Pattes de bretelles (Fabr. de).

Aumaudric, r. Quatre-Fils, 4.

Maynard (J.), r. Billettes, 15.

Petit, r. Basfroid, 22.

Recoules, r. Beaubourg, 30.

Broderies (V. aussi Passementiers, Dessinateurs.)

Abraham et fils, r. Sentier, 38.

Angremy (Toussaint), r. Cléry, 5.

Arnaud-Soumain, r. des Jeûneurs, 42.

Asselineau-Proust, et tapisseries, fab. d'aiguilles pour les aveugles, r. du Bac, 16.

Aylé-Idoux, r. de l'Echiquier, 43, maison à Nancy, r. St-Dizier, 2.

Bachelier frères, broderies, dentelles, tulles et blondes, r. des Jeûneurs, 16.

Baillargeau (L.), r. St-Fiacre, 20.

Balduc, r. Sébastopol-Villette, 4 et 6.

Ballay (Em.), r. Grénétat, 3.

Barjon-Deperrier, r. Mail, 24.

Berger-Platel, confections, r. Richelieu, 73.

Berlandier (Mme), quai des Orfèvres, 50.

Bernard (M.) et C. Vautier (Mlles), rue Dauphine, 18.

Bernard-Legay, boul. Beaumarchais, 93.

Bernard-Mayer, fab. de broderies en tous genres, r. Palestro, 1.

Bernard-Thomas, r. des Jeûneurs, 16.

Bernard (E.), r. Nve-des-Petits-Champs, 67.

Berr (A.) et Cie, r. Cléry, 17.

Berthelot (Virgile), r. de l'Echiquier, 26.

Bertrand et Vidil, fabrique à St-Nicolas, près Nancy (Meurthe), r. Sentier, 3.

Besomb (Louis), r. St-Denis, 278.

Bibal (A.), ouvrages de dames échantillonnés, r. St-Honoré, 97.

Blard (Mlle Berthe), r. St-Roch, 18.

Boisduval (Vve), r. Cléry, 13.

Boisset (Mme), r. Grénétat, 34.

Boistay, r. Montmartre, 143.

Bonfilliout (H.), entrepreneur de broderies p. confections, r. des Colonnes, 8.

Bonnechaux (E.), broderies, fantaisies en jais, tulles, voiles, châles, robes de bal et de ville, r. de l'Hauteville, 12 ; fabr. à Lunéville.

Boucher (J.), lingeries, broderies, trousseaux, layettes et nouv., r. Richelieu, 86.

Bourdenet (C.), r. Faub.-St-Martin, 89.

Brisson-Robin, r. Montorgueil, 29.

Brizet père, paniers et corbeilles brodés chenille, r. Grand-Chantier, 6.

Broad (A.-J.), dentelles de Nottingham, broderie de Glasgow, r. Faub.-Poissonnière 12.

Brun frères, fils et Denoyel, nouveaut. en broderies pour robes et rideaux, maison à Tarare et à St-Quentin, r. des Jeûneurs, 25.

Bruniaux, fabr. de broderies de couleur, boul. de Strasbourg, 24 ; maison à St-Aubin-sur-Aire (Meuse).

Bursay, pl. de la Bourse, 6.

Cabin (maison Sajou), dessins, tapisser., broderies, r. Rambuteau, 52.

Caen et Rheims, r. Sentier, 34.

Caben (Maurice), r. Montorgueil, 49.

Cartier (Ch.), broderies de Paris et Lunéville; r. Petites-Ecuries, 39.

Castera, r. Faub.-Poissonnière, 53.

Chalier (J.) fils, r. N.-D.-des-Victoires, 7.

Chancerel-Benier (maison), spéc. pour trousseaux, mouchoirs, r. St-Honoré, 253.

Cayez (J.), r. Cléry, 5.

Charavel, r. Richelieu, 98.

Charlet sœurs (Mmes), r. Beauregard, 39.

Chartraire, r. Lafayette, 106; fabr. à Lunéville.

Chaumas frères, r. Montmartre, 160.

Chefdeville (Mme L.), broderies en tous genres sur étoffes, Faub.-St-Denis, 101.

Chesny, spécialité de pantoufles et fantaisie, r. Cloître-St-Jacques, 5.

Chevalier (maison), bandes et entre-deux (broderies de Paris), r. St-Roch, 25.

Cholet (Jne), lingeries, confections, nouveautés, commiss. export., r. Mulhouse, 7.

Chorrier (J.), broderies sur étoffes et canevas, r. St-Denis, 216.

Claude (Mme), ouvrages sur canevas, avec applications de bois, d'ivoire, de dorure et d'imitation de laque, r. Rambuteau, 40.

Clochette-Beaufrère, r. Poissonnière, 42.

Corporation des Abeilles, r. Paix, 34.

Costadau (A.) et Cie, r. Jeûneurs, 27.

Cottin frères et Colliette, r. St-Martin, 9.

Courtin et Cie, r. Jeûneurs, 1.

Courtois, r. Montmartre 65.

Crettó (Mlle), r. Sentier 36.

Cremnitz (Théodore), r. Caire, 40.

Daltroff (Julien), fabr. de broderies suisses et françaises, r. Aboukir, 40.

Daulnoy et Lecorney, r. Poissonnière, 26.

David et Poussin (Mme), r. St-Honoré, 231.

David (Vve), fils et Cie, r. Cléry, 21.

Decroix (Mme), r. Cléry, 9.

Delanoy (E.), r. Sentier, 23.

Delaunay (Mme), r. St-Roch, 6.

Delvigne-Debruyne (Mme), r. Antin, 7.

Denave-Ronat frères, r. Cléry, 42.

Dennery (Léon), r. Mulhouse, 4, maison à Valenciennes (Nord); fab. à Vautaux.

Dennery (Vve), broderies suisses, anglaises, de Paris et de Nancy, r. Jeûneurs 5.

Didon frères, broderies suisses, r. Rivoli, 186 ; maisons à Nice et à Vichy.

Dorantowicz (Mme), r. Hauteville, 35.

Driou, Moret (Mmes) et Cie, r. Mail 23; fab. à Manoncourt-sur-Seilles (Meurthe).

Drouin (Gve) et Vve Duval, r. Jeûneurs, 33.

Du Boys, r. St-Denis, 303.

Dufour (L.), r. Sentier, 15.

Dupont, Ladrée et Cie, r. Montmartre, 158.

Dusuzeau et Maronier, robes de bal, broderies, r. Cléry, 44.

Estraguat fils aîné, r. Jeûneurs, 17; fab. à Tarare.

Etienne, r. Sentier, 28.

Faguet (Adre), en tous genres, confections (exportation), r. St-Fiacre, 3.

Fardouet (A.), r. Aboukir, 65.

Faucillon-Bichelet, r. Jeûneurs, 8.

Feerderló (Ch.), r. Jussienne, 17.

Félicie (Mlle), r. Vivienne, 22.

Feron (H.), r. Mail, 19; maisons à Rambervillers (Vosges), et à Hérizeau (Suisse).

Férouelle fils, Saphore et Gillet, art. St-Quentin, Nancy, broderies de Tarare, St-Quentin, pour ameublement, r. Sentier, 8.

Gaillard-Fatous (Mme), tapisseries, broderies, ouvrages de dames, r. Auber, 23.

Galoppe (Hry) et Cie, r. St-Fiacre, 5; fab. à St-Pierre-lès-Calais.

Gandillot (Mme), r. Montmartre, 164.

Geissler (A. et R). fils, boul. Poissonnière, 10.

Gely (Mme), r. Faub.-Poissonnière, 35.

Geneve (Félix), r. Sentier, 26.

Gerentes-Bertrand, r. Montmartre, 174.

Gilbert (P.-E.), manufacture au métier mécanique à Argenteuil (Seine-et-Oise), maison à Paris, r. des Jeûneurs, 11.

Gourdiat jeune, r. Cléry, 15.

Gremnitz (Théodore), r. Caire 40.

Guérin et Jouault, r. Bergère, 12.

Gugeinheim (Marx), r. Montmartre, 159.

Guibout (Jules) et Cie, bas d'aubes, nappes d'autels, r. Rivoli, 124.

Guigon, boul. Montmartre, 17.

Hagnoer (Alfred), r. Aboukir, 35.

Hamelin (S.) et Ochs, rideaux brodés et mousselines, fab. à Tarare, Lille, St-Quentin, Nottingham, r. Sentier, 29.

Hayem (A.), r. Aboukir, 60.

Hayem (Ch.) et Elie fils, r. Jeûneurs, 41.

Helbronner (G.), r. Nve-d-Petits-Champs, 36.

Helbronner ✻, r. Castiglione, 6, tous genres sur étoffes.

Hemardinquer (Jules), r. Jeûneurs, 41.

Herbet (A.), r. Ste-Foy, 8.

Herrmann (Wm) et Kahn, broderies de Saxe, r. de l'Echiquier, 32.

Hirsh-Neveu, r. Faub.-Poissonnière, 12.

Humbert (Ant.), Faub.-St-Honoré, 14.

Husson-Hemmerlé et T. Husson, broderies des Vosges et de Nancy, boul. Sébastopol, 111 ; fabr. à Bulgnéville (Vosges), à Nancy et à St-Gall (Suisse).

Jardin (A.), r. Pagevin, 3.

Jardin (Aug.), r. Rivoli, 83.

Joseph (Vve S.), r. Montmartre, 136.

Lachez-Bleuze, r. St-Fiacre, 18; maisons à St-Gall et Nancy (Meurthe).

Lallemand (Jacques), r. des Jeûneurs, 42.

Lambert (Mme), galerie Beaujolais, 93.

Lavallée (Ch.), r. des Jeûneurs, 31.

Lebordais (Isid.), dessins et broderies, spéc. d'ouvrages échantillonnés, r. St-Denis, 258.

Lebreton, broderie sur soie, r. Cléry, 36.

Lecanu (A.), pl. de la Bourse, 12.

Leclere, r. Vivienne, 13.

Leclère et Voltant, r. Richelieu, 103.

Lecomte (L.), boul. du Temple, 39.

Le Comte-Maillard, r. des Jeûneurs, 3.

Lemaitre (Mme Vve), r. Lamartine, 5 bis.

Léopold, boul. Sébastopol, 23.

Lepeltier fils et Cie, fab. à Tarare (Rhône), et St-Gall (Suisse), r. St-Fiacre, 5.

Lescot (E.), r. St-Martin, 243.

Levi (Alfred) et Cie, r. Montmartre, 130.

Lévy (Joseph) r. de Cléry, 31.

Lévy (Marc), r. du Mail, 4.

Limal-Boutron, r. St-Sulpice, 27.

Lion (Hermine), r. Montmartre, 157.

Lion-Lévy, r. des Petites-Ecuries, 40.

Loiez-Barbier, r. Montmartre, 110.

Loiseau et Jamain, r. d'Aboukir, 37.

Lourme. r. de Cléry, 67.

Ludinard et Lelong (Mmes), r. Poissonnière, 21.

Maguin (Vor), fab. représ. par H. Seeling, r. Notre-Dame-de-Recouvrance, 18.

Mantoux (les frères), r. des Jeûneurs, 39.

Manuel, et Cie, r. Montmartre, 70.

Marcilly (Mlle), r. du Château-d'Eau, 51.

Margue, Barthels et Passere (Mmes), tapisseries sur canevas, pass. Choiseul, 11.

Marie (Adolphe), r. de la Banque, 1.

Massy (C.), r. Vivienne, 31.

Mayer-Rheims, r. des Jeûneurs, 12 et à Nancy.

Mazergue, r. du Mail, 5.

Mosplé, r. St-Denis, 167.

Meunier et Cie, boul. des Capucines, 6; grande spéc. de rideaux, export. ; fab. à Tarare (Rhône).

Mignot (A.), broderies de couleur sur robes, châles et conf., r. Enghien, 24.

Moncœur (Mme), r. Montmartre, 6.

Moncouet (V.), Querette et Cie, r. des Jeûneurs, 30; maisons à St-Quentin et à Epinal.

Monnier (F.) et Bonnet, r. de Cléry, 29.

Morhange (Mme), r. Thévenot, 44.

Mouillard (E.), r. du Faub.-St-Denis, 82.

Mouilleron, r. Rivoli, 216.

Mutterer, broderies, spécialité de châles, confections, robes et gilets, r. Grénétat, 34.

Nathan (C.), r. Neuve-des-Petits-Champs, 58.

Naudin (Mme), r. Thévenot, 26.

Paris (E.), broderie suisse méc. bandes et entre-deux St-Quentin, r. Cléry, 42.

Paul (Mme), r. Neuve-St-Merri, 19.

Pélissier-Roch et Désiré Jacobson, r. du Sentier, 36.

Person, boul. Magenta, 7.

Petitpas (Mme), r. du Sentier, 8.

Petit-Demange, r. Lafayette, 155.

Picard (A.). r. Jussienne, 17 ; fab. à Remiremont (Vosges).

Picard (Maurice), r. des Jeûneurs, 31.

Picard (Vor). r. des Jeûneurs, 21.

Picot (Mme), r. Montorgueil, 33.

Plady (C.) successeur de E. Avi, lingerie et layettes, boul. Sébastopol, 70.

Pillavoine (Mme), r. St-Denis, 168.

Poix-Hanset, r. Richelieu, 62.

Pramondon (Gustave), r. du Faubourg-Poissonnière, 5.

Puech (Henri), boul. Sébastopol, 52.

Quertier, pass. Saulnier, 10.

Rahoza (N.), boul. des Invalides, 8.

Rauch et Schaeffer, spécialité de broderies mécanique, r. de Cléry, 19 ; fab. à St-Gall.

Rheims aîné, r. de Cléry, 9.
Rhodé (Maurice), r. du Faub.-Poissonnière 34.
Robert (F.), broderies, soieries et nouv., r. de la Banque 16, m. à Lyon.
Rochery (E), r. du Sentier, 39.
Roque (C.) et Cie, fab. de dentelles, r. des Jeûneurs, 35.
Rosset (E.), broderies et nouv. p. modes, r. Neuve-des-Petits-Champs, 51.
Rouart (G. Maria succes.), r. Richelieu, 86.
Rousseau (Eug.) r. du Sentier, 20.
Salomon (N.), r. Thévenot, 20.
Sangouard (C.), fab., r. d'Aboukir, 50.
Santaillier sœurs, r. Montmartre, 152.
Schrameck (Mme), r. du Caire, 41.
Sorel, fab. de broderies, confect., mouchoirs, dentelles et lingerie r. d'Alger, 10.
Spire (Gve), boul. Bonne-Nouvelle, 31.
Staiger et Cie, fab. d'art. brodés p. ameubl. r. St-Fiacre, 3.
Surtouques (E.) et Cie, r. Neuve-des-Petits-Champs, 38.
Thomas (Louis), broderies et tapisseries, dépôt de la maison Jobbe Duval de Rennes, r. Normandie, 1.
Toutain (Paul). r. Turbigo, 2.
Touzin, Gachelin et Casteran, r. des Jeûneurs, 6.
Trèves (Isidore) et Caben frères, r. Saint-Fiacre, 12.
Trèves (Léopold), r. des Jeûneurs 15.
Trigoulet, étoffes blanches dessinées et échantillonnées, nouv. r. de la Monnaie, 9.
Trouvé (J), boul. Malesherbes, 67.
Trouvé (E.), robes brodées, rideaux brodés, r. Faub.-Poissonnière, 23.
Vanheerbruggen, dit Dupont, r. St-Denis, 290.
Veret-Fortune (Mme), r. Vivienne, 14.
Voiry (Victor), r. Caire, 41.
Wagen (Mme H.), r. d'Alger, 3.
Wantelez frères, r. de Cléry, fabr. à Nancy.
Wel-Pichard, r. Faub.-St-Martin, 29.
Winandy, r. Sentier, 8.

Broderies en or et argent.

Adrien-Joseph, r. Mignottes-Belleville, 6.
Badet, pour uniformes français et étrangers, r. Neuve-des-Petits-Champs, 11.
Berr (S.), r. St-Sulpice, 34.
Beaufrère (Mme), r. Béranger, 16.
Berlandier (Mme A.), place Dauphine, 13.
Bertin (Félix), broderies en or pour uniformes civils et militaires, r. de Rivoli, 154.
Berton, broderies en or et argent, pour ordres et fournitures maçonniques et autres, expédition France et étranger, rue du Pont-Neuf, 35.
Biais aîné fils et Rondelet ✳ ✳, ornements d'église, costumes, broderies du moyen-âge artistique, exportation, r. Bonaparte, 74.
Bonfilliout (H.), et de soie, r. des Colonnes, 8.

Braconnier-Delaune (Mlle) et Cie (à la Sainte-Enfance), r. des Sts-Pères, 67.
Brun (A.-M.), r. de l'Évêque, 15.
Caben (M.) neveu, r. Montorgueil, 49.
Cardon (Vve), brod. militaires, r. Quincampoix, 27.
Carré (E.), pour églises, r. Sèvres, 31.
Chesny, spéc. de pantoufles et fantaisie, Cloître-St-Jacques, 5.
Chopard (Mme), r. Faub.-St-Denis, 102.
Dassier (Mme A. Janvier, successeur), pour uniformes civils et militaires, r. Richelieu, 12.
David (J.-M.) et Maria Langevin, fabrique pour ornements d'église et équipements militaires, r. Poissonnière, 10; maison à Lyon.
David (P.), r. Argout, 16.
De Jong (Mlle), r. Nve-Ste-Catherine, 10.
Dubus (Th.), pour ornements d'église, exportation, r. Bonaparte, 82.
Dumey (Mme), r. de Bruxelles, 5.
Dumur (Ch.), broderies soieries pour ornements d'église, passementerie or et argent, filés en tous genres, exportation, r. de Mézières, 7; maison et fabrique à Lyon, rue d'Algérie, 2.
Dupuis (Ch.), r. des Sts-Pères, 64.
Eymery, r. Richelieu, 47.
Fauquet (Mme C. V.), r. de Turbigo, 11.
Fontaine (Vve A.), r. Rambuteau, 27.
George, broderies d'uniformes, passementeries, boutons et galons, r. Feydeau, 30.
Germain fils (Achille), tailleur, spécialités pour tous uniformes brodés, r. St-Denis, 266.
Giraud, r. Taitbout, 16.
Giraud (C.-E.), brodeur, chasublier, place St-Sulpice, 5.
Guépratte, r. Rambuteau, 46.
Guibout (J.) et Cie, r. Rivoli, 124.
Hébert-Bricard, r. St-Sauveur, 14.
Hémon (Vve), r. Faub.-St-Denis, 14.
Houbert (Mlle), r. Caire, 24.
Hubert-Ménage, r. St-Sulpice, 23.
Jeance (Vve) et fils, r. Rambuteau, 65.
Kreichgauer (André), r. du Bac, 128.
Lafay (F.), manteaux de cour, robes de bal et brod. or et argent, r. Vivienne, 55.
Lageste, r. Richelieu, 41.
Lebordais (Isid.), spécialité d'ouvrages échantillonnés, r. St-Denis, 258.
Leheurtre (Mme), r. Rambuteau, 104.
Lepetit (A.), brod. pour uniformes, armoiries, chasublerie et ameublements, exportation, r. Beaujolais-Palais-Royal, 5.
Leroux et Mont, r. Sèvres, 21.
Limal-Boutron, broderies or, argent et soie, r. St-Sulpice, 27.
Lozé, r. Tiquetonne, 12.
Maria (G.), broderies civiles et militaires, rue Richelieu, 86.
Monca (J.-B.-Alfred), r. du Temple, 59.
Noize, r. St-Martin, 215.
Norgeot (Henri), r. St-Denis, 137.

Picard (Félix), r. St-Honoré, 203.
Picard (Mme), r. St-Martin, 147.
Poisson (maison), r. Ecouffes, 20.
Pons (Mme), r. Vieille-du-Temple, 30.
Poussielgue (Mlles) et Cie, ornements d'église, brodés en or et soie, r. Cassette, 34.
Roussillon (Mlle), r. Bréa, 18.
Simon (Léon), r. Petit-Lion-St-Sauveur, 22.
Spiquel (M.) et fils, r. St-Honoré, 164.
Teissier et Cie, uniformes civils et militaires, diplômes et librairie maçonniques pour tous les rites, export., r. J.-J. Rousseau, 37.
Trouvé (E.), r. Faub.-Poissonnière, 23.
Truchy et Vaugeois, spécialité de drapeaux et bannières pour orphéons, r. Aux-Ours, 11; fabr. à Lyon.
Varignon-Devals (Mme), r. Bons-Enfants, 10.

Cachemires (filateurs et fabr. de).

Audresset et fils et Menuet, r. d'Aboukir, 87; manufact. à Louviers (Eure).
Biétry (L.) ✻, boul. des Capucines, 41.
Bourahonet (P.) fils, r. d'Aboukir, 2.
De Clermont et Cie, r. Barbette, 11.
Hébert (E. Frédéric) fils ✻, r. Mail, 13.
Labbé (L.), A. Frois et May, r. Cléry, 9.
Tresca, Carlet, David et Cie, r. d'Aboukir, 14

Cachemires des Indes et de France.

Berger, r. Faub.-St-Martin, 134.
Biétry (L.), O. ✻, boul. des Capucines, 41.
Bourdier (E.), r. Richelieu, 76.
Brag (Mme), r. St-Marc, 20.
Cerf (L.), Michel et Cie, et français, boul. des Italiens, 9.
Chambellan (A.) (entrepôt des Indes), rue d'Aboukir, 8.
Compagnie des Indes.
Verdé-Delisle ✻ frères et Cie, r. de Richelieu, 80.
Importation directe de cachemires des Indes.
Compagnie Lyonnaise, boul. des Capucines, 37, étoffes de soie (maison à Lyon); cachemires des Indes (maison à Kaschmir), châles français, manufact. de dentelles à Alençon, Chantilly et Bruxelles.
Dalsème (L.), r. St-Marc, 21.
Dalsème (Maurice) jeune, r. Chauchat, 9.
Dardouillet (Victor) (Au Persan) (maisons à Kachmyr et à Umritsir), fabr. de dentelles à Bruxelles, Alençon et Chantilly, rue Richelieu, 78.
Duché et Cie, r. des Petits-Pères, 1, manuf. de châles cachemires, laines et nouveautés.
Dupont, r. Chaussée d'Antin, 41.
Felsenberg, r. Castiglione, 9.
Gaspart, boul. St-Denis, 9.
Gaussen aîné ✻ et Cie (Calenge, L'Honneur, Françoise et Cie success.), manufacture de châles cachemires et laines, r. de la Banque.
Gouin Janoray et Cie, r. Aboukir, 2, maison à Lyon.

Hébert (E. Frédéric) fils ✻, r. du Mail, 13.
Hoschedé, Blémont et Cie, r. Poissonnière, 35, maison à Lyon.
Lacassagne, Deschamps, Salaville et Cie, r. Vide-Gousset, 4.
Legrand, boul. Poissonnière, 25.
Lemaire (A.), r. Richelieu, 76.
Marguerit et Georges (Grands magasins du Pauvre Jacques), pl. du Château-d'Eau.
Mayer (S.), r. Laval, 25.
Miquel (B.) et Cie. et soieries en gros, r. Nve-des-Petits-Champs, 83.
Normand et Chandon, cachemires des Indes, fab. de dentelles, r. Feydeau, 32.
Opigez-Gagelin et Cie, r. Richelieu, 83.
Oulman (les fils de C.), châles cachemires des Indes en gros, r. Drouot, 2.
Richy (Am.), r. d'Hauteville, 53.
Tisseron (A.) (maison Chollet aîné), fabr. de cachemires français, r. Aboukir, 4.
Vuillet (L.), châles nouveautés, cachemires français et des Indes, r. Rivoli, 8.
Weydemann, Bouchon et Cie (maison Mannoury) (Au Petit-St-Thomas), r. du Bac, 33.
Wormser (N.), r. Notre-Dame-de-Lorette, 14.

Réparation de cachemires et châles.

Dole et Richier, spécialité de réparations de châles, r. St-Honoré, 398.

Calicots en gros.

Augier et Samson, r. Rivoli, 75.
Boissaye (A.) et Cie, r. du Sentier, 8; maisons à Mulhouse, Rouen et Manchester.
Brunschwick frères, r. des Jeûneurs, 10.
Collin (Alfred), r. du Sentier, 37.
David et Troulier, r. du Sentier, 27.
Esnault-Pelterie aîné ✻ et Cie, r. St-Fiacre, 5.
Feray et Cie, r. du Sentier, 29; fab. à Essonnes (Seine-et-Oise).
Ferouelle fils, Saphore et Gillet, r. du Sentier.
Gugenheim frères, r. des Jeûneurs, 32.
Hartmann, O. ✻ et fils, r. du Sentier, 32.
Hébert-Laiguel et Cie, r. St-Denis, 126.
Hering et Jourdain, r. des Jeûneurs, 27.
Joriaux (Edouard), r. du Sentier, 39, maison à Mulhouse.
Journé (A.), r. des Jeûneurs, 42.
Journé frères, tissage à Abbeville (Somme), r. du Sentier, 26.
Le Boyteux, Octave Garnot et Pottier, r. des Jeûneurs, 29.
Lefèvre, Levesque et Cie, r. du Sentier, 10.
Levy-Paraf (S.), r. du Sentier, 43.
Madlan frères, r. du Sentier, 34; maison à Mulhouse.
Marguerite-Lucy, r. des Jeûneurs, 35.
Meslier (P.) père, fils et Cie, r. du Sentier, 19; maison à Mulhouse.
Meunier et Cie, 6, boul. des Capucines.
Rouillard-Prévostet Gaillard, r. St-Martin, 176.

Roy (Gustave) ✳ et Cie, maisons à Mulhouse et à Rouen, r. des Jeûneurs, 38.
Saint-Hilaire (B.), r. du Sentier, 35.
Schlumberger fils et Cie, de Mulhouse , r. du Sentier, 36.
Sédillot (Ch.) et Cie, r. St-Fiacre, 7.
Seillière (Aimé) et Cie, représentés par Em. Minal, r. du Sentier, 30.
Steinor et Schoen de Mulhouse, r. Bergère, 18.
Turbert, r. du Temple, 168.

Canevas (fabricants de).

Alabarbe (J.) et A. Martin, r. St-Denis, 20.
Albert (Mme P.), r. Cléry, 31.
Arondelle (Gve), r. St-Denis, 159.
Besançon (J.) aîné, boul. Sébastopol, 88.
Retchel (W.), représentant, r. Richer, 10.
Biedermann (H.) et Cie, boul. Sébastopol, 72 , fab. à Cires-les-Mello (Oise).
Blanc frères et Cie, boul. Sébastopol, 52.
Blazy frères, r. Turbigo, 16.
Chartier, r. Pascal, 23.
Collette frères, r. St-Denis, 118.
Commien (H. et Ch.) frères, r. St-Denis, 179.
Coufourier, pass. de l'Opéra.
Cuvyer-Bresson, canevas de soie , soutaches, ganses et t. art. soie, or, argent et cotons , broderies, boul. Sébastopol, 86.
De La Rue et Cie, carton perforé p. broderies, r. du Château-d'Eau, 52.
Donot (J.), boul. Sébastopol, 84.
Dornier jeune, r. Allemagne, 152.
Gaillard-Fatous (Mme), r. Auber, 23.
Mériotte (Mme), r. Halévy, 4.
Michaud-Jolly, boul. Sébastopol, 14.
Naudé, boul. Sébastopol, 8.
Perré, r. du Bac, 23.
Poiret frères et neveu, r. St-Denis, 96.
Sire (Aug.), boul. Sébastopol, 36.
Thorel aîné, r. St-Denis, 245 (à la Religieuse).

Caoutchouc manufacturé.

Chambre syndicale du caoutchouc et des toiles cirées, boul. Sébastopol, 82 ; président : Galante, O. ✳.
Allmayer et Cie, dépôt de fils caoutchouc vulcanisé, de W. et A. Bates, de Leicester, r. Rambuteau, 57.
Armes de France (aux), fabr. de tous art. en caoutchouc souple et durci, r. Montmartre, 122.
Aubert ✳, Gérard et Cie, r. Enghien, 6; usine à Grenelle, succursale à Harbourg (Prusse).
Bageau (H.), r. Corbeau, 5.
Baquié (Adolphe), r. Cloître-St-Jacques, 2.
Bardin et Cie, manufactures à Paris et à Luzarches; tissus élastiques en tous genres, r. St-Martin, 314.
Barge et Hermant, inventeur du paletot imperméable, r. Paix, 15.

Barras, spécialité de tissus élastiques pour chaussures, r. St-Denis, 225.
Baron (W. J.) et Sons, 17, Aldermanbury, Londres, élastiques, tirants, fils, représentés par Bassot frères, r. Cloître-St-Jacques, 3.
Barthélemy (E.), r. St-Denis. 277.
Baudouin (Achille), boul. Sébastopol, 65.
Berguerand (Félix), fabr. de caoutchouc vulcanisé, r. Temple, 64.
Berlyn (A.), dépôt des manufactures d'Édimbourgh (Ecosse), boul. Sébastopol, 16.
Bernard, tous articles caoutchouc p. l'industrie, r. Turbigo, 48.
Bidaux, fab. spéciale de ballons à musique, r. Grand-Chantier, 5.
Bideau (J.-G.) et Cie, fab. à Clermont-Ferrand, dépôt r. Faub.-Poissonnière, 40.
Binant jeune, r. Saintonge, 89.
Bœringer et Dupuis, r. Faub.-St-Martin, 78.
Boileau, r. Faub.-St-Martin, 52.
Boivin (Eug.), r. St-Denis, 252.
Bonnet (J.), r. Amandiers-Charonne, 8.
Bouht-Phily, fabrique de tissus caoutchouc, r. Grénétat, 55, fabr. à Noisy-le-Grand (Seine-et-Oise).
Bourgoin-Hénault, r. Montmartre 87.
Boury (Pierre), lacets élastiques en tous genres, articles nou., r. Rambuteau 59.
Brissonnet (A.), spécialité de jouets aérostatiques, r. Rambuteau, 22; maisons à Hong-Kong (Chine), et à Yokohama (Japon).
Brunessaux (J.), tubes et tuyaux en caoutchouc, tissus imperméables, r. Saint-Denis, 192.
Cabirol, appareils de plongeurs, lampes sous-marines, r. Marcadet, 168.
Carlier (Ch.), quai Jemmapes, 288.
Casassa (F.), r. Thorigny, 4; fab. à Charenton-le-Pont, r. Carrières, 56.
Casassa-Bothelin (F.), fab. de caoutchouc, tuyaux de toutes espèces, r. Beaubourg, 58.
Caudron et Cie, fab. de tissus élastiques pour chaussures, r. St-Denis, 173.
Chantepie aîné et Cie, r. Montorgueil 67; usine à Montmartre.
Charbonnier (J.-B.), tissus cotons et soies, draps, r. St-Honoré, 376.
Charlot et Cie, r. St-Ambroise, 25.
Chaumette jeune, r. Belleville, 78.
Chiquant (Aug.), r. St-Denis, 237.
Clément (G), manteaux caoutchouc, r. St-Denis, 168.
Courtoise (H.) ✳, r. Neuve-des-Petits-Champs, 11.
Cullaz (J.), vêtements et tissus imperméables, usine à Asnières-sur-Oise (Seine-et-Oise), r. N.-D.-de-Nazareth, 30.
Daubié frères, r. Béranger, 12.
David (Jules), r. Grenier-St-Lazare, 8.
Dawant et Cie, tissus élastiques pour botti-

nes et souliers, r. Coq-Héron, 7 ; fabrique à Essertaux (Somme).

Delahaye, r. St-Martin, 188.

Desbans (A. et J.), r. Martel, 8.

Despréaux ainé, tissus et lacets en caoutchouc pour corsets et jupons, r. St-Denis, 290.

Domecq-Maillet (Mme), r. Bretagne, 42.

Dubosta (Prestinari succ.), spécialité de chaussures de chasse, gal. d'Orléans, 15.

Duclos (Eug.), r. Rigoles-Belleville, 41.

Ducourtioux (Ch.), ceintures ventrières et autres en tissus élastiques, boul. Sébastopol, 141.

Durand (Paul), tissus élastiques pour chaussures, export., r. St-Denis, 190.

Duval (Vve A.), pass. Choiseul, 34.

Engrand et Cie, au château de Puteaux (Seine).

Eslan (A.), tubes, r. St-Denis, 398.

Eugène (Hry), r. Roquette, 115.

Fauvelle-Delabarre fils, peignes, boul. Bonne-Nouvelle, 10.

Fayaud (A.), bretelles, jarretières, lacets en caoutchouc, dépôt d'articles anglais, r. St-Denis, 142.

Ferté, bas élastiques, r. Monsieur - le - Prince, 48.

Finet, p. bretelles, r. Caire, 20.

Fischer (A.) et Cie, spécialité de gomme pour bureau, r. Verrerie. 43; usine à vapeur.

Flamet ✻, bas élastiques, r. St-Martin, 143.

François (E.) et Cie, r. Quincampoix, 84, fabr. à Sailly (Somme).

Friese (Jules), r. Michodière 6.

Fromage (Lucien) et Cie, r. de l'Échiquier, 21; fab. à Darnétal.

Galante (H.) O. ✻ et Cie , gutta-percha et toiles cirées, r. de l'Ecole-de-Médecine, 2.

Galibert ✻ et fils, r. St-Martin, 323.

Girard (Monroy success.), caoutchouc manufacturé, pass. Choiseul, 33.

Gradvohl (Marx), r. Meslay, 59.

Grataloup-Devay (J.), représentant, r. Aboukir, 97.

Grellou (Henri) ✻ et Cie, tissus élastiques pour chaussures, ceintures de jupons et corsets, r. Rambuteau, 84.

Guibal ✻ (C.) et Cie, tissus élastiques et imperméables: usine à Ivry (Seine). Dépôt à Paris, r. Vivienne, 40.

Guillaume (E.), r. Oberkampf, 138.

Gumprecht (Gve), articles fins en caoutchouc durci, r. Marseille, 7.

Hadamard (A.), dépositaire de Charles Macintash et Co de Manchester, r. Pagevin, 4.

Hecht frères et Cie, caoutchouc brut, etc., r. Château-d'Eau, 34.

Hergesberg frères, emploi général du caoutchouc et gutta-percha, 12, pl. des Victoires.

Hesse, Son et Meyer, r. Mail, 27, tissus élas-

tiques pour vêtements et chaussures; fab. à Manchester.

Huet (v.), tissus élastiques en tous genres, dépôt de fab. étrangères, r. Turbigo, 63.

Huet et Cie, bretelles, jarretières, tissus élastiques, r. Echiquier, 30 ; fab. à Chelles (Seine-et-Marne).

Hutchinson, Poisnel et Cie, compagnie nationale du caoutchouc souple ; grandes usines à Paris, à Langlée (Loiret) et Mannheim (Bade), r. de l'Hauteville. 1.

Jacob (Michel), r. Bonaparte, 68.

Jacquemain-Gaudard (Vve F.), tissus élastiques pour chaussures, r. Quincampoix, 78.

Jacques (J.), r. St-Denis, 159.

Krafft (J.), r. Paradis-Poissonnière, 9.

Laballe (Vve), caoutchouc naturel, rue Brantôme, 12.

Lambard (Eugène), rue Neuve-des-Petits-Champs, 5.

Landry (H.), r. Faub.-St-Denis, 142.

Lang (B.) et Cie, caoutchouc souple et durci, r. Turbigo, 70, fab. à Londres.

Langlois (E.), r. Faub.-du-Temple, 129.

Larcher (maison), r. Aboukir, 7.

Lebigre (C.), r. Rivoli, 142 ; vêtements en caoutchoux confectionnés.

Lecoq (Jules), r. Rébeval, 81.

Ledoux (G.), caoutchouc spécial pour la fabrication de tous les tissus imperméables, boul. Sébastopol, 46.

Lejeune (A.), r. N.-D.-de-Nazareth, 39, usine.

Le Melle (Veuve), tissus caoutchouc pour ceintures de jupons, r. St-Denis. 123.

Le Perdriel, bas contre les varices, rue Sainte-Croix-de-la-Bretonnerie, 54.

Leplanquais (F.) ✻, r. Rivoli, 15; manufact. à Vannes (Seine).

Lerchenthal (Iln) et Riès, caoutchouc brut et gutta-percha, r. Montmorency, 16.

Lerenard (A.), r. Pali Kao, 9.

Leverd (A.) et Cie, usine, rue Faub.-Saint-Martin, 218.

Lévy (Vve I.) et fils, ornements et fournitures pour chapellerie, r. Rambuteau, 18.

Longhton, Jackson et Cie , usines à Menin (Belgique), rouleaux pour filateurs de lin, courroies, dépôt, r. de la Banque, 16.

Machelart, r. Feuillantines, 94.

Mager (A.), manteaux en caoutchouc, rue d'Aboukir, 11.

Marcou (E.), r. N.-D.-de-Nazareth, 24.

Maujard (N.), pass. Choiseul, 76.

Maurel (A.), spéc. de Waterproofs anglais, r. Rivoli, 140.

Mayor, Gauthey et Cie, r. Grénétat, 43.

Messager et Cie, r. Faub.-Montmartre, 45.

Monroy, pass. Choiseul, 33.

Morellet (Aug.), gutta-percha en caoutchouc brut, r. Sévigné, 27.

Noury (J.), dépôt d'élastiques pour chaussures, boul. Sébastopol, 61.

Paillard (Elie), manuf. de tissus p. bretelles, rue Rambuteau, 40 ; fabr. à Chaulne (Somme).

Piault (Alfred), fabr. de tissus élastiques pour jarretières, ceintures, r. Anjou-Marais, 8.

Picard frères, r. Martel, 6.

Pinet, fabr., r. St-Denis, 157.

Plancher et Cie, r. Perle, 1.

Poncel et Ganidel, fabr. spéciale de bas pour varices, r. St-Antoine, 105.

Posselt (E.) et Cie, élastiques pour chaussures en gros, rue Réaumur, 52 ; à Bradfort (Yorkshire), à Derby et Manchester.

Prevel (Vve), pass. Jouffroy, 54 et 56.

Prévost et Blin, manufactures générales de caoutchouc, tous les articles jouets et mercerie, r. Grénétat, 3.

Rattier ✳ et Cie, inventeurs des tissus imperméables et des tissus élastiques, r. Aboukir, 4, usine à Bezons (Seine-et-Oise).

Ray et Cie, spécialité de fils, bretelles, jarretières, ceintures, etc., etc., r. N.-D.-de-Nazareth, 25.

Repos (H.), manuf. de bretelles et jarretières, boul. Sébastopol, 86.

Retourné (Alex.), fabr. de tissus élastiques pour chaussures, r. Verrerie, 52.

Revertégat, r. Réaumur, 29.

Roger (L.) et Cie, fab. d'étoffes élastiques p. chaussures, ceintures, jarretières, bretelles et guêtres, représenté à Lyon par Mrs Laederich et Cie, r. Victor-Arnault, 21, et rue Paul Lelong, 13.

Sarassin (E), caoutchouc et gutta-percha bruts, r. Château-d'Eau, 37.

Scoenfeld et Guilmet, r. Meslay, 61.

Sriber (Alph.), tissus caoutchouc anglais, élastiques pour chaussures, r. Turbigo, 18.

The india rubber, gutta-Percha and telegraph works co limited, fabrication générale du caoutchouc, usines à Persan-Beaumont (Seine-et-Oise) et à Silvertown (Angleterre), place des Victoires, 12.

Torrilhon, Verdier et Cie, spécialité de paletots caoutchouc, r. Montmartre, 125, usine à Clermont-Ferrand.

Van Zon-Becker et Cie, r. de Pierrefitte, 5.

Vassol, r. Jouy, 7.

Villiard (Gl.) et Cie, route de Romainville, 36, à Bagnolet.

Villy (P.-J.) et Cie, élastiques anglais tous genres, boul. Sébastopol, 38, maison à Manchester, r. Bondestreet, 5.

Wisotzky (Aug.) et Cie, fils en caoutchouc pour tissus, r. Faub.-St-Denis, 39.

Capelines (fabr. de).

Barère (Mmes), pass. des Petites-Écuries, 9.

Bloch jeune, boul. St-Denis, 20.

Branchard, r. Meslay, 55.

Cambon (Jules), capelines et étoffes variées, mitons, r. Rivoli, 132.

Chambe (F.), r. Turbigo, 25.

Delon (E.), tissus nouveauté, tricot et crochet fantaisie, r. Sentier, 23.

Drulhon-Delisle, r. des Halles, 2.

Dubois Lefèvre, capelines en gros, nouveaut. en tous genres, r. d'Aboukir, 50.

Fonderie, r. St-Denis, 155.

Gaudier, nouveautés, r. Cléry, 32.

Girard (Emile), boul. Sébastopol, 78.

Goury (N.), r. St-Denis, 272.

Jolifié (H.), usine, r. St-Sauveur, 39.

Laridan (Vve) et Cie, r. Elzévir, 4.

Lechevalier (Jules) et Cie, spécialité de capelines et capuchons, place des Victoires, 8.

Lefebure (P.), r. Rivoli, 114.

Lemoyne, r. Vieille-du-Temple, 34.

Maxe-Werly (Léon), boul. Sébastopol, 72.

Paulet, r. St-Denis, 155.

Pinaud (J.), place des Victoires, 10.

Plançon (Gustave), Faub.-St-Martin, 142.

Roig et Cie, r. St-Martin, 170.

Cardes (fabricants de).

Alibert (Consteriez successeur), fabr. de cardes à matelas, export., r. Nil, 10.

Bateman (Daniel) et fils, fab. de cardes, à Asnières-sur-Seine, maison à Low-Moor, près Bradford (Angleterre),

Cousteriez, r. Nil, 10.

Touvenain (A.), r. Murs de la Roquette, 1.

Cartonnages (fab. de).
(Principales maisons).

Abel-Zeller, cartons pour robes, châles, soieries, lingerie, gants etc., cartons d'emballage pour la commis. et l'expor. r. Française, 14.

Boisseau (A.), p. châles et fleurs, commiss. et export. passage du Caire, 81.

Colin, spécialité pour chapellerie et emballage, r. de la Verrerie, 52.

Demourieux, cartes et cartons d'échantillons, châles et confections, r. St-Sauveur, 6.

Durot (J.), emballage, spéc. pour chapellerie, expor., rue St-Denis, 373.

Farcy-Droin, boîtes de bureaux pour magasins et commissionnaires, etc., r. Grénétat, 48.

Fossey, cartons pour robes, broderies, fleurs, rubans, ganterie et passementeries, r. Thévenot, 13.

Lafon (H.), spécialité pour la chapellerie, r. Simon-le-Franc, 14.

Lantz (D.), fab. de cartonnages pour châles, robes, confections, soieries, r. Paul-le-Long, 11.

Leuillon, pour châles riches et dentelles etc., exp. r. Thévenot, 15.

Levitre (L. P.) (au Compas d'or), emballages en tous genres, r. d'Aboukir, 133.

Mercier (H.), pour mercerie, passementerie, etc., r. Michel-le-Comte, 23.

Orengo (Gustave), fabr. spéciale de riches fantaisies, corbeilles en soie, velours, tissus
spéciaux et broderies, etc., r. Entrepôt 24.
Prot (E.), spécialité pour merciers, export.
pass. Ménilmontant, 2.
Roussel et Cie, cartonnages, riche nouv. pour
mouchoirs et chemises, spécialité de cartes
d'échantillon pour l'expor. r. St-Sauveur 39.
Roussel aîné, r. Simon-le-Franc, 19.
Saliot jeune, spécialité de cartes d'échantillons, r. Montmorency, 36.
Vessière (Gustave), cartonnages fins, spé. de
dorures sur soie, r. du Temple, 81.

Casquettes (fab. de).

(en gros).

Albanel, r. Montmartre, 76.
Alexandre, r. des Blancs-Manteaux, 22.
Auguste, fab. de casquettes d'uniformes en
tous genres, r. du Temple, 52.
Berdin, Victor Baraguey et Cie, export. rue
Aubriot, 9.
Bourcau (Aimé), fab. de casquettes, chap.
d'étoffes et fantaisie p. enfants, r. des
Vieilles-Haudriettes, 5.
Chiquet, fabrique spéc. en velours d'Utrech,
export., r. Simon-le-Franc, 5.
Duboc (F.), fab. de casquettes et calottes fan-
taisie pour enfants, France et export., rue
Rambuteau, 35.
Duflos (L.), fantaisie, r. Beaubourg, 38.
Dufour frères, r. Francs-Bourgeois-Marais 15.
Fevez (Alexandre), fabr. de casquettes haute
nouv., r. du Temple, 16.
Gerbaut-Chagniat, fab. de casquettes d'uni-
formes, r. du Temple, 48.
Gorlin aîné, export. r. du Temple, 14.
Haas ✳ et Cie, fab. de casquettes et fantai-
sie pour enfants, r. du Temple, 71.
Hérold (J.), fabr. spéciale de képis de lycées,
et d'orphéons, r. du Temple, 21.
Labiche et St-Jorre, fab. de casquettes cha-
peaux de feutre et paille, commiss., exp.
pass. Ste-Avoie, 4.
Lambert (H.), fab. en tous genres, exp., r.
Ste-Croix-de-la Bretonnerie, 32.
Laveissière (A.), spéc. de fantaisie p. enfants,
exp., r. Aubriot, 10.
Maréchal, fab. de casquettes en tous genres,
r. Paradis-Marais, 5.
Mayer fils, spécialité de draps noirs et ve-
lours, r. Geoffroy-l'Ang, 19,
Mayer (P.) et Cie, fab. en tous genres et fan-
taisie p. enfants. r. de la Verrerie, 52.
Moch (Félix), fantaisie pour enfants, r. du
Temple, 44.
Moch (Bernard), fab. de casquettes et chap.
en tous genres, r. Rambuteau, 13.
Müller et Cie, exp., r. Rambuteau, 14.
Nathan père et fils jeune, r. des Blancs-Man-
teaux, 38.

Neveux (E.), spéc. d'art. courants, fant. d'enfants, r. Rambuteau, 26.
Parmentier, r. Aligre, 22.
Paul (Louis), fab. en tous genres, fantaisies,
livrées, chasses, etc., r. du Temple, 57.
Pucci (Thomas), fab., fant., enfants, chapeaux
de soie; r. Chaume, 9.
Rottembourg (S.) et Cie, fab. en tous genres
et fantaisie pour enfants, r. Beaubourg 38.
Souloumiac, fab. spéciale de casquettes d'u-
niforme, r. du Temple, 43.
Stalraefen (Paul) et Beautour, spécialité de
draperies et nouv. pour casquettes, velours
de cotons français et anglais, r. du Bourbonnais, 31.
Trotry-Latouche frères, casquettes, tricots,
export., r. du Grand-Chantier, 5.
Vigié (A.), spéc. de fantaisie p. enfants, exp.,
r. du Temple, 31.
Violette et Fournier, casquettes fantaisie, exp.
r. Ste-Croix-de-la-Bretonnerie, 48.

Fournitures pour casquettes.

Bergeron (Fois), coupons de soies, r. du Tem-
ple, 74.
Boiron (J.), fab. de coiffes, vente et achats
de vieilles soies, r. des Gravilliers, 16.
Bordure, r. Rambuteau, 26.
Borie (Vve), r. Ste-Croix-de-la-Bretonnerie 40.
Dechelle (A.), r. des Singes, 1.
Delalande (Emile), r. Aubriot, 10.
Duflos (Léon), r. Beaubourg, 38.
Duquesnoy, r. Ste-Croix-la-Bretonnerie, 25.
Durier (Paul), tresses et galons, or et argent
p. chapellerie, r. Thévenot, 8.
François, spéc. coiffes, r. du Temple 50.
Gaussen, r. Chapon, 8 et 10.
Gerbeau-Chagniat, r. du Temple, 48.
Gorgeot (A.), ouates et coiffes, export., r. du
Temple, 41.
Gornard (L.), r. du Temple, 56.
Klein (H.) et Cie, fab. d'ornements en tous
genres, r. Vieille-du-Temple, 78.
Lafontaine (Eug.) et Fromental, spéc. de cuirs
r. des Blancs-Manteaux, 40 ; m. à Riom
(Puy-de-Dôme).
Lagrave-Fleury, r. Simon-le-Franc, 14.
Lamothe (Mme), r. des Singes, 3.
Leder père et fils, r. de la Verrerie, 52.
Leder (L.), fab. de visières p. civils et militai-
res, pass. Pecquay, 7.
Levi-Leib (Alph.), r. du Mail, 26.
Lévy (Vve I) et fils, fab. d'ornements pour
chapellerie, r. Rambuteau, 18.
Manton (M.), coiffes, r. des Quatre-Fils, 18.
Oury, r. Vieille-du-Temple, 81.
Périgrosse et Vve Toussaint, fournit. en tous
genres, pass. Pecquay, 11.
Perrin, coiffes, r. Nve-St-Merri, 28.
Petit-Didier, fab. spéc. de coiffes, boul. Sébas-
topol, 123.
Piat, r. du Temple, 128.

Remy (A.) fils, représentant de Tinet-Chapelle de Riom (Puy-de-Dôme), fabr. spéc. de cuirs p. chapellerie et casquettes, r. des Blancs-Manteaux, 39.
Rieutor, r. Poterie-des-Arcs, 18 et 20.
Roustan, r. Braque, 5.
Sommer et Lévy, étoffes, r. Rambuteau, 24.
Soulage (F.), brev. s. g. d. g. pour ses toiles-cuirs rayées et quadrillées, imitant les cuirs de Russie, r. Beaubourg, 40.
Verdot (Vict.), r. Simon-le-Franc, 9.
Vignaux et Labit, fournit. de chapellerie, fab. de coiffes, r. des Francs-Bourgeois-Marais, 18.
Villy (P. J.) et Cie, velours, draps et doublures anglaises, boul. Sébastopol. 38.
Vincent (H.), r. Beaubourg, 37.

Ceintures (fabr. de).

Amson (G.), r. Turbigo, 46.
Airault (E.), r. Quincampoix, 80.
Blanc et Coquard, r. Magnan, 27.
Bourcy (Mme), fab. de ceintures élastiques, r. N.-D.-des-Victoires, 7.
Brunessaux (J.), tissus, r. St-Denis, 192.
Brunier, cuir et tissus, r. du Temple, 145.
Bus-Jacob, faub. St-Denis, 146.
Capren (Mme), ceintures hygiéniques, r. Ecole-de-Médecine, 10.
Chambe (F.) et Cie, ceintures pour dames, haute nouveauté, r. Turbigo, 25.
Charbonnier (J.-B.), r. St-Honoré, 376.
Creuzot-Poulet, ceintures hypogastriques et tissus élastiques, en soie, coton et fil, boul. Sébastopol, 72.
Crozet (Amédée), ceintures fantaisie p. dames, r. Aboukir, 115.
Cruchet (Edouard), fantaisie p. dames, nouveautés, export., r. St-Denis, 349.
Defert (J.), ceintures perlées, jais et fantaisie, boul. Sébastopol, 44.
Delahaye, r. St-Martin, 188.
Delavigne (H.), ceintures hypogast. en tissus élast., r. Quincampoix, 70.
Deschamps-Alan, r. du Bac, 40.
Fayaud (A.), ceintures fantaisie en cuir et en tissus, r. St-Denis, 142.
Flamet fils, ceintures hypogastriques, r. St-Martin, 143.
François (E.) et Cie, r. Quincampoix, 84.
Gillet (Ad.), boul. Sébastopol, 121.
Hardy et Vve Gautier, r. Turbigo, 2.
Herman Grunbaum, nouveautés en t. genres, r. N.-D.-de-Nazareth, 29.
Hermann-Moses, fabr. de ceintures vernies, gymnastiques, export., r. de Chaume, 8.
Huet (Vᵉ Ch.), ceintures de cuir et de toutes étoffes de soie, r. Turbigo, 62.
Hyppolite (Mme), et corsets, r. de la Paix, 9.
Jullienne (Mme), r. St-Denis, 303.
Lang (B.) et Cie, ceintures ventrières, r. Turbigo, 70, maison à Londres.

Langlois (E.), faub. du Temple, 129.
Le Bref (Mme), r. St-Honoré, 203.
Lebreton, haute nouveauté pour dames, passementerie et boutons, r. Cléry, 36.
Leclercq (M. et Mme), spécialité de corsets-ceintures, brevetés, r. Duphot, 2.
Lejeune (A.), tissus caoutchouc, r. N.-Dame-de-Nazareth, 39.
Le Melle (Vve), tissus élast. pour ceintures, lingerie en gros, r. St-Denis, 123.
Leplanquais (F.) ✼, r. Rivoli, 15.
Leroy (Mlle Adèle), r. Meslay, 30.
Magnier (A.), boul. Sébastopol, 30.
Marcelin (V.) aîné, fabr. spéciale de boucles et de ceintures, r. Turbigo, 36.
Masson, fab. de ceintures élastiques, boucles parisiennes, r. de Chalons, 20.
Messager (Mme), r. Rivoli, 67.
Moskowite (D.) et fils, r. Palestro, 5.
Mousset (Mme), ceintures et corsets élastiques, r. Molière, 35.
Normand (Emile), ceintures fantaisie pour dames et enfants, r. St-Denis, 166.
Perigrosse et Vve Toussaint, pass. Pecquay.
Piault (Afred), ceintures et tissus élastiques pour bretelles, r. Anjou-Marais, 8.
Pouillet, r. Cléry, 12.
Plomée (Mme A.), r. N.-D.-de-Nazareth, 67.
Regenhard (Edouard), ceintures fantaisie et aumônières, r. Charlot, 11.
Rey-Chevalier, r. St-Denis, 290.
Richard (Vor), ceintures p. dames, h. nouveautés, r. Rambuteau, 26.
Schloss (Simon) ✼ et neveu, fantaisie et nouveauté, r. Chapon, 15.
Schreyer (Louis), ceintures et passementeries, export., r. Hauteville, 21.
Sriber-Mock (Mme), ceintures haute fantaisie, boul. Sébastopol, 106.
Torchebœuf (T.), r. Rambuteau, 61.
Turiault (C.), r. Beaubourg, 73.
Vassol, fab. à Montrouge, r. Jouy, 7.

Châles (fab. et march. de). Voy. aussi *Cachemires*.

Chambre syndicale du commerce et de l'industrie des tissus, 48, r. Pagevin.
Allard et Tourret, pl. des Petits-Pères, 9.
Angrémy (Toussaint), r. Cléry, 5.
Appay jeune, r. Rambuteau, 14.
Aubé (L.) aîné, r. Aboukir, 17.
Au grand Marché Parisien, r. Turbigo, 3.
Ayral et Guiraud, fabr. de châles brodés, confections et nouv. r. Aboukir, 42.
Baquié (L.), r. St-Joseph, 10.
Beauvais (P.-F.), r. Bouloi, 4.
Bechtel (W.), représentant de fabriques étrangères, r. Richer, 10 et 12.
Berger, r. Faub.-St-Martin, 134.
Bergounioux (H.) et V. Richard, r. Saint-Joseph, 4.
Bernard frères, r. Cléry, 9, fab. à Amiens.

Bertheley (Hte) fils, r. Rougemont, 4.
Bideau, r. Aboukir, 56; fabr. à Montigny (Aisne).
Blaizot et Cie, r. Aboukir, 51; fab. à Lyon, sous la raison sociale Dinnet, Domenech et Cie.
Boisbluche et Péronne, r. Aboukir, 27.
Bonne (E.), boul. Sébastopol, 131.
Bossuat (E.-G.), châles fantaisie et nouveautés, breveté s. g. d. g., r. Hauteville, 58, fabr. à Bohain (Aisne).
Bouchinet et Dessé, r. Cléry, 21; fab. à Bohain (Aisne).
Boucicaut (A.), châles français fantaisies et noirs, r. Bac, 135.
Bourdeaux (Jules) et Cie, r. Jeûneurs, 30.
Bourdier (E.), r. Richelieu 76.
Bourgeois frères et Mahaut, r. Aboukir, 55; fab. à Bohain (Aisne).
Bourlet (L.), r. Aboukir, 32.
Bournhouet (P.) fils, r. Aboukir, 2.
Boutard et Lassalle, r. Aboukir, 21.
Bouteille jeune et Cie, r. Vide-Gousset, 2; fab. à Bohain.
Brianne et Gelin, r. Rivoli, 154.
Bricout, Leveut et Cie, r. Cléry, 24.
Caillau, Levallois et Dilon, fab. à Crèvecœur (Oise), r. Sentier, 24.
Caillieux (Eug.), Gaulier et Cie, r. Aboukir, 50; fab. à Seboncourt (Aisne).
Calenge, l'Honneur, Françoise et Cie, manufacture de châles cachemires et laines, r. de la Banque, 1.
Carlier (A.), r. Faub.-St-Martin, 93.
Cerf (L.), Michel et Cie. et cachemires des Indes, boul. des Italiens, 9.
Chambellan (A), fabr. châles cachemires et laines, r. Aboukir, 8; fab. à Lyon (Rhône), et à Nîmes (Gard).
Chanel (J.), r. Aboukir, 40; maison à Lyon, pl. Croix-Paquet.
Chanu et Gaunard, r. Aboukir, 5.
Chapusot, Prévost et Boing, pl. des Victoires, 10.
Chavagnat fils et G. Brunard, boul. Bonne-Nouvelle, 25.
Chereau, r Moufiletard, 67.
Collet, Dubois et Cie, tissus de pur cachemire et châles noirs, r. Mail, 31.
Compagnie des Indes. — Verdé-Delisle ✳ frères et Cie, r. Richelieu, 80.
Corbelly (Prosper), r. Aboukir, 60.
Covillard-Pichon et Cie, r. Aboukir, 47.
Créole (à La), C. Wormser, r. N.-D.-de-Lorette, 14.
Cuvillier et Cochefert, r. Aboukir, 53; fabr. à Seboncourt (Aisne).
Dachés père et fils, r. Aboukir, 39, fab. à Grougis (Aisne).
Dalsème (L.), r. St-Marc, 21.
Dalsème (Maurice), r. Chauchat, 9.

Daniel, châles, nouveautés, r. Aboukir, 62 et 64; fab. à Seboncourt (Aisne).
Dardouillet (Victor) (au Persan, Entrepôt des Indes), r. Richelieu, 78.
Decarain et Delaruelle, r. Sentier, 3.
De Chauny, r. Sentier, 8; fab. à Bertry (Nord); maison à Londres.
Dècle (A.), Salles et Cie (E. Salles, succ.), mérinos et tartans, r. Aboukir, 39.
Delon (E.), usine à vapeur, ti-sage mécanique, filature, teinture et blanchiment des laines, r. Sentier, 23.
Demuth (Joseph), r. Meslay, 47.
Denarié (A), r. N.-D.-de-Lorette, 10.
Devin (Ch.) et Cie, r. Poissonnière, 3.
Duché et Cie, r. Paris, 1, manufacture de châles cachemire, laines et nouveautés, exportation.
Dumas (G.) et Cie, boul. Sébastopol. 44.
Dupont, r. Chaussée-d'Antin, 41.
Fauqueux, r. Oberkampf, 114.
Favet (J.), r. St-Sauveur, 71.
Fichtenberg, r. Rivoli, 80.
Flamant et Valette, r. Sentier, 32; fab. à Bohain (Aisne).
Fontenay, r. Mulhouse, 11.
Foucher (Auguste), r. Aboukir, 67.
Gagelin, r. Richelieu, 83.
Gaspart (Eug.) boul. St-Denis, 9.
Gernin, boul. Sébastopol, 51.
Gérard (Ch.) et Cantignv, r. Aboukir, 27.
Glénard (E.) et ie, faub. Poissonnière, 12.
Gouin Janoray et Cie, r. Aboukir, 2, maison à Lyon.
Grimonprez frères, r. du Sentier, 4.
Guérin et Journlt, r. Bergère, 12, fabr. au Cateau (Nord), et au Ronsov (Somme).
Guillaumaud (H.), r. Aboukir, 63, fabr. à Bohain (Aisne).
Guybert (Ferdinand), châles fantaisie et imprimés, export, r. du Mail, 16.
Hébert (E. F.) fils ✳, r. du Mail, 13.
Heurtebise, r. Aboukir, 42.
Hoschedé, Blemont et Cie, r. Poissonnière, 35, maison à Lyon
Hussenot père, fils et Cie, unis, imprimés, tartans et brochés, export., r. du Mail, 16.
Janson (A.), r. Bonne-Nouvelle, 5.
Javelas, r. Aboukir, 12; fabr. à Paris et à Fresnoy-le-Grand (Aisne).
Jubin, r. Aboukir, 71.
Lacassagne, Deschamps, Salaville. et Cie, r. Vide-Gousset, 4, fab. à Bohain (Aisne).
Lair (Hip.) et Henri Lair, r. Aboukir, 15; fab. à Fresnoy-Legrand.
Larivière-Renouard ✳, Grands magasins du Coin-de-Rue. r. Montesquieu, 8.
Latouche (A.), châles, cachemires et laines, r. Aboukir, 69.
Laubry-Aubeux et Cie, manufacture de châles nouveautés, r. Morand, 15.

Le Boullenger (Aux chèvres du Thibet), fabr. de châles, r. La Feuillade, 1.
Leclère et Vollant, boul. des Italiens, 1.
Lecocq et Cie, pass. des St-Simoniens.
Lecoq (E.), Gruyer et Cie, châles de l'Inde fabriqués en France, r. Montmartre, 131.
Lefèvre (Aug.), pass. Ménilmontant, 19.
Legrand (A.), boul. Sébastopol, 4.
Le Saunier (Victor), r. Rougemont, 12.
Levaufre (Casimir) et Cie, r. Aboukir, 61; fab. à Fresnoy (Aisne).
Lizot-Laurent, fab. à Bohain (Aisne), à Chantilly (Oise), r. de Mulhouse, 13.
Loncle et Lemaire, r. du Sentier, 13, fab. à Bohain (Aisne).
Louis, Verdière et Lacasse, r. du Mail, 12.
Macaigne (E. et J.) Macaigne, r. Bouloi, 8.
Maillard et Bréant, r. Aboukir, 60.
Maillard (L.) et Cie, r. Aboukir, 76.
Manby et Balding, (magasin anglais), spécialité de châles écossais, r. Auber, 19.
Marie (L.), boul. Bonne-Nouvelle, 31.
Martin, r. Amboise, 1.
Mary (E.), boul. St-Denis, 15.
Mathieu (Félix) et S. Garnot, châles brodés, r. Rougemont, 3.
Miquel (B.) et Cie, et soieries en gros, r. Nve-des-Petits-Champs, 83.
Molin et Riche, r. Nve-des-Petits-Champs, 56.
Normand et Chandon, cachemires des Indes, fab. de dentelles blanches et noires, fab. de châles français, r. Richelieu, 82.
Oulman (les fils de G.), châles cachemires de l'Inde en gros, r. Drouot, 2.
Oustry (F.), spécialité de châles unis, pl. des Victoires, 9.
Pacot-d'Yenne (Ed.), tartans, baréges imprimés et noir uni, pl. des Victoires, 6
Pelissié, Beau et Cie, unis tissés et imprimés, export., r. St-Martin, 199.
Picard (E.), r. Aboukir, 48.
Pin (A.) et Cie, pl. des Victoires, 1; fabr. à Fresnoy-le-Grand (Aisne).
Planche (L.) et Cie, r. du Mail, 23; fabr. à Busigny, Quiévy et Poix (Nord).
Ponce frères, r. Aboukir, 45; fab. à Seboncourt (Aisne).
Porée, boul. Sébastopol, 55.
Poulain frères, r. Aboukir, 60.
Pramondon (G.), faub. Poissonnière, 5.
Prevot, Chaussée-d'Antin, 6.
Renaux (E.), fab. de châles dépôt de dentelles, r. Vide-Gousset, 2.
Revel (M.) et Cie, r. des Jeûneurs, 21.
Robert (Ch.), r. Baillif, 9.
Robert (L.), r. Aboukir, 9; fab. à Freynoy-le-Grand (Aisne).
Romain, r. Richer-Belleville, 11.
Roque (C.) et Cie, châles et pointes dentelles, r. des Jeûneurs, 35, maison à Lyon.
Rooz, r. St-Joseph, 6.
Rôze et Duhamel, r. Aboukir, 43.

Sabatier et Cie, r. du Sentier, 28.
Sangouard (C), r. Aboukir, 50; manuf.
Sorlot (A.), châles et confections pour dames, r. Turbigo, 28 (Aux Armes Lyonnaises).
Tabournier, Perreau et Bisson, fabricants, rue d'Aboukir, 6.
Ternaux (maison), r. d'Aboukir, 2.
Tilliette et Bocquillon, r. d'Aboukir, 60.
Tisseron (A.) (à la Vigogne), fab. de cachemires français, r. d'Aboukir, 4.
Trancart et Cie, r. Sentier, 3.
Verpois (A.), châles tissés et imprimés, tartans noirs, r. Mail, 14.
Viard (L.), r. imp. de l'Orillon, 6.
Vuillermet (M.), impressions, nouveautés, châles, fichus, r. Mulhouse, 8.
Wulveryck (B.) et Cie, r. Mail, 13.

Chanvre en gros (march. de).

Bertrand et Freté, chanvres français et étrangers, boul. Sébastopol, 12.
Bodin jeune, r. Ferronnerie, 5 et 7.
Compagnie française chanvrière et linière de Vaugenlieu, F. Léoni ✳, directeur; F. Coblentz, direc. adjoint, r. Grange-Batelière, 1.
Danubienne (la). Société anonyme d'importation en chanvre d'Autriche et de Hongrie, r. Provence, 34.
Dreyfus neveu, r. Ferronnerie, 11.
Dufrien (Ct), r. Ferronnerie, 27.
Flamant (Marius), spécialité de chanvres de Manille, passage du Saumon, galerie Mandar, 9.
Girard (Emile), r. Ferronnerie, 2.
Goutallier, étoupes de toutes qualités pour sommiers, r. Folie-Méricourt, 22.
Guérin (Louis), r. Ferronnerie, 37.
Lemaître et Cie, filasses, lins, cordages et ficelles, boul. Sébastopol, 85.
Mithouard (A.), grand assortiment de toutes provenances, r. Cossonnerie, 10.
Pierson et Cie, chanvre et lin de Riga et de St-Pétersbourg, r. Maubeuge, 60.

Chapeaux (fabricants de).

Chambre syndicale, boul. Sébastopol, 82. — Président : Leduc.
Aimé Boureau, fabr. de chapeaux d'étoffes et fantaisie, r Vieilles-Haudriettes, 5.
Ajam, spécialité de chapeaux militaires, passementerie, r. Vivienne, 16.
Alcan (J.) aîné, fabr. en feutre et paille, exportation, boul. Sébastopol, 125.
Alexandre, fab., fantaisie pour enfants et pour dames, r. Blancs-Manteaux, 22.
Allié aîné, invent. et fabr. du conformateur, r. Simon-le-Franc, 17.
Aschermann et Cie, pour l'exportation, rue de la Santé, 65, usines à Aix-Provence.
Benard et Cie, dépôt en laines, feutre et d'étoffe, r. Vieilles-Haudriettes, 3.
Béringer, fab. en feutres, haute nouveauté

pour dames, fillettes et garçons, en blancs, et autres couleurs, r. Simon-le-Franc, 17.

Berthet (A.), r. Roziers, 4, fabr. à Meyzieux (Isère), près Lyon.

Betry (Edouard) ils, pour enfants, exportat., r. Francs-Bourgeois-Marais, 22.

Bloch (Aron), fab. de chapeaux d'étoffes, export., r. Blancs-Manteaux, 40.

Bottaux et Dubois, manuf. en étoffes, brev. s. g. d. g., r. du Temple, 31.

Boureau (Aimé), fabr. de chapeaux d'étoffes, r. Vieilles-Haudriettes, 5.

Brousson frères, Marquès et Alexis Lasne, feutre souple et imperméable, r. Rambuteau, 20 ; manuf. à Marsillargues (Hérault).

Clavel aîné, manuf. en feutres à Chazelles sur Lyon (Loire), maison à Paris, r. Guillemites, 9, exportation, représenté par A. Danne.

Combes-Martignon, feutre et paille, fantaisie, nouveauté p. dames, exportation, r. Rambuteau, 23.

Conolly-Genevrier, articles fantaisie, dames et enfants, exportat., Faub. St-Denis, 67.

Corne (Mme), fantaisie pour dames et enfants, exportation, r. de Brac, 5.

Dassier (Mme A. Janvier, success.), spécialité p. uniformes, r. Richelieu, 12.

Debrunner frères et Cie, r. St-Martin, 198.

Déchenaux, fabr. de chapeaux de feutre, rue Simon-le-Franc, 14.

Decupère, fantaisie pour dames et enfants, r. Neuve-St-Merri, 32.

De Henne et Cie, boulevard des Capucines, 11.

Delacroix (A.), fourniss. de l'Opéra, r. Rosiers-Marais, 17.

Delamotte, fabr. de chapeaux mécaniques, rue Ste-Croix-de-la-Bretonnerie, 35.

Derème-Fischer, représentant de J. Vimenet fils, de Bruxelles, loutre, rue des Petites-Ecuries, 51.

Déthan (V.), en gros, feutres souples du Midi, r. Ste-Croix-de-la-Bretonnerie, 14.

Doflein et Lefloch, chapellerie p. l'Espagne, r. Sévigné, 48.

Dortet (Edmond), fantaisie p. l'exp. art. de paille, soie, étoffes, boul. du Prince-Eugène, 18.

Dubusc (Delahoussaye succ.), dépôt et spéc. de chapeaux ecclésiastiques de Lyon, com. export., r. du Cherche-Midi, 5 et 7.

Dufour (F.) et Cie, chapeaux de feutre fant. r. Joquelet, 3.

Dufour frères, r. des Francs-Bourgeois-Marais, 15.

Vve Durst, Wild, chapeaux feutre de laine, r. du Caire, 39, manuf.

Evrard et Dufour, manuf. de chapeaux de soie, r. des Blancs-Manteaux, 35.

Eyquem et Jeanneau, r. Rambuteau, 37.

Ferrand aîné représentant de la m. Baton frères de Lyon, r. Paradis, 5.

Fizel aîné, fab. et magasin de chapeaux de soie, r. St-Honoré, 190.

Fizel (Minor), fab. de chap. de soie, articles de fant., r. St-Honoré, 286.

Frappa aîné, chapeux de paille et feutre, r. du Caire, 45.

Galoffre (G.), chapeaux souples de la mais. J. Coupin d'Aix, chapeaux de feutre, de Buton frères de Lyon, r. Plâtre-du-Temple 13.

Galopin, fab. de chapeaux et casquettes fantaisie, r. Fontaine-St-Georges, 44.

Gandriau (S.) fils, manuf. mécanique de chapeaux feutrés cachemire et laine à Fontenay-le-Comte (Vendée), dépôt rue du Temple, 39, représenté par A. Suidurand.

Gaspart (Et.), fabr. de chapeaux mécaniques en satin et en mérinos, r. Vivienne, 3.

Gendre et Cie, r. Geoffroy-Marie, 1.

Germain et Cie, manuf. feutres souples et imper., r. des Vieilles-Haudriettes, 2.

Gibus (A.) père, fils et Cie, fab. de chap. mécaniques, r. Simon-le-Franc, 9.

Glairon (A.), chapeaux de feutres, r. Quincampoix, 81.

Gorlin aîné, chap. soie et feutre, commiss., export., r. du Temple, 14.

Haas ✺ et Cie, fab. de chap. de feutre, rue du Temple, 71, usine à vap. à Aix (Bouches-du-Rhône).

Hamel et Salmon, fournisseurs des lycées impériaux, r. des Cordiers, 19.

Heymann (J.), fab. de chap. étoffes et draps, export. du Temple, 55.

Hillion et Mermillod, rue Vieille-du-Temple, 36.

Hofmann (J. A.) et Cie de Londres, spéc. de feutres anglais et de bonnets écossais, r. Bondy, 66.

Janvier (L.), spécialité de feutres en tous genres, r. Plâtre-du-Temple, 18.

Jean (F.) et Berteil (Berteil success.), manufacture soie et feutre, export., r. du Temple, 38.

Laville, Petit et Crespin, fab. de chap. soie et feutre, r. Simon-le-Franc, 8.

Leduc, feutre souple et apprêté, r. Simon-le-Franc, 8, usine à Aix (Bouches-du-Rhône).

Lejeune, fab. de chap. d'uniformes et képis, Marché-St-Honoré, 5.

Lemoine, fab. de chap. de paille, de drap, exp. r. St-Martin, 147.

Lemonier père et fils, r. St-Martin, 184.

Léon et Cie, r. Neuve-St-Augustin, 71.

Lepaire, fab. de chap. de feutre, r. Neuve-St-Merri, 30.

Letellier, spéc. de chap. mécan., r. Neuve-Saint-Merri, 7.

Libert aîné, spéc. de fant. p. enfants, haute nouv., r. du Caire, 53.

Liégault et Victor Bidault, chapellerie et fantaisie, r. Faub.-St-Honoré, 11.

Malherbe aîné, fab. de chap. méc., de satin

pour bals, r. des Blancs-Manteaux, 41.

Mansart-Piggiani, inventeur brev. des coiffures à ventilateurs, r. Richelieu, 45.

Manson et Guichard, r. du Temple, 53.

Marot et James, r. du Mail, 33.

Maurice, fabr. de feutres fantaisie et autres, r. du Chaume, 4.

Moch (Bernard), fabr. en étoffe, feutre, paille et fantaisie, r. Rambuteau, 13.

Moch (Félix), fabr. de chapeaux d'étoffe et feutre, r. Temple, 44.

Mossant (Car) et fils aîné, fabr. de chapeaux de feutre à Bourg-du-Péage (Drôme); dépôt, maison à Paris, r. Temple, 26.

Moulinet (A.), breveté s. g. d. g., fabr. de chapeaux soie, r. Paradis-Marais, 6.

Muller et Cie, chapeaux d'étoffe, feutre, exportat., r. Rambuteau, 14.

Nash et Wilkinson, dépôt de feutres anglais en gros, r. de Braque, 6; fabr. à Sockport, près Manchester (Angleterre).

Nathan père et fils jeune, r. Blancs-Manteaux, 38; fab. à Graulhet (Tarn).

Nemoz, fabr. de chapeaux feutre, fantaisies pour dames et enfants, r. Chapon 8.

Nicaise, spécialité pour MM. les officiers et la Cour, Grande-Rue, 45, à Argenteuil (Seine-et-Oise).

Paul (Louis), manufacture de chapeaux d'étoffe et fantaisie, export., r. Temple 57.

Perrot et Cie, r. Turbigo, 52.

Picquart (Alf.) et Alexis Trouvelot, r. Plâtre-du-Temple, 13.

Pinaud (J.) et Amour, fourniss. de S. M. l'Empereur, r. Richelieu, 89.

Pineau (R.), r. Richelieu, 94; maisons à Londres et à Dorpat (Russie).

Pinpernel (P.), représentant des fab. de chapeaux feutre, velours, laan s, laines, pailles palmiers et Panama, r. Faub.-St-Denis, 78.

Quenot, manuf. de chapeaux de feutre et soie, r. Aubriol, 8; usine à vapeur.

Quérnel et Cheveux (Mmes), r. Petites-Ecuries, 6.

Renaud (J.) fils, fabr. de chapeaux en tous genres, export., r. Simon-le-Franc, 9.

Trotry-Latouche frères, fabr. de feutre daim, en laine unie et chinée, r. Grand-Chantier, 5.

Turelle (Vve), et Bouquignon, r. Amandiers-Belleville, 110.

Vallagnosc (J.) de Vve Vieil, rue Ferrari, 120, Marseille; dépôt à Paris, r. de Braque, 2.

Van der Meulen (J.), fabr. pour dames et enfants, export., r. Faub.-St-Denis, 76.

Vanhoutte et Pernet, chapeaux de draps, boul. Sébastopol, 48; maison à Londres.

Vidal (P.), fantaisies pour dames et enfants, r. Ste-Croix-de-la-Bretonnerie, 5.

Vincent (L. et Mathieu), r. Bourtibourg, 22; fab. à Aix (Bouches-du-Rhône).

Violette et Fournier, coiffures de fantaisie, export., r. Ste-Croix-de-la-Bretonnerie, 48.

Wagner, fab. de schakos, képis et toutes coiffures militaires, r. d'Argout, 27.

Weyn et Cie, r. Lecourbe, 70.

Wisotzky (Aug.) et Cie, bonnets anglais en gros, r. Faub. St-Denis, 39.

Fournitures pour chapellerie. Voyez aussi Peluches et étoffes de soie.

Agnellet (les frères), calottes et formes pour casquettes, r. Richelieu, 73.

Allemand (Th.), r. Temple, 59.

Allié aîné, fab. du conformateur de la tournurière, r. Simon-le-Franc, 17.

Amand, r. Vieilles Etuves-St-Martin, 4.

Amédée Rasse et Cie, r. Aboukir, 137.

Auguet et Lefèvre, r. Temple, 36.

Barjon (L.), r. Chaume, 4.

Bayard aîné et fils, fab. de bords et bourdaloux, boul. Sébastopol, 16; maisons à Lyon et à St-Etienne.

Bayard (Louis), soieries et fournit., r. Temple, 51; fab. de bords et bourdaloux, m. à Lyon et à St-Etienne.

Bayle (H.), fabr. de bords, bourdaloux, coiffes soies, r. Chaume, 6.

Bazin (P.), spécialité de dorure pour la chapellerie, r. Beaubourg, 35.

Bernard (frères), r. Cléry 9 ; fabr. à Amiens.

Berne père et fils, bords et bourdaloux noirs et couleurs, fournitures de chapellerie, maison de vente r. Rambuteau, 4; manufacture à Bourg-Argental (Loire).

Blessing (F.), ornements en tous genres, r. Beaubourg, 33.

Blumenthal (W.), matières premières p. chapellerie, cour des Petites-Ecuries, 12, couperie à Francfort-sur-Mein.

Boulonneix, r. Simon-le-Franc, 20.

Bouscatel, r. Vieille-du-Temple, 49.

Brachet, fab. spéciale de coiffes mobiles et adhérentes, export., r. Temple, 45.

Briffoz (J.), coiffes satin et papier, bords, bourdaloux, r. Rambuteau, 8.

Brochard et Cie, formes et calottes de fantaisie en gros, r, Petit-Lion, 11.

Brousson frères, Marquès et Alexis Lasne, r. Rambuteau, 20; manufacture.

Bublens (J.), doreur sur soie. r. Blancs-Manteaux, 39.

Chastel (L.), pour l'export., r. Rambuteau, 1; m. à Rio-Janeiro.

Cibiel (François) Vve, coupeur de poils, r. Charonne, 142.

Cohen frères et Popert, soieries, bords et bourdaloux, export., r. du Temple, 51.

Couttenier, Roseeu et Cie, r. Meslay, 40; maison à Francfort-sur-Mein.

Daude frères, dorure spéciale pour marque de fabr. r. Rambuteau, 26.

Daireaux et Briand, r. Paradis - Poissonnière, 50.

David (F.), pass. Ste-Avoie, 4.
Découpère, carcasses de coiffures de dames et enfants, r. Nve-St-Merri, 32.
Defrémont fils, r. Geoffroy-l'Angevin, 7.
Delabove (P.), r. Bourtibourg, 21.
Demons (Vve), bordeuse de chapeaux, pass. Pecquay, 11.
Dieudonné (A.), r. Turenne, 64.
Dobilly (Ch.), soieies, r. Meslay, 56.
Doerr (Vve), r. Folie-Méricourt, 6.
Dolbeau (F.) et Cie, r. Chaume, 4 et 6.
Donner (Gustave), matières premières, dépôt r. Marais-St-Martin, 38.
Dotte (Eug.), fabrique de soie pour la main et la mécanique, r. Turbigo, 23.
Duchaine, Lachize et Bailly, fab. de bords et bourdaloux, rubans et soieries, r. du Temple, 38; fab. à Lyon.
Dugrand (L.) et Cie, fab. de tissus pour galettes, chapeaux de soie, r. Temple 78.
Dupré (E.), velours, turquoises, pl. des Victoires, 7.
Durieu (Paul), tresses et galons, or et argent pour chapellerie, r. Thévenot, 8.
Eyquem et Jeanneau, r. Rambuteau, 37.
Feugeas (Eugène), r. du Temple, 18.
Feuillard (A.), r. Pavée-Marais, 24.
Fournier fils, r. de la Roquette, 118 bis.
François, soieries, bords, bourdaloux et coiffes, exportation, r. du Temple, 50.
Gauché (A.), r. des Blancs-Manteaux, 42.
Gérard, quai Jemmapes, 246.
Gibert, r. Rambuteau, 13.
Gorgeot (A.), coiffes, r. du Temple, 41.
Goudal, r. Rambuteau, 57.
Granjet (L.), bords, bourdaloux et coiffes, export., r. des Blancs-Manteaux, 51.
Guerbe (Agénor), r. Aubriot, 14.
Guillaume, collage pour coiffes adhérentes et apprêts, r. Oberkampf, 138.
Guironnet, fab. de coiffes, r. du Temple, 38.
Haas ✳ et Cie, r. du Temple, 71.
Heyman (J.) l'aîné, r. des Deux-Portes-St-Jean, 1.
Hinstin frères, tissus anglais, r. Aboukir, 38.
Huber, Pauly ✳ et Cie, peluches, r. des Quatre-Fils, 20; fab. à Puttelange et Sarreguemine (Moselle).
Huet, coiffes, r. Rambuteau, 26.
Klein (H.) et Cie, fabr. d'ornements en tous genres, r. Vieille-du-Temple, 78.
Lacour (G.), r. Rambuteau, 59.
Lafontaine (Eug.) et Fromental, cuirs et peaux de couleurs, r. des Blancs-Manteaux.
Laforge (Thre), mordant pour faux-feutres, r. St-Séverin, 7.
Lang (B.) et Cie, gutta-percha en feuilles et baudruches, r. Turbigo, 70.
Langlois, soies spéciales, r. Turbigo, 27.
Larpin, r. Ste-Croix de la Bretonnerie, 14.
Lavigne, r. des Blancs-Manteaux, 23.

Lebonnois, dorure, étiquettes, r. Beaubourg.
Lechef (Mme). r. Folie-Méricourt, 110.
Leduc, r. Simon-le-Franc, 8, usine à Aix (Bouches-du-Rhône).
Lejeau, r. Beaubourg, 13.
Lelong (A.), spécialité de crêpes et coiffes, export., r. Blancs-Manteaux, 45.
Lemoine, r. St-Martin, 147.
Lenglet (B.), plombagine, r. Pierre-Levée, 18.
Lentheric, boul. Sébastopol, 53.
Levi-Leib (Alph.), r. du Mail, 26.
Levy (veuve I.), fabr. spéciale d'ornements pour chapellerie, r. Rambuteau, 18.
Mandon, boucles, r. Plâtre-Ste-Avoie, 5.
Mantou (M.), coiffes, r. Quatre-Fils, 18.
Mariel (A.), r. Chapon, 25.
Martin (J.-B.) ✳, manufacture de peluches de soie pour chapellerie et de velours noirs et couleurs à Tarare et à l'Arbresle (Rhône), et à Metz (Moselle), teinturerie de soie et coton à Roanne (Loire), maisons de vente, boul. St-Denis, 16; à Lyon, quai de Retz, 3.
Martin-Piat, plombagine, r. Duroc, 3.
Massing ✳ frères et Cie, manuf. de peluches, à Puttelange et Saralbe (Moselle), maison à Paris, r. Grand-Chantier, 7.
Massing (Pre) et Cie, rue du Temple, 115.
Maumey-Monnin, r. Amandiers-Popincourt, 36.
May (Ant.), r. Dieu, 15.
Menouillard, r. Blancs-Manteaux, 41.
Mill (L.) et Cie, r. Mail, 27.
Moch (Bernard), r. Rambuteau, 13.
Moch (Félix), r. du Temple, 44.
Mommens et Cie, fabr. de bords, toiles apprêtées pour galettes, r. Beaubourg, 36.
Morange (A.), r. Boulets, 52.
Morel, r Simon-le-Franc, 13.
Morisseau (G.), boucles, r. Gravilliers, 65.
Mouren, ressorts, r. Plâtre-du-Temple. 15.
Mouton (Eug.), coiffes, r. du Temple, 53.
Muller et Cie, r. Rambuteau, 14.
Nathan père et fils jeune, r. Blancs-Mant., 38.
Niclot (E.) et P. Brun, r. Temple, 55, maison à Lyon, r. Impériale, 26.
Nicolle, baudruche, r. Oberkampf, 73.
Pauly (Henri), poils, peluches pour la chapellerie, boul. Beaumarchais, 55.
Pelletier (J.), r. Charlot, 7.
Perras et Cie, gomme laq., r. St-Louis-en-l'Ile, 54.
Persinet, fab. boucles, r. Gravilliers, 16.
Poissont, r. Blancs-Manteaux, 26.
Prat-Chabert et fils, r. Rambuteau, 57.
Pretmer, r. Beaubourg, 23.
Pretto fils et E. Nunès, velours anglais et draperies, etc., r. Sentier, 35.
Rasse (A.) et Cie, r. d'Aboukir, 137.
Remy (A.) fils, représent. de Tinet-Chapelle de Riom (Puy-de-Dôme), fab. de cuirs, rue Blancs-Manteaux, 39.
Richard (J.), cuirs, r. du Temple, 45.

Richard frères, de St-Chamond, manuf. de
lacets soie et coton, boul. Sébastopol, 131.
Roessler (Léop.), premières matières, r. Aman-
diers-Popincourt, 40.
Roustan, r. Braque, 5.
Soulage (F.), fab. de bords galottes, et toiles
apprêtées, r. Beaubourg, 40.
Sriber (A.), cordons et lacets, r. Turbigo, 18.
Stalraefen (Paul) et Beaufour, draperies et
velours de coton, r. Bourdonnais, 31.
Thomas (Ed.), r Neuve-St-Merri, 24.
Thorailler, étuis, r. Neuve-St-Merri, 8.
Thuault, r. Verrerie, 73.
Tinet-Chapelle, r. Blancs-Manteaux, 40.
Toulze (J.) et Hébert, r. Charenton, 88.
Vallet (Ed.), r. Simon-le-Franc' 21.
Verneaux et Cie, boul. Sébastopol, 115.
Verrier (Auguste), crêpes et coiffes en gros,
soieries, r. Blancs-Manteaux, 40.
Vignaux et Labit, fab. de coiffes, soieries, ga-
lons, r. Francs-Bourgeois-Marais, 18.
Villy (P. J.) et Cie, velours, draps élastiques,
anglais, boul. Sébastopol, 38.
Vincent (H.), r. Beaubourg, 37.
Wertheim, cuirs, r. Petites-Ecuries, 6.
Worms (R.) et Cie, tissus en gros pour bords
et galettes de chapeaux, r. du Temple, 60.

Chapeaux de paille en gros (Fabr. de).

Agnellet (les frères), r. Richelieu, 73.
Alexandre, r. Blancs-Manteaux, 22.
Amédée Rasse et Cie, r. d'Aboukir, 137.
Annequin (B.) et Tixier, r d'Aboukir, 68;
maison à Lyon, r. Centrale, 35.
Augé (A.), exportation, r. du Caire, 11.
Ballot (J.), export., r. St-Denis, 355.
Bammès et Cie, r. N.-D.-des-Victoires, 42.
Baraguey (A.), représentant de J. G. Hector
de Sarralbe (Moselle), r. Tournelles, 43
Bayrounat, export., r. Neuve-St-Merri, 17.
Berthelier et Cie, export., r. du Caire, 23.
Bloch et Heinrichs, représent. de Grégory
Cubitt et fils, et tresses de paille, r. Caire, 15.
Bongers, fab. à Londres, de chapeaux de paille
anglaise, r. Montmartre, 70.
Bonginelli (A.) fils, fabr. et fournitures pour
modes, r. d'Aboukir, 97.
Boulouneix, r. Simon-le-Franc, 20.
Bourdon Van Assche, fab. chap. et casquettes,
r. Ste-Croix-de-la-Bretonnerie, 39.
Bourgeois (E.) et Leclerc, r. Buci. 20.
Brochard et Cie, spéc. de carcasses, calottes et
formes rondes, r. Petit-Lion, 11.
Caruel (L.), dépôt de tresses et chapeaux de
paille, de Vyse fils et Cie de Londres et
Prato (Italie), commission, r. Turbigo, 3.
Cecchi fils et Demenge, dépôt de tresses, bor-
dures et chapeaux, r. Echiquier, 27.
Chaffiot jeune, chap. de paille d'Italie, export.,
manufacture à Dunstable, comté de Bed-
ford (Angleterre), r. d'Aboukir, 71.
Chevy (F.) fils, fab. paille, feutres et fournit.

pour modes, exportation, r. du Caire, 31.
Chaumonot et Cie, r. Montmartre, 138.
Creuzot-Garbominy (A.), et feutres rue d'A-
boukir, 80.
Dechesne frères, r. St-Honoré, 332.
Delattre (L.), et feutres, r. Mail, 7.
Delbrouck (H.), r. Neuve-St-Augustin, 24.
Del Perugia (Pascal), r. du Caire, 8; manuf.
à Brozzi près Florence (Italie).
Dorthée (J.), chapeaux de paille et de crin en
relief, r. Monsigny, 6.
Douay-Delfosse (E.), tresses de paille, tresses
de crin, articles d'Italie, r. d'Aboukir, 112.
Ducret, paille et feutre, fabr. de fournitures de
modes, r. Neuve-St-Augustin, 4.
Dufour (F.) et Cie, paille et feutre, haute nou-
veauté, r. Joquelet, 3.
Dufour jeune, fabr. de paille en tous genres,
export., r. St-Martin, 184.
Durand (H.), chapeaux, tresses, agréments, r.
Petites-Ecuries, 7.
Durst-Wild (Vve), manuf. en tous genres et
fournitures pour modes, r. du Caire, 39.
Duvauchelle, fabr., fantaisie pour dames et
enfants, export., r. d'Aboukir, 78.
Errard (F.), fabr. pour enfants, Italie et pana-
mas, r. Grand-Chantier, 11.
Eyquem et Janneau, usine à Bourg du Péage,
r. Rambuteau, 37.
Fraikin et Cie, r. Michodière, 3.
Fraikin-Cuitte (N.), r. Neuve-St-Augustin, 11,
maison à Bassenge (Belgique).
Francelle (A.), dépôt de chapeaux et tresses de
paille, commission, r. d'Aboukir, 65.
Frappa aîné, et feutres, r. du Caire, 45.
Galliot aîné, fabr. de chapeaux de paille et de
feutre, r. Neuve-St-Augustin, 31.
Garbominy frère et sœur, en tous genres et
fournit. de modes, export., r. du Caire, 21.
Gayet jeune et Cie, r. Ste-Anne, 64, maison à
Lyon, place St-Nizier, 1.
Girard et Poulin, r. d'Aboukir, 123.
Glairon (A.), fabr. de chapeaux de paille et
feutre en t. genres, r. Quincampoix, 81.
Gorlin aîné, exportat., r. du Temple, 14.
Hass ❋ et Cie, r. du Temple, 71.
Hadamard (A.), dépôt de tresses, agréments
et chapeaux de paille, r. Pagevin, 4.
Hector (J.-G.), fabr. palmier et panama, ma-
nufacture à Sarralbe (Moselle), rue Tour-
nelles, 43.
Hernsheim frères, manufact. paille, fleurs,
fournitures pour modes, r. d'Aboukir, 85.
Leclercq (Ch.) et Perard, r. des Blancs-Man-
teaux, 22.
Leduc, tresses et chap. de paille d'Italie,
casquettes, r. Simon-le-Franc, 8.
Lemoine, exp., r. St-Martin, 147.
Libert aîné, fab. fournitures p. modes et chapellerie, r. du Caire, 53; succur. à Londres
à New-York et à Florence.
Maison (P.), dépositaire de tresses et de cha-

peaux de paille, r. Poissonnière, 21.
Manetti et Cie, r. Aboukir, 106, fab. à San-
  Piero, à Ponti, près Florence.
Marc Wurthner, chap. et tresses de paille, r.
  d'Aboukir, 108.
Marliez et Cie, dépositaire de chap. de paille
  anglais, r. Montmartre, 35.
Mathias, fab de laitons brevetés p. modes, r.
  Chalons, 22.
Maury-Cayser et Cie, r. du Caire, 47.
Muller et Cie, r. Rambuteau, 14.
Nathan père et fils jeune, r. des Blancs-Man-
  teaux, 38.
Nayet père et fils, r. d'Aboukir, 92.
Neveux (E.), panamas, r. Rambuteau, 26.
Pagliano (Vve) et A. Ravier, dépôt d'Italie,
  Australie, Brésilien, cabas de paille. et tres-
  ses, exp., r. Vieilles-Etuves-St-Martin, 5.
Panta (Antonio-del), boul. St-Denis, 20, fab.
  à Sosto, près Florence.
Perrault et Jules Sachs, fab. paille et feutre
  r. Neuve-des-Petits-Champs, 6.
Perret et Boucher, tresses agréments et chap.
  d'Italie en gros, r. d'Aboukir, 56.
Petit-Gilles, fab. de chap. de pailles, fournit.
  p. modes, r. du Nil, 9.
Quéruel et Cheveux (Mmes), r. des Petites-
  Ecuries, 6.
Rasse (A.) et Cie, r. Aboukir, 137.
Roger, chap. de pailles et fab. de formes p.
  modes, r. Du Petit-Thouars, 18.
Simonet (L.) et Cie, r. de la Roquette, 118.
Stoffel (F.), r. du Caire, 49.
Thary, dépôt de tresses et chap. de pailles
  d'Angleterre de Suisse et d'Italie, rue
  Aboukir, 118.
Thiullier, chap. de paille, four. pour modes,
  export., r. Neuve-des-Petits-Champs, 5.
Valentin (E.), fab. p. enfants, p. dames et p.
  hommes, r. Bonaparte, 52.
Vanhoutte et Pernet, boul. Sébastopol, 48.
Verneret et Cie, fab. pailles et feutres, exp.,
  r. des Blancs-Manteaux, 40.
Vincent (L.), panamas et bonneterie, r. Ri-
  voli, 80, m. au Callao (Pérou).
Vincent et Curton, r. Aboukir, 119.
Voigt (G.), chapeaux et tresses de pailles en
  tous genres, export., r. St-Martin, 229.
Weissenbach (A.), dépositaire des fab. de
  Suisses et d'Italie, r. du Faubourg-Saint-
  Martin, 34.
Welch et Sons, r. des Jeûneurs, 42, et à Lon-
  dres, r. Gutterlane, 44.

Fournitures pour chapeaux de paille.

Atrux (F.), fab. spéc. les laitons p. chap. de
  pailles, r. Tiquetonne, 16.
Collonge et Cie, gélatine spéciale, p. l'apprêt,
  r. de la Belle-Croix, à Ivry (Seine).
Génisson (A.), collettes et gelatines p. apprêts
  r. Galande, 5.
Loth, r. des Vinaigriers, 62.

Quiquet (A.), gélatine et matières premières
  p. apprêts, ave. d'Italie, 99.
Verrier (Aug.), coiffes en gros, soierie et percale, r. des Blancs-Manteaux, 40.

Chasubliers (voy. aussi ornements d'églises).

Beer (S.), r. St-Sulpice, 34.
Biais aîné fils et Rondelet ✳ chasubles moyen
  âge et de mission, fab. spéc. d'étoffes et de
  passementeries de Lyon p. l'export., r.
  Bonaparte, 74.
Bourgoin frères, r. Mezières, 1.
Braconnier-Delaune (Mlle) et Cie. (A la Ste-
  Enfance), r. des Sts-Pères, 67.
Carré (E.), r. de Sèvres, 31.
Chambaud (Jules) fils, bas et gants, soie vio-
  lette, cramoisie et ponceau, r. de Rivoli, 73.
Crédit des paroisses, r. Bonaparte, 64.
Daux, commiss. en ornements d'églises, r.
  du Vieux-Colombier, 13.
David (J. M.) et Maria Langevin, fab. de pas-
  sementeries, broderies et étoffes or et ar-
  gent, r. Poissonnière, 10, et à Lyon. rue
  Vieille-Monnaie, 4.
Denis et Gérardin, broderie, lingerie, pein-
  tures religieuses, r. Argout, 18.
Deplanche, r. Ferme-des-Mathurins, 12.
Dubus (Th.), broderies, ornements d'églises,
  fabr. d'étoffes, export. r. Bonaparte, 82.
Dupuis (Ch.) (A St-Eloi), r. des Sts-Pères, 64.
Dutel (C.) et Cie, r. St-Martin, 229.
Fouquet (Ernest), r. des Francs-Bourgeois-
  Marais, 7.
Giraud (C. E.), dess., bro., pl. St-Sulpice, 5.
Guibout (J.) et Cie, r. Rivoli, 124.
Hubert Ménage, spéc. p. la broderie et la cha-
  sublerie moyen âge ; dépôt d'étoffes de Lyon
  r. St-Sulpice, 23.
Kreichgauer (André), r. du Bac, 128.
Limal-Boutron, chasubleries, broderies, orne-
  ments de style, tissus brochés or et soie,
  export., r. St-Sulpice, 27.
Loisy (Vve), r. Cassette, 20.
Menetret (A.), plumes p. ornements d'églises,
  r. St-Sauveur, 5.
Molozay (Vve) (Albert Vilain succ.), fabr. d'ar-
  ticles, tels que rabats, calottes, barettes,
  cordons d'aube et cordelières ; spéc. de
  ceintures de soie et de ceintures cachemire,
  r. St-Sulpice, 28.
Monin, ceintures, cordons, rabats d'étamine,
  etc., export, r. Madame, 27.
Moulin (Ch. A.), r. Mézières, 6.
Picard (Félix), r. St-Honoré, 203.
Poussielgue (Mlles) et Cie, chasublerie de t.
  styles, étoffes de Lyon, r. Cassette, 34.
Richy (Am.), tous objets relatifs à la célébra-
  tion du culte, r. d'Hauteville, 53.
Rif, r. Cassette, 17.
Simon jeune, chasublerie en or fin extra-riche
  en broderie d'art, style byzantin, gothique,
  etc., r. de Cléry, 34.

Touy-Guillon et Cie, fabr. d'articles p. ecclésiastiques, tels que ceintures soie et cachemire de Paris, etc , r. Guisarde, 12.

Chaussons (fab. de).

Baclet (A.). r. St-Martin, 148.
Bacot, fab. de chaussons de tresses et de lisières, r. des Bourdonnais, 35.
Bardin (E.), Pinezaize et Cie, r. St-Denis 106.
Benoist aîné, r. St-Martin, 184.
Carrette, fab. de chaussons tresses et lisières, export., r. St-Martin, 113.
Chenevard-Chappuis, chaussons et brodequins r. du Faub.-St-Denis, 77.
Choupay (Aug.), rue Jean-Jacques-Rousseau, 67.
Collard (C.), r. Bertin-Poirée, 8.
Courière frères, r. Quincampoix, 27.
Drandre (E.), r. des Halles, 12, dép. de chaussons de Strasbourg et drapés.
Duval et Magnon, r. St-Martin, 153.
Evrard, r. Ferdinand-Berthoud, 6.
Fleury (Emile), dép. de chaussons Strasbourg et drapés, export., r. Bourdonnais, 35.
Héduin (A.), r. de la Grande-Truanderie-Prolongée, 3.
Hervet (Maurice), chaussons, tresses et lisières r. du Faub.-St-Antoine, 137.
Lacroix, fab. de chaussons hydrofuges à l'épreuves de l'humidité, r. Auber, 1.
Laurent jeune, r. Ménilmontant, 87.
Laurin, r. Vieille-du-Temple, 24.
Lorvel (F.) jeune, r. Aboukir, 143.
Mouret (Louis), r. d'Allemagne, 44.
Picard (Omer), r. du Temple, 15.
Staplaux, r. St-Denis, 261.
Tellier aîné et fils, r. Tacherie, 4.
Trotry-Latouche. r. Dunkerque, 65.

Fournitures pour chaussures.

Allowod (A.), fils et Cie, r. Cléry, 25.
Babé (Em.), étoffes en coutils de Flers, élastiques, etc., r. du Cloître-St-Jacques, 8.
Barras, mercerie, serge de Berry, tissus élastiques et tirants. r. St-Denis, 225.
Barrère et Caussade, machines à coudre pour chaussures, r. de Rennes, 121.
Barron (W.-J.) et Sons, r. Cloître-St-Jacques, 3.
Bassot frères, tissus élastiques, tirants, lastings anglais, doublures, dépositaires de W. J. Barron et Sons, de Londres, r. Cloître-St-Jacques 3.
Bazin-Masclet, r. Champ-de-l'Allouette, 20.
Bechtel (W.), représ. de fabr., r. Richer, 10.
Bernard (J.) frères, r. Cléry, 9, fab. à Amiens, r. des Clairons, 17.
Bernier (Félix), agent de Hodges et Sons, élastiques, r. Sentier, 8.
Berthe (J.) et G. Roquier, r. St-Denis, 185.
Berthon (H.), représent. de Marcellin, de St-Etienne, r. Neuve-des-Petits-Champs, 91.

Bobeuf (G.) et fils et Dumesnil, r. du Sentier, 33 ; maison à Flers.
Briquet, tissus élastiques, r. Cléry, 29.
Cathala, Rossignol et Cie, dépôt de tissus élast., tirants et lacets, r. St-Denis, 227.
Catillon (Philibert), fabr. de tissus pour chaussures et bordures, r. Réaumur, 50.
Cauchy, Fournier et Cie, usine à vapeur, fab. de tirants et d'élastiques, exportat., r. des Deux-Portes-St-Sauveur, 34.
Caudron et Cie, satins français, velours, coutils, toiles, lacets, r. St-Denis, 173.
Cordier (Maxime), fabr. de satin mécanique, r. Marais, 30.
Couchoud de Gournay, r. Rambuteau, 71.
Cousin frères, dépôt des fabriques d'Amiens et de Roubaix, castors, r. Aux-Ours, 34.
Dawant et Cie, étoffes, rubans et nouveautés, r. Coq-Héron, 7; fabr. à Essertaux.
Dequen (T.), r. Chaudron, 16 ; fabrique à Amiens.
Dotte (Eug.), fabr. de soies pour coudre, rue Turbigo, 23.
Dreyfus et frères, tissus élastiques pour chaussures, r. Mandar, 14.
Dupré (E.), articles d'Amiens et Roubaix, pl. des Victoires, 7.
Durand (Paul), tissus élastiques pour chaussures, exportation, r. St-Denis, 190.
Fahr (C.), tissus d'Allemagne pour pantoufles, r. Château-d'Eau, 27.
Gamounet-Dehollande et fils, satin français et à la reine, tissus élastiques, rue d'Aboukir, 32 ; fabrique à Amiens.
Grellou (Henri) ✻ et Cie, étoffes et fournitures, r. Rambuteau, 84.
Guillaume frères, étoffes, rubans, satin, laine, toiles et coutils, r. St-Denis, 264.
Guttinger (U.), dépositaire de manuf. de tissus élastiques, r. Paradis-Poissonnière, 27.
Hirsch (F.), étoffes, rubans et élastiques, rue Montorgueil, 63.
Holzlin (W.), représentant de Rheinberg et Wiener de Londres, r. Paradis-Poissonnière, 24.
Houlette (L.), dépôt de castors, flanelles et élastiques, r. Jean-Jacques-Rousseau, 51.
Huet (E.), tissus élastiques, r. Turbigo, 63.
Huet et Cie, tissus élastiques, r. Echiquier, 30 ; fabr. à Chelles (Seine-et-Marne).
Lefevre, à Torcy (Seine-et-Marne), dépôt à Paris, r. Tiquetonne, 12.
Lemaire, pantoufles brochées, molletons laine et coton, passage Feuillet, 4.
Mantin frères, r. Meslay, 61, usine à Arpajon (Seine-et-Oise).
Mariel (A.), r. Chapon, 25 ; fabr. à Bagnolet (Seine).
Marigny, nœuds, choux et garnitures pour chaussures, r. Faub.-St-Martin, 67.
Marre (Henri), spécialité de lacets et bordures, r. Rambuteau, 77.

Noël (E.), nœuds pour souliers et garnitures pour bottines, exportat., r. St-Martin, 283.

Noury (J.), tissus élastiques, satin laine, boul. Sébastopol, 61.

Paillard (Élie), tissus élastiques pour chaussures, r. Rambuteau, 40.

Pillais (Réné) et Godet, r. Rambuteau, 30 ; manuf. à Aubervilliers.

Richard frères de St-Chamond, lacets et tissus élastiques, boul. Sébastopol, 131.

Roger (L.) et Cie, fabr. d'étoffes élastiques, r. Paul-Lelong, 13.

Sriber (Alphonse), tissus élastiques anglais p. chaussures, r. Turbigo, 18.

Chemises (Fabr. et marchands en gros).

Baumont frères, r. Mail, 7.

Becquet-Olivier (B. O.), fabr. de chemises en gros, devants nouveaut. brodés et fantaisie, r. Poissonnière, 46.

Bernard et Bethume, r. St-Martin, 155.

Bertrand et Vidil, r. Sentier, 3.

Beynez-Dufour (Vve), r. Mulhouse, 11.

Boivin ainé, expéd., r. de la Paix, 16.

Bonniot Martin, r. Sentier, 8.

Bourdonnay (vente de flanelles sanitaires en pièces), rue de la Paix, 4.

Brunschwig frères, r. Quincampoix, 61.

Charvet, r. Richelieu, 93.

Chevillot frère, boul. St-Martin, 21.

Claude jeune, boul. de Strasbourg, 79.

Colomb (Vve), r. Petites-Ecuries, 36.

David (O.) et Jacob, r. St-Martin, 186.

Debesdin (A.) et neveu, r. Montmartre, 52.

Drouard-Desneufbourgs et H. Levoyer, expor., r. St-Martin, 107.

Drouard et Bourdon, fabr. de chemises de flanelle, r. Montmartre, 260.

Edouard, r. Vivienne, 31.

Fournier, Pontremoli, Malherbes et Cie, faux-cols et flanelles, r. Hauteville, 24.

Gamas (L.) et Carré, fabr. de chemises en gros, boul. Sébastopol, 102.

Gonthier et Cie, fabr. de devants de chemises unis et brodés, r. du Sentier, 24.

Gosselin (Ch.), maison spéciale, cols de chemises en gros, r. Montmartre, 123.

Guaymard (M.), exportation, boul. Sébastopol, 135.

Hayem (S.) ✻ ainé, cols cravates, devants de chemises, r. du Sentier, 38.

Hayem (E.) jeune, r. Cléry, 28.

Hemardinquer (Jules), r. des Jeûneurs, 41.

Henriot (Ch.), boul. Batignolles, 22.

Inghelbrecht (Jean), r. St-Martin, 153.

Jacob (Eugène), chemises en gros et gilets de flanelle, r. Rambuteau, 56.

Joux (J.) et Choteau, chemises et faux-cols en gros, exportation, r. d'Aboukir, 23.

Katz (J.), r. d'Aboukir, 68 ; fabr. à Nancy et à Raon-l'Etape (Vosges).

Klotz, Brunschwig et Henlé, r. d'Aboukir, 26.

Lahaye (A.), bonne confection, gros et détail, r. Croix-des-Petits-Champs, 5.

Laurent (V.) et Comlot, boul. Sébastopol, 65.

Levy (L.-D.) frères, r. d'Enghien, 28.

Leborgne (A), r. du Bac, 56.

Longueville (G.), r. St-Fiacre, 17.

Lunceau (J.), boul. Strasbourg, 34.

Magen (à la Ménagère), r. du Temple, 2.

Maigrat (J.), fabr. spéciale de cols de chemises, r. Montmartre, 16.

Mann (Heuzé, successeur), manufact., gros et détail, boul. de Strasbourg, 41.

Manufacture d'Alsace, spéc. de cols de chemises en gros, r. Montmartre, 49.

Matignon-Colas, r. Palestro, 1.

Mercier (A.), boul. de Strasbourg, 34.

Oppenheim-Weill et David, r. d'Aboukir, 37.

Papillon, r. Faub.-du-Temple, 65.

Rigaut, fabr. de chemises et faux-cols en gros, r. Montmartre, 158.

Romain (E.), r. St-Denis, 303.

Saran (A.), r. Cléry, 32.

Sueur (A.), exportat., r. Enghien, 37.

Sueur (Fois) et Jourdain, fabr. spéciale pour l'exportat., r. des Jeûneurs, 46.

Verpillat (Aug.), chemises et gilets de flanelle, boul. Bonne-Nouvelle, 31.

Chenilles.

Amoric (Mme), r. Palestro, 19.

Benjamin Roche, boul. Sébastopol, 107.

Brouillet (A.), fabr. spéciale brevetée de chenilles en tous genres, r. St-Denis, 127.

Carton, r. St-Denis, 265.

Couchoud-de-Gournay, r. Rambuteau, 71.

Cousseau frères, r. Faub.-du-Temple, 137.

Cremnitz (Jacques) et Cie, r. Turbigo, 34.

De Villaire (E.), r. Faub. St-Denis, 14.

Fauqueux, impasse Gaudelet, 13.

Frigaux (Mme), filets, modes et coiffures, rue Faub.-St-Denis, 24.

Gaillard (S.), fabr. système perfectionné pour cylindres, passementerie, r. d'Albouy, 22.

Guérinot (H.), chenilles d'ameublements, seul breveté, r. St-Honoré, 73.

Genet et Cie, fabr. de chenilles mécaniques, r. Turbigo, 25 ; maison à Lyon, impasse Monsieur, 2.

Lagarde (Mme), r. N.-D.-de-Nazareth, 22.

Lheureux (Mme), r. Petit-Carreau, 13.

Loiseau (V.) et Cie, fabr. par machine à vapeur, r. Faub.-du-Temple, 43.

Marin, r. d'Aboukir, 119.

Minel, spécialité de chenilles mécaniques, rue Saint-Sauveur, 22.

Pinson (Ernest), r. St-Denis, 166.

Rocheblave, r. Turgot, 29.

Rongy, spéc. de grosses chenilles soies, laines et poils de chèvres, rue Fontaines-du-Temple, 11.

Taffonneau (L.), r. d'Aboukir, 43.

Trollé et Cie, r. Mondétour, 14.
Vaganey, r. St-Denis, 375.

Cols-cravate et c ls de chemises.

Akar (A. et E.), r. Cléry, 19.
Andouy (Paul), r. St-Denis, 290.
Aumaître (L. Guérin, success.), fabr. de cols de batiste unis et brodés pour soirées, en gros, r. Montorgueil, 67.
Bernard (L.), r. Montmartre, 164.
Berteaux (Ch.), Radou et Cie, étoffes et cravates de soie, foulards, etc., r. d'Aboukir, 10.
Besnouin (Alex.), r. St-Denis, 368.
Blanc, boul. des Filles-du-Calvaire, 11.
Blanchard, r. Croix-des-Petits-Champs, 4.
Bloch frères et A. Cahen, cravates, foulards, cache-nez, r. d'Aboukir, 54.
Blum (M.) et Cie, r. d'Aboukir, 123.
Bocage (Ch.), haute nouv. p. dames et foulards, r. Montmartre, 105.
Bonnefons, r. Montmartre, 78.
Bonnenfant aîné, r. Montaigne, 23.
Bourgeois (A.), r. Mulhouse, 4.
Boutteville (X.), spéc. p. dames et cravates en filet, boul. Sébastopol, 94.
Chambe (F.) et Cie, cols-cravates en gros, ceintures p. dames, r. Turbigo, 25.
Chambon, Chaninel et Cie, r. Vide-Gousset, 4, manuf. à Lyon, r. Royale.
Chantôme, r. St-Sauveur, 52.
Charles, r. Montmartre, 134.
Chartier (Ch.) et Cie, r. Cléry, 13.
Chatel (C.), r. Montmartre, 99.
Chauvin (A.), r. Richelieu, 36.
Chevassus, boul. Beaumarchais, 67.
Clayette, pass. Jouffroy, 32 et 34.
Colin (Vor), boul. St-Martin, 29.
Cugnot aîné, faux-cols et manchettes, application percale, r. Tracy, 8.
Daltroff (J.), r. Rambuteau, 50.
Decauville (C.), r. des Jeûneurs, 26.
Dechaufourt-Binet, r. Argout, 18.
Délorme (Mme), r. Rivoli, 63.
Demarne et de Bauvière, r. Vivienne, 10.
Desmond et Cie, r. Faub.-Montmartre, 17.
Destouches (E.) et Cie, faux-cols et papelitos, r. Neuve-Coquenard, 11.
Dieudonné (F.), fab. de cols-cravates, capelines, r. St-Martin, 170.
Drevet et Cie, r. du Faub.-Poissonnière, 11.
Dreyfus et Kaufmann, b. Bonne-Nouvelle, 7.
Dufour-Védier, r. du Sentier, 15.
Dumay, r. Auber, 7.
Dupont (Mme), r. Ville-Neuve, 9.
Edouard, place de la Bourse, 31.
Eugène (Ane), r. Hauteville, 61.
Faguet (Adre), export., r. St-Fiacre, 3.
Foellmé, r. du Petit-Lion, 11.
Foréau (C.), spéc. de cravates en gros pour hommes et p. dames, r. Aboukir, 49.
Foucaud (J.), r. Blondel, 3.

Frossard (G.), articles riches, nouv., r. Montmartre, 42.
Garret, pass. Jouffroy, 31.
Gessard (G. B.), r. Montmartre, 20.
Gilbert (J. E.), manuf. à Nancy, m. de vente, r. des Jeûneurs, 11.
Gosselin (Ch.), m. spéc. cols de chemises en gros, r. Montmartre, 123.
Graffaut, r. du Petit-Carreau, 2.
Gray (E. Meyer et Cie success.), faux-cols américains moulés, b. s. g. d. g., boul. des Capucines, 43.
Gualinoz, r. Turbigo, 26.
Guérin-Crosnier, r. Grammont, 27.
Gyssens (Mme), r. Montmartre, 46.
Halff-Marc, pass. du Saumon, 8.
Hambourg (J.), boul. Sébastopol, 111.
Hausser (J.), r. St-Sauveur, 81.
Hayem (S.) aîné ✻, r. du Sentier, 38.
Hayem (E.) jeune, r. Cléry, 28.
Henri et Julius, manufacture de cols-cravates et faux-cols, r. des Jeûneurs, 21.
Hirsch (S.), r. Montmartre, 55.
Jordery (Mlle Maria), fabr. de cols-cravates p. hommes et dames, r. Aboukir, 58.
Joseph et Alexandre, nouv. p. hommes, r. de la Paix, 6.
Jourdain et Rossy, en gros, gilets de flanelles, export., r. des Jeûneurs 30.
Joux (J.) et Chateau, faux-cols en gros, r. d'Aboukir, 23.
Juin (A.) r. d'Aboukir, 18.
Kahn (A.), boul. Poissonnière, 6.
Klotz, Bruncschwig et Henlé, r. d'Aboukir, 26.
Klotz jeune, cravates et tissus p. cols, place des Victoires, 2.
Lacam, cols-cravates, foulards et faux-cols, r. Montmartre, 77.
Lagogué, galerie Vivienne, 5.
Lallemand, r. Boucher 14 et 16.
Latard et Cloché, r. St-Denis, 380.
Leprevost (Ch.), spéc. de cols-cravates blancs p. soirées, r. Cléry, 9.
Lerouge, r. Montmartre, 133.
Le Roy (Mme), r. des Jeûneurs, 31.
Lévy (Isaïe), boul. St-Denis, 22.
Lévy (L. D.) frères, r. Enghien, 28.
Levy (Lazare), boul. de Sébastopol, 36.
Loëb et fils, Worms et Cie, r. Mulhouse, 4.
Loiseau, en gros, pass. Saumon, 47.
Loncle (Ch.) et Cie, r. du Mail, 14.
Loret, r. Faubourg-St-Martin, 31.
Luirin et Cie, r. Beauregard, 9.
Lundy (J.), r. d'Aboukir, 3.
Maigrat (J.), fab. spéc. de cols de chemises, r. Montmartre, 16.
Marchal, r. des Jeûneurs, 8.
Manufacture d'Alsace, spéc. de cols de chemises en gros, r. Montmartre, 49.
Marchal, r. des Jeûneurs, 8.
Marcilhacy, Arbelot et Cie, fab. cols-cravates noirs, couleurs, r. Vivienne, 20.

Marix-Picard frères, r. d'Aboukir, 60, fab. à Lyon, r. Puits-Gaillot, 9.

May (Aug.) boul. des Italiens, 14.

Metroz (Germain), r. Montmartre, 76.

Miannay (C.), cour des Petites-Ecuries, 6.

Michelet (T.), spéc. de cravates noires, exp., r. Radziwil, 25.

Miltiade Bugniot, r. du Faub -St-Honoré, 26.

Moreau-Prudon, r. St-Honoré, 50.

Mourrier (F.) (Maison du Lion), cols-cravates et faux-cols en gros, r. Montmartre, 80.

Navette (E.), r. St-Denis, 374.

Nicolet, fab. de gants, r. Duphot, 20.

Noé (Ch.), boul. des Italiens, 28.

Noël (A.), r. St-Denis, 257.

Oppenheim-Weill et David, cols-cravates et faux-cols, r. d'Aboukir, 37.

Pelissié, Beau et Cie, cols-cravates en tous genres, r. St-Martin, 199.

Penicaud et Naude, r. des Jeûneurs, 23 ; m. à Reims, r. Talleyrand, 35.

Petit (L.), r. Rivoli, 116.

Poilblans, (maison de l'Etoile), export. r. de la Grande-Truanderie, 12.

Pottier (Mme), r. du Caire, 41.

Prestat (C.), fabr. de cravates blanches, de soieries, export., r. Montmartre, 153.

Préville, pas. du Saumon, 50.

Provost (Ferdinand), cols-cravates en gros, export., r. Montmartre, 33.

Remanjou, r. du Bac, 38.

Rivière, fabr., faub. St-Honoré, 14.

Robert (L.), r. Aboukir, 9.

Roëser-Bordier, r. Turbigo, 22.

Rohde (Th.), cols en papier, r. Paradis-Poissonnière, 49.

Romain (E.), r. St-Denis, 303.

Roussel (A.), fab. de cols-cravates, noirs et blancs, r. Montmartre, 64.

Ste-Marie (Mlle), boul. St-Martin, 37.

Schœnfeld et Jacob, r. Aboukir, 143.

Siau et Périchon, boul. de Strasbourg, 19.

Surget, r. Boissy d'Anglas, 43.

Tenaillon (A.), fils et faux-cols tous genres, r. St-Martin, 359.

Toussaint (J.-B.), galerie Beaujolais, 93.

Vaissière, fab. de cols-cravates blancs, batistes, unis et brodés, r. Aboukir, 71.

Vancranen, boul. St-Martin, 49.

Vaugon, en gros, r. Hauteville, 12.

Villain, faub. St-Honoré, 54.

Villiermot, r. Le Pelletier, 9.

Wolff (Henri et Julius), r. des Jeûneurs, 21.

Yvonnet-Hademar, gal. de l'Horloge, 15.

Commission. *en marchandises.*

Chambre syndicale du Commerce d'exportation, r. Echiquier, 41.

Agard (F.) et Cie, exportateurs, r. Enghien, 12, maison à la Havane.

Agirony (A.), passage Saulnier, 18.

Agnellet (les frères), r. Richelieu, 73.

Ahrenfeldt (Ch.), faub. St-Denis, 103.

Albin (Léonce), r. de Lille, 1.

Alcain et Cie, r. du Sentier, 12.

Alesmonières, pass. Saulnier, 7.

Allaimbi (D.) et Cie, cour des Petites-Ecuries.

Allain (S.), O. ❋, et Cie, faub. Poissonnière.

Almeida Santos et Bessa, commission, export., r. du Conservatoire, 6.

Allaire-Chevanne et Julien Marlot, r. des Fossés-St-Victor, 8.

Allier, r. Jarente, 6.

Allmayer (B.) jeune, commission. en art. de Paris, r. Rambuteau, 26.

Allouard (A.), r. Séguier, 3.

Andréae Greeven et Cie, r. de Provence, 5.

André (Ferdinand), art. de Paris et fournitures p. modes. r. Enghien, 30.

Amand-Pigeon, boul. du Prince-Eugène, 141, maison à Madrid.

Ametis (J.), boul. Magenta, 134.

Ametis (F.) y Cie, boul. Magenta, 108.

Amoric, art. de Paris, r. Fontaine-St-Georges.

Amouroux frères, maisons à Lisbonne et à Porto (Portugal), r. Martel, 8.

Amson (A.-S.), r. Enghien, 16; m. à New-York

Ancarani (Eugénio), pl. de la Bourse, 6.

André et Versepuy, négts-commis., r. Paradis-Poissonnière, 56.

André (Ed. P.), r. Montmartre, 18.

Andrieu (J. F.), passage Chausson, 5.

Andrieux (Emile), r. Coquillière, 37.

Aufray (L.), drogueries p. teint., r. des Francs-Bourgeois-Marais, 4.

Angrémy (Toussaint), r. Cléry, 5; fabrique à Origny-Ste-Benoîte (Aube).

Antony et Schneider, faub. St-Denis, 142 ; m. à Valparaiso (Chili).

Appel et Delagrange, articles de Paris pour la Russie et l'Amérique, r. Payenne, 13.

Arbib (Ange de R.), r. Enghien, 8.

Arlès-Dufour C. ❋ et Cie, r. du Conservatoire, 11.

Armand, Fix et Cie, r. Montyon, 13.

Armand-Lesieur, drogueries et prod. chimiques, pour teint. et impres., r. St-Antoine.

Arnette frères, r. Barbette, 4.

Arnould (Ch.), pour le Sénégal, les côtes d'Afrique, r. des Petites-Ecuries, 6.

Arnous de Rivière (Jules) et Cie, r. Ferme-des-Mathurins, 18.

Arnoux (L.), r. Paradis-Poissonnière, 32.

Aron (Edmond), r. Chapon, 22; art. de Paris.

Arona (A.) fils, r. de Provence, 63.

Aron-Hauser (Ch.) ❋, achats de tissus de diverses fabr., r. Cléry, 9.

Aronne (Jb) jeune, faub. St-Denis, 48.

Arpagian (P), le Levant, r. Hauteville, 45.

Arthaud (Marius) et Cie, faub. St-Martin, 48.

Aubé (J.), r. Paradis-Poissonnière, 40.

Auber (A.), droguerie, r. des Francs-Bourgeois (Marais), 17.

Aucler (A.) et fils, boul. Sébastopol, 75.

Audas (E.), r. Rambuteau, 82.
Audouin (L.), r. du Petit-Lion , 6, maison à Rio-de-Janeiro (Brésil).
Audresset et fils et Menuet, r. Aboukir, 87.
Aufière et Guillet , articles de Paris, r. St-Denis, 134.
Augé (Gabriel), faub. Poissonnière, 8.
Auger (P.), commissionn. en tous articles p. les Etats-Unis, r. St-Arnaud, 3.
Aurégan (L.) , tous articles pour les mers du Sud, r. Chabrol, 31.
Auzon (Ernest) et Cie, agents de C. Carrera, à Montevideo, r. Rougemont, 8.
Auzon (Henry), r. d'Hauteville, 42.
Aviraguet jeune, r. Paradis-Poissonnière, 37.
Babin, r. Cambronne, 105.
Bacot (Paul) ✳, r. Neuve-St-Augustin, 8 ; manufact. à Sedan.
Bader (Guillaume), r. Faub.-Poissonnière, 32.
Bahlmann et Cie, r. des Petites-Ecuries, 56. Maisons dans les Pays-Bas.
Ballantat (J.) et Trousset, art. de Paris, Allemagne et Angleterre, r. Chapon, 20.
Baldomar (E.) et Cie, r. Paradis-Poissonnière, 50.
Bally (A. Philibert), r. d'Aboukir, 14.
Banks (W.), r. Sentier, 28.
Bar frères, mais. à Lima et au Callao (Pérou), r. Trévise, 28.
Barban-Dupont, r. Meslay, 17.
Barbier (A.), r. Paradis-Poissonnière, 26.
Barsanti et Mordini, articles français et étrangers, r. Braque, 2.
Barsdorf, Dahlboff et Cie, r. Rochambeau, 8.
Barthe (Paul), r. Chabrol, 63.
Barthélemy, r. Bondy, 90.
Bartholmess (Jules) et Kammerer, cour des Petites-Ecuries, 22.
Basire, r. Faub.-St-Jacques, 21.
Bassot (A.), r. d'Aboukir, 42.
Bast (Eug. de), pour le Brésil, le Portugal et l'Espagne, r. Dunkerque, 24.
Bastida (Eug. de la), commiss. pour l'Espagne, r. d'Antin, 7.
Baston (Germain), impasse Mazagran, 6, mais. à Mazatlan (Mexique).
Basy (A.) et Cie, pour les Indes britanniques, r. Faub.-Poissonnière, 74.
Batiz (Manuel de), r. Provence, 5.
Battier (Eug.), r. St-Marc, 17.
Baud (Victor) et J. Pascal, passage des Petites-Ecuries, 20.
Baudier (J.-P.), r. Bondy, 42.
Baudistel et Schneider, r. Petites-Ecuries, 9.
Baudouin, r. d'Argout, 16.
Baudouin (T.), r. St-Denis, 136.
Baugniet (H.), tous articles, France et étranger, r. des Marais, 91.
Baumgaertuer et Cie , rue Chauveau-Lagarie, 14.
Bavozet, maison à Londres, r. Turenne, 37.

Bayle (H.), fournit. de chapeaux pour l'exportation, r. Chaume, 6.
Bazault, r. du Bac, 146.
Beaucaire (A.), achats à commission, rue d'Aboukir, 68.
Beaucaire (S.), r. d'Aboukir, 60.
Beaupère (H.) et A. Delallée, r. Faub.-Poissonnière, 8.
Becot et Dupuis, r. Chaussée-d'Antin, 22.
Bégule, r. Enghien, 6.
Behrend, r. Faub.-Poissonnière, 32.
Bellamy (W.), r. Faub.-St-Martin, 91, maison à Boston (Etats-Unis d'Amérique).
Bellanger (E.), r. d'Albouy, 13 , maison à Ténériffe (îles Canaries).
Bellet (F.), r. Trévise, 13.
Bellino et Hoelz, r. Cadet, 14, maison à Londres, 30, Bread Street Cheapside.
Bemberg (O.) et Cie, exportat., r. Richer, 15.
Beneke (E.), r. Hauteville, 30 ; maisons à Londres et à Roubaix (Nord)
Benoit et Gaertner, r. Francs-Bourgeois-Marais, 14.
Benson (C.-S.) et Brioude, r. Enghien, 7.
Berard (G.-A.), r. Coutures-St-Gervais, 6.
Berlin (J.), articles de Paris, r. du Caire, 27.
Berlyn (A.), boul. Sébastopol, 16.
Berlyn (L.), art. de Paris, pour la Hollande, boul. Beaumarchais, 45.
Bermel (J.-B.), achats p. la Nouvelle-Orléans, r. Bondy, 82.
Bernard, r. Charlot, 57.
Bernard (Paul), r. Marseille, 72.
Bernard et Caré, r. Michel-le-Comte, 16, maison à Londres.
Bernier (Ch.-F.), r. Hauteville, 28.
Bernier Félix), r. Sentier, 8.
Bernier frères et J. Florens, rue Montmartre, 111.
Bernoué (A.), r. Turennes, 74.
Berny (Ed.), export., Faub.-Poissonnière, 46.
Berr (D.) et fils, r. Bondy, 66 ; maison à Rio-Janeiro.
Berteaux (Ch.), Radou et Cie, étoffes et châles de soie en gros, r. d'Aboukir, 10.
Bertèche, Baudoux-Chesnon et Cie, draperies et nouveautés en gros, r. Croix-des-Petits-Champs, 50.
Bertelle-Henneron, r. Neuve-St-Augustin, 5.
Berthon (Henri), r. Albouy, 24.
Berton (J.), pass. Chausson, 5.
Bertrand et Amy, Amérique , Brésil, rue de l'Echiquier, 46, et à Londres.
Bertrand (Ernest), nouveautés pour modes, cour des Petites-Ecuries, 11.
Bessan (A.), r. St-Denis, 374.
Bessière (V.), r. Richer, 45.
Bessy (A.) et Cie, r. Entrepôt, 33.
Bettelheim (J.), r. du Château-d'Eau, 58.
Beuscher et A. Jouin, articles de Paris, boul. du Prince-Eugène, 7.
Beysens et Beckers, r. N.-D.-de-Nazareth, 20.

Biche (R.-N.), r. de Strasbourg, 12.
Biema (J. Van), r. Petites-Ecuries, 9.
Binoche (A.) et Cie, pour le Brésil, rue Bergère, 28.
Blanc, Viard et Cie (Stehelin, Arlenspach et Cie, successeurs), r. d'Hauteville, 69.
Blanc (Joseph), drogueries, r. Elzévir, 4.
Blanquet (F.-X.), r. Oberkampf, 1.
Blein (E.), r. Petit-Carreau, 1.
Bloch (B.-A.), pour les Indes, passage Saulnier, 17.
Blot (Paul), r. Richer, 34 ; m. Tiflis (Russie).
Blot (Jules), Espagne et Portugal, r. Richer, 20.
Blum Brothers et E. Moritz, r. des Petites-Ecuries, 7; maison à Londres, à Hong-Kong et à Shanghaï (Chine).
Blumberg et Cie, marchandises pour l'exportation, r. Bondy, 64, et à Londres.
Blumenthal (W.), pass. des Petites-Ecuries, 12.
Boas (S.) et Cie, négts, r. Martel, 8.
Bongrand (G.) et J. Connant, r. Croix-des-Petits-Champs, 23.
Bohler (A.) et Cie, r. de Bondy, 66.
Boitel, r. Aboukir, 43.
Bolderini (Georges) ❋ et Cie, négt-commiss., r. Hauteville, 19.
Bolbergue (Ch.), r. Turbigo, 53.
Bonfils (Adolphe), r. Bondy, 32.
Bongrand frères, r. Croix-des-Petits-Champs.
Bonijoli, r. de Paris-Pantin, 35.
Bonnemain (V.), Bonnaud et Cie, r. des Petites-Ecuries, 24; maison à Valparaiso.
Bonnet (J.), r. de Marseille, 11.
Bontemps, Faub.-St-Antoine, 76.
Bonvallet (H.), r. Magnan, 19; maisons à Naples et Palerme.
Bonvalot et Joly, r. Chabrol, 30.
Bordes (A.) et Cie, articles de Paris, r. du Grand-Chantier, 14.
Bordin-Tassart, r. Neuve-St-Merri, 5.
Bortoli frères, maisons à Marseille, Naples, Florence, Constantinople, r. Meslay, 55.
Bosc (L.) et Cie, négts-commissionnaires, r. Marais-St-Martin, 46; m. à Lima (Pérou).
Bosch-Puig, r. Lafuyette, 62.
Bossange (Gustave), quai Voltaire, 25.
Boucault et Hublin, mercerie et art. de Paris, r. St-Denis, 121.
Boucher, Chaussée-du-Maine, 36.
Boucher-Scheller, r. Quincampoix, 75.
Boucley (P. E.), tissus, r. Monthoion, 34.
Boudin (Henri) et Aubinet, art. de Paris, boul. de Sébastopol, 46.
Boufflet, dépôt de filat. françaises et anglaises, poils de chèvre, laines, soies p. la fabrique, r. Thévenot, 24.
Bougleux (A.) et Cie, dépositaires d'articles étrangers, r. des Petites-Ecuries, 47; maisons à Lyon, pl. de la Bourse, 2, et à Londres, 3, r. St-Ann's lanne, City.
Bouillet frères, pour la côte d'Afrique, Faub.-St-Martin, 91; m. à Bordeaux.

Bouissin (G.), boul. Strasbourg, 75.
Bourcier, r. Sévigné, 48, maisons à Buénos-Ayres, Montévidéo et Constantinople.
Bourdeu (E.) et Cie, r. Poitou, 14.
Bourgeois (T.), art. de Paris, boul. Sébastopol, 69.
Bourgeois (Victor), r. des Ecouffes, 25.
Boursier-Bouillette, toute espèce de marchandises, exportation, r. Argout, 34.
Bouruet-Aubertot, r. des Moineaux, 20.
Boursot, Oberkampf, 35 et 40.
Bousquet (A.), r. Hauteville, 33 (maison à Montevideo).
Boutin (H.), r. N.-D.-des-Victoires, 15.
Boutin (Hri) ❋, p. les Etats-Unis d'Amérique, r. Gaudot-de-Mauroy, 30.
Bouyer (Vve E.), r. N.-D.-de-Nazareth, 9.
Bouvray (E.), r. des Charbonniers-St-Antoine, 10.
Bowles frères et Cie, r. de la Paix, 12.
Boyard (A.), r. de la Boule-Rouge, 7.
Boyer (Mlle Pauline), r. de la Paix, 17.
Brach et Schoenfeld, r. Echiquier, 41, maisons à Hambourg et au Mexique.
Bradshaw (Juste), r. St-Joseph, 12.
Branchu (F.), r. Argout, 16.
Brandes et Bretschneider, r. Echiquier, 42.
Brandicourt (Hri), quai de Bercy, 1.
Braukmuller (A. W.), tous articles de Paris, de l'Allemagne, la Russie, la Suède et la Hollande, r. Montmorency, 6.
Bravay (A.) et Cie, r. de Londres, 6.
Breton, drogueries, r. du Grand-Chantier, 18.
Breuillé, r. des Innocents, 4.
Breul, r. Richer, 20.
Briel (Maurice), r. Vivienne, 7.
Briers, boul. Beaumarchais, 24.
Brigot (E.), Kern et Cie, pour le Brésil, r. Paradis-Poissonnière, 40.
Brill (Friedr L. E.), tissus, soieries, modes, r. Paradis-Poissonnière 29.
Brisset et Noailles, pass. Saulnier, 6.
Brocard frères et Duchenne, r. de la Roquette, 26.
Brochon (Adolphe), (E. Gambey success.), m. de gros en fleurs fines, r. Turbigo, 28.
Bronberger (W.), pass. Saulnier, 4.
Brousson frères, Marquès et Alexis Lasne, chapeaux de feutre, r. Rambuteau, 20.
Brown (Ormiston), r. Bergère, 30.
Brown (S. R.), r. Montmartre, 160.
Brukmann (Ch.), r. des Petites-Ecuries, 28.
Brukmann (Philippe) et Cie, r. Paradis-Poissonnière, 54.
Bruère (A.), pass. Ste-Croix-la-Bretonnerie, 11.
Brun et Réaume, art. pour fleurs, r. Ste-Apolline, 6.
Brunarius (C.-R.), boul. du Temple, 33 et 35.
Brunarius (C.-R.), r. Angoulême-du-Temple.
Buc (Louis), r. Renard-St-Merri, 11.
Buchère-Chalopin (Mme), r. des Petites-Ecuries, 7, pour le Brésil et l'Egypte.

Bucking (J.-F.), r. St-Fiacre, 21 , maison à Hambourg.

Bühler (G.), pour tous les articles , r. Meslay.

Buisman et Cie, r. St-Fiacre, 3.

Buisson (J.) et Cie, commission pour le Brésil et le Portugal, r. Bondy, 3.

Bulla frères, r. Tiquetonne, 16.

Bunel-Dorbeaux et Cie, faub. St-Martin, 171.

Burch (William), représ. de fabr. anglaises, r. Neuve-St-Augustin, 21.

Busquet, r. St-Joseph, 10.

Buton, r. Turenne, 41.

Cabanis (L.), r. des Filles-du-Calvaire, 13.

Cahen (M.-F.), boul. Sébastopol, 10.

Cahill r. Paradis-Poissonnière, 24.

Cahn (M.) r. St-Sauveur, 5.

Caillat (J.) agence, r. St-Georges, 27.

Caillet. Donop et Cie, r. Hauteville, 25.

Cailleux (J.-B.), faub. Poissonnière, 40.

Caldas et Blanchet, r. d'Enghein, 46 ; maison à Bahia (Brésil).

Calderon (Th.), droguerie, place Royale 9 ; maison à Londres.

Calpini frères, r. Turenne, 111, maison à Mexico.

Calzado (A.-R.), place de la Bourse.

Camille Duchateau, r. Taitbout, 30.

Campagne, (M.), boul. Sébastopol, 88.

Candy Ch. et Cie, rue Hauteville, 3.

Caparroy (G.), r. de Crussol, 24.

Carlet (P.), rue d'Enghien, 28.

Carlhian et Beaumetz, r. St-Fiacre, 20.

Carlhian (Eug.), produits chimiques, colles et gélatines, r. Barbette, 6.

Carlinot frères et Fd. Salzani, r. Drouot, 4. p. les Etats-Unis.

Carlon, Kiéfer et Loison, rue Bréda, 9.

Caron et Cie, faub. Poissonnière, 40 , maison à New-York.

Carrera et Cortiguera, Espagne et Amérique, r. Martel, 8.

Cart (E.) et Cie, r. Victoire, 10.

Caruel (L.) r. Turbigo, 3.

Carvaillo (A.), et A Pinède, r. d'Enghien, 23.

Castoul frères et Cie, pour l'Amérique du Sud, r. Hauteville, 35.

Cavadia Antippa et Cie, r. des Filles-du-Calvaire, 23.

Cayrol (L.) et Cie, r. Bergère, 30.

Cellard (J.) aîné, ganterie, r. Buci, 15.

Chaillan frères, r. Grange-Batelière, 26 ; maisons à Marseille et à Alexandrie.

Chaligne (E.), r. Michel-le-Comte, 15.

Challamel, r. des Boulangers, 30.

Challe (Hermann), r. Mesley, 59.

Challe frères, r. Saintonge, 51.

Challe et Puy, art. de Paris, r. des Filles-du-Calvaire, 13, maison à Buénos-Ayres.

Chambeau (A.), boul. Prince Eugène, 36.

Chamberlin (A.), dentelles, r. Montmartre, 117.

Chamdanjian (H.), r. des Petites-Ecuries, 31.

Chandler (Richard), r. St-Marc, 14 ; maisons à Lyon, St-Etienne et à Londres.

Chanel et Wohlfarth, pour la chapellerie, r. Ste-Croix-de-la-Bretonnerie, 24.

Chapelle (Ch.), r. St-Marc, 17.

Chapoulaud frères, r. Honoré-Chevalier, 4.

Chapsal (G.) et Laine, r. Laval-Prolongée, 7 ; maison à l'île de la Réunion.

Charbonne (A.) et Cie r. Paul-Lelong, 11.

Charles (F.), export., r. Béranger 22.

Charocopo frères, r. Magnan, 20 ; maison à Athènes et à Syra.

Charpentier (Ph.), rue du Château d'Eau, 44.

Charpentier (Ch.), r. Turenne, 83.

Charton (El) et Cie, pour l'Amérique du Sud ; r. Coustou, 8.

Chassaing et Lepraître, mercerie articles de Paris, r. Grénétat, 36.

Chas, Fournier, Lanxade et Cie, places des Victoires, 5 ; maison à Lyon.

Chaubin et Marx (Montévidéo), r. Entrepôt, 30.

Chaumette jeune, caoutchouc, r. de Belleville, 78 bis, cour de la Ferme, 1.

Chauveau (Ch.) et Durand, boul. du Prince Eugène, 22,

Chavagnat fils et G. Brunard, châles, boul. Bonne-Nouvelle, 25.

Chavanel, r. de la Banque, 19.

Chavas et Cantor, pl. Ste-Opportune, 3.

Chemin-Fleury, r. J.-J. Rousseau, 19.

Chéron (Edvin), r. St-Honoré, 416.

Cheruet, artic. de Paris, r. Thévenot, 8.

Chevalier (Félix), artic. de Paris et autres pour l'export., r. Chapon, 48.

Chevalier frères et Cie, export. laines brutes et romaines, r. Aboukir, 87.

Chevrillon (A.), r. Victoire, 41,

Cheylac, draps, r. Croix-des-Petits-Champs, 29.

Chinnery (S.) et Johnson. r. Lafayette, 58.

Chouillou et Villevieille, r. Michel-le-Comte, 26.

Christophe (Léopold), r. Poissonnière, 21.

Chulliat (J.), r. Montmartre, 152,

Claflin (H.-B.) et Cie, de New-York, r. Echiquier, 41 ; maison à Manchester.

Clairefond (A.), r. Argout, 27.

Clara (F.-N.), r. Béranger, 7 ; maison à Porto-Rico (Antilles espagnoles).

Claude (J.) frères, r. du Sentier, 32.

Clays (D.) aîné, r. des Filles-du-Calvaire, 23.

Clément (A.-C.), pass. des P.-Ecuries, 11.

Clément (Félix) et Cie, art. de Paris ; r. de Bondy, 30.

Clenchard, r. Vieille-du-Temple, 26.

Clerc (Jules), r. d'Hauteville, 45.

Clerc (Victor), tissus, r. Rambuteau, 22.

Clergue (M.), boul. Magenta, 95.

Clerin (N.), r. des Petites-Ecuries, 28.

Cléry fils aîné, r. de Rivoli, 162.

Clœver, r. Le Peletier, 22.

Clostermann (Henri), et Bayle, faub. Poissonnière, 96.

Cochu (Edmond), r. Borda, 1.

Cocqueteaux et Cie, boul. St-Martin, 3, et Meslay, 14 ; maison à Buénos-Ayres.

Cohen et Tedeschi, r. de Strasbourg, 10.

Cohen frères et Popert, r. du Temple, 51.

Cohn (Edouard), r. Turbigo, 18.

Cohn (J.) et Cie, r. d'Enghien, 24 ; maison à Hambourg.

Cohn frères, pour la Russie, la Pologne et l'Allemagne, r. de l'Echiquier, 45.

Colin (Adolphe), r. des Gravilliers, 69.

Colin et Loup, export., r. Rochechouart, 10 ; maison à St-Denis (Réunion).

Collet (Hy), r. Martel, 18.

Colliau (E.), r. Marcadet, 83.

Collin (Ch.), r. Quincampoix, 15.

Collin (Alfred), rue du Sentier, 37.

Comollo et Cie, r. Béranger, 11.

Comptoir des agents de manufactures , exportation, recouvrements : Mouon, r. Paradis-Poissonnière, 8.

Comptoir central d'importation parisienne ; Lacaille et Boucaut, r. Turbigo, 6.

Conil (Adolphe) et Cie, maisons à Santiago et à Valparaiso (Chili), r. Faub.-St-Martin, 76.

Conolly-Genevrier, Faub. St-Denis, 67.

Conty frères, r. Entrepôt, 30.

Contini (Mlle), r. Grenelle-St-Germain, 89.

Coopman et Cie, r. Bleue, 12.

Copestake, Moore, Crampton et Cie, dentelles, tulles, etc., pl. des Petits-Pères, 9, maison à Londres.

Coquentin (H.), r. Faub. Poissonnière , 46 , maison à Philadelphie.

Corbay (Mme A.), r. des Ménars, 4.

Corbière ✳ et fils, r. St-Fiacre, 20, et à Londres, 30, Caunon Street.

Cordingley (T.) fils et Cie, pass. Saulnier, 17, maisons à Grenoble, représentants de E. Després et Cie, Lyon quai de Retz, 8 ; et à New-York.

Cordonnier (Mme), r. Fénélon, 11.

Cornely (S. et M.), r. Hauteville, 17.

Cornilleau jeune, pass. Chausson, 5.

Cossa (F.), boul. du Prince-Eugène, 44.

Costa Hermanos y Cia , Faub. Poissonnière , 50, maison à Lima.

Coste (Mme Félicie) , commiss. confect. , r. Nve-des-Petits-Champs, 53.

Costel (A.), art. de Paris, r. Bourtibourg, 14.

Cot (F.), tous articles de Paris, export., r. des Vieilles-Haudriettes, 6.

Cotillon, boul. Beaumarchais, 13.

Cotton (M. A.), tissus, r. des Halles, 14.

Cottrell (Ch.) et frère, r. Dunkerque, 22.

Coullet et Badière, pour la France et l'Italie, r. de la Banque, 16.

Coulombel frères et Devismes , Faub.-St-Denis, 130.

Coutard et Breton, r. St-Joseph, 3.

Couttenier, Roseau et Cie, r. Meslay, 40 , m. à Francfort-sur-Mein.

Couty frères, r. Entrepôt, 30.

Cowdin (Eliot C.) et Cie, Faub. Poissonnière , 5, maisons à Lyon et New-York.

Coyen-Carmouche , articles de Paris , r. Albouy, 20.

Crappard, boul. St-Michel, 51.

Crehange (Ernest), r. Béranger, 12.

Cremière (L.), r. Laval, 28.

Cremnitz (Th. et A.) frères, r. Béranger, 22, maison à Lima (Pérou).

Cretenet frères, m. à Valparaiso, r. Vieille-du-Temple, 22.

Creton et Cie, pass. Saulnier, 19, à Lyon et à Grenoble.

Criquet, r. Marais St-Martin, 99.

Culverhouse (William) et G. Grimard, r. d'Argout, 13.

Cuntz (L.) et Sallinger , r. Paradis-Poissonnière, 54.

Daeschmer (L.), r. Paradis-Poissonnière, 19.

Daffis (Paul), r. des Beaux-Arts, 9.

Daguerre (Léon), r. Paradis-Poissonnière, 50, maison à Montevidéo.

Dailliard (H.), r. des Jeûneurs, 30.

Daireaux (Ch.) et Cie , r. Paradis-Poissonnière, 50.

Dale (Thomas N.) et Cie, r. Neuve-St-Augustin , 8 , m. à New-York, Philadelphie.

Damenez, p. la Russie, r. Chaussée-d'Antin, 23

Daniel, r. Paul-Lelong, 13.

Daniel (Ch.), r. Quincampoix, 59.

Dauinos (C.), pass. des Petites-Ecuries, 20.

Danziger et Pauwels, m. en Allemagne , Angleterre et New-York, r. des Petits-Hôtels, 7.

Darasse (A.), équipements militaires, etc., imp. Conti, 2.

Darqué (Eug.), boul. Magenta, 144.

Daubrée (Alfred), boul. Strasbourg, 48, m. à Nancy.

D'Auréville, boul. du Prince-Eugène, 48.

Dauriac (A.) neveu, r. Mandar, 12.

Dausse aîné, r. Aubriot, 4.

David et Troullier, r. du Sentier, 27.

Davidsohn (J.) et Cie, pl. Lafayette, 109.

Davies (J. M.) et Cie, bonneterie, soieries, etc., r. des Petites-Ecuries , 28, m. à New-York et Londres.

Debbeld (H. C.), O. ✳, articles militaires, r. Echiquier, 41.

Debelle (J.) et Quillardet , droguerie , r. de Chaume, 5.

Debost et Courtès , mercerie en gros , et art. de Paris, r. Turbigo, 34.

Debs (Mme Vve), r. Guénégaud, 11.

Decante (E.), Faub. St-Martin, 55.

De Clermont et Cie, mat. prem. et fournit. p. chapellerie, r. Barbette, 11.

Decupère , chapellerie , fantaisie p. dames et enfants, r. Nve-St-Merri, 32.

Dédéyan (A. Ovaness), laines fines , poils de chèvre, cocons et bourre de soie, cotons ; cité Trévise, 12, m. à Smyrne et à Constantinople.

Defert (J.), boul. Sébastopol, 44.
Deffès et Roy, Faub. St-Denis, 132.
Defly (J.), Faub. Poissonnière, 7.
Deger et Cie, art. de Paris, spéc. p. la Russie, Faub. Poissonnière, 11.
Deherpe ❊ et May, r. St-Denis-Villette , 10 , m. à San-Francisco.
Delacre (E.), r. des Petites-Ecuries, 34.
Delage, boul. Malesherbes, 127.
Delagrave (Ch.) et Cie, r. des Ecoles, 78.
Delanoue, pl. de la Nativité-Bercy, 4.
Delaplace (Ch.), r. des Lombards, 21.
Delaplanche (E.) et Cie, toiles , r. des Jeûneurs, 29.
De l'Eglise et A. Goux, boul. Magenta, 83.
De l'Epinay et Jules Duloup, r. Bondy, 66.
Delhaye (A.) jeune, r. Argout, 16.
Delhomme (J.) aîné, r. Grénétat, 39.
Delinières (Léon) et Cie, r. Richer, 34.
Della-Rocca (Th.), pass. Saulnier, 17.
Delloye et Rosset, r. des Petites-Ecuries , 13.
Delort (E.), r. Vieille-du-Temple, 20.
Del-Porto (S.), r. des Jeûneurs, 29.
Delpy (A.) et Cie, Faub. Poissonnière, 11.
De Meyer (J.), agence de fabriques étrangères, r. Hauteville, 32.
Demontant (Aug.), soieries, boul. Montmartre, 19.
Demmer et Cie, articles allemands et anglais, r. Turbigo, 38.
Denamur, r. Vieille-du-Temple, 26.
Dénat et Gazeau, r. Echiquier, 14.
Deneux (A.) et Gramet aîné, r. Payenne, 4.
Déniau (de la Sarthe), avenue Montaigne, 48.
Denis (F.), boul. du Temple, 39.
Denisane (A.) et Cie, r. Chauchat, 10.
Denné Schmitz (Mme C.), r. Favart, 2.
Dent, Allcroft et Cie, de Londres, r. Hauteville, 30, maison à Grenoble.
Depas, r. Navarin, 7.
Depierre (J.), r. Chanoinesse, 14.
Depinay (L.), boul. Strasbourg, 12.
Depresle (E.), r. Martel, 15.
Deribaucourt et Reichanbach, art. de Paris, et soies, r. Faub.-Poissonnière, 25.
Deriot (Etienne), r. Petit-Lion, 15.
Derobert, r. St-Martin, 59.
Desbans (A.), tissus en caoutchouc anglais, r. Martel, 8.
Deschaux, r. Portalès, 5.
Désignolle, (G.), pour l'Orient, comptoir à Constantinople, r. Laffitte, 3.
Desmarest (L.), r. Lancry, 38.
Despaigne (A.-H.), articles de Paris, rue Auber, 2.
De Speyr, Kern et Cie, boul. Strasbourg, 24.
Dessienne, r. Pagevin, 10.
Dessommes (A.), Lévy et Cie, Faub.-Poissonnière, 61 ; maison à la Nouvelle-Orléans.
Detot (Aug.), r. Crussol, 11.
Dettelbacher (H.), r. N.-D.-de-Nazareth, 61.
Deulin, r. St-Honoré, 45.

Devès frères, r. Bauloi, 4 ; maison à Valparaiso (Chili) et à Tacna (Pérou).
Devès (Albert), pour l'Amérique du Sud, rue Maubeuge, 44.
Deville (Gve), r. Aboukir, 40.
Deyme (Victor), cour des Petites-Ecuries, 7 ; maison à Lyon, quai St-Clair, 12.
Didier (Eugène), à New-York et Pernambuco, r. Richer, 42.
Didier, G. Dervieu et Cie, r. St-Georges, 28 ; maison à Alexandrie (Egypte).
Dieudonné et Vinsot, r. Turenne, 117.
Dilleman (P.) et Cie, r. Albouy, 21 et 23.
Dilsheimer (D.), r. Echiquier, 8.
Dinal et Gazeau, r. Echiquier, 14.
Dindabure et Cie, r. Trévise, 15.
Dispeker (M.), r. Martel, 8.
Disson (A.), r. Turenne, 111.
Dobelin (F.) ❊, A. Maxoin et Cie, articles de Paris, boul. Sébastopol, 50.
D'Olive (J.), art. du Levant, r. St-Martin, 160.
Dommartin (F.) ❊, r. Petites-Ecuries, 13.
Dommartin (H.), art. de Paris, r. Fossés-du-Temple, 26.
Dontail (F.), r. Meslay, 47.
Dorca, Ayulo et Cie, boul. Strasbourg, 37 ; maison à Lima.
Dord (C.) et Co de New-York, S. B. Bernard associé, r. Richelieu, 92.
Doré et Thibesart, r. Cadet, 10.
D'Orival (R.) et Lugenbühl, boul. Bonne-Nouvelle, 28 ; maison à Londres.
Dormitzer (M.), r. Paradis-Poissonnière, 17 ; maison à Rio Janeiro.
Doubledent (A.), commiss. en droguerie, rue Neuve Ste-Catherine, 25.
Dressel (Ernest) et Cie, r. Enghien, 48.
Drèves (L.), r. Auber, 1.
Dreyfus (Alexis), r. Enghien, 10 ; maison à Vienne (Autriche).
Dreyfus (N.) aîné ❊, r. Le Peletier, 24; mais. à Rio Janeiro.
Drouin (J.), O. ❊, colles gélastines de MM. Coignet père et fils et Cie de Lyon, outremer pour impressions, r. Ste-Croix-de-la-Bretonnerie, 21.
Drucker (G.) et Lippold, Amérique, Angleterre, et les colonies, r. Richer, 23.
Drulhon-Delisle et Cie, r. des Halles, 2.
Druwestyen, r. Aumale, 23.
Dubois, boul. Richard-Lenoir, 108.
Ducasse (J.), r. Petits-Hôtels, 25.
Ducasse-Claveau et Cie, r. Lancry, 14 et 16 ; maison à Londres.
Duché (T.-M.) et fils, r. Banque, 22.
Duchesne-Hapel et ses fils, r. Palestro, 26.
Ducourneau (V.), r. Jussienne, 13.
Ducrocq (Vve), r. Thévenot, 22.
Dufaur et Trilha, r. St-Joseph, 10.
Duffeux aîné, r. Neuve-St-Merri, 19.
Dufournet (A.), r. Enghien, 28.

Duhamel (C.), boul. Clichy, 49; maisons à Mexico et à la Nouvelle-Orléans.

Duloup (Ph.), tissus et articles de Paris, rue Bergère, 9.

Dumas, exportateur pour le Brésil, boul. de Strasbourg, 24.

Dumas et Pinon, r. N.-D.-des-Victoires, 40.

Dumont (Victor), r. Dunkerque, 27.

Dumont, drogueries, place Royale, 5.

Dunand (F.), r. Faub.-St-Denis, 65.

Dupeyron (Ernest) et Cie, boul. Strasbourg, 21; droguerie à Lima (Pérou).

Dupont (P.), p. les Indes, r. Petits-Hôtels, 25.

Dupont, r. St-Denis, 90.

Dupont aîné, art. de Paris, r. Turenne, 51.

Dupuis (J.), r. Lafayette, 154.

Dupuy (J.-B.) et Cie, acheteurs p. leur mais. de Buenos-Ayres, r. Hauteville, 96.

Duquenne (Léon), draps et fournit. militaires, r. des Jeûneurs, 46.

Duquesne (L.), art. de Paris, r. Aux-Ours, 29.

Durand (D.), p. les Antilles, r. Faub.-Saint-Denis, 108.

Durand (F.), de Chalet, boul. Poissonnière, 23.

Dutil (J.), r. Flandre, 60.

Duval et Blanchard, r. Hauteville, 30.

Duyckaerts (A.), cité Trévise, 6.

Ebstein (C.) et F. Chapot, articles de Paris, r. St-Martin, 104.

Eck et Mailly, r. Entrepôt, 15; mais. à Hambourg.

Eggeling (Aug.), export. pour les mers du Sud, r. Tiquetonne, 16.

Eigen (Gustave) et Cie, r. Rambuteau, 65.

Eggerickx, directeur, crédit et commission, boul. Haussmann, 171.

Elias (D.) et Cie, r. Martel, 8.

Emery (J.), r. Saint-Antoine, 159.

Enault-Bethmont (H.), literie, r. N.-D.-des-Champs, 12 et 14.

Engeler (H.), r. Montholon, 34.

Engstrom (Gve), tissus et art de Paris, rue Hauteville, 34.

Engstroem (Mme Adèle), r. Hauteville, 17.

Enoch père et fils, r. Meslay, 30.

Enoch frères, art. de Paris, r. de Bondy, 32.

Eram frères, r. Trévise, 38.

Erlanger (Michel), r. des Vosges, 8.

Escalada et Vidiella, r. Paradis-Poissonnière, 42; m. à Monte-Vidéo (Uruguay).

Espagnac et Deleuze, r. Boule-Rouge, 1; mais. à Lyon et à Nîmes.

Estienne (Emile) et Cie, r. Chaussée-d'Antin, 60; m. à Lima.

Ewig (Adolphe), r. Taitbout, 30.

Eydoux (Jules), r. Four-St-Germain, 43, m. à St-Pierre-Martinique.

Eymard (J.) art. de Paris, r. du Temple, 78.

Eyrond (J.), boul. de Strasbourg, 37.

Faber (A. W.) ❀, boul. de Strasbourg, 55.

Fabre Hubault, r. Béranger, 8.

Fabreguettes (Eugène), Morra et Cie, Faub.-St-Denis, 23.

Faivre (L.) aîné, passementerie, rue Montmartre, 152.

Falcke et Doring, cour des Petites-Ecuries, 20.

Falkenstein-Proût, Faub.-St-Martin, 91.

Fanien ❀ (les fils de), r. Chabrol, 30.

Fano, r. Le Peletier, 17.

Farge (Francisque), r. Tiquetonne, 12.

Faroux et Schuwirth, p. l'Amérique du Sud, tissus, boul. Poissonnière, 14.

Fauconnier (Vincent), p. les colonies, r. Echiquier, 23.

Faure (Félix) et Cie, r. Magnan, 16.

Faure-Beaulieu, r. de la Douane, 17.

Fay et Cie, agence p. l'Inde, la Chine, la Cochinchine, le Japon et les Etats-Unis, rue Lafayette, 95.

Fayet (J.), r. St-Sauveur, 71.

Fayet (D. J.) et Cie, art. de Paris, r. du Gd-Chantier, 4.

Fayolle (G.), Keisser et Cie, drogueries et produits chimiques, av. Victoria, 6.

Fedon (G.), r. du Caire, 12.

Féliker (Ad.), r. Tiquetonne, 10.

Fels (J.), r. Coquillière, 14.

Fenwick (N. F.), r. St-Georges, 8.

Feraudy (Eugène) et Cie, r. Blanche, 81; m. à Rio-Janeiro (Brésil).

Fesq (Louis A.), r. Keller, 15.

Fessard (Ch.), art. de Paris, r. Béranger, 22.

Feugeas (Eugène), fournit. de chapellerie et casquettes, r. du Temple, 18.

Feuillard (A.), chapellerie, r. Pavée-Marais 24.

Fevex frères et Charvet, r. Hauteville, 10.

Filleul, Clerc et Chequin, solde de toiles et tissus, r. St-Martin, 194.

Filliol et Andoque, r. Vivienne, 49.

Finart (H.), r. N.-D.-de-Lorette, 54.

Fiorita et Tavolara, r. Paradis-Poissonnière, 42; m. à Rio de Janeiro.

Firnhaber (C. W.), r. du Château-d'Eau, 31.

Fischer (G.), r. Paradis-Poissonnière, 54.

Flachfeld frères, r. des Petites-Ecuries, 55.

Flaxland (Ed.) et Cie, r. Thévenot, 9.

Flobert et Cadillac, quincaillerie, art. p. l'exportation, r. de Bondy, 58.

Flocon (Eug.), r. de Magnan, 19.

Fontaine (A.), r. Amelot, 48.

Fontaine-Legrand, pass. du Jeu-de-Boule, 2.

Fontana (L.) et Cie, articles de Paris p. l'Italie et l'Amérique, r. St-Martin, 48.

Fontenay (E.), et Morel, r. Paradis-Poissonnière, 54.

Fontenay (Ernest), p. le Mexique, r. Saint-Marc, 17.

Fontenelle, r. Turenne, 28.

Fossa et Cie, m. à Port-au-Prince et dans les quartiers St-Domingue, bois de teinture, r. Le Peletier, 7.

Fouchard, Faub.-Poissonnière, 130.

Foucher (A.), r. Poissonnière, 10.

Foucques (N.), pass. Lathuile-Batignolles, 17.
Foucques (R.), r. Argout, 34.
Fougner (J.) et Cie, expéditions p. les pays du Nord, r. St-Joseph, 8.
Fould frères et Cie, cour des Petites-Ecuries, 7.
Fourcade frères, r. Fossés-du-Temple, 34.
Fouré (Achille), r. de la Chapelle, 127.
Fournier et Cie, art. de Paris et toutes sortes de marchandises, r. Béranger, 8.
Fournier, droguerie, r. des Martyrs, 24.
Fournier et Arnaud, r. Echiquier, 39.
Fourquet (B.), r. des Petites-Ecuries, 24.
Fowle (T.), r. Pernelle, 8.
Fowler (R. J.), produits chimiques, rue d'Enghien, 11.
Fox (Charles), r. Château-d'Eau, 37.
Fradera (D.) et Cie, r. Echiquier, 12.
Frager ainé, r. Sévigné, 36.
Framm (Ernest), r. Bleue, 14, agence à Hambourg, Louis Mohr.
Franc et Benoit, r. Montmartre, 62, maison à Nîmes et à Lyon, quai St-Clair, 12.
Franconie (Ad.), pass. Laferrière, 4.
Franken (P.), achats pour l'Italie, r. N.-D.-de-Nazareth, 35.
Frédérick (Vve E.), r. Neuve-Saint-Augustin, 33.
Gaffré (P.), r. Cadet, 5.
Gage (Paul), r. Grenelle-St-Germain, 13.
Gagelin (C.) jeune, r. d'Enghein, 38.
Gagny (Alphonse), r. N.-D.-de-Nazareth, 66.
Galas (Félix), art. de Paris et tissus pour l'Espagne, r. Hauteville, 17.
Galibert (E.), r. Payenne, 11 (Marais) et à Londres, 45.
Gallet, Lefebvre et Cie, indigos, teintures et commission, r. de Bondy, 60.
Gallimard (Félix), quincaillerie et art. de Paris, r. Amelot, 54.
Gallin-Fuzellier, r. de Condé, 1.
Gambey (E.) et Cie, laines, r. Entrepôt, 29.
Gamburg (Sigismond), r. Meslay, 67.
Garnaud frères et Guillemette, r. Ste-Croix-de-la-Bretonnerie, 26, et à Buénos-Ayres.
Gastaux (Ernest) et Harlaux, art. de Paris, exportation, r. St-Denis, 138.
Gauché (Camille), r. Montmartre, 36.
Gaultier (Gustave), r. N.-D.-de-Nazareth, 66.
Gauvain (J.), r. Hauteville, 57.
Gavoty (C.) et Cie, Faub.-Poissonnière, 25.
Gebhardt (Henry), r. des-Petites-Ecuries, 42.
Gedalge jeune, r. Malher, 9.
Gelin (F.) et Raveaud, r. Chaussée-d'Antin, 53
Genty (A.) D. Cottu, boul. Bercy, 50.
Georgiades (A.) r. Echiquier, 22.
Gérardin (F.), p. les Etats-Unis, r. Paradis-Poissonnière, 11.
Germain et Bertaux, r. Echiquier, 22.
Germain Hermanos, pass. des Petites-Ecuries, 20, m. au Havre, à Valparaiso et à Santiago.

Germain Goudchaux et Lévy, r. des Jeûneurs, 46.
Gerson frères, r. Vivienne, 23,
Gerson (A.) et frères, r. des Petites-Ecuries, 56; m. à Rio-Grande-do-Sul (Brésil).
Gerson (J.) et Hofmann, boul. Magenta, 58.
Gibou (F.), r. Villehardouin, 12.
Gilbert (A.), art. de Paris et quincaillerie, rue N.-D.-de-Nazareth, 25.
Gilles et Johin-Chardon, négoc. commiss. rue des Petites-Ecuries, 18.
Gillet (L.) et Pillot, r. Villehardouin, 10.
Giobertini (Paolo), r. Geoffroy-Marie, 9.
Girard (D.), art. de Paris, r. d'Alger, 9.
Girard (E.), pass. Vero-Dodat, 5 et 7.
Girard (Ant.) r. Buci, 4.
Girard (E.), boul. Sébastopol, 78.
Girard frères, laines, r. de Lancry, 14.
Girardot (A.), quincaillerie, r. Biragne, 14.
Girod (G. A.), Charpentier et Cie, p. l'Angleterre et les Etats-Unis, r. Bergère, 21.
Glaenzer (J.) et Versepuy jeune, boul. de Strasbourg, 35.
Glaeser (E.), place Vintimille, 4.
Glatz, la Chine, la Cochinchine, les Philippines r. Turbigo, 31.
Godchaux frères, r. des Petites-Ecuries, 10, m. à San-Francisco.
Gœbel et Cie, r. Echiquier, 37.
Goetz (L. et P.) Buisson, r. Nesles, 9.
Gohier (Th.), r. Tiquetonne, 12.
Goldbeck et Cie, r. Martel, 21; m. à Londres et à Vienne.
Goldner et Biébar, r. Grange-Batelière, 16.
Goller et Koch, r. Echiquier, 40.
Gortais (E.) fils, r. Bourtibourg, 28.
Gossiòme, mercerie, r. du Petit-Lion, 40.
Gottschalk et Cie, déposit. d'art. d'Allemagne, Faub. St-Martin, 76.
Goudchaux (Er.), boul. Sébastopol, 60.
Goudchaux (Georges) et Cie, r. Hauteville, 94, maison à Lyon, r. Impériale.
Goudeau (A.), soieries et velours, parapluies et fournitures, r. N.-D.-de-Nazareth, 63.
Gournay (de), r. Bergère, 9.
Gouvié (S.), r. Hauteville, 13.
Graëb (G.), r. aux Ours, 61.
Graetzer et Hermann, r. Echiquier, 21, maisons à Lyon et à Londres.
Granados, Garcia et Maire, r. Hauteville, 53.
Grand (N.), draperie, r. des Bons-Enfants, 26
Grandjasse (S.), r. St-Denis, 305.
Grange, Faub. St-Martin, 78.
Gratiot et Dumelz, r. Trévise, 43.
Gravaser (Isidore), r. aux Ours, 11.
Gravez (Hubert), Brésil et Portugal, r. J.-J.-Rousseau, 19.
Gréer, perles, r. Michel-le-Comte, 31.
Greffier, chimiste mécanicien, aven. de la Motte-Piquet, 65 (Grenelle).
Grégoire (D.), r. Lancry, 36.

Greiff (A. de), r. des Petites-Ecuries, 56, m. à New-York.
Grenet et Bienaimé, pass. Saulnier, 8.
Griffith et Kübely, de New-York, Dejardins fils et J. Delille, r. des Petites-Ecuries, 28.
Grimault (Ad.) fils, r. Française, 11.
Grimault et Cie, r. Richelieu, 45.
Grognot-Pernotte, r. Grénétat, 39.
Grosholz (Wm) et Cie, r. Bouchardon, 19, m. à Philadelphie.
Grosholz (C. F.), Faub. Poissonnière, 46, m. à Philadelphie.
Gros-Renaud, articles de Paris et nouveautés, boul. Strasbourg, 50.
Grote (A.), représ. de fabr. étrangères, r. Paradis-Poissonnière, 4.
Grumel (F. R.), r. Nve-Bourg-l'Abbé, 3, maisons à Londres.
Grünewald et Koehler, r. Paradis-Poissonnière, 34.
Grünewald et Maret, r. Entrepôt, 12.
Grützner (C. A.), art. de Paris, r. Saintonge, 64.
Guebhard (P. F.) fils, r. St-Lazare, 31.
Gueblé et Nippert, r. Paradis-Poissonnière, 40.
Guénot (Paul), art. de Paris, r. Hauteville, 12.
Guérin frères, r. N-D.-de-Nazareth, 25, m. à Santiago et Valparaiso.
Guérin et Cie, r. Béranger, 21, m. à Mexico.
Guérineau (J. R.), chapellerie, r. St-Martin, 186, m. à Valladolid (Espagne).
Guermet (C.), Faub. St-Martin, 140.
Guesnu (Ch.), articles de Paris, r. Dupetit-Thouars, 16.
Guihar et Cie, r. Tiquetonne, 16.
Gugenheim (Jacques), r. Meslay, 21.
Gugenheimer (S.), plumes de parures brutes, r. Aboukir, 54.
Guichard et fils, r. Charlot, 7.
Guillebert, Faub. Poissonnière, 46.
Guillemin (A. M.), r. Enghien, 9.
Guiod (Paul), r. des Ménars, 6, maison à Buénos-Ayres.
Guion (P. Edmond), r. Rivoli, 21.
Guiot (Jules), r. Béranger, 8.
Gürth (G.), boul. Poissonnière, 24.
Gutmacher (S.), r. du Château-d'Eau, 37.
Guttinger (U.), r. Paradis-Poissonnière, 27.
Guyard (Vve), r. Tiquetonne, 8.
Guyot (A.), art. de Paris, r. Malher, 10.
Hachette (A.), art. de Paris, r. de la Perle, 1.
Hackenbroch (M. et J.), art. de Paris, boul. du Temple, 30.
Hagemann (L. Th.) et Cie, r. Bergère, 25.
Haïm (Henri-Léon), quincaillerie, r. Saintonge, 10, maison à Bayonne.
Halle et Delage, boul. Poissonnière, 24, m. à Londres.
Halphen (G. L.) ✻, r. Drouot, 18.
Halphen (Camille), r. Paradis-Poissonnière, 41.
Hammerfeld (B.), Faub. St-Martin, 77.
Harth (Thre), r. Entrepôt, 28, maison à Lima (Pérou).

Hartmann (M.), r. N.-D.-de-Nazareth, 49.
Hartogs (F. et Ed.), faub. Montmartre, 7.
Hautevelle, faub. St-Denis, 146.
Havemann et Polemann, r. Paradis-Poissonnière, 50.
Hayem (E.) jeune, r. Cléry, 28.
Hayet frères et Hazemard, r. des Petites-Ecuries, 45.
Hazziflo frères, r. du Conservatoire, 6, m. à Athènes.
Hecht frères et Cie, r. du Château-d'Eau, 34.
Hecht, Lilienthal et Cie, r. Le Pelletier, 19, m. à Lyon et à Kanagawa (Japon).
Hefty frères, maisons à Manille, Bombay et en Chine, r. Martel, 6.
Heidenheimer (J.), r. Enghien, 26.
Hellmann (B.), art. de Paris, r. des Petites-Ecuries, 7.
Hénault, art. de Paris, faub. St-Honoré, 32.
Henaut, m. à Buénos-Ayres, r. Sedaine, 93.
Henocque (N.), Arlot ainé et Cie, boul. Haussmann, 121, fab. à Levallois.
Henriquez (R. et L.), p. l'Amér. du Sud, r. Hauteville, 23.
Henri (J.) et Cie, faub. St-Martin, 10.
Hérailt (V. L.) et Cie, faub. St-Denis, 132, m. à Rio de Janeiro.
Herbst et Eissengarthen, articles de Paris, r. Oseille, 7.
Héricourt, quincaillerie, r. Réaumur, 42.
Héritier et Guirand, p. l'Italie, tissus nouveautés, r. Croissant, 18.
Herlofson (D.), r. Bleue, 16.
Herman (L.), r. Turenne, 23.
Hermann-Meyer, r. Cadet, 9.
Hermann (W.) et Kahn, r. Echiquier, 32.
Hersent (A.) et Cie, r. Richer, 13.
Hesse, Son et Meyer, r. du Mail, 27.
Hess (Jules) et Cie, r. Bergère, 35, maisons à Lyon, pl. Tholozan, 19, à St-Etienne, r. des Jardins, 4, et à Londres.
Hesse (A.), consig., crins, plumes, duvets, laines, r. Hauteville, 65.
Hesse (Ad.), r. Hauteville, 22.
Hesse et Cie, r. Cardinet, 148.
Heymann (A.) et Aron, tissus, r. Echiquier, 38, m. à Rio de Janeiro, 56.
Heymann (Fr.) et Cie, agence et dépôts de fab., r. N.-D.-de-Nazareth, 9.
Heynemann (David), r. Neuve-des-Petits-Champs, 36.
Hinstin frères, r. Aboukir, 38, m. à Londres.
Hird, Huntington et Cie, m. à Londres et Bradford, r. Montmartre, 160.
Hirsch (L.), r. Louis-le-Grand, 32.
Hirsch (W.), r. Martel, 15.
Hoebert et Frankenfeld, r. Bergère, 9, maison à Vienne (Autriche).
Hoffschulte (F.), r. Paradis-Poissonnière, 40.
Hofmann (D. J.), r. Bondy, 66, m. à Londres et à Alger.
Hofmans (Ch.), r. des Petits-Hôtels, 3.

Hogard et Cie, r. de la Banque, 17, maisons à Lyon et à St-Etienne.
Holleville (H.), r. Beautreillis, 11.
Holzbacher (V. F.), faub. Poissonnière, 40.
Homburger (Louis), r. Hauteville, 19.
Hommen (Vve) et fils, ornem. p. modes, passement., faub. St-Martin, 33.
Honan et Cie, r. Taitbout, 54.
Honegger (Gustave) et Cie, r. Richer, 23.
Houben (Paul-Hubert), faub. Poissonnière, 8.
Houdet frères, art. de Paris, r. Turbigo, 41.
Houdin et Cie, r. des Prouvaires, 10.
Housse, faub. du Temple, 48.
Hovey (C. F.), r. Cardinal-Fesch, 55.
Hubert Goupil (G.), r. Aboukir, 45.
Hue et Cie, r. Orléans-St-Honoré, 12.
Hughes et Créhange, pl. Royale, 12, maison à New-York.
Hundt (Charles), r. des Petites-Ecuries, 42.
Imblon (B.) et Cie, commiss. p. l'Egypte, boul. Magenta, 16.
Immerwahr (H.), r. Echiquier, 40.
Isay (L.), r. St-Joseph, 12.
Israël (Adolphe), et B. Rheims, tissus et nouv. r. du Sentier, 32.
Israël et fils, r. du Sentier, 32.
Jacquet (Léon), Russie, r. Hauteville, 47.
Jacquillat (Ch.) et Degait, pass. du Caire, 30.
Jallon (G.) et Cie, r. Trévise, 15.
Janini (J. B.), r. de Bondy, 66.
Janini et Ferrario, r. de Bondy, 66.
Jardin (F.) et Cie, r. du Grand-Chantier, 7.
Joaquin Garcia (S.), r. Hauteville, 17.
Jouin (A.), r. Richelieu, 73.
Jouin jeune (Vve), r. Béranger, 17.
Jourde (P.), r. Paradis-Poissonnière, 50.
Jouve (A.) et Cie, r. des Filles-du-Calvaire, 13 m. à Santiago et à Valparaiso (Chili).
Jouy (Eugène), r. St-André-des-Arts, 49.
Jubé, Pinard et Cie, r. Paradis-Poisson., 40.
Juge (A.), couvertures, r. Turenne, 126.
Juhel (A.) fils, r. Montmorency, 18.
Julien (Ch.). agents Henry Barbey et Cie, de New-York, r. Rougemont, 7.
Julliany père et fils, boul. Strasbourg, 62.
Jullien Legrand et Cie, boul. St-Denis, 19.
Jumelle et Hardy, art. de Paris, r. Saint-Denis, 123.
Junet (F.), r. Richer, 4.
Jung, soieries, r. St-Joseph, 8.
Jungfleisch, ameubl., Faub.-St-Antoine, 27.
Kaindler, Scellier et Cie, r. du Conservatoire, 5, m. à San-Francisco.
Kalmus (J.), art. de Paris, r. Portefoin, 17.
Kapferer et Cie, r. Rivoli, 77.
Karcher (Ch.), art. de Paris, r. St-Gilles, 10.
Kastor (S. W.), r. Bergère, 11.
Keer et Clark, boul. de Sébastopol, 97.
Kiefer (G.) et J. Aubert, art. de Paris, boul. St-Martin, 13, m. à Bâle (Suisse).
Kihm (A.), art. de Paris, r. Turbigo, 68, m. à Pernambuco.

Kleim (Auguste) et Cie, boul. des Capucines, 6, m. à Vienne (Autriche).
Klotz (Jules) et A. Lévy, soieries, r. St-Sauveur, 69.
Knein (G.), r. du Temple, 18.
Koch frères, r. Martel, 6.
Koepff (G. de), boul. Poissonnière, 14 ; mais. à Venise.
Kohnstamm (J. R.), r. Marais-St-Martin, 46.
Kolbe et Zinner, r. Charlot, 71 ; m. à Hambourg, r. Neuerwall, 45.
Kolp et Sinner, r. Paradis-Poissonnière, 32 ; m. à Lyon, p. des Pénitents, 3.
Kraemer (Vladimir), représentant, r. d'Hauteville, 69 ; maison à Moscou.
Krauter (F.), Reisig et Bandly, export., pour la Russie, r. Martel, 3.
Krebs (Ant.-Ign.), r. de Bondy, 66.
Kremer et Cie, r. d'Antin, 12.
Krepp (J.), r. Paradis-Poissonnière, 32.
Kretschmann (C.), faub.-Poissonnière, 62.
Krieger (A.), r. d'Echiquier, 19.
Krolikowski (Charles), r. de la Seine, 20.
Krutz et Gluck frères, r. d'Hauteville, 15.
Kühn (Gve) et Cie, r. d'Enghien, 44.
Kühn et Kalisch, cour des Petites-Ecuries, 20.
La Bastida (Eugène de), r. d'Antin, 7.
Laborderie, r. St-Denis 188.
Labouriau (Ch.) et Cie, r. de Turenne, 119.
Lacarrière (J.) et Cie, r. Chauchat, 10.
Lacombe (H.) prod. chimiques, drogueries, teintures, r. des Vosges. 8.
Lagrange (Ed.) art. de Paris, r. du Grand Chantier, 12.
Lair (Ernest), r. St-Sauveur, 4.
Lajus (P.), r. d'Hauteville, 66.
Lalique (Jules), r. Montgolfier, 16.
Lallemand, (Vor), laines, r. Lancry, 49.
Lambard (E.), r. Nve-des-Petits-Champs, 5.
Lambert (E.) fils, mercerie, r. St-Denis, 92.
Lambert (Henri), dépositaire, r. Palestro, 3.
Lambert (S.), r. Borda, 1.
Lamboi (Jh.), r. N.-D.-des-Victoires, 44.
Lampy, art. de Paris, r. St-Denis, 373.
Lamy (E.) aîné, art. de Paris, r. Charlot, 9.
Lamy frères (Vve) et fils, r. Chapon, 17.
Landais (E.), r. Boulogne, 8,
Landaluce (G.), p. l'Espagne, r. Meslay, 22.
Landry (A.); draperies, r. des P.-Ecuries, 56.
Lane Lamson et Cie, r. Scribe, 7 ; maisons à New-York et à Boston.
Lang Brothers, maisons à Londres et à New-York, r. Turbigo, 70.
Lange (Henri), r. Cléry, 19.
Langenbach (S.-J.) et Cie, r. des Petites-Ecuries, 26.
Langhut (C.), r. Bergère, 5.
Langlade (E.-L.), r. St-Joseph, 3.
Langlois (A.), r. Trévise, 9.
Langmeier (Charles), boul. Pr. Eugène, 24.
Lannes (Min) et Cie, rue Grange-Batelière, 16.
Lannoy (J.-B.) et Cie, r. Réaumur, 30.

Lanseigne frères, laines, r. d'Hauteville, 48 ; maison à Elbeuf.

Larbaud (Ch.), r. du Temple, 134.

Larcher (Paul), quai de la Gare, 80.

Larco (José-Alberto) r. d'Hauteville, 66.

Larco (L.) pass. Violet, 1 ; maison à Lima.

Lardet (Aug.) et Cie, r. Nve-St-Augustin, 11.

La Rivière (Félix) ✳ et Cie, de Rio-Janeiro, r. Paradis-Poissonnière, 54.

La Rocque (H. de), r. de la Victoire, 56.

Laroque (Alp), cité Trévise, 4.

Laroque jeune, quai Voltaire, 1.

Larroullet et Paz, art. de Paris, boul. Beaumarchais, 81,

Larrouy (E.), r. Dunkerque, 24.

Larroze (A.) fils, r. St-Martin, 295.

Lassalle, ameublements, modes, nouveautés, r. Louis-le-Grand, 37.

Laulhé (Lucien), art. de Paris, soies, teintures, etc., r. Cléry , 96.

Laur (Auguste), spéc. pour la Russie, faub.-Poissonnière, 31.

Laurens (B.), r. Mail, 27.

Laurens (E.-P.), r. Lannois, 32.

Lacoste (J.-B.), r. Le Peletier, 24 ; maison à Lima.

Lacroix (Prosper), r. Charlot, 7.

Lacroix et Lamy ✳, r. Meslay, 40.

Ladent frères, r. Aboukir, 68.

Laffaille (D.), r. Pierre-Levée, 19.

Laffont (A.). r. Vivienne, 12.

Lafleur (A.), boul. Magenta, 142 ; maison à Rio-Janeiro.

Lafleur (C.), r. de l'Echiquier, 38.

Lafond, r. de la Roquette, 50.

Laurent, Vial et Cie, r. Thévenot, 14.

Laurent (J.), pour l'Espagne, r. Richelieu, 27; maison à Madrid.

Lauret et Cie r. St-Bon, 8.

Laville et Cie, r. Vivienne, 15.

Lavy (Ch.) et Cie, r. Mail, 7.

Lazard frères, r. de l'Echiquier, 28.

Lazard, r. Montmartre, 30.

Lebeaud père, fils et Cie, banque et commissions, r. Rivoli, 180.

Lebédeff et Cie (maison russe), boul. Malesherbes, 21 bis.

Le Besque (J.-A.), rue d'Hauteville, 96.

Le Blanc et Cie, faub. St-Denis, 24.

Leblanc, Portier et Billard (E.), r. Bergère. 5.

Lebrun (Gustave), r. de Provence, 4 ; et à Lyon, r. d'Algérie, 23.

Lebrun (H.), r. des Filles-du-Calvaire, 19.

Lebsohn (H.), r. Grange-Batelière, 16.

Lecerf (N,), r. des Viarmes, 7.

Leclerc, r. Douai, 31.

Leclerq (Ch.) et Perard, chapeaux de paille, r. des Blancs-Manteaux, 22.

Lecœur (A.), aven. St-Ouen, 62.

Lecomte (Léon) ✳ et Cie, r. Bergère, 7 ; m. au Havre et à Rio-Janeiro.

Ledoux (G.), spécialement pour l'Angleterre, boul. Sébastopol, 46.

Leduc, chapellerie r. Simon-le-Franc, 8.

Lefebvre frères, Roussel et Cie, rue d'Enghien, 16.

Lefebvre (A.), pour le Mexique, r. Béranger, 17.

Lefebvre (Benjamin), r. Martel, 14.

Lefebvre (J.-B.), r. Rivoli, 4.

Lefèvre (Alph.), art. de Paris, r. de Bondy, 66.

Lefevre (H.), pl. de la Bourse, 10.

Lefèvre (R.), imp. Mazagran, 8.

Legendre et Guichard, r. Saintonge, 62.

Legendre et Cie, r. Laffitte, 56.

Léger-Pomel, art. de Paris, r. Grénétat, 3.

Legrand (Em.) fils, boul. Magenta, 74.

Legrand (J.), r. Allemagne, 109.

Le Gravey (L.), de la maison Ch. Molina, à Bordeaux, boul. Strasbourg, 62.

Lehman (Ch.) et Cie, r. Charlot, 33.

Lehman frères, r. Meslay, 47 ; maison à Pernambuco (Brésil).

Lehmann (A.), en tissus et nouveautés, rue Faub.-Poissonnière, 53.

Lehmann (Henri), r. Bondy, 32.

Lehnerts et Heid, châles, r. Aboukir, 53.

Lelarge (V.), r. Paradis-Poissonnière, 32.

Lelarge fils, r. Grenier-St-Lazare, 8; maison à Rouen.

Le Ledier (E.), r. Baillet, 4.

Lelièvre (Mme), r. Bons-Enfants, 21.

Lemaitre et Bergmann, art. de Paris, tissus, r. Bondy, 32 ; maison à Londres.

Lemercier (G.-Th.), r. Montholon, 3.

Lemercier (Jules), quai de la Mégisserie , 10.

Lemit (P.), r. Sévigné, 46.

Le Montréer (Y.), représent. de fabr. allemandes, r. Château-d'Eau, 37.

Lemy, Glineur et Cie, r. Faub.-St-Denis, 180.

Lenain, r. Faub.-Poissonnière, 148.

Lenoble (J.) et Charreton, art. de Paris, tissus, boul. du Prince-Eugène, 5.

Lenoir (Henry), r. Martyrs, 41.

Léon (Haim-Henri), art. de Paris, r. Saintonge, 10; maison à Bayonne.

Léon Landau (L.), r. Trévise, 24.

Léony (J.-C.), r. Hauteville, 34.

Le Roux (A.), r. Bourtibourg, 12.

Leroux (A.), r. Aboukir, 67.

Leroy, quincaillerie, r. Petit-Musc, 21.

Leroy (S.), r. St-Honoré, 150.

Leroy (Gve) et Cie, r. Temple, 168.

Leser jeune et Bugeard, r. Meslay, 59.

Lesourt (A.), Camille Chantrel, successeur, dépôt des art. de Paris, r. Rambuteau, 77.

Lesperut fils aîné, p. l'Espagne, l'Allemagne et les colonies, r. Enghien, 8.

Lestienne, en tissus, r. Aboukir, 69.

Letailleur et Chauré, r. Neuve-Ste-Catherine, 25.

Leunenschloss (Guill.), r. Faub.-Saint-Martin, 162.

Leviel (A.), tissus, r. Hauteville, 3.
Le Villain et Griffon, r. St-Martin, 285.
Levois (J.), r. d'Hauteville, 23.
Lévy (J.), r. Grande-Truanderie, 41.
Lévy (L.-D.) frères, r. Enghein, 28, maison à Rio-Janeiro.
Lévy, Wolff et Cie, cour des Petites-Ecuries, 22, maison à Londres.
Lévy-Bonheur, achats et ventes de soldes, soieries et nouveautés, r. Charlot, 28.
Lherbette, Kane et Cie, pl. de la Bourse, 8 ; maison au Havre et à New-York.
Lhuillier (A.), art. de Paris, boulevard de Sébastopol, 66.
Libaude (Ch.), art. de Paris, de St-Claude et d'Allemagne, r. Prouvaires, 8; maison à Vienne (Autriche).
Liénard (J.), r. Montmartre, 55.
Lille (C.) et Cie, r. Chaussée-d'Antin, 15.
Limozin (A.), articles de Paris, r. des Petits-Hôtels, 16 ; mais. à Santiago, Marseille et Alger.
Lion (B.) et Cie, p. l'Italie, l'Allemagne, la Suisse et l'Amér. du Nord, r. Aboukir, 46.
Lion et Pinsard, r. Enghein, 8.
Lion (E.), Bonnard et Cie, agents, r. Trévise, 24 et à Londres.
Lirmin (E.), pour Siam et la Chine, rue Meslay, 27.
Lolagnier (V.) fils, r. Halle-aux-Cuirs, 2.
Londe (P.), Languillet et Cie, soieries, place des Victoires, 3, maison à Lyon.
Lombard (J.), r. Bercy-St-Antoine, 43.
Longé (A.), r. St-Sauveur, 56.
Loonen (H. et A.), r. Filles-du-Calvaire, 15 ; mais. en Hollande et Allemagne.
Lopez (S.), Rondeau et Cie, r. Petites-Ecuries, 28, mais. à Lyon et à Nimes.
Lordereau aîné et Cie, r. Chabrol, 28 ; mais. à Port-Louis (Ile-Maurice).
Louis-Lyon et Cie, tissus nouveautés, art. de Paris, place de la Bourse, 9.
Louvel (F.), r. Strasbourg, 17.
Louvet (E.) et Cie, soieries, r. Vivienne, 10 , maison à Lyon.
Louvot (E. P.) et G. Levy et Cie, société coopérative, boul. Beaumarchais, 72.
Lowenstein (L.), r. Lancry, 14.
Lozano (T.), art. de Paris, r. Feydeau 7.
Lucas (A.) et Rougier, r. d'Aboukir, 15.
Luckhaus (H.), art. de Paris, r. Faub.-Poissonnière, 166.
Lundquuist, (Kolbe et Zinner success.), et Cie, r. Charlot, 71, mais. à Hambourg.
Luria (A.) et Cie, r. Bondy, 66.
Luther (H.), Marbaisse et Cie, r. Chabrol, 38.
Lux et Marbé, commiss. p. l'Angleterre et l'Allemagne, r. Chapot, 7.
Lyon (Jh) et Cie, r. Mail, 23.
Macleira, r. Colisée, 29.
Magalhaës frères, r. Martel, 8 ; maison à Pernambuco (Brésil).

Magne (Louis), r. Jouy-St-Antoine, 8.
Maillac et Cie, r. Beauregard, 8.
Maillard (V.) et Cie, r. N.-D.-de-Nazareth, 12.
Maillet (A.) aîné, r. Bondy, 9.
Mailly (F.), r. Rivoli, 222.
Mairesse (O.) et Cie, cour des Petites-Ecuries, 20 ; maisons à Mexico et Vera Cruz.
Maistriau (V.), boul. Clichy, 34.
Malan (J.-D.), art. de Paris, r. St-Martin, 9.
Maladrinos, Sclivaniotti et Cie, boul. Bonne-Nouvelle, 31.
Maliano et Favier, r. Hauteville, 3.
Malon (Jh), r. Petit-Carreau, 13.
Mange (L.), r. Petits-Hôtels, 30.
Manin de Molis, r. Rivoli, 47.
Mann, r. Harlay (Marais).
Manuel de Batiz, r. Provence, 5.
Maquaire (A.), machines à coudre et fournit., boul. Sébastopol, 97.
Marbaisse, r. Chabrol, 38.
Marc Wurthner, r. Aboukir, 108.
Marc, Raffin et Cie, r. Martel, 3.
Marchand (Firmin), r. Bonaparte, 82.
Marcotte (L.) et Cie, aven. de Villars, 15 , m. à New-York.
Marcilbacy, Arbelot et Cie , soieries , r. Vivienne, 20, maison à Lyon.
Marcus, faub. St-Martin, 214.
Margand (C.), p. l'export., colonies françaises et Chili, boul. Denain, 10.
Marguerand, r. Coquillière, 36.
Margueritte-Lucy, r. des Jeûneurs , 35 , m. à Tarare.
Mariage (P.-A.), r. des Lombards, 23.
Maricot (Ernest) et Cie , r. Louvois, 12 , m. à Montevidéo (Uruguay).
Marie (Fréd.), faub. St-Antoine, 29.
Marion fils et Géry, cité Bergère, 14.
Maron-France, aven. Lowendal, 20.
Marre (Henri), dorures, mercerie, passementerie, r. Rambuteau, 77.
Marsais (A.), r. Rambuteau, 40.
Martin (E.), r. Argout, 18.
Martin (E.) et Cie, r. des Petites-Ecuries , 50.
Martin (P. J.), boul. Strasbourg, 48, m. à la Nouvelle-Orléans.
Martin et Plantier, art. de Paris p. le Levant, r. Charlot, 57.
Martinez, Espagne, Portugal et Mexique, faub. Poissonnière, 27.
Martins frères, p. le Brésil, r. Hauteville, 21 , m. à Rio-de-Janeiro.
Marx-Kanuna, boul. Sébastopol, 78.
Masset (Ch.) et Cie, art. de Paris, faub. Montmartre, 4, m. à Rio-Janeiro.
Massière (E.), r. St-Martin, 220.
Masson, art. de Paris, r. St-Denis, 266.
Masurier jeune et fils, r. Aumale, 16.
Mathias, Gerson et Cie, r. Lafayette , 83 bis , maison à la Havane.
Mathias (E.), r. de Bourgogne, 56.

Mathias (Gustave), r. Richer , 34, maisons à Marseille et Londres.

Mathieu (G.) et Eug. Goudchaux , art. de Paris, r. du Temple, 71.

Mathieu (Léon), aven. Daumesnil, 14.

Mati (R.) frères, pour l'exportation, r. Meslay, 19, maison à Alger.

Mauduit et Famelart, r. des Lombards, 10.

Mauffray (Gve), r. Echiquier, 18.

Mauprivez (Jules) , drog., prod. chimiq. , gomme du Sénégal, r. des Guillemites, 1.

Maus (Louis) et Cie, pass. Saulnier, 3.

Maury (Isidore), r. des Forges, 5.

May (J.), rubans, en gros, boul. Sébastopol, 77 . m. à Strasbourg.

May (Ant.), r. Dieu, 15.

Mayer (B.), r. des Draperies, 55.

Mayer (Alfred) et Cie, r. Paradis-Poissonnière, 12, m. à Bône et à Lyon.

Mayer (C.), r. Pierre-Levée, 11.

Mayer frères et Cie, r. Charlot, 9, m. à Mexico (Mexique).

Mayer et Leoboldti, r. Ste-Apolline , 9 , m. à Boston et à Vienne (Autriche).

Mayer (J. A.), r. Nve-St-Augustin, 24.

Mazet (Clément), faub. du Temple, 25.

Mazza (Pierre), r. St-Joseph, 4.

Meersmann (J. de), r. Echiquier, 8.

Meissonier (Charles), r. Béranger, 19.

Memain (A.), r. Chaussée-d'Antin, 23.

Menssing (E.), perles et boutons en gros, fab. en Bohême, r. St-Martin, 208.

Mercader (A.) et Vidal, cité Trévise, 14.

Mercieul (T.), r. des Petites-Ecuries, 9.

Mergelizza (R.), r. Hauteville, 34.

Merlier (A.), r. de la Boule-Rouge, 1.

Mersch et Michaëlis, r. Grénétat, 37.

Merzbach (Bernard S.), art. de Paris, r. du Temple, 94, maison à Londres.

Mesthaler (A.), r. St-Martin, 243.

Meunier (Ch.), r. des Innocents, 17.

Meyer (Hermann), r. Cadet, 9.

Meyer, boul. de la Madeleine, 17.

Meyerstein (W.), faub. Poissonnière, 23.

Miccio père et fils et Cie, r. Richer, 20.

Michaëlis (Th.), mousselines, r. de Mulhouse.

Michon fils, r. Poissonnière, 13.

Mickerts (Charles), r. Trévise, 35.

Micoud et Cie, boul. Sébastopol , 61 , m. à Francfort-sur-Mein.

Mill (L.) et Cie, r. du Mail, 27, soieries, m. à Lyon.

Millet fils, boul. Beaumarchais, 17.

Minart et Leclert, mercerie, r. St-Denis, 319.

Mir frères et Cottereau, r. Sourdière, 21, et g. r. de Péra, à Constantinople.

Miston (Ch.) et Cie, r. du Pont-Neuf, 9.

Mitjans (B.) et Cie, boul. Strasbourg, 26.

Moch (Félix), chapellerie. r. du Temple, 44.

Mogis (C.), art. de Paris, r. Thévenot, 14.

Mogis (A.), articles ameublements et dentelles, r. Chaussée-d'Antin, 50.

Molinas (M.), p. l'Espagne , r. Paradis-Poissonnière, 40.

Monchicourt (V.) aîné , r. Vieille-du-Temple.

Monfort (A.), ameublements , r. des Tournelles, 28.

Montagut (C.) et Cie, r. Lafayette, 39.

Montandon frères, jeune et ses fils , r. Oberkampf, 18.

Montandon, Leuba et Cie, r. Bergère, 9, m. à Rio-Janeiro et à Santos.

Monteux (G.), r. des Bons-Enfants, 20.

Montier et Cie, renseignements commerciaux , 17, r. St-Fiacre.

Montigny (D.), pl. de la Bourse , 8 , maison à Londres.

Montluc (A.) ✳, r. N.-D.-de-Lorette , 10.

Morel (C.) et Nicod, r. Gravilliers, 19.

Morel-Lecourt et Cie, r. Pirouette, 5.

Moret et Payen ✳, soieries, r. de Cléry , 9 , m. à Lyon.

Moris (Ch.) et Cie, r. Rougemont, 15.

Morstadt (Théodore), r. Allée-Verte, 8.

Mortje (M.), Cité Trévise, 5.

Mosneron-Dupin (A.) ✳, r. J.-J.-Rousseau , 23, m. au Havre.

Moulin (Ch. A.), achats pour ecclésiastiques, r. Mézières, 6.

Mourgue frères, r. Anjou-St-Honoré, 75.

Mourgues (J.) fils et Cie, matières premières en général, 36, r. de Provence.

Moussault et Félix Salarnier, spéc. p. meubles, r. Lesdiguières, 6.

Moussault-Tourneau, mercerie. passementerie, export., r. Turenne, 51.

Moyberg et Erbsloh , commission , export. , faub. Poissonnière, 40.

Muller (R.), r. des Petites-Ecuries, 45.

Muller frères, art. d'Allemagne, r. Lancry, 10.

Mullot (A.), r. des Bourdonnais, 12.

Mullot (A.), r. Papillon, 4.

Müadel (A.), négt, r. de Provence, 2.

Münzer et Reichardt, r. Hauteville, 19.

Nachmann (A.), r. Montmartre, 39.

Nartzer (J.) et Cie, drog., r. Malher, 14.

Nattes (P. de), boul. Magenta, 25 , m. à Barcelonne (Espagne).

Naudinat et Peyronnet, r. Jouy, 7.

Naura et Cie, r. Lafayette, 78.

Navas (F.), art. de Paris p. l'Espagne , pass. des Petites-Ecuries, 22.

Nayler (Ed.), r. Richer, 49.

Née (P.), r. des Deux-Portes-St-Jean, 1.

Nègre, Alland et Cie, r. Bondy, 46, maison à Madrid.

Nenning , Grünenwald et H. Hammel , r. de Bretagne, 55.

Nerva, Marchand et Cie , p. l'Italie et l'Espagne, r. Grange-Batelière, 14.

Neumann (A. L.) frères, r. du Château-d'Eau, 56, m. à Londres.

Neveux (E.), export., r. Rambuteau, 26.

Nevière (D,) et Mounier, r. Lafayette, 103, m. à Rio-Janeiro.

Ney et Raffauf, export., r. des Petites-Ecuries, 10, m. à Bucharest.

Nicolle (R.), r. Malte, 13.

Niellon, art. de Paris, r. Meslay, 65.

Ninet (Victor), r. Rambuteau, 14.

Noblet aîné, r. Turenne, 51.

Noël (E.), r. St-Martin, 283.

Nœther et Bonné, r. Bergère, 26, maison à Mannheim (Bade).

Obrecht frères, r. des Rosiers, 3 ter.

Oelker et Abresch, r. Paradis-Poissonnière.

Offenstadt (J.) et Cie, art. de Paris, r. Saintonge, 46.

Ohrtmann (L.) et Cie, r. Richer, 23, m. à Leipzig et à Lyon.

Ollive (Alfred), r. Bleue, 3.

Oltramare (J.), p. le Brésil, r. Victoire, 86.

Oppenheim (Emile), pass. Saulnier, 7.

Ortenbach (J.), boul. Sébastopol, 35.

Orvieto (Adam), export, r. Richer, 24.

Ott, Asser et Cie, pass. Voilet, 10, m. à Lyon, à Grenoble et à Londres.

Ottenheim (B.), p. l'Amérique du Sud, boul. du Prince-Eugène, 66.

Ottringer, Bacharach et Cie, boul. Sébastopol, 131, m. à Saïgon (Cochinchine).

Ottmann et Cie, r. Geoffroy-Marie, 7.

Oulman (Vve) (D. Oulman fils, succ.), art. de Paris, boul. Sébastopol, 96.

Pachteu (Aug.), r. Meslay, 32.

Pagenel, faub. St-Denis, 208.

Paillet (L.) et E. Fille, r. Trévise, 11.

Pain (Adre) et Cie, r. Ste-Apolline, 9.

Pannier (E.), art. d'Allemagne, export., r. Grenier-St-Lazare, 35.

Pannifex (Ed), r. Monceau, 54.

Panos (Gomidas), p. la Turquie, r. Échiquier.

Pappel, Cloîtres-St-Jacques, 8.

Parke Pittar et Cie, p. les Indes orientales, r. Le Pelletier, 30, m. à Londres.

Paschal et Cie, r. des Petites-Ecuries, 47, m. à Alexandrie et au Caire.

Paton (L.) et Quinnet, droguerie, r. Vieille-du-Temple, 64.

Paturel (A.), r. des Petites-Ecuries, 28, m. à New-York et à San-Francisco.

Pauillac (D.) et Badoulleau Le Villain, r. Hauteville, 20.

Paul (E.) et Linard, r. des G.-Augustins, 16.

Pauly (Henry), poils peluches, p. chapellerie, boul. Beaumarchais, 55.

Paupelain (A.), r. St-Gilles, 10.

Pech (Ch.) et Delaunay, r. des Petits-Hôtels, 23.

Pector et Ducont jeune, r. Rossini, 3.

Pelletier (L. E.) ✳ et Cie, en machines, boul. Sébastopol, 18.

Penon frères, articles d'ameublement, faub. St-Honoré. 11.

Pérès (Eugène), r. Bergère, 11, m. à St-Pierre-Martinique.

Pérès (P.), articles de Paris, r. Vieille-du-Temple, 121.

Perret (Jules), boul. Magenta, 58.

Perret frères, articles de modes, r. Montmartre, 136.

Perrissin (E.) et A. Gautier, r. Grange-Batelière, 28.

Perrot, boul. du Prince-Eugène, 24.

Persent et Cie, articles de Paris, boul. Sébastopol, 53.

Personnaz, Lamaignère et Gardin, r. Bergère, 30, m. à Lyon et à Bayonne.

Pery-Etchart (B.), r. Enghien, 52, m. à Montevidéo, à Buénos-Ayres.

Pesme, r. Chaussée-d'Antin, 20.

Petillot (Et.), r. Laffitte, 34.

Petit (Eug.) et Cie, r. Dunkerque, 37.

Petit (Th.), tissus, r. Montmartre, 130.

Petit (Léon), p. l'ameublement, r. Pavée-Marais, 24, m. à St-Pétersbourg.

Petit jeune, r. Allemagne, 56.

Petrequin (L. A.), faub. St-Denis, 50.

Pfaff (Jules), Amériq. du Nord et Mexique, pass. des Petites-Ecuries, 22.

Pfeiffer (G. F.) et Muller, r. du Château-d'Eau.

Pfeiffer et Kaiser, r. Martel, 8 bis.

Pfrenger (Merris), négt, r. de Marseille, 11.

Picard jeune, r. Saintonge, 21.

Pichon (Jean), rue Albouy, 24.

Picq (Alex.), r. des Deux-Portes-Rivoli, 1.

Piderit (C.-E.), négt., r. d'Hauteville, 33.

Pierre (Léon), r. Martel 12 ; maison à la Nouvelle-Orléans.

Pierson (E.), export., r. Monge, 2.

Pietry (A.), r. Magnan, 19.

Pigalle, draperie, r. Ste-Anne, 57.

Pigeon (Amand), boul. du Prince Eugène, 141 ; maison à Madrid.

Pilter (Th.), pour l'Angleterre, quai Jemmapes, 212.

Pinède (D.) et Cie, r. Trévise, 35.

Pinon (C.), r. Vaugirard, 4.

Pinto (L.), r. Paradis-Poissonnière, 22.

Pion (C.), r. Vivienne, 22.

Piot (P.), art. de Paris, r. d'Enghien, 11.

Piotet (H.), export., r. St-Martin, 135.

Pipaut (C.), laines filées, r. d'Hauteville, 12.

Pirrazoli (A.) et Cie, boul P. Eugène, 77.

Pirola et Filipetty, r. Folie-Méricourt, 86.

Pitou (A.), r. Lafayette, 97.

Pitrat (C.-M.), faub.-St-Martin, 74.

Plassard père, r. Turenne, 95.

Poch (J.), p. l'Espagne, r. Chabrol, 63.

Pochat, laines, boul. du Temple, 39.

Poirson (P.) et Cie, Faub.-Poissonnière, 8.

Poisson et Prestat, articles de Paris, boul. Sébastopol, 47.

Poitoux et Leclercq, r. de l'Echiquier, 14.

Pomès, Ollampo et Cie, faub.-St-Denis, 132.

Ponti (Th.) art. de Paris, r. Meslay, 28.

Porlier (Ad.), Angleterre et colonies, tissus, pass. Saulnier, 11.

Portois (A.), r. Grange-Batelière, 8.
Posselt (E.) et Cie, r. Réaumur, 52 ; maisons à Bradfort, à Derby et à Manchester.
Posso (L.), p. l'Espagne, r. Meslay, 45.
Potier, pass. Chausson, 5.
Potier (D.), r. des Deux-Portes-Saint-Jean, 6.
Potonié et Cie, p. l'Allemagne, la Russie et le Nord, r. Debelleyme, 5.
Pouget (A.), r. Argout, 11.
Poulet (Victor) r. de l'Echiquier, 17.
Poullain (G.), r. de Trévise, 37.
Pouzait frères et Lecuona, r. de Bondy, 9 ; maison à Porto (Portugal).
Povel et Mahler, r. d'Hauteville, 25.
Poydenot, Desprez et Cie, r. de l'Echiquier, 17.
Pras et Cie, r. Crussol, 12.
Pretto et fils, r. du Sentier, 35.
Priqueler (Eugène), r. Meslay, 43.
Pritchard (G.-S.), compagnie Péninsulaire et Orientale de Londres, r. Druot, 10.
Prudhomme frères, boul. de Strasbourg, 16. maisons à Lyon et à Lima.
Puyo (Louis), r. Richepance, 5.
Py (C.), jeune, art. de Paris, r. Chapon, 19.
Quincenet, art. de Paris, p. la Turquie et le Brésil, r. Turenne, 50.
Rabasse (E.), drog., r. Aubriot, 6.
Rafard (Ch.), consigna., r. Trévise, 29.
Raffin (Marc) et Cie, r. Martel, 3.
Rabazza (N.) boul. des Invalides, 8.
Ratier (A. H.), consig., r. du Caire, 6.
Ravitti (A.) et Cie, faub. Montmartre, 45.
Ray et Cie, drog., r. Debelleyme, 5.
Rebours-Guizelin et Cie, aven. Malakoff, 132.
Recalt (Jh.) art. de Paris, p. l'export., r. St-Claude-Marais, 5.
Recart (U.), r. Château-d'Eau, 25.
Redon frères, boul. du Temple, 11 ; maison au Mexique.
Reed (John), r. Favart, 2.
Reis (Max.) et Cie, rue de Lancry, 38.
Remiere, r. de l'Arbre-Sec, 52.
Remy (F.), faub.-St-Martin, 78.
Renard (Ed.) ✱ et Cie, r. de Bondy, 66.
Renauld (Hte), r. J.-J. Rousseau, 61.
Renault (Ad.), r. du Temple, 51.
Renouart d'Adrien (E.), r. de l'Echiquier, 17.
Reny et Fayet, quincaillerie, boul. Strasbourg, 16.
Repainville, faub.-St-Denis, 24.
Respaldiza (A. de), r. Roquepine, 2.
Restorf (M.), r. Paradis-Poissonnière, 39.
Reverchon (P.), pass. de l'Industrie, 5.
Reynaud et Gesta, tissus, r. Aboukir, 54.
Reynaud, r. de la Paix, 22.
Reynier (J.) et E. Couriot, r. Vieille-du-Temple, 30.
Reynoird (E.) et A. Chambeau, boul. du P. Eugène, 36.
Rheims et P. Mendiboure, boul. de Strasbourg, 15.
Rhodez (Eug.), r. du Château-d'Eau, 56.

Ribon (José Mel), r. Paradis-Poissonnière, 17.
Richard (L.-B.), r. Faub.-Poissonnière, 96.
Richard (A.), quai de Bercy, 29.
Richard et Claret, dépôt, r. Martel, 8.
Richard frères, de St-Chamond, lacets, mercerie, boul. Sébastopol, 131.
Richard et Nettokoven, r. de l'Echiquier, 13.
Richy (Am.) r. d'Hauteville, 53
Riecke et fils, art. de Paris, r. Meslay, 41.
Rieffel (G.), tissus de coton et de laine, rue d'Enghien, 49.
Rigden (William). r. Meslay, 40.
Rispal et Cie, avenue de Clichy, 73.
Rivoire (Fic.), à Puteaux ; maison à Mulhouse.
Rizzo (Giacomo), Egypte, r. Richer, 46.
Rixem (S.) et L. Lazard, r. d'Aboukir 50.
Robert (D.) boul. du Prince Eugène, 36; m. à St-Pierre (Martinique).
Robert (E.) r. Richer, 13 ; m. à Bruxelles.
Robert-Degasches (A.), peaux magasins pour ganterie, r. Thévenot, 7.
Roca (G.-Y.), r. d'Hauteville, 61.
Rocha et Cie, r. Martel, 8.
Rochon aîné, r. de la Paix, 17.
Rodier (G.), prod. chim., r. Chabrol, 42.
Rodriguez d'Oliveira (Luiz), r. des Petites-Ecuries, 47, maison à Rio Janeiro.
Rodriguez y Ortiz, r. Enghein, 44, maison à Lima.
Roelen (Charles), r. Béranger, 12.
Rogé (E.), r. Bleue, 1.
Rohlfs et Croy, cotons, matières premières, export., r. Le Peletier, 21.
Rolland (A.), r. Meslay, 11.
Römer et Cie, avenue Parmentier, 8.
Romieu et Palmieri, cité Trévise, 10.
Rondeaux (Ch.), export., r. Poissonnière, 33.
Roquet (Er.), r. Trévise, 45.
Rosambert-Berthier, r. Charlot, 57.
Roscher (C.-E.), r. Paradis-Poissonnière, 48.
Roséa (A.-A.), r. Hauteville, 92.
Rosenberg (Louis), r. N.-D.-de-Nazareth, 46.
Rosenthal (Ch.) et Cie, r. Faub.-Poissonnière, 27.
Rosset-Dordain, modes, r. Hanovre, 6.
Rossi (B.), r. Oseille, 7.
Rossollin frères, r. Château-d'Eau, 29, mais. à Marseille, et au Havre.
Rougé, r. Feydeau, 30.
Roumieu (Érasme), r. Palestro, 11.
Rouzée et Bicheron, r. Sévigné, 46.
Rousseau (H.), r. Richelieu, 85.
Rousselet (Louis), articles de Paris pour l'Espagne, r. Saintonge, 43.
Rousselon (P.) et Badenier, r. Meslay, 38.
Roustan et Salenave, comptoir de leurs établis. de Cochinchine, r. Enghien, 45.
Roux (F.) et Cie, r. St-Sauveur, 39.
Roux et Cie, r. Temple, 138.
Roux (Ph.), r. Turenne, 132.

Roux et Simian, r. Trévise, 13, et à Marseille, r. Paradis, 20.
Rouzaud (A.) et fils, r. Echiquier, 28.
Rouzaud (C.), boul. Magenta, 103.
Rowe (Aug.), r. d'Angoulême, 27.
Roy (Gustave) ❀ et Cie, mais. à Rouen et à Manchester, r. des Jeûneurs, 38.
Royer fils frères, boul. Magenta, 32.
Ruch (J.) et Cie, produits chimiques, gommes de Sénégal, r. Quatre-Fils, 22.
Rumpf et Cie, mais. à Bahia (Brésil), boul. Richard-Lenoir, 144.
Rumpler (Théophile), r. Beauregard, 8.
Russmann (J.) et Senn, r. Faub.-Poissonnière, 18.
Saavedra (C.-A.), r. Taitbout, 55.
Sabatier frères, r. Meslay, 22, maison à Marseille.
Sabe (F.), r. Faub.-St-Denis, 132.
Sabourdin aîné et N. Ferret, rue Château-d'Eau. 62.
Sacco (L.), tissus en tous genres, r. Echiquier 38, mais. à St-Pierre (Martinique)
Sagher (V.), import. et exportation avec l'Angleterre, r. Enghien, 12.
Sainctelette (Emile), rue Faubourg-Poissonnière, 169.
Saint-Didier, Chéret aîné et Cie, commission et consignation, r. Nantes, 4.
Saint-Marc (A.-C.), r. Hauteville, 17.
Sala frères, r. Bondy, 42.
Salamon (James), avenue de Clichy, 21, mais. à Londres et à Alexandrie (Egypte).
Salberg (Moritz), r. St-Denis, 374.
Salles (T.) et Cie, r. Neuve-St-Augustin, 5.
Salnave, r. Enghein, 45.
Salvarelli (A.) et Merlo (A.), mais. à St-Pierre, Ile-Réunion, r. Trévise, 29.
Salvatelli-Gillot (C.-F.), r. Feydeau, 26, mais, à Rio-de-Janeiro.
Sandel (E.), r. Béranger-Vendôme, 15.
Sandemoy aîné et (Vve) Labbé, tous articles de Paris, r. Debelleyme, 5.
Sanoner fils, r. Vieille-du-Temple, 75.
Sanoner frères, articles de Paris, r. Grand-Chantier, 7.
Santos (A.), r. Bergère, 21.
Santos et Broadbent, passage Violet, 4, mais. à Baltimore.
Sarciron (A.-C.), articles de Paris, r. Montmorency, 44.
Sargent (F.), r. St-Denis, 101.
Sauphar (Isidore), r. Mazagran, 3.
Sauvage (François), tissus et art. de Paris, passage des Petites-Ecuries, 15.
Savaglio et Valdo fils (Valdo et Savaglio successeurs), pour la France et l'exportation, r. Amandiers-Popincourt, 53.
Savelon-Cochery, r. de la Chapelle, 22.
Savoy (J.) et Cie, r. Miroménil, 47.
Savoye (A.), r. Montmartre, 146.

Schack et Hotop, passementer., boutons, etc., r. du Caire, 6, mais. à New-York.
Schaffhauser et Preiss (ancien. mais. Hutt et Schaffhauser), r. Faub.-Poissonnière, 35.
Schenck (H.), r. Echiquier, 41 ; mais. à Lyon, et à New-York.
Scherer et Lilienthal, r. Turenne, 132.
Schermar, Christern et Cie, r. Lamartine, 8.
Schindler (Maurice), art. d'Autriche, r. Faub.-Poissonnière, 25.
Schlesinger (Henri) et Cie, r. Bleue, 17.
Schloss (A.) et Cie, r. Faub.-Montmartre, 17.
Schloss (M.-J.) fils, r. Entrepôt, 38.
Schloss (P.) et Cie, r. Grange-Batelière, 13.
Schmidt frères, négociants, r. Echiquier, 41.
Schmitt aîné, r. Laval-Prolongée, 6.
Schmitt, r. Magnan, 5.
Schneider (Ch.), r. Richer, 22.
Schneider (Louis), r. St-Fiacre, 18.
Scholte et Cie, r. Marais, 48.
Schroder (J.), boul. St-Martin, 17.
Schoorens (T.) et Weyts, r. Chapon, 35.
Schuller (A.) et Cie, boul. Sébastopol, 60.
Schulze (Maximilien), cité Trévise, 16.
Schumacher, r. Terres-Fortes, 3.
Schumacher (F.), r. Faub.-Poissonnière, 12.
Schuster (Léon) et frères, tous art. de Paris, boul. Sébastopol, 121.
Schuster (Maurice), r. Sentier, 8.
Schwab (F.), r. Faub.-Poissonnière, 12.
Schwabacher (Léopold), r. Trévise, 18.
Schwaegerl (Jh), r. Crussol, 8.
Schwalb frères, boul. du Prince-Eugène, 68 ; maison à Lima (Pérou).
Schwalbé (W.), r. Angoulême-du-Temple, 27.
Schwartz Kopf (N. H.), p. la Russie, boul. du Prince-Eugène, 36, m. à Moscou.
Schweich (J. H.), boul. Magenta, 73.
Sciama (les fils de N.), r. Hauteville, 40.
Seelig et Geiger, r. Richer, 34.
Selckinghaus et Cie, r. du Grand-Chantier, 1.
Seligmann père et Cie, r. Trévise , 16 , m. à Constantinople et à Marseille.
Senet, Portes et Caillon, imp. de Béarn.
Sentenat et Buenaposada, r. Cadet, 10.
Servant, boul. des Italiens, 19.
Servian (A.) et Cie, r. Paradis-Poisssonnière.
Sery, cour et pass. Rohan, 3 bis.
Sescau et Schmolle, faub. Poissonnière, 39.
Sevène (F.), faub. St-Denis, 137.
Seyfert (Alfred), export., r. du Caire, 12.
Sichel (Ad.) et Cie, pass. Saulnier , 9 , m. à Londres, Lyon et New-York.
Siegfried et Fenci, r. Paradis-Poissonnière, 41.
Siesbye (Maurice), r. Aboukir, 83.
Siglé, r. Rambuteau, 22.
Silber et Fleming , r. Paradis-Poissonnière , 40, m. à Londres.
Silz (Bertrand), mat. prem. de t. sorte, r. des Petites-Ecuries, 31.
Simon (Ludwic), r. de Provence, 59.
Sisley (W.), pass. Violet, 1.

Société des fabts réunis , directeurs-gérants :
  Jules Gauthier et Bataille, r. Turbigo, 5.
Solal et Ponzo, fleurs, r. Aboukir, 137.
Solei et Hébert, 11, r. Bergère , m. à Gênes ,
  Turin et Naples.
Sorré (A.), faub. St-Denis, 132.
Soubrier (L.) et Perraut frères, r. Thorigny, 6.
Soubeiran (J.), pass. du Saumon.
Soupplet (P.) et E. Gaillard , boul. Sébas-
  topol, 74.
Souty (F.) , r. des Petites-Ecuries , m. à
  Elbeuf.
Spalding (S.), soier., r. de la Banque, 16.
Speyr (de), Kern et Cie, boul. Strasbourg, 24.
Spir (E.), tous tissus, r. Aboukir, 18.
Spitzer (L.) et Cie, r. du Château-d'Eau , 62.
Sprent (Edward) et Phipps, ameublements, r.
  Ferme-des-Mathurins, 4.
Staiger et Cie, quai de l'Hôtel-de-Ville , 78.
Stanglen (P. F.), art. d'Allemagne, faub. St-
  Martin, 74, m. à Furth (Bavière).
Stehelin, Arlenspach et Cie, r. Hauteville, 69.
Steinmetz (C.), agent, boul. Sébastopol, 67.
Steinmetz (M.), boul. Magenta, 86.
Stéphasius et Roller, r. des Petites-Ecuries, 9.
Stéwart (A. T.) et Cie, r. Bergère, 18, m. à
  Lyon, Manchester et Berlin.
Stievenard frères, r. Enghien, 44, m. à Alexan-
  drie et au Caire (Egypte).
Storck (H.) et Velter, prod. chimiq., r. Roi-
  de-Sicile, 41.
Strahlheim et Hertz, r. Hauteville, 25.
Strange (E. B.) et frère, de New-York, repr.
  par T. Lippold, faub. St-Denis, 48.
Straus, Bianchi et Cie, acheteurs p leur m.
  de New-York, r. Hauteville, 3.
Stritter, Ulrich et Cie, r. Bleue, 3 bis.
Strohöker (A.), r. J.-J.-Rousseau, 53.
Stryjenska (Mlle Léocadie), trousseaux, art. de
  modes, etc., faub. St Honoré. 73.
Suares (J.), Becas et Cie, Espagne et Amériq.
  du Sud, tissus, r. Martel, 8.
Süssfeld, Lorsch et Cie , r. Paradis-Poisson-
  nière, 27.
Suzor (A.), boul. Sébastopol, 62.
Tajan (J. P.), r. Hauteville , 61 , maison au
  Mexique.
Tarbouriech-Nadal fils et Cie, r. Enghien, 26.
Tarnat, r. Tiquetonne, 8.
Taron (E.), r. Nve des Capucines, 4.
Tarrès (Alph.), r. Cadet, 12.
Teisset, représent., r. des Jeûneurs, 6.
Teissier (P.), r. du Temple, 43.
Tenneson (G.) et Cie, faub. Montmartre, 13.
Terrillon-Morot fils et Foucault , r. Bertin-
  Poirée, 15.
Tessier et Roux, r. des Petites-Ecuries, 34.
Thébault-Nollet, r. de la Seine, 53.
Theisen (Robert), r. Albouy, 24.
Thévenot (C.), r. Charles V, 11.
Thévenot jeune, r. Angoulême-du-Temple, 70.
Thieblemont (H.G.) frères, faub. du Temple, 53.

Thinet, art. de Paris, r. Grenier-St-Lazare, 15.
Thirion ✳, Bosquet et Cie , faub. Poisson-
  nière, 32.
Thiry jeune, r. Lafayette, 121.
Thomas (S.), boul. Magenta, 135.
Thomas fils, art. de Paris, r. de la Verrerie, 67.
Thompson (Lucas) et Cie, r. Echiquier, 40.
Thorin, boul. du Prince-Eugène, 63.
Thorp (W.), cité Trévise, 32.
Thoutberguer (D.), b. du Prince-Eugène, 13.
Tieure (E.), r. Bercy-St-Antoine, 34.
Tiffany, Reed et Cie, r. Card.-Fesch, 57.
Tielemann (H. G.), r. des Petites-Ecuries, 56.
Tillmann (J.), r. Hauteville, 25.
Tirard, boul. Sébastopol, 89.
Tixier (L.), r. Pagevin, 4.
Toca, Albasolo et Cie, pour les colonies espa-
  gnoles, r. Cadet, 26.
Tondeur, r. du Conservatoire, 15.
Tonil et Cie, r. St-Martin, 76, m. à Santiago
  et à Valparaiso (Chili).
Tortority et Cie , plumes et fleurs, r. Mont-
  martre, 125.
Toscan (F.), faub. Poissonnière , 68 , m. à
  Mexico.
Toulout (C.), r. Béranger, 7.
Tourasse (P.) et fils, r. St-Marc, 6.
Trapet (C.) et Heiligenthal, r. Echiquier, 5.
Travers jeune, mercerie, r. St-Denis, 293.
Trestournel, faub. du Temple, 45.
Tribouillet et Cie, boul. Magenta, 146 , m. à
  Rio-Janeiro.
Triboulet et Morgny, boul. du Prince-Eugène.
Tronchon (Ch.), r. Debelleyme, 16.
Tucker (James W.) et Cie, r. Scribe, 3.
Tuffier (L.), art. de Paris, r. St-Denis, 148.
Urbain (Th.), draperie de Sédan , Bischviller
  et de Prusse, r. Boulot, 17.
Usiglio (J.), pass. Verdeau, 13 bis.
Vacossin , art. de Paris et d'Allemagne , r.
  Beaubourg, 33.
Vacquerel (P. E.), faub. St-Martin, 66.
Valentin et Frankfurter, pass. Violet, 4.
Vallet frères et Cie, r. Echiquier , 41 , m. à
  Buénos-Ayres (République argent.).
Vandéralmey et Malherbe, imp. St-Bernard, 9.
Vanderheym (A.) fils, r. du Temple, 187.
Van Der Kieft, r. Oberkampf, 18.
Van der Veene (Eug.), r. Navarin, 28.
Vandroogenbroeck (G.), r. Turenne, 96.
Varango (L.), p. l'export., r. Enghien, 12.
Varet (Jules), p. lainages et tissus , r. Haute-
  ville, 10.
Varthaliti et Giumbuchian, p. tissus , r. Ber-
  gère, 27, m. à Constantinople.
Vauabelle (Paul de) , p. le Brésil et l'Alle-
  magne, boul. Magenta, 80.
Vaz (Louis) et Cie, r. Enghien , 54 , maison à
  Lisbonne.
Vazille (A.), p. l'Espagne, r. Turenne, 129.
Vedry et Jaqueau, quai de Bercy, 19.
Veil et Rueff, r. St-Joseph, 12.

Venerandi (S.), aven. St-Ouen, 15.
Verbeeck (Ch.), r. Entrepôt, 12.
Verchère (J.), r. Brongniart, 1.
Verdavainne (veuve), r. Cléry, 17.
Verdier (E.), Kaindler, Scellier et Cie, r. du Conservatoire, 5, m. à San-Francisco.
Vérel (H.), p. l'Angleterre, l'Allemagne, la Russie, pass. Saulnier, 17.
Verger (E.), r. St-Antoine, 205.
Viard (A.), boul. Sébastopol, 93.
Vian (Mlle A.), r. Bouloi, 10.
Vicherat père, pass. Saulnier, 10.
Vichot (P.), drogueries, r. Sévigné, 25.
Vichy A. Bloch et Cie, commiss. négts en tissus, r. St-Joseph, 20.
Vidal (L.) et Despeaux, r. Enghien, 9.
Vié (E.), quai de Béthume, 34.
Viel (L. E.), faub. St-Denis, 50.
Vignaux et Labit, fournitures p. chapellerie, r. des Francs-Bourgeois-Marais, 18.
Vilain (Ch.), r. Marais-St-Martin, 50.
Villaux (A.) et Cie, escompte, boul. Poissonnière, 14.
Villedieu (Alfred), art. de nouveautés et modes, r. Montmartre, 103.
Villevieille, r. Michel-le-Comte, 26.
Villy (P. J.) et Cie, p. l'Angleterre, boul. Sébastopol, 38.
Vincent et fils, draps, r. Bertin-Poirée, 7.
Vinot (Ad.), droguerie, r. Nve-St-Merri, 40.
Violette (A.), r. Enghien, 19.
Violette, r. St-Martin, 222.
Viollier, Braillard frères et Cie, r. Taitbout, 63.
Vitrac, négt-commiss., r. St-Maur, 140.
Vogel (F.) et Cie, faub. Poissonnière, 9, m. à Londres.
Vogel et Cie, r. Hauteville, 32, m. à Rio-Janeiro (Brésil).
Vogt (Charles), r. Albouy, 28.
Vyse fils et Cie, de Londres, r. Turbigo, 3.
Waël (C.), boul. Poissonnière, 22.
Wagner et Gerstley, r. Hauteville, 74, m. à Londres.
Wahl (M.-J.), art. de Paris, r. Echiquier, 14.
Wainwright (B.-G.), r. Grange-Batelière, 13.
Wallersten (J.-S.), r. du Château-d'Eau, 37.
Warburg (B.-D.) et Cie, r. Richer, 22.
Wehry (G.), tissus et art. de Paris, cité Trévise, 7, m. à New-York.
Weil (Charles) et Cie, r. Enghien, 22.
Weill (E.) et E. Raas, r. du Château-d'Eau, 13.
Welch (E. V.) et Cie, r. Echiquier, 26.
Wemans (I.) et Cie, r. Palestro, 5.
Wertheimer (W.), r. de Provence, 21.
Weston (J.-A.), r. de Provence, 62.
Weyl, Léon Ferré et Cie, r. St-Joseph, 8.
Wienrich (Ferdinand), art. de Paris, tissus export., r. Echiquier, 16.
Winpfheimer (Jacob) et Cie, r. Hauteville, 21, m. à New-York.
Wingaard (Carle J.) et Cie, r. du Château-d'Eau, 37.

Winkelmann (C.), cour des Miracles, 8.
Winter (F.-A.), r. St-Honoré, 154.
Winter (Edouard), r. St-Quentin, 25.
Winterhalter, Schwer et Cie, négts-commiss., r. Mayran, 8, m. à Buénos-Ayres.
Wisotzky (A.) et Cie, faub. St-Denis, 39.
Wittkowski, Gross et Cie, r. Béranger, 7.
Wollenberg (Otto) et Magnus, r. Enghien, 12.
Woods (H.), r. Montmartre, 125, et à Londres, Cannon Street-West, 47.
Worms (A.), r. Hauteville, 32.
Wyber (John L.), r. Furstenberg, 3, maison à Edimbourg.
Zagury (C. S.), r. Lafayette, 83, maison à Lisbonne.
Zennig (Hermann), p. l'Allemagne, la Russie, r. Enghien, 28, m. à Berlin.
Zeymer (L. E.), pass. Chosson, 5.
Zimmern et Cie, r. Paradis-Poissonnière, 32.
Zoeppritz (Vor), boul. Sébastopol, 92.
Zubiria (Francisco de) et Cie, p. l'Amérique du Sud, r. Hauteville, 23.

Confections.

Pour hommes, *voyez* Tailleurs-confectionneurs.
Pour dames, *voyez* Nouveautés confectionnées.
Pour enfants, *voyez* Nouveautées confec. pour enfants.

Cordiers en gros.

Alapont, cordages et ficelles en tous genres, cordes en jonc d'Espagne, r. Alleray, 28.
Barbas (P.), fab. spéciale de ficelles anglaises, rouges, roses, bleues, vertes, noires, etc., exportation, r. Turbigo, 30 ; usine hydraulique à Mortagne-sur-Sèvre (Vendée).
Basquia (Thle), r. Petit-Lion, 9 ; fab. à Lille.
Baudouin (T.), fabr. de filogère, rue Saint-Denis, 136.
Bisson et Guilbert, fabr. de ficelles de couleurs (genre anglais), r. Faubourg-Saint-Martin, 55.
Bodin jeune, corderie en gros, lins et chanvres en branches de toutes provenances, r. Ferronnerie, 5.
Bodin aîné, r. Cléry, 84.
Carue, brev. s. g. d. g., ficelles et fils en t. genres, art. d'export., r. St-Denis, 365.
Chariaut-Richelieu, fab. de cordages et ficelles fines, r. Caire, 11.
Dubuisson aîné, r. Beaubourg, 13.
Dufrein (Cl), r. Ferronnerie, 27.
Frété, Muret et Cie, corderie centrale, boul. de Sébastopol, 12.
Gasc (C.), r. Verrerie, 72.
Gelhaye et Estienne, fab. de tresses en tous genres, r. Pajol, 4.
Girard (Em.), r. Ferronnerie, 2.
Guérin (L.), r. Ferronnerie, 37.
Labbè (Victor), fabr. de ficelles, à Pont-de-Cé (Maine-et-Loire), r. Deux-Boules, 7.

Lebœuf et Pouillot, r. des Lombards, 17.

Lefèvre, r. du Four-St-Germain, 73.

Lelièvre, fabr. cordages, ficelles, appareils gymnastiques, r. Montmartre, 98.

Lemaire et ses fils, fabr. cordes pour gymnastique, export., r. St-Martin, 325.

Lemaitre (A.) et Cie, cordages et ficelles, de couleurs, r. Château d'Eau, 54.

Lemaitre et Cie, cordages, ficelles et fils, chanvre et lin, boul. Sébastopol, 85.

Leroux-Sorin, r. Aboukir, 31, fabr. à Clichy et à Dammartin (Seine-et-Oise).

Mithouard (Aug.), cordages, et ficelles de toutes sortes, r. Cossonnerie, 10.

Picourt (E.), r. d'Anjou, 1.

Thiphaine et Bourdonneau, spécialité de câbles plats et ronds, r. St-Denis, 361.

Vimeux (Anatole), de la maison A. Vimeux et Cie, r. Ste-Marie-des-Ternes, 8.

Wattebled (Vve), r. Grenier-St-Lazare, 19 ; fabr. Boulogne-Villette, 5.

Yon, r. Aubry-le-Boucher, 20.

Cordons de montre en soie (fabr.).

Alliaume (H.) et Revirieu, fabr. en tous genres, sautoirs en caoutchouc et en soie, r. N.-D.-de-Nazareth, 25.

Colmant (A.), machines à fabriquer les cordons de montre, r. Tomb-Issoire, 39.

Gout-Fuchot, cordons de montre en gros, export., r. N.-D.-de-Nazareth, 28.

Javal, cordons dits sans fin, sautoirs et solitaires, r. Faub.-St-Denis, 62.

Lambert (Aug.), r. Michel-le-Comte, 20.

Laroche, r. Anjou-Marais, 11.

Loiseau (A.) et Cie, r. Faub.-du-Temple, 43.

Raze (Mme) (Louis Raze success.), spécialité de sans fin, soie, caoutchouc, sautoirs cuir, rubanerie, fantaisie, r. N.-Dame-de-Nazareth, 20.

Sriber (Alphonse), cordons et lacets en caoutchouc anglais, r. Turbigo, 18.

Corsets en gros.

Bandelier et Roche, r. Montmartre, 133.

Bechtel (W.), r. Richer, représentant de fab. étrangères.

Blaise (Mmes), r. Faub.-St-Denis, 76.

Bobillier (G.) et Cie, r. Palestro, 15.

Bonnard, corsets et jupons en gros, jupons pardessus, export., r. Turbigo, 40.

Bouché et Gobert, r. Montmartre, 174.

Chamouin (A.), r. St-Denis, 227, fabr. à Vierzon (Cher).

Cholet (P.-A.), fabr. de corsets en t. genres, exportation, r. Faub.-St-Martin, 50.

Corbaz (J.) jeune, r. Faub.-St-Denis, 23.

Dacier (Mme), fabr. de corsets, crinolines, jupons, r. François-Miron, 6.

Davoult (H.) et Cie, r. Sentier, 12.

Dechassey frères, corsets et fournitures, coutils et jupons, boul. Sébastopol, 52.

Delobel frères, brev. s. g. d. g., exportation, r. St-Martin, 160.

Deschamps-Alan, rue du Bac, 40.

Desrues (A.), corsets et jupons en gros, exportation, r. Rambuteau, 72.

Dugé (Vve), et jupons, r. Aboukir, 9.

Edmond Foulon, corsets, jupons et fournitures en gros, exportation, r. Rambuteau, 77.

Ettling, manufacture de ceintures et corsets cousus, brev. s. g. d. g., r. Poissonnière, 18.

Fabius (Mme), r. Meslay, 35.

Garnaud, boul. du Prince-Eugène, 31.

Grandvuillemin, boul. Sébastopol, 90.

Guillot (L.), r. Montmartre, 155.

Jouin (L.), art. pour l'exportation, hautes nouveautés, r. Charlot, 5.

Lefaivre et A. Epailly, corsets et jupons en gros, fournitures, r. Turbigo, 8.

Lenoir (P.), boul. Sébastopol, 59.

Leroy (F.), r. Rambuteau, 27.

Leroy (Mlle Adèle), boul. St-Martin, 39.

Leteurtre (Em.), fab. et magasin en gros, art. pour corsets, r. Rambuteau, 63.

Lévy sœurs (Mlle S. Lévy successeur), rue Cloitre-St-Jacques, 10.

Lindauer (Vve), r. Faub.-St-Denis, 101.

Louvet (Amable), corsets cousus en gros, rue N.-D.-de-Nazareth, 69.

Louvet ainé et Leprince, export., fournit. de corsets en tous genres, boulevard de Sébastopol, 46.

Malapert et F. Epailly, boul. Sébastopol, 54.

Mallard, en gros, fabr. à Sancy (Seine-et-Marne), exportation, r. du Temple, 34.

Mathonnet (R.) et Cie, fabr. de corsets et jupons à ressorts, export., r. St-Denis, 258.

Naury (Vve), boul. Sébastopol, 30.

Notelle, spécialité d'articles soignés, exportation, boul. Sébastopol, 48.

Peny (Jules), r. St-Laurent, 18.

Petit et Farcy, export., r. St-Denis, 120.

Pieffort, breveté, r. Grange-Batelière, 1.

Plument (P. de), r. Aboukir, 9.

Porcherot jeune, r. Quincampoix, 105.

Porcherot (J.-B.), r. Deux-Portes-Saint-Sauveur, 12.

Porcherot jeune, fabr. et magasin de corsets, export., r. Quincampoix, 105.

Pertais (François), corsets en gros, et fournit., r. St-Martin, 147.

Pradel (Mme A.), boul. St-Denis, 9.

Puzin (J.), fabr. de corsets et ceintures, exportation, r. du Perche, 5 (Marais).

Robert-Werly et Cie, à Bar-le-Duc (Meuse), boul. Sébastopol, 72.

Saivres (Vve), corsets en tous genres, commiss. export., r. Thévenot, 17.

Salomon (Adam) jeune, corsets en gros et fournitures, r. Cossonnerie, 3.

Savoye-Deglaire, manuf. de ceintures brassières et corsets cousus, r. Caire, 35.

Simon, fabr. spéciale de corsets et jupons en tous genres, r. St-Honoré, 181.
Thieusselin, en gros, r. Quincampoix, 47.
Thomson et Cie, boul. Poissonnière, 12.
Torchebœuf (T.), en gros, r. Rambuteau, 61.
Traversier (E.), fabr. de corsets en gros, brev. s. g. d. g., r. Faub.-St-Denis, 34.

Corsets sans coutures (fabr.).

Bailly (Alfred), boul. Sébastopol, 107.
Dechassey frères, boul. Sébastopol, 52.
Degand, r. Boucher, 10.
Delobel frères, r. St-Martin, 160, fabrique à Bapaume (Pas-de-Calais).
Despréaux aîné, dépôt des fabr. de Bar-le-Duc, r. St-Denis, 29 .
Desrues (A.), dépôt, r. Rambuteau, 72.
Edmond Foulon, r. Rambuteau, 77.
Greppo (Ch.), boul. Sébastopol, 45, Ate Cattat, manuf. à Bar-le-Duc, export.
Huret et Voisin, manuf., r. St-Denis, 277.
Hussenot père et fils, boul. Sébastopol, 75, manuf. à Bar-le-Duc.
Leteurtre (Em.), r. Rambuteau, 63.
Louvet (A.), r. N.-D.-de-Nazareth, 69.
Louvet aîné et Leprince, boul. Sébastopol, 46.
Maxe-Werly (L.), corsets de Robert Werly et Cie, de Bar-le-Duc, capelines, nouveautés, boul. Sébastopol, 72.
Schultz (Carl.), boul St-Denis, 16.
Suchel-Damas, et fils, brev. s. g. d. g., fab. de tissus divers p. jupes et crinolines, rue Montmartre, 134 ; fab. à Thizy (Rhône).
Thieusselin, corsets sans coutures de Bar-le-Duc, boulevard Sébastopol, 34.
Traversier (E.), faub. St-Denis, 34.
Ulrich (M.) père et fils, boul. Sébastopol, 65 ; manuf. à Bar-le-Duc (Meuse).
Ulrich Vivien, manuf. à Bar-le-Duc (Meuse), r. Turbigo, 29.

Fournitures pour Corsets.

Angelloz (A.), buscs, r. Beaubourg, 17.
Aucler (A.) et fils, buscs, boul. Sébastopol, 75.
Balagairie-Cuvilier et Cie, cuivres récrouis p. agrafes de buscs, faub. du Temple, 43.
Beuchat et Blanio, fab. d'œillets métalliques, r. Oberkampf, 18.
Banchard, r. du Caire, 6.
Bienvenu, buscs, r. Taitbout, 27.
Blard et Pernet, buscs, rue Quincampoix, 98.
Cathiard frères, buscs, r. du Petit-Lion, 8.
Cathiard (J.), laçures, r. Fontaines, 9.
Cahagne (L.) et Favrot, fab. de buscs. r. St-Denis, 144.
Dallier, r. St-Marc, 11.
D'Ambly et Cie, fab. de baleines des Indes p. corsets et robes, r. Angoulème, 88.
Darvey, fab de buscs, r. Oberkampf, 138.
Daudé, œillets p. corsets, r. du Temple, 79.
Dechassey frères, boul. de Sébastopol, 52.

Despréaux aîné, manuf. d'articles p. corsets, r. St-Denis, 290.
Denmner et Cie, buscs, r. Turbigo, 38.
De Voisin (R.), buscs, r. Turbigo, 24.
Dorgeval et Porral jeunes, joncs laminés p. corsets et robes, r. St-Martin, 207.
Estivin, en tous genres, r. Grénétat, 48.
Fatoux, buscs, r. Chapon, 10.
Floutier, r. St-Denis, 188.
Fontaine (Léon), r. Turbigo, 43.
Gaston Bobillier et Cie, fab. de buscs, r. Palestro, 15.
Geins, buscs, r. Tiquetonne, 25.
Gingembre père ✻ et fils, agrafes en t. genres, r. Bondy, 74.
Godet, r. Palestro 9, fab. à Senlis (Oise).
Grandvuillemin, boul. Sébastopol, 90.
Grellou (Alexis) et Cie, r. St-Denis, 132.
Grellou (Henri) ✻ et Cie, coutils, crinolines, buscs, baleines, etc., r. Rambuteau, 84.
Guillemeteau père fils et Leclercq, r. Montmartre, 125.
Hantich (E.), buscs, r. St-Martin, 167.
Hellin (A.), r. Argout, 69.
Husson (Vve) et fils, r. Palestro, 3.
Lambert, r. Michel-le-Comte, 13.
Lange (E.) et Cie, buscs, r. St-Sauveur, 5.
Langlois (E.) tissus élastiques et ceintures, ventrières, faub. du Temple, 129.
Lanoë (A), brev. s. g. d. g., fab. de buscs et baleines en jonc, r. St-Maur, 214.
Legras et A Vignes, r. N.-D.-de-Nazareth, 76.
Leteurtre (Em.), r. Rambuteau, 63.
Louvet (A.), r. N.-D.-de-Nazareth, 69.
Louvet aîné et Leprince, boul. Sébastopol, 46.
Mallet, buscs, r. du Temple, 71.
Marchal, baleines, buscs, caoutchouc en tous genres, coutils, r. Evêque, 25
Millereau (P.), buscs, r. de la Lune, 35.
Morigny, r. St-Martin, 104.
Paisseau (Vve) jeune, fab. de baleines anglaises, r. Julien-Lacroix, 29.
Porcherot (J.-B.), r. des Deux-Portes-St-Sauveur, 12.
Peugeot, Jackson et Cie, buscs, r. Turenne, 76.
Peugeot frères, fab. d'acier uni pour buscs, r. Béranger, 2.
Renaudin (A.), fab. de buscs à bouton ordin., r. Michel-le-Comte, 27.
Salomon (A.), jeune, r. Cossonnerie, 3.
Sarazin, r. Michel-le-Comte, 14.
Soupplet (P.) et E. Gaillard, boulevard Sébastopol, 74.
Suzor (A.), boulevard Sébastopol, 62.
Trouillet, buscs, r. Beaubourg, 78.
Truchy (A.), buscs, baleines, r. de l'Ours, 25.
Vignes, r. N.-D.-de-Nazareth, r. 76.

Cotons (filateurs de)

Alimayer et Cie, dép. de cotons retors et glacés de Simpson, r. Rambuteau, 57.
Auguste et Vallet, r. St-Joseph, 11.

Bouez (Léopold), r. Paradis-Poissonnière, 24, filature et retorderie.

Brook (Jonas) et frères, qualités supérieures p. coudre, boul. Sébastopol, 42.

Bullot (B.), boul. Beaumarchais, 44.

Clark (J.-J.) et Cie, boul. Sébastopol, 97.

Clark (J. et R.), boul. Sébastopol, 97.

Coats (J. et P.), de Paisley (Ecosse), boul. Sébastopol, 60.

Compagnie française des cotons algériens, société anonyme, A. du Mesgnil, directeur, r. de la Chaussée d'Antin, 18.

Courière (Ch.), représentant de Schlumberger et Cie de Guebwiller, r. St-Joseph, 4.

Dauge (E.), r. Martel, 11, filature à Croissanville, et à Breuil-Blangy (Calvados).

Dubreuil et Lalande, r. de la Roquette, 39.

Duriez fils, r. Thévenot, 17 ; filature à Roubaix.

Féray et Cie, rue du Sentier, 29 ; filature à Essonne (Seine-et-Oise).

Fournier (J.-B.), filateurs de cotons fins et retors, boul. du Prince Eugène, 81.

Gresland (Cin.) p. mèches à bougies et à chandelles, pl. d'Aligre, 2.

Kerr et Clark, boul. Sébastopol, 97.

Kloess (Charles), agence de cotons anglais en t. genres, r. des Petites-Ecuries, 13.

Laumaillier père et fils, filat., retorderie, teinture, r. Deux-Portes-St-Sauveur, 32.

Pappel, repr. de Ph. Barthels Feldhoff à Barmen, Cloîtres-St-Jacques, 8.

Protto fils et E. Nunès, tissus de cotons anglais et toile d'Irlande, r. du Sentier, 35.

Rault (Ch.), Parc-Royal, 16.

Rimailho frères, r. Rambuteau, 20.

Schlumberger fils et Cie, filat. et tiss. de cotons, calicots, r. du Sentier, 36, maison à Mulhouse.

Tesse-Baillieux, r. Lafayette, 41, filature à Lille (Nord).

Vincenot, r. Poliveau, 40.

Waddington frères et fils, faub. Poissonnière, 53.

Walter (Evans) et Cie, de Derby (Angleterre), repr. à Paris, r. des Petits-Hôtels, 7.

Cotons à coudre, à broder et à marquer (Fab. de).

Amédée-Charpentier, fils d'Ecosse, cotons au triangle, câblé, boul. Sébastopol, 76.

André (Eug.), r. du Caire, 6.

Bouez (Léopold), filateur au Pont-d'Hennecourt, r. Paradis-Poissonnière, 24.

Brook (Jonas) et frères, à coudre p. crochet et à broder, sur bobines, écheveaux et pelottes, boul. Sébastop., 42, usine à Meltham-Mills (Angleterre).

Cabagne (Louis) et Favrot, à broder, en pelotes, en bobines, r. St-Denis, 144.

Carrère (Mme Alpe), cotons et câblés p. machines à coudre, r. d'Arcet-Batignolles, 12.

Cartier-Bresson, boul. Sébastopol, 86. Dépôt à Londres, fils d'Irlande, d'Alger et d'Ecosse, cotons à coudre à la Croix, Algérien glacé et autres, lacets de cotons, cordonnet et cotons pour crochet et filet, etc.

Caruel (L.), dépositaire de Peter Kerr et fils de Paisley (Ecosse), r. Turbigo, 3.

Clark (J. et J.) et Cie de Paisley (Ecosse), dépôt chez Kerr et Clark, boul. Sébastopol.

Coats (J. et P.), dépôt de leurs fab. de Paisley (Ecosse), boul. Sébastopol, 60.

Collette frères, r. St-Denis, 118.

De Closmenil (Vve), boul. Charonne, 148.

Delavallée, cotons rouges à marquer, fils d'Ecosse et d'Irlande, r. Rambuteau, 57.

Dobelin (Ch.) ✳, A. Maxein et Cie, boul. Sébastopol, 50, et r. Quincampoix, 85.

Duvivier, quai Montebello, 13.

Faraguet, fab. à Dijon, cotons à tricoter, fantaisie pour tricot, r. Rivoli, 65.

Fontenay (Ernest), dépôt central des cotons à coudre, anglais, r. St-Marc, 17.

Fromentin (L.) et Sarrasin, art. p. mercerie et machines à coudre, boul. Sébastopol, 48.

Gossiôme, r. du Petit-Lyon, 40.

Huart (Ol.), r. St-Julien-le-Pauvre, 12.

Kerr et Clark, fab. et filateurs de fils à coudre glacés et non gl. sur bobines en écheveaux et en pelottes, usines à Paisley (Ecosse), et à Newark N.-J. (Etats-Unis), dépôt, boul. Sébastopol, 97.

Kirchheim (Alex.), r. du Château-d'Eau, 61.

Michelez fils aîné, r. aux Ours, 28, usine à Lardy (Seine-et-Oise).

Milbit (Ilte), représ. de Thiriez père et fils, filat. à Lille, boul. Magenta, 118.

Morel (Atin). r. St-Martin, 174.

Mottet et Bertrand, cotons à bâtir, à repriser et à coudre; lacets coton, boul. Sébastopol.

Noury (J.), câblés et ordinaires p. machines à coudre, fil glacé, boul. Sébastopol, 61.

Pernolet (E.), r. St-Denis, 162, manuf., usine à Corbie (Somme).

Plailly, spéc. de cotons et de soies pour la ganterie, r. Turbigo, 18.

Poiret frères et neveu, à coudre, à tricoter, à broder, r. Saint-Denis, 96.

Simelio (Raimond), r. Quincampoix, 63.

Simon (Aug.), boul. Sébastopol, 52.

Vallette (Isidore) et Cie, r. St-Denis, 148.

Viarmé (L.), r. du Cloître-St-Jacques, 10 ; à broder, à repriser et à tricoter, fil d'Ecosse et fil d'Irlande en écheveaux, en pelottes et sur bobines.

Walter (Evans) et Cie, de Derby (Angleterre), G. Hadfield, r. des Petits-Hôtels, 7.

Cotons en balles, filés, cardés (march. de).

Alphen (M.), déchets de cotons ouatés, couvertures, filat., r. Feuillel, 5.

Barbot (J.), r. Mazagran, 18.

Bellais, représent. de filat. p. cotons, filés, simple et retors, boul. Sébastopol, 61.

Blacour (Vve), cotons et laines filés écrus et teints p. bonneterie, r. Albouy, 18.

Blot, r. de Bondy, 62 ; à Brueil, usine.

Bouez (Léopold), cotons glacés noirs, blancs et couleurs, r. Paradis-Poissonnière, 24; filature et retord.

Boury (E.), r. N.-D.-de-Nazareth, 12.

Buziau (G. A.), r. Blondel, 21.

Chainay, r. Douane, 13.

Colleaux (L.) et Pouillot jeune, cotons. fils, laines et poils de chèvres r. St-Sauveur, 7.

Colleoux (J) aîné, r. Grénétat, 58.

Compagnie française des cotons et produits de l'Algérie, r. Chaussée-d'Antin, 18.

Crevel (E.), agence cotonnière, r. des Vieilles-Haudriettes, 5, m. à Rouen.

Courrière (Ch.), r. St-Joseph, 4.

Dauge (Ernest), r. Martel, 11 ; filat. et retorderie de cotons à Croissanville.

Decaux (Alfred). r. Beauregard, 37.

De Clermont, filés et cardés, r. Mazagran, 9.

Dédéyan (A. Ovanèss), r. cité Trévise, 12.

Delagroux (Ire), r. St-Denis, 283.

Dulac aîné, dévidage et doublage mécaniques, boul. Sébastopol, 88.

Durand (E.), r. des Fossés-St-Victor 8.

Fragerolle-Landrin, r. Four-St-Germain, 36.

Froidot (C.), boul. Bonne-Nouvelle, 28.

Guenot (H.), cotons, laines et soies filés p. passement., r. St-Denis, 277.

Guttinger (U.), p. passemen. et tissus, r. Paradis-Poissonnière, 27.

Laudon, cardés, r. St-Sauveur, 27.

Le Boyteux et Octave Garnot, r. des Petites-Ecuries, 7.

Lecocq (Ch.), r. Montmartre, 146.

Lecot (Al), dépôt, r. Beauregard, 8.

Lévy (Isaac), r. du Caire, 41.

Marnais, r. Réaumur, 50.

Masson (E.) et Cie, r. de la Villette, 141.

Mathieu r. St-Maur, 157.

Meynier (G.), en t. genres, schappes fantaisie laines filées, etc., r. du Sentier, 28.

Milhit (Hte), filés et retors, fils à coudre, filat. à Lille (Nord), boul. Magenta, 118.

Morel (Atin), filés écrus, teints et glacés pour passement., r. St-Martin, 174.

Mottet et Bertrand, filés, moulinés, retors, câblés p. fab. boul. Sébastopol, 61.

Porjart et Picard, et laines, r. Poissonn., 21.

Rault (Ch.), Parc-Royal, 16.

Weil et Cie, soies et laines, r. du Caire, 12.

Coton.

(Fab. et march. de tissus de).

Voyez aussi toiles, calicots, toiles peintes.

Angier et Samson, r. Rivoli, 75.

Arnaud-Surrel et Cie (Mmes), r. des Jeûneurs, 16.

Bellon (A.), Cazaban et Gallet, rideaux brodés, guipures brochées et ornements d'églises, r. des Jeûneurs, 42; fab. à Tarare et St-Quentin.

Boissaye (A.) ✳ et Cie, r. du Sentier, 8, calicots écrus et blancs, m. à Mulhouse.

Boutet (Ch.), Faub.-Poissonnière, 8.

Briançon (J.) r. d'Aboukir, 113.

Brun frères, fils et Denoyel, mousselines unies, brochées et brodées, etc., r. des Jeûneurs, 25, fab. à Tarare, m. à St-Quentin

Brun et Réaume, r. Ste-Apolline, 6.

Brunschwick frères, r. des Jeûneurs, 10.

Brusch (H.), r. Bergère, 7.

Chivot-Regnard (F.), mousselines brochées et guipures p. rideaux, r. Bourdonnais, 35.

Constant-Bouhours et Juigné (L. Juigné suc.), r. de Cléry, 23.

Coquereau frères, r. St-Martin, 138.

David et Troullier, r. du Sentier, 27.

De Baecker (A.), r. du Sentier, 9, fab. à St-Pierre-lès-Calais.

Denglehem (E.), r. Hauteville, 42.

Dennery (Léon), r. de Mulhouse, 4.

Dezaux frères, r. du Sentier, 18.

Diethelm (John), r. Faub.-Poissonnière, 12.

Dubois (Vor), Bertaux et Massard, art. de St-Quentin, Tarare, r. de Cléry, 25, m. à St-Quentin et Tarare (Rhône).

Estragnat fils aîné, r. des Jeûneurs, 17, fab. à Tarare (Rhône.)

Fauvel (Jules), r. des Jeûneurs, 8.

Feray et Cie, r. du Sentier, 20.

Ferouelle fils, Saphore et Gillet, art. de St-Quentin, Tarare, Alsace et Suisse , r. du Sentier, 8, m. à St-Quentin et Tarare.

Gaillard et Cie, r. Thévenot, 24.

Hamelin (S.) et Ochs, r. du Sentier , 29 , fab. à Tarare (Rhône).

Hartmann, Jamas et Cie, maisons et art. de Tarare et St-Quentin, r. Cléry, 13.

Haudiquet, repr. de fab., r. St-Sauveur, 14.

Hering et Jourdain, r. des Jeûneurs, 27.

Hiernard , tissus d'Alsace , calicots écrus et blancs, r. Montmartre, 159.

Joriaux (Edouard), r. du Sentier, 39.

Journé (A.), r. des Jeûneurs, 42.

Jullien, Le Grand et Cie, boul. St-Denis, 19.

Labbé (Victor), r. des Deux-Boules, 7.

Laurent (Edmond), r. Cléry, 8.

Le Boyteux., Octave Garnot et Bottier, r. des Jeûneurs, 29.

Lefèvre, Levesque et Cie, r. du Sentier, 10.

Lehoult ✳ et Cie, de St-Quentin, repr. par J. Renoult, r. des Jeûneurs, 40.

Lemaître (B.), r. Lafayette, 36.

Léon (M.) aîné, r. du Sentier, 32.

Lepage, r. des Jeûneurs, 6.

Lepelletier fils et Cie, r. St-Fiacre, 5.

Leroy (A.), r. Cléry, 26.

Levy (Marc), r. du Mail, 4.

Levy-Paraf (S.), r. du Sentier, 43.

Magdelaine, r. du Sentier, 5.

Maldan frères, r. du Sentier, 34.
Maréchaux (Edouard), r. Cléry, 17.
Margueritte Lucy, r. des Jeûneurs, 35, maison à Tarare (Rhône).
Martin (Alph.), tissus St-Quentin et Tarare, unis et façonnés, r. Palestro, 3.
Méquillet, Noblot et Cie, d'Héricourt, r. Aboukir, 44, m. à Lyon.
Meslier (P.) père, fils et Cie, r. du Sentier, 19.
Moncouet (Victor), Querette et Cie, r. des Jeûneurs, 30, m. à St-Quentin et à Tarare.
Nain et Villot, r. Cléry, 16, art. de St-Quentin, Tarare et Alsace.
Owtram (Robert) et Cie, r. St-Fiacre, 20.
Paraf (H. et A.), r. des Jeûneurs, 8.
Pinsard, cotons en laines, r. des Jeûneurs, 46.
Poupry, négt, boul. Sébastopol, 109, fabr. à Mamers (Sarthe).
Pretto et fils, r. du Sentier, 35.
Rauch et Schaeffer, broderies pour ameublements, plumetis, r. Cléry, 19, fab. à St-Gall, m. à Londres.
Rieffel (G.), r. Enghien, 49.
Rochard (E.), r. Cléry, 42.
Rouillard-Prévost et Gaillard, mousselines, calicots, r. St-Martin, 176.
Rouillard, r. Montmartre, 66.
Roy (Gustave) ※, et Cie, tissus de cotons, r. des Jeûneurs, 38.
Scheurer, Rott (A.) et fils, impressions d'Alsace, r. Rougemont, 4, manuf.
Slumberger fils et Cie, filat. et tiss. de cotons, calicots, percales, r. du Sentier, 36.
Sédillot (Ch.) et Cie, r. St-Fiacre, 7.
Seillière (Aimé) et Cie, calicots, percales, brillantés, bazin, satin, r. du Sentier, 30.
Trèves (Adolphe) et fils, r. du Sentier, 16, m. à St-Quentin.
Waddington frères et fils, faub. Poissonnière.
Weber et Cie, cité Trévise, 12.
Weil et Heymann, r. St-Fiacre, 12.
Weisgerber et Kiener, r. du Sentier, 8, fab. à Ribeauvillé (Ht-Rhin).
Witier et Lamarque, r. des Jeûneurs, 21.

Coupeurs de poils de lièvre et lapin pour chapellerie.

Aligé (F.), r. des Amandiers-Popincourt, 57.
André (Jules), r. Colonie, 23.
Aschermann et Cie, matières premières p. la chapellerie, r. de la Santé, 65.
Barbarin, r. Montreuil, 109.
Boyer, boul. Charonne, 180.
Chandellier (Vve), boul. de la Villette, 144.
Chevalier, r. de la Roquette, 125.
Cibiel ainé, boul. Ménilmontant, 50.
Cibiel (François Vve), coupeur de poils p. la chapellerie, r. Charonne, 142.
Coly, boul. Ménilmontant, 101.
Contour père et fils, r. St-Maur-Popincourt.
Danglard (Pierre), r. Oberkampf, 142.
De Clermont et Cie, r. Barbette, 11.

Dion, boul. Charonne, 186.
Doerr (F.-X.), r. Folie-Méricourt, 6.
Fehrenbach (Georges), r. de la Muette, 14.
Feuillard (A.), r. Pavée-Marais, 24.
Fournier fils, r. de la Roquette, 118 bis.
Galibert (E.), r. Payenne, 11, et à Londres, 45, Nelson Square Blackfriars.
Guillaume (A.) et fils et Lesage, r. Oberkampf.
Heymann et Cie, r. N.-D.-de-Nazareth, 9.
Jouve ainé, r. des Amandiers-Popincourt, 47.
Liandier (J.), r. des Amandiers-Popincourt.
Loubaresse, r. Juillet-Belleville, 20.
Maillot, r. de la Roquette, 118 bis.
Maumey-Monnin, r. des Amandiers-Popincourt, 36.
Morange (A.), r. des Boulets, 52.
Muzaton (F.) et Buisson frères, r. Raguinot, 6.
Nillus, pass. Ménilmontant, 7.
Pauly (Henry), poils, peluches, boul. Beaumarchais, 55.
Pellissier (Vve), r. Ramponneau, 22.
Pichard, r. Grange-aux-Belles, 29.
Piffer (Nicolas), r. Oberkampf, 74.
Pruneyre et Vedel, r. Nve-des-Boulets, 9.
Riff ainé, r. Madame-Charonne, 10.
Riff jeune, r. des Boulets, 30.
Rœssler (L.), r. des Amandiers-Popincourt.
Roy, boul. Ménilmontant, 101.
Saltel, r. Amandiers-Belleville, 64.
Schenck (H.), r. Echiquier, 41, maison à New-York.
Serre ainé, r. Paris-Charonne, 44.
Toulze (Jules) et Hébert, r. Charenton, 88.
Vidal, boul. du Prince-Eugène, 76.
Vidal, place de la Réunion-Charonne, 14.
Vidal, passage Ste-Marie-du-Temple, 4.

Courtiers de marchandises.
Assermentés près le Tribunal de commerce de la Seine.

Chambre syndicale, — Bellone, président. — Pellet, syndic-rapporteur. — Laisné (Omer), secrétaire. — Henry Dejamme, trésorier. — Henon fils ainé, Moutard, Mourgues, adjoints.
Aubé (Fr. H. Edm.), r. Vivienne, 53.
Bouvelet (Ch. Anat.), r. Louvre, 1.
Coiffier (Eug.), boul. du Prince-Eugène, 69.
Crémieux (Josué), place de la Bourse, 31.
Dejamme ainé (V.), pl. Royale, 8.
Dejamme (F. G. H.), r. Chabrol, 50.
Désir (L. J. U.) ※, r. Lafayette, 78.
Ducros (A. H.), r. N.-D.-des-Victoires, 44.
Dupin (J.-J.), place de la Bourse, 11.
Feugère (H. F.), place de la Bourse, 15.
Francœur (A. B.), place Jussieu, 3.
Gautier (F. A. E.), pl. du Château-d'Eau, 2.
Henon fils ainé, r. de la Bourse, 7.
Lainé (Napoléon), r. Vivienne, 22.
Lainné (Ch. A. G.), r. Banque, 21.
Laisné (O.) et H. Bourdon, prod. chimiques, drogueries et teint., r. Echiquier, 30.

Lamboi (A. Th.), r. N.-D.-des-Victoires, 44.
Mariage (A. H.), r. Renard-St-Merri, 5.
Mille (Jules Ant.), r. Vivienne, 22.
Mourgues (B. A.), r. Provence, 36.
Moutard (J. V.), pl. de la Bourse, 5.
Nathan (Ch.), r. Chabrol, 45.
Piquard (A.), r. N.-D.-des-Victoires, 38.
Pitat (G.), r. Chabrol, 47.
Pollet (A. G. F.), r. Ménars, 8.
Quiédeville (Ch.), r. Paradis-Poissonnière, 40.
Silvestre de la Ferrière ✻, r. Blanche, 10.
Trinquesse (Ernest), place de la Bourse, 8.
Venot (Anatole Léon), teintures, cochenilles, produits chimiques, r. Pavée-Marais, 15.
Vion (Augustin Denis), passage Saulnier, 9.

Couseuses et brodeuses mécaniques.

Agence et dépôt des couseuses électriques Gazal, r. St-Georges, 28.
Agence générale Pollack Schmidt et Cie, la Silencieuse, r. Richelieu, 43.
Alker aîné, agent de la Compagnie Américaine, r. Neuve-des-Petits-Champs, 40.
Alleaume, r. Racine, 13.
Américaine (maison), Ch. R. Geodwin ✻, tous les systèmes et aux prix les plus avantageux, boul. Sébastopol, 87.
André (Victor) et Fontaine, agents de la Cie Howe, boul. Sébastopol, 48.
Aubineau et Bouriquet, constructeurs de machines à coudre et fournit, r. Albouy, 19.
Bacle (D.), r. du Bac, 37.
Barrère et Caussade, constructeurs, d'aiguilles p. machines à coudre, r. de Rennes, 121.
Berthier (Ad.), passage du Ponceau, 36.
Berthier (Ch.) et Cie, r. de Montreuil, 82.
Bing (Maurice), agent, de Pollack Schmidt et Cie, r. Richelieu, 43.
Bollmann (Louis) de Vienne, r. Escande, représentant, r. Montmartre, 95.
Bongard, passage des Petites-Ecuries, 6.
Bouche (P.), petites mach. à navette pour famille, r. Chaussée-Clignancourt, 9.
Bourg (H.), r. St-Honoré, 267.
Brion (E.), Compagnie générale des machines à coudre, boul. Sébastopol, 106.
Brullé, construct. de mach., à navette, à tensions de fils, r. Darceau, 82.
Brunswick et Cie, ingén. mécan. machines à grande vitesse, r. Richelieu, 29.
Cabourg, r. St-Honoré, 74.
Callebaut (Ch.), système Singer, perfectionné par Callebaut, boul. Sébastopol, 105.
Carpentier, américaines et réparations, r. St-Maur-Popincourt, 116.
Cerisier et Gauvin, r. Réaumur, 54.
Champagnac (H.), r. Faub.-St-Martin, 234.
Charvet et Cie, r. Bouloi, 24.
Christian et Cie, r. Vauvilliers, 12.
Clément (Henri), r. Chaussée-du-Maine, 103.
Colmant (A.), r. Tombe-Issoire, 39.

Cornely (E.), mach. (de Willcox et Gibbs) les seules universelles, boul. Sébastopol, 82.
Cremer et Preussmer, r. F.-St-Martin, 83.
Culine, r. Faub.-St-Denis, 79.
Dahmen et Ackermann, r. Récollets, 13.
De Celles et Cie, boul. Sébastopol, 86.
Decombaz (J.), r. N.-des-Petits-Champs, 50.
Delcourt (Alexandre), r. St-Maur, 146.
Delorme, r. Rambuteau, 22.
Deshayes, r. Grand-Prieuré, 17.
Despréaux aîné, soies, fils et cotons câbles supérieurs, r. St-Denis, 290.
Ducomet, boul. Sébastopol, 89.
Duplessis, r. Schomer, 2.
Durand Jeune, r. de Charenton, 12.
Duvivier, quai Montébello, 13.
Escande (A.), r. Grénétat, 3.
Favre (Favre et Testevuide successeurs), rue St-Maur-Popincourt, 75.
Ficquenet (Mmes), boul. Bonne-Nouvelle, 31.
Gauthier-Chabrier, passage Dubail, 23.
Gauthier et Cie, boul. Strasbourg, 50.
Geiger (G.) fils et Cie, r. Richelieu, 27.
Gerfaut, Tantet et Cie, r. Richelieu, 19.
Godwin (Ch. R.) ✻, r. Faub.-Montmartre, 6.
Gourges, r. Faub.-Poissonnière, 49.
Hannuise (Alph.) et Cie, r. Argenteuil, 29.
Hedouin aîné, r. Cherche-Midi, 121.
Heyriès et Cie, r. Réaumur, 39.
Hurtu et Hautin, boul. de Sébastopol, 33, usine à vapeur.
Jackson et Cie, maison à Lyon, 11, quai d'Orléans, boul. Malesherbes, 36.
Jacob, dépôt général d'aiguilles anglaises et fab. de machines, exp. r. St-Martin, 314.
Jouanneau (Henri), r. Abbeville, 6.
Journaux-Leblond (F.), quai Napoléon, 21, la plus ancienne fab. de France.
Jouvencel, r. d'Aboukir, 102.
Kilbert, boul. du Prince-Eugène, 207.
Klotz (Marc), pass. Saulnier, 4.
Kuppens, pass. Deschamps, 7.
Laguesse, r. de la Perle, 8.
Lambert, Garnier et Cie (m. des ouvriers associés), r. d'Enfer, 126.
Laligant jeune, r. Corbeau, 22.
Lamarche, pass. Ménilmontant, 23.
Lamy (E.), machines à navettes p. ateliers, exp. r. Lancry, 60.
Leconte père et fils, construct., système perfectionné, à deux aiguilles, r. des Singes 9.
Leleu, r. St-Maur-Popincourt, 83.
Maître, Faub.-St-Martin, 122.
Maquaire (A.), boul. de Sébastopol, 97.
Marchal, à navettes, r. Morand, 7.
Maréchal fils, r. de Flandre, 59.
Martougen, m. la plus ancienne en France, boul. Sébastopol, 70.
Mayer (M.), succurs. de la m. Howe, de New-York, brev. s. g. d. g., boul. Sébast., 72.
Mercier, r. Rambuteau, 26.
Meslin, construct., r. Montmartre, 65.

Olivier, constructeur, r. Dauphine, 47.
Pavoine, boul. Rochechouart, 74.
Perrard-Michal, r. des Trois-Bornes, 29.
Peugeot (C.) et Cie, construct. à Audincourt (Doubs).
Fréd. Sandoz, représent., r. d'Aboukir, 54.
Picquefeu (Vor), soies spéc. p. machines, boul. Sébastopol, 40, usine à vapeur.
Pitoiset aîné, r. Buisson-St-Louis, 2.
Pirz et Rexroth, brev. s. g. d. g., exp. usine, r. Grange-aux-Belles, 21.
Pollack, Schmidt et Cie, r. Richelieu, 45.
Prevost (G.), r. Angoulême-du-Temple, 70.
Reimann (J.), fab., r. Papin, 7.
Renard, boul. du Temple, 14.
Repiquet et Decaudin, r. Doudauville, 40.
Ricbourg (A.), ingénieur-constructeur, brev. s. g. d. g.
Agence spéciale des véritables machines Elias Howe Junior d'Amérique, boul. Sébastopol, 20.
Rodde, r. Orillon, 10.
Roehrig, r. Oberkampf, 35.
Roth (F.), réparations, r. Bisson, 3.
Ruffier, r. Belleville, 40.
Sallot et Cie, r. des Trois-Bornes, 1.
Sandoz (F.), représent. de C. Peugeot et Cie, r. d'Aboukir, 54.
Saugy (L.), constructeur du système Grovec et Baker perfectionné, r. du Temple, 90.
Schroder (J.), boul. St-Martin, 33.
Schultz (G.), r. Pastourel, 10.
Seeling, r. Neuve-des-Petits-Champs, 97.
Simpson (R.E.) et Cie, constructeurs à Glasgow des célèbres machines américaines, boul. Sébastopol, 97. — Maquaire (A.), agent exclusif.
Singer, même maison Callebaut, boul. Sébastopol, 105, exp.
Strok, boul. de la Villette, 153.
Tesnière et Berthod, fab. de machines à coudre, route de Vitry, à Ivry-sur-Seine.
Testevuide (Victor), aiguilles anglaises p. tous systèmes, r. St-Martin, 325.
Train (Louis), r. Beaubourg, 30.
Vanders-Missen (J.), r. Oberkampf, 8.
Vaquez-Fessart (N. C.), soies spéc. p. machines à coudre, r. Turbigo, 21.
Vigneron, r. Neuve-Bossuet, 17.
Vorbe (G, et F.), r. d'Allemagne, 75.
Wackernie, passage Feuillet, 13.
Willcox et Gibbs, boul. Sébastopol, 82
Zimmermann et Bertin, r. Charlot, 6.

Fournitures et articles divers pour machines à coudre.

Allwood et Sons, spéc. d'aiguilles, fab. à Alcester (Angleterre), r. de Cléry, 25; A. Ducert agent.
Anatole-Rheims et Cie, vis, axes, galets, pièces de tours etc., r. St-Sabin, 24.

Amédée-Charpentier, soie, fil, coton, aiguilles, pièces détachées, boul. Sébastopol, 76.
Auflere et Guillet, spéc. fil, entrée continue, r. St-Denis, 134.
Barras, spéc. de soie, fil, coton, aiguilles, r. St-Denis, 225.
Bassot frères, fils de lin et soies, seul dépos. de W. J. Barron Sons, de Londres, r. du Cloître-St-Jacques, 3.
Brook (Jonas) et frères, fab. de cotons à coudre boul. Sébastopol, 42.
Carrère (Mme Alph), spéc. de cotons et câbles, r. d'Arcet-Batignolles, 12.
Cartier-Bresson, câbles et cotons à coudre, b. Sébastopol, 86.
Cathala, Rossignol et Cie, soies, fil et cotons, r. St-Denis, 227.
Coats (J. et P.), fab. de cotons à coudre à Paisley (Ecosse), boul. Sébastopol, 60.
Courtois (A.), spéc. de fils, boul. Sébastopol, 24.
Deffès (A.), mercerie, spéc. de fournit. à coudre, r. Montorgueil, 74.
Delavallée, manufact. de cotons câblés américains, r. Rambuteau, 57.
Dotte (Eug.), fab. de soies, dépôt de fil et coton, r. Turbigo, 23.
Duchesne, r. N.-D.-de Nazareth, 12.
Ebelein (Emile), aiguilles, r. du Caire, 15.
Finet (A.), (Pichard et Cie succ.), spé. d'aiguilles, r. du Petit-Carreau, 44.
Fromentin (L.) et Sarrasin, fab. spéc. de soies, lins et cotons, boul. Sébastopol, 48.
Givry (Théodore), déposit. de la fab. d'aiguilles de Geo Townsend de Hunt End près Redditch, r. Réaumur, 54.
Graeter, navettes, r. Montgolfier, 20.
Hamelin (A.) fils, soies, r. St-Denis, 266.
Huteau (L.), soies, fils et aiguilles, r. Montmartre, 72.
Jamelin, fers et aciers tirés à deux biseaux p. porte-aiguilles, r. Oberkampf, 73.
Jaricot (Vve) et fils, soies et fantaisies spéc. p. machines, boul. Sébastopol, 55.
Lang (B.) et Cie, cordes en gutta-percha p. machines à coudre, r. Turbigo, 70.
Lemercier (Eug.), machines à viser, boul. Sébastopol, 131.
Lippert jeune, r. Ramey, 63.
Maquaire (A.), boul. Sébastopol, 97.
Maudier (Octave), canettes, r. Rambuteau, 21.
Noury (J.), aiguilles et fils, fab. à Redditch (Angleterre), boul. Sébastopol, 61.
Picquefeu (V.), soies, r. Rambuteau, 71.
Rigaud (H.), mercerie, r. Cambronne, 91.
Ronot, fil p. couseuses, r. d'Arcet, 12.
Scellos (E.), spéc. de cordes en cuir p. machines, boul. du Prince-Eugène, 74.
Schone (Lucien), fils, cotons, soies, aiguilles américaines, boul. Sébastopol, 69.
Suzor (A.), fils, boul. Sébastopol, 62.

Coutils (fab. et march. de).

Babé (Em.), dépôt, r. du Cloître-St-Jacques, 8.
Bobœuf (G.) et fils et Dumesnil, r. du Sentier, 33; m. à Flers et à Abbeville.
Boistel père, fils et Courtépée, r. Bourdonnais, 31.
Bonnet fils, r. du Sentier, 7, fab.
Boussard jeune, r. St-Martin, 203.
Chauvin-Georges (L.) et fils. r. du Mail, 14.
Dallier, et mercerie, r. Panoramas, 3.
Dawant et Cie, coutils p. chaussures et pour doublures, r. Coq-Héron, 7.
Dechassey frères, boul. de Sébastopol, 52.
Dehollain (Émile), r. du Mail, 29.
Despréaux aîné, dépôt de coutils d'Evreux et de Flers, r. St-Denis, 290.
Dureau et E. Guyon, m. à Flers (Orne), r. Bertin-Poirée, 9.
Fleisch (B.), coutils anglais, r. St-Fiacre, 3.
Floutier, r. St-Denis, 188.
Grellou (Henri) ✳ et Cie, coutils et toiles pour corsets, r. Rambuteau, 84.
Guillemeteau père, fils et Leclercq, r. Montmartre, 125.
Honnet frères et Tassel, coutils p. literie, r. Montorgueil, 46.
Journé (P.) et Cie, doublures, r. Bertin-Poirée 9, fab. à Laval, Troyes, Villefranche et Mulhouse.
Leboucher (J.), fant. blancs et rayés, r. du Petit-Carreau, 27.
Lelouvier frères, r. St-Martin, 84.
Louvet aîné et Leprince, boul. Sébastopol, 46.
Polissié, Beau et Cie, r. St-Martin, 199.
Persin (Vve E.) jeune, r. Bertin-Poirée, 16.
Picquenard (J.), Robert et Cie, rue de Rivoli, 124.
Potier (A.), r. de la Banque, 15.
Quantin frères, r. Bourdonnais, 42.
Rallu (Alphonse), r. du Sentier, 8.
Roger (J.), r. du Sentier, 28.
Sanson (Edmond) et Prunier, r. Bourdonnais, 32; fab. à Evreux et à Flers.
Sœhnée, Pezé et Cie, r. Feydeau, 28.
Weber et Cie, cité Trévise, 12.

Couvertures et moileton

(fab. et march. de.)

Albinet (E.), filat. et tissage, r. du Mail, 12.
Baillard, Four-St-Germain, 65.
Balsan et fils, r. des Bons-Enfants, 21.
Batard (E.), r. St-Martin, 449.
Boisson et Bridou, r. Rivoli, 63, fab. à Orléans (Loiret), à Cours (Rhône).
Bourgois-Delalain, r. St-Denis, 282.
Boussard jeune, r. Saint-Martin, 203.
Brossel, spéc. d'épuration de literie par la vapeur, r. Faub.-St-Honoré, 215.
Cavrel et Allélix, r. Cléry, 9; manufacture à Beauvais (Oise).
David aîné et Levivier, pl. des Victoires, 1.

De Blois (Vor), r. de Mulhouse, 11.
Degrailly (A.), r. de la Ferronnerie, 35.
Deguerville et S. Sangnier, r. Rivoli, 128.
Delory, p. chevaux, r. St-Lazare, 106.
Dubreuil et Lalande, filat. r. de la Roquette, 39.
Dupuis et Latour, r. de la Ferronnerie, 11.
Durand, ouates, r. Bourdonnais, 39, fab.
Eliard, r. St-Honoré, 396.
Ernie (Désiré), r. St-Honoré, 199.
Fernaux, r. des Deux-Portes-St-Sauveur, 31.
Fleisch (Bernard), couvertures de voyage, anglaises et blankets, r. St Fiacre, 3.
Garnier-Hornung, r. de la Verrerie, 8.
Getting (E.), manufact. à Maringues (Puy-de-Dôme), r. St-Joseph, 8.
Gourdon-Durand, r. de Marseille, 1.
Graux aîné, St-Honoré, 80.
Grégoire (C.), r. St-Denis, 61.
Guyon (E.), r. des Bourdonnais, 31, fab.
Happich (S.), r. Pagevin, 4.
Hesse (A.), consignation en laine et en coton, r. Hauteville, 65.
Hird Huntington et Cie, m. à Londres et à Bradford, r. Montmartre, 160.
Honnet frères et Tassel, couvertures laine et coton, r. Montorgueil, 46.
Jacquet (Jules), r. Ste-Placide, 43 bis.
Knopf, dépôt direct de fab. anglaise, r. Pierre-Lescot, 2.
Leboucher (J.), molletons, couvre-pieds, r. du Petit-Carreau, 27.
Le Breton, r. St-Martin, 176.
Le Prince (E.), couvertures en laine p. chev., r. du Faub.-St-Martin, 61.
Manald et Guyon, r. Bourdonnais, 34.
Mey (Robert), fab. r. du Pont-Neuf, 5.
Morand (A.), couvert. de chevaux et de voyage, anglaises et françaises, r. Grénétat, 34.
Murray (J. O.), r. des Jeûneurs, 42.
Pepin-Veillard (les fils de), fab. à Orléans, représ. p. Mouchot, r. d'Argout, 40.
Rixem (S.) et L. Lazard, r. d'Aboukir, 50.
Robin, r. St-Victor, 70.
Smith, r. Faub.-St-Antoine, 89.
Thomas (A.), r. du Petit-Pont, 14 et 16, filat.
Varench. r. de Lourcine, 29.
Vasseur ✳, r. St-Honoré, 262.

Couvre-pieds (fab. de).

Bascans, couvre-lits mexicains et laine floche, brev., r. Montmartre, 70.
Damange, fab., r. Visconti, 13.
Gourdon-Durand, r. de Marseille, 1.
Laudon, r. St-Sauveur, 27.
Maréchal, r. Lamartine, 10.
Nettre frères, r. d'Aboukir, 62 et 64.
Outram (Rob) et Cie, r. St-Fiacre, 20.
Steegman (E. H.), r. Hauteville, 72.
Thouvenin, r. Argenteuil, 42.
Villard (Hte), fab., r. Montorgueil, 72.

Cravates de soie et autres en gros.

Andry Chatel et Cie (C. Chatel success.), rue Montmartre, 99.

Bailleret, r. Béchart-de-Saron, 3.

Bailly, Pal.-Royal, gal. d'Orléans, 21.

Berteaux (Ches), Radou et Cie, étoffes de soie en gros, r. d'Aboukir, 10, m. à Lyon.

Blanchet, r. Rivoli, 118.

Bourgeois (A.), r. de Mulhouse, 4.

Brochot Lavesvre, fantaisie p. dames et cols-cravates noirs p. hommes, r. Mail, 20.

Chambon et Chaninel, r. Vide-Gousset, manufacture à Lyon, r. Royale, 29.

Charlot-Bourbon, boul. Sébastopol, 42.

Clasens (G.), cravates, foulards de Lyon, de Chine et des Indes, boul. de la Madeleine, 3.

Cœlin-Gautet (Mme), pass. Panoramas, 8.

Crouč, galerie Vivienne, 68.

Crozet (Amédée), r. d'Aboukir, 115.

Decarsin et Delaruelle, r. du Sentier, 3.

Defrances (P.), r. Rivoli, 78.

Defrasse (Théodore), pl. des Victoires, 9.

Demolliens (A.) jeune, r. du Mail, 3.

Dufour Védie, r. du Sentier, 15.

Dumay, r. Chaussée-d'Antin, 26.

Edouard, pl. de la Bourse, 31.

Foreau (G.), r. d'Aboukir, 49.

Gillet (Ad.), boul. Sébastopol, 121.

Gœbel et Lœwe, r. Paul-Lelong, 19.

Grandjean, pass. Bourg-l'Abbé, 11.

Hussenot père, fils et Cie, r. du Mail, 16.

Jacquemond (F.), r. Montmartre, 122.

Jourdain (C.) (the British Warehouse), cravates anglaises, r. Halévy, 14.

Klotz jeune, cravates et cache-nez en gros, pl. des Victoires, 2.

Lefevre (Mme), boul. St-Martin, 27.

Loiseau, pass. du Saumon, 47.

Louvet (Eug.) et Cie, étoffes de soie, r. Vivienne, 10; maison à Lyon, q. de Retz, 8.

Lundy (Jules), r. d'Aboukir, 3.

Oson (Mme), r. Turbigo, 83.

Pélissié, Beau et Cie, r. St-Martin, 199.

Plessis, pass. des Panoramas, 51.

Poinsot, r. Dauphine, 33.

Robert (L.), r. d'Aboukir, 9.

Veuillet (J.), boul. Magenta, 69.

Villain, r. Faub.-St-Honoré, 54.

Vulquin jeune, r. d'Aboukir, 21.

Crêpes et tulles.

Agnellet (les frères), tulles, r. Richelieu, 73; m. à Lyon, St-Pétersbourg, Moscou et New-York.

Alker (Gve), r. de la Bourse, 9.

Annebic et Grenet, r. de Cléry, 27.

Bailey (Alfred), r. de Cléry, 34.

Bergès (Jules), r. des Jeûneurs, 14.

Besomb (Louis), r. St-Denis, 278.

Block (W.), r. Montmartre, 95.

Bouchot (F.) et A Lemaire, boul. de Sébastopol, 97.

Bourgeois aîné, r. Poissonnière, 18.

Brochot et Lavesvre, r. du Mail, 20, mais. à Lyon.

Chaumas frères, r. Montmartre, 160.

Cochin (Alph.), r. Montmartre, 166, fab. à Auteuil.

Cremnitz (Jacq.) et Cie, r. Turbigo. 34.

Dalsème (M.) jeune, r. Chauchat, 9.

Delcambre (A.) et Cie, tulles et dentelles, r. de Choiseul, 6.

Deloges (Mlle L.), r. Nve-St-Augustin, 11.

Delorme, r. de Mulhouse, 13.

Denis aîné, r. N.-D.-de-Lorette, 25.

Depierre, Vergne et Roubaudy, r. Vivie., 23.

Dobelin (Ch.) ✻, A. Maxein et Cie, tulles et crêpes, boul. Sébastopol, 50.

Dumont (V.), mousselines et tarlatanes, dentelles, r. Louis-le-Grand, 28.

Gautier (A.), r. Vivienne, 7.

Gavard (L.) et Vovard, r. Ménars, 6.

Grellou (Henri) ✻ et Cie, crêpes et tul. p. modes, r. Rambuteau, 84.

Guy et Cie, r. Moulin, 21.

Hamel et Charolet, r. Nve-St-Augustin, 4.

Hervieu, Potard et Dehu, boul. des Italiens, 27, m. à Lyon.

Lazard (E.). r. du Mail, 18.

Lemoine (E.), r. Richelieu, 92.

Lesage, représ. de Lavergne, Quinquenton et Cie de Lyon, r. du Sentier, 23.

Lévi (Alfred) et Cie, r. Montmartre, 130.

Macaigne et Cordier, r. Caire, 26.

Mahler (A.), r. Dupuis-Béranger, 7.

Maignien (Victor), r. Banque, 14.

Mareschaux (Ed.), r. Cléry, 17.

Marie (Adolphe), r. Banque, 1.

Nouveau-Marmet, voilettes, r. Caire, 29.

Pinteux (Aug.) et Cie, r. Cléry, 26.

Prévost (A.) et Audebert, r. Cléry, 44.

Prin (Eugène), r. Richelieu, 60.

Ransons (à la Ville de Lyon), r. Chaussée-d'Antin, 6, crêpes et tulles de soie.

Rivière (P.), r. Brongniart, 2.

Sandrier (Ed.), r. Montmartre, 109.

Tabourier, Perreau et Bisson, fabr., rue d'Aboukir, 6, mais. à Lyon.

Thirion et Daydou, crêpes, tulles, broderies, r. Vivienne, 18, mais. à Lyon.

Touzin, Gachelin et Casteran, r. Jeûneurs, 6.

Villedieu (Alfred), r. Montmartre, 103.

Voiry (Victor), r. Caire, 41.

Waroquet et Chéron, r. Mail, 23.

Déchets de laines, soies et cotons.

Aubanel (Ach.) ✻, r. Richer, 22.

Baumgarten (A.), r. Allemagne, 132.

Benard (E.), effilochage, r. Flandre, 119, m. à Elbeuf, Lisieux et Vienne (Isère).

Bergeron (J.), coupons et rognures de soie et velours et autres tissus, r. Chapon, 20.

Beth (L.), avenue de Choisy, 155.
Champenois, r. St-Louis-en-l'Ile, 84.
Chipier (J.), r. St-Sauveur, 87.
Clousier, r. Beaubourg, 26.
Collet (E.), laines, r. Lancry, 47.
Cousteau fils, r. Vauvilliers, 12.
David-Garon (Vve), r. Montorgueil, 53.
Devaulx (H.), laines, r. Faub.-St-Denis, 80.
Dubois (J.-B.), r. Grenier-St-Lazare, 12.
Dufour (A.), r. Popincourt, 16.
Durand (E.), r. Fossés-St-Victor, 8, déchets
    de cotons en tous genres.
Estève (J.), déchets de laines pour effilocher
    en gros, r. Bourtibourg, 22.
Gambey (E.) et Cie, r. Entrepôt, 2.
Guillaume (E.), r. Blondel, 21.
Huber (G.), r. Chabrol, 25, laines et déchets
    à matelas et filées.
Iroix jeune, r. Chaussée-Clignancourt, 42.
Jacquesson (V.), à Clichy-la-Garenne.
Jiroix, r. Lamartine, 50.
Johnson (S.), soies et déchets, boul. Neuilly-
    Malesherbes, 107, mais. à Londres.
Knopf, Silk noils, r. Pierre-Lescot, 2.
Lahousse, r. de Flandre, 47.
Langlois, r. Charonne, 88.
Langneur (Vve), r. Petit-Carreau, 24.
Manselle-Robert fils, pl. Jeanne-d'Arc, 18.
Marcel (E.) et L. Martin, déchets de laines p.
    effilochage, r. Rozier-Marais, 42.
Miet, r. Montmartre, 49.
Ouin (Amédée) et Cie, r. Bleue, 15.
Paimparé (J.), déchets de laines p. effilochage,
    r. Montagne-Ste-Geneviève, 51.
Pfeiffer (Nap.) et fils, r. St-Martin, 172.
Plamini (G.), r. Thévenot, 8.
Poiret et Valentin, deffilochage en tous genres,
    r. Lafayette, 127.
Prévost (Alph.), r. Petites-Ecuries, 8.
Tissier, r. Butte-Chaumont, 12.
Vandrand, r. Thionville-Villette, 10.
Vasnier (Vve), r. Faub.-St-Martin, 257.
Walzer jeune, quai Napoléon, 7.

Découpeurs et apprêteurs d'étoffes.

Armand, r. Faub.-St-Honoré, 23.
Boirivant-Crépin, r. St-Denis, 376.
Boudot (F.) et J. Berkelmans, passage Saul-
    nier, 4.
Chipier (J.), r. St-Sauveur, 87.
Daniel (Henri), r. Fidélité, 5.
Devaulx (H.), r. Faub.-St-Denis, 80.
Tranchand (L.), r. Nve-des-Petits-Champs.

Dentelles, tulles et blondes (fabr. et
marchands de).

Chambre syndicale du commerce et de l'in-
    dustrie des tissus, r. Pagevin, 42.
Adams (Thomas) et Cie de Nottingham, rue
    Aboukir, 39, et à Londres.
Aerts-Noury, valenciennes applications, point
gaze Alençon, r. Bourse, 7.

Agnellet (les frères), dentelles et blondes de
    soie, imitation, crêpes et tulles, rue Riche-
    lieu, 73.
Alker (Gve), spécialité imitation genre vrai,
    r. de la Bourse, 9.
Allaire, r. Montmartre, 122.
Amcline (Ernest), r. Banque, 16.
Androvich (Léopold), r. St-Fiacre, 3.
Annebic et Grenet, r. Cléry, 27.
Anthcaume (E.), r. St-Fiacre, 16.
Arnaud-Surrel et Cie (Mmes), r. Jeûneurs, 16.
Aubert et Fialon, boul. Sébastopol, 111, fab.
    à St-Pierre-lès-Calais.
Aubry ❋ et Ayrault, r. Cléry, 10, fabr. à Mi-
    recourt (Vosges).
Aubry frères ❋, r. Jeûneurs, 33, dentelles en
    gros, guipures noires et blanches, fabr. à
    Mirecourt (Vosges).
Aubry-Febvrel, fabr. de guipures et applica-
    tions, boul. Bonne-Nouvelle, 31.
Aumoitte (Loise), boul. des Italiens, 4.
Avice (F.), Caen, Chantilly, r. Cléry, 26.
Bachelier frères, r. Jeûneurs, 16, fabr. au
    Puy (Haute-Loire).
Bacouel et Pognon, r. Vivienne, 48.
Badois (J.), guipures et dentelles, r. Abou-
    kir, 52, fabr. au Puy (Haute-Loire).
Balley (Alfred), r. Cléry, 34.
Bancquart (E.) et Cie, fabr. à St-Pierre-lès-
    Calais, r. des Jeûneurs, 32.
Balp (E.) et F. Grange, r. Mail, 19.
Barbier (A.), r. Choiseul, 6.
Barbier, r. Morand, 15.
Basse-Riché, r. St-Denis, 374.
Baudry (Ch.), r. Jeûneurs, 14, fabr. à Calais.
Bechtel (W.), représ., r. Richer, 10.
Bellanger (A.) et Cie, châles, dentelles, Chan-
    tilly, etc., pl. du Caire, mais. au Puy.
Bellenger-Lefrançois (Vve), à Caen, à Chan-
    tilly et au Puy, r. Aboukir, 5.
Benoist (E.) ❋, r. Jeûneurs, 17.
Bequet-Saintard, r. Jeûneurs, 6, fabr. à
    Iseghem (Belgique).
Bernard (S.), r. Cléry, 40.
Bernard (E.), r. Nve-des-Petits-Champs, 67.
Bernel (B.), r. St-Fiacre, 4.
Berr (A.) et Cie, r. Cléry, 17.
Besomb (L.), broderies, valenciennes, cluny,
    dentelles laine, r. St-Denis, 278.
Blanchet (E.), r. Banque, 18, mais. à Caen,
    au Puy, à Dammartin.
Block (W.), r. Montmartre, 95.
Blondeau et Mollard (Mesd.), r. Castellane, 6.
Bonnechaux (E.), robes de bal, voiles, tulles,
    fantaisies en jais, r. Hauteville, 12.
Bonnet jeune, dentelles de Chantilly, boul.
    Poissonnière, 24, manuf. à Bayeux.
Bouchain (G.), robes de l'Inde et autres, ameu-
    blements, r. Lafayette, 58.
Bouché (Ernest), r. Montmartre, 32.
Boucher (A.), fab. au Puy, r. Aboukir, 7.
Boucicaut (A.), r. du Bac, 135.

Bouju et Leveau, **r.** Aboukir, 69.
Boulay frères, **r.** St-Fiacre, 12.
Bourgès, r. Cléry, 9.
Brach (Mme), r. Neuve-des-Mathurins, 37.
Broad (A.-J.), dentelles de Nottingham, brod.
 de Glascow, r. Faub.-Poissonnière, 12.
Brochot et Lavesvre, r. Mail, 20.
Bué (Mme), boul. Malesherbes, 15.
Buttin frères et Lescot, r. Aboukir, 87.
Caliste, r. Neuve-St-Augustin, 23.
Callot (Ad.), guipures noires, fab. au Puy et à
 Craponne, export., r. Aboukir, 8.
Caris (O.) et H. Bouché, r. Montmartre, 111,
 fabr. au Puy et à Caen.
Caron (C.) r. Aboukir, 15.
Carroz (J.), Debuisson et Cie, pass. des P.-
 Pères, 2, fabr. au Puy et à Caen.
Cartier (Ch.), spécialité de voilettes et tulles
 brodés, r. des Petites-Ecuries, 39.
Cartier-Dolfus, r. Poissonnière, 21.
Chabonne, passage Choiseul, 42.
Chalier (J.) fils, r. N.-Dame-des-Victoires, 7.
Chamberlin (A.), r. Montmartre, 117.
Chapel (S.), r. Sentier, 20.
Charton-George (A.), r. Faub.-St-Honoré, 86.
Château et Desmarest, fab. spéc. de voilettes
 en tous genres, r. Aboukir, 63.
Chaumas frères, r. Montmartre, 160.
Chaumas (Victor), fab. de voilettes, broderies,
 nouveautés, r. Mulhouse, 2.
Chevalier (Maison), dentelles noires et blan-
 ches, lingerie, rue St-Roch, 25.
Clovis (Mme), r, Sts-Pères, 21,
Coblentz (Jules), nouv. en tulles, blondes, gui-
 pures, etc., r. Aux-Ours, 29.
Compagnie des Indes.
Verdé-Delisle ❀ frères et Cie, rue de Riche-
 lieu, 80.
Manufactures de dentelles blanches et noires.
Compagnie Lyonnaise, boul. des Capucines,
 37, manufacture de dentelles à Alençon, à
 Bruxelles, à Chantilly, étoffes de soies,
 maison à Lyon.
Copestake, Moore, Crampton et Cie, place des
 Petits-Pères, 9, maison à Londres.
Coquizart, r. Petit-Carreau, 24.
Cormier (Ch.), r. Mail, 28.
Costallat (A.), boul. des Italiens, 4.
Courlet (G.), r. Mail, fab. à Caen.
Courtois (F.), r. Taitbout, 80.
Daléchamps (Mme E.), r. Paul-Lelong, 10.
Dameron (Elie), r. Jeûneurs, 46, fabr.
Damour (E.-J.), boul. des Capucines, 12.
Dardouillet (V.), r. Richelieu, 78, fab. de
 dentelles à Bruxelles, Alençon et Chantilly.
David (B.), r. Mulhouse, 2.
David (Veuve), fils et Cie, dentelles et brode-
 ries, r. Cléry, 21.
Debbeld-Pellerin et Cie, r. Sentier, 24, fabr.
 à Chantilly et à Bayeux.
De Breuille, r. Clichy, 66.
Decam, boul. Montmartre, 19.

Degon (A.), r. Montmartre, 125, fab. à Caen.
Delattre (L.), r. du Mail, 7.
Delcambre (Ad.) et Cie, fabr. de dentelles,
 tulles et imitation, r. Choiseul, 6.
Déloges (Mlle Louise), fabr. de tulles brodés,
 r. Neuve-St-Augustin, 11.
Déloges (A.) et Cie, blondes et dentelles, dé-
 pôt, r. Feydeau, 26, fab. à Caen.
Delots (J.), r. Rivoli, 71.
Délye (Aug.), représ. de fab. de blondes de
 St-Pierre-les-Calais, r. Cléry, 42.
Denis aîné, r. N.-D.-de-Lorette, 25.
Denebourg (Jules), fab. de blondes, dentelles
 noires, r. Rougemont, 11.
Deneubourg (Alfred et Nestor), r. St-Marc, 19.
Deneubourg-Ligier (Léon), blondes, dentelles,
 tulles et crêpes, r. Feydeau, 24.
Depierre, Vergne et Roubaudi, r. Vivienne, 23.
Dobelin (Ch.) ❀, A. Maxein et Cie, boul. Sé-
 bastopol, 50 et r. Quincampoix, 85.
Dognin ❀ et Cie, dentelles des Indes noires et
 blanches, tulles unis, soies et laines, rue
 Sentier, 37, maison à Lyon.
Dolfus, Moussy et fils, r. Jeûneurs, 38, mais.
 à Lyon.
Dorat (Maison A.), r. Poissonnière, 20.
Dreüe-Bué (Mme), boul. Malesherbes, 15.
Du Boys, r. St-Denis, 303.
Ducreux et Mazaudier, tulles et fab. de voi-
 lettes, r. de Mulhouse, 3.
Ducros (Mme), r. St-Roch, 15.
Duhayon-Brunfaut et Cie, boul. Poissonnière,
 12, m. à Ypres et à Bruxelles.
Dumont (V.), dentelles imitation et tarlatanes
 r. Louis-le-Grand, 28.
Dupont, Ladrée et Cie, r. Montmartre, 158.
Durand-Bellais, r. Nve-des-Petits-Cham., 33.
Duteil (L.), r. Montmartre, 108.
Ebelling (Emile), r. des Capucines, 15.
Esnault-Pelterie, r. de Cléry, 34.
Fauvel (Jules), r. des Jeûneurs, 8.
Félicie et Schoumacher (Mmes), rue Ta-
 ranne, 12.
Fortin (F.) et Morel, Chantilly p. modes et
 confect., r. des Filles-St-Thomas, 11.
Fouilloux fils aîné et Cie, fab. de guipures et
 dentelles noires, r. de Mulhouse, 2.
Fourrière jeune, r. des Jeûneurs, 12.
Fouzol, r. du Mail, 29.
Francfort et Elie, r. du Sentier, 10, maisons à
 Bruxelles et à Caen.
Fribourg (B.), r. St-Roch, 43.
Gaillard (Alph.) et Cie, r. du Sentier, 13.
Galoppe (Henry) et Cie, fab. à St-Pierre-les-
 Calais, r. St-Fiacre, 5.
Gandillot (Mme), r. Montmartre, 164.
Gangnat (A.) et Raimon frères, tulles, crêpes
 et dentelles, r. Vivienne, 22.
Gassier et Bonnafous, dentelles et tulles en
 gros, m. à Caen, boul. Montmartre, 5.
Gauquelin, r. des Jeûneurs, 40.

Gavard (L.) et Vovard, blondes, tulles et crêpes, voilettes, r. Ménars, 6.

Geay et Cie, tulles, dentelles, soies, lamas et yaks, r. des Jeûneurs, 21; fab. à Lyon, r. Lafont, 22.

Godefroy (L.), r. des Jeûneurs, 10.

Gontier (Jules) et Gustave Gasteau, tulles unis, soie et coton, r. du Sentier, 23.

Grandjean (J.), r. d'Aboukir, 126.

Grellou (Henri) ✳ et Cie, tulles blondes et dentelles, r. Rambuteau, 84.

Guénebault et Hubert, r de Cléry, 12.

Guerreau, r. de Cléry, 36; m. au Puy,

Guilbot (N.), r. St-Joseph, 10, fab. à Caen.

Gumprecht (Gve), guipures de soie, fil, coton et crin, r. de Marseille, 7.

Hamel et Charolet, r. Nve-St-Augustin, 4.

Hartshorn (James), représ. par Théophile et Clle Varenne, r. des Jeûneurs, 1.

Henry (Mme), r. Vivienne, 2 bis.

Hoorickx (E. J.) et Cie, r. de la Paix, 2, fab.

Hoschédé, Blémont et Cie, boul. Poissonnière, 7, m. à Lyon.

Huet (E.), galerie Vivienne, 70.

Hyon (E.), r. Poissonnière, 33.

Jeannot (Augte), r. de Mulhouse, 8.

Jeanrenaud (Ch.) et Cie, r. de Mulhouse, 8, m. à Calais, Lille et St-Quentin.

Jonas (Henri), r. du Sentier, 34.

Jouenne (A.) et fils r. d'Aboukir, 2, fab. à Caen et à Bayeux.

Lacroix et Grosset, r. du Sentier, 11.

Lajonquière (Jph) et Cie, r. de Cléry, 72.

Lamy (F.), r. St-Denis, 256.

Laporte (Régis), r. du Sentier, 29.

Larroudé, r. Thévenot, 24.

Latré, boul. Magenta, 77.

Lavallette (A.) et Cie, boul. Poissonnière, 24 et à Bruxelles, r. Rogier.

Lavanant (Mlle), r. Vivienne, 12.

Leblanc-Eymond (E.), dentelles, laines, guipures, dépôt de fab., r. Meslay, 46.

Lebrun (L.) aîné, r. des Jeûneurs, 4.

Leclerc (Mlle Victorine), manuf. d'applications valenciennes, r. N.-D.-des-Victoires, 19.

Lecomte (Ch.)✳ et Cie, imitations de dentelles et tulles, r. du Sentier, 41.

Lefébure (Auguste) ✳ et fils, dentelles véritables blanches et noires d'Alençon, Bruxelles, etc., r. de Cléry, 42, fab. à Bayeux (Calvados).

Lefevre (Alph.), r. St-Fiacre, 4.

Lemaire (A.), dentelles en tous genres, applications, r. du Sentier, 22.

Lemoine (E.), r. Richelieu, 92.

Léon (Joseph), r. d'Aboukir, 92.

Léopold, boul. Sébastopol, 23.

Lepeltier frères, r. d'Aboukir, 45, fab. à Caen et au Puy, r. Crozatier.

Leradde, boul. du Prince-Eugène, 11.

Le Roy (Mme), r. des Jeûneurs, 31, maison à Bruxelles.

Lescart-Lefevre, pass. Ménilmontant, 9.

Lesueur (A.), dentelles, r. St-Anne, 14.

Le Teinturier (J.) et Matonnat, dentelles noires et guipures, r. du Mail, 17, fab. au Puy.

Lévi (Alfred) et Cie, r. Montmartre, 130.

Levy (S.), r. Faub.-Montmartre, 10.

Lockert (L.), fab. de dentelles, Lama, Cambrai, fabrication de Lyon, r. des Jeûneurs, 25.

Loiseau, r. d'Aboukir, 10, dentelles et guipures, fab. à Bayeux et au Puy.

Loiseau et Jamin, r. d'Aboukir, 37.

Macaigne et Cordier, r. du Caire, 26.

Malaper (Ch.), r. d'Aboukir, 71.

Mallat (G.), r. des Jeûneurs, 35.

Malleval (L.), Mordret et Cie, r. des Jeûneurs, 8, maisons à St-Quentin et à Calais.

Marchand, r. Boissy d'Anglas, 35.

Mareux (C.), et passementeries nouveautés, rue de Cléry, 10.

Marie (Adolphe), r. de la Banque, 1.

Mariotte (Ulysse), dentelles et guipures, dentelles Lamas, r. des Jeûneurs, 32, fabrique à Caen.

Marliez et Cie, r. Montmartre, 35.

Martin-Lagrange (Mme), r. du Luxemb., 10.

Mathieu et Bertrand, r. St-Fiacre, 18, mais. au Puy et à Jevoncourt (Meurthe).

Mayer (Maurice) et Cie, r. du Sentier, 8.

Mayer (A.) et Salmon frères, r. Mulhouse, 5.

Métais et Beaupére, r. du Sentier, 16, m. à Calais.

Meunier et Cie, trousseaux, layettes, boul. des Capucines, 6.

Michel (A.), r. du Petit-Carreau, 13.

Miquel (B.) et Cie, rue Neuve-des-Petits-Champs, 83.

Molin (Etienne), r. de Belleville, 252,

Monard (F.), r. des Jeûneurs, 42.

Mora (L.), r. des Jeûneurs, fab. à Lille et à Grand (Belgique).

Mourié (M.), r. Thévenot, 19.

Muller-Gilbert, r. de la Paix, 7 et 9.

Nathan (Vve) et Salvador Cahen, rue de Mulhouse, 5.

Nias, r. Rivoli, 194, fab. à Bruxelles.

Nias (James) et Cie, r. des Jeûneurs, 30.

Normand et Chandon, fab. de dentelles, à Alençon, Bayeux et Bruxelles, rue Feydeau, 32.

Olivier (Ch.), r. du Petit-Carreau, 41.

Ollevyer (L.), tulles, confections, spéc. de laizes noires, Faub.-Poissonnière, 8.

Pagny (A.), r. St-Fiacre, 12, fab. à Bayeux.

Papon (Mme) et Mlle J. Waller, r. du Bac, 79.

Paquet (Mlle A.), r. Faub.-St-Denis, 86.

Paquot (C. E.), trousseaux, robes et confections, r. Nve-des-Petits-Champs, 35.

Passet (C.), r. Nve-des-Petits-Champs, 55, fab. r. St-Jean, 27, à Caen.

Pellissier (J. Xavier), r. du Mail, 18.

Perès (Mlle) et Cie, boul. des Capucines, 39.

Perret (Louis) et Richard, r. du Caire, 36, fab. au Puy (Haute-Loire).

Péters (Victor), manuf. de dentelles, à Bruxelles, r. des Jeûneurs, 40.

Philipon, Faub.-Poissonnière, 19.

Pigache, r. Bergère, 3, m. à Bayeux, Alençon et Bruxelles.

Pigache (L.), r. d'Aboukir, 43.

Pignot (Eug.), r. de Choiseul, 6.

Pigueron, Balandre et Simon, r. de Cléry, 28.

Pinteux (Aug.) et Cie, r. de Cléry, 26.

Poret (A.) et Dumas, r. Vivienne, 33.

Poron-Joliois, boul. Poissonnière, 23.

Prevost (A.) et Audebert, r. de Cléry, 44.

Puech (Henri), boul. Sébastopol, 52.

Pulliat (J.), r. du Sentier, 35, m. à Lyon, rue Impériale, 5 et à Londres.

Ragaine (L. P.), r. Vivienne, 4.

Ravenel (Ch.), r. du Sentier, 15, m. à Saint-Pierre-lès-Calais.

Renaux (E.), r. d'Aboukir, 1, fab. de châles, dépôt de dentelles.

Riedel (Robert), représ. Schuermans et Ihro de Bruxelles, cour des Petites-Ecuries, 20.

Rival-Vergnes, r. St-Denis, 349.

Rivière (Prosper), r. Montmartre, 135.

Robert (Charles), r. Chaussée-d'Antin, 50.

Robert (Gve) et Cie, r. de Cléry, 25.

Robert-Faure (Ch.) ✳, r. des Jeûneurs, 31, fab. au Puy (Haute-Loire).

Robyn-Stocquart, fab. r. de Cléry, 32.

Rocher-Blanc, r. de Cléry, 29, fab. au Puy.

Rollin (Mlle), r. du Mail, 30.

Roque (C.) et Cie, manuf. de châles pointes et de confec. en dentelles Lama, Chantilly, Crambrai, r. des Jeûneurs, 35, et à Lyon, r. des Feuillants, 5.

Roux (Ernest), r. du Sentier, 18, maison à Lyon.

Roux-Bellioque (Mme), boul. Poissonnière, 4.

Sabine (Ch.), r. du Mail, 26.

Santerre (Ed.), r. Montmartre, 146, fab.

Sarazin frères et Bonneville, imitat., rue de Cléry, 14, manuf. à Calais et St-Quentin.

Sauzay (Mme), et lingerie, r. St-Anne, 51.

Savelli-Moll, r. Royale-St-Honoré, 20.

Schul (Alfred), r. du Caire, 51.

Seguin (Joseph), r. de Cléry, 4, fab. au Puy.

Senente-Monard, dépôt, r. Feydeau, 5.

Simon (Rod.), r. Nve-des-Petits-Champs, 42.

Simon-David, r. Grénétat, 58.

Siriex (Ch.) et Cie, r. Paul-Lelong, 19.

Steegmann (E. H.), dentelles et tulles de Nottingham, r. Hauteville, 72.

Tabourier, Perreau et Bisson, fabr., rue d'Aboukir, 6.

Taurel et Pattez, r. des Jeûneurs, 41.

Thezard (Mme), r. du Sentier, 26, manuf. à Calais et St-Quentin.

Touzin, Gachelin et Casteran, r. des Jeûneurs, 6, m. à Nancy.

Tuquet et Cie, tulles, blondes, voilettes, art. confectionnés, r. Mulhouse, 5.

Valla (Marius), r. Echiquier, 37.

Vallée, Chevret et Mulot, r. de Cléry, 13.

Vallière (E.) et Cie, r. Richelieu.

Varenne (Théophile et Clle), r. Jeûneurs, 1, fabr. au Puy (Haute-Loire).

Verdavainne (Vve), r. Cléry, 17.

Vétillard (F.), r. Vivienne, 10.

Vieillot (N.), r. Mulhouse, 11.

Villedieu (Alfred), r. Montmartre, 103.

Villeneuve (E.), fabr. au Puy (Haute-Loire), r. Sentier, 18.

Vinay-Baume et Plancke jeune, r. Cléry, 17.

Violard frères, fabr. de dentelles noires à Courseulles, Caen et Chantilly, blanches à Bruxelles et Alençon, r. Richelieu, 102.

Vitel (L.), export., r. Montmartre, 40.

Voiry (Victor), r. Caire, 41.

Wagen (Mme H.), r. Alger, 3.

Waldejo-Tassard, r. Montmartre, 70.

Wantelez-Munier, boul. des Italiens, 6.

Warée (L. J.), guipures d'ameublement, au fuseau style Venise et autres, r. Cléry, 19.

Wel-Picard, r. Faub.-St-Martin, 29.

Winandy, r. Sentier, 8.

Youf (Edgard), r. Vivienne, 21 ; fabr. à Bellengreville et à Caen.

Dés à coudre.

Aucler (Aug.) et fils, boul. Sébastopol, 75.

Bizet (F.), r. St-Denis, 142.

Chassaing et Lepraitre, r. Grénétat, 36.

Daniet (Ch.), r. Quincampoix, 59.

Essique (L.), r. Turenne, 80, fab.

Lorillon (J.) fils, dés à coudre en or et argent, modèles déposés, r. Gravilliers, 19.

Masson et Cary, r. du Grand-Chantier, 7, dés fins et ordinaires.

Prunier, r. N.-D.-de-Nazareth, 11.

Ranvaud-Gingembre, r. Rambuteau, 2.

Roget (Joseph), r. Rébeval, 9 et 11.

Selckinghaus et Cie, r. du Grand-Chantier, 1.

Steger (E.) et Lebreton, boul. Sébastopol, 32.

Dessinateurs industriels sur tissus.

Alexandre (N.) et Cie, fabr. de dessins de broderies sur tissus, r. St-Martin, 192.

Astel (Ed.), dessins p. broderie mécanique, mouchoirs, parures, r. Jeûneurs, 29.

Berrus ✳ frères, fils et Cie, châles, r. Montmartre, 65.

Bibal (A.), spéc. de tapisserie et d'ouvrages de dames, r. St-Honoré, 97.

Boissier, broderies, r. Barouillière, 8.

Bondeux (Eug.), dessinateur graveur, r. Penthièvre, 36.

Bonhomme (Alph.), rideaux et linges de table, spécialité pour tapis, r. Hauteville, 49.

Bouqueton, en broderies. r. Aboukir, 68.

Bourdon (G.), dentelles, r. Rossini, 1.

Boyer, en broderies, r. Clichy, 7.

Cabin, dessins, tapisseries, broderies, r. Rambuteau, 52.

Cagnard, étoffes, r. Echiquier, 12.

Coq (Mme), chiffres et armoiries, r. Bonaparte, 80.

Dubas, broderies, r. Aboukir, 135.

Gonelle frères, châles brodés, r. Mail, 6.

Grandbarbe, étoffes d'ameublements tissées et imprimées, r. Lancry, 17.

Helbronner (Sophie) dessins de tapisseries, broderies, etc., r. Castiglionne, 6.

Humbert (Ant.), broderies, r. Faub.-St-Honoré, 14.

Ill (Ch.), pour impres., r. des Jeûneurs, 29.

Jardin (Aug.), broderies, r. Rivoli, 83.

Jeant, broderies, r. du Bac, 142.

Kroll (A.), dentelles, r. F.-Poissonnière, 114.

Lebordais (Isid.), dessins de tapisseries, soieries et nouveautés, r. St-Denis, 258.

Lemaître fils, passementerie, r. Faubourg-du-Temple, 59.

Lièvre (Edouard), p. tapis, étoffes et papiers peints, boul. St-Martin. 11.

Malteau frères, p. châles, r. Amelot, 54.

Manchon (Léon), dessins piqués pour broderies, articles dessinés, export., rue Sainte-Apolline, 7.

Marenge (H.), broder., r. Cléry, 37.

Menin (A.), tapisseries sur canevas, ornements et tapis d'églises, armoiries, r. St-Honoré, 274.

Oudart, broderies, r. Bondy, 46.

Paullet, tapis., r. Faub.-Montmartre, 4.

Réchard (F,), tissus, r. Brochant, 3.

Reich frères, broder., r. Sentier, 28.

Rouyer (A.), en broderie, machines à coudre, soutaches, boul. Sébastopol, 99.

Saint-Ange, r. Debelleyme, 5.

Salmé (Eug.), mise en carte de dessins, tapis, ameubl., r. Neuve-St-Augustin, 30.

Simart (A.), éditeur de dessins de broderie, crochet, tapisserie, r. Rambuteau, 64.

Souchon (J.), soieries, rubans, robes, tissus-Jacquart, r. Banque, 14.

Suret, pour châles et nouveautés, r. Folie-Méricourt, 103.

Tafoureau (E.), brod. blanches, chiffres, armoiries, ornements d'église, cachemires de l'Inde., r. Buci, 3.

Trigoulet, éditeur de dessins de broderie, tapisserie, crochets, r. Monnaie, 9.

Vichy (Henry), châles brodés, robes, confections, nouveautés, r. Aboukir, 80.

Zivy (Maurice), brod. sur étoffes, art. échantillonnés et montés, soutaches, r. Saint-Martin, 150.

Deuil (nouveautés pour).

Aine (A.), pl. Vendôme, 1.

Arnault (A.), boul. Montmartre, 2.

Arnoult, r. St-Honoré, 197.

Barthélemy (Mme), r. Dupetit-Thouars, 12.

Baucheron, r. Rivoli, 79.

Beltin-Lainiez r. Bac, 13.

Besson (Mme), r. Montorgueil, 67.

Bugnon, boul. Beaumarchais, 111.

Casquant jeune, r. Rivoli, 14.

Constantin (Mme), r. Caire, 20.

Daniel, soieries noires, fantaisie, lainages, châles, boul. Malesherbes, 49.

Daudé (Mlle), r. Faub.-Poissonnière, 31.

Denarié (A.), r. N.-D.-de-Lorette, 10.

Dequinnemare, r. Lafayette, 72.

Dumas (G.) et Cie, lainages, soieries, châles, boul. Sébastopol, 44.

Flobert (A.), r. Paix, 10.

Friess, lingerie confectionnée, cols de crêpe, en gros, r. Montorgueil, 45.

Gallois fils et Cie, pl. de la Madeleine, 10.

Gomot (Mme A.), r. St-Marc, 5.

Henry sœurs (Mmes), r. Jeûneurs, 33.

John (Léon), boul. du Temple, 25.

Keraval (J.), r. Mulhouse, 3.

Lanoy (Alb.), boul. St-Michel, 24.

Lautour (A.), boul. Bonne-Nouvelle, 21.

Lecointre, r. Meslay, 20.

Leconte (Alph.), r. Sts-Pères, 43.

Lefrançois, r. Oberkampf, 4.

Levi (Alfred) et Cie, r. Montmartre, 130.

Lopisgich, r. Marché-Passy, 20.

Loyer, boul. des Batignolles, 12.

Marguerit et Georges, pl. du Château-d'Eau.

Mahler (A.), r. Dupuis-Béranger, 7.

Marret (Mme), r. N -D.-de-Nazareth, 12.

Martin, Debray et Cie, r. Tronchet, 2, spécialité de soieries noires, art. de goût.

Mauger, r. Fossés-St-Victor, 8.

Millettes et Bourely (au *Cyprès*), r. de la Chaussée-d'Antin, 5.

Monnier (F.) et Bonnet, r. Cléry, 29.

Montaillé, soieries, lainages, fantaisies, gros et détail, r. Faub.-St-Honoré, 27.

Nesle, r. Faub. St-Antoine, 91.

Pitou (H.) et Dreux, soieries, lainages, châles, r. Neuve-des-Petits-Champs, 46.

Poilane (A.), boul. St-Denis, 15.

Poitel (A.), Grande rue Batignolles, 21.

Pottier et Delaporte, grand assortissement de tissus p. deuil, r. Chaussée-d'Antin, 64.

Radulphe, r. du Bac, 11.

Roberdet (G.), boul. St-Martin, 45.

Rosset (E.), fantaisie, pour modes, r. Neuve-des-Petits-Champs, 51.

Roux (Ernest), r. Sentier, 18, maison à Lyon, r. St-Pierre.

Swaenpoel (Maxime), r. Rambuteau, 79.

Tainturier (Mme), deuils en tous genres, cols et bonnets, r. St-Denis, 229.

Trèves (Léopold), r. Jeûneurs, 15.

Vigneau (J.), boul. Sébastopol, 52.

Villot sœurs, r. Poissonnière, 13.

Vrinat, r. Dragon, 37.

Wolfsohn (Vve), r. St-Fiacre, 4.

Doreurs sur cuir, soie.

Bazin (P.), dorure des rubans de marine, spéc. pour la chapellerie, gravure, impressions, étiquettes et soies guttés, r. Beaubourg, 35.

Bublens (J.), doreur sur soies, cuirs papiers, spécialité de griffes pour modes et chapellerie, r. Blancs-Manteaux, 39.

Chevalier, r. Quatre-Fils, 4.

Daude frères, pour chapellerie, dorure, gravures et impressions sur étoffes, teinturiers, fabricants de châles, toiles, confections, etc., fantaisie pour cols-cravates, modes, nouveautés, r. Rambuteau, 26.

Delahaye aîné, basanes et vignettes dorées et découpées, expéd., faub. St-Antoine, 50.

Fremont (L.), doreur au balancier sur étoffes, r. de la Roquette, 88.

Lebonnois, graveur et doreur sur soie, p. la chapellerie, r. Beaubourg, 13.

Morel, p. chapellerie et étiquettes sur soie et papier, r. des Blancs-Manteaux, 42.

Og et Dezais, r. du Temple, 104.

Parmantier, doreur sur cuir, velours soie, etc., r. Michel-le-Comte, 23.

Rosenkrantz (Ch.), sur cuir, étoffes, soie et velours, r. Montmorency, 44.

Thuillot (P.), doreur sur cuir, papier et étoffes diverses, r. Ste-Anastase, 9.

Dorures pour passementerie, broderie, etc.

Barjavel (Alfred), r. St-Denis, 277.

Boucacourt et Perrot (Albert Perrot success.), dépôt de dorures de F. Rodes de Lyon, r. St-Denis, 243.

Cuvyer-Bresson, boul. Sébastopol, 86.

David (J.-M.) (de Lyon) et Maria Langevin, fab. de dorures p. passementeries et broderies, or et argent, r. Poissonnière, 10, et à Lyon, 4, r. de la Vieille-Monnaie.

Desalle (F.), dorure fine et mi-fine, r. du Pont-Neuf, 33, m. à Lyon.

Detrave et Le Roy, r. du Petit-Lion, 15.

Durier (Paul), r. Rambuteau, 28.

Fauquet (Mme C. V.), r. Turbigo, 11.

Guibout (J.) et Cie, r. Rivoli, 124, m. à Lyon, r. des Capucins.

Guichard (L.-A.), cannetilles, ganses, torsades p. modes, r. Cossonnerie, 5.

Hélouïs (Alfred), r. Meslay, 46.

Jarlier, fab. d'épaulettes et de broderie or et argent, r. St-Denis, 243.

Lacaille-Bertheley, ceintures de maires et généraux, glands, r. St-Denis, 242.

Leder père et fils, r. de la Verrerie, 52.

Leprince jeune et Cie, r. Montorgueil, 67.

Malheux, fab. de dorures en tous genres, export., r. du Petit-Lion, 8.

Marre (Henri), déposit. de dorures p. passement., r. Rambuteau, 77.

Masson et Forgeon, fab. de dorures, r. des Deux-Portes-St-Sauveur, 22.

Norgeot (Henri), r. St-Denis, 137.

Poix (B.), r. St-Sauveur, 14.

Tarpin père et fils, repr. par Laignier, r. Montmorency, 13, m. principale à Lyon, r. Lafont, 8.

Truchy et Vaugeois, r. aux Ours, 41, fab. à Lyon, quai de Retz, 16.

Villardier (H.), art. d'apprêts en dorure pour fleurs, r. St-Denis, 293.

Wilhelm (Georges), r. Taitbout, 50.

Zœller, passementerie, dentelles, or, argent et aluminium, r. Grénétat, 5.

Doublures (fab. de).

Adolphe et Cie, r. St-Fiacre, 6.

Autié et Duranton, r. du Sentier, 9.

Barbier jeune et Achaintre, r. Rivoli, 122.

Bassot frères, unies et façonnées, seuls dépositaires de Ferguson Brothers de Carlisle, r. du Cloître-St-Jacques, 3.

Beauviilain, Godard et Cie, r. Vivienne, 2.

Bernheim (J.), r. du Sentier, 32.

Besnier (Vve A.), r. La Vrillière, 8.

Bongrand frères (G.) et J. Connant, r. Croix-des-Petits-Champs, 23.

Bruandet (J.) et (A.) Daumas, r. des Bourdonnais, 23.

Carlhian (J.) ✳, percalines, foulards, lasting, doublures, r. du Sentier, 26.

Chapsal, r. Croix-des-Petits-Champs, 46.

Chauvin-Georget (L.) et fils, doublures et coutils pour pantalons, r. du Mail, 14.

Condemine (B.), r. St-Marc, 6.

Deillier, r. des Panoramas, 3.

Despréaux aîné, doublures et coutils, spécialité p. corsets, r. St-Denis, 290.

Dehollain (Emile), r. du Mail, 29.

Dupré (Vve F.), r. du Petit-Carreau, 2.

Dupuis-Putois, r. St-Martin, 139.

Esnault - Pelterie aîné ✳ et Cie, r. St-Fiacre, 5.

Finet (A.) (Pichard et Cie, success.), r. du Petit-Carreau, 44.

Fixary (Ch.), r. du Mail, 18.

Gassman (L.) et B. Eichoff, r. Notre-Dame-des-Victoires, 16.

Gidoin, r. Nve-des-Petits-Champs, 22.

Giésendorff frères, r. du Mail, 18.

Godard (Ed.) et Cie, r. des Bourdonnais, 30.

Grellou (Henri) ✳ et Cie, doubl. en gros, corsets et coutils, r. Rambuteau, 84.

Guibout (Jules) et Cie, doublures p. ornements d'église, r. Rivoli, 124.

Guillon jeune r. Croix-des-Petits-Champs, 58, m. à Troyes (Aube).

Hallet Udall, r. de Mulhouse, 11.

Huteau (L.), lainages et soieries, r. Montmartre, 72.

Journé (P.) et Cie, doublures et coutils pour

pantalons, r. Bertin-Poirée, 9, fab. à Ville-franche, Troyes; Laval et Mulhouse.
Kahn (B. et S.) frères, r. Montmartre, 70.
Lacan (E.) , spéc. de tissus unis, r. N.-de-Lorette, 53.
Lambard (Eugène) , r. Neuve-des-Petits-Champs , 5.
Lambert et Lévy, r. Nve-Bourg-de-l'Abbé, 8.
Lebarbier (D.) et Delmas, r. Aboukir, 7.
Leblond (E.),doublures françaises et anglaises, pl. des Victoires.
Lecocq (A.) et ses fils, r. St-Martin, 140.
Lecuyer, r. Dupetit-Thouars, 12.
Lefebvre (Ch.) jeune et Cie, r. St-Martin, 201.
Lefèvre-Levesque et Cie, r. du Sentier, 10.
Lemoine (E.), r. Richelieu, 92.
Martinet et Cie , doublures en tous genres, toiles, tricots, etc., r. Aboukir, 3.
Massé (A.) et Anglade , doublures fantaisie pour tailleurs, r. de Lafeuillade, 3.
Messéan (Eug.) et Cie, r. Aboukir, 11.
Persin (Vve E) jeune, doublures en t. genres, coutils de Laval, r. Bertin-Poirée, 16.
Pivron (Ch.) fils et Cie, r. des Jeûneurs, 38.
Pontillon (Henry), doublures toiles et écrus , r. Bouloi, 17.
Potrel (V.), r. Croix-des-Petits-Champs, 40.
Roiffé (L.) et F. Barrio, r. Bertin-Poirée, 13.
Salichon (E.), r. Cléry, 12.
Schlumberger fils et Cie, de Mulhouse , filature, tissage et teint., r. du Sentier, 36.
Sœhnée, Pezé et Cie, r. Feydeau, 28.
Sommer et Lévy, r. Rambuteau, 24.
Souty et Renault, velours et coutils anglais , pl. des Victoires, 7.
Varin (S) , r. des Lavandières-Ste-Opportune, 10.

Drapeaux et Bannières.

Biais aîné fils et Rondelet ☼, drapeaux, bannières, décorat., r. Bonaparte, 74.
David (J. M.) et Maria Langevin, fab. de drapeaux, r. Poissonnière, 10.
Garin (Hte), r. des Portes-Blanches, 33.
Gondel, r. Montmartre, 65.
Guibout (Jules) et Cie, bannières et drapeaux pour orphéons, r. Rivoli, 124.
Kuhn (L.), faub. St-Martin, 71.
Marion (Michel-Ange) ☼, r. Abbaye, 13 (faub. St-Germain). Fourniss. brev. de l'Empereur, du Ministère de la guerre pour les drapeaux de l'armée.
Morin (Victor), r. St-Denis, 311.

Draps (fabricants de).

Bacot (Frédéric) et fils de Sédan , dépôt chez Léon Duquenne, r. des Jeûneurs, 46.
Bacot (Paul) ☼, r. Nve-St-Augustin, 8, manufact. à Sedan.
Balmont et Cie, draps, soieries , galons , r. Nve-des-Petits-Champs, 35.
Bertèche, Baudoux-Chesnon et Cie , r. Croix-des-Petits-Champs, 50, manufact. à Sedan.
Bertrand (A.) et Cie, r. de la Monnaie, 9.
Caveroc (E.) , r. Bertin-Poirée, 7 , fabr. à Nogent-le-Rotrou (Eure-et-Loir).
Dawant et Cie, cuir-laine , satin-laine , satin-cachemire , fab. à Essertaux (Somme) , r. Coq-Héron, 7.
Dobié et Richardson , fab. de draps à Selkirk (Ecosse), représentés à Paris par H. Seeling, r. N.-D.-de-Recouvrance, 18.
Dubois, r. Servandoni, 12.
Dupérier (A.), O. ☼, av. Montaigne, 53.
Durst (Vve) et Munt (maison Durst, ☼) (Vve Durst-Wild, succès.), fab. de draps, feutre, r. du Caire, 39. fab. à Choisy-le-Roi.
Gaudchaux-Picard (les fils de), r. Thévenot, 24, fab. à Nancy.
Guérin-Louis, de la maison Pinou frères et Guérin, boul. Magenta, 153.
Hebert - Desrousseaux (Ch.) , r. des Bons-Enfants, 19.
Knopf, r. Pierre-Lescot, 2.
Kohnstamm (Em.) , draperie d'Allemagne et d'Angleterre, faub. St-Denis, 18.
Mery-Samson, J. Samson et A. Fleuriot , r. Rivoli, 140, fab. Lisieux (Calvados).
Normant frères ☼ , manufact. à Romorantin et Elbeuf, r. Rivoli, 57.
Robin, Paulin, Mailhe et Cie, fab. et négoc. , r. Ste-Anne, 46.
Salomon (L.), Schill, Dreyfus et Cie, draperie, nouveautés, boul. Sébastopol, 34.
Seillière (baron A.) ☼, r. de Provence, 58.
Stehelin et Schœnauer, r. de la Banque, 14 ; fabr. de draps feutrés, à Bitschwiller-Thann (Haut-Rhin).
Varinet (Jules), fab. à Sedan (Ardennes), représenté à Paris par H. Seeling, r. N.-D.-de Recouvrance, 18.
Vaudaine et Bajard, r. Coquillière, 31 ; fab. à Vienne (Isère).

Draps (négociants en)

Abbadie (A.) et Montagnan, r. d'Aboukir, 14.
Amyot (A.), r. de la Banque, 21.
Andrieux (Emile), dépôt de J. Juhel-Desmares de Vire, r, Coquillière, 37.
Aron Lévy et Martin, maisons de commissions à Mexico, r. Argout, 27.
Auzou, r. Valois-Palais-Royal, 8.
Balmont et Cie, r. Nve-des-Petits-Champs, 35.
Balsan et fils, r. des Bons-Enfants, 21 ; manufacture à Châteauroux.
Bartet et Adam, r. des Bons-Enfants, 26.
Baudot et Lamare, draps du Midi et anglais, r. Bourbonnais, 27.
Bechtel (W.), représ., r. Richer, 10.
Beglet et Cie, r. Vivienne, 10.
Bellager frères et Mimerel, r. St-Martin, 203.
Berrier (Louis) et Collin, r. J.-J. Rousseau, 25.
Bertèche, Beaudoux Chesnon et Cie, r. Croix-des-Petits-Champs, 50.

Berthon (Ad.), r. Richelieu, 73.

Bessand et Cie, conf., maison de la belle Jardinière, r. du Pont-Neuf, 2.

Bienaimé (Aug.) et fils, pl. des Victoires, 3.

Blanchet et Provost, r. St-Martin, 333.

Bocquillon (Ch.) et Cie, r. Croix-des-Petits-Champs, 25.

Boerne et Fabre, r. La Vrillière, 10.

Boistel père, fils et Courtépée, r. du Bourdonnais, 31.

Bordin et Cie, en gros, r. Baillif, 9.

Bossuroy (Vve), et fils, r. Montesquieu, 5.

Boucicaut (A.), r. du Bac, 135.

Bouvier (E.), négociant, r. Trévise, 28.

Boyriven frères, draps, soieries et galons p. voitures, r. Le Pelletier, 37, et à Lyon, p. Croix-Paquet, 5.

Brazier et Millerand, r. Jussienne, 9.

Brun et Leroy, r. des Jeûneurs, 42.

Brunschwig (Samuel), r. Aubriot, 5.

Bull et Wilson de Londres, représentés par Mietton, r. Chaussée-d'Antin, 57.

Cardon (A.), spécialité de nouveautés pour dames, r. Montmartre, 77.

Carnus et Leclerc, draperie et nouveautés p. dames, r. Cléry, 11.

Caron et Cie, r. Deschargeurs, 3.

Carpentier frères et Saint-Germain, draperie et soieries, gilets, doublures, laines, tissus anglais, velours, coton en gros, r. Bourdonnais, 37 ; maison à Lyon, quai Saint-Clair, 1.

Garré (A.) et Maréchal, r. des B.-Enfants, 30.

Cavaré frères (Judicis, Châtel et Déprez fils, success.), r. Croix-des-P.-Champs, 38.

Chamussy et Fauque, p. des Victoires, 2.

Chantrel et Boullier, rue Croix-des-Petits-Champs, 31.

Chauvin (H.), draperie et nouveautés, gros et détail, exportation, r. Richelieu, 43.

Cheylac. r. Croix-des-P.-Champs, 29,

Corbel frères, et A. Canonne, étoffes p. vêtements de dames, r. d'Aboukir, 25.

Corneau (Paul). r. Saint-Martin, 199.

Dardié (Mme Vve. P.) et Cie, rue Bourdonnais, 14.

Largier (J.), draperies de toutes fabriques, nouveautés, r. St-Honoré, 106.

De Beuker, r. Richelieu, 53.

Delaherche frères, draps flanelles, molletons, nouveautés, r. Montmartre, 174.

Desjardins, r. Berger, 27.

Desmortreux (P.), r. Montmartre, 80.

Devenne frères, p. voitures, r. Jocquelet, 5.

Deville (J.-A.) et Cie, draperie en gros et commission. r. Drouot. 4 ; m. à Elbeuf.

Dorbec frères, r. St-Martin. 143.

Dreyfus (Léon) et Cie, r. d'Aboukir, 50 ; m. à Elbeuf.

Dubreuil et Sémen, r. des Bons-Enfants, 23.

Dubus, draperie, nouveautés, spécialités pour manteaux de dames, r. de la Banque, 1

Dumont (Charles), r. Vivienne, 8.

Dumont (Henri), r. Vivienne, 6.

Duquenne (Léon), dépôt de F. Bacot ✳ fils, de Sedan, r. des Jeûneurs, 46.

Ebeling (Emile), représ. de la m. Samech frères de Brunn, r. du Caire, 15.

Emmanuel et J. Charles, r. des B.-Enfants, 30.

Estcourt, Brunell et Cosc, r. St-Marc, 34.

Falsce et Cie, r. d'Aboukir, 14.

Fayet (J.), r. St-Sauveur, 71.

Feeftz et fils de Leipsig, repésentés à Paris p. G. Pastor, cité Trévise, 3.

Fourès (E.) et Ernest Delamarre, art. d'Elbeuf et de Sedan, r. Bouloi, 26.

Franck (B.) cadet et Cie, r. Montmartre, 33.

Garnier (Ch.) et Cie, rue Croix-des-Petits-Champs, 25.

Gavarny, spécialité de nouveautés anglaises p. tailleurs, r. Nve-des-Petits-Champs, 6.

Gérault (Aimé), r. St-Sulpice, 27.

Gilis frères et Rocher, r. Joquelet, 13.

Gillebert dépôt de draps de Lisieux et de Vienne (Isère), r. d'Aboukir, 71.

Grand (N.), r. des Bons-Enfants, 26.

Harduin, r. St-Antoine, 82.

Hatet (Ale.) et Cie. r. d'Aboukir, 2.

Heinrich (Vve), r. des Deux-Ecus, 21.

Helft (Jérôme), hautes nouveautés pour pantalons et gilets, r. Coquillière, 6.

Helfft (M.), spécialité de draperies noires, r. Coquillière, 5.

Herard (Frédéric), nouveautés p. hommes et p. dames, r. Bouloi, 21.

Herbet (A.), r. Ste-Foy, 8.

Hermann (W.) et Kann, draps d'Allemagne, r. de l'Echiquier, 32.

Hinstin frères, r. d'Aboukir, 38 ; maison à Londres.

Hoche frères, r. Colbert, 2.

Hofmann (J.-A.), et Cie de Londres, draperie anglaise, r. de Bondy, 66.

Hoschedé, Blemont et Cie, r. du Sentier, 32.

Houlette (Louis), dépôt p. la confec. d'hommes, r. J.-J. Rousseau, 51.

Hue (J.-B.) fils, r. Coquillière, 37.

Ichac (Eug.), r. Nve-des-P.-Champs, 6.

Isidore frères, r. Vivienne, 7.

Judicis, Châtel et Déprez fils, r. Croix-des-Petits-Champs, 38.

Klein (Mathieu), draperie, façonnés et satins noirs de Sedan, r. d'Aboukir, 2.

Leclerc (P.), tissus pour manteaux de dames et confections, r. d'Aboukir, 7.

Leclerc (H.), r. Nve-des-P.-Champs, 5.

Leclers (A.), spéc. de Sedan, r. Argout, 18.

Leroux (Edmond), draps et nouveautés de toutes fabriques, r. Baillif, 3,

Lesage et fils, r. Croix-des-P.-Champs, 36.

Levasseur (E.), r. des Martyrs, 57.

Levy (Isid. et Alb.), r. Montmartre, 6.

Levy (S.) fils cadet, r. de Bondy, 54.

Leysz (Albert), r. Croix-des-P.-Champs, 31.

Longden frères, r. Vivienne, 10.
Magdelaine et Bernard, r. La Feuillade, 2.
Maheu (J.), r. Coquillière, 25.
Manby et Balding, spéc. de draperies anglaises et écossaises, r. Auber, 19.
Manceaux (P.), en gros, pl. des Victoires, 12.
Maugé (S.) Bruneau et Cousin, rue Coquillière, 31.
Mery-Samson, J. Samson et A Fleuriot, r. de Rivoli, 140 ; fab. à Lisieux (Calvados).
Michel et Chasles, pl. de la Bourse, 15.
Mil-Leblond (J.), boul. Sébastopol, 33.
Moyse-Bernard et Blocq, r. Croix-des-Petits-Champs, 16.
Neymark (Félix), r. d'Aboukir, 71.
Normant frères ✳, manuf. à Romorantin et Elbeuf, nouveautés, r. de Rivoli, 57.
Paullet, Tripp et Plint, draperies et nouveautés anglaises, r. St-Marc, 34.
Peltzer, Mayer et Cie, représent. de la draperie étrangère, r. d'Hauteville, 44.
Perreau (E.) et Clerc, rue Croix-des-Petits-Champs, 10.
Peugnet (Ch.) et Malavergne, rue de la Banque, 17.
Phalippou, Duchâtel et Tournadre, r. Croix-des-Petits-Champs, 33, mais. à Elbeuf.
Piot (Ch.) père, fils et Cie, r. Aboukir, 12.
Piot (V.) et David jeune, r. Aboukir, 11.
Poulain (Aug.), représ. de Troller et Blum de Bischwiller (B.-Rhin), r. Cléry, 1.
Pretto et fils et Nunès, draperie anglaise, velours, etc., r. Sentier, 35.
Prudhomme (Albert), billards et meubles, assortiment pour voitures, r. Baillif, 5.
Robin, Paulin Mailhe et Cie, spéc. de draps p. chemins de fer, r. Ste-Anne, 46.
Roquet (L.), gros et détail, r. Coquillière, 35.
Salmon (L.) et Guimiaux, r. Molière, 34.
Salvador, Cahen et Cie, r. d'Aboukir, 3.
Santilants (D.), drap. anglaise, r. Banque, 14.
Sautreau, Massy et Libert, r. Pagevin, 48 pl. des Victoires, maison à Elbeuf.
Sauvage (J.), draperie et nouv. en gros, export., r. Croix-des-Petits-Champs, 30.
Silz (Germain), nouv., r. Sentier, 12.
Sœhnée, Pézé et Cie, r. Feydeau, 28.
Sommer et Lévy, draperie, velours, soieries et astrakan, r. Rambuteau, 24.
Stalraefen (Paul) et Beaufour, drap. de toutes fab. et velours cotons, r. Bourdonnais, 31.
Talamon (F.) fils et Cie, nouveautés en gros, r. Richelieu, 64.
Terrillon-Morot fils et Foucault, r. Bertin-Poirée, 15.
Tocquart frères, place des Victoires, 4.
Undervood (William), représentant de Wilson et Armstrong de Londres, r. Mail, 18.
Urbain (Th.), déposit. en drap. de Sédan, Bischwiller et de Prusse, r. Bouloi, 17.
Vassard et Lejonne, r. Vivienne, 12.
Vaudaine et Bajard, r. Coquillière, 31.

Vavasseur et Gapenne, r. Croix-des-Petits-Champs, 48.
Vilette et Faucheux aîné, r. St-Honoré, 149.
Vincent et fils, dépôt de draps du Midi et autres, r. Bertin-Poirée, 7.
Vulliet-Charpentier, r. Deux-Ecus, 31.
Weber et Cie, cité Trévise, 12.
Weil (J. et L.), r. St-Honoré, 87.
Weinbach (Max.), r. Vivienne, 8.
Ybert et Lemoine, r. Rambuteau, 124.

Droguiste pour la teinture.

Armand-Lesieur, drog. et prod. chimiques p. teinture et impression, spéc. de noix de galle, r. St-Antoine, 88.
Arnette frères, Barbette, 4.
Auber (A.), r. Francs-Bourgeois, 17.
Bachellier (A. Verrier aîné success.), teintures, passage Pecquay, 10.
Balin (Victor), drog. p. teinture. prod. chimiques et commiss., r. Sévigné, 36.
Billet et Soulier, drogueries et produits chimiques, r. Tournelles, 43.
Caillat (E.), teintures, r. Jouy, 9.
Carlhian (Eug.), prod. chim., droguerie pour teinture, r. Barbette, 6.
Casthelaz (John), fabr. de produits chimiques, spéc. de benzine, aniline, r. Ste-Croix-de-la-Bretonnerie, 19.
Drouin (J.), O. ✳, dépôt des colles et gélatines de MM. Coignet père et fils et Cie, de Lyon, outremer Armet, p. impressions, rue Ste Croix-de-la-Bretonnerie, 21.
Huillard fils et Marquet, drog. et prod. chimiques p. teinture et impressions sur étoffes, r. Vieille-du-Temple, 15.
Javal (L.) frères, spécialité d'extraits de bois de teinture, r. Turenne, 35.
Jouet frères, droguerie, teintures, produits chim., indigos, gommes, cochenille, etc., r. Ste-Croix-de-la-Bretonnerie, 50.
Lacombe (H.), acides acétique, outre-mer, export., r. Vosges, 8.
Lainé, Lefèvre et Cie, p. teinture et blanchiment, r. Ste-Croix-de-la-Bretonnerie, 23.
Laulhé (L.), cochenille, etc., r. Cléry, 96.
Léconflet (E.), p. teinturiers et drog., export., r. Francs-Bourgeois (Marais), 5.
Lenglet (B.), spécialité de plombagine p. la chapellerie, r. Pierre-Levée, 18.
Mayeur (Léon), drog., produits chim., teintures, place Royale, 16.
Meissonnier (Charles), teintures, extraits colorants, r. Béranger, 19.
Noirot (Vor), drogueries et produits chimiques p. teintures et impres. sur étoffes : dépôts d'orseille, cudbéard, carmins et compositions d'indigo de MM. Hegmann et Henriet, de Lyon, r. Francs-Bourgeois (Marais), 41.
Nolot (Ch.), fab. d'albumine d'œufs p. impression sur étoffes, r. Linné, 15, export.

Paton (L.) et Quinet, consignation, commiss., r. Vieille-du-Temple, 64.

Petitjean et Jonquet, couleurs végétales, spéc. d'art. anglais, r. Ecouffes, 16.

Pommier ✳ et Cie, commission, consignation, r. Barbette, 2.

Prunier (P.), spécialité de matières colorantes pour la teinture, usines à Pierre Bénite près Lyon (Rhône), dépôt à Paris chez M. Salberg, r. St-Denis, 374.

Renault (Edm.) et Cie, albumine d'œufs et de sang, indigo, cochenille, r. Braque, 8.

Simonnet (A.), commission et export., rue Payenne, 3 ; maison à Londres.

Storck (H.) et Welter, toutes sortes d'articles de droguerie, r, Roi-de-Sicile, 58.

Wautzel et Cie, produits pour teinture et impression, r. Barbette, 10.

Effilocheurs de laines et de cotons.

Bernheim (Aron), r. Lune, 35.

Busson (A.), boul. Prince-Eugène, 235.

Coopman et Cie, r. Bleue, 12, laines effilochées d'Allemagne, r. Mongo.

Dauphin, quai Jemmapes, 328,

Devaulx (H.), r. Faub.-St-Denis, 80.

Galaup (Paul), r. Folie-Méricourt, 108.

Girault et Georges Deffaux, boul. de la Villette, 117.

Godet (A.), r. Mercœur, 4.

Masson (E.) et Cie, usine à Beaulieu (Aube), boul. de la Villette, 141.

Ouin (A.) et Cie, r. Bleue, 15.

Poiret et Valentin, r. Lafayette 127, maison à St-Chinian (Hérault).

Épingles (fabr. et march.).

Aubert-Poujade, r. Caire, 10.

Aucler (Aug.) et fils, boul. Sébastopol, 75.

Bobin Benjamin, r. Sévigné, 27.

Boulet (Ch.), r. St-Denis, 306.

Chautrel (Camille), r. Rambuteau, 77.

Charpentier et Gauteron, aiguilles, épingles en gros, boul. Sébastopol, 47.

Contant, épingles pour teinturiers et modes, r. Michel-le-comte, 25.

Cribier (Henri), r. Turbigo, 18.

Daniet (Ch.), r. Quincampoix, 59.

Denis fils, r. St-Denis, 299.

De Voisin (R.), r. Turbigo, 24.

De Voisin (P.), r. Turbigo, 24.

Duthoit (Henri), fabr. d'épingles et d'attaches parisien., br. s. g. d. g., r. Caire, 31.

Esquoy, r. Oberkampf, 93.

Forfelier (H.), r. Palestro, 3.

Gasteau (Ernest) et Harlaux, dépositaire des épingles européennes, r. St-Denis, 138.

Goll (E.), repr. de la mais. Edelsten et Williams, de Birmingham, r. Echiquier, 14.

Hildesheim (Julius), dépôt anglais, r. d'Aboukir, 102.

Jaboulay (Vve), r. Fontaine-au-Roi, 39.

Kirby, Beard et Cie, r. Auber, 3.

Laligant (J.-B.) aîné, épinglerie pour machines Jacquart, r. Oberkampf, 147.

Lamy (L.), modistes, r. Turbigo, 28.

Malon (Jh), r, Petit-Carreau, 13.

Mays frères, r. Marcadet-Montmartre, 82.

Patrelle, r. Neuve-St-Merri, 35.

Potonié, r. St-Denis, 293, export.

Ranvaud-Gingembre, r. Rambuteau, 2.

Raparlier (E.), r. du Vertbois, 4.

Roger (A.) et Cie, r. St-Denis, 168.

Romeu, r. Buisson-St-Louis, 23.

Fils (fabr. et march. de).

Voyez aussi *Chanvres*, *Lin*.

Amédée-Charpentier, fils de lin et d'Irlande, p. machines à coudre, boul. Sébastopol, 76.

Basse-Riché, fil à dentelles, r. St-Denis, 374.

Bassot frères, p. machines à coudre, dépositaires de W. J. Barron, Sons de Londres, r. Cloître-St-Jacques, 3.

Bignaud et Dupuy, dépôt de fils anglais, rue Fontaines, 25.

Bisson et Guilbert, fils de lin et d'étoupes p. tisser, teints, écrus, retors, p. passementiers, r. Faub.-St-Martin, 55; usine à Guisseray (Seine-et-Oise).

Brook (Jonas) et frères, fil anglais, maison de vente, boul. Sébastopol, 42.

Comptoir de l'industrie linière, r. Bourdonnais, 31.

Daniet (Ch.), r. Quincampoix, 59.

Dobelin (Ch.) ✳, A Maxein et Cie, boul. Sébastopl, 50.

Feray et Cie, r. du Sentier, 29.

Fromentin (L.) et Sarrazin, en bobines et pelottes, boul. Sébastopol, 48.

Gerrer (E.) fils d'Alsace glacés en bobines cotons à coudre, r. d'Aboukir 139.

Grossiôme, en pelottes, r. Petit-Lion, 40.

Grellou (Henri) ✳ et Cie, spécialité pour machines à coudre, r. Rambuteau, 84.

Kirchheim (Alexandre), fils et cotons, r. Château-d'Eau, 61.

Lacaze (A.), fab. de fil de tirre p. métiers à tisser, r. St-Maur-Popincourt, 54.

Lemaitre et Cie, fils anglais de J. Landerston et Cie, boul. Sébastopol, 85.

Lesueur (A.), fils à dentelle, r. Ste-Anne, 14.

Maquaire (A.), dépôt de fils p. machines à coudre, boul Sébastopol, 97.

Marchand (Mlle), faub. St-Honoré, 30.

Mathey (Alfred), r. de Rivoli, 110.

Meyer (A.) p. ganterie, r. St-Martin, 251.

Michel-Colombet, r. Rambuteau, 64.

Monthélie (A), r. Blondel, 7.

Noury (J.), spéc. p. machines à coudre, boul. Sébastopol, 61.

Pont-Rémy (Compagnie linière de), r. Montmartre, 174.

Regniault (J.), r. Aux Ours, 23.

Savreux (Mlles), r. Moulins, 9.

Simon (Aug.), boul. Sébastopol, 52.
Simonin-Blanchard et Cie, rue Fontaine-au-
Roi, 13.
Soupplet (P.), et E. Gaillard, boul. Sébas-
topol, 74.
Stevelly (J.), représ. W. M. Barbour et sons
Hinden-flax-Mills, r. Thévenot, 8.
Suzor (A.), boul. Sébastopol, 62.
Ullathorne (W.) et Cie, r. Française, 10.
York street Flax Spinning Co, (Limited), r.
des Jeûneurs, 40 ; filature à Belfast.

Filets, Coiffures et Ganterie.

Adrien (Henry), boul. Sébastopol, 117, fab.
à Bellesmes et à Mortagne (Orne),
Allain Moulard, r. Montmartre, 33.
Allien (Vve), pass. du Grand-Cerf.
Arger (Ch.), ganterie, filets, coiffures, résilles
unies et à perles, boul. Sébastopol, 96.
Aron (Jacques), r. Cléry, 16.
Bizet (H.), r. des Vinaigriers, 33.
Blanchet, r. de Rivoli, 118.
Bloch jeune, boul. St-Denis, 26.
Bonnamour aîné, r. Palestro, 29 ; fab. à Vil-
leurbanne, Lyon.
Bouju et Leveau, r. d'Aboukir, 69.
Boutteville (X.), fab. de filets, gants, mitaines,
châles, mantilles, boul. Sébastopol, 94.
Braskamp, r. Montmartre, 72.
Bunzel et Heumann frères, boulevard Sébas-
topol, 99.
Cambon (Jules), mitons, gants, résilles, fan-
chons capelines d'étoffes, r. Rivoli, 132.
Coblentz (Eug.), r. Montmartre, 157 ; maison
à Saar Union (Bas-Rhin).
Couchoud de Gournay, r. Rambuteau, 71.
Courty (Mlles), r. Solitaires, 16.
Crémnitz (Jacques) et Cie, filets et fabrique
de tissus soie et coton, r. Turbigo, 34.
Crozet (Amédée), filets invisibles coiffures et
nouveautés, r. d'Aboukir, 115.
Danguy, dépositaire du filet-cheveux breveté
s. g. d. g., r. Turbigo, 28.
Daniel-Tyrode, fabr. d'ouvrages au crochet et
guipures sur filets, r. de Rivoli, 77,
Daudé (E.), faub Poissonnière, 8.
Deitz (A.). fab. de coiffures, résilles, filets in-
visibles, boul. Sébastopol, 68.
De Schepper, boul. Sébastopol, 133.
Dessagne, fabr. de coiffures nouveautés, filets
en tous genres, exp., r. St-Denis, 236.
Desarnaud, filets pour dames, r. d'Aboukir,
127, fab. à Mamers (Sarthe).
Drulhon-Delisle, fab. de filets invisibles, la-
cets et cordonnets, r. des Halles, 2.
Duflos (Léon), (Catalla, Rossignol et Cie succ.),
exp., r. St-Denis 227.
Fichaux (A.), cache-peignes, résilles, garni-
tures pour modes, r. des Jeûneurs, 44.
Forgeais (L.), r. Thévenot, 2.
Frigaux (Mme), filets, colliers et fantaisie,
modes et coiffures, faub. St-Denis, 24.

Genet et Cie, filets en gros, r. Turbigo, 25.
maison à Lyon, 2, imp. Monsieur.
Gilson (A). fabrique de filets, résilles et nou-
veautés, cour des Petites-Ecuries, 18,
Girard-Thibault, ganterie, résilles, châles, r.
Montmartre, 85.
Glénard (E.) et Cie, Faub. Poissonnière, 12.
Goury (N.), r. St-Denis, 272.
Grellou (Alexis) et Cie, coiffures et filets, r.
St-Denis, 132.
Grellou (Henri) ✳ et Cie, fab. de filets, bon-
neterie de fantaisie, r. Rambuteau, 84.
Grunbach et Dumout, fab. de filets et coiffu-
res nouveautés, r. Rambuteau, 59.
Haubertg (E.) r. Neuve-St-Augustin, 24.
Hippolyte et Auguste, fab. brev. s. g. d. g.
p. le filet en cheveux, r. de la Paix, 7.
Kahn (Simon) et Cie, fab. de filets en tous
genres, exp. r. St-Denis, 290.
Kahn (Simon) et Cie, r. Montmartre, 70.
Klein (J.-Th.), boul. Sébastopol, 73.
Lacroix (P.), r. Rougemont, 10.
Lajeunesse-Cerf, r. Bondy, 92.
Leflis, (A.), mitons, mi-doigts, gants, mitaines,
résilles, coiffures, r. d'Hauteville, 5.
Leroy (Hte), coiffures et résilles, rue Saint-
Denis, 277.
Mayer (C.), fab. de filets résilles, boul. Belle-
ville, 55.
Menssing (E.), r. Saint-Martin, 208. perles et
boutons en gros, fab. en Bohême.
Monguellon-Boussard, r. Poissonnière, 32.
Moritz (A.), r. P.-Poissonnière, 29.
Muffat-Joly, r. Française, 14.
Paquelin, (G.), r. Cléry, 11.
Rescher (J.), filet chenille et invisible, boul.
Sébastopol, 85.
Rhodez (Eug.), r. du Château-d'Eau, 56.
Richenet-Bayard (Vve), boul. Sébastopol, 110
Robine (L.). ganterie, coiffures, châles, et
pointes, nouveautés en filets, r. d'Haute-
ville, 11.
Rodes aîné, r. Paradis-Poissonnière, 22.
Rosenwald, filets résilles unis et à perles, r.
du Caire, 9. fab. à Saar-Union (Bas-Rhin).
Roux (L.-A.), r. Charonne, 166.
Rouyer (P.) et Beauvilain, r. St-Denis, 153.
Salvador-Terqueme, r. des Jeûneurs, 10.
Sauvage (Mme M.), r. d'Enghien, 28.
Schoenfeld (J.), aîné, r. d'Aboukir, 143.
Sint (Félix), filets-fourreau, brevetés r. Nve-
des-Petits-Champs, 35.
Sriber (Alp.), caoutchouc anglais pour filets,
mitaines, etc., r. Turbigo, 18.
Teissonnière (Prosper), r. des Jeûneurs, 12.
Van Belle (Mlle Marie), r. St-Denis, 169.
Weil et Heymann, r. St-Fiacre, 12, invisibles,
perles, lacets et nouveautés.
Wichard et Henry, cité Trévise, 8, fabrique
en Alsace.
Wisotzky (Aug.) et Cie, gants en drap, fil
d'écosse, soie et mi-soie, faub. St-Denis, 39.

Villy (P.-J.) et Cie, élastiq. anglaises p. filets, ganterie, etc., boul. Sébastopol, 38.

Zambeaux-Perqueur, fab. de filets par mécan. p. ameublements et ornements d'églises, filets brodés p. rideaux, bas d'aubes et nappes d'autels, r. Nve-Popincourt.

Filets pour Magnaneries.

Lebatard fabricant de filets p. déliter les vers à soie, r. Coquillière, 35.

Moriceau (A.), et fils, filets p. vers à soie et autres, quai de Gèvre, 14.

Vesque et Cie, filets avec nœuds p. le délitement des vers à soie, etc., (export.), boul. St-Jacques, 33.

Flanelles et confections-flanelle

Bechtel (W.), représ., r. Richer, 10.

Bertrand et Vidil, r. du Sentier, 3.

Besnard (Léon), r. d'Hauteville, 35.

Boisseau, r. Récollets, 11.

Bourdonnay. r. de la Paix, 4.

Canitrot, confection de gilets de flanelles et de caleçons, r. Chaussée-du-Maine, 98.

Collet, Dubois et Cie, r. du Mail, 31.

Contant, Dubuy, Maréchaux et Cie, flanelles de santé, r. des Deux-Boules, 3.

Dawant et Cie, fab. à Esserteaux (Somme), r. Coq-Héron, 7.

Desanglois et Lamarre, boul. Sébastopol, 34.

D'Etcheverry fils, r. Bourdonnais, 14.

Devenne, r. de Fourcy, 12.

Devergie, r. de Rivoli, 134.

Drouard-Desneufbourgs et H. Levoyer, (H. Levoyer, succes.), r. St-Martin, 107.

Edouard, pl. de la Bourse, 31.

Flamant (E.), r. d'Aboukir, 37.

Gallot (Ch.), gilets-caleçons, chemises et flanelles de santé, r. Déchargeurs, 5.

Gallot (Adolphe) jeune, r. du Roule, 21.

Hayem (S.), ✻ aîné, r. du Sentier, 38 ; manufacture blanchissage et apprêt.

Himbert, gilets, r. Bourdonnais, 17.

Hocquart, r. des Deux-Boules, 3.

Jacob (Eug.), r. Rambuteau, 56.

Klotz, Brunschwig et Henlé, r. d'Aboukir, 26

Lahaye (A.) r. Croix-des-Petits-Champs, 5.

Lallemand, r. Boucher, 14 et 16.

Lazard frères et Cie, arti. de Reims, Roubaix et Bradford, r. de Cléry, 16.

Lecocq (A.) et ses fils, r. St-Martin, 140.

Le Rouget (Alfred et Albert), rue des Jeûneurs, 33.

Manalt et Guyon, r. Bourdonnais, 34.

Pélissié, Beau et Cie, r. St-Martin, 199.

Penicaud et Naude, r. des Jeûneurs, 23.

Poirier (L.), aîné, r. Rougemont, 6.

Rapine (J.), r. des Prêtres-Saint-Germain-l'Auxerrois, 13.

Rouvier (Fréd.), r. Delta, 20.

Saulquin, quai Valmy, 189.

Vautier, Mailfer et Leduc, r. Bourdonnais, 32.

Fleuristes (principales maisons de)

Voyez aussi Plumassiers.

Chambre syndicale des fleurs et plumes et modes, boul. Sébastopol, 82. — Président : Marienval ✻.

Alberti, fabr. de fruits, dorures, perles, et épis spécialité de cerises, r. d'Aboukir, 121.

André (Vve), fab de couronnes en tous genres, et guirlandes, etc., r. Huchette, 18.

Andrieu-Houet (E. Lemeunier success.), spéc. de violettes, r. Echiquier, 5.

Annequin (B.) et Tixier, r. Aboukir, 68, m. à Lyon, r. Centrale.

Bagnera (L.), spécialité de marguerites, boul. Ornano, 12.

Baptiste, plumes et duvets et fleurs en gros pour parures, rue Thévenot, 12.

Baron (Vve) et Hagot, faub. St-Denis, 24.

Battaillard et Cie, r. Montmartre, 142.

Baulant, fleurs et feuillages d'après nature p. parures et modes, r. Marsollier, 15.

Beauvilain, fleurs pour deuil, faub. St-Martin, 34.

Bedier et Giacomeli sœurs, r. Ste-Anne, 63.

Berard-Touzelin (Vve) (Henri Salle success.), fleurs et feuillages, r. St-Denis, 323.

Bernard (Mme E.), fleurs fines, r. Entrepôt.

Bieler, fab. de fleurs et fruits, spéc. de montures, r. St-Denis, 238.

Bienvenu et Mary, faub. St-Denis, 34.

Billardel (A.), gendre et succ. de A. Harmelle, fab. de fleurs et de bruyères, r. Fidélité, 14.

Blocquel (Vve), fab. de fleurs en tous genres, commiss., export., r. Montorgueil, 51.

Bon (A.), pour deuil, r. Jussienne, 7.

Bordes frère et sœur, spéc. de liserons et géraniums, r. Réaumur, 25.

Bour (E.), fab. de roses, r. du Caire, 28.

Bourdin-Marly, boul. Sébastopol, 78.

Bourgeon-Richez, r. Château-Landon, 48.

Brisedoux (J.) et Antonin, r. St-Roch, 12.

Brisse, fab. de roses fines, boutons et feuillages, export., r. Meslay, 31.

Brochon (Ad) (Gambey et Cie, successeurs), fleurs fines, export., r. Turbigo, 28.

Brochon (Emile), fleurs fines en t. genres, export., r. Montmartre, 85.

Bulier frère et sœurs, fab. de fleurs, haute nouveauté, r. Paul-Lelong, 19.

Bysterveld (H. de), fleurs et modes riches p. dames, faub. St-Honoré, 5.

Cabanis (A.), exportation, r. de la Banque, 18.

Caillaux (Mme Vve), fab. de fleurs d'oranger fines et autres, r. Aboukir, 42.

Cendrier (L.), fab. de feuillages naturels et fantaisie, faub. St-Martin, 61.

Chagot aîné et Cie, r. Richelieu, 73.

Compagnie florale, boul. Haussmann, 102.

Compère, fab. de fleurs et feuillages en tous genres, export., r. des Enfants-Rouges, 13.

Cora (Léon), fab. de plumes pour parures, r. des Petites-Ecuries, 16.

Courtois, fab. de fleurs fines naturelles, spéc. de roses, r. Turbigo, 45.

Couturier (maison) (Richard-Couturier, succ.), fab. d'épis or, r. du Caire, 19.

Cruzel, modes, fleurs fines, parures et voiles de mariées, r. St-Honoré, 175.

Cuvillier et Lacombe (Mmes), fab. de fleurs, faub. Poissonnière, 65.

Dassonville et Meunier, r. du Caire, 45.

Delaperrière et Zuccolini, r. Richelieu, 100.

Delaporte (Mlle S.), r. du Caire, 41, fab.

Delaunay sœurs, r. des Enfants-Rouges, 4.

Deleveau (Mlle Lse), export., r. Montmartre.

Deloge et Maury, faub. St-Martin, 67.

Deraste, fleurs fines, naturelles, montures, perles et feuillages, r. Bondy, 92.

Devriès et Cie, boul. Sébastopol, 93.

Diedesheim sœurs r. des Petites-Ecuries, 7.

Diringer, spéc. de roses et boutons fins, lilas et pensées, r. Gaillon, 17.

D'Ivernois (J.), fab. de fleurs en gros, pour mode, r. de la Chaussée-d'Antin, 3.

Doyzant (E.), bouquets d'église et de vases, couronnes funéraires, export., r. Berger, 14.

Dubois, boul. des Capucines, 21.

Duhaut (Ch.), boutons et fleurs d'oranger, parures de mariées, r. Aboukir, 108.

Dulieu et Delahais, r. des Forges, 5.

Dupic et Corne, r. du Caire, 21.

Dupin (F.), fab. de fleurs en plumes, spéc. de verdures, boul. Sébastopol, 129.

Durst-Wild (Vve), (maison Durst ✳), r. du Caire, 39.

Duteïs (R.), r. Nve-St-Augustin, 4.

Engel (C.), export., boul. Bonne-Nouvelle, 8.

Fasseu (Mme) et Cie, r. Pétrelle, 24.

Flan et Lefèvre (Mlles), r. des P.-Ecuries, 59.

Fleury et Alfred Lhomer, r. Aboukir, 102.

Fouquet (A.), plumes et fleurs en tous genres, commiss., r. Thévenot, 8.

Fournier (Léopold), spéc. d'oiseaux, de papillons en plumes et velours, et d'insectes satin, r. du Petit-Carreau, 10,

Fruchard (Schrick success.), fab. de perles, gouttes d'eau, diamantées, r. Tracy, 8.

Gautier et sœurs, r. N.-D.-de-Recouvrance.

Giot jeune, r. Portalès, 6, fab. à Gagny (Seine-et-Oise).

Girard et Badolle, fleurs et plumes en gros, haute nouveauté, r. St-Sauveur, 4.

Girardot (V.), p. garnitures de robes, spéc. p. modes, r. Nve-des-Petits-Champs, 35.

Godard (A.), p. modes, parures de mariées, coiffures de bal, r. Nve-St-Augustin, 29.

Gosselin et Libersac, faub. St-Denis, 19.

Gosselin (Th.), r. Montmartre, 105.

Gosse-Périer, spéc. de fleurs des champs, violettes et bluets, r. Meslay, 63.

Gouilloud sœurs, boul. Bonne-Nouvelle, 10.

Grard et Cie, r. Grénétat, 11.

Grass (Ph.), spéc. de roses et boutons, r. Richelieu, 47.

Grinfeld sœurs, r. Ste-Apolline, 21.

Guelot (E. Riché success.), fleurs et plumes, r. Nve-St-Augustin, 5, représenté à Lyon, pl. de la Bourse, 2, par Vettard.

Guérin, spéc. de boutons de roses mousseuses, boul. St-Martin, 39.

Guérin et Cie, fabr. pour modes et coiffures (en gros), r. Rambuteau, 50.

Guignard (E.), fab. de fleurs de fantaisie, montures etc., r. Beaurepaire, 8.

Guyot et Migneaux, r. Argout, 34.

Hachette (Louis), r. Vauvilliers, 9.

Hagnauer, fab. de fleurs fines, spéc. de boutons et de feuillages, r. du Caire, 12.

Herpin-Leroy, fab. de fleurs fines, spéc. pour mariées, r. Montmartre, 130.

Heynemann (David), fantaisie or et jais nouveautés, r. Nve-des-Petits-Champs, 36.

Hue (Paul) et J. L. Pezet, fleurs et plumes, r. Halévy, 14, m. à New-York.

Jacquet, fab. de violettes, r. du Château-d'Eau, 37.

Javey et Cie, bruyères, feuillages et mélanges, nouveautés, r. St-Denis, 372.

Jérôme et Cie, r. du Caire, 8.

Jolly (P.), fab. d'apprêts p. fleurs, art. mortuaires, r. St-Sauveur, 13.

Josset (Mlle Marie), r. Mehul, 2.

Joubert frères, r. Vivienne, 9.

Jouve-Delorme, fleurs bleues et fleurs de plumes, faub. St-Denis, 16.

Jules, spécialité de verdures, plumes et herbes naturelles, faub. St-Martin, 34.

Koury-Lhomer, plumes et parures de mariées, r. Montmartre, 129.

Kwiecinski (Victor) et Cie, r. Montmartre, 159.

Labalestrier (A.), fleurs, plumes, parures et garnitures, r. Nve-St-Augustin, 19.

Lafontaine et Cie, r. Michodière, 20.

Lagarde (Mme), fab. de fleurs fines, coiffures et montures, r. St-Denis, 398.

Laillet (Vve) et Boucheny, faub. St-Denis, 36.

Laire et Cie, r. Aboukir, 53.

Lallemand Nicolet, Chaussée-Clignancourt, 5.

Lambert (Louise) et Cie, r. Bouloi, 4.

Langlois (Mme Vve), r. Richelieu, 85.

Lardé (Mme) et Cie, boul. St-Denis, 4.

Laurent et Cie (J. Ph. Bernon success.), fleurs et plumes, export., r. St-Marc, 19.

Lelong, fab. spéc., fleurs, broderies, jais, dorures, fantaisies, r. Choiseul, 6.

Lespiaut (Mme), fleurs fines et plumes, expéditions, exportat., r. Choiseul, 29.

Liger (J.), fab. de fleurs, r. Grammont, 38.

Louise et Lucie (Mlles), fleurs fines, nouveautés, parures de mariées, r. de la Paix, 17.

Lunel (P.) fils, spéc. de roses, r. Aboukir, 104.

Luraghi, export., r. Nve-St-Augustin, 5.

Luther (Henri), Marbaisse et Cie, r. Chabrol.

Madurel (F.), r. Montmartre, 152.

Maisonneuve et Saulnier, r. St-Marc, 28.

Maître (P.), boutons de roses, r. St-Denis.

Malbranche, r. Montmartre, 62.

Manoury (Mlles), sœurs et Cie, spéc. de muguets, lilas, violettes et feuillages, r. Montorgueil, 61.

Marchal, corbeilles, etc., r. St-Maur, 150.

Marienval-Flamet (L.), ❄, et Cie, r. St-Denis, 354.

Mat, fleurs perfectionnées pour églises et appartements, r. St-Denis, 357.

Mathey-Lasserre (Mme), r. Montmartre, 36.

Mathias (L.), parures de mariées, fab. de fleurs fines, export., r. St-Denis, 319.

Mathieu (H.), coiffures, garnitures de robes, fleurs p. l'exportation, r. Nve-St-Augustin, 49.

Méreau et Fremolle (Mesd.), faub. Montmartre, 25.

Michelin frères, r. Nve-St-Augustin, 21.

Millery (Ch.) (Mme Pelotan succ.), fleurs et plumes, r. Louis-le-Grand, 32.

Mocke (N.), fleurs, r. St-Martin, 220.

Mockel (Mlle), fab. de fleurs en papyrus, spéc. de camélias, r. Chérubini, 3.

Nicolas (Vve Ch.) et Duchenne, faub. St-Martin, 129.

Niquet, gendre et success. de Mme Vve Paul, spéc. de parures de mariées, r. du Temple.

Nodot, spéc. de parures de bal et montures, exportat., r. Turbigo, 11.

Noël (E.), fleurs en soie, velours et mousseline, exportation, faub. St-Denis, 54.

Oudart neveu, fab. de boutons de roses naissantes, export.; r. Aboukir, 126.

Parisot (Mlle E.), successeur de A. Lorieux, fab. de fleurs fines, r. St-Anne, 19.

Pasquier (F.), spécialité de roses et boutons, montures et piquets, r. d'Aboukir, 136.

Pauline, fleurs et ornements, fantaisie pour modes, r. Montmartre, 125.

Perret frères, r. Montmartre, 136.

Perrot-Petit (Ch. P.-Petit success.), fab. rue Nve-des-Capucines, 9.

Petiau (H.), montures en tous genres imitation de fleurs naturelles, r. Richelieu, 8.

Peuchot-Porée, fleurs p. deuil, gaze et jais, plumes et perles, r. Chapon, 48.

Pinot et sœur, spécialité pour bouquets d'église, or et argent, 349.

Pinsard (Aug.), spéc. de roses et de boutons fleuris, commiss., exp. r. d'Aboukir, 112.

Pitrat (Mlle), fleurs imitées, parures de bals, expédit., r. Grammont, 23.

Poisot (A.), fab. en tous genres, fleurs fines p. nouv., exp., r. Petit-Lion, 12.

Prevost-Bernard, fleurs or et argent, perles, jais et coiffures, r. d'Aboukir, 108.

Prin. frères, r. Nve-St-Augustin, 47.

Rack (H.), spéc. p. ornements d'églises et fêtes publiques, r. du Temple, 15.

Rappaz (L.), fantaisie gros et détail, r. Bourdaloue, 9.

Regnault et Degheldre, fleurs fines et fantaisie, export., r. d'Aboukir, 112.

Riché (E.), anc. m. Guelot, plumes et fleurs r. Nve-St-Augustin, 5, représenté à Lyon par Vettard, place de la Bourse, 2.

Robert (A.), spéc. de petites roses de fantaisie non montées, boul. Strasbourg, 18.

Rogé (H.) et Cie, r. des Petites-Ecuries, 15.

Routier et M. Bertrand, coiffures de bals, parures de mariées, expor. r. Montmartre, 158.

Rezios, spéc. p. deuil, soies, crêpes, grenadines et jais, r. et pl. du Caire, 53.

Sapin et Alliaume, r. Réaumur, 43.

Sayssel (Jh) aîné, fab. de fleurs et feuilles en tous genres, r. de Bondy, 66.

Serre (C.), fleurs, plumes et fant. p. modes, r. Nve-St-Augustin, 31.

Seuriot (Louis), fab. de fleurs et plumes, rue de Hanovre, 8.

Sèye (Alexis), spéc. de fleurs bleues, bluets et myosotis, commiss., r. des Vinaigriers, 44.

Sibert (Vve) et Cie, r. de Bondy, 70.

Sibilat et Cie, fab. de fleurs fines, spéc. de roses et boutons, r. Montorgueil, 67.

Siesbye, Trietsch et Cie, r. d'Aboukir, 84.

Simon (Vve Th.), spéc. de fleurs p. deuil, rue Faub.-St-Denis, 50.

Simon et Cie, r. Martel, 8 bis.

Simonet et Delccourt, r. Turbigo, 89.

Solal et Ponzo, fleurs fines et plumes p. parures, r. d'Aboukir, 137.

Souto (Henri de), success. de F. Constantin, fleurs fines, r. Antin, 7.

Taurel frères, r. N.-D.-des-Victoires, 44.

Tellier (Vve A.) spéc. de parures de mariées, montures et coiffures, r. St-Denis, 252.

Ternus et Salomon, r. Magnan, 29.

Thiébaut, fab. de fleurs et plumes p. parures, haute nouv., r. Ste-Anne, 32.

Thomas (Hte) et Cie, Faub.-Montmartre, 39.

Thomas (Mlle) et Cie, r. du Caire, 4.

Toupy et Gillot, r. Vicq-d'Azir, 3.

Unal (F.) et Cie, plumes, parures de mariées, export., r. aux Ours, 61.

Viareingue et Cie (Mlle Houdiar et Mme Robin), fleurs fines, export., r. d'Aboukir, 137.

Villardier (H.), épis, r. St-Denis, 293.

Welsch, f. de fruits naturels, spéc. de cerises marcassite, r. d'Aboukir, 117.

Wulif, Cortority et Cie, r. Montmartre, 25.

Etoffes, fournitures et apprêts pour fleurs.

Aron (D.), r. d'Aboukir, 104.

Augé (A.), paille brisée et plaquée, fant. pour fleurs, r. du Caire, 11.

Baulant, grande collection de feuillages d'après nature, r. Marsollier, 15.

Ballin (C.), feuillages d'après nature et tubes caoutchouc rayé, r. Faub.-St-Denis, 66.

Baucureux, Faub.-St-Martin, 66.

Billardel (A.), gendre et success. de A. Harmelle, fab. de bruyères, r. Fidélité, 14.
Blanchemain, fab. de boutons p. fleurs, r. des Enfants-Rouges, 11.
Bouffé, fab. de bleu cobalt, vert émeraude, lilas solide, couleurs fines, r. Blondel, 21.
Bourgeois ainé, spéc. de couleurs et poudres nouvelles, r. du Caire, 31.
Bourgeon-Richez, étoffes apprêtées de toutes nuances, r. Château-Landon, 48.
Briançon (J.), mousselines, rubans apprêtés, velours, crêpes, r. d'Aboukir, 113.
Briard (Ch.), r. d'Aboukir, 109.
Brossard (B.), r. Ste-Apolline, 16.
Brun et Réaume, r. Ste-Apolline, 6.
Bruno, apprêteur d'étoffes p. fleurs de toutes nuances, r. Faub.-St-Denis, 17.
Caen (Adolphe), r. Ste-Apolline, 5.
Cartereau, paillettes et pampilles, nacre et jais, pass. St-Pierre-Popincourt, 6.
Cohen (Prosper J.), spéc. de paillons, rue N.-D.-de-Nazareth, 28.
Coudray (Jules), r. St-Maur, 150.
Demeure et Bissey fils, Faub.-St-Martin, 122, usine à vapeur, passage St-Joseph, 16.
Denis fils, r. St-Denis, 299.
Dichl (Henry) et Cie, r. St-Denis, 248.
Dubois, r. Grénétat, 48.
Duhaut (Ch.), boutons et fleurs d'oranger, r. d'Aboukir, 108.
Duret ainé, couleurs liquides, vert émeraude, gouache en poudre, r. Oberkampf, 123.
Fermen et Vve Parasis, r. Ponceau, 13.
Fontaine (Ch.) fils, r. Grénétat, 8.
Frohlich-Levis (J.), Faub.-St-Denis, 54.
Gaëtano-Dupré, brocard léger de toutes couleurs, forme paillette, r. Pavée (Marais), 24.
Gentil, Faub.-St-Martin, 97-99.
Gobin, r, St-Denis, 261 et 263.
Haenlé (Léo), fab. de papiers, et étoffes dorés et argentés, r. du Temple, 32.
Helbronner (M.), apprêts, r. de Cléry, 9.
Hosteins (Ate), jais et dorures fantaisie pour fleurs, r. Réaumur, 54.
Hue (A.) fils, soies fant. et cotons p. fleurs, r. Tracy, 5.
Jacquillat (Ch.) et Degait, pass. du Caire, 30.
Javey et Cie, étoffes p. fleurs de toutes couleurs, r. St-Denis, 372.
Jolibois, r. Meslay, 50, fab. à Laigle (Orne).
Julien, Legrand et Cie, boul. St-Denis, 19.
Lamy (L.), fil de fer cannetille, laitons couverts, r. Turbigo, 28.
Laudon, cotons et gutta-percha p. fleurs, rue St-Sauveur, 27.
Ledoux (G.), feuilles fines en gutta-percha p. feuillages, boul. Sébastopol, 46.
Lefort (E.) ainé, r. St-Denis, 349.
Lemercier jeune (A. Guignot succ.), couleurs poudres et apprêts, r. Thévenot, 25.
Leplat (O.), fab. de carmin, de safranum, de

Lergerot, roses végétales p. fleurs et plumes boul. Poissonnière, 14 bis.
Lesaulnier, boul. du Prince-Eugène, 180.
Leprince jeune et Cie, laiton de soie et coton, r. Montorgueil, 67.
Lesourd (A.), r. du Caire, 6.
Lévy, (S.), spéc. de tissus et feuillages, apprêts en t. genres, r. St-Denis, 374.
Lombard (Eug.), Faub.-St-Denis, 61.
Maitre (P.), spéc. de boutons de roses, r. St-Denis, 290.
Marchal, r. de Cléry, 61.
Marin, (E.), r. Caire, 15.
Marquet, spéc. de mousse teint., mousse plate p. roses, r. et pl. du Caire, 53.
Marx-Canuna, boul. Sébastopol, 78.
Mat, fleurs perf., papiers et étoffes p. églises et appartements, r. St-Denis, 357.
Meaux fils, apprêts p. fleurs, cœurs, boutons, pistils, pétales, etc., r. St-Denis, 257.
Ménage ainé, r. St-Sauveur, 6.
Méret (Louis), r. Dauphine, 18.
Mermier et Philisdor, fab. de feuillages, rue Ste-Apolline, 7.
Oudart, Faub.-St-Martin, 122.
Oudart neveu, fab. de boutons de roses naissants, r. d'Aboukir, 126.
Pouchet (J. L.), boul. Sébastopol, 99.
Reitlinge (Frédéric), bleu d'outre-mer et brocarts de couleurs, r. Hauteville, 26.
Roger et Cie, fab. de carmin, safranum ou rose végétale p. teinture, boul. de Courcelles, 116.
Roquencourt (A.), r. Tracy, 9 et 11.
Saury (A.), r. Bonaparte, 42.
Schmied frères, art. p. fleuristes en cristal dépoli, r. Magnan, 22.
Tchy (H.), perles fant. et diamantés, etc., r. St-Martin, 252.
Traclet (G.), teinturier apprêt. à façon pour feuillages et fleurs des champs, r. Saint-Denis, 380.
Vallée Dourlet et Armand, r. du Caire, 23.
Valet-Crémaud, r. St-Denis, 367 bis.
Welsch, fab. de fruits naturels artist. et de fant., nouveautés, r. d'Aboukir, 117.

Formes pour chapeliers (fab. de).

Arnaud, r. des Blancs-Manteaux, 37.
Benoit, r. des Blancs-Manteaux, 43.
Briais et fils, r. Entrepôt, 26.
Dhermilly, r. St-Denis, 364.
Humbert, export., r. Simon-le-Franc, 7.
Lacoste, pass. du Caire, 100.
Lefranc, r. Simon-le-Franc, 22.
Loth, r. des Vinaigriers 62, pass. Dubail.
Meslay, r. Geoffroy-l'Angevin, 16.
Regniaud, r. Ste-Foy, 6.
Reitter, r. des Blancs-Manteaux, 41.
Serrurier, en t. genres, r. Chaume, 3.

Foulards en gros.

Voir aussi cravates, étoffes de soie.

Akar (A. et E.), r. de Cléry, 19.
Argy, société générale des Indes, passage Delorme, 30.
Benière (Ad.), r. du Sentier, 38.
Berteaux (Ch.), Radou et Cie, en gros, r. d'Aboukir, 10, m, à Lyon.
Blanc et Cie, r. Grenelle-St-Germain, 50.
Bocage (Ch.), r. Montmartre, 105.
Bouilliette, foulards de l'Inde etde Chine, crêpes en pièces, etc., r. Vivienne, 36.
Bourgeois (A.), r. Mulhouse, 4.
Chambon et Chaninel, pl. des Victoires, 4, fab. à Lyon, r. Royale, 29.
Chartier (Ch.) et Cie, r. de Cléry, 13, maison à Lyon.
Colonies des Indes, spéc. de foulards des Indes et de Chine, r. Rivoli, 53.
Compagnie des Indes, r. Grenelle-Saint-Germain, 42.
Comptoir des Indes, foulards des Indes et de Chine, boul. Sébastopol, 129.
Corompt (J.) et fils, Cité Trévise, 3, mais. à Lyon, r. Victor-Arnaud, 13.
Decauville (C.), cravates, cols et taffetas noirs, r. des Jeûneurs, 26.
Defrasse (Th.), place des Victoires, 9.
Dufour-Védié, r. Sentier, 15.
Godard (A.), foulards de fil, r. Cléry, 40.
Goër (de) et Coignet, r. Sentier, 10, fabrique à Lyon.
Jacquemond (F.), r. Montmartre, 122.
Lacam, r. Montmartre, 77.
Lamberton (L.), r. Poissonnière, 20.
Le Houssel, r. Auber, 1.
Lundy (Jules), r Aboukir, 3.
Maendl frères, r. Sentier, 5.
Mathieu (F.), r. Notre-Dame-des-Victoires, 32.
Oudot, r. du Mail, 19.
Pelissé, Beau et Cie, r. St-Martin, 199.
Robert (L.), r. d'Aboukir, 9.
Union des Indes (l'). Le Houssel, spécialité de foulards, r. Auber, 1.
Verpois (A.), r. Mail, 14, r. Aboukir, 13.

Franges pour châles.

Alexandre (Mme), r. Cléry, 55.
Antonin (Mme), r. Forges, 5.
Audois (Veuve), r. Petit-Lion, 38.
Barbaux (Mme), r. Faub.-St-Denis, 66.
Cassin (Victor), teinturerie, franges brodées en tous genres, r. du Bac, 46.
Charlet sœurs (Mmes), r. Beauregard, 39.
Chenal, r. Mail, 38.
Couve, r. St-Sauveur, 69.
Doridot (Jules), r. Aboukir, 102.
Grégoire (Mme), r. Aboukir, 36.
Dubas, r. Aboukir, 135.
Audiquet, bordures, franges, gaufrage et apprêts, r. St-Sauveur, 14.

Heurtevent (Mme), r. N.-D.-des-Victoires, 6.
Hock (S.), r. Faub.-St-Denis, 99.
Julien (Ls), r. St-Joseph, 11.
Labarchède, r. Petit-Carreau, 8.
Lorson (Mme), r. d'Aboukir, 124.
Mascré (J.), r. Damiette, 1.
Maurizio, r. Blondel, 19.
Meyer, r. Jeûneurs, 4.
Prieur, r. Petit-Carreau, 26.
Prévost, r. Beauregard, 16.
Thouvenin, r. Aboukir, 60.
Tourneur (Mme), r. Aboukir, 40.
Tuffay (Mme), r. Cléry, 9.

Ganterie de tissus et tricots (voyez aussi *Bonnetiers*).

Chambre syndicale de la ganterie et de la mégisserie, boul. Sébastopol, 82. Président : Courvoisier (Ph.).
Arger (Ch.), boul. Sébastopol, 96.
Baclet (A.), r. St-Martin, 148.
Baudet (Mlle), r. Bourse, 3.
Bérenger, r. St Martin, 22.
Berr (Charles), r. J.-J.-Rousseau, 37.
Blanchet, r. Rivoli, 118.
Boutteville (X.), boul. Sébastopol, 94.
Cambon (Jules), r. Rivoli, 132.
Daudé (E.), r. Faub.-Poissonnière, 8.
Debas, cravates et ganterie, r. du Bac, 21.
Fontaine, r. Faub.-St-Honoré, 95.
Forteau (H.) et H. Guérin, r. St-Denis, 192.
Galicher aîné, r. Bertin-Poirée, 14.
Geniers fils, r. Faub.-St-Honoré, 56.
Girard-Thibault, r. Montmartre, 85.
Glénard (E.) et Cie, filets et résilles, r. Faub. Poissonnière, 12.
Glutron (Félix), grand choix de gants de peau et gants tricotés, r. Grammont, 1.
Jugla (D.), r. Favart, 2.
Lecoq (Mme), r. St-Denis, 277.
Ledoux (Oct.) et Cie, r. Basfroid, 41.
Lefébure (P.), ganterie écosse, mi-soie et castor, r. Rivoli, 114.
Lefebvre aîné et Duponchel, fabr. de bonneterie, ganterie, export., r. St-Martin, 158.
Leroy (Adolphe), r. Bourdonnais, 24.
Liegey (Mme), r. Geoffroy-Marie, 8.
Maigron et Neyret, r. Bourdonnais, 34.
May (Auguste), boul. des Italiens, 14.
Meynard aîné, r. Delta, 7.
Meyrucis frères, r. Rivoli, 65.
Patart et Cie, r. Ch.-d'Antin, 12.
Rhodez (Eugène), r. Château-d'Eau, 56.
Rousseau (E.), r. St-Martin, 335.
Salles jeune et Cie, fabr. de tissus et de ganterie en tissus, r. Rivoli, 63, m. à Lyon.
Santilands (D.), fil d écosse et soie anglaise, r. Banque, 14.
Tailbouis (E.) ❊, ganterie de laine, bourre de soie, satin soie, r. Bourdonnais, 30.
Teissonnière (Prosper), r. Jeûneurs, 12.
Varé (H.), r. Rivoli, 67, fab. à Troyes.

Wisotzky (Auguste) et Cie, gants en drap, fil d'Ecosse, soie, r. Faub.-St-Denis, 39.

Gants de peau (fabr.).

Chambre syndicale. — Président: Ph. Courvoisier.

Aigouy (Paul), fab. spéc. de manchettes, rue Rameau, 11, m. à Millau (Aveyron).

Alexandrine (Mme), fab. à manchettes, gros et détail, r. Auber, 2.

Artia (Ferdinand), fab., r. St-Denis, 290.

Babeur et Cie, manuf., exportation, rue Rambuteau, 81, maison à Millau.

Beillier (Aug.), ganterie fine mécanique en tous genres, exportat., r. Turbigo, 20.

Berlin fils aîné, fab. de gants daim, façon daim et chamois, r. Mandar 8.

Bernad, fab. en gros, système Jouvin, r. St-Denis, 326 ; fab. à Millau.

Bernard (Ch.), fab. r. Mandar, 1.

Bernard (Vor) et Cie, boul. Sébastopol, 53.

Berr (D.) et frère, export., fab. à Lunéville (Meurthe), boul. Sébastopol, 52.

Berrier-Jouvin, associé de la maison Vve Xavier Jouvin et Cie, r. Rougemont, 1.

Bertin (Emile), boul. des Italiens, 27.

Billion jeune et Lelarge, r. Jussienne, 14.

Boissonnade (L.), frères, r. Thévenot, 17, manufact. et magasins à Moscou.

Boivin aîné, ganterie, chemises, cols, cravates, expédition, r. de la Paix, 16.

Bonnenfant aîné, fab. de gants de peaux en tous genres, export., r. de Montaigne, 23.

Bonnevey (B.), r. Richelieu, 89.

Borra (A.), r. du Havre, 13.

Boussard (F.), boul. de Sébastopol, 50.

Boutteville (X.), spéc. de gants et mitaines en filet, boul. de Sébastopol, 94.

Brocard (E.) et Cie, fab. à Montigny (Oise), rue Joubert, 20.

Buscarlet (Vve) et Malo, r. du Petit-Lion, 5.

Cabantous (F.) père et fils, spéc. d'articles de fant., boul. Sébastopol, 76.

Canaguier, r. Laffitte, 37.

Caron et Cie, boul. Sébastopol, 95.

Cerf (Hte), commiss., r. Française, 10.

Chavigny et Cie, r. St-Sauveur, 69.

Cheilley jeune et Cie, fabricants, r. Grammont, 20, m. à Londres.

Clasens (G.), boul. de la Madeleine, 3.

Collet (E.), r. Faub.-Montmartre, 37.

Coste jeune et Leyrolles, r. St-Honoré, 392.

Couvoisier (Ph.) et Cie, ganterie fine en gros, r. Lafayette, 126, usine.

Cristin, fab. de gants de toutes qualités, rue Nve-des-Capucines, 12.

Cusset (A.), manuf. de gants de peau, commission, export., r. de Bondy, 5.

Deschamps (T.), nouveau fermoir, breveté, r. Laffitte, 49.

Doyon ✳, Jouvin et Cie, boul. des Italiens, 6. (Voyez Jouvin, Doyon et Cie.)

Dufort (H.), mégisserie de peaux de chevreaux et de veaux, r. Turbigo, 5.

Fortin (Ch.) et Cie, r. Lafayette, 150.

Gaildraud (Henri), r. du Bac, 43.

Galtier fils, boul. Bonne-Nouvelle, 27.

Gayraud père et fils, toutes qualités, boul. Sébastopol, fab. à Millau (Aveyron).

Geiger, spéc. de gants, en castor, daim et peau de chien, r. Richelieu, 71.

Geniois et Peyronnet, fab. à Paris et à Millau, export., boul. Sébastopol, 17.

Génique et Nicolas, fab. tous art. d'escrime, Faub.-St-Martin, 152.

Gerbaud (Jules), fab. chevreau, agneau, castor, export. r. St-Sauveur, 18.

Gottschalk et Marchand, r. Montmartre, 55.

Guibert (L.) et Lauret, r. St-Denis, 157, fab. à Millau (Aveyron) et à Granges.

Guibert-Buscarlet et neveu, boulevard Sébastopol, 30.

Herr et Cie, r. Grégoire de Tours, 16.

Jouvin (Vve Xavier) et Cie, m. de l'inventeur, r. Rougemont, 1.

Jouvin, Doyon ✳ et Cie, boul. des Italiens, 6, invention du bouton-agrafe.

Jouvin fils, boul. Montmartre, 2.

Jugla (D.), ganterie nouveauté, maison à Londres, à Liverpool, à Dublin (Irlande), New-York.

Juvernat (E.), r. Fer-à-Moulin, 34.

Lacour et Champs (Mmes), r. Vivienne, 5.

Langlois et Grandier, export., r. Nve-des-Petits-Champs, 69.

Lauret frères et Guy, r. Grénétat, 39, fab. à Millau (Aveyron).

Lecrinier, gants indécousables, brev. s. g. d. g., r. de Bondy, 42.

Lehmann frères, boul. St-Martin, 15.

Léon et Fabre, r. St-Antoine, 163 et 165.

Mariotte (Victor), fab. de gants à manchettes dits Diane de Poitiers, r. St-Martin, 251.

Menthe frères, boul. Sébastopol, 97.

Nicolet, fab. brev. s. g. d. g., gants chevreau et de toutes qualités, r. Duphot, 20.

Périnot, anc. maison Caldesaigues et Périnot, r. Thévenot, 4.

Peyre (E.), fab. de gants en gros, export., r. Grénétat, 41.

Pool (Frédéric) et Cie, r. Pierre-Levée, 15.

Préville, fab. de gants de chevreau de 1re qualité, pass. du Saumon, 50.

Ramsons (A la Ville de Lyon), Chaussée-d'Antin, 6, en t. genres.

Redon père et fils, r. du Bac, 38.

Remond (H.), spéc. de Turin, r. Cléry, 86.

Salze, fab. et magas. de gants de peau, coupe Jouvin, perfectionnée, r. St-Sauveur, 50.

Tambour-Ledoyen, boul. Haussmann, 46.

Tierrée (E.), fab. en Turin, chevreau, Suède et castor, r. aux Ours, 37.

Thonnelier et Cie, r. Cléry, 16 et 18.

Trefousse et Cie, r. Bleue, 14; fab. à Chaumont (Hte-Marne).
Tresallet (Laurent), en gros en t. genres, dép. de Grenoble, Milau, r. Mauconseil, 33.
Trippet (J.), spéc. de Suède, boul. Sébastopol, 32, et Quincampoix, 45.
Veissière et Martin, r. Mandar , 3 , fabr. à Millau.

Fournitures et nettoyage de gants.

Anquetin (A.) , nettoyage de gants par un procédé nouveau, r. de l'Odéon, 16.
Beauzé, nettoyage, r. des Rosiers, 17.
Bertrand (L. T.) et Cie, boutons et agrafes p. gants, etc., r. Montmartre, 20.
Bonnefous (Fr.), r. Montorgueil, 67.
Boucart, mécanicien p. l'outillage de la coupe mécanique, r. Descartes, 44.
Cartier-Bresson, fils de cotons p. ganterie de peaux, boul. Sébastopol, 86.
Collas (Claude), benzine-Collas, p. le nettoyage et la mise à neuf, r. Dauphine, 8.
Fromentin (L.) et Sarrasin, fab. de cotons et soies, boul. Sébastopol, 48.
Gaudon (X.), r. Renard-St-Sauveur, 10.
Jamet, fab. de boutons rivés pour gants , r. St-Maur, 214.
Jozon (Et.), calibres p. gants, outils à broder, r. Chopinette, 50.
Morisseau (G.), spéc. de boutons et fermoirs, r. des Gravilliers, 65, fab. à Montreuil.
Newman, nettoyage, r. Richer , 34.
Plailly, spéc. de soies et de cotons, r. Turbigo, 18, dépôts à Grenoble et Milan.
Queylar (F. de) , spéc. de benzine pour le nettoyage, r. Hauteville, 12.
Raiter (H.) , tirettes et boutons, r. du Petit-Lion, 11.
Raymond, r. de la Paix, 2.
Rousset (Mme Vve L.), tirettes et boutons , faub. St-Martin, 172.
Salberg (Moritz), fab. de fil, imitation cordonnet soie, r. St-Denis, 374.
Schneider (Mlles) , fab. de tirettes , boutons rivés en t. genres, export., r. Palestro, 21.
Sénéchal (L. J.), fab. de mécaniques à couper les gants, r. des Fêtes, 61.
Vergnes (Mme) et Cie, fab. de tirettes, glands, boutons rivés, r. Saint-Sauveur, 1.
Zuccani et Cie, esprit minéral pour nettoyage des gants, r. du Temple, 51.

Gauffreurs et apprêteurs.

Amans (A.), r. St-Denis, 244.
André (L.-F.), spéc. de gauffrage de rubans et d'étoffes, nouveauté, r. St-Denis, 129.
Bangratz, r. St-Denis, 311.
Bard, r. Aboukir, 51.
Baugé (Mme), r. du Petit-Carreau, 11.
Bénard (Mme), r. St-Denis, 257.
Bibout (Aug.), r. Grénétat, 37.
Boirivant-Crépin, r. St-Denis, 376.

Boudot (Félix), et Jean Berkelmans , pass. Saulnier, 4.
Boyer, r. du Petit-Carreau, 25.
Charpentier (Mme), r. Aboukir, 89.
Delaitre, r. Quincampoix, 84.
Deslandes, r. du Petit-Carreau, 43.
Dubuisson, r. Paul-Le-Long, 7.
Gannat-Gendry, faub. St-Denis, 36.
Gillet, r. Aboukir, 102.
Granger (G.), r. Cléry, 2.
Guiard, r. du Grand-Chantier, 5.
Landoin (Ch.), r. Rambuteau, 85.
Lemire (maison) (E. Lecointe et Cie, success.), r. St-Denis, 236.
Lévêque (Mme), r. Grénétat, 36.
Machare, r. St-Sauveur, 22.
Mandelli (L.), pass. Bourg-l'Abbé, esc. A.
Meiriniac, r. St-Denis, 257.
Monroy, r. Nve-des-Petits-Champs, 79.
Mourier (Vve H.), r. St-Denis, 162.
Nicolas (Laur.), r. Quincampoix, 75.
Ravenud (M.), r. Corbeau, 18.
Rué (Mme), r. Petit-Carreau, 12.
Sureau (E.), r. Quincampoix, 38.
Tranchand (Louis), r. Nve-des-Petits-Champs.

Gaze.

Voyez aussi *Châles.*

Agnellet (les frères), r. Richelieu , 73, fab. de gaze argentine.
Bergman (A.), r. St-Fiacre, 15.
Bergounioux (Henri) et V. Richard , r. St-Joseph, 4.
Blondel (A.), r. Cléry, 40, fab. à Combles , à Aizecourt-le-Bas (Somme).
Bouchinet et Desse, fab. à Bohain (Aisne), r. Cléry, 21.
Bureau et Michel, fab. à Origny (Aisne), r. Cléry, 42.
Carpentier (A.) et Coquelet, r. du Sentier, 9.
Carré, Carabin et Cie, r. des Jeûneurs , 32 , fab. à Bohain (Aisne).
Cochin (Alph.), r. Montmartre, 166.
Colliard (Félix) et Cie, fab. de gaze , barége, voiles et nouveautés, r. Hauteville, 52.
Duranton (Francisque), r. du Sentier, 39.
Eusèbe (D.), r. Aboukir, 70.
Flamant et Valette, r. du Sentier, 32, fab. à Bohain (Aisne).
Lefebvre (L.) , r. Montmartre , 157 , fab. à Sailly-Saillizel (Somme).
Lemire (maison), (E. Lecointe et Cie, succ.) , fab. spéciale de gazes argentines de toutes couleurs , tissus d'or et d'argent , r. St-Denis, 236, fabr. à Sailly-Saillizel (Somme).
Levaufre (Casimir) et Cie, fab. à Fresnoy , à Busigny et à Sailly, r. d'Aboukir, 61.
Louvet (Eug.) et Cie , gazes de Lyon et de Chambéry, r. Vivienne, 10, m. à Lyon.
Loncle et Lemaire, r. du Sentier , 13 , fabr. à Bohain (Aisne).
Miohin (J.), pass. des P.-Ecuries, 22.

Noiret, apprêteur de gaze brillantée et argentine, r. Jouye-Rouve, 17.

Parant (Eug.) et Fantin, gazes, baréges, lainages, r. de la Banque, 17.

Patriau et Ducrocq, r. de l'Echiquier, 12.

Perrin, Piedanna et Jumeaux, boul. Poissonnière, 14.

Tabourier, Perreau et Bisson, fab., r. Aboukir, 6; m. à Lyon.

Thilliette et Bocquillon, r. Aboukir, 60, fab. à Seboncourt (Aisne).

Vatin (i°.) jeune ✳ et Cie, gazes de soie, voiles, fichus, écharpes, baréges, tissus écrus p. l'impression, r. Cléry, 13; fab. à Fresnoy-le-Grand (Aisne).

Vieillot (Jules), nouv., gazes, fichus, fabr. à Troisvilles, r. St-Fiacre, 15.

Wilmart, Gauchet et Maille, r. Cléry, 10, fab. à Bohain.

Gélatine (fab. de) *pour apprêt.*

Arnette frères, dépôt, r. Barbette, 4.

Attendu, r. de la Cordelière, 17.

Bodier et Choplin, à Anceuil.

Blouet (Alfred), et colles fortes, r. Ste-Croix-de-la-Bretonnerie, 14.

Carlhian (Eug.), gélatines et colles, dépôt de diverses fabr., r. Barbette, 6.

Collonge et Cie, brev. s. g. d. g., manuf. de gélatines blanches et de couleurs, p. apprêts et encollage de tous tissus, r. de la Belle-Croix, à Ivry (Seine).

Drouin (J.), O. ✳, dépôt de MM. Coignet père, fils et Cie, de Lyon, r. St-Croix-de-la-Bretonnerie, 21.

Duponchelle (H.), r. des Vosges, 6.

Follenfant, Faub.-du-Temple, 82.

Fourcade (Alph.) ✳, quai de Javel-Grenelle.

Garnier (L.), r. Montmorency, 34.

Gion (L.) fils, p. apprêts d'étoffes et chapeaux de paille, à Espinay-sur-Seine.

Lefebvre (Edouard), spéc. p. l'apprêt des pailles, r. d'Aboukir, 115.

Quiquet (Aug.), gélatine p. tissus et apprêteurs, avenue d'Italie, 99.

Rouyer frères, fab. p. l'apprêt des étoffes, r. de Vincennes, 28, à Bagnolet (Seine).

Graveurs *pour impressions.*

Artige (H.), r. Belleville-Charonne, 9.

Bobin et Cholet, av. de la Roquette, 41.

Bordes (E.) jeune, r. Amsterdam, 23.

Coulon, r. Reuilly, 32.

Curtelin, r. Fontaine-au-Roi, 36.

Devienne, Faub.-St-Antoine, 246.

Drivet et Cie, r. Tournefort, 43.

Feletrappe frères, Faub.-St-Denis, 144.

Gaiffe (E.), Zglinicki et Cie, r. Vieilles-Estrapades, 21.

Gasnier et Casiez, impas. St-Bernard, 7.

Henriot frères, r. Amelot, 64.

Lacroix (Achille), r. St-Bernard, 15.

Lamothe (Vve), r. Dauphine, 38.

Laurent (Hte), r. Trois-Couronnes-du-Temple, 30.

Lequeux fils, r. Reuilly, 52.

Leroy, r. Ménilmontant, 98.

Mary père et fils. boul. du Prince-Eugène, 76.

Mercier, r. Citeaux, 3.

Tertullien, Faub.-St-Antoine, 230.

Guêtriers.

Bruhière et Gresset, export., r. Lavandières-Ste-Opportune, 31.

Chère (Ch.), r. Richelieu, 48.

Clément (G.), export., r. St-Denis, 168.

Elshoholz, r. de la Grande-Truanderie, 10.

David (Mme), r. Nve-des-Petits-Champs, 4.

Descol, r. St-Denis, 177.

Desvigne, pass. du Ponceau. 22.

Fortune (Th.), Faub.-St-Denis, 14.

Geiger, en t. genres, r. Richelieu, 71.

Guérin (Mme), r. Bourdonnais, 41.

Heintz (Boucheron success.), r. Echiquier, 4.

Hess, boul. de Strasbourg, 46.

Koune (J.), guêtres et molletières, fab. d'articles de chasse et de voyage, r. aux Ours, 16.

Laignel (Louis), r. Roussin, 5.

Libermann, Faub.-St-Martin, 57.

Maigron et Neyret, r. Bourdonnais, 34.

Mansuy, r. St-Roch, 37.

Massuyes, r. Clichy, 5.

Meyniel, r. Cherche-Midi, 30.

Morival, r. St-Anne, 42.

Mouillet, r. St-Honoré, 348.

Oulman (Vve) (D. Oulman fils, success.), bre. s. g. d. g., boul. Sébastopol, 96.

Penot, r. St-Honoré, 176.

Raffin (maison), guêtres nouveau modèle déposé et breveté, Faub.-St-Denis, 66.

Ricard, r. Orillon, 9.

Rist, boul. des Capucines, 9.

Roussel fils, r. du Pélican, 11.

Schlosser, r. St-Denis, 306.

Spiegelhalter frères, r. de la Paix, 6.

Tiebold (Vve), r. St-Lazare, 64.

Traeger (Ch.) fils, r. Réaumur, 1.

Traeger (Vve), r. Molière, 33.

Walter (F.), r. Auber, 9.

Wasse, expor., r. Richelieu, 85.

Weber, r. St-Honoré, 174.

Wibaille, r. Vingt-Neuf-Juillet, 7.

Imprimeurs sur étoffes.

Voyez aussi toiles peintes, teinturiers.

Angremy (Toussaint), r. Cléry, 5.

Boudot (F.), et J. Berkelmans, passage Saulnier, 4.

Bousquet (G.) et Cie, boul. d'Italie, 101.

Bucher, r. Hérold, 14.

Descat frères de Roubaix, teintures, impressions et apprêts, r. d'Enghien, 36.

Dugait-Dubourg, impressions métalliques à façon sur soieries, rubans, r. Echiquier, 22.

Escallier (A.), impressions d'Alsace, robes et châles, façons, et tissus, r. d'Enghien, 16.

Farjas et Cie (Covillard, Pichon et Cie succ.), r. d'Aboukir.

Fellmann (F.) et Ch. Oswald, imp. sur tissus or et argent, r. Fontaine-au-Roi, 47.

Fourier, Cuvret et Tardif, r. du Sentier, 29 et 31, fab. à Bohain (Aisne).

Gaëtano-Dupré, usine au château de Richelieu, dépôt, r. Pavée (Marais), 24.

Geschwindt, r. Charlot, 55.

Gigault et Gillot, r. du Mail, 30.

Gobert ✳ et Cie, aven. Millaud, 25.

Godefroy (Vve L.) et fils, quai Impérial, 21.

Guillaume frères, impasse Choisel, 5, à St-Denis.

Guillaumet (A.), dépôt, r. Aboukir, 58.

Herbet (A.), r. Ste-Foy, 8.

Koechlin, Baumgartner et Cie, de Loerrach (Bade), faub. Poissonnière, 28.

Lanos, r. Poissonnière, 21.

Larsonnier frères ✳ et Chenest ✳, r. des Jeûneurs, 23, manuf. à Mulhouse.

Levy (Emile), r, du Petit-Carreau, 2.

Lhernault et Chiffray, r. St-Denis, 59.

Losserand, impress. sur toutes étoffes, en or, argent solides, r. de l'Asile-Popincourt, 5.

Pacot-d'Yenne (Ed.), pl. des Victoires, 6.

Paraf-Javal et Cie, r. du Sentier, 32.

Petitdidier, boul. Sébastopol, 123.

Poirot (Vallon Poirot success.), 185, r. St-Honoré, impress. sur soieries.

Potier (F.), brev. s. g. d. g., impress. sur étoffes, spéc. p. teinturiers, r. Charenton.

Roussel et Cie, r. de la Parcheminerie, 2.

Saliot jeune, impressions sur velours, r. Montmorency, 36.

Siess fils, r. Pierre-Levée, 1.

Steiner et Schoen, r. Bergère, 18, fab. à Port-Marly (Seine-et-Oise).

Société d'impressions par types élastiques, r. N.-D.-des-Champs, 54.

Trèves (Adolphe) fils, r. du Sentier, 16.

Jupons (fab. de) en gros.

Bandelier et Roche, r. Montmartre, 133.

Baudot (sœurs), boul. Sébastopol, 102.

Benard (maison), et fabr. de corsets, r. Nve-St-Augustin, 25.

Bernard-Sallé et Cie, r. Vivienne, 9.

Bienvenu, jupons empire brevetés, r. Taitbout, 27.

Bonnard, corsets sans couture, jupons pardessus, commiss., export., r. Turbigo, 40.

Bouché (P.), jupons, brevetés s. g. d. g., r. du Mail, 15, commission, export.

Boucicaut (A.), r. du Bac, 135 et 137.

Brun frères, fils et Dénoyel, jupes calicot, baleine, crin et acier, r. des Jeûneurs, 25.

Darclon aîné, boul. Sébastopol, 66, fab. à Oresmaux (Somme).

David et Trouillier, r. du Sentier, 27.

Dechassey frères, jupons et corsets en gros, étoffes p. jupons, boul. Sébastopol, 52.

Dedieu (F.) et Cie, r. Folie-Méricourt, 65.

Despreaux aîné, manuf. de jupons haute nouveauté et à ressorts, r. St-Denis, 290.

Desrues (A.), jupons pardessus et corsets en gros, r. Rambuteau, 72.

Dobelin (Ch.) ✳, A. Maxein et Cie, boul. Sébastopol, 50.

Ducart, jupons et tournures en crins, boul. de la Villette, 48.

Dugé (Vve), et corsets, r. Aboukir, 9.

Dupille (Mme), jupons et corsets, r. Nve-St-Augustin, 45.

Duprey et Bertrand, fab. de jupons en tous genres, dépôt de tissus, r. Cléry, 12.

Edmond Foulon, fab. en t. genres et fournitures en gros, export., r. Rambuteau, 77.

Fleuriot ✳ et Gavarry ✳, r. Nve-des-Petits-Champs, 39.

Gabrielle (Mlle L.), grande fabr. de jupons pardessus, crinolines, etc., r. Aboukir, 59.

Gaudichaud (A.) et Girard, r. Montmartre, 85.

Gaullier et Cie, r. Vivienne, 33.

Gramaccini (Ernest), jupons, broderies et nouveautés sur cachemires, r. Aboukir, 124.

Grellou (A.) et Cie, r. St-Denis, 132.

Grellou (Henri) ✳ et Cie, confections de jupons et tournures, r. Rambuteau, 84.

Guillemeteau père, fils et Leclercq, r. Montmartre, 125.

Guillot-Fillet (Mme), crinolines, jupons de pardessus, corsets, r. Gaillon, 10.

Jourdain, brev. s. g. d. g., corsets et ceintures, France, export., r. de la Paix, 21.

Lacroix (P.), juponbijou breveté s. g. d. g., r. Rougemont, 10.

Lazard frères et Cie, r. Cléry, 16.

Leclercq (M. et Mme), corsets-ceintures, brevetés, jupons, exportat., r. Duphot, 26.

Lefaivre et A. Epailly, corsets et jupons en gros et fournit., r. Turbigo, 8.

Mainfroy, grande spécialité de jupons, fab. de corsets, r. St-Roch, 37.

Marchal (A.), manuf. à ressorts, jupons réductibles, brev. s. g. d. g., r. Rivoli, 116.

Mariotte, et veuve Turpin, jupon extensible brev. s. g. d. g., r. Mulhouse, 13.

Mathonnet (R.) et Cie, fab. de jupons à ressorts et corsets, export., r. St-Denis, 258.

Matignon-Colas, fab. de jupons à ressorts d'acier, export., r. Palestro, 1.

Maxe-Werly (Léon), à ressorts, lingerie, surjupes, haute nouveauté, boulevard Sébastopol, 72.

Meunier et Fehrenbach, jupons-crinolines, brevetés s. g. d. g., r. Joubert, 16.

Paul (Désiré) et Henne, boul. de Belleville, 45.

Peugeot frères, fab. d'acier, r. Béranger, 2.

Philbois, spécialité de crinolines, tournures et jupons de crins, r. Mulhouse, 2.

Plument (P. de), nouv. jupons pardessus, brev. s. g. d. g., r. Aboukir, 9.

Pollisse père et fils aîné, boul. Sébastopol, 85.

Ransons, r. Chaussée-d'Antin, 6, jupons à ressorts d'acier, crinolines, nouveautés.

Rouaux et Gente, r. Aboukir, 44.

Salomon (Adam) jeune, jupons et crinolines en gros, r. Cossonnerie, 3.

Simon, haute nouveauté de jupons pardessus et à ressorts, r. St-Honoré, 181.

Sormani-Voisard, brev. s. g. d. g., fabr. de tissus crinoline, confect. de jupons, rue Turbigo, 85.

Suchel-Damas et fils, jupons confectionnés, r. Montmartre, 134.

Tavernier (A.), fab. de sous-jupes acier, brevetés, jupons confectionnés, spécialité de tissus, r. Sentier, 3, et r. Impériale, 32, à Lyon.

Thieusselin, boul. Sébastopol, 34.

Thomson et Cie, boul. Poissonnière, 12.

Lacets (fabr. de).

Baquié (Adolphe), r. Cloître-St-Jacques, 2.

Barincou (Ph.), r. Quincampoix, 57.

Bartels et Chaigneau, manuf. de tresses, agréments et galons, boul. Sébastopol, 29.

Berson et Lainé, r. Beaubourg, 31.

Bonamour aîné, r. Palestro, 29, fab. à Villeurbanne-Lyon.

Bouline et Langlois, tresses et soutaches pour robes et confections, r. Louvois, 12.

Bourgeois (T.), boul. Sébastopol, 69.

Boury (Pierre), manuf. de lacets élast. en tous genres, nouveautés, r. Rambuteau, 59.

Cabanis et Vor Vigney, lacets, tresses, cordons en soie, laine et coton, r. Cossonnerie, 13.

Cahagne (Louis) et Favrot, lacets, soutaches en laine, soie, coton, r. St-Denis, 144.

Cattaert, r. J.-J. Rousseau, 45.

Chasles et Legouay, ganses, lacets et soutaches, r. St-Denis, 163.

Collard (C.), r. Bertin-Poirée, 8 et 10.

Couchoud de Gournay, r. Rambuteau, 71 ; fab. à St-Paul-en-Jarrêt (Loire).

Daniet (Ch.), lacets de fil, coton et laine, rue Quincampoix, 59.

Dawant et Cie, lacets et rubans p. chaussures fab. à Esserteaux, r. Coq-Héron, 7.

Despréaux aîné, lacets tresses, ganses, spéc. pour corsets et jupons, r. St-Denis, 290.

Detrave et Le Roy, dépôt de tresses organsins lacets, r. du Petit-Lion, 15.

Dobelin (Ch.) ✳, A Maxein et Cie, boul. Sébastopol, 50.

Eigen (Gustave) et Cie, r. Rambuteau, 65, représentants de Bartels Dierichs et Cie à Barmen.

Flaxland (Ed.) et Cie, dépôt de tresses organsin, lacets et ganses de soie, rue Thévenot, 9.

Fontenay (Ernest), dépôt de tresses alpaca' ganses, organsins, etc., r. St-Marc, 17.

Gasteau (Ernest) et Harlaux, (succes. de Paul Souchier), r. St-Denis, 138.

Gelhaye et Estienne, spéc. de lacets coton et fil rond p. corsets, r. Pajol, 4.

Grellou (Henri) ✳ et Cie, dépôt de ganses, lacets et tresses, organsin, rue Rambuteau, 84.

Lacroix, boul. Charonne, 132.

Laporte, succ. De Ferrand, fab. de lacets en tous genres et ferrage, boulev. Sébastopol, 69.

Laporte (L.), r. Grénétat, 53.

Lebée (Eugène), manuf. à Saint-Quentin, représenté par A. Castel, r. du Bouloi, 20.

Leclerc et Lebertre (Fequant succ.), lacets coton et tresses, laine, r. St-Denis, 367.

Lorrain, Souriau et Lemoyne, boulev. Sébastopol, 73.

Lucas frères, dépositaires et agents, tresses, et lacets r. St-Denis, 168.

Mager (A.) lacets et cordons élastiques en caoutchouc, r. d'Aboukir, 11.

Marre (Henri), spécialité en tous genres de lacets, r. Rambuteau, 77.

Maas et Strauss, frères, lacets et tresses d'Allemagne, r. St-Denis, 151.

Mesnager frères, dépôt et fabrique de tresses, alpaca, organsin, etc., r. St-Denis, 210.

Mesthaler (A.), r. St-Martin, 243.

Michel-Colombet, r. Rambuteau, 64.

Michelez fils aîné, r. aux Ours, 28, et fabr., r. de Sèvres, 159 ; usine à Lardy.

Morlo (H.), r. Nve-Bourg-l'Abbé, 12.

Mottet et Bertrand, lacets de coton ordinaire et superfin, boul. Sébastopol, 61.

Nolet (ancienne maison P.), P. Millereau success., spécialité, lacets fils rond, lacets soie, r. de la Lune, 35.

Palliard (A.), boul. Sébastopol, 83.

Richard frères de Saint-Chamond, maison de vente, boul. Sébastopol, 131.

Schüller (A.), et Cie, consignataires de Ad. Schüller et fils, de Barmen (Prusse) manuf. de tresses, lacets et agréments, nouv., b. Sébastopol, 60.

Sens et Johanneau, r. Turbigo, 24.

Steimmetz (Ch.), boul. Sébastopol, 67.

Suzor (A.), boul. Sébastopol, 62.

Verdeil (W.) et Cie, rue Paradis-Poissonnière, 10.

Ferreurs de lacets

Alexandre (C.) r. Aux Ours, 37.

Balagairie-Cuvillier et Cie, spécialité de cuivre p. ferrer, r. Faub.-du-Temple, 43.

Brière (Mme), r. Cossonnerie, 8.

Cahagne (L.) et Favrot, r. St-Denis, 144.

Dalex, r. St-Denis, 138.

Fremy, r. Grande-Truanderie, 2.

Laporte, boul. Sébastopol, 69.

Morin, r. Grande-Truanderie, 23.

Lainages, mérinos, flanelles, escot, stoffs, alepines, napolitaines, etc., en gros.

Chambre syndicale du commerce et de l'industrie des tissus, r. Pagevin, 48. Président, Carlhian ; vice-présidents, Hussenot et Gagnet ; secrétaire, Séguier ; trésorier, J.-B. Duchez ; secrétaire-archiviste, Lange.

Anceau (Victor) et Royer, r. St-Martin, 146 ; maison à Rouen.

Audresset et fils et Menuel, r. Aboukir, 87 ; manufac. à Louviers (Eure).

Auguste (L.) et Vallet, r. St-Joseph, 11.

Barbier et Mauduit, r. Sentier, 11.

Baudot et Lamare, r Bourdonnais, 27,

Becker (L.), r. St-Martin, 188 ; m. à Rouen.

Becker (Jh.) et Cie, r. St-Martin, 163.

Bellanger frères et Mimerel, négts en draps, r. St-Martin, 203.

Bernard frères, r. Cléry. 9 ; fab. à Amiens.

Bloch (J.), laines, crins, plumes, duvets et varech, r. Faub.-St-Denis, 20.

Boittout (E), r. Jeûneurs, 35 ; maison à Rouen.

Bolumet, Duret et Tragin, r. St-Martin, 171 ; m. à Rouen, r. du Lieu-de-Santé, 32.

Bonjour, r. Lafayette, 105 ; fab. à Ribemont (Aisne).

Boulet et Ducy, spéc. de noir, r. Sentier, 3.

Brelay (Emile) et Cie, tissus de laines écrus , r. St-Joseph, 5.

Brelay (Ernest) et F. Senaut, tissus écrus p. teinture et impression, r. Hauteville, 34.

Bureau et Michel , fab. à Origny (Aisne), r. Cléry, 42.

Cailleau, Levallois et Delon, r. du Sentier, 24, fab. à Crèvecœur (Oise).

Camille-Leroux frères, fab. de tissus p. robes, art. lainage nouv., r. du Mail, 5.

Carpentier (A.) et Paul Jamot, r. Joquelet, 7.

Carpentier frères et St-Germain , orléans , alpaga, doublures anglaises et art. de Roubaix, r. des Bourdonnais, 37, m. à Lyon, q. St-Clair, 1.

Castier (P.) et Cie, tissus anglais, articles de Roubaix, Reims, etc., r. Montmartre, 122.

Caumont (G.) , lainages en gros , r. St-Martin, 112.

Caveroc (E.), fab. à Nogent-le-Rotrou (Eureet-Loir), r. Bertin-Poirée, 7.

Chartier frères, pl. des Petits-Pères, 5.

Chartier jeune et Cie, r. St-Martin, 176, m. à Roubaix et à Rouen.

Chevalier (Ch.), r. Nve-des-Petits-Champs, 19.

Collet, Dubois et Cie, r. du Mail, 31 , tissage mécanique à Amiens.

Colliard (Félix) et Cie, r. Hauteville, 52.

Cossé et Sanson, lainages et nouveautés de Roubaix pour robes, r. du Sentier, 32.

Cosson (E.), r. St-Martin , 137, maison à Roubaix.

Davin (Frédéric) ※ , manuf. de tissus écrus de laines, r. Poissonnière, 33.

Coutant, Dubuy , Maréchaux et Cie , r. des Deux-Boules, 3.

Dawant et Cie, r. Coq-Héron, 7, satins pour chaussures, fabr. à Essertaux (Somme).

De Chauny, r. du Sentier, 8.

Decle (A.), Salles et Cie (E. Salles success.) , r. Cléry, 4, et Aboukir, 39.

Degalle (J.) et Cie , articles de Roubaix. spéc. de tissus anglais, r. du Mail, 20.

Degermann (J.), r. Hauteville. 34 , maison à Ste-Marie-aux-Mines (Haut-Rhin).

Deshays, Barbé et E. Veluard, r. Aboukir, 10.

Despréaux aîné , dépôt de tissus p. jupons , art. de Roubaix, Reims, etc., r. St-Denis.

Duchesne et Samson, lainages et nouveautés , r. du Mail, 27 et 29.

Eeckman (L.) et M. Sioen, r. St-Martin , 190 , m. à Roubaix.

Erard et Jouvenot de Reims, repr. à Paris par J. Lorion, r. Aboukir, 43.

Fauré , Massot et Desmarquets , r. St-Martin , 196.

Ferlié et Thirion, cité Trévise, 5.

Floquet , Grillet et Thomas, lainages, nouveautés en gros, r. des Jeûneurs, 42.

Fourier, Cuvru et Tardif, r. du Sentier, 29.

Gombrich (A.), lainages , articles de blanc , châles, etc., en solde, boul. St-Denis, 19.

Gaury (J.) et Cie, r. des Petites-Ecuries , 45, et à Londres, 80, Watling Street.

Grimonprez frères, lainages fantaisies, châles et nouveautés p. robes, r. Cléry, 15.

Guybert (F.), mérinos et lainages, nouveautés p. robes et conf., r. du Mail, 1.

Hélie (Edouard), tissus écrus , r. Hauteville , 33, fab. au Cateau (Nord).

Hennino et Pétréaux, r. du Sentier , 28. fab. à Etreux (Aisne).

Hoschedé, Blemont et Cie, r. Poissonnière, 35.

Hussenot père fils et Cie, tissus écrus , mérinos et châles, r. du Mail, 16.

Jacquot, Remeston, Ravaux et Cie, r. Cléry, 21.

Jessé (Gaston) , fabr. au Mont-d'Origny-Ste-Benoite (Aisne).

Kœchlin ※ frères, r. du Sentier, 33.

Kohnstamm (Em.), lainages anglais, tissus de Saxe, faub. St-Denis, 18.

Lafon et Bacquoy, r. Aboukir, 6 , m. d'achats à Roubaix.

Lambert et Lévy, r. Nve-Bourg-l'Abbé, 8.

Lantin (G.), r. St-Fiacre, 12, m. à St-Quentin ; tissage à Bernonville (Eure).

Lapize-Douce, fab. d'étoffes p. communautés religieuses et soieries, r. Bonaparte, 80.

Lazard frères et Cie, articles de Reims, Roubaix et Bradford, r. Cléry, 16.

Lecocq (A.) et ses fils, r. St-Martin, 140.

Le Duc père et fils, r. St-Martin, 184.

Lefebvre (Ch.) jeune et Cie, et tissus p. jupons, r. St-Martin, 201, m. à Rouen.

Legrand (les fils de Théophile), tissus de laines peignées, mérinos, r. Richelieu, 92.

Le Rouget (A. et A.), r. des Jeûneurs, 33.

Levy (A.) et J. Renouard, r. St-Martin , 168.

Louis, Verdière et Lacasse, r. du Mail, 12.

Lubin, Levy et frère, r. du Sentier, 17.

Maillard (L.) et Cie, r. Aboukir, 76.

Martin, Debray et Cie, r. Tronchet, 2.

Maumy frères et Lestang, lainages écrus et art. de fantaisie, r. Montmartre, 128.

Millot et Dolex, r. St-Joseph, 4.

Niel père ❋ et fils, r. du Mail, 27.

Ousty (F.), mérinos, écosse, cachemires, tissus de Rheims, pl. des Victoires, 9.

Parant (Eug.) et Fantin, gazes, baréges et lainages, r. de la Banque, 17.

Pelissié, Beau et Cie, r. St-Martin, 199.

Planche (L.) et Cie, r. Mail, 23, tissus de laine, châles et nouveautés, fab. à Busigny (Nord).

Pollart (A.) et Cie, orléans et alpagas façonnés et satins de Chine, r. d'Aboukir, 30.

Pouchet (J. L.), étoffes nouv. p. robes, boul. Sébastopol, 99.

Poulain frères, écosse, mérinos, mousselines, r. d'Aboukir, 60, fab. à Bertry (Nord).

Pouquet (Ern.), lainages, soieries, r. Nve-des-Petits-Champs, 27, m. à Lyon.

Reumont frères, pass. Violet, 2, fab. à St-Quentin (Aisne).

Rodier (E.), r. Cléry, 17, fab. à Paris, à Bohain (Aisne).

Senart-Colombier et Cie, r. d'Aboukir, 46.

Seydoux (Aug.) ❋, Sieber ❋ et Cie, r. Paradis-Poissonnière, 23.

Sibert jeune, r. St-Martin, 155, maison à Rouen.

Sommer et Levy, r. Rambuteau, 24.

Steiner-Dolfus et Cie, r. des Jeûneurs, 26.

Testart frères et Cie, r. St-Fiacre, 16, manuf. à St-Quentin.

Vatin (F.) jeune ❋ et Cie, r. Cléry, 13.

Weisgerber et Kiener, r. du Sentier, 8, fabr. à Ribauvillé (Haut-Rhin).

Wolff frères, r. Nve-Bourg-de-l'Abbé, 10.

Zadig (J.-B.), r. du Sentier, 17, fab. à Bohain (Aisne) et à Sailly (Somme).

Laines en gros.

Conditions des laines et des soies (établissement public), r. N.-D.-des-Victoires, 21. Voir la Chambre de commerce, place de la Bourse, 2.

Arondette (Gve), r. St-Denis, 159.

Aubanel (Ach.) ❋, brutes et peignées, et blouses fines anglaises, r. Richer, 22.

Baillard, r. Four-St-Germain, 65.

Baudry, r. Fer-à-Moulin, 34.

Belin (Fois), r. Lancry, 47.

Benecke (E.) r. Hauteville, 30, mais. à Londres et à Roubaix (Nord).

Bernier (Ch. F.), r. Hauteville, 28.

Berson frères, françaises et étrangères, r. de Marseille, 1, m. à Buénos-Ayres.

Bessy (A.) et Cie, r. Entrepôt, 33; m. à Elbœuf et au Havre.

Bloch, Faub.-St-Denis, 24.

Boissi (A.), boul. des Filles-du-Calvaire, 22.

Bonnet (J. C.) et P. Aurès, consig. de peausserie et laines, r. Grénétat, 54.

Bouret frères, laines et peaux françaises et étrangères, r. Charlot, 33.

Bourgeois (E.), r. St-Denis, 236.

Brag (Vve) et fils, r. Richer, 32.

Calinon, r. Cordelières-St-Marcel, 9.

Carayon, r. Echiquier, 32.

Chevalier frères et Cie, laines brutes romaines, r. d'Aboukir, 87.

Clerin (Paul) et Cie, r. de Lourcine, 25.

Cochin (Vor), faub.-St-Antoine, 35.

Collet (J. P.), fils, r. d'Albouy, 17.

Combe (A.) et A. Oriol, r. Dunkerque, 22.

Combe fils aîné, r. Pont-aux-Biches, 14.

Coopman et Cie, r. Bleue, 12, laines effilochées d'Allemagne, Mango et Shoody.

Cortier (A.), faub. St-Denis, 54.

Courgeon, gros, r. des Cordelières, 11.

Danubienne (la), société anonyme d'import. de matières premières, r. de Provence, 34.

David (Ch.), r. Baudin, 8.

David-Garon (Vve), r. Montorgueil, 53.

Debray et Cie, nég. r. de la Fidélité, 7.

Dédéyan (A. Ovaness.), cité Trévise, 12.

Degrailly (A.), r. de la Ferronnerie, 35.

Deguerville et S. Sangnier, r. Rivoli, 128.

De l'Escaille (J.) et Montholon, r. d'Aboukir, 68.

Doublié (C.) fils et Cie, cité Trévise, 6.

Dulac aîné, boulevard Sébastopol, 88.

Dutilloy, r. Four.-St-Germain, 37.

Ernie (Désiré), r. St-Honoré, 199.

Faraguet, laines filées, r. Rivoli, 65.

Floquet (C.), r. des Gravilliers, 70.

Gambey (E.) et Cie, r. de l'Entrepôt, 29.

Germain et Bertaux, r. de l'Echiquier, 22.

Girard frères, r. Lancry, 14.

Grison (A.) faub.-St-Antoine, 2.

Grison (Emile), r. St-Denis, 241.

Gruhier (Jne), r. Beauregard, 25.

Guttinger (U.) agent de manuf. en filés anglais de laines, r. P.-Poissonnière, 27.

Hallot (V.), r. Myrha-Montmartre, 72.

Henon, r. Grénétat, 47.

Henry, laines en gros, r. de Valence, 1.

Herrmann (W.) et Kalm, représentants de L. Lippert et Cie, r. de l'Echiquier, 32.

Hesse (A.), consignataires p. fabrique à matelas, r. d'Hauteville, 65.

Honnet frères et Tassel, r. Montorgueil, 46.

James fils, r. Cordelières, 11.

Knopf, r. Pierre-Lescot, 2.

Lagier fils ❋, Croulebarbe, 8.

Lallemand (Vor), r. Lancry, 49.

Lanseigne frères, r. d'Hauteville, 48.

Lantz aîné r. de Valence, 7.

Le Bouleaux (Ch.), r. des Petites-Ecuries, 21.
Leclère, r. Lafayette, 97.
Lecot (Alph.), r. Beauregard, 8.
Lehmann et Cie, r. Cordelières, 11.
Lemarinier aîné , r. Buffon, 15.
Lemarinier jeune, r. de Valence, 9.
Lemire, r. Lourcine, 27.
Lesquibet, faub.-St-Martin, 172.
L'Honneux (Ch.), dépôt, r. St-Martin, 239.
Loddé (L.), lavoir de laines et négoc. en laines en t. genres, r. de Paris, 136.
Lolagnier (Vor), fils, r. Halles aux Cuirs, 2.
Louis Lyon et Cie, agence en Algérie et en Allemagne, place de la Bourse, 9.
Marlet, r. de Londres, 44.
Moisset-Foye, r. St-Roch, 30.
Morsaline et fils, cour des P.-Ecuries, 22.
Normand, Legrand et Benoist, r. Sentier, 43.
Ouvré (F.-P.) et fils, laine en gros pour fab., r. de l'Entrepôt, 27.
Perré, r. du Bac, 23.
Pia (Em.), r. d'Hauteville, 70.
Pissot (Luce), march. de laines et moutons sciés, r. du Champ de l'Alouette, 22.
Ploix, r. du Fer-à-Moulin, 42.
Poiret et Valentin, r. Lafayette, 127; maison à St-Chinian (Hérault).
Poyart et Picart, laines et cotons, r. Poissonnière, 21.
Prevost (Alph.), r. Petites-Ecuries, 8.
Prunier, r. Pascal, 85.
Quesnel (J.), r. Grénétat, 43.
Quinard aîné, r. Petit-Champ-St-Marcel, 7.
Robert fils aîné, r. de la Glacière-Gentilly, 14.
Roger, r. Faub.-Poissonnière, 74.
Roux (Gustave), r. Pigalle, 57.
Royanez (Victor), r. de la Glacière, 33.
Scherrer (J.), r. Echiquier, 30.
Schmitt (H.), r. Hauteville, 44.
Silz (Bertrand), r. Petites-Ecuries, 31.
Souty (F.), r. Pet.-Ecuries, 9, m. à Elbeuf.
Tabardel (Mme), r. Valence, 5.
Tavernier père, fils et Cie, r. Trévise, 13.
Varache (J.), r. Lyon, 39.
Vassaux, r. Petites-Ecuries, 26.
Vincey (M.), r. Reuilly, 53.
Weil et Cie, r. Caire, 12.
Winter (Edouard), r. St-Quentin, 25.

Laines (filateurs de).

Audresset et fils et Menuet, manufacture à Louviers, r. Aboukir, 87.
Blazy frères, spécialité pour tapisseries et tricots, r. Turbigo, 15.
Chailly, Semé et Cie, représentés par A. Hachon, r. Thévenot, 8.
Davin (Frédéric) ❀, filature et tissus écrus de laines, r. Poissonnière, 33.
Duriez fils, r. Thévenot, 17, filature à Roubaix.
Faraguet, filat. à Dijon, de laines cardées et peignées pour tricot, r. Rivoli, 65.

Fournival (A.) et Lacaille, r. d'Enghein, 17, filature à Rethel.
Guittard fils, Olin, passage Saulnier, 25, filat. à Prémian et Riols (Hérault).
Kloess (Charles), agence d'art. de Bradford, fil de laine, etc., r. Petites-Ecuries, 13.
Larsonnier ❀ frères et Chenest ❀ , rue des Jeûneurs, 23 , peignage mécanique, filat. et tiss. à Guise (Aisne).
Lecoq et Dumas, achats et ventes, rue Montmartre, 146, manuf. à Fourmies (Nord).
Lefebvre et Cie, r. Sedaine, 52.
Legrand (les fils de Théophile), r. Richelieu, 92 ; filature et fabr. de mérinos.
Noiret et Choppin, r. Cléry, 9, filat. à Réthel (Ardennes).
Poiret frères et neveu, r. St-Denis, 96 , peignage et filat. à Saleux (Somme).
Seydoux (Aug.) ❀, Sieber ❀ et Cie, filat. et fabr. de mérinos , rue Paradis-Poissonnière, 23.
Tavernier père, fils et Cie, r. Trévise, 13.
Tresca, Carlet, David et Cie, r. Aboukir, 14.
Vulliamy (Justin) frères, r. Petites-Ecuries, 8, laines filées anglaises et autres pour passementerie, filat. à Nonancourt (Eure) et à Montigny.

Laines peignées, filées (march. de).

Alabarbe (Jules) et A. Martin, r. St-Denis, 20.
Andrieu-Ducournau (F.), spécialité de laines filées angoras, r. Jean Lantier, 5.
Arondelle (Gve), laines, soies, canevas et tapisseries, r. St-Denis 159.
Aubanel (Ach.) ❀, r. Richer. 22.
Auguste (L.) et Vallet, r. St-Joseph, 11.
Bernier (Ch. F.), r. Hauteville, 28.
Besançon (J.) aîné, laines à broder, à tricoter et tous genres, boul. Sébastopol, 88.
Biedermann (H.) et Cie, boul. Sébastopol, 72, filat. et tiss. à Cires-les-Mello (Oise).
Biggs (W. W.), r. Conservatoire, 9.
Biraud (H.), laines teintes pour la passsementerie, r. St-Denis, 289.
Blanc frères et Cie, r. Quincampoix, 93.
Boizot jeune, r. de la Glacière-Gentilly, 33.
Bonnamy (C.), r. Aboukir, 2.
Bourgeois (T.), r. St-Denis, 236.
Colleaux (L.) et Pouillot jeune, laines et cotons pour la passementerie, r. St-Sauveur, 7.
Collette frères, r. St-Denis, 118.
Commien (Henri et Charles) frères, filées, teintes et écrues, r. St-Denis, 179.
Coniart (J.), r. Richelieu, 73.
Decaux (Ch.), r. Grénétat, 55.
Decaux (Alfred), r. Beauregard, 37.
De Clermont, r. Mazagran, 9.
De Fourment (A) et Cie, r. Mulhouse, 9, filatures à Cercamps-Frévent.
Delagroux (I.), r. St-Denis, 283.
De l'Escaille (J.) et Montholon, r. Aboukir, 68.
D'Hostel et Cie, boul. Sébastopol, 107.

Donot (J.), boul. Sébastopol, 84.
Doublié (C.) fils et Cie, cité Trévise, 6.
Dulac aîné, laines écrues et teintes p. tissus et passementerie, boul. Sébastopol, 88.
Faraguet, de Dijon, cardées et peignées pour tricot, bonneterie et tissus, r. Rivoli, 65.
Fragerolle-Landrin, r. Four-St-Germain, 36.
Francœur (Léon), r. St-Joseph, 6.
Gaucherelle (P.), boul. Magenta, 52.
Genevois (F.) boul. Bonne-Nouvelle, 28.
Germain et Bertaux, r. Echiquier, 22.
Guénot (Henri), laines, cotons, et soies filées pour passementerie, r. St-Denis, 277.
Guigon, boul. Montmartre, 17.
Kloess (Charles), articles anglais en laine-mère et en filés, r. Petites-Ecuries, 13.
Lallemand (Victor), r. Lancry, 49.
Lanseigne frères, r. Hauteville, 48.
Le Blond (C.) et Cie, filat., teinture, blanchiment des laines, r. du Sentier, 23.
Lecot (Alph.), r. Beauregard, 8.
Lecocq et Dumas, r. Montmartre, 146.
Lefèvre et Lefèvre, r. St-Bon, 4, et Rivoli, 82, maison à Tourcoing (Nord).
Lefebvre et Cie, r. Sédaine, 52 et 54.
Lefèvre (Eug.), r. Quincampoix, 70.
Lefèvre (Henri) et A. Bonnier, laines teintes et filées, r. aux Ours, 23.
Loddé (J.), laines peignées et laines en gros, r. de Paris, 177, à St-Denis (Seine).
Lolagnier (Vor) fils, r. Halle-aux-Cuirs, 2.
Loncle (F.), tissus de laines écruse, laines peignées et filées, r. Trévise, 32 et 35.
Lorentz (E. Fréd.), r. Argout, 16.
Lyon (Louis) et Cie, pl. de la Bourse, 9.
Marais, r. Réaumur, 50.
Masson (T.), faub. St-Denis, 65.
Mathieu (Vve), faub. du Temple-St-Maur, 157.
Mauguin (E.), r. Aboukir, 60.
Meynier (G.), laines gazées, poils de chèvres, cotons, soies fantaisies, r. du Sentier, 28.
Michaud-Jolly, boul. Sébastopol, 14.
Morsaline et fils, cour des P.-Ecuries, 22.
Mouflier (P.), boul. St-Martin, 11.
Noiret et Choppin, r. Cléry, 9, et filature à Réthel (Ardennes).
Picard et Cie, laines peignées, filées en gros, boul. Sébastopol, 36.
Pinsard, r. des Jeûneurs, 46.
Pipaut (C.), r. Hauteville, 12.
Poiret frères et neveu, r. St-Denis, 96.
Prévost (Alph.), r. des P.-Ecuries, 8.
Quinard aîné, r. du Petit-Champ-St-Marcel, 7.
Robert, r. Glacière-Gentilly, 14.
Roussel, r. des Bourdonnais, 35.
Samsson (A.), laines à broder à Hambourg, représ. par G. Pastor, cité Trévise, 3.
Scherrer (J.), r. Echiquier, 30.
Soubeiran (J.), pass. du Saumon.
Spiess et Rechkemmer, laines pour tapisserie fine, pass. Saulnier, 15.
Thorel aîné, r. St-Denis, 245.

Trapp et Cie, r. des Jeûneurs, 42, filat..
Valette (A.), faub. Poissonnière, 32.
Weil et Cie, soies, laines et cotons, r. du Caire, 12.

Layetiers, coffretiers, emballeurs (principaux).

Antoni (Vve), p. l'export., pl. du Vieux-Marché-St-Martin, 3.
Beurdeley-Andrieu, caisses fer-blanc et zinc, r. Saintonge, 26.
Blanchart (L.), emballages p. tous pays, toile grasse et caisse en zinc, export., r. Charenton, 48.
Bourgeois et sœur, r. Sévigné, 15.
Chabre (A.) et J. Mouret, faub. St-Denis, 65.
Chenne, r. Croix-des-Petits-Champs, 24. Correspondants à Londres, MM. J. et R. Mac-Cracken.
Claye, r. de la Lune, 21.
Coffard et fils, r. des Trois-Bornes, 21.
Cresson (Alfred), expédition en douanes, r. St-Anne, 60.
Delassus, r. Nve-St-Augustin, 6.
Deville, emballe spécialement les toilettes de dames, etc., r. Nve-St-Augustin, 43.
Dizeux et Vilaine, m. fondée en 1741, pour l'exportation, r. Aubry-le-Boucher, 23.
Domicile, r. Grenelle-St-Germain, 45.
Dorotte, emballages de modes, caisses en fer-blanc, r. Lafayette, 12.
Dubois jeune et Dorlencourt, r. Echiquier, 12.
Dubois jeune et fils, article spécial p. voyageurs de commerce, r. St-Denis, 237.
Espirat, emballage en France et à l'étranger, r. de l'Arbre-Sec, 50, fab., r. Watt, 15.
Gaumard, se charge des formalités en douane, faub. St-Martin, 78.
Gaumont (Ch.) et Delassaux, cour et passage des Petites-Ecuries, 10.
Gilbert, Desgranges et Cie, square Napoléon.
Godard (Edouard), r. du Port-Mahon, 3.
Goupil fils, r. Ville-Neuve, 5.
Gorce frères, faub. St-Martin, 166.
Havet (Joseph) et Valère Rouquès, faub. St-Antoine, 21,
Hervier (Hervier fils et Pagault gendre succ.), spéc. de boîtes de voyage p. échantillons, commission, export., r. Aumaire, 17.
Mercier (C.), fab. de caisses en fer-blanc, zinc, etc., p. l'outre-mer, faub. St-Denis, 60.
Paris, maison spéciale d'emballage pour l'exportation, r. des Petites-Ecuries, 25.
Pinard, faub. St-Denis, 86.
Roquancourt-Demarcq, r. Grammont, 19.
Tournant (Al.), dépôt de toiles anglaises de t. genres p. emballages, r. Douane, 8.

Layettes et trousseaux.

André, pass. du Caire, 27.
Artigau, fab. de layettes et d'articles pour enfants, r. Blondel, 21.
Benard-Legay, Chaussée-d'Antin, 16.

Bennes, pelisses pour layettes, r. du Temple.
Chérubin, r. N.-D.-de-Nazareth, 28.
Flacelière (F.), r. du Mail, 19.
Gogny, Chapelle et Cie, r. Cléry, 16.
Guittard, faub. St-Antoine, 167.
Happé, pass. du Caire, 39.
Hoschedé, Blémont et Cie, r. du Sentier, 32.
Jouron (Mme), faub. Montmartre, 74.
Krabbe (Camille), r. Radziwıl, 9.
Lacour et Pottier, r. Duphot, 24.
Lasnier et Cie, r. Lafayette, 74.
Lespagnol, pass. du Caire, 30.
Lepine (J.), r. Poissonnière, 21.
Marguerit et Georges (magasins du Pauvre
  Jacques), pl. du Château-d'Eau.
Martin (Mme), pass. du Caire, 44.
Mesureur (Mlle), r. Fleurus, 27.
Moreau et Leclerc, r. du Temple, 170.
Moulin (Mlle E.), r. des Jeûneurs, 40.
Norcy (J.), r. Tronchet, 18.
Planard frères, r. Montmartre, 125.
Plançon, faub. St-Martin, 142.
Ploucheska (Mme), boul. Strasbourg, 48.
Prevost (Mme J.), pass. du Caire, 117.
Queval (Vve), pass. du Caire, 49.
Ravon (maison), r. Montmartre, 16.
Roig et Cie, r. St-Martin, 170.
Sweetman, r. Royale-St-Honoré, 20.
Simon (Adolphe), r. Castiglionne, 11.
Vessière-Paulin, boul. Sébastopol, 81.

Lin et jute (filatures de).

Bisson et Guilbert, faub. St-Martin, 55, usine
  à Guisseray (Seine-et-Oise).
Bocquet (A.) Carmichael, de Wailly et Cie, r.
  Basse-du-Rempart, 50.
Brigot et Cie, filat. à Bernay (Eure).
Comptoir de l'indust. linière, Magnier, Pouilly,
  Brunet et Cie, r. des Bourdonnais, 31.
Feray et Cie, d'Essonne, r. du Sentier, 29,
  filat. à Corbeil et à Palleau.
Mithouard (Aug.), r. Cossonnerie, 10.
Pont-Remy (Compagnie linière de), fils de lin
  et d'étoupes, tissage de toiles, André père,
  secrétaire, r. Montmartre, 174.
Pierson (L. F.) et Cie, lin et chambre de Riga
  et de St-Pétersbourg, r. Maubeuge, 60.
Société anonyme filature de lin d'Amiens, r.
  Hauteville, 52, direct. : Aug. Fabre.
York Street Flax Spinning Company (limited),
  Crawford, gérant ; toiles d'Irlande et fils
  de lin, filature et fab. à Belfast (Irlande), r.
  des Jeûneurs, 40,
The India Rubber, Gutta Percha and Telegraph Works Co, limited, rouleaux en
  caoutchouc durci et autres en gutta, courroies de transmissions en caoutchouc et toile
  de coton (pouvant se croiser), joints de vapeur, etc., place des Victoires, 12.

Linges de table (fabr. de).

Feray et Cie, dépôt de leur fabrique d'Essonne, r. Sentier, 29.

Hébert-Laignel et Cie, boul. Sébastopol, 41,
  et St-Denis, 126.
Hermann (Wm) et Kahn, linges de table de
  Saxe, r. Echiquier, 32.
Hovyn (L.), r. Bertin-Poirée, 16, fabr. à Com-
  mines (Nord).
Joannard (J.), fabr. de linges de table damassés
  tout fil, boul. Ménilmontant, 105.
Laurent (Edmond), r. Cléry, 8.
Lesage et Bironneau, r. Jeûneurs, 27.
Meunier et Cie, boul. des Capucines, 6, dépôt
  de Jn. Casse et fils ✳, de Lille.
Noël sœurs et Cie, r. du Bac, 51.
Rallu (Alphonse), r. Sentier, 8.
Toussaint (P.), r. Tronchet, 29.
Varin (S.), r. Lavanières-Ste-Opportune, 10.

Lingerie en gros et confectionnée.

Ansart, Cerisier et Cie, r. Jeûneurs, 6.
Artigau, r. Petit-Carreau, 29.
Aumaitre (L.-Guérin success.), spéc. de cols,
  manches et parures, r. Montorgueil, 67.
Bandouin-Uberzax, parures en t. genres, fan-
  taisie et plates, r. Caire, 40.
Benard-Legay, confections, trousseaux, layet-
  tes, r. Chaussée-d'Antin, 16.
Beunat (J.), r. Filles-St-Thomas, 9, maison à
  Baden-Baden.
Biaury (Mme), r. Thévenot, 8.
Biesse et Alberic (Mesd.), r. St-Denis, 290.
Bobin et Cie, lingerie en gros, cols plats,
  manches, bonnets de linge, r. Cléry, 9.
Bonnet (Mme), r. Montmartre, 163.
Boucher (J.), broderies, lingeries, trousseaux,
  layettes et nouv., r. Richelieu, 86.
Boulainguez, G.-rue Batignolles, 46.
Bouillet (J.-B.), fab. de lingeries et confections
  pour dames, r. N.-D.-des-Victoires, 26.
Bouillon (Mme), r. Argout, 16.
Boussard-Dosse (A.), cols, chemises, jupons et
  parures, export., r. Alger, 5.
Cauce (Mad.), corsages et bonnets de com-
  munautés, r. Aboukir, 60.
Carré (E), p. églises, r. Sèvres, 31.
Carré (Mme) et Cie, r. Louis-le-Grand, 26.
Chapron (L.) et fils, spécialité de mouchoirs,
  r. de la Paix, 11.
Chavanon frères et sœurs, r. Blondel, 30.
Collet-Batel, r. Ponthieu, 12.
Constantin (Mme), r. Caire, 20.
Coste (Mme Félicie), trousseaux, layettes, den-
  telles, r. Neuve-des-Petits-Champs, 53.
Cottin frères et Colliette, r. St-Martin, 9.
Dargent et Foucher, r. Allemagne, 59.
Délépine, r. St-Denis, 240.
Delille (Mme), r. Poissonnière, 21.
Despouy (E.), r. Montmartre, 130.
Doffe (Vve) et sœurs, r. Montmartre, 146.
Driou, Moret (Mmes), et Cie, lingerie, nouv. et
  trousseaux, r. Mail, 23.
Drouin (Gustave) et veuve Duval, spécialité de
  cols, parures, nouv., r. Jeûneurs, 33.

Dubois Lefèvre, lingerie en gros, bonnets et robes de baptême, r. Aboukir, 50.

Dubois et Glémarec, lingerie et nouveautés en gros, r. Caire, 9.

Duret (A.), grande spécialité de blanc, art. peignoire, r. N.-D.-de-Lorette, 58.

Dusser (Mlle), trousseaux, layettes, haute nouveauté, export., r. Caumartin, 49.

Echasson frères, r. St-Denis, 371.

Faureau et Bacq, r. Petit-Carreau, 1.

Fayot, fab. de cols, parures, bonnets, camisolles, pantalons, etc., rue du Caire, 18.

Forget-Hébert, parures et corsages, bonnets en tous genres, r. Sentier, 6.

Foulonneau-Madin, r. Richelieu, 100.

Fourmy, Foucher et Poncelet, r. Jeûneurs, 10.

Friess, fab. spéc. de parures et corsages fantaisie, bonnets de linge et à rubans, export., r. Montorgueil, 45.

Gabrielle (Mlle L.), chemises, pantalons, camisolles, etc., r. Aboukir, 59.

Gorjat (Adre), trousseaux, layettes et lingerie, r. St-Antoine, 212.

Gourdiat et Lequin (Mmes), r. Sentier, 28.

Grandjean, bonnets de linge et à rubans, en gros, export., r. St-Denis, 271.

Grünler (Louis), spéc. de bonnets de linge, de cols et manches, export., r. Cléry, 19.

Haarhaus (Robert), cols et manchettes p. hommes et dames, r. Palestro, 1.

Hermann (Wm) et Kahn, lingerie de Saxe, r. Echiquier, 32.

Houssemen (Frédéric), chemises et trousseaux de mariage, boul. St-Martin, 43.

Joly (Mme A.), modes et lingerie fantaisie, r. Chauveau-Lagarde, 4.

Juin (H.), lingerie en gros, spéc. de cols plats, r. St-Denis, 118.

Lacour et Pottier, r. Duphot, 24.

Lacroix (P.), manchettes plissées déposées, ruches pour jupons, r. Rougemont, 10.

Lamberton (L.), chemises, jupons, pantalons, camisoles unies, r. Poissonnière, 20.

Languille et Contal (Mmes), boul. Sébastopol.

Lassègue (A.), r. Turbigo, 36.

Laurent (V.) et Comiot, boul. Sébastopol, 63.

Lechat et Drouet, Chaussée-d'Antin, 12, m. à Baden-Baden et à Nice.

Leclerc sœurs (Mmes) et Bedart, r. du Petit-Carreau, 13.

Lefebvre, p. hommes, r. Echiquier, 5.

Le Melle (Vve), gros, r. St-Denis, 123.

Lepetit-Charolles, lingerie en gros, r. du Sentier, 10, m. à Lyon.

Le Royer, fronces américaines, p. confection de lingeries, r. Bertin-Poirée, 17.

Marin (É.), lingerie, trousseaux, robes et confections, faub. St-Honoré, 19.

Martelli, r. Montmartre, 33.

Marrullié, faub. St-Martin, 97.

Martin (Jules), fab. de cols et bonnets pour dames, boul. Sébastopol, 65.

Martin, Debray et Cie, r. Tronchet, 2.

Mayer-Rheims, r. des Jeûneurs, 12.

Mersey (R.), r. Nve-St-Augustin, 45.

Moos (Mme), lingerie, trousseaux et dentelles, r. St-Honoré, 203.

Moron (E.), lingerie de St-Omer et de Paris, r. Turbigo, 41.

Nicolas, spécialité de cols et corps de fichus, en gros, r. St-Martin, 222.

Noël sœurs et Cie, r. du Bac, 51.

Odam (Vve) et Cie, boul. Haussmann, 124.

Olivier-Josselle, confect. de linge plat, trousseaux et broderies, r. des Bourdonnais, 35.

Oppenheiner sœurs, r. Cléry, 21.

Oudinau frères, bonnets de linge et à rubans, cols, manches, en gros, r. Aboukir, 124.

Paul-Gresset (Vve), (Alexandre Paul succ.), haute nouveauté, r. Cléry, 14.

Perès (Mlle) et Cie, boul. des Capucines, 39.

Perin (Ad.), spéc. de cols, manches et parures, art. de St-Omer, exportat., r. Turbigo, 56.

Pétrequin (Louise) et Cie, boul. des Italiens.

Picou, cols, manches, bonnets, dentelles, guipures et rubans, faub. Montmartre, 15.

Plady (C.), bonnets linges et à rubans, export., boul. Sébastopol, 70.

Planard frères, r. Montmartre, 125.

Quesnel-Merx, trousseaux et layettes, art. p. l'exportation, r. Thévenot, 6.

Ramier (Tre) et Blanchet sœurs, r. Turbigo, 17.

Rousseau frères et Trément, lingerie en gros, p. femmes et enfants, r. Turbigo, 5.

Saillet (Mlle Joséphine), jupons, linge et mousseline, nouveauté, r. Montorgueil, 55.

Stevens (C.), entrepreneur de piqûres, spéc. de chem. et linger., r. Claude-Vellefaux, 4.

Surtouques (E.) et Cie, r. Nve-des-Petits-Champs, 38.

Taconnet, pl. du Havre, 14.

Tainturier (Mme), deuil, r. St-Denis, 229.

Toussaint (P.), r. Tronchet, 29.

Touzet et Cie, r. St-Denis, 266.

Treignac aîné, fab. de lingerie pour dames, export., r. Poissonnière, 17.

Touvé-Rouget, r. du Caire, 35.

Vessière-Paulin, confection en gros p. enfants, export., boul. Sébastopol, 81.

Weil et Heymann, r. St-Fiacre, 12.

Witmann et Cie, lingerie, modes et confections, r. Louis-le-Grand, 9.

Liseurs de dessins.

Aboire, r. Angoulême-du-Temple, 88.

Barbare, r. St-Séverin, 12.

Coillet (Vve), r. St-Maur, 166.

Fauvel (Mme), r. des Amandiers-Belleville, 42.

Federspéel, pass. d'Isly, 8.

Molin (I.), fab. à Bohain (Aisne), r. Feutrier-Montmartre, 5.

Vial (Louis), r. St-Maur, 185.

Maillons pour châles.

André (Vve), r. Blancs-Manteaux, 25.
Lacaze (A.), maillons lyonnais en verre, et art. de verroterie , r. Saint-Maur-Popincourt, 54.

Mécaniciens pour les fabriques.

Adolphe (Iwaszkiewez, dit Adolphe), machines, brevetées s. g. d. g. pour laver et dégraisser toutes espèces d'étoffes, r. Faub.-St-Antoine, 65.
Aubert, machines à gaufrer le papier et les étoffes, r. Claude-Vellefaux-Prolongée, 2.
Aubineau et Bouriquet, machines à coudre, r. Albouy, 19.
Bac (G.), mécanique à ferrer les lacets et à poser les œillets, r. Portefoin, 12.
Bariquand et Cie, petite mécanique de précision et mach. à coudre, r. Oberkampf, 127.
Blanchard, pour dévidage de soie, laine, coton et fil, machine à racler les soies et laines, à tondre, à expulser, purger et brillanter, r. Morand, 14.
Bourgeois aîné, machines p. apprêteurs sur étoffes, r. Versigny (Montmartre).
Bruneaux (Léon), spécialité p. dévidages , laine, soie, coton et fil, r. Turenne, 68.
Callebaut (Ch.), spécialité de machines à coudre, boul. Sébastopol, 105.
Carpentier, lissage et régulateurs p. métiers à tisser, r. St-Maur-Popincourt , 116.
Chellet (J.), machines p. passemen., rouets pour filer, or et argent, r. Bondy, 74.
Clark (J.), représent. J. L. Norton de Londres, mach. à sécher les draps et métiers à tisser, boul. Haussmann, 50.
Crespin (A.) et C. Lapergue, avenue Parmentier, 7 ; machines pour filatures de laines, soies, renvideurs, échardonneuses, métiers continus, etc.
De Coster (A.) ✻, ingénieur mécanicien, métiers à tisser le drap, etc., r. Stanislas, 9.
Feldtrappe frères, cylindres pour impression, r. Faub.-St-Denis, 144.
Fongeray, constructeur de machines à coudre perfectionnées, r. Portefoin, 14.
Kilbert, métiers, couseuses et gaufroirs , boul. du Prince-Eugène, 207.
Legat (D.), machines spéc. p. presser les chapeaux feutre et paille, r. de Châlons, 20.
Leroux (E.), graveur-mécanicien p. cylindres, mach. à gaufrer, r. St-Maur, 136.
Leroy, presses matrices et poinçons p. boutonniers et fleuristes, r. Popincourt, 32.
Mathias, constructeur de machines spéciales p. la chapellerie, r. de Châlons, 22.
Mericant, mécan. à coudre les gants et outils p. gantiers, boul. St-Martin, 33.
Meslin, brev. s. g. d. g., machines à coudre à navettes, r. Montmartre, 65.
Mirre et Cie, pour teintureries, produits chim. filatures, etc., r. Chabrol, 50.

Pierron (A.) et Fd Dehaitre , constructeurs , machines et appareils p. teinturiers, apprêteurs d'étoffes , et autres , r. Dondeauville, 15.
Ricbourg (A.) , constructeur de machines à coudre, 20, boul. Sébastopol.
Sénéchal (L. J.), fabr. de mécaniques à couper les gants et autres outils , r. des Fêtes, 61.
Séraphin frères, appareils p. teinturiers, imp. sur étoffes, etc., faub. St-Martin, 172.
Simpson (R. E.) et Co (Voir Couseuses mécaniques), boul. Sébastopol, 97.
Taillefer frères, métiers à gaufrer et rucher les rubans, le cuir, le taffetas, le tulle, les effilés de soies et laines , les châles, etc., boul. Beaumarchais, 109.
Tonnier, dynamomètres p. draps, toiles, fils , cordes, etc., r. St-Maur, 214.
Turques et Rouault, mécan. à dévider, à doubler, à retordre soie, laines et cotons, rouets p. cordonnets anglais, faub. du Temple, 71.

Mèches pour lampes (fabric. de).

Bizet (F.), r. St-Denis, 142.
Boulongne, export., faub. St-Denis, 14.
Brun (J.-P.), r. des Halles, 21.
Bullot (B.), tissage de mèches par machines à vapeur, boul. Beaumarchais, 44.
Cavé-Barbé , r. Ste-Croix-la-Bretonnerie , 7, fab. à Mortemer (Oise).
Costel (A.), r. Bourtibourg, 14.
Derobert, r. St-Martin, 58.
Fafin aîné, r. Aiguillerie, 6.
Fex (André), r. Montmorency, 5.
Grison (A.), exportat., r. Turbigo, 35.
Guionin, r. Quincampoix, 5.
Lebas, r. Fontaine-au-Roi, 21.
Lebœuf, Cloîtres-St-Merri, 6.
Leneveu (A.), r. La Reynie, 26.
Mansard, r. Poitou, 5.
Naveau et Cie, fab. à Fouilloy (Somme), r. de Jouy-St-Antoine, 10.
Obert (Vve), r. des Gravilliers, 24.
Renard, r. Oberkampf, 26.
Rimaillio frères, r. Rambuteau , 20 , fab. à Condé-s.-Noireau.
Roussel, faub. St-Denis, 18.
Siglé, r. Rambuteau, 22.
Thomas fils, r. de la Verrerie, 67.

Mercerie en gros.

Allmayer et Cie, cordons et lacets en caoutchouc anglais, r. Rambuteau, 57.
Angrémy, Toche et Cie, r. Turbigo, 45.
Aucler (Auguste) et fils, boul. Sébastopol, 75.
Auffère et Guillet, r. St-Denis, 134.
Babé (Em.), Cloîtres-St-Jacques, 8.
Bance fils aîné, fab. de rubans de Normandie en t. genres, r. St-Martin, 141.
Bardin (E.), Pinezaize et Cie, r. St-Denis, 106.
Barge (J.), r. des Deux-Ecus, 15.

Barras, mercerie, soieries, lacets de soie, tissus élast., r. St-Denis, 225.
Bartels et Chaigneau, manuf. de tresses, agréments, galons, etc., boul. Sébastopol, 29.
Bassot frères, boutons et mercerie anglaise en t. genres, r. du Cloître-St-Jacques, 3.
Baudouin (T.), dépôt de fil, commiss., export., r. St-Denis, 136.
Bechtel (W.), représ., r. Richer, 10.
Bellencontre (Jules), Cité Trévise, 12.
Blatte, r. Fontaine-au-Roi, 47.
Boivin (Eug.), art. p. chauss., r. St-Denis.
Bonnamour aîné, r. Palestro, 29, fab. à Villeurbanne (Rhône).
Boucault et Hublin, r. St-Denis, 121.
Boudin (H.) et Aubinet, boul. Sébastopol, 46.
Bouline et Langlois, r. de Louvois, 12.
Bourgeois (E.) et Leclerc, r. Buci, 20.
Bourgeois (T.), boul. Sébastopol, 69.
Boutet, Cloîtres-St-Jacques, 10.
Bresson-Auger (Uscant - Bresson success.), spéc. p. communautés religieuses, export., r. St-Denis, 353.
Brichard (A.), boul. Sébastopol, 2'.
Brissaud (A.), boul. Sébastopol, 60.
Cahagne (Louis.) Favrot et Cie, mercerie, rubans, art. de Paris, r. St-Denis, 144.
Cathala et Cie, mercerie, soierie, dépôt de tissus élastiq. r. St-Denis, 227.
Chapuis r. Turbigo, 43.
Chariaut-Richelieu, ficelles fines couleurs, gances et bolduc, r. du Caire, 11.
Charpentier et Gautheron, boulev. Sébastopol, 47.
Chassaing et Lepaitre, r. Grenétat, 36.
Chauveau, boutons, galons, tresses, r. du Cloître-St-Jacques, 3.
Cohn (Edouard), dépôt, r. Turbigo, 18.
Cottin, manuf. de boutons de soie, r. des Enfants-Rouges, 7.
Courtois et Laniesse, mercerie, soieries et art. de Paris, r. Turbigo, 20.
Courtois (A.), mercerie, rubans de soie, bonneterie, art. de Paris, boul. Sébastopol, 24.
Daine (L.), r. Michel-le-Comte, 21.
Daniet (Ch.), r. Quincampoix, 59.
Dawant et Cie, rubans, lacets, r. Coq-Héron, 7 ; fab. à Esserteaux (Somme).
Debadier, passementerie et nouveautés p. dames, art. p. tailleurs, r. St-Denis, 101.
Debost et Courtès, r. Turbigo, 34.
Defert (J.), dépôt de mercerie, rubans de soie, velours, etc., boul. Sébastopol, 44.
Delmas (F.), agrafes, aiguilles, boucles, boutons, dés à coudre, etc., r. Chapon. 26.
Demmer, art. allemands, anglais et boutons, r. Turbigo, 38.
Depaux aîné, r. Réaumur, 52.
Despréaux aîné, dépôt de lacets et tresses, spécialité pour corsets et jupons, rue Saint-Denis, 290.
De Prez (A.), boul. Sébastopol, 8.

Desormeaux (Constant), r. St-Denis, 155.
Detrave et Le Roy, r. du Petit-Lyon, 15.
Debelin (Ch.) ☼, A Maxein et Cie, boul. Sébastopol, 50.
Diel frères, boul. Sébastopol, 16.
Duquesne (L.), aiguilles, épingles, boutons, rubans et commission, r. aux Ours, 29.
Ebstein (C.) et F. Chapot, r. St-Martin, 104.
Eigen (Gustave) et Cie, représentants consignataires de fab., r. Rambuteau, 65'.
Flaxland (Ed.) et Cie, consignat. et représent. de fab., r. Thévenot, 9.
Floutier, r. St-Denis, 188.
Gasteau (E.) et Harlaux, r. St-Denis, 138.
Gossiôme, dépôt de fil de lin en pelotes, r. du Petit-Lion, 40.
Gottschalk et Cie, représentants de fab. d'Allemagne, aiguilles en tous genres, épingles, boutons agathe, faub. St-Martin, 76.
Goupil (Eug.) et H. Lauret, r. Pierre-Levée, 6.
Grellou (Alexis) et Cie, r. St-Denis, 132.
Grellou (Henri) ☼ et Cie, dépôt général de mercerie, r. Rambuteau, 84.
Guillaume, frères, rubans de soie et lacets p. chaussures, r. St-Denis. 264.
Guillaume, r. Oberkampf, 138.
Guimard (J.), r. Git-le-Cœur, 11.
Hadamard (A.), r. Pagevin, 4.
Hildesheim (Julius), dépôt anglais, r. d'Aboukir, 102.
Jacques (J.), r. St-Denis, 159.
Jumelle et Hardy, dépôt de mercerie, rubans, de soies et velours, r. St-Denis, 123.
Kloess (Charles), agence de fabriques allemandes et anglaises, r. des P.-Ecuries, 13.
Kohlhagen et Diepmann, agence de fab. allemandes et anglaises, boul. Sébastopol, 38.
Knopf, r. Pierre-Lescot, 2.
Krauss (E.-F.). représentant de fabriques allemandes, r. de l'Echiquier, 30.
Kunzé (Alexandre) manuf. générale de peignes toiles cirées, etc., r. de Cléry, 90.
Lacroix (Ch.), mercerie, passementerie, tapisserie, rubans, r. St-Denis, 335.
Lambard (Eug.), boutons, galons, tresses, etc., r. Nve-des-P.-Champs, 5.
Lambert (E.) fils, r. St-Denis, 92.
Lambert (Henri), agent et dépôt, tresses, lacets, galons et boutons, r. Palestro, 3.
Leclerc et Leberte, (Fequant success.), lacets coton, et tresses laine, r. St-Denis, 367.
Leclère (C.), r. St-Denis, 187.
Lemaitre et Cie, ficelles à bourse de couleur et autres, boul. Sébastopol, 85.
Lenfant (H.) aîné, mercerie, passement., rub., boutons, soieries, r. St-Denis, 277.
Lerébour, agent déposit. de fab. françaises et étrangères, r. St-Denis, 216.
Le Vilain et Griffon, r. St-Martin, 285.
Levy (Pierre), r. des Quatre-Fils, 22.
Lhuillier (A.), déposit. d'art. de Paris, fab. de boutons, boul. Sébastopol, 66.

Souriau et Lemoyne, ganses, lacets, boutons, rubans, boul. Sébastopol, 73.
Lucas frères, dépositaires et agents, mercerie tresses, boutons, r. St-Denis, 168.
Maas et Strauss frères, perles, boutons et tresses d'Allemagne, r. St-Denis, 15.
Mager (A.), fab. de caoutchouc, bretelles et jarretières, lacets, r. d'Aboukir, 11.
Mahler (A.), r. Dupuis-Béranger, 7.
Maincourt (J.), mercerie, lacets, rubans de soie et velours, exp., r. St-Denis, 135.
Malan (J.-D.) r. St-Martin, 9.
Maquaire (A.), fournitures générales p. machines à coudre, boul. Sébastopol, 97.
Marchon (L.), mercerie, passementerie, rub., art. p. modes, r. St-Denis, 129.
Marre (Henri), négociant déposit., mercerie, passemt. et lacets, r. Rambuteau, 77.
Masson (Alex.), r. St-Denis, 266.
Mesnager frères, mercerie, lacets, rubans, art. de Paris, export., r. St-Denis, 210.
Pasquier (Jules), r. St-Denis, 173.
Pelletier (Fréd.), r. Grénétat, 11.
Persent et Cie, mercerie, soierie, spéc. de bretelles, peignes, boul. Sébastopol, 53.
Petit (J.), r. Montmartre, 43.
Pichard et Cie, r. Petit Carreau, 44.
Poisson et Prestat, boul. Sébastopol, 47.
Prat-Chabert et fils, mercerie, soieries et art. p. tailleurs, r. Rambuteau, 57.
Regniault (J.) mercerie, soieries en gros, fil au Chinois, r. aux Ours, 23.
Richard frères, de Saint-Chamond, manuf. de tresses organsin, de lacets soie, coton et fleuret, de cordons rubans et velours de St-Etienne, boul. Sébastopol, 141.
Roger (L.) et Cie, étoffes élastiq., représ. par E. Lemaire, rue St-Pierre-Montmartre, 13.
Schuller (A.) et Cie, boul. Sébastopol, 60.
Sortais (Henri), r. de Bucy, 29.
Soupplet (P.) et E. Gaillard, boulevard Sébastopol, 74.
Souty et Renault, pl. des Victoires, 7.
Sriber (Alp.), élastiq. et tissus caoutchouc en tous genres, r. Turbigo, 18.
Steinnelz (Charles), dépôt, tresses, lacets, galons, boutons, boul. Sébastopol, 67.
Suzor (A.), boul. Sébastopol, 62.
Travers jeune, mercerie, rubans, passemt. r. St-Denis, 293.
Tronchon (Ch. Henri), r. Debelleyme, 16.
Tuffier (L.), r. St-Denis, 148.
Verstraete (Alp.) fils, r. St-Martin, 22.
Villy (P.-J.) et Cie, élastiques anglais, boul. Sébastopol, 38, m. à Manchester.

Métiers (Construct de)

Blanchard, à dévider, r. Morand, 14.
Camus, pass. St-Pierre-St-Paul, 13.
Carpentier, r. St-Maur-Popincourt, 116.
Chambeau aîné, quai Jemmapes, 260.
Chellet (J.), r. Bondy, 70, cité Riverin, 1.

Kilbert, métiers et tout le matériel pour tissage, boul. du Prince-Eugène, 207.
Lacaze (A.), fab. de métiers à lacets, à franges à guipures, etc, spécialité de lisage, machines Jacquard perfectionnées p. métiers mécaniques, r. St-Maur-Popincourt, 54.
Lachaud et Roussel, r. Feuillantines, 82.
Lepage, faub.-du-Temple, 26.
Lévy (Jules), métiers à passementerie, r. des Ecluses-St-Martin, 5.
Madinier (H.), r. J.-J. Rousseau, 41.
Mary et fils, constructeur de machines Jacquard, lisage métiers à la barre, battants, brocheurs plombs et maillons, fils retors p. montage de métiers, rue Saint-Maur-Popincourt, 87.
Pepin, r. du Petit-Musc, 28.
Tailbouis ✿ et Renevy, métiers rectilignes et circulaires p. tricots, r. Bourdonnais, 30.
Turques et Rouault, mécaniciens p. dévidage, breveté s. g. d. g., Faubourg du Temple, 71.
Victor, fab. de métiers à broder et devidoirs, r. Beaubourg, 36.

Fournitures pour modes en gros.

Agnellet (les frères), r. Richelieu, 73 ; fab. à Thônes (Haute-Savoie), maisons à Lyon. St-Pétersbourg, New-York, et Moscou.
Amédée Rasse et Cie, formes calottes, linons, tulles, laitons, r. d'Aboukir, 137.
Annequin (B.) et Tixier, r. d'Aboukir, 68.
Atrux (F.), laitons en tous genres, r. Tiquetonne, 16.
Auge (A.) garnitures paille et tissus fantaisie, art. jais, r. du Caire, 11.
Ballot (J.), en gros, r. St-Denis, 355.
Beauvilain, fab. spéciale de fantaisies pour modes, perles, jais, faub. St-Martin. 84.
Bonginelli (A.) fils, r. d'Aboukir, 97.
Bougeault (A.), r. St-Denis, 307.
Bourgeois (E.) et Leclerc, r. de Buci.
Boulet (Ch.), laitons, r. St-Denis, 306.
Bresson-Auger, (Uscant-Bresson success.), r. St-Denis, 353.
Brochard, spécialité de formes et calottes en t. genres, r. du Petit-Lion, 11.
Brochon (Adolphe) (Gambey et Cie success.), fab. de fleurs fines, parures de mariées, export., (mais. de gros), r. Turbigo, 28.
Brunswich (E.), r. du Caire, 33.
Bublens (J.), d'or, sur soie, spéc. de griffes p. modes, r. des Blancs-Manteaux, 39.
Cahen (Ferdinand), bijoux en dorure, acier et noir, fleurs, r. du Temple, 122.
Champeval (maison), r. du Caire, 15.
Chartier (L.), bijoux, r. du Temple, 171.
Chaumas frères, r. Montmartre, 160.
Cochin (Alph.), r. Montmartre, 166.
Crespelle et fils aîné, r. Poissonnière, 13.
Danjard, pass. du Caire, 42, fab.
Davasse (E.), formes, r. Nve-des-P.-Champs.

Delor et Savreux, fournit. pour modes et fantaisie, velours, etc., r. Aboukir, 117.

Del Perugia (Pascal), manuf. à Brozzi (Italie), r. du Caire, 8.

Diehl (Henry) et Cie , perles d'Allemagne et de Venise, r. St-Denis, 248.

Dulieu et Delahaye, r. St-Georges, 5.

Durand (H.), tresses, agréments en paille, etc., r. des Petites-Ecuries, 7.

Duttenhorfer (G. C.) , tresses et agréments paille, r. Ste-Croix-de-la-Bretonnerie, 5.

Fichaux, garnitures p. modes en or, en argent, jais et paille, r. des Jeûneurs, 44.

Foucart (G.), fab. de formes de calottes pour chapeaux de dames, r. du Temple, 175.

Garbominy frères et sœur, fournit. de modes et chapeaux de paille, r. du Caire, 21.

Gayet jeune et Cie, r. Ste-Anne, 64, maison à Lyon, pl. St-Nizier, 1.

Goupil (Eug.) et Lauret (H.), r. de la Pierre-Levée, 6.

Grellou (H.) ※ et Cie, étoffes de soie, tulles, crêpes, blondes, r. Rambuteau, 84.

Gueugnier frères, spéc. d'art. de bijouterie p. deuil, r. du Temple, 159.

Guyard (G.), couvreur de fil de laiton , r. des Vinaigriers, 10.

Hemery, fab. de plumes p. parures, garnitures p. robes, quai Valmy, 193.

Hommes (veuve) et fils, spéc. d'ornements p. modes, faub. St-Martin, 33.

Jourdain, laitons en tous genres, formes, calottes, r. St-Martin, 89.

Lachesnez et A. Maheu, r. St-Denis, 380.

Lamy (Louis) , épingles assorties , r. Turbigo, 32.

Legrand et Ficquenet, laitons et barrettes en papier, coton et soie, r. de la Verrerie, 74.

Lhuillier (A.), boul. Sébastopol, 66.

Libert aîné , chapeaux de feutre , peluches , velours, laines, etc., r. du Caire, 53.

Long fils (E.), fleurs, crêpes, blondes , fantaisies, etc., r. Montorgueil, 71.

Marliez et Cie, r. Montmartre, 35.

Meunier (E.) et Vve Denis, r. du Caire, 19.

Muller (E.), fab. de plumes p. parures , en t. genres, export., faub. St-Denis, 83.

Nicolle (Ch.), spéc. de laitons en t. genres p. modes et fleurs, r. Aboukir, 85.

Nouveau-Marmet, r. du Caire, 29.

Pacquet (L.) et Cie , bandeaux, aigrettes , agrafes, broches, etc., r. Montmartre, 53.

Pauline, fleurs et ornements, r. Montmartre.

Perrault et Sachs (J.), chapeaux de paille et feutre, r. Nve-des-P.-Champs, 6.

Perret et Boucher, r. Aboukir, 56.

Perret frères, r. Montmartre, 136.

Petit-Gilles, chapeaux de paille, fournit. pour modes, feutres et imitation, r. du Nil, 9.

Pissis (L.) et Cie, r. St-Sauveur, 69.

Potonié, fab. de laitons couverts soie, cotons et papier, r. St-Denis, 293.

Prevost-Bernard (B.) et Cie, ornements en perles, jais, corail, r. Aboukir, 108.

Quesnecourt , filets et coiffures , r. Montmartre, 126.

Raimbert, Geoffroy et Cie, agréments p. chap. de paille, boul. Sébastopol, 62.

Rasse (Améd.) et Cie, formes, calottes et fantaisie p. modes, r. Aboukir, 137.

Ratier, fab. d'articles de fantaisie p. modes , or, jais, perles et acier, r. Magnan, 19.

Roger, fab. de formes p. chapeaux de paille, tresses, etc., r. Dupetit-Thouars, 18.

Roux (Ernest), r. du Sentier, 18, m. à Lyon , r. St-Pierre.

Rozet (Vve), Bathelier et Rozet fils, fleurs, plumes, tulles, laitons, etc., r. Réaumur, 42.

Thuilier, fournit. et plumes p. parures , export., r. Nve-des-P.-Champs, 9.

Vincent et Curton, r. Aboukir, 119.

Weynen (maison Sophie), fab. d'art. de fantaisie en or, argent, r. Ste-Anne, 46.

Mouchoirs de poche en gros.

Bertrand-Milcent, r. des Jeûneurs, 32, fab. à Cambrai, à Courtrai et Belfast.

Boulard et Cie, r. des Bourdonnais, 28, fab. à Cholet (Maine-et-Loire).

Bricourt-Molet, blancs et imprimés , unis et fantaisie, r. du Sentier, 10.

Brun frères, fils et Denoyel, mouchoirs-vignettes nouveautés , r. des Jeûneurs, 25 , fab. à Tarare, m. à St-Quentin.

Chapron (L.) et fils, r. de la Paix, 11.

Coquereau frères, r. St-Martin, 138.

Degrelle et Cie, r. du Sentier, 35.

Delame -Lelièvre et fils et Sueur, r. du Sentier, 9.

Dennery (Léon), r. de Mulhouse, 4 , fab. à Valenciennes.

Durand (Félix) , de Cholet , boul. Poissonnière , 23.

Duret (Cie Irlandaise), r. Tronchet, 36.

Garsiau-Camus et fils, r. des Bourdonnais, 41.

Godard (A.), blancs et imprimés, foulards de fil, r. Cléry, 40.

Guynet (H.), r. du Sentier, 33.

Hermann (Vve) et Kahn, mouchoirs de Silésie, r. Echiquier, 32.

Jourdain, r. des Jeûneurs, 27.

Lambert et Levy, r. Nve-Bourg-l'Abbé, 8.

Laurent frères, r. St-Martin, 177.

Lecocq (A.) et ses fils, r. St-Martin, 140.

Lesage et Bironneau, r. des Jeûneurs, 27, et Croissant, 14.

Lussigny frères, imprimés, r. du Mail, 30.

Menard (Antoine), r. du Sentier, 23.

Menard (Louis), toiles fines, tissus de fil blanc et imprimés, r. du Sentier, 13, fab. à Solesmes (Nord) et Belfast (Irlande).

Menard-Réal et fils, fab. à Solesmes , r. St-Fiacre, 3.

Miltrade-Bugniot, faub. St-Honoré, 26.
Pierre (Théodore), r. Cléry, 11.
Tourte (G.), r. Bertin-Poirée, 19.
Varin C. ✳, r. des Bourdonnais, 20.
Vinchon et Basquin, r. de Mulhouse, 13, fab.
à Cambrai.

Moules pour passementerie (fabr. de).

Deforge fils, r. St-Sauveur, 29.
Didier fils, r. Gde-Truanderie, 33.
Michel-Martin, r. St-Sauveur, 5.
Nicolas et Cie, r. St-Denis, 277.
Odobez, r. Palestro, 21.
Thierri-Mougnard, boul. Sébastopol, 76.
Tournay-Didier, r. St-Denis, 309.
Viard (Prosper), r. St-Denis, 241.

Navettes pour tissage (fab. de).

Baudouin (A.), r. Bièvre, 26.
Chapelon, r. Oberkampf, 147.
Hachez, faub. du Temple, 90.

Négociants (Voyez *Commissionnaires*).

Nouveautés (fab. de tissus pour).

Baudré (M.), r. Mulhouse, 7, fab. à Bohain
(Aisne).
Bergounioux (H.) et V. Richard, r. St-Joseph,
4, fab. au Transloy (Pas-de-Calais).
Bossuat (E.-G.), p. robes et confec., r. d'Hau-
teville, 58, fab. à Bohain (Aisne).
Bouchinet et Desse, fabr. à Bohain (Aisne),
r. Cléry, 21.
Bournagu, r. Trois-Couronnes-du-Temple, 46.
Brelay (Emile) et Cie, tissus de laines écrus,
r. St-Joseph, 5.
Bultcan ✳ frères, r. Sentier, 16, fab. à Rou-
baix, Walincourt et Bohain.
Bureau et Michel, r. Cléry, 42, fab. à Origny
(Aisne).
Caillau, Levallois et Delon, tissus nouveautés
pour robes, r. Sentier, 24.
Cailleux (L.), r. Ste-Cécile, 8.
Carré, Carabin et Cie, gazes, barèges, tissus
écrus, r. Jeûneurs, 32, fabr. à Bohain.
Cautru, r. Faub.-St-Denis, 39.
Cave (A.), r. Ferme-des-Mathurins, 25.
Chambon et Chaninel, soieries, place des Vic-
toires, 4, fab. à Lyon, r. Royale, 29.
Chartier frères, pl. des Petits-Pères, 5.
Clavé (M.), r. Sentier, 26, m. à Roubaix.
Collet, Dubois et Cie, r. Mail, 31.
Colondre, r. Aboukir, 115.
Daniel, r. Aboukir, 62, fabr. à Seboncourt
(Aisne) et à Walincourt.
Deroudilhe (H.), r. St-Maur-Popincourt, 56.
Devin (Ch.) et Cie, r. Poissonnière, 3.
Dreyfous (Fréd.) ✳, r. Sentier 28, fab. à
Heudicourt (Somme).
Dielsch frères, r. Faub.-Poissonnière, 18.
Durand (V.), r. N.-D.-des-Victoires, 32, fab.
à Bohain (Aisne).
Duranton (F.), r. Sentier, 39.

Estragnat fils et A. Susse, r. Jeûneurs, 17.
Farjas et Cie (Covillard, Pichon et Cie, suc-
cess.), r. Aboukir, 47.
Fauqueux, r. Oberkampf, 144.
Fayet (J.), pass. du Saumon.
Flamant et Valette r. Sentier, 32, fab. à Bo-
hain (Aisne) et au Transloy.
Fourier, Cuvru et Tardif, r. Sentier, 31.
François (F.-G.), impasse Rébeval, 10.
Grolleau et Deville, r. Sentier, 33.
Guybert (Ferdinand), nouveautés p. robes et
confec., export., r. Mail, 1.
Hess (G.), r. La Vrillière 6.
Hussenot père, fils et Cie, r. Mail, 16.
Jessé (Gaston), r. St-Joseph, 3.
Lantin (G.), r. St-Fiacre, 12, m. à St-Quen-
tin, tiss. à Bernouville (Eure).
Lantz (J.) jeune, r. Aboukir, 14.
Larsonnier ✳ frères et Chenest ✳, nouv. en
tissus et en impres., r. Jeûneurs, 23.
Laubry-Aubeux et Cie, r. Morand, 15.
Legrand (les fils de Théophile), r. Riche-
lieu, 92.
Leverd (A.), pass. Ménilmontant, 10.
Loncle (F.), tissus écrus, laines peignées et
filées, r. Trévise, 32 et 35.
Loncle et Lemaire, fab. à Bohain (Aisne), r.
Sentier, 13.
Maumy frères et Lestang, lainages écrus, r.
Montmartre, 128.
Navières et Lepare, fabr. à Bohain (Aisne), à
Élincourt (Nord), r. Sentier 35.
Parant (Eug.) et Fantin, r. Banque, 17.
Peloso (Ch.), tissus anglais, spécialité de ve-
lours cotons, soies, etc., r. Temple, 62.
Perrin, Piedanna et Jumeaux, boul. Pois-
sonnière, 14.
Poulain frères, r. Aboukir, 60.
Prieur (G.) et Bonnette fils, r. Cléry, 4.
Richard et fils. r. Paradis-Pois., 29.
Rodier (E.), r. Cléry, 17, fab. à Bohain.
Salomon (L.), Schill-Dreyfus et Cie, boul.
Sébastopol, 34.
Sandilands (D.), alpagas, r. Banque, 14.
Sabran et Jessé, r. St-Joseph, 3.
Sangouard (C.), r. Aboukir, 50.
Tabourier, Perreau et Bisson, fabricants, rue
d'Aboukir, 6.
Tanquerey et Delaby, r. Sentier, 22 ; fab. et
tiss. mécanique, à Proisy (Aisne).
Tavernier (A.), spécialité de tissus à jupons,
r. Sentier, 3.
Testart frères et Cie, r. St-Fiacre, 16, manuf.
à St-Quentin.
Vatin (C.) et Valincourt, tissus en t. genres,
fab. à Bohain, passage Saulnier, 9.
Ventejoul et Georges Roud, manuf. de tissus
nouveauté, boul. Ménilmontant, 63.
Wacrenier-Nadaud, r. Richer, 26.
Weisgerber et Biener, r. Sentier, 8.
Wilmart, Gauchet et Maille, r. Cléry, 10, fab.
à Bohain.

Zadig (J.-B.), r. Sentier, 17.

Nouveautés en gros.

(Art. de Reims, Mulhouse, Roubaix, Amiens, etc.).

Angremy (Toussaint), r. Cléry, 5.
Arveux (A.), r. Bouloi, 4.
Bandelier et Roche, r. Montmartre, 133.
Baquié (L.), r. St-Joseph, 10.
Barbier et Mauduit, r. Sentier, 11.
Bardin et Bourgeois, r. Aboukir, 37, maison à Lyon, r. des Capucins, 22.
Bardon (A.) et Fleury, r. Deux-Boules, 7.
Bartet et Adam, r. Bons-Enfants, 26.
Barthès, r. Jeûneurs, 10.
Bassaget (A.) et Cie, r. Pagevin, 48.
Bassot (A.), r. d'Aboukir, 42.
Baudot et Gibert, r. Bourdonnais, 27.
Bazault, r. du Bac, 146.
Bichet (Victor) et Cie, r. Sentier, 8, maison à Roubaix.
Bellanger frères et Mimerel, r. St-Martin, 203.
Berlin (J.), r. du Caire, 27.
Bernard-Thomas, r. Jeûneurs, 16.
Bernheim (H.), p. robes, r. Sentier, 20, manufact. à Ste-Marie-aux-Mines.
Berrier (Louis) et Collin, r. J. J. Rousseau, 25.
Berthon (Ad.), r. Richelieu, 73.
Bienaimé (Auguste) et fils, place des Victoires, 3.
Blondeau (A.), pl. des Petits-Pères, 9.
Blum, Simon et Cie, r. des Jeûneurs, 46.
Bocquillon (Ch.) et Cie, r. Croix-des-Petits-Champs, 25.
Boerne et Fabre, r. La Vrillière, 10.
Bolumet, Duret et Tragin, r. St-Martin, 171.
Boissier et Cie, r. des Filles-du-Calvaire, 5.
Bomsel frères, r. Béranger, 8.
Bordin et Cie, nouv en solde, r. Baillif, 9.
Bossuat (E.-G.), r. Hauteville, 58, fabrique à Bohain (Aisne).
Bossuroy (Vve) et fils, r. Montesquieu, 5.
Boullard (Ch.), r. des Bons-Enfants, 29.
Bourdeaux (J.) et Cie, r. des Jeûneurs, 30.
Boussard jeune, r. St-Martin, 203.
Brazier et Millerand, r. Jussienne, 9.
Brelay (Emile) et Cie, r. St-Joseph, 5.
Brulé (Ferd.), r. Lavandières Sainte-Opportune, 10.
Bull et Wilson, de Londres, r. Chaussée-d'Antin, 57.
Bulteau ✳ frères, fab. à Bohain et à Walincourt, r. Sentier, 16.
Bureau et Michel, fabr. à Origny (Aisne), rue Cléry, 42.
Caillau, Levallois et Delon, r. Sentier, 24, fab. à Crevecœur (Oise).
Cailleux (L.), r. Ste-Cécile, 8.
Camille Leroux et frères, fab. à Roubaix, Jules Dufrénoix, r. du Mail, 5.
Carous et Leclerc, spéc. de nouv. en draperie pour dames, r. Cléry, 11.

Caron et Cie, r. Déchargeurs, 3.
Carré, Carabin et Cie, lainages, nouveautés de Roubaix, rue des Jeûneurs, 32.
Chaisemartin et Hœssner, place des Victoires, 6.
Chamussy, place des Victoires, 2.
Chauvin (H.), draperie, r. Richelieu, 43.
Collet, Dubois et Cie, art. d'Amiens, Reims, Roubaix, r. du Mail, 31.
Corbel frères et Canonne (A.), étoffes françaises et étrangères p. dames, rue d'Aboukir, 25.
Cossé et Sanson, r. Sentier, 32.
Cosson (E.), spécialité p. pantalons et gilets, r. St-Martin, 137, maison à Roubaix.
David ainé et A. Levivier, place des Victoires, 1.
Debaets (F.) et Cie, pour robes, r. des Jeûneurs, 27.
Decarsin et Delaruelle, r. Sentier, 3.
Deflandre (Alexis), r. Sentier, 5.
Degalle (J.) et Cie, art. de Roubaix, spécialité de tissus anglais, r. du Mail, 20.
Delattre et Lizé, r. Vivienne, 31.
Delloue (Fréd.), pour robes, boul. Sébastopol, 85.
Demuth (Jh), r. Meslay, 47.
Deshays, Barbé et E. Veluard, r. Aboukir, 10.
Désir (Léon), r. Bondy, 32.
Desmortreux (P.), r. Montmartre, 80.
Despréaux ainé, spécialité de tissus p. jupons, Roubaix et Alsace, r. St-Denis, 290.
Dormeuil frères, p. pantalons et gilets, soieries noires, r. Vivienne, 4.
Dreyfous (Frédéric) ✳, r. Sentier, 28, fab. à Heudicourt (Somme).
Dubus, spécialité p. manteaux de dames, rue de la Banque, 1.
Duchesne et Sanson, p. robes, r. du Mail, 27.
Duhem (P.), r. des Jeûneurs, 42.
Dumont (Henri), r. Vivienne, 6.
Dupré (E.), dépôt d'art. d'Amiens, Roubaix, place des Victoires, 7.
Duranton (Francisque), r. Sentier, 39.
Eeckman (Louis) et Md Sioen, r. Jeûneurs, 30, maison à Roubaix.
Falsce et Cie, r. Aboukir, 14.
Fayet (J.), r. St-Sauveur, 71.
Fantin et E. Dubois, r. Aboukir, 12.
Ferrier (L.) et Cie, gilets, pantalons, doublures, r. Croix-des-Petits-Champs, 38.
Flamant (E.), r. Aboukir, 37.
Flamant et Valette, r. Sentier, 32, fab. à Bohain (Aisne) et au Transloy.
Fleury et Koller, r. Cléry, 3.
Floquet, Grillot et Thomas, r. Jeûneurs, 42.
Forest, Bergerol et Cie, r. Croix-des-Petits-Champs, 50.
Fourès (E.) et Ernest Delamare, art. d'Elbeuf et de Sedan, r. Bouloi, 26.
Gagnière (A.) et Cie, de Londres, r. Neuve-St-Augustin, 5.

Gavarry, r. Neuve-des-Petits-Champs, 6.

Gautier, Steiner, Farizier et Cie, r. Cléry, 17.

Giraudeau (E.) père et fils, r. Jeûneurs, 33.

Grenier, Taran et Louis, r. Aboukir, 57.

Grimonprez frères, r. Sentier, 4.

Gueroult (H.) et Broc (E.), rue des Bons-Enfants, 21.

Guillochin (L.), r. Montmartre, 128.

Guybert (Ferdinand), lainages et nouveautés, pour robes, r. du Mail, 1.

Halliez (Hte), pl. des Victoires, 10.

Hatot (A.) et Cie, r. Aboukir, 2, m. à Elbeuf.

Hérard (Fréd.), draperie, r. Bouloi, 21.

Hermand (E.), r. St-Honoré, 108.

Hoche frères, r. Colbert, 2.

Homo et Cie, boul. Poissonnière, 24.

Hours (L.) et Cie, r. Paradis-Poissonnière, 2.

Ichac (Eug.), r. Neuve-des-Petits-Champs, 6.

Jenvin, représ., r. Montmartre, 167.

Joly et Cornu, r. Cléry, 25.

Joriaux (Edouard), r. du Sentier, 39.

Kienlin (Ch.) et Cie, r. des Jeûneurs, 40.

Klotz (Jules) et A. Lévy, art. de Roubaix et de Reims, r. St-Sauveur, 69.

Larsonnier frères et Chenest, r. des Jeûneurs, 23.

Lalonde (A.), r. Aboukir. 60.

Lapize Douce, fab. d'escots et anacostes, r. Bonaparte, 80.

Lafon et Bacquoy, r. Aboukir, 6.

Latour (P. V.), r. Rivoli, 69.

Lazard frères et Cie, art. de Reims, Roubaix et Bradford, r. Cléry, 16.

Leclerc (P.), r. Aboukir, 7.

Lecocq (A.) et ses fils, r. St-Martin, 140.

Lecoq (Ch.) et Cie, p. robes et ameublements, art. anglais, r. du Sentier, 37.

Lemoine (Hte), r. Radziwil, 27.

Leriche (Edmond), r. Bouloi, 8.

Leroux (Edmond), r. Baillif, 3.

Leroux (Hte) et A. Thibaut, r. Aboukir, 8.

Levy (A.) et J. Renouard, r. St-Martin, 168.

Lévy (Isidore et Albert), r. Montmartre, 5.

Lévy (Jules), r. Nve-des-P.-Champs, 21.

Lizot-Laurent, fab. à Bohain (Aisne), r. de Mulhouse, 13.

Longden frères, r. Vivienne, 10.

Louis, Verdière et Lacasse, r. du Mail, 12.

Magdelain et Bernard, r. Lafeuillade, 2.

Mahieux, r. Cléry, 40.

Maillot, boul. Sébastopol, 107.

Malézieux (E.), r. Aboukir, 38.

Marckwald et Werner, r. Hauteville, 34.

Marliot fils, r. Hauteville, 17.

Martin (L.), r. Charlot, 52.

Meyberg et Erbsloch, faub. Poissonnière, 40.

Meyer (Ed.), Dambrun et Turpin, r. Cléry, 13.

Michel et Chasles, pl. de la Bourse, 15.

Mil-Leblond (J.), boul. Sébastopol, 33.

Mollet (Vulfran) ✳, imp., r. Mazagran, 6, fab. à Amiens (Somme).

Morel (E.), r. Nve-des-P.-Champs, 29.

Muron (C.) et Bunel, r. Radziwil, 37.

Neymark (Félix), draperie, r. Aboukir, 71.

Niel père ✳ et fils, r. du Mail, 27.

Outin et Souplet, r. Pagevin, 48.

Ouvré et Chadal, r. des Jeûneurs, 16.

Paraf-Javal et Cie, r. du Sentier, 32, fabr. à Thann (Haut-Rhin).

Parmentier, faub. St-Antoine, 99.

Pélissié, Beau et Cie, r. St-Martin, 199.

Pénicaud et Naudé, r. des Jeûneurs, 23.

Peugnet (Ch.) et Malevergne, r. de la Banque.

Phalippou, Ouchatel et Tournadre, r. Croix-des-Petits-Champs, 33.

Pilet (Ch.), r. des Bons-Enfants, 19.

Prévot (P.), r. Tracy, 6.

Pujol (L.), r. Sévigné, 1.

Questroy frères, art. de Roubaix, tissus anglais, lainages, r. du Mail, 8.

Renaud, Bussière et Chaussier, r. Aboukir, 6, m. à Lyon.

Revel (M.) et Cie, r. des Jeûneurs, 21.

Reynaud et Gista, r. Aboukir, 54.

Roche (J.), r. Aboukir, 69.

Rodier (E.), r. Cléry, 17, fab. à Bohain.

Romain, Foureau, Laude et Cie, r. du Mail, 5.

Roquet (1.), r. Coquillière, 35.

Saint-Auge (Pierre) et Henocque, r. du Sentier, 12.

Sailland aîné, r. Aboukir, 61.

Salles (E.), art. de Rheims, Roubaix, Amiens, r. Cléry, 4.

Salmon (L.) et Guimiaux, r. Molière, 34.

Sandilands (D.), r. de la Banque, 14.

Sautreau, Massy et Libert, r. Pagevin, 48, pl. des Victoires, m. à Elbeuf.

Sauvage (J.), r. Croix-des-Petits-Champs, 30.

Seguy-Blanchard, r. Croix-des-P.-Champs, 10.

Sœhnée, Pezé et Cie, r. Feydeau, 28.

Talamon (F.) fils et Cie, draperie p. vêtements d'hommes, r. Richelieu, 64.

Testas (Aug.), r. Croix-des-P.-Champs, 12.

Thirion et Daydou, tissus laines et fantaisie p. robes, r. Vivienne, 18.

Tocquart frères, pl. des Victoires, 4.

Trancart et Cie, r. du Sentier, 3, fab. à Origny (Aisne).

Vassard et Lejonne, r. Vivienne, 12.

Vautier, Mailfer et Leduc, r. des Bourdonnais, 32.

Vauthier (E.), r. Hauteville, 5.

Verpois (A), art. p. jupons, r. du Mail, 14.

Vichy (A), Bloch et Cie, r. St-Joseph, 20.

Villy (P.-J.) et Cie, velours draps et doublures anglaises, boul. Sébastopol, 38.

Vincent et fils, r. Bertin-Poirée, 7.

Walbecq (A.) et Riondé, r. du Mail, 11.

Weil-Sriber, r. Charlot, 48.

Weinbach (Max), r. Vivienne, 8.

Werth (Eug.), r. des Jeûneurs, 10.

Worms (R.) et Cie, tissus en gros pour chapellerie, r. Rambuteau, 14.

Nouveautés en étoffes pour ameublements.

Adams (Thomas) et Cie , de Nottingham, r. Aboukir, 39. m, à Londres.

Allard, Crombé et Cie , r. des Jeûneurs, 42, fab. à Roubaix.

Armengaud (Eug.), boul. Malesherbes, 17.

Arnaud-Gaidan (J.) et Cie, r. des Jeûneurs, 40, fab. à Nîmes.

Balmont et Cie, soieries, r. Nve-des-Petits-Champs, 35, fab. à Lyon.

Bassot frères, tissus anglais p. doublures et housses, Cloîtres-St-Jacques, 3.

Beaurepaire (Ed), r. Drouot, 2.

Berchoud (L.) et Guerreau, r. du Mail, 25.

Bernier et Cie, cretonnes imprimées, perses de l'Inde, soieries, r. Richelieu, 71.

Blondel, toiles cuirs, boul. Sébastopol, 61.

Bidouillat (E.), étoffes, passementerie p. ameublements, faub. St-Antoine, 12.

Bonfils (Paul), r. des Amandiers-Popincourt, 92, et à Bohain (Aisne).

Boucicaut (A.), mousselines brochées et brodées pour rideaux, r. du Bac, 135.

Braquenié ✳ frères, r. Vivienne , 16, fabr. à Aubusson (Creuse).

Bruno et Laurent, r. Cléry, 19.

Brun frères, fils et Dénoyel, mousselines, r. des Jeûneurs, 25, fab. à Tarare.

Camille Leroux et frères, fab. à Roubaix et Tourcoing, r. du Mail, 5.

Cantel (J.), toiles cuir unies et illustrées, boul. Sébastopol, 98.

Carlhian (I.) ✳, dépôt d'étoffes de diverses fabriques r. du Sentier, 26.

Cartier fils ✳ (F. Duplan et Cie, succ.), soieries, tapisseries d'Aubusson, r. Richelieu, 75.

Catteau (A.) et Cie, r. Jeûneurs, 17, fabr. à Roubaix.

Chérut, Denis et Cie, r. St-Denis, 189.

Clément (G.), étoffes nouvelles, brev. s. g. d. g., pour sièges, r. St-Denis, 168.

Coffin et Rümler, r. Caumartin, 2.

Costes (A.), Folliot et Poncelet, r. Poissonnière, 13.

Croué et Gillier, r. Grange-Batelière, 12, manuf. à Tours.

Degermann (J.), r. Hauteville, 34.

Delettre (A.), r. Aboukir, 23.

Derouet (E.), Boissière et Cie, fab. à Tourcoing (Nord), r. Cléry, 21.

Desbrousses (L.), r. Montmartre, 146.

Ducart, tissus en crins pour ameublements, boul. de La Villette, 48.

Dupont (Louis), r. Aboukir, 6.

Estragnat fils aîné, r. Jeûneurs, 17, fabr. à Tarare (Rhône).

Eude (L.), Vieugué et Cie, fab. à Amiens et à Tours, r. Cléry, 29 ; m. à Lyon, Marseille et Toulouse.

Flamant (Marius), tissus en sparteries, soies végétales, cocos, etc., pass. du Saumon.

Gambette (P.), étoffes p. ameublements, tapis et soieries, pl. des Victoires, 5.

Garzon (F.), r. Grammont, 15.

Goujon, r. Faub. St-Antoine, 20.

Grenier, Pacheu et Cie, r. Petit-Carreau, 16.

Grimonprez frères, r. Sentier.

Georges et Cie, pl. du Château-d'Eau.

Guerard et Huot, r. Cléry, 76.

Hamel (E.) et Paquy, r. Jeûneurs, 48.

Hamelin (S.) et Ochs, rideaux brodés et guip., fab. à Tarare, r. Sentier, 29.

Hartmann, Jamais et Cie, mousselines brochées, fabr. à St-Quentin, r. Cléry, 13.

Hérisson (A.) et Cie, pl. d. Victoires, 1.

Hoschedé, Blemont et Cie, r. Sentier, 32.

Imbs (Jules), r. Château-d'Eau, 13.

Iuigné (Louis), r. Cléry, 23.

Junquet et Bouix, rideaux, r. Mail, 7.

Kayser-Renouard, r. Nve-des-Capucines, 20.

Lacaille-Berthely, crêtes, franges, embrasses p. ameublem., r. St-Denis, 242.

Lamy (A.) et A. Giraud, brocarts, lampas, damas, r. Montmartre, 155. fab. à Lyon.

Larivière-Renouard ✳, r. Montesquieu, 8.

Lecat et Michonet, étoffes, velours, damas et soieries, r. Poissonnière, 3.

Lecoq et Cie, nouveautés en étoffes pour ameublements, r. Sentier, 37.

Le Duc père et fils, spéc. de perse p. meubles et bordures, r. St-Martin, 184.

Lepelletier fils et Cie, r. St-Fiacre, 5.

Loubier (J.-B.) et Cie, fabricants à Roubaix et à Aubusson, r. St-Joseph, 6.

Lourdel (E) et Lelouet, av. Marigny, 27.

Magnin (Jules), r. St-Honoré, 73.

Maire, soieries p. ameublements, r. Nve-des-Petits-Champs, 55.

Masson (J.), rideaux, blancs, guipures, brochés et brodés, r. Vivien, 2.

Mauvais, fab. de tissus de crins, p. meubles et crinolines, r. Annelets-Belleville, 21.

Moisset-Foye, r. St-Roch, 30.

Mourceau (H.) ✳, portières, rideaux, canapés, bordures, r. Mail, 27.

Nettre frères, r. Aboukir, 62 et 64.

Olivier (Ch.), boul. de la Madelaine, 11.

Pélissié (E.), r. Château-d'Eau, 94.

Petit (D.), laines, crins, toiles, thébaudes, tapis, r. Poissonnière, 17.

Piquée (F.) et frères, fabr. spéciale de velours d'Utrecht, r. Rivoli, 122.

Poulet (Ch.), tissus de crins pour ameublem., r. Vieille-du-Temple, 47.

Pramondon (G.), r. Faub.-Poissonnière, 5.

Réal aîné, fab. à Solesmes (Nord), couvre-lits indiens, algériens, r. St-Fiacre, 3.

Réquillart ✳, Roussel et Chocqueel ✳, r. Vivienne, 18 et 20.

Reveilhac, Grégoire et Cie, r. Fg-St-Antoine, 5.

Sinot jeune, r. Faub. St-Denis, 65.

Steiger et Cie, fabr. d'articles brodés, r. St-Fiacre, 3, m. à Herisau (Suisse).

Steiner-Dolfus et Cie, r. Jeûneurs, 26.

Thierry-Mieg et Cie, nouveautés p. ameublements et châles imprimés, r. Jeûneurs 40.

Trapet (S.), r. Grammont, 14.

Walmez et Dager, tapisseries de Paris, étoffes p. ameublements, soieries de Lyon, pl. d. Victoires, 8.

Nouveautés en tous genres (Magasins de).

Abadie et Peuvret, pour dames, hommes et enfants, r. Mouffetard, 9.

Aine (A.), pl. Vendôme, 1.

Allorge (D.) r. Ménilmontant, 36.

Ansart, Cerisier et Cie, r. Jeûneurs.

Appay jeune, r. Rambuteau, 14.

Aspe (Pierre), r. Faub.-St-Martin, 194.

Aubry (J.) et Lefort, quai d'Anjou, 43.

Auger, Morel et Cie (à Notre-Dame-de-Lorette), r. N.-D.-de-Lorette, 1.

Au grand Marché Parisien, soieries, châles confections, r. Turbigo, 3.

Aurelly, r. Faub.-St-Honoré, 1.

Ayrale et Guiraud, r. Aboukir, 42.

Bailhache (L.), boul. du Prince-Eugène, 78.

Barbaroux fils et Dufaulin, r. Faub.-Montmartre, 16 (A la ville de Londres).

Beauvais (L.), r. Sèvres, 131, et Mayet, 1.

Bernheim sœurs, r. Faub.-St-Martin, 164.

Bernard (Mme), r. Oberkampf, 68.

Bisson et Cie, r. Vivienne, 51.

Blondeau (A.), r. Montholon, 35.

Bocquet, boul. du Prince-Eugène, 36.

Bodin (Ferdinand), r. Soufflot, 9.

Boisserand (L.), r. Faub.-St-Antoine, 158.

Boissy (Ph.), r. Ouest, 34.

Borner (A.), r. Flandre-Villette, 121.

Boscher, Grande-R.-Vaugirard, 121.

Boucher, r. Popincourt, 23 bis.

Boucicaut (A.), (au bon marché), soieries, châles, etc., r. Bac, 135.

Boulangeot frères, nouveautés et bonneterie en t. genres, r. Faub.-St-Denis, 63.

Boulay fils, r. Rambuteau, 22.

Bourguet, boul. Rochechouart, 28.

Bourlet père et fils, nouv. robes, toiles, calicots, r. Boissy-d'Anglas, 24.

Bournet-Aubertot (au Gagne-Petit), nouv. soieries, etc., r. Moineaux, 20.

Bouts (H), tissus pour robes (aux Ecossais), boul. Sébastopol, 81.

Bouvry-Oudot, r. Faub.-Poissonnière, 5.

Boyer, Fradelizi et Cie (à la Capitale), 57, r. de la Chaus.-D'Antin.

Bremontier frères, r. St-Honoré, 326.

Breton, av. de Clichy, 25.

Brossard, r. Croix-Nivert-Grenelle, 76.

Brugnaud et Hutin, r. Rochechouart, 6.

Brunschwig (Samuel), r. Aubriot, 5.

Busson, r. Charenton, 237.

Bussonnet, r. Faub.-St-Martin, 178.

Cadot, r. Tombe-d'Issoire, 53.

Calien (Joseph), r. Allemagne, 100.

Calien (Vve), r. Asile-Popincourt, 15.

Caillieux (Eug.), Gautier et Cie, r. Aboukir, 50, fab. à Seboncourt (Aisne).

Calame (L.) et Fleck frères (au Tapis Rouge), r. Faub.-St-Martin, 87.

Cantelou, r. Ménilmontant, 13.

Carpentier (A.) et Coquelet, r. Sentier, 9, fabr. à Fresnoy-le-Grand (Aisne).

Cathelin, r. Dupetit-Thouars, 20.

Cavé, Froschammer et Cie, r. de Seine, 85.

Caumartin et Pompel, r. du Marché, 23.

Chaillot (A.), boul. St-Martin, 47.

Chanvin (A.) et Brillié frères, r. Flandre, 47.

Chanvin (A.) et Valery-Brillié, r. Ménilmontant, 28 et 30.

Chardon, r. Schomer, 16.

Chardon-Lagache ❀ (aux Montagnes Russes), r. Faub.-St-Honoré, 9.

Chauchard, Hériot et Cie, magasins de nouv. les plus vastes du monde (au Louvre), r. de Marengo, 1, et St-Honoré, 151.

Chaulmet frère et sœurs, r. Faub.-St-Antoine, 222.

Cherbon (L.), r. Grenelle-St-Germain, 151.

Chérut, Denis et Cie (aux Statues de St-Jacques), r. St-Denis, 189.

Cloquet, boul du Temple, 27.

Collet (E.) (aux Elégantes), r. Faub.-Montmartre, 37 et 39.

Compagnie Lyonnaise, boul. des Capucines, 37, étoffes de soies, maison à Lyon, cachemires des Indes, (m. à Kaschmir).

Contesse et Cutin, r. Chapelle, 76.

Coq-d'Or (maison du), J. Genty, spéc. de réassortiments, r. Ste-Anne, 46.

Cordonnier et Cie, r. Temple 167 et 169 (au Gagne-Petit).

Courtade (François), r. Oberkampf, 76.

Debas, ganterie, chemises, bretelles, foulards et cravates, r. Bac, 21.

Delacroix, faub. St-Denis, 91, 93 et 95.

Delalonde, r. Mouffetard, 9 ; à la Balayeuse, Abadie et Peuvret, success.

Delaplanche, r. des Dames-Batignolles, 20.

Delehedde, boul. Sébastopol, 83.

Delphin (Vor.), r. Bretagne, 37.

Derome, faub. St-Antoine, 63.

Deschamps et Cie, r. Sèvres, 2.

Deschamps jeune et Leclère, r. Montmartre, 170, (à la ville de Paris).

Desforges, r. N.-Dame-de-Lorette, 38.

Desjardins, (Aux Halles Centrales), rue Bergère, 27.

Despelettes, (Au grand Saint-Louis), rue Turenne, 96.

Deswattenne (E.), r. St-Honoré, 239.

Deverdelon et Leblanc, r. Berry, 43.

D'Ogeron (Ch.), faub. St-Antoine, 212.

Dolezon, Rouquet et Cie, (Aux Travailleurs), boul. du Prince-Eugène, 45.

Doliveux, Gœttelsmann et Brossay, r. Saint-Lazare, 15.
Dorlé (T.), faub.-Montmartre, 12.
Douvre (Ed.), r. de Belleville, 118.
Dreyfus (Sérap.), quai de la gare d'Ivry, 12.
Dreyfus, r. Belleville, 259.
Du Brux (Mlle), faub. St-Honoré. 48.
Duché et Cie, manufacture de châles cachemire laine, r. de Paris, 1.
Durand (A.), (Aux Galeries Parisiennes), rue Lecourbe, 25.
Dutot (A.) et Oursin, r. St-Jacques, 212.
Etienne, passage St-Dominique, 13.
Faré (L.), Guérin et Cie (à la Paix), grands magasins, r. de Réaumur.
Faure et Rousselle, boul. St-Michél, 27.
Fauvelle et Hardy, boul. Magenta, 124.
Fayet (J.), r. St-Sauveur, 71.
Ferrand (Mme), boul. Mazas, 29.
Ferrant, r. des Charbonniers-St-Antoine, 7.
Florent (Vve), boul. St-Martin, 37.
Follot (Mlles), r. St-Jacques, 338.
Fontaine (A.) et Cie, (aux Deux Magots, mais. fondée en 1812, r. de Buci, 21.
Fontaine (Célestin), r. de Passy, 68.
Fosset, faub.-St-Honoré, 124.
Fouchez, (P.), avenue d'Italie, 38.
Franc, avenue de Clichy, 39.
Frey jeune, r. des Rendez-vous-St-Mandé, 24.
Gachelin jeune, r. Saint-Dominique, 157.
Gaildraud (Henri), (à Saint-Vincent-de-Paul), r. du Bac, 43.
Gaillard et Cie, r. d'Amsterdam, 97.
Gallée, r. Flandre, 105.
Gallois jeune, r. de Buci, 42.
Gallouin-Flament, r. Commerce-Grenelle, 58.
Gentine, avenue d'Italie, 66.
George frères, r. Bruxelles, 25.
George (C.), G.-R. Vaugirard, 146.
Gleize (L.), r. Flandre, 11.
Godin (aîné), boul. Ornano, 20.
Gosselin (A.), pl. de la Madeleine, 16.
Gounin, Route d'Orléans, 54.
Goutchot, r. des Amandiers-Belleville, 22.
Goyard et Bruley, r, Frémicourt, 1.
Grenier, Pacheu et Cie, r. Thévenot, 27.
Guébin (Mme), r. de Passy, 51.
Guillemain, r. des Dames-Batignolles, 120.
Guillemin (J.), r. St-Jacques, 186.
Hagnöer (Alfred), r. d'Aboukir, 35.
Hanne (G.), r. Rambuteau, 17,
Harang (Mme), r. du Caire, 4.
Harmand, r. Mouton-Duvernet, 1.
Hautberg (E.), r. Nve-St-Augustin, 24.
Hautbout (A.), r. Belleville, 168.
Henguy (Modeste), r. Charenton, 296.
Hoschedé Blemont et Cie, r. du Sentier, 32.
Hue aîné, r. Charenton, 155.
Huguer et Bertheau, Chauss. d. Martyrs. 16,
Huyet et Lemaignan, faub.-St-Honoré, 6.
Jacquot, Rennenson, Ravaux et Cie, r. Cléry, 21

Jaluzot (J.), (grands magasins du Printemps) boul. Hausmann.
Jannon (A.), quai Montebello, 17.
Janson (A.), boul. Bonne-Nouvelle, 5.
Jessé (Gaston), r. St-Joseph, 3.
Jodon frères, boul. des Italiens, 34.
Jubin, r. Faub.-St-Antoine, 172.
Klotz (Jules) et A. Levy, r. St-Sauveur, 69.
Klotz (L.), en solde, r. Béranger, 12.
Labiche, r. Mouffetard, 75.
Lacour et Pottier (aux Trois-Quartiers), boul. de la Madeleine, 21.
Lafont (Jules) fils (A la Porte St-Martin), rue Faub.-St-Martin, 8.
Lainé et Chennevière, r. Montesquieu, 3, (Au Pauvre Diable).
Lainé, Babé et Cie, r. St-Dénis, 12.
Lambert (A.), r. Commerce-Grenelle, 75.
Lambert (Jh), r. Sébastopol, 5.
Landry (Vve), r. Pasquier, 2.
Landry (Vor), r. Arcade, 1.
Langlois (L.), r. Fontaine-St-Georges, 10.
Langlois (L.), r. Faub.-du-Temple, 51.
Lannoy (au Moine St-Martin), r. Turbigo, 50, à l'angle de la rue Beaubourg.
Larivière-Renouard ☀, magasins du Coin-de-Rue, r. Montesquieu, 8.
Larue et Cie, r. Rivoli, 16 et 18.
Latune (Vve), boul. Ménilmontant, 150.
Laubry, Aubeux et Cie, r. St-Maur, 146.
Laurent (Alfred), r. Hauteville, 19, fab. à Ligny par Clary (Nord).
Laurent (Ch.), quai de la Tournelle, 55.
Lazard jeune, avenue d'Italie, 58.
Lechevalier, r. Charenton, 213 et 215.
Lecomte et Mallet (Au Musée de Cluny), boul. St-Michel, 22.
Leconte et Roupnel, r. Provence, 69.
Ledan (C.) jeune et Cie, r. Sèvres, 103.
Lefebvre (V.), r. Faub.-St-Honoré, 24.
Léger (P.), r. Rivoli, 61.
Legrand (Adolphe), boul. Sébastopol, 139.
Lejuste (Vve), r. Dames-Batignolles, 4.
Leneveu, Gérard et Cie, r. Temple, 115.
Lepage et Leloud, r. Pépinière, 103.
Leperrier (Al.), r. St-Martin, 308.
Leplanquais frères, r. Rivoli, 30.
Lerout (P.), r. Montreuil-Charonne, 13.
Levieux (Léon), avenue d'Italie, 57.
Lévy (L.), boul. Ménilmontant, 72.
Lévy (Kiffa), avenue d'Italie, 28.
Lévy (les trois frères), r. Meaux, 27.
Lésy (Dré), r. Neuve-des-Petits-Champs, 4.
Lévy aîné, r. Chaussée-du-Maine, 54.
Lobin, r. Béranger, 21.
Logerot, avenue des Ternes, 38.
Lourdel (E.) et Lelouet (A la Tentation), rue Faub.-St-Honoré, 59 et 61.
Lubin, Levy et frère, r. Sentier, 17.
Luquet (Benoist), r. Doudauville, 34.
Mahaud, r. Montmartre, 106 et 108.

Maheu (J.), (Au Masque de fer), r. Coquil-
lière, 25 et 27.
Maillet, r. Faub.-St-Denis, 153.
Maillot, boul. Sébastopol, 107.
Maison de soldes, Rosenwald (J.), boul. Sé-
bastopol, 53.
Manby et Balding (magasin anglais), rue Au-
ber, 19.
Mango, Letelier et Cie, (à la Tour-St-Jacques),
r. Rivoli, 88,
Manheimer (M.), boul. Magenta, 153.
Mansion, boul. Montparnasse, 127.
Marc, boul. de Strasbourg, 34.
Marchand, r. Poissonniers, 77.
Marcilliacy (H.), Noel et Cie, avenue des Ter-
nes, 10.
Maréchal, r. Petites-Ecuries, 58.
Marguerit et Georges (magasins du Pauvre-
Jacques), place du Château-d'Eau.
Marnois (Mme), passage Jouffroy, 60.
Martin, Debray et Cie, (à la Religieuse), rue
Tronchet, 2.
Marty (A.) et Bérat, r. Mazarine, 82.
Marx et fils, G.-rue-Batignolles, 59.
Mary et Feuillâtre (à la Régence), boul. Pois-
sonnière, 15.
Maver (E.), G. Rue-Vaugirard, 155.
Ménard, avenue Clichy, 61.
Menier, Roy et Robin (magasins de Saint-Jo-
seph), r. Montmartre, 117.
Mennessier (L.) et Charguéraud, boul. St-
Denis, 4.
Merittet et Gessard, b. du P.-Eugène, 128.
Mersey (R.) (au Cardinal Fesch), r. Neuve-
St-Augustin, 45.
Mesnard et Villemandy, G.R. Vaugirard, 100.
Minard (Camille) (A la Patronne de Paris),
boul. St-Michel, 25.
Morel et Cie, r. Faub.-Montmartre, 49.
Morineau, r. Petit-Pont, 2 et 4.
Morneau (A.), r. Faub.-du-Temple, 108.
Neyman, r. Paul-Lelong, 19.
Neymarck (Mme), r. Rambuteau, 22.
Nicaise-Alfred, boul. de Strasbourg, 48.
Nicolos (Michel), r. Charenton, 153.
Nisson, r. Eglise-Batignolles, 27.
Nizet-Vasseur, r. du Petit-Thomas, 10.
Nordemann (M.), boul. de Bercy, 52.
Normand et Chandon, r. Richelieu, 82.
Omer-Girard, r. Faub.-St-Antoine, 161.
Oudot ❋, r. St-Jacques, 184.
Paraud et Abbadie (au Marché noir), r. Faub.-
St-Antoine, 128.
Pardo (Ch.), r. Rambuteau, 41.
Pelay (A.), r. Chaussée-des-Martyrs, 23.
Perin, avenue d'Italie, 49.
Petit et Ancel, r. Lecourbe, 23.
Peuvrel, Dencourt et Cie (au Grand Marché
parisien), r. Turbigo, 3.
Pichard, r. Carrefour de la Montagne, 2.
Pigeon, avenue de Clichy, 47.
Pigeon-Fernet, r. Mouffetard, 142.

Piot (Ch.) père, fils et Cie, r. Aboukir, 12.
Pouchet (J.-L.), boul. Sébastopol, 99.
Pouget (E.), r. Paris-Charonne, 117.
Poupinel et Richet, r. Lavoisier, 21.
Pouyaud et Gorlier, r. Faub-Poissonnière, 11.
Préville, pass. du Saumon, 50.
Quénescourt (Ch.), r. Oberkampf, 105.
Questroy frères, r. Mail, 8.
Raoux-Davaine, r. Bercy-St-Antoine, 12.
Renauld, avenue St-Charles-Grenelle, 8.
Renon (Paul), G.-Rue-Vaugirard, 136.
Renouard, Périnaud et Cie, r. Richelieu, 104.
Reveilhac, Grégoire et Cie, rue Faub. Saint-
Antoine, 5 et 7.
Richard, r. Commerce-Grenelle, 27.
Richard, r. Faub.-St-Honoré, 99.
Rigaud, r. St-Pierre-Popincourt, 22.
Rivenc, boul. Magenta, 111.
Robert, r. Tombe d'Issoire, 38.
Robert et Lecomte, r. Lafayette, 132.
Robert et Nivard, r. Flandre, 60.
Rougier (A.), r. Rivoli, 96.
Rubin, r. Faub.-du-Temple, 78.
Saint-Ange-Marion, r. Taitbout, 11.
Salomon, r. Chaussée-du-Maine, 41.
Samuel (Vve), r. Belleville, 277.
Serre (Henri), boul. Malesherbes, 37.
Sorlot, boul. Sébastopol, 79.
Stora, boul. des Italiens, 6 et 24.
Straus (S.), r. Puébla, 15.
Taconnet, rue et place du Havre, 14.
Tetart fils et Brassart, Faub.-St-Antoine, 100.
Than (S.), r. Bercy-St-Antoine, 45.
Thomas (Vve), avenue des Ternes, 73.
Toinet (E.), Gde-Rue-Batignolles, 1.
Tournant, boul. du Prince-Eugène, 93.
Tronchon (Ch. Henri), r. Debelleyme, 16.
Vallet (A.), r. Dames-Batignolles, 7.
Vatin (F.) ❋, jeune et Cie, r. Cléry, 13.
Vessière (J.), r. N.-D.-de-Lorette, 34.
Veysset (Ate), r. Monge, 2.
Vicel (à la Fileuse), r. du Bac, 84.
Vincent (A.), r. Rivoli, 6.
Vrinat, r. Dragon, 37.
Vuillet (L.), r. Rivoli, 8 et 10 (au Paradis des
Dames).
Weydemann, Bouchon et Cie (Au Petit-Saint-
Thomas), r. du Bac, 27, 29 et 31.
Wiesman (Mme), boul. Strasbourg, 23.
Worms (J.), r. Myrha, 80.
Ybert et Lemoine (aux Fabriques de France,
r. Rambuteau, 124.

Nouveautés de tissus anglais et allemands.

Adams (Thomas) et Cie, r. Aboukir, 39.
Akroyd (James) et Son, tissus de laine pour
robes, représ. par Cris-Roberts, r. d'En-
ghein, 40.
Altsmann (J.), r. Echiquier, 22.
Barold (John) et Cie, r. Rambuteau, 31.
Beaucaire (A.), r. Aboukir, 68.
Bellanger frères et Mimerel, r. St-Martin, 203.

Bernard-Thomas, r. Jeûneurs, 16.
Berniers (Félix), alpagas, r. Sentier, 8.
Bertrand-Milcent, mouchoirs et toile de sa fab. de Belfast, r. Jeûneurs, 32.
Bolumet et Duret, r. St-Martin, 171.
Boulet (C.) et Ducy, noir, r. Sentier, 3.
Bretti (P.), tissus anglais, Mulhouse et Roubaix, r. Poissonnière, 14.
Caillau, Levallois et Delon, r. Sentier, 24.
Camille Leroux et frères, r. Mail, 5.
Castier (P.) et Cie, r. Montmartre, 122.
Chartier jeune et Cie, r. St-Martin, 176.
Corbel frères et A. Canonne, r. Aboukir, 25.
Crossley et Cie, boul. Haussmann, 125.
David aîné et (A.) Levivier, r. des Victoires, 1.
Debaets (F.) et Cie, r. Jeûneurs.
Degalle (J.) et Cie, r. du Mail, 20.
Delattre et Lizé, r. Vivienne, 31.
Deshays, Barbé et E. Veluard, r. Aboukir, 10.
Despréaux aîné, p. corsets, r. St-Denis, 290.
Duchesne et Sanson, r. du Mail, 27.
Eigen (Gustave) et Cie, déposit. de tissus élastiques, r. Rambuteau, 65.
Fabreguettes (Eug.) Morra et Cie, de Bradford, faub. St-Denis, 23.
Fergusson, r. Cloître-St-Jacques, 3.
Fleisch (Bernard), r. St-Fiacre, 3.
Fleury et Kohler, r. Cléry, 3.
Floquet, Grillot et Thomas, lainages en gros, r. Jeûneurs, 42.
Gaildraud (Henri), r. du Bac, 43.
Gaudier et Jouffroy, boul. Bon-Nouvelle, 40.
Gaury (J.) et Cie, r. Petites-Ecuries, 45.
Guimard (J.), r. Git-le-Cœur, 11.
Guybert (Ferdinand), r. du Mail, 1.
Hall, Udal et Dale, r. de Mulhouse, 11.
Hédiard (A.), r. du Mail, 26.
Hertzka (A.), place des Victoires, 9 ; maison à Bradford.
Hinstin frères, r. d'Aboukir, 38 ; maison à Londres.
Hird, Huntington et Co de Bradford, m. à Londres, r. Montmartre, 160.
Hofmann (J.-A.) et Cie de Londres, tissus imperm., r. Bondy, 66.
Jourdain (C.) (The British Warehouse), tissus anglais, r. Halevy, 14.
Lavy (Ch.) et Cie, r. du Mail, 7.
Mahieux (Vve), tissus anglais, r. Cléry, 40.
Manby (J.) et Balding, r. Auber, 19.
Mathias (E.), r. de Bourgogne, 56.
Mayeur (Ch.), r. du Sentier, 8.
Mervoyer (A.) fils, r. Croix-d.-P.-Champs, 45.
Montagnes d'Ecosse (aux), étoffes anglaises, faub. St-Honoré, 47.
Murray (J.-O.), r. Jeûneurs, 42.
Niel père ※ et fils, r. du Mail, 27.
Ousty (Fx), alpagas, r. des Victoires, 9.
Outin et Souplet, r. Pagevin, 48.
Owtram (R.) et Cie, r. St-Fiacre, 20.
Parant (Eug.) et Fantin, r. de la Banque, 17.
Pelissié, Beau et Cie, r. St-Martin, 199.

Pollart (A.) et Cie, dépôt d'orléans noir et alpagas, r. d'Aboukir, 30.
Pretto et fils et (E.) Nunès, velours, soie et coton, r. du Sentier, 35.
Questroy frères, robes, r. du Mail, 8.
Reid (James), r. Nve-d.-Capucines, 10.
Roberts (Cris), représ. James Akroyd et Son d'Halifax, r. d'Enghien, 40.
Roche (J.), r. d'Aboukir, 69.
Sichel (Ad.) et Cie, pass. Saulnier, 9 ; m. à Londres et à New-York.
Sommer et Lévy, r. Rambuteau, 24.
Underwood (William), r. du Mail, 18.
Villy (P.-J.) et Cie, velours anglais, boulev. Sébastopol, 38.
Walbecq (A.) et Riondé, r. du Mail, 11.
Wolff frères, r. Nve-Bourg-l'Abbé, 10.

Nouveautés confectionnées pour dames.

Andrin et Déroseaux, r. Cléry, 13.
Aubé (C.), r. Nve-des-Petits-Champs, 101.
Au grand marché Parisien, r. Turbigo, 3.
Aumoitte (Louise), boul. des Italiens, 4.
Ayral et Guiraud, r. d'Aboukir, 42.
Balayeuse (A la), J. Silvain, place Vendôme, 4.
Bappert (L.), r. Vaudrezanne, 5.
Bernage et Léonie (Mmes), r. Richelieu, 102.
Bernard et Lemaire (Mesd.), r. Surène, 15.
Bernard-Sallé et Cie, r. Colbert, 1.
Bertrand et Vidil, r. du Sentier, 3.
Betrancourt sœurs, faub.-St-Honoré, 49.
Beunat (J.), r. Filles-St-Thomas, 9 ; m. à Baden-Bade.
Bœuf (Ch.), r. de Mulhouse, 13.
Boucicaut (A.), r. du Bac, 135.
Boudet (E.), boul. de la Madeleine, 7.
Bouillet (J.-B.), r. N.-D.-d.-Victoires, 26.
Bourhis, Jourdan et Cie, r. de Laffite, 50.
Brianne et Pintiaux, r. du Mail, 30.
Cathelin, r. Dupetit-Thouars, 20.
Chassard et Cie, Grande-rue-Batignolles, 4.
Chauchard, Heriot et Cie (au Louvre), r. St-Honoré, 151.
Chevret sœurs, bl. des Filles-du-Calvaire, 14.
Clasens (G.), boul. de la Madeleine, 3.
Compagnie illustre, boul. Sébastopol, 137.
Compagnie Lyonnaise, ateliers spéciaux de confections, boul. des Capucines, 37.
Compagnie Russe Américaine, spéc. de vêtements imperméables, r. Scribe, 1.
Corbay (Mme A.), r. Menars, 4.
Cornille (Mme), r. Paix, 5.
Costadeau (A.) et Cie, r. Jeûneurs, 27.
Coste (Mme Félicie), r. Nve-d.-P.-Champs, 53.
Daniault et Sausse, r. Sentier, 6.
Delaporte frères, en gros, r. Mail, 23.
Despaigne (L.-A.), r. Scribe, 11.
Despreaux aîné, jupons, r. St-Denis, 290,
Dieu, r. Turbigo, 53, commission.
Dieulafait (C.) et E. Bouclier, boul. de la Madelaine, 1.

Doucet (Ed.), r. Paix, 21.
Dreyfus et Kaufmann, boul. Bonne-Nouvelle, 7.
Dubois et Glémarec, en gros, r. Caire, 9.
Dumas (G.) et Cie, deuil, boul. Sébastopol, 44.
Dupont (E.), r. Sentier, 37.
Dupont, Allègre et Cie, boul. d. Italiens, 1.
Dusuzeau et Maronnier, robes de bal, broderies, r. Cléry, 44.
Duwavran et A. Jugla (Mmes), nouveautés confec., r. Favart, 4.
Enout et Cie, pl. Vendôme, 25.
Estieu (A.), en gros, r. Cléry, 15.
Fougeron, B. Henry et Cie, r. St-Denis, 10.
Gaildraud (Henri), r. Bac, 43.
Galibert (L.), en gros, r. Volta, 18.
Gaspart (Eug.), boul. St-Denis, 9.
Gaudier, fab. de capuchons et capelines, r. Cléry, 32.
Grange et Benoist, r. Bourse, 5.
Grenier et Foigne, r. Mail, 35.
Grenier-Pacheu et Cie, r. Petit-Carreau, 5.
Hayes (Mme) et Cie, r. Faub.-St-Honoré, 5.
Herbaut (Mmes) et Van-Acker, commission, export., r. Mulhouse, 7.
Hillé (L.), r. St-Honoré, 398.
Hoschedé, Blemont et Cie, boul. Poissonnière, 7.
Jacob (Mme), en gros, r. Dupetit-Thouars, 2.
Jeanne et Cie, r. Lafayette, 1.
Jodon frères, boul. d. Italiens, 34.
Jourdan (H.) et G. Aubry, r. N.-D.-des-Victoires, 40.
Kerteux sœurs, r. Taitbout, 14.
Larivière-Renouard ❋, r. Montesquieu, 8.
Lavigne et Chéron (J. Chéron, successeur), r. Rohan, 3.
Lechat et Drouet, r. Chaussée-d'Antin, 12, m. à Baden-Baden.
Le Chevalier (Jules) et Cie, capuchons et capelines, pl. des Victoires, 8.
Leclère et Vollant, boul. des Italiens, 1.
Lefebvre (V.), faub. St-Honoré, 24.
Lelière frères, faub. Montmartre, 41.
Lescophy (Félix), en gros, exportation, r. Dupetit-Thouars, 18.
Loubières (Mme), r. aux Ours, 46.
Maheu (J), r. Coquillière, 25.
Marcelin (V.), aîné, spéc. de ceintures de dames, r. Turbigo, 36.
Marie (L.), boul. Bonne-Nouvelle, 31.
Marin (E.), faub. St-Honoré, 19.
Marion sœurs (Maison), r. Chabanais, 8.
Martin, Debray et Cie, r. Tronchet, 2.
Mary et Feuillâtre, boul. Poissonnière, 15.
Mathieu (Félix) et S. Garnot, confections en gros, boul. Poissonnière, 20.
Maxe-Werly (Léon), boul. Sébastopol, 72.
Menier, Roy et Robin, manteaux, robes, export. r. Montmartre, 117.
Mersey (R.), r. Neuve-St-Augustin, 45.

Meyer et Dufour, r. du Sentier, 8.
Michel (J.), Virolleau et Cie, confection en gros, r. Cléry, 4.
Miquet (B.) et Cie, r. Nve-des-P.-Champs, 83.
Morand (E.) et Cie, r. Royale-St-Honoré, 12.
Morel et Cie, faub. Montmartre, 49.
Opigez-Gagelin et Cie, ateliers pour robes et confection, r. Richelieu, 83.
Outrequin (M.), en gros, r. du Temple, 189.
Paquot (C. E.), r. Nve-des-P.-Champs, 35.
Paris (Edme), tailleur pour dames, boul. de la Madeleine, 9.
Pacquier (Sœurs), r. Nve-St-Augustin, 9.
Pélissié, Beau et Cie, r. St-Martin, 199.
Piquard frères, r. Cléry, 19.
Pitou (H.) et Dreux, r. Méhul, 1.
Poudraux (Léonie), nouv. conf., robes de bal, ceintures, r. Montyon, 12.
Richard-Lacquet, r. Béranger, 20.
Robert (les frères), r. Richelieu, 85.
Simon et Blanché, r. Montmartre, 122.
Sorlot, (aux armes Lyonnaises), boul. Sébastopol, 79, et r. Turbigo, 28.
Tavernier (A.), r. du Sentier, 9.
Teinturier, Caclard et Cie, r. des Jeûneurs, 46.
Terrier (Achille), aven. Joséphine, 40.
Thiesset-Trocquet (Mme), r. Chabannais, 11.
Villette et Langlois, r. Montmartre, 125.
Villy (P. J.) et Cie, velours et velveteens anglais, boul. Sébastopol, 38.
Weil (Albert), r. Poissonnière, 19.
Worth et Bobergh, r. de la Paix, 7.

Nouveautés confectionnées pour enfants.

Alice-Couterier (Mme), r. Dauphin, 8.
Barbier et Cie, faub. St-Honoré, 58.
Bernard-Saller et Cie, r. Vivienne, 9.
Berthelot (sœurs), r. Cléry, 9.
Caen sœurs, r. Nve-St-Augustin, 19.
Daniault et Sausse, r. du Sentier, 6.
Devillard et Devillette, vêtements en gros p. l'exportation, r. Montesquieu, 9.
Dury et Giguet, confection en gros pour enfants, r. St-Martin, 159.
Evrard, maison de gros et détail, r. des Lavandières-Ste-Opportune, 10.
Fougeron (B. Henry) et Cie, r. du Temple, 207.
Gossein-Jodon (Mme), boul. Haussmann, 7.
Herbaut (Mme) et Van Acker, r. de Mulhouse.
Lacroix (Jh), tailleur spécial pour enfants, r. Rotonde Colbert, 2.
Loiseau, pass. du Saumon, 47.
Marindaz (Charliat Mme), successeur), r. St-Honoré, 416.
Mersey (B.), r. d'Antin, 12.
Moreau et Lecler, layettes et habillements d'enfants. r. du Temple, 170.
Pathiot (Aug.) et Cie, r. Helder, 1.
Villette et Langlois, r. Montmartre, 125.
Vivier (Joseph), tailleur p. enfants, boul. des Italiens, 28.
Voluzan et T. Laurent, r. Cléry, 25.

Nouveautés fantaisie.

Allain-Moullard, r. Montmartre, 33.
Boutteville (X.), spéc. de coiffures , résilles invisibles, boul. Sébastopol, 94.
Blaizot et Cie, r. Aboukir, 51.
Convert (Alph.), r. Montmorency, 6.
De Schepper, boul. Sébastopol, 133.
Dubois (A.), r. St-Denis, 290.
Dusuzeau et Marronnier, r. Cléry, 44.
Geisel (G.), r. Grenier-St-Lazare, 15.
Grellou (Henri) ✻ et Cie, r. Rambuteau, 84.
Haarhaus et Dubief, r. 10 Décembre, 31.
Ladislas (Mme), r. Montorgueil, 61.
Leprince jeune et Cie, (Guesdon-Leprince), r. Montorgueil, 67.
Lhuilhier (A.), boul. Sébastopol, 66.
Marcadet-Chevallier, r. St-Denis, 257.
Picard et Cie, cache-nez, chatelaines, châles, boul. Sébastopol, 36.
Rey Chevalier (Vve), r. St-Denis, 290.
Rosset (E.), p. marchandes de modes, r. Nve-des-Petits-Champs, 51.
Salvador-Terquenne, r. des Jeûneurs, 10.
Simon (J.), pass. des Panoramas, 4.

Ouates (fab. d').

Bron (P.-B.), r. Plâtre-du-Temple, 14.
Cottin, r. Rambuteau, 22.
Dauphine-Bonnet, r. Argenteuil, 32.
Durand, ouates en pièces et en feuilles, r. des Bourdonnais, 39.
Faivre, fabr. de ouates en tous genres, blanchisserie et teinture, expédition pour la France et l'étranger, r. Cossonnerie, 6.
Faure-Beaulieu, fabr. d'ouates parisiennes par pièces, brev. s. g. d. g., export., boul. de Sébastopol, 84.
Finet (Al.), (Pichard et Cie succ.), fab. d'ouates, r. Petit-Carreau, 44.
Garreau, cour du Commerce-St-André-des-Arts, 10.
Giraud (Léon), spéc. de cotons cardés, ouates, en feuilles et en pièces, r. Tracy, 9, usine à Marseille (Bouches-du-Rhône).
Laudon, r. St-Sauveur, 27.
Leroy, boul. Sébastopol, 31.
Lévy, r. Cossonnerie, 3.
Masson (E.) et Cie, boul. de Villette, 141.
Mellin (H.), r. Cygne, 7.
Millet père et fils, fabr. en tous genres, cotons p. fleurs en couleur, pour machines à coudre, rue des Panoyaux, 40.
Pichard et Cie, r. du Petit-Carreau, 44.
Thouvenin, r. Argenteuil, 42.

Parapluies et Ombrelles (fabr. de).

Antoine, rue Palais-Royal, galerie de Chartres, 26.
Auriac, F. Farradesche et Cie, r. Notre-Dame-de-Nazareth, 82.
Bachellerie frères, r. St-Denis, 386.

Bex (A), r. Lecat 57.
Bicheron (E.), r. St-Denis, 398.
Bollack frères, boul. Sébastopol, 131.
Boucicaut (A.), r. du Bac, 135.
Boulzaguet (Aug.), fabr. et fournitures, boul. Sébastopol, 92.
Cathiard (C.) neveu, fab. et fournitures, export., r. Caire, 23.
Charageat (Emile), r. St-Denis, 268.
Dupuy, fabr., r. de la Paix, 8.
Eloy (A.-J.), fabr., r. Faub.-St-Denis, 54.
Faguet (Adre), export., r. St-Fiacre, 3.
Falcimaine, r. St-Denis, 268.
Graffouillière (H.) et Cie, r. Dauphine, 28.
Gruyer (Achille), président de la chambre syndicale des fabr. de parapluies et ombrelles, rue Sainte-Apolline, 2.
Hartmann-Kallen, boul. des Capucines, 21.
Lavollay (G.), fabr. de parapluies et ombrelles en gros, export., r. Petit-Carreau, 11.
Lehuic (Victor) et Maze, fab. en gros, pour la France et l'export., r. Blondel, 16.
Meurgey, export., r. Thévenot, 5.
Pernet ainé, r. Tracy, 6.
Philibert (C.) et Cie, r. Lafayette, 60.
Porte (J.), (brev. s. g. d. g.), fabr. de parasols d'artistes, ombrellinos, pl. de l'Ecole, 6.
Puex et B. Graffeuil, fab. de parapluies, ombrelles et fournitures, r. Thévenot, 21.
Sarret-Terrasse, en tous genres, r. Neuve-Bourg-l'Abbé, 6, manuf. à Angers.
Suet ainé, spéc. de parapluies laine anglaise inusables, r. du Temple, 170.
Védie et Lironville, en gros p. l'export., r. de Palestro, 39.
Volbracht et Mertens, représ. de la m. Hugo frères à Celle (Prusse), r. Echiquier, 38.

Fournitures pour parapluies en tous genres.

Arrondeau jeune, r. Blondel, 21.
Antheaume (A.), cannes, r. St-Sauveur, 4.
Aubineau et Bouriquet, mach. à coudre pour parapluies, r. Albouy, 19.
Auteroche (E.) fils jeune, fabr. de ronds en tous genres, r. Anglaise-St-Marcel, 15.
Bailly (L.), cour de la Trinité.
Basset (Vve F.), passage de la Trinité, 15.
Basset-Cailleux, r. St-Denis, 278.
Bassot frères, tissus de coton anglais, rue du Cloître-St-Jacques, 3.
Bastin, r. Marie-Stuart, 3.
Beaumont, r. St-Sauveur, 6.
Bechtel (W.), représent. de fabr., soieries allemandes, r. Richer, 10.
Becklé, r. St-Denis, 307.
Benoit, r. Réaumur, 25.
Besnard (Adolphe), r. Vertbois, 14.
Bicheron (E.), spéc. de manches fantaisie, rue St-Denis, 398.
Boirivant-Crépin, r. St-Denis, 376.
Boulzaguet (Aug.), fab. de montures, boul. Sébastopol, 92.

Bouniol, r. Deux-Portes-St-Sauveur, 34.
Boyer, r. St-Sauveur, 7.
Caron aîné, r. Deux-Portes-St-Sauveur, 22.
Chadirac-Piébourg, r. Grénétat, 4.
Charageat (Emile), r. St-Denis, 268.
Charpentier, r. Vertbois, 45.
Chèze, r. Aumaire, 9.
Chaufour, manches, r. Grénétat, 20.
Ciret, r. St-Denis, 268.
Confalonieri frères, fabr. de manches, boul. Ménilmontant, 49.
Constant (J.-F.) et Bougard, fabr. de tenons et bouts, passage de la Trinité, 18.
Coutin (J.), r. St-Denis, 326.
Dayet, manches, r. Grenier-St-Lazare, 28.
Demolliens (E.), r. St-Denis, 257.
Dumont, poignées, r. St-Martin, 293.
Dumoulin, fabr. de montures et fournit. en t. genres, export., r. St-Denis, 261.
Ebeling (Emile), r. du Caire, 15.
Falcimaigne jeune, boul. Sébastopol, 115.
Faltin (E.), r. Tracy, 7.
Famille (la), assoc. des ouvriers en manches de parapluies, r. Thévenot, 1.
Fasquelle (H.), r. Beaubourg, 89.
Fasquelle (Paul), r. Aumaire, 45.
Fauché et Houzé, r. St-Denis, 364.
Feldmann (L.), manches et mont. p. parap. et ombr., r. Palestro, 15.
Fiaux, r. des Trois-Couronnes-du-Temple, 46.
Fischer (G.), r. St-Denis, 309.
Forquignon (L.), fab. de cannes et manches, export., r. Aumaire, 35.
Flocon, manches, r. des Gravilliers, 26.
Haas (Nicolas), r. St-Denis, 277.
Hedgkinson (Th.), de Sheffield, r. Nollet, 93.
Herrmann (W.) et Kahn, cannes de Hambourg p. parapluies, r. Echiquier, 32.
Hollander et Bernays, fab. de cannes, spéc. de manches, r. St-Denis, 277.
Humbert et Haulin, m. spéc. p. cornouiller et bois d'Afrique de t. essence, r. Riquet, 35.
Jacob (A.), (Vve) manches, r. St-Denis, 277.
Jouany jeune (Vve), r. Ponceau, 5.
Knœpfler (Ch.), Ermitage-Ménilmontant, rue Villa de l'Ermitage, 9.
Koch (J.), fab. de manches sculptés commission, r. du Marais-St-Martin, 62.
Lambert, cannes, r. Montmorency, 44.
Lecocq (J.), fab. de fourchettes et acier étiré p. branches, r. des Grange-aux-Belles, 59.
Lemaire jeune, cannes, r. Molay, 4.
Ligier (L.), mag. de fourn., spéc. de fourreaux percaline, r. St-Sauveur, 1.
Lips (Ch.), r. St-Denis, 307.
Loevenbach (Emile), r. St-Denis, 503.
Louis fils, r. Aumaire, 3.
Merat, manches, r. du Petit-Lion, 15.
Miné jeune, r. St-Denis, 364.
Mouton (F.), cannes, r. Aumaire, 9.
Monestier, r. du Petit-Lion, 10.

Muffat et Jacques, cannes brutes, r. Saint-Denis, 345.
Pallice frères, r. St-Denis, 265.
Pascal, r. des Deux-Portes-St-Sauveur, 25.
Pélissier et Masson, r. des Fontaines-du-Temple, 17.
Père, place de la Rotonde-du-Temple, 5.
Peugeot-Jackson ✳ et Cie, aciers ronds et branches p. montures, r. Turenne, 76.
Pichot, Trépot et Cie, r. St-Martin, 255.
Piliet (Florent), cannes, r. St-Martin, 211.
Poilleux, fab. de poignées en os p. parapluies et ombrelles, r. Réaumur, 27.
Ponton (A.), montures, r. St-Denis, 281.
Priiss (Ch.) et Cie, représentant H. C. Meyer jeune de Hambourg, joncs tressés, teints et vernis pour manches, boul. St-Martin, 4.
Puex et B. Graffeuil, montures et fournitures, soieries, r. Thévenot, 21.
Raby père et fils, fab. de manches, r. St-Denis, 293; usine.
Raux, fab. de cannes, manches de parap., r. Jessaint-Chapelle, 24.
Richardez fils, r. des Deux-Portes-St-Sauveur, 17.
Roch (Vve J.), fab. de manches et poignées en bois et en os, r. des Gravilliers, 26.
Rouff (E.), r. Aumaire-Prolongée, 4.
Rousseau (E.), tenons, r. St-Sauveur, 18.
Salhorgne, r. St-Denis, 279.
Simon (Hte) fils, r. Mandar, 7.
Soustrot, r. Grénétat, 37.
Steinberger (N.), seul dépôt des montures Paragon, boul. Sébastopol, 91.
Strub (J.), r. Palestro, 23.
Subtil neveu, r. Palestro, 23.
Tartinville, poignées, en bélier et en écaille, r. Bouchardon, 14.
Van Oye Van Duerne (E.), r. Palestro, 18.
Veber (André), fab. de montures en acier, r. Palestro, 17.
Veillard (P.), cannes, quai Jemmapes, 248.
Weibel (E.), cannes, r. Mandar, 8.
Winterhalter, Schwerhalter et Cie, dépôt de joncs extra-fins, r. Meyran, 8.
Zeimen, montures, pass. de la Trinité, 16.

Passementerie (fabricants de).

Chambre syndicale de la Passementerie, mercerie, boutons, boul. Sébastopol, 82. — Président : Pariot-Laurent.
Adnet frères et sœur, r. du Château-d'Eau.
Airault (E.), r. Quincampoix, 80.
Alexandre fils aîné, r. St-Martin, 177.
Alexandre (N.) et Cie, fab. de passementerie haute nouveauté, r. St-Martin, 192.
Allain-Moulard, r. Montmartre, 33.
André-Bogey et Cie, r. Quincampoix, 107.
André (M.-P.), manuf. et usine à Chantilly (Oise), r. St-Martin, 255.
Angrémy (A.), Toche et Cie, fab. de passementerie p. dames, r. Turbigo, 45.

Archet (C.), passementier, spéc. d'articles au retords, export., r. des Récollets, 11.

Arger (Ch.), fab. de haute nouveauté pour dames, boul. Sébastopol, 96.

Armand et Pitiot, r. St-Martin , 255, manuf. de passementeries à la Tour-du-Pin(Isère), usine à vapeur à Vaise-Lyon ; spéc. de lézardes, crètes, franges, glands , cordons de tissage, embrasses et sangles p. ameublements , maison principale à Lyon, pl. St-Nizier, 5, dépôt à Marseille, r. du Chevalier-Rose, 4.

Asso (A.) et Cie, r. Aboukir, 25.

Aubrée (A.), r. du Bac, 19.

Auflère et Guillet, r. St-Denis, 134.

Austin et Cie, boul. Sébastopol , 54 , fab. à Clichy-la-Garenne.

Bachimont (E.), r. St-Denis, 474.

Badet (à la ville d'Alger), passement. militaire, r. Nve-des-P.-Champs, 11.

Bailly, r. St-Denis, 241.

Balmont et Cie, fab. de galons et passementeries p. voitures, r. Nve-des-P.-Champs, 35, fab. à Firminy (Loire).

Baquié (Adolphe), galons et rubans de St-Etienne, Cloîtres-St-Jacques, 2.

Bardin et Cie, 314, r. St-Martin , fab. de tissus en gomme.

Barjavel (Alfred), r. St-Denis, 277.

Barrault (Eug.), art. p. l'export., spéc. p. ombrelles, r. Grénétat, 43.

Barré (Victor), r. Mandar, 5.

Bartels et Chaigneau, fab. et dépôt de tresses, boul. Sébastopol, 29.

Baty , Schmidt (Vve) et Cie, r. Montmartre , 168.

Bazaille et Pihoret, r. Cadet, 18.

Bazaille (P.), fab. de passementeries p. chapellerie, r. du Temple, 67.

Beaubois Peyron, r. St-Denis, 366.

Bechtel (W.), repr., r. Richer, 10.

Belot (J.), boutons et passementeries haute nouveauté, r. St-Martin, 203.

Benn (H.), fab. de passementeries p. dames , r. St-Martin, 181.

Bernard et Cie, r. N.-D.-de-Nazareth, 55.

Bernard et Caré , fab. de galons , tresses , ganses, r. Michel-le-Comte, 16.

Bernhard-Korting et Cie, fab. de passement. et boutons, export., r. Aboukir, 113.

Bertheley (Ale) (Lacaille-Bertheley), meubles et nouveautés, r. St-Denis, 242.

Bertheley (A.) fils aîné, r. St-Denis, 216.

Bertheley (Hte) fils, r. Rougemont, 4, fab. à St-Etienne.

Biais aîné fils et Rondelet, ※, galons, franges or et argent, r. Bonaparte, 74.

Bidaut (H.) et sœurs, fournisseurs du mobilier de la couronne, r. St-Honoré, 78.

Bidouillat(E.), passement. p. ameublements, faub. St-Antoine, 12.

Biquard frères, fab. de passement. et boutons p. dames, boul. Sébastopol, 131.

Blin-Squels et Cie, faub. St-Martin, 18.

Bohren (F.) , fab. d'effilés unis et façonnés , boutons fantaisie, r. Quincampoix, 76.

Boniface (A.) et Cie, r. Aboukir, 92.

Bonjour sœurs (Mmes) , boulevard Richard-Lenoir , 109.

Bottollier (E.) et P. Chandet, meubles, export. r. Nve-Ste-Catherine, 25 (Marais),

Boucault et Hublin, r. St-Denis, 121.

Bougeault (A.) art. de dames et de chapellerie export. r. St-Denis, 307.

Bouillon et Cie, passementerie et boutons, nouveautés p. dames, exportation, r. Montmartre, 85.

Bouline et Langlois, hautes nouveautés p. robes et confection., r. Louvois, 12.

Bourgeois (E.) et Leclerc, r. de Buci, 20.

Bourson et Plique, r. Quincampoix, 34.

Bouvet et Auxerre, r. Montmartre, 114.

Bouvier jeune, rue de Lyon, Arcades du chemin de fer de Vincennes, 46.

Boyriven frères, galons, soieries et draps p. voitures, r. Lepelletier, 57, fab. à Lyon.

Brocard et Chenevière, pas. du Ponceau.

Brun (A.), articles riches, fantaisies p. modes et confections. r. Lafayette, 162.

Brun (A.-M.), épaulettes or et argent fin, coiffures militaires, r. Evêque, 16.

Brunschvicg (N.), et boutons, nouveautés p. dames, export., r. Montmartre, 80.

Bunzen et Heumann frères, boulevard Sébastopol, 99.

Ch. Boscher et Lassimonne, boulevard Sébastopol, 52.

Cagnet (Felix), r. d'Amsterdam, 41.

Cahagne (Louis), et Favrot nouveautés pour dames, r. Saint-Denis, 144.

Caron, art. d'agrément et fantaisies, r. Julien-Lacroix, 4, (Paris-Belleville).

Carré (E.), p. églises, r. de Sèvres, 31.

Cartault (J.), haute nouveauté p. robes et confection, r. Montmartre, 55.

Cassard et Broquet, r. Filles-Dieu, 21.

Caszalot fils aîné, fab. haute nouveauté p. robes et confection, r. St-Sauveur, 22.

Cathala, Rossignol et Cie, fab. de filets et glands p. chaussures, r. St-Denis, 227.

Cauderlier et Poisson, fab. de lézardes, girolines, franges, etc., r. du Chapon, 42.

Cestaret (H.) et Cie, fab. de boutons en tous genres pour dames, export, boul. Sébastopol, 56.

Chambe (F.) et Cie, r. Turbigo, 25.

Chapuis, r. Turbigo, 43.

Charret et Martial, r. Bondy, 52.

Charles et Legouay, passementerie et nouv. p. dames, r. St-Denis, 163.

Chauffard et Wessberg, r. Réaumur, 54.

Chauveau et Bonnet, passementerie p. tailleurs, r. du Cloître-St-Jacques, 3.

Chesnay et Dupuids, r. du Bac, 34.
Cluzan et Cie, r. d'Aboukir, 5.
Cohn (E.), nouveautés, boutons, ceintures, r. Turbigo, 18.
Collet (E.), r. Faub.-Montmartre, 37.
Colmache, passementier à façon, r. Oberkampf, 125, cité Griset, 1.
Corbel (C.), fab. de passem., galons, tresses, ganses, boul. Sébastopol, 66.
Cousseau frères, r. Faub.-du-Temple, 137.
Cuvyer-Bresson, fab. de nouv. en coton, soie, jais, or et argent, boul. Sébastopol, 86.
Daguenet (L.), fab. de franges, haute nouv. pour dames, boutons pour robes, r. St-Denis, 519.
Dalsace frères et fils, r. du Mail, 12.
Derasse (A.), fab. d'art. militaires, export., ※, impasse Conti, 2.
Dassier (Mme A. Janvier, succes.), passem. militaire, r. Richelieu, 12.
David (J. M.) et Maria-Langevin, fabr. spéc. de passementeries, or et argent, r. Poissonnière, 10, maison à Lyon.
Debadier, successeur de Bertrand, nouv. p. dames, r. St-Denis, 101.
Déforge (A.), r. St-Sauveur, 4.
Deitz (A.), nouv. p. dames, galons, ruches, export., boul. Sébastopol, 68.
Deroy, Julien-Lacroix, 65, cité Rivoli.
Desbrousses (L.), r. Montmartre, 146.
Désiré (C.) et Cie, faub. St-Martin, 179.
Desrateaux, Grandigneaux et Perreyon, r. Turbigo, 21, export.
Deterville, fab. de bords cintrés p. chapeaux d'uniforme, épaulettes et aiguillettes or et argent fin, etc., r. aux Ours, 48.
Devaux (Léon), fab. de passementerie-nouv., effilés, galons en gros, r. St-Denis, 123.
Diel frères, boul. Sébastopol, 16.
Dieutegard (Er.) et Antheaume, h. nouveauté p. robes et conf., r. Mail, 28.
Dobelin (Ch.) ※, A. Maxein et Cie, boul. Sébastopol, 50.
Domart (Henri), fab. de boutons, galons, ganses, brandebourgs, r. des Lombards, 31.
Donzé, fab. de passementerie, boutons et estampes, r. Thévenot, 24.
Donzé frères, r. Vertbois, 4.
Donzé (Léon) et Berthe, boul. Sébastopol, 17.
Dournot (E.) et Vigne, r. St-Denis, 227.
Dreyer-Stehlin (J.), r. La Reynie, 26.
Dreyfus et Willard, art. p. tailleurs, coiffures, résilles, boul. Sébastopol, 91.
Dubarle (Ch.), manuf. de boutons haute-nouveauté p. robes et conf., r. Petit-Lion, 15.
Dubus, r. St-Honoré, 109.
Dubus (Th.), r. Bonaparte, 82.
Duflos (Léon), guipures, ganses, câblées et soufflées, faub. du Temple, 113.
Duflos (Paul) et Marrel, pour dames, spécialité de galons, effilés et boutons en coton blanc, export., r. Rambuteau, 63.

Dulac aîné, cotons, laines et soies p. passementerie, boul. Sébastopol, 88.
Dumas (Ch.) et Cie, r. Aboukir, 15.
Dumergue (E.), manuf. de passsement. p. confection et robes, boul. St-Denis, 18.
Dupetit-Bosq frères, r. Montpensier, 8.
Dumur (Ch.), soieries p. ornements d'église, passementerie or et argent, export., r. de Mézières, 7, maison et fab. à Lyon, r. d'Algérie, 22.
Dupin et Cie, r. d'Hautpoul, 30.
Durier (Paul), passement. civile, militaire et nouveautés, r. Rambuteau, 28.
Durier (E.) et E. Wallet, spéc. de gizelle à festons, modèles déposés, galons à border les perses, r. des Chauffourniers, 30.
Duros (Mmes) et Cie, haute-nouveauté p. dames, franges, ceintures, galons, boutons, etc., exp., r. Ste-Apolline, 7.
Eigen (Gust.) et Cie, r. Richelieu, 65; représentants et consignataires de diverses manufactures françaises et étrangères.
Elias, Aron et Willard, passement. boutons et commission, boul. Sébastopol, 98.
Faivre et Vatelot, r. Turbigo, 59.
Favier et Boulley, fab. de galons, boutons, tresses et ganses, r. aux Ours, 28.
Flamencourt, fab. de passementerie p. dames, r. Mulhouse, 2.
Fontenay (Er.), passement. et galons nouveautés p. dames, r. St-Marc, 17.
Forgeais (L.), spéc. d'art. p. tailleurs et p. dames, galons, ganses, etc., r. Thévenot, 2.
Foubert et Rohrbacher, pl. de Valois, 4.
Fouilly (J.) r. St-Denis, 347.
Frassy frères, fab. de passement. p. tailleurs, boul. Sébastopol, 65.
Frellet et Audige, r. aux Ours-Prolongée, 71.
Frémont-Rambour, r. St-Denis, 166; fab. à Verberie (Oise).
Fricault (Ch.) p. meubles, r. Aboukir, 143.
Gasteau (Er.) et Harlaux, r. St-Denis, 138.
Gaudin (Jules), fab. de passement. haute-nouveauté p. dames, r. Michel-Le-Comte, 22.
Gelhaye et Estienne, fab. de ganses p. passement. nouv. et militaires, r. Pajol.
George, brod. d'uniformes, passement. r. Feydeau, 30.
Giébel (C.-F.), tresses et galons d'Allemagne, r. Paradis-Poissonnière, 37.
Girard (E.), r. Montmartre, 74.
Giroult (A.), passement. et broderies, art. d'officiers, drapeaux, r. Coquillière, 16.
Gottschalk et Cie, représ. de fab. d'Allemagne, galons, tresses, etc., Faub. St-Martin, 76.
Goujon, r. Faub.-St-Antoine, 20.
Gout-Fuchot, cordons de montres en gros, exportation, r. N.-D.-de-Nazareth, 28.
Gouy (L.) aîné, passement. p. dames et confec., haute nouveauté, r. Bondy, 80.
Grellou (A.) et Cie, r. St-Denis, 132.
Grellou (H.) ※ et Cie, r. Rambuteau, 84.

Grumbach (Daniel), passement. et nouveautés p. dames, boul. Sébastopol, 84.
Grumbach et Dumont, nouveautés p. dames, filets et résilles, r. Rambuteau, 59.
Guépratte, r. Rambuteau, 46.
Guérard et Huot, r. Cléry, 76.
Guérinot (H.), breveté p. la frange chardon, dit point de tapisserie, r. St-Honoré, 73.
Guibout (J.) et Cie, passem. broderies civiles et militaires, r. Rivoli, 124, maison à Lyon, r. des Capucins, 16.
Guillou (D.), boul. Sébastopol, 54.
Guinet-Seurre, ameublements et nouveautés p. dames, export., r. St-Denis, 509.
Hendrick (L.), spéc. de galons de voitures et de livrées, r. Jour, 31.
Henry, r. Faub. St-Honoré, 5.
Hinque jeune et Cie, r. Sébastopol, 19.
Hommen (Vve) et fils, spéc. d'ornements p. modes, etc., r. Faub.-St-Martin, 33.
Houssais (E.), passement. de fantaisie, franges, ceintures, etc., Faub. St-Martin, 33.
Huber (W.), nouv. pour mantelets, effilés et galons, boul. Sébastopol, 95.
Hubert (Ign.), r. Claude-Vellefaux, 13.
Husson (F.) et L. Guérin, spéc. p. tailleurs, boutons, galons, etc., r. St-Martin, 241.
Huteau (L.). p. tailleurs, boutons de soie, fantaisie et mercerie, r. Montmartre, 72.
Ingelbach et Schleicher, passement. d'Allemagne, boul. Sébastopol, 41.
Jacquemod frères, r. Beauregard, 34.
Jannin et E. Marre, r. Croix-des-Petits-Champs, 31.
Jarlier, fab. de cartisanes et torsades p. meubles, r. St-Denis, 243.
Jeance (Vve) et fils, r. Rambuteau, 65.
Joly, hautes nouveautés pour dames, rubans et mercerie, r. Chaussée-d'Antin, 8.
Josse et Moucheux, r. Michel-le-Comte, 26.
Jumel, manuf. de passementeries et boutons, nouveautés p. dames, r. Turbigo, 40, fabrique à Marconne (Pas-de-Calais).
Jumelle et Hardy, fab. de galons et passement., boutons nouv., r. St-Denis, 123.
Keïm (M.), passementeries et boutons, hautes nouveautés, r. St-Martin, 245.
Kloess (Ch.), art. soies, laines et cotons de Saxe et d'Angleterre, r. P.-Ecuries, 13.
Lacaille-Bertheley, fab. de passement., meubles, nouv. et dorures, r. St-Denis, 242.
Lafilé (Dé) et Legeay, r. Aboukir, 83.
Lagoste, art. militaires, r. Richelieu, 41.
Lambert et Delporte, pass. du Grand-Cerf, 30.
Lambert (E.) fils, r. St-Denis, 92.
Lambert (Henri), galons et ganses laines et soies, p. passement., r. Palestro, 3.
Lampy, r. St-Denis, 378.
Langlet (J.-B.) et Cuzin, fab. de tresses, ganses soufflées, et câblées, r. Bichat, 52.
Lassalle J. et Mère, r. Mail, 29.
Laurent (J.-B.) fils, boul. Sébastopol, 52.

Laurent frères (A. Laurent, successeu r), Aboukir, 12.
Laurent jeune, boul. Sébastopol, 78.
Lausent (A.) fils, passement. en t. genres, h. nouveautés p. dames, r. Faub.-St-Martin, 74.
Lebée (Eug.), r. Sentier, 20, manuf. à St-Quentin.
Lebreton (H.), passementerie nouveaut. pour dames, boutons de soie et jais, r. Cléry, 36.
Lecat et Michonet, p. ameublement, art. ecclésiastiques, r. Poissonnière, 3.
Lechevalier (Ch.), r. St-Denis, 261, fabr. à Montreuil-aux-Lions (Aisne).
Lecolant, r. Faub.-St-Denis, 14.
Legrand-Bertheley, fabr. de passement. pour meubles et nouv., r. Montmartre, 176.
Lejeune, breveté, fabr. de relève-jupes (l'Indispensable), r. Vivienne, 53.
Leprince jeune et Cie (Guesdon Leprince), rue Montorgueil, 67.
Leprince (Aug.) ainé, r. Prêcheurs, 8.
Leroux et Ment, r. Sèvres, 21.
Leroy (Hte), p. dames, boutons, ceintures coiffures, r. St-Denis, 277.
Leroy et Duhardel, spécialité de ceintures, rubans, r. de l'Echiquier, 40.
Levêque (Ch.), passementerie pour dames, point de Milan, etc., r. Rambuteau, 85.
Lévy (Félix) frères et Kilian, nouveautés pour dames, boul. Sébastopol, 93.
Lévy (J.) et Cie, fabr. de passementerie haute nouveauté, r. Faub.-St-Denis, 23.
Limal-Bontron, r. St-Sulpice, 27.
Lorgnié et Ch. Denis, r. Richelieu, 69.
Lorrain, Souriau et Lemoyne, boutons, effilés, chenilles, boul. Sébastopol, 73.
Louvet (A.), r. des Bons-Enfants, 27.
Lussier, r. Julien-Lacroix, 65 et 67.
Maas, pass. militaire, r. du Temple, 64.
Maire frères, r. Grenier-St-Lazare, 26.
Malheux, r. Petit-Lion, 8.
Malleval (L.), fabr. de passem. pour meubles, haute nouveauté pour dames, r. Saint-Denis, 135.
Marcelin (V.) ainé, spéc. de ceintures de dames, nouveautés, r. Turbigo, 36.
Marest-Petit et Cie, assortiment de passementerie en or et en soie, r. Grammont, 13.
Mareux (C.), et dentelles guipures, r. Cléry, 10.
Maria (G.), passementeries, broderies et rubans, r. Richelieu, 86.
Marotte, r. Julien-Lacroix, 65, cité Rivoli.
Marre (Henri), r. Rambuteau, 77.
Martin (Edouard), dépôt de tresses, galons, r. St-Denis, 183.
Marzelle (Ch.), spécialité d'Astrakans allemands et anglais, r. Coquillière, 37.
Massard (C.), fleurs et feuillages p. applications, passementerie, r. Aboukir, 42.
Massé (A.) et Anglade, galons et boutons en soie, en laine, r. La Feuillade, 3.

Mayet (J.) et Cie, nouv. p. dames, agréments, boutons, effilés, etc., r. Montorgueil, 23.

Mazade (Alexandre), fabr. de ganses, guipures et nervures, boul. Sébastopol, 71.

Mazallon, fabr. de passement., spécialité en coton blanc, export., r. Rambuteau, 27.

Mazard et Gilbert, r. Grande-Truanderie-Prolongée, 3.

Mesnager frères, galons, effilés, passementerie, nouveauté p. dames, r. St-Denis, 210.

Mesthaler (A.), déposit. de tresses, lacets, agréments, d'Allemagne, r. St-Martin, 243.

Meunier (E.) et Vve Denis, r. du Caire, 19.

Millot (Ernest), r. d'Aboukir, 36.

Middeldorff et Noelle, r. Turbigo, 32.

Molet (A.), r. Faub-Poissonnière, 66.

Morin (Mlle), r. St-Denis, 345.

Morin (Th.-G.), p. meubles, r. Sentier, 26, fabr. à Beauvais.

Moulet et Cie, r. des Jeûneurs, 4.

Moussault-Tourneau, passementerie et boutons, r. Turenne, 51.

Najean (Jules), haute nouveauté pour dames, r. Cléry, 4 bis, usine à vapeur à St-Denis (Seine).

Neveu (E.) et E. Guichard, r. St-Denis, 319.

Norgeot (Henri), p. meubles, broderie or et argent, équipements militaires, rue Saint-Denis, 137.

Novario (Vve) et fils, spéc. pour meubles, export., r. St-Denis, 311.

Ometz (C.), boutons-milan et satin mécan., ganses, r. St-Sauveur, 51.

Paquelin (Gustave), r. Cléry, 11.

Pariot-Laurent, fab. à St-Leu d'Esserent (Oise), et à Paris, r. du Sentier, 37.

Paris (Émile), r. St-Denis, 251.

Patart et Cie, Chaussée d'Antin, 12.

Pauthier (C.), spéc. de garnitures de robes et confections, r. St-Denis, 261.

Pellé, r. Montmartre, 33.

Petit (J.), r. Montmartre, 43.

Petit et Enguehard, r. du Bac, 25.

Pichot, Trépot et Cie, r. St-Martin, 255.

Picou aîné, garnitures p. robes, et confect., r. Faub.-Montmartre, 15.

Pignon (J.) et Bayard, boutons et bordures, art. de tailleurs, r. La Reynie, 26.

Poisson et Prestat, boul. Sébastopol, 47.

Poittevin frères, fab. de passement., et boutons, nouv. p. dames, r. du Caire, 18.

Poix (B.), fab. de passement. en dorure, art. militaires et église, r. St-Sauveur, 14.

Potrel (V.), r. Croix-des-Petits-Champs, 40.

Poulet, r. du Caire, 22.

Pouthier (A.), art. de jais, spéc. p. modes, commiss., export., r. Palestro, 5.

Prévost, r. Rivoli-Belleville, 7 et 9.

Prévost-Bernard, cordes et franges or, perles et jais, etc., r. Aboukir, 108.

Prieur et Cie, r. Aboukir, 99.

Prodhomme, p. meubles en t. genres, export., r. Filles-du-Calvaire, 10.

Prosper et Cie, r. Vivienne, 22.

Prudhomme aîné, r. St-Denis, 306.

Raimbert, Geoffroy et Cie, nouv. p. dames, boul. Sébastopol, 62.

Rain (J.) et J. Wormser, r. Turbigo, 54.

Ransons (A la Ville de Lyon), r. Chaussée-d'Antin, 6, nouv. p. dames, galons d'or et d'argent.

Ravet, r. Julien-Lacroix, 65, et cité Rivoli.

Regardebas, r. des Dames-Batignolles, 1 et 3.

Rescher (J.), passement et boutons p. dames, export., boul. Sébastopol, 85.

Reufflet (Louis), r. St-Denis, 257.

Reveillac, haute nouv. p. robes et confections, r. Montmartre, 103.

Rey (L.) et Cie, boul. Sébastopol, 32.

Richard frères, de St-Chamond, manuf. de tresses organsin, de lacets de soie et de cotons, etc., boul. Sébastopol, 131.

Riverin (Ch.), fab. de galons de livrées et p. voitures, r. St-Denis, 374.

Rocheblave, r. Turgot, 29.

Roque-Mulet, boul. Sébastopol, 135.

Rouyer (A.), spéc. de soutaches, tresses et cotons p. broderie, boul. Sébastopol, 99.

Sauvard (J.) et Cie, r. du Caire, 23.

Schekler (G.), fab. de passement., h. nouv. p. dames, r. St-Sauveur, 6.

Schoetter (L. N.) frères, boul. Sébastopol, 63.

Schüler (A.) et Cie, 60, boul. Sébastopol, passementerie d'Allemagne.

Simon (A.) fils, r. St-Denis, 366.

Simon (Rodolp.), r. Nve-des-Petits-Champs, 42.

Soupplet (P.) et E. Gaillard, boul. Sébastopol, 74.

Souriau et Lemoine, boul. Sébastopol, 73.

Spiquel (M.) et fils, r. St-Honoré, 164.

Sporck (Léon), r. du Mail, 4 ; fab. de passement. p. confection et robes.

Steger (E.) et F. Le Breton, tresses de laine, galons et lacets, boul. Sébastopol, 32.

Steinmetz (Charles), fab. de ganses, agréments, galons, boul. Sébastopol, 67.

Tevenon, r. Julien Lacroix, 65, cité Rivoli.

Trambouze (C.), faub. St-Denis, 78.

Travers jeune, passement. et nouv. p. dames, r. St-Denis, 293.

Trouvé (E.), broderies p. ameublements, faub. Poissonnière, 23.

Truchy et Vaugeois, passement. et brod. or et argent, r. aux Ours, 41 ; fab. à Lyon, quai de Retz, 16.

Tuffier (L.), r. St-Denis, 148.

Valentin (E.), r. Bonaparte, 52, meubles.

Vallet (Alfred), nouv. p. dames, effilés, galons, boutons, r. Palestro, 3.

Vavasseur (L.), boul. Sébastopol, 65.

Verne (L.), boul. Sébastopol, 16.

Vetter frères, passementerie et boutons, boul. Sébastopol, 101.

Villardier (H.), dorure, r. St-Denis, 293.
Vincent, fab., r. Rambuteau, 56.
Vivien (A.), r. des Jeûneurs, 12, export.
Waroquet et Chéron, r. du Mail, 23.
Weber (C.), spéc. p. ameublements, crètes, franges, etc., r. Poissonnière, 15.
Willard (Léon), boul. Sébastopol, 109.
Worms jeune, fab. de passement. et boutons p. dames, boul. Sébastopol, 59.
Zoeller, dentelles, or, argent et aluminium en soie p. dames, r. Grénétat, 5,

Peignes à carder, tisser, rots.

Begain, r. Daval, 21 et 23.
Bignon, boul. de l'Hôpital, 66.
Dionet, r. Favart, 6.
Duhotoy, fab. de broches en cuivre et en acier laminé, r. Roquette, 115.
Lainé, pass. Ménilmontant, 7.
Laprade (D.) r. St-Paul, 8.
Lefebvre (A.), spéc. p. cardes à laine et coton, r. Pont-aux-Choux, 17.
Lourgeon (Mlle), r. Roquette, 17.
Tavernier et Cie, r. Paradis-Poissonnière, 2.
Vallon-Jolly, peignes cylindriques p. filatures de laines peignées, r. Lafayette, 106.

Plieurs et dévideurs de soie.

Allot (Mme), r. Chaume, 6.
Beringer (Mlle), r. St-Martin, 181.
Boll (L.), r. St-Denis, 271.
Catois (Eug.), r. Quincampoix, 60.
Caudrelier, r. St-Denis, 97.
Chaussignand, r. St-Maur-Popincourt, 60, cité Bertrand, 5 bis.
Chéron (H.), r. Marie-Stuart, 22.
Delarbre (Mme), r. Chapon, 46.
Deroudilhe (H.), r. St-Maur-Popincourt, 56.
Discourt (L.), r. Grande-Truanderie, 1.
Doird (Mme), r. St-Denis, 159.
Ducellier (Mme S.), r. Aboukir, 43.
Dunoyer (Mme), r. Chanoinesse, 18.
Grand (Mme), r. Grenier-St-Lazare, 28.
Jay, r. Quincampoix, 57.
Jottrat fils, r. St-Denis, 285.
Lamouche, r. St-Martin, 151.
Merel (P.), r. St-Denis, 268.
Piebeau, r. Quincampoix, 91.
Terrier (Mme), r. Fontaine-du-Temple, 17.
Thoue (Mme), r. Montmorency, 41.

Plomb filé.

Mary et fils, métiers Jacquard, r. St-Maur-Popincourt, 87.

Plumes brutes (négts en).

Andrade, Morez de Costa, boul. St-Denis, 22.
Arbib (Ange de R.), dépôt de plumes brutes d'autruches, etc., r. Enghien, 8.
Arone (J. H.) jeune, faub. St-Denis, 48.
Barthélemy (Mme), p. plumassiers et fleuristes, export., r. Faub.-St-Martin, 91.

Bauchet (St-Clair), r. du Jour, 13.
Bauchet, r. Tracy, 13.
Baudry, brutes et teintes pour plumassiers et fleuristes, export., r. Grénétat, 11.
Biqué, faub. St-Denis, 108.
Boyer-Prot et Boyer fils, r. Vieille-du-Temple, 15.
Coupé (F.), r. St-Denis, 380.
Denamur, r. Vieille-du-Temple, 26.
Georget et Cie, r. des Blancs-Manteaux, 45.
Goy (Fr.), r. St-Sauveur, 4 bis.
Grunebaum (Louis), r. du Caire, 12.
Gugenheimer (S.), r. Aboukir, 54.
Hesse, r. Hauteville, 65.
Helbronner (Maurice), r. Cléry, 9.
Hénoc fils, r. St-Sauveur, 1.
Jullien, Legrand et Cie, boul. St-Denis, 19.
Labi (César), r. Enghien, 10.
Laloue, r. des Gravilliers, 86.
Loddé fils, plumes brutes et de couleurs de t. espèces, r. du Ponceau, 4.
Luraghi, plumes et fleurs, export., r. Nve-St-Augustin, 5.
Nayler (E.), r. du Mail, 27.
Polisse (Alfd), brutes et teintes en noir pour plumassiers, export., r. St-Denis, 376.
Pouchard, r. Tracy, 7.
Sciama (les fils de N.), r. Hauteville, 40.

Produits chimiques pour la teinture (fabts de).

Armet-Delisle (J.), Dépôt chez J. Drouin �֍, r. Ste-Croix-de-la-Bretonnerie, 21.
Arnette frères, alun, couperose, cristaux de soude, prussiate de potasse jaune et rouge, r. Barbette, 4.
Bardon (Emile) et Asseline, dépôt d'extraits de bois de teinture, pass. Ste-Croix-de-la-Bretonnerie, 11.
Barre jeune, fab. de soude, potasse, savon et sel de soude, r. du Temple, 15.
Barruel (P.), Groult-d'Arcy-Vaugirard, usine, r. d'Alleray, 70, Vaugirard.
Billet et Soulier, aniline applicables à la teinture des soies, laines et cotons, r. des Tournelles, 43.
Bochet et Cie, fab. de carmin et indigo, cochenille ammoniacale, r. de la Glacière, 69.
Boutié (J.) et Lepetit, r. Emmeriau, 5.
Canuet (Ch.), r. Barbette, 6.
Casthelaz (John), aniline pour violet fixe, r. Ste-Croix-de-la-Bretonnerie, 19.
Chéry, commiss. en produits chimiques, r. Ourcq-Villette, 11.
Coblenz frères, produits p. teinture, impressions sur étoffes, r. Martel, 12.
Coëz (E.) et Cie, matières colorantes p. teinture et impression, bureaux à St-Denis (Seine), r. du Port, 31.
Cogniet (Ch.), Maréchal et Cie, essence minérale, blanc et baleine, r. Chaussée-d'Antin.
Colas et Ouvré (E. Wittman successeur), spéc. d'eau de Javel, r. Censier, 26.

Collin (Ch.), produits chimiques et commiss., dépôt des fab. d'Alais et de la Camarque , r. Quincampoix, 15.

Dalsace frères, benzine, nitro-benzine, aniline et couleurs, boul. Sébastopol, 72.

Debief (Eloi) (A. Mauger successeur) , drogueries p. teintures, r. Roi-Doré, 8.

Dehaynin (Félix), r. Hauteville, 58 , aniline , couleurs minérales p. la teinture, etc.

Depierre (F.), boul. du Prince-Eugène, 113.

Deroche (C.), r. de l'Ancienne-Comédie, 19.

Fayolle (G.) , Keisser et Cie , pass. Saulnier , 7.

Fleury (A.) , fab. d'eau de Javel et art. de blanchissage, r. St-Dominique, 179.

Foulon (Vve) et C. Michon, r. de Rome, 107.

Fourcade (Alph.) ✻, manuf. de Javel, gélat. fine et colle pour les apprêts, etc., quai de Javel.

Gacon (J.), r. Geoffroy-l'Angevin, 23.

Germain (J.), amidons, eau de Javel, bleus, r. Levy-Batignolles, 36.

Guinon jeune et Picard, fab. à St-Fond, près Lyon, r. Charles V, 9.

Guinon fils et Cie, fab. de pourpre française, orseille et cud Béard, extrait liquide et carmin d'orseille, azuline, coralline jaune et rouge, laque et carmin de coralline, acide picrique brut et cristallisé, cochenille ammoniacale, inaigotine, composition et carmin d'indigo, sulfite et hyposulfite de soude, vert lumière, M. Vannetelle, dépositaire, r. Jouy, 10 ; manuf., quai de l'hôpital, 7, à Lyon.

Guion (C.), r. Gravilliers, 50.

Hecht frères et Cie, orseille, safranum, plantes tinctoriales, r. du Château-d'Eau, 34.

Hoffmann (Charles), fab. à Russelsheim, r. Francs-Bourgeois-Marais, 15.

Huillard fils et Marquet, fab. orseille, cud-Béard, carmin d'indigo, cochenille ammoniacale, bleu de cobalt, jaunes de cadmium, jaune indien, r. du roi de Sicile, 58.

Jaeger (Ch.), carmin de safranum, couleurs d'aniline ; r. des Tournelles, 43 ; Ch. Wiescher, représentant.

Javal (L.) frères, spéc. d'extraits de bois de teinture, r. Turenne, 35.

Jobert et Vignolle, r. St-Antoine, 146.

Langlois (Arthur), aniline, bleu, rouge et violet d'aniline, r. des Blancs-Manteaux, 22.

Laroche Buegg et Cie, r. Amelot, 45 ; maison à Lyon, cours d'Herbouville, 80.

Legrand et Valluet, produits chimiques, commiss., consig., r. Lombards, 23.

Mayeur (L.), r. de l'Echiquier, 4.

Meissonnier (Ch.), fab. d'ext. de bois de teinture, orseille et prod. chim. p. teint. et impres., r. Béranger, 19.

Mougenot, carmin, r. Magnan, 24.

Moulin (L.), fab. de prod. chim. p. la teinture et impres. sur étoffes, cyanures blanc et rouge, avenue de Paris, 150, à St-Denis.

Moirot (Vor), drogueries et prod. chim. pour teint. et impres. sur étoffes, r. Francs-Bourgeois, 41 (Marais).

Nolot (Ch.), fab. d'albumine d'œufs p. impr. sur étoffes, r. Linné, 15.

Octave (B.-C.), r. Villehardouin, 20.

Poirrier et Chappat fils, fuchsine, bleu, violet, vert, etc., r. Hauteville, 23.

Pommier ✻ et Cie, orseille, ext. d'orseille, cud Béard, carmin et comp. d'indigo, violet d'aniline, r. Barbette, 2.

Postel (Ch.-A.), commis., r. St-Marguerite-St-Antoine, 37.

Prunier (P.), spéc. de matières colorantes p. la teinture, usines à Pierre-Bénite, près Lyon (Rhône), dépôt à Paris chez M. Salberg, 374, r. St-Denis.

Rambaud frères, boul. Strasbourg, 25, comm. exportation.

Renault (Edm.) et Cie, teint. et impress. sur étoffes, r. Braque, 8.

Ribollet et Cie, prod. divers p. la teint. et l'imp., r. de Buffon, 15 ; fab. à Lyon, rue St-Anne, quartier de Baraban.

Rossi (Ene), fab. de bleu, boules de rose, carmins, r. Billettes, 7.

Ruch (J.) et Cie, r. Quatre-Fils, 22 ; outremer, alin, couperose et autres produits.

Ruffier frères, r. Croulebarbe, 41.

Samuel, fab. de bleus, inventeur du bleu de France, r. Sévigné, 36.

Tancrède frères, r. d'Allemagne, 120.

Tencé fils, spéc. d'acide nitrique p. teint., r. des Boulets, 42.

Tostain (J.), r. Aubriot, 7 et 9.

Tourasse frères, avenue d'Italie, 77.

Taquier, r. Phélipeaux, 22.

Vaudore (A.), r. de l'Université, 16.

Vedlès (H.), spécialité d'aniline, à Clichy-la-Garenne (Seine).

Réparation de cachemires et châles.

Adore (Mme), pose frange, et fond, r. Clery, 73.

Cassin (Victor), teint., r. du Bac, 46.

Costes (Mlles), r. Petit-Lion, 31.

Cottenet (Miles), Marché-St-Honoré, 36.

Courmont (Mme), r. Seine, 55.

Cousin (Mme), r. St-Dominique, 98.

Delepoulle - Le Brun, r. Neuve-St-Augustin, 33.

Desbuisson (Mme), r. Longchamps, 34.

Despalaines (Mme), r. Aboukir, 99.

Descours (Mme), r. Chabanais, 14.

Garnotel (Victoire), r. Feydeau, 26.

Godard (Mme), r. Vivienne, 22.

Haussemberg (Mme), r. Montmartre, 59.

Jay, r. Montmartre, 13.

Julliard (Mme), r. Ste-Anne, 31.

Labosse (Mme), r. Gadot-de-Mauroy, 40.

Lavault d'Haussy (Mme), r. Aboukir, 109.

Le Cesne (Mlle), r. Marché-St-Honoré, 4.
Lemaître (Vve), r. Lamartine, 5 bis.
Maurant (J.) (Aux Gobelins), expéd. en province, r. St-Honoré, 205.
Millet (Mlle), imp. Gomboust, 3.
Perrin (Mmes), r. Nve-St-Augustin, 10.
Poirot (Vallou-Poirot, success.), répar. et franges brodées, r. St-Honoré, 185.
Roisan (Mme), boul. des Invalides, 17.
Roussot (Mme), r. Buci, 29.
Thaler (Mme), r. Marché-St-Honoré, 19.
Vian (Mme), r. Turenne, 80.
Weil et Lazard (Mmes), r. Aboukir, 61.

Retordeurs de cotons et de laines.

Boivin (Vve), r. Haiss-Charonne, 39.
Doupagne jeune et Lefebvre, r. Trois-Couronnes-du-Temple, 8.
Dufour (Emile), r. Centre-Charonne, 17.
Fournier (J.-B.), et filat. de cotons, boul. du Prince-Eugène, 81.
Gratiot, r. Couronnes-Belleville, 30.
Martial, r. Oberkampf, 147.
Pyrelle, r. Roquette, 125.
Robineau, r. Trois-Couron-du-Temple, 43.
Toussaint, r. Faub.-St-Antoine, 257.
Vanrullen (J.), r. Reuilly, 62.
Vanrullen (P.), r. Paris-Charonne, 10.
Wexteen, pass. Baudelique-Montmartre, 17.
Wilms, r. Chemin-Vert, 140.

Rouenneries en gros.

Anceau (Victor) et Royer, r. St-Martin, 146, maison à Rouen.
Babé (M.), r. Cloître-St-Jacques, 8.
Becker (Jh) et Cie, r. St-Martin, 163 et 165, m. à Rouen.
Becker (Louis), r. St-Martin, 188, maison à Rouen, r. St-André, 31.
Bellanger frères et Mimerel, rouenneries et lainages en gros, r. St-Martin, 203.
Bloc (Alfred), r. St-Martin, 207.
Bolumet, Duret et Tragin, r. St-Martin, 171, mais. à Rouen.
Bomsel frères, r. Béranger, 8.
Cahen (B.), pass. de la Réunion, 7.
Caumont (G.), rouenneries et lainages en gros, r. St-Martin, 112.
Chartier jeune et Cie, r. St-Martin, 176.
Cornogière, r. Elzévir, 3.
Dieusy (Michel) et Cie, r. Sentier, 24, mais. à Rouen, r. St-Placide, 24.
Dupuis-Putois, r. St-Martin, 139.
Fauré, Massot et Desmarquets, r. St-Martin, 196.
Hirch frères, r. St-Martin, 198.
Lambert et Levy, r. Nve-Bourg-l'Abbé, 8.
Laurent frères, spéc. de mouchoirs, r. St-Martin, 177, m. à Rouen.
Lecoq (A.) et ses fils, indiennes, nouv., lainages, r. St-Martin, 140.

Le Duc père et fils, rouenneries, lainages, r. St-Martin, 184.
Lefebvre (Ch.) jeune et Cie, r. St.-Martin, 201, maison à Rouen.
Mayer et Gouguenheim, r. St-Martin, 182.
Pelissié, Beau et Cie, r. St-Martin, 199, maison à Rouen.
Pollart (A.) et Cie, r. Aboukir, 30.
Posselt (E.) et Cie, tissus anglais, r. Réaumur, 52, à Bradford (Yorkshire).
Sibert jeune, r. St-Martin, 155.
Wolff frères, r. Neuve-Bourg-l'Abbé, 10.

Rubans de soie.

Aubrée (A.), r. Verneuil, 35.
Auffère et Guillet, r. St-Denis, 134.
Bacouel et Pognon, r. Vivienne, 48.
Bally (J.), maison Dutrou fils (A. Grout, successeur), r. St-Denis, 345.
Barbier (Jacques), r. La Feuillade, 2.
Bellart et Leconte, en gros, r. Ménars, 2.
Berdin (F.), r. St-Denis, 252.
Bernard, r. Montmartre, 31.
Bernard et Cie, en gros, boul. Sébastopol, 64.
Bertaux et Cie, r. d. Colonnes, 8.
Bibille (P.), r. Faub.-St-Honoré, 118.
Bloch (Samuel), r. N.D.-de-Nazareth, 12.
Bloch (Ch.), boul. du Temple, 36.
Bloch jeune, boul. St-Denis, 20.
Block (Edouard), r. Aboukir, 89.
Block (W.), r. Montmartre, 95.
Boileau (A.) et Cie, r. Banque, 16.
Boucault et Hublin, r. St-Denis, 121.
Boucher neveux, et soieries, r. Mail, 27.
Bouchot (F.) et A. Lemaire, boul. Sébastopol, 97.
Boudin (Henri) et Aubinet, soieries-rubans, boul. Sébastopol, 46.
Bourg (H.), r. St-Honoré, 267.
Bourgeois (T.), boul. Sébastopol, 69.
Bourgeois (E.) et Leclerc, r. Buci, 20.
Brach frères, r. St.-Martin, 283.
Brechemier jeune, r. St-Honoré, 376.
Bresson-Auger (Uscant-Bresson, successeur), r. St-Denis, 353.
Brissaud (A.), boul. Sébastopol, 60.
Cahagne (Louis) et Favrot, r. St-Denis, 144.
Chesnay et Dupuids, r. Bac, 34.
Cohn (Edouard), dépôt, r. Turbigo, 18.
Collet (E.), r. Faub.-Montmartre 27.
Collot (A.), r. Aboukir, 91.
Cottin frères et Colliette, r. St-Martin, 9.
Courtois (A.), boul. Sébastopol 24.
Cremnitz (Jacques) et Cie, r. Turbigo.
Damour (E. J.), boul. des Capucines, 12.
Defert (J.), boul. Sébastopol, 44.
Delmon et Gréhen, r. Rivoli, 136.
Depierre, Vergne et Roubaudi, r. Vivienne.
Desrateaux, Grandignaux et Perreyon, r. Turbigo, 21.
Dezieux (Henri), r. François-Miron, 60.

Dobelin (Ch.) ※, A. Maxein et Cie , boul. Sébastopol, 50.
Dreyfus frères, r. Montmartre, 72.
Dubos, r. St-Honoré, 169.
Dubouchet-Canelle, r. N. D.-de-Nazareth, 66.
Dupont (E.) et Cie , r. Notre-Dame-des-Victoires, 28.
Duquesne (L), rubans soie et velours, r. aux Ours, 29.
Dutrou fils (A. Grout, success. de J. Bally), unis, brochés et moirés, r. St-Denis, 345.
Ebstein (C.) et F. Chapot, r. St-Martin, 104.
Especel jeune, r. Faub.-St-Martin, 41.
Feste et Labroisse, r. Vivienne, 55.
Franclet (J.), r. Choiseul, 6.
Fontenay (Ernest), spéc. de gros grains pour ceintures, r. St-Marc, 17.
Forcinal et Locard, boul. Sébastopol, 55.
Gangnat (A.) et Raimon frères, rue Vivienne, 22.
Gasteau (Ernest) et Harlaux, r. St-Denis, 138.
Gérentet (Claude), r. Vivienne, 55.
Gerson (Levy) et fils, r. Rivoli, 68.
Gestat (C.), r. Nve-des-Petits-Champs, 33.
Gidoin, r. Nve-des-Petits-Champs, 22.
Gombrich (A.), rubans, velours et soieries en solde, boul. St-Denis, 19.
Grellou (Alexis) et Cie, r. St-Denis, 132.
Grellou (Henri) ※ rubans de soie, taffetas, satins, r. Rambuteau, 84.
Guibourg (C.), r. Faub.-St-Denis, 29.
Guichard (F.), Turbigo, 20.
Guillet et Millet, r. Montmartre, 111.
Guimbellot (A.), r. Lamartine, 64.
Guy et Cie, r. Moulins, 21.
Hanier (E.), r. St-Denis, 311.
Henneguy (Ch.), r. Richelieu, 91.
Henry (à la pensée), r. Faub.-St-Honoré, 5.
Hervieu Potard et Dehu, boul. des Italiens, 27.
Hincelin aîné, r. Vivienne, 3.
Hirtz et Lévy, r. Turbigo, 30.
Joly, Chaussée-d'Antin, 8.
Joubert frères, r. Vivienne, 9.
Kahn, et frères, r. du Petit-Carreau, 33.
Kretly (A.), Palais-Royal, galerie Montpensier, 46.
Lampy, r. St-Denis, 373, (aux armes de Lyon).
Lazare et Mayer, r. d'Aboukir, 7.
Leclère (C.), r. St-Denis, 187.
Leclert (F.), Faub.-Poissonnière, 35.
Lecourt (J.) aîné, Faub.-Montmartre, 25.
Lenfant (H.) aîné, r. St-Denis, 277.
Leroy et Duhordel, r. de l'Echiquier, 40.
Leroy (Ch.), r. Montmartre, 132.
Lévy (Cerf), r. Montmartre, 49.
Lévy (C.), Blum et Vormus, r. St-Denis, 243.
Macaigne et Cordier, r. du Caire, 26.
Mahler (A.), r. Dupuis-Béranger, 7, maison à Lyon, quai St-Clair, 13.
Maignien (Vor), r. de la Banque, 14.
Maincourt (J.), r. St-Denis, 135.

Marchon (L.), r. St-Denis, 129.
Mareux (C.), nouv., r. Cléry, 10.
Martin (L. Ch.), r. St-Denis, 349.
May (J.), boul. Sébastopol, 77.
Mesnager frères, rubans et velours en gros, export., r. St-Denis, 210.
Méténier (J.), boul. St-Michel, 61.
Michin (A.), r. du Caire, 44.
Meyberg et Erbsloch, rue Faub.-Poissonnière, 40.
Moulin (J.), r. Richelieu, 71.
Osimont et Vallée, r. Montmartre, 129.
Pallard (A.), boul. Sébastopol, 83.
Pasquier (Edouard), Chaussée-d'Antin, 51.
Patard et Cie, Chaussée-d'Antin, 12.
Pauthier (C.), rubans et spéc. de garnitures de robes et confect., r. St-Denis, 261.
Pelé, r. Montmartre, 160.
Percheron (E.), r. Poissonnière, 33.
Petit et Enguehard, r. du Bac, 25.
Picou, r. Faub.-Montmartre, 15.
Poisson et Prestat, boul. Sébastopol, 47.
Ponchel (L.), r. du Caire, 23.
Quenesourt, r. Montmartre, 126.
Ransons, r. Chaussée-d'Antin, 6.
Richefeu (E.), r. St-Honoré, 324.
Roger frères, boul. Sébastopol, 28.
Sandrier (Ed.), r. Montmartre, 109.
Savoye (A.), r. Montmartre, 146.
Schul (Alfred), r. du Caire, 51.
Sciot (Armand), r. St-Anne, 75.
Sert, r. du Bac, 13.
Simon (Rodolphe), r. Nve-des-P.-Champs, 42.
Soupplet (P.) et E. Gaillard, boul. Sébastopol, 74.
Souriau et Lemoine, boul. Sébastopol, 73.
Thomain (E.), r. Montmartre, 94.
Tinet (A.), rubans et soieries en gros, rue d'Aboukir, 48.
Travers jeune, r. St-Denis, 293.
Tuffier (L.), r. St-Denis, 148.
Valentin (E.), r. Bonaparte, 52.
Vavasseur (A.), r. St-Denis, 359.
Vavasseur (L.), rubans et velours, satins unis, faveurs, boul. Sébastopol, 65.
Waroquet et Chéron, r. du Mail, 23.

Rubans de velours.

Aufière et Guillet, r. St-Denis, 134.
Barbier (Jacques), r. La Feuillade, 2.
Batardy (Michel), dépôt, r. du Caire, 33.
Baudouin (T.), r. St-Denis, 136.
Bellard et Lecomte, en gros, r. Ménars, 2.
Bertaux et Cie, r. des Colonnes, 8.
Block (W.), r. Montmartre, 95.
Boileau (A.) et Cie, r. de la Banque, 16.
Boucher neveux, soieries, rubans, velours, tulles, crêpes, r. du Mail, 27.
Bourgeois (T.), boul. Sébastopol, 69.
Cahagne (Louis), et Favrot, p. confect., modes et lingerie, r. St-Denis, 144.

Chasles et Legouay, rubans de velours, soies
p. garnitures, r. St-Denis, 163.
Cohn (Edouard), dépôt, r. Turbigo, 18.
Depierre, Vergne et Roubaudi, r. Vivienne 23.
Detrave et Leroy, r. du Petit-Lion, 15.
Dobelin (Ch.) ❊, A. Maxein et Cie, boul. Sé-
bastopol, 50.
Ebstein (C.) et F. Chapot, r. St-Martin, 104.
Forcinal et Locard, boul. Sébastopol, 55.
Gasteau (Er.) et Harlaux, r. St-Denis, 136.
Grellou (Alexis) et Cie, r. St-Denis, 132.
Grellou (Henri) ❊ et Cie, r. Rambuteau, 84.
Guillet et Millet, r. Montmartre, 111.
Ingelbach et Schleicher, seul dépôt de Lingen-
brinck et Vennemann de Viersen, près Cre-
feld, boul. Sébastopol, 41.
Kahn et frères, r. Petit-Carreau, 33.
Lambert (Henri), représ., r. Palestro, 3.
Leduc, dépôt unis et faç., galons nouv. et ef-
filés, r. Simon-le-Franc, 8.
Leroy et Duhordel, dép. de Fraisse-Brossard,
r. de l'Echiquier, 40.
Lévy (C.), Blum et Vormus, r. St-Denis, 243.
Lucas frères, r. St-Denis, 168.
Maignien (V.), r. de la Banque, 14.
Mareux (C.), passement., r. Cléry, 10.
Mesnager frères, dép., r. St-Denis, 210.
Michaelis (Th.), r. Mulhouse, 2.
Osmont et Vallée, r. Montmartre, 129.
Paillard (A.), boul. Sébastopol, 83.
Pelletier (Fréd.), r. Grénétat, 11.
Poisson et Prestat, boul. Sébastopol, 47.
Puy (H.), Germain et Cie, r. Turbigo, 32.
Roger frères, boul. Sébastopol, 28.
Schmidt (L.), r. d'Enghien, 11.
Soupplet (P.) et E. Gaillard, boul. Sébasto-
pol, 74.
Tuffier (L.), r. St-Denis, 148.
Vavasseur (L.), boul. Sébastopol, 65.
Waroquet et Chéron, r. Mail, 23.

Rubans de laine et de coton.

Auflère et Guillet, r. St-Denis, 134.
Bance fils aîné, fab. de rubans de Normandie,
r. St-Martin, 141.
Beffre, boul. Sébastopol, 61.
Bellencontre (J.), cité Trévise, 12.
Boudin (H.) et Aubinet, boul. Sébastopol, 46.
Daniet (Ch.), r. Quincampoix, 59.
Diel frères, rubans et lacets fil, boul. Sébas-
topol, 16.
Dobelin (Ch.) ❊, A. Maxein et Cie, boul. Sé-
bastopol, 50.
Gossiòme, r. Petit-Lion, 40.
Leclerc et Lebertre (Fequant, success.), r. St-
Denis, 367.

Sarraux, blouses et cottes en gros.

Beghin, r. St-Martin, 186.
Bernard et Béthune, r. St-Martin, 155.
Brunschwig frères, r. Quincampoix, 61.
Degryse (Vve), r. St-Martin, 209.

Desjardin, r. Berger, 27.
Duplant ❊, r. St-Dominique, 151.
Frenoy frères, r. St-Martin, 141.
Gaillard fils et Leclercq, r. St-Martin, 241.
Houcke (Alp.) et Cie, r. St-Martin, 160, mai-
son à Lille.
Leleux, r. St-Martin, 203.
Piotet (H.), export., r. St-Martin, 135, fab.
à Albert (Somme).
Simonne et Cie, r. St-Martin, 179.

Soies grèges et ouvrées en gros.

Condition et titrage des soies et laines, établissement public, r. N.-D.-des-Victoires,
21, et place de la Bourse, 2. (Voir la Chambre de commerce).
Chambre syndicale du commerce et de l'in-
dustrie des tissus, r. Pagevin, 48.
Société de garantie mutuelle contre le piquage
d'onces, r. Pagevin, 48. — Conseil d'admi-
nistration : MM. Carlhian, président. —
Louvet fils, secrétaire-trésorier. — Mem-
bres : Ed. Rhodé, Estave Raimbert, Hame-
lin, Hussenot. — M. Cheuret, directeur.
Arlès (J.), r. Poissonnière, 21.
Armandy et Cie, r. Faub.-Poissonnière, 9.
Auguste (L.) et Vallet, r. St-Joseph, 11.
Blot, r. Bondy, 62.
Burlat, soies, laines et poils de chèvre, boul.
Bonne-Nouvelle, 28.
Campbel (H.), soies grèges, r. Richer, 30.
Canoville (A.), boul. Sébastopol, 89.
Cherrier (A.) et Cie, r. Lafayette, 94.
Creton et Cie, pass. Saulnier, 19.
De Clermont, r. Mazagran, 9.
Delon (Ch.), ❊, et Raimbert frères, faub. St-
Denis, 24.
D'hostel et Cie, boul. Sébastopol, 107.
Delebois, Lafoy et Cie, r. Réaumur, 9.
Dotte (E.), r. Turbigo, 23.
Faure (L.), r. d'Enghien, 23.
Ferreri (Alex.), pl. de la Bourse, 4.
Germain (A.) père, fils et Lavigne, soies
schappes et fantaisie, r. Echiquier, 32.
Getz (S.) et Dervieux, r. Hauteville, 26.
Hamelin (A.) fils, r. St-Denis, 266.
Hesse (Ad.), r. Hauteville, 22.
Johnson (Samuel), soies et déchets, boulev.
Neuilly-Malesherbes, 101.
Langlois (H.), r. Turbigo 27.
Meynier (G.), fantaisies, laines et cotons filés,
poils de ch., r. Sentier, 28.
Peltereau (H.), r. Sentier, 26.
Pipaut (C.), en gros, r. Hauteville, 12.
Quesnel (J.), r. Grénétat, 43.
Raffard, r. St-Denis, 374.
Robert (C.), soie de peigne p. passementerie,
r. Turbigo, 8 bis.
Rogelin (Eug.), r. Poissonnière, 13.
Royer, Roux et Duret, soies, schappes et poils
de chèvres, r. du Caire, 30.
Salomon frères, r. Enghien, 46.

Silvestre (A.) et Cie, bourres et déchets de soie, r. St-Sauveur, 48.

Viel (I.) et Cie, r. Echiquier, 40; filature à Nyons (Drôme).

Wahl (A.), soies, schappes et cordonnets, cité Trévise, 5, et à Bâle (Suisse).

Soie (filatures de).

Dauge (Ernest), r. Martel, 11, au Breuil-Blangy et à Croissanville (Calvados).

Delon (Ch.) ❋ et Raimbert frères, faub. St-Denis, 24.

Deroudilhe (H.), r. St-Maur, 56.

Deribaucourt et Reichenbach, r. Faub.-Poissonnière, 25.

Faure, r. St-Denis, 369.

Gimbert (J.), r. Tiquetonne, 6.

Guilcamp, r. Sévigné, 46.

Guttinger (U.), agent de filat. de schappes, r. Paradis-Poissonnière, 27.

Hubner (Emile), peignage, filat. et retordage de soie, quai Jemmapes, 288.

Langevin ❋ et Cie, dépôt chez MM. A. Silvestre et Cie, r. St-Sauveur, 48.

Lion (Alfred), r. N.-D.-de-Nazareth, 30.

Pinsard, r. des Jeûneurs, 46.

Pouchon fils et Cie, r. Ménilmontant, 10.

Ritaud-Plataret et Cie, r. Saint-Maur-Popincourt, 74.

Viel (L.) et Cie, r. Echiquier, 40, filature et ouvraison à Nyons (Drôme).

Soies teintes et écrues.

Amédée Charpentier, spéc. p. machines, boul. Sébastopol, 7.

Arondelle (Gve), r. St-Denis, 159.

Baronnat (Vve), boul. Sébastopol, 93.

Bassot frères, soies anglaises p. machines à coudre, dépositaires de W. J. Baron Sons de Londres, 3, rue du Cloître-Jacques.

Bateman (W.), r. Thévenot, 25.

Bauvilain (A.), r. St-Denis, 153.

Beaux (Vve) et Cie, cordonnets en soie pour mach. à coudre, r. Paradis-Poissonnière, 42.

Behagle et Paillet, boul. Sébastopol, 95.

Bergeron (Fois), coupons de soieries en solde, rue du Temple, 74.

Biraud (H.), spéc. d'organsins et fantaisies p. la fabr. des draps, trames et laines pour la passementerie, r. St-Denis, 289.

Boucacourt et Perrot (Albert Perrot success.), r. St-Denis, 243.

Boufflet, r. Thévenot, 24.

Briffaud (O.), r. St-Martin, 300.

Canoville (Alfred), p. broderies, filet, mercerie et machines à coudre, export., boul. Sébastopol, 89.

Carton (A.), r. Caire, 10.

Chamoux et Barriès, fabr. de soies teintes et écrues à coudre, boul. Sébastopol, 45.

Chardin (E.), soies à coudre et à broder, à bourses, à passementerie, r. St-Denis, 17, usine à Persan (Seine-et-Oise).

Chilliat (Edouard), p. la fabr. et la passemen. p. coudre et broder, r. St-Denis, 127, fab. à Neuilly-en-Thelle (Oise).

Cohué (A.), p. passement., organsins p. tissus, boul. Sébastopol, 82.

Darras (E.), r. St-Denis, 272.

Debacq (A.), soies à coudre et à broder, rue St-Denis, 124.

Delcourt (A.) et Cie, boul. Sébastopol, 87.

D'Hostel et Cie, boul. Sébastopol, 107.

Dotte (Eug.), fabr. de soies p. passementerie, broderies, fleurs, etc., r. Turbigo, 23.

Dubré, r. St-Denis, 369.

Dulac aîné, fantaisie et bourrettes écrues, boul. Sébastopol, 88.

Dumotel (E.), r. St-Sauveur, 3.

Flamini (G.), dép. de Lister et Cie d'Halifax, bourres et déchets de soie, r. Thévenot, 8.

Fromentin (L.) et Sarrasin, fab. spéc. de soies et cotons p. mach. à coudre, ganterie et broderie, boul. Sébastopol, 48.

Getz (S.) et Dervieux, r. Hauteville, 26.

Gillet (A.) et Cie, fab. p. mercerie passementerie et ganterie, déchets et fantaisie filée, exp., boul. Sébastopol, 47.

Guenot (Henri), soie filée p. passement., r. St-Denis, 277.

Guttinger (U.), agent de manuf. on filés de schappes suisses et anglaises, soies à coud. r. Paradis-Poissonnière, 27.

Hamelin (A.) fils, soies p. mercerie, ganterie, passement., filets, guipures, dentelles, r. St-Denis, 266; fab. aux Andelys (Eure).

Hesse (Ad.), r. Hauteville, 22.

Houbin (Paul Hubert), faub. Poissonnière, 8.

Hue (A.) fils, soie fantaisie et coton p. fleurs, r. Tracy, 5.

Jacques (J.), r. St-Denis, 159.

Jaricot (Vve) et fils, m. à Lyon, r. Puits-Gaillot, 21; fab. à Vourles (Rhône), soies à coudre, et p. passementerie, boul. Sébastopol, 55.

Koepff (G. ch. de), boul. Poissonnière, 14.

Langlois (H.), r. Turbigo, 27.

Lenoir (L.) et P. Legendre, p. la passement. et organsins p. la fab., r. de Réaumur, 45.

Maquaire (A), soies spéc. et fourn. p. mach., boul. Sébastopol, 97.

Marais, r. Réaumur, 50.

Menars, r. Richelieu, 59.

Mezières (Henry), p. broderie, passement. et fleurs, r. St-Denis, 277; fab. à Vauxbuin (Aisne).

Michaud-Jolly, soies pour broderie, boul. Sébastopol, 14.

Michel-Colombet, r. Rambuteau, 64.

Nourry (J.), spéc. p. mach. à coudre, boul. Sébastopol, 61.

Pasquier et Picard, r. St-Denis, 200; fab. à Vauxbuin (Aisne).

Picquefeu (V.), p. toutes fab., spéc. de soies p. tulles, blondes et mach. à coudre, boul. Sébastopol, 40 ; usine à Neuilly-en-Thelle (Oise).

Pinsard, r. Jeûneurs, 46.

Pinson (Eug.), soies fantaisies p. franges, filets, passementerie et machines à coudre, r. Caire, 13.

Pipaut (C.), soies filées, soies fant. et schappes, r. Hauteville, 12.

Plailly, spéc. de soies et fil à ganterie, r. Turbigo, 18 ; dép. à Grenoble.

Plébaud (J.), r. d'Aboukir, 92.

Rhodé (Ed.) et Cie, fab. de soies écrues et teintes, r. du Caire, 2.

Rogelin (Eug.), r. Poissonnière, 13.

Robert, r. du Caire, 23.

Rouyer (P.) et Beauvilain, r. St-Denis, 153 ; fab. à Chambly (Oise).

Royer, Roux et Duret, soies ouvrées, fantaisies et poils de chèvre, r. Caire, 30.

Salberg, r. St-Denis, 374.

Tapin (Léon), fabrique de soies à coudre, boul. Sébastopol, 54.

Vaquez-Fessart, manuf. de soies à coudre, soies sur cartes (brev. s. g. d. g.). soies et cordonnets sur bobines p. couseuses méc. — Fantaisies à coudre et p. machines, r. St-Denis, 223.

Weil et Cie, soies, laines et cotons, r. Caire, 12.

Soies (étoffes de) *en gros.*

Voir aussi peluches et fournitures pour chapellerie.

Chambre syndicale du commerce et de l'industrie des tissus, r. Pagevin, 48.

Aine (A.), pl. Vendôme, 1.

Appay jeune, r. Rambuteau, 14.

Aurès (Ah.), r. Aboukir, 15, mais. à Lyon et à St-Etienne.

Auguet et Lefèvre, r. du Temple 36.

Auger, Morel et Cie, r. St-Lazare, 2.

Bacouel et Pognon, r. Vivienne, 48, maison à Lyon.

Balmont et Cie, ameublements, r. Nve-des-P.-Champs, 35; fabr. à Lyon.

Bardey (F.), r. Aboukir, 71, maison à Lyon.

Bardin et Bourgeois, r. Cléry 4, m. à Lyon.

Baugillot (J.), r. St-Denis, 248.

Bayard aîné et fils, soieries et galons de chapellerie, boul. Sébastopol, 16 bis, m. à Lyon et à St-Etienne.

Bayard (Louis), fabr. de soieries et fournit. p. chapel., r. Temple, 51, m. à Lyon et à St-Etienne.

Beaudoin (E.), représent. de Kessier frères, de Lyon, r. Echiquier, 22.

Beaurepaire (Ed.), r. Drouot, 2.

Bechtel (W.), représ. de fabriques étrangères, r. Richer, 10 et 12.

Beisson (E.), r. Thévenot, 19.

Belissent cousins, r. Nve-des-Petits-Champs, 15, maison à Lyon.

Bellart et Leconte, gros, r. Ménars, 2.

Benière (Ad.), r. Sentier, 38.

Berteaux (Ch.), Radou et Cie, étoffes, fichus, cravates et foulards de Lyon et Nîmes, r. Aboukir, 10, m. à Lyon.

Billaut (Charmant), r. Lions-St-Paul, 19.

Block (T.) et Cie, r. Aboukir, 89.

Block (W.), r. Montmartre, 95.

Boileau (A.) et Cie, r. Banque, 16.

Boisbluche et Péronne, r. Aboukir, 27, maison à Lyon.

Boucher neveux, rubans, velours, soieries, tulles et crêpes, r. Mail, 27.

Bouchot (F.) et A. Lemaire, boul. Sébastopol, 97.

Bouilliette, soieries de Chine, de l'Inde et du Japon, r. Vivienne, 36.

Bourhis, Jourdan et Cie, r. Montmartre, 122.

Boyriven frères, soieries, draps, galons p. voitures et meubles, r. Le Peletier, 37, fab. à Lyon.

Brochot et Lavesvre, soieries, velours et crêpes p. modes, r. Mail, 20, m. à Lyon.

Brunswick (Léon) et Cie, r. Aboukir, 68.

Carlhian (J.) ※, dépôt de Pillet-Meauzé et fils, de Tours, r. Sentier, 26.

Carpentier frères et Saint-Germain, r. Bourdonnais, 37, m. à Lyon.

Chambon et Chaninel, place des Victoires, fab. à Lyon.

Chaillot, boul. St-Martin, 47.

Chaisemartin et Hœssner, pl. des Victoires, 6.

Chanudet (J.), r. Palestro, 15.

Chardon-Lagache ※, faub. St-Honoré, 9.

Chartier (Ch.) et Cie, r. Cléry, 13, maison à Lyon.

Chas, Fournier, Lanxade et Cie, pl. des Victoires, 5, m. à Lyon et à Londres.

Chatel, cols-cravates, r. Montmartre, 99.

Chérut, Denis et Cie, r. St-Denis, 189.

Chesnay, Auxerre et Cie, r. Montmartre, 80.

Chevalier (Ch.), r. Nve-des-Pet.-Champs, 19.

Chicotot (Adre), r. Rambuteau, 77, et à Lyon, quai St-Clair.

Cointreau-Berrurier, r. de la Banque, 22.

Collin (Ch.), r. Mail, 30.

Compagnie lyonnaise, étoffes de soie, maison à Lyon ; manuf. de dentelles à Alençon, Bruxelles et Chantilly ; cachemires des Indes (m. à Kaschmir), châles français, ateliers de confection, étoffes de fantaisie, grandes nouveautés, boulevard des Capucines, 37.

Coq d'or (m. du), J. Genty, soieries en tous genres; r. Ste-Anne, 46.

Coste (J.), r. d'Aboukir, 3.

Cremnitz (Isidore), r. Béranger, 15.

Cremnitz (Jacques) et Cie, r. Turbigo, 34.

Croué et Gillier, r. Grange-Batelière, 12 ; man. à Tours.

Dalsème (L.), soieries de Chine p. ameublem., r. St-Marc, 21.

Dalsème (Maurice) jeune, r. Chauchat, 9.

Danguy, r. Turbigo, 28.

Dawant et Cie, satins et draps de soie, r. du Coq-Héron, 7 ; fab. à Essertaux.

Decauville (C.), r. Jeûneurs, 26.

Defrasse (Th.), pl. des Victoires, 9.

Delacarlière (L.) et de Lamarre, soieries et nouv. en gros, r. Richelieu, 64.

Delattre et Lizé, r. Vivienne, 31.

Demontant (A.), boul. Montmartre, 19.

Depierre, Vergne et Roubaudi, r. Vivienne, 23.

Despaigne (H.-A.), r. Scribe, 11.

Devenne frère, soieries pour voitures, r. Joquelot, 5.

Dobelin (Ch.) ✳, A. Maxein et Cie, boul. Sébastopol, 50.

Dobilly (Ch.), soieries en gros, spéc. p. chapellerie, r. Meslay, 56.

Dorbec jeune, r. Lafeuillade, 6.

Drevet et Cie, Faub.-Poissonnière, 11.

Dreyfus frères, r. Montmartre, 72.

Ducellier jeune, boul. Sébastopol, 55 ; m. à Lyon.

Duchaine et Bailly, r. du Temple, 38 ; fab. à Lyon, r. des Capucins.

Dumas (G.) et Cie, boul. Sébastopol, 44.

Dumas (Ch.) et Cie, r. Aboukir, 15.

Duplan (F.) et Cie, soieries p. ameub. et voitures, r. Richelieu, 75.

Dupont (E.) et Cie, r. N.-D.-des-Victoires, 28.

Eude (L.), Vieugué et Cie, fab. de velours d'Utrecht à Amiens et d'étoffes de soie p. ameublements à Tours, r. de Cléry, 29, m. à Bordeaux, Lyon, Marseille et Toulouse.

Fagnet, r. St-Fiacre, 3.

Farcy (A.), Bachelier et Cie, r. Aboukir, 4, maison à Lyon.

Fayet (J.), r. St-Sauveur, 71.

Feste et Labroisse, r. Vivienne, 55.

Flobert (A.), r. de la Paix, 10.

Forcinal et Locard, boul. Sébastopol, 55.

Forest, Bergerol et Cie, r. Croix-des-Petits-Champs, 50.

Foucher jeune, r. Ste-Anne, 23.

Gagelin, r. Richelieu, 83.

Gagnet (O.) et Cie, soieries en gros, r. Montmartre, 126, mais. à Lyon.

Gailliard et Cie, r. Thévenot, 24, m. à Lyon et à Rouen, fabr. à Barentin.

Ganeval (Vve), Brun et Cie, r. du Mail, 14.

Gangnat (A.) et Raimon frères, r. Vivienne, 22.

Garnier (A.) et Cie, spéc. d'étoffes p. boutons, r. Aboukir, 17, maison à Lyon.

Girerd (E.) et Dalmazane, r. Aboukir, 6, et à Lyon, r. du Griffon, 13.

Goër (de) et Coignet, foulards et soieries, rue Sentier, 10.

Graffeuil (Joseph), r. Petit-Carreau, 14, maison à Lyon et à Manchester.

Grellou (Henri) ✳ et Cie, soieries p. modes et confect., r. Rambuteau, 84.

Gros, r. Faub.-Montmartre, 17.

Guibey (P.), r. Argout, 4.

Guibout (Jules) et Cie, étoffes brochées or et argent, r. Rivoli, 124, fabr. à Lyon.

Hamel (E.) et Paquy, r. des Jeûneurs, 48.

Henneguy (Ch.), r. Richelieu, 91.

Herbez et Bouché, rue Croix-des-Petits-Champs, 38, maison à Lyon.

Herisson (A.) et Cie, place des Victoires, 1.

Herisson (Léopold), r. Mandar, 18.

Hervieu, Potard et Dehn, boul. des Italiens, 27, maison à Lyon.

Hirtz et Lévy, passage de l'Ancre, 24.

Hoschedé, Blemont et Cie, r. Poissonnière, 35, maison à Lyon.

Huber ✳ et Cie, peluches, r. des Quatre-Fils, 20, fabr. à Puttelange et Sarreguemine (Moselle).

Humbert, r. Aboukir, 47.

Idt (J.), r. Cléry, 9.

Jacquemond (F.), r. Montmartre, 122.

Jodon frères, boul. des Italiens, 34.

Joubert frères, r. Vivienne, 9.

Jullien, Le Grand et Cie, boul. St-Denis, 19.

Kauffmann frères, r. d'Aboukir, 14.

Klotz (Jules) et A. Lévy, r. St-Sauveur, 69.

Klotz jeune, cravates et tissus pour cols, place des Victoires, 2.

Krauss (Gme), velours, rubans, galons et bourdaloux, r. d'Enghien, 54.

Krauss (G.), r. Enghien, 53.

Lacan (E.), spéc. de soieries unies, r. N.-D.-de-Lorette, 53.

Lacour (G.), r. Rambuteau, 59.

Lacour et Pottier, r. Duphon, 24.

Lachard frères et Cie, soieries noires et couleurs pour doublures, r. des Victoires, 2, fabrique à Lyon, r. Puits-Gaillot, 31, sous la raison sociale Lachard, Besson et Cie.

Lainé, Babé et Cie, gros et détail, (Pygmalion), boul. Sébastopol, 13.

Lamberton (L.), soieries et foulards, r. Poissonnière, 20.

Lamy (A.) et A. Giraud, brocart, lampas, damas, brocatelles, satins, ameub., r. Montmartre, 155 ; fab. à Lyon.

Lang (Léon), r. Sentier, 12.

Leclerc (V.), et Cie, faub. Montmartre, 19.

Lemoyne et Cie, r. Rambuteau, 124.

Larue et Cie, r. Rivoli, 16 et 18.

Lecomte et Roupnel, r. de Provence, 69.

Lentheric, étoffes de soie p. gainerie, maroquinerie, boul. Sébastopol, 53.

Leroy (P.), r. du Petit-Carreau, 11.

Levy-Leib (Alph.), r. Mail, 26.

Londe (P.), Languillet et Cie, en gros, et nouv. de Lyon et Nîmes, place des Victoires, 3, à Lyon.

Louvet (Eug.) et Cie, étoffes de soie et nouv. en gros, r. Vivienne, 10, m. à Lyon.

Lubin, Levy et frère, r. Sentier, 17.
Macors, r. Faub.-Poissonnière, 54.
Macaigne et Cordier, r. du Caire, 26.
Maehler et Trappen, boul. Sébastopol, 92; fab. à Crefeld (Prusse).
Moendl frères, r. Sentier, 5.
Mahler (A.), Dupuis, r. Béranger, 7; maison à Lyon, quai St-Clair, 13.
Maignien (Vor), r. de la Banque, 14.
Maire, soieries p. ameub., r. Nve-des-Petits-Champs, 55.
Malherbes (A.), soieries en gros, r. Montmartre, 128; m. à Lyon.
Mantou (M.), soieries p. chapellerie, r. des Quatre-Fils, 18.
Marcellin, r. de la Lune, 35.
Marcilhacy, Arbelot et Cie, soieries noires en gros, r. Vivienne, 20, m. à Lyon.
Marie (Ad.), r. de la Banque, 1.
Marix-Picard, r. Aboukir, 60.
Martin (J.-B.) ✳, manuf. de peluche de soie p. chapellerie et de velours noir et coul., à Tarare (Rhône) et à Metz (Moselle), teinturerie de soie et coton, à Roanne (Loire), m. de vente à Paris, boul. St-Denis, 16; à Lyon, quai de Retz, 3.
Massing ✳ frères et Cie, manuf. de peluches, manuf. à Puttelange et Sarralbe (Moselle), maison de vente à Paris, r. du Grand-Chantier, 7.
Massing (Pre) et Cie, r. du Temple, 115; fab. à Sarreguemines.
Mathieu (Félix) et S. Garnot, boul. Poissonnière, 20.
Meilhan (J.), r. N.-D.-des-Victoires, 42.
Mayeur (Ch.), r. Rougemont, 5.
Méquillet, Noblot et Cie, r. Aboukir, 44.
Mazière, r. Helder, 3.
Meyberg et Erbsloh, faub. Poissonnière, 40.
Milhomme (J.-B.), r. du Caire, 27.
Mill (C.) et Cie, soieries en gros p. chapellerie et casquettes, r. Mail, 27, m. à Lyon.
Miquel (B.) et Cie, soieries, dentelles et châles, r. Nve-des-Pet.-Champs, 83.
Montaillé, faub. St-Honoré, 27.
Morand oncle et neveu, r. Cléry, 25; m. à Lyon.
Morel (E.), r. Nve-des-Pet.-Champs, 29.
More et Payen O. ✳, soieries en gros, maison à Lyon.
Muhlfeld (M.), r. Hauteville, 17.
Munch et Cie, r. Richelieu, 52, m. à Lyon.
Muron (C.) et Bunel, r. Badziwil, 37.
Neuville, Mas et Saunois, r. Mail, 7, mais. à Lyon, 4, r. Impériale.
Niclot (E.) et P. Brun, soieries pour chapellerie, r. Temple, 55, maison à Lyon, r. Impériale, 26.
Opigez-Gagelin et Cie, r. Richelieu, 83.
Oudard (A.), r. N.-D.-des-Victoires, 26.
Oulman (les fils de C.), cachemires et soieries, r. Drouot, 2.

Palluis fils et Cie, 7, r. Grénétat, m. à Lyon.
Parmentier, boul. Strasbourg, 24.
Patrin et Ducrocq, r. de l'Echiquier, 12.
Pelissié, Beau et Cie, soieries noires et foul. de soie, r. St-Martin, 199.
Peyredieu (A.) et dentelles, r. Cléry, 25.
Pitou (H.) et Dreux, r. Méhul, 1.
Pla (M.), boul. Sébastopol, 58.
Planus (P.), r. Forges, 6.
Pouquet (Ern.), soieries, lainages et gilets, r. Nve-des-P.-Champs, 27, m. à Lyon.
Prin (Eugène), r. Richelieu, 60.
Rajon, boul. Sébastopol, 83.
Rattier et Roche, r. Richelieu, 62.
Renaud, Bussière et Chaussier, r. Aboukir, 6, maison à Lyon.
Ris (Louis), r. Aboukir, 52.
Robert (F.), soieries unies, nouveautés et broderies, r. Banque, 16.
Robert (L.), r. Aboukir, 9.
Roussilhe, r. Thévenot, 14.
Rey jeune, r. Feydeau, 24.
Sambon (Paul), soieries, r. St-Anne, 57.
Sandrier (Ed.), r. Montmartre, 109.
Sauvage frères, r. Vivienne, 16.
Savoye (A.), r. Montmartre, 146.
Seguin (F.), r. et pl. Louvois, 2.
Schul (Alfred), r. Caire, 51.
Serrière-Dupré, soieries de Lyon et foulards, r. Coquillière, 25.
Simon (Hte) fils, r. Mandar, 7.
Simon (Rodolphe), rue Nve-des-Petits-Champs, 42.
Sommer et Léby, r. Rambuteau, 24.
Tabourier, Perreau et Bisson, r. Aboukir, 6.
Tillinac (V.) et Chanal, r. Réaumur, 50.
Tinet (A.), rubans et soieries en gros, r. Aboukir, 48.
Tuvée et Cie, r. N.-St-Augustin, 9.
Vail et Cie, soier. anciennes et modernes, r. Dupetit-Thouars, 12.
Verneaux et Cie, boul. Sébastopol, 115.
Verrier (Auguste), soieries et percales p. chapellerie, r. Blancs-Manteaux, 40.
Vignaux et Labit, soieries p. chapellerie, r. Francs-Bourgeois Marais, 18.
Villy (P.-J.) et Cie, velours soie et coton anglais, boul. Sébastopol, 38.
Vivier (Joannès), r. Notre-Dame-des-Victoires, 16; à Lyon, côte St-Sébastien, 23.
Vullet (L.), r. Rivoli, 8 et 10.
Walter (A.) et Cie, pl. des Victoires, 4.
Waroquet et Chéron, r. Mail, 23.
Weber et Cie, cité Trévise, 12.
Weil (J. et L.), r. St-Honoré, 87.
Weil et Cie, r. du Caire, 12.

Sparterie, tapis et soies végétales (fabricants de).

Arnaud, r. Coquillière, 25.
Baudin aîné, sparterie et matières premières, r. Cléry, 84, fab. à St-Denis.

Chaumette (A.), dépôt de ses fabr. de Gaillon et de Suresnes, r. Charlot, 7.

Décupère, coiffures en sparterie, r. Nve-St-Merri, 32.

Dupuis (G.), r. Faub.-St-Denis, 157.

Flamant (Marius), spécialité de tissus, végé-taux, tapis en sparterie, soies végétales, cocos, etc., galerie Mandar, 9, pass. du Saumon.

Frété, Muret et Cie, boul. Sébastopol, 12.

Garrouste (Olivier), fab. de sparterie et sacs, r. Chemin-Vert, 31.

Gauchet (J.), fab. de paillassons en joncs, tapis-brosses, r. d'Anjou-Marais, 7.

Guerraz, r. Grammont, 21.

Jacob (Michel), r. Bonaparte, 68.

Jacob frères, tapis jutes et manilles, tapis-brosses anglais, r. Turbigo, 48.

Lemaire, passage des Panoramas.

Lemaitre et Cie, tapis en sparterie et soies végétales, boul. Sébastopol, 85.

Lorbet père et fils, sacs en joncs, r. de la Douane, 20.

Maisonneuve (V. de), r. Grange-Batelière, 18.

Mithouard (A.), spécialité de matières pre-mières en soies végétales, r. Cossonnerie, 10.

Pécheur-Lorbet, r. Chapelle, 83.

Piétrement, tapis-brosses et soies végétales, r. Pierre-Lescot, 10.

Salmas (Vve), boul. Magenta, 144.

Sellez (A.), r. Croix-des-P.-Champs, 26.

Vanaerden fils, r. Lancry, 12.

Vincey (M.), en gros, r. Reuilly, 53.

Tailleurs (fournitures pour).

Bazelaire et A. Despesse, r. Croix-des-Petits-Champs, 33.

Beauvillain, Godard et Cie, doublures, r. Vivienne, 2.

Bellenger (Mme Charles), r. Nve-St-Augus-tin, 40.

Berger, craies, r. Vaugirard, 185.

Besnier (Vve A.), r. La Vrillière, 8.

Bongrand frères, r. Croix-des-P.-Champs, 23.

Chapsal, r. Croix-des-Petits-Champs, 46.

Chaugne (Paul), r. Louvois, 8.

Commassous, pass. des Petits-Pères, 1.

Cottin, manufacture de boutons de soie, r. Enfants-Rouges, 7.

Couchoud de Gournay, r. Rambuteau, 71.

Darche (E.), r. Bouloi, 17.

Deffès (A.), r. Montorgueil, 74.

Delaliau (L.), r. Richelieu, 49.

Desombres, r. Nve-des-P.-Champs, 13.

Dollier (H.), r. Aboukir, 6.

Duclos (B.), r. Coquillière, 23.

Dujardin, r. Joquelet, 5.

Dumont, fab. spéc. de boucles p. pantalons et gilets, r. Trois-Bornes, 37.

Duperray, r. Coquillière, 44.

Dupré (Vve F.), r. Petit-Carreau, 2.

Eigen (Gust.) et Cie, tresses de laines, organ-

sins, galons et boutons, r. Rambuteu, 65.

Gardes (J.), r. Rameau, 3.

Gédalge jeune, plaques et boutons p. colléges et lycées, r. Malher, 9.

Godet, r. Palestro, 9.

Gourdin et Cie, r. Cloître-St-Honoré, 16.

Guillemin (C. M.), r. Babille, 1.

Guyot (Louis, r. Argout, 10.

Huteau (L.), boutons, doublures, passement., r. Montmartre, 72.

Lachard frères et Cie, étoffes de soies p. doub., p. des Victoires, 2.

Lafay, r. Deux-Ecus, 33.

Lambard (Eug.), boutons, galons, dép. de doublures, r. Nve-des-P.-Champs, 5.

A. Laurent, boutons, r. Aboukir, 12.

Lebarbier (D.) et Delmas, r. Aboukir, 7.

Leblond (E.), boutons, galons, doublures, pl. des Victoires.

Latour (P.-V.), r. aux Ours, 46.

Lefebvre (Vve), r. Rivoli, 1.

Lévy et fils, r. de la Cossonnerie, 2.

Lorgnié et Ch. Denis, r. Richelieu, 69.

Lough (Vve) et Cie, r. Amboise, 9.

Malherbes (A.), étoffes de soie p. doublures, r. Montmartre, 128.

Marchal, doublures, boutons, laines et soier., r. Evêque, 25.

Martin (Alf.) r. Orléans-St-Honoré, 16.

Massé (A.) et Anglade, galons, boutons, et doubl. en gros, r. La Feuillade, 3.

Masson, r. Châlons, 20.

Massy, faub. St-Honoré, 191.

Millet Bodereau, r. Clément, 4.

Moisson, fab. de craie savonneuse, r. St-Ho-noré, 87.

Moreau (A.), r. Ste-Anne, 57.

Munch et Cie, r. Richelieu, 52 ; mais. à Lyon, r. de l'Arbre-Sec.

Nivert (Ch.), r. Croix-des-P.-Champs, 29.

Overbeck et Schiesse, r. St-Martin, 245.

Page (A.), fournit. de boutons et de passem., r. Quincampoix, 80.

Potier (A.), r. de la Banque, 15.

Potrel (V.), r. Croix-des-P.-Champs, 40.

Prat-Chabert et fils, r. Rambuteau, 57.

Renard (C.), r. Vivienne, 16.

Richard frères de St-Chamond, manuf. de tresses, boul. Sébastopol, 131.

Sœhnée, Pezé et Cie, r. Feydeau, 28.

Sortais (Henri), r. Buci, 29.

Souty et Renault, pl. des Victoires, 7.

Spanagle (J.), r. Pagevin, 2.

Verne, r. Ecole-de-Médecine, 35.

Tailleurs-confectionneurs en gros.

Abbadie et Peuvret, r. Mouffetard, 9.

Akar (D.) et Chan, r. Croix-d.-P.-Champs, 45.

Arfvidson fils, r. St-Anne, 49.

Aubert ✳, Gérard ✳ et Cie, vêtements de t. genres en caoutchouc, r. d'Enghien, 6.

Aubry (J.) et Lefort, quai d'Anjou, 43.

Auger, boul. St-Denis, 17.
Baluhet père, r. Pont-aux-Choux, 18.
Benard fils aîné, r. Mouffetard, 65.
Bénard jeune, r. Faub.-St-Antoine, 67.
Bernard et Béthume, r. St-Martin, 155.
Bessand et Cie (à la Belle Jardinière), rue du Pont-Neuf, 2.
Bouché (S.) et Cie, r. Rivoli, 138.
Bonjean, r. Rambuteau, 24.
Boucher et Arfvidson fils (au bon Pasteur), r. St-Anne, 49.
Bribes, r. Rambuteau, 56.
Bruhière et Gresset, spéc. de vestes castor, r. Lavandières-Ste-Opportune, 31.
Brunschwig aîné, r. Bourdonnais, 39.
Cahen frères et Mantoux, rue J.-J.Rousseau, 37.
Cahen (Léon), boul. St-Denis, 19.
Cahen (veuve S. Daniel), r. Montmartre, 62, fab. à Lille (Nord).
Cahen-Lyon et Cie, habillements p. troupes, place de la Bourse, 9.
Chaïou, Hy et Cie, r. d'Argout, 7.
Contro, r. Rivoli, 68.
Créhange (H.), r. des Deux-Ecus, 46.
De Backer (T.) aîné, r. La Vrillière, 6.
Deniau-Peltier, r. Rocher, 26.
Devillard et Devillette, r. Montesquieu, 9.
Diriquen aîné, r. Cafarelli, 16 et 18.
Diriquen (Aug.), boul. du P.-Eugène, 70.
Dubus (Th.), spéc. de vêtements ecclésiastiques, r. Bonaparte, 82.
Durieux père et fils, place de la Rotonde du Temple, 2.
Dury et Giguet, confections en gros p. enfants r. St-Martin, 159.
Durvis (E.), r. Montmartre, 178.
Emmanuel et J. Charles, r. des Bons-Enfants, 30.
Evrard, r. Lavandières-Ste-Opportune, 10.
Fanien , r. J.-J.-Rousseau, 19.
Franc et Halimbourg, r. Coquillière, 41.
Germain, r. Croix-des-Petits-Champs, 26.
Godchau (Ad.), spéc. pour l'export., r. Croix-des-Petits-Champs, 33.
Guichard et Godin, r. Temple, 83.
Hadamard (E.) et D. Lazard, pl. de Valois, 3.
Hardy et Discry, r. Arbre-Sec, 54.
Haumesser, r. Coquillière, 54.
Hermier, r. Coquillière, 30.
Houcke (Alph.) et Cie, en gros, r. St-Martin, 160, maison à Lille.
Inghelbrecht (Jean), confection en gros, r. St-Martin, 153.
Jacob-Lévy et H. Simon, r. Croix-des-Petits-Champs, 5, maison à Lyon.
Juge (A.), r. Turenne, 126.
Kahn frères, r. Helder, 1.
Lebigre (C.), vêtements en caoutchouc confectionnés, r. Rivoli, 142.
Lecavellée (Arsène), vêtements en gros, export., r. Dupetit-Thouars, 4.

Ledoux (G.), vêtements en caoutchouc, boul. Sébastopol, 46.
Lefebvre, r. St-Martin, 159.
Lejeune, r. Vivienne, 53.
Loleux (Ad.), p. exportation, r. St-Martin, 203; maison à Lille.
Léon, r. St-Honoré, 47.
Lepenteur, r. Arbre-Sec, 21,
Levacher, Lepeltier et A. Bidet, quai de l'Ecole, 10.
Lévy (E.), r. Croix-des-Petits-Champs, 25.
Lévy frères, r. Montmartre, 49.
Lévy (Félix), r. Croix-des-Petits-Champs, 36.
Lion (H.), r. St-Lazare, 134.
Mallet frères, r. de Rivoli, 140.
Maurel (A.), spécialité de Waterproofs anglais, r. Rivoli, 140.
Meignant (A.), r. St-Martin, 332.
Moléon, rue et pass. Montesquieu, 5.
Monteux (G.), r. Bons-Enfants, 20.
Motot (à Mazarin), r. Buci, 1.
Nageis (C), boul. Sébastopol, 23.
Neumark (J.), r. Bouloi, 26.
Ouda Salomon, Prégre et Dreyfus, exportat., r. J.-J. Rousseau, 15.
Pathiot (Aug.) et Cie, boul. des Italiens, 8, et r. Helder, 1.
Petit, r. Dupetit-Thouars, 12.
Pinpernel (Paul), repr. de MM. Mallot frères de Lille, r. Faub.-St-Denis, 78.
Piotet (H.), France, export., r. St-Martin, 135, fabr. à Albert (Somme).
Rémy (E.) et Cie, r. Blainville, 7.
Sachet (Amédée) et C. David, r. Croix-des-Petits-Champs, 21.
Salomon (Alfred), boul.-St-Martin, 49.
Schreder, r. Rameau, 7.
Servière, r. Saintonge, 62.
Tasset, r. Montholon, 36.
Tronchon aîné, r. Rivoli, 39.
Tronchon (Hte.), r. Rivoli, 8.
Vauvert-Fleury, r. St-Honoré, 49.
Weil (J.), boul. Sébastopol, 53.

Tapis et tapisseries (fabricants et marchands de).

Allard, Crombé et Cie, r. Jeûneurs, 42 ; fab. à Roubaix.
Arnaud-Gaidan (J.) et Cie, r. Jeûneurs, 40; fab. à Nîmes (Gard).
Aubert ✠, Gérard ✠ et Cie, tapis en t. genres, r. Enghien, 6.
Bargeon, tapis feutre et sparterie, r. Nve-des-Pet.-Champs, 95.
Beaurepaire, r. Drouot, 2.
Berchoud (L.) et Guerreau, r. Mail, 25.
Béringer (J.) et Cie, moquettes, veloutés et foyers divers, r. Cléry, 28.
Bernier (Félix), tapis anglais, moquettes, feutre impr., r. Sentier, 8.
Bertrand (Ernest), boul. St-Denis, 3.
Bidouillat (E.), faub. St-Antoine, 12.

Bodin aîné (au jonc d'Espagne), tapis en matières végétales, r. Cléry, 84.
Boucicaut (A.), r. Bac, 135.
Braquenié ❋ frères, r. Vivienne, 16 ; fab. à Aubusson (Creuse).
Brot (A.-B.), toile cirée, r. Montmartre, 157.
Brossel, brev. s. g. d. g., tapis div. et literie, faub. St-Honoré, 215.
Carlhian (J.) ❋, dépôt, r. Sentier, 26.
Cavrel et Alixe, r. Cléry, 9 ; manuf. à Bauvais (Oise).
Chorrier (J.), r. St-Denis, 216.
Chaumette (A.), fab. de tapis-brosse en fibre de coco, r. Charlot, 7.
Chérut, Denis et Cie, r. St-Denis, 189.
Clément (G.), ronds de table et tapis de pied, toile cirée, r. St-Denis, 163.
Coffin et Rümler, r. Caumartin, 2.
Costes (A.), Folliot et Poncelet, tapis et étoff., p. ameubl. r. Poissonnière, 13.
Croc père et fils et A. Jorrand, représentés par Pignelet et Cie, r. Sentier, 20.
Dalsème (L.), tapis de Turquie et de Perse, r. St-Merri, 21.
Delasalle (E.), tapis p. voitures et descentes de lits, av. des Amandiers, 14.
Derouet (E.), Boissière et Cie, r. Cléry, 21, fab. à Turcoing (Nord).
Dumoulin (A.), r. St-Denis, 101.
Duplan (F.) et Cie, fab. d'étoffes p. ameubl., soieries, velours, r. Richelieu, 75.
Dupont (L.), r. Aboukir, 6.
Flamant (Marius), tapis végétaux, pass. du Saumon, galerie Mandar, 9.
Graux aîné, r. St-Honoré, 80.
Grellet (Camille), tapis en gros, r. Jeûneurs, 44, fab. à Aubusson.
Guérard et Huot, r. Cléry, 76.
Hamel (E.) et Paquy, r. Jeûneurs, 48.
Hagnicourt (L. d'), tapis en fourrures p. app., r. du Four-St-Germain, 70.
Herbet (A.), r. Ste-Foy, 8.
Hird Huntington et Cie, m. à Londres et Bradford, r. Montmartre, 160.
Hutchinson, Poisnel et Cie, tapis Kamptulicon, élastiques, r. Hauteville, 1.
Jacob (Michel), r. Bonaparte, 68.
Jacob frères, tapis anglais en gros, r, Turbigo, 48, m. à Londres.
Lacot, boul. du Temple, 33 et 35.
Lemaire et ses fils, tapis-brosse, tissus coco et autres, r. St-Martin, 325.
Levesque (E.), manuf. de tapis en tous genres, r. Helder, 7.
Loubier (J.-B.) et Cie, r. St-Joseph, 6.
Lourdel (E.) et Lelouet, tapis et étoffes p. ameubl., faub. St-Honoré, 59.
Mascou, tapis anciens, r. Odéon, 7.
Masson (J.), tapisseries et tapis d'Aubusson, r. Vivienne, 2.
Micolaud (G.), r. du Caire, 11.
Moisset-Foye, r. Nve-des-P.-Champs, 63.

Monmirel (Ch.) et Mercier, r. Jeûneurs, 31.
Morand, tapis en gros, dép. de plusieurs manuf., r. Grénétat, 34.
Mourceau (Hte.) ❋, r. du Mail, 27.
Naudé, boul. Sébastopol, 8.
Ollivier (Elysée) ❋, r. de la Paix, 3 ; manuf. à Aubusson.
Pignelet et Cie, r. Sentier, 20.
Poirriez (Eug.), r. Sentier, 28.
Quinier, r. Vieux-Colombier, 31.
Réquillart ❋, Roussel et Chocquel ❋, fab. de tapis et d'étoffes p. ameub., à Turcoing et à Aubusson, r. Vivienne, 18.
Robin (F.), r. des Dames-Batignolles, 24.
Rufin (Alph.), faub. St-Honoré, 81.
Ruffin (Alex.), boul. St-Martin, 17.
Sallandrouze de Lamornaix (O), dépôt d'Aubusson, boul. Poissonnière, 23.
Saulière (Mme Vve), achat et vente de tapis et tapisseries anciens et anciennes, r. Lions-St-Paul, 10.
Seeling (H.), r. Turbigo, 61.
Sire (Aug.), boul. Sébastopol, 36.
Soulas aîné et Maury, r. Cléry, 12; fab. à Marguerite et à Nîmes (Gard).
Tapling (Thomas) et Cie, r. Enghien, 15; m. à Londres.
Tétard ❋ frères, r. de la Banque, 17.
Toutain (E.), boul. Malesherbes, 19.
Vail et Cie, tapisseries anciennes et modernes des Gobelins, soieries anciennes, r. Dupetit-Thouars, 12.
Vasseur ❋, r. St-Honoré, 262.
Vayson (J.), manuf. impér. de tapis à Abbeville (Somme), dépôt r. Richelieu, 76.
Vayson (Théod.), r. Thérèse, 10.
Vincent (A.), garde et entretien de tapis et tapisseries, r. St-Lazare, 48.
Walmez, Duboux et Dager, tapisseries de Neuilly, genre Beauvais et Aubusson, soieries de Lyon, place des Petits-Pères, 8.
Weydemann, Bouchon et Cie, (au Petit-St-Thomas), r. Bac, 33.
Zimmermann, r. Royale-St-Honoré, 5.
Zippe (Jh.), faub. St-Honoré, 3.

Tapisseries sur canevas.

Alabarbe (J.) et A. Martin, r. St-Denis, 20.
Arondelle (Gve), tapisseries, laines, soies et canevas, r. St-Denis, 159.
Asselineau-Proust, broderies, spéc. d'armoiries et ornem. d'églises, r. Bac, 16.
Besançon (J.) aîné, br. sur canevas, drap et velours, boul. Sébastopol, 88.
Biedermann (H.), et Cie, laines et canevas, boul. Sébastopol, 72.
Blanc frères et Cie, boul. Sébastopol, 52.
Blazi frères, r. Turbigo, 15.
Braconnier-Delaume (Mlle) et Cie, r. Sts-Pères, 67.
Cabin, r. Rambuteau, 52.

Chesny, brev. spéc. de pantoufles et fantaisie, r. Cloître-St-Jacques, 5.

Chorrier (J.), tapisserie en t. genres, brod. s. étoffes et canevas, r. St-Denis, 216.

Commien (Henri et Charles) frères, r. St-Denis, 179.

Corporation des Abeilles, r. de la Paix, 4.

Daniel-Tyrode, r. Rivoli, 77, fab. d'ouvrages au crochet et guipures.

Demoulin (A.), succ., applications sur cuirs, canevas et étoffes, r. St-Denis, 101.

Donot (J.), boul. Sébastopol, 84.

Duchastaine, r. Sèvres, 14.

Fragerolle-Landrin, r. Four-St-Germain, 36.

Gaillard-Fatous (Mme), tapisseries, broderie, guipures, r. Auber, 23.

Giraudot et Sauvage (Mmes), r. Clichy, 60.

Goldbeck et Cie, r. Martel, 21.

Guigon, boul. Montmartre, 17.

Haarhaus et Dubief, r. du Dix-Décembre, 31.

Helbronner (Sophie) (maison), ✳, p. ameub.. ornem. d'églises, r. Castiglionne. 6.

Helbronner (Gust.), fab. de tapisserie, nouv., r. Nve-des-P.-Champs, 36.

Hilaire-Thomas, fab. de broderies en t. genres, r. Lepelletier, 32.

Hubert Ménage, spéc. de tapisserie, p. orn. d'église, r. St-Sulpice, 23.

Krauss (E. F.), dépôt de dessins de Hertz et Wegener de Berlin, r. de l'Echiquier, 30.

Lebordais (Isid.), dessins de tapiss., soierie et nouv., r. St-Denis, 258.

Lyon (A.), faub. Poissonnière, 25.

Marcheix (Ch.), r. Castiglionne, 6.

Margue, Barthels et Passerre (Mmes), tapiss. s. canevas, pass. Choiseul, 11.

Martin-Lagrange (Mme), r. Luxembourg, 10.

Mertian (L. E.), spéc. d'ornements d'église, ouvrages de dame, r. du Bac, 116.

Mesrouze (M.), spéc. de pantoufles en tapisserie, r. Rambuteau, 32.

Mey (Robert), spéc. de tapisserie de Berlin, r. du Pont-Neuf, 5.

Michaud-Joly, tapisserie haute nouv. sur canevas, boul. Sébastopol, 14.

Mogis (C.), dessins de Berlin, r. Thévenot, 14.

Mouilleron, r. Rivoli, 216.

Nanteau-Ribault (Mme), r. Rohan, 3.

Poiret frères et neveu, r. St-Denis, 96.

Sajou ✳ (Cabin succ.), fab. de dessins de tapisseries, r. Rambuteau, 52.

Simart (Alexandre), tapisserie, laine, canevas et soies, r. Rambuteau, 64.

Vavasseur (Félix), boul. Sébastopol, 30.

Fournitures pour tapissiers.

Bereizat, r. Faub.-du-Temple, 64.

Cantel (J.), toile-cuir française, boul. Sébastopol, 98, manuf. à Rouen.

Cassard et Broquet, r. Filles-Dieu, 21.

Decamus, ornements, r. F.-St-Antoine, 21.

Delafosse (A.), ornements et ferrures, rue Montmartre, 131.

Dubreuil (L.), fab. de clous dorés et ornements, boul. Richard-Lenoir, 77.

Duchesne-Hapel et ses fils, spéc. de maroquins de couleur, r. Palestro, 26.

Durand, r. Bourdonnais, 39.

Dutilloy, Four-St-Germain, 37.

Faguer frères, ferrures et ornements p. tapissier, pl. du Caire, 2.

Fasquel frère, r. Petites-Ecuries, 10.

Gaudefroy (Ch.), et fils frères, dépôt de thibaudes, Faub.-St-Denis, 6.

Gellhaye et Estienne, fab. de cordons de tirage en coton, fil, laine, r. Pajol, 4.

Gourdin et Durand, fab. de ferrures, poulies de rideaux, imp. St-Sébastien, 16.

Goutallier, étoupes, r. Folie-Méricourt, 22.

Henry, spéc. de poulies et ferrures p. rideaux et stores, pl. de la Corderie, 8.

Lelièvre, crins frisés, étoupes, ficelles, sangles, toiles, etc., r. Montmartre, 98.

Martin-Dumont, r. Seine, 76.

Masserano (P.) fils aîné ✳, stores vénitiens à petites lames de bois, Faub.-St-Denis, 156.

Mazeas, r. du Canal-St-Martin, 13.

Mithouard (A.), toiles d'embourrure, sangles, étoupes, ficelles, r. Cossonnerie, 10.

Muleur et ses fils, clous d'acier, r. Grand-Chantier, 14.

Noury (L.), ornements, bois dorés et des îles, clous, etc., boul. Richard-Lenoir, 2.

Pérard, r. Ecole-de-Médecine, 43.

Pique, r. Oberkampf, 120.

Rigaud frères, crins frisés, r. Volta, 45.

Rohaut (Ad.), ornements de toutes natures, r. Faub.-St-Antoine, 19.

Versailles, r. Vivienne, 24.

Teinturiers en cotons.

Gillet et fils, teinturiers à Lyon et à Saint-Chamond, teinture en noir et glaçage des cotons, Outrequin, représentant, boul. Sébastopol, 95.

Seeger (Georges) et Malartic, en cotons, laines, spécial. de bleu de France, r. Buffon, 29.

Teinturiers en étoffes de laine et laines filées pour tissus.

Arnaud-Veissière et fils, r. Nve St-Augustin, 47, ateliers à Puteaux.

Barbas (P.), r. Turbigo, 30, à Mortagne-sur-Sèvre (Vendée).

Bernadotte et Cie, à Suresne, r. du Roi-de-Suède, 3, dépôt, r. d'Argout, 13.

Blanquet père et fils, r. Claude-Vellefaux 15.

Blot (L.), r. St-Bon, 8.

Chalamel frères, manuf. à Puteaux, dépôts à Paris, r. d'Argout, 67.

Chalumeau (Vve L. L.), à Vitry (Seine), dépôt à Paris, r. Cléry, 19.

Chappart et Cie, r. Montmartre, 111.

Colleaux (J.) aîné, teinturier md de cotons, r. Grénétat, 58.

Delamare (Amédée), r. Sentier 3.

Descat frères ❋ de Roubaix et Flers (Nord), teint., impress., r. Enghien, 36.

Dorr, r. Neuve-Coquenard, 20.

Féau-Béchard (A.) fils, laines en bottes et cachemires, quai de Passy, 34.

Fondard, r. Pont-Louis-Philippe.

Francillon ❋ et Cie, à Puteaux, dépôt, r. N.-D.-des-Victoires, 44.

François, r. Ratrait-Belleville, 15.

Gillet père et fils, r. St-Louis-Grenelle, 46.

Girodin, r. Ferme-des-Mathurins, 7.

Griffon frères, r. Brongniart, 11, à Sèvres.

Grenon, r. Michel-le-Comte, 31.

Guillaumet (A.), à Puteaux et à Suresne, dép., r. Aboukir, 77.

Lainé ❋ père et fils, r. Roule, 18.

Magnier, couleurs et nettoyages, spéc. de noir, r. de l'Hôtel-de-Ville, 38.

Manoncourt (Michel) et Pomey, teint. en laine et poils de chèvre, r. Aboukir, 60.

Monfray, chineur, r. Muette, 41.

Ollier-Glénard fils, Morel et Cie, r. Sentier, 3 ; usine à St-Denis.

Patry, r. Cordelières-St-Marcel, 19.

Petitdidier, maison Jolly-Bélin, boul. Sébastopol, 123.

Pichenot, r. Maître-Albert, 20.

Pinatel, r. Puits-de-l'Ermite, 2.

Pitois, r. Taitbout, 25.

Poiret frères et neveu, r. St-Denis, 96 ; teint. et filat. à Balagny.

Poirot (Vallon-Poirot, success.), teint. et apprêt, r. St-Honoré, 185.

Potezer, r. Vandamme, 32.

Seeger (Michel), r. Bichat, 52.

Somsou, r. St-Germain-l'Aux., 62.

Stolft (Ph.), quai Jemmapes, 228.

Thuillier (V.), r. Sentier, 15 ; fab. à Darnetal (Seine-Inférieure).

Veissière (A.) et fils, r. Nve-St-Augustin, 47.

Vincent (J.), r. Anglais, 8.

Wallerand, Wiart et Cie, r. Jeûneurs, 40.

Teinturiers en soie.

Bert et Perrier, r. Bucherie, 16.

Briffaud (O.), r. St-Martin, 300.

Chanoz jeune. r. Terrage, 9 et 11.

Charvel, r. Hôtel-Colbert, 16.

Colombat-Daniel, teint. en crins et soies de porc, r. Beaubourg, 30.

Coste, r. Bichat, 50.

Deperdussin frères, r. Hérold, 15.

Desrues, r. St-Louis-en l'île, 71.

Fredière, r. Vinaigriers, 36.

Gillet et fils, teint. à Lyon et à St-Chamond, teint. en noir et glaçage des cotons, représentée par Outrequin, boul. Sébastopol, 95.

Hulot et Berruyer, quai Impérial, 25 ; à Puteaux, dépôts, r. Sentier, 9.

Lainé père ❋ et fils, r. Roule, 18.

Magnier (A.), spéc. pour le noir, r. Hôtel-de-Ville, 38 et 40.

Masson, spéc. pour les noirs, r. du Chemin-Vert, 43.

Menestrier, boul. St-Michel, 9.

Nanteau, r. Basse-des-Ursins, 17.

Outrequin, représ. de Gillet et fils (Lyon), boul. Sébastopol, 95.

Perinaud (J.), boul. Poissonnière, 26.

Plailly, quai Jemmapes, 246.

Pierron (A) et F. Dehaitre, r. d'Oudauville, 15.

Prunier (P.), spéc. de matières colorantes p. la teinture, usines à Pierre-Bénite, près Lyon (Rhône), dépôt à Paris chez M. Salberg, r. St-Denis, 374.

Pujolas frères, spéc. de blanc p. blondes, coul. et noir, faub. St-Martin, 48.

Tireurs d'or.

Barjavel (Alfred), r. St-Denis, 277.

Falais (Vve), r. Pastourel, 13.

Lugol, cité Riverin, 7.

Marre (Henri), r. Rambuteau, 77.

Tarpin père et fils, maison à Lyon, r. Lafont, 6, Laignier, représentant, r. Montmorency, 13, usine à Persan.

Tissus imperméables.

Azambuja (A. d'), feutres asphaltiques, r. Château-d'Eau, 59.

Dujardin, Rey et Cie, imperméabilisation des tissus, toiles, soies, feutres, etc., r. Vivienne, 51.

Hesse, Son, et Mayer, r. Mail, 27.

Lang (B.) et Cie, r. Turbigo, 70.

Leplanquais (F.), r. Rivoli 15.

Maxe-Werly (Léon), vêtements brev., tissus soies et laines imperméables, boul. Sébastopol, 72.

Toiles en gros.

Chambre syndicale du commerce et de l'industrie des tissus, r. Pagevin, 48. Président : Carlhian (I.) ; Hussénot, premier vice-président ; Gagnet, deuxième vice-président ; Séguier, secrétaire ; J.-B. Duché, trésorier ; Lange, secrétaire-archiviste.

Augier et Samson, r. Rivoli, 75.

Bechtel (W.), représ. de fabriques étrangères, r. Richer, 10 et 12.

Becker (Jb) et Cie, r. St-Martin, 163.

Beech (J.) et Cie, toiles d'Irlande, d'Ecosse, damassées, r. Hauteville, 34.

Bergerot aîné, grande spéc. de blanc p. trousseaux, r. Montorgueil, 61.

Bernard et Béthune, dépôt des fab. du Nord, r. St-Martin, 155.

Bertrand Milcent, r. Jeûneurs, 32, fab. à

Cambrai, Courtrai et Belfast en Irlande, maison à Lille.

Beuvin et Calvet, r. Cherche-Midi, 97.

Blanchet et Cie, r. Viarmes, 9.

Blériot (Aug.), r. Cléry, 25, fab. à Cambrai (Nord).

Bobeuf (G.) et fils et Dumesnil, r. Sentier, 33, m. à Flers et à Abbeville.

Bonnet fils, r. Sentier, 7, fabr. à Évreux.

Boucicaut (A.), toiles, calicots, moussel., jaconas, serviettes etc., r. Bac, 135.

Boulard et Cie, r. Bourdonnais, 28.

Bouruet-Aubertot, rouenneries, soieries et confections, r. Moineaux. 20.

Briaux-David et Cie, r. Mercier, 10.

Bricout-Molet, toiles et mouchoirs, fab. à Cambrai, r. Sentier, 10.

Brigot et Cie, quai de Gesvre, 6, filat. à Bernay (Eure).

Brun (Aug.), toiles à matelas, r. Bertin-Poirée, 15, fabr. à Cuts (Oise).

Brunschwig aîné, toiles et confections p. hommes, r. Bourdonnais, 39.

Brunswig frères, r. Quincampoix, 61.

Chapon frères, r. Temple 13.

Chapon (Ch.), r. Deux-Boules, 3.

Chiraux (E.), r. Rivoli, 22, et Roi-de-Sicile, 29.

Comptoir de l'industrie linière, r. Bourdonnais, 31.

Coquereau frères, r. St-Martin, 138, maison à Alençon, r. St-Blaise.

Corréger (J.-M.), spéc. d'articles pour le colportage, r. Bièvre, 31.

Cresson (A.), r. Mercier, 2, et Viarmes 13.

Dawant et Cie, spécialités de toiles et coutils p. doublures de chaussures, fab. à Essertaux (Somme), r. Coq-Héron, 7.

Degrelle et Cie, r. Sentier, 35.

Delame-Lelièvre et fils et Sueur, r. Sentier, 9.

Delbende (Louis) et Carbonnez aîné, de Lille, représ. par H. Arachequesne, boul. Bonne-Nouvelle, 14.

Desjardins (aux Halles centrales), articles spéciaux p. les halles, r. Berger, 27.

Desneufbourgs et Cie, r. Rambuteau, 77.

Détolle, r. St-Denis, 383.

Dubuisson aîné, r. Beaubourg, 13.

Dufour et Coustier, r. Babille, 3.

Duplan, ✳ r. St-Dominique, 151.

Durand (Félix), de Cholet, boul. Poissonnière, 23.

Dureau et E. Guyon, toiles à matelas, r. Bertin-Poirée, 9, m. à Flers (Orne).

Dutocq fils, r. Rivoli, 118, fab. à Picquigny.

Fanien, r. St-Martin, 204.

Fleury (Aug.) toiles et bâches, r. Bertin-Poirée, 11.

Frenoy (L.) et Cie, r. St-Martin, 141.

Fromain (Aug.) et Pivron, r. Bourdonnais, 22, maisons à Alençon (Orne) et à Chauny (Aisne).

Gaillard fils et Leclerg, r. St-Martin, 241.

Gaillard frères, r. du Temple, 91.

Garsiau-Camus et fils, toiles et mouchoirs, r. Bourdonnais, 41.

Georges et Cie, p. du Château-d'Eau.

Gillebert, dép. de toiles d'Armentières (Nord), r. Aboukir, 71.

Gorjat (Adre), spéc. de blanc, trousseaux, r. St-Antoine, 212.

Gouin, rep., boul. Sébastopol, 37.

Hébert-Laignet et Cie, spéc. de blanc, toiles, calicots, etc., r. St-Denis, 126.

Hermann (Wm), et Kahn, toiles d'Irlande et d'Ecosse, r. Echiquier, 32.

Hespel-Leloirs, r. J.-J. Rousseau, 53, maison à Lille (Nord).

Hoschedé, Blémont et Cie, r. Poissonnière, 35.

Houcke (Alph.) et Cie, toiles, sarraux, limousines, r. St-Martin, 160, m. à Lille.

Hown (L.), r. Bertin-Poirée, 16 ; fab. à Comines (Nord).

Inghelbrecht (Jean), r. St-Martin, 153.

Joannard (J.), fab. de linges de table damassés, fil, boul. Ménilmontant, 105.

Kaufmann (B.), toiles et linges de table, r. Sévigné, 12.

Labbé (Victor), toiles à matelas de Bar-le-Duc, r. Deux-Boules, 7.

Lacour et Pottier, r. Duphot, 24.

Lafont (Jules) fils, faub. St-Martin, 8.

Lambert et Lévy, r. Nve-Bourg-l'Abbé, 8.

Lapize-Douze, toiles de fil et toiles de coton, exp., r. Bonaparte, 80.

Larivière-Renouard ✳, r. Montesquieu, 8.

Larue et Cie, grand assortiment de toiles en t. genres, r. Rivoli, 16.

Leborgne, r. St-Dominique-St-Germain, 41, et r. du Bac, 56.

Leboucher (J.) r. P.-Carreau, 27.

Lefebvre frères, r. Bertin-Poirée, 2.

Lefebvre (Ch.) jeune et Cie, r. St-Martin, 201.

Lefèvre, Levesque et Cie, r. Sentier, 10 ; fab. à Fougères.

Leleux (Ad.) spécialité de toiles p. l'export., r. St-Martin, 203 ; m. à Lille.

Lelouvier frères, r. St-Martin, 84.

Lesage et Bironneau, r. Jeûneurs, 27.

Magnier, Pouilly, Brunet et Cie, r. Bourdonnais, 31.

Manalt et Guyon, r. Bourdonnais, 34, m. à Alençon (Orne).

Mahaud, r. Montmartre, 106.

Martin (Henri), r. Filles-du-Calvaire, 14, fab. à Ivry (Seine).

Maurice (C.), toiles à matelas, coutils de Flers, etc., r. Bourdonnais, 41.

Ménard (Louis), toiles fines, batistes, linons et mouchoirs, r. Sentier, 13, fab. à Solesmes (Nord).

Meunier et Cie, export.; grande m. de blanc, boul. des Capucines, 6.
Morel et Nerson, r. Bourdonnais, 34.
Noël sœurs et Cie, spéc. de blancs, trouss. et layettes, r. du Bac, 51.
Normand, Legrand et Benoist, r. Sentier, 43.
Oudot ✻, r. St-Jacques, 184.
Périer (A.), maison spéc. de blanc, toile, linges de table, r. Rambuteau, 26.
Pernet, Chênes et Cie, r. Vannes, 5, fab. à Longpré (Somme).
Persin (Vve E.) jeune, r. Bertin-Poirée, 16.
Picquenard (J.), Robert et Cie, r. Rivoli, 124.
Piolet (H.), export., r. St-Martin, 135.
Pivron (Ch.) fils et Cie, r. Jeûneurs, 38.
Pompel frères, boul. St-Germain, 60.
Pont-Remy (compagnie linière de), r. Montmartre, 174.
Poupry, négt, boul. Sébastopol, 109, fab. à Mamers (Sarthe).
Prelle fils, consignataire de toiles d'Irlande, r. Sentier, 35.
Pujole, maison spéc. de blanc et de lingerie, r. Rivoli, 2.
Quantin frères, r. Bourdonnais, 12 ; fabr. à Flers (Orne).
Remy (Vve), (Ch.) fils, r. Rambuteau, 63.
Renaudin et Dron, boul. Clichy, 57.
Robert et Lecomte, r. Lafayette, 132.
Roche, Flament et Loquet, r. Bertin-Poirée, 13 ; fab. à Picquigny.
Rocher, représ. r. Bourdonnais, 34.
Roiffé (L.) et Félix Barris, r. Bertin-Poirée, 13.
Sachsé aîné, r. de l'Entrepôt-des-Marais, 10.
Saint frères, r. des Bourdonnais, 13 ; tissage mécan. à Flixecourt et à Harondel (Somme), (m. à Rouen, Havre, Lyon, Marseille).
Saint-Yves (L.), r. Mercier, 4.
Simonne et Cie, toiles, sarreaux et conf., r. St-Martin, 179.
Simon frères, dép. de Huguëny et Blech, de St-Dié, r. des Bourdonnais, 32.
Spotten (W.) et Cie, r. Mail, 18.
Surtouques (E.) et Cie. r. Neuve-des-Petits-Champs, 38.
Taillefer et Petitbon, r. Sentier, 8.
Terrier (Achille), r. de Chaillot, 62.
Thorel frères et Cie, r. Bonaparte, 49.
Tournant (Al.), dép. de toiles angl., r. Douane, 8 ; fab. au Quesnoy.
Tourte (G.), mouchoirs de poche, toiles de Cholet, batistes, r. Rivoli, 65.
Turbert (A.), m. spéc. de blanc, toiles, calicots, r. du Temple, 168.
Turpin et Cie, toiles à matelas, fab. à Chepy (Somme), r. Bertin-Poirée, 7.
Varin (C.) ✻, r. Bourdonnais, 20 ; maison à Armentières.
Viette et Mathieu, r. Jeûneurs, 29.
Vinchon et Basquin, fabrique à Cambrai, rue Mulhouse, 13.

Vuillet (L.), r. Rivoli, 8 et 10.
York Street Flax Spinning Company Limited, Crawford, r. Jeûneurs, 40 ; fab. à Belfast (Irlande).
Zagrodzki (Alp.) et Cie, r. Viarmes, 17.

Toiles imperméables et cirées.

Ancelin (A) (Desnoix et Cie, success.), tissus pharmac. r. du Temple, 22.
Abel Lemaitre, r. St-Lazare, 91.
Arnaud, r. Coquillière, 25.
Bachellier (Ft), sacs économiques p. les raisins, et toiles, canevas, r. Pagevin, 10.
Baudouin (Ach.), toiles cirées et toutes sortes de tapis de pied, de table, etc., boul. Sébastopol, 65.
Becot, avenue des Ternes, 19.
Bénier, pass. Bourg-l'Abbé, 21.
Berger (A.), toiles cirées, taffetas gommés, tapis p. voitures, boul. Sébastopol, 71.
Berret (J.), r. Dauphine, 40.
Bertrand (Ern.), boul. St-Denis, 3.
Blondel et Barret, fab. de toiles cirées, tapis de pied, boul. Sébastopol, 61.
Bourg (Ch.), Le Crosnier, (success.), r. du Caire, 15 ; manuf. au Bourget (Seine).
Bourgoin-Hénaut, r. Montmartre, 87.
Cauvin, fab. de toiles cirées et taffetas gommés, r. Turbigo, 22.
Cerf (E.) fils, toiles cirées en t. genres, r. du Cygne, 2 ; usine à Stains.
Chapon frères, r. du Temple, 13.
Chiquant (Aug.), r. St-Denis, 237.
Clément (G.), étoffes, manteau caoutchouc et toile-cuir, r. St-Denis, 168.
Duval (Vve A.), pass. Choiseul, 34.
Dybowski (J.), r. Paris-Charonne, 35.
Eliard, r. St-Honoré, 396.
Ernie (Désiré), r. St-Honoré, 199.
Faguer frères, dépôt pl. du Caire, 2.
Fasquel frères, r. des Petites-Ecuries, 10.
Faucille (Jules), toiles cirées p. tapis de table et de parterre, r. du Château-d'Eau, 13.
Gagin et Cie, manuf. spéc. de toiles imperm., r. Ramey, 41.
Gasté (L.), r. du Temple, 175.
Gonet (F.-A.), dépôt de Seib Hoffmann et Cie de Strasbourg, cité du Wauxhall, 6.
Jacob (Michel), r. Bonaparte, 68.
Jarry (A.), toiles cirées en tous genres, r. Sévigné, 38.
Journeaux, r. Montmartre, 176.
Lang (B.) et Cie, toiles cirées, toiles-cuir, etc., r. Turbigo, 70.
Langlois (Hthe), fab. de toiles cirées, taffetas gommés, r. N.-D. de Nazareth, 66.
Le Crosnier (Ch.), toiles cirées, tapis p. voit., apartem., r. St-Denis, 338.
Le Perdriel, toile vésicante, r. Ste-Croix-de-la-Bretonnerie, 54.
Leplanquais (F.) ✻, spécialité de taffetas gommés p. douleurs, r. Rivoli, 15.

Leronard (A.), r. Pali Kao, 9.
L'excellent, fabr. de toiles cirées et de caout-
chouc, r. Roule, 17.
Linoleum et Cie, r. d'Enghien, 40.
Maréchal (Félix), r. Chemin-de-Reuilly, 30.
Marlin (Henry), r. Filles-du-Calvaire, 14, fab.
à Ivry (Seine).
Martin-Delacroix, r. Ste-Marguerite-St-Antoine,
24, et pass. St-Bernard, 3.
Maujard (N.), pass. Choiseul, 76.
Ménagère (à la), maison spéciale d'art. de mé-
nage, boul. Bonne-Nouvelle, 20.
Mog (Otto), moleskines anglaises p. carros-
serie, art. de voyoge, r. Echiquier, 42.
Rattier ❋ et Cie, tissus imperméables au
caoutchouc, r. Aboukir, 4.
Pernet, Chênes et Cie, r. Vannes, 5, fabr. à
Longpré (Somme).
Robert (J.), boul. Beaumarchais, 60.
Robin (F.), r. Dames-Batignolles, 24.
Rollin, r. Transit-Vaugirard, 109.
Rosier, gal. Vivienne, 20 et 22.
Rouyer (Al.), fabr. spéc. de toile cirée p. bro-
derie, boul. Sébastopol, 99.
Roze (E.), dépôt, r. du Château-d'Eau, 78,
usine à Drancy (Seine).
Soulage (Fd), toile cuir maroquiné, p. ameu-
blement, r. Beaubourg, 40.
Steinvaldt (F.), r. St-Denis, 277.
Tholomé (E.), r. Jean-Lantier, 7.
Tournant (Al.), dépôt de toiles anglaises, em-
ballage, r. Douane, 8.
Vergeron, r. Rambuteau, 54.
Yvose-Laurent et Cie, toiles brev. imperméa-
bles, r. Neuve-Popincourt, 17.

Toiles peintes.

Carlhian (I.) ❋, dépôt de Japuis, Kastner et
Cie, r. Sentier, 26.
Chartier jeune et Cie, r. St-Martin, 176.
Dieusy (M.) et Cie, r. Sentier, 24.
Dollfus-Mieg ❋ et Cie, filat., tissage, fabr.
toile peinte à Mulhouse, r. St-Fiacre, 9.
Franck ❋ et Boeringer, r. Sentier, 8.
Gros, Roman, Marozeau et Cie, r. Ste-Cécile,
8 ; manuf. à Wesserling.
Kœchlin, Baumgartner et Cie, r. Faub.-Pois-
sonnière, 28.
Kœchlin O. ❋, frères, de Mulhouse, représ.
A. Chauffour, r. Sentier, 33.
Larzonnier frères et Cheneste, rue des Jeû-
neurs, 23.
Meslier (P.) père, fils et Cie, toiles peintes et
jaconas, r. Sentier, 19.
Pelissié, Beau et Cie, r. St-Martin, 199, m. à
Rouen.
Pénicaud et Naude, r. Jeûneurs, 23.
Scheurer, Rott (A.) et fils, rue Rougement, 4.
Schlumberger fils et Cie, r. Sentier, 36, fabr.
à Mulhouse.
Steinbach ❋, Kœchlin et Cie, toiles peintes
et jaconas, impress. sur laines, r. Saint-

Fiacre, 11. Weiss (Mathias), représentant.
Steiner et Schoen, indiennes, jaconas, organdis, r. Bergère, 18.

Toiles d'emballage (fabr. de).

André frères, r. St-Honoré, 83.
Brun (Aug.), r. Bertin-Poirée, 15, fab. à Cuts
(Oise).
Degrange, r. Geoffroy-l'Angevin, 28.
Delachanal aîné et Dufour, r. Boutebrie, 4,
fabr. à Allery (Somme).
Deschamps-Lecoq (E.), r. Bourdonnais, 16.
Duceux (A.) et Cie, r. Lingerie, 13.
Dutocq fils, r. Jean-Lantier, 9, tissage à Pic-
quigny (Somme).
Duverdré-Chevalier (Vve), r. Pernelle, 3.
Hespel-Leloir, r. J.-J.-Rousseau, 53.
Lamadon, r. Bourdonnais, 10.
Marienvalle, r. Figuier-St-Paul, 1 bis.
Martin (R.), r. Filles-du-Calvaire, 14.
Pernet, Chênes et Cie, r. Vannes, 5, fab. à
Longpré (Somme).
Planche, r. Poirier, 14.
Rémond (Ch.), spéc. de toiles et ficelles pour
emballage, r. Soly, 13.
Renouard (F.), r. Bertin-Poirée, 14.
Roche, Flamant et Locquet, r. Bertin-Poirée, 13.
Saint frères, r. des Bourdonnais, 13, maisons à
Rouen, Havre, Lyon, Marseille.
Souin, r. Brantôme, 8.
Terrier (E.) fils, r. Faub.-St-Martin, 66, mais.
à Abbeville (Somme).
Tournant (Al.), dépôt de toiles anglaises rue
Douane 8.
Zagrodzki (Alphonse) et Cie, r. Viarmes, 17.

Tresses pour chapeaux de paille.

Augé (A.), dépos., r. du Caire, 11.
Caruel (L.), r. Turbigo, 3.
Chaffiot (G.) jeune, r. d'Aboukir, 71.
Demenge, r. Echiquier, 27.
Douay-Delfosse (E.), tresses de pailles suisses,
belges et anglaises, tresses de crin, articles
d'Italie, r. d'Aboukir, 112.
Durand (H.), r. Petites-Ecuries, 7.
Duttenhœfer (G. C.), agréments paille, rue
Ste-Croix-de-la-Bretonnerie, 5.
Erlanger (Joseph), r. St-Martin, 252.
Fischer (G.), r. St-Martin, 318.
Fraikin-Cuitte (N.), r. Nve-St-Augustin, 11,
m. à Bassenge (Belgique).
Francelle (A.), r. d'Aboukir, 65.
Hadamard (A.), r. Pagevin, 4, dépositaire des
principales fab. d'Italie, Suisse, Belgique et
Angleterre.
L'Escalier (Marius), boul. St-Denis, 20.
Maison (P.), représ. dépositaire, rue Poisson-
nière, 21.
Mar Wurthner, fab. à Florence et Wohlen, r.
d'Aboukir, 108.
Martin (Edouard), r. St-Denis, 283.
Panta (Antonio del), boul. St-Denis, 20.

Perret et Boucher, r. d'Aboukir, 56.
Royer, tresses de paille fantaisie p. modes, r. Dupetit-Thouars, 18.
Schnebli (P. N.), r. Poissonnière, 9.
Stoffel (F.), r. du Caire, 49 et 46.
Thary, dépôt de diverses fab., r. d'Aboukir, 118.
Valet-Grémaud, r. St-Denis, 367.
Voigt (G.), r. St-Martin, 229.
Welch et Sons, r. des Jeûneurs, 42, à Londres, 44, Gutter Lane.
Weissenbach (A.), r. Faub.-St-Martin, 34.
Wurthner (M.), r. d'Aboukir, 108.

Tulles. Voyez dentelles, crêpes, soieries.

Velours.

Barold, John et Cie, r. Rambuteau, 31.
Bernier, velours anglais, soie et coton en bandes et en pièces, dépôt de John Baddeley de Manchester, r. Sentier, 8.
Block (E.) et Cie, r. d'Aboukir, 89.
Carlhian (I.) ✳, dépôt de Jourdain-Herbet fils, d'Amiens, r. Sentier, 23.
Carpentier, frères et St-Germain, velours anglais et d'Amiens, r. des Bourdonnais, 37, m. de commission à Lyon.
Chicotot (Aldre), velours de soie noire et couleur, dépôt des velours de coton, r. Rambuteau, 77.
Cordonnier et Cie, velours de soie, velours de coton, r. Temple, 167.
Costes (A.), Folliot et Poncelet, r. Poissonnière, 13.
Cremnitz (Jacques) et Cie, velours anglais et français, r. Turbigo, 34.
Cremnitz (Isidore), r. Béranger, 15.
Dale (Edgar. C.), agent de Hall et Udall de Manchester, r. de Mulhouse, 11.
Eude, Vieugué et Cie, r. Cléry, 29, fab. à Amiens; m. à Bordeaux et Lyon.
Fleisch (Bernard), velours anglais en t. genres, r. St-Fiacre, 3.
Gaury (J.) et Cie, r. Petites-Ecuries, 45, et à Londres.
Grellou (Henri) ✳ et Cie, velours p. modes, unis et façonnés, r Rambuteau, 84.

Guérard et Huot, r. Cléry, 75.
Geoffroy (A.), r. J.-J.-Rousseau, 16.
Hadamard (Ch.), agent de Henry Samuels de Manchester, r. Pagevin, 4.
Hall et Udall, r. de Mulhouse, 11.
Hamel (E.) et Paquy, r. Jeûneurs, 48.
Hofmann (J. A.) et Cie de Londres, velours soie et coton anglais, r. Bondy, 66.
Honnet frères et Tassel, fab. de velours pour meubles, r. Montorgueil, 46.
Meyberg et Erhslob, r. Faub.-Poissonnière, 40.
Mil-Leblond (J.), boul. Sébastopol, 33.
Mottet (Adolphe), r. Sentier, 3.
Nettre frères, r. d'Aboukir, 62 et 64, fab. à Amiens.
Oweram (Rob) et Cie, r. St-Fiacre, 20, m. à Londres.
Pquée (F.) et frères, p. meubles, r. Rivoli, 122, fab. à Amiens.
Planus (P.), r. des Forges, 6.
Prettot fils et E. Nunès, velours anglais, r. du Sentier, 35.
Samuels (Henry) de Manchester, rue Pagevin, 4.
Smith et Cie, r. St-Denis, 371.
Stafraefen (Paul) et Beaufour, velours français et anglais, r. Bourdonnais, 31.
Villy (P. J.) et Cie, velours soie et coton anglais, boul. Sébastopol, 38.
Nouveau et Cie, fab. de tulles, blondes, dentelles et voilettes, r. de Mulhouse, 5.

Voilettes (Voyez aussi dentelles)

Bellanger (A.) et Cie, r. d'Aboukir, 96.
Bouju et Leveau, r. d'Aboukir, 69.
Cochin (Alph.) r. Montmartre, 166.
Ducreux et Mazaudier, fab., r. Mulhouse, 3.
Hamel et Charolet, fab. de voilettes, h. nouveautés, r. Nve-St-Augustin, 4.
Lévi (Alfred) et Cie, r. Montmartre, 130.
Mourié (R.), r. Thévenot, 19.
Nouveau et Cie, fab. de tulles, blondes, dentelles et voilettes, r. de Mulhouse, 5.
Surget (G.), r. Réaumur, 54.
Vitel (L.), fab. spéciale de voilettes coiffures, etc., r. Montmartre, 49.

SEINE

Arcueil.

Teinturiers. — Jannet, et apprêts. — Robillard et Boudier.
Toiles-cuirs (fab.). — Blondel et Barret, et toiles cirées, m. à Paris. — Fleury (P.)

Asnières-sur-Seine.

Cardes (fab.). — Daniel Bateman et fils, maison à Low Moor, près Dord (Angleterre).
Etoffes élastiques (fab.). — Roger (L.) et Cie, p. chaussures, ceintures, jarretières, etc., reprès. à Paris par M. E. Lemaire.

Boulogne.

Banquier. — Chatelain.
Corsets et jupons (fab.). — Lacouture (Mme).
Epingles (fab. de). — Sargent (F.), dépôt à Paris. — William Joshua et Cie, manuf. des Royal épingles Victoria.
Imprimeurs sur étoffes. — Pouchet (J.-L.) et Maucler, à Billancourt.
Teinturier en soies. — Charvet (L.).
Tissus imperméables. — Thieux, fabr. de tissus et draps.

Choisy-le-Roi.

Chapeaux de feutre (fabr. de). — Durst Wild frères, m. Durst ✳, m. à Paris. — Sexé et Cie, m. à Paris.

Clichy-la-Garenne.

Caoutchoucs (fab. de). — Prévost et Blin, m. à Paris.

Laines, déchets et effilochages. — Jacquesson (V.).

Paillassons (fab.) — Dorléans et Cie.

Produits chimiques. — Vedlès (Henri) et Cie, spéc. d'aniline.

Teintur. — Argoud (C.), dépôt à Paris. — Boutarel ✳ et Cie, teintures et apprêts de tissus mérinos, etc., dépôt à Paris. — Rouquès (A.) ✳.

Courbevoie.

Bâches. — Chapon frères, tissage mécanique de toiles fortes, manufactures de bâches.

Blanchiss. de laines. — Vérité père, Schuler et Cie, et apprêts de tissus.

Bonneterie (fab.). — Goulon (Alfred).

Creteil.

Couvertures (fab.). — Thomas (Aug.), et à Paris.

Dentelles (fab.).—Malaper (Ch.); m. à Paris.

Ile-Saint-Denis.

Blanchisserie de tissus.— Warinier frères, en laine, coton et soie, dépôt à Paris.

Peignes à tisser (fab. de).—Berthaudin.

Issy.

Gélatine pour apprêts (fab.). — Chouleur. — Malden (H. de), gendre Gamard et Cie. — Poirier.

Ivry-sur-Seine.

Chapeaux en feutre (fab.). — Quénot (L.), à Paris.

Colle (fab.). — Colonge et Cie, colles et gélatines.

Impressions sur étoffes. — Grumle.

Produits chimiques. — Bourgeois-Rocques. — Camus (Ch.) et Cie, à Paris. — Carlier-D'Haisne et fils.—Digeon frères.—Laforge. —Lange-Desmoulins, et à Paris.—Poulenc et L. Wittmann, et à Paris.

Montreuil-sous-Bois

Tissus élastiques (fab.).— Gourlay.

Toiles cirées (fab).. — Maréchal. — Noaille, dépôt à Paris.

Neuilly-sur-Seine.

Apprêteurs d'étoffes.—Caron (Jules), et teintures.

Imp. sur étoffes.— Blondel (Vve) et fils.

Tapis (fab. de). — Walmez-Duboux et Dager.

Pantin.

Cotons (blanchisserie de).— Dupuis.

Cotons (retorderie de). — Cartier-Bresson, à Paris.

Teinturerie de soie et laine. — Julien frères.

Puteaux.

Apprêteurs de tissus.—Vérité père, Schuler et Cie, blanchiment et apprêt, dépôt à Paris.

Bonneterie, ganterie (fab. de).— Chenu (Ch.), cache-nez, châtelaines. etc. — Perrin (A.), coiffures, manteaux d'enfants, et tissus p. confection.

Impress. sur. tissus (fabr.).— Aubry.— Larsonnier frères et Chenest, mais. à Paris.— Godefroy (Vve L.) et fils. — Thomann (Jacques) jeune.

Produits chimiques. — Blanchard et Chateau. — Guttard. — Panay (Amédée), extrait de matières colorantes.

Teinture et apprêt des tissus. — Chalamel frères, dépôt à Paris et à Roubaix. — Francillon ✳ et Cie, dépôt à Paris. — Guillaumet (A.), dépôt à Paris. — Hulot et Berruyer, en soie, laine et coton. — Le Blond (C.) et Cie, teinture et blanchiment de laines, dépôt à Paris. — Veissière (Arnaud) et fils, spéc. de mérinos, dépôt à Paris.

Tissus cache-nez et nouveautés en laine (fab.). — Delon (E.), dépôt à Paris.

Saint-Denis.

Boutons (fabr. de). — Richardière et Hautecloque.

Bonneterie (fabr. de). — Deshayes. boul. Giot.

Draps en gros. — Bazin (Victor).

Graveurs p. impressions sur étoffes. — Barthet, Pernot et Meyer. — Hessig (Jean). — Ponsot. — Staechlin.

Imprim. sur étoffes.— Baron, Soultz et Cie.— Bourgeois, A. Desmet et Cie. — Charriat et Cie. — D'Herdt jeune. — Driessens. — Frey (Albert). — Guillaume frères. — Lemoine. — Vigoureux (Stanislas).

Passementiers (fabr.). — Najean (J.), maison à Paris.

Produits chimiques (fabr.). — Brigonnet (Vve P.) et fils. — Coblentz frères. — Coëy (E.) et Cie, matières colorantes p. teinture et impression. — Dalsace frères, aniline et couleurs qui en dérivent, bureaux à Paris.—Delapchier (Vve), Butet et Gemier.— Gautré-Poignant. — Lesieur. — Maletra fils, fabr. d'acide sulfurique. — Meissonnier (Ch.). matières colorantes, dépôt à Paris. — Ménier ✳, maison à Paris. — Moulin (Louis), fab. de produits chimiques, p. la teinture et impress. sur étoffes. — Poirrier et Chappat fils, fabr. d'orseilles, et à Paris. — Zuccani (L.) et Cie, dépôt à Paris.

Sangles et toiles (fabr. de). — Dubuisson aîné, mag. à Paris.

Teinturiers en étoffes. — Bertin (Léon). — Fontaine, rue Compoise, 62. — Ollier-Glénard fils, Morel et Cie, teintures, blanchiss. et apprêts, dépôt à Paris. — Petit-Didier, teintures et apprêts, impressions, à Paris. — Roussel, r. de la Charronnerie, 30. — Véret, r. Compoise, 27.

Toiles cirées (fab.). — Faucille.

Toiles-cuirs (fab. de). — Soulage (Ferdinand).

St-Mandé.

Produits chimiques (fabr. de). — Freppel (Frédéric), p. l'apprêt et le tissage. — Leprince.

Vincennes.

Boutons et fermoirs de gants (fab. de). — Monlon, dépôt à Paris.

Produits chimiques (fab.). — Faure et Darrasse, m. à Paris.

Vitry-sur-Seine.

Teinturier. — Chalumeau (Vve L.), et blanchisseur d'étoff., dépôt à Paris.

Suresnes.

Teinturiers. — Bernadotte et Cie, spéc. p. teintures et apprêts de draps p. confections, dépôt à Paris. — Charrier cousins. — Guillaumet (A.)

ADDITIONS ET RECTIFICATIONS

Survenues pendant l'impression, notamment dans le commerce de la Soierie de Lyon, depuis le 1er janvier 1870

Armanet et Brossard, fab. de dorure et passem., r. Terme, 22, *au lieu* de Borday.

Bouteille (J.), fab. de fournit. p. la chapellerie, *au lieu* de Barogy et Bouteille.

Boule (E.) et Hahn, march. de soie, r. Romain, 33.

Carron et Vacher, fab. de bonneterie, *au lieu* de Mulet, Carron et Vacher.

Carrier, Schenk et Condamin, fab. de soieries, r. du Griffon, 3.

Carrabin et Canaval, fab. de soieries, r. Lafont, 8, *au lieu* de Carrabin et Cie.

Couturier et Vermorel, commiss. r. Romain, 27, *au lieu* de Couturier (A).

Duressy, Bianchini et Cie, fab. de soieries, r. des Capucins, 19, *au lieu* de Chenevier, Duressy et Cie.

Durieux père, fils et Domenjon, fab. d'étoffes pour chapellerie, r. Mulet, 8, *au lieu* de Durieux père, fils.

Engisch (Aug.) et Cie, march. de soie et soies à coudre, r. des Capucins, 13.

Garnier et Fleury, fab. de dorures, r. Puits-Gaillot, 13.

Gay père, fils et Laffolay, fab. de satins et unies noires, r. du Griffon, 3.

Godard (T.), march. de soie, r. Puits-Gaillot, 11, *au lieu* de r. Lafont.

Granjon, Despit et Cie, march. de soies, r. Désirée, 4.

Grillet et Cie, fab. de châles cachemires des Indes et français, r. de l'Impératrice, 32.

Hobitz (J.), fab. de tulles, r. des Capucins, *au lieu* de Hobitz frères.

Lemaître et André, fab. de velours, quai de Retz, 5.

Monfray (J.) et Cie, fab. de cols-cravates, r. Puits-Gaillot, 7, *au lieu* de Peyroud et Monfray.

Pitiot et Bardin, graveurs p. l'impress. sur étoffes, r. Duquesne, 29.

Roux (A.), fab. de cordons caoutchouc p. résilles, chapellerie et mercerie, cours Morand, 25.

Richard (G.) et Charlet, fab. de soieries, r. des Capucins, *au lieu* de G. Richard.

Rivoire (L.) et Cie, fab. d'ornements d'église, pl. d'Albon, 3.

Solichon, commiss. en étoffes, ornements d'église, r. Ste-Catherine, (*en liquidation*).
Thevenin, march. de bourre de soie, r. St-Polycarpe, 5.
Thiallier (A.) et Dupic, march. de coton, r. Impératrice, 49.
Truchot et Bruneau, fab. de soieries, r. Puits-Gaillot, (*en liquidation*).

Union des marchands de soies de Lyon.

Cette association est représentée par une chambre syndicale composée pour l'année 1870 de :

MM. Ph. Testenoire, président ;   A. Desgeorge ;
Jacquier, vice-président ;   Martorelli ;
Lilienthal, secrétaire ;   L. Desgrand ;
Ch. Roe, trésorier ;   G. Arlès.
Paul Chartron ;

. Les bureaux de l'*Union des marchands de soies* sont situés, provisoirement, rue du Griffon, n° 13, deuxième escalier, au premier étage.

Paris.

Banque des provinces, r. de la Banque, 22.
Gracian-Garros fils et Avril, commission. en marchandises, r. Martel, (*en liquidation*).
Société anonyme franco-japonaise, (opérations de banque), r. de Provence, 56, avec comptoirs au Japon.

Lyon.

Gros (E.), success. de Soiderquelk, fab. d'ornements d'église, r. d'Algérie.
Villon et Cie, fab. de soieries, r. Lafont, 20, *au lieu* de Mulatier, Silvan et Villon.

Indes.

Calcutta.
Négoc. allemands, Borrodaile, Schiller et Cie.
— Ernsthausen et Osterley.
Suisses, Fornaro et Huni.

Singapore.
Négoc. allemand, Ranthinberg Schmidt.

Londres.
Conditions des soies de Londres.
Silk conditioning House.

Trade Silk Condition Co. (*limited*) (James Scott Bareham sec. et man.), 4, Alderman's walk, New Broad street E. C.

A LA
VILLE DE LYON

RUE IMPÉRIALE

A LYON

Rues Tupin et Saint-Bonaventure, toute la place des Cordeliers

MAGASINS DE NOUVEAUTÉS

PLUS

VASTES QUE LES PLUS GRANDS MAGASINS DE PARIS

DABONEAU & BARRARD

Bonne qualité, bon marché et fraîcheur des Marchandises.

Solichon, commiss. en étoffes, ornements d'église, r. Ste-Catherine, *(en liquidation)*.
Thevenin, march. de bourre de soie, r. St-Polycarpe, 5.
Thiallier (A.) et Dupic, march. de coton, r. Impératrice, 49.
Truchot et Bruneau, fab. de soieries, r. Puits-Gaillot, *(en liquidation)*.

Union des marchands de soies de Lyon.

Cette association est représentée par une chambre syndicale composée pour l'année 1870 de :

MM. Ph. Testenoire, président ;
Jacquier, vice-président ;
Lilienthal, secrétaire ;
Ch. Roe, trésorier ;
Paul Chartron ;
A. Desgeorge ;
Martorelli ;
L. Desgrand ;
G. Arlès.

Les bureaux de l'*Union des marchands de soies* sont situés, provisoirement, rue du Griffon, n° 13, deuxième escalier, au premier étage.

Paris.

Banque des provinces, r. de la Banque, 22.
Gracian-Garros fils et Avril, commission. en marchandises, r. Martel, *(en liquidation)*.
Société anonyme franco-japonaise, (opérations de banque), r. de Provence, 56, avec comptoirs au Japon.

Lyon.

Gros (E.), success. de Soiderquelk, fab. d'ornements d'église, r. d'Algérie.
Villon et Cie, fab. de soieries, r. Lafont, 20, *au lieu* de Mulatier, Silvan et Villon.

Indes.

Calcutta.
Négoc. allemands, Borrodaile, Schiller et Cie.
— Ernsthausen et Osterley.
Suisses, Fornaro et Huni.
Singapore.
Négoc. allemand, Ranthinberg Schmidt.

Londres.

Conditions des soies de Londres.

Silk conditioning House.

Trade Silk Condition Co. (limited) (James Scott Bareham sec. et man.), 4, Alderman's walk, New Broad street E. C.

Vienne, typ. et lith. Savigné, Place de l'Hôtel-de-Ville, 13.

MUSCULINE-GUICHON

SEULE VÉRITABLE PRÉPARATION DE VIANDE CRUE

LE PLUS PRÉCIEUX ET LE PLUS RÉPARATEUR DES ANALEPTIQUES CONNUS

ET

POTIONS ALCOOLIQUES

RECONSTITUANTES, TITRÉES

(SEULES AUTHENTIQUES)

Préparées au Monastère de Notre-Dame-des-Dombes (Ain)

Traitement de la Phthisie pulmonaire et des maladies consomptives, des débilités naturelles ou acquises, et autres maladies aiguës ou chroniques de l'enfance et de l'âge adulte.

Nous avons déjà eu l'honneur, dans deux Circulaires antérieures, d'appeler votre attention sur l'emploi, les effets et la position scientifique actuelle de la **Musculine-Guichon** préparée par nos soins dans notre Monastère. Nous ne reviendrons pas sur des détails aujourd'hui connus. Nous voulons, cette fois, vous donner simplement avis d'un perfectionnement important que nous avons réalisé en associant à nos **Tablettes de Musculine** une préparation nouvelle (*Potions alcooliques*) qui, entre les mains habiles d'un illustre Maître, a déjà rendu des services éminents dans le traitement de la phthisie pulmonaire et d'autres maladies redoutables. Vous la trouverez indiquée à la fin de cette Circulaire.

Toutefois, comme la **Musculine-Guichon** suffit, par elle seule, à remplir des indications très-formelles, et qu'elle est employée, dans certaines maladies spéciales, indépendamment des *potions alcooliques*, avec des avantages que les Médecins apprécient de plus en plus chaque jour, nous avons pensé vous être agréable en plaçant sous vos yeux quelques témoignages authentiques des plus récents, choisis parmi ceux dont nous conservons le texte original; ils ne manqueront pas, nous l'espérons, de vous intéresser.

N° 512. — *Épernay (Marne), le 21 avril 1868.*

« ..... Mon fils était atteint (novembre 1867) d'une *Gastro-entéralgie*, sous une forme jusqu'ici inconnue à la médecine. L'intolérance de l'estomac

était à son comble : une goutte d'eau, ni même un globule homœopathique
ne pouvaient passer. Pendant deux mois tout avait été essayé : *Pepsine*,
Belladone, *Atropine*, *Morphine*, *Potions effervescentes*, *Vésicatoires*, *Hydrothé-
rapie*, tout avait échoué, et les médecins craignaient que cette disposition si
persistante n'amenât la *mort par inanition*. MM. Barthez, Blache (de Paris),
M. Galliet, professeur à Reims, prescrivirent la **Musculine**. Pleins
d'anxiété, nous donnâmes la moitié d'une tablette, puis une, deux, trois,
quatre, jusqu'à cinq par jour. Il était temps! au moment où ce malheureux
enfant acceptait ce médicament, son pouls était descendu à 30, et il n'avait
plus un atôme de chair sur les os; le cinquième jour, son pouls était remonté
à 60. La résurrection était opérée, nos cœurs se dilataient. La **Musculine**
nous a rendu un immense service; elle a réveillé l'estomac dans des con-
jonctures désespérées. L'effet a été merveilleux, et aujourd'hui l'enfant possède un embonpoint qu'il n'a jamais eu. Ces détails vous appartiennent,
toute la ville les connaît.....

      « M. CARTERON, *greffier en chef du tribunal civil.* »

Nº 939. — *Villes (Vaucluse), le 27 avril 1868.*

« Je ne puis trop louer votre **Musculine**. Mon fils, affaibli depuis
longtemps par les études, a été radicalement guéri en très-peu de jours par
le bon effet qu'a produit la **Musculine** sur ses digestions.

      « MOURIEZ RAYMOND. »

Nº 1376. — *Farcey (Haute-Marne), le 21 août 1868.*

« J'ai été vraiment heureux d'avoir rencontré cet inappréciable aliment
pour me rendre, je dirai presque, la vie. J'étais dans un état d'épuisement
dont je désespérais me relever. Mon estomac, ruiné par la maladie et la
fatigue, se révoltait contre toutes sortes d'aliments. Quelques cuillerées d'un
bouillon léger ne digéraient que difficilement, la faiblesse était extrême. Je
n'eus pas plutôt sucé quelques **Tablettes de Musculine** que je me sentis
revivre. J'augmentai chaque jour la dose, et, après huit ou dix jours, je pus
digérer un peu de viande, puis du pain, dont je n'avais pas goûté depuis
plusieurs semaines. Aujourd'hui je suis assez bien rétabli, et je le dois,
j'aime à le répéter, à votre excellent aliment.

      « LEDOUX, *curé de Farcey.* »

Nº 2147. — *Paris (Seine) le 1ᵉʳ Novembre 1868.*

« Veuillez expédier..... J'ai obtenu très-bon succès ici avec votre
Musculine, et je ne saurais trop vous féliciter de l'avoir préparée.

      « Dʳ J. GARNIER, 78, *rue de Varennes.* »

Nº 2369. — *Aix (Bouches-du-Rhône), le 30 Décembre 1868.*

« Je viens vous remercier de l'efficacité de vos pastilles pour la *Diarrhée chronique*. J'en ai été atteint cette année pendant deux mois sans trouver aucun médicament qui pût m'en délivrer. J'eus connaissance de vos **Tablettes** à la fin de juillet, et quatre jours après que j'eus commencé à en faire usage, j'étais délivré de la diarrhée; maintenant, elle est revenue et m'a fort abattu, les autres remèdes n'y font rien encore. Veuillez m'en adresser 1 kilo et le plus tôt qu'il vous sera possible.

« CATELIN, *séminariste.* »

Nº 97. — *St-Georges (sur Loire), le 21 janvier 1869.*

« Je suis convaincu qu'en vous envoyant mon adhésion, je rends service à bien des malades qui ne connaissent pas ce précieux analeptique. Dans la *Gastralgie*, il m'a procuré plusieurs succès. Ces malades, refusant toute nourriture, ont accepté avec plaisir votre **Musculine**. Elle pourra être fort utile pour la convalescence de *Fièvres graves*, surtout dans la *Fièvre typhoïde*. J'en ai administré à un malade supportant difficilement d'autres aliments, et il s'en est bien trouvé. Je crois, Monsieur, que la **Musculine-Guichon**, que l'on prépare avec tant de soin dans votre Monastère, est un excellent aliment et très-agréable.

« SOSTHÈNE BRÉCHET, *docteur-médecin.* »

Nº 473. — *Beaupréau (Maine-et-Loire), le 16 mars 1869.*

« Cette préparation est admirable pour relever les estomacs fatigués, affaiblis par de longues maladies, épuisés par une cause quelconque, même chez les malades imaginaires.

« Les *Phthisiques* qui en ont pris une fois en redemandent comme étant ce qui *soutient le mieux leurs forces.*

« L. PINEAU, *docteur-médecin.* »

Nº 480. — *Kerlanau (Finistère), le 22 mars 1869.*

« Les deux boîtes de **Musculine** que je vous ai demandé dernièrement ont produit l'effet qu'on en attendait. La personne qui les a employées ne pouvait ni manger ni dormir. Depuis qu'elle a fait usage de la **Musculine**, l'appétit lui revient ainsi que le sommeil; je viens vous en demander aujourd'hui 2 kilos.

« ABJEAN, *vicaire.* »

Nº 505. — *Rambervilliers (Vosges), le 25 mars 1869.*

« La **Musculine** fait des miracles chez nous, veuillez nous en envoyer 2 kilos.

« Sœur ST-CHARLES. »

N° 779. — *St-Georges (sur Loire), le 15 Mai 1869.*

« Je vous dirai que je suis de plus en plus satisfait de cet excellent analeptique qui produit les plus heureux effets sur les personnes débilitées et chez les enfants convalescents qui ne veulent pas d'aliments.

« Sosthène Bréchet, *docteur-médecin.* »

Nous poursuivrions inutilement la relation de semblables témoignages qui, tous, redisent, en termes équivalents, les avantages et les succès de notre préparation ; mais tout lecteur comprendra avec quelle réserve et quelle discrétion nous devons soulever le voile de cette correspondance intime. Nous aurions à citer bon nombre de faits plus éclatants encore ; mais, ceux-ci, parlent assez haut d'eux-mêmes, et nous avons la confiance qu'ils vous intéresseront de plus en plus en faveur d'un produit que nous recommandons une fois encore à votre bienveillante attention, et qui réalise, on ne peut plus le contester, un progrès depuis longtemps désiré par les médecins et les malades.

Dans l'espoir que vous voudrez bien, à la première occasion, en essayer l'emploi ou contribuer à le répandre, veuillez agréer, M l'assurance de ma respectueuse considération.

F. Claude RIDET,

Procureur du Monastère.

La Boîte, 2 fr. — Par la Poste, 2 fr. 15 c.

Conditions avantageuses pour la vente en gros.

Toute demande de 4 kilog. est expédiée *franco*.

POTIONS ALCOOLIQUES

Nous avons mentionné ci-dessus un traitement spécial de la **Phthisie Pulmonaire** et des **Maladies consomptives** par la méthode de M. le professeur Fuster, médecin en chef de l'Hôtel-Dieu de Montpellier.

Ce traitement, qui a donné de magnifiques résultats, requiert, comme complément indispensable de la **Musculine-Guichon**, l'usage de **Potions alcooliques** spéciales, dont nous avons *seuls* les formules authentiques. Nous tenons à la disposition des médecins et des malades le traitement complet, et, pour plus amples détails, nous renvoyons nos lecteurs au propectus spécial des **Potions alcooliques** et à la brochure plus étendue que nous avons publiée sur le traitement de ces maladies.

La *Brochure* est expédiée franco à toutes les personnes qui joindront à leur demande *quarante centimes* en timbres-poste (affranchir).

Adresser toutes les demandes au **F. Claude RIDET**, *Procureur de l'Abbaye de Notre-Dame-des-Dombes, par Villars (Ain) ; à Lyon, chez* **M. J.-B. Guichon**, *pharmacien, rue de l'Impératrice, 31, ou par l'intermédiaire des principaux pharmaciens.*

Lyon. — Imprimerie du *Salut Public*. — Bellon, rue Impériale, 33.

FRANCE

DEUXIÈME PARTIE DE L'INDICATEUR

LES

DÉPARTEMENTS

CONTENANT

LES ADRESSES DU COMMERCE

Classées par ordre alphabétique de départements, de villes et de professions

Pour faciliter les recherches, l'ordre alphabétique (sauf pour les départements du Rhône et de la Seine) a été suivi dans l'énumération des départements et de leurs chefs-lieux.

Vienne, imp. Savigné.

AIN

BOURG chef-lieu

Banquiers. — Legrand (L). — Petetin (J.-A).
Bonneterie en gros. — Chambard frères. — Milliat.
Mercerie en gros. — Chambard frères. — Milliat. — Orjollet et Paquet.
Nouveautés, draperie, toiles et rouennerie. — Brun-Luirard. — Brun-Gaillard. — Brun-Tatton. — Cherel. — Daude-Bonnet. Duport-Brun. — Garnier (Vᵉ). — Gillet, Baconnier et Bernier, *gros*. — Girodet. Gorigny. — Léautier. — Petetin (J.-A.), *en gros*. — Pochon. — Portier. — Thomé neveu.
Tailleurs (mds). — Badoux. — Bordesol. — Brunard. — Guignardat. — Perrenin. — Quillon. — Vacher. — Veyret
Sparterie (fab. de). — Chossat-Boisson.

Ambérieu.

Couvertures (fab. de). — Revol et Ville (Maison à Lyon).

Soieries (fab. de). — Brebant et Salomon, (Maison à Lyon).

Arbent.

Tourneurs pour la fabr. de soierie et de passementerie. — Bellod (B.). — Chanal frères. — Collet (Elie). — Collet (F.). — Collettaz (Em.). — Fleury (Gilbert), à Marchon. — Humbert (J.). — Humbert (F.). — Lacour (P.). — Marmillon, à Marchon.

Argis.

Soie et laine (filat. de). — Warnery et Morlot, maison à Lyon, quai Saint-Clair, 14.

Belley.

Draps nouveautés. — Cochet. — Dulliant. — Giraud. — Guillet ainé. — Guillet cadet. — Monnet. — Tranchand. — Vincent.

Bellignat.

Soieries unies et nouveautés (fab. de). — Framinet frères (A.), maison à Lyon. — Pansut, représentant.

4

Ceyzerieux.

Soie (filat. de). — Bonnet et Cⁱᵉ (les petits-fils de C.-J., de Lyon).

Dorian.

Tourneurs pour la fabrique — Darmet. — Favre fils. — Guillon. — Meynier (A). — Perrot. — Secrétant.

Soieries (fab. de). — Gauthier (A.), représentant la maison C. Ponson, de Lyon.

Gex.

Draps. — Dore. — Jacob. — Mandrillon. — Richard. — Vautier (Mᵐᵉ).

Laine en gros (marchand de). — Harent ✳, propriétaire de troupeaux de mérinos.

Groissiat.

Soieries (fab. de). — Picquet (G.), représentant la maison C. Ponson fils, de Lyon.

Izernore.

Soieries (fab. de). — Berthuin jeune, contre-maître.

Jujurieux.

Soieries unies (fab. de). — Les Petits-Fils de C.-J. Bonnet et Cⁱᵉ, de Lyon.

Martignat.

Soieries (fab. de). — contre-maîtres. — Buridon. — Patez. — Wuillermoz, représentant de la maison Mauvernay et Cⁱᵉ, de Lyon.

Miribel.

Teinturier en soierie et impression sur étoffes. — Grobon (Henri), dépôt rue Royale, à Lyon.

Montluel.

Couvertures et tapis (fab. de). — Veuve Accary et fils, maison à Lyon.

Draps (manuf. de). — Aynard et fils, maison à Lyon.

Impressions de châles en laine (fab. d'). — Hammert.

Nantua.

Coton (marchands). — Laurent. — Maissiat.

Draps (fab. de). — Million (André) et Cⁱᵉ.

Laine (filat. de). — Million (André) et Cⁱᵉ, fabricant de draperie nouveautés.

Mercerie en gros. — Pierraz (F.).

Soieries (fab. de). — Allumbert, à Montréal, représentant la maison Bardon et Ritton, de Lyon. — Bachelu et Ribollet, maison à Lyon. — Clavel, contre-maître à Lacluse. Curtet, représentant la maison Mauvernay et Cⁱᵉ, de Lyon. — Damas et Dubief, représentant la maison Fay et Thevenin, de Lyon. — Martinet, à Lacluse, représentant la maison C.-M. Teillard et Cⁱᵉ, de Lyon. — Perrin, contre-maître, à Montréal, représentant la maison Poncet, Lenoir et Cⁱᵉ, de Lyon.

Tourneur pour la fabrique. — Pachoux-Caillat.

Tissus en bourre de soie (fab. de). — Grillet (C.).

Oyonnax.

Banquier. — Balay.

Draps et nouveautés. — Mˡˡᵉ Collet. — Goiffon.

Tourneurs pour la fabrique. — Andreveton. à Veysiat. — Convers. — Charpillon, à Vecle.

Poncin.

Soieries (fab. de). — Bréban, Salomon et Cⁱᵉ, de Lyon.

Pont-de-Vaux.

Chanvre en gros. — Baudet. — Baigner.

Draperie et nouveautés. — Benoît frères. — Dumaine. — Faure aîné. — Mᵐᵉ Guillerminet. — Guillot-Fontaine. — Martinet.

Toile et Sparterie (fab. de). — Bayle. — Charmond. — Genaison. — Bonnaud. — Lorbet (C.).

Saint-Benoît.

Filateur-moulinier. — Fournel.

Saint-Jean-le-Vieux.

Tourneur pour la fabrique. — Quinson.

Saint-Rambert.

Filature de laine et soie. — Franc père, fils et Marthelin, maison à Lyon.

Moulinage. — Krutly et Brésac.

Produits chimiques pour teinture. — Frédière.

Soieries (fab. de). — De Boissieu et Cochaud, à Conand, maison à Lyon.

Serrières-de-Briord.

Impressions sur étoffes. — Revillod (F.) et fils.

Tenay.

Soie et laine (filat. de). — Banse et Quinson. — Warnery et Morlot, maison à Lyon.

Trévoux.

Bleu d'outre-mer (fab. de). — Bidault père et fils, à Genay.

Draps (marchands de). — Collet. — Duplat. — Las. — Soubiran.

Mercerie et nouveautés. — Cottin. — Dufour. — Genton. — Ombry. — Poncet.

Soie, déchets (peignage). — Vernier (Francis) et Cⁱᵉ.

Tirage et battage d'or et d'argent. — Charbonnet et Cⁱᵉ.

Tireurs d'or à façon. — Plagne. — Renard.

Outilleurs pour tireurs d'or. — Bernard (Ch.). Blanchard. — Millan père et fils. — Vernay.

Vaux.

Soies à coudre (fab. de). — Monet et Bazin. maison à Lyon.

LAON chef-lieu.

COMMERCE, INDUSTRIE.

Banquier. — Dumont. — David-Dufour et Cie. — David fils. — Lefèvre et Cie.

Draps, nouveautés. — Belin. — Brunel-Labouret (Ve). — Chancel. — Maillet. — Marcy-Cordier. — Mersier-Foigne. — Meyer.

Ganterie et passementerie. — Robert. — Lebègue. — Lévêque. — Souillard. — Vouillac aîné. — Vouillac jeune.

Mercerie en gros. — Clavel aîné, spécialité de passementerie.

Passementerie. — Arrion (Ve). — Clavel. — Robert. — Lebègue. — Sarazin.

Agnicourt-sechelles.

Laines peignées (filat. de). — Duflot père.

Anizy-le-Château.

Banquier. — Pottier.

Bonneterie (fab. de). — Cadet. — Cotte.

Chanvre. — Dupuis. — Compagnie française chanvrière et linière, succursale de Vaugenlieu (Oise). — Léoni ✳ et Coblentz, siége social à Paris.

Assis-sur-Serre.

Toiles et fils de chanvre en gros. — Jarre-Cordier, fabricant.

Aubenton.

Banquier. — Gosset.

Laine cardée (filature hydraulique et à vapeur). — Collin-Denis et fils.

Nouveautés et rouenneries. — Collin-Charlier, fabricant de tissus.

Bellenglise.

Articles de Saint-Quentin (fab. d'). — Cornaille-Trocmé. — Dumont-Dufflot.

Bichancourt.

Chanvre (marchands de). — Béguin. — Moutier. — Rozain.

Bohain.

Banquiers. — Fremeaux et Cie. — Vassaux et Cie.

Châles façon cachemire, gazes, barèges et nouveautés (fab. de). — Baudré, maison à Paris. — Bonfils (Paul), maison à Paris. — Bossuat (E.-G.). — Bouchinet et Desse, maison à Paris. — Bourgeois frères et Mahaut, maison à Paris. — Bouteille jeune et Cie, maison à Paris. — Bouvier (L.). — Bulteau ✳ frères, maison à Paris. — Dreyfous (Frédéric), maison à Paris. — Durand (V.), maison à Paris. — Flamant (L.) et Valette, maison à Paris. — Fourrier. — Cuvru et Tardif, maison à Paris. — George Hooper. — Carroz. — Tabourier et Cie, maison à Paris. — Guillaumaud (H.),

maison à Paris. — Hennequin (H.), maison à Paris. — Lacassagne. — Deschamqs. — Salaville et Cie, maison à Paris. — Macaigne (Ernest) et Jules Macaigne, maison à Paris. — Neuville-Vaxin, tissus écrus. — Rodier (E.), maison à Paris. — Thiesset et Lemaire, maison à Paris. — Vatin (C.), et Valincourt, maison à Paris. — Wilmart. — Gauchet et Maille, à Paris.

Lames à tisser (fab. de). — Bobœuf. — Flamant-Foigne. — Groulard. — Maille (Pierre). — Moesselin. — Vilmant.

Mécaniciens. — Gadelle. — Maréchal. — Richet-Feret.

Peignes à tisser (fab. de). — Foigne-Bertin. — Fontaine-Foigne. — Groulard-Alliot. — Groulart-Segais.

Teinturiers-chineurs. — Cauvet-Caron jeune. — Dantin. — Neuville.

Boué.

Fil à dentelle. — Bompart fils. — Fiévot.

Brenot.

Tissus (fabr. de. — Baudré et Bailly. — Marolle-Menu. — Perrin, Piedanna et Juineaux. — maison à Paris.

Brissay-Choigny.

Teillage mécanique de lin. — André (Aug.). — Bidaux-Pouillart. — Derbois-Bidaux. — Gauger frères. — Malézieux. — Rinville. — Rigault-Fouilloy. — Rinville-Quatreveaux.

Brissy.

Lin et chanvre (commissionnaires). — Gourdin. — Thiéry.

Teillage de lin. — Berlemont.

Bruhnhamel.

Mercerie en gros. — Caron. — Docé fils.

Toiles en gros. — Barbier (Jules). — Coutant.

Capelle (la).

Banquiers. — Carrière et fils. — Rohaut, Tanneur, Loncle et Cie, maison principale à Hirson.

Laine (filat. de). — Hourdeaux (Z). — Huille et Cie.

Chauny.

Tribunal de commerce. — Président : Rabœuf (Ch.). — Juges : Dantier-Lecomte. — Fouquet. — Marotte aîné. — Decroix (Louis-François). — Suppléants : — Guérin-Daprémont. — Brunette (Ch.). — Greffier : Patoux.

Agréés. — Millet. — Lachapelle.

Syndics-arbitres. — Dapremont. — Pousset.

Banquiers. — Brunette, Choisy et Cie. — Leroy fils et Cie. — Mortreux-Sarazin.

Bonneterie, chaussons de laine tricoté (fab.

de). -- Bachellez-Benoist. -- Baudoux. -- Cambray. -- Debionne. -- Malric-Dubacq (Mme). -- Rogier-Carlier. -- Ronat-Gosse (V^e). -- Vallois.

Chanvre. -- Dupuis et (V^e). Couvreur -- Voyeux-Lepage.

Laines. -- Brancourt fils. -- Leroux. -- Mélaye-Marin.

Machines à coudre. -- Marchant, succursale de la maison M. Mayer de Paris.

Mécaniciens. -- Bacquet. -- Duchesne. -- Emont et Camus. -- Targy frères.

Merciers (gros et détail). -- Charlier. -- Dhiver. -- Picard fils. -- Ruminy.

Ornements d'église. -- Marchandise.

Produits chimiques (fab. de). -- Dépôt à Paris, rue Saint-Denis, 313. Directeur : J. Usiglio. -- Sous-directeur : E. Leroy. -- Ingénieur : Lepetit-Laforêt. -- Chef de comptabilité : E. Couty. -- Chimiste : d'Eyssautier. -- Inspecteurs : A. Evrard. -- De Saint-Germain. -- Médecin : Moussette.

Toiles et treillis (fabr. de) : -- Couvreur et Dupuis. -- Falour-Cagniart. -- Fleury (Aug.), maison à Paris. — Manet-Suret, spécialité pour sacs. — Voyeux-Lepage.

Connigis.

Boutons d'os (fab. de). — Charpenay fils.

Craonne.

Bonneterie (fab. de). — Alloy.

Effry.

Laine (filat. de). — Fontaine et Coupin.

Estrées.

Articles de Saint-Quentin (fab. d') — Féra frères. — Lamy (M.). — Thiéry (D.).

Étaves et bocqniaux.

Châles (fab. de). — Marlet (L.).

Étréaupont.

Mercerie en gros. — Godet-Godet, lingerie et rubans.

Étreux.

Filature de laines peignées. — Moret et Petit, au Gard.

Évergnicourt.

Filature de laine cardée. — Lefèvre (H.), Vellard et Cie, maison à Reims.

Fère-en-Tardenois.

Bonneterie et chaussures, tricot, feutre (fab. de). — Bonnet et Colling. — Remy (Clle). Roger-Redon, successeur de Bonenfaud.

Laine cardée (filat.). — Bonnet et Colling, filature hydraulique et fabrique spéciale de chaussures feutrées. — Roger-Redon.

Fleuksine.

Châles (fab. de). — Choquenet. — Dumetz. — Legrand. — Millet.

Flavy-le-Martel.

Rouen et Roubaix (tissage des articles de). — Brisfert. — Delescluze père. — Delescluze (A.). — Delescluze (Éd.). — Delescluze (Ch.). — Flinois. — Hubaut. — Lefèvre (L.). — Liagre.

Flavigny-le-Grand et Beaurain.

Filature hydraulique et à la vapeur de la Bussière, coton et tissage mécanique. — Joly frères et Cie, de Saint-Quentin.

Fontaine-Notre-Dame.

Châles (fab. de). — Bourgeois frères et Mahaut, maison à Paris. — Caillieux frères et Cie, maison à Paris.

Fresnoy-le-Grand.

Châles. — Bideau, maison à Paris. — Carpentier (A.) et Coquelet, maison à Paris. — Javelas, maison à Paris. — Lair (H^te) et Henry Lair, maison à Paris. — Levaufre (Eug.) et Carpentier, maison à Paris. — Pin et Cie, maison à Paris.

Gazes (fab. de). — Carpentier et Coquelet, maison à Paris. — Colliard (Félix) et Cie, maison à Paris. — Vatin (F.) jeune et Cie, maison à Paris.

Mécaniciens pour Jacquart. — Carpentier (Aug.). — Herbot aîné.

Navettes (fab. de). — Faglain.

Peignes à tisser (fab. de). — Testart.

Groagis.

Chales et nouveautés (fab. de). — Dachés père et fils, maison à Paris. — Maillard et Bréant, maison à Paris.

Guise.

Conseils de prudhommes. — Dezaux-Lacour, président. — Baligant, secrétaire.

Banquiers. — Labbé. — Parmentier (Alexandre). — Prévost.

Draps et nouveautés. — Bisson et Gueroult. — Bourgeois. — Delacourt. — Gauchet. — Laisney.

Laines peignées, tissage mécanique. -- Larsonnier frères ✻ et Chenest ✻, maison à Paris. — Fouan-Warnesson.

Rouleaux et cylindres pour filatures. — Dudin, Delacourt et Cie.

Hamégicourt.

Commissionnaires en lins et chanvres. — Deligny. — Mignot (Jh.).

Lin et étoupes (filature et teillage de). — Société anonyme, Cornut, directeur. — Teillage hydraulique : Godart et Cie.

Hannappes.

Tissus-baréges (fab. de). — Féret-Monneuse.

Hargicourt.

Mérinos (fab. de). — Patriau (C.) ✻.

Hirson.

Banquiers. — Loth-Geneste. — Rohaut, Tanneur, Loncle et Cie, succursale à la Capelle (Aisne).
Bonneterie (fab. de). — Wuillaume-Burlureaux.

Homblières.

Découpage et parage mécaniques. — Ferouelle et Rolland, rideaux brochés.
Gazes et mousselines (fab. de). — Petit-Boboeuf et fils.

Jeancourt.

Articles de St-Quentin (fab. d'). — Dessailly. Mennessier. — Soyeux.

Lemé.

Laines-mérinos (tissage). — Bouemain et Descotte. — Douen. — Drancourt. — Potillon. — Vieillard-Bleuze.

Leuzé.

Laine (filature hydraulique de laines peignées). — Legras, propriétaire et filature à Bobigny.

Longchamps.

Châles (fab. de) — Cauchefert (L.), fabricant à façon. — Gerard et Cantigny, maison à Paris.

Marle.

Banquiers. — Goujon-Frizon et Cie. — Odent. — Quey.
Eleveurs de mérinos. — Ancelot, à la ferme de Berlancourt. — Wuaflart, à la ferme de Caumont.
Laines (commissionnaires en). — Berhuy-Sallandre.
Toiles de chanvre et sacs. — Delange-Duquenois.

Montbrehain.

Coton, devants de chemises plissés, mousselines et nouveautés (fab. de). — Levant-Vatin.
Moutons et laine brute. — Simon.
Tissus nouveautés pour robes (fab. de). — Clavé (M.), maison à Paris.

Montcornet.

Banquiers. — Douchy (Ch.). — Ferdinand Leblan.
Laine peignée. — Clignet.
Toile en gros. — Lapie.

Mont-d'Origny.

Châles (fab. de). — (G. Jessé), dépôt à Paris.
Tissus (fab. de). — Blondel (Edouard), piqués, maison à Saint-Quentin.

Montigny-Carotte.

Châles (fab. de). — Bideau, maison à Paris.

Montreuil-aux-Lions.

Passementerie (fab. de). — Lechevalier, dépôt à Paris. — Mazallon, maison à Paris.

Moy.

Banquier. — Triquenaux.
Lin (teillage à vapeur). — Pouillart et Cie.
Lin et chanvre (commissionnaire en). — Serpebois-Richard. — Thuet père.

Nauroy.

Fab. d'articles de St-Quentin . — Courtois. — Payen-Baudouin. — Vatin.

Neuilly-Saint-Front.

Banquiers. — Charpentier et Halliez.
Bonneterie de laine en gros. — Deschamps fils. — Flobert. — Lafosse.

Nouvion-en-Thiérache (le).

Articles de Reims (fab. de). — Audubert frères. — Casier-Bossus.
Laine (filature de). — Billaudel et Cie.
Mercerie en gros. — Dubois.

Oestres.

Blanchisserie, teinturerie et impression. — Deverly-Piot. — Minard (V^e).

Origny-Sainte-Benoîte.

Banquiers. — Fremeaux (Ch.). — Rigault-Vion.
Baréges en soie (fab. de). — Bureau et Michel, maison à Paris. — Robert, Bricourt, Levent et Cie, maison à Paris.
Dévidage de soies à la mécanique. — Dépôt de cotons pour lissés. — Eug. Quey.
Gaze (fab. de). — Parant (Eug.) et Fantin, maison à Paris.

Parpeville.

Tissus de coton (fab. de). — Matra (François).

Pavant.

Boutons (fab. de). — Brejon (Isidore). — Tourette et Cie, maison à Paris.

Pontruet.

Articles de Saint-Quentin (fab. de). — Bray (A.). — Carré (P.).

Prémont.

Tissus (fab. de). — Loiseau et Brunn.

Proisy.

Tissus (fab. de) De Gui. — Tanquerey et Delaby, maison à Paris.

Ramicourt.

Articles de Saint-Quentin (fab. de). — Allavoine-Lenglet. — Allavoine-Petit. — Leroy. — Malézieux-Berdeaux. — Malézieux-Lenglet. — Marlier.
Moutons et laines brutes. — Simon.

Ribemont.

Feutres (fab. de). — Sarrazin-Leclerc.
Filature de laine, fabrique de tissus, mérinos et lavoir de laine. — Bonjour, dépôt à Paris. — Carlier-Vitu.

Rocourt.

Produits chimiques (fab. de). — Robert de Massy, Dècle et Cie.

Roupy.

Filateur de coton. — Dollé-Arpin (Ve), dépôt à Saint-Quentin.

Saint-Gobert.

Laine (filature de). — David, Labbez (Ve), et fils.

Saint-Michel-en-Thiérache.

Laine (filature de). — Clément et Cie.

Saint-Quentin.

Chambre de commerce. — Ch. Picard, O. ✳, président. — Sarazin, vice-président. — H. Malézieux, secrétaire. — Guilbern, trésorier vice-secrétaire. — Robert de Massy. — Hugues. — Deviolaine. — Fouquier d'Héroud. — Piette. — Joly de Bammeville. — Touron. — Quennesson. — Quéquignon. — Huet-Jacquemin. — Rousseau.

Conseil général du Commerce. — Membre délégué. — Ch. Picard, O. ✳.

Tribunal de commerce. — Président : Malézieux. — Juges : Quentin (E.). — Gourdin-Decoster. — Lebée. — Hector-Basquin. — Juges suppléants. — J. Moureau. — Quennesson. — Touron. — Ropart. (L.). — Greffier : Bregeault.

Conseil de Prud'hommes. — Président : Mariolle-Pinguet. — Secrétaire : J. Gronnier.

Consul de Belgique. — Gérard (George), consul.

COMMERCE ET INDUSTRIE.

Amidonnier. — Piettre (G.).

Apprêteurs de tissus en tous genres. — Biel. — Bocquet-Mont (L.). — Bosquette-Collery. — Carpentier (Auguste). — Chollet-Carret. — Cliff frères et fils. — Deverly-Piot (Ve). — Joly frères et Cie. — Tausin (Louis).

Apprêteurs et blanchisseurs de tulles. — Biel. Bosquette-Collery. — Cliff frères et fils. — Delarue (F.). Demoulin (Edmond). — Leneutre-Rousseau. — Maréchal (F.).

Articles de Paris. — Bracq-Droy. — Casier. — Halluin frères. — Humbert-Jacob. — Manuel.

Banque de France. (Succursale de la) — Directeur : Pernet. — Caissier : Lausanne.

Société générale pour favoriser le développement du commerce et de l'industrie en France., société anonyme. Siége social à Paris. Agence de St-Quentin. — Directeur : M. Salmon.

Banquiers. — Boinet, Lamouret et Cie, succursale à Ham. — Lécuyer ✳ et Cie, mai-

son à Paris. — Née et Cie, succursale à Paris. — Quentin et Cie, succursale à Paris.

Blanchisseurs. — Bocquet-Mont (L.). — Cliff frères et fils, tulles et tissus. — Demoulin (Ed.). — Deverly-Piot (Ve). — Joly frères et Cie, et apprêteurs. — Minard (Ve). — Tausin (Louis).

Broderies sur tulles, jaconas, mousseline, dessins de dentelles (fabr. et marchands). — Balembois-Preux et Marquès. — Basquin (Hector). — Belet frères. — Boucly-Marchand. — Bourgeois aîné. — Bruder (A.). — Bruhy (R.). — Carpeau (A.). — Cauvin-Legrand. — Colombier frères. — David et Trouillier, maison à Paris. — Decaux (Aug.). — Delacourt (J.). — Denizard (D.), sur tulle. — Denoyon (E.), Henneault et Denglehem. — Derche-Girarde. — Devillers (F.) et Cie. — Driencourt (F.) et Cie. — Duflot (Ve A.). — Dufrenne-Marlière et Cie. — Dupuis-Schemidt. — Dutel. Férouelle fils, Saphore et Gilet. — Gouge-Demoulin (A.). — Guffroy (A.) et Cie. — Guille-Debail. — Haution (F.). — Hector Basquin. — Henry et Berger. — Huet-Jacquemin ✳, broderies des Vosges et broderies mécaniques de Saint Gall. — Huez (E.) et Cie. — Hugues-Cauvin. — Huile (A.). — Jacqué (L.). — Joly (D.). — Lecerf. — Lefèvre-Dupont. — Lefèvre (J.). — Lehoult ✳ et Cie, maison à Paris. — Lemaitre. — Lemonon (L.) et Cie. — Leroy-Pruvot. — Lobry (J.). — Malézieux (H.) et A. Beaufremez. — Moncouet (Victor), Querette et Cie. — Nain et Villot. — Poette et Hervilly. — Riche-Senez. — Rouillard (A.). — Rousseau (Eug.). — Ruffin-Decaux et Cie. — Stombe et Pecqueux. — Trèves (Ad.) et fils, maison à Paris. — Vatin-Thiéry. — Venet et Falise. — Villain jeune et E. Lenglet. — Weippert (Jules) et Cie.

Chapeaux de paille (fab. de). — Boveroux. — Stassinet.

Chasublier. — Oudard-Bravet.

Colle gélatine pour les tissus de coton. — Cent-Thouant. — Dacbeuz-Ducrô. — Dalexandre. — Rambaud.

Commissionnaires en articles de St-Quentin. — Barbare-Thomas. — Bochard. — Boullet (Léon). — Cardon. — Cauet. — Corniquet. — Courtois. — Denglehem. — Dollé-Bridou. — Dupuis (A.). — Féra frères. — Hache-Durrant. — Leclerre (X.). — Legrand et Delorme. — Leriche (Ed.). — Leroy. — Loiseau. — Loncle (J.). — Mignot. — Sourmais. — Tabary.

Commissionnaires en tulles. — Bricout-Destèque. — Carpentier (D.). — Defruit. — Gabet-Laude. — Renaux-Messager.

Coton (filatures de). — Dollé-Arpin (Ve), filature à Roupy. — Filature St-Quentinoise : Paillette frères, directeurs. — Joly frères et Cie. — Lehoult et Cie. — Théry (Ad.).

Cotons filés (négociants en). — Beaurain (A.), parage mécanique. — Comont-Colinet. — Gacheux. — Debionne. (D.) — Delvigne (H.), coton filés, soie gréges. — Dollé-Arpin (Ve), filature à Roupy. — Humblot-Caille et Touron. — Joly frères et Cie. — Ledoux-Bédu et Cie. — Menu. — Morel (H.), et soies filées. — Paillette et Cie. — Pannier (P.), filés et retors. — Piot-Gambier. — Théry (A.). — Vaillant (V.). — Zillhardt (E.).

Déchets de laine, coton et soie. — Cent-Thouan. — Dalexandre et Cie. — Derche-Girarde. — Flament et Caudron.

Découpeurs des articles de Saint-Quentin. — Lefèvre. — Payen.

Dessinateurs pour broderies et meubles et jacquarts. — Bérenger (Gust.). — Carlier (J.). — Corbeaux-Tordeux. — David. — Delvigne. — Derameaux. — Gerin (J.). — Guille. — Louchard. — Moreau. — Museux. — Patrouillard. — Ravin (Ch.)

Devants de chemises (fab. de). — Boucly-Marchand. — Carpeau (C.). — Leclerre (X.). — Lépine fils ainé. — Nave frères. — Venet et Falise.

Draperie, nouveautés et soieries. — Cadot (H.). — Carpentier frères et Cie. — Corroyer. — Delacharlonny. — Derez (Mlle S.). — Doublet fils (Ve). — Dupire-Duflot et Cie. — Duval et Cie. — Francelle. — Jacquin-Fontaine. — Lefèbre-Duclert. — Lang. — Leger (H.). — Loncle (Mlle Cl.). — Marx (Isidore). — Ségais (Ch.) et A. Corbeaux. — Thiéry-Delatte. — Waguet-Noël.

Grillage et flambage des tissus. — Bocquet-Mont (L.). — Deverly-Piot (Ve). — Lecreux (E.) et Collery-Marlio. — Lefèbre-Dupont. — Robert-Deham et fils. — Roquencourt. — Rouart.

Imprimeurs sur tissus. — Baudemont. — Moreau fils. — Permann. — Vanbeghain.

Jupons (fab. de). — Denoyon (E.), Henneault et Denglehem. — Rousseau (Eug.). — Derche-Girarde. — Colombier frères.

Lacets (manuf. de). — Lebée (Eug.), représenté à Paris par A. Cattet.

Laine peignée (filature de). — Boca-Wulveryck frères. — Hamelle-David et Cie. — Hurstel frères et Cie.

Laine peignée, cardée et filée po r mérinos, châles et nouveautés. — Boca-Wulverick frères, filateurs, maison à Paris. — Comont-Colinet. — Dalexandre (H.), déchets. — Hamelle-David et Cie, filateurs. — Humblot-Caille et Touron. — Hurstel frères et Cie. — Morel (H.), coton et soie. — Piot-

Gambier. — Reumont frères. — Vaillant (V.) et fils.

Lin brut. — Vaillant (V.) et fils.

Linge de table (fab. de). — Daudré. — Férouelle (L.).

Mécaniciens. — Bonneterre (Ed.). — Grare-Carois. — Hamelle (Edouard). — Lecointe frères et Villette. — Lefèvre-Taconet. — Mariolle frères. — Paris (C. J.). — Schreiber (T.). — Tafforeaux. — Thomas.

Mérinos (fab. de). — Boca-Wulvéryck frères.

Nouveautés soieries et châles. — Cadot (H.). — Carpentier frères et Cie. — Corroyer. — Delarchonny. — Dérez (S.). — Dupire-Duflot et Cie. — Duval et Cie. — Francelle. — Hervilly (Mme). — Jacquin. — Lefèvre-Duclert. — Leger. — Loncle-Clarisse. — Waguet-Noël.

Ouate (fab. d'). — Flament.

Parage mécanique. — Beaurain (A.), filature St-Quentinoise. — Humblot. — Caille et Touron. — Joly frères et Cie. — Morel (H.).

Passementerie (manufacture de). — Lebée (Eug.), représentée à Paris par A. Cattet.

Produits chimiques. — Gérard (Eugène). — Mallard. — Martin Lenfant. — Robert de Massy fils et Décle.

Rouennerie (dépôts). — Benoît-Sylvain. — Rhum et Block. — Cadot. — Carpentier frères et Cie. — Corroyer. — Delacharlonny. — Doublet fils. — Galoy fils ainé — Lefèvre-Duclert. — Léger H.). — Rolland (Ed.). — Waguet-Noël.

Rubans en gros. — Dufour frères, en gros. — Watbot, et détail, art. pour modes.

Soieries, articles de Lyon en gros. — Dufour frères.

Soies gréges. — Debionne (D.). — Delvigne (H.). — Morel (H.).

Teinturiers. — Boulmé. — Cliff frères et fils — Deglane. — Deverly-Piot. — Grenier. — Hursle frères et Cie. — Lallement. — Olivier. — Vanbegain frères.

Tissage mécanique. — Boca-Wulveryck frères. — Basquin-Bleriot et fils, au Petit-Neuville. — Colombier frères. — Colpin et Christi. — Hamelle-David et Cie. — Hugues-Cauvin. — Joly frères. — Ledoux-Bedu et Cie. — Lehoult et Cie.

Tissus de coton et de laine. — batistes, linons, nouveautés et articles divers de la fabrique de St-Quentin, commissionnaires en achats et ventes. — Abraham (J.), tissage à Epehy (Somme) et à Parpeville (Aisne). — Barbare (Thomas). — Barbare frères. — Basquin (Hector). — Basquin-Blériot et fils. — Bellon (A.), Cazaban et Gallet, fab. à Tarare (Rhône) ; maison à Paris, — Blondel (Ed.), ateliers de tissage St-Quentin, au Mont-d'Origny et à Pleneselve. — Bochard frères. — Bonneterre(E.).

— Boucly-Marchand. — Bouflel. — Boutillier (Victor). — Bruder (A.). — Bruhy (R.). — Brun frères, fils et Denoyel; maison à Paris. — Crapon frères. — Carpeau (A.). — Cauvin (E.) et Ognier. — Chatagnier (J.) et Cⁱᵉ. — Colombier frères. — Colpin et Christy. — Cornaille (F.). — Coupé. — Daudré (A.). — David et Trouillier, maison à Paris. — Delacourt-Charlet. — Denizard (D.). — Derche-Girarde. — Devillers et Cⁱᵉ. — Dezaux frères; maison à Paris. — Drancourt fils. — Dubois (Vᵒʳ), Berteaux et Massard; maison à Paris, fab. à Tarare (Rhône). — Ducroquet (C.). — Dufrenne-Marlière et Cⁱᵉ. — Dumont-Duflot. — Dupuis (A.). — Fera frères. — Ferouelle fils, Saphore et Gillet; maison de fabr. à Vermand; maison à Paris. — Fontaine (C.) fils. — Gervais Leblanc et Cⁱᵉ. — Gorlier jeune. — Gouge-Demoulin (A.). — Guffroy et Cⁱᵉ. — Hamelle-David et Cⁱᵉ, filateurs et fabricants de tissus de laine. — Hartmann, Jamais et Cⁱᵉ, même maison à Paris et à Tarare (Rhône). — Hector-Basquin. — Henry et Berger. — Hugues-Cauvin. — Joly frères et Cⁱᵉ. — Lalaux (J.) aîné. — Lantin, maison à Paris. — Larsonnier frères ✳ et Chenest ✳; maison à Paris. — Leclerre (X.). — Ledoux-Bédu et Cⁱᵉ. — Ledoux-jeune. — Lehoult ✳ et Cⁱᵉ, maison à Paris. — Lemaître. — Leneutre-Rousseau. — Léon (M.), aîné; maison à Paris. — Lépine fils aîné, fab. de devants de chemises. — Leriche. — Leroy (Jules). — Lescot aîné. — Levant-Vatin. — Lobbé (A.) et H. Lecieux, ancienne maison Basquin-Blériot. — Loiseau-Brun et Cⁱᵉ; maison à Paris. — Marguerite-Lucy et Rousseau jeune. — Mennechet (Ch.). — Moncouet (Vᵒʳ), Querette et Cⁱᵉ; maison à Paris. — Nain et Villot. — Nave frères, fabr. à Villers-Outreaux et à Honnecourt (Nord). — Payen-Baudouin. — Poette et Hervilly. — Potentier (A.) et Bocquillon. — Reumont frères, maison à Paris. — Reverony (Alph. de) et fils. — Riche-Senez. — Roger (F.). — Rousseau (Eug.), représenté à Paris par A. Cattet. — Ruffin-Decaux et Cⁱᵉ. — Sédillot (F.) et Cⁱᵉ; maison à Paris. — Stombe et Pecqueux. — Tabary (T.). — Testart frères et Cⁱᵉ, maison à Paris. — Théry (A.). — Trèves (Ad.) et fils; maison à Paris. — Trocmé et Baudouin. — Venet aîné et Falise. — Venet-Testart. — Witier et Lamarque, maison à Paris. — Dechamp (J.), chefs en tous genres.

Tulles coton et soie (fabr. et marchands de). — Belet frères. — Bourgeois aîné, dentelles, commission; maison à Paris. — Bricourt. — Camus-Fagnet (fab.). — Chatagnier (J.) et Cⁱᵉ. — Cliff frères et fils. — Denizard (D.). — Fontaine (C.) fils. — Her-

villy (J.). — Huile (Adolphe). — Jacqué (Léon). — Lecerf. — Lemonon. — Létang. — Malézieux (H.) et A. Beaufremez. — Malleval, Mordret et Cⁱᵉ. — Martin (W.). — Rousseau (Eug.). — Sarazin frères et Bonneville; maison à Paris. — Testart (Aug.) et Cⁱᵉ. — Thierry-Roland. — Tofflin (L.); fab. à Caudry (Nord. — West-Thir, blondes.

Sains.

Escompte et recouvrements: Dury (L.), et commerce de laines.

Laines (négociants en): Legrand (Ad.) et Dury. — Rogelet (Victor); maison à Reims.

Laine (filature de): Moroy-Labbez (Vᵉ) et fils, pompe à feu.

Laine, mérinos (tissage): Herbin-Hullin. Moroy-Labbez, et retordage de coton, succursale à Lemé.

Laines (déchets de): Dury (L.). — Legrand (Ad.).

Mérinos teints en gros: Herlin-Hulin.

Navettes (fab. de): Duchoquet-Poreau.

Seboncourt.

Châles et étoffes façon cachemire: Caillieux (Eug.), Gautier et Cⁱᵉ; maison à Paris. — Cuviler et Cochefert; maison à Paris. — Daniel, Cuvru et Libray; maison à Paris. — Hussenot père, fils et Cⁱᵉ; maison à Paris. — Ponce frères; maison à Paris. — Tilliette et Bocquillon; maison à Paris.

Mécaniciens pour Jacquart: Maréchal et Vitoux, spécialité pour tissage mécanique.

Soissons.

Tribunal de commerce. Président: Fossé-Darcosse ✳. — Juges: Ringuier. — Deviolaine. — Rigaut-Baillon. — Suppléants-Champion. — Velain. — Greffier: Constant.

Banquier. — Gamain. — H. Flagellat. — Wateau.

Draps et nouveautés. — Baudrillart. — Bodelot frères. — Bottée. — Chardon. — Descazaud. — Dupuis-Barbey. — Leclerc-Carré. — Leroux et Ivernel. — Pelletier. Riglet (L.) et Ragout.

Laines (négociants): — Champion-Magnan. — Coulbeaux. — Grevin-Billet. — Lhothe (H.). — Mutuel. — Pestelle-Lecomte.

Rouennerie, soieries et nouveautés. — Archin. — Baudrillart. — Bottée. — Boulnois (Vᵉ). — Chardon. — Descazaud. — Dupuis-Barbey. — Leclerc-Carré. — Leroux.

Toiles. — Binart-Bourdoux (Vᵉ). — Dupuis Barbey. — Forgeot. — Laplace (anc. maison Mignot-Liance). — Martinet (Vᵉ). — Rigaut-Baillon, en gros.

Thenelles.

Gazes de soie et de gros linon pour coiffes à chapeaux de dame (fab. de) : Clerc-Nouvion. — Bouyenval. — Debeaume. — Delor et Savreux ; maison à Paris. — Dumur. — Fourgny. — Meunier.

Vadencourt et Bohéries.

Châles (fab. de) : Calenge, L'Honneur , Françoise et Cie ; maison à Paris. — Duché et Cie, ancienne maison A. Duché , Duché jeune, Brière et Cie; maison à Paris.

Tissage mécanique: Planche et Cie , abbaye de Boheries; maison à Paris.

Vauxbuin.

Soie (fab. de) : Mezières (Henry), soies pour broderies, passementerie et fleurs; maison à Paris. — Pasquier et Picard, soie à coudre , à broder et à bourses ; maison à Paris.

Vendelles.

Tissus mérinos (fab. de) : Marié (Aug.). — Marié-Richard.

Vendhuile.

Tissus , articles de St-Quentin (fab. de) : Charlet-Constant. — Cornaille (P. F.). — Cornaille (A.). — Ledoux-Bedu et Cie ; maison à Saint-Quentin. — Luquet (A.).

Verguier (Le).

Articles de Saint-Quentin (fab. d') : Adonis.

— Boulanger. — Carette. — Cordier. — Dubreuil. — Dupuis (Ch.). — Fouquet (Arsène). — Obert (Clément). — Obert-Deligny.

Vermand.

Articles de St-Quentin (fab. de) : Abraham (J.). — Babœuf. — Lefèvre.

Vervins.

Tribunal de commerce. — Président : Piette (E.). — Juges : Ducrot (C.). — Brucelle (L. F. L.). — Blanquinque. — Suppléants : Cocu-Miclet. — Hazard (F.). — Greffier : Penart.

Banquiers. — Boucher (A.). — Cadot fils. — Dullot frères et Cie.

Chaussons (fab. de). — Delahaye. — Héloin (Clovis). — Hiblot-Cordreaux. — Hivin-Hiblot. — Laporte-Lopin. — Magnier-Paillot. — Marlette.

Laines en gros. — Fournier-Degand.

Soieries en gros. — Faucillon. — Thévenin. — Varnier.

Tissage mécanique. — Thévenin frères et Cie.

Villiers-sur-Marne.

Lacets caoutchouc (fab. hydr. de) : Henry , à Villiers et à Pisseloud.

Vouplaix.

Filature hydraulique de coton. — Derche , propriétaire. — Tourneux frères, fermiers.

ALLIER

MOULINS, (chef-lieu).

Tribunal de commerce. — Président : Pommier (Gustave). — Juges : Aimé-Vacher. — Lieb. — Teuntz. — Benoît. — Juges suppléants : Brossard. — Bucheron. — Greffier : Martinet.

Banquiers. — Benoît. — Michel Allard et Cie. — Pommier et Cie, Caisse d'escompte de Moulins. — Watelet (Félix).

Bas (fab. de). — Coutanssin.

Blanc (articles de). — Follot et Crey. — Lacote frères. — Paul (P.). — Saulé (Léon) (à Ste-Marie).

Bonneterie en gros. — Blanc et Jarre. — Bonneau fils et Barrault. — Ville (A.) et Paput aîné..

Casquettes (fab. de). — Duranton (Amédée).

Chapeaux feutre (fab. de). — Dominique. — Duranton. — Jeunet et Spana.

Cotons filés (en gros). — Bonneau fils et Barrault.

Couvertures de laine (fab. de). — Chesneau.

Filature de laine et de coton. — L'Hôpital général.

Machines à coudre (dépôt de). — Dominique. — Roche.

Mercerie en gros. — Barjon frères. — Blanc et Jarre. — Bonneau fils et Barrault. — Follot et Crey. — Ville (A.) et Paput aîné.

Rouenneries et draperies en gros. — Bardin et Clémençon. — Carre et Cie. — Chanudet. — Charpenel, Bessay et Dégout. — Cogordan. — Volat fils.

Tulles et mousselines. — Lacote frères. — Paul frères.

Ainay-le-Château.

Chapellerie (fab. de) : Desmurs (E.). — Desmurs (S.).

Draps (fab. de). — Chéminant frères.

Laines en gros. — Chéminant frères. — Ducaffy.

Arfeuilles.

Cardeur de laine. — Duverger jeune.

Chatel-Montagne.

Cotonnes (fab. de). — Charbonnier (Victor).

Commentry.

Draps et nouveautés. — Aujames frères. — Barathon. — Gardette. — Jourdain. — Morand. — Mége. — Plaveret. — Roux frères.

Merciers en gros. — Desgranges.

Cusset.

Banquiers. — Butin et Cie. — Pommier et Cie. — Barret Félix.
Cardes et filature de laine. — Alliotaux. — Lequin. — Labry.
Chanvre. — Chavignon.
Cotonnades (fab. de). — Bost. — Brazey-Baille. — Lemoine. — Lequin-Labry. — Vicaire.
Cotonnes des Grivats, connue sous le nom de cotonnades de Vichy (fab. de). — Bot (E.).

Gannat.

Banquier. — Chauchard.
Mercerie (en gros). — Grosllet père et fils.

La Palisse

Cotonnades de ménage en gros. — Aufrère (Simon). — Chorgnon-Aldon. — Morel (Louis).
Recouvrements. — Chorgnon. — Collon. — Dereure-Boutin et Cie.

Marcillat.

Laine (filature de). — Dupuis.

Mayet (Le) de Montagne.

Châles en laine (fab. au métier). — Bussenot père, fils et Cie; maison à Paris.

Montluçon.

Banquiers. — Moussy-Armet et Cie. — Tailhardat et Cie.

Blanc (articles de). — Beaulieu-Charmand, gros. — Girondon (H.). — Martin (J.).
Nouveautés. — Aurousseau. — Benyton-Corriez. — Chantemille gros. — Deboutin. — Déchery et Rongier. — Desevaux (V^e). — Domin. — Duchollet. — Duplaix. — Lamy. — Laporte (H^{te}). — Marteau, draperies. — Massoubre. — Poulton et Prévost. — Rouyat-Aguillon.
Toiles (fab. de). — Chabassier. — Chabot. — Fougeret. — Laville. — Perrier. — Peyroud. — Thevenet.

Saint-Pourçain.

Banquiers — Bonneaud. — Valet.
Chanvre. — Bonnefond.
Laine, — Bonnefond. — Dubois. — Tanusier.
Laine (filature de). — Turlin.

Saint-Prix.

Carderie de laine. — Sugobert père.

Vichy-les-Bains.

Banquiers. — Buttin et Cie; de Cusset. — Pommier et Cie, Comptoir d'escompte; F. Barret, directeur.
Broderies. — Clochette. — Didon frères; maison à Paris, — Manuel.
Cotonnades dites de Vichy (fab. de). — Brazey-Baille. — Lemoine (Mme).
Nouveautés. — Barbe. — Dugué (E.), seul fabricant des véritables toiles de Vichy.

ALPES (BASSES)

DIGNE (chef-lieu).

Banquiers, négociants et commissionnaires de roulage. — Ranon frères. — Chaix et Cie.
Draps (fabr. de). — Ailhaud, Roustan et Cie. — Banon frères.

Annot.

Draps (fab. de). — Boullard et Roux.

Barcelonnette.

Banquiers. — Grassier père ✻ et fils.
Chapeaux en feutre. — Borel. — Caire. — Michel et François.
Laine. — Borel. — Chauvet. — Gaimard.
Soieries (fab. de). — Sarra, Gallet et Buffe.

Barrême.

Draps (fab. de). — Maurel (Justin). — Ravel (A. et F.) frères.

Beauvezer.

Draps (fab. de). — Chalve (P.). — Derbez

frères et Cie. — Engelfred de Blieux. — Giraud (D.). — Roux (P.). — Trotabas frères.

Castellane.

Banquiers. — Chauvin (G.). — Gaymard (M.).
Draps (fab. de). — Barneaud, et filature de laine.

Cereset.

Laines en gros. — Manuel.

Colmars.

Draps (fab. de). — Barneaud.

Faucon.

Draps (fab. de). — François Maigre.

Manosque.

Banquiers. — Miane (Gustave) et Cie.
Soie (filature de). — Buisson et Eugène Robert ✻.

Morlez.

Draps (fab. de). — Michel.

Mure (La).

Draps (fab. de). — Dol et Derbe.

Saint-André-les-Alpes.

Draps (fab. de). — Honnorat (Eug.) fils d'André. — Simon dit l'aîné. — Apprêteur : Casimir Juglard.

Laines. — Pascal (J.).

Sainte-Tulle.

Magnanerie modèle. — Guérin-Méneville et Eugène Robert.

Seyne.

Banquiers. — Jaubert. — Richaud.

Draps (fab. de). — Laugier. — Mounier.

Sisteron.

Banquiers. — Gastinel. — Turcan (Hte). Soie (filature de). — Bontoux, et négociant. — Moyroud (Eloy).

Senez.

Laines (filature de). — Rousset (J.).

Thorame-Basse.

Draps (fab. de). — Bonnet. — Daumas.

Thorame-Haute.

Draps (fab. de). — Arnaud. — Barcillon. — Dartier.

Valensolle

Laines. — Bastide. — Dol.

Villars.

Draps (fab. de). — Roux frères. — Peyron

ALPES (HAUTES)

GAP (chef-lieu).

Banquiers. — Ailhaud fils. — Bigillion père et fils.

Laines en gros. — Blanc (Ve). — Gallandre père et fils et Burle. — Maurice (Jos.). — Ollivier.

Toiles (fabr. de). — Blanc. — Céas. — Goudet. — Magallon.

Briançon.

Banquiers. — Brun frères. — Brun oncle.

Carderie de frisons et bourre de soie. — Chancel frères.

Peignage des déchets de filatures de soie. — Chancel frères, chappe, fantaisie, galette.

Peignes à chanvre (fab. de). — Janel (Aug.).

Chorges.

Laine (filature de). — Cézanne.

Embrun.

Laine (cardage de). — Bonniard et Cie, au Pont-Neuf. — Delong, à la Clapière.

Guillestre.

Drap (fab. de). — Bérard. — Tholozan.

Saint-Bonnet.

Laines en gros. — Bresson (Dominique). —

Gentillon. — Ollivier cadet.

Saint-Chaffrey.

Draps (fab. de). — Rey et Jacob.

Salle (La)

Laines (filature) et fabrication de draps. — Aimé. — Borel. — Caire (A.). — Chaix (E.). — Faure. — Joubert. — Lantelme. — Martin (Th.). — Prat aîné. — Raby (A.). Raby (P.). — Roux (D.). — Vial (A.).

Mécanicien. — Turin (Etienne).

Savines.

Draps (fab. de). — Boisserenc (V.), et filature de laine

Vachette (La).

Draps, bonnets et tricots (fab. de). — Bompard.

Villeneuve (La).

Draps, gilets, bonnets (fab. de). — Joubert. — Martin. — Prat. — Raby (A.). — Raby (P.). — Vial.

Mécanicien. — Turin.

Veynes.

Draps (fab. de). — Boisserenc père et fils — Maigre (Fois).

ALPES MARITIMES

NICE (chef-lieu).

Chambre de commerce. — Abbo, président. — Colombo ❋. — Taillandier ❋. — Sauvan ❋. — Girard. ❋. — Avigdor. — Barberis. — Barbe. — Raynaud. — Baudouin (Emile). — Gautier (Paul). — Mayrargue (Benoît). — Secrétaire : Ch. Giraud.

Tribunal de commerce. — Président : Raynaud (A.), faisant fonctions. — Juges : Curti (Ph.). — Fouque (L.). — Raynaud (A.). — Gioan (Nicéus). — Martin (A.). — Sicard. — Suppléants : Valentiny (L.). — Barbe (A.). — Barberis. — Toesca. — Greffier : Auquier.

Consuls. — Angleterre, Adolphe Lacroix. — Autriche, le S. N. Avigdor. — Belgique, le chevalier de Ricorly ✳. — Brésil, Équateur et Montevideo, J. B. — Barla, gérant le vice-consulat. — Brunswick et Saxe, Henry Nolfi ✳. — Chili et confédération argentine, Fernand Lagarrique. — Danemark, Amédée Raynaud, vice-consul. — Espagne, Luis Guerra de la Vega. — Etats-Romains, Martin Saytour. — Etats-Unis, Slade. — Grèce, Bovis. — Haïti. Ed. Muscat, consul. — Hambourg, A. Raynaud. — Italie, le chevalier de Viccari de San Agabio. — Nicaragua, J. B. Risso, consul. — Pays-Bas, A. Florès, consul. — Portugal, le chevalier P. Bounin. — Russie, A. de Grière. — San-Salvador (république), Ed. Muscat, vice-consul. — Suède et Norvège, A. Carlone, vice-consul. — Suisse, Jurcher. — Tunis, A. Tiranty, vice-consul. — Turquie, le marquis de Constantin-vice-consul. — Uruguay, J.-B. Barlo, vice-consul. — Wurtemberg, le chevalier Avigdor Septime.

Banque de France (succursale de la). — Directeur : Lubonis, C. ✳. — Caissier : Richaud de Servoules.

Caisse de Crédit de Nice. — Société à responsabilité limitée, Adolphe Sicard, directeur.

Banquiers. — Avigdor l'aîné ✳ et fils. — Bounin frères. — Brès (J.). — Carlone (E.) ✳ et Cie. — Colombo (Ve) et fils ✳. — Gastaud (J. H.). — Gautier fils aîné. — Gilly (A.) et Trabaud. — Lacroix (A.) frères.

Bonneterie. — Constantin (Joseph), bonneterie et mercerie, gros et demi-gros.

Broderies. — Didon frères ; maison à Paris.

Cols, cravates et chemises. — Colas (A.).

Corsets (fab. de). — Rouzeau (E.).

Cotons filés. — Orengo (François), manufacture de cotons et laines filées. — Orengo (Louis), fils aîné, cotons et laines filées.

Draps et rouenneries. — Audiffred frères. — Aune frères. — Aux Fabriques réunies : Landrau, gérant. — Colonne père et fils. — Gresch. — Imberdy (J.) et Cie. — Musso (B.). — Musso (G). — Roux (Vincent).

Laines (négociants en). — Curty (François). — Messiah. — Pellerano (Joseph). — Vissian (Jacques).

Manufactures françaises, anglaises et suisses et ameublements. — Cassin (B.) frères et Cie. — Dalmas et Cie. — Giuglaris (J. B.). — Messiah (J.). — Muscat (Ed.). — Meunier et Cie. — Pellioni et Giordan. — Pontremoli frères. — Venture (A.).

Ornements d'église. — Ansaldi (Charles).

Soie (filateurs de). — Balestre (A.). — Olivier frères.

Soieries et nouveautés. — Delaruz (Ch.). — Lattes frères. — Levy frères (aux villes de France). — Meyssonier et Sauvan. — Orengo. — Pontremoli frères. — Roger (Michel). — Seudier (G.) et Cie. — Vercherin.

Tapis. — Messiah (J.), tapis, foyers et articles sparterie.

Voiles (fab. de). — Garin (André).

Antibes.

Consulat. — Italie : Gairaud, vice-consul. — De Monaco : Faure.

Banquier. — Bourgarel (J.-B.).

Chapeliers. — Carriol, fab. de chapeaux de soie, feutre et paille. — Henry (Eug.). — Henry-Lambert.

Gagnes.

Chapeaux de feutre (fab. de). — André-Joseph. — Toudre.

Cannes.

Consulat, Grande-Bretagne. — Borniol, vice-consul.

Banquiers. — Aune père et fils et Barbe. — Rigal (François).

Chapeaux (fab. de). — Chavet. — Girard père. — Girard fils. — Revel fils.

Grasse.

Banquiers. — Honoré Isnard. — Joseph Luce de Jean-François. — Caisse de crédit de Nice : Minel, directeur.

Escoubettes pour filatures de soie (fab. d'). — Cavallier frères.

Laines (négociants en). — Barnier. — Vidal-Sicard fils.

Mèches à mines. — Chazaud. — Faure.

Soie (filature de). — Cavallier fils du Guy. — Chauve (Victor).

Menton.

Banquiers. — Bioves (L.) et Cie. — François Palmaro.

Nouveautés. — Amarante (Jh.), spécialité de deuil.

ARDÈCHE

PRIVAS (chef-lieu).

COMMERCE, INDUSTRIE.

Banquiers. — Delière (A.). — Taupenas (C.) et Cie.

Agence d'affaires. — Office de renseignements commerciaux et contentieux civil et commercial, recouvrements, etc. (Voir Valence (Drôme) où il faut adresser la correspondance.

Bourre de soie (commerce de). — Delière (A.).
— James. — Pourtier. — Fourniol.
Condition des soies. — Bordaz, directeur.
Mécaniciens. — Bayle frères. — Chanteper-
drix, mécanicien pour filature, moulinage
et dévidage des soies.
Soie (négociants et mouliniers en). — Ar-
naud-Coste. — Barnier (Vᵉ). — Bayle. —
Blachet. — Bourgeat. — Bourret (Henri).
— Bourret (Louis). — Breton. — Colomb.
— Coste (Urbain). — Delière (A.). — De-
lubac. — Demontès. — Des Michaux (Chᵉˢ).
— Durand (P.). — Dumas (Vᵉ). — Figon
(D.). — Fourgeirol aîné. — Fourniol. —
Fourniol et fils, à Coux, hameau des Ri-
vières (près Privas). — Gayte. — Gerin. —
Giraud (L.). — Guérin (Alphonse). —
Loine. — Pemeant. — Serre. — Vincent
père et fils. — Vieu (Adrien).

Alissas.

Soie (mouliniers en). — Beauthéac (P.). —
Benoît (J.).

Annonay.

Tribunal de commerce. — Président : Giraud
(Jules) ✳. — Juges : Rouveure (Régis). —
Jacquemet-Bonnefont. — De Montgolfier
(Eugène). — Vidon. — Suppléants : Mignot
(V.). — Marcha (Edouard). — Alléon (Fran-
çois). — Escomel. Greffier : Fond.
Avocats et agréés. — Nicod. — Chapelle. —
Fieron.
Conseil de prud'hommes. — Président : Ch.
Nicod.
*Chambre consultative des arts et manufac-
tures.* — Président : Alleon-Canson. — Se-
crétaire : Mignot (Vincent).
Banque de France (succursale). — Directeur :
Lemoyne. — Caissier : Bollon de Clavières.
Agence d'affaires. — Office de renseignements
commerciaux et contentieux civil et com-
mercial, recouvrements, etc. (Voir Valence
(Drôme) où il faut adresser la correspon-
pondance.
Banquiers. — Béchetoile (Vᵒ Laurent). —
Chapuis-Holtzer et Cie, comptoir d'escompte
de l'Ardèche, succursales à Tournon. —
Giraud ✳ père et fils.
Albumines d'œufs pour fixer le bleu d'outre-
mer, pour l'impression des tissus et pour
coller les vins (fab. de). — Chapuis (Ch.
et Eug.). — Deschaux aîné. — Deschaux
(A.) et Nublat (A.). — Olier. — Pelissier
(S.). — Tracol (Xavier). — Marchands :
Bertrand (Emile), et fabr. de colle forte
et de gélatine. — Nicod et fils. — Ponson
(A. et L.) et fabr de colles gétatines, expé-
ditions exportations.
Amidon (fab. d'). — Pabion frères.
Bonneterie en laine, chaussons drapés, etc.
(fab. de). — Charmant père et fils. —
Déaux et Gonou.

Cardes (fab. de). — Vernet cadet, en tous
genres.
Colle et gélatine (fab. de). — Bertrand
(Emile), mention honorable. Paris, 1849,
médaille de bronze, Bordeaux 1859 et
Nantes 1861, fabr. de colle et gélatine
pour apprêts de tissus de soie, coton, rubans et chapeaux de paille, expédition,
exportation. — Ponson (A. et L.) fabr. de
colles et gélatines pour apprêts de tous
tissus, spécialité pour chapeaux de paille,
etc., expédition, exportation.
Cotons et laines filées. — Balandrau-Ron-
chouse. — Magnard-Mounier.
Déchets de laine et poils de chevreaux. —
Kramer-Perrier et fils. — Mantelin fils
aîné. — Mazet jeune, poils de chevreaux,
gris, noir et blanc, laines et agnelins, poil
de chèvre parun. — Nicod et fils. — Nu-
blat (Alexandre). — Pourret (Vincent). —
Ribes (Flavien) fils.
Déchets de soie. — Nicod et fils.
Draps et couvertures de laine (fab. de). —
Eyraud frères.
Draperie, rouennerie, nouveautés et toiles. —
Balandreau-Ronchouse. — Blache. —
Cleux. — Girard (A.). — Kramer-Perrier
et fils, en gros. — Magnard-Mounier. —
Pouzol. — Roche, Bonnard et Déchenaud,
nouveautés, soieries, confections pour
dames, etc. — Rullière. — Seux-Bruel. —
Vidon frères.
Droguerie en gros. — Artu (Jules). — Bayle.
— Desmartin (Marc.). — Duret et Fran-
chon. — Marcha père et fils. — Moureton
(S.).
Laine (filature de). — Donnat (F.). — Eyraud
frères.
Mécaniciens constructeurs. — Eyraud frères.
— fabr. de filoselle, couvertures de dra-
perie. — Vidon, Soix et Cie, grosses pièces
de mécaniques.
Mégisserie. — Boissonnet, Thuré et Cie. —
Bonnet et Faugeron. — Buire et Cie. —
Chanal et Deygas. — Chapuis (Ch. et E.)
— Chastel frères. — Digonnet et Richard.
— Dorel et Daron. — Duranton et Bar-
jon. — Fanget et Cie. — Falcon. — Faugé
et Mantelin. — Forel. — Fraisse, Deygas
et Cie. — Franc (J.). — Gamet et Barou.
— Garnier (Benoît). — Garnier (Marcelin).
Garnier (Victor). — Gélas (M.). — Girard
(Pierre). — Girard et Serrepuis. —
Giraud (F.) et Monot. — Gris et Cie. —
Jamet, Bertrand et Cie. — Joly et Cie. —
Jomaron père. — Jomaron (A.) fils aîné.
— Jomaron frères et Champion. — Jourdy
et Brudon. — Junique (J. Pierre). —
Léotier et Tracolat. — Magnolon. — Mai-
sonnat. — Mantelin et Johanard. — Marthe
et Royer. — Misery (Louis). — Montagnon
(G.) fils aîné. — Montagnon aîné. — Mon-

tagnon (L.) et Camet. — Montagnon-Trippier. — Nicolas (André). — Nova père et fils. — Parat (Louis), père et fils. — Paret (J. et A.). — Patot (Vincent). — Payen et Chenevier. — Pelissier. — Perrin (Claude). — Pinet. — Plantier et Meunier. — Poulenard et Veyre. — Rey (Jean) et Cie. — Ribes fils aîné. — Rouveure aîné. — Rouveure (Régis). — Roux et Léotier. — Rousset et Cie. — Royer aîné. — Royer (Jules). — Rulière (X.). — Sabatier. — Saboul (Gabriel). — Seux. — Terrasson frères. — Tracol (Xavier). — Tracol (Henry). Vacheresse et Gibert.

Mercerie en gros. — Briançon aîné. — Briançon cadet. — Chabanne (P.). — Déaux et Gonon. — Fargier (Léon).

Soie, trames et organsins, et soie blanche pour blonde (filatures). — Béchetoille Léopold et frères. — Chenet fils, à Villevocance. — Mignot frères, usine à Bort (Corrèze). — Meysonnier fils.

Soie (fabr. d'étoffes unies en). — Blachier frères.

Teinturiers. — Colombier père et fils, en soie.

Antraigues.

Soie (négociants en). — Blachère. — Faure. — Garilhe. — Martaresche. — Racagel fils. — Cautel.

Aps.

Soies (moulinage de). — Bernard-Dupré. — Borne (Ch.) — Champestève (F.).

Aubenas.

Tribunal de commerce. — Président. : Combier (F.). — Juges : Rey (Philippe). — Bertoye (Régis). — Tourrette (Henry). — Suppléants : Deydier (Valéry). — Durand (Ch^us). — Greffier : Robert.

Avocats. — Baratier (Paulin). — Chambarlhac. — Montaudon. — Verny (E.).

Agréés. — Mathon. — Baratier. — Ferrin. — Mayaud (E.). — Maze (F.). — Chambarlhac (L.).

Condition publique des soies. — Montgenot, directeur.

Agence d'affaires. — Office de renseignements commerciaux et contentieux, civil et commercial, recouvrements, etc. (Voir Valence (Drôme) où il faut adresser la correspondance.

Banquiers. — Aurenche (Henri). — Bertoye frères, escompte et commissionnaires en soies gréges et ouvrées.

Bonneterie (en gros). — Pellissier. — Plancher aîné. — Tourel.

Commissionnaires en soie. — Bertoye frères. — Brunel père, fils et Cie. — Bouchard frères. — Molle et Roche. — Thoulouze et Dupré.

Commissionnaires en déchets de soie. —

Besson. — Chambarlhac (Casimir). — Doulce (Léon). — Parchet frères. — Plantier. — Seux (Laurent).

Dentelles, tulles, mousselines. — Mandon frères. — Villeneuve.

Droguistes. — Artige jeune. — Bouchard (F.).

Mécaniciens. — Aymard père et fils, constructeurs. — Blachère. — Debroas. — Durand (A.), constructeur mécanicien, spécialité de moteurs hydrauliques, presses et transmissions. — Duranton. — Gastaud.

Mercerie (en gros). — Plancher aîné. — Pellissier (A.). — Tourel (Adrien).

Soies (mouliniers en). — Archimbaud (B.). Bertoye frères, filature à Villeneuve de Berg. — Champanhet frères, à Vals. — Combier père et fils. — Conrieu. — Crégut, à la Bégude. — Cuchet ✳ père, fils et Cie, fabricants, à Sainte-Croix. — Deleyrolles, à la Bégude. — Deydier (P.) ✳ et fils, à Ucel, Vals et Saint-Privat. — Duplan, à Ucel. — Galimard père et fils à Vals. — Girard. — Gouy (C.). — Gouy (F.). — Laprade (Henri). — Leynaud (Xavier). — Manson (Henry), à la Bégude. — Molle (Arsène). — Ollier et de Rocher. — Pradal (Louis). — Rigat (L.), au Chambon. — Rochier (Auguste). — Roger (A.). — Roger (H.), à Sainte-Croix. — Roustin, à la Villedieu. — Souchère. — Sévénier. — Tailhand (Hippolyte). — Tailhand (Louis). — Tailhand (Ferdinand). — Tourrette (Maurice). — Tourrette (F.). — Tourrette (Henry). — Tourrette (Ve Eugène) et fils, à Saint-Privat. — Tourvieille, au Chambon. — Vacqueur (Ve) et fils. — Verny (Ernest). — Vincent (Henri).

Boulieu.

Soie (filateur et moulinier en). — Leyral.

Bourg-Saint-Andéol (le).

Banquier. — Astier fils.

Draps et toiles. — Chenivesse frères. — Croze. — Dumas père et fils. — Labrelly et Decolland. — Pontal frères. — Tournayr, Rigaud et Cie.

Mercerie en gros. — Chalamel (L.) et Vivien.

Soie (filatures de). — Girard. — Giraud ✳. — Goujon.

Burzet.

Mouliniers en soie. — Burzet. — Plantévin. — Souche.

Charmes.

Soie (filature et moulinage). — Comte fils. — J. Marmey. — Michelon (L.), moulinage.

Chapelle (la).

Moulinier en soie. — Menu (Paul).

Chassiers.

Mouliniers en soie. — Martines. — Soubeyrand.

Cheylard (le).

Banquier. — Lafond.

Foulards de soie (fabr. et impressions de). — Chambon ❋. — Durand ❋ frères, maison à Lyon.

Laine (filatures de). — Bosveil. — Vialet.

Nouveautés. — Bessel. — Colonge (Mlle). — Héritier-Pernoud.

Soie (filature de). — Lafont (L.).

Soie (mouliniers en). — Bouchon. — Chambon. — Gaillon (C.). — Gimond. — Jouanard. — Ladrey père. — Ladrey aîné. — Lafont (E. et P.). — Lafont (L.). — Nouzet

Chomerac.

Filature de cocons. — Avon. — Chabert et Cie. — Dumaret-Bérard. — Marchier (Mlle). — Souchon (P.) et Cie. — Trapier et Cie.

Laine (commerce de). — Arzelier.

Soie (fab. de). — Bérard. — Chabert et Cie, filatures de soies à divers titres. Moulinages pour organsins et trames en soies Européennes et Asiatiques. Ouvraisons pour organsins de trames à tour comptés et pesés, capiage à l'Italienne. — Chambaud. — Duglou. — Ganivet fils. — Souchon (P.) et Cie. — Terrasse. — Trapier et Cie.

Coux.

Soie (Moulinage en). — Fourniol (P.-J.) et fils, hameau des Rivières près Privas. — Landrau. — Marmey (V.). — Roure (A.).

Crouzet-de-Mercuer (le).

Moulinier en soie. — Perbost aîné.

Cruas.

Soies (négociants et mouliniers en). — Bonhomme.

Desaignes.

Epicier-quincaillier. — Pourret, épicerie, droguerie, charcuterie, saucissons renommés, chanvres peignés, cotons filés, etc.

Dornas.

Mouliniers en soie. — Gailhard (C.). — Gailhard fils. — Gaucheran (Eug.). — Perge. — Peyronnte-Combe. — Vacher (Aug.).

Flaviac.

Mine de couperose. — Durand, propriétaire.

Soies (négociants et mouliniers en). — Blanchon (B. Ve). — Baresse ❋. — Clauze frères. — Demichaux (L.). — Durand ❋ frères et Dumas. — Figon (David).

Gluiras.

Soies (négociants en). — Coulet. — Faure.

Grange-lès-Valence (la).

Amidon (fabrique d'). — Boveron.

Issamoulenc.

Soies (négociant en). — Bourret (Henri), de Privas.

Jaujac.

Draps (fabrique de et filature). — Vacher (J.).

Mouliniers en soie. — Chanabeilles. — Durand. — Murin. — Roche (V.), fils. — Roche (A.). — Tarandon frères. — Thibon.

Joyeuse.

Draps, rouennerie et toiles. — Bégot-Rieu. — Dubois. — Dugas. — Dumas. — Pertus. — Pontier (Ve). — Reboul. — Sauvat.

Soie (fab. et filatures de). — Forestier. — Vernède.

Largentière.

Agence d'affaires. — Office de renseignements commerciaux et contentieux civil et commercial, recouvrements etc. (Voir Valence (Drôme) où il faut adresser la correspondance.)

Banquier. — Payan.

Draps — Eldin. — Georges. — Paladel. — Praly. — Rieu.

Soie (filateurs de). — Bastide. — Bruneau. — Palluat. — Perbost (J.). — Perbost cadet. — Sautel.

Lentillères.

Soie (mouliniers en). — Chatagnier. — Dumas (L.), frères, père, fils.

Limony.

Soieries (fabrique de). — Rabatel et Cie.

Marcols.

Soies (négociants en). — Chapon (Ph.). — Cotta (Célestin). — Coulet (M.). — Dejoux Ve (Zeph.) — Giffon (A.). — Giraud (J.). — Giraud-Lafayolle. — Giraud-Hercule. — Morel. — Riou (L.). — Roche (L.). — Rochier (G.). — Salomon (S.-P.) — Salomon (Léon).

Mastre (la).

Banquier. — Changea.

Laines filées. — Chalaye fils.

Filature de soie. — Changea.

Mayras.

Mouliniers en soie. — Ricard. — Tarandon aîné. — Tarandon (Régis).

Meysse.

Soie (moulinage en). — Bertaud.

Montpezat.

Draps et toiles. — Bouchon. — Echalier. — Faure. — Perrier. — Prunaret.

Mouliniers en soie. — Lafont. — Tailhand. — Vincent.

Nulgles.

Soie (négociant en). — Raphanel.

Ollières (les).

Soie (mouliniers en). — Aurenche (N.). — Fougeirol (A.).

Pouzin (le).

Banquiers et négociants. — Gauthier jeune et Grasset.

Mouliniers et filateurs. — Astier. — Courbassier. — Manifassier et Duglou.

Pranles.

Soie (moulinage en). — Terrier.

Rochemaure.

Soies. — Audouard, moulinier. — Maurel, filateur.

Rochessauve.

Soie (filature de). — Boutier. — Ollagnier. — Négociant : Gas.

Sainte-Croix.

Soie (moulinage en). — Carle et Manen. — Chambon. — Cuchet père et fils. — Roger (Henri).

Saint-Étienne-de-Fonbellon.

Mouliniers en soie. — Chadeyson. — Discours. — Dumas frères. — Lablache. — Dumas-Régis. — Dumas (Eug.) — Serret.

Saint-Étienne-de-Serres.

Soies (négociants en). — Rourin fils. — Tinland (A.).

Saint-Félicien.

Draps et toiles. — Chazot (G.). — Clémenson. — Morfin. — Paulin (Vᵉ). — Romans.

Soie (filature de). — Bouvet.

Saint-Julien-du-Gua.

Soies (négociants en). — Mathieu. — Poumarat.

Saint-Julien-en-Saint-Alban.

Soies grèges et organsins. — Barès ✳ frères. Blanchon (L.) ✳. — Clauzel frères. — Fuzier. — Payen.

Saint-Jean-de-Muzols.

Foulards (fabr.). — Roux et Jacob frères.

Saint-Marcel-d'Ardèche.

Soie (filature et moulinage à la vapeur). — Pelegrin.

Saint-Martin-l'Inférieur.

Soies (négociants et mouliniers en). — Bertaud. — Dumas.

Saint-Michel-de-Boulogne.

Mouliniers en soie. — Doux. — Mazon.

Saint-Peray.

Articles de blanc. — Monet jeune, maison de gros.

Banquier. — Lambert (Joseph), encaissement et office de renseignements et contentieux, recouvrements et affaires litigieuses, généralement quelconques ; on s'en réfère à titre de réciprocité aux conditions des correspondants qui sont couverts par la voie qu'ils désirent. (Voir Valence (Drôme) où il faut adresser la correspondance).

Saint-Pierre-le-Colombier.

Moulinier en soie. — Plantevin cadet.

Saint-Pierreville.

Soies (négociants en). — Maze (A.). — Maze (Lucien). — Rochier (A.).

Saint-Pons.

Mouliniers en soie. — Borne. — Comte. — Demontès-Dupré. — Vernet.

Saint-Priest.

Soie (Mouliniers en). — Benoit (A.). — Chasson frères. — Fourniol.

Saint-Privat.

Soie (Mouliniers en). — Dumas (C.). — Tourrette (Emile). — Tourrette (Henry), neveu.

Saint-Sauveur-de-Montagut.

Soies (négociants en). — Giraud (Jules). — Helme. — Palix. — Tinland (Casimir).

Saint-Victor.

Soie (filature de). — Balayn. — Junique.

Satillieu.

Draperie et rouennerie. — Roure. — Valentin.

Soie (filature de). — Robert.

Serrières.

Soies (filature de). — Robert.

Souche (la).

Mouliniers en soie. — Barnas. — Cholvy (B.). — Cholvy (E.).

Teil-d'Ardèche (le).

Soies (filature de). — Borne.

Mouliniers. — Bertaud (J.). — Bertaud (L.). Champestève. — Vincent.

Tournon.

Agence d'affaires. — Office de renseignements commerciaux et contentieux, civil et commercial, recouvrements, etc. (Voir Valence (Drôme) où il faut adresser la correspondance.

Banquiers. — Chapuis-Holtzer et Cⁱᵉ, succursale du comptoir d'escompte de l'Ardèche. — Richard et fils. — Ronzier (Aug.) et fils.

Draps, rouennerie et toile. — Bruyas. — Colomban. — Gervat (Maurice). — Fortoul (Désiré).
Impressions sur foulards. — Bozzini (Antoine). — Jacob (H.). — Sagnial frères.
Soies (filature de). — Caillat et Bossa. — Chapelle père et fils.

Ucel.

Soie (moulinage en). — Combier père et fils. — Conrieu (L.). — Deydier (Ch.-P.) ❄ et fils. — Roger (Ars).

Vals.

Soie (mouliniers en). — Champanhet frères. Delubac frères. — Galimard (E.) père et fils. — Gouy. — Jaussen (Auguste). — Verny (Ernest). à Asperjoc. — Villard.
Soie (filateurs de). — Champanhet ❄, frères. — Galimard (E.) père et fils, filature à Barjac. — Gouy. — Mouline (Eug.). — Silhol (Marc), à Asperjoc.

Vanosc.

Soie (filatures en). — Escoffier (Jean). — Glaizel (Et.). — Glaizel (F.).

Vans (les).

Banquiers. — Victor-Nicolas et Cie.
Filateurs. — Colomb. — Deleyrolle. — Duclos-Monteil. — Méjan (M.).
Soie (négociants et filateurs). — Colomb fils. Deleyrolle. — Martin-Méjan.

Vernon.

Soie (filature à vapeur). — Vielfaure (A.).

Vernoux.

Draps (fabr. de). — Maleval. — Sabarot.
Nouveautés. — Bonnet. — Chambaud (Ve).
Soie (fabr. de). — Juson. — Seston.

Villeneuve-de-Berg.

Cocons (filateurs de). — Ollier et de Rocher.
Mouliniers en soie. — Meyssonnier. — Roustain.
Teinturiers, fabr. de cadis et ratines — Ginhoux. — Nikel.

Villevocance.

Soie (filature et moulinage de). — Chenet (Henry).

Viviers.

Banque. — Rousset.
Draps. — Armand. — Court. — Guigon.
Soie (filature de). — Jacquin (Marius). — Perrier, fabr. de trames. — Vacher.
Carrelage en chaux-ciment. — Damon (L.), inventeur et fabricant des carreaux polychrones à dessins incrustés de toutes les formes et nuances demandées ; tels que Estrusques, Pompeï, Romano et Renaissance ; dessins sur commande, blason, chiffres, inscriptions etc. neuf médailles obtenues à diverses expositions.

Vogué.

Mouliniers en soie. — Gimond père et fils.

ARDENNES

MÉZIÈRES (chef-lieu).

Cardes (fab. de). — Gottmann et Lecomte ; fab. au Vivier-Guyon.

Angecourt.

Filateurs de laine. — Bellot (Charles) et Oscar Collière.
Mécaniciens. — Colignon-Poncelet. — Fontaine père et fils.

Autrecourt.

Dés à coudre (fab. de). — Chevriaux (J.P.).
Filateurs de laine. — Lion et Derrépon. — Pasquier (Edmond). — Pourru, fermier.

Avaux-le-Château.

Laine cardée (fab. de). — Goffinet-Salle.

Balan.

Couvertures de laine (fab. de). — Franquin (Mlle).

Bazeilles.

Laine et poils (filature de). — Bétis fils. — Girès (M.).

Bergnicourt.

Laine peignée (filature hydraulique de). — Darras fils.

Boulzicourt.

Laine cardée (filature de). — Harmel (Félix).

Carignan.

Filature de laine cardée. — Bertèche, Baudoux-Chesnon et Cie , et foulerie.
Tapis feutres et étoffes diverses dites draps de Bazeille (fab. de). — Bertèche, Baudoux-Chesnon et Cie ; maison à Paris.

Charleville.

Tribunal de commerce. — Président : Gailly fils aîné. — Juges : Sanson-Chaffoureaux. — Moreau-Lelong. — Regnault-Tesseron (E.). — Suppléants : Herbulot. — Lechanteur. — Greffier : Tisserand.

Chambre consultative des manufact. — Secrétaire : Gailly fils aîné.

Banquiers. — Le fils de N. F. Charlier. — Claude Lafontaine et fils, H. Prévost, Martinet et Cie ; maison à Paris. — Jacob-Pétre ; succursale à Paris. — Lagard fils aîné, Vellier aîné et Cie.

Bonneterie (fab. de). — Autier-Cosson. — Bouhon. — Laporte (Ve). — Lasne.

Mécaniciens. — Godaux-Chokier, construction de métiers à tisser.

Nouveautés et soieries. — Chéruy. — Collet. Colson (E.). — Demauge (V^e). — Fournier. — J. Lefebvre, confections. — Richard. — Sarrazin.

Ornements d'église. — Gillet.

Château-Porcien.

Banquiers. — Duvaux. — Mennesson.

Bas (fab. de). — Taverne.

Chemery-sur-Bard.

Laine (filature hydraulique). — Cornet-Anceaux.

Clavy-Warby.

Filature de laine à Warby. — Robert (E.).

Daigny.

Laines cardées (filature de). — Brasseur.

Dom-le-Ménil.

Laines et poils (filature de). — Regnery (P.).

Donchery.

Apprêteur. — Vasset (P.). — Vasset fils aîné, Vasset fils jeune.

Bonnneterie de laine. — Martin-Simon.

Laines cardées (filature). — Martin-Simon, poustricot.

Filateur. — Parent (Ernest).

Douzy.

Laine cardées (filature de). — H. Gaulier fils, propriétaire exploitant.

Écly.

Laine (filature de). — Landragin-Harmel.

Ferté-sur-Cher (La).

Laines cardées (filature de). — L. Detré, et fouleries, scieries mécaniques.

Fleville.

Laines mérinos. — Levasseur-Mabile. — Tassier.

Francheval.

Laine (filature de). — Severin.

Glaire-et-Villette.

Draps fab. de). — Décot-Bestel et Cie.

Laines (filature de). — Lion (Alfred).

Givonne.

Laines cardées (filature de). — Lafontaine (E.). — Letang (Amédée).

Hannogne-St-Martin.

Laine cardée (filature de). — Girez.

Harancourt.

Filature de laine cardée. — Bellot. — Collières.

Haudrecy.

Filature de laines cardées. — Lambert et Cie.

Houdilcourt-Poilcourt.

Filature de laine peignée. — Laigner.

Illy.

Laine (filature de). — Payard, Poterlot et Cie.

Juniville.

Laines peignées (filature de). — Duval et Cie, et à Rethel.

Lalobbe.

Laines cardées (filature de). — Tranchard fils, et à Rethel.

Lamécourt.

Laine cardée (filature de). — E. de Montagnac, O. ✿ et fils.

Laveau-St-Pierre.

Filateurs de laine cardée. — Lion et Déripont.

Laval-Morency.

Laines (filature de). — Taton-Vassal.

Lamoncele.

Laines cardées (filature de). — Gaillard.

Mathon-Clémency.

Laine cardée (filature de). — Dautel jeune. Renaud.

Moiry.

Filature et foulerie. — Bourguignon, à Moiry. — Ricada, à Sainte-Marie.

Mouron.

Laines mérinos. — Corbillon-Gadart. — Corbillon-Pierson.

Mouzon.

Draps (fabr. de). — Baye-Froissard, et filature de laines, maison et fabrique à Sedan. — Marée Hanotel, propriétaire. — Cunin fils et Hulleux, de Sedan, fermiers.

Laine cardée (filature de). — Marée-Hanotel, filature dite des Ecluses. — Autre filature dite Le Moulin-Lavigne. — Marée-Hanotel, propriétaire. — Hulm, fermier.

Neuflize.

Laine peignée. — Paté frères.

Neuville-en-Tourne-a-Fuy (La).

Mérinos (fabr. de). — Buneaux (E.). — Burrois jeune. — Burrois-Bourguignon. — Gantelet (Alpin). — Ganyund. — Le Laurain. — Lepargneur-Rousseaux. — Letinois. — Matmy (V^e). — Ponsinet (Pr.). — Rousseau-Dervin.

Neuville-lès-Wasigny (La).

Laine peignée (filature de). — Tranchart-Froment, et à Rethel, filature en cardée à Lalobbe.

Noyers-Thelonne.

Laine (filature de). — Poncelet (Félix). — Ronnet (A.), à Pont-Maugis. — Ronnet (Narcisse), à Thelonne.

Osnes.

Laine (fabr. et spécialité de déffilochage). — Henry-Ladouce.

Pont-Maugis.

Filature de laine cardée. — Ronnet (Ad.), tissage mécanique.

Poura-Saint-Rémy.

Laine (filature de). — Gicris.

Rémilly.

Broches et machines en acier pour filatures. — Husson jeune, fabr. de navettes de tisseur.

Laines cardée (filature de). — Marée Giot. — Tavenaux frères. — Varlet-Marée.

Renwez.

Laine cardée (filature de). — Mozet fils.

Rethel.

Banquiers. — Duval-Rousseau et Cie. — Bouillard-Mennesson.

Commissionnaires en laines et négociants. — Brulé (E.). — Chappe-Aimez. — Peltier (P.).

Laine peignée (filature de). — Bailly. — Duboys et Pireaux. — Duval-Rousseau et Cie, et à Juniville. — Fournival (E.). — Givelet frères, maison à Reims. — Lessieux frères. — Maquet (Aug.). — Noiret et Choppin, maison à Paris. — Pellot-Rogelet. — Roussaux aîné. — Tranchart-Froment. — Tranchart fils, à Lalobbe. — Voucher-Missiaux, et tissage mécanique.

Mercerie en gros. — Ernest Peltier.

Tissus, mérinos (fabr. de). — Bailly. — Duboys et Pireaux. — Duval-Rousseau et Cie. — Fournival (E.), représenté à Paris par J. Luzzani. — Givelet frères. — Lessieux. — Maquet (A.). — Vaucher-Missiaux.

Rubécourt.

Filature de laines cardées. — Émon. — Jacquemin-Laurent.

Rumigny.

Laines en gros. — Rousseaux-Lefèvre.

Saint-Germain-Mont.

Laines (filature de). — Résiboès.

Saint-Juvin.

Laines mérinos, bestiaux. — Arnould. — Bertus. — Jonval. — Rolbert. — Silette. — Sorrin.

Saint-Menges.

Draps (fabr. de). — Loupot (Hubert). — Rennesson (J.-B.).

Laine cardée (filature de). — Hector Brincourt fils et Cie, à Saint-Alban, — Delhotel.

Saint-Pierre-les-Talzy.

Laines cardées (filature de). — Picart (E.).

Sault-lès-Rethel.

Laines peignées (filature de). — Rousseaux aîné.

Sedan.

Chambre consultative des arts et manufactures. — Président : Cunin-Gridaine, O. ❋. — Secrétaire : Gollnisch.

Tribunal de Commerce. — Président : Robert (Aug.) ❋. — Juges : Philippoteaux (Ch.). — Habert-Desrousseaux (A.). — Reiter (Ge). — David (L.). — Congar (H.). — A. de la Brosse. — Suppléants : Hullin. — Ammstein-Derousseaux (A.). — Benoît aîné (J.-B.). — Jacquemin-Michel. — Greffier : Dazy.

Conseil de Prud'hommes. — Président : Raux (F.). — Secrétaire : Dehan (Ch.).

Consul des Etats-Unis d'Amérique. — Charles-Antoine.

Banque de France (succursale de la). — Directeur : Lazard. — Caissier : Delalande.

Banquiers. — Michel (Jules). — Ninnin (E.) et Cie. — Beaudoux-Chesnon, Ninnin et Cie. — Vesseron (Ch.), Congar et S. Fage.

Apprêteurs. — Bien (Paul). — Blay. — Brawer. — Chemery. — Didriche et Hugot. — Driole. — Gilbert-Jacob. — Gippon (Henry). — Lallement (Jean). — Piot (A.) fils. — Raux (Henry). — Renault-Barbaise. Royer aîné. — Souville et Poulet. — Stevenin. — Vasset père. — Vasset fils.

Cardes, plaques, rubans pour filatures (fabr. de). — Amour (Jules). — Mérieux (Xer). Renard (S.), usine à Balan.

Chapeliers (fabricants). — Antoine (Ch.). — Frey (Camille). — Fritte. — Hourdin-Rousseau. — Lemonnier. — Mairel.

Commissionnaires et négociants en draps. — Baillemont (B.) et Félix Fricaud. — Baquet (E.). — Berthe et fils, négociants. — Bloch (R.). — Bloch fils et Mayer. — Chayaux frères ❋, négociants. — Couprie (M.) et fils, maison à Elbeuf. — David (Louis) et Cie. — Dehan (Aug.). — Estourneau. — Fairy (P.) et Walsart. — Fayard (P.). — Gibou (A). — Gilles (J.-B.) et Lombard. — Gobert (J.) et L. Verguin, négociants. — Gombeau-Servais. — Habert-Desrousseaux (Ch.) et J. Gelhausen, maison à Paris. — Jacquemin Michel, négociant. — Jourdain-Jacquemin. — Klein (E.). — Ponsardin (Louis) et Cie. — Talot (L.), négociant. — Varinet (J.).

Courtiers en laines. — Antoine-Lacroix. — Colin. — Domelier. — Dubois (Sylvain). Godet-Hanottel. — Grosselin (G.). — Lallement (C.). — Neel (J.). — Paulis (J.-P.).

Décatisseurs. — Barilly. — Défossé. — Driol. — Leclerc et Lajeunesse.

Déchets de la fabrique de Sedan. — Bourry, directeur-gérant.

Déchets (marchands de). — Donnay-Bizon. — Grosselin aîné. — Herpers, laines et déchets, à Torcy.

Draps, casimirs, et autres articles de la fabrication de Sedan. — Adnet (A.), au Dijonval. — Amstein-Desrousseaux (A.). — Antoine (Ch.). — Arnoult (Ernest). — Bacot (Frédéric) ✳ et fils (Louis Bacot), dépôt à Paris. — Bacot (Paul) ✳, maison à Paris. — Baye-Froissard, maison et fabr. à Mouzon. — Bertèche, Baudoux-Chesnon et Cⁱᵉ, ancienne maison Bertèche, Bonjean jeune et Chesnon. — Bloch (R.). — Bonne (Henri). — Borderel jeune ✳ et Cⁱᵉ. — Bordes (E.). — Boulande (Aug.) et (A.) Philippoteaux. — Bourguignon (F.) et Cⁱᵉ. — Bournel (G.). — Brégi-Labauche (H.). — Bruyère (Achille). — Bronville (A.). — Bruno père et fils. — Charloteau (J.-J.). Chayaux frères ✳. — Chevriaux. — Christophe. — Colette (R.) ainé. — Congar (F.). — Cordier (P.). Caurtehoux (L.). — Cunin-Gridaine (Ch.), O. ✳, et S. Christin, représentés à Paris par Mouchot. — Cunin fils. — David (Louis). et Cⁱᵉ. — Day (P.) et E. Meyer. — Decolon (F.), et J. Laurent. — Decot, Bestel et Blanchard. Delebecke (L.). — Deloche (J.). — Delorme (F.). — De Montagnac (E.) ✳ et fils, maison à Paris. — Denis (Nicolas). — Détré (H.). — Faillon (J.) et A. Javelot. — Francourt (Alexis). — Franquin (Eug.). — Gautier frères. — Gaillard (Théophile). — Gelhausen (Ch.). — Gillet. — Glaser-Worms. — Gobert (J.) et L. Verguin. — Godet fils. — Gollnisch-Labauche et fils. — Grand'Maison-Renesson. — Grosieux-Vilmet. — Habert-Desrousseaux (Ch.) et J. Gelhausen ; maison à Paris. — Henrez (Ch.). — Herbulot. — Horry (E.). — Hulin (Eug.) et H. Paquin fils. — Husson (G.). — Jacquemin-Franquet. — Jaloux (Vᵒʳ). — Jacquemin-Michel. — Jourdain-Jacquemin. — Jurion (Ch.). — Klein (Eugène). — Labrosse frères. — Lallement jeune. — Lambert. — Lecomte frères. — Lecomte et fils. — Lecomte (Pierre). — Lefort (Vᵒʳ). — Lepage (A.). — Lepage (Eug.). — Létang ainé et Cⁱᵉ. — Letellier-Wathelet. — Letellier (E.). — Letellier et Harmand. — Loupot-Dussert. — Mahin (L.). — Many (H.). — Marchal (Mˡˡᵉ J.). — Marvy (Jules). — Mary frères. — Néel (J.) et C. Michel. — Paquin (Ch.). — Parant-Ricadat. — Patez (M.). — Payen-Froissard. — Pérancy (A.). — Petit (Henriette). — Petit fils (Guillaume). — Pierlot et Demelier. — Pilard (J.-B.). — Pitoizet (Aug.). — Poncin frères. — Prulay (J.). — Pusch-Chevriaux. — Quinard (Ed.). — Raulin (N.) père, fils et Cⁱᵉ. — Raux frères — Renard (Adolphe) ✳. — Rennesson-Fournier. — Ricadat-Robert. — Richard (Paul). — Robert (Auguste) ✳ et fils (A. Robert, associé de l'ancienne maison Frédéric-Bacot et fils), dépôt pour l'exportation à Paris, chez Brun et Leroy. — Rousseau frères. — Royer-Fréminet. — Royer (A.) fils. — Salomon-Créhange. — Sarasin (E.). — Sauvage-Hulme (A.) et Pintus. — Stackler (J.). — Stocanne-Grosieux. — Taton (Ch.). — Tavernier (J.). — Tellier ainé et Cⁱᵉ. — Théodore (François). — Varinet (Jules). — Vautrin-Reimsbach. — Velpry (Mˡˡᵉ). Vesseron frères. — Worms-Bernard. — Ybert (Henri).

Filatures (marchands de). — Bloch (R.). — Pilard (F.). — Letang.

Fouleries, filature et apprêts. — Colette (R.) ainé.

Laines (négociants en) et commissionnaires. — Amour (L.), Ch. Hecht et Ch. Maire. — Antoine-Lacroix. — Baudet (Armand). et Ch. Meunier. — Collin (N.). — Donnay (Alfred). Donnay (A.). — Grosselin (J.). — Guer (Emile de). — Habert-Desrousseaux et J. Creplet. — Herpers. — Humann. — Husson (Aug.). — Kistemann (J.-A.). — Lallement (C.). — Lefèvre (Emile) et Cⁱᵉ. — Letellier-Oudard, maison à Fourmies (Nord). — Lucas (Ed.). — Malinet jeune et Cⁱᵉ, maison à Tourcoing. — Mangin (Ch.), négociant. — Off. (J.), négociant. — Off-Hulme. — Oudard (Vᵒʳ), négociant. — Philippoteaux (Ch.) et Beucken. — Pilard (F.), dépôt à Bischwiller et à Elbeuf. — Reiter frères. — Renard et Garnier, maison à Reims. — Thraen (Ch.) et Cⁱᵉ. — Verguin (Jules).

Laines cardées (filature). — Lion jeune et Galle.

Laines moulues et teintes pour papiers peints. — Paget (P.), usine à Balan.

Mécaniciens. — Génet. — Gentil. — Gombeau. — Grosselin et Cⁱᵉ, spécialité de tondeuses et de fouleries. — Fraikin. — Leclere (J.), fouleuses brevetées, tissus de tous pays, filature et apprêt, usine à Balan. — Louvet et Antoine. — Martinot frères, machines pour filatures de laines cardées. Parpette-Braconnier.

Métiers-Jacquart (fabr. de). — Dromet. — Marolle (E.).

Nouveautés. — Daubrée sœurs. — Delestré-Dauvin. — Jeanteur et Cⁱᵉ. — Labruyère-Raux. — Mary (E.). — Ragout-Sarazin.

Poils et fils pour lisières de draps (filature de). — Block (A.). — Donnay (A.). — Verguin (J.).

Teinturiers. — Colson (A.). — Gozier et Delcroix. — Joly (J.). — Launois. — Léonardy et Brincourt jeune. — Notté (L.). — Payen-Hanotel. — Isaac Villain et Drieu. — Villain (J.-B.) et fils. — Villette (Léon).

Signy-l'Abbaye.

Laine cardée (filature de). — Duboys. —

Grenier. — Noblet. — Berthélemy (Ath.).
— Boucher-Berthélemy. — Monjot (J.).
— Perrière (Félicien).

Vendresse.

Lin teillé et peigné. — Bourquin (C.). — Heurion.

Villers-devant-Mouzon.

Filature de laine cardée. — Laloue (A.).

Vouziers.

Banquiers. — Cotelle (Achille). — Jacque-mart-Braibant. — Oudin-Cotelle. — Terlot et Etienne.

Laines peignées (filature de). — Simonet.

Wagnon.

Laine peignée (filature hydraulique et à vapeur de). — Villette et Collet.

Wasigny.

Laine peignée (filature de). — Déroche (Ch.). — Gobert.

ARIÈGE

FOIX (chef-lieu)

Chambre consultative des arts et manufactures. — Espy, président. — Becq, secrétaire.
Banquiers. — Baby Riscle et Cie. — Capdeville (Ch.) et Cie. — Lacaze.
Laine (filatures de). — Durandeau. — Pomiès (J.). — Séguier (A.).

Aigues-Vives.

Draps (fabr. de). — Chaubet (P.). — Laffite jeune.

Auzat.

Laines (filatures de). — Denjean. — Maury.

Ax.

Couvertures de laine (fabr. de). — Bribes.

Belesta.

Laine (filature de). — Courrent (J.) ❋.

Bouan.

Carderie de laine et fabrique de carton. — Saint-André.

Castillon.

Laines (filature de). — Raillon.

Carla-de-Roquefort.

Laine (filature de). — Beautes.

Labastide-sur-l'Hers.

Laine (filature de). — Coulon (F.) aîné.

Larroque d'Olmes.

Banquiers. — Maurel (Alph.). — Maurel (G.).
Laines (filatures de). — Delglat. — Maurel frères. — Maurel aîné (les fils de). — Sage jeune père et fils.

Lavelanet.

Banquiers et escompteurs. — Bastide et fils. — Caralp. — Roques.
Commissionnaires en laine. — Boudoresque. — Gaudy aîné. — Graulle.
Draps (fabr. de). — Authier (V.). — Authier (B.-B.). — Bonnet. — Boudoresque. — Bourges (Th.). — Boyer (P.). — Caunes (Ph.). — Christaud (L.). — Clanet (F.).

— Clergue (A.). — Croux frères et fils. — Dumas. — Février (J.). — Gabarrou (J.-B.). — Garrigues (P.). — Joly-Atuier (U.). — Lacoustène (Jh). — Laffont (C.). — Lanta (Césaire). — Lanta (J.-B.) et fils. — Marchand (J.-B.). — Mas. — Menjot (J.). — Nadal (C.). — Rouch (G.). — Sarda. — Thibaudeau. — Tricire fils. — Verdier et fils. — Verdier (Casimir). — Vidal fils.
Foulonniers et apprêteurs. — Bastide (B.). — Bastide (O.). — Croux frères. — Gaudy jeune. — Monié (J.).
Laines (filature de). — Croux frères. — Dastis. — Doumenach née Viviés. — Gaudy jeune. — Monié (J.). — Rolland.
Teinturiers. — Croux frères. — Joly-Autier (U.). — Marchand (Isidore). — Sarda (J.). — Sarda (Jean) neveu.

Leran.

Bonneterie de laine (fabr. de). — Giret (L.).
Laine (filature hydraulique de). — Levis-Mirepoix (duc de). — Dubié (Jean).

Massat.

Cardage et filature de laine à la mécanique. — Cabarrou. — Moutane de la Roque.

Mas-d'Azil (Le).

Laine (filature de). — Gabarrou.

Mirepoix.

Banquiers. — Gailhau (F.). — Escolier. — Morel.
Draps (fabr. de). — Baudru (Jules).
Laine (filature hydraulique de). — Maury.
Mérinos (troupeau de). — Arnaud cadet — Maudet. — Morel.

Pamiers.

Banquiers. — Barrière (Henry). — Delpech. Paris (E.).
Coton (filature de), laine filée, ségovienne, et fabr. de couvertures de laine. — Dutilh. — Izard.

Saint-Girons.

Laine (filature et tissage hydraulique de). —

Ferrage. — Foch (Etienne). — Vignaux aîné.

Saurat.

Laine (filature de). — Bonnal (J.). — Marrot.

Seix.

Cardage et filature de laine à la mécanique. Lauga. — Sentenac.

AUBE

TROYES (chef-lieu.)

Chambre de commerce. — Président : Berthier-Roblot. — Vice-Président : Jouault-Lemoigne. — Secrétaire : Jacquin. — Membres : Félix-Fontaine. — Hipp. Douine. — Baltet (Julien). — Armand. — Poron. — Marot (Et.). — Bidaut, à Arcis. — Archiviste : Bautiot.

Tribunal de commerce. — Président : Ballet (Julien). — Juges : Etienne Marot. — Gabiot. — Mortier-Béguinot. — Rousselet (E.). — Suppléants : Gérard-Millot. — Dufour-Bouquot. — Buxtorf (E.). — Cazelles (G.). — Greffier : Lemoine.

Conseil de Prud'hommes. — Président : Baudin-Berthier. — Secrétaire : Cacheux.

COMMERCE, INDUSTRIE.

Aiguilles à bonnetier (fabr. d'). — Berthelot (N.). — Beuve-Durand (Sainton-Sainton et Cie, successeurs). — Broquereau (V^e) et Nerisson. — Fèvre-Canquery. — Fèvre (Louis), Cheval-Rouge, 8. — Hemet (P.). Gornet. — Rincent-Bouverat. — Rincent-Minié.

Amidon (fabr. d'). — Bréchot.

Apprêteurs de bonneterie. — Baltet-Baumann. — Bavoil (V^e). — Bouchut — Caput. — Carré. — Dominique. — Javey. — Lafond-Favrot. — Laforest-Machault. — Laforest-Gambey. — Mailly-Manyat. — Millot. — Moreau-Bichot. — Paul-Caput. — Pinchon. — Pinguet-Dosier. — Pinguet-Lutel. — Pouligny (A.). — Vernant.

Apprêteurs d'étoffes. — Delaage-Colas et Cie.

Bâches et toiles d'emballage (fabrique de). — Lafaury. — Scrisier-Chandelier. — Thibault fils. — Raby (J.) aîné.

Baleines (fabr. de). — Grisart (E.), manufacture de baleines pour corsets et robes.

Banque de France. (Succursale de la). — Paillette, directeur. — Hériot, caissier.

Banquiers. — Buxtorf aîné. — Cazelles (Gustave) et Cie. — Lachausse (A.) et J. Marq. — Ruotte (V^e Ch.) et Jacquin. — Vaudé-Grinn.

Blanc et rubans de soie gros et demi-gros. — Huot (Jules) et Cie. — Simonnot frères. — Tantet (César).

Blanchisseurs pour la fabrique. — Abit-Dupont. — Bardot et Gobinot. — Dupont-Choiselat. — Dupont-Boussard. — Gobinot-Chambaron. — Haillot-Gaule. — Joblet frères. — Junot-Taviot. — Rozon-Martin. — Thiéblin fils aîné.

Bonneterie, ganterie et tricot de coton, laines soie et filoselle (fabr. de). — Alexandre, tricots brodés. — Aguettant père et fils, fabrique de bonneterie, ganterie et nouveautés, maison à Lyon, rue Impériale, 41. Baudin Horiot. — Baudin-Godard. — Baudin Noël). — Bazin et Cie. — Berthier (Charles), fabriques à Troyes, à Romilly, à Chenegy. — Bezard. — Bideaux (Henri). — Blanchard-Frotté. — Blanchard-Millard (E.-P.), bonneterie. — Blanchet, maison à Paris. — Bonbon (E.) et Janet. — Bonnaire-Marais. — Bordier-Robinet. — Boussard fils. — Bouvier fils aîné. — Bracco-Dard. — Brunet. — Carougeat. — Carret frères. — Cazeiles-Sauveur. — Chandelier fils. — Charié-Lecœur, gants. — Charton. — Chauchat (A.). — Chaussin frères. — Cloquemain. — Cochois et Paris. — Contour (F.), maison à Paris. — Coquet-Vivien et Cie. — Corpelot fils, fabr. à Ossey-les-Trois-Maisons. — Damoiseau (K.). — Dard fils. — Degris-Borgne (V^e). — Delalande. — Delanoë (Albert). — Vin. — Desplanches (Julien), spécialité de ganterie. — Desplanches (L.). — Derrey jeune et Vanarien. — Doré et Cie, bonneterie. — Doué (E.), Rosenburger et Cie. — Dufresne-Nérisson. — Durand (Gustave). — Evrard (E.) et Cie. — Flogny-Séverin. — Frérot (A.) ✸, bas imprimés, maison à Paris. — Gallet-Lemosse. — Georges-Haciski. — Gillier-Paregod. — Gérard-Séverin. — Godart (Pierre). — Goutin, bas et chaussettes. — Grau-Barnola (Martial Grau fils successeurs). — Guillaume fils, maison à Paris. — Guivet et Cie, maison à Paris. — Herbin fils aîné. — Huot (Charles). — Jacquet-Leconte. — Jolly (M.-A.), maison à Paris. — Klott et Cie, gants. — Korsak fils aîné. — Labiche. — Lavocat (L.-Ch.), tricots. — Maillot (V^e) et fils. — Marot frères, maison à Paris. — Masson (Théodore). — Masson (Gustave), ganterie. — Mauchauffé (A.). — Menneret-Perrodin, bonneterie. — Michel (Adolphe). — Michel (Léon), bonneterie. — Moreau-Pilippon. — Nancey fils. — Oudin fils aîné. — Perrier (V^e). — Perrin (Ch). — Petit. Poron frères, bonneterie. — Prin-Relin (H.), bonneterie. — Quinquarlet-Dupont.

— Rabert, bonneterie. — Raguet (Paul) et Cie, dépôt à Paris. — Regnier (H.) et Argentin. — Remy-Hauvy, bonneterie et ganterie. — Rougé-Noël. — Ruotte (Vᵉ Ch.) et Jacquin, tricots. — Salomon-Rougé, bonneterie et tricots. — Siron frères. — Sourdat (Vᵉ et Gérard. — Trunde (Henri), bonneterie, tricots et autres. — Valton (H.), ganterie et tricots. — Valton-Béringer. — Vin (E.), bonneterie, bas à côte. — Vinot (Henri).

Bonnetiers (négociants). — Bazin-Argentin. — Cambon frères et Cie, maisons à Lyon, et à Paris. — Chaussin frères. — Cholot-Herbin. — Gallot-Lemosse. — Leblond (Victor) et Dramard, maison à Paris. — Leduc-Hu. — Lionnet (L.). — Maillot (T.). — Morel-Payen. — Oudin fils aîné. — Pouthier-Petit. — Quellard (B.). — Relin (B.). — Richer-Hu et Royer (ancienne maison Hu-Tardy). — Roizard et Marest. — Tantet (César).

Bourre de soie (filature de). — Hoppenot frères.

Cartonnage (fabr. de). — Brenner, fabrique de bonneterie et ganterie. — Gobin. — Higonet. — Roche (A.), fabricant en tous genres. — Chaumont, pour bonneterie, ganterie.

Chanvre (négociants en). — Blanchard (E.-M.) fils. — Rothier fils.

Chapeaux (fabr. de). — Faucher et Cie.

Chapeaux de paille (fabr. de). — Lemmel (N.).

Chaussons (fabr. de). — Bezain et Mosle. — Chaussin frères.

Chemisiers. — Pigeotte (Adre). — Raby aîné. — Rouilliot (Hte). — Scrisier-Chandelier.

Commissionnaires en marchandises. — Lafond-Favreau. — Massey-Gay. — Michel. — Morel-Payen. — Mossu. — Pinguet-Lutel. — Pinguet-Dosier. — Relin (B.). — Rouge. — Ruotte (Vᵉ Ch.) et Jacquin.

Corsets (fabr. de). — Grisart (C.), manufacture de corsets cousus et sans couture, dépôt à Paris. — Meyer (E.) fils. — Martin fils — Pissier-Senet. — Varlot (Mlles) sœurs, confectionneuses.

Coton (filature de). — Coquet, Vivien et Cie, hydraulique et vapeur. — Douine frères. — Dupont-Forest, vapeur et teinture. — Dupont-Poulet, vapeur et teinture. — Fontaine et Simonnot. — Herbin fils aîné. — Huot (Charles). — Quinqarlet-Dupont, usines faubourg de Preize et à la Croix-des-Fourches. — Thévenot.

Coton en laine. — Gérard-Millot.

Cotons filés. — Bideaux-Desplanches. — Blasson. — Bouillerot et Laloue. — Collard. — Dereins. — Fontaine et Simonnot. — Longuet. — Partiot-Mossu. — Payen-Joly. — Perrenet de l'Enclos. — Viot-Doré.

Couseuses mécaniques. — Durant (Gustave), dépositaire de machines américaines. — Leduc (Irené), ingénieur mécanicien, nouvelle machine à couture à l'anglaise spéciale pour les articles de tricots. — Robert (Albert).

Couvertures de coton (fabr. de). — Aug. Tuillier.

Couvertures en laine (fabr. de). — Saussier-Charve.

Dentelles et broderie (fabr. de). — Roger-Derrez.

Dessinateurs en broderie. — Albérini. — Benoist (Mlle). — Brosmann (Mlle). — Bornu. — Delacour. — Husson.

Draps (fabr. de). — Saussier-Charve (L.), couvertures de laine et bonneterie drapée.

Draps en gros. — Contant-Jolly et Cie. — Darnet et Honnet. — Fleuret et Raclot. — Gille et Simplot. — Lacouture-Duchat.

Elastiques pour gants. — Guilbert.

Equipements militaires. — Michaux-Duranton fils, pour sapeurs-pompiers.

Fleurs artificielles (fabr. de). — Barbier-Perricourt. — Perricourt père.

Lacets (fabr. de). — Bezain et Mosle, fabr. à Bar-sur-Aube.

Laines (filature de). — Saussier-Charve, fabr. de couvertures et bonneterie drapée.

Laines filées. — Bideaux-Desplanches. — Coquet-Vivien (Vᵉ). — Laumet fils. — Mossu. — Payen-Joly. — Rigoley (Ches), — Viot-Doré.

Laines en gros. — Dereins-Camus (Vor). — Fadin-Dumont. — Paris. — Poulet-Winter. — Rigoley (Ches).

Laines peignées. — Coquet-Vivien (Vᵉ). — Longuet.

Lin et chanvre (filature de). — Colhon-Dumonet.

Mécaniciens. — Berthelot (Nicolas) et Cie, construction de métiers. — Buxtorf (Emmanuel), machines pour bonneterie. — Chaumonot-Delarothière. — Crétiennot. — Delahaye (Albert), machines à coudre. — Grados-Hastier. — Grange (Emile). — Gruber (Antoine). — Leduc (J.). — Manequin (Emile). — Menesson frères. — Moré (Alfred). — Paulvé-Millot et fils. — Payn, modeleur. — Robert (A.), machines à coudre et métiers rectilignes. — Robert (J.).

Merciers en gros. — Alfont-Louchard (Vᵉ). — Bidard. — Richer-Hu et Royer (ancienne maison Hu-Tardy). — Rouneau. — Tantet César. — Tantet (Eug.) jeune (au Mont-Blanc). — Vacherat (Ernest).

Métiers à bas (fabr. de). — Berthelot (Nicolas) et Cie. — Charleville. — Delonge. — Didier. — Guibal. — Lambert. — Mimier.

Métiers circulaires (fabr. de). — Berthelot (Nicolas) et Cie. — Buxtorf (Emmanuel). — Chaumonnot-Delarothière (J.). — Cotel.

frères. — Degageux, métiers circulaires. — Hemet (P.), aiguillier-mécanicien. — Gillet. — Nogent. — Petit frères. — Poivret (Jules). — Poron frères, constructeurs de métiers rectilignes. — Robert (A.), métiers à côtes anglaises.

Nouveautés en détail. — Bazin-Riche. — Blaise-Lermite. — Camusat-Maubrey. — Cardot. — Couturier-Derson. — Drouot (L.). — Dupont. — Gagon-Garnier (Mme). — Jaillant. — Lacouture-Duchat. — Landot-Masson. — Lecorché. — Nieps. — Raby fils. — Ragueneau. — Roumeau.

Ornements d'église. — Chollot (Mlle), chasubles. — Fariat. — Troquié, chasublier.

Ouates (fabr. d'). — Beckmann-Dard (J.). — Guilbert (Mme). — Torlot.

Paillassons (fabr. de). — Charbonnet. — Melin.

Passementiers. — Arquin-Chollier. — Thuillier-Masson.

Produits chimiques. — Bertrand et Mariotte. — Bamemain fils. — Toulouse-Berton. — Vandenwiele-Rigolot (Ve). — Gaudichon (Louis), pour blanchiment.

Rouennerie en gros. — Contant-Jolly. — Couard (A.) — Darnet et Honnet. — Fleuret et Raclot.

Rubans. — Alphont-Louchard. — Huot (Jules). — Tantet (César). — Tantet (Eug.) jeune.

Sparterie en soie végétale. — Dumont.

Tailleurs confectionneurs en gros. — Gille et Simplet. — Rouilliot (Hte), spécialité de confection pour hommes et enfants. — Ruffier-Herault.

Teinturiers. — Bourlier. — Dérousse. — Douine frères. — Ducoudray. — Dupont-Forest. — Dupont-Poulet. — Gachez. — Milleret (Fr.).

Tissus pour corsets (fabr. de). — Grisart, et fabr. de corsets cousus et sans couture.

Tissus à maille pour bonneterie (fabr. de). — Bonbon (E.) et Jannet fils.

Toiles et doublures dits articles de Troyes (négociants en). — Baltet (J.). — Boilletot fils ❋. — Chevalier (Edouard). — Journée (P.) et Cie, fabr. à Laval, Villefranche et Mulhouse, dépôt à Paris, rue Bertin-Poirée, 9. — Perrin jeune et Caillot.

Toiles à sacs. — Lafaury. — Raby aîné.

Toiles et sarraux. — Billiot. — Borgne-Tonnelot. — Raby aîné. — Rouilliot (Hte). — Ruffier-Hérault, en gros. — Serisier-Chandelier. — Vienot fils.

Toilerie, basins, piqués, futaines, coutils, brillantés, finettes, doublures (fabr. et marchands de). — Contant-Joly et Cie. — Continent. — Cuisin (Vor). — Darnet-Honnet et Cie. — Jorry-Blavoyer. — Martin fils. — Nieps. — Perrin jeune et Caillot.

Toiles cirées (fabr. de). — Arquin-Chollier (dépôt). — Cortier (Adrien), toiles cirées et literie.

Aix-en-Othe.

Bonneterie (fabr. de). — Cauzard (Ve). — Decens-Huot. — Dorey (Ve). — Fouet-Pasquier. — Lafaist (Vd.), dépôt à Troyes. — Michaud fils. — Michaud jeune. — Quinquarlet-Avit, dépôt à Troyes. — Quinquarlet (Hilaire). — Vernant-Arnould.

Arcis-sur-Aube.

Banquiers. — Ansard.

Bonneterie (fabr. de). — Becker. — Berton-Leblanc. — Briet-Cément (Mme). — Chambaud (Jules) fils, ganterie de soie, bourre de soie, coton et fil d'Ecosse, maison à Paris. — Fortier (D.), maison à Paris. — Jumillard-Jumillard. — Meurisse (A.). — Mugot-Desbordes. -- Ninoreille-Blasson (J.). — Savouré (J.), maison à Paris.

Coton (filature de). — Bidault (F.), dépôt à Troyes, chez M. H. Seroin.

Bar-sur-Aube.

Banques et recouvrements. — Dinet. — Mathieu. — Petit et Mongin. — Villiers Buridant et Durier.

Escompteurs. — Masson. — Vannier.

Draperie, rouennerie et nouveautés. — Berthollé aîné. — Formont (Vic.), en gros. — Legrand. — Monniot-Lapre. — Mutel-Chalochet. — Pathiot jeune.

Toiles. — Formont et Cie. — Pugin (Alexis). — Salmon et Duport, fabr. à Clairvaux.

Tresses (fabr. de). — Bezain et Mosle, et fab. de chaussons à Clairvaux.

Bar-sur-Seine.

Banquiers. — Berthelin, Vinot et Cie. — Brocard (Ed.). — Gombault-Quaniaux.

Coton et laine (filature de). — Perrenet (Aug.), à Lenclos (commune de Virey).

Beaulieu.

Effilochage de coton. — E. Masson et Cie, déchets pour essuyage de machines; maison à Paris.

Chapelle (La Grande).

Bonneterie (fabricants de). — Chevalet (Casimir). — Clément-Collet. — Gamichon (Zéphir).

Charny-le-Bachot.

Bas (fabr. de). — Colson-Russon. — Henry Gotrot.

Chatres.

Bas de coton (fabr. de). — Vergeot (Vilfrid).

Clairvaux.

Boutons de nacre. — Marie et Dumont, maison à Paris.

Chaussons et tresses. — Bezain et Mosle, de

Bar-sur-Aube ; maison de vente à Troyes.
Equipements militaires. — Blanquet.

Crancey.

Bonneterie (fabr. de). — Fourrier (F.). — Thiéry-Ruffler

Ervy.

Banquiers. — Potemont, Regnault et Cie. — Ricard (Emile). — Thomas (A.-C.).
Toiles et coutils (fabr. de). — Branche (Gervais). — Coquille (Cyrille). — Huchard. — Mathieu. — Dieudonné. — Mélinotte fils.

Estissac.

Bonneterie (fabr. de). — Bruley frères. — Descaves (F.). — Hérard. — Truelle (F.).

Ferreux.

Bonneterie (fabr. de). — Villain (A.).

Gelannes.

Bas (fabr. de). — Huchard père et fils ; dépôt à Troyes et à Paris.

Grés-sur-Troyes (Les),

Bonneterie (fabr. de). — Doré et Cie, maison à Troyes. — Doré. — Doré.

Lenclos.

Filature de laine peignée et coton, peignage de laine. — Perrenot (Aug.), dépôt à Bar-sur-Seine.

Maizières-la-Grande-Paroisse.

Bonneterie (fabr. de). — Blanchard-Simard. — Parisot-Maître.

Mery-sur-Seine.

Banquier. — Gérémie.
Bonneterie de coton (fabr. de). — Adnot-Trutat. — Bègue. — Rozé. — Picard, ganterie. — Zéphir-Guyot. — Négociant : Blampignon-Révial.

Neuville-sur-Vanne.

Bonneterie (fabr. de). — Dubois et Michel.

Palis.

Bas écrus (fabr. de). — Maillard-Bourgis, bonneterie. — Sirou.

Plancy-sur-Aube.

Bonneterie (fabr. de). — Boutigny. — Gombault. — Colson (veuve). — Mérat (A.). — Royer-Poulet.

Romilly-sur-Seine.

Conseil de Prud'hommes. — Président : Philipon Robin. — Vice-président : Brouillard-Fagot. — Secrétaire : Triffaut.
Aiguilles (fabr. d'). — Benoît Cognon. — Boivin (Hte). — Favreau. — (Ate). — Guy. — Lenfant. — Léger-Pochinot. — Marchand-Philipon. — Philipon-Degois, dépôt pour la bonneterie.
Apprêteurs de bonneterie. — Baillot (René). Willem. — Lesage-Lucquin. — Pochinot-Vidoy.
Banquier. — Lecointe (Albert).
Bonneterie (fabr. de). — Bazin-Gornet. — Bellemère-Boudios. — Bellemère-Thibault. Bellemère-Voisembert. — Bellemère-Vergot. — Bellemère-Berger. — Berthier. — Boivin. — Boivin-Herrard. — Boudios (E.). Bolin (Eugène). — Boulin-Michaud. — Chevalier-Ricard. — Cognon-Nonot. — Collot-Thuillot. — Deheurle-Colson. — Favreau-Canuet. — Favreau (E.) fils. — Gornet-Boivin ✻. — Cuillot-Chérault. — Hubert-Boivin. - Honnet-Jeanson. - Lacour Lesage et Oudin. — Philipon-Degois. - Reglot (E.). — Ricard fils. — Vergeot-Rosier.
Commission en bonneterie et cotons. — Brunet-Bouderas. — Recordot (Ate).
Mérinos (troupeaux de). — Corpel. — Mérenda.
Métiers rançais (monteurs de). — Lambert père. — Rosez Alfred. — Roez (Emile).

Vallant-Saint-Georges.

Bonneterie de coton (fabr. de). — J.-A. Millet.

Vendeuvre-sur-Barse.

Mérinos (troupeaux de). Dauvée. — Drozières. — Goussard.

Villemaur.

Bonneterie (fabr. de). — Bizet-Blanchet. — Dorez-Souillard.

AUDE

CARCASSONNE (chef-lieu).

Chambre de Commerce. — Président : P. Lacombe. — Membres : L. Aynard. — Eugène Castel. — P. Lignières. — Satgé aîné. — — P. Cazanave. — ⸸. Fonsós. — Marty-Combes. — Mandoul neveu.
Tribunal de commerce. — Président : Castel ✻. — Juges : Jourdanne aîné. — Caremier. — P. Rivière jeune. — Marty-Combes. — Suppléants : Sicre. — Rigaud. — Ant. Salières. — Milliès. — Greffier : Gayda.

Conseil de Prud'hommes. — Président Lacombe. (P.) ✻. — Secrétaire : Batut.
Banque de France (succursale de la). — Directeur : Georges.

COMMERCE, INDUSTRIE.

Banquiers. — Aynard (Louis) et Cie. — Besaucèle (Adrien). — Castel (Eug) ✻. — Lagarrigue fils aîné, succursale de la maison de Béziers.
Amidon (fabr. d'). — Bertrand. — Fournès.
Blouses (fabr. de). — Cabrié (Paul).

Bonneterie. — Bonnet. — Flaujat. — Larrieu (Ferdinand), bonneterie en gros. — Maurel. — Olivet. — Palau. — Rieu frères.

Chapeaux (fabr. de). — Got. — Salvan aîné et Cⁱᵉ, chapeaux en laine drapée.

Chapellerie (fournitures pour la). — Vᵉ Gros, née Sicard ; fabr. de cuirs.

Commissionnaires en laines. — Cals (J.). — Castel (Vital). — Cazeneuve (B.). — Hortala (Ph.). — Satgé frères.

Dentelles et tulles. — Durand-Ruffel.

Draps (fabr. de). — Arnaud (Jacq.) fils draperie corsée.

Bésiat frères. — Bruguière (Irénée), noirs et nouveautés.

Castanet (L.), draperie noire.

Castel (Vital), draps noirs. — Cazaben frères. Clergue (Emile).

Cenescal fils jeune, draps noirs. Croux (Henri), noirs, lisses, croisés et satins.

Degrand (E.) et Cⁱᵉ, noirs et nouveautés.

Fabre jeune, noirs et nouveautés. — Fabre aîné, noirs et nouveautés.

Fargues (Fᵒⁱˢ) fils aîné, noirs. — Fonsès (Gᵐᵉ).

Gineste (A.). — Guilhem et Phalip.

Joucla, Roquefort et Cⁱᵉ.

Lacombe père et fils, noirs.

Lacroix aîné, noirs. — Lacroix jeune, noirs, lisses et croisés. — Lajous et Coissieu, noirs et nouveautés.

Mandoul (Bᵗᵉ) neveu, noirs et de billards.

Mas (J.-B.), noir et édredon. — Mas (Prosper).

Maury, noirs et nouveautés.

Muntada-Azema et Combes, noirs, satins, cuirs-laines et lisses.

Raynaud frères, fabr. à Fourtou-Villatier. — Roger frères. — Roustic (Albert) fils aîné d'Auguste, nouveautés. — Roustic (Louis) fils d'Auguste, noirs.

Salières frères et Carbou. — Sicre (Joseph).

Vidal (Laurent), draperie nouveauté.

Draperie et nouveautés (négᵗˢ en). — Amiel. — Barbaza fils. — Bastoul (J.). — Carrayol frères (Au bon marché). — Durand-Ruffel. Escaraguel frères. — Fargues frères. — Fourès-Carles (d.) — Gastilleur frères. — Jourdanne frères. — Larrieu (Ferdinand), toiles, rouennerie et lainages ; maison de gros. — Marty-Combes. — Mullot (Gab. Vᵉ), demi-gros. — Moula et Guiraud. — Rech jeune. — Sorel frères. — Taxil (F.). — Vialatte (J.)

Fleurs artificielles (fabr. de). — Quod (Mᵐᵉ). Ramel (Mˡˡᵉ). — Ruffel (Mˡˡᵉ).

Laines (négᵗˢ en). — Benajan jeune. — Cals (J.). — Castel (Vital). — Cazanave père et fils, succursale à Séville sous la raison Aug. Cazanave. — Cazanave-Sabatier. —

Duchan (J.-B.). — Hortala (Ph.), en suint et lavées.

Maffre (Pʳᵉ) fils. — Pouzols (A.).

Sabatié (F.) et H. Verdale, filateurs. — Satgé frères, maisons à Buenos-Ayres et à Montevideo.

Laines (filature hydraulique de). — Caucat. — Cazanave-Sabatier. — Lepage frères. — Sabatié (F.) et H. Verdale, usine aux Iles Cabardès. — Verdalle (Prosper).

Laines à tricoter (fabr. de). — Bel père, fils, et Limousis. — Lavoye.

Mécaniciens. — Guiraud frères. — Blechmit père et fils. — Marsal et Cⁱᵉ. — Salaché (François). — Fafeur frères. — Valat.

Ouate (fabr. de). — Sarniguet, et cotons cardés.

Peignes à tisser (fabr. de). — Mas aîné.

Teinturiers en draps. — Azès. — Bié (J.). — Bouichère. — Ollié. — Paillais. — Patau, dégraisseur.

Tourneurs sur métaux. — Blanc. — Fafeur frères. — Marsal et Cⁱᵉ. — Plauzolles.

Arques.

Laines en gros. — Roché (Hubert).

Belpech.

Draps (fabr. de). — Peyré.

Toiles (fabr. de). — Lassalle (J.-P.). — Marnières. — Marty. — Soulié.

Bugarach.

Laines en gros. — Emile Marserou.

Castelnaudary.

Tribunal de Commerce. — Président : Maury. — Juges : Carles (Th.). — Cadenat. — Suppléants : Sibra. — Petit (S.). — Cathala. — Greffier : Combes.

Banquiers. — Cadenat fils aîné, et recouvrements.

Laines en gros. — Rieux l'aîné.

Merciers. — Barcil, gros.

Caudebronde.

Draps (fabr. de). — Claude Bessière, propriétaire des Foulons et du Pélissier. — Camehère (Jean), régisseur du Foulon-Bas.

Effilocheur. — Barbe (J.-A.).

Cenne-Monestiès.

Banquier. — Sompeirac aîné.

Draps (fabr. de). — Albigès (Hipp.). — Barthez (Pierre). — Calas (E.). — Guirand (Dominique). — Montahut (D.). — Soubrié (P.).

Effilochage par procédés mécaniques. — Daydé (B.). — Daydé et Escourrou. — Daydé-Gary et Cⁱᵉ. — Lannes (Jacques). Mir (Emm.)

Filateurs. — Alby et Nespoulet. — Escande et Tubéry.

Foulerie à auges et à cylindres. — Daydée (Jean) et frères.
Laines et déchets. — Escouroux fils. — Escouroux (Jean). — Escouroux (Jacques).
Mécaniciens. — Baïsse (Hipp.). — Baïsse (Marie).
Toiles (fabr. de). — Marty-Delmas. — Mir-Polère.

Chalabre.

Chambre consultative des arts et manufactures. — Chaumont, président.
Banquiers. — Anduze frères.
Bonneterie de laine (fabr. de). — Danjou. — James (M.). — Lajoux.
Chapeaux feutre (fabr. de). — Barrière (Ant.) — Débosque.
Draps (fabr. de) — Anduze (Ant.). — Aussenac (Aug.). — Danjou. — Marc (James.)
Effilochage de laines. — Lucien (André).
Laines (filature de). — Berdet (François). — Débosque. — Dubié. — Escolier. — Pomiès. — Rouvière.

Conques.

Laines (filature de). — Caucal.

Couiza.

Draps (manufacture de). — Débosque.
Laines en gros. — Escolier.

Esperaza.

Chapeaux (fabr. de). — Bourrel aîné. — Captier. — Clote frères. — Crussol frères, chapeaux souples en laine ; dépôt à Paris. — Espezel (J.-B). — Gilbert et Chiffre, exportation et banquiers. — Rech et Calvet.

Fourtou.

Draps (fabr. de). — Doux neveu et Cie. — Raynaud frères.

Lagrasse.

Laines françaises et étrangères. — Fourès (Noël). — Fourès (Emile) fils.

Limoux.

Tribunal de Commerce. — Président : Bels (X.). — Juges : Nougairol (E.). — Salvaire (N.). — Clarou. — Suppléants : Bertrand cadet. — Tailhan. — Greffier ; Vidal fils.
Banquiers. — Clarou fils et Cie. — Lapasset (Benjamin) fils. — Salvaire (Jules). — Salvaire fils et Cie.
Cardage de laines pour chapellerie. — Lambert et Adam aîné.
Chapeaux (fabr. de). — Valette, fabr. en tous genres.
Draps (fabr. de). — Belz Sicard. — Delsol (A.) jeune. — Cabarou frères. — Jean-Ruffat (Guill.). — Nougairol (E.). — Rouquette fils. — Vésian (Jules). — Lombard aîné et Cie.
Laines (filatures de). — Lambert et Adam aîné.

Laines (commerce en). — Commez (T.), négt. — Roumens (Osmin).

Montolieu.

Bonnets de laine (fabr. de). — Mouton (Et.).
Défilochage. — Privat (Alexis). — Vidal (Léo).
Draps (fabr. de). — Cazaben frères. — Lacombe.

Narbonne.

Tribunal de commerce. — Président : de Stadieu. — Juges : Parazols (H.). — Garric (G.). — Fabre (Eug.). — Cros (B.). — Suppléants : Bourgeois (F.). — Raynal (A.). — Riva (J.-P.). — Greffier : Mérignac.
Banquiers. — Bronguier (Victor). — Calmettes (A.) et Cie, caisse d'escompte. — Calmettes (Adrien). — Larroque (A.).
Draps, toiles et nouveautés. — Arnaud fils. — Breffel (J.). — Doumerg frères. — Fabre frères. — Fabre. — Guilaumou (Just). — Pons (I.) et Ve Abram. — Pousol. — Rival (J.-P.), soieries. — Tourel (Hte).
Produits chimiques. — Tournal (P.).
Quincaillerie et mercerie en gros. — Mas (Ve). — Michel frères.
Toiles en gros. — Avenal (Antoine).

Pennautier.

Navettes (fabr. de). — Fraïssé (F.). — Millès (Pierre). — Tort (Simon).

Pomas.

Filature de laines. — Blanet de Saint-Sauveur.

Quillan.

Banquier. — Bruguière (Aug.).
Draps (fabr. de). — Pinet (Timothée) ✳, filature de laine cardée.

Rivel.

Draps (fabr. de). — Bonnail.

Roquefort-de-Sault.

Laines (filature de). — Chourreau.

Saint-Denis.

Cartons pour apprêts (fabr. de). — Andrieu (B.).
Draps (fabr. de). — Lacombe père et fils.
Laines (filature de). — Lacombe père et fils.

Saissac.

Laines (filature de). — Aspéro aîné.

Sainte-Colombe-sur-Lhers.

Apprêts, pareries et affineries pour la draperie. — Valdet aîné.
Draps (fabr. de). — Anduze. — Bonnail. — Canal (P.). — Croux (Auguste) jeune, succursale à Lavelanes (Ariège). — Les fils d'Emmanuel Viviès.
Laines (filature de). — Croux. — Guinot (A.). Guinot (C.). — Valdet aîné.

Villemagne.

Laines (filature de). — Baïsse aîné.

AVEYRON

RODEZ (chef-lieu).

Tribunal de commerce. — Président : Pouget (Fr.). — Juges : Valière. — Thomas. — Dubreuil. — Suppléants : Rudelle. — N... — Greffier : Capoulade.

COMMERCE, INDUSTRIE.

Apprêts et fouleries. — Galtayries. — Scudier et Roche. — Pouget jeune. — Recoules (Aug.).

Banquiers. — Besombes (Vincent). — Delcamp. — Jaudon aîné. — Lacroix. — Lautard et Nadal. — Palous. — Galtayries et Scudier.

Draps et cadis pour teinturiers et exportation (fabr. de). — Galtayries, Scudier et Roche. — Jantou (H.) — Pouget (F.) jeune et Brassat. — Recoules (A.). — Turenne.

Draps et rouennerie. — Albouy-Marin. — Bruguière. — Cayron. — Foulquier (Ed.). — Magre. — Nicolas et Thomas. — Picou (A.) et Cie. — Palous. — Rudelle fils. — Tournal et Martin.

Laines indigènes et étrangères (achats, ventes et commissions de). — Richard.

Laines (filatures mécaniques de). — Galtayries, Scudier et Roche. — Guiral. — Pouget jeune et Brassat. — Recoules (V.).

Teinturiers. — Alaux aîné. — De Rouget. — Galtayries, Scudier et Roche. — Pouget et Brassat. — Recoules.

Aguessac.

Laines (filature de). — Gueuse.

Belmont.

Laines (filature de). — Astruc (Ve).

Brommat.

Teinture, foulerie et peignage de laines. — Carrié (Raymond).

Camarès.

Draps molletons et couvertures (fabr. de). — Cambon (J.). — Mazarin et Cie. — Vidal.

Filateurs. — Cabanes frères, à Promilhac.

Millau.

Tribunal de commerce. — Président : Aldebert père ❄. — Juges : Calmels (Am.). — Solassol. — Marcorel. Suppléants : Teyssier. — Vidal jeune. — Greffier : Vialettes.

Albumine (fabr. d'). — Dominique (N.).

Banquiers. — Villa (Achille). — Calmels (Amédée). — Virenque (Ch.).

Chamoiseurs. — Aldebert (Frédéric). — Aldebert (Joachim) ❄. — Aldebert (Casimir). Aldebert (Aug.) et Roussarier. — Galtier (Vor). — Guibert (Aimé). — Guilbert aîné (Pierre) et Lauret. — Montet et Guy.

Ganterie (fabr. de). — Aigouy (P.), fabr. de gants de peau ; maison à Paris. — Alric (Louis) fils et Cie, gants Turin, gants fourrés peluche, flanelle, castorine et pelisse. — Artières (L.). — Babeur et Cie, maison à Paris. — Balsan et Plagnes, toute qualité. — Benezech. — Benoit (L.). — Bernard-Vidal. — Bouisset, avec pieces. — Buscarlet (Ve) et Malo, magasin à Paris. — Cabantous (P.) fils. — Cabantous (F.) père et fils, maison à Paris. — Cabantous-Thiva, maison à Paris. — Cournet (A.). — Courtines et Cie, en tous genres. — Cros. — Danton-Moussé, maison à Paris. — Descuret (L.). — Desmonts père et fils. — Galtier (Lucien), maison à Paris. — Galtier fils aîné, maison à Paris. — Gayraud père et fils, maison à Paris. — Gemeis et Peyronnel, maison à Paris. — Géniès jeune, maison à Paris. — Guibert (Armand). — Guibert (L.) et Lauret, maison à Paris. — Guibert-Buscarlet et neveu, maison à Paris. — Jean Jean et Cie. — Lauret frères et Guy, maison à Paris. — Lubac (E.) — Lubac (Pau). — Marcoyrol et Lefebvre, fabr. de gants de peau ; maison de vente à Lyon (Rhône), rue Grenette, 36. — Memet (Pierre) et Bouquier. — Prévot (E.), maison à Paris. — Treillet père et fils, maison à Paris. — Valez jeune, piqués anglais. — Veissière (Jules). — Veissière et Martin. — Verdier (Eug.), maison à Paris.

Laines, peaux, gants (commissionn. en). — Brouillet, Plombat et Séguin. — Cabantous (Adrien). — Fabry jeune et Bonhomme, cuirs et peaux. — Guy (Joachim). — Sabatier (Ve). — Vidal jeune.

Soie (tireurs de). — Crouzet. — Nelze (L.). — Vidal (L.). — Virenque.

Saint-Affrique.

Tribunal de commerce. — Président : Barascud. — Juges : Bourgongnon. — Caldier. — Bannes (Eug.). — Suppléants : Nayrat. Martin. — Greffier : Gaubert.

Chambre consultative des arts et manufactures. — Limousin-Lamothe, président. — Secrétaire : Toubrat.

Banquiers. — Ravailhe (L.), maison à Alby. — Teissié-Solis.

Cotons (fabr. de). — Hermet.

Draps, lisses, ratines, tricots, etc. (fabr. de). — Caldier frères. — Grand. — Hermet. — Jacob, Banes et Cie. — Racohu frères.

Teinturiers. — Banes. — Constant. — Delure. — Ricard.

Saint-Geniez-de-Rivedolt.

Tribunal de commerce. — Président : Boissonade. — Juges : Bastidé. — Solanet-Jemps. — Domergue. — Suppléants : Cayzac (P.). — Aldebert (J.).

Greffier : Bousquet (L.).

Chambre consultative des arts et manufactures. — Palangié, président. — Nadal, secrétaire.

Banque et recouvrements. — Lautard, Bastide et Nadal.

Couvertures, cadis, tricots, molletons, impériales (fabr. de). — Massabuau et Talon.

Draps, cadis, tricots, serges, flanelles, escots, draps de troupes, molletons (fabr. de). — Gaillard (H). — Massabuau et Talon. — Muret (P.), Solanet et Palangié frères.

Laines (filature de). — Cayzac. — Massabuau et Talon.

Teinturiers. — Camboulas. — Dupuy. — Gaillard. — Hugonenc. — Malet.

Sainte-Geneviève.

Carderie et filature de laines. — Deviers.

Saint-Léons.

Laines (filature de). — Bonhomme.

Saint-Rome-de-Tarn.

Draps (fabr. de). — Arnal.

Salles-la-Source.

Draps (fabr. de) et laines (filatures de). — Galtayries, Scudier et Roche.

Ségur.

Laines (filature de). — Souques.

Villefranche.

Banquiers. — Andorre. — Lespinasse. — Prompt père et fils, caisse d'escompte.

Toiles du pays (fabr. de). — Bernard et Lapierre, maison à Nîmes (Gard). — Bessières. — Bras. — Cot (Ate). — Rouziés père et fils. — Théron.

BOUCHES DU RHONE

MARSEILLE (ch.-l. de dép.).

Chambre de commerce.

Président : Armand (Amédée) ✳.

Vice-Président : Gimmig (Jules).

Membres : Honnorat (F.). — Rodoconachi (Paul). — Arnavon (Honoré). — Graudval (Alphonse). — Gavoty de Philémon. — Couve (Édouard). — Grand Dufay (Camille). Fabre (Cyp.). — Rabateau (A.). — Bergasse (H.). — Rondel (E.). — Gros (Ch.). — Estrangin (H.). — Putter, secrétaire. Gibert (J.-B.), trésorier. — Mathieu, chef du secrétariat.

Conseil général de commerce.

Membre délégué : Allard (J.-B.).

Conseil de prud'hommes.

Président : J. Granval, O. ✳.

Secrétaire : J. Reboyer.

Tribunal de commerce.

Président : Luce (Gustave) fils.

Juges : David de Rodrigues. — Tivollier (L.). — Jauffret (V.-E.). — Signoret (G.) ✳. — Rivoire (F.). — De Possel (Ch.). Schlosing. — Guérin fils. — Carcassonne. Giraud (Th). — Prou-Gaillard.

Suppléants : Renard (O.). — D'Alayer (A.). Paranque (H.). — Ferrand (A.). — Ricon. — Fournier.

Greffier : Ducoin (Ch.).

Syndics de failliles.

Allec, r. des Dominicaines, 38.

Barrière, r. Saint-Férréol, 64.
Bajolle, r. Vacon, 11.
Chambon, r Impériale, 5.
Chauvet, r. Papere, 6.
Daniel, r. de Rome, 5.
Jaboin, r. de Rome, 80.
Kahn, r. de l'Arbre, 5.
Pugbo, r. Belair, 12.
Roux de Mésignot, r. Sénac, 48.

Courtiers de marchandises en tissus, droguerie, etc., inscrits sur la liste dressée par le tribunal de commerce de Marseille.

André (J.-T.-A.), peaux en poils, boul. Longchamp, 19.
Barban (J.V.L.B.), r. Consolat, 72, cuirs et peaux, bureau, à la Bourse.
Féraud (Fr.M.), r. Coq, 41., cuirs et peaux, bureau, à la Bourse.
Boutonnet (Ch.M.R.), drogueries, r. de la Rotonde, 1.
Caune (H.), boul. Longchamp, 46, laines ; bureau, à la Bourse.
Julien (B.J.), crins et-toiles bleu, boul. du Musée, 84, bureau, place de la Bourse.
Farcy (V.E.), matières résineuses, cours Bonaparte, 73, bureau à la Bourse.
Honnorat (I.B.F.), drogueries. Sylvabelle, 104.
Massot (E.B.), cuirs et peaux, r. Noailles 9, bureau, r. Beauvau, 12.
Riboulet (A.G.), soies et cocons, cours du Chapitre, 19, bureau, à la Bourse.
Rambaud (F.C.), soies et cocons, r. St-Basile, 2, bureau, à la Bourse.
Lassave (E.D.), soies et cocons, r. Sylvabelle, bureau, à la Bourse.

Roustan (J.J.F.), soies et cocons, r. Dragon, 27.

Syndicat.

Président : Jullien (J). — Syndic rapporteur : Barban. — Secrétaire : Garcin (H.) — Secrétaires adjoints : Rambaud (C.). — Roussier (F.). — Trésorier : André (A.) Agent secrétaire de la Compagnie, Astier (J. B.J.) ✳, palais de la Bourse.

Condition des soies.

Lambert (César), directeur, r. Thiars, 29.

Magasins généraux des soies.

Société Lyonnaise anonyme autorisée par décret du 10 septembre 1864. Docks, spéciaux pour soies, cocons et déchets, directeur : Lambert (César), r. Thiars, 29.

Consuls étrangers.

Agence des affaires étrang., r. Paradis, 204.
Mure de Pelanne ✳, directeur.
Ant. Castelin, chancelier.
Angleterre : Edward W. Mark. r. Dragon, 92.
Argentine (République) : Pianello (Jean) ✳, consul.
Pianello (Spiridion), vice-consul, r. Sylvabelle, 79.
Autriche : Mourig (Antoine), consul général, r. Breteuil, 45.
Bavière : Louis Gmelin, r. Sénac, 33.
Belgique : De Vries, Boul. Lonchamps, 48.
Bolivie et Costa-Rica : Roussier (C.), r. Grignan, 10.
Brésil : Antonio da Costa Saraiva, vice-consul, r. Curiol, 45.
Chili : Armand, r. des Templiers, 1.
Confédération de l'Allemagne du Nord : Schnell (Ulrich) ✳ ✳ ✳, r. Sylvabelle, 37.
Confédération suisse : Alfred Rosenburger, chancellerie, r. de l'Arsenal, 35.
Costa-Rica : C. Roussier, r. Grignan, 10.
Danemark : H. Folsch ✳, r. Sylvabelle, 39.
Espagne : Subéran, r. Impériale, 32.
Etats pontificaux : Gueyraud, consul général, r. Dragon, 49.
Etats-Unis : M. F. Coway, consul. — F. W Achilles, vice-consul, r. Sylvabelle, 100.
Etats-Unis de Colombie, Nouvelle-Grenade : Chaix-Bryan ✳, consul, r. Sylvabelle, 89.
Grèce : Anargiro (A.) ✳ ✳, consul, r. Grignan, 78.
Guatemala : Chaix-Bryan, chevalier de l'Ordre Royal d'Isabelle la Catholique, consul, r. Sylvabelle, 89.
Italie ; — Strambio C. ✳, consul général, r. Impériale, 5. — Caselli, vice-consul.
Mecklenbourg-Schwerin : De Meezemaker ✳, consul, r. Curiol, 45.
Mexique : Armero de Ruiz ✳, r. Breteuil,

124 ; vice-consul, Bruno Marin, ✳ ✳ ✳, r. Nicolas, 28.
Monaco : Mure de Pelanne, C. ✳ ✳ ✳ ✳, r. Paradis, 204.
Nicaragua : Darier (Em.), consul, Arcades, 2.
Oldenburg : Ghirlanda (Auguste) ✳, consul, allées de Meilhan.
Pays-Bas : Alma (H. W.) ✳, consul, r. Paradis, 12.
Perse : Deville (Jules) ✳ et O. ✳ de Perse, r. Belloy, 2.
Portugal : Barroil (E.) ✳ de l'ordre du Christ, ✳ de l'ordre de la Conceiçao, allées de Meilhan, 7.
Russie : Prince Troubetzkoi, consul général, r. des Arcades, 11.
Sandwich (iles) : Albert Couve, consul, r. Grignan, 24.
Siam : De Meezemaker ✳, vice-consul.
Suède et Norvége : Henri Folsch ✳, r. Sylvabelle, 39.
Tunis : J. Lumbroso, agent chargé d'affaires de S. A. le Bey ; r. Saint-Jacques, 85.
Turquie : Emeric (C.) ✳, consul général, Montgrand, 31. — Hava (G.) ✳, vice-consul, Arcades, 9.
Uruguay : Andrés Cadix, consul, boulevard des Dames, 21. — Poussel, vice-consul, boulevard du Musée, 22.
Vénézuéla : José Trinidad Perdomo, cours du Chapitre, 4.

Banque de France (succursale de la), r. Montgrand, 33.

Oppermann ✳, directeur.
Garcin (A.), caissier, hôtel de la Banque.

Banquiers.

Amoretti (H.) et Cie, Cannebière, 52, maison à Nice.
Billot (B.) et Gallice, r. Paspère, 6.
Bonnasse, boul. du Nord, 12.
Comptoir général, société en commandite : F. Rieille et Cie, r. Puget, 8 A.
Comptoir de la Méditerranée : Gay, Bazin et Cie, r. Montgrand, 62.
Couve (Ed.) et Cie, r. Grignan, 24
Crédit foncier et commercial suisse, directeur : Roman ; fondés de pouvoirs, Calment et Blanc, r. Longue des Capucins, 22.
Crédit Lyonnais, place Royale, 1, en face de la Bourse, S. Dentan, directeur de l'agence de Marseille. Siége social à Lyon, succursale à Paris.
Droche ✳, Robin ✳ et Cie, r. Montgrand, 9, maison à Lyon.
Estrangin (E.) de Roberty, directeur, de l'Agence du Crédit agricole, 18, r. de Noailles.
Hesse (Ant.) ✳ et Cie, r. Lafon, 9.
Jullian, (Camille), boul. Dugommier, 16.
Lefèvre (A.) et Cie, r. d'Arcole, 7.

Loubon, Gustave fils et Cie, b. du Musée, 13.
Maroni et Cie, r. Cannebière, 5.
Mathieu et Martin, r. Dauphine, 51 B.
Olivieri (Em.), r. de Rome, 90.
Pascal fils et Cie, r. Paradis, 52.
Pellissier (J.), Michel et Cie, r. Impériale, 18.
Rey (Alph), r. Venture, 14 A.
Riboulet (Edouard) et Cie, r. Noailles, 2.
Roche, Félix Abraham et Cie, boul. Dugommier, 8.
Rodrigues et Carcassonne, r. Armeny, 16.
Roux de Fraissinet et Cie, r. Montgrand, 56.
Salles (Ch. Louis), r. Baignoir, 35.
Simonnet (Jules) et Cie, cours Bonaparte, 4.
Société Marseillaise de crédit industriel et commrcial, société anonyme, r. Montgrand 24.

Société générale pour favoriser le commerce et l'industrie.

Société anonyme. — Siége social à Paris. — Agence de Marseille, r. Noailles, 3, M. de Fischer (A.), directeur.

Crédit agricole.

Société anonyme, 18, r. de Noailles ; M. E. Estrangin de Roberty, directeur : Alexis Estrangin ✳, Charles Fabry, sous-directeurs.

Crédit foncier de France.

E. Estrangin de Roberty, 18, r. de Noailles.
Suzan, Lemaignen et Cie, r. Montgrand, 62.
Vaisse (V^{or}) père, Cannebière, 29. — Siége à Paris.

COMMERCE, INDUSTRIE.

Amidon (Fabr. d').

Allard (A.), rue Saint-Pierre. 111.
Arène (Laurent),, r. Etoile, 8.
Hess freres, boul. National, 352.
Laurin et Carle, r. du Musée, 29.
Manoel (i,s de) et Cie, r. Breteuil, 124.
Massot (d.) et Cie, r. Caravelle, à Arenc.
Payan (Mus.) fils, r. du Bon-Pasteur, 57.

Bonneterie.

Argème r. Rome, 1.
Audibert et Brunet. r. Tapis-Vert, 19.
Bienvenu et Blanc, détail, cours St-Louis, 1.
Blanc Jacques fils, r. St-Ferréol, 31.
Bouvier fils aîné, maison de gros, r. Tapis-Vert, 30, fabr. à Troyes.
Clinosard (A.), et coton, r. Rome, 51.
Constant (Eug.), r. Tapis-Vert, 11 bis.
David, r. d'Arbre, 21.
Grau (Pierre), et Jean Vernis, r. Rome, 52.
Jalaguier frères, en gros, r. Longue des-Capucins, 30.
Lacour (J.), allées de Meilhan, 3.
Marié (Charles) (compagnie Troyenne), r. Tapis-Vert, 43.

Pernin et Reynaud, r. Longue-des-Capucins, 47.
Pouget et Vilaldac, r. de Noailles, 20.
Raimond-Biais, r. Cannebière, 5.
Roux (J.-A.), r. Darse, 3.
Ziem (a la Tricoteuse), r. St-Ferréol, 70.

Broderies.

Ballet sœurs (Mmes), r. Paradis, 31.
Ravel (Th.) et Cie. r. Longue-des-Capucins, 32.

Cardes (fabr. de).

Berton, r. Sainte-Barbe, 35.

Chanvre et étoupes en gros.

Arduin (V.-D.) et Cie, r. Convalescents, 98.
Armand (Pierre) fils, chanvres et huiles, r. Saint-Théodore, 2
Dal Fuoco et Cie, maison à Bologne (Italie), r. Dominicaines, 44.
Perrier (G.), boulevard de la Liberté, 35.

Chapeliers en gros et demi-gros.

Allard frères, r. Saint-Ferréol, 11.
Auzet (Jh.), r. Bonneterie, 2.
Benvenuti (Olimpio), fabr. soie et paille, r. de Rome, 70.
Chabre (G.-F.), exportation, cours Saint-Louis, 6.
Chabré (J.), fab. et fourniture, maison de gros, r. Pavé-d'Amour, 27.
Cognat (Romuald) et Cie, chapellerie et fournitures, exportation, r. de l'Arbre, 35.
Dubouis (J), r. Saint-Ferréol, 34.
Poncet (A.), fabr., r. de Rome, 21.
Richaud (Ant), fabr. soie et feutre, r. des Convalescents, 28.
Richaud frères, boul. du Nord, 25.
Rosi, quai du Port, 30.
Sardou frères, fabr., impasse Bernard-du-Bois, 4.
Sigrist frères, fabricants de chapeaux de paille, exportation, r. Saint-Ferréol, 4.
Vallagnosc (J. de) V^o Vieil, r. Ferrari, 120 ; dépôt à Paris, r. Braque, 2.

Chapellerie (fournitures et matières premières pour).

Formes.

Jauffret, r. Haute-St-Dominique, 8.
Cazot (Barth.), r. Dominicaines, 6.
Chabré (J.), export., r. Pavé-d'Amour, 27.
Cogn t (Rumuald) et Cie, chapellerie et fournitures, r. de l'Arbre, 35.
Crepet (L.), r. Baignoir, 32.
Michel-Bruno, impasse Bernard-du-Bois, 20.
Ogier (A.), poils, impasse Bernard-du-Bois, 4.
Pascal, r. Pierre-qui-Rage, 14.

Chapeaux de paille (fabr. de).

Bertolla (Jean) fils, cours Belzunce, 6.

Clavel (Léon), r. Rome, 16.
Maragliano frères, exportation, r. Thuban-
neau, 29.
Moirenc (V⁰ Marius). cours Belzunce, 5 et 21.
Pierotti (Mᵐᵉ), cours Belzunce, 17.
Sigrist frères, exportation, r. Saint-Ferréol, 4.

Chemises (fabr. de).

Basserques-Rigaud, r. Saint-Ferréol, 32.
Boissier (Aug.), r Longue-des-Capucins, 32.
Grau (Pierre) et Jean Vernis, r. de Rome, 52.
Laurisse Dumas, exportation, cours Saint-
Louis, 5.
Leubaz-Maret (Ch.), r. de la Darse, 14.
Massebeuf, r. Paradis, 28.
Mauran (Louis), r. du Tapis-Vert, 28.
Raimond (A. et E.) fils, r. Saint-Ferréol, 20.
Raimond-Biais, r. Cannebière, 5.
Roux (I.-A.), r. de la Darse, 3.

Commissionnaires en marchandises (tissus, teinture, etc.).

Albigès (Léon), négt et commissionn. en laines, rue Saint-Jacques, 54.
Alby l'aîné, négt commissionn., laines et cotons, r. Paradis, 103.
Albin-Mazel, commissionn. en laines, cocons,
déchets, r. Impériale, 19.
Annibal-Roquerbe, représentant de commerce, tissus et filés de cotons Anglais,
Belge et Suisse, r. Paradis, 43.
Aullere (Clovis), droguerie et produits chimiques, r. Étrieu, 6 et 8, et Saint-Gilles, 1.
Avitaya (I. d') et Cⁱᵉ, transit pour l'Espagne,
l'Italie, l'Afrique, le Levant et les Antilles
espagnoles : maison au Havre (Seine-Infér.),
r. Impériale, 32.
Anthouard et Cⁱᵉ, négts-commissionn., soies,
cotons et laines, r. Fortia, 38.
Bompard (Henry), molletons en laine pour la
marine, r. Impériale, 37.
Coudeville (A.) et Zill-des-Iles, négts en drogueries, place Saint-Michel, 37.
Couture et Falco, transit pour l'Espagne ;
achats et ventes à la commission, r. Grignan, 82.
Debourg (Eug.), r. Breteuil, 102.
Délaygue fils et Cⁱᵉ, droguerie, teinture et
commission, place des Capucines, 4.
Dorlhac (A.), représentant de fabriques (tul-
les, toiles, rubans, fils et tissus divers),
r. Impériale, 40.
Fortoul et Gastaud, tissus blancs d'Alsace,
Tarare et St Quentin, r. Tapis-Vert, 37.
Garay-Iharrola et Cⁱᵉ, de Eug. Fouzou, com-
mission, consignation et transit, r. Impé-
riale, 19 ; maison à Cette.
Gillibert (Laur), tissus, r. Sylvabelle, 65 ;
maison à Saint-Denis (île de la Réunion).
Giraud frères, déchets de soie et cocons, r.
Sainte, 42 A.

Hess frères, fabr. d'amidon, boul. National,
352.
Julliany père et fils, r. des Quatre-Pâtissiers,
3, articles de Paris ; maison à Paris.
Lastrucci (M.) et Cⁱᵉ, transit pour l'Espagne,
r. Breteuil, 50.
Liquier, Dalbis et Molines, r. Saint-Jacques,
36.
Lyneu (W. Edgard successeur), agent de mai-
sons étrangères, r. Paradis, 5.
Marcorelles et Cⁱᵉ, articles de blanc ; maison
de gros, r. Thubaneau, 36.
Michel et Tardivi, droguerie. spécialité pour
teinture, r. Saint-Sépulcre, 20.
Mourgue d'Algue et fils, négociants et fila-
teurs de soie, r. Estelle, 3.
Massabo (Franç.), r. du Tapis-Vert, 41.
Mazade (A.), rue Montgrand, 56.
Menard (Philippe) et Cⁱᵉ, laines et cotons, r.
Impériale, 11.
Michel frères, soie et cocons, r. Puget, 11.
Nathan (Henri) et Cⁱᵉ, laines et cotons, r. Syl-
vabelle, 27 : maison à Roubaix.
Pascault (P.), cocons et déchets de soie, r.
Sainte, 2.
Paquet (N.) et Cⁱᵉ, r. Montgrand, 62.
Pellet (Pierre), droguerie, r. de Rome, 14.
Racine (Auguste) et fils, r. Breteuil, 30.
Rigail frères et Cⁱᵉ, r. Consolat, 38.
Rambaud-Thoral et Sestier, cours Bonaparte,
80 ; maisons à Lyon, à Saint-Etienne et à
Nimes.
Rosemburger frères et Cⁱᵉ, négts-commission.,
boul. Notre Dame, 11 A.
Roussier (Casimir) fils, r. Grignan, 76.
Rossignol de Salavy et Cⁱᵉ, r. Armeny, 21.
Roux et Guieu, lainages, nouveautés, r. du
Tapis-Vert, 25.
Sauerwein (Ch.), laines et cotons, r. Arcole,
3.
Signoret frères, toileries, r. du Tapis-Vert, 40.
Signoret (Gaspard) et fils, négts en draperie,
r. Longue-des-Capucins, 38.
Schmitt (Ch.) r. Breteuil, 84 ; maison à
Alexandrie (Egypte).
Simonnet (Jules) et Cⁱᵉ, soies, laines, cotons
et peaux, cours Bonaparte, 4.
Sonchon (L.) et Cⁱᵉ, commissionn. en soie et
cocons, r. Montgrand, 26.
Tregi, Gautier et Cⁱᵉ, commission, transit,
représentation, r. Impériale, 6.
Trinxet (Marcelino), commissionn. en mar-
chandises, r. Dieudé, 19.

Cordiers.

Barneoud jeune, r. de la Croix de-Malte, 3.
Benet (L.) et Cⁱᵉ, chemin d'Endoume, 3 ;
magasin quai de Rive-Neuve, 1.
Laborde (Eug.), corderie mécanique, rue
Suffren, 10.
Murphy (G.), quai de Rive-Neuve, 5, dépôt
de cordages de R. Leroux, de Nantes.

Corsets (fabr. de).

Baert sœurs, r. Saint-Ferréol, 55.
Bébarbe, r. Paradis, 33.
Blache, r. Saint-Ferréol, 34.
Delaizo, r. des Petits-Pères, 68.
Guignon (Mlle), r. Saint-Ferréol, 54.
Herbé, r. de Beaumont, 7.
Le Bidois (A.), r. de Grignan, 16.
Pierron, r. Saint-Ferréol, 11, au 1er.
Plagnes, r. de Rome, 56.
Roubaud et Grimaud, r. de Rome, 36.

Coton (filateurs et négociants).

Aubert, r. de la Pyramide, 7.
Achard fils aîné, r. Cannebière, 35.
Aymard, r. Larrey, 43.
Casparis et Dutschler, négts-commissionn. en laines, r. Breteuil, 48.
Chaix et Caillol, r. du Baignoir, 27 et 29.
Clinosard (A.), coton et bonneterie, r. de Rome, 51.
Constant (Eug.), r. du Tapis-Vert, 11.
Courtès et Cie, r. Saint-Sépulcre, 3.
Debourg (Eug.), commis., r. Breteuil, 102.
Desgrand (Louis) et Cie, cotons et soies, r. Montgrand, 14.
Devauchelle, déchets, place Saint-Michel, 26.
Espanet (E.) et Cie, cours Saint-Louis, 6.
Falen-Laplanche, r. Dauphine, 34.
Mathieu (P.), filateur, r. des Feuillants, 2.
Modiano (Saül et Ab.) et Cie, commissionn., r. Dragon, 51.
Olive (E.) et Cie, r. de la Pyramide, 3.
Rosenburger frères et Cie, négts-commission., boul. Notre-Dame, 11 A.
Saurin et Nicolas, r. Mission-de-France, 8.
Simonnet (Jules) et Cie, négociants et banquiers, cours Bonaparte, 4.
Stocker, Goldschmid et Cie, commissionn. en coton, r. Montgrand, 50.

Cotons et laines.

Alby l'aîné, négt-commissionn., cotons et laines, r. Paradis, 103.
Baillehache (H.), r. des Princes, 11.
Djakèli (S.-J.), négt-commissionn. importateur, cotons et laines, r. Nicolas, 20 ; maisons à Manchester et à Tiflis.
Exel, négt-commissionn., r. Breteuil, 52.
Gugenhein frères et Cie, négts-commissionn., r. Sylvabelle, 53.
Homsy (N.-S.), négt commissionn., commerce avec le Levant, r. Saint-Jacques, 34.
Huguéniot (P.) et Cie, négts, boul. de la Corderie, 9.
Jacquemet (H^te) et Eug. Richard, négts-commissionn., r. des Princes, 16.
Kunkler et Preswerck, négts-commissionn., cotons, r. Sylvabelle, 74.
Menard (Philippe) et Cie, négts-commissionn., cotons et laines, r. Impériale, 11.

Naegely (H.) et Cie, cours Bonaparte, 16 A.
Naggiar (C.) et Cie, commerce général avec le Levant, cours Bonaparte, 52 A.
Nathan (Henry) et Cie, négociants commissionnaires, r. Sylvabelle, 27 ; maison à Roubaix.
Pianello (Jean) ☀, nég., r. Sylvabelle, 79.
Racine (Auguste) et fils, négociants commissionnaires, r. Breteuil, 30.
Rosenburger frères et Cie, négociants commissionnaires, boul. Notre-Dame, 11 A.
Sauerwein (Ch.) et Cie, négociants, laines et cotons, r. d'Arcole, 3.
Schmid et Brun, négociants commissionnaires, r. Fongate, 25.
Schmitt (Charles) et Cie, commissionnaires, r. Breteuil, 84 ; maison à Alexandrie (Egypte).
Segond (P.-D.), achats et ventes de marchandises à la commission, r. Sylvabelle, 108.
Tarrazi (N.), commerce spécial avec le Levant, r. Breteuil, 47, A.
Warrain et Cie, r. Arcades, 15.

Cotons filés.

Courtès (C.) et Cie, r. St-Sépulcre, 3 A.
Falen-Laplanche, r. Dauphine, 34.
Gourgas (Jules), cotons et laines filées, r. Récollettes, 9.
Modiano (Saül et Ab.) et Cie, commission, r. Montaux, 51.

Couvertures.

Accary (V^e) et fils, de Lyon, représentés par F. Claparède, r. Tapis-Vert, 23.
Bremond (H^te), r. Thubaneau, 31, maisons à Lyon et à Milan.

Crépins, fournitures pour cordonniers.

Astier (Ernest), place des Hommes, 5.
Bourreli et Sauve, r. Pyramide, 13.
Breissan, r. Pierre-qui-Rage, 4 A.
Raymond, r. Pavé-d'Amour, 27.

Dentelles et tulles.

Baudouin et Martin, r. St-Ferréol.
Bernard Maneille, r. Rome, 34.
Cohen (D.) et fils, boul. Dugommier, 1.
Escannura, r. Rome, 16.
Eyguine (A.) et F. André, r. Tapis-Vert, 52 A.
Gastinel (V^e), r. Tapis-Vert, 26.
Godreau, r. Tapis-Vert, 31.
Héraud (A.) aîné, cours St-Louis, 4.
Mirtil, r. Darse, 16.
Ravel (Th.) et Cie, r. Longue-des-Capucins, 32.

Doublures en gros.

Deleuze (Charles) et Cie, r. Tapis-Vert, 14.

Draps (négociants et marchands de).

Bastide (J.) et Pinchon, maison de gros, r. Tapis-Vert, 42.

Fenoglio (J.-B), Grand'Rue, 4.
Gautier (Virgile), gros et demi-gros, r. Académie, 1.
Labadie (A.), négociant, r. Longue-des-Capucins, 24.
Lambert (Marius), r. Cannebière, 50.
Masse (H.), en gros, r. Providence, 1.
Ripert (A.), r. Tapis-Vert, 34.
Rouf frères, draperie et toilerie, r. Rome, 9.
Sapey (F.), r. Tapis-Vert, 27.
Siebenpfeiffer, r. Tapis-Vert, 56, maison à Lyon ; Léon Espié, gérant.
Signoret (L.), Gaspard et fils, négociants, r. Longue-des-Capucins, 38.
Valette (Charles), Grande-Rue, 1.

Droguistes pour la teinture.

Albert frères, r. Tapis-Vert, 15.
Blanc (Alfred), r. Rome, 32.
Cucurny oncle et Cie, boul. de Rome, 18
Delajouane (Louis), rue de Rome, 26.
Delaygue fils et Cie, place des Capucines; 4.
Duchesne (M.), r. Rome, 68.
Durif jeune, r. Rome, 92.
Esmieu frères, r. Belzunce, 3.
Ferrary et Gavarry, r. Beaumont, 14.
Guizol (H.), r. Aubagne, 14.
Imer frères et Leenhardt, fab. de garance et de rivé rue d'Estelle, 56, maison à Sorgues.
Jacquemet (J.), boul. Longchamps, 15.
Jourdan, Buy et Cie, r. Breteuil, 43.
Leau frères, r. de la Lune-Blanche, 4.
Martin frères, rue d'Aix, 27.
Michel et Tardivi. r. de Saint-Sépulcre, 20.
Mourey (F.), r. Rome, 58.
Pellet (Pierre), r. Rome, 14.
Pignol et Camoin, rue des Convalescents. 5.
Roumieu d'Eyriès. r. du Grand-Puits, 14.
Sarlin frères, r. des Dominicains, 1.
Sidore et Rolland, r. du Baignoir, 7.
Sivan frères, exportation, r. Fare, 12.
Vasselon et Cie. r. Pavé-d'Amour, 18.
Viguier aîné, r. Dauphine, 18.

Equipements militaires.

Hubert de Vautier, habillements et équipements, rue Glandèves, 10.
Massot (C.), fournitures, broderies d'uniformes et décorations maçonniques, place de Rome, 4.

Etoffes pour ameublements.

Héraud (Alex.) aîné, cours Saint-Louis, 4.
Mihel frères, r. de l'Académie, 28.
Oudin, r. de la Darse, 14.
Sallandrouze-Lemoullec, Saint-Ferréol, 56.

Fleurs (fabr. de).

Barre, marché des Capucins, 7.
Bernard, rue Saint-Forréol, 24.
Clémenceau (Ve), rue de Rome, 36.
Honoré, rue de Rome 38.
Nicolas (Mme), dépôt de fleurs et de plumes r. Moustier, 3.
Ollivier (Mlle). rue de Rome, 14.
Roux (Ve), rue de Rome, 66.
Sauvaire (Mlle), r. de Rome, 1.
Sabatier de Soleyrol, rue Rouvière, 1.
Zoccola (Sœurs), Grande Rue, 117.

Gantiers.

Basserques-Rigaud, Saint-Ferréol, 32.
Billon (Mlle), r. Saint-Ferréol, 34 A.
Borchart (Ve) et Julien, r. Paradis, 76.
Canquoin, rue Grignan, 33.
Guelle sœurs, r. Saint-Ferréol, 36.
Hunziguer, rue de la Palu, 37.
Martelletti (Ve), r. Cannebière, 10.

Habillements confectionnés.

Faybesse (Léonidas), en gros, r. Tapis-Vert, 11.
Hubert de Vautier, confections militaires du ministère de la guerre, Chevalier-Rose, 10.
Laval (J.), boul. de la Liberté, 9.
Parissot (P.) et Cie, r. Pavillon, 20.
Rouvière (S.), en gros, r. Tapis-Vert, 28.
Terrasson fils, r. Noailles, 4.
Verduron (Victor), r. Cannebière, 30.

Indiennes et rouenneries en gros.

Andrivet (B.) et Cie, rue Saule, 3.
Barthélemy (H.) jeune, Grande-Rue, 1.
Cabasson frères, halle Puget, 3. Détail.
Cabasson, Icardon et Godreau, rue Longue-des-Capucins, 43.
Dollfus-Mieg et Cie, représentés par A. Lacosse, r. du Tapis-Vert, 55.
Faure, Humbert et Cie, r. du Tapis-Vert, 13.
Forcade (A.), r. du Tapis-Vert, 52.
Gazanion, place Neuve, 24.
Icarden (Ve). Grand-Chemin d'Aix, 31.
Jouve (Jean), boul. de la Madeleine, 27.
Lanteaume (Ve), r. Bonneterie, 19.
Lauzero et Lautheaume, r. du Tapis-Vert, 35.
Marcorelles (E.) et Cie, r. Thubaneau, 36.
Michel aîné, gros, r. Longue-des-Capucins, 36.
Monge (Aug.) et Cie, r. Longue-des-Capucins, ce, 34.
Movan frères et Long, r. Longue-desCapucins, 39 A.
Olive (Laurent), r. Caisserie, 26.
Pascal (Ve Mathieu), r. Aubagne, 29.
Pascal-Riboulet, Grande-Rue, 5.
Ponge, Combaz et Revol, maison de gros, r. Tapis-Vert, 19 et 21.
Seguy (Mlle) et Sauze, r. Saint-Ferréol, 75.
Steinbach, Kœchlin et Cie, r. Mission de France, 2.

Laines (négts et laveurs de).

Allamelle, rue Fauchier, 8.

Albigès (Léon), négociant et commissionnaire en laines, r. Saint-Jacques, 54.
Alby l'aîné, négt et commissionn. en laines, r. Paradis, 103.
Arlès-Dufour et Cie, laines et cotons, Grignan, 41 ; maisons à Lyon, Paris, Saint-Etienne, Grenoble, Bâle, Crefeld et Zurich.
Aubert, Artaud et Cie, commission et consignation, r. Impériale, 1.
Barbet (Alph.), Pains et Ferre, r. Saint-Pierre, 150, au Prado.
Barthélemy (C.) boul. Longchamps, 102.
Donergue (P. X.), Grand-Chemin-d'Aix, 77.
Espanet (E.) et Cie, laines filées, cours Saint-Louis, 6.
Fajon (C.), rue Traverse-Saint-Nicolas 5.
Gimmig frères et fils de Piot le jeune, r. Sylvabelle, 54.
Gros (Valentin) et Cie, laines en gros, r. Turenne, 9.
Laugier (F.) et Cie, boul. du Nord, 37.
Menard (Philippe), négt-commissionn., laines et cotons. r. Impériale, 11.
Modiano (Saül et Ab.) et Cie, commissionn., r. Montaux, 5.
Nathan (Henri) et Cie, négts-commissionn, en laines et cotons, r. Sylvabelle, 27 , maison à Roubaix.
Pommier père et fils, boul. National, 180.
Petit, C. r. Hoche, 31.
Rosemburger frères et Cie, négts-commission, soies, cocons, cotons et laines, r. Paradis, 69.
Raynaud (M.), au Prado, 99.
Roussier, fils aîné, r. Paradis, 6.
Sauerwein (Ch.), r. d'Arcole, 3.
Simonet (Jules) et Cie, négts et banquiers, laines, cotons, etc. cours Bonaparte, 4.
Taxil (Jh.), r. Malaval, 1.
Vague (L.) aîné, r. Malaval, 7.
Valette frères, r. Dauphine, 15.

Lingerie.

Bourdon (A), Mme, r. de l'Arbre, 27.
Davin de Meissan, r. de Rome, 75.
Delpin Vve, rue des Feuillants, 6.
Monget-Chot (Mme Mél.), r. St-Ferréol, 38.
Paret, r. de la Palu, 49.
Pailland, r. Vacon, 7.
Simulin-Touche, r. St-Ferréol, 65.
Seguy (Mlle) et Sauze, trousseaux, layettes et toilerie, r. St-Ferréol, 75.

Lits en fer et literie.

Adolphe (Hsse) et Cie, fabr. de lits en fer et sommiers élastiques, maison spéciale pour tous les articles de literie, r. Paradis, 46.
Borel, r. Paradis, 60.
Cavallier (A. et J.) Cousin, r. Vacon, 46.
Hesse fils, le plus vaste et le mieux assorti des magasins de literie de province, place Noailles, 45.
Laforgue (Jacques), boul. du Musée, 80 A;

Monget-Régis, literie de luxe et ordinaire, la plus ancienne maison établie à Marseille, épuration de la literie, r. St-Ferréol, 35.

Machines à coudre.

Castillon, r. Impériale, 5.
Danglière, r. Noailles, 24.
Fournier et Peirette, r. des Récollettes. 8.
Ferrand, (L.), r. Noailles, 12.
Rolland (L.) r. Noailles, 14.
Rigolot (C.), seul agent dépositaire des machines à coudre de la maison Hélias Howe ☀ d'Amérique, allées de Meillan, 16.

Merciers en gros.

Alliés et Cie, r. Quatre-Pâtissiers, 3.
Astier (Ernest), place des Hommes, 5.
Avon (F.), place Royale, 6 A,
Chave et Lan, gros, r. Tapis-Vert, 38.
Didier (V.), fournit. p. modes, r. de Rome, 6.
Delamarre (H.) et Cie, mercerie et corsets, maison de gros, r. Longue-des-Capucines, 22.
Dou et Basset, cours Belzunce, 14,
Gardanne (L.) et Cie, r. Tapis-Vert, 60.
Gibon-Jardin et P. Sénès, doublures, rubans et corsets, exportation, r. Thubaneau, 31.
Guigues (A.) fils, r. Thubaneau, 39.
Hauser (G.) et Cie mercerie, quincaillerie et articles de Paris, r. Thubaneau, 40.
Monges (Jules), de J.-B. Giraud fils, Grande-Rue, 11.
Pascal (Emile), r. Mazagran, 4.
Reynier et Savernin, cours Belzunce, 2 et 4.
Vias (P.) fils, r. Noailles, 2.

Nouveautés et soieries, lingeries et toiles (voy. aussi soieries).

Beguerry et Cie, cours Belzunce, 3.
Blanc de Sipriot, r. Darse, 8.
Broquier, cravates, r. Tapis-Vert, 20.
Camoin fils, r. des Minimes, 4.
Charron, Bremond et Gilly, lainages, nouveautés, maison de gros, r. Tapis-Vert, 49.
Constantin (Félix) aîné, r. St-Ferréol, 29.
Effantin (A.), r. Palud, 67.
Funel (T.), place des Hommes, 5.
Girousse (A.) (au Calvaire), maison spéciale de deuil, r. Grignan, 26.
Gras (J.), r. Tapis-Vert, 13.
Guigou (Edouard et Charles), nouveautés en draperies, Grande-rue, 9.
Loire et (A.) Cuquier, r. St-Ferréol, 38 et 40.
Moirenc (J.-B.) (à la ville de Paris), r. St-Ferréol, 74 et 76, r. Grignan, 17.
Molina (F.) fils, jeune, rubans, cours Saint-Louis, 3.
Montus, fils, r. St-Ferréol, 33.
Mossé (Léon), r. St-Ferréol, 19.
Pinatel, Salgues et Cie, r. Saint-Ferréol, 27.
Roux frères, soieries et nouveautés, r. de Rome, 2 et 9.
Roux et Guieu, r. Tapis-Vert, 25.

Signoret (L.), Gaspard et fils négts, r. Longue-des-Capucins, 38.

Tribot-Paillet (F.), maison de deuil, r. St-Férréol. 68.

Valich aîné, soieries nouveautés, châles et confections pour dames, r. St-Férréol, 30.

Ouate (fabricants.)

Arnaud père et fils, r. vieux chemin de Rome, 88.

Giraud (A.), r. Corte, 11.

Gourgre, av. d'Arenc, 294.

Ornements d'église.

Audibert-Bayle (Mmes), r. Quatre-Pâtissiers, 2.

Bonierbale (Ch.), rue Tapis-Vert, 45

Chertier, rue Tapis-Vert, 57.

Coutelen-Jogand et Rouquet, rue Noailles, 10.

Galard et sœurs, rue Tapis-Vert, 39.

Passementiers.

Armand et Pitiot, rue du Chevalier-Rose, 4, manufacture de passementerie à la Tour du Pin (Isère), usine à vapeur à Valse-Lyon, spécialité de lézardes, crèpes, franges, glands, cordons de tirage, embrasses et sangles pour ameublements, maison principale à Lyon, place Saint-Nizier, 5 ; dépôt à Paris, rue Saint-Martin, 255.

Chaulier (Vᵉ), Gambony, 16.

Cognat (Romuald) et Cie, passementeries, galons pour livrée et marine, r. de l'Arbre, 35.

Daumas (A.). rue Moustiers, 8.

Devilliers (Vᵉ), r. Grignan, 16.

Gibon (Ch.) et Cie, fabr. de passementerie pour meubles, r. Estelle, 18.

Héraud (André) aîné, cours Saint-Louis, 4.

Jullien (Oᵉ), place des Hommes, 2.

Rigault (J.), r. Estelle, 18.

Produits chimiques pour la teinture (fabts).

Arnaud d'Agnel, boul. de Longchamps, 46.

Donnat, boul. Mérentié, 81 et 83.

Gayet (Jules) et Gourjon, soude, sulfate riche, chlorure de chaux. r. Monteaux, 14; fabrique à Montredon.

Grimes (B.) et Cie, soude, sel de soude et chlorure de chaux, r. Sainte, 17.

Legré aîné, acides tartrique et citrique, allées de Meilhan, 32.

Menut et Suzanne, fabr. de soude et sel de soude, etc., r. Paradis, 1.

Perragallo (Saint-Charles), r. Ste-Victoire, 14.

Perret frères et Olivier, produits chimiques, acides sulfurique et nitrique, r. Estelle , 4.

Prat et Cie (Prat (J.-J.), gérant), compagnie générale des produits chimiques du Midi, r. St-Jacques, 46.

Renard et Ronde, soude artificielle, sulfate et sel de soude, r. Armény, 1.

Renouard (A.) et Cie, usine au Plan d'Aren et à Berre ; comptoir, r. Thubaneau, 29.

Roman (L.), dépositaire (seul agent à Marseille de la maison Aubert ₶ Gérard et Cie), sulfure de carbone, caoutchouc manufacturé, r. de l'Arbre, 21.

Rousset frères de Jh, r. Sainte, 40 A, fabr à Septêmes.

Tissière (F.), crême de tartre, cours Gouffé, 40.

Vassal (Hᵗᵉ) fils et Cie, soude, sulfate de soude, sel de soude, etc., boul. du Nord, 10.

Weiss (J.-D.), acide et soude, r. Grand-Chemin de Toulon, 56.

Rubans (marchands de).

Artaud (Adolphe), et soieries, r. Rome, 14.

Cohen (D) et fils, boul. Dugommier, 1.

Colard (F.), r. Marché-des Capucins, 4.

Cremieux (Elodie), dentelles, cours St-Louis, 12.

Deu et Basset, mercerie, passementerie et nouveautés, gros et demi-gros, cours Belzunce, 14.

Epalle-Chol, r. St-Ferréol, 52 A.

Escannura, rubans et dentelles, lingerie et broderies, r. Rome, 10.

Lévi (D.), r. S.-Ferréol, 43.

Moïse (S.) aîné, r. Rome, 40.

Molina, rubans et confections pour dames, r. Rome, 4.

Molina (F.) fils jeune, cours St-Louis, 3.

Soie (filateurs et négociants de).

Anceu (L.), r Grignan, 94.

Anthouard et Cie, commissionn. en soie et cocons, r. Fortia, 38.

Arlés-Dufour et Cie, soies, laines et cotons, r. Grignan, 41, maisons à Lyon, Paris, Saint-Etienne, Grenoble , Bâle, Zurich , Crefeld.

Armand (Charles) , boul. Notre-Dame, 15.

Audibert et Gibily, r. Montgrand, 60.

Baux (Alph.) et Eug. Fraissinet, soies gréges, commerce avec l'Inde, la Chine et le Japon, r. Vacon, 50.

Bernard (Daniel), r. St-Savournin, 28.

Benoit (A.), J. Miroglio et Cie, r. Montaux, 23, et à Lyon, Puits-Gaillot, 29.

Clerc (Cl.) et Cie, commissionn. en marchandises et de transit, r. Joliette, 5.

Dibon, cocons et vers à soie , r. des Trois Mages, 35.

Debourg (Eug.), r. Bretueil, 102.

Delon (Emile) et Cie, r. Vacon, 39.

Desgrand (Louis) et Cie, négociants, r. Montgrand, 14, maisons à Londres et à Lyon.

Dobler (Ed.), r. Bretueil, 20.

Estienne (F.), r. Rougier, 1.

Farjon (Henry), commissionn. en soies et cocons, graines de vers à soie de Bukarest (Valachie), r. Puget, 11.

Ferrieu (J.-A.), négociants en soie et cocons, r. Sainte, 44, maison à Lyon.

Gaude (E.) et Cie, cours Belzunce, 2.

Gandjounzoff (S. M.), négociant en soies et cocons, r. Sylvabelle, 27 et r. Grignan, 28, maisons à Tiflis et à Moscou.

Gimmig frères et fils de Piet le jeune, négociants en soies, r. Sylvabelle, 54.

Giraud frères, commissionn. en soies, déchets de soie, cocons, r. Sainte, 42 A.

Heitz et Deveze, négociants, r. Sylvabelle, 110, maisons à Lyon et à Londres.

Kunkler et Preiswerck, r. Sylvabelle, 73.

Laroche (Aug.), filature de soie, cordage fantaisie, filature à Avignon (Vaucluse), comptoir, r. Breteuil, 43.

Molines, négociant commissionnaire en soies et cocons, r. St-Jacques, 36.

Mazade (A.), r. Montgrand, 56.

Mazel (A.), r. Impériale, 19.

Modiano (Saül et Ab.) et Cie, commissionn., r. Dragon, 51.

Mooser (W.), déchets, r. Saint-Jacques, 11.

Morand (A.) et Cie, soies et cocons, commission et consignation, r. Sainte, 38.

Mourgue, d'Algue et fils, négts et filateurs de soies, r. Estelle, 3.

Pascault (P.), cocons et déchets de soie, r. Sainte, 2.

Pila (Ulysse) et Cie, négts-commissionn., r. Montgrand, 20.

Ponzio, La Nicca et Cie, r. Grignan, 56, maison à Lyon.

Racine (Aug.) et fils, commissionn. en soies, r. Breteuil, 30.

Ralli-Negroponte et Cie, soies et articles du Levant, boul. Longchamp, 1.

Rambaud-Thoral et Sestier, soies, déchets, laines et cotons, cours Bonaparte, 80 ; maisons à Lyon, à Saint-Etienne et à Nîmes.

Revol et Dassier, soies, cocons et déchets, r. Paradis, 128 ; maison à Lyon.

Rosenburger frères et Cie, négts-commissionn. en soies, cocons et déchets de soies, boul. Notre-Dame, 11 A.

Roux de Fraissinet et Cie, banquiers et négociants en soies, r. Montgrand, 56 A.

Rossignol de Salavy et Cie, r. Armény, 21.

Serpoul, r. Albran, 51.

Simonnet et Cie, négts et banquiers, soies cocons frisons et bourres, cours Bonaparte, 4.

Sonchon (L.) et Cie, commissionn. en soies et cocons, r. Montgrand, 26.

Stocker, Goldschmid et Cie, commissionn. en soies, r. Montgrand, 50.

Terrazi, r. Breteuil, 47.

Soieries, nouveautés et lingerie.

Bouis (C.) jeune, r. Tapis-Vert, 26.

Blanc de Sipriot, r. de la Darse, 8.

Eude-Viugué (L.) et Cie, r. de la Darse, 15.

Girouse (Charles), r. Grignan, 28.

Labadie (Isid.), r. Tapis-Vert, 34.

Laugier (J.-Bte) fils aîné, r. Tapis-Vert, 36.

Loire et Auquier, r. Saint-Ferréol, 38.

Rodier (E.), r. Paradis, 69 (représentant).

Seguy (Mlle) et Sauze, r. St-Ferréol, 75.

Valich aîné, et confection, r. St-Ferréol, 39.

Tapis.

Brunet (J.) fils, dépôt de tapis, rideaux brodés, velours, étoffes et ornements, r. Grignan, 5 A.

Eude (L.), Vieugué et Cie, tapis et étoffes pour meubles, représentés par Lafouge, r. de la Darse 15.

Rigolet (G.), tapis, nattes, paillassons, toiles cirées, etc., allées de Meilhan, 16.

Sallandrouze-Lemoullec, r. St-Ferréol, 56, manufacture à Aubusson.

Toiles (négts et marchands de).

Allègre (A.) et Cie, maison de gros, r. Tapis-Vert, 28.

Allègre (François), gros et détail, r. St-Ferréol, 30.

Bienvenu et Blanc, cours St-Louis, 1.

Brunet (Louis), gros, sacs et emballage des Indes, quai Rive-Neuve, 9.

Caire (C.) et fils, gros, négts, toiles sarraux, confection et draperie, r. Tapis-Vert, 30.

Caire frères, négts, maison de gros, r. Tapis-Vert, 24.

Camoin frères, détail, r. de Rome, 46.

Chastan, négt en gros, r. Sainte, 5.

Denis (Pierre), gros, r. Tapis-Vert, 41.

Deval frères, r. Darse, 12.

Fortoul et Gartaud, gros, r. Tapis-Vert, 37.

Frank et Bœringer, r. Longue-des-Capucins, 39.

Gardair (Félix) et fils, négts en gros, r. Tapis-Vert, 32 ; tissage mécanique à la Palud, près Marseille.

Héraud (Alex.) aîné, cours St-Louis, 4.

Lauzero et Lanteaume, négociants, rue du Tapis-Vert, 35.

Mirtil, toiles et dentelles, r. de la Darse, 16.

Pernet, Chênes et Cie, r. du Pavé-d'Amour, 6 ; fabr. à Longpré (Somme).

Pierrefeu (E. et C.), r. du Tapis-Vert, 33.

Riboulet frères, r. Saint-Ferréol, 79, gros.

Roudier, blouses, r. d'Aix, 19.

Rouf frères, draperie, r. de Rome, 9 et 2.

Roux (J.-A.), articles pour ameublements, trousseaux, layettes, r. de la Darse, 3 A.

Saint frères, r. Beauvau, 1 ; manufacture de toiles d'emballage et toiles à sacs, maisons à Paris, Rouen, Havre et Lyon.

Sabatier, r. Etrieu, 2.

Seguy (Marie) et Sauze, toileries, articles trousseaux et layettes, r. St-Ferréol, 75.

Signoret frères, négts, r. du Tapis-Vert, 40 ; maisons à Lille (Nord) et à Panissières (Loire).

Thibe (C.) et Cie, négts en gros, toiles et articles de Beaujolais, r. Longue-des-Capucins, 49.
Vian (M. et P.), Grande-Rue, 3 B.

Toiles à peindre (fabr. de).

Meissonnier père et fils, fabr. à Toulouse, dépôt à Marseille, r. Paradis, 15.

Toiles à voiles (fabr. et entrepren. de).

Achard (Gustave et Louis), r. Glandevès, 10.
Bonnefois aîné, toiles à voiles de Dikson, de Dunkerque ; quai de Rive-Neuve, 5 et 6.
Bonnefoy fils de l'aîné, place de la Bourse, 5.
Guigou (A.), navires ; dépôt des toiles à voiles Huret, Lagache et Cie, quai de Rive-Neuve, 9.
Pernet, Chênes et Cie, r. Pavé-d'Amour, 6.
Roussin (V.), fabr. de toiles à voiles en lin et en coton, gros et exportation, place des Quatre-Tours, 18.
Saint frères, r. Beauvau, 1, toiles, sacs, bâches ; usine à Flixecourt (Somme), maisons à Paris, Rouen, Havre et Lyon.

Aix.

Tribunal de commerce. — Président : Hermitte ✻. — Juges : Vieil. — Remondet. — Michel. — Tassy. — Suppléants : Coq. — Leydet. — Girard. — Laroque. — Greffier : Arnaud.
Chambre consultative des arts et manufactures. — Président : Aubert ✻. — Secrétaire : Bernard.
Consulat d'Italie. — Mouret, vice-consul.
Banquiers. — Avril (Séverin) et fils. — Cézanne et Cabassol. — Crémieux, Millaud et Laroque. — Gauthier (Hte). — Ricard et Boyer.
Chanvre en gros. — Jourdon. — Poitevin. — Sibille.
Chapeaux (fabr. de). — Armelin (J.) et Cie. — Bernard. — Coq fils et Sconnio, fabr. de chapeaux souples à façon. — Coupin et Cie, usine à vapeur à Berre (B.-d.-Rh.). — Haas ✻ et Cie, usine à vapeur, maison à Paris. — Imbert. — Leduc, fabr. de chapeaux feutre souples et apprêtés ; maison à Paris. — Pardigon (Augustin). — Pelloutier (P.-J.). — Vincent (Louis), fabr. de chapeaux souples et imperméables ; maison à Paris.
Constructeurs-mécaniens. — Coq fils, machines brevetées s. g. d. g. spéciales pour la chapellerie. — Lafont, construction spéciale de machines. — Protheau (François). — Rambert frères, brevetés s. g. d. g., spécialité de machines à poncer les chapeaux et autres.
Draps. — Fortoul (Honoré). — Gautier frères. — Laurent (Rose). — Oneille (V.).
Indiennes (imprimerie d') et fabr. de cambresines. — Ferrand (V.) fils. — Reymond frères et Penco.
Laines. — Avril (Séverin) et fils. — Bedarrides (Lionel). — Bedarrides (S.-D) cadet. — Beauvois (Marius). — Crémieux, Millaud et Laroque. — Gouirand et Schaefolt. — Hurel (J.) et Rondon jeune. — Kopf-Bourillon. — Leydet (Vtor) aîné. — Milliat (Etienne), fabr. de laine pour chapellerie.
Nouveautés, soieries et toiles. — Ferry (J.). — Martin. — Gabet et Moiroud. — Arlaud et Cie.
Merciers et quincailliers en gros. — Arnaud et Goubert. — Lançon et Beybaud. — Roux et Maurel, maison de gros.
Nouveautés, soieries et toiles. — Ferry (J.). — Martin. — Gabet et Moiroud. — Arlaud et Cie.
Tailleurs-confectionneurs. — Aiman (C.). — Bourdelet. — Fabre. — Fortoul. — Gautier frères. — Latil. — Molmeret. — Mouranchon.
Tailleurs (marchands). — Duboisset. — Errambert. — Fayeux. — Garnier. — Giraud. — Leydet. — Valentin. — Véran.
Toiles d'emballage (fabr. de). — Michel (B.).
Toiliers, rouenneries et nouveautés. — Arène. — Beisson fils aîné. — Caillat-Gastaud. — Callier et Cie. — Carcassonne. — Fortoul (André) et Cie. — Jean. — Laurent-Rose. — Martin. — Gabet et Moireau. — Pécourt et Louis Conil. — Savornin. — Aragnol. — Olivier et Rigaud.

Arles.

Tribunal de commerce. — Président : Lalmand aîné. — Juges : Laudun. — Paulmyer aîné. — Bigot (B.). — Andron (P.). — Suppléants : Ferrier (P.-M.). — Arnaud (L.). — Greffier : Jean.
Banquiers. — Blauvac (Aug.), maison à Tarascon. — Caisse agricole et commerciale : Arnaud (Augte). — Ferrier (P.) fils.
Draperies, nouveautés, rouenneries et toiles. — Chamanier (Ve). — Grison-Cartier. — Lalmand frères. — Montel (M.). — Giraud. Ve Laget. — Lillamand (Ve). — Ranchier-Blanc. — Raybaud et Viret. — Richard-Vigouroux. — Rousseau fils.
Laines et autres produits (négts-commission. en). — Andron aîné. — Audibert Bastide. — Aurant et Delacroix. — Beaucaire dit Vidal aîné. — Beuf (J.-L.). — Carcassone (Alphandéry). — Causse (H.). — Datty (J.) de Bontoux jeune. — Denis (Honoré). — Disnard (L.), laines et graines fourragères, expédition des vins de son vignoble. — Ganteaume (P.), laines à matelas. — Izac fils aîné. — Mayet aîné. — Milhe (Jean). — Niquet (J.-B.). — Quenin. — Rigot (P.). — Sabran fils. — Teissier (Edouard). — Sausse aîné, commis-

sionnaire en laines et peaux pour la mégisserie. — Véran (J.-A.).
Mercerie et quincaillerie en gros. — Beyssier jeune. — Dumas. — Michon. — Moreau.

Aubagne.

Draps et couvertures de laine (fabr. de) — Cucurny.

Auriol.

Chapeaux (fabr. de). — Henry fils.
Cotons (filatures de). — Félix. — Jean. — Latil. — Long. — Mathieu.

Barbentane.

Laines. — Granier-Boudin.
Mouliniers en soie. — Vincent frères.
Vers à soie (graines de). — Berlandier (J.-B.).

Berre.

Banquier. — Vailhen.
Chapeaux (fabr. de). — Coupin.

Cabannes.

Mouliniers de soie. — Audoard (J.). — Escoffier. — Pascal (Vtor).

Eyguières.

Draps. — Abeille. — Martin. — Bayol. — Fabre. — Seguin.
Laines. — De Benault de Lubières. — Fabre. Marin. — Mercier. — Raybaud. — Sauvan.

Eyragues.

Mouliniers en soie. — Baunau (P.). — Brun

Grans.

Laines. — Comte et Muoret,
Soie (fabr. de). — Jauffret père et fils.

Graveson.

Soie (moulinage de). — Catelan. — Chabert aîné. — Mercurin.
Rouets pour fil à coudre. — L. Tardieu.

Lambesc.

Draps. — Biet et Vérand. — Bonnet. — Gay. — Merle. — Teissier.

Lamanon.

Graines de vers-à-soie. — Bérenguier.

Martigues.

Draps, soierie et étoffes diverses. — Costes (A.). — Gouin aîné. — Gouin (D.). — Martin (A.). — Paul (Ve). — Reboul (Ve). — Sabatier sœurs. — Suquet aîné. — Vachier et fils.
Chapeaux (fabr. de). — Bernard. — Chiousse (D.). — Foucard (F.).

Pélissanne.

Soie (filatures de). — Daumas. — Reynaud. — Reynaud frères.

Roquevaire.

Draperies et nouveautés. — Beaume fils. — Gamerre aîné. — Roubaud et Gamerre.
Soie (tirage de). — Fabre et Cie.

Saint-Canat.

Tirage de soie. — Barlatier.

Saint-Remy.

Banquiers. — Hilaire (A.-H.) frères. — Tronche et Blanchet.
Laines. — Garein (J.). — Mistral (J.) frères.
Négociants en tissus et autres productions. — Millaud (Eug.) fils, draperie et nouveautés. — Mistral, (P.), garance. — Tourame (Jacques), soies.

Salon.

Banquiers. — Alphandéry, Crémieu et Jourdan. — Castillon, Mourret et Devolx.
Chapeaux (fabr. de). — Crousnillon. — Faure. — Montmayeur. — Rolland.
Cordes (fabr. de). — Cartier fils. — Depleur. — Dor.
Draperie, toilerie et nouveautés. — Allamand. — Crousnillon. — Tournefort (A.) et Cie.
Laines (filatures de). — Conte (J.-C.) — Ricard et Payan fils, négociants.
Laines, achats et lavages à la commission. — Carcassonne (Darius et Gustave). — Conte (J.-C.). — Ricard et Payan fils.
Négociants-commissionnaires en soies et autres productions du pays. — Alphandéry, Crémieu et Jourdan, banque et cocons. — Alphanderz (L.) et Tour. — Carcassonne (Darius et Gustave), laines. — Coren (A.) aîné et fils, soies. — Coren jeune, soies. — Payan fils, laines. — Ricard gendre Jauffret. — Turin père et fils, soies et cocons.
Soie (filatures d'ordres et moulinages de). — Coren (A.) aîné et fils, filateurs. — Coren jeune, filature et moulinage. — Turin père et fils, filateurs.

Senas.

Soie (fabr. de). — Escoffier.

Tarascon.

Tribunal de commerce. — Président : Rique (P.). — Juges : Pons. — Lafont (Ant.). — Jourdan jeune. — Suppléants : Riffard (J.-A.). — Blanc fils. — Greffier. Galissard.
Banquiers. — Blauvac (Aug.). — Mauche (J.) et V. Aloué.
Chapeliers en gros. — Blanc (Jh). — Berlandier. — Bonnet frères.
Cocons (filature de). — Laffont fils. — Rousseau fils. — Rouyer.

Draperies et nouveautés. — Andréïs. — Gallisard-Maquet. — Louis. — Maquet-Charlat.

Mercerie en gros. — Gargasso. — Rousseau. Mouchoirs imprimés (manufacture de). — Jourdan jeune.

CALVADOS

CAEN (chef-lieu).

Chambre de commerce. — Président : Paulmier (Ch.), O ✳. — Vice-Président : Aze. Membres : Bellamy. — David-Beaujour ✳. Guérard-Deslauriers aîné. — Fontaine. — Derjet jeune. — Dauphin-Valombourg. — N...

Tribunal de commerce. — Président : Fontaine. — Juges : Primois (J.-E.). — Leflaguais. — Levard. — Solenge (Ch.). — Suppléants : Din-Dupart. — Tinard. — Guillet-Féron. — Doullement d'Ingremard. — Greffier : Devie.

Agréés. — Rubin. — Levalois. — Buret. — Vautier. — Dépret.

Conseil de Prud'hommes. Président : Postel. — Secrétaire : N...

Consuls. — Autriche : De Bois-Lambert, agent consulaire.
— Danemark : De Bois-Lambert, vice-consul.
— Grande-Bretagne : Ch. Perceval, id.
— Pays-Bas : Holzmann (Léon) ✳, consul.
— Portugal : Alliaud, vice-consul.
— Prusse : Holzmann (L.) ✳, consul.
— Suède et Norvège : Lemoine, vice-consul.

COMMERCE, INDUSTRIE.

Angora (filatures d'). — Catel et sœur (C. et S.), filés et teints en toutes couleurs. — Durozier.

Banque de France (succursale de la). — Directeur : Decaen (A.). — Caissier : Boulen.

Société générale pour favoriser le développement du commerce et de l'industrie en France. — Siège social à Paris, Chédot (E.) et Cie, caisse d'escompte de Caen.

Comptoir d'escompte de Caen (Société anonyme). — Directeur : Mondehare (A.). — Sous-directeur : Anne.

Banquiers. — Bellamy (Eugène). Guilbert (François) et Cie. — Devaux et Cie. — Roger (J.) et Cie.

Comptoir des actionnaires. — Directeur : Jacquemart.

Blondes, dentelles et tulles brodés (fabr. de) — Bellanger-Lefrançois, dépôt à Paris. — Bénard (Ch.) — Bidard (P.). — Blanchet (E.), maisons à Paris, au Puy et à Dammartin. — Bonnaire (E.). — Carroz (J.). Debuisson et Cie, maison à Paris et au Puy (Haute-Loire.)

Compagnie des Indes. — Verdé-Delisle ✳ frères et Cie, maisons à Paris et à Bruxelles.

Colas J.-B.) et fils, filatures et ouvraison. —

Courlet (G.), maisons à Paris. — Dalmazo. — Dalechamps (J.). — Dalechamps (Mme Eug.). dentelles noires à Paris. — Decam (A.) jeune. — De Gournay (Mlle). — Dehais-Liot. — Delmas (A.). — Déloges (A.) et Cie, Dépôt à Paris. — Duparc (Vve) et C. Noury. — Dupont (O.). — Fortin (F.) et Morel, maison à Paris. — Foucher (P.). — Foucher (Z.). — Francfort et Elie, maison à Paris. — Gast (Ernest), représenté à Paris par Alex. Chappot. — Godde. — Godderidge (Vve). — Gouilly (Mme). — Haley fils. — Houbey (Mme) — Isabelle. — Joanne (Henri). Joseph de Caen. — Kirk (J.-W.) fils jeune. — Laroche. — Leconte (Emile). — Lecoq-Lamotte. — Lecornu (Arthur), dentelles noires maison à Paris. — Lefranc. — Lemonnier. Lemore (F.). — Lepeltier frères, maison à Paris. — Loysel (F.-L.). — Loysel la Billardière, dentelles noires, dépôt à Paris. — Merouze (Paul). — Merouze (Ulysse), dentelles noires. — Marquet et Cie. — Michel (N.). — Pagny (Edouard). — Passet (C.), maison à Paris. — Peschó. — Piquet-Hamon. — Pougheol. — Richier-Hervieu. — Rivery (V.), dépôt à Paris. — Louise Delgesa. — Robert frères. — Rouland (Vve). — Saint Raymond et Delacroix. — Seigneurie, dentelles noires. — Valette (Vve Eug.) — Varin, fabr. à Caen et à Thury-Harcourt. — Vilain (A.). — Violard frères, dentelles, maison à Paris. — Walch.

Bonneterie (fabr. et marchands en gros. — Bisson. — Buffet. — Catelet sœur. Gest fils. — Guillemette. — Lemonnier. — Le Testu (Ch.). — Maillard. — Méhédin et Cie. — Moulin. — Noury. — Paris. — Valentin-Raffin. — Vassel fils.

Boutons (manufac. de). — Juhel (L.-C.) et fils. — Juhel (A.) fils, négt. et dépositaire, à Paris.

Casquettes (fabr. de). — Barauglia — Bonifazi. — Coly. — Lange. — Mancini. — Rouillier.

Chapeaux de paille (fabr. de). — Zwelfel.

Chasubliers. — Lesaulnier. — Vallée.

Cotons (fabr. de). — Petitjean.

Dessinateurs en blondes et dentelles. — Chollé. — Fouqueré (Théodore). — Languehard.

Draperie et nouveautés. — Foucher et Tinard. — Gest fils. — Gest et Morin. — Leparfait. Leveel. — Levesque. — Magron fils. — Manchon (J.). — Marescal. — Pagny (A.) châles nouveautés. — Paquin frères — Pi card et Bilheust. — Potdevin-Lenoble. — Roger.

Droguistes en gros. — Berjot jeune. — Volsin. — (A.) Huet. — Legrand. — Lesueur (Vve).

Gantiers. — Bouvet (Victor). — Pagnoux-Anderodias, fabr. de gants de peaux.

Laines. — Durand et Noury. — Lafontaine. — Le Testu (Ch.). — Pain et Sœur. — Prévost. — Tostain jeune.

Mécaniciens. — Dubois. — Garat. — Heudier (Th.). — Levêque. — Osmont. — Turquety. — Verdant.

Mercerie en gros. — Durand et Noury. — Leteneur. (J.) — Lissot (J.). — Maillard. — Mallet, spécialité pour tailleurs et couturières. — Tostain jeune. — Vassel fils.

Nouveautés et soieries. — Desruisseaux. — Douville. — Gosselin fils. — Gost fils et Cie. Hulin. — Le Conte. — Legallier. — Leprovost. — Magron fils. — Mareschal (F.). — Mazellier (Aug.). — Noël et Dupuy. — Picard et Bilheust. — Potdevin-Lenoble. Tinard (P.).

Ornements d'église confectionnés. — Guincestre. — Le Baron (H.). — Vallée.

Ouates (fabr. d') Zweifel (Vve). — Dépôt Durand et Noury.

Passementerie. — Mallet, passementerie pour dames et ameublements. — Mancel (Léopold). — Ménager (A.) fils.

Rouennerie en gros. — Boudray (Vve). — Féray. — Gosselin (A.) et Ménard. — Gost fils. — Gost et Morin. — Lecarpentier. — Lerandu, Lechevalier et Binet. — Magron fils. — Neel-Hulin et Cie. — Perrotte jeune (les fils de).

Rubans de soie (marchands de). — Denis (J.) et Frilley. — Mancel (Léopold). — Thierry. — Tostain jeune.

Soies pour blondes et dentelles. — Colas (J.-B.) et fils, filature et ouvraison de soie, maisons au Puy (Haute-Loire), et à Grammont (Belgique.) Duval (Auguste). — Paul Drouet et Cie ; maison à Grammont et au Puy (Haute-Loire).

Teinturiers. — Bisson. — Bougy. — Châtel. — Desnos. — Hamelin-Decourcelles. — Henry. — Jardin. — Maurice.

Tissus en gros. — Gost et Morin.

Toilerie. — Botte (Th.). — Chantepie. — Dan (Em.). — David (N.-H.), toiles blanches et écrues. — Filemont et Quédruc. — Gost et Morin. — Gost fils et Cie. — Hardy (A.). — Leconte-Mortefontaine. — Loison dit Marie. — Magron fils. — Manchon père et fils. — Neé-Hulin. — Pagny (A.), châles et nouveautés. — Pegoix (C.). — Suriray frères, maison à Condé-sur-Noireau.

Toiles à voiles (dépôt de). — Letellier.

Aunay-sur-Odon

Cotons (filature hydraulique de) Duforestel et Cie.

Balleroy.

Dentelles et tulles de soie (fabr. de). — Laurent (Vve). — Gournay (Mme), — Phillippine (Mlle). — Vauquelin (Mlles).

Bayeux.

Chambre consultative des arts et manufact. — Président, Douesnel ✳. — Secrétaire, N...

Tribunal de commerce. — Président, Lecavelier. — Juges, Morice-Lélu. — Morel (P.-J.J.) — Couillard (Louis). — Hamel-Thibault. — Suppléants, Cardine. — Gaigé. — Lesénécal. — N... — Greffier, Le Comte. Agréés — Tostain. — Hamel. — Duval. — Paret.

Banquiers et négociants. — Douesnel (A.) ✳ et Frestel. — Vaussi (Vve) et fils.

Dentelles (fabr. de). — Bonnet jeune ; dépôt à Paris.

Compagnie des Indes. — Verdé-Delisle ✳ frères et Cie, manufactures de dentelles, maisons à Paris et à Bruxelles. — Debbeld, Pellerin et Cie, maison à Paris. — Delafontaine (A.). — Gast (Ernest), maison à Paris. — Lecomte (L.), dentelles noires. — Lefébure (Auguste) ✳ et fils, maison à Paris. — Lezoux. — Pagny (Ve A.), maisons à Paris. — Pigache, maison à Paris. — Tarin (P.), dentelles noires.

Bellengreville.

Dentelles (fabr. de). — Barbey (P.) ; dépôt à Paris, chez Edgard Youf.

Bernières-sur-Mer.

Dentelles (fabr. de). — Mériel sœurs.

Beuville.

Dentelles (fabr. de). — Gautier aîné. — Gautier jeune. — Jeanne (Henri). — Roussy.

Biéville.

Dentelles (fabr. de). — Jeanne Henri.

Beuvilliers.

Toiles de lin et de chanvre (tissage mécanique). — Laniel père et fils de Vimoutiers (Orne).

Breuil-Blangy (le).

Bourre de soie (filature de). — Dauge (Ernest), maison à Paris.

Cotons (filature de). — Sanson.

Soie (filat de). Samson.

Chapelle-Yvon (la).

Cotons (deux filatures hydrauliques). — Chauvière fils.

Draps (fabr. de). — Lefranc. — Leprestre (A.). — Leprestre (V.).

Foulonniers. — Halmet (A.). — Lesueur.

Laines (filature de). — Dutheil ainé. — Gilles (Ch.), maison à Lisieux. — Lapreste (L.) ainé et fabr. de draps.

Cheffreville.

Laines (filature de). — Dutheil-Perier (A.).

Clécy.

Cotons (filature de). — Delivet (Jacques), de Condé-sur-Noireau, à la Bataille. — Guesnier (Th.) à la Fontaine. — Heuzé au Hameau-Sebire. — Jariel (Dominique) à la Landelle.

Tissus de coton (fabr. de). — Decesse. — Foucault. — Guesnier.

Colleville-sur-Orne.

Blondes et dentelles noires d'or et d'argent (fabr. de). — E. Vallière et Cie ; et à Paris.

Condé-sur-Noireau.

Tribunal de commerce. Président : Roullin. — Juges : Castecloud dit Desrosier. — Debon. — Malhère. — Suppléants : Deshayes. — Chauvière. — Greffier : Dupont.

Chambre consultative des Arts et Manufactures. Président : Déthau-Juhel.

Conseil de prud'hommes. Président : Rubline (Léon).

Banquiers : Debon (F.). — Donnet, Dumont et Cie. — Hardy. — Lelogeais ✳.

Commissionnaires et négociants en coutils. — Donnaud (J. M.). — Daveult-Gesnein. — Guillouet frères. — Havard jeune. — Havard-Guillouet. — Lainé (Jules). — Lefranc. — Letellier. — Nérou (Alfred) et Cie. — Robillard frères. — Roullin fils. — Segaud (F.) fils. — Surene (L.). — Vaulegé-Longpré frères.

Coton (fabr. d'étoffes de). — Angée. — Aubert (Ch.). — Aubert jeune. Auger (Ed.). — Barbet fils. — Baron-Langlois. — Besnard. — Baupré (F.). — Blet (L.). — Bodin. — Bonnaire (L.). — Bonnaire (V.). — Bourrienne. — Bridet (E.). — Catherine (A.). — Chancerel. — Chauvière-Lebreton. — Chenet. — Fourney. — Daveult jeune et sœurs. — Delaitre. — Deniaux-Brunet. — Dens frères. — Denis fils ainé. — Désert (Amable). — Desrues. — Dufay (Aug.). — Dumont fils ainé. — Durocher fils ainé. — Fleury-Jardin. — Froger (Auguste). — Gahéry. — Gauquelin. — Gomont (Th.). — Gosselin (F.). — Hamon. — Havard-Guillouet. — Hébert (A.) fils. — Hébert jeune. — Huet (L.). — Huvet. — Jourdain. — Langlois. — Lair sœurs. — Lebailly (Th.). — Lebailly-Langlois. — Lebœuf (N.). — Lebeitteux. — Lebrun jeune. — Le Courtois. — Lecouturier (Jules). — Lemaître (V.). — Levain-Chauvin. — Longuet. — Maillard (Fils). — Maillard (Prosper). — Maillière (Eug.). — Mancel. — Nérou (Alfred) et Cie. — Pichard (P.). — Rebline (L.). — Roullin fils. — Treley (J. M.). — Trelley (Jean). — Turmel (Vve). — Vardon-Dugué.

Cotons filés (dépôt de). — Bouquerel (J.). — Colin-Duff. — Durocher (Lair Aristide). — Masseron-Barbey. — Nérou frères. — Robillard frères. — Vaulege-Longpré frères.

Cotons (filature et tissages mécaniques de). — Bazin (Aug.). — Hamon. — Lehugeur, Fauvel et Germain. — Levain et Cie. — Robillard et Lelogeais ✳.

Cotons (filatures de). — Bazin-Delaferté (Vve). — Bazin (Félix). — Boisne (A.). — Calais (Louis). — Colein (Alfred). — Daveult fils ainé. — Delaferté (Emile). — Delaferté-Bazin. — Delaferté-Lefebvre. — Delivet (Jacques). — Duret. — Germain (F.). — Germain-Fleury. — Guillet ainé et Houdayer. — Guillouet-Daveult. — Hue. — Huet (F.). — Huet (R). — Léon et Cie. — Lemoine-Derenlet. — Lepelletier. — Nérou (Virgile). — Pellier (E.) (Vve). — Pellier-Boisne. — Pellier-Melidor. — Rivière (Vve). — Robillard frères, et commission. — Roger. — Vardon (A.).

Coutils, reps, damassés. — Quériou (C.), velours d'Orient, articles de Flers et de Condé.

Damassés (fabr. de). — Quériou (C.).

Draperie et nouveautés. — Bédouel. — Dunot (T.). — Courgenou. — Marchal. — Halbout. — Lainé (Jules). — Lévêque et Lucas.

Droguiste. — Déthau-Juhel.

Laines (fabr. de tiretaine et droguets). — Vaulogé-Longpray frères.

Linge de table (fabr. de). — Demonbray jeune. — Quérioux.

Mécaniciens pour filature et tissage. — Angué. — Bobo. — Chelot-Lehujeur. — Véchard. — Ybert.

Rouenneries en gros. — Leboucher (L). — Loysel (Aug.).

Teinturiers. — Alabarbe. — Anne fils. — Boutry. — Cautru fils. — Deshales (F.). — Dumont. — Gomont (Th.). — Guillou. — Groult. — Heurtin. — Lefrançois ainé. — Malhire (H.). — Outin. — Prieur. — Quérieux (C.), Sebire. — Tirard. — Vardon.

Tourneurs en fer en cuivre et bois. — Bodo. — Véchard frères. — Ybert.

Courseulles-sur-Mer.

Vice-consul de Suède et de Norwège. — Legagneur.

Dentelles (fabr. de). — Robert frères. — Viollard frères, maison à Paris.

Creully.

Dentelles, tulles (fabr. de). — Berrurier. — Lacour. — Lesauvage.

Croissanville.

Cotons, filature et retorderie. — Dauge (Ernest), maison à Paris.

Dentelles (fabr. de). — Lemière (F.). — Mérouze.

Crocy.

Cotons (filature de). — Collin et Lecherpy. — Germain.

Falaise.

Chambre consultative des arts et manufactures. — Le Guay ✻, président. — Bardy-Fessard, secrétaire.

Tribunal de commerce. — Président : Heuzé (Ch.) — Juges : Sehire. — Gautier (Eug.). — Sienneau (J.-A.). — Robine. — Suppléants : Hébert-Roger. — Barbé. — Picard. — Lepainteur. — Greffier : Larchant.

Banquiers. — Heuzé (Ch.). — Lodin et Cie. — Martin, escompte.

Blanchisserie de coton. — Blin-Delange. — Hatrel et Cie. — Lemoigne frères, et fabr. bonneterie.

Bonneterie de coton en tous genres (fabr. de). Acquerin-Dallière. — Allain (Virgile). — Allain jeune. — Daloche-Danin. — Bardy-Fessard. — Basourdy. — Bessirard-Darpentigny. — Blot (Ambroise). — Boulay. Bouquerel-Jeanlouis. — Boutigny-Lemoine. Brée. — Costey-Leroux. — Courseulle-Collin (V.). — Crespin (Adrien). — Daspres-Lepontois. — Delange (B.-D.). — Delaunay-Roussel. — Duclos jeune. — Fauvel-Leblanc. — Galot-Fromage. — Gautier fils aîné. — Gautier (Emile). — Gondon-Jardin. — Hatrel, fabr. à Guibray. — Hébert-Roger. — James-Apport et fils (Gustave Chauvin, successeur), à Guibray. — Jeanlouis-Courseulle. — Jeanlouis-Jehanne. — Jeanlouis-Louvel. — Labbé-Lemaître. — Lardière et Cie. — Laurant-Marie. — Lebourgeois (V.). — Lebourgeois-Courseulle. Lecerf jeune. — Lecherpy-Lecerf. — Lecoq (Eug.). — Leluyaux. — Lemoine frères. — Loriche-Filleul. — Leroy-Girard. — Liard. — Malfilâtre-Jeanlouis. — Malfilâtre-Langlais. — Malfilâtre-Leboucher. — Martin-Courseulle. — Morel fils aîné. — Oriot (H.). — Platier-Thomas. — Picard (Louis). Piel (P.). — Prodhomme-Yvlin. — Radigue père, dépôt à Paris. — Robine-Leneirey. — Roger fils. — Roger-Tumbeuf. — Roger-Decourt. — Roger-Prévot. — Roussel-Blanchard. — Séjourné fils. — Seron (Aug.).

Bonneterie de laine (fabr. de). — James frères. — Lesage. — Longuet aîné.

Cotons (commissionnaires en). — Bouquerel (Léon). — Gautier (Emile), dépôt des filatures d'Aulnay-sur-Odon et de Thiéville. — Leboucher-Girard. — Vasse (F.), à Guibray.

Cotons (filature de). — Collin et Lecherpy. —

Duvellerey (Auguste). — Jarriel (Dominique). — Laignel-Carrel. — Leguay-Lebaillif ✻, filatures à Falaise et au Pont-des-Vers.

Indigos. — Bouquerel (Léon), indigos et toiles d'emballage.

Laines (filature de). — Duclos-Maheut.

Laines filées. — Daspres-Lepontois. — Duclos. — Maheut. — Lepainteur fils aîné. — Longuet aîné.

Mécaniciens constructeurs de métiers. — Boulay. — Lemasson (V.). — Chevalier. — Marquet aîné. — Renault.

Teinturiers. — Blin et Delaunay. — Blin-Delange. — Duclos-Maheut. — Lepainteur fils.

Tissus de laine et de coton retors et siamoise (fabr. de). — Duclos-Maheut. — Heuzé, cotons et soies. — Lemoine frères. — Lepainteur fils aîné. — Moutiers (Ch.). — Pernelle. — Sabine-Lemoine.

Gonneville-sur-Merville.

Dentelles (fabr. de). — Bertot-Lecornu aîné.

Lisieux.

Conseil général des manufactures. — Membre délégué : Fournet, O. ✻.

Chambre consultative des arts et manufactures. — Président : Fournet, O. ✻. — Secrétaire : Bordeaux.

Tribunal de Commerce. — Président : Lecarpentier. — Juges : Delalande. — Lemaignon. — Fleuriot (A.). — Colombe (A.). — Suppléants : Poulevey. — Lambert fils. — Gonard. — Courtelle. — Greffier : Lecornu.

Conseil de Prud'hommes. — Président : Lambert. — Secrétaire : Baron.

Apprêteurs. — Bazin et Poulevey. — Bertre aîné et fils. — Gillotin (A.). — Gouchon (L.), filature, foule, apprêts et impressions. — Hardouin (L.). — Rault. — Philoque. Poret (Vo A.). — Prével (Henri.).

Banquiers. — Cavé, Mallet et Cie. — Comptoir d'escompte de Caen. — Daufresne fils aîné. — Lemaignen.

Blanc (articles de). — De Medina, en gros. — Passelais (Jules).

Blanchisseurs de toiles. — Angot. — Clouard (A.). — Deschamps. — Gauquelin. — Gontiez. — Marie (P.) et Cie, et fabr. de toiles. — Montier (Vo) et Bunel. — de fils : Defougy et fils.

Bonneterie (fabr. de). — Courrel (Hilaire) fils. — Roux jeune.

Cardes (fabr. de). — Dubos (Jules).

Chanvre et lin. — Boutey fils. — Masson frères et Cie. — Maudelonde (César).

Commissionnaires (Voyes) aussi draps (commissionnaires en). — Bertre-David, laines e déchets. — Bossey (F.) et Viquesnel, laines et déchets. — Hardouin (L.). — Letourneur, laines et déchets. — Loutrel fils, laines et déchets. — Quesnel (S.) jeune. — Voisin (F.).

Corsets (fabr. de). — Couture-Guillin.

Cotons (filatures de). — Huchon (Vᵉ). — Sanson, filatures à Lisieux, Ouilly-le-Vicomte et au Breuil près Lisieux.

Couvertures dites Thibaudes (fabr. de). — Gosse. — Leroux. — Moutier fils.

Déchets de laines. — Dubos aîné. — Fauquet.

Draps (fabr. de). — Adeline (Urbain) et neveu, usine à Saint-Hippolyte et Mesnil-Guillaume. — Bazin et Peulevey, filature à Glos. — Bertre-David. — Bertre aîné et fils. — Blot. — Bordeaux (Vᵉ), Fournet et fils. — Bossey (F.) et Viquesnel. — Charpentier (Flor.) et Rouland. — Crespin (E.), — De Boislaurent (A.-P.). — Dubois-Lamidey. — Falaise (A.), dépôt à Paris. — Fournet, O. ❀ et Duchesne. — Fresnel (V.) — Germain (Paul). — Germain (Vve Victor) et Mesnier-Germain. — Gilles (F.). — Godefroy (Lucien). — Harel (Baptiste). — Jacquelin et Duclos. — Lange, fabr. à Orbec. — Lebreton. — Lefebvre et Bourdon. — Lemaignen (L.) fils, dépôt à Paris. — Lequitte et P. Gemy. — Lecarpentier et Preret du Bouillonney, successeurs de la maison Levasseur et Lecarpentier. — Levavasseur. — Lis (Edouard). — Marette. — Mery-Samson ❀, J. Samson et A. Fleuriot (succursales à Paris, Lyon, Nantes, Angers, Rennes et Bordeaux. — Monnier (A.). — Osmont frères. — Picard (Isidore). — Prével (Henri). — Rasse. — Rault (Eug.). — Scipion. — Toutain (H.). — Tranchant.

Draps (marchands faisant fabr. à façon). — Corbin fils. — Gilles (C.). — Lequitte et P. Gemy. — Loutrel fils. — Osmont frères. — Poret (Vᵉ A.). — Rebut (A.).

Draps (commissionn. en). — Bertre-David. — Burel frères. — Derain-Duchesne (E.). — Réautey et Langlois.

Droguistes. — Chancerel (J.). — Sireude (J.).

Effilochage de laines. — Duboc (Jules). — Gascoin. — Gilles (H.). — Harel. — Loutrel fils. — Poret (Vᵉ A.). — Voisin (F.), dépositaire de Bénard (de Paris).

Fils mécaniques. — Clouard (A.). — Comptoir de l'industrie linière représenté par L. Couvenant. — Defougy jeune et Cⁱᵉ. — Letourneur, dépôt. — Masson frères et Cⁱᵉ. Ropert (A.), dépôt.

Fleurs artificielles (fabr. de). — Larsonnier.

Laines (filature à la mécanique). — Bazin et Peulevey (filature à Glos). — Bertre aîné et fils. — Buhot. — Dubois-Lamidey. — Fournet, O ❀ et Duchesne. — Gouchon (L.). — Lebreton. — Legendre. — Lecar-

pentier et Féret du Bouillonney. — Mery-Samson ❀, J. Samson et A. Fleuriot. — Poret (Vᵉ A.) et Desjardins (E.). — Saint-Denis (Vᵉ) et fils, boul. Sainte-Anne). — Vasseur (Marie).

Laines de France et de l'étranger. — Bossey (F.) et Viquesnel. — Burel frères. — Courtonne (E.) — Dubois-Lamidey. — Gilles (H.). — Laval (Prudent). — Letourneur (A.). — Loutrel fils. — Mallet-Martin et Jules Porte. — Réautey et Langlois. — Sebire (Ernest). — Voisin (F.), dépositaire de Benard (de Paris).

Laines filées. — Lasscray. — Scipion.

Lin (filature à la mécanique). — Mery-Samson ❀. — Rattray et Cⁱᵉ, à St-Germain de Livet et à St-Martin de la Lieue ; maison à Lisieux. — Fournet, O. ❀ (filatures à Livarot et à Lisieux). — Lambert frères, dépôts à Thiberville (Eure) et Amiens (Somme).

Mercerie en gros. — Fertey (S.). — Rocher, Quesney et Coupey.

Molletons blancs, teints et flanelles (fabr. de). —Chéron-Duval. — Duclos (L.), Blondel et Mulot. — Falaise (A.) et A. Goupil. — Germain (Victor). — Germain (Vᵉ Paul) et Menier-Germain. — Lamidey (Isidore). — Lemeunier (E.). — Levasseur et Lecarpentier. — Toutain (H.).

Nouveautés, draperies, rouenneries et soieries. — Chéron-Duval. — Costard. — Courel (H.) fils. — Delalande aîné. — Duclos (L.). — Blondel et Mulot. — Erni-Gondouin. — Etard jeune. — Gerard. — Guillot. — Lemonnier. — Porte (E.). — Rebut (A.). — Rocher, Quesney et Coupey. — Sourdeval (Mˡˡᵉ Clarisse). — Thevenin. — Terribout.

Peignes ou rots à tisser, en cuivre et acier, maillons métalliques et lames à maillons. — Gillotin, David et Cⁱᵉ.

Produits chimiques. — Burel frères, représentants de fabr. — Chancerel (J.). — Sireude (J.).

Teinturiers. — Gouchon (L.). — Grison (Th.), teinturerie du Camp-Franc. — Oger. — Poret (Vᵒ A.).

Toiles (fabr. de). — Bazire. — Boudin-Desvergers jeune. — Boudin-Desvergers fils. — Boutron. — Cavé (A.) et Cerf. — Caplain (Arsène). — Caplain jeune. — Chéron-Duval. — Clouard (A.). — Dubois-Percot. — Duval-Percot. — Fleury. — Fournet, ❀ ; dépôt à Paris. — Gallot (Eug.) et Guettier. — Hamon (Louis). — Hurel. maison principale à Mézidon. — Jobey. — Lambert fils et Querel. — Leguey-Delaunay. — Letourneur. — Loisnel (A.). — Marie (P.) et Cⁱᵉ. — Masson frères et Cⁱᵉ. — Maurey fils. — Petit-Monsaint. — Peulvey-Deschamps. — Proux-Beaumeny. — Proux jeune. — Quesney et A. Postel. —

Rebut (A.). — Ropert (A.). — Saintjean et Derrey. — Thuillier frères et Cⁱᵉ. — Vattier (Auguste).

Luc-sur-Mer.

Dentelles (fabr. de). — Couture. — Marie.

Maisoncelles-la-Jourdan.

Cotons (filature de). — Carel-Gentil (O.), au Pont-ès-Retours.
Draps (fabr. de). — Juhel-Desmares (Jules), au Pont-aux-Retours. — Tardif.

Maladrerie (La).

Boutons de corne (fabr. de). — Juhel (L.-C.) et fils.

Ménil-Guillaume.

Cotons (filature de). — Ergéna (L.). — Hérond. — Noufflard.
Laines (filature de). — Leprêtre. — Urbain (A.) et neveu.

Mezidon.

Lin (filature de). — Hurel et Samson (et tissus de toile cretonne).

Moult.

Dentelles et blondes (fabr. de). — Duménil.

Orbec.

Banquiers. — Legrand. — Picard (Henry) et fils. — Picard (A.-Jules.)
Bonneterie (fabr. de.). — Desrey. — Ruaux.
Draps (fabr. de). — Lange. maison de vente à Lisieux.
Laines (filatures de). — Dubos (A.), à Friardel. — Dutheil (Frédéric), à St-Martin-de-Bienfaite. — Dutheil (Georges). — Labiche fils.
Laines (effilocheurs de). — Dubois (Vve et Cⁱᵉ.) — Laprestey (A.).
Laines. — Oursel. — Picard-Luc et fils.
Rubans de fil et de coton (fabr. de). — Conard (Auguste) et fils. — Leroy.
Teinturiers. — Denis. — Hurel, fil en gros.

Pierrefite-en-Cinglais.

Cotons (filature de). — Huet (François).

Pont-d'Ouilly.

Cotons (filature de). — Pellier-Boisne père et fils, de Condé-sur-Noireau. — Roger aîné, à la Potiche.
Cotons cardés et teints pour ouates (fabr. de). — Morin-Blet, au Bô. dépôt à Falaise.
Laines (filature de). — Jouvin.

Pont-des-Vers.

Cotons (filature de). — Leguay-Lebaillif, de Falaise.

Pont-l'Évêque.

Banquiers. — David et Magny.
Cotons (filature de). — Thibout, à Surville.

Saint-Aubin-d'Arquenay.

Dentelles (fabr. de). — Bellenger.

Sainte-Croix-Grand-Tonne.

Blondes et dentelles (fabr. de). — Godfroy.

Saint-Jacques.

Lin (filature de). Lambert frères, étoupes et phormium.
Toiles (fabr. de). — Caplain. — Duval-Percot.

Saint-Marc-d'Ouilly

Cotons (filature de). — Desessarts. — Pellier. — Roger.

Saint-Martin-de-Bienfaite.

Laine (filature de). — Bosquié (Vve A.). — Buquère (A.). — Dutheil (Fréd.). — Hauton.

Saint-Pierre-de-Mailloc.

Draps (fabr. de). — David (J.). — Harel (Baptiste), draperie en toile, dépôt à Lisieux.

Saint-Pierre-sur-Dives.

Toiles de chanvre et de lin (fabr. de). — Fortier (P.).

Thiéville.

Cotons (filature hydraulique de). — Bouillant et Cⁱᵉ.

Thury-Harcourt.

Blondes (fabr. de). — Loysel-Grusse (Vve).
Cotons (filature de). — Jarriet (D.). — Badin. Clérisse.

Tordouet.

Frocs (fabr. de). — Charpentier (A.). — Delamarre père. — Fauquet fils. — Laprestey aîné, maison à Lisieux.
Lin (filature de). — Wadebled.

Venoix.

Boutons (fabr. de). — Juhel (L.-C.) et fils.

Vire.

Chambre consultative des arts et manufact. — Président, Juhel-Desmarres. — Secrétaire, Vimont aîné.
Tribunal de commerce. — Président : Pichard (E.). — Juges, Ballé (Théophile). — Lemoine (Ch.). — Gallet (P.) — Suppléants, Are-Beauményy. — Juhel. — Pont-Degrenne. — Greffier, Crespin.
Conseil de prud'hommes. — Président : Détan. — Vice-président. — Levallois. — Secrétaire, Lereculey.
Apprêteurs et foulonniers. — Bourrée fils aîné. — Dubosc. — Lecoq.
Banquiers. — Asse et Cⁱᵉ. — Bonvoisin. — Gallet frères. — Gilbert frères.
Blancs et tissus. — Drouet, gros. — Levallois. — Pantin. — Vannier.
Damassé (fabr. de). — Lefournier-Roullin (Th.)

Décatisseurs de Draps. — Legoupil. — Lemière. — Parise-Châtel (Vve).
Déchets de laines. — Baumé. — Bourrée fils.
Draps (commission. en). — Ballé (Théophile). — Lefranc-Châtel (A.). — Teillard.
Draps, fabr. et filature hydraulique de laines. — Antoine (T.). — Baumé. — Chrétien (J.). — Gohin (Honoré). — Juhel (Achille et Léon). — Juhel-Desmares (Jules), maison à Paris, représenté par E. Andrieux. — Lecoq. — Lefevre-Lebreton. — Lepage et Cie. — Lerosey ✳. — Levergeois (Ernest). — Pontois (Eug.). — Vaudry-Bazin. — Vimont jeune.
Draps (fabr. de). — Alais-Robert. — Barbot-Huline (Vve). — Baumé. — Bazin-Gallier. Beaumont-Lefranc. — Bécherel fils. — Bezart (Constant). — Brison (Vor) fils. — Châtel-Lesage. — Châtel-Touyon. — Desmortreux (J.-T.). — Dubourg (Paul). — Ferreand (Chos.). — Gohin (Honoré). — Guérin-Juhel (Vve). — Guérin (Lucien). — Guilbert-Jardin. — Guilles-Chemin (Vve). Horvieux-Adelée. — Hurel-Lebreton. — Huard-Vivier. — Hurel-Lebesnerais. — Juhellé-Pontois. — Lebesnerais-Ende. — Lebesnerais-Gauché. — Lebesnerais-Hubert. Lebesnerais-Lesage. — Lebreton-Guérin. — Lecoq-Bernais. — Legrain-Aubine. — Legrain-Champion. — Lenormand (Emile), — Lerosey ✳. — Levergeois (Ernest). — Levergeois-Hubert. — Levergeois-Marie-

Anne. — Maurice (M.). — Morel (Léon). — Pichard (Paul). — Perin-Caucé. — Plançon. — Lengrais. — Pontois-Queillé. — Pontois (Eugène). — Queillé-Barbot. — Raisin-Surbled. — Robert-Richard. — Teillard. — Vivier, neveu — Vivier-Vimont.
Draperie, mercerie et nouveautés. — Auvray jeune. Bigot. — Cailleaux. — Dumont-Loizel. — Legrain. — Lemaître. — Lemière. — Lepelletier (Emile). — Massé-Caillebotte. — Mauban (Vor.), en gros. — Polinière. — Robert. — Sales. — Savary (Vve). — Vimond (A.).
Drogueries (marchand de). — Danguy-Caucé et fils. — Gallet frères, maison à Flers. — Lelandais (F.) et de Panthou (A.). — Pichard fils.
Laines (commision. en) — Bonvoisin. — Gallet frères, maison à Flers. — Le Vallois.
Mécaniciens. — Lemasson ainé. — Levergeois, Pereille (Arsène). — Vimont (Aug.)
Mercerie en gros. — Bazin (Alph.). — Beaumont. — Vivier. — Levavasseur (Ad.), maison à Villedieu.
Teinturiers en laines. — Brison-Lelarge. — Guérin (L.). — Maubanc. — Maupas. — Morel (Léon). — Robert-Ozanne. — Surbled (Th.)
Tissus damassés en coton et soie et coton (fabr. du). — Lefournier-Roullin (Th.). — Le Vallois.
Toiles. — Pantin. — Le Vallois.

CANTAL

AURILLAC (chef-lieu).

Tribunal de commerce. — Président: Maisonoble. — Juges: Daurigal. — Bideau-Bravy. — Majonenc. — Miquel. — Suppléants: Bert. — Bonnet. — Milhaut. — Lagarde. — Greffier: Labro.
Banquiers. — Loussert (V.). — Majonenc (Eug.).
Carderies et filateurs. — Bonniol ainé. — Bonniol (Louis). — Deconquans.
Nouveautés. — Delmas (Mme). — Giadnilhon. — Lacarrière. — Milhaud et Cie. — Miquel ainé. — Rastignac. — Roumagnac (Ve).
Ornements d'église. — Barbecot. — Cammay.

Chandesaigues.

Gilets de laine, tricotés à la main et au métier. — Allaine. — Bousquet. — Costeroste. — Cussac. — Esbart. — Pedevigne (Vor). — Pouget-Rezmond et Guillaume-Raoul.
Laines brutes, en suint et lavées. — Brunel et Cie.
Laines (filature en cardé gros). — Pouget-Reymond et Guillaume-Raoul.

Maurs.

Banquier. — Puyraymond-Gourdon, et toiles. Toiles en gros. — Darses. — Négrié.

Murat.

Banquiers. — Loubeyre (A.). — Talandier. Mercerie, bonneterie. — Perrin (A.), gros.

Saint-Flour.

Tribunal de commerce. — Président: Vidal. — Juges: Amagat. — Passenaud. — Ribains (P.). — Suppléants: Ravoux. — Bonnaloux. — Greffier: Missonnier (Paul).
Banquiers. — Douet. — Dupuy (J.). — Jouvente.
Limousines (fabr. de). — Deubennel. — Chanson fils ainé. — Chanson-Dufour. — Coumoul. — Esbrat-Chanson. — Gillet d'Aurillac. — Tourseiller.

Vitrac.

Carderie de laines et teinturerie: — Saphary.

CHARENTE

ANGOULÊME (chef-lieu).

Chambre consultative des arts et manufactures. — Président: Adhemar Sazerac de Forge.

Tribunal de commerce. — Président: Broquisse (H.). — Juges: Matignon. — Nadaud. — Dulary. — Laforgue. — Suppléants: Texier (Ch.), — Lacroix. — Genevière. — Bourzac. — Greffier: Doreix-Labrousse.

Arbitres de Commerce. — Dussouchet. — Petiot. — Pintaud. — Robineau. — Rossignol.

Conseil de prud'hommes. — Callaud (Eug.), président. — Jeansoulin (L.), secrétaire.

COMMERCE, INDUSTRIE.

Banque de France (succursale de la). — Morin, directeur. — Courtaud, caissier.

Comptoir d'escompte. — Directeur: Bujeaud (A.).

Crédit agricole. — Agence d'Angoulême. — Jouannet.

Banquiers. — Broquisse (H*e) fils. — Buzard. Clauzy-Dupuy. — Delisle. — Despéroux (Joseph). — Despéroux-Souchet. — Dulary (J. E.) et C*e. — Edely. — Fayon, Chasseignac et C*e. — Henri Gilbert. — Goblet, Delezinier et C*e, maison à Cognac. — Juzaud-Roux jeune (F.). — Robert.

Blouses (fabr. de). — Brout (Théophile). — Perrot (Gustave) et C*e. — Texier (Ch.), fabr. de chemises, pantalons et gilets, blouses et vareuses (exportation). — Vignon-Vinsac frères et Lamarque, usine à Mansle (Charente).

Bonneterie (mi-gros). — Aubert. — Brout (T.) et C*e. — Dageville. — Delorière. (J.). — Duguet fils, en gros. — Fretillier. — Fusil-Petiot. — Haranger-Roy. — Labuxière. — Pennes (V*). — Texier (Ch.). — Veillon (D***).

Boutons de nacre (fabr. de). — Quillard.

Chemisiers (en gros). — Artaud, Rousselot et Lebreton, exportation. — Brout (Théophile). — Fouché (Ch.). — Pasquet (Ch.). — Perrot (Gustave) et C*e, exportation. — Texier (Ch.), chemises et gilets. — Vignon-Vinsac frères et Lamarque, usine à Mansle.

Corsets (fabr. de), Boutaut (M**). — Delmon (M**). — Durand (M**).

Cotons (filature de). — Genevière (G*) et fils. — Guérin, Gautrin et C*e.

Cotons filés pour tricot. — Dageville. — Genevière (Gustave) et fils.

Draperie et rouennerie (en gros). — Artaud, Rousselot et Lebreton, exportation. — Brout (Théophile). — Fretiller. — Perrot (Gustave) et C*e. — Texier (Ch.). — Vignon-Vinsac frères et Lamarque.

Droguistes. — Chaignaud fils de Ploquin. — Chéroux ainé. — Deligne et Castaigne. — Dexmier. — Fonteneau (E.). — Guionnet (D.).

Habillements confectionnés, — Texier (Charles), manufacture de vêtements en gros pour hommes et enfants, exportation.

Laines (filature de). — Genevière (Gustave) et fils, et cotons filés. — Guérin, Gautrin et C*e, usines à Angoulême, Montignac et Vars.

Laines (défilochage de). — De la Peyrousse et C*e,

Laines pour matelas et fabr. — Genevière (Gustave) et fils. — Védier-Maignant. — Vignon-Thomeret.

Machines à coudre (fabr. de). — Lasserre.

Mécaniciens. — Alexendron. — Aloncle. — André. — Beaudry. — Bernard jeune. — Boucher (F.). — Couton. — Loquay (F.). — Motteau (Alfred). — Novel. — Trousset (A.), Duveau et C*e. — Picoulet.

Mercerie en gros. — Clément (Eugène). — Delorière (J.). — Duguet fils. — Frétillier. — Guérin frères. — Jaulin (T.). — Lameaud. — Nadeaud-Lalande. — Salleix-Lanauve.

Mousselines unies et broderies, tulles et dentelles. — Duguet fils, et tulles. — Frétillier. — E. Lameaud. — Lavaud. — Nadaud-Lalande. — Perret (Édouard), gros.

Nouveautés. — Abonneau et Poubeau. — Balzau E.). — Boilevin (A.) et Perrain. — Constantin frères. — Decaudin-Labesse et Jouzier. — Grange. — Tardieu. — Hériaud père et fils. — Massonnet. — Mercier et C*e. — Simonnet (E.). — Sire-Mesnard. — Texier et Beauvalet (à la Reine-Blanche).

Ouates (fabr. de). — Remy-Léger.

Passementeries (fabr. de). — Mazure. — Penot et C*e.

Produits chimiques. — Chaignaud fils et Ploquin. — Chéroux ainé. — Deligne et Castaigne. — Dor. — Guionnet (D.).

Rouennerie en gros. — Artaud, Rousselot et Lebreton. — Brout (Théophile). — Frétillier (L.). — Jaulin (T.). — Nadaud-Lalande. — Texier (Charles).

Teinturiers. — Caillat. — Coulon. — Garive. — Le Ricolais. — Mouchère fils, machine à vapeur, apprêts. — Raffet.

Toile, dite du pays (fabr. de). — Artaud, Rousselot et Lebreton. — Brout (Théophile). — Constantin frères. — Vignon-Vinsac frères et Lamarque; fabr. à Mansle (Charente).

Toiles et calicots. — Hériaud père et fils. — Sire-Mesnard. — Texier (Charles). —

Texier et Beauvallet. — Vedier-Magnant. — Vignon-Thommeret.

Tourneur en bois. — Bonnard (Eugène).

Barbezieux.

Banque, recouvrements et négociations. — Coffre (Jules). — Drilhon. — Giet (Edmond). — Mallet (P.)

Blanc (articles de). — Charrier. — Chevrou-Dufour.

Draps et nouveautés. — Banvillet. — Fayet. — Giboint. — Jullien. — Laroche. — Ribéreau et Constantin. — Thommeret et Cie.

Mercerie en gros. — Sauvètre.

Toiles (fabr. de). — Bouchard. — Manciaux.

Chateauneuf-sur-Charente.

Banque : Chasseraud (Ve).

Laines (filature de). — Mattard et Bernier.

Nouveautés. — Babonneau. — Bastard (Jules). — Charbonnier, Gautier et Trouiller.

Confolens.

Banquiers. — Narcisse Pascaud. — Torin.

Lacets (fabr. de). — Bourgoin

Montbron.

Banquiers. — Drechoux (J.) et Bechade.

Laines (filature et tissage de). — Bouchery (J.).

Nersac.

Laines (filature de). — Arpein. — Charrier

et Cie. — Chrétien, Debouchaud, Mattard, Vérit fils et Cie.

Serges, cadis et droguets (fabr. de). — Baudet. — Mattard père. — Quillet (Maurice).

Rochefoucauld (La).

Banquiers. — Creté. — Daniel frères. — Delorière et Cie. — Dumoussaud. — Perrot.

Blanc (articles de). — Dulignon. — Fermond. — Migeon fils jeune.

Draps (fabr. de). — Fourgeaud.

Mercerie en gros. — Aubert fils aîné. — Fermond. — Fourgeaud-Héraud.

Rouennerie en gros. — Migeon fils jeune.

Toiles (fabr. de). — Migeon fils jeune, tissage mécanique.

Tricots (fabr. de). — Delisle.

Ruffec.

Banquiers. — Furaud (G.). — Grouillard fils.

Laines en gros. — Magnant (Constant). — Taupignon.

Merciers en gros. — Appert.

Saint-Estèphe.

Troupeau de mérinos (propriétaire). — Terrasson de Montleau.

Vars.

Laines (filature de). — Guérin, Gautrin et Cie.

CHARENTE-INFÉRIEURE

ROCHELLE (La) (chef-lieu).

Chambre de commerce. = Président : Méneau (T.) ✳. = Vice-président : Admyrauld. = Hivert-Pelleveisin, trésorier. — N... = Secrétaire : Lemanissier. = Lévêque (Elie). = Bilard. = Garreau. = Bouffar ✳. = Basset.

Tribunal de commerce. = Président : Garreau (G.). = Juges : Admyrauld. = Monlun (Paul). = Meneau (Gve). = Morch. — Juges suppléants : Babut (H.). = Pelleveisin (A.). = Delmas. = Serres (G.). — Greffier : Grouillard.

Consuls étrangers. = Remieux (P.), Belgique. = Smith, États-Unis. = N..., Pays-Bas. = Prusse. = P. W. Morch, vice-consul de Suède, Norwége et Danemark. = G. Admyrauld, agent consulaire d'Autriche. — Michel (Ch.), agent consulaire de S. M. Britannique et vice-consul d'Espagne. — Michel (Pierre), agent consulaire de S. M. le Roi d'Italie.

Banque de France (succursale de la). = Directeur : Nivet. = Caissier : Tardy.

Banquiers. = Babut frères et Cie. = Babut (H.) et Ed. Seignette. = A. Vinceps, ses

fils et Laurent. — Crédit agricole : succursale dirigée par Delafond.

Bonneterie en gros. — Gury jeune. — Neumann-Janson.

Chanvre et lin (filature de). — Robinet et Cie, fabr. de toiles.

Chasublerie. — Mounier (Mlle). — Thibaud (Mlle).

Draperie en gros. — Renaud (Hil.) et fils. — Véron (H.) et fils.

Droguerie et produits chimiques. — Lacuve. — Texier frères.

Lin et étoupes (filature de). — Robinet et Cie.

Mécaniciens constructeurs. — Gillot. — Lacour. — Peyry (J.-B.). — Prieur (Er.). — Reverchon.

Mercerie en gros. — Gury jeune. — Neumann-Janson.

Nouveautés en détail. — Chevalier (Numa). — Courcelles. — Foucaud. — Gagnier et Baillif. — Lançon. — Laroche aîné. — Maître (A.). — Perrineau aîné et Cie. — Segond. — Serres et Laurent.

Rouennerie et étoffes en gros. — Renaud (H.).

et fils. — Véron (H.) et fils, draperie en gros.

Sacs (fabr. de). — Bourquin, toiles, sacs, bâches; maisons à Paris, Marseille, Chartres et le Havre. — Perrineau aîné et Cie, toiles et sacs.

Tailleurs-confectionneurs. — Reiss frères (maison des 100,000 paletots), maison à Paris.

Toiles en gros. — Bourquin, commissionn., représentant de la maison Pernet-Chônes et Cie de Paris. — Perrineau (Aîné) et Cie. Renaud (Hilaire) et fils, Véron (H.) et fils.

Marans.

Banquier. — Biré (Jules).

Consulats. — Pays-Bas, N... — Suède et Norwège : Bonneau (Ernest).

Chanvre. — Audineau. — Chevalier père. — Chevalier-Grenon. — Chevalier (S.). — Cholet-Flourisson. — Chollet-Lamy. — Chollet-Robert. — Cordier.

Mirambeau.

Banquiers. — Chotard et fils, maison à Jonzac. — Peltier (A.) fils.

Chanvre. — Subileau père. — Subileau fils.

Rochefort.

Chambre de commerce. — Cordier (Emile) aîné, président. — Membres : Guérin des Essards. = Gros (Jules). — Roche. — Cardes. = E. Petit Rizat-Favreau. — Secrétaire : Giraud (Ernest).

Tribunal de commerce. — Président : Triaud. Juges : Gros (Jules). — Thèze (Ch.). — Ponty (W.). — De St-Martin (Jules). — Juges suppléants : Clément (A.). — Leps (Ernest). = Desencherets (Ferd.). — Brillouin jeune. = Greffier : Triolaire.

Syndic de faillites. — Perthuis, licencié en droit.

Consuls. = Guérin des Essards, Prusse. — Petit, Suède et Norwège, vice-consul. — Etats-Unis et Pays-Bas, Giraud aîné.

Banquiers. = Bouffard (E.). — Bourguignon (J.) aîné. — Bourguignon (B.) jeune. — Le Neveu de Roy-Bry et Cie. — Lesueur (E.) et Triaud. — Mornet (J).

Blanc (spécialité de). — Cristin (Ernest).

Bonneterie. = Bertrand (E.). — Dufourd (à Saint-Louis). — Laurent (Hip.). — Moline (David). = Perrichon (V.) jeune. — Tardy (P.), gros et détail.

Brodeuses pour uniformes. — Aubouin (Mlle). = Charpentier (Mlle). — Geneau (Mlle). — Leconte (Mlle).

Chemises (fabr. de). — Cristin (Prosper). — Perrichon (V.) jeune.

Draperie et rouennerie en gros. — Desjoncherets frères. — Perrichon aîné. — Reparon et Thomas.

Fleurs artificielles (fabr. de). — Arnoux, rubans de soie et cartonnage.

Gilets de flanelle (fabr. de). — Cristin (Ernest). — Desjoncherets frères. — Perrichon (Vor) jeune. — Reparon et Thomas.

Laines en gros. — Desjoncherets frères. — Reparon et Thomas.

Nouveautés. — Carré (Jules) (au Grand Colbert). — Cristin aîné. — David. — Masrevery. — Maure-Taillebois. — Mesnard. — Perrichon aîné. — Troussel (Eugène). — Turpault-Birolleau.

Passementerie. — Brizard (O.). — Rodanet.

Rouennerie, choletterie et mérinos en gros. — Desjoncherets frères. — Perrichon aîné.

Tailleurs confectionneurs. — Forget et Cie. — Lévy (Félix) et Mayer Cahen. — Sébastien.

Toiles. — Cristin (Ernest). — Desjoncherets frères, confection de chemises et pantalons. — Perrichon aîné. — Turpault-Birolleau.

Saint-Jean-d'Angely.

Tribunal de commerce. — Président : Mousnier ✳. — Juges : Clouzeau. — De Gennes. — Meunier. — Devers. — Juges suppléants : Vassal. — Bernard. — Duport. Greffier : Baud.

Syndic de faillites. — Gaillard (P.).

Comptoir d'escompte de Saint-Jean-d'Angely (société anonyme par actions). — Directeur : Henry Devers. — Sous-directeur : E. Moreau.

Banquiers. — Audouin frères. — De Gennes.

Draperie et rouennerie. — Bernard (P.). — Chaumeil. — Dalot (T.). — Drovant. — Giron. — Lemet. — Mesnard (Victor). — Proux. — Puet (Ach.). — Roland et Griveau, confections et tissus en gros.

Laines. — Comte (L.-H.). — Galatoire. — Hérault. — Robert. — Roulleau. — Tissier.

Laines (filature de). — Evariste Augier de Lajollet.

Soieries, nouveautés. — Drovant. — Lemet. — Proux. — Puet (A).

Saintes.

Tribunal de Commerce. — Président : Geay-Besse. — Juges : Ducourneau. — Laferrière. — Ménager. — Bouvard. — Brunet. — Suppléants : Mestreau. — Inquinbert. — Guillet. — Greffier : Grange.

Banquiers. — Arnauld (Marc). — Jaulin du Seutre et Cie. — Martineau (G.). — Mestreau (Frédéric) et Cie. — Poitevin-Nolçon. Rouyer, Guillet et Cie. — Tercirier (L.). — Vignaud (J.-T.).

Draperie et rouennerie. — Bertholot. — Boucheron et Beausoleil. — Brassaud (Julien). — Brisset. — Brunet frères. — Charoppin jeune. — Chasseriaux (F.) fils. — Davril et Ducourneau. — Machand père et fils. — Pérault. — Simon frères. — Vieule.

Droguiste. — Jaumier, et produits chimiques.

Laines (marchands de). — Auger (Ch.). — Guillermen. — Taunay (Th.).

Mercerie. — Bon. — Callandreau (Jules), en gros. — Ménager. — Porchoron. — Séguin-Laurent.

Nouveautés. — Boucheron et Beausoleil. — Brunet frères. — Chasseriaux. — Simon frères.

Ornements d'église (fabr. d'). — Massiou. — Davril et Ducourneau. — Lagarenne (Ch.) jeune. — Tressac.

CHER

BOURGES (chef-lieu).

Tribunal de commerce. — Président : Jolivet-Montillot ✻. — Juges : Hugault-Moreau — Bureau. — Pirot. — Deschamps. — Suppléants : Breu. — Lecherbonnier. — Fustier (Salmon). — Bourdin. — Greffier : Labrosse.

Banquiers. — Bureau (Alph.) et Cⁱᵉ. — Geneau de Sainte-Gertrude. — Mornet et Brisson. place des Quatre-Piliers.

Blanc (articles de). — Buthaud frères.

Bleu (fabr. de). — Mille. — Thomas (Louis).

Chasublier. — Espinasse-Patureau.

Chemiserie. — Angrand-Brisson , (maison du Phénix). — Durandeau-Delor.

Laines (filature de). — Alphonse Chanton. — Souciet et Beaujouin.

Laines (négociants en). — Bidault. — Cavalier. — Bruère. — Breton. — Gaïetta. — Hubert-Vacher. — Marat. — Martial-Deniau, et cotons filés.

Machines à coudre. — Pierron, américaines, anglaises et françaises.

Mercerie et bonneterie en gros. — Martial-Deniau. — Péan (Jules). — Roos. — Souciet et Beaujouin.

Nouveautés. — Blanc-Delanoue. — Boulat. — Bourlon. — Charasson-Mabilat (à Notre-Dame). — Demenitroux. — Denis. — Hecq (maison des Carmes). — Labreuille. — Lemmet-Bourgeois. — Maréchal. — Mage-Boité. — Mège aîné. — Mège jeune. — Lemmet-Bourgeois. — Micallef-Racine. — Minier. — Pierre aîné. — Pinot et Auger (en gros). — Préaux.

Paillassons (fabr. de). — Gabard-Troupillon.

Passementerie. — Abbat. — Gourier.

Rouennerie et toiles en gros. — Gibert-Marois. — Lemmet-Bourgeois. — Mage-Boité. Mège jeune. — Minier. — Pléchen-Labit. Pierre aîné. — Pinot et Auger.

Sacs. — Gremillon et Sassin, dépôt de Pernet-Chênes et Cⁱᵉ de Paris.

Toiles. — Aubrun-Robin. — Audille-Grosset. — Blanc-Delanoue. — Gremillon et Sassin, dépôt de Pernet-Chênes et Cⁱᵉ de Paris. — Pinot et Auger ; fabr. à Régny (Loire).

Toilées cirées (fabr. de). — Chedin, bureaux au Moulon.

Dun-le-Roi.

Banquier. — Sokoloski (Vve).

Laines en gros. — Charpentier. — Guenet. — Hérault. — Riboutet.

Libraire. — Morand,

Mercerie et bonnet. en gros. — Séjourné (Ch.).

Mehun-sur-Yevre.

Banquier. — Thiot.

Droguets (fabr. de). — Boutet père. — Chaboureau. — Gerbault. — Herbelot. — Lafaix. — Patrou père. — Patrou fils. — Sauvager.

Laines en gros. — Boutet père, et filateur. — Boutet-Chaboureau. — Gerbault. — Patrou père. — Patrou fils.

Nançay.

Toiles (fabr. de). — Grandjean. — Lanoue. — Parizet père et fils. — Turpin

Saint-Amand.

Banquiers. — Bidault (P.) et Cⁱᵉ. — Delerue et Reneault. — Déminitroux (H.).

Chapeaux (fabr. de). — Collin fils. — Colas. — Ducrot. — Pinaguet.

Draps, soieries et nouveautés. — Bercioux. — Charpy. — Colas-Sadrin. — Domin. — Bonnelat. — Emmonot. — Filiatre. — Imbault. — Moussiere. — Popineau.

Sancerre.

Banquier-escompteur. — Garsonnin.

Draps et toiles en gros. — Raff. — Dauriac. — Meynial.

Vierzon-Ville.

Banque et recouvrements. — Baron (L.) Gustave. — Corbin et Chevallier.

Bonneterie et mercerie en gros. — Chasles. — Sarton (A.).

Corsets (fabr. de). — Chamoin (A.) ; maison à Paris.

Laines. — Chevreux. — Janvier-Corbin. — Lafaix frères. — Léget-Janvier.

Nouveautés, châles. — Barbellion. — Chasles, soieries. — Foussereau. — Limosin. — Marteau-Gourdin. — Robin. — Mᵐᵉ Rossignol. — Théret.

CORRÈZE

TULLE chef-lieu.

Tribunal de Commerce. — Président : Crauffon. — Juges : Sauvage (P.). — Four. — Frébot (F.). — Codet. — Suppléants : Ollier (J.) dit Félix. — Fouilade. — Plantade. — Castanier. — Greffier : Seguy.

Banquiers. — Garrelou. — Toinet (Gustave).

Bas et bonneterie. — Laborderie jeune. — Segury et Lagier.

Draperie, rouennerie et soirie. — Gorie (Aug.). — Contrastin père. — Delon. — Feix. — Four (Louis). — Juillet-Labesse. — Laborderie (Henry). — Laborderie-Vedrenne. — Mesnager (Louis). — Toinet. — Vidal.

Droguistes. — Gay, en gros. — Fournet. — Saugon.

Argentat.

Banque. — Chauva.

Laines (filature et carderie de) — Husse.

Beynat.

Tresses de paille pour cabas (fabr. de) — Ambert (Germain). — Pauliat.

Bort.

Banquier. — Defieux.

Chapeaux (fabr. de). — Conte. — Megemond frères, manufacture de chapeaux feutre.

Soies, trames et organsins. — Mignot frères.

Brives.

Tribunal de commerce. — Président : Brugère (F.). — Juges : Lacoste (P.). — Blanc-Chambon. — Briant. — Roque (G.). — Suppléants : Marchoux. — Breuil (V^{or}). — Greffiers : Choumeils de Saint-Germain. — Agréés : Beynié. — Delpy. — Seymat.

Banquiers. — Félix, Pinaud et Cie. — Fontanilhes (Alfred). — Roque (Gustave). — Thevenin, Juge et Vauzou.

Cotons (filateur de). — Massenat (Elie).

Draperie, rouennerie. — Buisson-Laverdure. — Dupuy (Marguerite). — Foltzer. — Juge et Fleyniac. — Reynaud. — Reix (J.-B.).

Mercerie, rouennerie. — Blanc-Chambon. — Blanchard et de Marquessac. — Cosredon. — Chassagne. — Lestrade aîné. — Mayjouneuve. — Merigot. — Teyssier. — Devars et Cie.

Cosnac.

Cultivateur et éleveur de vers à soie. — Marquis de Cosnac.

Donzenac.

Laines (filature et carderie de lin et). — Fronty, au Clou près Donzenac.

Ussel.

Banque et recouvrements. — Coudounèche. — Jéréthie.

Carderie de laines. — Ouzoulias.

CORSE

AJACCIO (chef-lieu).

Tribunal de commerce. — Président : Campiglia. — Juges : Barbieri. — Costa. — Casavona. — Suppléants : Coggia. — Guitera. — Greffier : Mannoni.

Consulats. — Grande-Bretagne : Susini, vice-consul. — Italie : Bozzo, vice-Consul.

Banquiers. — Bosso. — Costa frères.

Négociants. — Pompeani. — Potier (J. B.), et armateur, pour fabrique de France et de l'étranger. — Pozzo di Borgo. — Pugliesi et Cie. — Robaglia. — Vico. — Zevaco.

Nouveautés. — Campiglia. — Lanzi. — Pugliesi.

Bastia.

Chambre de Commerce. — Président : Valery ✳. — Secrétaire trésorier : Ajaccio (J. J.). — Membres : Imbert de Saint-Brice, O. ✳. — Andreucci. — Antoni. — Orenga (L.). — Koch. — Subrero (J.). — Belgodere (S.).

Tribunal de commerce. — Président : Ramaroni (J. B.). — Juges : Pekle (A.). — Gregorj. — Maggi (L.). — Decheneux (Th.). — Guaitella. — Suppléants : Guaitella (R.). — Rostini. — Stretti. — Olivari. — Aymo. — Greffier : Casanova.

Consuls étrangers. — Valery fils, vice-consul d'Autriche. — Lota, États-Romains. — Valery, Espagne. — Ballero, Italie. — Smalwood, consul, Grande-Bretagne. — Catoni, Suède et Norwège. — Ferretti, Suisse. — J. Valery, de Portugal. — Valery, Grèce. — Santos Gaspari, Venezdela.

Banquiers. Fantauzzi. — Gregori frères.

Draps. — Camuli (B.). — Frison. — Lota (Louis). — Marinette. — Orenga (Louis). — Pekle frères. — Sisco et Fabrizi — Viale père et fils.

Droguerie. — Giralt. — Pinelli. — Sanguinetti. — Valéry (A.).

Merciers. — Ajaccio (J. J.). — Ajaccio (J. M.). — Carrega (J.). — Cardela frères. — Damei frères. — Delpino. — Guaitella frèr. — Maroeni. — Tardi et Pekle. — Zuani.

Soieries, nouveautés. — Camugli (B.). — Genero (G.). — Maggi (L.). — Oranga (Louis). — Pekle. — Viale frères.

Sainte-Lucie-di-Tallano.

Vers à soie. — Catherine. — Césari. — Giacomoni.

COTE-D'OR

DIJON (chef-lieu).

Chambre de commerce. — Manuel ✳, président. — Collard (Aimé-François). — Dubard-Brenot. — Gaulin. — Luce-Villiard. — Magnin (Joseph). — Regnier (Jules). — Roux (A. R.). — Secrétaire : Forgeot Débias.

Tribunal de commerce. — Président : Masse. — Naigeon. — Juges : Guiot (Claude). — Chapard. — Reignier (Jules). — Trivier-Carré. — Suppléants : Lejay. — Bassot aîné. — Perrot. — Jannin. — Gabat. — Greffier : Gerbore. — Agréés : Ménassier. — Huguenin. — Lacoste. — Porrot.

Conseil de Prud'hommes. — Président : Poiselet ✳. — Secrétaire : Forgeot-Débias.

Arbitres de commerce. — Badet (J.). — Chemery (Félix), recouvrements litigieux.

Banque de France (succursale de la). — Directeur : L. Cordier. — Caissier : Lefebvre.

Banquiers. — Eschalié-Jomain (P.), banque et recouvrements. — Gaulin-Dunoyer et Cie. — Guiot, Chanu et Cie, banque et recouvrements. — Laguesse (E.) fils, comptoir d'escompte de Dijon. — Rousseau (A.), banque, courtage et consignation.

Escompte et recouvrts. — Olivier Saussié.

Comptoir des actionnaires de Dijon — Directeur : Degrenand.

Commissionnaires en fonds public :

Comptoir dijonnais des fonds publics, dirigé par Remy. — Mairet.

Blanc (articles en gros de). — Badoz (Anicet). — Billé (Charles) et Bomann fils, gros. — Collet-Lamy. — Cordier-Prudhomme et fils. — Drioton frères. — Gabet (H.). — Graplin (P.). — Héluin-Jannin. — Jorrot et Ch. Belnet. — Machard (J.). — Xavier-Jacquot et Rousseau, articles d'Alsace, Tarare et Saint-Quentin.

Bleu (fabr. de). — Robelin (L.), et expédition, exportation, fabrique de bleu d'outre-mer d'azur ; dépôt à Paris.

Blondes et imitations. — Constantin (Gustave). — Giraud et Descharmes. — Lemoult-Pétrot. — Lepage et Gauthier. — Messigny aîné.

Bonneterie en gros. — Bouvier-Goin. — Cour (Léon), Dupré et Cie. — Jorrot et Ch. Belnet, et mercerie. — Galland et Cie. — Jacquemont (A.) et Fanet, et mercerie. — Xavier-Jacquot et Rousseau, et mercerie en gros.

Cartons et cartonnages. — Farcy. — Jouffroy aîné, fabr. en tous genres, dorures pour la chapellerie (Doreurs). — Mathieu (Victor), en tous genres. — Maupin.

Casquettes (fabr. de). — Audemard (Brutus), (maison Poupard), fabr. de casquettes et de chapeaux, gros et détail. — Bizot-Espiard. — Laurent (Ernest). — Laurent aîné. — Vallot.

Chapeaux de paille (fabr. de). — Pierrot-Lacroix (P.), fabr. et blanchissage, et cabas en tous genres, expédition. — Benier. — Marty. — Miotte. — Raskin.

Chapellerie (fabr. de). — Laurent (Ernest). — Laurent aîné, fabr. importante, expédition, exportation. — Miniac (C.), feutres apprêtés et souples.

Chemises (fabr. de). — Truchot-Delval, maison spéciale.

Cordiers. — Barbier aîné. — Bertin. — Vienne, fabr. en tous genres, (ficelles et filasse), expédition. — Courboulin.

Cotons filés (en gros). — Cour (Léon), Dupré et Cie. — Caillot-Deschaux. — Farguet-Buirette. — Jorrot et Ch. Belnet. — Galland et Cie.

Doreurs pour la chapellerie. — Jouffroy aîné.

Draperies, lainages et rouennerie. — Accard-Royère (F.). — Billé-Villiard, en gros. — Carion (Eugène), châles, soieries, nouveautés, gros et détail. — Jacques (Henry), en gros. — Laurent (Elise). — Levy (Charles), gros. — Liez-Laurencier (Pierre), maison de gros. — Pagnier-Perrot. — Ricaud (Ferdin et Fanny). — Ricaud-Mutin, Jorrot et Cie. — Thiébaut (Ch.) et Girard, en gros.

Fleurs artificielles. — Bouvier-Enfest. — Braillard-Fistel. — Chataigner (Mme). — David (Mlles). — Krantz (Mme). — Lepage et Gauthier, fournitures pour modes. — Lobron (Mme) — Reisselet (Mme).

Ganterie de peau (fab. de). — Durupt. — Girardin.

Laines brutes. — Boissorand (J.). — Buirette, écouailles. — Farguet. — Perrot-Janin, négociant. — Robin (Ve A.), commissionnaire. — Rouhier-Chaussenot.

Laines filées (commerce de). — Cour (Léon), Dupré et Cie, en gros. — Caillot-Dechaux, laines filées. — Dechaux-Gaudelet (Joseph). — Ragot, Galland et Cie, en gros. — Xavier Jacquot et Rousseau, en gros.

Laines (filatures de). — Faraguet, maison à Paris. — Chapuis (Auguste). — Dechaux. — Gaudelet (Joseph). — Moine aîné. — Robin (Ve A.).

Laines à matelas en gros. — Chamagne fils.

Laines et tapisseries sur canevas. — Billié (Ch.) et Bomann fils, gros. — Commeau (Mlles). — Delmont (Mme). — Jorot et Ch. Belnet, gros. — Lemoult-Petrot (J.), gros. — Loye et Tassard (Mlles).

Lingerie (fab. de) en gros. — Cordier-Prudhomme et fils. — Luce-Villiard et fils.

Literie (articles de). — Chamagne fils. — Héluin-Jannin. — Lobrot-Quirot.

Machines à coudre. — Lemoult-Petrot (L.), dépôt de fabriques.
Mercerie en gros. — Bouvier-Goin. — Jacquemont (A.) et Fanet. — Jorrot et Ch. Belnet. — Galland et Cie. — Lemoult-Petrot (J.). — Mugnier frère et sœurs. — Xavier Jacquot et Rousseau.
Nouveautés. — Carion (Eug.), gros et détail. — Chatouillot (Julien). — Cornemillot (Mme). — Destot (H.). — Estieu. — Drignon et Malebranche. — Johannard et Cie. — Lambert (Adrien). — Lepage-Paule. — Panier. — Pécot (Ch.). — Perrot. — Ricaud (Ferdinand et Fanny). — Ricaud-Mutin, Jorrot et Cie. — Weill (Jules) (Magasins Lyonnais).
Ornements d'églises. — Fleurot-Bonnel.
Ouate. — Cour (Léon), Dupré et Cie, en gros. — Jorrot et Ch. Belnet, négociants. — Marty, fab.
Passementerie pour meubles (fab. de). — Renard, expéditions.
Passementerie. — Bloc. — Jorrot et Ch. Belnet, et mercerie, gros. — Lemoult-Petrot (J.). — Mugnier frère et sœurs. — Voiret. — Voirin (Mlle).
Produits chimiques (fab. de). — Bargy (J.). — Chapuis-Bertrand, fab. de colle, etc. — Legros (Jules). — Poupon, dépositaire de Dieuze (Meurthe). — Robelin, fab. de bleu. — Weishard (Conrad), colle claire.
Rouennerie (commerce en gros de). — Billié-Villiard. — Brocard-Truchot. — Carion (Eugène), gros et détail. — Jacques (Henri). — Liez-Laurencier. — Lévy (Charles). — Ricaud-Mutin, Jorrot et Cie. — Ricaud (Ferd. et Fanny). — Thiébault (Ch.) et Girard.
Rubans et soiries. — Constantin (Gustave). — Giraud et Descharmes. — Galland et Cie, en gros. — Jorrot et Ch. Belnet. — Lepage et Gauthier. — Lemoult-Petrot (J.), gros et détail — Messigny fils aîné.
Sacs en toile. — Beuchon, dépositaire de la maison Ve Le Bœuffle et fils d'Amiens. — Duffay (P.), dépositaire des sacs vides de MM. Briaux, David et Cie, d'Amiens. — Jacquot, dépôt de sacs en fil de chanvre de G. Selz et Cie de Héricourt. — Perrot-Jannin. — Portron-Bassot (G.), gros.
Tapis de laine et tapis d'aloès, paillassons. — Chamagne fils. — Gabet (H.). — Héluin-Jannin, tapis français et étrangers. — Marmorat frères.
Teinturerie de laines. — Faraguet-Buirette, laines et cotons filés, maison à Paris.
Toilerie (marchands de). — Beuchon. — Collet-Lamy. — Drioton frères, maison de gros. — Gabet (H.). — Grapin (P.). — Héluin-Jannin. — Humblot. — Jacob-Capitain. — Jaquot, toiles d'emballage et sacs. — Lévy (Charles), en gros. — Machard (J.). — Mouginot fils (Ve), (au Tisserand belge). — Thuillier frères et Cie.

Arnay-le-Duc.

Banquiers. — Michéa et Chanlon. — Picard.
Laines (filature de). — Chevalier. — Gros-Chevalier.
Toiles (fab. de). — Boisot. — Leneuf et Volaine. — Mignotte. — Ponnelle. — Quincey.

Beaune.

Chambre de commerce. — Président : Lavirotte. — Membres : Antonin Bouchard. — Cl. Champy. — L. Dubois. — Denis Villiard. — Ant. Bourgeois. — Paul Moreau. — Paul Labouré. — Justin Edouard. — Archiviste : Bartholmot.
Tribunal de commerce. — Président : Moreau (Paul). — Juges : Jantot (J.-Bte). — Ricaud (Jules). — Viollot (J.). — Bouchard (Antonin). — Suppléants : Latour (Lis). — Chabaux-Forget (Ch.). — Dupont aîné. — Saleilles-Clerget. — Greffier : Doyen-Pernot.
Bâches. — Déroche.
Banque et recouvrements. — Faivre Etienne. — Picard aîné. — Les fils de Denis Villard.
Blanc (articles de). — Amiot-Sirot, maison de gros. — Brugnot (Ferd.), gros et détail. — Cailler-Joly.
Casquettes (fabr. de). — Changarnier-Moissenet.
Corsets (fabr. de). — Couturier (Mme). — Palgouet.
Draperies, rouenneries, soiries et nouveautés. — Chaussivert-Dumilly, et toilerie. — Dumilly-Brette. — Golard. — Mimeur (Mlles). — Moreau (Lucien). — Périchon. — Ponsard.
Merciers. — Amiot-Sirot, maison de gros.
Passementiers. — Cloutier-Parize (Mme). — Pasquinelly (Mlle). — Piquenard.

Belan-sur-Ource.

Moutons mérinos (éleveurs de). — Baron d'Herlincourt, propriétaire. — Voulmier-Pingat.

Brion-sur-Ource.

Troupeau de mérinos. — Godin ❄, propriétaire.

Champrenault.

Filature de laines, foulerie et teinturerie. — Paquy, au hameau de la Bonde.

Châtillon-sur-Seine.

Tribunal de commerce. — Président : Couvreux (Ch.). — Juges : Culmet aîné. — Piot. — Jully-Davin. — Suppléants : Cuffin. — Tardy-Cassard. — Greffier : Merlat.

Banquiers. — Chevallier (Adrien). — Culmet frères.

Draps soieries et rouenneries. — Boyer. — Cernesson (Ve). — Charbonné. — Gancourt-Gauthier (Ve). — Joliet (H.). — Monnirel. — Parissot. — Picq-Lapostollet. — Planier et Patrissey. — Racine.

Laines. — Godin aîné ✳. — Japiot-Cotton. — Maître (Achille).

Teinturiers en foulage de draps. — Adam. — Tailfer-Rizier. — Vaillant. — Verdin-Lereuil.

Courtivron.

Cotons (filature de). — Abrand-Gallimard.

Froidvent.

Troupeau de mérinos 900 têtes. — L. Bordet.

Minot.

Bétail et troupeaux de mérinos. — Chollot. — Girardot. — Nicolas (Joseph). — Tupin (J.) (à la ferme de Channe).

Laines en gros et moutons. — Bollet (N.).

Toiles et droguets (fabr. de). — Baudry (F.). — Magnet. — Pierre-Lecomte.

Montigny-sur-Aube.

Troupeaux de mérinos. — Fouet (O.). — Geoffroy-Brigand. — Geoffroy (Adam). — Girardot. — Louchard. — Peutot.

Nuits.

Tribunal de commerce. — Président: Labouré-Roi. — Juges: Britschgi-Vienot. — André Argot. — Dazey. — Suppléants: Roux. Labouré (Paul). — Greffier: Laurain.

Banquiers. — André-Argot. — Dazey (J.), comptoir d'escompte de Nuits. — Tisserand aîné et Cie.

Bonneterie. — Heuyer-Chemardin.

Draps, toiles et tissus. — Bouillotte (Ve). — Cornu-Perron. — Heuyer-Chemardin. — Larmier-Rivot. — Moissenet-Landriot. — Patron (Ve).

Mercerie en gros. — Heuyer-Chemardin. — Jouan-Fauchey. — Moissenet-Landriot.

Pellerey-sur-Lignon.

Cartonnerie pour apprêts et satinage (fab. de). — Piques aîné et fils.

Savoisy.

Fuseaux à filer (fabr. de). — Salomon-Pantaléon. — Verdot (V.). — Verdot (I.).

Peignes à tisser (fabr. de). — Bornot (A.). — Bornot (Luc). — Bornot-Martin (Ve). — Salomon (Honoré).

Semur.

Banquier. — Gontard fils.

Laines à peigner et pour la carde, chanvre en gros. — Billiotte. — Claude fils. — Corot-Bresson. — Quillot aîné.

Laines (filature à la mécanique). — Corot-Bresson.

Mercerie, rubannerie. — Jacob-Odobé. — Quillot-Sébillotte.

Vitteaux.

Châles (fabr. de). — Garnier (Auguste).

Laines et chanvres. — Noirot-Moreau, recouvrements.

Voulaines.

Troupeau de mérinos. — Quille-Roger.

COTES-DU-NORD

SAINT-BRIEUX (chef-lieu).

Tribunal de commerce. — Président: Pledevache. — Juges: Guyot. — Rouxel-Villeféron. — Mathonnet (Paul). — Suppléants: Pradal (Ch.). — Sebert (Louis). — Greffier: Ernault.

Chambre de commerce. — Denis, président. — Sebert aîné. — Rouxel (F.). — Prodhomme (A.). — Ruellan. — Le Pommelec (J.). — Piedevache. — Boullé (Ed.). — Rouxel (P.). — Secrétaire: Tual.

Banquiers. — Couët et Cuëff, maison à Quintin. — Sebert aîné.

Blancs en gros. — Boulanger. — Chicherie (J.).

Chemises (fabr. de). — Chicherie (A.), exportation.

Droguerie. — Cazin (Mlle), droguerie, teinture.

Etoupes de lin. — Durand-Gonon. — Gontrand.

Laines (filature de). Dalmar et Cie.

Lainages. — Gorse (Mme).

Laines effilées. — Durand-Gonon. — Gontrand.

Laines filées (commerce de). Pradal aîné, commerce et fabrication.

Lin peigné et teigné. — Rouxel (F.).

Merciers en gros. — Dalmar. — Pradal aîné.

Nouveautés. — Boulanger. — Chicherie (A.), rubannerie, blanc en gros. — Josse-Chambry. — Lemoine-Yvelin. — Quimar (Ve). — Salmon (Ve) fils, à la Providence, soieries et confections pour dames.

Soieries. — Boulanger. — Chicherie (A.), rubannerie et blanc en gros.

Dinan.

Banquier. — Robert (P.) fils.

Blouses-Magenta (fabr. de). — H. Féron.

Bonneterie (fabr. de). — Bayle fils, fabr. de tricots.

Laines filées. — Chupin frères. — Pimar. — Rouxel.

Merciers. — Bayle fils, gros et demi-gros.

Produits chimiques. — Guillier frères.

Rouennerie en gros. — Ferron (H.) aîné. — Miniac-Leroy. — Montfort. — Picquet.

Grace.

Toiles (fabr. de). — Jeglot. — Le Guennec.

Guingamp.

Banquiers. — B. Desjars et fils. — Eude frères.
Chapeaux feutre (fabr. de). — Robillard (F.).
Draps, rouennerie et nouveautés. — Julienne. — Le Jemble. — Le Masson frères, gros. — Legoaziou. — Le Hénaff (Ve) et filles. — Liégard (Ve). — L'Ollierou (Mlle). — Senneven et sœurs. — Tanguy (A.). — Tréhyou-Quellié.
Toiles (fabr. de). — Tenue par les Dames religieuses de la Sagesse, pour le bureau de bienfaisance.

Lannion.

Consul de Suède et de Norwége. — Hils Gerrildsen.
Banquiers. — Comptoir de l'arrondissement de Lannion (banque par actions), sous la raison sociale F. Pierre et Cie.
Chanvres, fils et lins. — Lalès. — Le Bellec (D.). — Toudic (J.-M.).

Lin brut (commerce de). — Le Bonniec.

Loudéac.

Banquier. — Boscher-Delangle (Aug.).
Toiles (fabr. de). — Blanchard. — Leverger frères.

Quintin.

Tribunal de commerce. — Président : Garnier-Badélenc. — Juges : Henri de Villeneuve. — Couët. — Chauvel. — Suppléants : Thierry. — Mazurié. — Greffier : Simon de Villeneuve.
Conseil général des manufactures. — Membre délégué : Henry de Villeneuve ✳.
Banques. — Couet et Cueff, maison à Saint-Brieuc. — Mazurié père et fils.
Toiles de Bretagne (fabr. de). — Andrieux frères. — Cepré. — Duval fils, exportation. — Le Branchu (Ver). — Limon-Duparemeur. — Garnier fils. — Villeneuve Louis et Henri.
Toiles (négociants en). — Duval fils, exportation. — Fraval (Ch.). — Perrin (Aug.). — Villeneuve (Louis et Henri).

Tréguier.

Banque et recouvrements. — Robo (J.).
Lin, filasse, étoupes. — Robo (J.).

CREUSE

GUÉRET (chef-lieu).

Banquiers. — Gallard. — Migout et Rougier.

Aubusson.

Chambre consultative des arts et manufactures. — Sallandrouze de Lamornaix, président. — Barth, secrétaire.
Conseil de Prud'hommes. — Sallandrouze-Lemoullec, président.
Banquiers. — Maymat jeune. — Roby jeune et Faure.
Chapellerie (fabr. de). — Barraband. — Brignolas. — Petit.
Dessinateurs pour tapis. — Bourrasson. — Chateauvert. — Fradet (H.). — Grellet (Armand). — Guillard. — Veyland.
Draps, rouenneries et nouveautés. — Bonnetaud. — Castel. — Demal. — Dubaud. — Gomy. — Laforest. — Lheureux frères et sœurs. — Migot. — Thibaud. — Tricot. — Valenet.
Laines (filature hydralique de). — Chatagnon jeune. — Croc père et fils. — Grellet (A.). — Paris jeune. — Tabard.
Rubans. — Laroche (Ant.).
Tapis (fab. de). — Braquenié ✳ frères, maison à Paris. — Castel (Albert). — Chassaigne père et fils. — Chatagnon (Evariste) jeune (filature de laines (à la Croix-Blanche). — Chocqueel (W.), maison à Paris. — Séglas, gérant à Aubusson. — Croc père et fils et Jorand, maison à Paris. — Grellet (Camille), maison à Paris. — Fougerol (Jules). — Louillat. — Paris frères, maison à Paris. — Richen (Eug.), fabr. de tapis. — Sallandrouze de Lamornaix. — Sallandrouze père et fils, maison à Marseille, sous la raison sociale Sallandrouze-Lemoullec. — Société anonyme pour le tissage mécanique des tapis d'Aubusson. — Tissier (Frédéric).
Teinturiers. — Devienne. — Devaud. — Leclerc. — Maingonat. — Raynaud.

Bourganeuf.

Chapeliers. — Farne. — Jouany, manufacture de chapeaux feutre, etc.
Toile de chanvre (fab. de). — Bachelery. — Desmoulin. — Doumy. — Lenoir (J.). — Lenoir (J. B.). — Moysset.

Chamborand.

Draps (fab. de) gros. — Besge (Eug.), à la côte de Chamborand, manufacture, filature hydraulique, teinture et apprêt.

Felletin.

Laines (filatures hydrauliques de). — Rougat fils. — Rousseau fils. — Sallandrouze fils. (Voir à Aubusson, Sallandrouze de Lamornaix, O. ✳ et Cie, maison à Paris.
Tapis (fab. de). — Bournaret frères) — Brû

naud (Hte). — Concais (J.-B.) — Diverne-
resse. — Laplanche-Vergne (A.). — Sallandrouze père et fils (Voir à Aubusson). —
Trapet (Aug.).
Teinturiers. — Bournaret frères. — Combra-
lier. — Sénéchal-Colson.

Souteraine (La).
Banquiers. — Busson. — Lavallière.
Draps (fab. de gros). — Blandet (Auguste), et
filature de laines.
Toiles, chanvre (fab. de). — Jannet. — Main-
gaud. — Parot. — Ollivier.

DORDOGNE

PERIGUEUX (chef-lieu).
Tribunal de commerce. — Président : Bon-
net (R.). — Juges : Aubier. — Prévot. —
Goursat. — Lestang. — Suppléants : Au-
bier. — Dufour aîné. — Courtey. — Pouyaud.
— Guyonnet. — Greffier : Vergnol.
Banquiers. — Courtey et Cie. — Crédit agri-
cole, directeur : Romain-Bonnet. — Latour
(Gustave). — Michelet (B.) et A. Vacquand.
— Prévot et Delsuc. — Rouchard et Mon-
marson.
Chapellerie (fournitures de). — Desuclade.
Draperie et rouennerie en gros. — Barret. —
Chevallier (H.) et Bordes. — Conchou (E.).
— Couturier (Maurice) et Cie. — Eymery
(A.) ※. — Jaussen et Cipierre. — Murat.
Drogueries. — Goursat fils. — Soymier (J.).
produits chimiques.
Mercerie en gros. — Cotinaud aîné et fils et
Chapotel. — Deschamps et Donnet. — Pra-
deau et Cie.
Ornements d'église. — Puypeyroux et La-
faye.
Passementerie (fabr. de). — Sicaud.
Toiles en gros. — Badin.
Tailleurs confectionneurs. — Ferrand. —
Manet frères. — Pouyaud et Cie. — Ma-
thou. — Menardier. — Lafosse. — Pra-
deau et Pécou (maison du Louvre). — Se-
guy. — Torres. — Trigonand. — Ver-
gnaud. — Vigier.

Belves.
Banquiers. — Lombard. — Painkin. —
Roche (Baptiste).
Laines et cotons filés. — Arenos et Bétille.
— Boucherie (A.). — Durieux (Simon).

Bergerac.
Tribunal de commerce. — Président : Les-
pinasse. — Juges : Coudret. — Lespinasse.
Suppléants : Valleton. — Séverin. —
Greffier : Gros.
Banque et recouvrements. — Baret (J.) et
Gadounet aîné. — Bugniet (Vve Th.). —
Chaudourne-Simiant (J.). — Conil (J.) et
Cie. — Delcros et Verdier. — Lespinasse
(Adrien). — Masbrenier (E.). — Merle (A.)
et Dellia. — Planteau, Dusumier et Cie. —
Rivière (Alph.) et Cie, recouvrements, ren-
seignements.
Chanvre (commerce de). — Bartholomé. —

Brousse. — Counord. — Delbasty —
Delbasty — Delbasty (Charles). —
Taillefer. — Terrible fils.
Draperies, rouenneries, soieries et nouveautés.
— Armand (Louis). — Augiéras jeune. —
— Bassac. — Bastide (Gme), gros. — Bou-
lin (Ch.). — Boulin (H.). — Bourrier.
— Chassagne frères. — Fournier. — Girou
(J.) — Godonèche, au Pauvre-Diable. —
Gouyrand. — Labatut (Ferd.). — Lafaye.
Margat neveu. — Maumon et Bargeaud. —
Mestural (Emile). — Pautard et Angiéras
aîné. — Prévot jeune. — Prévot-Margat,
Puyraveau (H.). — Vié (B.), magasin du
Bon-Marché.
Droguistes. — Bouysson. — Guilhem. — Va-
leton (Paul).
Linge de table (fabr. de). — Barland. —
Boullin (Ch.). — Boullin (H.). — Gouyrand
jeune. — Rouby père. — — Rouby fils.
Merciers en gros. — Charbonnel jeune et fils
frères, gros et détail. — Dameron et Cie.
Passementerie. — Chassagne. — Dameron et
Cie. — Lacombe. — Layotte. — Mazières.
St-Dizier. — Tuffery. — Vittal.
Peignes à tisser. — (fabr. de). — Fabre.

Bugue (le)
Chapeaux (fabr. de). — Barge. — Delfour
Filature de cotons. — Linares.

Coquille (la)
Laines (filatures de). — Gay (Victor), et de coton. — Robert, à la Barde.

Daglan.
Laines (filatures de). — Grézis. — Miermont.

Montclard.
Fabr. d'étoffes de laines. — Géraud frères.

Plégut-Pluvier.
Banquiers. — Baudoire. — Lavoix (L.).
Mercerie en gros. — Garrigue (P.).

Ribérac.
Banque et recouvrements. — Aubinat. —
Canler. — Lavillenie (Eug.). — Vivié jeune.
Chapeaux (fabr. de). — Junqua, fabr. de
chapeaux de feutre
Draperies, rouenneries, soieries et nouveaut.
— Batelié et Chabanais. — Bellat aîné. —
Bellat jeune. — Bouillière. — Brianthec-

Chabaneix. — Duranthon. — Meynard et Cie. — Severin.

Teinturier-apprêteur. — Soulier.

Roche-Chalais (La).

Banquier. — Létang.

Chanvre (marchands de). — Branchet. — Caubet.

Saint-Georges-de-Montclar.

Filatures et fabr. d'étoffes de laines, cadis, etc. — Géraud jeune.

Sarlat.

Tribunal de commerce. — Président : An-drieux. — Juges : Bonnet. — Chauchat. — Lafon Clédat. — Suppléants : Rudelle (Adrien). — Roussarie. — Greffier : Gouvet.

Banquiers. — Faujanet (J.-B.) fils. — Quercy (Adolphe).

Draps, rouennerie. — Chambon frères. — Cluzel jeune. — Doursat jeune. — Eyssar-tier et Teillac. — Faujanet (B.) jeune. — Faujanet (Prosper).

Terrasson.

Banquiers. — Léopold Jeanssein et Cie. — Mallet et Cie.

Carderie et filature de laines à la mécanique. — Soulage.

DOUBS

BESANÇON (chef-lieu).

Chambre de commerce. — Président : Outhenin-Chalandre ✳. — Membres : Weil-Picard ✳. — Déprez. — Lorimier ✳. — Bretillot (L.) ✳. — Humbert. — Mairot.

Tribunal de commerce. — Président : Bretillot. — Juges : Micaud. — Schlumberger. — Bouton. — Guichard. — Demolombe. — Weil-Picard fils. — Suppléants : Bruand. — Bouttey. — Blondeau. — Ed. Baille. — Greffier : Gauthier (C.-F.).

Syndics. — Bucy. — Rozet. — Alexandre. — Sancey. — Faivre.

Conseil général du commerce. — Membre délégué : Bretillot (L.) ✳.

Conseil de Prud'hommes. — Président : Fernier (Louis). — Vice-président : Philibert fils.

Banque de France (succursale de la). — Directeur : Ourson. — Caissier : Bouly.

Banquiers. — Brétillot et Cie. — Jacquard et Cie. — Mairot, Détrey et Cie. — J. Druot. — Picard (A.) ✳ et Cie. — Weil-Picard ✳ et Cie.

Comptoirs des actionnaires. — F. Louvot. — Poirey (L.).

Blanc (articles de), tulles, dentelles, etc. — Altmayer (Emile), en gros. — Balanche aîné. — Bichet (Jh.). — Clerc-Jeanhenriot, A. Chauvelot et Cie. — Gadriot (Charles). — Hauser (M. A.). — Jouffroy-Ferreux. — Miot (C.), blanc de fil et de coton. — Muess-Rebillet. — Paillard. — Jouffroy. — Perrot (Hte). — Seurot et Renaud, en gros.

Bleu (fabr. de). — Racine (P.) fils et Cie.

Bonneterie. — Alix et Cartier. — Aymonin, gros et détail. — Balanche (P.). — C. Bathier, en gros. — Berger. — Brocard (Fois). Chambard et Sauget, en gros. — Demogé aîné. — Dumon (J.), gros et détail. — Flusin-Simonin, en gros. — Gaiffe (Ve J. B.), en gros. George (A.), en gros. — Guillemin fils. — Hauser (David). — Jouvanceau et André Lyot (successeurs d'Amet-Prevel). — Lanchy (Joseph) père et fils aîné. — Laroque. — Mailley (S.). — Picot (Camille). — Redonnet (B.), bonneterie, mercerie, rouennerie en gros. — Régnier. — Tribout (A.).

Chanvres peignés et cordages. — Zeltner (J.).

Chapeaux de paille (fabr. de). — Duchâteau frères. — Hardy. — Nahon. — Pradier.

Chemisiers (fabricants). — Dumont (J.), gros et détail. — Tribout (A.).

Cols-cravates et nouveautés de Paris. — Demogé aîné (Bazar parisien). — Dreyfus et Cie. — Dumont (J.). — Gaiffe (V. J. B.), en gros. — Georges (A.), maison de gros. — Masson (Ch.). — Montassut. — Tribout.

Cotons et fils à tisser. — Gouget fils, gros.

Crins, fils en gros pour meubles plumes et duvets, laines pour matelas. — Arbey. — Bathier (C.), en gros. Drivet. — Jouvanceau et André Lyot. — Lanquetin (L.). — Pingaud-Jeunet. — Quetel-Voituret. — Saint-Ève.

Deuil (articles de). — Altmayer (Emile). — Bichet (Jh.). — Corne-Baud. — Corne-Bécoulet. — Dreyfus et Cie. — Giard fils. — Hauser (M. A.). — Miot Camille, rayon spécial. — Muess-Rebillet rayon spécial. — Paillard-Jouffroy. — Perrot (H.). — Pône (Ch.). — Schwob (S.). — Seurot et Renaud.

Draperie (en gros). — Bruand jeune. — Chudant (Gustave), en gros. — Fernier et Laithier-Hauser-Veil (J.). — Muess-Rebillet. — Percerot (A.). — Prost. (F.).

Drogueries en gros. — Baulier (Ch.). — Gouget fils, Guichard frères. — Hugon et Morlet. — Noë et Sancey. — Petit et Boley, et produits chimiques. — Racine (P.) fils et Cie, et fabrique de produits chimiques.

Fleurs artificielles et plumes. — Bardin (J. B.). — Bernard, sœurs, pour églises. — Bourrier (Mme). — Cornu (L.) et Cie ; H. Doché successeur. — Dreyfus et Cie. —

Dupont (Léon), gros. — Guillaume (Virginie). — Jackson (Jules). — Lacroix (Mlle). Martinet. (Mlle). — Petite (Mlle). Pône (Ch.).

Indigoférine, pour teinture sur soies, laines et cotons. — Racine (P.) fils et Cie.

Laines pour tapisserie et canevas. — Aymonin. — Bardin (J.). — Bufet-Huguenin. — Cornu (L.) et Cie (H. Dochet successeur). — Emourgeon sœurs. — Parel (V^e). — Pône (Ch.).

Merciers en gros. — Alix et Cartier. — Aymonin. — Balanche (Paul). — Bardin (J. B.). — Bathier (C.). — Buffet-Huguenin. — Caillier fils. — Chambard et Sauget. — Cornu (L.) et Cie, H. Dochet successeur. — Demogé aîné. — Dupont (Léon). — Flusin-Simonin. — Gaiffe (Ve J. B.). — George (A.), — Get (P.). — Jouvanceau et André Lyot (successeurs d'Amot-Prevel. — Lamirelle et Cie. — Lanchy (Jh.) père et fils aîné. — Mailley (S.). — Picot (Cam.). — Pataille. — Pône (Ch.). — Redonet (B.).

Modes (fournitures de). — Cornu (L.) et Cie, (H. Dochet successeur). — Dreyfus et Cie. — Dupont (Léon). — Pône (Ch.).

Nouveautés, châles, soieries. etc. — Cahen (Emile). — Demolombe frères. — Guyot (J.). — Miot (C.). — Muess-Rebillet. — Perrot (H.). — Tissot-Bonjour (Mme).

Ornements d'église. — Bernard sœurs. — Clerc (Mlle). — Farey. — Tournier (Mlles). — Turbergue. — Violette.

Passementerie. — Bardin (J.). — Callier fils, en gros. — Cornu (L.) et Cie, — (H. Dochet successeur). — Dreyfus et Cie. — Dupont (Léon). — Flusin-Simonin, en gros. — Jouvanceau. — Lanchy (Jh) père et fils aîné. — Montassut. — Pataille fils. — Pône (Ch.).

Produits chimiques. — Guichard frères. — Hugon et Morlet. — Noé et Sancey. — Norberd. — Petit et Boley. — Racine (P.) fils et Cie.

Rouennerie (en gros). — Baille-Callier. — Bejanin (F.). — Chudant (G^{ve}). — Clerc-Jeanhenriot, A. Chauvelot et Cie. — Franchebois-Lété. — Glorifet (Ernest). — Hauser-Weil. — Hauser (David). — Honnelaitre-Arnoux (Ch.), — Jourdain (Pierre). — Muess-Rebillet. — Picard (Lazare). — Redonnet-(B.). — Seurot et Renaud.

Rubans et soieries, gros et détail. — Bardin (J.-B.). — Cornu (L.) et Cie, H. Doché successeur, maison de gros. — Dreyfus et Cie. — Dupont (Léon), et détail. — Gaiffe (Vve J.-B.), rubans en gros. — Pône (Ch.). — Schvoob (S.).

Sacs. — Pernet, Chênes et Cie, représentés par A. Bodin ; maisons à Paris, Marseille, Chartres et le Havre.

Soieries (marchands de). — Altmayer (Emile). — Demolombe frères. — Dreyfus et Cie. — Dupont (Léon), en gros. — Gadriot (Charles). — Muess-Rebillet. — Perrot (H.). — Robbe (Edouard) C. Miot successeur. — Schvoob (S.). — Seurot et Renaud.

Tailleurs confectionneurs. — Blanc (Vve). — Fabolon. — Fortuné. — Haas (Emmanuel) fils aîné. — Haas frères. — Schaler jeune. — Schmidt.

Toilerie et articles de blanc. — Balanche aîné. — Clerc-Jeanhenriot, A. Chauvelot et Cie. — Demolombe frères. — Giard-Racs. — Herchet (F.), Fourquet et Magnin, toilerie, maison de gros. — Jeanningros (Vve). — Jouffroy-Ferreux. — Paillard. — Seurot et Renaud, en gros. — Tournier.

Abbenans.

Broderie au crochet pour meubles. — Bonnet (L.), succursale pour la fabrication des maisons Ruffier-Leutner et Augagneur et Barriquand, à Tarare (Rhône).

Audincourt.

Banquier. — Jacot-Surleau (Fréd.), banque escompte et recouvrements.

Broches et cylindres pour filature de coton, lin, laine et soie. — C. Peugeot ❋ et Cie, aux usines Sous-Roches.

Filature de cotons (et tissage mécanique, 3 turbines ; deux machines à vapeur). — Scheurer-Sahler.

Machines à coudre. — Peugeot (C.) et Cie, constructeurs, représentés à Paris par Sandoz.

Bonnal

Mousseline brodée pour meubles. — Lepelletier fils et Cie, aux forges de Bonnal ; dépôt à Paris.

Montbéliard.

Banquiers. — Megnin-Surleau et Cie. — Meyer fils. — Morel père et fils.

Cotons (filature et tissage de) — Henri Sahler et fils. — Sahler (Ed.).

Cotons filés et calicots. — Fayot (P.). — Leconte (L.).

Teinture et cotons filés. — Faichotte. — Loos.

Saint-Hippolyte.

Banquier. — Prélot (A.).

Bois de teinture (trituration de). — Prelot (H.) aîné.

Laines (filature de). — Mercier. — Riat.

DROME

VALENCE (chef-lieu).

Chambre consultative des arts et manufactures. — Sérusclat ✳, président. — Chenevier, secrétaire.

Condition publique des soies. — Directeur: Lacroix (Alphonse).

Agence d'affaires. — Office de renseignements commerciaux et contentieux, civil et commercial. — Directeur (Jh.) Lambert. — Cet office recommandé par le gouvernement, s'occupe de tous les litiges en général, recouvrements et accepte tous pouvoirs pour représenter ses clients et défendre leurs intérêts devant toutes les juridictions et dans toutes les affaires où ils peuvent être intéressés, traduction de langues étrangères.

Banquiers. — Borel (L.) et Cⁱᵉ. — Brun (L.) et Cⁱᵉ. — De Montlovier ✳ frères. — Morel et E. Blein. — Barbier fils, banque et recouvrements.

Comptoir des actionnaires. — Férand Ch.), r. de la Gare, 19. — Opérations de bourse, paiements de coupons, avances sur titres, souscriptions, service de titres, etc.

Chapellerie (fabr. de). — Cotte père. — Cotte fils. — Mirabel-Chamb(ot. — Milhan. — Randon (A,).

Chapellerie (matières premières). — Mathon (Ph.), poils de toute provenance.

Blanc et dentelles (articles de) en gros. — Faure. — Marchand.

Bonneterie et mercerie en gros. — Courthial (Pierre). — Péméant. — Ravel.

Coupeur de poils. — Mathon (Philippe), matières premières (usine au Bourg-lès-Valence.

Draperies et nouveautés. — Blein.— Cogordan fils et Valette. — Didier (Firmin), châles, soieries, lainages et toilerie. — Joland. — Decombe. — Massif (G.). — Mazet et Troullier.— Naudin et Pellissier.—Vachez. Véron. — Colomb-Martin.

Droguerie. — Gayme et Grevin, pharmaceutique, teinture et produits chimiques.

Graines de vers à soies. — Ginot (Mᵐᵉ Vᵉ), faubourg Saunière.

Impressions sur soies, laines, fils et cotons. —Beynet. (Vᵉ) et Cⁱᵉ, manufacture de mouchoirs bon teint, fil et coton ; usine hydraulique et à vapeur. — Catinot et Cⁱᵉ. — Pochon (Henri), manufacture d'impression sur baptiste, fil de lin et coton , mouchoirs Valence, teint garanti.

Mercerie en gros. — Courtial (Pierre). — Ollagnier frères. — Péméant. — Ravel.

Rouennerie en gros. — Albert (J. B.) et Cⁱᵉ. — Courthial (Pᵉʳ). — Cogordan fils et Valette. — Vachez. — Véron.

Soies grèges et ouvrées (marchands de). —

Durand P. et H. Lacroix, place du Champ-de-Mars.

Soies (filateurs de). — Borne (G.) moulinier. — Bosviel (Aug.) et fils, à Valensolle. — Courthial (P.), à Beaumont. — Gregoire. moulinier à Faventine.

Tailleurs confect. — Albert.— Boloc. — Delord. — Forel. — Ginet. — Heyman. — Junillon.

Allan.

Soies grèges et ouvrées. — Colombon fils.

Batie-Rollande (la).

Commis. en cocons et laines. — Dhémar.

Soies (fabr. de). — Rochas.

Beaumont.

Soies (filature de). — Courthial (P.).

Beaufort-sur-Gervanne.

Soies (moulinage de). — Rey.

Bouchet.

Soies (filat. et moulinerie).— Biscarrat (B. P.)

Bourg-du-Péage.

Banquiers. — Dubouchet (André)✳. — Jh. Lambert, encaissement et office de renseignements et contentieux, recouvrements et affaires litigieuses, généralement quelconques ; on s'en réfère à titre de réciprocité aux conditions des correspondants qui sont couverts par la voie qu'ils désirent. (Voir Valence (Drôme), ou il faut adresser la correspondance).

Chanvre (marchands de). — Allemand frères. — Allemand et Savoye. — Jassoud (Gabriel), chanvre peigné. — Pinet (Bmy). — Vallon père et fils..

Cocons (filat. de). — Gauthier. — Lambert.

Chapellerie de feutre (fabr. de). — Bousson et Cⁱᵉ. — Bousson (Jules), fabr. de chapeaux feutres en tous genres. — Boyer. — Chabert (Xavier). — Combet aîné. — Combet (Cyprien). — Convert. — Gage (Auguste). — Martin (P.). — Mossant (Cᵐⁱʳ) et fils aîné, usine à vapeur, médaille d'argent, Paris 1867 ; maison à Paris, r. de Braque, 6. — Veyret. — Vinay.

Cordiers. — Allemand frères. — Allemand (E.) et Savoye. — Jassoud (Gabriel), fabr. de cordes et ficelles, housse, laines, articles de bourreliers, franges, volettes et chasse-mouches, etc., assortiment de chanvre peigné. — Pain. — Vincent (Augᵗᵉ).

Draperie, soierie et toilerie. — Clément et Rivière, Coronel (J.) et A. Clairfond.

Soies (fabr. d'étoffes de). — Bernard jeune.

Teinturier. — Délager fils.

Bourdeaux.

Laines. — Armand. — Astier.

Soies. — Craponne.

Bourg-lès-Valence (Le).

Impressions sur étoffes, soie, fil, laine et co=
ton. — Beynet (V.) et Cie. = Pochen
(Henri). — Tourtrol.
Matières premières pour la chapellerie. =
Laroche. — Mathon (Ph.).
Mécaniciens. — Bellichon. — Lobre et Mallet.
— Longueville (Ches).

Bouvante.

Soies (filature de). — Martin.

Buis-les-Baronnies (Le).

Draps et rouenneries. — Blanc. — Bonnard.
— Endignoux. — Laborel. — Monnier. —
Prayal.
Soies (filature de) et négts en garance. — Bé-
rard (F.). — Leydier frères. — Verdet
et Cie.

Chabeuil.

Banquier. - - (Jh.) Lambert, encaissements et
office de renseignements et contentieux, recouvrements et affaires litigieuses généralement quelconques ; on s'en réfère à titre de
réciprocité aux conditions des correspondants qui sont couverts par la voie qu'ils
désirent. Voir Valence (Drôme) où il faut
adresser la correspondance.
Chapeaux (fabr. de). — Béraud. — Marcellin
père. — Marcellin aîné.
Filature, ouvraison et fabr. de soies à coudre.
— Bernard (Ver). — Paul Grin et Cie.

Chamaret.

Négociant, filateur de cocons et moulinier en
soies. — Bérenger (Ate).

Châteauneuf-d'Isère.

Graines de vers à soie en gros. — Apostoly. —
Vinay.

Châteauneuf-de-Mazenc.

Soie (filateurs et mouliniers). — Bérard frères.

Chatillon.

Laines (filature de). — Rigollet. — Chastel.

Cléon-d'Andran.

Soies (filature de). — Urdy (Ve).

Clérieux.

Soies (organsinage et moulinage de). — Arlès-
Dufour. — Cotte (Tiburce). — Tardy.

Colonzelles.

Soie (moulinier). — Ely.

Coucourde (La).

Filature de cocon. — Duglou.

Crest.

Banquiers. — Faure (F.), escompte et recouvrements. — Fraud (Ve Barth) et fils.

Gardes (fabr. de). = Dyennet et Cie.
Cotons (filature de). = Sauvebois.
Couvertures de laines (limousines). = Fayolle
père et fils cadet. = Ledibert, Bovet et
Mazade.
Draps (fabr. de). — Bouchet et Prud'homme.
= Garnier et Reboul. = Guilhet et Cie. =
Ledibert, Bovet et Mazade.
Draperies et rouenneries. = Aléo. = Argod
frères. — Brun-Durand. = Mathieu. —
Ollivier.
Laines (filature de). — Fayolle père et fils cadet,
spécialité de laines pour bas.
Soies (négociants et commissionnaires en). —
Faure (François). — Fayolle. — Rey.
Soies (négociants et mouliniers en). — Brunet
et Viel. — Bouvet, Dupoyet et Cie; maison
à Lyon, r. Désirée, 6. — Colombier père. —
Helme. — Lascour (A.).
Tourneurs sur bois. — Barnoin père et fils. —
Henri aîné.

Die.

Agence d'affaires. — Office de renseignements
commerciaux et contentieux, civil et com-
mercial, recouvrements, etc. Voir Valence.
(Drôme), où il faut adresser la correspon-
dance.
Banquiers. — Béranger. — L. Livet (J.).
Draps (fabr. de). — Barral. — Coursange frè-
res. — Rosand. — Taillote (H.).
Draps (commissionn. en). — Brachet. —
Gros. — James. — Joubert. — Liotard. —
Morel jeune et Cie. — Roux. — Royer et
Cie. — Rulat. — Vignon.
Soies (négociants et moulinage). — Bouvier
frères.
Tourneurs. — Carajat, sur métaux. — Clau-
zel. — Colomb. — Gémond père. — Nicolas,
sur bois.

Dieu-le-Fit.

Banquier. — Bonnard (Antoine).
Draperie. — Marre. — Pellegrin (C.). —
Saurel (Vve). — Terrasse. — Teisseire. —
Voiron.
Draps, molletons et nouveautés (manufacture
de). — Morin et Cie. — Rodet et Cie.
Soies (ouvraison et commerce de). — Chas-
tant frères. — Duseigneur. — Noyer frères.
— Noyer (Henri). — Pignet (M.). — Pru-
dent (C.). — Sambuc (A.). — Sambuc (Paul). —
Servant (Cypr.). — Soubeyran (A.).

Divajeu.

Mouliniers en soie. — Colombier père et fils.

Donzère.

Cocons (filateur de). — Vincent Philibert.

Etoile.

Soie. — Sérusclat.

Grand-Serre (Le)

Banquier. — Jh. Lambert, encaissements et

office de renseignements et contentieux,
recouvrements et affaires litigieuses généra=
lement quelconques ; on s'en réfère à titre
de réciprocité aux conditions des correspondants qui sont couverts par la voie qu'ils
désirent. Voir Valence (Drôme), où il faut
adresser la correspondance.
Escompteurs. = Sibert (V.) fils. = Sibert
père.
Soies. grèges et ouvrées. = Mazade et Cie.

Garde-Adhémar (La).

Soies grèges et ouvrées. — Lombard. —
Prieur (A.-H.).

Grâne.

Soies (filature et moulinage de). — Durand
(Eug.). — Format, Argaud et Bessy.

Grignan.

Soie grège et organsinée. — Armandy (Léon).
Toiles de chanvre (fabr. de). — Benoit. —
Borromet. — Martin.
Tourneur en bois — Bastet. — Bert.

Lalaupie.

Cocons (filature de). — Culty.

Livron.

Banquier. — Beillier aîné.
Soies (négociants et mouliniers). — Combier
frères. — Denis aîné. — Denis cadet.

Loriol.

Banquier. — Joseph Lambert , encaissement
et office de renseignements de contentieux ,
recouvrements et affaires litigieuses généralement quelconques; on s'en réfère à titre
de réciprocité aux conditions des correspondants qui sont couverts par la voie qu'ils
désirent (Voir Valence (Drôme) où il faut
adresser la correspondance).
Draperies et nouveautés. — Aubert. — Barnier. — Caillet. — Groubet. — Noël frères.
Soies (moulinier). — Mazet.
Soies (filature de). — Helme. —Delon et Ma-
gnat. — Leouzon. — Terasse.

Marsanne.

Commission de cocons et laines. — Canon.
Soie (fab. de). — Besson, fermier.

Mirabel-aux-Baronnies.

Soie (filature et moulinage). — Buix. — Lemoine. — Veyrenc.

Mirabel et Blacons.

Soies (mouliniers et fab. de). — Garnier. —
Milson et F. Poy, maison à Lyon. — Ro-
mangalle.

Mirmande.

Soies grèges et ouvrées. —Bérard. — Bernard.
— Blanc. — Croizat.

Montboucher.

Soies grèges et ouvrées. = Lacroix (H.). =
Viel (C.).

Mont-Clard.

Moulinier. = Labretonnière.

Montéléger.

Soies (filature de). — Forest.

Montélimar.

Agence d'affaires. — Office de renseignements
commerciaux et contentieux, civil et commercial, recouvrements etc. (Voir Valence
(Drôme), où il faut adresser la correspondance).
Banquiers — Chalas et Cie. Crédit mutuel ,
société anonyme, banque et recouvrements,
Rivière directeur. — Soubeyran frères.
Blanc (articles de). — Boutheon (Casimir). —
Roussin (Alphonse), spécialité de blanc ,
articles de St-Quentin, Tarare , Mulhouse ,
etc. gros et détail, broderies, fleurs, rubans
et dentelles.
Chapeaux (fab. de). — Chanu et Sorel. —
Monnier (Alexis) et Cie, fab. de chapeaux
feutre souples et apprêtés , médaille de
bronze, exposition universelle Paris 1867 ,
usine à vapeur à Montélimar et usine hydraulique à Souspierre.
Corsets (fab. de).— Goirand (A.) aîné, maison
de gros , tissus et fournitures en tous
genres.
Draperies, nouveautés. — Blanc-Perducet. —
Delaye et Cie. — Froidot. — Gauthier. —
Lassagne.— Maucuer. — Melquiond frères,
châles , lainages , etc. — Mourzelas. —
Nouzaret aîné. — Piallat (Isidore). — Petit
frères et Cie, confection en tous genres
pour hommes et enfants, draperies , nou-
veautés, spécialité de chemises et flanelles.
— Tournier frères. — Turin aîné. —
Turin jeune. — Turin (Joannès). — Ville-
dieu.
Droguistes en gros. —Eybert frères.
Filateurs de soie. — Autran aîné. — Alfred
Rochas. — Chabert et Cie. — Constant O.
—Dutour père et fils. — Légat. — Pey-
ron.
Mécaniciens. — Ageron et Perrin. — Barbier.
— Ulpat et Marlhens.
Mercerie en gros. —Couchet frères.— Lefeb-
vre (P.) — Saladin Ch., mercerie en gros,
spécialité de bonneterie et passementerie.
— Magnan-Dauphin.
Mouliniers. — Noyer. — De Lacoste. — Va-
chon (B.).
Soies (marchands de). — Champestève (H.),
commissonnaire. — Magnan fils. — Nou-
zaret jeune. — Tavan aîné. — Tavan
cadet. — Tavan jeune. — Vachon (B.).
— Villedieu.

Soies ouvrées. — Autran aîné. — Champestève frères. — Constant (O.). — Cornud et
Cⁱᵉ. — De Lacoste père. — Dutour père et
fils. — Légat, grèges et ouvrées. — Rochas.
— Soubeyran frères.
Soie (déchets et cocons). — Lascombe, marchand.

Montmeyran.

Soies gréges. — De la Lombardière.

Montségur.

Garance (fabr. de). — Brossetti.
Soies (filature de). — Durand.

Moras.

Laines (filature de). — Brenier aîné et fils
jeune.
Toile de chanvre (fabr. de). — Chomel. —
Daburon. — Guiton. — Tournier.

Nyons.

Agence d'affaires. — Office de renseigne-
ments commerciaux et contentieux, civil et
commercial, recouvrements, etc. (Voir
Valence (Drôme) où il faut adresser la cor-
respondance.)
Draperies et nouveautés. — Allian (Paul et
Laugier. — Biroard. — Engilberge. — Lis-
bonne (Aaron). — Lisbonne (Jacob). —
Loubet. — Martin (F.). — Pons (L.).
Mécaniciens. — Chabrol. — Féraud père et
fils. — Paget frères. — Raud (Eugène).
Soies (filature et moulinage de). — Ailhaud de
Brisis. — Viel (I.) et Cⁱᵉ, maison à Paris.
— Vergier. — Veyren. — Vigne-Faravel.

Pierrelatte.

Draperie et nouveautés. — Eymieu (P.) et
Chenivesse. — Juillet (J.). — Meisson-
nier (A.).
Laines en gros. — Monteil (E.). — Pra-
dier (C.).
Mercerie et quincaillerie. — Testud, articles
pour colporteurs.
Soie (déchets et frisons). — Planc (D.). —
Planc. — Reynaud (Vᶜ).
Soie, filature de cocons. — Eymieu (P.). —
Sisteron.

Poet-Laval.

Soie (ouvraison de la). — Daubois. — Roche-
gude.

Pont-de-Saint-Uze.

Ingénieurs mécaniciens. — Lemaire frères et
Dumont, fuseaux de moulins à soie, spécialité de pièces tournées.

Remusat.

Toile de chanvre (fabr. de). — Auzias. —
Blanchard. — Dupuy. — Ravoux. — Wars-
torck.

Roche-sur-Granne.

Soie et filature de cocons. — Michaud.

Romans.

Tribunal de commerce. — Président: Du-
masy. — Juges: Payrard. — Servan (E.).
— Silvestre. — Suppléants: Bossan (L.S.).
— Mossan. — Greffier: Ducros.
Agence d'affaires. — Office de renseigne-
ments commerciaux et contentieux, civil et
commercial, recouvrements, etc. (Voir
Valence (Drôme) où il faut adresser la cor-
respondance.)
Banquiers. — Nugues (Félix) et Combe. —
Savoye, Sauvajon et Cⁱᵉ, banque et recou-
vrements. — Sibeud frères. — Silvestre.
Chapeaux de paille (fabr. de). — Petit (Joseph)
et Cⁱᵉ.
Chapeaux (fabr. de). — Chabert (Martin), ex-
portation. — Roux.
Chasublier. — Trollat.
Cocons doubles et frisons. — Gaillard (J.)
fils. — Hiltrebrand (Jacques).
Déchets de soie. — Gaillard (J.) fils. — Hil-
tebrand. — Sibeud frères.
Draperie, soierie et rouennerie, en gros. —
Charbonnier et Déliot. — Cotte Fayet et
Lacoste, rue l'Abbé, 4, tissus français et
anglais. — Cotte (Tiburce). — Lardant
frères. — Guichard et Cotte. — Jacquin
et Garnier. — Pupat, Montallon et Bois-
sieu, successeurs de Reynaud et Cⁱᵉ. —
Trouillier et Cⁱᵉ.
Tailleurs. — Bellon. — Burais et Sibert. —
Lachaud. — Lemozy, confectionneur. —
Roux. — Simard fils, marchand tailleur,
articles de goût et de fantaisie.
Soieries et lainages (détail). — Armand et
Barlatier. — Belier (A.). — Champion
frères. — Pain (Jules). - Prohet père et fils.
Laines en suins et lavées. — Genoud, débris
de filatures, graines de trèfles et luzernes,
racines de gentiane et fleurs, peaux de
chevreaux et lapins.
Mécaniciens. — Champion. — Genthon (R.).
— Tortel.
Mercerie et Bonneterie en gros. — Mantelin.
— Derne (A. Ferlay successeurs).
Rubans. — Payrard-Gravier.
Soie grège et ouvrée (négociants en). — Du-
mazy. — Hilte-Brand. — Sibeud frères.
Soie (filateurs et mouliniers. — Cotte (Ti-
burce). — Dumazy. — Gaillard (J.) fils. —
Gauthier (Romain), au Péage. — Pinet
(Vve) et fils. — Raymond-Lambert, au
Péage.
Teinturier. — Colombier.

Saillans.

Soies (filature de). — Brousse (A.), représentant la maison Palluat de Lyon.
Soies (moulinage de). — Blanc (C.). — Bouvier (M.). — Brousse (A.).
Soieries (tissage de). — Merle, contre-maitre,
article foulards.

Sauzet.

Soies (filature de). — Culty (Ulysse).

Savasse.

Soies (fab. de). — Durand.

Saulce.

Soies (filateurs). — Roussille et Perrier.

Suze-la-Rousse.

Banquiers. — André et Carpentras.
Mouliniers en soie. — Chuvin père et fils.

Saint Donat.

Banquiers. — Chabert. — Dorey. — Galix. —
Lambert (Jh.). Encaissement et office de
renseignements de contentieux, recouvrements et affaires litigieuses généralement
quelconques ; on s'en réfère à titre de réciprocité aux conditions des correspondants
qui sont couverts par la voie qu'ils désirent.
Voir Valence (Drôme) où il faut adresser la
correspondance.
Soies (moulinage de). — Chartron père ❋ et
fils. — Feugier. — Monnier, maison à
Lyon. — Penet-Serre.

Sainte-Euphemie.

Draps (fabr. de). — Chalamel (Ch.).

Saint-Jean-en-Royans.

Banquiers. — Gagnaire et Feugier. — Jail. —
Lambert (Jh.). Encaissements et office de
renseignements de contentieux, recouvrements et affaires litigieuses généralement
quelconques, on s'en réfère à titre de
réciprocité aux conditions des correspondants qui sont couverts par la voie qu'ils
désirent. Voir Valence (Drôme) où il faut
adresser la correspondance.
Nouveautés. — Bonnard. — Grimaud. —
Sibeud. — Vignon.
Soies (fil. et fabr. de). — Delon frères, tissage
mécanique. — Poncet. — James ❋ et Perret, maison à Lyon, r. Désirée, 4. — Tardy
frères.

Saint-Laurent-en-Royans.

Soies (filature et moulinage de). — Allyre
Boubon.

Saint-Martin.

Soies (filature de). — Bressac.

Saint-Nazaire-en-Royans.

Soies (filature de). — Francillon.
Velours (fabr. de). — Janin et Cie., maison à
Lyon.

Saint-Paul-trois-Châteaux

Soie (filateur). — Brun.

Saint-Vallier.

Banquiers. — Chouillon et Boudou. — Lambert (Jh.). Encaissements et office de renseignements et contentieux, recouvrements
et affaires litigieuses généralement quelconques ; on s'en réfère à titre de réciprocité aux conditions des correspondants qui
sont couverts par la voie qu'il désirent.
Voir Valence (Drôme) où il faut adresser la
correspondance.
Draps et nouveautés. — Amblard. — Chail-
lans. — Fevrier. — Gondin. — Imbert. —
Rodillon. — Roziers. — Rose. — Bonneton. — Tournier. — Valernaud.
Soie grège et ouvrée, filature et moulinage de
soie. — Baboin (Aimé), fab. de tulles. —
Charton père ❋ et fils, récolte de soie blanche et jaune. — Dumollard. — Poncin. —
Villard, Baucoup fils et Cie.
Soie (étoffes de). — Fevrot et Cie, et de-
vidage. — Josseraud. — Villard, Baucoup
fils et Cie.

Tain.

Banquier. — Lambert (Jh.). Encaissements et
office de renseignements et contentieux recouvrements et affaires litigieuses généralement quelconques ; on s'en réfère à titre de
réciprocité aux conditions des correspondants qui sont couverts par la voie qu'ils
désirent. Voir Valence (Drôme) où il faut
adresser la correspondance.
Draperies, rouenneries et nouveautés. —
Faure. — Descombes. — Nivon. — Rey.
Filateurs de soies. — Chierpe (A.). — Suel
père (J.-F.).
Foulards (imprimeur sur). — Carle.

Taulignan.

Soies (fabr. de). — Armandy frères. — Aubert. — Cayranne. — Dailhe (Michel). —
Faujas. — Pontillon. — Poujoulat. — Richard (Thomas).
Tourneurs. — Brusson. — Clerc. — Rous-
tant.

Tulette.

Soies (fab. d'ouvraison pour la). — Givodan.
— Guigon. — Monestier et Cie. — Riffard
frères. — Roux.

Venterol.

Vers à soie. — Estève (C.). — Estève (Henri).

EURE

ÉVREUX (chef-lieu).
*Chambre consultative des arts et manu-
factures.* — Président : Chauvel. — Secrétaire : Dellile.

Tribunal de commerce. — Président : Lemercier. — Juges : Lemesle (E.-B.). — Chauvel (E.-J.-B.). — Huvey. — Suppléants :
Delille. — Belguise. — Greffier : Garnier.

Conseil de Prud'hommes. — Président: Dupont (D.). — Secrétaire: Lemarié.

Banque de France (succursale de la). — Directeur: Genouilloux. — Caissier: De Perceval.

Banquiers. — Boisney. — Chanoine et Lecoq, maison à Louviers. — Maillet. = Simon et Cie. — Thirouin (A.) fils, et recouvrements.

Blanc (spécialité de). — Béranger, gros. = Lemesle.

Blanchisseurs sur prés. — Delaunay. = Godart (Ate), à Navarre.

Bonneterie de coton fin (fabr. de). — Beyer. — Cherchin aîné. — Chevallier. — Delamarre-Maillard. — Dieu, et mercerie. = Duclos et Cie, et mercerie. — Jacquemond. — Langlois. — Leger-Duhamel. — Petit. = Renoult. — Richard. — Roulet (Anatole).

Chasubliers, marchands d'ornements d'église. = Dubus. = Guillemare.

Coutils en fil de coton (fabr. de). — Barbe (Gustave). = Béranger (Albert). — Boissard fils. = Bonnet fils, maison à Paris. = Clérisse fils. = Ganeel (J.). — Esnault-Pelterie aîné et Cie, maison à Paris. — Guersent (Emile). = Guersent jeune. — Lauvray fils. = Ledanois. = Leveau (A.). = Maheux aîné père et fils. — Perdrix. = Percheret (J.-D.). = Rique. = Sanson (Edmond) et Prunier, maison à Paris. = Sanson jeune. = Sauquet (E.). = Taillandier (H.).

Draps, rouennerie et nouveautés. = Bourdon. = Chapin (E.). = Gagnard. = Graine. = Houllier. = Huet. = Julienne. = Lelong. = Mackay (Mlle). = Muller.

Teinturiers. = Amiot. = Ferray aîné. = Ferray jeune. = Godard (Jules), à Navarre. = Nicolas (M.).

Andelys (Les):

Banquiers. = Brehan. = Guenault. = Raffy.

Bonneterie et mercerie en gros. = Sembret frères.

Draps fins (fabr. de). = Barbe. = Breton.

Soie de toute espèce (fabr. de). = Hamelin (A.) fils, maison à Paris.

Beaumontel:

Cotons (filature de). = Vaussard (B.) fils.

Lin (teillage et commerce de). = Duclos.

Toiles de lin et de coton (fabr. de). = Lamy (Victor).

Bernay:

Chambre consultative des Arts et Manufactures. = Président: Vy (Emile). = Secrétaire: Focet (Emile).

Tribunal de commerce. = Président: Sément. = Juges: Defougy. = Lecoq (R.-H.). = Galopin. = Jamas. = Juges suppléants: Renou. = Cordier. = Loisel. = Fontaine. = Greffier: Malbranche.

Conseil de prud'hommes. = Président: Sément (P.) père. = Vice-président: Duval (B.-J.).

Banquiers. = Duval (Gustave). = Feuënard (G.-E.).

Blanchisseurs de fil, coton et toile. = Briget et Cie. = Focet (J.), usines. = Manesse frères, et teillage. = Marie. = Samain.

Blanc (articles de). = Benard. = Caillet-Taillade. = Ségnet et sœur.

Bonneterie (fabr. de). = Calle frères.

Bretelles en coton et caoutchouc (fabr. de). = Leroy fils, Bory et Thubeuf.

Casquettes (fabr. de). = Bellard. = Charlier et Louvel. = Philippot et Langlois. = Rousseau.

Cotons (filatures de). = Pierre-Sément et fils. = Sevaistre frères. = Le Guernay.

Fils de lin. = Focet et fils. = Samain.

Frocs (fabr. de). = Bisson. = Chambellan et Lesueur. = Genard. = Desgrez. = Groulu (Eug.). = Lecoq (H.). = Prévost. = Vollier. = Selles. = Simon.

Lacets de coton (fabr. de). = Debouteville.

Laines (filature de). = Sevaistre frères, fabr. de draps à Elbeuf.

Lin (filature de). = Briget et Cie, maison à Paris.

Ornements d'église. = Lerebourg. = Planchet.

Rubans retors (fabr. de). = Dufougy aîné. = Fosse (A.) fils. = Leroux (E.) et fils. = Leroy fils, Bory et Thubeuf. = Masselin frères (F.-T.) et fils.

Toiles (fabr. de). = Briget et Cie, maison à Paris. = Cieille (A.) et Cie.

Bernouville:

Tissage mécanique de laine et cachemire. = Lautin (G.), maison à Paris.

Bezu-Saint-Éloi:

Toiles de ménage (fabr. de). = Lhermitte frères.

Brienne:

Conseil de prud'hommes. = Président: Depeisses. = Vice-président: Delamarre.

Cotons (filatures de). = Depeisse ✳. = Duret (M.), dépôt à Rouen. = Leclerc (Ulysse). = Lemoine (Edouard). = Maurice-Lemoine.

Cotons (reterdeur de). = Sément.

Filature de lin. = Esnault.

Laines (filatures de). = Decaux (Philippe) d'Elbeuf. = Longuemare (Ernest).

Charleval:

Chapeaux et casquettes (fabr. de). = Quesney.

Cotons (filatures de). = Grancher (Louis). = Marchanden. = Peynaud (E.).

Cormeilles.

Banquiers. — Le Coupeur jeune. — Le Coupeur (Eug.).
Bonneterie (fabr. de). — Bellencontre. — Costard (Hte). — David-Grieu. — Malherbe jeune.
Laines (filature de). — Quesney.
Toiles (fabr. de). — Laignel frères.

Corneville-sur-Risle.

Filature de cotons. — A. Philippe et Cie.

Douville.

Cotons (filature de). — Delamarre et fils. — Charles Levasseur ❀, dépôt à Rouen.

Drucourt.

Fabrique de rubans retors en fil, fil coton et coton, spécialité de tirants de bottes et de bottines. — Bance fils aîné, maison à Paris. — Barbey (J.-B.). — Conard (Vincent), dépôt à Paris. — Masselein aîné et Cie, fabr. à Bernay. — Touflet (C.).

Duranville.

Rubans de fil (fabr. de). — Rogeray.

Fontaine-l'Abbé.

Cotons (filature de). — Marquis de Croix.

Fleury-sur-Andelle.

Cotons (filature de). — Lainé (Edouard). — Stoeser. — Pouyer-Quertier ❀ et fils, dépôt à Rouen.

Gaillon.

Banquier. — Dujardin.
Chaussures tresse, castor et tissus divers (fabr. de). — Guibert (L.) père et fils. — Labelle aîné et Roussel, magasins à Paris. — Postel.
Laines (filature de). — Ruzé (A.).

Gisors.

Banque, escompte et recouvrements. — Crosnier. — Grillon (E.-H.). — Levasseur.
Coton (filature hydraulique de), tissage mécanique, blanchisserie et apprêts de tous genres. — Davillier (Ed.) ❀ et Champy, ❀ dépôt à Rouen.

Heudreville-sur-Eure.

Laines cardées (filature de). — Gabriel. — Lemarchand. — De Graveron. — Laquerrière (Eug.).

Hondouville.

Filature de laines cardées. — Desmares (Ch.).

Léry.

Tourneurs pour filatures et usines. — Botté. — Brier. — Cartier. — Colo. — Dehors. — Devaux. — Lecaudé. — Lemoine (E.). — Lemoine (J.-D.).

Louviers.

Chambre consultative des arts et manufactures. — Président : Poitevin (Ch.) ❀. — Secrétaire : Poitevin (Henri).
Conseil général des manufactures. — Membre délégué. — Guillaume Petit, O. ❀.
Tribunal de commerce. — Président : Dannei ❀. — Juges : Marsollet (G.-B.). — Chénevière. — Chrétien. — Suppléants : Chrétien. — Desmares. — Greffier : Marquet.
Conseil de Prud'hommes. — Président : Petit (Guillaume), O. ❀. — Vice-président : Poitevin. — Secrétaire : Caron.
Banque et recouvrements. — Chanoine et Lecoq. — Hirel (A.) fils. — Malcape. — Plumey (Ch.).
Blanchissage de toiles. — Pelletier (A.) fils. — Portois.
Cardes pour laine, coton, soie, ouate et cachemire (fabr. de). — Calvet-Rogniat ❀ et Cie. Durand (C.). — Frêné (Ch.).
Commissionnaires en articles de place et laines. — Ladislas.
Corsets (fabr. de). — Laîné-Drancé (Ve).
Cotons (filature de). — Houel (Marcel).
Déchets. — Huet, et bourre de soie.
Draps (fabr. de). — Aubert (Gustave). — Aubin (A.). — Bertin. — Bosselin et fils. — Breton (L.) et L. Barbe, et nouveautés. — Bertrand (Alph.). — Chenevière (D.) ❀ père et fils. — Chevalier. — Dannet ❀ et Cie, dépôt à Elbeuf. — Denys (Albert) et Cie. — Dupérier (A.), O. ❀, maison à Paris. — Dusseaux (Victor) et Drouet. — Estève (P.). — Gambu (Paul). — Gastinne (Hte) et Cie. — Guibert et fils. — Jeuffrain père et fils, maison à Elbeuf. — Moutier fils, représentant. — Ollivier frères d'Elbeuf. — Noufflard (Henri) et Cie. — Ollivier (P.). — Pennelle. — Petel (Léon). — Poitevin et fils. — Poitevin (Ch.). — Poussin (Alexandre) et fils, maison à Elbeuf. — Ribouleau (Ferdinand).
Draps (fouleries de). — Chenevière (D.) père ❀ et fils. — Corneville (Edouard). — Dannet ❀ et Cie. — Houel (M.). Loyer. — Noufflard (Constant). — Poitevin et fils. — Renault (Raphaël) et Cie. — Tribout.
Draperie en gros et commissionnaires. — Denys (Albert) et Cie.
Effilocheurs. — Lecœur aîné, et teinture.
Fleurs artificielles (fabr. de). — Antoine (Mme). — Fouet (Mlle). — Moreau-Dautresme.
Laines (filatures de). — Audresset et fils, maison à Paris. — Baril. — Bertrand (Alph.). — Biquet (E.). — Chenevière (D.) ❀, père et fils. — Chrétien. — Corneville (Edouard). Dannet ❀ et Cie. — Dubois père et Cie. — Dubourg. — Favrel (Robert). — Gaistinne et fils. — Hébert et Cie. — Hélant aîné et Cie. — Hélant jeune et Pelletier. — Houel (Mme Ve). — Houel (F.) et G. Picard. — Lecoq, Malassis et Cie. — Poitevin et fils.

= Saillard-Haulard et Cⁱᵉ. = Souty (Vᵉʳ). = Turgis (Ed.).

Laines (négocians). = Audresset et fils ; et filateurs.

Mécaniques et machines (à carder, filer, fabriquer les draps). = Audresset et fils. = Heudebert. = Lefebvre fils aîné. = Lequeu jeune. = Mercier (Vᵉ A.), maison à Paris = Marquais. = Mordret. = Onin. = Renoult. = Roussel (Ch.). = Roussel fils et A. Mabire.

Mercerie. = Hay jeune. = Hochon, lingerie, bonneterie, mercerie en gros. = Jaillot (Alph.).

Teinturiers. = Boquet et fils. = Dupré. = Huet (Paul). = Poitevin et fils.

Toiles, draperie, rouennerie, nouveautés. — Jumentier. = Guillin et Percher-Labreuille. = Lesage (A.). = Tajan (à la Belle-Fermière). = Vallon.

Ménesqueville.

Cotons (filature de). = Dupont, trame pour fabrique. = Léon Grancher.

Menneval.

Cotons (filatures de). = Payvel jeune. = Cicille (A.). = Leboullenger.

Laines (filature de). = David et neveu.

Montreuil-l'Argillé.

Rubans retors (fabr. de). = Fosse et fils, maison à Bernay.

Nassandres.

Filatures de cotons. = Burel. = Desray. = Robillard.

Nonancourt.

Banquier. = Demolliens.

Bonneterie de laine (fabr. de). = Drieue aîné. = Drieux jeune. = Leveau.

Cotons (tissage de). = Waddington frères.

Effilocheur de laines. = Renard.

Filature hydraulique de laines. = G. de Vanssay. = Renard. = Roger (B.). = Vulliamy (Justin) frères, maison à Paris. = Waddington père et fils.

Notre-Dame-du-Vaudreuil.

Tourneurs pour filatures. = Aubert. = Delamotte fils. = Lasnon. = Lefebvre. = Mathière.

Pacy-sur-Eure.

Banquier. = Lemoine.

Laines en gros. = Fauche Paitard.

Perruel.

Filatures de cotons. = Fauquet et Cⁱᵉ. = Peuyer fils.

Pont-Audemer.

Tribunal de commerce. = Président : Verger aîné. = Juges : Leroy-Lemonne (J.-F.-N.).

— Toufflet-Dumesnil. — Laisney (E.). — Suppléants : Lecompte. — Auger. — Greffier : Belin.

Conseil de Prud'hommes. — Président : Lefebvre-Duruflé, G. O. ✻. — Secrétaire : Bonhomme.

Chambre consultative des arts et manufactures. — Président : Prévost aîné ✻. — Secrétaire : Laisney (Emile).

Banquiers. — Bougourd-Lambert (Vᵉ). — Mangin (E.).

Draps. — Boissel (Paul). — Durand. — Havard. — Mottet (J.). — Rouff.

Lin (filature hydraulique de). — Fauquet-Lemaitre et Prévost ✻.

Merciers en gros. — Ozouf.

Nouveautés. — Duboscq-Boudin. — Durand. — Havard. — Mottet (J.). — Toubon (Vᵉ). — Vieux-Bled.

Pont-Authou.

Laines (filatures de). — Decaux (Ph.), maison à Elbeuf. — Denis et Houel. — Duval (Amand). — Jubault (Vᵉ Fr.). — Lebourg (Louis).

Madepont.

Cotons (filatures de). — Lachèvre. — Lavavasseur.

Indiennes (fabr. d'). — Dessaint et Duliphar frères, dépôt à Rouen.

Romilly-sur-Andelle.

Cotons (filatures de). — Lecomte. — Peynaud frères et de Gonfréville.

Laines (filatures de). — Bellemère.

Saint-Aubin-de-Scellon.

Rubans de fil (fabr. de). — Avenel. — Bellementre (Jules), maison à Paris. — Caron. — Colleville. — Juif fils. — Le Sens.

Saint-Cyr-du-Vaudreuil.

Cotons (filatures de). — Bellest. — Saunier.

Tourneurs pour filatures et usines. — Baron. Cartier. — Lecandé. — Lefèvre. — Lenfant. — Lesueur. — Merel.

Saint-Maclou.

Filature de cotons. — Fauquet-Lemaitre et Prévost, dépôt à Rouen.

Sainte-Opportune-du-Bosq.

Filature de cotons. — Touttain fils.

Saint-Pierre-de-Cernières.

Rubans de coton (fabr. de). — Dubus (Vᵉ A.).

Saint-Quentin-des-Iles.

Cotons (filature de). — Avisse.

Serquigny.

Cotons (filatures de). — Lucas (G.). — Pierre Sément et fils. — Vy (Aug.) fils.

Thiberville.

Banquiers. = Amour.
Rubans de fil, fil et coton (fabr. de). — Labbé (Auguste), représenté à Paris par Ch. Daniel. = Lecuyer. — Lemaignen. — Mias (J.).
Rubans percale (spécialité de). — Leroy (A.). — Saussais (Léon).

Verneuil.

Banquiers. = Aubert fils. — Morice-Gonord.
Coutils (fabr. de). — Rosso fils, à Baslinos.
Laines en gros (négts en). — Denise (Ch.). — Denise père. — Rosso fils, à Baslinos.
Mécaniciens. = Forget. — Toussaint aîné. —

Bunel et Cie, machines de tissage.
Toiles (fabr. de). — Gillot (Philemon). — Quesnel et David, et coutils.

Vernon.

Banquiers-escompteurs. — Lainé-Nolle. — Louis Drouet.
Bonneterie en gros. — Hubert, Leroy et Cie, et tissus divers en gros. — Monier frères.
Draperie, rouennerie, plumes, laines et nouveautés. — Banco. — Chastel. — Delasalle et Moutier. — Grandjean. — Hubert. — Leroy et Cie. — Letort. — Loddé dit Pilian.

EURE - ET - LOIR

CHARTRES (chef-lieu).

Tribunal de commerce. — Président : Doullay-Gillet. = Juges : Delacroix. — Savigny (Augustin). = Bourgeois. — Nicolle (Pierre). = Suppléants : Charpentier-Alleaume. — Jalleau. = Levassort (C.A.). — Pluchet. = Greffier : Berrier.
Bâches. = Pernet, Chênes et Cie, Halle, 5 ; fabrique à Longpré (Somme), maisons à Paris, Marseille et Le Havre.
Banque et recouvrements. — Chauveau. = Veyret (Albert).
Bonneterie en gros. = Duveror fils. = Leclair (Lucien). = Souty-Gueusy.
Draper., rouen., soier. et toiles. : Bizet. = Bricon (Ernest). = Charbonnier et Venet, en gros. = David. = Deshayes-Leclere. = Desmazures frères. = Desmazures (Franz). = Ferré-Havard. = Foiret-Chasles. = Fresson (V.). = Jalleau. = Lacoste et Gaillard. = Lhopital-Fortier. = Marchand (Henri). = Montaru. = Levasser (H.). = Nicolle. = Bicher-Levassort. = Thirouin-Bary. = Tinturier. = Vassal-Maurice.
Laines (filature de). = Montéage-Bey.
Mécaniciens. = Brault et Bethouart. = Lecomte. = Mauzaize aîné.
Sacs (fabr. de). = Durand (Ve). = Lyon-Duval, Duval. = Pernet, Chênes et Cie, à Longpré.

Chateaudun.

Banque et recouvrements. = Guyard (F.). = Legrand (F.) et Besnard.
Couvertures de laine (fabr. de). = Chevalier-Beaudoin.
Mercier en gros. = Lebœuf-Martin.

Dreux.

Tribunal de commerce. = Président : Gromard ✳. = Juges : Leblond-Touchard. = Frichet (R.). = Larcher (J.S.). = Suppléants : Lacroix (Louis). = Dupuich-Lacollay. = Dubois (L. V.). = N... = Greffier : Vigneron.
Banquiers. = Damars fils. = Larcher. = Proust (A. et H.)

Société générale. — Siège social à Paris. — Agence de Dreux, directeur : Amour.
Draperie, nouveautés, rouennerie, soierie, toiles. — Binet et Loisel. — Bourdon-Gremont. = Brûlé. — Dupuich. = Gigan-Breton. — Lebreton. — Lecomte-Riguet. — Vassal.

Fontaine les Ribouts.

Déchets de coton (filature et détissage). = Stirk frères.

Loupe (la).

Banquier. = Gouabin.
Bonneterie et laine à tricoter (fabr. de). = Gatineau-Bourlier. = Mercier.

Montigny-sur-Avre.

Laines (peignage et filature de). = Justin Vulliamy frères, maison à Paris.

Nogent-le-Rotrou.

Banque et recouvrements. = Dugué neveu (P. et G.).
Chapeaux (fabr. de). = Foissac (Léon), feutres imperméables ; maison à Paris.
Étamines, droguets, serges (fabr. de). = Caveré (E.), pour communautés religieuses ; maison à Paris. = Dugué neveu (G.).
Laines communes. = Chandezon, laines en gros. = Martin.
Laines (filature mécanique et peignage de). = Berel (E.). = Foissac et Cie. = Paraingault.
Produits chimiques (fabr. de). = Hommey (L.) et Gord'homme.
Teinturiers. = Gerceau. = Foissac et Cie. et apprêts. = Glen. = Livet. = Penge.

Saint-Lubin-des-Joncherets.

Bonneterie de laine (fab. de). = Leguay, maison à Paris.
Cotons (filature et tissage de). = Waddington frères.
Laines (filature de). = Dantu et Mary.

Saint-Remi-sur-Avre.

Filatures et tissage mécanique de coton. = Waddington frères et fils, à Paris.

FINISTÈRE

Quimper-Corentin (chef-lieu).

Tribunal de commerce. — Président: Rabot. — Juges: Feillet. — Pougeray. — Mallebay. — Suppléants: Alavoine. — Govin. — Greffier: Le Bihan.

Banquiers. — De La Hubaudière (Félix). — Kerloch (H. M.).

Consulats. — Suède et Norwége, Frochen, vice-consul.

Corsets (fab. de). — Cotto (Mme). — Tirlay (Mme).

Nouveautés. — Canet fils. — Caveng. — Frébet (Ve) — Gellion (E.). — Hutrel. — Laporte (A.), — Malinjoud.

Ornements d'église. — Dandurand. — Puech.

Rouennerie et bonneterie. — Lorec, gros et détail.

Brest.

Chambre de Commerce. — Montjaret de Kerjegu ✳, président. — Dubreuil. — (N. J.) ✳. — Kerros aîné. — Tissier aîné ✳. — Heuzé fils ✳. — Le Tessier de Launay ✳. — Pesron (Ed.) ✳. — Mer. — Chevillotte (Albert).

Tribunal de commerce. — Président: Montjaret de Kerjegu ✳. — Juges: Guezennec. — Lequerré. — Schwaubecker. — Chevillotte (Albert). — Suppléants: Vincent (E.). — Le Bihan. — Lefournier (Alfred). — Mazurié (François). — Greffier: Ambroise (J.-B.).

Banque de France (succursale de la). — Directeur: Labrevoir. — Caissier: Couder. — Comptoir du Finistère. — Lemonnier frères et Cie.

Bonnetiers en gros. — Boëlle (René), et mercerie en gros.

Chasubliers. — Belangé-Lapierre. — Gautier.

Chemises (fab. de). — Prigent-Violette (Mme).

Cordages et étoupes. — Bastit frères. — Guesnier et Bourban. — Peron.

Corderies mécaniques.—Kerros (Barthélemy). — Michel frères. — Tarreau.

Draperie en gros. — Toublanc (Ch.).

Draps, rouennerie. — Albert. — Argus. — Baillet. — Boëlle (René). — Chastanet. — Daniel. — Durand (Pierre) et fils. — Duval. — Foucher. — Guillot (A.). — Hébert (A.). — Janseix. — Lajeunesse, Marx et Cie. — Lambert (Adolphe). — Lemotheux. — Lotin. — Morier. — Orellon. — Passera. — Pintard. — Prigents (Mme). — Rouyre (Ve). — Toraval.

Droguerie. — Chevillotte frères. — Dubreuil (N.-J.) ✳. Leconte (Emile). — Le Pontois fils. — Thomasset.

Fils à coudre. — Panaget (J.) fils.

Fleurs (fab. de), — Canet (Mme). — Gilbert

(Mme). — Malibert (Mme). — J. Massé (Mme).

Laines filées. — Lequerré (J.-M.). — pour tricots. — Panajet (J.) fils.

Machines à coudre. — Hautin jeune.

Merciers en gros. — Boëlle (René). — Durand (Pierre) fils. — Guérandel (Alexis). — Lecoispeller (Ve). — Lequerré (J. M.). — Lesser. — Pringent - Violette (Mme). — Uchan.

Nouveautés. — Boëlle (Mme). — Canet. — Chastanet, Durand (Pierre). — Fouché-Royer. — Gautier. — Gencey. — Guillot (A.). — Hébert. — Huard frères. — Lajeunesse. — Marx et Cie. — Lambert-Bonnain. — Lambert (A.). — Lemotheux. — Lottin. — Mazurier. — Peschaud. — Philippe. — Soing. — Thoraval.

Landerneau.

Consulat de Suède et de Norwège. — Rudiguet (Jules), vice-consul.

Lins, Société linière du Finistère. — Gérants: Heuzé ✳. — Homon (Ch.) ✳. — Goury et Leroux ✳. — Directeur: Heuzé.

Literie (articles de). — Le Cuff (L.).

Morlaix.

Chambre de Commerce. — Président: N.... — Vice-président: Corbière ✳. — Lehir (J. M.). — Andrieux. — Braouëzec (Vor). — Homon père ✳. — Cariolet. — Frébourg. — Puyo fils. — Secrétaire: Panneau.

Conseil général du Commerce. — Membre délégué: Homon père ✳.

Tribunal de commerce. — Président: Homon père ✳. — Juges: Le Moign. — Le Hir. — Puvo. — Legac. — Suppléants: Estrade (Th.). — Kérébel. — Guégan. — Croissant. — Greffier: Panneau.

Banque et recouvrements. — Le Roux (A.). Puyo (E.) et Ch. Briand.

Blanchisserie de fils. — Le Conte frères.

Consulats. — Danemark: Legac de Lansalut. — Espagne: Victor Alexandre, vice-consul. — Grande-Bretagne: Boscher (M.), vice-consul. — Suède et Norwège: Miorcec (G.). — Hambourg, vice-consul: Victor Alexandre.

Corsets (fab. de). — Cotto (Mme).

Draps, rouennerie et nouveautés en gros. — Lacombe (H.). — Détail: Briand (Ch.). — Cadiou. — Clerch (Ve). — Coat sœurs. — Guillemin. — Mahé. — Malibert (Mme). — Masseron. — Morel. — Penther (A.). — Piquot.

Filature de lin. — Le Conte frères.

Tremaouélan.

Toiles rurales rousses et blanches (fab. de). — Masson et Cie.

NIMES (chef-lieu).

Chambre de commerce. — Président : Guiraud. — Maumenet fils , trésorier. — Lamarque (J.). — Flaissier ✳. — B. Pallier. — Chardon. — Gevaudan. — Maroger (Aug.). — Liotard (Charles), secrétaire.

Tribunal de commerce. — Président : Meynard-Auquier. — Juges : Fournier (L.). — Flaissier (U.). — Causse (A.). — Placide (J.). — Suppléants : Jacob (A.). — Gautier (M.). — Nègre (A.). — Roman fils. — Berger (H.). — Soulas (E.). — Greffier : Légal.

Arbitres de commerce, faillites. — Ginoux. Tandon (Numa). — Theron (A.). — Triquet. — Dupuy (F.). — Guidon (F.). — Pront (J.).

Conseil de prud'hommes. — Président : Flaissier aîné ✳. — Secrétaire : Caucanas.

Banque de France (succursale de la). — Directeur : Puget. — Caissier : Valz.

COURTIERS IMPÉRIAUX.

En marchandises.

Brun (André), rue de la Violette, 5.
Féminier (Ern.), r. du Refuge, 8.
Lahondès (Adolphe). r. Colbert, 9.
Lamouroux (Martin), r. Trajan, 3.
Vedel (Albert), r. Roussy, 45.

En soies.

Arnal (E.), r. des Bénédictins, 7.
Portefaix (And.), r. d'Aquitaine, 2.

COMMERCE , INDUSTRIE.

Apprêteurs d'étoffes.

Aubert frères, rue de Soissons, 3.
Capillery-Méjean, r. de la Fontaine, 12.
Champagne (J.), r. de la Vierge, 7.
Jauffret, r. Flamande, 19.
Nuty (Charles), r. Saint-Pierre, 5.
Sabatier (Jacques), r. Astruc, 8.

Banquiers.

Arnaud-Gaidan, r. de l'Aspic, 10.
Auzéby (César), av. Feuchères, 6.
Bayle (Ed.), rue de la Couronne, 4.
Bérard (Théod.), petit chemin de St-Gilles, 8.
Cerf (A.), rue Maison-Carrée, 7.
Combié (Maurice), Grand'Rue, 11.
Franc, Riche et Cie, r. Deyron, 2.
Gibert et Lingerat, place d'Assas, 2.
Margarot et fils, quai de la Fontaine, 12.
Molines frères, place de la Comédie, 4.
Nègre et Bruneton, quai de la Fontaine, 21.
Paradon et Gory, rue Maison-Carré, 6.
Saltet (François), r. Guizot, 2. (La Caisse Commerciale du Gard).
Surville (de), (Société générale de Paris), rue Régale, 10.

Blanchisseurs de coton et toile.

Lagarde (Claude), r. Antonin, 7.
Prévillat (Ve), en broderie, r. porte de France, 38.

Bonneterie (en gros).

Brès (H.), r. des Frères-Mineurs, 7.
Chabrol frères, boul. des Arènes.
Espion-Larnac, r. Neuve, 4.
Lacuve jeune, place aux Herbes.
Riboulet, rue des Lombards, 15.
Silhol et Vilaldac. rue Régale, 14.
Tholozan (Ve) et Cie, rue Racine, 11.

Bretelles en coton (fabr. de).

Guiraudin-Colençon, r. Baduel.

Broderie, Lingerie et Layettes.

Masseran (ve), r. Hôtel-de-Ville.
Maziers sœurs, boul. Madeleine.
Milhand et fils, r. du Chapitre, 7.
Nouis (J.), place du Marché, 1.
Passebois, r. Hôtel-de-Ville.
Planchon-Vier, rue des Marchands, 17.

Cardeurs de soies.

Larnac (Joseph), rue Clérisseau.
Martin frères, derrière le Viaduc.
Mazier, porte d'Alais.

Cartonniers en feuilles.

Bayle (A.), rue des Lombards, 22.
Bénézet (César), rue Auguste, 10.
Bertrand (Casimir), rue Trajan, 22.

Cartonniers pour la fabrique.

Bénézet (César), rue Trajan, 20.
Bigot-Montel, place d'Assas, 2.
Perré (Louis), rue Régale, 7.
Boncaute (Luc), rue de la Charité, 7.

Chapeliers (fabricants), *feutres en soie.*

Béridot (Joseph), rue Neuve, 30.
Boucarut (Ch.), b. des Carmes, 6.
Brun (Jean), rue d'Avignon, 59.
Dide (Louis) Grande-rue, 13 et rue Arc-De-gras, 3.
Galibert (Jean), quai Roussi, 16.
Martin (Ve), rue de l'Horloge, 13.
Sagnier (Adrien), rue Madeleine, 34.
Vignal et Larnac, rue Roussi, 13.

Chapeaux de paille (fabricants de).

Billon (Ve) frère et sœur, r. Hôtel-de-Ville, 3.
Mathieu-Bernassau, rue Roussi, 32.
Sabathé (Jean), rue Madeleine, 16.
Salani (Pascal), rue des Fourbisseurs, 5.

Casquettes (fabricants de).

Ducros (Jean), rue Neuve-St-Paul, 1.
Floutier (Eug.) et Cie, r. Notre-Dame, 27.

Fournitures pour la Chapellerie.

Beucarut père, place aux Herbes, 8.
Maurel (Auguste), rue Fresque, 51.

Chaussons (fabr. de).

Sivilia, rue Notre-Dame, 21.
Pestius (Clément), rue d'Avignon, 25.

Chemises (fabr. de).

Blondeau (Ve), rue de la Monnaie.
Fanguin-Bastide, rue Saint-Antoine, 2.
Faure (à la Chemise de Nece), boulevart Saint-Antoine.

Chineurs.

Breche, r. des Fours-à-Chaux, 2.
Drouilhen, rue d'Aquitaine, 19.
Pleindoux, rue Veyssette, 16.
Riquet frères, rue des Bénédictins, 22.
Sigalon Louis, rue Pavée, 26.

Commissionnaires en marchandises.

Ausset Numa, petit chemin de Saint-Gilles, 7.
Benoit et Franc, maison à Lyon, r. Racine, 4.
Berger et Gasten, rue Baduel, 7.
Chabert fils aîné et Cie, rue d'Avignon, 16.
Coulergues Aug., laines et cotons filés, place Bouquerie, 2.
Ducros (Jean), laines, soie et cotons filés, rue Clérisseau, 20.
Extra (Victor), rue Neuve des Arènes, 3.
Gasquet (Jules), b. de la Com. 7.
Giran (Alph.), rue Bernard-Aton, 5.
Goudet (Jean), rue de la Vierge, 12.
Goudet et Perrier, ch. de Saint-Gilles, 7.
Hours (Etienne), dit Maurice, ch. de Montpellier, 8.
Hugou et Cie, matières filées, soie et coton, pl. Bouquerie, 6.
Laporte (Jules), b. Saint-Antoine, 7.
Larnac et Berguet, soies et déchets, laines et cotons, rue Clérisseau, 10.
Lombard fils, soies, frisons, filature à Gandia (Espagne), Grand-Cours.
Maillan (Jacques), rue de la Fontaine, 7.
Maumenet (Edouard), matières filées, r. Deyron, 3.
Payan (Fr.), rue Notre-Dame, 29.
Peyron-Aurivel, laines et soies filées, Grand-Cours, 5.
Planchon (Michel), place Saint-Paul, 4.
Ponge (F.), bourres de soie, fantaisies cardées et filées, quai de la Fontaine, 6.
Rambaud et Sestier, Grand-Cours, 10, maison à Lyon.
Reboul-Atger, rue Clérisseau, 34.
Sabran (L.) et Cie, commissionnaires pour tous les articles de Nîmes, Grand-Cours, 12.
Silhol (Vict.), rue de la Fontaine, 10.
Simil (Charles), b. des Carmes, 5.
Théron-Aurès et Cie, filateurs de soie et laine, quai de la Fontaine, 5.

Cordons (fabr. de).

Rabot (Paul), rue de Montpellier, 15.

Corsets (fabr. de).

Jourdan-Cure, rue de l'Aspic, 12.
Laubarède (Elisa), place St-Paul, 8.

Coton filé (march. de).

Guérin-Langlois, rue Murier-d'Espagne, 30.

Coupons d'étoffes (march. de).

Malbos (César), rue Guizot, 1.

Déchets de soie et de laine (march. de).

Adorel (Ve), rue Tête-de-Mort, 26.
Colombié (Ve), ch. d'Arles.
Ducros (Jacq.), rue de la Beaume, 6.
Dumas (F.), ch. d'Arles.
Léotard (André, rue Sigalon, 9.
Martin (Adolphe), peignage et filature, quai de la Fontaine, 16.
Pradier (L.), rue du Moulin-Raspail.

Dentelles en gros.

Bardou (Ford.), rue Trésorerie, 7.
Menghi (Ul.) et Cie, rue Régale, 10.
Passebois aîné, détail, pl. du Marché, 1.
Tholozan, av. Feuchères, 19.

Dessinateurs en broderie.

Chevalier, rue de l'Horloge.
Nouis, rue de l'Hôtel-de-ville.

Dessinateurs en châles brochés.

Chapon, Graverol, Guiraud, Morin, Rondil.

Drapiers (en gros).

Amalry, Devillas et Foule, r. de la Violette, 1.
Boissier frères (et confection), rue de la Violette, 2.
Jolaguier frères, r. de l'Aspic, 23.
Bosc et Placide, rue des Chapeliers, 2.
Picheral et Peyron, r. Trésorerie.
Picheral fils et Sapey, rue de la Violette, 30

Droguistes.

Amphoux (L.), teinture, pl. du Marché, 1.
André Hippol, r. Colbert, 27 et rue Racine, 6.
Ausset et Cie, r. de la Ferrage, 21.
Belugou fr., q. de la Fontaine, 4.
Brousse (Victor), r. Madeleine, 3.
Corse (Ern.), pl. aux Herbes, 6.
David (L.), r. de la Madeleine, 8.
David (Henri), rue Murier-d'Espagne, 30.
Espérandieu (Alf.), rue Neuve, 4.
Gilly-Saussine, pl. Balore, 7.
Olivier-Giron, commissionnaire, r. Gr.-Couvent, 11.
Pourcher (Alex.), r. S. Léonce, 8.
Roux (Jos.), pl. aux Herbes, 8.
Saussine cadet et Cie, r. Plotine, 4.
Articles du Levant (fabr. en articles du Le-

vant, bonneterie, bourrettes, châles, cravates , étoffes pour meubles , étoffes de soie, foulards, galons, fleurets et padoux, pantoufles, passementeries, tapis et teintures.)
Rouvier pl. Grand-Cours, 8.
Sagnier-Teulon, r. Graverol, 1.

Bonneterie.

Auberlet (Conrad), r. Clériss. 23.
Auberlet (J.), plate-f.-de la Fontaine.
Cabanis (A.), r.Florian, 26.
Deschelette-Despierre, r. Veyssette, 26.
Flontier (Auguste), rue Neuve, 12.
Jaumeton (A.), r. de la Fontaine, 20.
Lachazette (A.), r. de l'Agau, 26.
Martin (Antoine), r. Jean Reboul, 6.
Ménard (P.), r. de la Fontaine, 24.
Saurel-Badouin, r. Colbert, 6.

Bourrettes.

Laurens (Joseph), r. Grétry, 24.
Serre, r. des Orangers, 20.

Châles.

Avinen (Mathieu), r. Trajan, 12.
Bertrand (Henri), Petit-Cours, 27.
Cade et Valentin, place Bouquerie, 4.
Chapon (Michel), r. Trajan, 3.
Dézeuze (Henri), r. Auguste, 11.
Demaison (Vᵉ), r. Rulmann, 14.
Ducros et Robert, r. Auguste, 6.
Fabre (Paul), r. Graverol, 5.
Gras (Jean), r. Gauthier.
Héritier et Héraut, r. Auguste, 7.
Hugon (Pierre), r. Clérisseau, 17.
Ponge et Picard, r. Auguste, 1.
Ponge frères, Grand-Cours, 16.
Prade-Foule, r. Molière, 4.
Ribes et Durand, rue Porte-d'Alais, 15.
Roman (Henri), pl. Bouquerie, 4.
Roman-Samuel, r. Auguste, 5.
Saurel (Louis), quai de la Fontaine, 2.
Simon (Ant.), b. du Grand-Cours, 16.

Cravates.

Daudet et Bellile, Grand-Cours, 5.
Raizon (Thim.), r. Clérisseau, 30.
Roux, (Et.). Petit-Cours, 9.

Étoffes pour meubles.

Castelnau (A.), r. de la Charité, 1.
Martin et Justamon, petit ch. de St-Gilles, 16.

Étoffes de soie.

Rouvier (Pierre), Grand-Cours, 8.
Sagnier frères, r. Graverol, 1.

Foulards.

Chardon père et fils, Grand-Cours, 12.
Daudet (Louis), r. Jeanne-d'Arc, 9.
Daudet et Bellile, Grand-Cours, 5.

Galons fleurets et padoux (fabricants).

Aris (Jacques), r. d'Avignon, 1.

Couteiller frères, fabr. de galons, ch. de Sauve, 19.
Espérandieu et Cⁱᵉ, r. Neuve, 5.
Giran-Bougnol, q. du Cadereau, 1.
Guelle (Saturnin), r. Enclos-Rey, 13.
Guirauden-Colançon, r. Baduel, 2.
Laurent (Antoine), chemin d'Arles.
Lautier, r. de la Ferrage, 33.
Mazier (Stéphany), pl. Bouquerie, 6.
Miaulet et Larguier, galons sergès, quai de la Fontaine, 6.
Rouquette (L.), r. Tête-de-Mort, 34.
Rouvière (François), padoux et galons, rue Dorée, 9.
Sabatier aîné, r. Séguier, 2.
Soustelle (A), rue Ste-Marie, 22.

Pantoufles.

Prou (Jean). r. Clérisseau, 16.
Riquet, chemin de Sauve, 9.

Passementeries.

Bertrand (N.), r. de la Calade, 3.

Tapis et tentures (fabricants).

Arnaud-Gaidan ❋ (J.) et Cⁱᵃ, maison à Paris, pl. Balore, 7.
Coulet (Michel), r. Neuve, 31.
Domaizon, père et fils, dépôt à Paris, rue Adrien, 5.
Flaissier frères, maison à Londres, r. Saint-Paul, 45.
Gravier (Clément) et Cⁱᵉ, dépôt à Paris, ch. de Sauve, 20.
Martin (Auguste), petit chemin de Saint-Gilles, 46.
Pagès, rue Rabaut-St-Etienne, 1.
Pellissier (Pierre), pl. Balore, 2.
Perrier père et Argilier, Cours-Neuf, 48.
Prou, r. Clérisseau, 16.
Saurel (Simon), r. de la Fontaine, 20.
Saurel (Ant.) r. de la Lampèze, 9.
Soulas et Maury, r. Robert, 3, maison à Paris.
Théron aîné, Milhaud et Cⁱᵉ, r. Trajan, 15, dépôt à Paris.

Ferreurs de lacets.

Montelier (G.), r. du Mail, 19.

Filature et carderie de bourre de soie.

Lize (Pierre), r. Porte d'Alais, 8.

Filateurs de cocons.

Japavaire (Louis), r. Hôtel-Dieu, 19.
Japavaire père et fils, r. Henri IV, 2.
Rey (Jean), r. Isabelle, 10.

Filateurs de déchets de soie.

Martin frères, r. Protégée.

Fleurs artificielles.

Roudil (J.), r. des Lombards, 16.

Gantiers (fabric. et march.).

Amalric (L.), gants de soie, r. Auguste, 7.

Astruc (Ch.), fabr. en peaux et tissus, r. de l'Horloge, 5.
Audirac (Ernest) et Cie, r. des Petits-Souliers, 1.
Barral (Alex.) et Cie, coiffures en laines, rue Clérisseau, 38.
Barandon frères, fabricants, r. Ménard, 16.
Blancher (Em.), filets et coiffures, rue Clérisseau, 21.
Chevalier frères, r. Fours-à-chaux, 2.
Combet (Paul) et Cie, fabricants, b. Grand-Cours, 12.
Disset et Girard, fabricants, r. d'Avignon, 45.
Espérandieu frères, rue Neuve, 5.
Faure, b. Saint-Antoine, 5.
Finiel et Florentin, rue Trajan, 20.
Florentin (Ed.), rue Grand-Couvent, 15.
Froment (Ch.), rue Graverol, 5.
Germain fils, fabr. en soie, Cours-Neuf, 2.
Girard (Antoine), fabr. en tissus, r. d'Avignon, 45.
Guérin (Sam.), fabricant, nev., r. Trajan, 10.
Guibal et Teissèdre, fabr. en tissus, quai de la Fontaine, 4.
Imbert (Jacques), b. de la Madeleine, 1.
Laune (Ed.) et Cie, r. Notre-Dame, 2.
Ménard (Pierre), r. des Bains, 2.
Mourier-Cavalier, r. des Frères-Mineurs, 5.
Plombat (C.), r. de l'Horloge, 22.
Rouverol, r. Neuve-des-Arènes, 24.
Saurin Badouin, r. Colbert, 6.
Serreclare (Antoine), boul. de la Comédie, 3.
Spir (Eup.), rue de l'Hôtel-de-Ville, 6.
Valès et Gas, fabr. soie et peaux, chemin d'Arles, 4.
Vigouroux et Audiret, r. de l'Horloge, 11.

Graveurs sur bois.
Audibert, r. Porte-d'Alais, 38.
Béguin frères. Martin,
Hergot, r. de Metz, 7.

Sur métaux.
David-aîné, r. des Fourbiss., 1.
David jeune,   id.,   2.
Girot (G.), pl. Puits-de-la-Grand'Table.

Habillements confectionnés.
Bertinotti (François), boul. Petit-Cours, 6.
Cerf, boul. de la Madeleine.
Jaussaud (H.), r. des Marchands, 8.
Privat (Ant.), pl. de l'Aspic, 5.
Puech (Fr.), b. Saint-Antoine, 13.
Muller, Portal et Cie, en gros, r. Régale,
Raphaël et Lafont, b. des Casernes, 3.
Vialat et Vernassal, r. des Marchands, 12.
Villauret et Blaché, en gros, r. Régale.

Imprimeurs sur étoffes.
Chabeaud (Auguste). Fage (E.). Gas, Verun et Cie. Vermez (H.). Gilly fils aîné,

Lacets (fabr. de).
Balas frères, fabr. à St-Chamond, rue Doiron, 6.

Guérin (Sam.) neveu et Cie, r. Trajan, 10.
Guérin (Samuel), r. St-Mathieu, 18.
Giran-Bougnol, quai du Cadereau, 1.
Pallier Pr., r. de la Pitié, 2.
Platon et Nicolas, r. du Mail, 21.

Laines (marchands de).
Audemart (M.), r. St-Antoine, 11.
Chaoul (Sam.), pl. Bouquerie, 5.
Jacob (Alex.), rue Fléchier, 4.
Lauzière (P.), r. de Montpell, 39.
Leclercq (Agathon), r. Auguste, 10.
Mallet, r. de Montpellier, 35.

Liseurs de dessins.
Biget frères, r. Beedelièvre, 29.
Chambournier, r. des Fours-à-Chaux, 4.
Chanel (P.), r. Flamande, 4.
Combes (A.), r. Porte-d'Alais, 33.
Légaud (Jean), r. St-Jean, 5.

Machines à coudre.
Garlier, mécanicien, r. Guizot, 6.

Mécaniciens.
Bergeron frères, constructeurs, ch. d'Avignon.
Coquinet (A.), rue des Flottes, 4.
Faure (Ch.), constructeur, r. Fénélon, 1.
Jeanjean (Jacq.), rue Pavée, 30.
Marignan, constructeur, ch. de Montpellier.
Mathe (Aug.), r. de l'Horloge, 16.
Michel (M.) ✳ et Boyer, constructeurs de machines pour tous genres de tissus.
Pallee (Alex.), r. Pradier, 1.

Mégissers et marchands de laines.
Cambon (Em.), r. Grizot, 3.
Ducros frères, r. S.-Laurent, 1.
Fabre (Jacq.), r. Graverol, 6.
Floutier (Eug.) et Cie, pl. des Arènes.
Gaidan-Giran, b. de l'Esplanade.
Pensonnet (J.), ch. de Générac.
Rédarès (Ant.), r. Titus, 11.
Verdier (Ant.), r. Grizet, 10.

Merciers en gros.
Adert-Saissinel, r. Madeleine, 31.
Boisson (Alf.), rue Jacquart, 6.
Cardonoux et Cie, b. S.-Antoine, 5.
Chabrol et Cie, pl. des Arènes.
Esplon-Larnac, r. Neuve, 8.
Jalnguier (Jean), Gr. r. Couvent, 43.
Lafforgues fr., Gr.-Cours, 12.
Léonard (A.) et Cie, r. Madeleine, 5.
Paulhan-Lèbre, r. S. Antoine, 2.
Pons (Claude, r. des Arènes, 2.
Puech (Jean), pl. du Gr.-Temple, 1.
Sistre (Aug.) r. S.-Castor, 2.

Mouchoirs et articles filés en gros.
Deschelette-Despierre, r. Régale.
Hérail et Meyran, r. Régale.
Tandon frères, r. Régale, 7.

Mouliniers en soie.

Adert (Aug.), r. Ste-Marie, 4.
Gilly Cabanis, r. Porte-d'Alais, 27.
Michel (Castor), r. S.-Mathieu, 20.
Platon fr., r. de la Fontaine, 7.

Naveliers.

Vert (Louis), pl. S.-Charles, 12.

Nouveautés en gros. (Marchands de).

Ayral, Guiraud, Deleuze et Cie, r. de l'Aspic, 32.
Bosc et Placide, r. des Chapeliers.
Boissier frères et fils, r. Régale.
Dhours-Say, rue des Marchands, 30.
Masseran-Estève, pl. de l'Aspic 3.
Michel (Ve) et Cie, r. Régale.
Nuel (Paul), r. de la Violette.
Polissier et Cie, pl. Salamandre.
Picheral et Peyron, rue Trésorerie, 10.
Picheral fils et Martin, rue de l'Aspic, 30.
Reboul (Théoph.), r. Régale, 3

Ornements d'église.

Dourren-Flavie, r. de la Madeleine, 29.
Laurent sœurs, r. de l'Agau, 34.
Lofèvre (Edouard) et Cie, rue Colbert, 27.

Ourdisseurs.

Morlet (Jean), rue Baduel, 9.
Chabadel (J.), r. des Tilleuls, 9.

Outils à l'usage des tisseurs.

Barnouin (J.), rue Rangueil, 6.
Gauffres (Jules), Grand-Cours, 25.

Ovalistes.

Daudet (Jos.), r. de la Vierge, 31.
Mourgues (A.), rue Fours-à-Ch. 9.
Sagnier (L.), r. Nerva, 5.

Passementiers (Fabricants).

Bertrand-Neuville, pl. de la Calade.
Guelle-Moulin, Enclos-Rey.

Plieurs de soie.

Blanc Antoine, r. Trajan, 16.
Blanc J.-P., r. Arc-Dugras, 6.
Broche André, r. du G.-Couvent.

Réseaux et cache-nez.

Benoit et Meyrueis, pl. Balore.
Chevalier frères, r. Deyron.
Guérin S. neveu et Cie, r. Trajan, 10.
Jaumeton Auguste, r. de la Fontaine, 7.
Peyron Ch., ch. d'Uzès, 20.
Valès et Gas, r. Fours-à-Chaux.

Rubans (March. de).

Bel Jean, Grand'Rue, 8.
Crémieux E., r. des Marchands, 15.
Mossé Benj., r. S.-Castor, 15.
Crémieux A., r. S.-Castor, 19.

Sacs de toile (March. de).

Salel Henri, r. Fléchier, 10.

Chabanel P., r. de Corconne, 5.

Soie (négoc. en) et soies à coudre.

Cadel aîné et Cie, r. Deiron, 2.
Cadel (P.), maison à Paris, b. de la Comé-
   die, 3.
Garnier-Lombard, r. Trajan, 26 ; maison à
   Paris.
Lombard H., Gr.-Cours, 23.
Monier-Lichaire, r. Deiron, 6.
Roussy et Bernard, C.-Neuf, 2.

Tailleurs (Marchands).

Arias-Savoye, r. de la Monnaie, 1.
Arnaud Eug., b. des Calquières, 8.
Bernard J., r. Theumayne, 10.
Bouvier P., r. des Lombards, 10.
Cerf A., b. de la Madeleine, 7.
Chaix Alph., pl. Salamandre, 11.
Chenel Jules, r. de Bernis, 1.
Dide L., r. des Broquiers, 4.
Ducros H., pl. du Marché, 2.
Gibelin et Laffont, r. Régale, 8.
Gout Aug., r. de l'Horloge, 22.
Gras Emile, r. de l'Aspic, 3.
Heurs Adrien, r. S.-Castor, 4.
Jouve L., r. Curaterie, 6.
Jessaud H., r. des Marchands, 8.
Louvrier J., r. des Marchands, 1.
Lyon Aaron, r. des Marchands, 14.
Maurant fils, r. de l'Aspic, 7.
Maurel Pierre, r. des Patins, 1.
Metge frères, b. Petit-Cours.
Muller et Portal, pl. de la Salamandre, 4.
Privat Ant., pl. de l'Aspic, 3.
Puech frères, b. S.-Antoine, 13.
Rabaut Benoit, r. des Fourbis, 1.
Raphael et Lafont, b. des Carmes, 3.
Reisemberg J., b. S.-Antoine, 12.
Rouvière L., pl. des Arènes, 16.
Tallez Jean, r. d'Avignon, 9.
Touzillier Joseph, pl. de la Salamandre, 2.
Vallat P., r. de la Madeleine, 27.

Teinturiers pour les fabriques.

Alteirac Louis, r. de l'Agau, 70.
Beaumes et Pontevin, r. de la Ferrage, 7.
Boesch Louis, r. Roussi, 33.
Blanchet P., r. de l'Agau, 74.
Deleuze L., r. de l'Agau, 76.
Delon Jean r. de l'Agau, 72.
Ducros Elie, r. Nerva, 1.
Dumas François, r. Trajan, 1.
Fajon frères, r. Rabaut-St-Etienne, 19.
Feuillas et Lafare, r. de l'Agau, 4.
Goulard, r. de la Ferrage, 75.
Gilles A., r. de l'Agau, 74.
Maury Jean, r. de l'Agau, 64.
Ménard P., r. Gr.-Couvent, 23.
Moussier E., r. de Corconne, 6.
Poussigne Alexandre, r. de l'Horloge, 10.
Roche Numa, r. S.-Luc, 5.

Robert Joseph, r. Dagobert, 12.
Robert Pierre, r. de l'Agau, 61.
Sabathé J., r. de l'Aspic, 4.
Savanier Et., r. de la Ferrage, 29.
Soubeyran P., r. de l'Agau, 68.
Teissier Jacq., r. Auguste, 16.

Tissus (march. de), *Soieries, draperie et rouennerie* (détail).

Achard C., r. du Chapitre, 4.
Airal, Guiraud et Deleuze, r. de l'Aspic, 32.
Amalric, Devillas et Foulc, r. de la Violette, 1.
Arnaldy J., r. de la Prévôté, 1.
Auberlet et Roux, r. Auguste, 10.
Bardon Ferdinand, r. de la Trésorerie, 7.
Baume Léopold, r. St-Castor, 13.
Baze David, pl. aux Herbes, 5.
Bâze Moïse. pl. Belle-Croix, 5.
Bègue Jacq., r. Madeleine, 1.
Bernard et Lapierre, r. Régale, 10.
Bernard (Vᵉ), r. des Marchands, 13.
Bertrand J., rue du Chapitre, 4.
Bessière Am., r. de l'Aspic, 2.
Boissier César, r de la Violette, 2.
Bosc et Placide, r. des Chapeliers.
Bouard F., r. S.-Castor, 1.
Brunel, Grégoire et Cⁱᵉ, pl. du Marché, 4.
Canplan Eug., r. Régale, 2.
Camus Germ., r. des Chapeliers, 2.
Chalaye et Rassᵉ, r. Régale, 16.
Chareiron, Simil et Gervais, pl. Salamandre, 5.
Conte, A., r. Richelieu, 11.
Coste Henri, r. des March., 10.
Coulomb-Lacaze, pl. de l'Aspic, 1.
Crassous Henri, r. Porte-de-France, 30.
Damian frères, Grand'rue, 11.
Dardevet P., r. Curaterie, 4.
Delamarre Anatole, r. du Chapitre, 5.
Deschelette-Despierres, r. Régale, 10.
Didier F., r. Vieille-Poste, 2.
Dieudet Jos., r. Madeleine, 9,
Digne Dan., r. du Chapitre, 10.
Durand (veuve Volay), plan de l'Aspic, 2.
Favatier A., r. des Marchands, 3.
Favatier J., r. des Marchands, 5.
Ferrier Elise, r. de l'Horloge, 10.
Ferry-Laprévôté, r. des Marchands, 16.
Foulc Et., r. du Chapitre, 12.
Froment Justin, pl. Belle-Croix.
Froment Arm., Grand'rue, 1.
Gauch Victor, r Trésorerie, 1.
Genève (Aug.), r. Trésorerie, 2.
Giran-Faysse, r. Régale. 11.
Gory et Olivier, r. des Marchands, 21.
Grève-Jenny, r. de la Calade, 9.
Guiraud Gab., r. du Chapitre, 6.
Guiraud L., r. du Chapitre, 5.
Hérail et Mayrand, r. Régale, 11.
Jalaguier Paul, r. de l'Aspic, 23.

Julian et Jalabert, place Salamandre, 1.
Lafforgue frères, Gr.-Cours, 31.
Lajarige Ant., r. Curaterie, 5.
Laroque Is., r. S.-Castor, 13.
Laurent Louis, r. Sigalon, 3.
Marc Bapt., r. de la Prévôté, 1.
Martin L., r. Sigalon, 6.
Masmejan P., av. Feuchères, 13.
Massip-Chapel, r. Four-des-Fil., 1.
Mayer H., r. Ecole-Vieille, 4.
Merle et Jouve, r. des Fourbisseurs, 14.
Michel (veuve) née d'Hours, r. des Chapeliers, 2.
Milhaud Abr., r. du Chapitre, 7.
Milhaud D., place Belle-Croix et rue St-Castor, 21.
Milhaud E., rue S.-Castor, 6.
Milhaud E., r. du Chapitre, 13.
Montboisse F., r. de la Charité, 6.
Mossé Benjamin, r. Curaterie, 5.
Mossé Pr., r. de la Poissonn., 1.
Nègre et Soucat, r. Four-des-Fil., 1.
Nourry et Fournier, r. de l'Aspic, 21.
Nuel P., pl. du Marché, 3.
Pic P., r. du Chapitre, 6.
Picard Pierre, r. de l'Aspic, 16.
Picheral et Peyron, r. Trésorerie, 10.
Picheral et Martin, r. de l'Aspic, 30.
Pioch Aug., r. S.-Castor, 5.
Poitevin Barth., pl. de la Salamandre, 6.
Puech-Chaballier. Grand'Rue, 13.
Raffin Ant., rue S.-Philippe, 5.
Rispal (veuve), r. du Chapitre, 4.
Rispal Jér. pl. des Casernes, 1.
Sabrin L., b. S.-Antoine, 23.
Schwab (veuve) Milhaud, p. Belle-Croix, 5.
Sorbier Math., r. du Chapitre, 6.
Tempié H., r. des Marchands, 1.
Tandon fr., r. Régale, 7.
Teissier-Escande, r. du Chapitre, 19.
Tessier H., r. des Tondeurs, 14.
Teyssèdre D., r. des Lombards, 11.
Théron L., r. de la Madeleine, 9.
Tholozan P., pl. de l'Aspic, 4.

Toiliers.

Bernard et Lapierre. r. Régale, 10, en gros, fabr. à Villefranche et Amiens.
Coulomb-Lacaze, r. Trésorerie, 5.
Estève-Masseran, r. de l'Hôtel-de-Ville, 2.
Gauch Victor, r. Trésorerie, 1.
Lafforgues frères, Grand-Cours, 13.
Milhaud-Mossé, pl. Belle-Croix.
Nègre et Soucat, r. des Marchands.
Passebois, r. Hôtel-de-Ville.

Tondeurs de tapis.

Michel J., r. de la Fontaine, 26.

Tourneurs sur bois.

Fabre P., pl. de la Calade, 2.
Fabre, r. Porte-de-France, 26.

Servel Louis, r. Neuve, 1.

Sur métaux.

Vilsange frères, r. Flamande, 9.

Alais

Tribunal de commerce. — Président : Silhol. — Juges : Chalon (H.). — Martel (L.). — —Beau (E.). — Suppléant : Gasquiel. — Greffier : Goutier.

Conseil de prud'hommes. — Président: Fraissinet (A.). —Secrétaire : Ode.

Banquiers. — A. Bonnal-Rocheblave et Silhol. —Chamboredon (Henri). — Gaidan (J.) et Cie.— Saltet (F.) et Cie, caisse commerciale du Gard, succursale de la maison de Nîmes. —Teissonnière (C.) et Cie.—Comptoir d'escompte : Caumel, directeur.

Chemisier.— Chamel (Henry), confection.

Draperie, toiles, soieries et nouveautés. — Agniel (F.).—Aigoin (S.).—Antoine (Henri). —Arnal frères. — Bernard aîné. — Bernard (E.).—Deleuze (Léopold).— Dugas frères.— Jumas (Ve).— Beyt.— Bernard et Josué.— Brugneirolle-Chevalier. — Delgas. — Delzangle et Laupies. — Delzangle jeune Ve et Bardin. — Dizier fils et Cie. — Fesquet. — Martel (A.). — Ribot (Bin). — Roux (Aug.). — Saupiquet aîné. — Teissier.

Habillements confectionnés. — Bernard et Josué.

Mécaniciens. — Guérin Ve et fils. — Marron. —Veillon frères, machines diverses.

Mercerie et quincaillerie en gros.—Bondurand et Ayral. — Fabre (L.). — Galibert Ve et Cie.— Lacombe (Jules). — Pagès ✳.—Pascal-Pradal.— Ribot (B.). — Sabatier (Ed.).— Saussine (C.).—Trellis-Aurivel.

Lainages et passementeries (fabr.de).—Boyer-Malartre, fournitures pour modes, articles de mercerie, tissus St-Quentin, Tarare et Alsace, spécialité de blanc.

Produits chimiques (fabrique de). — Henri Merle ✳ et Cie, usines à Salindrès.

Soie (filateurs). — Arbousset frères. — Barrois (G.) et Cie. — Blancher et fils. — Chabrier (C.).— Chalon et Cie.— Favand-Trial (Ve).— Féline (Ant.).— Francezon (Frédéric), et marchand de soie.— Garnier et Larguier.— Gral et fils. — Granat et Blancard-—Labeilhe (Edouard).— Lacombe (Isidore). —Lafond (J.). — Laupies (Pierre). — Messac et Cie. — Mirabeau (H.). — Rocheblave (Ele).—Saillens et Paut.

Soie et déchets. — Albaret, Moulinier, Domergue (Alléon), Teisonnière (F.), déchets et graines.

Alphi.

Cardage de bourre de soie. — Abric frères.

Anduze.

Tribunal de Commerce. — Président : Lar-guier.— Juges : Fesquet.— Gervais.—Privat. — Suppléants : Laune. — Valat (A.) —Greffier : Bernard.

Conseil de prud'hommes.— Roux, président.

Banquiers — Bérard-Sauvajol (T.), maison à Nîmes. — Saltet (François), succ.de Nîmes.

Bonneterie en fil d'Ecosse (fabr. de).—Bastide fils aîné.—Bastide (Jules).

Chapellerie fine, chapeaux sans apprêt (fabr. de). — Alterac (Ferd.). — Fabre (Aug.). — Gautier-Marion. — Melquoin (J.). — Pelet (Félix).—Plantier (Cir.) fils.—Rigal (César).

Draperies et nouveautés.—Alterac.—Fesquet-Genolhac.—Genolhac (Ant.). — Laune (César). — Lauraire (P.). — Olieu (A.). — Privat-Ribaud.—Villaret-Boisset.

Soie (filature à la vapeur).— Atger.—Benezet (G.). — Bernard-Atger. — Bernard-Corbessas.—Bonifas (Aug.).— Campredon (Jules). —Fesquet fils.— Fraissinet.—Gautier (D). —Genolhac (A.).— Gervais frères. — Lauret-Fesquet.—Cousin (Gustave). — Roussel (E.).— Roussel (J.).— Sprecher (Numa). — Vigne-Fesquet.—Villaret Picheral.

Teinturiers en chapellerie.—Coulomb. — Rigal.—Soulier.

Toilerie.—Guibal et Fontenaist.

Aulas.

Cardage et filature de déchets de soie.—Abric aîné.— Brouilhet.— Laporte (Gaston).

Soie (filature de).—Brouilhet (Arthur).

Aumessas.

Bas (commissionnaires pour la fabr. de). — Ferrières (Paul).—Ferrières (J.) fils.—Vassas (Paul).

Soie (filature de).—Chabal père et fils.

Avèze.

Bas de soie (fabr. de).—Barriol (Aug.).

Laine (filature de).—Treillet.

Soie (filature de).—Astruc père et fils.—Coste (A.) et Cie.

Bagnols-sur-Cèze.

Banquiers.—(A.) Foussart et Cie.

Graines de vers à soie.—Eug. Broche fils. — Lignon.

Négociants en soie et fleurs.—Boissin (J.). — Broche-Malmazet. — Derboux et sœurs. — Gensoul (H.). — Lacombe. — Merle fils. — Puget.

Soie grège.—Merle.

Barjac.

Soie (filatures de).—Gaidan (Aug.) père.—Galimard père et fils, de Vals. — Griolet-Urbain.

Mercerie en gros. — Castagne (M.).

Draps et nouveautés.—Bergougnoux.—Escalonne. — Puech-Bonnefoy (Mme). — Raoux-Darmin,—Thomas (A.).

Beaucaire.

Soie (filatures de).—Vernet frères, médaille de bronze et argent Marseille 1861, mention honorable Londres 1862.
Teinturiers en peaux. — Contostin père et fils.—Vaquier.— Sève frères.

Bez.

Soie (filature de). —Ménard (L. A.) fils.

Calvisson.

Cabas (fabr. de). = Blanc (F.)
Chapeaux (fabr. de). — Daudet.
Gants de soie et fil (fabr. de). — Favas (J.).

Codolet.

Soie (filature et moulinage de). — Martinen fils, siége de la maison à Avignon.

Corbès.

Soie (filature de). — Volpelière (Jules).

Cros.

Soie (filature de). — Perrier.

Genolhac.

Soie (filatures de). = Faget. — Fernand. = Granier.
Draperie et nouveauté. = Fournier.—Masset. = Pattus. — Mourles. = Vesson. — Mourles.

Lasalle.

Soie (filatures de). — Coulomb et Fraissinet. = Crès (Louis). = Dumas et Martin, filateurs, méd. argent 1867. — Fournier et Figuières fils. = Galtier fils. — Gibelin et fils, soies gréges, bronze, 1844, 1849, Londres 1851, médaille 1re classe exposition universelle 1855, médailles d'or à Nimes 1863, argent, Paris 1867. — Martin (Louis) et Cie, médaille 1re classe exposition universelle 1855, argent Paris 1867. = Teulon (Eug.). = Vernet (Amédée).

Laudun.

Filature de soie. — Saut.

Lirac.

Soie (filature et ouvraison). — Fabre. = Mónestier et Cie.

Lussan.

Cocons (filatures de). = Chastagnier (Albert). = Gardes (Mme).

Mages (les).

Cocons (filature de). = Labeille-Villaret. = Passeaud et Cie.

Marguerites.

Tapis (fabr. de). = Soulas aîné et Maury, maison à Paris, r. Cléry, 12.

Mialet.

Soie (filature de). = Portal (Jules).

Mollères.

Soie (filatures de). — Falguières, à Cavaillac. = Reboul. — Viala (A.).

Monoblet.

Soie grège (filature de). = Dumas et Martin.

Notre-Dame de la Rouvière.

Soie (filatures de). = Cayzergue. = Dueros.

Pompignan.

Soie (filatures de).= Chaffiol (Séverin).
Velours (fabr. de). = Chaffiol et St-Paul.

Pont-St-Esprit.

Banquiers. = Auzépy. = L. Sisteron. = Veyrene.
Draps, toiles et nouveautés. = André-Hult. = Avy. = Bouchard. = Carcassonne frères. = Ollivier. = Pensaint fils. = Rebatel.
Laines en bourre et déchets de soie. = Imbert D. frères. = Imbert L. = Imbert P.
Soie. = Sibour fils et Cie, filature.

Roquedur.

Soie (filature de). = Nougarède (F.) aîné.

Roquemaure.

Banquier. = Clérissae (Lubin).
Draps, toiles. = Cappeau. = Genin. = Granet (F.). = Maleles-Besson.
Soie (filature de). = Gat.

Saumane.

Soies gréges. = Maurels

Sauve.

Bonneterie de coton (fabr. de). = Deshons (Aristide) et Cie. = Drihole et Cie. = Drihole (Emile) jeune. = Favantine (Jules). Seguin (P.) et Cie. = Malgoire frères. = Sipeyre (Marcellin).
Bonneterie de laine (fabr. de).= Blanc (Alexandre). = Dufour (Adolphe). = Dumas frères et Soulier.
Coiffures fantaisie (fabr. de). = Devèze fils.= Dufour frères. = Malgoire. = Michelet.
Cotons en rames. = Roussel et Sarran.
Laine (filature de). = Dumas frères et Soulier.
Tricots à l aiguille, laine. = Dumas frères et Soulier.

Sommières.

Drapiers, toiliers. = Arnaud sœurs. = Jouanin-Aiglon. = Ranquet. = Runel-Joannin. = Renouard fils. = Rayan (Auguste). = Vincent (Sully).
Laines (négts en). = Boissier-Altier, peignage à la mécanique. = Caisse (Aug.), peignage anglais. = Devèze et Bonnefont, brutes, peignées et lavées. = Nicolas (Jules) et Didkewski. = Roux frères.

Sumène.

Bonneterie en coton et gants de soie (fabr.

de). — Cambon cadet et fils. — Cambon
frères et Cie, maison à Lyon. — Cambon
(Jules), maison à Paris. — Dussol (J.J.),
dépôts à Paris.
Graines de vers à soie. — Beaux (F.).
Soie (filatures de). — Belle. — Dussol (J.J.),
soies grèges. — Guéri fils aîné.

Saint-Ambroix.

Draperies et nouveautés. — Aubrespy. —
Barry. — Bessou. — Bonnaure (L.). —
Brunel. — Candie (L.). — Champetier (A.).
Soie (filatures de). — Aubresy. — Basson. —
Bastide. — Chabert (V^e). — Chabert (G.).
— Chabert (L.). — Chastanier de Boisset.
— Guiraud (L.). — Guiraud à Resclauze.
— Joubaud (L. S.), à Meyrannes. — Mani-
facier — Platon (V.). — Silhol (Adrien).
— Silhol (Aug^{te}). — Silhol (Emile), à St-
Victor. — Silhol (H.).

Saint-André-de-Majencoule.

Soie (filature de). — Durand.

Saint-André-de-Valborgue.

Graines de vers à soie. — Boniol. — Mazauric.
— Ortel.
Soies grèges. — Boudon (Louis). — Roux. —
Ruas et Cie.

Saint-Hipolyte.

Tribunal de commerce. — Président : Durant.
— Juges : Boissier (P.). — Ducailas. —
Mazel. — Suppléants : Bourras. — Dadre
fils. — Soulier. — Greffier : Bourgoing.
Banquiers. — Mazel fils. — Dadre fils et Cie.
Bonneterie et filets (fabr. de). — Deleuze (E.).
Bonneterie de coton et bourre de soie (fabr.
de). — Boissier cadet et fils.
Chapeaux (fabr. de). — Hirt (E.) et Cie.
Draps, toiles et rouennerie. — Bret. — Can-
plan (J.). — Cagnère. — Malzac. — Sau-
veplane fils. — Sauveplane-Nègre. — Va-
lette (A.).
Laines. — Ducailar fils, commission.
Soie (filatures de). — Gachon et Dagnière. —
Gavanon. — Gavanon (Emile). — Laget.
— Mazaurin fils; dépôt à Paris. — Planchon
Velours (fabr. de). — Olivier.

Saint-Jean-du-Gard.

Banquier. — Blancard (A.-F.) fils.
Bonneterie, soie, coton (fabr. de). — Lauret
Bordarier, bonneterie fine en fil d'Ecosse.
— Pagès fils.
Commissionnaires en soies et déchets. —
Blancard (A.-F) fils. — Boudon (Louis),
soie.
Draperie et toilerie. — Blanc (E.). — Faisse (L.).
Laines en suint. — Fabre (E.).
Mercerie (demi-gros). — Gras (A.). — Ricou
(J.) — Sabadel (Ferdinand).
Soies grèges, organsin. — Blanc (César). —
Bonnal (Scipion). — Boudon (Louis). —

Bourguet (Emile). — Chabbal. — Finielz.
— Lauret (P.). — Nogaret (César). — Pellet
(A.-P.). — Sabadel (Louis et Ferdinand). —
Soubeyrand (Louis), médailles d'argent 1844-
1859, Londres 1851.

Saint-Jean-de-Valériscle.

Filateurs et mouliniers. — Olivier. — Magnan
et Cie.

Saint-Laurent-des-Arbres.

Soie (filature et ouvraison de). — Givaudan (V^e).

Saint-Laurent-le-Minier.

Bas (fabr. de). — Bretonville (L.).
Soie (filature de). — Carles (Aug.). — Nouze-
ran (J.). — Salles-Albin.
Soie (ouvraison de). — Barral (Emile et Eu-
gène). — Flaissières (Ant.). — Serre (J.).
— Villemajeanne (C.).

Saint-Paul-la-Coste.

Soies grèges. — Chambon (Ve L.).

Tavel.

Soies (filat. et ouvraison de). — Gat.

Tholras.

Soies (filature de). — Au Pont de Salindre,
Jules Volpelière, propriétaire.

Uzès.

Banquiers. — Abauzit et Vincent. — Foussat
(A.). et Cie. — Serre (Ed.) et fils.
Bas, bonnets, bourre de soie (fabr. de). —
Barry-Challier. — Liron (L.-A.).
Bourre de soie. — Martin-Saussine.
Déchets de filature et ouvraison. — Martin-
Saussine (E^{le}). — Planche (Auguste).
Laines. — Abeille.
Nouveautés. — Andral. — Blanc. — Bouchet-
Penot. — Cheray. — Gilles-Chalvet. —
Pille. — Serroul-Flautrier.
Soies (filatures de). — Boudet. — Fabre-Ravat.
— Mathieu (Jacques). — Vincent (Ernest).
Toilerie et draperie. — Assaud. — Chabert. —
Flautrier. — Pon. — Prade. — Richard.

Vallerangue.

Bas de soie (fabr. de). — Maurin (E.). —
Maurin (J.). — Salvagnac (C.),
Soies grèges et ouvrées. — Chabal (Alex.). —
Nadal (L.). — Teissier-Du Cros (Ernest). —
Sévérac aîné.

Vezenobres.

Soies (filature de). — Ribot.

Vigan.

Banquiers. — Brouilhet père et fils.
Bonneterie de soie (fabr. de). — Carles fils.
— Finiels. — Maystre (Edouard). — Unal.
Bonneterie de coton et fil d'Ecosse fabr. de).
— Baumier et Coularon. — Lauret frères.
— Maystre (Ed.)

Bourre de soie et déchets de cocons (fabr. de). — Annat aîné et Cie. — Blondeau-Dillet. — Drouillet (H.) père et fils et Cie, usine à Aulas. — Larnac (Joseph), maison à Nîmes. — Martin, au Pont de l'Hérault.
Cardes pour bourre de soie et coton (fabr. de). — Lèques frères.
Drapiers et nouveautés. — Accariés. — Combernoux. — Guibal. — Triniac père. — Labat (Ed.) — Rochebrun. — Sallès. — Unal. — Virenque.

Soies (filateurs de). — Argelliès. — Daumier-Gay. — Douniols fils. — Drouilhet (Félix) et H. Daumier. — Carles et Doudon. — Laporte et Cie. — Poumaret fils. — Ricard frères et A. Ricard.
Soies (ouvraison des). — Drouilhet (F.) et H. Daumier.

Villeneuve-lès-Avignon.
Soies (fabr. d'étoffes de). — Jourdan. — Verchère.
Soies (filatures de). — Derty (A.). — Penne (A.).

GARONNE (HAUTE)

TOULOUSE (chef-lieu).

Tribunal de commerce. — Président : Fourcade. — Juges : Mather (Ern.), — Deat (B.). — Ozenne. — Monnié. — Gèze. — Pagès jeune. — Suppléants : Boussac (A.). Gèze. — Dubois. — Larrieu-Estelle. — Deffès (Alb.). — Planet. — Greffier : Laurens.
Agréés. — Gase (Léon). — Guiet (A.). — De Bernard. — Reyère. — Jaffary. — Germain. — Mazoyer. — Gavey. — Guitton.
Chambre de commerce. — Président : Langlade ✳. — Secrétaire : Ozenne ✳. — Marmier. — Planet (Ed.) ✳. — Dieulafoy. — Raspaud. — Salles. — Fourcade. — Dufaur. — Gommez. — Leubers aîné. — Mather. — Barry (L.). — Calvet-Besson.
Conseil de Prud'hommes. — Destrem ✳, président. — Deloume, secrétaire.
Consulat d'Espagne. — Delphin Frezières, vice-consul.
Ameublement (étoffes pour). — Brun, Prady et Cie, à Sainte-Germaine. — Daléas (J.-P.). — Hue (Jules). — Lapersonne (G.) et V. Thomas. — Rouget jeune.
Amidonniers. — Baudin. — Durand et Cie (les successeurs de), Capiscol, gérant. — Leze (J.-M.). — Mayssonnier. — Prades (J.-M.). — Graves. — Sancholles (G.).
Banque de France (succursale de la). — Directeur : Brédy. — Caissier : Petit.
Société générale. — Siège social à Paris. — Agence de Toulouse. — Directeur : M. Lignières ✳.
Banquiers. — Arquié (B.). — Audemard-Luxeuil et Froment. — Boyer (E.). — Brousse (Albert). — Cany et Cie. — Castaing. — Gommez (A.) fils. — Courtois et Cie. — Crédit agricole : Ozenne, directeur. — Despaignol et Cie. — Dubuc (J.-F.). — Klehe (Richard) et Cie, caisse commerciale. — Lacroix (Emile). — Lannes (P.). jeune. — Magnier (Eugène). — Martin aîné. — Ostalet (Henry) fils aîné. — Parrau père et fils. — Peyre (Jules) et Cie. — Razeas (L.) et Cie. — Vié et Cie.
Batteur d'or. — Dinnat.

Blanc, cotons, calicots, toiles, mousselines jaconas, batistes et percales en gros. — Audigé et Corneil. — Azéma (Philippe). — Bégué aîné. — Bégué cadet. — Brun, Prady et Cie, à Sainte-Germaine. — Daléas (J.-P.). — Flandin et Maisonneuve. — Fort frères. — Holbec-Pujol. — Hue (Jules). — Laluble (H.). — Lapersonne (G.) et V. Thomas. — Pressac et Cie. — Taillade.
Bois de teinture. — Discons frères. — Discons père et fils. — Fontaine (P.).
Bonneterie en gros. — Desombes (E.) et Cie. — Cassy. — Garetta (A.) et fils. — Laffont jeune et Cie. — Marginier frères. — Martin et Parize. — Mercier (L.) et F. Barrau. — Pélegry (fabr.). — Suberville aîné. — Toulza et Gelbert.
Boutons d'os et de corne (fabr. de). — Maguin et A. Garipuy, usine au Ramier.
Casquettes (fabr. de). — Arnal. — Balzac. — Baup et Dufour, Baron. — Castaing. — Conti. — Ducos (E.). — Fargués (Aug.). — Filhol (Mme Ve J.). — Lapène. — Mignonat. — Pujol (Eugène). — Tomey aîné.
Châles (marchands de). — Jolivard et Cie. — Hue (Jules). — Lapersonne et Thomas.
Chapeaux de paille (fabr. de). — Desombes (E.) et Cie. — Cantecor (Fortuné), succursales à Septfonds et à Grenade (Tarn-et-Garonne). — Faure (L.) et Duran (P.). — Lafont jeune et Cie, succursale à Septfonds. — Teisseyre (Félix) et Cie.
Chapeliers (fabr. de). — Arnal (Fulcran). — Baron. — Bert. — Bousquet (A.). — Brun. — Castaing. — Colomiers et Cie, exportation. — Daure père. — Daure fils. — Ducos (E.). — Gailhac (Raymond) fils. — Lapène, usine à Villemur. — Maury (E.) et Cie. — Pujol (Eugène). — Desseguier. — Rouchès. — Sibut. — Discons frère, et spécialité de teinture pour la chapellerie.
Chapellerie (fournitures de). — Baron, fabr. de casquettes. — Baud et Dufour. — Bergougnan. — Castaing. — Ducos (E.). — Dumas aîné. — Filhol (Vve Joseph). — Labit aîné. — Pujol (Eug.). — St-Girens. — Trinque, couperie de poil.

Chemisiers, gros et détail. — Bertal (Adolphe). — Daléas-Rives. — Dubor. — Flandin et Maisonneuve. — Hue (Jules). — Lalubie (J.). — Loubère frères. — Meilhon (B.). — Manuel et Cie. — Michel-Ange. — Rivière (Mlles). — Rodrigues (C.). — Roquemartine. — Roques et Desplat.

Corsets (fab. de). — Abriol (Mlle). — Allard (Mme). — Cassé (Mme). — Fauré. — Gentille (Mlle). — Paul (Mme). — Père (Félix). — Roussy (Mme).

Cotons (filature hydraulique de). — Fort jeune. — Manuel frères.

Cotons filés (marchands de). — Azema et Cie. — Décane aîné. — Castères et Cie. — Fabry. — Fort jeune. — Mercier (L.) et Barrau (F.). — Frézières, coton à tricoter. — Geze frères. — Myquel frères. — Pérès et Cie. — Salamartin, Oulé et Cie. — Vidal.

Coupeurs de poils pour chapellerie. — Arnal (Fuleran). — Dumas aîné, r. Pargaminières, 16. — Guilhot. — Lafage (Hilaire). — Reuzyle. — St-Girons.

Couvertures de laine, coton et molleton (fabr. de). — Darquié. — Dumond (Hugues Vve) et fils, fabrique à Lyon. — Chavardez jeune. — Perrin aîné. — Pradère. — Salles fils, en laines. — Ségonzac (Vve). — Mercier (Vve). — Mouton-Peyraudel et Cie.

Dentelles, tulles et broderies. — Amiel et Teyssier sœurs. — Bertal (Adolphe), au Pauvre Diable. — Bruni Prady et Cie, à Sainte-Germaine. — Daléas (J.-P.). — Hue (Jules). — Guilgot (Mme L.). — Jorivard et Cie. — Lapersonne (G.) et Thomas (V.). — Manuel et Cie. — Pitrat. — Portaire (Mme). — Rodrigues (C.). — Salvat et Cie. — Taillade.

Doublures et articles de Villefranche (gros). — Bonnevay (A.). — Pareau (Alf.). — Tatet et Champiches. — Suchet frères.

Draperie en gros. — Boyer et Dartigues. — Camparié. — Olbiel et Cie. — Cornet et Pagès frères. — Deffes et fils. — Dubédout et Cie. — Dufaur, Mathieu et Langlade. — Duraud (L.), Bertrand et Cie. — Duroux (A.). — Fuga aîné et Cie. — Hangar (Jules). — Héron et Cie. — Jèze (Charles). — Laveve et Cie. — Lezat. — Meuniet et Daubonnet. — Ningres et Jacotet. — Osmont (Athanase) et Cie. — Osmont (Désiré). — Prudhem, Candelou et Cie. — Rouzaud.

Draperies et nouveautés. — Berdoulat (Paulin). — Bonnemaison (Germain), r. des Tourneurs, 1. — Dories et Lasserre. — Cornet (Louis). — Guiraud (Napoléon) et Cie. — Meynac (A.) fils. — Hue (Jules). — Labat (B.). — Lameyra. — Laveys et Cie. — Marceille et Cie. — Marchand. — Michel et Ollier. — Meynac (A.) fils. — Rous frères. — Toujan, Meurlas et Gourse.

Drogueries pour teinture (spécialité de). — Discons frères. — Camus (D.). — Fontaine (P.). — Discons père et fils.

Fils à tisser. — Castérès et Cie. — Debax (Pierre). — Frézières et Pérès. — Labrosse. — Myquel frères.

Fleuristes, gros et détail. — Abribat. — Amiel (Mme). — Autafage (Mme). — Carrière (Mme). — Berdou (Mlle). — Dartigues (Mlle). — Dast (Mme J.). — Gayra (Mlle). — Giroux. — Duprat. — Durieu (Mme). — Guimbert et Labadie. — Jeanpierre (Mme). — Laurent (Mme). — Paris. — Pascal (Mme). — Pélissier. — Perlé. — Peyrau. — Philippe (Jean). — Pillot (L.-F.). — Reynaud (Vve). — Roger. — Tragan (Mme).

Indiennes (manufactures d'). — Achard et Ricard fils. — Audin. — Audibert, Mercié, Lacaux et Cie. — Heybrard, Delapart et Cie. — Josserand et Cie. — Meyssonnier.

Indigo, cochenille (négociants en). — Discons frère. — Fontaine (P.). — Discons père et fils.

Lainages fins, mérinos, napolitaines, flanelles, châles et nouveautés en gros. — Drun, Prady et Cie. — Lambrigot (César). — Conézil (Vve Aug.). — Durou, Bertrand et Cie. — Hue (Jules). — Laguarigue (Lucien). — Lannes (J.-B.). — Lapersonne et Thomas (V.).

Laines en gros. — Autheir (Félix). Commex (Auguste) fils, en gros. — Mouton-Peyraudel et Cie. — Sullères (J.). — Touzé (J.) et Cie.

Laines moulinées en gros. — Azema (Fois) et Cie. — Fort, jeune. — Mercier (L.), Barreau (F.), Salnmartin, Oulé et Cie.

Laines en suint et lavées du pays (commerce de). — Caubère (J.) et Cie. — Mouton-Peyraudel et Cie. — Touzé (Justin) et Cie.

Lin (filature de). — Comptoir de l'Industrie linière, Bousquet, directeur.

Lingerie en gros. — Audigé et Corneil. — Brun, Prady et Cie, à Ste-Germaine. — Flandin et Maisonneuve. — Jules Hue. — Labattu (Lucien). — Lapersonne (G.) et Thomas (V.). — Philip (Alfred). — Rivière (Mlles). — Roquemartine (Mme).

Machines à coudre. — Girons.

Mécaniciens. — Bire aîné. — Bitirae. — Bonnet (D.-E.), frères. — Bonnefous aîné. — Cardailhac et fils. — Cardailhac (Étienne). — Carolis et fils. — Delpy. — Demaux. — Dubois jeune et Cie. — Four (Maurice). — Geslet (Vve). — Guilhem. — Hutin. — Mayssonnier père et fils. — Sanarens. — Thiébaut. — Lasbax frères. — Planet (Ed. de). — Tauzlet. — Wibratte.

Mercerie en gros. — Cassy. — Dejean (B.) frères. — Dubouchet aîné (Vve Emmanuel). — Garetta (A.) et fils. — Gesta. — Guitard

— (Pierre) jeune. — Hélène et Pignès jeune. — Maurette (Jean) jeune. — Mercier (L.) et Barrau (F.). — Piguès aîné. — Planet (Louis). — Roussoulières (Paul) fils aîné. — Roussoulières (Henry) et Delpech. — Rous. — Suberville aîné. — Toulza et Gelbert.

Nouveautés. — Amblard. — Bellisens. — Berdoulat. — Bertal (A.). — Bertal (Vor). Brun, Prady et Cie (à Ste-Germaine). — Cannes (Jules). — Feille (Maurice). — Huc (Jules). — Jolivard et Cie. — Bessières et Cie. — Linas frères. — Pitrat (C.-M.). — Pressac et Cie. — Rech et Cazelles. — Rouch. — Sabaron. — Scré et A Sorel. — Talaxion et Alquier. — Taupiac. — Tequi (L.) et Clairia.

Ornements d'église. — Bent (H.) fils aîné. — Bent (Joseph). — Combes et Vigner. — Poujade (Mlle). — Simon jeune, maison à Paris. — Vernet.

Ouate (fabr. d'). — Grenier. — Linas frères.

Passementerie (fabr. de). — Castérès et Cie. pour meubles. — Dunac. — Frézières. — Giscarot (P.). — Larrieu-Estellé (J.). — Magnas. — Perès et Cie. — Rouget père et fils aîné.

Plumes et duvets. — Cabardos. — Caubère et Cie. — Gouts et Cie. — Mouton-Peyraudel et Cie.

Produits chimiques (fabr. de). — Abadie père et fils. — Sarraillé. — Verdoux (Joseph.)

Rouennerie en gros, mérinos, articles de Roubaix et châles. — Abadie (E.). — Azéma (Philippe). — Barbé (C.) et Cie. — Bernet (J.). — Bordenave (J.). — Bousquet (J.). — Boussac (A.). — Brun, Prady et Cie. — Campistron, Carbonel et Cazal. — Cavirol frères. — Conféron et Escat. — Durou (Louis). Bertrand et Cie. — Garreta (A.) et fils. — Héron et Cie. — Huc (Jules). — Labattut et Arné. — Lannes (J.-B.). — Latour frères. — Lanas frères et Gelbert. — Malvezy et Moynac. — Monnié et fils. — Prat (Gaëtan) et Cie. — Roussel frères. — Séguier (Henry) et Mantagnac. — Verneau-Crimaud.

Soieries, châles et nouveautés. — Bertal (Vor). — Bertal (Adolphe). — Brun, Prady et Cie. (à Ste-Germaine). — Conézil (Ve Auguste). — Daléas (J.-P.). — Dardenne et Pomès. — Huc (J.). — Jolivard et Cie. — Lajeunesse (E.), Lapersonne (G.) et V. Thomas. — Morand (Ch.) et Cie. — Pradère (Bertrand). — Pressac et Cie. — Taillade (F.).

Rubans en gros. — Audigé et Corneil. — Bastide. — Bégué aîné. — Bégué cadet et jeune. — Cizos aîné et Cie. — Guimbert et Cie. — Philip (Isidor), Ve Janic et fils, maison à Bordeaux. — Valdeiron et Pérès.

Rubans (détail). — Bertal (A.). — Catala. — Clergue. — Dubarry. — Jacoubel. — Lacroix. — Lafont et Cie. — Linas frères. —

Massonier et Cie. — Ménard. — Paris. — Père (Félix). — Rodrigues (C.). — Taine aîné.

Tailleurs confectionneurs. — Audouy et Cie. Bonnal (Aug.) (au Masque de fer). — Clastres (Belle-Jardinière). — Delbourg. — Dieuzayde fils et Touzan. — Fuga (L.). — Guitard. — Huc (Jules). — Macabiau. — Olmer (Léon). — Picat. — Rieusset. — Vignes. — Weinbach, Mayer et Wachenheimer.

Tapis. — Brun, Prady et Cie. — Cuson (Vor). — Fouque (Gustave). — Garrigues (Vor). — Huc (J.).

Teinturiers. — Barbe. — Belou. — Castagnie. — Durand. — Duzac. — Grand-Jean. — Lanusse. — Magentiés (Valentin) et fils. — Rieux (Jh.). — Sénégas. — Toursier. — Tremoulet.

Tiges pour bottines (fabr.). — Borrel (A.).

Toiles (en gros). — Authier (Ate) jeune, successeur de Parrau, père et fils. — Castex et Cie. — Daléas (J.-P.). — Holbecq. — Pujol. — Laffont et Garres. — Taillade (F.). — Tourrou jeune et fils aîné.

Toiles cirées. — Cusson (Vor). — Garrigues (Vor). — Sirven (B.).

Gourdan.

Laines (filature de). — Recurt jeune.

Grenade-sur-Garonne.

Laine brute. — Arbus. — Magnié (L.). — Marseillac.

Mancioux.

Défilochage (fabr. de). — Chiffre et Cie.

Draps (fabr. et filature de). — Lasmastres frères.

Escompteur. — Lasmastres (Edouard).

Laines (marchand de). — Lasmastres.

Toile de pantoufles (fabr. de). — Lasmastres.

Miramont.

Changeur. — Barutaud cadet, escompte.

Draperie commune, cadis, façon Montauban, ségoviennes royales, cuirs laine 5\8 quadrillés et rayés (fabr. de). — Artigue jeune. — Barutaut (Louis). — Barutaut fils cadet. Bertrand-Chac. — Biraguet frères et Cie. — Courties et Cie. — Darnaud aîné. — Mauvezin (J.-P.). — Sauné (Firmin).

Laines (filatures de). — Blanc. — Courouleau aîné. — Courties frères. — Lahore. — Pascal jeune. — Roger aîné.

Teinturiers. — Duran frères. — Germain. — Maurette.

Tricots laine au métier et à l'aiguille (fabr. de). Artigue jeune. — Courties et Cie.

Montrejeau.

Banque et recouvrements. — Astugue Saint-

Arroman. — Faseuille (J.-M.). — Lacroix. Luscan père, fils, et Ollé.
Bonneterie en gros. — Viélajus (J.-M.).
Commissionnaires pour les articles tricotés. — Astugue aîné. — Cazassus. — Crouzet. — Dancausse et Cie. — Fasuile (J.-M.). — Luscan jeune.
Laines (filature de). — De Sarrieu.
Teinturiers. — Gages. — Grangé. — Montoriol. — Subréville. — Franchengues aîné. — Franchengues jeune.. — Lacroix. — Moulis. — Recurt jeune.
Tricot (fabr. de laine). — Danès fils aîné. — Montant (H.), maison à Lyon, rue Impériale, 71. — Roques et fils frères.

Revel.

Lainages (fabr. de). — Chazottes. — Laville. — Raynaud frères. — Sarat.

Saint-Gaudens.

Tribunal de commerce. — Président : Campans (M.). — Juges : Thévenin. — Abadie. — Suppléants : Caubet (B.). — Danès (A.). — Greffier : Amiel.
Banquiers. — Dastre fils. — Cassé (Paul). — Thévenin (Louis).
Bonneterie tricotée. — Compans. — Danès fils aîné. — Fadeuilhe. — Fage-Casse. — Payrau. — Sequard.
Filature. — Danès fils aîné, filature cardée.
Toiles en gros. — Castex et Cie, de Frontignan.
Tricot au métier (fabr. de). — Payrau (Jules).

Valentine.

Laines (filatures de). — Danès fils aîné, et fab. de tricots laine au métier et à l'aiguille. — Mestrot (J.). — Prat (P.).

Villemur-sur-Tarn.

Chapeaux feutre (fabr. de). — Battut. — Castella. — Gailhac (Raymond) fils. — Lapène. — Pendaries (A.). — Pendaries (L.).
Effilocheurs de laines et tissus. — Courthiade (A.) et Cie. — Sibtanc.

GERS

AUCH (chef-lieu).

Tribunal de commerce. — Président : Escrivant. — Juges : Cassaignard. — Foix. — Suppléants : Dubourthoumieu dit Lavergne. — Richard. — Greffier : Dupuy.

COMMERCE, INDUSTRIE.

Banquiers. — Bauduer fils. — Bégué père et fils. — Campardon. — Ferrein-Duprat et Cie. — Lézian. — Pellefigue (Clément). — Pérès, Gage et Ader.
Draps. — Nassans et Lacaze. — Nestier frères. — Sarrabezoles.
Laines (filature de). — Renoy, à la Ribère.
Ornements d'église. — Duzer (Georges). — Larroque.
Passementerie. — Fouchs. — Larroque.
Rouennerie en gros. — Escrivant. — Lozes. — Sarrebezolles.
Soieries en gros. — Hiver aîné et fils.
Toiles. — Lacoste et Richard. — Lebourgeois. — Marestang.

Condom.

Banquiers. — Danssos et Cie. — Lavergne, Conche et Cie.
Draps et nouveautés. — Bastit. — Chanson. — Durand. — Lacoste. — Pérès. — Salvage. — Trésequet. — Trésequet aîné.
Droguets (fabr. de). — Carrère (B.).
Laines brutes en gros. — Saux.
Toiles (fabr. de). — Bonneau. — Bonne. — Dubouch. — Larée.

Fleurance.

Gants (fabr. de). — Bourrousse. — Doazan (V.) et Cie. — Labernade.
Laines (filatures de). — Borret. — Cazeaux frères.
Toiles et fils en gros. — Castarède. — Castarède-Gérard. — Gramont. — Poudés. — Tremoulet aîné.

Lectoure.

Banquier. — Ducasse jeune.
Laines (filature de). — Lauze-Michel.
Mécaniciens. — Sentis et Verdun.

Samatan.

Banquier. — Fort aîné.
Coton à tricoter, mercerie et broderie (fabr. de). — Fort frères.
Rubanniers. — Bacqui. — Beyt. — Dupin. — Gabarrot. — Laborie. — Lacroix. — Lafite.

Saint-Clar.

Rubans de fil (grande fabr. de). — Bruchet.

Vic-Fezensac.

Banque. — Duluc. — Lartique frères.
Filature de lin et teinture. — Auxion. — Massignac père et fils.

GIRONDE

BORDEAUX (chef-lieu).

Chambre de commerce. — Cortès (E.) ✱, vice-président. — Blanchy (Jh.), secrétaire. — Chalès, trésorier, Chaumel (J. P.). — Membres : Arman (L.), C. ✱. — Lestapis (Ed. de). — Prom (H.). — Daour (G). — Brunet (H.) ✱. — Duhan (E.) — Vermeil (Félix) ✱. — Tandonnet (H.). — Faure (A.). — Audinet, Johnston (N.). — Brunet (G.), chef du secrétariat et bibliothécaire. — Verdié (J. H.), caissier de la chambre.

Tribunal de commerce. — Président : Fourcaud (Emile). — Juges : Balaresques (H.), Devez (P.). — Wustemberg (H.). — Beylard (A.). — Pellerenu (Emile). — Vergez (Et.). — Duvergier (P.). — Suppléants : Maurel (E.). — Vieira (E.), Daour (Ch.). — Chaumel (Aug.), Brandenburg (Albert). — Faure (Gabriel). — Greffier en chef : Laroze.

Agréés. — Forastié. — Girard. — Levêque. — Cazeaux. — Roucaud. — Dubos.

Conseil de prud'hommes. — Président : Privat (L.). — Greffier : Saladin.

Arbitres experts du commerce et syndics de faillites.

Assier de Montferrier, r. Casteja, 3.
Astruc (E.), cours Napoléon, 130.
Duhan (H.), r. Fossés-du-Chapeau-Rouge, 10.
Couve (J. B.), r. Castelnau-d'Auros, 8.
Crespy (J. B.), r. Sainte-Catherine, 234.
Denis, r. Sainte-Catherine, 150.
Guérard, r. Herbes, 5.
Menguin, r. Trois-Chandeliers, 1.
Nolibois, r. Judaïque, 137.
Rogerie (A.), r. Faussets, 7.
Sarrat Grand-Cours-Napoléon, 36.
Techouyères, cours du Chapeau-Rouge, 22.
Véron (P. A.), r Rolland, 8.

Banque de France (succursale de la).
Directeur : Hubert (Ernest-Clément), r. Esprit-des-Lois, 13.
Caissier : Van den Brûle.

Consuls des puissances étrangères.

Angleterre. — Thomas Carew Hunt, consul. — Frank Cutber, vice-consul, cours Portal, 15.
Argentine (République). — Santa-Coloma (Em.), consul général, r. d'Aviau, 36. — Santa-Coloma (Ed.), vice-consul.
Autriche. — Borchard (A.), consul, r. Pavé-des-Chartrons, 26.
Bade. — Clossmann (Paul), consul, quai des Chartrons, 93.
Bavière. — De Luze (A. H.), consul, quai des Chartrons, 88.
Belgique. — Damas Junior ✱, consul, Cours-du-Chapeau-Rouge, 19. — Lacaze (B. G.) ✱, vice-consul, quai des Chartrons, 43.
Brésil. — Vieira (J. E.), vice-consul, r. Esprit-des-Lois, 21.
Brunswick. — Scheneke (G.), consul, r. Lagrange, 126.
Chili. — Santa-Coloma, consul, r. Aviau, 36.
Confédération de l'Allemagne du Nord. — Michaelen (J.), consul, quai de Bacalan, 22.
Costa-Rica (Amérique centrale). — Daour (G.), consul, Cours-du-Chapeau-Rouge, 9.
Danemarck. — Kirstein (E.), consul, quai des Chartrons, 97.
Del Salvador (Amérique centrale). — Charpentier (Eug.) ✱, consul, r. Chateau-Trompette, 5 ; Detus (Ferdinand), vice-consul, r. Ausone. 30.
Equateur. — Gauthrin (Achille), consul, r. Palais-Gallien, 72.
Espagne. — Ramon Gonzalez Zavala ✱, consul. r. Vital-Carle, 24. Juan San Martino de Montalbo, vice-consul, r. Huguerie, 61.
États-Pontificaux. — Griffon (de) ✱, consul, r. Fondaudège, 24.
États-Unis d'Amérique. — Gleeson (William E.), consul, ex. juge de la cour fédérale des États-Unis, cours du 30 Juillet, 30 bis ; Olgiati (Victor), vice-consul, cours du 30 Juillet, 30 bis.
Grèce. — Provenzal (Jh.) ✱, consul, quai des Chartrons, 68.
Guatemala. — Johns (Gustave), consul, r. Pavé des Chartrons, 17.
Haïti. — Clossmann (Paul), consul, quai des Chartrons, 93.
Hawaïon (Océanie). — de Boissac, consul, r. Vital-Carle, 20.
Hesse Grand-Ducale. — Alfred de Luze ✱, consul, quai des Chartrons, 88.
Italie. — Provenzal (Jh.) ✱, consul, quai des Chartrons, 68, pour les départements de la Charente, Charente-Inférieure, Gironde, Landes, Hautes et Basses-Pyrénées, Gers, Lot, Lot-et-Garonne, Tarn, Tarn-et-Garonne, Dordogne, Vienne, Haute-Vienne, Deux-Sèvres.
Libéria (République de). — Léopold Carrance, consul, r. Leiteyre, 93.
Mecklenbourg-Schwerin. — Borchard, consul, r. Pavé des Chartrons, 26.
Mexique. — Cavaillon (Théophile), vice-consul, r. Allées d'Amour, 26.
Monaco. — Léon Weil, consul, r. Treuils, 73.
Nicaragua (Amérique centrale). — Dandicolle (P.) fils, consul, cours du Pavé-des-Chartrons, 3. — J.-F. Lassime, vice-consul, r. Ducau, 77.
Pays-Bas. — Deyerman (J. Oscar), consul, quai des Chartrons, 63 et 64.

Pérou. — Alvarez (B.), consul, quai des Chartrons, 8.
Perse. — Carvallo jeune ✳, consul, r. Sainte-Catherine, 226.
Portugal. — Doney ✳, consul, r. Esprit-des-Lois, 2.
Russie. — De Lentz, consul. — W. Noer, vice-cousul, Allée de Chartres, 39.
Saint-Marin. — Trubesset O. ✳, cours Napoléon, 100.
Suède et Norwége. — Sandbled (N.), consul, r. Pavé-des-Chartrons, 47. — Wigert (A.), vice-consul, r. Pavé-des-Chartons, 47.
Suisse. — Mestrezat (Paul), consul, r. Parlement, 24. — Ch. Silliman, vice-consul, r. Arnaud-Miqueu, 36.
Turquie. — Balguerie (Raoul) ✳, consul, cours du Chapeau-Rouge, 26.
Uruguay. — Castex (F.), consul, r. Lafaurie de Monbadon, 77. — Sicard (L. O.), vice-consul, quai des Chartrons, 10.
Vénézuéla. — M. V. Montenegro.

COMMERCE, INDUSTRIE.

Amidon (fab. d').

Aladame (J.) et fils, agents de J. et J. Colman de Londres, cours du Jardin Public, 85.
Combret-Lanauze (J. E.) et H. Flamisset, r. des Ménuts, 15.
Cros frères, r. Lagrange, 96.
Martin aîné et fils, r. Lagrange, 92.

Banquiers.

Achard (A. Jules), r. Rolland, 22.
Agence de la société générale pour favoriser le développement du commerce. Comptoir, allées de Tourny, 30.
Astruc (S.), allées d'Orléans, 26.
Baldy (E.) L. Capistou et Cie, cours de Tourny, 3.
Barabraham (Min.) et Cie, place Puy-Paulin, 12.
Binet (Eudoxe), r. Margaux, 12.
Blanchard (E.) et Daleau, r. Pas-Saint-Georges, 30.
Blanchy (P.) et Cie, r. Vauban, 7.
Brumeton (Ant.), r. Saint-Remi, 15.
Cabrit (L.) et Alamargot fils, cours Intendance, 37.
Crédit agricole (le), agent Piganeau (L.) rue Porte-Dijeaux, 18.
De Ciébra (Jh), r. Guillaume-Brochon, 9 bis.
De Longuerue (H.) et Cie, r. Condé, 6.
Cotard et Dumoulin, cours du Chapeau-Rouge, 32.
Delvaille (Th.) et Emile Bays, rue Duffour-Dubergier, 12.
Dubos, Cyprien et Cie, cours Napoléon, 98.
Dupoy (E.), cours de Gourgues, 2.

Duvergier (J.J.) jeune et Cie, Cours du Chapeau-Rouge, 5.
Escudé père et Cie, r. Temple, 7.
Garric et Bordes, r. Esprit-des-Lois, 3.
Gattelet (H.), r. Vital-Carles, 24.
Comez-Vaëz et fils, cours du Trente-Juillet, 15.
Huguet (E.), place des Quinconces, 12.
Juhel-Rénoy (L.), r. Boudet, 19.
Lafargue (J.B.), place des Quinconces, 2.
Lange-Vidal, cours Napoléon, 68.
Laplante frères, allées de Tourny, 20.
Letanneur (P.A.), place Dauphine, 35.
Marchand (Ch.) et A. Ramond, r. Castillon, 1.
Piganeau et fils, r. Esprit-des-Lois, 5.
Piganeau (J.J.) (Le fils de), r. Porte-Dijeaux, 18.
Rodrigues (P.) fils, r. Esprit-des-Lois, 14.
Saladin (Jne) et A. Carton, r. Lafayette, 2.
Samazeuilh (F.) et fils, r. Porte-Dijeaux, 14.
Sazias (E.) aîné, cours Napoléon, 178.
Seurin (Jean), r. de la Bourse, 5.
Société coopérative de crédit de Bordeaux, Fournier et Cie, r. Cheverus, 25.
Sous-comptoir du commerce de Bordeaux, cours du 30 juillet, 13 ; directeur : Paul Fabre.
Soula, de Trincaud-Latour et Cie, place de la Bourse, 13.
Tessier (C.), J. Morice et Cie, allées de Tourny, 25.
Société générale. — Siège social à Paris. — Agence de Bordeaux, allées de Tourny, 30. —Directeur, P. Le Barillier.
Union de la Gironde, 5e année ; comptoir de renseignements commerciaux.—Directeurs : A. G. Delisle et Cie, allées de Tourny, 14.

Bonneterie (fabr. marchands de).

Alliès, r. Ste-Catherine, 84.
Bertal aîné, r. Ste-Catherine, 99.
Birly (Ch.), place du Palais, 8.
Boussard et Monville, r. Ste-Catherine, 60.
Brunu, r. Guenne, 3.
Bruziè, r. Ste-Catherine, 152.
Cabos (M.), en gros, r. Bouquière, 46.
Canonville, cours de l'Intendance, 11.
Castex et Cie, r. de Frontignan (Hte-Garonne), place des Grands Hommes.
Clouzet (F.), cours Napoléon, 88 et 90.
Courteau fils, r. St-James, 5.
Desbordes (J.) fils, r. Pas-St-Georges, 76.
Douat (A.), r. Ste-Catherine, 86.
Dumas (Jules), cours de l'Intendance, 30.
Géraud (Emile), Montbazon, 2.
Guichard (B.), cours Napoléon, 49.
Hamelin frères, cours de l'Intendance, 39.
Laclote (Ernest), Fondaudège, 89.
Laurand, cours de l'Intendance, 15.
Massy (A.J.), r. Ste-Catherine, 13.
Molina (Alfred), cours Napoléon, 11 et 13.

Page (J.), bonneterie et mercerie en gros, cours Napoléon, 138.
Renoy, r. Ste-Catherine, 37.
Rataboul (Félix), mercerie en gros, rue Faussets, 13.
Saint-Denis, cours Napoléon, 35.
Tardieu (J.), r. St-Rémi, 44.
Vedrenne (Ch.), r. Judaique, 3.
Villmott, r. Notre-Dame, 70.

Boutons (fabr. de).

Deffès (H.), r. Porte-Dijeaux, 84, 86 et 88.
Marmillon, r. Montyon, 15.

Chapeaux (fabr. de).

Desson frères, (manufacture), maison à Paris.
De Norus (C.) fils, r. Parlement-Ste-Catherine, 4, 6 et 8.
Lafargue (Eug.), Lafaurie de Monbadon, 49.
Massias (A.), r. Fondaudège, 65.
Petit, r. Duplessis, 14.
Toscan et Cie, au Bouscat, route de Médoc.
Vincendon (Justin), manufacture, Jardin-des-Plantes, 7, maison à Paris.

Fournitures pour chapellerie.

Bertrand frères, place du Parlement, 8.
Delaspre (P.), couperie de poils, r. Maucoudinat, 17.
Lauron (B.), matière première, r. Neuve, 31.
Marcon et Cie, r. Parlement-Ste-Catherine, 7.
Tendas (Hte), r. St-Remy, 17.
Tranché (A.) père et fils, r. Cancer, 34.

Chemisiers.

Arquier (A.), r. Michel-Montagne, 3.
Aufrère (H.), r. Porte-Dijeaux, 46.
Biais, r. Trois-Conils, 43.
Cabanier (Ve), r. Ste-Catherine, 115.
Canonville, cours de l'Intendance, 11.
Chimène, r. Bouffard, 15.
Dabadie (Mlle), r. Courbin, 6.
Dumas (Jules), cours de l'Intendance, 30.
Lafitedupont (A.), r. Pas-St-Georges, 33.
Laurand (J.), cours de l'Intendance, 15.
Massy (J.), r. Ste-Catherine, 13.
Michel-Ange, cours de l'Intendance, 17.
Niollet et Cie, cours Napoléon, 84.
Noé (Ch.), cours de l'Intendance, 7.
Rousselle (E.), allées de Tourny, 32.
Sillman (Ch.), r. Arnaud-Miqueu, 36.

Cordiers.

Caillabet père et fils, cours St-Jean, 185.
Clément, quai de Bourgogne, 15.
Denis, r. Grattecap, 98.
Derliac aîné, cours Dalguerie-Stuttemberg, 90.
Duboul (J.), r. Saujon, 17 à 21.
Galéné (A. Ch.), r. St-François, 36.
Lahaye (G.) et Cie, r. Saujon, 13.
Legendre fils aîné, quai de Bourgogne, 5.
Rousseau (P.) et fils, r. Prunier, 27.
Malbos jeune, r. Rousselle, 30.

Marcès jeune, quai de Bourgogne, 27.
Sicard (P. Henry) et Cie, q. des Chartrons, 10.
Thézé-Lacombe jeune, cours St-Jean, 181.
Vincent, cours St-Jean, 177.
Ziethen (H.), r. Lagrange, 147.

Corsets.

Arquier (A.) r. Michel-Montagne, 3.
Baqué (J.), r. Vital-Carle, 7.
Beebee (Mme), r. Ste-Catherine, 133.
Chrétien (Mme), place de Tourny, 8.
Corali (Th. Mme), r. Victoire-Américaine, 6.
Dufour (Mme), r. Ste-Catherine, 52.
Dumaine (Mme), r. Palais-de-Justice, 30.
Edouard-Meissner (Mme), r. Fondaudège, 34.
Laban (Mme), r. Notre-Dame, 72.
Lagrange (Mme), r. Ste-Catherine, 43.
Laumonier (Mme) r. Vital-Carle, 10.
Lecour (Mme), r. Huguerie, 65.
Malfille (J.) aîné, cours de Tourny, 13.
Petit (Mme), allée de Tourny, 27.
Renaud (Mme), r. Castillon, 14.

Coton (filatures de).

Abden-Serre, r. Vital-Carle, 36.
Guibbert frères, r. Albret, 20, 22 et 24.
Vergnes (dépôt), r. Peugue, 12.

Coton à tricoter (marchands de).

Abden-Serre, r. Vital-Carle, 36.
Laclaverie (E.), cours Napoléon, 57.

Couvertures (fabr. de).

Jaquemet-Laroque ✠, r. Lecoq, 16.

Couvertures (march. de).

Gauthier (Hte), r. des Argentiers, 20.
Naque (J.) et Ch. Delafaye, r. Argentiers, 13.
Remi (A.), cours Napoléon, 56.

Crins et laines.

Glaise (L.) fils (usine à vapeur, r. Cornu, 25.
Laporte, r. Loup, 21, 23 et 41.
Lavergne, r. Citran, 25.
Lefebure, r. St-Charles, 35.
Orpelière (C.) et Cie, route de Bayonne, 9.
Prochiato, r. Rougier, 36.
Tranché (A.) père et fils, r. Cancer, 32.

Dessinateurs en broderies.

Gleize, r. St-Catherine, 60.
Lacombe (H.), place Dauphine, 14.
Lafond (Mlle), cours de l'Intendance, 41.
Meissner (Edouard), r. Fondaudège, 34.
Merzeau, r. Huguerie, 9.

Draperies en gros.

Berge frères, place du Palais, 10.
Besse (J.), place du Palais, 3.
Cabrel jeune, rue Argentiers, 28.
Charpentier (E.), rue Argentiers, 35.
Chédor (F.), place du Palais, 27.
Fauconnier (Achille), rue Argentiers, 26.

Fauconnier (Marcel), place du Palais, 22.
Labre frères et Malichecq, place du Palais, 7.
Lasserre-Brisson et Cie, rue Argentiers, 4.
Latour neveu et Fanouillat, rue St-Remi, 36.
Marchand (F.), rue Argentiers, 20.
Méry-Sanson, J. Samson et A. Fleuriot, place du Palais, 14.
Morand, r. des Boucheries, 4.
Ranié (H.) et Eug. Mention, r. des Argentiers.
Selles (H.) et A. Corbière, r. des Argentiers, 15.
Sompairac-Héron, r. des Argentiers, 6.
Toursier (L.), place du Palais, 2.

Droguistes.

Alary (Vor), Guillhem et Cie, r. Ste-Colombe, 2.
Anthony (L.) et Raboutet-Chevalier, r. Ste-Colombe, 12.
Daranden (Emile), r. St-James, 40.
Delouard (Fie.), r. St-James, 16.
Derdeleis fils, r. Arès, 131.
Combret-Lanauze (J.L.) et H. Flamisset, r. des Menuts, 5.
Couturier ainé, r. Neuve, 18.
Daniau (Ch.) fils ainé, quai des Chartrons, 32.
Daudé (Paul), r. Marché des Grands-Hommes.
Degraaf (A.) et J. Duval, pas. St-Georges, 60.
Despouys et Laureilhe, r. Dauphine, 12.
Delques (A.), r. St-Remi, 17.
Douzon frères, r. St-James, 28.
Ducasse frères et Cie, r. Ste-Colombe, 4.
Dumont (P.) et fils, r. des Fossels, 8.
Dupeyrat et Ploux, pass. St-Georges, 49.
Fosse et Cie, pas. St-Georges, 90.
Gauthié, r. Ducau, 54.
Gruet fils, r. Neuve, 16.
Hazard (L.) jeune, r. Ste-Catherine, 164.
Julien (H.), r. Dauphine, 34.
Lecomte (J.), r. Guillaume Brochon, 9.
Paneaut et David, r. Rousselle, 49.

Etoffes pour ameublements.

Dennaire-Dupuis et Cathata, porte-Dijeaux, 73.
Eude (S.), Vieugué et Cie, pl. Puy-Paulin, 1.
Fontaine et Roussel, r. St-Remi, 30.

Fleurs artificielles (marchands de).

Auberdiac, porte Dijeaux, 62.
Daudye, r. Saige, 3.
Boize (Mlle), cours de l'Intendance, 32.
Callame, r. des Combes, 8.
Chevappe (G.), porte Dijeaux, 44.
Dejert, r. Vital-Carle, 2.
Dufreuilh, r. St-Remi, 70.
Flaugeas (Mlle), porte Dijeaux, 27.
Gestain (Mme), porte-Dijeaux, 32.
Guyonnet (A.), place du Vieux-Marché, 9.
Jennin (Mme), r. des Ayres, 7.
Malgoures, r. des Combes, 18.
Massif (Mme Ve), r. Vital-Carle, 11.
Michau (A.), cours de l'Intendance, 20.
Minvielle, cours de l'Intendance, 31.
Mivielle (Mme), r. Castillon, 3.

Sellerier (Mme), place Vieux-Marché, 13.
Verdier (Mme), r. Ste-Catherine, 137.

Gantiers. — Culottiers.

Baldara-Rocher, allées de Tourny, 12.
Beaufou-Larnaudes, r. Ste-Catherine, 32.
Caze (P.), allées de Tourny, 18.
Deffès (H.), porte Dijeaux, 84, 86 et 88, et r. Remparts, 2.
Desbordes (J.) fils, pas. St-Georges, 76.
Fauché, cours de l'Intendance, 24.
Ferrand (François), r. Ste-Catherine, 95.
Ferron (Vor), r. Ste-Catherine, 72.
Jouet (C.), r. Ste-Catherine, 22.
Peyredieu, cours de l'Intendance, 18.
Poirier (A.), cours de l'Intendance, 61.
Poumaroux, allées de Tourny, 24.
Rivière (Mlles), allées de Tourny, 22.

Indigos et bois de teinture.

Baour et Cie, cours du Chapeau-Rouge, 3.
Bouyonnet, place St-Rémi, 4.
Daniau (Ch.) fils ainé, quai des Chartrons, 32.
Durand (Alph.), r. Parlement Ste-Catherine.
Foureand (U.), Léon et Cie, r. St-Rémi, 34.
Fournier (Maurice), r. Esprit-des-Lois, 8.
Furt (G.), r. Orléans, 4.
Johns et Cie, r. Pavé des Chartrons, 17.
Lafon Gendre Lapène, r. Neuve, 30.
Lamy (Ch.), cours de Gourgues, 8.
Mestrezat et Cie, r. Parlement Ste-Catherine.
Monterel (L.), cours de Gourgues, 9.
Rozier (H.) et Cie, r. Ferrère, 4 et 6.
Thiellier (Ch.) et (A.) Furt jeune, palais de l'Ombrière, 9.

Jupons (fabr. de).

Capien (Mme), r. Peugne, 36.
Malille (J.) ainé, cours de Tourny, 13.
Massié (F.) et Syreizol fils, c. Napoléon, 105.

Laines (filatures de).

Abden-Serre, r. Vital-Carle, 36.
Cabos (M.), r. Bouquière, 46.
Jaquemet-Laroque, r. Lecoq, 16.
Laroche fils, r. des Augustins, 16.

Laines (fabr. de).

Abden-Serre, r. Vital-Carle, 36.
Bernard (J. B.), cours Napoléon, 31.
Guibbert frères, r. Albret, 20, 22 et 24.
Larrieu (G.) et Lours, r. Bouquière, 47.
Page (J.), cours Napoléon, 1. 8.

Laines (négociants en).

Augier fils, rue Teulère, 15.
Chaigneau (J.-Samuel) et Cie, rue Borie, 4.
Daste, rue Parlement-Saint-Pierre, 21.
Duban fils, rue Faures, 57.
Gachet Rd-fils, rue Saint-Charles, 8.
Giro (Ve), rue Peugne, 50.
Glaise, rue Cornu, 25.

Lafon gendre Lapène, rue Neuve, 30.
Laporte, rue Loup, 21, 38 et 41.
Latour, rue Porte-Basse. 24.
Lavergne (P.), rue Citran, 25.
Lefebure, rue Saint-Charles, 35.
Léon (A.) ☀ aîné et frère, cours du Chapeau-
Rouge, 11.
Le Mat (Henri), place Richelieu, 2.
Madrac, rue Parlement-Saint-Pierre, 32.
Orpelière (C.) et Cie, route de Bayonne, 9.
Paul (A.) jeune, cours de Tourny, 51.
Péquin (Constant), Petit-Laroche et Cie, place
Dauphine, 28 ; maison à Buénos-Ayres.
Perissé, rue Leyteire, 5 et 6.
Pons (F.) et A. Daude, rue Ste-Colombe, 32.
Poplineau (A.), impasse Benate (Croix-Blan-
che).
Roche (B.), place Canteloup, 26.
Rouchés, rue Sainte-Eulalie, 8.
Sanson fils, rue Arès, 15.
Sentenac, rue Menuts, 21.
Tranché (A.) père et fils, rue Cancera, 42.

Machines à coudre.

Aubineau et Bouriquet, rue Vital-Carle, 15.
Contant. rue Huguerie, 18.
Cornu (E.), rue Saint-Remi, 35.
Deluchy (dépôt), rue Porte-Dijeaux, 63.
Grangé (Tie), rue des Remparts, 52.
Milliac, cours de l'Intendance, 42.

Mercerie en gros.

Aribaud-Cattier (G.), pl. du Parlement, 11.
Baillet (A.), place Dauphine, 37.
Bergeroo (J.), rue Manége, 2.
Bernardet (P.), rue Saint-James, 2.
Bertal aîné, rue Sainte-Catherine, 99 et 3.
Boisson (J.-B.) et E. Beguey, cours Napo-
léon, 53.
Bonneville (Aug.), rue Observance, 10.
Brun (Mme), rue Pessac, 39.
Cazalis (Ernest), rue Ste-Catherine, 18.
Deffès (Henry), r. Porte-Dijeaux, 84, 86 et 88.
Delaveau (Vor) et A. Bezineau, rue des Ar-
gentiers, 31.
Denis (C.), rue Saint-François, 23.
Guichard (B.). cours Napoléon, 49.
Lutard (Ernest), rue Cancéra, 28.
Molina (Alfred), cours Napoléon, 11.
Page (J.), cours Napoléon, 138.
Rataboul (Félix), rue des Faussets, 13.

Natles (fabr. de).

Camelot, rue Tustal, 2.
Gaillard, tissus-coco, rue Catherine, 54.
Lambert (Ve), rue Judaïque, 20.
Pelanc (S.), rue Vital-Carles, 5.

Nouveautés (marchands de).

Alibert (Mme), confection, cours de l'Intendance, 60.
Ballias (J.) et Tartas (Eug.), rue des Argentiers, 24.

Barailley (A.), marché des Grands-Hom-
mes, 11.
Batut (E.), petit chemin de Bègles, 4.
Bazet et Grassin, rue St-James, 26.
Bergaud, rue Ste-Catherine, 85.
Bertat aîné, spécialité pour deuils, exporta-
tion, rue Sainte-Catherine, 99.
Billioque père et fils et Faucher, cours du
Chapeau-Rouge, 42.
Bolivéra (A.), place Dauphine, 39.
Bouniol frères, rue St-James, 30.
Boyau (G.), rue J.-J. Rousseau, 22.
Brun, rue Faures, 37.
Castagnol (Elie) et Dme Deville, rue Porte-
Dijeaux, 32.
Castelle, cours Napoléon, 79.
Chailade, rue Montesquieu, 3.
Ciret frères, rue des Argentiers, 18.
Coiffard (R.), rue St-James, 38, 40 et 42.
Compère (Paul), rue St-Remi, 40.
Cormier, marché des Grands-Hommes, 15.
Couaillac (Firmin) et Camille Dupouy, rue
Saint-James, 36.
Dubois, cours Napoléon, 125.
Dutartre (E.) et Cie, cours de l'Intendance, 63.
Duthel, rue Bouffard, 50.
Duval jeune et Cie, r. Ste-Catherine, 2.
Eude (Léopold), Vieuguó et Cie, pour ameuble-
ments, place Puy-Paulin, 1.
Fournié, rue Montesquieu, 9.
Frayssinet (E.) et Cie, marché des Grands-
Hommes, 8.
Garaud (F.), cours Napoléon, 109.
Héricé (Victorin), rue Voltaire, 21.
Hess (H.), cours Napoléon, 87.
Joubert, marché des Grands-Hommes, 10.
Julien Lassus et Cie, r. J.-J. Rousseau, 14.
Justament (D.), rue Loup, 68.
Lartigue, rue J.-J. Rousseau, 5.
Laurent, rue Sicart, 30.
Léon (S.) fils aîné, rue St-James, 27.
Léon jeune, rue Michel-Montagne, 3.
Levert (Lucien), rue St-Remi, 45.
Londres et Cie, cours Napoléon, 125.
Maillac et Cie, rue Ste-Catherine, 19.
Mendès (F.), place Dauphine, 1.
Paix (Arnaud), place du Palais, 20.
Peigné fils, cours Napoléon, 121.
Picquenot (Jules), rue Ste-Catherine, 21.
Ragonneaux et Barral, rue Montesquieu, 8.
Salles (Maurice), rue St-James, 19.
Sauteyron, rue Fondaudége, 115.
Sussac aîné (Ve), r. des Argentiers, 8.
Thorel et Delalande, rue Parlement-Sainte-
Catherine, 32.
Tisseyre (J.) et Cie, cours Napoléon, 103.
Verroul frères, rue St-Remi, 64.
Vidal aîné et fils, galerie Bordelaise, 23.

Ornements d'église.

Aulonié (Ve) et Cie, rue St-James, 21.
Bouvier (Milon), r. Palais-de-l'Ombrière, 15.

Brisson (B.), rue St-James, 10.
Fleuriot Ballias, rue Mirail, 18.
Gendre et Cie, place du Chapelet, 1.
Larroque, place Pey-Berlan, 13.

Ouate (fabr. de).

Martin, rue Pierre, 65.
Prunet (Mme P.), impasse Girouette, 17.

Parapluies (fabr. de).

Saulière (J.), commission, exportation, rue des Trois-Conils, 6, représenté à Paris par J.-A. Louit.

Passementiers, frangiers et galonniers.

Chapieu (Mme), r. Piliers-de-Tutelle, 14,
Chapus, r. St-James, 22.
Dumas (A.), r. Bouffard, 23.
Lalande (E.), r. Bouffard, 4.
Larrieu (J.), r. Pas-St-Georges, 31.
Pourcin, c. de l'Intendance, 25,
Tartas, c. du Jardin-Public, 92.
Touchet, r. Castillon, 8.

Produits chimiques.

Brun père et fils ainé, route de Bayonne, 131 et 133.
Crebessac (M.), route d'Espagne, 131.
Fournet (F.), c. de l'Impératrice, 208.

Rouennerie en gros.

Berges frères, place du Palais, 16.
Dubreuilh (Théophile) ✳, pl. du Palais, 11.
Fontaine (Ch.) et Cie, r. Argentiers, 17.
Gautrait (A.) et Lux, r. Argentiers, 34.
Jullien Lassus et Cie, r. Jean-Jacques-Rousseau, 14.
Jouglar frères, r. Argentiers, 11.
Labro frères et Malichecq, pl. du Palais, 7.
Léon ainé et fils jeune, c. Napoléon, 117.
Lutard jeune, c. Napoléon, 43.
Mothe (B.) et Solles jeune, r. Buhan, 5.
Préaut (E.) et Gauthier, pl. du Palais, 21.
Salles, Dubourdieux et Cie, r. Argentiers, 33.
Sarrat et Sully-Paquier, pl. du Palais, 10.
Seynat frères et Cie, c. Napoléon, 97.
Siliman (Ch.), r. Arnaud-Miqueu, 36.
Tardieu (Ch.), c. Napoléon, 41 et 54.

Rubans de soie.

Barreaud (Ch.), r. Saint-Rémi, 59.
Bergeron (Ch.), r. St-Rémi, 44.
Deffès (H.), r. Porte-Dijeaux, 84 et 86.
Hirtz sœurs, r. Porte-Dijeaux, 17.
Isidor (Philip.), r. Porte-Dijeaux, 23.
Leymarie, r. Ste-Catherine, 136.
Massié (Félix) et Syreizol fils, c. Napoléon, 105.
Rey (A.) et Cie, r. St-Rémi, 69.
Veyre (Léopold) jeune, r. St-Rémi, 12.

Soies teintes et écrues (fabr. de).

Thomassin (H.), r. St-Rémi, 58.

Soieries (entrepôt de).

Barreaud (Ch.), r. St-Rémi, 39.
Cazalbou (V.) et (J.) St-Marc r. Argentiers, 30.
Fontaine et Roussel, r. St-Rémi, 39.
Gauthier et Cassan, r. Vital Carle, 15.
Glady (Eugène) et Cie, pl. du Palais, 9.
Labour (Eug.), r. St-Rémi, 35.
Moine (Louis) et Cie, r. Vital-Carle, 8.
Neymark (J.), c. de l'Intendance, 19.
Rey (A.) et Cie, r, St-Rémi, 67 et 69.
Voyre (Léopold) jeune, r. St-Rémi, 12 et 14.
Vidal (Anselme), allées de Tourny, 42.

Tapis (fabr. et marchands de).

Anjard jeune, r. St-Rémi, 66.
Aubry (J.), r. St-Rémi, 65.
Camelot, r. Tustal, 2.
Fontaine et Roussel, r. St-Remy, 39.
Gaillard, r. Ste-Catherine, 54.
Hylle, r. Ste-Catherine, 211.
Jacquemet-Laroque ✳, r. Lecoq, 16.
Laporte ainé et Labeille, allées de Tourny, 36.
Méaulme et Cie, pl. Dauphine, 46.
Paul (A.-Ch.), passage St-Georges, 47.
Robert (P.), r. Porte-Dijeaux, 91.
Vincent, c. de l'Intendance, 44.

Teinturiers.

Angé (H.), r. Ste-Catherine, 124,
Astié, r. Mably, 19.
Bellenger (Vve C.-F.), allées de Tourny, 35.
Bertin fils frères, r. du Marché-Neuf, 27.
Bertin père, r. Jean Burguet, 36
Camps (Baptiste), r. Vieille-Tour, 2.
Ducosté, teinturerie Lyonnaise, r. Ste-Catherine, 261.
Fayaut, c. de l'Intendance, 60.
Fontebride, r. Guenne, 4.
Fleury, r. Benauge, 43.
Gendre, pl. du Chapelet, 1.
Labrousse, r. Guenne, 5.
Leblé (Vve), r. Lafaurie Monbadon, 42.
Menpitschen ainé, cours Portal, 40.
Merle, r. Albret, 4.
Moreau, r. Teulère, 10.
Olivier (J.), pl. Rohan, 9.
Passenaue et Cie, r. Ste-Eulalie, 16.
Pichon, c. Portal, 64.
Rouchon, r. Fondaudège, 25.
Vezinaut, r. du Palais-de-Justice, 16.

Tissus imperméables.

Gré (J.) et Cie, r. Condé, 1.

Toilerie (marchands de).

Bahans jeune (F.), pl. du Palais, 17.
Berthomieux (E.), r. J.-Jacques-Rousseau, 15.
Beuscher (C.), pl. St-Pierre, 9.
Boirie (Bte) et Foucher, r. Ste-Catherine, 10.
Castex et Cie, r. de Frontignan, 4.
Courrèges, Moure et Latourasse, r. Ste-Catherine, 73.

Dartencet (E.-P.), Palais de l'Ombrière, 7.
Deloges et Dordenave, r. Tustal, 7.
Dubrœucq (D.), quai de Bourgogne, 36.
Dumoussaud (J.), r. Ste-Colombe, 30.
Eyquem (G.), r. Sainte-Catherine, 25.
Frauthoux (Louis), r. Ste Catherine, 79.
Fontaine et Roussel, r. St Remi, 39.
Gauthier et Cassan, r. Vital-Carles, 15.
Gonfreville (Michel), r. Trois-Chandeliers, 1.
Héraud-Roux (G.) et Cie, r. Porte-Dijeaux, 36.
Lafon (D.), r. St-James, 8.
Le Rouzic ✳, quai des Queyrie, 48.
Lupiac (J.) et Cie, r. Ste-Catherine, 65.
Maigret frères, r. Ste-Catherine, 50.
Maubourguet-Maisonneuve, r. Ste-Catherine, 49 et 51.
Merlande (E.) et Cie, pl. Courgogne, 8.
Remy (A.), c. Napoléon, 56.
Rival et Giscard, r. Ste-Catherine, 17.
Tufet, r. Faures, 77.
Wetzel (P.-A.), c. du Chapeau-Rouge, 16.

Toiles cirées (fab. de).

Gaillard, r. Ste-Catherine, 54.

Tulles et dentelles

(entrepôts de).

Bergeon (Ch.), rue St-Rémi, 44.
Dose (P.), neveu, r. Lafayette, 2.
Curadeau (P.), r. Devise, 12.
Eyquem (P.), r. Guirande, 1.
Fey ainé, r. Ste-Catherine, 148.
Hallet et Gaillard, r. Ste-Catherine, 55.
Renateau, r. Ste-Catherine, 35.
Veyre (Léopold) jeune, r. St-Rémi, 12.

Bellet.

Laines en gros. = Cazaux (Arnaud). = Roumegoux (E.), et fabr. de résine.

Belin.

Laines en gros. = Fabre (J.). = Raba (J.) ainé.

Blanquefort.

Soies (filatures de). = Ginouillac. = Delisse

Cadillac.

Banquiers. = Barbier. = Latarte et Fourcasis. = Laveau.
Laines (filature de). = Mora.

Castelnau-de-Médoc.

Couvertures de laines (fabr. de). = Renou.
Laines en gros. = Bergeon (E.).

Coutras.

Banquiers. = Leurtault (H. Ve) et fils, et Boulé.
Chapeaux (fabr. de). = Leterre frères.

Grignols.

Toiles (fabr. de). = Dufreche. — Gibarroux père et fils. = Labbé frères. -- Laborde (P.). = Papin. = Renard.

Langon.

Banquier. = Gatellan (G.).
Chapeaux de paille (fabr. de). = J.-B. Laurenein et Cie, exportation.

Lesparre.

Banquiers. = Coutaut (G.), Rey et Lebeuf. = Fauchey et Laumond.
Merciers en gros. = Bideau. = Farge (Jean). = Ollagne.

Libourne.

Tribunal de commerce. = Président : Deylot (Ch.). = Juges : Feureaud (E.). = Groloud (E.). = N... = Suppléants : Leurtault. = Delaage (J.). = Greffier : Lavaud.
Agréés. = Beauvais. = Bersat jeune. = Guenon.
Consulats. = Vice-consuls : De Portugal : Léonce de Chalret du Rieu ✳. = Des Pays-Bas : Princeteau-Leperche (P.). = Suède et Norvège : Lacaze (Ernest).
Banque. = Beauvais. = Bersat ainé et Cie. = Chauvin (Ed.). = Eymery et Villegente. = Gillet (Adrien). = Les fils de J.-N. Delaage. = Gourmel (A.), comptoir d'escompte. = Gurchy (Georges). = Pailhas (V.) jeune. = Sarrazin (P.) et Cie. = Tastet (P.).
Draps. = Calmette (H.). = Chassaigne. = Duplad. = Eyma (Emée). = Gallet (L.) et Cie. = Krempf fils. = Lacombe (E. et H.) frères. = Lalande. = Nicolas frères. = Rulleau.
Flanelle (fabr. de). = Bourgoin (Mlle).
Fleurs (fabr. de). = Caillou (Mme). = Verdier (Mme).
Mercerie. = Chatard frères. = Collet et Cie. = Richard sœurs. = Viaud (Eugène).
Nouveautés. = Lebœuf et sœur. = Perry. = Pourty (A.). = Trigant.

Réole (La).

Banquiers. = Braylens père. = Braylens fils. = Ribet. = Rougier.
Draps. = Barbe. = Dedat. = Castets jeune. = Desplats et Pardiac. = Dussaux. = Lartigue.
Toile de chanvre (fabr. de). = Deveau. = Duffez. = Marmier.

Sainte-Foy-la-Grande.

Banquiers. = Ch. Chaudeborde. = Marland jeune et Cie.
Bonneterie, coton, laine (fabr. de). = Calefort. = Labadie.
Chapeaux (fabr. de). = Cordier. = Jeandon père et fils. = Jeandon jeune. = Jeandon (second). = Merlet. = Prieur.
Toiles de chanvre (fab. de). = Bouhet (Jules). = Chaudeborde. = Savariaud ainé. = Savariaud (L.).

HÉRAULT

MONTPELLIER (chef-lieu).

Chambre de commerce. — Président : Pagezy ✳. — Trésorier : Blouquier (Ch.). — Bencker (A.). — Riben (J.). — Baille (V.). — Mion (Ch.). — Leenhard (Ch.). — Vivarot (E.). — Roussel (L.), secrétaire.

Tribunal de commerce. — Président : Léenhardt (Ch.) — Juges : Balady (J.). — Bonniol (Ch.). — Belugou. — Eymar (Ch.). — Juges suppléants : Léenhardt (E.). — Brun-Faulquier. — Nègre. — Montel. — Greffier : Capion (A.).

Consuls. — Bavière : Westphal (J.-W.-A.), consul.
— Belgique : Bazille, consul.
— Brésil : Scheyddy, vice-consul.
— Espagne : Villalonga, vice-consul.
— Grèce : Pappas (A.), agent consulaire.
— Italie : de Andreis (El.), vice-consul.
— Lubeck : Castelnau (Maurice).
— Prusse : Charles Léenhardt.

Banque de France (succursale de la). — Cros (Ulysse) ✳, directeur. — Redon, caissier.

Société générale pour favoriser le développement du commerce en France. — Siége social à Paris.

Banquiers. — Auteract (L.). — Elisée de Andréis. — Bros. — Calvié.

Crédit montpelliérain. — Administrateur : A. Montel. — Glaize (Fd) ✳. — Lafon (H.). — Léenhardt-Castelnau et Cie. — Melon (J.) et Cie. — Portal aîné. — Raymond. — Reboul (Adolphe) et Cie. — Regnier. — Roussel (Alex.). — Tissié-Sarrus.

Bonneterie en gros. — Lebrun et Euzet.

Chanvre en gros. — Nègre cousins et Michel, maison à Cette.

Chapeaux (fabr. de). — Duzon fils aîné et Cie. Letremblai. — Roux-Lissencier fils. — Segondi.

Chapellerie (fournitures de). — Duzon fils aîné et Cie. — Marcenac (Ve). — Roux-Lissencier fils.

Cotons filés. — Durand jeune. — Euzet (E). Nègre cousins et Michel, cotons en laines et filés. — Roux. — Mistral et Audemard aîné.

Coupeur de poils. — Bompy (Pierre).

Couvertures de laine (manufacture de). — Granier (Z.) ✳, Castelnau et Cie.

Dentelles. — Cabrol et fils. — Mey et Blanc. — Rouvier (Etienne).

Draps, toiles et nouveautés. — Auterac. — Becat. — Bourrelly (A.) et Cie. — Castan et Cie. — Dumas. — Durand et Cie. — Fournier. — Lange, Jacob et Cie. — Maumejan (Isidore), soieries nouveautés, etc.—Montel, cadet père et fils. — Puech frères. — Reynes. — Roude. — Suquet. — Valentin.

Droguistes en gros. — Andral (François). —

Belugou frères. — Bonne (Hy.). — Coulougnao et Martin. — Eymar. — Hérand (Mathieu). — Roussy (Félix). — Suau (Louis).

Gants (fabr. de). — Boule (Augte). — Gorse-Davot. — Vergnet.

Laines (marchands de). — Ginouvez. — Saumade (Emile). — Soulas frères. — Teisserenc-Vallat (F.).

Laines filées (fabr. de). — Durand jeune. — A. Roux. — Mistral et Udemard aîné.

Machines à coudre. — Ausset.

Mercerie et quincaillerie fine en gros. — Cauvy (Jules). — Euzet (E.), maison de gros. — Gorse-Davot. — Mancy-Crouzet. — Mistral et Audemard aîné.

Mouchoirs en coton et fil (fabr. de). — Roux, Mistral et Audemard aîné.

Nouveautés, blanc, tissus, rouenneries, soieries et toiles. — Alaus, Reynes et Ycard. — Auteroche (Mlle). — Azema. — Barandon. — Becane- Fangous. — Bertrand frères. — Bouisson (Ch.). — Cambon (Maxime), successeur de J. Boude. — Carrière (Frédéric). — Claris (M.). — Cousin-Vernet. — Dautigny. — Deleuze-Guillaumon. — Gervais-Aucterac. — Lange, Jacob et Cie. — Malmontet (L.) et Cie. — Maumejan (J.). — Node-Veran-Reboul. — Sabatier-Pascal. — Salva et Marqués. — Souchois.

Ornements d'église. — Bras. — Coulazou. — Estève (Noël).
Fabriques de broderie et chasublerie.

Ouates et cotons cardés (fabr. de). — Euzet (E.), usine à Navitau.

Passementiers. — Estelle. — Fage. — Gorse-Davot. — Guillaumon. — Lonjon (Ve) aîné.

Produits chimiques. — Cazalis (Henry). — Prévost et Cie. — Py (Mathieu).

Rouennerie (en gros) — Montel cadet, père et fils, successeurs de B. Eymar-Déjean.

Rubans. — Gorse-Davot. — Lonjon (Ve).

Tailleurs-confectionneurs. — Brun (J.) et Cie. — Caen dit Cohen. — Crémieux. — Lion (Isaac). — Manheimer (Henry). — Milhaud. — Oisel (L.).

Toiles (fabr. de). — Long (Edouard) et Cie.

Toiles et nouveautés. — Achard et Eymar. — Atherrieu jeune. — Duraud et Cie. — Gresse (Jh). — Guiraud et Fabre frères. — Guiraud frères. — Pascalle, Gallié et Cie (à Saint-Guillem). — Puch frères. — Roude et Amalou. — Suquet et Coupiac.

Toiles d'emballage et sacs. — Cullier (Eug.).

Agde.

Tribunal de commerce. — Président : Faurnié (J.F.A.). — Juges : Lugagne (G.). — Coste (J.A.). — Arnaud. — Suppléants : Philip (fils). — Baraston. — Greffier : Baret.

Vice-Consuls. — Espagne : Raffanel. — États romains : Désiré Dolques.—Portugal : Coste. — Italie, délégation consulaire : Aquarone (Jean).

Banquiers. — Bringues aîné et Cie. — Fournier cousin.

Ornements d'églises. — Fabre (Mlle).

Toiles (fabr. de). — Thuillier frères et Cie.

Bédarieux.

Chambre consultative des arts et manufactures. — Théron (B.), secrétaire.

Conseil de prud'hommes. — Président: Donadille père. — Secrétaire : Théron (B.)

Banquiers. — Sabatier ✻ frères.

Draps (fabr. de). — Abelous (L.) père et fils. —Cassan fils.—Bonpaire (Guillaume) et Cie. — Bouïssy (Émilien). — Campagne frères. — Casse-Triadou. — Gruveillié aîné et neveu. — Donnadille frères, pour l'armée. — Lapeyre (Jacques). — Mouly (Augte).

Béziers.

Tribunal de commerce. — Président : Gairaud.—Juges : Barre (J.). — Gabalde cadet. — Bertrand (Jean). — Guyot. —Suppléants : Lieu. — Perçon Ferdinand. — Carrère. — Pujoula. — Greffier : Gaudien.

Arbitres de commerce. — Aïn-Dessou. — Galabrun (R.). — Lamoureux. — Leverrier (G.). — Marty. — Raffir (François).

Société Générale. — Siége social à Paris. — Agence de Béziers. — Directeur : Lefebvre.

Banquiers.—Auriac aîné et Cie, r. Argenterie et Ste-Catherine. — De Lautrec frères. — A. De Lautrec fils de l'aîné et Cie. —Lagarrigue aîné, O. ✻.— Lagarrigue fils aîné ✻. — Pissarello (G. M.).

Dentelles. —Allengri frères.—Calas-Mailhac. — Fouissac. — Gravier-Mailhac.

Draps, toiles. — Arnaud cadet. — Barthes (Ve Hte). — Calas. —Catala (A.). —Cazals, Reuby et Prat. — Devès, Gasq et Fauré. — Gabaudan (A.). — Mirepoir (Ferd.). — Murat (J.) et Cie. — Palau (Jh). — Pigot (Ve Fs). — Poujet. — Puech. — Sapte (V.). — Senac (F.). — Senac père. — Ivernès et Gairaud.

Droguerie en gros. — Cassius (F. B.) fils. — Roux-Ginoulhac. — Sicard (H.).

Produits chimiques (fabr. de). — Audouard. —Baron. —Castres. —Daydé. — Giganot. — Lignon. — Peyre. — Terral.

Soierie et nouveautés. — Alengry frères. — Coste (J.). — Mailhac. — Reumengon et Giraud.

Tailleurs confectionneurs. — Augé (J.). — Cerf (Alphonse). — Cros. — Fabre. — Guilhaumon. — Marcelin (Edouard). — Morelle. — Tengas (Louis).

Vernazobres (J.) et fils, et filature, teinture et apprêts.—Vernazobres frères, et filature.— Vilarel frères.

Draperies, nouveautés et soieries. — Dagneau. —Courtès (Mlle).—Crouzet (F.).—Cruvellié-Ravailhe. — Marc-Taix. — Miquel (F.). — Reymes (François).—Soulié (E.).

Filature de laine (ateliers de).— Abélous père et fils.— Bonpaire et Cie. — Cassan fils. — Crouzet frères.—Donadille frères. — Nègre (Bre). — Vernazobres (J.) et fils. — Vilarel frères.

Laines (commission. en). — Garon. — Grefeuille.—Verdier (Eug.).

Laines (entrepôt de).—Andrieu.

Laines et fils à tricoter.— Pascal (Cie.)

Laines (négts en).—Andrieu-Castel.— Donne (Louis).—Bonpaire et Delugen fils. —Combes (Noël). — Gros (Eloi).—Garon.— Grefeuille (Ant.).—Martel (J.). —Mas (André). —Pailhès père et fils.—Pascal (C.).—Puech (Gratien).— Rouquet (Isidore). — Rouquet (Jh).—Sabatier ✻ frères.—Salase (André).

Laines pour bas en pelottes et écheveaux. — Vigues (D.) fils et A. Pailhès.

Mécaniciens.—Blaquière (les frères), pour les draps.—Regraffe (Pierre).

Teinturiers.—Abelous (L.).—Bénézech frères. —Escale (Etienne).— Mouly (J.). — Mouly (J. F.).— Pages (J.).—Rouquet.

Cette.

Tribunal de commerce.—Président : Donnat (J.B.).—Juges : Marigo (Henry).— Gaffinel (A.). — Frussinet. — Couve. — Juges suppléants : Rieunier de François. — Falgalrettes (Jules).— Pecheur (Fréd.). — Rossignol (L.). — Greffier : Peyronnard.

Agréé au tribunal de commerce.—Crouzet.

Conseil de prud'hommes. — Président : Gautier-Jourdan.

Agents consulaires.

Angleterre. — Rettmeyer, vice-consul.

Argentine (république).—Gautier (F.), consul.

Autriche.—Wachter ✻, agent consulaire.

Belgique.— Bazille, consul.—Rieunier (Paul), agent consulaire.

Brésil.—Cheydt, vice-consul.

Chili.— Caron (Charles), consul.

Confédération de l'Allemagne du Nord. — Hirschfeld, consul.

Danemark.—Jansen (J.M.) ✻.

Espagne. — Valadares y Saavedra. — Ibarra (F.), vice-consul.

Etats du pape.—Doggiano (L.), vice-consul.

Etats-Unis d'Amérique. — Nahmens (L. S.), agent consulaire.

Grèce.— M. A. Bruno, vice-consul.

Italie.—Grassi, consul.— Doggiano (L.), vice-consul.

Mexique.—Brunet (Romuald), consul.

Pays-Bas.=Bergeyron ✳ (J.P.H.), consul. — Bergeyron (H.), vice-consul.

Portugal.=Beggiano (L.), vice-consul.

République orientale de l'Uruguay.—Granière, consul.

Russie.=Winberg, vice-consul.

Suède et Norwège.— Frédérich (W.) ✳.

Turquie.= Raujon (Alexis), ✳, vice-consul.

Agence commerciale de la Cie des chemins de fer du Midi.—Rettmeyer.

Corderie mécanique.— Gabalda (E et E.),= Gibert (E.). = Guillaumard.— Pascal fils aîné.

Draperies, teillers et nouveautés.= Faugère,=Guiraudin-Bousquet.= Mignot.= Messé. Roussy-Piech.= Sézary frères.= Sézary-Vivarez.

Laines.=Gautier (P. ✳ et H.) frères.= Vivarez et Mallié.=Rossignol (F.) et Dreyfus.= Teisserenc-Vallat (F.).

Sparterie.= Daissière, ouvrée et non ouvrée.

Clermont-l'Hérault.

Chambre consultative des arts et manufactures.=Delous, secrétaire.

Tribunal de commerce. = Président : Bruguière.= Juges : Aninat (A.).= Rouquet.=Aninat (P.).= Suppléant : Marquez.= Greffier : Berthomieu fils.

Agréés.= Léotard.= Rey.= Ginouvès.= Bruguière (L.).= Silvestre (F.) fils.

Conseil de prud'hommes.= Président : Doissière fils aîné.= Secrétaire : Jeanjean.

Banquiers.=Lugagne-Delpon.=Goubin jeune et fils.

Chapeaux de feutre (fabr. de).=Daille.=Espagnac.=Vidal.

Chasubliers et ornements d'église.= Lébrard (Henri).

Draps (fabr. de).=Aninat (les fils de Pierre).= Crémieux père et fils.= Delpon, Bruguière et Doissière.=Marquez (Eug.) et Gobelin.= Portes (L.).=Roger (P.) fils, commissionnaire.=Roger jeune et fils.= Rouquet.= Marreaud ✳ et Devaux, pour la troupe.

Droguistes.=Montagné frères.= Pagès (Scipion), commissionnaire.

Filateurs et fabr. de lisières.= Cot et Dalp.=Crémieux père et fils.= Marquez (Eug.) et Gebelin.=Roger (Paulin) fils.=Roger jeune et fils, laines filées.

Laines (commission. en).= Balestier (J.L.)=Delobeau.= Fargues-Cabassut (Jules).= Ortus (H.).=Pagès (Scipion.).

Limousines et marfils (fabr. de).= Scipion Pagès, manufacture à Lodève.

Teinturiers.= Delous (Ch.) père.= Marquez.

Ganges.

Chambre consultative des arts et manufactures.==Roussarier, secrétaire.

Banquiers.—Huc, Cavalier et Cie.

Bonneterie, gants et bas de soie (fabr. de.)—Bruguière père et fils.

Lauret frères et filateurs de soie.

Courtiers en soie. — Azémar père et fils. — Ducros père et fils.=Guéry.=Pairache.

Draps et nouveautés.— Daral frères.— Bastide.=Calzergues.=Castanier.= Caucanas.=Gros.=Nouzeran.=Peujol (J.).=Ribard.=Ricard (Jh.).

Gants de peau (fabr. de).=L. Guibert et Lauret, maison à Paris.

Mécaniciens sur bois.= Cournat.=Robert.=Serusclet.

Soie (filatures de). — Abrie fils aîné et Cie. — Darral (Charles et Emile), et mouliniers. Bruguière père et fils, ouvraisons. Brunet (Eug.).= Cabane.= Causse et Champagne. = Darvieu aîné, Valmalle et Cie, grèges et ouvrées.=Delarbre (Ve).= Lauret frères, et fabrique de bonneterie.— Meyrueis (Ve J.).= Noualhac.= Paris.= Ricard (Jh.).= Tourreilles frères.

Lieuran-Cabrières.

Laines (filatures de).= Cot, Monteigné et Cie.= Crémieux.= Jacob et fils.

Lodève.

Conseil général des manufactures.= Membre délégué : Vitalis.

Chambre consultative des arts et manufactures. = Président : André (Jules).= Secrétaire : Soudan.

Tribunal de commerce. = Président : Her Teisserenc.= Juges : Brunel.— Bérard (A.).= Puech (E.).= Suppléants : Hugounenc.= Saumade.= Greffier : Alengry fils.

Conseil de prud'hommes. = Président : Deldier.

Banquiers.= Barrière (Ele).— Nouguier frères et Bousquet.

Carde (fabr. de).= Azemar père et fils.

Commissionnaires en laines et en drogues tinctoriales.= Azemar père et fils.= Caisse (Jean).= Caisse (Ver).= Constant père et fils.= Creissel (Fulcran).= Fraisse (F.).= Lalande cadet.= Mounis (Aug.).= Peyre (Hector).— Nouguier frères et Bousquet.= Soumade (César).= Sévérac (J.) fils.

Déchets de laine et effilochage.= Azemar père et fils.= Fau (A.).= Pevre.

Draps pour la troupe et le commerce (fabricants de).= Brun-Fabreguettes (Aug.).= Calvet (H.) et fils et Bérard.= Jourdan frères et Cie.= Labranche (A.).= Lagare (Fulcran) jeune.= Martin ✳ frères.= Pomier (F.) et Cie.= Puech, Fournier et Vallet.= Rouquet, Marréaud ✳ et Devaux.= Soudan (Eug. et Charles).= Teisserenc (J.) et Cie. — Teisserenc-Visseq ❋ frères. — Vinas (C.) et Lugagne frères. — Vitalis frères.

Draps, indiennes et toiles. — Balp (E.). — Fabre. — Crémieux. — Lubac. — Michel. — Raillac. — Rouquet. — Roussalis.

Laines (filature par mécanique), tissage, foulage et apprêt. — Brun. — Fanjaut. — Fau (A.). — Jourdan frères et Cie. — Lagare (F.) jeune. — Martin frères. — Pascal père et fils. — Perrier et Cie. — Pieyre (Justin). — Pomier (F.) et Cie. — Puech, Fournier et Vallot. — Rouquet, Marreaud ❋ et Deveaux. — Soudan (Eug. et Charles). — Teisserenc (J.) et Cie. — Teisserenc-Visseq frères et fils. — Vigné-Gauzin et Cie. — Vinas (J. F. C.). — Vitalis frères.

Laines (négts en commission.). — Caisso (Jean). — Constant père et fils. — Fraisse (Fulcran). — Lalande cadet. — Saumade (César). — Roux (Ant.) et fils. — Trinquer fils et Baduel.

Laines (filature mécanique). — Azaïs père et fils. — Boudet et Cie. — Cros (V^e). — Gely frères. — Hortola. — Mingaud père et Seignourel. — Miquel aîné et fils.

Limousins et malfils (fabr.). — Scipion Pagés, siége de la maison à Clermont de l'Hérault.

Mécaniciens. — Blaquière frères et Secondy frères. — Brunel (H.). — Couziu et Cauvy, spécialité d'outils pour filatures. — Mellet frères, machines propres à la fabrication des draps. — Valz.

Peignes à tisser. — Corcoral.

Produits chimiques. — Hugounenc (P.), fabr. de potasse de suint.

Représentant de commerce. — Coumeignes (R.) fils, achats et ventes à la commission.

Sacs (manuf.). — Azemar père et fils.

Teinturiers. — Cavaillé. — Vinas frères.

Lunel.

Graines de vers à soie, et cultures spéciales de mûriers. — Nourrigat (Emile).

Marsillargues.

Chapellerie (fabr. de). — Brousson (A.). — Brousson frères, Marquès et Alexis Lasne, manufacture de feutre, maison à Paris. — Gachon. — Labrit.

Pézenas.

Tribunal de commerce. — Président: Cambon (J.B) ❋. — Juges: Vidal (François). — Gaujoux (Louis). — Bossolaschi (Emile). — Suppléant: Fabre (César). — Greffier: Franc. — Agréés: Isaac. — Cassal. — Hue. — Argon. — Trezic (Henri). — Nicolas. — Briol.

Banquiers. — Cambon (J.B.) ❋ et ses fils. — Gauzy fils aîné. — Gnibal (A.).

Drapiers, toiliers. — André (J.). — Escourbiac aîné. — Escourbiac jeune. — Letellier. — Vidal et Cie.

Toiles et cadits (fabr. de). — Malignon.

Poujol (le).

Soie (filatures de). — Cavaillié (Jacques). — Carel. — Cros. — Milhau. — Sales.

Prémian.

Laines (filatures de). — Lignon neveu.

Laine peignée, cardée (filature de). — Guittard fils Olin et fabr. de draps; maison à Paris.

Riols-sur-le-Jaur.

Commissionn. en laines. — Barthes (H.) fils. — Maingaud-Langlé (Benoit).

Draps (fabr. de). — Armingaud (Et.). — Ausillous (Jh) fils. — Ausillous (A.) fils. — Ausillous (B.) et fille. — Baron (P.). — Barthe (Henry) fils. — Barthes-Benoni — Benoit (Miquel) et neveu. — Bire aîné et ses fils. — Bourdel aîné. — Bourdel cadet. — Bourdel (M.). — Bourdel-Armingaud (J.). — Calas (F.). — Chappert fils. — Chavernac (P.). — Chiffre (Pierre). — Fabre (P.). — Joucla (P.). — Lignon (Etienne) fils, maison à St-Pons. — Lignon (Pierre) neveu. — Lignon-Rambouillet (A.). — Lignon (J.) père et fils. — Lignon-Rambouillet et Thibaut. — Miquel (A.) neveu. — Tarbouriech (A.).

Laines (filature mécanique de). — Guittard fils Olin, maison à Paris — Lignon oncle. — Martel père.

Teinturiers : Courvesy fils. — Lignon-Rambouillet et Thibaut. — Poncet fils.

Tissus (marchands de). — Martin (A.) et Azaïs. — Martin (Th.).

Roque (La).

Filature de soies. — Darvieu, Valmale et Cie.

Saint-André-de-Sangonis.

Produits chimiques. — Giscard. - Heulz.

Soies (filature de). — Douysset et Rancilhon. — Puech.

Saint-Chinian.

Commissionnaires. — Mir père et fils. — Valmegère (H^{te}), laines et draps.

Draps (fabr. de). — Barthez (J.) fils aîné. — Chama, née Bérot. — Coulouma jeune et Cie. — Estimbre et Revel. — Fabre père et fils. — Fraisse (Prosper). — Garriguenc (By). — Garriguenc (P.) fils. — Guiot (Gel) fils. — Maraval (P^{re}). — Planès (Paul). — Valentin jeune et Fraisse.

Saint-Gervais.

Blouses (fabr. de). — Guyraud-Gely.

Draps (fabr. de). — Delmas (X.).

Saint-Jean-de-Buegues.

Filature de cotons. — Viziers.

Saint-Pons.

Banquiers. — Laugié fils. — Tudier (Benjamin).

Draps et nouveautés (fabr. de). — Azaïs père et fils. — Benoît (Joseph). — Boujol. — Cabrol et Cⁱᵉ. — Carrière (Pierre). — Gely frères. — Gouty (Fulcrand). — Guibbert et Barthes. — Laugé fils — Lignon (Et.) et fils. — Mingaud père et Seignourel, — Miquel aîné et fils. — Molinié (A.). — Peyras (Bᵗᵉ). — Riols aîné. — Riols cadet.

Draps (apprêteurs de). — Azaïs père et fils. — Fraysse (Adrien). — N...

Laines (filatures de). — Azaïs père et fils. — Boudet et Cⁱᵉ. — Cros (V.). — Gely frères

— Hortola. — Mingaud père et Seignourel. — Miquel aîné et fils.

Teinturiers. — Mingaud père et Seignourel. — Molinié (Jules). — Pagès et Rouanet. — Sableirolles.

Salvetat-sur-Agout (La).

Laines (filature de). — Escande fils.

Molletons, radins (fabr. de). — Barthès (Clément). — Boujol (M.). — Bourdel (J.-E.). — Cauquil-Miquel.

Villeneuvette.

Draps (manufactures de), fondée sous Colbert. — Casimir Maistre ✳, propriétaire, pour l'armée et le commerce.

ILLE-ET-VILAINE

RENNES (chef-lieu).

Chambre de Commerce. — Président: Garnier. — Membres: Petit. — Coisnier (A.). — Barrabé. — Duval. — Roussin (Elias). — Perrigault. — Bertrand (L.).

Tribunal de commerce. — Président: Petit (Paul). — Juges: Marcille. — Jouin. — Bossard. — Manceau. — Suppléants: Oberthur. — Pinault. — Pihuit.. — Gitton-Lefranc. — Greffier: Perret.

Conseil de prud'hommes. — Président: Courcier. — Greffier: Odye.

Banque de France (succursale de la). — Directeur: Petit. — Caissier: Du Sel des Monts.

COMMERCE, INDUSTRIE.

Amidon (fabricants d').

Bodier (Vincent), rue Champ-Dolent, 46.
Gaudin, r. Parcheminerie, 27.
Martin-Valentin, r. de la Chalot, 9.
Martin-Marzelle, r. de la Chalot, 15.
Tiret (Aimé), r. Champ-Dolent, 40.

Bâches (fabricants de).

Lyon, rue Saint-Hélier, 5.
Marcille, r. d'Estrées.
Thomin et Métral, place de la Halle-aux-Blés.

Banquiers.

Bourgerel et fils aîné, rue de Monfort, 4.
Giquel, place des Lices, 5.
Joly (Eugène), r. aux Foulons, 13.
Jouin (Auguste-Philippe), r. Impériale, 6.
Malraison, r. d'Orléans, 5.
J. Vatar, r. Saint-François, 8.
G. Richelot, r. d'Orléans, 6.
Ragot frères, place Sainte-Anne, 15.
Société générale pour favoriser le développement du commerce (agence), M. E. Labriolle, place du Champs-Jacquet, 8.

Blanc en gros.

Agaëss-Dragon, place de la Trinité, 1.

Brault (J.) et Cⁱᵉ, r. du Carthage, 2.
Gingast et Cⁱᵉ, r. du Chalais, 1.
Gitton-Lefranc, près Saint-Etienne.
Paitel (Narcisse), r. du Chalais, 1.

Blouses (fabricants de).

Clément (Dᵉᵉ), rue de la Chalotais, 5.
Dutot, Gingast et Cⁱᵉ, r. du Pré-Botté, 1.
Gauthier (Vᵉ), r. Rallier, 2.
Moutier fils, r. Basse, 5.
Pàris (Vᵉ), r. de Nemours, 7.
Robert, r. Leperdit.

Bonneterie (fabricants de).

Gauché, r. des Nantes, 17.
Maleuvre, r. Saint-Malo, 104.
Philouze, r. Saint-François, 7.

Bonneterie en gros.

Boisseau et Cherel, rue Saint-Michel, 12.
Bricon, Blandeau et Le Monnié, place des Lices, 30.
Frère, r. de l'Horloge, 1.
Laperche, r. de Montfort, 3.
Louis, r. du Pré-Botté, 14.
Met frères, r. Beaumanoir, 4.
Serisier (J.) et Coursin, place des Lices.
Thouault-Duhautvillé, r. du Chalais, 1.

Broderies (fabriques de).

Brault et Cⁱᵉ, rue du Carthage, 2.
Cohéléach (Mᵐᵉ), b. de la Duchesse-Anne, 12.
Gitton-Lefranc, près Saint-Etienne.
Grimbert, r. de l'Horloge, 6.
Meyer, r. de Toulouse, 10.

Casquettes (fabricants de).

Andrieux, r. Saint-Malo, 19.
Lebard-Courtine, pl. des Lices, 24.

Fil (fabricants de).

Bigot-Biart et Leker-Vibert, rue de la Guerche, 69.

Chanvre et lin (filatures).

Bauchet et Roussel, r. Saint-François, 10.

Body, r. Saint-Hélier, 32 *bis*.
Gergen, à la Ville-en-Bois, route de Redon.
Groxleux de la Guérenne, faub. de Redon, 26.
Porteu (Am.), r. de La Guerche, 40.

Chapeliers (Fabricants).

Baudu, r. d'Antrain, 9.
Chevalier et Tessier, b. du Prince-Impérial, 5.
Chevalier frères, r. de Brest, 48.
Nogues et Dubois (Mme), r. Rallier, 5.
Papion, av. Napoléon III, 3

Chapellerie (fournitures de).

Bérard (G.), b. du Prince-Impérial, 3.
Chevalier et Texier, b. du Prince-Impérial, 5.
Coire fils, r. Troujety, 8.

Chemises (confectionneurs de)

Demoncler (Mlle), r. d'Estrées, 3.
Delalande-Saulgeot, r. St-Georges, 34.
Fruva, r. de Brilhac, 3.
Lemarchand, r. de Toulouse, 1.
Serais-Chalet, r. Beaumanoir, 3.

Fleurs artificielles.

Cron, r. aux Foulens, 5.
Dauplay, Portes St-Michel, 5.
Fagris, r. de Nemours, 14.
Fruva, r. de Brilhac.
Garçon (Ve), r. Rallier, 3.
Godefrey, r. Louis-Philippe.
Rougeard (Mlle), quai d'Orléans, 1.
Ribault, r. Beaumanoir, 1.

Gants (fabricants de).

Bécam, pl. de la Halle-aux-Blés, 8.
Bétin, r. Coëtquen, 8.
Bourgeon, r. de Berlin, 8.
Douvet, r. Nantaise, 4.
David, r. de Bourbon, 4.
Demoncler, r. Impériale, 7.
Hista, pl. du Palais.
Marçais, boul. de l'Impératrice, 3.
Levexier, r. de Brilhac, 1.
Thomin, r. Louis-Philippe, 15.

Lacets (fabriques de).

Lesage-Gorieux, av. de la Gare, 35.

Laines peignées et cardées.

Gergen (Edouard), r. St-Yves, 12.

Laines filées, cardées et peignées.

Regnaut, r. de Montfort, 8.

Mercerie, Passementerie, Rubannerie, en gros.

Boisseau et Cherel, r. St-Michel, 12.
Bricon, Lemonnier et Blondeau, pl. des Lices.
Coursin et Serisier, pl. des Lices.
Corbière, quai de Nemours, 5.
Charpentier, Champ-Jacquet, 5.
Garnier, r. de la Monnaie, 6.
Laperche, r. de Montfort, 3.

Legendre (Ve), r. aux Foulens, 10.
Louis, r. du Pré-Botté, 14.
Manceau, pl. des Lices, 34.
Met frères, r. Beaumanoir, 4.
Pringault, r. Duguesclin, 4.
Raulin, pl. de la Trinité, 4.
Thouault-Duhautville, r. Châlais, 1.
Véron, r. St-Louis, 1.

Ornements d'église.

Mudiet, cour des Carmélites.
Rouxel-Ledain, r. de la Motte-Fablet, 2.
Vassal (Mlle), r. Motte-Fablet, 5.
Angevin (Mme), brodeuse d'ornements et d'uniformes, r. d'Antrain, 21.

Ouates (fabricants d').

Lesage-Gorieux, av. de la Gare, 35.
Serisier et Coursin, place des Lices.

Plumes et Literie.

Lafont, quai de l'Université, 2.
Loudet, Vau St-Germain, 2.

Produits chimiques.

Elaudais (Charles), r. du Mail, 3.
Nicolais et Levavasseur, r. du Pré-Botté, 3.

Soieries en gros.

Brault (J.) et Cie, r. du Carthage, 2.
Dutot (E.), Gingast et Cie, r. du Châlais, 1.

Tailleurs-confectionneurs.

Jacob. — Levy et H. Simon. — Weil (à la Belle-Jardinière), r. de Beaumanoir.
Graux, r. Louis-Philippe, 4.
Lambert, r. de Bourbon, 3.

Tapis (Marchands de).

Bossard, r. Lafayette, 6.
Graux jeune, r. Louis-Philippe, 4.
Letourneur, quai Chateaubriant.
Poignant, r. Impériale, 10.

Teinturiers.

Bouchaud, r. de Toulouse, 8.
Emeriau, r. St-Hélier, 33.
Lebreton, r. de l'Hermine.
Teissier, chantiers St-Georges.

Tissus (marchands de) *Draperie, Rouennerie et Soierie.*

Agaësse-Dragon, pl. de la Trinité, 1 (blancs).
Bérard-Péan, quai de Nemours.
Brault et Cie, r. du Carthage, 2 (blancs).
Chaumont fils, r. de Rohan, 2.
Chénan-Boisseau, pl. des Lices, 20 (flanelles).
Chochon, r. du Pré-Botté, 5.
Clément Nogues, encoignure des rues de Toulouse et Rallier.
Corbierre aîné, r. Châlais, 2.
Corbierre-Rivière, quai Chateaubriand, 3.
Deslandes, r. Nantaise, 14 bis.

Dutot, Gingast et Cie, r. du Pré-Botté, 1.
Guillet, r. d'Orléans, 7 (rouenneries).
Giffard-Leraître, pl. des Lices (rouenneries).
Giton-Lefranc, près St-Étienne (blancs).
Graux, r. Louis-Philippe, 4.
Guillot, r. de Clisson, 2.
Guillot, r. aux Foulons, 6 (rouenneries).
Hersent-Coirre, quai de Nemours (draperies).
Hesnard-Pihuit, r. Pré-Botté, 12 (rouenneries).
Hesnard fils aîné, r. de Nemours, 10 (rouen.).
Legendre (L.), r. Pré-Botté, 14 (rouenneries).
Lemarchand, r. de Toulouse, 1 (blancs et nouveautés).
Maillard-Bourcier, r. de Nemours, 14.
Malfilâtre, Guy et Bonnal, place des Lices, 32.
Marcille-Domalin, r. de l'Hermine, 2 (blancs).
Maruelle aîné, quai d'Orléans, 3, et r. Baudrairie, 2 (draperies, rouenneries, couvertures, fab. de droguets et blouses).
Méri-Samson et Fleuriot, quai de Nemours (étoffes de Lizieux).
Moulinais-Leraître, r. Pré-Botté (rouenneries).
Nogues et Cie, r. Rallier (rouenneries).
Ollivier et Bouvier, pl. des Lices, 26.
Paitel (N.), r. Châlais, 1 (blancs).
Péan jeune, Portes-St-Michel, 21 (rouenner.).
Rouxel (Peschard), quai St-Yves (rouenneries).
Schlœsing, r. Châlais, 9.
Thomin (Mlles), Halle-aux-Blés, 3.
Udelez et Vallée, quai d'Orléans, 1.
Villory, r. de Nantes, 23.

Toiles (fabricants de).

Bertrand, place des Lices.
Porteu (Ad.), r. St-Hélier, 40.
Richelot, r. Coëtquen, 6.
Serais-Chalet, r. Beaumanoir, 3.

Antrain.

Laines (filature de). — Duhamel.
Teinturiers et fabr. de flanelles.—Colfort fils. — Hamalin.
Toiles (fabr. de). — Hamelin. — Lefeuvre.

Fougères.

Banquiers. — Buet et Cie. — Heude et Cie.
Bonneterie (fabr. de). — Thubert. — Perrin, et filateur.
Bonneterie en gros. — Bagot (V^or). — Legros.
Draperie, mercerie, rouennerie et nouveautés. — Bonsens. — Bouteloup. — Delaunay (Mlle). — Duclos-Lenoir. — Feuvrier-Rabineau. — Huard. — Lebeau. — Libert. — Martin. — Pauriel. — Petel. — Poulain. — Prime. — Thominet.
Flanelle (fabr. de). — Duhil frères. — Guilloux frères.
Laines filées. — Duhil. — Magne. — Poulain (V^e), filateur. — Thubert-Perrin, filateur et fabr. de tricots.
Laines (filatures de). — Leray, et fabr. de draps. — Thubert-Perrin.
Merceries en gros. — Bagot. — Legros.

Teillage mécanique de lin et de chanvre. — Richer-Levêque, siége à Alençon.
Teinturiers. — Cheminel. — Duhil.— Jamon. — Leray. — Levasseur. — Magne fils.
Tissus en gros. — Augrain. — Guilloux frères.
Toiles (marchands et fabr. de). — Blin. — Jalu-Salmon. — Lefèvre, Levesque et Cie, toiles à voiles et autres ; maison à Paris.— Richer-Levêque.

Paimpont.

Blanchisserie de fils. — Motai, Gapais et Cochet.
Blanchis. de toiles sur pré. — Macé. — Renault.
Teillage mécanique de chanvre, sans rouissage. — Edmond Duval.

Redon.

Banque. — Cabour.
Mercerie en gros et quincaillerie. — Danard (Mme). — Juvenot (Ch.). — Simon-Philippe.
Rouennerie et nouveautés. — Ameline-Pellan. — Coué-Lévêque (P.). — Gortais. — Juvenot (Ch.)—Normand, en gr.—Pau-Chenu.

Saint-Malo.

Chambre de commerce. — Président : Gauthier. — Fontan. — Garnier Kerhuault. — Membres : Le Maréchal. — Pomelée (Fr.). — Hovius (Aug.) ✳. — Pointel. — Follin. — Jules Bourdet (E.).
Tribunal de commerce. — Président : Hovius (Aug^te) ✳. — Juges : Blaize (Jb). — Aubert (J.). — Bidy. — Follin. — Suppléants : Herbert (C.). — Legrand. — Poirier ✳. — Greffier : Venel.
Consulats. — Angleterre, vice-consul : Monteith. — Chargé d'affaires : Nikells.
Autriche, Biermann, agent consulaire.
Costa-Rica, consul : N...
Espagne, vice-consul : Lemoine (F.).
Hollande, consul : A. Hovius.
Portugal vice-consul : Hovius fils.
Prusse, agent consulaire : A. Pagelet.
Suède et Norwége, vice-consul : Jules Bourdet.
Uruguay, consul : G.-A. Dicland.
Banquiers. — De Boishamon frères. — Fontan (P.). — Lemoine. — Maillard (Arsène).
Société générale. — Siège social à Paris. — Agence de St-Malo. — Directeur : M. Longuecand.
Cordages en gros. — Amiel. — Clolus. — Jolly aîné ✳. — Thébault.
Corsets. — Paître (Mme). — Robin (Mlle).
Draps, nouveautés et soieries. — Buillet et Chevallier. — Bara (Mme). — Dhéné (Mme). — Hillis fils (St-Joseph). — Julienne. — Nepveu. — Pillet jeune.
Droguerie et teinture. — Pellerin.
Fleurs artificiel.—Doublet (Mme).—Stot (Mme).
Toiles à voiles. — Poirier (P.) ✳, dépôt de toiles de Dickson, O. ✳ et Cie.

INDRE

CHATEAUROUX (chef-lieu).

Tribunal de Commerce. — Président : Pauplin-Trolignon. — Juges : Nuret (A.). — Passajon. — Legeay de Bellefond. — Potier de la Bertellière. — Suppléants : Janvier. — Couturaud. — Ratier. — Balsan (Auguste). — Greffier : Berton (Ch.).

Banque de France (succursale de la). — Directeur : Moncharville. — Caissier : Suzzoni.

Banquiers. — Aubepin. — Pinault et Cie. — Piquet et Cie, maison à Issoudun.

Draps (fabr. de). — Balsan et fils. — Guillon (L.) fils. — Moulin-Guillon. — Pauplin-Pinault. — Pauplin-Moreau. — Veillat (Gast.).

Draps en gros. — Blanvillain. — Potier (Célestin).

Laines en gros. — Cavallier-Degalle. — Passajon. — Pauplin-Pinaut.

Laines (filatures de). — Balsan et fils. — Delaporte-Degalle frères. — Hibry. — Morin (Louis).

Mercerie en gros. — Bellier (Auguste). — Constantin. — Dissard (fils). — Hudelet-Guinon.

Nouveautés. — Blanvillain. — Bonichon. — Bruneau (Mlle). — Couzon-Bourgeois. — Guinan-Bauché. — Leprêtre. — Ratier et Picard. — Pascaud-Pigelet. — Pigelet et Rocan. — Pouzet. — Richard. — Rochet-Bricemoret. — Veillat (Gaston).

Peignes à tisser (fabr. de). — Guillon-Bablin.

Rouennerie en gros. — Blanvillain. — Potier. — Roche.

Sacs (fabr. de). — Jouet (Alphonse).

Tailleurs confect. — Gaston. — Prevost.

Teinturiers. — Blin. — Burel-Chevallier. — Godard.

Toiles en gros. — Blanvillain. — Bergé fils. — Jouet (Alphonse), toiles et fils.

Tulles et dentelles. — Gergé fils, et broderies. — Pauplin (A.).

Argenton.

Banquiers. — Noche et Cie. — Pataud (A.). — Mallet et Cie. — Tessier-Delage.

Draps (fabr. de.) — Binet-Frapy. — Brillaud-Vieillefond. — Patry-Camus. — Patry (Ph.). — Thomas.

Draps et nouveautés. — Gaudet-Pacaud. — Imardgnat. — Lafond-Beucher. — Massicot-Pataud. — Patry-Michaud (Ph.). — Plantureux (Vve). — Viellefond. — Vincent.

Blanc (le).

Banquiers. — Coute-du-Cluzeau. — Duchêne. — Pinault. — Goiffon. — Serizier.

Chemises (fabr. de). — Morin jeune. — Pasquier-Valasse. — Turquand, Barbarin et Vanveuren.

Draps (fabr. de). — Barrois-Pinault (Elie).

Laines. — Quillon-Lefort. — Saintier-Desforges. — Terrasson frères. — Voy-Michet (J.).

Laines (filatures de). — Barrois-Pinault (Elie). — Bourdeau.

Nouveautés. — Barrois. — Bodin. — Gaudrion-Plancknert. — Plais frère et sœur aînés. — Plénet-Destouches. — Poitevin.

Toiles de lin et de chanvre (fabr. de). — Lecoigneux (Ch.) et Cie, à Belabre.

Buzançais.

Banquiers. — Boudeville fils. — Ratier frères. — Benot père.

Nouveautés. — Benard. — Nepveu. — Paulier. — Poursin. — Sinet.

Chatre (la).

Banquiers. — Delacou, Demay et Cie. — Landat. — Pissavy.

Draps (fabr. de). — Moreau-Luneau.

Draps et nouveautés. — Apé-Massicot. — Rechereau. — Rohard. — Vayssaire.

Laines en gros. — Alapetite. — Arnault fils.

Mercerie et quincaillerie. — Bord. — Bugeard-Courrier. — Carpy. — Dumée. — Robin-Perit.

Issoudun.

Chambre consultative des arts et manufactures.

Tribunal de commerce. — Président : Bujeard. — Juges : Candelet (Victor). — Gaignault-Imbert. — Louet (Antoine). — Carent (Henri). — Suppléants : Bissery-Chatouillat (Constantin). — Desforges. — Lecomte. — Greffier : Tourlet.

Banquiers. — Berger (J.-C.). — Déséglise (Hippolyte). — Piquet et Cie.

Bonneterie en gros. — Réveillé. — Vaur.

Draps (fabr. de). — Denizet-Lecomte.

Laines. — Berthomier et Lebeau. — Jugand père et fils. — Watteeuw et François.

Mercerie en gros. — Arsène Grouard. — Candelet (Victor).

Nouveautés. — Auger-Auger. — Bougaud. — Canon (F.). — Cussac jeune. — Déséglise-Léger.

Gaignault-Pigelet. — Gauthier. — Guillaume (Octave). — Janin. — Liget. — Marandon. — Paulier (Elie). — Petit-Guillaume. — Pinchaud (Mme). — Moret-Rioland. — Peneau-Sarreau. — Renault-Cirode. — Sineau. — Trolignon-Nérot.

Parcheminiers. — Berthault-Aladénize. — Berthomier et Lebeau, pour filature, impressions, etc. — Watteeuw et François.

Passementier. — Bridier (H.).

Soie (préparation de). — Déséglise et fils aîné, maison de vente à Paris.

Teinturiers en draps. — Blanchard. — Durand frères. — Morin.

Saint-Gaultier.

Draps (fabr. de). — Pascaud. — Reignoux. — Renaud (Jacques). — Renaud (Etienne).

Toiles de chanvre, de lin (fabr. de). — Fei-gnon. — Lardeau. — Marandon. — Massonneau. — Mereau (Hubert).

Valençay.

Bonneterie (fabricant de). — Quevinot-Fournier (F.).

Nouveautés. — Fournier-Dreux.

INDRE-ET-LOIRE

TOURS (chef-lieu).

Chambre de commerce. — Président : Gouin (Eug.) ※. — Vice-président : Alfred Mame O. ※. — Secrétaire : Raymond Roze. — Eugène Fey. — Placide Peltereau. — Leturgeon. — Lesourd-Leturgeon. — Magaud-Viot. — Gillet.

Conseil général du commerce. — Membre délégué : Gouin (A.), C. ※.

Tribunal de commerce. — Président : Loyau (P. G. A.). — Juges : Penillau (Silvain). — Lesourd (Paul). — Blanchard (Victor). — Mame (Paul). — Suppléants : Gillet (A.). — Chambert. — Leparmantier (Prosper). — Huault. — Greffier : Collin. — Agréés : Plessix (Emm.). — Delaroche. — Boudret. — Blanchet.

Conseil de prud'hommes. — Président : Fey ※. Secrétaire : Baillou.

Banque de France (succursale de la). — Directeur : Vellée. — Caissier, Doucher.

COMMERCE, INDUSTRIE.

Bâches. Jouet frères. — Langereau, dépôt.

Banquiers. — Blanchard (Victor) et fils. — Cellerin et Chatillon. — Chevalier-Lecomte et Cie. — Duragon et Gitton. — Gouin frères. — Gallet. — Pitron et Cie.

Société générale. — Siége social à Paris. — Agence de Tours. — Directeurs : MM. Ladrugue et Dusser.

Blanc (spécialité de). — Appert. — Beauté. = Bineau-Batailler. — Boulanger, Blacque et Cie. — Caslot. — Chauvin. — Desrue frères. — Deslis (Laurent). — Ennault et Cherbonnier (Mlles). — Hapel-Chabot, et dentelles. — Martin et Delaunay. — Martin frères. — Pelterau et Couette.

Bleu (fabr. de). — Cartier-Cassière.

Bonneterie en gros. — Doin. — Brottier (A.). — Chasseray et Amiaux, et mercerie. — Guivy (H.), et mercerie en gros. — Lambert et Millet. — Lemesle et Bretonneau, et mercerie. — Leparmantier (P.), et mercerie.

Boutons d'os (fabr. de). — Berger (G.), usine à vapeur. — Houdayer.

Broderie (fabr. de). Boulanger, Blacque et Cie. Hapel-Chabot. — Martin (G.). Delaunay et Cie.

Ceintures de soie, laine, poil de chèvre et articles pour les ecclésiastiques (fabr. de). Charlet-Lemoine (Ve). — Demeure. — Lecat et Michenet. — Lemoine fils et Crémière.

Chanvre en gros. — Gitton-Deschamps, et corderie en gros.

Couvertures thibaudes et surfaix (fabr. de). — Dellaitre-Dellanger et Archambaud. — Dutertre (A.). — Roze-Abraham frères ※.

Dentelles en gros. Beauté. — Bineau-Bataille. — Boulanger, Blacque et Cie. — Hapel-Chabot. — Martin frères. — Martin, Delaunay et Cie.

Deuil (articles de). — Poulet (Ver), et soiries.

Draps (fabr. de). — Roze-Abraham frères.

Draperie et rouennerie. — Bodin. — Boulay aîné. — Chollet frères. — Coutelet (Firmin), en gros, maison à Paris. — Creué, Sounet et Cie, gros. — Dalvin et Brard, en gros. Decaille. — Desrues frères. — Esnault (à la Belle Fermière). — Franck (H.) et frères. — Levillain et Darde, en gros. — Liran. — Martin frères. — Robin (Firmin). — Sorin et Guiot, en gros. — Ve Sonnet-Quantin et Cie.

Droguistes. — Durret. — Dardenne, Greisil et Soulacroix. — Legendre. — Maupuy. — Pigeon (Flor.). — Viollet-Roze.

Fleurs (fabr. de). — Brunet. — Moreau-Garnier (Mme). — Liepard-Balley (Mme) fabrique de parures de mariées et fleurs pour modes. — Pasquier (Mme).

Ganterie. — Boisramé. — Deserces. — Goslet-Vigier, assortiment complet.

Laines en gros. — Budan (E.) jeune.

Merciers en gros. — Doin. — Brottier. — Dissard. — Chasseray et Amiaux. — Guivy (Hy). Leparmantier (P.), Lemesle et Bretonneau.

Mousselines. — Beauté. — Bineau. — Batailler. — Caslot. — Plailly. — Chauvin (L.). — Deslis (Laurent). — Desrues frères. — Duclos. — Hapel-Chabot, et broderies. — Martin frères. — Martin (G.). — Delaunay et Cie. — Mary-Dhomé. — Peletreau, et Couette.

Nouveautés. — Adam (A.) et Brière. — Archambaud (Mlle). — Blanchet-Horpin. — Boisnet. — Chollet frères. — Dalvin-Brard et Cie. — Degaille et Lévesque. — Delacourt-

13

Paguet. — Desrues frères. — Dorvau. — Esnault. — Jolivard jeune et Cie. — Jou (Honoré). — Moinet. — Pasquier. — Poirier. — Poulet (Victor), deuil et soieries. — Renou et Sadoux. — Ribou (A.). — Robin (Firmin), et confection. — Roupnel. — Rubaud-Duclos. — Sabouré-Turquand. — Sinet.

Passementerie pour meubles et ecclésiastiques (fabr. de). — Charlot-Lemoine (Vc). — Demeure. — Lecat et Michonet. — Lemoine (E.) fils et Crémière.

Passementerie pour meubles et nouveautés (marchands de). — Lecat et Michonet.

Produits chimiques (fabr. de). — Bruzon (J.) et Cie. — Dardenne, Groisil et Soulacroix. — Maison Viel (Moreau Viel successeur).

Rouennerie en gros. — Collet frères. — Coutelet (Firmin), maison à Paris. — Croué-Sonnet et Cie. — Dalvin et Brard. — Desrues frères. — Dorvau. — Dumans et Lefebvre. — Esnault (à la Belle-Fermière). — Levillain et Darde. — Martin frères. — Robin (Firmin). — Sonnet-Quentin. — Sorin et Guiet.

Sacs en toile (fabr. de). — Jouet frères.

Soies (fabr. d'étoffes de). — Croué et Gillier, maison à Paris. — Fey ✳ et Martin. — Pillet-Meauzé et fils, dépôt à Paris chez I. Carlhian.

Soie à coudre (fabr. de). — Durand (Albert). — Gassier père et fils.

Soie en gros. — Guivy (Henry). — Leparmantier.

Tailleurs confectionneurs. — Desrues frères. — Franck (Henri) et frère. — Klotz.

Tapisserie sur canevas. — Marie et Paupelin. — Roy.

Tapis (fabr. de). — Delaittre-Bellanger et Archambault. — Delahaye-Serisier. — Roze-Abraham frères ✳.

Teinturiers. — Barret. — Bertrand. — Bressand frères. — Cavaux. — Chibois (Fr.). — Didier. — Durochain. — Chauvin. — Gasté. — Lep fils. — Riffault. — Sachet. — Salvy.

Toiles. — Appert. — Bezard et Beauté. — Desrues frères. — Jou (H.). — Jouet frères, en gros. — Peltereau et Couette. — Robin (Firmin). — Sorin et Guiet (ancienne maison Justeau-Jardin). — Dorvau.

Toiles et fils (fabr. de). — Jouet frères.

Amboise.

Banquiers. — Allard-Soloman. — Gitton.

Couvertures de cheval et de voyage (fabr. de). — Patault-Leclaire.

Draps (fabr. de). — Meusnier-Foucher.

Draps et nouveautés (marchands de). — Barbot. — Fossembas. — Mabille-Verdier. — Michenet. — Mignou-Danien. — Renard-Gallois. — Serpette.

Laines pour tricot (fabr. de). — Cyrille Boureau fils.

Tapis (fabr. de). — Allard et Crombé.

Beaulieu.

Draps (fabr. de). — Boudier-Bruneau. — Boudier-Pousset. — Boulet-Thélie. — Dubois fils. — Leblanc (P.). — Leblanc-Venier. — Michau-Denis.

Laines (filature de). — De Bridieu.

Laines en gros. — Popelin-Roche.

Chenonceaux.

Ecole séricicole subventionnée. — J.-B.-A. Nagel, directeur de la magnanerie.

Chinon.

Banquiers. — Belliard, Languillaume et Cie. — Bertrand, Voisine, Blanchet fils et Cie.

Draps (fabr. de). — Desbordes et Baugin.

Mercerie, soieries, tulles et bonneterie en gros. — Ménage et Lenoir.

Toileries, nouveautés et blanc. — Delaunay. — Denieau (L.). — Devauze (Aimé). — Genevier. — Leconte. — Michaut. — Sergent.

Langeais.

Banquiers. — Genty. — Lemesle-Busson.

Chanvre (commissionn. en). — Béranger. — Dulion.

Toiles de lin et chanvre (fabr. de). — Carroi. — Cassin. — Delaunay. — Dunais. — Dupuis. — Millière. — Proust.

Loches.

Banquiers. — Alizard. — Térouanne fils et Cie. — René et Mascarel.

Draperie grosse (fabr. de). — Bodeau-Thomas. — Berchot-Bodeau. — Cormier. — Dhumeaux (H.). — Dhumeaux-Lhomini. — Habert. — Michau-Bodeau.

Draps, soieries, nouveautés. — Boisseau-Latourette. — Bourgoin. — Curieux. — Coulombu. — Dhumeaux-Lhomini. — Jobet (E.). — Marcellin-Boutet. — Roux-Robin.

Laines cardées (filat. à façon). — Oudin (E.).

Sainte-Maure-de-Touraine.

Banquiers. — Arrault-Baranger. — Bienvenu et Venault.

Laines. — Lambert jeune. — Leblanc frères.

Mercerie en gros. — Eug. Champion.

Toiles, rouenneries et étoffes. — Fournier-Grandin. — Gatillon (Mlle Louise). — Lambert aîné. — Lambert jeune. — Migeon-Tissard. — Mirebeau-Chauveau. — Moreau-Blondeau, en gros. — Picault-Chollet. — Raimbault-Bodin (Vc). — Suchaire.

Savigné.

Matières premières pour chapellerie. — Lhospitalier fils (laines et poils).

ISÈRE

GRENOBLE (chef-lieu).

Chambre de commerce.— Charrière ※, président.— Penet, vice-président. — Vendre, ※, secrét.-trésorier.— Denantes. — Rouillon.—Duhamel ※. — Kléber ※.— Breton (P.) ※.—Buisson.

Conseil général des manufactures.— Breton, membre délégué.

Tribunal de commerce.— Duhamel ※, président. — Nicolet (C.). — Bigourdat (V.).— Penet (Louis).—Allier (E.), juges.— Rouillon (F.).—Carrière (G.).— Rey (E.). — Clozel (J.), juges suppléants.— Silvy (Gabriel), greffier.

Arbitres de commerce et syndics de faillites. Dantard.—Giroud (Victor).— Lombard père —Lombard fils.—Michon.— Platel (Emile). Riondet (Emile).—Dantart fils.

Conseil de prud'hommes. — Président : Francoz. — Vice-président : Michoud (E.). — Secrétaire : Commandeur.

Agent consulaire d'Italie.—Pilot.

Banque de France (succursale de la).— Dorlhiac, directeur.—Barnier, caissier.

COMMERCE, INDUSTRIE.

Albumine (fabr. d').

Aude père et fils, à la Tronche.
Goujon (Jules), à la Tronche.

Banquiers.

Charpenay (B.) et Cie. Grande-Rue, 6.
Gaillard père, fils et Cie, Grande-Rue, 5.
Jouvin (B.) et Cie, rue Barnave, 1.
Michal père, fils et Cie, pl. de Gordes, 1.
Réveillon (Ve) et Cie, pl. Grenette, 4.

Bas (fabr. de).

Cottavoz, quai Napoléon, 1.
Dondey, r. Créqui. 14.
Duranton, r. des Clercs, 9.
Fanton, r. Condillac, 2.
Garnier, r. Vaucanson, 5.

Bonneterie (fabr. de).

Cottavoz (Alphonse), quai Napoléon, 1.

Boutons et agrafes de gants (fabr. de).

Puissant, r. Joseph-Chanrion.
Reymond, Allègre et Guttin, r. Chenoise, 18.
Train et Cie, r. du Quai, 4.
Vallet, rue Villars, 3.
Werneth, r. Brochère, 10.

Cabas (fabr. de).

Brajon fils, r. Barnave, 11.
Gonard père, quai Xavier-Jouvin, 48.

Cartonniers.

Charlon (Mme), r. Barnave, 22.

Clapier, r. Brocherie, 8.
Gay et Barral, r. Cornélie-Gémond, 11.
Genon, pl. Vaucanson, 9.
Gilli, r. Renauldon, 5.
Goubet, Grande-Rue, 2.
Millet, r. des Vieux-Jésuites, 6,
Sellier, r. Mably, 1.
Vallet (Mme). r. St-Jacques, 13.

Chanvre (fabr. de peignes à).

Bouleguet, r. du Faubourg-Très-Croîtres, 61.

Chanvre (march. de).

Bayoud, r. du Faubourg-Très-Croîtres, 61.
Béranger, r. Mably, 1.
Bergery, r. Napoléon, 13.
Blaive, r. Servan, 17.
Bouvier, quai Perrière, 44.
Fayen (Ve), r. du Faubourg-Très-Croîtres, 19.
Fayolle, r. St-Francois, 9.
Gamonet, ch. d'Echirolles, 3.
Poulat, r. Saint-Laurent, 29.
Raffin, r. Faubourg-Très-Croîtres, 61.
Versiat, r. Faubourg-Très-Croîtres, 22.

Chanvre (peigneurs de).

Cottavoz, r. du Faubourg-Très-Croîtres, 67.
Giroud, r. du Faubourg-Très-Croîtres, 57.

Chanvre (Teillage mécanique de).

Berthoin, Pra et Cie, r. Lafayette, 15.
Prénat, Thouvard et Monrozier fils, rue Lesdiguières, 15.

Chapeliers (en paille), (fabricants).

Bec (Ve), r. Pertuisière, 4.
Berthoin (Ve), r. Barnave, 15.
Boillon-Tallard, pl. Grenette, 15.
Boujard, r. des Vieux-Jésuites, 15.
Brajon fils, r. Barnave, 11.
Durand, r. des Vieux-Jésuites, 11.
Gonnard fils, r, S.-Joseph, 3.
Gonnard et Cie, quai Xavier-Jouvin, 48.
Leborgne et Cie, r. Lafayette, 19.
Mathieu, r. Casimir-Périer, 1.

Chapellerie (fabrique de).

Fouque (Ed.), fabr. en tous genres, fournitures pour la chapellerie, et casquettes, Gr.-Rue, 2.

Chemiserie et sarreaux (fabr.).

Barbiez et Archer, r. St-Jacques.
Col et Cie, r. Barnave, 11.
Bossan (E.), r. Barnave, 9.
Cottavoz et Clot.

Corsets (fabr. de).

Bonin (Mlle), r. Montorge, 4.
Radisse, r. Vaucanson. 5.

Drapiers.

Audan et Jayet, Grande-Rue, 18.
Baret, pl. Clavaison, 4.
Bigourdat frères, Grande-Rue, 15.
Brollier et Berey, pl. aux Herbes, 4.
Ferchat, Barault et Laforêt, rue Saint-Vincent-de-Paul, 6.
Jouguet, Duhamel et Recoura, Gr.-Rue, 11.
Lancelon, pl. Grenette, 2.
Mège et Bouchet, r. de Bonne, 2.
Murgier et Bellety, angle des places aux Herbes et Clavaison.
Pollin (Albin), Grande-Rue, 16.
Pollin (Florian), pl. Clavaison, 3.
Richard, Viallet et Pontet, pl. aux Herbes, 1.

Droguistes et produits chimiques.

Déchenaux, r. Bayard, 2.
Durand et Giraud, r. Barnave, 7.
Gayme et Bouvier, r. Napoléon, 3.
Girard (V^e), r. Barnave, 10.
Ménier et Châtain, r. Bayard, 15.
Palais et Thevenet, r. Barnave, 11.
Varnet fils, r. Condillac, 2.

Fleurs artificielles (fabr. de).

Eynard, r. St-Claire, 6.
Gay et Baralle, r. Cornélie-Gémond.
Guerby, r. Lafayette, 4.
Hugot (Mlle). rue Lafayette, 15.
Millat, r. des Vieux-Jésuites, 15.

Ganterie (commissionnaires en).

Charréard, au Jardin-de-Ville.
Cordingley (T.), r. Eugénie, 1.
Créton et Cie, maison à Lyon.
Delile, r. St-Laurent, 1.
Duchemin et Donnat.
Gonnet, r. St-Joseph, 10, maison Ott Asser et Cie.
Goodridge, place de l'Etoile, 2, maison Dent Allcroft et Cie.
Landres, r. Lesdiguières, 1.
Leaf, Sons et Cie.
Mout, Francis et Astier, place du Lycée, 1.
Naudin, rue Lesdiguières, 14.
Piaud, r. Lesdiguières, 12.
Primat et Néville, pl. Notre-Dame, 1.
Raffin, pl. Vaucanson, 3.
Rutty, r. Eugénie, 3.
Terray (Eug.), place de la Valette, 8, maison The Fore Street Warehouse Company Limited.
Wallace-Benson, r. Lesdiguières, 2.
Vidil, rue de France, 2.

Gantiers (fabricants).

Achard (Régis), r. Pertuisière, 7.
Allemand (veuve), r. St-Laurent, 42.
Auvergne, quai de France, 34.
Avril, à la Tronche.
Daffert, quai Perrière, 22.

Balbot, r. Vaucanson, 3.
Barbier, r. de Bonne, 6.
Bard, r. St-Joseph, 1.
Barthelot, r. Joseph Chanrion, 3.
Bérard (Antoine), r. Barnave, 15.
Bérard (Charles), r. des Prêtres, 5.
Bergery, quai Perrière, 62.
Bernard (Louis), Grande-Rue, 3.
Bernard (Eugène), r. St-Joseph, 8.
Berthier, quai Perrière, 60.
Berthoin (Auguste), rue du Pont-Saint-Jaime, 2.
Berthoin (Ernest), r. Eugénie, 3.
Beyle (Eugène), r. de Lionne, 3.
Borel, r. des Vieux-Jésuites, 14.
Bezonnat, à la Tronche.
Brochier, r. Ste-Claire, 12.
Bretel, r. Villars, 1.
Brun, r. des Prêtres, 2.
Dugey, quai Perrière, 80.
Duissard (Ernest), r. Servan, 12.
Durdin, r. St-Laurent, 42.
Calvat (Ernest) et Navizet, rue Saint-Laurent, 40.
Calvat (François) et Cie, r. Eugénie, 5.
Camand (Auguste), r. Viсat, 2.
Damand (Eugène), rue Lafayette, 6.
Cayère, r. du Faubourg-Très-Cloîtres, 32.
Chaléat, r. Lesdiguières, 2.
Charbonnel, hors la porte St-Laurent.
Charlen, r. Bayard, 17.
Charpenat, r. Créqui, 30.
Charvet, r. St-Laurent, 43.
Chevalet (Etienne), à la Tronche.
Chevalet (Joseph), r. des Alpes, 10.
Chevalier, r. Très-Cloîtres, 10.
Chevillard, r. St-Joseph, 6.
Chion, r. Pertuisière, 2.
Choudin, quai Perrière, 16.
Cloître, r. des Remparts, 3.
Combe, r. Saint-André, 3.
Couturier, r. Saint-Laurent, 101.
Cugny, r. des Remparts, 2.
Dalicoud, place aux Herbes, 3.
Darmet, r. Faubourg-Très-Cloîtres, 3.
Douron, r. du Lycée, 15.
Drevon (Alcide), r. Chenoise, 11.
Drevon (Adolphe), r. Napoléon, 17.
Duchemin (Adolphe), rue Saint-Vincent-de-Paul, 7.
Duclot, quai de France, 84.
Dumoulin, r. des Remparts, 5.
Esprit (Gustave), place St-Louis, 3.
Esprit (Jules), r. Villars, 3.
Fillon (Charles), r. Chenoise, 7.
Francoz fils, r. Créqui, 22.
Francoz (Emile), r. Villars, 1.
Gaillard (Eugène), r. Casimir Périer, 2.
Gaillard (Lucien), r. Vaucanson, 2.
Genard (Claude-Auguste), r. Bayard, 17.
Genard, r. de France, 6.
Gerard (Jean), rue du Pont-Saint-Jaime, 1.

Gerard (François), r. St-Claire, 8.
Ginas (Jules), r. Servan, 4.
Giroud, quai Xavier Jouvin, 32.
Guérin, place Clavaison, 3.
Guers (Auguste), r. Villars, 3
Guers (Pierre) , r. Lesdiguières, 2.
Guignier (Pierre), rue Saint-Vincent-de-Paul, 1.
Guignier, quai Perrière, 2.
Guillermin, r. Chenoise, 8.
Guillot (Louis) , ancien chemin du Polygone, 19,
Hérault, chemin de Montrigaud. 6.
Jalliffier, r. St-François, 3.
Josserand, place aux Herbes. 3.
Jouvin, Doyon et Cie, (maison à Paris, boulevard des Italiens, 6). place d'armes, 6.
Jouvin (veuve) et Cie, r. St-Laurent, 2.
Julien (Cyprien). rue du Pont-St-Jaime, 1.
Laforêt (Joseph), r. Malakoff, 1.
Leffet, quai Perrière, 44.
Maillet, r. Napoléon, 16.
Martin, place Grenette, 17.
Mathieu (Auguste), r. Mably, 1.
Mathieu (Adolphe), r. de Lionne, 3.
Mathieu (Joseph), r. des Récollets, 1.
Matton, place Grenette, 17.
Ménéroud, rue Lafayette, 2.
Meyrand, r. Créqui, 1.
Monjot, r. Très-Cloîtres, 27.
Morin, place Grenette, 11.
Moriquand (Félix) et Boulongeat, quai Mounier, 4.
Mure, r. Champollion, 19.
Nicollet, place des Alpes, 28.
Perrin frères, r. St-Laurent, 52.
Peyrin, r. des Vieux-Jésuites, 10.
Pinet, rue Malakoff, 1.
Platel, r. St-Joseph, 16.
Policand, r. Vicat, 2.
Quinson, à la Tronche.
Ravat, r. des Alpes, 16.
Roboud, r. des Clercs, 12.
Rey (Elie) et Cie, place Vaucanson, 9.
Reynaud, r. St-Laurent, 95.
Reynier, r. de France, 2.
Rivoire, r. des Alpes, 1.
Rochas, r. St-Laurent, 48.
Rouillon (Ferdinand), et Cie, rue des Dauphins, 4,
Rousset, r. du Lycée, 6.
Samuel père, quai Perrière, 34.
Samuel fils, quai Mounier, 70.
Second, r. du Lycée, 11.
Sibille, r. St-Laurent, 48.
Sillon, r. Chenoise, 5.
Sirand, r. Lesdiguières, maison à Lyon, rue Impératrice, 63.
Sorrel, place Vaucanson, 2.
Terray, r. St-Laurent, 101.
Tivolle, r. Chenoise, 22.
Torrant fils, r. Très-Cloîtres, 10.

Torrant père, rue de France, 9.
Tournier, r, Bayard, 5.
Vallet, r. des Clercs, 9.
Vallin, r. du Lycée, 9.
Verchère, r. Vicat, 1.
Vial-Martin, place du Lycée, 1.
Zénon, place de Gordes, 4.

Graines de vers à soie.

Duchemin et Donat, r. Montorge. 3.
Nicollet, place Grenette, 13.
Lamberton, place de la Halle,
Matton, place Grenette, 7.

Machines à coudre (marchands de).

Blanchet (veuve) et fils, place Grenette, 11.
Strock, r. Montorge, 7.

Mécaniciens

Barbier (Joseph), rue Mably, 1.
Boissier (Pierre) et Cie, avenue de la Gare.
Bouchayer et Cie, r. Champollion, 9.
Brenier et Cie. avenue de la Gare.
Desmarais, r, du Gaz, 1.
Fauchet, r. du Four, 5.
Guillet et Faure, r. du Vieux-Temple, 3.
Morel et Jail, quai Perrière, 22.
Puissant, r. Joseph Chanrion, 3.
Solignat, cours du Chemin de Fer, 7.
Vallet, r. Villars, 3.
Visca fils, r. Lesdiguières, 10.

Mercerie et bonneterie en gros.

Berger (Aug.), r. des Clercs, 11.
Couthon (Victor), r. Brocherie, 18.
Jalliffier, pl. Grenette, 9.
Massarel et Cie. r. Brocherie, 12.
Massarel fils (A.), r. La Fayette, 2.
Pelat (J.). pl. aux Herbes, 1.
Pocat (L.), angle de la place Clavaison.
Rolland et Paradis, r. des Vieux Jésuites, 16.

Nouveautés (marchands de).

Bouchard, r. Ste-Claire, 7.
Charbonnier, Paillet et Poulat, r. des Clercs, 3.
Espérandieu. pl. Clavaison, 6.
Eymin et Cie, Grande-Rue, 12.
Gruyer, Grande-rue, 21.
Lancelon angle de la place Grenette.
Lévy, r. du Lycée, 7.
Martin et Viossat. Grande-Rue, 2.
Morel, Mitton et Canaple, Grande-Rue, 14.
Perrin et Ricoud, Grande-Rue, 5.
Richard père et fils, r. Brocherie, 8.
Roudon jeune, r. Lafayette, 2.
Thevenet, pl. aux Herbes, 3.
Turc, r, Vicat, 1.

Ornements d'église.

Jarrin (Mlle), r. du Vieux-Temple, 10.
Marsallat, pl. Notre-Dame, 2.
Legorju-Gerbellot (Mme), r, des Récollets, 3.

Ouates (fabr. de).

Micoud, ancien chemin du polygone, 15,

Passementiers.

Feys, r. du Lycée, 18
Davin, en dorure, r. du Palais, 6.
Goitre (J.), en soie, r. Lafayette, 4.

Peaux pour ganterie (commissionnaires en).

Artru, r. Bayard, 2.
Avanzini et Millier, r. St-Joseph, 8.
Berthein, r. Lesdiguières, 14.
Bonnet=Eymard, r. de France, 2.
Charmant, r. Montorge, 7.
Clozel, r. Eugénie, 3.
Duchemin et Donat, r. Montorge, 3.
Mettu, Grande=Rue, 20.
Naudin, r. Lesdiguières, 14
Riveire, r. des Alpes, 1.
Vidil, r. de France, 2.

Rubans et dentelles.

Commette et Charpenay, Grande=Rue, 16.
Falcoz et Cie, Grande=Rue, 3.
Faure (Mme), r. St=Jacques, 16.
Girin et Cie, pl. Vaucanson, 9.
Gravier frères, pl. aux Herbes.
Péronnard=Perrot, r. Lafayette, 23.
Poulard (Mme) et Cie, Grande=Rue, 20.
Richard et Perron, pl. St=André, 5.
Richard=Bard, pl. Grenette, 10.

Soie et fil pour la couture des gants.

Avril, r. St=Laurent, 40.
Baud (Mlle), pl. des Cordeliers, 1.
Capitant, r. du Lycée, 9
Couthon frères, r. Drocherie, 18.
Duchemin et Donat, r. Montorge, 3.
Magnen Vve, r. de France, 7.
Werneth, r. Drocherie, 10.

Tailleurs=confectionneurs

Bellon, r. Très=Cloîtres, 11.
Blanc, père et fils, Grande=Rue, 23.
Chalon, r. Renauldon, 8.
Constant, r. Renauldon, 1.
Cottin, pl. Ste=Claire, 2.
Dennet, r. Lafayette, 4.
Dreffus, maison de la Belle=Jardinière, place
    Grenette, 11.
Faucherand, r. Lafayette, 3.
Fayolle, r. St=Jacques, 21.
Fugier, r. Très=Cloîtres, 4.
Gaillard, pl. Grenette, 4
Gary et Cie, pl. des Gordes, 2.
Pinal, pl. Grenette, 5.
Riondet Vve, r. Chenoise, 21.
Romanet, r. des Récollets, 3.
Samson, pour enfants, Grande=Rue, 9.
Saul, r. de Lionne, 2.
Simon Lévy, r. Renauldon, 2.
Villard, r. Très=Cloîtres, 21.

Teinturiers en peaux.

Bajoud, à Seyssins.
Bard, chemin des Cachettes.

Bayout (André) et Cie, r. St-Laurent, 35, mai-
    son à Paris, r. Bichat, 55.
Bayoud (Antoine), à la Tronche.
Brun et Mure, chemin des Cachettes, 23.
Cassard, r. du Faubourg-Très-Cloîtres, 37.
Charvet, Curtoux et Cie, à la Tronche.
Chiviale, r. St-Laurent, 32.
Désante, à la Tronche.
Drugeat, r. St-Laurent, 53.
Francillard, chemin de St-Roch, 4.
Guimet, r. du Faubourg-Très-Cloîtres, 56.
Marillat et Guillermin, r. St-Laurent, 27.
Perrard, r. Faubourg-Très-Cloître, 62.
Primat,   id.   id.   69.
Ravix,   id.   id.   26.
Rouillon et Cie, r. des Dauphins, 4.
Roux, à l'Ile-Verte.
Vaudry, hors la porte Saint-Laurent, 2.

Toiles (marchands et fabricants de).

Barblez et Archer, angle des rues St-Jacques
    et Condillac.
Coulery, r. des Vieux-Jésuites, 10.
Châtin frères, r. des Clercs, 10.
Châtin jeune et Cie, place St-André, 7.
Col et Cie, r. Barnave, 11.
Micoud et Picard, r. Montorge, 10.
Mounier-Bertrand (Vve), r. des Clercs, 11.
Pascal, r. des Prêtres.
Poulet-Jaliffier, angle des rues Vicat et du
    Lycée.
Rondet, r. Sainte-Claire, 8.
Seytout, pl. Sainte-Claire, 6.
Tallard, Frotte, Payre et Cie, r. Lafayette, 12.
Tirloir et Gaffert, Grande=Rue, 19.

Abrets (les).

Manufacture de tissage pour la soierie. —
    Fortoul père et fils. — Giraud. — Jamet.

Anjou.

Soies (filat.). — Dupuis.

Aoste.

Tissage de soies. — Jourdan. — Michaud.

Auberive=en=Royans.

Moulinier en soie. — Combier.

Barraux.

Soies (filat.). — Bernard.

Beaurepaire.

Draperie et nouveautés. = Bourgary. —
    Frier. = Médalin. = Thomasson.
Mercerie en gros. = Darbe.
Soie (moulinier). = Suffet.

Bevenais.

Soieries (tissage et moul.). = Couturier frères.

Bourgoin.

*Chambre consultative des arts et manufactures
    de Bourgoin.* = Président : M. Brunet-
    Lecomte, ✸. = Secrétaire : M. Pierri aîné
    banquier.

Callcots (tissage de). — Perregaux fils (L.).

Cotons (filat. de). —Debar (S.) ✳, à la Grive. — Roux, à Jallieux.

Draperies et nouveautés. — Badin. — Bouvard. — Durant. — Fabre. — Morestin.

Impressions sur chaîne. — Henri Brunet-Lecomte. — Trooster et Cie.

Soie (moulinage et filat. de). — Auger (Victor) et Cie, à Boussieu. — Garnier, filature à Ruffieu.

Champier.

Soieries (fab. de). — Guillot, contre-maître, Garnier, contre-maître.

Chatte.

Moulinage des soies (fab. pour le). — Allyre-Douben. = Cuchet. — Giraudet (Charles). = Mazade et Marion.

Château-Villain.

Tissage et moulinage de soieries. —Giraud et Cie, maison à Lyon.

Charvieux.

Foulards (fab. de). — Jandin et Duval, maison à Lyon.

Chatonnay.

Tissage de soierie à la mécanique. — Ve Allegret. = Bachelud et Ribollet, de Lyon. — Emery. = Garnier. — Michard.

Chimilin.

Tissage en soie. — Andréan. — Monnet et Guichon.

Corbelin.

Filature et tissage de soie. — Michel frères, de Lyon. — Rabatel et Vachon, de Lyon. Jourdan, contre-maître. — Adam et Cie, de Lyon, Nierd, Bizolon, contre-maîtres.

Coublevie.

Tréfilerie d'or et d'argent. — Guinet (Jean) et Cie, usine hydraulique.

Côte-Saint-André.

Draps. = Ve Autreaux. = Duval. = Giraudin. = Forel. = Jardinet. = Michel. = Prudhomme fils. — Robert et Cie.

Crémieu.

Draps. = Bertrand. = Bertrand-Falque. = Bulliat. = Sambet. = Vernas-Bérard.

Toiles (fab. de). = Lareille.

Crolles.

Soie organsin (filat.). = Mme Thévenet.

Dolemieu.

Tissus de soie (fabr.). = Jourdan, Lanfray, contre-maître, Rivier, contre-maître.

Domène.

Soie (moulinages et filatures de). =Dumollard, maison à Lyon. = Royannet père et fils.

Entraigues.

Draps (fab.). — Hustache (Auguste).

Eparres (les).

Cart. de Lyon (fab.). — Pascal frères, siége de la maison à Lyon, quai St-Clair, 11 ; dépôt à Paris, cour des Miracles, 8 et 9.

Filature, moulinage et tissage de soieries mécaniques. — Giraud (Alex.). — Loriol. — Ve Riboud, moulinage.

Estrablin.

Papiers (fab.). — Bonnefoux, à Gemens. — Cartalier (J.) et Cie, papiers pour pliage et éducation de vers à soie.

Fures.

Chanvre (commerce de). —Curtat (Joseph) fils, chanvres peignés et écrus. — Guely. — Martinet.

Draperies et nouveautés. — Bouzon.

Effilochages de laines—Billon. — Chamarier. — Giroud. — Solandt et Schoni. — Vitet et Meyer.

Rubans de soie (fab.). — Barlet (E.) et Cie, magasins à St-Etienne (Loire).

Soie (moulinier en). — Crepet.

Soieries à façon en foulards. — Baratin aîné.

Glières-d'Uriages.

Chanvre (commerce de). — Bois (Philippe). — Flamant (Pierre). — Godard (L.). — Godard (Pierre). — Maillet (Auguste). — Maillet (F.) et Godard.

Grand-Lemps (le).

Chapeaux de paille (fab. de). — Maurin-Frandaz.

Draps et nouveautés. — Clstac. = Dyen. — Lorel. — Mlograt. = Proby. = Vial.

Izeaux.

Draperie. — Brup (A.). = Genou père. = Michel.

Soieries, velours et taffetas par métiers à bras. = Gillin, Guiller, contre-maîtres.

Jallieu.

Carton (fab.). = Voisin frères et Cie, manufacture de carton fin pour apprêts de draps et de soieries, maison à Lyon. =Voisin fils et Cie, maison à Lyon.

Imprimerie sur étoffes de soie. = Brunet-Lecomte (Henri). = Trooster (B.) et Cie.

Tissage mécanique de coton. = Perregaux.

La Bâtie-Mont-Gascon.

Soieries (fabr. de).=Boirivant aîné, et à Lyon.

La Grive.

Filature et tissage de coton. = Debar (Samuel) (les héritiers de).

Meyzieu.

Chapellerie (fab. de), =Berthet, =Jouffreaux.

Moirans.

Chapeaux de paille (fab. de). — Giroud et Cⁱᵉ.
Draps et nouveautés. — David. — Moral. — Mˡˡᵉ Martelon. — Poncet.
Effilochage de laines. — Lacombe (Ch.).
Papier pour soieries (fab.). — Barjon.
Soieries (fab. de). — Bouvard, foulards à façon, — Genin, crêpes et foulards.

Montalieu.

Soieries (fab. de). — Adam et Cⁱᵉ, de Lyon.

Morestel.

Soieries (fab. de). — Jourdan , Rivet , contre-maîtres.

Mure (la).

Filatures et cardes à laines. — Viallet.
Toiles (fab. de). — Bethoux. — Perret fils.

Nivolas.

Tissage de soie. — Brochay.

Péage-de-Roussillon.

Draperie et nouveautés. — Vᵉ Julien. — Vacher. — Verrier-Bonnier.
Soie (fab. d'étoffes de). — Hekel.

Pont-de-Beauvoisin (le).

Drapiers. — Dussèrre. — Landre. — Pontet. Rajon. — Vᵉ Reybet.
Fils de chanvre (commerce de). — Buquin aîné.
Tissage de soie. — Clavel, Dalian, Arnaud, contre-maîtres.

Pont-de-Chérul.

Mécanicien en tous genres. — Chemin (J.B.).
Mercerie et nouveautés. — Crozat. — Fournier. — Jeffroy.
Paillettes. — Gramond. — Louis Thumereau, dépôt chez M. Amy, à Lyon.
Soieries (fab. de). — Jandin et Duval, à Lyon.
Tréfilerie or et argent (fab.). — Boucher. — Duchavany et Cⁱᵉ, maison à Lyon, quai de Retz.

Pont-en-Royans.

Draps pour troupes (fab. en gros) — Chassandre. — Guinard (P.). — Mathieu (Placide). — Odier (L.). — Odier (J.). — Rochas frères.
Laines (filat. de). — Odier (Louis). — Sibilat.

Réaumont.

Couvertures (fab.). — Boirivant (G.) et Bruyas, couvertures façonnées, maison à Lyon.

Renage.

Crêpes et foulards (fab.). — Montessuy (A.) et A. Chomer, maison à Lyon.
Draps et nouveautés. — Robert. — Souget. — Tournier.
Etoffes de soie riches (fab.). — Girodon (A.), maison à Lyon. — Vulpillat, maison à Lyon.

Rives.

Draperies et nouveautés. — Blachot. — Colomb. — Michalat.

Roches (les).

Soies gréges. — Marchand aîné.

Roussillon.

Chapellerie (fabr. de). — Bonnard et Forcheron.
Soies (moulinage de). — Rimond.

Saint-Antoine.

Moulinage et tissage de soies. — Borel. — Trouilland (Jules). — Vignal (J.).

Saint-Barthélemy.

Moulinier (filat.). — Suffet.

Saint-Blaise-de-Buis.

Soieries (fab. de). — Gories et Bourdis, foulards à façon.

Sainte-Blandine.

Soie (moulinier). — Savoyat et Cⁱᵉ.

Saint-Buell.

Cordonnets en soie (fab. de). — Veyre cadet.

Saint-Chef.

Filatures. — Jeunhomme (F.). — Julien (Joseph).
Magnaneries. — Rojon (J.-A.). — Tabardel
Moulinage. — Viallon (V.).
Navettes (fab. de). — Orelle.

Saint-Geoire.

Cordonnets en soie (fab.) — Busco.
Soie (tissage hydraulique de la). — Ladichère (Michal).

Saint-Geoirs.

Soies (moulinage de). — Hector-Joly.

Saint-Georges-l'Espéranche.

Chapeaux de paille et cabas (fabr. de). — Latreille. — Velin (Vᵉ).
Chaussons (fabr. de). — Brousselaud. — Nicolas.

Saint-Jean-de-Bournay.

Draperies et nouveautés. — Badin (Vᵉ). — Bonvallet. — Brunet (Mˡˡᵉ). — Buisson. — Buisson (Mˡˡᵉˢ). — Chemin (J.-B.). — Chemin frères et sœurs. — Prat. — Romanet. — Vincent.
Rubans de soie (fab.). — Malescourt (L.), magasin à Saint-Etienne (Loire).
Soieries (fab.). — Desgrand. — Dufêtre. — Malescourt. — Scigle-Neyret.

Saint-Jean-de-Moirans.

Tissage de soieries. — Pochoy (V.).
Tréfilerie de cuivre doré et argenté. — Guinet et Cⁱᵉ.

Saint-Jean-en-Royans.

Filature de soie. — Jame et Perret de Lyon.

Saint-Just-de-Claix.

Mouliniers en soies. — Valentin frères.

Saint-Marcellin.

Draperie, rouennerie. — Arnold. — Barbé.— Berruyer-Tanchon. — Charavil. — Duc. — Durozier (Ve). — Mauger. — Ménéraux. — Pélerin (G.).

Saint-Nicolas-de-Macherelu.

Tissage mécanique de soie. — De Chanay.

Saint-Quentin.

Effilochage de laines. — Yvrier fils, en gros.

Saint-Romans-en-Royans.

Soies (filature). — Hector.

Saint-Sorlin.

Soieries (fab. de). — Bernachot.

Saint-Siméon-de-Bressieux.

Soie (moulinage de). — Durand.

Saint-Symphorien-d'Ozon

Banquiers. — Rivoiron. — Vaudray et Cie.
Couvertures (fab. de). — Coste (J.),
Filature de laines. — Gentet-Richarme.
Impressions sur étoffes. — Meyer.
Mouliniers en soie. — Bouiller et Cie. — Chazallet.

Saint-Victor-de-Cessieu.

Effilochage de laines. — Savoyard (André).
Soies (filat. de). — Savoyard (J.-Claude).

Salaise.

Soies (filat. de). — Richard.

Sassenage.

Draps (fab. de). — Mottin.
Soieries (fab. d'étoffes de). — Simon.

Séchilienne.

Tresses de chanvre (fab.). — Piconne.

Serezin-du-Rhône.

Couvertures de laines (fab.). — Giroud, maison à Lyon.
Moulinier en soie. — Fulchiron.

Sone (la)

Soies (filat. et moulinage de). — Bourguignon. — Dufètre père et fils, à Lyon.
Soieries (fab. de). — Mauvernay et Cie de Lyon.

Ternay.

Filature de cocons ou soie grége. — Fayol.

Tour-du-Pin (la).

Banquiers. — Costaz fils.
Draperies et nouveautés. — Bouquet. — Boudillon. — Modelon. — Perrichon (Ve) et fils. — Perrin (G.).— Perrin (V.).— Raclet.
Passementerie. — André. — Bogey et Cie, maison à Lyon. — Armand et Pitiot, maison à Lyon, place St-Nizier.
Soieries (fab.). — Anselme. — De Boissieu et Cochaud. — Chapuis. — Devigne. — Vuitel.
Toiles (fab. de). — Muzy.

Touvet (le).

Soies (filat.). — Buissard (E.).

Tronche (la)

Albumine (fab.). — Aude. — Goujou.
Peigneur de chanvre. — Girard.
Soies gréges et ouvrées (filateurs). — Buisson (Charles). — Brotel.

Tullins.

Banquiers. — Baronnat (Ve) et Masson.
Couvertures d'étoupes dites de bourrat (fab.). — Berger. — Chemin. — Drevet. — Vichard frères.
Draps et nouveautés. — Barbier neveu. — Berger. — Chalvin (Mlle). — Chavanne. — Davin.— Drevon.— Manecy.— Rabagliati.

Vaulnaveys.

Tissage de soies. — Lambert.

Veyrin.

Soies (fab.). — Michoud.

Vienne.

Chambre de commerce. — Harel, président. — Delaigue, vice-président. — Viguier, secrétaire. — Camichel. — Jouffray. — Tremeau. — Perrégaud. — Thomas. — Galland, membres.
Tribunal de Commerce. — Delaigue (C.), président. — Chollier (A.). — Harel. — Reymond. — Thevenin, juges. — Baron. — Bouvier. — Honorat (L.). — Ruel. juges suppléants. — Jouffray (M.), greffier.
Conseil de Prud'hommes. — Ledure, président. — Rousset, secrétaire.

Arbitres de commerce.

Bellot, cours Romestang, 13.
Fruton, cours Romestang, 2.
Tardif (E), place de l'Hôtel-de-Ville, 11.

Banquiers.

Chollier et Cie, place du Musée, 8.
C. David, Gleyzolle frères et Cie, place de l'Hôtel-de-Ville, 11.
Vanel et Cie, Grand'Rue, 6.

Cardes de laines (fabricants de).

Breton, rue de gère.
Ité-Pras, rue Cuvière.
Vialleton, rue Cuvière.

Cardeurs de coton.

Lassonnerie fils, rue Pont-Evêque.

Chaussons (fabricants de).

Faure, rue Clémentine.
Jacquier, rue Marchande, 23.

Corsets (fabricants de).

Chaffarod, place St-Paul, 8.
Descours, sur le Cours.

Cotons filés (en tous genres).

Guerrier (Ve) aîné et ses fils, pl. de l'Affuterie.

Cotons en laines et déchets.

Madras (E.), maison de commission, r. Pont-
  Évêque.

Draps (Apprêteurs de).

Armanet fils aîné, quai de gère, 18.
Béget (J.), quai de gère, 2.
Bon (L.), quai de gère, 23.
Capatel (Ve), quai de gère, 18.
Dervieux aîné, quai de gère, 12.
Faure (B.), quai de gère, 14.
Gabriel cadet, quai de Gère, 11.
Lerme et Laurent, quai de gère, 16.
Ogier (C.), quai de gère, 19.
Pailleux jeune, quai de gère, 23.
Perret (A.), quai de gère, 21.
Perret (Jean), quai de gère, 17.
Puzin (veuve) et Cie, chemin Neuf, 25.

Draps (fabricants de).

Alex aîné et Bouvier, quai de gère.
Allagnat, place d'Arpet.
Allègre, rue Drapière, 7.
Alex cadet, r. de la Charité, 28.
Armanet, r. Pont-Évêque, 180.
Armanet et Redet, quai de gère.
Avignon, montée des Capucins, 5.
Béraud et Chautant, quai de gère.
Berlingat, r. Mermet, 17.
Berry, chemin Neuf, 21.
Blanc aîné et Revelin, chemin Neuf.
Bon (E.) et Vaganay frères, r. Drapière, 10.
Bonhomme, Grand'Rue, 17.
Bonnier jeune, à Leveau.
Bonnier (F.), cour de l'Ambulance, 5.
Bonin frères, quai de gère.
Bouchard fils, montée des Capucins, 1.
Bouvier, r. de la Cocarde, 12.
Bouvier (Léon), r. Pont-Évêque.
Bouvier frères (manufacture de paletots et
  nouveautés). = 2 médailles de 1re classe à
  l'Exposition de 1867.
Bouvier (Joseph), r. Serpaize, 134.
Bouvier et Pailleux, r. Saint-Martin.
Bouvier-Cléchet, r. de la Roche, 9.
Brocard et Cie, nouveautés, quai de gère, 13.
Buissonnet et Alix, quai de gère.
Burle jeune, r. de la Roche.
Canard, chemin Neuf, 7.
Chaise, r. Saint-Marcel, 42.
Champinet (Jean), r. Saint-Martin.
Chanerin, chemin Neuf, 5.
Charreton fils, r. Pont-Évêque.
Charreton, r. de la Table-Ronde, 19.
Charreton frère et neveu, quai de gère.
Charuit, r. Serpaize, 145.
Charuit, r. Serpaize, 105.
Chaumartin, chemin Neuf, 11.
Chemin, r. Pont-Évêque.
Defrance fils et Peleynard, chemin Neuf, 20.
Degret, r. des Peaux-Belles, 3 et 5.
Dervieux (J.) et Cie, quai de gère, 4.
Dervieux, r. St-André-le-Haut, 14.

Dijoux, r. Serpaize, 132.
Divat, chemin Neuf.
Drevard, place de l'Affûterie.
Dubaud, r. de l'Éperon.
Dumas et Cie, quai de gère, 8.
Dumoulin, r. Cuvière.
Durieu, r. Pont-Évêque.
Éparvier, quai de gère, 17.
Eymin, quai de gère, 3.
Eymin, place Jouvenet, 5.
Fenfroide, r. Serpaize, 106.
Freney, chemin Neuf, 18.
Gaillard, place du Cirque, 7.
Galland, place du Collège, 6.
Galleis, r. Serpaize, 138.
Galleis, cours de l'Ambulance, 6.
Garde, r. Pont-Évêque.
Gay et Cie, chemin Neuf.
Genin frères, r. Pont-Évêque.
Gerin et Chaumienne, r. Pont-Évêque.
Ginet et Vivien, quai de gère.
Glasson et Journaud, quai de gère.
Grange, place Jouvenet, 1.
Honorat frères, place Saint-Sévère, 4.
Honorat (Frédéric), quai de gère.
Ithier, Blanc et Cie, quai de la gère.
Johanet, quai de Gère.
Joly, r. des Célestes, 19.
Journet, r. Pont-Évêque.
Journaud, Lhermo et Vaganay, quai de gère.
Journaud-Robin et Bossu, quai de gère, 15.
Jullien (Adolphe), quai Saint-Antoine.
Lafont, porte de Lyon.
Lambert (A.) et Cie, r. de la gère, 10.
Lascour et Cie, r. de la gère.
Leblanc père et fils, quai de gère.
Linossier, r. Pont-Évêque.
Maniguet, r. de la gère.
Martin (F.) et Chaumartin, quai de gère.
Michel et Albert, rue de la gère.
Morel (G.), rue Drapière.
Morin jeune, quai Pajot, 10.
Pascal, Valult et Chavassieux jeune, q. de gère.
Pegeron, r. Drapière, 10.
Pegeron, r. Serpaize, 145.
Perriolat, r. Cuvière.
Perrot, rue des Épis, 7.
Pertus et Jullien, r. de la Roche.
Platon et Petiton, quai de gère.
Poncet, r. Druge, 57.
Ponchon, chemin Neuf, 11.
Poulaillon et Meunier, r. Pont-Évêque.
Poyet, r. Pont-Évêque.
Privat, r. Pont-Évêque.
Rampignon, r. Saint-André-le-Haut.
Ravol, r. Pont-Évêque.
Rey jeune, r. de la Cocarde, 6.
Reymond, Barbarin et Cie, r. Marchande, 13.
Rivoire (Marcel), montée des Capucins, 1.
Ruelle, Bosc et Cie, r. de gère.
Rousset aîné et Cie, (société de Beauregard),
  quai de Gère.

Sombardier, chemin neuf, 12.
Thiolier et Burle, chemin neuf, 5.
Tournier, ch. neuf, 12.
Vernay frères, r. Pont-Evêque.
Vincent frères et Frécon, r. de la Roche, 12.
Vitoz et Roussillon, r. de gère.
Vuldy, r. Pont-Evêque.

Draps à filtrer les produits chimiques.

Dervieux (J.) et Cie, quai de Gère, 4.
Lambert et Cie, r. de la gère, 16.
Morel (G.), r. Drapière.
Trumeau (A.), quai du Rhône.

Draps (négts-commission.).

Barbier (A.), q. du Rhône.
Berger et Villeneuve, q. St-Louis.
Cléchet, quai de gère.
Cuzin, pl. Modène.
Dambuyant (Ch.), pl. St-Louis.
Garon (Francisque, quai de gère.
Lascour et Cie, r. de la gère.
Oppé et Cie, r. d'Arpot.
Prat et Genevet, r. de la Roche.
Thibaud et Cie, q. de gère.
Revelin aîné, q. de Gère.

Draps imprimés.

Bajard, q. du Rhône.
Pascal-Valluit et Chavassieux jeune, quai de gère.
Bonier jeune et Vaudaine, q. du Rhône.

Flanelle de santé (fabr.).

Lambert (A.) et Cie, r. de la gère.
Trumeau (Arthur), q. du Rhône.

Ganterie de laine (fabr.).

Ponton (J.), Grand'-Rue, 83.

Imprimeurs sur étoffes.

Brodurier, r. Mercière, 3.
Pascal-Valluit et Chavassieux, route de Lyon.
Savigner, r. d'Arpot.

Laines en suint.

Rivoire frères, r. de la gère.

Laines pour chapellerie.

Berger et Villeneuve, quai St-Louis.
Gerin fils, r. de la Gère.

Laines (cardeurs et filateurs de).

Boiron, r. Cuvière.
Brenier aîné et fils jeune et Cie, r. Cuvière.
Burdy aîné, r. Pont-Evêque.
Burdy (Jean), r. Saint-Martin.
Bonjean, r. Pont-Evêque.
Charreton-Sibut, pl. de la Cocarde.
Delaigue, r. St-Martin.
Divat, r. Cuvière.
Félix, r. Pont-Evêque.
Galibert, r. Cuvière.
Gerin et Français, r. Pont-Evêque.

Monnet aîné et fils aîné, r. Cuvière.
Monnet jeune, r. Cuvière.
Reboul et Novat, r. Cuvière.
Tournier frères, r. Pont-Evêque.

Laines (effilocheurs de).

Gueux et David, à Pont-Evêque.
Rigaud et Champinot, r. Pont-Evêque.

Laines brutes ou filées (march. de).

Berthaud, r. Ponsard, 2.
Brenier aîné et fils jeune, r. Cuvière.
Chamarier, Vitel et Mayer (maison à Tullins), ch. Neuf, 15.
Cuzin (N.), pl. Modène, 1, en gros.
Deryaux (A.), rue de la Cocarde, 2, en gros.
Durand, r. Pont-Evêque.
Dyant, r. Cuvière.
Félix, r. de la Cocarde, 11.
Gabert (Paul), q. St-Antoine.
Gérin fils, montée des Capucins.
Fataud et Cie, r. de gère.
Giroud et Cie, maison à Tullins, chem. Neuf, 11 et 13.
Gouet fils et Silvestre, r. de la Roche.
Gonon fils aîné, r. des Quatre-Vents, 1.
Guerrier (Ve et ses fils), pl. de l'Affuterie.
Guichard, r. Juiverie, 9.
Guichard, cloîtres Saint-Maurice 6.
Guirand (A.) et Cie, quai d'Arpot.
Larrivé fils, r. de gère.
Liotard (Ve), r. Marchande, 32.
Madras (E.), représentant, r. Pont-Evêque.
Malacour et Pétrequin, r. Marchande, 12.
Maréchal fils, r. de gère.
Mosnier-Bernard, maison à Tullins, rue de la Table-Ronde.
Poyet (J.), r. des Boucheries, 20.
Rivoire frères, r. de gère.
Solant et Schœni, maison à Tullins, quai du Rhône, 7.
Trumeau (Arthur), quai du Rhône, 11.
Vincent (Michel), r. d'Arpot.

Lisières de draps (commerce de).

Cuzin (N.), pl. Modène.
Piot aîné, r. de la gère.

Mécaniciens.

Blanc, cours Romestang, 18.
Charpe, r. Pont-Evêque.
Charreton, r. de la Roche.
Constantin, r. Pont-Evêque.
Dupuis frères, r. Cuvière.
Genin frères.
Lanfray, r. Cuvière.
Maissonneuve, r. d'Arpot, 30.
Marty, r. des Boucheries, 10.
Michollier, r. Saint-Martin.
Picouly, atelier de construction pour filature de laine, coton et apprêt, r. Cuvière.
Revelin, r. Pont-Evêque.
Tournier, r. Pont-Evêque.

Mécaniciens constructeurs:

Charreton et Bymin, r. Serpaize.
Jouffray aîné et fils, porte de Lyon.
Jouffray cadet, r. de Vimaine, 18.
Lhuillier et Jouffray, r. d'Arpet, 26.
Tournier et Charreton, r. d'Arpet.

Mèches pour les mines (fabr. de):

Hawke, Martin et Cie, r. d'Avignon, 112.

Mercerie en gros:

Fombonne (B.), place de la Caserne.
Racle (A.), cours Romestang.

Navettes (fabr. de):

Baumann (J.), r. d'Arpet.
Baumann (Louis).
Baumann (Lucien).
Tournier, pl. de la Cocarde.

Nouveautés. — Tissus divers:

Crétinon, r. de l'Éperon, 8.
Dupré et Boisard, r. des Cleres, 32.
Durif-Prouvèze, pl. de l'Hôtel-de-Ville, 3.
Ginieux, r. Marchande, 21.
Michel (Mlle), pl. de l'Hôtel-de-Ville, 11.
Tollet (Mlle), r. Marchande, 4.
Rondet, r. Ponsard.
Tournier, pl. de l'Hôtel-de-Ville.

Représentants de fabrique:

Benoît, quai Pajot.
Chorier, r. de la Gère.
Gabert (P.), quai Pajot.
Gonon, fils aîné, r. des Quatre-Vents.
Madras (E.), rubans pour cardes de laines,
  cotons, soie et lin, r. Pont-Évêque.
Seyty, r. de la Gère.
Villard, r. de la Gère.

Rubans et dentelles:

Badord, c. Romestang, 9.

Soie (filateurs de):

Dupré et Boisard, r. des Cleres, 32.

Teinturiers.

Berthier, r. Pont-Évêque.
Bonon et Baum, r. de Gère.
Bouvier, r. Pont-Évêque.
Carroz, r. Saint-Martin.
Chaumartin, r. Clémentine, 12.
Chaumartin, r. de la Table-Ronde, 15.
Deschaux frères, r. de la Roche, 3.
Pocaton, r. Clémentine, 18.
Richard et Vitoz, chemin Neuf, 19.
Silan, r. Marchande, 27.

Vinay.

Draps et nouveautés. — Arnold, Boissieu,
  Bourrin. — Champavier. = Favre. =
  Guéry. — Vitton.
Soie (filatures de). — Pinet (Vve). = Dorlie.
  — Paysan.
Soie (fabr. d'étoffes de).—Moireux.=Saunier.

Virieu.

Soierie. = Bouillon. = Gaven frères.

Vizille:

Chanvre en gros. = Robert.
Coton (filature de). = Gassand père et fils.
Impressions sur foulards. = Berthat, Gigarel
  et Cie.
Papeterie. = Peyron frères, soierie.
Soierie (fabr. de). = Chapuy (E.), taffetas. =
  Durand frères, foulards et crêpes, maison à
  Lyon. = Guinet (A.), taffetas. = Jaubert,
  Lions, Audras et Cie, maison à Lyon.

Voiron:

*Chambre consultative des arts et manufac-
  tures de Voiron.* = Président : M. Landru,
  négociant. = Secrétaire : M. Boirivant,
  fabricant.
Banques. = Humbert frères. = Landru fils
  et Cie. = Rambeaud frères. = Repellin et
  Roget.
Blanchisseurs de toiles. = Barnier. =
  Bourde. = Villard. = Castelben et Alexis
  Vial. = Jacquemet neveu et Cie. = Guil-
  laumin.
Chanvre et filasse. = André et Cie. = Bro-
  chier. = Hulmières. = Micoud. = Morel
  père et fils. = Polosson frères.
Chapeaux de paille (fabr. de). = Fugier. =
  Guinat.
Draperie, rouennerie et nouveautés. = Barlet
  (Vve). = Grellard. = Dalmais. = Dalmais
  (Joseph). = Deguet cadet. = Fière (A.).
  = Grabit. = Jacquemet (L.). = Jourdan
  et Cie. = Sadoux.
Linge de table (fabr. de). = Beniel. = Bor-
  derias. = Chollat (Ant.). = Demay. =
  Gayme. = Jourdanet. = Kalmbacher. =
  Odry. = Richer. = Vachon.
Mécaniciens. = Bret frères, machines pour le
  tissage, métiers à tisser toutes espèces d'é-
  toffes en soie, lin et chanvre, coton et
  laine. = Tournier (Joseph), pour soieries.
  = Veyron.
Papier (fabr. de). = Barjon, soierie.
Rubans et dentelles. = Mme Rochemure
  (Vve) et fils.
Soies (tissage de). = Bellon. = Berrod. =
  Berthet et Tivollier, satin. = Bois (Eug.),
  foulards. = Bret-Douren, foulards. =
  Brun et Cie, de Chanay. = Favier, fou-
  lards et satin. = Guinel (Joseph), satin. =
  Lacombe, Mayre et Cie. = Pochoy, satin.
  = Poncet (Florentin). = Thibaudier, taffe-
  tas à façon. = Veluzan, satin et foulards à
  façon.
Tailleurs (confections). = Gabert. = Pinal
  (A.) fils.
Tailleurs (Marchands). = Berger. = Bennard.
  — Charles. = Guiberme et Duplessis. —
  Millat. — Poulet. = Rousset.

Toiles par métiers mécaniques (fab.). = Jacquemet (Gustave) et Bunet. = Jacquemet neveu et Cie.

Toiles tissées à la main (négoc. en). = Allegret. = Lalland et Cie. = André et Cie. = Biroard père et fils. = Blanc. = Jacquemet père et fils. = Bonnard (Jules) et Cie. = Bourrion (Nicolas). = Chatlard (J.). = Dalmais (R.). = Denantes père et fils. = Depart (A.). = Deschaux et Griot. = Géry et Cie. = Hulmière. = Jacquemet neveu et Cie. = Landru et Ferrier père et fils. = Perrier (G.) et Cie. = Pellosson frères. = Rachel. = Pierre et Aubert. = Villard. = Castelbon et Alexis Vial.

Tourneurs pour la fabrique. = Bayet. = Chadeyron.

Voreppe.

Magnaneries. = Burdet. = Mourral. = Nicolas. = Pal.

JURA

LONS-LE-SAULNIER (chef-lieu):

Tribunal de commerce. = Président : A. Devaux. = Juges : Damelet (Henri). = Prost fils. = Billet (E.). = Suppléants : Large. = Grétin (F.). = Greffier : Granjon.

Banque de France (succursale de la). = Directeur : Champy. = Caissier : Lefranc.

Banquiers. = Bruchon (Désiré). = Clément et Bonnete. = Prost (B.) et fils.

Blanc (articles de). = Pichet-Bail. = Monnier-Perrin.

Bonneterie (en gros). = Billard et Bœuf. = Clertan (Ernest). = Néron-Brive. = Robin (Jb).

Couvertures pour chevaux et tapis de chambre (fabr. de). = Bornet (Auguste).

Draperie, nouvautés, rouennerie, soierie et toilerie. = Baille (Ch.-M.). = Bernard-Marmier. = Camus-Rhor. = Clément-Perchet. = Clerc-Lhomme. = Déclume-Michel. = Duvillard (Vᵉ). = Giraudet-Provençal. = Lombard-Benoît. = Maron fils. = Pelletier (Jb) et Cie. = Perret-Pouthier (Vᵉ). = Querry. = Veidey-Reux (Vᵉ) et Alix, gros et détail. = Rousseau (Jules). = Veidey (Vᵉ) fils.

Mercerie en gros. = Billard et Bœuf. = Grétin (F.). = Michel (Ch.). = Robin (Jb).

Passementerie. = Bernard. = Grétin. = Marmorat aîné. = Mermet. = Sauvageot (Vᵉ) et Marmorat sœurs.

Rubans. = Monnier-Perrin.

Tailleurs confectionneurs. = Berthet-Chevassus. = Boudet. = Colombet (A.) (à la ville de Paris). = Reox et Large.

Champagnole.

Banque et escompte. = Gros. = Martin.

Bonneterie en gros. = Giraud-Branquet. = Giraud-Guigues frères. = Giraud-Sauveur. = Rozier.

Dole.

Tribunal de Commerce. = Président : Daubigney. = Juges : Santenax. = Ruffier (Nestor). = Vincent (Auguste). = Suppléants : Baudet-Lavrut. = Gaudillot. = Greffier : Guillaumon.

Agréés : Robert (L.), ancien avoué. = Deville père. = Deville fils.

Banquiers. = Briet et Caruel. = Daubigney, comptoir d'escompte et de dépôt.

Bleu (fabr. de). = Balois frères. = Lachiche (Jules). = Malpas, Bernays et Cie. = Nicolet-Jorat. = Passier, Bleu-Passier. = Santenax (Elzéar), pour azurage, export. Valès fils.

Bonneterie (fabr. de). = Baudran. = Marchands : Besson-Rouge, ganterie, mercerie. = Boisson (Emile). = Delignat (Mᵐᵉ). = Guillard (Fr.). = Gauby (Mˡˡᵉˢ). = Gremaud (Elvina). = Hudry (A.), gros et détail. = Morel (Mˡˡᵉ). = Régnier (Joséphine).

Chaussons en lisières (fabr. de). = Malpas, Bernay et Cie, exportation.

Draperie, rouennerie et nouveautés. = Belleville sœurs. = Bourgeois. = Grillet-Guenet. = Laffely et Cie. = Machuret (Mˡˡᵉ). = Petit (Henri). = Pene (Ch.).

Mercerie en gros. = Besson-Rouge. = Boisson (Emile). = Ducher. = Hudry (A.).

Ornements d'église. = Perrin (Mᵐᵉ).

Produits chimiques (fabr. de). = Malpas, Bernay et Cie, bleu pour teinture et impression.

Nancuise.

Carton pour apprêts (fabr. de). = Piques aîné.

Poligny.

Banquier. = Lambert fils.

Draps et nouveautés. = Colman. = Dey-Boussard (Vᵉ). = Grandvaux. = Primet frères et sœurs. = Simon sœurs. = Tavant.

Imprimeurs sur étoffes. = Marchand. = Vaillant. = Zeler.

Saint-Claude.

Chambre consultative des arts et manufactures. = Président : Théod. Jeantet. = Regad, secrétaire.

Banque et recouvrements. = Baille-David. = Richard. = Jourdan.

Draps, rouennerie, toiles, nouveautés. = Benoît sœurs. = Bourdeau. = Carrez (Vᵉ). = Maynial. = Millet (Vᵉ). = Pichet (Vᵉ). = Regad (Eugénie).

Planchettes pour passementiers (fabr. de). = Mandrillon-Grandperret (Vᵉ), usine.

Salins.

Tribunal de commerce. — Président : Marchand (H.). — Juges : Toubin (L.-J.). — Champon (J.-J.).— Piauroy.—Suppléants : Guignet. — Pernet. — Greffier : Grandjacques.

Agréés. — Méraux. — Pillot.

Banquiers. — Bouvet (Alfred). — Joly (P.).

Bonneterie en gros. — Falcoz-Vuillaume.

Draperie, toilerie, soierie et nouveautés. — Barthet. — Besand. — Bonvalot. — Boussard. — Brichard (J.). — Bugnet. — Bu-

gnet sœurs. — Delœil (Mlle). — Dubulle cadet. — Flick. — Girod-Collon. — Maillard-Rodet. — Marchand. — Dubulle. — Maubert. — Méraux sœurs. — Perroux. — Villaume (Mlle). — Villermot-Boussard.

Effilocheur. — Thiébault-Durcon.

Laines (filature de). — Thiebaud-Duchon.

Volteur.

Toile de chanvre (fabr. de). — Coulon. — Florin. — Fournier frères.

LANDES

MONT-DE-MARSAN (chef-lieu).

Banquier. — Lacroix (Florent).

Draps et toiles. — Aaron. — Dudon (J.). — Meilhon (J.). — Rival ainé. — Sabatier. — Ulmo (S.). — Lamolle frères. — Ulmo (G.).

Droguets et jupes (fabr. de). — Duron.

Aire-sur-l'Adour.

Laines (filatures de). — Cayro. — Thore.

Dax.

Banque et recouvrements.—Gardilanne (Paul). — Tauzin le jeune et Gardilanne.

Blanc (articles de). — Talobre (H.).

Bonneterie. — Boutfanais. — Dubedout frères.

— Sanguinet (Z.). — Talobre (H.), Cie Lyonnaise.

Bonneterie en gros. — Damien (Fraisse).

Draperie. — Dubedout frères. — Jomier (E.) et Crestin. — Dubec. — Labeyrie ainé. — Lacraste. — Lassale (Aristide) et Baïlac. — Maas (Alex.) et D^{ne} Léon· — Nourrit (G.).

Laines, plumes et duvet. — Audousset. — Darrigade (Pierre). — Doucet. — Pujol ainé et Cie.

Mercier en gros. — Damien (Fraisse).

Nouveautés. — Dubecq (J.). — Froment (V^e). — Jomier (Em.) et Crestin. — Jouvenot ainé. — Millies. — Lacroix (V^e). — Nourrit (Gustave).

LOIR-ET-CHER

BLOIS (chef-lieu).

Tribunal de commerce. — Président : Duchalais-Gouté. — Juges : Sausse-Girard. — Lecesne. — Simon-Dabout. — Pousset. — Suppléants : Javary. — Anthoine. — Chavigny. — Greffier : Lacaille.

Banquiers. — Blanchon. — Brechemin-Aucoc et Cie, caisse commerciale de Loir-et-Cher. —Pillette-Hardyau, escompteur. — Pousset, Moisson et Cie, comptoir d'escompte de Loir-et-Cher. — Petit (Ch.) et Cie.

Draperie et rouennerie en gros. — Bourreau. — Dillard (Victor). — Besson. — Carmelin. — Contant (A.). — Corbin. — Cormier. — Ducros. — Filly. — Gendrier-Blanchet. — Grand-Pery. — Grandineau (Jules). — Grasset. — Jahan. — Jérémie-Berland. — Leclerc (N.). — Lepage. — Lombard. — Lutier (L.). — Lutier jeune. — Musset (E.). — Ouzilleau (Th^{re}). — Tillard. — Vesser.

Droguerie en gros. — Chavigny (H.), résines en gros. — (Anatole).

Fleurs artificielles. — Bailly. — Meunier-Millet. — Moreau. — Niepceron.

Laines. — Ourceau père. — Petit-Vidy.

Merciers (en gros). — Bourreau (E.) et L. — Perrot. — Herbemont. — Lecour frères.

Nouveautés et rouennerie. — Berland. — Besson. — Carmelin. — Contant (A.) (à la Ville de Blois). — Corbin. — Cormier. — Ducros. — Filly. — Gendriet-Blanchet. — Grandineau (J.). — Grandry. — Grasset.— Jahan. — Leclerc. — Lepage. — Lomuard. — Lutier (Lucien). — Lutier jeune. — Vesser. — Daveu, spécialité de deuil.

Tailleurs-confectionneurs. —.Chapon. — Delcros. — Foulard. — Franck (Henri) et frère. — Lemerle.

Meslay.

Tapis (fabr. de). — Sallandrouze de Lamornaix et Cie.

Oueques.

Banquier. — Chevallier.

Chanvre. — Cothereau (A.). — Derouet.

Toile et chanvre (fabr. de). — Carreau. — Guitton. — Lemarchant.

Romorantin.

Tribunal de commerce. — Président : Charenton-Biguet. — Juges : Girouard-Bara. — Grellier. — Hérault. — Paul Horay. — Suppléants : Blanchet-Nivard. — Greffier : Taillarda.

Banquiers. — Brechemin Aucoq et Cie.
Draps (fabr. de). — Coulon-Feuillard. — Gué-
det-Coulon. — Normant frères ✻, manu-
facture à Romorantin et Elbeuf, maison à
Paris. — Souchay.
Draps, rouennerie et nouveautés. — Belliard.
— Caron-Leday. — Charenton-Biguet. —
Grellier. — Martin-Ernou. — Naudin. —
Pinon-Chameau. — Poyou.
Laines (commissionn. en). — Decourcelles-
Desouches. — Guenin-Mignon. — Paul-
Horay.

Savigny-sur-Braye.

Banquier — Cador.
Cotons (fabr. de). — Bénard (Lucien). — Guit-
ton (Abel). — Marcellier (G.).
Draps (marchands de). — Breton. — Hervé.
Monceau.

Vendôme.

Bâches imperméables (dépôt de). — Bour-
goin.
Banquiers. — Brechemin-Aucoc et Cie. —
Gatien-Arnoult. — Moisson et Cie, comp-
toir d'escompte du Loir-et-Cher.
Draps, rouennerie et nouveautés. — Bour-
goin. — Colas. — Dehargne. — Deniau-
Marais. — Deniau-Gassot. — Doliveux. —
Doron-Belot. — Dubois-Halloin. — Fer-
rand. — Guenardeau. — Molteau.
Fleurs (fabr. de). — Duclos.
Gants de coton pour l'armée (fabr. de). —
Moisson de Montéclain.
Gants de peau et de tissus (fabr. de). — Bel-
langer. — Chartraire. — Delaville. —
Moisson de Montéclain. — Morize. —
Ruet.

LOIRE

SAINT-ÉTIENNE (chef-lieu).

Chambre de commerce. — Palluat de Besset,
président. — Richard (E.) ✻, vice-prési-
dent. — Duplay-Balay, trésorier. —Gerest
(A.), secrétaire. — *Membres* : Clozel
(Etienne). — Arbel. — Lanoir. — Faure-
Belon. — Giron ✻. — Verdier ✻. — Te-
zenas. — Thiolière. — Girinou. — Janicot.
— Gérentet (Cl.) ✻. — *Secrétaire-archi-
viste* : Silvestre, à la chambre.
Tribunal de commerce. — Duplay-Balay,
président. — *Juges*: Thivillier. — Pélissier
(A.). — David (E.). — Donneaud (A.).
Prénat. — Brossard. — Calemard. — Clair
(V.). — *Juges suppléants* : Gauthier (A.).
Favier (E.). — Couzon (P.). — Boitard (P.).
Béthenod (L.). — Perrichon (Paradis). —
Greffier : Berthon. — *Commis-greffiers* :
Sauze. — Carrot.

Arbitres de commerce.

Choqueney (Ch.), r. de la Loire, 18.
Jacolliot (J.-B.), r. de la Loire, 26.
Marganne (J.-B.), r. de la Loire, 31.
Tabard (A.), r. des Jardins, 26.

Conseil de prud'hommes.

Faure (Auguste) ✻, président.
Bougy (P.) ✻, vice-président.
Pagnon (J.), secrétaire.

Section des Rubans.

Balay (Jules), fabricant de rubans.
Barrallon (A.), fabricant de rubans.
Lacour (Jean), fabricant de rubans et velours.
Tardy (Félix), fabricant de rubans.
Milliant (A.), maître teinturier.
Favre (G.), maître passementier.
Goyet (J. M.), maître passementier.
Gonon (A.), maître passementier.
Peuvergne (Albert), fabricant de rubans.

Penel (E.), fabricant de lacets.
Moustier (A.), fabricant de rubans.
Epitalon (J.-M.), fabricant de rubans.
Peyrot (B.), maître passementier.
Craponne (A.), maître passementier.
Fabre (A.), maître passementier.
Forgeron (H.-J.), maître passementier.
Chevillard (J.-B.), ouvrier passementier.

Condition publique des soies.

Cet établissement a été créé par un décret du
13 janvier 1808, et une décision de S. E. le
Ministre de l'Intérieur du 23 avril 1823.
Les opérations sont les mêmes que dans
l'établissement de Lyon.
Berthollet (Victor), directeur, à la Condition.

Consulats

Italie. — Agent consulaire, Faure-Belon (C.),
O ✻, rue de la Paix, 14.
Espagne. — Vice-consul, Faure (Auguste) ✻,
rue des Arts, 2.
Uruguay. — Antoine Chapon. 8, pl. St-Cha-
les. Vice consul de la République orientale
de l'Uruguay.
États-Unis. — Agent consulaire, Bechtel
(George), r. de Foy, 10.
Banque de France (succursale de la).

Place Marengo, 6.

Rondel (A.) ✻, directeur.
Dard, caissier.

COMMERCE, INDUSTRIE.

Banquiers.

Balay ✻ frères et Cie, rue des Jardins, 13.
Bréchignac (P.), rue de Foy, 3.
Grisard (Louis), rue du Chambon, 6.
Girerd-Nicolas ✻ et Cie, Caisse commerciale
de Saint-Etienne, r. de la Bourse, 32.

Huguet E, banquier à Paris, représenté par
  J. M. Maras, rue de la Bourse, 1.
Raverot père et fils, rue de la Loire, 1.
Société Stéphanoise du Crédit au travail, La-
  forest aîné et Cie, directeur, r. des Arts, 7.

Apprêteurs, Moireurs, Cylindreurs d'étoffes.

Bonnand (P.), cylindreur, rue d'Alma.
Bessy (E.), moireur, rue Marengo, 3.
Berger et Frappa, cylindreur, r. du Jeu-de-
  l'Arc, 12.
Chapuy (A.), cylindreur, r. du Treuil, 25.
Denis (J.-A.), cylindreur, rue du Treuil, 5.
Drutel (Cl.), gauffreur, r. Saint-Louis, 32.
Fontvieille et Poncet, cylin., r. du Treuil, 14.
Mallet (A.-V.), cylindreur, rue Robert, 3.
Lassablière (J.-D.), lustreur, imp. St-Honoré.
Mallet (T.) fils, cylindreur, rue des Arts, 6.
Massardier (B.) fils, lustreur, r. St-Charles, 26.
Morieux, rue de Paris, 5.
Meyer (V.), moireur, r. de la Banque, 5.
Morne et Morel, cylindreurs, rue Royale, 14.
Murgue et Ponson, cylin., r. Mi-Carême, 2.
Perrin (J. C.), cylindreur, rue Marengo, 12.
Plotton frères, cylindreurs, r. de la Croix, 23.
Porte (M.), cylin., place de l'Hôtel-de-Ville, 8.
Richard (Cl.), cylindreur, place Marengo, 10.
Sanglard (J.-B.), cylin., rue de la Croix, 12.
Sublé (J.), cylindreur, rue Traversière, 1.

Bonneterie et ganterie.

Barnola (J.), rue du Treuil, 4.
Barnola (E.), rue de la Comédie, 3.
Couchoud (Cl.), rue de Lodi, 5.
Crevat, rue Saint-Denis, 7.
David-Babelet, place Royale, 6.
Laurent et Rouhier, rue de Paris, 7.
Ouvry aîné, rue du Chambon.
Pain (Mme), place Royale, 5.
Peyronnet-Grellet, rue de Lyon, 2.
Prosper-Michel, rue de Foy, 19.
Silvain-Chatain, r. de Paris, 1.

Bas (fabricant de).

Couchoud, rue de Lodi, 5.

Bordures parisiennes.

Favier (A.), fabrique de bordures pour chaussures et confection, place St-Charles, 9.

Bourdaloux, galons, taffetas pour chapellerie
  (voyez aussi Rubans de soie, fabr. de).

Astic, rue de la Croix, 9.
Barbier-Rambaud, rue de l'Ile, 10.
Barrière (Math.), rue Traversière, 6.
Bayard aîné et fils, impasse Saint-Honoré.
Bertrand (E.), place de l'Hôtel-de-Ville, 7.
Breuil et Trisson, rue de Paris, 7.
Brun (Camille), rue Marengo, 6.
Callet-Bachelard, rue de la Loire, 40.
Couturier père et fils, place Mi-Carême, 8.
David (J.-H.), rue de la Bourse, 16.
Faure (Louis), rue Balay, 6.

Gérard (E.), rue Brossard, 6.
Giraud et Bastide, rue Royale, 8.
Liabeuf, place du Marché, 6.
Martinet (J.-Seb.), place St-Charles, 9.
Odin, (François), rue Balay, 14.
Palais, rue Saint-Jean, 19.
Taveau jeune, rue de la Bourse, 3.
Thirot et Vincent, rue de la Croix, 4.

Bourre de soie (marchands de).

Boyer (J.), rue Royale, 31.
Foujol (S.), rue de la Bourse, 1.
Tardy et Drevet, déchets de soies, soies pour
  machines à coudre, pl. Mi-Carême, 5.
Varinier, rue Sainte-Catherine, 9.

Caoutchouc (fabricants de tissus en).

Barbier, place Saint-Louis, 25.
Bertrand, place de l'Hôtel-de-Ville, 7.
Chapoton-Feynas, rue des Gauds, 36.
Chillet et Cie, rue Jacquard, 32.
Coadon, place de la Comédie, 5.
Cuilleron-Policard, noirs et couleurs, au Petit-
  Treuil.
Durand et Martin, rue de la Bourse, 32.
Feynas-Dousson, à Bérard ; maison à Paris.
Gaucher (J.), représent. pour les fils-gommés,
  place Marengo, 5.
Guinard (Jeannès) et Joseph, r. Tréfilerie.
Jacquet Policard, rue Annonay, 7.
Joucerand Massardier, à Bellevue.
Marcelin frères, expert. rue de Montaud, 2.
Proriol-Dorion, à Valbenoîte.
Verdelet et Cie, pl. de l'Hôtel-de-Ville, 9.

Cartons et papiers (fabricants de).

Pascal frères, pl. Mi-Carême, 3, manufacture
  de cartons et papiers aux Eparres (Isère) ;
  maisons à Lyon, quai Saint-Clair, 11, Paris, cour des Miracles, 8 et 9.
Pejon, rue des Capucins, 2.
Thollet, à la Etivallière.
Véron (Norbert), fabr. de cartons Jacquard et
  de papier de pliage (usine hydraulique),
  maisons et comptoirs à St-Etienne, rue
  Royale, 40, et à Lyon, rue Camille Jordan, 3.

Cartonniers pour la fabrique.

Barrelon (J.), rue Mi-Carême, 2.
Charretier (Ve), rue de la Bourse, 10.
Cherel, rue de la Paix, 6.
Goupard (J.), rue de la Bourse, 30.
Goutarel (B.), rue Gérentet 8.
Dumas, place de l'Hôtel-de-Ville, 5.
Dumas (J.-G.), rue du Treuil, 9.
Dumas (Ve), rue de la Bourse, 15.
Fine (Mme), rue du Treuil, 14.
Granger (J.), rue de la Croix, 9.
Legat (A.), rue de la Bourse, 18.
Maselet (Cl.), rue des Jardins, 3.
Matrat (Ve), rue Royale, 13.

Merley (F.), rue Gérentet, 6.
Mottet (Mme), rue de la Bourse, 2.
Mottet (Mme), rue de Paris.
Paret (A.), rue de Foy, 3.
Parret (Cl.), rue de la Bourse, 22.
Pauze (P.), rue du Treuil, 22.
Peyrol (F.), rue de la Bourse, 3.
Ravier (J.-B) pl. de l'Hôtel-de-Ville, 10.
Sarrazin (V^e), rue Balay.
Simon (Mme), place du Marché, 6.
Verney (P.), rue des Jardins, 4.

Casquettes (fabricants de).

Baroni (J.-B.), place Royale, 20.
Dantel, fabrique de casquettes et chapellerie,
 rue de Paris, 15, en face de l'Hôtel-de-
 Ville.

Chapeaux de paille (fabricants de).

Jacob (V^e), rue de Foy, 1.
Raffaëli (C.), rue de Lyon, 5.
Reverchon, rue Royale, 36.
Rousson(J.-B.), apprêt. et blanch.,p. Royale,3.

Fournitures pour la Chapellerie (voyez bourdalous).

Boyer (Benoît), rue de Paris, 7.
David (J.-B.), rue de la Bourse, 16.
Dugnat et Issartel, matières premières, rue
 des Jardins, 16 ; maison à Londres.
Gidon, rue Royale, 8.

Chemisiers.

Ferlat (V^e), rue du Grand-Moulin, 6.
Laurent et Rouhier, rue de Paris, 7.
Magnier Ulerich, rue de Foy, 9.
Michel (P.), place Royale, 1.

Cols-cravates (fabricants).

Augier, r. de Roanne, 3.
Beaulieu (J.), r. Saint-Jean, 3.
Bodoy et Cie, pl. Marengo, 2.
Gérentet ✳ et Cognet, pl. Marengo, 5.
Lévy (S.) et Cie, cols-cravates fabriqués, r.
 royale, 8.
Peyronnet (A.), r. du Treuil, 10.

Commissionnaires, marchands de soie.

Arlès-Dufour, (F.), C. ✳ et Cie, pl. Marengo,
 9, maison à Lyon, pl. Tholozan, 19.
Balay ✳ frères et Cie, banquiers, r. des Jar-
 dins, 13.
Blancher (E.), commissionnaire, r, des Jar-
 dins, 8,
Braun (Théod.) et Cie r. de la Bourse, 22.
Bréchignac (P.), r. de Foy, 3.
Bronac (J. de) et Chabanacy, r. de la Bourse.
Chavallard (Antoine) jeune, matières pre-
 mières, schappes, cordonnets, floches, lai-
 nes, coton fils lustr., r. de la Paix, 8.
Chavallard (Séb.) fils et Delobre, rue de la
 Loire, 14.

Dayral et Sabot, r. de la paix, 5.
Desgrand (Louis) et Cie, représenté par Cl.
 Desjoyeaux, r. de la Paix, 14, maison à
 Lyon, r. Lafond, 24.
Desplagnes (J. et E.) frères, pl. Marengo, 3,
 maison à Lyon.
Duplay-Balay, négociant-commissionnaire, r.
 de la Bourse, 30.
Durand-Badel, marchand de soie, r. de la
 Bourse, 21.
Fraisse (M.), r. de la Bourse, 10.
Faure (C.) O ✳ et Cie, r. de la Paix, 14.
Fustier aîné, r. des Jardins, 11.
Gillier (Fr.), r. de la Bourse, 23.
Guérin (Vve) fils et Cie, pl. de l'Hôtel-de-
 Ville. 8, et à Lyon, Vve Guérin et fils.
Guichard (Vor) et Eugène Mercier, r. de la
 Bourse, 3, maison à Lyon, rue de l'Arbre-
 Sec, 6.
Jamen frères, r. de la Bourse, 32.
Maras (J.-M.), r. de la Bourse, 1.
Mounier fils et Rispal, r. de la Paix, 7.
Poméon (G.-F.) et Cie, r. de la Paix, 2.
Tamet (Michel) et Cie, r. des Jardins, 4.
Teyter (A.), r. Marengo, 23.
Thiollière (Ernest), r. de la Bourse, 25.
Vimor, commissionnaire, r. de la Bourse, 18.
Vignet (Alphonse), r. de la Bourse, 9.

Commissionnaires en rubans de soie, taffetas, velours, passementerie, etc.

Aurès (A.-H.), r. du Palais de-Justice, 10, et
 à Lyon, r. Impériale, 1.
Arlès-Dufour (C.) ✳ et Cie, pl. Marengo, 9,
 maison à Lyon, pl. Tholozan, 19.
Auffm Ordt Stümer et Cie, représentés par
 P. Gattet, pl. de l'Hôtel-de-Ville, 6, maisons
 à Paris, rue Drouat, 16; à Lyon, r. du Garet;
 à Hambourg et à New-York.
Augier (J.), ancienne maison Buffe et Augier,
 rubans et autres articles, pl. Marengo, 13.
Béhle (Ch.) et Cie, pl. Marengo, 5.
Bernheim jeune (Hesse A. success.), r. du
 Grand-Moulin, 13.
Bernheim (C.), r. Royale, 6.
Blancon (Jh-Jn-Mie) fils, pl. Marengo, 15.
Blettry (Félix), spécialité de tissus caoutchouc
 pour chaussure, pl. Marengo, 7.
Block et J. Ulmann, r. de Paris, 1, et de la
 Paix, 2.
Boggio (P.) et E. Garand, r. Gérentet, 2.
Bonjean (Léon), pl. Saint-Charles, 6.
Boyer (Benoît), r. de Paris, 7.
Brioude (F.) et Cie, pour l'Amérique, pl. de
 l'Hôtel-de-Ville, 9.
Brunon et Cie, pl. Mi-Carême, 1.
Candy (C.) et Cie, pl. de l'Hôtel-de-Ville, 15;
 maisons à Paris, Lyon, Londres.
Chand'er (Richard), pl. de l'Hôtel-de-Ville,
 10; maisons à Lyon, Paris, Londres et
 Roubaix.
Chapon (Antoine) et Cie, pl. St-Charles, 8.

Cholat aîné, r. Forissier, 3.
Crépet-Descours (Auguste), r. du Palais-de-Justice, 8.
Dobelin (Ch.), A. Maxein et Cie, de Paris, représentés par P. Gattet, pl. de l'Hôtel-de-Ville, 6.
Ducreux (C.), r. Royale, 1.
Dumarest (E.) jeune, pl. Mi-Carême, 3.
Dugenne et Léger, r. de Foy, 3.
Ellis Howell et Cie, repr. par S. Gondre, pl. Mi-Carême, 4.
Espenschied et Cie, r. St-Charles, 5.
Escoffier (J.), pl. St-Charles, 6.
Faure (A.), rubans, r. Royale, 8.
Fauvain (Victor) et Charles Cros, r. de la Bourse, 3.
Gaisman (Henri), rubans et soiries, pl. de l'Hôtel-de-Ville, 12, maisons à Lyon, r. Lafond, 10, et à Londres, 7, Foster Lane, Cheapside E(.
Gaucher (J.), commissionnaire en rubans et passementerie, pl. Marengo, 5.
Gattet (P.), pl. de l'Hôtel-de-Ville, 6.
Girard (Maurice), pl. Mi-Carême, 9.
Gobert (Louis), r. des Arts, 6.
Gondre (S.), représentant de la maison Ellis Howell, pl. Mi-Carême, 4.
Hervieu, Petard et Cie, r. Royale, 13.
Hess (Alexandre), r. du Grand-Moulin, 13.
Hess (Jules) et Cie, r. des Jardins, 4, maison à Lyon, pl. Tholozan, 19.
Hogard et Cie, r. de la Bourse, 18.
Kahn frères, r. Gérentet, 2, maison à Londres.
Laurens (P.), pl. St-Charles, 9, représentant de E. Dupent et Perret, de Paris.
Lax frères jeunes, r. de Foy, 2.
Leaf, Sons et Cie, représentés par L. Bancel, pl. Marengo, 8.
Legros (G.), exportation, r. de la Croix, 1.
Milsom, Pey et Ch. Berry, représenté par Donnefoy, pl. de l'Hôtel-de-Ville, 5, maison à Lyon.
Montagnac (Frédéric), r. de Foy, 12.
Mortimer-Berthollet, représentant, r. de la Paix, 13.
Paliard (Victor), pl. Marengo, 19.
Palix (J.) et Cie, pl. Marengo, 4.
Propach (Robert), représenté par Geo. Bechtel, r. Marengo, 12.
Samuel (L.-M.), pl. St-Charles, 4, maison à Hambourg.
Scheeler (Henri), r. du Treuil, 6.
Schrameck (M.) jeune, pl. de l'Hôtel-de-Ville.
Seléliac frères, pl. Marengo, 5, maison à New-York.
Tamet (Michel) et Cie, rubans et lacets, exportation, pl. de l'Hôtel-de-Ville, 10.

Corsets (fabricants de).

Augier (J.), dépôt de corsets, gants, jupes et cages de la maison Thomson et Cie, de Paris, vente en gros, pl. Marengo, 13.

Chanellière (Mlle), r. de la Charité, 1.
Massard (Miles), r. Ste-Catherine, 5.
Perrot (Mme), r. de la Paix, 4.

Cotons et laines filés, fils citrés, fantaisie.

Behlé (C.) et Cie, fils prussien, pl. Marengo, 5.
Bernard-Michel, r. Montaud, 24.
Bouez Léopold, r. Brossard, 9, représenté par C. Pupil, filature et retorderie de coton.
Chavallard fils et Delobre, r. de la Loire, 14.
Chavallard (Antoine) jeune, r. de la Paix, 8.
Coignet et Gaillard, r. des Arts, 7.
Courrally (Claudius), r. de la Bourse, 3.
Delebart-Mallet, r. de la Bourse, 20.
Descos (F.), r. Forissier, 3.
Dumarest (E.) jeune, place Mi-Carême, 3.
Dumarest (Pétrus), r. Marengo, 17, représentant de A. Boissière et Cie, de Roubaix.
Escoffier (J.), cotons filés, retords et gazés, pl. St-Charles, 6.
Gaucher (J.), cotons filés, laine et fantaisie; représent. p. les fils gomme, pl. Marengo, 5.
Liegler et Culty, r. Brossard, 10.
Osmont fils aîné, r. de la Bourse, 20.
Pugnon, r. Marengo, 9.
Rambaud-Thoral et Sestier, r. de la Bourse, 7; maisons à Lyon, Nîmes et Marseille.
Tamet (Michel) et Cie, soies fantaisies, coton filés, pl. de l'Hôtel-de-Ville, 10.

Courtiers pour la soie.

Courally (Ferdinand), pl. St-Charles, 5, boîte pl. de l'Hôtel-de-Ville, 8.
Crozet, r. de la Loire, 1.
Gerin (Camille), r. Royale.
Payre (Antoine), r. des Jardins, 2.
Payre (Gilbert), r. de la Loire.
Siméon, r. des Jardins.
Tézénas, r. des Jardins, 20.
Turin, pl. de l'Hôtel-de-Ville, 6.
Dubreuil (P.F.), r. du Chambon.

Découpeuses d'étoffes et rubans.

Chassagnon (Ve), pl. Mi-Carême.
Méjasson (Mme), r. de Lodi, 3.
Rossignol (Mme), r. du Jeu-de-l'Arc, 3.
Trinquet (Mme), r. du Treuil, 1.

Dessinateurs pour la fabrique.

Berthéa et Docos, r. du Marché.
Chaplon et Chevalier, r. de la Bourse, 25.
Crozot et Decaruge, r. de Lodi, 11.
Cizeron, r. du Palais de Justice.
Dorel et Granger, r. de Foy, 13.
Granger Wild et Berger, Grand'Rue-Mi-Carême, 9.
Wel, r. du Palais-de-Justice.

Draperie, nouveautés et rouennerie.

Bélinac (Alexandre), r. de la Comédie, 8.
Bernier fils et Cie, r. de Lyon, 3.
Bourlier, en gros, r. de la Bourse, 32.

Doué, r. de la Loire, 16.
Chauvet (Ve), pl. du Marché, 6.
Chavanne=Boiron, r. de Lyon, 40.
Deléage, en gros, r. Traversière.
D'Aurelle (L.) fils aîné, r. de Foy, 18.
Donneaud, en gros, r. Neuve.
Georges (J.), r. St-Louis, 2.
Giron (Mlles), r. de Lyon, 44.
Greilsamer frères, r. de Foy, 3.
Grubis (Mme), r. St-Louis, 12.
Jabouley, r. Roannelle, 27.
Luison, r. de Lyon, 24.
Meunier (Cl.), r. Sainte-Catherine, 6.
Société ouv. : Menu et Cie, r. de la Loire, 13.
Vial et Cie, r. de Lyon, 36.

Droguistes pour la teinture.

Arnaud, pl. Royale.
Chautin jeune, r. du Grand-Moulin, 13.
Faure (Benoit), au Lion, r. de la Comédie, 12.
Faure (J.-B.) et Cie, au Dragon, r. de la Comédie, 9 ; usine r. d'Annonay, 15.
Girard aîné, pl. Royale, 12.
Péthaud (Ve), r. de Grand-Moulin, 8.
Richard (M.), r. de la Comédie, 7.

École de tissage pour la fabrique.

Mayéry (P.), r. de la Croix, 25.
Seillon jeune, r. de la Bourse, 2.

Fleurs artificielles.

Chapelon, r. de la Comédie, 2.
Couny (Mme), fab. petite r. St-Jacques, 18.
Goutelle=Chovet, pl. Royale, 25.
Raymond=Augier, r. de Foy, 8.
Reymond=Forest, pl. Royale, 40.
Rieu (Mlle), r. de la Comédie, 8.
Thomas (Mlle), fabricant, r. Royale, 10.

Galons pour tailleurs (fab. de).

Astie (F.), r. de la Croix, 9.
Barbe, pl. de l'Hôtel-de-Ville, 1.
Barlet (J.) Conchon et Cie, r. Royale, 9.
Beaufils=Forest, pl. St-Charles, 9.
Bernard et Carré, r. des Gris, 1.
Bertrand (E.), pl. de l'Hôtel-de-Ville, 7.
Bonon frères, r. des Jardins, 14.
Brun (G.), r. Marengo, 6.
Chamussy et Gabillot, pl. de l'Hôtel-de-Ville.
Dumarest (J.), r. Balay, 14.
Gelas (Etienne), r. de Lodi, 11.
Girard, F. Brossard, 6.
Joubert neveu, r. des Jardins, 4.
Liabeuf, pl. du Marché, 6.
Michel (S.), nouv., r. du Grand-Gonnet, 28.
Peuvergne frères, r. Balay, 14.
Soulié et Vende, r. Royale, 3.
Tivel (J.-B.), r. Royale, 11.
Trouilleux, médaille 2e classe, Paris 1855, r. Royale, 3.
Verdier=Crépet et Cie, r. Praire, 21.

Glaceurs de fil.

Allier (H.), à la Chaléassière.
Coron et Vignat (teinture et glaçage), r. des Trois=Meules, 17.
Faure, au Petit-Treuil.
Hervier (G.), r. Marengo, 7.
Patouillard, r. Désirée.
Payre, Hervier et Cie, r. Haut=Vernay, 6.
Payre (F.), r. des Mouliniers.
Villars (J.), r. Beraud.

Hôtels.

De la Poste, tenu par H. Jouve, petite rue St-Jacques, 7. Cet hôtel se recommande à MM. les Voyageurs par son confortable.
Du commerce, rue Royale, 6, tenu par Mlles Joly. Cet hôtel, situé au centre des affaires, se recommande aux voyageurs par sa table et la modicité de ses prix.

Lacets (fabricants de).

Anglade père et fils, au Rez-Valbenoîte.
Dumarest-Perrin, r. Marengo, 12.
Durand, place de l'Hôtel-de-Ville, 11.
Fulchiron frères, grande rue Tréfilerie, 17.
Legros (G.), spécialité de tresses alpaka, r. de la Croix, 1.
Penel (J.-B.), et cordons, aux Petites-Molières=Valbenoîte.
Renodier père, fils et Cie, r. de la Loire, 14.

Liseurs de dessins.

André (Ch.), place de l'Hôtel-de-Ville, 6.
Breuil (J.), r. des Jardins, 30.
Beauser, r. Villedieu, 3.
Brea, r. Praire, 13.
Brun (Ve), r. de la Paix, 34.
Chardigny (Cl.), r. de l'Ile, 13.
Chanavaz, r. du Treuil, 8.
Chapelon (L.), r. Saint-Charles, 17.
Clémençon (A.), r. de la Banque, 1.
Clément (J.), r. de la Bourse, 20.
Desage (J.-M.), r. Saint-Charles, 17.
Faure, place de l'Hôtel-de-Ville, 5.
Fillieul (B.), rue Royale, 11.
Guichard (J.-L.), r. de la Bourse, 9.
Guillaumont (J.), r. du Treuil, 13.
Limousin (J.), r. de la Bourse, 2.
Marrel (J.-B.), r. Robert, 6.
Montagne, place Saint-Charles, 5.
Montbabut (J.-B.), place Mi-Carême, 1.
Palais (F.), r. de la Croix, 29.
Poirier, rue des Gris, 9.
Rey-Chardigny, r. de la Paix, 16.
Rippert (A.), place Saint-Charles, 7.
Robert, r. Villedieu, 2.
Robin (J.) rue Saint-Paul, 2.
Rocher (J.-B.), r. des Gris, 11.
Vasille aîné, pl. de l'Hôtel-de-Ville, 3.
Vasille jeune, rue du Treuil, 9.
Vial (E.), r. Royale, 5.

Lingerie et articles blancs.

Alexandre, r. de la Comédie, 9.
Berger sœurs, r. de la Loire, 19.
Decousus-Cuilleron (Mme), r. de Paris, 11.
Faure (V^e), r. de Lyon, 3.
Faverjon (Mme), r. Saint-Charles, 20.
Gaubert (Mlles), r. de la Bourse, 11.
Levy (Léon), gros et détail, r. de Foy, 19.
Perillon (Mme), r. de la Comédie, 4.
Seillon-Gillier, en gros, r. de la Bourse, 2.

Literie.

Baudet-Désarmaux (Cl.), r. Neuve, 25.
Cognet (V^e), r. Neuve, 16.
Desormeaux (P.), rue Neuve, 21.
Digonnet (T.), grande rue St-Jacques, 16.
Ferrand aîné, r. Royale, 13.
Loy aîné, r. du Grand-Moulin, 5.
Loy Joseph (dit Léonard), pl. du Marché, 15.
Mallet-Paillat, r. Neuve, 40.
Nebout (V^e), r. Neuve, 24.
Piot (J.), r. de Roanne, 41.
Valette (V^e), r. Neuve, 8.

Machines à coudre.

Bador-Danguin, r. Royale, 17.
Hélie (E.), et fournit., r. de la Bourse, 28.
Calliat-Abrial, place Jacquard, 8.

Mécaniciens pour la fabrique.

Beau (Camille), spécialité de battants, brocheurs, r. Marengo, 16.
Boger (B.), r. Soleysel, 25.
Bregon (J.), grande rue Saint-Roch, 71.
Cognet fils, pour cordiers, r. Royale, 61.
Clair frères, r. de Lyon, 118.
Davaise (C.), r. Saint-Jean-Baptiste, 6.
Defon,, place de l'Etang-Tardy, 10.
Fargère (P.), r. Paillon, 9.
Fargère (A.), grande rue Saint-Roch, 47.
Fargère, r. Paillon, 1.
Ferrier (J.), spécialité de cylindres à rubans, r. des Gauds, 12.
Filliod, r. de la Bourse, 20.
Gay (J.-B.), grande rue Saint-Roch, 69.
Géry (P.), r. du Jeu-de-l'Arc, 2.
Gourgaud (J.), r. de la Banque, 8.
Hélie (E.), mach. à coudre, r. de la Bourse, 28.
Jacquet, r. Marengo, 47.
Martin, r. d'Annonay, 11.
Michel (C.), r. Duvernay, 9.
Moine (J.-B.), r. Bourgneuf, 10.
Mondon (F.), r. de l'Etang-Tardy, 14.
Morgaut, r. des Gris, 19.
Oudet (A.), r. Saint-Charles, 2.
Pignatel, r. Neyron, 27.
Pomerol, à la Richelandière.
Reverchon, r. de l'Etang-Tardy.
Sauvignet, place Saint-Charles, 1.
Travers (Germain), battants-brocheurs, r. de Montaud, 11.
Vacher, r. Raisin, 3, métiers complets pour

velours et rubans, battants de divers systèmes.
Voutat (J.-B.), fabr. de battants brocheurs, (maison de confiance), r. Montaud, 10.

Mercerie en gros.

Bertrand-Forest, r. de Foy, 10.
David-Barbelet, place Royale, 6.
Gallet-Anglade, place Royale, 2.
Méhier-Cédié et Cie, r. de Foy, 11.
Spitallier et Cie, r. de Lyon, 38.
Ladet-Charvet, place Royale, 38.

Métiers (fabr. et march.) (voir mécaniciens).

Beau (C.), r. Marengo, 16.
Cel, r. Boulevard-Valbenoite, 3.
Fontvieille (P.), r. des Deux-Amis.
Forest (A.), r. de Montaud, 2.
Gidon (P.), r. Chapelon, 11.
Pignatel, rue Neyron, 27.
Vacher, r. Raisin, 3.

Modes (fournitures pour).

Deschaud (Mme), r. du Grand-Moulin, 11.
Goutelle-Chauvet, pl. Royale, 25.

Mouliniers.

Batonal (P.), r. des Trois-Meules, 3.
Filial, à Saint-Genest-Malifaux.
Flachier, r. du Treuil, 61.
Frachette (J.-M.), r. du Treuil, 27.
Ginot (A.), au Bois-Noir.
Gabert aîné, au Rey.
Gabert (P.), au Rey.
Gabert frères, au Rey.
Javelle, au Petit-Treuil.
Muthuon, au Bas-Treuil.
Rouet, au Bas-Rey.
Veyre (F.), au Bas-Rey.

Naveliers (fabricants).

Chevalier (J.-J.), Grande-Rue-Saint-Roch, 59.
Delobre, r. des Gris, 1.
Dubost, r. des Gris, 18.
Joubard (J.), r. de la Cité, 3.
Joubard (A.), r. de Montaut, 2.
Louison (E.), r. Tarentaise, 62.
Malescourt (J.), r. de la Croix, 11.
Moncoudioul (L.), pl. des Arts.

Nouveautés en tissus (magasins de).

Bélinac (Alexandre), r. de la Comédie, 8.
Bergelin et Cie, pl. du Marché, 8.
Berger-Granger, r. Valbenoite, 13.
Berthollet et Fernandez, r. St-Louis, 12.
Chaffin-Roux, r. St-Louis, 13.
Chanteloup (Mlle), r. de la Loire, 28.
Chauvet (veuve), place du Marché, 6.
D'Aurelle (L.), fils aîné, rue de Foy, 18.
Fargette, r. de la Loire, 29.
Fond sœurs, r. St-Louis, 7.
Georges frères, r. St-Louis, 2.
Georges, r. du Grand-Moulin.

Giraudet (Mlle), r. Saint-Louis, 29.
Granjon-Meunier, r. Roannelle, 1.
Greisalmer (J.), r. du Grand-Moulin, 1.
Greisalmer frères, r. de Foy, 3.
Jaboulay, r. Roannelle, 27.
Jacquier (F.), r. du Grand-Moulin, 5.
Sernot (P.), place Royale, 2.
Roussier (Ve), r. Saint-Louis, 23.
Roux (Ve), r. de la Comédie, 7.
Sirech Delaistre et Cie (au Sablier), deuil, rue
  de Foy, 2.
Vial et Cie, r. de Lyon, 36.
Vignan et Cie, r. Saint-Louis, 12.
Weill (Léon), r. de Foy, 10.
Weill (Aaron), r. de la Comédie, 5.

Ornements d'église.

Millet (Mlle), r. de la Loire, 13.
Tourrès (Mlle Irma), ornements et lingerie
  d'église, étoffes d'or, d'argent et de soie, r.
  des Jardins, 7.
Sapy (Ve), r. de la Loire, 6.

Papetiers (fournitures pour la soierie).

Cottet (A.), pl. de l'Hôtel-de-Ville, 15.
Duterrail (Henri), fournitures générales pour
  la fabrique de rubans, bureaux, dessins et
  écoles, r. de Foy, 2.
Lantz, r. de la Loire, 4.

Passementeries en tous genres (fabr. de).

Angénieux frères, r. de la Paix, 10.
Arnaud et Reymondon, pl. St-Charles, 14.
Augier, r. de Roanne, 3.
Barbe, pl. de l'Hôtel-de-Ville, 1.
Barlet (J.), Conchon et Cie, r. Royale, 9.
Béal Barlet, nouveauté, r. de la Paix, 13.
Beaulieu (J.), r. Saint-Jean, 3.
Besson (R.-L.) frères, r. Royale, 12.
Bonon frères, r. des Jardins, 14.
Baufils (F.) et Mayosson, r. Royale, 14.
Brun (C.), r. Marengo, 6.
Chamussy et Gabillot, place de l'Hôtel-de-
  Ville, 5.
Chapuis-Avril, r. de l'Ile, 20.
Chol (P.), r. St-Louis, 6.
Cunit (L.), r. de la Bourse, 23.
Denis (A.), pl. Marengo, 2.
Deville père et fils, r. du Treuil, 8.
Dumarest fils, r. de Foy, 2.
Dupuis, r. Royale, 14.
Fargère, r. Brossard, 6.
Faure (E.), pl. Mi-Carême, 1.
Faure (J.), r. Brossard, 7.
Fleury fils, r. Royale, 8.
Fourneyron et Cie, r. de Foy, 2.
Gelas (Etienne), r. de Lodi, 11.
Gerin et Defour, g. r. Mi-Carême, 6.
Grenetier, r. de la Paix, 2.
Guillaume Staron jeune et Cie, pl.Mi-Carême,1.
Jarey (C.), pl. St-Charles 11.
Joucerand (C.), r. de Foy, 6.

Liabeuf, pl. du Marché, 6.
Neyret (J.-B.), r. Royale, 19.
Pail et Foujols, r. de la Croix, 3.
Penel, Lacour et Dufour, pl. de l'Hôtel-de-
  Ville, 9.
Peyret, Tezenas et Bastide, r. Brossard, 9.
Soulié et Vende, r. Royale, 3.
Tillon jeune, r. du Treuil, 8.
Tivet, r. Royale, 11.
Trouilleux, r. Royale, 3.
Verdié-Crepet et Cie, r. Praire, 21.
Vende et Faverjon, r. Royale, 9.
Vinson et Sagnard, r. Royale, 25.
Wolf et Thiollier, r. Royale, 4.

Peignes à tisser (fabr. de).

Chassaing, r. du Treuil, 21.
Chometton (A.), r. de la Croix, 27.
Coudray (Ve) et Honor, r. de la Paix, 6.
Damon (D.), r. de la Croix, 16.
Desflache fils, r. Ste-Catherine, 4.
Grivel, r. d'Annonay, 12.
Joly aîné et Cie, r Gérentet, 12.
Joly-Chardon, r. Gérentet, 4.
Maurice (B.), r. du Vernay, 40.
Peillon (Cl.), rue Royale, 4.
Plotton (Ve), rue Villedieu, 8.
Pergier (G.), rue de la Croix, 1.

Produits chimiques (voyez droguistes pour la teinture).

Biolet (P.), représentant, rue de la Ville, 13.
  (Teinture).
Biot (A.), rue de Roanne, 43, acide phénique
  et ammoniaque.
Boutard (A), (Fuschine), rue des Jardins, 1.
Carvès et Cie, usine aux Marais; bureaux,
  rue de Paris, 1.
Chautin, rue du Grand-Moulin, 13.
Comte (N.), représentant, rue de la Loire, 37.
Faure (J.-B.) et Cie, rue d'Annonay, 15.

Rubans de soie (voyez aussi bourdaloux, passementerie, fabr. de).

Angenieux frères, rubans et passementerie,
  rue de la Paix, 10.
Arnaud (C) et Reymondon, velours unis et
  façonnés, place Saint-Charles, 14.
Astic (Frédéric), galons et chapellerie, rue de
  la Croix, 9.
Augier, cravates et rubans, r. de Roanne, 3.
Avril (Ant.) et fils, velours et rubans noirs,
  rue des Jardins, 28.
Balay aîné, satins unis façonnés et velours,
  Grande-Rue-Mi-Carême, 4.
Balay (Jules) et Cie, rubans gréges, Grande-
  Rue-Mi-Carême, 16.
Barbe, passementerie et galons, place de
  l'Hôtel-de-Ville, 1.
Barbier-Rambaud, articles pour chapellerie,
  rue de l'Ile, 10.

Barlet (E.) et Cie, unis et façonnés, place de l'Hôtel-de-Ville, 12.

Barlet (J.), Conchon et Cie, rubans, passementeries, galons nouveautés en tous genres, rue Royale, 9.

Barlet (P.), unis et façonnés, place de l'Hôtel-de-Ville, 11.

Barrailler-Sablière, velours, galons et taffetas noirs, rue Royale, 25.

Barallon et J. Brossard, rubans grégos et couleurs unis et façonnés, rue Royale, 3.

Bayard aîné, chapellerie, imp. Saint-Honoré, maison à Lyon.

Béal-Barlet, effilés et passementerie, nouveautés, galons, rue de la Paix, 13.

Beaufils-Forest, velours noirs et couleurs, taffetas et galons, place Saint-Charles, 9.

Beaufils (F.) et Mayosson, passementerie, nouveautés, rue Royale, 14.

Beaulieu (J.), passementerie et cols-cravates, rue Saint-Jean, 3.

Belingard (J.), rubans et nouveautés, rue Saint-Louis, 19.

Bernard et Carré, galons et tresses, rue des Gris, 1, maison à Paris.

Bertrand (E.), galons pour tailleurs, place de l'Hôtel-de-Ville, 7.

Besson (C.), unis et façonnés, r Royale, 14.

Besson (J.-B.) jeune, taffetas cuits couleur, rue des Deux-Amis, 2.

Besson (R. et L.) frères, rubans de soie, spécialité de petites largeurs, ceintures, cordons, maison de fabrique à Saint-Didier-la-Sauve, magasins et comptoir à Saint-Étienne, rue Royale, 12.

Bodoy et Cie, rubans et nouveautés, place Marengo, 2.

Bonon frères, velours, passementerie et galons, rue des Jardins, 14.

Boudarel, (J.), velours et taffetas noirs, rue Traversière, 6.

Boudarel-Bonhomme, satins grèges unis, faveurs, taffetas unis et couleurs, taffetas noirs, galons croisés et velours, place de l'Hôtel-de-Ville, 3.

Boudarel neveu, velours, taffetas, rue de la Croix, 4.

Boulin (J.), unis et façonnés, rue du Grand-Moulin, 4.

Bourgaud (F.), rubans, rue de Foy, 8.

Bresson aîné, unis et façonnés, place de l'Hôtel-de-Ville, 15.

Bret et Cie, unis, façonnés et passementerie, rue Royale, 13.

Breuil, Triozon et Cie, galons pour chapellerie, rue de Paris, 7.

Brossier-Devaize (J.), velours, place de l'Hôtel-de-Ville, 13.

Brun (Camille), rubans, galons, fournitures de chapellerie, rue Marengo, 6.

Brunon (Antoine), rubans unis et façonnés, place Saint-Charles, 12.

Calemard, unis et nouveautés, lingerie, rue de la Bourse, 22.

Calonnier-Peyron fils, rubans unis et façonnés, rue Royale, 4.

Chaleyer (J.) fils, noirs et velours, rue Saint-Louis, 21.

Champagnac, rue du Treuil, 10.

Chapelon (Cl.) et Offray jeune, taffetas bords satin unis et couleurs, r. de la Bourse, 20.

Chapelon et Dauphin, place Marengo, 3.

Chapet et Morel, taffetas, liserés et galons, rue de la Croix, 9.

Chapon (Jules), unis et façonnés, rue Gérentet, 12.

Chapuis et Touzet, satins et façonnés, place du Marché, 1.

Chapuis fils aîné, taffetas unis, lingerie, rue du Treuil, 8.

Chapuis-Avril, velours, rubans et passementeries, r. de l'Ile, 20.

Chol (P.), rubans et velours, soieries, bordures et passementerie, rue Saint-Louis, 6.

Chomier-Chavanne et Beraud, unis et façonnés, place Marengo, 5.

Chorein, unis et façonnés, r. de la Bourse, 30.

Condon (C.), noirs unis et velours, rue de la Comédie, 5.

Cognard, satins unis et façonnés, r. des Jardins, 22.

Colcombet (Fs) et Cie, spécialité de rubans noirs unis et façonnés, r. Royale, 5.

Colomb (C.) et G. Granjon, unies et nouveautés, r. de la Bourse, 4.

Colombat (A.) et Cie, rubans, velours, r. de la Paix, 41.

Coste frères et Durieu, unis et façonnés, rue Villedieu, 9.

Couzon et Degraix, unis et façonnés, r. de la Croix, 1.

Crépet-Descours (Aug.), velours unis noirs et couleurs et velours façonnés noirs et couleurs, r. du Palais-de-Justice, 7.

Cunit (L.), velours, passementerie et ceintures, r. de la Bourse, 23.

David (Antoine), pl. Mi-Carême, 7.

David (J.B.), velours unis noirs et couleurs, r. de la Bourse, 10.

David frères, unis et façonnés, rue des Jardins, 13.

Delcros-Héraud, unis et façonnés, rue Saint-Charles, 41.

Denis (Antoine), galons et passementerie, velours unis, place Marengo, 2.

Descours (A.) et Cie, médaille d'argent (Paris 1807), rubans, velours noirs et nouveautés, pl. de l'Hôtel-de-Ville, 15 ; fabrique à St-Paul-en-Cornillon (Loire) ; maisons à Paris, Londres et Bruxelles.

Deville père et fils, r. du Treuil, 8.

Deville (J.-P.), velours, r. Royale, 25.

Dugnat, Gauthier et Cie, brevetés (s. g. d. g.),

médaille (Paris 1867); rubans velours et nouveautés, pl. Marengo, 13.

Dumarest (E.) fils, galons et passementerie, r. de Foy, 2.

Dumarest (J.), chapellerie et galons, rue Balay, 14.

Durand (Benoît), rubans et rubans velours, r. de la Bourse, 11.

Durand et Martin, galons, velours et tissus caoutchouc, r. de la Bourse, 32.

Egalon frères, unis satins et façonnés, taffetas unis, r. de la Loire, 4.

Epitalon frères, satin et taffetas unis, r. de la Bourse, 22.

Faure (E.), passementerie, pl. Mi-Carême, 1.

Faure-Chavanne (C.), rubans, velours, rue Royale, 22.

Fauvain (A.), rubans, velours couleurs et noir, et chapellerie, r. Royale, 9.

Favier (Antoine), rubans façonnés, place Mi-Carême, 4.

Favre-Chometon, unis et façonnés, place de l'Hôtel-de-Ville, 3.

Filliol (A.) et V. Laurent, en tous genres, rue de la Bourse, 2.

Fleury fils, manufacture de velours et passementerie, r. Royale, 8.

Fond (P.), rubans, gazes et crêpes, r. Royale, 6.

Foujols (Ls) et Cie, unis et façonnés, spécialité de faveurs, r. Froide, 14.

Fourneyron (J.) et Cie, rubans et passementerie, rue de Foys, 2.

Fraisse-Brossard fils jeunes, velours, rue de la Paix, 6.

Fraisse-Jacquet frères, rubans et velours, place Marengo, 15.

Fraisse-Merley, façonnés, place Marengo, 5.

Fraisse-Fraisse (A) et Cie, velours, rubans et galons, place Marengo, 7.

Fraisse-Gerest (E.), couleurs et noirs, place Mi-Carême, 7.

Gattel et Ramet, unis noirs, r. Royale, 8.

Gauthier-Peyron, unis et façonnés, rue de Paris, 1.

Gélas et Badinand, rue de Lodi, 11.

Gérard (E.), art. poils de chèvre, ceintures, rue Brossard, 6.

Gérentet ✻ et Coignet, place Marengo, 5.

Gerin et Defour, rubans, unis, façonnés, passementerie et cravates, grande rue Mi-Carême, 6.

Girard, Ogier et Cie, unis et façonnés, place de l'Hôtel-de-Ville, 15.

Giraud et Bastide, rubans et galons de chapellerie, rue Royale, 8.

Giron frères ✻, velours unis et façonnés, rue Royale, 11.

Gobert (P.), rue Royale, 1.

Grange (Ch.), rubans velours, r. de la Bourse, 3.

Grenetier (A.), passementerie pour dames, rue de la Paix, 2.

Guérin (Ve), façonnés et unis, place de l'Hôtel-de-Ville, 3.

Guillaume Staron jeune et Cie, rubans façonnés nouveautés, place Mi-Carême, 1.

Guitton-Nicolas et Cie, unis et façonnés, place Marengo, 7.

Henry et Cie, unis et façonnés, place Saint-Charles, 9.

Hérard (Claude), unis et façonnés, rue de la Bourse, 10.

Hervier-Soullier (V.), taffetas et satins unis, r. de Roanne, 5.

Jacod (Denis), rue de l'Ile, 10.

Jaray (Cl.), façonnés, pl. Saint-Charles, 11.

Joubert neveu, rubans et galons, rue des Jardins, 4.

Joucerand fils aîné, rubans, cravates, rue de Paris, 1.

Joucerand-Massardier, rubans et cravates, à Bellevue.

Joucerand (Claudius), unis et façonnés, ceintures, rue de Foy, 6.

Lacour (E.), unis et façonnés, place de l'Hôtel-de-Ville, 10.

Lacroix (Eugène) et Cie, spécialité de taffetas noir et moiré, r. de Paris, 17, maisons à Paris, r. Saint-Denis, et à Bruxelles.

Lacroix-Lamy, r. de Foy, 7.

Lafond (Ve) et Cie, unis et façonnés, rue de la Bourse, 26.

Lafond, place de l'Hôtel-de-Ville.

Larcher (A.), unis façonnés, pl. Marengo, 19.

Lespinasse Burailler, unis, façonnés et velours, rue Traversière, 6.

Liabeuf, ceintures, passementerie, articles pour tailleurs, place du Marché, 6.

Liotard, Bernard et Cie, unis et façonnés, pl. Marengo, 9.

Marchand, unis et façonnés, r. de Paris, 1.

Marcou (P.) et Cie, rubans de modes, place de l'Hôtel-de-Ville, 6.

Marsaix (Victor), fabrique de rubans velours, rue du Treuil, 8.

Martin-Bourgaud, rubans velours, rue de la Mulatière, 33.

Martinet (J.-Seb.), satins taffetas grèges, nouveauté déposée et articles chapellerie, place Saint-Charles, 9.

Michel (S.), galons pour tailleurs, r. du Grand-Gonnet, 28.

Moustier (Ant.), et Cie, taffetas, unis et façonnés, rue de la Bourse, 3.

Neyret (J.-B.), rubans pour décorations, ceintures, franges et passementeries, r. Royale, 19, dépôt à Paris.

Palix (J.) et Cie, en tous genres, pl. Marengo, 4.

Palle et Gobert, taffetas unis satins, crêpes, gazes et nouveautés, place Royale, 26.

Penel, Lacour et Dufour, velours, passementerie, place de l'Hôtel-de-Ville, 9.

Penel (C.), rubans et velours nouveautés, rue Royale, 6.

Perrichon-Paradis, velours pure soie et tramés, r. Roanne, 3.

Peuvergne (A.), unis et façonnés, chapellerie, place Marengo, 2.

Peuvergne frères, rubans, passementerie, galons soie pour chapellerie, r. Dalay, 14.

Peyret-Lacombe (H.), rubans, lingerie, place Saint-Charles, 9.

Peyret, Tezenas et Bastide, passementerie, unis et façonnés, rue Brossard, 9.

Peyronnet (A.), velours dits veloutine et cols-cravates, rue du Treuil, 10.

Philip (J.-M.), fabricant de rubans, satins, taffetas et velours, rue de la Bourse, 13.

Pinatel fils, velours, rue Brossard, 1.

Portafaix et Faure, cordons-ceintures, rue Saint-Charles, 20.

Portallier (A.), velours noirs et couleur, rue de Roanne, 3.

Preynat et Rozier, unis et façonnés, place de l'Hôtel-de-Ville, 15.

Pupil (J.-B.), cordons pour ceintures, rue des Jardins, 14.

Revel aîné et Cie, unis et nouveautés, rue Gérentet, 6.

Rey (C.) et Cie, velours couleurs et noirs, place Mi-Carême, 3.

Rispal frères, gaze noire, taffetas cuit noir, satin grèges et taffetas coton, r. Marengo, 6.

Rivollier (Claude), unis façonnés, place de l'Hôtel-de-Ville, 6.

Robert (Antoine), unis et façonnés, rue Gérentet, 10.

Robichon (L.) ✻ et fils, unis et façonnés, rue de la Paix, 10.

Rondard (J.) et Cie, unis et façonnés, rue de la Paix, 14.

Rouchon et Cie, unis et façonnés, rue de la Loire, 4.

Sabot (Jules), nouveautés, façonnés et unis, rue de Foy, 10.

Sabot (Jacques), gaze et taffetas, r. St-Denis, 1.

Samuel, taffetas unis et couleurs, rue de la Bourse, 23.

Sarda (Augustin), velours noirs et couleurs, rue Saint-Charles, 17.

Serre et Cie, taffetas, gaze et crêpes noirs, place du Marché, 1.

Seux (Christophe), velours et taffetas, place du Palais-des-Arts.

Soullé et Vende, passementerie et velours unis, rue Royale, 3.

Syveton (L.) et Cie, rubans unis, faveurs et taffetas, rue de la Bourse, 10.

Tamet-Gagnière, velours, r. de l'Éternité, 11.

Tardy (Félix), unis et façonnés, r. de Paris, 9.

Taveau jeune, galons, taffetas, chapellerie, rue de la Bourse, 3.

Tempier (L.) et Cie, façonnés et unis divers, place Marengo, 2.

Tillon jeune, nouveautés, velours, rue du Treuil, 10.

Tivet, velours, galons pour tailleurs, rue Royale, 11.

Treuilleux, rubans et galons pour tailleurs, rue Royale, 3.

Treyet (P.) et Cie, rubans nouveautés, rue Royale, 13.

Vacher (A.), rubans, velours, r. de Ledi, 5.

Vaillant (Pierre), rubans façonnés, rue de la Croix, 1.

Valancogne fils, rubans et velours, rue des Jardins, 11.

Verdelet et Cie, velours unis, place de l'Hôtel-de-Ville, 9.

Vignat (Félix), rubans unis et cordons, rue Chambon, 10.

Vincent (J.), taffetas et satins unis et façonnés, rue la Croix, 3.

Vinson et Sagnard, rue Royale, 25.

Wolff et Thiollier, ceintures et galons, rue Royale, 4.

Rubans et coupons (Marchands).

Bernheim Constant), rue Royale, 6.

Boyert-Benoît, rue de Paris, 7.

Dubœuf (Mlle), r. Royale, 4.

Dumas-Targe, r. de la Comédie, 8.

Gidon (F.), rubans, articles chapellerie, r. Royale, 8.

Jampierre-Monier, r. du Grand-Moulin, 9.

Lacroix-Lamy, r. de Foy, 7.

Marcoux-Pagat, place Royale 11.

Montagnac (Frédéric), r. de Foy, 12.

Pitre-Coignet, r. de Foy, 14.

Tabort et Cie, place Mi-Carême.

Toussaint (Mlle), nouveautés, r. de Foy, 12.

Soies (Titres des).

Arnaud (Ve), r. de la Bourse, 28.

Basset (Mlle), r. de la Loire, 1.

Dugenne (Mlle), r. de la Bourse, 32.

Foujols (Mme), r. de la Bourse, 1.

Manaud sœurs (Mlles), r. des Jardins, 8.

Méjasson (L.), r. de la Bourse, 24.

Paire-Brossard (Ve), r. des Jardins, 8.

Pinsard-Bongrand, r. de la Bourse, 25.

Pons (Mme), r. de la Bourse, 34.

Preynat (Mlle), r. de la Loire, 8.

Raimond (Mlle), r. de la Bourse, 21.

Varaine (Mlle), rue de la Bourse, 9.

Tailleurs confectionneurs.

Alexandre frères, place de l'Hôtel-de-Ville, 6.

Berard, petite r. St-Jacques, 4.

Boiron, place Royale, 15.

Ganières, rue de Paris, 13.

Marx, place de l'Hôtel-de-Ville, 2.

Robert (J. M.), place Royale, 9.

Taravellier (Régis), r. de Lyon, 1.

Taravellier-Cognet (Ve), place Royale, 23.

Tailleurs principaux (marchands).

Abrial, place de l'Hôtel-de-Ville, 10.

Badieu jeune, r. de Paris, 15.
Best-Badieu, place de l'Hôtel-de-Ville, 8.
Boué, r. de la Loire, 16.
Bourgeois, r. de la Loire, 19.
Brian et Janin, place Royale, 26.
Buisson, place Royale, 43.
Burgstahler (L.), r. Gérentet, 2.
Carteron, rue de Foy, 12.
Chaniac, rue Valbenoite, 13.
Forrier, r. de Paris, 13.
Guérard (A.), r. de Foy, 10.
Kaiser, place Royale, 5.
Martinier, r. de la Loire, 28.
Midroit, r. St-Louis, 12.
Olagnier, r. St-Louis, 35.
Osint, Petite-rue-du-Marché, 4.
Plotton et Pontal, pl. de l'Hôtel-de-Ville, 15.
Poulet, place de l'Hôtel-de-Ville, 1.
Prunière, r. de Foy, 5.
Rébé, r. du Grand-Moulin, 3.
Robert, r. de la Bourse, 20.
Rotheler et Crétien, rue de Foy, 14.
Rottier, r. de Foy, 3.
Roussen, r. de Lyon, 18.

Tapisserie genre Gobelin (fabricants).

Faure (E.), place Mi-Carême, 1.
Michel (E.), fabrique de tissus ameublement genre Gobelin, r. du Grand-Gonnet, 28.

Teinturiers

Arsac (E.), en soie, coton et noir chargé, Grande-rue-Tréfilerie, 7.
Bahurel (A.), r. des Mouliniers.
Bonnefoy et Berne, soie et coton, à la Digonnière.
Bruas et Chambeyron, à la Digonnière.
Burel et Rivaud, en soie, à la Valette.
Chavein (O.), Grande-rue-Tréfilerie, 3.
Chibolon (J.), laines et soie, r. des Rives, 4.
Coron fils(C.) et Vignat, r. des Trois-Meules, 17.
Dupin et Cie, à la Valette.
Dupont, en coton à Valbenoite.
Fournier et Pichon, bois de teinture, à Valbenoite.
Garde, en soie et coton, r. de la Vapeur.
Giraud et Samouillet, en soie, à la Valette.
Girod aîné, place des Ursules, 7.
Grand neveu et Dubœuf, r. des Mouliniers.
Gonon et Proal, à la Digonnière.
Grenetier(J.), r. des Teinturiers, 17.
Guichard (J.-M.), au Bas-Rey.
Jacquet (Cl.) à la Rivière.
Jacquet-David, r. d'Annonay, 11.
Journoud fils, r. du Sablier, 1.
Journoud (Cl.), en soie, à la Rivière.
Lallier (J.-B.), en soie et coton, Grande-rue-Tréfilerie, 1.
Lyonnet, Fraisse et Cie, r. Thiollère, 5.
Mayrel, au Rez.
Milliant et Halder, à Valbenoite-St-Etienne.
Neyret, r. des Rives.

Paret et David, soie et coton, Grande-rue-Tréfilerie, 19.
Perrieux, r. St-Denis, 28.
Perrin et Baraillier, r. de la Vapeur, 6.
Ponson, grande rue St-Roch, 83.
Rand (J.), soie, à Valbenoite.
Théolier (L.), r. Basse-des-Rives, 21.
Valadier (L.), au Rey.

Toiles et Calicots.

Bernard (P.), r. du Grand-Moulin, 7.
Bourlier (F.), r. de la Bourse, 32.
Déléage et Cie, r. Traversière, 7.
Chauvet (Mme), r. de Paris.
Donneand frères, r. Neuve, 23.
Dorel, r. de Foy, 20.
Dutar (L.), en gros, r. de Foy, 1.
Journel (Mme), r. de la Loire, 4.
Raymond-Augier, r. de Foy, 8.

Tourneurs sur bois pour la fabrique.

Barlet (P.), r. du Palais-de-Justice, 10.
Barallon et Chaleyer, r. Mi-Carême.
Chaleyer, r. de la Bourse, 8.
Decoulange, r. du Treuil, 24.
Faverjon, usine à vapeur, r. St-Charles, 20.
Fonvieille, bobines, r. de Lyon, 27.
Magnolon, place du Palais.
Mey (J.), r. Praire, 7.
Moulin, r. de Lodi, 6.
Peyrard, r. des Jardins.
Tardy, r. du Treuil, 28.

Ustensiles pour la fabrique.

Forest fils jeune, maillons, r. Baubrun, 14.
Forest (A.), pl. de la Croix.
Forest (P.), pl. Saint-Roch.
Forest (Antony), r. de Montaud, 2.
Michel-Bernard, fil et coton, rue de Montaud, 21.
Moulinier, r. de Montaud, 31.

Velours noirs et couleurs (fabr. de).

Arnaud (C.) et Reymondon, place Saint-Charles, 14.
Avril (Ant.) et fils, r. des Jardins, 28.
Balay aîné, gr. r. Mi-Carême, 4.
Barraillier-Sablière, r. Royale, 25.
Beaufils-Forest, pl. St-Charles, 9.
Bonon frères, r. des Jardins, 14.
Boudarel Bonhomme, place de l'Hôtel-de-Ville, 3.
Boudarel (J.) neveu, rue de la Croix, 4.
Brenier (J.), r. de la Croix, 18.
Brossier-Davaise (J.), place de l'Hôtel-de-Ville, 13.
Chaise-Bonnard, grande-rue-Royet, 32.
Chaleyer (J.) fils, r. Saint-Louis, 21.
Chapuis-Avril, r. de l'Ile, 20.
Chol (P.), r. St-Louis, 6.
Circaud, r. Neyron, 55.
Coadon (C.), r. de la Comédie, 5.

Colombant (A.), et Cie, r. de la Paix, 41.
Crépet-Descours, r. du Palais-de-Justice, 7.
Cunit (L.), r. de la Bourse, 23.
David (J.-B.), r. de la Bourse, 16.
Denis (Ant.), pl. Marengo, 9.
Descours (A.) et Cie, pl. de l'Hôtel-de-Ville,15.
Dugnat, Gauthier et Cie, pl. Marengo, 13.
Dumarest fils, r. de Foy, 2.
Durand et Martin, r. de la Bourse, 32.
Durand Benoît, r. de la Bourse, 11.
Faure-Chavanne, r. Royale, 22.
Faure jeune, r. Brossard, 7.
Fauvin (A.), r. Royale, 9.
Fleury fils, r. Royale, 9.
Fontvieille (L.), r. de Montaud, 52.
Fraisse-Brossard fils jeune, r. de la Paix, 6.
Fraisse-Jacquet frères, pl. Marengo, 15.
Fraisse-Fraisse (A.) et Cie, noirs et couleurs,
    pl. Marengo, 7.
Georjon et Francon, r. de l'Eternité, 14.
Giron ❋ frères, r. Royale, 11.
Grange (Ch.), r. de la Bourse, 3.
Joucerand (C.), r. de Foy, 6.
Larcher sœurs, veuve Chandenier et Cie, rue
    des Arts, 11.
Levy Bernheim, couleurs, r. de la Bourse,26.
Marsais (Victor), r. du Treuil, 8.
Martin-Bourgaud, r. de la Mulatière, 33.
Penel, Lacour et Dufour, pl. de l'Hôtel-de-
    Ville, 9.
Penel (C.), r. Royale, 6.
Perrichon-Paradis, r. de Roanne, 3.
Peyronnet (A.), et cols cravates, rue du
    Treuil, 10.
Philip (J.-M.), r. de la Bourse, 13.
Pinatel fils, r. Brossard, 1.
Portalier (A.), r. de Roanne, 3.
Prat (C.), pl. de l'Hôtel-de-Ville, 10.
Rey (C.), pl. Mi-Carême, 3.
Sarda (Augustin), pl. St-Charles, 17.
Soulié et Vende, r. Royale, 3.
Tamet-Gagnière, r. de l'Eternité, 11.
Tillon jeune, r. du Treuil, 10.
Tivet, r. Royale, 11.
Vacher (A.), r. de Lodi, 5.
Valencogne fils, r. des Jardins, 11.
Verdelet et Cie, pl. de l'Hôtel-de-Ville, 9.

Arcinge.

Articles du Beaujolais et couvertures (fabr.
de). — Ferrand-Thivind.

Boën-sur-Lignon.

Banque et recouv. — Brault et Cie.
Draps (mds de). — Bréas. — Dubruc (M.).
    — Gourey. — Mouillaud. — Paccard. —
Raffin.
Tissage et bobinage. — David frères.

Bourg-Argental.

Banquier. — Sénéclauze (Edouard).
Crêpes et moulinages (fabr. de). — Rivière

tissage de crêpes et moulinage de soies. —
Sénéclauze aîné et fils, tissage de crêpes,
foulards, etc., et moulinage. — Vidon, fab.
de crêpes et moulinage.
Mécaniciens. — Veillet frères, constructeurs-
mécaniciens, moteurs hydrauliques, trans-
mission, métiers à tisser, etc.
Mouliniers en soie. — Defours aîné. — Fara
fils. — Jamet (V^e).
Nouveautés (magasins de). — Audouard. —
Brunon. — Marsot. — Seguenod.
Peignes à tisser (fab. de). — Bigé.
Soieries (fab. de). — Chambon, foulards. —
Defours aîné, florences. — Figurey père et
fils, crêpes, foulards, rubans, taffetas et
impressions sur étoffes.
Rubans (fab. de). — Berne père et fils, fabrique de bords et bourdaloux, maison à Paris,
rue Rambuteau, 4.
Tourneur sur bois, carderie de laines et filature. — Perrier (Adrien), usine hydraulique, fabrique pour moulinage de soies,
roquets, capelettes, fuseaux, cylindres, etc.;
fabrique de métiers à soie pour crêpes,
tuyaux, cannettes et bobinettes, métiers de
rubans, filatures de laines, tout bois concernant la partie, engrenages pour fabriques et moulins, etc.

Bussières.

Mousselines et broderies. — Chirat. — Palais.
    — Montagne. — Raynaud.

Chambon-Feugerolles (le).

Couvertures de laines (fab. de). — Preher fils.
Draps et rouennerie. — Berger. — Charras.
    — Courbon. — Denis-Cotta. — Leymarie.
    — Limouzin. — Preher fils. — Rey (J.).
Laines. — Preher fils.
Mécaniciens. — Fourneyron.
Moulinier en soie. — Rispal.
Teinturier en laines. — Preher fils.

Charlieu.

Conseil de prud'hommes. — Hugand (J.),
président. — Moncorger (A.), vice-prési-
dent.
Banques et recouvrements. — Helle (A.). —
Vadon jeune.
Battants (fabr. de). — Chevalier. — Morel, —
Perrod.
Chapeaux de paille (fab. de). — Bérard. —
Ronpierre.
Cotonnes, fabriques de rouennerie forte et
coutils. — Ardenne et Delomier. — Jules
Vadon fils.
Draperie, rouennerie, nouveautés. — Argoud-
Auclair. — Aubré (Alexandre). — Déche-
lette frères et sœurs. — Daigne-Balmain.—
Daigne-Aubret. — Gobet-Maurice.
Lisses et peignes pour le tissage. — Decha-
vanne, fabrique de peignes et lisses en

tous genres. — Moyne fils. — Tachet. — Vacogne fils.

Machines à coudre. — Hugand.

Navettes (fab. de). — Chassin (J.) et ustensiles de fabrique. — Fleuret fils.

Soieries (fabricants de). — Argoud (G.), contre-maître. — Auboyer et Beraud, contre-maîtres. — Audibert, Monin et Cie, maison à Lyon, r. par Descotes. — Barras, contre-maître. — Baty (A.), contre - maître. — Barnay, contre-maître. — Boussand, contre-maître. — Brosselard, contre - maître. — Bruny, Fillon et Blanc, maison à Lyon, repr. par Benoît. — Chanay, maison à Lyon, repr. par Colombier. — Capony V. et J. Charlin, manufacturiers. — Chervié (J.), contre-maître. — Chizelle (Paul), contre-maître. — Chizelle père, contre-maître. — Cottin et Piot, maison à Lyon, repr. par Ribollet. — Cucherat (H.), contre-maître. — Collin et Vaginay, contre-maîtres. — Debet, représentant Dufêtre père et fils, de Lyon. — Dessertine (B.), contre-maître. — Détroyat et Josserand, maison à Lyon, représentée par Migeat. — Dinet (J.), contre-maître à Jarnosse. — Dolliat, contre-maître. — Duret, contre-maître. — Finat (Louis) et Brossard, contre-maîtres. — Framinet frères et Cie, maison à Lyon, représentée par Piraud. — Giraud (Alexandre), maison à Lyon, représentée par Desgrange. — Girod et Miquet, maison à Lyon, représentée par Moncorgé-Jendreau. — Gonon, Valorge et Cie, maison à Lyon, représ. par Valorge. — Jaubert, Lions, Audras et Cie, maison à Lyon, représentés par Raymond. — Lempereur et Despiney, maison à Lyon, représentés par Amour. — Larue, contre-maître. — Lessieux (Léon), contre-maître. — Macors et Capony, maison à Lyon. — Murard, contre-maître à Belmont. — Nicolas (Ve), représentant Lerocher fils, de Lyon. — Moncorger (Arthur), contre-maître. — Rave aîné, maison à Lyon, représenté par Longin. — Regnié et fils, maison à Lyon, représentés par May (M.). — Renard, contre-maître. — Ressort, contre-maître. — Robelin, contre-maître. — Solleillant, contre-maître. — Richard, maison à Lyon, représenté par Moncorgé. — Tachon, contre-maître, unies et armures à façon. — Thibaut et Monnet, maison à Lyon, représentés par Beynat. — Thomas, contre-maître. — Ximénès, contre-maître.

Toiles, linge de table et coutils (fab. de). — Ardennes (Jeanne). — Ardennes (C.). — Ardennes (Etienne). — Chassy-Mériclet.

Toiles et cordats (fab. de). — Ardennes (Etienne). — Ganiveau fils.

Tricots et crochets fantaisie (fab. de). — Dolliat fils.

Chavanay.

Cocons (filat.). — Tardy.

Mouliniers en soie. — Dervieux. — Gerin fils.

Nouveautés. — Dervieux. — Grubat.

Chazelles-sur-Lyon.

Banquiers. — Govard père et fils.

Chapeaux feutres (fab.). — Besson père et fils. — Besson (H.). — Bertholon cadet. — Clavel fils. — Delay fils frères. — Fléchet. — Grange. — Hibruit aîné. — Morreton. — Maurice fils. — Noel frères et Verpilleux. — Poizat (Ve). — Pupier-Blanchard. — Thomas frères. — Tisseur (C.). — Venet frères.

Draps et nouveautés (marchands de). — Conderc. — Crozier. — Goutte. — Michalon. — Ponchon. — Séon.

Souffleuses à vapeur pour poils de chapellerie. — Civier. — France. — Guyot. — Poizat (Ve).

Teinturiers-apprêteurs en chapeaux. — Alliman. — Durand. — Fayolle frères. — Guy. — Hibruit (François).

Soieries (fab. de). — Dufêtre père et fils.

Chirassimont.

Mousselines (fab.). — Duclos fils.

Brochés et plumetis. — Junet (P.) jeune.

Colombier.

Moulinage. — Gillier et Corompt.

Cuinzier.

Mousseline et calicots (tiss. mécan. de). — Chatelus-Dubost.

Doizieux.

Mouliniers. — Albert aîné. — Bouchet père. — Bouchet fils. — Chanard père. — Dubos, à la Terrasse. — Dubreuil frères, à la Terrasse. — Planchon (Max).

Lacets (fab. de). — Merle. — Portefaix.

Ecoche.

Cotonnade (fab. de). — Bonnefond, contre-maître.

Filateurs et commiss. en cotons filés. — Glattard frères.

Soieries (fabr. de). — Paillard, représentant de A. Giraud, de Lyon. — Guyot, représentant de Patin aîné, de Lyon.

Firminy.

Draps, toiles et tissus. — Bertail-Perrin. — Jousserand. — Meyrieux (Ve). — Perrin-Perrin. — Vallette.

Moulinier. — Dubouchet (B.).

Passementier. — Mercier (J.) et Cie.

Fourneaux.

Articles brochés (fabr. d'). — Junet (P.) aîné.

Broderies sur mousselines (fab. de). Chizallet-Fougerat. — Coton-Coton. — Rey (A.).

Izieux.

Blanchisserie de coton. — Patouillard (A.), — Viricel (J.).

Lacets (fab. de). — Dadard (Claudius). — Balas père et fils, usine hydraulique et à vapeur. — Michel (Williams). — Renodier père et fils et Cie, usine hydraulique et à vapeur, comptoir à St-Étienne. — Richard frères, maison à St-Chamond.

Teinturiers. — Gillet et fils. — Jounond. — Pichon.

Lay.

Broderies. — Thimonnier et Jusselme.

Cotons filés. — Cretin (Aug.). — Gouteneire (Paul), maison de commission à Tarare.

Mousselines (fabr. de). — Deberchoux et Alcipe Estragnat. — Deschamps jeune. — Francolin (Vve) et Buzon. — Leclerc et Cie. — Vve Vuarin.

Lorette.

Mouliniers. — Donnay neveu (fabr. de lacets).

Machezal.

Mousselines (fab.). — Mignard fils et Girin, dépôt et maison à Tarare.

Maclas.

Mouliniers. — Copin. — Michel (J.-M.). — Cartelier. — Chauvet (F.).

Malleval.

Soie (tissage de). — Loup.

Montagny.

Cotonnades et articles de Beaujolais (fabr. de.) — Déchelette frères, maison à Roanne. — Déchelette père et fils et Deveaux. — Gardet. — Goutteneire. — Pagneux jeune.

Cotons filés. — Déchelette frères.

Teinture (ateliers de). — Deveaux (J.). — Fouilland-Pagneux.

Montbrison.

Banquiers. — Gonnard-Tissier. — Sénéclause.

Nouveautés (marchands de). — Anglade (Vve). — Arthaud (Vve). — Attendu. — Bourge. — Brunel. — Chatain. — Coste. — Imbert. — Jaume frères. — Lenoir (Vve). — Relave (Vve). — Surieux. — Thevenon.

Panissières.

Linge de table damassé et ouvré (fabr. de). — Bonnassieux père et fils, magasin à Lyon. — Loire (J.) fils, magasin à Lyon. — Martin père et fils, dépôt à Lyon. — Valin.

Soieries (fabr. de). — Contre-maîtres : Dumas et Rousset. — Feuillet. — Froget-Sigaud. Froget-Pierre. — Froget-Grange. — Froget-Chirat. — Froget (Jean-Antoine). — Perret.

Toiles (fabr. de). — Fregulières fils. — Martin fils. — Perret. — Subrin-Terraillon. — Vaillon fils.

Pelussin.

Bourre de soie. — Chantosset. — Eyraud (J.)

Mécaniciens-constructeurs. — Celle. — Chavanon. — Chardon frères. — Louis. — Mousset.

Mouliniers. — Augez (Joseph). — Augez (Henri). — Bredoux (Jean). — Bonnet. — Boud. — Chaize (François). — Charlet. — Chenévat ainé. — Charvet ainé. — Charvet jeune. — Chaize fils. — Chaize (Jean). — Cholet. — Dousson fils. — Filliat ainé. — Forez (Siméon). — Forez (Vve). — Guigal père. — Guigal fils. — Guigal (Joseph). — Granger. — Girard. — Lombard (Théodore). — Martin. — Marton. — Mousset. — Michel. — Mondon. — Marset (Jean). — Oriel (Eugène). — Paret-Glodin. — Paret (Louis). — Pessonneaux (Étienne). — Pessonneaux (Benoit). — Prunier (Casimir). — Pascal. — Reveleon (Jean-Claude). — Revellon (Vve). — Ravachet (Jean-Antoine). — Rolland. — Robelet. — Randon (J.-M.). — Vincent. — Vergelas.

Marchands de soie. — Dousson fils. — Filliat ainé. — Martin.

Regny.

Impressions sur étoffes de coton. — Desaye.

Mécaniciens. — Lacroix (Claude). — Masson (Jean).

Ouates (fabr. de). — Penthus et Roche.

Teinturiers. — Burnichoux (François). — Desaye. — Fayet et Planchet, maison à Thizy. — Jourlain (Romain). — Lièvre. — Patay-Chavanon. — Pravieux. — Fayet. — Vallossière.

Toiles et cotons du Beaujolais. — Fabre. — Jomain. — Jourdan père et fils.

Rive-de-Gier.

Chambre consultative des arts et manufactures. — Président : Hutter.

Banquiers. — Fayard (V.) et Cie. — Marel et Virissel. — Ronzy fils.

Blanc et broderies. — Suchet.

Draps (fabr. de). — Chaize. — Dumas (Clément). — Nevat. — Nevat-Poyat.

Draperie, rouennerie, nouveautés. — Arnaud-Brunond. — Charles. — Fredière ainé. — Gonselin (Vve). — Nizières (Vve. — Nevat-Chaize. — Papillon. — Pinel (Vve). — Rancier. — Schreiner. — Sygward sœurs. — Vernay-Viallon (Mmes).

Roanne.

Chambre de commerce. — Président : Guilloud. — Vice-président : Déchelette (Rémy). — Secrétaire : Cheverondier (Francisque). — Cherpin ainé. — Raffin (Félix). — Guillen. — Déchelette-Dépierre. — Bajard (Jules). — Raboudin père, membres.

Tribunal de commerce. — Président = Cheverondier (Francisque). — Juges : Dous-

saud. — Fillond-Hérail. — Bajard (Jules).
— Juges suppléants : Bonnaud. — Ber-
theud. — Cancalon. — Gardet (Benoit). —
Greffier : Pothier.

Arbitres de commerce. — Bostmenbrun. —
Desmurger. — Gardetton.

Conseil de prud'hommes. — Président : Raffin (A.). — Vice-président : Lapoire (André). — Secrétaire : Gardetton.

Apprêteurs d'étoffes. — Danière et Joannel.
— Forest (G.). — Rebay-Belliveau. — Vadon (A.).

Banquiers. — Besse. — Boussand et Rollet
(Alexandre). — Jeannez (Vve). — Chaverondier et fils. — Vadon (Paul) et Cie.

Bonneterie en gros. — Bardou frères. —
Bochard (C.) et Cie. — Charvin et Blanc.
— Gardet frères. — Guyon (Jules). — Patu-
ral et Cruzille. — Robelin (J.). — Trial (Me).

Blanc (articles de). — Brisson. — Chollet (A.).
— Dauphin (A.). — Gauthier. — Laurent-
Richard. — Perret (Mlle). — Piat (Mlle). —
Rivière-Durantet. — Verger (Mlle).

Chapeaux de paille en gros. — Boivin frères.
et vannerie en gros.

Corsets (fabr. de). — Laissu (Mlle R.), et ceintures élastiques.

Cotons fils, moulinés et pelotonnés, en gros.
— Balouzet frères. — Barge (Gilbert). —
Devillaine jeune et Cie. — Dissard et Cie.
Paret-Guyonnet. — Guillobert (H.) et Can-
tel. — Money (T.). — Point (J.) et Murgue.
— Portier-Bessy. — Subrin aîné.

Cotonnades (fabr. de). — Beluze-Pothier. —
Benoît-Subrin. — Bertaud (C.). — Berthe-
thelier (A.). — Berthelier. — Blanc-Ducher.
— Bourbon aîné. — Bournichon (Marc). —
Bournichon aîné et Michalard. — Brison-
Daumont et Cie, maison à Clermond-Fer-
rand, (Puy-de-Dôme). — Chabrier. —
Chamussy père. — Chanteloube , Javourez
et Dauvergne. — Cherpin aîné. — Darroux-
Villeneuve. — Dechavanne (Joanny). —
Déchelette et Lapoire. — Déchelette frères,
maison à Clermont (Puy-de-Dôme), fab. à
Montagny. — Déchelette-Depierre et Cie. —
Deygas et Denis. — Depeux-Tête. — De-
pierre. — Dumourier neveu. — Dupéray. —
Fabre-Chamusuy (J.). — Félix Raffin. —
Fourt (A). — Goujon fils. — Groussot frères
et Cachat. — Guilloud-Chaland. — Jacque-
mont et Forest. — Labarre (Antoine). —
Labouré-fils. — Marchand (A.). — Martin-
Contey. — Merle (A.) fils. — Michalon et
Poude. — Moncigny jeune. — Monteret
frères, maison à Charlieu. — Pelosse jeune.
Perche-Poyet. — Perichon-Perche. — Prost
(J.) — Raffin (E. et A.) frères, maison à
Marseille. — Rey-Guillon et fils, teinture.
— Renon (J.-M.). — Rigothier Darmet et
Cie. — Serole et Bergerand. — Subrin
(Alexandre). — Vindrier frères et Cie.

Cotonnades de Roanne, art. du Beaujolais,
doublures, etc., (négociants et commission-
naires). — Alex et Dubost. — Chanteloube,
Javourez et Dauvergne. — Colombat cou-
sins. — Bochard et Cie. — Darme et Cie.
— Dechelettes-Despierres et Cie. — Durand-
Fenouillet. — Fenouillet et Fougerat. —
Gonnon (Jean.). — Jacquet frères. — Therre-
Giboudau.

Draperies et nouveautés. — Beluze cadet. —
Bochard (C.) et Cie, maison de gros. —
Busson-Marcet. — Caire frères et Audifred.
— Chabanon fils. — Cinquantin et Marc
sœurs. — Déchelette frères et Dubuis. —
Fenouillet et Fougerat. — Jourdier. —
Magnin. — Terre-Giboudeau, en gros. —
Tachet.

Drogueries pour teinture. — Darcon. — Fessy
jeune. — Hérail-Lapilonne. — Montrous-
sier (Ve).

Machines à coudre. — Martin.

Mécaniciens sur bois. — Fayard fils, battants
et ourdissoirs. — Gaspard. — Laffay aîné,
à dévider. — Mousset. — Tête. — Vallet,
battants et ourdissoirs.

Mécaniciens sur fer. — Boury. — Duché (J.).
— Guillet. — Joanin. — Masson. — Per-
roquin.

Mercerie en gros. — Blanc (E.), Charvin et
Favre. — Charvin et Blanc. — Gardet frères.
— Nourrisson jeune fils et veuve. — Patu-
ral et Cruzille.

Navetiers (fabricants). — Poyet. — Rousset.
Thevenet.

Nouveautés (magasins de). — Bancillon (J.)
et Cie. — Busson-Marcet. — Caire frères
et Audiffred — Cinquantin et Marque sœurs.
— Dechellette frères et Dubuis. — Jourdier.

Passementerie pour meubles (fabr. de). —
Cholleton.

Peignes à tisser (fabr. de). — Grizard. —
Place. — Thevenet, fabrique de peignes
lisses et navettes, r. des Tanneries, 15.

Retordeurs de fils de coton. — Anglard (P.).
Benoît. — Verrière (B.).

Rubans (marchands de). — Delay (Ve Dubourg). — Rivière et Durantet. — Vital (Ve).

Sacs (fabr. de). — Rollin (C.) fils aîné.

Tailleurs-confectionneurs. — Barriquant (Cl.).
— Boudinant (J.). — Burnichon (J.). —
Colombat (P.). — Dubernet (J.). — Giraud
(Ve). — Hérand (L.). — Laigle. — Lay (J.).
— Mauchon. — Martinez (J.). — Moulin
(Ph.). — Musset (J.-M.). — Rochard (Ve
Mme). — Thévenet (J.). — Vernay.

Teinturiers. — Beluze-Pothier. — Benoît-
Subrin et fils, teinture et fabrication. —
Chambosse oncle. — Chapelat. — Chatelet.
— Cherpin aîné, teinture et tissage. — De-
bat (E.) — Depierre. — Devarenne. — Devillaine jeune et Cie. — Guillaud-Chaland et
fab. — Martin (J.-B.) ✻, maison à Lyon,

quai de Retz, 3. == Palais (Pierre) == Ber-
raut. == Raffin (P.-A.) et frères. == Rey-
Guillon. == Rigottier Darmet et Cie. ==
Subtil et Gourgaud.

Toiles (fab de). == Chabaut. == Lespinasse
frères. == Rollin (G.) fils aîné.

Tricots à l'aiguille (fabricants de). == Bechard
(G.) et Cie. == Gouterbe (J.). == Guyon (J.):
== Lacomme (Mlle). == Robelin (J.): ==
Trial (A.).

Boisey.

Mouliniers. == Allégre (J.). == Odouard (J.):

Saint-Bonnet-le-Château.

Chapeaux (fabr. de). == Favier. == Jacon. ==
Fréry.

Draps. == Faure Baleyguier. == Chantemerle-
Suchet. == Jacon-Gussonnet. == Reux-Laf-
thiome.

Dentelles (fabr.). == Dalp aîné. == Blanc-
Rochette. == Daurelle.

Saint-Chamond.

*Chambre consultative des arts et manufac-
tures.* == Brun, président.

Conseil de Prud'hommes. == Alauragny, président. == Berthault secrétaire.

Banquiers. == Comptoir commercial de Saint-
Chamond, J.-P. == Coste. == Pascal-Gourgout.

Blanchisseurs de lacets. == Patouillard. ==
Vérieel.

Caoutchouc (tissus en). == Boissonnet. ==
Chaland et Fougedoire. == Coignet-Dümmler. == Crozier. == Durand (J.-B.). ==
Pascal (L.-X.), exportation. == Poizat-Gerin,
fabrique de tissus caoutchouc pour chaussures. == Roux (H.) et Cie.

Cartonniers pour la fabrique. == Bechu. ==
Jacquin.

Draps, rouennerie et nouveautés. == Boiron.
== Boyet. == Duère et Renard. == Garren-
Tranchand. == Couchoud. == Dagier-Gar-
nier. == Dumas. == Dard-Riveri. == Faure-
Vaganay. == Ferraton-Chanard. == Jalla
(Ve). == Jayet (A.-M.). == Moine. == Nicolas.
== Rang (Mlles). == Rostint (Mme). == Roux
(Mme). == Souchet-Fournier. == Vincent (Ve).

Ferreurs de lacets. == Escalon (Ve). == Mont-
giraud (Ve). == Revel (J.-G.).

Franges, passementeries et galons (fabr. de).
== Coignet et Dacquard.

Fabrique de galons pour tailleurs. == Poizat-
Guérin.

Fuseaux pour fabrique de lacets (fabr. de). ==
Grivelat. == Theuilleux (Louis). == Teuilleux-
Balas. == Theuilleux (Ve), au Creux.

Hôtel du Lion d'Or tenue par Jules Marchi,
Grande-Rue, 80, entièrement reconstruit.
MM. les voyageurs y trouveront tout le con-
fortable désirable.

Lacets et cordons (fabr. de). == Alamagny-Oriel

et Cie, m. à Paris. == Dadard (G.), au Creux.
== Balas-Dubouchet. == Balas père et fils. ==
Beck (Auguste), usine à vapeur. == Bergé-
Berne. == Berne (P. A.). == Berne (Philippe).
Bethenod et Maillon. == Brun (Irénée) et
Cie. == Castel (Henri), représentant, au Creux.
== Coignet-Terrasson. == Coignet-Dümmler.
== Dubouchet (Joanny), à St-Julien, tissage
mécanique et fabrique de lacets. == Du-
rand (J. B.), commissionnaire. == Grangier
et Reymondon, exportation, usine à vapeur.
== Guy fils. == Lassablière et Chaland fils,
maison à Paris. == Macabéo (Ve). == Matricon.
== Michel W., au Creux. == Poizat-Gérin.
== Renodier père, fils et Cie, au Creux. ==
Revol (J. B.). == Richard frères, maison à
Paris. == Simon (G.), fabrique de lacets et
tresses en tous genres.

Mécaniciens. == Chavanne-Brun. == Doygas.

Métiers à lacets (fabr. de). == Albert (L.),
exportation. == Berne (Paul-Augustin). ==
Chabanel (J. B.). == Martinier (Auguste).
== Martinier-Davier. == Vercasson (Pierre).
== Sarron.

Produits chimiques. == Comte, acide galique.
== Jamot. == Lanet (J.-B.) et Cie, ammonia-
que, couperose et rouille pour teinture. ==
Parot-Berne.

Rubans de soie (fabr. de). == Coignet-Dümmler, commissionnaires. == Roux (Etienne)
et Cie.

Soies en bourres. == Carre (F.). == Durand.

Soies grèges et ouvrées, commissionnaires. ==
Bertholon-Vigier. == Chatagnon Mathieu.
== Coignet-Dümmler, laines et cotons. == Coste
(J.-B.), Duclos (Jules). == Durand (J. B.).
== Pascal-Gourgout. == Richard frères.

Soie (moulinage de). == Alamagny-Oriel et
Cie. == Albert à Doisieux. == Aliret. ==
Bertholon-Vigier. == Bonhomme. == Albert
aîné. == Brun Iréné et Cie. == Chatagnon
(M.). == Duclos (Jules). == Durand (J. B.).
Girard-Balas. == Richard frères. == Simon.

Teinturiers en soie, fleuret et coton. == Bergé
(H.). == Duchez (J.). == Gillet et fils, maison
à Lyon, quai de Serin, 8. == Duchez-Fraisse,
au Creux. == Journoux, Pichon et Bonne-
val. == Puthod (J. N.). == Richard frères.
Salignac (A.). == Targe-Piney.

Teinturiers en laines, poils de chèvre et draps.
== Quios. == Chauvet, Vial. == Vial (Pétrus).

Tissage mécanique et fab. de lacets. == Dubouchet (Joanny).

Sainte-Agathe-en-Donzy.

Mousseline. == Delorme.

Saint-Cyr-de-Valorges.

Mousseline et broderie (fab. de). == Duvière.
== Faye.

Saint-Galmier.

Soie (moul. de). == Oriol et Perrichon.

Soieries (fab. de). — Fessy fils, contre-maître.
Laines (teinturerie de). — Montard.
Nouveautés. — Desson. — Blanchon. — Duvert (Vᵉ). — Fessy. — Noël. — Peycelon. — Philippon (Mˡˡᵉˢ). — Poncet.

Saint-Germain-Laval.

Cotonnes (fabr. de). — Colombat. — Remayny (Louis).
Nouveautés. — Doisset. — Colombat. — Freydière. — Mivière.

Saint-Jean-Soleymieux.

Dentelles (fabr. de). — Dreby (Mᵐᵉ Virginie).

Saint-Julien-Molin-Molette.

Mouliniers en soie et fabriques de crêpes. — Chomel (Vᵉ). — Corompt et fils, foulards en gros, maisons à Lyon, Paris, Londres et New-York. — Cremillieux. — Gillier et Gaudin. — Perrier aîné.

Saint-Julien-en-Jarret.

Lacets (fabr. de). — Berne (Mme Jenny).
Tissage mécanique et fabr. de lacets. — Dubouchet (Joanny).

Saint-Just-en-Chevalet.

Chapeaux de paille (fabr. de). — Blanc.
Cotonnades (fabr. de). — Damon. — Drevet.
Soieries (fabr. de). — Blanc.

Saint-Just-la-Pendue.

Mousseline et broderie. — Chadier. — Giroudon. — Vial.

Saint-Just-sur-Loire.

Impressions sur tissus. — Halder cadet.
Teinturier sur soies. — Cizeron jeune.

Saint-Martin-en-Coailleux.

Lacets de soie et coton (fabr. de). — Coignet (Claude). — Macabéo. — Montellier-Motiron.

Saint-Paul-en-Jarret.

Lacets (fabr. de). — Couchoud de Gournay, maison à Paris.
Mécaniciens. — Bernard.
Mouliniers. — Bouchet père. — Bouchet fils. — Breuy (L.). — Charrin (A.). — Chataignon. — Chorel (Vᵉʳ). — Coffy. — Dégabriel père et fils, Dourrin et Cie, maison à Lyon. — Dubost. — Dubreuil. — Hervier. — Lacombe aîné. — Micol (A.). — Morel.

— Peyrard, Picollet fils et Cie, maison à Lyon. — Poidebard (J.). — Vanel. — Salomon. — Chanard fils.
Soie (bourre et fantaisie). — Dervieux (Vᵉ). — Pipet (Gustave), gros, expédition.
Soie (marchands de). — Poidebard (J.) et fils.

Saint-Pierre-de-Bœuf.

Tissus de soie pour Lyon (fabr. de). — Eimain. — Marchand. — Rabatel. — Sève.

Saint-Sauveur.

Soieries (tissage de). — Perrier (Joseph).

Saint-Symphorien-de-Lay.

Cotons filés. — Gouttenoire (Paul), maison à Tarare.
Draps. — Combe. — Fonfrède. — Redet.
Mousselines (fabr. de). — Debercheux (F.) et Alcipe Estragnat. — Demonceau-Giroud. — Deschamps jeune, Leclere et Cie. — Fougerat. — Francolin (Vᵉ) et Duzon. — Mottin frères.

Saint-Victor.

Bourre de soie (filat.). — Auquier frères.

Sail-sous-Couzan.

Laines (filature et carderie de. — Meissonnier.
Rouleaux pour filatures et fabriques de rubans. — Daralon. — Magnolen.

Sévelinge.

Cotons (filature hydraulique de). — Chapon (Mˡˡᵉˢ).

Sury-le-Comtal.

Chapeaux de paille (fabr. de). — Datel. — Blanc.
Drapiers. — Dissard. — Jacquemont. — Lardillier (Mᵐᵉ). — Michalon. — Rolland.

Usson.

Dentelles. — Dost-Durand. — Carret frères. Carret (Jean). — Gay. — Tuscartes.
Rouennerie, draperie et nouveautés. — Carret (Rosalie). — Faveyrial. — Petit (Vve). — Rivallier-Robert. — Valentin (Rosalie).

Verranne.

Mouliniers. — Conniet. — Chaise (P.). — Guillot.

Violay.

Mousseline. — Piard aîné.

LOIRE (HAUTE)

PUY (le) (chef-lieu).

Chambre consultative des arts et manufactures. — Président : Richond (Jules) ✚. — Secrétaire : Doulangier. — Vice-secrétaire : Chevallier-Dalme.
Tribunal de commerce. — Président : Durand (V.). — Juges : Privat (V.). — Plotton (Paul). — Nicolas (P.). — Lafond (J.). — Suppléant : Pagès (J.). — Greffier : Meunier.
Conseil de prud'hommes. — Président : Courtial (André).

COMMERCE, INDUSTRIE.
Apprêteur.
Forastier, r. Grenouilly.

Banquiers.

Bonnet-Blanc, boul. d'Espaly. 21.
Durand et Cie.   id.   24.
Hedde et Perret, r. St-Jacques, 28.
Cornut (A.), comptoir d'échange, r. Crozatier.

Blanc (articles de) en gros.

Bénier aîné, pl. du Breuil, 34.
Braud, boul. d'Espaly.
Chotard aîné.
Chotard cadet.
Condesché, faubourg des capucins, 9.
Teyssoneyre (Aimé).
Teyssoneyre (Vve).

Cartons pour dentelles.

Desruors, pl. St-Pierre.
Gory-Chassany, r. Chenebouterie, 7.
Mathieu, fabrique de cartes et cartons de
toutes couleurs à l'usage des marchands et
fabricants de dentelles, fabrique de boîtes
de bureaux et autres fournitures. Imagerie
et gravures, objets religieux et plastiques,
boul. St-Louis, 3.

Chapeaux de paille (fabr. de).

Cotte (J.).

Corsets et crinolines (fabricantes de).

Ménard (Mme), b. St-Louis, 46.
Saugues (Mlle), r. Raphaël, 50.
Chambre syndicale. — Président : Breysse-
Laugier.—Secrétaire : Varenne (Th.).

Dentelles, blondes, guipures et tulles brodés
(fabr. de).

Achard (Hippolyte), boulevard St-Louis.
Agulhon-Rocher, spécialité de dentelles de
laine, guipures.
Alirol-Romeuf, au Breuil.
Alix (Adolphe), nouveautés en dentelles, pl.
du Breuil, 24.
Avon et Portal, b. St-Louis, 12.
Bernier-Chabrier (A.), fabr. de guipures noi-
res, dentelles de laine, b. St-Louis.
Bénier.
Bergounhoux (E.) fils aîné, r. Crozatier.
Bernard-Mazaudier (Vve), pl. du Martouret, 3.
Bernier-Vigouroux.
Besqueyt-Faure, b. S.-Laurent, 35.
Besson (Auguste), b. d'Espaly.
Bonhomme-Guillemin, pl. du Breuil, 16.
Blancheton, b. d'Espaly, 23.
Bonhomme-Pieillat, b. St-Laurent, 8.
Bondon-Gay, faubourg Panesac.
Braud (Th.), b. d'Espaly, 23.
Breysse-Laugier, faub. du Breuil, 48.
Carroz (J.), Debuisson et Cie, b. St-Louis, 44,
maisons à Paris et à Caen.
Chantemesse-Garnier, b. St-Souis, 55.
Chas, guipures Cluny, r. Raphaël, 1.

Chastel-Gravier, r. Panesac, 56.
Chevallier-Balme, dentelles noires, blondes
guipures haute nouveauté (médailles d'or,
Le Puy 1852, médaille Paris 1855, 1867,
pl. du Breuil, 33.
Chotard-Mandin, r. Chaussade, 76.
Chouvy-Châtain)Ve).
Corneyre-Gilbert.
Coriral-Robert, r. Chaussade.
Coston (Camille), r. des Capucins, 13.
Couderchert, faub. des Capucins, 9.
Courtet (G.), maison à Paris.
Eyraud (Aug.) Mlle, r. Chaussade, 62.
David (B.), maison à Paris.
Durand fils.
Experton (Régis), r. du Portail d'Avignon, 9.
Eymard Cuoq, pont St Barthelemy.
Eymert Imbert, pl. du Breuil.
Fabre Faure, fabrique spéciale de dentelles
noires, guipure Alençon et laines.
Falcon-Richon, pl. du Breuil.
Faure (Victor).
Fayolle-Badion, pl. du Breuil, 3.
Fleuret (Jean), boulevard St-Louis, 34.
Fournier jeune, boulevard d'Espaly.
Fontanille (Ve).
Gonteyron-Beignier, fabr. de dentelles en tous
genres, r. St-Havre. 17.
Gardès (Auguste).
Gauthier (Mathieu), portail d'Avignon.
Gérentes-Bernard, r. St-Jean.
Girard-Gory, boul. St-Laurent, 8.
Guerreau, maison à Paris.
Julliard, r. Courrerie.
Jean (Tse Mlle), fab. de dentelles et guipures,
pl. du Breuil, 35.
Leblanc-Moulyade, r. Chaussade, 44.
Lepeltier frères. r. Crozatier, maison à Paris.
Mathieu et Bertrand, pont St-Barthelémy, mai-
son à Paris.
Marcet Michel (Ferdinand).
Mazaudier-Gagnière, faub. du Breuil, 44.
Mazaudier-Pascal, boul. St-Louis, 52.
Morel (A.), fab. de dentelles, guipures en tous
genres, pont-neuf St-Laurent, 2.
Mosnier-Michel.
Moulin et Fabre, boul. St-Louis, 14.
Moulyade-Terle (Ve), r. Pannessac, 51.
Mouret-Besgueyt.
Musnier (Mlle) et Cie.
Oullion-Robert (Ve). r. Chaussade. 32.
Pascal aîné, boul. St-Laurent, 45.
Pélissier A., r. du portail d'Avignon.
Pepin-Thioulouse (Mme).
Paris-Porral.
Petit-Reynaud, r. St-Louis, 48.
Philippe-Bonnet, boul. St-Laurent.
Privat (Victor), boul. St-Jean, 15.
Raveyre-Jouve, boul. St-Louis, 20.
Raveyre-Boyer, boul. St-Louis.
Ravoux-Teyssier, fab. de dentelles, guipures
et nouveautés.

Régis-Falcon.
Renaudin D., dentelles, guipures et nouveautés, boul. St-Laurent, 3.
Reynaud-Reboulet, r. Crozatier.
Robert-Faure ✻, r. Saunerie, maison à Paris.
Robert frères, r. St-Gilles, 18.
Rochette frères.
Rogues (Martin), pl. du Breuil, 26.
Rochet-Blanc, pl. du Breuil, 26.
Rogues-Markland, boul. St-Louis, 49.
Rogues-Valléry, fab. de dentelles, guipures et Alençon. r. Chenebouterie, 16.
Sabatier-Salon, r. Chenebouterie, 4.
Sauret (Victor), boul. d'Espaly, 16.
Sauzon-Cornayre, faub. du Breuil, 4, fabrique de dentelles de laine en tous genres.
Séguin (Joseph), maison à Paris.
Séguin-Gay, boul. St-Louis, 23.
Solvain Planté, boul. d'Espaly, 24.
Surel frères et Cie.
Terrasse (J.), boul. St-Laurent, 97.
Terrasse-Mazaudier, pl. du Breuil, 29.
Teysoneyre (Ve), r. St-Gilles, 36.
Varenne (Jean), r. Raphaël, 38.
Varenne-Boyer. boul. St-Louis, 53.
Vigouroux-Rome, r. Crozatier, 2.
Vidal-Robert, dentelles, guipures et nouveautés.
Vinay-Beaume et Plancke jeune
Dessins pour dentelles. — Besqueyt-Berger. — Besqueyt-Jouve. — Girollet (F.). — Malartre (E.). — Malartre-Robert (Mlle).
Draps (fabr. de). — Bertrand. — L'hôpital général. — Ploton (Paul). — Sabarot (E,).
Draperie, tissus en laine et rouennerie (mar. de). — Abougit J., spécialité de coupons en gros. pl. du Martouret. — Bon-Gimbert, r. Courrerie, 8. — Boyer. — Brioude. — Brives (Ve). — Dulac (Mlle). — Dulac (A.). — Enjolvy. — Gallice. — Gazanion-Arnaud, r. Saint-Jacques, 2. — Guyon. — Mazaudier-Blanc. — Moulyade-Terle (Ve). r. Pannessac, 51. — Ploton (Paul), draperie en gros et détail. — Rome-Badion. — Souteyran A. — Vincent-Cuocq.

Droguiste pour la teinture.

Vigier-Poncet.

Literie.

Badiou-Barnier, r. Grenouilly, 1.
Bon-Page, r. des Tables, 8.

Mercerie en gros et quincaillerie fine.

Cartal, r. St-Jacques, 15 et 17.
Douce (Laurent), r. Courrerie.
Enout-Paris, r. Courrerie,
Pébellier aîné, pl. de la Mairie.
Tissier et Raveyre, pl. de la Mairie.
Valléry frères, articles de Paris et coutellerie soies, laines et fils pour dentelles, r. Saint-Gilles.

Nouveautés et soieries.

Abougit (J.), châles, soieries, draperies et rouenneries en gros, spécialité de coupons, place du Martouret.
Alirol (H.), r. Courrerie, 6,
Domon frères, r. St-Gilles, 9.
Enjolvi-Page.
Lasteyras-Vidal, pl. St-Pierre, 19.
Margeride et Fabre (magasins de la ville du Puy), châles, soieries, lainages et nouveautés, draperies, mérinos, deuil et demi-deuil, confections, corbeilles de mariage, trousseaux et layettes, toiles, mouchoirs, linge de table, calicots et indiennes, couvertures, ameublements etc. pl. du Martouret, 2.

Rubans, dentelles et articles de blanc.

Auvergnon Alirol, r. Courrerie, 31.
Descours-Alirol, fleurs et passementerie, rue Courrerie.
Paul-Viscomte, r. Saint-Gilles.
Thioulouse-Mézard.
Teyssoneyre (Aimé), soieries, blanc et dentelles.

Soies et laines pour dentelles et guipures.

Brenas de Romieu (Jin), soies, fils et laines pour dentelles, commission en teint et en écru, r. Saint-Gilles, 20.
Charreyre aîné, fabrique spéciale de soies pour dentelles et guipures, médailles d'argent 1re classe 1867, représentant de Edmond Rhodé et Cie, r. du Caire, 2, à Paris. boul. Saint-Laurent, 51.
Fortoul (Vve), représentant de Colas et fils, boulevard Saint-Louis, 52.
Rogues (Martin), pl. du Breuil.
Truchet (Henri) jeune, b. Saint-Laurent, 49.
Hamelin (A.) fils, r. Saint-Denis, 266 à Paris, représenté au Puy.
Leblanc-Moulyade (Ch.).
Rouillard (Mme A.), b. Saint-Louis, 38.
Valléry (J, et A.) frères, successeurs de l'ancienne maison Douce Vincent, soies, laines et fils pour dentelles, r. Saint-Gilles.

Tailleurs (marchands).

Brès (Augustin). b. St-Louis, 43.
Chabrerie, au Prophète, b. Saint-Louis, 16.
Joubert, r. Saint-Jacques, 32.
Lyotard, b. Saint-Louis, 40.
Pradon, r. St-Jacques, 40.
Rocher (Romulus), pl. du Breuil, 7.

Teinturiers en laines.

Anglade-Molherat. — Ollier-Sabot. — Olivier-Maurice.

Bas-en-Basset.

Dentelles. — Granjeon. — Tréhaud.

Draperie et rouennerie. — Chapuson. —
Faure. — Grasset.
Velours (fab. de). — Carrier. — Thomassin.

Brioude.

Banquiers. — Boyoud. — Brunel. — Paul (J.).
— Veyrine.
Draperie et rouennerie. — Besson. — Char=
reyre. — Chouvet. — Denisot jeune. — Gra=
net. — Porte. — Roux. — Sabatier. =
Simon.

Brives-Charensac.

Laines (cardage et filature mécanique). — Sa=
barot (C^es) et Cie.

Crapenne.

Banque, recouv. — Triouleyre.
Dentelles, blondes (fabr. de). — Barbier. =
Barrier-Rival (V^e). — Berger-Bonnefont. =
Boulle (Mlle). — Callot (Adolphe), maison à
Paris, r. d'Aboukir, 8. — Chataignier (V^e).
— Goudert (F.) — Couret-Surrel. — Dau
rat (Mme). — Dayre (P.). — Dorel aîné. =
Dufaut-Reytout (Mme). — Ferrand (V^e). =
Ferry (P.). — Guérin. — Marrand père.
— Picard-Terrasson. — Rachat. — Rivet.
Roure et Cie. — Saby. — Terrasson-Ber=
gier. — Vignal.
Rouennerie, toiles, draperies. — Bonjour
(Mlle). — Gamonet. — Gomot (A.). — Jou=
hannet-Peyet. — Jullen (Mme). — Louba=
resse sœurs. — Mage-Vidlol. — Mollin-Bon=
jour. — Rachat.

Dunières.

Soies, velours et rubans, nouveautés (fabr.
de). — Côte-Mounier. — David (Enne=
mond). — Deuzel.
Soies (moulinage de). — Darbier. — Dayle
(Claude). — Blanchard. — Bouchet. —
Bouillet (Lazare). — Bouillot (Pierre). —
Carpet aîné. — Chapelon. — Descours
(Claude). — Digonnet. — Faurie (J.=B^te).
— Jamet (J.=B.). — Jamet (V.). — Laurial.
— Lemoyne-Devernon (A.). — Lemoyne-
Devernon (Isid.). — Lemoyne-Devernon
(Aug.). — Malartre. — Mouller (Louis).
Pérard père et fils. — Rigaud (Pierre). —
Rouchon (L.). — Vial (L.).

Fay-le-Froid.

Laines (filature de). — Guilhot.

Goudet.

Chapeaux (fabr. de). — Barthélemy. — De=
bail. — Gagne. — Gerbier. — Lashermes.
— Manrin. — Mondillon. — Perrier. —
Vianes.

Monastier (le)

Chapeliers. — Monteil père et fils.
Laines (filatures de). — Breysse. — Savole.

Langeac.

Banquiers. — Gourd. — Ravoux.

Draps. — Allégre. — Gallivier. — Genelx. —
Gourd. — L'Herbet. — Roche. — Tourre.
— Tronchère.
Vers à soie (éducation de), dévidage des co=
cons. — Gourd. — Soulage. — Tuja.

Monistrol-sur-Loire.

Banquier. — Givet.
Dentelles. — Coutarel. — Faure. — Moret
(Mlle). — Sommet.
Draps (marchands de). — Douplat. — Ferra=
ton. — Galonnaire. — Prelier. — Royet.
Rubans (fabr. de). — Meurier.

Lempdes.

Vers à soie (éducation). — Badouaille �※

Riotort.

Rubans (fabr. de). Guitton-Nicolas. — Paulet
et Cie, fabr. de rubans unis et façonnés,
fabr. hydraulique, comptoir et magasins à
St-Etienne, place Marengo, 7.

Saint-Didier-la-Seauve.

Galons (fabr. de). — Verdier, Crépet et Cie.
Draperie et rouennerie. — Begon. — Taix.
— Tournon (V^e).
Papier et carton (fabr. de). — Véron (Nor=
bert), fabr. de cartons Jacquard et de pa=
pier de pliage (usine hydraulique), maisons
et comptoirs à St-Etienne, r. Royale, 40, et à
Lyon, r. Camille Jordan, 3.
Rubans de soie (fabr. méc. de). — Colombet frè=
res et Cie. — R. et L. Besson frères, à St=
Etienne, r. Royale, 12. — Ferriol. — Sarda
(Augustin), manufacture modèle de rubans
de velours, comptoirs à St-Etienne.
Soies (filateurs de). — Germain frères, et Cie,
à la Seauve, près St Didier, maison à Lyon,
r. St-Catherine.
Teinturier. — Béraud.

Saint-Just-Malmont.

Rubans de soie (fabr. de). — Defour et Cie.
— Joujols. (L^s) et Cie, maison à Saint=
Etienne.

Tence.

Dentelles noires, soies et poils de chèvre (fab.
de). — Doyer (V^e). et fils. — Charroni.
Médecins. — Grosbou. — Mounier.
Rubans de velours (fabr. de). — Brioude (F.),
comptoir à St-Etienne.
Soie (moulinage de). — Brioude (F.). — de
Layvrillère.

Yssingeaux.

Banquiers. — Foret frère et sœur, banque et
recouvrements. — Sarrazin.
Dentelles, blondes noires (fabr. de). Foret frère
et sœur, maison à Châlon-sur-Saône. —
Foret (Jacques). — Joubert. — Meyer frères.
Draps et rouennerie. — Boisset. — Cottier.
— Jamon. — Jamon jeune. — Salques fils.
Mercerie (en gros). — Lestie et Cie.

LOIRE-INFÉRIEURE

NANTES (chef-lieu).

Chambre de commerce. — Président: Lauriol (G.). — Polo (H.), vice-président. — Cheguillaume (J.). — Babin (Louis). — Brousset (Amédée). — De Floris. — Thébaud (H^{te}). — Besnier. — Larray. — Flornoy.— Gouin. — Dubignon. — Lechat. — Gillet (A.). — Francheteau. — Biré (Edouard, secrétaire-archiviste.

Tribunal de commerce. — Président: Gilée (A.). — Juges: Francheteau (G.). — Jamont (A.). — Rivron. — Heurtaux (G.). — Delaunay de Saint-Denis. — Figat. — Charrier (L.). — Trenchevent (E. I.). — Suppléants: Mestayer. — Pergeline (E.D.). — Renoul (A.). — Pellerin (E.). — Greffier: J. Arrault.

Arbitres de commerce.

Boucher-Delaville-Jossy, r. Miséricorde, 5.
Chauvet, Vieux-Chemin de Couéron.
Cinqualbre, r. Racine, 2.
Fourcade (P.), place du Commerce, 1.
Fourcade (Ch.), r. Jean-Jacques-Rousseau, 3.
Maurin, r. Ecluse.
Perdereau, r. Moulin, 3.
Remignard. quai Ile Gloriette.
Youx, quai de la Fosse, 53.

Conseil de prud'hommes. — Président: Rivron. — Secrétaire: Cherrière.

Banque de France (succursale)
rue Lafayette.

Directeur: Talvande. — Caissier: Villeneuve.

Consuls des puissances étrangères.

Angleterre; Clipperton, r. Héronnière, 6.
Autriche: Briaudeau père, consul, r. Gresset.
Belgique: P. B. Goullin ✳, ordre Léopold, roi des Belges., consul; vice-consul, Gve Goulin, r. Gresset, 13.
Bolivie: Collinet, consul, r. Crébillon, 15.
Brésil: Denis Crouans ✳, vice-consul, r. Heronnière, 14.
Confédération argentine: Ruidiaz, consul, r. Santeuil, 6.
Costa-Rica: Toché (E.) fils, consul, r. Gresset, 15.
Danemark: Bourcard (H.), consul, passage de la Pommeraye, 29.
Espagne: Théhaut, agent consulaire, r. Fosse, 102.
Etat-Unis: Georges Towle, consul, r. Gresset, 8.
Haïti: Régis (L.-A.), consul, passage Frédureau.
Italie: De Nascimento ✳, consul, quai de la Fosse, 70.
Nouvelle Grenade: Briaudeau fils, consul, r. Voltaire, 10.

Pays-Bas: Boubée, consul, boulevard Delorme, 23.
Portugal: De Nascimento ✳, consul, quai de la Fosse, 70.
Prusse: Bardot (Marius), avenue Camus, 15.
Russie: Fruchard (P.), boul. Delorme, 12.
San-Salvador: Delaunay de St-Denys, vice-consul, r. Calvaire, 1.
Suède et Norwège: Backman ✳, consul, r. Jean-Jacques Rousseau, 14.
Uruguay: Gourdon, consul, r. Calvaire, 17.
Villes libres: Hambourg: Bardot (M.), r. Tenne Camus, 15.

COMMERCE, INDUSTRIE.

Banquiers.

Brousset et fils, r. des Cadeniers, 11.
Denery (E.), quai Duguay-Trouin, 14.
Gaillard (F.), Cathelineau et Cie, quai de Turenne, 2.
Naudin (E.), H. Durand, Gasselin et Cie, r. Jean-Jacques Rousseau, 6.
Rousselot-Alion et fils, r. Lafayette, 11.

Comptoir d'escompte de Paris.

Agence de Nantes, directeur: A. Boisteaux, r. du Calvaire, 7.

Comptoir des actionnaires.

Berthié (Jules), achats et ventes des valeurs, passage Pommeraye, 8.

Société générale.

Siége social à Paris; agence de Nantes: place du Commerce, 12, directeur de l'agence: M. Gilée.

Blanc, mousselines, dentelles, flanelles
(en gros).

Baudoin (A.), r. des Carmes, 2.
Chabinaud, Duménil, Bidault et Pasquier, r. des Carmes.
Dorain et Chaumet, P.-Rue-des-Carmes, 8.
Geslin fils, r. Garde-Dieu, 8.
Mongredien et Clergeau, r. de l'Hôtel-de-Ville.
Perreaudeau (L.), Grelier et Huteau, place Saint-Léonard.
Simon, Vignard et Duvergie, r. des Carmes, 3.

Bois de teinture.

Daniau (C.) fils aîné, quai Duquesne, 11.
Grignon (A.), pl. du Port-Maillard, 1.
Ruidiaz et Cie, r. Paré, 7.

Bonneterie en laine (fabr. de).

Leduc, r. Dos-d'Ane, 46-48.
Martin-Courseulle, r. des Carmes, 12, fabr. à Guibray (Calvados).

Bonneterie (en gros).

Grélier frères, fabr. à Guibray (Calvados) , r. des Bons-Français, 4.
Guillou (J.) et H. Parrot, pl. du Change, 4.
Laboureur frères, r. de la Boucherie, 7.
Simon, Vignard et Duvergie, r. des Carmes, 3.

Bonneterie (détail).

Bastel et Charpentier (à la Fileuse), et fabr. de chemises, r. de la Fosse, 23.
Boucher, pl. Sainte-Croix.
Bourdoiseau, Haute-Grande-Rue, 59.
Boureau (E.) et Cie, r. Crébillon, 15.
Cadart (Mme) et Merlet , r. Crébillon, 7.
Chabas (O.), quai de Penthièvre, 2.
Chauve aîné, r. Crébillon, 12.
Didelin, gros, r. Écluse, 2.
Hyrvoix, pl. Royale, 8.
Jamin, r. de Guérande.
Lajeunesse-Marx et Cie, r. du Calvaire, 18.
Singaraud (Ve) et Charmantier, pl. Royale, 2.

Caoutchouc.

Compagnie Anglaise, A. de Nevrezé, r. Crébillon, 23, vêtements, chaussures.
Duval, r. Crébillon, 21.
Genevier (A.), dépôt, quai des Constructions.

Cardes (fabr. de).

Haigron, cardes à matelas, cardes pour filatures, r. Marchix, 62.
Pesseau, chaussée Madeleine, 17.
Sauvaget, r. Cruey, 8.

Casquettes (fabr. de).

Bodin, quai de l'Hôpital, 10.
Duval fils, r. des Olivettes, 15.
Michel-Abraham, quai Duguay-Trouin, 16.
Nicolon et Vergereau, bas du cours St-André.

Chanvre et lin (filature de).

Péan frères, fils simples et retors, tissage, fil à voile et corderie.

Chanvre (commerce de).

Leuzy, r. Bon-Secours, 8.
Nouchet et Brosseau, r. Dubois, 6, maison à Beaufort-en-Vallée.
Bourisseau, Chaussée-de-la-Madeleine, 29.

Chapeaux de feutre et de soie (fab. de).

Bodin, quai de l'Hôpital, 10.
Duval fils, r. Olivettes, 13.
Koperski dit Lucien, r. du Calvaire, 2.
Lebreton, r. des Arts, 12.
Lequitte, (V.) r. Urvey-St-Bédan, 4.
Nicolon et Vergereau, spécialité feutre, bas du cours St-André.
Peltier (Félix), pl. Royale, 4.

Chapeaux, cabas, plateaux et bourrelets en paille.

Bodin, quai de l'Hôpital, 10.

Michel-Abraham, quai Duguay-Trouin, 13.
Nicolon et Vergereau, bas du cours Saint-André.
Roux (Gustave), r. Saint-Nicolas, 30.
Tuffeau et Cie, chêne d'Aron, 2.

Chasubliers.

Lemoine (Félix) et Henri Lemoine fils, rue Basse-du-Château, 10.
Picou, r. St-Clément, 47.

Chemises (fabr. de).

Bastel et Charpentier, r. Fosse, 23.
Berton frères, carrefour Casserie.
Hervouet, r. Crébillon, 16.
Lajeunesse, Marx et Cie, r. du Calvaire, 18.
Szczupack (S.), quai de la Fosse, 28.

Corderies.

Bernard, vieux chemin de Coëron.
Bretonnière, r. de la Poissonnerie, 17.
Briand, route de Vannes.
Leuzy, r. Bon-Secours, 8.
Leroux (R.), pour la Marine et les colonies, avenue de Launay, 5.
Murie, fabr. r. Daubenton, 5.
Péan frères, chemin de Miséricorde.
Pignot, r. Daubenton, 6.
Pottier, r. Dudrezenne.
Raffin, r. Petite Biesse, 20.

Corsets (fabr. de).

Brunet, r. Echelle, 3.
Gallbourg, Hte-Grande-Rue, 40.
Gicquel, r. Boileau, 5.
Grellier, r. du Calvaire, 8.
Guillet, r. Commune, 4.
Jeulin (Mlle), r. Echelle du Bon-Pasteur.
Leroy (Mme), pl. Saint-Vincent.
Louazet (Mme), r. Calvaire, 29.
Richard, r. de la Bourse, 23.
Roblin (Mme), quai d'Orléans, 3.

Coton, cotonnades (fabr. de).

Berdron (R.), r. Hauts-Pavés, 24.
Cornet fils, futaines, r. des Arts, 18.
Duval, Heurthaux et Cie, fabr. de futaines et cotonnades, chaussée Madeleine.
Fauquet-Lemaître de Rouen, dépôt, représenté par R. Perié, r. Beau-Soleil, 4.
Geslin fils, blancs et mousselines en gros, r. Garde-Dieu, 8.
Grimault fils, route de Rennes, 9.
Vallet père ✳ et fils, r. Menou, 9.

Cotons (filatures de).

Bureau (Michel Mme) jeune, rue de Cruey.
Cheguillaume (P.) et Cie, rue Briord, 13.
Duval, Heurthaux et Cie, cours Douard, 6.
Grimault fils, route de Rennes, 9.
Vallet ✳ père et fils, rue Menou, 9.

Coton à tricoter (fabr. de).

Chaussepied, rue du Trépied, 3, près la rue des Arts.

Crins frisés pour matelas.

Chupin (Mme), rue Bon-Secours, 3.
Coignard (V^e) (J.-F.), rue d'Alger, 10.
Dubois aîné, rue Bon-Secours, 1.

Crins carrés pour tissus.

Van Neunen (F.) et fils junior, r. Calvaire, 24.

Dessinateurs en broderies.

Dressy, rue Franklin, 2.
Godfrey, rue Calvaire, 17.

Draperies, lainages et rouenneries (gros).

Henraisin et Avenard, rue Moulin, 10.
Berdeaux (V^e), Fournet et fils, rue de la Commune, 1.
Chéguillaume (P.) et Cie, rue Briord, 13.
Cox (F.), Mahaut et Gaboriaud, rue Poissonnerie, 26.
Fournet et Duchesne de Lisieux, représentés par Lemarchant, rue Briord, 12.
Gendron, Choquet et Fairand, rue Bons-Français, 4.
Lefontaine, Gueudet et Nail, q. Duquesne, 3.
Lafaguays et A. Portier, rue St-Léonard, 45.
Martin, Poulain et Peigné fils, r. Saint-Léonard, 45.
Méry-Samson, J. Samson et A. Fleurlot, de Lisieux, rue Moulin, 6.
Nicou-Hamon, détail, rue Verlais, 87.
Orly et Bernard, place de l'Hôtel-de-Ville.
Rousseau (Charles, rue Briord, 18.

Draperie et rouennerie (détail).

Baudet et fils, place Royale, 1.
Berton frères, carrefour Casserie.
Brechet-Sourisseau, rue des Halles, 2.
Constantin frères, rue d'Orléans, 20.
Delajousselinière (Victor), rue des Halles, 17.
Ganuchaud aîné, rue Poissonnerie, 27.
Gueudet (Mlle), rue d'Adèle Halles, 9.
Helft, rue Calvaire, 1.
Lajeunesse, Marx et Cie, rue Calvaire, 18.
Margotin (L.), rue des Halles, 11.
Perraud et Legendre, r. Basse-Grande-Rue, 14.
Poirier et Gautret, place Royale, 11.
Pole (A. et A.), place du Change, 9.
Principe-Renée, rue de l'Echelle.
Thomassin-Martin, quai du Bouffay, 1.

Drogueries et couleurs.

Blanloeil (P.), fabr. d'eau de javelle, rue de la Commune, 23.
Carrière, rue Beaumanoir, 7.
Germerais (A.), rue Jean-Jacques, 2.
Daniau (C.) fils aîné, quai Duquesne, 11.
Gaillard-Briand, rue d'Orléans, 13.

Grignon (A.), machine pour couper et effiler les bois de teinture, mèches à mines, place du Port-Maillard, 1.
Humeau (F.), rue d'Orléans, 18.
Javelier (V^e), rue d'Héronnière, 6.
Leroux (Edouard) et Cie, couleurs et teintures, rue Petit-Bacchus, 12.
Martineau (A.) et Cie, rue Saint-Léonard, 19.
Proust frères, rue Dugommier, 7.
Rousseau (J. et A.) et Banzain, tous les produits, rue d'Alger, 5.
Ruidiaz et Cie, rue de Paré, 7.
Vidie fils, quai Brancas, 4.

Fleurs artificielles (fabr. de).

Bouvié (Mlle), place du Pilori, 9.
Craissac et Besnard (Mlles), pl. Ste-Croix, 1.
Florisson, rue Poissonnerie, 35.
Hourdin-Perro, rue Calvaire, 8.
Lemaître (Mlle), rue Prémion, 2.
Moinard sœurs, rue Casserie, 1.
Pipier-Briand, place du Pilori, 12.
Segerand (Mlle), Haute-Grande-Rue, 48.
Verjus, rue de la Fosse, 30.

Laines (filatures de).

Bernard et Emile Pequin, Prairie-au-Duc, q. Hoche, 3 et 4.
Bureau (Michel Mme) jeune, rue de Crucy.
Chéguillaume (P.) et Cie, et fabr. de draperies et cotons de Nantes, rue Briord, 13.
Leduc, fabr. de tricots de laine, rue Dos-d'Ane, 46 et 48.

Laines.

Bernard et Emile Pequin, quai Hoche, 3.
Cahors (Ferdinand), rue Poissonnerie, 19.
Clément (P.), fabr. de laine à matelas, pour la fabrique et la chapellerie, quai Duguay-Trouin, 16.
Dubois aîné, rue Bon-Secours, 1.
Jubineau frères, quai d'Orléans, 9.
Leduc, filées, rue des Halles, 22.
Maigne-Monnier, Petite-Rue-des-Carmes, 10.
Perraud (A.) et Cie, rue St-Léonard, 45.
Pionneau, rue Poissonnerie, 29.

Machines à coudre (fabr. de).

Brossard frères, constructeurs, manufacture de machines, rue Mercœur, 7.

Mercerie (gros).

Baudouin (Auguste), rue des Carmes, 2.
David, rue Beauregard, 1.
Delebecque, rue Calvaire, 6.
Férapié et Michaud frères, rue St-Léonard, 47.
Gaudion (F.), rue du Moulin, 12.
Gaudion neveu, rue Saint-Léonard, 39.
Gueudet (E.), à Pont-Rousseau.
Guillou (J.) et H. Parrot, mercerie et commissionnaire, place du Change, 4.
Heuzé, rue de l'Hôtel-de-Ville.
Laboureur frères, rue Boucherie, 7.

Lemoine frères, rue du Moulin, 5 et 7.
Massion-Bernard (Joseph), r. Poissonnerie, 14.
Péaloux, rue du Moulin, 17.
Pouré, rue Poissonnerie, 2.
Sabatier (J.), quai du Bouffay et place du Bouffay, 6.
Vetil-Dugast (Mᵐᵉ), quai Turenne, 8.

Mouchoirs (fabr. de).

Barjolle, rue Menou, 17.

Nouveautés, draperies et rouenneries (voir aussi draperies et rouenneries).

Alix-David, rue Arche-Sèche, 2.
Boucher, rue Basse-Grande-Rue.
Brossaut, rue Crébillon, 15.
Constantin frères, rue d'Orléans, 20.
Dauge, rue Arche-Sèche, 2.
Dubois-Puibaraud, rue d'Orléans, 14.
Duché (R.) et Cⁱᵉ, place Royale, 10.
Duvanel, rue d'Orléans, 15.
Fraisse et Patasson, place Royale, 1.
Guesne, rue Vertuis, 4.
Gueudet (E.), à Pont-Rousseau.
Helft, rue Calvaire, 1.
Lajeunesse, Marx et Cⁱᵉ, r. Calvaire, 18 et 19.
Lamy et Petitjean, place Royale, 9.
Lequyer (Mˡˡᵉ), deuil, rue d'Orléans. 3.
Lemarié, rue Saint-Clément, 90.
Levy (Moïse), rue Marchix, 8.
Mahaud (F.), quai Jean-Bart, 4.
Mousselet (V.), rue Beau-Soleil, 2.
Pic et Hubert, rue Basse-Grande-Rue, 24.
Picault (Vᵉ), rue Saint-Clément, 137.
Potier, rue Barillerie, 4.
Richard-David, rue Feltre, 4.
Robert-Gouy, rue Saint-Nicolas, 19.
Sechez-Desbois, rue Feltre, 17.
Thomassin, rue Poissonnerie, 2.

Ornements d'églises (marchands d').

Doizé, rue Haute-Grande-Rue, 47.
Haës, rue Saint-Clément, 100.
Lemoine (Félix) et Henri Lemoine fils, rue Basse-du-Château, 10.
Picou, rue Saint-Clément, 47.
Vankamelbeck, place Saint-Pierre, 1.

Ouates (fabr. de).

Prégnard, route de Rennes, 39.
Thomas, rue des Hauts-Pavés.

Parapluies (fabr. de).

Vaisset (Justin), exportation, gros et détail, fabr. spéciale de fourchettes, passage Pommeraye, galerie Reygnier.

Passementerie (fabr. de).

Bouancheau fils, rue Fosse, 23.
Delebecque, rue Calvaire, 6.
L'huillier, rue Basse-Grande-Rue, 23.
Marchais (H.), carrefour Casserie, 11.

Mazeau (Ad.), spécialité pour couturières et confections, quai Cassard, 7
Rey-Chovet, place de l'Ecluse, 6.
Rouzeau (Mˡˡᵉ), carrefour Casserie, 15.

Rouenneries, nouveautés et blanc en gros (voir aussi draperie).

Barberel, place du Change, 9.
Becel-Leglas, rue Basse-Grande-Rue, 25.
Berton frères, carrefour Casserie.
Beuchet frères, carrefour Casserie, 8.
Binet-Delaunay, rue Moulin, 21.
Boisseau et Mabit, rue des Bons-Français, 5.
Chabinaud, Duménil, Bidault et Pasquier, rues des Carmes et Ecluse, 1.
Didelin, rue Ecluse, 2, au 1ᵉʳ.
Gendron, Choquet et Fairand, rue des Bons-Français, 4.
Genuit, rue Briord, 18.
Georget-Poilière, rue Moulin, 19.
Guibert et Sorin, rue Poissonnerie, 23.
Lafaguays et A. Portier, r. St-Léonard, 45.
Lagniel, rue Saint-Clément, 59.
Lajeunesse, Marx et Cⁱᵉ, rue Calvaire, 18.
Lesimple et Raoult, place Pirmil, 4.
Livet, rue Moulin, 22.
Mahaud (F.), quai d'Orléans.
Martin et Moreau, quai Penthièvre, 5.
Mongrédien et Clergeau, rue de l'Hôtel-de-Ville.
Mosset et Bouëtel, quai Duquesne, 6 et rue de l'Hôtel-de-Ville, 5.
Mousselet (V.), rue Beau-Soleil, 2.
Simon, Vignard et Duvergie, r. des Carmes, 3.

Rubans (dépôts de).

Janeau (Ad.), rue Calvaire, 4.
Lemoël (J.) et Grelier, rue Arche-Sèche.
Pageot (Jean), rue Crébillon, 17.
Roux (Gust.), rue Saint-Nicolas, 30.
Vasset, rue Saint-Nicolas, 30.

Sacs en toiles.

Darmandarits et Vrignaud, vente et location, place du Martray, 1.
Picot (F.), quai de l'Hôpital, 9.

Tailleurs-confectionneurs.

A la Belle-Jardinière, rue Héronnière, 6.
Bergerin (A.), rue Sauteuil, 3.
Galerie des 100,000 paletots, place Graslin, 3, manufacture de vêtements.
Laroque (à l'Œil), rue Calvaire, 14.
Lecomte, rue Vertais, 26.
Lesimple, quai du port Maillard, 12.
Levy (Ed.), pl. de l'Ecluse.
Levy (Vᵉ) et fils, manufacture de vêtements, rue de la Fosse, 8.
Pipon (Albert), quai de la Fosse, 50.
Royer, au 4 Nations et à la Ville de Paris, rue Crébillon, 4 et 10.
Szczupak (S.), quai de la Fosse, 28.

Tapis.

Babin-Bruneau, quai Cassard, 4.
Chabas (O.), couvertures, quai Penthièvre, 2.
Coulhon (J.) fils, rue d'Orléans, 7.
Leglas-Maurice, rue Briord, 9.

Teinturiers apprêteurs pour futaines.

Potin et Tenaud, rue de Vertou.
Van Troyen, rue Petit-Pierre, 10.

Tissus de laines (fabr. de).

Bonraisin et Avenard, rue Moulin, 10.
Ricou, rue Marchix, 38.

Toiles.

Bellecroix frères, et blancs, rue Boileau, 11.
Bourliaud (A.), r. d'Orléans, 1.
Bretault, r. Crébillon, 1.
Chabas (O.), q. Penthièvre, 2.
Daguzon fils et Potier, r. Poissonnerie, 24.
Dalmer, r. Régnier, 1.
Dubois, r. Commune, 1.
Fourmond, r. Fénélon, 2.
Guérin-Rocher, pl. du Change, 5.
Guiet (Ve) et Chaumet, q. Turenne, 1.
Livet, r. Moulin, 22.
Mousselet (V.), r. Beau-Soleil, 2.
Poirier, carrefour Casserie, 12.
Poupart (Mme), r. Moulin, 14.

Toiles à moulins (fabr. de).

Barillier et Simon, r. Marais, 10.

Toiles à sacs (fabr. de).

Darmandarits (E.) et Vrignaux, tissage mécanique, pl. du Martray 1.

Toiles à voiles (fabr. de).

Duval, Heurthaux et Cie, toiles à voiles en coton, chaussée Magdeleine.

Aigrefeuille.

Teinturerie de laine et de fil. — Mabit, à la Vieille-Ecluse.

Clisson.

Cotons et laines (filature de). — Chéguillaume (P.) et Cie.
Droguerie pour teinture. — Martineau (A.) et Cie, maison à Nantes.

Guerande.

Draps, toileries.—Baci (Michel), rouennerie et mercerie en gros.

Saint-Nazaire.

Arbitres de commerce. — Batseau. — Chevalier.
Banquiers.—Mangat et fils, escompte.
Nouveautés et blanc.— Constantin.— Jorone. Lancelot. — Marx (L.) et Cie. — Masseron frères.

LOIRET

Chambre de commerce.— Président : Germon (Alexis).—Membres : Richault.—Escot (A.).—Bigot.—Proust-Michel. — Rousseau (Ch.)—Saintoin (Ch.).—Fougeu. — Daudier (H.).—Secrétaire-archiviste : Vayssié.
Tribunal de commerce. — Président : Richault.—Juges : Saintoin.— Fongeu. — Renard-Rime.—Sanglier.—Rossignol. — Chevallier. — Suppléants : Delafon. — Fousset (E.).— Gilbert. — Cottin. — Greffier : Dervaux.
Agréés : Heurteau.—Basseville.— Letorey (E.) —Pécheux.
Conseil de prud'hommes. — Président : Perrault.—Secrétaire : Mancini.
Banque de France (succursale de la).— Directeur : Mareau.—Caissier : Jarry.

COMMERCE, INDUSTRIE.

Banquier.— Kuhn (Théophile).
Caisse d'escompte d'Orléans. — A. L. de Forges et Cie.
Comptoir d'escompte d'Orléans. — Richault et Cie.
Crédit agricole.—Directeur : Chapusot.
Société générale.—Siège social à Paris, agence d'Orléans.—Directeur : M. Gaudet.

Blanc (articles de gros). — Piprot aîné. — Piprot.—Bienvenu.—Poignant (Hippolyte).— Gaillard, en détail.
Bonneterie en laine (fabr. de).—Bernay (Hyte). —Jourdan (A.).—Le Prince-Thomas.— Richer-Locman.—Siglier (Ch.).
Bonneterie de coton (fabr. de).—Bernay (Hyte) —Coutadeur (Alphonse) et Cie. — Laurence (H.) et P. Gourdin.
Bonneterie (march. de). — Arnault. — Faure. —Foucault.—Grandry (Jules).— Grousteau et Henri Bru. —, Legros-Jallet. — Léoman-Cointepas. — Piedefer (Eug.). — Rossignol frères.
Bonneterie orientale (fabr. de).—Daudier père et fils.— Féau (Amédée).— Féau (Valentin) fils.—Petit (Ve Casimir).
Cardes (fabr. de). — Flambart et Carré-Flambart.
Chanvre, filasse et lin.—Lion (Eug.).
Chapeaux (fabricants de). — Hulot. — Julien, feutre. — Larousse. — Robineau et Lange, soies.
Chemises.—Richer-Pandevant.
Corsets (fabr. de).—Duveau.—Roucheux (A.), corsets en gros et fournitures.

Couvertures de laine (fabr. de). — Beauvillain frères.

Chevalier frères, foulons, teinture.

Cointepas-Langlois, fabrique et teintures.

Daudier père et fils, filature et foulons.

Gaucheron-Greffier, filature.— Gilbert (Th.) et Perrault jeune, filature, apprêts et tissage.

Pepin Veillard fils, filatures, teintures et apprêts.

Pesle-Vernois frères.—Petit (Vᵉ Casimir.).

Rime et Renard, teintures et apprêts.

Drap imperméable (fabr. de).—Tisserant.

Draperie en gros.—Charoy-Albert.— Davezé-Proust.—Foussot (Em.).—Guérin.—Bonin. —Proust et Bertrand. — Tourneux, Pinon et Gautier.—Varnier jeune et Bonnichon.

Draps (march. de).—Charoy (Albert).— Desbrinay, Desjardins et Cⁱᵉ.—Devaux. — Dupont-Chevallier.—Rabourdin-Grivot.

Droguistes.—Angenault (H.).—Bareau père et fils —Bigot frères.— Delafon (Edouard). — Forestier et Broutin, et produits chimiques. —Fouqueau.—Hacard.—Poinceau.—Rousseau-Rogier et Le Page.

Fleurs artificielles. — Bordes (de L.).— Boussard (Mme).— Claire (Lucie Mlle). — Robineau.

Laines (négts en).—Aubret.—Desbrinay-Desjardins et Cⁱᵉ. — Dujoncquoy-Cartéron et Blanchard.—Roger-Gaudry fils.—Rouillard, représentant.—Sanglier (Ch.).

Mécaniciens.—Bonnot (A.).—Brisson.— Fauchon et Cⁱᵉ.—Chatillon (Félix). — Cumming (J.) ✳.— David (Henri). — Deroy-Poisson, spécialité de machines propres à la filature de laines cardées, métiers à filer, métiers à tisser mécaniques, navettes.

Mercerie en gros et demi-gros. — Bruzeau. — Derigny (Alph.). — Fortin, Guérin et Galerne.—Lacan-Dessaux. — Menon-Larry.— Michot-Leprince.—Petit-Saintoin. — Rossignol frères.

Nouveautés. — Bézard et Cochet. — Bidault-Louvel.—Blétry.— Charoy (Albert). — Davezé-Proust.—Devaux (au Dauphin).—Foucher-Jullet.—Marin.— Pelletier-Roubeau.— Mogis.—Peturet (J.).— Pilboue (Adrien) et Cⁱᵉ, gros. — Rabourdin-Grivot. — Regnault (Alfred).—Rigaul-Feuillatre.—Varnier jeune et Bonnichon.

Ornements d'église.—Mesuré-Maréchal.

Orseille (fabr. d').—Manceau (J.).

Ouate (fabr. de).—Guillemin.— Valentin-Féau fils.

Passementerie (fabr. de).—Baudard (H.), pour meubles et confection.

Produits chimiques (fabr. de).—Grivot-Grivot. —Guenette.—Reneault.—Rousseau. — Rogier.

Rouennerie (march. de).—Barué-Blanchard.— Bézard.—Charoy (Albert).—Davezé-Proust. —Devaux.—Dransard.—Dupont-Chevallier.

—(Gustave).—Fousset (Eug.).—Guerin-Bonin.— Marin-Perrot. — Pilboue (Adrien).— Pinon et Gauthier.--Proust et Bertrand, en gros. — Rabourdin-Grivot. — Regnault.— Suinot-Gaudry. — Tourneux. — Trembleau Pilé jeune.— Varnier jeune et Bonnichon.

Sacs en toile (fabr. de).—A. de l'Hôpital.

Tailleurs-confectionneurs. — Beauvillain et Chollet.—Bourgoin frères.— Cahen.—Caillet.— Clément (Mlle).—Hamouy.

Teinturiers en drap.—Aufray.—Rambourg.— Valentin Féau fils, pour couvertures et laines.

Toile imperméable (fabr. de).—Tisserant.

Toiles (négts en).—Barrué-Blanchard. — Charoy (Albert).—Davezé-Proust.—Delafon (J.). — L'Hôpital (A. de).—Gaillard. — Goujon. —Leplat. — Legendre-Deshayes. — Mogis, toiles et nouveautés. — Peturet. — Pilboue (Adrien) et Cⁱᵉ, gros.—Proust et Bertrand. Regnault (Alfred). — Varnier jeune et Bonnichon.

Tulles et dentelles en gros. — Legendre-Deshayes.—Piprot frères.—Poignant (Hte).

Amilly.

Filature de bourre de soie pour damassés et gilets.—Ch. Revil et Cⁱᵉ, dépôt à Paris, chez MM. Delon et Raimbert frères, et à Lyon, chez L. Olph, Gaillard et Cⁱᵉ.

Chateau-Renard.

Draps, serges (fabr. de). — Bureau-Bouchot.— Deroy.

Laines (filatures de).—Bouguereau-Latte.

Courtenay.

Banquiers.—Bailly.—Louismet père.

Bonneterie (fabr. de).—Masson.

Draps (fabr. de).—Perrot frères.

Laines en gros. — Drouet-Cabourdin. — Souchet-Delaporte.

Montargis.

Tribunal de commerce. — Président : Boucheny (Et.). — Juges : Malâtre aîné. — Garnier (P.). — Palluel (H.). — Suppléants : Notaire (Ch.). — Sauvard-Deflou. — Greffier : Ferrière.

Banque et recouvrements. — Paul Garnier. — Rollet et fils, escompte et recouvrements. — Sauvard-Deflou.

Bonneterie. — Deflou-Monteau. — Kleinbans fils et Vergnet. — Sermon, et blanc.

Nouveautés. — Bellot. — Chouard (Vᵉ). — Godefroy. — Lapeyre de Bellair. — Notaire. — Piget.

Malesherbes.

Bonneterie en coton (fabr. de). — Parfond.

Chanvre (filatures de). — Filliau. — Garnier.

Pithiviers.

Banquiers. — Coutan. — Picault, caisse d'escompte. — Poisson fils. — Touzet et Gayet.

Bonneterie, laine et coton. — Blanchet. — Champieux. — Chevalier. — Foucaud, fabr. — Lours-Brethonnet. — Villemard. Draps et nouveautés. — Boyer. — Chenu- Serreau. — Delafoy-Rabourdin. — Lagache. — Lejeune.

Laines. — Amadieu et Rabani. — Brière. — Jouard. — Jullien et Rassion.

LOT

CAHORS (chef-lieu).

Tribunal de commerce. — Président : Plantade. — Juges : Relhié. — Cangardel. — Suppléants : Labrouc. — Andurand. — Greffier : Gaillard.

COMMERCE, INDUSTRIE.

Banquiers. — Cangardel (Jean) et fils. — Passefond (E.), J.-M. Marqué et Cⁱᵉ, caisse agricole de l'arrondissement de Cahors.
Carderies mécaniques. — Conté fils. — Mansou.
Draps, nouveautés et toiles. — Abriol. — Alix. — Bousquet (Vᵉ). — Delmas. — Francès. — Pontié. — Relhié.
Laines peignées à la vapeur. — Urbain. — Conté.
Ornements d'église. — Conduché.
Rouenneries et impressions en gros. — Carcuac d'Aurillac. — Ilbert (Hᵗᵉ).

Figeac.

Banquiers. — Bru (Adolphe). — Lievin.

Bonneterie (fabr. de). — Autesserre (T.) fils aîné, fabr. d'ouvrages au crochet, fantaisie.
Draps. — Alriq. — Benne. — Bizot. — Calmette (Ph.). — Combes. — Delclaux et Puel. — Houlié (L.). — Lagarde. — Lavernhe. — Négrié.
Laines (filatures et cardes). — Granouilhac (A.). — Miret (E.).
Mercerie, quincaillerie. — Autesserre (T.) fils aîné, en gros. — Bestion. — Cambou, mercerie. — Dalmas. — Lapergue. — Ligonies. — Pascal.
Rouennerie en gros. — Bru (Ad.). — Delclaux.

Gourdon.

Banquiers. — Taillade frères.
Draperie (marchands de). — Courbès. — Lascombes. — Rey. — Roueix. — Salles. — Salvat. — Vidaillet.
Laines (carderie et filature de). — Pelissier, Cabanès, Taillade et Vargues.

LOT-ET-GARONNE

AGEN (chef-lieu).

Chambre consultative des arts et manufactures. — Président : Chairou père. — Secrétaire : Massias.
Tribunal de commerce. — Président : Massias. — Juges : Dutrouilh. — Illy (A.). — Fourteau. — Mouton (Eug.). — Suppléants : Astié (A.). — Carrère. — Fougères. — Poujoulat. — Greffier : Bez.
Banque de France (succursale de la). — Directeur : Famin. — Caissier : Chamerois.

COMMERCE, INDUSTRIE.

Banquiers. — Aunac (Félix). — Guizot (Ernest). — Londie frères.
Caisse d'escompte. — Lavergne, Conches et Cⁱᵉ. — Directeur : Massias.
Crédit agricole. — L. Solacroup, directeur.
Blanc (spécialité de). — Evariste Mikalef et fabr. de linge conf. — Vayssière.
Bonneterie en gros. — Bertrand-Bernès. — Bertrand-Piret. — Montariol aîné et Cⁱᵉ. — Pourteau (Isidore). — Saboulard. — Tercé.
Chasublier. — Perin (L.).
Commission. en marchand. — Cassès (Alph.).
Cotonnades et grisettes (fabr. de). — Augarde (Louis) et Cⁱᵉ. — Binet père et fils. — Con-
demine. — Fougère et Cⁱᵉ. — Forgues frères. — Lacroix (J.) et J. Nouguès. — Lanes (J.-E.), toiles et fils. — Saboulard.
Cotons filés et fils. — Condemine, Fougère et Cⁱᵉ. — Lacoste (Eugène). — Lamouroux (E.) et Cⁱᵉ. — Lapoussée aîné (M.) et Cⁱᵉ, et laines. — Saboulard. — Villot fils. — Viste.
Draps en gros. — Baron frères et Lambret, maison à Montauban. — Bertrand-Bernès. — Fargo. — Gimbrède. — Guignard et J. de Gauléjac. — Lacas (N.) et Gouzet. — Lapoque et Cⁱᵉ. — Laurans (Vᵒʳ), et lainages.
Draperie en détail. — Bastide (Henri). — Clerc aîné. — Laboulbène Pozzi. — Malcaze. — Marcadet jeune et Cⁱᵉ. — Moutou-Boé.
Droguerie. — Affayroux. — Guerineau fils. — Jaille (A.) et J. Chaylade. — Lascourréges (Justin). — Rival (J.) et A. Laurent. — Villot fils.
Fleurs artificielles. — Demiches. — Droul.
Gantiers. — Delpech-Buytel, peau et de castor. — Mandiberon.
Laines filées. — Lacoste (Eug.). — Lamouroux (E.) et Cⁱᵉ. — Lapoussée (M.) aîné et Cⁱᵉ. — Laville. — Viste.

18

Linges confectionnés (fabr. de). — Mikalef
(Ete).

Literie et étoffes pour ameublement. — Laca-
père fils. — Maureuil. — Monbet. — Réjou.

Mercerie en gros. — Astresse et Bruchet. —
Bourgade. — Delpech-Buytet. — Cary (P.)
et Ducousso. — Maux (E.). — Magne (B.).
Mikalef (Ev.). — Montariol aîné et Cie. —
Pérès (L.). — Pourteau (Isidore). — Pouya-
gut (Ch.). — Pugens. — Serre (G.). —
Tarneau. — Verdier.

Nouveautés. — Barbe (J.). — Farge. — Lacas
(H.). — Olivier et Lavigne. — Sabatier.

Passementerie pour sellerie et carroserie. —
Aldigé, fils de l'aîné. — Dutrouilly et Cie.

Représentants de commerce. — Bertin. — Cour-
din. — Georges. — Lanna. — Navarro père et
fils. — Pozzi (Adrien). — Tarneau.

Rouennerie en gros. — Albaret fils cadet. —
Bertrand-Bernès. — Bouchou (M.) et De-
meurs. — Duprat et Izard. — Espenan et A.
Bernès. — Jaudounenc (D.) et Cie. — Lacroix
(J.) et Nouguès. — Laurans (P.) et Huchard.
— Pastureau (Hte). — Régade. — Saboulard.

Toiles de ménage (négts en). — Condemine,
Fougère et Cie. — Gouzet et Lacas. — Gui-
gnard et Gaubjac. — Lanes (J.-E.). — Mikalef
(Evariste). — Veyslères (Min).

Toiles peintes (fabr. de). — Albaret fils cadet.

Toiles à sacs (fabr. de). — Lanes (J.-E.).

Clairac.

Chanvres. — Coulé. — Simon.

Chapeaux feutre (fabr. de). — Barillier. — Fara-
gon et François (Ph.) — Gouzy et fils. — Janniard. — Janniard et Pouchet. — Roussel père
et fils.

Corderie mécanique. — Coulé.

Marmande.

Tribunal de commerce. — Président : Birac.
— Juges : Massat (E.). — Beyries. — Meri-
neau. — Suppléants : Barbelanne père. —
Farbos. — Greffier : Lafon.

Banquiers. — Charpentier (P.), et recouvrements. — Gay fils et Durrande.

Blanc (articles de). — Garleau (Bien aimé).

Bonneterie en gros et laines à tricoter. — Bis-
sière (Arimati). — Schlègle (E.).

Corderie. — Gouyon frères et Guerre cousins.
— Guerre (Georges).

Nouveautés et étoffes. — Birac fils aîné. — Cour-
nit. — Massat frères. — Massat (Henri). — Pou
blan (Germain).

Toiles et coutils (fabr. de). — Germain. — Merle.

Nérac.

Tribunal de commerce. — Président : Bour-
rausse. — Juges : Nismes (Jules). — Caupenne
(E.-F.) — Courrent. — Suppléants : Castros
(Jules). — Barigaud (V.). — Greffier : Gourdon.

Banquiers. — Barge (C). — Caisse d'escompte
d'Agen, Condom et Nérac : Lavergne, Conche et Cie. — Directeur : E. Codert. — Mous-
tier-Destrac (L.), banque et recouvrements.
— Vitaillet (J.-B.), banque et recouvrements.

Draps et nouveautés. — Deyre. — Fieux. —
Labarthe. — Laporte. — Sibrac. — Vaissière (J.).

Droguet de laines (fabr. de). — Capuron. —
Ducourneau. — Lafargue. — Laporte (Henri).

Tonneins.

Banque et recouvrements. — Couachz (E.).

Cordages, chanvres, ficelles (fabr. de). — Bac-
qué fils. — Bergeret (P.) et fils. — Bergeret (J. 3e). — Chuchaud aîné. — Chuchaud
jeune. — Dalliès (J. A.). — Duboul, à Marseille. — Feytis jeune. — Jaubert fils aîné. —
Lacombe et Mugot. — Lacombe (J.-B.). —
Lacombe (Léon). — Lacombe (Louis) jeune.
— Lacombe-Bergeret. — Lacombe fils aîné. —
Mautor et Duhoul. — Merle (Jean). — Mouchès
père et fils. — Mouchès (Joseph) aîné. — Po-
maude père et fils. — Redon (J.A.). — Rives
fils. — A. Mouchès fils et Cie.

Draperie. — Duclos. — Fourcades frères. — Massat frères. — Pers (E.). — Sorbé. — Rablé.

Nouveautés. — Fourcade frères. — Latour
(S.). — Massat. — Penel fils. — Pers père. —
Sorbé.

Villeneuve-sur-Lot.

Tribunal de commerce. — Président : Du-
casse. — Juges : Barbès aîné. — Azemard. —
Gras. — Juges suppléants : Balet (P.). —
Greffier : Chabrié.

Banquiers. — Delsol. — Gras fils et Dordé.

Cadis (fabr. de). — Chanié, toiles, etc.

Draps et nouveautés. — Biers (Ve) et fils. — Del
balat. — Encausse. — Farge (J.). — Garouste.
— Lamouroux.

LOZÈRE

*Chambre consultative des arts et manufac-
tures.* — Président : Second.

Banquiers. — Bonnefous-Brun père et fils. — Second père et fils.

Draperie, serges et escots (fabr. de). — Bon-

nefoux. — Brun père et fils. — Bourrillon père
et fils. — Jaffard (Louis). — Moly cadet et fils.
— Moly père et fils. — Peytavin et Rodier. —
Rocher.

Draperies, nouveautés, toiles. — Bertrand (Ve).
— Bonnefous. — Brun père et fils. — Bousquet (Dlle). — Clavel-Podevin. — Gaudissard

(Ve).—Jourdan.—Paradis.—Pichand (Mlle). Second père et fils.

Laines, filatures par mécanique.—Bonnefous-Brun père et fils. — Bourrillon père et fils.—Jaffard (Louis).—Laviniole père et fils.—Portalier.—Roche et Cie.

Teinturiers-apprêteurs.—Chaptal. — Coudere.—Fages.—Moulin.

Marvejols.

Banquier.—Liger et Cie.

Chapeaux feut. (fabr. de).—Astruc. — Talansier.

Laines.—Aigouy père et fils.— Caze et Valentin.—Chapel-d'Espinassoux frères. — Ollier père et fils.—Pagès père et fils.—Talansier aîné et fils.

Laines (filatures de).—Aigouy. — Caze et Valentin.—Constantin père et fils.—Despinassoux frères.—Jory, à Chirac.—Manebeuf et Terrasson, à St-Pierre.—Mondras. — Ollier père et fils, et tissage de laines. — Pagès.—Talansier père et fils.

Nouveautés.—Malet (Mlle). — Pradilhes.—Remise.—Toquebœuf (Mlle).

Serges, escots (fab. de).—Aigouy père et fils. — Aldin dit Landis. — Arnal. — Bardon neveu.—Causse (A.).— Caze et Valentin.—Chapelle.— Constantin père et fils, au Monastier.—Despinassoux frères.—Filliot (A.).—Flourou.—Maillebiau père et fils.—Manebeuf.—Moulin père et fils.

Ollier père et fils, spécialité d'étoffes pour tous les divers costumes religieux.— Pagès père et fils.—Pelatan et Neyrol.—Rivière.—Roujon.— Villaret père et fils et Cie.—Villaret (Eug.).—Talansier aîné et fils.

Saint-Chely-d'Apcher.

Banque et recouvrements.—Gache aîné.

Serges, escots et tissus pour communautés (fabr. de).—Brun.— Pegalde (J.-B.).— Pelisse (A.) fils.

Teinture et apprêts.—Blanquet-Rolle. — Bonnefoy (Vor).

MAINE-ET-LOIRE

ANGERS (chef-lieu).

Chambre de commerce. — Président : Lainé-Laroche ✳. — Vice-président : Besnard. — Secrétaire : Joubert. — Avenant. — Meauzé ✳. — Chatelin. — Lemotheux ✳. — Bordier. — Montrieux ✳.

Tribunal de commerce. — Président : Richard (Max.) ✳. — Juges : Joubert (Jules) = Feucault (Alf.). — Marcheteau-René. — Carriel fils. — Suppléants : Richou (Charles). = Lemotheux. — Assier (Louis). — Richou (Désiré). — Greffier : Hardy.

Banque de France (succursale de la). — Directeur : De Mieulle. — Caissier : Morin.

COMMERCE, INDUSTRIE.

Amidonniers. — Gauvin. — Gourdon (J.) fils. = Gourdon-Dugué.

Banquiers. — Baron-Fillion. — Bigot (E.) et Meurin. — Bougère, Robin et Cie. — Blouin (A.) père. — Bordier (E.) et Cie. — Jamin-Richou et Cie. — Lechalas (G.) et Cie, caisse d'escompte d'Angers. — Lemotheux ✳, Beaussier et Cie. — Papin et Jamin. — Vve D. Richou et fils.

Bas (fabr. de). — Breband-Pugnet aîné. — Dillé-Loiseau. — Lelièvre.

Blouses (fabr. de). Courodin fils. — Debrais (Cyprien). — Leroy (Th.). — Raguis (A.). = Safflet-Guillot. — Soulard.

Bonnet, de laine (fabr. de). — Renault et Lehireau.

Bonneterie en gros. — Assier. — Chudeau-Orielle. — Cocard, Rozé et Grandin. — Grosbois et Chevalier. — Mourgault aîné. — Tirlier.

Broderies or et argent. — Berger, et chasublier. — Genay (Mlle E.). — Leredde. — Pelletier.

Chanvre et lin (commerce de). — Benoist. — Besnard (F.) ✳ et Genest. — Bouyer (A.). — Chevillier (Paul), filassier, peigneur. — Cordier (Pierre). — Delahaye-Bougère. — Devallois (E.), chanvres, lins et filasses. — Ducos-Caillaud. — Ducos-Lemesle. — Giloup. — Guibaut-Bellanger. — Joubert-Bonnaire ✳ et Cie, tissage. — Marcheteau, Portrais et G. Laroche, successeurs de MM. Leclerc frères ✳, usine à vapeur, brut et peignés. — Meauzé, Pelon et Cie. — Max Richard ✳ et L. Caillaut (ancienne maison Lainé, Laroche ✳, et Max Richard ✳), filature à la mécanique, pour tissage. — Raimbault, Ropart et Jonard. — Paul (Frédéric). — Trudelles frères, bruts et peignés. — Valuche et Lanier, brut et peigné.

Chanvres (filatures mécaniques de). — Besnard (F.) ✳ et Genest. — Joubert, Bonnaire ✳ et Cie, chanvre, brin et étoupes pour tissage. — Hilaire A. et Maugars. — Marcheteau, Portrais et G. Laroche, successeurs de Leclerc frères ✳. — Max Richard ✳ et L. Caillaut (ancienne maison Lainé, Laroche ✳ et Max Richard ✳). — Meauzé, Pelou et Cie. — Trudelle frères, chanvres et lins bruts et peignés.

Chapeaux (fabr. de). — Bretonnière et Allory, manufacture, soies, feutres, et casquettes,

—Martin fils, fabrique de chapeaux et casquettes.

Chapellerie (fournitures de). — Courcoul (J.). —Martin fils.—Prionzeau (L.).

Chasubiers. — Berger, rue Plantagenet. — Catois.—Pelletier.—Lemoine.—Piton.

Chemisiers. —Desmasure. — Debrais (Cypr.).

Corderies (fabr. de). — Assire (Ed.), fabr. de cordages. — Besnard (F.) ✻, et Genest, fab. en chanvre. — Delahaye-Bougère. — Hilaire (A.) et Maugars. — Ch. Larivière. — Partou et Rondeau. — Marcheteau, Portraies et G. Laroche, successeurs de Leclerc frères ✻, câbles ronds et plats en chanvre et fils de fer. — Trudelle frères, cordages mécaniques, en chanvre et fils de fer, ficelles et sangles mécaniques.

Corsets. —Beaufort (Mᵐᵉ). — Bouchet (Mˡˡᵉ). — Drouet-Jamin (Mᵐᵉ). — Duvergé (Mˡˡᵉ). — Gaudin (Mᵐᵉ). — Louis (Mᵐᵉ). — Stauriaska (Mᵐᵉ). — Warnier (Mᵐᵉ).

Cotons filés. — Foucault (A.), pour tricots et teinturerie. — Renault (L.) et Lihoreau.

Coutils (fabr. de). —Lenfantin, et doublures.

Couvertures (fabr. de). — Albaret, literie. — Grassin (Alexandre). — Marçais-Albaret. — Vignais-Buteaux.

Couvre-pieds en indienne piqués. — Cosset (Mˡˡᵉ). — Grassin (Alexandre) — Marçais-Albaret. — Vignais-Buteaux.

Draperie et rouennerie en gros. — Barier aîné et Salomon. — Chudeau-Oriolle. — Courodin fils, et blouses. — Gounot. — Juteau-Gougeul (E.). — Lemarchand. — Leroy (Th.). — Leroy (Auguste). — Menuau (Ch.). — Mouttet père et fils et Baugé. — Pertuet, Janin et Cristal. — Morié et Huef. — Raguis (A.). — Roncée et Culerier. — Safflet-Guillot. — Sartra. — Tirlier (R.).

Draperie, lainages, nouveautés et rouennerie en détail. — Albert-Béclard. — Archambault. — Beurois-Lilavoie. — Chanlouineau et Roy (au Palais des Marchands). — Boureau (E.). — Bruneau. — Bureau (A.). — Chantepie. — Escot (H.). — Gallibourdin. — Gerbault frères. — Laigre (A.). — Laroche. — Laurent. — Leduc. — Leroy-Besson. — Lévesque (Luc.).—Mairet jeune. — Maréchal-Richer. — Menard-Gasnault. — Montault jeune (à la ville d'Angers). — Robillard. — Salomon.

Droguerie. — Billy-Dieulefit. — Brard et Febvre. — Ménard (F.). — Moreau-Dufey. —Moreau-Moreau. — Sautreau. — Vignot.

Flanelles (fabr. de). — Dugué fils. — Grenier. — François et Guenault.—Pion et Guetron.

Flanelles (marchands de). —Chudeau-Oriolle. — Debrais (Cyprien). — Sartra.

Fleurs artificielles. — Dibon fils. — Esnaud sœurs. — Gatineau (Mˡˡᵉ). — Petit (Mᵐᵉ).

— Peroche-Tessier. — Poirier-Dibou. — Tourneur-Durand.

Gants (fabr. de). — Reix.

Laines (filat. de). — Angrand fils et Duffay, peignées et cardées. — Carriol-Baron frères. — Leroy, Dudouet et Cⁱᵉ, teinturerie.— Oriolle fils et Rochard. — Regnault et H. Lihoreau, et fabr. de bonneterie, de laine.

Laines (fabr. de). — Angrand. — Trudelle. — Foucault (A.), spécialité pour tricots, teinturerie, etc. — Moulard (E.)

Laines à matelas et crins. — Carriol-Baron frères, et filature de laines. — Grassin (Alexandre). — Marçais-Albaret. — Vignais-Buteaux.

Laines filées. — Cocard, Rozé et Grandin. — Michel aîné. — Moulard. — Parrot (Valéry).

Lin (commerce de). — Grassin (Alexandre), fils pour tisser.

Lin (têtes de). — Guittoneau-Rable.

Lin (filatures de). — Besnard (F.) ✻ et Genest, fab. de cordages en chanvre. — Hilaire (A.). — Jouber-Bonnaire ✻ et Cⁱᵉ, filature mécanique de lin et de chanvre.

Machines à coudre. — Marloteau (A.), fabr.

Mécaniciens-constructeurs. — Blot. — Gaultier. — Laboulais frères. — Lamaure (Lˢ). — Lelièvre père et fils. — Léonard (Y.). — Nogué et Gabaru.

Mercerie en gros. — Assier. — Cocard, Rozé et Grandin, mercerie, bonneterie. — Gandillion. — Girard et Démon, mercerie, corsets. — Grosbois et Chevalier. — Guillou (Vᵉ) aîné. — Hery (Clément). — Lelarge.— Mourgault. — Parot (Valery).

Mouchoirs (fabr. de). — Safflet-Guillot. — Lasbats de Saillas (H.). — Vignais-Buteaux.

Mousselines et blancs. — Anfray. — Balichon et Derrault — Bazin-Meauzé. — Bruneau-Placais, détail. — Charon (J.) et Raimbault. — Châtelin. — Fleury et Bernard sœurs (Mᵐᵉˢ). — Lemaire. — Rayer (Gabriel), détail. — Rosnet et Cⁱᵉ.

Parapluies (fabr. de). — Sarret (P.) cadet, manufacture de parapluies et ombrelles, gros et exportation, soieries, cotons, baleines, fournitures. — Sarret-Terrasse, manufacture de parapluies et ombrelles, maison à Paris, ventes et achats, et à Darnetal près Rouen, tissage, teinture et apprêts. — Sarret aîné.

Passementerie (fabr. de). — Autré-Delaunay. Chahrun.

Tailleurs confectionneurs (en gros). — Leroy (Th.), pour hommes, exportation.

Tailleurs confectionneurs. — Succursale de La Belle Jardinière de Paris. — Bernier. — Lévy (A.) (à la Pyramide). — Perdreau et Perrault. — Livet. — René-Cordien.

Toiles à voiles (fabr. de). — Joubert-Bonnaire ✳ et Cie, manufacture pour la marine impériale et le commerce.

Toiles imperméables (fabr. de). — Desbois-Richard, manufacture. — Grassin (Alexandre), toiles imperméables, bâches. — Jarry-Albaret, bâches et vêtements pour la marine.

Toiles (marchands de). — Bazin-Meauzé. — Grassin (Alexandre). — Guillais-Lebouc. — Leduc. — Marçais-Albaret. — Pouplard et Moreau. — Rayer (Gabr.). — Soulard. — Vignais-Buteaux.

Beaufort.

Banquier. — Riobé.

Chanvres en gros. — Bazot. — Beaupied. — Bibard. — Blot. — Jamineau. — Mitonneau. — Nouchet. — Rousseau-Masson.

Toiles en gros. — Blondel. — Guillais-Courtin. — Leblanc fils.

Chalonnes-sur-Loire.

Chapellerie en gros. — Gameau,

Laines (commerce de). — Clou, brutes.

Lins. — Chouteau (C.).

Chemillé.

Banquier. — Audan.

Couvre-pieds de laine piqués (fabr. de). — Durand-Besnard. — Gourdon-Durand.

Dentelles et linge neuf. — Dixneuf.

Draperie et nouveautés en gros. — Durand-Besnard. — Vallée-Pineau.

Flanelles (fabr. de). — Beduneau. — Gourdon frères.

Laines (manufacture de). — Gourdon frères.

Toiles, mouchoirs et linges de table (fabr. de). — Grelet. — Uzureau (Adrien).

Cholet.

Chambre consultative des arts et manufactures. — Loyer, président. — Richard, secrétaire.

Banquiers. — Boutillier de Saint-André (Mme). — Chauvière et fils. — Rousselot-Allion et fils.

Batistes (fabr. de). — Boulard et Cie, maison à Paris. — Degrelle et Cie, maison à Paris.

Blanc et soierie. — Bomet-Roy. — Chavatte. — Durand (Paul). — Moutel (Mlles).

Blanchisseries. — Bénard-Valée. — Boulard et Cie. — Bureau et Ouvrard, à la Maillochère. — Courbet et Goualin, à Sainte-Mélaine. — Degrelle et Cie, au Planty. — Dehargues aîné. — Deschamps. — Garsiau-Camus et fils, à Bel-Abord. — Piednoir aîné, au Bois-Regnier. — Turpault (Alexandre).

Cotons (marchands de). — Baumard-Ters. — Bretaudeau (E.). — Coudrais-Maillet. — Simon (L.).

Cotons (filatures de). — Alliot. — Bonnet Allion, au Longeron. — Richard frères et Retailliau.

Draps et toiles. — Bertaud. — Camus (Antonin), gros. — Chicoteau (L.). — Guy (V^e), détail. — His-Marquet, gros. — Benoul-Beaudouin. — Rethoré fils.

Droguistes. — Blouin et Furet.

Fils (négociants en). — Bénard-Valée. — Blanvillain (Charles). — Caillé (V.) et V. Legry. — Dehargues aîné. — Ménard-Chaput (F.), fils et cotons filés. — Piednoir (A.). — Simon.

Flanelles, siamoises, grisettes et futaines (articles à Cholet). — Bidet-Grasset. — Bonnet-Allion. — Bréchoire (A.) fils. — Charrier, Coudrais et fils. — Creusé frères. — Demarçay et Foureau. — Godineau (Alexandre). — Grasset-Baron. — Grasset et Cie. — Ménière frères. — Nomballais-Chevalier. — Richard frères et Retailliau. — Ricou (J.) et E. Sauvestre. — Veau-Gariau (A.).

Laines (filatures) et fabr. de flanelles et droguets. — Bonnet-Allion, au Longeron.

Laines. — Gélusseau-Hérault.

Merciers en gros. — Bibard (J.) et Chabauty. Grenou et Lelièvre. — Rabier, gros. — Soulard frères.

Navettes (fabr. de). — Jamin aîné. — Jamin (Edouard).

Toiles et mouchoirs (articles de Cholet), (fabr. de). — Banchereau et Cie. — Benard-Vallée. — Benoist. — Bibard (A.) et A. Michel. — Boulard et Cie, maison à Paris. — Brémond fils. — Bureau et Ouvrard. — Cérizoles frères. — Chiron (Aimé). — Degrelle et Cie, maison à Paris. — Dehargues (Benj.) aîné. Demarçay et Fourreau. — Dillé (P.). — Dubois et Cie. — Gallot (V^e) et fils. — Garsiau-Camus et fils. — Gatouil (Félix), fabr. — Gatouil (Pierre), fabr. — Grasset et Cie. — Grasset-Baron. — Guinhut. — Lasbats de Saillas (H.), exportation, maison à Angers. — Moricet frères. — Moutel frères. — Pasquier et Chauvigné. — Pellaumail-Moutel et Félix Durand (Félix Durand, à Paris). — Perouin père et fils. — Pierdon (Constant). — Pineau frères, au Puy de la Garde près Cholet. — Renard (L.). — Turpault (Alexandre). — Veau-Garsiau (A.).

Nouveautés. — Berthaud. — His-Marquet. Lanceleur. — Lenoir (Mlle). — Moutel (Mlles) — Pichent (Mlle). — Rethoré.

Rouennerie. — Baudoin et Renoul. — Camus (Antonin). — Chabinauld-Duménil. — Chicoteau (L.). — Giron-Ters. — Gourdon. — His-Marquet. — Masson-Denis.

Teinturiers. — Giboin frères. — Girardeau (Aug) — Renou et Guerry.

Tissage mécanique. — Bremond fils. — Richard frères et Retailliau.

Fontevrault.

Boutons de nacre (fabr. de). — C. Péramy.

Cotons (filatures de). — Garnier de Laval. — Morel.

Passementerie pour vêtements.— Jumelle frères de Paris.

Passementerie pour meubles. — Fournier et Marconnay de Loudun.

Longeron (le).

Cotons et laines (filat.).—Bonnet-Allion.

Ponts-de-Cé (les).

Chanvre et lin (commerce de).— Oger.—Chevillet et Joubert, bruts, peig. et filés.

Corderies.—Oger.—Chevillet et Joubert, fabr. de cordages en tous genres.

Sainte-Christine.

Draps (march. de).—Durand et Blanvillain.—Moulin.

Effilochage de laines.— Leray-Orthion, usine hydraulique Ste-Christine et St-Quentin.

Flanelles (fabr. de). — Fouchard, Terron et Leray.

Saumur.

Tribunal de commerce.— Président : Trouillard (Ch.).—Juges : Coutard (Ch.).— Mulot (Jules-Auguste.—Grillot dit Laroche.—Lambert (Eugène).—Suppléants : Duvau (Louis). —Thoreau.—Chambuineau. — Jagot (Charles).—Greffier : Busson.

Chambre consultative des arts et manufactures.—Président : Lambert-Lesage.—Secrétaire : Duvau (Louis).

Banquiers. — De Fos Letheulle (Ve) et fils.—Gauron-Lambert. — Lambert (Ve) et fils. — Louvet, Trouillard et Cie.

Blanc (articles de).— Cottanceau.— Fauvel.—Gilbert Fauvel. — Guérin (Paul). — Ménager (Paul).

Blouses (fabr. de).—Bidault-Roussel.

Bonneterie (en gros). — Genty-Savattier. — Lemoine.—Loyeau —Poisson frères.—Serisier et Raimbault.

Chanvres.—Baudou.— Gauron (A.) neveu. — Jagot-Gravier.

Droguerie.—Baillif-Richou.— Bonneau. — Pie fils (A.).

Laines (effil. de).— Milsonneau-Bournillet.

Mercerie en gros. — Cornilleau (Alphonse). — Genty-Savattier.— Lemoine. — Loyeau. — Poisson frères.—Roussel (Mlle). — Serisier et Raimbault. — Soulard et Achard.— Taveau.

Nouveautés, soieries, toiles et rouennerie (détail).—Angibault.— Beissat frères. — Bizeray. — Ceslau. — Cesbron. — Crosnier.— Chanlouineau.—Gaborit.—Goupille.— Guérin. — Jagot frères. — Ménore-Fouette. — Muray.— Salmon et Bournillet.

Rouennerie, calicots, articles de Reims, Roubaix et draps en gros.— Bidault-Roussel.—Charbonneau-Rallet.—Delamare. — Frugier frères.—Gallais-Moulin.—Le Bret.—Loilier. Martin aîné. — Martin jeune. — Picherit.—Rottier (Jules), et Cie.

MANCHE

SAINT-LO (chef-lieu).

Chambre consultative des arts et manufactures.—Secrétaire : Lefebvre.

Tribunal de commerce. — Président : Derbois.—Juges : Heulin.— Chanu-Hélaine. — Le Parquois aîné.— Suppléants : Tariel.—Hinard fils.—Greffier : Frémin.

Arbitres experts de commerce..—Bosq.—Cariot. — Hardouin.

Banque de France (succursale de la).— Directeur : Toutain.—Caissier : Girard.

COMMERCE, INDUSTRIE.

Banquiers.—Boscq (Jb). — Decauville (E.) et Cie, succursale du comptoir de Coutances.—Guérin et Demaine.—Lefrançois (Ve).

Bonneterie (fabr. de).—Le Gendre (A. Al.).—Ozenne.

Draps dits droguets, de St-Lô, ou flanelles façon finette (fabr. de). — Cordas aîné. — Duguet.—Isnard (P.),

Le Parquois (Victor).

Le Parquois aîné.

Le Parquois-Rauline.

Vindras.

Draperie, soieries, rouennerie et blanc. — Houlebrèque.—Ingouf. — Lavallée-Hébert. — Jouet (F.). — Letrésor (J.).— Roger des Hogues.—Tariel (G.).— Ygouf-Lavalley.

Laines (filatures de). — Heurtaux.— Nativelle fils.

Laines filées (négociants en).—Vindras.

Lins écrus et blanchis. — Siney (A.), et fabr. de toiles et coutils.

Mercerie et passementerie. — Alix frères. — Angot (Ve).—Curtet.— Letrésor.

Rouennerie en gros. — Lavollay (Ve), jeune et fils.

Tailleurs (conf.).—Duval.—Ingouf.— Le Monnier.—Serveau.

Avranches.

Banquiers.— Dufy (Jules). — Gilbert jeune et fils.

Bas (fabr. de).—Boutry.—Duclos.

Blanc (articles de). — Giblerge. — Lenoir-Hirou.

Bonneterie (fabr. de).—Hébert.

Confections pour hommes et jeunes gens. — Hauser (Constant) et Blanc (P.).

Dentelles (fabr. de). — L'Hospice d'Avranches.
—Gibierge, en gros.
Draps et nouveautés. — Challier. — Fouasse-
Champion.—Georges. — Hauser (Constant).
et Blanc (P.). — Lafûte. — Lemardelé Tri-
bouillard.—Lemardeley aîné.—Lemardeley-
Mauduit.—Lion.—Lusley (Mlle). — Méry.—
Millet (Mlle).—Mullon.—Picois. — Poutrel.
—Simonne.—Trublet.
Droguerie de teinture.—Cheminant.
Laines (filature de).—Hébert.
Laines.—Blandin.—LeCharpentier.—Letellier
(Ve).—Mulon.—Taunière.
Mercerie.—Aubry (Mlles).— Lecaille (J.), gros
et demi-gros.—Lemardeley aîné.—Mauger-
Hérouart.

Cametours.

Calicots (fabr. de).—Lechevallier. — Meslier et
Cie.—Vallée-Lerond (Ve).

Carentan.

Banquiers.—Guérin et Hardouin.
Mercerie, soierie.—Barbanchon (Ve). — Dieudonné, en gros.—Dugripon (Paul). — Gascoin aîné.

Cerisy-la-Forêt.

Dentelles (fabr. de).—Hervé-Deshameaux.
Laines (filature de).—Jampeaux.

Cherbourg.

Chambre de commerce. — Président : Liais
(Eugène).—Membres : Le Jolis père.— Du-
mont.—Le Costey.—Sallay.—Mathieu (Ed.).
—Duhommet.— Bitouze. — Fenard (Théo-
dore).
Tribunal de commerce. — Président : Louis
Dumont.— Juges : Ed. Mathieu. — A. Le-
conte.—H.Lucas.—Cournerie.—Suppléants:
G. Bonfils.—A. Gilles.— Menuf. — Fénard.
—Greffier : Orry.
Consuls. — Angleterre : Hamond (Horace),
consul.—Le Jolis, vice-consul.—Autriche :
Mauger (Léon), agent consulaire.—Belgique:
Mauger (Victor) fils, consul.— Brésil : Bon-
fils, O. (décoration étrangère).—Danemarck
et Etats-Unis : Edouard Liais, vice-consul.
— Espagne : Liais (Alfred), vice-consul. —
Mecklenbourg - Schwerin : Liais (Eugène),
consul.—Mexique : Archambault, vice-con-
sul.—Pays-Bas : Liais (Edouard), vice-con-
sul.—Portugal : Dumon, consul.—Prusse ,
Hambourg : Liais (Eugène), vice-consul. —
Russie : E. Postel ✳, vice-consul.—Italie:
E. Postel ✳.—Suède et Norwège : Kirkham
✳.—Vénézuèla : Hauvet, consul.
Banquiers. — Bataille (P.). — Le Brun (A.),
comptoir d'escompte. — Le Pesqueur (Ch.).
Mauger (Victor J.) fils.
Cordeliers.— Annelot frères, pour la marine.
Baudry.—Laffaiteur. — Lecordier (Achille).
Dentelles et blondes (manufact.). — Les Reli-
gieuses.

Draperie, rouennerie et nouveautés.—Jacquin
fils aîné. — Larivière-Renouard fils et Leconte.—Le Brun (P.). — Lefrançois. — Lecourtois (Ve).—Legoupil et Quilbé.—Legoupil jeune.— Legoupil-Golle et Lesage.—Lelièvre jeune.— Lemonnier frère.—Leneveu.
— Marquand père et fils. — Robine (Ve).—
Thomas.—Morin. — Truffer.
Droguistes.—Butel.—Lemeland (A.).
Laines filées.—Avoyne (L.).
Mercerie en gros.—Aubert (L.).
Produits chimiques. — Société Cournerie fils
et Cie.

Coutances.

Tribunal de commerce. — Président : Vrac
(J.-M.).—Juges : Le Marc (V.D).— Decau-
ville (L.-Ed.). — Drieu-Larochelle. — Sup-
pléants : Jamet (J.-A.).—Harel.—Greffier :
Collette.
Banquiers. — Decauville (Ed.) et Cie, succur-
sale à St-Lô.—Lemare (Victor).
Consuls.—Elie Deslandes,vice-consul de Suède
et de Norwège.
Coutils et siamoises (fabr. de). — Girard-
Louaintier.—Quesnel (Aug.).
Draperie, mercerie et nouveautés. — Boutry
frères.—Deschamps.—Huart fils.— Lefranc
(Edmond).—Lerosty. — Le Sassier. — Phi-
lippe.—Puisney.—Saillard. — Sebire.—Vi-
bet.—Ygouf.
Laines (filature et carderie de). —Paturel (Fé-
lix).— Quesnel (Alexandre).
Lin et fils.—Flamant-Vigot (Ve).— Girard. —
Louaintier.— Quesnel (Aug.), fabr. de toiles
et coutils.
Linges de table.—Girard-Louaintier.—Quesnel
(Aug.).
Nouveautés en tous genres. — Boutry. — Le-
franc.—Philippe.
Ornements d'église.— Les dames Augustines.
—Sebire.

Gavray.

Laines (filature de).—Lacroix.

Ger.

Laines (filature de).—Leturc.

Gonneville.

Filature hydraulique de coton.—Sellier frères.
maison à Condé-sur-Noireau (Calvados).

Granville.

Chambre de commerce.— Malicorne. — Ade-
lus.—Boisnard-Grandmaison.—Beust.—Leclerc.—Trocheris (L.).— Le Mengnonnet.—
Sourdan.—Beautemps.
Secrétaire : Louvel.
Tribunal de commerce. — Président : Beautemps ✳.—Juges : Toupet.—Vi lars.—Suppléants : Arnaudin. — H. Quernel. — Greffier : Guillot.

Consulats. — Vice-consul des Pays-Bas : L. Trocheris.—De Portugal : Boisard,—Grand-maison.— De Danemarck : Le Mengnonnet. —De Suéde et Norwège : Malicorne.
Banque.—Boisnard-Grandmaison et Cie, comptoir d'escompte. — Mauger (L.). — Les neveux de Gallien et Toupet et Cie.
Corderies.— Compagnie générale transatlantique, corderies mécaniques. — Directeur : Delacour.—Binet, corderie mécanique, maison à Caen.—Hué frères. — Lenormand.— Saillard.
Draps, nouveautés, rouennerie et toilerie. — Boileau.—Couset.— Dairou. — Demagny.— Duclos.—Chênel (E.).—Jouault (Maria),(à la Ville de Londres), spécialité d'articles anglais.—Lainé (Ve).— Poirier.
Produits chimiques.—Théroulde ✳ et Cie.

Gouville.

Laines (filat.).—Journeaux et Laisnay.

Hambye.

Bonneterie (fabr. de).—Hurel.—Leboulanger.
Laines (filature de).—Savary.

Nacqueville.

Cotons (filatures de).—Dubois.

Neufbourg (le).

Cotons (filat. de).— Derbanne. — Jardin-Jeuvin (Ve).—Quillou (Jules).

Saint-Hilaire-du-Harcouet.

Banquiers.—Dupont.— Lerebours (Fréd.).
Boutons nacre (fabr. de).— Guilman et Cie.— Hantraye.—Lemonnier.—Mauray.
Chapeaux de feutre (fabr. de).— Guillard (Ve). —Tréhec aîné et Giroux. — Tréhec jeune.— Vienal.
Draps, rouenneries et nouveautés. — Augrain. —Blouin sœurs. — Delafosse. — Chérel. — Friteau. — Lorier. — Lucas. — Normand.— Prével et Miquelard.
Laines peignées et cardées. — Raulin (Victor). —Bréhier.

Laines filées et teintes. — Raulin (Victor) et Bréhier.
Laines cardées.—Friteau.
Toile, chanvre et lin (fabr. de).— Blouin. — Cherel. — Delafosse. — Lorier. — Lucas. — Miquelon.

Saint-Pois.

Laines (filatures de). — Godefroid. — Lemardeley.

Saint-Sauveur-Landelin.

Laines (filatures de).— Aubry (Jean), à Saint-Aubin-du-Perron. — Fatour (Auguste).

Teilleul (le).

Laines brutes. — Taborel.

Tourlaville.

Laines (filature de). — Thouet.

Valognes.

Commission et recouvrements. — Bosq.
Dentelles, blondes (fabr. de). — L'établissement du bureau de bienfaisance. — Massif (Ve).
Draps, nouveautés, rouennerie et soieries. — Deschamps. — Le Menuel. — Lemoigne. — Lucas. — Noël-Golle. — Planchon. — Thirard (J.).

Vast (le).

Filature hydraulique de cotons et moulins à l'anglaise. — De la Germonière.
Laines (filature de). — Diguet.

Vengeons.

Carderie et filature de laines. — Letavernier.

Villedieu-les-Poêles.

Banque et recouvrements. — Pitel (Charles). — Tétrel (Jules).
Dentelles (fabr. de). — Fleury-le-Chevallier. Leherissey - Fleury. — Lemonnier (Joséphine). — Vardon sœurs. — Vimont (Florentine).
Laines. — Clouet fils. — Legallais.
Laines (carderies de). — Pichard-Pitel (Ve). — Vibert-Loyer.

MARNE

Chalons-sur-Marne (chef-lieu).

Chambre consultative des arts et manufactures.—Président : Mathieu-Dez. — Secrétaire : Dagonet (Emile).
Tribunal de commerce. — Président: Goerg. — Juges : Rousseau. — Coliquet (Ad.). — Perrier (E.). — Suppléants : Barrois-Faron. — Rogé aîné. — Greffier : Braillon. — Agréé : Lefèvre.
Conseil de prud'hommes. — Président : Bourdon. — Vice-Président : Misbeurger. — Secrétaire : Trifard.
Banquiers. — De Ponsord fils. — Lecomte

(Ve et Frédéric), Duhamel et fils.—Lequeux-Lecat.
Draps et rouennerie. — Godard et Sénart. — Grognot. — Hermand-Bellois. — Hurault frères et Cie. — Faillet. — Périn-Buret.— Verhaeghe (F.).
Jupons. — Bontemps-Marchal, manuf.
Laines. — Rousseau (A.). — Sellier (Eug.).
Nouveautés. — Faillet-Piéton. — Godart. — Hermand-Bellois. — Hurault frères et Cie. — Manget-Hémery. — Nicaise. — Raulet (Mlle E.). — Perin-Buret. — Verhaeghe (F.).

Ornements d'église. — Caillez-Galichet.

Betheniville.

Laines peignées (filatures de). — Nouvion-Jullion. — Oudin frères, à la vapeur. — Sautret-Ponsinet.

Tissus de laines (fabr. de). — Douillet-Vasson. — Hennegrave (I.). — Marcelle. — Rousselet-Baronnet. — Sautret-Ponsinet. — Varlet-Oudin.

Boult-sur-Suippe.

Laines (filature de). — Hennegrave frères, Barré et Cie.

Tissus (commissionn. en). — Décoré. — Guiot (Arthur). — Pocquat (Epiphane).

Tissus (fabr. de). — Carré (F.N.). — Guiot (Th.). — Petit-Fortier. — Petit (Prosper). — Pilton-Carré. — Prévoteau-Bigot. — Renaut-Carré (J.F.). — Saint-Denis-Petit.

Epernay.

Tribunal de commerce. — Président ; Lechet (H.). — Juges : Baudiet-Duval. — Eug. Deullin. — Luquet. — Suppléants : De Venoge. — Pol-Roger. — Greffier : Galis.

Banquiers. — E. Deullin. — Gérard (Ch.). — Malinet et Cie. — Chatelain.

Bonneterie (fabr. de). — Jacob-Leiner. — Kirch. — Leclerc-Porson.

Draperie, rouennerie et toilerie. — Baumann. — Dubois (V.). — Fournier. — Leclère (Ve). — Mazange. — Mennesson. — Poisnel (Ve) et Aupinel. — Breuilh (H.).

Nouveautés. — Breuilh. — Dubois. — Fournier. — Mazange.

Fismes.

Banquier. — Fayet-Coutelet.

Laines (filat. de). — Chamarante. — Larchet.

Soies (filature de). — Denis et Cie.

Neutrégiville.

Filature de laines cardées. — Anceaux (Emile), à Saint-Masmes.

Navettes (fabr. de). — Merreau (J.-B.).

Tissus (fabr. de). — Bayen-Marteau. — Lepagnel-Dufour.

Isles-sur-Suippe.

Filature de laines peignées. — Dauphinot et Mangon, et fabr. de tissus.

Tissus (commissionn. en). — Caillet aîné. — Dauphinot-Tatat.

Montigny-sur-Vesle.

Laines (filature de). — Toussaint et Cie.

Pontfaverger.

Filatures en laines peignées. — Carnot-Garnier. — Legros-Guimbert. — Legros fils aîné. — Nouvion aîné.

Tissus (fabr. de). — Carnot-Garnier. — Faille et Mellinette. — Legros fils aîné, filature.

Boisotau. — Franguerille-Louis. — Herlem père. — Herlem fils — Nouvion aîné. — Robert-Gallant, fabr. de mérinos. — Robert-Mathieu.

Pontgivart.

Filature hydraulique et à vapeur de laine cardée. — Croutelle (Th.) neveu ✸.

Reims.

Chambre de commerce. — Président : Maisse-Leblanc. — Vice-président : Dauphinot (S.). ✸. — Membres : Werlé, C. ✸. — Perrier (E.), à Châlons. — Maille Leblanc. — Perrier (Ch.), à Epernay. — Dauphinot (S.). — Rogelet (Ch.). ✸. — Lochet aîné. — Lucas (Ed.) ✸. — Villeminot-Huard ✸. — Warnier (J.). — Lelarge (F.). — Rogelet (Vor). — Houzeau (J.). — Walbaum (A.). — Marteau (A.). — Secrétaire : Midoc (L.-H.).

Conseil général du commerce. — Membre délégué. — Camu fils ✸.

Tribunal de commerce. — Président : V. Rogelet. — Juges : A. Marteau. — J. Warnier. — A. Walbaum. — Prévost. — Juges suppléants : E. Destouque. — A de Saint-Marceaux. — Auger (Alfred). — Ls Lochet.

Conseil de prud'hommes. — Président : Benoist (Edouard). — Secrétaire : Cordier.

Banque de France (succursale). — Directeur : Wittmann. — Caissier : Boussemart.

Consul. — Ch. Rivart, de Belgique, Kautz, chancelier. — Adolphus (G.) Gill, consul d'Amérique.

COMMERCE, INDUSTRIE

Apprêteurs de draps et nouveautés. — Camus et Cie. — Guimbert (Frédéric). — Houpin-Mongrenier. — Larive père et fils. — Margotin-Compas. — Marquant (Félix).

Apprêteurs de mérinos. — Boulogne et Houpin. — Delamotte. — Missa fils. — Mongrenier. — Neuville (A.) et B. Minelle.

Articles pour peignage, filature et tissage mécanique. — Folliart (A.).

Banquiers. — Chappe. — Jadart. — Lecamp (Léopold). — Lefournier (A.). — Paupe (C.).

Caisse commerciale de Reims. — Auger, Camuset et Cie.

Sous-comptoir du commerce et de l'industrie. Directeur : Eug. Polliart.

Comptoir d'escompte de Reims. — F. Camuzon et Cie.

Blanchisseurs d'étoffes. — Dubois et Cie. — Houpin-Mongrenier. — Margotin-Compas. Marquant (Félix).

Bonneterie en gros. — Gamahut-Landouzy. — Gilbin. — Lécorcher et Cie, (fabr.). — Martinet-Coquet. — Petit.

Cardes (fabr. de). — Bourgeois-Botz, en tous genres. — Bourgeois-Payen. — Marotte-Monborgne et Cie. — Rousseau et Cie.

Chasubliers. — Durieux. — Sellier (Ol.), et brodeurs. — Jageot.

Chemisiers. — Darlet et Legrand. — Villat.

Commissionnaires en marchandises. — Barbier (J.). — Bonjean-Posez. — Cornet. — Deschamps aîné, colles et gélatines pour l'apprêt des étoffes, matières premières pour leur fabrication. — Folliart (A.). — Lallemant. — Lecointre (Louis). — Lundy-Petizon. — Petit fils (H.).

Couvertures (fabr. de). — Guyotin (L.).

Déchets. — Société des déchets de la fabr. de Reims, raison sociale Givelet ✳, Desteuque et A. Dauphinot. — Gérants : Walbaum et Ninet. — Bruant-Hémard.

Dégraissage de laines. — Boulogne et Houpin. — Neuville (A.) et B. Minelle. — Tuba (E.).

Draps (marchands de). — Burnod et Patin. Courtois (F.). — Laignier-Hourelle. — Laignier jeune.

Droguerie et teinture. — Clignet père et fils. Ducancel (Victor).

Etoffes de laine, mérinos, flanelles, napolitaines, châles nouveauté, draperies légères, fantaisies, etc. (manufacturiers et fabr. de). — Bureau central du mesurage des tissus et conditionnement des laines. — Cabanis, directeur. — Adrien (A.). — Appert-Tatat. Auger (Jules) et Cie. — Barrois-Duterre. — Barrois-Souris. — Baudet (Th.). — Benoist et Cie. — Benoist et Grevin. — Benoist père, fils et C. Poulain. — Botz (N.). — Bouquet (Ch.) et J. Demaison. — Buffet (Ch.) fils et Cie. — Caille et Huyet. — Camus (J.-B.). — Charbonneaux-Compas. — Chatelain-Feron. — Collet-Varenne frères. — Dauphinot frères. — Dervin aîné. — Dervin jeune. — Dervin (L.) et A. Causse. — Desteuque (Eugène). — Fanard (A.) et Gruny. — Fassin jeune. — Gabreau jeune et Hurstel frères. — Gabreau-Faupin. — Galichet (Ch.) (Ve) et Sarazin. — Givelet frères. — Godart (L.), châles. — Godbert (F.).— Godbert jeune et Cie.— Godet (Ch.). — Grandremy (L.) et A. Français. — Grandremy-Francart. — Grandremy et Cie. — Allier, Brisset et Vaucois. — Henrot (E.). — Hincelin fils. — Hourblin. — Hourlier (Jules). — Huet (Donatien). — Jacquet (J.). — Joltrois (Ch.). — Lacambre (Ad.). — Lagarde (Victor). — Leclère-Bourguet. — Lelarge (F.) et A. Anger. — Lemoine (A.), usine à Bazancourt. — Leroux (Aug.). — Lhoste-Pérard. — Lhotte-Petit. — Lochet (Louis) et Cie. — Losseau et Lambert. — Lucas (Edmond) ✳. — Machet-Marotte et Paroissien. — Maille (J.). — Marguet-Bouchard. — Masse (E.) et Clignet. — Moreau (Edouard). — Oudin (Henri). — Perin (P.). — Petit (A.) et J. Masson. — Petit (E.). — Petit fils. (Dés.). — Philippot (J.-M.). — Pinon frères et Guérin.

— Piot (J.). — Poincenet-Delanerie. — Quenoble frères et Marquant. — Renard et Cie. — Renart frères, Ad. Berlet et Cie. — Rogelet (Ch.) ✳, Gand, Grandjean, Ibry et Cie. — Roland (Ch.). — Salaire (J.). — Salle (Elie). — Salomon (L.), Schill, Dreyfus et Cie, maison à Paris. — Vellard aîné. — Vieville et Cie. — Villeminenot-Huard ✳, Victor Rogelet et Cie— Wagner-Marsan et Cie. — Walbaum (A.) et Cie. — Wargnier-Villé. — Wirbel-Benois (Ve) et fils.

Etoffes de laine, tissus, mérinos, flanelles, napolitaines, etc. (négociants et commissionn.) — Amouroux et Leprince. — Bailly (maison Emile), Tregogli, Hanesse et Cie. — Balleux (N.). — Balourdet et Radière. — Bayen (Men). — Biebuyck-Romagny. — Bourguignon, Manpinot, Teisset et Jallade. — Bouron frères. — Brunet (de) ✳, Delafraye et Delius. — Carpentier (A.) et P. Jamot, maison à Paris. — Cazier et Duhalde. — Chambert et Colson. — Charbonneaux, Delautel, Kauffeisen et Cie. — Collet frères (Auguste et Narcisse). — Collet aîné et Cie. — Corneille (P.) et Leroy. — Dauphinot frères. — Debatz et Cie. — Desmarest père et fils. — Desprez aîné. — Erard (C.) et Jouvenot. — Fourmon frères et Gouilly. — Lièvre (L.) jeune. — Maillard (Ed.). — Michel frères et Bertholle. — Michel frères et Corneille aîné. — Norman (G.). — Pénicaud et Naude, maison à Paris. — Perceval, Chauffert et Cie. — Person (J.-B.). — Picard (H.) et Cie. — Provin aîné. — Sénart-Colombier et Cie, maisons à Paris et à Rouen. — Sichard et Gauche. — Warnier (J.) et P. David.

Etoffes de laine, tissus, mérinos, flanelles, napolitaines, etc. (facteurs en). — Clarinval et Grojean. — Demaison (P.) et A. Potier. — Demilly (Ve J.). — Franquet-Benoist. — Gillet-Pannet (Ve) et fils. — Godin père et fils. — Guilleminault et Lefèvre. — Grandjean (E.). — Lambert (E.). — Marteau (A.). — Mennesson (Jules). — Nonnon (Ed.). — Ogée (J.). — Tausserat-Radel et Naudin.

Filatures (marchands de). — Alloënd (A.). — Appert jeune. — Baudet (Th.). — Cousinard-Noullet. — Godin père et fils. — Goffinet-Salle. — Goulet frères. — Harmel frères. — Labitte frères. — Lantein et Cie. — Leclère-Bourguet. — Lefèvre (Henry). — Mennesson (Jules).

Filatures (représentants de). — Blanpain. — Defrance fils.

Laines (négociants et commissionnaires en). — Aguet. — Alloënd (A.). — Assy (Ernest). — Barbier (J.). — Barrois-Malfait. Bauchet et Gobilliard. — Bernheim (Jacques) et Cie, maison à Mulhouse. — Billet (Ch.). — Bourgeois (A.). — Chopin et Oudin. — Collin-Milet. — Colmart (C.). —

Cousinard-Noullet. — Demaison (P.) et A. Potier. — Desprez aîné et (Ed.) Leget. — Doussot et Favart. — Duthil (E.). — Gadiot (E.). — Gaillet (P.-S.). — Gagneraux (Ph.). — Gougand-Duchâtel. — Gay (Louis) et Cie. — Geoffroy (A), aîné. — Gorbault (J.). — Gillotin aîné. — Godin père et fils. — Goulet (N. et H.). — Gournail. — Hesslœhl (D.-F.). — Jacquemart-Gros. — Jourdain-Sablin. — Labitte frères. — Laruelle-Barbier. — Leclerc-Bourgeois. — Leclerc-Lamort. — Lecuir. — Lefèvre (Henry). — Lestaudin (Alfred). — Mahieu (Paul). — Mennesson (Jules). — Millard (J.). — Paris (J.), maison à Roubaix. — Pauporté-Lundy. — Payard-Poterlot. — Payer. — Poincene-Delanerie. — Ponsart (F.) et M. Barrois. — Ponsart-Rigot. — Prévost (Ad.). — Prévost (Alp.). — Renard et Garnier, maison à Sedan, — Tassin (F.) — Thuillier. — Tisserand-Sancourt. — Vermillac aîné. — Warnier (J.) et P. David-Wenz et Gosset.

Laines cardées (filatures à la vapeur). — Anceaux (Emile), à Saint-Masmes. — Bélanger (A.). — Benoist et Cie. — Bertherand-Sutaine et Cie. — Collet-Varenne frères, Croutelle (Th.), neveu ✻. — Eglem (A.). — Goffinet-Salle. — Goulet (N. et H.). — Harmeil frères. — Lantein et Cie. — Lantein (Ernest). — Lefèvre (Henry). — Levarlet. — Lelarge (F.) et A. Auger. — Payen fils. — Rogelet (Ch.) ✻, Gand, Grandjean, Ibry et Cie. — Steff. — Varlet et Bertrand. — Walbaum (A.) et Cie.

Laines peignées (filature à la vapeur). — Benoist père, fils et C. Poulain. — Collet-Varenne frères. — Dauphinot frères. — Fortel (A.), A. Villeminot et Cie. — Gilbert (A.) ✻ et Ohl. — Givelet frères, à Rethel. — Guyotin (Victor). — Harmel frères. — Lemoine (A.), mécanique, à Bazancourt. — Lucas (Edmond) ✻. — Rogelet (Ch.) ✻, Gand, Grandjean, Ibry et Cie. — Villeminot. — Huard ✻. — Victor Rogelet et Cie. — Vellard aîné. — Wagner, Marsan et Cie. — Walbaum (A.) et Cie.

Laines, peignage mécanique. — Benoist et Cie. — Benoist père, fils et C. Poulain. — Collet-Varenne frères. — Dauphinot frères. — Fortel (A.), A. Villeminot et Cie. — Givelet frères. — Guyotin (Victor). — Harmel frères. — Holden (Isaac) et fils. — Jonathan Holden. — Pierrard-Parpaite ✻ et fils. — Rogelet (Ch.) ✻, Gand, Grandjean, Ibry et Cie, fabr. à Bühl (H.-Rhin). — Villeminot-Huard ✻, Victor Rogelet et Cie. — Wagner, Marsan et Cie. — Walbaum (A.) et Cie.

Laines, égrateronnage mécanique. — Anceaux (Emile). — Harmel frères. — Lefèvre (Henry). — Szmigielski (J.).

Laines, blouses et abats. — Baudet-Paquis. Labitte frères. — Laruelle-Barbier.

Laines (laveurs de). — Boulogne et Houpin, et teinture. — Lefèvre (Henry). — Missa fils. — Neuville (A.) et B. Minelle. — Royer Mathon. — Secondé (Eug.). — Tuba (E.).

Lames et rots. — Chrétien. — Destombes fils. — Dubois-Gillet, fabr. de peignes et lames à tisser. — Fleury-Millet. — Husson. — Jesson. — Legros. — Letaudy.

Liseurs de dessins. — Dorigny (L.). — Parry.

Mécaniciens et constructeurs de machines en tous genres. — Apert-Mandart. — Closson-Denis et Cie. — Demesse (Henri). — Duchêne-Eglem aîné. — Julien (J.-N.). — Miseret (A.). — Pierrard-Parpaite ✻ et fils ✻. — Pombas (E.). — Strady (P.), pièces détachées pour filature et tissage.

Merciers en gros et quincailliers. — Adam-Romagny. — Brion-Lebrun. — Delavallée-Vaquez. — Gamahut-Landouzy. — Felloni (J.) aîné. — Lalouette (Victor). — Legros-Vinchon. — Pilton-Foureur. — Vassal-Blamoitier.

Navettes (fabr. de). — Lapierre.

Nouveautés. — Bureau (Ch.). — Courtois (F.). — Pergod aîné. — Rigot et Lamare. — Vallantin (A.).

Ornements d'église. — Durieux. — Scillier (Ol.). — Remy-Jajot.

Ouates (fabr. d'). — Denis fils.

Passementiers. — Dournel (Mmes). — Nérot.

Produits chimiques. — Baudesson (A.) et P. Houzeau, sels ammoniacaux. — Grandval. — Houzeau-Muiron (V^e), fils et Cie. — Rogelet (Victor) et Cie.

Rouennerie en gros. — Aubert, Cargemel et Pierrat, Aubert et Quéaux. — Bourelle (Ch.). Collet frères (Auguste et Narcisse). — Collet aîné et Cie. — Collomb et Cie. — Michel frères et Corneille frères. — Noël frères. — Senart-Colombier et Cie. — Thibout-Lallement et Collot.

Soieries de Lyon, Nîmes, en gros. — Brion-Lebrun. — Degoy, Personnet Simon. — Delorme.

Tailleurs-confectionneurs. — Bernard. — Cadot-Tortrat. — Dreyfuss. — Neumarck. — Reigneron-Allain.

Teinturiers et apprêteurs.

Baudry et Sabart.
Boulogne et Houpin. — Boutarel ✻ et Cie.
Daux et Cie. — Delamotte et Faille. — Dupuis-Royer.
Lefèvre (Henri).
Maille (J.). — Missa fils.
Neuville (A.) et B. Minelle. — Niquet (A.).
Payen (Ch.). — Petit (Eug.), teintures des laines et chinage.
Secondé (Eug.).
Teinturiers dégraisseurs et apprêteurs. —

Falvy père. — Gourgeon. — Lallemant. — Petit (A.).

Toiles en tous genres et fabr. de sarraux. = Biebuyck-Romagny. — Brémont (Ch.) et Lecocq, en gros. — Collet frères. — Collomb, en gros. — Jolly fils. — Leblanc-Denisot. — Lhuire-Houbart. — Thibout-Lallement et Collot, étoffes de laines, mérinos, flanelles, etc.

Toiles d'emballage et à sacs. — Caruel, Houbart et Cie. — Houbart frères. — Lafolez-Arnould.

Saint-Brice-et-Courcelles.

Filature de laine cardée. — Levarlet. Lefèvre (Henri).

Laines (négts en). — Guillochin-Martin.

Saint-Gilles.

Laines (filat. de). — Ovine.

Saint-Martin-l'Heureux.

Laines peignées (fabr. de). — Bény-Galloist. — Chamelet.

Saint-Masmes.

Filat. de laines cardées. — Anceaux.

Tissus mérinos (filat. de). — Ponsart frères.

Sainte-Menehould.

Banquiers. — Person (Henri). — Lalle.

Bonneterie de laine. — Dussy.

Bonneterie de coton en gros. — Benoit-Rollet.

Draperie, nouveautés et toiles. — Benoit. — Defrance-Maujean. — Donzelle (L.). — Gaillard. — Laplanche. — Petit-Robert. — Philippe (Mlle).

Fleurs artificielles. — Lesage (Mlle).

Mercerie en gros. — Benoit. — Chanoine. — Procureur-Florien.

Suippes.

Banquiers. — Aubert-Senart. — Dedigie fils.

Laines cardées (filatures de). — Dedigie fils. — Demandre-Collet. — Oury et Jacquinet. — Jullien Marchand. — Varennes-Thiéry (Jules). — Varennes-Thiéry (Ve Jacques).

Laines peignées (marchands de). — Dedigie père. — Bellet (J. M.) et Bellet-Jullien. — Demandre. — Jacquart (M. A.). — Janson-Blaise (L. E.). — Jullion-Marchand. — Oury-Bellet (J. B.). — Verrière-Ramonet.

Laines brutes. — Dedigie fils.

Somme-Py.

Laines (filatures de). — Gaillet-Cadret. — Ponsard-Gaillet.

Laines (march. de). — Aubert.

Val-des-Bois.

Laines (filature de). — Harmel frères.

Vaudesincourt.

Tissus (fabr.). — Marguet et Coyen, laines.

Venteaux (les).

Filature de laines. — G. Toussaint et Cie.

Vienne-le-Chateau.

Bas drapés (fabr. de). — François fils Madaye fils.

Filature. — Renaudin et Cie.

Fourrure-flanelle pour bonneterie, spécialité. — Madaye fils.

Laines (filat.). — Madaye et François.

Vitry-le-François.

Banquiers. — Bertrand (J.). — Jacquier, Vallet et Cie. — Leriche (Eug.).

Bonneterie (fabr. de). — Doude-Rigault. — Claude. — Desenlis. — Lasnier. — Longuet. — Morlet (Pestre). — Wolkringer.

Chapeaux feutre et soie (fabr. de). — Gerard-Lang.

Chapeaux de paille (fabr. de). — Claude. — Dufour jeune.

Laines en gros. — Gillet-Gillet. — Jacob. — Lachenille. — Pelletier-Michel.

Mercerie en gros. — Amblard. — Michel-Maes.

Nouveautés. — Alias-Dupuis. — Fèvre (Napoléon). — Fischer. — Gouget. — Herbin-Servais. — Lachenille (E.). — Maniglier (A.). — Marchand — Petel-Bouché.

Rouennerie en gros. — Amblard.

Rubans en gros. — Amblard. — Michel-Maes.

Warmeriville.

Laines (filature de) peignée et cardée. — Harmel frères.

Navettes (fabr. de). — Champion (Hubert).

Tissus mérinos (fabr. de). — Bouchez-Pottier. Ponsinet-Lefranc. — Prévoteau-Deloni.

MARNE (HAUTE)

CHAUMONT (chef-lieu).

Tribunal de commerce. — Président : Donnot (Alex.). — Juges : Lavocat. — Massen père. — Simon (Jules). — Suppléants : Marque. — Frotté aîné — Greffier : Hussenot.

Banque de France (succursale de la). — Directeur : Hepp. — Caissier : Favre de Thierrens.

Banquiers. — De Bouchepora et de Mengin, comptoir à Nogent. — Roy ✳ et Donnot. — Walter et fils, comptoir à Langres.

Blanc (articles de) en gros. — Febvre (L.). — Roux et Frossard.

Draperie, rouennerie et nouveautés. — Adrien-Dubé. — Breton-Hudelot. — Ferey (P.). — Lignée. — Thomas (L.).

Droguerie et teint. en gros. — Massen (Ad.).

Fleurs artificielles et couronnes mortuaires. — Schafous.

Gants de peau (fabr. de). — Bonneau. — Courvoisier (Ph.) et Cie, maison à Paris. — Guérineau-Aubry, maison à Paris. — Tréfousse et Cie, mégisserie à Chaumont et à Annonay, maisons à Paris et à New-York.

Laines en gros. — Bolognel-Sablon, brutes, peignées et cardées.—Bossu père.

Rouennerie et lainages. — Breton-Hudelet. — Fery (P.). — Lignée.—Thomas (L.).

Rubans en gros. — Febvre (L.), rubans et blanc.—Roux et Frossard.

Bourbonne-les-Bains.

Banque et recouvrement.—Deveaux et fils. — Franchimont et Vigneron.

Laines (filatures de).—Poulet-Amet.

Joinville.

Chambre consultative des arts et manufactures.—Pelletereau-Villeneuve, président.

Banquiers.— Colin, Chutin, Hervotte et Cie.— Rolland, Pothion et Cie.—Varin-Bernier.

Bonneterie de laine (fabr. de). — Fourry-Masselin.—Gaillet.—Tanret-Larcher.

Laines en gros.—Martin.—Perrot (Jules).

Merciers en gros.— Caillet et Grand-janin. — Humblot-Vollier.—Jacobé.

Nouveautés.—Chérot. — Fondrion. — Guyot-Ginot. — Lalorre-Ard (Vve). — Leloup-Sollier père et fils.—Liébaut-François.

Vêtements d'hommes confectionnés.—Leloup-Sollier père et fils. — Loeb-Cain. — Petit-jean.

Landres.

Tribunal de commerce. — Président : Berthier (J.).—Juges : Pignerol (Victor).—Pingenet.—Hastier.—Suppléants: Renard (O.). —Contet.—Greffier : Colle.

Agréés.—Chareton.—Favreaux.—Magnier.

Banquiers. — Gérard (Léon).— Walter et fils, maison à Chaumont.

Bonneterie en gros.— Badet-Roussel et fils.— François et Cachard.

Cotons filés et fils à tisser.—Mallard (J.).

Crins frisés.—Contet (Ch.).—Tripier.

Draps en gros.—Moisson et Rouhier.—Renard et Marciaux,—Simon-Varney.

Draps, soieries et rouennerie.—Argenton-Pernot.—Desloges-Courty. — Falque (Mlles).— Garlot. — Lethu. — Mathieu-Boizot. — Mielle-Girardot. — Simon-Varney.—Tripier.

Droguerie et teinture en gros. — Menestrier frères.—Moliad (Louis).—Moliard (Abel).— Sarazin (Vve), et Goizet. — Testevuide frères jeunes.— Demi-gros : Aubert-Ladmiral. —Pioche-Logerot.

Laines du pays.—Contet (Ch.).—Cornuel.

Mercerie, rubans, soieries et bonneterie en gros.—Badet-Roussel et fils.— Dessin-May. —François (Ernest) et Cachard. — Fauconney (Ch.).

Ornements d'église (marchands de). — Bourlier -Blanchard.—Hologne (Mlle).—Oubert.

Passementerie.—Nagean.—Bourlè.

Teinturiers.—Quinot-Badet, et filatures.

Toiles et sarraux.— Moisson et Rouhier.— Renard et Marciaux.

Montigny-le-Roi.

Laines (filatures de).—Masson (F.),

Nully.

Bretelles (fabr. de). — Hullin (Claude), bretelles, jarretières et ceintures.

Poinsenot.

Laines peig. (fabr. de).—François-Béreul.

Saint-Clergues.

Teinturier, filat..—Blanchard-Carteret.

Saint-Dizier.

Chambre de commerce. — Rozet (Jules) ✳, président.— Emile Giros, secrétaire.—Mion. —Lavocat. — Tre'ousse. — De Beurges.— Doé.—Joffray Royer.

Tribunal de commerce. — Président : Doé-—Juges : Joubert-Varnier. — Lefebvre (P. C.).— Suppléants : Dumaine (P.). — Boulland.— Greffier : Thomas.

Avocats-agréés : Saupique. — Gallois.— Bourdon.—Barré.—Poulain.

Banquiers. — Bourdon (Vor). — Rolland Pothion et Cie. — Varin-Bernier, de Bar-le-Duc.

Confect. pour hommes.—Vion (F.).

Draps, rouennerie, toiles, so ieries et nouveautés.—Bouvry et Lefebvre.—Coiffier, en gros.—Maréchal.—Robert, en gros. —Marx (Isid.).—Mauroy-Formet.

Mercerie en gros.—Briquet (V^c). — Gaide-Briquet et Cie, successeurs).—Dumaine (P.).

Nouveautés. — Bouvry et Lefebvre. — Marx (Isid.).

Tailleurs confectionneurs. — Marx (Isid.). — Vion (F.) (au Grand-Rabais).

Sommevoire.

Laines (filature de).—Thevenin.

Tirelaines, droguets, toiles et treillis (fabr. de). —Parison-Daunay.—Pasquier fils.

Varennes-sur-Amance.

Laines (filature de).—Martin (A.).

Villemoron.

Laines peig. (fabr. de) —Desserey (F.).

MAYENNE

LAVAL (chef-lieu).

Chambre de commerce. — Président : Toutan (Ch.) ✳. — Membres : Leblanc de Bois-Richeux. — Garnier. — Leroy. — Leclerc d'Osmenville, O. ✳. — Roussel. — Querruau-Lamerie. — Velay (H.). — Secrétaire : Ed. Piednoir.

Tribunal de commerce. — Président : Lelièvre (Jh). — Juges : Nouvel. — Mercau (Léon). — Chauteau. — Doutreux (Alfred). — Suppléants : Onfroy. — Guyau. — Duchemin. — Genestout. — Greffier : Desprès.

Conseil de prud'hommes. — Président : Piednoir (Ed.). — Secrétaire : Vigneron.

Banque de France (succursale de la). — Directeur : Flament. — Caissier : Leray.

COMMERCE, INDUSTRIE.

Apprêteurs-calendreurs. — Brasseur. — Huard et Baudoin. — Testard.

Banque et recouvrements. — Nouvel (H.) et Cie. — Chauteau, Veillard (Ve) et Cie. — Piednoir (L.).

Blanchisseries. — Beaudoin. — Clouard. — Frin fils. — Harang et Cie. — Huard. — Testard.

Blancs. — Bordeau. — Duchemin. — Chesneau. — Gandais frères, en gros. — Oger. — Onfroy ainé.

Chapeaux (fabr. de). — Papion.

Colles et gélatines (fabr. de). — Aché frères et Dubois, spécialité pour tissus.

Corsets (fabr. de). — Poulain (Ve).

Cotons en laines. Genesley (Aug.).

Cotons (filature de). — Leyherr.

Cotons filés. — Genesley (Aug.). — Richard frères.

Coutils, toiles, siamoise et autres articles de la place (fabr. de). — Aoustin et Gandon. — Déasse-Peltier. — Beaudouin (Fr.) — Beaudouin (J.). — Bellanger (E.) — Berthelet jeune. — Chaplet-Vannier. — Chassain et Loyand. — Chauvin-Georget (L.) et fils, maisons à Paris. — Crouilbois et Martin fils ainé. — Decré-Landru. — Deffay. — Dubois (F.). Fouassier-Anger (P.). — Garnier-Guyau. Gueudoux. — Griveau-Chevrie frères. — Guérin-Dubourg et Cie. — Guyau (Alfred). Guyon-Poirier. — Hommelin. — Hunaudais père et fils. — Hunaudais-Campanet. — Hureau et Dupuy. — Jarry (A.). et Marie (E.), Journé (P.) et Cie, fabr. à Troyes, Villefranche et Mulhouse ; dépôt à Paris, r. Bertin-Poiré, 9. — Lemonnier. — Lenain-Trohel, fabr. de mouchoirs. — Lepecq et Neveu. Marie (P.) et Bretonnière. — Outin-Bertron fils. — Piednoir et Gontier. — Pommerais (Ernest). — Segretain fils et Guineiseau, représentés par Gaudier et Jouffroy, à Paris.

Tallot et Martin. — Troufflet (Paul) et Daveaux. — Veillard frères, représentés à Paris par A. Langlois.

Droguistes. — Beauvais (J.). — Cointet (A.), produits chimiques. — Huguoreau. — Rubillard (Fic), pour teintures, indigo.

Fleuristes. — Baugrier. — Cribier (Mme). — Germain jeune. — Kremp (Mlles). — Sarrasin (Mlle).

Lainiers. — Blanchard ainé. — Chartier. — Chauvière. — Dubois frères. — Dubois-Platier. — Richard frères.

Lins et cotons filés. — Aubry-Caigné. — Batard (J.). — Bellierre fils jeune. — Bodin père. Dubois frères. — Bréhin, lins bruts. — Gallet frères jeunes et Cie. — Genesley (A.). — Legentil (A.). — Oger (G.). — Regéreau.

Mécanicien. — Camille-Humeau.

Merciers-quincailliers (gros et détail). — Barbet. — Collet. — Courcelle. — Guibé ainé (Maurice-Blanchouin successeur), mercerie, chaussures et bonneterie, gros et demi-gros. — Hamard. — Houssein-Pepin. — Lévêque. — Morin (E.), en gros. — Moulay-Planchais (Mme). — Richard frères.

Mousselines en gros. — Ferron. — Gandais frères. — Onfroy ainé.

Négociants-commissionnaires pour articles de la fabrique. — Bellierre (J.). — Bodin père. — Chalumeau (Jules). — Grié. — Gallet frères, jeune et Cie. — Genesley (Aug.). — Oger (G.). Veillard frères. — Velay (H.).

Nouveautés. — Belleni (Mlles). — Boisseau-Grudé. — Chériau (J.). — Drouet (Ve). — Patus ainé. — Gaudin jeune. — Genestout. — Gustot d'Hommeaux. — Hubert-Panlou. — Huau. — Jasson-Deasse. — Loret jeune. — Oger. — Philippe. — Poirier-Duval. — Poirrier-Retureau. — Ravault. — Sauvage-Billard. — Wansteenbergh.

Ornements d'églises. — Guérin. — Denis (Mlles).

Passementier (fabr. de). — Barbet.

Peignes à tisser. — Batard. — Bordeau. — Durand.

Rouennerie et draperie en gros. — Courgenou fils, Langeron et Cie. — Duchemin (H.) jeune. — Chrétien (L.). — Houlet.

Soieries. — Ferron. — Gandais frères.

Tailleur-confectionneur. — Levy.

Teinturiers. — Bazin (A.). — Beck et Cie. — Boissel jeune. — Brasseur. — Foucher (Ve). — Malherbe.

Tissus en gros. — Courgenou fils, Langeron et Cie.

Toiles dites de Vichy (fabr. de). — Garnier-Guyau, articles pour robes.

Toiles (fabr. de). — Leray. — Petit.

Toiles (négts en). — Chrétien (Léon).— Gandais frères.—Genesley (Aug.).— Onfroy.

Ambrières.

Calicot (fabr. de). — Hubert-Granget. — Pilatris fils et Gallier.

Toiles de coton (fabr. de). — Pilatrie fils et Gallier.

Chateau-Gontier.

Banquiers.—Chaignon.—Guiller.

Cotons et laines pour tricots (fabr. de).—Dupin.—Pichou.

Draps = Bonard.—Dusseau.— Gouilleux.— Guineiseau.—Guitter.—Périchet.— Richet-Teullier.

Flanelles et cotonnades (fabr. de).— Jupin.—Pichon.

Fleurs artificielles. — Baudron (Mme).—Galereau (Mme).

Laines cardées (filatures de).—Cherruault-Perrault.—Léon.— Pichon.

Nouveautés.—Galéreau (Mme). = Guineiseau.—Heslain.—Guineiseau-Guitter.

Serge, étoffes de laines et fil (fabr. de). = Cherruault-Perrault. — Jupin. — Peschard frères.— Pichon.

Teinturiers-apprêteurs. — Léon.— Lézé (Vve).—Perrault.— Riget.

Evron.

Banque et recouvrements.—Lemuet.

Chapeaux (fabr. de). = Idard frères.= Tirard frères, manufacture de chapeaux feutres, maison à Paris.

Toiles et linges de table (fabr. de).= Le Guy.—Richefeu.

Gorron.

Banquier. = Péan-Dugué.

Mercerie en gros et détail. = Manceau frères.—Roger.—Roulleau (Firmin).

Teinturiers.—Bruault fils.— Gesteau, march. de laines en 1/2 gros.—Guichery (Pierre). = Lemonnier.

Mayenne.

Chambre consultative des arts et manufactures.—Leroy, président. — Valpinçon, secrétaire.

Tribunal de commerce. — Président : Deschamps.—Juges : Poirier (B.).—Cornu (L.). —Suppléant : Pivette (L.).—Greffier : Rocton.

Banquiers.—Desroches (L.). = Mottin. — Pivette (L.).

Blanchisseurs.—Féron.=Duhomme (H.) aîné. =Marie.—Rivière (H.).

Constructeur mécanicien. = Robinet.

Cotons (filatures de). = Delente, à Oisseau.— Denis (Gustave), à Fontaine-Daniel. — Perreu, à Aron.

Coutils (fabr. de) mouchoirs couleurs etc. = Ansart (F.) fils. = Berrier (Léon). — Detten (Louis) fils. = Bordeau-Yvain. — Brunet (A.) fils. = Caigné-Principe. — Caigné (Simon). = Delatouche-Gandais. — Desroches. = Féron-Marie. = Gasseau (Eug.). = Gilard (B.). = Godmer = Hubert-Granger. — Lefebvre et Mottin. = Lemarié-Urnier. = Leroy frères. = Lesage père. = Lesage (Hte). = Lhomer (N.) et Rouland (J.). = Maufillâtre (Ch.) et Cie. = Ménager. = Musanger frères. = Niaffe (César). = Niaffe (Victor). = Paulin Pelletier. = Pichard. = Poirier (François).= Rivière fils. = Rebbes (H.) fils. = Rebbes-Sauvage. = Rouland fils et Cie.

Draperie, soieries, mérinos, châles, rouennerie et nouveautés, bonneterie, = Boulleau. = Cormeray. = Cornu-Leterme. = Cousin (E.). = Delaplace (Ve). = Fleury (Ve). = Girard. = Hulin (Mlle). = Retout (Mme). = Robinet. = Viel (Mlle).

Lins et cotons filés. = Bind. = Caigné (Alexis). = Gandais (Mme).

Mercerie en gros. = Cerbeau-Ivain. = Védier-Robillard. = Robillard.

Navettes (fabr. de). = Grangeray.

Négociants-commissionaires en articles fabriqués dans le pays. = Caigné (A.). = Duhomme (H.) aîné. = Féron-Marie. = Rebbes-Sauvage. = Valpinçon.

Peignes à tisser (fabr. de). = Bordeau-Yvain.

MEURTHE

NANCY (chef-lieu).

Chambre de commerce. = Elie Daille ✚, président. =Godart-Desmaretz ✚. = Noël. = Gebhart ✚. = Gaudchaux-Picard. = Marcot. = Saladin. = Tourtel.

Tribunal de commerce. = Président : Gebhart ✚ (L. E.) = Juges : Cerfon. = Dusserre.—Saladin (J.A.).=Anselme (Achille). = Suppléants : Marchal. = Elie (E.J.). = Didion. = Greffier : May.

Conseil de prud'hommes. = Président :

Barbe-Schmitz. = Secrétaire : Maxant. = Vice-président : Moat-Metel.

Banque de France (succursale de la). = Directeur : Blendin (Léon). = Caissier : Henry.

COMMERCE, INDUSTRIE.

Amidon (fabr. d'). = Bloch (N.). = Dury-Gudin. = Dury fils. = Genet frères. = Gouguenheim (J.) et Anselme. = Noël (Ed.).

Bâches (fabr. de). = J. Salomon et fils. = Félix Salmon.

Banquiers. — Bourgon et Cie. — Ducrot et Poirson. — Jambois-Husson et Cie. — Lenblet et Cie. — Lévy-Bing et Cie, succursale à Paris. — Stiller (L.) et Cie. — Veille (A.), Lévy et Cie, maison à Paris.

Blanc (articles de) en gros. — Bonneau (J.). — Dupont. — Gueth et Drouin. — Valence (J.). — Salmon ainé (Félix Salmon), successeur).

Blondes et dentelles en gros. — Berneheim-Nerson. — Blanc (F.). — Bonnneaux (J.). — Gueth et Drouin. — Kauffer (Ve J. C. et F.). — Lahaye. — Les fils Marx-Picard. — Valence (J.).

Bois de teinture (trituration de). — Patin (A.). Streiff (J.).

Bonneterie en laine drapée (fabr. de). — Barbier (J.J.) et fils. — Georges et Raybois.

Bonneterie (en gros). — Becus (Alf.). — Darboy (E.) et Demenge. — Dœrflinger et Fiot (ancienne maison Thirion-Mugnier). — Esselin et Discours. — Gustave-Mayer (Eug.). — Nathan-Picard (Ch.). — Parfait (M.).

Boutons (fabr. de). — Xardel, à Malzeville.

Broderies (fabr. de), - - Aaron (Max). — Alexandre (J.). — Aylé Idoux, maison à Paris. — Barjon-Deperrier, maison à Paris. — Baspt. — Benoît. — Bérard. — Bertin fils. — Blum (Franc). — Bonnefoy. — Bourgeois (Mme). — Bourgon et Favier-Gay. — Boyrayon. — Brullard. — Chardard (A.). — Chatelain. — Chenel. — Colin (Benoît). — Crouvezier et P. Selle, maison à Paris. — Daulnoy et Lecorne à Malzeville, m. à Paris. — Delaunay (V^e). — Délorme. — De Mages (O.). — Desperrier — Doranttowicz (Mme), maison à Paris. — Drouot (Mlles). — Dubois-Bangofsky (et maison Boursier, réunies). — Durand-Bastien. — Espallac. — Fournier jeune. — Fraisse (Armand). — Geissler (A. et R.) fils; maison à Paris. — Georges. — Gérardin-Mary. — Goutières-Verniole. — Guichard. — Guynet (H.), maison à Paris. — Hébert et fils. — Henry-Jeannequin. — Horrer (L.) ✳. — Husson-Hemmerlé et T. Husson, maison à Paris. — Jaquot-Berthaut. — Kahu (S.). — Lachez-Bleuse, maison à Paris. — Lajeunesse-Schwab. — Lanio. — Lapierre. — Latourette. — Lemaire (V^e). — Léonard-Ducret. — Lévy (Jonas). — Lhuillier (Jules). — Lhuillier (V^{or}). — Magnin (V^{or}), représenté à Paris par H. Seeling, (N.-D.) — Mantoux (les frères), maison à Paris. — Maréchal-Collot. — Maurice (Mlle). — Mayer-Rheims, maison à Paris. — Moat-Motel. — Nathan frères. — Noël (Mme). — Pascal (Mme). — Peigner-Thouvenin. — Pierre (Th.), maison à Paris. — Prévot (A.). — Rieff. — Rollet fils ainé. — Saint-Dizier. — Samuel (C.). — Schwab (Henry). — Senef

(Mlle). — Sterne (J.). — Thiebault-Volf. — Thuet-Huile. — Vernolle. — Wantelez frères, maison à Paris. — Weber (Mlle). — Wolf (J.). — Yung.

Broderies (maisons spéciales d'exportation de). — Fraisse (Armand). — Lajeunesse-Schwab. — Maguin (V^{or}).

Broderies (dessinateurs et imprimeurs en). — Bourgon. — Brunet. — Collot. — Flambeau. — Habert (Ch.). — Klein. — Jeandré. — Lhuillier. — Olry. — Robinet. — Souron. — Thiéry. — Thiriet. — Vatin.

Broderies et tissus (commissionn. en). — Cahen (L.). — Génie (V^{or}). — Grandin. — Hermann (J.). — Jeanmaire (Mme). — Kauffer (Ve J.-C. et F.). — Schweich (Mlle Julie).

Cabas en paille (fabr. de). — Coanet (V^{or}). — Perret et Zabel. — Wild (J. U.), maison à Paris.

Calicots et cretonne. — Salmon (J.) et fils, manufact. à Granges. — Salmon (Félix), manufact. à Gerardmer (Vosges).

Cardes (fabr. de). — Werhlin, à Jarville.

Chanvre et lin. — Salmon (J.) et fils, manuf. à Gérardmer (Vosges). — Salmon (Félix). — Stuppel-Richard.

Chapeaux feutre (fabr. de). — Liegey (J.).

Chapeaux de paille (fabr. de). — Babin-Schmitt. — Camal fils ainé. — Camal frères. — Calté et Guillaume. — Coanet (Victor). — Duré. — Perret et Zabel. — Spelte. — Wild (J.-U.), manuf., maison à Paris.

Chaussons (fabr.). — Doerflinger et Fiot, fab. de chaussons lisière.

Chaussures (fabr. de tissus pour). — Schmitt (Jean).

Chemises (fabr. de). — Brenas Hackenberger. — Morand fils. — Ruttinger-Laprevotte. — Salmon ainé (Salmon Félix, successeur).

Cordes, crins (fabr. de). — Jacquemin. — Pierre (J.). — Richard (Aug.). — Stupffel-Richard. — Terlin-Richard. — Thierry.

Corsets (fabr. de). — Dœrflinger et Fiot. — Mesner. — Moulinet. — Noé. — Poirson (Mme).

Cotons (filatures de). — Paillot (Eugène). — Saladin (E.) père et fils.

Cotons en bleu (manufactures de). — Boppe fils. — Elie (Jules).

Cotons à tricoter (fabr. de). — Esselin et Discours. — Larcher (J.) et A. Wertz. — Paillot (Eugène).

Couvertures et coutils (march. de). — Thiébeau (J.) et Poissonnier. — Thierry-Bonneville (V^e).

Draps (fabr. de). — Certon fils. — Gaudchaux-Picard (les fils), maisons à Paris et à Elbeuf. — Lenormand. — Olry (Achille).

Draperie et rouenneries en gros. — Antoine (Paul) et Lapoulle. — Bentz (Alfred). — Bonneaux (J.). — Dusserre (Louis). — Grenet et St-Vanne. — Margo et Lagresille frères. — Mathieu frères et Cie. — Rinck (J.) aîné. — Séligman frères.

Draperie, soiries, indiennes, mousselines en détail. — Anthoine. — Cerf Caen (V^e) et Isay frères (à la Ville de Paris). — Croctaine-Gédéon. — Demange-Crémel. — Gaignère (Victor) et Ch. Rollot. — Huron. — Les fils Marx-Picard. — Loison. — Peraux. Noviant. — Sienne-Bary. — Tonnelier (Antoine).

Drogueries en gros. — Didion fils. — Loppinet-Boulay. — Vuebat (C.).

Effilochage de chiffons de laine. — Paillot et Cie, à Tomblaine près Nancy.

Fils de lin et de chanvre. — Boppe fils. — Elie (Jules). — Salmon (J.) et fils. — Salmon aîné, (Salmon Félix, successeur).

Fleurs artificielles et plumes. — Broquet. — Guillomet. — Perrin-Drapier. — Schmidt.

Gants (fabr. de). — Blaize-Finot. — Coanet (Eug.). — Salomon.

Ganterie en laine et soie (fabr. de). — Dœrllnger et Fiot. — Darboy. — Parfait. — Ravez (J.).

Imprimeurs sur mousselines pour broderies. Barret. — Blampain. — Collot. — Déniaux. — Habert. — Mansuy. — Ory. — Pernot. — Pigot. — Sourous. — Tolle.

Laines en gros et à la commission. — Barbier (J.-J.) et fils. — Croctaine. — Les fils Gaudchaux-Picard, à Paris. — Lenormand. (J.).

Laines à matelas. — Le fils de Goudchaux-Picard, en gros. — Thiébeau (J.) et Poissonnier. — Thierry-Bonneville (V^e).

Laines (filatures de). — Barbier (J.-J.) et fils. — Darboy (E.) et Demenge, à St-Nicolas, près Nancy. — Dorr (E.) et Cie. — Le fils Gaudchaud-Picard. — Haillecourt. — Larcher (J.) et A. Wertz. — Vermandé, à Malzeville.

Laines à tricoter et à broder. — Becus (Alfred). — Esselin et Discours. — Dœrflinger et Fiot. — Georges et Raybais. — Gustave-Mayer (Eug.). — Larcher (J.) et A. Wertz. — Nathan-Picard (Ch.). — Parfait (M.). — Thiébeau (J.).

Lin filé, écru et blanchi pour tissage. — J. Salmon et fils. — Félix Salmon.

Literie (articles de). — Le fils de Marx-Picard. — Mathieu frères. — Thiebeau (J.) et Poissonnier. — Thiébeau (Mlle). — Thierry-Bonneville (V^e).

Mécaniciens. — Bailly. — Georgel frères. — Pignolet. — Karst (J. Phil.) fils. — Maire (Joseph), machines pour chapeaux de paille. — Wehrlin, machines pour filatures à Jarville.

Mercerie, fournitures pour tailleurs en gros. — Albert-Albert. — Allard frères. — Becus (Alfred). — Callier fils et Jhean. — Charleville et fils. — Luchini (Emile). —

Hemery et Mangeot. — Fèvre et Demange. Mathis-Nicolas. — Michel et Guyot. — Weill-Boumsell.

Nouveautés. — Anthoine. — Chatelain fils et Cie. — Cerf Caen (V^e) et Isay frères. — Croctaine-Gédéon. — Démange-Crémel. — Figuel. — Gaignière (Victor) et Ch. Rollot. — Godar-Bentz. — Les fils Marx Picard et Cie. — Noviant. — Péraux (E.). — Rinck (E.) aîné, gros. — Spiegel.

Ornements d'église. — François. — Kauffer (Victor). — Pernot et Lorrain. — Roy. — Thomas et Pierron Wolfrom.

Ouates coton (fabr. d'). — Calté et Guillaume. Paillot (Eug.). — Wild (J.-U.), maison à Paris.

Parapluies (fabr. de). — Renauld, en gros.

Passementiers. — Callier fils et Jhéan. — Charleville et fils. — Claudin. — Naudin (V^e).

Rubans. — Belleville. — Bloch (R.). — Levy frères. — Salomon (S.), Hirtz et Levy. — Simonin (J.) et A. Villermin.

Sacs et bâches (fabr. de). — Bonnette, dépôt de sacs sans couture de Fizaine de Metz. — Levy et Cie. — Salmon (J.) et fils. — Félix Salmon. — Malgras. — Toussaint.

Sarraux (fabr. de). — Becus (Alf.). — Larcher (J.). — Salmon (J.) et fils.

Soieries et rubans en gros, châles et nouveautés. — Belleville. — Bourdon. — Cerf Caen (V^e) et Isay frères (à la ville de Paris). — Croctaine-Gédéon — Gaignère (V.) et Ch. Rollot. — Hemery et Mangeot. — Kauffer (Ve J.-C. et F.). — Les fils Marx-Picard. — Levy frères. — Péraux, en gros. — Simonin (J.) et A. Villemin. — Wagner-Remy.

Tapis et étoffes pour meubles. — Bonneville (V^e). — Thiébeau (J.) et Poissonnier. — Thiéry.

Teinturerie de laine pour fabrique. — Larcher (J.) et A. Wertz.

Teinturiers sur étoffes. — Cordès. — Desnoés. Gourieux. — Guillemino-Jacquot. — Klein-Dorr, en laines. — Serrières. — Silhol. — Voinier. — Zambaut.

Tissage mécanique. — Saladin (E.) ❀ père et fils.

Tissus de coton et de laine (fabr. de). — Guérin-Fillemin. — Karcher-Luty et Charles-Ebel. — Lamblin aîné.

Tissus pour chaussures (fabr. de). — Schmitt.

Toile de lin et de chanvre (fabr. de). — Salmon (J.) et fils, manuf. à Gerardmer (Vosges). — Félix Salmon, manuf. à Gerardmer (Vosge-). — Salomon (S.). — Toussaint.

Toiles et lingerie. — Briot. — Cerf Caen (V^e) et Isay frères. — Georges. — Huron. — Jandelle-Kauffer (Ve J.-C. et F.). — Les fils Marx-Picard. — Ruttinger-Laprevotte.

Toilerie et tissus blancs en coton en gros. — Bonneaux (J.). — Cerf Caen (V^e) et Isay frères.

— Fiel-Kelle. — Gueth et Drouin. — Kauffer (Vᵉ J. C. et F.) — Salmon Félix. — Salmon (J.) et fils. — Valence (J.). — Villaume-Bertin.

Altroff.

Sacs sans couture (fabr. de) : Levi et Cie.

Arnaville.

Laines (filature de) : Guérard (Jules).

Badonviller.

Laines, filatures et fabr. de bas de laine: Cuny. — Périsse. — Rennesson. — Siatte (Ch.).
Tissus (fabr. de) : Müller fils et Marotel.

Barbezieux.

Filature de laines et fabr. d'ouates : Fournie (Vital).

Blamont.

Banquier : Mézières (Ed. G.).
Calicots et percales (fabr. de) : Lemant frères et Cie.

Château-Salins.

Draps (fabr. de) : Dorr jeune.

Diarville.

Applications et guipures fines (fabr. de) : Colnot aîné. — Florentin (Laurent).

Dieuze.

Banquiers : David fils. — Meyer. — Stiller.
Broderies (fabr. de) : Crousse. — Culté. — Cuny. — Donel. — Dumont. — Idatte jeune.

Gerbeviller.

Bonneterie de laine (fabr. de) : Barbier. — Gaté. — Rochefort. — Xaillé (Ch.).

Jévoncourt.

Dentelles (fabr. de) : Mathieu et Bertrand, maison à Paris.

Laxou.

Chapeaux de paille (fabr. de) : Perret et Zabel.

Lunéville.

Conseil de prud'hommes : Evrat (L.), président.
Banque et recouvrements. — Jambois-Husson et Cie, maison principale à Nancy. — Longlet et Cie, maison à Nancy. L. Jacquet, gérant à Lunéville. — Traxelle (L.) fils.
Bonneterie, coton, soie, fil (fabr. de). — Alfred Louis. — Guyot. — Poyel (F.). — En laine : Silberzahn.
Broderies en tulle. — Berr (A.) et Cie, maison à Paris. — Berr (Vᵉ M.) et G. Spire. — Bonnechaux (E.), maison à Paris. — Caen et Rheims, maison à Paris. — Caen (Léopold). Ferry-Bonnechaux. — Geoffroy (L.). — Hocquart, entrepreneur de broderies. — Levy (Vᵉ). — Mansuy. — Ragon (Mme). — Richard (A.). — Vallée (Mme). — Vallet-Thirion.

Calicots (fabr. de). — Humbert (L.) et Jeanpierre.
Cotons teints. — Bontoux fils, et cotons filés. — Clesse. — Kesseler. — Kleinmann. — Prost-Kesseler.
Draperie, soierie, rouennerie. — Bazin-Limosin. — Bernier-Benoist — Bloc (A.). — Boulangier. — Caen. — Ficher. — François. — Grandbarre. — Laurent-Decker. — Liégey (Victor). — Massé (Vᵉ). — Michel Prost. — Spire. — Tellier (Vᵉ). — Verdelet.
Flanelle (fabr. de) Silberzahn.
Gants (fabr. de). Bernard (D.) et Cⁱᵉ, maison à Paris. — Berr (D.) et frère, dépôt à Paris. — Mougenot.
Habillements confectionnés. — Bénard. — Bloc (A.) — Flourant. — Halimbourg jeune. — Thiébaut. — Verdelet.
Merciers en gros. — Bagard-Carème. — Blanc-Jacquet. — Cherrier frères. — Noël frères. — Rouyer-Genay, en gros.

Nomeny.

Broderies. — Driou-Moret et Cⁱᵉ.

Petitmont.

Calicots (fabr. de). — Lemant frères et Cⁱᵉ.

Phalsbourg.

Banque et recouvrements. — Isaac-Lyon et Nathan-Aron. — Alexandre Nathan-Aron.
Broderies (fabr. de). — Feron (H.).

Pont-à-Mousson.

Aiguilles (fabr. d') — P. Flamm et Cⁱᵉ, aiguille à coudre d'acier fondu anglais, pour métiers à broder et machines à coudre.
Banquiers. — Dieudonné (Vᵉʳ). — Husson (Ch.).
Chanvre (marchands de). — André. — Robert-Mahut. — Robert-Pérot. — Roman fils. — Samson-Chevreux.

Rosières-aux-Salines.

Broderies à la mécanique. — Gilbert et Clochette.

Saint-Firmin.

Chapeaux de paille (fabr. de). — Marienne frères.

Saint-Nicolas-du-Port.

Bonneterie de coton (fabr. de). — Claude aîné.
Broderies (fabr. de). — Abot. — Barbe. — Bernel. — Bonnardel, Bertrand et Vidil, maison à Paris. — Cuny (Vve). — Hottz (Vve). — Legras. — Richard. — Thiriet.
Draps (fabr. de). — Ancel. — Marcot et Cⁱᵉ.
Effilochage de coton, filat. laine et coton, tissage mécanique. — Ancel fils et Cⁱᵉ.
Laines (filat.). — Ancel, Marcot et Cⁱᵉ.

Sarrebourg.

Banques. — Lippmann (L.). — Mézière (Ed. G.).
Broderie (fabr. de). — Jacob — Westermann (Mlle).

Draps.—Blum (V°) et Al. Levy.—Cahen (A.l.)
— Lévy (Jacob). — Lévy (Elias). — Lévy
(Philippe).—Levy frères.—Salomon (Eug.).
— Samson-Hirtz.—Soudig-Deutsch et fils.
Strauss jeune. — Vautier.

Toul.

Banquiers. — Blocq frères.—Boyer.—Dorr.
Draperie, étoffes. — Bonnet. — Cahn frères.
— Cahn (A.) et Cie. — Chapuis. — Lécri-
vain. — Menette. — Godart. — Mesnard.—
Ollivier fils. — Schleiter. — Weill.
Laines (filatures de). — Masson. — Munier.
Mercerie et art. de Paris en gros. — Félix.

Tomblaine.

Cotons (filatures de). — Paillot et Cie.
Laines (filat. et effil. de). — Dorr (E.) et Cie.

Val-et-Chatillon.

Toiles de coton (tissage). — Zeller.

MEUSE

BAR-LE-DUC (chef lieu).

Chambre de commerce. — Bompard, prési-
dent. — De Fallois. — Gronnier. — J.
Jacquot✳.—Yvon Baudin.—Bardot-Wille-
mart. — Henry (P.). — E. Develle, secré-
taire.
Tribunal de commerce. — Président, Jacquot
(Marcel-Jules). — Juges : Hardyau — Bom-
pard. — Yvon-Baudin. — Cattat. — Sup-
pléants : Nocas (Eug.). — Lalin (A.). —
Deschamps (N.). — Daget-Laguerre. —Gref-
fier : Deforge.
Conseil de prud'hommes. — Président :
Bompard (H.). — Vice-président : Charroy-
Lefranc. — Secrétaire : Marchal (Constant).
Banque de France (succursale de la). — Di-
recteur : Thésé. — Caissier : Greiner.

COMMERCE, INDUSTRIE.

Banquiers. — Gallois-Oudin et Cie, caisse
commerciale de la Meuse. — Varin-Bernier
✳. —Comptoir d'escompte. — Directeur :
Félix Collin.
Société générale, siége social à Paris, agence
de Bar-le-Duc, directeur, M. Varin ✳.
Bonneterie de coton (fabr. et marchands de).
— Bailly. — Brouchot. — (Emile Collin).
— Joly-Hannotin. — Pierron-Mangeot. —
Simonnet fils.
Corsets sans couture (fabr. de). — Cattat
(Auguste). — Ch. Greppo, à Paris. —
Collotte et Tallandier. — Huret et Voisin,
manuf., dépôt à Paris.
Hussenot père et fils, manuf. maison à Paris.
Martin (Adrien).
Robert-Werly et Cie. Dépôt à Paris, chez
Léon-Maxe Werly, manuf. à Bar-le-Duc et
Barcelone (Espagne).
Ulrich (M.) père et fils, maison à Paris.
Ulrich-Vivien, maison à Paris.
Willinger (Bernard).
Cotons (filature de). —Briot (A.), à Demange-
aux-Eaux. — Charoy-Lefranc, à Robert-
Espagne. — Les fils de Colard frères, fila-
ture à Saudrupt. — Henry fils et Bompard.
— Léon Monard, à Guerpont.
Cotons en pelotes et autres en gros de toutes
nuances à tisser et pour bonneterie. —
Jannot fils. — Rossignol et Antoine.
Cotons à tisser écru et teint, et fil de lin. —
Cattat (Aug.).
Couvertures de laines et de coton. — Brouchot.
— Lapique.
Draperie, châles, soieries. — Bouroche (J.). —
Delacourt. — Gaudré jeune. — Horiot. —
Magron et Deulin. — Rascenet et Cie. —
Richard. —Salmon et Cie. — Voisin-Lepage.
Droguerie. — Berthélemy (F.). — Rousselle
fils. — Simonnet-Varlet.
Lacets (fabr. de). — Antoine-Etienne.
Laines brutes. — Mangin (Georges).
Laines.—Bailly.—Jannot fils.—Lapique (Ch.).
Mécaniciens. —Burguy, mécanicien, à apprêter
les corsets sans coutures, etc. — Cahossel.
— Dyckoff.
Mercerie en gros. — Barrois-Monad. — Lalin.
Nouveautés. — Bouroche (J.). — Delacourt.—
Papault. — Richard. — Salmon et Cie. —
Rascenet et C°. — Voisin.
Produits chimiques. — Berthélemy. — Guil-
lery (A.). Rousselle fils. — Simonet-Varlet.
Tailleur, confections pour hommes, dames et
enfants. — Bouroche. — Horiot
Tapis et sparterie. — Graf. — Prévost (V°).
Teinturiers. — Bock-Aubry.—Hulné-Heitz.—
Molandre.
Teinturiers en rouge. — Henry et fils, à Sa-
vonnières.
Tissus de coton et laine (fabr. de). —Antoine-
Etienne. — Baux-Massier. — Caillard (Eug).
— Cattat (Aug.). —Colard-Mercier. — Collin
et Cie. — Cosquin — Couchot.—Daget-La-
guerre.—Driget-Simon.—Gallois-Martin (V°)
et E. Martin. — Humbert-Norguin (V°) et
Bardot. — Lefèvre. — Lepage jeune.— Le-
page fils. — Marcelof et Mathieu. — Nicolas
(Léon). — Ninguet. —Peruy-Vilbois.—Pon-
signon (Eug.). — Schmit et Ch. Graté.—
Villeroy (J.). — Yvon-Baudin.
Toiles en fil. — Baudot-Brion.—Brouchot.—
Larombardière aîné. — Philippot.—Salmon
et Cie.
Tricots (fabr. de). — Emile Collin. — Colard
frères (les fils de). — Guyot et Godinot.—

Joly-Hanotin. — Léger frères et Cie, —Martin-Adrien. — Michel Ulrich père et fils. — Simonnet fils.

Chaumont-sur-Aire.

Bas et bonneterie (fabr. de). — Busselet (F.). — Busselet (J.-P.). — Busselot (P.). — Raulet.

Commercy.

Broderies (fabr. de). —Chevalier. — Cochard. — Lescalles (Mlles). — Liétard (Mme). — Mahaut. — Robert (Mlle).

Chapeaux de feutre. — Beaudot. — Brèche. — Poinot. — Sicard.

Chaussons (fabr. de). —Bollée-Martin. — Cochard. — Deléard. — Roussel-Vergand. — Vergand (V^e).

Demange-aux-Eaux.

Cotons (filature hydraulique de). — Briot et Maréchal.

Dieue.

Filature hydraulique de coton. — Mengin-Angelsberg.

Étain.

Bonneterie de coton. — Prud'homme-Havette. — Sirejean.

Mercerie en gros. — Prud'homme-Havette.

Cotons (tissage de). — Crucis.

Gondrecourt.

Escompte. — Paymal-Raulot.

Laines en gros. — Mayer (E.). — Paymal-Raulot.

Malancourt.

Boutons et moules de passementerie (fabr. de). — Brice-Mabille. — Drouet (Mlle Honorine), dépôt à Paris. — Goard-Roglé. — Prosper Viard, maison à Paris. —Lavigne-Pierrard. — Saint-Jevin. —Thierri-Mougnard, maison à Paris.

Montmédy.

Banquiers. — Cailletean. — Marland.

Rubans, soieries. — Boblique. — Bouchez-Néel. — Delaliaut. — Franclet. — Jacques. — Mabille (V^e). — Mathieu.

Montiers-sur-Saulx.

Laines en gros. — Bourgeois. — Voivrot.

Pouilly.

Laines (filature de). — Renard (Ad.).

Saint-Mihiel.

Banquier. — Raymond-Houzelot.

Bonneterie (fabr. de). — Aubert. — Gillon. — Piquart-Manet.

Broderies (fabr. de). — Corbin. — Lapoulle (Mlle). — Stravaux.

Mercerie demi-gros. — Guenot-Saunois. — Tesselin-Laguerre.

Sampigny.

Broderie et cachemires brodés (fabr. de). — Audinot-Janvier. — Chaudoye. — Didiot. — Grandidier (A.). — Grandidier (J.). — Lallement-Chrétien. — Marchal. — Marbotte.

Savonnières-Devant-Bar.

Teinturerie en rouge des Indes. — Henry et fils.

Sommedieue.

Lacets (fabr. de). — De Fallois, dépôt à Paris, chez Ch. Daniet.

Vaubecourt.

Tourneurs (fabr. de) rouets à filer. — Destrubé (E.). — Destrubé (A.). —Drouet (A.). — Drouet (E.). — Gilquin. — Mailly. — Mangeot frères. — Simonet frères.

Vaucouleurs.

Bas et bonnets de coton (fabr. de). — Biscaut. — Dammery.

Toiles de coton (fabr. de). — Michelot.

Verdun.

Tribunal de commerce. —Président : Pasquin. — Juges : Blaise. — Fossée fils. — Leclerc. — Suppléants : Mangin de Bachellé. — Spóry. — Greffier : Balthazard.

Amidon (fabr. d'). — Lemagny. — Maclot.

Banquiers. — Pasquin (Ch.). — Jobert et Lévy.

Chemises (fabr. de). — Duchêne (Mme).

Draps et rouennerie. — Blaise (Henri). — Block. — Couronne (V^e). — Fandeur (Mlle). — Henry-Eppinger. —Husson. — Lagarde. — Lang-Cahen.

Lingerie et broderie (fabr. de). — Aubry. — Carron. — Couten. — Evrard (Mlle). — Fischer. — Jeandin. — Lasique. — Lenoir-Lamblnet. — Liquois. — Marré. — Mayer-Levy et Blum.

Rubans. — Petit (G.).

Véry.

Rouets à filer (fabr. en grand de). —Wachet.

MORBIHAN

Tribunal de commerce. — Président : Tessier. — Juges : Cauderan. — Perrin. — Miaux. — Raison. — Suppléants : Ropert. — Placier. — Nadan. — Greffier : Rambeaud.

Banquiers. — Peyron. — Verge et fils.

Cotons (tissage de). —La maison de la Charité de St-Louis.

Cotonnade et dentelle (fabr. de). — Etablissement de bienfaisance.

Draperie, blanc et nouveautés. — Chessé. — Combes. — Gousset. — Lebœuf-Rouillé. — Lebergne. — Lejoubioux (Ve). — Leroy. — Mahé (Mme). — Nicolas (Mlle). — Sosson. — Tallandier.

Mercerie en gros. — Peccatte (Jules).

Ornements d'église. — Cornet (H.). — Lebœuf-Rouillé. — Lejoubioux.

Toiles (fabr. de). — La maison de charité de Saint-Louis.

Auray.

Banquiers. — Hedan. — Jego (Louis).

Mercerie en gros. — Le Bret.

Josselin.

Banquier. — Richard (Louis).

Chanvre (marchands de). — Allaire. — Brogard (Ve). — Fourché. — Leclerc (F.). — Leclerc (P.). — Leclerc (Yves).

Lorient.

Chambre de commerce. — Président : Dufilhol (Armand) ※. — Vallée. — Ouizille. — Bardon (Th.). — Guilloteaux. — Tessier. — Dumoulin. — Homié.

Tribunal de commerce. — Président : Bardon. — Juges : Sellier. — Etienne aîné. — Charles. — De la Guillardaie. — Suppléants : Guilloteaux. — Minier. — Dufilhol (Edgard). — Boulo.

Consulats. — Belgique : N. — Montrelay, agent consulaire. — Brésil : Sellier (L.), vice-consul. — Danemark : Dufilhol (Armand) ※, vice-consul. — Espagne : Dufilhol (Jacques). — Etats-Unis : Sellier (L.), agent consulaire. — Grande-Bretagne : Minier. — Italie : Lançon ※, vice-consul. — Portugal : Sellier (L.), vice-consul. — Prusse : Dufilhol (E.) ※, vice-consul. — Russie : Dufilhol (Armand) ※, agent consulaire. — Suède et Norwège : Dufilhol (Armand) ※, vice-consul.

Banquiers. — Dousdebès (Th.). — Ouizille (A.) et Cie. — Sellier (L.).

Fleurs artificielles (fabr. de). — Latourette (L.). — Tison jeune (M.) et Morard.

Laines (manufactures de). — Latourette. — Tison jeune et Morard.

Passementerie (fabr. de). — Faure (J.), fabr. de filets, effilés, nouveautés.

Soieries. — Hournigalle neveu. — Guillouet (Mme). — Latourette (L.). — Tison jeune et Morard.

Malestroit.

Draps (fabr. de). — Pellerin. — Phélipot.

Toiles (fabr. de). — Mahé. — Potel.

Mohon.

Cordiers et fabr. de couvertures en fil pour la campagne (spécialité). — Denys. — Rouleau.

Napoléonville.

Banquiers. — Bouché (H.). — Robé jeune.

Rouennerie. — Pichard-Keiser. — Rouvillois, Feitu et Cie. — Ruello et Briand. — Simon.

Toiles (fabr. de). — Collin-Fornier. — Leroch (Mlle).

Ploërmel.

Etoffes en gros. — Bricon (Ve).

Mercerie en gros. — Remy (Emile).

Pont-Scorff.

Rubans de fil, tresses, lacets et toiles (fabr. de). — Glorian (A.).

Questembert.

Draps (fabr. de). — Dano (Célestin). — Lucas. — Payen. — Thaumour.

MOSELLE

Metz (chef-lieu).

Chambre de commerce. — Bastien (Ch.). — Bezanson (Paul). — Lapointe. — Geisler (L.). — Simon. — Favier. — Simon (Emile). — Worms. — Sturel.

Conseil général du Commerce. — Membre délégué : Bouchotte (Emile).

Tribunal de commerce. — Président : Blondin. — Juges : Noblot — A. Sturel. — Blanpied. — Alcan. — Rousseaux. — Juges suppléants : Salmon. — Simon. — Lanique. — Greffier : Blondin.

Conseil de Prud'hommes. — Président : Bultingaire fils. — Vice-président : Zéder. — Secrétaire : Blondin.

Banque de France (succursale de la). — Directeur : Blondin (F.) ※. — Caissier : Duprey.

COMMERCE, INDUSTRIE.

Amidonnier. — Saint-Jacques.

Banquiers. — Goudchaux (Math.), maison à Paris. — Le neveu de F. G. Simon. — Mayer et Cie, caisse d'escompte de Metz. — Purnot (Aug.). — Sonner-Tharon. — Worms (J.) et Cie.

Blanc de coton. — Bernard-Colson. — Bourgeois (J.). — Décisy (Louis). — Fribourg (Victor). — Humblot frères. — Humblot neveux. — Lallouette (M.). — Remond-Dubois et Cie. — Thirlet (Aug.).

Bois de teinture. — Korn frères et Braun.

Bonneterie (fabr. de). — Caye et Noblot, et ganterie, laines filées à tricoter. — Poincignon (C. et H.). — Tabouret (E.).

Bonneterie en gros. — Castel, et rouennerie. —

Paul Bezanson.—Bour.—Claude.— Dollier-Colnot.— Gravelotte sœurs. — Heckenbender. — Jacob-Schneider. — Loyauté fils.— Liermann.—Spens.

Boutons en corne (fabr. de). — Bezanson (Paul).

Broderies (fabr. de).—Auget-Chedaux, dépôt à Paris.—Bondy (Mme).— Bourgeois (F.). — Bourguignon.—Driout, Moret (Mmes) et Cie, maison à Paris.— Laroche (Mlle).— Steimer (Mme J.).

Broderies en or pour uniformes et ornements. —Oulif (Edmond).

Caoutchouc (fabr. de).-Krafft (J.) tuyaux,courroies, au Sablon près Metz.

Châles et soieries.—Bezanson (Paul).

Chapellerie (matières premières pour).—Beller et Hurlin.—Fabricius (A.).

Chapeaux de paille (fabr.).— Beye et Guysen.

Chasubliers.—Champigneulle (Ch.). — Collin Mars.

Chemises (fabr. de). — Heckenbinder. — Oulif (G.).

Confection pour hommes.—Francfort (Emile). —Fribourg.—Jacob.—Raphaël (Jacob).

Corsets et ceintures (fabr. de). — Charpentier.

Coton (fil. de).—Loisillon, à Briey.

Cotons de toutes couleurs (march. de). — Bezanson (Paul). — Carmouche-Didion. — Claude.—Condé (F.) et laines.—Loyauté.— Sigronde.—Spens.

Couleurs et indigo. — Carmouche-Didion. — Claude.— Draguet. — Grandjean. — Korn frères et Braun.—Lœvenbruck.— Potain et Cie.—Priolot.—Vannesson.

Coupeurs de poils.— Beller et Hurlin. — Fabricius (A.).

Couvertures et étoffes de laine (fab. de).—Aron (C.) et Cie. — Aron frères (Ad. et S.). — Champigneulle jeune.

Cravates de soie noire, croisées et velours (fab. de).—Guez et Cie.—Martin.

Draperie et rouennerie en gros. — Bompart (Ernest).— Chenot et Cie, r. Tête-d'Or, 24.— Desanges.—Didelou ainé.—Mercy frères. — Michaux.—Nettre (Léopold).

Draperie, soieries, toiles peintes, mouchoirs, rubannerie et nouveautés (march. de).—Bureau (Th.)—Cordonnier (M. P.).—Donny.— Folća.—Gibrin.—Grosse frères. — Royer.— Goussel-Laumont.— Lejeune-Chilles.— Letixerand (F.) et J. Bazin.—Luc et Guichard. —Morhange (Ve S.).—Picquard (F.).— Remy-Montaigu.— Rodet (A.) et Cie. — Salomon frères.—Spire.—Taverdon.—Thiry (F). —Trèves.

Draps, flanelles, molletons, couvertures et étoffes de laine (fabr. de).—Aron (C.) et Cie. —Aron frères (Ad. et S.).— Champigneulle jeune.—Chilles.—Dosse fils.— Gâtelet-Party (Ve).— Hilt-Parant.— Jacob (D.) fils. —

Lipman frères.—Seillière (F. A.).— Thonon (fils ainé).—Thonon jeune.—Valentin.

Equipements militaires (fabr. d'). — Fanny-Bing (Mlle Maison), fabr. spéciale de cols.— Humblot neveux.—May-Bing, mais. à Paris. Mory-Morel. — Sendret (Ron). — Tinturier.

Fils de chanvre et lin.—Fizaine (Prosper). — Humblot frères, toiles et sacs. — Humblot neveux.

Flanelles et molletons (fabr. de). — Aron (C.) et Cie.—Aron frères (A. et S.).

Fleurs (fabr. de).—Dassise.

Foulards, soierie et rubans.— Bezanson (Paul).

Foulon et apprêt.—Pincemaille et Bastien.

Gants de peaux (manufact. de).— Mory-Morel. —Mory-Steichen.

Laine, crin, duvet et plume (march. de).— Cahen (Joseph). — Dennery.—Dennery (S.).— Fabricius (A. et E.).—Gilbrin-Rouer.—Lallouette (A.).—Voignier (Louis).

Laines à broder et canevas.—Bezanson (Paul).

Laines (filat. de).—Pincemaille (An.).

Laines filées pour bas (fabr. de). — Caye et Noblot.

Mécaniciens. — Cathelinaux. — Christmann (Th.) fils. — Gérard. — Glavet (D.). Humbert (P. J.).— Lanique.—Martignon et Lipmann.—Munier (Ch.).— Neveux (J.).—Sereau fils.

Mercerie en gros.— Bezanson (Paul).—Bedel-Cavalier. — Bertrand-Ferez. — Condé (F.), laines et coton à tricoter.— Hulphen (Jos.). —Hayem-Marx.—Koch(G.).—Lajeunesse.— Salomon.—Biriė. — Samain (Alexis).

Mousselines (articles de St-Quentin). — Bernard-Colson. — Huibratte-Beauchat. — Remond-Dubois et Cie.

Nouveautés. — Bureau (Th.).— Goussel-Laumont. — Letixerand (F.) et J. Bazin.— Luc. — Mercy frères. — Remond-Dubois et Cie. — Rodet (A.) et Cie. — Thiry. — Doisy et Mariotte.

Ouate en coton et en étoupe. — Bedel-Cavelier. — Durst et Croisier frères. — Jacquard, fabr.

Passementerie (fabr. de). — Maury. — Toussaint (Emile).

Passementiers.— Bélon. — Bezanson. (Paul). Cosman jeune. — Mangin. — Maury. — Monier. — Pélon. — Toussaint.

Peluches (fabr. de). — Martin (J.-B.), ✳ manufacture considérable, maisons de vente à Paris et à Lyon, quai de Retz, 3.

Produits chimiques (fabr. de). Appolt (Vve Charles) et Echacker, fabr. à St-Avold. — Potain et Cie.

Rubannerie en gros. — Ackermann (L). — Bastien (N,), et soierie.— Bezanzon (Paul). — Cosman jeune. — Viller.

Sacs (confection de). — Fizaine (Prosper), fabr. de sacs sans couture, dépôt à Nancy.

— Humblot, neveux. — Lallié Ch.). — Lallié (Henry Vve).

Teintures en gros. — Carmouche-Didion. — Draguet, teinture et droguerie.—Grandjean. — Korn frères et Braun. — Lœ-venbruck.

Toiles cirées. — J. Huet.

Toiles de chanvre et autres (fabr. de). — Fizaine Prosper. — Humblot neveux.—Humblot frères. — Chiriet (A.) fils.

Toiles (négts en). — Bourgeois. — Fribourg. — Goulon aîné. — Lyon (S.). —Lupiac. — May-Bing. — Viry fils.

Baronville.

Toiles de chanvre, lin et sacs (fabr. de). — Salmon (J.) et fils de Nancy.

Bitche.

Banque. — H. Lautenschlager.

Gants filet soie (fabr. de).—Lautenschlager (H.).

Boulay.

Bas et bonneterie (fabr. de). — Bach. — Bettinger fils. — Lafontaine.

Filets, résilles, etc. (fabr. de). — Muller. — Ledoux.

Laines (filature de). — Bentz.

Produits chimiques (fabr. de). Appolt (Vve Charles) et Eichacker, bleu de Prusse, prussiate de potasse.

Briey.

Banquier. — Burtaire aîné.

Cotons (filature hydraulique de). — Loisillon fils, maison à Metz.

Longwy.

Banquiers. — Louis, négt. — Thomas (E.) et Cie.

Pierrepont.

Draps pour les troupes et couvertures (manufacture de). — le baron Seillière, dépôt à Paris et à Metz. — Greisch frères.

Puttelange.

Peluches en soie (fabr. de). — Huber, Pauly ✲ et Cie, maison à Paris, fabr. à Sarreguemines. — Massing ✲ frères et Cie, manufacture à Puttelage et Sarralbe (Moselle), maison à Paris.

Saint-Avold.

Banquiers. — Cahen (M.) et fils.

Bleu de Prusse (fabr. de). — Appolt (Vve Charles) et Eichacker, maison à Metz et fabr.

de prussiate de potasse à Soulzbach près Sarrebruck (Prusse).

Sarralbe.

Chapeaux de paille (fabr. de).—Babin-Schmith. Coanet (Victor). — Joseph (Mel), Hector (J.-B.), manuf. palmier et panama, maison à Paris. — Kampmann (L.-Ch.)— Langenhagen.— Langlard (Victor):—Perret-Zabel. — Wild (J.-U.).

Peluches (manufactures de). — Massing ✲ frères et Cie.

Sarreguemines.

Couvertures de laine et de coton.—Roussaire.

Draps. — Grumbach frères. — Marx. — Nicolos-Haffner. — Worms. (J.).

Nouveautés, draps, soieries. — Coblentz. — Grumbach frères.—Haas (Jacob).—Haffner (Nicolas). — Heymann (Samuel).—Heydinger. — Lehmann (Isaac).—Lehmann (Léon et Léopold). — Moïse (Samuel). — Moïse-Marx. — Müller (Mathias). — Théatre (Michel).

Peluche en soie (fabr. de). — Huber, Pauly ✲ et Cie, à Paris, fabr. à Puttelange. — Lacour (G.), maison à Paris. — Martin ✲ (J.-B.) manuf. à Tarare et à Metz, maisons à Paris et à Lyon, quai de Retz, 3. — Massing (Pre) et Cie, représentés à Paris par A. Vivien.

Teinturiers. — Benzino.— Félix.— Lehmann-Baruch. — En soie : Fischer. — Cremer.— Massing.

Thionville.

Banquiers. —Leclaire et Schreiner. — Saur. — Tissot et L'Hôte.

Draperie et nouveautés. — Berthol (Mlle).— Bour. — Duperrier aîné.—Duperrier jeune. — Melchior. — Menon (Hypolitte).—Salle-Kerber. — Saur. — Velsche (H.). — Wurth (Nas).

Filets (ouvrages en). — Fucher (E.), fabr. de filets et de gants de drap, dépôt à Paris.

Mercerie en gros. — Frédérich-Féderhpil. — Pennas-Reiter. — Salmon-Eicher. — Saur-Putz.

Nouveautés pour ameublements. — Wimphen frères.

Warize.

Filature et fabr. de couvertures et étoffes de laines : Champigneulle jeune.

NIÈVRE

NEVERS (chef-lieu):

Chambre consultative des arts et manufactures. — Président : Schaerff.

Tribunal de commerce. — Président : Malleval. — Juges : Gillotin fils. — Meunier. — Ramondl Perrot. —Suppléants : Couturier. —Talboutier. — Delaume. — Robert (Emile). — Greffier : Thoulet-Morel.

Banque de France (succursale de la). — Directeur : Giraud. — Caissier : Dasse.

COMMERCE, INDUSTRIE.

Banquiers. — Achille Jacquinot et Cie. —

Berthiau, Meunier et Cie. — Fonverne. — Leblanc (Aug.).

Crédit nivernais : A. Metairie et Cie.

Chapeaux feutre (fabr. de) : Besle et Berroyer.

Cordages (fabr. de) : Bouchard. — Reimond-Maronnet.

Corsets (dépôt de) : Blanchet et Bernot.

Cotons filés (marchands de) : Billot-Roux (A.). — Delaume (Jules). — Manuel-Delong.

Droguerie en gros. — Brisset-Ramond et fils. — Chabiron. — Goury. — Jatteau (G.) et Cie. — Ramond fils.

Draps en gros. — Gandrey (Auguste) et Cie. — Matisse-Thevenard et Cie. — Meulion et Montagnon. — Michaud-Sallé. — Rigoude et Serverin. — Thollé Lemaître.

Fleurs artificielles. — Blanchet et Bornot.

Mercerie en gros. — Blanchet et Bernot. — Constant et Dutray frères.

Nouveautés, soieries et lainages en gros. — Gandrey (Aug.) et Cie. — Matisse, Thévenard et Cie. — Meulion et Montagnon. — Thollé-Lemaître.

Passementerie. — Blanchet et Bernot.

Rouennerie, draps et tissus en gros. — Davin-Gandrey. — Gandrey (Auguste) et Cie. — Michaud-Sallé. — Matisse, Thévenard et Cie. — Meulin et Montagnon. — Rigondet et Severin. — Thollé-Lemaître.

Rubans. — Blanchet et Bernot. — Dubant.

Sacs et bâches. — Davin-Gandrey. — Merle. — Roux-Poullet.

Soieries (négociant en). — Tissier (J.).

Toiles en gros. — Davin-Gandrey, sacs et bâches.

Château-Chinon.

Banquiers. — Bouygard. — Colas. — Fauron.

Draperie, nouveautés et modes. — Choubley. — Dumarest (Mlle). — Jacquand. — Navette (Mlle). — Pouteau (Arthur). — Pouteau (Aug.).

Cosne.

Banquiers. — Dugué et Chenou.

Draps, toiles et nouveautés. — Aubert jeune. — Brisset. — Cachet (E.). — Doudeau père. — Frinot. — Gaillault et Perlot. — Guillemot. — Labaume. — Lacroix. — Lherbé. — Vayssaire. — Veyrat.

Laines (filature de). — Bédu.

Decize.

Banque et commission. — Arbelat. — Groussot. — Reboullean-Loriot.

Nouveautés. — Dumenil (Ch.). — Duménil-Regnier. — Fragny. — Richard. — Valter.

La Charité-sur-Loire.

Banquiers, escompte. — Minet-Gallié. — Raillard ainé. — Tollier.

Draps, rouennerie et nouveautés. — Bitard-Sturbino (Ve). — Beaugonnin. — Guesde-Bonamy. — Jourdain-Micalef. — Marion (Achille). — Narcy fr. — Sturbino-Cordier.

Filature de laines. — Guiblin-Bédu.

Saint-Saulge.

Banquiers. — Chouêt. — Commaille. — Javon. — Magnol.

Laines (filat. et teint.). — Jouannin. — Picard.

NORD

LILLE (chef-lieu).

Chambre de commerce. — Président : Kulmann, C. ✳. — Vice président : — Verley (Ch.), O. ✳. — Membres : Bernard (Henry). — Scrive-Bigo ✳ — Bonte (A.). — Loyer (H.) ✳. — Descamps (Alf.). — Descat-Leleux ✳. — Delossalle (E.) ✳. — Decroix (J.). — Longhaye (Auguste). — Saint-Léger (Vr). — Wattinne-Bossut, a Roubaix. — Vanderhagen (Alex.). — Membres correspondants : Wallerand, à Cambrai. — Patoux, à Aniches. — Giroux, à Douai. — Secrétaire : Blondeau.

Conseil général du commerce. — Membre délégué : Kuhlmann, C. ✳.

Conseil de prud'hommes. — Président : Descat-Leleux ✳. — Secrétaire : Madelein.

Tribunal de commerce. — Président : Dérode. — Juges : Labbe (H.). — Verley (Ch.), O. ✳. — Mas (Ch.). — Leblanc (J.). — Delcourt-Meurisse. — Bernard. — Descamps-Crespel. — Wallaert. — Suppléants : Ozefant-Scrive. — Schoutteten. — Huet (Ch.). — Maquet. — Greffier : Blondeau.

Banque de France (succursale de la). r. Royale, 69.

Directeur : Verley (Ch.), O. ✳.

Caissier : Lemoine.

Consulats.

Decock (Ph.), consul de Belgique, rue Impériale, 167.

Farnèse Favarcq, chevalier de Saint-Maurice et de Saint-Lazare, Italie, rue Buisses, 19.

Rouvière, vice-consul d'Espagne, rue Masséna, 3.

Stahr (Alwin), du Grand-Duché de Saxe, rue de la Barre, 31.

Magasin général.

Magasin général de marchandises de la ville de Lille, Entrepôt. — Administrateur délégué : Alex. Vanderhaghen. — Directeur : Levêsque.

COMMERCE, INDUSTRIE.

Amidon (fabr. d').

Courtecuisse (A.), rue des Célestines, 35.
Frappé fils, rue de la Princesse, 2 bis.
Gali (T.) et L. Vandervinck, rue des Fossés-Neufs, 10.

Appréts d'étoffes.

Descat-Leleux ✳, r. Béthune, 50.
Leva-Sifroid, r. A.-B.-C., 16.

Articles de filatures et de lissages.

Borissow (C.), art. anglais, r. Massurel, 20.
Constant (G.), r. Impériale, 177.
Delmer et H. Massart, courroies et cuirs pour filat., r. Eperon-Doré, 3 bis.
Dufossez-Flament, r. Masséna, 26.
Fabre (Aug.), r. Masséna, 16.
Gourdoux, r. Ste-Agnès, 14.
Havez, rouleaux pour filatures et calandres, r. Gand, 35.
Lalou (Ed.), bobines, bois, r. Colbert, 117.
Lezaire (C.), art. de tissage mécanique et filat., r. de Tournai, 54.
Martine (J.-B.), fabr. de courroies, taquets pour tissage mécanique, navettes, r. Sec-Arembault, 3.
Parker (R.-S.) et Watt, bobines, rouleaux, courroies, r. Béthune, 69.
Warin (P.), r. de Paris, 196.

Banquiers.

Banque de Crédit au travail : G. Wattrelot et Cie, r. Béthune, 41.
Bertrand-Lysen et Cie, r. Royale, 114.
Caisse commerciale de Lille : Verley, Decroix et Cie, r. Royale, 42.
Caisse d'escompte de l'arrondissement de Lille. — Perot et Cie. r. Impériale, 51.
Caisse industrielle de Lille. — A. Platel et Cie, r. Beauharnais, 15.
Comptoir commercial de l'arrondissement de Lille. — Henri Devilder et Cie, r. Hôpital-Militaire, 35 (succursale à Roubaix).
Crédit agricole. — A. Boitelle, r. Fossés, 29.
Joire (J.), r. Royale, 26.
Licson (C.), r. Quennette, 6.
Montaigne-Destombes, r. Douai, 89.
Rouzé-Mathon, r. Parvis-St-Maurice, 6.
Scalbert (A.), r. St-Pierre, 4.
Société de crédit industriel et de dépôts du Nord, r. Jardins, 11. Administrateur délégué : Th. Kiéner.
Thellier et Cie, r. Brigittinnes, 8.
Société générale : siège social à Paris.
Agence de Lille, r. Négrier, 48, directeur : M. Dathis.

Blancs (articles), broderies. tulles, mousselines, toiles fines.

Beuque-Grau et fils, boul. de l'Impératrice, 80.

Colle (Edouard), r. St-Nicolas, 17.
Desbonnez-Defretin, r. Court-Debout, 1.
Desjardins-Bureau (Vve), r. Grande-Chaussée, 29.
Devos (T.), r. des Morts, 9.
Douez (Mlle), place Rihour, 1.
Gengembre-Delattre (Ve), r. Esquermoise, 69.
Guéquière-Hanon, r. Esquermoise, 97.
Gueudré, r. des Fossés, 14.
Labielle (Mme), r. Curé-St-Etienne, 9.
Mullier-Dewaele, r. Marché-au-Fromage, 4.
Pessé (A.) et Cie, r. Esquermoise, 68.
Picavet et Swynghedauw, r. Masséna, 20.
Roclant, place Rihour, 24.
Suywens (Mme), r. Grande-Chaussée, 30.
Thoviste (J.), place du Théâtre, 31 et 33.

Blanchisserie de toiles.

Béghin-Herbeaux, à Esquermes (Planche-à-Quesnoy).
Boniface (Ach), r. de Paris, 191.
Hammacher (C. W.), r. Dunkerque, 7.
Wallaert frères, r. Fontenoy, 46.

Blanchisserie de fil et tissus de fil et de coton.

Béghin-Herbeaux, à Esquermes (Planche-à-Quesnoy).
Boniface (Achille), d'Herrin, r. de Paris, 191.
Cornélis frères et Cie, à St-André-lez-Lille.
De France, r. Dunkerque, 5.
Hammacher (C. W.), r. Dunkerque, 7.
Humbert-Drino, r. Dunkerque, 9.
Six (A.), r. Vauban, 12.

Bleu d'azur (fabr. de).

Beaufort-Gossart, r. Thionville, 3.
Chapus (A.), r. du Marché, 23-25.
Chrétien, allée Grappe-de-Raisin, 10.
Ghesquière et Renier, r. Palikao.
Haudiquet, r. Impériale, 83.
Steverlynck-Leplus, r. Coquelets, 3.
Vandesype (Dominique Ve), r. Flandre, 68.

Bleu d'outre-mer (manufacture de).

Chapus (A.), r. du Marché, 23-25.
Dornemann (G. W.), place des Patiniers, 14.
Haillot, dépôt, r. Esquermoise, 75.
Henry (C.) ainé, r. Robleds, 23.
Richter (B. et F.), r. des Gantois.
Sénéchal (F.), r. de la Barre, 59.

Bonneterie (fabr. et marchands de).

Benoît-Pruvost, r. Grande-Chaussée, 19.
Brocvelle-Destombes, pl. du Théâtre, 2.
Callau (Pélagie), r. de Paris. 213.
Debersée-Degand, r. des Morts, 19.
Desfossez-Graviers, fabr. r. de Bruxelles.
Desmazières-Drino, et ganterie, r. des Arts, 29.
Dewez (Agnès) et M. Lecour, Grand-Place, 22.
Dimiez, r. Sept-Agaches, 4.
Dupont et Blossier, place du Théâtre. 36.
Duthoit-Despature, r. de Paris, 36.
Grau-Leclercq, Faub. Notre-Dame, 204.

Hennousse-Desmoudt, r. des Arts, 7.
Jacqueson fils, r. des Morts, 13.
Lallemand-Bacroix, r. de Paris, 168.
Leblanc-Lesot, Grande-Place, 52.
Lefebure-Grégoire, r. Sept-Agaches, 6.
Magene-Godefrin, place du Théâtre, 1 et 3.
Mahy, r. Impériale, 64.
Mallez (Émille), r. Esquermoise, 62.
Marguerit fils (Vᵉ), r. Tournai, 30.
Maugout, r. des Arts, 22.
Mérat-Burgeat, r, Chats-Bossus, 14.
Merveille (H. L.), r. Impériale, 3, 1.
Prevot, Grande-Place, 22.
Robyn-Bulcke, Faub. Notre-Dame, 279.
Vandevalne (Mlle), r. Sept-Agaches, 2.
Varvenne (Fidèle), fabr., r. de Paris, 147.

Broderies de Paris et Nancy.

Baroux-Godderickx, r. Esquermoise, 22.
Charlet-Dubois, r. Esquermoise, 36.
Guéquière-Hanon, r. Esquermoise, 87.
Gueudré, r. des Fossés, 14.
Lefevre-Loulbœuf, r. Masurel, 17.
Mellcar fils, r. Esquermoise, 70.
Thoviste (J.), pl. du Théâtre, 31 et 33.

Broderie or et soie.

Chevalier (Mᵐᵉ), r. des Poissonceaux, 2.
Chevalier fils, r. des Bouchers, 5.

Broderies pour sarraux.

Dupont, r. Bleu-Mouton, 7.
Mestat (E.), r. Molinel, 21.

Calicots (marchands de).

Bataille-Marguerit et Templus, r. St-Genois.
Gauche (Léon), consignat., r. de Paris, 153.
Poullier et Lefebvre, et doublures, rue des
Arts, 10.

Camelots (fabr. de).

Bodin-Gouy, façade du Réduit, 51.
Destombes-Birlouetz, façade du Réduit, 49.

Caoutchouc (dépôt de).

Claes (H.), dépôt de la Cⁱᵉ The India Rubber,
Gutta Percha and Telegraph Works Cᵒ Li-
mited, r. de Tours, 18.
Hœl-Renier, r. Esquermoise, 61.
Martine (J.-B.), r. du Sec-Arembault, 3.

Cardes pour filature (fabr. de).

Hartely (J.), rubans, r. de Wagram, 7.
Scrive (Henri), r. Lombard, 3.
Ward (Vᵉ John), r. Douai, 25; maison à Gand
(Belgique).

Cartonnages (fabr. de).

Cambray, r. Béthune, 13.
Corot Placide, r. Impériale, 6.
Couttenier-Pringuet, r. de la Barre, 17.
Dion, r. St-Etiennne, 3.
Laurent fils, pl. Patiniers, 5.
Leroy (J.), r. de Metz, 22.

Letellier (J.), r. de la Vieille-Comédie, 8.
Louradoux fils, r. St-Jacques, 15.
Macron, r. Royale, 138.
Massiet, r. Blanc-Callot, 4.
Prat, r. des Arts, 59.

Cartons pour jacquarts.

Verschave jeune, dépôt, r. Neuve, 24.

Casquettes (fabr. de).

Piat-Mallet, et chapel., gros, r. du Cirque, 15.

Chanvre.

Joanssens frères, r. de la Barre, 46.

Chapeaux de paille (fabr. de).

Barbe fils, r. des Prêtres, 30.
Castellain-Catteri, Grande-Place, 3.
Corbisier (J.), r. Béthune, 9.
Corbusier (M.), r. de la Barre, 63.
Defraigne-Boveroux, r. St-Stienne, 54.
Dormet (Jules), r. Esquermoise, 58.
Honhon fils, r. des Trois-Mollettes, 29.
Piron, r. J.-J. Rousseau, 37.

Chapeliers (fabr. de).

Clais (Ed.), r. Rapine, 4.
Douez (Dugraingier, successeur), Gr. Place, 2.
Lefebvre (A.), r. Esquermoise, 10.
Schauffler, r. des Juliers, 93.
Silvain (P.), r. Neuve, 28.
Vandrisse-Dugardin, r. Anvers. 5.

Chapellerie, matières premières et fournitures

Boyaval-Masson, r. Impériale, 40.
Dormet (Jules), r. Esquermoise, 58.
Dufour frères, r. Neuve, 39.

Chasubliers et brodeurs.

Billaux aîné, r. Esquermoise, 82.
Chevalier (Mᵐᵉ), r. des Poissonceaux, 2.
Chevalier fils, r. des Bouchers, 5.
Dezwarte-Sockeel, r. des Suaires, 14.
Vincent-Duprez, Grande-Chaussée, 33.

Chemises.

Brunschwig, fabr. r. Esquermoise, 71.
Cuvelier (Vᵉ), r. des Arts, 56.
Dupont et Blossier, pl. du Théâtre, 56.
Gengembre-Delattre (Vᵉ), r. Esquermoise, 69.
Guéquière-Hanon, r. Esquermoise, 87.
Muller-Dewaele, r. Marché-au-Fromage.
Pottier (Hⁱˢᵉ), r. Neuve, 15 bis.
Taffin (Mᵐᵉ), r. Esquermoise, 106.
Thoviste (J.), pl. du Théâtre, 31-33.
Tirmarche-Dugauquier, r. de la Monnaie, 41.

Cols et cravates.

Beuque-Grau et fils, boul. de l'Impératrice, 80.

Commissionaires en marchandises.

Duquennoy-Dewitte, r. Puebla, 20.

Gayant, r. Cour-Debout, 18.
Janssens frères, r. de la Barre, 46.

Confections (fabr. en gros).

Coucke, Sonck et Cⁱᵉ, export., r. Bethune, 71.
Dodanthun-Felhoen, pour hommes et enfants;
   équipements militaires , Faubourg Notre-
   Dame.
Mallet frères, (export.), r. de Paris, 46.
Vigneron, r. des Fives, 35.

Confections pour dames.

Bouchée, r, St-Nicolas 6 bis.
Dufio-Rose, r. Esquermoise, 98.
Dupont et Blossier, pl. du Théâtre, 56.
Florin (Jne), r. Esquermoise, 23.
Fontaine-Delannoy, r. Esquermoise, 55,
Jaeger-Hamel (Mᵐᵉ), r. Impériale, 17.
Lepercq-Saint-Léger (Mᵐᵉ), boul. Vauban.
Lepot (Mᵐᵉ), r. Hôpital-Militaire, 104.
Rivenc, Gr.-Place, 34.
Vauchelet-Durut, r. Esquermoise, 52.

Cordiers.

Basquin (Th.), filature, r. St-Sauveur, 104 bis;
   maison à Paris.
Bertaux (Vᵉ H.), r. des Suaires, 27.
Carez frères, r. de Roubaix, 18.
Charlet, r. Sans-Pavé, 16.
Darras, r. Dunkerque, 84.
Delacherie (Vᵉ), r. Croquet, 24.
Delannoy (Vᵉ), r. des Tanneurs, 38.
Delannoy, r. St-Nicolas, 6.
Delerue, fabr. de ganses, r. du Plat, 15.
Ernecq, r. des Arras, 134.
Fidèle fils, Faub. Notre-Dame, 110.
Fidelle (H.), Faub. Notre-Dame, 136.
Fidelle-Damasse, Allée Marquise, 5.
Lecour, rubans pour filatures, r. Angleterre.
   fabr. à Wattignies.
Planeq (Vor), r. des Arras, 185.
Prevost-Vitasse, Faubourg Notre-Dame, 100.
Salignon, r. de Tournay, 75.
Thève, cordes à broches tressées et câblées ,
   r. de Paris, 155.
Wardavoir , cardages d'étoupes , r. Ratis-
   bonne, 8.

Corsets (fabr. de).

Arnold (Mlle Elisabeth), r. Royale, 16 bis.
Bernard-Giraudon, r. Puebla, 8.
Daneau-Tahon, r. Neuve, 34.
Darimon-Deltombe , Vieux-Marché-aux-Pou-
   lets, 1.
Darimon (Hermance), r. Curé-St-Etienne, 4.
Duligne (Mme), r. des Chats-Bossus, 3.
D'Hont (Mlle), r. Grande-Chaussée, 50.
Gaspard (veuve) et Cⁱᵉ, rue de la Grande-
   Chaussée, 46.
Hasse, faub. Notre-Dame, 128.
Leclercq, r. de Paris, 114.
Magenc-Godefrin, pl. du Théâtre, 1 et 3.

Thoviste (J.), sans couture, place du Théâtre,
   31-35.
Vrambout (Ch.), r. Béthune, 31.
Wilmot sœurs, r. d'Arras, 48.

Cotons en laine (négts en).

Debayser-Duprez (G.), r. St-André, 26 bis.
Deletrez frères, r. des Jardins, 13.
Destombes fils, r. de l'Hôpital-Militaire , 75.
Louis (Pierre),r. des Canonniers, 26.
Masquelier fils et Cⁱᵉ, r. Courtrai, 5 , maison
   au Havre.
Verrier-Delpierre, r. Parvis-St-Maurice, 6.

Cotons pour mèches de lampes, bougies et chandelles.

Debaets (R.), r.Poissonceaux, 5.
Descamps (Louis), r. Molinel, 13.
Lepers (Ed.), r. Fives, 54.

Cotons (filat. de).

Barrois (H.), r. Tournai, 49.
Barrois (Th.) frères, r. Bouvines. 18, à Fives-
   les-Lille.
Bastenaire (Lᵃ).
Bonte-Boyer, filature à Loos.
Boutry-Droulers , rue Long-Pot et Bellevue.
Charvet et Verstracte-Delebart, · r. Hôpital-
   Militaire, 9 à 13.
Courbon frères, r. Vignette, 52.
Cox (Edmond) ✳, faub. de Roubaix, 68.
Crépy (Léon et Eug.). r. Colbert, 183.
Delebart-Mallet, fil simple et retors, r. Long-
   Pot, 18, à Fives.
Delebart et Dannay, r. Princesse, 82.
Delesalle-Desmedt, r. Princesse, 39.
Delesalle (Alfred), à la Madeleine.
De Pachtère (H.), r. Jemmapes, 5 bis.
Derrevaux (D.), r. Châteaubriand, 1.
Evrard (Hte), r. Fives, 33.
Flament-Courbon, r. Vieux-Faubourg, 48.
Fontaine-Flament, r. des Sarrazins, 72.
Franchomme (A.), r. Fives, 41.
Lambry, Scrive fils, r. Thionville, 41.
Le Blan (J. et P.) frères, ch. de St-Sauveur,
   siége social, r. d'Angleterre, 16.
Lefebvre-Horent frères , faubourg Notre-Da-
   me, 284.
Loyer (Hrl) ✳, faub. Notre-Dame, 294.
Mallet frères, r. des Italiens, 217.
Mille (A.), r. St-André, 102.
Pourrez (D.), r. St-André, 120.
Sapin fils, r. Bonnes-Rappes, 1.
Schoutteten (J.), r. Jemmapes, 73.
Tesse-Bailleux (Vr), r. Tournay, 43.
Thiriez (J.), père et fils, r. Esquermes, 141.
Toussin (Gust.), r. Royale, 83.
Vantroyen frères, r. Guinguettes, 33.
Vernier (A. et C.), r. des Pénitentes, 1 et 3.
Wallaert frères, r. Fontenoy, 46.
Yon (A.) et Ernest Rémy, r. Maire, 1, filat. à
   Haubourdin.

Cotons filés et retors pour tulles (voyez aussi Filateurs).

Lasson et Mouquet, r. St-Sauveur, 102.

Cotons filés pour tissus.

Cattaert (Aug.), r. du Château, 23 S. M.
Debaets (R.), r. Poissonceaux, 5.
Gauche (Léon), r. de Paris, 153.
Marette (J.) r. Vieux-Faubourg, 29.
Sellier, commission, r. Mairie, 13.
Verrier-Delpierre, r. Parvis-St-Maurice, 6.

Cotons à coudre et à broder (voyez aussi Merciers).

Croquez-Margée (Ve), r. de Paris, 103.
Fouquier-Dubard, r. de Paris, 287.

Cotons (déchets de).

Descamps (L.), faub. de Tournay, 27.
Lepers (Ed), r. Fives, 54.
Marx Weiss, r. Fives, 46.
Verriez frères, r. Fives, 64.
Wahl (Oscar et Emile), r. St-Nicolas, 20.

Cotons en laine (négts en).

Janssens frères, r. de la Barre, 46.
Prud'homme (A.), r. de Paris, 167.

Courroies pour mécaniques.

Constant (G.), r. Impériale, 177, 179.
Crépin (E.), r. Racine, 60.
Delmar (L.), r. Flandre, 62.
Delmer et H. Massart, cuirs p. cardes et courroies p. filat., r. Eperon-Doré, 3.
Dujardin-Lecour, r. St-Gabriel, 15.
Hoël-Renier, courroies en cuir et en caoutchouc, r. Esquermoise, 61.
Lecour, rubans pour filatures, r. d'Angleterre, 18.
Lezaire (C.), r. Tournai , 54.
Martine (J.B.), fabr. spéc. de courroies, toiles et tissus de coton, r. Sec-Arambault. 3.
Neut (L.) et L. Dumont, r. Fives, 64.
Parker (R.S) et Watt, r. Béthune, 69.

Coutils (fabr. de).

Calimé-Mulle, r. J. J. Rousseau, 34.
Débuchy (François), r. Basse, 36.
Depetitepierre et Leman , r. Vieux-Marché-aux-Moutons, 25.
Marquant-Defontain, r. Gombert, 6.
Parent (Ch.) et Danchin, rue Tours, 38 et 40.
Varlet et Lavollav, doublures en gros, r. Molinel, 77.
Villette et Dubois, r. des Fossés, 25.

Couvertures (fabr. de).

Durez (L.), r. Croquet, 20.
Lefebure-Grégoire, laines, r. Sept-Agaches, 6.
Masquelier-Delcroix, r, Trois-Mollettes, 1.
Stiévenard-Thomas frères , en laine , r. Pont-à-Raines, 1.

Crins.

Caudrelier-Parsy, r. St-Etienne, 42.
D'Henri, r. Poissonceaux, 1.
Laurent, r. Vieille-Comédie, 3 et 5.
Morelle (Ve), r. Wazemmes, 4.

Cylindres de pression pour filatures.

Glorian-Treffel, couvreur de cylindres, pl. Hôpital-Militaire, 4.
Marie-Henno, r. des Bouchers, 25 bis.
Verriez frères, cylindres à aiguiser p. filat. de cotons et laines, r. Fives, 64.

Dentelles (fabr. et négts).

Colle (Ed.), dentelles noires. Fabr. à Bruxelles. Export., r. St-Nicolas, 17.
Darthois sœurs, r. Esquermoise, 25.
Denonfoux et Maurice, pl. du Lion-d'Or, 14.
Fenart-Boutilly (Ve), fabr.), rue de la Monnaie, 75.
Liénard Destombes, r. Esquermoise, 21.
Schoutteten-Schwartz (fabr. de), r. Chats-Bossus , 21.
Tonnelier (V.) et Semet, r. Hôp.-Militaire, 81, maison à Tournai (Belgique).
Verpoorter (J.), r. des Manneliers, 4.

Dessinateurs en broderies.

Clarisse (Ed.) jeune, r. Grande-Chaussée, 14.
Corbel et Cie, r. Impériale, 90.
Merchez, r. Basse, 13.

Draps (négts en).

Chevallay-Coquidé, r. Impériale, 28.
Claro Carlier, r. de Paris, 3.
Courmont-Jacquart, r. de Paris, 39 et 41.
Denneulin (P.), gros, r. Molinel, 73.
Dupont et Blossier, pl. du Théâtre, 56.
Galland frères, r. Grande Chaussée, 21.
Huet-Colombier, r. des Arts, 34.
Klein (Salomon), frères, pl. aux Bluets, 17.
Lechat-Welcomme, r. des Manneliers, 10.
Lyon-Cerf, r. Neuve, 10.
Six-Morel, r. Grande Chaussée, 52.

Droguistes (négociants).

Baudhuin Gaudfroy, Faub. Notre-Dame, 273.
Bériot (C.), r. Douai, 67, maison à Paris.
Borel, r. Esquermoise, 60.
Brevart (Em.), r. des Arts, 14.
Cambier, Ponts-de-Commines, 30
Cambier, r. Chaufour, 2.
Chequet-Passelecq, pl. du Théâtre, 40.
Decoster-Agache, teintures, drogueries, r. du Cirque, 2.
Delcourt (A.), r. de Paris, 91.
Deroubaix (N.), r. Basse, 33.
Desespringalle et Moreau, boul. de l'Impératrice, 103.
Dubois, r. d'Arras , 51.
Dupont (F.) et Cie, pl. Lion-d'Or, 22.
Fontaine (B.) et H. Grandel, r. Thionville, 7.
Godefrin-Valque, r. de Paris, 49.

Gruson (Amédée), r. des Augustins, 5.
Honorez, r. St-Sauveur, 17.
Jouet frères, teintures et prod. chim., pl. aux Bluets, 19, m. à Paris.
Legougeux-Planmatter (G.), r. de Paris, 172.
Lepercq et Cie, r. Roubaix, 41.
Liénard et Durand, r. Molinel, 79.
Marchand (Ch.) fils, r. de Paris, 285.
Martel et Coasne, r. des Prêtres, 28.
Morel (R), et A. Martel. r. de Tours, 14.
Mote (H.) r. Basse-Deule, 68, m. à Amiens.
Penet (C.) r. Molinel, 53.
Phalempin (E.), Ve et Cie, indigo et teintures, r. Pont-Neuf, 26.
Roland frères, indigos, prod. chim., r. Pont-Neuf, 26 bis.
Sénéchal (F.), r. de la Barre, 59.
Steverlynck-Leplus, r. Coquelets, 3.
Versmée (P.), r. Ponts-de-Comines, 32.
Villette (Paul) et fils, teint. r. des Jardins, 10.
Vincre (Alex.) r. St-Jacques, 2 et 4.

Equipements militaires.

Baur (A.), r. Baptiste-Monnoyer.
Boutry-Van Isselsteyn, r. du Vieux-Marché-aux-Moutons, 8.
Delmer et H. Massart, r. Eperon-Doré, 3.
Dodanthun-Felhoen, r. Faub.-Notre-Dame.
Hovelacque frères, à Fives, 6, maison à Paris.
Long (Ed.), r. des Arts, 38.
Smet et Duroux, r. de Paris, 262.

Fils de lin et retors (fabr. de).

Basquin (Th.), r. St-Sauveur, 104 bis.
Bianco aîné, en pelotes et en échevaux, r. Fives, 28.
Collette (H.), r. Prez, 6.
Crespel et Descamps, brevetés pour le fil en capsule, r. des Fleurs, 16.
Crespel (Vve C.), et fils à dentelles, à broderies et à coudre, r. des Jardins, 18.
Cuvelier (Ed.), r. de la Barre, 37.
Descamps (Auguste), r. Jemmapes, 42, à coudre, filature à Linselles (Nord).
Descamps-Beaucourt (G.-J.), r. J.-J. Rousseau, 38.
Desombre et Cie, r. Béthune, 44.
Destailleurs (Henri), r. Jean-Sans-Peur.
Dubois-Legentil, à coudre et retors, r. Manneliers, 4.
Fauchille-Delannoy (A.), fils de lin retors, blancs et teints, r. Basse, 44.
Forge (Emile), r. des Tanneurs, 46.
Gachet (L.), r. Piquerie, 12.
Gaurion (A.) et Mille, r. Impériale, 101.
Gauwain (Auguste), r. St-Sauveur, 15.
Humbert frères (A.), fils en échevaux de toutes qualités, r. Pont à Raines, 15.
Laden (Louis), r. des Pénitentes, 9.
Liagre-Grau, r. de Paris, 68.
Mallet (A.) et L. Darras, r. Roubaix, 32.

Picavet aîné (D. et V.), lin extra en pelotes, r. Croquet, 17.
Poullier-Longhaye, r. Valenciennes, 48.
Roman-Ghéquière, r. St-Etienne, 2.
Saint-Léger (Vor), r. de Tours, 30.
Schneider-Bouchez, Ponts-de-Commines, 47.
Sénélar, à coudre blancs et teints, r. J.-J. Rousseau. 36 ; dépôt à Paris.
Thiriez (J.) père et fils, retors lustrés et cirés par machines, r. Esquermes, 141.
Verstraete frères et Cie, à Lomme. p. filat.
Vrau (Ph.), à coudre, r. du Pont-Neuf, 11.
Waroux frères, Pont du Lion-d'Or, 1.
Billau et sœurs, façade de l'Esplanade, 14, lustrage des fils à coudre en lin.

Fils à dentelles (fabr. de).

Crespel (Vve Ch.) et fils, et broderie, r. des Jardins, 18.

Fil de lin et d'étoupes français et étrangers (négts-commissionnaires entrepositaires).

Bruyerre (D.) et Cie, r. Béthune, 27.
Bury (O.) et H. Vandenem, r. Court-Debout.
Caillié (V) et V. Legry, r. du Plat, 48 ; maison à Cholet (Maine et-Loire).
Calais, Bruel et Lemarchand, fils et toiles, r. de Roubaix, 4, maison à Paris.
Caliez (Auguste), commis. r. d'Amiens. 21.
Cannissié (Guillaume), r. Molinel, 64, filature à Lannoy.
Comptoir de l'industrie linière : Manier, Pouilly, Brunet et Cie, r. de Paris, 80.
Courtis et Saint-Léger, lins bruts, de Russie, r. de Tournay, 44.
Desbonnets et Van Waelscappel, r. des Fossés,
Desmazières (E.) et A. Saint-Léger, r. du Ban-de-Welde, 13.
Desquiens (L.), fils et lins, r. Molinel. 35.
Devos (Emile) et Cie, r. de Paris, 212.
Duburcq et Six, r. Priez, 4.
Dulac (Louis), r. Tournai. 88.
Dutrecq (N.), fils, lin, commis. r. des Prêtres.
Duverdyn (Félix), rue des Fossés 30.
Eckman et Mourmant, fils de lin, r. du Vieux-Marché-aux Moutons, 14.
Gachet (L.), r. Piquerie, 12 ; filatures à Hallennes-les-Haubourdin.
Ghesquier (L.), r. des Canonniers, 1.
Herlin (E.) et H. Brunel, r. des Jardins, 11.
Hespel (Ernest), r. des Tanneurs, 16.
Lahousse (J.), r. Buisses, 21, à Gand.
Lammens (Liévin), représent. r. de Paris, 108.
Leroy-Crépeaux (L.), p. Napoléon III.
Lesaffre (L. et A.), r. de Paris, 165.
Lesage (G.), r. Sec-Arembault, 1 bis.
Lesay (Alfred), à Fiens, 3 ter.
Lesurque (A.), r. St-Etienne 26.
Longhaye (Aug.), r. Tournai, 22 et 24.
Maquet (A. et E.), fils de lin, r. des Jardins, 17.
Noyelle (C.), r. St-Jacques, 6.

Preuvost (A.), dépôt de la filature de M. W.
Taylor, r. de l'Hôpital-Militaire, 79.
Rattier et Delerue, r. de St-Etienne, 24.
Schultz et Cie, bureau, r. Boisleux, 7.
Scrive (E.) et petits frères, r. St-Sauveur, 19.
Société anonyme Filature de lin-d'Amiens,
r. de Roubaix, 7.
Tranneel-Destamps, r. de la Monnaie, 61.
Vaniscotte, r.de Tournai (Cour-du-Chaudron).
Van Peteghem (C.), r. des Trois-Mollettes, 26.
Verdier (F.), contour de l'Hôtel-de-Ville, 2.
Verkinder et Cie, r. de Paris, 100.
Verrou (L.), lin anglais, r. de Paris, 188.
Viseur et Feekedey, fils lins, r. St-Génois, 1.
Wiseux, Ponteville et Cie, r. de Paris, 96.

Fil et coton (lustrage de).

Billau et sœurs, Façade de l'Esplanade, 14.
Boudville (Mlle), r. du Caby, 13.

Fleurs artificielles, plumes (fabr. de).

Bloquel-Castiaux, apprêts, Grand-Place, 13.
Delanney-Bettremieux, r. Esquermoise, 15.
Delbar, r. des Augustins, 44.
Dervaux (H.), r. Impériale, 45.
Desespringalle-Marche (Ve), r. Esquermoise, 37.
Devaux sœurs, r. Basse, 10.
Lefrançois sœurs, r. Doudin, 4.
Gavelle (A.J.), fabr. r. des Manneliers, 7.
Gosselin-Jeny, r. Neuve, 41.
Malfosen (E.), r. Impériale, 78.
Parsy (Hte), r. Impériale, 73.
Willems (Vor), place Raignaux, 7.

Gantiers.

Debuire (Eug.), fabr., r. Esquermoise, 26.
Godefroy (Mme), r. Esquermoise, 83.
Guilleton (Mme), r. Esquermoise, 53.
Jeubert, fabr., r. Esquermoise, 63.
Leine (Mme), r. Impériale, 20.
Persyn-Rigaud, r. Esquermoise, 86.
Rigaud frères, r. Neuve, 12.
Tallin (Mme), r. Esquermoise, 106.

Gutta-percha.

Caron, fabr. de rouleaux pour filatures aux
lins mouillés, r. Neuve des Meuniers.
Constant (G.), dépôt, r. Impériale, 177.
Dupin (Ch.), rouleaux, r. St-Augustin, 17.
Nezelof, r. d'Areole, 51.
Vandermeersch (A.), r. Durnerin, 28.

Graveurs.

Bureau, r. Esquermoise, 6.
Degruson, r. du Marché, 99.
Gall (Ch.), r. Trou-aux-Aiguilles, 1.
Hutin, r. Masurel, 2.
Potié aîné, r. des Prêtres, 2.
Potié cadet, Grande-Chaussée, 40.
Salles (Ed.), pour tissus, r. Digue, 1.
Sriber, Ponts-de-Comines, 1 bis.
Tribout, r. Esquermoise, 72.

Impression sur laine, soie et coton.

Hannart frères, fabr. à Marquette-lès-Lille.

Ingénieur chimiste.

Jaresson (Léon), crémage et blanchiment de
fils et tissus, boul. de l'Impératrice, 69.

Ingénieurs industriels.

Sée (Edmond et Paul), machines pour filatures
de coton, lin, laine et soie. — Retordages, —
Dévidoirs. = Doubleuses, = Métiers à tisser,
unis et façonnés. = Mécaniques Jacquart,
boul. de l'Impératrice, 121.

Jute. (filature de). Voir aussi lin (filature de).

Baxter (Robert) fils, r. Basse, 28 bis.
Destample (H.), r. des Tanneurs, 35-39.
Drummont, Baxter et Cie, tissage mécanique
de toiles, r. Lamartine.
Puplus et Bouillot, r. Turenne.
Scrive (Jules) ✳ et fils ✳, gros fils en chaî-
nes et trames, r. Lombard, 1.

Lacets (fabr. de).

Lerouge (Louis), r. de Metz, 20.

Laines brutes.

De Haes-Lacoste, cour des Pauvres Claires, r.
de Paris, 108.
Phalempin (Ve E.) et Cie, r. du Pont-Neuf, 26.
Stiévenard-Thomas frères, Ponts-à-Raines, 1.

*Laines filées pour bonneterie et tissus
(fabr. de).*

De Baets, r. Poissonceaux, 5.
Deswarte-Peuvion, Pont-de-Comines, 46.

Laines (filature de).

Wibaux-Florin, r. de Wagram, 14.

*Lin brut et étoupes (négociants commission-
naires).*

Armitstead et A. Brixy, r. Maire, 3.
Bruyerro (D.) et Cie, r. de Béthune, 27.
Claes (Henri), r. de Tours, 18.
Constandt-Becquet, r. Courtier-Thionville,
11 bis.
Crépy (Edouard), r. des Augustins, 23, et
r. Fives, 1, maisons à Gand et à Courtrai.
Curtis et Saint-Léger, r. de Tournay, 44.
Dalle (Jean), boul. de Lille, 42.
De Boé et J. Van Brabant, rue de la Mon-
naie, 77, maisons à Courtrai et Dunkerque.
Decarnin et Cie, r. de Paris, 246.
Defrenne-Decourchelle, r. Durnerin, 18.
Degrave, place Raignaux, 17.
Delahodde (A.), r. St-Pierre, 13.
Delétrez frères, r. des Jardins, 13, maison
d'achat en Belgique.
Desbonnets et Van Waelscappel, r. des Fos-
sés, 38.
Desquiens (L.), r. Molinel, 35-37.
Devos (Jules), représentant de A. Kriegsman
et Cie, de Riga, r. du Cirque, 17.
Dutrecq (N.), r. des Prêtres, 14.
Duverdyn (Félix), r. des Fossés, 30.

Farnèse-Favarcq, r. Buisses, 19.
Gachet (L.), r. Piquerie, 12.
Gaudet, rue Détournée, 6.
Ghesquiers (L.), r. des Canonniers, 1.
Grandel-Parvillez, cour de l'Hôtel-de-Ville, 8.
Herlin (E.) et H. Brunel, r. des Jardins, 11.
Hespel (Ernest), r. des Tanneurs, 16.
Janssens frères, r. de la Barre, 46.
Labousse (J.), r. Buisses, 21.
Laurand (H.), Grande-Chaussée, 26.
Lefrancq fils, r. Croquet, 11.
Leroy-Crépeaux (L.), place Napoléon III.
Lesay (Alfred), r. à Fiens, 3 ter.
Levalleux (A.), r. Chaufour, 9.
Longhaye (Aug.), r. de Tournai, 22 et 24, agent de MM. Cumming et Cie, de Riga.
Maquet (A. et E.), r. des Jardins, 17.
Mary-Bresou, r. de Paris, 262.
Mayer (Ernest), r. Barthelémy-Delespaul, 1.
Nonchain, r. de l'Hôpital-Militaire, 91.
Notelle, r. Chaufour, 24.
Ozenfant-Scrive (A.), r. Buisses, 13.
Poulet (L.) fils, cours de l'Hôtel-de-Ville, 6.
Prevost (J.) et Castelain, r. de Paris, 169.
Prudhomme (A.). r. de Paris, 167, maison à Gand (Belgique).
Rattier et Delerue, r. St-Etienne, 24.
Schulz et Cie, r. Boisleux.
Scrive (Emile) et Petit frères, r. St-Sauveur, 19.
Stahr (Alwin), r. de la Barre, 31.
Talpe (F.), rue de Douai, 27 ter.
Vaniscotte (H.), r. de Tournai (cour du Chaudron, 5).
Van Peteghem, r. des Trois-Mollettes, 26.
Verdier et Massart fils, r. Molinel, 70.
Villeneuve (H. D.) et A. Cormorans, r. de Paris, 196.
Viseur et Fockedey, r. St-Genois, 1.
Warin (P.), r. de Paris, 196.
Werbrouck (Jules), r. des Stations, 170.

Lin et étoupes (filatures de).

Bailleux-Lemaire et Cie, r. d'Arcole, 68.
Baxter (W. Drummond), r. Lamartine.
Becquart (P.) et Leleu, r. Baignerie, 6.
Benoit-Hallez (F.) et fils, r. Gombert, 7.
Boyer (A. et Ed.), r. des Stations, 191.
Brierre (Ch.), r. de Valenciennes, 40.
Catel et Vaymel-Béghin. r. d'Iéna, 2.
Caulier (Ed.) et Cie, r. d'Haubourdin.
Carbon (Henri), Vieux-Faubourg, 20.
Chocquet frères, r. J.-J.-Rousseau, 27.
Clay (John) et Guillemaud-Clay, r. du Marché, 125.
Coevoet frères, r. de Douai, 98.
Comptoir de l'industrie linière : Magnier, Pouilly, Brunet et Cie, r. de Paris, 80.
Courtois (Ch.), Faub. Notre-Dame, 311.
Crepy (Léon et Eugène), r. Colbert, 133.
Crépy fils et Cie, r. Canteleu, 58.

Danset frères, r. Fiens, 10, filature à Marcq-en-Barœuil.
Dautremer fils aîné, r. Doudin, 11.
Debièvre et Cie, r. du Bombardement, 1.
Debierre, Lesoffre et Cie, r. Lannoy, 44.
Decarnin-Caroulle, r. Lannoy, 42.
Decoch (Ph. et V.), r. Vauban, 6.
Decoster (G.) et Lefebvre fils, r. de Douai, 109.
De Haes (A.) et sœurs, cours des Pauvres-Claires, r. de Paris, 108.
Delattre et Cie, r. d'Eylau.
Delcourt (L.) et Cie, r. Wazemmes, 143.
Delecroix (Edouard), r. de Metz, 41.
Delesalle-Desmedt et Cie, à la Madeleine.
Dequoy (Jules) et Cie, r. de Wazemmes.
Descamps-Mahieu, Faub. de Tournai, 41.
Descamps l'aîné, r. des Célestines, 2.
Desmedt-Wallaert, Vieux-Faubourg, 12.
Destamps (Ve) et Cie, r. Bourdeau, 20.
Destamps (H.), r. des Tanneurs, 39.
Droulers ✳ et Agache, r. Croquet, 5.
Drummond, Baxter et Cie, r. Lamartine.
Duchange-Danniaux et Cie, r. des Marchés, 24.
Eckman et Mourmant, r. Vieux-Marché-aux-Moutons, 14.
Fauchille-Delannoy (A.), r. Basse. 44.
Faucheur frères, r. des Stations, 193.
Fauchille frères, r. des Sarrazins, 52.
Fiévet-Demesière, r. Princesse, 19.
Flament-Courbon, Vieux-Faubourg, 48.
Gallafent fils aîné, à Loos.
Glorie et Cie, à la Madeleine.
Houzé de l'Aulnoit, (Aug.) ✳, r. Royale, 56.
Humbert (A.) frères, r. Pont-à-Raides, 15.
Kindt (Louis), rue du Marché, 61.
Lahire.
Lambry-Carbon, Faub. de Roubaix, 113.
Lammens frères, (G. et A.), r. du Pont-du-Lion-d'Or, 5, à Fives-lez-Lille (Nord).
Lammens fils aîné et Cie, rue Fontenoy, 9.
Le Blan (J. et P.) frères, r. de l'Angleterre, 16.
Lardemer frères, r. de l'Esplanade, 20.
Laurent frères, cours du Lion d'Or, 18.
Lepercq (Paul), cours Chaudron, 5.
Lepercq-Deledicque, r. des Meuniers, 1.
Lerouge (Louis), r. de Metz, 20.
Mathieu-Poupart, r. d'Iéna, 20.
Mallet frères, rue des Stations, 217 ter.
Martiny-Hespel, r. Vieux-Faubourg, 37 et 39.
Monchain (Z.), r. Jemmapes, 47.
Morcrette (E.), r. Beaucourt, section de la Barre.
Pauris (Ve L.) et fils, r. Ste-Marie, à Fives.
Poullier, Lemahieu et d'Halluin, r. Haute-Deule, 8.
Poullier-Longhaye, r. Valenciennes, 48.
Pourrez (D.), r. Saint-André, 129.
Puplus (A.) et L. Bouillet, r. de Turenne.
Renouard-Beghin, r. Fiens, 1.
Richez (S.), r. des Rogations, 18.
Robillon (J.), r. des Jardins, 16.
Saint-Léger (Victor), r. de Tours, 30.

Sales, r. Quay, 16 à 20.
Sauvage (L.-S.) et fils, r. Faubourg-de-Tournai, 154.
Scrive (Jules) ✳ et fils ✳, r. des Lombards, 1.
Scrive frères ✳, r. des Lombards.
Soufflet, r. Juliers, 114.
Steverlynck-Delecroix, r. Faub. de Roubaix.
Taylor (W.), r. Arras, 66.
Thiriez (J.) père et fils, r. Esquermes, 141.
Van de Veghe (Ed.), Faub. Tournai, 146.
Vaniscotte père et fils, r. Étaques, 68.
Van Remoortère et Saphore, rue Petite-Allée, 13.
Verdure (L.), r. Curé-St-Sauveur, 27 ter.
Wackernie, r. Deschodt, 9.
Vallaert frères, r. Fontenoy, 72.
Waroux frères, r. Pont du Lion-d'Or, 1.

Lin peigné.

Poulet (L.) fils, cour de l'Hôtel-de-Ville, 6.

Lin (déchets de).

Ancke (F.), Faub. Notre-Dame, 234.
Canonne-Pruvot, pl. Richebé.
Carpentier frères, r. Saint-Sauveur, 25.
Daussy (Jh), r. Bouffers, 4.
Debaets (L.), r. Planche-à-Quesney.
Demeulemiester, Faub. Notre-Dame, 166.
Destailleurs (Adr.), r. Grande-Allée, 1.
Frédricq (Dominiq.), boul. Montebello.
Fruchart (P.), r. d'Arcole, 47.
Godefrin (C. et H.), r. Sec-Arembault, 32.
Haute, route de Tournai à Annapes.
Paux (L.) et Vr Druez, rue Faub. de Tournay, 29.
Prud'homme (A.), r. de Paris, 167.
Salembier fils. r. Colbert, 139.
Tirmarche, à la Madeleine, à l'Estaminet du Sabot-d'Or.
Tamote (C.), r. Sabot, 6.
Vermoulen, r. Tournai, 89.

Linges de tab'e (fabr. de).

Bernard (A.) et Devoz frères, r. de Paris, 95.
Boutry-Van Isselstein, r. Vieux-Marché-aux-Moutons, 8.
Casse (J.) ✳ et fils, r. Bouvines et de Launoy, faub. de Fives, dépôt à Paris.
Charlet (Th.), r. Béthune, 45.
Danset frères, à Fiens, 10.
Danset-Lemaire fils, r. des Augustins, 7.
Desbonnet (J.-B.), r. d'Amiens, 15.
Guermonprez, Genin et Cie, r. Vieux Marché-aux-Poulets, 23.
Guffroy-Meunier et fils, r. de Paris, 123.
Huguet et Ed. Bernard, r. Sec-Arembault.
Lemaitre-Demeestère ✳ et fils, r. Vieux-Faubourg, 27 bis, fabr. à Halluin.

Lingeries confectionnées.

Barbry sœurs. boul. Impératrice, 91.
Baroux-Godderickx, r. Esquermoise, 22.
Bellain (Mlle), r. Saint-Nicolas, 14.

Beurier-Coffin (Mme), rue Impériale, 14.
Charlet-Dubois, r. Esquermoise, 36.
Coupey, r. Esquermoise, 50.
Courbot (Emma), r. Esquermoise, 46.
Delcarde-Vuilsteke, en gros, r. Neuve, 36.
Dernoncourt-Lemay, r. Patiniers, 13.
Deworst-Dutertre, r. Quenette, 13.
Douez (Mlle), place Rihour, 1.
Dupont et Biessier, pl. du Théâtre, 56 à 62.
Gully (Mlles), r. Faub. Notre-Dame, 111.
Labielle (Mme), r. Curé-St-Etienne, 9.
Lasègue-Boisacq, r. Esquermoise, 11.
Lefebvre-Foulbœuf, r. Masurel, 17.
Manche-Poteau, r. des Bouchers, 17.
Mangez (Vve), en gros, r. Hôpital-Militaire, 67.
Maurois-Duquesne, r. Basse, 55.
Moreau (Mlle A.), Faub. Notre-Dame, 218.
Mouque (Vve), place du Théâtre, 5.
Planquart (Mlle), faub. Notre-Dame, 256.
Poulain-Gaudin, r. Neuve, 17 bis.
Rousselle (Hermance), r. Esquermoise, 73.
Triboy sœurs, place Reigneaux, 20.
Vandenabelle, r. de Paris, 10.
Vandenbrouck, r. de la Monnaie, 81.
Vermesse-Morelle (Vve), gros, r. St-Genois, 13.
Villers-Beauvallet, r. Puebla, 4.
Watel (Alex.), r. Sec-Arembault, 10.

Lustrage de fils et coton.

Billau et sœurs, lustrage des fils à coudre sur machines brevetées, façade de l'Esplanade, 14.
Boudville (Mlle), r. Caby, 13.

Machines à coudre.

Aubineau et Bouriquet, r. Vieux-Marché-aux-Poulets, 8.
Desprez (P.), r. Curé-St-Etienne, 8.
Devienne-Thierry, r. Faub. Notre-Dame, 242.
Halles père et fils, r. Bois-St-Etienne, 4.
Halles (Vvr), r. Paris, 16.
Lebon (A.), Faub. Notre-Dame, 79.
Mertier (C.), dépôt, r. Esquermoise, 96.
Petit, r. Impériale, 36.
Vanconyghem-Raviart, r. Curé-St-Etienne, 21

Mécaniciens pour les fabriques de tissus.

Ansart aîné, matériel de filature de lin et de coton, r. de la Halle, 33.
Arnold (Félix), métiers à filer le lin, r. Jemmapes, 14.
Arnold (A.), pièces détachées pour filatures, r. Jemmapes, 13 et 13 bis.
Bacqueville, r. Colbert, 113.
Baudon fils, r. Impériale, 98, m. à Paris.
Bertrand-Gibson, r. Arcole, 22.
Billau et Vanhont, réparations des métiers au lin, r. Robleds, 26.
Boire (E.) et A. Baudet, r. Lombard, 2.
Boyer (P.) ✳, r. Pont à Rains, 3.
Bruet frères, Faub. Notre-Dame, 104.
Bruniaux, r. Arcole, 13.

Cantelle (H.), r. de la Baignerie, 15.
Carbonnelle père, r. Gantois, 1.
Carlier, r. Princesse, 10.
Constant (G.), dépositaire de la maison H. Whitte Child et Cie, de Londres, machines et accessoires pour filatures, r. Impériale, 171-170.
Coudou (F.), r. Neuve des Meuniers,
Créed et Goldart, réparations de métiers pour filature de lin, chanvre et étoupes, etc., représentants de MM. Samuel Lawsons et Sons de Leeds (Angleterre), r. Lamartine, 2.
Deblèvre et Wauquier, r. Gantois, 41.
Delay frères, r. des Arras, 23.
Drumond (J. W.) et Cie, peignes, pointes d'acier et accessoires de filatures, r. des Bouchers (cour du Mulet), 2.
Du Rieux (P.) et Roettger, r. Colbert, 44.
Farinaux Daudet et Boire, pour filatures, tissages et autres industries, quai de la Haute-Deule, 25.
Geiger frères, mécaniciens et fab. de busettes mécaniques, r. des Arras, 70.
Gilpin, r. Eylau, 18 et 20.
Herteman et Leclercq, métiers pour tissage mécanique à la Madeleine-lez-Lille.
Hespel et Dehuguo, r. Douai, 27.
Huguet, r. de la Monnaie, 42.
Kinck-Blencher (Ve), r. de la Justice, 20.
Lethuillier-Pinol, représenté par Levozier, r. Masséna, 7.
Mouquet-Descamps (H.), r. de Paris, 161.
Parker (Charles) et fils, de Dundée, métiers à tisser et préparations. — Représentant, Parker (R. S.) et Watt, r. Béthune, 69.
Offret père et fils, r. St-Étienne, 3.
Peillon (L.), r. Brigode, 16.
Quinart, r. des Arras, 170.
Rousselle et Dosselle, machines à peigner le chanvre et le lin, r. Douai, 68.
Thiriez (J.) père et fils, machines pour filatures, r. des Esquermes, 141.
Thuilliez, r. des Juliers, 71.
Vandeweghe père (F.), r. Fombelle, 18.
Vandeweghe (Adr.), r. des Juliers, 101.
Vennin-Derégniaux et fils, r. Princesse, 50.
Villain (Sixte), p. les filat. de coton, lin, laine et soie et matières textiles, r. Royale, 124.
Waag et Mary, r. du Faub.-de-Roubaix.
Walker (Samuel) et Cie, métiers à filer le lin, boul. Montebello.
Ward (Ve John), peigneuses et préparations pour lin, chanvre jute et étoupes, r. Douai, 25; maison à Gand (Belgique).
Windsor frères, à Thumesnil, route d'Arras, p. filatures de lin, chanvre, coton, laine, soie, etc.
White Child et Cie, r. Impériale, 177, 170.

Merciers en gros.

Beuque-Grau et fils, cravates, rubans et fleurs, boul. de l'Impératrice, 80.

Crespel-Lefebvre, r. Masséna, 26.
Desombre et Cie, r. Béthune, 44.
D'Henin-Smagghe, r. des Manneliers, 2.
Dubois-Legentil, et fils à coudre et retors, r. des Manneliers, 4.
Escot-Silvain, r. Neuve, 26.
Flévet frères, r. des Buisses, 2 bis.
Gaurion (A.) et Mille, r. Impériale, 101.
Lesay (Aug.), r. de Paris, 20.
Liagre (Gros), r. de Paris, 68.
Montaigne frères, r. Impériale, 87.
Mereau (Alfred), mercerie et passementerie, r. des Chats-Bossus, 11.
Pollet-Segard, r. des Arts, 62.
Priquet-Pollet, r. Impériale, 108.
Prudhomme (A.), r. de Paris, 167, représent. de Richard frères, de St-Chamond.
Ringo Francke, pl. Impériale, 6.
Schneider-Bouchez, P. de Commines, 47.
Théry-Lagaisse, r. des Arts, 24.

Modes (fournitures de).

Dervaux (H.), r. Impériale, 45.
Malfeson (E.), r. Impériale, 78.
Masurel-Deburge, pl. Patiniers, 16.

Négociants-commissionnaires en tissus.

Armitstead et A. Brixy, lins bruts, r. du Maire, 3.
Baron (A.), négt, r. Impériale, 53.
Beaufort-Gossart, r. Thionville, 3, maison à Dunkerque.
Belval (Alph.), commis., r. de la Barre, 38.
Bernard (Aug.) et Deves frères, toiles et confections, r. St-Genois, 22.
Bertrand (Eug.), r. des Urbanistes, 11.
Bessand et Cie (maison de la Belle-Jardinière de Paris), Loiseau, repr., r. Basse, 15.
Bigo, Dekeyser et Desoblain, toiles et confection, r. Molinel 52.
Boone frères, r. des Arras, 74.
Borissow (C.), cardes, etc., r. Masurel, 20.
Bruyerre (D.) et Cie, fils, jute, lin et chanvre, r. Béthune, 27.
Carden (L.), r. des Beuvines, 5.
Carpentier-Lefebvre et fils, r. Puebla, 14.
Carton (J.), commis., r. du Nouveau-Siècle, 17.
Constant (G.), gérant de White, Child et Cie, de Londres, machines pour filatures, r. Impériale, 177.
Cordonnier-Ducrocq, r. Douai, 83.
Coyez-Deburge, Grand-Place, 11.
Crépy (Ed.), r. des Augustins, 23.
Curtis et Saint-Léger, lin et fils, r. de Tournai.
De Boé (J.) et Van Brabant, lins et étoupes, r. de la Monnaie, 77; m. à Dunkerque et Courtrai.
Decoster-Agache, teintures, r. du Cirque, 2.
De Haes-Lacoste, r. de Paris, 108.
Deneck-Delbergue, fils, r. Solférino.
Deroubaix (N.), drogueries, r. Basse, 33.
De St-Victor (E.), r. de la Halle, 3 bis.

Desespringalle et Moreau, produits chimiques, boul. de l'Impératrice, 103.
Desrousseaux (A.), r. des Chats-Bossus, 2.
Destombes fils, cotons en laine, commission., r. Hôpital-Militaire, 66.
Duprez (Emile), produits chimiques, r. du Vieux-Marché-aux-Moutons, 27.
Du Rieux (P.) et Ed. Roettger, r. Colbert, 44.
Farnèse Favarcq, lins bruts, r. des Buisses, 19.
Faucompré (Alex.) et fils, r. Ste-Catherine, 93.
Fontaine (B.) et H. Grandel, r. Thionville, 7.
Gauche (Léon), cotons filés, r. de Paris, 153.
Grandel-Parvillez, fils et lins bruts, Contour de la Mairie 6 et 8.
Gruson (Amédée), teintures, r. des Augustins.
Humbert-Delobel, r. Dunkerque, 9.
Jaminet (E.), produits chimiques, quai de la Basse-Deûle, 34.
Janssens frères, r. de la Barre, 46, lin, coton, chanvre; maisons au Japon, à Nangasaki; en Chine; à Shanghai et à Hong-Kong; aux Indes orientales; à Batavia et Soerabaya; au Brésil; à Pernambuco et Natal.
Jouet frères, teintures et produits chimiques, pl. aux Bleuets, 19.
Kuhlmann et Cie, fabr. de produits chimiques, r. des Canonniers, 8.
Labbe (Henri et A.), teintures et indigo, r. de Metz, 6.
Laurand (H.), lin brut, articles de Russie, r. Grande-Chaussée, 26.
Lavallée (Mme J.), r. Impériale, 121.
Leroy-Crépeaux (L.), lins, étoupes et fils de lin, pl. Napoléon III.
Lezaire (C.), r. de Tournay, 54.
Liénard et Durand, teintures, drogueries, r. Molinel, 79.
Longhaye (Aug.), lins bruts, étoupes et fils, r. de Tournai, 22 et 24.
Louis (P.), cotons en laine et commission, r. des Canonniers, 26.
Maquet (A. et E.), lins, fils et jute, r. des Jardins, 17.
Marette (J.), cotons filés et tissus de coton, r. du Vieux-Faubourg, 29.
Marix (L.) et Cie, r. d'Angleterre, 79.
Masquelier fils et Cie, cotons en laines, r. de Courtrai, 5; maison au Havre.
Montaigne-Destombes, r. Douai, 89.
Mote (H.), potasses, teintures, indigo, r. Basse-Deule, 68 (maison à Amiens).
Parker (R.S.) et Watt, métiers à tisser, accessoires pour filatures, r. de Béthune, 69.
Phalempin (E. Ve) et Cie, teint., soies, laines et poils de chèvre, r. du Pont-Neuf, 26.
Picavet aîné (D. et V.), fabr. de fils à coudre, r. Débris-St-Etienne, 7.
Poullier-Longhaye, filatures de lin et fabr. de fils, r. des Valenciennes, 48.
Prete-Bague, r. de l'Arc, 12.
Prudhomme (A.), r. de Paris, 167.
Roland frères, indigo, Pont-Neuf, 26.

Salembier fils, r. Colbert, 139.
Scrive (Emile) et Petit frères, lins et fils, r. St-Sauveur, 19.
Sénéchal (F.), drogueries, bleu, r. de la Barre, 59.
Six (Henri), associé de A. Boissière et Cie, de Roubaix, boul. de l'Impératrice, 60.
Straub (Ph.), commission, r. d'Amiens, 12.
Verrier-Delpierre, cotons, Parvis-St-Maurice, 6.
Viseur et Fockedey, fils et lins, r. Saint-Genois, 1.
Wahl (O. et E.), et déchets de coton, r. St-Nicolas, 20, et à Mulhouse.
Wilson (T.E), r. Colbert, 101.

Ornements d'église.

Billaux aîné, r. Esquermoise, 82.
Desbouvry, pl. du Théâtre, 12.
Dezwarte-Sockeel, r. Suaires, 14.
Lecour, ceintures et rabats, r. d'Angleterre, 18.

Ouate glacée et cardée.

Descamps (Louis), r. Molinel, 13.
Froment (L.), r. Bassedele, 42.

Outremer.

Richter (B. et F.), spécialité pour impression sur étoffes, r. de Gantois.

Passementerie.

Coutelier-Janson, r. Suaires, 12.
Crespel-Lefebvre, r. Masséna, 26.
Delesalle (E.), r. Esquermoise, 66.
Legrand-Debuchy, pl. du Lion-d'Or, 3.
Montaigne frères, r. Impériale, 87.
Moreau (Alfred), passementerie et mercerie en gros, r. des Chats-Bossus, 11.
Petit (Robert), r. Clef, 11.
Théry-Lagaisse, r. des Arts, 24.
Thève, r. de Paris, 155, fabr. de cordes à broches tressées et rubans p. filat.

Peignes (fabr. de) pour lin, chanvre, laine et soie.

Basquin (Th.), r. St-Sauveur, 104 bis.
Castelain-Sches, r. Urbanistes, 13.
Drummond (J. W.) et Cie, fabr. de garnitures de cardes, cour du Mulet, 2.
Dujardin (A.), r. Grande-Allée, 2, peignes pour peignage mécanique.
Harding-Coker, fabr. de peignes cylindriques et circulaires, p. peignage mécanique; maison à Leeds (Angleterre), sous la raison T. R. Harding et Son, fabr. d'aiguilles, pointes et broches en acier p. peignes à lin, laine, soie et coton, courroies anglaises, etc., r. Jemmapes, 1 bis.
Hartley (J.), r. de Wagram, 7.
Hénos (Vr), r. Brigittines, 5 bis.
Vanoutryve aîné et L. Rousseaux, p. filat. et

peign. de lin, chanvre, soie, laine et coton, r. Colbert, 115.
Voets (Henri), r. Bois-St-Sauveur, 2.
Ward (Ve John), machines à peigner et rubans de cardes, r. Douai, 25, mais. à Gand.
Wharton (G.), faub. Notre-Dame, 98.

Peignes à tisser et lames ou harnats (fabr. de).

Fouquier-Dubard, r. de Paris, 287.
Proix (L.) et Cie, r. Croquet, 9.

Produits chimiques (fabr. de).

Bregeard (A.), pl. de Béthune, 6.
Desespringalle et Moreau, boul. de l'Impératrice, 103.
Dorey (Adolphe), potasse et noir animal, rue St-Etienne, 12.
Duprez (Emile), r. Vieux-Marché-aux-Moutons, 27.
Hennecart (Vr), r. de Douai, 5.
Herbin, à St-André.
Honnorat-Bocquet, r. Princesse, 38.
Kuhlmann, O.✲, et Cie, r. des Canonniers, 12.
Richard (Félix), r. Vauban, 8.
Versmée (P.), r. Ponts-de-Commines, 32.

Retordeurs des cotons.

Baudrin, r. du Plat, 35 et 37.
Cochez, r. Robleds, 17.
Dupont-Hauvelle, r. Lollin, 12.
Duthoit, r. St-Sébastien, 23.
Godefrin-Duthoit, r. Sahuleaux, 1.
Lemaire-Leclerq, r. Rolland.

Rubans et étoffes de soie.

Belin (Jules), r. Priez, 9.
Beuque-Grau et fils, b. de l'Impératrice, 80.
Chabot (André), pl. du Théâtre, 37.
Chaillaux (Ch.), r. Impériale, 106.
Crespin (E.) et A. Chamon, r. Fiens, 8.
Delesalle (E.), r. Esquermoise, 66.
Deroo (Ferd.), r. Grande-Chaussée, 2.
Dervaux (H.), r. Impériale, 45.
Deswarte (Mme), r. Neuve, 7.
Dormet (Jules), r. Esquermoise, 58.
Fiévet frères, r. Buisses, 2 bis.
Gavelle fils aîné, r. des Manneliers, 5.
Houzet (D.), r. Impériale, 43.
Malfeson (Emile), r. Impériale, 78.
Martin (P). et J. Liémence, r. Impériale, 86.
Paquet (L.), r. Béthune, 43.
Parsy (Hte), r. Impériale, 73.
Weyl (C.), r. Vieux-Faubourg, 6.

Sacs (fabr. de).

Geeraert (L.), Grande-Place, 9.
Hespel-Leloir, r. Vieux-Faubourg, 11, maison à Paris.
Rigot-Stalars, pl. aux Bleuets, 15.
Vermeulen, r. Tournai, 89.
Wiseux, Ponteville et Cie, r. de Paris, 96.

Soieries et nouveautés.

Belin (Jules), r. Priez, 9.
Chaillaux (Ch.), r. Impériale, 106.
Chevallay-Coquidé, r. Impériale, 28, maison d'achats à Lyon.
Courmon-Jacquart, r. de Paris, 39, 41.
Crespin (E.) et A. Chamon, r. Fiens, 8.
Denneulin (P.), r. Molinel, 73.
Dhennin (Mlle), r. Suaires, 4.
Dupont et Blossier, pl. du Théâtre, 56.
Féron-Delcroix, r. Esquermoise, 41.
Florin (Jne), r. Esquermoise, 23.
Fontaine-Delannoy, r. Esquermoise, 55.
Galland frères, r. Grande-Chaussée, 21.
Gavelle fils aîné, r. des Manneliers, 5.
Godron-Lasson, pl. du Théâtre, 66.
Houzet (D.), r. Impériale, 43.
Labielle (Mme), r. Curé-St-Etienne, 9.
Lhotte-Deroulers (Ve), r. Marché-aux-Fromages, 7.
Martin (P.) et J. Liémance, r. Impériale, 86.
Masurel-Debarge, pl. des Patiniers, 16.
Paquet (L.), r. Béthune, 43.
Parsy (Hte), r. Impériale, 73.
Ramart et Philippart, r. Esquermoise, 81.
Rivenc, Grand'-Place, 34.
Roseleur-Boudoux, r. Esquermoise, 65.
Vauchelet-Durut, r. Esquermoise, 54.
Weyl (C.), r. Vieux-Faubourg, 6.

Soies (filatures de).

Blondeau-Billet, bourres de soie, r. Ste-Catherine, 39, peignage au Vigan (Gard).

Soies (négts en).

Phalempin (E. Ve) et Cie, dépôt des schappes et cordonnets de Lister et Cie, Bradfort et Halifax (Angleterre), r. du Pont-Neuf, 26.

Tailleurs confectionneurs.

Agasse, Haage et Marbais, r. Impériale, 74, maison à Paris.
Becourt, r. des Chats-Bossus, 14.
Bernard-Kauffmann, r. Esquermoise, 29.
Bienaimé, r. de Paris, 7.
Bonte, r. de Gand, 6.
Boulinguer, faub. Notre-Dame, 186.
Colin (E), r. de Béthune, 34.
Couvez, r. de Paris, 94.
Crépy-Marquilly, r. de Paris, 59.
Delannoy, pl. Rihour, 12.
Delatre-Carette, r. Sept-Agaches, 7.
Descarpentry (L.), r. Esquermoise, 79.
Dequidt (H.) et G. Gillet, vêtements pour hommes, en gros, r. de Béthune, 52.
Dewachter (B.), r. Impériale, 46.
Dobritz, r. d'Angleterre, 47.
Doyennette, vareuses en gros, r. Vieux-Faubourg, 29.
Ducros (Paul), r. Basse, 53.
Duflieux, r. Grande-Chaussée, 9 et 11.
Dumont-Decarpigny, r. de Paris, 5 et 51.

Dupont et Blossier, pl. du Théâtre, 56.
Fanien et Loiseau, en gros pour hommes et
  enfants, r. de Paris, 109, et à Paris.
Guillot, r. de Paris, 21.
Houtré (Henri), r. de Paris, 40.
Jacob Levy et H. Simon, Gr.-Place, 10.
Jacquerye, r. Grande-Chaussée, 27.
Jaquié, faub. Notre-Dame, 275.
Lefebvre-Dubout, r. de Paris, 25.
Lechat, r. de Paris, 12.
Lombrez, r. St-Pierre-St-Paul, 30.
Mallet frères. gros, export., rue de Paris, 46.
Marcel-Guillemettaux. r. Impériale, 30.
Mathy, r. Curé-St-Etienne, 5.
Maurice-Fauchille, r. des Prêtres, 20.
Mayer-Lévy, r. de Paris, 48.
Méplond (Alex.), r. Trinité, 15.
Méplond (J.), r. Neuve, 15.
Minet-Crépy aîné, r. de Paris, 42.
Minet-Crépy jeune, r. des Manneliers, 6.
Minet (F.). Grande-Place, 23.
Minet (J.), pl. du Théâtre, 28.
Paux, r. de la Monnaie, 13.
Pitra, r. Hôpital-Militaire, 34.
Phalempin, r. de Paris, 43.
Pompuy, r. Quennette, 5 bis.
Ponteville-Boutry, r. de la Clef, 36.
Prouvost, r. de la Vieille-Comédie, 18.
Raeiter-Bode, faub. Notre-Dame, 129.
Roose (Paul), r. des Prêtres, 22.
Rouzé (Ch.), r. de Paris, 139 à 143.
Samain, r. Impériale, 70.
Sapin (Ed.), r. de la Barre, 28.
Sarrazin (Aug.), r. du Marché, 78.
Sarrazin, r. Neuve, 2.
Théodore-Planquart, r. des Prêtres, 18.
Tourrez, r. des Augustins, 21.
Van-Eyckeverlinde, r. St-André, 17.
Vasseur (A.), r. Impériale, 14.
Verkinder-Laurent, r. de Paris, 6.
Wostyn, r. Doudin, 7 bis.

Tapis (fabr. de).

Réquillart ✽, Roussel et Choqueel.
(W.) ✽, Grande-Chaussée, 13, fab. à Tourcoing.

Tapisserie, chenille, laines, canevas, etc.

Chabot (André), place du Théâtre, 37.
Clarisse (Ed.) jeune, Grande-Chaussée, 14.
Desouter (Céline), place des Patiniers, 15.
Godefroy (Mme), r. Esquermoise, 83.
Lesne Kindt, Marché-au-Fromage, 6.
Maigne (Mlle), r. des Manneliers, 1.
Mallez (Emilie), r. Esquermoise, 62.

Teintures et couleurs.

Cambier, r. Chaufour, 2.
Carpentier (Alfred), r. Colbert, 162.
Decoster-Agache, r. du Cirque, 2.
Deroubaix (N.), r. Basse, 38.
Desespringalle et Moreau, boul. de l'Impéra-
  trice, 103.

Fontaine (B.) et Grandel, r. Trionville, 7.
Jouet frère et Vict. Fère, indigo et droguerie,
  place aux Bleuets, 10.
Labbe (H. et A.), r. de Metz, 6.
Liénard et Durand, r. Molinel, 79.
Morel (A.) et A. Martel, r. de Tours, 14.
Mote (H.), indigo, matières tinctoriales, r. de la
  Basse-Deûle, 68 (maison à Amiens).
Thalempin (E. Vve) et Cie, r. Pont-Neuf, 26.
Roland frères, r. Pont-Neuf, 26 bis.
Sénéchal (F.), r. de la Barre, 50.
Villette (Paul) et fils, r. des Jardins, 10.
Vincre (Alex.), r. Saint-Jacques, 2 et 4.

Teinturiers en fils, laines, cotons, etc.

Descat-Leleux ✽, en pièces, r. Béthune, 50.
Empis (Vve Ed.) et Cie, en tous genres, apprêts
  et calandre, à l'Abbaye de Marquette.
Houssin (Vor), r. J.-J. Rousseau, 26.
Humbert-Drino, en cotons et fils de lin et
  colles pour teinturiers, r. Dunkerque, 9.
Leclair-Quilliet, en fils, cotons et doublures, à
  St-André (Ile Ste-Hélène).
Morel (H.), r. de la Baignerie, 25.
Parent (Ad.), à St-André.
Soins, r. Pont-de-Canteleu, 40.
Stalars (C.-J.), frères, r. Pont-de-Canteleu.

Teinturiers en toiles bleues.

Bernard (B.), r. Vauban, 13.
Deblon, apprêts et calandre, Faub.-de-Tour-
  nai, 166, à Fives.
Gahide (J.-B.), et calandre, r. Canteleu, 51.
Graux (Eug.), r. Pont-de-Canteleu, 24.
Jaspar frères, r. St-Sébastien, 17.
Leva-Sifroid, A. B. C., 16.
Remant (F.), r. des Stations, 195.
Vande Wynckèle-Fonson, r. des Stations, 174.

Tissus (fabr. de).

Calimé-Mulle, r. J.-J. Rousseau, 34, maison à
  Roubaix.
Courmont frères, r. d'Arras, 153, maisons à
  Roubaix et Tourcoing.
Debuchy (F.), r. Basse, 36, tissage à Wavrin.
Deplanque-Rogues, place Rignaux, 10.
Depetitepierre et Leman, r. Vieux-Marché-
  aux-Moutons, 25.
Hazard (Ch.), nouveautés, r. Négrier, 26.
Marquant-Defontaine, r. Gombert, 6.
Masquelier-Delcroix, molletons, etc., r. Trois-
  Molettes, 1.
Parent (Ch.) et Danchin, coutils, fil uni et nou-
  veautés, r. de Tours, 38 et 40.
Spriet-Dauvin, molletons, r. Béthune, 55.
Villette et Dubois, r. des Fossés, 25, coutils,
  nouveautés pour pantalons.
Wannebroucq (L.), r. de Paris, 40 bis.

*Tissus, étoffes diverses, rouennerie, articles
  de Roubaix et de Tourcoing, etc. (Négociants-commissionn. en).*

Bacquet-Lesaffre (J.), r. Basse, 11.

Bernard (Émile), r. de l'Hôpital-Militaire , 70.
Beuque-Grau et fils, boulev. de l'Impératrice, 80, maison à Tourcoing.
Carpentier et Rivière, r. des Fossés, 33.
Coustenoble (Henri), toiles et doublures, r. de Paris, 86.
David (H.) frères, r. Molinel, 67, tissus français et anglais, spécialité de gilets.
Denneulin (P), r. Molinel, 73.
Duchaufour et Moulan, r. du Cirque, 15 D.
Duquesne-Durieux, r. des Jardins, 8.
Duthoit-Bar, r. des Fossés, 27.
Dutrieux-Verriez, r. Vieux-Marché-aux-Poulets, 17.
Gauche (Léon), cotons tissés, r. de Paris, 153.
Géeraert (G.), r. de Paris, 133.
Groulois (C.L.), articles de Roubaix, dépôt de tissus anglais, rue Vieux-Marché-aux-Poulets, 22.
Guermonprez, Genin et Cie, r. Vieux-Marché-aux-Poulets, 23.
Heyndrickx-Vandeweghe, articles de Roubaix et de Tourcoing, r. des Fleurs, 68.
Joly (Louis), place des Patiniers, 8.
Lafage jeune et J. Leloir, r. du Palais, 7.
Laurent (J.), r. de Roubaix, 39.
Lemetter et Salamon, r. des Prêtres, 26.
Lévêque et Turblez, r. Quennette, 5.
Liborsat-Desrousseaux, r. St-Etienne, 45.
Lorthiois-Bar (Vᵉ), r. de Paris, 33.
Marette Jules, dépôt de cotons tissés de Waddington frères, r. Vieux-Faubourg, 29.
Marguerit fils (Vᵉ), r. Tournai, 30.
Masquelier-Delcroix, r. Trois-Molettes, 1.
Mayeur et Lepoutre , r. Vieux-Marché-aux-Moutons, 19.
Pollet (Al.) fils, r. de Paris, 167.
Ponscèle (Louis), r. de Paris, 134.
Poullier et Lefebvre, r. des Arts, 10.
Rose frères, r. du Palais, 5.
Savoye-Daumas, r. de l'Hôpital-Militaire , 75.
Tiberghien (Aug.), r. Pont-de-Commines , 34.
Veluard frères, r. de Roubaix, 26, maisons à Rouen et à Flers.
Voituriez frères, rue Impériale, 77.

Toiles cirées et tapis (fabr. de).

Corbel et Cie, dépôt, r. Impériale, 90.
Descamps-Markey, Faub. Notre-Dame, 190.
Dufour frères, r. Neuve, 39.

Toiles à matelas (fabr. de).

Bernard (Aug.) et L. Devos frères, damassées, r. de Paris, 95 et Saint-Genois, 22.
Charlet, Marix et Moreau, spécialité, r. Curé-Saint-Etienne, 7.
Charlet (Th.), et linges de table damassés, rue Béthune, 45.
Danset-Lemaitre et fils, r. des Augustins, 7 bis, tissage à Halluin.
Defosseux (Vve), r. Prez, 15.

Demeestère-Demeestère, tissage à Halluin , dépôt, r. Vieux-Faubourg , 27 bis.
Descheemaeker (Bernard) et fils aîné, damassées et autres, r. d'Aboukir, 1.
Desmet et Cie, r. de Wagram, 9.
Genin, Pillot et Cie, r. de Paris, 146.
Guffroy-Meunier et fils damassées et ouvrées, coutils fils, r. de Paris, 123-125.
Hédon (C.), fabr. de linges de table et toiles à matelas, r. Molinel, 62.
Mas-Faucheur, et J. Mas, r. de Roubaix, 37, fabr. à Halluin.
Meunier-Sterlin, à carreaux et damassées, r. Molinel, 16, fabr. à Halluin.
Osselaer (Amand), r. d'Austerlitz, 1.
Sanspeur, r. Magenta, 33.
Ymbel, r. d'Eylau, 20 ter.

Toiles écrues, blanches, bleues, sarraux, confection et linges de table (négts en).

Bacquet-Lesaffre, r. Basse, 11.
Buer (Bernard), r. des Lombards, 5.
Baggio (D.), dépôt de toiles françaises et étrangères, r. d'Amiens, 3.
Bataille-Marguerit et Templus, rue Saint-Genois, 36.
Baudechon et Gouverneur, r. Basse, 34.
Baudouin (L.), r. Molinel, 62 bis.
Bernadon et Forret, r. de Paris, 115.
Bernard (Aug.) et Devoz frères , r. de Paris, 95, tissage de toiles fines à Halluin.
Bernard (Victor et Alfred) frères, r. Vieux-Marché-aux-Moutons, 18 et 24.
Bigo, Dekeyser et Desoblain, sarraux, chemises, pantalons, etc., r. Molinel, 52.
Boniface (Adolphe), r. de Paris, 191, fabr. et blanchisserie à Herrin, tissage à la Madeleine.
Boutry Van Isselsteyn, toiles, linges de table, r. Vieux-Marché-aux-Moutons, 8 , tissage mécanique à Lille et à Courtray (Belgique).
Cabillaux (Narcisse), tissage mécanique, dépôt de toiles, r. des Augustins, 6.
Cahen (Vve S. Daniel), confections de vêtements en toiles p. hommes, r. St-Genois, 3.
Calais, Bruel et Lemarchand , fil et toiles, r. de Roubaix, 4 et 6, maison à Paris.
Calaisse, fabr. de toiles, r. de Paris, 72.
Calippe (A.) et Cⁱᵉ, négts et fabr., rue de la Trinité, 7, tissage à Masnières (Nord).
Callau-Desmazières, r. d'Amiens, 11.
Casse (J.) ✳ et fils, r. Bouvines, 6 bis, et de Lannoy, à Fives ; dépôt à Paris.
Charlet (Th.), r. de Béthune, 45.
Charlet, Marix et Moreau, r. du Curé-St-Etienne, 7, tis. méc. à Marc-en-Barœul.
Chevrier-Laurent et fils, de Châlons-sur-Saône, r. des Pyramides et Caumartin, 67.
Collomb et Cⁱᵉ, dépôt, r. de l'Arc, 45 ; maison à Reims.
Colombier-Batteur et fils, r. Molinel, 22 ; tissage et filature de lin à Haubourdin.

Coquelle, r. de Paris, 120.
Cordonnier et Delahaye, r. Tournai, 58.
Coucke, Sonck et Cⁱᵉ, fabr. de toiles et confection p. l'exp. r. de Béthune, 71.
Coustenoble Henri, fabr. de toiles et doublures, r. de Paris, 86.
Couzineau-Lemaire et Cⁱᵉ, toiles et sarraux, tissage mécanique, r. St-Genois, 3.
Danset frères, r. de Fiens, 10, fil. de lin et de chanvre et tissage de toiles.
Danset-Lemaitre fils, r. des Augustins, 7 bis, tissage de toiles à Halluin.
Dassonville-Vanoverschelde, r. Vieux-Marché-aux-Moutons, 45, fabr. à Halluin.
Daumas (A.), r. de Paris, 118.
Dayez fils aîné et Cⁱᵉ, r. J.-J.-Rousseau, 36, tissage à Werwick (Nord).
Deblock (D.), fabr. et export. r. Molinel, 78, fabr. à Hazebrouck, Cambrai et Roncq.
Defosseux (Vve), r. du Prez, 15.
Degouy (Vor), tissage mécanique et à la main, r. Ponts-de-Commines, 24.
Degrave, fabr. et confections, pl. Reignaux, 17.
Delahaye (Aug.), r. des Tanneurs, 18.
Delbende (L.) et Carbonnez aîné, fabr. de toiles, r. des Fossés, 9.
Delcourt (L.) et Cⁱᵉ, tissage mécanique, r. Wazemmes, 143 ; tissage à Halluin.
Delcourt (F.), r. Béthune, 40.
Delécailles frères, r. de Paris, 107.
Delegrange, Baron et Cⁱᵉ, r. de Paris, 135.
Delerue (L.) et C. Rogeau, r. St-Nicolas, 26 ; fabr. dépôt et consignation.
Delepierre frères, r. Ponts-de-Commines, 14.
Delescluse et Wallerand, r. de Paris, 85.
Delestré (L.), tis. méc. r. du Palais, 4.
Deligne, r. du Vieux-Marché-aux-Poulets, 14.
Denniel-Bériot, r. Napoléon.
Dequidt (H.) et G. Gillet, toiles et confection en gros. export, r. Béthune, 52.
Dequoy (J.) et Cⁱᵉ, tissage mécanique, r. de Wazemmes.
Derenty (H.), r. Impériale, 75.
Desbonnet (J.-B.), r. Amiens, 15.
Desmedt-Wallaert et Ch. Lemaître, tissage mécanique, r. du Vieux-Faubourg, 12.
Detroye (H.), toiles en tous genres, r. Molinel, 12 ; fabr. à Halluin.
Duret (Vor) et Goldié, r. de Paris, 136.
Druez (P.) et Cⁱᵉ, toiles en tous genres, r. de Paris, 137.
Drummond Baxter et Cⁱᵉ, tissage mécanique de toile, r. de Lamartine.
Dubois, demi-gros, r. Ouest, 15.
Dubuc (Ed.), r. de la Trinité, 9.
Dufour Bonnaire, Grand'-Place, 36.
Dujardin et Degobert, r. de Roubaix, 35.
Dulac (L.), r. Tournai, 88.
Dumont et Ernest Cussen, r. de Paris, 64.
Duquesnay (E.), r. de Roubaix, 10.
Duthoit-Bar, r. des Fossés, 27.

Dutrieux-Verriez, r. du Vieux-Marché-aux-Poulets, 17.
Fanien et Loiseau, toiles, sarraux et confection en gros, r. de Paris, 109, et à Paris
Fontaine-Mathifas, r. d'Amiens, 7.
Fournier (J.), r. de Roubaix, 7 ter.
Gamblez (Ch.), r. des Tanneurs, 6.
Gausseran (J.), r. des Fives, 74.
Genin, Pillot et Cⁱᵉ, toiles et confection, tissage à Courtrai, r. de Paris, 146.
Goube (G.), tis. méc. de toiles, blanches et mouchoirs, r. du Bleu-Mouton, 3.
Gras, dépôt, r. de Paris, 122.
Guffroy-Meunier et fils, fabr. et négt. en toiles, r. de Paris, 123.
Guillemaud (Charles), r. du Marché.
Havet, r. Basse, 49, 51.
Hédon (C.), tis. méc. toiles en tous genres, r. Molinel, 62.
Hespel-Leloir, et sacs, r. du Vieux-Faubourg, 11 et 13, maison à Paris.
Hié-Huwette, r. de Paris, 164.
Hilst aîné, r. de Paris, 111.
Holbecq aîné, tis. méc. rue des Fossés, 12.
Hovelacque (J.), dépôt de la société linière de Bruxelles, r. du Vieux-Faubourg, 5.
Huet-Colombier, r. des Arts, 34.
Hugot et Lafage, toiles et sar. r. de Paris, 76.
Huguet et Ed. Bernard, toiles et linges de table, r. Sec-Arembault.
Jacquart et Schaepelynck, sarraux fins, r. des Trois-Mollettes, 2, ter.
Jacquet jeune et Allays, r. Béthune, 53.
Lafage jeune et J. Leloir, r. du Palais, 7.
Leclercq, r. Sec-Arembault, 10 bis.
Leleux (Ad.), boul. de l'Impératrice, maison à Paris.
Lemaitre (Ch.), r. du Vieux-Faubourg, 27 bis, tissage mécanique à Halluin.
Lemaitre-Demeestère et fils ※, r. du Vieux-Faubourg, 27, fabr. à Halluin.
Lesne (Ch.), r. Sec-Arembault, 5.
Lheureux, Delescluse et Van Merris, r. Vieux-Marché-aux-Poulets, 19.
Liénart (A.) et Dugardin, toiles en tous genres, tis. méc., r. Sec-Arembault, 16.
Marchant (Alfred), r. St-Jacques, 21.
Marguerit fils (Vᵉ), r. Tournai, 30.
Mariage (Ed.), r. de Paris, 53, toiles en tous genres ; fabr. à Houplines (Nord).
Marsy et Lafourcade, d'Aubers, dépôt, r. Sec-Arembault, 15.
Mas (V.) et Carlos, r. Molinel, 41.
Mas-Faucheur et J. Mas, r. de Roubaix, 47.
Massart (E.), r. Cour-Debout, 20.
Meunier-Sterlin, et damassées, r. Molinel, 6, fabr. à Halluin.
Monier-Leclercq (J.-L.), r. de Paris, 99.
Mouquet et Dubois, r. de Paris, 84.
Ovigneur (J.), r. Sec-Arembault, 7.
Parsy (Emile), r. de Paris, 127.

Patrice, r. Molinel, 10, tis. méc. à Halluin, Vilems et Roulers (Belgique).
Paurls (V°L.) et fils, r. Ste-Marie, à Fives, bureau r. Esquermoise, 24.
Playoust-Defontaine, r. des Arts, 1.
Pollet (Alex.) fils, r. de Paris, 167.
Ponscèle (L.), r. de Paris, 134.
Pottier frères, fabr. de toiles et sarraux, r. Vieux-Marché-aux-Poulets, 27.
Prévost (D.). r. de Tournai, 41; dépôt de Rose-Boucher et frères, de Tournai, de Duhamel frères, de Merville (Nord).
Proust et Bertrand, d'Orléans, repr. par Fleury Planque, r. St-Nicolas, 20.
Quivy (P.) et E. Obin, r. des Arts, 49.
Renouard-Béghin, r. à Fiens, 1, tissage mécanique et filature, r. de Flers.
Reymond-Pennequin, tissage mécanique et à la main, r. Sahutean, 1.
Ridez (C.) et Lefebvre, r. de Paris, 90.
Roger (Auguste), r. Molinel, 65.
Rousselle (G.), r. Ban de Wede, 25.
Rouzé (J.), r. de Tournai, 80.
Samin (Ed.), r. Molinel, 46.
Scrive (Jules) ※ et fils ※, bureau, r. des Lombards, 1; tissage à Marquette.
Selosse-Schoutteten, Grande-Chaussée, 28.
Signoret frères, pl. Béthune, 7; maison à Marseille.
Splette et Lefebvre, dépôt, r. des Coquelets, 1.
Spriet-Bauvin, tissage mécanique et à la main, r. Béthune, 55.
Théry, Bouchez et Duhamel, r. Sec-Arembault, 28.
Vandalle et Delahousse, dépôt, r. des Augustins, 14.
Vandonghen frères, dépôt, r. de Paris, 90.
Vanlaten (Carlos), confections civiles et militaires, r. Denis-Godefroy.
Vanlaten (Auguste). r. Molinel, 80.
Van Meenen (E.), r. d'Arcolle, 37.
Van Remeortere-Sénelar, tissage mécanique, r. de l'Arc, 37.
Verley (Georges), blanchisserie à Commines, r. de Paris, 170.
Vermersch (A.), r. de Paris, 110.
Vidal (Alexis) et Cie, cour des Bourloires, r. de Paris, 180 bis.
Vigneron, toiles et confection, r. Fives, 35.
Wallaert frères, tissage mécanique et blanchisseries, r. Fontenoy, 72.
Wallaert (Jules) et Cie, r. Molinel, 38.
Wallard Lepers (Ve), fabr. de toiles, tissage à Halluin, Vieux-Faubourg, 27.
Wiseux, Ponteville et Cie, r. de Paris, 96.

Toile d'emballage.

Durez (L.), r. Croquet, 20.
Hespel-Leloir, Vieux-Faubourg, 11.
Regnier, r. Manuel, 26.
Thieffry frères, boul. de l'Impératrice.
Vaningelandt (T.), r. du Plat, 18.

Van Meenen (E.), r. d'Arcole, 37.

Tourneurs en bois.

Delforge (Etienne), r. Béthune, 69.
Merchez-Haze, r. Poids, 34.
Merchez (Henri), r. de Tournai.
Pesez frères, r. Puebla.

Tulle (fabr. de).

Barry (Ferd.), tulles unis, circulaires, liserés et brodés, r. Royale, 28.
Boltel (P.), tulles unis, brodés lizières et deuil, r. d'Angleterre, 53-55.
David (J.-B.), r. d'Arcole, 51, fabr. de tulles écrus, rideaux et guipures.
Dohem (E.), r. Vieille-Comédie, 15.
Delacourt (Alph.), r. St-Sauveur, 104.
Desbonnez-Defretin, r. Court-Debout, 1.
Gueudré, r. des Fossés, 14.
Guiselin (A.), boul. de l'Impératrice.
Liénard-Destombes, r. Esquermoise, 21.
Machu père, r. des Tanneurs, 22.
Maillot et Oldknow, tulles fantaisie en tous genres, spécialité pour ameublement et guipures soie, r. Princesse, 11, maison à Paris.
Meurisse (F.), pl. du Lion-d'Or, 14.
Paquet (R.), tulles, blondes, velours, rubans, etc., r. Béthune, 43.
Réville (H.) et Dartout, r. d'Amiens, 5. mais. à St-Pierre-lès-Calais.
Rigaut (Ad.), et blondes, r. Basse, 48.
Rigot-Tancrez, et blondes, pl. aux Bleuets, 15.
Roeland, pl. Rihour, 24.
Schmidt, r. du Palais-de-Justice, 2.
Vuilsteke, r. Ste-Catherine, 40.

Tulles écrus (fabr. de).

Cantrain fils, r. Poids, 51.
Declercq, fab., r. d'Eylau, 2 D.
Dupont (G.) fils, r. du Plat, 54.
Lagniez-Lenne, r. Croquet, 13,

Tulles, blanchissage et apprêts.

Lees (S.), dentelles et blanchis. de fils, r. Ste-Catherine, 5, cour Beau-Bouquet.
Réville (H.) et Dartout, r. d'Amiens, 5, mais. à St-Pierre-lès-Calais.

Abancourt.

Lin (fabr. de). — Boitelle. — Défossez. — Pamart. — Poulain.

Anor.

Laignes peignées (filat. de). — Lernould et Cie. — Rousseau et Cie.
Mécaniciens. — Leclerc (Jules) et Cie.
Tissage de mérinos. — Les fils de Théophile Legrand, filature à Fourmies.

Annoeulin.

Colportages de couvertures de laine et de

coton et d'étoffes diverses (maisons de). — Beghin-Mortreux. — Blanquart (J.B.). — Couvreur.—Dal (L.).—Deloffre-Poissonnier. Durot (L.).—Durot (A.). — Jacquart frères. Laden (D.).—Lelong.—Lerouge.—Lescieux. Toi'es (fabr. de). — Courmont (Aug.). — Leleu-Laden, et calicots.

Anstaing.

Toiles (tis. méc. de). — Renard et Cie.

Anzin.

Corderie mécanique. — Harmégnies (B.C.), fab. de cordes en chanvre et aloès.

Armentières.

Chambre consultative des arts et manufactures : Beghin (Ant.), président. — Secrétaire : Victor Pouchain.

Conseil de Prud'hommes. — Président : Fauquembergue. — Secrétaire : Samyn.

Banquiers. — Perot et Cie. —Verley, Decroix et Cie. — Pouchain-Boutry.

Blanchisseries de toiles et fils. — Béghin-Duflos. — Colombier-Batteuret fils ; maison à Lille. — Deren (H.). — Lesaffre.—Martin et Morival, et fab. de toiles. — Mahieu-Delangré.

Blanchisseurs et crémeurs de fils. — Camblin-Boutry.—Déren (Henri).—Meyer-Libert.— Van de Winckelé frères et Alsberge.

Bonneterie et laines. — Demars-Charlet. — Salembié frères et sœurs.

Calicots et doublures (fab. de). — Théry-Bernard (L.).

Cotons (filat. de).— Dansette-Mahieu (Ch.).

Fils de lin et d'étoupes (commissionn. en). — Honorez (E.) et Cie. — Mouret (A.). — Pouchain-Boutry.

Lin et étoupes (filat. de). — Beghin (Ant.). — Breuvart (Alf.). — Dansette-Cary. — Delecaille (D.) et tis.—Irelande frères et Cie. — Jonglez-Hovelacque et Cie, à Sailly-sur-la-Lys. — Mathieu (A.) fils. — Mahieu-Delangre ※ . — Mouret, représentant de filat. — Pouchain (Vor). — Sevary-Frémaux.

Linges de table (fab. de).— Béghin-Duflos. — Bénaux-Meurillon. — Bernard (Ch.). — Clarisse-Béghin, fab. à Merville, maison à Armentières.—Dancoisne frères. — Dassonville (Th.). — Delhaye (X.). — Deren (H.). Dewilde (Th.). — Hacot frères. — Lacherez-Dewilde. — Mahieu-Delangre ※ . — Odon-Dekeyser et A. Nisse. — Potel (A.). Tahon-Fauvel.

Teillage mécanique à la main.—Béghin (Ant.), teillage et rouissage de lin.

Teinturier. — Bridoux-Vanpeteghem.

Toiles de lin en tous genres (tissage de). — Bazélis-Vanmeires. — Béghin-Duflos. — Béghin-Lemesre (Ve). — Bénaux-Meurillon.

— Bernard (Ch.). — Beun (Henri). — Biebuyck et A. Rogeau. — Biocquillon (F.). — Bonnaire-Nicaise. — Bouche et Leuridan. — Bouchez frères, tis. mécan. — Bouchez (Emile). — Brisoux-Pouchain et frère. — Brunin (F.) et Cie. — Carpentier-Bocquillon (Ve). — Carpentier (L.). Ruyant et Gruson, tis. méc. — Cary. —Chas-Henri et R. Vagnair.—Chipart (D.) et B. Leturgie. — Chipart fils et Quenelle. — Claro-Lorent. — Coisne (H.) et Lambert. — Colombier-Batteur et fils, tis. méc. et à la main, maison à Lille.—Dambrin (Jules).—Dambrin (Ch.). —Dancoisne frères. — Dansette (A.) fils. — Dansette-Leblon ※ et fils, filat. de lin et tis. méc. — Dassonville (Th.). — Debosque-Gruson. — Decaudain (Victor), négt et fab.—Delattre-Camblain et Cie, tis. méc.— Delbecque (F.). — Delecaille (Dominique), blanchisserie filat. de lin.—Delhaye (X.).— Deligne (A.) et E. Himbert. — Demars (Louis), achats à la commission. — Déren (H.), tis. méc. et à la main.—Deren (Félix) et Henri Fauvergne.—Dernoncourt (Ed.). — Desbonnet (F.). — Descamps-Cochet, commission.—Desplanques (A.) et Ch. Jeanson, tis. méc. à la main.—Desrumaux-Desmons. — Dewilde (Th.).—Ducatez et Bachelez. — Dufour et Lorent. — Dufour frères.—Dunot (Ferdinand).—Dumez frères. — Duretz-Six, et treillis.—Dutilleul (A.), tis. méc.— Fauquembergue (G.)—Fauquembergue (F.) et Ch. Debailleul. — Fenard-Lelong, toiles blanches et crémées. — Fenart-Allain. — Flament (H.) aîné. — Flament (Jules). — Goudeman (D.), toiles p. tailleurs et grises p. blouses. — Grenier (Adrien et neveu), tis. méc.—Gruson-Lancé, tis. méc. et blanchisserie. — Hacot frères. — Hennion-Benaux.—Jonglez-Hovelcaque et Cie, et blanchisserie à Sailly-sur-la-Lys. — Lacherez (Louis). — Lacherez-Dewilde. — Lambin-Vercnocke.—Lebleu (J.).—Leclercq-Favre, toiles blanches et bleues. — Leclercq fils aîné, toiles et coutils.— Lecroix-Liénart. — Lefebvre (Carlos). — Lefebvre (Charles), toiles en tous genres.—Lesage (J.). — Levieille, tis. méc.—Lorme-Déren.

Mahieu-Delangre ※ . — Mamet. — Martin et Morival, tis. méc. et à la main et blanchis. — Meurillon (H.). — Mullié et Hallot — Ouvrie (H.).—Permanne frères.—Potel (A.), toiles à matelas.—Pouchain (Victor), filat. de lin, tis. méc., blanchis.—Ramery (Alex.) et Cie, tis. méc.—Reubrez-Bailly.—Reynaert (Aug.).—Rogeau (Henri). — Rogeau (C. et H.), tis. méc. — Rogeau aîné. — Salmon (Aug.), tis. méc., à la main. — Savary-Fremaux, tis. méc. et filat. — Six-Grard. — Tahon-Fauvel. — Vanlaton (H.) et Th. Bouchez. — Vanuxeme (Th.) et Cotteaux. — Varin, de Paris, représenté par Bernaert

(Aug.), achats.—Villard, Castelbon et A. Vial, fab. et blanchisserie, maison à Voiron (Isère). — Woussen (Pierre), tis. méc. et à la main.

Toiles à matelas (fabr. de).— Beghin-Lemesre (Vᵉ). — Bénaux-Meurillon. — Clarisse-Beghin. — Dançoisne frères. — Delecaille (Dominique). — Jonglez-Hovelacque et Cⁱᵉ. Lambin-Vercnocke.—Levielle.—Potel (Ad.) Reynaert (Aug.).—Savary-Fremaux. — Six-Grard.

Aubers.

Toiles. — Marsy (X,) et P. Lafourcade.

Aubigny-au-Bac.

Lin (fabr. de). — Créteur. — Mollet.—Monchecourt. — Polle. — Tellier (Martial). Lin (teillage mécanique de). — Salmon.

Avesnelles.

Laines peignées (filatures). — V. Lecompte, Pecqueriaux, Flament et Cⁱᵉ, peignage mécanique. — Tordeux (Emile).

Avesnes.

Banquiers. — Beaumont frères. — Lejeune, Guisgand et Delebecque. — Mailliet ❋. Mercerie en gros. — Miquet-Garsaux (F.). Nouveautés. — Compagnies. — Donat. — Farce. — Genestin. — Gilliard frères. — Gravet. — Lecohier-Maronnet. — Lion. — Molle. — Poncelet. — Rigaut. Papiers en gros et parchemins animal et artificiel pour filatures de laines. —Dubois-Viroux.

Avesnes-lez-Aubert.

Batistes et linons (fab. de). — Barbet. — Beaury. — Bertrand-Milcent, maison à Cambrai. — Ghienne-Denis. — Maillard (Aug.). — Maillard (Nicolas). Marcaille. — Margerin. — Taquet.—Vinchon et Basquin, maisons à Cambrai et St-Quentin. Toiles et mouchoirs batiste (fabr. de). — Blondy. — Buchard.

Avesnes-le-Sec.

Toiles et mouchoirs batistes (fabr. de). — Bertroud.—Blériot ainé.—Vinchon et Basquin, maisons à Cambrai et à St-Quentin.

Bailleul.

Dentelles (fabr. de). — Gervais-Vanlerberghe. Huyghe-Deswarte. — Perrier (P. L.). — Vandamme. — Venière frères. Draps (marchands de). —Douchet (Louis), — Freson (Ch.) fils. — Grember. — Lotthé.—Ploeyaert. — Savoye-Pascal. — Walbrou. Toiles (fab. de). Desitter (Louis).—Ficheroulle. Hié et Cⁱᵉ. — Mortelecque (Ed.). — Seys frères.

Bassée (La).

Toiles (fabr. de). Alavoine (Alfred). — Beau-

camps. — Caron. — Duchatel-Gallo. — Lesage.—Macron - Hennebelle. — Macron-Noyelle.—Macron-Leleux.

Beauvois.

Laine (filature). — Voge (F.) ❋ et Cⁱᵉ, fab. de tissus laine à la mécanique. Nouveautés. — Levêque. — Goubet. Tissus (fabr. de). — Douchet. Tulles unis et tulles Bruxelles (fabr. de). — Carpriau (G.).—Watremez (Vᵉ).

Bergues.

Banque et recouvrements. — Dekester (B.) et Cⁱᵉ. Lin (filature de). — Mathias (Pol.). Lin (teillage mécanique du). — Pareydt. Toiles et molletons (fabr. de). — Vercnoke (Alphonse). Toiles à matelas (fabr. de). — Beck (Vᵉ). — Bekelynck (E.) — Bernaert (Emile), et coutils. — Coloos. —Desagher (L.).—Marcant. — Vercnoke (Alphonse).

Bethencourt.

Tissus (fabr. de). — Davin (Frédéric) ❋, dépôt à Paris. — Legrand (les fils de Théophile), filat. à Fourmies, mais. à Paris.

Bertry.

Tissus mérinos (fab. de). — Poulain frères.— Soyer (H.) et Cⁱᵉ, maison à Paris.

Bierne-lez-Bergues.

Cordages et ficelles (fabr. de).—Mathias (Pol) et Cⁱᵉ, fab. de cordages et filat. de chanvre et lin (maison à Dunkerque.

Boescheppe.

Toiles d'emballage (fabr de). — Coornaert.— Martin-Woute.

Bois-Gremer.

Lin (teillage méc.). — Follet. — Messéan.

Bousbecque.

Lin (fabr. et marchands de).—Castelain (P.A.). — Crop. (D.). — Crop. (Ph.). — Dalle (Jean), mais. à Lille et à Courtrai.—Dalle-Bonduelle. —Delanoy (L.). — Delaoutre-Delbecq. — Hazebrouck frères et sœur. — Flipo (Louis). — Hazebrouck (Damien). — Hazebrouck (Emar). — Vandepute. — Vanrullen et Cⁱᵉ., teillage mécan. (L.) père. — Van Eslande. Lin (teillage mécanique). — Becquart.—Dalle (A.).—Delepouille et Durif.—Vandebeulque. Vandepotte et Cⁱᵉ. — Vanrullen.

Bousies.

Tissage mécanique. — Aug. Seydoux, O. ❋, Sieber. O. ❋ et Cⁱᵉ.

Briastre.

Tissus laine. (fabr. de). — Laforge (A.).

Busigny.

Châles (fabr. de). — Levaufre (C.).

Tissus mérinos (fabr. de). — Maumy frères et Loxtang, maison à Paris. — Planche (L.) et Cie, maison à Paris.

Caestre.

Toiles d'emballage (fabr. de). — Reubrecht (F.). — Reubrecht (J.).

Cambrai.

Chambre consultative des arts et manufactures. = Président : Wallerand ✳.

Tribunal de commerce. = Président : Wiart jeune. = Juges : Pagniez-Delloye. = Chappellier. = Parsy (Edouard). = Cornaille-Leroy. = Suppléants : Seyez (Eug.) fils. = Parent. = Fontaine. = Cambay-Bouchez. = Greffier : Peudefer.

Conseil de prud'hommes. = Président : Hattu. = Vice-président : Pierson ainé. = Secrétaire : Gosset.

Banquiers-négociants. = Bautista (A.) et A. Laleu. = Boitelle frères. = Huguet (H.). = Directeur : Sauviller. = Lallier. = Petit-Courtin ✳ et fils. = Queulain ainé. = Roth (Ch.) ✳ (crédit commercial du Nord.) = Renoud, négociant commiss. en fonds publics.

Batistes et linons (fabr. et négt. en tissus). = Bertrand-Milcent, mais. à Paris et à Lille. = Blériot (Ate.), mais. à Paris. = Blériot (H.). = Blériot fils. = Vanwtberge frères. = Bricout-Molet, mais. à Paris. = Cambay-Bouchez. = Capliez (Fénelon). = Delsart (P.-J.). = Godard (A.), maison à Paris. = Guynet, maison à Paris. = Hutin (P.). = Vanwberghe frères, art. p. impressions. = Vinchon et Basquin, impr. brod. maison à Paris.

Batistes (courtiers de). = Capliez. = Mourette-Caré.

Blanc (articles de). = Bétrancourt-Lesage, en gros. = Piette (C.).

Blanchisseurs d'étoffes de coton et de lin. = Brabant-Hurez ✳ et fils. = Delloye-Lellièvre ✳.

Blanchissage de fils. = Longatte (A.).

Bonnetiers. = Barbotin-Pagniez. = Bernard-Guéry. = Devaux et Cie, en gros. = Dumont-Lionne. = Guyet-Lesage. = Hallez-Lionne. = Legentil fils. = Rieq-Carlier. = Warin frères, et mercerie en gros.

Corsets (fabr. de). = Deveaux et Cie. = Moglia-Marlière. = Rousselet-Muller. = Warin frères.

Cotons filés. = Bricout-Molet. = Hennechart.

Draps. = Bezin-Duez. = Boulanger (Jules). = Bureau-Pélerin. = Charlet. = Boulanger. Debu-Coille. = Defontaine-Brondoux. = Desvignes. = Dupont-Ferrail. — Fontaine. Leinekugel (Jean). = Belval. — Pagniez-

Langlais. = Parmentier. = Petitpierre ainé. Plet et Boulet. = Lourdault. = Sidonie-Leblanc (Mlle). = Vérin-Taisne. = Vérin frères. = Wiart fils.

Fil de lin. = Deves et Cie. = Galland-Ruskené. = Vanwtberghe frères.

Imprimeurs sur étoffes. = Wallerand ✳, Wart et Cie.

Laines filées. = Deveaux et Cie. = Hennechart (J.). = Moglia-Marlière.

Laines peignées (fil. de). = Davin (Fis.), mais. à Paris.

Lin (fil. de). = Chapellier (A.).

Lins et chanvres. = Auvray. = Salomon, lins et chanvres peignés, bruts et étrangers.

Mercerie et quincaillerie fine en gros. = Deveaux et Cie. = Moglia-Marlière, spécialité de corsets. = Tanney (Mlles.). = Warin frères, mercerie, bonneterie en gros.

Ornements d'église (fabr. d'). = Debacq. = Mairesse frères.

Ouate (fabr. de). = Bertoud fils. = Degand et Bétrancourt. = Ponsin (A.).

Rouennerie en gros. = Boulanger (Jules). = Bureau-Pélerin. = Verin frères. = Vérin-Taisne.

Soieries, nouveautés. = Boulet (Mlle) et Julien. = Boulanger (Jules). = Bureau-Pélerin. = Charlet-Boulanger. = Claise-Estevez. = Delacroix-Lenard. = Deneyelle (Zélie). = Dumont-Lionne. = Ferail-Bracq. = Flavigny-Vallez. = Fournet-Tournay (Vve). = Hary-Delacroix. = Hesquet (Mlle). = Herent-Canonne. = Leblanc (S.). = Lefebvre frères. = Martin-Bocquet. = Massy-Cattelin. = Mignet-Doyen. = Morelle sœurs. = Noblet. = Obled (Mlle). = Parmentier. = Petit-Pierre ainé. = Plet. = Rieq. = Sauvage-Morelle. = Therlet. = Villain-Briffaut.

Teinturiers en tissus. = Cuvellier. = Ponsin (A.). = Wallerand ✳, Wiart et Cie.

Tissus de coton (fabr. de). = Bricout-Molet.

Toiles de lin à la mécanique (tissage de). = Capliez (Fénelon), mouchoirs de batiste et toiles fines. = Magnier, Pouilly, Brunet et Cie.

Cassel.

Draps : Attuyt. — Dafoop-Regent. — Deboutter. — Deschoot sœurs. = Gokelaere sœurs. — Logie. — Minne-Linde. — Serleys. — Vorhœghe (Benoit). — Verhille.

Cateau (le).

Conseil de prud'hommes. — Président : Ponsin. — Secrétaire : Ledieu. — Banquiers : Delsarthe (Ed.). — Lavandier fils et Cie. — Lefebvre-George (Ch.).

Coton retors. — Ponsin frères. — Stalars et Senaux.

Draps, toiles et nouveautés. — Bachelet-Leblond. — Blondeau. — Bracq-Bloudeau — Cousin-Debeaumont. — Crinon-Wuillaume. — Demolon-Lecerf. — Denisse-Cappe. — — Dormay-Béra. — Fiévet-Remy. — Flament-Gabet. — Flavigny-Vallez. — Gard-Vérin. — Hanon-Launette.—Jacqz-Mortier. — Lefebvre-Delvallée. — Loir-Bourgeois. — Marchais-Carlier. — Piette-Baudry. — Rousseau-Charlet. — Sauty.

Filatures de laines peignées, peignage et tis. méc.. — Auguste Seydoux O. ✻, Sieber, O. ✻ et Cie. mais. à Paris. — Truffot (R.) et Cie.

Mérinos, tissus de laine (fabr. de).—Basuyau aîné et Ct. Lozé. — Bonjour, mais. à Paris. — Crépin (G.).— Guérin et Jouault, mais. à Paris. — Hélie (Edouard), mais à Paris. — Piette-Delettré, tiss. méc. et à la main. — Robert-Ledieu. — Seydoux (Aug.), O. ✻, Sieber, O. ✻ et Cie. peignage et tiss. à la main et méc. — Truffot (R.) et Cie. — Véleine (J.-B.).

Catillon.

Tissus, mérinos et autres en laine peignée (fabr. de).—Dugelay et Godfrain.

Coudekerque-Branche.

Filature de lin, chanvre; manufacture de toiles à voiles et autres. — Dickson O. ✻ et Cie.

Lin (filat. de).—Defever, Leutry et Cie.

Caudry.

Fils et cotons filés pour tulles.—Millot et Carpentier-Fontaine.

Tissage de coton, articles de St-Quentin, jaconas, nansoucks et mousseline. — Caron frères, mais. à St-Quentin.—Decaudin (Ch.). Ledoux, Bedu et Cie, mais. à St-Quentin.— Millot-Bertin.—Sourmais (Th.).

Tissus de laine (fabr. de).—Gabet (Joseph).— Maumy frères et Lestang, maison à Paris. — Taquerey et Delaby.—Vuillod.

Toiles (tiss. méc.). — Tofflin-Ducornet.

Tulles (fabr. de). — Carpentier (F.) fils. — — Carpentier (J. B. Ve). — Couplet. — Dupont-Decisy. — Fontaine-Ducornet, nouveautés. — Fontaine (H.). — Gabet (L.).—Gabet (G.). — Laude-Honninot.—Ledieu (R.).—Messager-Ducornet.— Messager (H.).—Messager-Moity. — Millot et Carpentier-Fontaine. — Moisy-Couplet. — Sautière (J. B.). — Sourmais et Cie. — Tofflin (L.). unis, fantaisies, mais. à St-Quentin.

Caullery.

Tissus laine et laine et soie (fabr. de).—Millot et Dolez, maison à Paris.

Clary.

Banquiers.—Delattre.—Moricourt.

Linon, gazes, jaconas (fabr. de). — Bourlet.— Millot, art. de St-Quentin.

Tissus laines, mérinos (fabr. de).—Lefebvre.— Sadoux, Siéber et Cie.

Comines.

Blanchisserie de fil.— Vandewynckele père et fils.—Verley (G.), maison à Lille.

Fil (fabr. de).— Devos frères. — Hassebroucq frères. — Lambin (Ignace).— Masson (L.).

Laines (lavage et peignage mécanique).—Lambin-Vanrullen.

Rubans de fil (fabr. de).—Catteau-Lavick (Ch. et L.). — Lauwich frères. — Lemesre (Ed.) fils, tous genres. — Lepecq-Vermelle. — Schoutteten (Ch.).

Teinturiers. — Parent-Bertrand.— Parent fils aîné.

Toiles (fabr. de).—Catteau-Lauwick (Ch.et L.). damassées. — Demade. — D'Ennetières. — Desvaennes.—Devos.—Froidure (F. J.). — Hovyn (Catherine), maison à Paris.— Lauwick et D'Ennetières frères, mais. à Lille.— Leroy.

Toiles damassées (fab. de). — Lemay frères et Lormuseau.

Croix.

Peignage mécanique de laines (système anglais).— Isaac Holden et fils; directeur associé : Isaac Crothers, maison à Reims (Marne).

Cysoing.

Tissus (fabr. de). — Ballinghien (Ch.). — Ducanchez. — Masquelier (Ant.). — Montagne (J.) et fils et Cie, de Roubaix. — Ollivier.— Parent Delinselle. — Tribou, molletons et pantalons.—Vasier-Remy.

Douai.

Conseil de prud'hommes. — Président : Deloffre.—Secrétaire : Carlier.

Bâches imperméables.— Colle-Cornille (Ve).— Lefebvre frères et Cie, dépôt.

Banquiers. — Bilbaut (Th.) et Cie. — Bonte (P.). — Cailliau (Victor) fils, A. Dincq et Cie. — Dupont (L.) et Cie, siège à Valenciennes.

Broderies sur tulles et rubans (dessinateurs de). — Robaut. — Sustaudal et Cie.—Thumerelle.

Broderies (fabr. de). — Parent fils. — Parent (Mlle).

Cardes (fabr. de).— Fiévet-Levalleux (Ve).

Corset.—Bruyère.—Desmoulier (Mme).

Draps. — Gillet frères. — Lemoine. — Pachy-Caudrelier. — Ratier.—Sando (A.).

Fleurs artificielles.—Cardon et Dericke (Ve).

Laines filées (march. de).— Bootz. — Dupuis, commissionn.— Faucher. — Millescamps.— Piérache père.—Piérache fils. — Pinart-Carpentier.—Pinart-Clarisse.

Lin et étoupes.=Durantet.=Ernette et E. Depeutre.=Merlin.

Lin et étoupes (filat. de). = Asselin et Demesière.= Butrulle et de Bailliencourt. = Demésière-Lecomte. =Wagon (Julien).=Wagon-Regerol.

Lingerie (fabr. de).= Parent fils. = Sarrazin-Campion.=Thierry-Bruyère (Mme).

Mécaniciens = Beetz-Laconduite. = Brassins (P.).

Caille (J. F.), O. ✻ et Cie, directeur : M. Lachaume ✻.

Landrieu. = Le Banneur et Cie, constr. méc. en tous genres à Dorignies.

Penin (Aug.) fils aîné.

Ornements d'église.=Le Mâle.

Produits chimiques (fabr. de).= Evrard.=Farez et Cie.

Rouennerie et lainages en gros. = François Bertelle (Th.).

Rouennerie en détail et nouveautés. = Courment. = Couturier. = Cuvilliez et André (Mlles).=Delval-Anache.= Demoulin (Mlle). =Doisy-Landrieux.= Dudebout-Herbert.= Dumarquet sœurs.=Farine.=Fichel sœurs. Foucart-Dumarquet. = Gillet frères. = Honoré (Mlle).=Lefebvre (Mlle).=Léger (Mlle). =Lemoine.= Odoux-Sebert.= Pachy-Caudrelier.=Saude-Becq.

Soieries, nouveautés. = Gillet-Campion. = Léger (Mlle).= Lemoine. = Pachy-Caudrelier.=Sande-Becq.

Tissus (fabr. de).=Asou.

Toiles (fabr. de) = Colle-Cornille (Ve).= Lefebvre frères et Cie.

Tulles (fabr. de). = Bailey (Alfred).=Ranson (J.), écrus et bandes et unis.

Dourlers.

Laines (filature de). =Mehaux frères.

Dunkerque.

Chambre de commerce. = Président : Carlier (A.), O. ✻.=N... = Beck père.= Chequet (Z.). = Lefebvre (Alex.). = Vancauwenberghe (Ch.) fils. = Petyt (Aug.). = Bourdon (Ct.). = Secrétaire : Debeke. = Secrétaire-adjoint : Canevet.

Tribunal de commerce. = Président : Petyt (A.). — Juges : Feron (G.). = Hameir. — Didier. = Coquelin. = Suppléants : Coquelle. — Lavergne. — Van Cauwenberghe (A.). — Greffier : Gasteau.

Conseil de prud'hommes. — Président : Vancosten (J.M.H.).

Banque de France (succursale de la).= Directeur : Coffyn. — Caissier : Fournier.

Consulats. — Angleterre : Major N. Pringle, consul. — Autriche : Plaideau (N.). = Belgique : Dewulf-Cailleret ✻, consul. = Brésil : Foron (G.), vice-consul. —Costa-Rica : Debaecque (L.), consul. —Danemark : Bonvarlet (A.), consul.— Espagne : Foort (Th.), vice-consul. — Etat-Unis : Lemattre agent consulaire. — Grand duché d'Oldenbourg : G. Beck. — Grèce : Féron, consul. — Hanovre : Bonvarlet (A.), consul. — Italie : Foort (Th.), vice-consul. — Mecklenbourg-Schwérin : d'Arras (E.), consul. — Mexique : G. Féron, consul. — Pays-Bas : Alard, consul ; Cousin, vice-consul. — Portugal : Jodeçius (Ch.), vice-consul. — Prusse et confédération de l'Allemagne du Nord : Bourden(G.), consul. = Russie : Debaecque (L.), vice-consul.=Suède et Norwége : Thiéry (A.), consul.=Vénézuéla : Ch. Collet fils, consul.

COMMERCE, INDUSTRIE.

Amidon (fabr. d'). = Waekernie-Denièle.

Banquiers. = Bourdon (Ct.) = Hameir ; Carpentier et Cie. = Petyt (A.) et Cie.

Bâches (fabr. de). = Reoryck.

Chapeaux de paille (fabr. de). = Lepet (J.) et frères. = Cie-Coquillier.

Cordiers. = Bataille-Rosard (Ve) et fils. = Ceva (A.). = Derycke (L. et E.). = Hardebelle-Lenvert. = Ogez (A.). = Perre. = Vancosten (J.).

Cotons (filatures de).= La Flandre : Remmel, Winther et Cie. = Sueche (A.), G. Vanryck et Cie, fils simples et retors.

Draps. = Agar. = Auger. = Beck. = Cappelle ainé. = Cappelle cadet. = Darchet. = Delattre. = Desfarges-Loosdreght. = Delahaye. = Gervais (H.). = Herprek. = Mametz. = Planque-Bellaert. = Verron-Deryeksen.

Gants (fabr. de). = Riveiren.

Fleuristes. = Capelle (Mlle). = Delich.

Lins, étoupes de lin et chanvre (filatures de).= A l'Hermitage, Diekson, O. ✻, et Cie, et manuf. de toiles à voiles. = Brequant et Cie, filat. de chanvre. = Quenin (J.L.) et fils, tis. mécan. à Teteghem-lez-Dunkerque. = Detraux-Bouquillien et Cie, usine à Arques. = Dumoulin (F.) et Cie, usine à Hondschoote.

Filatures dunkerqueises. = Herbart Grandy et Queulain, filat. de lin, tis. mécan., toiles d'emball. = Ravinet (A.), Grysez et Cie. = Robert (A.), J. Bates et Cie. = Stambroeck et Cie. = Vancauvenberghe (A.), E. Seys, Snowden et Cie.

Lin (marchands de). = A. Guillaume.

Nouveautés. = Auger. = Baële-Casella, (Mme). = Butez (E.). = Cateire-Dubois. = Desfarges. = Loosdreght. = Desaegher fils.= Halder (Ve). = Lantsheere-Verscheure. = Lescaillet sœurs. = Morel (Marie). = Salemoen-Vermesch. = Tavernier (Ve). = Verrou-Deryeksen.

Syndics de faillites. = Palynck. = Reoryck.

Toiles à sacs et d'emballage (manuf.). = Herbart. = Grandy. = Queulin et Cie.

Toiles à voiles et autres (manuf.). — Dickson, O. ✳ et Cie.

Illincourt.

Tissus (fabr. de). — Colard. — Delaporte. — Delhaye et Bourgeois. — Duprez fils. — Duquesne. — Maronnier (F.). — Maronnier (P.).

Erquinghem.

Toiles (fabr. de). — Martin (J.) et Merival.

Estaires.

Amidon (fabr. d'.). — Lecomte-Dupond et fils. — Roche fils.

Blanchisseurs et crémeurs de toiles. — Blanquart (Louis). — Blanquart frères. — Fenart (F.). — Grave. — Liébart. — Petillon (Aug.). — Werquin (Louis).

Blanchisseurs et crémeurs de fils. — Deroode frères et sœurs. — Demarle. — Petillon (Aug.).

Linges de table, ouvré et damassé (fabr. de). — Ducatez (L.). — Gamelin-Delpierre. — Sonneville. — Streck. — Werquin-Revel.

Toiles (fabr. de). — Blanquart frères, tissage mécanique. — Blanquart et Blanquart-Duhamel. — Demarle. — Quintrel. — Ducatez (L.). — Duprez. — Fenart-Castrique. — Fenart-Lelong. — Gamelin-Delpierre et fils aîné. — Grave frères. — Henniart. — Ledieu. — Leroy (H.). — Sense. — Sévère-Sonneville. — Singer-Denze. — Singier-Vernamandelle. — Werquin-Notelle. — Werquin-Revel.

Strœungt.

Articles pour filat. — Huile-Delbauve.

Bonneterie (fabr. de). — Dervillée (W.).

Laines (filature et peignage mécanique de). — Bertrand, Hesselet, François et Cie. — Pecqueriaux-Lebrun.

Laines (négts en). — Cabeteau fils et Béra.

Lin. — Cuit (Fr.) fils, lins pour fileuses. — Huile fils, expéditions.

Vaches.

Lin (filatures de). — Gibson et Merveille, étoupes. — Merveille et Cie.

Flers.

Teinturiers. — Descat ✳ frères, m. à Roubaix. — Malfait (J.) et Cie.

Fourmies.

Articles de filatures. — Bernier-Detray. — Fouché. — Pereaux (J.-B.).

Bonneterie, coton, fil, laine. — Berbuy (Firmin). — Bertaux (G.). — Bertaux (J.J.). — Demanet.

Bourre de soie (filat. de). — Claven (X.J.).

Chanvre peigné. — Pereaux (J.B.).

Rubans p. cardes (fabr. de). — Mahy-Dronsin.

Tissus (fabr. de). — Legrand (les fils de Théophile), tissus de laines et nouveautés, m. à Paris. — Simouin (Ch.).

Laines brutes. — L. Legrand (Du Nouvion).

Laines (déchets de). — Doilet-Hazard. — Gerard-Lesceux. — Piette-Duval.

Laines (peignage mécanique de). — Raux, Gilletaux, Meunier et Cie.

Laines peignées (filatures de). — Bachy. — Berteaux frères. — Bertrand (Ernest). — Bertrand, Doillet et Cie. — Bousis et Cie. — Claven jeune, filat. en laines et bourre de soie. — Delloue, Staineg et Cie. — Détourpe, Poulet et Cie. — Flament et fils. — Foucamprez (H.) et Cie. — Guillaume, Derville et Cie. — Hardy, Bachy et Lecoyet. — Hubert, Lebet, Brifotaux et Cie. — Jacquot, Rennesson, Ravet et Cie, peignage et tissage mécanique. — Lebègue et Mailliet, et peignage. — Lecoq et Dumas, maison à Paris. — Legrand (les fils Théophile), maison à Paris. — Legrand et Jandin. — Le Jemble, Ravaux et Cie. — Betellier-Oudart, maison à Sedan (Ardennes). — Meunier (Victor) et Cie. — Michelet, Bailly et Cie. — Proisy, Berlaux, Defontaine et Cie, peignage. — Staineg, Legrand et Cie, peignage et filature de laines. — Wattiaux et Piéton, peignage.

Laines cardées (filature de). — Beudaille-Tricot.

Laines peignées et filées. — Gerard-Lesceux.

Laines en tous genres (commissionn. en). — Barrois (Aug.). — Doillet-Hazard. — Buisson (H.). — Chastagner. — Duval-Boulet. — Francart. — Guillitin. — Germain et Berlaux. — Gérard-Lesceux. — L. — Maltaire. — Piette-Duval.

Glageon.

Cordages (fabr. de). — Hubinet (Louis).

Laines (peignage mécanique de). — Leclerq frères, Divry et Cie.

Laines (filature de). — Th. Legrand, de Fourmies.

Tissage de mérinos. — Les fils de Théophile Legrand, filature à Fourmies.

Gorgue (La).

Toiles (fabr. de). — Blancquart frères. — Dambrin (Ch.) (Pont d'Estaires), maison à Armentières. — Lefebvre, et linges de table. — Lefrancq.

Hallennes-lez-Haubourdin.

Lin (filature de). — Gachet (L.), maison à Lille.

Halluin.

Conseil de Prud'hommes. — Président : Danset (Émile).

Blanchisseurs de fil. — Dassonville (J.) et (H.

et L.) Phalempin. — Montaine et Cie. — Vandewynckele père et fils.

Blanchisseurs de toiles. — Bernard (Aug.) et Devos frères, maison à Lille.

Tissus, molletons et châles tartans (fabr. de). — Delaroyère (F.), fils. — Demeestère (P.) et Moreau. — Dumont-Grimonprez.

Tissus (marchands de). — Bailly-Carette. — Billet-Delannoy. — Delannoy-Catteau. — Dewyn (F.) — Noyelle-Blanc. — Wattel-Roy.

Toiles (fabr. de). — Bernard (Auguste) et Devos frères, maison à Lille. — Colombier-Batteur et fils, maison à Lille. — Dans et frères, maisons à Lille et Marcq-en-Barœul. — Dassonville-Pollet (H.). — Dassonville (Jules). — Deboey (Jules). — Defretin (Ed.). — Delcourt (L.) et Cie, maison à Lille. — Demeestère-Demeestère (Jules), maison à Lille. — Detroye (H.), maison à Lille. — Dubois (Jules). — Dubuysson (L.), dépôt à Lille. — Dumortier (J.-B.). — Dumortier (A.). — Dupont-Bonduelle. — Fiévet (W.) fils. — Graye-Fiévet. — Lemaire-Leduc.— Lemaître (Ch.), maison à Lille. — Lemaître-Demeestère et fils ✳, maison à Lille. — Lemaître frères et sœurs. — Lemaître-Leurent. — Lemay-Pollet (H.). — Loridan.— Mathieu-Cornille. — Mas-Faucheur et J. Mas, maison à Lille. — Meunier-Sterlin, maison à Lille. — Ovigneur (J.), maison à Lille. — Phalempin-Dassonville. — Pollet-Morel. — Staes (Ad.). — Vandeputte (Ant.). — Vienne frères et Cie, tissage mécanique, maisons à Roncq et à Lille. — Wallard Lepers (Vve).

Hantay.

Toiles. — Mortelecque, filature d'étoupes, blanchisserie et tissage mécanique.

Hasnon.

Bobines (fabr. de). — Gourdin — Petit. (Ad.).

Couvertures d'étoupes (fabr. de).—Masse (G.).

Lin (filature de). — Chavatte.

Lin (teillage mécanique de). — Chavatte-Duchâteau. — Monier frères (Louis). — Vandendriesses.

Lin fin pour batistes. — Debrabant (A.). — Delcroix-Hornez. — Delcroix (Vve). — Lasson (Prudent). — Lemaire (Florimond). — Lemaire (L.).

Haspres.

Toiles et mouchoirs-batistes (fabr. de). — Cacheux (F.). — Vinchon et Basquin.

Haubourdin.

Cotons (filature de). — A Yon et Ernest Remy.

Lin (filatures de). — Colombier-Batteur et fils, maison à Lille. — Delhaye. — Demersseman (C.).

Haussy.

Laines (facteur en). — Ducornet.

Toiles batistes (fabr. de). — Barbet. — Visse.

Hautmont.

Draps, nouveautés, étoffes diverses. — Delhaye-Collet — Falleur (Jh). — Gille-Bannely. — Haussy-Rose. — Laurent-Coquelet. — Lejeune-Friart. — Lejuste (Nicolas). — Lespillette-Lebon. — Manard (Dre). — Nersoy-Friard. — Mosteau.

Hazebrouck.

Lin et étoupes (filature de). — Decapol (A.) fils.

Toiles (fabr. de). — Bernast. — Lefebvre frères, maison à Paris. — Lemoine-Lefebvre. — Plancke (Ch.).

Hellemmes.

Lin (filat. de). — Decourchelle et Lecocq. — Vrasse-Laurent.

Passementeries (fabr. de). — Thève, maison à Lille.

Hem.

Teinturiers. —Declercq (N.), frères.—Esprit-Carette, en laine et coton.—Gabert, Mulaton et Screpel, soie.

Herrin.

Crémage, blanchisserie de toiles, tissus fils de lin, fils de coton, et fabr. de toiles. — Boniface (Achille), maison à Lille.

Hondschoote.

Lin (commission. en). — Demersseman. — Dequeker. — Duchesne. — Soenen.

Lin et étoupes (filat. de). — F. Dumoulin et Cie, maison à Dunkerque.

Lin (fab. de). Areyn.—Bellenger.—Bertin. — Debreus.—Degomme.—Deryke.—Dujardin. Maertens.—Obein.—Parmentier.—Patfoort et Everaert.

Inchy.

Tissus laine.—Dubois.—Jardin (Ch.),

Tulles (fabr. de). — Lefèvre (L.)

Lambersart.

Teinturiers en toiles, fil et coton et calandre. — Delcourt frères (C. et A.).

Landrecies.

Banquiers. — Cassine-Richies. — Godart-Boucher.—Hubert, Quénot et Cie.

Draps, nouveautés et toiles.—Brissy-Manesse. Droubay,—Duchâteau.—Fiévet.—Fournez. Cabet-Léqueux. gros. — Gigon-Lacour. — Levaux-Dulieu (Ve).—Minon-Montagne.

Modes, nouveautés.—Colin-Naveaux.—Frison (Mlles). — Gabet-Lequeux, nouveautés en gros.—Leclercq-Blary.—Leclercq (Mme J.). —Merlin-Hazard (Mme). — Passage (Mlles).

Lannoy.

Courte-pointes piquées en coton (fabr. de). —

Betremieux frères. — Deffrennes-Duplouy.
Page et Cie.
Couvertures de coton (fab. de). — Betremieux
frères.—Deffrennes-Derache. — Deffrennes
(N).— Deffrennes-Delcourt. — Deffrennes-
Duplouy frères.—Delporte (L.).—Dervaux-
Bolle.—Dubois (Ach.). — Dubois (Jh.). —
Dujardin (H.). — Labis frères. — Parent
(A.) et fils. — Parent-Herbaux. — Qui-
que (Ve).
Lin (filat. de). Boutemy. — Cannissié (Gme),
mais. à Lille.— Deffrennes-Duplouy frères.
Parent-Montfort et Cie.
Tapis (fabr. de).—Constant père. — Leborgne
(Ferdinand).
Tissus et articles de Roubaix (fab. de). —
Parent (Aug.) et fils.
Tissus en gros. Delcroix (Ed). —Paren (A.).
et Cie.
Toiles (fabr. de).—Deffrennes Duplouy frères.
— Parent-Herbaux.

Liessies.

Bas (fab. de). — Caniot.
Tissage de mérinos. — Les fils de Théophile
Legrand, filat. à Fourmies.

Ligny.

Tissus laine et soie, nouveautés (fab. de). —
Laurent (Alfred), et à Paris.—Millot (Jules)
et Dollez.
Facteurs de fabriques. — Clairy-Dirson. —
Lefebvre-Laurent (J.B.).

Linselles.

Lin (marchands de).—Delbarre. — Delfortrie
(A.).—Delmotte.
Lin (filat. de).—Hennion-Wellens.—Hennion
et Cie.
Toiles (fab. de).—Delobel frères.—Dumortier
(H.).—Lebbe.—Villers (N.).

Lomme.

Fils retors (fab. de). — Verstraete frères et
Cie.
Lin (filat. de).—Bruyerre (P.). — Jolivet (A.).
Verstraete frères et Cie.
Linges de table (fab. de).—J. Casse et fils.
Teinture, apprêt et calandre.—Defrenne (E.).
Lassan-Fievez.

Loos.

Bleu d'outre-mer (fab. de). — Dornemann.
Cotons (filat. de).—L. Bastenaire.—L. Bonte-
Boyer. — Thiriez frères.
Lin (filat. de). — Gallafent fils ainé. — J.
Parvillez.
Produits chimiques.—Kuhlmann et Cie.

Lys-lès-Lannoy.

Lin (filat. de). — Delannoy et fils.
Toiles (tis. méc.). — Parent-Herbaux.

Magdeleine (La).

Cotons (filat. de).—Delesalle (Alfred).
Déchets. — Deruyck (P.). — Tirmaiche.
Lin (filat. de). — Delesalle-Desmedt et Cie.—
Glorie et Cie. — Leblan frères (J. et P.), m.
à Lille.
Produits chimiques (fabr. de). Kuhlmann et
Cie, acides sulfurique, muriatrique, nitrique,
à Lille, Amiens et Dunkerque.
Teinturiers. — Dedondère-Epinaut — Leva.
Toile cirée (fabr. de). — Delrue-Merlin fils.
Toiles (fab. de). — Boniface (Ach.) à Lille.—
Delettré (L.). — Mas. — Verley (G.).

Marcoing.

Tissus de coton (fab. de). — Carpentier. —
Dufresnoy (J.B.). —Duresnoy (Ed.). — Dufresnoy (Ch.).—Lavallée (Mme).
Teinture et blanchisserie d'étoffes. — Delloye
et Cie.

Marcq-en-Baroeul.

Blanchisserie de toiles, fils et cotons et mar-
chands. — Delobelle frères.
Lin (filat. de).—Danset frères, maison à Lille
et Halluin. — Scrive frères ✳, et siége
à Lille.
Toiles (tissage méc. et blanchissage de). —
Danset frères, m. à Lille et Halluin.
Toiles en gros. — Delobelle et fils.

Maretz.

Facteurs de fabrique de tissus. —Claisse (G.)
Coupez (P.). — Dubedout.—Lanciaux (J.N).
— Lemaire (A.). — Losseau (Ch.). —
Louis (D.).
Tissus, laines écrues (fabr. de). — Hussenot
père, fils et Cie. maison à Paris.
Tissus, nouveautés et soieries (fabr. de). —
Perreau et Besison. — Tabourier, maison à
Paris. — Taisne et Poëte.—Direz-Loriboir,
châles, cachemir, etc. — Dusseau et Charpentier. — Garnier et Cie, mais. à Paris.—
Vatin jeune et Cie, et à Paris.
Tissus nouveautés, laine, soie et coton (fabr.
de). Bourguignon (H.) et V. Richard, fabr.
de gazes, mais. à Paris. — Ducornet-Lan-
ciaux (Ate), tissus nouveautés. — Laloy (A.)
et Cordonnier (P.), maison à Roubaix, Fosse-
aux-Chênes. — Legrand (les fils de Théophile), mais. à Paris. — Vieillot (J.), mais.
à Paris.

Marquette.

Lin (filature de). — Delgutte ainé.
Teinturerie. — Empis frères et Cie.
Tissage mécan. de toiles de lin et blanchisserie
de fils. — Jules Scrive et fils ✳.

Marly.

Imprimeurs sur étoffes. — Weil (Em. et H.),
sur batiste, soie, laine et coton, et appli
cations d'or et d'argent sur tous tissus.

Masnières.

Lin (filat. de).=Chapellier (A.), tissage.
Toiles (fabr. de). = Roux et Bourgeois.

Maubeuge.

Banquiers. = Firmin-Bettiau. — Horrie et Autier. = Lejeune, Guisgand et Delobecque.
Broches et cylindres pour filatures (fabr. de). = Dandoy-Mailliard, Lucq et Cie, fabr. de broches et pièces détachées.
Draps, rouennerie et nouveautés. — Blanc et Lamblotte. = Dembled (Elisa), et bonneterie. = Boulogne frères. = Cafficaux. — Dubut-Halgrain. = Hanne-Manfroy. — Matton-Fessel. = Fontaine-Besson. — Gilliard frères, draps nouveautés.—Lefèvre (J.), à Sous-le-Bois, Manfroy, Mabille et Cie. — Meurant-Fontaine. = Riget.

Maurois.

Tissus laine (fabr. de). = Robert-Ledieu. — Thirion-Mailliard et Cie, de Solesmes.

Merville.

Banquiers. = Derolde-Herduin.
Broderies de sarraux (fabr. de). — Becue-Halpuchery. = Courty-Garrez. — Dannequin et Foucart. = De Jengher. — Dapsens-Durlez. = Deleurence-Leroy. — Goidin (Vve). = Halpuchery-Vanamandel. = Lancelle-Decourchelle. — Pruvost (Julie).
Linges de table (fabr. de). = Clarisse-Béghin. — Duhamel* frères. — Martin. — Rallez (C.).
Toiles (fabr. de). — Bouillez (Émile). — Duhamel frères *, tissage mécanique.

Montay.

Broches et ailettes pour filat. de laine, lin et coton (fabr. de). — Feret frères.

Mortagne.

Bonneterie, tricotage de laines (fabr. de).— Heule-Quévy. — Lecœuvre. — Mazingue.

Morbecque.

Toiles (fabr. de). — Declerck (Alex.). — Declerck (Charles). — Declerk (Xavier). — Delcambre (Alb.). — Debusche (Louis). — Dubreu (B.). — Lyoen (Em.). — Lyoen (Henri). — Vermeulen (A.).

Neuvilly.

Percale de St-Quentin (fabr. de). — Ledoux Bedu et Cie.
Tissus (fabr. de). — Cayez. — Lemaire. — Robert.

Nieppe.

Blanchisserie de toiles. — Béghin (Ant.), à Armentières. — Cremeur. — Dewilde (Th.). — Dufour frères. — Fauquennoy. — Grignon. — Lameran-Dufour.

Noyelles.

Toiles, calicots et linges de table (fabr. de). — Dewilde (Théodore), à Armentières.

Filatures (articles de). — Drummond (J. W.) et Cie, garnitures de cardes.

Ohain.

Bonneterie et laines peignées (fabr. de). — Bastien aîné. — Divry (Nicolas).
Laines (filat. de).—Delval, Raux, Hardy et Cie.

Orchies.

Banquiers. —Cailliau (Victor) fils.— A. Dincq et Cie., mais. à Douai (Nord). — F. Vauban, gérant.
Lin (filat. de). — Tiers (Vve).
Ouates (fabr. de). — Durlez et Cie. — Vauban frères.

Perenchies.

Lin (filature de). — Droulers et Agache.

Petite-Synthe.

Bleu (fabr. de). — Levert (P.).
Boutons (fabr. de). — Delafont. — Mathieu.
Déchets de filature (march. de).—Dubois (Ch.).
Lin, étoupes et jute (filature de). Debacker, Pauwels et Cie, siége à Dunkerque.

Phalempin.

Lin (filature de). — Defretin (A.) et Cordonnier frères.

Poix.

Tissus mérinos (fabr. de). — Figny. — Les fils Théophile Legrand, de Fourmies.

Provin.

Toiles (fabr. de). — Duriez (Lucien). — Fourmaux. — Grard (F). — Lenglemez (L.).— Mahiette (E.). — Mortelecque-Lenglemez.— Renaut (J.B.).

Quesnoy-sur-Deule.

Lin (filat.). — Dervaux-Cornille et Cie.
Lin brut. — Carton. — Ghesquier. — Marecaux. — Rembry.
Teinturiers en toiles, cotons et calandre. — Desrumeaux-Cailloret.

Quiévy.

Broches pour peignes à tisser (fabr. de). — Bauduin (Noël). — Bauduin (Jérémie).
Tulles (fabr. de). — Canonne (J.B.) père. — Canonne (J. B.) fils. — Lorriaux (N.).

Raimbeaucourt.

Lin. — Lemaire-Masquelier. — Tirmont (J.B.).
Toiles et tissus, molletons (fabr. de). — Delattre (Ve). — Facq. — Lemaire-Masquelier. — Vital-Dubus. — Wasson.

Roncq.

Lin (commissionn. en). — Catteau-Dhalluin. — Lesaffre-Dutilleul. — Vandeputte (J.).

Lin (teillage mécanique de). — Catteau-Dhalluin. — Vansteenkiste (H. et D.).

Tissus molletons (fabr. de). — Dutilleul frère et sœur. — Vansteenkiste fils aîné.

Toiles (fabr. de). — Chombeau (César).— Couvreur-Catteau. — Delahousse-Vienne. — Vienne (Louis), m. à Lille. — Vienne frères et Cie. — Roncq, m. à Lille. — Wallerand-Hionquert.

Roubaix.

Chambre consultative des arts et manufactures. — Président : Paul Defrenne ✻. — Secrétaire : Brun-Lavainne.

Bureau public de conditionnement des soies, colons et des laines. — Directeur : M. Mussin.

Conseil de prud'hommes. — Président : L. Lefebvre. — Secrétaire : Duhamel.

Apprêteurs et cylindreurs. — Descat O. ✻, frères, usines à Flers (Nord). — Descat-Libouton. — Ernoult-Bayart ✻ frères. — Ernoult (J. B.). — Hannart frères, m. à Paris, — Leman et Dubucquoy. — Motte (Alfred) et Cie.

Articles de filatures de fabrique. — Burette-L'Hoir. — Delannoi (L.). — Delmée (Aug.), de la m. Dandoy-Maillard, Lucq et Cie, de Maubeuge, broches, rouleaux de pression, crapaudines, etc. — Destombes-Denoulet. — Desumeur-Deprate. — François (G.). — Duhamel (L.). — Duthoit (D.), spécialité de bobinots. — François (Ch.). — Hermant — — Labbé-Sentin. — Lefrançois.— Scrépel-Pollet. — Scamps (Ch.) fils. — Serrure (Emile). — Sorel-Demay.

Articles de Roubaix (fabricants d'). — Alard-Scamps. — Bayart-Parent, nouveautés p. robes. — Bayart frères. — Becu (Jh). — Beghin (L.). — Bettremieux fils. — Beuscart (C.). — Bochard frères. — Bodin (Ed.) et Cie. — Bodin (Alph.) et Cie. — Bonnel (Henri). — Bonnet (J.) et Cie. — Bourbier. — Bouvy et Cie. — Bulteau (Emile). — Bulteau-Desbonnets et Cie. — Bulteau ✻ frères, m. à Paris. — Calimé-Mulle, de Lille, dépôt chez Bantegny-Defrenne. — Castel frères et sœur. — Cateaux-Leplat. — Catteau (Adolphe).— Catteau (P.). — Clavé (M.), maison à Paris. — Cocheteux (Henri). — Corcket (L.). — Cordonnier (Louis) ✻. — Courmont frères, m. à Lille. — Courouble et Carrette. — Cruquenaire fils. — Daudet (Ch.). — De Baets (H.) et Cie. — Dubuchy (J.B.) et Cie. — Decottegnie-Dazin (Vce). — Defrenne (Paul) ✻. — Delannoy-Destombe. — Delaoutre (Alexandre). — Delattre (Vce Louis) fils. — Delattre (H.) ✻ père et fils ✻, filature anglaise, peignage

et tis. mécanique. — Delcambre (Telesp.). — Deledalle (Achille). — Delespaul et Cie. — Delfosse frères. — Delobel-Barot. — Delporte (Pierre) et Cie. — Dengremont (J.). — Derrevaux-Delefortrie. — Dervaux (H.) fils. — Desbarbieux-Quenoy. — Descat (Emile) et L. Duva, m. à Bapaume. — Deschamps-Desrousseaux. — Desmons (Félix). — Desrousseaux (Richard). — Destombe-Lefebvre. — Destombes-Leruste. — D'Halluin-Lecroart. — D'Halluin-Lepers. — Dillies frères. — Droulers (A.). — Dubar (Ch.). — Dubar-Delespaul. — Dubar (L.). — Dubus (Paul). — Ducateau (Louis). — Duhamel (A.). — Duhamel (F.). — Duhamel-Lefebvre. — Duhamel (Th.). — Duhamel-Housez. — Dumortier (Victor) et Gustave Cuignet.— Dupire (Paul). — Duspire (J.B.). — Duspisre-Duhamel. — Dupont-Wattel.— Dutilleul-Lorthiois et fils. — Eloy-Duvillier. — Eloy-Toullemonde. — Ferrand et Cie; dépôt. — Ferfaille-Bonave (Vce). — Fauvarque frères. — Ferlié (Alph.).— Fiévet (Thre) et Cie. — Florin (Jh). — Florin (Ve Ad.). — Florin (Léopold et Léon). — Florin (A.). — Gantier-Pennel (L.). — Geluck (Pierre). — Gilain-Watel. — Gillot et Nys. — Glorieux (L.). — Goube-Tiberghien. — Grimonprez-Delattre. — Grimonprez (Eugène) fils. — Grymonprez fils. — Hannart frères, fabr. de moleskine imprimée.—Harinckouck (A.), fabr. spéciales d'ameublements. — Hazebroucq - Delescluse. — Heyndrickx-Dormeuil (Vce). — Hoffmann (P.) et Cie.— Honoré (A.). — Horent frères et sœurs.— Hypolite et Léon Lévy. — Lagache fils. — Lambin-Delattre. — Lauvic et Darcy. — Leclercq-Dupire. — Lecomte (J.) et Cie. — Lecru - Planquart. — Lefebvre - Bocquet, dépôt de Tourcoing. — Lefebvre-Ducatteau frères ✻. — Le Hir et Cie. — Lemerre (A.). — Lemerre (Ch.). — Lepoutre-Pollet. — Lepoutre (A.). — Lepoutre et Cie. — Leroux (C.) et frères. — Leruste (Em.). — Bonave. — Lherminez (D.) et Cie. — Longuepée et Larivée.—Loridant (Eug.), dépôt. — Masson-Mathon. — Mazure-Mazure. — Meerseman et Cie. — Meriaux et Marsy.— Mourisse-Lemaire. — Montagne (Auguste), dépôt. — Montagne (J.) père fils et Cie. — Morelle (Emile) et Cie. — Mullier frères rue de l'Hospice, 31. — Mulliez-Eloy. — Nezelot (J.), dépôt. — Nuyts (Carlos) et Cie. —Pattyn (H.) et Cie.—Petit Eugène.—Piat frères.—Piat (César). — Pin-Bayart (Ach.). — Sioen. — Ployette (F.). — Poissonnier-Duhamel.— Pollet (Jules). — Pollet (Jh) et fils, r. Nain, 40.—Pontier frères.— Poullier, Delerue (L.). — Prouvost (Félix) et A. Féron, r. St-Georges, 3 — Prouvost (H.). — Prouvost-Lievin. — Prouvost (Ach.). — Prouvot jeune et Cie. — Prus et Bayart. —

Prus (François). — Quint (J.) et Letar (T.). — Requillart fils (F.), maison à Paris. — Requillart et Richard. — Requillart-Screpel. Roussel (Franc.). — Roussel (Ch.). — Roussel-Dazin (Ve). — Roussel-Leconte (H.). — Reuzé frères. — Rubay (Florimond). — Saden et Cie. — Salembier (Henri) et Cie, dépôt à Paris. — Saultois (H.). — Scamps (Ph.) et Cie. — Screpel (César). — Screpel (Louis) et fils. — Screpel-Lefebvre. — Screpel-Roussel et fils. — Segard (Em.) et Cie. — — Semet-Derrevaux. — Sloen-Pin (maison Pin-Bayart). — Talon (A.). — Ternynck frères. — Tettelin-Carré. — Tettelin-Cappelle. — Therin et Cie. — Tiberghien frères. — Toulemonde-Destombe. — Toulemonde frères et Cie. — Truffaut frères. — Truffaut-Watine. — Vanoutryve (Félix) et Cie. — Venant-Cheval. — Vernier-Delaoutre fils. — Versmée (Victor). — Watine (Julien). — Watine (Louis). — Watine (Joseph). — Wattel (Florimond). — Wattel-Prus et fils, robes. — Wattel-Roussel et frère. — Werquin-Wattel. — Werth (E.). — Wibaux-Florin (Dés.), filature, teinture, tissage mécanique. — Wibaux (Henry). — Wibaux-Motte. — Willaert-Delerue (J.). — Willem (L.).

Articles de Roubaix (courtiers en). — Bourbier père et fils. — Bossut père et fils. — Boulanger (E.) et Cie. — Castel (César) ✳. — Clarisse frères. — Delacroix (A.). — Duriez (L.) et Cie. — Hoffmann (V.) et C. Desmettre. — Chartier jeune et Cie. — Courmont frères, fabr. à Lille et Tourcoing. — Cossé et Sanson, maison à Paris. — Dazin-Motte et Pla. — Eeckman (L.) et M. Sloen. — Ferlie et Thirion. — Froncken (Jean) et Cie. — Grisy, Salomon et Abaye. — Hoffmann (V.) et C. Desmettre. — Lafon et Bacquoy, maison à Paris. — Leman et Lepers. — Lestienne frères. — Mourmont frères. — Nie père et fils. — Renaux-Lemerre (J.) et fils. — Requillart, Cuignet et Bellon. Rogues (G.) fils. — Rubay (Florimond) et Cie. — Spel frères. — Voreux et Devemy. — Wattinne, Wattel et Defrenne. — Wattine père, fils et Rebeillé. — Wicart (L.) et Cie. Weil (Isidore).

Articles blancs. — Goethals-Descamps. — Leroy-Boutemy (Ve). — Lion-Verlais. — Pattyn-Goethais. — Ollé aîné.

Banque et recouvrements. — Decroix (J.), Vernier, Verley et Cie, maison à Tourcoing.

Comptoir commercial de l'arrondissement de Lille. — Henri Devilder et Cie.

Crédit agricole. — Directeur : A. Doltelle.

Société de crédit industriel et dépôts du nord, siège à Lille, administ. : Kiener.

Bonneterie : Bègue. — Dupire-Fourlinie. — Horent. — Jonville. — Martin (H.). — Noël (Ad.). — Parent-Musin. — Souty (E.) et Cie, et ganterie.

Beurre de soie (filature de). — Cazier (Emile), soies gazées et lustrées. — Lepoutre-Parent.

Chapeaux de paille (fabr. de). — Gillet (J.). — Menami (J.).

Chapeaux et casquettes (fabr. de.) — Deghin. — Doussemart (L.). — Cuvel fils. — Deloporte frères. — Desmet. — Deratte. — Lavainne fils. — Michaux. — Petit. — Riquier. — Thieffy. — Timal. — Wande.

Chemisiers. — Cambray-Vaseure. — Souty (E.) et Cie.

Commissionnaires-facteurs en matières premières, soies, laines et cotons. — Detremieux. — Delestraint-Bayart, laines. — Fleury (Victor), laines. — Gadenne (Liévin). — Grouillon (Em.). — Herbaux (F.). — Lefebvre (Anthime). — Leleux-Delestraint. — Lemaire frères et sœur. — Lion-Verlais. — Pauchet (Alfred), laines, cotons et soies filés. — Schmit (C.). — Thiberghien (L.). — Verin-Lefebvre. — Wugk (Alfred).

Confections pour hommes (fabr. de). — Dedu-Vanhoutte. — Bettonelf. — Gatteau-Destombes. — Cercket. — Debailleu-Preuvot (Ve). — Deblique. — Delambre-Longuepée. — Delambre-Seutin, et pour dames. — Guédon. — Jacob (A.). — Leduc (H.). — Minard. — Nuyttens. — Pontier frères. — Rousseaux-Remy. — Thomas (L.). — Vanherzeele.

Cotons (filatures de). — Cazier (Emile), gazé et lissé. — Charpentier-Delattre. — Delattre (Henry) ✳, père et fils. — Descourt (Ad.). — Desvignes-Bayart. — Dilliers frères. — Duriez fils, maison à Paris. — Florin-Watine. — Florin (Ed.). — Frassez (François) frères. — Grymonprez-Bossut (Ve). — Masson-Mathon. — Mimerel (A.) et fils — Motte-Bossut ✳ et Cie. — Parent et Lemaire. — Screpel (L.) et fils. — Wibaux-Florin (D.), r. Fosse-aux-Chênes, 47.

Cylindres de presses (fabr. de). — Bayart (J.-Bte). — Calais. — Screpel-Roger. — Serrure (Emile).

Déchets de laines. — Becu (L.), et de coton. Boudeau. — Bulteau (Louis) fils. — Debergne (P.). — Defrenne (Liévin). — Desumeur (J.). — Ducoulombier (Henri), et de coton, r. Pellard-Prolongée. — Esprit (Alex.). — Goessens frères. — Leleux (J. B.) — Leleux (Ve) et Cie. — Lemigre (Henri). — Leroux (Oscar) et sœurs. — Liagre (Jules), dégraissage de laines et coton. — Masurel-Desbuquois. — Michel (A.). — Rousseaux (Henri). — Thiberghein (L.). — Toulemonde.

Déchets de coton. — Desbouvrie (Fréd.) — Desuméur (J.). — Goessens frères, laines et cotons. — Liagre (Ch.). — Liagre (Jules). — Thomas-Leplat.

Dessinateurs sur étoffes. — Decock-Dewez. —

Florquin (D.). — Lecomte-Lemaire. — Le-tombe.—Leraillié. — Serrure.

Draps, rouenneries, toiles, etc.—Baert (Ange), et lingerie. — Barenne-Mathon. — Dedu-Vanhoutte. — Dillement. — Boussemart.—Cambray.—Castelain (H.).—Catel-Goffé.—Clarisse-Lecomte. — Cosman-Cadenne. Delambre-Languépée. — Delambre-Beutin. — Delmée (Aug.).— Delporte-Bonave. — Du-formont (Ve).—Duterte (Justine). — Duponchelle et Christiaens. — Fournier-Gadenne. Fremaux-Duhem. — Honoré-Cornille. — Honoré (Thomas).—Horent-Jonville (Ve).—Jourez-Chastel.—Motte-Degand.—Plouvier-Cambray. — Pentier frères. — Prouvost. — Delescluse.—Rammaert. — Relef (Ct). — Truffaut-Fournier. — Vanderhaeghen. — Waeles.—Wille-Marquelier. — Wremain.

Gazeurs en laine, soie et coton. — Cazier (Em.). — Monnet et Petit.

Imprimeurs sur étoffes. — Descat frères ✳, dépôt à Paris.—Hannart frères. — Magherman frères.

Impressions sur chaînes. — H. de Baets.

Laines. (Voir négts commissionnaires).

Laines (peignage mécanique de). — Allart-Rousseau et Cie. — Dazin et Delfosse frères. Delattre (Henri) ✳ père et fils. — Duriez fils.—Fussien frères à Amiens. — Galisset fils aîné, représentant.—Isaac Holden et fils à Croix.—Morel (Aug.) et Cie, peignage de laines longues et autres. — Prouvost (Amédée) et Cie. —Vinchon (Alex.) et Cie.

Laines (trieurs de).—Bodin (Arch.).—Brasselet Desmarcheller frères.—Desmarcheller (Ph.). Dessauvages (H.). — Famechon (A.) et Cie.

Laines peignées (filat. de). —Allart-Rousseau et Cie.—Bulteau (Emile). — Cazier (Emile). Cordonnier (L.). — Defrenne (Paul). — Delattre (Ve fils). — Delattre (H.) père ✳ et fils ✳. — Delfosse frères.—Dervaux (H.) fils et fabr. — Dillies frères. — Duburcq (J.B.).—Duflos (J.B.), fils à Paris.— Ferrier (Ed.) — Florin (A.), et fabr. —Ghesquière-Grymonprez. — Grymonprez (Eug.) fils, et — fab. Lamy (Jules) et Cie, filat. à Tourcoing. — Leclercq (A.). — Lefebvre-Ducatteau frères ✳. — Leroux (C.) et frères.—Mazure-Mazure.—Motte-Motte. — Papon et Cie. — Pin-Bayard (maison Ach. Sioen), et fabr.—Pollet (J.) et fils.—Prouvost (Henri). Ramsden-Mathon. — Roussel-Dazin (Ve). Roussel (F.), tis. méc. — Scrépel (César). — Scrépel-Roussel et fils, et fabr. — Scrépel-Lefebvre. — Scrépel-Chrétien. — Ternynck frères. — Valentin frères et Cie. — Vinchon (Al.) et Cie.—Vandenberge (H.).

Laines cardées (filat. de).— Ernoult (F.) et Palatte. — Lefebvre-Ducatteau frères ✳. —Voigt (H.) et Cie.

Lin, étoupes et déchets. — Gossons frères.

Lin et étoupes (filat. de). — Descat-Billet.—Frasez (François) frères.

Linges de table (fabr. de).— Versmée (V.).

Liseurs. — Bayart (J.-Bte), et fabr. de cylindres. — Cambray-Vascure. — Cateaux-Duvivier.—Cornillié frères.—Decock (Ange et Henri). — Felliet (Aug.). — Scrépel-Pollet.

Mécaniciens.—Beart (Ange).—Breux (Ferd.), r. du Chemin-de-Fer, métiers Jacquart, lisages, plaques, régulateurs, bobinoirs pour tissage.—Catteau fils. — Deheule (J.). — Délien. — Dénutte frères. — Fontaine Louis, à Lille.—Haigh (George).—Hanseel. —Lemesre frères.—Leleire (Aug.). — Martel-Delespierre, métiers pour apprêter les tissus.—Morel (Léon). — Mouraux (J.-Bte). —Paulus (L.). — Rye-Catteau, machines Jacquart de tous systèmes, métiers à ourdir, à bobiner la laine, le coton, la soie et le lin.— Sée (E. et P.)—Skene et Devallée, métiers pour filatures de laines.

Vandamme (Henri), pour tissage, ourdisseuses, cannetières doubleuses, bobinoirs, cannetières.—Vandeville (D.).

Naveliers : Duquenne.—Prouvost.

Négociants-commissionn. en tissus. — Allain et Destombes. — Bantegny-Defrenne et Cie, tissus. — Benecke (E.), laines ; maison à Paris et à Londres. — Bleuez-Dubar, matières premières fils et cotons, laines et soies —Boissière (A.) et fils, laines, soies et cotons bruts et filés, maisons à Paris, Lyon, Rouen et St-Etienne. — Bonamy-Lernould et neveu.— Bossut père et fils. — Bouchez (Alfred).—Boulenger (E.) et Cie.—Bourbier père et fils.—Bouvy (Léon).—Castel (César). — Chartier jeune et Cie, maison à Paris. — Compagnion-Turbiez.—Copin frères.—Cossé et Sanson, m. à Paris. — Cuvru (L.) et E. Henry.—Dazin-Motte et Pla. — Dechenaux (L.). — Decottegnie (Amand). — Defrenne (Liévin). — Delannoy (Emile). — Delerue (A.).—Delestraint. — Bayart, laines brutes et filées. — Desrousseaux-Defrenne, cotons filés.— Dewitte (A.) et Cie, laines, cotons et soies.— Dorion (X.), laines et soies. — Ducoulombier (Henri), et déchets. — Duflors-Donnay, laines mérinos filées et retordues pour tissus. — Dumanoir (A.). — Duriez (L.) et Cie.—Eeckman (L.) et M. Sioen, m. à Paris. — Famechon (A.) et Cie, m. à Bruxelles. — Ferlié et Thirion, m. à Paris. — Fleury (V.).—Fraisse (Ch.).—Frémont (Hector). — Frencken (Jean) et Cie. — Funk, Spies et Cie. — Fussien frères, d'Amiens, représentées par Galisset fils aîné.— Geluck (Pierre).—Ghesquière-Grimonprez.—Gilain-Wattel, laines.— Grisy, Salomon et Abaro. — Hertogh (E.) fils. — Hoffmann (Henri), soies, laines et cotons. — Hoffmann (V.) et C. Demestre. — Housset (J.), matières. —

Jourdeuil (E.) et J. Fort.—Labitte-Masson. — Lafon et Bacquoy, m. à Paris.— Laigle-Dupire.—Lalouette-Parent.— Lamy (Jules). et Cⁱᵉ, mat. premières. — Lang (S.) et A. Ulmo.—Lasalvi (Gustave) et fils de Marseille, représentés par A. Michel. — Le Chevalier (P.) et Cⁱᵉ. — Lefebvre (Norbert) et Cⁱᵉ. — Lefebvre (Ch.) jeune et Cⁱᵉ, mais. à Paris. — Lemaire frère et sœur, laines. — Leman et Lepers. — Lernould (Bonami) et neveu, cotons et laines.—Leroux (Auguste), laines. — Lestienne frères. — Masurel (Carlos). — Masurel fils, laines, cotons, succursale à Tourcoing.— Mathon (Henri), laines, cotons et soies.— Michel (A.), laine brute, peignée et filée, représentant de Lasalvi (Gustave) et fils de Marseille.—Michiels (G.), soies et poils de chèvres. — Montagne (Aug.) et fils. — Motte (E.) et J.Moteley, matières premières.—Mourmant frères.— Nathan (Henri) et Cⁱᵉ, commissionn. en laines.— Niel père ✳ et fils, m. à Paris.—Niffle (Urbain).—Nollet Lucien et fils, laines et cotons.—Parent (P.) fils, matières premières.— Paris (J.), laines, m. à Reims. — Pauchet (Alfred), cotons et laines, représ. de la filature d'Ourscamp.— Renaux-Lemerre (J.) et fils. — Requillart, Guignet et Bellon. — Requillart (Emile). — Requillart et Florin, mat. premières. — Rogues (G.) fils. — Roques, Galpin et Vermylen, laines et cotons filés. — Rousseau (Henri), laines et blousses. —Rousseau (A.) laines.—Rubay (Florimond) et Cⁱᵉ, matières premières.— Spel frères. — Tiberghien-Duriez et Cⁱᵉ, mat., laines et cotons. — Toulemonde-Delesmasure, laines. — Townend et Cⁱᵉ, m. à Paris.— Vandenberge (H.), laines, blousses et déchets. — Verin-Lefebvre.— Voreux et Devémy.— Vouzelle (E.)— Wattinne (Henri) et Cⁱᵉ, laines.—Wattinne père, fils et Rebeillé. — Wattinne-Bossut et fils, cotons, laines et soies.— Wattine-Wattel et Defrenne. — Weil (Isidore). — Wenz et Gossei, négociants en laines, m. à Reims.— Wicart (L.) et Cⁱᵉ.

Ouates (fabr. d').—Delobel-Walcke.

Paillassons (marchands de). — Debeuklaer.— Mannelier.

Peignes et grilles pour filatures et peignages de lin,chanvre,laine, soie et coton (fabr. de). — Broux frères et Samson, — Cordonnier (Ed.). — Tighe-Fox.

Peignes à tisser, (Voyez Rots).

Représentants de commerce. — Clarisse (D.). Delestraint-Bayart, pour laines. — Desbonnets (Alfred). — Dorion (X.), pour laines et soies. — George Haigh, représ. de la maison George Hdogson, constructeur de métiers à tisser à Brandfort (Angleterre).

Retordeurs. — Cazier (Em.), laines, soies et cotons. —Dengremont.—Dujardin.— Desplanques (frères), — Dupire-Fourlinnie, —

Leclercq (A.). — Liagre (J.B.). — Screpel-Royer. — Vaissier. — Veracx. — Wibaux-Florin (Dés.), retorderie, r. Blanchemaille.

Rots et peignes (fabr. de). — Boulangé (Th.). — Burette-Lhoir. — Debeyne. — Dubrulle (Ach.). — Dubrulle (Th.), — Duriez-Carrette. — Herbaux-Desprès. — Lefebvre-Decottegnie.—Lefebvre et Ivo.—Parent (H.). — Renaux (P.). — Samain (H.).—Scamps (Ch.) fils. — Tettelin frères et sœurs.

Soies schappes et frisons (filatures de).— Lepoutre-Parent, — Philippart (S), dépôt à d'Ath (Belgique).

Soieries, nouveautés. — Bédu-Vanhoutte. — Motte-Degand.

Tapis (magasins de). — Debeukelebaer, et paillassons. — Fourmestraux.

Teinturerie et couleurs (marchands de). — Cromblé (L.). — Carré-Cheval. — Vancommelbeck (J.B.).

Teinturiers. — Beaucarne et Fievet,chineurs. Browaeys (P.). — Browaeys-Degeyter, et à Hem.—Crepin, chineur. —Dazin (J.) jeune, teinture et impressions sur écheveaux. — Descat frères,O.✳,usinesà Flers (Nord),dépôt à Paris. —Devos (Ed.), tissus. —Fleurisse (S.), chineur. — Fontaine-Delbecq, cotons.— Foveau (Vve). — Gaydey père et fils, laines et cotons.— Godefroy (Ch.). — Hannart frères, teintures et apprêts, mais. à Wasquehal.—Motte (Alfred) et Cⁱᵉ.—Quiévreux (L.), en soies et cotons,quai de Wattrelas. — Roussel (Vve).—Scrépel et Toussaint.— Scrépel-Louage.—Thiriart-Legros, en laine à Wattrelos.—Wibaux-Florin (D.).

Toiles (fabr. de). — Cruquenaire (Ch.) fils. — Diérickx (P.). — Versmé (Vr.), et linges de table.

Tourneurs. — Becquart (Valentin). — Boudin frères. — Declerk (Ch). — Kinck (Jean). — Leblanc. —Lecomte et Delcroix.—Nyrynck. — Posée (J.).

<h3 style="text-align:center">Saint-Amand.</h3>

Banques et recouvrements. — Bourdon. — Nicolle (P.).

Corsets et crinolines. — Delaby (Mlles).

Draps, rouennerie, toiles (marchands de). — Beaurepaire (L.). — Beaurepaire (Ch.). — Beaurepaire-Gaudry. — Berthe. — Bloqueau. — Blondeau frère et sœur. — Boulanger. — Delaltre-Delaby. — Desilve. — Duvinage-Guimas. — Goudemant-Dumont — Nison. — Raviart-Gardin, et confection. — Sinsoyer.

Laines peignées (filatures de). — Délarue-Dubois. — Macquet-Duwels.

Toiles en gros. — Bloquau-Watteau.

<h3 style="text-align:center">Saint-André.</h3>

Amidon (fabr. d'). — Gali (T.) et L. Vandervinck, bureau à Lille.

Blanchisserie et apprêts de fils et tissus en tous genres. — Cornélis frères et Cⁱᵉ.
Déchets de lin. — Bonne. — Léa (Jh.).
Produits chimiques (fabr. de). — Kuhlmann, O. ✻ et Cⁱᵉ.
Teinturerie en fil et coton. — Leclair-Quillet, et apprêts. — Parent (Ad).
Teinturiers en tissus. — Poullier et Lefebvre, pour doublures, maison à Lille.
Toiles (tissage mécanique de). — Tailliart et Barbry.

Saint-Momelin.

Lin et étoupes (filature de) et tissage mécanique de toiles. — Massart (E.).

Sains du Nord.

Bas de laine (fabr. de). — Bouchée. — Leclercq-Pecquériaux.
Laines (filatures de). Fosset père et fils. — J. Hiroux, Dupont et Cⁱᵉ. — Maltaire-Dupont, Mariage et Cⁱᵉ. — Stavaux-Bonnaire et fils.
Laines peignées (négts). — Coupain (Léon) — Eliet frères. — Maltaire-Lavandier. — Maltaire-Dupont. — Pecqueriaux-Bailly. — — Pecqueriaux. — Robert (Jules). — Sandrart (H.). — Tronion et Leclercq. — Venet-Gadebelle. — Wiart et Pecqueriaux.

Sin-le-Noble.

Lin (filature de). — Demesière-Lecomte, mais. à Douai. — Wagon (Julien), et étoupes.
Lin (teillage mécanique de). — Bootz-La-Conduite et Cⁱᵉ, maison à Douai.

Seclin.

Lin et d'étoupes (filatures de). — Clayes. — Crepy (Léon et Eugène), mais. à Lille. — Delatre (H.). — Desmazières-Delannoy. — Desurmont (C.), d'étoupes. — Dubreucq. — Duriez-Lhermitte — Guillemaud.
Toiles damassées et linges de table (fabr. de). Lupire. — Guillemaud (Charles). — Havez-Dutilleul.
Tulles (fab. de). — Delattre. — Dubreucq. — Flinos frères.

Soire-le-Château.

Laines pour bonneterie. — Delhaye (Fr.).
Laines cardées (filature de) et fabr. de molletons. — Delchye-Herberg. — Lefebvre (P.). Pourpoint (Edmond). — Rouez et Wasiaux. — Rouez-Grard.
Laines fines (filat. avec peigne méc. de) et fabr. de mérinos. — Rouez (Z.).
Tissus, molletons dits belges (fabr. de). — Delhaye-Herbecq. — Lefebvre. (P.). — Pourpoint (Edmond). — Rouez et Wastiaux. — Rouez-Girard.

Solesmes.

Batistes, linons, mouchoirs unis et imprimés (articles de St-Quentin). — Degardin-Dubois. — Droubaix (J.B.). — Ferry. — Hacquart. Valery. — Lobry (Eug.). maison à Bruxelles. — Lobry (H.). — Ménard (L.), maison à Paris. — Ménard (Antoine), maison à Paris. — Ménard frères. — Ménard-Réal et fils, m. à Paris. — Ménard-Rappe frères.
Coton (tissage de). — Réal aîné.
Mérinos (fabr. de). — Dubuisson. — Lebrun-Legrand. — Legrand et frères. — Réal-Charlet, et filature à Wignehies. — Rappe-Lallier. — Maillard (L.) et Cie, à Paris.
Nouveautés, draperie, rouennerie, toiles. — Bienvaux-Him, maison au Cateau. — Bombart. — Dégardin-Dégardin. — Fatrez. — Tondeur. — Villain. — Yager-Pétrus.

Templeuve.

Etoffes pour meubles (fabr. d') et nouveautés. Cocheteux (F.) fils et Cie., à Londres.
Tissus (fabr. de). — Dubreucq. — Gremillié (Th.) — Herbo. — Mollet (A.), molletons.

Tourcoing.

Chambre consultative des arts et manufactures. — Président : Desurmont-Desurmont. — Secrétaire : Devaux.
Bureau de conditionnement des soies et laines. — Directeur : Dubrulle.
Consul de Belgique. — Sioen.
Conseil de prud'hommes. — Bernard (L.), président. — Secrétaire : Caron.
Articles de filatures et de fabriques. — Carette-Duvillier (J.B.). — Lehoucq-Lemaire. — Wateuwt, Canet. — Wauquier frères.
Banquiers. — Caisse d'escompte de l'arrond. de Lille. — Perot et Cie. — Directeur à Tourcoing : Hippolyte Deherripon, siége à Lille.
Crédit agricole. — Directeur : A. Boitelle, à Lille. — Decroix (J.), Vernier, Verley et Cie, caisse commerciale, m. à Roubaix, représ. à Tourcoing par Duquesnoy-Catteau. — Joire (J.), à Lille.
Bonneterie (fabr. de). — Cornette (Mme) née Dubois. — D'Anneyda (L.). — Delacroix-Lefebvre. — Duthoit-Carette.
Bourre de soie (filat. de) — Lepoutre (F.). — Duhamel et Cie.
Commissionnaires négociants en matières premières. — Beulque-Picavet. — Bourgeois (André). — Deherripon (Ch.), laines. — Delesalle-Delporte. — Delepoulle (Ch.). — Duquennoy-Watel. — Frère Duvillier. — Lefebvre (L.) fils. — Lefebvre (J.B.), laines. — Lefebvre-Crombez fils. — Lemaire. — Courtier. — Leman (Amand). — Loupge (Fleurisse) — Sasselange (Edouard). — Six-Lefebvre.
Coton (filat. de). — Berna (L.) — Dassonville frères. — Debuchy (D.) frères. — Dewarin (A.). Duprez frères. — Duvillier-Desrousseaux (J.B. et L.) — Duvillier-Duriez fils et Motte.

—Flipo fils aîné.—Honoré (Louis) et Cie.—Jacquart (Ve J. L.).—Léloir frères.—Polet-Delobel.

Cotons filés et laines. — Delescluse fils. — Flipo-Boyaval fils. — Leblanc (Alfred). — Lorthiois-Mótte (Floris).

Courroies pour mécaniques (fabr. de).— Wateuw-Canet.

Cylindres de pression (fabr. de) Lemaire fils. — Ratel (E.)

Déchets de coton. — Demestre-Beulque. — Dhon-Nollet. — (J.). Dupont-Roussel, — Glorieux (Ch.). — Vandenbulke-d'Hont, à Mouscron (Belgique).

Déchets de laine. — Baert-Castelain. —Bourgeoie (André).— Carette (François). — Carette-Desurmont (Ve). — Carette (Aug.) — Carette (D.) — Castel-Assemaine. — Cau (Amand).—Delannoy-Houset.—Delannoy et Delahousse. — Delos-Mahieu.— Delecroix, — Delesalle-Deleporte. — Dessaux-Clarisse. — Desurmont-Picavet.—Destailleurs J.B.—Destombes (A.). — Destombes E. et Cie.—Destombes (Ch.). — Bouqueniaux et Cie.— Deveyt (Ed.). — Ducoulombier-Destailleurs. —Ducoulombier frères.—Ducoulombier-Beuque. — Ducoulombier-Daudenarde. — Dumortier frères, Flipo et Cie.—Dupont-Roussel. — Duprez (F.). — Flipo, Van Oostet Cie. — Houzet-Leman. — Kint (J.B.). — Lefebvre (Paul). — Lelong-Desmetre.—Leman (Amand).—Lehembre (E.). Leman-Salembié. — Lemettre-Lesoffre. — Lepers-Debrock.— Lepers-Leterme. — Liagre-Flipo et Cie.—Liagre frères.—Mescart-Deladerière. —Picavet (A.). — Poissonnier (L.).—Rompteau-Bouche.—Seynave et Veroux.—Tiberghien (L.).—Toulemonde (L.). Turcq frères.—Verhulst.—Voreux (Louis), Wattel-Rasson.— Wiloquet (L.) fils aîné.

Dentelles. — Toucret sœurs.

Draps, rouennerie, toilerie, bonneterie., etc —Balois-Honoré.—Bazélis.—Bleuez (Ve). Boulet.—Bourbouze frères. — Caron-Catel. —Caron-Descamps.—Cattel-Bouche. —Catteau Grimonprez.—Cau (Amand) — Copart (Henri), gros.— Couvreur-Cau. — Deltour-Mescart.—Debisschop et sœur.—Djaghère, Desurmont-Desmarcheslier.—Dalhuin (J.). Dalhuin (P.). — Farvaque-Duflot. — Hipp-Lengrand. — Leconte-Delobel. — Lefebvre sœurs. — Legrand-Desmettre. — Odeux (Henri). — Oger-Mescart. — Roscoor-Welcomme.— Tacquet. — Cottigny. — Tharin-Callens. — Tiberghien (Ve). — Verne-Lorthiois.

Fuseaux en papier (fabr. de).—Petit-Clarisse. — Petit-Varasse, fabr. à l'usage des filatures.

Laines brutes et autres (en gros). — Appréderis fils.—Bigo (Aug.). — Bigo-Bonduelle. Hossus et Cie. — Bourgeois (André). —Bour-

botté (A.). — Brévune (Ve G.) et Cie. — Buffin (F. et A.).— Carette (Fr.). —Carette-Berthauldt. — Caulliez-Catteaux. —Caulliez (Henri). — Cottignies-Lorthiois.

Dassonville et Petit.— Debrauwer (A.). — Decasteck. — Duhamel.—Defontaine (Pl.), m. à Paris, dép. à Orléans.—Degey (Albert).—Delescluse fils.— Dervaux frères. — Dessaux-Clarisse.—Destombes (Ve Fr.),—Destombes (Aristide).—Destombes (J. B.).—Destombes Veramée (Mme).—Destombes (Ch.), Bouqueniaux et Cie. — Desurmont (J.B.) et Cie. — Desurmont (J. Ve) et fils. — Desurmont (Gaspard) fils aîné. — Dewavrin (Anselme) fils et Cie.— Dewavrin (Ant.).— Dorgeville. —Dubois (Ve Ant.).— Dumortier frères. — Duquenney (Adelphie). — Duquenney-Glorieux (Ve). — Dutheit-Carette. — Flipe et Cie.— Flipe-Boyaval fils. — Flipe (Joseph). —Flipe-Van-Oost et Cie. — Flipe Dufour et Cie.—Frère-Duvillier. — Frys, Bourgeois et Delobel. — Gaudefrey-Pinchon. — Lancel (A.), mais. à Amiens. — Lefebvre et Lefebvre, maison à Paris.— Lefebvre-Crombez. Lefebvre (Aug.) fils. — Lemettre - Lesoffre.— Leroux-Denniel.—Leroux-Delobel fils (Ch.).—Leroux-Buriet. — Leroux-Odeux.— Leuridan (P.) et Cie. — Liagre Flipe et Cie, Lerthiois-Duquesnois fils (Floris). — Lerthiois frères.—Lerthiois-Vuylsteke. — Malinet jeune, de Sedan, représ. par Justin Husson.—Massurel fils, maison à Roubaix. —Nollet (L.) et fils, maison à Roubaix.—Picavet (Aug.). — Pollet-Duriez. — Roussel fils. — Roussel (P.) et Cie. — Scalabre-Delcour.—Seynave et Voreux. — Siben (F.).—Six-Lefebvre fils. — Six, Mennier et Cie. — Timal (Ant.).— Toulemonde-Delemasure.—Tranoy.—Mulliez et Louage. — Trentesaux (J. B.) et L. Destombes.—Turcq (F.) et Lerouge. — Van Eslande (F.) et F. Masure.—Vanaverbeek (J. B.). — Voreux-Dumortier. —Wattel-Rasson. — Wattel-Six. — Wauquier (Aug.).

Laines (peignage mécanique de). — Darras-Lemaire.— Dervaux, Lamon et Cie. — Dubrule (Paul) et Cie. — Fouan, Duchêne et Cie.—Herbaux frères. — Lefrançois (Alf.) et Cie.—Motte fils (J. F.). —Sion (H.), Tibauts et Cie.—Six-Mennier et Cie.

Laine mixte (filature de).—Darras-Lemaire.—Dessaux (Henri).— Devarrin-Crombez (Ch.) et Cie.—Fanyau fils. — Lahousse fils et Cie. — Leblan (A.) frères. — Leplat-Desnoulet frères.—Robbe (H.). — Reelstraete (Al.) et Cie.— Scalabre. — Delcour. — Six-Duduve (Ve).— Six, Mennier et Cie. — Vanden Berghe, Mareseaux et Cie.—Wattine frères.

Laines cardées (filat. de).—Carette (François).—Darras-Lemaire. — Delescluse fils (système Verviers),—Dhalluin (Jean-François),—Deconinck-Pollet (L.). — Delmasure frères et

Cie.—Dessaux-Clarisse. — Dombard (J.).— Dujardin (Auguste). — Duvillier (Jules). — Jonglez (Ch.).—Lefebvre (Paul).—Lorthiois-Desplanques. — Roelstraete, Deconinck et Cie.—Sikendorf (Ad.).

Laines peignées (filat. de).— Cauliez et Desurmont.—Christory et Cie.—Darras-Lemaire, maison à Bruxelles. — Debuchy (D.) frères. — Deherripon-Classe. — Dervau.—Fauvarque. — Dessaux (Henri). — Destombes. — Grau.—Desurmont (Norbert). — Desurmont (H.), L. Malfait et Cie, dépôt à Paris.— Desurmont-Defontaine. — Dewavrin Crombez (Ch.) et Cie.—Dewever-Dassonville.—Duvillier-Duriez fils et Motte. — Fanyau fils (E.). —Herbaux-Tibeauts. — Honoré-Ferrant. — Hubert (Félix) et Cie.—Jonglez (Ch.).—Lamourette (Ph.) et Leroux frères. — Mull-Jenny. — Lamy (Jules) et Cie, m. à Roubaix.—Leblan (A.) frères.—Leloir frères.—Lepers-Duduve. — Lepoutre (F.). — Duhamel et Cie.— Malfait-Desurmont (L.), dépôt à Paris.— Motte fils (J. F. Ve) fils.—Motte-Dewavrin (J.).— Pollet et fils. — Pollet-Delannoy et Caulliez.— Requillart, Roussel et Chocqueel. — Roelstraete (Allard) et Cie.—Robbe (H.).—Scalabre-Delcour —Sion (H.). —Thibauts et Cie.— Six, Monnier et Cie.—Six-Duduve (Ve).—Strat (Fidèle).— Tiberghien frères.— Van den Berghe, Marescaux et Cie.— Vermesch et Cie.— Wattel (A.)Cie.

Laines peignées (marchands de). — Balois-Honoré. — Brévune (Ve Ge) et Cie.— Caulliez (Henri). — Defontaine (Paul). — Degoy (Albert), commission. — Delepoule -Van Eslande (Ve). — Delescluse fils. — Delespierre (P.). — Delmar-Haquette. — Delmar (Alph.). — Delvoye frères. — Dervaux frères. —Desmettre-Dupont. — Destombes (François). — Destombes-Grau. — Destombes (Aristide). — Dewavrin (Anselme) père. — Dewavrin (Anselme) fils et Cie. — Dorgeville. — Dubois (Ve Ant.). — Dujardin (Aug.). — Duprez-Lemettre. —Duquennoy (Ed.). — Duquennoy (Adelphie) — Duquennoy-Watel. — Flipo-Dufour et Cie. — Flipo-Lardinois. — Flipo (Joseph). — Flipo-Van Oost et Cie. — Flipo-Boyaval fils. — Fourlegnie (Aug.). — Fourlegnie (Floris). — Fourlignie frères, et laines filées. — Lefebvre-Bocquet. — Lefebvre-Honoré. — Lefebvre (Aug.) fils. — Lefebvre (J.B.).— Lehembre (L.). — Lehembre-Magnin. — Leman (L.). — Lemettre-Bodin. — Lepoutre (F.), Duhamel et Cie. — Leroux-Beriot. —Leserre (Alfred), et blousses. — Leuridan (P.) et Cie. — Liagre-Flipo et Cie. — Lorthiois-Vuylsteke. —Motte-Dewavrin (J.). — Petit-Motte. — Pollet (P. Ph.).—Pollet-Duriez. —Roussel fils, et blousses. — Scalabre-Delcour. — Six-Lefebvre, et filées.— Trentesaux (J.B.) et L. Destombes. — Va-

naverbeck (J.B.). — Voreux-Dumortier. — Voreux-Destombes. — Watel (J.).— Wattel-Six.

Laines filées pour bonneterie et tissus (fabr. et négts en). — Assemaine-Wiloquet. — Balois-Honoré, et peignées. — Balois-Testélin. — Beulque. — Brévune (Gve) (Ve) et Cie. — Carettte (François).— Carette (Aug.). — Carrette-Berthauld. — Cau (Amand). — Chailly (L.), Semé et Cie (maison Leclercq fils ainé). — Cornette (Mme). — Darras-Lemaire, m. à Bruxelles. — Dassonville-Leroux (J.). — Deconinck-Pollet (L.). — Degoy (Albert). — Delmar-Haquette. — Delmar (Alph.) fils. — Delmasure frères et Cie. — Delescluse fils. — Delvoye frères. — Dervaux-Coisne. — Dervaux frères. — Destombesvoye. — Desurmont-Desmarchelier. — Desurmont (Ve J.) et fils. — Dewavrin (Anselme) fils et Cie. — Dewavrin-Crombez et Cie. — Ducoulombier-Destailleurs. — Ducoulombier-Beuque. — Dujardin (Aug.). — Duquennoy (Adelphie). — Duthoit-Carette. — Flipo-Van Oost et Cie. —Flipo (Joseph). — Fourlignie frères. — Frère-Duvillier, et cotons. — Kint (J.B.). — Leblanc (Alfred). Lefebvre (Aug.) fils. — Lefebvre (Paul). — Leman (L.). — Leman-Salembié. —Lepers-Duduve. — Lepoutre (F.), Duhamel et Cie. — Leroux-Leplat. — Leroux-Bériaux. — Leroux-Denniel. — Leserre (Alfred). — Leuridan (P.) et Cie. — Lorthiois-Desplanques. — Lorthiois-Vuylsteke. — Odoux-Dujardin. — Pollet-Duriez. — Pollet-Delanoy et Caulliez. — Rasson (Ed.). — Rasson-Suin (Ve). — Roussel (P.) et Cie. — Scalabre-Delcour. — Six-Lefebvre. — Six, Monnier et Cie. — Six-Duduve (Ve). — Toulemonde (L.). — Toulemonde-Delemasure.— Voreux-Dumortier. — Wattel-Six.—Wattel (Jacques). — Wattel-Rasson. — Willoquet (L.) fils ainé.

Laines (trieurs de). — Bossus et Cie. —Charlet-Lefebvre. — Dervaux (Ed.). — Destombes (Aristide). — Desmettre (Ed.) et Delebecque. — Destombes - Dolreux. — Duquennoy-Glorieux.—Duquennoy-Wattel. — Lepers (Henri). — Leplat (P.). — Leroux-Mulliez. — Leroux-Delobel. — Louage (Fleurisse). — Petit et Vangramphaut. — Tranoy, Mulliez et Louage. — Vannaverbec (J.-B.).

Lin (filatures de). —Besème (Henri) et Cie. — Leloir frères. — Lemaire-Réquillart et fils. — Motte (Ph.) fils et Cie.

Lin (teillage mécanique du). —Delepoulle et Durif, à Bousbecques.

Lissures. — Haquette-Honoré, fabr. d'arcades.

Mécaniciens constructeurs de métiers.— Assemaine frères. — Carette-Duvillier (J.-B.).— Delahousse-Rasson, pour filatures de laines et cotons.—Delsaut-Goessens. — Deltombe, Grolez et Cie. — Duhamel-Evrard. — Duvillier-Didry. — Liagre (Ph.). — Maquinay. — Mermet (D.). — Martel-Dubrulle.

Navetiers. — Delnatte-Geomare. — Lammelin.

Parapluies (fabr. de). — Boyer. — Bourbouze frères. — Laceppe. — Roux (Jean). — Tissandier fils. — Wattœuw-Canet.

Produits chimiques. — Desmous, drogueries et produits chimiques.

Représentants de commerce. — Assemaine (Auguste), blousses et déchets. — Darras (Ach.). — Degey (Albert), commission en laines. — Dujardin-Vanaverbeck. — Meurisse = Tiberghien (G.). = Trannoy-Glorieux.

Retords de fils. = Delsaut-Goessens. = Desbonnets et Catteau. = Destombes fils. — Dahl (François). = Delespierre (Louis). — Duthoit-Carette. = Flipo-Leman. = Jonglez-Morel. = Jouvenel-Petit. = Lahousse-Martin. = Lahousse-Destombes. = Liagre frères. = Picavet et Dujardin. = Samain. = Strat (Fidèle). = Tiberghien (Ch. Ve).

Rets (fabr. de). = Desplanque (Ch.).= Prouvest.

Soies (filat. de). = Lepoutre (F.), Duhamel et Cie, schappes et cordonnets.

Tailleurs-confectionneurs. = Bleuez. = Couvreur-Renard.=Dubois. = Duhen. = Farvacque.=Rousseau-Dumord. = Rousseau-Debuigne.

Tapis et moquettes (fabr. à la main et tissage mécanique de).=Checquerel (W) ✳, maison à Lille et à Paris; fabr. à Aubusson (Creuse). = Colas (J.B.) et Cie. = Desrousseaux (Amand), moquettes fines pour pantoufles. = Lorthiois frères, fabr., dépôt à Paris. = Masure (F.) et Lorthiois.= Moulin Pipart et Cie, fab. moquettes.= Rembeau, Parmentier, et Parmentier.= Vanneste (Jules) et Cie, tapis-moquettes.

Teinturiers.=Bouche.=Campion-Delplanque. Deleour (Alfred). = Deleour-Debuigne. — Fontenelle-Deleour. = Lelong-Leroux. = Lelong fils. = Legrand (L.). = Liénart-Walnier.

Tissus en fils, laines et cotons et molletons (fab. de). = Bouchart-Florin (G.E.A.). = Bouillet-Florin.=Cordonnier (Paul).=Campion (Ch. Ve).=Carette-Deschamps.=Cordonnier (Paul).=Courmont frères, à Lille et Roubaix. = Debuchy (D.) frères, exportation. = Deherripon-Classe. = Delescluse fils.=Delmasure (Auguste). = Delmasure-Dansette.= Delpulte (L.). = Dervaux-Couvreur.=Dervaux (Paul). = Desvignes-Carette.= De Tavernier-Lehembre. = Didry-Bodin. = Dubrulle-Lecreart. = Dubrulle-Petit.=Duhamel (Louis). = Duhamel (P.). Duhem (Edmond), châles, cravates et fla-

nelles. — Flipo-Flipo.—Glorieux-Cateau.— Glorieux-Pollet (Ve). — Grau (François). — Holbecq et Cie, molletons et flanelles. — Jourdain-Defontaine ✳. — Leblanc-Dereusme.—Leblon (Fr.).—Lefebvre-Bocquet. —Lelong-Soete, molletons et flanelles. — Lelong-Dosquiens (A.). — Leman-Lezy frères.—Lemettre-Bodin. — Leplat-Desnoulet frères.—Leroux-Leplat.—Leruste (L.) fils (Ve).— Leurent frères et sœurs.—Lorthiois-Duquenoy (Fl.) fils. — Lorthiois-Vuylsteke. Lorthiois-Pecnaert. — Mathieu-Lorthiois, molletons. — Motte-Delplanque (Ve). — Mullier-Scamps. —Odoux-Dujardin, molletons.—Tiberghien frères. — Vandembulke-d'Hont, molletons.

Tissus, articles de Roubaix et de Tourcoing (ventes et achats à commission).—Beuque-Grau et fils, m. à Lille.—Catteau (P), commis. — Copart (Henry). — Lehembre (Jh.). Lelong-Thomas. — Leman (L.) fils.

Trélon.

Laines peignées, filées et autres. — Tricot fils, commissionnaire.

Laines (filat. de). — Pailla (R.), 6,000 broches. — Pailla, Van Rossen et Cie.

Tressin.

Toiles à sacs (fabr. de). — Loridan.—Thiéffry frères.— Thiéffry et Fourmestraux.

Valenciennes.

Chambre de commerce. Président : Lefebvre (Emile) ✳. — Vice-président : Th. Canonne.— Membres : Blanquel. ✳—Bracq-Dabencourt ✳.—Trésorier : Renard ✳. — Durieux (Emile). — Boca-Gellé. — Quillac. — Gustave Hamoir ✳. — Bouton, secrétaire.

Tribunal de commerce. — Président : E. Lefebvre père.—Juges : Giard (Amédée). Dutemple. — Manesse (Alfred). —Wargny (Isidore). — Suppléants : Barbet-Sorret. —Vieil (Edouard). — Renard (Léon). — Locat. — Greffier : Dècle (J.).

Conseil de prud'hommes. — Président : Marquis (Aug.). = Secrétaire : Clément.

Consul de Belgique. = Ewbank (Ed.) ✳.

Banque de France (succursale de la). = Directeur : Henri (A.). = Caissier : Duhamel.

Banquiers. = Cailliau (Victor).

Comptoir de Valenciennes. =E. Lefebvre fils. = De Carpentier (Ernest). = Dupont (L.) et Cie. = Piérard et Cie.

COMMERCE, INDUSTRIE.

Amidon (fabr. d').=Cacheux frères.=Dorus-Goutière (Ve). = Goutière (Ve). = Pesier (Paul) et Cie.

Apprêteurs de batistes. — Dabancourt-Ponsart (Vᵉ). — Mariage (Vᵉ).

Batistes, linons, gazes en fil (fabr. de). —Buchholtz et Cie, maisons à Bruxelles, à Londres et à Moscou. — Bracq-Dubois. — Cafleau-Destrebecq. — Crepin-Pontois. — Delame Lelièvre et fils, m. à Paris.—Godart (A.) m. à Paris.—Hollande, Dubois et Cie.—Laplace (J.). — Lussigny frères, maison à Paris.

Blanchisseries de toiles. — Daniaux frères.

Bonneteries et ganteries en gros. — Gautier et Fontellaye. — Haillot (Victor) et Leduc, fabr. à Troyes. — Poulain (Vᵉ J.).

Broderies et applicat. — Houtard-Gallonde.

Casterine dite pilou, tissus de cotons (fabr. de). =(L.B.) Place. — Place-Dessenne.

Chapeaux de paille (fabr. de). — Honhon.

Chemisiers. — Jacqmarcq-Fréville. — Buffin (Paul). = Vallez jeune.

Cordages et ficelles (fabr. de). — Dandrieux, fabr. et commerce de chanvre.

Cordes à la mécanique, à la vapeur (fabr. de.) = De Met et Cie. — Nauts, directeur.

Dentelles. — Sels (Louis F.).

Draps. = Bachelet et Namur. — Bonneau-Baudry.=Cohin frères.—Crowet.—Desjardins. = Fontaine frères. — Goldmann. — Houillon, gros.—Joly—Duchataux.— Joly-Paquez.—Lang (A.) et Cie. et confection.—Locher et Cie.. — Manfrey-Mabille. — Mascaux. — Mascaux (Mme). — Meyer-Deulsch. — Meyer-Dreyfus. — Rambure-Adam, et lainages, gros.—Sallet.—Schnerf. =Sibra. — Suéur-Lustrement. — Weill-Leveeq (Vᵉ).

Fleurs artificielles. — Mauvy.— Waxin (Mme).

Imprimeurs sur tissus. — Givert-Bureau. — Mineur (R.). — Weil (Emile et H.), sur batiste, soie, laine et coton, fabr. à Marly.

Laines à tricoter en gros. — Billiet.

Mercerie en gros. — Billiet (L.). — Castel-Gras. = Duhaut-Dieu. — Cornu. — Rousseau sœurs.

Ornements d'église (fabr. de). = Crépin-Pontois.

Produits chimiques (fabr. de). = Deuzart-Delgrange et Cie. = Gabriel.

Rouennerie en gros. = Buisset. = Delmotte-Carlier, et toiles en gros. = Debaive frères. = De Berny-Delmotte.= Desenfants frères. Houillon. = Joly-Paquez. = Sels (Louis-F.). = Pagniez-Denis, et toiles. = Serres frères.

Rubans en gros. = Dargent (Th.).= Namur-Royere. = Stuivers-Messager (Vᵉ), velours de soie et articles pour modes.

Soieries, mousselines, nouveautés = Bachelet et Namur. = Daude et Couleh (H.). = Bonneau-Baudry. = Caudron-Pillion. = Crowet.= Desjardin. = Desmoulins-Gorlez.=Dupas (Augustine).= Fontaine frères. =

Goldmann. — Houillon, en gros. — Lang (A.) et Cie. — Lecat (Vᵉ). — Lefèvre et Cie. — Lemaire. — Locher et Cie. — Loir-Pillon. — Manfroy. — Muscaux (Mme). — Meyer-Dreyfus. — Meyer-Ulmer. — Meyer-Lang. — Nicard. — Ruffin (Paul), deuil et blanc.

Teinture de toiles en bleu et calicot en noir.— Daniaux frères, au Vert-Gazon.

Tissus de coton, castorine dite pilou, satins et patincotes (fabr. de). — L. B. Place, et impressions. — Pierre-Place-Dessenne.

Toiles en gros.—Adam-Wulnier.— D. —Carpentier-Tison. — Debaive frères, maison à Ath. — De Berhy-Delmotte. — Delmotte-Carlier, et rouennerie en gros. — Deprés-Cauwet. — Dumont-Sallet. — Fiévet (Ch.). — Foulon-Lambert. — Gobert. — Houillon. — Jaspar (Henry). — Nicolle (F.). — Sels (Louis-F.). — Serrez frères. — Widiez.

Villers-Sire-Nicole.

Laines peignées (filat. de). — Tellier et Cie.

Lin (marchands de). — Baudry. — Blanchard. — Bousez (Louis). — Claise-Abdon. — Claise (François). — Mathieu (L.).

Villers-Cuislain.

Nansouhs, jaconas, mousselines, cravates, mouchoirs, et nouveautés (fabr. de). — Barbare (Th.), maison à St-Quentin. — Barbare frères. — Blangille-Wilbert. — Ledoux, Bédu et Cie, maison à St-Quentin.— Noblecourt-Begard. — Noblecourt (Pierre). — Vitté-Frison.

Wambrechies.

Lin (filatures de). — Bruyerré (Désiré). — Ireland (James).

Wasquehal.

Blanchisserie de cotons filés en tous genres. — Taillard et Chauvet.

Laines cardées (filat. de). — Voigts et Cie.

Teinturiers. — Chanu et Cie. = Gros (H.). — Hanbart frères, maisons à Paris et à Roubaix.

Watten.

Etoupes, chanvre et phormium (filature d'). = Vandesmet (A.).

Wattignies.

Bois de teinture (moulin à). = Bonnier. = Haze. = Lampin.

Cordes à broches et rubans pour filatures (fabr. de). = Blamard-Delattre. = Lecour (L.), fabr. de ceintures de prêtres, maison à Lille.

Déchets de lin. = Blamart-Delattre. = Duriez (Pierre).

Wattrelos.

Navettes (fabr. de). — Delnatte, Ruquois (L.).

Wavrin.

Lin (teillage mécanique de). — Bocquet. — Boutry et Dewailly. — Deruelle. — Vauquier (Henri.).
Lin. — Boulanger. — Boutry. — Cary. — Deffves. — Rassel. — Waymel.

Wervick.

Apprêteur de fil. — Saint-Leger-Hovyn.

Willems.

Lin et étoupes (filature de). — Ed. Truffaut, et tissage mécanique de toiles.

Wignehies.

Bonneterie (fabr. de). — Guillain-Sterbecq.— Hennequin. — Pieton-Baleux. — Sterbecq-Guillain. — Sterbecq-Piéton.
Laines peignées (filatures à vapeur). — Bonnecherre et Briatte. — Boussus.— Boutard (A.). — Carlier et fils. — Delsaux, Fontaine et Delahaye. — Charlet frères. — Liénard-Carlier. — Réal-Charlet, tissage à Selesmes. — Sterbecq-Piéton, bonneterie.
Tissage mécanique. — Delsaux, Fontaine et Delahaye.

OISE

BEAUVAIS (ch.-f-lieu.)

Conseil général des Manufactures. — Membre délégué. — Badin.
Chambre consultative des arts et manufactures.—Président : Tétard (G.).—Secrétaire : Dupont-Mercier.
Tribunal de commerce. — Président : Benoist-Delhotel (Jules). — Juges : Devenne. — Maigret-Masson. — Warmé-Delahaye. — Allelix-Cavrel. — Suppléants : Barrat. — Wable-Falluel. — Duquesne-Gromas. — Lerouge. — Greffier : Decaye. — Agréés : Daubigny. — Tourneux.

COMMERCE, INDUSTRIE.

Banquiers et recouvrements. — Bellon, O. ❋ et Cie, caisse d'escompte. — Benoist (Vᶜ), Ricard et Cie. — Gromard (Eug.). — Mazand et Cie.
Bonneterie en gros. — Josset (P.), fabrique de gants fourrés, mouton, chien, renard.— Maillard-Boulanger. — Tellier jeune. — Tillier (Louis).
Boutons de nacre (fabr. de). — Goubet (Ch.). — Toutain.
Boutons d'os à 4 et 5 trous (fabr. de). — Brejon-Gourdin, dépôt à Paris. — Dupont et Deschamps, mais. à Paris. — Goubet (Ch.) et J. Failly.
Chemisiers (fabr.). —Delafosse (A.), export.— Leclercq. — Mary. — Sourdot (Ed.).
Couvertures de laine (fabr. de). — Beauve fils. — Bollé et Letellier. — Cavrel (C.) et E. Allélix. — Lamare, molletons écossais et couvertures pour chevaux, et autres étoffes en laine.—Fetalle (G.). — Tétard frères. —Thiberge et Lebret.
Draps (apprêteurs de). — Bertin. — Delamare. — Olier-Danse.
Draps (fabr. de). — Delaherche frères. — Derville-Nieux, couvertures et frocs. — Herouart (Emile.), ratines et molletons. — Hubert No Zentz et Cⁱᵉ, manuf. spéciale p.

l'armée, dépôt à Paris. —Petit-homme père, fils et Cⁱᵉ. — Thiberge et Lebret, couvertures et frocs.
Draps (marchands de). —Voir Nouveautés.
Droguerie p. teint et impress. — Petit-fils. Etoffes de Beauvais ('abr. d').— Cavrel (C.) et E. Allélix. — Delaherche frères. — Der-Ville-Nieux. — Hérouart (Emile). — Thiberge et Lebret.
Flanelles et razis (fabr. de). — Delaherche frères. — Thiberge et Lebret.
Imprimeurs sur étoffes. — Pechet.
Laines (négt.). — Brosser-Douillet, à Allonne. — Souplet.
Lainées cardées (filatures de).— Budin fils.— Cavrel (C.) et E. Allélix. — Lallemand. — Tétard frères, mais. à Paris. — Viet (Auguste) fils.
Mercerie en gros. — Mignon jeune. — Tillier (Louis). — Tellier jeune.
Nouveautés, soieries et rouennerie. — Barrat (F.). — Camus. — Carette et Loisel. — Cœuillet. — Dervillé-Nieux, gros et détail. — Devenne. — Hamot. — Langlois. — Lemaire (Vve). — Marielle-Poulain.— Papon. — Tourillon.
Paillassons (fabr. de). — Jardin.
Passementerie (manufacture de).-Morin(T.G.), pour meubles, maison à Paris.
Rouennerie en gros. — Durand-Portier. — Petit-homme père, fils et Cⁱᵉ.
Tapis, tapisserie (manufacture de). — Cavrel et E. Allélix-Cavrel. — Delaherche frères. — Letalle (J.). — Tétard ❋ frères.
Teintures d'étoffes et draps fins. — Thomasson (B.). — Vino.
Tissage mécanique de toile et de coton. — Benoist (J.).
Toiles (marchands de). — Benoist (G.). — Camus. — Delafosse (A.). — Demorel. — Dupuis-Maillard. — Durand-Porquier. — Le Haguez. — Paulmier.

Abbecourt.

Bonneterie et ganterie (fabr. de). — Deligny et Cha-Leuiller.

Allonne.

Couvertures de laine (fabr. de). — Tétard frères, siége de la maison à Beauvais.
Laines cardées (filature de). — Delamarre.

Andeville.

Boutons (fabr. de). — Bertrand. — Dendely. — Gentil. — Letondot (Ch.). — Lévêque-Dumage. — Lévêque-Gilbert. — Marthe. Maubert-Levasseur. — Maubert-Paris. — Petit (Milhan). — Vaillant (L.).
Boutons de nacre à 4 trous (fabr. de). — Bertrand. — Delaporte (Eug.). — Lévêque-Dumage. — Gentil (Jules). — Letondot frères. Letondot et Petit. — Maubert-Levasseur.— Maubert-Paris. — Taupinard père et fils.

Ansauvillers.

Chanvre. — Cauet-Plessier. —Loisel-Menard. — Loisel-Noël. — Plessier (Casimir). — Picard.
Toiles de coton (fabr. de). — Valentin-Hacque.
Toiles de lin (fabr. de). — Hacque-Hainselin.

Apremont.

Boutons soie et fil, poil de chèvre (fabr. de). — Durand (Ch.). — Guy-Gallé fils.

Bachivillers.

Boutons de nacre (fabr.). — Guignet (D.).

Balagny-sur-Thérain.

Laines peignées (filatures de). —Mansart et Cie. — Poiret frères et neveux ; filature, maison à Paris. —
Mérinos et métis (troupeaux de). — Depuille (Vve). — Poilleu fils.

Beaumont-lès-Nonnains.

Boutons de nacre (fabr. de). — Despeaux. — Lambert. —Legrand (Maximilien). —Pierra.

Béthisy-St-Pierre.

Chanvres à cordages (fabr. de). — Choron (E. S.). — Marchands : Beaudequin-Esmery, chènevis, chanvres, étoupes, fabr. et filasses. — Beaudequin Hazard.—Beaudequin (N.). — Caron (A.). — Choron-Picart. — Delijens. — Esmery-Picart. — Pasquier (F.).

Boran.

Boutons de soie (fabr. de). — Beuscher.

Broquiers.

Bonneterie (fabr. de). — Brasseur Lecat. — Gellée-Decaux. — Vast (Léopold.

Bury.

Laines en pelottes p. bonnet. — Piquant fils.

Peignage mixte et filatures de laines peignées. — Thiré-Debeauvais, — Verlet aîné.
Tricots de laine cardée (fabr. de). — Ricart-Moison.

Chambly.

Soies à coudre et à broder (fabr. de). — Rouyer (P.) et Beauvillain m. à Paris.

Chamoisy.

Laines peignées et duvet cachemire (filat. de). Baron Seillière.

Chantilly.

Aiguilles p. machines à coudre. — Bourbon.
Boutons (fabr. de). — Godard , grappés, soies et fil d'écosse, points de Milan.
Impression sur étoffes.—Gotié et Cie. — Lizot Laurent, maison de vente à Paris.
Lacets (fabr. de).—Traullé.
Laines (filat. de). — Cauvet (J) ✳, peignage à façon.—Comte (Edouard).
Mercerie et nouveautés.— André (M. P.). passementerie , acier pour jupons, dépôt à Paris. — Feret. — Levy-Schmoll. — Morin. — Poizot.—Prévost.—Quivit.— Robillard.

Chapelle-en-Serval (la).

Boutons de soie (fabr. de). — Foucon. — Lecuier fils.—Morel.

Chaussée-du-Bois-d'Ecu.

Laines peignées (filature de).—Henri Rançon, et fabr. de bonneterie en tous genres.

Clermont-de-l'Oise.

Amidonniers.—Mauger-Provost (L.).
Banque et recouvrements.—Mourgues.—Pain-Girod fils.—Souplet.
Cotons (filat. de). — Tellier fils aîné, corderie de chanvre et de coton.
Nouveautés. — Gentil. — Labbé. — Lainé et Babé.—Leclerc (Noë).

Compiègne.

Banquiers. — Brière (L.) et Cie. — Ouarnier-Mathieu. — Sere (Fl.) jeune.
Bonnetiers. — Aconin, en gros. — Depierre. Lemer.— Mercier.—Michel-Senez.
Cordages et chanvre.—Bridoux.—Dété.— Faroux. — Gardin. — Ouarnier-Mathieu, machines brevetées en Europe et en Amérique.
Draps, toiles et nouveautés. — Bonnart-Boutems. — Charbonnier. — Cotentin — Duquesnel.—Hadengue-Ponge. — Legoupil.— Levieux. — Mesnil-Rémond. — Parigot. — Thirard-Dejardin.
Laines en gros. — Fabre jeune, et chiffons.
Mercerie et rubans. — Baudinot. — Clain fils. — Jacquemin. — Poidevin (Mme). — Sénéchal.
Paillassons (fabr. de).—Rouillon.
Toiles.—Cotentin.—Michel Senez. — Quévin-

Louvet, et fabr. de sacs et bâches. — Thirard-Déjardin.

Coye.

Dégraissage et effilochage de laines.—Larcade. —Pouydebat et Cie.
Impression sur châles.—Leclerre fils.

Crillon.

Laines (filat. de).— Ragault.

Crèvecœur.

Cachemires mérinos, mousseline de laine (fab. de).—Fouché (A.).—Gaudefroy-Arthus. Grégoire-Brabecq.—Houpin-Lamy.—Tillier-Doucet.—Tillier-Grégoire.
Laines brutes peignées et filées, déchets et blousses.—Dechepy (A.).

Crouy-en-Thelle.

Boutons (fabr. de).—Demart (A), soie.
Cordons de soie (fabr. de). — Delaville, — Foureroy.—Hour-Lemaire.—Mansart.
Soies à coudre (fab. de). — Vaquez-Fessart, maison à Paris.

Cuts.

Toiles (fabr. de). — Brun fils aîné.

Dieudonné.

Boutons de soie (fabr. de.)= Laurent.

Ercuis.

Cotons retors (fabr. de). — Pierre-Marie Noël.
Passement. (fabr. de).=Prudent-Colleaux.
Soies (retordeurs et marchands de).—Capon. Darbaut (J.).—Breton (A.).—Fournier (J.). =Moulin.—Rennevilliers (P.). — Toussaint (Victor).—Toussaint (Z.).=Varé (A).

Feuquières.

Banquiers.=Benard (A). — Terrasson fils.
Laines peignées (filat. de). — Beauchain.

Gouvieux.

Effilochage de soies.=Heil.
Impressions s. étoffes.=Jolly frères.
Laines peignées (filat. de). — Chailly frères, à la Chaussée.—Rocoffort et Bourdeau.
Peignage et filature de laines peignées. — Rocoffort et Bourdeau.
Tresses et passementeries.—Schutz (E.).

Hamel.

Cuivrerie pour corsets (fabr. de). — Chrétien.

Gres.

Bonneteries (fabr. de). — Fleury-Dubus. — Grégoire.
Gants de laine (fabr. de).—Fleury-Dubus.

Halloy.

Retordages de soies. — Borivant. — Mansard (V^e).

Rubans de laines. (fabr. de). — Bellière.

Hardivillers.

Tissus cachemire et articles d'Amiens (fabr.). =Cheminant. — Cœuillet. — Lesobre. — =Liger-Thoret.

Meilles.

Lacets (fabr. de).=Marlat fils.

Menonville.

Boutons de nacre (fabr. de).—Bastard.

Merchies.

Couvertures de laine (fabr. de). — Bollé et Letellier.

Hermes.

Cannes et manches de parapluies (fabr. de). — Coignon.—Favrelle.— Maison.— Warin.

Hérouval.

Cotons p. mèches (filat.). — Léger (A.).

Mondainville.

Lacets (fab.). — Féquant, m. à Paris.

Ivors.

Fleurs artif. (fabr. de). — Herpin-Leroy.

Laboissière.

Boutons de cols et boules de bracelets (fabr. de). — Bastard-Nicot. — Bastard-Dufay.— Bertrand-Lesertisseur.—Dehamme-Lesieur. — Dehamme-Descroix. — Mascré-Toyen.— Taviaux-Lecertisseur.
Paillettes en acier, argent et or (fabr. de). - Lesieur (Eugène), usine à vapeur.

Lalande.

Boutons (fabr. de). — Dieutegard. — Desjardins.

Marseille.

Banque et recou. — Crignon-Mauger.
Bonneterie (fabr. de). — Boileau frères.

Mello.

Peignage et filatures de laines.—Biedermann. — Tisserant (A.), Flamant et Millot, représenté à Paris, par Romagny.

Meru.

Banquiers. — Descroix-Fournier. — Fessart (A.). — Legros-Leblanc. — Letailleur. — Thiberge-Bizet.
Boutons d'os (fabr. de). — Demay. — Guy-Baril. — Labrosse (Léon). — Lotte (V.). — Thibaut (Jules). — Thibaut-Tirlet. — Thibault-Veuble.

Mesnil-Théribus.

Boutons en nâcre (fabr. de). — Barbet (E.). — Charron-Masse. — Coin (Eug.). — Compiègne. — Boudet. — Dupétireux. — Dupont-Caron. — Lemaire-Vallé.— Montiolle. — Palin. — Pottier.

Mollens.

Bas de laine (fabr. de). — Bloquel (A.). — Contant-Opéron. — Davesne fils. — Davenne-Maton. — Davenne-Laignier (L.). — Delienne (A.). — Despaux-Despaux. — Dubour-Léger. — Raingnerelle (Léopold).— Haudricourt-Chambrié (successeur de Haudricourt-Despaux). — Henry-Gellée. — Lambert. — Maton (Adonis). — Prévost (Gaston). — Rocagelle (J.-B.).
Filature de laines.— Dubourg (Eug.).

Montigny.

Gants (fabr. de). — Brocard (E.) et Cie, m. de gros et fabr. à Paris. — Capon. —Habillon. — Wattelin (Mlle).

Morangles.

Cordons de soie (fabr. de). — Auchois. — Grani (Michel). — Lemaire.

Mortefontaine.

Boutons de nâcre (fabr. de), — Bachelier. — David (L.). — Henocq (N.). — Henocq (P.), maison à Paris. — Legrand (Ed.). — Petit. — Galand.

Mouy.

Apprêteurs de draps. — Dilenseger (J.).
Banquiers. — Crauzet-Dervillé. — Desnosse.
Bonneterie de laine (fabr. de).— Demontreuil. — Dubois fils. — Fromont (Auguste). — Robillard.
Cardes (fabr. par méc.). — Achez-Belon.
Commissionnaires. — Meurinne père et fils. commis. en draps et art. de Mouy.
Cotons (manufacture hydraulique de). — Collard; maison à Paris.
Couvertures de laine (fabr. de). —Communeau (Joseph). — Desesquelle fils.
Draps (fabr. de). — Balin-Brugevin. — Boulanger-Blochet. — Cayeux-Gimard. — Cayeux-Rabbé, ratine et feutre. — Cayeux-Villain. — Commien-Mary. — Delaherche. — Depaule. — Dervillé-Pommery, et flanelles. — Desesquelle fils. — Desesquelle-Petit. — Dubois-Sainteville. — Fauquet. — Foy jeune. — Fremont-Delaplace. — Lamouche-Broyard. — Lamouche (Ch.) fils.— Maisant-Belon. — Menrinne. — Prince-Devergie. — Véret-Commien. — Wattellier.— Radel. — Wattellier (Gustave).

Neuilly-en-Thelle.

Cordons de soie (fabr. de). — Breton.— David. — Drouet (Isidore). — Drouet (P.). — Drouet (R.).— Henneguy. — Langlois (F.). — Mansart (Eug.).— Mansart (J.).—Mutin. — Petit. — Prevost (C.). — Réty. — Vas. Mérinos et métis (troupeaux de).—Cœuillet.— Dufay. — Grangé. — Hours.—Langlois.— Picard.
Soies. — Baardelle (Aug.). — Bullot.—Dufay. — Gourlan-Bonnefoy, fabr. de soies teintes et écrues, pour mercerie, passementerie. — Piquefeu (Vor), manuf. de soies teintes et écrues, mais. à Paris. — Waroquet.
Soies (filature de), — Ghilliat (Ed.), mais. à Paris.

Notre-Dame-du-Thil.

Boutons (fabr. de). —Quyoux.
Laines (filat. de.). — Lebret. — Tiberge. — Viet.

Noyon.

Banquiers. — Léon Brière et Cie.
Nouveautés.—Bécret.—Garanger-Legrand.— Gaudebout-Baudry. — Houdart-Raynal. — Lhérondelle. — Pouillard-Marcy.
Rouennerie en gros. — Burge-Luquet. — Faquet. — Lobry-Burge, rubans et art. de St-Quentin.

Ourscamp.

Filature de cotons et tissage de velours de coton. — Mercier, Meyer et Cie, maison à Paris.

Paillart.

Cordonnets, lacets, mèches et tissus.—Sarlat. — Vernier-Rafine.

Pont-sainte-Maxence.

Banquier.—Palin fils.
Chanvres.—Berna frères.—Dufay.— Polle dit Breton.
Nouveautés. — Benoit. — Couton (Mlles). — Julien. — Laloue-Bullot. — Mercier-Chovet.

Puiseux-le-Hauberger.

Cordons de soie (fabr. de).—Carette.
Soies à coudre et à broder (fabr. de). — Torne (Ch.).

Rantigny.

Bonneteries et cachemires (fabr. de). — Coutant, Dubuy, Maréchaux et Cie, dépôt à Paris.—Fontaine (T.), dépôt à Paris.

Ribecourt.

Produits chimiques. — Salignat et Cie, acide sulfurique, muriatique.

Saint-Arnoult.

Bonneterie (fabr.). — Delasaux (Th.).

Saint-Félix.

Tresses p. chaussons (fabr. de). — Sarlat fil

Saint-Just-en-Chaussée.

Banquier.—Mazand.
Bonneteries et ganteries (fabr. de).—Blanchet, dépôt à Paris. — Tailbouis ❄, et Renevey. m. à Paris.
Constructeurs de métiers. — Tailbouis ❄ et Renevey, maison à Paris.

Saint-Rimault.

Toiles demi-Hollande (fabr. de). — Mary,

Saint-Thibault.

Bonneterie (fabr. de). = Davesne-Deframerie, à Haleine-St-Thibault. = Demelliens.

Sareus.

Bonneterie (fabr. de). = Aurey, au Grand-Sareus, maison à Chartres (Eure-et-Loir).

Senlis.

Banquiers.—Cassel.=Morisset.

Cordes (fabr. de).=Bouflet.

Corsets (fabr. de).—Chevaux.—Violet (Miles).

Crin (tissus de).—Godet, Saint-Yves, maison à Paris.

Laines en gros.—Andraud (J.C.) = Andraud (J.B.)—Andraud fils. = Bonnet. = Herbet fils.—Mercier.

Nouveautés et bonneteries.—Allain.=Appert. Baré (A.). = Boige.— Bucaille. = Chandelier-Lagneau. — Chevaux. — Gauthier. = Gilbert.—Magniant.—Pasqual-Chevaux.

Vaugenlieu.

Teillage mécanique de chanvre et de lin. = Léoni ✳ et Coblentz, siége à Paris.

Valdampierre.

Boutons de nacre (fabr. de). = Fortin. = Gobert (A.). = Gobert (T.). = Gobert (Onésime), dépôt à Paris, chez Delafolie. = Lebroussard (J.B.) = Lemaire (M.). = Marchand (A.). = Paris-Garin. = Randu (Eug.).—Randu (Emile).

Verneuil.

Boutons de soie (fabr. de). = Pruneau.

Vineuil.

Boutons de soie (fabr. de). = Bardin.

Voisinlieu.

Couvertures de laine (fabr. de). = Tétard fr.

ORNE

ALENÇON (chef-lieu.)

Chambre consultative des arts et manufactures. — Président : Boissière. — Secrétaire : De Broise.

Tribunal de commerce. — Président : Frenais. (Félix). — Juges : Pioger-Maruelle. = Mallet. — Blin. — Hommey. — Suppléants : Moutel. — Thierry. — Samson. = Lemée. — Greffier : Blanchet.

Conseil de prud'hommes. — Président : Mathieu-Vivario (L. M. L.). — Secrétaire : Gautier.

COMMERCE, INDUSTRIE.

Banque et recouvrements. — Hommey (A.) et ses fils — Lindet (J.). — Richard (L.).

Blanc (spécialité de). — Bosson-Havard. = Corbin (Mlle). — Deschamps (Emile). = Deschamps-Maruelle. — Lambert-Duval.

Blanchisseurs de toiles et de fil. = Aubry.= Bretonnelle. — Chable jeune et Petithemme, à Damigny. — Coudray (L.), au Chevain. — Deneaux et Bouillon. = Esnault fils. — Richer-Levêque. —Saillant (L.-A.) et Marchand, à Courteille.—Verdier-David.

Bonneterie en gros. — Frenais frères. — Gardien (Félix).

Chanvre (filatures de). — Esnault fils. = Richer. — Levêque.

Dentelles point d'Alençon (manufact. de). — Besnard. — Goubier.

Compagnie des Indes. — Verdé-Delisle ✳ frères et Cie, manuf. de dentelles blanches, noires et guipures. — Douville (Mme). — Geslin (Mlle). — Lenormand (Mlle). — Martin. — Roussel.

Draperies, nouveautés, rouenneries.— Biseul-

Fontenelle. = Bourgeteau-Simon.= Bourgeteau-Chrétien. = Chapelin-Berger. = Fouré (Mlles). = Garnier (Ve). = Jérôme. = Luret. = Mauger. = Homet (P.). = Touret-Cohel. = Valframbert.

Fils de lin et de chanvre en gros. = Aubry.= Bretonnelle. = Chable jeune et Petithemme, à Damigny. =Deneaux et Bouillon. = Dubois et Cie. = Esnault fils. = Marchand et Vielpau. = Richer-Levêque, filatures à Alençon et Fougères. = Roullée, à Damigny. = Saillant (L.-A.) et Marchand, à Courteille. = Verdier-David, maison au Mans, Fresnay et la Ferté-Macé.

Fleurs artificielles (fabr. de). = Ravet (Mme).

Gantier (fabr. de). = Prévost-Raux.

Laines et cotons filés. = Doulard-Lecornay. = Gasselin-Peaumont.

Merciers en gros. = Chanteloup. = Gardien (Félix). = Frenais frères.

Ornements d'églises. = Clairfontaine-Noir.

Passementeries (fabr. de). = Caron fils. — Jarry.

Peignes à lisser (fabr. de). — Marchand. — Paris. — Pecheux. — Rondeau (A.). — Toutain.

Teinturiers. — Hénault-Morel (Ernest). — Huchet. — Lecomte. — Lhorphelin. — Souilt.

Toiles (fabricants et marchands de).— Aubier (L.). — Beasse, à Courteille. — Bizeuil. — Blin fils aîné. — Blin jeune. — Boissière. — Chable aîné. — Coquereau frères, mais. à Paris.— Deschamps-Louvel. —Dudouet-Rabinel. — Dufay. — Esnault fils. — Fouquet. — Galinard (Jh.). — Godfroy (Louis). Godfroy-Marchand. — Laîné. — Lehoux

(Jules), mais, à la Ferté-Bernard. == Laumenier père et fils. == Lefebvre et Lemée, tissage faub. Monsort.==Lehoux (Amand).== L'Hommas (Ch.).== Maillard.==Mallet. (Ed.) Pouplin (A.), fabr. == Rattier. == Renaudin (V. C.). == Richer-Lévêque, fabr.== Salle, à Courteille. == Sebault et Fromont.

Argentan.

Banque et recouvrements.== Bisson (L. E.).== Chapsal. ==Lainé-Aubert. == Leprince.

Draps et nouveautés. == Bourgeois. == Derville. == Descours. == Dhuy (P.). == Elie. == Fleury (A.). == Mousset-Petit. == Pringault. == Sochon.

Mercier en gros. == Adigard.

Athis.

Cotons (filatures de). == Boisne-Armand. == Courant (F.). == Pellier-Mélidor.

Temples à pince pour tissage (fabr. de). == Lemarchand.

Tissus (fabr. de). ==Bazin.==Lemarchand (L.). == Racine fils. == Raoul.

Bellême.

Banquier. == Tuffier (Th) père.

Chapeaux feutrés (fabr. de). == Ledard oncle. == Ledard neveu.

Draps et toiles (tissage en gros).== Leroy-Tuffier (Vve) et fils.

Toiles (fabr. de). == Brière (A.). == Mathias.

Berjou.

Cotons (filature de), == Delaferté fils (Jean).

Caban.

Cotons (filatures de). == Méreu (Vigile).

Caligni.

Cotons (filatures de), Davout (I.),==Dumuguet.

Champsecret.

Toiles et chanvres (fabr. de). == Baratte. == Bidault (F.). == Bidaut (J.). == Bessin.== Chesnais (Auguste). == Fourré. == Louvel. == Masseron (P.). == Masseron (J).

Chanu.

Peignes à chanvre (fabr. de).== Anger (J.B.). Fartin. == Roulleaux.

Carneille (la).

Articles de Flers, la Ferté-Macé, Condé-sur-Noireau, Rouen et Lille. == Dever (Léon),— fabrique.

Banquiers. == Chalmel père et fils.

Coutils (fabr. de).== Ballon (Ad.).==Bertrand. == Blanchard (Vve). == Coulombe. == Jean (P.). == Le Boucher (Ern.), == Le Boucher (Isidore). == Pierre.

Teinturiers en coton. == Deshayes (Félix). == Deshayes (Jules). == Deshayes (Paul). == Lainé (Fr.). == Onfroy.

Cerisy-Belle-Etoile.

Cotons (filature de). == Le Sueur.

Coutils (fabr. de). == Huart (J.). == Lemaitre, Maupas. == Oblin.

Chapelle-Moche (la).

Banquier. == Prodhomme.

Toiles (fabr. de). == Colibert. == Grosse. == Martin.

Tourneur en bois. == Vieillepelle.

Crouttes.

Toiles de lin (fabr. de). ==Hébert. == Hébert-Boulaye. == Rebours. ==Samson.

Domfront.

Draps, nouveautés et rouenneries. == Beaumont-Roger. == Brière-Ronnet. == Champinière. == Lainé-Desnos.

Laines. == Bellamy.

Ferté-Macé (la).

Chambre consultative des arts et manufactures. == Pilâtrie, président. == Loslier, secrétaire.

Conseil de prud'hommes. == L. de St-Gilles, président.

Apprêteurs. == Alabarbe et Nugue. == Engerand aîné. == Salles (André). == Vidus-Ovide.

Banquiers. == Clouet (V.).== Cousin-Lalande. == Crespin (E.). == Levallois. == Moulin (Eug.) fils.

Blanchissage de fil et coton.==Dernier Michel (Vve). == Croisé. == Engerand (Désiré). == Galin (Isidore). == Guillemart fils. == Lebailly-Cholet (Vve). == Vincent (H.).

Cotons filés. == Gallet frères jeunes et Cie, de Flers. == Le Breton-Durand.==Levavasseur (A.). == Verdier-David.

Fils de lin. == Compagnie Linière, représentée par Verdier-Hesnauët. ==Lesieur (Arsène). == Taillefer. == Verdier-David. == Vincent (B.).

Laines filées. == Lesage fils.

Mécanicien. == Van Boschstall (Aph.), machines à dévider les fils et les cotons, bobinoir pour tissage mécanique.

Mèches à quinquet (fabr. de). == Grison (A.).

Passementerie, bretelles élastiques, tirants de bottes, rubans fil et coton (fabr. et négociants de). == Bisson (Félix). == Bisson (François). == Bossé-Fouttais. == Chivard (E.). == Clovis et Henri Rallu jeune. == Boussel-Mustière.

Rubans (fabr. de). == Bossé-Fouttais.==Clovis et Henri Rallu jeune, fabr. de tirants de bottes et de bottines. == Poulain Dampou. == Morin. == Pied-noir. == Prion. == Pitet.

Sangles (fabr. de). == Clovis et Henri Rallu jeune, fabr. p. ameublements et coutils p. tapissiers.

Teinturiers. — Bernier (C.). — Bernier-Priou. — Bourdel. — Chollet (Vve). — Lebailly-Chollet (Vve). — Pichard.

Tissage, coutil fil et coton façon Lille et Bruges, croisés bleus, nouveautés pour pantalons, et fabr. toile fil et coton et tout coton. — Angot, David et Martin. — Appert aîné. — Appert-Lavollée. — Barré-Ledonné. — Barrier-Niaud. — Bernier frères. — Bisson. — Bobot-Descoutures. — Bossé. — Bouchard frères. — Bourdin (François). — Bourdin (Louis) et Lefevre. — Brossier-Guillais. — Chauvière-Niaux. — Chéron-Legros. — Cholet-Almire. — Cholet-Niaux. — Clovis et Henri Rallu jeune. — Courtois-Lemaître. — Courtois-Lenoir. — Crespin (Eugène). — Crué-Coulomb. — David-Guérin. — David-Lelandais. — Delange-David. — De St-Gilles et Cie, dépôt à Rouen, fabr. à Goron (Mayenne). — Dugrais aîné. — Dupont-Guérin. — Dupont-Libert. — Durand et Chauvière. — Duval frères. — Frebet (Ant.) fils. — Frebet (Céleste). — Gautbier frères. — Germain-Cholet. — Grout-Appert. Guillais (M.). — Guilliais-Thommeret. — Houyel (Victor). — Hubert (Michel). — Huet (Ferdinand). — Hutan-Hardy. — Huvé (Marcel). — Jean (Eugène). — Lebouc (Eug.). — Lebouc-Guillais. — Lefevre-Dugrais. — Legallois. — Dupont. — Legallois-Desmoulins. — Lefèvre-Leneveu. — Leveillé-Lemuet. — Libert-Pétron. — Maheux. — Martin (Gervais). — Morel et Hamel. — Moulin-Vardon. — Niaux (Neveu). — Niaux et Cabrol frères, filateurs m. à Flers et à Ambrières. — Niaux-Guillais — Noire (A.). — Pasquier frères. — Piebout-Lecourt. — Pétron frères. — Pilatrie fils et Gallier. — Poirier (E.). — Poulain (Ch.). — Prion-Bobot. — Renut-Grimbert. — Retour frères. — Rivière et Barrier-Goupil. — Roussel-Pilatrie. — Roussel-Guillais. — Roussel-Mustière. — Salles, frère et beau-frère. — Salles (François). — Thibault (Th.). — Thommeret-Neveu. — Tirot-Roussel. — Toutain-Dalifard. — Toutain-Guillais.

Flers.

Chambre consultative des arts et manufactures. — Eug. Gallet, président. — Delaunay-Larivière, secrétaire.

Conseil de prud'hommes. — Veniard. — Vardon, président.

Apprêteurs d'étoffes. — Buffard (Victor). — Calando. — Mahelin. — Prod'homme.

Banque de France (succursale de la). — Directeur : Garré. — Caissier : Jannest.

Banquiers. — Gallet frères. — Lelogeais ❀, maison à Condé-sur-Noireau. — Simonen.

Blanchisserie de fil et coton. — Defrance. — Delaunay (Louis). — Jacqueline. — Lamazure. — Leblanc. — Lepoivre.

Cotons filés. — Brisolier et Morin, filateurs. — Dumesnil (Ch.) et Cie. — Fengueur. — Gallet frère jeune et Cie, cotons filés et indigos, succursale à Rouen. — Hellot, coton. — Devillers. — Huet, Bazile, Morin et Cie, filés, teints et écrus. — Jardin (Ve), filateur à Mortain. — Lehugur-Moussel, Jules Lesueur. — Lesueur (F.) et Liard. — Louvet (François), filés et teints. — Niaux et Cabrol frères, filateurs. — Veniard-Lecomte.

Courtiers. — Guérin (J.). — Lecornu (Pierre). — Lelièvre et Lechevrel. — Manoury. — Olivier (Louis). — Petin (Louis). — Retout (P.).

Coutils (fabr. et commerçants en). — Appert (Aug.). — Appert (Edmond). — Appert frères. — Appert (Th.). — Auzouf fils. — Bain (E.). — Ballon (J.) fils. — Bardel fils, fabr., export., dépôt à Paris. — Bazile, Morin et Cie. — Bazin-Foucault. — Bazin-Rivière (Louis). — Bobeuf (G.) et fils et Dumesnil, maison à Paris. — Bodé (Victor). — Bouvet (Isidore). — Brionne. — Brunet (Victor). — Busnot-Lalande. — Caillebotte (Augustin). — Caillebotte (Firmin). — Chapon-Bardel. — Chanu (Pierre). — Chanu (Placide). — Chauffray (Pierre). — Chanu (Ferdinand). — Chenel-Lehugueur. — Chesnel-Lemaître. — Colas (Victor). — Cormaille. — Coulombe (François), fabr. — Coulombe-Peynel. — Daligault (F.). — Debia, fabr. — Deboisne (Alph.). — Delaunay-Larivière. — Delaunay (Charles). — Desauney et Cie. — Devère (Victor). — Diot (Ve F.). — Diot (J.) et Cie, fabr. — Dugney, Frémont et Vautier, tissage mécanique. — Duguey-Chaufray. — Duguey-Michel. — Duhazé frères. — Duhazé-Delaunay. — Duhazé (Théodore). — Dumesnil (Ch. Ferdinand). — Dupont (Ferdinand). — Dupont (François). — Dureau et E. Guyon, dépôt à Paris. — Duressy (Jules). — Duval-Hué (Ve). — Duval (Ars.). — Duverdier et Caillot, fabr. et commiss. — Feron (Alphonse). — Feron (An.). — Feron frères. — Forge et Quentin. — Foucault-Delaunay. — Foucault-Denos jeunes. — Foucault-Denos (Ferdinand). — Foucault-Dumesnil. — Foucault (Louis). — Foucault (Th.) et Laumonier. — Foucault-Sommet. — Foucher fils. — Fouilleul (Arsène). — Fromage (Ch.). — Furon. — Casc (C. Maurice), commission. — Gaudin (Eug.). — Gondouin (C.). — Gosselin (J.). — Guérin-Leclerc. — Guérin-Morin. — Halbout (L.) et Cie, fabr. — Halbout (N.). — Harivel aîné — Hébert (P.). — Hébert-Schwartz. — Hergault (Th.). — Hesnard (Fréd.). — Hesnard (Jules). — Hue (Virgile). — Hue-Chesnel. — Hussenot père et fils. — Huvé (Jules). — Jenvrin-Forget (Ve). — Lair (Gustave). — Lange (Léon). — Langlois-Pichard. — Larmé

(Ernest). — Lebailly (Désiré). — Lebailly (Fois). — Lebailly frères , tissage mécanique. — Lebailly-Pichard. — Lebay (F.). — Leblanc fils. — Lecoq-Romain. — Lecornu (Adrieu). — Lecornu (Alfred). — Lecornu (Léon). — Lefrançois (Eug.). — Legallois et Chauvière, doublures pour chaussures, fabr. et commis. — Lehugeur (Edouard), V° Galliet et Legemble, fabr. et commissionn. — Lehugeur (Constant). — Lehugeur-Paildieu. — Lemaître (Alph.). — Leprince (Victor). — Lesueur-Félix. — Lesueur-Vital, fabr. — Lucas (J. V°) et fils. — Lucas (Pierre). — Malatiré (Eug.). — Martimort. — Mogé. — Morin (Emile). — Morin (Th.). — Morin (Eugène). — Niaux et Cabrol frères, filat. et commis. — Noury et Dethan (Ch.), tissage mécanique. — Paildieu (Michel). — Palais (H.).— Paris (Constant). — Petin (Louis). — Pichard (Ph.). — Pringault (Eugène). — Quantin frères. — Queruel (Désiré). — Radigue (Eugène), fabr. et commissionn. — Rallu-Lehugeur. — Rivière (François). — Robillard-et Dumain, fabr. — Roucille-Letourneur — Rouillet (J.-F.).— Sallé frères. — Salles. — Sanson (Edmond) et Prunier, dépôt à Paris, et fabr. à Evreux. — Toussaint ✳, fabr. de reps et damassés.— Vardon (Alexandre) — Vardon-Grandpré. — Vardon-Hellouin. — Veniard-Vardon. - Vante (J.) fils. — Youf (Alph.), fabr. commissiounaire.

Drogueries. — Duperron. — Gallet frères, de Vire. — Peigney. — Picot (Pierre).

Fil mécanique (dépôt de). — Lelièvre (F.). — Ménard (F.).

Indigos. — Gallet frères de Vire. — Gallet frères jeunes et Cie, et cotons filés. — Lelièvre (Aug.).

Machines caneteuses. — Gallet (Eugène).

Nouveautés. — Bouillon. — Dumesnil. — Franguel. — Hamard. — Larmé (Mlle). — Leprince. — Tantin et Cie.

Peignes à tisser. — Boimard : Boimard fils. — Chauvin (P. B.).—Dieul. — Duhazé (V°).

Produits chimiques. — Gal et frères, de Vire. — Lelièvre (Aug.).

Teintures de fil et de coton. — Brière frères. — Brière fils. — Debouaisme (Victor). — Guillaume (Louis). — Lefrançois-Chevalier. — Lejemble. — Lepoivre. — Leprince. — Manoury fils. — Morel (V°),— Poussard.— Tissier (V°). — Vaugeois.

Toiles, coutils (négociants commissionn. en). — Appert frères. — Auzouf fils. — Babeuf fils et Dumesnil. — Bain (E.). — Bobeuf. — Brunet (V°), et fabr. — Caillebotte (A.).— Chapon-Bardel. — Clopied, fabr. et commission. — Daligault (Ferdinand). — Debia (E.), fabr. — Desauney et Cie, fabr. — Diot (J.) et Cie. — Diot (V° P.). — Durand-Le-

bailly (V°). — Duressy (Jules). — Duverdier et Caillot, fabr. et commiss. — Gasc (Maurice). — Guibé (P.) — Halbout (L.) et Cie. — Huc-Chesnel. — Hussenot père et fils. — Larmé (E.). — Laumonier, Guérin-Desrivières et fils, commis. — Lefrançois (Eug.).— Legallois et Chauvière, doublures pour chaussures , fabr. et commis. — Legrand (F.). — Lehugeur (V° Ed.), Gailliet et Legemble. — Leneveu et Cautru. — Lesueur (Vital), fabr. et commission. — Levêque (Eug.). — Louvel frères. — Menard (François). — Morin (Théophile). — Niaux et Cabrol frères, filat., fabr. à Flers. la Ferté-Macé (Orne).—Noury et Dethan (Th.). Palix (Victor). — Paris (Constant). — Pitet frères, commiss. — Pringault (Eugène). — Quantin frères. — Radigue (Eugène), fabr. — Robillard et Dumaine, fabr.—Rousseau. — Salze frères. — Sanson (Edmond) et Prunier. — Toussaint ✳, et fabr. — Youf (A.), fabr. et commiss.

Gondrifiers.

Tréfilerie de fil de fer gros et fin, pour cardes, aiguilles à coudre et à bas, pour peignes à tisser. — Bernard-Fleury et Fournier.

Laigle.

Chambre consultative des arts et manufactures. — Président: L. Leblond.

Conseil général des manufactures.—Membres délégué: Mouchel, O. ✳.

Tribunal de commerce.—Président : Leblond (L.). —Juges : Hurel (Ch.).—Bigot-Sanson. — Noché. — Chevalier. — Suppléants : Vaugeois (A.). Thibout. — Hourdelière. — Fournier. — Greffier : Pelletier.—Agréés : Rousselet. — Callais. — Chartier.

Aiguilles (manufactures d'). — Anfrie et Cie, aiguilles, épingles, broches, et aiguilles pour machines à coudre, usines de Mérouvel et du Gru. — Gérard Hamel. — Lemoine (Aug.). — Rossignol (Vve), fils et Cie. — Tailfer (A.) et Cie (Bobin-Benjamin successeur), fabr. d'aiguilles façon anglaise, d'épingles inoxydables. — Turboust jeune, dépôt.

Ameublements (fabr. d'art.). — Dufour. — Pluvinais. — Thibout-Thibault.

Banquiers. — Bigot-Sanson (L.). —Geoffroy. — Marais et Cie. — Vangeois (Alex. André).

Blanc (articles de). — Lacour. — Lebas.

Bonneterie. — Bouillère. — Bunodière. — Duval.—Varin.— Legrand (Vve).— Noché (Adolphe), et mercerie en gros. — Roux-Duval.

Corsets (fabr. de).—Barbier (Narcisse) et Cie. — Hamel (Vor), corsets cousus en tous genres.

Dentelles et tulles (march.). — Pepin-Guibé.

Dès (fabr. de). — Lebas (A.) fils, dépôt à
Paris. — Rossignol (Vve) fils et Cie.

Draperie, rouennerie, nouveautés, toiles. —
Alexandre-Delarue. — Buat aîné. — Che-
valier jeune. — Cubain aîné. — Gastin. —
Hervieu. — Sanson-Audelin.

Épingles (fabr. et négts d'). — Anfrie et Cie.
— Anfrie (Ch.) aîné, fabr. brev. s. g. d. g.
— Besnard (Jules). — Bohin (Benjamin).
— Bigot aîné. — Bigot-Giroux.—Blot (A.),
maison à Paris. — Desloges fils aîné.
Gerard Hamel. — Hurel-Masson. — Le-
moine (Aug,). — Rossignol (Vve) fils et Cie.
— Turboust jeune, aiguilles et épingles. —
Turquet (Claudius et Alphonse), fabr. d'é-
pingles. — Vivien (L.) et A. Lefebvre, fabr.
d'épingles.

Fleurs artificielles. — Chevalier (Louis). —
Pluvinet.

Gantiers (entrepreneurs de coutures à la mé-
canique). — Bonhomme. — Chevalier (A.).
—Chevalier(G.).—Vivien-Marais.—Piedfer.
— Postel. — Remilly (Mme).

Jupons à ressorts (fabr. de). — Barbier (Narcisse) et Cie.

Laines (négts en). — Guizier dit Besnardière.

Literie (articles de). — Thibout-Thibaut.

Mécaniciens (constructeurs). — Bohin (Benjamin), breveté s. g. d. g.—Guerrée (Vor).
— Lesieur fils, fabr. de métiers à pointes et
à épingles. — Mazier. — Mousse aîné.

Mercerie en gros et rubans. —Legrand (Vve).
— Noché (Adolphe), et bonneterie en gros.
— Thibout-Thibault. — Turboust (Vve).—
Turboust jeune, dépôt d'aiguilles.—Détail :
Duval-Varin. — Lebas. — Blanc. — Thi-
boust-Chevauche.

Tailleurs-confectionneurs. — Boutigny. —
Fraissonnet. — Lemercier. — Letellier-
Mannevy frères. — Théodore.

Teinturiers. — Chartier. — Fleury. — Jacquelin. — Pinguet. — Surmulet.

Toiles blanches, écrues, mousselines, calicots,
coutils. — Foulon. — Gérard-Hamel. —
Guizier dit Besnardière. — Pousset. —
Samson-Adelin fils. — Thiboust-Duval. —
Thiboust-Chevanché. — Turboust jeune,
toiles et coutils.

Lande-Patry (la).

Blanchisseries de toile. — Desramés. — Dumont (Isidore).

Coutils (fabr. de). — Blais (Victor). — Duval.
— Macé.

Loucé.

Laines (filature de). — Pan.

Mérouvel.

Aiguilles et épingles en fer. — Anfrie et Cie,
aiguilles pour machines à coudre.

Mesle-sur-Sarthe (le).

Banquiers. — Larsonneau et Cosme.
Bas (fabr. de). — Lainé.
Lacets (fabr. de). — Hayot (Ferdinand).

Mortagne-sur-Huisne.

Banques et recouvrements.—Bouvier (Ferd.)—
Mary. — Chorand fils. — Cordier.
Bonneterie en gros. — Levassort-Mariette.
Draps et nouveautés. —Boudin (Mlle).—Bru-
gière aîné. — Cerné (Dame). — Dauphin.
— Louveau. — Louvel-Barbette. — Marie-
Ruffray.—Prudhomme-Segouin.—Quentin.
Gants (fabr. de). — Adam (Elise). —Desgra-
viers (Mlle). — Hy dit Fabien. — Jahan-
dier (Vve). — Leboucher. — Magat. —
Maux (Mme). — Prunier. — Soyer.
Toiles (fabr. de). — Bance. — Gaillart-Char-
pentier. — Guillin et fils. — Soyer (D.) fils.

Moutiers-au-Perche.

Résilles et filets pour coiffures. — Charpentier jeune et Cie.

Sauvagère (la).

Fil (fabr. de toiles et coutils.) — Barré (Jacques). — Barré (J.). Bidault.

Sées.

Banquiers. — Jules Delahaye. — Gateclou-
Marest.
Escompteurs. — Flamand. — Lefaux. —
Rattier.
Gants de peau (fabr. de).— Duchemin (Mme).
— Forget. — Pepin-Goulet.

Segrie-Fontaine.

Cotons (filature de). — David.

Soligny-la-Trappe.

Banquier. — Bouvier.
Nouveautés. — Dubois. — Duveau-Diot. —
Victor (Vve).

Tinchebrai.

Amidon (fabr. d'). — Brunet (Eug.).
Banque et recouvre. — Lebastard (O.).
Blanchisserie de coton. — Lepont.
Boutons de nâcre (fabr. de). — Cauchois (H.).
— Maillot.
Nouveautés, draperie et soieries. — Auvray-
Lelogeais. — Jalade. — Lemaître.
Serges du pays (négts en). — Letouzé. —
Thoury jeune.

Saint-Georges-des-Groseilliers.

Blanchisseurs de toile, fil et coton. — Chan-
teple. — Defrance (A). — Delaunay (L).—
Malherbe (Vor). — Vardon (J.).
Colle=gélatine (fabr. de). — Leprince (Vor), à
Rainette (sous Flers).
Teintures en fil et coton. —Dupré-Coulombe.
—Gauquelin (Hte).—Leprince (Prosper).—
Manoury (H.).

Tissus (fabr. de). — Duval (J.). — Le Cornu (Léon). — Le Cornu (Fél.),— Moulain (P.). Poulain (P.).

Sainte-Honorine-la-Chardonne.

Cotons (filature de). — Leboiteux.

Saint-Maurice-du-Désert.

Toiles et coutils (fabr. de). — Gautier (Michel) fils. — Thommoret (Joseph).

Saint-Pierre-d'Entremont.

Cotons (filat. de). — Guillouet (G.). — Vardon (A.).

Coutils (fabr. de). — Bridet. — Lebrun (Etienne).—Letellier (Félix). — Martin. — Rabache. — Viel (Charles). — Viel Pierre.

Saint-Pierre-du-Regard.

Blanchisserie de coton. — Alabarbe (Ach.).

Cotons (filatures). — Brisolier. —Hamon. — Houdayer. — Le Huguese. — Mousset. — Lebreton (M.). — Lepelletier.

Cotons (fabr. de tissus de).— Bourienne fils.

Mèches à quinquet (fabr. de). — Rimaillo frères.

Teinturiers. — Groult (L.). — Longuet.

Tissus (apprêts de). — Ozout (Pierre).

Vimoutiers.

Banquiers. — Chauvel jeune.,—Tampied aîné.

Commissionnaires en toile blanche et écrue.— Grelbin. — Laniel père ❋ et fils. — Monnet. — Taillefer aîné.

Fils de lin (blanchiment de). — Desvaux-Delif père. — Laniel père ❋ et fils. — Renault. — Rogère (Vᵉ). — Taillefer aîné.

Nouveautés. — Angot. — Fortin (Modeste).— Gautier. — Lemoine.—Pernelle-Cogen (A.).

Toiles (blanchissages de).— Laniel père ❋ et fils. — Mezière. — Vicaire (Prosper). — Vivier frères.

Toiles cretonnes (fabr. de). — Bardou-Maranville. — Delisle. — Duroy. — Jobey.—Labutte. — Laniel frères. — Monnet. — Vicaire (Benjamin).

Toiles cretonnes (marchands de).— Boutigny. Grobein. — Jobey. — Laniel frères. — Monnet. — Taillefer aîné. — Vivier frères

PAS-DE-CALAIS

ARRAS (chef-lieu).

Chambre de commerce. — Président : Colin (Maurice), O. ❋. — Membres : Perin aîné. — Renard de Songnies.—Raffeneau-Delile. — Deletoille-Colin. — Leroux. — Deleplanque-Godart. — Tranin. — Vétillard.

Tribunal de commerce. — Président : Colin (M.), O. ❋. — Juges : Bellet-Lefebvre. — Moncomble-Trannin. — Deleplanque-Godart. — Legrelle-Fagniez. — Suppléants : Dehée-Braine. — Devémy aîné. — Ledieu (Elie). — Pamart-Rambure. — Greffier : Stenne.

Banque de France (succursale de la). — Directeur : Wetillart. — Caissier ; Turlotte.

COMMERCE, INDUSTRIE.

Banquiers. — Deleplanque-Godart. — Coppé (F.-A.), comptoir du Pas-de-Calais. — Legrelle-Fagniez.

Bonneterie (fabr. de). — Delétoille fils, fabr. dans le Nord, maison à Paris. — Grimon-Leconte.

Broderies, tulles et tissus de coton. — Costemend-Lefebvre. — Legras (Alfred). — Legras-Delestré (Mᵐᵉ).

Chanvre. — Briez (F.) fils.

Chapeaux de paille (fabr. de). — Fraikin-Nepveu.

Chasubliers. — Blondel-Delor. — Delpature et Broutin.

Chemises (fabr. de). — Duvernois et Guyot, exportation.

Cordes (fabr. de). — Briez (F.) fils. — Daudenarde (Louis).

Couleurs, teintures et droguerie.— Bence (E.). — Brandiske-Fillion. — Derville (Vᵉ). — Fourmault. — Froment-Lemoine. — Garin. — Lacouture. — Poré. — Guilbert (Ch.). — Mannessiez-Singer. — Théry-Marchant. — Vahé-Lebas.

Dentelles d'Arras (fabr. et march. de). — Bacouel-Troussel. — Delannoy (Vᵉ). — Dion-Godart. — Legras (Alfred). — Legras-Delestré (Mᵐᵉ).

Draps (marchands de). (Voyez aussi Toiles et nouveautés.— Bertrand (Mᵐᵉ).—Constant-Roussel. — Cousin (Mˡˡᵉ). — Dallongeville. — Demory-Lecat. — Leroy-Demory. — Corriez frères. — Defontaine-Lequeux. — Leroux-Lestocquoy (Vᵉ). — Lescardé. — Saquet-Hequet.— Sailly et Cie. — Santerne-Cathelain.

Equipements militaires.—Duvernois et Guyot, m. de gros (export.).

Fleurs artificielles (fabr. de).— Lépine (Ach.).

Lingerie (fabr. de). — Costemend-Lefebvre, et fournitures pour modes. — Legras (Alfred). — Legras-Delestré (Mᵐᵉ).

Malfil, tapis et tissus en crin (fabr. d'). — Briez (F.) fils.

Nouveautés. — Blondel-Tranin. — Bouquet-Roch. — Constant-Roussel. — Defontaine (H.). — Demory-Lecat. — Denis-Beugin. — Dumont-Loisy. — Hérard (L.). — Lefebvre-Delattre. — Letevez-Delaforge. —

Leroy-Demory. — Ribout-Paris-Roussel-Ranson. — Saguet-Héquet, Sailly et Cie.

Passementiers. — Blondel-Delor. — Sergeant, fabr. de passementerie, dépôt à Paris, exp.

Tailleurs-confectionneurs. — Adam. — Baôs-Barbet.—Bernheim. — Cousin. — Faëlens. — Goni. — Legros. — Pihan. — Renauld-Pretrel. — Samuel jeune. — Vasseur.

Toiles et linges de table (fabr. de).— Barbier-Delayens (Alfred Legras successeur).

Toiles, indiennes et rouennerie. — Allart (Mlle). — Blondel-Trannin. — Bouquet-Roch. — Callens-Brunel. — Carlier-Char-ruey. — Charruey frères, en gros. — Cor-riez frères, en gros. — Dallongeville. — Daniel-Bienfait. — Deleplanque-Coquelle.— Delvoder-Debure. — De Fontaine-Lequeux. — Fideline-Allart (Mlle). — Fontaine-Mati-fas, gros. — Huret-Lefèbvre. — Legentil-Caron. — Legras-Delestré (Mme). — Legras-(Alfred). — Lerouge-Caron, faub. de Rou-ville-lez-Arras.—Leroy-Demory.—Letevez-Delaforge. — Lovioz. — Maurice-Collin, O. ✳, en gros. — Riboud-Paris. — Roussel-Ransson. — Saguet-Héquet. — Sanntere-Cathelain, fabr. de toiles. — Scaillerez-Fié-vet. — Vallot.

Aire-sur-la-Lys.

Banquier. — Dumont-Legrand.

Draps, rouennerie et nouveautés. — Becque. — Bourdrel. —Damas-Regnier.— Delmaire. — Deplanche. — Diseur. — Diseur-Bleu-zet. — Ducourant. — Gagot.—Rolin sœurs.

Teinturiers de toiles. — Surbayrols.— Tiquet.

Arques.

Lin, étoupes chanvre et jute (filature de). — Detraux-Bouquillion et Cie.

Passementerie et tissus élastiques (fabr. de).— Bussy.

Tissage et blanchissage de toiles. — Detraux-Bouquillion et Cie.

Toiles en tous genres. — Bellanger (Ve). — Bouquillion. — Deharchies (Ve). — Ganot. — Vermeesch-Detraux.

Auchy-lès-Hesdin.

Cotons (filature et retordage de). — Pruvost-Charlet et Cie.

Bapaume.

Banquiers. — Croisille (H.). — Parel (Flori-mond).

Batistes et limons. — Bachelet. — Cedard (A), m. à Paris. — Grardel-Renard, et écrus.

Corsets. — Delobel frères. — Pignon-Duseil-lier.

Draps, toiles et nouveautés. — Carlier-Maille, neuv. — Cassel. — Delevaque.—François-Delhaye (Vve). — Gaudefroy. — Gérard fils. — Leroy-Lupart (Vve). — Magniez-Boniface

(Vve). — Lupart frère et sœur. — Manne-chez (Vve).

Produits chim. (fabr. de). — Arrachart.

Tissus, barèges, châles, etc. (fabr. de). — Buire-Damelincourt. — Delahaye (Alph.). — Fournier-Leserre.—François-Ramart.— Ricbourg.

Toiles (fabr. de). — Cassel.

Beaurain-Château.

Filature hydraulique de lin et d'étoupes. — Traill et Lowson.

Béthune.

Articles de St-Quentin, Tarare et soieries en gros. — Cocu (Ad.) et frère.

Banques. — Decroix (Félix) et Cie.

Draps, nouveautés et toiles. — Duflos. — Fruchart. — Gilbert-Breton. — Neuville. — Prévost. — Toffart-Delcloque. — Van-dersippe-Bourgeois.

Habillements confectionnés. — Copin. — Freund. — Gilbert. — Joset-Brige. — Pré-vost. — Vallage.

Blendecques.

Tissus élast. (fabr. de). — Delaunay frères.

Boubers-sur-Canche.

Laines peignées (filature hydraulique). — De Fourment (A.) et Cie, dépôt à Paris.

Boulogne-sur-Mer.

Chambre de commerce.—Président: Carmier (Emile).—Secrétaire: Haffreingue. — Mem-bres: Lonquéty aîné ✳.—Fontaine (L.) ✳. Lebeau ✳.— Secrétaire rédacteur: Gérard (A.) ✳. — Gosselin. — Vidor. — Leglaive. — Secrétaire adjoint: — Gérard (H.).

Tribunal de commerce. — Président: Ter-naux. — Juges: Duchochois St-Gest. — Dorlencourt-Marsan. —Adam (Achille) fils. — Gosselin. —Suppléants: Dutertre (E. S.). — Senlis. — Wimet-Ovion. — Huret-De-calonne. — Greffier: Gaultier.

Consulats. —Angleterre: Hamilton (W.), con-sul. — Hayes-Stadler, vice-consul. — Au-triche: Adam (Achille), vice-consul. — Bel-gique: Adam (Achille), consul. — Brésil: Adam (Emile), vice-consul.—Confédération de l'Allemagne du nord: Lonquéty ✳, con-sul. —Danemark: Carmier (Emile). — Es-pagne: Carmier (Emile), consul. — Etats-Unis: John de la Montagnie.— Italie: Jules Lonquéty, consul. — Oldenbourg: Alex. Adam O. ✳, consul. — Pays-Bas: Adam aîné (Al.), O. ✳, consul. — Portugal: Adam (Emile). — Suède et Norwège: Fon-taine (L.), vice-consul. — Turquie: Adam (Achille) fils. — Vénézuela: P. Rouxel, consul.

Cordages. — Quénéhen (Emond), représen

tant de la Corderie mécanique de A. Houlbrèque de Fécamp.

COMMERCE, INDUSTRIE.

Articles blancs. — Pajot-Dorlencourt.—Tallet. (Mme). — Rault (C.). — Senlis et deuil.— Soubitez-Delatour.

Articles fantaisies. —Dodon (Ernest).—Dodon (Jules). — Focheux et Cie. — Fournier (Mme). — Leleu. — Leroux, anglais et français. — Lévy. — Louchet-Pallier. — Trehan sœurs.

Banques. — Adam et Cie.— Dubout aîné ✳ ✳ et ses fils. — Ducoroy.

Société générale en France, siége à Paris. — Agence de Boulogne, directeur : Mangeot. — Trudin Roussel et B. Gosselin.

Chanvre. — Lebeau ✳ ✳ et Cie. — Lonquéty ✳, frères et Cie.

Chasublier. — Lagache.

Confections pour dames. — Remcussin. — Wimet-Ovion.

Corsets (fabr.). — Billiet-Quenet. — Bridaine (Mme). — Daguebert. — Dodon (Ernest).— Leroy.

Fleurs artificielles.—Lepine (Mme).—Meteyer-Beudon.

Laines et cotons. — Dodon (Ernest). — Vaillant-Lefranc.

Lin et étoupes (filat. de). — Nouvelle Cie continentale, Rivière et Cie. — Remy (L.)Cie.

Mercerie en gros. — Dodon (Ernest).—Dodon (Jules). — Duhamel (Alphonse).—Duvoisin. — Polet (Charles). — Radou-Guche. — Touronde-Radenne.

Modes (fournitures). — Dodon (Jules).

Ornements d'église. — Lagache. — Leblanc.

Passementerie. — Coustillier-Caumont, fabr. — Flahaut (Mme). — Magnier-Libert. — Pinart fils. — Waroquiez.

Rouennerie en gros. — Bourgois-Boulenger. — Delattre-Haffreingue et fils. — Frézel-Mamelin.

Rubans de soie. — Brailly. — (Ernest). — Dandon (Jules). — Duhamel. —Lécaille.— Lemercier (Ch.). — Poulet (Charles).

Soieries, châles, mérinos, nouveautés.—Baret-Dubois. — Bataille-Evrard. — Bernard Adam. —Chiray. — Coulombel-Daguebert. — Dorlencourt. — Remoussin. — Toitot-Leblond. — Wallet-Pruvost. — Wimet-Ovion.

Teinturier. — Gondolot-Lepot.

Toiles, sacs et bâches en gros. — Tellier-Velant et Cie.

Calais.

Chambre de commerce. — Président : Dessin (L.) ✳. — Sagot (F.). — Faillant (B.). — Chartier. — Bellart... — N... Vendroux.— Sarrazin (J.). — Devailly-Louchez. — Secrétaire : Devot.

Conseil général du commerce. — Legrand, délégué.

Tribunal de commerce.—Président : Louchez. ✳. — Juges : Cailliette. — Fournier. — Destombes (E.). — Suppléants : Sergeant père. — Dubout. — Greffier : Glachon.

Conseil de prud'hommes. — — Président : Herbelot (F. P.). — Secrétaire : Novel.

Consuls étrangers.

Angleterre : Beaumont Williams Hotham, consul. — William-Thomsett, vice-consul. — Autriche, vice-consul : Vendroux. — Belgique : Dessin (L.) ✳. — Lemoine, vice-consul. — Confédération de l'Allemagne du Nord : Dupont (Henry). — Danemark : Vendroux, vice-consul. — Espagne : De Rheims. — Etats-Unis : Vendroux, agent-consulaire. — Italie : Darquer. — Pays-Bas : Vendroux, consul. — Portugal : Vendroux, vice-consul. — Russie : Dupont (Henri). — Suède et Norwége : Dupont (Henri).

Banque et change. — Bellart et fils. — Delattre (Vor). — Devot (Etienne). — Sagot (François).

Carton pour jacquarts. — H. Gouverneur-Chartier.

Cordages (fabr. de mécaniques). — Noyel. — Seillier-Aigneray.

Cotons filés, français et anglais, et soies filées pour tulles. — Albert Bataille et Cie.— Boulet et Darquer. — Dépôt de F. B. Gill et Cie, de Nottingham, et de Ernest Teissier, du Cros de Valleraugue (Gard). — Devot (Etienne). — Dubout aîné ✳ et ses fils. — Leroy et Cie, commissionn. — Mussel.

Grèges pour tulles. — Colas (J.B.) et fils, m. à Caen (Calvados).

Soies filées. Voir cotons.

Soieries et nouveautés.— Dupont. — Gouzian (E.).—Lemay.—Pannier-Descamps.— Seillier-Verhaeghe (J.).

Tulles (fabr. de). — Albert Bataille et Cie. — Bavey (Ch.), fabr. à Saint-Pierre-les-Calais. — Banquart (A.) et Cie, imitation de dentelles.—Bourlet (Aug.), blondes et dentelles de soie.—Cauchois et Petit. — Collas (J.-B.) et fils, soies pour tulles et dentelles. — Dubout aîné ✳ et ses fils, dentelles de soies et blonde.—Fourgaut. — Gaffet-Delecourt.— Gavelle (L.), apprêt.

Herbelot, blondes et dentelles.—Le Do (Prosper. — Legrand-Cardon (H.) et Cie.— Leroy fils, commission. — Lestrade et Dorival, à St-Pierre-lez-Calais.— Peteau et Cie, blondes.—Petit (E.).— Philippi (E.). — Sarazin frères et Bonneville, m. à Paris et à St-Quentin.

Tulles (commiss. en). —Albert Bataille et Cie. — Babey. — Banquart (A.) et Cie.—Banse (Jh).— Bourlet (A.).—Dubout aîné ✳ et ses fils.— Gaffet-Delcour. — Lecomte (Ch.) et Cie, de Paris.—Leleu-Tirlemont. — Mussel. —Petit (Ed.).— Porquet (A.).

Carvin.

Amidon (fabr. d').— Crépin-Boutry.—Dupire. —Duquesne (J.).

Banques. — Bonnier fils et sœurs. — Lequien.

Blancs (art. de).—Boutry.— Burge.

Draps, rouennerie, nouveautés. — Declercq.— Deletaille-Lesaffre. — Duflos. — Duprat. (Aristide). — Hay-Hachin. — Honoré-Mortreux.— Leseute. — Marchand. — Pipelart (Ve).—Pipelart-Cloquier.

Laines pour bonneterie (filat. et fabr. de). — Carlier (Ch.).

Lin (filat. de).—Delobel.

Produits chimiques (fab.). — Devez et Pasquet.

Tulles (fabr. de).—Graye.

Cercamp-les-Frévent.

Filature hydraulique de laines.—De Fourment (A.) et Cie, dépôt à Paris.

Condette.

Filature de lin et chanvre.—Huret-Lagache et Cie, fabr. de toiles à voiles, etc.

Desvres.

Draps, gros (fabr. de). — Croquelois (F.). — Semmerard (F.).

Nouveautés. — Caprone-Lesage.— Croquelois-Allais. — Decorberi (L.). — Delplace-Lonquety. — Hauttot. — Manoury-Grignon. — Sagot (Ve).— Vincent-Harelle.

Estevelles.

Blanchisserie de toiles.—Cambiez frères.

Frévent.

Laines (fabr. de).— De Fourment (A.) et Cie, dépôt à Paris.

Lin (filat. de). — Comptoir de l'industrie linière, Maginer, Pouilly, Brunet Cie, siège à Paris.

Nouveautés. — Billot-Dugarin. — Doyen.— Fatien.— Fatien-Capres. — Fiquet.— Gacquer. — Hurtrel-Galvaire. — Motteau. — Poiré.— Sagebien (Ve).

Fruges.

Banquiers.—Caron (Aug.).— Caron (Vor).

Bas (fabr. de).— Courtin-Dauchez.—Dauchez-Arquenbourg. — Demgny. — Lecucq. — Caron.

Laines, cotons et laines filées.—Lecucq Caron. —Lecucq (Louis).

Grigny-lès-Hesdins.

Lin et étoupes (filat. de).—Claustre.

Guines.

Laines brutes. — Vasseur frère et sœurs. — Vasseur (A. et N.) frères.

Hénin-Liétard.

Broderies (fabr. de). — Henry Galoppe et Cie. (fabr. à St-Pierre-les-Calais, m. à Paris).— Valens (H. Mme).

Cordes (fabr. de).—Campion (B.).— Doisy.

Couleurs et teintures.— Blondel.—Charlon.— Fremy-Willefert.

Hesdin.

Banque et recouvr.—Vassseur-Melard.

Bonneterie : fil, coton et laine (fabr. de). — Beasse frères et Cie, m. à Paris. — Devis frères.—Colin (Ed.).—Theillier-Lœillet.

Draps et nouveautés.—Dewamin. — Dourlan. —Hocq.—Sellier.—Wallet (Ve).

Lin (filat. de).—Traill et Lowson.

Lapugnoy.

Cotons (filat. et retorderie de).—Pruvost (B.), dépôts à Roubaix, St-Quentin.

Laventie.

Toiles de lin (fabr. de).—Leleu.— Quille.

Lens.

Corderie mécanique. — Stiévenart-Cambier et fils.

Laines (fabr. et marchands de). — Bauduin-Denglos. — Cordier-Cordier. — Cordier-Bauduin.—Froissart.

Toiles et molletons (fabr. de). — Spriet-Demayer.

Lillers.

Draps, rouennerie et toiles.— Barbier.—Bouteillier. — Cordonnier-Dave. — Disseaux-Scossa (Ve).— Godefroy-Ranon.— Guyot.— Lancry. — Laversin. — Bailly.— Lemaire-Scossa.—Mayeur-Warembourg.— Mayeur-Brassart.— Pouille-Pailleux. — Scossa (Ve). — Turbiez-Delcloque. — Warembourg-Dave.

Marœil.

Filat. de coton.—Malliavin fils et Cie.

Montreuil.

Articles de Saint-Quentin. — Defrémont père et fils.

Banquiers. — Delhomel (Emile). — Petit. — Robine.

Draps.—Labal (Mlle).— Ledoré. — Merlot.— Percheval. — Poullet, et confection.—Wallet-Alexandre.

Neuve-Chapelle.

Toiles (fabr. de).—Delahaye. — Deweppe. — Fonant. — Masse.

Hollepot-lès-Frévent.

Filature de lin et de chanvre. — Magnier, Pouilly, Brunet et Cie, siège à Paris.

Saint-Nicolas.

Passementerie (fabr. de). — Brissy, hautes nouveautés pour dames.

Saint-Omer.

Articles de Roubaix et de Tourcoing.— Bouillez (Ve J.). — Glorieux (J. B. et A).—Gabet.

Banquiers.—Aspelly et Baillien.— Deneuville. (E.).—Truche (Ve) et Bateman.

Bonneterie, ganterie et laines filées.— Darcque-Engrand. — Depotter. — Gars. — Laroche-Vermesch. — Lebrun-Lecesne. — Letailleur. — Moreeuw-Anne.—Renaud. — Surelle-Cordier.

Broderies et lingeries confectionnées (fabr. de). — Autuydt (Ve).— Bernard (Mme).— Brilland (Ch.) et Cie.— Bultez sœurs.—Bultez-Latreille.—Cuvelier fils.— Degand-Pomiers (Ve).— Delabre et Cadart. — Deleplace. — Dreyfus (Emmanuel) — Foulbœuf.—Gerard (Henri). — Jacquot frères.— Spilleux (Ed.). —Vanhende.—Verger (F. A.).

Chapellerie en gros.—Villain (Edm.).

Cotons et laines filés (fab. de).—Ch. Darcque. —Lebrun-Lecesne.

Draps. — Boulet. — Coquelle. — Derudder-Veens. — Dumont-Decamps. — Duniagou sœurs. — Duquenoy-Guilbert. — Lambert-Brunet.— Nedonsel.

Fils de lin.—Kyndt.

Fleurs artificielles (fabr.). — Doye (Mlle). — Gallet (Mlle).

Fils retors.—Peron (E.) fils.

Laines à tricoter (fabr. de).— Darcque.— Engrand.—Depotter-Malbrancq.— Lenguigne. —Moreuw-Anne.— Surelle aîné.—Surelle-Cordier.

Machines à coudre. — Pamart. — Taruselly fils.

Mercerie en gros. — Framezelle (Ad.). — F. Pidoux.

Ornements d'église. — Chanveau-Péro. — Mairesse-Villain.

Passementerie (fabr. de). — Bourgeois (J.). — Darque-Duhamel.

Rouennerie en gros. — Boulet-Cuvelier. — Démy (E.) et Rigault. — Cabet-Lecucq. — Guillaumet. — Williame-Lebleu (Mme).

Soieries et nouveautés. — Brunet-Lys. — Delpouve-Gaveau. — Dumont-Descamps. — Hélouin-Petit. — Lambert-Brunet.

Tissus de coton (fabr. de). — Glorteux (J.-B. et A.).

Toiles (fabr. et négts). — Berthélemy. — Obin-Rasoir (Ve).

Tulles (fabr. de). — Pommart. — Pommart (Charles).

Saint-Pol-sur-Ternoise.

Banquiers. — Godefroy (A.) et Cochon.

Saint-Pierre-lès-Calais.

Chambre consultative des arts et manufactures.— Président : Caillette.— Secrétaire : Rittaine.

Apprêteurs de tulles. — Beillier. — Carret fils. — Cordier (E.) et Milien. — Dubrœucq-Crespin, et fabr. de tulles. — Gauthron, blanchisserie et apprêts.— Petit et Debray. — Sergeant (Charles).

Banquier. — Lefebvre (Louis) et Cie.

Cartons pour Jacquart (fabr. de). — Cordier-Baudet et Cie, Hende-Beaugrand.— Wood.

Cotons filés pour tulles.— Andrew et Wilson, représentés par H. Rembert.—Austin (Ch.), et soies filées.—Barbare, blanchis et écrus. Boin-Malbaux, dépôts de bobines en bois. — Butez-Hernoult, et soies filées. — Canler (Victor), commissionnaire. — Dezoteux (C.). — Dreuille frères, et soies teintes et écrues. —Fontaine (C.) et fils, soies.—Landrin (A.), et soies. — Stevenson (W. H.) et Cie, maison à Nottingham. — Tourret-Petit, dépôt. — Wascat (A.).— Wastré (T.), soies et cotons.

Guides pour métiers à tulles (fabr. de). — Barton. — Giliot. — Hénon-Tetar. — Smith. — Vidal et Gilliot.

Lacets (marchands de). — Gouverneur-Chartier (H.).— Wood.

Lin et étoupes (filatures de). — Hochedé, rouissage et teillage mécanique. — Valdelière, Destombes et Cie, compagnie linière de Saint-Pierre-lès-Calais.

Mécaniciens. — Cordier (J.-B.), fabr de machines à coudre.

Métiers à tulle (fabr. de). — Bouveur. — Coste. — Delannoy-Coquet. — Duquenoy. — Flour-Marets. — Gest (Et.). — Grenier. Noyon et Lavoine. — Salembier (Jh). — Wood, commissionnaire.

Nouveautés. — Arnett et Richez.— Blanquart (F.). — Buscot. — Delpierre. — Hacot-Boulanger. — Rosé-Delefortrie. — Trouile-Robe (Ve).

Papiers pour tulles. — Cordier-Baude. — Gouverneur-Chartier (H.). — Heude-Beaugrand. — Lenliette et Cordier.

Rouleaux en fer blanc pour métiers à tulle (fabr. de). — Basset-Millien. — Cordier. — Fert (F.).

Soies (filature).—Neyme (J.-F.), filage et moulinage, usines à Nordausques.

Soies moulinées de toutes sortes. — Andrew et Wilson, maisons à Manchester et à Roubaix, représentés par H. Rembert.—Astorg (Ad.) et Cie, commission, soies et bourres. — Austin. — Butez. — Canler (Victor). commission en soies et cotons.—Cartwright (Henri).— Dezoteux (C.). — Dreuille frères,

Fontaine (C.) fils. — Greenhill (Th. B.). — Gonard (V°). — Hernoult. — Landrin (A.), et cotons filés. — Loewenstein, Polak et C¹°, représentés par Paclot Emile. — Sergeant (Ch.), tulles et soies. — Tourret-Petit, dépôt de Dussol à Sumène (Gard) et des bourres de soies de Henry Davies à Nottingham.— Watré, commission en soies et cotons. — Wascat (A.), commission en soies et cotons.

Tapis en filaments de coco (fabr. de). — Greenhill (Th.-B.).

Teinturiers en soies et cotons. — Boot. — Croft. — Petit et Debray. — Taylor (Samuel).

Tulles, dentelles, etc. (fabr. de). — Andries (A.). — Aubert et Fialon, maison à Paris. — Austin (H.). — Bacquet père et fils. — Bara et Cie, spécialité de guipures. — Barras-Dreuille.—Bartsch (Mme).—Beaugrand-Germe. — Beaugrand-Pion. — Belin (L.M.). — Bellart ainé. — Bellart (Jacques). — Bellin et Cie. — Berrier frères, spécialité de laizes, Temple. — Bernard (Charles), ancienne maison V° Henri Péron, guipures et Cluny.— Bertrand (L.) et Linquette, blondes et dentelles.—Beutin (L.). — Bibloque (P.) et Cie. — Bigot. — Bihet. — Bimont (Eugène). — Boitel-Grandin.—Boutroy (E.). — Bratby (J.) et Cie. — Brown et Cie. — Brunot (Ch.), manuf. de dentelles et blondes. — Bruxelle fils et Sailly. — Butez. — Butez-Bouclet. — Butez-Hernoult. — Capelle. — Carpentier ainé. — Chauvin. — Chevalier (J.). — Cinquin. — Cinquin (J.), jeune. — Carney-François. — Clément. — Cloran (M.). — Cordier frères. — Crespin fils. — Crèvecœur frères, spécialité de laizes. — Cuvelier (G.), spécialité de Cluny. — Dagbert (A.). — Dardenne et Dubois, spécialité de Cluny.—Darras et Vaillant fils, spécialité de Cluny. — Dauchard et Carderas. — Davenière, spécialité de dentelles de Flandre et guipures. — Davrou (Emile). — Davrou (Henri). — Debuche (V°). — Debuck (François), fabr. de guipures p. ameublements, r. du Temple. — Decorte (V°), spécialité de blondes, laizes. — Deguines-Lebeure, spécialité de tulles. — Delobel et Legrand, fabr. de tulles écrus. — Dolplace et C¹°. — Démassieux. — Dhilly (Augte). — Dreuille frères.—Dubroeucq-Crespin, et apprêteur. — Duchêne frères. — Ducrocq-Harlin. — Ducrocq-Lefebvre (R). — Farrands frères (E. et G.). — Fontaine-Cauchois. — Forest (J.) et Charles Clin, tulles. — Fouju (Th.). — Fourmentin et fils ainé (Atelier Capelle), blondes et guipures. — Frances frères.— Gaillard ainé et fils. — Gaillard (J.) père et fils, spécialité de voilettes. — Gaubert (Edouard). — Gavel et Cathoire. — Germe frères. — Germe (Jules). — Gest (F.). fab. de dentelles-cluny. — Gombert-Leblond.— Gouzian (F.). — Grégory et fils. — Gressier. — Hall frères, dentelles et blondes. — Hartshorn et G. Arnett. — Hazeldine (V°). — Hazeldine ainé. — Hembert et Maniez, dentelles de soie. — Henon (Henry) et C¹°. — Houette (L). — Houzel père. — Houzel-Carney. — Houzel (Eugène). — James (Léonard). — Jouare et Rieder, blondes de Bayeux. — Kiemlé frères, tulles, commission. — Lafon-Lefebvre. — Laingnel. — Landrin (A.). — Latteux (L.). — Laurent (E.), spécialité de Cluny. — Lavoy. — Lebas et Leclercq, tulles et guipures. — Lefebvre (Th.). — Lefevre (Alphonse), fab. de tulles à Saint-Pierre-Lès-Calais, et m. à Paris. — Lefort (V° L. P.), de Grand-Couronne (Seine Inférieure) (Tourret-Petit, représentant.). — Lefèvre (Amédée), fabr. de dentelles-valenciennes vraie. — Legendre (N.). — Leleu-Fermant, blondes et dentelles. — Leleu ainé. — Lennard (James). — Leporcq (Pl.). — Leroy (E.). — Leroux frères. — Lafayette. — Lestrade et Dorival, fabr. de blondes, m. à Calais. — L'Heureux frères. — Lœwenstin, Polack et C¹°, fabr à Nottingham (Emile Paclot, représentant). — Maniez père. — Marcollin-Vernalde. — Maxton (Mlle Jane). — Maxton (R.). — Maxton (John). — Maxton (W.), guipures et cluny. — Mentor, Strinck et C¹°. — Mercier (Ant.). — Merlin. — Messeant, blondes et dentelles. — Middleton ainé, tulles et guipures. — Middleton (Th.). — Mignion. — Monroger, guipures, dentelles et cluny. — Morel (L.), spécialité de laizes. — Mullié (A.) et C¹°. — Ollivier (Louis). — Oswin (J.) et C¹°. — Parenty et Bellin. — Perron (V° H) (Charles Besnard successeur). — Prilliez (A.). — Pulsford (G.), dentelles mécaniques point de Paris, Arras, Valenciennes et du Puy. — Rebière (F.). — Pouilly et Destombes. — Réville (H.) et Dartout, à Lille. — Richez (L.), et cluny, r. Lafayette. — Richez (H.), et cluny. — Richez-Oswin. — Ridoux frères. — Rosey fils. — Sainsard (A.). — Sergeant (H.), tulles et soies. — Shepherd (George). — Simpson (W.). — Sironet. — Smith (T.) et C¹°, dentelles de Cluny. — Smith (W.). — Stevenson (W. H.) et C¹°, négts commissionn., m. à Nottingham. — Thorez (Ch.). — Tillier (Louis), blondes et dentelles de soie. — Topham frères. — Tourneur (Henry), guipures et cluny.— Towlson frères. — Trouille (Bt), tulles. — Vaillant, blondes et dentelles. — Valois (F.) et L. Renard. — Vasseur (Eug.) et C¹°. — Vernalde (J.). — Verret (P.). — Watré, point d'esprit et Malines. — Webster frères, tulles et blondes. — West (Robert), fabr.

de laizes en soie, tulles et dentelles. —
West (J.) aîné, laizes en soie.
Tulles (commissionnaires de). — Astorg (Ad.)
et Cie, soies et bourres. — Babey (Ch.),
m. à Calais. — Barbare — Beaurin. —
Boin-Malbaux. — Butez-Hernoul, soies et
cotons filés. — Cinquin (J.) jeune, dépôt
de la maison Maillot et Oldknow, à Lille et
Nottingham. — Cloran (M.). — Davenière. — Dreuille frères, soies et cotons filés. — Dezoteux (C.). — Dubrœucq-Crespin. — Ducrocq-Lefebvre (R.).
— Forest (J.) Chles Clin. — Henon (Henri)
et Cie. — Kiemlé frères, commissionn. —
Landrin (A.), soies et cotons filés. — Le-
gendre-Paclot (Emile). — Pion et Aliod. —
Rembert-Hovelt (H.), représentant de Metais
et Beaupère. — Reville (H.) et Dartout,
maison à Lille, — Sergeant (Ch.), soies
bourres et cotons. — Stevenson (W. H.) et
Cie, tulles, soies, bourres et cotons. —
Tourret-Petit, négt. — Wascat (A.), soies
et cotons pour tulles, seul dépôt de J. L.
Tacqueray de Nottingham. — Watré, fabr.
cotons, soies et bourres.

Saint-Sauveur.

Toiles et linges de table (fabr. de). — Galvaire.

Sailly-sur-la-Lys.

Blanchisserie de toiles.— Barbry-Desmadrille.
— Barbry (Ch.). — Janglet-Hovelacque
et Cie.
Lin (filat. de). — Jonglet-Hovelacque et Cie.
Toiles (fabr. de). — Barbry-Donat. — Bari-
zelle et Cie. — Delattre et Batteur. — De-
weinue-Barbry.—Jonglet-Hovelacque et Cie.

Transloy (le).

Gaze (fabr. de). — Bergounioux (H.) et V.
Richard, maison à Paris. — Colliard (Félix)
et Cie. maison à Paris. — Cordonnier (P.)
et A. Lebis, mais. à Roubaix. — Flamant
et Valette, mais. à Paris. — Roussel (Ch.),
de Roubaix. — Vatin jeune (F.) ✳, et Cie,
mais. à Paris.

Violaines.

Fils de lin en gros. — Barbira (Vve). —
Bouche (P.).
Toiles (fabr. de). — Barbira-Beauhamp. —
Colmart-Goffroy. — Floctel-Leroy.

PUY-DE-DOME

CLERMONT-FERRAND (chef-lieu).
Chambre de commerce.—Président : Lecoq ✳.
— Vice-président : Renoux-Dupuy ✳. —
Secrétaire : Rayne (Frédéric). — Membres :
Bonnahaud. — Pradier-Gillet. — Blanc.
— Chalmetton. — Chesneau.—Perret aîné.
Tribunal de commerce. — Président : Blanc
(Léon). — Juges : Brancher-Gerest. — Les-
pinas. — Lavandier. — Jarton fils. — Juges
suppléants : Ribeyre-Kuhn. — Machebeuf.
— Salesse fils. — Peret aîné. — Greffier :
Boyer. — Agréés. — Labourier. — Jouan-
net. — Faucon. — Fauque (E.). — Fouil-
houx (Th.).
Conseil de prud'hommes.—Président : Julliart
(J. B.). — Vice-président : Philippion. —
Secrétaire : N.
Banque de France (succursale de la). — Ver-
ron, directeur. — Venant, caissier.

COMMERCE, INDUSTRIE.

Banquiers. — Blanc ✳ et Lacomba. — Coste-
Quinquandon (L.). — Lespinas, Laval et Cie.
Amidon (fabr. d'). — Baconnet (P.), — Bar-
thélemy jeune.
Blanc en gros (art. de). — Astel-Bonieux. —
Chatard jeune. — Dechelettes père, fils et
Devaux. — Vidal et Pissavy.
Blouses (fabr. de). — Conchon-Quinette.
Bonneterie en gros. — Brancher-Gerest et
Cie.— Collier (Ernest), et mercerie en gros.
— Conchon-Quinette, — Grau aîné.—Joal-
Boissier. — Labourier (L.).

Broderies (fabr. de). — Daguillon (Alphonse).
Deperrier. — Paulin-Ribes.
Caoutchouc (manuf. de). — Bideau (J. G.)
et Cie, fabr. d'objets en caoutchouc ordi-
naire ou volcanisé, Stummer représent. à
Vienne (Autriche), dépôt à Paris. — Toril-
hon, Verdier et Cie, dépôt à Paris, fabr. à
Chamalières, près Clermont.
Cardes (fabr. de). — Benoît.
Chanvres (commerce de). — Chambe (J.). —
Dissard père et fils, peigneurs. — Flammeu
(J.). — Prulière-Boyer.—Prulière-Longère.
Chapeaux de paille (fabr. de). — Verrier.
Chapeaux (fabr. de). — Bourdel-Rodier.
Chasubliers et ornements d'église.--Berouherd.
—Carlod. — Derrode. — Gorce-Vachier.
Corsets. — Faure (Mme).
Cotonnades (fabr. de). — Brisson-Daumont et
Cie. fabr. à Roanne (Loire). — Darraux-
Villeneuve, fabr. à Roanne. — Dechelette
père, fils et Devaux, fabr. à Montagny (Loire).
— Dechelette frères.—Joubert et Cie, fabr.
à Roanne.
Cotons filés. — Fabre et Chirat frères, mais. à
Rouen. — Maire-Pérol. — Peauroux-Fon-
frède. — Verdier (A.).
Coupons en solde (marchands de). — Chirol-
Conchon, en gros. — Dupic. — Journiac
(Adolphe), nouveautés, draperies et lainages.
— Ladevie.
Coupeurs de poils. Chapuis-Bertrand (A.). —
Gibert. — Martin,
Couvertures (fabr. de). — Gérin-Mourait

27

frères, fabr. de draps, fabr. à Sayat.—Getting, à Maringues.

Dessins de broderies. — Paulin-Bibes, dessinateur.

Draps (fabr. de). — Gerin-Mourait frères, et fabr. de couvertures en laines et cotons, fabr. à Sayat.

Draperie en gros. — Brunmurol-Maigne. — Chirol-Conchon. — Conchon-Quinette. — Dechelette père, fils et Devaux. — Girodias (A.). — Julliard-Petit. — Majour et Cie. — Quittard-Pourrat. — Salesie et Boyer.

Draperie et lainages. — Basse-Bolhion.— Chirol-Conchon. — Destat aîné.—Doneaud-Grolleron. — Dumas. — Dupuis-Grasbum. Gargette. — Faure aîné.— Fontaine (E.).— Levadier et Jules Barthe.—Quittard frères. Rodde et Malet fils. — Salesse et Boyer.— Wolf (Félix).

Drogueries pour teintures. — Ansaldi aîné.— Bonnay (A.). — Florand. — Fontfreyde, et couleurs.—Gautier-Lacroze.—Gorce (Henri). — Hébrard (Pierre). — Sauzet.

Fils de Chanvre. — Justin neveu, déposit. de la filat. de St-Martin-lès-Riom.

Fleurs artificielles. — Imbert. — Levadoux-Guttin. — Mallet (Mlle).

Laines et cotons filés. — Peauroux-Fonfrède, françaises et étrangères.—Verdier (A.).

Laines à matelas.— Chambon fils. — Parisse-Labonne (Mme).

Laines à tricoter.— Collier (Ernest). — Fabre et Chirat frères, cotons filés et indigos, m. à Rouen.— Maire-Pérol, cotons filés et indigos.

Linges de table (fabr. de). —Chambe (J.), tis. mécan.—Salze frères.

Lingerie, dentelles et tulles. — Barre (Mme). — Bruyat (Mme).— Chamboisier (Mme). — Chatel et Machebœuf. — Cohade (Mlle). — Dalbinat (V^e). — Dequeireaux-Achard (V^e). —Huguet (Miles). — Lafond-Martin. — Leclerc-Leroy.—Paulin-Ribes.—Pelerat (Mlle). —Rousse (Mme).— Veysset (Mme).

Mercerie en gros.—Barreyre-Rouayre.—Brancher-Gerest et Cie.— Bujadoux fils.—Cellerier.—Chanson et Servagnat.— Collier (Ernest).— Fourneuve et Milliet. — Joal-Boissier.— Labourier (L.). — Langlais (Victor). —Mage (Victor).—Savine et d'Andrieux.

Nouveautés, soieries et lainages.—Charayras, gros.—Chirol-Conchon, gros. — Déchelette, frères, en gros. — Déchelette père, fils et Devaux.—Dellestable et Barbecot. — Donneau aîné.—Donneau-Grolleron.— Dumas. —Fargette.— Faure aîné, spécialité pour le clergé, expédition. — Fontaine (Ernest). — Journiac (Adolphe), spécialité de solde. — Levadoux-Brun. — Mordefroy. — Ossaye (A.).— Quittard frères et Cie.— Richomme fils (J.). — Richomme mère. — Rodde et Mallet fils.— Salesse et Boyer, gros.—Sau-

nier (F.).— Secretain et Fournet.—Sigot.— Teisset-Grasbum.—Wolf (Félix).

Ouate (fabr. de).—Daguillon (Alph.).

Produits chimiques (fabr. de). — Faure (R.), teintures, sulfates d'alumine, acides, etc.

Rouenneries en gros.—Basse-Rodion. — Charayras (J.). — Clavillier-Boudet. — Chirol-Conchon, coupons en gros. — Conchon-Quinette.—D'Aurelle père et fils. — Dechelette père et fils et Devaux. — Dechelette frères. — Dessat aîné. — Doneaud aîné. — Doneaud-Grolleron. — Julliard-Petit. — Ladevic. — Lavandier et Jules Barthe.— Morel et Sabotier.— Pradier fils et Basset. Quittard frères et Cie.—Quittard-Pourrat.— Rodde et Malet fils.— Salesse et Boyer. — Soulhat.

Sarraux (fabr. de).—Conchon-Quinette.—Grau aîné.

Tailleurs-confectionneurs.— Alexandre (J.).— Alphangue.--Bernard.— Conchon-Quinette. —Cuny.—Degeorge.—Deshaies. — Mangot aîné.—Prudent-Dervois.—Trèves.

Toiles et fils en gros.—Chambe (J.). — Flammen.— Justin neveu. — Prulière-Boyer. — Salze frères.

Toiles (tis. mécan. de).— Chambe (J.), et fab. de linges de table.

Toiles cirées.— Cromarias (J.). — Jacquet-Sizelle.—Laroche (Henry).

Aigueperse.

Chapeaux feutrés (fabr. de). — Clément. — Gorsse.

Draps (fabr. de).— Dumas.

Nouveautés. — Barge frères. — Bayle.— Vacher-Daudin.

Toiles (fabr. de). — Bellion-Busson. — Garnaud.—Landon. — Murat.

Ambert.

Banquiers-escompteurs.— Celeyron frères. — Costes frères.

Carderie de laines.—Collangettes, à la Planche près Ambert.

Dentelles (fabr. de). — Tixier-Durand.— Vallière.

Draps. — Arnaud et fils. — Deléage, Bery et Cie. — Donnaud fils. — Douarre-Leduc. — Durif. — Leduc. — Tarit. — Vimal-Bostevironnois.

Lacets (fabr. de). — Bernard-Dupuy (François). — Berne-Mourgue.

Laines filées et tricotages. — Serindat-Chazaud.

Moulinage et polissage de soie. — Armand, à la Boissonnerie.—Bonche, au Petit-Chier.— Gothier frères, à la Forie.

Rubans en lin, laine, chanvre (fabr. de).—Bernard-Dupuy (Fs).— Bernard-Talhandier. — Paulin-Quignon.—Tardif-Jury.— Thiénard. —Tixier-Fouilhoux.

Teinturiers.—Berne-Mourgue, à la Forie près
 Ambert.—Cometon.—Jarleton.— Quiquan-
 don.—Vimal-Bostvironnois.
Toiles.—Pourrat-Solviche.
Vers à soie (graines de). — Bernard-Talhau-
 dier. — Brousse et Reyrole, à la Forie. —
 Costes frères.—Mavel.—Thiénard.

Ardes.

Laines (filat. de).—Fabre (V⁰).

Arlanc.

Banquiers.— Boyer fils.—Rigodon-Mary.
Blondes et dentelles (fabr. de). — Bachelery
 frères. — Baud-Hommeyras. — Becheyras-
 Martin. — Bertoulie-Tonier. — Bravard-Fa-
 vier. — Brevière. — Chomette-Allezard. —
 Foulhoux fils aîné et Cⁱᵉ, guipures et dent.
 noires, m. à Paris.— Rabain-Bachelerie.—
 Tardivel et Chabrier. — Tardivel jeune. —
 Tardivel-Granet aîné.

Auzelles.

Soies. Moulinier.— Furstier aîné.

Billom.

Banquier.— Chambige (V⁰ F.).
Toiles (fabr. de).— Clapier frères.—Fourt.

Blanzat.

Caoutchouc industriel (fabr. de).— Bideau (J.
 et G.) et Cⁱᵉ, à Clermont et à Paris.

Chamalières.

Caoutchouc (fabr. de tissus). — Thorillon. —
 Verdier et Cⁱᵉ.

Champetières.

Laines filées et couvert.—Lhéritier frères.

Courpière.

Passementerie, façon d'Allemagne, rubans de
 laine, chevillères, etc. (fabr. de).— Tiallier
 fils aîné.—Tiallier-Messis.

Issoire.

Banquiers. — Fayolle-Doré. — Mello et Cⁱᵉ,
 caisse d'escompte.
Blanc (spéc.de).—Boyer-Duprat.—Fontbonne.
 (Mme), toiles.—Pupidon-Béal.
Carderie de laines et fabr. d'étoffes. —Capde-
 ville frères.—Jourdain.—Ponchon.
Chapeaux de paille (fabr. de).—Plant.— Ray-
 mond.—Vacher.
Draperie et nouveautés. — Auzat-Bugette (aux
 Dames d'Issoire). — Couriol. — Duprat.—
 Florand. — Jourdin. — Pomerol (V⁰). —
 Rocques. — Verdier.

Maringues.

Couvertures de laine (fabr. de). — Bonieux-
 Lecomte. — Getting (E.).

Laines (filatures et carderies de). — Bonieux-
 Lecomte. — Getting.

Marsac.

Dentelles (fabr. de). — Pascal-Roche.

Mauzun.

Rubannerie et dentelles en gros. — Noyer-
 Chabrol.

Pontaumur.

Carderie et filature mécanique. — Gauvin.
Chanvre (marchands de).—Chassaniol.—Four-
 geroix aîné. — Julien.

Riom.

Chapellerie (cuirs pour). — Barbadault-Jan-
 ton. — Fromental et Lafontaine, maison à
 Paris. — Tinet-Chapelle, maison à Paris.
Couvertures (fabr. de). — Getting (E.).
Escompte et recouvrements. —Michel-Massis
 — Roux Scrindat.
Peluche pour chapeaux de soie (fabr. de). —
 Donat-Achard et Cie.
Toilerie (fabr. de). — Breyton (A.) et Cie.
Toiles, indiennes, nouveautés. — Gineys. —
 Grasset. — Massis-Labbe. — Mathieu. —
 Pouzol. — Romeuf. — Salomon (V⁰).

Saint-Anthême.

Filature, carderie mécanique et fab. de draps.
 — Daragon et Rochette frères.
Dentelles (fabr. de). — Bernard. — Ferry frè-
 res.

Saint-Just-de-Baffie.

Filature de laines. — Grangier.

Saint-Martin-lès-Riom.

Filature de chanvre. — Edouard Bossi et Cie.

Sauxillanges.

Laines brutes d'Auvergne. — D'heurs. —
 Mazet-Bournérias.
Laines (filature et carderie). — Bastide. —
 Gatard. — Montelleit.

Sayat.

Couvertures de laines et draps (fabr. de). —
 Gérin-Mourait frères, maison à Clermont.

Thiers.

Banquiers. — Chassaigne Henry (A.). — De-
 roure (Emile). — Giraud et Cie, comptoir
 d'escompte. — Perdrigeon fils aîné.
Blanc (spécialité de). — Angèle-Giraud (Mlle).
 — Brousse-Verchère. — Dubset-Bertry
 (G.). — Marodon (A.) et Cie. — Pironin-
 Betant. — Verdier-Beaujeu.
Draps et nouveautés.—Boisson-Bergougnoux.
 —Boudet (Mlle). — Brousse. — Chauny.—

Fortoul. — Giraud (Mlles). — Migat (V^e).— Séguin-Ojardias. — Tissier-Poupon.— Verdier-Beaujeu.

Merciers. — Amblard-Blanc.— Gilbert frères. — Michel Gaudissier. — Vignal. — Vital-Hygonnet, laines et cotons filés, exportation.

PYRÉNÉES (BASSES)

PAU (chef-lieu.)

Chambre consultative des arts et manufactures. — Labordette ✳, président.

Tribunal de commerce. — Président : Boala ✳.— Juges : Darau. — Tournier.—Benoît. —Viguerie (Ch.). — Suppléants : Arrin. — Viguerie. — Tallard (J.). — Marianne. — Greffier : Doussine.

Consulats. — Angleterre : Church (John), vice-consul et Banque. — Vice-consul d'Amérique : De Musgrave-Clay.

COMMERCE, INDUSTRIE.

Banquiers. — Basterrèche et Cie. — Bergerot, succursale à Orthez. — Buron et Rivares. — Church (John) Bristish-vice-consulate Bank. — De Musgrave-Clay. — Francez et Lagrolet. — Mérillon aîné et frères.

Blanc (articles de). — Andraud (A.), bureaux à Bayonne.

Blanchisserie à la vapeur. — Bégué et Tournier.

Chemisier. —Angelvin fils.

Corsets (fabr. de). —Begué et Labarté (Mmes). — Fittes (Mme). — Gouget (Mme). — Lassalle (Mme). — Marx (Mme).

Dentelles et broderies. — Cardères sœurs. — Dutilh frères. — Legrand-Simonard.

Dessinateur en broderies. — Block.

Draps. — Châteauneuf. — Delarue (L.). — Fois (V^e). — Gassion. — Bonnemason. — Lafontan.—Lazare-Lyon. — Léon (Léonce). — Lorquier. — Mendez père et fils.— Montaubric-Bayaut. — Peschaire.

Drapiers-tailleurs. — Ader. — Beuste. — Barbandy. — Dambourges. — Foulon. — Lagardie.— Larrouy. — Lerou.—Maurice. — Pascatellaa. — Rimbaut et Cie.— Sibet.

Fils et cotons à tisser. — Loustau (P.).

Habillements confectionnés. — Acher (Ch.). — Belin.

Laines à matelas. — Pujos (D.), frères.

Lin (filature de). — Sallé (Ch.).

Machines à coudre — Obin (L.).

Nouveautés. — Alexandre et Vielle (Mme). — Arramoune aîné. — Benoît (L.) fils. — Bonnemazon. — Cazeset. — Danglade. — Dutilh frères, soieries, dentelles d'Espagne et de Malte. Comat. — Lafontan. — Laporte et Toulouze, drap. et confect. — Lapoublé frères. — Larrouy. — Milaa et Capieig. — Salomon aîné. — Soubira (Eug.).

Ornements d'église. — Peschaire (Aug.).

Passementerie (fabr. de). — Batbielle (B.). — Gattey.

Rouennerie (marchands de). — Bellocq. — Bonnemazon. — Bur (V^e). — Cazes et Danglade. — Fitte. — Floret fils. — Lazare-Lyon jeune. — Lazare (Moïse). — Mendez père et fils. — Tallard (J.). — Vignerie (P.-J.) frères.

Soieries et toiles. — Alexandre et Vielle (Mmes). — Bonnemazon. — Forgues. — Lafontan (F.). — Mendez. — Soubira (Eug.)

Toiles et linges de table de Béarn (fabr. de) — Abadie (J.-B.). — Begué et Tournies ; tissus pur lin, unis, ouvrés, damassés. — Blanc (J.-B.).

Laubaret (David), fab. de toiles et mouchoirs (Pellanne).

Angaïs.

Linges de table et toiles de lin (fabr. de) : Bordenave-Peborde. — Horque aîné.

Ahaxe-Alciette-Bascassan.

Couvertures de laine (fabr.) : Michel Fort.

Bayonne.

Chambre de commerce. Président : Détroyat (E.) ✳. — Furtado ✳. — Roby (Célestin). — Molinié (Sylvain). — Laffargue. — Giron (J.-B.-A.). — Latrilhe (Félix). — Léon (Emile) ✳. — Lagrolet (J.-B). — Rouy (J.-B.), secrét.

Tribunal de commerce. Président : Detroyat (Achille) ✳. — Juges : Haulon (S.). — Fourcade (Louis). — Pouzac (Ch.). — Landré. — Suppléants : Rouquette (Alfred). Soulez-Lacaze (Albert). — Rihoton. — Lavigne. — Greffier : Dupuy.

Banque de France (succursale de la). — Directeur : Millet. — Caissier : Sempé.

Consuls étrangers. — Autriche : N., vice-consul. — Bavière : Bormas, consul. — Belgique : Miramon (A. de) ✳, consul. — Miramon (Eug. de) ✳, vice-consul. — Brésil : Molinié (S.), vice-consul. — Chili : E. de la Puente, consul. — Colombie : Soulez-Lacaze. — Costa-Rica : Poydénot (H.), consul. — Danemark : J. Bailac, consul. — Espagne : Suarez Braro ✳, consul. — Vice-consul : Luis Bordin. — Chancelier : Ybarra ✳✳.

Italie. — Laffargue (P.), consul. — Etats-Unis de la Colombie (Ex-Nouvelle-Grenade) : Edouard Soulez-Lacaze, vice-consul. — Etats romains : de Miramon, consul. — Grande-Bretagne : F.-J. Graham, consul. — Grèce : Labrouche, vice-consul. — Gua-

temala : L. de la Puente, consul. — Honduras : Soulez-Lacaze (Prosper), vice-consul.
Etats-Unis. — Gersam Léon, consul. — Mexique : N., consul. — Nicaragua (Amérique Centrale) : J.-M. Garcia de Isla ❋, consul. — Pays-Bas : Landré (Charles), consul ; Landré (Fréd.), vice-consul. — Pérou : Ignacia Garcia, consul. — Portugal : Dubrocq (J.), consul. — Prusse : Roth fils, vice-consul. — République argentine : Roby (C.), consul. — Russie : Léon (Virgile) ❋, cousul. — San-Salvador : Edouard Soulez-Lacaze, consul. — Saxe : Poydenot (Henri), consul. — Suède et Norwége : Landré (Ch.), vice-consul. — Uruguay : Goyetche ❋, consul. — Goyetche (L.), vice-consul. — Vénézuéla (république de) : Salzédo (Samuel jeune) ❋, consul. — Villes libres et hanséatiques : Landré, consul.
Cordages (fabr. de). — Laborde. — Lacoin et Cⁱᵉ. — Lannes (Vᵉ) et fils. — Molinié (S.).
Banquiers. — Detroyat (A.) ❋ et Poydenot. — Detroyat (Emile) ❋ et fils. — F. de Fondelair. — Laran et Cⁱᵉ. — Garcia (Faustino) et Cⁱᵉ. — Gommès (J.) et Cⁱᵉ. — Lahirigoyen. — Lafont (Joseph) et Cⁱᵉ. — Latrilhe et Charcesteguy. — Léon (A.) ❋ aîné et frère. — Miramon (A. de) ❋ et Laffargue. — Rodrigues et Salzedo. — Salzedo (J.) et fils. — Salzedo frères. — Saunders et Trimmer.
Blanc (art. de). — Andraud (Aug.).
Bonneterie. — Alvarez (J.), Pereyre et frères. — Aubert (François). — Bouchet (Mme). — Bouyer (P.). — Bouffanais (P.). — Destibeaux et Gabaston. — Haulon (S.) jeune, en gros — Lacave, Casson et Cie. — Perreyre et Cie. — Saint-Martin. — Tucoulat. — Vignau (Paul) et fils.
Chemises. — Bouffanais (P.). — Bouyer (P.). — Lacave, Casson et Cie. — Delvaille (Th.).
Corsets. — Caumon (Mlles). — Chimènes-Mendez. — Daruault. — Perès (L.). — Sainte-Colombe. — Séris.
Dentelles. — Armigaud et Verlindeu sœurs. — Boissier (Pierre), toutes fabriques. — Brouwer. — Ferrères (J.).
Draps. — Appeicix (Michel) et J.-B. Damestoy. — Certain (Vᵉ). — Etchecopar (S.). — Fonsèque (M.). — Halcuet, Bartbabure et Cie. — Haramboure et Monéo, nouv. p. dames. — Ithurrart, Berrouet et Cie. — Peyras et Campistrous. — Puchulu, Marminolle et Cie. — Verche et Million. — La Salle (Ch.).
Fils à tisser. — Millaud (Emm. Vᵉ) et fils. — Molères (N.). — Starck et Cie.
Lainages. — Dacosta (Ch.). — Ginet, et toiles. — Rodrigues frères.
Laines. — Casaubon (E.). — Detroyat (A.) ❋ et Poydenot. — Detroyat (Emile) ❋ et fils. — Pinède (G.). — Faurie frères. — Fourcade (J.) fils. — Fourcade frères. — Miramon (Alf.) ❋ et Laffargue ❋. — Noguès (J.) aîné et Cie.
Laveurs de laines fines du Béarn, etc. — Casaubon (E.). — Détroyat (Emile) ❋ et fils. — Pinède (G.). — Détroyat (A.) ❋ et Poidenet. — Noguès (J.) aîné et Cⁱᵉ.
Matières d'or et d'argent. — Castro (E.) et Silva.
Merciers. — Alvarez-Pereyre (A.). — Barbuteau. — Brouwer (Vᵉ). — Cantou (Mlles). — Couchet (Mme). — Dacosta père et fils. — Dayze. — Deveille (Th.). — Destibaux et Gabaston. — Dirassen. — Duffau (F.). — Florance (C.). — Garcia (Pauline). — Les fils de Gomès aîné. — Gomès (Vᵉ Chevalier Benjamin) et fils. — Gomès (A.) jeune. — Haïm-Henri (Léon), maison à Paris. — Hiriat (Mlle). — Lahore. — Neveu. — Lannes (Mlle). — Larrabat. — Lassalle (Mme). — Lassus et Guichot. — Meinvielle frères. — Perès sœurs. — Pereyre (A.-A.). — Queyrens. — Ruorbe (Mme). — Salzedo (Junior). Salzedo (Silvadine). — Séris. — Tajan.
Négociants-commissionnaires en tissus. — Menjoulet (A.) jeune et Cie. — Miramon (Alf. de) ❋ et Laffargue ❋, laines. — Molères (N.), fils à tisser, lin brut, toiles et cotons. — Moulia (A.).
Personnaz, Lamaignère et Gardin, maisons à Paris et Lyon. — Picot (J.-B.), commission, consig. — Pinatel (J.-C.) et Ribeton, transit. — Pinède (G.).
Salzedo frères. — Schneider (Michel). — Silva et Cie. — Soulèze-Lacaze et fils. — Soulèze-Lacaze (E.), consul. — Starck et Cie, fils à tisser. — Suzanne (E.).
Nouveautés. — Appeceix et J.-B. Damestoy. — Cachès (Mme) — Casenave, Oyarzum, Baillau et Lamaison. — Dacosta Rodrigue et fils. — Etchecopar (S.). — Ferrères (J.). — Foy. — Halsouet. — Halcuyet. — Barthabure et Cie. — Harambure et Moneo, n. conf. p. dames. — Ithurrart, Berrouet et Cie. — Lagarde et Charpentier. — Lopez (E.). — Louge (P.). — Milliaud (Vᵉ Emm.) et fils. — Naquet frères, n. et soieries. — Pourquie-Barroilhet. — Salles (B.).
Nouveautés confectionnées. — Diron (Mme), pour enfants. — Hirigoyen sœurs.
Passementerie. — Belloc. — Delvaille (Th.), p. dames. — Lahore neveu. — Louis (Mme). — Séris (P.).
Produits chimiques. — Hiriart et Habans. — Kuhlmann et Cie.
Rouennerie. — Alvarez-Pereyre (J.) et frères. Appeicix (Michel) et J. B. Damestoy. — Beauville sœurs. — Bidegaray (J. B.) Blanc. — Blum (H.). — Carvaillo (Abraham). — Cihoby (A.). — Rubio et Aristeguy. — Dacosta

(Charles). — Dacosta (Chevalier). — Dacosta (Rodrigues). — Etchecopar. — Fonsèque (M.). — Gomès (Jules) — Grasclet (C.). — Haramboure et Monéo. — Klotz. — La Salle (Ch.). — Léon (E.-Haim). — Lopèz (Edouard). — Milliaud (Vve Emm.) et fils. — Mindiboure. — Moreau. — Naquet frères. — Pambrun (G.). — Puchulu-Marminiolle et Cie. — Rodrigues frères. —Silva frères. — Tucoulat.
Rubans. — Boissier père et fils.
Soieries. — Léon-Pechaud. — Naquet frères. — Personnaz. — Lamaignère et Gardin.

Bénéjacq.

Toiles (fabr. de). — Bégarie (Alexis). — Bégarie (Jean). — Laban ainé. — Nabarra (Bernard).

Biarritz.

Banquiers. — F. de Fondelair, Laran et Cie. — Saunders et Trimmer.
Nouveautés. — Alexandre et Vielle (Mmes).

Coarraze.

Cotons (filature méc. de). — Eberlé.
Laines (card. et filat. de). — Labernadie.

Eaux-Bonnes.

Nouveautés. — Alexandre et Vielle (Mmes), tissus veloutés. — Doassans. — Soubira.

Hasparren.

Marrègues et limousines (fabr. de). — Diharce (Amédée). — Etchemendy frères. — Hirriart. — Suzanne (Martin).

Hendaye.

Vice-consul d'Espagne. — Suarez-Bravo.
Recouvrements. — Barbier frères.

Igon.

Cotons (filat. de). — Eberlé.

Lestelle.

Linges de table, toiles de lin et mouchoirs (fabr. de). — Trebuquet.

Mauléon-Licharre.

Banquier. — Beguerie (J. B.).
Couvertures de lits pour chevaux (fabr. de). — Tourreille (Vve C.), à Esprès-Undurain.
Draps. — Béguerie (Vve J.). — Béguerie (J.), draperie, rouennerie. — Béguerie frères.

Mirepeix.

Filatures de cotons. — Lombré (Jules) et fabr. de toiles de cotons. — Junquet fils ainé.

Nay.

Bonneterie de laine (fabr. de). — Blancq (A.). — Junquet (A. Vve). — Junquet fils ainé. — Junquet frères. — Mode ainé. — Noguez père et fils. — Rizam (R.).
Ceintures (fabr. de). — Blancq (A.). — Junquet fils ainé.
Chapeaux feutrés (fabr. de). — Armany.
Cotons (filatur. de). — Lombré (Jules). — Nelli et Cie.
Draps, cadis, droguets (fabr. de). — Blancq (A.). — Carrère (J. M.) et fils ainé. — Junquet fils ainé.
Filature, tissage de laines. — Blancq (A.).
Lainages. — Marchand et Cie.
Tissage mécan. — Carrive (Vve). — J. Lombré.
Tricots. — Junquet. — Labernadie. — Neguès.

Oloron.

Banquiers. — Casalès. — Davantes (Emile) — Pinède (Eug.) fils, m. à Constantinople — Proharam et Bouderon.
Bonneterie dite de Béarn (fabr. de). — Daraban-Touret (Ate.), fab. — Biet fils. — Cazenave (Th.). — Daguzan. — Lacassie (L.). — Larrieu (Laurent). — Mirassou. — Moras (Vve). — Moras (Firmin). — Pinède (Eugène) fils, ceintures, couvertures, berrets. — Tournaben (P.) ainé. — Ypes.
Commissionnaires. — Arocena (J. Antoine). — Blasco (Clément). — Cazalès (J.). Laplace frères. — Lavigne (M.) et Cie, m. à Sarragosse (Espagne). — Lavigne frères.
Cordeillats, ceintures, jupes, bas (fabr. de). — Barraban-Touzet (Ate). — Lamicq-Millet. — Laulhère (Lucien), cadet. — Pinède (Eug.) fils. — Proharam et Bouderon. — Superveille (J.). — Tournaben (Pierre) ainé.
Couvertures de laine (fabr. de). — Bailly. — Lalanne. — Lassalle (Marcel). — Mazères et fils. — Tardan.
Draps. — Boucau. — Boulet. — Daguerre (Vve) et fils. — Menpribat (Vve). — Pinède (Eug.) fils. — Roussille (Clément). — Souviron et Palas. — Tilley (J. Alph.) et fils. — Touan (Gabriel).
Laines (laveurs de). — Neguès (Henry). — Laplace frères. — Lassalle ainé. — Lassalle frères. — Lassalle (Raymond) fils. — Loubière fils.
Laines (peignages de). — Barraban-Touzet.
Laines (filatures de). — Mazère et fils. — Lassalle (Raymond) fils.
Laines. — Ariès frères, mais. Saragosse (Espagne). — Brun ❋ et Ducos. — Cartier (P.) ainé. — Lacanette frères. — Laplace frères. — Larrieu. — Lassale ainé. — Lassale frères. — Lavigne frères. — Lavigne (M.) et Cie. — Loubet (A.) et fils, m. à Saragosse. — Loubet (Vve B.). — Loubet (P.), Loubière fils. — Proharam et Bouderon.
Métiers à bas (fabr. de). — Hayet (G.).
Négociants en rouennerie et toilerie. — Bastien. — Boucau. — Daguerre (Vve) et fils

aîné. — David (Célestin). — Lavigne (M.) et Cie, en gros. — Latourrette. — Minvieille-Monprivat (Vve). — Pinède (Eug.) fils ; mais. à Constantinople. — Tilloy (J. et A.) et fils. — Latreyture-Poey. — Rongale (P.) et Cie. — Touan (Gabriel).

Nouveautés. — Pinède (Eug.) fils.

Souliers en tresses (manuf. de). — Bioy. — Camalès.

Orthez.

Banquiers. — Bergerot. — Sarrails et Cie.

Draps. — Chesnelong, O. ✳, et fils. — Demenditte-Estampes. — Gallairand. — Lagoirdettes. — Laroque et A. Lajusan. — Peytin et Brana. — Pœy (Jh.). — Sarrailh et Cie.

Négociants. — Bonnecaze aîné. — Doudet et fils aîné. — Dufau-Gentieu (Louis). — Lafargue. — Léon (Ide). — Lartigan et fils.— Sarrailh et Cie. — Sire.

Plumassiers en gros. — Bonnecaze aîné. — Bernet fils. — Lartigau fils. — Poursuibes (Pierre).

Rouennerie. — Chesnelong, O. ✳ Darié. — (Vve). — Demanditte-Estampes. — Gaillairand. — Klots (Vve) et Cie. — Laguardette. — Lavigne (C.).

Pontacq.

Capes (fabr. de). — Cabanne (J.). — Pascau (Adrien). — Poque jeune. — Reyballette.

Saint-Jean-Pied-de-Port.

Commissionnaires expéditeurs en laines et agarie. — Etcharren (Ve). — Fiterre (M.). — Fort (Michel). — Fort (Bapt.).

PYRÉNÉES (HAUTES)

TARBES (chef-lieu.)

Tribunal de commerce. — Président: Adour· — Juges: Lacay fils. — Valette. — Claverie. — Suppléants : Ste-Marie. — Pouydebat. — Magnoac. — Pujo. — Greffier: Victor (Denis). — Défendeur: Dossat, ancien notaire.

COMMERCE , INDUSTRIE.

Banquiers. — Bosc (Eug.). — Dastugue (A.) et fils. — Lacay père ✳ et fils.

Bonnetiers. — Dutrouilh. — Delcor aîné. — Fourcade (S.). — Laforgue (G.). — Saint-Marie (J.).

Carderie de laines. — Rozes J. et Cie.

Corsets (fabr. de). — Larrieu (Mme C.). — Soulabeyre (Mlle).

Couseuses mécaniques. — Bouzigues.

Négociants en draperie , rouenneries et nouveautés. — Baylac. — Bordes (J.) et Cie.— Candelon (J.-P.). — Claverie frères. — Danos (Ve). — Douchain. — Escartis (Ve). — Pomé. — Pourquié. — Pouydebat et Pambrun. — Tardif jeune. — Theron fils, exportation. — Valette.

Nouveautés. — Caussade. — Claverie (E.).— Danglade. — Fitte (Mme). — Lignac (J.).— Lorgea (M.). — Nicolau. — Pouydébat et Pambrun. — Valette.

Ornements d'église. — Candelon (J.-P.).

Paillassons maïs. — Carrère fils. — Lozes fils aîné, fabr. — Junca (Pierre).

Passementerie (fabr. de). — Rigau (Jh) — St-Paul.

Tricots à la méc. (fabr.). — Sainte-Marie (J.), (exportation).

Ancizan.

Banque et recouvrements.— Alfred Tappie.

Draps (marchands de). — Souque.

Filature de laines et fabr. de draps.— Brau (J.-L.). — Griet frères. — Fisse (B.). — Tappie (Alfr. et Th.).

Tricots (fabr. de). — Lacaze (Aug.).

Anères.

Bonneterie (fabr. de). — Dordan filateur.

Laines (filat.). — Dasque et Cie. — Dordan frères.

Tricots (fabr. de). — Azun. — Dasque. — Dordan. — Grazide.

Argelès.

Laines (fabr. et peignage de). — Desrues.

Nouveautés, étoffes, tissus (marchands de).— Gassiot. — Laborde. — Lapeyrade,

Bagnères-de-Bigorre.

Banques et recouvrements. — Souberbille frères. — Vincent et Menginou.

Baréges (fabr. de). —. Lacoste (Mlles). — Laforgue-Costalfat. — Lamary.

Châles et couvre-pieds (fabr. de). — Costallat-Lafforgue.

Toiles et linges de table (fabr. de). — Pouydebat et Pambrun.

Tricots de laine. — Bérot. — Costallat (Louise)

Lourdes.

Draperie et nouveautés. — Baron. — Borde. — Lacaze et Lasserre.

Luz-Saint-Sauveur.

Etoffes de Baréges (fabr.). — Rejaunier (Ve)

Nestier.

Tricots à métiers (fabr. de). — Barrère. — Peyrègne.

Chapeaux (fabr. de). — Castéran aîné et cadet.

Orieix.

Soie grége. — Sidney de Meynard.

Saint-Laurent-de-Neste.

Laines (filatures de). — Dirabent.
Tricots (fabr. de). = Abadie. = Dirabent. — Miegeville. = Reulet.

Saint-Pe.

Toiles et mouchoirs (fabr. de). = Abadie-Houra. — Bayro. — Lacaussade. — Roquès. — Toulet-Mélat. — Trébuquet.

Tuzaguet.

Laines (filat. de). — Duffo-Cardey. — Pène frères, maisons à Alger et Constantine.
Tricots (fabr. de). — Barrère. — Bernier. — — Cambours. — Dasque. — Duffo-Cardey. — Duffo (J.). — Dupuy. — Lafforgue (D.). — Mouferran. — Nicolas. — Peyraga (P.). — Plana. — Verdié.

PYRÉNÉES-ORIENTALES

PERPIGNAN (chef-lieu.)

Tribunal de commerce. = Président : Durand (J.). = Juges : Darnèdes. = Reynès-Audusson. = Nicolau. = Julia (H.). = Suppléants : Berge (J.-D.). = Vassal (J.). = Laffon (J.). = Greffier : Doubal.
Consulat d'Espagne. = Carlos Florez, consul. = Azémar, vice-consul.

COMMERCE, INDUSTRIE.

Banquiers. = Auriol (Prosper). = Berge et Saisset. = Dalbiez (D.) jeune. = Durand. = Fabre (Jh). = Souvrat-Territ et Cie.
Broderies or et laine. — Derroja, et Duhes. = Thoubert (Clément).
Cotons et teintures (filat. de). = Bernard (Ath.). = Dépéret.
Dentelles et tulles. — Bataille (François), art. de Nancy.
Draps, toiles, soieries et nouveautés (négts en). — Daqué. — Cuillé. — Dauder (Jh). = Delaris frère et Salamon. = Dussol. = Lempereur. = Fourcade. = Gaudissard-Morel. = Milhaud (Jh.). = Morel, et bonneterie. = Mosset. = Passet (Vve). = Pull. = Siau (A.). = Vilalongue (Silvestre). = Vuar sœurs.
Droguiste. = Croizat-Lalane, gros.
Laines. = Dejan (Ed.). — Maistre fils, laines en gros.
Mercerie et quincaillerie. = Bernard (Ath.), gros et détail. = Donnabose. = Brousse ainé. = Conget sœurs. = Fines. = Fourcade (P.), gros et détail. = Julia. = Lafon. = Latour. = Marqui.
Passementerie. = Fabre.
Sparterie et nattes. = Bergnes. = Mir.
Tailleurs-confectionneurs. = Aron. = Boyer. = Germa. = Médus. = Moner. = Radenez.
Vers à soie. = Augé (C.F.). = Camps.

Amélie-les-Bains.

Laines. = Gatumeau et Cie, commission.

Ceret.

Chaussures en corde (fabr. de). — Badenne. = Daydé. = Ricard. = Robert. = Roure.

Draps, indiennes. = Albitra (Jh). = Desclaux. = Fornó. = Ribes.

Millas.

Laines (commiss.). = Lauze frères.

Mont-Louis.

Filat. de laines et fab. de bas, près de Mont-Louis. = Bertrand. = Martin (B.).

Osseja.

Bas (fabr. de). = Armengol. = Escape. = Gaillard. = Fort. = Puig.
Carderie et filat. de laines. = Come-Poujet.
Rouennerie et nouv. en gros. = Armengol. = Georges et Maranges. = Dianas. = Poch et Cie.

Perthus.

Banquiers. = Coutelle (Joseph). = Vinyes (Ag.), achats de laines.
Draps et toiles. — Freixe (Joseph). = Max et Barris. = Vilalongue et Massot.

Prats-de-Mollo.

Bonnets de coton (fabr. de). = Vila (Paul).
Draps communs (fabr. de). = Arquer (P.). = Coderch. = Roger (M.). = Vila (P.).
Laines (filat. de). = Arques. = Guionet. = Roger (M.).
Nouveautés. = Rendeny fils.

Prades.

Banques. — Hortet. — Marty (S.). = Marty (Joseph).
Draps (fabr. de). = Illes. = Marty. = Maury.
Draps, soieries, cotons, fils et toiles (march. de). Blanc. = Boher. = Delaclare.

Saint-Paul-de-Fenouillet.

Draps et toiles. = Journiac. = Normand. = Rives (Vve). = Rivières (G.). = Sabrazès.

Thuir.

Draps et toiles. = Delclos. = Just. = Violet.
Vers à soie. = Nicolau, éleveur.

Villeneuve.

Laines (filat. de). = Poch (Jean).

RHIN (BAS)

STRASBOURG (chef-lieu).

Chambre de commerce. — Président : Jules Sengenwald ✻.— Membres : Debenesse.—Bergmann.—Strohling.—Gaudiot.—Picard.—Lauth (E.).— Herrenschmidt (Alfred). — Wagner.= Secrétaire : Zaepffeil.

Tribunal de commerce. — Président, Sengenwald (Adolphe) ✻.— Juges : Himly.— Jundt (Eug.). — Simon (Joseph). — Eschenauer.— Suppléants : Bauby (Louis).— Petiti.=Oesinger.—Heydenreich (Emile).— Greffier : Strauss.

Syndics de faillites. — Ducret. — Mendel. — Remond.

Conseil de prud'hommes. — Président : André.— Vice-président : N... — Secrétaire : Mendel.

Banque de France (succursale de la). — Directeur : Ch. Garat ✻. — Caissier : Ott.

Consuls. — De Bade : Louis Hasenclever, — Des Pays-Bas : Edmond Klose,— De Wurtemberg : Eugène Hecht.

COMMERCE, INDUSTRIE.

Aiguilles : Ikelheimer (M.).

Amidon (fabr. d'),— Bloch (B.).— Débus (J.) fils.—Durr (A.),— Grun et Schumann, fab. à Lingolsheim et à Duttlenheim. — Krafft (Ch.), commission.—Schaub (Emm.), à Bischheim près Strasbourg. — Schaub (B.). — —Schaub (J.). — Sichel (Geoffroy), commission.

Banquiers. — Auscher (A.) fils. — Bastien (Félix) et Cie. — Bloch (Louis). — Blum-Auscher, — Coulaux, Sutterlin ✻ et Cie. — Eschenauer et Cie,— Friedel cadet.—Grouvel (L.) et Cie.— Klose (Edmond) et Cie.— Lamey (F.) et Cie. — Ottmann et fils. — Preis (Ve) et Cie. — Schaeffer (Edouard), Schwartz (Léon) et Cie. — Schwartz (les fils de J.). — Staeling (Ches) et Cie. — Weil (Albert).

Société générale, siège à Paris, agence de Strasbourg : directeur, Ghesquière, Diericks frères.

Crédit agricole.—Eug. Jundt, directeur.

Banque populaire (Crédit mutuel). — J. G. Roederer et Cie.

Batteurs d'or et d'argent. — Levy (Jacques). — Schmids (Ch.), or en feuilles et en poudre, — Tilly.

Blanc (articles de). — Beck, Kurtz et Cie — Beck et Goehrs. — Brunschwig (Jacques). — Cuntz (Ed.). — Frank (S.-H.). — Frank (A.) jeune. — Gimpel Goepp (Eug.).—Hopp (G.). — Herbin (A.). — Hosch. — Klein (L.). — Schauffler et Wach Sick (A.) et Markert. — Seigneur. —Truck (Ve) et Cie. — Stehli.

Bois de teinture. — OEsinger (Ch. et E.). — Rosa. — Siégel.

Bonneterie en laine de Strasbourg (fabr. de). — Bailliet et Schmidt, repr. à Paris par Legendre. — Dachert fils.

Boutons en corne (fabr. de). — Doepler (G.). — Weill frères. — Hoffet, boutons métal.

Broderies en tapisserie (fabr. de). — Bailliet et Schmidt. — Nicollet-Burger.

Broderie en or. — Leitwein (Eugène).

Cabas en paille (fabr.). — Kämpmann (L. Chn). — Rameau.

Carmin de safranum. — Ch. et E. Oesinger.

Casquettes (fabr. et mds de). — Demole (L.). — Dunand. — Eyrich. — Martin. — Pick. — Scheuter-Zipper.

Chanvre et lin en gros. — Dollinger (Ed.). — Gouva. — Krafft (Ches). — Meyer frères.— Siegfried (Ad.). — Wüstet Friedel.— Weiss (F.) et Bruder.

Chapellerie (matières premières pour). — Eschenbrenner et Cie. — Weill.

Chapellerie et fournitures. — Graff. — Leonard-Levy (Ve) et Katz.

Chapeaux de paille (fabr. et mds de). — Furderer, Jaegler et Cie. — Kämpmann (Ls-Chr.), spécialité de palmier, Panama, et paille cousue. — Langenhagen (C. G. et E. de) fils et Hepp. — Paulus. — Rameau. — Ziemer.

Chaussons en laine. — Bailliet et Schmidt.

Chemisiers. — Alexandre (S.). — Bloch (S.). — Bloch (I.). — Buchholz. — Frank (A.) jeune et frère cadet au Phénix de Strasbourg. — Fribourg-Raas. — Hauch-Oppenheim.— Heimann frères. — Rosenwald. — Stehli Ulmer. — Zopff (A.).

Corsets (fabr. de). — Aristide-Lalanne. — Bender. — Bruck Farineau (Mme).— Goepp (Mme). — Moncharmont-Campigny. — Muller (V.). — Rottach (Mme). — Sautreau Schmitt (Mme). — Schneider (Mme A.).

Cotons (filat. de). — Stehelin frères et Cie, à la Chartreuse près Strasbourg.

Cotons filés. — Hildebrand.— Faller.— Péter (Victoire).—Troller (Elie).— Weber (Val.). — Wilhem.

Couvertures de laine et de coton. — Beck et Goehrs. — Capitaine (J.). — Cuntz (Ed.). — Ehrmann (E. G.). — Goepp (Eug.). — Herbin (A.). — Rausch et Grünewald. — Robert (J.). — Truck (Ve et Cie).

Cravates et velours de soies (fabr. de). — Faes frères.

Dentelles, tulles, crêpes et blondes. — Becke Goehrs. — Butot (Mlles). — Caron (Mlles). — Frank (Mlle). — Hopp (Gve). — Klein (Emile). — Jaeger. — Ley (Jules). — Maurique.

Dessinateurs en broderie. — Butot (Mlles).— Edouard (Ed.). — Kiesselbach (Ph.). — Stehli (J.). — Weill (S.).

Draps (manufact. de). — Ruef et Picard. — Wurster et Cie.

Draperie en gros. — Berger (Louis). — Faes frères.— Forest (Vᵉ) et Mathieu. — Kauffmann. — Levy-Grunemald. — Levy (J.) et Oppenheim. — Schuhl et Weil. — Weil (Michel). — Weil-Wormser (Jules).

Draps (march.).— Bernhard fils. — Blum (J.). — Dettweiler. — Dreyfus (R.). — Engel (F.). — Fuchs. — Lauchheim. — Ortlieb. — Rausch et Grunewald. — Rudi (A.). — Schaeffer (J.). — Weil (Joseph). — Weil (L.) fils. — Widenstein frères.

Drogueries, couleurs et teintures. — Bauer. — Besson. — Birr (Ch. E.). — Hasslauer. — Haenlé et Cie. — Himly, dépôt à Paris. — Muller (Ch.). — Siegel (Victor). — Wilhelm.

Equipements militaires. — Cahn Lyon et Cie, maison à Paris.— Daum. — Koehler, fabr. de coiffures militaires.

Extrait de bois de teinture. — Ch. et Oesinger, fabr., cormin de safranum.

Fil de lin d'étoupes et de chanvre de tous numéros. — R. Weill.

Fleurs artificielles et plumes (fabr. de). — Bader (Mme C.). — Carl-Rauch. — Lardenois sœurs. — Metz-Semereau. — Mosbach. — Moschenras. — Steinmetz (A.). — Unger (Mme). — Weltyé (Mme). — Wismer.

Gants de laines (fabr. de). — Bailliet et Schmidt.

Gants en filet (fabr. de). — Abel (L.). — Herbulot. — Minder (G.). — Thibault.

Gants de peaux (fabr. de) — François, suc. à Nancy.

Garance d'Alsace. — Bauby (Louis). — Gloxin (Ed.). —Müller (A. H.).—Rosa fils, Schaaff et Lauth. — Sengenwald (J.-C.) ✳, fabr. Wagner et Cie.

Indigos. — Keller (Eug.-Charles).

Laines cardées (filat. de). — Ruef et Picard.

Laines filées, canevas, etc. — Bailliet et Schmidt, représenté à Paris par Léon Legendre. — Beck et Goehrs. — Beck-Raeuber. — Dachert (F.) fils, Hildebrand. — Hummel frères. — Nicollet-Burger. — Raeuber. — Seigneur. — Troller. — Wilhelm (D.).

Laines en masse pour filatures. — Baumann et Borach.—Ruef et Picard.—Samuel (Léopold-Benoît), maison à Bischwiller— Weisé (Guillaume).

Literies (art. de). — Ehrmann (E.-G.).—Goep (Eug.). — Netter (H. et N.) jeunes. — Netter (N. et L.). — Riess (Ch.). — Samuel (B.-L.).

Nouveautés, châles, soieries. — Armand Sick et Marckert. — Augis. — Beck. — Kurtz et Cie. — Blum (Noé). — Blum frères. — Burkhard. — Carré (Henri). — Ehrman.— Kügler (B). — Lévy (Simon). — Schauffer et Wach. – Signorino. — Weil cadet. — Wildenstein frères.

Ornements d'église. — Boxberger (L.). — Delhais. — Ledwem (A.). — Mertian (Mlle). Moriceau fils. — Séry (L.-Ph.).

Ouates (fabr. d'). — Krah (L.).— Mosser père. Mosser fils.

Produits chimiques. — Bucherer. — Haenle et Cie. — Himly (L.). — Jacquemin (E.) et Cie. — Memminger (F.-G.). — Roedérer (V.).— Teutseg. — Wilhelm. — Woehrlin.

Représentant de commerce. —Fox (William), agent de maisons anglaise p. machines et accessoires p. filat. et tis. de coton.

Rubannerie. — Beck et Gœhrs. — Bernard (Prosper). Buttenwieser. -- Hepp (G.). — Jæger (Constantin). — Kusian (L.). — Lamarche (N.). — Lévy (Jacques). — Mahler (Félix). — May (Nathan), mais. à Paris. — Maurique. — Wéber (Valentin).

Sacs en tous genres (dépôt de). — Dépôt de Pernet, Chênes et Cie. chez Aug. Durr, négt., mais. à Paris. — Weill (R.), fabr.

Soieries et nouveautés, etc.—Altorfer.—Augis. Beck. — Kurtz et Cie. — Blum frères. — Blum-Noé. — Braun et Levy. — Buttenwisser (L.). — Davault. — Dreyfus (A.). — Ehmann (J. P.). — Fauser. — Forest (Vve) et Mathieu. — Frierdich. — Gœpp (Eug.). — Kauffmann (Bernard), draperie et rouennerie. —Houel-Boumsel.—Jacquy. Kügler (B.). — Lévy (Ulrich). — Lévy (Simon). — Lévy (B.) et Cie.—Lévy (Léon). Grünwald. — May et Weil.— Pauli et Ditz. — Riemer (M.).—Lévy (J.). et Oppenheim. Riss (Emile). — Sick (Arman) et Markert. — Schauffer et Wach. — Schuhl et Weil. — Schwab (Vve). Signorino. — Walter (Mlle A.). — Wéber (V.) — Weil-Auerbacher. — Weil (Eph.). — Weil (Jules). — Wormser.—Weil (J.). — Weil (J.) cadet-Weil (L.) fils. — Weil (Michel). — Weil. Schmoll. —Weyer (Mme). — Wildenstein. (H.) frères. —Willard (J.)

Tailleurs (march. et confect.). — Barth. — Belley. — Berninget-Piton.—Beul.— Bloch frères. — Blum (J.). — Brunner. — Ennes (Mlle). — Fischer. — Franck (Jules). — Giesmann. — Grandsart. — Hæbig. — Haussmann. — Heim. — Klimantowski (Maurice).—Korb (S.).— Lauchheim.—Linden (F.). — Samuel Léwy.—Lévy (J. et L.). Lévy-Lang. — Schenkel Ulmer frères. — Ulrich et Wix-Watt. — Weiller (H.) — Wolf frères.

Tapis et étoffes d'ameublement.—Blum frères. Blum-Noé. — Capitaine (J.). — Rausch et Grunewald. — Robert (J.). — Sick (A.), et Markert. — Signarino.

Teinturiers. — Appel père. — Appel fils.— Bailliet et Schmid. — Bauer. — Braunwald (C. J.). — Braunwald (D.). — Koch. — Kreiss. — Langenfeld. — Reisser.

Tissus artistiques. — Hock à Schiltigheim.

Toiles de chanvre et de lin en gros. — Cuntz. — Dollinger (Edouard).— Ehrmann (L.H.). — Ehrmann (E. G). — Gensburger. — Gœpp. — Gross et Zivy. — Hemmerdinger (M.), fabrique à Fegersheim. — Irrmann-Rang. — Kraft (Ch.). — Siegfried (Ad.).— Truck (Vve) et Cie.— Weill (R.). — Wust et Friedel.

Toiles cirées (fab. de). — Seib, Hoffmann et Cie, dépôt à Paris. — Seib (J. O.). — Striffler.

Toiles cirées (marc.). — Fuchs. — Lévy (Baruch).

Toiles d'emballage. — Dürr (G.). — Engel (J.). — Neumann (J. G.). — Sohn (Ch.).— Stœhling (Ches) et Cie. — Weill (J.). — Weill (R.). — Wüst et Friedel.

Andlau-au-Val.

Cotons (tissage de). — Güntzer.

Laines filées (teinture et fabr. de). — Hass-Rohmer, mais. à Barr.—Richshoffer (Jules), laines cardées.

Barr.

Achats et ventes à commission, matières brutes et fabriquées. — Fischer (Gust.). —Müller (Georges) fils.

Banquier. — Taußlieb (F.).

Bonnet (fab.). — Hermann (J.). — Lehré (F.). Springer. — Vonsel. — Valter (J.).

Casquettes. (fabr.).—Franck (M.).—Schuler et Bechdorff.

Chaussons de Strasbourg (fabr.). — Bossert frères. — Daubenmayer (J.). — Eveillé. — Haas (Emile) — Haas-Rohmer. — Hagé.— Langenbuch frères. — Otte (Gve) et Cie.

Gants et filets (fabr.). — Corbet (A.).

Laines (filat). — Bossert frères. — Dauben-mayer (J.).—Haas (Emile) —Haas-Rohmer. — Jost (Ches), filat. de laines cardées. — Langenbuch frères. — Ott (Gve) et Cie. — Taußlieb (F.).

Rouennerie et nouveautés. — Bechtolf. — Cahn (E.). — Dietz. — Rinckenbach. — Roos (Sal.). — Schneider. —Schuler-Buchdolff.

Biblisheim.

Laines (filature de). — Seltzer (Albert), et foulon.

Bischheim.

Gants et mitaines, filet soie (fabr.).—Gangloff. Müller.

Bischwiller.

Conseil de prud'hommes. — Schwebel, président.

Apprêteurs de draps. — Ahner (G,).—Gasell père.

Banque. — Heusch. — Kampmann.—Jæger-Luroth.

Déchets de laine. — Ostertag. — Ruef (Gustave). — Vonderweids.

Draps (fabr. de). — Arnold et Rapp. — Auscher et Weill. — Berger, écarlates. —Bertrand, frères, filat. de laines, foul. et lavage. Bertrand-Vœltzel. — Bertrand (J.-P.). — Blin et Bloch, tiss. méc. — Bloch (Ch.). — Bloch (Benjamin) père et fils. Boumsell (Romain). — Bourguignon (H.). — Bübel (Ph. D.). — Cherest et Cie. — Christian (D.). — Christian (Ph.). — Dietz et Berger. — Egly. (Ph. Jacques). — Ehrer (Aug.). — Frænkel-Blin. — Frænkel (Adolphe). — Frænkel frères. — Gelan (Ch.). — Geoffroy-Groll. —Gœllner (Isaac) frères. — Goellner (Jacques). — Goellner (Louis). — Hæuslein (G.). — Heusch (B.). — Heusch (H.). — Hirsch (S.). — Huguenel (Louis). — Kablé (L.), filat. et foulon.—Kaym (H.). Kayser (G.). — Kerling (G.). — Kratzert (L.) fils. — Kunzer (J.) ✳. — Kuntzer (Jules) neveu. — Lambling (F.). — Lambling (L.). — Lambling (J,). — Léonhardt (G.). — Levy (L.) et Cahen. — Lix (E.). — Mannhardt (J.). — Mannhardt (G.). — Mauss frères. — Morell (M.). — Pierson (H.). — Regula. — Rémy (Abr.). — Ruef et Picard. — Schmidt (Abr.). — Schmidt-Bertrand. — Schnitzler. — Setzer (D.).— Schwebel et Schmidt. — Stahl (G.). — Strohl et Jung. — Troller (Jules).—Troller et Blum. — Ulric-Ernest, mi-laine.—Veith (J.). — Voelckel (Guillaume). — Weill (Bernard). — Weill-Blin (J.). — Weill et Bloch, satins, castors. — Wodsutcer (Jacques). — Wormser frères. —Zimmermann frères.

Draps (nég. commiss.). — Arnold et Rapp.— Bloch (Benjamin). — Buisson (Aug.). — Dider (Ernest), art. de Sedan et Bischwiller. — Dietz et Berger. — Haas (A.) jeune. — Jæger et Jæglé. — Jung (E.) et Cie. — Mauss frères. — Troller et Blum. —Weill-Blin (J.). — Weill et Bloch. — Weill (M.) et fils. — Wormser frères.

Laines (filat. de). — Bertrand (J. P.). — Bertrand frères. — Bin et Bloch, manuf. et filat. à Liebfrauenthal. — Heimpel (Ernest) et Cie. — Heusch (Henry).

Kablé (L.), filat. et foulon. — Kunzer (J.) ✳. — Mannhardt (Jacq.). — Pierson (H.). — Ruef et Picard.— Schwebel et Schmidt. — Voelkel-Boell.

Laines (nett. de). — Schaller (Ed.). — Hamm (G.).—Denis.

Laines (commerce de). — Berger (Albert) et Cie.—Dierstein-Joltrois et Cie, françaises et étrangères.—Furstenberger (J. G.). — Groll

(Henry). — Levy (Jonas). — Samuel (L.B.), maison à Strasbourg. — Schweizer (Vve) et fils.

Lames et rots (fabr.). — Huardeau Schmidt (Vor).

Mécaniciens. — Gsell (Ch.). — Latour et Jaeck, à laver, métiers à filer, pièces détachées, machines p. adoucir les chanvres. — Ohl (M.). — Schoenborn (J.).

Teinturiers en laines. — Kunzer (J.), foulage et lavage. — Kügler (J.). — Platt.

Tissus (marchands de). — Kauffmann (A.). — Strauss (J.) fils. — Strauss (J.) jeune.

Boersch.

Cotons (tissage de). — Lamoureux et Leslin frères.

Bouxwiller.

Cotonnades, siamoises, mouchoirs de poche (fab.). — Ch. Ehrmann fils.

Crins (fabr.). — Bolgert (J.).

Draperie, nouveautés, châles, mercerie, rouennerie, cotons filés. — Ch. Ehrmann fils Joseph-Joseph. — Kauffmann frères. — Kauffmann (J.). — Kauffmann (M.). — Viy (André).

Laines (filat.). — Gotti.

Chatenois.

Cotons, laines, nouveautés pour robes en tous genres (tissage de). — Blech frères. — Blum Simon et Cie. — Fischer (L.). — Kœnig frères. — Mathaens (J.). — Spein (Gve). — Werth de Ste-Marie-aux-Mines.

Dambach.

Draps (march.). — Baer (Judas). — Geismar frères. — Speitel.

Dettwiller.

Chaussons (fabr.). — Imbs de Brumath.

Toiles de coton et cotons à tricoter (fabr.). — Roederer et Cie.

Drusenheim.

Laines pour draperie (filat. de). - Wenger (G.).

Ebersheim.

Blanchisserie de toile. — Huss (M.). — Jehl (B.). — Meyer (M.). — Schaeffer (A.). — Schaeffer (B.). — Uffler (X.).

Tissage de coton. — Blech frères. — Schaeffer.

Erstein.

Bas de coton (fabr.). — Pfister (F.) et Hilt, bonnetier.

Laines (filat. de). — Hartmann-Reichard et Cie.

Eichhoffen.

Laines (filat.) et fabr. de chaussons. — Haas

(Emile), de Barr. — Langenbuch frères, de Barr.

Fegersheim.

Cotonnade, étoffes et soieries. — Braunschweig. — Klein Job (Mlle). — Klein (J.). — Meyer (D.). — Ulmann (S.). — Wertenschlag (Miles).

Toiles (fabr.). — Hemmerdinger (M.). — Lévy (S.). — Weill Jonas (Vc).

Toiles en gros. — Levi Hemmerdinger. — Wertenschlag (S.), fils d'Isaac.

Fouday.

Rubans (manuf. de). — Legrand et Fallot, filoselle, soie, mi-soie, galons unis et croisés.

Geisselbronn.

Filat. de laines, tiss. méc. de drap et satin. — Eug. Schouler.

Gœrstdorff.

Laines (filat.). — Blin et Blot.

Griesbach.

Laines (filat. de). — Jœger (G.).

Haguenau.

Banquiers. — Aron (Léopold). — Bloch (Ch.). — Heimann frères. — Hirsch frères.

Cotons (filature et tissage de). — Horstmann et Cie.

Cotons filés. — Gangloff (L.). — Humbert. — Moschenoss.

Laines (filat. de). — Maurey (F.).

Mercerie, nouveautés. — Edler (J.). — Ichtersheim (Ch.). — Kieffer (A.-L.). — Malet (J.). — Rub (Jg.) — Weill.

Tissage mécanique et filat. de cotons. — Horstmann et Cie.

Tissus laines et cotons : — Bauer (Abr.). — Lemaitre (F.). — Mayer frères et sœurs. — Meyer (Vc). — Moch (E.). — Moch (J.). — Rose frères. — Schœffer (J.). — Schmitt (H.). — Strauss (J.).

Huttenheim.

Fil et tissage mécanique en coton, société anonyme. — Gelly, direct.

Lutzelhausen.

Filature de cotons et de laines peignées, tis. méc. de coton et de coton laine. — Scheidecker et de Regel.

Marcolsheim.

Draps et nouveautés. — Lehmann-Levy. — Lehmann.

Marienheim.

Draps, vestes et vêtements en laine (fabr. de). — Weisé (Albert).

Mulhach.

Cotons (filature et tissage). — Muller (J.-H.) de Régel. — Scheidecker (Vᵉ).

Muttersholtz.

Tissage de cotons.— Blech frères.

Niedernal.

Laines en gros. — Strauss frères.
Plumes et duvets. — Bloch (J.).

Niedermodern.

Laines (filat. de). — Gerst et Lauth (Guill.).

Obernal.

Cotons (march. de). — Darlon (J.-B.). — Muller (Vᵉ).— Sies (M.). — Stehimg (J. B.).
Draps et tissus. — Lévy (L.). — Muller (Vᵉ). — Steger (Th.). — Steger fils. — Weill.
Tissus (fabr. de). — Mohler (Ad.) et fils. dépôt à Paris, chez Hering et Jourdain, et à Lyon, chez Desjardin, rue des Forces.

Pfaffenhoffen.

Bas (fabr. de).—Grunewald (G.).—Magnus (J.).
Draps (march. de).—Groll (G.).—Schmitt (C.).
Laines (filat. de). — Gerst (Léonard) fils.

Reichshoffen.

Draps et étoffes (march. de). — Lœb frères. — Levy (Elie). — Ober (M.).

Robertsau.

Draps (fabr. de). — Wurster et Cie.
Toiles cirées (fabr. de). — Seib et Hoffmann.

Rohrwiller.

Laines (filat. de).— Amand, et foulon de drap et de chanvre.

Saint-Pierre.

Teinturerie sur pièces et échevelettes. — Grosheim (E.).
Toiles rouge Andrinople impressions sur cotons et laines.— Jacob et Weisgerber.

Saar-Union.

Chapeaux de paille (fabr. de). — Langenhagen (C. G. et E. de) fils et Hepp, mais. à Strasbourg. — Langenhagen (O. de).
Laines (filat. de). — Antoni (M.). — Antoni (A.) fil. — Nippert, et fabr. de draps.
Mercerie en gros. — Benj. Wolf.
Ouates (fabr. d'). — Karcher (Ed.).
Teinturiers. — Frantz. — Hauth. — Wagner.
Tissus (march. de). — Cerf (D.). — Cerf (J.). — Coblentz (D.). — Giess.—Karcher (Ch.). — Lévy (M.). — Lévy (Vᵉ). — Mulotte-Karcher. — Schmidt (Charles).

Saverne.

Amidon (fabr. d'). — Krieg. — Wolf.

Banquiers. — Darlon aîné. — Libmann (A.) et Cie.
Bourré de soie (filature). — Haren (Henry).
Dessinateur en broderies. — Isidore (Is.).
Draperie. — Darcourt (L.). — Hap (L.). — Heyl. — Lévy (B.). — Lévy (L.). — Lévy (S.). — Lévy (J.). — Schaab.
Laines (filat. de). — Leyser et Muller.

Scherwiller.

Tissage de cotons. — Blech. — Dreyfus. — — Wœrth.

Schiltigheim.

Amidonnerie. — Debus (Benjamin). — Debus (Henri) fils. — Rhein (Ch.).
Bonneterie et gilets en laine bleue (fabr. de). — Klein (Ch. Fr.).
Couperie de poils de lièvres et de lapins. — Eschenbrenner et Cie, poils anglais de la maison de Clermont Donner et Lée de Londres. laines, d'Australie pour chapellerie lavées, cardées et en suint, entrepôt à Lyon, (Rhône), quai de la Charité, 30.
Toile cirée (fabr. de). — Striffler (E.), bureau à Strasbourg.
Vestes en laine bleue (fabr. de). — Ch. Westermann et Ad. Klein.

Schlestadt.

Banquiers.—Dreyfus (A.).— Dreyfus (B.). — Ernest jeune.—Lang (Louis) et fils.
Bonneteries en coton (fabr. de). — Martin (Louis).—Schultz. — Seiler.
Draperie.—Bloch (B.).—Boumsell — Dreyfus (A.). — Hatterer (A.). — Husson-Dinichert, nouveautés en gros. — Reynders (Paul). — Reynders fils ainé. — Simon-Reynders (Vᵉ). Sriber.—Weil (Isaac). — Wormser.
Gants et châles en filet de soie. — Aviez (Vᵉ). —Durst (Vᵉ).—Fuchs.—Hugel (G.).—Kleindienst.—Muhr et Cⁱᵉ.—Roth.
Laines et crins (march. de). — Dreyfus (M.). — Dreyfus (R.). — Hatterer (A.). — Levy.
Navettes (fabr. de). — Kunstler. — Marbach (M.).
Nouveautés (fabr. de). — Schœnlaub et Delammatte.
Ouate (fabr. de).—Haas.
Passementerie. — Haas. — Kaufeissen (Vᵉ). —Saum.
Rubans en gros.—Saum.—Weill frères.
Soieries et nouveautés. — Hatterer (A.). — Husson-Dinnichert.— Reynders (J.-B.) — Reynders (Paul).—Ruff. — Simon-Reynders (Vᵉ). — Sriber. — Wormser.
Teinturiers.—Meyer (F.). — Morlock (Ch.).— Szarwas (Ign.).
Tissage de cotons.—Diemer (Lug.). — Schoenlaub et Delamatte.

Schweighausen.

Laines (filat. de). —Schouller (Eug.).
Tiss. mécan. de draps satin. etc. — Lix (E.).
—Schouller (Eug.).

Soultz-sous-Forets.

Laines (filat. de).—Merck (J.).

Stelge.

Cotons (tiss. de). — Kœnig et Bourgeois, de Sainte-Marie aux Mines.

Ville.

Bourre de soie (filature de).—Ancel.
Tissage de cotons. — Kœnig, de Sainte-Marie.

Wasselonne.

Bas (fabr. de). — Mummel (J.). — Ostermann (Ch.). — Soland (J.).—Voltz (J.).
Bonneterie (fabr. de). — Amos frères et Cie.
Chapeaux de feutre en tous genres (fabr. de). Provost (J.). —Voegélé frères.
Chapeaux de paille. — Provot. — Voegélé frères.
Chaussons de laine (fabricants).—Amos frères et Cie, et gilets marins.—Amos (Jacques).— Sacker (J.).—Strobel (J.).
Garance (fabr. de).—Schaaff et Lauth.
Laines (filat. de). — Amos frères et Cie. — Amos (Jacques).—Ebel (J.).— Holmstetter.

— Pasquay frères et Cie. — Strobel et Kieffer.
Teinturiers. — Hauswald (D.).—Renckel (J.). —Minder (C.).—Minder (J.).
Tissus de coton (fabr. de). — Minder (J.), tissage mécanique.
Tissus (marchands de). — Ernwein (M.). — Feyl (G.).—Geismann (S.). — Geismar (M.). —Geismar (S.).—Hartnagel.—Lévy (A.) — Lévy (S.).—Lindenger (Ch.).—Neumann (S). —Steinbrechen (Ve).

Wissembourg.

Banquiers. — Boell (L. et V.) (A.). — Cerf (Henri).
Chanvres et cordes.— Dœrfler.—Kamm.
Chapeaux feutrés (fab. de).—Hornus.—Kœller. —Thumler.
Dentelles. — Bickert (Mme). — Dreyfuss. —Heydenreich (Sophie) —Heydenreich (Ve).
Draperie. — Cerf. — Gerschel jeune. — Gerschel (S.). — Gerschel fils. — Fohlen-Troller.—Krauss.
Nouveautés. — Gerschel (Charles). — Gerschel (Samuel).
Passementiers. — Heidenreich (Ph.).
Teinturiers. — Schœnlaub père.—Schœnlaub (L.) fils.
Tourneurs en bois et en métal.—Amsler fils. —Eberlin.—Keyser.—Ungerer.

RHIN (HAUT)

COLMAR (chef-lieu).

Tribunal de commerce. — Président: Birckel (Ed.). —Juges: Jeannin (Auguste). — Rohr (Auguste). — Fleischhauer. — Stoecklin. — Scheurer. — Suppléants: Dannreuther (H.). — Sée (Simon) jeune. —Zurlinden. — Greffier: N...

COMMERCE, INDUSTRIE.

Amidon (fabr. d'). — Christmam, Stublinger et Schultz. — Grosheinz et A. Scheurer, au Logelbach.
Banquiers. — Bickart-Sée et Cie, — Geistodt. — Manheimer (Auguste). — Sée (Ab.) et fils.
Comptoir d'escompte. — Directeur: Boyser (J.).
Blanc (articles de). — Baumann (Moïse). — Bernheim (J.). — Beyser. — Brunswig, — Hartmeyer (Ve). — Hirtz frères et Levy. — Kuneyl.—Scheurer (J.). — Wormser (Élie).
Bonneterie. — Benckhard — Geismar (J.) aîné. — Geismar (D.).—Kahn (Marx) cadet. — Lang (L.-A.). — Lang (M.) frères. — Marty (L.). — Rothé (Louis). — Scheurer (J.).
Casquettes (fab.). — J. Blum.

Chemisiers. — Delarue. — Muller-Colasson et fils, caleçons et chem. de flanelle.
Corsets (fabr.). —Einhorn (Mme). — Linsenmeyer (Mile). — Menschi (Miles).—Monnier (Mile Céline). — Oberdoerffer (Mme).
Cotons (filateurs de).—Hartmann, O. ✳ et fils, filat. à Munster. — Haussmann, Jordan ✳, Hirn et Cie, filat. et tis. méc.— Kiener (J.) fils, filat. et tiss. de coton à Munster et à Kaysersberg. — Stoecklin (J. et L.), filat. à Kaysersberg.— Weisgerber (E.) fils.
Déchets de coton. — Bernheim (Mathias). — Bloch (S. J.). — Boeckler.
Draps, nouveautés et soieries. — Ackermam. — Bloch (L.). — Blum (J.). — Chevaliers frères. — Dinago (Ve). — Fichefeux (Aug.). — Fischer-Scheurer. — Guensbourger et Meyer. — Hirtz fils aîné. — Hirtz (S.M.).— Hirtz (Raph.). —Jordy. — Kahn (Ve Aaron) et Louis Gros. — Kahn (A.) aîné. — Küpfert. — Levy (Alph.) jeune. — Mesnard. — Ostermann (Ve). — Picard (Germain). — Scheurer. — Tisseraud et Altherr. — Umdenslock (Léon). — Wurmser (D.).
Droguerie en gros.—Fleischauer (E.).
Linge de table damassé (fabr.). —Hirtz frères

et Levy. — Emile. — Zurcher. — Wormser (Elie).

Literie (articles de).— Hackspiller (A.).—Zürcher (Emile).

Mercerie en gros.—Binder fils (Ch.). — Lang (M.) frères.—Lang (L.A.).

Navettes (fabr. de).— Fischer (Edouard), fab.

Négociants et commissionn. — Bernheim (Math.). — Bloch (Lazare) et fils, toiles à sacs, et calicots écrus et blancs.—Bœckler (J.), cotons filés et déchets de cotons en laine, filat. et tiss. méc. — Christmann. — Doll frères et Sorg. —Dreiher (F.) — Fréry-Waldeck.—Grosheintz et A. Scheuror, amidons, blancs et grillés, gommes artificielles. — Manheimer (A.). — Mesnard (A.). — Ortlieb (Paul).— Strauss (S.).

Ouate (fab.). — Haas (Vve). — Muntzinger — Weill (A.).

Rubans en gros. — Lang (L. A.).

Soies (filat. de bourre de).—Abderhalden (E.) et Cie, fabr. de cordonnets.

Tailleurs (marchands). — Bloch.— Hecklé.— Hierholtz.—L'homme père et fils.—Metzger (Eug.). — Muller-Colasson et fils.—Picard. — Schwartz. — Schwenck. — Sorba. — Wormser frères.

Tissage de toile de coton à la méc. et à bras. — André et Th. Kiéner. — Bloch (Lazare) et fils, fabr. de doublures.—Bresch-Schenrer, calicots et percales. — Geistodt et Kiener. — Haussmann. — Jordan ✳, Hirn et Cie. — Hirtz (Léon). — Kahn (J.) fils, tissus coton teint.— Kiener (J.) fils, filat. à Munster.

Toiles, fils de lin (fabr.). — Bloch (Lazare) et fils.

Toiles et articles de literie. — Hirtz frères et Levy. — Wahl jeune. — Wormser (Elie). Zurcher (Emile).

Toiles d'emballage (fab.). — Benkhard (X.). Bloch (Lazare) et fils.

Alspach.

Siamoises et mouchoirs (fab. de). — Barthélemy (J.).

Allemand-Rombach.

Tissage. — Schoenlaub-Delamath et Cie.

Altkirch.

Cotons (tissage de). — Jourdain (les héritiers de) ✳.

Draps. — Blum (S.). — Brill. — Ebstein. — Rueff. — Ullmann. — Weill.

Produits chimiques (fabr.). — Berger-Hornus, cristaux et sels de soude, sulfate de soude.

Anjoutey.

Tissage mécanique de coton — Koehl (Vve). — Mieg (Ch.) et Cie, de Mulhouse.

Auxelles-Bas.

Tissage de coton. — Boigeol-Japy et Cie.

Bavilliers.

Filat. hydr. de coton et tissage à la Jacquart. — Bornèque (Gustave).

Belfort.

Banquiers. — Juteau frères et Cie. — Saglio-Haas.

Bonneterie en gros. — Grosborne (Fr.). — Rassinier. — Vannoz et Brun.

Casquettes (fabr. de). — Etgen.— Lévy (S.).

Commiss. de marchand. et négt. — Canet frères, mais. à Montbéliard. — Lebleu (X.).

Corsets (fabr.). — Hurlfolder (Mlle Louise).— Mans (Mme).

Draperie et nouveautés.—Brunschwick frères. Brunschwick. — Samuel. — Brunswick-Rubens (Vve). — Brunschwick-Dreyfus.— Brunschwick (Salomon). — Lévy (Michel). Lévy (Emile). — Maillard jeune.— Muller-Colasson. — Schwob aîné et Albert fils.

Crins et plumons de lit. — Baize (Jules). — Beloux. — Katz.

Sarraux (fab.). — Rassinier.

Tissus (fabr. de). — Schwob aîné et Albert fils, fabr. de tissus laine et coton, maison à Lure.

Toiles en gr. — Les fils de David Bumsel. — Lévy (Lazare). — Touvet père et fils.

Béthonvilliers.

Tissage de coton. — Risler et Gruet.

Bistchwiller.

Cotons (tissage mécan.). — Les fils d'Isaac Kœchlin, bur. à Willer près Thann.

Etoffes feutrées (manufact. d'). — Stehelin et Schoenauër, mais. à Paris.

Filat. et tiss. de coton. — Vaucher (Ed) et Cie.

Bollwiller.

Cotons (filat.). — Gros, Zurcher et Cie. filat. et tissage à Cernay.

Bourbach-le-Bas.

Peignes à tisser (fabr. de). — Dufour (L.). Tissage méc. de coton. — Winkel (J.-G.).

Buhl.

Cotons (filat. de).—(à Schweighausen) : Astruc (Ad.). —Boursart frères et Cie.

Laines peignées (peignage et filature de). — Ch. Rogelet ✳, Grandjean, Ibry et Cie.

Tiss. mécan. de coton.— Mény (J.).

Breitenbach.

Coton tis. mécan. — Gitzendanner (B.). — Haussmann, Jordan ✳, Hirn et Cie.

Burnhaupt-le-Haut.

Tissage à bras. —Bisth (J.). — Brellmann (J.). —Geisser (Jean) et Cie. — Rieth (Boniface).
Tissage mécan.— Stehelin (G), à Pon d'Aspach.

Carspach.

Cotons (tiss. de).—Dollfus-Mieg et Cie.

Cernay.

Broderies. — Lacaque, genres Nancy.
Caoutchouc (manuf. de). — Rollin (J.).
Cotons (filat. et tissage de). — Baudry et Cie. — Heuchel (Nicolas). — James-Gros et Cie. — Loéderich fils (Ch.) et Cie.— Risler ❈ et Cie. — Schwartz frères, fils retors.
Déchets de coton.—Fraignière.
Draperie et nouveautés.—Dreyfus.—Katz fils. Lazarus.
Navettes pour tissage (fabr. de). — Loos et Schuller, export.
Nouveautés. — Bloch (D.).—Grumbach-Dreyfus.—Lazarus-Katz.
Peignes et harnais p. tissage.— Grunewald.— Huber. — Tscheiller (Ant.).
Pièces détachées pour tissage.—Saal (L.).
Plumes et duvets. — Lazarus.
Taquets pour tissage (fabr. de). — Marter (Ant.), exportation.
Teinturier. —Berly.
Toiles de coton. — Geisth (Alph.) , écru et blanc.
Toiles peintes (fabr. de). — Zurcher (J. J.) et Cie.
Tourneur en bois.—Saal, p. tiss. et filat.
Tubes en papier pour filatures. — Morel et Mostch. — Schafhanser (M.).

Dolleren.

Tissage mécan. de cotons.— Gasser frères.

Dornach.

Commissionnaires.—Bourry, droguerie, coton filé, art. p. impressions.
Cotons (filat. de). — Dollfus-Mieg , C. ❈ et Cie, impression et blanchisserie.
Dessinat. p. impressions. — Braun (A.) ❈ , m. à Paris.
Impressions sur étoffes. — Schlumberger fils et Cie.

Ensisheim.

Boutons en os (fab. de). — Mann et Hügelin.
Chaussons de laine (fabr. de). — Debray ainé.
Damas pour meubles et autres tissus (fabr. de). Schmitt-Goetz et Cie.

Eschentzwiller.

Laines (filat. de).—Koffmann (J.).

Felleringen.

Navottes pour tissage mécan. en tous genres (fab. de).—Schmitt (A.).

Turbines.—Larger (Jean), brevet. s. g. d. g., filat. de cotons et tissage méc.

Forge.

Coton-tissage.—Kiener (Jean) fils.

Guebwiller.

Banquier.—Victor-Valentin Nidergang.
Constructeurs.—Grun (F.-J.) , ingénieur-mécanicien. p. filat. de laines peignées, cardées, cotons et soies.—Meyer-Buhner (X), Schlumberge (N.), O. ❈, et Cie.
Cotons (filat. de).—Bourcart fils et Cie, et tiss. méc. — Froy-Witz (H.).—Frey (Ferdinand et Théodore), et tiss. méc. — Shlumberger (N.), O. ❈ et Cie.—Straszewicz et Grosjean ❈, —Webet (C.).
Draps (fab. de).—Althoffer frères.
Draps et nouveautés. — Bloch (S.). — Bloch-Jügel. — Weil père. — Weil (G.). — Weil (Jacques).—Weil (Levy).

Giromagny.

Cotons (filature et tissage de).— Bojgeol-Japy et Cie ❈. — Borneque Widmer.
Draps et tissus. — Bloch (E.).—Breuillot (J.). — Brunet (A.-S.). — Farouelle (J.-B.). — Gugenheim (J.). — Jenn (J). — Machard (Ph.). — Py (Ad.).

Hachimette.

Tissage méc. — Florence et Abba.

Hagenbach.

Toiles de cotons (fabr. de). — Cassal (L.).

Heimsbrunn.

Bourre de soie (filat. de). — Waelterlé.

Husseren-Wesserling.

Filature et tissage méc. de cotons, impressions sur tous tissus. — Gros ❈, Roman ❈, Marozeau et Cie.
Nouveautés. — Picard frères.

Illzach.

Laines et cotons (fabr. de). — Speckel et Dietz.

Ingersheim.

Cotons fins (filature de). — Hertzog.
Tubes en papier pour filat. (fabr.). — Geiger (B. et J.).

Jungoltz.

Bourre de soie (filat. de). — Lang (A.) et Cie.
Broches (fabr.). — Latscha (Ch.).
Cotons (filat. de). — Boeckler (J.), à Rouffach, maison à Colmar. — Kiener (J.) fils, à Colmar. — Hofer (H.) et Cie, filat. à Orbey.— Stoecklin (J.-L.), maison à Colmar.

Kingersheim.

Toiles peintes (fabr. de).—Bernoville (Fréd.). G. Weiss-Fries et Cie.

Kirchberg.

Laminerie et tréfilerie de traits d'or et d'argent faux. — Warnod-Witz.
Tissage mécanique et fabr. de peignes et harnais de tissage. — Moritz, Mercier et Cie.
Tissage méc. — Zeller frères, à Wegscheid.

Kruth.

Tissage mécanique. — Gros ✻, Odier, O. ✻, Roman ✻ et Cie.

Lautenbach.

Cotons et filature, soies retordues (fabr. de). — De Jongh et fils.
Cotons (filature et tissage mécanique). — Astruc et Cie (de Mulhouse). — De Jongh et fils.
Fil d'Écosse (fabr. de). — Gerrer. — Marvillet et Cie., à Sengeren.

Lautenbach-Zell.

Fil d'Écosse (fabr. de).— Gerrer. — Marvillet et Cie, à Sengeren.
Tissage mécanique de cotons. — Astruc (J.), de Mulhouse. — Klein Gangolf.

Lauw.

Tissage mécanique de cotons. — André (Jacques) veuve, bureaux à Vieux-Thann.

Lutterbach.

Teinturerie de laines et cotons. — Ertlé (E.).

Malmerspach.

Peignage, filature, retordage et moulinage de laines peignées.—Hartmann, Schmalzer Cie.

Massevaux.

Mécaniciens-constructeurs. — André et Rueff, pompes pneumatiques à mouiller les canettes.
Tissage mécanique de cotons. — André et Rueff. — André père et fils. — Erhard (V.). — Gasser frères. — Kœchlin (N.) et Cie.

Moosch.

Cotons (filat. et tissage de). — Les fils d'Isaac Kœchlin.

Mortzwiller.

Tissage méc. — Dreyfus (Elie).

Muhlbach.

Toile de cotons (fabr. de).—Klein père et fils.

Mulhouse.

Chambre de commerce. — Schlumberger (Js. Alb.). — Président : Kœchlin (Emile) ✻. — Dollfus (J.) ✻. — Ed. Mieg. — Schlumberger-Dollfus (Jean). — Steinbach (G.) ✻. Schlumberger-Ehinger. — Gros (E.). — Thierry (Henri).—Vaucher.(E.). — Oswald-

Linder. — Hertzog (Ant.). — Frey (Henri). — Joranson (A.). — Kœchlin (Edouard).— Weber (Jacques). — Spetz (J.-B.).
Conseil de prud'hommes.— Président : Thierry-Kœchlin (Henri). — Vice-président : Stengel-Schwartz (Aloyse).
Tribunal de commerce.—Président : Schweinguth-Coudray.—Juges : Schlumberger (A.). — Mantz fils. — Juillard (G.). — Couleru (E.). — Suppléants : Schmerber (C.). — Hennin (L.). — Baumgartner (I.). — Greffier : Sandherr (A.).
Banque de France (succursale de la). — Directeur : Hartung. — Caissier : Dupleix.
Amidonniers. — Bertrand (Aug.). — Hæffely-Steinbac (Henri), fabr. d'amidon blanc et grillé. — Leiocomme, gommeline et dextrine. — Lanhoff-Lænderich.
Amidons (négociants).—Bernheim (M. de F.). — Stœcklin et Galland.
Comptoir d'escompte. — Directeur : De Pouvourville (Th.).
Crédit commercial. — Zuberano (J.), direct. maison de commission et renseignements p. la France et l'étranger.
Sous-comptoir du commerce et de l'industrie. — Bloch (Félix), directeur.
Société du crédit popul. — Gustave Kœuffer, direct.
Banquiers. — Juteau frères et Cie. — Rotschild (M. et E.). — Schlumberger-Ehinger Wahl-Sée (J.).
Blanchisserie, teinturerie et apprêt de toiles. — Dollfus-Mieg, C. ✻ et Cie, à Dornach.— Hæffely fils ✻, à Pfastadt. — Mertzdorff, à Niedermorschwiller. — Weber (P.), à Illzach.
Broderies et impressions (fab. de). —Ber (E.).
Calicots. — David et Troullier, cal. en gros, écrus et blancs, mais. à Paris. — Journé (P.) et Cie., fabr. à Troyes, Laval et Villefranche, dépôt à Paris, rue Bertin-Poirée, 9. — Max Von Essen.
Commissionnaires négociants. — Ach, déchets de coton et de soie, coton en laine et en filé. — Anthoni (J.). — Astruc (Adolphe). — Audran (Ch.) — Bernhardt et Cie. — Bernard et Doerflinger. — Bernheim (M. de F.) et frère.— Bernheim (les fils de Marc). — Bernheim (J.) et Cie. — Bernheim (Corneille) et fils, calicots. — Bernheim (Philippe et Jacques), calicots écrus et blancs. — Bernheim-Dreyfus. — Biesth (Ed.), doublures. — Bloch (E.), facteur. — Bloch (Joseph). — Bloch (D. et E.) frères. — Bourry, droguerie, cotons filés, art. p. impressions. — Blum fils cadet et frère, calicots et cretonnes.— Boissaye (A.) ✻, filés et tissus de cotons écrus et blancs, mais. à Paris, à Rouen, à Manchester. — Bonnet (Adrien) et Colonna.— Bourcart (Jacques). — Bourgogne (F.) ✻. — Veuve Appuhn et

Cie, cotons, tissage et filature à St-Maurice (Vosges), mais. à Alexandrie (Egypte). — Courtois (Cl.), fabr. d'aniline. — D'Audiran et Wegelin, garances et dérivés, art. pour teintures et impressions, articles caoutchoutés pour impressions. — Doll (Ches) fils. — Dreyfus (Albert), doublures. — Dreyfus-Schmoll. — Durand (C.), facteur. Ertlé (Em.), fabr. de cotons filés et bruts, et laines fantaisie pour tricots. — Favre-Blech et fils, teinture et coton. — Fayolle (Petros), pour teintures, impressions, filatures, tissages — Forey et Cie. — Fortoul et Gastaud. — Frères Lang, calicots et moleskines. — Frères Oswald. — Frères Weis, déchets de cotons et de laines, fil fin pour nettoyage de machines. — Gerbaut (Ch.). — Gros (Jules-G.), drogueries. — Hanhart (Th.) et Cie, calicots filés et cotons. — Hermann (J.), fils, soieries et ornements d'églises. — Imbert (B.), drogueries. — Jansen et Jelensperger. — Juillard et Megnin, filés et calicots. — Kiener et Nicolas. — Kœchlin (Fritz) ※. — Kœnig-Châtel. — Kretz (Augte). — Kullmann et Cie, calicots écrus et blancs. — Joriaux (Edouard), mais. à Paris. — Journé (P.) et Cie, fabr. à Troyes, Laval et Villefranche, dépôt à Paris, rue Bertin-Poirée, 9. — Lœderich (Ch.) fils et Cie, calicots écrus et blancs, cotons filés, etc. — Lang (les fils d'Emm.) calicots; tissages méc. — Lantz frères. — Lantz (L.) et fils, calicots, impressions et moleskines. — Lecomte (Eug.). — Lefebvre (Ch.) jeune et Cie, impressions, maison à Paris. — Lehr (Emile), teinture, prod. chimiques, export. — Lemarchand (Ch.) fils. — Lévy et Meyer, tissus. — Max Von Essen, calicots et cretonnes. — David et Troullier. — Merlanchon (E.), drogueries pour teinture et impression. — Meslier (P.) père, fils et Cie, mais. à Paris. — Meyer (Sébastien). — Muller (Charles), drogueries p. teint. et impressions, dépôt des produits de MM. Poirrier et Chapot de Paris. — Oppermann et Strohl, soie à coudre, dépôt de fleurets suisses et cordonnets, mais. à Strasbourg. — Paraf (Benjamin). — Paraf (Victor). — Philippe-Schlumberger (Emile Ertlé successeur). — Risler (F.). — Risler et Gruet, calicots écrus et blancs; tissage méc. — Rœderer (Jules) et Cie, coton en laine, filés et tissus de coton; mais. au Havre. — Roos et Bühl, déchets de coton, spécialité pour nettoyage de machines. — Roussel (Ch.). — Roy (Gve) ※ et Cie, mais. à Paris, à Rouen et à Manchester, agents pour les cotons de la maison Ed. Dervieu d'Alexandrie (Egypte), — Sauvé et Jules Hermann. — Schaeffer-Blanck. — Scheurer-Rott (A.). — Schlumberger-Ehinger, banq. Schlumberger et Wegelin, droguerie, teinture, produits chim. mais. à Paris. —

Schmoll (Henri). — Schoen (D.). — Schwob (Jos.). — Seillière (Aimé) et Cie. — Speckel (Eugène) et Dietz. — Stoecklin et Galland, calicots écrus et blancs, cotons filés et déchets.
Tagant. — Thorens et Hartmann. — Trapp ※ et Cie, filat. de laines. — Vaucher (Ed.) et Cie. — Wahl (Oscar et Emile); m. à Lille. — Wagner (Ch.) et Cie. — Wappler (A.), fact. — Widmeret Couleru, calicots écrus et blancs, et filés. — Wild et Zindel. — Willmann (Jh) et Cie, impres. — Zundel et Kohler, droguerie et teinture.

Confection p. hommes. — Brach (J.-P.). — Gilbert. — Metzger (Jh).

Consulats. — Doll (Charles) ※, consul de Bade, de Bavière et de Wurtemberg. — Delmas-Thiery, consul de Belgique. — Couget-Moehrlin, vice-consul d'Espagne. — Jacques Bourcart, consul d'Italie. — Ducommun (I.), consul de Suisse. — Thesmar (Frédéric), consul de la Confédération de l'Allemagne du Nord. — Strohl, vice-consul des États-Unis. — Koechlin (Emile), consul des Pays-Bas.

Cordiers. — Aegerter (S). — Brandt (Eugène). — Brandt-Schwartz (H.), Martin, Stein et Cie, cordages en chanvre, coton, aloès p. filat. et tissages mécaniques.

Cotons (filat. de). — Anthoni (J). — Astruc (Ad.), fabr. à Buhl. — Bourgogne (F.) ※, Vᵉ Appuhn et Cie, filat. et tissage à Saint-Maurice (Vosges). — Dolfus-Mieg, C. ※, et Cie, fils simples retors et à coudre, m. à Paris. — Dollfus et Mantz. — Dreyfus (S. et P.). — Dreyfus (Raphaël) et Cie. — Dreyfus et Lantz frères. — Guth frères. — Kœchlin (Fritz) ※. — Jourdain (les héritiers de X.). — Meyer Laurent, coton teint. — Mieg (Ch.) et Cie. — Nœgely frères. — Schlumberger fils et Cie, filat., tissage, étoffes imprimées, m. à Paris. — Schlumberger-Steiner et Cie. — Steinbach ※, Kœchlin et Cie. — Vaucher (Edouard) et Cie. — Wallach (les fils de Henri.) — Wallach (S.) et Cie.

Cotons en laine (commiss. représentants). — Bourcart. — Braun (F.) — Doll (Ch.) fils. — Favre-Blech et fils. — Lamblin. — Maire (Vor). — Muller-Saudo. — Schein (Léon). — Thesmar (Frédéric). — Ubelacker (H.). — Vierling (Louis). — Voirin frères.

Cotons (déchets de). — Ach., cotons et soies, coton en laine et en filé — Bernard et Doerflinger. — Bernheim (Jacques) et Cie — Bernheim (les fils de Marc), déchets de cotons, laines filées, bourre de soie filée. — Bloch-Lippmann, déchets de coton, export. — Frères Weis, déchets de cotons et de laines et fil fin, déchets de soie; m. à Lille. — Haas (J.), jeune. — Meyer (Séb.). — Roos et Buhl. — Schoen (D.). — Stoecklin et Galland, commiss. — Wahl-Eisenmann (A.), déchets de coton laine et soie. — Wahl (Oscar et Émile).

Cotons filés à tricoter (fabr. de).—Brunschwig (J.). — Ertlé (Emile).—Schlumberger, fabr. de cotons filés et teints, laines fantaisie p. tricots.—Elias (Elie), cotons à tricoter.

Courtiers de commerce.—Humbert-Prince. — Hennin (Louis). — Krauss. — Lemaire. — Paraf.—Thesmar.—Thomann (L.).

Dessinat. pour fabr. d'indiennes. — Bidling-meyer. — Braun (Adolphe) ✳. — Dietz. — Durot. — Ehlinger. — Favre (Alfred). — Hirn-Schweighofer.—Lebert. — Mattmann et Kœnig.—Risler et Roch.—Schoenhaupt. —Welter. — Zengerlin (Henri) ils.—Zipélius (G.).

Draps (manuf. de). — Bœringer (Pierre), fabr. de draps, p. impressions, filat. tissages, et habillements.—Dollfus-Dettwiller, draps à l'usage des manuf. de toiles peintes, et p. cylindres de filat. — Mieg (M.) et fils, draps à l'usage des manuf. de toiles peintes, filat. tissages et habillements, fab. de laines à tricoter.

Draps (marchands). — Battmann (L.). — Feig.—Junker (J.).—Laederich (J.) fils. — Lévy (Emmanuel) fils. — Lévy-Braunsch-weig.—Misslin (A.). — Ostier.—Rauch (J.). —Rieffel-Ferrenbach.—Von Essen.

Droguistes.—Doll (Ch.). —Favre-Blech et fils. — Fayolle (Pétrus). — Frères Dreyfus. — Lehr (Emile), droguerie, teinture, prod. chim., export.—Frics.—Gerbaut (Ch.) fabr. d'albumine.— Gros (J. G.). — Grumler. — Imbert (B.), commission.—Merlanchon (E.), p. teintures et impres.—Mullez (Charles), p. teint. et impres., dépôt des prod. de MM. Poirrier et Chapot fils de Paris.—Saas frères.—Zundel et Kohler, droguerie, teint. —Schlumberger et Wegelin, teinture, prod. chim., export., m. à Paris. — Schlumber-ger-Ehinger.—Schlumberger (F.).—Tagant (A.).—Wantz.—Weil (Raphaël).

Graveurs sur rouleaux. — Bohn. — Burner (Joseph). — Dardel. — Dorian. — Fallot et Ehrhard. — Goetz. — Handschein (J.). — Hirler. — Keller (Ch.). — Laucher (J.). — Magne (E.). — Merklen. — Meyer-Steinbach fils. — Paul-Nicolas. — Schiffelmann et Fuchs. — Schlumberger frères. — Schoell (F.). — Schott. — Zetter (Ed.).

Laines cardées (filature de). — Mathieu-Mieg et fils.

Laines peignées (filatures de). — Kœchlin Schwartz ✳ et Cie. — Trapp et Cie, m. à Paris.

Laines en gros. — Bernheim (Jacques) et Cie.

Laines (marchands de). — Benner sœurs. — Kappes (Mme). — Philippe-Schlumberger (Emile Ertlé successeur), laines de fantaisie p. tricots.

Lingerie, nouveautés. — Ber (E.). — Bén-ner-Erné (Mme). — Corhumel (Mlle). — Eck sœurs. — Gœtz (Mlle S.). — Jacques sœurs. — Heinck sœurs. — Lubérger sœurs. — Marty (Eug.). — Max Von Essen. — Mengé (Mme). — Rey (Mlle Eug.). — Witté (Ve H.). — Wogenscky fils.

Literie (art. de). — Joran (A.). — Lévy (Daniel). — Netter. — Zurcher (Ch.).

Machines à coudre (dépôt de). — Ehrismann.

Mécaniciens. — Burghardt (J.-J.). — Cayot-Ducommun (J.) et Cie, construction de machines-outils, p. l'impression des étoffes et p. la gravure des rouleaux, cylindres p. impress., dépôt à Paris. — Fluhr (Xavier). tissage. — Goëtz (E.). — Haxaire (Ant.). — Herrenschmidt et Nagel.

Jansen et Jelensperger, bobines et navettes. p. filat. et tissages. — Keller (Emile). — Hieffer (J.) et Cie. — Kœchlin (André) ✳ et Cie. — Meininger. — Meyer (Emile). — Petit (A.). — Schiettinger (Mathieu). — Welter (J.). — Wick-Spœrlein.

Mercerie en gros. — Brunschwig (Jos.). — Elias (Elie), m. et bonneterie. — Mayer (S.). — Picard (Paul). — Picard et Grumbach.

Navettes pour tissage (fab. de). — Jansen et Jelensperger. — Troendlé.

Noir d'aniline breveté (fab. de). — Courtois (Cl.) et Cie.

Nouveautés, étoffes, rouennerie. — Aron (J.) (à la Compagnie des Indes), confections p. dames. — Benner (Mlles). — Bernheim-Dreyfus. — David et Coblentz. — Dreyfus (Nathan). — Dreyfus-Sée. — Emmanuel Lévy fils. — Favre-Blech et fils. — Hauser-Wormser. — Luberger sœurs. — Lévy (C.). — Louis (Ve). — Max von Essen. — Nordmann. — Rieffel-Ferenbach (Ve). — Scheidecker - Benner. — Schlumberger - Sengelin. — Tausend (Ve E.). — Wormser (Moïse).

Orseille (fab. d'). — J.-G. Gros.

Ouates (fab. d'). — Meyer (Laurent), fab. d'ouates et filature de coton teint.

Peignes à tisser (fab. de). — Coquelin (J.), fab. de peignes à tisser p. toutes sortes d'étoffes. — Trœndlé (J.).

Produits chimiques (f. de). — Adrian (F.), prod. chimiq. et droguerie. — Beck (J.). — Courtois (Cl.) et Cie, fab. d'aniline, bre-veté pour le noir d'aniline. — Doll (Ch.) fils. — Fayolle (Pétrus). — Gros (J.-G.), fab. d'orseille. — Kestner (C.) ✳. — Lehr (Emile). — Schlumberger et Wegelin. — Schœninger (J.). — Tagant (A.). — Zundel et Kohler.

Rubans en gros. — Brunschwig (Jos.). — Picard (Paul).

Rubans en détail. — Backofen (Petrus).—Jacques sœurs.

Soies. — Les fils de Marc Bernheim, chappe et fantaisie en t. genres. —Oppermann et Strohl, fab. de cordonnet en bourre de soie, soie à coudre, filature à la Croix-aux-Mines (Vosges). — Frères Weis, déchets de soie.

Soie (fab. de tissus de). — J. Hermann fils, et ornements d'Église.

Tailleurs (marchands). — Brach (J.-P.). — Feig et Levallois. — Juncker (J.). — Misslin. — Rauch. — Læderich (J.) fils.

Teinture. — Ber (E.). — Bloch (E.). — Haffa. — Hirn. — Ladague. — Welter. — Soehnlen. — Vuillard.

Tissus élastiques pour chaussures (fab.). — Spohnet Daeubling.

Toiles de coton et mousselines (fabrique de). — Adolphe et Cie. — Astruc et Cie, filat. et tissage à Buhl-Lautenbach. — Baumgartner et Schweisguth. — Dollfus-Mieg (C.) ✳ et Cie, m. à Paris. — Dreyfus (Elie). — Eberhardt et Serveux. — Franck (Karl), tissage à la Jacquart d'étoffes p. ameublements. — Haeffely (H.) fils ✳, blanchiment et teinture. — — Koechlin (Fritz). — Læderich (P.) et fils. — Lang (les fils d'Emmanuel), tissage mécaniq. à Waldighoffen. — Mieg (Ch.) et Cie. — Roy (Gve) ✳ et Cie. — Schlumberger-Steiner et Cie. — Schlumberger fils et Cie, maison à Paris. — Seillière (Aimé) et Cie, m. à Paris. — Thorens et Cie. — Ullmann fils aîné, toiles d'emballage et mouchoirs. — Wallach (les fils d'Henri). — Wallach (S.) et Cie. — Vaucher (Edouard) et Cie. — Wild et Zindel.

Toiles de coton et mousselines imprimées (fabricants et négociants de). — Dollfus-Mieg (C.) ✳ et Cie, m. à Paris. — Franck ✳ et Bœringer, repr. à Paris et à Marseille. — Frères Heilmann. — Frères Kœchlin ✳, m. à Paris. — Frères Meyer. — Hofer. Grosjean (Ed.), à Niedes-Morschwiller, m. à Paris. — Lantz (L.) et fils, impressions, molesquines. — Lantz frères. — Scheurer Rott. — Schlumberger fils et Cie, nouveautés, meubles perse ou laine, soie et cretonne ; m. à Paris. — Schwob (Jos.). — Steinbach ✳, Kœchlin et Cie, cotons, soies et laines, châles imprimés et meubles; mais. à Paris.

Thierry-Mieg et Cie, maison à Paris. — Willman (J.) et Cie, meubles, perses, indiennes et tapis imprimés.

Toiles de chanvre et de lin. — Joran (A.). — Lévy (D.). — Rieffel-Ferrenbach (Vve). M. Von Essen. — Vormser (Moïse). — Zurcher (Ch.).

Toiles cirées pour meubles. — Ber (E.).

Tourneurs en bois et sur métaux. — Bertsch (F.). — Hirschhauer. — Horn. — Jansen et Jelensperger, fabr. d'articles pour filat.

et tissages. — Laederich (Em.). — North. — Pétry (Ch.). — Schirlin.

Tubes en papier (fabr.). — Hatterer et Cie. fabr. spéciale pour filat. de cotons, laines et soies, fabr. à Cernay.

Niedermorschwiller.

Impression sur étoffes. — Hofer-Grosjean (Ed.), mais. à Paris. — Meyer frères.

Oberbruck.

Cotons (filat. et tissage). — Zeller frères.

Orbey.

Calicots (fabr.). — Herzog (A.) ✳ et Cie. — Sutter (Ig.).
Cotons (fil. de). — Hofer (H.) et Cie.

Poutroye (la).

Filature de cotons. — Dollfus (P.).
Tissage méc. — Abba. — Florance.

Pfastadt.

Blanchisserie et teinturerie de toiles et de tissus de laines. — Hæffely (Henri) fils ✳.

Hammersmatt.

Siamoises et teintures (fabr. de). — Rœsch (Remi).

Ranspach.

Garnitures de cardes (fab. de). —Deiss (Mme).
Navettes à tisser (fab. de). — Welcker (Jh.).

Réguisheim.

Rubans de soie (fab.). — Meyer.—Mérian Cie.
Tissage mécanique. — Gœtz (Jh.).

Ribeauville.

Cotons (filat. de). — Hofer (Godfroy).
Commissionnaires en marchandises, cotons, soies, laines filées, cotons filés et drog. de teinture. — Dorival (Jul.). — Hanser. — Jacquemin (Ches) et Cie. — Louis Klein. — Krœber (Ch.) et banque.— Ladague (J.-B.). — Meich et Cie. — Menegoz (Agte). — Mühlenbeck (Alb). — Mühlenbeck (Ed.). — Ræydt (A. C.), cotons, laines, soies.

Rimbach.

Tissage de cotons. — Baumgartner et Cie. de Mulhouse. — Zeller frères.

Rimbach.

Broches (fabr. de). — Latscha (Ch.), pièces mécaniques pour filat. à Jungholz.
Cotons (filat. de). — Anthoni (J.), de Mulhouse.

Rixheim.

Bleu d'out.-m. et bleu p. lessive (fab. de). — J. Zuber et Cie, dépôt à Paris.

Moppentzwiller.

Tissage mécanique. — Schlumberger-Steiner et Cie.

Ruelisheim.

Tissage de cotons.— Baumgartner et Schweisguth. — Litolff (Vve G.).

Rouffach.

Draperie. — Mertian (G.).
Imprimeurs sur étoffes. — Ehlinger. — Obnenberger.

Rougemont.

Teintur. — Heidet (Alph.), rouge d'Andrinople.
Tissage mécan. — Erhard (Vor.).— Winkler.

Saint-Amarin.

Blanchiss. et tissage mécanique. — Gros ✳, Roman ✳, Marozeau et Cie.
Bourre de soie (filature). — Schreiner.
Cotons retors et câblé, ficelles à broches, rots et lames. — Dreyer frères.

Ste-Croix-aux-Mines.

Cotons (filat.). Schoubart et fils, bur. à Ste-Marie-aux-Mines.
Cotons (tissage). — Bourgeois (Th.).
Impression et teint. — Landmann.— Ledoux.

Saint-Germain.

Fabriques de ouates. — Bailly (S.). — De Lachapelle.
Tissage de cotons. — Les fils de David Bomsel.

Ste-Marie-aux-Mines.

Chambre consultative des arts et manufactures. — Président : J. Weber.

Conseil de prud'hommes. - Présid: Strohl (Gve).

Amidon. - Stemmer, commission.
Apprêteurs d'étoffes.— Baumgartner (L.). — Kuster.—Lacour (J.-B.) et Goguel.—Weber (Pierre).
Banquiers. — Kroeber (Ch.). — Lang (Louis) et fils.
Blanchisseurs de toiles, apprêt.— Baumgartner (Léon).— Kuster. — Lacour et Goguel. — Weber (Pierre).
Calicots, percales (tis. méc.).— Dietsch frères. —Witz-Diemer (Ve).
Commissionnaires en marchandises, cotons, soies, laines filées, cotons filés et drog. de teinture.—Dorival (J.).—Hanser.—Jacquemin (Ches) et Cie.—Louis Klein.— Kroeber (Ch.), banque et commission. — Ladague (J.-B.).—Meich et Cie.—Menegoz (Augte). —Mühlenbeck (Alb.). — Mühlenbeck (Ed.). —Raeydt (A. C.).—Saar (P.). — Streisguth (F.). — Strohl et Cie. — Waltersperger (Fréd.).—Weber jeune (J.) et Cie.— Weisgerber et Cie.—Wendling (Vor).
Commissionnaires en tissus.—Dreyfus (J.). — Bloch.
Cotons (filat. de).—Schoubart et fils. — Haffner (J.).
Cotons (déchets de).—Picard (Marx).
Déchets (maison de), achats et ventes.—Zaepffel et Cie.
Draps.—Bihli (M.).—Edler (Ve).— Gantzer.— Gisselbrecht. — Lang (S.). — Obrecht.— Picart (B.).—Schmitt (J.).—Vogel (J.J.).— Weisgerber jeune.—Wildenmuth (V.).
Droguerie et teinture.—Dupré (Ch.).
Etoffes pour meubles.—Degermann (J.).
Mécaniciens. — Leininger.—Mathieu (L.). — Schultz.—Toubhans.
Peignes et lames à tisser (fab. de). — Benoît (Charles). — Betsch (S.). — Hoffmann (Ch.). — Woerner (Ch.), successeur de Ve Emile Oettly, fab. p. tissage méc. et à bras en laiton et en acier.
Teinturiers. — Bihli. — Koehler (Ches). — Meyer. — Reber et Koehler. — Ribout frères. — Schæffel frères. — Siegwalt (F.).— Singhoff (Ches). — Strohl (B.). — Silberzahn (T.). — Urner (J. Ve). — Zeyer.
Teinture de cotons en rouge d'Andrinople. — Stricker (Ch.).
Tissus laine, coton et soie (fabr. de).—Association ouvrière, fab. de tissus, cotons, laines et soies. — Bernheim (Henri), m. à Paris. — Blench frères. — Blum, Simon et Cie, t. p. robes. — Bodenreider. — Mougeot, fab. spéciale de mouchoirs. — Bourgeois-Joly, nouveautés, laines, soies et cotons. — Chenal (Adolphe). — Degermann (J.), fab. de tissus nouveautés. — Diemer (Eug.). — Dietsch frères, fab. à Liepvre. — Dreyfus (Benoît), maison à Paris. — Fleischmann (Louis). — Gerber et Hendrich, p. robes, cravates et mouchoirs. — Gimpel frères. — Karl-Schvartz. — Kienlin (Ches) et Cie, m. à Paris. — Klein (Ches) fils. — Kling (Ch.). — Klotz (J.-B.). — Koenig (N.) et frère, tissus laine, coton et soie. — Lacour et Jérôme. — Lang (Joseph) et Cie. — Lang (Isaac) fils. — Lussagnet (G.). — Matheus et Felmé. — Pinel et Urner. — Shiffmann (Gustave). — Schoenlaub, Delamathe et Cie.— Schoubart et fils, filat. de cotons.— Steiner (V.-L.) et Cie, nouveautés p. robes et jupons. — Strohl (Gve). — Toussaint (Ches) et Cie. — Toussaint (Louis). — Wendel (G.). — Werth (Eug.). —Wichard ainé. — Witz-Diemer (Ve).
Toiles peintes (fab. de). — Landmann-Ledoux.
Toiles d'emballage (fab. de). — Saint-Genois.

Sentheim.

Filature de cotons et de cretonne. — Bian (Louis) ✳.

Sondernach.

Toile de coton (fabr. de). — Braesch (Nicolas), tissage méc. — Klein père et fils, à Muhlbach.

Soultz.

Caoutchouc, tissus p. chauss. — Kussmaul.
Fils retors et cordonnet (fabr.). — Bloch
Rubans de soie (fabr. de). — Kussmaul (Ml.), unis et à basses lisses, spéc. de rubans de soie noire et ceintures. — Meyer-Mériam (D.) et Cie. — William (S.).

Soultzmatt.

Bourre de soie (filat. et tiss.). — Simon (Th.) et Cie.
Cotons (fil'at. et tissage). — Kessler (F.).

Staffelfelden.

Tissage mécanique. — Frey. — Witz et Cie.

Stosswihr.

Blanchisseries de toiles. — Ancel (F.). — Ansel (J.). — Barth (J.) fils. — Barth (M.). — Claudel (N.-C.) — Claudel (A.). — Florence (M.). — Fritsch (J.). — Schubenel.
Cotons (filat. de). — Koechlin (Fritz) ✷, de Mulhouse.
Toiles de coton (fabr.). — Braesch. — Graff frères.

Sultzeren.

Toile de coton (fab.). — Ertlé frères. — Graff (F.). — Immer (J.).

Thann.

Conseil de prud'hommes. — Président : Bindschedler.
Banquiers. — Le fils de Benjamin Lévy. — Muller-Koch.
Bourre de soie, chappe, fantaisies (filat. de). — Bindschedler (Edouard).
Cotons (filat. de). — Jourdain (X.).—Legrand (Nicolas), mais. à Bâle (Suisse). — Vaucher (Ed.) et Cie, mais. à Mulhouse.
Déchets de cotons.— Muller-Koch ✷.— Spira fils. — Spira (David).
Draps (fabr. de). — Müller (Joseph).
Drapiers et nouveautés. — Blum (Nathan).— Brandner (N.). —Guerthoffer.—Krumholtz. — Meyer (Ch.). — Fritsch (F.).
Etoffes feutrées (manuf. d'). — Stehelin et Schoenanër, pour filatures et autres, mais. à Paris.
Laines à tricoter (filat. de).— Müller (Joseph).
Mécaniciens. — Burguet.— Keim (Frédéric) père, const. de machines pour filatures et tissage de soies et cotons.— Keim fils. — Linck.— Loos (Th.) et Emile fils.—Stamm (Gve), matériels et fournitures pour filatures et tissage. — Stehelin et Cie. — Thann. — Willin (J.) fils.

Mercerie, rubans et nouveautés.—Esser (Ch.). — Lévy (Em.). — Lévy (Moïse).
Peignes à tisser (fabr. de). — Dufour frères. — Lisch (J.).
Produits chimiques (fabr. de).—Kestner (Ch.).
Soies (tissage de).—Hermann (Joseph) aîné.— Hermann (Guillaume).
Teinturiers. — Lœhr (J.). — Schmidt (Jean). Ullmam et Wormser.
Tissages mécaniques de cotons.— Koch (Ph.). — Legrand (N.). — Rudolf Chauf.
Tissus de cotons teints. — Levy (Henri) fils de Benjamin.
Toiles peintes (fabr. de). — Paraf-Javal, fabr. d'impression sur coton et laine, lustrine imprimée et teinte, maison à Paris. — Scheurer-Rott (A.) et fils, maisons à Mulhouse et à Paris.

Uffholtz.

Cotons (filat. de). — Nicolas Heuchel.

Valdoye.

Tissage mécanique. — Bornèque. — Meyer frères.

Vieux-Thann.

Cotons (blanchisserie et apprêt). — Mertzdorft (Charles), repr. à Mulhouse et à Paris.

Waldighoffen.

Tissage mécanique.— Lang, les fils d'Emmanuel.

Wattwiller.

Teinturier. — Schneider (J.-B^{te}).
Tissage de cotons méc. — Nicolas Heuchel.
Tourneur sur bois. — Kern (Th.).

Wegscheid.

Tissage de cotons.— Baumgartner (D.) et Cie. — Zeller frères, tissage mécan., bureaux à Oberbruck.

Wesserling (Husseren).

Filat. et tissage de cotons, blanchisserie et apprêts, impres. sur coton et sur laine. — Gros ✷, Roman, Marozeau et Cie.

Wildenstein.

Cotons (filat. et tissage). — Kientzy, Griner père et fils.

Willer.

Cotons (filat. et tissage de). — Les fils d'Isaac Kœchlin.

Wintzenheim.

Laines (filat. de). — Haussmann. — Herzog (A.) ✷ et Cie. — Jordanhern et Cie.
Ouates (fabr. d'). — Kahn (L.) et Cie.—Mayer (Joseph).
Tissus de cotons. — Schwab frères.

RHONE

LYON (chef - lieu)

(Voir la première partie au commencement du volume).

SAONE (HAUTE)

VESOUL (chef-lieu).

Banquiers.—Courcelle (Jules).—Faivre et Cie, succursale à Luxeuil.

Drapiers, toiles, nouveautés.—Bardoz. — Dupallut fils aîné.—Ebstein.—Grillet. — Levy (Moïse). — Levy frères. — Lyautey (C.). — Palliès (Mme).—Pelteret.—Saunois. —Tramus.—Vougnon.

Ornements d'église. — Bardoz (Mad.). — Bon.

Soieries , laines , nouveautés. — Ebstein. — Chapuis (Mlle).—Levy frères.—Levy (Moïse). Lyautey-Paillies.— Pelteret.— Saunois. — Schmoll.

Breuches.

Cotons (filat.).—Bezanson (Joseph) ※, tissage au Val-d'Ajol (Vosges).

Brevilliers.

Tissus de coton (fabr. de). — Nifeneker aîné et fils.

Champlitte.

Banquiers.—Dropet et Vésignié. — François-Fourot.

Draps, toiles, rouennerie (mds de).— Dupuis père et fils.— Fayseler. — Frèrejacques. — Guyot.— Lamiral.— Merlin-Belime. — Michaud (Mlles). — Parizot. — Pernot-Simonin.

Mercerie et quinc. en gros. — Aubert (F.). — François-Fourot.—Jacquinot.—Rossignot.

Faucogney.

Cotons (tissage de).—Grombach frères.

Draps.—David.—Guichard (A.).— Hauser. — Levrey. (Ve).

Frahier.

Tissus de coton (fabr.). — Samuel Brunschwich.

Fresse.

Cotons (fabr. de tissus de).—Lindberg.

Gray.

Banquiers. — Jouart et Cie, banque et recouvrements. —Revon frères.

Bonneterie en gros.—Caret et Tisserand , et mercerie.—Mongin (P.).

Draps et rouennerie.—Billot (Mlles). — Bour-

geois (Jh).—Blum (David).—Blum-Levy.— Bressard. — Duchenne. — Guim. — Lévy-Schwob. — Levy (Isidore). — Marion. — Schwob (Samuel).—Vertheimer-Breger.

Laines (déchets de) et renaissance. — Sanlaville (E.) aîné.

Haut-du-Them.

Tissage mécan. de toiles et cotons.—Colle (Ed.) et Cie.

Melcourt.

Banquiers, — Canel (E.).—Minal-Lebleu.

Bonneterie de coton (fabr. de).—Bourquin. — Schor.

Chanvres (filat. et tiss. de). — Seltz (G.) et Cie.

Cotons (filat. de). — Kœchlin (Fritz), tissage mécan. — Méquillet , Noblot et Cie, tiss. mécan. — Noblot (P.-C.) et Cie. — Schwob frères et fils.

Cotonnades , mouchoirs et impressions sur coton. — Méquillet , Noblot et Cie , m. à Lyon.

Draps (mds).—Hauser.—Houter (Ve).— Lévy. —Meyer.

Lin (filat.).—Seltz et Cie.

Nouveautés. — Hauser (C.). — Houter (Vve). — Lévy (Simon).—Mayer (Daniel).

Jussey.

Banquiers.—Humblot (Ch.). — Paulin aîné.

Draps. — Blum frères. — Dalbanne et Andriot. — Daprey. — Pelley. — Vernier (Elisa).

Lure.

Banquiers.—Martelet. — Marsot et Cie.

Draps en gros.— Schwob aîné et Albert fils, fabr. et m. à Belfort (Haut-Rhin).—Ricaud (Emile).—Schwob jeune et fils aîné.

Draps en détail.—Ehringer.—Mayer.—Pequignot.—Roux.

Mercerie et quincail. en gros. — Arnould. — Lambert.—Marsot-Tavernier.

Nouveautés p. robes et jup. (fab. de).— Lévy (H. et L.).

Tissus de coton et de fil (fabr. de).—Schwob aîné et Albert fils. — Schwob jeune et fils aîné.

Luxeuil.

Banque.—Faivre (J.) et Cie.
Bonneterie (fabr.).—Demange.
Cotons (filat.).—Mongenet (G. et M.) frères.
Draperie. — Adler. — Billy-Pierrey frères et sœurs.—Cardot.—Hauser.—Menigoz (Vve). —Morel-Leyat.—Murat-Olivier.

Plancher-les-Mines.

Articles de filature (fabr. de).—Laurent frères et beau-frère.—Priqueler frères.

Quers.

Tissage de cotons. — Levy frères.

Raddon.

Filature et tissage mécan.—Desgranges frères.

Ronchamp.

Tissage mécan., shirting et cretonnes, toiles unies et façonnées. — Ferguson et Cie.

St-Barthélemy-lès-Melisey.

Cotons (filature de). — Martelet.

St-Bresson.

Cotons (filature). — Desgranges frères.

Saint-Loup.

Banquiers. — Faivre et Cie. — Ferry (Jules), représent. — Marcot et Cie.
Bonneterie (fab. de). — Vinot.
Nouveautés. — Jacquey.—Lesire.— Médard. — Roussel (Mlle).

Servance.

Tissage de cotons. — Fr. Ferguson et Cie.

Vy-lès-Lure.

Tissus en cotons(fabr.).—Jacques-Christophe.

SAONE-ET-LOIRE

MACON (chef-lieu).

Tribunal de commerce.—Président : Renard-Gardon. — Juges : Jacquelot. — Charnet-Crozet. — Collin-Déjoux. — Ferret. — Greffier : Bertrand. — Juges suppléants : Viollot. — Lapierre. — Montaigut.
Arbitres de commerce, syndics de faillites.— Buguet. — Plumet (J.-P.).

COMMERCE, INDUSTRIE.

Banques et Banquiers.

Comptoir mâconnais, société à responsabilité limitée , au capital de 1,500,000 fr. Le comptoir mâconnais , est autorisé par ses statuts, à faire toutes les opérations de banque en France et à l'étranger; il est administré par un conseil de 9 membres. Directeur : Léon Cottel. — Charnay , Villard et Vauclin, banque et recouvrements , rue Rambaud , maison à Belleville-sur-Saône (Rhône). — Bouillard (J.-B.). — Longepierre aîné. — Pellissier (Adolphe). — Vadon (J.).

Banque des Actionnaires.

Mancel et Cie, place de la Préfecture, 2.

Chanvres (commerce en gros).

Ferret, r. Franche.
Jambon, r. Franche.
Matray (J.-B.).

Chapeaux de paille (fabr. de).

Arban, faub. de la Barre.
Dufour, r. Municipale.
Morin, r. Philibert-la-Guiche.

Cotons filés (march. de).

Forest-Joly, quai du Nord.
Perret frères, place Poissonnière.

Dentelles et blanc (march. de).

Gandil, r. Philibert-Laguiche.
Merle-Robert, r. Municipale.
Vacher-Thevenon et Cie, r. Joséphine. Fabrique à Saint-Maurice-de-Lignon (Haute-Loire).

Corsets (fabr. de).

Bochet (Mme), fabr. rue de la Barre.
Jafflin (Mme), r. Municipale.

Draperie, lainages, rouennerie, nouveautés, etc. (gros).

Cuynat, r. Dombey.
Defretière, r. de la Gueronnière.
Fortoul neveu et Goyon, r. Municipale.
Goyon père et fils, à St-Laurent.
Lions-Vésinier et Rey, r. Philibert-Laguiche.
Montaigut (J.) et Courtin, r. du Pont, (ancienne maison Baillard).
Planche, r. Dombey.
Silvestre, r. Philibert-Laguiche.
Teissier père et fils, draperie, toiles, lainages et nouveautés, r. Sigorgne, 9.
Vuillaume, Jamaud et Cie, r. Municipale.

Mercerie, bonneterie, articles de Paris. (Gros).

Cabezat frères, r. Municipale.
Dupont-Giraud et Cie, r. Dombey, 3.
Esmenjaud-Cottet, r. de la Barre.
Forest-Joly, q. du Nord.
Goy-Dion et Peraud, r. Philibert-Laguiche.
Giraud, p. aux Herbes.
Janvion-Moindrot, r. Philibert-Laguiche.
Pascalin, r. du Pont.
Perret frères, place Poissonnière.
Pasquier père et fils, r. Municipale.
Richard, r. Sigorgne.

Renseignements commerciaux et contentieux.

Dumollard (Auguste), r. Dombey, 31.

Rubans (marchands de)

Gandil, r. Philibert-Laguiche.
Merle-Robert, r. Municipale.

Soieries (marchands de).

Grombach, r. du Pont.
Lemaire, r. du Pont.
Lagrost, r. Philibert-Laguiche.

Sparterie (fabricant de).

Thevenot (J.) (tapis en sparterie, aloès, brosses, spécialité de sacs à charbons, tissus en crin et chanvre pour huileries), r. Rambaud, 4.

Tailleurs (mds).

Bleton-Galland, r. Philibert-Laguiche.
Bonhomme (Mme), r. Municipale.
Caton, r. de la Barre.
Collard, r. de la Barre.
Combier, r. Traversière.
Dourdant, r. faub. de la Barre.
Forest, r. Sigorgne.
Forissier, r. du faub. de la Barre.
Guilbert, r. Joséphine.
Lafond, r. du Pont.
Lasjuinas, r. Philibert-Laguiche.
Litaud, r. du Pont.
Mayer, q. du Sud.
Richard, q. du Sud.
Thuillier (Vᵉ), r. St-Brice,
Valet, r. Joséphine.

Autun.
Tribunal de commerce.

MM. Ernest Rossigneux, président ; Alexandre, Goin, J. Diot, juges ; Alexis, Seguin, Renaud aîné, juges suppléants ; Douhéret, greffier.
Banquiers. — Alexandre-Baret et Pouillevet, Constant fils, Desvaux et Moissenet, Jarlot et Rodary.
Blanc (art. de). — Boulez fils, Brette (Jules), Diot frères, Michaud-Chevrier, Seguin et Cie.
Chasubliers (mds). — Vᵉ Boulez,
Corsets et jupes (fab. de). — Flouvat (Mme). — Fanfritte (Mme).
Draperie; rouennerie, toilerie, lainages et nouveautés. (Gros). — Brette Jules. — Bouley. — A. Develay et Chaussard. — Mangematin et Dechaudie. — Seguin fils.
Laines et crins. — Bourgogne. — Rérolle. — Janin.
Laines (filat. de). — Corot. — Gard. — Perrot (Mlle).
Mercerie et bonneterie (gros). — Canet frères.

— Diot frères. — Martenot. — Michaud-Chevrier.

Nouveautés et confections p. dames.

Brette (Jules).—Develay-Alexandre et Cie. — Mathieu-Gauthier. — Mangematin et Dechaume.—Seguin et Cie.

Toileries.

Boulez fils.—Brette (Jules).— Mangematin et Déchaume.—Seguin et Cie.

Châlon-sur-Saône.
Chambre de commerce.

La chambre de commerce de Saône-et-Loire a son siège à Châlon. Les membres sont élus par les assemblées des notables commerçants.
MM. Guichard-Potheret ❊ , président ; Chabas ❊, secrétaire; Champonnois-Bugniot, trésorier; Jules Chagot ❊; Antoine Chevrier ; Boisserand-Marolle; Mˢ Bô; Ch. Gros; Pernet-Jouffroy.
Membres correspondants. — MM. Schneider (G. O. ❊). Ch. Avril , pour l'arrondissement d'Autun ; Campionnet , pour l'arrondissement de Charolles; Lachize, pour l'arrondissement de Louhans; Piot et Chamborre , pour l'arrondissement de Mâcon.

Tribunal de commerce.

(Audience le lundi)

MM. Muratier-Serdon, président; Hyppolite Foret, Etienne Berger, Pernet-Jouffroy, Beaupère , juges; Gras-Picard , Lavrand aîné , Menand-Copreaux, Bordet-Boyer , juges suppléants ; Terage , greffier ; Victor Fouque ; Michel, arbitres de commerce.

COMMERCE, INDUSTRIE.

Banque de France (succursale de la).

Directeur : C. Aniéré.

Banquiers.

Comptoir d'escompte, Bô et Cⁱᵉ, r. de l'Obélisque, 5.
De Lavalette et Cⁱᵉ (Caisse d'escompte), r. de la Gare.
Garnier et Cie, r. Pavée, 1.
Druard frères, G.-R. St-Laurent, 9.
Lagadrillère et Meulien fils, r. St-Georges.
Poulet (Aug.) et Cie, r. St-Georges.
Theuriet (Jules), q. Napoléon , 7.

Articles de blanc et mousselines.
Tarare et St-Quentin.

Couturier (Jules), r. de l'Obélisque.
Forest frères, r. au Change.
Foret jeune (Emile), r. au Change.
Foret-Bonthoux, r. au Change.
Grappin, Cornesse et Chamfroy, r. de l'Obélisque.

Lyot-Richard, r. du Châtelet.
Martin-Monnot, r. Pavée.
Menand-Suchet, r. au Change.
Menand-Copraux et Cie, r. de l'Obélisque.
Passerat-Maire, pl. de Beaune.
Pelotier-Vassel, r. du Châtelet.
Pernot-Lesne (Ve), G.-R.
Sollier et Barroy, q. Napoléon.
Soret-Favier, r. Pavée.

Bleu (fabr. de).

Grosbois neveu, q. de la Colombière.

Chapeaux de feutre (fabr. de).

Veuve Emile Laurent et Guinet, r. d'Autun, 30.

Chapeaux de paille et cabas (fabr.)

Dicone, (J.-B.). pl. de Beaune.
Morin-Mitanchey, r. Fructidor, 14.

Dentelles.

Foret frères (fabr. de dentelles à Yssingeaux),
    (Haute-Loire).
Foret (Emile), jeune, (fabr. à St-Joire).
Foret-Bonthoux (fabr. à Yssingeaux).
Grappin, Cornesse et Chamfroy.
Menand-Suchet et Cie.

Doublures (en gros).

E. Martin, pl. St-Pierre.

Draperie, rouennerie, toilerie, lainages et nouveautés (gros).

Bordet-Boyer, r. du Châtelet, 26.
Bhevrier-Laurent et fils, r. au Change, 12.
Cordier (J.-B.) et Limoge, r. au Change.
Druard frères, Gr.-R.-St-Laurent, 9.
Garmier (Eugène) et Cie, r. du Châtelet, 24.
Gras-Picard et Cie. r. du Port-Villiers.
Leaumorte, q. des Messageries.
Sotty et Matray frères, r. de l'Obélisque.
Thiébault et Brintet, pl. du Châtelet.

Droguerie.

Besson (P.), pl. St-Pierre, 8.
Bligny (B.), passage Millon.
Porriquet, r. du Châtelet.
Preuil (F.) et Remendet, r. Denon.

Fleurs artificielles (fabriques de).

Dubois (Mlle), q. des Messageries, 6.
Duhesme (Mme), r. du Châtelet, 31.
Mathieu (Mlle), r. du Blé, 12.

Laines brutes

Roy-Combe, r. St-Georges.

Laines et cotons filés (march. de).

Derain-Bobin, G.-R. St-Laurent, 4.
Driancourt (Gros),   id.   33, filateur.
Gueldry, r. aux Fèvres, 10.
Passerat-Maire, pl. de Beaune.
Royer, r. du Blé, 10.
Verrier-Lavis, G.-R. 36.

Machines à coudre (dépôt).

Boyard, r. du Châtelet.

Mercerie, Bonneterie (gros).

Combas-Burdy, r. du Châtelet.
Combatz et Lombard, r. du Châtelet.
Couturier (Jules), r. de l'Obélisque.
Driancourt, r. Saint-Laurent.
Forest frères, r. au Change, 6 et 4.
Foret (E.) jeune, r. au Change, 7.
Grappin, Cornesse et Chamfroy, r. de l'Obélis-
    que.
Janin et Goin, r. Saint-Georges, 6.
Lombard-Giroux, r. de l'Obélisque.
Lyot-Richard, r. au Change, 22.
Menand-Copreaux, r. de l'Obélisque.
Menand-Suchet et Cie, r. au Change, 16.
Pellotier-Vassel, r. du Châtelet.

Nouveautés, Châles, Soieries.

Audinet-Thiébaut, Grande Rue, 71.
Bonnia-Matray, Grand'Rue, 33.
Perrin-Lambert, r. de l'Obélisque.
Pellon-Grouvèze, r. des Tonneliers.
Thiesson et Cie, r. des Tonneliers, 7.

Rubans (gros).

Bouillot (dépôt de Saint-Etienne), quai des
    Messageries, 5. — Couturier (Jules). — Fo-
    ret frères. — Foret (Emile) jeune. — Foret-
    Bonthoux. — Grappin-Cornesse et Cham-
    froy. — Nenand-Suchet. — Menand et Grif-
    fonnet. — Pellotier-Vassel.

Toiles en gros et sacs (spécialité de).

Leschenault-Doublot, Grand'Rue, 4.
Nicolle, r. de l'Obélisque, 13.
Passerat-Maire, place de Beaune, 14.

Tailleurs (march.).

Achard et Leymarie, q. des Messageries, 15.
Achard aîné. r. au Change, 17.
Boulas, r. du Châtelet, 33.
Besse, r. du Châtelet, 11.
Bernard, r. du Châtelet.
Pelletier, r. Saint-Georges, 12.
Cordier-Brun père et fils, r. St-Georges, 10.
Debuisson, place du Châtelet, 4.
Gaillard-Gonnot, Grand'Rue, 59.
Granger, r. du Port-Villiers, 5.
Peteln, r. au Change, 18.
Soubde, (draperie), r. du Châtelet, 39.
Vaillat, place du Port-Villiers, 1.
Verger, Grand'Rue, 45.

Tailleurs-confectionneurs.

Coste, r. du Châtelet, 1.
Diloff, Grand'Rue, 40.
Ebstein, r. du Port-Villiers, 13.
Weil (C.), Grand'Rue, 66.
Weil (M.), place de Beaune, 9.

Wormser (Léon), (à la Belle-Jardinière), rue de l'Obélisque, 14.

Chauffailles.

Banquiers. — Duperron père et fils.
Cotons (carderie de). — Bréchard frères. — Botton fils. — Chuzeville-Delaye.
Draps, toiles et rouennerie. — Jenny-Barbier. — Durand. — Laroche. — Rollet. — Rousset. — Verchère. — Simon (Ve). — Therville (Ve).
Battants (fabr. de). — Bajard. — Vaginay.— Verrière.
Peignes à tisser (fabr. de). — Dumas.
Navettes (fabr. de).— Acary.— Plasse (G.).

Soieries (fabr. de).

Acary oncle et neveu, contre-maîtres. — Chamfray frères, contre-maîtres. — Déale, à Châteauneuf, contre-maître.— Dufêtre père et fils, représentée par Faure. — Fayard (J.) fils, contre-maître. — Giraud (A.) et Cie, représentée par Clerc. — Guéneau (C.), représentée par Vivier. — Guinet (J.) et fils, représentée par Nicolas. — Jaubert, Lions, Andras et Cie, représentée par Amour, à Coublan. — Joly (F.), contre-maître. — Lacroix-Martin, représentée par Chavanis.— Michel frères, représentée par Foussemagne. — Poyet, contre-maître à Châteauneuf. — Verraux, contre-maître à Châteauneuf. — Vincent et Cie, représentée par Dumortier, à St-Igny-de-Roche.

Cluny.

Banque et recouvrements (succursale du Comptoir mâconnais). — Directeur : Potier. — Mazot frères.
Filatures de laines.— Berthet-Fleury.— Bouleloupt.
Velours (fabr. de). — Maillot.
Draperie, rouennerie, nouveautés. — Ballandras. — Janin-Butaud. — Patouillard. —

Rozet. — Ruet père et fils — Servière.— Souroux.
Tuyaux pour la fabrique.— Lagarde-Roberjot.

Digoin.

Banquiers.—Goin et Tixier.
Draperie, rouennerie.— Arnaud. — Aubail. — Bailly.—Besacier (Ve).— Gonfrier.—Guyonnet.—Jacob (Ve).—Leschères. — Rozier. — Semet-Nicolas.—Tissier.
Soieries (fabr. de).— Michaud et Jamet.

Givry-près-l'Orbize.

Toiles de chanvre (fabricants de).— Bailly. — Cannet.—Souillot.

Tournus.

Tribunal de commerce.

MM. Dugrivel, président; Mazoyer, Jean-François, Augros, Michel, juges; Despierre Emile, juge-suppléant; Ferré, greffier.
Banque et recouvrements. — Ch. Dugrivel et Baty. — Comptoir d'escompte.
Chapeaux (fabr. de). — Buillet.—Bruel frères et Palabot. — Chardot. — Fatisson. — Zurkowski.
Cotons (marchands de). — Cormot.—Rouillot. —Martin,
Couvertures (fabr. de). — Terrillon-Fort.
Laines (marchands de). — Dupré. — Guyot. — Jannin (Ve). — Philibert (Ve). — Tissot.
Soie grége.—Terrillon-Fort.
Velours et soieries (fabr. de). — Dumaine frères.
Draperie, rouennerie, etc. (marchands de). — Bouillon-Provençal.— Cormod aîné.— Fort-Butte. — Grisot-Lambert.—Janin (Mlle). — Lagrange.—Luc.—Millet (Mlle).—Montagnon. —Morel (Mlle).—Moulin. — Passerat. — Pelletier. — Petijean. — Philibert Dode (toiles).
Tailleurs (marchands). — Cormod aîné. — Millet. — Perrusson.

SARTHE

MANS (LE). (ch ef-lieu).

Chambre de commerce. — Président : N...— Vice-président : Lebreton. — Membres : Doré. — Michel Vielle. — Tonnelier. — Flaleix. — Revellière.—Floury.—Quantin-Vérité. — Vetillard. — Quetin.—Rivet. — Bary jeune ❋.
Conseil de prud'hommes. — Président : Vétillard (Marcelin).
Tribunal de commerce.—Président : Quantin-Vérité. — Juges : Maslin. — Raymond. — Chevalier. — Gasc. — Suppléants : Marinier. — David-Edard. — Trouillard-Guillier. — Pissot-Galpin.—Greffier : Montreul.

Agréés : Gendrot. — Cosnard (Ch.). — Hulot. — Experts : David. — Depeudry. — Laigneau. — Lechesne. — Lecureuil.— Letessier. — Mélisson. — Poivet-Yzeux. — Rubillard.
Banque de France (succursale de la). — Directeur : Honoré. — Caissier : Maillet.

COMMERCE, INDUSTRIE.

Amidon (fab. d'). — Baligaud et Lemoine, usines à Paris. — Pineau frères.
Banquiers. — Bazoge (J.). — Demorieux fils. — Pichard et Cie. — Leblais. — Lebreton (J.) et Cie. — Morel (G.). — Portet-Lavigerie et Cie.

Société générale, siége social à Paris.—Agence du Mans, directeur : Quantin-Vérité.

Crédit agricole. — Directeur : C. Richard.

Blanchisserie de fil et de toiles. — Vétillart fils.

Blouses (fab. de). — Chevereau-Guiet. — Leroy-Diart.

Bonneterie en gros. — Appert. — Beaufils et Nieaux. — Bruneaud et Guichard jeune. — Fertray et Guilmard. — Hutrel. — Leguy frères. — Malmouche frères. —Trouillard-Cullier.

Chanvre (battage du). — Cornilleau (L.) aîné, au Moulin aux moines.— Dinochau.—Lalos fils. — Milory. — Rouy.

Chanvres (filature de). — Bary jeune et Cie. — Chérot (E.) jeune et Cie. — Hervé père et fils aîné. — Thieffry et Cie. filat. et corderie méc. — Thoury jeune. — Flais. — Leproust et Bullot. filat. à Yvré-l'Evêque.

Chanvre (négociants en). — Béreau et Champeau, bruts et peignés. — Bouvier (Félix), bruts et peignés. — Cornilleau (Frédéric), chanvre et ficelles. — Cornilleau (L.) aîné et Cie, Compagnie industrielle de la Sarthe. — Dumas fils, bruts et peignés.—Fourneau frères, bruts et peignés. — Hatté père et fils. — Herrault-Bâtard. — Hervé père et fils aîné. — Lalos (V.) fils, bruts et peignés. — Lebertre et Guedin, bruts et peignés p. filat. — Mabileau, spécialités p. filat. — Piard (Pascal), bruts et peignés. — Révélière (E.), chanvre, toiles et corderie. — Robert(H.) et A. Guilbert, bruts etpeignés, étoupes et déchets p. filatures.

Chapeaux (fabr. de). — Lonchamps, manuf. feutres, soie et de paille, export. — Louvet. Mazereaux (A.). — Renaudin.

Chapellerie (fourniture de). — Louvet.

Chasub. — Bruneau (Mlle). — Cormier (Mad).

Chemises (fab. de). — Baugé. — Thébault.

Corderie (fab. de). — Hervé père et fils aîné. — Lalos fils. — Lerais. — Métais. — Revelière (E.). — Rouy. — Thieffry et Cie. corderie méc.

Corsets. —Caillon (Mme).—Froger (Mme). — Jousse aîné. — Lombard (Mme). — Maillet (Mme). — Rivard (Mme).

Couvertures (fabr. de).—Genay et Perdereau. — Gourmy (Th.). — Tezé-Dubois.

Draps. —Bardet et Guimonneau. — Barrier-Leroy. — Bruneau (Fréd.). —Clerc frères. — Clusan. — Courtois jeune. — Delahaye jeune et fils. — De Maillebois. — Dubray et Rabourdin.—Gasnier. —Grenay et Perdreau. — Lebert frères. — Lebrun et Cabaret.

Draperie, tissus de laine et couvertures. — Romet (P.).

Droguistes. — Cornilleau frères. — Dallier (E.) et Cie. — Gasse (Vtor). — Guittet-Gourdin. — Lalande. — Tulasne.

Fleurs artific. (fab. de). —Constant (Mme).— Crié (Mlle). — Dubois (Mlle). — Grouard-Guillier (Mlle). — Lainé (Mlle). — Letourneur.

Gants (fabr.). — Hunoult-Fontenelle. — Izoard. — Lebatteux.

Lacets (fab. de). — Michel (Ant.).

Literie. — Gourmy (Ch.), fournitures. — Tezé-Dubois, coutils et couvertures.

Mécaniciens. — Benoist.— Brunet.— Charlot aîné. — Hérisson (Louis). — Lemarchand (Augte). — Lefebvre (J.). — Leveau (H.), machines à broyer et teiller le chanvre. — Renaud et Lotz. — Sequard aîné. — Silger et Cie, machines à teiller et broyer le chanvre et le lin.

Mercerie en gros. — Beaufils et Nieaux. — Bruneau et Guichard jeune. — Fertray et Guilmard. — Leguy frères. — Malmouche frères. — Thorin (F.-E.). — Trouillard-Cullier.

Mousselines, dentelles et tulles en gros. — Boitard-Chalet. — Pissot-Galpin. — Depallier. — Guibé (Aristide). — Langevin-Blin. — Lemaire (Simon). — Lebrun.— Martin. — Paturel fils. — Trouillard-Cullier.

Négociants en tissus. — Bary ❋ jeune et Cie, chanvres, filatures, fab. de toiles.— Béreau et Champeau, chanvres, bruts et peignés et filat.— Boissier-Riverain, toiles. — Bouvier (Félix), chanvre, filasse, etc. — Cornilleau (L.) aîné et Cie, toiles et chanvres. — Courboulay et Nicolas, plumes et duvets. — Courtois jeune, draperies et rouenn. en gros. — Dubois (S.) et C. Lecornué, plumes et duvets en gros. — Fourneau frères, toiles et chanvres.—Genay et Perdreau, draperie et tissus. — Giroux (A.). —Lalande, droguerie et prod. chimiques.—Lemarchand (Jules), toiles. — Marinier (Ch.), toiles et sacs. — Morencé-Lenoir, toiles, sacs et bâches. — Papin (H.), toiles d'Alençon et Ferté-Bernard. — Piard (Pascal), chanvres bruts et peignés. — Poirier (Ve) aîné. — Révélière (E.), chanvre, fils, toiles et corderie. — Robert (H.) et A. Guilbert, chanvres bruts et peignés.— Thoury jeune. Flais, Leproust et Bullot, filat. de chanvres à Ivré-Levêque. — Van Donghen (Victor), fils de lin et de chanvre.

Nouveautés, soieries et toiles. — Barrier-Vérité. — Boureau et Chesneau. — Chansigaud. — Clerc fils. — Cluzan. — Cossonneau. — David. —Dolarivière. — Fortier-Duval.— Gautier (H.). — Giroux (A.). — G. Pichon. — Launay. — Lemonnier-Bigot. — Lenoir. — Ménand. — Michel.

Passementiers. — Berranger. — Defas. — Feau (Mad.).

Plumes et duvets.— Courboulay et Nicolas. — Dubois (S.) et C. Lecornué, laines, duvets et crins. — Esnault (Jules).—Gourmy

(Ch.), laines, crins et duvets.— Lherminier.
— Tezé-Dubois, laines et crins.
Produits chimiques (fab. de). — Chevallier
(P.). — Dallier (E.) et Cie. — Gasse (Victor).— Lalande.
Rouennerie (march. de). — Barbedienne. —
Bardet et Guimonean. — Clerc fils. — Courtois jeune. — Lebert frères. — Lebrun et
Cabaret. — Lerendu, Lechevalier et Binet,
tissus en gros, m. p. à Caen. — Malfilatre
(Th.). — Portier-Lemonnier. — Rabourdin (A.) et E. Dubray. — Romet (P.).
Serans ou peignes pour chanvre et lin. —
Laurençon.
Toiles (fab. et marchands de).— Bary jeune ✳
et Cie, tissage mécan. et à la main. — Bereau et Champeau, manuf. de toiles et filat.
d'étoupes. — Boissier-Riverain, fab. en t.
genres. — Cornilleau (L.) aîné et Cie, compagnie industrielle de la Sarthe, toiles de
ménage tiss. mécan. -- Courtois. — Deschamps (Lambert), tissage à Arnage. —
Dumoutier (G.). — Dunas fils. — Fourneau frères, toiles d'embal., sacs et bâches. — Lemarchand (Jules). — Letessier
père, d'emballage. — Marinier (Ch.). —
Morancé-Lenoir, fab. de toiles, sacs et
bâches. — Papin (H.), fab. de toiles et
sacs. — Poirier (Ve), fab. au Mans. —
Revelière (E.), fabr. de toiles à sacs.
Toiles en gros. — Chevreau-Gouet. — Leroy-
Diard. — Touchard et Morin.

Beaumont-s.-Sarthe.

Chanvres en gros. — Lemèle. — Levêque.
Draps et rouenn. — Aguilé. — Gautier-Cureau (Ve). — Hervé (Ve). — Leffray. —
Lemaître. — Courtois Madeleine. —Vaidie.
Toiles (fab.). — Beaury. — Belin. —Dorisse.
— Duloir (Ve). — Gremillon aîné, fab. et
commission, magasins à Alençon et Le
Mans. — Lepelletier. — Teissier.

Bonnetable.

Banquiers. — Dugrais-Desmazis. — Dugrais-
Ricordeau. — Gouault (R.).
Chanvres et fils. — Lecomte frères.
Draperie et rouennerie. — Aubry. — Beau-
frère. — Bruneau fils. — Fromentin. —
Garreau. — Huguerau. — Beaufrère, confection. — Lambert.
Nouveautés. — Aubry. — Fromentin.

Brell (le).

Fleurs artificielles (fab. de). — Benoist.
Peignes à tisser. — Lecomte.
Draps (march.).— Cohin. — Hiron.—Maillet.
— Vaquet.
Toiles (fabr. de).— Comptoir de l'industrie
linière. — Blin (Jules). — Drugeon (Ph.).
— Pichon. — Plais-Alexis. — Plais-Menard. — Vaucelle fils.

Champagné.

Chanvre (filature de). — Thoury jeune. —
Flais.— Leproust et Bullot, mais. au Mans.

Challes.

Draperie et nouveautés. — Plais.
Étoupes (filat. d').— Berreau, Champeau Cie.
Toiles (fabr. de). — Archenault.— Houdayer.
— Parmé.

Chartre-sur-le-Loir (La).

Cotons (filat. de).— Cheneau-Diot et Marquet.
Drapiers. — Boureau. — L'Eveillé. — Koncin
(Vve).
Mercerie et bonneterie en gros. — Diet (G.).

Château-du-Loir.

Banquiers. — Cullier-Olivier. — Trotin.
Blanchisserie de fil. — Royer.fils.
Draps et nouveautés.— Branchu. — Delarue.
— Gigou. — Leveillé (Ed.).— Soloman. —
Vétillard.
Mercier en gros.— Baudry jeune. —Duquesne.
Mechin-Baudrier.
Toile de chanvre et linges de table.—Branchu.
— Clapier et Chambe, maison à Clermont-
Ferrand. — Salze frères, mais. à Flers.

Ferté-Bernard (La).

Apprêteurs d'étoffes.—Le Prince.—Peignard.
Banquiers. — Bédouet (H.). — Godivier (Ve).
Corsets et jupons (fabr. de). — Barat (Aug.).
Draps et nouveautés. — Beaulin. — Bodier.
— Bouillon (Mlle). — Chemin. — Ciron.—
Hameau. — Liran. — Perchaux (Ph.). —
Popin. — Vallée.
Toiles (fabr. de). — Bary aîné et Cie.— Dean
et Sager. — Desnos. — Dieu fils. — Leproux. — Marchand. — Mottier. — Pottier
(T.). — Tessier.

Flèche (La).

Banquiers. — Massot, banque de la Sarthe.
Broderie or et argent — Rousset-Vincent
(Mme), pour ornements d'églises.
Chanvre et cordages. — Besnardeau. — Durand. — Fisson. — Georges. — Hermé.
Draperie. — Lair-Naulet. — Leroux-Richard.
— Levoiturier. — Loret. — Renard.— Renou. — Roux. — Simon-Barreau (Veuve).
Gants (fabr. de). — Houdemon, fabr. de gants
de chevreau, agneau et de Suède.
Nouveautés. — Barreau. — Lair-Naulet. —
Leroux-Richard. — Levoiturier. — Loret
frères. — Simon (Ve).
Rouennerie en gros.— Fournier et Corbin fils.

Fresnay-sur-Sarthe.

Banquiers. — Chaignon frères.
Draps. — Berger-Chaudron. — Bletteau. —
Coutelle-Peau. — Gervaiseau. — Geslin.
Toiles (fabr. de). — Billon fils. — Bletteau

aîné. — Choisnet père et fils.— Ermenault frères. — Gouin. — Launay. — Moitet (Eug.). — Moreau. — Quatecous-Blavette, magasin à Alençon. — Quatecous-Voisin, fabr. à Alençon. — Renard-Gayet père et fils. — Rousseau fils. — Verdier Henry.

Loué.

Banquier. — Durand.

Nouveautés. — Desnos. — Izoard (Mlle). — Leroux. — Leroy. — Péan. — Llardeux, maison à Sillé-le-Guillaume. — Peschard.— Ragot.

Toiles (fabr. de). — Beuger — Brossard. — Duval. — Lepeltier (D.). — Lepeltier (F.). — Lepeltier (J.). — Leroy. — Marcais. — Martin. — Mauboursin. — Pâtis. — Peschard. — Ragot. — Rancher. — Sergent. — Vallée. — Uzu.

Lude (Le)

Banquiers. — Gousson-Royer. — Papin (P.).

Blanc, châles et soieries en gros. — Donné-Bourreau.

Draps et nouveautés. — Bergeaux. — Donné. Girault fils. — Hardyau (Mlles). — Lechalard. — Testu. — Vétillard.

Nouveautés. — Beaufils. — Coutard (Mlle Aug.). — Hardyau (Mlles). — Lechalard-Firmin. — Taunay. — Vetillard jeune. — Vetillard-Gourdin.

Rouennerie et draps en gros. — Testu-Royer.

Mamers.

Banquiers. — Galmard. — Maillard (Fréd.).

Chanvre (filat. de). — Esmault (H.) et Cie.

Dentelles et rubans.—Aubert-Rivard.—Forusard. — Hameau. — Jouvin. — Radais.

Draps : Aubert. — Billard-Michel.—Hameau. Jouvin. — Lebec.

Fleurs artificielles (art. pour). — Crié (Ve).— Lallemant-Debons.

Laines filées. — Michel (E.) fils aîné.

Nouveautés et modes. — Aubert-Rivard. — Béguignon (Mme). — Billard-Michel. — Hameau. — Jouvin.

Toiles (fabr. de). — Aubry. — Buveux. — Constant-Bedier. — Gremillon-Gabriel. — Hervé-Larcher. — Maillard-Lesage. —Saillant.

Toiles (commiss. en). — Brebion (Ed.) et Cie, maison à Paris. — Rousseau.

Mayet.

Couvertures (fabr. de). —Bouttevin-Bouttevin. — Fournier-Bouttevin.

Draperie, bonneterie et nouveautés. — Bouttevin-Lelarge.—Cossonneau-Allard. — Cossonneau (Fr.). — Freulon. — Termeau-Drouin. — Termeau-Cordier.

Grosses étoffes (fabr. de). — Bignon.— Bouttevin (Alex.). — Bouttevin-Bouttevin. — Fournier-Bouttevin.

Laines (filat. de). — Bouttevin-Bouttevin. — Fournier-Bouttevin.

Montfort-sur-Huisne ou le Botrou.

Canevas (fabr. de). — Chevalier. — Hatton.

Draps et nouveautés. — Bonhommet. — Foucher. — Godard. — Gouyer. — Langlois. — Launay.

Toiles, flan. et filat. de coton. — Ferré. — Gager. — Guichard.

Toiles de lin et de chanvre (tissage de). — Comptoir de l'industrie linière, dépôt à Paris.

Montmirail.

Draps et nouveautés. — Biou (Fr.). — Biou (Th.). — Gasselin. — Germain. — Perchaux.

Gants (fabr. de). — Germain.

Parigné-l'Evêq.

Blanchisserie de fils. — Jouet fils.

Draperie et nouveautés. — Chereau. — Chartier. — Heulin. — Landereau.—Lebatteux.

Toiles (fabr. de). — Carreau. — Chalerie. — Chevalier et Rivière. — Gipteau frères. — Halton. — Jouet père et fils. — Lahoreau. — Lecomte aîné. — Mainette.

Pont-de-Gesnes.

Lingerie (fabr. de). — Oudineau frères.

Saint-Calais.

Banquiers. — Dugué père et fils.

Blanc, dentelles et mousseline. — Bessirard.

Chapeaux feutrés (fabr. de). — Breton-Blanchon. — Guibert. —Robin-Riet. — Nourry fils.

Corsets (fabr. de). — Dehaye (Mme). — Verrier (Mme).

Draps (fabr. de). — Béalu-Janvier.—Huger-Robin.

Draps, étoffes, nouveautés. — Beauchamp (Mlles). — Carpentier. — Haton-Pillet. — Héron (Mlle). — Rocher.

Fleuristes.— Demelle (Mme). — Duclos (Mlle Maria).

Laines (filat. de). — Biou frères.

Nouveautés. — Béalu-Martellière. — Beauchamp (Mlles). — Carpentier. — Haton-Pillet. — Héron (Mlles). — Rocher.

Serges (fabriques de). — Béalu-Janvier. — Joran. — Lenoir.

Siamoises (fabr. de). — Biou frères. — Morisseau.

Sablé.

Banquiers. — Michel Vielle et T. Plé.

Commissionn.-entrepos. — Allain.

Draps. — Hamel-Trouillard. — Marçais-Panchèvre. — Marchant. — Péan-Lelardeux, mais. à Sablé.

Gants (fabr. de). — Rétif-Dessaint.

Négociants. — Aveline, produits généraux du pays. — Brillet. — Chantelou-Germain, blanc, soieries, draperies. — Dagault-Deslandes. — Dumur. — Fourmond.— Lefebvre-Pageot. — Michel-Vielle et Th. Plé, banque et commission, mais. au Mans. — Rouzay et Fouque.

Nouveautés. — Anger (Mme). — Gasselin. — Hamel-Trouillard. — Jiquiau-Lemonnier. — Sevenat.

Sillé-le-Guillaume.

Banquiers. — Bouvier. — Chaignon frères.

Mercerie, draperie et nouveautés. — Benoit (A.), gros et détail. — Cheneau. — Gautier-Bunoust. — Hardouin-Benoist. — Le-marchand (E.). — Pein-Lelardeux, gros et détail.— Rallu-Langlois (Mme).— Renault-Rouzier.

Toiles (fabr. de).— Levayer. — Poirier (Vve) aîné.

Thorigné.

Toiles (fabr. de). — Mesangeau frères et Papillon.

Vibraye.

Draps, rouennerie. — Couturier-Luvet. — Foucher. — Gâcher. — Ranssillat.

Yvré-l'Evêque.

Chanvre et lin (filat. de). — Thoury jeune, Flais, Leproust et Bullot, mais. au Mans.

SAVOIE

CHAMBÉRY (chef-lieu).

Chambre de commerce.—Président : Duclos ; Secrétaire : Perreau. — Membres : Forest. —Martin.—Grange. — Bonjean. — Python (Victor). — Millioz (Jean). — Domenget. — Exertier (L.).—Tiollier.

Tribunal de commerce. — Président : Tiollier (S.). — Juges : Exertier (L.). — Ronzière (Ch.).—Perrot.—Suppl. : Dolin.—Duverney —Greffier : Favier.

Banque de France (succursale de la).—Directeur : Tivier.—Caissier : Berlie.

Consul général d'Italie : Chevalier de la Torre.

Banque : Caisse commerciale de Chambéry.— Directeur : Duclos (Eug.).

Banquiers. — Antonioz et Kunzmann. — Comte Christin de la Chavanne. — Longue frères.—Victor Python.

COMMERCE, INDUSTRIE.

Bonneterie (gros). — Bertallot (Laurant). — Challier (J. Jérôme).—Challier (J.-B.).

Chemisiers. — Cat fils. — Ferlay. — Girod et Cie.

Draps (fabr. de). — Chavassieux. — Perrier-Robert, à Cognin près Chambéry, et fabr. de couvertures de laine et coton.

Draperies en gros. — Exertier (L.) et Cie. — Martin (Ls).

Gants (fabr. de). — Jobard (Léon), fabr. de gants de peaux, système Jouvin.— Paradis. —Sorbon.—Trouillet.

Laines (effilochage de). — Cabaud frères négts.

Laines et cotons filés.—Exertier (L.) et Cie.

Mercerie et quincaillerie fine (en gros).—Bertallot (Laurent).—Challier (Jean-Jérôme) et Cie.—Challier (J.B.).

Nouveautés. — Amiel sœurs.—Blanc (J.). — Cavaillon (Joséphine).—Favier.—Guérin.— Guillet (G.). — Mathiez (Victor). — Pépin (Fois).—Tochon.

Rouennerie, draperie, nouveautés, soieries et toilerie (en gros). — Chenal (Lucien). — Exertier et Cie.—Reval (Fois) et Cie.

Tailleurs confectionneurs.—Ferrando.—Guichet.—Janin.—Montagnolle.

Toiles (négts en).—Cat fils. — Cat (Vve). — Nady (J.).

Aiguebelle.

Banquiers.—Contat.—Durbian.

Draps.—Contat. — Dupersy. — Hubert. — Moulin.

Nouveautés.— Catet.— Curtet.— Dupercy. — Girod (L.).—Huber.

Aix.

Banquiers.—Tocanier (Jules) et Cie.

Nouveautés.— Bonnet.— Domenget.— Rivollier (G.).

Albertville.

Banquiers. — Combaz et Rey. — Viard.

Draps (fabr.). — Sibillin.

Draps et rouennerie. — Corporon. — Favre (J.). — Favre (N.). — Gaillard (Jeanne). — Pachoud. — Raymond.— Sisebelle.

Bourg-St-Maurice.

Chanvres (mds de).— Martin (J.-J.).— Payot.

Draps (fabr.).— Arpin.— Griotteray.— (Marchands). — Anxionnaz (veuve).— Mingeon-Gasparde. — Reymond (J.).

Moutiers.

Banquier. — Gonthier (A.).

Draps. — Berard. — Bourdon. — Bonnevie (Alexandre).— Chardon.— Nicollet.

Pont-de-Beauvoisin.

Banquiers.— Perrier. — Pichat.

Nouveautés et rouennerie. — Bouvier (Ve). — Chanet (Ve).

Rochette (la).

Banquiers.— Liaudy et Constantin.

Dentelles. — Couturier. — Dunand.
Draps. — Liaudy. — Porte.
Soies (filat. de). — Rey (M.) et frères.

St-Genis-sur-Guier.

Gants (fabr. de). — Sirand, dépôt à Lyon.
Soies (tissage de). — Renaud.

St-Jean-de-Maurienne.

Banquiers. — Roche et Carloz.
Draps. — Gaille. — Grange. — Grisard. —
  Martin-Rosset. — Rambaud. — Raymond.
Nouveautés. — Bianchi. — Brunet. — Foray.
  — Grange. — Rambaud. — Raymond.

Soies (moulin.). — Victor Durieux aîné et Cie.

Ugine.

Chapeaux de paille (fabr.). — Ponnet (J.-P.).
Mercerie. — Ducrest frères. — Glairon. —
  Mondet (J.-J.). — Perrot (J.-B.).

Yenne.

Banquiers. — Belly et Dalmais. — Naussac.
Draps. — Balmonnet (Claude). — Berthier (M.).
  — Cozlin (M.).
Nouveautés. — Ambrois (Mlle). — Guerin (Ve).
  — Rive (Mlles).
Soieries filat. — Perce vaux (Joseph), négt.

SAVOIE (HAUTE)

ANNECY (chef-lieu).

Banque de France (succursale de la). — Di-
recteur : Levet ✲. O. ✲. — Caissier : des
Garets.
Banquiers. — De Rochette (E.) et Cie. —
Favre et Bousquet. — Périllat et Agnelet.
Comptoir général d'escompte d'Annecy. —
Bétrix père, fils et Cie.
Caisse d'escompte d'Annecy. — Directeur :
Fois Bachet.
Coton (filat. tissage et impression de tissus). —
Manuf. d'Annecy et Pont. — J. Laeuffer ✲,
directeur général à Annecy.
Draperie en gros. — Tarrut.
Draperie et nouveautés. — Champallier (Vve).
Déchosal (Félix). — Dupanloup-Nanche. —
Excoffier (Fois). — Fournier (H.) et Cie. —
Grivod et Hérisson. — Jacques-Philippe. —
Maniglier (Jh.). — Puget (J.-M.). — Tho-
masset.
Fleurs et modes. — Bublin soeurs. — Cottet
(Melle). — Depraz (Melle).
Mercerie-quincaillerie. — David-Chabanne, et
article de fantaisie. — Favre. — Fontanel
(Félix), (gros). — Fournier (Prosper). —
Frossard et Cie. — Machard (Félix) (gros). —
Machard (Aug.). — Ramboud (Mme). —
Riotton-Dalloz. — Vacher.
Mécaniciens. — Blanc. — Choquet. — Gran-
champ, dépôt de machines à coudre. —
Kieffer. — Morand.
Tailleurs-confectionneurs. — Barruquand. —
Bonnet. — Dagravel (J). Demengou. —
Salomon (Jh.).
Teinturerie de coton, manufact. d'Annecy et
Pont, direct. général. — Lœuffer ✲.

Alby.

Laines (filat.). — Daviet Jean).

Boëge.

Banque. — Curt-Comte aîné.
Draperie et nouveautés. — Curt-Comte aîné. —
Jolivet (C.). — Jolivet Goumand. — Mer-
cier aîné. — Merlin. — Saillot.

Nouveautés. — Comte aîné et Cie. — Curt. —
Jolivet. — Jolivet-Goumaud. — Jolivet et
Cie. — Mercier aîné. — Merlin.

Bonneville.

Banquier. — Fontaine.
Draps. — Delajoux. — Lavillat (Maurice). —
Ramel (E.).
Habillements confectionnés. — Bruero. —
Chenal. — Mossonnier. — Rouge.

Chamounix.

Banquier. — Brodhagh, mais. à Genève.
Draps. — Baud. — Devouassoux. — Mayet.
Nouveautés. — Mayet.

Cluses.

Banquiers. — Petitjean. — Tillière.
Draps. — Cural. — Pélissier. — Petit-Jean.
  — Pissard. — Pochat-Jacotet.

Cruseilles.

Nouveautés. — Pernoud. — Mollaz. — Tissot.

Evian.

Banquier. — Louis Chatillon.
Draps. — Blanc-Pelissier. — Bochaton-Gruz.
  — Chatillon-Delacroix. — Chatillon-De-
lajoux.
Habillements confect. — Christian. — Henry.

Faverges.

Banquiers. — Martin (Guillaume). — Neyret
(François).
Draperie et rouennerie. — Brachet. — Des-
vignes (Jean). — Parent-Cudraz. — Parent
soeurs. — Rose frères.
Tissus de soie (fab.). — Gourd, Croizat fils,
Dubost et Cie.

Frangy.

Nouveautés. — Dhélecy. — Fulpin. — Gaidon.
  — Guébez.

Rumilly-Albanais.

Banquiers. — Bojon et Petellat. — Ducret
frères.

Confections pour hommes. — Berthod (Clde). — Bouchardy-Petellat.

Draperie et nouveautés. — Abry (Vve). — Bachelard. — Bel cadet. — Bouchardy. — Chal. — Collonge (L.). — Chapuis. — Dépigny. — Ducret (Laurent). — Ducruet. — Gruffat (Mmes). — Mallinjoud.

Draps du pays (fab.).—Bouvier (J.).—Commoz-Collet. — Bruyère. — Dalex. — Deplante (Jérôme). — Gay (Jh.). — Gay (Marie). — Mailland (Ant.). — Morand. — Roupioz.— Verchère (Hubert). — Vuillermet.

Laines (filat.). — Collet (François). — Dalex. — Morand. — Vuillermet.

Laines (tissus de). — Filliard. — Rognard père. — Vittet.

Roche (la).

Nouveautés. — Bouvard. — Mieusset. — Nicollet. — Puthod.

Saint-Gervais-les-bains.

Draperies, nouveautés. — Perroud (L.).

St-Julien.

Banquier. — François.

Draps. — Collaye. — Provins. — Risse.

Sallanches.

Banquiers. — Descombes (Ulysse).

Draps. — Chesney (Aimé et Jacques) frères.

— Pissard (A.) et Jacques neveu. — Thovez (J. G.).

Samoens.

Draps. — Amoudruz. — Jacquier. — Mocand (Vve). — Simond.

Seyssel.

Banquier. — Lassalle.

Draps. — Martel. — Pernoud.

Taninges.

Banquier. — Merlinge.

Nouveautés. —Amoudru (les sœurs).—Darouf (Mme Vve). — Gros (Mme).

Thonon.

Banquiers. — Mégroz, Pinget et Cie.

Draps. — Cretallaz-Bourgeois. — Cuillery. — Donnet. — Frey (Th.). — Paget-Guillerme (Mad). — Vautravers.

Nouveautés. — Paget (Mad.). — Rieux. — Vautravers.

Passementerie. — Burdet (Mlles).

Thones.

Banquiers. — Ackermann. — Perillat et Agnellet, maison à Annecy.

Cotons (filat. et tiss.). — Agnellet frères.

Nouveautés. — Allard-Dépoisiers.

SEINE

PARIS　(capitale)

(Voir la première partie du volume).

SEINE-ET-MARNE

MELUN (chef-lieu).

Banquiers. — Courtois et Germain. — Delbard (A.) et Cie.— Vernhet.

Bonneterie. — Boutteville (en gros). — Duval (Ve). — Lenglier. — Parain.

Corsets (fabr. de). -- Boutteville aîné.

Mercerie. — Boutteville aîné (et gros) — Copeau. — Cutier-Baulant. — Duval. — Huot-Fontaine. — Mangeon. — Ouvré.

Nouveautés et tissus. — Bendell-Legrand. — Duval (F.). — Garnot-Gernet. — Gautheron-Ribière. — Girard. — Leclerc (Mlle). Mareille. — Payen (J.). — Poussard aîné.

Tailleur-confectionn. — Bernard. — Lob. — Payen.

Brie-Comte-Robert.

Draps et nouveaut. — Debeine fils. — Griboult (Mlle). — Percheron. — Pontillon. — Sailly-Sevestre.

Bray-s.-Seine.

Banquier. — Bothelin.

Draps et nouveautés. — Dagris. — Denisot. — Lepoivre. — Rigal. — Roblot. — Saraille.

Toiles (fab.). — Aveline-Sanglier.

Château-Landon.

Nouveaut. (march. de).— Brûlé-Delaporte. — Delaporte-Brûlé.—Druquet (Ve).— Vachon-Denizet.

Chelles.

Caoutchouc (fabr. de). — Huet et Cie, bretelles et jarretières, tissus élastiq., mais. à Paris.

Fleurs artificielles (fab.). — Brosset.

Mercerie et nouveautés. — Butelot aîné. — Butelot (Jules). — Cœllier. — Marié. — Pierron.

Passementerie. — Briquet et Perrier. — Finet.

Claye.

Escompte et recouvrements. — Lair.

Draps et toiles. — Gautrot. — Viellet.

Gants (fabr. et commiss.). — Pelletier.
Toiles peintes (fabr. de). — Japuis, Kasiner et Carteron. — Japuis (Hector), chemises et mouchoirs de couleur.

Coulommiers.

Banquiers. — Tulard.
Chanvres et filasse (en gros). — Delaplace.
Corsets et jupons. — Choiseau. — Wenballanberch (Mme).
Draps et nouveautés. — Bouchinet. — Bridault fils. — Madelain. — Marnois-Goudmant. — Pincon.
Laines (commission. en). — Ferry. — Secondé.
Mercerie, gros et détail. — Gripon. — Pinçon.

Dammartin.

Blondes de soie, dentelles, fabrique de Chantilly. — Blanchet (E.), m. à Paris, à Caen et au Puy.
Merciers-drapiers. — Brodrecht. — Chartier. — Duvivier. — Francart.

Ferté-Gaucher.

Bonnet. — Lescuyer. — Prieur fils, en gros.
Draps, rouennerie. — Cendrier, en gros. — Michelon. — Perrot. — Poupart. — Protat. — Thuillier.
Laines (commiss.). — Leroy.
Mercer. et bonnet. — Blaise. — Bruneau. — Cendrier, en gros. — Lescuyer.

Ferté-sous-Jouarre (la).

Banquier. — Lelièvre, b. et recouvr.
Chanvres, cordes (fab. de). — Ancelin. — Bordat. — Debuissert.
Draps et nouveautés. — Duclozet (P.). — Jacqquet-Montmartre. — Maninc et Benoist. — Riverand.
Mercerie en gros. — Legait.

Fontainebleau.

Banque. — Société générale, société anonyme siège à Paris, agence de Fontainebleau, directeur : Naraux.
Banquier. — Bordereau.
Nouveautés et rouenn. — Adam-Salomon. — Braquet-Prud'homme. — Couderc. — Ducloux (Ve). — Lang. — Piou (Ve). Serrier. — Sortais (A.), spéc. de blanc de fil et de blanc de coton.
Produits chimiques (fabr. de). — Delaunay (H.) et Merville, articles de blanchim. et acides divers.

Lagny-sur-Marne.

Bretelles (fabr. de). — Phily et Finet.
Nouv. — Auboin. — Boulanger. — Gonthier. — Juhel. — Puiseux. — Soutif. Théry (Mme).

Meaux.

Banquiers. — Dumont. — Lemoine (Ch.).
Bleu pour linge (fab. de). — Dutfoy père.
Draps et nouveautés. — Grignon et Cie. — Hernandez. — Lafaux. — Minouflet. —

Prud'homme. — Séné (Vor).
Laines. — Bonnet-Chevance. — Lanos.
Merciers en gros. — Carré-Lebroc. — Dectry. — Descaves. — Lebroc. — Merciolle.
Tailleurs (march.). — Angot. — Auzoux, confectionneur. — Foucault. — Henault. — Merle. Nenigc Piette. — Thibault.

Mormant.

Draps, toiles et nouveautés. — Couturier. — Huot. — Lecoq. — Mathieu. — Naudin (Ve).

Montereau.

Banque. — Société générale. — Société anonyme. — Siége à Paris, annexe de l'agence de Fontainebleau, Grande-Rue, 40.
Banquiers. — Mollet.
Bas (fab. de). — Gabriel. — Reverdot.
Draps, rouen. — Bouquet. — Bourgoin. — Dordron (Mlle). — Gabriel fils. — Hubert. — Pierrotet. — Porcher.

Nangis.

Banque et recouv. — Sommé et fils.
Draps et nouveautés. — Berthier. — Coinon. — Dromnelle. — Dumont. — Leclerc.
Mercerie en gros. — Thiriet, spécialité de fournit. pour tailleurs.

Nemours.

Banquier. — Thuillant (G.).
Bonneterie en gros. — Deflou-Montault. — Valentin.
Corsets cousus. — Grelault.
Draps et nouv. — Chouvin-Leroy. — Mainferme (Vve). — Montault ainé. — (Vve A.) et B. Copreaux. — Porcabœuf. — Renault et Jorré.
Mercerie en gros — Archenault. — Dumont.
Rouennerie, draperie et nouveautés. — Montault ainé. — (Vve A.) et B. Copreaux.

Provins.

Banquiers. — Debray. — Vuaroqueau.
Bonnet (fab.). — Barbier. — Boissaubert. — Bongrain. — Dumesnil. — Guillemot jeune. — Laudier. — Marion fils.
Draps. — Bertrand. — Chabrut. — Goué. — Goury. — Mannieux. — Pichard. — Poulain.

Rozoy-en-Brie.

Banquier. — Picat.
Chapeaux (fabr.). — Evrard et Dufour, et couperie de poils ; maison à Paris.
Draps. — Bourgeois. — Cornet Prud'homme.
Nouveautés et confection. — Gilbert (Henri).

Touquin.

Banquier. — Thomas.
Dentelles, draps, lingerie, mercerie, modes, nouveaut., rouenn. et toiles. — Benoist.

Tournan.

Banquiers. — Graillet et à Paris.
Draps et nouveautés. — Courtin-Decante. — Leterme et Thieucelin. — Martin (Vve).

SEINE-ET-OISE

VERSAILLES (chef-lieu).

Tribunal de commerce. — Président : Piat. — Juges : Barrué-Perrault. — Noguet. — Coudret. — Bougleux. — Suppléants : Camus. — Soudant. — Mousseaux. — Collas. — Greff : Haussmann. — Agréés : Frégeac. Auger. — Baligand. — Housay (A).

COMMERCE, INDUSTRIE.

Banque. — Société générale, siége social à Paris ; agence de Versailles, directeur: de Lamare.

Banquiers. — Comptoir de Versailles : Mousseaux et Cie. — Noël (C.) escomptes et ventes. — Quignon. — Roubinet.

Bonneterie. — Bonvoisin. — Bosquet. — Bourey. — Castel. — Chaillant. — Fabre (L.). — François. — Gautier (A.). — Kremer, fab. et march. de bas. — Lamarre. — Langlois. — Lebeau-Creuse. — Lecoq (J.). — Ollivier. Poitou. — Rousseau. — Yvé.

Chasubliers. — Mehédin. — Scapre. — Séné, vêtements ecclésiastiques.

Chaussons (fab.). — Jeoffroy.

Corsets (fabr.). — Dagneau (Mme). — Daulé (Mlles). — Lhomme-Dieu. — Menet (Mlle). — Michalet (Mme). — Perrin. — Poirier. — Rimbaud (Mme).

Dentelles. — Robin Carré (Mme).

Deuil (magasin de). — Beaufils. — Cendrier (A.).

Draps. — Alliot-Saintin. — Avard-Dolimier. Ansault-Bertault. — Blondinat (Mlle). — Bourgeois. — Briet (Paul). — Camelot (F.). — Estève. — Hervey-Poron. — Dardan. — Petitpas. — Tinturier. — Yung.

Gants (fabr.). — Hervé. — Laurent.

Habillements confect. — Flatrès. — Fischer. — Lafond et Sabatier. — Pigeon. — Yung.

Nouveautés. — Alliot-Saintin. — Avard-Dolimier. — Barbier. — Bourgeois (C.). — Breton (Mlle C.). — Brian. — Deschiens. — Desnier et Cie. — Doit. — Dubois. — Goguier. — Hervey-Poron. — Heyd. — Hildenbrand. — Leclaire. — Magnier-Lambinet. — Maucler (E.). — Tinturier. — Roger (Vve). — Valette. — Vinturier.

Ornements d'église. — Halet (Vve). — Scapre.

Passementerie (fabr. de). — Poitou. — Vergne.

Soieries et nouveautés, châles. — Alliot-Saintin. — Bourgeois (C.). — Doit. — Garnier. — Giraud. — Leclerc. — Goguier (Adolphe).

Toiles et nouveautés. — Barbier frères. — Bourgeois (C.). — Brazard-Peschard. — Doit. — Dubois. — Dumesnil. — Gean. — Goguet. — Hervey-Poron. — Heyd. — Marcel-Jaubert. — Pernot (Eug.). — Tinturier. — Vilain.

Angerville.

Dentelles. — Christophe (Mme). — Cintrat (Mme). — Vauzelle (Mme).

Draps. — Barrelier. — Séjourné.

Nouveautés. — Barrelier. — Cintrat (Veuve). — Rougholle. — Séjourné. — Vauzelle.

Argenteuil.

Banquiers. — Depoint. — Serret. — Dumoutier. — Marié.

Escompteur. — Delacroix.

Draps et toiles. — Blin. — Lesieur. — Landrin. — Renard-Collas.

Nouveautés. — Blin. — Landrin. — Lecomte. — Lesieur. — Rapsome. — Renard.

Arpajon.

Draps, toileries et nouveautés. — Brunswick. — Chanteroux. — Dubois. — Masseau.

Asnières-sur-Oise.

Caoutchoux (fabr. de). — Cullaz (J.), vêtements et tissus imperméables, maison à Paris.

Beaumont-sur-Oise.

Draperie. — Berthier. — Boulanger. — Corbay. — Godin. — Jourdain. — Pecqueur.

Passementerie (fabr. de). — Dournot (E.) et Vigne, mais. à Paris. — Neveu (E.) et E. Guichard, mais. à Paris. — Riverin (Ch.), maison à Paris.

Belloy.

Passementerie (fabr. de). — Desjardins (veuve Ch.). — Milne (Alph.), mais. à Paris.

Bierville.

Laines (filat. de). — Cauchois.

Bonneuil.

Mécanicien. — Vallon-Jolly, pour filatures, fabr. peignes, maison à Paris.

Blèvres.

Passementerie (fabr. de). — Vergne (A.).

Breuil.

Cotons (retorderie de). — Blot, usine.

Chatou.

Bonneterie orientale, façon de Tunis (fabr. de). — Trory-Latouche frères, chapellerie, impression et foulage, maison à Paris.

Mercerie et nouveautés. — Bergue (Mme). — Devalley. — Desvelloné. — Langlois. — Reine (Mme).

Chevreuse.

Banquier. — Loursel.

Nouveautés. — Boudier. — Chartier. — Fildier. — Fossé fils. — Prudhomme (Hte). — Simon (Ve).

Corbeil.

Banques. — Comptoir commercial. Administrateurs : Bourgeois frères, siége à Paris.
Draps, mercerie, toiles. — Baudrier. — Dignes. — Loisel. — Masseau. — Molena. — Jassénne fils. — Miché et Vigneron. — Petit fils.
Lin (filat. de). — Feray et Cie, mais. à Paris.
Nouveautés. — Baudrier. — Dignes. — Jassenne fils. — Lefevre. — Loisel.

Dammartin.

Chanvre brut en gros. — Debras.
Draperie, rouennerie. — Jonot. — Tocqueville.
Soie végétale (fabr. de). — Dugué. — Lemaire et ses fils, dépôt à Paris.

Dourdan.

Draps, bonneterie, rouennerie et nouveautés. — Boudou aîné. — Coret-Trochu. — Hattier. — Hermant.

Essonnes.

Cotons (filat. à Chantemerle). — Feray et Cie, coton et lin, tis. de calicot, mais. à Paris.
Foulon et filature. — Guyon (Ed.), couverture et tapis, mais. à Paris.
Teinturier. — Bousquet (Vᵉ A.), finettes et doublures, dépôt à Paris.

Étampes.

Banque et recouvrements. — Chaudé et Cie.
Bonn. en laine draps (fabr. de). — Boyard (Vᵉ) et Brinon. — Dujoncquoy (Aug.). — Nicolas-Ruzé.
Bonneterie en laine et coton. — Bertrand-Vassort. — Charpentier. — Clichy (Arthur). — Deplihez-Fromant. — Georget. — Guillermain. — Riquois-Caillon.
Corsets. — Baudouin (E.). — Duverger (Mme). — Gibaudan (Mme). — Mazier (Mlle).
Draps. — Baudouin fils. — Bellon. — Bouillet aîné. — Collin fils. — Gagneux. — Brossard. — Guérin-Géroit. — Maurize. — Roger (E.).
Nouveautés. — Baudouin. — Bellon. — Bouillet aîné. — Collin. — Maurize. — Roger.

Ferté-Alais (La).

Bonneterie drapée de laine (fabr. de). — Guilleminot.
Draperie et rouennerie. — Auger. — Bazin. — Ciré (Rémy). — Ciré (Théophile). — Lesage-Baudoin.
Soie (filat. de). — Langevin ✲ et Cie, chez M. A. Silvestre et Cie.

Gif.

Effilocheur de laines. — Magnin aîné, au hameau de Courcelles, exportation.

Gonesse.

Boutons (fabr.). — Hiard.

Guillerval.

Laine cardée (filat. et teint. de). — Gibier-Gaillard.

Guisseray.

Lin (filat. de). — Bisson et Guilbert, maison à Paris.

Houdan.

Nouveautés. — Chiquet. — Drieux. — Gautier-Hirault. — Lefevre. — Pitol.

Itteville.

Filature de bourre de soie et fantaisie. — Langevin ✲ et Cie, maison à Paris.

Lardy.

Cotons et lacets (fab.). — Michelez fils aîné, maison de vente à Paris.

Limetz.

Cotons (filat. de). — Leprince et Perrier.

Longjumeau.

Draps et nouveautés. — Angoulevant. — Espirat. — Faivre. — Loisel. — Paillet.
Nouv. — Espirat, art. de literie. — Loisel. — Paillet, art. de literie.

Luzarches.

Boutons de soie (fab. de). — Chabbé. — Chauvel.
Draperie et nouveautés. — Barbeaux. — Guillot. — Poisson.

Magny-en-Vexin.

Banquiers. — Louis Vallat et Cᵉⁱ.
Cotons (filat.). — Bouez-Duros.
Draps et nouveautés. — Barré-Foubert. — Blondel. — Boivin. — Constant. — Foubert. — Hamot.

Mantes.

Banquiers. — Renaud. — Seray et fils et Dufour, mais. à Paris. — Vallat (Louis) Cie.
Draps, toiles. — Cadiou. — Fourneau aîné. — Legros. — Pingot. — Williaume sœurs.
Merc. gros. — Jullienne. — Souty (Auguste).
Nouveautés. — Fourneau. — Jullienne. — Oger (Mme), success. de Mme Vazou. — Pingot fils. — Vuillaume (Mlles).
Toiles, coutils, rouennerie et articles de la Ferté-Macé en gros. — Cadion. — Legros-Testard (F.).

Marines.

Draps, rouenn. — Guillot fils. — Ledanseur. — Testard-Lanbertin. — Vasseur (C.). — (Bazar-Ste-Barbe), draperies, dentelles, soieries. — Vasseur-Lavergne. — Vinot.

Marly-la-ville.

Tourneurs en bobines à dévider. — Dupré (L. L.). — Froy (Denis). — Froy (Vve Désiré). — Froy (Etienne). — Froy (Honoré). Froy-Piat. — Leduc fils.

Milly.

Banque. — Chambon. — Poret.
Bonnet. (fab.) — Thiercelin.
Nouveautés, rouennerie. — Delarue. — Dupusray. — Dupré. — Godard (J.). — Jasey.

Méréville.

Couvre-lits en laine et courte-pointes piquées et ouatées (fab. de). — Villard (Hte), à Méréville et à Paris.
Dentelles. — Lenoir-Peschard.
Draperie et rouennerie. — Boutaud-Dupond. — Langlois. — Langlois (Vor). — Godouville. — Lomonier. — Roulleau.

Meulan.

Bonneterie de cotons (fab.). — Letort fils. — Masson-Pimor.
Cardes (fab.). — Metcalfe (W.).
Draps et nouveautés. — Blot. — Landrin. — Moulin. — Roussel.
Rouennerie, draps, mercerie, bonneterie en gros. — Drouet. — Letort père.

Montmorency.

Draps, nouv. — Cherest (F.). — Duval. — Gourdin. — Hermagie,
Mercerie et nouveautés. — Cherest-Hermagie. — Duval. — Gourdin (Hte). — Marcillet (Mme). — Rode.

Noisy-sur-Oise.

Boutons de nacre (fab.). — Beldon, dépôt à Paris, chez M. Devaux.

Ormoy

Laines (filat.). — Bertrand (A.) et Cie, manuf. de castor et étoffes élast. pour vêtements ; mais. à Paris.

Persan.

Caoutchouc (applications générales du). — The India-Rubber. — Gutta-Percha and Telegraphe Works Ce (limited). — Administration générale, 3 Bishopsgate street Within, Londres. — Usines : Silvertonwn (Angleterre) ; et Persan : dépôt général à Paris.
Soie (fab. de). — Chardin (E.), mais. à Paris.
Tréfilerie d'or et d'argent. — Tarpin père et fils, à Paris, r. Montmorency, 13, et à Lyon, r. Lafont, 8.

Poissy.

Banquier. — Poitout.
Habillements confectionnés. — Pierre dit Thomas.

Nouveautés.

Nouveautés. — Lambert. — Loreil Roussel.
Produits chimiques (fab. de). — Coupier, benzine, aniline, matières colorantes, dépôt à Paris.
Rouennerie et bonneterie. — Lauvray. — Rose frères. — Rousset.

Pont-D'hennecourt.

Cotons (filat. de). — Bouez (Léopold).

Pontoise.

Banquiers. — Caye fils. — Marlé et Cie. — Séré-Depoin. — Dumoutier et Marié.
Nouveautés (magasins de). — Baudin.—Cambour. — Delacour. — Chrétin. — Desforges (A.). — Dubois. — Labry. — Feron-Buquet.— Foiret. — Gilles. —Lottin (P.). — Poulain.

Port-Marly.

Impressions sur étoffes. — Steiner et Schœn, route de Versailles.

Pussay.

Bonneterie drapée de laine (fab.). — Boyard (Vve) et fils. — Brinon.— Buret (Auguste). — Buret-Denizet et Langlois-Narcille. — Buret (Louis), spécialite de chaussons au métier. —Dujoncquoy (A.) et fils, méd. — Gry-Forteau (Mme) et fils. — Huteau (A.). — Lejeune (Louis). — Lejeune-Buffetault. — Lemaire-Boulé. —Lubin frères, en tous genres. — Peltier-Vassor.

Rambouillet.

Banquier. — Richard.
Draperie et mercerie. — Rogemont.
Laines. — Daurier, troupeau de mérinos.
Mercerie, parfumerie et nouveautés.—Barbet. — Gouin. —Julien. —Méhudin.—Pauvert. — Sariau.

Rueil.

Bonneterie orientale (fab,). — Trotry-Latoûche, chapellerie, impres. et foulage , mais. à Paris.
Nouveautés. — Leriche. — Nicolas (Vve). — Perréal (F.). — Vincent (R.).

St-Cloud.

Nouveautés, mercerie et rouennerie.—Bayeux-Soinoury. — Charvier-Cousin. — Coquelin. — Hauducœur-Mouchotte. — Hiver. — Mouchotte.

Saint-Germain.

Banquiers. — Coquerel aîné, Julien et Prétavoine.
Bonneterie (fabr. de). — Egret, filat., tissu en tricot castor, dépôt à Paris chez Coutant. — Dubuy, Maréchaux et Cie.
Bonneterie en gros et en détail. — Bavent. — Benoist. — Borde. —Demaurey.—Juteau. — Sainbault (Vve). — Terroy (A. R.).
Chemises en gros. — Juteau. — Terroy (A. R.).

Cotons (filat., retorderie, blanchisserie et teint. de). — Laumaillier père, fils. mais. à Paris.

Laines cardées (filat. de). — Egret.

Nouv. — Borde, soieries et art. p. modes. — Briois. — Carel aîné. — Charvet aîné. — Georges (A.). —Lefeuvre (H.).—Sautereau. — Poulain aîné. —Poulain-Maslon (Mme). — Villain et Cie.

Passementerie (fab. de). — Jacob.

Rouennerie, draps, toiles. — Carel aîné. — Charvet aîné. — Claude. — Lainiez. —Lefeuvre (H.). — Poulain aîné. — Poulain-Maslon (Mme). — Sautereau et Cie. — Vilain et Cie.

Rubans. — Borde (D.). — Rouyer.

Vêtements confect. — Cahen. — Freytet.

Saclas.

Draps, rouenn., merceries et nouveautés. — Douté. — Huchot.

Laines (filat.). — Gaillard. — Vuillaume.

Septeuil.

Draps et nouveautés. — Arteil.— Lebeau.

Sèvres.

Draperie, rouennerie, mercerie. — Gandon. — Géroit.— Valade.

Imprimeur sur étoffes.— Mauerfelder.

Nouveautés, mercerie, rouennerie.—Fournery. — Gandon. — Geroit (A.). — Hochedé. — Thion.— Valade (Mad.).

Viames.

Draperie, rouennerie et nouveautés.— Cuquemelle. — Hû (Ambr.).— Jullien.— Nantel.

Dentelles (fab. de). — Santerre (Edouard).

Villabé.

Laines (filat.). — Bertrandt, fab. de draps.

Villebrun.

Bonneterie drapée (fab. de). — Dujoncquoy (A.) et fils.

Villepreux.

Filat. de cachemires. — Loiseau (Eug.).

Villiers-le-Bel.

Moules et baudruches pour batteurs d'or (fab.). — Selle jeune.

Nouveautés et draps.— Chaveton-Goujon.

Yerbes.

Laines (peignage et filat.). — Blazy frères.

SEINE-INFÉRIEURE

ROUEN (chef-lieu).

Chambre de commerce. — Président : Le Mire (A.), O ✻. — Vice-président : Rolet ✻. — Secrét.: Cordier ✻. — Membres : Barbet (Henri), G. O. ✻. — Levavasseur (James) ✻.— Esclavy.— Delafosse aîné✻. — Bazille aîné, O. ✻. — Pouyer-Quertier fils ✻. — Bertel ✻. — Depeaux (F.). — Hazard. — Du Boullay. — Archiviste : Ed. Frère.

Tribunal de commerce. — Président : Thiellaye du Boullay. — Jug.: Duboscq (Jules). — Courbot (Henry).— Le Brument (Aug.). — Alleaume (Eug.). — Duboscq (Olivier). — Risler (Adolphe). — Rousselin (J.). — Manchon (Albert).—Juges suppl. : Leloup-Ruel. — Malatiré (Léon). — Denoyers. — Chesneau-Richard. — Greffier : Faucon.

Agréés : Traullé. — Houssaye. — Fauconnet. — Viénoiz. — Frene.— Auger. — Prier.— Cosne.— Morin. — Valin.

Conseil de prud'hommes. — Présid.: Gallet (Napoléon) aîné ✻. — Vice-président : Vadecard. — Secrétaire : Sacquenville.

Banque de France (succursale de la), r. de l'Hôtel--de-Ville, 32. — Directeur : Lamó-Condé. — Caissier : Dubois.

Consulats.

Autriche. — Pimont (Prosper), agent consulaire, r. Impériale, 57.

Belgique. — Matenas (Edouard), consul, boulevard Cauchoise, 5 ; vice-consul, A. du Boullay, b. Cauchoise, 5.

Brésil.— Niel. vice-consul, r. Herbière, 28.

Costa-Rica. — Consul : Thillaye du Boullay, boul. Cauchoise, 5.

Danemark. — Delafosse, vice-consul, r. Fontenelle, 26.

Espagne. — F. Vauquelin, vice-consul, r. Charettes, 137.

Etats-Unis d'Amérique. — Guébert (L.), vice-consul, r. Crosne, 28.

Grande-Bretagne. — H.-F. Herring, r. Stanislas-Cirardin, 17.

Hambourg. — Levavasseur (J.), consul, boul. Cauchoise, 85.

Iles Sandwich. — Démy, r. de Fontenelle.

Italie. — Lafond ✻, consul. — Vice-consul : Goulé (Ls).

Mexique. — Vice-consul : Boivin-Jenty (Ad.), r. Lecat, 4.

Pays-Bas.— Lucien Ferry, vice-consul, boul. Cauchoise, 21 bis.

Perse. — Louis Delamarre - Deboutteville, Hôtel-de-Ville, 79.

Portugal. — Noury (A.) ✻, consul, place des Carmes, 31.

Prusse. — Hartmann, consul, r. de Le Nôtre.

Russie. — Vice-consul : Etienne (Alfred), r. Nationale, 39 bis.

Suède et Norwége. — Herlofsen (R.), vice-consul, r. Lecat, 37.
Turquie. — Tavernier, consul, r. de l'Impératrice, 13.
Villes libres. — Levavasseur (J.), consul, boulevard Cauchoise, 85.

COMMERCE, INDUSTRIE.

Apprêteurs et plieurs d'étoffes.

Aubert, Pillet et Cie, r. d'Alger, 8.
Canu (S.), r. et enclave St-Amand, 5.
Callet (Napoléon) ✻ et Cie, avenue Montriboudet, 98.
Hardouin fils, r. Ste-Croix-des-Pelletiers, 67.
Hédouin-Dautresme, r. Bonnetiers, 57.
Houdard jeune, r. Duguay-Trouin, 12.
Houdard (Gve), r. Amboise, 23.
Lefebvre (Ernest), r. Préfontaine, 56.
Mare aîné et Lemazurier, quai du Mont-Riboudet, 56.
Tronel (Eug.), r. St-Eloi 32.
Vermont Loiseil, r. Malpalu, 110.

Banquiers.

Boursier, place de la Halle, 5.
David, Letellier et Cie, r. Damiette, 42.
Debray et Cie, r. aux Ours, 80.
Delandre, Fortier et Haegens, r. aux Ours.
Ernoult-Jottral fils, r. de Crosne, 30.
Huguet (E.), r. Impératrice, 82 (success.).
Julienne (Octave), r. aux Ours, 82.
Lachaussée (J.) et Cie, r. Impératrice, 48.
Les Fils de Ls Delarue, r. Jacques-le-Lieur.
Luchinaci (Mich.) ✻ et Cie, r. Crosne, 26, caisse d'escompte de Rouen.
Niel (P.-C.) fils, r. Herbière, 28, et r. Vicomté, 79.
Pécuchet, Laîné et Cie, r. de l'Impératrice.
Pichard (A.) aîné, pl. Gaillardbois, 8.
Tavernier (A.) et Cie. — Union commerciale, rue de l'Impératrice, 13. (Ch. Mallard, associé co-gérant).
Comptoir de Warrants. — A. Baudry et Cie, avances sur titres, etc., rue de l'Impératrice, 5.
Société générale. — Société anonyme, siége social à Paris. — Agence de Rouen, r. Impériale, 76. — Directeur : Barluet.

Blanc et nouveautés.

Lamare (Alfred), blanc et nouveautés, gros et detail, rue des Bonnetiers, 43.

Blanchisseries de cotons.

Chevallet et Cie, dépôt, r. Duguay-Trouin, 4 B.
Dubreuil (E.), r. de l'Hôtel-de-Ville, 50.
Mare aîné et Lemazurier, blanchiment et apprêts de calicots et cotons, dépôt, quai Montriboudet, 56.
Pepin (Ve) et fils, r. des Petites-Eaux, 25.

Bois de teinture.

Bourcy (U.) et E. Frigot, produits chimiques, trituration de bois, commission et transit, rue Moiteuse, 5.

Bonneterie (fabricants de).

Bouillon, r. des Eaux, 57.
Deschamps, r. de l'Eau-de-Robec, 169.
Jouet (A.) et Ve Boulet, tricots, fantaisie, laines p. tricots et crochets, export. r. de la Prison, 32.
Maréchal-Vaussier, fabr. spéciale de bas à côtes du Santerre, r. aux Ours, 76.

Bonneterie en gros.

Antheaume et J. Durieu, r. du Bac, 69.
Bocquet (E.), r. aux Ours, 46.
Catois jeune, r. aux Ours, 34.
Deshayes, r. Chasse-Marée, 6.
Glace frères, r. aux Ours, 9.
Hertel (R.), r. Grosse-Horloge, 55.
Maréchal-Vausier, fabr. de bas à côtes de Santerre, r. aux Ours, 76.
Rault et Cie, r. Carmes, 26.
Vautier (E.), r. Grosse-Horloge, 34.
Voisin et Belliard, r. Cauchoise, 25.

Bretelles (fabricants de).

Fromage (Lucien) et Cie, manuf. de tiss. caoutchouc p. bretelles, ceintures, etc., fabr. à Darnétal, comptoir et magasins à Rouen, r. Saint-Nicolas, 75, maison à Paris.
Rivière et Cie, r. Grammont, 29, mais. à Paris.

Calicots (dépôts).

Audelin aîné, r. Lieu-de-Santé, 3.
Avice (A.) et fils, r. Charrettes, 182.
Bertrand, calicots écrus et blancs, mouchoirs et meubles, export., boul. Cauchoise, 22.
Bocquet (Th.), r. Crosne, 24.
Boissaye (A.) ✻ et Cie, filés, calicots et toiles de coton, r. de Fontenelle, 36, maisons à Paris, à Mulhouse et à Manchester.
Chanu (L.) et fils, écrus et blanc, toiles de coton, r. Crosne, 27, maison à Manchester.
Chevallet et Cie, dépôt de la blanchisserie de Gisors, r. Duguay-Trouin, 4 B.
Depeaux frères, boul. Cauchoise, 25.
Etienne jeune, r. de Fontenelle, 4.
Farout et Cie, r. Crosne, 8.
Guébert (L.), r. Crosne, 28.
Guéroult (J.), r. Stanislas-Girardin, 23.
Harel (Isidore), r. Crosne, 10.
Haussmann, Caron et Cie, boulevard Cauchoise, 6 B.
Heuzey (Eugène) ✻, calicots et velours de coton, r. Crosne, 43.
Kœchlin (Georges) et Laîné Condé fils, r. Buffon, 33.
Mallet (Louis) et Cie, r. de Buffon, 23.
Petit (H.) et Ferrand, r. Crosne, 11.
Roy (Gve) et Cie ✻, r. Crosne, 18.
Schoessler (Ch.) fils, r. Lieu-de-Santé, 30.
Thouroude, et toile, r. Crosne, 47.

Waddington ✳ frères et fils, r. d'Amboise, 19.

Calicots (fabr., tissage méc.).

Adam, boul. Chauchoise, 6 B.

Burel (Armand). r. d'Elbeuf, 111, dépôt, boul. Cauchoise, 6 bis.

Camentron (Vve et Aubé), spécialité de cretonnes fortes, r. d'Elbeuf, 80.

Debu fils ainé, à Blosseville-Bon-Secours, rue Eauplet, 59, pour impression blanc et p. parapluies; tissus de laine écrus, export.

De Loys (F.), p. l'export., route de Caen, 35.

Dubosc frères, route de Caen, 13.

Fauquet-Lemaître ✳, quai du Havre, 10, fab. à Bolbec.

Fauquet et Vannier, boul. Cauchoise, 49.

Harel (J. N.). r. Elbeuf, 68.

Harel (Jules), r. Gramont, 28.

Hérisson (L.) fils, r. Tous-Vents, 11.

Lainé (Ch.), r. Lézurier de la Martel, 8.

Lefebvre (S.), r. Elbeuf, 42.

Lemarchand jeune, cretonnes, longottes et croisées, r. des Charrettes, 173.

Levavasseur (Jacques), pl. Martinville, 4, tissage mécanique, dépôt.

Manchon (A.) et Cie, r. Crosne, 68.

Quesnel (H.), r. St-Gervais, 58 et 60.

Quesney (Jules), r. St-Vivien, 56.

Waddington ✳ frères et fils, r. d'Amboise, 19.

Caoutchouc.

Duhomme (V.) et Cie, caoutchouc et gutta-percha, r. Cauchoise, 51.

Cardes (fab. de).

Châtel frères, mécaniciens, fournit. de tous les articles p. filat. de laines et cotons et tissage, r. des Arpents, 82.

Crignon père, spéc. pour cotons et laines peignées, r. St-Julien, 31.

Fortin (L.), machines perfectionnées, p. laine, soie, coton, lin, r. du Pré, 24 et 30.

Fumière (Victor) et Gadeau, r. Dupont, 9.

Lemée (Frédéric), fils, spécialité de rubans en fil de fer p. laines et à pointes d'aiguilles p. lin, étoupes et bourres diverses, r. Dupont, 4 et 6.

Lequeu et Talon fils, r. des Emmurées, 3.

Letiche (A.) fils, r. d'Ambroise-Fleury, 17.

Michel (Ch.), r. Dupont, 3.

Miroude ✳ (A. et L.), r. Lemire, 18, en tous genres p. lin, étoupes, soie, cachemire. laines et cotons.

Pelletier fils, r. Pavée, 14.

Chanvre.

Prantout-Gimer, r. St-Etienne des Tonneliers, 20.

Privey fils, r. Potard, 11.

Saint-Requier (Vve), r. Jacques-le-Lieur, 13.

Chapeaux de paille (fab. de).

Flamand (J. H.), r. Saint-Nicolas, 62.

Chasubliers.

Aubin (Mlle), pl. de l'Hôtel-de-Ville, 23.

Chevalier, r. St-Romain, 22.

Chopin'Chalmé, pl. de la Cathédrale, 10.

Chaussons de tresses (fab.)

Audion frères, r. aux Ours, 18.

Bessin, r. St-Romain, 54.

Boquier-Frenebard (Vve), r. Haute-Vieille-Tour, 21-23.

Bouderc, r. du Bac, 52.

David et Cie, r. aux Ours, 14.

Ducrot, r. Boucherie-St-Ouen, 15.

Guilbert, r. Ste-Croix-des-Pelletiers, 52.

Roger (A.) fils, r. Etoupée, 45.

Chemises (fabr. de).

Gaillard (Mlle), r. St-Maur, 13.

Goret (L.), r. des Charrettes, 3.

Louvet fils, r. de l'Impératrice, 62.

Maré (A.) et Cie, r. St-André, 32.

Motte (E.), r. Rampe-Beauvoisine, 20.

Petit (E.), boul. Jeanne-d'Arc, 6.

Rebulet (Ernest), r. Ganterie, 64.

Colle-forte (fab. de).

Bocquet (Henri) et Cie, r. d'Elbeuf.

Grenet ✳ (F. Müller, success.), r. du Renard, 42, pour l'apprêt des étoffes, chapeaux de paille, etc.

Colle pour encollage de cotons et laines (fabr.).

Fauchon aîné, r. Louis Auber, 1.

Grenet ✳ (F. Müller successeur), r. Renard, 42.

Mathieu (J.-Ch.), r. du Roi, 10.

Morel (F.), r. d'Anvers, 21.

Pepin (Vve) et fils, r. des Petites-Eaux, 25.

Constructeurs de machines.

Chevalier et fils, r. St-Julien, 24.

Flécheux-Lainé, métiers à filer, r. St-Julien.

Gabry (Victor), r. St-Julien, 18.

Gallet (A.) (Boutigny successeur), p. filatures et transmissions, r. St-Hilaire, 66.

Lefebvre (Alfred), p. tissage mécan. et transmiss., métiers à tisser avec méc. Jacquart pour les draps, r. St-Hilaire, 39.

Levasseur (J.) fils, p. filatures laine et coton, r. Pie-aux-Anglais, 22.

L'Heureux, ingénieur-mécanicien, machines à apprêter les tissus, r. St-Séver, 42.

Mehl, Delamarre et Cie, construction spéciale de métiers renvideurs, brevetés pour le coton et la laine, r. Lemire, 5.

Minier (Ve), r. d'Elbeuf, 36.

Morin (Auguste), métiers à tisser p. draps, toiles de lin et de chanvre, r. Pavée, 11.

Nos d'Argences, machines laineuses, velouteuses, r. Grammont, 4.

Perrier, fabr. de lames pour tissage mécanique, r. Elbeuf, 50.

Tierce (Félix), construction de machines concernant le tissage mécaniq., r. Dupont, 12,
à St-Sèver.
Tulpin aîné et ses fils, brevétés p. machines
à laver les tissus et les échevaux, cotons,
fils, soie ou laine, r. Pré-de-la-Bataille, 15.
Vallery (A.) et A. Delarocque, machines d'apprêts de filat., r. de Grammont, 8.

Cordiers.

Alexandre Féron (Ve), r. du Bac, 29.
Auber (Ad.) fils, r. Ganterie, 64, corderie
mécan., usine à Authon (Eure-et-Loire);
articles pour filat., apprêts et passementerie , dépôts à Paris.
Delesques (L.), r. Grosse-Horloge, 148.

Corsets (fab. de).

Benoist (Mme), r. Impératrice, 17.
Bloquel (Mme), pl. des Carmes, 37.
Boucher (Ve), r. Beauvoisine, 12.
Faquet (Mme), r. Ganterie, 30.
Geoffroy-Jacquin (Mme), r. St-Sèver, 127.
Groult (Mme), r. Vicomté, 60.
Lemoine, r. Rollon, 9.
Marie (Mme), r. St-Sèver, 103.
Piquet (Mme), r. de la Chaîne, 3.
Restancourt (Mme), r. Impériale, 42.
Rufin (Mme), r. des Juifs, 29.
Ridel (Jh), r. de l'Hôtel-de-Ville, 21.

Cotons en laine (nég. commiss.).

Bernard (Aug.), r. du Chaudron, 8.
Coquatrix (E.), pl. Henri IV, 156.
Denoyers (A.), r. Dinanderie, 13.
Duboc fils, r. Nationale, 1.
Durand (Alfred), quai Napoléon, 23.
Durand aîné, r. Armand-Carrel, 16.
Géraud (B.), r. Dinanderie, 18.
Guebert (L.). r. de Crosne, 28.
Jore et Engammare, r. Impératrice, 1.
Justin (C.), quai de la Bourse, 12.
Kœchlin (Georges) et Laîné-Condé fils, r.
Buffon, 33.
Lancestre jeune, H. Mallet et Cie, r. de la
Madeleine, 2.
Lefèvre frères, r. St-Denis, 36, au Havre.
Lefort-Gonssolin et fils, 74, r. Ganterie.
Léonard aîné, r. St-Gervais, 55.
Lhuintre-Legras fils, quai du Mont-Riboudet.
Lucas (Frédéric), r. Faub.-Martainville, 22.
Terrier jeune, r. Ambroise, 11.
Varin (A.), r. St-Patrice, 64.

Cotons filés et teints (voyez aussi Fils retors).

Ameline-Lebreton, r. Herbière, 21.
Audelin aîné, r. Lieu-de-Santé, 3.
Avice (A.) et fils, r. Charrettes, 182.
Baillif (F.), r. St-Patrice, 64.
Bernard (Augte), r. Damiette, 18 ; magasins
r. du Chaudron, 8.
Blot (Ve), r. Rampe-Cauchoise, 24.
Boissière (A.) et Cie, r. Ecuyère, 61.

Boulard (J.) et Lemeilleur, cotons filés et en
laine, r. St-Etienne des Tonneliers, 18.
Boury (E.), filés, r. du Tronché, 25.
Brigalant (A.) et Cie, r. des Vergetiers, 12.
Chevallet et Cie, r. Duguay-Trouin, 4 B.
Coquatrix (E.), pl. Henri IV, 156.
Cottais (D.), r. Vicomté, 46.
Cuillé (J.-J.) et G., Cabanes, r. Crosne, 67.
Delamare, r, de la Vicomté, 64.
Delanos et Marinier, r. Renard, 41.
Denoyers (A.), r. Dinanderie, 13.
Depeaux frères, boul. Cauchoise, 25.
Durand (Alfred), quai Napoléon, 23.
Durand aîné, cotons teints, rue Armand-
Carrel, 16.
Duret frère et Cie, dépôt de M. Duret et fils,
de Brionne, r. St-Jacques, 20.
Etienne jeune, r. de Fontenelle, 4.
Flécheux aîné, cotons filés, retors et moulinés
pour fabr., r. de l'Eau-de-Robec, 87.
Formont (F.), r. Lenôtre, 6.
Gallet frères jeunes et Cie, r. Lenôtre, 20 A ;
maison à Flers (Orne).
Gallot aîné, r. St-Eloi, 49.
Géraud (B.), r. Dinanderie, 18.
Glin-Levavasseur, r. de l'Hôpital, 20.
Glin (Ch.), r. Lieu-de-Santé, 10.
Guébert (L.), filés et retors, r. de Crosne, 28.
Guéroult (J.), r. Stanislas-Girardin, 23.
Guest aîné (J.), r. Fontenelle, 7.
Guillebert (H.) fils et Gve Cantrel , commis-
sionnaires, place de la Pucelle, 1.
Heurteaux et Jeanne, r. Duguay-Trouin, 2.
Hommais (Ch.), r. des Halles, 20.
Justin (C.), quai de la Bourse, 12.
Lancestre jeune, H. Mallet et Cie, r. Made-
leine, 2.
Lavoley frère et Cie, r. de Le-Nôtre, 14 C.
Lecœur frères, dépôts de cotons teints, r. des
Bons-Enfants, 102, et teinture.
Lecœur-Duval, r. Lieu-de-Santé, 14.
Lefebvre (Hthe), r. de la Cigogne-du-Mont, 17.
Lefort-Gonsollin et fils, r. Ganterie, 74.
Legras (Ferd.), r. d'Ambroise, 18.
Lehucher, r. Saint-Patrice, 25.
Lemaître-Dumanoir, r. Saint-André, 30.
Lemarchand aîné, r. de Buffon, 43.
Lemarchand jeune, r. Charrettes, 173.
Lemire (C.) et Cie , rue Fontenelle , 14,
Lenormand (J.), r. Fontenelle , 39, manuf.
Léveillé fils, r. Préfontaine, 8.
Leverdier frères et Cie, r. Le-Nôtre, 25.
Lhopital et Cie, pl. Gaillardbois, 10.
Liégaut fils aîné, r. Le-Nôtre, 1 et 3.
Littée (J.), r. Contrat-Social, 11.
Malathiré (A.) et Grandsire , r. Stanislas-Gi-
rardin, 34.
Manoury (Ve) et fils aîné, r. Vicomté, 75.
Milliard (J.-B.), r. Lieu-de-Santé, 7.
Morin fils (Jules), r. des Près-Martainville, 1.
Morin (W.), cotons filés, retors et teints. r.
Vicomté, 31.

Olivier et Cie, cotons filés et teints, moulinés et retors, r. de Buffon, 38.

Oursel (Victor) fils, r. Guillaume-le-Conquérant, 9.

Petit (H.) et Ferrand, commission., cotons filés et calicots, rue de Crosne, 11.

Piel (J.) et Le Mercier, r. Contrat-Social, 6.

Pouyer-Quertier, r. Fontenelle, 41.

Prevel (J.), r. Fontenelle, 28.

Prevel (Ch.), r. Nationale, 20.

Quesney (Parfait), filat. et dépôt de cotons filés écrus et teints, r. Racine, 5.

Rossignol (A.) et Démarest, rue Jacques-le-Lieur, 22.

Saillard (A.), r. Duguay-Trouin, 4.

Savoye (L¹), r. St-Patrice, 28.

Terrier jeune, filés, r. d'Amboise, 11.

Toutain-Faubon, r. Louis-Aubert, 1.

Verdrel, C. ❋, r. de Fontenelle, 13 bis.

Viard-Jore, commissionn., r. du Bac, 43.

Cotons (filat. de).

Ably frères, r. Pierre-Corneille, 7 et 9.

Bazire (Stanislas), r. Pouchet, 22.

Billiette (Mme), r. St-Julien, 12.

Camentron (Vve) et Aubé, spéc. de cretonnes fortes, r. d'Elbeuf, 80.

Cappon, r. St-Julien, 109.

Crépet (Narcisse), r. St-Eustache, 5.

Delafontaine jeune et L. Demarest, rue Le-Nôtre, 21.

Delamarre-Deboutteville (Fois) fils aîné, filat. à Rouen, r. de Buffon, 12.

Delamarre-Deboutteville (Louis), filature à Rouen, r. de l'Hôtel-de-Ville, 79.

Delot jeune, r. des Bonnetiers, 43.

De Loys (F.), filature de cotons et tissage mécanique, r. de Caen, 35.

Deschamps fils, r. Sotteville, 1.

Dougnac, r. Sotteville, 3.

Duchemin (J.), pl. St-Paul, 67.

Duret (M.) et fils ❋, filature à Brionne (Eure), dépôt, r. Saint-Jacques, 20.

Eliot (Mlle), r. d'Elbeuf, 77.

Fauquet-Lemaître ❋, dépôt de fleurs fabr. de Bolbec, quai du Havre, 10.

Fauquet (Octave) et Cie, quai de la Bourse, 19 ; filature à Oissel-sur-Seine.

Fouray (Jacques), r. Saint-Julien, 44.

Fouray (César), r. Rouland, 14.

Geraud (B.), r. Dinanderie, 18.

Germonière et fils, quai du Havre, 20 A.

Grancher (Louis) et fils aîné, r. St-Eloi, 26, filature à Charleval.

Guillou (Georges) et Cie, filat. de cotons, pour bonneterie, r. Méridienne, 13.

Harel (Jules), r. Grammont, 28.

Helliot-Leblanc, r. St-Nicolas, 46.

Hérisson (L.) fils, route de Caen, 86.

Heurteaux et Jeanne, r. Duguay-Trouin, 2.

Hommais (Ch.), r. des Halles, 20.

Jullien (Léopold), filat. et retordage de cotons, r. d'Elbeuf, 15.

Kelttinger et Berthet, r. de la Ferme.

Lainé (Ch.), r. Lézurier-de-la-Martel, 8 ; filature et tissage au Grand-Quevilly.

Leblond et sœurs, r. d'Elbeuf, 99.

Lefèvre-Serré (Vve), r. d'Elbeuf, 7.

Lemire (C.) et Cie, r. de Fontenelle, 14.

Lemoine (J.-T.), r. Val-d'Eauplet, 26.

Leseigneur (P.), r. de Crosne, 40.

Leveillé fils, r. Préfontaine, 3 bis.

Levavasseur (Jacques), boul. Cauchoise, 85, filature au Houlme.

Lhopital et Cie, filature hydraul., place Gaillardbois, 10, m. au Havre.

Loys (F. de), route de Caen, 35.

Merlin-Fouques, filés en tous genres, r. d'Ambroise-Fleury. 35.

Morin frères, r. d'Ambroise-Fleury, 31.

Panier (Maximilien), r. de Sotteville, 7.

Pouyer-Quertier (A.), fils ❋, r. Crosne, 22.

Pouyer-Quertier, r. Fontenelle, 41.

Prevel (Ch.), r. Nationale, 20.

Quesnel (B. H. et A.), r. St-Gervais, 94.

Quesney (Jules), r. St-Vivien, 56.

Rivière et Cie, r. de Grammont, 29.

Rousselin (S.), r. de Buffon, 5.

Société cotonnière de St-Etienne du Rouvray, filature et tissage, administrat. gérant, Jules Martin, r. de l'Impératrice, 3.

Steinbach et Cie, quai de la Bourse, 45.

Wadsworth (Th.), route de Caen, 72.

Coton à coudre (fab. de).

Flécheux aîné, r. de l'Eau-de-Robec, 87.

Mottet et Bertrand, r. du Pré de la Bataille, 7.

Cotons (retordeurs de).

Collin, r. Chasse-Marée, 29.

Condé (Ed.), r. d'Elbeuf, 87 bis.

Durand jeune, r. St-Gervais, 71.

Gaudry, r. de l'Eau-de-Robec, 106.

Langlois, r. d'Elbeuf, 51, B.

Lefebvre (Alfred), r. St-Hilaire, 39.

Lemire (C.) et Cie, r. Fontenelle, 14.

Mottet et Bertrand, r. du Pré de la Bataille, 7 ; dépôt à Paris.

Cotons (déchets de).

Auzou frères, r. Malpalu, 52.

Bailly (Vve), r. Hallags, 4.

Beldant fils, r. d'Armant-Carrel, 18.

Bernard (Aug.), r. du Chaudron, 8.

Boireau (Fçois), r. du Nid-des-Chiens, 8.

Couchon fils, faub. Martainville, 38.

Davy (Léon), r. du Rempart-Martainville, 42.

Davy (Jules), r. du Rempart-Martainville, 34.

Debellefontaine, r. du Rempart-Martainville, 1 bis.

Delabarre, boul. du Champ-de-Mars, 17.

Delot jeune, r. des Bonnetiers, 43.

Dumaine (Julien), faub. Martainville, 20.

Dumaine (Jules), et toiles, r. Pavée, 2.
Dumont (Ad.) fils, r. du Rempart-Martainville, 28 bis.
Durand (Alfred), q. Napoléon, 23.
Foray et Cie. pl. du Champ-de-Mars, 21, E ; maison à Thizy, Lyon.
Formond (F.), r. Lenôtre, 6.
Lallemand, pass. de la Nitrière, 8.
Lebas. r. du Chemin-Neuf.
Lefevre (Hthe), r. de la Cigogne, 17.
Lemaire (J. B.), r. des Maillots-Sarrasins, 16.
Lucas (Frédéric), faub. Martainville, 22.
Marion (Jules), r. St-Eloi, 47.
Parfaits, r. du Bac, 65.
Quemin (Gve), r. du Rempart-Martainville, 52.
Rossignol (A.) et Demarest, r. Jacques-le-Lieur, 22.
Sabot (L.), boul. du Champ-de-Mars, 9.
Val (René), r. du Rempart-Martainville, 26.

Courtiers en marchandises.

Crellin (Jh.), r. de l'Impératrice, 16, représ. de E. Nathan et Sington, de Manchester et de Platt frères et Cie de Oldham.
De Courcelles (Edouard), cotons en laine, filés et calicots, pl. St-Eloi, 13.
Omont (T.), produits chimiques et teintures, r. Neuve-des-Arsins, 3.

Coutils (fab. et dép. de).

Godfin (L.), pl. Cauchoise, 1.
Lesueur (Jules), boul. Cauchoise, 36 B.
Rauline, r. Roulland, 2.
Renier fils, r. Crosne, 21.
Saillard (Léon), r. St-André, 33.

Cylindres cannelés pour le coton, la laine et le lin (fab. de).

Borgnet-Lancelevée (Vve). — (Ponchez successeur), r. Le Nôtre, 27.
Brunel. r. Brouettes, 23.

Cylindres en cuivre pour indiennes (fab. de).

Cubain (R.) ✳ et Cie, aven. Mont-Riboudet, 118.
Thiébaut (Vor), aven. Mont-Riboudet, 49.

Dentelles, tulles et mousselines.

Anquetin, trousseaux et layettes, chemiserie, r. Thouret, 18.
Boisbluché (Mlles), r. de l'Impératrice, 25.
Brument-Gavrel, r. de l'Impératrice, 37 bis.
Chédru (Mlle), r. Grosse-Horloge, 30.
Jaquot (A.), r. aux Ours, 11.
Lecoq fils, r. Thouret, 10.
Noël (Mlle), r. des Carmes, 23-25.
Pelvilain (Mme), r. de la Grosse-Horloge, 57.
Pollet et Fournout, en gros, r. de la Grosse-Horloge, 49.

Doublures (fab. de).

Deloué, Prevost et Cie, r. Stanislas-Girardin, 15.
Elie, r. Buffon, 50.

Gueroult (Louis) père et fils, r. Buffon, 47.
Havé (Parfait) et Boulen jeune, boul. Cauchoise, 75 et 77.
Labisse et Cie, pl. Cauchoise, 3.
Lemonnier (A.) et Cie, boul. Cauchoise, 22.
Leseigneur (P.), r. de Crosne, 40.
Mouchar (Ph.), r. de Crosne, 37 et 39.
Pepin (Ve) et fils, teinture et apprêts, r. Petites-Eaux, 25.
Pigault (V.) fils, r. aux Ours, 25.
Rungeard, Cottard et Cie, r. Crosne, 13.
Tarriel et Cie, r. de l'Hôtel-de-Ville, 50.

Drapiers.

Baudry (Alex.) fils, r. de l'Epicerie, 25.
Bellest (Casimir), r. St-Nicolas, 2.
Boné jeune, r. de l'Epicerie, 5.
Boudin (Prosper), r. aux Ours, 87.
Chapelle (A.), r. Grosse-Horloge, 21.
Delafontaine (Alex.), r. Vergetiers, 13.
Delafontaine (E.), r. Impératrice, 42.
Delaunay (A.) et Cie, draps blancs, r. Grosse-Horloge, 132, gros et détail.
Dupont (P.), r. Grosse-Horloge, 140.
Dupuis (Eug.), r. aux Ours, 27.
Fermine aîné, r. Impératrice, 10.
Gallot (P.), r. aux Ours, 1 bis.
Grout et Froissard, r. du Juif, 12.
Heurtematte-Verger, r. de l'Epicerie, 4.
Lecourtois, r. Grosse-Horloge, 44.
Legouy jeune et neveux, r. Thouret, 10.
Lesauvage, r. Grosse-Horloge, 47.
Levillain (M.), r. Grosse-Horloge, 155.
Malfilâtre, r. Grosse-Horloge, 73.
Mallet-Piéton, r. Grosse-Horloge, 73.
Mayeux (L.), en gros. agence des fabriques anglaises, r. de Buffon, 54.
Moisy et Herondelle, r. aux Ours, 23.
Moret-Vallée, r. Grand-Pont, 49.
Perdrix neveu (Ve), place de la Cathédrale, 1.
Ratieuville (E.), r. aux Ours, 40.
Roger-Lebreton et Massue, r. aux Ours, 45.
Roullé et Cie, r. de l'Epicerie, 30.
Soury (E.), r. St-Nicolas, 64.
Tolisac jeune, r. aux Ours, 50.
Tuvache fils, r. aux Ours, 26.

Drogueries et Teintures.

Bazille, O. ✳ frères, r. Charrettes, 121.
Bizet, r. St-Nicolas, 11.
Bourcy (T.), prod. chimiq., r. aux Halles, 32.
Carré et Nepveu, art. de teint., r. Potard, 13.
Cavé (S.), r. du Bac, 10.
Chevalier (A.), r. Percière, 38 et 40.
David et Borel, r. Vicomté, 39.
Defrance (H.), r. Herbière, 6.
Dégénétais (D.), r. Fardeau, 14.
Delamarre (An.) et Ch. Delaunay, drogueries et teintures, r. Bec, 10.
Delaplace, r. St-Eloi, 31.
Dufeu (L.) et Cie, r. Vicomté, 14.
Gaudu, Bobée et Cie, pl. St-Eloi, 24.

Hermite (L.), r. Le Nôtre, 15.
Hûby (S.), r. Herbière, 22.
Jouas et Bisset, indigos, teintures, prod. chimiques, commission, r. Vicomté, 65.
Lepiller (J.), droguerie et articles de teinture, r. St-Éloi 7.
Malétras fils, fabr. de produits chimiques, comptoir, r. Charrettes, 171.
Morel (Ph.) ✳ et Cie, indigos et aut. teint., place de la Pucelle, 11.
Mutel aîné, triturage de teintures, r. Préfontaine, 46.
Nicolle frères et Tubeuf, r. Fardeau, 7.
Petrel et Lemelle, r. Charrettes, 180.
Preve (Paul), droguerie et produits chimiques, r. Napoléon III, 101.
Rossard et Legros, r. Le Nôtre, 14 B, indigos et art. de teinture, m. au Havre.
Ruffault et fils, r. Impériale, 13.
Simon (A.), prod. chimiq., r. du Bac, 28.

Fils d'Ecosse.

Toutain-Fauchon, r. Louis Aubert, 1.

Fils retors (manufact. de).

Géraud (B.), pl. St-Hilaire, 2.
Lefebvre (Alfred), pour tissage de coton, lin et laine, r. St-Hilaire, 30.
Lemercier et Loynel, boul. Martinville, 8.
Mottet et Bertrand, cordonnets, fils à coudre, r. Pré-de-la-Bataille, 7.

Fils (marchands de).

Cuillé (J.-J.) et G. Cabanes, r. Csnree-H.-V.
Duguenet neveu, r. Champs-Maillets, 27.
Weis (J.-H.), r. Prison, 33.

Fils et Rubans.

Lelarge, r. Grosse-Horloge, 93.

Fleurs artificielles (fab. de).

Aubert, r. de l'Hôpital, 26.
Cazac, r. du Grand-Pont, 68.
Dumané (Mme), cours Boïeldieu, 1.
Gouy (Mlle), r. du Grand-Pont, 60.
Hequet, pl. Cathédrale, 27.
Huchon (A.), r. de l'Impératrice, 74.
Rasse (Vᵉ), r. Grosse-Horloge, 32.
Selle (Mlle), r. St-Séver, 2.
Vigreux (Mlle), r. des Carmes, 41.

Ganses (fab. de).

Langlois, r. d'Elbeuf, 51. B.

Gants (marchands de).

Antheaume et J. Durieu, en gros, r. Change.
Cabantous, fabr., r. du Grand-Pont, 82.
Cacheux (Jules), r. Charrettes, 7.
Maréchal-Vaussier, r. aux Ours, 76.
Mimeur, r. des Carmes, 5.
Nicolle (Vᵉ), r. de l'Impératrice, 66.
Pelcat (G.), r. du Grand-Pont, 56.
Pottier, r. du Grand-Pont, 51 et 53.
Renard, r. du Grand-Pont, 26.

Garances.

Dupré (L.), et garancines, r. Nationale, 6.
Ferry (L.) et A. Hue, boul. Cauchoise, 21.
Lhuintre-Legras fils, quai Mont-Riboudet, 10, garance et garancine.

Graveurs sur cylindres (meubles et cravates).

Buquet, r. Renard.
Frelast, aven. Mont-Riboudet.
Hardy, r. Pré-de-la-Bataille, 25.
Leborgne, r. Rose, 40.
Mouard, r. Lecat, 17.

Guêtrier.

Cacheux (Jules), r. Charrettes, 7.

Indiennes (manufactures et dépôts d').

Adenat et Masquelier, boul. Cauchoise, 28, fabr. à Deville.
Besselièvre fils, r. Crosne, 41.
Billard (J.), boul. Cauchoise, 24 bis.
Bocquet (Th.), r. Crosne, 24.
Bouffet fils, boul. Cauchoise, 36.
Cordier ✳, boul. Cauchoise, 53.
Daliphard ✳, Dessaint frères et Cie, r. Crosne, 14; fab. à Radepont (Eure).
Daniel (E.) et E. Horaist, boul. Cauchoise, 69, fab. à Dapeaume-lès-Rouen.
Devaux (Aug.) boul. Cauchoise, 73.
Edeline et Couturier, boul. Cauchoise, 61.
Girard ✳ et Cie (Bardin ✳ et Lanier, associés), indiennes, boul. Cauchoise, 20 A.
Hasard (N.), boul. Cauchoise, 26.
Henry (A.), r. Crosne, 15.
Huet et Benner, r. Crosne, 16.
Kelttinger (F.) et fils, r. Renard, 36.
Lacassaigne (A.), r. Crosne, 29.
Lamy-Godard (Charles), manuf. d'indiennes et cravates, r. Crosne, 33.
Lecaron-Collen (Vve) et Pelcerf, r. Crosne, 32.
Lemaignent frères, r. Crosne, 38.
Lemaître-Lavotte ✳ et fils, boul. Cauchoise.
Longjeune, boul. Cauchoise, 65.
Rhem (L.) aîné, boul. Cauchoise. 59.
Rondeaux (H.), boul. Cauchoise, 53.
Stackler et Alfred Pimont, r. Crosne, 52.
Tassel (A.) et Cie, r. Crosne, 18.

Jupons en gros.

Ridel (Joseph), r. Hôtel-de-Ville, 21.

Kaolin.

Smith (Richard), r. Impériale, 56.

Lacets (fab. de).

Mottet et Bertrand, r. Pré-de-la-Bataille, 7; dépôt à Paris.

Laines en gros.

Chesnean-Richard fils et Cie, r. Savonnerie, 18
Etienne (Alfred), r. Nationale, 39 bis.
Etienne (Ach.) et Cie, r. Impératrice, 1.
Hain (Fric.), r. Impératrice, 5.
Levesque et Cie, r. Charrettes, 112.

Richer, (H.), place de la Pucelle, 4.

Laines filées (march. de).

Dassier, rue rampe Cauchoise, 2.
Durand-Delanef fils, r. des Carmes, 18.
Etienne (Achille) et Cie, laines filées et déchets, rue de l'Impératrice, 1.
Gargam (E.), r. Crosne, 45.
Guillebert (H.) fils et Gve Cantrel, commiss., place de la Pucelle, 1.

Laines (lavoir de).

Hain (Fred.), r. de l'Impératrice, 5.

Lames, rots et peignes à tisser.

Condé (E.), fab. et tuyaux en papier pour filat' r. d'Elbeuf, 87 bis.
Durand jeune, r. St-Gervais, 71.
Moulin (E.), r. St-Gervais, 49.
Parmentier, r. St-Gervais, 34.
Perrier, fab. de lames pour tissage mécanique, r. d'Elbeuf, 50.
Pouget (Vve), r. des Bons-Enfants, 123.

Lin et étoupes (filat. de).

Fauquet-Lemaître ✻ et Prevost ✻, q. du Havre, 10, à Pont-Audemer.

Lisières (march. de).

Boquier-Frenehart (Vve), r. Haute-Vieille-Tour, 21-23.

Literie (art. de).

Brunschwig, r. du Grand-Pont, 81.
Chalon (A.), r. Impériale, 53.
Duprey, r. du Vicomté, 81.
Fleury (A.), r. de la Grosse-Horloge, 2 bis.
Foussard (A.), r. de la Grosse-Horloge, 77.
Lepage père, r. Haute-Vieille-Tour, 27.
Martin, r. du Bec, 3.
Massé, r. de l'Impératrice, 55, mais. à Paris.

Machines à coudre.

Decayeux (H.), r. de l'Impératrice, 16.
Grellet fils, machines à coudre de t. systèmes, fabr., boul. Martainville, 30.
Guillou, r. St-Lô, 4.

Mèches.

Bickford, Davey, Chanu et Cie. mèches de sûreté, p. mines, q. du Havre, 3, maisons et fabr. à Marseille.

Merciers en gros et demi-gros.

David (A.) et Cie, mercerie, passementerie et rubans, r. aux Ours, 1.
Despaux (N.), r. de la Grosse-Horloge, 89.
Jouanne (C.), r. du Change, 7.
Lelarge, r. de la Grosse-Horloge, 93.
Lenormand-Bley, r. aux Ours, 30.
Noché frères, r. du Change, 13 et 15.
Pigault (V.) fils, r. aux Ours, 25.

Moleskines.

Benoist (P.), pl. Cauchoise, 5.

Schwob (Joseph), impres. d'Alsace, boul. Cauchoise, 24, mais. à Mulhouse.

Naveliers.

Gravet, r. Renard, 86.
Toutain, r. Renard, 82.

Négociants, commissionnaires et armateurs.

Bazille, O. ✻ fr., droguer. et produits chimiques, r. des Charrettes, 121.
Beldant fils, déchets de cotons, r. Armand-Carrel, 18.
Bertin (Ls), q. du Havre.
Bourcy (T.) jeune, droguerie de teinture, produits chimiques, r. des Halles, 32.
Boury (E.), cotons filés et commission. r. du Tronché, 25.
Carre et Nepveu, art. de teinture, r. du Potard, 13.
Chesneau-Richard fils et Cie, savons et laines, r. de la Savonnerie, 18.
Chevallet et Cie, cotons filés et calicots, r. Duguay-Trouin, 4. B.
Cibiel (V.) et Cie, armateurs, importation et exportation, boul. Cauchoise, 49.
Cuit fils et Cie, teint., r. Fontenelle, 43.
Dégenetais (D.), indigos et articles de teinture, r. du Fardeau, 14.
Delarocque (Hte) et E. Gouellain, indigos, Champs-Maillets, 27.
Delecloy (F.), repr., r. Dulong, 9.
Depeaux frères, calicots, cotons filés et tissus de laine, boul. Cauchoise, 25.
Dubosc et Heuzey, art. p. teinture et impression, q. du Mont-Riboudet, 38.
Dufeu (L.) et Cie, indigos, garances et extraits de bois de teinture, r. Vicomté, 14.
Dupré (L.), garances et garancines, r. Nationale, 6.
Durand (Alfred), q. Napoléon, 23, cotons en laine, cotons filés et déchets.
Durand aîné, cotons en laine et déchets, cotons teints, trames pour couvertures et molletons, crin végétal, etc., r. Armand-Carrel, 16.
Duval (Alfred), indigos, r. du Fardeau, 30.
Etienne jeune, art. pour l'Algérie, calicots, cotons, r. Fontenelle, 4.
Etienne (Alfred), vice-consul de Russie, indigos. laines. transit, r. Nationale, 39.
Etienne (A.) et Cie, r. de l'Impératrice, 1.
Fauquet-Lemaître ✻ art. p. l'Algérie, calicots, cotons filés, q. du Havre, 10.
Guébert (L.), cotons filés, jaconas et tissus écrus croisés, r. de Crosne, 28.
Hain (Fréd.), laines françaises et étrangères, r. de l'Impératrice, 5.
Hermite (L.), droguerie, produits chim., consignation, rue Le-Nôtre, 15.
Herring, Cox et Cie, négts p. les tissus et les filés de cotons et laines, r. Stanislas-Girardin, 17, mais. à Manchester.

Jouas et Bisset, indigo, teinture et prod. chim.
r. Vicomté, 65.
Lemarchand aîné, cotons filés, rue Buffon, 43
Lepiller (J.), épicerie, droguerie et teinture,
r. Saint-Éloi, 7.
Le Roy neveu frères, garances et garancines
de Thomas frères, d'Avignon, dépôt des
extraits de bois de teinture de Lenormand
et Baudu, r. Fontenelle, 9.
Levavasseur (Jacques), négt armat., filature et
tissage, boul. Cauchoise, 85.
Leverdier frères et Cie, r. Lenôtre, 25.
Levesque et Cie, laines en gros, r. Charrettes,
112, maison au Havre.
Lhuintre-Legras fils, garances et garancines, art.
d'impr., quai Mont-Riboudet, 10.
Malétra fils, négoc. armateur, fabr. de produits chimiques, r. des Charrettes, 171.
Petrel et Lemelle, garances, garancines, com-
mission, r. des Charettes, 180.
Prevel (Paul), drogueries, produits chimiques,
export., rue Napoléon III, 101.
Ramel (E.), tissus, r. du Pré, 38.
Rossard et Legros, r. Lenôtre, 14 B, indigos
et articles de teinture.
Schoellammer (A.), représentant de fabriques,
r. Impératrice, 12.
Simon (A.), drogueries produits chimiques, r.
du Bac, 28.
Travers (A.), filat., quai du Havre, 18.

*Négociants-commissionnaires en rouennerie
et articles des manufactures de Rouen.*

Anceau (V.) et Royer, r. Stanislas-Girardin,
38, maison à Paris.
Andrieu (A.), r. Duguay-Trouin, 8.
Anglade (A.), r. Ste-Croix-des-Pelletiers, 50.
Aroux aîné, r. des Bons-Enfants, 148.
Audelin aîné, r. Lieu-de-Santé, 3.
Baron frères, r. des Carmes, 85.
Baudry (L.), r. de Crosne, 76.
Becker (J.), pl. de la Pucelle, 1.
Becker (L.), r. St-André, 31, mais. à Paris.
Bellanger frères et Mimerel, r. Champs-des-
Oiseaux, 19, maison à Paris.
Bertout (J.) et Cie, r. de la Prison, 31.
Boignet fils (Ve), r. Stanislas-Girardin, 25.
Boittout (E.), r. Rampe-Bouvreuil, 28.
Bolumet, Duret et Tragin, r. Lieu-de-Santé,
32 ; maison à Paris.
Bonnet-Regnault, r. Duguay-Trouin, 10.
Bordeaux (E.), r. Cauchoise, 47.
Bordenave et Mène, boul. Cauchoise, 27.
Bridoux (A.), spéc. de parapluies, indiennes,
r. St-Maur, 35 B.
Brigalant et Cie, r. des Vergetiers, 12.
Cahen frères, r. Ecureuil, 15.
Capelle frères et Geispitz, r. de Buffon, 36.
Cassan et Defontaine, r. de Lecat, 42.
Chartien (Julien) et Cie, r. de Buffon, 45.
Chartier jeune et Cie, boul. Cauchoise, 45,
maisons à Paris et Roubaix.

Cibiel (V) et Cie, boul. Cauchoise, 49.
Couesnon frères, r. aux Ours, 31.
Daliphard (J.) neveu, boul. Jeanne-d'Arc, 20.
Damiens (Aug.), r. Stanislas-Girardin, 13 T.
Debons (A.), r. de Leméry, 7.
Degenneville et Delaunay, r. aux Ours, 34.
Delacroix (F.), r. Chasse-Marée, 30.
Delacroix (E.), r. de l'Hôtel-de-Ville, 30.
Delaporte, Frigot et Cie, rue de l'Hôtel-de-
Ville, 44.
Deshayes, r. Chasse-Marée, 6.
Dieusy (A.), boul. Cauchoise, 6 B.
Dieusy (M.) et Cie, r. St-Patrice, 24.
Diligeon. Sambat et Brifaut, r. Grosse-Hor-
loge, 143.
Doré, r. Bec, 21.
Drouet (Paul), pl. de la Pucelle, 1 bis.
Dubosc (J.), r. Contrat-Social, 29.
Dubreuil (A.), r. Lenôtre, 8.
Dupuis-Putois, r. Contrat-Social, 27.
Dupré (D.), r. de Crosne, 71.
Duval, boul. Jeanne-d'Arc, 22.
Floury (N.) fils et Lemercier, rue Croix-de-
Fer, 2.
Foliot aîné, r. St-Maur, 15.
Forestier-Bley, r. aux Ours, 49.
Gargam (E.), r. de Crosne, 45.
Gilbert, Vittecocq et Lefebvre, r. Saint-Pa-
trice, 30.
Goudé aîné et Pantin, r. Larochefoucault, 1.
Grout et Château, r. Vieux-Palais, 25.
Guillaumet (Paul), r. Lieu-de-Santé, 40.
Hamel (F.), rampe Bouvreuil, 32.
Hauchecorne et Legrand, r. de la Prison, 30.
Henault (H.), r. Basse-Vieille-Tour, 46.
Hubert et Leroy, r. Stanislas-Girardin, 44.
Joanne (E.), quai Napoléon, 28.
Julien-Chartier et Cie, r. Buffon, 45.
Kreilsamer frères, r. de la Prison, 29.
Labarre fils, r. St-Jacques, 24.
Lachèvre frères, pl. de la Pucelle, 8.
Lafortune et Cie, r. aux Ours, 3.
Lahille (G.) et Cie, r. de la Prison, 21.
Lainé (Ch.), r. Lézurier de la Martel, 8.
Lair-Revel et fils, r. St-Maur, 24.
Lallemand (A.), r. aux Ours, 19.
Lancestre aîné, r. Chasse-Marée, 37.
Langlois (O.), r. aux Ours, 39.
Langlois frères; Binet et Cie, r. aux Ours, 10.
Laurent frères, r. Bonnetiers, 9, et à Paris.
Leblond-Périer, r. Rampe-Bouvreuil, 74.
Lecocq (A.) et ses fils, r. Lézurier-de-la-Mar-
tel, 2, maisons à Paris et à Roubaix.
Lecœur-Duval, r. Lieu-de-Santé, 14.
Le Duc père et fils, r. Crosne, 74.
Lefebvre (G.), r. Duguay-Trouin, 3.
Lefebvre jne (Ch.) et Cie, r. Le Nôtre, 7,
représentés par Paulmier jeune, mais. à
Paris.
Lefort-Gonsselin et fils, r. Ganterie, 74.
Legris et fils, r. Etoupée, 19.
Lemercier, r, Larochefoucault, 4.

Léon (Firmin), r. Chasse-Marée, 8.
Lesage père et fils et Floquet, r. du Vieux-
 Palais, 28.
Lesien (A.) et Cie, r. aux Ours, 1.
Lestrelin, en rouenn., r. Etoupée, 38.
Loutrel et Delamare, r. Buffon, 26.
Malathiré (Léon), r. St-Maur ,17.
Malfilâtre (Th.) et Cie, r. Lecat, 16.
Maré (A.) et Cie, r. St-André, 32.
Maugard et Desrues, r. de l'Avalasse, 1.
Menard et Monnier, r. Contrat-Social, 9.
Mutel et Boris, r. Lenôtre, 11.
Nibelle, r. du Bac, 62.
Nicolet (A.), r. aux Ours, 24.
Patin, r. St-Gervais, 20.
Pelissié, Beau et Cie, boul. Jeanne d'Arc, 47,
 maison à Paris.
Perdrix (A.), r. aux Ours, 32.
Petit (E.), boul. Jeanne-d'Arc, 6.
Proharam frères, r. Charrettes, 130.
Quemin-Greboval, r. Rampe-Bouvreuil, 72.
Ribard jeune et A. Balas, r. Renard, 67.
Roussel frères, r. St-Maur, 1.
Schemidt (Léon), r. Champs-Maillets, 13.
Sement et Leroy, r. Lieu-de-Santé, 6.
Seibel (G.), boul. Jeanne-d'Arc, 29.
Senard, Colombier et Cie, r. St-André, 2.
Sevestre, Castel, Ferrandier, Lochon et Cie,
 r. Grosse-Horloge, 22.
Sourdois (Jules) et Beaucousin, boul. Jeanne-
 d'Arc, 11.
Taco, r. Amboise, 22.
Tétu-Gromas et G. Delalonde, r. des Carmes.
Thiébault-Lenepveu, r. de l'Hôtel-de-Ville,67.
Troussel et Bunel, r. Lezurier-de-la-Martel.
Vagniez, Fiquet et Cie, r. Lenôtre, 21.
Vernhes et Voranger, r. Lieu-de-Santé, 1.
Wertheimer et Schwob, r. Crosne, 57.
Zeller (P.) et Cie, r. St-Jacques, 17.

Nouveautés en laine et soie (fabts de tissus).

Gibert jeune, r. St-André, 16.
Gilles (P.), r. St-Gervais, 82.
Goulon (A.) aîné, r. St-Romain, 12.
Lemonnier frères, b. Cauchoise, 51.
Lepicard (J.) fils, r. Renard, 17.
Leroux-Eude, fab. de nouveautés en laines et
 soies p. robes, blouses, jupons et para-
 pluies, r. du Renard, 19.
Leroux (Camille), brillanté, satins piqués, etc.
 r. St-Gervais, 6.
Prevel (F.), lainages, cotonnades, r. Rouland.
Prevel (M.), p. robes et jupons, lainages, r.
 Louis Auber, 11.
Prevost Hommet, fab. de gilets, r. du Renard.
Roussel (A.) fils, r. de Crosne, 7.
Vrel (Ferdinand) et Alfred Lepicard, fab. de
 siamoises, r. Crevier, 16.

Nouveautés, Soieries, etc.

(A la ville de Paris), maison de noveautés, r.
 de l'Impératrice, 27.
Abey, r. Beauvoisine, 86.

(A l'orpheline), r. de l'Impératrice, 37.
Anquetil-Roberge et Malet, r. d. Carmes, 69.
Aubin, r. Beauvoisine, 141.
Auvray (Ed.), r. de l'Impératrice, 54.
Bayvel sœurs (Mlles), r. de l'Impératrice, 21.
Beaufils (Louis), r. Grosse-Horloge, 58.
Bertout (Ve), r. des Bons-Enfants, 50.
Blondel (A.) et fils, r. Beauvoisine, 23.
Bottentuit (Léon), r. des Carmes, 113.
Boucourt (Eug.), r. des Carmes, 22.
Bouvier-Foucher, r. du Grand-Pont, 42.
Brunet (Edmond), r. de l'Impératrice, 39.
Campion et Mollet, en gros, art. de Lyon,
 Reims, Roubaix, pl. des Carmes, 27.
Cendré-Gauthier, r. Cauchoise, 38.
Cheval (Mlle), r. Grosse-Horloge, 94.
Delaneuville, r. des Carmes, 48.
Delaunay (A.) et Cie, draperies, soieries et
 lainages, r. de la Grosse-Horloge, 132.
Delisle et Delarue, r. des Carmes, 47.
Demarest, r. Rollin, 2.
Dorbeaux frères, q. du Havre, 4.
Everaert, soieries, r. des Carmes, 11.
Gobled (F.). r. de l'Impératrice, 58.
Guillot-Desmoulins , r. de la Grosse-Hor-
 loge, 56.
Harris-Duménil, r. de l'Impératrice, 181.
Hauteur et Delamare, r. des Carmes, 1.
Lalo-Vervoitte, r. Impériale, 7.
Lalonde et Grossier, gros, r. aux Ours, 51.
Larchevesque (A.), r. du Change, 1.
Lavoisy. r. de la Grosse-Horloge, 1.
Lebas-Varin et sœurs, r. de la Grosse-Horlo-
 ge, 169.
Le Corbeiller (Eug.), et Deromécamp, r. de la
 Grosse-Horloge, 65.
Lereverend (Mme), r. Rollon, 12.
Leroy et Delafour, r. du Grand-Pont, 47.
Leroy et Saintard, r. aux Juifs, 20.
Lesauvage, r. de la Grosse-Horloge, 47.
Marquézy (J.), r. des Carmes, 30.
Masselon aîné, r. des Carmes, 57.
Masselon (L.) jeune, r. St-Nicolas, 39.
Morat (Ernest), r. de la Grosse-Horloge , 50.
Morat (Mlle), r. Rollon, 9.
Musmaque, r. Impériale, 90.
Osmont (Alex.), r. du Grand-Pons, 32.
St-Wandrille, r. Impériale, 25.
Varin, r. de la Grosse-Horloge, 86.

Ornements d'église.

Chevalier, r. St-Romain, 22.
Chopin-Chalmé, pl. de la Cathédrale, 10.
Duval-Poutrel, r. de la Grosse-Horloge, 29.

Ouate (fabricants de).

Ably frères, r. Pierre-Corneille. 7.
Quené fils (Vve), r. de l'Eau de Robec, 151.

Passementiers-frangiers.

Braquet (Mlles), r. Cauchoise, 95.
Chauffroy (Z.), fabr., r. St-Romain, 28.

Doyamboure, r. de la Grosse-Horloge , 18.
Lebret, r. Blanche, 9.
Morue (J.), r. de la Grosse-Horloge, 50.
Sporck aîné, fab., pl. de la Cathédrale, 12.

Produits chimiques pour la teinture.

Bazile, O. ✻ frères, r. des Charrettes, 121.
Bazet (Eug.), r. St-Nicolas, 13.
Bourcy (T.) jeune, r. des Halles, 32.
Casthelaz (John), violet d'aniline, matières colorantes à la poterie.
Dubosc et Heuzey, art. pour teintures et impressions d'indiennes, dépôt des extraits de bois de teinture, q. du Mont-Riboudet, 38.
Duchemin (E.), et Cie, acides sulfurique, muriatique, pl. St-Sever, 33.
Dufeu (L.) et Cie, extraits de bois de teintures, r. du Vicomté, 14.
Ferry (L.) et A Hue, r. Cauchoise, 21.
Hardel frères, extraits de bois de teinture, violet d'aniline, carmin d'indigos, orseille en herbe, etc., à Dieppedalle, près Rouen.
Hermite (L.), commiss., r. Le Nôtre, 15.
Jouas et Bisset, r. du Vicomté, 65.
Lenormand et Baudu, fabr. d'extraits sec des bois, de campêche, jaune, lima, coupe d'Espagne et autres, chez Le Roy, neveu frères, r. Fontenelle, 9.
Le Roy neveu frères, dépôt des garances et garancines de Thomas frères d'Avignon, dépôt des extraits de bois de teinture, r. Fontenelle, 9.
Lhuintre-Legras fils, q. du Mont-Riboudet, 10.
Malétra fils, r. des Charrettes, 171.
Monereuil fils, r. St-Étienne-d.-Tonneliers, 8.
Petrel et Lemelle, art. pour teinture et impression, r. des Charrettes, 180.
Prevel (Paul), rue Napoléon III, 101.
Simon (A.), prod. chimiq., r. du Bac, 28.
Varillat (J.), extraits solides de bois de teinture, rue Fontenelle, 9.
Verdrel (C.) ✻, r. Fontenelle, 13 bis.

Rouenneries et autres articles des manufactures de Rouen (fabr. de).

Allais, dépôt de MM. de Loys, boul. Cauchoise, 30 B.
Alleaume (A.), r. Crosne, 56.
Alleaume (E.) et Baillard, r. Buffon, 52.
Anquetil, r. St-Gervais, 45.
Aubert (L.-J.), r. Renard, 11.
Aubin (F.), r. Renard, 59.
Aulney jeune, r. Stanislas-Girardin, 27.
Barbaray (A.), r. St-Gervais, 14.
Bataille (D.), r. Stanislas-Girardin, 5.
Bauche (H.), r. Crosne, 26.
Baudin, r. St-Gervais, 10.
Baudoin (A.), r. St-Gervais, 24.
Bellier, r. Stanislas-Girardin, 11.
Benoist (P.), place Cauchoise, 5.
Bienvenu (Ch.), r. Crevier, 6.
Blondel (Pierre), r. Rouland, 4.
Bocquet fils, r. Renard, 35.

Boulouse (A.), r. St-André, 48.
Bourdon, r. Chasse-Marée, 33.
Bourdon (J.), r. Cauchoise, 45.
Boutrolle fils, r. Renard, 31.
Bréard (Louis), r. Renard, 27.
Bunaux frères, r. Crosne, 31.
Capron (D.), r. Stanislas-Girardin, 21.
Carpentier (Aug.), r. Louis Aubert, 9.
Cavelan fils, r. St-Gervais, 31.
Cavelier et Bouclon, r. Lecat, 52.
Censier fils, r. Louis Aubert, 7.
Chatain (F.), r. St-Gervais, 11.
Chirol, r. Stanislas-Girardin, 20.
Chouville (Mlle), r. St-Gervais, 48.
Collet et Jourdain, r. Florence, 2.
Corbran fils, r. Stanislas-Girardin, 28.
Couillard, r. Stanislas-Girardin, 24.
Crinon (Ad.), r. Stan.-Gir., 13 B.
Deglatigny, r. Renard, 26.
Delacourt et Cie, r. St-Gervais, 57.
Delanos frères, r. Cauchoise, 47.
Delaunay (Ad.), r. du Renard, 18.
Delauney, r. Renard, 29.
Delauney (Louis), r. Rouland, 3.
Delavoipière fils, r. Renard, 47.
Demetz fils aîné, r. Renard, 51.
Duboc (P.) et Monnier, r. Louis Aubert, 3.
Duclos frères, r. St-Gervais, 73.
Duclos aîné, r. Renard, 38.
Dujardin (C.), r. Fontenelle, 50.
Dupas (Aug.), r. Lecat, 50.
Dupré (André), r. St-Gervais, 19.
Etard-Costé, r. St-André, 11 bis.
Fessard (Jules), r. Lecat, 55.
Follin, r. Stanislas-Girardin, 26.
Forthomme frères, r. Fontenelle, 52.
Fortier, r. St-André, 8.
Fossé et Turbet, r. du Renard, 7.
Fossey (C), r. Stanislas-Girardin, 1.
Fourey, r. Crevier, 9.
Gabriel (J.), r. St-Gervais, 35.
Gaillard et Cie, articles pour parapluies, Rampe Cauchoise, 16.
Germaine (A.), r. Louis Aubert, 6.
Gilles (P.), nouveautés, r. Crevier, 33.
Goyer et Leclerc, r. St-Gervais, 17.
Grenier (Jules), r. Renard, 63.
Gressent (F.), r. Renard, 43.
Gresset, r. Lecat, 46.
Gromas (Eug.), r. Renard, 21.
Gruel, r. St-André, 28.
Hauduc (L.), r. St-Gervais, 4.
Hautterre, r. Stanislas-Girardin, 32.
Havas frères, r. St-Gervais, 52.
Hédouin (Eug.), r. St-André, 20.
Hédouin (Vor), r. St-Gervais, 33.
Houbé et Cie, r. Crosne, 15.
Hubert (Alph.), r. Rouland, 1.
Hue (Léon), r. Louis-Aubert, 4.
Huë, Guesnel fils, r. Crosne, 11.
Huguerre (Ch.) frères, boul. Cauchoise, 30, fabrique à Envronville.

Lambard frères, r. Renard, 44.
Lambert, r. Renard, 23.
Langlois, r. Stanislas-Girardin, 14.
Langueneur (A.), r. St-Gervais, 18.
Laurent (L.), r. St-Gervais, 63 B.
Leballeur (N.), r. Renard, 65.
Leballeur jeune, r. St-André, 15.
Lebon (X.-Y.), r. St-Gervais, 79.
Lebourg (A.), r. Renard, 45.
Lebrument et Decambos, r. Stanislas-Girar-
  din, 18.
Lechevallier (F.), r. Crosne, 25.
Leclerc (Ve), r. Renard, 49.
Lecœur (E.) et Manchon, r. Rouland, 9.
Lecomte-Damiens, r. Renard, 53.
Lefebvre (Jh), r. St-Gervais, 44.
Lefebvre (H.), r. St-Gervais, 43.
Lefranc jeune, r. Lézurier-de-la-Martel, 6.
Leguay (H.), r. Renard, 39.
Legris (A.), r. St-André, 9.
Lehucher, r. Renard, 16.
Lehucher jeune, r. Stanislas-Girardin, 12.
Leloir, r. St-Gervais, 40.
Lemaitre, r. St-Gervais, 40.
Lemartinet et Beaufils, r. Stanislas-Girar-
  din, 13.
Lemonnier jne et fils, r. Renard. 56.
Lemonnier frères, boul. Cauchoise, 51.
Léonard (Narcisse), r. Rouland, 7.
Lepicard (J.) fils, r. Renard, 17.
Leroux-Eude, r. Renard, 19.
Leroux (Camille), brillanté, satins, piqués,
  etc., r. St-Gervais, 6.
Lesueur, r. Stanislas-Girardin, 7 bis.
Lheureux (Numa), r. Crosne, 15.
Louis (P.) fils, r. St-Gervais, 35.
Louvry (Ve), r. St-André, 35.
Loysel-Bigot, r. Stanislas-Girardin, 7.
Lucas (Ve) jeune, boul. Cauchoise, 32.
Malderet, r. St-André, 15.
Maille (Ch.), r. St-André, 26.
Malleville (A.), r. Crevier, 8.
Malleville (Jules), r. Renard, 9.
Manchon (Albert) et Cie, tissage mécanique
  à Bolbec, r. de Crosne, 68.
Manneville (E.), r. Rouland, 8.
Maraine jeune, r. Renard, 37.
Montier-Huet fils, r. Grosse-Horloge, 137;
  fabrique de mouchoirs à Bolbec.
Morin (C.), r. Stanislas-Girardin, 22.
Morin, r. Florence, 3.
Neveu fils, r. Crosne, 10.
Pertuzon (N.), b. Cauchoise, 59.
Piednoel (Vor), r. St-André, 37.
Pierre (G.), r. Stanislas-Girardin, 30.
Pilate ainé, r. Lecat, 53.
Poisson et Leteurtre, r. Renard, 52.
Poulard (J.-A.), r. Cauchoise, 47.
Poultier, r. St-Gervais, 27.
Prevel (F.) ainé, r. Rouland, 11.
Prével (Jean), r. Rouland, 13.
Prevel (M.), r. Louis-Auber, 11.

Pringaux et Hayé, r. St-André, 10.
Pringault fils, r. Buffon, 49.
Pupin fils, r. St-Gervais, 43 bis.
Quesnel (J.) jeune, P. r. St-Gervais, 7.
Quesnel-Massif, r. Saint-Gervais, 94.
Rabault (F.), r. Stanislas-Girardin, 9.
Rauline, r. Roulland, 2.
Retout et Cie, r. Stanislas-Girardin, 1.
Ridel, r. St-André, 11.
Ridel-Quimbel, P. r. St-Gervais, 3.
Rolland (Jules), r. Crevier, 20.
Roussel (A.), r. Renard, 78.
Saillard (Léon), r. Saint-André, 33.
Saunier, r. Crevier, 13.
Santais, r. Renard, 61.
Seicel (G.), r. Contrat-Social, 23.
Soyé fils, r. Crevier, 11.
Templier ainé, r. Renard, 22.
Terrier et Letanneur, r. St-Gervais, 37.
Terrier, r. St-André, 18.
Thieulin, r. Saint-André, 36.
Tillaux, r. Crevier, 17.
Tricot frères, r. Crevier, 10.
Tronquet (Fois), r. Renard, 57.
Vrel (Ferdinand) et Alfred Lepicard, fabr. de
  siamoises, r. Crevier, 16.
Vetu-Lecœur, r. Pierre-Corneille, 4.

Rouleaux pour mécaniques (couvreurs de).

Capron, r. Trois-Journées, 1.
Oranger jeune, r. St-Julien, 3.
Passieux (J.), avenue de Caen, 32.

Rubans.

Athias fils, r. Gr.-Pont, 15.
Collard (Mlles), r. Grosse-Horloge, 3.
Lecrinier, (A.), r. St-Lô, 4.
Lepage (S.), r. des Carmes, 74.
Moulin-Marlière, r. des Carmes, 31.
Petit et Lefebvre, r. aux Ours, 41.
Poullard-Stinger (Mme), r. Beauvoisine, 7.

Soieries en gros.

Campion et Mollet, art. de Lyon, Reims,
  Roubaix, place des Carmes, 27.
Everaert, r. Carmes, 11 et 13.
Lalonde et Grossier, r. aux Ours, 51.
Lecoq fils, r. Thouret, 10.
Pigault (V.) fils, r. aux Ours, 25.

Tailleurs (principaux).

Auvard et Cie, quai Napoléon, 56.
Billard, rue de l'Impératrice, 36.
Boilet (A.-J.), cours Boieldieu, 5.
Bourgeois, r. des Charrettes, 8.
Chemin, r. de l'Hôtel-de-Ville, 58.
Dégrais, rue Beauvoisine, 87.
Dubuisson, pl. de la Cathédrale, 29.
Dujardin, boul. Cauchoise, 63.
Dumontier, r. de la Ganterie, 101.
Fasbender et fils, r. de l'Impératrice, 78.
Fronsacq, cours Boieldieu, 6.

Gouget (Ch.), r. Nationale, 3.
Guéroult, r. Impériale, 55.
Hinart, confect., r. Lafayette, 86.
Jaquelin, r. de l'Impératrice, 70.
Lancestre, r. Bec, 5.
Lecaron, r. Socrate, 27.
Ledentu, r. Impériale, 36.
Lefebvre, r. Bec, 8.
Lethuillier, r. Grand-Pont, 26.
Lévy (G.), confect., r. Impériale, 54.
Lhuant (R.), r. Rollon, 5.
Marionnaud, r. de l'Impératrice, 57.
Moreau-Foly, r. Fossés-Louis VIII, 30.
Moret-Vallée, draperie et nouveautés, confect.,
 r. Grand-Pont, 49.
Morian, r. Socrate, 22.
Peronny, r. de l'Impératrice, 27.
Plantard, r. de la Ganterie, 20.
Poulet aîné, r. Cauchoise, 82.
Remy (E.) et Cie, habillements confectionnés,
 r. Impériale, 25, maison à Paris.
Sedieu-Bellemère, r. H. Vieille-Tour, 15.
Siguillot, r. Bec, 15.
Strauss (M.), place de la Cathédrale, 21.
Troussé, r. Grand-Pont, 63.
Vauvert, r. Grand-Pont, 4 bis.

Tapis (marchands de).

Chalon (A.), r. Impériale, 53.
Delesque (L.), tapis aloës, coco, paille, laine
 moquette, etc., r. Grosse-Horloge, 150.
Foussard (A.), r. Grosse-Horloge, 77.
Gendre, r. de la Ganterie, 104 et 106.

Teinturiers en bleu et petites couleurs.

Aubrée-Ducet et Cie, teinture et apprêts, rue
 Blanche, 20.
Bertault, r. Carouge, 10.
Blanchet, route de Darnetal, 83.
Bulard, quai aux Meules, 14.
Buquet oncle et neveu, r. Préfontaine, 19.
Caron fils, r Préfontaine, 16.
Cronier père et fils, teinture et apprêt de drap
 de coton, r. Val-d'Eauplet, 49.
Delamare (Amédée), teinture et chinage en
 grand teint et petit teint, sur laines, sur soies,
 et cotons filés, route de Darnétal, 91, mais.
 à Paris.
Ducet, r. Préfontaine, 1.
Dupuis, r. St-Gilles, 12.
Gueroult, teint. de soies et laines, chinage sur
 coton, laine et soie, r. Eau-de-Robec, 3.
Lecalard, laines et cotons, r. Préfontaine, 35.
Lefebvre, r. St-Gilles, 14.
Leveillé fils, r. Préfontaine, 4.
Miray (Vve), r. Préfontaine, 50.
Pépin (Vve) et fils, r. des Petites-Eaux, 25.
Pointel, faub. Martinville, 30.
Quenet frères et Vallée, r. Préfontaine, 27.
Rouen et Drieux, r. Préfontaine, 28.
Sauvage (H.), toutes couleurs et chinages,
 route de Darnetal, 5.

Teinturiers en rouge et autres couleurs grand teint.

Deschamps frères, en toutes couleurs, spé-
 calité de noirs grand teint. chinage, r. St-
 Gervais, 18.
Fortier (Henri et Ernest), rouge des Indes et
 autres couleurs, r. des Petites-Eaux, 1.
Lecœur frères, r. des Bons-Enfants, 102, à
 Bapaume-lès-Rouen.
Legras (Ferd), route de Darnetal, 17, cotons
 écrus et teints, r. d'Amboise, 18.
Lenormand (J.), teinture en toutes couleurs
 grand teint, route de Darnetal, 9.
Leveillé fils, r. Préfontaine 4 et 6.
Pepin (Vve) et fils, teinture des cotons en
 couleurs, r. des Petites-Eaux, 25.
Sauvage (H.), teint. en bleu et toutes couleurs,
 chinages, route de Darnétal, 5.

Teinture et apprêts de toileries.

Cronier père et fils, r. du Val-d'Eauplet, 49.
Hue aîné, r. de l'Eau-de-Robec, 2.
Yart, à Darnétal,

Toiles blanches, coutils, mousselines (march. de).

Anquetin, fabr. de toiles crémées blanches et
 écrues, r. Thouret, 16.
Bataille, Marguerit et Templus, r. Fontenelle,
 30, maison à Lille (Nord).
Beaufils (Louis), r. de la Grosse-Horloge, 58.
Berthelot-Roberge, r. Beauvoisine, 15.
Bertrand, r. de l'Impératrice, 49.
Bisson (S.) fils, r. de l'Epicerie, 15.
Block (M.), r. de la Grosse-Horloge, 103.
Blondel (A.) et fils aîné, r. Beauvoisine, 23.
Boudin, r. Impériale, 36.
Bouffey (A.), lainages, r. aux Ours, 43.
Boulot, r. Impériale, 23.
Brunel (H.), r. de l'Epicerie, 38.
Carrière (F.), r. Impériale, 11.
Castel (A.) fils, Grande-Rue, 126.
Cavé, r. Impériale, 6.
Chemin-Lecoq, r. aux Ours, 78.
Chevalier (J.), pl. de la Calende, 42.
Cléret (Mme), r. Beauvoisine, 185.
Danin, r. Basse-Vieille-Tour, 35.
David (Achille), r. des Carmes, 9.
Delanos frères, fab., r. Cauchoise, 47.
Denize et Duhamel (Miles), r. de l'Hôpital, 30.
Dilly jeune, r. des Carmes, 73.
Dubus-Bertin. pl. Impériale, 7.
Dufeu-Duval et Cie, r. de l'Epicerie, 14.
Dujardin (A.), r. de l'Epicerie, 21.
Gambart, place de la Pucelle, 18.
Godfin (L.), place Cauchoise, 1.
Grenet-Lefebvre, r. de la Grosse-Horloge, 27.
Guiot-Langlois, r. des Tapissiers, 2.
Hébert-Héron, r. du Change, 12.
Hénault, pl. Basse-Vieille-Tour, 46 bis et 48.
Hugot (Vor.), pl. de la Cathédrale, 17.

Jouanne (E.), q. Napoléon, 28.
Lamare (A.), trousseaux, r. des Carmes, 37.
Lamy-Debarre, r. du Contrat-Social, 4.
Langlois (O.), r. aux Ours, 39.
Langlois (Ch.), r. Impériale, 92.
Lapayre jeune, r. du Bac, 37.
Leclin (S.), fab., r. du Change, 11.
Legrand (N.), r. du Change, 3 et 5.
Leprevost (Alfred), r. aux Ours, 21.
Lerebours (A.) fils, r. Prison, 32 bis.
Lesage (L.) fils, r. du Bac, 24.
Letailleur(Mlle), boul. Beauvoisine, 58.
Letellier-Devaux, r. aux Ours, 38.
Mailliard (A.) et Masseron, r. de la Grosse-Horloge, 79.
Noël (Mlle), r. des Carmes 23.
Peschard (F.), r. de l'Impératrice, 90.
Pézier (Dque), r. de la Grosse-Horloge, 158.
Piednoel (Wor), r. St-André, 37.
Pinel (P.), r. aux Ours, 6 et 7.
Pollet et Fournout, r. de la Grosse-Horloge, 49.
Richer (H.), pl. de la Pucelle, 4.
Saint frères, fab. de toiles écrues et crêmées, r. du Vicomté, 70.
Sévestre, Castel, Ferrandier, Lochon et Cie, r. de la Grosse-Horloge, 22.
Tetu-Gromas et G. Delalonde, confection et sarraux en gros, r. des Carmes, 20.

Toiles gaufrées (fab. de).

Cronier père et fils, manufactures de toiles anglaises, r. Val-d'Eauplet, 49.

Toiles de fil (fab. de).

Anquetin, r. Thouret, 16.
Daniel (E.) et E. Horaist, boul. Cauchoise, 69.
Piednoel (Vor), r. St-André, 37.
Quemin (P.), route de Caen, 7.
Thuillier frères et Cie, r. de Crosne, 26.

Toiles de cotons et de fil, croisés, etc. (fab. et négoc. de).

Alleaume (A.), r. de Crosne, 56.
Alleaume (E.), et Vor Baillard, r. Buffon, 52.
Cabot, r. de Crosne, 5.
Carmentren (Vve) et Aubé, spécialité de cretonnes fortes, r. Elbeuf, 80.
Chanu (L.) et fils, r. de Crosne, 27.
Fareut et Cie, r. de Crosne, 8.
Guébert (L.), r. de Crosne, 28.
Noché-Blutel, r. de Crosne, 17.
Thoureude, r. de Crosne, 47.

Toiles d'emballage.

Farin, place de la Pucelle, 12.
Saint frères, r. Vicomté, 70, et à Paris, fab. à Beauval, à Alléry et Flixecourt (Somme).
Yvose (Lkl), r. Jacques-Le-Lieur, 18.

Toiles imperméables.

Bricque (A.) fils aîné, vente et location, rue Guillaume-le-Conquérant, 24.

Saint frères, r. Vicomté, 70.
Thuillier frères et Cie, r. Jacques-le-Lieur, 18, maisons à Paris et Marseille.

Tuyaux pour filatures (fabr.).

Jacquinot, r. des Champs, 33.
Passieux (J.), r. de Caen, 32.

Velours.

Mayeux (L.), fabr., dépôt de tissus anglais, r. de Buffon, 54.

Amfreville-la-Mi-Voie.

Indiennes et laines (manufact. d'). —Keittinger (F.) et fils, maison à Rouen.
Produits chimiques (fabr. de). — Chouillou (Edouard) et Cie, dépôt à Rouen, chez Bazille, O. ✽ frères.

Arques.

Cotons (filat. de). — Tassel frères.

Auffay.

Cotons (filat. de). — Leroy.
Draps et nouveautés. — Chavanieux.— Henri (Aug.). — Gantier. — Quevillon.

Aumale.

Banquiers. — Bidot (Ad.). — Glavieux. — Gravet-Lambert. — Lecointe (Auguste). — Lesueur.
Bas (fabr. de). — Brunet-Basse. — Buignet-Mille.
Draps et nouveautés (march.). — Bufaralle. — Devillers. — Grouard. — Levaillant. — Letellier. — Miollot-Durger.
Laines cardées (filat. de). — Yvar (Ch.).

Bacqueville.

Draps et nouveautés. — Broust frères. — Fortin. — Leroux. — Pont fils.

Bapeaume.

Blanchisserie. — Dubreuil (E.), blanchisserie de tissus de chanvre, lin et cotons, dépôt à Rouen.
Cotons (filat. de). — Leroy (Félix).
Indiennes (fabr. d'). — Cordier (Alp.). — Lemaignent frères.
Impression de châles de laine (manufact. d'). — Wulveryck.
Teinturiers.— Lecœur frères, toutes couleurs, maison à Rouen. — Larcher (Alf.).

Barentin.

Calicots (tissage méc.). — Delanoe. — Gaillard et Cie.
Cotons (filat. de). — Damilaville. — Duboc. — Duchemin. — Gaillard et Cie, dépôt à Lyon, rue des Capucins, 12. — Hommais (Ch.). — Laquerrière (A.). — Lemoine et Cie. — Levasseur. — Loisellier. — Travers (A.).
Draps. — Lecoffe. — Lemarchand.— Mottet.
Lin et étoupe (filat. de). — Badin (A.).

Mécaniciens pour filatures. — Lachèvre (J.). — Paumier.

Nouveautés et draperies. — Leborgne.

Bellencombre.

Cotons (filat. de). — Derly (A.) et Chaboy. — Renaux, à St-Hillier. — Leroy, à Rosay.

Draperies et nouveautés. — Denise. — Lambert. — Lemonier. — Maillard.

Blangy-s.-Bresle.

Banquiers-escompteurs. — Danzel. — Hubert (Charles). — Vigneron.

Drapiers. — Beaufils-Cousin. — Guerard. — Hebert-Grandsire. — Lefort.

Rouennerie (fabr. de). — Bachelier. — Payenneville-Bley et Vallée, et draperie.

Blosseville-Bonsecours.

Calicots mécaniques (fabr. de). — Debu fils aîné, p. impressions, blanc, et p. parapluies, tissus laine écrus nouveautés, dépôt à Rouen.

Produits chimiques pour teinture (fabr. de). — Lenormand et Baudu, extraits de bois de teinture, dépôt à Rouen.

Bolbec.

Chambre consultative des arts et manufactures. — Président : Desgenetais. — Secrétaire : Dupray.

Conseil de Prud'hommes. — Président : Gaignard. — Secrétaire : Lequesne.

Banquiers : Lesueur-Goutan (Vve) et fils. — Nicaise père.

Blanchiss. de toil. : Levesque.

Bonneterie en gros : Deschamps-Mabire, et mercerie en gros.

Calicots (fabr. et tissage mécanique) : Bounard, à St-Eustache. — Desgenetais frères, à Bolbec. — Gruchet-le-Valasse et Lillebonne. — Chevalier-Letellier. — Daniel (A). — Fauquet-Lemaître ❋. — Lecourt (P.). — Le Maistre (Eug.) ❋. — Lemaitre-Lavotte et fils ❋. — Manchon (A.) fils.

Construct. mécaniciens. — Panvier fils, filature. — Collet.

Cordier. — Passas (Jules), fabricant breveté.

Cordonnet de coton pour lames, retors, p. lisières à l'usage des tissages mécan. (fabr. de). — Bons.

Corsets en gros. — Deschamps-Mabire.

Cotons (entrepôt de). — Gilles.

Cotons (filat.). — Chevalier-Letellier. — Desgenetais frères. — Fauquet-Lemaître ❋. — Le Maistre (Eugène) ❋. — Lemaitre-Lavote et fils ❋. — Pimont (Anatole).

Draps et confection — Aubry-Lechevalier. — Baillard-Fondimare. — David-Camille, en gros. — Goupil. — Fontaine. — Longer-Leflamang. — Marie Béon. — Monnaiset. — Mouette-Pallié. — St-Aubin.

Indiennes (fab.). — Lecaron-Collen (Vve) et Pelcerf. — Lemaître-Lavotte et fils ❋.

Mouchoirs (fabr.). — Bellenger. — Bigot. — Blondel-Cocard. — Blondel (Ernest). — Bonneville. — Bourdin (Vᵉ). — Bourdon (Jules). — Bourdon (Paul). — Castaigne (J.-E.) — Damboise. — Dujardin. — Fauquet-Bourdon. — Duval (Fic). — Forthomme frèr. — Hauche. — Corne. — Hauchecorne (S.). — Hardy (A.). — Hue (J.). — Hue-Quesnel fils. — Lair frères. — Lauquet et Legouis. — Leblond (Vᵉ) et neveux. — Lefèvre (Arsène). — Lefebvre (Pierre). — Lheureux (Numa). — Mabire (P.). — Loisel. — Longuemare. — Montier-Huet et fils, m. à Rouen. — Morel. — Pouchet. P. fils. — Poulingue frères. — Seyer. — Simenel. — Tinel, Lange et Viel. — Trotel.

Navettes pour tissage. — Agasse aîné. — Agasse (Méry).

Nouveautés (march. de). — Baillard-Fondimarre. — Barbey. — Caufourler (Mme). — Goupil. — Levesque (Mme). — Ménard-Commonville.

Rots pour tissage (fabr.). — Bons (P.), grand établissement.

Soieries et velours en gros. — Deschamps-Mabire.

Teint. — Capelle (S.), à Gruchet.

Tubes en papier p. filat. et couvertures de cylindres de pression. — Debray-Caron et fils.

Bondeville (Notre-Dame de).

Blancs et apprêts. — Mare aîné et Lemazurier.

Cotons (filat.). — Gresland (Cin), mais. à Paris. — Vaussard (Francis).

Draps (fabr.). — Legendre.

Laines (filat. de). — Legendre.

Tissage mécanique. — Vaussard (F.).

Bourg-Dun.

Lin et filasse (mds de). — Boitout. — Carton (Eug.). — Carton (Th.). — Doré (Ls). — Gilles. — Grout (Ls). — Leger. — Leroux. — Raimbourg. — Tesnière.

Brachy-St-Ouen.

Coutils (fab. de). — Boulet (Pierre). — Clatot (C.) fils. — Fretel (F.). — Hébert (P.). — Thieury (Vivien).

Bréauté.

Tourneurs. — Aubert et fils, navettes et taquets pour tissage.

Caudebec-lès-Elbeuf.

Draps (fab.). — Auvray. — Bachelet (A.) et Martin Gel. — Bertin (Constant). — Blondel (A.) et Cie. — Bocquet (Isidore). — Boisnard (T.). — Bourel (Ed.). — Delahaye. —

Dequatremare (A.). — Dubos père et fils. — Hédouin fils. — Helloin (Samson). — Heudron (A.). — Hue (Léon), Lesueur, Talon et Cie. — Lequesne (F.). — Letellier. — Lucas aîné. — Lucas (L.). — Mil-Leblond jeune et Cie. — Martin (Mlle). — Martin (Auguste). — Metot fils aîné. — Metot (E.). — Richard.

Laines (filat. de). — Dugard (Ad.). — Gosselin, Quertier et Cie.

Mécaniciens. — Labaussois, mécaniques Jacquart. — Voranger (Ambroise).

Nouveautés et rouennerie. — Bona. — Duruflé. — Heullant.

Caudebec.

Consul de Suède et Norwége. — Michaux-Deschamps.

Déchets de laines (mds de). — Angot. — Bregard (G.). — Burnel. — Cailly aîné. — Costé (P.). — Duruflé (J.-J.). — Homet. — Lefebvre (H.). — Maillard (Augte). — Pelletin-Rault — Rault (Ch.). — Touzé aîné.

Banquiers. — Ladvocat. — Leroy

Blanch. de cotons, fils et tissus. — Cuffel fils.

Cotons (filat. de). — Cachelen, à St-Wandrille. — Pouyer fils.

Draperie. — Gustave-Laurent.

Cany.

Banquier. — Lerebourg.

Cotons (filat. et tiss. de). — Patrice fils.

Draps. — Bon. — Delamotte. — Lecoq (Paul). — Lepreule. — Prévost (Pompée), nouv.

Mercerie et nouv. — Bernier (Mlles) — Duteurtre. — Goupil. — Lepreuille. — Manoury. — Paul-Lecoq. — Tiercin.

Toiles. — Bouland (Vor). — Deschamps (E.).

Chartreux (les).

Cotons (filat.). — Daupley (E.) et Cie.

Mèches (fab. de). — Rickford, Davey, Chanu et Cie, mèches de sûreté pour mines, à Rouen.

Darnetal.

Bretelles (fab. de). — Fromage (Lucien) et Cie, maisons à Rouen et à Paris.

Calicots et tissage. — Manchon (A.). — Roussée (Em.).

Cotons (filatures de). — Bon-Milliard. — Durécu. — Lemarchand jeune. — Lecoq. — Rousselin (S.). — Villain.

Cotons (retordeur de). — Bon-Milliard.

Couvreur de cylindres pour filature. — Letellier (H.).

Draps et nouveautés (fab. de). — Bon fils.

Flanelles et tissus de laines (fab.). — Bobée.

Indiennes (fab. d'). — Bouffet fils. — Huet et Benner, Lamy-Godard (Charles), dépôt à Rouen. — Thuillier et Bonnefond, teinturiers-imprimeurs.

Laines (filat. de). — Delamarre (Louis) fils

aîné, cardées. — Dumont. — Dumont fils. — Piette père. — Ribelprey.

Produits chimiques. — Vasse aîné.

Rubans de cotons (fab. de). — Loiseau.

Teinturiers. — Bayle-Tibouret. — Bouffer fils. — Brunet. — Chatel (E.). — Lancelevée (Maxime). — Queval jeune. — Lemery (Vve). — Yart.

Tissage mécanique. — Roussée (Em.).

Triturage de bois de teint. — Devaux (F.).

Denestanville.

Filat. de lin et d'étoupes. — Dutuit (A.).

Déville.

Broches pour filatures (fab. de). — Toutain et Cie.

Cotons (filat. de). — Monfray et Rosée.

Cylindres de pression pour filatures de cotons, laines et soie (couvreurs de). — Fleury aîné. — Guibel.

Graveurs sur cylindres pour indiennes. — Buisson. — Carlios aîné et fils. — Carliez (Alex.) et fils aîné. — Forment. — Migraine frères. — Paon.

Indiennes (fab. d'). — Adenat et Masquelier. — Girard ✳ et Cie. — Bardin ✳, de la maison Girard et Cie. — Long jeune. — Tassel.

Dieppe.

Consulats. — Angleterre : Parker-Rhodes, vice-consul. — Autriche : Bunel-Lecanu, vice-consul. — Danemark. — Legriel (F.), vice-consul. — Espagne : Chapman (Georges), vice-consul. — Etats-Unis d'Amérique ; Levert (J.), agent consul. — Italie : Pourpoint fils, agent consul. — Oldenbourg : Lemaitre ✳ vice-consul. — Perse : Molet ✳, consul. — Pays-Bas : Lebourgeois, agent consul. — Portugal : Chapman, vice-consul. — Prusse : Sellier ✳, vice-consul. — Russie : Pourpoint fils, vice-consul. — Suède et Norwége : A. Lemaitre ✳, vice-consul. — Turquie : Baillet (J.), consul. — Villes hanséatiques et Hanovre : A. Lemaitre ✳.

Banquiers. — Legriel (F.) et fils. — Lemaitre (A.) ✳. — Osmont ✳, Dufour et Cie, caisse commerciale.

Bonnetiers. — Coffignon. — Godard (X.). — Guerinot (Mlle). — Lenglet frères. — Lejeune.

Chanvres (négts en). — Lemaitre (A.).

Corsets. — Godefroy. — Leprêtre (Mme). — Maixner (Mme). — Tilly.

Dentelles (fabr. de). — Ecole manufacturière. — Directrice : Fleury (Mme), sœur de la Providence.

Draps. — Fréchon et Cie. — Godard (X.). — Hotin. — Leblanc fils. — Leroux père et fils. — Leymarie (H.) — Marchais. — Nicolle Bilhest. — Puech (Casimir). — Vasse

Fleuristes. — Bellenger-Maurouard (Vve). — Ségure.

Gants (fab.). — Fresange.

Lin (tail. méc.). — Robbe (L.) fils.

Nouveautés, soieries, etc — Bellanger-Maurouard (Vve). — Frechon aîné. — Hotin. — Leblanc fils. — Leroux père et fils. — Leymarie (H.) et Cie. — Marchais. — Martin et Colinet. — Puech (Casimir). — Vasse.

Rubans de soie. — Coffignon. — Lejeune.

Toiles. — Hotin. — Leblanc fils. — Leclerc (Mme). Leroux père et fils. — Leymarie (H.). — Nicolle-Bellengreville. — Vasse.

Doudeville.

Draps (fab.). — Buisson et Cie.

Draps et nouveautés. — Bigant. — Fortin (M.). — Fortin (G.). — Halu. — Hurtebize. — Lefebvre père et fils et Durosay. — Lelong et Cottelle. — Martin.

Ouates (fab. de). — Varin-Vigier fils.

Tissus de cotons pour parapluies, pour meubles et pour pantalons (fab.). — Barbaray (Auguste) — Bauche (M.). — Daubeuf. — Delanos (P.). — Fillâtre. — Guillotin (E.). — Homo. — Jacques (J.-P.). — Jacques (A.). — Jacques (J.). — Jacques fils. — Jacques (F.). Lambard frères. — Lejeune et Godefroy. — Leteurtre et Poisson. — Lucas (P.). — Retout et Cie. — Tronel-Halu.

Toiles. — Halu. — Lemercier. — Raimbourg (H.).

Duclair.

Cotons (filature de). — Lenepveu (F.).

Rubans (fabr. de). — Loiseau (Ernest), laine, coton, fil et coton, tissage mécanique).

Elbeuf.

Chambre de commerce. — Président : Flavigny (Ch.) ※. — Turgis (P.) ※, vice-président. — Lecerf ※. — Lizé (Charles) ※. — Aubé (Ph.) ※. — Demar (Laurent). — Prieur neveu. — Cavrel. — Secrétaire archiviste : Gardin (Th.).

Société industrielle. — Président : Aubé (Ph.) ※. — Vice-présidents : Adolphe Chenevière. — Léon Maurel.

Tribunal de commerce. — Président : Cavrel (A.). — Juges : Wallet (E.). — Baudouin-Maurel (L.). — Mary (A.). — Suppléants : Cose (L.). — Bouché (L.). — Martin (E.). — Gence (Jules). — Greffier : Duprey.

Agréés. — Rivière. — Closset. — Fleury. — Ricard.

Conseil de prud'hommes. — Président : Ch. Bazin. — Secrétaire : Buquet.

Apprêteurs, décatisseurs. — Aonfray (Alfred). — Bastien (Vve). — Beck (Vve) et fils aîné, apprêt spécial de paletots frisés et ondulés. — Carbonnier aîné. — Gauchois. — Dautresme (Auguste). — Delamare (N.). — Déparrois (L.). — Descoubet (P.). — Duboc

(V.). — Guerot (J.-B. et Cie) frères et Cie. — Guerot (Edouard). — Hellant (Ire). — Labbé. — Lamboy (A.). — Lebret. — Ledran (Amaury). — Le Roy (Vve) et fils aîné. — Martel (A.). — Pelnier aîné. — Perelle (C.). — Pointel (G.). — Quidet (Léon). — Rouland. — Tétrel.

Banquiers. — Bouchet et Cie. — Houllier (Ch.). — Lesage (C.). — Leblond-Blaretto et fils. — Prieur (L.) neveu, mais. à Paris. — Quesné-Prieur (Vve) et fils.

Cardes (filat. d'étoffes et caoutchouc pour). — Lefebvre-Gabriel.

Déchets de laine. — Guérot (Edouard).

Dessins et échantillons de fabriques. — Bottier. — Bertin (L.), professeur de la fabrication des tissus. — Depaillères (Frédéric), profess. de tissage. — Geoffroy (Armand). — Levieux (F.-A.), publication mensuelle d'échantillons. — Soret jeune, professeur de tissage.

Draps (fabr. de). — Alix (Jh). — Anfry-Chatel, et I. Petit, nouveautés et paletots. Ansoult aîné, draps noirs. — Aubin (L.) et J. Duhomme. — Baudouin (Louis). — Bazin (Ch.) pour militaires, colléges et communautés. — Beaucousin (P.). — Beaudouin frères. — Beaussault (Eugène). — Beer (Morel) fils aîné et Cie. — E. Beer et A. Viot. — Bellemère (E.), associé de la maison F. Chary et Cie. — Bellest (E.) ※, Benoist et Cie, draps lisses, élasticotines et façonnés. — Berjonneau (A.). Berrier (F.). — Bertin aîné. — Bertin (G.). — Bertrand (L.) fils. — Bioche, Blanquet, Normand frères de Romorantin, Dannet et Cie, de Louviers, etc. — Blondel (Ate) fils. — Blondel (A.), draps noirs. — Bourdon (G.) et D. Desmoulins et Cie. — Bréant fils. — Broussois (Hré) fils. — Bruyant (E.) et Vitcoq. — Bunel (Ernest). — Cabourg (Prosp.), nouveautés et paletots. — Caillebotte (Henri). — Canivet (C.), export. — Cavé-Berrier. — Cavrel (Achille). — Charmay (Ach.). — Chary (F.) et Cie. — Chatel (A.). nouveautés. — Chauvin (D.). — Chennevière (T.), O. ※ (T. Chennevière fils successeur), nouveautés pour dames. — Cosne (L.), paletots et nouveautés. — Decaux (Philippe) et Cie, draps civils et militaires. — Decaux (Emile). — Defrance (A.). — Defrémicourt et Huet. — Delahaye (P.). — Delalande (Constant) fils, spécial. p. livrées — Delandemare et Francez, nouveautés extra-fines. — Delanney (P.) et A. Cottereau, draps vert billard, bleu d'uniformes. — Delaquèze (J.), demi-saison fine. — Delarue (Ch.), spéc. p. billards. — Delaunay (E), nouveautés. — Demar (Lt), p. pantalons. — Denef père. — Deperrois (Henri). — Desbois (Paul), fins et façonnés, int. et exp. — Deshayes (P.). — Devaux (Jules) fils, jaquettes et paletots.— Dubos père et fils. — Dubourg, Benard et Cie.—Dubuc (Gve), nouveautés. - Dulondel père et fils.— Durulté (E.).— Faupoint-Jourdain.— Ferrant et Lefrançois. — Flavigny frères, p. pantalons et paletots. — Flavigny (Louis-Robert) et fils. — Fleury (P.), nouveautés. — Fleury-Desmares, paletots et nouveautés. — Foliot (E.) et A. Aubrée. — Fouard (Aug.). — Fouchet (L.) père, fils et Hulme, nouveautés. — Fouré, nouv. et paletots.— Frémont (Charles). — Gariel-Chenevière (A.), pantalons, paletots et art. p. dames. — Gasse frères, p. pantalons et paletots. — Gaudchaux-Picard (Arthur), dépôt. — Gence (J.) et Despaignet, pantalons et vêtements complets. — Gérin-Roze (H.), nouv. et paletots noirs et couleurs, satins et croisés. — Goujon et Ferrand. nouv. et paletots.— Grenier (Albert), nouv. et paletots. — Grenier (Moïse). — Harel (E.) et A. Delarue,. nouveautés p. pantalons et vêtements complets.—Hédouin jeune et Peinte. — Hellouin (Alph.), nouveautés. — Hennebert (Eugène) et Cie. — Hennebert (Eugène), p. voitures, coul. p. l'exportation, draps p. livrées, p. costumes. — Hennebert (Victor), spécialité p. voitures.— Hommais Gariel, noirs.—Houillier fils et Th. Godin.—Hubert (Ch.), nouv. et paletots. — Hue (Clovis), nouv., r. du Cours. — Hue (Victor) fils, nouveautés p. voitures.—Huet (Louis), draps et nouveautés.—Imhauss (Ch.), paletots. — Jeuffrain père et fils.— Jourdain (Fic) fils. — Jourdan (A.). — Jullien (P.) et H. Chaîneux, nouveautés et paletots. — Laîné (Léon). — Lalubie et Buisson, nouveautés.— Lamberdière (M.). — Lanne fils aîné et Cie. — Lavoisey (A.) et Thevenin. — Lebailly-Durand. — Leblois, Piceni et Cie. — Lebourgeois (H.). — Lecallier fils et H. Quidet, draps fins, spécialité p. uniformes. — Lecat et Hervieu, fab. à Caudebec. — Lecesne (D.), nouveautés et paletots.—Leclerc (Hippolyte).— Lecomte (Amédée), unis. — Lecorneur, Olivier et Cie. — Lecoupeur-Barette, spéc. d'articulés.—Lefebvre-Gariel, fab. d'étoffes p. cardes. — Lefebvre-Renaux. — Lefrançois (H.). — Lefrançois (P.), spécialité de pointillés. — Legrand (Jules). — Legris ✻ et Maurel, pantalons, paletots et gilets. — Lejard (L.). — Lejeune (A) et F. Delandre.— Lemaître-Védie et Victor Patallier, nouveautés. — Lemaire (Florentin) jeune et E. Debroche, nouv.— Lemonnier (A.). — Lenoble (E.) aîné. — Lepesqueur-Sanson fils.-Lequesne (B.), nou. et paletots.—Lequesne (L.), draps, nouv. — Lequeu (Frédéric).—Lermuzeaux (Jules).— Leroy (Gustave). — Lesage-Maille, draps et nouv. — Lesueur (Léon).—Levasseur (A.). — Lion (Victrice), noirs et bleus pour uni-

formes. — Lion frères. —Maille (Clovis).— Malassis (Félix). — Martin (E.) fils. —Mary (Ad.) et E. Sanson. — Masson, Poitrasson et Reybet. — Maubuisson et Cie, nouv. et paletots. — Melet (T.) et Bequet. — Metot fils aîné, nouv. — Metot jeune et Bourguignon. — Mignard (Vve) et fils aîné, paletots et nouv. — Milliard (J.). — Mouchel aîné. — Nivert (B.), draps et paletots. — Nivert (Emile), nouv. — Normant frères ✻, manuf. à Romorentin et à Elbeuf, pour billards, livrées, voitures et wagons, m. à Paris. — Olivier (Pierre) et Jules Brunel, satins et castors noirs. — Olivier frères, pour paletots et pantalons. — Olivier (Philogène), nouv. fines. — Olivier et C. Delaunay. — Osmont (A.) et E. Lermuzeaux. — Pelletier-Samson. — Petel (A.) fils. — Philippe (C.), pantalons et jaquettes. — Picard, usine à St-Pierre. — Picard (J.), voitures. — Piedeleu jeune. — Pointel (A). — Potel (F.). — Potel (G.), nouv. fines. — Poussin (A.) ✻ et fils, établiss. hydr. à Louviers. — Prevel (P.), draps, nouv.
Prinvault (Victor), nouv. fines. — Quilbeuf (E.), nouv. et paletots. — René frères, draps et nouv. — René jeune et Cie, nouv.
Richard (E.), aîné, noirs. — Richard.Hue (Louis), cartes d'échantillons p. draps et nouv. — Richard-Turpin. — Rivette-Broussois. — Rivière (A.), nouveautés.—Roussel (Ch.), nouv. — Ruzé (A.) fils. — Saint-Amand (A.). — Saint-Germain (Jules). — St-Pierre.— Sanson (Cyprien) fils, nouv. et p. billard. — Sanson-Lepesqueur. — Saval (Auguste), noirs et nouv. p. maisons religieuses. — Simon (Sel) et C. Bernard. — Simon (J.) fils aîné.—Simon (Félix) et Bailhache. — Tabouel (Marc). — Tabouelle (F.) et Bouillon. — Talamon (Georges) et Limet, draps et nouv. — Tallon-Lenormand et Pivain, draps à l'usage du clergé, fournit. pour les chemins de fer. — Thibault (Edouard). — Thillard (J.), hautes nouv. — Touzé (A.). — Touzé (Vor). — Turpin et Cie. — Vallès (J.). — Varinet. — Vauquelin, O. ✻, nouveautés. — Védie (A). — Würth et Roussel, nouv. et paletots.
Draps et nouveautés (négoc. et commiss. en). — Auté et Colomer.— Baillemont (Benoît), maison à Sedan. — Bardenat (Ph.) et Cie, rue Royale, 3. — Bardenat jeune.— Barbe (A.) et Odier. — Bergeret, Bouret, Bouvier et Vigne. — Bertèche, Baudoux-Chesnon et Cie. — Bessand et Cie. — Brazier (A.) et Cie. — Brun et Leroy, m. à Paris. — Carité-Lefebvre. — Cavé (Victor), nouv. en solde. — Charpentier-Grandin et Cie. — Claudé (Charles). — Couprie père, fils et Regnaud. — Dautresme (Ate). — David aîné. — Deboos (Louis) fils. — Delaisse (J.) et Cie, export. — Delamarre (E.) et

Cie. — Delamare et Langlois. — Deville (J. A.) et Cie. — Doubet (Gve). — Dreyfus (Léon) et Cie, m. à Paris. — Dumont (A.) père, et Cie. — Dumont (Ch.) et A. Arnaud. — Dumont (Henri), m. à Paris. — Durand fils et Cie. — Eude (B.). — Fortuné-Hamelet. —Fouquier-Bouvier, soldes.—Freret (Victor et Pôtel). — Freté (A.), export. — Garnier (Ch.) et Cie, maison à Paris. — Glatigny et Cie, drap. d'Elbeuf et Sedan.— Gosse (J. B.) et Cie. — Grard fils. — Grivatz et Gain. — Guilbert (F.) et Leroux. — Habert - Desrousseaux (Ch.) , export, et à Sedan.—Harent (Ls) et Huet.—Halet (Adre) et Cie, m. à Paris.—Hébert (E.), Lebaigue et Simon. — Hébert et Cie. — Hédouin jeune. — Hélouin (Louis). — His (Edmond), de la maison Jules Leseigneur. — Hue (Richard-Louis). — Huet (P.). — Jobey (Alfred). — Labadié (Alex), m. à Marseille. — Lainé frères et Heslouin. — Lambert (E.). — Lanne (Paul). — Langlois-Gosse, dépôt fab. d'Elbeuf et de Caudebec. — Lanon (E.) et A. Voisard. — Lebret (P.).—Leloup (Adolphe). — Lemonnier-Chennevière (Vve) et fils. représentés dans les principales manufact. d'Angleterre. — Lemaître (D.).— Lenoble (A.). — Lepesqueur (Vve Samson). — Leseigneur (Jules). — Leseigneur (P.). — Letellier (J.). — Liberprey (G.), détail. — Lizé (C.) père ✳ et fils. — Martel (A.), export. — Martin (L.). — Masson, Poitrasson et Reybet. — Mercier (P.). et F. Lautour. — Mil-Leblond (J.), m. à Paris,— — Monneaux. — Papavoine ✳ frères. — Phalippou, Duchatel et Tournadre, mais. à Paris. — Pointel et Cie, m. à Paris. — — Pontié (P.) et Beauté. — Poulain (A.).— Quelquejeu, vente des premières maisons d'Elbeuf. — Rastier (Louis) et Chardin. — Regnaud (B.) et J. Cartier. — Richard (Eugène) aîné, draps noirs et achats. —Rosset (G.). — Rougeolle-Milleret. — Roussel frères. — Roussel (Louis). — Saint-Ouen (Mme Vve). — Sarraute et Soullé. — Sautreau, Massy et Libert, m. à Paris. — Sibillat (Fd), Chauvin et Cie. — Talamon (Félix) fils et Cie. m. à Paris.—Tessier (Alex). — Thezard (A.). — Thiery (T.). — Vaillant (J.)—Varet (Jules), p. l'export., mais. à Paris. — Varinet (Jules). — Vaysse frères.—Verrier (O.). — Viard (Mel). — Vinet (Albert). — Vinet (Henry). — Wallet (L.) frères.

Fleurs artificielles. — Beau.

Laines (march. et commis.). — Amtmann et Cie, maison au Havre. — Berr (Morel). — Bessy (A.) et Cie, et à Paris et au Havre. — Bierfuhrer et Cie, société en commandite par actions, laines et déchets. — Bréant (V.). — Courtin (Ch.). — Desplanques, Boscovitz, Pietzch et Cie, mais. au Havre. — Duvivier (A.), françaises et étrangères. — Lanseigne frères. — Lagny (Gust.), laines d'Allemagne et de Buenos-Ayres à commis. — Magnin (M.). — Rousseau jeune. — Sallambier (Th.) ✳, Aubé et Cie, maison à Vienne (Autriche) et au Havre.—Schwendler (C.-J.). — Souty (F.) et A. Bertrand. — Vernethuit (A.), françaises et étrangères.— Werthemann (A.) et fils, mais. à Bâle, représentée à Elbeuf par G. Lagny.

Laines peignées, filées.— Blanchemain (J.).— Boujiard (H.), soies, cotons filés et laines. Bucaille (Ch.). — Cobné, maison à Paris.— Enoult. — Hamelet (Léonard), cotons filés, laines et soies. — Lemaire (De). — Phalenpin (E.).

Laines (filatures de). — Cernu.— Lesage. — Delrez père. — Jules May et Cie.

Teinture en laines et en pièces. — Jules May et Dehan. — L'Homme et Cie. — Leroy (Ase) fils. — Moreau (J.) et L. Grille. — Pion (Léon) ✳. — Turgis (Ed.).

Laines (déchets de). — Bierfuhrer (E.) et Cie. Bouffard (Augustine). — Guérot (Ed.). — Langlois (Ls). — Poiret et Valentin, et à Paris. — Roemer (Victor). — Voisin (F.).

Laines (courtiers en). — Lion (E.), et déchets. — Martin.

Lisières filées pour draps. — Lemaître (D.).

Literie (art. de). — Courel et Duruflé.

Mécaniciens-constructeurs. — Adam frères.— Bataille, Jaquart.— Beck (Vve) et fils aîné, machines à battre les draps, à dégraisser et laver la laine. — Berenger (A.). — Berrier (Isidore) fils, Jaquart. — Bouteiller, machine à coudre. — Crété et Depitre. — Desplas (Henri) fils, machines, fouleuses cachemiriennes et à échantillon, à laver les laines. — Desseaux. — Dumoutier (Lucien), Jaquart. — Fleury. — Fortier (Hte) fils, méc. Jaquart, plombs, maillons, fil arcades, cartons Jaquart. — Lahaussois. — Leblond aîné. — Leblond neveu. — Maillard. — Leroy (C.). — Maingot (Alfred), machines en tous genres, laineries, métiers à tisser. — Malteau (A.). — Quidet (Léon), mach. à dégraisser, laver, essorer, et battre la laine.

Nouveautés en détail. — Bureau. — Christophe. — Delaleau (J.). — Delaunay et Cie. — Dévillé. — Courel et Duruflé. — Lebourg-Heutte. — Legras-Lacaille. — Laurent (D.). — Lebreton. — Lejeune. — Leroux. — Suzanne-Liot (Vve).

Plumes, crins et laines à matelas.—Suzanne-Liot (Vve).

Rots et lames (fabr. de). — Auger jeune. — Bluet jeune. — Delabarett (Félix). — Hue (Léopold). — Langlois (D.), successeur de Lebaillif. — Lercouleur jeune. — Picard (Vve). - Pinchon (Edouard). — Prévost frères.

Séchérie de draps. — Bastien (Vve). —Béren

ger. — Hervieu. — Bréard. — Crabit. — Join-Lambert (Vve) — Maubert et Cie. — Plaisiat.

Soies filées. — Blanchemain (J.). — Boujiard (H.), soies, cotons et laines filées en toutes nuances. — Bucaille (Ch.), teinture et dévidage. — Chilliat (Edouard), dépôt chez H. Bonjard, mais. à Paris. — Cohué (A.), mais. à Paris. — Enoult (J.). — Hamelet (Léonard), soies, cotons filés et laines.

Tailleurs-confectionn. — Auger. — Belème. — Limasset (Hte). — Lucko et Michaud. — Vandamberge. — Vavasseur.

Teinturiers. — Bazard (N.). — Beer (Lucien). — Blay frères et Cie. — Crabit. — Delarue (H.). — Delrez frères et Cie. — Dubost frères et sœurs. — Flavigny (E.). — Jules May et Dehan, en laine et en pièces. — Lecoq-Sébirot. — Lecoq (Henri). — Maladinski. — Mallet et Cie. — Martin (Emile) fils. — Martin (T.), teinture liquide épouti. — Morel. — Parrin (A. et T.). — Sauvage (Léon).

Toiles en gros, toilettes et emballages pour draps, gros et détail. — Alexandre Tronel. — Gennetais (E.). — Huet (N.). — Molet (H.). — Saint frères.

Toiles (march. de). — Courel et Doruflé. — Delaquaise (H.). — Parmantier.

Envermeu.

Banquiers. — Labbé. — Pellerin.

Nouveautés. — Fontaine. — Fouque (veuve). — Germain (veuve). — Gruel. — Mottet.

Eu.

Banque et recouvrements. — Sevin.

Chanvre, lins et laines. — Bignon fils. — Taquet-Bignon.

Draps. — Charles-Derambure. — Lebœuf (Michel). — Lejeune. — Poitevin. — Taquet-Bignon. — Tavernier fils.

Nouveautés. — Cayeux. — De Facqz-Durieux (Mme). — Fouyer. — Jouy (Mlle). — Lefebvre-Langlois. — Taquet-Bignon. — Tavernier fils. — Varin (Vve).

Toiles (fabr. et mag.). — Taquet-Bignon.

Fécamp.

Banquiers. — Dubosc (P.). — Legros (A.).

Calicots (tis.). — Mondeville et Coudray.

Corsets (fabr. de). — Delabretonnière (Mme).

Cotons (filat. hydraul. de). — Dupray et Handisyde. — Hemet. — Simonin.

Dessinateur en broderie. — Lecœur-Remy.

Draps. — Chapelle. — Druet (L.). — Delafosse (Emile). — Hue-Maze. — Lanchon. — Meyer.

Fleurs artificielles. — Quitard (Vve E.).

Habillements confectionnés. — Meyer.

Mécaniciens. — Deck aîné p. filat.

Nouv., soieries et draper. — Chapelle. — Druet (L.). — Delafosse (Em.). — Grenon (Mlle). — Hue-Maze. — Lanchon.

Toiles (fab. de). — Lethuillier.

Toiles à voiles. — Morel (Ls), dépôt.

Fontaine-le-Bourg.

Cotons (filat. de). — Delamarre (F.). — Delamarre-Debouteville (Fçois) fils aîné, dépôt à Rouen. — Delamarre. — Debouteville (Louis), dépôt à Rouen. — Héliot-Leblanc. — Patin.

Forge-les-Eaux.

Draps et nouveautés. — Delbos aîné. — Grandpierre. — Guignan. — Hurpy. — Mamert. — Rubin.

Foucarmont.

Banquiers. — Bastide. — Genty.

Nouveautés. — Leblond. — Venambure.

Gerville.

Filature mécanique de lin et d'étoupes. — Dupasseur (Emile) et Cie.

Gournay.

Banquier. — Longé fils, recouvr.

Draps et nouveaut. — Feré. — Laisné. — Maucomble. — Legrand fils. — Thierrée.

Dentelles. — Goumy. — Hequet (Mlle). — Ledru.

Grandcouronne.

Tulles et dentelles (fabr. de). — Lefort (Vve).

Grand-Quevilly (le).

Colles (fab. de), encollages de cotons, laines, etc. — Masures.

Filature et tiss. — Lainé (Ch.), m. à Rouen.

Gueures.

Cotons (filat.). — Lenne (Elie).

Mercerie et nouveautés. — Lecoq (C.).

Tissage de toile de lin et blanchisseur. — Berthet (F.).

Havre (le).

Chambre de commerce. — Président d'honneur : Joret des Closières ✱, sous-préfet. — Présid. : Ferrère (T.) ✱. — Vice-présid. : Lecoq (Eug.) ✱. — Membres : Larue (Ed.) ✱. — Toussaint (Ch.). — Roederer (Jules). — Peulvé (J.) ✱. — Ancel (Jules). — Delaroche (Henri). — Mazeline, O. ✱. — Lockhart (J.). — Menard (Ch.). — Hermé ✱. — Wouters (L.-A.) ✱. — Frémery (A.). — Masquelier (Emile) ✱. — Secrét. archiviste : Messager.

Tribunal de comm. — Président : Eug. Lecoq ✱. — Juges : Devot (Ph.). — Derode (Alph.). — Lanel (Ch.). — Rœderer (Jules). — E. Blanchard. — Suppléants : Leforestier fils aîné. — Degonen. — Demeaux (Gve). — Binet (Jules). — Lecadre (Eug.). — Coupery (Ed.). — Winslow (Ed.). — Greffier : Emile Martin.

Syndics de faillites : Despond (Ch.). — Letellier. — Paturon.

Banque de France (succursale). — Directeur: Hermé ❄.— Caissier : Vallet-Colson.
Sous-comptoir du Commerce et de l'Industrie, directeur: Baltazard (Dque).

Consuls.

Angleterre. — Frédéric Bernal, consul de S. M. britannique pour les départements de Seine-Inférieure et Calvados.
Autriche. — Troteux (E.) ❄, consul.
Bade (grand-duché de). — Rosenlecher (G.) ❄❄❄.
Bavière. — Kestner (F.).
Belgique. — Kreglinger (Albert).
Bolivie. — Germain (Vor), consul.
Brésil. — Edouard Ferreira Alves ❄❄❄, vice-consul.
Chili. — C. de Yrigoyen, consul.
Confédération de l'Allemagne du Nord. — Langer (F.) ❄❄❄❄, consul.— Langer (P.), vice-consul,
Confédération argentine. — C. Napp, consul.
Costa-Rica. — F. de Coninck ❄, consul.
Danemarck. — Duntzfelt (F.).
République Dominicaine. — A. Fostel, consul.— C. Duchemin, vice-consul.
Equateur.— Géry (L.), consul.
Espagne. — N...
Etats-Unis d'Amérique du Nord. — Dwight Moris (général), consul. — John S. Hunt, vice-consul.
Etats-Unis de Colombie. — Vice-consul : A. Huet.
Guatemala. — Lucien Gery, consul.
Haïti. — Consul : A. Baudeuf.
Hesse (grand duché de). — Rosenlecher (G.) ❄❄❄, consul.
Honduras. — Vice-consul : H. Tousaint.
Italie. — Ancel (Jules) ❄❄❄, consul.
Mexique. — Don José Manuel de Mora y Ozta, consul.
Nicaragua. — Alfred Letellier, consul.
Paraguay. — Postel (Aug.), consul.
Pays-Bas. — D'Allens, consul pour tout le départ. de la Seine-Infér.—Albert d'Allens, vice-consul.
Pérou. — Cisneros (L.-B.), consul général.
Portugal.— José Ferreira Alves, C. ❄, C.❄, O. ❄, consul général en France.
Russie. — De Thal, consul.
San-Salvador (république de). — Toussaint (Ch.), consul.
Suède et Norwége. — Brostrom (Ch.-G.), consul général, pour les ports de la Seine-Inférieure, du Calvados et de la Manche. — Clausen (J.), vice-consul.
Suisse. — E. Wanner, consul.
Turquie. — Grosos ❄❄❄, consul.
Uruguay. — Esteban Isabelle, consul. — Vor. Audry, vice-consul.
Vénézuéla. — Le docteur Antonio Parra Bolivar, consul.

Wurtemberg. — Rosenlecher (G.) ❄❄❄.
Conseil de prud'hommes. — Président : Raverat.
Bâches. — Pernet, Chênes et Cie, m. à Paris, Marseille et Chartres. — Yvose et Cauvin.

Banquiers.

Crédit Havrais : administ. Edmont Regnier. —Devot (Ph.)❄ et Cie.—Dumoutier (R.) et Cie.—Heuzey (J.) et Cie, comptoir du commerce. — Tennière (Fin) et Cie.— Vernias et Cie.
Bonnetiers.— Adnot et Masson.— Beillet.— Bellenger.—Lehericy.— Caron (P.) et Landrieu (Ch.). — Dial (Ve). — Lamarche. — Huet (E.) fils.— Lenoble-Lehericy.—Lefebvre (Mlle). — Loroy sœurs et Venet. — Letessier, en gros.— Marchet. — Monde (A.). — Mosche.— Paumelle. — Piedfort frères. — Pinchon.— Poitou.— Rivet (J.). — Tabare (C.).— Trocmé (Ch.), en gros. — Verdillac et Cie.— Viandier (E.).
Chapeaux de paille (fab. de).—Bertrand (B.). — Cox (J.-H.). — Vanspauven.
Chemisiers.— Adnot et Masson. — Remy (E.) et Cie.
Corderies mécaniques. - Jacquet et Cie.- Louis (F.) et Cie, fabr. à Gournay. — Merlié-Lefèvre ❄ et Cie, corderie havraise. — Pierre (Augte), dépôt de la corderie de Granville.
Corsets. — Auger.—Ballière.—Bressy (Mme). — Hachette (Mme). — Lecornu (Mme). — Muller (Mlle).
Cotons, filature et tissage mécanique. — De Graville, toiles de coton. — Courant (Ch. Francis) et Cie.
Cotons (déchets de). — Chantgrain. — Despland (H.).— Durand. — Duval.— Feuilloley.— Rossignol.
Courtiers de commerce assermentés. — Marie (Félix), indigo, bois de teint. — Arnaultizon (A.), cotons, laines. — Alleaume (F.), bois de teint. — Asselin (A.), laines. — Maunoir (M.), cotons.—Duplat (M.),cotons. — Lechartier (H.), indigo. — Bertran (E.), laines. — Clologe (A.), cotons. — Hubert (J.), nitrate, bois de teint.— Godefroy (L.), cotons.— Maille (P.), laines.— Labille (M.), laines. — Meura (P.-G.), laines et peaux. — Rouzé (G.), laines et peaux.
Deuil (magasin de). — Bourgeois (A.) et Cie.
Draps.—Caron (P.) et Ch. Landrieu.—Delhomel. — Emerique (Alph.). — Lemarchand (Ve) et ses fils. — Letellier-Férard.—Mayer (B.).— Schuster fils.— Simon.
Filature et tissage mécanique.— Courant (Ch. Francis) et Cie.
Fleurs artificielles. — De Breman (Mme).— Geresse (Mme).— Gréverie (Mme).—James (Mme).— Philippe (A.) jne et Cie. — Ruffin (Mlles).

Gantiers. — Adnot et Masson. — Baril (L.).
— Blum (M.), fabr.

Laines (négts en). — Amtmann et Cie, m. à
Elbeuf.— Bessy (A.) et Cie, m. à Paris et
à Elbeuf.—Desplanques, Boscovitz, Pietzsch
et Cie, m. à Elbeuf.— Lévesque et Cie. —
Sallambier (Th.) ✳, Aubé ✳ et Cie, m. à
Elbeuf et à Vienne (Autriche).

Literie (articles de).— Cide (C.).— Gaudon et
fils.— Marc.— Massé.

Machines à coudre. — Hachette (Vc).— Mayer
(A.) et E. Barraine, systèmes français et
américains.

Merciers en gros.—Carron (X.) et Ch. Landrieu. —Duteil-Lebrument (Victor).—Leroy
sœur et Venet.—Piedfort frères.

Modes (fournitures de). — A. Philippe jeune
et Cie.

Négociants commissionnaires et armateurs. —
Amtmann et Cie, laines, m. à Elbeuf. —
Ancel (Daniel) et fils.—Aubry (A.). — Au-
bry (François) et Cie, commission et coton.
— Bernharth (J.-G.), drogueries, crins,
laines, chanvres, etc. — Bertin (Louis),
transit.—Bossière (Emile), dépôt des toiles
à voiles de MM. Dickson et Cie. — Boutry
(L.). — Bowes (Rd.).—Braën (Rod.), négt.
—Braff (V.) et P. Eckert, commiss. expéd.
—Braumulier (C.L.). — Brindeau et Blan-
chard, commiss.—Carel (Th.), chanvres,
lins et les filaments. — Chandgraint (A.),
cotons.—Courant (Charles Francis) et Cie,
— Delhaye et Cie, toiles.—Desplanques,
Boscovitz, Pietzsch et Cie, en laines, m. à
Elbeuf.—Digard, prod. chimiques.—Dolfus
(Aug.) et E. Courant, cotons.—Dubosc (E.)
et Cie, fab. d'extraits de bois de teint. —
Dubuc (Ernest), négt. comm. — Ducert
(Eug.) et Cie. — Duval (Ch.), en coton. —
Faure (Félix) et Cie, laines, commiss., m.
à Paris.—Gallet, Lefebvre et Cie, indigos,
m. à Paris.—Gautier et Cie, cotons et indigo.—Grenier (E.), articles de teintures.—
Jacquemin et J. Le Duc, cotons, drog. et
teintures.—Karcher (E.), laines.—Lehmann
(A.), crins et chanvres, etc.—Lerat frères,
cotons, indigo et teinture.— Lerch (Henry)
et J. Sulzer, en coton. — Le Roux (L. et
Ch.) et Cie, cotons. — Levesque et Cie,
laines, m. à Rouen.—Leudet (G.).—Lhopital et Cie. cotons en laines, m. à Rouen.
—Lucius (Ferd.), droguerie, crin, orseilles,
plumes, caoutchouc.—Marcadé (S.) et Cie,
indigos et cotons, teintures.—Mayer (B.), et
Hurel, export., vêtements confectionnés.
—Meinel et Cie.—Ménage et Lebreton, en
coton.—Robert (Léon) et A. Lecomte, fabr.
d'huiles p. filat. — Ruault (Ch.), toiles à
voiles. — Sallambier (Th.) ✳. Aubé ✳ et
Cie, laines, m. à Elbeuf et à Vienne (Autriche).—Schwartz et Kerdyk, en cotons.—
Toussin (A.) fils aîné, indigos, laines et

transit. — Westphalen et Cie, cotons. —
Winckler, indigos, maison Gallet, Lefebvre
et Cie.

Nouveaut. et soieries.—Bachelay (B.).—Blavot
Bourgeois (A.). — Baillehache-Lamotte. —
Boitel jeune.—Caron (P.) et Ch. Landrieu.
—Cliquet (Mlle E.).—Cudot.—Lemarchand
(Vc) et ses fils.—Mahier et Maclaurin (Mmes).
—Martin (Vc).—Pinchon.—St-Léger (Mlle).
—Sauton aîné. — Simon (Al.). — Truffert
(Adrienne).—Vaillant-Lanchon.

Ouate (fab. de).—Mahot (Vve). — Wild (Fri-
dolin. — Wild (M).

Produits chimiques, chromates de potasse (fab.)
— Bouquet (P.). — Clouet-Delacretaz ✳ et
Cie. — Digard. — Dubosc (E.) et Cie,
fabr. d'extraits secs et liquides de bois de
teint. — Gellée (A.), commiss. export. —
Langlois (F.), fab. d'extraits solides et liquides, p. teintures et impress., dépôt à Rouen.

Rouennerie en gros. — Caron (P.) et Ch. Landrieu. — Savalle (A).

Rubans de soie. — Black. — Greverie (Mme).
— Philippe (A.) jeune et Cie. — Viandier
(Emile).

Tailleurs (marchands d'habillements confec-
tionn.). — Auger jeune et Chapmann. —
Frandemiche (Ch.), — Marx-Meyer. —
Mayer (B.) et Hurel, m. à Paris. — Remy
(E.) et Cie, m. à Paris.

Tapisseries et broderies. — Arrondel (A.) frère et sœur.

Toiles, linges de table, mousselines, châles,
etc. — Bourgeois (A.). — Caron (P.) et Ch.
Landrieu. — Denis. — Piedfort frères. —
Recullard. — Rousselin. — Savalle (A.). —
Simon (Alex.). — Vaillant-Lanchon.

Toiles d'emballage et sacs. — Duchemin (Auguste). — Fouquet (F.). — Pernet, Chênes
et Cie, fabr. à Longpré (Somme). — Saint
frères, usine à Flixecourt (Somme).

Toiles à voiles. — Bossière (Emile), dépôt de
MM. Dickson et Cie, de Dunkerque. — Duchemin (Aug.). — Dupont (L.) et T. Bourdin, dépôt de L.-F. Mongenot, de Paris. —
Irasque et Cie, dépôt de Joubert-Bonnaire
et Cie, d'Angers. — Jegenvre fils aîné. —
Pernet, Chênes et Cie.—Caroline, fab. à Longpré (Somme). — Prevel (H.). — Voisin (A.).

Houlme (Le).

Filat. de cotons. — Delafosse (J.-F.). — Le-
marchand (J.-L.). — Levavasseur (James).
— Loiselier (F.). — Loyer (L.), dépôt à
Rouen. — Lhôpital et Cie, m. à Rouen. —
Loyer (P.). — Vallée (L.) et Cie, m. à Rouen.

Indiennes. — Henri Rondeaux, dépôt à Rouen.

Usine d'effilo. — Colbeck et Greaves.

Lanquetot.

Tissage mécanique et fab. de mouchoirs. —
Lemonnier frères.

Lescure-lès-Rouen.

Produits chimiques (fab.). — Edouard Chouillou et Cie, acides, chlorures décolorants, dépôt à Rouen.
Toiles peintes (fab.). — Keitinger (F.) et fils.

Lillebonne.

Banquier. — Lebas (A.)
Calicots (fab. de). — Desgenetais frères. — Lemaitre (G.) et fils. — Lemaistre frères.
Cotons (filat. hydr. de). — Haussmann, Lecarron et Cie.— Lemaître (G.) fils.— Lemaistre frères.
Draps. — Bénard. — Hoquot. — Lebas. — Lucas.

Longueville.

Cotons (filat. de). — D'Imbleval et Tassel.
Draps et mercerie.— Auvray.—Cottard (Mlle). — Dumesnil. — Freulet.

Luneray.

Draps et nouveautés. — De La Fosse. — Emery. — Lefebvre (A).
Fil en gros. — Lheureux. — Weiss (J.-B.).
Rouennerie (fab. de). — Bunel. — Carrière. — Lardans (Th.) — Lefebvre fils. — Neel (J.). — Neel (Aug.). — Neel (Fr.) — Poullard (Amédée).
Toiles (fab. de). — Hanchecorne (P.) — Hoinville (J.). — Lardans (Elisée). — Lardans (J). — Lefebvre (A.). Lefebvre (P.). — Lerebour (A.) fils, m. à Rouen. — Ruffy. — Senecal (P.).

Malaunay.

Filat. de cotons.— Crosnier (Alfred). —Delafosse fils. —Delavigne et fils. —Lebrasseur. — Lalizel fils. — Lemoine (J.-Th.). — Lesœur. — Neveu. — Vaussard (J.). —Vaussard (V.).
Indiennes (fab). — Hazard (Narcisse).

Maromme.

Blanchisserie de blancs et apprêts. — Lanfray (A.).
Bois de teinture (trituration de). — Née.
Cotons (filat. de). —De Beaulieu. — Delaunay. — Gresland (Cin), maison à Paris. — Leseigneur (P.).
Cotons (retordeur de). — Masson.
Indiennes (fab.). — Besselièvre fils. — Henry (A.). — Rhem (Léon).
Impressions sur étoffes. — Chiffray (A.), sur draps et velours, m. à Paris.
Lames et rots. — Verdure.
Nouveautés. — Marie.
Produits chimiques. — Duchemin (E) et Cie, acides et carmin d'indigo, comptoir à Rouen.
Teinturiers. — Berrubé (Jules), grand teint en toutes couleurs. — Bibet (J.).

Mesnil-Esnard (le).

Cotons (filat. de). — Eugammare (A.).

Montivilliers.

Banquier et escompteur. — Vattier.
Blanch. de toiles et fils. — Due et Ternon. — Friboulet (P.). — Friboulet (J.). —Paris.
Nouv. — Besse. — Diguet (Réné). — Dubuc (Amand). — Dubuc (Emile). — Hamel. — Lecarpentier. — Lhuillier. — Vasse.
Toiles (fab. de). — Due et Ternon. — Lecarpentier frères.
Tourneurs en bois. — Duparc. — Lefèvre aîné.—Lefèvre jeune.

Monville.

Filat. — Delafontaine jeune et L. Desmarest. — Durand. — Fauquet-Lemaître, dépôt à Rouen. — Gervais. — Liégot, dépôt à Rouen. — Morin frères. — Salvé (L.-J.). Vernes.
Mécaniciens. — Barrois (Th.). — Lebreton, cardes et métiers pour filat.
Nouveautés. — Bazille (Mlle). — Hamel.
Tourneurs en bois pour filatures et tissage.— Duval. — Maillon.
Tissage méc. — Malandrin frères.
Trituration de bois de teint. — U. Bourcy.

Neufchâtel-en-Bray.

Banquier. — Deguerre.
Draps. — Chabrol (Mlle). — Delgove-Delaplace. — Duvivier. — Lefort.

Neuville-Ferrières.

Cotons (filat. de). — Sanson père et fils et Bobée, et à Sotteville-lès-Rouen.

Offranville.

Cotons (filat.).— Conseil. — Larible (B.).
Nouveautés, rouennerie. — Carré. — Labbé. — Laurence.

Oissel.

Cotons (filat. de).—Bergeret (Patrice).-Dantan (J.-B. Vve) et Goujon. —Dantan (Martin).-Déhais (F.) fils et Duteurtre. — Deshais (J.). — Duteurtre (Elie). — Fauquet (Octave) et Cie, et à Rouen. — Goujon et Morel. — Lepesqueur (N.). — Lepesqueur (L. A.). — Lepesqueur (Vve G.). — Lepesqueur (L.). — Losneur (L.). — Martin (F.). Mortreuil (Clovis). — Mortreuil (Pierre), pour mèches, bonneterie et grosses bobines. — Neveu (F.), cotons pour mèches, chaînes et trames. — Panier et Renault. — Panier frères. — Plantrou (L. et V.). — Plantrou frères, coton fin peigné. — Plantrou (Eug.), gros cotons p. retordre et bonneterie. — Potel aîné. — Potel (Emile), coton floche grosses bobines. — Potel jeune. — Potel (Alexandre), spécialité de gros cotons, pure laine. — Wadsworth (Th.), m. à Rouen.

Orival.

Cotons et déchets filés (filat.). — Renaux.

Orival.

Déchets de laines. — Hédouin (Fçois.).
Draps (fabr.). — Lefrançois.
Teinturiers. — Blay frères et Cie, en laine.

Ouville-la-Rivière

Cotons (filat.). — Larible (B.). — Tassel.

Pavilly.

Cotons (filat. de). —Adam, tissage mécanique.
Armand (Vve). — Folâtre. — Lanne. —
Lecerf. — Lefebvre frères. — Peschard.
Drapiers. — Cordier (Vve). — Hauchecor-
ne (Vve).
Lin et étoupes (filature de), teillage mécani-
que de lin. — Ernest Legris.
Mécanicien. — Bourdon.
Nouveautés. — Michel fils.
Ouates et filatures de cotons. — Ably frères.

Petit-Quevilly (le).

Amidon (fab.). — Steinbach (J.-J.), dépôt à
Rouen, chez le Roy neveu frères.
Cotons (filat. de). — Pouyer-Quertier (A.) fils
✳ (Lafoudre), maison à Rouen. — Pruel
(A.) fils.
Lavoir de laines. — Hain (Frédéric).
Mécaniciens. — Corbran fils et Le Mar-
chand.
Produits chim. — Malétra fils, maison à
Rouen.
Teinturiers. — Deslorier et Cie.—A. Duhamel
et S. Quievy. — Huet.

Poterie (la).

Produits chimiques (fab. de). — Casthelaz
(John), violet d'aniline, matières colorantes,
alun de chrôme, m. à Paris.

Rosay.

Cotons (filat.). — Leroy (Vve).

Ry.

Cotons (filat. de). — Hommais (H.). — Dela-
marre-Rouelle.

Saint-Aubin-Epinay.

Cotons (filat. hydraulique). — Desplanques.
Indiennes (fab.). — Lacassaigne. — Stacker et
Alfred Pimont.

Saint-Denis d'Aclon.

Laines (march.), troupeau de mérinos. —Hou-
deville.

Saint-Etienne du Rouvray.

Société cotonnière à responsabilité limitée :
filat. et tissage, m. à Rouen.

St-Léger-du-Bourg-Denis.

Blanchisseurs et chineurs de cotons. — Boulanger. — Déchamps frères. — Jadot.
Cotons (filateurs de). — Renaux (J.). — Lavoisier (Eug.). — Rosée (N.).
Indiennes (fab. d'). — Edeline et Couturier.
Teinturiers. — Vve Davin jeune.—Déchamps
frères, dépôt à Rouen. — Delanos et Marinier. — Fortier (Fréd.). — Jadot. — Lefrançois (Léon). — Levavasseur et Valentin
frères, et apprêteurs. — Rouchan frères.

Ste-Marie-la-Brême.

Bâches et toiles à sacs (fab. de). — L. A.
Gambey et Cie, dépôt au Havre et à Fécamp.

St-Martin-Duvivier.

Cotons (filateurs de). — Duboc frères et foulons. — Duboc fils.

St-Paer.

Cotons (filat.). — Liegaut fils aîné. — Prével
fils.
Produits chimiques, blanchiment et apprêts de
calicots. — Baudouin (Auguste).

St-Pierre-de-Varangéville.

Cotons (filat. de). — Cabrol, m. à Flers. —
Prével fils. — Laquerrière (A.), m. à Rouen.

St-Pierre-les-Elbeuf.

Cardes (fab. de). — Brié (Ls) et frères, à laine
et à coton.
Draps (fabr. de). — Anest-Samson. — Bachelet (A.).— Cauchois-Broussois.— Brous-
sois fils. — Cauchois frères. — Deriber-
prey (J.). — Ferret (Thomas). — Fouilleul.
— Girard. — Gouel (N.). — Grenier (Mse).
— Hermier (A.). — Heulant (P.) et Cie. —
Julien (F.). — Lamette et Doubet fils. —
Leblond-Heuland. — Lemaire (A.).— Mou-
chard (F.). — Picard et Bôve. — René
frères.— René jeune et Cie. — Samson (A.)
fils et sœurs. — Samson (F.). — Samson
(Cyprien). — Tabouel (M.). — Viard-Ta-
bouel.
Laines (filat. de). — Hébert jeune.—Heulant
(P.) et Cie.
Rots et lames (fabr. de). — Daufrême.— Du-
val. — Hue-Gemus.

St-Romain-de-Colbosc.

Drapiers. — Acher — Vallerent.
Modes et nouveautés. — Bouju (Mme). —
Gand (Mlle). — Mahaut-Guerrand. — Mail-
lard. — Tartat sœurs.
Toiles et doublures (fabr. de). — Bailleul. —
Beaufils (A.).

Saint-Saens.

Cotons (filat. de). — Delaplace (E.). — Dufo-
restel.
Drapiers. — Amouret. — Avenel. — Barette.
— Dumont.

Saint-Sulpice.

Filat. de cotons. — Conseil (Adolphe). — Lhopital et Cie, maison à Rouen.

Saint-Valery-en-Caux.

Banquier. — Lavoinne.
Drapiers. — Angot (T.). — Chamerlin. — Duval (Mlle). — Malbernat.
Mercerie et nouveautés. — Cauchye. — Chamerlin. — Duval (Mlle). — Langlois. — Lesueur. — Leteurtre (Mlle). — Magnon. — Malbernat. — Orange.

Saint-Vandrille-Rençon.

Cotons (filat. de). — Pouyer-Hellouin (E.).— Quesnay (P.-E.).

Sassetot-le-Mauconduit.

Toiles à coller et à cirer (fabr. de). — Deschamps-Lecoq (E.).

Sotteville-lès-Rouen.

Cardes (fabr. de). — Hyde (John), cardes anglaises pour le lin, fabr. de peignes d'acier, etc.
Cotons (filat. de). — Lemaitre-Lavotte et fils. — Lecuyer. — Sanson frères et Bobée.
Tissage méc. de calicot. — Bertel (V.) ✳.

Torcy-le-Grand.

Cotons (filat. et tissage de). — Barel (F.).

Torcy-le-Petit.

Cotons (filat. de). — B.-H. et A. Quesnel.

Villers-Ecalles.

Filateurs de cotons. — Deloyée, dépôt à Rouen. — Marvin. — Terrien, dépôt à Rouen.

Vaudreville-lès-Longueville.

Tissage de toiles. — Lefèvre.

Yvetot.

Banquier. — Cornu fils.
Draps.— Bellemère.— Brehier fils et Mariette, — Lefebvre.—Lemery (Mlle). — Renieville. — Leborgne.
Fleurs artificielles et lingerie. — Millot.
Nouveautés.— Goupil frères et Genet Lampsin et Michel.
Rouenneries (fabr. de). — Guillaume. — Lemoine. — Lemonnier frères, et nouveautés. —Quesnel (Paul). — Roussel (Al.).— Roussel (Amable) fils. — Roussel (Léon).
Toiles à matelas (fabr. de). — Audièvre aîné. — Audièvre-Prévost.—Audière (L.).—Gaillandre-Fossard.—Gaillandre (Amable).
Toiles flammées (fabr. de). — Lemoine.

SÈVRES (DEUX)

NIORT (chef-lieu).

Chambre consultative des arts et manufactures, — Président : Noirot.
Tribunal de Commerce. — Président : Defond ✳. — Juges : Gallot (V.). — Trouillard. — Noirot (E.). — Breuillac. — Suppléants : Vincent-Frogé.—Marot.— Proust. — Clouzot. — Greffier : Maimferme.
Conseil de prud'hommes. — Président : Grimault. — Secrétaire : Fillon.
Banque de France. — Directeur : Laforest-Norville. — Caissier : Alusse.

COMMERCE, INDUSTRIE.

Banquiers. — Bouchon (Vor). — Bourgine (Ch.). — Paillet-Morillon. — Rallet. — Süter (F.).
Blanc (articles de). — Gallot-Petit.— Lacombe-Hocart.— Riffaud jeune. — Thommeret. — Vallet (Alphonse).
Blouses (fabr. de). — Brun-Puyrajoux frères. — Michaud et Poplineau. — Moreau frères. — Viollet (H.).
Bonneterie de cotons et de laines en gros. — Lacombe-Hocart.
Casquettes (fabr. de).— Groussard (Auguste).
Chapeaux-feutre (fabr. de). — Bastard-Pradel.
Chapeaux de paille (fabr. de). — Bontemps (J.), brésiliens, panama et paille d'Italie.
Chapeliers. — David. — Despujolas frères. — Gautier et Cabel. — Manière. — Mercier frères. — Soullier.
Chasubleries.—Tarride jeune.—Tarride aîné.
Cotons filés. — Boulard et Simon, filat. pour tissus. — Veuve Cardinal, depôt de la mais. Vallet.
Crins en gros. — Cadiot (E.), filat. de crins frisés, export.—Proust frères et Noirot fils, mais. à Paris.
Deuil (articles de). — Parisset.
Draperie et rouennerie en gros. —Brun-Puyrajoux frères. — Despouy-Lavolley. — Fragnaud frères. —Maury frères. — Michaud et Poplineau. — Petit, Isambert et Cie. — Puységur-Meiniel. — Soreau et Bonnaud—Viollet (H.).
Droguistes. — Boinot fils aîné (Vᵉ). — Chalerie-Lavolley. — Chalerie aîné. — Breuillac (A.). — Dubureq. — Hublin (Aristide). — Noussaud. — Peau (E.). — Robineau.
Gants (fabr. de). — Arnaud-Meiniel.—Berlin fils aîné. — Breuillac jeune, pour l'armée. — Chevalier. — Charles Berr, usine de Belle-Ile, mais. à Paris. — Gaborit (A.).— Noirot (Vve), dépôt à Paris. — Texier fils (Mme), et chamoiseur.
Laines.—Boinot fils aîné (Vᵉ).—Paillet aîné.
Mercerie en gros.—Barelle (Louis).—Fleuriau

(A.), demi-gros. —Galodé (O.). — Léveillé neveu.—Léveillé (Basile).—Lussan (E.). — Maynier (Alph.). — Meinain (Th.), gros et détail (art. p. machines à coudre).—Ordonneau-Dubourq et Bourdon.—Puisegur-Meiniel.—Richard (Hector), et rubans, fournit. p. tailleurs, couturières, et art. p. chapellerie.

Mousselines, articles de blanc et calicots en gros.—Gallot frères et Pezeand.—Galodé.—Vallet (Alph.).

Nouveautés.— Arnaud.— Biscara.— Brunet.—Borreau.—Coyault.—Delapierre.- Geffré.—Héricourt.—Rimbault.—Levreault-Millet.—Mercier.—Moussay et Chauvin.

Ornements d'églises.—Tarride frères.

Teintur. en peaux.—Lallemant. — Lallemant (Prosper).—Nibouliés et Pelloquin.

Teinturier en laines.—Boinot fils aîné (Vᵉ).

Azay.

Laines (filat.).—Boulcau-Derniame.

Bressuire.

Banquier.—Gauffreteau (E.), escompte.

Draperie et rouennerie. — Boutin-Gouffier. — Clain.—Garreau.— Geay.—Hy (Xavier). — Rousselière.—Talbot.

Mercerie et rouennerie en gros. — Baron (Aug.).

Tailleurs-conf. — Boureau. — Brochard. — Proust.

Champdeniers.

Draps (march.).—Chebret (A.). — Gangneux. Guillemin.—Lagaye.—Roche.

Nouveautés.—Stopin.

Chatillon-sur-Sèvre.

Draperie et rouennerie. — Bressolette.—Bremond.—Coutant (Vᵉ). — Tarteau-Coudrais.—Turpault.

Flanelles et croisés unis et rayés (fab. de). — Bonnin (Alexis).—Coinet (A.) et Ribard.

Chatillon-sur-Thouet.

Filat. de laines, fouleries et apprêts de draps.—Bardet-Blot.

Chef-Boutonne.

Banquier.—Pradat fils.

Draps.—Dinot.—Mignoux — Morisson frères.—Naud.

Etoffes (fab.).—Morisson frères.

Nouveautés.—Dinot fils.—Papinot.

Coulonges-sur-l'Autize.

Draps-march. (fab.).— Nigot. — Guiotton. — Nigot.—Savin.

Lezay.

Draperie, toileries (march. de).—Chasseray.—Genard. — Mandé-David. — Sudour. — Uzuret.

Escompteurs. — Jouinot. — Liège. — Lucien.

Mauze.

Banquiers. — Grenier. — Guitard, Burgand et Cie.

Draps.—Barbateau-Pilot.--Besson (Benjamin).—Guinebert.—Volteau.

Melle.

Drapiers.—Boutet jeune.—Chauveau et sœurs.—Richard-Souchet.—Sabourin fils.

Moncoutant.

Cotons (filature). — Tafoireau, à la Vialière.

Crins frisés (fabr. de).—Gallot frères.

Dentelles.—Desfosses jeune.

Etoffes (fabr. d'). — Canon. — Jollet (P.). — Jollet aîné.—Rougier-Rousselot—Thoreau-Jolly.

Laines (filat. de).—Jollet-Guionnet.

Nouveautés et rouennerie.—Bousgénis aîné.

Tricot (gilets de).—Cabaille, fab.

Nanteuil.

Laines (filat. de).—Blot et Cie.

Parthenay.

Banquiers.—Languillaume jeune (J.B.).

Blanc (articles de). — Andrieux. — Fémeau, — St-Cirgue et Ferru, soieries et châles.

Draps et soieries.— Andrieux (E.). — Bonnet frères.—Bisson-Genay.—Jegen fils.

Etoffes du pays (fabr. d').—Besson-Renaudin. — Clisson-Boutin. — Girard. — Hublin. — Noirot fils.—Ollivier.—Plasse.—Rivault.

Gilets à tricot et jupons (fabr. de).— Bouleau frères.—Caillière (Ch.), spécialité de chemises de santé. — Poussard aîné. — Poussard jeune.

Laines (filat.). — Bardet Blot, et apprêts d'étoffes.

Mercerie en gros.—Michonneau.

Nouveautés.—Bonnet frères.—Bonnet et Andrieux.—Jegen fils.

Rouennerie en gros.—Michonneau et Trichet.—Vazel.

Saint-Maixent.

Banquiers.—Chabrol aîné.—Cassin.

Bonneterie, laines (fab.).—Cabaille, fab. à la Mothe-St-Héraye.—Naudin (P.). — Poupin fils aîné.

Draperie et nouveautés.—Brauwers fils aîné.—David-Blat.—Vigneron.

Laines (filat. de).—Blot, usine à vapeur. — Cabaille, laines brutes en gros.

Nouveautés et draperies.—Vigneron.

Tricots laine (fabr.).—Cabaille. — Poupin fils.

Thouars.

Banquier.—Gassend.

Drapiers.—Baps.—Thourayne et Boutin.

Nouveautés.—Angibaub (Mlle).—Polier.

Vernoux-en-Gatine.

Draps (fab.). — Fouchereau. — Grolleau. — Nourry.—Talbot (J.J.).—Talbot (N.).

SOMME

AMIENS (chef-lieu).

Chambre de commerce. — Président : Vulfran-Mollet ✻. — Vice-présid. : Legendre (Ferdinand) ✻. — Trésorier : Labbé (Charles).— Secrétaire : Duflos (Alexandre) ✻. — Membres : Cosserat ✻. — Fleury (Edouard).— Ponche (Narcisse).— Froment (Alfred). — Lefebvre (Adéodat). — Prevost ✻.— Devienne. — Mercier. — Secrétaire-archiviste : Delarozière.

Conseil général du commerce. — Membre délégué : Cosserat ✻, négociant.

Conseil de prud'hommes. — Présid.: Daullé ✻. — Vice-président : Fleury. — Secrét.: Decaïeu.

Tribunal de commerce. — Présid. : Labbé (Charles). — Juges : Vasseur (Amédée). — Cosserat.— Levoir.— Heurtaux.— Suppl.: Jourdain.— Duroselle.— Bonvallet. — Gamand.— Greffier : Manessier.

Agréés : Brassard. — Sené.— Mantel. — Delarue. — Pannier.

Banque de France (succursale de la). — Cavelain, directeur. — Bourriot, caissier.

COMMERCE, INDUSTRIE.

Amiens (fab. et négts en articles d'). — Velours de cotons, velours laines, dits d'Utrecht, pannes et peluches, tissus de laine et soie p. robes et châles, satins p. chaussures, doublures, gilets et nouveautés. — Aclocque-Ferré et fils. — Adam-Mommert et Caudron. — Andrieu-Blot. — Auguste-Boutmy.— Barbier et Fouquerelle. — Barbier-Lequien (L.) fils et Cie.—Bazille fils et H. Wallet, laines, soies et velours.— Beauvais (L.), velours d'Utrecht, reps unis et façonnés. — Bellard (E.). — Bernaud-Laurent, velours. — Bernaux (J.) fils. — Bonvallet (Ch.), velours teints et imprimés, manuf. — Boquet (Jules) et Cie, velours d'Utrecht, pannes, etc. — Bougon (J.), spécialité de velours d'Utrecht. — Bouillencourt (C.) et H. Guimbert, popeline et lainages de t. espèces.— Bulan (Charles et Auguste), velours de coton. — Briaux et Hourier. — Bulot et Lhotellier, velours d'Utrecht et reps. — Caille-Degand et fils, pannes laine p. filatures.— Caille-Dievelle. Cailleux-Vasseur (Vᵉ).— Calais (A.) et Parmentier, fab. d'articles d'Amiens.— Capelle et Parmentier, fab. de velours.—Carpentier (R.), négt. — Cazier-Garnier. — Cochinal-Duval (Vᵉ). — Collet, Dubois et Cie, tiss. mécanique de lainages, m. à Paris.—Compagnie d'Ourscamp, velours, dépositaire: H. Lebouffy. — Coquart (Vᵉ) et Cie, fabr. de lainages, tissus chaîne soie, et nouv. — Cotelle-Bazille et Cie. — Crappier (Ernest).

Cresson fils et Facquet, unis p. robes, art. p. doublures laine et soie. — Crenet, draperie et velours. — Dauchet aîné et Cie, velours de coton, tiss. méc.—Darras (Léontine). — Darras-Villomont et fils. — De Buigny-Cottrelle (Ed.), velours et lainages. Decaix et Vilin, velours, lainages. — Deligny (Ch.), velours et lainages. — Dequen (Auguste), tissus p. chaussures laines et soie, lainages, etc. — Dompierre-Loisel et fils.— Drevelle (Léonard). — Ducrocq (F.), fab. — Dufour-Delahaye (Th.) fils. — Dugarin (Ls) et Cie. — Durand père et fils, velours d'Utrecht.—Eude (L.), Vieugué et Cie, maison à Lyon. — Famechon (Vᵉ Ch.), m. à Elbeuf.—Fatton fils et Cie.— Fiquet-Thuillier et fils, velours croisés. — Fournier frères et Cie, tissus unis. — Fusillier (A.) père et Cie. — Gamounet-Dehollande et fils, articles pour chaussures, satins français, turcs, satins foulés, m. à Paris. — Gamounet-Dehollande et fils, satin français et à la reine, tissus élast., maison.à Paris. — Govin-Vasseur et Cie, unis et brochés, nouv. p. robes et doublures, art. de deuil.— Guidée (Ch).— Hazart etRayez. — Hecquet (Etienne).— Hordez (J.) fils. — Horville-Darly, fabr. de velours, draperies, lainages et conf. en gros. — Hubault aîné. — Huré-Maillard, fab. de velours. — Joly-Dehaut (A.), commission.—Jourdain (Amédée), velours d'Utrecht. — Jumel et Desavoye, satins et velours. — Jumel (M.). — Justin-Darras. — Labat (F.), manuf. de voiles p. communautés religieuses.—Labbé (A.). — Larozière (Victor), velours, teint. et apprêts.—Larozière père et fils, velours et satins p. chaussures. — Lavallard-Choquet et Cie. — Lecaffette (Edmond), commission. — Lechopier et Andrieu. — Lefèvre (Adéodat) et Cie. — Legrand (Auguste) et fils, velours de coton.—Leingnier (Léopold). — Lenoël frères, satins turcs, français et lastings. — Leroy frères, velours et fab. de draperies à Lisieux. — Leroy-Jourdain.—Lesguillon-Monmer (Mme).— Leullier (E.), fabr. de tissus laine et soie. — Loyer-Desgroux et Cie, velours d'Utrecht et autres. — Magnez-Pennelier. — Maillard-Hordé. — Malliavin fils et Cie. — Masson (J.) et F. Caille, art. p. chaussures, satins français et étoffes diverses p. communautés. — Maurice et Picard. — Mille-Gensse (Ed.), lainages p. robes, satins français et p. chaussures, représent. Lafeuille et Thibault. — Minotte (N.) et fils. — Moinet (J.) et Cie.—Mollet-Desjardins et Cie, voiles et art. p. communautés. — Mollet (Vulfran) ✻, manuf. de tissus unis et brochés.—Mollet-Fortin et Cie, articles lainages, pour la Turquie et l'Egypte. — Moullart (Ch.), fab. de velours. — Mouret-Allexandre et Leroy, tis. méc., teint. et apprêts.— Oger, Vasseur et Cie. — Onfroy (A.-J.) et Cie, velours et lainages. — Payen et Cie.— Payen (Léon). —Péchon et Cie.—Percheval (E.) et Cie. — Petit (Frédéric). — Piquée (F.) et frères, maison à Paris. — Poitron (Paul) et Cie.— Poncet (Jean).—Ponche-Bellet et Ch. Adam, lainages noirs et art. p. chaussures. — Ponthieu-Herbet et fils, velours et lainages. — Pourchelle (François), fabr. de velours. — Renard. — Renouard (F.), maison à Paris — Sandrat (Léon), commissionn. — Sauvage-Moullart et fils. — Sauvalle et Leroy-Latteux, velours, teinture et apprêts. — Savoye (Maxime). — Scribe jeune et Cie.— Thiébaud-Delahaye et fils, velours d'Utrecht. — Trancart fils.—Trancart-Dubois.—Treuet (Auguste). — Vagniez, Fiquet et Cie.—Vasseur (F.) et Cie, velours, cotons et lainages. — Wallet jeune.

Apprêteurs de draps et autres étoffes de laine et coton. — Aclocque (J.-B.) — Aclocque (Alfred). — Binard-Labesse. — Bloquet.— Delacroix (A.) et Desaint. — Flandre-Botmy. — Jourdain (E.).

Banquiers. — Barbier-Lequien (L.) fils et Cie. — Denis Galet. — De Nerville (P.) et Ed. Duvette et Cie. — Dufétel-Grimaux (F.) et Cie. — Le Bouffy (J.) et Cie. — Ledieu. — Lefeuvre frères.

Bas (fabr. de). — Denard-Tabary. — Denard-Lozé.

Blanchisserie de fil. — Société anonyme, à Paris. — Fabre, directeur. — Cosserat fils et Cie.

Blanchisseurs de toiles. — Barbier-Manassès, à Boves. — Dobie. — Herlin (J.-B.)

Blanc (art. de).— Boucher. — Boursier-Boucher. — Chenu frères. — Croisille (Vve) et Delarouzière. — Dècle-Cagnard.— Hemery (Alex.). — Maillard-Boursiez. — Millot père et fils. — Morel-Delarouzée. — Mortreux-Theot.

Bois de teinture (moulin à pulvériser les). — Labbé père ✳, fils et Lamy.

Bonneterie (fabr. de). — Vinque (Ch.) et Cie, cache-nez, chatelaines et jupons.

Bonneterie. — Barbier-Lamare. — Bérenger. Bonhomme-Richepin et fils, gros.—Bougon. —Boulnois.—Cocquel. — Croisille (Vve) et Delarouzée. — Darras. — Daussy-Crapoulet.— Delattre sœurs. — Deligne.—Denard. Drevelle-Dubois.— Dujardin. — Frion ainé, gros et détail. — Huré-Bonelye. — Lefebvre-Leguay. — Lefebvre-Pinchemel. — Lenté. — Moulart, et laines filées. — Polart-Baré. — Prévost-Blondel et A. Prévost, gros et détail. — Tessier-Lefebvre et Lefebvre-Pouilly.—Thuilliez-Dubuc. — Tilloy.

Bourre de soie (filat. de). — Collet-Lefranc.

Cachemires (filat. de).— Tresca, Carlet, David et Cie, maison à Paris.

Calendreurs. — Crignier (A.). — Dobie. — Fleury.

Chapeliers. — Petit frères, fabricants.

Chaussures (articles pour).— Bondon ainé.— Collet, Dubois et Cie. — Dequen (T.), mais. à Paris.—Dequen (Auguste).— Félix-Hunebelle.—Fossé, fabr. spéc. de dessus de chaussures piquées. — Gamounet-Dehollande et fils, satins. — Jumel et Desavoye. — Larozière père et fils, satins. — Masson (J.) et F. Caille, satins. — Mille-Gensse , satins.

Chemises (fabr. de). — Boulnois. — Chenu frères. — Legay. — Maillard-Boursiez.

Colles et gélatines (manufact. de). — Follet-Pelletier, p. l'apprêt et l'encollage de chaines et tissus en laine ou coton.

Cols (fabr. de). — Luneau (Vve) et Cavillier, p. militaires.

Commissionnaires pour les produits de la fabrique. — Croizé (Vve). — Debry. — Lecaffette (Edmond). — Lecaffette (Vve).— Mantel. — Mouret-Ladent (Vve). — Philippé (Vve). — Sandrat (Léon).

Confections pour dames. — Grandjean. — Heurtaux-Corblet. — Hutteau-Orrier. — Mercier-Grare. — Odille (Vve).

Cordes (fabr. de). — Bocquet. — Dufourmantelle frères. — Duneufgermain. — Lacroix. — Vast. — Voclin (C.), dépôt

Corsets. — Bailly. — Boucher-Vivien. — Cahon. — Douchin.—Tavernier (Mme).

Cotons filés. — Avenel-Labbé (J.). — Devisse (O.). — Delisle (H.). — Devienne et Delarozière fils. — Fatton fils et Cie. — Fetré et Cie, achats et consignations. — Fussien frères. — Boyeldieu. — Lelièvre (Vve A.) et fils et Domart. — Levasseur (A.). — Loignon (Fx). — Rouart (E.). — Ruin et Pavie.

Cylindreur. — Bernaux (G.) fils.

Déchets de cotons.—Bazin-Boulant. — Lefebvre (Alcide).

Déchets de laines. — Bonnard, et laines. — Dupuis (L.). — Gamand (H.). — Gontier et Pasquier, déchets et lavages.— Moulart, et bonneterie et laines filées. — Paul (Charles), laines et déchets, blousses.

Dentelles (fab.). Daubenton (A.).

Dessinateurs industriels. — Edouard Gand.

Draperie (commerce de). — Aclocque-Ferré et fils. — Creuet. — Darras-Delaye. — Famechon (Ch. Ve), draperie en gros, art. d'Amiens; m. à Elbeuf. — Hazart et Rayez.— Herbet-Débeauvais. — Horville-Darly. — Legrand (Auguste) et fils. — Magnez-Pennellier. — Mille et Cie. — Percheval (E.) et Cie. — Treuet (Auguste). — Vagniez-Fiquet et Cie, m. à Rouen.

Drogueries. — Beldame (E.) et Cie.—Beldame

Picard. — Choquet frères et Sueur. — Couture (H.). — Hazebrouck. — Daire (E.) et fils. — Gournay Edouard. — Labbé (Fx) père ※, fils et Lamy. — Ladent (Edouard) et Caustier. — Levasseur (A.). — Philippeaux-Joly. — Prunot jeune, teintures. — Raison (L.-J.) et Cie. — Villette (P.) et fils.

Etoffes pour communautés religieuses (spécialité). — Labat (F.). — Mollet-Desjardins et Cie.

Fils de lin, chanvre et jute. — Bocquet, Carmichael, Devailly et Cie. — Guibet-Matifas et Acloque. — Lelièvre (Vve A.) fils et Demart. — Loignon (Fx). — Rembault-Warmé et Cᵉ, dépôt de filat. de lin, chanvre et jute. — Vasseur (Amédée), dépôt de la filat. de Pont-Rémy; m. à Abbeville.

Fleuristes. — Bailly. — Gaillard. — Théroude.

Foulons d'étoffes. — Delacroix et Dessaint.

Gants (md). — Rigaud.

Imp. sur étoffes. — Bernaux (J.) fils. — Bonvallet (Ch.), à St-Maurice-lès-Amiens. — Flandre-Boutemy.

Lacets (fab. de). — Auber frères. — De Busscher. — Courcel. — Toupiollo.

Laines brutes, peignées et filées, poils de chèvre (nég. en). — Beaudoin (Nicolas). — Beauval et Pillot. — Beugniet-Huret, peig. méc. — Binard (E.). — Bonnard, laines et déchets. — Bouillencourt (C.) et H. Guimbort, laines filées. — Briez-Brunel (Aug.). — Colonne (Jules). — Crignon-Duchemin, laines brutes, peignées. — De Busscher, poils de chèvre et soies. — Delaux (A.) et Cie, laines peign. — Delisle (H.), négt. — Delaby (T.) et Cie. — Delbey-Desjardin. — Devienne et Delarozière fils, cotons, lin brut, étoupes, laines brutes, peignées, filées, etc. — Ducrocq (F.). — Dupont, Froment et Cie. — Dupuis (L.). — Duvauchel (Victor). — Eadon (Georges). — Eloy (H.). — Fatton fils et Cᵉ. — Fétré et Cᵉ, laines, cotons filés, soies, bourres de soies. — Fussien frères, laines en t. genres; m. à Roubaix. — Gamand (Ch.) et fils. — Gamand (H.). — Gontier et Pasquier, déchets et lavages. — Grognet (Hte), peignées et filées. — Guibet, représentant de la maison Arlès-Dufour, de Lyon. — Hutteau. — Jumel-Granger et Cie. — Ladon (G.). — Landrieu (A.). — Lancel (A.), laines brutes, peignées, filées, cotons, soies, poils de chèvre. — Laurent (Eug.) dépôt. — Lefebvre. — Legendre (Ferd.) et Cie, brutes et peignées. — Leleu-Routier. — Lelièvre (Vve A.) et fils, et Demart, fils de lin, et d'étoupes, cotons filés, soies grèges et organsées p. les fabriques. — Lelièvre et Vve Bailleul. — Paul (Charles), laines et déchets. — Roger (A.). — Rouart (E.). — Tassencourt (S.) et Cie, laines et soies p. pelotes.

Laines (filateurs de). — Burgeat, laines peign.

p. bonneterie et tiss. — Chailly (L.) et Cie. — Crignon (Ld), filat. de laines. — Delassus-Famechon et fils, laines mérinos. — (Hte). — Jullien et Brunel. — Isaac Bailey et Cie. — Landrieu (A.). — Leclercq fils aîné, laines filées, peignages, filat. et teintures. — Lefebvre-Pinchon (Vve), peignage et filat., laine, trame, chaîne simple. — Levert fils et Hecquet, filat. et peigneurs. — Manget (Charles). — Ponche (N.) et Vasseur, laines filées p. tricots et nouv. — Saguer et Cie. — Thuillier-Lequien fils et Cie. — Trépagne (T.) fils, laines anglaises et mérinos, p. tissus et bonneterie. — Tresca. — Carlet, David et Cie, filat. et retorderie de cachemire, fab. de tissus-cachemire; m. à Paris.

Laines (peign. méc. de). — Hte-Grognet. — Beugniet-Huret. — Burgeat. — Crignon (Ld). — Isaac Bailey et Cie. — Lefebvre-Pinchon (Vve), et filat. — Levert fils et Hecquet, peignage méc. à St-Acheul-lès-Amiens. — Lange (F.-G.). — Thuillier-Gelée.

Laines (lavage de). — Gontier et Pasquier.

Lin et étoupes (filatures de). — Société anonyme, filat. de lin d'Amiens et blanchisserie de fils et tis. de toiles, siège de la société à Paris; A. Fabre, directeur. — Arquembourg frères. — Pouilly (Ch.), filat. de lin, chanvre et étoupes. — Cosserat fils et Cie, et blanchisserie. — Rembault jeune et Guidé.

Lin brut, étoupes et phormium. — Bocquet, Carmichael, Dewailly et Cie. — Devienne et Delarozière fils. — Fétré et Cie. — Guibet-Matifas et Acloque. — Lelièvre (Vve A.) et fils et Demart. — Rembault-Warmé et Cie. — Vasseur (Amédée).

Lingerie et fournit. p. modes. — Boucher. — Boursier-Boucher. — Carton (Louise). — Chenu frères. — Deuchin (Mme). — Dumoulin (Mme). — Dupetit-Leroy. — Ferngu (Mme). — Gaudelette (Mme). — Grincourt (Mme). — Jérôme (Mme). — Jeron-Ducange (Mme). — Jousselin. — Duvanchelle. — Lecomte (Mme). — Lenoël (Mme). — Maillard-Boursier. — Millet père et fils, fabr. — Morel-Fleury. — Moyaux. — Poiré sœurs. — Rachart (Mlle). — Renaud-Mouton. — Theet (Mlles).

Liseurs et dessinateurs. — Gand (Fd.). — Boye (Mlle).

Literie en gros (articles de). — Roy-Guibet.

Machines à coudre de Wheeler et Wilson. — Davoluy. — Fossé, spécialité des machines Howe ※, et système Willcox.

Mercerie en gros. — Bonhomme-Richepin et fils, gros et 1/2 gros. — Douillez-Mallet. — Joly-Joly. — Levêque-Jérôme. — Monard.

Moquettes et tapis (fabr.). — Bernaud-Laurent. Délétoille fils, dépôt à Paris. — Philippeaux (A.), représ. à Paris.

Navetier. — Poulet.

Nouveautés.—Baldent-Poix,-Barbier-Lamare. — Benard-Loffroy. — Dieusy (Constant). — Doublet-Marchand. — Dubois et sœurs. — Dujardin-Hecquet. — Gillard-Ribolet (Vve). — Glene-Pluquet. — Hasard. — Heurtaux et Devaux. — Lebret-Flour. — Laignel-Parmentier. — Lefebvre (A.). — Mercier-Grare. — Morel-Bazin.— Postel-Matifas. — Rivillon-Barbier. — Thuillier (Ant.). — Thilliez-Dubuc.— Tuncq-Wallet. — Tunis. — Wable-Demelin.

Ornem. d'église. — Clément. — Duchène. Izambart. — Duvette. — Sauvé-Canaple.

Passement. (fab. de). — Auber frères. — Defrend (Alph.). — Lescarcelle-Scellier.

Peignes pour filature (fab.). — Hibbotson (Math.).

Peignes ou rots à tisser. — Bezancourt. — Lefebvre.

Produits chimiques (fab. de).Hazebrouck (P.). — Kuhlmann, O. ✳, et Cie. — Philippeaux-Joly. — Prunot jne. — Vasse (Eloy).

Reprs. de commerce. — Mellier-Madry.

Retordeurs de laines et de cotons. — Acloque-Landon.— Bazile-Voclin. — Bocquet (Mlle). — Boutmy-Gallot. — Leroy-Bonnet. — Milvaux-Bazille, laine et soie, débris de toutes sortes, export. — Ogez.

Rouennerie (march. de). — Acloque-Ferré et fils. — Didon-Blot. — Dieusy (C.). — Doublet (Ed.).— Dubois sœurs. — Dufour-Delahaye fils, art d'Amiens, de Roubaix et de Reims. — Duhamel-Dubuc. — Glène-Pluquet. — Guichard-Ancel. — Huré-Bonnelye. — Joly-Boulnois. — Lebel-Derly.— Lefebvre. — Legay. — Leullier (Mme). — Mathiot. — Morel-Bazin. — Rivillon-Barbier. — Vagniez-Fiquet et Cie, en gros. — Thuilliez-Dubuc. — Tunis.

Rubans en gros. — Maillard - Bourriez. — Millot père et fils, rue des Trois-Cailloux, 103-105. — Morel-Delaronzée.

Rubans de laine unie et croisée (fabriques de). — Bellart (E.), velours, cotons et soies.— Courcol et fils, laine et croisés mérinos. — De Busscher (Ch.). — Toupiolle (Aug.). — Courcol-Lesage.

Sacs confectionnés. — Andrieu-Bomy et Cie, spécialité.— Bocquet, Carmichael, Dewailly et Cie, sans couture. — Briaux-David et Cie. — Capelle et Brandicourt.

Soie (filat. de bourre de). — Collet-Lefrancq.

Soie grége et organsin (dépôts). — Beauval et Pillot, et bourres de soie. — De Busscher. — Delisle (H.). — Eloy (Hte). — Fussien frères. — Gamand (Ch.) et fils. — Jumel, Granger et Cie. — Lancel (A.) m. à Tourcoing.—Lelièvre (Vve A.) et fils et Domart. — Rouart (E.).

Soieries et nouveautés. — Bénard - Loffroy, Heurtaux et Devaux. — Mercier-Grare. — Odille (Vve). — Rivillion-Barbier.

Tailleurs. — Alkan. — Bellat frères. — Blin. Boutmy-Carette. — Diaouard. — Ducoron père et fils. — Dumeige-Dumeige. — Durant. — Durier (F.). — Hatte. — Helle. — Kauffmann. — Labesse. — Lapeyre. — Laurent. — Lenoir. — Letocart-Bayart. — Lévy. — Alkan. — Mallot. — Mercier, confection. — Renard.— Simon-Corniquet. — Viseux.

Tailleurs-confect. en gros. — Hazart et Rayez. — Loisel (C.) et sœur.— Magnez-Pennellier.

Teinturiers sur tissus de laine et de soie. — Binard (Armand.). — Calmet père et fils.— Fleury (Ed.). — Gaudry-Bellet et fils. — Hubault aîné. — Hubault (Arsène). — Magnier. —Ransinangue.

Teinturiers sur velours de cotons.—Bonvallet (Ch.), et impression. — Cottrelle-Maisant. — Dempière-Loisel et fils. — Dupetit. — Fertel aîné. — Flandre. — Boutemy. — Larozière (Vor). — Mille (Vve). — Poulain-Obry.—Pourchelle (F.).—Pourchelle (A.). — Sauvalle et Leroy-Latteux. — Tellier. — Vailllant.

Teinturiers en écheveaux et ganses de laines.— Blangny. — Harlay. — Leroy-Voclin. — Fourdinoy (A.).

Teinturiers en velours d'Utrecht. — Bertrand fils. — Dupuis.— Gontier-Dubas. — Ransinangue.

Tissage méc. de toiles à sacs. — Andrieu-Bomy et Cie.

Tissage méc. de velours cotons. — Bulan (Ch. et Aug.). — Dauchel aîné et Cie.—Fiquet-Thuillier et fils, velours croisés. — Hubault aîné. — Larozière père et fils. — Malliavin fils et Cie. — Mouret-Allexandre.

Tissage mécan. de tissus laines. — Collet. — Dubois et Cie. — Mille-Geusse, satin français et tissus p. robes.

Toiles et sacs confectionnés (fabr. de).— Andrieu-Bomy et Cie. — Barbier et Fouquerelle. — Bernard et Lapierre, toiles écrues et crémées. — Bocquet, Carmichael, Dewailly et Cie, filat. et tis. — Briaux-David et Cie, m. à Dijon. — Capelle et Brandicourt, toiles p. tailleurs. — Cosserat père. — Dumont-Carment.— Jumel et Desavoye. — Le Bœuffle (Vve) et fils. — Leclercq (B.) et Cie. — Lefèvre (Alexandre).— Legay.— Payen-Montmert. — Pezé-Preux, de Beauval. — Rembault-Warmé et Cie. — Renouard (F.). — Roy-Guibet, toiles de Picardie et de Belgique.— Thuilier, dépôt. — Vagniez-Fiquet et Cie. — Vasseur (A.).

Toiles (tissage méc.). — Andrieu-Bomy et Cie. — Boudard (A.). — Bernard et Lapierre. — Cosserat père ✳.

Toiles d'emballage (fabr. de). — Razart et Bayez.

Tresses en laine pour chaussons (fabr. de). —

Auber frères, mérinos, alpage, soutaches et ressorts p. jupons.

Tulles (fabr. de).—Millot père et fils.— Wasse et Dupré.

Abancourt-Warfusée.

Bonneterie de laine (fabr. de). — Harouel-Foy.

Abbeville.

Chambre de commerce. — Président : Courbet-Poulard ✳. — Secrétaire : Falaize. — Membres : Monchaux. — Lottin (A.). — Ledieu (H.). — Vayson. — Lemaître-Ricquier. — Desgardin, du Crotoy. — Demay de St-Valery.

Consulats. — Confédération de l'Allemagne du Nord : Thomas, consul. — Pays-Bas : Courbet-Poulard, vice-consul. — Portugal : Assegond, vice-consul. — Russie, Suède et Norwège : Siffait, vice-consul.

Tribunal de commerce.—Président : Vayson. — Juges : Lemaître-Ricquier. — Hubert. — Chivot (Clovis). — Arlez (Pierre). — Suppléants : Hénocque. — Racine (Toussaint).— Carpentier.— Vuldecocq (Eugène). — Greffier : Duflos.

Conseil de prud'hommes. — Président : Sauvage. — Vice-président : Richard.

Apprêteurs d'étoffes. — Armand-Mory. — Dupuis (A.).

Bâches imperméables (fabr. de).— Nicolle Lemaire et fils.

Banquiers. — Danzel (Félix). — Monchaux (A.). — Rosselet (A.) et Cie. — Soubitez et Cie. — Vuldecocq (Eug.).

Blanchisserie de fils.—Comptoir de l'industrie linière. — Tholomé (G.). — Villers-Adam.

Bonneterie et laines filées.—Bailleul-Noizeux. — Boucher (F.). — Coudaillier-Alexandre. — Dufour-Dufour. — Duval (A.). — Duval aîné. — Freville. — Pommier. — Prevost (Mlle). — Sinoquet-Tabouret (Edouard).— Waré-Auger. — Werquin (A.).

Broderies (fabr. de). — Sorez (E.).

Calicots et étoffes de cotons (fab. de). — Moreau.

Chanvres (filat. de). — A. Degory-Letellier.

Chanvres bruts et peignés. — Cardon-Tellier. — Cardon-Wamain et fils. — Cardon-Martellet (Vve). — Degory-Letellier (A.). — Picard (A.). — Picourt-Mille. — Thibaut (Denis).

Chemises (fabr. de). — Bailleul-Noizeux. — Sinoquet-Tabouret (E.).

Cordes et ficelles (fabr. de). — Barreau aîné. — Barreau jeune. — Blondel-Mellier. — Briet-Germain fils. — Brunelle-Héricotte. — Carton-Tellier, fabr. de ficelles et chanvres de Picardie. — Cardon-Martellet (Ve). — Cardon-Wamain et fils, filat. mécan., chanvres bruts et peignés, filasses et étoupes, export. — Carne (P.-B.), fabr. de cordages et ficelles. — Degory-Letellier (A.), filature de ficelles. — Delacroix (Constant). — Desjardin-Fromentin. — Desjardin-Cardon. — Ducorroy-Mallet. — Dulin-Plé. — Josse-Deglicourt. — Lefebure. — Miellot-Barbet (F.). — Miellot-Barbet (Ch.). — Noël Brunelle.— Noiret-Boulet.—Noiret-Riquier. — Pichard. — Picourt-Mille. — Saintpaul-Noël. — Vimeux (A.) et Cie, repr. à Paris.

Corsets.—Azoeuf. — Dieudonné. — Gaffé-Lefebvre (Mlle).—Loiret (Mlle).— Maury-Fauvelle.—Warré (Mlle).

Cotons filés.—Falaize.—Joly—Thibaut (Denis) —Vasseur.

Doublures (fab.).—Delattre aîné et Cie, manuf. —Verdun aîné.

Draperie et molletons (fab.). — Nicolle-Decormon.

Draps.— Brailly et Lecus. — Coulombel (J.), en gros.—Dehuppy-Neuville (A.), en gros. — Dulin et Villancourt. — Fauvel (F.). — Golgoux-Hubert.—Lefebvre (A.). — Ryser-Maillard.

Fils de lin et d'étoupes.—Cardon-Wamain et fils.—Degory-Letellier (A.), fils de Carct, à Rouvroy.—Falaize-Joly.—Nicolle-Lemaire et fils.—Thibaut (Denis).—Vasseur (Amédée), et dépôt de la filature de Pont-Rémy.

Fleurs artificielles (fabr.).—Sibillat et Cie.

Laines brutes.— Bailleul-Noizeux. — Dufour-Dufour.—Duval aîné.—Meressart-Gavois.

Lin (filatures de). — Gavelle (H.). — Huré-Ternois.

Lin (négoc. en). — Degory-Letellier (A.). — Cardon-Wamain et fils.—Dumont (Ch.). — Falaize-Joly.— Meressart-Gavois. — Payen. — Thibaud (D.). —Vasseur (A.), maison à Amiens.

Mercerie en gros.—Josse-Deglicourt—Riquier-Bremard frères.

Molletons (fab. de).—Nicolle-Decormon.

Négociants-commissionnaires.—Bobeuf (G.), en coutils et toiles, représ. à Abbeville par L. Godfroy. = Cornet-Courbet. = Danzel père et fils.—Delattre aîné et Cie,= Falaize-Joly, toiles, fils et cotons filés. = Freville (Ad.).—Hure et Delacroix-Noiret, toiles à matelas.—Legris-Tétu.— Lemire-Roger. — Levèque (Félix).—Locqueville-Petit.—Martellet (T.) et Cie.—Meressart-Gavois, chanvres.— Monchaux (A.). — Ricquer (A.). — Sorez (E.).—Vasseur (A.).

Rouennerie en gros. — Coulombel (J.).— Dehuppy-Neuville. — Delattre aîné et Cie. — Huré et Delacroix-Noret.

Sacs en toiles (fabr. de). — Nicolle-Lemaire et fils.

Soieries, nouveautés.-Brailly et Lecus.—Dulin et Villancourt.—Fauvel.—Hubert.—Lefebvre-Gomard.—Vignon-Rasse.

Tailleurs (marchands).—Boutillier.—Carré.—

Dallon-Dercourt. — Glachant. — Lefèvre-Trenklé.—Lenin fils.— Loiseau-Schmit. — Olive.—Orville.—Picavet.—Ryser-Maillard.

Tapis de pieds en tous genres tapisseries et moquettes, (manuf.) : fondée en 1667, Vayson (J.) ✳.

Tapisserie (articles pour).—Gaffé-Lefebvre.

Teintures, couleurs et indigos.—Lebel (F.).—Riequer (H.).—Roger (Alf.).

Teinturiers.—Armand-Mory.—Boinet aîné. — Dupuis (A.).—Mettoz-Boinet.—Terrasse.

Toiles et sacs (fabr.).—Nicolle-Lemaire et fils.

Toiles en fil de lin et coton (fabr. de).—Bellart fils aîné.—Briet-Germain fils, toiles d'emballage. — Comptoir de l'industrie linière, tissage p. linges de table.—Delattre aîné et Cie, manuf. — Falaize-Joly. — Nicolle-Lemaire et fils.—Riequier (Aug.). — Tholomé (G.), serviettes à liteaux. — Vasseur (Amédée).

Ailly-sur-Somme.

Lin et jute (filat. de).—Bocquet, Carmichael, Dewailly et Cie, administration, à Paris.

Ailly-sur-Noye.

Nouveautés, rouenneries, draps, etc.—Decave-Duminy. — Joly, d'Amiens. — Navarre-Boquet.

Airaines.

Draperie, rouennerie, lingerie, nouveautés. — Delassus.—Boignard-Lescureux.—Couré.—Hetru.—Machy (Mlles).

Toiles d'emballage et autres. = Alloux. — André frères, dépôt à Paris.—Caux-Beauvisage, à sac.—Langlet.—L'heureux (E.) fils.—Pernelle (Alph.).—Salomon.

Albert.

Banque.—Berly.—Scribe (François).

Cotons (filat.).—Munier (Ch.) et Prévost ✳.

Draps.—Dessière (Pierre). = Champion-Drouart.—Vast-Domont. — Vast-Demametz. — Ybled-Ybled.

Nouveautés. = Champion-Drouart.—Dubois (Mlle).—Letierce (Ve).—Vast-Demametz. = Vast-Daumont.—Ybled.

Toiles de Picardie et sacs (fab.). — Darbey (Ve).—Dessières.= Letierce (Ve). — Vast-Daumont.—Vast-Demametz.—Ybled.

Allery.

Toiles d'emballage (fab. de).—Boutillier (Jules) Boutillier-Poiret. — Darras (Modeste). — Delachanal aîné et Dufour. — Lefebvre (Abel).—Matignon (Alex. F.).—Saint frères.

Ault.

Escompte et recouv.—Debeaurain (E.).

Rouennerie, draperie et nouveautés. — Dauphin.—Doclais.—Demellier (A.).

Arvillers.

Bonneterie en laines (fab.).—Branche fils. — Brunel-Blazard.—Douvillé-Tassart et frères. —Fauveau fils, fab. de bonneterie de laines peignées et cardées.—Montdidier.—Fichaux fils.— Leclerc fils. — Wablé (Amédée). — Wablé-Prangère.

Filature et manuf. de bonneterie laine et tissus nouveautés brevetés s. g. d. g. — Escoffier-Gindre.

Laines (filat. de). — Douvillé-Tassart et frères.

Métiers à tricoter (fabr.) — Bouffette. — Prangère-Duflos.

Authieule.

Fil de lin (manuf.) — Guidé et Rembault.

Bayonvillers.

Bonneterie de laine (fab. de). — Chevin-D'Hubert. — Decaix-Leroy. — Gaudefroy-Delaporte. — Mollet-Ducroquet. — Peigneux-Dumont. — Wable (L.), success. de Wable-Chevin son père.

Nouveautés. — Tonnel.

Beaufort.

Bonneterie (fabr.).—Ducrocq.—Harlez et Cie.

Beaucamps-le-Vieux.

Etoffes. — Godefroy (Ch.) et fils frères, manuf. de thibaudes et tiretaines ; dépôt à Paris.

Feutres.— Godefroy (Ch.) et fils frères, fabr. de tissus-feutres, maison à Paris.

Passementerie (fabr. de). — E. Neveu et E. Guichard, maison à Paris.

Tiretaines dites draps de Beaucamps (fab. de). — Delaire-Devaux. — Deneux-Hérelle. — Devaux-Marchand. — Leroux (Ferd.). — Leroux-Talva. — Marchand. — Talva-Marchand.

Toiles. = Beuvin (J.-B.). — Deneux-Hérelle. = Leroux (Ch.)

Beauval.

Toiles d'emballage et sacs. — Gauguet. — Herdequin frères. — Malherbe-Meslé. — Pezé.—Saint frères, manufacture, m. à Paris. = Thuillier frères.

Belloy-sur-Somme.

Toiles à sacs (fabr. de). — Saint frères.

Toiles de Picardie, sacs à emballage (fab. de). = Lefebvre (Ernest).

Bouchoir.

Bonneterie de laine (fabr.) — Boullenger-Mollet. — Damay (Vve) et fils. — Langlet père. = Pillot (Jh).

Nouveautés. — Dechilly. — Pillot.

Bougainville.

Laines (négts). — Candellier aîné. — Can-

dellier (Oscar). — Demarcy-Simon. — Dubois (Vor). — Morel (Ed.). — Sauval. — Sellier-Vasseur. — Sorel-Morel. — Triquet.
Laines filées et à tricoter. — Descroix-Blieux-Lescaillet (A.). — Lescaillet (S.). — Morel (A.).
Peignages de laines. —Candellier aîné.— Caudellier (Oscar). — Cressent (D.). — Cressent (J.-B.). — Descroix-Gaillet. — Devassencourt (J.-B.). — Devassencourt (F.). — Dubois (F.-M.) — Dubois (F.) — Heux (L.). — Triquet (F.). — Triquet (V.).

Bouttencourt.

Cotons (filat. de). — Fruictier aîné. —Fruictier (Ch.).

Calx.

Bonneterie en laine, tricots flanelle et vestes peluchées (fabr.). — Courtois, m. à Paris. — Duprey-Braillon. — Levrien jeune, m. à Rouen.
Nouveautés. — Drappier. — Derbesse.

Cayeux.

Nouveautés-drapiers. — Lecat-Fontaine. — Sauvage père et fils.
Tissus (mds). — Bon (N.). — Coulombel. — Fréville-Bocquet. — Gambier-Cailhaut. — Mopin-Groux. — Sauvage père et fils.

Candas.

Toiles et sacs en laine. — Mercier (Th.) fils. — Saint frères, fabr. de toiles à sacs.

Chaulnes.

Nouveautés. — Bruyant-Hamet (Vve). — Cassel-Bruyant (Vve).
Tissus élastiques (fabr.). — Paillard (E.); chaussures, bretelles et ceintures; à Paris.

Chepy.

Toiles (fab.). — Haudressy (Jules).

Condé-Folie.

Toiles (fabr. de). — Fromain (A.) et Pivron.

Conty.

Draperie et étoffes. — Chabaille. — Mareschal-Plantand.

Corbie.

Bonneterie de laine (fabr.).—Dutilloy (Vve) et Lardières.— Gindre.— Requebœuf.
Cotons (filat. de).—Bullot (B.), m. à Paris.
Flanelles-tricot (fabr.). — Dutilloy (Vve) et Lardières.
Laines (filat. de). — Masse et Hte Cressin fils. — René Bernier et Cie, et tissage de draperie. — Schlumberger (Vve).
Laines peignées.— Boquilbœuf.
Mécaniciens.— Boulnois.—Détaille.—Fertelle. — Sellier.

Mèches à quinquets (fab.).—Bullot (B.), m. à Paris.
Nouveautés. — Boulnois.— Mallet.—Péchin. Renard.
Retorderie de cotons, soies et laines. — Masse et Hte Cressin fils.
Tissage mécan. — Bullot fils. — Masse (H.) et H. Cressin fils.

Crécy.

Draps. — Leuilleux.— Quertan.

Daours.

Laines peignées et filat.— Postel-Dutilloy.

Davenescourt.

Bas à côtes anglaises (fab.). — Bourguignon.
Vestes peluchées laine et coton. — Bourguignon (J.).

Domart.

Banquier.—Helluin-Déplanque.
Lin (filat.).—Saint frères, à Saint-Ouin.
Nouveautés, drap., rouennerie. — Marchand. — Thuillier (J.). — Thuillier-Dupreuil. — Wallet (Vve).

Doullens.

Banquier.— Ducroq.
Cotons (filat.).—Sydenham frères et Cie.
Draps. — Briquet (Vve).—Cuvillier. —Duminil. — Duseval. — Helluin. — Macron. — Mathey.—Paillat-Vendenhaut.—Parmentier (Vve).—Parmentier (Oscar).—Raux (Léon). — Trouvé. — Vecques.
Laines brutes et déchets. — Cagny.

Epehy.

Draps et nouveautés. — Denisart. — Lépine, Tissus de coton en tous genres (fabr.) — Capron frères. — Colombier frères. — Delacourt. — Desmarets. — Lemaître (L.).

Escarbotin.

Cylindres cannelés pour filatures (fabr.) — Boutté (G.).—Briet (P.).—Derambure (H.).

Essertaux.

Satins (fab. de).—Dawant et Cie, satins français, à la reine et satins cachemires pour chaussures.

Flixecourt.

Toiles. — Saint frères, filat. et tissage méc. du lin et du chanvre; maisons à Paris, Rouen, le Havre, Lyon et Marseille.

Foucaucourt-en-Santerre.

Bonneterie de laine, bas et tricots (manufac.). — Debeauvais-Blondel.

Fouilloy.

Bonneterie (fabr.).—Devaux et Détaille.

Laines peign. et cardées (filat.).—Gaffet (L.).
Mèches à quinquets.—Delaunay.
Peignages de laines.—Hordé père et fils.—Lavaard aîné.—Lavalard-Hordé (H.).
Chaînes de laine et soie.—Dufourmantel (Ph.) et Cie.
Teinturiers.—Lesieur fils.— Frézon (Ch.) fils aîné et Cie.
Tissus (fab. de).—Ward (A.) fils et Cie.

Fresnoy-au-Val.

Peigneries et retorderies de laines. — Bachimont (Floréal).—Châtelain (Constant).

Framerville.

Tricots en t. genres (fab.).—Guilmant fils.

Gamaches.

Chasublier.—Bayle (G.).
Cotons (filature). — Humbert et Cie.
Draperie, rouenn. — Boutry-Derocque. — Dauphin. — Guerville. — Martin.
Escompteurs. — Hecquet (J.). — Paris.
Toiles à voil. (tis. méc.). — Vacossaint (W.).
Tourneurs pour filatures. — Henocque. — Lecomte. — Ozenne. — Tellier.

Guyencourt.

Tissus-crinoline (fab. de). — Ramay fils.

Hallencourt.

Apprêteur de toiles. — Warmel-Labbé.
Lin (fil. de). — Warmel-Labbé.
Linges de table à la Jacquart (fab. de). — Deneux frères.
Toiles à matelas, coutils, cotonnades, linges de table (fabr. de). — Bacquet (Jacques). — Bacquet (Jules). — Bacquet (C.). — Berger-Warmel. — Cauchy fils. — Cauchy (L.). — Cauchy (C.). — Cauchy-Ruffin. — Délétoille. — Michaut (Th.).

Ham.

Banque et recouvrem. — Boinet, Lamouret et Cie; m. à St-Quentin. — Bouchy-Dormay.
Draps, rouenneries et nouveautés. — Breton aîné. — Fontaine. — Foucart. — Garbe. — Gourdin fils. — Savioz (Joseph).
Nouveautés, soieries et châles. — Foucart. — Garbe. — Gourdin. — Macaigne. — Savioz (Joseph).

Hamel.

Mèches à quinquets (fab. de). — Delaunay.
Retorderie de cotons. — Cressin (Ch.).

Hangest-sur-Somme.

Toiles (fab.). — Goudalier (J.-B.). — Saintyves. — Trancart (J.-B.). maison à Amiens.

Hangest-en-Santerre.

Bonneterie de laine (fab. de). — Contour (F.), maison à Paris. — Delaplace aîné. — De-

moreuil fils. — Dubois-Brulin. — Gobert-Chantrelle (Vve). — Lecomte (Jules). — Leroux (Honoré). — Mortier fils. — Opron.
Laines peignées (filat.). — Herman-Postel.
Métiers à bas (fab.). — Boisset-Fournier. — Boisset-Leroux. —Desachy (A.). — Déléens (F.). — Doublet. — Tardieu (N.).

Harbonnières.

Apprêteurs et blanchisseurs de bonneterie fine et tricots de laine. — Bonnelle. — Cornet.
Bonneterie (fabr. de). — Langlet (L.). — Lavalard frères. — Venant-Dubuisson.
Laines pour bonneterie et tricots (filat. de). — Cotté. — Doublet - Caron. — Lavalard (Arsène).
Nouveautés. — Decotte fils. — Douaille. — Lecat. — Henneguy. — Meurisse.

Heudicourt.

Draps et nouveautés. — Mayeux-Templus.
Etoffes nouv. (fab. d'). — Dreyfous (F.) ✻.

Lihons-en-Santerre.

Aiguilles à bonneterie (fab. d'). — Benaux (Vve) et Letellier. — Cotrel (Alex.). — Leguillier-Périan. — Letellier (Auguste). — Merlier-Pécu. — Séné-Didier (Vve).
Bonneterie de laine (fab. de). — Pernot-Bidart.
Nouveautés. — Maricourt.

Longpré-les-Corps-Saints.

Draps et nouveautés. — Caron père et fils. — Cauchy (A). — Chivé (C.). — Délignières. — Fournier frères.
Toiles. — Pernet, Chênes et Cie, toiles, sacs, bâches, toiles d'emballage, à voiles, etc.; directeur à Longpré: Ductoy-Varin. — Renouard (Florentin).

Marcelcàve.

Bonneterie (fab. de). — Legendre (Vve Arsène). — Tonnel frères, maison à Paris.
Métiers à bas (constructeur de). — Detaille.

Méharicourt.

Bonneterie en laine (fab. de). — Beaudoin (Fénélon). — Beaudoin (Gr.). — Capart-Damay. — Cozette (Mercellin). — Dumont (Edouard). — Leroy (Ed.). — Mercier fils. — Meurisse-Rivaux.
Laines (filat. de). — Cressin.

Mérélessart.

Toiles à voiles (fab.). — Corroy (Gve) fils. — Louis (Jh) fils. — Niquet (Ed.), sacs d'emballage. — Niquet (J.-Louis). — Niquet (N.). — Normand. — Vacossain aîné.

Merville-au-Bois.

Bonneterie (fab. de). — Buquet, m. à Paris.

Molliens-Vidame.

Draperies rouen. et nouv. — Prophette.

Montdidier.

Banquiers. — Devanaux. — Durand. ses fils et Dumont.
Bonneterie (fabr. de). — Carpentier. — Douchet-Serpette. — Meurisse-Dangez.
Lin (fabr). — Doudoux-Morel.
Mercerie en gros. — Lecul-Cepronnier.
Métiers à bas (fabr. de). — Dewague.
Nouveautés. — Deguéhégny. — Gerlin-Guerlin. — Hourdequin. — Mereuil-Lecomte.— Périn. — Poulle-Capon. — Raynal-Gauchet.
Rubans et lingerie en gros. — C. Blondeau.
Tailleurs (march.). — Delahoche. — Douillez. — Gerlin-Guerlin. — Jacques.

Mereuil.

Blanchisserie de cotons. — Gru père et fils. Gru-Bouly.
Bonneterie de cotons (fab.) — Bellard-Bedier. — Bouly-Lepage et Cie. — Cailly. — Collinet. — Gauchet-Fameehon. — Gabry-Bédier. — Gru-Leroy. — Gru-Deflandre. — Jourdain (A.). — Legrand (Ed.). — Lesselin (Ernest). — Mahelin. — Marlion et Mariage. — Monard. — Perlin frères. — Pillon-Leroy. — Rabanis. — Thibauville-Delaporte. — Warnier-Adam.
Bonneterie de laine. — Credoz-Boutepoix.
Tailleurs (mds.). — Baroux-Mallet. — Dercheux. — Elin fils. — Leprince-Gabry. — Mariage.
Teintu. en cotons. — Gru père et fils.

Moulin-Bleu.

Filat. de lin et chanv. — Blanchet et Cie.
Toiles à voiles (tissage mécanique). — Blanchet et Cie, à bâches et à sacs.

Naours.

Soieries et nouveautés. — Bracquart.

Nesle.

Draperie. — Duhamel-Décéjean. — Godchaux. — Lenique.
Toiles et nouveautés. — Duhamel-Décéjean.

Nurlu.

Tissus nouv. p. robes (fabr. de). — Clavé.

Péronne.

Banquiers. — Gaudechon frères. — Fay et Cie.
Draps toiles et nouveautés. — Ballue. — Bascle. — Boulanger. — Cavel. — Clairy. — Hochart-Frison. — Sainsaulieu. — Thiéry. — Waxin.
Nouveautés. — Artus (Mme). — Bascle. — Ballue. — Cavel. — Eloy. — Hochart. — Leroy et Carré (Mlles). — Sainsaulieu. — Thiéry. — Waxin.

Picquigny.

Toiles d'emballage (fabr. de). — Richard. — Roche. — Flament et Locquet, m. à Paris.
Toiles (tiss. méc. et fabr. de). — Dutocq fils et Flament, dépôt à Paris. — Richard, Roche, Flament et Locquet, toiles crémées et toiles à tailleur.

Plessier-Rozainvillers (Le).

Bonneterie (fab.) — Morel-Halu, tricots.
Laines peignées et filées (fab. de). — Goret fils aîné. — Goret jeune. — Turquin. — Viet (H.).
Teinturiers en bleu bon teint. — Heigny-Cuvillier. — Heigny-Quentin.

Pont-de-Metz.

Lin et étoupes (filat.). — Arquenbourg frères.

Pont-Rémy.

Compagnie linière de Pont-Rémy, filat. de lin et d'étoupes, tiss. de toiles, blanchisserie ; administrateurs : MM. Bayvet, Vital, B. de Saint-Sauveur, Sénac et A. J. Stern. Siége de la Société, à Paris.

Quevauvillers.

Bretellerie ou tissus en cotons et gomme élast. (fab.). — Bachimont. — Busscher (Ch. de) et Aug. Toupiole, m. à Amiens. — Domecq-Maillet (Mme), m. à Paris. — Paillard (Elie), m. à Paris. — Quantier, m. à Paris.
Casquettes (fabt. de). — Ismérie Corroyer.
Draps et toiles. — Ismérie Corroyer. — Lansorne (Sophie). — Leroy-Desgroux.
Passementerie en tous genres, rubans de laine unis et croisés en laine (fabr. de). — Busscher (Ch. de) et Toupiole, m. à Amiens. — Fleury jeune, m. à Rouen. — Florent-Hecquet, dépôt à Paris.

Hamburelles.

Colonettes, art. à pantalon, doublures ménage et toiles à matelas (fabr. de). — Delattre aîné et Cie.

Riencourt.

Peignerie de laines (fabr. de). — Guillerand et Marchand. — Florent.
Tissus et nouveautés. — Pecquet.

Roisel.

Nouveautés. — Barré-Flament. — Ricaux. — Therry-Leclerre.
Tissus Jacquart (fabr. de). — Baudré. — Doublet-Leclerre. — Langlet (F.). — Leclerre-Lesage. — Leclerre-Cambrai.

Rosières-en-Santerre.

Bas d'estame (fab.). Etévé. — Fournier-Pepin. — Morlet.

Laines (mds de). — Boitel (Louis). — Braillon, et déchets. — Devaux (Ad.). — Cuvillier fils. — Douvry - Coquerelle. — Douvry (Honoré). — Lefèvre (Aug). — Lefèvre (N.). — Lefèvre (F.) fils. — Lefèvre-Warconssin. — Truquin-Boulogne.

Nouveautés. — Legrand - Taupin. — Léon-Guillery. — Thiébaud.

Tricots (fabr. de). — Bauduin-Tassart (Vve) et fils. — D'Angest-Tassart et Cie. — Etere. — Fournier-Pepin. — Lefèvre. — Lefèvre.— (Henriette) et Eug. Lefèvre. — Lefèvre-Froissard. — Tassard (Alfred). — Tassard-Chaussé.

Rourvel

Bonneterie de coton (fabr.) — George et Cie.

Roye

Banquier. — Lefebvre et Cie.
Bonneterie (fabr.). — Lavalard frères.
Bonneterie en gros. — Colin-Glory.
Flanelle (mailles de bas), tricot, bas d'estame (march. de). — Lavalard frères.
Laines (filat. de) — Lavalard frères.
Mercerie en gros. — Lafosse et Cie.
Nouveautés. — Beauvais-Lesage. — Cagniart-Rousseau. — Caron Collin-Glory. — Delle-Dubreuil. — Montreuil-Etevé.

St-Acheul-lez-Amiens.

Peignage mécanique. — Lange (F. G.).

St-Ouen.

Filat. de lin et chanvre. — Saint frères.

Saint-Valery-sur-Somme.

Draps, étoffes, tissus. — Boyard (Vve). — Darambures. — Duval Hartmann. — Lefort. — Marchand (Vve). — Mercher. — Sueur-Prévost. — Vannier. — Vue (Vve).

Sailly-Saillisel.

Barège (écharpes de). — Levaufre.
Gaze de soie pour blutage. — Blonde (A.). — Lefèbvre (L.), m. à Paris. — Le Mire (Maison), m. à Paris. — Patriau et Ducrocq, dépôt à Paris.

Saleux.

Fils à coudre les sacs, fils de lin et de chanvre retors et cablés p. laines, filets, etc. — Pauché (E.). — Pauché-Thuillier.
Laine (filature et peignage de). Poiret frères et neveu, m. à Paris.
Lin, chanvre (filat.). — Cosserat fils et Cie.
Toiles (fabr. de). — Yvose Laurent et Cie, vente et location de toiles imperméables, m. à Rouen, Marseille, Caen et Paris.

Salouel.

Cotons filat. — Desquiens fils ainé, et fils glacés.

Templeux-le-Guérard.

Tissus, articles de Saint-Quentin (fab.). — Boitel (T.). — Despret. — Drancourt (J.). — Lempereur.
Tissus écrus. — Colliard (Félix) et Cie.

Thuison.

Lin et étoupes (filat.). — Henry Gavelle.

Vaire-sous-Corbie.

Bonneterie de laine (fab.).— Delorme (E.).
Laines brutes (négt.). — Croque (Ch.). — Stalin (A.). — Stalin (N.).

Vergies

Laines (md) et fabr. de toiles à voiles et à sacs. Facquet (A.).

Vignacourt.

Chanvres en gros. — Thuillier frères.
Cotons (filat. de).— Danzel-Frémont.
Nouveautés. — Lecointe. — Lefèvre. — Thuillier.
Retordage de laines cotons. — Pauchet (Emile). — fils de lin et de chanvre retords et cablés p. laines, etc. — Pauchet-Thuillies.
Toiles (fab. de). — J.-B. Ducrotoy. — Toiles de Picardie et de sacs. — Ducrotoy-Célestin fils. — Thuillier.

Vauvillers.

Bonneterie (fab.). Le Tessu. — Obry jeune.

Ville-sous-Corbie.

Laines brutes (march.). — Crampon. — Dufourmentelle.

Villers-Faucon.

Mousseline et tissus (fabr. de). — Belment (P.-L.). — Brunel (Léande). — Casé (Th.). — Gollé - Leroy. — Gellé - Blériot. — Legionnet. — Marotte. — Ricaux. — Vibain.

Villers-Bretonneux.

Bonneterie de laine (fabr.). — Boullenger-Goret, et fantaisies, dépôt à Paris. — Châtel-Postel, art. fantaisies, nouv. — Cressin-Demarquest, dép. à Paris. — Cressin frères, dép. à Paris. — Cressin fils ainé. — Delacour (Théophile), dép. à Paris. — Delacour (Théodore) et fils, à Paris. — Desachy et Colmaire, nouv. — D'Heilly (Alphonse), fab. de bonneterie en laine. — D'Heilly (Edmond).

Woincourt.

Cylindres cannelés (fab. de). — Gauthier frères.

TARN

ALBI (chef-lieu).

Tribunal de commerce.—Président : Ravailhe.—Juges : Bray.—Bounhiol.—Prunet.—Lafon.—Suppl. : Boujarde fils.—Dalens fils.—Amilhau.—Gardel.—Greff. : Rolland.

Chambre consultative des arts et manufactures. — Président : Gisclard (J.-J.) ✳.

COMMERCE, INDUSTRIE.

Banquiers.—Fournier (Pierre).—Viala (A.).—Mamert-Ravailhe.

Chapeaux (fab. de).—Joulia, Jamme et Mouzels, spécialité de chap. impairs et souples.—Maraval (J.), fabr. de chapeaux de feutre, export., maison à Paris, Charbuy, représentant.—Durand et Maraval. — Michel et Vitrac.

Coupeurs de poils.—Campa et Cie.

Draperies et nouveautés.—Amilhau. — Darrau.—Besset fils. — Cayzac et Mathieu.—Clergue.—Depeux (Bapte). — Ichanson père et fils.—Ichier (Bin).—Jessé.—Pereigne.—Reuilhe fils.—Roussille.—Viguier fils.

Fil à tisser.— Courjade (Quentin), et toilerie, tiss. méc.—Viala et Grimand, fils à tisser, chanvres de France et d'Italie.

Laines peignées et cardées (filature de). — Danos fils et Cie, peignage mécanique.

Merciers en gros.—Aragon.—Bignon cousins.—Campas.—Gairaud.—Troy fils.

Passementier.—Grimaud.

Plumes et duvets.—Campa et Cie.— Souque.

Tailleurs (mds). — Boularan. — Delmas. — Fabre. — Jamme. — Ramondou.—Teulié.—Vidal.

Teintur.-apprêt. : Abel.—Astruc.— Combret.—Fabre.—Lami (François).

Toiles (fabr.). — Bourjade (Quentin), tissage mécanique.

Aussillon.

Draps du Midi, flanelles, molletons et algériennes (fab.).—Garric aîné et Cie.— Garric aîné et Cie —Garric cadet.—Garric (Félix).—Garric-Landry, fab. et négt en laines. — Picamoles-Rives.—Valat-Galibert.

Bastide-Rouairoux.

Cylindres p. draps.—Lanet.—Maffre.

Draps lisses et croisés et nouveautés (fab. de).—Alquier père et fils.— Amalric (David), nouv. — Aussilloux et Reynaud. — Barthe (Eug.), nouv.—Barthe et Guiraud.—Benoît (Honoré). — Benoît fils cadet. — Benoît (Simon).—Benoît (E.).— Bonnet et Benoît. — Clavel (Jh.).—Delmas (Mus).—Fabre fils.—Faussié-Debru frères, nouv.— Faussié (Miquel).—Faussié (Etienne) jeune. — Faussié (Isidore).—Loubies. — Hortola (Honoré). — Houard frères; nouv.—Maffre fils, croisés et nouv. —Malafosse. — Marcouyre (Philippe).—Mercier père et fils, nouv.— Millaud.—Pagès (L.) frères. — Pagès (J.P.). — Roy (François).—Vabre (Augte).

Laines (filat. de).—Barthe (Eug.). — Houard (Marius).—Malafosse.

Teinturiers. — Alquier père et fils. — Barthe (Eug.). — Faussié (P.-J.) et fils. — Vabre (Aug.).

Boisseson-d'Augmoutel.

Apprêts et foulons.—Barbaza père et fils. — Maraval (L.) et Cie.

Grosse et fine draperie blanche du santé recherchée pour son tissu (fabr. de).—Maraval (L.) et Cie.—Maraval aîné.

Brassac.

Apprêts et foulerie.—Rafaldy.

Dentelles.—Talobre.

Draps.—Bes (J.) et Cie.—Boulsset (J.) fils.—Dounadille.—Douzals (W.) et fils.

Laines (filat. de).—Boulade (Marc).— Vène.—Camille.

Molletons et flanelles, spécialité de rouge garance.—Puech fils aîné et Cie. — Vesute (J.P.) et fils.

Toiles (fabr. de).—Verdier.—De Guier.

Castres.

Chambre consultative des arts et manufactures.—Secrétaire : Debures.

Tribunal de commerce.—Président : Delcros ✳.—Juges : Laran.—Combes (J.-L.). — Boudou (P.).—Jalabert (A.).— Suppl. : Armengaud.—Desplas.—Caussé.—Souterène.—Greffier : Gaubert.

Conseil de Prud'hommes. — Président : Barbaza (J.).—Secrét. : Saul (E.).

Conseil général des manufactures. — Membre délégué : Combes (F.).

Banque de France (succursale).— Directeur : Reynaud ✳.—Caissier : de Boursetty.

Banquiers-négociants.—Combes (J.-F.) ✳. — Fourgassié aîné (Jean).—Isambert et Cie.

Chanvres en gros. — Batut.— Ortola (Louis) et neveu.

Cordes (fab.).—Batut.—Guy (Emile), cordes à broches en cotons p. filat. — Ortola (Louis) et neveu.—Paille (Jh) fils.

Cotons filés.—Desplats (F.) et Cie.—Fagy. — Gary (Bin).—Maury jne.—Guy (Emile).

Déchets de laines.—Ané (B.). — Austry (H.). Gau.—Guy (Emile), laines, déchets, cotons filés, cardés et art. de filat. — Jalabert (Alph.) jeune.— Maury Jne. — Merciet et Fégy.—Poiret et Valentin, m. à Paris.

Draps (fabric de).—Barbazat cadet et fils. — Blanc (J.) fils. — Bourges et Perilhou. — Grach et Loup, apprêt de draps, usine à

Navès.—Lalubie jeune et Cie, péruviennes et nouveautés.—Laval (Jules) et Cie, cuirs-laines, velours, nouv. et péruviennes. — Nauzières aîné.—Salvayre et Cabrol, draps et péruv.

Draper. (march. de). — Cammas (Paul). — Combes-Marmin (L.). — Jalabert (Fortuné). —Leris (Eugène).—Madaule aîné.—Osmin-Tailhade. — Plotin (Isidore). — Rouanet-Jeanti, maison de gros —Souterène et Bardou. — Taudou. — Valat,—Verneau (G.). —Vidal frères.

Drogueries,—Combes-Marmin (L.).—Desplas, p. teinture.—Maury (Jh) aîné, p. teinture.

Effilochage de laines et cotons. — Lacombe (Ches), m. à Voiron (Isère).

Laines (commiss. et négt en).— Arcizet-Gary (Aristide), laines et déchets.—Balayé (Louis) Cavalié (Rd). — Combes (Jules). — Coulon frères, m. à Buenos Ayres. — Delpech et Prat.—Delpech et Carcinade.—Fau frères, à tricoter.—Guy (Emile).—Jalabert (Alph.) jeune,—Milhau et fils aîné. — Pujol (Jules). —Raynaud (Jean) fils.

Laines (filat.).—Fau frères,—Gary (L.) père, fils et Combes.—Lacamus (A.).—Nauzières. — Société des actionnaires de la filat. et moulin de Castres.

Mécaniciens.—Alquier et Bousquet. — Schabaver et Foures, représentés à Paris.

Mercerie en gros.— Ané (B.). — Casterès fils cadet.—Causse (J.).—Chouvy.—Gallet.

Passement.—Carcanade. — Fauré (Jules). — Mas frères.

Peaux en poils (m is).—Milhau et fils aîné.

Ornements d'église —Dons-Dourel.— Giniès.

Péruviennes (manufact. de).— Albo (Pierre). Amen (Barthélemy) et fils, cachemires. — Amen (A.) jeune, et cachemires.—Arcizet-Vincens et Cie, draps et filoselles. — Barbaza cadet et fils.— Baux fils. — Benazech (Ele) jeune, castraises et nouv.—Benazech (Louis), nouveautés. — Bessière (Léon) et Léon Salès. — Bessière et fils. — Bessière jeune,—Chalou (Paulin). — Blanc (J.) fils, fabt de draps. — Bourges et Perilhou. — Bousquet et Batut. — Bourjade , suc. de Vidal.—Ducros aîné et Cie, pér. et filoselles. —Estève (Joseph) et Cie.—Fournials (Frédéric).—Gary (L.), père, fils et Combes. — Grach et Loup, apprêts. — Hiriard père et fils, et cachemires.—Jalabert cadet frères. —Lalubie jeune et Cie, castraises et nouv. —Landes frères, et filoselles.— Lasbordes. —Lauthier (Léon), filoselle et nouv.—Laval (Jules) et Cie.—Lencou (P.) et Bourjade (P.). —Madol et Cie. — Nauzières aîné, nouv. — Pagès.—Petit (Jh).—Polère, Rivière et Cie, pér. et draps.—Ramond, Degat et Cie, pér. castraises et filoselles. — Raynal (Jean) et Cie. — Rouch (Eugène). — Salès (Jean). — Salvayre et Cabrol, et cachemires.— Sarda père et fils, et filoselles.— Sicard et fils. — Vabre.—Vidal frères.—Vaisse (Hte) et Cie, castraises nouv.

Représentants de commerce.— Astruc-Plazolles. — Guy (E.), représent. A. Mercier ✠, de Louviers, machines de toutes espèces p. carder, filer les laines et fabr. les draps. — Montpellier fils.

Rubans et soieries. — Chouvy-Gallet. — Mercier.

Savon noir (fabr. de). — Chapert jeune et Cie. — Delestrac (V.), fabr. p. le dégraissage et le foulonnage des laines et tissus.

Tailleurs. — Alary-Dousquet. — Barthe. — Cadène. — Va'at. — Vidal, habillements confect.

Teinturiers. — Barbaza (Jh), teinturerie et chaine cotons. — Bassegui. — Maffre. — Paillé (Joseph) fils. — Perilhou (Paul). — Verdeil.

Toiles (fabr. de). — Viguier, emballage.

Cordes.

Blanchiss. de fils de lin et de chanvre. — Reziès (Hte) fils aîné, aux Cabannes.

Draps, toiles, rouennerie et nouveautés. — Austruy (C.). — Coste (G.). — Delpech.— Escorbiau. — Irissou. — Teysseyre (A.).— Vieusse.

Laines (march. de). — Deltol (A.) et fils. — Fricou. — Rossignol (A.).

Gaillac.

Banquier escompteur. — Gravier.

Draps et rouennerie. — Carvallo. — Ramond. — Saunal. — Saurou et Vaché jeune.

Laines (filature de). — Danos et Cie.

Filateurs. — Celine de Plasse. — Constans de St-Sauveur. — Moisset.

Graulhet.

Banquier. — Gazaniol.

Drapiers. — Andieu. — Assalit. — Auriol (A.). — Guillard (Margte).

Laines (filat. de).— Bonnet. — Chabbal. — Pinel.

Laines (march. de). — Julien (J.). — Malet Marc. — Mauriez (P.). — Romain.—Tignol.

Mécanicien. — Delostal.

Labruguière.

Bonneterie orient. (fabr.). — Brus (Apollinaire). — Fabre (A.). — Pinel (H.).

Molleton, flanelle et Aumale (fabr. de). — Chabert (A.). — Chabert (Jules). — Dougados frères. — Fabre. — Mariéjouls-Maffre. — Pouzenc (Antoine).— Pouzenc (Jacques).

Lacaune.

Laines. — Bastide aîné. — Durand (P.).

Laines (filat. de). — Chabert (Louis).

Molletons (fabr. de). — Bosc fils aîné. — Bosc (Ches). — Chabert (Louis). — Hérail.

Lacaze.

Toiles fortes (fabr.). — Barthe. — Benazech. — Coutal. — Gourc.

Lavaur.

Banquiers. — Maraval frères et Cie. — Jau (Ed.).
Bas de cotons (fabr. de). — Cavaillé.
Bas de laines (fabr. de). — Frezouls.
Draperie et lingerie. — Aussaresses. — Bonhomme (Ch.). — Bonhomme. — Bonsirven. — Crayol. — Devoisins. — Pignol. — Souillagouet aîné. — Souillagouet (C.).
Effilochage et filat. de laines. — Pinel-Pagès.
Mercerie gros et détail. — Cavaillé.
Soies filées. — Bastié. — Cavaillé, négt, graines de vers à soie. — Graves. — Frezouls. — Lapeyrie (Bernard). — Luscan. — Maraval. (Isidore) et Cie. — M. H. Pillé. — Reilhac (Th.). — Rivière. — Salvignol.
Tailleur-confect. — Auriol frères. — Maury.

Mazamet.

Conseil de prud'hommes. — Président : Cormouls-Houllès (Simon) ※.
Apprêteurs d'étoffes. — Barbey (E.) ※, filat. — Barthas fils. — Beaux et Rouzeaud. — Bénézech (Joseph). — Boural (P.). — Croses-Estrabaud, et blanchisseur. — Garric (Jacques). — Izard (Jean). — Molinier frères, et filateurs. — Molinier (David). — Rives (Jules). — Sicard. — Tournier.
Banquiers. — Combes frères , succursale à Carcassonne. — Drouet fils cadet et Cie.
Blanchisseurs. — Alquier-Miran. — Baralet. — Coquil. — Benezech frères. — Croses-Estrabaud. — Couzinier cadet, et apprêt. — Escande. — Noé-Rives. — Périé (Aug.).
Bonneterie (fabr. de). — Julien-Vaïsse, chapeaux en drap sans couture, coiffures, tricots foulés.
Commissionnaires d'articles p. manufactures. — Cousinié (Ernest). — Cros cadet. — Gautard (David), draperie du Midi et molletons. — Miran-Alquier. — Puech (Numa) fils. — Rives-Osmin. — Vidal-Prades
Déchets de laine. — Gasc (Pierre).
Draps (fabr. de). — Alba La Source (Ed.), nouveautés d'été et d'hiver p. pantalons et paletots, à Buénos-Ayres. — Andrieu (J.) et Cie, et molletons. — Armengaud (Félix), et nouv. — Augé père et fils. — Baux aîné et Cie, et nouv. — Benezech (Hte) fils, fab. pour dames et p. hommes. — Bonnafoux aîné et jeune. — Bordes (Ch.) et Cie, nouv., apprêts. — Boudon jeune. — Bousquet (Paul et Henry). — Brenac frères. — Brieu frères. — Cabibel (J-F.), cuirs laines, castraises, Cadix et cordelaterie. — Cormouls-Houllès ※ père et fils, p. l'armée, suc. à Buénos-Ayres. — Croses

Boudon et nouv. — Durand frères, articles et nouv. — Fargués (Ve) et fils, drap. et molletons. — Griffoulet cadet. — Guiraud (Eug.), et nouv. — Jenti-Olombel, et nouveautés. — Meynadier cousins. — Olombel frères , et nouveautés. — Puech frères. — Paulin-Daure et Cie, laines, file, draps. — Raynaud (Jques) fils et Cie. — Reynaud (Paul), et nouv. — Rives (Ulysse) et Cie. — Sabatié frères. — Salvaing jeune. — Terson-Garric, Bénézech et fils. — Toulouse et Rives jeune. — Vène , Houlès et Julien. — Verdier frères.
Laines (filat. de). — Amalric (André). — Barbey (E.) ※, et apprêts. — Borel-Vidal. — Cabibel frères. — Cabrol. — Cros jeune. — Galibert frères. — Garric (Pre) aîné et Cie. — Loubié jeune. — Lourde (Jules). — Maistre. — Mazière (F.). — Molinier frères. — Siro père et fils. — Vidal (Ed.).
Laines (commerce de). — Armengaud frères, et molleton. — Baux (David) fils. — Blanc (A.). — Combes frères. — Cros (Cadet). — Croses. — Gau. — Dardié (Léon) et Cie. — Durand frères. — Greffier fils. — Guiraud (Ch.) fils. — Guiraud fils cadet. — Herail (Maurice). — Lafourcade (Louis), maison à Beaumont de Lomagne. (Tarn-et-Garonne). — Medous. — Mejanel. — Miran et Auque, en suint et lavées. — Molinier frères. — Périé (Augustin) et Cie, laines d'Amérique. — Paulin et Daure et Cie, laines et fils. — Rives (Emile).
Molletons et flanelles (fab.) — Andrieu (Jules) et Cie, et draperie. — Armengaud (Félix). — Armengaud frères. — Augé et Fau. — Augé père et fils. — Azémar et Louet (Abel). — Baux aîné et Cie. — Boudon (jeune). — Bouïsset-Cros. — Bousquet (Paul et Henry). — Brieu frères, draperie et nouv. — Bru aîné. — Cabibel (J.,F.), fabr. d'Aumales, Saxonnes et Ségovies. — Cros jeune. — Cros (Pierre). — Croses-Boudon. — Croses-Estrabaud, et apprêteur. — Dardié (Vve P.) et Cie. — Durand frères. — Estrabaut (J.) fils. — Estrabaut frères. — Fargues (Vve) et fils. — Galibert (Frédéric). — Garic (Pre) aîné et Cie. — Gau (Jacques). — Gau (Jacques) fils. — Gau (Moïse). — Gau-Rosc. — Grifoullet jeune. — Grifoullet cadet. — Guiraud aîné. — Guiraud (David). — Izard (Jean). — Maffre-Noë et fils. — Maynadié cousins. — Puech-Rives (Jacques). — Rives (Ulysse) et Cie. — Rives (Guiraud). — Rives (Eug.) fils jeune. — Roucayrol fils. — Salvaing jeune. — Terson, Garric, Benezech et fils. — Tournier (Jules).
Nouveautés. — Alquier (Léon). — Alquier (Médéric) - Molinier (Mlles). — Rives (Mélanie).
Peignes à tisser (fab.). — Mas fils aîné.
Quincaillerie , mercerie. — Cavaillés (Joseph). — Laroze aîné et Cie, dépôt d'art. de filat.

Serruriers-mécaniciens.—Mazières.—Roussel, constructeur de machines.—Valette (P.).
Tailleurs.—Angelbert.—Fabien.—Gary.
Teintur. à façon. — Bastié. — Cavalié.— Chavance frères.— Escudié. — Lasserand (Lucien).—Puget fils.—Vidal (Ele).

Monestiés.

Draps (mds).—Lagriffoul.—Thauziès.
Lin (filat. de).—Rougé.

Pont-de-l'Arn.

Draps (fabr.). — Olombel jeune. — Olombel (Pierre).
Laines (commissionnaires). — Olombel jeune.
Laines (filat.).—Gaufrères.

Rabastens.

Toiles de chanvre (fabr. de).—Aragou.— Audebaud. — Cadaux. — Boissière. — Fouet (Jean).—Larroque.— Miquet.— Roucou. — Serrié (Jules).—Moisset.— Trégan ainé. — Trégan et Villette, blanchisseurs de fils. — Valax.—Villette.

Réalmont.

Draps. — Artigues. — Austry.— Carayon. — Payrastre.—Rahoux.

Roquecourbe.

Bonneterie de laines à l'aiguille (fortes fabr. de). — David-Pagès ainé et fils, bas et tricot.— Monsarrat et Cumenge. — Pagès-Bosc et fils. — Pagès jeune. — Sompayrac (Eug.).—Viguier.
Draps (fab.).—Bonnet et Benoit.
Laines (filat. de).—Chabbert (Désiré).—Fosse fils ainé.

Saint-Amans-Soult.

Draps et molletons (fabr. de).—Cabrol (J.).
Laines (filat. de).—Alquier père et fils, à Albine.—Chabrol (J.).

Saint-Sulpice-de-la-Pointe.

Fils (entrepôt de).—Castel père et fils.

Laines (commerce de). — Favarel père et fils.
Laines (filat.).—Maynadier jeune.

Sémalens.

Fabr. de filoselles.—Fabre (Frédéric).
Filoselles et péruviennes (fabts).—Auseresses (Jules).—Barrau.—Bader fils.— Cabrol. — Coquille frères.—Escont frères. — Fabre. — Gau (Louis). — Gau frères. — Gau (E.). — Guibaut.—Pradies frères. — Reynaud ainé. — Reynaud frères.—Robert (Paul).—Robert (Maurice).—Servat (Armand).
Laines et cotons (filat. de). — Exupère. — Cassayet.

Vabre.

Cotons à tricoter (fab. de). — Doussat et Ricard.
Filature mécanique de laines.— Bian (J.). — Bru (E.).—Fuzier frères.
Laines (filat.). —Biau (Jh).—Bru (P.) et fils.— Fuzier.
Tissus en laines et cotons et cordelaterie (fab. de).—Albert et Mailhé.—Bec. — Biau ainé. Biau (J.). — Carayon (D.). —Cèbe ainé. — Cèbe jeune. — Chazottes (I.). — Doussat et Ricard.—Faure (J.).—Gaches (L.).—Julien et Benazech. — Gentil-Fort.— Loup frères. — Martin (Paul). — Ricard et Jacob. — Vaissette (D.).
Teinturiers.—André (Paul).—Benazech (Hte). Biau (J.).—Carayon (D.).—Loup (A.).

Viane.

Draps.— Ducos (J.). — Gourc (Ph.). — Salvetat (Ve).
Toiles et fils (fab. de). — Alran (L.). — Azaiz de Bagnas.—Benezech (Ve).—Bouisset (J.) père et fils.
Tourneurs.—Mialbe-Castel et Cie.

Vielmur.

Laines (filat.). — Barbe et Cie. — Gabriel-Holmière.

TARN-ET-GARONNE

MONTAUBAN (chef-lieu).

Chambre consultative des arts et manufactures.—Président : Portal. — Secrétaire : Forestié neveu.
Tribunal de commerce. —Président : Garisson-Lacoste.—Juges : Portal (Aug.). — Tachard fils ainé.—Capelle ainé.—Vigouroux. —Suppl. : Ligounhe (A.). — Hubert (Félix). — St-Faust-Bagel.—Catelan (H.).—Greff. : Jahan.

COMMERCE, INDUSTRIE.

Banquiers.—Caisse d'escompte, Joulet, directeur.—Comptoir d'escompte, D'Aubas-

Gratiollet et Cie. — Lacaze (Hte). — Portal, père et fils.
Bonneterie (en gros).—Belluc ainé.—Bernard. —Soulié.
Chapeaux de soie et feutre (fab. de). — Marty et Fourgez.—Souleil ainé et S. Jean.
Chasublerie.—Couderc.—Monbrun (Mlle).
Commissionnaires en draps.—Boube et Roziès-Coyne, Langlade et Cie. — Rabotte fils ainé.
Corsets (fab. de).—Izarn.—Roziès (Mme), et crinolines.
Cotons (filateurs de).—Dubourg-Lacaze (L.).

Cotons et laines. — Dubourg-Lacaze (L.). — Père-Belluc aîné.

Coupeurs de poils. — Verdier et Cie, poils de lapins, usines de Palisse.

Couvertures de cotons (fab. de). — Borel-Pibrac, laines.—Dubourg-Lacaze (L.).

Draperie (fab. de).—Bernadin. — Coutinel. — Débia l'aîné. — Débia jeune. — Descazals-Lacaze et Labro.—Garisson oncle et neveu.

Draperie en gros.—Boube et Roziès. — Brun (Ant.) et Magneville. — Descazals-Lacaze et Labro.—Garrisson oncle et neveu.— Lafargue-Lavigne et fils, teintures et apprêts, rouennerie et nouv. — Langlade-Lacaze et Cie. — Mérignac fils et Laroque. — Portal père et fils.— Rabotte fils aîné.—Verges et Redon.

Draperie en détail.— Baduel sœurs.— Baron frères et Lambret.—Gaillarn jeune.— Lannes.—Marc et Cie.—Pagès.

Droguistes.—Boislong.— Coyne et Langlade, p. teinture.—Gleye et Vivié.

Fils à tisser (commerce de). — Dubourg-Lacaze (L.).

Fleuristes. — Arous (Mme). — Bayol (V⁰). — Lacroix (Fanny).—Montaut (Mme). — Prevost sœurs.

Laines (mads). — Bernard-Soulié. — Débia aîné.—Père-Belluc aîné, et cotons.

Laines (filat. de).—Débia-Lagravère.

Laines filées et peignées.—Bernard-Soulié.— Coste.—Debia. — Dubourg-Lacaze (L.). — Père-Belluc aîné.

Mécaniciens.—Capelle, Colombier père et fils. Courtinade.—Gay.

Nouv. en gros. — Lafargue-Lavigne et fils.

Nouveautés. — Baduel sœurs. — Baron frères et Lambret. — Belluc-Petit (aux Trois Frères). — Carrière. — Coste frères et sœurs. — Dumayne (Mme). — Gleye. — Malbert. — Pradelle-Pourrat. — Simon (Vve Irma). — Tranié.

Passementeries. — Gatereau. — Momméja.

Plumes d'oies et duvets (négoc.) — Vigouroux et Lamolinairie. — Verdier et Cie.

Produits chim. — Gleye et Vivié.

Représentants de commerce. — Boyer (Lucien). — Coyne (Paul). — Hubert (Félix) et Cie. — Lacoste (Emile). — Laurens aîné. — Leroy de Bucy. — Nègre (J.) neveux. — Prat. (Elie).

Soies grèges (filat.). — Couderc (A.) ✳ et Soucaret. — Lugol, Marty et Vidal p. blondes et dentelles.

Sumac-Redan p. apprêt de teinture. — Falga père et fils. — Lacroux (Ches).

Tailleurs. — Bès. — Caussé. — Bouey. — Combes.— Coustou. — Galbiaty père et fils. Hort. — Marc fils. — Monbrun (Aubin).— Pebeyre. — Rabotte.

Teinturiers. — Brun (Ant.) et Magneville. — Coyne-Langlade et Cie, et apprêts. — Lafargue et Cie. — Laffite. — Laval. — Pécourt.

Toiles à tamis (fab. de) et filat. de soies. — Couderc ✳ et Soucaret. — Lugol, Marty et Vidal, gazes à bluter.

Toiles (march.). — Baron frères et Lambret. — Joly. — Lafargue-Lavigne et Cie. — Michelet. — Parran.

Barry-d'Islemade.

Filateur-mécanicien. — Sirac-Vidal.

Beaumont-de-Lomagne.

Banquier. — Gasquet.

Dentell. — Bouas. — Jalembic.

Draps. — Gimat. — Touery.

Laines (filat). — Garras. — Sentis.

Laines. — Garros. — Lafourcade (Louis). — Sahathé. — Tourné.

Toiles (fabr. et march.). — Bonaigues. — Donat. — Garros. — Jullian. — Marsoulan.

Castel-Sarrasin.

Banquier. — Mieulet (Eugène).

Draps. — Bergé. — Carbonnet. — Duprat. — Monié.

Nouveautés. — Calmettes. — Filhol. — Leclercq-Bélard.

Caussade.

Banquiers escomp. — Bouisset. — Parrau.

Chapeaux de paille (fabr. de). — Cantecor (J.) et frères. — Cournod-Teysseyre et Cie. Miquel aîné. — Rey cousins et Galan (ancien. maison Rey, Andrée et fils). — Montauban.

Draperies et Nouveautés. — Delpech. — Molles. — Verbié.

Caylus.

Draps, indiennes, etc. — Boissières. — Daudibertières. — Delort. — Gourdon.

Lauzerte.

Draps. — Baron fils et Lambret. — Lolmède. — Mayene.

Moissac.

Banquier. — Gerbaud et fils.

Draperies et nouveautés. — Allard (Pierre) jeune. — Audibert. — Audibert (Joseph) fils aîné. — Lamozelle. — Mignot. — Plantade frères.

Tailleurs. — Audibert père. — Donnefous et Pequignot. — Dansan (J.). — Lamoselle. — Laroche (P.), Plantade frères.

Montpezat.

Draperies et nouv. — Mazelier. — Orcival. — Rigal. — Rouchy.

Montricoux.

Toiles (fab. de). — Audouy. — Belluret père

et fils. — Castel. — Courcières. — Delmas. — Loupiac jeune. — Nonorgues (Bernard). — Nonorgues père et fils. — Vicensota.

Saint-Antonin.

Draperies , rouenneries. — Henry. — Laclède. — Rossignol. — Pezet.

Laines en gros. — Tabarly.

Laines (filat. de). — Delmas. — Lherays (Achille). — Rose (Paul).

Serges, cadis et burats (fabr.). — Alleguède. — Audouy. — Desbans. — Molinié aîné. — Molinié (Jacques). — Martignac. — Palach.

Sept-Fonds.

Chapeaux de paille et tresses (fab. de). —

Cantecor (Fortuné). — Cantecor cadet. — Jougla fils. — Laffont jne et Cie. — Miquel cadet. — Rey cousins et Galan.

Draps et nouveautés. — Barbance. — Camprédon aîné. — Dordé. — Ducros. — Guy neveu. — Lerou fils. — Sang (Mme). — Schmitz.

Mercerie en gros. — Sieurac frères et Ducom.

Toiles et cotons (fab.). — Asté. — Aubaret. — Mourgues. — Tissèdre.

Valence-d'Agen.

Apprêteurs de plumes de lits, d'oies, de volailles, duvets. — Blanzac aîné. — Sarramiac, Jaubert et Cie. — Sieurac frères et Ducom.

Banquier. — Moing frères.

VAR

Draguignan (chef-lieu).

Chambre consultative des arts et manufactures. — Président : Caussemille. — Secrétaire : Guérin.

Tribunal de commerce. — Président : Ourse (Barthélemy). — Juges : Raffin. — Blancard (P.). — Truc. — Gubert. — Suppl. : Chaix (F. T.). — Mus (C. Ph.). — Coire fils. — Vial. — Greffier Belletrud.

Banquiers. — Alleman (Vve). — Chaix père, fils et Cie. caisse d'escompte.

Draperie. — Bain et fils. — Clément. — Giraud. — Mouret.

Habillements confectionnés. — Audiffred.

Mercerie et bonneterie en gros. — Ourse (Emile.) Raffin et Jaubert.

Nouv. — Bain et fils. — Clément. — Mouret. — Rouvier frères.

Rouennerie en gros. — Blancard fils et Guès. — Guès Blancard et Cie., draperie.

Soies (fila. de.) — Caussemille (H.). — Gaillardet frères.

Arcs (les).

Filature de laines, fab. de draps. — Lavagne (Vve).

Brignoles.

Draps (march.). — Brémond.

Rouennerie. — Bonnafoux. — Brémond. — Eissautier. — Ferlat. — Mathieu sœurs. — Poitevin.

Camps.

Corderie et machines à poncer les chapeaux. — De l'Estang.

Chapeaux souples (fabr. de). — Boyer fils aîné. — Brenguier.

Cotignac.

Draperie. — Meiffren (Calixte).

Soies (fabr. de). — Abeille. — Gérard fils. — Lieu-

tard (Abraham.). — Lieutard jeune. — Martel. — Niel. — Rigordy.

Fréjus.

Consulat. — Courbon, vice-consul d'Italie.

Draps et toiles. — Coullet. — Jouve.

Largues.

Draps (march. de). — Barbe, fabr. de draps. — Boyer. — Fabre. — Ferrary. — Laugier. — Maunier. — Mourre.

Toiles de chanvres (fabr. de). — Chaix. — Gueyton. — Laugier. — Meyer. — Pisan.

Luc (Le).

Chapeaux (fabr. de). — Nicolas, de soies. — Martiny, feutres.

Draps. — Jauffret. — Martiny-Albéric, feutrier. — Maurel fils.

Muy (Le).

Nouveautés et draperie. — Cartier. — Marcel (L.). — Meyfret. — Blanc (Victorin).

Soies (filat, de). — Barret. — Brunot. — Thomas frères.

Puget (Le).

Nouveautés. — Cadière. — Gassier.

Saint-Maximin.

Nouveautés. — Barthélemy (Marie). — Baude. — Fabre.

Soies (filat. de). — Porte (Aug.).

Saint-Paul.

Roseaux et brochettes pour filatures. — Santin (Ferd.). — Seiton frères. — Sigallas (J.).

Saint-Tropez.

Consulat. — H.-A. Abeille, agent consulaire d'Italie.

Cordages (fabr. de). — Giraud. — Gueit.

Draps. — Coccoz (César). — Coccoz (Cyprien). — Coccoz (Prosper). — Laugier. — Sauvan (Mme).

Tissus de fils et de cotons. — Aubout. — Augier. — Olivier sœurs.

Seillans.

Draps (fabr. de). — Saurin, et filateur.

Draps (mds de). — Marin.

Seyne (La).

Banquier. — Vial.

Draps (mds de). — Daniel (Aug.) et Ferry.— Guerin. — Mérit. — Vial.

Rouennerie et nouveautés. — Agarsat (Ve). — Bœry (Ve). — Vial.

Signes.

Chapeaux (fabr. de). — Loubon frères. — Rouchon.— Rouchon neveu.—Truchement.

Draps (fabr. de). — Beaume (J.).

Toulon.

Chambre de commerce.—Président : Peyruc (P.). ✻ Membres : Fauchier (A.) —Maurin aîné.—Lambert (J. B.),—Galles (V.). —Blond (L.),—Lieutaud (L.),—Ansaldi (B.). —Amic (L.).— Secrétaire : Poncy ✻.

Conseil général du commerce.— Membre délégué : Fauchier (V.).

Tribunal de commerce. —Président : Pons-Peyruc ✻. —Juges : Barthelon. — Aube. Monraille.—Sourd. — Suppl. : Ollivier.— Abel. — Ricoux. — Guérin. — Greffier : Mouttet.

Consuls étrangers. — Autriche : Jouve ✻. — —Belgique : Aube (E.).—Grèce : Flamenq (Denis).—Italie : L. Basso, O. ✻ ✻ de St-Maurice et Lazare, consul-général. — De Boyant (Ferdinand), vice-consul.—Suède et Norwège : Jouve ✻, vice-consul.—Espagne: Bourgarel (A.). ✻. — Etats romains : Flameng (Paul). — Etats-Unis : Audiffret. — Empire Ottoman : Flameng (Paul).—Grèce : Flamenq (Denis). — Mecklenbourg, Oldenbourg et Villes libres : Schencking (A. B.). —Portugal : Aube (Edouard), vice-consul. — Pays-Bas, Angleterre et Brésil : Jouve ✻. — Prusse : Barneoud (Mus) ✻.—Russie : Aube (P.),—Turquie : Flameng (Paul). —Uruguay : Dalfuoce, consul. — Rouquerol, vice-consul.

Banque de France (succursale de la).—Directeur : Simon.—Caissier : Masson.

Banquiers : Baussier et Cie.—Chabert et Laugier.—Crabol (F.) et Cie.—Rebufat-Nicolas. —Rouquerol (Jean). — Le Crédit commercial : Direction à Rouen.—Directeur à Toulon, L. Arnaud.

Chemisiers : Arnaud (V.). —David.

Cotons filés. — Marin.—Sigalion (Hte).

Draps, tissus et nouveautés.— Lieutaud frères et Laugier.—Reybaud (J.).— Roullié.— Reynaud, gros.—Sarraires et Cie.

Etoupes (fab. d').—Gavoty (Louis).— Etoupes p. calfatage de vaisseaux, Isetto fils aîné.

Feutres (fabr.).—Gavoty (Louis), p. chaudières, tapis imprimés en feutre.

Fournit. pour modes. — Aillaud. — Arnaud (Vve).—Vincent sœurs.

Laines (march.).—Gallian.—Millou, et literie. —Ricord (Vve).

Machines à coudre.—Laure (J.).

Mercerie et quincaillerie, gros et détail. — Arnaud (V.).—Beillon.—Charpin. —Cunéo (Mme). — Gaubert, gros. — Gensollen (Siméon).—Grec.—Larue (Mme), art. machines à coudre.—Légier (Edouard). — Madon.— Matheno fils aîné.—Mille.—Ollivier.—Rochas (Louis). —Venissat (Mlle).

Nouveautés, rouenneries, soieries et lingeries. —Baudisson et Roustan.—Debrès et Cie.— Duprat (A.) fils.—Funel et Porcio.—Gentelmè-Guigou et Cie. — Hausser (Eug.). — Julien et Pellinc.—Laure et Grange.—Jaquet.—Martin (Fd.). Mayaud. — Reynaud (H.). Reboul fils aîné.—Reboul frères.— Sourd (Louis).—Trabuc.

Passementiers.—Bain. — Laurens. — Tudal (Victor).—Tudal (Eug.).—Volaire jeune.

Tailleurs (march.).—Brot.—Chevalier fils.— Darrieux (Jh.).—Fille.—Guérin.—Laure.— Lionne-Cadamortori. — Rinaldi.—Rouillé.— Tassy.—Termeau (Louis).

Tailleurs-confectionneurs. — Bassereau (Gustave) (au Moissonneur).—Besson.—Beyrac et Sénès.—Bouquet.—Gensolin (Lis) et Cie. Giboin (A.).—Roche (Ch.).—Rouillé à St-Pierre). — Tassy (André) père et fils. —Vidau.

Tapis (fab.).—Gavoty (Louis), en feutre.

Vidauban.

Draperies et nouveautés.—Féraud.—Menu.

VAUCLUSE

Avignon (chef-lieu).

Chambre et Bourse de Commerce.

MM. Granier (Frédéric), ✻, président, rue de l'Orillan, 14.

Bonnet (Philippe), vice-président, rue Ste-Catherine, 10.

Escoffier (Victor), secrétaire - trésorier, rue Laboureur.

Thomas (Charles), ✻, r. de la Masse, 7.

Clauseau (Auguste), r. de la Masse, 87.

Palun (Adrien), r. Banasterie, 13.
Martin (Martial), r. des Griffons, 2.
Valabrègue (Jonathan), ✳, r. de la Croix, 6.
Bon de Chabran, r. Philonarde, 26.
Dumas, secrétaire archiviste, r. des Four-
  bisseurs, 36.

Tribunal de commerce.

MM. Verdet (Gabriel), président, r. St-Tho-
  mas d'Aquin.

Juges.

Amic, r. des Clés, 6.
Cousin, r. des Encans, 14.
Franquebalme, r. Bonaparte.
Valabrègue (A.), r. de la Croix, 6.

Suppléants.

Stanove, r. Philhonarde.
Doux, r. de la Masse.
Cuchemann.
Mahistre, r. des Clés.
Borel père, greffier, pl. des Carmes, 5.

Arbitres de commerce.

Branche (A.), syndic de faillites, pl. des Carmes.
Chaillot (Louis), syndic de faillites, r. des
  Lices, 29.
Chapot (Gve), syndic de faillites, r. Bonne-
  terie, 75.
Giraud, pl. du Palais.
Plantinet, r. Crillon.
Rigaud, r. Galante.

Conseil de Prud'hommes.

MM. Monestier ainé, ✳, président, pl. St-
  Pierre, 1.
Puy (Joseph), r. Officialité, 2.
Franquebalme (Auguste), r. Calade, 116.
Perret (Pierre), r. des Teinturiers, 5.
Foule (Agricol), r. des Teinturiers, 6.

Ouvriers

MM. Cœur (Pierre). — Colombet (Louis). —
  Dessen (Laurent). — Bergin. — Cappeau
  (Louis). — Lèvre (Joseph).
Clément, secrétaire, r. Bonneterie, 60.

Condition des soies.

MM. Ricard, préposé en chef, dans l'établis-
  sement.
Dalteyrac (Gabriel), r. Pontrouca, 3.
Arnaud (Alfred), r. Collége-d'Annecy, 12.
Tranchant (Mathieu), q. de la Ligne, 25.
Miséramont, r. de la Forêt, 2.
Chabrel, r. Piot, 2.
Tuton, r. Banasterie.

Docks Vauclusiens.

*Pour Garances, Cocons et Soies, à Avignon.
Direction, Bureaux et Docks des Soies,
rue de la Croix, 10.*

*Docks des Garances: à l'ancienne Douane
et boulevard Saint-Roch.*

La Société lyonnaise des magasins généraux
des soies, fondée à Lyon, en 1859, par le
commerce des soies de cette ville, a éta-
bli à Avignon, sous le nom de *Docks Vau-
clusiens*, une de ses succursales, sous le
patronage de la Chambre de Commerce,
et avec le concours des maisons de la place
et du reste du département qui s'occupent
des soies et garances.

Administrateurs de la Société en résidence à Avignon.

M. Verdet (Joseph), O ✳, négociant, préside la Chambre de Commerce, r. Calade, 71.
Lajard (Auguste), ✳, ancien négociant, président du Tribunal de Commerce, r. Calade, 83.
Granier (Frédéric), ✳, négociant, ancien
  député, r. Oriflan, 14.
Fabre (Frédéric), directeur de la succursale,
  au siège de l'Administration, r. de la
  Croix, 10.

Magnancrie expérimentale d'Avignon.

De Montval, directeur, pl. Crillon.

Banque de France.

Conseil d'Administration.

Censeurs.

MM. Mugnier (Jules), directeur, pl. Puits-des-
  Bœufs, hôtel de la Banque.
Verdet, ✳, ex-receveur général, r. Calade, 67.
Thomas (Charles), ✳, négociant, r. de la
  Masse, 7.
Palun (Adrien), négociant, r. Banasterie, 13.

Administrateurs.

MM. Bonnet (Philippe), négociant, r. Sainte-
  Catherine, 10.
De Félix (Faustin), négociant, r. Bonne-
  terie, 52.
Granier (Frédéric), ✳, r. Oriflamme, 14.
Verdet (Joseph), O ✳, négociant, r. Calade.
Lajard (Auguste), ✳, ancien négociant, r.
  Calade, 83.
King (John), négociant, r. Pétramale, 8.
Duprat (Emmanuel), caissier, à la Banque.
Taconet (Ernest), chef de comptabilité, pl.
  Crillon, 10.
Trouslard (Benjamin), commis à l'escompte,
  r. des Lices, 8.

COMMERCE, INDUSTRIE.

Agents et Courtiers de garances, soies, etc.

André (Eugène), garances, r. de la Croix, 14.
Félix (Achille), garances, r. Saunerie, 3.
Liotier (Félix), commissionnaire, courtier de
  commerce de garance et directeur de l'a-
  gence de la Société générale, r. Bona-
  parte, 13.
Muscat (Henri), r. Bancasse, 19.
Mazel (J.-A.), représentant de commerce,

achats et ventes à la commission, r. Bona-
parte, 19.
Pila (Justin), garances, r. Banasterie, 20.
Tiran fils et Cartoux, soies, r. Bertrand.

Articles de blanc, St-Quentin et autres.

Aurouze, rue St-Agricol, 18, spécialité de
tous les articles blancs et de deuil, trousseaux et layettes confectionnés, couvertures
et tapis anglais et français.

Banquiers.

Cousin (Eugène) et Cie, comptoir d'escompte,
r. des Encans, 15.
Mugnier, directeur de la Banque de France,
pl. Puits-des-Bœufs, 2.
Paget, directeur du Crédit Agricole, r. Bancasse, 15.
Ricard et Cie, comptoirs de titres et coupons,
r. Bancasse, 15.
Société générale pour favoriser le développement du commerce et de l'industrie en
France, Liotier (F.), directeur, r. Bonaparte, 13.

Bois de teinture.

Liotier (Louis), r. Infirmière, 3.
Lyon, trituration de bois de teinture et garancine, r. des Clés, 2.

Bonnetiers et Marchands de laines.

Raisin (Et.), laines, r. des Fourbisseurs, 19.
Robert fils aîné, r. Saunerie, 16.

Broderies, lingeries et dentelles.

Aurouze, r. St-Agricol, 18.
Bouffier (A.), art. blancs, pl. Pie, 17.
Fortuné Sorbier, r. des Fourbisseurs, 14.
Gontelle (Benoît), r. Vieux-Septier, 17.
Michel, gendre Bent, broderies, or, argent et
soies, pl. Principale, 4.
Protin jeune, r. Saunerie, 17.
Rosinès (Mme), r. Bonneterie, 12.
Sorbier (Eugène), r. Saunerie, 4.

Chapeliers (fabricants).

Battalier frères, fab. de casquettes, r. Pey-
rollerie, 3.
Bernard (D.), fab. de casquettes, r. Sau-
nerie, 12.
Bœuf (M.), fab. de casquettes, r. Bonne-
terie, 18.
Brun (Alcide), fabricant, r. Corderie, 2.
Généla (Siffrein), r. Chapeau-Rouge, 14.
Guiaud, fab. de chapellerie, r. Bonneterie, 16.
Raquillet (Christophe), fab., r. St-Michel, 31.
Remâcle neveu, fab., r. des Marchands, 26.
Tombereau, fabricant, r. des Infirmières, 51.

Chardons (négociants en).

Blétrix et Ressegaire, r. Ste-Catherine, 8 bis.
Félix de Faustin, r. Bonneterie, 52.

Fortuné et Justet, r. Saluce, 11.
Granier (F.) et Cie, r. Oriflamme.

Matières premières pour chapellerie.

Digne cadet, spécialité de poils du Midi, r.
Calade, 94.

Chaussons (fab. de).

Auguet (Louis), pl. St-Didier, 5.
Capdevilla (Isidore), r. Saunerie, 56.
Capella Mariano, r. des Fourbisseurs, 26.
Pavi (Jean), r. des Fourbisseurs, 8.
Raphaël (Math.), r. Portail-Matheron, 13.
Rocalba, r. des Fourbisseurs, 58.
Tournier, r. Carreterie, 20.

Chemises (spécialités).

Aurouze, spécialité de chemises sur mesure,
r. St-Agricol, 18.
Chabal (Régis), r. Saunerie, 14.
Mazel (J.-A.) aîné, spécialité de chemises p.
hommes, sur mesure, faux-cols, cravates,
chemises, caleçons, et gilets de flanelle,
Trousseaux et linges de femme, jupons,
camisolles, pantalons et chemises p. dames,
robes, corsets, vêtements d'enfants, confections, trousseaux, layettes, soutachés, oua-
tages, mouchoirs, serviettes, draps de lit,
etc., r. Bonaparte, 19.
Perrot fils aîné, r. des Fourbisseurs, 4.

Confectionneurs.

Aron (Adolphe), pl. du Change, 9.
Boreil (Barthélemy), r. Saunerie, 20.
Borel (Guillaume), r. St-Agricol, 25.
Borel (Philippe) (Mlle), r. Saunerie, 11.
Combe, r. des Marchands, 4.
Doux, r. des Marchands, 13.
Dugas, r. des Marchands, 6 et 8.
Maret (Louis), r. Ste-Garde, 2.
Merle, p. enfants, r. des Marchands, 2.
Métaillet (Xavier), r. Saunerie, 40.
Molière (Charles), r. des Marchands, 9.
Perrot (Vve), r. des Marchands, 15.
Pitras aîné père et fils, r. Portail-Matheron, 5.

Corsets pour dames.

Aurouze, r. St-Agricol, 18.
Chambon (Amenthe) (Mme), r. des Four-
bisseurs, 15.
Coulon, fab. de crinolines, pl. Principale, 4.
Laffet (Thomas), r. Rouge, 7.
Perrot fils aîné, r. des Fourbisseurs, 4.

*Dorures sur étoffes, métaux, et pour orne-
ments d'Eglises*

Michel, gendre Bent, pl. Principale, 4.

Drapiers (Marchands).

Aurouze, toileries, articles pour trousseaux et
layettes, spécialité pour tous les articles
blancs et de deuil, r. St-Agricol, 20.
Boucherle, Geoffroy et Eysserie, draperies et
toileries en gros, r. Hercule, 6.

Beissier (*A la Grâce de Dieu*), nouveautés p. hommes et p. dames, r. Vieux-Septier, 47.

Chéri-Véroly, pl. Pie, 1.

Clap (Vincent), tissus, r. des Marchands, 26.

Courbier (F.), toilier, r. des Marchands, 27.

Dupoux, (Hippolyte), r. Argentière, 1.

Fage (F.-X.), toileries, r. Chapeau-Rouge, 19.

Gilles (Clément), r. Vieux-Septier, 25.

Joubert (G.), tissus en gros et graines de vers-à-soie, r. Saunerie, 50.

Henri Espieux, Dinard et Bonnard, toileries, r. Vieux-Septier, 32.

Lyon (Benjamin), rouenneries, r. Vieux-Septier, 51.

Mouret (Jh) fils, toil., r. Saunerie, 51.

Perrot (Louis), rouenneries, calicots, velours, etc., en gros, r. Bonneterie, 45.

Roure (J.-B.), r. des Marchands, 21.

Rimbaud J. et L. Rivière, r. du Vieux-Septier.

Véroly-Chéri, pl. Pie.

Vincent et Duret, en gros, pl. Coste-Belle, 4.

Droguistes et produits chimiques.

Battalier (Albert) fils, r. Portail Matheron, 10.

Chauvet frères, r. des Marchands, 29.

Faucon (Louis), r. du Vieux-Septier, 55.

Ollivier (J.), produits chimiques, r. Bonaparte, fabr. au Pontet.

Sepet (C.), r. Chapeau-Rouge, 18.

Filateurs de soies.

Anseu (Louis), débris de soies, r. Saint-Guillaume, 8.

Bérard (Ch.) père et fils, r. Bonneterie, 101.

Carbonel (L.) fils, r. des Infirmières.

Chastel (Louis), r. Carreterie, 78.

Champin aîné frères, r. Carreterie, 28.

Colombe (J. et Jeaume), r. Banasterie, 29.

Dabry, r. des Infirmières, 14.

Dabry, boul. Limbert.

Franquebalme (A.) et fils, r. Calade, 116.

Favre (Ch.) et Cie, r. de la Croix, 9; soie fine et douppions.

Gat (F.-A.), filateur et moulinier, r. Pétramale, 10; usines à Favel (Gard).

Gamounet aîné (Ve), spécialité de soies fines et soie de douppion, r. Vienneuve, 8.

Girard (Antoine), r. des Trois-Colombes, 21.

Goudareau frères, r. des Encans, 9.

Grivolas (Louis), r. de la Forêt, 19.

Joly (Ate), pl. des Carmes, 25.

Hurard (André), rempart de la Ligne, 4.

Monestier aîné ※, et Cie, pl. St-Pierre.

Penne aîné (A.), r. des Trois-Faucons, 23.

Perrot et Estrayer, r. de l'Amouyer, 16.

Poncet O. ※, frères, r. du Gale, 7.

Puy frères, r. Officialité, 2.

Ricard (Léon veuve et fils), r. des Teinturiers, 12.

Rimbaud (Dominique), r. Petite-Meuse, 4.

Riqueau et Louis Duprat, r. Ste-Perpétue, 1.

Thomas frères ※, r. de la Masse, 7.

Verdet ※, et Cie, r. Victoire, 4.

Valens Niel, r. Four de la Terre, 37.

Fleurs artificielles.

Michel, gendre Bent, pl. Principale, 4.

Magnin fils, fabr., r. des Fourbisseurs, 3.

Garances, garancines (négociants en).

Abric (Maurice), impasse de l'Oratoire, 6.

Achard Antoine, dépôt de tourteaux, r. des Trois-Faucons, 23.

Amic (André), fleurs de garances et alcool, r. des Clés, 1.

Barillon (J.), rempart St-Lazare, 12.

Bérard (Ch.) père et fils, r. Bonneterie, 101.

Bouyer (André) et Cie, r. d'Amphoux, 39.

Castellan (Philippe), laveur de garances, à la Fontaine Couverte.

Chevalier fils et Cie, r. Bonneterie, 66.

Clauseau père et fils, Palun et Cie, pl. du Grand Paradis, 2.

Clauseau (Aimé), r. Calade, 87.

Coulon (Louis), presseur de garances et racines p. exportation, r. de l'Hôpital, 7.

Colombet-Gibaud et Cie, r. de l'Hôpital, 5, distillations d'alcool, rectifications d'alcool de garances, usine à Montfavet-Avignon.

Courrat (Adolphe), r. Bonneterie, 20.

Deville (Ch.), route de Lyon.

Dupont (Ch.), r. des Lices, 31.

Escoffier (Victor) et Cie, r. du Laboureur, 7.

Faure (Prosper), r. du Collège-de-la-Croix, 9.

Foulc frères, pl. de la Préfecture, 1.

Granier (Frédéric), ※, et Cie, r. Oriflamme.

Goudareau frères, r. de la Petite-Saunerie, 9.

Julian fils et Roquer, de Sorgues, r. St-Jean-le-Vieux, 17.

King (W.-F.) et Cie, r. des Etudes.

Martin (Martial), r. des Griffons, 2.

Picard (E.) et Pernod, extrait de garances, alcool, acide oxalique, r. Saluce, 11.

Raveau et Cie, commis., pl. Coste-Belle, 4.

Rieu (Victor) et Cie, alcool, r. Bonneterie, 49; fabr. à Sorgues.

Rigueau et Louis Duprat, commissionnaires, r. Ste-Perpétue, 1.

Speyr (de) Jules, r. de la Masse, 28.

Speyr (de) Emile, r. Bertrand, 2.

Saucerotte (A.) et Cie, r. des Lices, 23.

Thomas frères ※, r. de la Masse, 7.

Valabrègue fils ※, r. de l'Amelier.

Verdet O. ※ et Cie, r. Victoire, 4.

Ymer frères et Lenhardt, r. Bonneterie, 30.

Graines de vers à soie.

Bigot (Alph.), r. des Encans.

Branche (A.), pl. des Carmes, 23.

Grivolas (L.), r. de la Forêt, 19, près les pénitents noirs.

Guilhermont fils, r. Puits-des-Toumes, 24.

Joubert (G.), r. de Saunerie, 50.

Pila père et fils, r. Banasterie, 26.
Vernet père et fils, r. Carreterie, 12.

Machines à coudre.

Aurouze, r. St-Agricol, 18, machines des systèmes les plus perfectionnés.
Mazel (J.-A.) aîné, entrepositaire de machines à coudre de tous systèmes et vente de tous accessoires, r. Bonaparte, 19.

Mécaniciens.

Bonnet fils aîné, r. Carreterie, 76.
Deville-Ferrier, hors la porte St-Lazare.
Faure (A.), r. Carreterie, 166.
Kaléche (Jh), boul. Limbert, 2.
Mazel (J.-A.) aîné, réparations de machines à coudre de tous systèmes, r. Bonaparte, 19.
Monier (Ve) fils et Cie, r. des Teinturiers, 83.
Moreau et Rebandengo, r. des Teinturiers, 75.
Naud (Auguste), r. St-Marc, 4.
Perre (J.), près la gare des marchandises.
Reynard fils, p. soieries, r. Bourgneuf, 5.
Sicard (Nicolas), r. des Clés, 8.

Mercerie en gros.

Barnel (Ve) jeune, r. du Vieux-Septier, 26.
Barnel, Charpentier et Cie, r. Pignotte, 15.
Brun (J.), r. du Vieux-Septier, 21.
Mazel (J.-A.) aîné, fournitures pour machines à coudre, r. Bonaparte, 19.
Vissac (J.), r. du Vieux-Septier, 44.

Mouliniers en soie.

Beaux, r. des Teinturiers, 27.
Coste, r. Bon Martinet.
Colombe (J. et Jeaume), r. Banasterie, 29.
Favre (Ch.) et Cie, r. de la Croix, 9.
Franquebalme (A.) et fils, r. Calade, 116.
Gat (F.-A.), filateur et moulinier, r. Pétramale, 10, usine à Favel (Gard).
Imbert (Henri), r. Bourgneuf, 7.
Joly (Ate), pl. des Carmes, 25.
Mahistre, Rousset et Estanove, r. des Teinturiers, 28.
Plouton (Ant.), r. des Teinturiers, 77.
Puy (Jean), r. Officialité, 2.
Sautel, r. de la Carreterie.

Mouchoirs en coton imprimés (fabricants de).

Borel (Edouard) fils jeune, r. des Teinturiers.
Fabre (Joseph), r. des Teinturiers, 10.
Foulc fils, r. des Teinturiers, 19.
Seytour H. (veuve), r. des Teinturiers, 23.

Nouveautés (marchands de).

Arnaud (veuve), rue Vieux-Septier, 22.
Arnoux (François), r. Vieux-Septier, 22.
Beissier (A.), r. Vieux-Septier, 47.
Brun (Auguste), r. des Marchands, 18.
Carcassonne-Numa, r. des Marchands, 37.
Claude, cloître Saint-Pierre, 2.
Crémieux (Théodore et Léon) frères, r. Sainte-Garde, 4.

Gerbaud (Auguste), r. Vieux-Septier, 22.
Dibon-Toulouse (Vve), pl. du Change, 23.
Laye et Cie, r. des Marchands, 33.
Lyon jeune, r. Vieux-Septier, 24.
Lyon-Digne, r. Vieux-Septier, 37.
Lyon (Benjamin), r. Vieux-Septier, 51.
Martin-Four, r. des Fourbisseurs, 1.
Milhiet (P.), success. de l'anc. m. Désandré-Delaville, angle des rues Fourbisseurs et Bonneterie ; haute-nouveauté en cachemires des Indes et français, dentelles et soieries, draperies, fourrures, lainages ; rayon spécial de deuil ; robes et costumes pour dames et enfants. (Prix fixe.)
Nicolas-Mille (Mme), r. Bonaparte, 4.
Rimbaud (Joseph) et L. Rivière (Au Coin de Rue), r. Vieux-Septier, 19.

Ornements d'églises (marchands de).

Michel, gendre Bent, dorures, fleurs et broderies, pl. Principale, 4.
Magnin fils, rue des Fourbisseurs, 3.

Passementiers (fabricants).

Crémieux (Jules), r. des Marchands, 11.
Michel, gendre Bent, pl. Principale, 4.
Mohn (Agricol), r. Rouge, 11.
Polliard aîné, r. des Marchands, 30.
Polliard (Dorothée), r. Saunerie, 10.

Rubans (marchands).

Crémieux (Jules), r. des Marchands, 11.
Polliard aîné, r. des Marchands, 30.

Soies (négociants et fabricants).

Abric (Louis), cocons, déchets de filature, spécialité de douppions, r. Banasterie, 40.
Allier (Auguste), r. de la Masse, 36.
Anceu (Louis), débris de soies, rue Petit-Amouyer, 4.
Armand (Charles), soies et cocons, r. Sainte-Catherine.
Beaux (Vve) et Cie, fabr. de soies à coudre, r. des Teinturiers, 27.
Bigot (Alphonse), débris de filature et cocons, r. des Encans, 13.
Bon de Chabran et Cie, commissionnaires en soies, r. Petite-Saunerie, 13.
Carbonel (Louis) fils, r. des Infirmières, 1.
Chastel (Louis), soies, négt et filateur, r. Carrateric, 78.
Colombet-Gibaud et Cie, soies et déchets, r. de l'Hôpital, 5.
Colombe (J.) et Jeaume, r. Banasterie, 29.
De Speyr (Jules), soies et déchets, r. de la Masse, 28.
Favre (Ch.) et Cie, grèges et ouvrées, spécialité de douppions, r. de la Croix, 9.
Félix (de) Théodore, rue de la Masse, 32.
Fouque aîné, commission. des ouvraisons, r. Campane, 13.
Fournier, cloître Saint-Pierre.
Franquebalme (A.) et fils, r. Calade, 116, soies

grèges et ouvrées, et déchets de filature; médaille, exposition universelle de 1867.
Gat (F.-A.), r. Pétramale, 10.
Goudareau frères, r. des Encans, 9.
Granier (Frédéric) ✻ et Cie, r. Oriflamme, 14.
Grivolas (L.), cocons et déchets, r. de la Forêt, 19, près les Pénitents noirs.
Hely (A.) fils, r. Ciseaux-d'Or, 9.
Joly (Ate), soies, cocons, déchets de filature, fantaisie et ouvraison, pl. des Carmes, 25.
Monestier aîné ✻, r. Place Saint-Pierre, 1.
Mahistre, Rousset et Estanove, fabricants de soies à coudre, r. des Teinturiers, 28.
Muscat-Naquet, r. Bancasse, 23, déchets et cocons.
Penne (A.) aîné, r. Trois-Faucons, 23.
Penne fils, r. Trois-Faucons, 21 (bis).
Pila père et fils, r. Banasterie.
Puy frères, r. Officialité, 2.
Riquau et Louis Duprat, commissionnaires, r. Ste-Perpétue, 1.
Saury-Lapierre, débr. de soies, r. Amphoux, 8.
Saury (André), débris de soies, pl. Pyramide.
Simon-Riousset, r. Carreterie, 1, cocons, soies, déchets et ouvraisons.
Thomas frères ✻, r. de la Masse, 7.
Verdet O. ✻ et Cie, r. Victoire, 4.
Varnet père et fils, déchets, graines de vers à soie, r. Carreterie, 12.
Vincent, frisons de soie, r. Carreterie, 159.

Soieries (commissionnaires en).

Monestier aîné ✻ et Cie, r. Place St-Pierre, 1.
Thomas frères ✻, r. de la Masse, 7.
Valabrègue fils ✻, r. de la Croix, 6
Valens-Niel, r. Four-de-la-Terre, 37.

Soies (fabr. d'étoffes de).

Monestier aîné ✻ et Cie, r. Place St-Pierre, 1 maison à Lyon.
Ricard (Vve) et fils, r. des Teinturiers, 12.
Richard et Gelly, de Lyon, repr. par L. Deshayes et Reymond, r. Petite-Fusterie, 19.
Thomas frères ✻, r. de la Masse, 7.
Valens-Niel, fabr. de florences, r. Four-de-la Terre, 37.

Teinturiers en soies.

Castellan fils, r. des Teinturiers, 11.

Apt.

Banquiers. — Aubert frères.
Cocons (fileurs de). — Grand. — Salette (Ve).
Draps, nouveautés et toiles. — Cartoux. — Clément frères. — Creste jeune. — Dessane (Gve). — Farnet. — Gay (J.-N.). — Gay fils aîné. — Gueydan. — Lamy. — Méritan. — Meyssard frères. — Vernin (Vve) et fils.
Laines. — Dessane (Gve). — Grand. — Meyssard frères.

Bédarrides.

Garances. — Escoffier (Victor) et Cie, garance, garancine et distillation, siége de la maison à Avignon. — Faure (Prosper).

Bollène.

Soies (filat. et négociants en). — Dailhe (Maximin). — Pèlegrin père et fils. — Pèlegrin (A.). — Pèlegrin-Meynard (Ve), graines de vers à soie. — Raud. — Violès (Alfred).

Bonnieux.

Soies (filat. de). — Bonnefoy.

Cadenet.

Banquier. — Michel, et recouvrements.
Moulinier en soies. — Ripert.

Camaret.

Soies (filat. de). — Faure.

Caromb.

Soies (filat. de). — Poncet.

Carpentras.

Banquiers. — Fortunet aîné ✻ et fils, escompte et recouvrements. — Naquet fils.
Chanvres en gros. — Brusset (Alex.). — Duret (J.) fils. — Lucian. — Montagard.
Chapeaux feutrés (fabr. de). — Chapus. — Charobert. — Comtat (Marcel). — Franchassin. — Gilloux (Aug.). — Marie. — Raymond. — Rousseau.
Draperie, toilerie, rouennerie et nouveautés. — David-Lyon. — Digne cadet. — Equin (Fx). — Gérin. — Lisbonne. — Lunel (Jacob). et fils. — Naquet fils, gros et détail. — Thibe (Vve). — Valabrègue (E.) et Cie. — Valabrègue (B.-A.).
Droguistes. — Chevaly (A.). — David-Guillabert et Cie. — Deloume. — Lazare frères. — Reyne.
Garances. — Beraud père et fils. — Crémieux (J. Ve) et fils. — Fortunet aîné ✻. — Guérin (Pierre). — Guillabert fils. — Nouvèno frères. — Seysseaux (Th.). — Valabrègue (Elie) et fils.
Graines de vers à soie. — Barber.
Ornements d'église. — Bellier. — Peytier.
Produits chimiques (fabr. de). — Durand (J.).
Soies (filat. de cocons). — Morier-Lotelier (Jh). — Morier (Fréd.).
Teinturiers. — Gilles (Vve). — Guintreudy (Eugène).

Cavaillon.

Banques et recouvrements. — Derrive (A.). — Rey (H.) et Cie. — Avy et Cie.
Chapeaux (fabr. de). — Cresp. — Gilliet. — Gilliet cadet. — Ripert. — Reynard. — Rovère.
Courtiers pour la soie et autres marchandises. — Coudouneau (F.) et Cie, comptoir des soies du Luberon, vente de cartons du Japon et graines de vers à soie des meilleures provenances. — Derrive aîné. — Deye (Pre).

— Devaux. — Eyrier. — Graille. — Grand (Louis). — Nicolas (Joseph). — Silvestre, commissionnaire. — Vidau (A.), commissionnaire en soies et graines de vers à soie.

Laines (march. de). — Guis frères. — E. Athénosy-Guis. — Guis (Etienne). — Guis (Louis).

Mécaniciens. — Clutier. — Doumergue et Bernier. — Martin fils.

Nouveautés, draperie, etc. — Lombard (A.ie). — Créange (S.). — Sarnette. — Blanc. — Bonnaud. — Veranne. — Avy. — Grand (J.). — Brémond.

Soies (filat. et moulin.). — Avy. — Isoard. — Grand. — Guende. — Jouve fils. — Tourel.

Courthézon.

Cocons (fileurs de). — Givaudan jeune. — Jamet, usines à vapeur. — Nourry.

Soies (fileurs en). — Beaux (Vve) et Cie, mais à Paris. — Blanc (J.-F.). — Givaudan jeune. — Jouve. — Reynaud (Florentin). — Vidal.

Entraigues.

Soies (fabr. de). — Bignot jeune et Cie.

Gadagne.

Garances. — Fournier dit Caillon.
Soies (moulin, en). — Villon.

Gordes.

Soies mouliniers. — Silvan, aux Imbert, près Gordes. — Silvestre, aux Imbert, près Gordes.

Gigondas.

Soies. — Astran dit Prosper.

Jonquières.

Soies. — Chabert. — Conte aîné. — Valabrègue. — Valette.

Lauris-sur-Durance.

Cotons (fleur de). — Aubert.

L'Isle.

Banquiers. — Reybaud et Queyrel. — Tiran fils (Baud et Tourel successeurs).

Cocons (filat. de) — Villard (Ph.). — Villelongue (Ferdinand).

Couvertures de laines et tapis (fabr. de). — Bernard. — Brun. — Champein, manufac. de couvertures et tapis en laines. — Fantin (Aug.). — Fourmon (Fic). — Girard-Michel. — Robert père et fils. — Vian-Tiran. — Vien fils.

Draperie et nouveautés (march. de). — Carcassonne (Vve Cir) fils. — Creange (M.) et fils. — Delfor frère et sœur.

Draps alpine pour cabans (fabr. de). — Brun-Champein. — Fantin (Eug.). — Fourmon (Fic). — Girard-Michel. — Vien fils.

Habillements confectionnés (manufacture d'), — Brun-Champein. — Carcassonne (Vve Cir) fils, cabans, mac-farlane, etc. — Fourmon

Laines (filat. de). — Brun-Champein. — Fautin (Eug.). — Fourmon (Fic). — Girard. — Robert père et fils. — Vian-Tiran. — Vien fils.

Mécaniciens. — Blanc. — Jourdan. — Martel. — Tiran.

Négociants. — Carcassonne (Vve Cir) fils. — Tiran fils, laines, bourres, cabans, etc.

Soies. — Beau. — Benoît (Vve et fils), m. à Lyon. — Girard fils. — Granier. — Imbert (F.). — Mathieu. — Pila. — Reynaud. — Spale (F.), filat. — Villard (P.). — Villelongue (Ferdinand).

Teinturiers. — Barbaroux. — Goudard père. — Vignolet.

Usines à garance (propr. d'). — Valabrègue.

Lourmarin.

Soies (filat. de). — Cavalier.

Malaucène.

Banquiers. — Chauvion frères.

Cocons (fileurs de). — Blanc. — Chouvion. — Chastel.

Garances. — Brusset (Pierre). — Chouvion frères.

Laines (laveurs de). — Barnoin. — Chouvion frères.

Moulins à ouvrer la soie et tavelles. — Blanc fils. — Chouvion. — Vincent.

Soies (négts en). — Barnoin. — Blanc. — Brusset (A.). — Chastel fils et Rochas. — Chouvion frères.

Menerbes

Soies. — (filat.). — Moulinier. — Moulin.

Montdragon.

Nég. et fileurs de cocons. — Reboul.

Mornas.

Draperie, nouveautés, déchets de filats, graines de vers à soie, etc. — Maïstre (Hug.).

Oppède.

Soies (filat.). — Bonnet (J.-B). — Bruneau (Vor). — Causan (Hte). — Martin (A.).

Orange.

Banquiers. — Bourgarel, comptoir agricole. — Meynard fils. — Bernard (A.).

Draps. — Fournel-Gardey, art. blanc et dentelles. — Girard. — Piellat. — Magnan jeune. — Mossé. — Moutier (F.) — Roche. Valabrègues.

Fileurs de soies. — Meynard fils ❋.

Laines. — Guiffier.

Mouliniers. — Bouiller (V.) et Cie, m. à Lyon. Meynard fils ❋. — Millet.

Soies (négoc. en). — Meynard fils ❋.

Graines de vers à soie. — Valérien (Michel),

représentant de la maison E. Jubin et Cie, de Yokohama (Japon).

Mécanicien. — Rossin, ingénieur-mécanicien, spécialité de machines à vapeur et de roues hydrauliques pour filatures, minoterie, etc., pompes à vent pour irrigations, b. s. g. d. g. (expertise).

Mercerie en gros. — Briançon. — Rousseau fr., librair., chaus., bonnet., mercer., quincaillerie, commission pour Paris. — Roux (A.).

Pernes.

Commission en garances et cocons. — Barthélemy. — Bressy (J.). — dit *le Petit*. — Bressy d'Avignon. — Laget père et fils. Moulin (A.). — Trescartes (Casimir).

Pertuis.

Banquiers. — Lançon fils. — Signoret et Péchier.

Chanvres (mds de). — Bergier. — Rose.

Draps (fab. de). — Salomon. — Trotebas.

Garances (fab. de). — Arnault (Eug.).

Laines (filat. de). — Salomon. — Trotebas.

Moulins à soie. — Nicolas (Ant.). — Nicolas (Louis).

Teinturiers. — Girard. — Rambaudy.

Piolenc.

Soies. — Bertoud. — Corsin.

St-Didier.

Soies (filat. de). — Chabaud (A). — Chabaud.

Sarrians.

Soies (filat. de). — Fraisse (Vve).

Sablet.

Garances. — Pauleau fils.

Soies. — Auphan. — Pauleau.

Séguret.

Négts en cocons et garances. — Beaussan. — Brachet.

Sérignan.

Soies (filat. et mouliniers de). — Deloye (Désiré). — Deloye (Fortuné). — Raud.

Sorgues-sur-l'Ouvèze.

Garances (usines à). — Abric (M.), maison à Avignon. — Bédoin (Hte), courtier. — Béraud père et fils, mais. à Carpentras. — Duvernet (J.), mais. à Avignon. — Escoffier (Vor), mais. à Avignon et à Bédarrides. — Granier (F.) et Cie, mais. à Avignon. — Imer frères et Leenhardt, mais. à Avignon et à Marseille. — Julian fils et Roquer. — Rieux (Vor) et Cie, mais. à Avignon. — Roux et Môra. — Saucerotte (A.), mais. à Avignon.

Mécaniciens. — Cavally. — Poutet (J.). — Remondon.

Soies (filat. et mouliniers). — Armand. — Blachier (P.). — Blachier (Ls), moulinier. — Chastanier (R.). — Establet (H.). — Franquebalms (A.) et fils. — Gerardin. — Giraud fils. — Isnard fils. — Perrin. — Soumille.

Vaison.

Banquiers. — Aubery fils. — Bonnet.

Draps (fabr.). — Jean (Charles).

Filateurs de soies — Aubéry (Aug.). — Constantin. — Lebrun (A.). — Monestier, m. à Avignon.

Laines (filat.). — Bonnet. — Vachon.

Négoc. (cocons, soies et garances). — Aubery. — Blanchon aîné. — Blanchon jeune. — Bonnot. — Favier (F.). — Jacquet aîné. — Maillet. — Rolland aîné.

Soies (négts en). — Blanchon. — Bonnet. — Jacquet.

Valréas.

Cocons (filat.). — Roustan (Jh).

Filat. à la vap. — Aubery. — Meynard-Hilarion et Cie.

Draps, toiles, rouennerie et nouveautés. — André fils. — Bedoin (M.). — Daurand. — Urdy (Adrien). — Varnayson frères.

Graines de vers à soie. — Aubanas fils. — Font. — Hilarion, Meynard et Cie. — Martineng (Michel). — Meynard (A. et H.) frères. — Rieu (J.). — Rousset (A.).

Journal — Le Sériciculteur pratique, directeur : Ovide Jouanin.

Laines. — Bonnefoy (J.). — Peyrol.

Mécaniciens sur bois. — Magnard. — Parisot. — Roussin. — Sauret.

Soies (filature et moulinage de). — Meynard (Hilarion) et Cie. — Meynard (A. et H.) frères, soies et déchets. — Roustan (J.-H.).

Soies (négts). — Bongard (Joseph). — Durand-Bruyère.

Vaucluse.

Couvertures de laines (manuf. de). — Arnoux et E. Fourmon.

Soies (fileurs de cocons et mouliniers en). — Tacussel (Alexandre) et fils. — Tacussel (Elisée).

Visan.

Soies (filat. de). — Corsin.

VENDÉE

NAPOLÉON-VENDÉE (chef-lieu).

Banquiers. — Lesgourgues et David.
Draps et nouveautés. — Bobin et Pallard, confection pour hommes, spécialité pour ecclésiastiques.—Drochon frères.—Fouchereau. — Guilleau jeune et Courant frères. — Renard et Lebosquain. — Robin (Mlle).
Filature de laines. — Drochon frères.
Mercerie en gros. — Delarche. — Galard. — Joussé. — Tandil ainé.

Breuil-Barret.

Serges et molletons-flanelles (fabr. de). — Garon. — Guillemet. — Giraud (F.). — Giraud (H.). — Hery. — Marailleau (A.). — Merlet.

Beauvoir-sur-Mer.

Nouveautés. — Batuaud-Grelier. — Gautier-Chipau. — Grelier. — Pinseclou.

Challans.

Etoffes (march. d'). — Nepven (Mlle). — Thébaud. — Vinatière frères.

Chantonnay.

Draperie, nouveautés. — Chesse. — Moniex.

Chapelle-aux-Lys (La).

Serges et molletons-flanelles (fabr. de). — Suaud.

Chataigneraye.

Draps. — Cahors. — Merlet et Mallet.
Serges et molletons-flanelles (fabr. de). — Larjaud-Fradin.

Cugand.

Cotons (filat. de). — Cheguillaume et Cie. —
Draps (fabr. de). — Bonin (J.). — Caille. — Durand. — Gachet frères, et fouleries. — Jouineau. — Lambert et Mérand, et fouleries. — Laroche, et fouleries. — Mabit. — Mérand. — Méchineau. — Mouillé (P.). — Plessis (Vve), et foulerie. — Richard, et foulerie. — Rousseau, apprêteur.
Laines (filat. de). — Cheguillaume (P.) et Cie, et fabr. — Pequin frères, et foulons et apprêts.

Epesses (Les).

Toiles et mouchoirs (fabr. de).—Ayraud ainé.

Fontenay-le-Comte.

Banquiers. — Radillé. — Boucard. — Brisson et Bardet.
Blanc de fil et de cotons (négociants). — Dumay (P.). — Hervineau. — Ribon.
Chapeliers (fabr. de). — Gandriau fils, mais. à Paris, repr. par Suiduiraud. — Lopinot et Maingueneau.

Draps et soieries. — Charrier-Gauchy. — Gatignol. — Richard.
Nouveautés. — Delhumeau. — Drevelle-Romaneau. — Hervineau. — Vergne.
Rouennerie, toiles, fils, flanelles et nouveautés en gros. — Boumier. — Chevrier. — Coussot et Crouzat. — Naudin et Guinaudeau.
Tailleurs - confectionneurs. — Grenon. — Vexiau. — Welf.
Teinturiers en laines. — Chabauty.—Moreau.

Loge-Fougereuse (La).

Laines cardées (filat. de). — Arnaud, et fabr. de flanelles.

Luçon.

Banquier. — De la Bauduère.
Draps et toiles. — Durand frères. — Gaudin-Bertou. — Lasue et Couée. — Phélipon (Achille), gros. — Rivière. — Violleau.

Mortagne-sur-Sèvre.

Laines filées et flanelles (fabr. de).—Turpault (Alexis).
Teinturiers. — Renou, cotons rouge et violet.
Toiles de lin (fabr. de). — Pasquier. — Turpault (Alex.).
Toiles de cotons (fabr. de). — Blin.

Nalliers.

Draps et tissus. —Favereau. — Jouineau. — Lignier-Verger. — Porcher.

Noirmoutier.

Draperie et épicerie. — Billet. — De Bruny. — Morice. — Rousseau (Mlles). — Semelin (Vve). — Viaud.

Sainte-Hermine.

Draps. — Chardonneau. — Choyau. — Guilbaud.

Saint-Michel-en-l'Herm.

Draperies et merceries.—Abadie (A.).—Favre. — Gaudin (A.). — Gaudin (P.). — Gojon.

Sables (Les).

Draps et nouveautés.—Baudrouet.—Bermier. — Brémaud. — Chirouze et Pelisson. — Rongier.
Encaissements. — Chaigneau.
Nouveautés. — Bernière. — Brémaud.—Chirouze et Pelisson. — Rongier.

Tardière (La).

Serges et molletons-flanelles (fabr. de).—Merlet. — Métais. — Petit. — Rouaud.

Vix

Lins et chanvres (négociants). — Guérin. — Petit fils (J.). — Rouger (Baptiste).

VIENNE

POITIERS (chef-lieu).

Chambre consultative des arts et manufactures.—Président: de Beauchamp, O. ✸. —Secrét.: Véron (Ernest).

Tribunal de commerce. — Président: Petit-Vée.—Juges: Veron. — Mauduit. — Turquand-Leblanc.—Suppléants: Pierre (Jean). —Pitrois (P.-O.).— Bertin.— Fragueau. — Greff.: Orillard jeune. — Agréés: Rouillé. —Vallette.—Darbez.—Laumonier.

Banque de France (succursale de la). — Directeur: Fabre.—Caissier: Haberlin.

COMMERCE, INDUSTRIE.

Banquiers.—Bellot.—Coutans (de). — Hastron (E.), et Cie, caisse d'escompte du Poitou.— Thibaudeau (C.).

Crédit agricole. — Bréchard, directeur. — Caissier: Predhumeau.

Crédit foncier.—Brochard, correspondant.

Blanc (articles de) en gros. — Branthòme frères.—Buthaud-Delagrave.— Charpentier et Guérin.—Duperon (J.).—Laprée (Henri). —Léandre (P.).— Maton (J.), détail. — Robain-Daubin.—Rebeilleau (J.).

Bleu (fab. de).—Meillet (A.), bleu Meillet pour azurage et bleu d'outremer.

Bonneterie (en gros).— Bourdin-La-Côte, et mercerie.—Broussard-Bertin.—Nivet (A.), laines et cotons, tricots et ganterie. — Trimouillas (R.).

Chanvres en gros.—Peltier frères.

Corsets (fab. de).—Archambault (Mme).

Deuil (articles de). — Couinaud sœurs. — Léandre (P.).

Draperie en gros.—Voyez Rouennerie.

Draps (fab.).—Fromentault (Hte).

Fleurs artific.: Billaudeau (F.).— Dubuisseau (Mlle).—Luton-Vallée.

Ganterie de peaux (fab. de).—Limousin.

Indigo.—Gilbert jeune.

Laines.—Besseron aîné.— Billaudeau (F.). — Beauchamp.—Broussard-Bertin. — Gaudet. —Guérineau (A.).—Pasquier fils, duvets et laines en gros.—Poupard.—Rabardeau fils.

Mécaniciens. — Berloquin.— Marnay (F.). — Wells-Grollier, filat. de laines et cotons.— Texereau.

Mercerie en gros.—Bourdin-la-Côte, articles de Paris et d'Allemagne. — Broussard-Bertin. — Nivet (A.).—Rebeilleau (J.).— Robain-Daubin.

Nouveautés.—Bulliat.— Duperron (Jules). — Gabilla (Mlle) — Gaborit jeune.— Girault-Huguet. — Grancoin-Bourciez. — Grimaud (P.).—Lafond (A.).—Pairault-Doussaint. — Vannier (M.).

Rouennerie et draperie en gros.—Bellot jeune. — Blay, Giret et Moreau. — Branthòme frères.—Duperron (Jules). — Gacougnolle.

Bouté et Cie. — Jean-Pierre-Chabrier. — Mague et Fragnaud.—Pingault et Bernard.

Sacs en toile (fab. de).—Dubroeucq, et toiles d'emballage.

Tailleurs-confect. — Bulliat. — Guillot. — Heyman.—Lafond.—Pelligrini.—Stéphane-Bergeot.

Toiles.— Dastre.— Léandre-Pierre.— Perrin (Charles), draperie, coutils et couvertures.

Angles-sur-Langlin.

Banquier.—Lavergne (J.).

Draps (mds de). — Craveneau fils. — Lamboire (J.).

Biard.

Tricots (fab. de) et filat. de cotons.—Leblanc.

Chauvigny.

Draps (mds de).—Bauvais.—Laurendeau.

Nouveautés.—Beauvais.

Chatellerault.

Banquiers. — Arnaudeau, Gaillard, Nivert et Cie.—Hérault frères, Godard et Cie.

Blanc en gros.—Durand (L.).—Landry jeune, gros et détail.—Poirault et Rousseau.

Bonneterie et mercerie en gros. — Baillergeau et Patault.—Bassereau.—Marcoux (Xavier). — Rochon. — Tété (A.) et Destouches. — Vinet, bonneterie fantaisie au crochet.

Broderies.—Vᵉ Blain. — Dubois (Thomas). — Durand (L.).—Massin et Dieulefils. — Poirault et Rousseau.

Chanvre (teillage de). — Massin-Chointeuer; usine à la Vergnay.

Draps, soieries, rouennerie et nouveautés. — Bion fils.—Borreau frères.—Duveau-Déniau — Fortin. — Landry jeune, et confection pour dames. — Schrok. — Védrine et Latourette. — Vogien. — Joubert et Juillard.

Laines. — Aurioux (Germain). — Bachellier-Hérault.—Berloquin et Bachellier.— Boutin aîné, Brosset et Cie. — Corchand (N.). — Corchand (A.).— Dubois-Ouvrard. — Larcher-Raguit. — Larcher-Roi. — Vernadé et fils.

Plumes et duvets.— Castex (R.), ancienne m. Castex frères.

Sacs et toiles (dépôt de).—Brunet (A.).

Tailleurs (mds).— André (Frédéric), successeur d'André (Ursin).—Belamour.—Baudot. —Ducoudray.—Moreau-Landry.—Servouse. —Védrine et Latourette.

Toiles en gros.—Landry jeune, m. de gros.

Civray.

Banquier.—Landret (J.).

Draps (march. de). — Savignat jeune. — Suvit jeune.

Laines en gros.—Bourliaud (J.).— Dumontet. Martin frères.

Chaunai.

Draps (fab.).—Riffault frères.

Couhe.

Banquiers.—Appert frères.

Draps, rouennerie.— Daugier. — Lalande. — Lenoir (Jules).—Trochon (Olivier).

Etoffes du pays (fabr. d').—Daugier-Lalande. —Rossignol.—Sallé.

Ligugé.

Chanvre (filat. de).—Hambis et Cie.

Loudun.

Banquiers. — Blanchet. — Bertrand. — Voisine et Cie. — Lanquillaume , Bellard et Cie.

Dentelles et tulles. — Bouillié. — Desnoues (Paul).—Goullet.

Draps et laines. — Bourguignon frères. — Maurin-Lorier.—Maurin-Chapelier. — Maurin-Rivault.—Sergent fils.

Droguets et serges (fabr. de). — Maurin-Vinet.

Nouveautés.—Bourguignon frères. — Chenu-Chevais.—Sergent fils.—Vinet (Ve).

Passementerie (fab.).—Languillaume.

Rouennerie et dentelles.—Amirault (Gustave). —Amirault-Genty.

Lusignan.

Etoffes de laines (fab. de grosses). — Bernard fils.—Bordage.—Chartier. — Cornay.— Lalande.—Pain.

Lingerie et rubans. — Basire (Mme). — Lebouc (Jules)

Nouveautés.—Chartier.—Magne.

Migné.

Laines pour tricots (fab.). — Louis Gaudin et Broussard-Bertin, m. à Poitiers.

Mirebeau.

Banquier.—Masson-Delphin.

Nouv.—Arnoux-Pinon.—Mahoudeau.—Touillet (F.).

Montmorillon.

Banque, escompte.—Des Fossettes (N.).

Draperie.—Banne.—Chabrier.

Neuville de Poitou.

Banquiers.—Dècle-Vazelle. — Chemioux.

Draps.—Forges.—Rodier.—Vazelle.

St Benoist-de-Quinçay.

Cotons (filat. de).—Sexé.

Vivonne.

Laines (filat. de).—Dantan, à la Jarrige.

Laines (march.) et fab. d'étoffes.—Besson fils. —Boutineau.—Philippe. - Richard. -Valois.

VIENNE (HAUTE)

LIMOGES (chef-lieu).

Chambre de commerce.—Bouillon ✳, président.—Petit (Léon) ✳, vice-président.— Astaix, secrétaire.—Membres : Barbou des Courrières. — Alluaud (Vor). — Noualhier (Armand) ✳.—Petiniaud-Dubois ✳.—Tarneaud (F.).—Boyer (Martial).—Roulet (A.).

Tribunal de commerce. — Président : Petit (Léon) ✳. —Juges: Barraud. - Alluaud.— Jouhaud.—Dheralde.—Suppl : Péconnet.— Demassiat.—Syrieix.—Penicaud.—Greffier : Sénemaud. — Agréés : Bernard. — Bourigeaud.—Virole.—Couty.—Larue.

Conseil de prud'hommes.—Président : Chabrol.—Secrétaire : Lamarche.

Banque de France (succursale de la).—Direction : Pétiniaud-Dubos ✳. Caissier : Blanchard.

COMMERCE , INDUSTRIE.

Consul : Berthet (Firmin), consul d'Amérique.

Apprêteurs de draps : Beaulieu.

Crédit agricole : Roux, directeur.

Banque et recouv. : Coste jeune et fils.—De Fleurelle, escompteur.—Huguet (E.), m. à Paris.—Lamy Faure et Cie. — Soulfrain (J. C.).— Tarneaud (Firmin) frères.

Société générale, siège social à Paris.—Directeur, M. de Vayvialle.

Banc (articles de). — Barraud. — Borne et Blanchard. — Boudet frères. — Chastaingt (Julien).— Chastaingt aîné. — Costallat. —

Frenel (L.).—Malaud (Emile), mercerie en gros.—Martin jeune. — Pourret cousins. Tarneaud et fils.—Tharaud et Derveaud.

Bonneterie (fab.).—Bourabier (Vve).

Cardes (fab. de).—Geanty (Vve) et fils aîné.— Geanty (François).

Chanvres et fils.—Chaigneaud.

Chapel.—Defaye Patry, fab. de matières premières, usine au Martinet, coupage de poils.

Corsets (fab. de).—Bernard.— Billotet.—Bourabier (Vve).— Clément.

Cotons (filat. hyd. de).—E. Voisin, laines et fabrique de ouates.

Cotons filés (march.).—Chaisemartin.—Maigne (Vve) et Fourgaud.—Sepière (E.).— Siriex (A.), dépôt p. chaines.—Voisin (E.).

Couvertures (fab.).—Les fils de Mathieu Duboucheron.

Dessinateur en broderies.—Siriex (Ernest).

Draps (fabr. de).—Les fils de Mathieu Duboucheron.—Laporte (V) et fils, filat. de laines. —Lavergne-Musellec, laines filées, spéc. de bizots teintes et en gros. — Marquet (Ed.).

Draperie, rouennerie et nouveautés en gros.— Barluet et Duguet.—Cassin jeune.—Chartie fils et Demartial.—Contier et Rigondeau. —Laforest (P.) et Chatenay.—Lagrange et Cie.— Nadaud (D.).—Naute.—Nivet-Fontaubert. — Peconnet frères. — Pitiniaud (Pierre).—Ranson frères et Langie. — Roche (Alexandre) et Cie.

Droguistes. — Boucheron frères, indigos. — Dutreix (Eugène) fils aîné. — Imbert-Laboisselle. — Lambert (Octave). — Nicard (F.). — Morélicras. — Pourquier (L.) et (B.) Château. — Tardieu jeune. — Vignaud (Martial).
Flanelles et droguets (fabr. de). — Boyer (Désiré). — Delage-Petit. — Delage-Cadet. — Deschamps (Alphonse). — Doirat. — Gay-Bellile (A.) cadet, Gay-Bellile (J.-J. Alfred) jeune. — Gay-Bellile aîné.
Fleurs artificielles. — Croisille. — Gauché.
Indigos. — Boucheron frères. — Dutreix (Eugène) fils aîné. — Pourquier (L.) et B. Château.
Laines en gros. — Bornat (Th.). — Boucheron frères, laines d'agneaux limousins p. chapellerie. — Dafaye cadet. — Dafaye-Patry, — Siriex (A.), dépôt. — Voisin (E.). — Voisin (Henri). — Sepière (E).
Laines (effilochages de). — Ardant (Eug.). — Chapoulaud (G.) et Cie, usine. — Paland.
Laines (filat. hydrauliques de). — Ardant (Eugène), à Condat. — Jabet, à Panazol. — Gay-Bellile (A.) cadet. — Laporte (Ve) et fils. — Noualhier (Armand) ※. — Romanet. — Du Caillaud (Ed) ※, filat. laines et étoupes. — Siriex T. et Cie.
Laines filées. — Chaisemartin, et cotons. — Maigne (Vve) et Fourgeaud aîné. — Voisin.
Mercerie en gros. — Barthélemy. — Bourgeois de Lavergne. — Boury frères. — Buffière (Victorin), fournit. de modes. — Chastaingt (Julien), et art. de blanc. — Chastaingt aîné. — Costallat père. — Malaud (Emile). — Millet aîné. — Tarneaud et Costallat. — Tharaud (J.) et Poumau, articles de blanc. — Sepière (E.).
Nouveautés, châles et soieries. — Barny et Duverger. — Berthet frères. — Chamiot (V.) père fils. — Desbordes. — Duqueyroix et E. Chapoulaud. — Geanty et Guineau. — Gonneau (Faustin). — Jouhaud. — Prudhomme et Magondeaux. — Reix (J.-B.) et Cie. — Reynaud et Lassagne. — Sornin. — Taillefer.
Ouates (fabr. de). — Blanchard. — Chaisemartin, laines et cotons. — Sepierre (E.). — Maigne (Vve) et Fourgeaud aîné. — Voisin.
Rouenneries en gros. — Baze frères. — Beaudequin. — Boudet frères. — Donnet jeune. — Du Boys. — Morterol (Gustave). — Petiniaud frères. — Seguin.
Rubans en gros. — Costallat. — Tourteaux.
Tailleurs-confectionneurs. — Aron (M.). — Gueurard (Eug.). — Pailhès.
Tapis (fab.). — Romanet du Caillaud (Ed.).
Teinturiers. — Boisseuil. — Bonnadier frères. — Deschamps frères. — Lebeau. — Mizon. — Morel. — Peynet. — Queyriaux. — Rivière.

Aixe.

Draperies. — Rougerie aîné. — Rougerie jeune. — Rougerie frères. — Desproges. — Meynieux.
Laines (filature et cardage de). — Gay (Emile) frères, à Géry-sous-Aixe.

Bellac.

Banquiers. — Courivaud. — De Laborderie et Thouraud.
Draps, droguets et couvertures (fab.). — Péricat aîné. — Péricat (Bernard). — Péricat (Philippe).
Draps, nouveautés. — Babut. — Berton-Tournois. — Gendraud. — Laprée. — Péricat (Mme Vve). — Raon. — Rougier.
Tailleurs-confectionneurs. — Blétoux (Mlle). — Laroche. — Lopez. — Montazezu.

Bessines.

Filatures, cardages et foulages de draps. — Sertoux. — Filloux.

Chalard (Le).

Filat. de laines et fabr. de droguer. — Limousin. — Serre.

Châteauponsac.

Nouveautés. — Lacourière, gros et détail.

Condat.

Laines (filat. de). — Ardant (E.).

Dorat (Le).

Banquiers. — Dufresne, Desgranges et Cie. — Vendeuil (E.).
Draps et rouenn. — Lachapelle. — Maisondieu. — Simon.

Isle.

Laines (filat.). — Ardant (Eug.). — Romanet du Caillaud (Ed.).

Magnac-Laval.

Draps. — Bertrand. — Salesse.
Gants (fab. de). — Limousin (G.), à Saint-Junien.

Meyze (La).

Laines en gros. — Martin (Martial).

Morterolles.

Banquier. — Filloux.
Draps (fab.). — Filloux, filat. et apprêts.

Rochechouart.

Draps, toiles. — Barret (Mme). — Desvergnes. — Foussier (Vve). — Lafont (Mme). — Longueville (Mme). — Montoux (Mme).
Laines (filat. de). — Joubert de Mazardy.

St-Junien.

Banques. — Duvoisin-Mazorie et Cie. — Faye fils.
Couvertures de laine et de coton (fabr. de). — Guillard.
Draps et nouveautés. — Barataud. — Bernard (A.). — Bernard-Reix. — Bomzell. — Chabodie. — Ganiand (Vve). — Noël.
Gants (fab.). — Andérodias-Noël. — Auzanet (H.) fils. — Bernard-Chauvaud. — Bernard-Pagnioux. — Chauvaud (Louis). — Deser-

ces. — Dussoubz (Jules). — Dussoubz. — Dupuy. — Ferrand (A.) — Ferrand (Fr.). — Garnier. — Gérald fils, Hamel (François) Lambert et Cie. — Limousin (E.). — Puibaraud. — Mazaud (Louis). — Quichaud fils et Cie. — Rigaud frères, et laines en gros, m. à Marseille, Lille, Amiens, Toulouse et Bayonne. — Rigaud-Quichaud. — Rigaud neveu. — Ripet (L.).

Laines (filat. de). — Leblanc. — Quinque.

St-Laurent-sur-Gorre.

Laines (filat.). — Pradier (Vve).

St-Léonard.

Escompte et recouvr. — Lafleur (L.) et fils. Chapellerie (fab.). — Chaput (Aug.). — David. — Dhuber. — Duléry (Dominique). —

Guitard. — Joisson. — Magy frères. Laines (filat.) — Bailleux-Degré, à façon. — Rougerie (Maurice), fabr. de feutres. Rouenneries, lainages et tissus. — Beaubial (Vve). — Colas. — Daniel fils. — Fargeaud. Lamareille. — Mourier (Mlle). — Voisin.

St-Priest-Taurion.

Laines (filature de), foulage et apprêts pour la draperie. — Vve Laporte et fils.

St-Yrieix.

Banq. — Lamonerie et Chapgier frères. — Larivière. Draps et nouveautés. — Lachâtre. — Limouzin. — Massy. — Cluseau. — Chabrier. Toiles (fab.). — Abria. — Lacombe. — Parot. — Roux.

VOSGES

ÉPINAL (chef-lieu).

Chambre de commerce. — Kiener, Président. — Gellot, Vice-Président. — Aubry. — De Pruines. — Perrin. — Boucher. — Morel. — Evrard. — Krantz.

COMMERCE, INDUSTRIE.

Banques. — Evrard (Aug.) et Cie, succursale du comptoir d'escompte de Mirecourt. — Flot. — Galtier fils et Cie. — Bruyère et Ramberviller. — Lesnes et Cie, caisse d'escompte des Vosges. — Simon Rémy (L.) et Cie, Comptoir d'Escompte d'Épinal. Blancs (articles de). — Bertinchamp. — Gerschell-Schwab. — Lagarde (Mme). — Michel (Jh). — Muller (Mlles). — Vautrin (Mlles). — Vernier (Mlle). Bonneterie et ganterie. — Bienfait (Mlle). — Clerc (H.). — Gerschell-Schwab. — Mahler (J.). — Meff-Revémont. — Sère frères, m. de gros. — Michel (Jh), bonneterie proportionnée. Broderies. — Busy (Favre). — Claudel. — Deverly. — Driou. — Moret (Mmes) et Cie, mais. à Paris. — Durkheim (Mme). — Lagarde (Ches). — Petot (Mlle). — Saulary (Mme). Chemisier. — Michel (Jh). Corsets et jupons. — Michel (Jh). Cotons à broder (fabr. de). — Egal, de la maison Dolfus de Mulhouse. — Lapicque aîné, cotons floches et autres. — Martin. Cotons (filat. et tissage). — Morel et Winkler. Draps. — Dreyfus. — Oulmont (Ch.). — Ruff fils. — Salomon-Cahen et fils. — Schwab (Moïse). — Simon-Schwab et fils. — Weil (Lazare). Fleurs artificielles. — Demange sœurs. — Michel (Jh). Machines à coudre. — Jourdan-Pallier, dépôt de A. B. Howe aîné. Mercerie en gros. — Jourdan-Pallier, fournit.

p. mach. à coudre. — Leclère (Emile). — Mahler (J.). — Sère (D.) frères. Tailleurs-confectionneurs. — Charpy. — Duchevet. — Lamoise. — Laybach. — Mathias. Tissage mécanique. — Schupp et Humbert. Tissus fils et cotons. — Simon-Schwab et fils, fabr. à Raon-aux-Bois. Toiles des Vosges (fabr. de). — Duret. — Leth-Aubry. — Lièvre-Picard, unies et damassées. — Michel (J.), et art. de blanc.

Bains (Les).

Broderies (fabr. de). — Déchambenoit. — Faron (Mlle). — Forestier (Mlle). — Rouff (Louis), maisons à Plombières et à Nice. — Tisserand (veuve). Nouveautés. — Aubry-Noël. — Blum (Mlle). — Picard.

Barembach.

Navettes pour tis. méc. (fabr. de). — Spilmann frères.

Basse-sur-le-Rapt.

Filature de cotons et fabr. de calicots. — Adam, Ardry et Cie, à Trougemont.

Bresse (La).

Filatures et tissages. — Grosjean (Louis). — Valentin et Claudel. Fils câblés (fabr. de). — Jeangeorge (Eugène).

Broque (La).

Banquier. — Douvier. Cotons retors (fabr. de). — Oppermann et Spach. Filature. — Marchal frères. Tissage de cotons. — De Régel et Cie. — Jacquel. — Remy (J.). Tourneurs constructeurs pour filatures et tissages. — Remy (P.). — Remy (J.-J.), fab. de navettes.

Bruyères.

Banquier. — Demangeon fils.

Draps et étoffes. — Collot. — Contal (veuve). — De Michel-Chapuis.

Bulgnéville.

Banquier. — Lepage frères.

Draperie, soieries et nouveautés. — Guillaume Rochat.

Bussang.

Calicots (fabr. de). — Larger et Valroff. — Thiémange (Eug.).

Cotons (filat. de). — Briot-Valroff.

Mercerie et drap. — Briot-Valroff. — Valroff (Julie). — Valroff (Virg.). — Vannson (Vᵉ).

Celles-sur-Plaine.

Cotons (filat. de). — Pêcheur (Claude) et Cie.

Charmes-sur-Moselle.

Banque et escompt. — Alphonse-Lazard. — Évrard et Cie, succur. de la maison de Mirecourt.

Boutons de nacre (fabriques de). — Colin. — Renaud-Bérard.

Draps. — Beurnel-Masson. — Caboche (Mlle). — Canaut-Rouger. — Dieudonné. — Marz. (Eugène).

Chatillon-sur-Saône.

Laines (filat. de). — Lair (Isidore).

Cornimont.

Banquiers. — Flot (A.) et Cie, succursales de Remiremont. — Simon-Remy (L.) et Cie, et à Epinal.

Cotons (filat. de). — Georges Perrin ❋. — Maurice (H.).

Retordeur de cotons. — Perrin (J.-B.).

Tailleurs (mds).—Germain (V.).—Laurent (L.).

Tissages. — Georges Perrin ❋. — Maurice (H.). — Nicolas frères. — Victor.—Perrin.

Croix-aux-Mines.

Soies (filat. de). — Oppermann et Strohl.

Darney.

Banque. — Drouot (J.) et Cie, comptoir à Remiremont. — Les fils de Rodier-Royer.

Broderies. — Alix (Mlle). — De Mages (O.), maison à Nancy. — Laurencey (Mlle). — Rodier père et fils, sur mousselines et sur tulles. — Rodier (Mme L. Irroy).

Dentelles. — Alix (Mlle). — Laurencey (Mlle).

Draps et tissus. — Aulon. — Barbier (L.). — Chauvet. — Garel. — Miquard-Thouvenel. — Vasseur.

Docelles.

Toiles et coutils fil (fabr.). — Lièvre-Picard, toiles unies et damassées, mais. à Epinal.

Eloyes.

Tissage mécan. de cotons. — Paul Béguin.— Kléner (Christian), et à Fellerhing.

Fraispertuis.

Filature de laines, fabr. de droguets et de cotons à broder et à tricoter, blanchisserie et teinturerie. — Landois-Muller.

Fraize.

Cotons. — Deloisy. — Vincent (J.).

Cotons (filat. de). — Géliot.

Fresse.

Cotons (filat. et tissage mécan.). — Thiémonge et Cie.

Tissage mécan.— Frédéric Wasmer.

Tourneurs en bois. — Boileau (N.), tubes et bobines pour filat. et tissage. — Ch. Plat.

Gerardmer.

Calicots (fabr.). — Salmon (J.) et fils, maison à Nancy. — Salmon (Félix).

Déchets de cotons, spécialité pour nettoy. — Bloc (Moïse).

Draps. — Cain. — Cley (Mlle Félicité). — Litaize (Ve). — Marion. — Paris-Berr. — Picard.

Fils (négts). — Cain (Elias) fils. — Cuny-Marchal —Garnier-Thiébaut et fils, lins et chanvres. — Saint-Dizier. — Bastien. — Salmon (J.) et fils. — Salmon (Félix).

Toiles de lin et de chanvre (fabr. de). — Buer (Benjamin). — Bloch (Moïse).— Cain (Elias) fils, mais. à Remiremont. - Cain (Nephtalie), mais. à Remiremont. — Cuny-Gaudier, toiles et nappage. — Cuny-Marchal, toiles et mouchoirs. — Didier-Prost. — Garnier-Thiébaut et fils. — Gegout (Isidore). — Gerard-Blaison. — Lévy (J.) et Vve Hirtz. — Mansuy. — Marulaz père. — Martin (Félix). — Martin-Viry. — Paris-Berr. — Paxion (Edouard), blanches et écrues, mouchoirs.— Saint-Dizier-Bastien. — Salmon (Félix). — Salmon (J.) et fils. — Simonin frères et sœurs. — Simonin-Baradel. — Thiebaut (Louis). — Vincent-Viry-Claudel. — Vivenet (Auguste).

Toiles de lin et de chanvre (march.). — Bedel (N.-J.). — Bédel. — Cuny-Gaudier. — Didier. — Didier-Saint-Dizier. — Doridant (J.-B.). — Doridant (N.-J.). — Duprez-Aubry. — Georgel (J.-B.). — Gérard. — Marchal (Pierre). — Martin-Viry. — Martin (Félix). — Michel-Morand. — Paxion (Edouard). —Salmon (J.) et fils. — Salmon (Félix). — Thomas-Vincent-Viry. — Viry (J.-Bte).

Grandfontaine.

Tissage hydr. de cotons et filature. — L. Q. J. Le Febvre, à St-Blaise-la-Roche.

Granges.

Cotons (filat. et tissage de). — Balland (J.-G.). — Georgel (J.-B.). — Jeandon (J.). — Salmon (J.) et fils. — Seitz (E.) et Walier. — Thierry (J.-B.).

Toiles, calicots et cretonnes (fabr. de). — Salmon (J.) et fils.

Toiles en tous genres. — Balland (J.-G.). — Balland (J.-B.). —Balland-Pierrat. — Claudel-Gabriel. — Cuniu (J.). — Georgel (J.-B.). — Jeandon (J.-B.). — Pierrat (J.-N.). —

Pierrat (J.-B.). — Pirel (Georges).—Thiéry (J.-N.). — Thiéry (J.-B.). — Valence (J.).

Iffol-le-Grand.

Draps (mds de). — Mourot (Vve). — Mouzon. (Ch.). — Mouzon (Ernest).
Rouets (fabr.). — Virgil père et fils, expéd.
Tourneurs en bois et march. de filoirs. — Causin (Aimé). — Gahon (Amand). — Guerre. — Humbert père et fils. — Mathieu (Ad.). — Toussaint. — Thomas.

Jarménil.

Tissage et filature de cotons. — Febvrel.

Lavelluc.

Cotons (filatures de). — Lechmann. — Léon Cylindres pour filat. (fabr. de). — Aubert. — Klein. — Woegele.
Draps (march.). — Husson-Dinichert, maison à Schlestadt (Bas-Rhin). — Maimbourg.

Lepange.

Coutils (fabr. de). — Hatton.

Lerrain.

Broderies (fabr. de). — Gégonne frères.

Letraye.

Tissage mécanique de calicots. — Wasmer (J.) fils.

Lignéville.

Dentelles et broderies (fab. de). — Galliot (D.).

Ménil (Le).

Cotons (tissage mécanique).—Antoine (Aug.). — Judlin père. — Kohler. — Mourot et Philippe.

Mirecourt.

Banquiers. — Collin-Grand-Jean. — Lesnès et Cie, succur. de la caisse d'escompte des Vosges. — Gouache, Redly et Voirin.
Comptoir d'escompte. — Directeur : Auguste Evrard et Cie, succur. à Épinal.
Bonneterie. — Lancelevée-Poirot, tissus en tous genres. — Thomassin fils aîné.
Broderies (fabr. de).— Berard-Cuillière, spéc. pour les courants. — Delettre-Gérard. — Lallemand, et à Paris. — Perrin (Aug.). — Roblot(Ch.). — Vitry frères.
Corsets (fabr. de). — Piat (Vve). — Rolin.
Dentelles (fabr. de). — Aubry-Febvrel ☀, guipures, applications et nouv., maison à Paris. — Aubry frères ☀, maison à Paris. Aubry-Salmon. — Baril aîné. — Baril jeune et sœur. — Bastien-Leroy. — Contal. — Denis fils et Fournier. — Drouot (Ch.). — Dupas (Vve).—Lecler aîné. — Lété (Henry). — Marie-Roussel. — Petitjean. — Vilmain-Drouillot. — Waldejo-Tassard. — Xelot frères.
Draperies, rouenneries, soieries et nouveautés. — Berlemont-Cabasse. — Brunswick. — Clasquin. — Jeannot (E.). — Lancelevée-Poirot, gros et détail. — Mercier fils. — Rambaud.

Mercerie en gros. — Catel aîné. — Lajoue. — Thomassin. — Aubel fils.

Monthureux-le-Sec.

Dentelles et broderies (fabr. de).—Fayon (L.).

Monthureux-sur-Saône.

Cotons (filat.). — Bresson et Cie.
Draps (march.). — Georgeot fils. — Rougeot. — Ulmann (Cl.). — Ulmann (Marie). — Ulmann (Veuve).

Moussey.

Cotons (filat. et tissage). — Lung frères.
Tissage de cotons.— Seillière (Aimé) et Cie.

Moyenmoutier.

Blanchisserie et tissage.—Aimé Seillière et Cie.
Nouveautés. — Bertrand (Mlle Christine).

Mandray.

Tissus en fils de coton et fils de lin, teinturier.—Vincent (Charles).

Neufchâteau.

Banquiers.—Evrard et Cie, succur. du Comptoir d'escompte de Mirecourt.—Galoi s, Oudin et Cie.—Renaut (Jules).
Blanc (articles de). — Abeek (Paul).—Corroy (Gabrielle).
Draperies et soieries en détail. — Drouot. — Fleuret.—Huin (J.). et Thiery.—Jaugeon.
Draps et rouennerie en gros.—Blaise, Bourgeon et Colère.—Mauljean (Félix), oncle et neveu.
Fil de lin en gros.—Jarre fils, et fabricant de toiles.
Laines (commerce de). — Mathieu frères. — Poirson.
Laines (filat.).—Poirel.
Rubans en gros. — Abeek (Paul). — Corroy (Mlle).
Tissus (fabr. de), laines, fils et cotons.-Blaise, Bourgeon et Colère.
Toiles (fabr.)—Jarre fils.

Petite-Raon (La).

Filature de cotons.—Mercier (J.).
Tissage de cotons.—Risler et Gruet, maison à Mulhouse. —Sellière (Aimé) et Cie.

Plainfaing.

Cotons (filat. et tissage de). —Dolfus (Vve).—Géliot (N.). Vaucher et Cie.

Plombières.

Banquier.—Parisot (Edouard).
Broderies (fabr. de).—Couniot (Mlle).—Dargot (Mlle).—Français et Georges (Mlles).—Girardin (Constant).—Hérisé (Jules).—Resal (Mme Camille).
Draperie et étoffes.—Gillet-Balandier. — Pelthier.

Poutay.

Cotons (filat. hydr. et à vapeur et tissage de). —Société anonyme, Ch. Durot direct.

Provenchères.

Cotons (tissage méc. de).— Humbert (Julien).

Draps (md.).—George.

Rambervillers.

Banquiers.—Lesnès et Cie.—Sagaire aîné et Cie.

Crins plumes et duvets.—Champeil.—Deflin-Renaudin.

Draperie, soieries, étoffes et nouveautés. — Aaron. — Balte. — Geofroy-Thurbet. —Munier-Pugin. — Picard (Cerf).—Thurbert. — Wenisrh-Marceloff.

Droguets (fab. de).—Arnoult (E.) fils.—Filature de laines foulon et teinture. —Velin frères.

Laines (filat. de). —Arnould (E.) fils.— Velin frères, filat. et foulons.

Mercerie en gros.—Deflin-Renaudin. — Geofroy-Thurbert.—Venisch-Marceloff.

Ramonchamp.

Calicots (fabr. de).—France(Ch.J.).—Wasmer (J.) père.

Banrupt.

Cotons (tissage à bras de).—Kœnig de Ste-Marie-aux-Mines.—Morel, directeur.

Raon-aux-Bois.

Cotons et fils (tissage de).—Picard-Creusat.—Scawab (Simon) et fils.

Raon-L'Étape.

Casquettes (fabr.).—Henriquel père.—Henriquel fils,—Digny (Ch.).

Chapeaux de paille (fabr.).—Demange (J.-B.).

Cotons et fils d'Alsace.—Henry (Vve).

Cotonnades (rayage et grisette). — Berr (A.) fils.—Bois.—Muller (Adolphe).

Nouveautés.—Larue-Marande (Vve). — May-Berr.—Nordon.

Ouates (fab.). — Demange. — Muller et Marotel.

Tissus (fabr. de).—Berr (A.) et fils. — Muller fils et Marotel, laines, soies et cotons.

Remiremont.

Chambre consultative des arts et manufactures. — Président : Febvrel. —Secrétaire : Augte Krantz.

Banquiers —Drouot (J.) et Cie.—Flot (A.) et Cie.—Simon Remy (L.) et Cie, comptoir d'escompte d'Epinal.

Blanc (articles de).—Champonnois (L.).—Picard (A.).—Rossemblatt (J.).

Bonneterie en gros.—Lambert et Lequin.—Rossemblatt (J.).

Bonneterie en coton (fabr.).—Alias-Duceux.—Duceux-Duceux.—Lambert et Lequin.

Broderies (fabr.).—Bra-Tissier (Mme). — Picard (A.) m. à Paris.

Calicots (fab. de).—Guilgot (veuve Ch.). — Filat. Grombach (Charles et Hippolyte).

Calicots blancs et écrus en gros. —Champonnois (L.).—Humbert-Villemin.

Chemisier.—Champonnois (L.).

Cotons (filat. et tissage méc. de). — Guilgot (veuve Ch.). — Charles et Benjamin Kinsbourg, filat. et tis.

Cotons filés et calicots. — Humbert-Villemin, coton blanc et bleu.

Cotons (déchets de).—Javelier-Knoderer (V.).

Draperie, rouennerie en gros. — Isaac Kinsbourg.—Picard (Samuel) Vve et fils.

Draps.—Arnould.—Picard-Levy.—Robé frère et sœur.—Serrier.

Fleurs artificielles (fabr.).— Bernheim-Kinsbourg (Vve).

Literie (articles de). — Charles et Benjamin Kinsbourg.—Isaac Kinsbourg.

Mercerie en gros.—Gauvain-Georgeot.—Jeandet.--Lambert.—Rossemblatt (J.).

Navettes (fabr. de).—Baumann (Vve), tubes et bobines p. usine.—Kohler (Estienne).

Représentant de commerce.—Alban-Couché, p. les art. de manufactures.

Rubannerie et mercerie en gros. — Rosenblatt (J.).

Sacs (fabr. de).—Champennois (L.).

Tissus (fabr. de).—Breton(F.). t. méc.—Grombach (Charles et Hippolyte), fabr. tissus coton, tis. méc.

Toiles de lin et de chanvre (fab.).—Champonnois (L.), spéc.—Elias Caïn fils. — Nephtalie Caïn fils.

Remoncourt.

Broderie (fabr.). — Chancerel-Benier, m. à Paris.

Dentelles (fabr.). — Magnière-Janot — Mansuy.

Rochesson.

Banquier.—Lemaire.

Filatures et tissages de calicots. — André-Lemaire et Cie.—Gerard, Antoine et Cie.

Rupt-sur-Moselle.

Cotons (filat. de).—Thimont frères et Cie.

Tissage méc. — Antoine-Collin et Cie, fabrique de jaconas et calicots, à Saulx et Grand-Rupt. — Forel-Surleau, jaconas croisés et calicots divers.—Pfühl (Gungolf), calicots ordinaires, à Manonchamp.—Pinot (P. C.) et Cie, calicots et croisés, à Rupt.

Rothau.

Blanchisserie et teinture.—G. Steinheil, Dieterlen et Cie.

Cotons filat. et tis. méc.—Champy (C.) et Cie. —Steinheil ※.—Dieterlen et Cie.

Cotons (retorderie de).—Groshens (G.).

Navettes (fabr. de).—Girondel frères.

Peignes à tisser (fabr.).—Schweitzer.

St-Amé.

Cotons (fil.).— Charles et Benjamin Kinsbourg.

Saint-Blaise-La-Roche.

Cotons (filat. et tissage de). — L.-Q.-J. Le Febvre.

Saint-Dié.

Chambre consultative des arts et manufac-

tures. — Président : Géliot ❋. — Secrétaire : Géliot.

Apprêteurs d'étoffes. — Hugueny et Blech. — Jacquemin. — Sauter (L.).

Banquiers. — Fuzeller, Didierjean et Cie. — Lung (Gustave) et Cie. — Phulpin (L.) et Cie. — Lesnes et Cie.

Blanchisserie pour tissus. — Hugueny et Blech. — Jacquemin. — Sauter (L.).

Bonneterie en coton (fab.). — Deflin-Schmitt. — Derivaux-Bilter. — Duceux et Sauvage. — Duceux-Crampé, vestes en laine.

Broderies fines (fab.). — Meyer-Hanus (Mme). — Oury-Weil. — Virey (Mme).

Crins, plumes et duvets. — Comond (Eug.). et Simon et Cie.

Draps et nouveautés. — Demenge. — Didier-Georges. — Gérard-Cuny. — Grosjean. — — Humbert Poirel. — Jardel (Vve) et P. Evrat. — Leclerc sœurs. — Marlier. — Nordon Rœseler-Georges (Vve). — Stouls (Edouard). — Sulzer (Henri). — Weiler (Vve).

Effilocheur de laines. — Dolmaire.

Gomméïne (gomméïne indigène) pour apprêts et impressions. — Savineau (A.).

Moussel., tulles et batistes. — Pelletier (Antoine). — Capuel (Mlle). — Haumonté frère et sœur. — Meyer-Hanus (Mme). — Trapp (Mlles).

Navettes (fab.). — Meister.

Ornements d'églises. — Bernard sœurs.

Peignes à tisser. — Fischer. — Marchal.

Sarraux (fab.) — Humbert-Poirel (Vve). — Fardel (Vve) et P. Evrat, et confections en gros.

Teinturiers. — Grandadan. — Kœhler. — Lirot. — Marchal. — Plarr, en soie, laine, coton et fil.

Tissus (fab. de). — Chenal (Eug.), p. robes et pantalons. — Cletienne (Mathias), repré. à Paris. — Cuny (Alphonse), tous genres. — Cuny (Joseph) et Cie. — Delaunay aîné, jupons et coutils p. pantalons ; repré. à Paris. — Gaudier et Hem. — Grébus (V.). — Philippe et Grandadam. — Stiffel. — Tessier-Lecoq. — Toussaint (Joseph). — Valhey et fils. — Verdenal (F.), coutils.

Toiles (fab. de). — Chevalier (Anselme). — Hugueny et Blech, fab. de toiles des Vosges, tis. méc. et blanchiment.—Muhr (Joseph).— Chevalier. — Roesler (V.) et fils.

St-Maurice.

Tissage mécanique. — Arnould (L.). — Burner (A). — Duhoux et Cie. — Franc. — Girard et Blanc. — Kohler (F.). — F. Bourgogne, Vve Appuhn et Cie, de Mulhouse, et filat. au Menil, près le Thillot.

Saulxures.

Cotons (filat.) et manuf. de calic. — Géhin (Vve J.-Th.).

Saulxures-les-Bulgneville.

Cotons (tissage à bras). — Pinel de St-Dié.
Draps (md). — Lallemand.

Schirmeck.

Cotons (filatures hydr. et tissages de).—Malapert et Cie. — Muller ❋ et fils.
Cotons (moulinés et retords, blanchisserie et teinture). — Thiébaut (Julien).
Cotons (tiss. hydr.). — Scheidecker (Vve) et Dréjel, filat. — Fels, de cotons et teint. — Malapert et Cie. — Muller ❋ et fils.
Nouveautés. — Schwœbel-Gauthey.

Senones.

Calicots (fab.) — Gœury.
Cotons (filat. et tissage de). — Seillière (Aimé) et Cie, dépôt à Paris et à Mulhouse.
Cotons à coudre et à broder (fabr. de). — Gœury. — Lallemand (Jules).
Bobinages s'adaptant à tous les systèmes de machines. — Larue-Jeaudin. — Rochotte.
Marchands d'étoffes et draps. — Brave. — Collé (A.) — Damance-Jeandin. — Lang. — Lanne. — Schneider père. — Schneider (Abraham). — Schneider (Judas). — Veil.
Tissage mécanique. — Perrin (E.).
Tissus (fab. de). — Larue et Lanne.

Thiéfosse.

Cotons (fil. de). — V. Colin, et tis. mécan.

Thillot (Le).

Banquier. — Piat (Ch.), escompteur.
Calicots (fab.). — Bluche (J.), écrus et blancs. — Hindermann (Ch.). — Thimont (G. et P.).
Calicots blancs et écrus. — Salomon-Lévy.
Parapluies. — Larcelon frères.
Draperies rouenneries et nouveautés. — Block (M.). — Levy (S.). — Vinter.
Filature et tis. — Thimont frères et Cie.

Tholy (Le).

Cotons (tis. méc.) — Petitdidier (A.) et Cie.
Toiles de lin (tissages de). — Cuny. — Marchal (G.). — Girard-Blaison.

Thuillières.

Dentelles et brod. (fab.). — Duguravot frères.

Trougemont.

Cotons (filat. et tis.). — Adam-Ardry et Cie.

Val-d'Ajol (Le).

Calicots (fabr.) — André. — Bezançon (Joseph). — Feurot (L.) etCie.—Schlumberger-Steiner et Cie, bureau à Mulhouse.
Cotons (filatures de). — Husson (Ch.) et Cie. — Schlumberger-Steiner et Cie.
Draps. — Paris (A.). — Richard.
Laines (filat. de) et fab. de droguets. — Fleurot-Laffond (Vve) et fils.

Vagney.

Cotons (filat.). — Gustave Flageollet et Cie.

Draps. — Blaison-Flageolet. — Boulay. — Gravier (N.).— Hoqueaux.
Linges damassés (fab.). — Lustre (Vve).
Tiss. de calicot. — Flageollet (Gustave) et Cie.

Valfroicourt.

Dentelles (fab. de). — Jules Gérard.

Vécoux.

Tissage mécan. — Tocquaine (A.) et Colin.

Ventron.

Tissages de calicots. — Frey et Cie. — Germain père et fils. — Mura (Ch.). - Valdenaire (J.-N.).

Vittel.

Banquier. — Lassausse (Urbain).
Dentelles et broderies (fab.). — Mourcy. — Munich (Vve). — Rennepont (Mlles).

Vrécourt.

Banquier. — Tabellion.
Toiles de coton (fab.). — Mahuet. — Morel.

Wische.

Cotons (filature de). — Fera (Xavier).

Wissembach.

Soies (filat. de). — Joran et Bayer.

YONNE

AUXERRE (chef-lieu).

Tribunal de commerce.—Président : Mérat ❋.
—Juges : Challe (Jules). — Métral. — Legueux.— Millon. — Suppl. : Pescheux. — Félix. — Rabé. — Trutey. — Greffier : Lethorre.
Syndics près le tribunal : Baucher.—Leblanc.
Banque et recouvr. — Berthier-Ravin. — Chailley (Amédée). — Fontaine Le Clère et Rubigni.—Muret.—Vie (A.).—Yver.
Blanc (articles de).—Bouxin.—Foigne-Gillon.
Bonneterie en gros. — Barjot frères.— Bourguignat-Poivret. — Chavance. — Joly (Ernest).
Chasublier.—Berson (Mlle).
Draperie, rouennerie et nouveautés. — Cerceuil.—Chavard-Pérille.—Descaves-Poivret. —Laurent-Lesseré.—Lécole. — Marmagne (Alex.).—Roy (P.). —Sigault.—Simon-Dubaux (Ed.).
Lingerie.—Accolet (Mme).—Bardiot et Tremblay (Mmes). — Bignat (Mme). — Defrance (Mme).—Gaulon (Mmes).—Lordereau (Mme) —Regnier et Bayard (Mlles). — Rousseau (Mme). — Roy (P.).
Mercerie en gros.—Barjot frères (ancienne m. Remy-Chaulmet).—Berthier-Ravin, négt.— Chavance.—Dufeu (H.).—Joly (Ernest).
Tailleurs (march.)—Beaurepaire.— Boivin. — Deymes.—Garnier.—Godard.—Gonzalès.— Léger-Goury.—Plaisant.
Tailleurs-confect.—Bloch (à la Belle Jardinière).—Foignet.—Pion-Ferrard.—Roy.

Avallon.

Banquiers.—Collin fils aîné.—Couturat-Royer. —Plain et Cie.
Bonnetiers.—Bonichon-Martinot.— Bouquerot en gros.—Poivret.—Vigoureux (Henry).
Chapel. en gros.—Gouillard.— Nageotte-Guillardet.—Naudot.
Confections.—Villeminot (Mme).
Cotons, fils à tricoter.—Vigoureux (Henry).
Laines (mds de).—Gally frères et Chatelain.— Jodelet, frères.—Prévost.
Nouveautés et draperie.—Bachelin.—Callé.—

Chatey-Pinard.—Gally.— Goupille. — Guénault-Tacquenet.—Mathé.—Robinet.

Asnières.

Tissus de laine et de coton (fab. de) et art. de ménage.—Belleveau (François).—Belleveau-Tenain.—Cambuzat (Lucien).

Brienon.

Banquier.—Moreau.
Draps (march.).—Denis-Acloque. — Ferrand. —Gallimard.—Guivet.—Regnault.

Chablis.

Draps, mousselines. — Fournier.—Garinet.— Lalmant-Poulin.—Petit, et art. de blanc.

Charny.

Draperie et rouennerie.—Bouchot. — Demarque.—Guillot.—Josselin.—Millet. — Moussoir.—Poitevin.

Joigny.

Banquiers.—Ablon. — Chantereau — Courcier.
Draps et autres tissus.— Collinon.—Glaive.— Grenet (Mme).— Mercier fils. — Toussaint-Dusausoy.—Toussaint-Moreau.
Nouveautés (march.). — Collinon.—Glaive.— Grenet (Mme). — Mersier fils. —Toussaint.

Neuvy-Sautour.

Banquier.—Massin fils.
Draps.—Jeanniot.
Nouveautés.—Jay.—Jeanniot.

Noyers.

Bonneterie (fabr.).—Bressonnet (Vve).—Darbelet fils.
Draps, serges et beiges (fabr.).—Vigogne.
Toiles (fab. de).—Boucherat.—Braley.—Fauvin.—Richon.—Thelot.—Tournemeulle.

Saint-Fargeau.

Banques.—Marliat et Riollet.— Toutée fils.
Draps.—Ballut.— Dagon. — Lesins.— Marliat et Riollet.—Pignolet.—Rémond.

Saint-Florentin.

Banques.—Gatouillat.—Verolat-Autun.
Draps.—Borel.—Gerand.—Jottrat. — Greme-

ret (Vve).—Laurent.—Moreau-Couturat. —
Pierre.—Pierrotet.—Prunay.

Saint-Sauveur-en-Puisaye.

Banquier.—Morisset.
Draps et nouv.- Corneau. - Pipault.- Thillère.
Nouveautés.—Corneau.— Gressien.—Pipault.
—Thillère.

Seignelay.

Laines en gros.—Cambuzat aîné.—Cambuzat-
Collot.—Rollet aîné.—Rollet jeune.

Sens.

Banques. — Société générale pour favoriser le
développement du commerce et de l'indus-
trie en France, siége à Paris, annexe de
l'agence de Fontainebleau.
Banquiers.— Darnay (Vve). —Marc (Vve) et
H. Vacher.—Oppenot.
Boutons (fab. de).—Lebon (A.) et Ramcau.—
Maillot (Vve) et Vve Vincent-Hardy, en
acier de.t. genres, m. à Paris.
Draps et nouveautés en gros.—Aucher (Emile).
Forest (F.).—Gaignette.
Draps, rouennerie et nouveautés. — Bonhom-
me.—Drlat.—Fourcade.—Gaignette. — La-
croix (Aug.).—Pierrotin.—Ponthas (Jules).
—Rallu.—Rigault (Vve). — Rousseane. —
Vuidot.
Lingerie. - Berchaud, et cors. - Dubois (Mme).
Ornements d'église.—Sottier (Vve).
Tailleurs-confectionneurs. — Bertonnet. —
Fourcade.—Marx-Lévy.—Munier.

Serglnes.

Draps.—Ardilly.—Coudevillain. — Gateau.—
Legendre.

Serges (fabr.).—Legendre (A.).

Tonnerre.

Banquiers.— Bègue (F.). — Prévot. — Vas-
seur (A.).
Draps, tissus et nouveautés.—Beau-Barry.—
Cherest-Delorme. — Herault-Vigneron. —
Mantelet.—Berlin.— Perruchon-Drouot. —
Pruneau. — Quay. — Rousseau-Orbec. —
Smétans-Patoux (L.).
Laines pour tricots (filat. de).— Détolle-Dhy-
vert.—Perruchon-Villain.
Ornem. d'église.—Lemaire-Gouley.
Toiles, calicots et mouch.—Hérault-Vigneron.
Rabasse-Hersant.

Toucy.

Dentelles.—Girardot (Mlle).
Draps-poulangis, chaine en fil (fab. de).—
Belhomme.—Grandjean.—Landreau.
Etoffes et nouveautés. — Cheveau. — Guille-
mot-Olivier. — Montassier (Vve). — Per-
reau. — Roux-Houzelot.
Laines (filat. de). — Guillemot (Vve).

Vermenton.

Draps, rouenneries. — Ferrey. — Giraud. —
Guérin (Mme). — Theuriot.

Villeneuve-sur-Yonne.

Banquier. — Béquet (J.).
Confections. — Robert-Morissat.
Rouenneries, draps, nouveautés, bezisces. —
Dechambre. — Guillet. — Lenain. — Li-
gonat. — Putois-Lemoine. — Ragois fils.
— Robert (Mat.).

ALGÉRIE

Alger (chef-lieu).

Chambre de commerce d'Alger. — Président :
Henry ✻. — Secrétaire-trésorier : Gu-
genheim (L.).
Tribunal de commerce d'Alger. — Président :
Warot ✻. — Juges : Duvallet. — Marches-
seaux. — Lépinay. — Bombonel. — Sau-
lière. — Boniffay. — Villenave.— Vidal. —
Suppl. : Ott. — Cachot. — Corvési. —
Boulanger. — Chambon. — Greffier :
Roussot.
Consulats. — Angleterre. — Consul général :
Playfair (Lambert). — Vice consul : Elmor.
Autriche. — Consul gérant le consulat géné-
ral : Jean Ghezzi.
Brésil. — Consul : Ravan.
Danemarck. — Consul : Rouget de Sainte-
Hermine.
Espagne. — Consul général : N.... — Vice-
consul : Ramon Ozovès.
Etats du Saint-Siége. — Melcion d'Arc, vice-
consul.
Etats-Unis. — Consul : Kingsbury.
Grèce. — Vice-consul : Flóro.

Italie. — Consul général : le chevalier Alexan-
dre Verdinois.
Portugal. — Consul : Ravan.
Russie. — Vice-consul : Elmore.
Suède et Norwège. — Consul général gérant
le consulat général : Rouget de Sainte-
Hermine.
Suisse. — Consul : Joly (Eugène).
Villes libres. — Consul : Hontz.
Wurtemberg. — Consul général : N....

COMMERCE , INDUSTRIE.

Banque de l'Algérie. — Direct. : Villiers O ✻.
—Sous-direct. : Vidaillon. — succursales à
Oran et à Constantine.
Société générale algérienne, siége social à
Paris, comptoirs à Alger, Constantine et
Oran.
Crédit foncier de France. — Maillard, direc-
teur. — Balezeaux, inspecteur, chef du
service.
Comptoir algér. de circulation.- A. Rey et Cie.
Société immobilière du département d'Alger.
— Picon gérant.

Banquiers. — Chaussadis. — Farnarier et Cie. — Gugenheim frères et Cie, m. à Marseille. — Rey et Cie.

Broderies en or. — Baroil (Mme), ouvroir musulman, broderies et lingerie. — Mohamed-ben-Hadj-Kaddou. — Mustapha-Raitou. — Sadoun.

Chapeaux de paille (fab. de). — Boyer père. — Leroux (A.).

Chemisiers. — Aron (J.). — Dardenne (Vve). — Dufourc et sœurs. — Michaud.

Cotons (égrenages et achats). — Griess-Traut. — Hermann-Hirschfeld. — Vallier (J.), achats et ventes de cotons algériens; usine à vapeur.

Draperies. — Altairac (F.), civile et militaire, m. de gros. — Larade. — Toysseire et Cie, maison à Elbeuf.

Droguistes, gros et demi-gros. — Durand. — Ichoa. — Cohen frères. — Albou. — Isnardy neveu. — Joly (Laurent), prod. chimiques, teinture. — Jonas-Cohen. — Jonathan. — Judas Seban et fils, gros. — Maringhi. — Mulsant (Mus). — Peloux. — Révérard (A.). — Simien, Rivoire et Cie. — Youda-Reban.

Equipements militaires et passement. — Altairac (F.). — Firmin Dufourc. — Lambert. — Sèbe. — Spiquel (Thumerelle, représent.), m. à Paris. — Timmermann.

Machines à coudre. — Derel (F.-M.).

Mercerie, modes, et nouveautés. — Adda frères. — Besse. — Bigot. — Bouchava (Joseph), m. en gros. — Claude Héritier. — Daniel fils. — David-ben-Hamou. — Delille. — Dufourc sœurs. — Dupuy. — Elias. — Fassina Honorez (Vve), ganterie de peau. — Jacob-Seror frères, gros. — Joly (Eugène). — Leroux (A.). — Meyer-Cliche. — Salomon. — Moiti. — Séligmann.

Nouveautés. — Chekiel (A.). — Lecal et Gauthier, gros et détail. — Nimoun-Oualed. — Rey (Noël), soieries et nouveautés. — Sudaka Moïse et David.

Ornements d'églises. — Laroque et Malval.

Passementerie, boutons et commission de tous articles de Paris. — Elias, Aron et Willard, maison à Paris. — Sèbe et Cie. — Spiguel et Cie.

Représentants de commerce. — Babolat, ventes et achats. — Ballard (J.-A.). — Billiet (J.). — Brudo (L.-M.), représent. des fabr. de France. — Chaussadis, représent. de m. françaises et étrang. — Cherfils (A.). — Corvési (Ph.) et Ch. Lacourt. — Doleac (Eugène), françaises et étrangères. — Galian (A.) et A. Bastide ✳. — Jarre (A.), laines et cotons d'Afrique. — Lanier (A.). — Lebhar, représentation. — Lelong jeune. — Leroux (Alexandre). — Michel (A.), renseignements commerciaux. — Sacerdot (Elie), Bab-Azoun, maison à Alphan. —

Thuillit (Charles). — Valarin (E.), achats et ventes à la commission. — Vatinelle.

Rouennerie. — Samuel d'Haïm Zermati, art. de Lyon, Nîmes et Tarare, gros et demi-gros.

Tailleurs. — Bailly, draperies anglaises pour uniformes. — Havoué, civils et militaires. — Kahen (L.), conf. — Lacourt, spécialité pour uniformes. — Larade Portal (P.), civils et militaires. — Richardi (A.), p. ecclésiastiques. — Stora.

Tissus en gros (march. de). — Baury (Samuel) frères. — Besse. — Bonnet. — Boucharra (S.) cadet. — Boucharra frères. — Chalom Mesguich. — Chapuis. — Combe. — Dufourc (Firmin). — Dupuy. — Echona-Sultan. — Eustache. — Haschfeld Hermann. — Joly (Eugène). — Haïm. — Levy Bram. — Morali (Samuel). — Stora frères. — Tubiana.

Aumale.

Banquiers. — Depuyguyon. — Closson.

Draps, lingerie et nouveautés. — Aboulker. — Berthet (Vve). — Levi-Chebat. — Finet (Mme). — Marchandise.

Birmandreis.

Cochenilles. — Saugey et Ferrond, colons.

Soies (filat. de). — Reldou.

Birkaden.

Colons cultivant le coton. — Bonet-Diego. — Chapp (M.), coton longue soie. — Gauran. — Gauran (Mme), soies. — Graciet, cotons Géorgie longue soie. — Marco, coton longue soie. — Morineau, coton longue soie. — Prader, coton longue soie. — Réverchon, soies, longue soie. — Rosello, cotons Louisiane et Géorgie. — Ruffat (J.), longue soie. — Strieber, coton longue soie.

Blidah.

Banquiers. — Almaric. — Gabalda. — Müller.

Bonneterie. — Ben-Ichou. — Médiani et Azoulay.

Dentelles. — Médiani et Azoulay.

Draps (mds). — Bakri. — Combredet.

Nouveautés. — Bakri. — Ben-Djourno. — Combredet. — Dejouany.

Boufarik.

Cotons. — Borély de la Sapie ✳, cotons. — De Franclieu ✳. — Fagard, cotons. — Gérardot, soies, cotons. — Kaczancwski et Thierry. — Krill, cotons.

Boudjaréah.

Colons. — Belmont, coton longue soie. — Dieulefait, garance.

Cherchel.

Mercerie. — Marchand. — Mechiche frères.

Dellys.

Tissus arabes. — Cohen-Solal. — Fassina. — Fredj (Davis). — Fredj (Simon). — Moatty (Isaac).

Douéra.

Banquier. — Mouret.
Colons. — Anderlin. — Deroussy, cotons.— Lesage. — Marnet, garances, cotons.
Crin végétal (fab. de). — Emmanuel-Bernard. — Malartre. — Texier.

El-Biar.

Colons.— Haloche, cotons, couleurs végétales. — Morin ❀, soies, cotons. — Péan.

Fondouck (Le).

Colons.—Bansch, cotons.—Bidault, cotons.— Gaudoyer, cotons.— Poujoulat, cotons.

Medeah.

Nouveautés. — Capry. — Guttmann. — Vaudelin.
Tailleur-confectionneur. — Guttmann , conf.

pour hommes et pour femmes, et chapellerie.

Milianah.

Nouveautés.— Cohen (H.) (au Pauvre Diable), conf. pour hommes et pour dames.
Tailleur. — Foulon (F.), civils et militaires.

Mustapha.

Soies (filat. de). — Granier frères.

Orléansville.

Banquiers. — Baud et frères.
Négociants et commerçants. — Aumerat-Bouzan. — Baud et frères, laines. — Blanc frères. — Campredon. — Casanova. — Gentet (L.), laines, export. — Montagnon.

Rovigo.

Colons. — Laurent (Mme), cotons bruts. — Philippe et Veissier, lin.

CONSTANTINE

CONSTANTINE (chef-lieu).

Chambre de commerce.— Charles, président. — Membres : Brunache. — Scaparone. — Boniffay (E.). — Battandier. — Villa.
Tribunal de commerce. — Président : Lavie (P.). — Juges : Cohen.— Joly de Bresillon. — Brunache aîné. — Gérard (Léon). — Rieu Maigret. — Suppl. : Girard (Edouard). Crespin. — Dabadie. — Assesseur musulman : Sidi-el-Hadj-Ahmed Embarek.
Greffier : Michaud.
Syndics de faillites.— Jean (Ad.).— Perriers.

COMMERCE , INDUSTRIE

Banque de l'Algérie (succursale). — Outrey, directeur.
Crédit Foncier de France, inspecteur. — De Coulanges.
Société générale algérienne. — Siège social à Paris, comptoirs à Alger, Constantine et Oran.
Banquiers. — Battandier (L.), comptoir d'escompte. — Brunache frères. — Charles (J.). — Girard (E.). — Mauri (Ph.). — Scaparone (J.).
Confections et nouveautés en gros. — Prègre et Dreyfus frères.
Draperies. — Lapaire.
Drogueries. — Ben Simon (Elie). — Moreau (P.), gros et détail. — Sider (Aug.), gros. — Stora frères, gros.
Merciers. — Artigues et Cie. — Bouchara, mais. à Alger. — Ripert. — Mercier (Th.), mercerie, bonneterie, etc., gros et détail.— Mulsan. — Vias (Jules).— Vias (Ch.), maison à Philippeville.
Négociants et commissionnaires en laines. — Barnoin (C.) ❀, importation et exportation. — Brunache frères. — Charles (J.). — Gérard et Bonniffay. — Germon. — Girard

(Ed.). — Joly de Brésillon. — Mauri (Ph.). — Pène frères. — Rivière (F.). — Solari et Dabadie (A.). — Villa (L.). — Xicluma (A.).
Nouveautés. — Cahen-Salomon.—Chouchana. Cohen (Moïse). — Debrincat. — Hutan. — Lapaire (J.), confect. pour hommes et enfants, bonneterie, chapellerie, etc. — Picard frères. — Sauvan. — Sider (Frédéric), m. à Philippeville. — Simon et E. Isaac. — Tabet.
Tissus et rouenneries (négociants en gros). — Abraham Scebat frères, et soieries. — Ben-Simon (Elie). — Gozlaw. — Cohen (F.). — Isaac Ben Hamon. — Lévy, Valencin , Jacob. — Seror (Moïse).— Sider (Aug.).— Stora frères. — Zermati Rubende David.

Bone.

Chambre de commerce.—Président : Bronde. — Secrétaire : Salenave.
Consuls. — Autriche et Portugal : Bourgoin, vice-consul. — Belgique : Ricordeau. — Danemarck : Gill. — Espagne , Angleterre, Russie, Suède et Norwège : Llambias, vice-consul. — Etats-Unis , Etats du Pape : Gaffiero. — Prusse : Bronde ❀. — Italie : Alexandre de Donats, vice-consul.—Grèce : François Battandier, agent consul. — De Tunis : Allegro, O. ❀.
Banquiers. — Battandier (François) et M. Langier. — Bronde. — Dubourg (P.). — Mouren frères. — Seyman (F.). — Toche frères.
Nouveautés. — Chelma. — Jourdan et Depouzer. — Mayer (Alfred) et Cie, maison à Paris. — Salzedo. — Taïb frères.
Représentants de commerce. — Auclair (C.), dépositaire de machines à coudre.—Cassar (M.-A.), commission et recouvr. — David (Cyprien), art. français et étrangers. —

Debonno et Pourrat (A.), art. français et étrangers. — Marais (Jh), agent de maisons françaises et étrangères.

Tissus. — Auclair (C.), soieries de Nîmes. — Bussidan (Simon). — Sens (J.-P.) et Pumariello, articles de Lyon, Rouen, Tarare, etc., en gros.

Vêtements confectionnés. — Brouard (A.), pour hommes et enfants, gros et détail.

Bougie.

Vice-consuls : Espagne : D'Alcantara-Casadebeig.— Autriche : J.-A. Eynaud, agent consulaire. — Etats-Unis : Maffre, agent consulaire.

Banquier. — Sacomant.

Draps. — Benoît. — Hamïe-Dridah.

Négociants.—Jules Adde et Branchu.—Bouillé. —Dufour.—Fabre.— Guillou, Bucquel et Cie, m. à Paris.

Guelma.

Banquiers.—Toche frères, m. à Bône.

Draps.—Schritta.

Négociants.—Bouchet (F.).—Brahimben Abdallah. — Cheymol jeune. — Chuchana.— Moutet.

Nouv.—Carpanetti (D.). — Fred. — Frémy.— Justamond. — Schritta, tissus. — Carpanetti (D.), châles et nouveautés. — Chicana jeune, rouenneries indiennes, etc., m. de gros. — Messaoud-Ailouch, tissus arabes, rouenneries, indienne ?, etc., m. de gros.

Philippeville.

Chambre de commerce.—Président : De Boisson.—Secrétaire trésorier : De Marqué.

Consuls (vice). — Angleterre : Ellul. — Autriche : Alby (Tranquille)✳, agent consulaire. —Etats-Pontificaux : Alby (T.) ✳.—Italie : Chirac (Augustin). — Suède et Norwège : Ellul.—Portugal : Alby (T.) ✳.—Espagne: Alby (P.) ✳.

Banquiers.—Charles (F.).—Gabert (J. B.).— Teissier (Henri) ✳.—Vias (Ch.).

Lin (culture et tillage méc.).—Benois (E.) et Cie, siége à Lille (Nord).

Lingerie, confections, nouveautés et art. de blanc. — Bayer. — Granier (Mme). — Libonis.

Mercerie.— Rambert (E.). — Rouchas aîné. — Vias (Ch.). et bonneterie gros et détail.

Nouveautés et draperie.—Blain.— Chène. — Dodibert.—Journou (Abraham).—Néhamia. —Piollenc (P. et A.).—Sider (Frédéric), m. à Constantine, Strauss.

Tailleurs-confectionneurs. — Perrier (Joseph) fils, p. hommes et enfants, art. p. dames, rouennerie, soieries, gros et détail.—Rambert (E.), bonneterie, toilerie, chapellerie, mercerie.

Sétif.

Banquiers.—Martin et Cie.—Puech (V.).

Draps.— Block.—Dumas.—Moraly. — Mossy.

Nouveautés.—Dumas.—Mossy frères.—Pinatelle.

ORAN

ORAN (chef-lieu).

Tribunal de commerce.— Président : Corre· —Juges : Giraud.—Blanchard (F.). — Deloupy.—Hentschelle.—Barthe.—Meuriot.— Théus (Aug.). — Suppléants : Bossens. — Peannolle.—Lamur.—Gradwhol.— Greffier: Merot.—Commis-greffier : Viennet.

Syndics de faillites.—Alfred Jacques.— Lalement.—Mercier.

Consulats.—Autriche : Sgitcovich fils, vice-consul.—Danemark : Giuliani, vice-consul. —Belgique : Giuliani. — Brésil : Mazurel vice-consul. — Espagne : consul : O'donnell.—Vice-consul : Saracho.—Etat pontifical : Giraud (Jules), agent consulaire.— Etats-Unis : Sarrat (Ant.), agent consulaire.—Grande Bretagne : Booz (A.), vice-consul. — Grèce : Dubouch. — Hollande : Garavini, vice-consul.—Italie : Giuliani, délégué consulaire.—Mexique : Lallement. Pays-Bas : Garavini, vice-consul.—Portugal : Garavini.—Russie : Louis Lévy, vice-consul.—Suède et Norwége, vice-consul : Giuliani.—Prusse : Liepmann, vice-consul. Suisse : Manuel, vice-consul.

COMMERCE, INDUSTRIE.

Arbitres-experts : Alfred. — Delpech.— Jacques.—Lallement.

Banque.—Succursale de la banque d'Alger.— Wittenheim (Jules Seligman), directeur.

Société générale Algérienne : siége à Paris, comptoirs à Alger, Constantine et Oran.

Crédit Oranais, société mutuelle ayant pour but de procurer aux commerçants colons, etc., la faciliter d'escompter leurs valeurs à un taux très-bas pour l'Algérie.

Banquiers.— Giraud (J. et A.) frères.—Kanoui (L.).—Lévy.—Manégat (Michel). — Renault.

Broderies or et argent.—Pape (Vve).

Cotons (égrenage mécanique).— Gailly (Pierre) au Oued-Hammam, près Mostaganem.— Lévy (Louis).—Herzog (Antoine) et Cie.

Crin végét. (fab. de). — Barrière. — Lévy (Louis).

Drogueries et couleurs.—Alexandre. — Blanchet, gros et détail.—Elgosié (Elie), prod. chimiq., teintures, etc.—Gradwohl.—Malek frères.—Navarro (Jean), gros et détail. — Saccone et André.

Ganterie (spécialité). — Vve Chaffanel. — Vallière (Félicien), ganterie, civil et militaire.
Habillem. confectionnés.—Baudouin.—Guinet—Hausser.—Lapiolle.—Rixem. — Vallière (Félicien).
Laines (achats de).—Blanc fils. — Desseaux et Cie.—Giraud frères.—Sarrat.— Schieffer (Richard).
Merciers en gros.—Espinasse (Louis).—Espinasse jeune, m. à Paris.
Négociants en laines et cotons.— Ayme fils.— Bennata (Moïse).—Berard et Berthoin. — Bossens.—Cale.— Deloupy. — Desseaux et Cie, laines et cotons.— Emerat.—Espinasse jeune.—Etienne.—Freixe (A.) ✳.— Gailly (P.), cotons.—Giraud (J. et A.) frères, laines, cotons.—Giuliani, laines.—Guiraud (D.).— Jeuncolas, art. de Paris et autres.—Jeannolle (E.) cadet et Cie. — Louis.—Lévy. — Manégat (Michel), laines.—Pinel. — Régina fils.—Régina (P.).—Renault et Cie.— Roffée et Gabay. — Salomon. — Kanoui, Schieffer (Richard), cotons.—Terral.—Vallière(Félicien), cotons égrenés, laines.—Vincent (J.).
Nouveautés.—Inouz.—Messaoud.
Passementeries.—Eere.—Ellas, Aron et Willard, m. à Paris.—Vallière (Félicien), p. civils et militaires.
Soieries et nouveautés.— J. Chabbat frères.— Ben-Chimol.—Decugis.—Froget et Cie.— Guinet.—Jacques-Claisse. — Pothier (Charles).—Tubiana.—Vallière (Félicien). —Vallier.
Tailleurs (march.). — Baudouin (Hte), nouveautés p. hommes.—Bellar.—Buloz, civils et militaires —Cochet.—Jourda.—Hauser.— Lapiolle.— Rixem.— Schmitt.— Sicard. — Vallière (Félicien), dépôt de la m. Jacob Lévy et H. Simon de Paris.
Tissus (march de).—Bentata (Moïse). —Bentata frères.—Chabbat (J.) frères. — Chiche. — Pothier (Charles). — Froget et Cie. — Hentschell frères. — Karoubi.—Mercier (Albert), en t. genres gros et détail.—Pimienta aîné.—Tubiana (Vve).—Vallière (Félicien), anglais et français.
Tissus en gros. — Absal (Moïse). — Chabbat frères.—Heutschell frères.—Herzog et Cie, (fab. à Colmar). — Illouz (Judah), gros et détail.—Karoubi.

Ain-Tedelès.

Cotons.—Sibert fils, soies grèges.— Bonneau, soies grèges.—Lagier, soies filées. — Lallemand, lin.—Sibert père, soies grèges.

Garbéville.

Banque. — Union Africaine, société immobilière ; agence centrale pour l'Algérie ; siége principal à Paris.

Mascara.

Banquier.—Perez (A.).

Nouveautés.—Pano.

Misserghin.

Orphelinat de garçons , directeur : le P. Abram. Cet établissement cultive cotons, soies, etc.

Mostaganem.

Consulats.—Portugal et Autriche : Marincovich, agent consulaire.—Angleterre : Boozo.—Espagne : Vicedo.
Banquiers.—Berr frères.—Bollard (Edouard).
Cotons. — Berr frères , export. — Dubreuil (Adolphe) ✳, export. — Thiel et Cie, export.
Laines.—Berr frères, commission.—Dubreuil (Ad.) ✳, export.—Thiel et Cie, export. — Moutte.—Rabuel.
Mercerie.—Bacrie et Cie. — Couland et Buisson (Mlles). — Georges et Mathieu (Mmes).—Hoëd (Mlle).—Lauchier (Mlle).
Négociants en tissus.—Beer.—Bentata.—Bollard (Edouard), laines, cotons , lin , export. — David et Cosman. — Dubreuil (Ad.) ✳, laines, cotons.—Marincovich.—Thiel et Cie, laines, cotons, etc.
Tissus nouveautés. —Aaron, Amar et Cie. — Ben-Guigui.—Berr-Haïm. — Sodia-Lascar père et fils.—Valensi frères.

Relizanne.

Cotons.—Panier (Marius), égrenage de cotons. —Sahut, exportation.
Négociant.—Panier (Marius), laines , cotons , encaissement.
Nouveautés.—Jurin (Jacques) ✳, nouveautés, confection, chapellerie, gros et détail.

Saint-Cloud.

Cotons.—Cartois, lin, cotons.—Gosselin , cotons.—Panot, garances.

Saint-Denis-du-Sig.

Banquier.—Chabbat d'Euilly.
Nouveautés.—Chabbat.—Karfenty.

Sidi-Bel-Abbès.

Mercerie et étoffes. — Heritier. — Jacob. — Lévy.—Sananès.—Sorel (Mme).
Modes et nouveautés.—Debest (Mme). —Vercelotti (Mme).

Tlemcen.

Banquier.—Gérard (Léon).
Draps (march.).—Lacomme.
Nouveautés.—Ali ben Abadji.— Ben Tata. — Lacomme.—Ei Me ki.

Tisret.

Négls.—Benazech.—Galibert (Aristide), ventes et achats, laines, export.— Langlet.— Lautier.—Marion jeune.—Pigeon ✳ et Cie.

Vauclin.

Cotonnerie.—Peu Duvallon.— Thoré (L. de).

COLONIES FRANÇAISES

ÉTABLISSEMENTS FRANÇAIS EN AMÉRIQUE

La Martinique (Ile de) (Amérique).

PORT-DE-FRANCE (LE) (chef-lieu).

Nouveautés. — Berry. — Chambrelent. — Desrivaux (Mme Eloi). — Doccé (V.). — Guilhot. — Leroy. — Montet. — Nollet (Vve). — Olivier. — Pradel (Vve). — Ralu. — Sorbé. — Sully (La). — Valery.

Lamentin.

Négociants. — Alexandre (Ls). — Nazaire. — Pascal. — Ralu-Adrien, négt. en tissus, maisons à Marin (Le), à St-Esprit et à Paris. — Thom. — Thoré (E. de).

St-Pierre.

Chambre de commerce. — Président : Borde·

Banque de la Martinique. — Directeur : St-Michel-Rivet, sous-commissaire de marine. — Administrateurs : Assier. — Depaz. — Borde (Ch.) — Le Trésorier-payeur. — Le Contrôleur colonial, censeur légal. — Censeur : Fazeuille. — Censeur suppléant : Vautor des Roseaux. — Agence centrale à Paris.

Consuls. — Angleterre. — Lawles. — Etats-Unis. — William F. Given. — Venézuéla.— Mayne de Ste-Luce.

Tissus en t. genres et art. de Paris en gros et en détail. — Agnès (A.). — Amin (Mlle Honorine). — Angeron (L.) et Cie.— Bourgeois (Vve). — Brémond (Mme). — Brunet (A.) et Cie. — Cayrol (E.). — Cézard. — Chambrelent. — Cochet (M.). — Domergue et Grandmaison. — Ducos (Mlle Emilie). — Eydoux (Mme F.) et fils. — Gaune (Mme veuve). — Gigon et Cie. — Glandut (Ch.). ·Gloumeau (Mme J.). — Lacroix. — Marius-Cordier. — Martineau (Mme), née Lefebvre. — Maurice-Séguin. — Melse (G.). — Molinard frères. — Vernet, négts en soieries, export., m. à Lyon. — Morel (H.). — Pellen (E.). — Pérès (Eug.), m. à Paris. — Ralu-Adrien, négt en tissus et m. à Paris. —Ribet St-André.— Robert (D.).—Roques jeune. — Sacco (L.). — Salles (Edouard). — Smith et Cie. — Volny-Cicéron (Mme). Wilkingson (veuve).

Trinité (la).

Négociants. — Bailly. — Barret. — Minard. Ralu-Adrien, négt. en tissus, et à Paris. — Thomas (G.).

LA GUADELOUPE (Ile de) (Amérique)

Basse-Terre (la), (chef-lieu).

Chambre de commerce. — Président : Lanrezac. — Vice-Président : Dufresnay. — Cabre (Aug.), secrétaire-trésorier.

Consuls étrangers. — Angleterre : Hurel, ag. consul. — Etats-Unis : Auril-Laurer.

Négociants principaux. — Bernnus. — Brumerie. — Collardeau. — Drefesney.— Lanrézac (Ch.) et Cie. — Monchy.

Marie-Galante, (île)

Négociants. — Bonneville. — Brisacier. — Chaigneau. — Espagnet (C.) et Cie. — Hérisson.

Moule (le).

Négociants.— Duchassaing de Fontbressin.— Duchassaing et Humbert. —Portier et Monnet. — Silvestre. — Tillet.

Pointe-à-Pitre (la).

Chambre de commerce. — Ricard, président. — Roubeau, vice-président. — De Laroncière, secrétaire-trésorier. — St-Clair Jugla. — René. — Monnerot (J.). — Lafaye. — Ferlande. — Chabron.

Articles de Paris.— Boivin. — Dormoy (P.).— Fresia (P.). — Grainville (E.) et Cie. — Latapie aîné. — Latapie jeune.— Margand frères. — Roncière (A. de la).

Banques.—Banque coloniale : Cassé, directeur.

Crédit foncier colonial. — De Ruthye-Bellacq O ✻, directeur.

Négociant. — Hediard, comptoir d'expéd., m. à Paris.

Port-Louis.

Négociants. — Drouhet (E.) et Cie. — Gouges et Cie. — Guyo (R.). — Nairac (G) et E. Bachelot. — Raboteau fils et Maireul. — Paviot. — Renard frères.

GUYANE FRANÇAISE (Amérique)

Cayenne, capitale de la Guyane française.

Consuls. — Brésil. — De Abranches, consul général. — Etats-Unis. — Lalaine (E.), consul temporaire. — Vénézuéla. — Chaton.

Banque de la Guyane française. — Directeur: Des Robert (Fr. Ph.), O ☀.

Agence du comptoir d'escompte de Paris.

Négociants et marchands. — Baldy jeune et Cie. — Bataille. — Bozonet. — Château-neuf et Cie. — Charron (J.). — Chaumier. — Cugnean (Pre). — Daubriac (Mme). — Douillard (Mme). — Ferjus (Vve). — Giaimo. — Mure (H.). — Pichevin. — Pierre (Eudore). — Polo et Merkel. — Pouget. — Poujardieu (Vve). — Rifer (J.). — Rivierre (A.). — Rouen (J.-H.).

ILE DE LA RÉUNION (Afrique)

Saint-Denis (chef-lieu).

Chambre de commerce. — Président: Buroleau. — Secrétaire: Lebeaud.

Consul. — Angleterre: Hay-Hill.

Banque de la Réunion. — Bridet (H.-G.), directeur.

Broderies en or et argent. — Rougier.

Négociants en tissus. — Aubinais. = Biarrotte (R.). — Bidache (P.). — Carbonnel. = Carrère. — De Beaupré fils. — Dutan, confection pour hommes. — Emperaire frères. — Foyée. — Gilibert (L.). — Gratiet et Leclerc. — Jaulin. — Lafosse et Cie. = Laurent et Delacourt, maison à Paris. — Leclerc frères et Cie. — Letainturier. — Martineau et Cie. — Nogues. — Paillet et Fille frères. — Peyrard. — Rattaire frères. — Rouzaud. — Salvy. — Sassy. — Souvielle. — Trotet.

Tailleurs et marchands de nouveautés. — Albarel. — Candide Robert et Cie. — Courteaux. — Menard. — Rougier.

Saint-Pierre.

Négociants. — Caillet (J.) et A. Lauret. = L. Lefèvre et Cie. = R. Pouget, E. Deschamps et Ele Lefebvre représ. à Paris par Hefty frères.

Etablissements Français dans l'Inde (Asie)

Pondichéry (chef-lieu des établissements français dans l'Inde).

Cotons (filat. et tissages). — Pagel et Cie. — Poulain et Cie. — Tardivel et Cie.

Modes et nouveautés. — Chaveriacoutty. — Cheik-Adam. — Dupont et Dumoulin. — Francine. — Pagel. — Soupraya.

Négociants européens. — Amalric et Cie. — De Bassick (A.). — Des Colons frères. — Deschambeaux et Cie. — Gallois-Montbrun fils. — Geruzet fils. — Gravier et Poulain frères. — Lagesse. — Lefaucheur (L.) et Cie. = Mortet, Pernon et Cie. = Pagel et Cie. — Poulain (Ch.) et Cie. — Reynaud. = Soupraza et Cie. — Testa et Cie.

Séricicole (établissement). — S. Perrotet ☀, directeur.

Tissage de linges de table. — Godefroy (T.).

Karikal.

Maisons de commerce et de commission. — Hecquet et Cie. — Prudhomme frères. — Ringwald et Cie.

COCHINCHINE

SAIGON (chef-lieu et capitale des possessions françaises).

Consuls. — Espagne: Lopez d'Aranda ☀. — Prusse: Niederberger.

Banquier: Wm. G. Hall et Cie.

Comptoir d'escompte. — Daler, directeur.

Négociants. — Mann, import. d'art. d'Europe et de manufact. françaises. — Marx (L.), art. de Paris. — Michel (A.) et Cie. — Moustier (Louis), import. d'art. européens. — Nam-Seng, marchand chinois. — Nam-Voo, marchand chinois. — Oleslager et De Fiennes, colons, culture d'indigos et de cotons. — Pohl Oppenheimer et Cie, maison à Paris. — Pellissier, art. de Paris. — Renard et Cie, décortication des cotons, export., maison à Singapore. — Roustan et Salenave, tous art., importations, export., comptoir à Paris.

Etablissement Français dans l'Océanie

PAPEETE.

Tribunal de commerce. — M. Butteaud, président. — Robertson, Adams, Drollet, Georget, juges.

Consuls. — D'Angleterre: M. Miller. — Des Etats-Unis: Vandor. — Du Chili: N.

Négociants. — MM. Brander. — Clarck et Keen. — Forter et Adams. — Gibron et Cie. — Hort. — Johnston. — Labbé. — Laharrague. — Poole.

IMPRIMERIE

Typographique & Lithographique

E.-J. SAVIGNÉ

A VIENNE (ISÈRE)

JOURNAL DE VIENNE & DE L'ISÈRE

FEUILLE JUDICIAIRE, COMMERCIALE

Littéraire, Scientifique, Agricole & d'Avis Divers

SPÉCIALITÉ DE LABEURS

En Caractères Elzévirs, Papiers Teinté & de Hollande

IMPRESSIONS DE TOUTES SORTES

travaux d'administration

LABEURS COURANTS ET DE LONGUE HALEINE

&c., &c.

L'ÉTRANGER

Classé par ordre alphabétique de nations, de villes & de professions

(*Voyez* la Table à la fin du volume)

ANGLETERRE ou GRANDE-BRETAGNE

ÉCOSSE ET IRLANDE

Valence, imp. Berger et Dupont.

LONDRES (capitale).

CHAMBERS OF COMMERCE

ASSOCIATION OF CHAMBERS OF COMMERCE
OF THE UNITED KINGDOM.

Officers of the Association for 1870.

Chairman.

S. S. Lloyd, Esq. Birmingham.

Deputy-Chairman.

C. M. Norwood, Esq., M. P.

Members of the Executive Commitee.

Edward Akroyd, Esq., M. P., Halifax.
Christian Allusen, Esq., Newcastle-on-Tyne.
M. D. Hollins, Esq., Stoke-on-Trent.
Robert Jackson, Esq., Sheffield.
Wright Mellor, Esq., J. P. Hudder field.
A. J. Mundella, Esq., M. P. Nottingham.
John Whitwell, Esq., M. P. Kendal.
Stephen West, Esq., Hull.
I. Wilson, Esq., Middlesborough.
W. H. Wills, Esq., Bristol.

Treasurer.

Darnton Lupton, Esq., Leeds

COMMERCE ET INDUSTRIE

Aiguilles et épingles (fabr. de).

Needle Makers.

Allwood William et Sons, 11 London wall	E C
Boden, Vercoe et Co. 8 Addle street (1)	—
Chambers George et Co, 6 Russia row	—
Cook Robert et Co. (limited), 10 Silver st	—
Evans George, 3 Cannon street	—
Gould W. W. et Sons, 4 Huggin la. Cheapside	—
Gutch John E. et A. 72 Watling street	—
Hayes et Crossley, 150 Cheapside	—
Hemming T et Son Windsor Mills Reddicht	
Holyoake George, 10 Gresham street City	—
Holyoake James, 29 Noble street	—
Knights William et Co. 1 Noble street	—
Mechi John Joseph, 112 Regent street	W
Morrall Abel. 4 Gresham street	E C
Moseley et Simpson, 17 et 18 Kting st	W C
Perkins Joseph et Sons (William Gilmour, agent), 45 Cannon street	E C
Shrimpton et Hooper, 12 King square	—
Squire M. A. et Co. (et sail tool), 172 Shadwell High street	E
Thomas Samuel et Sons (prize medal 1862), British needle mills, Redditch. See advert.	
Townsend G. et Co. Hunt end Nr. Redditch.	
Walker Henry. 47 Gresham street	E C
Watts James Wren, 46 Old st	—
Webb Jno. Thos. (upholsterers'), 9 High st. Bow	E
Witte Stephen et Co. (Iserlohn) (Heintzmann et Rochussen, agents), 23 Abchurch lane	E C

---

(1) Le signe (—), placé à l'extrême droite des lignes, indique la répétition des initiales se trouvant au-dessus, telles que : E C, W C, S W, etc.

Alpaga (négts en).

Alpaca warehouses.

Cooke (A. M.), 115, Cheapside, E.C. (alpaga, coton et lin à l'usage des tailleurs).

Mortyn (William), 2 Oldham pl. Bagnigge wells road. W.C.

Banquiers-escompteurs pour la France et le Continent.

Banks.

Devaux (Ch.) et Cie, 62, King William st — E C
Hambro (C.T.) et fils, 70, Old Broad st — =
Lazard (Ed.) et Cie, 11, Moorgate st — =
Prommel et Cie, 37, Haymarket.

Banque (maisons de).

Banks.

Agra Bank, 35, Nicolas Lane, Lombart, st.
Albion Bank, 2, Bank Buildings, City and, 16, West Smithfield.
Alexander, Cunliffe et Cie, 30, Lombart, st. E C
Allard (Joseph), 30, Great Winchester street West., =
Alliance Bartholemew lane =
Anglo-Austrian Bank, St-Mildred's court, Poultry.
Anglo-Egyptian Bank, 27, Clement's lane =
Anglo-Italian Bank, 16, Leadenhall street
Asiatic Banking Corporation, 4, Lombard st =
Bank of Delhi and London, 70, King-William st. =
Bank of Otago, 5, Adam's court, Old Broad street.
Bank of Australasia, 4, Threadneedle street =
Bank of Hindustan, China et Japan (limited), 1 Bank Buildings =
Bank of England, Threadneedle street.
Bank of London, en liquidation, 17 Tokenhouse Yard.
Bank of New-Zealand, 50 Old Broad street =
Bank of Egypt, 26 Old Broad street =
Bank of Victoria, 3 Threadnnedle street =
Bank of New-South-Wales, 64 Old Broad st =
Bank of British Noth America, 154 Bishopsgate street
Barclay, Bevan, Tritton Twels and Co, 54 Lombard st.
Barclay et Cie, 136 Leadenhall st.
Baring frères et Cie, 8 Bishopsgate Within —
Barnett, Hoares Hamburys et Lloyd, 62 Lombard st.
Biddulph, Cocks et Cie, 43 Charing Cross W C
Biggerstaff (W. et J.), 6 Bank Buildings E C et 63 West Smithfield.
Birkbeck Deposit Bank, 29 Southampton Buildings W C
Bosanquet and Co, 73 Lombard street, E C
Braziliand and Portuguese Bank 43 St-Helen's Place.
Brown (J.) et Cie, 25 Abchurch lane =
Brown, Janson and Co, 32 Abchurch lane =
Central Bank of Western India, 22 Old Broad street =
Chantered Bank of British Columbia, and Vancouwer's Islands, 80 Lombard street =
Chartered Bank of India, Australia and China, Hatton Court. Threadneedle street =
Chartered mercantile Bank of India, London and China, 65 Old Broad st. =
Child and Co, 1 Fleet street ==

City Bank, 5 Threadneedle st E C
Clearing-Housse, Post office court, Lombard street.
Colonial Bank, 13 Bishopsgate street Within, =
Commercial Bank of Sydeney, 33 Cornhill, =
Commercial Bank of India, 64 Moorgate st. =
Commercial Bank of London, 6 New Broad st. =
Consolidated Bank Limited, 52 Threadneedle street, E. C., et 450. West Strand.
Coutts and Co, 59 Strand.
Cunliffe (Roger) fils and Co, 6 Princes st., Mahsion house
Delhi et London bank, 70 King William st. =
Dimsdale, Fowler and Barnard, 50 Cornhill.
Drummond and Co, 49 Charing cross.
East India Land Credit and Finance Company, 5 East India avenue, Leadenhall st.
East London banz, 51, 52 et 53 Cornil.
English et American Bank, 40 Threadneedle st. =
English Bank of Rio de Janeiro, 13 St-Helen's place
English, Scottish et Australian chartered Bank, 73 Cornhill
Fuller, Dambury Nix et Mathieson, 77 Lombard street =
General Bank of Switzerland, 2 Royal Exchange Buildings.
Glyn, Mills, Currie Co, 67 Lombard st. =
Goslings and Sharpe, 19 Fleet st
Grindlay et Cie, 55 Parliament st. S W
Hallett, Ommaney and Co, 14 Great George st., Westminster.
Hanburys and Lloyds, 60 Lombard st.
Hankey and Co, 7 Fenchurch street.
Herries, Farquhar and Co, 16 St. James st. —
Hill et fils, 17 West Smithfield.
Hoare and Co, 37 Fleet st.
Impérial (Bank), 6 Lothbury E C
Imperial Ottoman Bank, 4 Bank Buildings.
Jones, Loyd, and Co, 43 Lothbury.
Johnston (Hugh) et Cie, 28 Cannon street —
Ionian Bank, 34 Finsbury Circus =
Lacy et fils, banquiers, 60 West Smithfield —
London Chartered Bank of Australia, 88 Cannon st.
London et Brazilian Bank, Old Broad st =
London et Continental Bank, 8 Walbrook st. —
London and County Banking Co, 21 Lombard street. Correspondant à Paris, Gil, boul. des Capucines 6.
London et South African Bank, 10 King William st.
London and Westminster Bank, 41 Lothbury.
London Joint Stock Bank, 5 Princes st., Bank, 69 Pall Mall et 124, Chancery Lane.
London Bank of Mexico et South America, 16 King William street.
Martin et Cie, 68 Lombard st.
Merchant Bank, 112 Cannon street.
Metropolitan Bank, 75 Cornhill.
National Bank of India, 80 King William st.
National Bank of Scotland, 37 Nicholas Lane (James Miller agent).
National Bank, 13 Old Broad st.
National Provincial Bank of England, 14 Bishopsgate street =
New South Wales Bank, 37 Cannon street.
Oriental Bank Corporation, Threadneelde st., correspondant à Paris, Gil, boul. des

Capucines 6, Succursales à Bombay, Calcutta, Ceylon, Hong-Kong, Shanghaï, Madras, l'île de France, Maurice, Singapore, Melbourne, Sidny; directeur : C. J. F. Stuart.
Peabody (Geo.) et Cie, 22 Old Broad st. E C
Praeds et Cie, 189 Fleet st.
Prescott, Grote Cave and Co, 62 Threadneedle street.
Provincial Bank of Ireland, 42 Old Broad st.
Ransom, Bouverie and Co, 1 Pall Mall-east.
Richardson et Cie, 13, Pall-Mall, S. W., et 23 Cornhill
Robarts, Lubbock et Cie, 15 Lombard st.
Rothschild et fils, New Court, St-Swithin's lane
Royal Bank of Australia, 4 Sambrook court
Seale, Low et Cie, 7 Leicester Square W C
Samuel et Montagu et Cie, 60 Old Broad st.
Scott (Sir Samuel, Bart.) and Co, 1 Cavendish sq. W
Smith Elder et Cie, 65 Cornhill E C
Smith, Payne and Smith's, 1 Lombard st.
Twining (Richard) and Co, 215 Strand W C
Union Bank of Australia, 38 Old Broad street E C
Union Bank of London, 2 Princes street, Bank; correspondant à Paris, Gil, boul. des Capucines 6.
Williams, Deacon, and Co, Bischin lane.
Willis, Percival and Co, 76 Lombard st.

Bonneterie (en gros).
Hosiers-Wholesale.

Adie Scott, 115 Regent street W
Allen Solly et Co, King Edward street E C
Armstrong Rich. 6 Birchin lane, Cornhill
Blyth C. et Co. 4 Cripplegate bldgs Wood st
Brettle Gen. et Co. 119 Wood street
Carliles', Pittman et Co. 11 to 13 Bow lane
Cox et Greenfield, Buckland street New North rd N
Esche Maurice S. 4 Queen st. Cheapside E C
Foster, Porter et Co. 47 Wood street E C; 25 Addle street E C et 21 Aldermanbury
Gunn Jones et Co. 174 Fenchurch street
Gilbert et Wright, 20 Wood street
Halden A. et Sons, 3 Church st. Ironmonger la
Hack James et Co. 44 Gutter lane
Hardy Henry, 126 Wood street
Harris Richard et Sons, 2 Monkwell street
Hine (W. B.), Parker et Co. 13 et 14 Milk street
Hitchcock, Williams et Co. 74 st. Paul's churchyard
Kellner et Dehling, 30 Monkwell st.
Macdougall et Co. 42 Sackville st. W
Morley John et Richard, 18 Wood st. E C
Normand et Reddan, 51, 53 et 54 Old Compton st. W
Nottingham Manufacturing Co. (The) (limited) (W. J. Heslop, sec), 116 Wood street E C
Powel, Bedington et Co. 60 Wood street
Riedel et Deeyhaupt, 10 et 11 Aldermanbury
Rogers et Co. 64 Aldermanbury
Rowell, Broughton et Co. 54 Wood st
Sharp, Perrin et Co. 40 Old Change
Smyth et Co. 30 Milk st.
Townsend C.P. 1 Cripplegate buildings
Vivian et Mansell, 117 Wood st.
Ward, Sturt et Sharp, 80 Wood st.

Wisdom, Mart et Co. 4 Wood street Cheapside E C
Zingler Henry et Co. 111 Fore street

Boutons (man. de).
Button Manufacturers.

Alsop, Downes, Spilsbury et Co. 1 et 2 Huggin lane, Wood street E C
Bartlett Thomas et Sons, 13 Little Britain
Boston Shoe Stud et Button Co. 9 Adam st W C
Chatwin John et Sons, 37 Gresham street E C
Chatwin G.-H. (agent), 37 Gresham street
Collins Wm. Chas. 34 Noble st. Cheapside
Cox Brothers et Holland, 37 Gresham st.
Cox Samuel, 4 Noble street, Cheapside
Crowley Wm. et Son. Falcon chambrs Falcn. street
Damin Ferdinand, 7 A, Falcon chambers
Doughty B. et Co. 109 St-Martin's lane W C
Dutson et Hopkins 4 Mitre court, Milk st. E C
Edmonds et Sons, 21 Gutter lane
Empson Thomas, 43 Noble street
Evans Richard et Company, Wattling street
Firmin et Sons, 153, 154 et 155 Strand W C
Fleming James, 9 Fisher st. Red Lion sq. E C
Green et Cadbury, 3 Falcon sq.
Griesselich, Nebel et Co. 50 Basinghall st.
Hammond, Turner et Sons, 23 Aldermanbury
Harding Horace Welch, 7 Foster lane
Hayward Richard Edware, 50 Long acre W C
Hyatt George, 6 Hoxton sq. N
Ihlee et Horne, 34 Aldermanbury E C
Jackson Edwd. W. et Co. 57 Gracech st
Jaquin George John (upholsterers' etc.), 45 Paul street, Finsbury
Jennens Joseph W. et Co. Conduit st, W
Johnson, Simpson et Simons, 9 et 10 Little Britain E C
Jones William et Co. 236 Regent street W
Kelsey Benjamin, 20 Wilson st. Finsbury sq E C
Larkman Henry, 7 Paradise st. Finsbury
Laurance Henry et Co. 61 Basinghall st
Leslie et Mincher, 72 Mark lane
Lund W. et Co. 60 Chandos street, Strand W C
Mc Kiernan Jos. 62 St-John's sq. Clerknwl E C
Mecklenburg Henry C. 14 King. Borough S E
Meyer J.L. Sons et Co. 8 Lawrance lane E C
Mincher Edward, 8 Francis terrace, Hackney wick E
Morphew Wm. Thos. 15 King st. Cownt. grdn W C
Oppenheim Julius, 18 Addle street E C
Piggott David S. et Chas. 30 Gresham st
Plant et Green, 18 Noble street
Player Brothers, 10 Silver street
Popplewall Peter, 62 Aldermanbury
Prager (Moos) et Son, 10 Fore st. Cripplegt
Reading Richard, ivory, buffalo horn et vegetable ivory button manufacturer, 38 Berwick street Soho W
Reynolds Joseph Wm. 50 St-Martin's la W C
Bourke George, 18 Gresham street west E C
Rowley, Hartley et Co. 49 Aldermanbury
Rowley S—A—, 3 Falcon sq
Scowen Thomas Layzell, 3 Albion road, Stoke Newington N
Sherlock et Co. 15 King st. Covent garden W C
Stevens Fdk. K. (upholsterers') 101 Charlt. st W
Strauss Gustave et Co. 5 et 6 Winchester court Monkwell street E C
Taplin Frederick, 18 Noble street

Walker Fk. (gilt), 5 Suffolk st. Clerkenwell E C
Weldon Chas. et J. 130 et 131 Cheapside   —

Caoutchouc (fabricants d'articles de).

India Rubber Hose Manufotrs.

Auber, Gérard et Co. 53 Gracechurch st   E C
Bensusan A.L. 9 Finsbury pavement   —
Blow John G.F. et Son, 23 Commercial st   E
Britannia Rubber et Kamptulicon Co. (Chas.
   Montagu, managing director), 40 Cannon
   st. E C et Bow common   —
Bugden Thomas, 79 Goswell road   E C
Cow (P.B.), Hill et Co. 46 et 47 Cheapside   —
Dodge George Pomeroy, 79 Upper Thames st
   E C; sole contractor to the Admiralty.
Foster et Williams, 87 Grange road   S E
Hoodwin Wm. et Co. 77 Sun st. Bishopsgate E C
Hancock James Lyne, Gosswell mews   —
Lang Brothers, 32 et 33 Cowcross st   —
Lang et Co. 27 Houndsditch   E
Merryweather et Sons, 63 Long acre   W C
Metropolitan India Rubber et Vulcanite Co.
   32 et 33 Cowcross street   E C
Moseley David et Sons, 1 Milk street   —
National India Rubber Co. of France (William
   Coxhead, manager), 44 Gresham st   —
North British Rubber Co. (limited) James
   M'Laren, manager), 4 Cannon st   —
Owens Samuel et Co. 22 Whitefriars st   —
Piggot Bros. 59 Bishopsgate st without   —
Quin Jawes, 13 Sise lane, Cannon street   —
Shand, Mason et Co. 75 Upper Ground st   S E
Sheath Brothers, 89 City road   E C
Spill John et Co. Wellington road, Bow road   E
Statham Henry et Co. 20 Budge rw. Cannon
   street   E C
Tuck et Co. 116 Cannon street   —
Warne William et Co. 9 Gresham street west   —
Wigley Charles, 103 High Holborn   W C

Compagnies financières et de crédit.

Finance oompanies.

Australian Mortgage, Land et Finance Co. (limi-
   ted) (Peyton William Clement, sec.), 72 Corn-
   hill.   E C
Crédit Foncier of England (limited) (Henry
   James Barker, acting sec.), St. Clement's
   lane.   —
Credit (The) Foncier of Mauritius (limited)
   (Wm. G. Dick, manager), 17 Change al-
   ley.   —
East India Land Credit et Finance Co. (limi-
   ted) Charles Lindsay Nicholson, manager),
   5 East India avenue   —
English et Foreign Credit Co. (limited) (John
   W. Batten, manager; David S. Derry,
   sec.), 3 Winchester buildings   —
General Company for the Promotion of Land
   Credit (limited), 2 Westminster chambers
   Victoria street   S W
General Credit Co. (limited) (Charles James
   Breese, manager), 157 Goswell road   E C
General Credit et Discount Co. (limited)
   (James Macdonald, general manager; Ro-
   bert J. Butler, sec.), 7 Lothbury   —
General Finance, Mortgage et Discount Co.
   (limited) (Henry Flear, managing, direc-
   tor; Ebenezer Balch, sec.), 3 Pentonville
   road.   —
International Financial Society (limited)   N

(Walter A. Michael, sec.), 60 Threadndle
   str.   E C
London Financial Association (limited) (The)
   (James B. Dunn, esq. manager; John
   Henry Koch, sec.); South Sea house,
   Threadneedle street   —
Maritime Credit Co. (limited) (Alfred Ed-
   wards, manager; Samuel Henry Louttit,
   sec.), 110 Cannon street   —
Metropolitan Land et Finance Co. (limited)
   (Fredk. Goodman Hunt, manager), Foun-
   tain chambers, Fountain ct. Liverpool
   st.   —
Mines Purchase et Finance Co. (limited)
   (Frdk. W. Blyth, sec.). 1 St. Michael's
   al   —
Mining et Railway Credit Co. (Peter Cara-
   pata, manager), Lombard house, George
   yard   —
Public Works et Credit Co. of Italy (limited)
   (William Smith, c. E. consulting engineer),
   19 Salisbury street, Strand   W C
Science et Art Finance Corporation (limited)
   (William Henry Thorntwaite, managing
   director), 121 Newgate street   E C
Warrant Finance Co. (limited) (J. M. Sto-
   bart, manager), 17, 18 et 19. Gresham
   house   —

Châles (fabr. et négoc. de).

Shawl manufacturers and warehousemen.

Adie Scott (scotch), 115 Regent street   W
Allison Joseph et Co. 42 Regent street   —
Amott Chas. et Co. 59 Paternoster row   E C
Beardall John, 57 Tottenham court road   W
Broderick Dennis et Co. 91 Fore street   E C
Brown, Seaton et Co. 11 Gt. Tower street   —
Capper, Son et Co. 69 et 70 Gracechurch
   street   —
Clabburn, Sons et Crisp, 145 Cheapside   —
Copestake, Moore, Crampton et Co. 5 Bow
   churchyard   —
Craven David et Joseph, 22 Bread street   —
Crosier et Pettigrew, 64 Friday street   —
Cross William, 17 Old Change   —
Dognin et Co. (lace), 46 Cannon street   —
Dorne E. (india), 1 Harrlet street, Sloane st S W
Evans Stephen et Co. 14 Old Change   E C
Everington et Graham (india), 21 Ludgate
   hill   —
Farmer et Rogers, 175 Regent st   W
Foster, Porter et Co. 47 Wood street   E C
Goldsmith Amy et Co. 114 Wood street   —
Gow Brothers et Co. 47 A, Friday street   —
Greenless Robert et Archibald (scotch), 28
   Friday street   —
Grout et Co. 12 Foster lane, Cheapside   —
Hart et Dunk (india), 33 St. Mary Axe   —
Hitchcock, Williams et Co. 71 St. Paul's
   churchyard   —
Kerr, Scott et Son, 8 Cannon street   —
Knox Henri et Son, 42 Cheapside   —
Libby Richard Watson, 65 Oxford street   W
Locke Charles, 1 Friday street, Cheapside E C
Macdougall et Co. 42 Sackville street   W C
Meeking Charles et Co. 45 Holborn hill   E C
Nicholson Daniel et Co. 52 St. Paul's chur-
   chyard   —
Revel Maurice et Cie, 51 Bow lane   —
Rich Thomas, 88 Oxford street   W
Robinson Peter, 108 Oxford street W et 1

Great Porland street W ; silk et general drapery warehouse, mantle et shawl rooms.
Robinson William, 79 Baker street — E C
Rogers William, 12 Addle street — —
Smith Duncan, 21 Oxford street — W
Spiers David et Co. (Paisley), 29A, Bread st. — E C
Willett E. Nephew et Co. 63 Friday street — —

Chanvre et lin (marchands).

Hemp, Flaxe & Jute Merchants.

Backhouse John et Co. 35 Camomile street — E C
Catling et Waller, 145 Minories — E
Cleghorn et Dunbar, 23 Billiter street — E C
Cleugh Alexander, Tree Mills lane, Bromley — E
Dagnall et Tilbury, Walham green — S W
Duff Thomas, St. Dunstan's buildings St. Dunstan's hill — E C
Duncan John Cooper, 135 Fenchurch st. — —
Eardley Thomas, 25 Bath. st. Tabernacle sq — —
Harrison et Johnson, 18 Trinity square — —
Heinckey R. et Co, 20 Harp la. Great Tower street — —
Hill N. Stanton et Co. 6 Lime street square E C et Baltic — —
Hindley Walter Henry, 62 Queen st. Cheapside E C et Baltic — —
Hoare Arthur, 44 Queen st. Cheapside — —
Holliwell Thomas, 41 Glasshouse street — E
Hunt et King, 21 Pell st. St. George's east — —
Hutchinson John et Henry, 48 Marke lane — E C
Jackson Joseph, 25 to 29 Shoreditch High st. — E
Kinnears et Co. (agents), 16 Mark lane — E C
Kinnell Geo. et Son, 27 Up. East Smithfield — E
Lindsay William, 23 Rood lane — E C
M'Leownan Jo n et Co, 9 Fenchurch st. — —
Manning, Collyer et Co, 141 Fenchurch st — —
Morison W. R. et Co. 2 Munford court — E C
Munden Joseph, 11 Arthur street wes City — —
Outhwaite et Hubbard, 64 Aldermanbury — —
Preston John et Co. 2 Munford court, Milk st — —
Ritchie William et Son, 148 Fenchurch st. E C Stratford — E
Russell Hugh et George, 16 Old Change E C ; 16 Wapping E et Hop et Malt Exchange — S E
Saddington et Co, Grove, Great Guildfort st. Southwark — —
Scott James et Son, 2 Riches court, Lime st — E C
Scott James et William, 31 Milk street — —
Scott et Till, Artichoke hill, St. George st. — E
Smith Wm. 2 Ingram court, Fenchurch st — E C
Steele Alexander et Co, 11 Cullum street — —
Tregelles Nathaniel (agent), 10 Union court, Old Broad street — —
Ward Wm. 25 Little Guildford st. Borough — S E

Chapeaux (en gros, etc.).

Hat manufatrs. — Wholesale.

Allan Jas. et Co. (felt), 157 et 158 Chpside — E C
Allden Charles, 226 Kent street, Borough — —
Ashton Joseph et Sons, 89 New Bond street — W
Ashton Jsph et Sons, 54 et 55 Cornwall rd — S E
Aspenlon J. 15 Collingwood st. Blackfriars road — —
Bake Chas. 92 et 93 Herbert street, Hoxton — N
Balding Jas. 179 Gt. Dover street, Borough — S E
Baldwin Robert, 2 Marine place, Comel road ea. — E
Baldwin Thomas, 70 Cleveland st. Mille end road — —

Barber et Co. 13 Wellington street, Boro' — S E
Barnes Joseph, 4 Worship street E C ; 109 et 111 City road E C et 20 Norton folgate — E
Baugh et Brushfield, 183 Great Dover street — S E
Baumann Alfred et David, 70 Fore street — E C
Belhomme Cyrille (spring), 44 Gerard street — W
Bennett Thomas H et Co. 84 Southwark bdg road — S E
Berthenshaw Samuel, 121 Blackfriars road — —
Borthwick et Son, 3 Deptford broadway — —
Buckley et Sons. 79 Basinghall street — E C
Burbidge Skeeles et Western, 1A. Pancras lane E C et 31 Great Dover street — S E
Burgess Vincent Robert, 67 Old Kent road — —
Butler John Benjamin, 7 Upper Grange rd — E C
Carrington Samuel et Thomas, 6 Milk street — —
Carter George, 215 Old Kent road S E et 6 New Kent road — S E
Cartmel Mrs, France , 50 Stamford street — —
Chester Charles, 8 St. Andrew's hill — E C
Christy et Co. (J., E. et W.), 35 Gracechurch street E C 102 et 136 Bermondsey street — S E
Christy et Co, 1 Old Bond street — W
Churcher James Graham, 2 Fish street hill E C et 31 Whitechapel road — E
City Hat Co. (Thomas H. Walker et James Fortescue, managuers), 3 Shoe lane — E C
Cochrané Thomas et Co. 22 London street E C et 92 Trafalgar road — S E
Collins Charles, 44 Lambeth Lower marsh — —
Collins George, 238 High street, Camden tn — N W
Cooksey Thomas, 15 Bennett st. Blackfriars — S E
Cooper Box et Co. 12 et 13 Laurence Pountney lane — E C
Croker William. 82 Cannon street, City — —
Cruley Asher, 122 London wall — —
Daodo Nathaniel, sen. 43 Cheapside — —
Digance Daniel et Co. 18 Royal Exchange — —
Edwards W. et Co. 47 A, Castle st. Soutwark — S E
Ellwood John et Sons, 24 Great Charlotte st. S E et 98 Gracechurch street — E C
Field et Sons, 113, 114 et 115 Fore street E C et Lower Whitecross street — —
Field, Son et Co, 178 et 179 Blackfriars rd — S E
Frentel Frdk. H. (tweed), 133 Kingsland rd — E
Fudge John et William, 15 Eastcheap — E C
Gardiner James, 18 wood street, Spitafields — E
Garrard Robert et John (Japan), Loman st. — S E
Griesselich, Nebel et Co. (felt), 59 Basinghall street — E C
Hargroves Rbt. et Joseph et Co. 7 London rd — S E
Hargroves Robert Alfred, 89 Black friars rd — —
Hart Albert (felt), 135 Houndsditch — E
Hart George. 79 Regent street — W
Hartenstein Jacques (spring), 140 Southwark bridge road — S E
Hastings George, 45 Lombard street — E C
Hawkins Edwd. 1 Church street, Blackfrs rd — S E
Heath Henry, 393 Oxford street W et 4, 5, 6 et 7 Allen's court — W
Hofmann J. A. et Co. 45 Gresham st — E C
Hollingworth William, 145 Union st Boro' — S E
Humm Edward, 16 Westmoreland place, City road N et 221 City road — E C
Humm John, 79 A, Whitechapel road E; 252 Bethnal green road E et 10 Railway place, High street, Shoreditch — E
Ibbotson Thomas, 174 Stamford street — S E
James J. H. et G. J. 43 Charlotte st. Blackfrs road — —
Jay Victor et Co, 10 Southwark bridge rd — —

Joyce George, 28 Leman street, Whitechapel E
Kellow, Lever et Co. 27 Union st. Borough S E
Kolbe John, 6 et 7A, Tottenham court rd W
Lawson William, 1 Wellington st. Borough S E
Lincoln, Bennet et Co. 4 Sackville st. W; 40
  Piccadilly W et 24 Nelson square S E
Lloyd Cornelius, 4 Spicer st. Spitalfields E
Luck Richd. et Son (silk), 23 et 24 Wal=
  brook E C
M'Carthy Charles, 30 Ludgate hill E C et 114A,
  Aldersgate street
Makeham George, 1 et 2 Whitfield street EC
  et 34 Paul street =
Marsden Joseph Henry, 114 et 115 Shoe la =
Martin John, 5 Church alley, Basinghall st. EC
  et Dyers' buildings, Holborn
Matthews Brothers, 114 Shoreditch High st E
Mitchell Wm. 40 Gopsall street, Hoxton N
Mortlock Samuel James, 97 Gracechurch st E C
Moss Alfred William, 40 Nelson square S E
Northwood Wm. J. (japan), 1 Clark's or=
  chard ==
Norton, Curtis et Co. 43 Hampstead road N W
Oven Mrs. Harriet, 5 Ewer st. Borough S E
Parker Mrs. R. 124 Shoreditch High st E
Passey et Tucker, 7 Great Newport street W C
Pearfree John et Co. 31 Bevis marks E C et 5
  et 6 St. Mary Axe E C
Penin Augustus, 150 Blackfriars road S E
Pritchard Arthur et Fredk. 60 Stamford st =
Rewell John, 255 Poplar High street E
Sanders Hen. 28 Thornton st. Horselydown S E
Shayler John (agent), 9 Gresham street E C
Simmonds Robert, 6 et 9 Weston place N W
Skinner Thomas, 13A, Grocer's hall court E C
Slade Robert, 74 Great Suffolk street S E
Smith Henry et Co. 30 Noble street E C
Stepford Chas. et Co. 28 A, Basinghall st
Story C. Donald, 259 East India dock road E
Stuart Wm. et Son, 66 Hatfield street Black=
  friars S E
Sullana Hat Manufacturing Company (limi=
  ted), 35 Gun street, Spitalfields E
Swinscow Richard Brown, 64 et 65 Hatfield
  street, Stamford street, Blackfriars road S E
Taylor Charles Fredk. 3 Paddington street W
Taylor George, 20 Stonecutter st E C
Thorn Fred. W. 46 Hatfield street, Stamford
  street S E
Townend Thos. et Co. 16 to 18 Lime st. City
  E C; 110 Oxford st W et 14 Fenchurch st E C
Townend Wm. et Fredk. 4 Bread st =
Townend Alfred, 190 Regent street W
Tress et Co. (french), Church passage, 27
  Blackfriars road S E
Tueski Berthold et Co. 42 Jewin street EC et
  26 et 27 Jewin crescent E C
Turner William et Co. 64 et 65 Bread st =
Turner Joshua, 17 Gresham st
Upton Frederick, 133 Long la. Bermondsey S E
Vero et Everitt (felt), 33 et 34 Sthwrk bdge rd =
Vesper Frederick (linen), 10 Park terrace,
  Bonner road, Old Ford road
Walker Thomas, 49 Crawford st W
Walmsley Edwd. 49 Cramptn. st. Nwngtn. bts S E
Weaven Thos. 81 James st. Lambth Lw. mrsh
Weise John Jas. 82 Bishopsgate st. without E C
Westlands, Laidlaw et Co. 55 Blackman st =
Wilkinson Paul, 30 Finsbury place =
Williams et James, 26 Stamford st S E
Wilson Benj. et Co. 52 Bow la. Cheapside E C

Wolff S. et Son (cork), 17 Bridgewater sq E C
Yeomans John, 100 Minories E et 234 West=
  minster bridge road S E
Zeffertt Aaron, 20 Widegate st. Bishopsgate S E
Zox Lamen (tweed), 11 Nelson square S E

*Commissionnaires en marchandises
pour l'étranger:*
Agents-Commission:

Adshead Joseph, 35 Basinghall street E C
Alexander Zander, The Jerusalem
Allan William, Church court, Friday street =
Allen et Levermore, 136 Fenchurch street =
Alstead Walter, 44 Hatton garden =
Anderson George, 79 Mark lane =
Anderson John, 63 Aldermanbury =
Andrews John, 8 Fitchett's court =
Appleton John David, 49 Queen's Hd. st.
  Islngtn N
Arnfield Joseph, 1 South place, Finsbury E C
Ashford et Brooks (hardware), 30 Great St.
  Helen's =
Asscher Martin, 1 Herbert street, Hoxton N
Atkins Richard Peter et Co. 10 St Mary Axe E C
Auld James et Co. 4 Hart street, Mark lane =
Avigdor Lazar Verona, 20 St. Mary Axe =
Aylwin Chas. Herbt. 10 Old Jewry chambers =
Banham G=S=, 43 Eastcheap =
Barry Frederick Edward, 7 Birchin lane =
Bary de Rudolph, Ethelburga ho. Bishpsgt =
Bath Henry et Son, 62 Gresham house =
Batten Abraham, 150 Leadenhall street =
Bauser William, 27 Milk street =
Beadle John William, 40 Aldermanbury =
Beck Charles et Co. 12 Ironmonger lane =
Beck et Pollitzer, 188 Upper Thames street =
Beckwith Charles, 35 Cannon street =
Bedingham et Scharf, 4 Bond ct. Walbrook =
Bell George William, 60 Cornhill =
Belle Brothers, 2 Winchester buildings =
Benclau, Anton et Co. 32 London wall =
Benjamin Lee et Co. 68 Coleman street =
Bennett, Child et Co. 3 Moor lane =
Berger Charles, 28 Mincing lane =
Billbrough Brooks P. 77 Leadenhall street
Binns Joseph Richardson, 6 Pancras lane =
Birks Charles, 1, 2 et 3 Winchester court,
  Monkwell street =
Bishop Francis, 4 Stanley place, Pimlico S W
Blake Edward Opie, 13 Lawrence lane E C
Bleuze Achille et Co. 102 Newgate street =
Blouet Alphonse D. 25 Castle st. Falcon sq. =
Boeler Gottlib. 7 Skinner's place, Sise lane =
Bonten Henry, 49 1/2 Bread street =
Booker Wm. Henry et Co. 9 St Mary=at=hill =
Boyce William, 7A, Falcon st. Aldersgate =
Boyd Alfred, 4 Cullum street =
Boyd John et Co. 48 Cannon street =
Bradbury, Greatorex et Co. (lim), 7 Alderman=
  bury E C. Maison à Lyon (France).
Bradford Richard, 30 Noble street =
Braham William, 50 Aldermanbury =
Brainley John, 62 Gracechurch street =
Bremner Charles, 8 Trump street, City =
Brenguier et Co. 60 Moorgate street =
Brierley James Makinson, 94 Milk street =
Brock George Edward, 14 New City cham=
  bers, Bishopsgate street within =
Brown Jsph. Slade, 2 Fitchett's ct. No=
  ble st. =
Büdenbander Augustus, 61 Aldermanbury =

Bugler Thomas, 7 Trump street — E C
Bunting Alexander Hall, 44 Bread street — —
Bunting John Freeman, Foutain court, Alder-
manbury — —
Burrowes et Forrest, 79 A, Watling street — —
Burrows George, 69 Campbell road, Bow — E
Calvert et Henderson, 4 Bread street — E C
Canwel George, 1 Star court, Bread street — —
Carr Rd. Aldine chmbs. 13 Paternoster rw — —
Carter Joseph Rice, 3 Sermon lane — —
Carter Peter, 24 Budge row, Cannon street — —
Carter Silas, 24 Budge row, Cannon street — —
Catchpole Edward, 36 Gresham street — —
Caudery William, 150 et 151 Fenchurch st — —
Chabaud Eugene, 2 Wood street — —
Chandler Richard, 48 Bread street, maisons
à Paris et à Lyon (France) — —
Chandler Stephen, 37 Harleyford road — S E
Chapman Frank, 126 Bishopsgate street
within — E C
Charles Germain, 85 Blackman street — S E
Charter et Thomlinson, 3 Castle st. Fal-
con sq. — —
Chester et Holland, 34 Eastcheap — E C
Clarke John Irwin et Co. 1 Mumford court — —
Clayson Josiah, 47 Bow lane — —
Clemitson Thomas, 13 Paternoster row — —
Coates Walter Nugent, 21 Mincing lane — —
Coats George Laughton, 4 Freeman's court — —
Coghlan Robert Nesbet et Co. 8 Goldsmith st — —
Cole Augustus, 54 Essex road — N
Coleman Charles, 2 Hart street, Cripplegate E C
Collins Thomas, 9 Friday street — —
Comfort Joseph, 8 Wood street, Cheapside — —
Compton Spencer, 28 Queen st. Cannon st — —
Coombes Francis, 25 Milk street, Cheapside — —
Cooper Samuel, 14 Little Tower street — —
Copland et Co. 3 Mitre street, Aldgate — —
Coppard George, 1 Mitre court, Milk street — —
Cosbey John Nugent et Co. 2 Wardrobe
place — —
Cotching James Walker et Co. 1 Milk street — —
Couchy Nestor, 19 Change alley, Cornhill — —
Coveney Chas. John, 7 George yd. Lombard
st. — —
Cree John Buchanan, 42 Eastcheap — —
Crossley Charles Richard, 17 Moorgate st. — —
Cummins (Nicholas) et Co. Martin's lane — —
Cussen Thomas, 1 Cripplegate buildings — —
Dahmen Mark, 89 Great Tower street — —
Dando Rowland, 37 Basinghall street — —
Dane et Co. 30 N. City chmbrs. Bishopsgate
st. — —
Darens Frederick et Co. 70 Newman street W
David R. et Co. 44 Seething lane — E C
Davis et Soper, 14 Fenchurch street — —
Davis Herbert H. 20 Budge row — —
Davis John Edward, 55 Aldermanbury — —
Day Chas. Old Trinity house, Water lane — —
Dean Arthur, 53 Wood street — —
Debruyn Johan et Co. 3 Fowkes buildings — —
Des Granges Thomas C. 12 Anchor street,
Blue Anchor road — S E
De Vries P. Kz. Tower st. buildings, Beer
lane — E C
Dickson William, 260 Kingsland road — E
Dinsdale James Thos. 4 Bond ct. Walbrook E C
Dolmann Charles et Co. 20 Lawrence lane — —
Dorgerloh, Sang et Co. 26 Bishopsgt. st.
within — —
Douglas John, 25 Milk street — —

Dreydel Henry, 5 Foster lane, Cheapside — E C
Duplay George Frederick, 53 Wood street — —
Dykes et Hilhouse, 2 Riches court — —
Egervary George et Co. 126 Newgate street — —
Ellis Albert A. 8 Brown's bldngs. St. Mary-
Axe. — —
Enes George, 70 Lower Thames street — —
Erbsloh Arnold, 46 Aldermanbury — —
Eschwege Hermann, 6 et 7 Coleman street — —
Evans Frank Henry, 7 Crosby square — —
Evans John, 47. Leadenhall street — —
Faelli Victor et Co. 113 Fenchurch street — —
Fairweather et Ward, 15 Watling street — —
Faraday Arthur, 42 Hatton garden — —
Faulding Joseph, 338 et 340 Euston road — N W
Fearnley James, 9 Foster lane, Cheapside — E C
Featherstone John, 6 Russia court, Milk st. — —
Festa Giovanni, 13 Charles st. Grosvenor sq. W
Fisher, Howard et Sons, 132 Upper Thames
st. — E C
Fleming William, 21 Old Fish street — —
Fontaine Paul, 5 George street, Tower hill — —
Funck Henri et Co. 114 Fenchurch street — —
Ganon Alfred et Co, 110 Leadenhall street — —
Garstin Norman, 40 West Smithfield — —
Gaudiano Antino G. 9 St. Peter's st. Isling-
ton — N
Gay (E.), Vicarino et Co. 20 Red Lion square W C
Gerbaulet et Co. 1 St. Michael's alley — E C
Giar George, 10 Idol lane, Tower street — —
Gibson Brothers, 5 Waterloo road — S E
Gibson William, 17 Kennington park road — —
Gilson Thomas, 43 Basinghall street — E C
Gimeno Joaquin et Co. 458 Oxford street — W C
Glassen Richard, 47 Gracechurch street — E C
Gladding John et Son, 13 Paternoster row — —
Gracey Andrew, 12 Staining lane — —
Graetzer et Hermann, 73 Aldemanbury E C.
Maison à Lyon (France).
Greer Alex. Mac Minn, 152 Upper Thames
st. — —
Griffith Walter et Co. 6 Crosby square — —
Grimwade Edward Wm. 4, 5 et 6 Gt. St.
Helen's — —
Gross Charles, 47 Gresham street — —
Grossmith John Graham, 32 Newgate st — —
Grum Peter, 60 Fenchurch street — —
Guy Robert, 86 Queen street — —
Haas Hendrik Christiaan, 63 Gt. Tower st — —
Haber Ludwig, 121 Bishopsgate st. within — —
Hadrot et Avril, 12 et 13 Castle st. Holborn — —
Hager Jacob, 40 St. Mary Axe — —
Hall John, 8 Foley street, Great Titchfield
st. — W
Hallam George Edward, 31 Friday street — E C
Hamilton Edw. Ths. 15 Beaufort bldgs.
Strd. — W C
Hanson Edward, 8 Paternoster row — E C
Hardaker et Langford, 20 Lawrence lane — —
Harding Francis, 20 Cullum street — —
Harding Thomas, 6 Gutter lane — —
Harper William, 20 High Holborn — —
Harris James, 40 West Smithfield — W C
Harris Lewis, 8 Great Prescot st. — E C
Harrison Thomas, 21 Paternoster row — —
Harrold Thomas, 44 Gutter lane — —
Hart George John, 44 Great Castle st. — W
Heath Christopher, 30 Cheapside — E C
Heathfield William, 8 Wilson st. Finsbury — —
Heinemann Louis M. 32 St. Mary-at-hill — —
Helbronner Jules, 21 Castle st. Falcon sq. — —

Henle William, 5 Little Britain — E C
Hess J. et Co. 80 Milk str., Cheapside E C; maisons à Paris, Saint=Etienne et Lyon.
Hesse Leopold et Co. 4 Freeman's court
Heyden Edward Vander, 6 Lime str. sq.
Heyer et Carpenter, 48 Friday str.
Higgins W. H. et A., 1 St. Swithin's lane
Hill George, 6 Tower dock, Tower Hill
Hitchcock Edward et Son, 121 Bishopsgate st.
Head Edwin, 71 Marylebone road — N W
Hochstasser Henry, 18 Noble street — E C
Heckley Peter Julian, 2 Cambridge terrace, Ranelagh road, Pimlico — S W
Hoeleks Julius, 28 Falcon sq. Aldersgate — E C
Holthaus August et Co. 17 et 18 Ethelburga house
Hooper Henry et Alfred D. 40 Old Broad st.
Hooper Charles, 44 Basinghall st.
Hornblow John Spackman, 10 Gt. Pulteney st. — W
Horncastle George, 1A, Princes st. Bank — E C
Horner Emil, 9 Gresham st.
Howell et Girtanner, 11 Fenchurch bldngs
Howse Henry, 17 Fenchurch street — E C
Hoz Otto, 3 Gutter lane Cheapside
Hubbard Paul, 75 A, Little Britain
Hudson Brothers, 1 Moorgate street buildings, 54 Moorgate street
Hull Henry, 9 Church road, Islington — N
Ikin Arthur, 1 et 2 Crown ct. Cheapside — E C
Ingram William, Star court, Bread st. City
Isner August, 6 et 6 A, Bread street
Jackson Mark, 40 Beaumont square, Mile end — E
Jackson William Walter, 67 Strand — W C
Jacobson Abraham Nathan, 14 Gt. Alie st. — E
Jameson John, 90 Old Change — E C
Jantzen Leon, 29 Cheapside
Johnson John, 1 Great St. Helen's
Jonas John, 155 Fenchurch street
Jones et Dobbin, 00 Lower Thames street
Jones John Claridge, 01 Crudethedfriars
Jones Samuel Brent, 10 Lime street
Jones Thomas Heis, 21 East India chambers
Joseph Max Israel, 30 Budge Row
Joyce William, 18 Little Knightrider street
July Rud, 29 Great St. Helen's
Karuneli Leo William, 4 Artillery street
Kaster Dells et Co. 90 Bread street
Kearsley Henry, 3 Chapel place, Poultry
Keene Edmund Conrad, 35 Carter lane
Kelly John, 5 Little Britain
Kelly Simon, 3 Love lane, Eastcheap
Kerry Somerville et Co. 9 Noble street
Kingford Spencer, 44 Roman rd. Islington — N
Kirkland, Cope et Co. 23 Salisbury street — W C
Klein Henry et Co. 10 Gt. Marlborough st — W
Kneller John Grove, 29 Newland street — W
Knight Thos. 4 Freeman's court, Cheapside E C
Knight William, 91 Milk street, Cheapside
Knock John Brenchlay, 118 Wood street
Kolp et Sinner, 22 Laurence lane E C. Maison à Lyon (France).
Koppel Albert, 99 Oackley road, Islington — N
Korn Philip et Co. 12 Lawrence lane — E C
Ketzenberg et Marsh, 9 Dew lane
Kussmaul Emile, 70 A, Basinghall street
Landsberger Sigismund, 58 King William st
Lane Albert, 61 Cheapside
Lascaridi George Peter, 31 New Broad st.
Lassmann Albert, 66 Waterloo road — S E

Lawrie James et Co. 63 Old Broad street — E C
Lawson Horatio, 20 Bread street
Layt George Wilkinson, 130 Cheapside
Lazarus Louis, 55 Greek street, Soho — W
Learmonth William, 40 Bow lane — E C
Loose John E. et Co. 27 Basenghall street
Lepsiger Oscar, 44 Lime street
Lenders Francis et Co. 6 Lime street sq.
Lenox Samuel, 10 Cullum street
Levy, Wolff et Co. 50 Houndsditch
Lewis Wm, Robert, 08 Queen st. Cheapside
Liley Joseph, 4 Bull at Mouth street
Lincoln John et Co. 0 Bond ct. Walbrook
Lingner William et Co. 23 Frith street, Soho — W
Lion Eugène, 70 Lower Thames street — E C
Lloyd Robert, 8 Eastcheap
Loud Edward et Co. 49 Friday street
Lockington James et Co. 40 Cheapside
Loewenthal Ferdinand A, 85 Gt. Tower st.
Lofthouse Oswald, 1 Angel Court, Bank
Lowenthal Emil, 158 Leadenhall street
Luckman Charles James et Co. 10 Silver st
Lyon Jeremiah, 12 Sise lane, Bucklersbury
Mac Intyre, Hogg et Buchanan, 9 Addlest
Macallum et Co. 3 et 4 Great Winchester st. buildings
Mc Clure Thomas, 87 Aldermanbury
Mc Culloch David, 192 Fenchurch street
Macdonald Henry George, 1 Mumford et
Mc Dougall John, 21 Mount st. Whitechapel — E
Mac Goth et Co. 1 Royal Exchange buildings E C
Mackensie Brothers, 82 Mark lane
Mc Kilsock James, 2 Bread street
Macqueen William, 11 Paternoster row
Mc Robbie Peter, 47 Gresham street
Mc William Ths. Johnstone, 98 A, Newgate st
Mantle George Frederick, 10 London wall
Marks William, 8 Trump street
Marshall Frederick et Co. 85 Parliament st S W
Marshall George, 5 Bond court, Walbrook — E C
Marten William Thomas, 40 Gt. St. Helen's
Martin George Frederick, 49 Cannon street
Mayer et Berlin, 1 Liverpool street — W
Mellin Gustav, 10 Fichborne street — W
Mellows John David, 130 London wall — E C
Merriam Levi P. 95 Leadenhall street
Metropolitan India Rubber et Vulcanite Co. 82 et 83 Goweross street
Meyer Johannes, 10 Cullum street
Meyer John Fredk. Aug. 6 Fenchurch bldgs
Midil James Mackenzie, 8 Goldsmith st
Milgrove Augustus George, 91 Queen st
Miller Robert William, 00 Newgate street
Minton Edward S. 11 Aldermanbury
Montagne Whiffin, 52 A Bow la. Cheapside
Moella Nasserwanji Jamasji, 21 Gt. St. Helen's
Moon Hy. Marchant, 14 Bury st. St. Mary Axe
Morgan Thomas et Co. 198 Cheapside
Morison Robert Joseph, 75 Mark lane
Moritz Emanuel, 25 Savage gardens
Morphett Louis, 8 Trump street, Cheapside
Morrison David, 1 Guildhall chambers
Morrison John Gibson, 9 Gresham street
Morton William, 197 Blackfriars road — E C
Munro William, 40 Gresham street
Murdoch's Nephews, 2 New Earl street
Murrell John, 33 Bread street, Cheapside
Myers Louis, 19 Abchurch lane
Nancy John James, 50 Hatton garden
Neuweiler Frederick, 9 Gresham street
Nightingale James Edward, 80 Ordnance rd N W

Nixon Robert, 11 Leadenhall street — E C
Nock William Henry, 20 Stanley pl. Stanley st — S W
Norman John Shapton, 3 Cannon street — E C
Northover George A. 48 Broad street — =
O'Brien Edward, 20 Old Change — =
Oelssenbein Cæsar, 47 Mark lane — =
Oeffens Wm. Hy. L. Rectry. ho. St. Mry.- at-H
Oppenheim Julius, 18 Addle street, Wood st — =
Oppenheimer Charles et Co. 70 Watling st — =
Oswin James Shuttlewood, 46 Friday st — =
Ott, Asser et Co. 7 Little Distaff lane — =
Padden et Co. 95 Finsbury circus — =
Padgett John, 13 Paternoster row — =
Pant et Pegzenik, 9 Ely place, Holborn — =
Papadopulo John, 4 Cullum street — =
Paris Prospere Jerome et Co. 126 Newgate st — =
Parravicini Stephano Ade. 40 Duke street, St. James's — S W
Paxton William Jas. 5 Foster lane, Cheapside — E C
Pead et Carr, 4 Bread street, Cheapside — =
Pellatt Frederick Wm. 54 King William st — =
Philpot Harvey, 5 Garter lane — =
Pickering Samuel, 10 Lime street square — =
Pilgrim William, 7 Watling street — =
Pilàte Frithjof, 27 Leadenhall street — =
Platt J. P. et Co. 17 Harp lane — =
Poirer Zachariah, 2 Grove, Sth. Lambth. rd — S W
Poulson Arthur James, 35 Seething lane — E C
Pratt George, 9 Fitchett's court — =
Prichard Thos. 3 Guildhall chmbrs. Basnghl st — =
Pury Henry, Joiner's street, Tooley street — S E
Rae Arthur Charles, 45 Fish street hill — E C
Rampton William, 61 Watling street — =
Redfern William, 11 Wood street — =
Reid et Van-Weede, 40 Gt. Tower street — =
Reid Alexander Jolly, 9 Love lane — =
Rennels Thomas, 2 Russia row — =
Richardson George D. 40 Wellclose square — E
Ridings Henry et Co. 6 et 7 Clement's lane — E C
Roberts Robt. et Wm. Williams, 10 Bread st — =
Robertson Charles T. 87 Downham road — N
Rodocanachi M. Z. 2 Angel court, Bank — E C
Roeber Otto, 46 Lime street — =
Rohrmoser Arno, 61 Mark lane — =
Rosenthall Gabriel, 32 Watling street — =
Ross Andrew et Co. 7 Burleigh st. Strand — W C
Rous Bartholomew, 124 Lower Thames st — E C
Rust Francis et Co. 14 Cullum street — =
Sabel et Co. 48A Moorgate street — =
Samuel Brothers, 7 Monkwell street — =
Sanders Henry et Co. 66 Ludgate hill — =
Sanders Henry, 10 Ludgate hill — =
Sands Robert, 3 Postern row, Tower hill — =
Sargent John Oliver G. 14 Great St. Helen's — =
Saunders John, 43 Bow lane — =
Scaramanga John P. 9 Blomfield street — =
Scaramanga S. P. 9 Blomfield st. Finsbury — =
Schantag John et Co. 77 Aldermanbury — =
Schmedes et Co. 4 Lillypot lane — =
Schnekluth H=L=, 4 Trump st. Cheapside — =
Scherer Otto, 55 Great Tower street — =
Schwabacher Leopold, 4A Bread street — =
Schwarz John et Co. 12 Hertford villas, Mon-
  tague road west, Dalston — E
Scofher et Earnshaw, 3 Water la. Tower st — E C
Seebohm-Utzen Frederick, 21 Mark lane — =
Seeger Hartmann, 11 Idol lane, Gt. Tower st — =
Seraphin John, 62 Dean street, Soho — W
Shakery Adrian, 33 Carter lane — E C
Sharp John, 5 Mitre court, Milk street — =

Sheffield James, 6 Carey lane — E C
Shelmerdine et Co. 30 Charing cross — S W
Sheppard John R. 106 Leadenhall street — E C
Sherman Samuel Jas. 43 Paternoster row — =
Shingler James W. 22 Gresham street — =
Shull William, 43 Noble street — =
Sichel Adolph et Co. 95 Bread street — =
Silberrad Richard, 5 Harp lane — =
Simmons Thos. 20 Falcon sq. Aldersgate — =
Simpson C. Edwd. jun. 89 Low. Thames st — =
Simpson James, 3 Walbrook buildings — =
Simpson Wm. Cameron, 3 Walbrook bldgs — =
Sissons C. 1, 2 et 3 Winchester ct. Monk-
  well st — =
Smith et Brown, 50 Mark lane — =
Smith Edward Jno. 66 Bishopsgate st. within — =
Smith Frederick, 9A Goldsmith st. Wood st — =
Smith Joshua, 40 Friday street — =
Smith Richard John, 98 St. Mary Axe — =
Smith Sydney, 100 Jermyn street — S W
Smith Alfred et Co. 11 Gt. Castle st — W
Soldini John, 42 Cheapside — E C
Spall Edmund, 120 Cheapside — =
Spencer Alfred Robert, 30 Friday street — =
Spencer William, 9 Star court, Bread street — =
Spitzly John, 98 Wood street — =
Sproat Thomas, 11 King William street — =
Spyer Stephen, 10 Union ct. Old Broad st — =
Squire George et Co. 46 Lime street — =
Standidge John D. 9 Queen st. Horselydown — S E
Stanes Henry Thomas, 4 Cullum street — E C
Stanton William, 5 Carey lane — =
Stearns Fredk. 21 Holywell row, Shoreditch — =
Steel Thomas et Co. 58 Bow lane — =
Steele, Sisson et Co. 18 St. Mary Axe — =
Steffensand Hy. Fredk. 17 Gracechurch st — =
Stenger Augustus et Co. 4 Gresham street — =
Still Thomas, 6 Tower dock, Tower hill — =
Sturk John, 95 Wellington street, Strand — W C
Stranders David Joseph, 21 Finsbury circus — E C
Stuart Bros. et Co. 14 George st. Mansion ho — =
Sutton Wm. Richard et Co. 101 Leadenhall st — =
  witt John Henry, 22 Aldermanbury — =
Tanner Henry, 9 Goldsmith st. Cheapside — =
Taylor Joseph et Co. 95 Cannon street — =
Taylor Samuel, 50 King William street — =
Temple James Albert, 38 Bread street — =
Templeton William Bruce, 24 Budge row — =
The British et Foreign Commission Co. (John
  Brunnell, manager), 89 Low. Thames st — =
Thomas Brothers, 9 Goldsmith street — =
Thomson, Pattinson et Son, 21 Bread st — =
Thomson et Browning, 3 Victoria street — S W
Thornber Joseph Henry, 100 Cheapside — E C
Thornton Edward Lane, 21 Bunhill row — =
Tomlinson Charles, 5 Clement's ct. Milk st — =
Tomlinson William James, 43 Basinghall st — =
Treadway John W. 28 Gt. Winchester st — =
Trill John George, 29 Milk street — =
Trotman Lucien, 50 Newgate street — =
Van Dyk Herman, 8 Trump st. Cheapside — =
Van Senden Lute Ulbete, 7 Idol lane — =
Vaughan William Abner, 85 Jewry street — =
Vessen Ulysse et Co. 18 Hanover st. Long
  acre — W C
Vipan Henry Cory, 84 Mark lane — E C
Vivian Wm. Nephew et Co. 51 Bow lane — =
Wagner et Gersiley, 84 Lawrence lane — =
Waite et Saul, 18 Philpot lane — =
Ward John et Co. 40 Bread street buildings — =
Watson Edward, 27 Leadenhall street — =

Webb et Co. 4 Brabant court — E C
Webb George, 159 Fenchurch street — —
Weinberg Edward J. 63 A Gt. Tower st — —
Weir Thomas K. 62 Gresham house — —
Weiste Diedrich, 47 Watling street — —
Wertheind et Herzfeld, 29 Aldermanbury — —
West Edward, 20 High Holborn — W C
Westrop John K. 24 Castle street, Falcon sq — E C
Whelen et Reichenbach, 30 Bread street — —
White Robert, 3 Fen court — —
Wilhelms K. 19 Westbourne grove — W
Wilkins William George, Baltic — E C
Wilkinson John, 15 Cheapside — —
Willett George, 9 Goldsmith street — —
Williams Robert B. 48 South st. New North rd — N
Wills William Henry, 26 Great St. Helen's — E C
Wilmot Grendall, 3 Gt. St. Thomas Apostle — —
Wilson Clifford, 6 Russia row — —
Wilson Henry Adolphus, 42 Wilson st. Stepney — E
Wiseman George, 5 George st. Tower hill — E C
Witte Victor et Co. 26 Monkwell street — —
Wolff Albert, 1 Aldermanbury postern — —
Wood Hugh et Co. 141 Minories — E
Wray Octavius J. 6 Milk street, Cheapside — E C
Wright Frederick, 32 London wall — —
Wright Wm. 16 York street, Convent garden — W C
Yeoman Lamertine Colson B. 21 Gutter la — E C
Young Thomas J. 16 et 18 Gutter lane — —
Zimmer Nathan Lod David, 20 Bevis marks — —

Corsets (fab. de).

Stays et Corset Maker

Ashman (T. E.), Douglas place, Deptfort High street, 30 — S E
Brimble et Allaine, 16, Old Change — E C
Carter (William), 22, Ludgate street — —
Chilcot (Jas. Wm.) et Cie, 6, Milk st. — —
Coupland et Gilbert, 1 et 2, George yard — —
Hill (Edw.), 95, Whitechapel, High st. — E
Jones (Jas. Vhos.) 44, Rathbone place — W
King (Fredk.), 45, St-John st. Clerkwl — E C
Kohne (Henry) et Cie, 8, Lupus st. Pmlco — S W
Mills (Geo.), 107, High st. Marylebone — W
Munt, Brown et Cie, 84 to 88, Wood st. — E C
Osborne (Samuel) et Cie, 26, Alfred terrace, Queen's road, Bayswater — W
Salomons (Aaron), 35, Old Change — E C
Sharpe (W. P.), 36, John st. Holland st. — S E
Stephenson Mrs. M. A., 32, Monkwell st. — E C
Thain (Wm) Bond, 28 Low. st., Islington — N

Coton et coton filé (fab. de). Agences.

Cotton et cotton yarn manufacturers.

Adames et Molyneux, 25 Aldermanbury — E C
Anderson David et John, 34 Cheapside — —
Andrew John et Co. 8 Noble street — —
Astbury Frederick J. et Co. 3 Sermon lane — —
Barley, Hilyard et Co. 81 Watling street — —
Bates Brothers, 8 Little Knightrider street — —
Beesley Richard, 1, 2 et 3 Winchester court, Monkwel street — —
Bogue et Co. 14 Lawrence lane, Cheapside — —
Brandt et Placke, 118 Fenchurch street — —
Brown, Davis et Co. 11 et 12 Love lane — —
Bunting Alexander Hall, 44 Bread street — —
Buntweberei in Wallenstadt (Heintzmann et Rochussen, agents), 23 Abchuch lane — —
Callender Sykes et Mather, 2 Milk street — —
Chappell et Marsden, 51 Bow lane — —

Claxton Robert et Richd, George sq. Hoxton — N
Critchley, Armstrong et Co. 10 Cannon st — E C
Ellis Albert Aston, 8 Brown's buildings, St. Mary Axe — —
Ferguson Brothers, 18 Noble street — —
Fox David, 3 Castle court, Lawrence lane — —
Gates, Knott et Co. 234 Bethnal green rond — E
Gill et Hartley (nankeens et jeans), 120 Wood street — E C
Hall et Udall, 12 Milk street — —
Haworth Richd. et Co. 8 Gldsmth. st. Cheapside — —
Haynes George et Co. 45 Hampstead road — N W
Henry John et Co. 25 Old Change — E C
Heweston Henry et Co. 71 Queen street, City — —
Hinde Robert et Co. 89 Cannon street — —
Holdsworth et Gibb, 8 Little Distaff lane — —
Holms (Wm.) et Brothers, 56 Bread st — —
Horrockses, Miller et Co. 9 Bread street — —
Jeffrey Robert et Sons, 9 Lawrence lane — —
Macnee Thomas et Co. 3 Foster la Cheapside — —
M Niven, Stenhouse et Co. (Wilson Ancell, agent), 2 Mumford court, Milk street — —
Maitlend W. Hy. et Co. 66 Stork's rd. Bermdsy — S E
Mason Stepheen et Co. 31 Milk st. Cheapside — E C
Middleton, Answorth et Co. 137 Cheapside — —
Miles Wm. Brown, 40 Monkwel street — —
Muir (Alex.) Thomson et Co. 34 Gresham st. — —
Nicholls Nathaniel et Sons, 2 Garlick hill — —
Paterson John et Co. 3, 4, 5 et 6 Staining lane — —
Pead et Carr, 4 Bread street — —
Philips John Alfred, 7 Watling street — —
Prevot Misses J. L. et J. 43 Lisle street — W
Radcliffe James, 57 Vood street — E C
Rivière Achille (agent), 51 Carter lane — —
Russel Hugh et George, 16 Old Change — —
Swainson, Birley et Co. 42 Cheapside — —
Tahiti Coton et Coffe Plantation Co. (limited) (Augusto Soares, manager; Wrightson Robert Bryant, sec.), 9 Mincing lane — —
Tatlock et Love, 52 Coleman street — —
Thorns Thomas, 19 Cast le street Falcon sq — —
Tonge Richard et Co. 29 Watling street — —
Turtle Jhon Bainton, 150 Minories — E
Wilson Josiah, 7 Priest court, Foster lane — E C

Crêpe (fabricants. de).

Crape manufacturers.

Burden Robert Stephen, 138 Cheapside — —
Copestake, Moore, Crampton et Co. Bow churchyard — —
Courthauld Samuel et Co. 19 Aldermanbury — —
Evans Samuel, 10 Gresham street. — —
Ferguson James et Co. 31 Aldermanbury — —
Grout et Co. (et shawl), 12 Foster lane, City — —
Hammond Ernest et Co. 53 Almorah road — N
Hutchinson et Humphries, 6, 7 et 8 Creed lane, Ludgate hill — E C
Isaacs Alexander, 7 Spital square — E
Kay et Richardson, 8 Little Distaff lane — E C
Le Gros, Tompson et Co. 35 Gutter lane — —
Moody Richard Mullins, 39 Gresham street — —
Perry Mrs. Caroline, 67 Ebury street — S W
Pratt Mrs. A. (dealer), 12 Baldwin street — E C
Thompson J. 42A, Bartholomew close — —
White James, 86 Aldersgarte street — —

Dentelles (fab. et mag. de).

Lace manufacturers wholesale.

Adams Thos. et Co. (limited), 44 Bread st   E C
Anderson William Walter, 52 Bread street   —
Bach G. F. seel Sonh, 9 Friday street   —
Badcock James, 6 Westmoreland buildings, Aldersgate street   —
Bailey Joseph, 130 Wood street   —
Belgian Lace Co. (F. J. Ravenscroft), 202 Regent street   W
Berry Mrs. E. 3 Camden hill west, Kensington   W
Blenkinsop John, 37 Milk st. Cheapside   E C
Bollen et Tidswel, 3 Wood street   —
Bourne Samuel John et Co. 13 et 14 Fore st   —
Bridge et Clisby, 11 Huggin lane   —
Buchholtz et Co. 6 Argyll place, Regent st   W
Canti George Frederick, 35 Canon street   —
Capper, Son et Co. 69 et 70 Gracechurch st   —
Chapman John, 45 Cheapside   E C
Chick Samuel, 5 Newman street, Oxford st   W
Clarke Miss E (honiton), 49 Gt. Portland st   —
Copestake, Moore Crampton et Co. 5 Bow churchyard   E C
Copp Mrs. Hannah. 14B landford street   W
Cornwell Miss Catherine, 16 Great Quebec st   —
Dean Robe, Henry, 1 et 2 Crown ct. Cheaside   E C
Dent John. 97 Cheapside   —
Deway George et Co, 9 Wood street   —
Dowey Edward, 55 Ludgate hill   —
Dognin et Co. 46 Cannon street   —
Douglas Mrs. E, 64 Elisabeth street, Eaton sq   S W
Duden frères et Co. 8 Argyll place   W
Ehranzeller Ferdinand, 19 Cannon street   E C
Fishers et Robinson, 9 Cannon street   —
Flaws Henry G. (gld.), 48 Brewer st Golden sq   W
Frost Robert et Thomas et Co. 4 Goldsmith st   E C
Gard William Snowdon, 268 Regent street   W
Gilbert Thomas (pillow), 97 Cheapside   E C
Harrison et Smith, 15 king Edward street   —
Harting et Cavult. Ludgate hill   —
Hartmann Alexander, 43 Noble street   —
Hartshorn James, 4 Bread street   —
Hastings et Carrit, 44 Ludgate hill   —
Heathcoat John et Co. 13 Ironmonger lane   —
Heymann et Alexander, 79 1/2 Watling st.   —
Higgins, Eagle et Co. 6 Cannon street   —
Isaacson Frederick W, 170 Regent street   W
Jardine Charles, 9 Milk street   E C
Kindle et Horsley, 96 Newgate street   —
Kirk John, 1 Rodney street. Pentonville rd   N
Knowles Robert et Co. 49 Old Balley   E C
Lachez-Bleuze et Co. 102 Newgate street   —
Lamprell, Andrews et Emerson, 93 Watling street   —
Martin D'Hond N. 30 Argyll st. Regent st.   W
Mawson William Bryham, 1 King square   E C
Newman Samuel A. 23 Castle s. Falcon sq   —
Nortcote (S.) et Co. 29 St. Paul's churchyard   —
Nottingham Manufacturing Co. (The) (limited) (W. J. Heslop sec.), 116 Wood street   E C
Powel Charles, 7 Watling street   —
Robinson et Son, 9 cannon street   —
Roeper, Reissmann et Co. (blk. rl.) 29 Watling, street   —
Rogge-Ivon et Co. 363 Oxford street   W
St. Aubyn Mrs. M. (honiton), 19 Dorset st.   —
Searle Geo. (honiton). 43 Pelham street Brompton   S W
Stephens Joseph, 95 Wood street   E C

Tawell Saml. et Nephew, 31 St. Paul's chrchyd   E C
Thompson Henry, 16 London wall   —
Tucker John et Co. 1 Percy street   W
Tyler Edwd. Langley, 25 Southwartk brdg. road   S E
Velle Thomas Burdoch, 45 cannon street   E C
Viccars et Kirk, 76 Regent street   W
Webb John, 37 Milk street   E C
Weedon et Thomas, 2 King Edward street   —
White James (lace falls), 86 Aldersgate st.   —

Deuil (Magasin de).

Mourning warehouses.

Barker William, 152 Borough High street   S E
Beckley Robert Whittingham, 29 Ludgate hill   E C
Burden Misses A. et M. 82 Brompton road   S W
Foulkes John, 72 Westbourne grove   W
Hutchinson et Humphries, 6, 7 et 8 Creed lane   E C
Jay Willam C. et Co. 247, 249 et 251 Regent st   W
Mc Intyre David et Andrew, 19 Devonshire street   E
Pugh Mrs. Anne, 163 et 165 Regent street   W
Ransom Henry, 40 Upper street, Islington   N
Robinson Peter, 262 Regent street   W
Robinson William, 79 Baker street   W
Turner Samson, 116 High street, Shoreditch   E

Draps imperméables.

Waterproofers.

Anderson, Abbott et Anderson, Francis st. Burdett road   E
Aubert, Gerard et Co. 53 Gracechurch st.   E C
Bax et Co. 62 Piccadilly   W
Bax Edward, 1 Charing cross   S W
Beckwith Charles et Co. 10 Noble street   E C
Birnbaum Bernard, 21 New Broad street   —
Britannia Rubber et Kamptulicon Co. (Chas. Montagu, managing director), 40 Cannon street   —
Bugden Thomas, 79 Goswell road   —
Busby et Gill, 144 et 145 St. George street   E
Cohen S. 26 A, Sekforde street, Clerkenwell   E C
Cole Frederick James, 36 Marck lane   —
Cooper, Box et Co. 12 et 13 Laurence Pountmey lane   —
Cording John Charles, 231 Strand   W C
Cow (P.B.), Hill et Co. 46 et 47 Cheapside   E C
Dodge George Pomeroy, 79 Upper Thames street   —
Edmiston Charles S. et Son, 5 Charing cross   S W
Emary John et Co. 48 Regent street   W
Emary George, 224 Shoreditch High street   E
Evans Mrs. Caroline, 62 St. George street   —
Fisher Samuel, 211 Strand   W C
Garratt Alfred et Jesse, 70 Cheapside   E C
Graves Albert, 16½ pUper street, Islington   N
Halstead Uhos, 45 Regent st. Westminster   S W
Holland William et Co. 89 Gracechurch st.   E C
Johnson Brothers, Beale Road, Old Ford   E
Kendall Henry, 62 1/2 Berwick street, Soho   W
Lansdale James, 37 Borough road   S E
Lee William, 115 New Bond street   W
Macintosh Charles et Co. 83 Cannon street   E C
Matthews Samuel et Son, 58 Charing cross   S W
Metropolitan India Rubber et Vulcanite Co. 52 et 33 Cowcross street   E C
Moseley David et Sons (James Gordon, manager), 1 Milk street   —

National India Rubber Co. (of France) (Wm. Coxhead, man.), 41 to 44 Gresham st.   E C
North British Rubber Co. (limited) (James M'Laren, manager), 4 Cannon street   =
Peartree John et Co. 31 Bevis marks   =
Peartree Benjamin, 53 Liverpool street   =
Piggott Bross. 50 Bishopsgate st. without   E C
Quin James, 13 Sise lane, Cannon street   =
Ridley Alfred et Co. 38 Regent street   W
Shearmur James, 80 Broad street, Ratcliff   E
Sheath Brothers, 80 City road   E C
Smith John Bland et Co. 38 Basinghall st.   =
Smith Henry, 54 George's road Holloway rd   N
Soutter R. et R. 21 Broad street, Ratcliff E, manufacturers of improved railway sheets et dressed waterproof cloths of all descriptions.
Spill John et Co, Wellington road, Bow road   E
Stathan Hy. et Co. 20 Budhe row, cannon st   E C
Surrell George, 152 king's cross road   W C
Turner Brothers. 46 Mydelton street   E C
Uinte John, 201 Edgware road   W
Walkley Henry et Co, 5 Strand   W C
Warne William et Co. 9 Gresham st. west   E C
Wartski Barnett, 4 Swan street, Shoreditch   E
Webb Jas et Son, 86 Castle st. east, Oxford street   W
Web Stephen, 118 Oxford street   W
Willis Benjamin, 100 Shadwell High street   E
Winter John, 1 Park side, Knigtsbridge   S W
Woolgar George R. et Co. 43 Ludgate hill   E C

Droguistes en gros.

Druggists — Wholesale.

Alcock Henry, 27 Bishopsgate st. within   E C
Allen et Hanburys', 1, Plough court, Lombard street   =
Apothecaries' Hall (Rt. Brotherson Upton, clerk), Water lane, Blackfriars   =
Arnold Pickard et John, 135 Aldersgate st   =
Baiss Bross. et Co. 102 Leadenhall street   =
Barron, Harveys et Simpson, 6 Giltspur st   =
Bass James et Sons, 84 Hatton garden   =
Battley et Watts, 32 Lower Whitecross st.   =
Beer George et Co. 1 Artillery lane   E
Breton Walter et Co. 137 Cannon st.   E C
Bristow, Edmonds et Co. 27 Bush lane   =
Burgess, Willows et Willows, 101 High Holbn   W C
Burgoyne, Burbidges et Squire, 16 Coleman st.   E C
Bush William John, 30 Liverpool st.   =
Butler, M'Culloch et Co. 13 Hart st.   W C
Chester et Holland, 54 Eastcheap   E C
Clarke et Coste, 19 et 20 Water lane   =
Collins Robert Nelson, 2 Oxford court, Cannon st.   =
Condy Brothers et Co. 15 Garlick hill   =
Corbyn, Stacey et Co. 300 High Holborn   W C
Courtney Rd. et Co. 10 Laurence Poutney la   E C
Curling George et Co. 17 St. Mary Axe   =
Curtis Frederick et Co. 48 Baker st.   W
Curtis James Thomas et Co. Howard's buildings, Central st., St. Luke's   E C
Dakin Brothers, 2 et 3 Creechurch lane   =
Darby et Gosden, 140 Leadenhall st.   =
Davy, Yates et Routledge, New Park st. Borough   S E
Domeier et Co. 76A, et 79 Basinghall st.   E C
Drew Beriah et Co. 94 Blackman st.   S E
Drew, Barron et Co. 1 to 7 Bush lane   E C

Edmonds George et Co. 27 Bush lane   E C
Evans, Lescher et Evans, 60 Bartholomew close   =
Fallowfield Jonathan. et Co. 36 Lambeth Lower marsh   S E
Flower Edward, 5 Aldgate   E
Foulger Samuel et Son, 153 St. George st.   =
Gabriel et Treke, 2 et 3 White st., Little Moorfields   E C
Gale, Mackey et Co. 15 Bouverie st.   =
Gaunt et Fuller, 221 Union st. Borough   S E
General Apothecaries' Company (limited) (James John Burrows, sec.), 40 Berners st.   W
Glover George et Co. 10 Goodge st.   =
Graf Hermann, 68 1/2 Leadenhall st.   E C
Green, Oppenheimer et Co. 74 Little Britain   =
Greenhough David William, 7 Fen court   =
Griffiths John, 44 Clerkenwell green   =
Hall (Howard) et Co. Eagle mills, Grey Eagle st. Spitalfields   E
Hancorne Edwd. 9 et 11 East India dock rd.   =
Hearon, Squire et Francis, 5 Colsman st.   E C
Herrings' et Co. 40 Aldersgate st.   =
Hewlett Chns. Jas. et Co. Creechurch lane   =
Hill Arthur S. et Son, 11 Little Britain   =
Hocklin, Wilson et Co. 38 Duke st. Manchester sq.   W
Hodge Henry et Co. 102 et 103 Blackman st.   S E
Hodgkinson ('Thomas), King et Co. Tenter st., Moorfields   E C
Hodgkinsons', Stead et Treacher, 127 Aldersgate st.   =
Hodgson Joseph James, 4 Water lane   E C
Hora Whinfield et Co. 58 Minories   E
Horder Thomas, Wm. et Co. 4 Postern row   E C
Horner et Sons, 20 Bucklesbury   =
Keating Thomas, 1 London house yard   =
Langdale Edward F. 72 Hatton garden   =
Langton, Harker et Stagg, 15 Laurence Pountney la   =
Langtons' Scott et Edden, 226 Upper Thames st.   =
Livermore George, 43 Fish st. hill   =
Lloyd Fredk. Rugge et Co. 7 Suffolk lane   =
Meggeson et Co. 147 Cannon st.   =
Mellin Gustav, 10 Tichborne st.   =
Moore et Co. 14A, St. Mary Axe   =
Nicholson Samuel et Co. Crown yard, 07 Stanhope st.   N W
Page et Tibbs, 47 Blackfriars road   S E
Parsons Frederick, 25 St. Mary Axe   E C
Pattinson (Hugh Lee) et Co (alkali), Mitre chambers, 157 Fenchurch st.   =
Podler George Stanbury, 190 Fleet st.   =
Phillips Jas. Arthur et Son, 80 Houndsditch   E
Preston et Sons, 88 Leadenhall st.   E C
Prunier P. Spécialité de matières colorantes pour la teinture. Usine à Pierre-Bénite (Rhône), près Lyon. Dépôt à Londres chez Anderson et Bitherdon, 4 King st. Cheapside 130).
Quiney William, 54 Smith st. Mile end road.   E
Roberts Henri Constable, 254 Borough High st.   S E
Roberts Peter, 6 Suffolk lane, City   E C
Roberts Philip. 12 Ufton gro. Ufton rd. north   N
Scott, Delriez, Cook et Co. 4 Southwark sq.   S E
Sellers, Layman et Co. 115 Bunhill row   E C
Sheffield Robert, 6 Redman's row, Mile end   E
Slipper James, 14 et 15 Dorrington st.   E C
Smith et Maudsley, 4 Bond ct. Walbrook   =

Smith Thomas et Hen. et Co. 69 Coleman st. E C
Southworth Rbt. Braysham, 137 Minories   —
Sutton Henry et Co. 32 Sun st. Finsbury sq.   —
Thompson Hy. Ayscough, 22 Worship st.   —
Voile et Co. 30 Bidborough st. Euston rd. W C
Vorley William, 44 King st., Snowhill   E C
Walker Alkali Co. 25 Walbrook   —
Warner, Carter et Co. 20 Charterhouse sq.   —
Warner Charles H. et Co. 55 Fore st.   —
Westwood et Hopkins, 16 Newgate st.   —
Wright W — V — et Co (et export.), South-
    wark st.   S E
Wyatt et Co. 6 Half Moon st. Bishopsgate   E C
Wyman John, 122 Fore st., Cripplegate   —
Yates Benjamin et Co. 25 Budge row   —

Etoffes de laine (Négociants et marchands
    en gros d').

Woollen Warehousemen.

Addington Samuel et Co. 105 et 106 St. Mar-
    tin's lane   W C
Allen Cecil, 64 Basinghall street   E C
Alosse, Dayral et Co. 22 Hanover square   W
Apperly David, 1 Falcon street   E C
Armitage Brothers, 2 Gresham buildings   —
Ashwell et Ormund, 82 Watling street   —
Atkinson John, Lower Park road, Peckham S E
Bairstow James, 1 King Edward street   E C
Ballantyne Hugh, 116 Cheapside   —
Barelli John et Co. 10 Trump st. City   —
Barron Wm. J. et Sons, 17 Aldermanbury   —
Bartleet Thos. et Sons, 13 Little Brian   —
Bartrum, Harvey et Co. 13 Gresham street
    west   —
Bennett et Glave, 25 Cannon street   —
Bidgood, Jones et Wilson, 6 Vigo st.   W
Bishop, Son et Hewitt, 19 Watling street   E C
Bland William, 188 Borough High street   S E
Blin John, 4 Freeman's court, Cheapside   E C
Bliss Wm. et Son, 8 Milk st. Cheapside   —
Bliss Wm. 13 et 15 Sun street, Finsbury   —
Bottomley James, 42 Basinghall street   —
Bousfield George et Co. 14 Cannon street   —
Brayshaw Joseph et Co. 28 Noble street   —
Brigg et Sons, 31 Cannon street   —
Brooke John et Sons, 2 A St. Ann's lane   —
Brooke Thomas Farnell, 10 Gutter lane   —
Brown et Collander, 20 Bread street   —
Buckley John B. 29 Basinghall st.   —
Bull et Wilson, 52 St. Martin's lane   W C
Carr Jonathan et Son, 15 Warwick st. Gol-
    den sq   W
Carter J. et E. 65 Basinghall st   E C
Chadwick J. et Sons, 8 Aldermanbury   —
Chaffey John et Son, 80 Queen st. City   —
Clare Stephen, 5 et 6 Sambrook court   —
Clark John et Thos. Basinghall street   —
Cobbett Wm. Hen. et J. 20 Sackville street   W
Coleman Wm. Osborne, 280 Mile end road   E
Collard et Stevenson. 96 St. Martin's lane   W C
Conyers George Kilburn, 2 Bread st   E C
Cooper, Box et Co. 12 et 13 Laurence Pount-
    ney lane   —
Dalby William Turley, 7 Wood st.   —
Daniels William et Arthur, 26 Old Change   —
Dark et Quarterman, 61 et 62 Borough
    High st.   S E
Davies Daniel et Co. 29 Budge row   E C
Diamond T. F. 4 Red Lion court, Watling st —
Dibben Harry et Co. 200 St. John st. road   —

Dods Brothers et Co. 22 Gutter lane   E C
Dolan John Cass. 12 Coleman st   —
Doubleday, Son et Co. 10 Aldermanbury   —
Earl Daniel, 27 Basinghall st.   —
Edwards Chas. Stuart et Co. 15 Watling st.   —
Edwards H. L. et Chas. et Co. 5 St. Bene't pl —
Eyres William et Sons, 10 Milk st. Cheapside —
Firmin et Sons, 155 Strand   W C
Firth Edwin et Sons, 74 Wood st.   E C
Foot Richard et Co. 29 King st. Cheapside   —
Ford Thomas et Co. 31 Ironmonger lane   —
Ford Hugh Harris, 33 Cannon st.   —
Fox Brothers et Co. 19 A Coleman st.   —
Gagnière A. et Co. 34, 35 et 36 Golden square W
Gates George Henry et Co. 42 Aldermanbury   E C
Gatland et Cambridge, 20 Old Fish st.   —
Gilbert, Gibbins et Westall, 4 Castle court   —
Gladding John William et David, 101 to 103
    Bishopsgate without   —
Gledhill J. T. et Co. 17 Clifford st. Savile
    row   W
Gott B. et Sons, 37 Milk st.   E C
Goulding et Hall, 18 Glass ouse st.   W
Greig Alex. Ochterloney, 17 Coleman st.   E C
Hardy John et Son, 125 New Bond st.   W
Harfeld Ellis, 5 Bow lane   E C
Hargraves James et Co. 59 Aldermanbury   —
Hart, Hiller et Co. 42 Jewry street, Aldgate —
Hayter et Howell, 52 Mark lane   —
Hill H. G. et Son, 88 et 89 St. Martin's lane W C
Hocking, Hitchcock et Ridley, 2 Gresham st E C
Hogg Wm. 156 Cheapside E C et 20 Aldrmnby —
Holland et Sherry, 10 Old Bond st.   W
Holroyd James et Co. 7 Russia row   E C
Holroyd Seth, 31 Milk street, Cheapside   —
Holt et Bates, 114 St. Martin's lane   W C
How Horace T. 31 Milk st.   E C
Howse, Mead et Sons, 19 St. Paul's chur-
    chyard   —
Hyde et Gibbons, 4 Mitre court, Milk st.   —
Jacobson Edward, 16 Watling st.   —
Judd Alfred, 5 Gutter lane, Cheapside   —
Kearsley et May, 42 et 43 Gutter lane   —
Kelly, Fairfax et Co. 20 Aldermanbury   —
Kesteven Brothers, 19 A Coleman st.   —
King William et Son, 3 Sambrook court, Ba-
    singhall st.   —
Kinnear, Holt et Co. 37 Milk st.   —
Knights William et Co. 1 Noble st. Cheapside —
Landon William et Co. 10 New Burlington
    street   W
Lansdale James, 37 Borough roah   S E
Leach George et Co. 18 Basinghall st   E C
Leers Charles et Co. 79 A, Watling st   —
Lewis Lewis, 24 Basinghall st   —
Llanidloes Welsh Flannel, Tweed et Wools-
    tapling Company (limited) (William Owen,
    sec.), 19 Craven street   W C
Locke James et Co. 8 Savile row   W
Locke Anthony, 1 Sambrock court   E C
Long Samuel et Co. 4 Basinghall st   —
Lyde Edward et Co. 10 Trump street   —
M'Carthy Francis, 25 Fore street   —
M'Gregor Hugh, 64 Basinghall st   —
M'Gregor Thos. 149 et 150 Cheapside   —
Martin George W. et John, 1 et 3 King's rd S W
Mason, Eadie et Co. 146 Cheapside   E C
Mattinson Thomas et Sons, 8 Wood street   —
Mercer James et Co. 32 Walbrook   —
Mitchell, Inman et Co. 40 Clothfair   —
Nash et Son, 15 et 16 Aldgate   E

Nash Alfred Geo. (tweed) 4 Sambrook st	E C
Ness James S. et Co. (scotch) 21 Milk st	—
Nicoll Henry John et Donald, 120 Regent st	W
Nolda Charles et Co. 1 Church st. Old Jewry	E C
Normand et Reddan, 51, 53 et 54 Old Compton street	W
Overbury Benjamin, 13 et 14 King street Cheapside	E C
Overbury Robt. 13 et 14 King st. Cheapside	—
Paul Alex. et Co. (Glascow), 57 Friday st	—
Pickering et Abbott, 02 Watling street	—
Platt James et Co. 78 St. Martin's lane	W C
Playne Peter P. Jun. et C. 4 Sambrook st	E C
Playne William et Co. 24 Basinghall st	—
Poles et Tarling, 7 Milk st	—
Pollard John et Co. 12 Coleman street	—
Ponsford, Southall et Co. 5 Canon st	—
Powell et Caton, 13 Newgate st	—
Prager (Moss) et Son, 10 Fore street Cripplegate	—
Price, Coker et Co 3 Huggin lane, Wood st	—
Procter James et Co. 20 Gresham st	—
Pullar Laurence et Co. 62 Friday st	—
Randall et Way, 127 Cheapside	—
Rhodes Daniel et Sons, 12 King st Cheapside	—
Richardson, Dawson et Co. 18 Old Fish st	—
Ritchie Thomas D. et Co. 16 Gresham st	—
Ritchie Henry, 17 Coleman street	—
Roberts, O. et Son, 30 et 31 Sackville st	W
Roberts Robert et Co. 138 Cheapside	E C
Rogers William, 12 Addle street	—
Sanderson R. et A. et Co. 18 Golden sq	W
Sang William, jun. 37 Glasshouse st	—
Schofield James L. et Co. (limited), 12 King street, Cheapside	E C
Schofield Samuel, 7 Philip lane, Addle st	—
Shaw Albert Trawers. 32 Ironmonger lane	—
Shaw James, 12 King st Cheapside	—
Sheppard William, Thos Dyard et G. Wood, 7 King st	—
Skelt Robt. Hy et Co. 30 King st. Cheapside	—
Skeet George, 30 Aldermanbury	—
Smith Geo. Everson, 30 et 31 Lit. Trinity la	—
Spencer Charles Walker, 2 Gutter lane	—
Spreckley, White et Lewis, 13 et 15 Cannon st	—
Stancomb Brothers, 24 Basinghall st	—
Standen et Co. (shetland et scotch), 112 Jermyn street	S W
Stott Isaac Leach, 9 Lillypot lane	E C
Stot Isaac Leach, jun. 75 Milton street	—
Swallow M. et Son, 75 Aldermanbury	—
Sweeny Joseph, 37 Aldermanbury	—
Thackrah Henry, 29 Aldermanbury	—
Tuckey Brothers, 98 High Holborn	W C
Varinet Jules, 16 Old Change	E C
Venables John et Robt. 34 Aldgate High st	E
Vicary Fulford, 18 Gresham st	E C
Wain Thomas et Co. 13 Warwich st. Golden square	W
Walker James et Son, 4 Bond st. Walbrook	E C
Walker Jspg. et Sons, 3 Blue Boar et Fridy st	—
Walker Josiah et Son, 74 Aldermanbury	—
Warnier et David, 24 Milk st. Cheapside	—
Webb Edward, 64 Basinghall st	—
Wheeler W. S. et Sons, 31 Ludgate hill	—
Whitehouse George, 12 King st	—
Whitworth W. et Son, 8 Hart st. Criplgt	—
Williams et Murell, 68 Blackfriars road	S E
Wilson et Armstrong (scotch), 69 Aldrmnbry	E C
Wilson John Jowitt et William (tweed), 51 Aldermanbury	—
Winterbottom Archibald, 2 Blue Boar court Friday street	E C
Wood John et Co. 137 Cheapside	—
Woollen Cloth Co. (Patent) (Reuben R. Friend sec.), 8 Love lane, Aldermanbury	—
Zingler Henry et Co. 111 Fore street	—

Fleurs et plumes artificielles.

Artificial florists.

Andrade Moses de Costa et Cie, plumes brutes, 7 et 8 Cripplegate Buildings, et 01 et 02, Wood st.	
Allan (J.) et Cie, 157 et 158, Cheapside	E C
Armandin (Mme), 28, New Bond st.	W
Asser (Salomon), 8 et 9, Burlington arcade	—
Botting (Wm.), 52 Baker st.	—
Chagot ainé et Seurlot, 40 Gresham st.	E C
Charles (Wm. Franç.), 23 St. Georges Place, Knightsbridge.	—
Collins (Ch.), 10 Gresham st.	W
Copestake, Moore Crampton et Cie. 50 Cheapside.	E C
Dupont (Mme), 10, Wigmore st.	W
Fischer et Milne, Cripplegate Buildings.	—
Field (James) et fils, 113, 114 et 115. Fore street.	E C
Forster fils et Duncum, 16 Wigmore st.	W
Guanziroli, Arrigoni et Cie, 105 et 106. Hatton Garden	E C
Hall (Henry Jas.), 20 Eagle st., City road	—
Michel (R.), 93 à 94. Oxford str.	W
Munt, Brown et Cie, 84 à 88 Wood st.	E C
Scott (Mmes), 132 Oxford str.	W
Stuart et Taylor. Old Change.	
Sugden fils et neveu, 12 et 16, Aldermanbury.	
Vernon (J.), 14 Hall st., City road	E C
Vyse Sons et Co. Wood str.	
Welch et fils, 140 Cheapside	—
Wilson et Cope, Friday st., 57.	—
Wooley Saunders et Co. Wood st.	

Gants (Marchands en gros de).

Glovers-Wholesale.

Boulton George, 74 Goswell road	E C
Boulton Robert, 44 Freeschool st.	S E
Budgell John (boxing et fencing), 32 Frith st., Soho	W
Chapple William et Samuel, 23 Barbican	E C
Cheilley et Fontaine, 6 Foster lane	—
Copestake, Moore, Crampton et Co. 5 Dow chrchyrd	—
Cornier, Mills et Co. 99 Cheapside	—
Dent, Allcroft et Co. 97 to 99 Wood st.	—
Foster, Porter et Co. 47 Wood str. E C; 25 Addle st. E C et 21 Aldermanbury	—
Fownes Brothers et Co. 41 Cheapside	—
Griesselich, Nebel et Co. 50 Basinghall st.	—
Huck James et Co. 41 Gutter lane	—
Hooper (George), Wills et Co. 1 Wood st.	—
Jugla Dieudonné, 84 et 172A, Regent st.	W
King James et Son, 50 Gresham st.	E C
Large, Garrance et Large (leather), 21 Watling st.	—
M'Rae George, 55 Basinghall street	—
Markham James et R. 331 Kingsland road	E
Morley J. et R. Wood street	E C
Nuttall James 53 Jewin street	—
Ongley et Rudd, 25 Cast le st. Falcon sq	—

Philpott Charles James (boxing), 20 High street, St. Giles's — W C
Plow William (boxing), 49 Jubilee street, Commercial road east — E
Pratt et Sheawring, 6 1/2 Foster lane — E C
Rayne Wm. et Co. 3 Carey lane
Sharman Edward Alfred, 17 Staining lane
Snoxell et Spencers 35 Old street, St. Luke's
Sloan Louis (fur), 80 East road, City road — N
Thorpe et Goodwin, 5 Lillypot lane — E C
Turnbull Jas. Wm. 16 et 18 Abbey street — S E
Tyerleigh Wm. 11 Great Russell street — W C
Wrentmore Francis, 250 Regent street — W

Imprimeurs de cotons.

Calico printers.

Bradshaw, Hammond et Gathorne, 30 Cheapside — E C
Cooper Wm. Geo et Co. 61 et 62 Friday st
Corbière et Son, 30 Cannon street
Crocker, Sons et Turner, 84 Watling street
Hindle, Hunter et Co. 10 Cannon street
Hoyle Thomas et Sons (limited), 9 Old Jewry chambres
Inglis et Wakefield, 70A, Watling street
Mason William et Co. 4 Honey lane
Stead, McAlpin et Co. 8 St. Ann's lane
Tiebnut Mrs. Ann, 112 Exmouth st. Stepney — E
Tschudi et Co. (Schwanden) (Peintzmann et Rochussen, agents), 23 Abchurch lane — E C
Turner, Norris et Turner, 52 Cheapside
Wood Christopher, 51 Bow lane

Imprimeurs d'étoffes de soie.

Silk printers.

Devar D. Son et Sons, 4 to 7 King's Arms buildings
Eastman et Son, 179 Edgware road — W
Glovers et Barnes, 5 et 10 Maidenhead court, Aldersgate street — E C
Legge Richard Brabason, 33 Bridle lane — W
M'Cab Hugh, 45 Friday street — E C

Imprimeurs de tapisserie sur étoffes.

Furniture printers.

Clarkson Thomas et Co. 17 Coventry st — W
Davidson William, 97 New Bond street
Hindley Chas. et Sons, 132, 133 et 134 Oxford street W; Red Lion yard, Old Cavendish st W et Erskine road, Regent's park rd — N W
Miles et Edwards, 134 Oxford street — W
Simpson John et Jas. et Co. 80 Newgate st — E C
Soper et Botcherby, 124 Wood street
Watson, Carter et Russel, 18 Cheapside E C et 3 Mitre court, Cheapside

Laine en gros (négociants et courtiers).

Wool merchants.

Baird, J. 129 Bermondsey st — S E
Bates, Brothers 8 Little Knightrider st — E C
Denecke Brothers, 62 Bishopsgate within
Devingtons et Sons 85 Cannon st
Blyth et Sons 4 Chiswell st
Cohen H. 88 Poplar High st — E
Dresser Clement 1 Sambrook court — E C

Dunn H. 28 Basinghall st — E C
Ellington et Ridley 90 Wartling st
Gimpel 4 Gresham st
Green J. 60 Basinghall st
Herron G. R. et Son 133 Bermondsey st — S E
Horrell G. 1 south pl. Finsbury — E C
Jouwitt R. et Sons 68 Coleman st
London Wool Works 13 Bread st Cheapside
Maginnes J. Grange Bermondsey — S E
Nightingale W. et C. 64 Wardour st Soho — W
Reuter S. 40 Moorgate st — E C
Sanderson et Murray 1 Sambrook court
Shillam T. 32 Coleman st
Smith Brothers et Sanderson Tunnel Mills Church st — S E
Swaine et Crudellus 4 Shamrock court — E C
Vos Benedictus B. 75 Mark lane
Walker Wm st James road Old Kent rd
Weeks J. W. 93 Bermondsey st
Wool Sale Rooms 2 Moorgate st Buildings — E C

Laine cardée.

worsted manufacturers.

Appleton Henry et Sons, 28 Long acre — W C
Brinton et Lewis, Rathbone place
Burnley Thomas et Sons, 43 Noble street — E C
Cooke, Sons et Law, 12 Friday street
Corbière et Son, 30 Cannon street
Goldthorp Geo. et Co. 64 Aldermanbury
Hadden Alex. et Sons, 5 Church ct. Irnmgr. la
Humphries James et Sons, 3 King Edward st
Hutton et Co. 5 et 6 Newgate street
Latimer Thomas et Co. 15 Bread street
Lewis George, 6 Wilson street, Finsbury
Smithson Joseph et Co. 31 Milk street
Townend Bros. 44 Wardrobe place, Dorter's commons

Machines à coudre.

Sewing machine makers.

Alexander Sewing Machine Co. Geo. Jenkins Phillips, manager), 29 Great Portland st — W
Allen Edward James et Co. 205 Hackney rd — E
Allen James Pateshall, 12 Walbrook — E C
American Button Hole Machine Co. (Thomas Bugler, manager), 121 Newgate st
American Sewing Machine Co. (John White, manager), 22 Paternoster row
Bell Joseph A. et Co. 5 Falcon square
Benstead John Browne (agent), 27 Southwark bridge road — S E
Blake Sole Sewing Machine Co. (limited) (Richard Baylis, man. director), 1 New City chambers.
Britannia Sewing Machine et Velocipède Manufg. Co. (George Baker, man.), 63 Hattn grdn — E C
Broadbent Edwd. 54 Banner st. St. Luke's
Brown Robt. 62 St. George's rd. Southwark — S E
Child Robert Wm. 253 Whitechapel road — E
Clegg Arthur et Co. 31 Finsbury place — E C
Davis Salomon, 8 Hackney road — E
Dowling Chas. Hy. 76 Bridport pl. Hoxton — N
Elliptic Sewing Machine Co. 22 Patrnstr. rw — E C
Family Friend Sewing Machine Co. 22 Paternoster row
Felton John, 47 1/2 City garden row, City rd. — N

Fillian Andrew, 9 Market str Oxford market W
Florence Sewing Machine Co. 97 Chéapside E C
Franklin (American Agency), 13 Bread st. —
Gmelin Alexis et Co.12 Crosby hall chambers Bishopsgate street within —
Gosling Wm. Hen. 25 Portpool la. Gray's i. road —
Greenwood et Batley, 114 Fenchurch st —
Grover et Baker, 150 Regent street W
Guiness Wm. Stuart et Co. 42 Cheapside E C
Gunby Joseph et Co. 475 Bethnal green rd E
Howe Machine Company. 64 Regent st. W
Howe Sewing Machine Dépots, 13 Bread st E C
Jackson Wm. 1 A, Caroline street, Pimlico, S W à Paris, 36, boul. Malesherbes; à Lyon, 11. quai d'Orléans; à Bruxelles, 30, rue Montague de la Tour.
Jenings Geo. Wm. (agent), 52 Cheapside E C
Judkins Charles Tiot, 16 Ludgate hill —
Leonard Bros. (exors of), 50 Tabernacle wlk —
Maggs Thomas, 53 1/2 Old street road —
Nessling John, 55 Mortimer street W
Nott Thomas, 5 Albion terrace, White Horse lane, Mile end road E
Park Robert (agent), 320 Newington butts S E
Pepper Alfred, 37 Huntingdon st, Hoxton st N
Piaggio Brothers, 48 Lamb's Conduit st W C
Press William Barber, 210 Mile end road E
Salamon Nahum, 23 Ludgate hill E C
Simmons F., 4 Wellington St. Blckfriars,rd S E
Simpson R. et Co. 166 Cheapside E C
Singer, 147 Cheapside —
Slater A. et Co. 8 Wormwood street —
Smith Mrs et Co. 4 Charles St. Soho square W
Symons Hy. C., 2 George St. Blackfriars rd S E
The Singer Manufacturing Co. 8 Newington causeway —
Thomas Wm, et Co. 1 et 2 Cheapside E C
Thompson E, 22 Sangley pl. Commercial. road ea E
Wanzer, Sewing Machine Co, 20 Hart et Covent garden W C
Ward et Co. 9 Wells street, Oxford street W
Webb T., 126 Newington butts S E
Werd Sewing Machine Company, 41 Oxford street W
Weir James Galloway (manufacturer of "The Weir" 2 Carlisle street, Soho square W
Wheeler et Wilson Manufacturing. Co. Sewing Machines (Richard Hunting, general man.), 139 Regent st W
Wigth et Mann. 143 Holborn hill E C
White George, 78 Jamaica road, Bermonsey S E
Willcox et Gibbs Sewing Machine Company 135 Regent st W
Williams Thos. 4 Brunswick st. Hachney rd E
Willis Edward, city dépôt, 21 New Broad st E C
Wilson (Newton) et Co. 144 High Holborn W C
Wilson Alfred, 8 Union pl., Bear lane S E
Wood Joseph (agent),29 Finsbury place Finsbry E C

Manteaux et paletots (magasins de).

Mantle et Cloak Makers et Warehouses.

Addie Scott, 115 Regent st W
Allan James et Co, 157 et 158 Cheapside E C
Amott Charles et Co. 61 St. Paul's churchyard —
Anderton Edward et Co.6 et 7 Old Change —
Arnold John, 58 Redcross st —

Austin Christopher et Co.239 Regent st W
Bailey George N.25 Charles st.Middlsx.hosp. —
Beardall Robert, 43 Brompton road S W
Bendall Alfred, 47 Wimbourn street New North road N
Bettley James, 17 Union road, Rotherhithe S E
Billings William, 9 Upper st N
Bird Benjamin, 63 Deptford High street S E
Browne James et Miss Mary A.5 Addle st E C
Bruton Henry, 44 De Beauvoir square N
Bryant Mrs.M. 34 Great Pulteney st W
Bunn Joseph, 28 Lloyd's row. St.John street road E C
Capper Son et Co.70 Gracechurch st —
Cheverton John, 43 Jewin st.Cripplegate —
Coates William, 126 Newgate st —
Coldrey Mrs.Ann. 18 Dean st Soho W
Coleing Chas. 135, 137, 139 et 143 Hamstead road NW
Collier Joseph. Dnl. et Co. 163 High street Camdn. tn —
Conquest Mrs.H.61 A, Bartholomew close E C
Copestake, Moore Crampton et Co. 5 Bow churchyard E C
Coverdale Geo.Regent ho.99 Waldworth rd S E
Crane Edward, 9 Rose lane, Ratcliff E
Crute et Danning, 88 Watling st, City E C
Day Miss Sarah, 95 Groue road, Upper Holloway N
Dognin et Co. (lace), 46 Cannon st E C
Ellis Mrs. Thomas Henry, 12 Lawrence lane —
Entwistle James, 15 Duke street Porland pl. W
Etheridge Charles, 20 Milk st E C
Evans George et Co.30 Little Trinity lane. —
Evans Stephen et Co.44 Old Change —
Farmer et Rogers, 171, 173 et 175 Regent street W
Fielder John et Fredk.1 Fredk street Gray's inn road W C
Fisher James et Charles, 2 Old Fish st E C
Fisher John Charles, 2 Old Fish st —
Foot Henry et Co. 21 High st.Islington N
Garrard Wm. 4 George ter. Commercial road ea E
Goddard James etWilliam.186 Edgware rd W
Goldsmith Amy et Co. 114 Wood st E C
Goodman Charles et James. 148 Oxford st W
Hall Mrs.Eliza, 26 Uper Baker st N W
Haller Edward, 228 Hoxton st N
Hallett Miss Emily et Co. 234 Pentonville rd —
Hanbury Mrs. Elizabeth, 130 Wood st E C
Haywards', 80 et 81 Oxford st W
Hibbitt Fredk J.78 High st. Notting hill W
Hibbitt John, 53 Brompton road S W
Hinds Edward Jesse. 30 Friday st E C
Hitchcock,Williams et Co.71 St.Paul's churchyard —
Holloway et Sharpe, 5 St.Paul's churchyard —
Hutchinson et Humphries,6, 7 et 8 Creed lane Ludgate hill —
Hutchinson John, 57 Aldersgate st —
Hyde George, 175 Blackfriars rd S E
Jack William, 91 Wesbourne grove W
Jacques Jabez, 68 Bartholomew close E C
James et Pike, 3 Little Britain —
Jardine Alfred George, 171 A, Aldersgate st —
Jeacocke Mrs.Wm.3 London house yard —
Jebens et Neubert, 35 Bread street N
Jones, Nephew et Co. 12, 13 et 14 Redcross square —
Kay John, 17 Stamford st. Blackfriars rd S E

Knight Benjamin. Wakefield et Co. 217 Regent st   W
Latham Wm. Jas. 2 Wingrove place Clerkenwell   E C
Laughton Frank. 49 Westbourne grove   W
Little Thomas, 42, 43 et 44 Oxford st   —
Locke Charles, 4 Friday st. Cheapside   E C
London General Mantle Co. 111 et 112 High st. Shoreditch   E
Longs Mrs. Elizabeth, 8 Great Sutton st   E C
Lucas Henry, 11 Little Trinity lane   —
Marlow Mrs. M. 64 Hatton garden   —
Mooney Patrick, 18 Golden sq   W
Munt, Brown et Co. 24 Silver st.   E C
Nicholson Daniel et Co. 50 St. Paul's churchyard   —
Osborne William Joseph, 4 Old Fish st   —
Osmond, Kidson et Brice, 30 Falcon sq.   —
Palmer Miss M. L. 23 Little Knightrider st   —
Palmer Robert, 30 Little Trinity lane   —
Parry John, Wilton, 73 Upper st   N
Pearson John, 212 et 214 Edgware rd   W
Poole R. Claude, 21 West square St. George's road   S E
Rayner John, 157 De Beauvoir road   N
Rich Thomas, 88 Oxford st.   W
Richards Fredk, 56 et 57 Whitechapel road   E
Riddle James, 14 Champion ter. City rd   E C
Roberts Charles, 15 Newington causeway   S E
Roberts James, 2 Stamford villas, Stamford road, Kingsland   N
Robinson Peter, 103 à 108, Oford street W silk et général drapery warehouse, mantle et shawl rooms.
Robinson William, 79 Baker street   W
Roebuck Thomas, 8 Lillypot lane   E C
Roycraft Misses M. et E. 5 Gerrard st. Soho   W
Sawyer George James, 26 Old Change   E C
Scrivener Mrs. G. 34 Langham street   W
Seithen Mrs. Elizabeth, 32 Barbican   E C
Sélincourt et Colman, 2 Garlick hill
Sélincourt C. de 11 Bessboro' st. Pimlico   S W
Sershall Mrs. Louisa, 33 Gibson street, Waterloo road   S E
Sharman Augustus et Co. 30 Lit. Trinity la   E C
Sharman Wm. Hy. 3 Newington causeway   S E
Smith Duncan, 21 Oxford street   W
Smith Edwin, 138 Upper street, Islington   N
Spreckley Thomas et Co. Horseshoe alley, Finsbury   E C
Spreckle, White et Lewis, 13 et 15 Cannon st.   —
Spurgeon Richard, 73 High street, Shoreditch   E
Stedall Alfred, 182 Edgware road   W
Stedall Edward, 5 Cranbourn street   W C
Stephens John et Co. 19 Addle street   E C
Stephenson Robert, 3 Woburn buildings   W C
Stewart Wm. D. 101 et 103 Brompton rd   S W
Thompson Miss Mary Ann, 315 Oxford st   W
Treleaven Misses L. et L. 16 Newman st   —
Vine Mrs. Mary, 13A, Hall street, City rd   E C
Vyse, Sons et Co. 66 Wood street   —
Walter Edward et Co. 1 Maidenhead court, Fore street   —
Watson Mrs. J. 4 Racquet court, Fleet st   —
Webb Mrs. Hannah, 30 St. John street rd   —
White James et Co. 34 St. Paul's churchyd   —
White George, 175 Albany street   N W
White John, 254 Regent street   W
White Mrs. Sarah, 7 Charlotte st. Fitz-

roy sq   W
Wicks (Spencer) et Co. 20 Castle st. Falcon sq   E C
Winder Hy. 51 et 53 Downham rd. Kingsland   N

Marchands en gros et grands magasins.

(Dépôts d'étoffes de tous genres, manufacture de Manchester, Norwich, d'Ecosse, d'Irlande, etc., etc.).

Warehousemen.

Acker John, 129 London wall   E C
Adie Scott, 115 Regent street   W
Alliston et Benbow, 46 Friday street   E C
Appleton Brothers, 28 Long acre   W C
Archibald et Leslie, 57 Bread street   E C
Arthur et Co. (James), 28 to 31 Old Change   —
Arthur, Kay et Co. 28 to 31 Old Change   —
Baggallays', Westall et Spence, 4
Barber George Frederick, 7 Watling street   —
Barrat Thomas, 18 St. Paul's churchyard   —
Barron Wm. J. et Sons, 17 Aldermanbury   —
Bartleet Thomas et Sons, 13 Little Britain   —
Bartrum, Harvey et Co. 13 Gresham street west   —
Basset J. S. et Co. 34 Wood street   —
Beddoe, Hulbert et Hulbert, 6 Gutter lane   —
Beddoe Wm. 4 et 5 Honey lane, Cheapside   —
Bell Wm. et Robt. 4 Aldermanbury postern   —
Bennoch Francis et Co. 80 Wood st.   —
Benson Henry et Co. 50 Aldermanbury   —
Bentley Robert et Sons, 136 Cheapside   —
Berg Ellis, 23 Houndsditch   E
Bettson et Bryan, 20 Bread street   E C
Bidgood Henry, 7 Vigo street, Regent st.   W
Birnbaum Adolph, 17 South st. Finsbury   E C
Bland William, 188 Borough High st.   S E
Block Samuel et Sons, 52 et 53 Newgate st.   E C
Blow Joseph et Co. Church et. Friday st.   —
Boden, Vercoe et Co. 8 Addle st.   —
Bouch et Coath, 7 et 8 Bread st. Cheapside   —
Bourne Charles Wm. et Co. 14 et 15 Gutter la   —
Bowen (K.) et Co. 41 to 44 Gresham st.   —
Boyd John et Christopher et Co. 7 Friday st., Cheapside   —
Bradley Brothers et Leedham, 21 Carter lane   —
Bridge Jas. et Co. (fancy dress), 36 Bread st.   —
Bridgewater John et Co. 1 Little Love lane   —
Brown, Davis et Co. 11 et 12 Love lane   —
Brown et Laws, 2 Trump st.   —
Bryan William, 9 Goldsmith st. Cheapside   —
Bunting Alexander Hall, 44 Bread st.   —
Bunting John F. Fountain et. Aldermanbry   —
Burls John, 10 Aldermanbury   —
Caldecott, Sons et Co. 19 to 25 Cheapside   —
Campbell James et William, 26 Aldermanbry   —
Carliles', Pittman et Co. 11 to 13 Bow lane   —
Carlton, Walker, Watson et Co. 106 Cheapside   —
Carpenter, Elgar et Co. 34 Minories   E
Chaffey John et Son, 80 Queen street, City   E C
Chatfield William et Co. 45 Cheapside   E C
Christian et Rathbone, 32 Wigmore st.   W
Christie Robert et Co. 4 Sermon lane   E C
Clabburn, Sons et Crisp (dress) 45 Cheapside   —
Clark Michael, 19 Bread street Cheapside   —
Clarke Wm. et Co. 65 Bishopsgate without   —
Cocksedge, Knight et Mills, 12 Cannon st.   —
Collins Charles Robert, 43 Noble street   —
Cook, Son et Co. 21 to 26 St. Paul's churchyard   —

Cooke Ambrose M. 115 Cheapside — E C
Copestake, Moore, Crampton et Co. 5 Bow churchyard — =
Cossins John, 118 Wood st. — =
Crawley John et Son. 65 et 67 Wood st. — =
Crocker, Sons et Turner, 84 to 87 Watling street — =
Curwen Robert et Co. 10 Wood st. — =
Davis Moses et Son, 94 Fore st. — =
Debenham et Freebody, 31 Wigmore st. — W
De Lanney et Nash, 14 Friday st. — E C
Devas, Routledge et Co. 29 Cannon st. — =
Dewar D. Son et Sons, 4 to 7 King's Arms buildings — =
Dix et Whitworth, 20 Old Fish st. — =
Dognin et Co. (lace), 46 Cannon st. E C; manufacturers of lace shawls, mantles, cloaks etc.
Doughty B. et Co. 109 St. Martin's lane — W C
Duncum Henry, 3 South Molton st. Oxford st. — W
Eardley, Hayward et Co. 2 Russia rw. Milk street — =
Early Smith T. et Co. 11 Houndsditch — E
Early Thomas et Son, 12 et 13 Houndsditch — =
Edmonds et Sons, 21 Gutter lane — E C
Edwards Wm. et Henry, 9 Aldermanbury — =
Ellington et Ridley, 89 et 90 Watling st. — =
Ellis, Howell et Co. 3 St. Paul's churchyard — =
Englefield James et Co. 32 King st. City — =
Eschwege Brothers, 103 Houndsditch — E
Evans et Bale, 32 Aldermanbury — E C
Field et Rowe, 8 Friday street, Cheapside — =
Field et Sons, 115 Fore st. — =
Filbey et Bowley, 23 Castle st. Falcon sq. — =
Forster Thomas, 19 Old Fish st. — =
Foster, Porter et Co. 47 Wood street — =
Foyle George et Sons, 29 Tabernacle row — =
Fraser Geo. Son et Co. 12 Lawrence lane — =
Frinneby Fredk. R. et Son, 143 Cannon st. — =
Fife Henry et Son, 50 Bow lane — =
Gask et Gask, 61 et 62 Oxford st. — W
Gaudet freres, 7 Queen street place — E C
Gaukroger Henry, 90 Gresham st. — =
Gay (E), Vicarino et Co. 20 Red Lion sq — W C
Gerrett Thomas et Son, 7 Old Cavendish st. — W
Gilbert, Gibbins et Westall, 1 Castle court — E C
Gledhill J. T. et Co. 17 Clifford st. Savile row — W
Goodyear Frederick et Co. 35 St. Paul's churchyard — E C
Green, Humphry et Co. 32 Cannon st. — =
Gunnis et Ward, 27 et 28 Milk st. — =
Haig et Vince, 209 Oxford st. — W
Hall Walter et James et Co. 7 Staining la — E C
Harding Horace Welch, 7 Foster lane — =
Harris L. D. et Sons, 31 St. Paul's churchyd — =
Harris et Sanders, 17 Silver st. — =
Hart Solomon Abraham, 28 Bury st. — =
Haxell Arthur, 64 Wood st. Cheapside — =
Haynes Herbert et Co. 24 Budge row — =
Hellaby Richard et Son, 122 Wood st. — =
Hencke Charles Ewald, 3 et 4 Lillypot lane — =
Henry Alexander et Samuel, 7 Goldsmith st — =
Henry Alexander et S. et Co. 19 Bread st. — =
Hewetson Hy. et Co. 71 Queen st. Cheapside — =
Hexter Samuel, 23 Warwick st. Regent st. — W
Hinde Francis et Son, 3 Blue Boar ct. Friday street — E C
Hitchcock, Williams et Co. 74 St. Paul's churchyard — =
Hocken, Bird, Cole et Co. 33 King st. Cheaps. — =
Holden George, 55 Friday st. — =

Hutchinson et Humphries, 8 Creed lane, Ludgate hill — E C
Hyam Moses et Simon, 69, 71, 73 et 75 Cannon st. — =
Isaac William, 15 Garter lane — =
James Chas. Henry et Co. 9 Friday st. — =
Jervis Brothers, 5 Castle st. Falcon sq — =
Jessop Bros. 11 Wood street, Cheapside — =
Johnston James et Co. 29 Ironmonger la — =
Jones Brothers et Co. 2 Star court, Bread st — =
Jones Hugh et Co. 100 to 109 Wood st. — =
Jones Samuel et Co. 39, 40 et 41 Wood st. — =
Jones William et Co. 230 Regent st. — W
Kain Henry J. et P. D. 50 Milk st. Cheaps. — E C
Kay, Jackson et Buckley, 8 Lit. Distaff la — =
King et Orchard, 40 Noble st. — =
King Robert, Old Change — =
Knight Benj. W. et Co. 217 Regent st. — W
Knight et Petch, 137 Cheapside — E C
Laird John W. 6 Bishopsgate st. without — =
Lambert Richard, 50 Bread st. Cheapside — =
Lathbury Chas. Crawford, 27 Watling st. — =
Laxtons' et Deddingfield, fancy dress, 55 Friday st. — =
Laxton George et Richard, 55 Friday st. — =
Leaf Sons et Co. Old Change — =
Leather William, 91 London wall — =
Leaver et Breeze, 25 et 26 Houndsditch — E
Leblanc, Portier et Co. 68 Wood st. — E C
Lewis James et Co. (fancy dress), 20 St. Paul's churchyard — =
Livingstone Robert S. 135 Oxford st. — W
Lloyd, Attree et Smith, 32 et 33 Wood st. — E C
Locke James et Co. 117 et 119 Regent st. — W
Locke Charles, 1 Friday street, Cheapside — E C
Lorie David Alfred et Co. 70 Newgate st. — =
Lyddon et Tillett, 36 Gresham st. — =
M'Cutchan Ivie et Co. 30 Friday st. — =
Macdougall et Co. 42 Sackville st. — W
M'George Mungo et Co. 34 Friday st. — E C
Macintosh Charles et Co. 83 Cannon street E C; 6 Budge row, Watling st. — =
M'Laren Jas. et Nephews, 8 Bow churchyd — =
M'Laren (Wm.), Sons et Co. 9 Castle court, Lawrence lane — =
M'Morland E. et Co. 32 St. Paul's churchyd — =
Macqueen James, 13 Charterhouse square — =
M'Rae et Bridges, 14 Ludgate hill — =
Maltby Arthur Jas. 1, 2 et 3 Red Lion ct. — =
Marks Lewis, 2 Great Queen st. — W C
Marriott Henry et E. 6 Lawrence lane — E C
Mason Wm. et Co. 4 Honey la, Cheapside — =
May John Venables et Co. 68 Wood st. — =
Mecalfs', Musgrave et Livesy, 0 Goldsmith street, Wood st. — =
Meyer Marcus, 57 Houndsditch — E
Miller Edward et Co. 38 Bow lane — E C
Morley, Bird et Dodwell, 7 Russia row — =
Morley John et Richard, 18 Wood st. — =
Morley et Powell, 0 to 11 Friday st. — =
Morley William et Robert, 56 Gutter lane — =
Mosedon Benjamin Joseph, 7 Minories — E
Moses Hy., E. et M. 34 Monkwell st. Wood st. — E C
Mumford Henry et William, 30 Bread st. — =
Neville Thomas Cliff, 38 Noble st. — =
Nicholls Nathaniel et Sons, 2 Garlick hill — =
Nicholls W. B. et Co. 47 Castle st. Southwark — S E
Nickisson John Charles, 16 Watling st. — E C
Normand et Reddan, 51, 53 et 54 Old Compton st — W
Northcote Stafford et Co. 28 St. Paul's churchyard — E C

Page Charles et Co. 130 Wood street Cheap-
side   E C
Parker John et D. 11 et 12 Goldsmith st. —
Partridge William et Co. 47 et 48 Newgate
street —
Paterson John et Co. 3 to 6 Staining lane —
Pawson John F. et Co. 8 to 14 St. Paul's
churchyard —
Perks Frederick et Co. 1 Guildhall chambers —
Philips James, 22 Lawrence lane, City —
Popplewell Peter, 62 Aldermanbury —
Powis et Padgett, 48 Friday st. —
Prescott James, 2 Old Change —
Procter James et Co. 26 Gresham st. —
Ramus Isaac, 15 York road, Lambeth   S E
Randall et Way, 127 Cheapside   E C
Rautmann et Co. 16, 17 et 18 Gutter lane —
Reed William, 169 Wapping High st.   E
Rees William Edward et Co. 2. Tower Royal   E C
Richardson William, 23 Castle st. —
Roberts Bros. et Co. 17 St. Paul's chur-
chyard —
Robinson Peter, 103 et 108 Oxford st. W ; silk
et general drapery warehouse, mantle et
shawl rooms.
Rogers Simon et Sons, 15 Sackville st.   W
Rotherham Jeremiah et Co. 87 Shoreditch
High st.   E
Rourke George, 18 Gresham st. west   E C
Rudduck S. 42 Sclater st., Shoreditch   E
Rylands et Sons, 56A, Woodst. E C et Philip la   E C
Sands Robert, 3 Postern row, Tower hill —
Sayle Robert, 173A, Aldersgate st. —
Scarratt et Co. 30 Bread st. —
Selincourt et Colman, 16 Cannon st. —
Sharp, Perrin et Co. 40 Old Change —
Shillingford et Cook, 114 Cheapside —
Shrimpton John et Co. 7 Wood st. Cheaps. —
Silber et Fleming, 56, 56A, et 56 1/2 Wood
street —
Simpson John et James et Co. 89 Newgate st. —
Simpson Z. et Co. 65 et 66 Farringdon st. —
Singer William, 54 New Bond st.   W
Smith Robert et Co. 9 Goldsmith st.   E C
Smith (T.) Early et Co. 11 Houndsditch   E
Smith Edwd. John, 5 Barge yd. Bucklers-
bury   E C
Soper et Botcherby, 124 Wood st. —
Spencer, Turner et Boldero, 60, to 74 Lisson
grove   N W
Spreckley, White et Lewis, 13 et 15 Cannon
street   E C
Sprunt Thomas et Co. 7 Watling st. —
Stewart et Macdonald, 145 Cheapside —
Sturt et Sharp, 91 Wood st. Cheapside —
Stuart et Taylor, 34, 35, 36 et 37 Old Change —
Sugden, Son et Nephew, 12 et 16 Alderman-
bury —
Taplin Frederik, 18 Noble st. —
Taylor Bennett et Co. 3 Gresham st. —
Taylor James, 2 Friday st. Cheapside —
Taylor Samuel, 39 Houndsditch, City   E
The Fore Street Warehouse Co. (limited),
104 to 107 Fore st.   E C
Tootal, Broadbent, Lee et Co. 6 Lit. Distaff la —
Truman, Hitchcock et Co. 23 Wood st. —
Tubbs, Lewis et Co. 29 Noble st. —
Vine William, 5 Addle st., Wood st. —
Virgoe, Middleton et Co. 17 Aldermanbury —
Wainwright Henri et William, 84 et 215 Whi-
techapel road   E

Walkden John et Sons, 26 et 27 Lawrence lane   E C
Warren Charles, 3 Sermon lane —
Watson, Carter et Russell, 18 Cheapside —
Waugh et Son, 3 et 4 Goodge st.   W
Webb Charles et John et Co. 17 Coleman st.   E C
Welch, Margetson et Co. 16 et 17 Cheaps. —
Welch John Edward, 34 Glasshouse st.   W
Weldon Chas. et J. 130 et 131 Cheapside.   E C
Wells Aug. R. et Edmund W. 12 A, Wood st. —
Wertheind et Herzfeld, 29 Aldermanbury —
Wheeler J., 15 Newgate st. —
White R., 77 Watling st. —
Whyte et Ridsdale, 74 Houndsditch   E
Wike J. et Sons, 32 Bread st., City   E C
Wilks Bros et Seaton, 70 Watling st. —
Wilson J., 1 Trump st. —
Winstanley et Wood, 36 Wood st. —
Winterbottom Archibald, 2 Blue Boarcourt
Friday st. —
Wollen F., 18 Addle st. —
Wrangaihn F. D. et J., 133 London wall. —
Wright E. Bingley, 44 Davies st., Berkly sq.   W
Yates W et Co. 2 Aldermanburg —

Mousseline et batiste (fab. de).

Muslin Manufacturers.

Anderson John Thos. 28 Lawrence lane   E
Banziger J.J. et Co. 30 Bread st —
Bradley Alfred James, 47 Gresham st —
Brown, Sharps' et Tyars, 18 watling st —
Ehrenzeller F. 19 Cannon st —
Hartmann Alexander, 43 Noble st —
Hooper John, 52 Oxford st   W
Hovart, Brown et Co. 4 Broad st   E C
Howell John (agent), 77 watling st —
Jardine Charles, 9 milk st —
Johnston Wm. et Co. 9 Aldermanbury —
Lang et Cousin, 20 Milk st —
Mair John, Son et Co. 58 et 60 Friday st —
Moos David, 84 Basinghall st —
Muir, Brown et Co, 51 Bow lane —
Orr James et Co. 34 Cannon st —
Owtram Robert et Co. 44 watling st —
Rauch et Schaeffer, 71 watling st —
Hoeper, Reissmann et Co. (agents), 29 wat-
ling st —
Smart John, 156 Cheapside —
Smith, Anderson et Co. 21 Cannon st —
Smith Geo. W. (agent), 25 Cannon st —
Shell Benj. 22 1/2 milk st —
Sprunt Thomas et Co. 7 watling st —
Steiger, Jacob et Co. 44 Bread st —
Stewart, Moir et Muir, 1 Star et. Broad st —
Tobler et Kuhn, 39 Monkwell st —
Tyson Joseph, 42 Bread st —
Vivian Wm. Nephew et Co. 51 Bow lane —
Wilson Thomas et David, 48 Bread st —
Young, Strang et Co. 79 1/2 watling st —
Zaehner et Schiess, 6 et 6A, Bread st —

Mousseline brodée (fab. de).

Swed Muslin Manufacturers.

Bollen et Tidswell, 3 Wood st   E C
Bowden Charles Henry (agent), 3 Honey la —
Brown Hugh et Co, 27 Cannon st —
Brown John (agent), 1 Red Lion Lion court,
wattling st —
Copesiake, Moore, Crampton et Co. 5 Bow
churchyard —

Ehrenzeller Ferdinand, 19 Cannon st — E C
Evans George, 3 Cannon st — =
Glennie Alexander (agent), 4 Milk street — =
Gould Robert (agent), 118 Wood street — =
Northcote, Stafford et Co. 28 et 29 St. Paul's churchyard — =
Orr James et Co. 31 Cannon st — =
Sharp, Perrin et Co. 49 Old Change — =
Wallace John, 2 Milk st — =

Ombrelles et parapluies (en gros):

Umbrella et Parasol Makers:

Adams, Smith et Co. 140 High Holborn — W C
Alfred Thomas, 120 Oxford st — W
Allan James et Co. 157 et 158 Cheapside — E C
Bailey Richd. Noah, 1 Berkley st. Lambeth — S E
Barnett et Phillips, 3 New Basinghall st — E C
Bax Edward et Co. 6 Duncannon st. — W C
Beater George et Co. 7 Lillypot lane — E C
Bidmead Joseph Telley, 5 Lawrence lane — E C
Bishop, Ellis et Co. 63 Ludgate hill — E C
Blackshaw et Earl, 3, 4 et 5 Monkwell st — =
Boss Isaac Abraham, 30 A, Wood st — =
Boyle Patterson, 8 Well court, Queen st — E C
Broad Mrs. Lydia, 82 College st Chelsea — S W
Bromley et Field, 135 London wall — E C
Cole Thomas Henry, 150 Strand — W C
Coleby Walter et D. G. 35 Gresham street — E C
Copestake, Moore, Crampton et Co. 5 Bow churchyard E C; 50 Cheapside — E C
Couplan et Gilbert, 1 et 2 George yard, Bow lane — =
Crawford et Boyle, jun. 338 n, Oxford street — W
Davies et Coo, 47 Monkwell street — E C
Davis Mrs. C. 100 Richmond road Western gro — W
De Saxe Morris, 13 Addle st. Wood street — E C
Domeier et Co. (agents), 70 Basinghall st — =
Dukes Mrs. Frs. 4 Windmill st. Tottenham ct. road — W
Duncan Jas. et Co. 6 Aldermanbury postern — E C
Dyers Mrs. Elizbth. 120 Fenchurch street — =
Eisele et Andrews, 12 Chandos street — W C
Engel (Jonas) et Co. Mumford court, Milk st — E C
Fenn Patrick et Co. 13 et 14 Milk street — E C
Fisher Thomas, 19 Gracechurch street — =
Gartley Wm. 14 Green Man's lane, Islington — N
Gee William John, 10 Little St. Andrew st — W C
Glindon Mrs. M. 8 Vinegar yard, Drury lane — =
Goodacre William Henry, jun. 1 Blenheim crescent, Notting hill — W
Goodacre Geo. James, 104 Church st. Chelsea — S W
Grant Alex. Son et Co. 46 Aldermanbury — E C
Greenough et Occleston, 66 Friday street — =
Harrison et Smith, 15 King Edward street — =
Harrison et Caleb Henry, 13 Wood street — =
Heap Mrs. C. 33 Oakley street, Lambeth — S E
Hellaby (Richard) et Son, 122 Wood street — E C
Hutton et Co. 5 et 6 Newgate street — =
Ince Samuel et Son, Commercl. st White-chapel — E
Johnson, Hatchman et Co. 73 et 74 Wood st — E C
Jones Ebenezer et Co. 23 et 24 London stret — =
Kent Mrs. H. 12 Leatersellers' buildings — =
Lane et Schollar, 4 Addle street — =
Long, Odell et Co. 6 Puddington street — W
Lund William (patent), 25 Fleet st — E C
Lyons L. H. R. 2 Cox's court, Little Britn — =
Marash et Manners, 100 Fleet street — =
Martin Mrs. Rebecca, 20 Camberwell road — S E

Meyer S. et M. 124 Wood street, Cheapside — E C
Moore Thos. et Co. 90 A, St. Martin's lane — W C
Morland John et Sons, 21 Eastcheap — =
Murson John Thomas, 38 Southampton row, Bloomsbury — W C
Murson John Thomas, jun. 113 Waterloo road — S E
Mumford Mrs. E. 5 Rupert et. Leceister sq — W
Murt, Brown et Co. 31 Silver street — E C
Norman Wm. et H. S. 89 Bethnal green rd — E
Notting Mrs. Ann (exors. 8 et 8 Gray's inn pas — W C
Painter et Roberts, 228 Camberwell road — S
Prat Samuel, 100 Fleet street — =
Rickards Brothers, 176 Kentish town road — N W
Rickards Jas. et John, 44 Park st Camden town — N W
Sangster et Co. 94 Fleet street — E C
Saxfield Mrs. Mary, 187 King's road — S W
Small James Edwd. et Co. 6 St. Quebec st — W
Smith et Whitbury, 6 Philip la. London wall — E C
Smith Henry et Co. 21 to 23 Little Trinity lane — =
Storr William James, jun. 17 A, Parke side Knightsbridge — S W
Sugden, Son et Nephew, 12 et 16 Alderman-bury — E C
Sutherland Frederick, 58 King William st — =
Trowsdale Mrs. Eleanor, 88 A, Earl st east — N E
Watson John et Co. 28 Noble street — E C

Passementiers:

Trimming manufacturers and sellers:

Abell William, 7 Noble street, City — E C
Abraham John, 8 Bartholomew close — =
Alwar William, 301 Kennington road — S E
Appleby Saml. 1 Old Ford road, Bethnal green — E
Arnold et Crosby, 70 1/3 Watling street — E C
Arthur et Green, 5 Little Portland street — W
Bach G. F. see Sohn (L. Salomons et Co. agents), 9 Friday street — E C
Banbury et Ringland, 13 Addle street — =
Barany Miklos et Co. 9 Talbot court — =
Barker Mrs. Eliza, 161 A, Tooley street — N E
Barnett Druitt et Co. 39 Ironmonger lane — E C
Beazley Edward, 70 Cleveland st. Fitzroy sq — W
Beazley Raymond, 385 Oxford street — =
Beddoe, Hulbert et Hulbert, 127 et 128 Wood street E C et 6 Gutter lane, Cheapside — E C
Benham Robt. T. 84 et 87 South Molton street — W
Bevan Charles Henry (crape), 89 Cheapside — E C
Bicknell Thomas Clarke, 53 Wardour street — W
Bernstone Joseph, 9 West street, Golden sq — W
Bossert et Scholl, 35 Walbrook — E C
Boum Harris, 42 Great Alie street — E
Bracher Miss Sarah, 16 James st. Comcl. rd. ea — =
Brocklehurst Mrs. R. 37 Pentonville road — N
Brown Mrs. Maria, 26 Sclater st. Shore-ditch — E
Bruckels Robert, 57 Carter lane — E C
Burt Lawrence, 16 Redcross square — =
Calder Peter, 44 et 45 Warwick st. Pimlico — S W
Calwert William, 483 Kingsland road — E
Card Auguste et Co. 37 Noble street — E C
Carliles', Pittman et Co. 11 to 13 Bow lane — =
Cass Thomas John, 30 Spicer st. Spitalfields — E
Catt Frederick William, 02 Queen' road, Bayswater — W

Charlett Hen: 101 King's pl: Commercial rd: 6¾ — E
Clarke Henry, 152 Kingsland road — =
Cleeves Hen: 107 Sclater st: Bethnal green — E
Cleff Brothers, 1 Friday street — E C
Cohen Jules et Co: 19 Noble st: Cheapside — E
Cohen Samuel, 97 Great Prescot street — E
Coleman Wm: 78 Cleveland st: Mile end road — =
Collins Wm: 78 Charles, 34 Noble st: Cheapside — E C
Connell Thos: 13 et 15 Pennyfields, Poplar — E C
Cook William, 23 Banner street — E C
Cook William, 77 Haggerston road — E C
Cooke Ambrose A: 115 Cheapside — E C
Coombs Joseph: 373 Hackney road — E
Cooper Elias: Edwd: 50 Gibson st: Waterloo rd — S E
Cooper James, 11 Nelson terrace, City road — N
Cope Thos: 10 Kenton st: Brunswick sq — W C
Cox John (carriages), 27 High st: St: Giles's — =
Craig Robert, 43 Kingsgate street — =
Crossley Miss P. T. 23 Newcastle st: Strand — =
Curran James, 98 Sun street, Finsbury — E C
Dalsace Freres et Co: 89 Noble's reet — E
Davies George Edward, 40 Norton Folgate — E
Davies Wolf et Co: 92 Sun street — E C
Duffes Francis V: 2 Evaline pl: Commrcl: rd — E
Davis Wolf, 3 Bethnal green, eastside — =
Daws William: 47 Bow lane — E C
Dand John, 18 Clothfair — =
Delamore Fredk: 37 Seymour pl: Brunswick sq — W
Dawinnan Mrs. Mary, 482 Cable street — E
Dudley John, 52 1/2 Beech street, Barbican — E C
Dunn William, 382 Hackney road — E
Dyer John, 18 Addle street, Wood street — E C
Edmands Silas, 42 Noble street —
Evans Richard et Co. 34, 35, 38 et 71 Watling street E C, 18 Garlick hill — =
Evans et Sutton, 98 King's road, Chelsea — S W
Evans James, 84 Park st: Camden town — N W
Evans John, 32 Broad street, Golden square — W
Faith Thos. 17 Cecil court, St. Martin's la — W C
Firmin et Sons, 153 Strand — W C
Fisher George (agent), 21 Castle st: Falcon sq — E C
Fisher George Fredk, 87 Murray st: Hoxton — N
Folkes John, 44 Gutter lane — E C
Ford Henry, 1 Great Pulteney street — W
Freeman John et Son, 59 St. Martin's lane — W C
Frost George (crape), 42 Noble street — E C
Gate Robert, 1, 2 et 3 Winchester court — =
Geach George Edmund, 4 Cast le st. Falcon sq — E C
Gerrett Thos. et Son, 7 Old Cavendish street — W
Gerrish George, 48 Dorset st. Portman sq — =
Gifford, Turnpenny et Medhurst, 120 Wood st — E C
Gladwin William Henry, 79A, Watling st — =
Glanville Geo. 4 North terrace, Bethnal green — E
Goldstine Reuben, 4A, Tyler's ct. Golden sq — W
Goodman John et Co. 30 Glasshouse street — =
Greenwall Jacob, 15 Duke street, Aldgate — E C
Greig Walter, 66 1/2 Berwick street, Soho — W
Griffiths Richard, 47 Aldermanbury — E C
Haigh John, 203 Mile end road — E
Hall Walter et James et Co. 7 Staining lane — E C

Hall Mrs. Anne, 33 Crawford st. Portman sq: — W
Hall William, Ivy gate house, Old ford rd: — E
Hammond Ernest et Co: (crape et satin), 53 Almeida road, Islington — N
Handmann Louis, 34 New Gloster st: Hoxton — N
Harding Horace Welch: 7 Foster lane — E C
Harrison et Smith, 42 King Edward st: — =
Hartley Fountain I: 21 Pump row: Old st: road — =
Hatton Francis, 5 Noble st:; Cheapside — =
Hawkes James, 18 Gresham st: west — =
Hay John, 9 Foster lane, Cheapside — =
Haywood William, 6 Patriot sq: — E
Head Robert William, 28 Archer street Notting hill: — W
Head Walter Henry, 192A, Slane st: — S W
Heagerty Michael, 5 West st:; Golden sq: — W
Heath William, 2 Abbey st: Bethnal green road — E
Hennesy Elias: 3 Shepherd's market, Mayfair — W
Hester Samuel, 23 Warwick st: Regent st: — W
Heynen Henry, 7 Little Love lane — E C
Hill John Henry, 421 Oxford st: — W
Hintz Julius, 10 Forston st:; City road — N
Hodges et Co: 52A, Bow lane — E C
Holland William, 301 Cambridge road — E
Hutton et Co: 5 et 6 Newgate st: — E C
Hutt George, 6 Hoxton sq: — N
Hyde, Archer et Co. Finsbury place south — E C
Hyde Charles Henry, 93 Noble st: — =
Innes Alexander, 7 Gutal sq: — E
Jackson Robert, 27 Noble st: Cheapside — E C
Jameson Thomas R: 15 New North road — N
Joseph Henry et Co: 91 Bartlett's buildings — E C
Joseph Mark, 199 Whitechapel High st: — E
Kail William, 70 Hare st:; Bethnal green — =
Kelsey Thomas et Co: 65 Friday st: Cheapside E C; manufcty: Albion pl: London wall — E C
Kelsey Benj: 20 Wilson st: Finsbury — =
Kelsey Henry Richd: 9 Nichols row Bethnal: grn: — W
Kennard Edward, 203 Edgware road — W
Langner Julius D: Son et Co: 125 Southwark bridge road — S E
Laurance Henry et Co: 61 Basinghall st: — E C
Lee George, 90 Aldermanbury — =
Lee Robert, 10 Compton passage — =
Leney Thomas Stephen et Co: 57 Gutter lane —
Levy Morris, 8 Artillery st:; Bishopsgate — E
Levy Newman, 190 Middlesex st: Whitechapel — =
Lewis Samuel et Son, 90 Mape street — =
Lewis Abraham, 120 Hounds itch — =
Lewis Lazarus, 28 Somerset st: Aldgate —
Linfoot Robert J. 105 Lever st: St. Luke's — E C
Low Michael, 72 Bedfort street Commercial road ea — E
Lyne Thomas, 40 Seymour pl. Bryanston sq. — W
Lyons Samuel (cap), 10 Union street Bishopsgate — E C
Machu John H. 43 Twister's alley — E C
Mackenzie Robt. 59 Marsham street Westminster — S W
M'Kiernan James, 02 St. John's square — E C
Macklin Cornelius, 216 Cambridge road — E
Malegori Camillo, 2 Middle row, Goswell road — E C
Marks Aaron, 110 London wall — =

Marley Harcourt, 20 Noble st.   E C
Matthews John, 32 Savile row   W
May John Venables et Co. 68 Wood str.   E C
Mayman James, 38 Munster st. Regent's pk   NW
Miley et Sons, 42 Warwick st. Golden sq.   W
Nathan Michael, 21 Middlesex st. Whitechpl   E
Nay John, 22 Fore street, Cripplegate   E C
Norman Miss Rebecca, 698 Old Kent road   S E
Olney, Amsden et Co. 1 Fountain court   E C
Oppenheim Julius, 18 Addle street   —
Padbury Philip, 2 Mill st. Hanover sq.   W
Paiba John P. 52 Bread st., Cheapside   E C
Parker Thomas, 229 Bethnal green road   E
Parker Wm. 3 Ash grove, Mare st. Hackney   —
Parson Arthur, 216 Hackney road   —
Partington et Woodman, 29A, Bread st.   E C
Partridge Wm. et Co. 47 et 48 Newgate st.   —
Perry John, 30 Red Lion st., Holborn   W C
Peters John, 125 Great Cambridge st.   E
Phillips Edward (saddlers), 15 Rupert st.   W
Phillips Philip Samuel, 25 Ely place   E C
Piggott et Smith, 24 et 27 Noble st.   —
Ponish Herman (boot), 46 Albany road   S E
Powell William Charles, 52 Wood st   E C
Power Mrs. C. 164 High st. Camden town   NW
Pratt Benjamin et Co. 82 Wood st.   E C
Prestage Henry, 26 Grange rd. Bermondsy   S E
Pursey Mrs. Margaret, 39 et 40 Earl st. east   N W
Rees S. P. et Co. (crape), 4 Falcon st.   E C
Reveilhac Joseph, 83 Newman st. Oxford st.   W
Ridley Edwin, 88 Tottenham court road   W
Ritchie Wm. 31 Murray st. New North rd   N
Roberts Mrs. J. 13 Bear st. Leicester sq.   W C
Roberts Thomas Charles, 134 Upper st., Islington   N
Rodger Robert Benj. 171 Aldersgate st.   E C
Rosenthall et Gardiner, 30 Addle st.   —
Rourke George, 18 Gresham st. west   —
Rouley George Wm. 24 Addle st. Wood st   —
Royle et Andrews, 32 King st. Cheapside   —
Rumble Richard, 226 Holloway rd   N
Saint Robert, 80 Sclater st, Bethnal grn   E
Salinger Morris, 19 Bread street   E C
Salomon John, 10 Royal arcade, Oxford st   W C
Schubert et Spitzer, 10 et 11 Aldermanbury   E C
Shinberg Julius, 20 Primrose st   —
Sircom Miss Louisa, 214 A, Oxford st   W
Sloan Misses Jane et M. 11 Sloane st   S W
Smart Wm. Stephen, 31 Gt. Marylebone st   W
Smith Miss Eliza, 16 Stonecutter st   E C
Smith Isaac, 341 Walworth rd   S E
Solomon Philip J. 33 Union street Bishopsgate   E
Steib Fsancis, 7 et 8 Oval cottages, Hackney road   —
Stevens Thos. 74 Anthony street Comrcl. road east   —
Stone Mrs. Mary, 213 Elbury st. Pimlico   S W
Storey et Nickols, 27 Glasshouse st   W
Sturgeon et Co. 121 Wood st   E C
Sugden, Son et Nephew, 12 et 16 Aldermanbury   —
Sutton Thos. J. 11 Union street Bishosgate street   E
Swainson, William, 4 Huggin lane, Wood street   E C
Svann William, 14 Old Compton st. Soho   W
Syrett Alfred, 99 Great Dower st   S E
Tanklin Mrs. S. 15 Churton street Belgrave road   S W
Tarbuck Thomas, 27 Cheapside   E C

Taylor Edward Brown, 19 Silver st   E C
Taylor Wm. (cap), 58 King st Borough   S E
Terry John, 47 Ossulston st. Somers town   N W
Thompson et Carter, 11 et 12 Wood st   E C
Treadway Henry, 10 Bethnal green   E
Tristman Alfred et Co. 55 Aldermanbury   E C
Trott Alfred (tailors'), 40 York street Westminster   S W
Turnbull Charles, 222 Kingsland rd   E
Turner et Randall, 14 Noble st   E C
Turner Geo. et Son, 58 St. Martin's lane   W C
Ufer William, 45 Carnaby st. Golden sq   W
Valentiny Wharthon H. 9 Maiden lane Covt. gdn   W C
Vine James, 49 Strutton ground   S W
Waite J. et Son (tailors'), 4 West street Golden square   W
Walker William, 37 Aldermanbury   E C
Way J. 14 Stock bridge ter. Vauxhall bridg. road   S W
Webb George, 41 1/2 Monkwell st   E C
Weil Louis, 27 Lit Alie st. Goodman's fields   E
Welch John Edward. (tailors'), 34 Glasshouse street   W
Wildon Chas. et Jeremh. 130 et 131 Cheapside   E C
Werner Emile et Co. 23 Argyll street Regent street   W
Whale John Edward, 43 Charterhouse sq   E C
Whiffin John, 54 Wood st   —
Whiffin Miss Mary, 54 Wood st   —
Williams William et Son, 54 Bread st   —
Withall Wm. Chas. 55 Brunswick place City road   N
Wohler Augustus, 11 Silver st   E C
Wolffhang Ernest G. et Co. 11 Staining lane   —
Wright George Wm. 20 Hope street Spitalfields   E
Yorke John et Alex. 91 watling st   E C
Young William, 152 A, Pentonville road   N
Young Wm. 33 Rodney st. Pentonville   —

Produits chimiques (fabric.).

Chemists Manufacturing.

Allen Fredk. et Sons, Upper North street Poplar   E
Allen et Leermore, 136 Fenchurch st   E C
Alment et Johnson, Stratford bridge chemical works, High st., Stratford   E
Alum et Ammonia Co. (limited) (Thomas Guyatt, sec.), 14 et 15 Coleman st   E C
Apothecarias' Hall, Water lane, Blacfriars   —
Atkinson George et Co. 66 Aldersgate st   —
Austin Hen. et Co. 125 et 126 Bermondsey   S E
Bailey William et Son. 17 Laurence Pountney hl   E C
Barnes William Charles, Hackney wick   E
Barret Edward Louis et Co. 23 Thrawl st Spitafields   E
Beaufoy et Co. South Lambeth rd   S W
Bothell John et Co. 38 King William st   E C
Binning Robert et Son, 5 Wormwood st   —
Bishop Alfred, 17 et 18 Specks fields   E
Blott John et Jonathan, Broomfield street Poplar   E
Bolton et Co. 146 Holborn bars   E C
Bonner William Price, 69 Mark lane   —
Boor George et Co. 1 Artillery lane   E
Brandram Bros. et Co. 5 Philipot lane   E C
Brown Walter H. et Co. 11 Billiter sq   —

Brown Peter, 28 Long lane   S E
Burgoyne, Burbidges' et Squire, 16 Colemn. street   E C
Burnett (Sir William) et Co. 90 Cannon st   —
Burnett Thos. et Son (alkali), 15 Fenchurch street   —
Bush William et Co. York street Walworth road   S E
Carless, Blagden et Co. Hope chemical works Aackey wick   E
Cartwright Z. 22 Water lane, Tower st   E C
Cary Thomas et Co. (agricultural), 2 St. Paul's road, Bow Common   E
Castle Alfred Darley, 43 Mincing lane   E C
Caudery Wm. 150 et 151 Feuchurch st   —
Chance Bros. et Co. 24 Finsbury circus   —
Charles Robert, 7 Cullum street   E C
Chester et Holland, 34 Eastcheap   —
Christopherson Clifford et Co. 17 Gt. Tower street   —
Clarke et Coste, 19 et 20 Water lane   —
Cohen Mylius, 157 Fenchurc street   —
Collins Robert Nelson, Hutchings street Mill wall   E
Condy Henry Bollmann, Battersea   S W
Connahs Quay Chemical Co. (C. G. Penney manager). 63 Lincoln's inn fields   W C
Cook George, Millwall   E
Cookson et Co. Old Swan lane   E C
Corbyn, Stacey et Co. 300 High Holborn   W C
Corbyn, Stacey et Wright, 7 Poultry   E C
Cory Dr. Horace et Co. Manor st. Old Kent road   S E
Cox, Gould et Co. 33 Chiksand street   E
Crow Sutton Edward et Co. Stratford   E
Cumberland Henry, Millwall   —
Curtis Frck, et Co. 48 Baker st. Portman sq   W
Davy, yates et Routledge, New Park st Boro'   S E
Day, Son et Hewitt (agricultural), 22 Dorset street, Baker street   W
Dickinson Arthur John, Trundley lane, on the Surrey Commercial canal, Deptford   S E
Domeier et Co. 76 A et 79 Basinghall street   E C
Duché T. M. et Sons, 150 et 151 Finchurch street   —
Dunn et Co. 1, 5 et 9 Princes square   —
Dussek A. L. (creosote), Windmill la. Deptfred   S E
Farmer Thomas et Co. Kennington park   —
Field James John, 22 Upper Giffpad street   N
Field Thos. Wm. 21 Seward st. Goswell rd   E C
Foot et Co. Battersea   S W
Forbes et Abbott, Iceland wharf, Old Ford road   E
Forster et Gregory, Lonesome chemical works Greyhound lane, Streatham   S W
Fowler Geo. et Thos. 35 Gt. Dover st Boro'   S E
Freeman Brothers, 49 Collingwood street Blackfriars road   S E
Gabriel et Troke, 2 et 3 White street Little Moorfields   E C
Garman Brothers, 240 Roman road   E
Gibbs James et Co. 16 Mark lane   E C
Gibbs Epwin, 8 White's row, Whitechapel   E
Gibson Henry James, 14 Mincing lane   E C
Griffiths et Co. White Post la. Hackney wick   E
Hadfield John, 18 St. James's rd. Holloway   N
Harding et Roper, 3 Fen court, Fenchurch st   E C
Harrison Horatio et Co. 18 Gt. Randolph st   N W
Hart Mrs. Jane et Co. 2 Little Sutton street   E C
Hrt Adolphus, Newcastle wharf, Old Ford rd   E

Hatton Mrs S. et Co. White's row, Whitechapel   E
Hills Frank Clarke, works, Creek street Deptford   S E
Hoile et Dorward, Blackhorse bridge, Deptford Lower road   —
Holt Thomas, Salamanca st. Vauxhall walk   —
Hopkin et Williams, 5 New Cavendish st   W
Howards et Sons, High street, Stratford   E
Hulle Jacob, Lombard road, Battersea   S W
Huskisson et Sons. 77, 78 et 79 Swinton st   W C
Jackson et Townson, 89 Bishopsgat. st. within   E C
James John, 25 Walbrook   E C
Jessop et Co. 43 Mincing lane   —
Johnson John et Sons, 18 A, Basinghall st E C; chloride of gold et all metallurgical et photographic chemicals, refiners of platinum et c.
Johnson, Mattey et Co.; offices, 77, Hatton garden   E C
Jupp (H. J.) et Co. 79 Great Tower street   —
Latimer Digby et George, 29 St. Swithin's lane   —
Lawes John Bennett, Atlas works, Millwall   E
Leach Henry et Co. 94 Borough High street   S E
Leese Richard, 69 Mark lane   E C
Lesiter John, 57 Wall street, Ball's Pond rd   N
Lewinton Alex. 14 Cleveland st. Fitzroy sq   W
Lewis George, 4 Suffolk street, Cambridge road   E
Liddiard William, Ocean street, Stepney   E
Lloyd Frederick Rugee et Co. 7 Suffolk la   E C
Lockyer George et Sons, 21 Mincing lane   —
London Sanitary Co. (Richard Lockyers Hickes, sec.), 6 Liverpool street   —
Mc Culloch et Co. 9 Mincing lane   —
Mc Dougall Brothers, Abbey Mills, West Ham   E
M'Dougall Brothers, 11 Arthur st west   E C
Mackay Brothers (agriculturl.), 155 Fench. st   —
May et Baker, Garden wharf. Battersea   S W
Medland William, 4 Brick hill lane   E C
Medway et Co. 15 Owen's row   —
Mockford et Co. Normandy whf. Deptorfd. creek   S E
Morson et Son, 31 et 33 Southampton row W C; factories, Hornsey road   N
Muspratt Bross. et Huntley, 43 Mincing la   E C
Naeniare Joseph et Co. 11 St. Andrews hill   —
North British Color Co. (John J. Lundy et Co. proprietors), 56 Leadenhall st   —
O'Neill Jno. et William (oxide), 57 Bsphst. withn   —
Packard Edward et Co. 155 Fenchurch st   —
Page et Tibbs, 47 Blackfriars road   S E
Papineau Wm. et Co. St. Leonard st. Bromley   E
Parker et Amiss, Clay hall works, Old Ford road, Bow   E
Pattinson (Hugh Lee) et Co. Mitre chambers, 157 Fenchurch st.   E C
Paxton Richd. Broomfield st. Poplar New town   E
Pearce William, Bow common lane   E
Pepper et Robbins, 28 Hare st.   —
Perrin Henry, 9 Mincing lane   E C
Phosphoric Acid Co. 39 et 40 Mark lane   —
Pickford et Winkfield, 148 1/2 Fenchurch st.   —
Pollard James Wm. et Co. 9 Mincing lane   —
Pontifex (E. et W.) et Wood, Millwall   E

Powell Fredk. Augustus, 60 Fenchurch st   E C
Prunier P. Spécialité de matière colorante pour la teinture. Usine à Pierre-Bénite près de Lyon (Rhône), dépôt à Londres chez Anderson et Bitherdon, 4 King st. Cheapside.
Pudney Samuel, West Ham   E
Reed M.A. Commercial wharf, Old Swan la   E C
Reid John Arthur, 118 Fenchurch st.   =
Robinson et Co. 9 Mincing lane   =
Rouch William White et Co. 180 Strand   W C
Rowsell et Mansfield, 84 et 85 Tower hill   E C
Schofield John et Co. 37 et 38 Mark lane E C; works, Globe wharf, Rotherhithe   S E
Scott William George, 70 Great Tower st.   E C
Scott Wm. Thomas, Marshgate la, Stratford   E
Simmons James, Henry street, Limehouse   =
Simpsons, Payne et Co. Millwall   =
Smith Benjamin et Son, 13 et 14 Corbet's court, Spitalfields   =
Smith et Maudsley, 4 Bond court, Walbrook   E C
Smith Percival et Co. Bow common lane   E
Smith T. et H. et Co. 69 Coleman st.   E C
Southwell William A. et Co. 73 Palmerston buildings, Old Broad st.   =
Spence John Berger et Co. 75 Mark lane   =
Squire et Wyatt, 277 Oxford st.   W
Standen Bridge, Standen works, Braddyll st. Eeast Greenwich   S E
Tennant Charles, Sons et Co. 9 Mincing lane   E C
Thompson Hy. Ayscough, 22 Worship st.   =
Thorowgood et Son, 36 et 37 Cock lane   =
Tidman et Son, 10 Wormwood st.   =
Torr George, Trundley's lane, Lower road, Deptford   S E
Vanner et Wallace, New rd. Battersea park   S W
Walker George, 23 Martin's lane   E C
Walton Thomas, 8 Wellington ter. Elgin road   W
Washington Chemical Works (Hugh Lee Pattinson et Co. agents), Mitre chambers, 157 Fenchurch st.   E C
Webber E. C. J. Marshgate la. High st. Stratfd   E
White T. R. et A. Castle street, Saffron hill   E C
Womersley Robert et Son, 7 Osborn pl. Brick la   E
Zimmermann A. et M. 7 Fen court, Fenchurch street   E C

Rubans en gros.
Ribbon manufacturers.

Danbury et Ringland, 19 Addle st.   E C
Bourne Samuel John et Co. 13 et 14 Fore st   =
Durbage Henry et Co. 7 Noble st.   =
Caldicott Joseph et Thomas P. 24 Wood st.   =
Chadwick James et Brother, 5 Dyer's court, Aldermanbury   =
Cornell, Lyell et Webster, 15 St. Paul's churchyard   =
Cox Richard S. et Co. 7 Paul's churchyd   =
Craddock John et Co. 8 Wood st.   =
Dalton et Barton, 171 A Aldersgate st.   =
Foster, Porter et Co. 47 Wood st.   =
Hartwright et Meyerheim, 138 Cheapside   =
Hood et Ward, 117 Wood st.   =
Herandt et Fils, 24 Milk st.   =
Hutchens John, 5 Goldsmith street, Wood st   =

Hutton et Co. 5 et 6 Newgate street E C et Phœnix court, Newgate et st.   E C
Keeling, Beville et Lockyer, 14 Gresham st. west   =
M'Rae John, 8 1/2 Love lane   =
Moore John, 1, 2 et 3 Winchester ct. Monkwell street   =
Norris Walker et Son, 18 Noble st.   =
Pratt Benjamin et Co. 82 Wood st.   =
Richard John et William, 43 Noble st.   =
Suter Frères, 24 Milk st.   =
Welch et Sons, 44 Gutter lane E C et 140 Cheapside   =
Young et Rance, 123 Wood street, City   =

Soie.
Silk Merchants.

Balfour James, 10 Bread st mews   E C
Barker Herbt. 70 Bishopsgate st.   =
Bateman Henry, 15 King st. Cheapside   =
Batt John et Co. 30 Old Broad street, City   =
Brelemann Arthur et Co. 57 Bread st   =
Comber et Co. 10 Union court, Old Broad st   =
Court Stephen, 115 Cheapside   =
Desgrand Louis et Co. 28 New Broad st   =
De Vecchj, Navone, jun. et Co. 1 et 2 Great Winchester st buildings
Dermenil Frères, 22 Cork street, Bond st   W
Drakeford Bros. 5 Gt. Winchester street buildings   E C
Einstein Eugène, 71 Grosvenor st   W
Fellows et Powell, 63 Old Broad st   E C
Fisher Samuel, 11 1/2 Union ct. Old Broad street   =
Gagnière A. et Co. 84, 85 et 86 Golden sq   W
Goudchaux G. et Co. 7 Milk st   E C
Gower John et Son, 64 et 65 Bread st   =
Hall Walter et James et Co. 51 Old Broad st   =
Hassell Cristopher, 12 Copthall court   =
Herrmansen A. 90 Monkwell st   =
Hetsch Charles, 7 Ironmonger lane   =
Hexter Samuel, 23 Warwick street Regent street   W
Isaacson Fredk. Wooton, 170 Regent st   W
Kayser Siegfried, 1 Gt. Winchester st bldgs   E C
Lacroix Cousins et Co. 16 New Broad st   =
Marietti Peter et Co. 32 Gt. Winchester st   =
Matfelet et Osio, 20 Great St. Helens   =
Mercer Robert David, 2 Spittal square   E
Mondon (Petrus) et Co. 1 Falcon square   E C
Murray D. Wm. 4 Gt. Winchester st. buildings   =
Norris William Blurton, 19 Gresham street west   =
Battison James et Son, 57 1/2 Old Broad st   =
Balacco Francis, 32 Gt. Winchester st
Bulling George et Co. 123 High Holborn   W C
Parson et Howell, 2 Gt. Winchester street buildings   E C
Rossari Alexander et Co. 2 Crosby square   =
Bouslin C. et B. Frères, 86 London wall   =
Dumont Charles et Co. 79 Basinghall st   =
Sandrini John B Copthall ct.   =
Seinenz Gaetano et Co. 58 Gresham house   =
Shephard Thomas S. D. 3 Gt. Winchester street   =
Springfield, Son Nephew, 66 Coleman st   =
Steiner, Rheenili et Co. 2 Gresham bdgs Basinghall st   =
Thomas Thomas, 9 A. New Broad st   =

Wharburg R. D. et Co. 52 Bow lane   E C
Zanzi et Co. (Alexandr Zanzi) 9 D, New Broad street   —

Soieries.

Silk meckers.

Ahlborn Augustus, 44 Upper Baker st   N W
Allan Alex. et Co. 69 et 70 St. Paul's churchyard   E C
Allison Joseph et Co. 238, 240 et 242 Regent street   W
Amott Charles et Co. 61 et 62 St. Paul's churchyard E C et 58 et 59 Paternoster row   E C
Bland Thomas Cadman. 10 Bruton st   W
Capper, Son et Co. 69 et 70 Gracechurch st   E C
Chapman James, 1 Castle ter. Notting hill   W
Cook William, 25 Banner st, St. Luke's   E C
Davis Moses et Son, 94 Fore st   E C
Debenham et Freebody, 27, 29 et 31 Wigmore street   W
Everington et Graham, 19 et 21 Ludgate hl   E C
Farmers et Rogers, 171, 173, 175 et 179 Regent st   W
Frazer Joseph et Co. Horchester house, 1, Inverness ter. Bishop's road   W
Gask et Gask, 58, 59, 61 et 62 Oxford st   W
Goode, Gainsford et Co. 117 Borough High street   S E
Gorringe Fdk. 55, 57 et 59 Buckingham pal. road   S W
Haslam Joseph, 109 Brompton road   —
Hayman, Pulsford et Co. 174 Sloane st   —
Hitchcock, Williams et Co. (et vholesale), 71, St. Paul's churchyard   E C
Hooper John, 52 Oxford st   W
Hope Samuel S. 48 Great Malborough st   —
Howell, James et Co. 5, 7 et 9 Regent st   S W
Hughes Thomas, 149 Oxford st   W
Hylton John Edmund, 3 Westbourne grove   —
Keeling, Beville et Lockyer, 14 et 15 Gresham st west   E C
Keniston Samuel, 345 Goswell rd   —
King William et Co. 243 Regent st   W
Lewis et Allenby, 193, 194 et 197 Regent st   —
Lewis Samuel et Co. 11 Holborn bars   E C
Levis John, 132 Oxford st   W
Little et Radermacher, 183 et 184 Sloane st   S W
Little Thomas, 42, 43 et 44 Oxford st   W
Luccock Ch. M. 30 et 31 Upp. st. Islington   N
Marsh Henry, 51 Wigmore st   W
Marshall et Snelgrove, 10 to 21 Vere st   —

Soie pour parapluies (fab. de).

Umbrella silk manufacturers.

Caton George, 91 Wheler st, Spitafields   E
Fickler Brothers, 65 Wood st, Cheapside   E C
Kipling, Pain et Co. 64 Aldermanbury   —
Soper Henry et Son, 31 et 32 Spital sq   E
Vanner John et Sons, Coleman st   E C
Walters Stephens et Sons, 15 et 16 Wilson st   —
Martin Hy. et Son, 39 Baker st. Portman sq.   W
Mason Henry Bayley, 4 New Burlington st.   W
Meeking Charles et Co. 45 Holborn hill   E C
Morris et Kelsey, 218 Regent st.   W
Moseley Miss M. 5 Hanover st. Hanover sq.   W
Nicholson Daniel et Co. 50 St. Paul's churchyard   E C
Phillips et Oswin, 21 Somerset st., Portman sq.   W

Prato J. et Co. 32 Great Winchester st.   E C
Redmayne et Co. 19 et 20 New Bond st.   W
Robinson Peter, 103 to 108 Oxford st. W ; silk et general drapery warehouse, mantle et shawl rooms.
Russell et Allen, 18 Old Bond st.   W
Saunders et Evans, 27 Ludgate hill   E C
Sewell, Hubbard et Bacon, 44 to 46 Old Compton st.   W
Sharland John, 39 Bishopsgate within   E.C
Sheath William Watson, 264 Regent st.   W
Shoolbred James et Co. 151 to 156 Tottenham ct. road   W
Silvestre Auguste, 7 Vere st.
Simpson Zephaniah et Co. 48 Farringdon st.   E C
Spence Jas. et Co. 76, 77 et 78 St. Paul's churchyard   —
Stagg et Mantle, 1 Leicester square   W C
Swan et Edgar, 39 to 53 Regent st.   W
Verdie Madame S. 23 George st. Hanover sq.   W
Whittaker Thos. M. 2 et 3 Spencer place Blckhth   S E

Soieries et velours (fab. de).

Silk et velvet manufacturers.

Ablett Wm. 3, 4 et 5 Queen's Hd. pas. Newgat. st.   E C
Alsop, Downes, Spilsbury et Co. 1 et 2 Huggn la   —
Anrès Alexander H. 48 Gresham st.   —
Astbury Frederick J. et Co. 3 Sermon lane   —
Bacon Benjamin, 23 Sclater st. Shoreditch   E
Bailey, Fox, Son et Co. 5 Russia row, Milk street   E C
Baker, Tucker's et Co. 30 et 31 Gresham st.   —
Ballance Thomas et Son, 15 Spital square   E
Beedham Stephen, 15 Fort st., Spitafields   —
Birchenough John, 75 Aldermanbury   E C
Booth, Leigh et Co. 15 Cheapside   —
Bridgett Joseph et Co. 63 Aldermanbury   —
Brocklehurst John et Thomas et Sons, 31 Milk st.
Brooks Thomas, 4 Russia row   —
Campbell, Harrison et Lloyd, 19 Friday st.   —
Chadwick John, 23 Noble st., Falcon sq.   —
Cluff William, 24 Spital square   E
Corbière et Son, 30 Cannon st.   E C
Cox John (carriage), 27 High st. St. Giles's   W C
Cros Charles, 49 Gutter lane   E C
Draper Charles S. et William Henry (carriage), 107 High Holborn   W C
Duthoit et Mills, 4 A, Gresham st.   E C
Elise Madame Louise Marie, 170 Regent st.   W
Fairer Thomas et Co. 6 Addle street Wood street   E C
Farden, Gladman et Co. 6 Russia row Milk street   —
Farrington Joseph, 36 Spital square   E
Fickler Brothers, 65 Wood st. Cheapside   E C
Fry William et Co. 6 Gutter lane Cheaps.   —
Fynney et Ridout, 30 Bread st.   —
Gancel Emile et Co. 8 Newgate st.   —
Gilkes Alfred, 28 Steward st., Spitafields   E
Gill et Hartley (satteens et coutilles), 120 Wood st.   E C
Hall et Nuttall, 6 Mitre court, Milk st.   —
Hall et Woolley, 24 Gutter lane   —
Harrop, Taylor et Pearson, 6 Castle st. Falcon square   —
Heapy James, 2 Mitre court, Wood st.   —

Henderson Henry et Co. 1 Gutter lane — E C
Hilditch Geo. Richd. et James, 61 Ludgate hill — =
Hislop Thomas et Co. 20 Gutter lane — =
Howell Evan et Co. 4 A. St. Paul's church. — =
Hutton et Co. 5 et 6 Newgate st. — =
Isaacson Fredk. Wootton, 170 Regent st. — W
Judd Alfred, 5 Gutter lane, Cheapside — E C
Kemp Thomas et Sons, 20 et 21 Spital sq. . — E
Kent Hen. et Chas. 17 Gresham st. west. — E C
Lister Samuel et Co. 4 A, Cripplegate build. — =
M'Cabe Hugh, 45 Friday st. — =
Making John et Son, 10 Love lane. Aldermanbury — =
Martin et Oliver, 124 Wood st. — =
Martin John, 20 Fort st. Spitalfields — E
May William et Co. (clerical et carriage), 19 Bread st. — E C
Meckel et Co. 60 Watling st. — =
Mommers Theodor (ribbon vlvt.), 24 Milk street — =
Newbery John Colin, Mumford court, Milk street —
Norris Charles et Co. 124 Wood street — =
Page Jonathan C. 8 Wood st Spitalfields — E
Parker et Co. 1 Paul's chain, St. Paul's churchyard — E C
Payn James Jabez, 70 A, Aldermanbury —
Peacock Alex D. 12 Steward st Spitalfields — E
Poyton Samuel et Co (carriage), 6 Chapel st Curtain rd — E C
Radcliffe James (satteens et coutilles), 57 Wood st — =
Rix et Bridge, 116 Cheapside —
Robinson Jas. et William et Co. 3 et 4 Milk street — =
Robinson Thomas et Robert et Co. 23 Fort street, Spitalfields — E
Salter et Whiter, 23 Spital sq — E C
Sanderson William, 7 Gresham st —
Seamer Thomas et Son, 5 Milk st Cheapside —
Seneca Robert et Son, 37 Spital sq — E
Slater, Buckingham et Co. 35 et 36 Wood st, Cheapside — E C
Slater, Son et Slater, 6 Wood st — =
Sleigh Hugh et Co. 82 Noble st —
Slim James, 17 Spital sq — E
Smale William, 88 Milk st — E C
Spiers Charles et Son, 10 et 11 Spital E sq manufactory, East road, City rd — N
Stillwell J. et Son, 7 White Lion st. Northflgt — E
Swithenbank Henry, 17 Laurence lane — E C
Tattersall Edward et Co. 23 Southampton row — W C
Taylor James, 21 Hanover st. Islington — N
Tharp John et Co. 8 White Lion st — E
Tyler Henry, 38 Milk st — E C
Vanner John et Sons, Coleman st — =
Varnish Henry, 6 Spital sq — E
Vavasseur, Carter et Collier, 3 Huggin lane — E C
Walters Daniel et Sons, 43, 44 et 45 Newgate street — =
Walter Stephen et Sons, 15 et 16 Wilson st — =
Watson Wm. Bramley, 9 Milk st — =
Welden Charles et J. 130 et 131 Cheapside — =
Wilson Samuel, 27 Canrobert street Bethnal grn. rd — E
Wolfgang Ernest G. et Co. 11 Staining lane — E C
Wright et Hall (machine silks) (W. J. Almond, agent), 156 Cheapside — =

Tapis (fab. de).

Carpet manufacturers and wholesale dealers.

Atkinson et Co. 108 to 212 Westminster bdg road — S E
Barton John Everard, 6 Gutter lane — E C
Bright et Co. 102 Newgate st — =
Brinton et Dewis, Rathbone pl. et 14 Berners st, Oxford st — W
Brown Peter et Co. 14 Basinghall st — E C
Butchart et Don, 3 Church court Ironmonger lane —
Chadwick Mentor Augustus et Co. 2 Fell st — =
Cooke, Sons et Law (felt), 12 Friday st — =
Cox Brothers, 9 Lawrence lane, Cheapside — =
Cranwell Frederick, 31 Paternoster row — =
Crossley John et Sons (limited), Falcon hall Falcon sq. Wood st — =
Cutbertson et Taylor (of Kilmarnock) (Tarn et Turner, agents), 28 King st, Cheapside —
Davis Thomas Edwd et Wm. W. 159 et 160 Whitechapel rd — E
Dixon Henry Jocks et Sons, 71 Aldermamb. — E C
Ellington et Ridley, 89 et 90 watling st — =
France James (Tarner et Turner, agents), 28 King st, Cheapside —
Gill Brothers, 82 et 85 Borough High st — S E
Gregory Thomsons et Co. (of Kilmarnock) (Tarn et Turner), agents, 28 King st —
Gregory et Co. (turkey et indian), 212 et 214 Regent st — W
Grimond Jos. et Alexander Dick, 8 Well ct., Queen st — E C
Halden, Alexander et Sons, 3 Church court Ironmonger lane —
Harrison Charles, 15 watling st — =
Haywood 1. et Co. Islington buzaar — N
Hill e: Rothwell (felt), 18 Lawrence lane — E C
Hindley Chas. et Sons, 132, 133 et 134 Oxford street — W
Hughes Edwd. 18 Lawrence lane, Cheapside — E C
Humphries Jas. et Sons, 3 Kin Edward st —
Hutchinson T. et M. et Co. 5 Bread street Cheapside —
Jack (Peter, jun.) et Co. 18 Lawrence lane —
Jackson et Graham, 20 to 30 Oxford st — W
Kelley (Fairfax) et Sons, 18 Lawrence lane — E C
Kynaston John et Sons (factors), 4 Gresham st —
Lapworth Brothers (turkey), 22 Old Bond st — W
Lyle John et Co. 21 Noble st — E C
Morton et Sons, 1 King Edward st — E C
Naylor et Co. (Tarn et Turner, agents), 28 King st. Cheapside —
Paterson James, 34 Milk st —
Perrin et Griffin (John Hindley, agent), 78 Newgate st —
Robinson Vincent et Co. 38 Welbeck st — W
Shaw, Baxter et Co. 78 Newgate st — E C
Shaw Edwin et Co. 33 Cannon st — =
Smith, Powell et Co. 30 London wall — =
Smith Turberville, 9 Great Malborough st — W
Soutwell Henry et Martin, 32 Argyl st — W
Stevenson William, 10 Piccadilly — W
Stoddard A. F. et Co. 18 Lawrence lane — E C
Stooke Brothers, 3 Foster lane, Cheapside — =
Swallow Michael et Son, 75 Aldermanbury — =
Tapling (Thomas) et Co. 1 to 8 Gresham st we — =
Templeton James et Co. 77 Newgate st — =
Thomson, Stephard et Briggs, 18 Lawrence lane — =
Turnbull David et Co. 8 Newgate st — =

Watson, Donter et Co. (turkey), 35 Old Bond street   W
Waugh et Son, 3 et 4 Goodge st   —
White, Son et Co. 70 Watling st   E C
Whitwell et Co. 102 Newgate st   —
Widnell Henry et Son.21 Noble street, Falcon square   —
Whilkinson John, Son et Co.(felt), 53 Aldermanbury, City   =
Willis et Co. (H. R.) 78 Newgate st   =
Wilson Hugh et Sons (John Hindley, agent), 78 Newgate st   =
Winnell et Fawcett, 32 Newgate st   =
Wood Henry et Thomas et Co. 22 Watling street   =
Woodward Brothers, 77 Watling st   =
Woodward et Grosvenor, 102 Newgate st   =
Woodward et Radford, 145 Cheapside   =

Teinturiers en soie, laine et coton.

Dyers.

Anderson Mary A. et Son, 2 Howland st   W
Andrew John et Co. 8 Noble st   E C
Arminger Robert et Son, 8 Mill st Hanover square   W
Arnold Thos. Eagle wharf rd. New North road   N
Ashwell Edwin et Co. N Old Paradise row Upper st, Islington   N
Austin Emm. et Co. 130 Westmnr. brdg. rd S E
Austin Thomas et Co. 11 Golden square   W
Ayers et Green, 00 Boundry. rd. John's wd   N W
Halfern Brothers, 28 Monkwell st   E C
Halfern Bros. 31 King st. west, Hammersmith   W
Barbouleau B. (bonnet), 9 Oakley st   S E / Bryanston square W et 198 Brompton rd   S W
Barber Miss Lidia, 20 Ball's Pond road   N
Beattie Andrew, 232 Camberwell road   S E / 33 Chilworth st, Westbourne terrace   W
Beaulieu Chas. et Ernst. 8 Sussex pl. O.Brompton   S W
Bearce Anthony, 23 Star cornr. Bermndsy   S E
Bond et Crooks, 16 Garway road   W
Bowden. Green et Co. 75 Ebury st   S W
Briggs et Son, 3 Richmond rd. Westbourne gve   W
Briggs Joseph, 52 Brewer st Golden square   W
Brown Joseph et Co. 2 King's cots. Hornsey road   N
Carr Lewis, 43 Spicer st. Spitalfields   E
Chaney John et Co. 102 Goswell road   E C
Clark Thos. et Wm. Barber's yard, Brown's la   N
Clark Charles, 3 King st. Hoxton square   N
Clarke Mrs. S. 24 Bellevue ter. Seven Sisters' rd   =
Connolly Miss Marie, 20 Dorset st.   W
Cox Brothers, 9 Lawrence lane, Cheapside   E C
Cox Chas. 39 North st. Manchester square   W
Curtis et Co. 11 Albert ter. Bishop's road   =
Dale et Harvey, 8 St. Mary st. Whitechapel   E
Davis James et Son, 01 Fashion st.   =
Henneze William et Co. 150 Kingsland road   E
Duggin Jas. F. et Co. 42 Duke st. Manchester sq.   W
Duggin Jas. F. sen et Co. 24 Southmptn. row   W C
Eastman et Son, 173 Edgware road   =
Elkins James, 11 Weaver st. Bethnal green   E
Elton Edwd. et Sons, 3 Stanhope. ter. Se. Knsgtn   S W
Falman Frank et Sons, Old Ford rd. Bow   E

Fitz Gerald Mrs. E.A. 42 Marchmont st.   W C
Fryer Mrs. Mary, 50 Mount st. Berkeley sq.   W
Gardner et Son, 544 Mile end road   E
Gibbins et Everson, Deptford bridge   S E
Gouldsmith et Son, 10 Pont st. Belgrave sq   S W
Gray Mrs. D. 30 Cliff st., New North road   N
Hankin Wm. et Co. 184 Great Portland st.   W
Hayward Wm. et Co. 3 John st. Horselydown   S E
Hendrie Robt. Jas. 15 Blossom st. Norton folgt   E
Henwood Nicholas Lelean et Co. 4 A Cripplegate buildings   E C
Higgins Peter Alexander et Co.52 Mortimer st   W
Hoesterey et Gauhe (yarn), 60 Watling st.   E C
Indermaur Herman, 54 Wood st.   =
Junko Mrs. M.20 Thayer st., Manchester sq.   W
Kealy Mrs.Rebecca et Co.22 Compton st.   W C
Keith William, 9 Bethnal green, north side   E
King Samuel, 20 Mercer st., Long acre   W C
Kitchen, Robert R. 106 Grange road   S E
Ladbrook J.H.5 Cambridge st. Golden sq.   W
Lansdowne Thos. et Son, 103 East st. Walwrth   S E
Laundry Bleaching et Dyeing Co. (Geo. Samuel Pepper, man.), Royal Victoria laundry, Silchester road, Notting hill   W
Law Wm. et Edward, 37 Monkwell st. City   E C
Lawrence et Sons, 28 et 29 Oxendon st. Haymkt   S W
Lea Wm. Henry, Earl's bldgs. Featherstn. st.   E C
Le Lievre Frederic et George, 18 Cleveland st., Mile end   E
Linnell et Glover, 258 Camberwell road   S E
Luff Wm. et D. 26 Warren st., Fitzroy sq.   W
Menkes et Co.48 St.George's rd.Regent's pk   N W
Metropolitan Steam Bleaching et Dyeing Co. road   N
Mitchinson Jas. et Co. 5 Harcourt st. Marylbn. rd   W
Moody John, 8 Windmill st.   —
Morley Richd. et Co.58 Judd st. Brunswk. sq   W C
Mullineux Mrs. Christy, 12 Staining lane   E C
Osborne Alfred et Co.358 Kingsland road   E
Pearce S. et Co. 4 St. John's pl. Lisson grve   N W
Pearl Mrs. C.56 Queen st., Edgware rd   W
Permanent Steam Dyeing Co. (Thos. Webb, manager); chief office, 9 Gt. Russell st.   W C
Perrin James et Son, 5 Myrtle st. Hoxton   N
Peters George, jun. 5 et 6 Sugarloaf walk, Bethnal green   E
Pickard et Green, 37 Craven road   W
Platt James, 45 Fuller st., Bethnal green   E
Ruteau, Langman et Co.46 Chalk Farm rd   N W
Rateau (Latour) et Co.15 Wigmore st.   W
Roach et Co. 20 Queen's road, Bayswater   —
Rotherham et Sons, Mumford court   E C
Smith Frederic et Co.3 Garrick st.   W C
Smith Oliver et Co.440 Edgware road   W
Smithers Mrs. Matilda, 102 St. James's road   N
Soper Henry Daily et Co. 11 A Stanhope ter. Hyde park   W
Spearman Mrs. C. S. 97 Lamb's Conduit st.   W C
Standish James et Co. 22 Golden square   W
Stevens Wm. Henry et Son. Eagle wharf rd   N
Vuldy John Baptiste, 131 Mile end road   E
Wastell Mrs. Elizabeth, 15 Globe road   E
Waud Charles et Co. 28 North Audley st W et 372 Clapham road   S W
Westmoreland Misses Mary et Eliza, 57 A Dudley grove, Harrow road   W
White John Henry et Co. 4 High st. Kensington   W

Wild et Patrick, 19 Kirby st. Hatton garden E C
Wilson James Leonard, 13 New Ivy st.
Wontner Mrs. M.3 Church. row, Islington   N
Yates Charles et Co.462 Kingsland road E; 131.

Toiles et toiles damassées (fab. de).

Linen manufacturers et factors.

Adams John et Co. 11 Aldermanbury   E C
Baker T. et Sons, 17 King st.Cheapside   —
Ball John, 6 New court, Bow lane   —
Baxter James, 2 Blue Boar et Friday st   —
Boys Edward Coleman, 79 watling st   —
Brooke Thomas Farnell, 10 Gutter lane   —
Brown John Shaw, 16 King st   —
Purns Jos, Ross et Co. 63 Great Tower st   —
Campbell Jos.20 Air st.Picadilly   W
Christie Robt.et Co.4 Sermon lane   E C
Clark Wm.11 Aldermanbury   —
Coles Wm.George. 1 Lillypot lane   —
Cooke Philip Gattey, 19 Old Change   —
Coulson James et Co.11 pall mall east   S W
Cox Brothers, 9 Lawrence lane   E C
Crawford George et Co.2 Blue Boar et   —
Crawford et Lindsays' (damask), Banbridge
   Ireland (Joseph Martin, manager), 26 Milk
   street   —
Crawley Richard, 31 Milk st Cheapside   —
Davies et Jones. 118 wood st   —
Dewar D. Son et Sons, 4 to 7 King's Arms
   buildings   —
Dicksons, Ferguson et Co. 49 Bread st   —
Dobbin John et Co. 138 Cheapside   —
Don Andrew Low. 6 Russia row, Milk st   —
Durie et Miller, 20 watling st   —
Evans George, 3 Cannon st   —
Faithfull Geo. Alex. 2 Blue Boar et Friday st —
Faithfull Walter, 21 Lawrence lane   —
Faulkner Henry et Co. 6 Castle ct,Lawrence
   lane, Cheapside   —
Fenton, Son et Co.19 Addle st   —
Foster Thomas, 10 et 11 Bread st   —
Fox Charles, 15 Old Change   —
Gamble, Shillingford et Co.23 Milk st   —
Gauntlett Wm.56 Sutherland sq   S E
Gibson John, 30 Ironmonger lane   E C
Gilbert Gibbins et Westall, 1 Castle ct   —
Greig Peter et Co. 1 Crown ct Cheapside   —
Gunning et Quarell, 31 King st   —
Harding Horace W.7 Foster lane Cheapside   —
Hayter Edwd et Co. 14 Lawrence lane   —
Heald Richard, 3 Little Trinity lane   —
Henning John et Son, 138 Cheapside   —
Hexter Samuel, 23 warwick st. Regent st   W
Hoare Arthur, 41 Queen st, Cheapside   E C
How Horace Thomas, 31 Milk st Cheapside   —
Jeffrey Robert et Sons, 9 Lawrence lane   —
Kinnears et Co.16 Mark lane   —
Lane Robert, 10 Ironmonger lane   —
Leadbetter Brothers et Co.9 Gresham st   —
Lecky Francis Boyce, 56 Aldermanbury   —
Liddel Wm. et Co. 149 Cheapside   —
Magee Brothers et Co.11 et 12 Milk st   —

Manvell Wm.12 Bow churchyard   E C
Marshall et Co. 43 Noble st   —
Matthew Wm.Edwd. 8 Trump st   —
Metherell Jos.1 Crown ct, Cheapside   —
Montgomery, Druitt et Co. 9 Milk st   —
Moorhead Wm.9 Bow churchyard   —
Ogilvy Jas. et Son, 9 Lawrence la.Cheapside —
Pattison W.et J.51 Aldermanbury   —
Rea John, 5 Gutter lane   —
Richards et Co. 45 Bread st   —
Ritchie Wm. et Son. The London spinning
   mills, Stratford   E
Russell Benjamin, 10 Lawrence lane   E C
Russell Hugh et George, 16 Old Change   —
Sadler S. 21 to 26 Ironmonger lane   —
Scott James et Wm. 31 Milk st   —
Smicton Jas. et Sons, 24 to 26 Ironmonger la —
Spooner Edmund S. 46 Gresham st   —
Starkey, Carr et Co. 74 1/2 New Corn Ex-
   change   —
Taylor Thomas et Sons, 29 A, Bread st   —
Taylor Wm.et Co. 6 Carey lane   —
Toyne et Co.13 King st.Cheapside   —
Tuckey John et Co. 47 Duke st Manchester
   square   W
Wallace Wm. 12 Brerd st Cheapside   E C
Walpole Brothers, 43 A, Pall mall   S W
Walters Thomas, 115 Wood st   E C
Willcock Edward, 4 Gresham st   —
Williams John, 5 A, Lawrence lane, Cheaps. —
Young George A. 40 Mitre ct. Aldgate   —

Velours (fab de).

Velvet manufacturers.

Arnott Abraham (silk), 82 Sclater street   E
   street.
Carstangen et Scheidt (silk), 39 Monkwell E C
Copestake, Moore, Crampton et Co. 5 Bow
   churchyard   —
Corbière et Son (utrecht), 30 Cannon street,
   St. Paul's
Ellington et Ridley, 89 et 90 Watling street —
Fickler Brothers, 65 Wood st. Cheapside   —
Gancel Emile et Co. (french silk velvets), 8
   Newgate street   —
Harris Wm. Francis, 5 Castle st. Falcon sq —
Hartwright et Meyerheim, 138 Cheapside   —
Heynen Henry, 1 Little Love lane, Wood st —
Hutton et Co 5 et 6 Newgate street   —
Langworthy Brothers, 40 Gresham street   —
Mann Henry et Co. 92 Watling street   —
Neuhaus et Co. 1 Little Love lane   —
Norris Charles et Co. (silk et utrecht), 124
   Wood street   —
Robinson James et Wm. et Co. 3 et 4 Milk st —
Simpson John et James et Co. (utrecht), 89
   Newgate street   —
Verkruzen et Co. 3 Fell street, Wood st   —
Vom Brucks Hy. et Sons, 145 Cheapside   —
Walters Daniel et Sons (agents) (utrecht),
   43, 44   —
Welch et Sons, 44 Gutter lane

PRINCIPALES VILLES

DE

L'ANGLETERRE

Aberdare. Comté de Glamorgan.

Banquiers : Brecon Old Bank (agent: J. Powell). — Brecon of England Bank (agent : J. Davies).

Alcester.

Aiguilles (fabrique d'), Alwood et fils, représentés à Paris par A Dacert, maison à Londres, 53, Aldermanbury,

Ashton-Under-Lyne, Comté de Lancastre.

Banques : Ashton, Stalybridge, Hyde et Glossop Bank. — Manchester et Liverpool, Districk-Bank. — Saddleworth Banking-Company.

Coton (filateurs et manufacturiers): — Andrew Stephen. — Andrew (Elie et Frank). — Burdsley Vale Mill Company. — Brammah (Joseph) (Hurst-Brook). — Buckley (A.) et Cie (Ryecroft). — Buckley (James Smith) (Ryecroft). — Chadwick (Thomas) et Cie. — Charlesworth (John). — Cryer et Thompson — Cryer (Eli) et fils. — Frost (Francis) Aylmre — Garside (John). — Hegginbottom Sam. et fils. — Howad (Samuel). Hulme (John) et fils. — Kenworthy (James) et Cie.— Kenworthy (George). — Kersaw (John). — Kersaw (Raph) et James. — Knott (James) et fils. — Knowles (Raph) (Whitelands). — Lees et Knott. — Lees et Swire. — Lees frères (Harper Mill).). — Lees (Robert) et fils. — Lord (John). — Marschalt (Jacob) (Hurst-Brook). — Mason (Thomas) et fils. — Mellor (Thomas) et fils. — Moss (John) et Cie Neild Sutcliffe et Cie. — Nield (Thomas) et fils. — Pierce (S. E.). — Redfern et Gartside. — Reyner (J. B.) et frères n° 18, Strutt str. Manchester. — Reyner (Thomas) fils, n° 18, Strutt street Manchester. — Shaw, Hugh et et Gerard. — Stead (Thomas) (Hurst-Mount). — Tame ValleySpHning Company. — Taylor, Cowper et Cie (Hurst-Mount). — Warhurst (J. B.) et Cie. — Whittaker (John) (Higher-Hurts). — Wittaker Oldham (Higher-Hurst).

Machines et métiers (manufacturiers de) : Booth et Knowles. — Boutton (Isaac Watt). — Cryer et Lees (Dukinfield). — Garside Firth (Hurst-Brook). — Hall (Wm et John). — Head (Wm). — Jamieson (Wm) (Oldam Road). — Jones (William) et Cie. — Lees, Beard et Cie. — Lees (Thomas et Henry) (Hurst-Brook). — Mills et Sidebotham. — Shaw (John) (Hurst-Brook. — Sibley (Thomas). — Smith Christopher). — Stott (Eli).

Barnsley, comté d'York.

Banque : Barnsley Banking. — Company, correspondants à Londres : Barnett, Hoares et Cie. — Wakefield et Barnsley Banking Company, correspondants à Londres : Glyn et Cie.

Toiles (manufacturiers de) : Carr et Kay. — Carter frères. — Cordeux et Calvert. — Fletcher, Scales et Outwin. — Halliwell (J.). — Harvey (W.) et Cie. — Hattersley et Parkinson. — Haxworth, Carnley et Semple. — Jackson et Mathewman. — Pigott (J. B.) et fils. — Richardson, Tee, Rycrolt et Cie. — Spencer (H. J. et J. S.). — Taylor (T.) et fils. — Tee (C.) et fils. — Whaleys et Cie.

Batley.

Banques : — West Riding Union Banking Compagny, Hemmingway (E.), directeur. — Huddersfield Banking Compagny, Whiteley (W.), directeur.

Laines et déchets. Hall (Thomas) and Sons.

Principaux manufacturiers. — Brearley (Robert) et Sons. — Colbeck frères. — Colbeck (Isaac). — Fubb (Joseph) et Son. — Nussey (John) et Cie. — Sheard (Michael) et Sons. — Stubley (G. et J.). — Taylor (S. T. et J.). — Thall (Thomas) and Sons. — Wilson (Robr.) et Sons.

Belper.

Banquiers. Derby and Derbyshire Banking company.

Bonneterie. Ward, Sturt et Sharp (G.), Brettle et Co.

Coton (filat. de). W. G. et J. Strutt.

Mécaniciens. R. Bond.

1 — 2

Berwick, comté d'Edimbourg.

Vice-consul pour la France, Prusse, Danemark, Suède et Norwège. B. G. Sinclair, commission agent.

Banquiers. National, Almerick and County bank, Bank of Scotland, Woods et Cie.

Produits chimiques (fab. de). Wilson (J. L.).

Beverley, comté d'York.

Banquiers. East Riding Bank, Beverley Bank, Yorkshire Banking Co, Hull Banking Co.

Bingley, comté d'York.

Tissus de laine, soie et coton (fab. de). Milligan (W.) et fils.

Birmingham.

Consuls et chargés d'affaires.
- = d'Autriche. Gem (Edward).
- = des Etats-Unis. Underhill (John).
- = d'Espagne. Villanueva (F.).
- = de France. Boisselier #.
    Chancelier, Moulin (Ch.).
- = d'Italie. Paraviso (B.).
- = de Prusse, Suède et Norvège, Russie, Turquie, Uruguay et Honduras, Collis (G. R.).

Agrafes (fabr. d'). Newey frères (successeurs de J. G. Newey), brevetés, fabr. des articles connus sous les noms de Pélican and Zebra et Original Swan Bill Hooks and Eyes.

Banquiers. Attwoods Spooner et Co. = Birmingham Banking Co. = Birmingham Town et District Bank. Birmingham et Midland Banking Company. = Branch Bank of England. = Joint Stock bank (limited). = Lloyds et Cie. = National Provincial Bank. = London, Birmingham et South Staffordshire Bank (limited). — Moilliet et fils.

Boutons (Manufacturiers de). Armfield (Edw.) = Aston's (John), seuls dépositaires à Paris, Rozey Delliu et Cie, 90, boulev. Sébastopol. = Aston (W.). — Bankes et Hammond. = Bartleet (T.) et fils. — Brockington (W.). = Bullock (Ths) et fils. = Bullwint (G. et H.). Chatwin (John) et fils. = Cope (J.). — Dain, Watts et Manton. = Green et Cadbury. — Hall et Dutson. = Hammond, Turner et Sons, représentés à Paris, par Basset frères. — Iliffe et Player frères. = Jennens (J. W. et W. S.). — Jérôme (T.). — Kerby (W.). — Neal et Tonks. = Phibson (T.) et fils. = Piggott et Cie. = Robinson (W.). = Rowley et Cie. — Smith et Wright. = Souter (G.). = Waldemar Lund et Cie, 10 Northampton St, maison à Paris, — Weaver (F.).

Bretelles, jarretières et ceintures. Carpenter (S.) et Cie. = Thorp (T. et S.). — Turner et Cie.

Epingles et aiguilles. Blackham (O. G.). — Burgess et son. = Cross et Cie. — Edelsten et Williams. — Edridge et Cie. = Edridge et Merrett. — Hickman et Clive. = Iles (Ch.). = Jarrott et Ramsford. — Kirby, Beard et Cie. = Lee (James). — Phipson (T.) et fils. — Edelsten et Williams, Newhall works.

Négociants-commissionnaires. Armfield (E.). = Armstrong et Cie. = Auster (H. W.). = Barnes et Cie. = Bartleet (T.) et fils. = Beach et Minte. — Benson (John) et Cie. = Best et Bourne. — Blakemore et fils. = Blum et Fuller. = Buckley (Samuel) et Cie. = Charleton frères. = Clarke et Timmins. = Cohen et fils. = Cohen (A. D.) = Coppock (Jno). = Coulson et Cie. = Crawley et Parsons. = Crichley et Cie. = Davidson et son. = Donald, Mc Kenzie et Cie. = Elwell (H.). — Field Ibbotson et Cie. = Fletcher (R.). = Fry et fils. = Gem (Edw.), (général Merchant). = Goddard et Cie. = Graham et James. = Hasluck (D. S.). = Hawkes (J. et W.). = Hill (G. R.). = Hunt et Gansby. = Jackson et Horton. = Joseph (B. L.). = Keeb frères. = Kohn (J.). = Lambert (Charles). = Laudler, Bowe et Cie. = Lane et sons. = Langebear et Cie. = Leonardt et Catwinkel. = Lichtenstein et Godfrey. = Lindner et Cie. = Lord frères. = Lowe (John et Henry). = Lowe et Willetts. = Martineau et Smith. = Mason et Richards. = Meyer (John). = Moore, Philips et Cie. = Muntz et Purden. = Paraviso (B.). = Parker (E.) et fils. = Pereira (J. B. A.). = Rabone frères et Cie. = Richards (T.) et Cie. = Sauerland, Hatch et Cie. = Schletter et Cie. = Scholefield et fils. = Shaw (G. et J.). = Short (Ths.) et Cie. = Smith (Timothy) et fils. = Van Wart et Cie. = Wagner (G. H.). = Walker frères et Cie. = Weiss frères. = Wood (Wm.) et fils.

Parapluies. = Barrs (W.) et fils. = Boyer et son. = Boyle et Warwick. = Cox (T.). = Holland (H.). = Newey (H.). = Smith (S.).

Blackburn, comté de Lancastre.

Commercial Association. Thomas Crooke Ainsworth Esq. secrétaire.

Agents-Commissionnaire. Brodie (James). = Heppbe (Thomas). = Little (George). = Land (Thomas) et frères. = Morley (Wm). = Polding (William). = Rosser (Walter). = Sharples (John). = Townley (Richard). = Turner (Thomas). = Wheelhouse. = Whittaker (Robert).

Banques. Cunliffes, Brooks et Cie. = Manchester et Liverpool, District Banking Company. = Manchester et County. = Preston Banking Co. = Savings Bank. = Penny Bank. = Preston Banking Company.

Coton (filateurs manufacturiers de). Alston (Wm) et Cie. = Ashburn (Wm) et Cie. = Bank Top Mill Company. = Baynes (John). = Birtwistle et Cie. = Bolton (Thomas) et Cie. = Briggs (Edwards) et Cie. = Coddington (W. D.). = Dickinson (Wm) et fils. = Dugdale (John) et fils (Cherry tree mill). = Dugdale (Thomas) frères et Cie (Witton). = Fish (John) (Livesey). = Forrest (James) et Cie. = Forest (W.). = Graham Henry (Livesey). = Harrison (J.) et Cie (Highfield). = Hart (Thomas). = Highfield Spinning Company. = Hodgkinson, Swain et Codling. = Hopwood (Robert) et fils. = Hornby (Wm Henry). = Jackson et Grime. = Lewis frères. — Livesey et Rodgest. — Ordnance Mill Company. — Pearson et Walkden (Livesey). — Pilvington frères. — Railtons et Stones. — Rodgett (Edward) et Cie. — Sparrow et Crankshaw. — Stones Radcliffe et Cie. — Thompson et Longworth (Whalley). — Turner (M. G.). — Ward (Henry). — Whiteley (George) et Cie.

Coton (manufacturiers d'articles de). Ainsworth (Wm. H.). — Anderson (John) (Rishton). — Beads (James). — Bennington et Bury. — Brandwood. — Bullough (Adam) Waterside). — Carr (John). — Copeland (Thomas). — Cottan et Slater. — Cowell Davenport. — Crankshaw (Thomas) et Cie. — Critchley, Armstrong et Cie. — Duckworth et Parker. — Dugdale (John) et fils (Foundry Hill mill). — Eves (Peter). — Forrest frères et Cie (Nova Scotia). — Greenwood (Wm). — Halliwell (Wm). — Harrison frères et Cie. (Witton mill). — Harrison (J.) et Cie (Highfield mills). — Healy et Constantine. — Greenwood (Rich). — Haslam (John) et Cie. — Helm (Thomas). — Holme (John). — Holt (Thomas). — Hutton et Caynes. — Ingham (John) (Nova Scotia). — Johnston frères. — Kearton (David) (Livesey). — Kenyon et Colton. — Leigh (James). — Orrelt (T.) et Cie. — Parkinson (Thomas). — Parkinson (Wm). — Pye (George) Whalley Banks). — Sagars (Thomas). — Sellers (Henry). — Sharples (Alexander). — Shuttleworth (Henry) et Cie. — Slater (Thomas) et Cie. — Soarbeetts (Edw). — Tootal, Broadhurst et Lee. — Walley (T.) et Cie. — Walmsley (C. et F.). — Webster (Rich.).

Métiers à tisser (fabr. de). Spécialité. (Power Looms Winding Warping sizing machines). — Dickinson (W.) et fils. — Dugdale (John). — Harrison (Joseph) et fils. — Radton (B. et J.). — Willan.

Bolton-le-Moors, comté de Lancastre.

Banques. Bank of Bolton. — Hardcastle Gross et Cie. — Manchester et County Banking Co.

Blanchisseries et teintures. Ainsworth fils et Cie (Halliwell). — Appleton (Ths) et Cie (Turton). — Banks et Grisdale. — Blair et Sumner. — Bridson (Th. R.) fils et Cie. — Chadwick (James) et frères. — Cottril (J. et J.). — Cross (Thomas) et Cie. — Hardcastle (James) et Cie (Cradshaw). — Hardcastle (Th.) et fils (Tonge-with-Haulgh). — Hollins (Edward) et Cie (Creightmet). — Horridge (Th. Gardener) (Great-Lever). — Knowles et Green (Tonge-with-Haulgh). — Lomax (Henry) (Ainsworth). — Longworth et Cie. — Makant (William). — Marsden (James) et Cie. — Murton (Georges) et Cie. — Ridgway (Joseph) et Cie (Horwich). — Seddoo (John) et fils (Ainsworth). — Slater (George et James) (Dunscar). — Slater (John) et Cie. — Smith (John) jeune et Cie (Great-Lever).

Coton (filateurs de). Ainsworth (W. et C.). — Arrowsmith (P. R.) et Cie. — Arrowsmith et fils. — Ashworth (Edmund) et fils (Egerton mills). — Ashworth (Henry) et fils (Turton). — Baker (Noah et Roger) (Kersley). — Barnes (Thomas) et Cie (Farnworth). — Barrett (Thomas). — Bayley (Jas et John). — Bromiley (Arthur). — Callender (W. R.) et fils. — Cannon et Haslam (Halliwell). —

Clemson (Wm) et frère (Little-Lever). — Cooke et Charnley (Edgeworth). — Crook (Joshua et fils. — Cross (John) et fils. — Cross (Thomas) et Cie. — Crossley (David) (Farnworth). — Dearden (James) Turton). — Ditchfield (Westhoughton). — Dyson (Siméon) et Cie (Farnworth). — Fletcher (Thomas) (Dille-Lever) Gee (Giles) et fils (Kersley). — Gray (Wm) et fils (Darcy-Lever). — Greenhalgh et Shaw (Halliwell). — Greenhalgh (Joseph et Handel) (Bradshaw). — Hamer (Wm) (Little Lever). — Hampson (Wm) et fils (Breightmet). — Hardman (J. et J.) (Farnworth). — Hargreaves frères. — Harwood (Ed.). — Harwood et Walmsley. — Harwood (Spinning Company. — Haworth, John et fils (Turton). — Heaton (Ch. et Alfred). — Heaton (Thomas Wood et John). — Hebdon et Tayler. — Hodgkinson (James) et Cie. — Horrocks (Georges) (Farnworth). — Houldsworth frères. — Johnson et Reeve (Rumworth). — Knowles et Bradshaw. — Knowles (John et Georges). — Lord, Hampson et Lord. — Lord et Hamer (Turton). — Marsden (James). — Martin, Johnson et Ioule. — Musgrave et fils (Halliwell). — Nuttrall (Thomas) et fils (Farnworth). — Openshaw (W. et A.) (Farnworth). — Ormrod et Hardcastle. — Orrell (Thomas). — Parkfield Mill Company. — Partington et Bradoury (Little-Holton). — Pickup et Holden (Sharples). — Pilkington (John) (Westhoughton). — Prestwich (John) et fils (Farnworth). — Richardson (Henry M.). — Rostron et Duckworm (Turton). — Rylands et fils (Ainsworth). — Shepherd et Whitaker. — Seddon (John) et fils (Ainsworth). — Slater et Beddows (Halliwell). — Smith (John) et Cie (Belmont). — Stones (John) et Cie (Sharples). — Taylor (James). — Taylor (T.) et fils (Grecian mills). — Thompson la Gorse. — Thomasson (John) et fils. — Tootal, Broadhurst et Lee. — Toop et Hindley (Farnworth). — Vickers et Hoyle. — Wallwork et Sussum (Farnworth). — Warburton (William) jeune. — Wardlfrère et Cie. — Westhongton Spinning Co. — Whittaker (J.) (Halhwell). — Whittam (Joseph) (Farnworth).

Droguistes (Manufacturing Chemists. Blair, Harrison et Cie (Farnworth). — Haslam et Howarth. — Horrocks (Samuel) (Kersley). — Jordon (Edwin) (Farnworth). — Murphy (Thomas). — Rothwell (James) (Kersley). — Scott (John) (Farnworth). — Smith (John) (Great-Lever). — Wilson (Edward) (Little Lever).

Manufacturiers d'articles en coton : Atkinson (W. D.). — Briggs et Duxhury (Farnworth). — Bromiley (Arthur). — Clarke et Cooke (Lettle-Hulton). — Crashaw et Grundy (Farnworth). — Green (John) (Farnworth). — Hall (John). — Hardman et Hampson. — Haslam et frères. — Hindley (John) (Farnworth). — Hurst (Samuel) (Little-Hulton). — Hurst (William) et Cie (Farnworth). — Kershaw (John). — Lomax (James). — Pickup et Holden (Sharples). — Prestwich (John) et fils (Farnworth). — Richardson, Tée et Rycroft. — Scholes et Wilson (Farnworth). — Seddon (Thomas) (Darcy-Lever). — Seed et Seddon (Breightmet). — Smedley (Nathan). — Smethurst (John). — Wardle James et fils.

Manufacturiers de courtes pointes et piqués : Barlow et Jones, damassés croisés, serviettes linge de corps, couvertures de coton, etc. — Baron (John). — Baron (Joseph). — Bataman (P. e

T.). — Derry et Barlow. — Bond (Henry). — Hart (Nancy). — Haslam (James). — Baslam (Roger). — Hodgkinson (George). — Johnson (Jabez) et Fildes. — Lee Betty. — Lever (Henry). — Leyland (Thomas) (Tonge). — Lomas (Abraham). — Mather (James). — Mitchell (John). — Nightingale (Fréd.). — Orrell (Thomas). — Pearson (Thomas) et fils. — Pennington (Henry). — Phethean (Joseph). — Pownall et Lomax. — Smith (James). — Staton (Thomas). — Vickers (John).

Mousseline (manufacturiers de) : Ashworth (Henry) et fils (Turton). — Fletcher (Robert) and son's (Stoneclough). — Gray (William) et fils (Darcy-Lever). — Haslam (John) et Cie. — Kershaw (John). — Ormrod et Hardcastle. — Tootal, Broadhurst et Lee. — Tristram (William). — Wardle (James) et fils (Darcy-Lever).

Bradford, comté d'York.

Banquiers : Bradford banking Co. — Bradford commercial banking Co. — Bradford District Bank (limité). — Branford Old Bank (limité). — Yorkshire banking Company.

Commissionnaires : Behrens (Jacob), représenté à Paris par Louis Homburger. — Posselt (E.) et Cie, tissus anglais, commission, exportation, 10 et 12, Dently street.

Mécaniciens : Derry (B.) et fils. — Bowling Iron Co. — Cole, Marchant et Cie. — Crosland (R.). — Haley Enoch et Elisha. — Hodgson (G.). — Hird Dawson et Hardy Lowmoor Iron Co. — Lister et Mitchell. — Railway Foundry Company. — Wilkinson (S.).

Manufacturiers d'étoffes de laine en tous genres (Woolen stuff and worsted manufactures) : Ackroyd (W.) et Cie (Otley). — Ackroyd (Ths) et fils — Anderien (John). — Appleyard (Wm) et fils. — Baines (Samuel) et Cie. — Bairstow (Ths) et Matthew. — Bertrum (A. C.). — Bottomlek (Eli) et Cie. — Bottomley (M.) et fils. — Bottomley (S.) et frères. — Bottomley (Ths) et Cie. — Bottomley (W. et D.) — Briggs (John) et Cie. — Briggs (W.) — Clapham (Geo B.). — Clapham (Wm). — Clough (John) et fils. — Constantine, Pickles et Cie. — Craven (Francis). — Craven (John et Joseph) et Cie. — Craven (Joseph). — Craven (Josua) et fils. — Critchley et Cie. — Denby (D.). Denby (W). et fils. — Denton (A. H.) et Cie. — Edmetton et Hagham. — Field (J. F.). — Eson (Cornell). — Foster (Timotheus). — Fox (David W.) et Cie (Bowling). — Gath (W.) et Cie. — Getz et Cie. — Gourlay et Hill. — Greenwood et Wilkinson. — Greenwood (Wm), jne. — Gregory (Edw.). — Halliwell (Daniel) et Cie. — Hartley (Ths). — Hill Bannister. — Headley (Ths.). — Hodgson (John). — Holdsworth (John) et Cie. — Illingworth (Benj.). — Lister (G. B.) et frères. — Luccook, Lupton et Cie. — Merrall (H.) — Midgley (John). — Peel (Wm) et Cie (Priestley (Job.). — Priestley (John). — Priestman (J.) et Cie. — Proctor (Ch.) et Cie. — Riddings (Edw.). — Rigg (Wm) et Cie. — Robertshaw (Isaac) et Cie. — Rollfen et Gidley. — Salt, Titus fils et Cie. — Sharp (Daniel). — Smith et Mossman. — Sudgen et Briggs. — Townend (Simeon) et Cie (fil de laine). — Turner (Henry). — Ward, Webb et Cie. — Wheater, Smith, Tankard et Cie. — Wilkinson (James). — Wilson et Spencer. — Wood (Jos.) et frères. — Wright (Benjamin).

Négociants d'étoffes et tissus en tous genres : Abercrombie (D.) et Cie. — Ackroyd (W.). — Aders, Preyer et Cie. — Albrechet (Samuel). — Bankart, Beattle et Cie. — Bartle (Wm). — Beckenbach et Cie. — Behrens (S. L.) et Cie, et à Manchester, Glasgow et Huddersfield. — Behrens (Jacob). — Bell (Edmond) et Cie. — Bernheim et Wilson. — Binns (Geo) et Cie. — Bottomley (M.) jeune et Cie. — Brayshay (W.) et Cie. — Brigg (Joshua). — Briggs (Wm). — Brown (Jas.) fils et Cie. — Buckup et Cie. — Butterfield frères. — Carlton, Walker, Watson et Cie. — Churton, Bankart et Hirst. — Collinson, Midgley et Cie. — Craven (Edwm) et Cie, et à Londres. — D'Hauregard (H.) et Cie. — Dehn et Melchior. — Dewhirst (Wm) et Cie. — Douglas, Mitchell et Cie. — Dufour frères, et à Londres. — Du Fay et Cie. — Ehrenbach (B.) et Cie. — Firth, Booth et Cie. — Florack et Cie. — Gardner (L. et A. L.). — Gath (Wm) et Cie. — Genth (F.) et Cie. (General commission merchants). — Gillies, Garnett et Cie. — Goldsmith (P.) et Cie. — Greaves et Cie. — Green frères. — Hamilton (Rich.) et Cie. — Haigh (John) et Cie. — Henry (A. et S.) et Cie. — Hertz Martin et Cie. — Hess (Alex. Jus.) et Cie. — Heugh, Dunlop et Cie. — Heymann et Alexander. — Heymann (Ed.) et Cie. — Hiltermann frères et Cie. — Hoffmann, Hurter et Cie. (fil de laine). — Horwity, Meyer et Cie. — Jonas Simonsen et Co, représenté à Paris par Bidault. — Kaufmann Moritz. — Kemp (A. B.) et Cie. — Kessler et Cie, et à Manchester. — Knowles et Cie. — Liebert (Bernhard). — Lister (Richard). — Louis et fils. — Loewenthal (S.) et Cie. — Luccook, Lupton et Cie. — Maguire, Hyde et Cie. — M'Kean, Tetley et Cie. — M'Laurin (A. S.) et Cie, et à Londres, 0 et 10, Goldsmith street. — Martin (S.) et Cie. — Meyer (G. S.) et Cie. — Milligan, Forbes et Cie, agence à Paris. — Milligan, Hunter et Cie. — Milligan (J.) fils et Cie. — Milligan (Rob.) jeune. — Mills (Jas. Wm). — Nathon (N. P. et H.). — Negraponte (S. J.) et Cie. — Novelli et Cie. — Parkinson et Strohn. — Peel (Wm) et Cie. — Pickles (J.). — Povel et Wobbe. — Preller (Emilius). — Quitzow, Schlesinger et Cie. fils de laine, de poil de chèvre, d'alpaga, peignons, laines peignées, etc. — Reichenheim (fils et Cie. — Reiss frères. — Rennie Tetley et Cie. — Reuss (Ernest) et Cie. — Riley (Jh). — Russell, Douglas et Cie. — Hermann Sudson et Leppoc, représenté à Paris par Langlois (A.). — Scarf et Croysdale. — Scharff (Edw.) et Cie. — Schaub (Wm), et à Paris. — Schlesinger (Julius) et Cie. Schoenfeld (N.). — Schunck, Souchay et Cie, représenté à Paris par Schewab (G. J.). — Schuster Léo, frères. — Schwan, Kell et Cie. — Seinon (Ch.) et Cie. — Shepherd (Ths) et Cie. — Siehel (Alex.) et Cie. — Siltzer (John) et Cie (24, Union street). — Simon, Israël et Cie. — Smith (Ths). — Stansfd Brown et Cie. — Stavert, Zigomala et Cie. — Stainthal et Cie, représenté à Paris par Léon Cubain. — Storey (Samuel). — Stowe frères. — Walter, Atkinson et Cie. — Winterbottam (A.). — Wild (Benjamen) et Cie. — Würtzbourg (L.) et Cie. — Young Shiels et Cie.

Teinturiers, (Dyers of Cotton) : Armitage (Geo.) et Cie. — Ayroyd (W.). — Botterrill (John). — Chapman (Wm) et fils. — Fletcher (Wm). — Haighs et Billington. — Holdsworth (J.) et Cie. — Ingham (Oates) et fils (Waltey Dye Works.)

Kirk (Jos. M.) et Cie. = Ripley (Ed.) et fils. = Smith (S.) et Cie.

Brighton.

Vice-consul de France, vice-consul de Danemark : P. Black.

Banquiers : = Hall, Lloyd, Bevan et West (correspondant à Londres avec London et Westminster Bank. = Hampshire Banking Co. = London et County Bank (Branche.)

Draps et soieries (Nég. de) : Corder et fils. = Collins (C.). = Foukes. = Francis. = Farmer et Rogers. = Hannington et fils. = Lushmar. = Needham. = Park, Owen et Cie. = Pocock George. = Pressland (C.). = Ralve.

Bristol.

Agent consulaire de France : M. Cates.

Aiguilles (fab. de) : Chas Lambert et fils.

Cordages et cordes (fab.) : W. Terrell et fils. Chard et Cie. J. Gillard.

Corsets (fab. de) : G. Langridge et Cie.

Drapiers : Ransford et Cie. Walsh et Cie.

Droguistes et fab. d'articles de teinturerie : S. G. Clements et Cie. E. Farden et Cie. Ferri et Cie. Longman, Leonard et Robinson. Hellier et Cie. Hurndall et Cie. Matthews et Cie.

Étoffes de laine (négociants de) : Godwin et Chilcott. Hathway et Cie.

Lin (march. de) : Jas. Cavdy. Culverwell et fils. Harris et Crook. Linton, Francis et Cie.

Négociants : M. J. F. and A. Alexander. Beloe and Co. G. T. Bennett. Rob. Bruce. J. et R. Bush. May et Hassel. Fedden and Morcom. W. and J. Gwyer. Lucas and Co. Francis Adams. Edmond Gwyer and sons. Hayeroft and Pethick. Humphries and Co. W. Baker et fils. Budjett et James. J. Grace. R. Miller. Luker and Co. Evans Son and Co (fab. de toile cirée). Roberst et Daines. Taylor and Cie (plomb). Ivens and Cie. Barnes and Son. T. P. Jose. R. and W. Iling. F. W. Green. J. K. Thomas (fab. de lin) (Great Western Cotton Works). Stephens, brothers. Wait and James.

Négociants (avec les Indes occidentales) : Baillie et Cie. Claxton. Chamberlain. Daniels and sons. Miles et Cie.

Négociants et propriétaires de navires : Daniel and son. Miles and Kington. Gibbs, Bright and Co. Rowe. Whithwill and Son. E. Gwyer and Sons. G. Cole. Evans, Son and Co. King (R. and W.). Patterson (W.) and Sons.

Tapis (fab. de) : Hare and Cie.

Bury, comté de Lancastre.

Banques : Bury Banking Company. = Manchester et Liverpool. District Banking Co.

Blanchisseries. Bleackley (J. et H.). = Hardman Price et fils. = Livsey (Thomas) Lewis. = Rothwell (Samuel) et fils (Elton). = Warburton (Benjamin) et Cie. = Whitehead (John) (Elton et Walmersley).

Coton (filateurs et manufacturiers). Alcock (R. et S.) (Fraetown). = Ashworth (A.) et Cie. = Bury et Heap commercial Co. = Bury Co-operative manufacturing Co. = Calrow (James) = Rich. Calrow (Thomas) et fils (Elton). = Fletcher Lawrence Wood (Tottington). = Gee (Peter). = Hall (John) et frères (Walmersley). Haworth (James) et fils. Hutchinsons (Wm) et John (Elton). = Kay (Wm) et fils (Woolford Mill). = Milnes (Edmund D.) et frères. = Openshaw (Charles) et fils. = Openshaw (James Alfred) et frères. = Openshaw (W. et G.). = Openshaw (Thomas) Lomax. = Parkinson (Rob.) et Cie. = Pilkington (Thomas) et fils (Radcliffe.). = Renshaw (Samuel) et Cie. = Rothwell et Grundy (Limefield). = Rothwell (Thomas) (Tottington). = Walker et Lomax. = Walker (John). = Wanklyn (Wm). = Warberton (John) et Cie. = Wolstenholme (Cornelius).

Drogueries (Manufacturiers.). Edwards (David). = Hal et Stokdale (Elton). = Holt (Robert). = Jakens (Joseph). = Mucklow (Edward) (Elton).

Machines en général et métiers mécaniques pour le tissage (fab. de). Bentley et Cie. = Bland (Wm et fils (Chipfield). = Butterworth (John). = Hacking et Cook. = Hall (Robert). = Halsall et Taylor. = Holgate et Fishwick. = Kay (James) Clarkson. = Mills (Richard). = Mitchell et Cie. = Park (James), (Fernhill). = Parkinson (John). = Redfern et Smith. = Walker et Hacking : Vulcan Works.

Manufacturiers d'articles en coton et futaines. = Alcock (R. et S.). = Ashworth (A.) et Cie. = Barber et Kenyon. = Bleomeley (Edwin) (Fernhill). = Brierley et Clong. = Butterworth, Riley et Cie. = Doxbury et Cie. = Entwisle et Cie. = Fish et Green. = Hall (John) et frères (Walmesley) (et à Manchester, 1 Sussex street.). = Haworth (James) et fils. = Holt (William). = Kay (Wm) et fils (Woolfold Mill). = Nuttal (Robert). = Openshaw (Ch.) et fils. = Openshaw (James Alfred) et frères. = Openshaw (W. et G.) (Pimhole). = Openshaw (Thomas Lomax). = Pilkington (Thos.) et fils. = Peel, Greenhalgh et Cie. = Rothwell et Grundy. = Smith (Samuel) et fils. = Walker et Lomax. = Wallwork (John) et Richard. = Warburton (John) et Cie. = Wike (John) et fils. = Wild (William). = Wilson et Inghams.

Manufacturiers de lainages. Barlow (John) et Robert. = Battersby (Rob.) et fils. = Bleomeley (John). = Clough (George) et James. = Dawson (Edm.) (Elton). = Fishwick (James) et fils. = Grundy (John) et Edmund. = Hardman (Th.) et fils. = Holt (Wm). = Hoyle (John) et Samuel. = Kay (James). = Kenyon (James) et fils. = Openshaw (John), fils et Cie (Pimhole). = Openshaw (W. et J.) (Red vales). = Oram (Th.) et fils (Heap). = Pilkington (Ths.) et fils (Elton). = Smith (Samuel) et fils. = Wike (John) et fils.

Cambridge, comté de ce nom.

Banquiers. Foster et Cie. London et County. Bank. Mortlock et Cie.

Canterbury, comté de Kent.

Banquiers. Hammond et Cie.

Tapisserie (march. de). F. R. Bateman et Cie.

Coventry, comté de Warwick.

Banq. Coventry et Warwickshire Banking. Little et Woodcock. Union Banking Co.

Garnitures. (manuf. de). Th. Stevens. F. Browett. J. Brown. Dalton et Barton.

Rubans (fabr. de). Pratt et fils. W. Franklin et fils. Carter et Phillips. J. et J. Cash. Green, Stater et Green. Darlinson. W. Perkins. M. Spencer. W. Spencer. J. Ratliff. R. Caldicott. Sergeant frères. J. N. Clarke. Henry Spencer. J. Clarke. T. Hennell. C. Peters. J. Hart. John Pratt et sons. Charles Newsome. H. R. Barton. Dalton et Barton. Berry brothers.

Teinturiers en soie. J. Howe and Co. F. Ward. T. Hawley. Eld and Rotherham. Hands fils et Cie aussi 34, Gresham street, Londres.

Derby,

Banquiers. Crompton, Newton et Cie. Derby and Derbyshire Banking Company. W. and S. Evans et Cie. Sam. Smith et Cie.

Filateurs de coton. Arkwright and Co (Cromford Mills). Strutt (W. G. and J.). Thowie (J.) et Cie. Walter (Evans) et Cie, représentés à Paris par G. Hadfield.

Rubans (fabr. de). Bridgett et Cie. Peet et Cie.

Soie (filature de) Baker (W.). Holme George (fab.), d'élastique, maison à Paris, représenté par Eug. Cartier, Sale (W.). Wright et Cie. Robinson (J. T. and R.).

Tissus élastiques pour chaussures. Davenport (Jh.) et Son, représentés à Paris par G. Hadfield. — Posselt (E.) et Cie.

Dewsbury, comté d'York.

Banques. West Riding Union Banking Cny, R. — Walker, directeur. — Huddersfield Banking Company, — Joshua Walker, directeur.

Principaux manufacturiers. Blakeley (George) et fils. — Blakeley (Robert) et fils. — Blakeley (W.) et Cie. — Cook (Thomas) fils et Wormald. — Day et fils et neveu. — Day, Howgate et Holt. — Ellis (Joshua) et Cie. — Firth (Edwin). — Fox (M.) et fils. — Grenwood (John) et fils. — Hemingway (E.) et Cie. — Hirst et Livingston. — Howgate (James) et fils. — Lee (John) et fils. — Meyer et Beerensson. — Newsome (Joseph). — Newsome (F. B.) — Oates et Blakeley. — Oldroyd (M.) et fils. — Richardson (John) et fils. — St-Alban (Alexander), draps pour l'exportat., laines, effilochages, alpagas, etc. — Stapleton frères. — Thackrah, Ellis et Cie. — Ward (G.) et fils. — Tolson (W.). — Walker frères. — Whittes et Bevers.

Doncaster, comté d'York.

Banquiers. Cooke and Co. Yorkshire Banking Co.

Nouveautés (march. de). Maw et fils. Fox (H. J.) et Cie. Armstrong, Winter et Cie.

Toile à sac (fabrc. de). C. J. Fox et Cie. Moore et Cie. Morris frères et Geves.

Dover, comté de Kent.

Vice-consul de France. Latham (S. M.).

Banques. National Provincial Bank of England. London et County, Bank.

Durham, chef-lieu du comté de ce nom.

Banquiers. J. Backhouse et Co. Branch of Nat. Prov. Bank of England.

Tapis (fab. de). Henderson et Co.

Exeter, comté de Devon.

Banquiers. Milford Snow et Co. Sanders et Co. Nat. Prov. Bank of England. Devon et Cornwall Banking Co. West of England et South, Wales Banking Co.

Dentelles (fab. de). C. E. Treadwin.

Draperie. Copestoke et Cie. W. Brock et Cie. Green et Bennett. Colson et Cie. Pasmore et Savery.

Négociants. Bastard. Bidwill et Co. Follett et Co. Kennaway et Co. Kingdon. Snow et Sanders. G. Sercombe et fils. J. L. Thomas et Cie.

Falmouth, comté de Cornwall.

Vice-consul de France. Alfred Lloyd Fox.

Négociants et agents commissionnaires. Carne (W. et E. C.). Crouch et fils. Fox (G. C. et R. W.) et Co. Broad (W.) et fils.

Gateshead, comté de Durham.

Produits chimiques. Allhusen et fils. — Blaydon Chemical Co. — Bramwell (T.) et Cie. — Bunett (J.) et fils. — Cook frères. — Hoyle, Robson et Cie. — Imeary (R.). — Jarrow Chemical Co. — Myers (C.) et Cie. — Pattinson (H. L.) et Cie. — Ridley (E. R.). — Washington Chemica Co.

Gravesend, comté de Kent.

Banquiers. London et County Banking Co.

Grimsby, comté de Lincolnshire.

Banquiers. Smith et Cie, Hull Banking Company.

Halifax, du comté d'York.

Banques. Halifax et Huddersfield, Union Bank corresp. à Londres. Mess. Glyne, Mils et Cie. — Halifax Commercial Banking Comp. Cooper (John). directeur. — Halifax Joint Stock Banking Co (John Fisher, directeur).

Cardes (fabric. de). Ainley (J.) (Elland). — Balmforth (J.). — Barber (J. et W.). — Brierley (D.). — Drake (T.) et fils. — Farrar (J. et J.) (Elland). — Fleming (T.), (soie). — Gaukroger frères. — Haigh (T.) (Skircoat). — Halliday (J.) (Greelland). — Higgin (W.) et fils. — Higley (H.) et fils. — Hutchinson (J. D.). — Ingham (R. et fils. — Keighley (J.) et fils. — Milner (J.). — Mitchell (T.). — Moore (W.). — Priestley (E.), (soie). — Richardson (W.). — Robson (T.). — Swift (J.). — Thwaite (S.). — Waddington (W.) — Walsh (R.). et fils. — Whiteley (J.) et fils (fabr. de drap de cardes). — Wilson (J. B.).

Laine (filateurs de). Aked (J.) et fils. — Charlton (J.) et Cie. — Charlton (T.) et Cie. — Crossley (R.) et Cie (Albion Mills). — Charlton (W.) et Cie. — Hodgson (J.) (Owerby). — Holt (J.) Wheatley. — Ingham (J.) et Cie. — Ridhaugh (T.). — Robertshaw (T.). — Smith (T.) (Hipperholm). — Wilson (J.) et fils (Ovenden).

Manufacturiers d'étoffes de laine. Ainley (John) (Elland). — Aked (J.) et fils — Alroyd (James) et son, étoffes pour robes, représentés à Paris par Cris. Robert. — Barracloug (Wm) et fils. — Bottomley (B.) et fils (Elland). — Brook (J.) et fils (Elland). — Clegg (J.) et frères, (Stainland). — Dennison (J.) et fils. — Dyson et Shaws. — Dyson et Taylor (Stainland). — Edwards (John et fils. — Etherington (W.) (Elland). — Fielding (B.) (Stainland). — Greenwood (F.) (Sowerby). — Halliwell (T.) (Skircoat). — Henningway (S.) (Elland). — Haigh (A.) (Stainland). — Haigh (B.) (Greetland). — Iredale (W.) (Elland). — Kaye (J.) (Elland). — Law (J.) et fils. — Law (E.) (Stainland). — Lumb (H.) (Sovland). — Maude (J.). — Mellor (B.) et fils. — Norcliffe (D.) (Stainland). — Nutter (S.) Greetland. — Outram (P.) Greetland). — Peel (D.) (Elland). — Pickles (A.) (Sowerby). — Pollard (J.) et Cie. — Ratcliffe (J.) et fils. — Rawson (W. H.) et Cie. — Rawson (F. E.) (Sowerby). — Rigge (S. T.). — Robertshaw (T.) (Ovenden). — Shaw (G.) et fils (Stainland). — Shaw (J. et J. H.) (Elland.). — Smith et Wadsworth (Greetland). — Smith (C.) (Elland). — Smith (D.) (Elland). — Smith (E.) et Cie (Greetland). — Smithies (J. et J.). — Spencer (J.). — Stott (E. S.) et Cie (Greetland). — Sutcliffe (John et fils (filat. de coton). — Taylor (B.) et fils. — Thomas (Geo. Wray) et Cie. — Townsend et Phytion. — Whiteley (T.) et fils. — Whiteley (S.) (Greetland). — Whittell (S.) et fils (Stainland). — Whittell (H.) (Steinland). — Wilkinson (J. et J.) (Elland). — Wilson et Aspinall (Elland). — Wilson (J.) (Elland).

Mécaniciens (machines à filer, tisser et autres). Bairstow frères. — Blagbrough (W.) et Cie. — Huck et Watkins. — Collier et Crosley, représentés à Paris par J. Herman. — Crabtree (Thomas). — Crossley (John et Cie. — Farrar (J. B. et J.). — Greenwood (Paul). — Hirst frères. — Holroyd (W.). — Holt (J.). — Hoyl (E.) et fils. — Keigley (J. et B.). — Rowbotham (J.) — Teal et Mitchell. — Walker (J.). — Whiteley (J.).

Négociants-commissionares. Charton (J.) — Eggleston (Wm) et Cie. — Emmet (J.) et Cie. — Riley (J.) et fils. — Waithman (C. W.) et Cie. — Waterhome (S. et J.).

Nota : Presque tous les manufacturiers sont également négociants.

Soie (filateurs de). Cockcroft (Joseph) et Cie (Hipperholme). — Hadwen (J.) et fils. — Lister et Cie (Wellington Mills).

Tapis (manufacturiers de). Crossley (John) et fils. — Crossley (R.) et Cie (à Londres, 40 Cheapside). — Sheard (John) et Cie.

Hartlepool. comté de Durham.

Consuls : France, Garbutt (J.). — Brésil et Italie, Jobson (E. S.). — Danemark, Geddes (J.). — Pays-Bas, Hannover, Mecklembourg, Bremen : Romyn (Peter). — Portugal : Hutton (J. E.). — Prusse : Geipel (G.). — Russie, Suède et Norwége : Fawcus (Robert).

Banques. Backhouse (J.) et Cie. — The National Provincial Bank of England.

Cordages et toiles. Armstrong (J.). — Cheesman et Cie. — Clasper et Cie. — Cockburn (F. W.). — Day (J.). — Meldrum (P.). — Pearson (G.).

Négociants. Cheesman (W. T.). — Fawcus (R.). — Garbutt brothers. — Geipel et Cie. — Hansen (P.) et fils. — Hantley (F.) et Cie. — Kleudgen et Cie. — Magoris (H.). — Nielsen (C). — Richardson)J.). — Robinson et Fleeming. — Romyn et Cie. — Steenberg (R.). — Trechman (O.). — Wade (R.) et fils. — Walker (T.) et Cie.

Haslingden. comté de Lancastre.

Calicots, etc. (fabricants de). Anderton et Halstead. — Barnes (George) et fils. — Hargreaves (E.). Haslingden Commercial Co. — Haworth (Daniel). — Oormerod (John et Thomas). — Spencer (Richard). — Warburton (John) jne. — Witaker (Rostron). — Whittaker (Joseph). — Worsley (Thomas).

Coton (filateurs et manufacturiers). Aitken (Thomas) et fils. — Ashworth (John et Robert). — Barlow (James). — Barnes (Richard). — Booth Sidney. — Briggs (James) et fils. — Brookes (John) et Cie. — Cronkshaw (James). — Dean (John). — Hargreaves et Boteson. — Hargreaves Street manufacturing Compagny. — Hindle (Abraham et James). — Hindle (Wm) et fils. — Howorth (John) et fils. — Lane Side industrial cotton spinning et manufacturing Company. — Lord et Sarp. — Parkinson (John). — Parkinson (Thomas). — Pilling (Joseph). — Rawston (Jamas et Thomas). — Rothwell (John) et fils. — Spring vale cotton Mill Co. — Stott (John). — Syke Mill Company. — Tattersall (John). — Tattersall (Thomas). — Warburton (John et Thomas). — Whitaker Lawrence et fils. — Whitaker (Wm). — Worsick (James). — Worsley et Nicholas. — Worsley (Thomas).

Hercfort. chef-lieu du comté de ce nom.

Banques. Gloucestershire Banking Co. National Provincial Bank of England.

Holmfirth, comté d'York.

Banques. Succursale de Huddersfield Banking Company (J. Charlesworth, agent).

Principaux manufacturiers. Barber (J.) et fils. — Barber (J.) (Austonley). — Bashtorth (W.). — Bearsdell (J.) et fils. (Holme). — Brook (J.) et fils. — Broadhead (J.). — Butterworth (M.). — Carter (J.) (Austonley). — Charlesworth (G.) (Austonley). — Cuttel (A.). — Cromack (C.). — Crosland (J. S. et J.) (Austonley). — Ellis (J. et T.). — Hardy frères. — Green (Austonlay). — Hardy (S.). — Hinchliffe (T.) et fils. — Hobson (J.)

(et Huddersfield). = Hollingworth et Hean. — Linley J. (Hepworth). = Lockwond (J.) (Scholee). = Marsden (J.) (Fulstone). — Mellor (H.) (Fulstone). = Meller (S.) (Wooldale). — Moorhouse (Fulstone). = Moorhouse (Woodale). — Penteraet (J.) (Fulstone). = Ramsden (R.). — Roberte (J.) et fils (Austonley). = Sandford (W.). — Turner (Joseph) et fils. = Wimpenny (E.).

Huddersfield, comté d'York.

Banquiers. = Huddersfield Banking Company. — Halifax et Huddersfield banking company. — London et Northern Bank. = West Riding Union banking Co. = Yorkshire banking Co.

Draps, lainages et étoffes de fantaisie (manufacturier de). Ainley (R.) et fils. — Armitage frères. — Armitage (J. B.) et fils. — Barber Joshua) et fils. — Barry et Turner. — Bierly (Joseph) et Cie. — Binns (Godfrey) et fils. — Bower (M.) et fils. — Brooke (John) et fils. — Butterwort et fils. — Carter (Wm) (Kirkburton). — Child (J. et J.) (Shelley). — Clay (J. W.)(Rastrick). — Crosland (B.) — Crosland (G.) et fils. — Crosland (W. et Henry). — Day et Watkinson. — Dobson et Riley. — Field (Joseph) (Skelmanthorpe). — Field Rich.) id. — Firth (E.) et fils (Heckmondwike). — Fox (J.) — Haigh (D.) et frères. — Hattersley (Geo.) et fils. — Hey (G.) Kirburton). — Hinchliff (J. et G.). — Holroyd et Cie. — James (Jordan). — Jebson (J. et J.) (Skelmanthorpe). — Kenyon (Jonas et Thomas). — Learoyd (James) et fils. — Liddell et Martin. — Lockowd frères. — Lockowood (B.). — Lockwood et Keighley. — Mellor (Joseph). — Mellor (Joseph) et fils. — Mellor (Ths). — Millner (W.) et Cie. — Millner et Nokes. — Newby et Woodhouse (Brighouse). — Norris, Sykes et Holt. — Norton frères et Cie. — Oates (Henry) et fils (Heckmondwike). — Peace (A.) et Cie. — Peace (James) et fils (Denby Dale). — Peace (Wm) (Shepley). — Quarmby (Joseph) (Golcar). — Ramsden, Learoyd et Holroyd. — Schofield (John) et fils. — Senior (Josephus) (Skelmanthorpe). — Shaw (Amos Slaithwaite). — Shaw et Beaumont. — Shaw (J. W. et H.). — Starkes brothers (Huddersfield). — Stoedkale (Wm) (Higburton). — Sykes (Godfred) (Dalton). — Sykes et Dyson (Lindley. — Sykes (John)(Golcar). — Taylor (J. E.) frères (Almondbury). — Taylor (J. J. H.) Almondbury). — Taylor (John) et fils (Newsonne). — Taylor (W. et F.) Newsonne). — Tolson (G. S.) et Cie (Moldgreen). — Tolson frères (Dalton gilets et robes). — Turner (Joseph) et fils. — Walker (Henry) (Mirfield). — Walker (Joseph) et fils (Lindley). — Wood (J.) et fils (Denby Dale). — Woodhead et Barker. — Woodhouse (W. et G.) (Brighouse). — Wrigley (John) et fils. — Wrigley (J.) et frères. — Wrigley (J.) et Ths C.

Fil de coton. Bierly (Joseph) et Cie. — Brook (J.) et frères (Metcham Mills).

Laine (march. de). Hahn. — Boseowitz et Stavenhagen. — Leibreich frères et Cie. — Loiventhal frères. — Porrit (R.) et Cie. — Willans (W.) et Cie.

Mécaniciens. Shofield et Kirk. — Sykes, Reuben et Cie.

Négociants commissionnaires. Gledhill et Cie. — Haigh et Cie. — Henry (A. S.) et Cie. = Huth et Fischer. — Jonas, Simonson et Cie. — Johnson, Brooke et Cie. — Midgley (David). — Hermann Samson et Lappoc, représentés à Paris par Langlois (A.) — Schwann Ketl et Cie. — Thornton, Creswell et Cie.

Produits chimiques. (fab.). Th. Holliday et Cie, couleurs d'aniline.

Teinturiers en laine. Armitage (P.). — Beaumont (W.). — Benton (G.). — Chapman (J.) et Cie. — Eastwood (E. et Ch.). — Firth (J.) et fils. — Greenvood frères. — Heppenstall frères. — Layton (H.). — Robson (J.) et fils. — Stirk. frères. — Thornton (R.).

Hull, comté d'York.

Chambre de commerce. Président : Maxstead (E. P.). — Secrétaire : P. Bruce.

Consuls. France, T. F. Hewitt ; Russia, F. Helmsing ; Denmark, C. Good ; Spain, P. Deane; Sweden, T. H. Flodmann ; Belgium, J. W. Foster ; Greece, W. Brown ; Hamburg, W. V. Norman ; Holland, C. L. Rimgrose ; Portugal, B. Tapp ; Austria, T. Thompson; Prusse, H. J. Atkinson ; Italie, 1. Smith.

Banquiers. Bank of England (branch). Hull-Banking Co. Peace, Hoare and Peace Smith Brothers and Co. Yorkshire Banking Co.

Chanvre et lin (négociants). Beadle, Sykes and Co. Bolton and Burman Furley (W. R. L.). Hill and Co. Irving and Co. Jameson and Co.

Coton et lin (filat. de). Hull Flax and Cotton Mill Co. Kingston Cotton Mill Co.

Négociants commissionnaires. Baxter and Tall. Beadle, Sikes and Co. T. F. Bell and Co. R. Bellamy and Co. Bolton and Burman. John Fosler et Cie. Broechner C. C. and Co. Brown, Atkinson and Co. Brownlow, Lumsden and Co. G. Buckton and sons. Burstal brothers and Co. Burstall and Lamplouhh. Cammell, Wolff, Haigh et Co. Cattley and son. Christiansen J. and Co. W. and H. Croft. Donner, Steweni and Co. Ellerby and Mason. Gee and Co. Good, Floodman and Co. Hewitt (J. F.) et Co. Keighley and Co. Lambert and Smith. Lofthouse, Glover and Co. G. Malcolm et fils Massons (B. B.). R. Oxtoby and son. Shields and Bunstrum. Simpson and sons. Veltman and Co. White, Son and Strattem. E. G. Willamson, Deseraucourt et Cie. Wolff. Wright frères. and Co.

Kendal, comté de Westmoreland.

Laine (march. de). Witwel et Busker.

Tapis (fab. de). Whitwell et Cie. Wilson (J.-J. et W.), et couvertures.

Tissus de laine (fab. de) Braithwaite et Cie. Ireland et Edmondson. Medcalf et fils.

Kidderminster, comté de Worcester.

Banques. Worcester City et County Bank. — Stourbridge et Kidderminster Banking Company.

Filateurs de laine. Brinton et Lewis. — Humphries (James) et fils = Lea (T.). — Watson et Taylor.

Tapis et couvertures pluchées (manufacturiers de). Brinton et Lewis. — Crane et Barton. — Crosstey (J.) et fils. — Dixon (H. J.) et Cie. — Fawcett (S.). — Green (William). — Hughes (E.). — Humphries (James) et fils. — Humpries (George Halled). — Humphries (T.). — Morton et fils. — Smith (R.). — Talbot (P.). — Woodward brothers et Cie. — Woodward et Grosvenor. — Woodward, Palmer et Radford.

Leeds, comté d'York.

Consul de France. Blanchet ✻.

Chambre de commerce. Président, Darnton Lupton. Vice-président, J. Jowitt, jun., and H. Oxley. Secrétaire, N...

Agents commissionnaires. Bailley et Whitehead. — Bradley (Wm). — Bridggs et Cie. — Crompton (Ch.). — France (W.). — Greaves (Ed.). — Henry (J. et Ths.). — Holt (John). — Jakson (S.) et Cie. — Kord (T. W.). — Proctor (N.). — Rawson et Arctt. — Scharft (Edw.) et Cie. — Schunck, Souchay et Cie. — Schwann (Fred.). — Smithies (Ch.). — Vikers et Marwell. — Williamson et Clapham. — Watson (W. T.). — Webster (R.) et Cie.

Banquiers. Bank of England (Branch.). — Beckett et Cie. — Brown et Cie. — Leeds Banking comp. — Leeds et County Banking company. — Yorkshire Banking Company.

Draps en gros (négociants). Atkinson (W.) et Cie. — Barker (Benjamin) et fils. — Barker (T. H.) et Cie. — Binks (John). — Birchall (J. D.). — Blackett et Cie. — Bottomley (Jos.) et Cie. — Brigg et fils. — Brown, Hall et Cie. — Buckton (Jos.) et fils. — Coleman, Hutchinson et Cie. — Cooper (Arth.). — Cooper (Edm.). — Cooper (D. et J.). — Crosland (Benj.). — Grosley et Wood. — Crowther et Barker. — Dixon (Ths). — Dolan (John Cass.). — Dufton (J. E.) fils. — Ellis (Geo.) et neveux. — Eyres (Wm) et fils. — Gibson (Geo.) et Cie. — Gibson (Jos.) et Cie. — Gibson (J.) et Cie. — Gill Bishops et Hewitt. — Gledhill (W.). — Gott (B.) et fils. — Hargreave et Nusseys. — Harshaw, Spence et Fletcher. — Hartley (Joseph) et Cie. — Henry (A. S.) et Cie. — Hirsch (Paul) et Josephy jeune. — Hodgson (Jos.) et fils. — Holmes (S.) fils et Cie. — Horsfall (H.) et Cie. — Hudson et Bousfield. — Irwin (Edm.). — Jackson (James) et Cie. — Lambert (J.) et Cie. — Littles, Leach et Cie. — Ludolf (H.). — Lupton (Wm) et Cie. — Marshall (John) fils et Cie. — Martin (John Stanley). — Mirfin (T.) et Cie. — Mitchell (J. B. et J.). — Nathan (N. P. et H.). — Naylor et Woodhead. — Padgett (J. et E. B.) et Cie. — Pawson (T.) fils et Martin. — Pickard (S. H.). — Quinn et neveu. — Rinder (W.) et fils. — Robinson frères. — Saalfeld frères, à Paris. — Scharff (E.) et Cie. — Schunck, Souchay et Cie, représentés à Paris par G. J. Schwabe. — Schwann (Frédéric). — Scott (A.) et fils. — Smith (Wm) fils et Cie. — Smith (W. F.) et Cie. — Smithson (T.). — Starkey frères. — Stead (Walter) et Cie. — W. Stow F.) et Cie. — Swaine (Jos.) et fils. — Swainson, Bennett et Cie. — Sykes (John) et fils. — Taylor (J. W. et A.). — Thornton (T.) et fils. — Vance (John) et Cie. — Vevers (Jos.) et Cie. — Wadsworth (T.) et Cie. — Wainman (B.) et Cie. — Wainman (W.). — Walker, Bloomfield et Walker. — Walkre

(John) et fils. — Ward (B.) et fils. — Webster (Abrm) et fils. — Webster (Ths). — White et Grayburn. — Williamson et Clapham. — Woodhouse (John) et Cie. — Woodson (Wm) et Cie. — Würtzburg (Edw.) et Cie, et à Bradfond.

Draps et nouveautés, tissus et élastiques (manufactur. de). Andrews (H.) et Cie. — Atkinson (Wm) et Cie. — Bracker (Benj.) et fils. — Barker (Ths H.) et Cie. — Bateson Jordan et Cie. — Binks (Benj.). — Birchall (J. D.). — Bishop fils et Hewitt. — Bottomley (Jos.) et Cie. — Bradley (Wm). — Brayshaw (Jos. et Ths). — Brigg et fils. — Brigg (Alfred). — Buckton (Jos.) et fils. — Chadwick (Wm). — Cooper (Arthur) et Cie. — Cooper (D. et John). — Cooper (Edw.). — Crossland (Benj.) — Crowther Barker. — Dixon (Ths). — Doland (John Casse). — Dufton (Jos.) et fils. — Ellis (Geo.) et neveu. — Eyres (Wm) et fils. — Firth (Edw.) et fils. — Gibson (Joshua) et Cie. — Gilpin (Joseph). — Gott (B.) et fils. — Greaves (Edwin) — Hainsworth (John). — Hargreave et Nusseys. — Hartley (John) et Cie. — Hartley et Hardwick. — Haslett (Ths). — Hebbert et Cie. — Hinchliffe et Cie. — Hirsch (Paul) et Josephy, représentés à Paris par Otto Kamphövener. — Hodgson (Jos.) et fils. — Holroyd (Wm). — Horsfall (Hy.) et Cie. — Hudson et Bousfield. — Irwin (Edward). — Jackson (James). — Jonas Josephy et Cie. — Lambert (J.) et Cie. — Lawson (Jos.). — Littles, Leach et Cie. — Lupton (W.) et Cie. — M'Connochie (John). — Mann (B. F.) et fils. — Mawson (Rich. H.). — Mirfin (J.) et Cie. — Micthell (J. B.) et Cie. — Naylor (John). — Padgett (J. et E. B.) et Cie. — Patent Woollent Cloth Comp. (fabr. de Victoria, tapis feutré), à Londres, 8, Lovelane, Aldermanbury. — Patrick (John) et Cie. — Pawson (Ths) fils et Martin. — Pickard (Samuel. H.) — Platt (Joshua). — Purchon (John) et Cie. — Quinn (W.) et Nephew. — Richardson, Dawson et Cie. — Richardson (R. B.) et Cie. — Rider (Ths) et Cie. — Ripley (Richard). — Robinson frères. — Scott (Alex.) et fils. — Smith (W. F.) et Cie. — Smithson (Jas.). — Swaine (Jos.) et fils. — Swainson, Bennett et Cie. — Sykes (John) et fils. — Taylor (Jas. W. et A.). — Thornton (Ths) et fils. — Topin (M.) et Cie. — Turner et Johnson. — Vance (John) et Cie. — Vevers (Jos.) et Cie. — Wadsworth (T.) et Cie. — Walker, Bloomfield et Walker. — Walker (James) et fils. — Walker (John) et fils. — Walker et Holroyd. — Watson, Rhodes et Cie. — Webster (Ab.) et fils. — Webster (T.) — White (John) et Cie. — Whiteley (Jos.) et William. — Wilkinson et Martin. — Willans (P.). — Woodhouse (John) et Cie. — Woodson (Wm) et Cie. — York et Sheepsh Bank.

Draps (finisseurs de). Armitage (James). — Asquith frères. — Binns (Jas.) et Boyd. — Booth (Ths) et Cie. — Burras (Jos.) et fils. — Carter (R.) Meek. — Crawford (Jonat.) et fils. — Curtis et Haigh. — Dawson et Evans. — Fletcher et Cie. — Gray (J. et W.). — Hirst (Joshua). — Holroyd (F.). — Kirk (Wm B.). — Kitson et Cie. — Littles, Leach et Cie. — Morpeth (W.). — Nichols (Wm). — Ripley (John) et fils. — Snell (Geo) et Cie. — Stenson et Binnes. — Vevers (Jos.) et Cie. — Watker et Holroyd. — Webster et Cie. — Wilson (Henry). — Wrights et Bailes. — Wright frères.

Fils de lin (manufacturiers en). Briggs et Cie. — Dodgson et Cie. — Fleck (J. Ths). = Hill (W. H.) et Cie. — Hives et Atkinson (Bank Mills). = Holdsworth (W. B.) et Cie. — Holmes (S.) fils et Cie. — Ingham (J. et J.) et Cie. = Marsall et Cie. — Morfitt (John) jeune.— Parker, frères. — Titley, Tatham et Walker. — Walker, Mark et fils, fil de lin et de chanvre. — Wilkinson et Cie. — Wilson (R.).

Laine (dépôts et négociants en). Asquitt (Is.) et Cie. — Bell (R.) et fils. — Berendt et Levy. — Burniston (Jas.). — Cowling (N.). = Crowther (Jos. L.) et Cie. — Dixon (John). = Dodgshun, Dickinson et Cie. — Dodgshum (J.) et Cie. — Donisthorp (G. E.) et Cie. — Goodman (B.) et fils. — Heald (Sam.). — Holt frères. = Israel (Julius) et Cie. — Jowitt (R.) et fils. = Ludolf (Henry). — Maud (Henry). — Musgrave (S. et S.). — Newton (Dd) — Osborne (Jos.) = Pollock (R.) et fils. — Reinherz (Alex.), lin. — Reyner (Wm) et Cie. — Riley (Ths). = Schmitz (Herman), lin et chanvre. — Scholefield (Rd) et fils. — Scholefield (Wm). — Schunck, Souchay et Cie. — Stephenson (John). — Thackray et Cie. — Wade (John). — Walley (Jos.) et Cie. — Walley (Wm) et Cie. — Whitfield (Wm). — Yates (James).

Laine (filateurs de). Clapham (John) (Soho Mills Meadow). — Cooper (D. et J.). — Crofts (J.) et Cie. — Donisthorpe (G. E.) et Cie. — Gott (B.) et fils. — Green et Martin. — Lister frères et Cie. — Littles Leach et Cie. — Mann (B. F.) et fils. — Ripley (Richard). — Wilkinson et Martin. — Whitelay (Jos. et W.).

Mécaniciens (constructeurs de machines en tous genres et à vapeur, chaudières, outils et presses hydrauliques). Abbey Street Millwright Co. — Barker (S.) et frères. — Bingley (John) et Cie. — Bray, Waddington et Cie. — Buckton (Joshua) et Cie. — Butler (Joseph) et Cie. — Carrett, Marshall et Cie. — Cluderay (Charles). — Cooper (S. T.) et Cie. — Denison (S.) et fils. — Fairbairn Kennedy et Vaylor. — Wellington Foundry, constructeurs de machines pour préparer et filer le lin, le chanvre, les étoupes, le jute et les déchets de soie, bureau à Londres, 36, Great George street. Westminster. — Faviell et Burell. — Gallon, Lumb et Cie. — Goodworth (Jos) et Cie. — Green (Joseph). — Greenwood et Batley. — Hetherington (John). — Hezmalhalch frères. — Hird, Dawson et Hardy. — Horsfield (Jarvis et Loxley). — Jones Silvester (F.). — Kilburn (Rich). — Kirkstall Forge Co. — Kitson et Cie. — Lawson (S.) et fils. — Longbottom (John) et Cie. — Macleact March. — Manning, Wardle et Cie. — Marsden (John W.). — Matthews (Jos). — Monk Bridge Iron Co. — Nelson (Jas.) et fils. Newton et Cie. — Shepherd, Hill et Cie. — Smith, Beacock et Tannett. — Taylor, Wordsworth et Cie. — Telford, Sharp et Farrar. — Witham (Jose) et fils. — Wood (R.) et fils. — Woodhead et Cie.

Mérinos, damas et stuffs (manufacturiers et négociants en). Berry (Benjamin). — Broadbent (Wm). — Edmondson (H.). Gibson (J.) et Cie. — Gibson (Geo.) et Cie. — Green et Martin. — Hartley (Jos.) et Cie. — Henry (A. S.) et Cie. — Holroyd (A. P.) et fils. — Horsfall (H.) et Cie. — Kirby (Ths. et Fréd.). — Lister frères et Cie. —

Maude (John). = Plummer (R.). = Reebuck (Geo.). = Scharff (F.) et Cie. = Simon frères et Cie. = Watson (W. J.). = Wilkinson et Edward. = Würtzbourg (Ed.) et Cie, et à Bradford.

Peignes et broches en acier (pour filature et tissage). Ardill (John). = Harding (Ths Rich.), maison à Lille (France). = Milner (John). Taylor (Jos.). = Varley et Sedgwick.

Produits chimiques. Blackith (Fréd.). = Crowther (G. J.) et Cie. = Forster (Jeremiah). = Garland (H.) et Cie. — Hirst et Brooke. — Marshall fils et Cie. = Nicholson (John). — Richardson frères. — Smith (Geo.). = Watson (W.) et Cie. — Warburton (F.) et fils. = Wood et Bedford.

Soies (filateurs de). Holdforth (James) et fils. — Kelly, Michael et Cie.

Tapis (manufacturiers en). Brooke et fils. — Carr et Butterwarth. — Dove (G. W.) et Cie. — Harrap et Bapty. — Turner (Cornelius). — Whitebread (H.), (et couvertures). — Wilkinson (John) et Cie.

Teinturiers. Bennett (John Edw.). — Blackburn (Fred.). — Botterill (John). — Brayshaw (W.) et fils. — Croisdale frères. — Dalton (Eli). — Dalton (Hy.) et fils. — Fawcett (Hy.). — Fixon (S.). — George (T. W.) et Cie. — Hargille et Hirst. — Holroyd (H.) et Cie. — Holroyd et (W. H.). — Kirk (S.). — Musgreave et Benjamin. — Parken (Ths). — Refitt (James). — Walker et Bulmer. — Walker (John). — Webster (Jos.) et fils.

Toile de lin et linge de table. Booth (Wm). — Buckton et May. — Collier (James). — Cumpston (Ths). — Exley (George). — Hill (Wm Hy) et Cie. — Holmes fils et Cie. — Holroyd (A. P.) et fils. — Luty (Ths) et Cie. — Marshall et Cie. — Meller (Henry). — Place (Wm). — Robinson (Geo.). — Spice (Phs W.). — Stead (Jos. F.). — Titley, Tatham et Walker. — Turton (Jos.). — Witley (James).

Leicester, chef-lieu du canton de ce nom.

Banquiers. Bank of England (branch). T. et T. T. Paget. Parès Leicester Bank Co. National Provincial B. of England (branch).

Bonneterie et tricots (fab. de). John Biggs et sons, fab. bonneterie de laine, tricots, ganterie, draps élastiques pour gants et pour la confection d'habits, représentés à Paris par W.W. Biggs. R. Harris et fils. Cummins. T. W. Hodges et fils, fab. d'élastiques pour bottines, bretelles, etc. Rellam et Lacey. Kirby et Thorp. John Langham et son. Collin et Co. Walker et Kempson, chaussettes d'enfants, laine, mérinos et de chaussures, représentés à Paris par Biggs.

Coton (filat. de). J. P. Clarke, fil à coudre Clarkson et son.

Gants (fab. de). Hewitt and Co. W. Lacey.

Laine (filat. de). Podd (Th.) et Cie, poil de chèvre et alpaga. Brewin et Whet tone, filateur de laine pour tricot, bonneterie et mercerie, représentés à Paris par Biggs. G. Broad et son.

Tissus élastiques. Hodges (J. W.) et fils. Turnef (A.) et Cie. Whitehead et fils, représentés à Paris par Biggs.

Lincoln, chef-lieu du comté de ce nom.

Banques. Lincoln et Lindsey Banking Cie.

Liverpool, comté de Lancastre.

Chambre de commerce. Président : R. A. Macfie, Esq. = Secrétaire : Robert Tronson.

Consul de France. Langlet ✻.

Consuls. Argentine (république), S. R. Phibbs.
= Autriche, Augustus H. Lemonius.
= Baden et Bavière, Charles Stoess.
= Belgique, Edouard Mougens.
= Brésil, vice Admiral Grenfell. — *Vice-consul :* J. M. Braga.
= Buenos-Ayres, John Rennie.
= Chili, William Jackson.
= Costa-Rica, William Jackson.
= Darmstadt, Charles Stoess.
= Danemark. A. Mullens.
= Equateur (république), Maurice Mocatta.
= Espagne, M. Jordain y Llorens. — *Vice-consul,* F. de Uncilla.
= Etats-Unis, J. H. Dudley. — *Vice-consul,* H. Wilding.
= Grèce, D. N. Giannycopulo.
= Guatemala, C. B. Kerferd.
= Haïti (empire), J. Maunder. — *Vice-consul,* G. Simpson.
= Hesse, Charles Stoess.
= Hollande.
= Mexique, colonel M. Jose Pastor.
= Italie, John E. de la Rue.
= Nicaragua, George M. Bowen.
= Nouvelle-Grenada, Santamaria.
= Pérou, W. H. Walker.
= Portugal, Antonio d'Almeida Campos.
= Prusse, Otto Burchardt.
= Russie, N. Mahs.
= Saxe, Charles Stoess.
= Suède, G. W. Bahr.
= Suisse, E. Zwilchenbart.
= Turquie, P. Mussabini.
= Uruguay oriental, J. A. Hall.
= Venezuela, A. W. Powles.
= Villes hanséatiques, J. Willink *(vice-consul)*.
— Wurtemberg, J. A. Bencke.

Agents (pour marchandises). Alexander et Christie. — Baines James et Cie. (Australie). — Bibby, fils et Cie. — Burns et M'Iver. — Chaplin et Horne. — Finch et Kelly. — Gibbs, Bright et Cie. — Gillespie, Borthwick et Cie. — Graves (S. R.). — Guion et Cie. — Inman (Wm) et Cie. — Liard, Fletcher et Cie. — M'Iver Charles et Cie. — Moss (C.) et Cie. — Peake (Ths) et Cie. — Papayanni frères. — Pickfort et Cie. — Richmonds et Norton. — Roberston frères. — Samuelson (S. H.). — Sherlock Henry (L.). — Songey (W. F.) et Cie. — Tennant (Ed.) et Cie. — Towntey, Martin et Cie. — Watson (Wm). — Wilson fils et Walker.

Banquiers. The National Bank. — Adelph Bank (limité). — Banque d'Angleterre. — Bank of Liverpool. — Branch of Manchester et Liverpool District Banking Company. = Heywood (A.) fils et Cie. = Leyland et Bullins. = Liverpool Commercial Banking Co (limité). = Liverpool Union Bank (directeur James Liser), tire sur Barnett, Houres et Cie, à Londres. = Mercantile et Exchange stock Banking Company (limité). = Moss et Cie. = North et South Wales Bank. = Royal Bank of Liverpool. = Samuel (Edw. Louis). = The Alliance Bank of London et Liverpool limité.

Courtiers en coton. Amour et Cie. = Armstrong et Bercy. — Barnsley, Godfrey et fils. = Barton Miles et fils. — Blundell (J.) et Cie. — Dower (Wm) et fils. — Browne, Hunter et Cie. = Buchanan, Wignall et Cie. — Campbell, Colin et fils. = Chambers, Holder et Cie. — Cooke (Isaac) et fils. — Covie, Smith et Cie. — Cunningham et Hinshaw. — Gaskell James et fils. — Deun (Ch. et Cie. — Duckworth et Rathbone. — Eason, Barry et Cie. — Eccles (Alex.) et Cie. — Eccles (Edw). — Finlay et Lance. — Haigh (Ths) et Cie. — Haywood et M'Viccar. — Hodgson et Ryley. — Hollinshead, Tetley et Cie. — Holt (Geo.) et Cie. — Howell (James) et fils. — Joseph frères. — Joynson (J. et M.). — Joynson (P.) jeune. — Kearsley et Cunningham. — Lea et Walthew. — Leach (Samuel). — Marriott et Cie. — Mason et Lister. — Mellor, Cunningham et Powell. — Newall et Clayton. — Parkinson, Hamilton et Ingleby. — Postlethwaite (Ths) et Cie. — Reyner (Jabez). — Reynolds et Gibson. — Robson et Eskrigge. — Schofield (John) et neveux. — Stead frères. — Stock (James) et fils. — Thompson et Bradbury. — Waterhouse (N.) et fils. — Whitaker, Whitehead et Cie. — Whitehead et Hetherington. — Withers et Cie.

Gants (fab. de). Jugla (D.) fabr. à Paris, rue Favart, 2.

Machines en tous genres, vapeurs et autres (fab. de). Bennett (Wm). — Carron Company. — Chillington Company. — Clayton, Shuttleworth et Cie. — Fawcett (Preston) et Cie. — Forrester (Geo) et Cie. — Furness (Wm). — Mersey Steel et Iron Comp. — Moore (Sampson). — Odgen et Barnes. — Pooley (H.) et fils (balances et bascules) Albion Foundry. — Sepherd (John) et Cie. — Vernon (T.) et fils. — Vicars (T. et T.) et Cie. — Weber (P. E.) et Cie.

Négociants-armateurs commissionnaires. Aikin (Jas) et fils. — Allan frères et Cie. — Arbuthnot Ewart et Cie. — Argentir Sechiari et Cie. — Aspland (Rob.), St-James sq., représentés à New-York par (F. B.) Stacy. — Babcock et Cie. — Baines (J.) et Cie. — Bald (J.). — Balleras (G. E.) et Cie. — Balfour, Williamson et Cie. — Barhour (J.) et Cie. — Baring frères et Cie. — Baruchson (Arnold) et Cie. — Bates, Stokes et Cie. — Beach, Root et Cie, Batavia Buildings Hackins Hey. — Beazley (James). — Bell (R.). — Benn (R. et G.). — Bibby (J.) fils et Cie. — Blessig, Braun et Cie. — Blackburne (T.). — Bolton (R. L.). — Booker (Geo) et Cie. — Booker (J.) et Cie. — Boult, English et Brandon. — Bowring (C. T.) et Cie. — Bramley-Moore (J.) et Cie. — Broklebank (T. et J.). — Brown, Shiphey et Cie. — Cannon (D.) fils et Cie. — Carliste fils et Cie (Amérique du Sud). — Cassavetti et Cie. — Chism (John) et Cie. — Clark (John). — Cotesworth, Lyne et Cie. — Coupland frères. — Cox (H.) et Cie. — Crabtree, Aked et Cie. — Dalglish (J.) et Cie. — Daniel et Cie. — Dennistoun, Mitchell et Cie. — Diaper (Henri) et Cie, expédition transit, affrétement, Leicester Bidgs, 27, King street. — Dicksons, Boardman et Cie. — Dowie (Kenneth) et Cie. — Drake, Kleinworth et Cohen. — Duarte Potter et Cie. — Duranty et Cie. — Du Temple et Cie. — Earle (T. et W.) et Cie. — Eccles, Cartwritght et Cie. — Edwards (John). — Elliadi brothers. — Falk (H. E.), prop. de mines et salines. — Fernie frères et Cie. — Fielden frères et Cie. — Finley, Campbell et Cie. — Forbes, Forbes et Cie. — Fraser, Trenholm et Cie. — Franghiadi et Rodocanachi. — Geller (J. G.) et Cie. — Gibs, Bright et Cie. — Gladstone et Cie. — Glen et Anderson. — Glynn (J.) et fils. — Graham, Kelley et Cie. — Graves (Sam. R.). — Grazebrook (H.) fils et Cie. — Gregory, Byson et Cie. — Greenshields et Cie. — Grimshaw, Caleb et Cie. — Guion et Cie. — Gunston, Wilson et Cie. — Hall (Bernard) et Cie. — Hall, Sinclair et Cie. — Hamilton et Ramsay, 63, Paradise street. — Haughton (W.) fils et Cie. — Henry Rogers Sons et Co, maisons à Londres, 32, Bucklesbury, à Wolverhampton, 1, Union street et à Paris, rue Thévenot, 19. — Hennshall brothers. — Hewitt (James) et Cie. — Heyworth, Pearce et Balman. — Hoffmeyer et Cie, 29. Tower builds. — Holderness et Chilton. — Holland (Ch.). — Hornby (Hugh et Jos.) et Cie. — Horsfall (Ch.) et fils. — Hutchison (R.). — Huth (Fred.) et Cie. — Imrie et Tomlinson. — Irving fils et Jones. — Johnson, Binny et Cie — Johnston (S.) et Cie. — Johnston (Edw.) fils et Cie. — Jones (John) et fils. — Kendal, Robinson et Cie, 15, Water street. — Kendall frères. — Kerferd (G. B.) et Cie. — Klingender et Cie. — Kohn, Speyer et Cie.— Kunhardt (M. W.). — Lamport et Holt. — Lawrence (E.) et Cie. — Lawrence (G. H.). — Leech, Harrison et Forwood. — Lemon (C. S.) et Cie. — Lemonius et Cie. — Lindsay (Wm) et Cie. — Livingston (J. G.). — Lizardi (F) et Cie. — Louser (Conrard), 12, Exchange Alley, North. — M'Donald (D. et J.). — Manger de Vood et Co, expédition, transit, représentation et achats, 18, Chapel street. — Manning (Ths) et Cie. — Meacock (Wm T. et F.). — Mead, King et Cie. — Meek (John). — Melly, Forget et Cie. — Meyer (Adolphe) et Cie. — Miller, Houghton et Cie. — Milligan (Evans) et Cie. — Mills (T.) et Cie. — Moon (Willm). — Moore (C.) et Cie. — Moore (Henry) et Cie. — Moran, Galloway et Cie. — Morton (F.). et Cie. — Moss (J.) et Cie. — Moss (H. E.) et Cie. — Meyers (W. J.) fils et Cie. — Napier (J.). — Newton, Keates et Cie. — Nicholson et M'Gill. — Nicholson (B.) son. — Nickels (John Th.). — Orr et Samuel. — Oxley (Wm) fils et Cie. — Papayanni frères. — Paris et Cie. — Paton (T. et W.) et Cie. — Peel, Stevenson et Cie. — Irrie (Wm) et Cie. — Potter frères. — Powles (A. W.) et fils. — Preston (D.). — Rabus et Frank, représentants, 4, Rumford place. — Rankin, Gilmour et Cie. — Rathbone frères et Cie. — Rennie, Clowes et Cie. — Reyher et Schintz, 22, Manchester Buildings — Richardson, Spence et Cie. — Rickarby et Harding. — Roberts et Griffith. — Robertson (Charles). — Rodger, Best et Cie. — Rodocanachi (G. T.) — Ross frères. — Salomon (J.) et Cie. — Sandbach, Tinne et Cie. — Sands, Turner et Cie. — Santamaria — et Cie. Saunders et Cie. — Schillizzi (J. P.) et Cie. — Shand (C. W. et F.). — Simpson (D. C.) et Cie. — Smith et Mullens. — Songey (W. F.) et Cie, agents pour la commission en général, représentant de maisons françaises et étrangères. — Stewart (A. C.) et Cie. — Stollerfoht fils et Cie. — Stuart et Douglas. — Tamplin (Fred. A.). — Thomson, Finlay et Cie. — Warren (G.) et Cie. — Wilson (H. T.) et Chambers. — Zaiser et Weber. — Ziegler, Meiss et Cie. — Zwilchenber (R.) fils et Cie.

Produits chimiques. Hodgkin (John Eliot), raffin. de borax, fab. de bicarbonate de soude. — Hutchinson et Erle. — Kurtz (Ch.). — Luttwyche (Th.) et fils. —Muspratt frères et Huntley. — Muspratt (J.) et fils. — Tennants et Cie. — Wood Edw.

Luton, près Londres.

Tresses et chapeaux de paille. C. Mees, représenté à Paris par Cecci fils et Demenge.

Maidstone, chef-lieu du comté de Kent.

Banquiers. Thess. Randall Wigan et Mercer.

Tresses (fab. de). Gunney et fils.

Manchester, comté de Lancastre.

Vice-consul de France, Dʳ Kraetzer-Rassaerts.

Chambre de commerce. — Président, Henry Ashworth Esq. — Secrétaire, Hugh Fleming Esq.

Agents commissionnaires et négociants. Acheson (R.) et Cie. — Bailey (John). — Barlow (John). — Barnes (Th.). — Barratt et Cie. — Bigg (Rid). — Black (John) et fils. — Bradley (Benjam.). — Bridge (Wm). — Broad (W. H.). — Brown (Th) jeune. — Burt et Whalley. — Bury et Griffiths. — Burnett Archibald. — Butler (Samuel). — Caddell (Walter). — Callinassiotti (D. D.) — Chambers (Geo). — Claflin (H. B.) et Cie; maison à Paris et à New-York. — Clark Walter et fils. — Clegg (Geo). — Coleby et Shelmerdine. — Collier (John). — Consterdine (James) et Cie. — Cottam (S.) et fils. — Davenport (S. S.). — Dewhurst (Geo). et Rich. — Dickinson (Jos.). — Dilworth (James) et fils. — Dold, Christopher et Cie. — Dodd Nathaniel. — Dominici frères. — Du Fay et Cie. — Duffield (John). — Duffy Henry. — Dunlopp Hugh Graham. — Eckhard (J. C.) jeune et Cie. — Eichholtz (Ad.)— Ellison et (Jones). — Evans (John) et Cie. — Evans (Rich.). — Evans (Walter) et Cie. — Fell et frères. — Ferguson (Ch.). — Fletcher (John) et Cie. — Forrest (H. R.) et Newton. — Forshaw (Ths.) — Fothergill et Harvey. — Fox (James). — Fowler frères. — Gaskell (Wm). — Gilbert (John H.). — Gladstone, Latham et Cie. — Gladstone Robert et Cie. — Gloyn (John Fox), arbitres et comptables. — Glover (Ch. H.). — Goodman (Joseph et Louis). — Grafton (Jos.), Smith. — Gregory (Jos.). Griffiths (Henry). — Grimshaw (J.) et Cie. — Grundy (E.) et Cie. — Grundy, Kay et Cie. — Haddon, Searle et Cie. — Hague et Ashburner. — Hall et Udail. — Hampson frères et Cie. — Hankinson (James). — Harding (Wm). — Hargrave (Henry). — Haworth, Rich et Cie. — Heath (John) et Cie. — Beelis et Heather. — Heintzmann (A.). — Helm (Henry) et frères. — Hilton (Th) fils et Cie. — Holme (Wm) et frères. — Horwitz, Meyer et Cie. — Hughes (Rob.). — Hulme (Otho). — Hurst (James). — Jackson (Henry). — Jockisch (J. G.) — Johnston (J. et G.). — Jones (John). — Kendal, Armstrong et Cie. — Kennedy et fils. — Knight (C. H. K.) et Cie, agents de transports. — Knowles Anthony. — Krauss (John jun.). — Lange (F. R.) Smith et Cie, 23, New Cannon st., marchandises anglaises et françaises. — Leach (James) et Cie. — Lee (W. et R. K.). — Lesser (Julius) et Cie. — Leresche (Alfred). — Lingard (Th.) et Cie. — Livesey et Thorpe. — Lockwood (Wm) et fils. — Lord (Joshua) et Cie. — Lyon (Edward) et frères. — M'Callum (James). — M'Clure (John) et fils. — M'Farlane (John). — M'Laren et M'Martin. — M'Nair, Greenhow et Cie. — Marriott (John). — Mosley (Ths). Hurst et Cie. — Mason (Edw). — Massey (John). — Matheson, Duncan et Cie. — Meller Evan et fils. — Merrick, Boyes et Cie. — Meyer (Charles). — Milner (John) et Cie. — Miller (Joseph). — Millo et Leidhold, ag. commiss. et négts. — Morgan (Henry C.). — Munn (John) et Cie. — Murphy (Geo. Fréd.) et Cie. — Nappier (J. C.) et Cie. — Naylor (Robert). — Nicholson (Robert). — Nield (Edward). — Novelli et Cie. — Ogden et Cie. — Ogden et Millar. — Ogden (Sam.) et Cie. — Openshaw (John) et Cie. — Oppenheimer (J.). — Ormerod. Jervis et Thomson. — Owen et Marriott. — Pattinson (Thomas). — Pearce (Matthew) et Cie. — Pennington, Swanwick et Cie. — Pilkington et Kemplay. — Pope (J. et R.). — Porter (T.). — Radford (Thomas). — Robert (J. O.). — Roberts (James et Wm). — Rogerson (Thomas Doyne), représ. de fabriques. — Roylance (Edw Wm). — Royle (J.). — Rymer (Wm) et Ths. — Hermann Samson et Leppoc, représentés à Paris, par Langlois (A.). — Schulze (Paul), agent commiss. et négt en filatures, manuf, étrangères; maison à Glasgow. — Scott Archibald (D.) et Cie. — Sevastopulo (Am.). — Shaw (John) jeune. — Shelmerdine (Ths). — Siltzer (John) et Cie. — Simpson, Baldwin et Newsham. — Spence (George jeune) et Cie. — Spencer (Jos.) et Cie. — Steinthal et Cie. — Townley, Martin et Cie. — Turner (W.). — Wadsworth, Bowcock. et Cie. — Warburton (John) et fils. — Warrens (H. et A.). — Welch (Joseph). — Wharmby Timothy et Cie. — Whale et Jones. — Whittle (John H.). — Worthington et Cie.

Aniline (fab. d'). Brooke, Simpson et Spiller successeurs de Nicholson, Maul et Cie.

Banquiers. Bank of England (branch). John Reid Esqr. directeur. — Consolidated Bank. John Farrer, direct. — Cunliffes, Brooks et Cie. — Heywood et Cie. — Manchester et Salford Bank. Wm Langton, Esqr., directeur. — Manchester et County Bank (limited) Wright. (A.), directeur. — Manchester et Liverpool District Bank. James Miller, Esqr., directeur. — National Provincial Bank of England. Edward Lewis, direct. — Sewell (James). — Stuart (John) et Cie (pour Amérique). — Union Bank of Manchester (limited). Stephen Digby Murray, Esqr., directeur.

Blanchisseries (Bleach, Dye et Print Works). Ashworth Obadiah. — Blair et Sumner. — Bleackley (John et Henry). — Brennand (Cable et John). — Bridson, Ridgway fils et Cie. — Buckley (John). — Chambers (W.) et fils. — Clemson (Wm) et Cie. — Cross (Ths) et Cie. — Davies et Eckerslex. — Dean Peter (Ths). — Dewhurst (Sam) et Cie. — Dunbar, Dicksons et Cie. — Eden et Thwaites. — Ellis frères. — Farrar (James) et frères. — Fell (John) et Cie. — Fenton fils et Cie. — Heywood (Robert). — Holmes (Ths) et Cie. — Horridge (Thomas Gardner). — Imperial Patent Wadding Cie. — Ireland (Ch. W.) et Cie. — Kershaw, Sidebottom et Berry. — Lancaster (John). — Lund (Wm) et fils. — Marsden (James) et Cie. — Mather (James) et fils. — Pendelbury (Jonathan) et fils. — Pownall (George). — Reid (Peter). — Ridgway (Ths) et Cie. — Robinson (John). — Rothwell (Sam.) et fils. — Royle frères. — Rylands et fils. — Schofield (Joshua) et fils. — Smith et Brooks. — Smith (John et Wm). — Tait Mortimer Lavater. — Thorp et Statham. — Waites (George et Wm). — Whitehead (John). — Whyatt (Geo.) et fils. — Wood et Wright. — Worrall (James) et John Mayor. — York Street flax Spinning Company.

Bonneterie (en gros). Bannermann (Henry) et fils. — Cherry (Edw.) et Cie. — Compton (Joseph). — Ellison et Jones. — Hesse David et fils. — Low (Robert) et Cie.) — Philips (John et Nath.) et Cie. — Rainford (James). — Silvestre (Christopher). — Spencer et Wallace. — Waters (J. et E.) et Cie. — Watts (Sam. et Jas.) et Cie. — Westhead (J. P. et E.) et Cie.

Boutons (manufact. et négociants). (Passementeries). Acheson (Rob.) et Cie. — Bacon (Ch.). — Bacon (Wm). — Carr (Thomas) et Cie. — Coleman (Thomas). — Collier (R. F.). — Greenough, Occleston et Cie. — Hammond, Turners et Bate. — Jones et Parry. — Levey Joseph (P.). — Massey et Davies. — Philips (John et Nath.) et Cie. — Porteus et Paul. — Roberts (J. F. et H.). — Rowley (Ch.) et Cie. — Tomkies, Gibson et Cie. — Wadsworth, Bowcock et Cie. — Watts (S. et J.) et Cie. — Welsh (John). — Westhead (J. P.) et Cie.

Caoutchouc. — Hesse Son et Meyer, spécialité de tissus anglais; maison à Paris, Mackintosh (Ch.) et Cie, à Paris, chez A. Hadamard. — Holme (Geo.), 8, Stevenson sq. — North. British Rubber Company (Limited) Castle Mills (Edimburgh), dépôt à Manchester, 8, Spring Gardens. — Turner Barrs et Cie. — Wilmot Holt et Cie, 8, York St S., fabriques générales de caoutchouc, tissus imperméables, élastiques pour chaussures. — Wihl (E.) et Cie.

Cardes pour filatures. — Broadbent (J. J. et T.). — Charlesworth (John). — Foxwell (Daniel). — Gannt (Wm.). — Horsfall (Wm). — Needham (John).

Chapeaux (feutre et soie) (fabr. de). Craston (Miles). — Dearden Zachariah. — Dunkerley et Franks. — Eveleigh (S.) et fils. — Gillham (Ch. et J.). — Goldman (David) et Cie. — Husband (Rich). — Johnson (Peter). — Lewis, Humphreys et Cie. — Marks et Cie. — Mountcastle (W.) et fils. — Ollerenshaw (H.). — Pellet

(John Ths). — Royse (Fréd.). — Walmsley Caius James. — Wood (Th. J.) et Cie. — Woolfenden (John). — Wright (Wm).

Coton à coudre (fabric. de). Ashworth (Edm) et Cie. — Bazley (Ths). Brook (Jonas) et frères. — Carlile (James) fils et Cie. — Clark (J. J.) et Cie. — Chadwick (James) frère. — Crawshaw (John) et Cie. — Collier (David Henry). = Collinge (D.) et fils. — Ermen et Engels. = Ford (Francis), cotons de 2, 3 et 6 fils sur bobines, sur cartons, en pelotons et en écheveaux, Stanley street. — Gault, Beggs et Cie. — Greenough et Occleston. — Greg (R. H.) et Cie. = Grimond (J. et A. D.). — Harding (John) et fils. = Kink (John jun) et Cie, ci-devant Harding et fils. — Lund (Wm.) et fils. — Marsland fils et Cie. — Marshall (Wm) et Cie. — Medlock Smallware Comp. Smith (R.), direct. — Phillips (J. N.) et Cie. — Taylor (S). — Turner (James) Aspinall et Cie. — Wadkin et King. — Waller Ralph et Cie. — Waller (Wm) et Cie. — Westhead (J. P. et E.) et Cie.

Coton (filateurs de). Allen (Walker) et fils. — Almond (W. et J.) — Andrew (Geo.) et fils. — Armitage, Elkanah et fils. — Armitage et Rigbys. — Arrowsmith (R. et H.). — Ashton frères et Cie. — Asthon (R. E.) et frères. = Ashton (Benjamin). — Ashworth (Edm.) et fils. = Ashworth (Geo.) et fils. — Ashworth (H.) et fils. — Aspell et Bradley. — Baker (Noah). = Baker, Walter et Cie. — Barratt (John). = Baron et Tattersall. = Bauer et Cie. = Bazley (Henry). = Beaver (Hugh) et Cie. = Birley (Ths) et Cie. = Birley frères. — Blair (John). = Boissaye (A.), Portland street, filés et tissus de coton écrus, blancs teints et imprimés; maisons à Paris, Mulhouse, Rouen. = Bowers et Yates. = Bracewell, Christopher et Cie. = Bracewell (Wm). = Drewis (Sam.) et Cie. = Bright (John) et frères. = Bridge (R. et J.). = Broadbent (John). = Brown (Joseph). = Buckley (Abel) et Cie. = Buckley (James Smith). = Buckley (N.) et fils. = Butterworth (Jos) et fils. = Callender (W. R.) et Cie. = Calvert (Wm) et fils. = Cheetham (James). = Cheetham (Geo.) et fils. = Christie (Wm. M.) et fils. = Clare, Taylor et Cie, Hope Mills Tyldesley, fils de laine simples et doubles préparés pour tous les marchés. = Clarke (Jph) et frères. = Clegg (James) et Cie. = Collinge (Daniel) et fils. = Cooke (Henry) et Cie. = Couper (B. G.). = Crooke (Joshua) et fils. = Dacca Twist Comp. = Dewhurst (Sam.) et Cie. = Dugdale (John) et frères. = Emmett (George) et fils. = Ermen et Engels. = Fairweather et William. = Fielden frères. = Fish (John). = Galloway (Geo). = Gardner (Rob.) et Cie. = Garnett et Horsfalls. = Gee (Giles) et fils. = Gilmour (James) et Cie. = Goodair, Slater et Smith. = Grant (Wm) et frères. = Greaves (James). = Greenwood et Whitaker. = Greg (R. H.) et Cie. = Guest (Rich.) et Cie. = Hadfield (Wm). = Hall et Udall. = Hampson frères et Cie. = Hampson (Wm) et fils. = Hanover Mil Comp. = Hapwood (Rob.) et fils. = Hapwood (Wm) et fils. = Harding (John) et fils. = Hargreaves (John). = Harrison (George Cooper). = Harrison (Joseph) et Cie. = Harrison (Ths) et fils. = Hawkins (John) et fils. = Helm (Henry) et frères. = Hibbert et neveux. = Hibbert et Al-

cock. = Hilton (Ths) fils et Cie. = Hindley Twist Company. = Holdsworth frères. = Holland (Wm) et Cie. = Hollins (Samuel jeune) et Cie. = Hapwood (Rob.) et fils. = Hapwood (Wm) et fils. = Helme (Wm) et frères. = Hornby (W. H.) et Cie. = Horrocks, Jackson et Cie. = Horrockes, Miller et Cie. = Horsfall et Cie. = Horsfall (J.) et fils. = Horsfall (Wm) et fils. = Houldsworth (Ths) et Cie. = Hoyle (Joshua) et fils. = Howard (Cephas) et Cie. = Hutchinson (James) et frères. = Hyde Mill Company (The). = Hyde fils et Sowerby. = Ingham (Rich.) et fils. = Johnson Henry et fils. = Jones frères et Cie. = Jones (Wm.) et fils. = Jermson Peter. = Kay, John Robinson. = Kay (Wm.) et fils. = Kershaw, Sidebottom et Berry. = Kershaw (James) et fils. = King (James) et fils. = Knowles Henry et fils. = Knowles (James). = Langworthy frères et Cie. = Lee frères. = Lee (Daniel) et Cie. = Leech (John). = Lees (Henry) et frères. = Lees (Henry) et John. = Lees (John). = Leigh (Charles), Clare et Cie. = Leigh (John) et Adams. = Leigh (J.) et frères. = Lawthian, Fairlie et Cie. = M'Clure (Rob.) et fils. = Maden (John). = Mallison (James) et Cie. = M'Connel et Cie. = Manchester co-operative, Spinning et manufacturing comp. = Manchester Cotton-Mill Company. = Manchester Cotton Twine company. = Manchester manufacturing Co. = Marsland (Rob) et Cie. = Marsland (Henry). = Mayson (John) et Cie. = Medlock Smallware Company. = Milne, Seville et Cie. = Milnes (Ed. D.) et frères. = Milns (John G.) et Cie. = Monks frères. = Morris (Wm) et fils. = Munn John et Cie. = Neild, Sutcliffe et Cie. = Norris frères. = Ogden, Rob et fils. = Ogden (Ths et Edw.). = Openshaw (Ch.) et fils. = Openshaw (Ths) Lomax. = Openshaw (Wm) et George. = Oxford Road Twist Co (The). = Paley (Wm). = Parker (Wm). = Pearson (Henry). = Pearson (Ths) et fils. = Pendlebury (Rich) et fils. = Peeley (Charles). = E. Possell et Cie, filateurs fabricants, commissionnaires, maisons à Bradford (Yorkshire), Derby, Paris, Bruxelles. = Prestwich (John) et fils. = Radcliffe (Sam.) et fils. = Ramsbottom (Ths) et fils. = Rawstron Ralph. = Redfern et Garside. = Reyner (Ths.) et fils. = Richardson (Wm) et fils. = Robert (James et Wm). = Rylands et fils. = Sagar (Rich.). = Schofield (Josep) et Cie. = Sellers (J. et J.). = Shaw (Rob.) et fils. = Shaw, Jardine et Cie. = Shiers Richard et fils. = Sidebottom Ralph. = Slater (George). = Smith (James) et fils. = Smithson frères. = Sparrow et Crankshaw. = Spencer et Moore. = Spensley (Wm.). = Stayley-Mill-Comp. (The), Harrison (A.), directeur. = Stirling (T. M. et A.). = Street et fils. = Sumner (Francis). = Swainson, Birley et Cie. = Sykes (Ths P.). = Tattersall (L.) et Cie. = Temple et Sutcliffe. = Thatcher (Rob.). = Travis (Wm.) et fils. = Tunstill frères. = Turner (T. A.) et Cie. = Turner (R.) et Cie. = Tyson (Ch.) et fils. = Wadkin et King. = Chepstow st. Mill, fil de coton pour filets de pêche. = Walker et Lomax. = Waller (Th.), jeune. = Walmsley (Benj. et Robert). = Ward Henry. = Waters (J. et E.) et Cie. = Wellington Mill-Company (The). = Wilkinson (S. Wright). = Withworth (John) et fils. = Whittaker (H.) et fils. = Whittaker (John). =

Whittaker Oldham. — Williams (L. et Edw.). —Withworth (John) et Cie. — Wood John et frères. — Woods et Cie. — Woods (Wm.) et fils. — Worthington et fils.

Coton, percales, mousselines (fabts. d'étoffes de). Alexander et Veevers. — Allon (Walker) et fils. — Andrew (Geo.) et fils. — Armitage et Waterson. — Ashton frères et Cie. — Ashworth, Hadwen et Cie. — Ashworth (Ths. et Jos). — Ashworth (H.) et fils. — Atkinson, Gould et Cie. — Bannerman (H.) et Cie. — Barlow et Jones, Fountain st., fabr. de croisés, damassés, serviettes, linge de corps, couvertures de coton (Voir la *Revue industrielle*). — Barnes (Ths) et Cie. — Bateman (Phillip.). — Bell Robert et Cie. — Benjamin frères. — Bowden et Philips. — Bradbury, Doucaster et Cie. — Brittain (Ths). — Brown (James) et fils. — Burton (J.) et fils. — Callender fils et Dodgshon. — Carlton, Walker et Watson. — Copestake, Moore et Crampton. — Clayton et Brierly. — Codling, Swain et Cie. — Consterdine et Kershaw. — Cooke Henry et Cie. — Crook (Joshua) et fils. — Cruttenden et Lingard. — Dacca Skirting Manufacturing Cie (The). — Dakin (John). —Dewhurst (S.) et Cie. — Dixon (P.) et fils. — Dugdale (John) et frère. — Ermen et Engels. — Fallows et Keymer. — Faulkner Samuel. — Fenton Schofield et Cie. — Fielden frères. — Fletcher (Gea. W.). — Gardner (Robert) et Cie. — Garnett et Horsfall. — Gilmour (James) et Cie. — Grant (Wm.) et frères. — Greg (R. H.) et Cie. — Guest (Ths). — Hadfield (Charles). — Halfields (Wm.) et Cie. — Hall (Robertson) et M'Kerrow. — Harding (John) et fils. — Hardman James. — Hargreaves (John). — Harrison (Joseph) et Cie. — Haslam (James) et fils. — Hawkins (John) et fils. — Helm (Henry) et frères. — Hibbert (Isaac) et Henry.— Hodgkinson (Gos.). — Holdsworth (John). — Haime (Wm.). et frères.— Holt et Mothersill.— Hopwood (R.) et fils. — Hopwood (W.) et fils. — Hornby (W. H.) et Cie. — Horrocks, Miller et Cie. — Howard (H. et S.). — Hutchinson (James) et fils. — Ingham, Seaton et Cie. — Johnson, Jabez et Fildes. — Jones frères et Cie. — Kay (John) Robinson. — Kay et Richardson. — Kershaw, Sidebottom et Berry. — Knowles (Henry) et fils. — Langworthy frères et Cie. — Lee (Daniel) et Cie. — Lees (Henry) et fils. — Lees (Henry) et frères. — Lord (Joshua) et Cie. —Lowthian, Jabez et Cie. — Lund (George). — Mann, Pickstone et Cie. — M' Laren (James) et neveux. — Mariott (Henry) et Cie. — Mitchell (Alex.) ci-devant Miller et Mitchell. — Mitchell (Geo.). — Mitchell (Sam.) et Cie. — Morrison (Wm.) et fils. — Munn (John) et Cie. — Murray, Grundy et Cie. — Myers (Ch.) Henry. — O'Connor (B.) et frère. — Odgen (Robert) et fils. — Odgen (Sam.) et Cie. — Openshaw (Ch.) et fils. — Pawnall et Lomax. — Penny (Robert) et Cie. — Phillips (John) et Nath et Cie. — Pilkington (Ths) et fils. — Radcliffe (James) et Mayor. — Radcliffe (S.) et fils. — Reade et Wall. — Richardson (Edw.). — Rylands et fils. —Schaub (W.), et à Paris. — Sharp (Jonas) et fils. — Shaw (Jardine) et Cie. — Spencer (John) et Cie. — Swainson, Birley et Cie ; fabrique : Fishwick-Mills Preston. — Tootal, Broadhurst et Lee. — Townend et Cie, et à Bradford. —

Turner (J. A.) et Cie. — Walmesley, Cornelius et fils. — Walker (John), Andrew. — Ward (Henry). — Waters (J. et Ed.) et Cie. — Westhead (J. P. et E.) et Cie. — Wilkinson et Cie. — Wood (John) et frères. — Woods et Cie. — Woods Wm.) et fils. — Yates, Brown et Howalt.

Couvertures (fabr. de) (Flannels, blankets). Bateman (P. et T.). — Chadwick (John) et fils. — Consterdine (James). — Geddes (James), flanelle. — Goodall (Edw.). — Grundy (John et Edm.). — Hoyle (John) et Samuel. — Oram (Th.). — Paine, Bowden et Hough. — William (John) neveu et Cie.

Couvertures piquées et courtepointes. Barber (Benjamin) et Cie. — Bateman (Ph.) et Ths. — Christy (W. M.) et fils. — Hampson (W.). — Haslam (James) et fils. — Hodgkinson (George). — Johnson Jabez et Fildes. — Martin (Johnson) et Joule. — Myerscough (Th.). — Nightingale (R.) et fils. — Pearson (Ths) et fils. — Pownall et Lomax. — Spencer (John) fils et Cie.

Cylindres (pour imprimeurs sur étoffes). Broughton Copper Cie. — Collins (Wm). — Grenfell (Pascoe) et fils. — Newton, Keates et Cie. — Schuster (L.) frères et Cie. — Vivian et fils. — Wilks, John et fils.

Drogueries (en gros) (Manufacturing chemists). Alcock frères. — Beard et Holte. — Bowden (Joseph). — Dewhirst (Wm). — Glasier (J.). — Goadsby (Ths.). — Hirst, Brooke et Tomlinson. — Hodhkinsons, Tonge et Stead, et à Londres. — Hyland (Thos) et Cie, 4, Lever st. — Needham Mary, fils et Cie. — Reddish (John) et Cie. — Taylor et Melhuish.

Fil de lin et étoupes à la mécanique. Ainsworth (Ths.). — Barbour (Wm) et fils. — Broadfield (Edw.). — Carlile (James) fils et Cie. — Clart (Walter) et fils. — Crawford et Barett. — Dargan (Wm) et Cie. — Dabb (Wm) et Cie. — Dunbar M'Master et Cie. — Fletcher (Alex.) et Cie. — Harris (Jonathan) et fils. — Kay et Cie. — Renshaw (William) et Cie. — Richards et Cie. — Rylands et Cie. — Waithman et Cie.

Fil à coudre (fabr. de). Barbour (Wm) et fils. — Calvert (R.). — Carlile (James) fils et Cie. — Clark (Walter) et Cie. — Christie (Hector). — Dabb (Wm) et Cie. — Dunbar M'Master et Cie. — Fletcher (Alex.) et Cie. — Kershaw, Sidebottom et Berry. — Ratcliffe et Cie. — Rylands et fils. — Smithies David. — Townend frères. — Westhead (J. P. et E.) et Cie.

Fleurs artificielles. Arrowsmith (Sam.). — Chorlton (Th.). — Drogherty (Alex.). — Halliday (Geo H.). — Isaac (Samuel). — Morris (Joseph). — Railton (Timothy). — Roberts frères et Cie. — Smetzer (Benjamin). — Speyer (Louis).

Imprimeurs sur mousseline, percale, calicot, etc. Ainsworth (Hugh et Geo). — Aitchison, Close et Cie. — Aitken frères. — Bannerman (H.) et fils. — Bailey et Craven. — Belfield Printing Co (The). — Bennett (Joseph). — Bevan (James). — Bickham (Th.) et Henry. — Black (James) et Cie. — Boyd (Ths) fils et Hamel. — Bradshaw, Hammond et Cie. —

Drier (John). = Buckley (E. et O.). = Butterworth et Brooks. = Butterworth (Edm.) et fils. = Callender fils et Dodgshon. = Carlton, Walker et Watson. = Crum Walter et Cie. — Dalglish (R.), Falconer et Cie. = Dalton (John). — Dean (James). = Dewhurst (S.) et Cie. — Dugdale (John) et frères. = Earwaker et Cie. — Entwisle (Jh.) et Cie. = Fallows et Keymer. — Farrar (John). = Fletcher (Sam) et Cie. = Foxhill Bank Printing Company. = Frost (James G.). = Gourlie (Wm) et fils. = Grafton (F. W.) et Cie. = Grant (W.) et frères. = Grave (John) et Cie. = Hardman, Price et fils. — Holt (J. et R.). = Horwich Vale Printing Co. — Hoyle (Ths) et fils. = Hutchinson (T. P.) et Cie. = Inglis et Wakefield. = Kay (Rob.). = Keighley (J.) et Bretha. = Kennedy (John L.) et Cie. = Kershaw, Sidebottom et Berry. = Knowles S. et Cie. = Knew Mill Printing Co. = Lancaster (John). = Lee (Daniel) et Cie, 2 médailles de 1re classe or et argent, Paris 1855. = Matley (S.) et fils. = Mercer frères. = Miller (Wm) et fils. = Monteith (H.) et Cie. = Mucklow (Ths) et fils. = M. Naughton et Tom. = Ormerod (R.) et Cie. = Peel (Wm.) et Cie. = Potter Edmund et Cie. = Potters et Taylor, George street. = Radcliffe (S.) et fils. = Rippon et Burton. = Rossendale Printing comp (The). — Saxby (Charles). = Seedley Printing Co. (Print Works at Seedley près Manchester). — Schwabe (S.) et Cie. = Smith et Downes. — Steiner (Fred.) et Cie. — Works à Church, near Accrington. = Sudren (James). = Sddal frères. = Symonds, Cunliffe et Cie. = Turner, Norris et Turner. = Walker (R.). = Walton, Shaw et Cie. = Wardley (Ths.) et frères. = Welch (John). = Wells Cooke et Potter. = Whyatt, Oppenheim et Cie. = Wikinson (John) et Cie. = Wilkinson et Stephenson. = Wood et Wright. = Wood Christopher. = Young, Jeffrie et Chatteris.

Laine filée (manufacturiers). Hollins (Sam.) et Cie. = Lee (George) et fils. = Marriott (Th) et fils. = Newberry (H. G.) et fils. = Swainson (Edw.). = Townend frères.

Magasins et marchandises générales (articles de Manchester). Acheson (Wm) et Cie. = Addey (John). = Andrew (Geo.) et Cie. = Armistead (Wm). = Arrowsmith (Samuel). = Ashton (Ths) et fils. = Aspell et Bradley. = Atkinson, Gould et Cie. = Bannerman (H.) et fils. = Barber Benjamin et Cie. = Booth (Geo. et Hugh). = Bradbury, Doncaster et Cie. = Braybrooke (S. H.) et Cie. = Brown (James) et Cie. = Brown (Ths) et fils. = Bryan (Wm). = Callender fils et Dodgshon. = Carlton, Walker et Watson. = Chappell et Marsdens. = Charlston (Sam.). = Christy (W. M.) et fils. = Collier, Hepworth et Gerrans. = Cooper (John James et Geo.). = Crewdson Worthington. = Dailey (William et Cie. = Falkner frères. = Fell (John) et Cie. = Fletcher (Sam.) fils et Cie. = Foran (James). = Freeman (Edw.). = Frost, Morgan et Cie. = Fyfe, Alexander et Cie. = Galloway (James et Cie. = Gibb (James) fils et Gray. = Gill (Jonathan) et frères. = Green (Humphrey) et Cie. = Harding (Wm) et fils. = Hayes (William). = Henry (A. et S.) et Cie. = Hill (Benjamin) et Cie. = Hilton (Thomas) fils et Cie. = Hacken, Bird, Cole et Cie. = Hope (Henry) et Cie. =

Jackson (Edw. et John). — Jones et Parry. — Johnston (J. et G.). — Kendal, Riddel et Yates. — Kershaw (James) et fils. — Kershaw, Sidebottom et Berry. — Langworth (Lewis). — Lee Daniel et Cie. — M'Laren (James) et neveux. — M'Niven, Stenhouse et Cie. — Marriot (Henry) et Cie. — Matthews (J. S. et F.). — Medcalfs, Musgrave et Livesey. — Milligan, Forbes et Cie. — Mitchell (John). — Moses, Levy et Cie. Muir (John) et Cie. — Niell frères. — Newman fils et Watson. — Nichols, Morris et Cie. — Owen et Ramsay. — Parkyn (John) et Cie. — Pape (J. et R.). — Peacock et Prattley. — Peel (Wm) et Cie. — Potters et Norris. — Rhodes (John.). — Richardson, Tee, Rycroft et Cie. — Riley, Codling et Cie. — Roberts (J. F. et H.) — Roberts (Lewis) et Cie. — Roby et Harwood. — Rylands et fils. — Sampson (Siméon). — Shaw et Urquhart. — Shirley (Samuel) et Cie. — Smith (James) et Cie. — Spencer et Wallace. — Spencer (John) fils et Cie. — Stopford (W. B.). Stretton, Welsh et Cie. — Sussum (Henry) et Cie. — Thorp (Isaac) et Cie. Todd et Coston. — Tomkies, Gibson et Cie. — Waltons, Shaw et Cie. — Waters (J. et E.) et Cie. — Watts (Sam. et Jas. et Cie. — Wells (John), Moffat. — Wells, Cooke et Potter. — Westhead (J. P. et E.) et Cie. — Wilkinson, Davies et Jackson. — William (John) et Cie. — Winterbottom (Arch.). — Wood (John A.). — Wood (Ths) et Cie.

Mécaniciens et ingénieurs, etc. Bauer et Cie. — Belhouse (Ed. F.) et Cie. = Beyer, Peacock et Cie. = Borland (J. Y.). = Bradford (Jh). — Briggs (Ths) et Edwin. = Butterworth (James). = Cameron (John). = Cowburn (T.) et Cie. = Craven frères. = Creighton, Teggin et Carter. = Crosland (Wm). = Dellergue (Charles et Cie. = Dobson et Barlow. = Dunlop (John M.) et Cie. = Elce (John) et Cie. = Elliott (Thomas). = Fairbairn et Cie. = Fairbairn (Wm) et fils. = Farmer, James et Ths et Cie. = Fleming Mallinson et Cie. = Floston (Joseph). = Gadd et Hill. = Galloway (Wm et John). = Gilray (Rob). = Glasgow (Jch). Globe Iron Works. = Goodfellow (Benj.). = Healey (Sam. James). = Hetherington (Jch et fils. = Higgins (W.) et fils, machines pour filature de coton, etc., représenté à Rouen par A. Fremont, rue Nationale. = Holden (John). = Horrocks (John). = Ireland (Jonatham). = Jackson (P. Rothwell) et Cie. = Kendall et Gent. = (Leigh Evan) et fils. = M'Gregor, Peter et James. = Mather et Platt. = Muir (Wm) et Cie. = Norbury et Shaw. = Oddy et Oldfield. = Ogden (John H). = Oldham et Richards. = Oram (Rob. et W). = Ormerod, Gierson et Cie. = Parr, Curtis et Madeley. = Peel, Soho Foundry Ancoats. = Peters et Cie. = Preston (Francis). = Richmond et Chanderl. = Robinson (Joseph) et Cie. = Rose (Wm). = Routledge (Wm). = Saxon (George). = Schaffer et Budenberg. = Scott (James) et Cie. = Sharp, Stewart et Cie. = Spencer (James) et Cie. = Sumner (John M.) et Cie. = Tomlinson et Jones. = Walker et Hacking. = Wilde (H.) et Cie. = Woodward (Adam). = Wren et Hopkinson.

Mèches de chandelle (fabric. de). Morgan (Joseph), mèches de lampes de toutes espèces.

Mérinos, stoffs et mousseline de laine (fab. et négociants). Astbury, Reid, et Cie. = Piccadilly.

= Bannerman (H.) et fils. — Birch (James) et John. = Brown (Hugh). — Brunskill (Wm). — Charlton (Samuel). — Critchley, Armstrong et Cie. = Hammond, Turner et Bate. — Hibbert (Isaac et Henry). — Kay et Richardson. — Keichley (John) et frères. — M'Connel frères. — Milligan, Forbes et Cie. — Muir (John) et Cie. — Paine, Bowden et Hough. — Peel (Wm) et Cie. — Philips (John et Nath.) et Cie. — Reade et Wall. = Sparow et Hardwick. — Thorp (Isaac) et fils. — Townend frères. — Waterhouse (Ths) et Cie. — Watts (Sam. et Jas.) et Cie. — Westhead (J. P. et E.) et Cie. — Winterbottam Archibald.

Négociants-commissionnaires. Acheson (Wm) et Cie. = Aders, Preyer et Cie. — Albrecht (S.). = Alexindi et Papparaglu. — Alexandroff et N. = Allen (John). — Anderson (A. et J.) et Cie. = Anras (A. H.), soieries et rubans, 4, Lever street, Piccadilly; maison à Lyon, r. Impériale, 4. = Argenti, Sechiar et Cie. — Arkwight (F. W.) et Cie. — Arnold, Constable et Cie; maison à Paris et à New-York. — Ashton (Ths) et fils. = Atkin (Eli) et Cie. — Atkinson, Gould et Cie. = Babe (H.) et Cie. — Balstone (H.K.). — Bannerman (H.) et fils. — Barbour (R.) et frères. — Barge (Thomas). — Barry frères. — Baxter (James Wm et Fréd.). — Bazley (Rob.) et Henry. — Beattie (Wm) et Cie. — Beer (Dux) et Cie. — Behrens Jacob, représenté à Paris par Louis Hemberger. — Behrens (S. L.) et Cie. — Belisha (Isaac.). — Benjamin frères. = Black (John) et fils. — Bluhm et Cie. — Bolton (John S.) et Barlow. — Bradbury, Doncaster et Cie. — Brown (Fh.) jeunes frère. — Brown (J.) fils et Cie. = Bryan (Wm). — Buchly (Rudell). = Burghardt (E.) et Cie. — Burghardt, Krenels et Cie. = Burt et Whalley. — Burnet et Thwaites. = Cababe (P.) et Cie. = Callender fils et Dodgshon. = Carlisle frères et Cie. — Carlton, Walker et Watson. — Carver frères et Cie. = Cassavetti et Cie. = Chamberlin, Heard et Chanu (L.), calicots écrus et blancs, toiles de coton, orléans et alpagas, 26, Brown street; maison à Rouen. = Denher. = Clase (Ch.) Leigh et Cie, 4, Mount st. Agents pour l'achat et la vente des cotons, fils, laines, tissus, à Manchester, et Liverpool. = Clarke J. et Cie, Paisley (fils de coton). = Classon et Cie. = Cochrane (Walter), 8, Back Moley st. = Cockermouth (fil de lin). = Cohen frères. = Cohen (Isidor) et Cie. = Collie (Alexandre) et Cie. = Constable Arnold et Cie. = Constandini (C.) et Cie. = Cook (H.) et Cie (limitée) Hatterssre (fabr. d'aiguilles) = Copestake, Moore et Crampton. = Critchley, Armstrong et Cie. = Cripss (W.) et Cie, 31, Charlton st. = Curtis et Walch, 49, Portland st.; fabr. de calicots gris, blancs ou teints de toute qualité. = Da Costa, Raalte et Cie. = Dabb (Wm). = Davisson (A.), Cooper st. = Dewurst (Geo et R.) = Dehn (B. A.) et Melchior, 9, Newton st. Dale st. = De Jersey et Cie. = Dominici frères. = Droege et Cie. = D'Hauregard (H.) et Cie = Du Fay et Cie. = Djakeli (S. et J.), négociants-commissionnaires, Green Wood st.; maison à Marseille et à Tiflis. = Dugdale (John) et frères. = Ehrenbach (H.) = Eichholt (Wm), négt-commiss. en fils et déchets de soie. = Eller (Wm et Cie. = Essaï, Aneuchian et Cie. = Fergusson (P.B.) et Cie. = Fielden frères. = Findlay (Arch.) et Cie. = Finlay (Campbell) et Cie. = Firth. Slingsby,

Hartwright et Cie. — Fisher (G. F.) et Cie. — Fetcher (Sam.) fils et Cie. — Frangopulo (S. N.) et Cie. — Fraser (Géo.) fils et Cie. — Finnie frères et Cie. — Forsaw (Thomas). — Furst (B.) et Cie. — Galloway (James et Cie. — Gessler (John). — Genth (F.) et Cie. — Gibb (James) fils et Gray. — Gladstone, Latham et Cie. — Gladstone (R.) et Cie. — Glover (Wm) et Cie. — Gottschalck (G.) et Cie. — Graham (Wm) et Cie. — Grason et Cie (H. P.). 3, Marsden st., marchands et armateurs pour le continent européen. — Greg (R. H.) et Cie. — Haddon (James) et Cie. — Hargreaves (G. J.) et Cie, 67, Piccadilly. — Hayes (William). — Heinsen, Martiensen et Cie. — Henderson (C. P.) et Cie. — Henry (A. et S.) et Cie. — Herring, Cox et Cie, maison à Rouen (France), rue Stanislas-Girardon, 17. — Hesse (Sam.) et Bucking, 3 Major st. — Hess (David) et fils. — Hess (Alex. et Cie. — Heycock (H.). — Heugh, Balfour et Cie) — Hickson, Llyod et King. — Higson (W. F.) et Cie. — Hoare, Miller et Cie. — Hocken, Bird., Cole et Cie. — Hockmeyer et Cie. — Holme (Geo), 8, Stevenson square (spécialité de coton gazés, soie et fil de gomme pour tissus élastiques). — Horrocks, Jackson et Cie. — Horwitz, Meyer et Cie. — Huet et Oyons, Faulkner st., produits manufacturés, principalement les cotons et laines filées. — James et Chabot. — Jefferies et Cie (Brésil), 6, Back south parade. — Jimenez, Sobrino et Cie. — Jonas (M.) et Cie. = Kaufmann Moritz. — Kershaw, Sidebottom et Berry. — Kessler et Cie, 33, Dale st. (fabriques du Lancashire et du Yorkshire), New-York et Francfort-sur-le-Mein. — Kizitaff et Cie. = Koecher et Cie. = Lamblehi frères. = Langworthy frères et Co. = Langworthy (Edw. R.) et Cie. = Lee Daniel et Cie. = Lees (J. Hazard). = Léon frères. = Lesser (Julius) and Co, représenté à Paris par Ch. Steinlein. = Leoota et Hudston, Albert sq. = Lœwenthal et Hinrichsee. = Louis et fils. = Lowenstein Léo. = Luckman (G. O.) et Cie, 8, Charlotte st, (agent pour Harris (J.) et fils). = Lyon (Edv.) et frères. = Magnus (Jos.) et neveux. = M'Laren James et neveux. = M'Nair, Greenhow et Cie. = Marjott (H.) et Cie. = Mavrogordate (G.). = Mellor et Southall. = Mendel Sam. = Meyer (S. A.) et Cie. = Michells (Lucas) et Cie. = Milligan, Forbes et Cie. = Mills et Leidhold, 21, Spear st. Dale st.; exportation et importation de produits chimiques. = Moll. (E. A.), 2, Essex st. = Moses Levy et fils. = Mosley (Th) Hurst et Cie. = Mosley (Georges). = Muir (John) et Cie. = Munn (John) et Cie. = Murray (J. O.), 15, Oxford Buildings. = Nathan (E.) et Sington, agents exclusifs pour Platt frères et Cie, à Oldham; maison à Rouen. Th. Crellin, représen. Nichells, Morris et Cie. = Novelli et Cie. = Openshaw, Unna et Cie. = Oppenheimer (Joseph.) = Paine, Bowden et Hough. = Pariente (Isaac). = Paton et Cie. = Paul et Steinberg. = Peel (Wm) et Cie. = Peel (John) et Cie. = Peder (J.) et Cie. = Piggot et Cie, 97, Piccadilly. = Posselt (F.) et Cie, 18, Lloyds House, Albert square. = Petters et Taylor, George street. = Hahr et Ranes drap. = Reiss frères, maison à Londres, Bradford et Liverpool. = Reuss (Ernest) et Cie. = Rendtorff, Lockett et Cie. = Rhodes frères, Piccadilly, calicots gris et blancs, toiles de toutes sortes, calicots teints, toiles de Silésie, impressions (etc.). = Roberts (J. F. et H.) = Roberts (L.) et Cie. =

Rodseanachi (D. E.). — Rohmer frères. — Rostron (Rich.) et Cie. — Roy (Gustave) et Cie, maison à Paris, à Rouen, et à Mulhouse. — Samson Hermann - Leppoc. — Samuels (John). — Schloss frères. — Scofield frères. — Schulze (Paul), 38, Chorlton st. — Schunck, Souchay et Cie. — Schwanu, Modera et Cie, à Londres, et à Glasgow, 31. — Schuster (Léo) frères et Cie. — Séligmann, Haarbleicher et Cie. — Sevastopulo (A. M. S.) — Shorrock fils et Watherhouse. — Siltzer (John) et Cie. — Stavert, Zigmoala et Cie. — Steiner (F.). — Steinthal et Cie, représentés à Paris par Léon Cubain. — Stoddard, Lowering et Cie. — Straus (H. S.) et frère, Peter st., laines filées, fils et mercerie, représentants de Marshall et Cie, Shrewsbury et Leeds. — Stretton, Welsh et Cie. — Stucken et Cie, 6, Exchange st., représentés par Stucken et Cie, New-York; Stucken, Pressprich et Cie; New-Orleans; Stucken et Cie, Liverpool. — Swainson, Birley et Cie. — Tootal, Broadhurst et Lee. — Thornton et Cie, Parker st. (et 8 Finch lane Londres). — Todd et Coston. — Troost et fils. — Voss et Delius. — Waters (J. et E.) et Cie. — Watts (Sam et Jas.) et Cie. — Watkins (W. R.) et Cie. — Welch, Margetson et Cie. — Wells, Cooke et Porter. — Westhead (J. P.) et Cie. — Wihl (E.) et Cie, 3, Sugar Lane, fab. de coton à coudre, lacets, tresses et galons. — Wolffe, Hasche et Cie. — Ziegler (Ph.) et Cie. — Zill et Schwabe.

Passementeries (fabric. de). Boden Edwin et Cie (lacets, tresses et galons). — Brierley (Joseph(. — Buchly, Pfenninger et Cie, tresses de laine en tous genres, représentés à Paris par E. Barra. — Collier (B. et Ths). — Carr (Ths) et Cie. — Greenough, Occleston et Cie, 76, Great Bridgewater st., fabric. de tresses, galons et lacets pour crinolines. — Hammond, Turners et Bate. — Jones et Parry. — Philips fils et Math. et Cie. — Rylands et fils. — Standring John et frères. — Sykes (Joseph). — Wadsworth, Bowcock et Cie. — Walker (Peter) et fils. — Waters (J. et E.) et Cie. — Watts (Sam. et Jas.) et Cie. — Westhead (J. P. et E.) et Cie.

Produits chimiques. Barrow (John) (jeune). — Becker (H.) et Cie. — Blair (Harisson) et Cie. — Booth (Edw.) et Cie. — Cameron et Cie, 1, Lloyd street. — Casartelli Joseph. — Dentith (Wm) et Cie. — Farmer (John). — Hervey, Peek et Hervey. — Hirst, Brooke et Tomlinson. — Howarth (Wm), Hyland (Thos) et Cie, 4, Lever st., importation et exportation d'albumines. — Grimshaw (Wm.) 43, st., James st., laque minérale et aniline, albumines, fabric. de couleurs. — Kenyon (Hartley). — Lees (Samuel). — Marland et Cie. — Metcalf (John) et fils. — Mucklow (Edward). — Mills et Leidhold. — Roberts (Dale) et Cie. — Rumney (Robert) (silicate of Soda) Ardwick Cheminal Works. — Spence (Peter). — Skeiner, Gatty et Cie. — Tennants et Cie. — Thom (David) et Cie. — Thompson (W. G.) et Cie, aniline, 16, Nicolaz st.

Rubans et galons en soie (fab. et négoc. de). Bannerman (Henry) et fils. — Bridgett (Th.) et Cie. — Carr (Ths) et Cie. — Collier (Rich. et Ths.) — Norris (Walker). — Newberry (H. O.) et Cie. — Philipps (John et Math.) et Cie. — Pottiers et Norris. — Roberts frères et Cie. — Thorp (Rob. et Henry.), Gt. Bridgewater st., rubans, tresses, galons, Walker (Christopher). — Waters (J. E.) et Cie. — Watts (Sam. et Jas.) et Cie. — Westhead (J. P. et E.) et Cie.

Soie (fabric. de). Acheson (R.) et Cie. — Ashton, Rainforth et Cie. — Baker, Tuckers et Cie. — Bannerman (Henry) et fils. — Bickhom, Pownall et Cie. — Booth, Leigh et Cie. — Brennan (John), fils et Cie. — Broadie (Joseph) et fils. — Brown (Ths) et fils. — Carlton, Walker et Watson. — Carr (Ths) et Cie (de Leck). — Chadwick (Joseph). — Cliff (Wm). — Critchley, Armstrong et Cie. — Harrop, Taylor et Pearson. — Homilton, Henry et Cestree. — Houldsworth (Jos.) et Cie. — Jones et Parry. — Kay et Richardson. — Le Marc (Ebenezer Rob.). — Le Marc (Joshua). — Macclesfield Silk Company. — M' Clure (Wm). — Morley (John). — Miller frères et Cie. — Moore (Jos.) et Cie. — Newberry (H. O.) et Cie. — Ogden (John). — Ogden (John) et Cie. — Peel (Wm) et Cie. — Potters et Norris. — Robf et Thorps (H.) Gt. Bridgewater st. — Walker (J. T. et T.). — Wanklyn (Wm). — Watts (Sam. et Jas.) et Cie. — Westhead (J. P. et E.) et Cie. — Wharmby (Sam. et Alf.).

Soie et coton mélangés (fabric. d'étoffes de). Ashton, Rainforth et Cie. — Brennan et Cie. — Bromfield (James). — Brown (Ths) et fils. — Carr (Ths) et Cie. — Charlton (John) et Cie. — Critchley, Armstrong et Cie. — Ferguson frères. — Fyfe (Alex.) et Cie. — Hilton et Eckershall. — Holms (Wm). et frères. — Kay et Richardson. — Moore (Joseph) et Cie. — Morley (John). — Ogden (John) et Cie. — Peel (Wm et Cie. — Reade et Wall. — Schofield et Smith. — Stevenson et Greig. — Thompson et Pattinson. — Tonge (Rich.) et Cie. — Tootal, ad Brohurst et Lee.

Tapis (fabr. de). Bowcock (Rich.). — Bright et Cie. — Cartwright, Haywood et Cie. — Chadwick (John) et fils. — Crossley (John) et fils et à Halifax. — Doveston, Brid et Hull. — Falkner frères. — Gibb Andrew et Cie. — Gibson (Rich Henry). — Goodall (Edward). — Kendal, Milne et Faulkner. — Lee et fils. — Ogden (Henry). — Oram (Ths) et fils. — Paine, Bowden et Hough. — Phillips (Samuel). — Rostron (Edward).

Teinturiers. Allen (Wm). — Andrew (John) et Cie. — Ashworth Obadiah. — Bleackley (John et Henry). — Bridson. Ridgeway fils et Cie. — Buckley (John). — Chapman et Holland. — Craptree (James). — Christie (Robert). — Delannay (L. B.). — Dewhurst (S.) et Cie. — Dixon (Peter et Cie. — Etchells Charles. — Fell (John) et Cie. — Fleming, Watson et Nairn. — Furlong (John). — Ewing, John Orr et Cie. — Goodier, Krauss et Cie. — Hatch et Hall. — Horsfall (Wm). — Howarth (Wm) et Cie. — Lancaster (John). — Impérial Patent-Wadding Comp. — King (James) et fils. — Langworthy frères. — Miller (W.) et fils. — Monteith (H.) et Cie. — Robinson (John). — Royle frères. — Saul Charles (John). — Steiner (F.) et Cie. — Steiner, Gatti et Cie. — Whyatt (George) et fils. — Whright (George) et fils. — Worall (J.) et John Mayo.

Tissus imperméables (fabr. de). Clark et Cie. — Hamer Samuel. — Harding (John). — Hellewell (Fréd.) et Cie. — Sam. Hess, Bucking et Cie, 3 major st., fabricants de toutes espèces de tissus écrus, teints et imprimés pour articles de caoutchouc et autres imperméables, et toiles cirées. — Mac-Intosh (Charles) et Cie. — Moseley (David). — Statham (H.) et Cie. — Wilding (Ch.) et Cie.

Toiles (manufact. de). Berveridge Erskine. — Chappell et Marsdens. — Cooper (Ths) et Cie. — Curtis et Walcch, 40. Portland st., fabric. de calicots gris, blancs ou teints, de toute qualité, nankins, coutil à côtes, essuie-mains, toiles pour la chaussure. — Dabb (Wm). — Dewar (D.) et Cie. — Fell (John) et Cie.— Heath (John) et Cie. — Hocken, Brid, Cole et Cie. — Holdsworth (John). — Johnston et Carlisle. — Leadbetter, Calder et Cie.— Leadbetter (John) et Cie. — Leadbetter, M'Caul et Cie. — Marshall et Cie. — Richards et Cie. — Richardson (Wm.) et fils. — Richardson, Tee, Rycroft et Cie. — Rylands et fils. — Spotten (William) et Co, succ. de Dunbar, Dicksons et Cie; dépôt à Paris, Taylor (Th.) et fils.

Velours et peluche, en soie, laine. Ashton (Wm.). — Atkinson, Gould et Cie. — Birtwistle (Rob.). — Carr (Jh.) et Cie (de Leek). — Emmott (Geo.) et fils. — Furst (B.) et Cie. — Hague (J.) et Cie. — Hall et Udall, maison à Paris. — Henry Samuels, 12, Bond street; à Paris, chez A. Hadamard, velours en pièces et doublures. — Le Mare Joshua. — Manstan et Bradley. — Newberry (H. O.) et Cie. — Paton-Velvet Comp. (The). — Rawstorne (J.) et Cie. — Robinson (Alfred). — Shiers (Rich.) et fils. — Stretton, Welsh et Cie. — Taylor (John), et Sam. — Villy (P. J.) et Cie; maison à Paris. — Wharmby (Sam. et Alfred). — Whitworth et Brothers (B.), 4, little Lever street; dépôt en France chez L. Mayeux, à Rouen. — Wood (John A.). 82 Gt. Bridgewater, st.

Margate, comté de Kent.

Agent consulaire de France. H. Blygth Hammond.

Banquiers. — Cobbel et Cie. — London and County-Bank.

Merthyr-Tydvil, comté de Glamorgan.

Banquiers. Brecon Old Bank (P. Evans). West of England Bank (T. Parry).

Middlesbrough-Sur-Tees.

Vice-Consul de France. Mr. Wm. Fallows.

Banques. Backhouse et Cie. National Provincial Bank of England.

Middleton, comté de Lancastre.

Mécaniciens. J. Chadwick et Th. Dickins, machines à filer la soie.

Newark, comté de Nottingham.

Banquiers. T. S. Godfrey et Hutton, Peacock, Handley et Co. Nottingham and Notts Banking, Co.

Toiles de lin pour chemises et toiles de ménage (fab. de). Scales (Ths.) et Cie.

Newcastle-on-Tyne, comté de Northumberland.

Consul français. Des Noyers ✳.

Chambre de commerce. Président. S. A. Beaumont. Vice-président. W. R. Hunter. Secrétaires. W. H. Brockett.

Banques. Branche de la banque d'Angleterre. — Hodgkin, Barnett, Pease et Spence. — Lambton (W. H.) et Cie. — London Bank of Scotland. — London et Northern Bank. — Woods et Cie (Union Bank).

Drogueries. Downie (H.) et Cie. — Fairs (J.). — Gibson (Taylor) et Cie. —Ismay (J.). — Spencer (P.). — Webster (B. P.).

Produits chimiques (manufacturing chemists). Allhusen (C.) et fils. — Burnett (T.) et fils. — Carville Chemical Co. — Cook (J.). — Gardner (A.). — Hodgson frères et Hodgson. — The Jarrow Chemical Company. — The Low Walker Chemical Company. — Myers (C.) et Cie. — Pattinson (H. L.) et Cie. — Richardson (Dr Thomas). — Bidley (E. R.). — Stenhouse (M.) et Cie. — Walker Alkali Company. — Washington Cheminal Co.

North-Shields.

Banques. Hodgkin, Barnett, Pease et Spence. — Lampton (W. H.) et Cie. — National Provincial Bank of England. — Woods et Cie.

Droguistes (manuf.). Mease (S.) et fils (Alkali). — Ogilvie et fils.

Norwich, chef-lieu du canton de Norfolk.

Banquiers. Gurney et Birkbeck Harvey et Hudson. East of England Banking Cie.

Châles, étoffes pour robes et gilets (fab.). G. Allen. Bolingbroke et Jones. Case et Potter. Clabburn fils et Crip. Hinde et fils. Jay et fils. Middleton and Ausworth. Rowling et Atlen. Towler. Willett, neveu et Cie.

Commissionnaires. Blake et Cie. Foster et Cie. Gen. Furrant A. Taylor et fils.

Crin (Fab. d'étoffe de). Kiddic and Co.

Laine filée. J. Bateman et fils, fantaisie anglaise, poil de chèvre, laine lisse et autres fils, É. et R. W. Blake. Jay et fils.

Marchands d'étoffes et bonneterie en gros. Chambertin fils et Cie. G. L. Coleman.

Soie et de crêpe (fab. de). Grout et Cie, et à Londres, 12 Forster lane, Cheapside.

Soie (marchands de). R. A. Gorel. J. Pymar. Springfield fils et neveu.

Nottingham, chef-lieu au comté de Nottingham.

Vice-consul de France. Louis Baillon.

Agents et commission. Baillon (A.) et Cie.

Apprêteurs de dentelles. Baker (G. et F). Bottom. (F. J.), Cox et fils. Dobson (W. et J.). Eden et Cie. Harrison. (G.). Lambert (J. et W.) Ordoyno et Nuspring. Weister (J.).

Bank. Hart Fellows et Cie. Moore et Robinson. Nottingham Joint Stock Banking Cy. Nottingham and Nottinghamshire Banking Cy. Smith (S.) et Cie. Wright (J. L. J.) et Cie.

Bas de coton et de soie (fab. de). Ashwell (Ths) et Cie. Carrier (H.) et fils. Earwaker et Cie, Gibson (W.) et fils. Hadden (J. et H.) et Cie. Horner et Hugg. Keely Shaw et Lambert. Lecand Gee. Lewis et fils. Midland hosiery Cy. Morley. (J. et R). Nottingham manufacturing Cy. Weils et Cie. Wilson (J.) and son.

Blanch. de coton, de tulle et de dentelle. Ashwell et Cie. Burton Cox (J.) et fils. Milnes. Oliver et Cie. Renals (J. et L.). Whyatt (J.) jeune.

Courtiers en soie grège. Balllon (Louis). Hoyles (A.).

Dentelles et tulles (manufact. de). Adams (T.) et Cie. Dahn et Will. Dall (J. et A.) Bull et fils. Birkin (T. J.) et Cie. Burrows brothers. Butler (S.). Carey et Clayton. Cullen et Weight. Dunnicliff et Smith. Feurfield (Jos.). Hardy (J.). Harsthorn (I.). Herbert (Th.) et Cie Hursi et Cie. Liberty (G.). Lokewed (W.). Maillot et Obdoow. Mallet (H.). Packer Manleve et Cie. Pralt. Reckless et Cie. Rue (Th.) et fils. Schaw (Th.). Sylvester (R. A.) et Cie. Vickers (W.) Woulley (Jones) et Cie.

Dessinateurs pour dentelles. Baker. (Th.). Burrows (W. R.). Lenguire (W.). Turton (E.).

Filature de coton. Bradley (M. G. et B.). Ellwitt et Crayg. Greenhalyk et fils. Hollius et Cie. Patterson et fils. Richards (J.). Strutt (W. G. et J.). Thackeray (J. L.).

Moulineurs de soie. Frost (R.). Patterson et fils. Thompson (Joseph). Watson (J.) et fils. Windley et Barwick.

Teinturiers en soie et coton. Baker (G. et W. et F.). Webster (J.). Windley (Th.).

Tissus élastiques (fab. de). Shaw (W.). Tolley (A.).

Oldham, comté de Lancastre.

Banques. Manchester et Liverpool District Co. = Saddleworth Banking Co.

Coton (filateurs et manufacturiers en). Andrew (Charles) (Lee). = Ashton et Mills (Greenacres). = Atherton (Henry) (Lees). — Atkins et brothers, = Bayley (Fred.) (Lees). = Bardsley (James), = Barlow (Edw.) et Cie (Hollinwood). — Baxter (Joseph) (Hollinwood). — Beard (John Charles) (Hollinwood). = Beaumont (W. J.) (Waterhead Mill). — Bellon, Owen (Henry). — Birch (John) (Westwood). — Booth (James) (Lees). — Booth (John) (Lees). — Bowker (Joseph). — Brideoack (John) frères (Waterhead). — Briercliff et Swindells (Lees). — Broadbent et Travis (Lees). — Briertey (J. C.). — Broadbent (M.) et fils (Greenfield). — Broadway Lane Mill Co. — Brooks, Mannoch et Brooks. — Buckley et Seville. — Buckley (George) (Greenacres). — Buckley (John) (Royton). — Buckley (Robert). — Buckley (Thomas) et Cie (Sadleworth). — Buckley (Wm) (Hollinwood). — Byrom (Joseph) et Cie. — Chadderton et Belsford. — Chadwick et Kershaw. — Chadwick (J. et A.). — Chadwick (Thomas) (Boyton). — Charlesworth (Wm). — Cheetam (James) (Chadderton). — Cheetham (James) et fils (Shaw). — Cheetham (Joseph) (Lower Noor). Clegg (David). — Clegg (John) (High Crompton). — Clegg (Joseph) (High Crompton). — Cocker (James) et Cie (Crompton). — Cocker (James) et fils. — Cocker (John et R.) (Shaw). — Cocker (Wm). — Collinge et Lancashire. — Collinge (Ean.) et fils (Greenacres). — Coop (Rob.) (Greenacres). = Cooper et Hepwood. = Cooper (John) et frères (Royton). = Cooper (Yates) et Cie (Lees). = Crompton (A. et A.) et Cie (Crompton). = Crompton (Abraham) (Mumps). = Crompton (Abram) (Crompton). — Crossley frères (Failsworth). — Crossley (Henry). — Dronsfield (D.) (Werneth). — Dunkerley (James) (Mumps). — Dixon (And.) et frères (Hollinwood). = Emmott (George) et fils. — Fielding (James et Samuel). — Firth (John) et Cie (Royton). — Fitton (Rich.) (Royton). Fitton (Rob. et Rich.) (Royton). — Folson (W. J.). — Frith (John) (Hollinwood). — Froggatt (Ths Wm) (Hollinwood). — Gartside et Myatt (Greenacres). — Gee et Berry. — Gillibrand et Cie. — Greaves (James) (Greenacres). — Hadfield (John). — Hughes (James et Daniel (Shaw). — Hague (Samuel) et fils. — (Greenacres. — Hague (Thomas (Shaw). — Haigh (Ths) (Waterhead Mill). — Halkyard et Scholes. — Halliwell (Daniel). — Hatliwell (Wm) (Spring Head). — Hanson Buckley. — Hansen (John et Thomas). — Harrop (Eli) (Mumps). — Harrop (James) et Cie. — Higginbottom (James et Ths). — Higginson et Wallwock (Chadderton). — Hilton (Edw.) (Lees). — Holden (George) et fils (Royton). — Holden (John) et Cie (Royton). — Holroyd (James) et Cie (Lees). — Howard (James). — Howard (J.) et Cie (Greenacres). — Hurst et Barlow. — Kershow et Bamford. — Kershaw (John) et frères (Shaw). — Kirkham et Mannock (Werneth). — Lawton (John), Hardy et frères (Lecy). — Lawton (Joseph) et Cie (Waterhead Mill). — Leach et Suthers. — Leech (John et James) (Royton). — Lees et Buckley (Royton). — Lees (Eli) et Cie (Hope Mills). — Lees (Georges Henry). — Lees (H. et John W.) (Waterhead Mill). — Lees (James) et frères (Lees). — Lees (John) (Primrose Mills). — Lees (John) (Waterhead Mill. — Lees (John) (Croft Bank Mill). — Lees (Joseph) (Hey-Chapel). — Lees (Lawrence). — Lees (Robert. — Lees (Silves et Henry). — Lees (T. E. et Wrigley). — Lees (Wm et Joseph et Benjamin) (Hollinwood). — Lord (Wm). — Marsh (Rich.). — Massey (Wm) (Waterhead Mill). — Maudesley (James) (Shaw). — Mayall (Edw.) (Waterhead Mill). — Mayson (John) et Cie (Royton). — Mellodew frères (Moorside), fab. de velours de coton et cordes. — Mellodew (Ths) et frères (Moorside). — Mellor (Daniel) Lees). Mellor (John). — Mills (John) (Royton). — Milne (A.) et fils. — Milne frères (Werneth). — Milne (Francis). — Milne, Seville et Cie. — Mitchell. — Moores (James). — Moss Elkanah et frère (Waterhead Mill). — Murgatroyd (S.) et fils. — Nathan Pintus (N. et H.) (Failsworth). — Neild (Gen. et Phineas) (West Hill). — Newton (Edwin) et Cie. — Newton (Leopold). — Newton, Parker et Cie. — Sield (Mark) et fils. — (North Moor). — Norcliffe et Lees (Heyside). — Narth Moor Mill Company. — Noton (Thomas) et fils. — Nutter (Wm) et Cei (Shaw). — Ogden (John) (Waterhead-Mill). — Ogden (Thomas Edw.) Lees). — Ogden (Wm) (Lawer Moor). — Oldham Building et manufacturing Company. — Oldham Cotton Spinning Co (limited). — Platt et Wilcox (North Moor). — Platt frères et Cie (Hartford New-Works) : agents exclusifs en France, E. Nathon et Sington, à Rouen. — Potter (Fréd.) (Werneth). Potter (James) (Mumps) — Prockter (B.) et Cie (Chadderion. — Prockter (Thomas) (Shaw). — Radcliffe (J. et M.) (Hollinwood. — Radcliffe (Sam.) et fils. — Rhodes et Schofield (Hey-Chapel). — Rhodes (George) (Hey-Chapel). — Rhodes (James) (Hey-

Chapel). — Rhodes (Thomas).—Roberton et Garlick (Greennacres). — Robinson (Charles) (North Moor). — Robinson (John) et fils (North Moor).— Robinson (Thomas), (Saddleworth).—Roe et Hott (Lees).—Rowlands (Joseph) et fils.— Schofield et Buckley (Middleton). — Schofield (James) et fils. — Seddon frères (Lees). — Seville (Isaac et Samuel) (Hey-Chapel). — Shaw et Butterworth (Werneth).—Shaw et Simmonite frères.—Shaw (Iligh et Wm) (Mumps). — Shaw (Hugh) jeune (Royton).— Shaw Mill Company (Shaw).—Shaw (Pob.) et frère (Waterhead Mill). — Shaw (Samuel) at fils (Lees).— Shiers (Rich.) et fils (Greenacres). — Slater (James) et Cie (Mumps). — Smethurst (Wm).—Smith et Newton (Werneth). —Stott (John) (Failsworth). — Sutter (Charles et Spencer (Werneth).—Tattersall (James). — Taylor (Alex. et Samuel). — Taylor et Buckley. — Taylor et Shaw (Greenacres). —Taylor (George). —Taylor (Halliwell et Whitehead) (Lees). — Taylor (Jacob Werneth).—Taylor (John). — Taylor (John et Samuel. — Taylor (Jonathan) et Cie. — Taylor (Robert) (Greenacres. — Taylor (Samuel) et fils (Lees). — Taylor (Sinkinson et Hall). — Taylor (Thomas) (Lees).—Taylor (Thomas) (Shaw). —Taylor (Thomas et Wm).—Taylor (Wm) frères (Shaw.). — Tetlow (James) (Watershed-dings). — Tetlow Honrry) (Mumps). — Tetlow (Rob. et Joseph.) Tetlow (Thomas) et Cie. — Thrtcher (Robert).—Thompson (George).—Travis et Crompton (North Moor). — Travis (Wm) et fils (Royton). — Turnough (George) et Cie. — Wainright (Joseph) et fils. — Wainpighs et Riley (North Moor). — Waltshaw Mills Co (Greenacres). — Warburton et Taylor (Chadderton). — Warling (John) et fils (Waterhead Mill).— Whild (Abraham). — Whitaker (Henry) et fils (Royton). Whitaker (John). — Whitehead (Edwin et John). Whitehead (Joseph) (Lower Moor). — Whitelay (Benjamin) et Cie.—Whitteker (Ed.). — Whitworth (B.) (Royton). — Wile et Barlow (Lees).— Wild (James) (Shaw). — Wild (Jonathan John et Henry) (Crompton). — Wild (Joseph). — Wild (Martha).—Wild et fils (Busk). — Wilson et Cie. —Wood (Charles James) et Cie. — Wood (George) Royton). — Wortington (John) et fils.—Wright (Edward Abbort). — Wrigley (James) (Saddleworth).— Wrigley (John et George). — Wroe et Boyd.

Machines et métiers en tous genres (manuf. de). Bickerton (Joseph) Greenacres). — Bradbury et Cie. — Chadwick (Edwin). — Collins (James) (Greenacres). — Crossley frères (Failsworth). — Hague Matthew (Waterhead Mill).— Haigh (W. B.) (Greenacres Moor). — Hawksworth et Cie. — Hayes (David). — Holt (James) (Greenacres). — Lees (Abel) (Bardsley). — Lees (Asa). — North Moor foundry Co. — Platt frères et Cie (Hartford New-Works). — Rayner (Joseph) (North Moor). — Schofield (David) (Greenacres). — Schofield (Wm) (Waterhead Mill). — Slater (Thomas). — Sugden (Thomas et Fred.). — Tunnacliff (Rob.) (Greenacres). — Watson (John) (Greenacres). — West et Gregson. — Whiteley (Isaac). — Whittaker (Charles). — Whittaker (John), fab. de lubricators. — Woosttenhulmes et Rye. — Wormall (Joseph) (Shaw).

Produits chimiques (fabr.). Holliday (Th.) et Cie.

Oxford, chef-lieu du comté de ce nom.

Banques. London et County Bank. Parsons et Company. Old Bank. Wootten et Co.

Penzance, comté de Cornwall.

Vice-consul de France à Penzance, à Hayle et Côte Nord de Cornwall. Samuel Higgs junior.

Banquiers. Batten Carne et Co. Bolitho et fils. London South Western Bank.

Nég. John Batten et fils. Thomas. Bolitho et fils. Higgs et fils. Branwell et Cie. John Coulson. Mathews et fils.

Plymouth, comté de Devon.

Vice-consul de France. Luscombe (W.).

Amidon de riz (fab. d'). Edward James, breveté, Sutton Road.

Banquiers. Harris et Co. Devon and Cornwall Banking Co. Branch Bank of England. West of England and South Wales District Banking Co. London et South Western Banking Co.

Bonnetterie et draperie (fab. de). Dapp, Rundle et Brown. P. Adams et Co. Radford. W. Lansdowne. Popham et Radford. Spearman et Spearman. Spooner et Cie.

Portsmouth.

Consuls et vice-consuls. Vanden Bergh ✳ et fils, consuls pour la Belgique, les Pays-Bas et le Hanovre, vice-consuls de Prusse, Suède et Norwège, Portugal, Hambourg, Lubeck et Brême, Italie, Danemark et de l'empire Ottoman; vice-consuls pour la France et l'Autriche; agents pour les Compagnies d'assurances du Havre, de Hambourg et Brême, la société du Commerce à Amsterdam. G. Baker, vice-consul de Russie et d'Espagne, Brésil et États-Unis.

Banquiers. Bank of England. National Provincial Bank of England. Grants et Cie. Hampshire Banking Company. Provincial Banking corporation.

Négociants principaux. Clark Edmund et Cie. Vanden Bergh et son. C. Grant. Mc Chean. G. et G. Curtis.

Preston, comté de Lancastre.

Banques. Lancaster Banking Co. — Manchester et County Bank. — Preston Banking Co. — Roskell, Arrowsmith et Kendal.

Coton (filateurs et manufacturiers). Ainsworth (Wm) et Cie. — Allen William et Cie. — Arkwright (Daniel). — Ashworh (Rich.). — Bashall (Wm). — Birley frères, coton filateurs et fabric. de fil de coton. — Calvert (Wm) et fils. — Cockshott, Smith et Cie. — Cooper (John). — Dawson (Wm). — Dewhurst (George et Richard). — Eccles (Rich.) et Cie. — Eccles (Ths) fils et Cie. — Gardner (Robert). — Goodair (John). — Goodair, Stater et Smith. — Hawkins (John) et fils. — Hollins (Edward). — Horrocks, Jackson et Cie. — Horrockees, Miller et Cie. — Humber (John). — Leigh (Adam). — Napier (G. W.) et Cie. — Naylor (James). — Paley (Wm). — Robinson (T. et W.). — Rodgett frères. — Rodgett

Miles. — Seed (Wm). = Sharples et Wilding. = Simpson (John A. et Thomas). = Smith (Geo) et fils. — Strachan. = Swainson, Birley et Cie. = Threlfall (Richard). = Walker (John et Robert S.) et Cie.

Lin (filateurs de). Furness (John) et Cie. = German, Petty et Cie.

Mécaniciens. Allsup (Wm.). = Atherton et Wood. — Atherton (John). — Atherton (Wm) et Cie. — Baxendale Gregson et Cie. = Clark et Charnley. — Cockshutt (Edmund). = Crook (James). — Cratrix (John et Christophe). = Robinson (Henry). — Robinson (Robert). = Shaw, Dixon et Cie. — Stanting (Thomas). = Tattersall (John).

Ramsgat, comté de Kent.

Vice-consul de France à Ramsgate et Margate. H. Blyth Hammond.

Banquiers. Hammond Furley et Cie. Branch of Nat. Prov. Bank of England.

Négociants. Geo. Hammond et Cie.

Reading, chef-lieu du comté de Berks.

Banquiers. Stephens, Blandy et Co. J. C. Simonds. Br. of London and County Banking Co.

Mécaniciens. Barrett, Exall et Andrewes, à Katesgrove-Works.

Redditch, comté de Worcester.

Banquiers. Stourbridge and Kidderminster Banking Co. Gloucestershire Banking Cie.

Aiguilles à coudre et à tricoter, passe-lacets, hameçons et articles de pêche (fab. de). Adams (Wm) et Cie. — Allcock (Samuel) et Cie, Unicorn Works Redditch et 121, king street, Toronto. — Avery (Wm) et fils. — Bartleet (Rob. S.). — Bartleet (W.) et fils. = Abbey Needle Mills. — Aubert Poujade, maison à Paris. — Baylis (A. G.) et fils. — Baylis (T.) et Cie. = Booker (J.) et fils. — Boulton (J. et P.). = Boulton (W.) et fils. — Bradshaw (W.) et fils. = Clarke (Wm) et fils. — Chambers (J. C.). = English (J.) et fils; dépôt à Paris, chez H. J. Neuss. = Fiddler (E.), à Paris, Et. Ménétrier. — Fracis (J. et G.). — Gibbons (T.). — Guardner (E.). = Hemming (R.) et fils. — Hemming (T.). = Hiam (Ch.) et fils (Feckenham.). — Hollington (G.) do. = Holyoake (J.) et fils. — James (J.) et fils. = Kirby, Beard et Cie, maison à Paris, Cardinal-Fesch, 57. — Laight (C.). — Lewis (H.) et fils. — Lewis illia (Wm) et fils. — Milward (H.) et fils. — Moggy et Cie. — Reading et Turner. — Shore (T. T.). — Smallwood (E.). — Smith (J.) et fils (Feckenham). — Smith (W.). — Thomas (S.) et Sons, méd. Londres 1862, maison à Paris. — Thompson (J.). — Townsend (Geo.) et Cie Hunt End près Reddich; maison à Paris. — Turner (R.). et Cie. — Warner (J.); dépôt à Paris, chez Mlle Warner. — Welch et fils (Feckenham). — Woodfield (W.) et Sons; représentés à Paris, pour les aiguilles à coudre, par E. Ménétrier. — Wyers (R.). — Young (H.) et fils.

Rochdale, comté de Lancastre.

Banques. Fenton (John et James) et fils. —

Manchester et Liverpool District Banking Company. — Heyds (Clement) et Cie.

Coton (filateurs de). Ashworth (George) et fils. = Barlow (James). = Baron et Tattersall. = Booth et Hoyle. = Bottomley (Joseph). Bottomley (Reuben). = Brearley (R. et A.). = Brierley (Abr.) et fils. = Brierley (James) et Cie. = Brierley (Samuel) et fils. = Bright (John) et frères. = Brown et Seed. = Butterworth (Charles) et fils. = Butterworth (Joseph) et fils. = Butterworth (Thomas). = Chadwick (Wm) et Cie. = Clegg et Mills. = Clegg (Edmond). = Consterdine et Kershaw. = Duckworth (A.) et fils. = Duncan (Robert). = Fenton, Schofield et Cie. = Fielden et Cie. = Haigh (Charles). = Haigh (Henry). = Hamer Hall New Mill Co. = Hargreaves (John) et fils. = Haworth Howarth et fils. = Healey (Robert) et frère. = Heyworth et Pilling. = Holden (Joseph). = Hartsfall (W. et J.). = Hurst (John) et fils. = Hurst (Richard et Wm) (Hamer Hall Mills). = Johnson (John) et fils. = Kay Edward Greenwood. = Key (John). = Kay (James) et fils. = Law (Alfred). = Leach (Edmond). = Lee et Howarth. = Leech (James). = Leigh (James) et fils. = Lord (Samuel et frères). = Lumb Levi. = Melfer et Kershaw. = Meller (Jonathan et John James). = Milne (John Stott.) = Moseron (John et Samuel) et frères. = Hanford et Wardle Commercial Company. = Pilling (James) et fils. = Radcliffe frères. = Radcliffe (Samuel) et fils. = Ramsbottam (J. et J.). = Rawstron (Ralph). = Robinson et Wilcock. = Rochdale Co-opérative manufacturing Society. = Schofield et Clegg. = Schofield (James) (jeune). = Schofield (Joseph) et Cie. = Shawcross (Wm Tner). = Smithson frères. = Staley et Wilkinson. = Sutcliffe et Butterworth. = Taylor James Taylor (Samuel) et fils. = Threlfall, Seed et Holden. = Todd (Wm) et frères. = Townhead Mill Company. = Turner (John). = Turner (Samuel) et Cie. = Tweedale (Abr.) et fils. = Tweedale (James) et fils. = Tweedale (John) et fils. = Tweedale (Samuel). = Walker (Richard). = Walker (Robert et James). = Whitaker (John et fils. = Whitworth frères. = Whitworth (John) et fils. = Wild (Samuel). = Wilson (John.

Coton (manufacturiers d'articles de). Ashworth (James) et frères. — Bagslate manufacturing Co. — Bentlay (Wm). — Brierley (Abraam) et fils. — Bright (John) et frères. — Buckley (John et Thomas) et Cie. — Clegg (Edward) et Cie. — Collier (Luke.) Grindrod (Adam et John). — Holden (John et Henry). — Hoyle et Clegg. — Jakson (John et Luther). — King (James) et Cie. — King (James) et fils. — Lord (Henry). — Lord (James). — Lord (Lawrence). Mellor (John). — Mitchell (John). — Mitchell (Thomas) et Cie. — Nuttall John et Cie. — Nutter (George). — Pilling (Abraham. — Pilling (Thomas). — Ratcliffe (Henry). — Rochdale Co-opérative manufacturing Company. — Schofield (Thomas). — Sharrocks (James) (Newbold). — Sharrocks (James) (Bury Road). — Shaw (Henry). — Stott (Joshua). — Stott, Pilling et Co. — Turner (John). — Veevers (John). — Williamson (George). — Wrigley (Joseph).

Flanelles et lainages en tous genres (manufacturiers de). Ashworth (George) et fils. — Ashworth (James) et fils. — Ashworth (John et fils. — Bamford (Edmond). — Bamford (Thomas) Smallbridge). = Bamford (Thomas) (Wardle). = Berry (Samuel). = Buckley (James). = Butterworth (Adam). = Butterworth (James). = Butterworth (Robert). = Butterworth (Thomas). = Gaillards Manufacturing Co (limited). = Chadwick (John). = Chadwick (John) et fils. = Clegg (Edmund). = Clegg (Wm). = Collinge (Robert). = Elliott frères. = Fletcher (James) et frère. = Garside (Norris). = Hastings (Wm) et fils. = Heap (James). = Heap (Thomas) et fils. = Heap (Wm) et fils. = Holroyd (Charles). = Holt (John). = Hoyle et Clegg. = Jennings (J. et S.) et Cie. = Kelsall et Kemp. = Kelsall (Robert) et Joseph. = Kershaw frères. = Kershaw (John) et fils. = Law (Wm et Alfred). = Leach (Edmond). = (John) et fils. = Lee (John) et fils. = Littlewood (Thornton et Charles). = Lord et Cie. = Lord (Edmond Turner). = Lord (John). = Mills (Robert). = Newall (Henry et Lawrence). = Ogden (Rob.) et fils. = Pilling (Wm). = Pilling (Wm) et fils. = Radcliffe (Joshua) et Cie. = Robinson (W. et R.). = Schofield (John) et fils. = Schofield (M.) Schofield (Robert). = Simpson (James). = Simpson (John). = Smith (John). Taylor (Edmond). = Travis (Henry). = Tweedale (Jacob) et fils. = Tweedale (John) fils et Cie. = Whitehead (John) et fils. = Whitworth (Jonathan) et fils.

Laine (négociants de). Bread (George) et fils. - Cooper et Elliott. = Fawcett (Richard). = Handley et Holt. = Heape (Rob. Taylor). = Hegimbottom (John). = Holt (John). = Howard (John). = Hutchinson (Richard). = Kelsall et Kemp. = Littlewood et Hoyle. = Mattley (Rob.). Richardson (Thomas Sheperd). = Reuse (Wm) et Cie. Smithies et Mills. = Taylor (Jonathan).

Machines et métiers (manufacturiers de). Chadwick (Robert). = Collier (Luke). = Holt (Charles). = Hulme (George). = Leach (Edmund) et fils. = Mason (John). = Nuttall (Charles). = Petrie (John) jun., fabr. de machines pour laver et sécher la laine. = Preston et Dania. = Robinson (Thomas) et fils. = Stott (Frederick Luke). = Sykes (James et Phillip). = Tatham (John). = Taylor (Samuel).

Négociants. Ashworth (George) et fils. = Bright (John) et frères. = Broadbent (Jubal G.). - Cartwright (Henry). = Chadwick George M.). - Heape (Robert T.). - Kelsall et Kemp. - Lord et Cie. - Schofield (James) et fils.

Soie et peluches (fabr. de). Watson et Cie.

Rotherham, comté d'York.

Banques. Sheffield-Banking. Comp. : correspondants à Londres : Smith Payne et Smith. - Sheffield et Rotheram Banking Company : correspondants à Londres, London et Westminster Bank, et Barclay et Cie.

Rye, comté de Sussex,

Agent consulaire de France. Alexander Bischop Vidler, vice-consul pour la Suède, la Norwège, Hambourg, Brême, Lubeck, Danemark et Autriche, agent des Lloyds.

Banquiers. Curtels, Pomfret et Cie. London County Bank.

Négociants. Hoad frères. Vidler, fils et Cie.

Sheffield, comté d'York.

Aiguilles, fil de métaux, etc. Cocker, frères.

Banques. Sheffield et Rotherham Banking Comp. = Sheffield Banking Cie. = Sheffield et Hallamshire Bank. = Sheffield Union Bank.

Boutons métalliques et autres (fabric.). Alcard (Ch.). = Bellamy (J. et fils). = Charlesworth (Ths et H.). = Deakin (J. F.) fils. = Ellis (E.). = Fulford (J.). = Guest (A.). = Guest (Wm). = Hardy (Thomas). = Lamb (J.). = Roberts (John).

Southampton, dans le Hampshire,

Vice-consul de France. G. de Rabaudy, O. ✻.

Banquiers. Atherley et Darvin, Hampshire Banking Company, National Provincial Bank, Maddison, Pearce et Hankinson. London and South Western Bank.

South-Shields, près de Newcastle.

Banques. Dale, Miller et Cie. Hodgkin, Barnett, Pease and Spence (gérant, Th. Scott). = National provincial Bank of England (Branche). Woods et Cie.

Stockport, comté de Chester.

Banques. Bank of Stockport. = Manchester et Liverpool District Banking Comp.

Blanchisseries. Marsland (Henry). = Melland et Coward. = Sikes (Hugh.). = Tait Mortimer (L.). = Walton (John et Thomas).

Chapeaux de feutre (fabr. de). Nash et Wilkinson; dépôt à Paris.

Coton (filateurs de). Ashton frères et Cie. = Rowlas (David). = Cheetham et Cie. = Cruttenden et Lingard. = Eskrigge et Barr. = Fernley (W.) et Cie. = Hampson, Rhind et Cie. = Heaword (Joseph). = Horsfall et Cie. = Howard Cephas et Cie. = Howard (John) et Cie. = Kershaw (John). = Kershaw Leese et Cie. = Lees (John). = Leigh (T. et J.). = M'Clure (R.) et fils. Marshall (James) et fils. = Marsland (H.). = Marsland (Joseph). = Paker (Wm). = Pearson (Henry). = Rostron et Cie. = Sidebottom et Bennett. = Stewart (Thomas). = Thornely (Thos) et Cie. = Wamsley (Edw.). = Waterhouse (Thomas). = Wilkinson (Samuel Wright). = Woodley Mill Comp.

Impression sur étoffes de coton. Bradswahd, Hammon et Cie. — Marsland et Hole. — Marsland (Edward).

Manufacturiers (d'articles de coton). Charlesworth (John). — Cheetham (Edw.). — Heath Mark. — Hickes (George) et Cie. — Hope-Hill Mill Comp. — Mariott (Henry) et Cie. — Mather (George). — Melland et Coward. — Stockport manufacturing Comp.

Produits chimiques. Croshow Margaret. — Hargreaves et Bull. Potter (Richard). — Sahw et Brooke.

Stockton-sur-Tees, comté de Durham.

Agents de commission. Craggs (R.) et fils. — Fawens et fils. — Hornsby (J. W.). — Ingledlew S.). — Martin et fils. — Romyn et Cie. — Smith (J.) et Cie. — Turnbull (W.) et fils. — White (J.).

Banques. Backhouse (J.) et Cie. — Daclington District. — Joint stock Banking Cie. — National provincial. — Bank of England.

Stratfort-on-Avon, comté de Warwick.

Aiguilles (manuf. de). Knights et Cie.

Sunderland, comté de Durham.

Consulats. France, Paulin Niboyet. — Belgique, Barker. — Espagne, Reginald Peacock. — Russie, R. Hudson. — Prusse, Booth. — Italie, Bigh-Peacock. — Portugal, James Peacock. — Meklembourg, Robson. — Suède et Norwège, Huntley. — États-Unis, Henry-Brown.

Banques. Union Stock banking Company. — Lambton et Co. Wood et Cie.

Produits chimiques (fab. de). Fairley frères. G. Lindsay.

Swansea, comté de Glamorgan.

Vice-consul de France. Le Page des Lonchamps ✳.

Banque. Bank of Wales. Glamorganshire Banking Co. West of England Bank.

Browridge, comté de Wiltshire.

Drap (fab. de). J. et T. Clark. Salter et Cie. Stancomb frères. J. et E. Hayward. J. H. Webb et fils. Brown et Palmer.

Wakefield, du comté d'York.

Banque. Leatham, Tew et Cie, corresp. à Londres, Barclay, Bevan et Cie. — Leeds et County Bank. — Wakefield et Barnsley Union Bank, Fr Dykes, directeur.

Laine filée (fabricants de). Barker (R. H.) et Cie. — Barratt (E.). — Briggs (Isaac) et son. — Glover (W.). — Lee (George) et sons. — Marriott et fils. — Metcalf (E. B.) et fils. — Ouker et son. — Poppleton (R.). — Rowley (J.) et fils. — The Yorkshire Fibre. — Company (limité). — Waldron (J.).

Warwick, (chef-lieu du comté).

Banquiers. Warwick et Leamington Bank. Greenway et Smitt et Greenways.

Wellington (Sormerset).

Laine (filat. de). Fox Brothers et Co, représentés à Paris par Biggs.

Weymouth, comté de Dorset.

Agent consulaire de France. Welsford (George B.).

Banquiers. Eliot et Pearce. William et Co.

Windsor, comté de Berks.

Soieries et diaphanes de coton pour stores (fab. de). Caley frères.

Wolverhampton, comté de Stafford.

Banquiers. Midland Banking Cie. Wolverhampton et Staffordshire Banking Cie. Bilston District Banking Cie. W. et F. Fryer.

Produits chimiques (fab. de). W. Bailey et fils. Jones frères et Cie. Mander, Weaver et Cie.

Worcester, comté de Worcester.

Banquiers. Berwick, Lechnière, Isaac et Isaac. — Worcester City et County Bank. — National et Provincial Bank of England (Branch).

Dentelles (fab. de). Alcock (T.). — Well (W. H.).

Droguistes. Anderson et Virgo. — Lea et Perrins. — Witherington (J.).

Gants (fabric. de). Allen (W.). — Burlingham (F.). — Causer (W.). — Dent Alcroft, Lycett et Cie (et à Londres). — Evans et Cie. — Firkins (J.) et Cie. — Groves et Partington. — Lepeinteur (T.) et Cie. — Redgrave. — Sanders (J. et W.). — Wells (J.). — Williams (J. W.).

Yarmouth, comté de Norfolk.

Vice-consul de France. A. Aubin Desfougerais.

E. H. L. Preston, consul de Belgique, de Prusse, de Turquie, des ports hanséatiques, Hambourg et Lubeck, Mecklenbourg, la Hollande, les ports de Suède et de Norwège, l'Espagne, le Portugal et l'Amérique.

E. Preston, vice-consul de Danemark.

Matthew Butcher et sons, marchands, agents de navires, vice-consulat pour Italie, Grèce, Empire Ottoman, Honduras et Uruguay.

John W. Shelly, vice-consul de Russie.

Banquiers. Gurneys, Birbeck et Brightwen. Lacon, Youell et Cie. Provincial Banking Company. National Bank.

Soie (fab. de). Grout and Co.

York, chef-lieu du comté de ce nom.

Banques. Swann, Clough et Cie, à Londres, Glyn et Cie. — York City et County, Bank, corresp. à Londres, Barnett, Hoares et Cie. — York Union Banking Com., à Londres, Glyn et Cie. — Yorkshire Banking Comp., à Londres, Williams, Deacon et Cie.

Droguistes (en gros). Clarke, Bleasdale et Cie. — Cordukes. — Hollon et Slinger. — Raimes et Cie. — Tonge James Scawin

Modes et nouveautés (en gros). Ailkin (Mlle). — Bland (G.). — Day et fils. — Leake et Thorpe. — Purdy (Wm). — Whitehead et Cie.

———

ÉCOSSE

Édimbourg, métropole de l'Ecosse,

Consul de France. De Laya.

Chancelier. Léon Troussel.

Banques. Bank of Scotland. — British Linen Company. — Central Bank of Scotland. — Clydesdale Banking Co. — Commercial Bank of Scotland. — City of Glasgow Bank — National Bank of Scotland. — North of Scotland Banking Co. — Royal Bank of Scotland. — Union Bank of Scotland.

Châles (fabr. de). Green. — Hewat. — Smith (Geo.). — Smith (J.).

Costumes d'Ecosse. Mac Intosh (Jas.). Macrae, Cameron et Shand.

Etoffes de laine en tous genres (dépôt d'). Clapperton (R.). — Cowan et Strachan. — Kennington et Jenner. — M'Gregor, Peter fils et Cie. — M'Laren, Oliver et Cie. — Raurat (James). — Renton (Wm) et Cie. — Romanes et Paterson (pour les étoffes écossaises). — Watson, Henry et Cie.

Négociants commissionnaires. Aikman Archibald et Cie. — Anderson et Williamson. — Bafour (John) et Cie. — Carstairs et Robertson. — Cockburn et Cie. — Crabbie et Cie. — Dunsmore (Alex.). — Gray (Wm) et Cie. — Hardie (J. et W.) — Henderson et Jackson. — Hill Thomson et Cie. — Hogg, Honeyman et Wilson. — Hutchinson et Cie. — Kidd (J.). — Livingston et Weir. — Miller (J.). et fils. — Peindreigh (Jas.) et Cie. — Peterson frères. — Richardson, Francis et Cie. — Robinows et Marjoribanks. — Rombach frères. — Rose et Milne. — Schultze (A.) et fils. — Stegmann et Cie. — Taylor, Bruce et Cie. — Thom David et Cie. — Thomson (Wm) et Cie. — Tod (J. B.) et fils. — Turnbull, Salvesen et Cie. — Young (Geo) et Cie.

Produits chimiques (fabric. de). Balley (Wm) jeune. — Bonnington Chemical Company. — Irvine (Robert) Paraffine Oil et Chemical Works, Musselburgh. — Raimes, Blanshards et Cie.

Tapis (manufacturiers et négociants). Clapperton (W. et R.). Grièvé (Robert) et Cie. — Hunter David. — M'Farlane (David). — Paterson, Hugh et Cie. — Simpson (Jas.). — Whytock (R.) et Cie.

Aberdeen, chef-lieu du comté de de nom.

Vice-consul de France. James W. Barclay.

Banquiers. Aberdeen Town et County Banking Co. North of Scotland Banking Co. Agence des banques suivantes : Bank of Scotland. British Linen company. Commercial Bank of Scotland. National Bank of Scotland. City of Glasgow Bank. Union Bank of Scotland. Royal Bank of Scotland.

Coton (filat. de). Robinson Crum et Co.

Corderies (fab. de). Aberdeen Rope et Sail Co. Catto Thomson et Co. Geo. et Wm. David-Gray, Watt et Co. Wh. Boutledge et son.

Draps (grande largeur) (fab.). Al. Hadden et sons. James et John Cromble. A. C. Barker. H. Cooper et Co. Ed. Chadwich. A. Howie et sons. Pratt et Keith.

Laine (filat. de). A. Hadden et sons.

Fil de lin à la mécanique (fab. de). Richards et Co.

Machines à filer le lin (fab.). Bloikie brothers. Mackinnon et Cie.

Nég.-commissionn. Aiken, Catto et Co. J. Asker. W. Bannerman. James W. Barclay. James Black et Co. James Catto. J. Crombie. Geo Hutcheson. Green et Menzies. Jam. John. Kennedy. John Mac Laren. J. T. Rennie. William Smith. Geo. Thomson et son. Ch. Walker.

Arbroath, comté de Forfar.

Cordages, cordes et ficelles (fab.). F. et W. Webster.

Lin (filat. de). D. Duncan et Cie. A Lowson. B. Lungair et fils. A. Mann. A. Nichol.

Mécaniciens. R. Reid. A. Shanks et fils.

Toile à voile (fab.). Cossar frères. D. Duncan et Cie. D. Fraser. A. Lowson. B. Lungair et fils. A. Mann. P. et W. Webster et fils.

Cromarty, chef-lieu du comté de ce nom.

Banquiers. Commercial Bank of Scotland. Caledonian Banking Co (branch.).

Dumfries, comté de ce nom.

Banquiers. Bank of Scotland (branch). British Linen Company. Commercial Bank of Scotland. Union Bank of Scotland. National Bank of Scotland. Royal Bank of Scotland.

Bonneterie (manuf. de). Dinwiddie (James) et Cie. Milligans, Henderson et Cie. Mac George Jamieson et Primrose. Scott (R.) et fils.

Dundee, comté de Forfar.

Vice-consul de France. P. M. Cochrane.

Banquiers. Bank of Scotland. Savings Bank. Clydesdale Bank. Royal Bank. British Linen Co. National Bank of Scotland. Commercial Bank. Union Bank.

Cordes et ficelles (fab.). Halkett et Adam. James Bell and Co. Jas. Macgregor and W. W. Bulk.

Ingénieurs et mécaniciens. James Carmichael et Co. Thomson brothers and Cie. — Gourlay brothers and Cie. Parker et fils. Pearce Brothers. Robertson and Orchar.

Lin (filat.). Baxter frères et Cie, A. Berrie, G. Chalmers, A. J. Buist, James Paterson, Thomson Shepherd et Briggs, O. G. Miller, W. R. Morrison et Co, Malcolm Ogilve et Co, James Irons, A. et D. Edwards et Co, Gilroy frères, William Halley, John Henderson et sons, Alex. Henderson, A. et J. Adie, John Ewan, H. et T. Blyth, A. Low, J. et A. D. Grimond, A. et J. Nicoll, Ireland et Boase, James Malcolm and sons, John Sharp, J. et H. Walker, J. et A. Guthrie, Smith, Mitchell et Cie.

Négoc.-commissionn. Cochrane, Dawson et Cie, William Collier, Allan Edwards, George Armitstead et Co, J. H. et A. Bell, W. Small, J. Guthrie, G. Jameson, D. Martin et Co, P. Duncan, Jaffe frères, Lipman et Co, R. Miln, F. Molison et Co, Hill et Rennie.

Toiles (fab.). A. J. Adie, Baxter frères et Cie, Th. Bell, Cox frères, Don Brothers Buist et Cie, A. et D. Edwards et Cie, J. and A. D. Grimond, Kinmond, Luke et Cie, Laing et Sanderman, James Paterson, William Halleyrand Sons, Shaw Baxter and Meon, H. Samson et fils, H. et T. Blyth, Jaffe brothers Cie, à Paris, John Duncan, Gilroy frères, Charles Lucas et Co, W. R. Morrison et Co, John Neir et son, Smiths, Mitchell et Cie, Malcolm Ogilvie et Co, Thomson Stephens et Briggs, fab. de tapis, représ. à Paris par H. Seeling, William Fergusson et sons, J. et W. Scott, James Simleton et sons, représ. à Paris par Léon Cubain.

Galashiels, comté de Selkirk et Roxburgh.

Draps (fab.). J. et W. Cochrane, J. Sibbald et Cie, Roberts et Co, H. Sanderson et fils.

Laine (fab. de). Bathgate (James et fils), Bogue et Co, Brown frères, Brown et Shaw, Dixon, Debie et Co, Lees (George), Paterson (John), Sanderson (P. et R.), Sanderson (R. et A.) et Co, Sanderson (William) et Co, Sime (James) et fils.

Glasgow, capitale.

Consul de France. Bouillat (E.) ✳. — Chancelier, Wanvert de Mean (A.).

Banquiers. Bank of Scotland. = British Linen Co. = Clydesdale Bank. = City of Glasgow Bank. = Commercial Bank of Scotland. — London Bank of Scotland. = Royal Bank. — National Bank. = Union Bank of Scotland. — North British Bank.

Chapeaux (fabrie. de). Blair (J.) et Cie. = Gardner, Foulds et Stirling. = Inglis (A.) et Cie. = Virtue, Maccallum et Ramsay. — Wesland, Laidlaw et Co.

Calicots, mousselines et tissus imprimés et teints, gaze de soie et toile de lin (manufactures de). Anderson (D. et J.). = Anderson et Drysdale. = Anderson, Graham et Cie. — Anderson et Gray. = Anderson (J. et A.). — Anderson (J. W.) et Cie. = Auld, Berrie et Mathieson. = Bartholomew John) et Cie. = Begg (A.) et Cie. = Black (Jas.) et Cie. = Black et Wingate. = Boyd (Ths). = Broadfoot, Douglas et Cie. = Brown Archibald. = Brown (H.) et Cie. = Brown (J. et G.) et Celius. = Brown (Th.). = Clark (John) jeune et Cie. = Clark et Struthers.

= Cross (W.). = Crum (W.) et Cie. = Cumming, Wallace et Cie. = Dalglish (R.), Falconer et fils (fabriques à Lennoy Mills, Lennox Town). = Dunlop (J.) et fils. = Ewing (J.) et Cie. = Finlay (J.) et Cie. = Fiskin (A.). = Fleming (W. J.) et Cie. = Finlay (H. G.) et frères. = Frew, Forrest et Cie. = Fyfe (Henry) et Cie. = Galbraith (A. et A.). = Gibson, frères et Cie. = Gibson Service et Cie. = Gourlie (W.) et fils. = Gilkinson (R.) et Cie. = Govan (W.) et fils. = Gow, Butler et Cie. = Grant (Geo) et fils. = Hapel (L.). = Hay, Wilson et Cie. = Henry (E.) et fils. = Holmes (W.) et frères. = Houston (J.). = Houldsworth (J.) et Cie. = Jeffrey (R.) et fils. = Kelso, Peter et Cie. = King (J.) et fils. = Laird et Thomson. = Leadbetter (J.) et Cie. = M'Arthur (D.) et Cie. = M'Aulay (W. P.) et Cie. = M'Bride (Wm) et Cie. = Martin (Alex.) et Cie. = Miller (Wm) et fils. = Miller et M'Gregor. = Mitchell et Whytlaw. = Monteith (Henry) et Cie. = Muir et Cie. = Muir, Brown et Cie. = Muir (J. J., et Davie). = Muir (H. S.) et Cie. = Okell, Pringle et Selkirk. = Paterson, Jamieson et Cie. = Paul (A.) et Cie. = Pollock, Morris et Cie. = Pullar, Lawrence et Cie. = Robertson (John) et fils. = Mowat (R. T. et J.). = Rutherford Frères. = Scott (J. et W. et J.) et Cie. = Service et Workman. = Sommerville (J.) et fils. = Sommerville (Wm). = Spotten (William) et Co, fabr. de toiles à Belfast (Irlande). = Stewart (Alex.) et Cie. = Stewart, Wilson et Brodie. = Stirling (W.) et fils. = Symington (R. B.) et Cie. = Tennant (Ch.) et Cie. = Todd Charles et Higginbotham. = Terrance (G. et D.). = Walker, Birell et Cie. = Walker (G. L.) et Cie. = Walker (Robert) et fils. = Yates, Brown et Howat. = Young (J. B.) et Cie. = Younger (Geo) et Cie.

Châles (fab. de). Arthur (Wm) et Cie. = Brodie (W. S.) et Cie. = Brown James et Cie. = Cross (Wm). = Fyfe (A.) et Cie. = Houston (W.). = Knox (J.). = Paul (A.) et Cie. = Wingate fils et Cie.

Coton (filat. de). Alexander (R. J. et F.) et Cie. = Anderston (J. et A.). = Anderson Cotton, Works. = Bartholomew (J.) et Cie. = Black et Wingate. = Brown (G. M.). = Clark (G.) jeune et Cie. = Cochrane (J. J.) et Cie. = Crum, Graham et Cie. = Dunlop (Jas.) et fils. = Findlay (Jas) et Cie. = Fulton, Buchanan et Cie. = Grant (Geo.) et fils. = Galbraith (A. et A.). = Greenock Spinning Cie. = Houldsworth (J.) et Cie. = Kelvinaugh Spining Co. = Lancefield Spining Co. = Lanark Spinning Co. = M'Bride. = M'Gregor et Cie. = Macclerey, Hamilton et Cie. = Mile-End Spinning Co. = Monteith (H.) et Cie. = Muir Broson et Cie. = Oakbank Cotton Spinning et Weaving Works. = Paterson Jamieson et Cie. = Port-Eglington Spinning Co. = Roberston (John) et Cie. = Schulze (Paul), agent commissionnaire et négt de filatures; maison à Manchester. = Scott (A.) et Cie. = Scott (Jas.) et W. Inglis et Cie. = Simpson (W.) et fils. = Smith (Geo.) et fils. = Sommerville (J.) et fils. = Sommerville (Wm). = Stewart (R.) et Cie. = Sydney street Spinning Co. = Thomson (R.) et fils. = Todd (Ch.) et Higginbotham. = Walker (A. et J.) et Cie. = Walker (G. L.) et Cie.

Lin (fil de). Aytoun (R. et J.) — Fletcher (Alex.) et Cie. — St-Rollox. Flax Mills.

Machines à coudre. Simpson et Cie, Maxwell St, maisons à Londres et à Paris.

Négociants commissionnaires. Adam et Cie. —Aitken Rodger et fils et Cie.—Alexander (E.). Alexander et Pollock, Allan (James et Alex.), et agents.— Alexander (R. F. et J.) et Cie. — Anderson (J. W.) et Cie. — Anderson (J.) et fils. — Anderson (G.), Stewart et Cie.—Arthur et Cie. — Arthur et Fraser. — Baird (John) et Cie. — Balfour (Wm.) et Cie. et agents. — Barclay, Paton et Cie. — Black (A. J.). et agent. — Borthwick et Cie. — Brown (Duncan) et Cie. — Brown (M. et W.) jeune et Cie. — Bryce (William) et Cie.— Brydon (John) et Cie. Bryson (K.) et fils, Buchanan, Hamilton et Cie. — Buchanan (P.) et Cie. — Buchanan (Wilson) et Cie, et agents. — Burnley (W. F.) et Cie. — Burns (G. et J.). — Burton et (John), D. et Cie, et agents.—Campbell (J. et W.) et Cie. — Campbell (Neilson), Shaw et Cie. — Campbell, Rivers et Chalmers (Ths) et Cie.—Claasen (E.), et agent.—Cogan (J. et B.). — Cochrane (J. et J. B.) et Cie. — Connal (W) et Cie. — Couper, Blackwood et Cie, et agents. — Creisheim et Hermann. — Cross, Wedderspoon et Cie.—Crum, Graham et Cie.—Davidson (Wm et Jas.) et Cie, et agents. —Dennistoun, Buchanan et Cie. — Dennistoun, Inglis et Cie. — Dennistoun (J. et A.) — Dick (Geo. C.) et Cie, et agents.— Dick (W.). — Donaldson (Jos.) et Cie, et agents. — Douglas (T. D.). — Dunlop (Francis).—Edmiston et Mitchel.—Edwards (Francis). Ellis et Cie. — Ellis (Clément) et Cie. — Ewing (James L.).—Ewing (J.) et Cie. — Ferguson, Rennie et Cie, et agent. —Fergusson (John) frères. — Finlay (J.) et Cie. — Finlay (T. D.) et Cie.— Finlay (Alex.) et Cie. — Fleming, Watson et Nairn.—Frazer (A.) et Cie.—Gallie (Ths) et Cie. — Gilan, Schnitz et Cie, représentés par Théodore Kopp, au Havre. — Gilmour (Graham). — Glasgow (A.) et Cie. — Gow (Andrew) et Cie. — Gowland frères.— Graham (W.) et Cie. — Grant et Cie, et agent. — Hamilton et Cie. — Handyside et Henderson. — Haman (Rob.) et Cie, agence. — Henderson (P.) et Cie. — Henry (A. et S.) et Cie, et agents. — Hertz (T.). — Heys (George) et Cie, et agent. — Hewin, Millers et Cie.—Higginbotham (S.) fils et Guniss. — Hoffmann, Kollmann et Cie.— Inglis et Bow. — Kay (Finlay) et Cie. — Kerr, Bolton et Cie. — Kettle (Robert) et Cie. — Kidston (W.) et fils. — King (John) et fils. — Liepmann, Lehmann et Cie. — Lorrain (W. S.) et Adam.—Macarthur et Farie. — M'Bean, Jamieson et Cie.—M'Donald (Duff) et Cie. — M'Farlane (D.) et Cie. — M'Intyre (J.) et Cie. — M'Kenzie frères.—M'Kenzie (Jas.) et Cie. — M'Bwen (Wm.), et agent. — M'Lean (A. H.) et Cie.—M'Nair et Brand.—Mann, Byars et Cie. — Mair (Hugh).—Martin, Turner et Cie.—Mackinnon (W) et Cie. — Merry et Cunningham. — Middleton (Wm.) et Cie. — Miller et Donaldson, représentés à Paris par G. J. Schwabe, rue d'Hauteville, 21.— Montheit (H.) et Cie. — Morrisson (Geo.) et Cie. — Muir (R. S.) et Cie. — Okell, Pringle et Selkirk. — Orr (John K.) et Dan, et agents. — Paterson, Jamieson et Cie. — Pender (John) et Cie. — Playfair (P.) et Cie. — Pollock, Gilmour et Cie.—Potter, Wilson et Cie. Raalte, Behrend et Cie, et agents. — Ralston,

Goodwin et Cie. — Ree (Hermann H.) et Cie. — Reichmann et Cie, représenté en France par Th. Kopp, au Havre.— Reid (A. P.), et agent. — Richardson, Dennistoun et Cie.—Richardson, Findlay et Cie. — Richardson (J.) et Cie. — Robertson (James B.). — Robertson et Laird, et agent. —Robinows et Marjoribanks.—Schumann (Sig.). — Schwabe (H. L.) et Cie. — Sclanders frères et Cie. — Shaw, Turnbull et Cie. — Simpson (Alexander), Smit (Geo.) et fils. — Smith (W.). — Steinthal (F.). — Stewart, Wilson et Brodie. — Stirling, Gordon et Cie. — Schwann, Modera et Cie, et agent.—Symington et Milier, et agent. — Walker frères.— Walkers et Cie. — Walker, Hamilton et Cie. — Walker (G. L.) et Cie. — Wanlro (Edllis) et Cie. — West, Watson et fils. — Wilson Heugh et Cie. — Wiesche frères. — Wilson et Matheson. — Wiseman (J. et F.) et Cie. — Wishart (Robert) et Cie. — Wilde, Rodger et fils.— Yong Law et Cie.

Produits chimiques. Irvine et Bryce, Port Dundas Chemical Works. — King (J.) (Hurlet et Campsie alun company). — M'Geachy et M'Fariane.— Penney (Ch.)— Poynter (John) et fils.—St-Rollox Chemical Works. — Tennent (Ch.) et Cie. — Townsend (J.). — Turnbull et Cie. — White (J. et J.).— Wilson (John) et fils.

Tapis (fabric. de). Campbell, Nielson, Shaw et Cie. — Findlay et Tannahill. — Geddes (J.) et fils. Grimond (J. et A. D.). — Lyle (J.) et Cie. — Port Eglinton Carpet Co. — Rutherford, Rule et Cie. — Struthers (Ths) et Cie. — Templeton (J. et J. S.). — Thomson, Shepherd et Briggs. — Wylie et Lochhead.

Hawick, comté de Roxburgh.

Draps (fab.). Dicksons et Laings. Laing et Irvine. W. Watson et fils. W. Wilson. J. Wilson et fils. Wilson et Armstrong. Laidlaw et fils. W. Elliot. W. Nixon et Mc. Kie.

Iverness, capitale des Highlands de l'Ecosse et du comté de ce nom.

Banquiers. Bank of Scotland (Donald Duff). British Linen Company (R. Davidson). Caledonian Bank (Charles Wateston). City of Glasgow Bank (J. K. Greig). Commercial Bank (James Wilson). National Bank of Scotland (Charles Stewart).

Chanvre pour les manufactures. Merans et Cie. D. A. Nicol.

Kirkcaldy, comté de Fife.

Lin et étoupes (filat.). R. et J. Aytoun. John Fergus.

Leith.

Consul de France. E. Wagner. — *Vice-consul.* S evenson.
— d'Amérique. N. Maclachlan.
— de Belgique. John Mitchell.
— de Danemark. Walter Berry.
— d'Espagne. James Gordon.
— d'Italie. Zoff (E.).
— de Russie. David Thom.
— de Suède et de Norwège. A Hutchinson.
— du Brésil. H. Denovan.

Vice-Consul de Portugal. W. Muir.
=   des villes hanséatiques. A. Robinow.
=   de la Prusse. J. G. Thomson. = *Vice-consul*: A. W. Beda.
=   des Pays-Bas. A. Paterson.

Banquiers. Bank of Scotland. = British Linen Company. = Clydesdale, Banking Cie. Commercial Bank. = National Bank. = Royal Bank of Scotland Union Bank.

Cordages et voiles (fab. de). Carlder (William). = Edinburgh Roperie et Sail Cloth Company. = Gavin et Cie.

Négociants en général. Adam et Macgregor. = Atken, Gray et Cie. = Anderson (Robert) et Cie (métaux). = Campbell (T. B.) et Cie. = Carstairs et Roberston. = Crabbié et Cie. = Crawfort, Cree et Cie. = Dishington (Ths) et Cie. = Duncan (J.) et Cie. = Ferguson, Davidson et Cie. = Ford (W.) et fils. = Fulton, Weir et Cie. = Gallie, Liard et Cie (métaux). = Gillespie et Catheart. = Henry et Gorrie. = Hutchison frères. = Laurie, Son et Cie. = Macgregor (D. R.). = M'Laren (D.) et Cie. = Miller (James) et fils. = Mitchell, Sommerville et Cie. = Muir (Wm). Nichol et Paterson. = Robinows et Majoribanks. = Smith (R. M.). = Stegmann et Cie. = Taylor, Bruce et Cie. = Thomson (J. G.) et Cie. Thom David et Cie. = Thomson et Cie. = Williamson et Stark. = Wishart et Clapperton. = Wishart (J.) et Sons. = Young (Geo) et Cie. = Yule (T. B.) et Cie.

Lerwick.

Vice-consul de France. G. H. B. Hay.
Châles (fab.). Areus (J. S.).
Négociants armateurs. Hay et Co.

Mauchline, comté d'Ayr.

Banquiers. Commercial Bank of Scotland (John Strathdee, sous-agent.

Paisley, comté de Renfrew.

Amidonniers. Brown et Polson. W. Wetherspoon.

Banquiers. Bank of Scotland. Union Bank of Scotland, British Linen Co.

Châles et draps de fantaisie (fab.). Rob. Keer et fils Jos. J. Robertson. Rob. Rowat. Forbes et

Hutchison. J. Morgan et Co. Mat. Greenlees. Rob. Guthrie et Co. J. Helms.

Coton (filat.). Jos. Twigg et Co. Linwood Spinning Co. Clark et Co, à Londres, 122, Cheapside, E. C. = Goats (J. et P.) fils à coudre de toutes les qualités pour machines à coudre, maison à Paris, = Clark (J. J.) et Cie; dépôt à Paris, chez Karr et Clark, Clark (J. et R.) et Cie, dépôt à Paris chez Kerr et Clark, Kerr et Clark, dépôt à Paris, J. Carlite fils et Co. Ross et Duncan. W. Clapperton et Co. Peter Kerr et fils, coton à coudre.

Mousseline figurée à machines (fab.). Brown, Sharp et Co.

Mousseline cousue (fab.). R. D. Symington et Co.

Négociants ou agents pour la vente de fils de laine, de soie et de coton. J. et A. Gibson. W. Philips et Co. W. Addison et fils. J. M. Symington. Th. Greenlees et Co. A. Barr. *Draps de châles*. W. Peel et Co. = *Châles*. F. Gilmour. M. Whitehill et Co.

Teinturiers. D. et D. Campbell.

Perth, capitale du comté de son nom.

Agent consul. James Easson (Scandinavie). Rob. Lowe (Prusse et Hanovre). W. Stuard (Danemark).

Agents-commission. Robert Lowe. L. Rintoul. David Murie.

Banquiers. Royal Bank. = Commercial Bank. = Union Bank et Savings Bank. = Central Bank of Scotland, et agents de la Bank of Scotland. British Linen Co. National Bank.

Coton (fab. d'étoffes de). Blair. Cornfute, Pullar et fils.

Manuf. de coton de diverses coul. et rayés. Garvie et Deas.

Négociants. R. et J. Greig. Thomas Graham et fils.

Teinturiers. P. et P. Campbell. J. Pullar et fils.

Selkirk, chef-lieu du comté de ce nom.

Draps (fab.). J. et H. Brown et Cie (fabricants de châles et tweed écossais). Dobie et Richardson. G. Roberts et Cie. Waddel et Turnbull.

IRLANDE

Dublin, capitale de l'Irlande et chef-lieu du comté du même nom.

Chambre de commerce. Prés. Ths. Crostwait esq. = Secrétaire: Francis Codd. esq. = Secr. ass. J. Armstrong esq.

Consul de France. Livio, O. ✳.

E. de Mérie, chancelier.

Ed. Nugent, avoué du consulat.

Banques. The Bank of Ireland. = The Royal Bank of Ireland. = Hibernian Joint Stok Banking Company. The Provincial Bank of Ireland. = The National Bank. = The Union Bank. Ball et Cie. = Boyle, Low, Pim et Cie. = Guinness, Mahon et Cie, agents à Londres: London et County Bank. = Latouche et Cie.

Bonneterie. Baker et Cie. = Burns et Cie. = Cannock, White et Cie. = De Veaux (Henri). = Ferguson et Cie. = Holmes (John) et Cie. = M'Birney, Collis et Cie. = M'Grane (Joseph). = Pim frères. = Plunkett (Walter). = Poynts (Benjamin). = Scott, Bell et Cie. = Smyth et Cie. = Switzer. = Tully, Murphy et Cie. = Turney et Cie. = Todd. = Trey (John) et fils. = Wilson et Armstrong.

Corsets. (fabricants de). Auguste (Mme) (de Paris). = Dagnal (Mme). = Braimugant (M. J. = Buchanan (M. F.). = Graffey (Mme). Coulon (Eliza). = Crotty (J.) et Cie. = Crotty (Thomas). = Dumas (Madame). = Frew (Mme Lucinda). = Graham (Mme). = Guun (Ellen). = Hackett (S.). = Harnett (Mme). = Jones (Mme). = Keating et Kennedy. = Lube (Mme). = Oldham (Mme). = Pim frères et Cie. = Todd, Burns et Cie.

Dentelles (fab. et négociants). Baker (S.) et Cie. = Bradshaw (Rob.). = Brown, Thomas et Cie. = Cannock, White et Cie. = Clowes et Woodward. = Copestake, Mooree, Crampton. = Dowd, Crowe et Wilson. = Truly (T.) et Cie. = Ferrier, Pollock et Cie. = Forrest (James et fils. = Fry (Wm) et Cie. = Martin (Felix et Cie. = Metcalf (Joseph). = Pim frères et Cie. = Scott, Bell et Cie. = Todd, Burns et Cie. = Yates (John).

Draperies de laine (négociants de). Allen (Richard). = Beahan (John) et fils. = Brennan (F.) et Cie. = Brown (Thomas) et Cie. = Cannock White et Cie. = Comyns (Alex.). = Cotton et Levey. = Dean Crowe et Wilson. = Drury (T.) et Cie. = Egad (Clare) et James). = Ferrier Pollock et Cie. = Fox (Edw.) et Cie. = M'Birney, Collis et Cie. = M'Caffrey Owen et Cie. = Martin (Bernard). = Pim frères et Cie. = Reid (J. et J.). = Reside (James) et Cie. = Scott, Bell et Cie. = Scott, Spain et Rooney. = Sheridan et Bennett. = Sykes (George). = Todd, Burns et Cie. = Vance et Beers. = Waugh (David). = Webb, Fisher et Cie. = Webb (James D.) et Cie. = Wight (Edw.) et Cie.

Étoffes de laines (manufacturiers d'). Cotton et Levey. = Halpin (James). = Logan (John). = Millier (Henry). = Murray Christopher. = Neill (E.) et fils. = Neill (Robert). = Read (John et James). = Scott et Bell. = Scott, Spain et Rooney. = Vance et Beers. = Wall (Samuel).

Fil et chanvre (manufacturiers de). Anderson et Bailey. = Connolly (Ch.). = Crosby (Ths.) et fils. = Elliott et Cook. = Dargan (W.) et Cie. = Lanigan et Cie. Marguire (Messieurs). = Young (David).

Gants (fab. de). Jugla (D.), fab. à Paris.

Laine (négociants en). Blackburne (Wm). Brangan (Thomas). = Campbell (et Geo.). = Deterne (Théodore). = Dixon (Joseph). = Fairbrother (Geo D.). = Field (N. et R.) frères. = Ganly (James). = Hall (Alexander). = Hnery (P.). = Hickhey et Hambury. = Lawler et Slattery. = Longbottort (R.). = M'Caul frères. = Milner (Robert). = Nolan et Sinott. = O'Brien et Whelan.

Mousseline, coton et articles de Manchester (négociants de). Allen (Joseph et Alex.). = Barklie (John R.). = Beahan (John) et fils. = Brown (Geo) et Cie. = Brown (Thomas) et Cie. = Cannock White et Cie. = Carolan (L.) et Cie. = Cleary (F.). = Cochrane (John) et fils. = Cohen (Abraham). = Cotton et Leavey. = Dean (Wm) et Cie. = Douglas M'Clure et Cie. = Dowd, Crowe et Wilson. = Drury (Thomas). = Ferrier et Pollock. = Fox (Edw.) et Cie. = Galvan et Nolan. = Holmes (John). = M'Birney, Collis et Cie. = M'Evoy (John). = M'Keever (P.). = M'Swiney, Delany et Cie. = Martin Martin (Bernard). = Plunkett (Jas.). = Pim frères et Cie. = Scott, Spain et Rooney. = Shatnen (Isaac). = Tully, Murphy et Cie. = Thomas (John). = Todd, Burns et Cie. = Webb (James D.) et Cie. = Yates (John).

Négociants-commissionnaires. Atkinson (G.) et Cie. = Beahan et fils. = Bewley (Samuel) et Cie. = Bewley (T.) et Cie. = Bidgood, Reside et Cie. = Boileau et Boyd. = Bolger (James) et Cie. = Bolton (Wm) et Cie. = Bond (John). = Brown (Thomas) et Cie. = Caffrey (Owen). = Campbell et Spinks. = Carolan (Lawrence). = Carolin et Egan. = Carolin (Edw.). = Carpenter (T. A.) et Cie. = Carall (Thomas H.). = Casson et Siley. = Chambre (Wm). = Chapman (W. et J.). = Charles (Germain), agent de Jean Marie Farina, 4, Julien place, Cologne. = Classau (G. S.). = Codd et Brennan. = Comyns (Alex.). = Crosthwait, Leland et fils. = Crosthwait (Thomas). = Daly et Cie. = Darcy (P. A.). = Delerue (Théodore). = De Groot (Marcus). = Deneby (Cornelius). = Denman (John) et Cie. = Devitt (G. R.). = Doian (Patrick). = Dowd, Crowe et Wilson. = Doyle (Denis). = Drake et M'Comas. = Drury (Thomas). = Eagle (William). = Egan et Cottle. Egan (G.) et fils. = Elliott et Cooke. = Elliott (G. et R.). = English (J.). = English, Joshua Carrol. = Epsy (R. W.). = Evans (T. H.). = Fawcett et Cie. = Figgis (John). = Fitzpatrick (Francis Johnston). = Fitzpatrick (J. J.) = Fottrell (James et John). = Fox et Cie. = Fry (Wm H.). = Greene et Cie. = Greene frères et Cie. = Greene (James) et Cie. = Hardy frères et Cie. = Haughten (Wm) et fils. = Hayes (R. et P.). = Heiten (Thomas). = Henry (Wm) jeune. = Henshaw (Thomas) et Cie. = Hipwell (George D.). = Holmes (John) et Cie. = Hughes (Geo. Rob.). = Jones (P.). = Kelly, Hugh. = Kelly (John C.). = Kelly (Joseph). = Kelly Martin et fils. = Kelly (Wm) et Cie. = Kiernan (Bernard). = Lappan (George). = M'Crea (Edward). = M'Cullagh (Jos.) fils et Cie. = M'Donnell (Thomas. et Cie. = M'Ennery (Henry). = M'Gauran (John). = M'Mahon (P.). = M'Mullen, Shaw et Cie. = M'Swiney, Delany et Cie. = Mackey, Kelly et Cie. = Madden et Cie. = Malone frères. = Martin et fils. = Masterson (J.) et Cie. = Megaw frères. = Morrison (A. et W.) et Cie. = Murtagh frères. = O'Callaghan et Dempsey. = O'Connor et Ragnal. = O'Meara (T.) et fils. = O'Meara (Daniel). = Perrins (Rich.) et Cie. = Pim frères et Cie. = Reilly et Cie. = Reilly (A.) et Cie. = Reilly (John L.). = Reilly, Michael et Cie. = Relly (Ph. Edw.). = Reilly (P.) et fils. = Roche (Wm) et Cie. = Rogerson (D.) et Cie. = Scully (John) et Cie. = Scott (George). = Scott, Spain et Rooney. = Smith (Michael). = Snowe (Thomas). = Stokes (Ambroise W.). = Stokes (L.) Rooney. = Stokes (Fréd.). = Stokes (June), veuve et fils. = Symnet (Thomas). = Tabuteau, Bartholomers. = Todd, Burns et Cie. = Todhunter, Thomas (H.). = Turbett (Rob. et

James). — Twigg, Hutteau et Brett. — Tyrrel (G. P.). — Walsh (Henry T.). — Waugh (David). — White (John P.). — Wight (Wm) et John. — Wisdam (John) et Cie. — Wood (C. et P.). — Woods (Adam) et Co. — Wright (Wm) et Cie. — Young (David).

Tapis (manuf. et nég. de). Bell (William). — Cannock, White et Cie. — Clift (W. H.). — Comyns (Alexander). — Fry et Cie. — Hamilton (Joseph). — M'Birney et Colles. — M'Mahon jeune. — Mackaige (Wm). — Millar et Beatty. — Pim frères et Cie. — Sheridan (J.) et Wm). — Sheridan (Patrick. — Sheridan (P.). — Switzer, Ferguson et Cie. — Todd, Burns et Cie.

Toiles. Brennan (P.). — Brown (Thomas) et Cie. — Buckley (John). — Byrne (B.) et fils. — Cannock, White et Cie. — Douglas et M'Clure. — Douglas (Wm) et Cie. — Egan (C. et J.). — Faulkner (C.) et fils. — Fitzpatrick (B.). — Geogbegan (Jos.) et Cie. — Hamell (John) et Cie. — Hayden et Cie. — Henderson (G.) et Cie — Hughes et Thompson. — Hunt (Rob.) et Cie. — Johnston et Maeston. — M'Arille (James) et Cie. — M'Birney (Collis) et Cie. — M'Clure (A. et E.). — M' Donald (A. F.). — M' Dowell (William). — Marron et Cie. — Nicholson (T.) et fils. — Oldham et fils. — Pim et Cie. — Rooney et O'Brien. — Scott, Bell et Cie. — Shannon (E.) et Cie. — Shannon (Isaac). — Shaw (James S.). — Switzer, Ferguson et Cie. — Spolton (William) et Co, fab. de toiles à Belfast (Irlande). Tallty, Murphy et Cie. — Tond, Burns et Cie. — Walsh (Edw.). — Wilson, Armstrong et Cie. — Wilson (Joseph S.).

Banbridge, comté de Down.

Toiles de lin ouvrées et damassées (fab.). Clibborn, Hill et Cie, Smyth (W.) et Co.

Teinturier de lin. Cracoford, Lindsays et Failhfull.

Belfast, comté d'Antrim.

Vice-consul de France. Vauvert de Méan.
Autriche et Honduras. Hugh Andrew.
Belgique. Gustavus Heyn.
Brésil. C. G. Bingham.
Danemark. Paul L. Munster.
Hambourg, Hollande, Russie, Espagne, Grèce et Prusse. Gustavus Heyn.
Italie. J. C. Pinkerton.
Etats-Unis. Th. King.
Suède et Norwège. A. M. Munster.
Agents pour Lloyds. Sinclair et Boyd.

Banques. Bank of Ireland. Belfast Bank. Northern Bank. Ulster Bank. Provincial Bank. National Bank.

Commission. Aitkinson et Johnston. H. Andrems et Alexander. Cunningham (Josias). C. Duffin et Co. John Hunter et Co, Richardson frères et Cie. John Ritchie. Sinclair et Boyd.

Coton (filat. de). Currell (O.) jun et Cie. Lepper, Springfield Spinning Cie. Gilbert, Vance et fils.

Lin (filat. de). J. Ulster Spinning Cy. Smithfield, flax spinnry Cy. Northern spinnry Cy. Brookfield linen and Weaving Cy. Monkstown spinning Cy. Milford Spinning Cy. Willyleagh Cy. Falls Cy. Clifta Cy. Edenderry Cy. Boundarn Cy. W. Ewart et fils. J. J. Hedman et Cie. Jy Hind et fils. York-Street flax spinning Company limited. Bell et Calvert. Boyd et fils. C. Duffiy et Co. J. Emerson. Gunning et Campbel. John Martin et Co. White house, spinning Company.

Mousselines. Ewart et fils. Harl. J. Holden et Co J. Kennedy, Bryson. Lindsay frères. H. Workman et Co.

Toiles de lin (fab.). Michael Andrews. Crawford et Lindsays, représentés à Paris par W. Bechtel, Carreil. Ewing fils et Cie. J. M. Calder et Cie. Ulster spinning Cy. Brookfield linen Cy. S.' G. Fenton et Cie. John S. Ferguson et Co. Guynet (H.) et Cie (maison française). Jaffe brothers, maison à Paris. Preston et Cie. Richardson frères. Ridson fils et Owden, représentés à Paris par Léon Cubain. Mc Clure et Co. W. Ewart et son. Charley (J. et W.) et Co, représentés à Paris par J. Beech et Cie. William Spotten et Co, success. de Dunbar, Dicksons et Co, dépôt à Paris, et S. Henry, Moore et Weinberg. Thornton. York-Street-Flax-Spinning Co limited, maison à Paris, Crawford, gérant.

Cork, dans le comté de ce nom.

Vice-consul de France. J. Edwin Pim.

Banques. Bank of Ireland. National Bank of Ireland. Branch of Provincial Bank of Ireland. Munster Bank.

Lainages (manufact.). Lyons et Co. Mahony et Connac. H. Nichols.

Mécaniciens. Perrott et Co. Smith frères. Steele et fils.

Négts en gros. Forrest et Co, Arnott et Co. Atkins frères. Carmichael et Co. Doroden. Fitz Gibben et Co. S. Daly et Cie. Munster Arcade.

Dromore, comté de Down,

Toiles de lin (fab.). Harrisson frères.

Galway, comté de Galway.

Agent consulaire de France. R. N. Somerville.

Banque. Bank of Ireland. Provincial Bank. National Bank.

Draps. G. Farquarson et Moon. John Harrison. M. Hennesy. Gready (P.).

Limerick, comté de Limerick.

Consuls ou agents consulaires. Amérique. Michael Ryan. France. R. Anglin. Italie. Richard Phillips. Portugal et Suède. Luke Mullock, Russie. William Spaight.

Banques. Provincial-Bank. Bank of Ireland. National Bank. Munster Bank.

Dentelle. (fab. de). Robert Mc Clure.

Draperie et bonneterie, laine et coton. Cannock. Tait et Co. Kevington et Co, Todd et Co.

Droguer. Bourker et Cie. Mc-Mahon et Cie.

Lin et chanvre (fab. de). J. N. Russell and Sons.

Négoc. Spaight. J. Myles. J. Baunaytyne J. N. Russel. Quinlivan.

Lisburn, comté d'Antrim.

Toiles et fils à coudre et de cordonniers (fab.). William Barbour and sons; à Londres, à Manchester. J. Myles. agent à Paris. Mr. John Stevelly.

Lurgan, comté d'Armagh.

Toiles et fils de lin (fab.). Hazelton et Scheppard, fab. de mouchoirs, toiles et batistes. Th. et Ch. Richardson.

Waterford, chef-lieu du, comté de ce nom.

Agent consulaire de France. A. P. Allen.

Banques. Bank of Ireland. Provincial Bank National Bank.

Soieries, toiles et draps. Locke et Cie. J. Pender. Robertson et Ledlie. J. Walsh.

Wexford, comté de Wexford,

Agent consul. de France. William White.

Banques. Bank of Ireland (succursale). Provincial. Bank. National Bank. Savings Bank.

Négoc. R. et R. Allen. J. Barrington. Mc.-Ennis. T. Gaffney. Richard Devereux. J. W. Walsh, John Walsh.

Toiles et draps. Mary Anne Tanner, Phillips Byrne. John. Jefferies. S. Scallan. E. Huggard J. Devereux. Js. Grace. J. Hadden.

Soieries, etc. E. Gainfort. E. Hadden. E. Whitney. P. Walsh. Corish et Hughes.

ILES NORMANDES

JERSEY (ANCIENNE CÉSARÉE).

Saint-Hélier, ville capitale.

Vice-consuls. Belgique, Danemark. Hugh Charles Godfray.
— Brésil. Ch. Bertram.
— Espagne. Giffard (N.). Le Quesne.
— Etats-Unis. Renouf (T.).
— France. Chazal (le baron).
— Hollande. Moisson.
— Portugal. T. E. de la Taste.
— Prusse. Philippe De Ste-Croix.
— Suède et Norwège. J. Deslandes.
— Villes Hanséatiques. C. Manger.

Banquiers. Hugh. Godfray fils et Cie. banque établie en 1797 sous la dénomination Old-Bank. — Hamon, Antoine, Ahier, Le Gros et Cie, sous la dénomination de Channel Island's Bank. — Janvin, Durell et Cie, sous la dénomination Commercial Bank. — Gosset de Grouchy et Cie, sous la dénomination Jersey Banking Company. —

Le Bailly Deslandes et Cie, sous la dénomination Mercantile Union Bank. — Jersey Joint Stock Bank. Ph. Ahier, gérant. Mourant, sous-gérant. — Leneveu. Sorel et Cie, sous la dénomination de English and Jersey Union Bank, correspondant à Paris, de MM. Vve D. Thomas Delisle et Cie.

Nouveautés, lingerie, draperie, soieries, etc. Aubin. Benest. Bishop et Cie. W. Chineck et Cie. Colley et Remon. Coutanche. A. de Gruchy. M. de Gruchy. Le Maistre et Cie. Lequesne. Falle. Grigry. Hamon et Leriche fils. Lesueur et Cie. Moss et Moore. Voisin, Bisson et Cie.

Saint-Pierre-Port, ville capitale.

Banquiers. Banking Company (Old Bank). Commercial Banking Company. Caisse d'épargnes.

Nouveautés, lingerie, draperie, soieries, etc. Aghew. Bishop. Crousaz. Chotin. Champion. Daddo. Dorey et Barringham. Carré. Dorey et Rougier. Turner. Hutchinson. Mourant. Westlever. Willis.

COLONIES ET POSSESSIONS DE LA GRANDE-BRETAGNE

DANS LES DIFFÉRENTES PARTIES DU MONDE.

POSSESSIONS EN EUROPE.

Gibraltar, dans l'Andalousie, en Espagne.

Consul de France. Laurent Cochelet ✳. —
Chancelier. Gabriel ✳.

Négoc. anglais. William Whyte et Cie. Carver frères. Derbyshire et Carver. Smith et Cie. Thomas Mosley et Cie. Turner et Cie. Hasluck brothers. William Shirwill. Longlands, Cowels et Co. James Glasgow et Cie. Archbold Johnston et Powers. John Peacock et Cie. James Price. D. Colquhoun. H. Bland et Cie.

Nég. du Pays. G. B. Canepa. Francia frères et Cie. G. Bergel, L. Blond et fils. A. Néhémias. M. et J. Levy. J. de J. Levy. J. Onetti et fils. M. Gomez Passabanda et Lepri. José Shakavy. W. H. Francia, R. O. Joyce. J. H. Recano. M. J. Coll. Balensi frères.

Nég. français. Emile R. Bonnet. John Bartibas ✱.

Nég. américains. Horatio J. Sprague. Henry Sprague

Nég. espagnols. Larios frères. F. Patxot.

Nég. génois. Berlingiero et Cie. W. Cosi. M. Gamburo. G. Revello. J. B. Revello.

Nég. allemand. Fernando Schott.

Malte.

Banquiers. Bell (James) et Cie. R. Duckworth et Cie. Rosario Messina. Scicluna (G.) et fils. Tagliaferro (B.) et fils. Emm. Zamint. Petrococchino. — Buttigieg et fils. — Degiorgio et Museak.

Consulats de :
France. E. Delaya.
Amérique. W. Winthrop.
Autriche. J. Kohen.
Belgique. A. Schembri.
Espagne. E. Zammit, vice-consul.
Hambourg. C. H. A. Maempel.
Hollande. O. F. Goltcher.
Italie. Le Chev. R. Slythe.
Brême, Lubeck. Rosenbusch.
Danemark. Ed. Vinc. Ferro.
Oldembourg. Henry Ch. Ferro.
Maroc et Tunis. Le Chev. Laurent Farrugia.
Mecklembourg-Schwérin. Le Chev. W. J. Stevens.
Ottoman. Nahoulm-Effendi.
Perse. Le Commandeur W. J. Stevens.
Portugal et Brésil. Jérôme Jessi ✱.
Prusse. Le Chev. Raph. Ferro, consul. Henry Ch. Ferro, vice-consul.
Rome. F. Lanzon.
Russie. Fr. Tagliaferro.
Suède et Norwége. Munch. Rœder.

Articles de luxe (magasins d'assortiment). Arrigo (Joseph) et Cie. — Bazar. P. Vella et Cie. — Bazar. J. P. Vella. — The English Bazar. — Busutti (Ant.), soieries de Lyon. — Felice (Q.) et Fratelli. — Felice (V.) et Cie. — Girard, soieries. — Lorino (G.) habillements. = Moore (J. A.) et Cie. — Skinner (A.) et Cie. — Thiellay, articles de toilette, objets de fantaisie.

Négociants. Apap (Pascal) et fils. = Avierino (G. P.). — Bell (James) et Cie. — Briffa (D. M.). — Buttigieg (J.) et fils. — Dalzel. — De Giorgio et Muscat. — Domech (Joseph), en manufactures. — Domech (Ant.) et Cie. — Duckworth (R.) et Cie, Lloyds agents. — Eynaud (C. B.) — Eynaud (P.) et Cie. — Ferro (Raph) et Cie. — Galea (Ant.). — Galea (P. P. et G.) et Cie. — Giannacachi (P. C.), nég. commiss. — Goltcher (O. F.) nég. commiss. — Hearn (W.). — Imbroll (Emm.) — Jackson (H. L.). — Lanzon (Fr.). — Maempel (C. H. A.). — Messina (Rosario). — Micaleff Eynaud (S.) nég. et représente le bureau Vérité, Lloyd Universel de Paris. — Miller (Giaet.). — Peralta (L. R.) et Cie. — Peter, Stuart et Cie. — Petrococchino et Cie. — Pisani (Joseph). — Pisani (Vincent). — Pullis (Monte-Bello). — Renganum (E.), commiss. — Robinson brothers. — Rose et Cie. — Rose (John). — Sammut (J. P.). — Sapiano (Emm.). — Scicluna (G.) et fils, négts et banquiers. — Silva (Borges da J.). — Smith et Cie, négoc. et agents de bateaux. — Tagliaferro (B.) et fils, négts et banquiers. — Tajar (J. de J.). — Tessi (Geroglamo). — Vella (P.) et Cie. — Woodhouse et Cie, vins. — Zammit (E.).

POSSESSIONS ANGLAISES EN ASIE.

EMPIRE ANGLO-INDIEN.

Présidence du Bengale.

Calcutta, capitale de la présidence du Bengale.

Consuls. d'Autriche.
— de Belgique. C. H. Forano, 14-1, Lall Bazar.
— de Brême. Johann Smidt, 6, Old Court house street.
— de Brésil. C. E. A. De Souza.
— de Danemark. W. Minto, 3, Lyon's Range.
— d'Espagne. Charriol, 2, Vansittar street.
— des États-Unis. Nath. P. Jacobs, 23, Chowringhee road.
— de France. Lombard, Chancelier. Jacquemin. Blankshall street.
— de Grèce. A. T. Ralli, 08, Clive street.
— de Hambourg. (consulat vacant).
— des Pays-Bas. E. Vancutsem, 3, Falle place.
— de Portugal. De Souza, 1-4, Mission row.
— de Prusse. E. Œsterley, 13-7, Strand.
— de Suède et Norwége. W. Minto, 3, Lyons Range.

Agents commerciaux. — Campbell, Robert et Cie. — Charles Nephew et Cie. — Fergusson (J. H.) et Cie. — Fitze (W. H.) et Cie. — Gillanders Arbuthnot et Cie. — Grindlay et Cie. — Hay et Cie. — Love (J. W.). — Querros (F. J.) Smith (H.) et Cie. — Sturmer (A. J.). — Walter frères. — Wood (D.).

Articles européens. — Anderson (J.) et Cie. — Baker et Cailiff. — Barham, Hill et Cie. — Hell (W.). — Bodelio et Cie. — Nephew (Ch.) et Cie. — The Exchange. — Francis Harrison, Hathaway. — Francis, Ramsay et Cie. — Gervais Bouden et Cie. — Great Eastern hôtel. — Hamilton et Cie. — Newman (W.) et Cie. — Osler (F.) et Cie. — Ramsay, Wakefield et Cie. — Payne et Cie. — Stewart, Lewis et Cie. — Thacker, Spink et Cie. — Thomson (T. E.) et Cie.

Banques. B. d'Agra. — B. du Bengale. — B. de Delhi et de Londres. — B. de l'Inde, d'Australie et de la Chine. — B. commerciale de l'Inde, de Londres et de la Chine. — B. nationale indienne. — B. orientale. — B. populaire. — B. Royale. — Calcutta Anna Savings bank (banque de deux sous). — Comptoir d'escompte de Paris. — Crédit foncier indien. — Crédit foncier de l'Est de l'Inde. — Crédit mobilier du Bengale. — Savings bank (du gouvernement).

Chapeliers. Beake (E. L.) et Cie. — Francis Harrison Hathaway et Cie. — Francis, Ramsay et Cie. — Great Eastern hotel. — Harman et Cie.

— Hutchings (B. E.). — Parfit (F. H.). — Smith (S.) et Cie. — Smyth (W. B.) et Cie.

Chemisiers. — Badham frères.

Commissionnaires en marchandises. — Ahmuty et Cie. — Arson et Cie. — Atkinson (W. L.) et Cie. — Bissonauth Law et Cie. — Briant (A. L.), Campbell (Robert) et Cie. — Cohn, Filman et Cie. — De Razario (P. S.) et Cie. — Fitze et Cie. — Hay (G. C.) et Cie. — Love (J. W.). — Mendes et Cie. — Presse (L.). — Smith (H. G). — Smyth (B.) et Cie. — Snell (J.). — Stephen et Cie. — Sykes et Cie. — Thomson (C. J.) et Cie. — Van Gelder (J.).

Corsets (fabricants de). — De Croyer (Mme). — Precina et Cie (Mmes).

Drapiers. — Baker et Catliff. — Clarke (S. H.). — Davis (J.) et Cie. — Francis, Ramsay et Cie. — Great Eastern hotel.

Equipements militaires. — John Teil et Cie.

Fleuriste. — Cockburn (J. A.).

Gantiers. — Anderson (J.) et Cie. — Badham frères. — Bell (W.). — Bodelio et Cie. — Francis, Harrison, Hathaway et Cie. — Francis, Ramsay et Cie. — Gervain, Boudon et Cie. — Great Eastern hotel. — Harman et Cie. — Keelan (Mme).

Habillement (maisons d'). — Anderson (James) et Cie. — Bell (W.). — Bodelio et Cie. — Clarke (S. H.). — Davis (J.) et Cie. — Francis, Harrison, Hathaway et Cie. — Francis, Ramsay et Cie. — Gervain, Boudon et Cie. — Ramsay, Wakefield et Cie.

Merciers. — Badham frères.

Négociants. — Ackland (Geo).— Agabeg (Jos.). — Agabeg (Paul). — Alexandre Bosc et Cie. — Angelo frères. — Anstruther et Cie. — Apear et Cie. — Argenti, Schilizzi et Cie. — Ashburner et Cie. — Atkinson frères. — Atkinson, Tilton et Cie. — Bagram (J.-G.) et Cie. — Balmer, Lawrie et Cie. — Barton, Baynes et Cie. — Beg, Dunlop et Cie. — Berens (Henry et A.). — Biss (Isaiah, B.). — Borel (J.-E.). — Borradaile, Schiller et Cie. — Burjorjee, Franjee et Cie. — Camin, Lamouroux et Cie. — Campbell (Robert) et Cie. — Carlisles, Nephews et Cie. — Casella (F.) et Cie. — Chatterjee, Mitter et Cie. — Clark et Mookerjee. — Cohn (J.-H.) et Cie. — Cohn, Pulmann et Cie. — Colvin, Cowie et Cie. — Corfield (J.) et Cie. — Crooke, Rome et Cie. — Davis (H.-H.) et Cie. — De Saran (E.-D.) et Cie. — De Souza (Thomas) et Cie. — Dossabboy, Framjee, Cama et Cie. — Douglas, Fraser et Cie. — Douglas (J.-S.). — Durrschmidt, Crob et Cie. — Elliott (John) et Cie. — Emin (E.-M.). — Ernsthausen et Oesterley. — Ewing et Cie. — Fergusson (J.-H.) et Cie. — Fitze (W.-H.) et Cie. — Folkard et Cie. — Fornaro et Huin. — Francis (J.) et Cie. — Freck (D.) et Cie. — Chose (R.-G.). et Cie. — Gillanders, Arbuthnot et Cie. — Gisborne et Cie. — Gladstone, Willie et Cie. — Goddard et Cie. — Goodall et Cie. — Gordon fils et Cie. — Graf et Banziger. — Graham et Cie. — Gregory (M.) et Cie. — Grindlay et Cie. — Harley (F.) et Cie. — Hastings et Cie. — Haworth (W.) et Cie. — Henderson et Cie. — Hoare, Miller et Cie. — Hodge (W.-H.). — Howard frères. — Huber et Cie. — Hugh Mc Lardy. — Jameson (John W.). — Jardine, Skinner et Cie. — Joakim (M.-C.) et Cie. — Kaich (A.) et Cie. — Keep (William) et Cie. — Kelly et Cie. — Ker, Dods et Cie. — Kettlewell, Bullen et Cie. — Labadie (E.) et Cie. — Lackersteen (C.-R.), — Latapie (E.-D.) et Cie. — Lawrie (Alexander). — Lewis, Bailey et Cie. — Lewis (H.-B.) et Cie. — Lloyd et Cie. — Lyall, Rennie, et Cie. — Lyell (James C.). — Mackenzie, Lyall et Cie. — Mackillican et Cie. — Mackillop, Stewart et Cie. — Mackinnon, Mackenzie et Cie. — Macknight et Cie. — Maclachlan (J.-E.). — Malchust (N.-G.). — Manackjee Rustomjee. — Metheral et Cie. — Meyer frères. — Mc Cheyne (R.) et Cie. — Michael (J.). — Minto (William) et Cie. — Mohendronath Bose. — Moran (J.-K.) et Cie. — Moran (William) et Cie. — Mosley et Hurst. — Nierses (M.). — Noyce (Chas.) et Cie. — Nusserwanjee (N.) et Cie. — Owen (M.-S.).— Pearce, Macrae et Cie. — Peel, Ross et Cie. — Pehmoller (G.) et Cie. — Peters (John) et Cie. — Petrocochino (E.-E.) et Cie. — Pickford, Mathewson et Cie. — Presse (L.). — Pittar (W.-J.) et Cie. — Playfair, Duncan et Cie. — Putz et Cie. — Ralli frères. — Ralli et Mavrojani. — Rentiers (J.-B.) et Cie. — Robert et Charriol. — Robinson (S.-H.). — Rose et Cie. — Rowe (W.-J.). — Rushton frères — Russel et Cie. — Rustomjee, Rutlurjee. — Samuel Smith fils et Cie. — Scallan et Cie. — Schilizzi et Cie. — Schneider (Johann Phillip.). — Schoene, Kilburn et Cie. — Schroder, Smidt. et Cie. — Shand, Fairlie et Cie. — Shearman et Cie. — Short, Short et Cie. — Simson. (C.).— Smith (D.-A.) et Cie. — Smith (W.-H.) — Smyth (B.) et Cie. — Steers (Thomas) et Cie). — Stewart, Mackenzie et Cie. — Stewart (W.-C.) et Cie. — Tamvaco et Cie. — Taylor (E.) et Cie. — Teil (George) et Cie. — Teil (John) et Cie. — Thomas (J.) et Cie. — Toulmin (L.-W.) et Cie. — Tudor (The) et Cie. — Turner, Morrison et Cie. — Ullmann, Hirshhorn et Cie. — Vangelder (J.). — Vardon (A.-M.). — Waite (Percival J.). — Walker A. et G. Fournier. — Watson, Green et Hart. — Wattenbach, Heilgers et Cie. — Weskins (C.). — Whitney frères et Cie. — Williamson frères et Cie. — Wills, Nephews et Cie. — Wilson, Gilmore et Cie. — Wiseman, Snead et Cie. — Wolff, Wilmans et Cie, représentés à Paris par Fay et Cie. — Wollaston frères et Cie. — Young, Gray et Cie. — Yule (Andrew) et Cie. — Zolas, Paul et Cie.

Marchands mahométans. — Alladinbhoy, Habibbhoy. — Khan Mahomed, Dhurmsee et Cie. — Hajee Jackariah Mahomed et Cie. — Allahrakia Adam. — Hajee Sally Mahomed Ellias. — Hirjee Anrut. — Golam. — Hossein Verjee.— Salamon Molidina. — Hajee Seedick Hamid. — Meer Alee Rohimbhoy. — Hajee, JafferMooshaw.

Marchands juifs. — Behar, Dawood. — Camoo, Yacoob fils et Cie. — Cohen (M.-D.). — Cohen (S.-H.-D.). — Dawood Huskul. — Elias (J.-B.).— Elias (M.). — Ezrah (D.-J.). — Ezrah Ezekiel. — Ezriel (A.-A.). — Gubbay (A.-S.). — Gubbay (E.-A.). — Gubbay (E.-S.). Gubbay (H.-S.). — Gubbay (J.-E.). — Gubbay (J.-S.). — Judah (E.-S.). — Luddy Abraham. — Moses, Huskule. — Muslia (E.-J.). Rahaman (J.). — Sooker (R.).

Produits chimiques. — Bathgate et Cie. — Waldie (David).

Soie (manufacture de). — Emin (E.-J.).

MOFFUSSIL.

Agra.

Banques. — Banque d'Agra. — Banque du Bengale. — Uncovenanted servicebank.

Cotons. Gilmour et Cie. — Rusthen (J.).

Marchands. — Ellis et Cie. — Fielman et Cie. Swan et Cie.

Ajmeree, province de Rajpootana,

Banquiers. — Bagmul Futteh Mul. — Bahadoorchund. — Dhunroop Mull Bagmull. — Futteychund. — Gunnesdoss. — Jowahir Lal. — Kisreechund. — Kissenchund. — Labh Mull. — Mohun Lall. — Nagree Doss. — Protab Mull Kun Mull. — Radhakissen Gobindoss. — Rae Kurun Mull. — Soojun Mull Sumer Mull. — Sooputram.

Marchands. — Abdood. Ally, Mahomed Ally. — Mazur Ally, Sadak Ally. — Sameur Mull Bhainsa. — Sammusjee Peer-Bhoy.

Akyab, capitale de la division d'Arracan,

Consuls étrangers.
Autriche. — Pandorf (E.).
Belgique. — Auschitzky (P.).
Brême. — Pandorf (E.).
Danemark. — Hay (J.-C.).
France. — Auschitzky (P.-H.).
Hambourg. — Gerber (F.-W.).
Hollande. — Hay (J.-C.).
Oldenbourg. — Hay (J.-C.).
Prusse. — Gerber (F.-W.).
Suède et Norwège. — Hay (J.-C.).
Etats-Unis. — James Dickie.

Marchands et agents commerciaux. — Bulloch, frères et Cie. — Burot Gerber et Cie. — John O'Gilvy, Hay et Cie. — Mahomed Bux. — Mohr, frères et Cie. — Neibuhr et Cie. — Paul Auschitzky, et Cie (agents du comptoir d'escompte de Paris). — T. Stewart et Cie. — Woodward (Alfred). — Wollaston frères et Cie.

Allahabad.

Banques. — Agra Saving's Bank. Allahabad Bank. — Allahabad Railway, coopérative society. — Banque du Bengale. — Succursale de la Banque de Delhi et de Londres. Uncovenanted service Bank (succursale).

Marchands. — Staines et fils (R.). — Howard, frères. — Ritchen et fils (J.-F.). — Lasbury (J.-W.). — Lines et Cie. — Mc Cord et Cie. — Nilcomul Mittra et Cie. — Smyth et Cie. — Drew (W.).

Planteurs d'indigo. — Colliss (J.-S.).

Allyghur.

Banquiers. — Deebay Jealla Bershad Roopchund. — Deorga Shunker Labjeemull. — Holeelall. — Omaskunker Mohan Lall.

Marchands. — Indian Grain and general produce company. — Mahomed Sadek. — Henry Nilchem. — Styfies (G.).

Planteurs d'indigo. — Beckett (G.-W.). — Collis (H.-M.). — Decluseau (J.). — Fergusson (H.-D.). — Hasman (Henry). — Kearney (C.-H.). — Nichterlein (F.). — Saunders (C.). — Saunders et Robinson. — Tetley (Charles S.). — Tetley jeune. — George (A.). Wright.

Azimgurh.

Banquiers. — Mooz-Ooddeen et Cie. — Nouckbueens Singh. — Setulpershad.

Marchandises anglaises. — Denonath Ghose. — Gopaulchunder and Cie.

Planteurs d'indigo. — Alexander Martin (S.). — Dunne (M.-P.). — Edwin Cornelius. — Goutière (A.-F.). — Hudson (C.). — Hunter (E.). — Maharjgunge. — Mahoul. — Nisamabad.

Baltool.

Commerçants. — Bheekun Chand Guneshraj. — Girdharee Lall Deokeenundun.

Balasore.

Marchands. — Anunda (Ch. Ker). — Joolistepershud Doss. — Lalmohun Doss. — Lokenath Ker. — Muddun Mohun Doss. — Puddolochun Mundul. — Rammohun Doss. — Rashherry Ker. — Samanund Dey. — Shibeprosand Khoonica. — Unoopram Mahanty.

Bhuddruck.

Marchands. — Abdool Gunny. — Bhaghut-Heroelhunum. — Bindoo Madhub Bose. — Gooma Meah. — Gopeebulloh Roy Mohusoy. — Honumam Saha. — Khodabux. — Misser Kisto (Ch.). — Nema Shah. — Prunbulloh Roy. — Radamohun Bose. — Rajah Kellwan Singh. — Rajah Nursing Churn Sing. — Rampersad Bose.

Buncoorah.

Commerçants. — Burdwan Stone Cie. — Cheke (J.-M.-G.).

Planteurs d'indigo. — Chrestien (P.-E.). — James Erskine.

Baraitch.

Banquiers. — Hur Narain. — Luchmee Narain. — Ramsaroop Pem Narain.

Marchands. — Raja Jung Bahadour. — Raja Nurput Singh. — Raja Seetla Bux Singh. — Sirdar Bahadoor Mohamed Shah. — Sirdars Heera Singh et Shere Singh. — Thakoor Futteh Mahomed.

Bareilly, prov. de Delhi,

Agents commerciaux. — Benson (G.). — Man (A.-R.).

Banque. — United service Bank.

Bassein.

Consuls. — Bandow (J.-H.). — Hallyday jeune (J.).

Marchands. — Atha Shoke. — Arakan. — Ardaseer et Cie. — Ashin Shoke. — Bob (A.). — Dababboy (P.). — Jyas Wamy (N.). — Mirza Casselm. — Sheik Ahmed. — Sheik Jameer.

Beerbhoom.

Marchand. — Shircore (C.-G.).
Planteurs d'indigo. — Erskine et Cie.
Soies. = Conaton Silk Concern.

Benares.

Banques. = Branch Bank of Bengal. — Delhi and London Bank.
Marchands et banquiers. — Bindassum Doss. — Bisheon Chund. — Bonteln (J. A.). — Boudet (J.) et Cie. = Brijruttum Doss. — Charler (W.). — Damodar Doss. — Haruckchand. — Junkie Doss. = Kissen Doss. — Munneeram Sett. — Nur Singh Doss. — Persuttam Doss. = Rae Narain Doss. = Rae Silaram Ram. — Ram Kisoon Doss.

Bhaugulpore.

Agent commercial. — Dacosta (C.).
Banquiers. — Fitzpatrick (J.). — Moheslall.
Marchands. — Cohen (M. A.). = Henderson et Cie. = Ournet (P.).
Planteurs d'indigo. — Baring frères. = Forbes (A. D.). — Graham (W. F.). — Griffith (T. D.). = Landale (W. S. E.). = Lowell (E. F. C.).

Bograh.

Commerçants. — Dunary Lall Shaha. = Luleet Mohun Shaha.

Cachar.

Marchands. — Gopal Chunder Laha. — Horogobind Shaha. — Junkee Nauth. — Lind (T.). — Nursin Dhur, — Sandeman (D.). — Sineal (John) et Cie.

Cawnpore.

Agents. = Bournsmore (J. C.). — Beaumont et Greenway. — Griffiths (E. P.). — Jackson (T. C.). = Jahans (E. D.) et Cie. — Jones et fils. — Lawrence et Cie. — Mulroney (J. E.). — Nightengall (R. B.). — Shaw Koondunlall et Shall Feehdunlal. — James Shearin et Cie. — Shewpersad. = Souter (E.). — Stevens (D.).
Banques. — Banque du Bengale. — Bank of Upper India.
Cotons. = Elgin Cotton spinning and weaving Cie.
Droguistes. — Charles et Cie.
Marchands. — Begg Maxwell et Cie. — Briant et Cie. = Chandler (E. J.). — David (C. M.). — Foley (R.). = Hamilton, Brown et Cie. — Palmer et Cie. = Schnepfer, Putz et Cie. — Upper India Commercial Association.

Chittagong.

Agents. = Bulloch frères et Cie. — Fenney (A.). = Gregg (A.).
Marchands indigènes. — Abdool Ally. — Ameen Shurriff. — Buksh Ally. — Dewan Ally. = Elaheebux. — Jugmohun Sein. — Lallchand Chowdry. = Peerbux. — Ramsoonder Sein.

Chumparun.

Banquiers. — Julun Ram et Baldeo Doss. — Peppé (B.-G.). — Seeree, Ram.
Marchands. — Ammon (W.). — Herschel Dear et Cie. — Noor Muhammed.
Planteurs d'indigo. — Baldwin (C. B.) — Campbell (N. J.). — Carleton (C. W.). — Edwards (A.). — Holloway (H. L.). — Hudson (W. B.). — Mc Queen (J. N.). — Mc Queen (W. N.). — Moran (W. E. E.). Peppé (G. T.).

Chunar.

Banquiers. — Balmakoond. — Kissen Pershad. — Madhoo Ram. — Sadhoo Ram.

Cutwa (subdivision de Burdwan).

Banquiers. — Kartikchurn Singh.
Droguistes. — Cutwa Druggist's hall.
Marchands. — Hurry Krishna Roy. — Kalidas Chunder. — Kalli Churn Shah. — Mohavarut Chunder. — Purom Shukh Chunder. — Ramdhone Mookeurl.

Dacca.

Agents. — Abraham et David. — George (M. A.). — Gregy (J. A.). — Manook (C. J.).
Banques. — Banque du Bengale.
Marchands. — Sarkies (C. J.) et Cie. — Simon.
Planteurs d'indigo. — De Dombal (D.). — Clarke (H. W.). — Phelan (B. P.). — Reilly (H. R.). — Rivierre (John). — Snow (R. W.). — Tardivel (A.). — Thoms (A.). — Wise (J. P.).

Darjeeling.

Agents. — Dunne (J.) et Stoelke (J.).
Marchands. — Doyle (J.) et Cie. — Dunne (S.). — Mirza Beg.

Dehra Doon.

Agent. — Edward Taylor.
Banquier. — Hobson (W.).
Marchands. — Guthrie (W.). — Illahi Buksh. — Mouzadeen.

Delhi.

Agents. — Freeman (R. L.). — Kennedy (D.). — Mc Donald (J.). — Smith (E. C.).
Banques. — Delhi and London Bank. — Rae Sahib Singh.
Marchand. — Aldwell (A.). — Fitzgerald (J.). — Jehangeer et Cie. — Munden (C. J.). — Upper Indian commercial association. — Walshe (T. A.).

Dinapore.

Agent commercial. — Gomes (C. S.).
Banquiers. — Kunnoo Lall et Ram Lall. — Smith et Cie.
Marchands. — Bose (S.-P.) et Cie. — Choonee Lall. — Dung et Cie. — Jones (W.-H.) et Cie. — Money Lall Nundy. — Peer Mahomed. — Sibold (R.-W.).

Durrung.

Agents. — Gomes (E.). — More (C.-J.-F.). — Roach (J.-H.) et Roach (P.-H.). — Roach frères et Cie.

Marchands indigènes. — Choneedall. — Gorachaud. — Megraj Shomee Chaud. — Moy Singh. — Pesraj. — Protapmull.

Ferosepore.

Agents. — Beynon. — Brewer (G.) — Collins (E.). — Donnelly (F.-A.). — Mark Sheehan. — Nicholl (E.). — Romado (J.).

Comptable. — Bright (W.).

Cotons. — Ackerman (A.).

Marchands. — Coates (G.-H.). — Jameedjee, Cowasjee, Framjee et Cie.

Mécaniciens. — De Souza (S.) et Collins.

Fryzabad.

Agents. — Charles Jacobs et Cie.

Banque. — Bank of Upper India.

Marchands. — Glynn (M.-C.). — Upper India commercial association.

Goruckpore.

Agents. — Stephen (G.). — Read.

Banque. — Land Mortgage Bank of India.

Marchands. — Jacob Ezechiel. — Salomon et Cie.

Planteurs d'indigo. — Augustine (H. T.). — Bridgeman (J.-H.). — Brooke (C.-J.). — Brooke (R.-P.). — Campier (E.-B.). — Campier (J.-C.). — Delloye (M.). — Goutière (A.-F.). — Irwin (C.-H.). — Jones (W.-J.). — Moraes (E.-A.). — Palmer (J.-W). — Peppe (W.). — Read (S.-G.). — Stapleton (J.).

Gwalior.

Agents. — Ramnath Raebham.

Banquier — Sidd Mull.

Marchands. — Lewin (N.). — Wuller Mahomed et Cie.

Hazargebangh.

Marchands. — Chattergjee, Nephws et Cie.

Hoshungabad.

Banquiers. — Ameerchaud Dhurmchaud. — Bhujjosa Deochaud. — Binaik Sukoran. — Kalooran. — Narain. — Mulloockchaud Bhugwandoss. — Odeyram Tarachaud. — Toodarum Hurlall.

Marchands. — Bolakee Doss.

Hyderabad.

Banquiers. — Anunt Ram Jadasook. — Branch of Bank of Bombay. — Bunseelat Abeer Chund Ra. — Girdareelal Futteb Chund. — Immuth Mull Cassree Chund. — Jumna Doss. — Kishen Doss Hurree Doss. — Luckuree Doss. — Moorlee Doss. — Motheoram Ranidun Chowdry. — Narain Doss. — Puddunsee Nainsee. — Ramdun Juggernath. — Sebhuth Ally. — Soobany Mull. Soottan Chund Bahadoor Chund. — Ubbun Sahib. — Urjee Mull.

Indore.

Banque. — Bank of Bombay.

Marchands. — Dadabhoy Nusserwanjee Framjee Rustomjee. — Hormusjee Dadabhoy.

Jubbulpore.

Banques. — Bank of Bengal. — Delhi and London Banck. — Land Mortgage Bank.

Marchands. — Howard, frères. — Maclean Warwick et Cie.

Jullunder.

Banquiers. — Jitmull Jowla Doss. — Lala Laesmull.

Marchands. — Hoormusjee. — Jamsetjee et Cie. — Joseph (Geo). — Smith (T.). — Taylor (E.).

Kangra.

Marchands. Whitchurch et (J.-V.) et Cie.

Kohat,

Agent. — Nowrajee.

Marchands. — Ismaël. — Sala Mahomed.

Banquiers. — Cheetaran. — Pokur Doss.

Kumaou.

Agents. — Allen (W.-G.). — Stynes (G.).

Marchands. — Moran et Cie. — North. — Shah Mahomed. — Watters (S.).

Lahore.

Banques. — Bank of Bengal. — Punjab Bank.

Lohardugga.

Banquiers et marchands. — Gopal Singh. — Hameer Chand and Karum Chand. — Joy Singh Roy and Bustee Ram. — Kashee Ram and Munsa Ram. — Notee Ram and Rada Kishen. — Pershadee Lall. — Roopa hoopa Kurka et Cie. — Shamjee Mull and Sheokishen Doss. — Sokhun Lall.

Lucknow, dans le royaume d'Oude.

Banques. — Bengale Bank branck. — Delhi and London Bank. — Oudhand (U.-S.) Bank. — Oudh Banking Corporation. — Oudh Horse dak Co. — Punjab and North Westh Dak Co.

Marchands. — Chotalall et Cie. — Fitzgerald (G.). — Pashoud (C.-S.). — Songster (J.).

Maldah.

Banque. — Land Mortgage Bank of India.

Planteurs d'indigo. — Brown (T.). — Chambers (H.-W.). — Coghill (G.). — Cunning (W.). — Dunnett (W.-J.). — Gray (J.-J.). — Landale (J.). — Lyon (C.). — Lyon (J.). — Maseyk (H.). — Stevenson (J.). — Wollocombe (J.).

Résidents et marchands. — Aulum Chunder Shaw Chowdry. — Goise Hunsgeer. — Hurree Pershad Shaw. — Issur Chunder Roy Chowdry.

Soie. (filature de). — Watson (H.) et Cie.

Meerut.

Agents. — Cohen frères et Cie. — Ludlam (G.-W.).

Banques. — Bank of Upper India. — Land Mortgage Bank of India. — Meerut Cotton and oil Pressing Co.

Droguistes. Cartner (D.) et Cie.

Marchands. — Weston (H.).— William Orde.

Mirzapour.

Banques. — Bank of Bengal Branch.— Jyram-gear Mahunt. — Lala Naik. — Lucheenarain.

Marchands. — Bengal Coal Co. — Central India Cotton Cleaning and Screwing Co. — Cohn Feilman et Cie. — Howard frères. — River Steamer Co.

Planteurs d'indigo. — Hamilton, Brown et Cie.

Monghyr.

Banquiers. — Faljee Gungapersad. — Meetum Lall. — Moungree Lall Chummun Lall.

Indigo (manufactures d'). — Bagcheepara factory. — Begooserai. — Begumserai. — Bugwanpore. — Luckserai. — Munjawl. — Tegra.

Marchands. — Thomas et Cie. — J.-G.-S.-N. Company and River Steamer Company.

Mooltan.

Banque. — Branch of Punjab Bank.

Indigo. — Punjab Indigo Company.

Marchands. — Spencer et Cie.— Bomainjee et fils.— Mooltan Jee Company. — Oriental Inland Steam Navigation Company. — Sopurjee Dadabhoy et Cie.

Mourchidabad, Moorshedabad.

Agents. — Clark (T.) et fils. — Mascarenhas et fils.— Rose (C.) et fils.

Planteurs d'indigo.—Doverill (H.). — Vardon (A. M.).

Soie (manufacture de). — Lyall, Rennie et Cie. — Perrin (J.).— Watson (R.) et Cie.

Moulmein ou Amherst.

Agents. — Graseman et Cie.

Banque.—Bank of Bengal.

Consuls : Belgique : Brooke (W.-M.).
—   Etats-Unis : Brooke (W.).
—   Danemark : Brooke (W.).

Marchands. — Ady (C.). — Bombay Burmah Trading Co. — Booth (J.-D.). — Burot et Cie. — Burmah Steam Tug Co. — Clare et Cie.— Commercial Union Co. — Currie (M.-R.) et Cie. — Gardner, Brooke et Cie. — Godenho (P.-S.). — Hobday (A.) et Cie. — Jordan (J.-S.).—Liverpool Underwriters' Association. — Melosh, Hollman et Cie.— Miller et Buchanan. — Snadden (R. et W.) et Cie.— Tood, Findlay et Cie.

Murree.

Banque.—Branch Punjab Bank.

Marchands. — Ellahee Buv et Cie.— Janesjee et Cie.—Jehangeer et Cie.—Nash (F.-S.) et Cie. — Scott (A.) et Cie.

Mussooree.

Agent.—Jervis.

Banques.—Mussooree Saving's Bank.—Branch of Delhi and London Bank.

Marchands.— Bells (W.).— Ludlam (G.-W.). — White et Cie.

Mynpoary.

Banquiers. — Bhugwan Doss et Deo Kishun. — Chet Ram and Pragg Doss. — Jhummun Lall et Beharee Lall.

Coton.— Coton Agency.

Marchand.— Afut.

Planteurs d'indigo.—De Fountain. — Martin (W.).— Peters (J.-C.-H.-A.).

Nagpoor.

Banques. — Bank of Bengal. —Bank of Bombay.

Marchands.— Goward frères. —Winmer (B.) et Cie.

Nynee Tal.

Banque.— Uncovenanted service Bank.

Marchands. — Drew (W.) et Cie. — White et Cie.— Freeman (J.) et Cie.— Moran (T.-P.).

Patna.

Banquiers.— Bank of Bengal. — Bissur Doss. — Bungseedhur Bullodeb Shaw.— Dhurrun Narain Bheemnarain.— Koonja Lall Biswas Doss.— Kulloo Baboo.— Laloo Baboo.— Lootf Ali Khan. — Monohur Misser Typal Jumma Doss. — Pormally Lall Jehore Lall.—Ramkissen Futtechand. — Setaram Madhoran.— Sheik S. Ally. — Synd Mahomed Hossein Khan.—Toolsyram Madhoran.

Marchands et agents. — Bissonath et Nobin Chunder Mundie. — Harakisben Shah et Co. — Sadvœhiansingh et Bunkool all Singh.—William, Taylor et Cie.

Peskawur.

Marchands.—Nash (J.-L.) et Cie.

Pubna.

Jute (manufacture de). — Eastern Bengal jutte manufacturing Co.

Marchands. — Baliakandee Concern. — Comedpore concern. — Damoodah concern.— Dobracote Concern. — Mageepora Concern. — Wilson (H. F.) et Cie.

Planteur d'indigo.— Philippe (C. J.).

Purneah.

Banque.—Land Mortgage Bank of India.

Marchands. — Bhogong Debowree Concern. Forbesabad.—Inampore Concern.—Juggernathpore Concern. — Khagaha Concern. — Kolassee Concern. — Kudjrah. — Kuttye Concern.— Mirzapore Concern. — Mohindespore Concern. — Mynanugger Concern. — Peergunge Concern.— Nathpore Concern. — Sirsee Concern. — Sultanpore Concern.

Rampoor.

Planteurs d'indigo. — Watson (C. R.) et Cie.

Soies. — Jennings (C. R.). — Watson (R.) et Cie.

Rancoun, capitale de la province de Pegu (Birmanie anglaise).

Chambre de commerce. — Président. George Bulloch.

Consuls étrangers.
- = Belgique. Théophile Chrestien.
- = Brême. J. F. W. Niebuhr.
- = Danemark. W. S. Steel.
- = France. T. Chrestien.
- = Hambourg. J. F. Capelle.
- = Halle. J. F. Capelle.
- = Hollande. W. S. Steel.
- = Norwège et Suède. J. F. Capelle.
- = Oldenbourg. J. F. W. Niebuhr.
- = Prusse. J. F. W. Niebuhr.
- = Siam. E. Fowle.

Banques. — Succursale de la Banque du Bengale. — Chartered Bank of India, Australia and China (succursale).

Marchands et agents. — Bombay Burmah trading corporation. — Bulloch frères et Cie. — Burmah Co. — François Buret et Cie. — Edmund Jones et Cie. — Gladstone, Wyllie et Cie. — Grasemann et Cie. — Mohr frères et Cie. — Nanabhoy Burjojee. — Niebuhr et Cie. — Pegu saw mills Co (scierie). — Scott et Cie. — Stolimann et Cie. — Thomas Sutherland. — Tod Findlay et Cie.

Rawal Pindee.

Agents. — Batler (P.). — Powell et fils.

Banque. — Punjab Bank.

Drapiers. — Scott et Cie.

Marchands. — Cowasjee (R.) et Cie. — Jamesjee et Cie. — Jehangeer et Cie. — Nanabhoy et Pertonjee. — Steel et Woodward.

Secunderabad.

Banques. — Bank of Bombay. — Bunseelall Abeerchand.

Marchands. — Cutler. — Sumasoondran Moodliar (P.). — Waldegrave (M.).

Sealkote.

Banquiers. — Gunda Mull Deviditta. — Gungadeen Sheeodeen. — Kharka Shah. — Poph Singh and Ramsuropp. — Roop Chund. — Rulla shah. — Ruttun Chund.

Marchands. — Bertola, Cox et Cie. — Cowasjee, Framjee et Cie. — Flax Co. — Jemsetjee et fils. — Nubbeebux.

Shahabad.

Agent commercial. — Morten (T.).

Marchands. — Akberpore Concern. — Beek (M. A.). — Bullah Concern. — Dondnugger Concern. — Oliver (J. H.). — Neusangor Concern. — Nowon and Hurupore Concern. — Tellary Concern.

Simla,

Agents. — Beatson. — Makony (J.).

Banques. — Simla Bank corporation. — United Bank of India.

Marchands. — Henry (D. S.). — Punjab trading Co. — Upper India Commercial association — Wallace (A. S.).

Singapore ou **Singapour.**

Consuls étrangers.
- = d'Autriche. A. G. Conighi.
- = Belge. A. Cateaux.
- = du Brésil. J. d'Almeida.
- = de Danemark. R. Padday.
- = d'Espagne. Don Albino Menearini.
- = des États-Unis. Isaac Stone.
- = Français. — Treplong ✠.
- = de Hollande. W. H. Read.
- = d'Italie. E. J. Leveson.
- = Portugais. J. d'Almeida.
- = de Prusse. F. Ven der Heyde.
- = de Russie. Hoo. Ah-Kay (Whampea).
- = de Siam. Tan-Kim-Ching.
- = de Suède et Norwège. W. H. Read.

Banques. — Oriental Bank corporation. — Chartered Bank of India, Australia and China. — Chartered mercantile Bank of India, London and China. — Asiatic Bankink Corporation. Commercial bank corporation of India and the East. — Agra and mastermann's Bank limited. — Comptoir d'escompte de Paris. — Hongkong and Shanghai Banking Company limited. — Vereins Bank of Hamburg. — London and Westminster Bank. — South Australian Banking Company. — Conts et Co. — Nederlandsche Indische Handels Bank. — Banque de Rotterdam. — The Bank of Hindustan. — China and Japon limited.

Négociants français. — Renard (Ed.) et Cie; maison à Paris. — Poisson (Ch.) et Cie.

Négociants allemands. — Behn Meyer et Cie. — Bösing Schroder et Cie. — Kaltenbach, Engler et Cie; maison à Saigon et à Paris. — Puttfarcken, Reiner et Cie. — Rautenberg, Schmidt et Cie. — Zapp, Bauer et Cie.

Négociant américain. — Hutchinson et Cie, à Paris.

Négociants anglais. — Borneo Company limited. — Boustead et Cie. — Brennand (Mme) Brown (Mme). Knight et Cie. — Dunce (E.) et Cie. — Guthrie et Cie. — Hamilton, Gray et Cie. Harrison Smith et Cie. — Jardine, Mathewson et Cie. — Johnstone (A.-L.) et Cie. — Litle (J.) et Cie. — Macdonald et Cie. — Maclaine, Fraser et Cie. — Mar in Dyce et Cie. — Middleton, Harrison et Cie. — Paterson, Simons et Cie. — Remé, Brothers. — Schaw, Scholfield et Cie. — Spottis et (W.) Woode et Cie. — Syme et Cie. — Verge d'Almeida et Cie.

Négociants arméniens, parsis, juifs et arabes. — Camu (R. H.) et Cie. — Byramjee Pestonjee. — Curupiot (M. J.). — Angullia (E. E.). — Joshua et frères. — Judah (M. R.). — Lalla (C. P.). — Moss (M.). — Sarkies and Moses. — Abraham, Salomon et Cie. — Stephens and Joaquin. — Yoosouf and Esmail Mansour.

Négociant autrichien. — Conighi (A. G.).

Négociants belges. — Cateaux (L.) et Hinne-kindt frères.

Négts chinois. — Kim-Ching et Cie. — Kim Seng et Cie. — Koh-Eng-Hoon et Co. — Liack Chin-Seng et Co. — Low-Pob-Jim et Co. — Seah-Uh-Chin et Co. — Whampoa et Cie.

Négociants hollandais. — Hooglandt et Co. — Nederlandiche, Handel Maatschappy.

Umballa.

Agents. — Biddle (G.). — Buckner (J.). — Eduljee Nowrajee, Mogopet et Cie. — Green (E. B.).

Banque. — Simla Bank limited.

Marchands. — Rajkissen Mookerjee et Cie. — Wallace et Cie.

Umritsur,

Agents et contractants. — Bright (J.). — Hopper (J.).

Banques. — Banque du Bengale (succursale). — Lalla Doonee Chand. — Rae Hurdial.

Châles. Chapman (R.). — Gosselin (G.). — Bejux (M.). — Ukool (J.). — Mahomed Jan. — Chumbach Mull Davesuhoi et Cie.

Marchands. — Boyce et Cie. — Jamesjee et Cie. — Merwanjee et Cie. — Sheikh Alla Buksh. — Seikh Hafiz.

Présidence de Madras.

Madras, sur la côte du Comorandel,

Principaux négociants. Arbuthnot et Cie. — — Arbuthnot (Abel) et Cie. — Bainbridge, Byard, Gair et Cie. — Binny et Cie. Cammitade, Martin et Cie, agents du Lloyd de Londres. — Souza (C.). — Dymes Carswrigth et Cie. — Faciolle et Cie, agence et commission. — Gahan, Eaton et Cie. — Hannaford (S.). — Lemeste Soûtte et Viera-pe mall. — Lecot et Cie, agents de Haris, banquiers, armateurs et négts. Maxwell, et Cie. — Mc Dowe et Cie. — Oakes et Cie. — Parry et Cie. Robinson (C. J.) et Cie. — Shand (C.) et Cie, de Vecchi et Cie. — Walker et Cie. — Gordon Woodroffe et Cie.

Banques. — Madras Bank. — Oriental Banck. — Agra et United service Banck. — Chartered Mercantile Bank of india London et China. — Oriental Banck, corporation.

Bimlipatam, sur la côte d'Orixa.

Négociants : Arburhuot et Co. W. M. Coles. Hyslop et Co et à Vizagapatam. E. Pernon et Co Perreaux frères. Ripley et vofs.

Cocanda.

Négociants : Abel Will et Co. E. de Linarès et Co. Galloin Monthrun et fils. L. Gandolphe. Hall Syme et Co. Hyslop et Cie. Lesancheur frères. J. B. Nant et Co. J. Pernon et Co. Simson brothers, Testa et Co. Towle et Co.

Cochin, dans le Malabar.

Négts. Volkar frères.

Bombay, île le long de la côte du Concan.

Consul de France : Thenon ✳.

Banque de Bombay. — Oriental Bank corporation. — Commercial Bank of India. — Chantered Mercantile Bank of India. London and China. — Agra et United, service Bank. — Banck of Hindustan. — Central Bank et Western India. Chartered Bank of India, London and Australia. — Joins Stock Bank. — Royal Banck of India.

Principaux négociants et agents européens. E. Bates et Co. S. Benstall et Cie. A. C. Brice et Co. Cardewel, Parsons et Co. Combes fils et Co. J. P Cornoforst et Co. Coupland et Co. Dirom, Humter et Co. Dossalbay, Mervanjee et Co, (m. américaine). Ewart Latham et Co. Farham et Cie (m. américaine). Finlay Scott et Co. Forbes et Co. Franjee Sands et Cie, Gaignoux (H.) et Cie, repré. à Paris. par Hefry frères, Crey et Co. W. A. Graham et Co. Herber et Cie, Heycock et Co. Huschke (A. H.) et Co. (m. allemande). Lawrence et Co. Mac Combrie et Wright. Macindoe, Rogers et Co. G. S. Kingt et Co. Leckie et Co. Lyon, Brothers et Co. Martin Young et Co. W. Nicol et Co. Peel, Cassels et Co. Prieger et Cie (m. allemande). Remington et Co. Rennie Scovell et Co. Ritchié, Stuart et Co. Robertson Brothers et Co. Rogers et Co (m. française). Rustomjee H. Wadia, représenté p. la France par Théodore Kopp au Havre. Siegfried (Jules) et Cie (m. française). W. Sigg et Co. Stewart et Cie. Volkart brothers (m. allemande). Albert. Vinay (m. française). Wallace et Co. Zeacher et Co.

Agents bombaysiens. Pestonjee, Semnijee et Co. Pochajee. Fiamjee et Co. Jeangheer Nurrenvanjee et Co. Bet A. Hodmarjee et Co.

Ile de Ceylan.

Colombo, capitale de l'île de Ceylan.

Ag. consul de France. Auber.

Banques. Chartered Mercantilly. Bank L. Oriental Bank corporation L.

Principaux négts. Armitage frères. Gibson, Thomson et Cie. Shaud et Cie. Veust et Cie.

Pointe-de-Galle.

Négts. Principaux. Black (J.). Delmège. Gibson, Thomson et Cie. Mohidin, Bawa et Cie. Shaud et Cie. Vauderspar et Cie.

Ile de Pulo-Pinang.

George Town, capitale de l'île.

Agent consulaire de France. J. J. Ventre.

Banques. Oriental Bank corporation. Chartered. Bank of India. Asiatic Banking corporation. Chartered mercantile Bank of India. London and China. Savings Bank.

Négociants Français. E. Chasserian. Mathieu et Cie.

Négts Allemands. Friederichs et Cie. Schmidt, Kustermann et Cie.

— *Anglais.* Boustead et Cie. Brown et Cie. Fraser et Cie. W. Hall et Cie. Herriot et Cie. Lorrain, Gillespie et Co. Nairne et Cie. Revely et Co. Sasdilands, Buttery et Cie.

— *Arméniens, Indiens et Arabes.* A. A. Anthony et Cie. Nina. Merican. Noordin. Sheik Omar Amoody. Mahomed Noordin. Salomon et Benjami Vapoo Mérican Noordin.

Malacca.

Négts princ. Beng-Thng-hin. Kimseng et Cie. Koh-seng-hoon. Tek-hee, Keng hoon et Co.

Singapore ou **Singapour,** sur l'îlet de ce nom.

Consul belge. A. Cateaux.
 = portugais. J. d'Almeida.
 = français. Treplong *.
 = des Etats-Unis. Isma Stone.
 = d'Espagne. de Rodas.
 = d'Autriche. A. G. Conighi.
 = de Danemark. R. Padday.
 = de Hollande. W. H. Read.
 = de Suède et Norwége. W. H Read.
 = du Brésil. J. d'Almeida.
 = de Siam. Tam-Kim-Ching.
 = de Brême. F. Von der Heyde.
 = de Hambourg. H. Dauelsberg.
 = d'Italie. E. J. Leveson.
 = de Lubeck. F. Von der Heyde.
 = de Mecklemb-Schwérin. Schmidt.
 = d'Oldenbourg. Dauelsberg.
 = de Prusse. F. Von der Heyde.
 = de Russie. Hos. Ah-Kay (Whampoa).

Banques. Oriental Bank corporation. Chartered Bank of India, Australia and China. Chartered mercantile Bank of India. London and China. Asiatic Banking corporation. Commercial bank corporation of India and the East. Agra and masterman's Bank limited. Comptoir d'escompte de Paris. Hongkong and Shanghai Banking Company limited. Vereins Bank of Hamburg. London and Westminster Bank. South Austra an Banking Company. Conts et Co. Nederlandsche Indieche Handels Bank. Banque de Rotterdam. The Bank of Hindustan. China and Japan limited.

Négociants français. Ed. Renard et Cie, maison à Paris, r. Bondy, 66. Ch. Poisson et Cie.

Nég. allemands. Behn Meyer et Cie. Büsing Schroder et Cie. Helnr. Dauelsberg et Cie. Kaltenbach, Engler et Cie, à Saigon. Puttfarcken, Rhelner et Cie, repr. à Paris, par Fay et Cie. Rautenberg, Schmidt et Cie. Zapp, Hauer et Cie.

Négts. américains. Hutchinson et Cie, m. à Paris.

Négts anglais. G. Armstrong et Cie. Borneo Company limited. Boustead et Cie. R. Brennand. Brown, Knight et Cie. Cumming, Beaver et Cie. E. Dance et Cie. Guthrie et Cie. Hamilton, Gray et Cie. Jardine, Mathewson et Cie. A. L. Johnstone et Cie. J. Little et Cie. W. Macdonald et Cie. Maclaine, Fraser et Cie. Martin Dyce et Cie. Middleton, Harrison et Cie. Paterson, Simons et Cie. Remé, Leveson et Cie. Schaw, Scholfield et Cie. Smith, Bell et Cie. W. Spettis Woode et Cie. Syme et Cie. A. Velge et Cie.

Négts arméniens, parsis, juifs et arabes. B. H. Cama et Cie. Byzamjee Pestonjee. M. J. Carapiet. E. E. Angullia. Joshua and brothers. M. H. Judah, C. P. Lalla. M. Moss. Sarkies and Moses. Abraham, Salomon et Cie. Stephens and Joaquim. Yoosouf and Esrnuil Mansour.

Négt autrichien. A. G. Conighi.

Négts belges. L. Careaux. Hinnekindt frères.

Négts chinois. Kim-Ching et Cie. Kim-Seng et Cie. Koh-Eug-Hoon et Co. Liack-Chin-Seng et Co. Low-Peh-Jim et Co. Seah-Uh-Chin et Co. Whampoa et Cie.

Négts hollandais. Bahlmann et Co. Hooglandt et Co. Nederlandsche, Handels-Maatschappy.

CHINE.

Hong-Kong, île de colonie anglaise, au sud de la province de Canton.

Négociants commissionnaires. Pet P. De Rode frères, Gage St, 17, maisons à Lille et à Paris.

Victoria-Town, sur le N. E. de Hong-Kong. Capitale.

Consul de France. Deichessine.
 = des Etats-Unis. J. J. Allen.
 = des Pays-Bas. Rosman.
 = d'Espagne. Rodrigue.
 = du Danemark. G. J. Holland.
 = du Portugal. J. J. Dos Remedios.
 = de Suède et de Norwége. W. Nissen.
 = de Prusse. baron Cardowitz.
 = des Villes libres. W. Nissen.
 = d'Autriche. G. Overbeck.
 = de Belgique. Lindstead.
 = d'Italie. Chomley.
 = d'Oldenburg. Mencke.
 = de Russie. G. Heard, vice-consul.
 = de Siam. Eraser.

Banques. Oriental Bank. Comptoir d'escompte. Chartered Mercantile Bank. Hong-Kong and Shang-Haï Banking company.

Négociants anglais. Birley et Cie. Dent et Cie. Gibb, Livingston et Cie. Giford et Cie. Gilmann et Cie. Holliday, Wise et Cie. Jardine, Matheson et Cie. D. Lapraik et Cie. Lyall, Still et Cie. Smith Kennedy et Cie. Turner et Cie. Rob. S. Walker.

Négociants américains. S. E. Burrows et Cie. Russell et Cie. De Silver et Cie. A. Heard et Cie. Olyphant et Cie.

Négociants danois. J. Burd et Cie.

Négociants français. Brissonnet (F.). 155, Queen's Road; maison à Paris, r. Rambuteau, 22.

Négociants allemands. Bourjau, Hesse et Cie. Hubener et Cie. Oxford et Cie. Pastau et Cie. Schellhass et Cie. Siemssen et Cie.

Négociants parsis. Sassoons, sons et Cie. P. F. Camu et Cie. Camajer et Cie. Judah et Cie. J. M. Ayeem. Gubbay et Cie.

Négociants hollandais. Bosman et Cie.

Négt suédois. Fr. Dégénner.

ARABIE.

Aden, sur la mer rouge,

Négts principaux. Eduljee Curseljee et Cie. Cowasjee Denis Law. Munslerjee Eudeljee.

AFRIQUE ANGLAISE.
Etablissements de l'Afrique occidentale.

Bathurst.

Consul de France et de Belgique. Pelloux ✻.

Freetown, capitale,

Négociants français. Malfilatre et Cie, maison à Rouen.

CAP DE BONNE-ESPÉRANCE.

Consul de France. Héritte ✻. — *Chancelier du Consulat.* E. Lavenère.

Capetown, ville capitale,

Consuls et agents consulaires.
Amérique (Etats-Unis). Walter Graham, consul.
Autriche. W. Anderson, consul.
Belgique. Bols, consul général.
Brésil. Poppe, consul.
Danemark. Goldman, consul.
France. Héritte, consul.
Hambourg, Lubeck et Bremen, Poppe, consul.
Hollande. J. Trutter, consul général.
Italie. C. Knight, consul.
Portugal. Alfred Duprat, consul général.
Espagne. C. Knight, consul.
Prusse. James King, consul.
Russie. C. Knight, consul.
Suède et Norwège. Ackehberg, consul.
Turquie. de Roubaix, consul général.
Banques. Cape of Good Hope Bank. South. African bank. Colonial bank. Union Bank. Saving bank. Commercial bank. London et South-African bank. Standard Bank.
Négociants. Anderson et Murison. Anderson (W.) et Cie. Barry et Nephews. Rocadulle Thompson. Cloete frères, agents maritimes et consignataires. E. J. Dastre, consignataire. Dickson et Co. Hamilton Ross et Cie. E. Jamieson et Cie. Landsberg, Mac Donald, Busk et Cie. E. Marion. Mosenthal frères, Poppe, Schunhoff et Guttez. Prince Collisson. H. Rudd et Cie. Searight et Cie. Thomson Watson et Co. Twentyman et Cie. Vander Byl et Cie.

Graham's Town, capitale de la partie orientale de la colonie du Cap.

Banques. Eastern Province Bank. Frontier commercial and agricultural Bank. Standard Bank, London and South African Bank. Savings Bank.
Négociants. N. Bertrenruth Blaine et Co. Gaweed frères. Gratchead et Bate. Graham Kinsmil et Cie. J. Locke, Wood (brothers). Thomson et Cie. Woole, Wilson et Cie.

Simon's-Town, sur la baie False,

Agent consulaire français. Marion (E.). et consignataire.
Négociants. Anderson et Cie. Kehrmann et Cie. P. D. Martin.

Port Elisabeth ou Algoa-Bay.

Consuls et agents consulaires.
France. G. Chabaud, vice-consul.
Amérique. Flanders. agent-consulaire.
Autriche. Adler.   id
Suède. Ebden, vice-consul.
Hollande, Danemark, Hambourg. H. Schabel ag. consulaire par intérim.
Banques. Standard of British South Africa. London et Soth African.
Chambre de commerce. F. Fry, secrétaire.
Négociants. Adter (N.) et Cie. Anderson et Cie. Baumann brothers. Blaine et Cie. Brown et Miller. Clark (J. H.). Deare et Dietz. Dunnell Ebden et Cie. Gordon et Cie. Graham (G.). Guttery. Horwood (A.) et Cie. Jordan et Cie. Jones brothers. Kemp (M. E.). Kift (E. L.). Kirkwood et Cie. Lippert (L.) et Cie, représentés à Paris par Wm Herman et Kahn. Maynards, Buchanan et Cie. Mosenthal (A.) et Cie. Openshaw, Unna et Cie. Paterson, Kemp et Cie. Poppe, Schunoff et Cie. Rutherfoord, Mackie, Dunn et Co. Salmond (H.). Savage et Hill. Smith (J. O.) et Cie. Thompson, Watson et Cie. Von Ronn, Schabell et Cie. Whiley (J.) junior.

Witenhage.

Négts en laines. J. Butler. F. et P. Gange. F. Noyce.

COLONIE DE NATAL.
Port-Durban, port de Natal,

Négts. Acutt et Leslie. Brown (John). Dichinson, Munro et Cie. Gillespie et Cie. Sanderson brothers. Snell (E.) et Cie. Winter Evan (Alfred).

Port-Louis, capitale,

Consul de France. F. Laplace ✻.
Banques. Banque commerciale. Banque orientale. Chartered Mercantile Bank of India, London and China.

ILES D'AFRIQUE (Océan Atlantique).
Sainte-Hélène, île isolée,

Négociants. Salomon et Moss, agent consulaire de France. Wm Carrol. F. Baker. A. Dusing. E. Jenkins.

POSSESSIONS ANGLAISES DANS L'AMÉRIQUE DU NORD.

Confédération du Canada.
BAS-CANADA.

Québec, sur la rive gauche du Saint-Laurent,
Consul général de France. Gauthier, O. ✻.

Banquiers. Banque de Québec. — Banque de Montréal. — Banque de l'Amérique britannique du Nord. — Banque du Haut-Canada. — Banques d'épargnes. — Banque nationale. Corresp. à Paris : F. S. Ballin et Cie.

Négts commissionnaires. Beling et Lamotte. — Joseph Bell Forsyth. — Benson et Cie. — Mc Call, Shehyn et Cie. — Ross et Cie. — Chinic et Beaudet. — M. Connoly et Cie. — J. et O. Cremazie. — Diuming. — Dunn et Home. — Forsyth, Bell et Cie. Fostr et Olivier. — Hy Fry, agent du Lloyd anglais. — Gibb, Lane et Cie. — G. et H. Gibsone. — Gilespie. — Gilmour er Cie. — Gingras. — Hamel et frères. — Hamilton et Cie. — Hunt, Brock et Cie. — Langlois et Huot. — G. Joly. — A. Joseph. — Charles Glass. — A. Laurie Jr et Cie. — Lemesurier ot Champon. — Lemesurier, Grant et Cie. — C. E. Levey et Cie. — W. C. Limont. — Joseph Martel et Cie. — A. J. Mahxam et Cie. — J. Ménard. — Michaud et Gethings. — E. Michon et Cie. — M. J. Mountain. — J. C. Nolan. — John Paterson. — James Patton. — Ch. P. Pelletier. — Pemberston. Paterson. — E. et W. Poston et Cie. — Price. — Renaud et frères. — L. Renaud. per J. F. Gauvreau. — W. Rhodes. — Ryan Bros et Cie per Geo Payne. — W. W. Scott. — C. et J. Sharples et Cie. — Simard. — W. Stevenson et Cie. — C. B. Symes et Cie. — Tessier et Le Droit. — Tétu et Garneau. — Thibaudeau, Thomas et Cie. — Thompsons et Cie. — Vital Tetu. — Wm. Walter et Cie. — W. Withall et Cie. — Wood, Petry et Poitrat. — C. et W. Wurtele.

Montréal, situé sur la côte méridionale de l'île de ce nom.

Consulats. Amérique. — Consul général Potter.
—   Espagne. — Consul, Chapman (H.).
—   France. — Consul général, Doucet (Th.).
—   Hanovre. — Consul, Chapman (H.).
—   Italie. — Consul, Chapman (H.).
—   Prusse. — Consul, Chapman (H.).
—   Suède,et Norwège. — Consul, Chapman (H.).
—   Uruguay. — Consul, Heushaw (F.W.).

Agents-commissionnaires. — Boyd Robert W. — Bryson Alexander, jun. — Bryson T. Maxwell. — Ford E., et Co. — Hempsred J. — Maclean David E., et Co. — Mactavish et Brother, (for coal oil, etc. — Merry W. A. — Meyn et Wulif. — Miller J. O., Copland et Co. — Nivin William et Co., produce and groceries. — Pardellian Jean Baptiste. — Penningion Myles. — Porteous et Co.. hardware. — Reed William. — Smith et McCulloch. — Snow E. L., Montreal Gazette office. — Stanway et Norris. — Turner W., et Son, Fire, Life and Marine Ins. — Vass A. H., produce.

Banques. — Bank of British North America. — Bank of Montreal, E. H. King. — Bank of Toronto. — Bank of Upper Canada. — Banque du Peuple. — Banque Jacques Cartier. — City and District Savings Bank. — City Bank. — Commercial Bank of Canada. — International, général manager. — Merchants Bank. — Moisons Bank. — Ontario Bank. — Savings Bank departement of the Bank of Montreal.

Banquiers. — Browne Philo D. — Dorwin Canfield et Co. — Jones et Sandfort. Nutter John D. — Prentice, Moat et Co. Taylor Brothers.

Machines à coudre. — Berry William. — Lawlor J. D. (Singer). — Scott S. B., et Co. (Wheeler et Wilson). — Valentine et Co. — Williams Charles W., et Co.

Négociants. — Allan Hugh et Andrew. — Ansell David A. — Archambault Prospère. — Binmore et Co. — Buchanan I., et Co., Chapman Henry, et Co. — Davies William Henry Allen. — Evans Edwyn. — Forester. Moir et Co. — Fraser Hugh, et Co. — Gear Henry John. — Gillespie, Moffatt et Co. — Gilmour et Co. — Gordon Thomas, et Co. — Grewing et Kalb. — Irvine, Clarke et Co. — Jeffrey, Brothers et Co. — Joseph H., et Co. — Lander Julius, et Co. — Macfarlane Andrew, et Co. — Mackenzie J. G., et Co. — Maclean David E. et Co. — Macnish John O., et Co. — Maitland Edward, Pylee et Co. — March G., et Co. — Masson D., et Co. — Mathewson J. A. et H. — McLennan J., et Co. — Meyer J., et Co. — Mitchell, Kinnear et Co. — Morgan James Vaughan. — Morgan Brothers, J. V. Morgan, agent. — Morrice David. — Norris et Neelon, Rankin John, Renaud hon. Louis. — Roe T. P. — Roger Cyprien. — Routh Havilland, et Co. — Simpson, George W. — Smith et McCulloch. — Taylor Brothers. — Thompson, Murray et Co. — Tiffin Joseph, et Sons. — Torrance David, et Co. — Torrance James, et Co. — Urquhart Alexander, et Co. — Winn et Holland.

Négociants-commissionnaires. — Abbott Harry. — Aitken S. M. — Akin et Kirkpatrick. — Arnton John J. — Auchterlone A. J. — Austin James, et Co. — Barre-Richarid. — Beard J. G., et Co. — Bell Duncan, Evans court. — Benning et Brasalon. — Bond et Crellin. — Bonnell Walter. — Brady Fiederick J. — Brown Alfred Brown et Co. — Ryson Alexander, jun. — Buck, Robertson et Co. — Burns James, et Co. — Burrell John. — Butters Daniel. — Cameron et Ross. — Christophersen Ant., et Co. — Cinq Mars Dosithée. — Cochrane A. Mck. — Converse, Colson et Lamb. — Craig David J. — Grane Thomas A. — Cunningham William, et Son. — Curry, Brothers et Co. — Cusack Charles J. — Cuvillier A. C., et Co. — Cuvillier et Co. — Davis Nelson. — Denholm George, Devanv L. Cathedral block. — Dougall John, et Co. — Empen H., et Co. — Fauteux Louis G. — Feldtmany et Co. — Folingsby et Williamson. — Foster James. — Fournier Jules. — Fraser Francis. — Freer, Boyd et Co. — Fuller Thomas, et Co. — Gear Henry John. — Glassford, Jones et Co. — Gordon James, et Co. — Griffith T. W. — Hall Mosés W. — Haskett John, et Co. — Helliwel John B. — Henderson James H. — Henshaw F. W. — Hervey James. — Hill et Burland. — Hobbs William, Hobson Thomas, et Co. — Howard, Smith et Co. — Hua et Richardson, Hunsicker J. E., Young's buildings. — Hunt et Brock. — Inglis James, Young's buildings. — Ireland H. W., hardware. — Janes Oliver et Co. — Janes W. D. B. — Jaques, Tracy et Co. — Jones J. M., et Co., leather. — Kay William J., Royal Insurance buildings. — Kimpton Marquis. — Kirkwood, Livingstone et Co. — Lafrenière et St. Onge. — Leeming et Buchanan. — Lord James. — Lyman S. Jones, et Co. — MacDougal Hartland S. — Mackay John. Mackenzie R., Royal Insurance buildings. — Maclean David

E., et Co. — Mactavish et brothers, for coal oil and lamps. — Marriage Walter. — Masson D., et Co. — McCulloch brothers. — McGregor Gregor. — McKay Henry, et Co—McLean Donald, McLennan J., et Co. — Merry W. A. — Meyer J., et Co. — Middleton Wm., et Co. — Millar C. M. — Miller J. O., Copland Co. — Mitchell A., et Co. — Mitchell, Kinnear et Co. — Mitchell Robert. — Mooney et Co. — Morgan James Vaughan. — Morrice David. — Neil Edward, et Co. — Nivin William, et Co. — Noad James S., et Co. — Nolan W. P., et Co. — Oerter Albt C., repré. à Paris par Fay et Cie. — Ogden Samuel, et Co. — Pardellian Jean Bte. — Phillips et Co. — Pollak Issaac L. — Porteous et Co. Rankin John. — Raphael Thomas W. — Rees D., et Co. — Renter, Lionais et Co. — Rhynas John. — Ridpath F. W. — Rimmer, Gunn et Co. — Rintoul W. H. — Robertson et Beattie. — Routh, Havilland et Co., Royal Insurance buildings. Sauvageau et Co. — Scott George S. — Semple John II. — Seymour Charles E. — Seymour M. H. — Shaw Henry J. — Sidey et Grawford. — Simpson Georbe W. — Simpson Marcus, et Co. — Sinclair, Jack et Co. — Stanway et Norris. — Stark C. A., et Co. — Stuart William W. — Thayer Jesss, jun. Tourville, Gauthier et Co. — Tranchemontagne J.-G. — Tyre Jam et Son. — Vass Alexander H. — Vipond Thomas S. — Wait George, Valker Joseph. — Watt David A. P., produce. — West Brothers. — Wilson, Willis et Co. — Windram Wm. J. — Winn et Holland. — Woods, David et Co.

HAUT-CANADA.

Hamilton.

Négociants. — Buchanan, Stofle et Cie. Cherrier et brothers. F. H. Gatest et Cie. D. M. Innest et Cie. Kerr, Brown et Cie. Murray (A.) and Cie. Young, Law et Cie.

Kingston.

Négociants. — Carruthen. Fraser. James Marty. S. Muckleston.

London.

Négociants. — J. Birrell. Adam Raph et Cie. Franz, Smith et Cie.

Toronto, métropole du haut Canada.

Banques. — De l'Amérique. Banque du Nord. Du haut Canada. Ontario. De Toronto. De Montréal.

Tissus, laines et soieries. — Bryce (Mme), Munich et Cie. Charlesworth et Cie. Gordon et M. Kay.

NOUVEAU-BRUNSWICK.

St-John,

Banques. Bank of British north America. — St-John Branch. — St-Stephen's Bank. — The people's bank of New Brunswick. — St-John Saving's Bank. — Penny Saving's Bank. — Bank of New Brunswick. — Commercial Bank of New Brunswick. — Westmoreland Bank.

Nég. J. Armstrong et Co. W. Carwill. Cudlid et Snider. Daniel et Boyd. L. H. Devibort sons. Doherty et Mme Javisch. B. Hingley, R. Rankin et Co. Lawton et Vassie. Mayer brothers. J. et R. Reed. R. Robertson et sons. W. Thomson Trooss. D. et J. Vanghans. J. Walker. W. et R. Wright.

ILE DE TERRE-NEUVE.

St-John's.

Négts. Baine Johnson et Cie. Bennett (C. F.) et Cie. Bowring brothers. Brooking et Cie. Clift, Wood et Cie. Elmsby et Shanpson. Aarvey et Cie. Job brothers et Cie. Mc Bridde. Newman et Cie. O'Duyer (R.), Tessier (P. et L.). Stabb Row et Cie, Stewart (J. et W.).

Harbour-Grace,

Négts. Dondielly. Punton et Munic. Ridley and sons. Rutherford and brothers.

AUTRES POSSESSIONS ANGLAISES D'AMÉRIQUE.

PETITES ANTILLES.

Bridgetown, capitale et siége du gouverneur des Petites Antilles.

Négociants. H. Arnot. M. et J. C. de Azevedo. Barton-Higginson et Cie. Benjamin Elkin. J. Hart. J. Hayes et Cie. T. Lee et Cie. Isaac Levy et Cie. Moseley, Pierrepont et Chrichlow.

JAMAIQUE.

Kingston, dans la Jamaïque,

Consuls. — Belgique. Simon E. Pietersz.
— Danemark. B. A. Franklin.
— Espagne. Don Bruno Badan.
— Etats-Unis d'Amérique. J. N. Camp, vice-consul.
— France. A. L. Malabre, vice-consul.
— Guatemala et Mexique. Robert Bogle.
— Haïti. S. Laraque.
— Suède et Norwège. Richard J. C. Hicchins.

Banques. Colonial Bank. Kingston Saving's Bank.

Habillements confect. pour hommes. Pinnock. Bailey et Co.

Négts. Arnold, L. Malabre et Co, agents de la Cie générale transatlantique. — Carvalho (B. C.), linge, coton, drap, chapellerie, etc. — Roxburgh et Sons, cotons imprimés, drap, moûsseline. — Scott (Andrew), draperie, lingerie, étoffes de coton, chapeaux. parapluies, etc.

ILES BAHAMA ou LUCAYES.

Nassau, siége du gouvernement,

Consuls étrangers. Espagne. John Maura, et agent des assureurs maritimes espagnols.
France. G. Renouard, vice-consul et agent.

Etats-Unis d'Amérique. J. R. Bacon, consul. Brême et Hambourg. Robert Thompson, lvce-consul, agent des assurances maritimes anglaises.

Négociants anglais. — H. Adderley et Cie. W. J.-G. Meadons et Co. N.-J. Weech et fils. John Thompson et Co. Jos. Thompson et fils. James Jarret et Co., négoc. commissionnaire.

Négociants français. G. Renouard et Cie. Correspondant à Londres, S. H. Harris.

Négociants américains. T. Darling et Co.

TRINITÉ (ILE DE LA).

Port of Spain, capitale et port principal de l'ile.

Vice-consul de France. A. Jobclerc.
Consul des Etats-Unis d'Am. E. H. Fitt.
— d'Espagne. F. J. Scott.
— de Danemark, pour toutes les Antilles anglaises. P. J. L. Beichmann.
— d'Italie. Cipriani.
— de Venezuela. D. Montbrun.
— de Hambourg. Ch. H. Feez.

Banque coloniale. Oscar Marescaux, directeur.

Draps et mercerie. Bunding, Potter et Cie. Caldwell et Scoulars. Croit, Marshall et Cie. Douglas (A.) et Cie. Ellis, Snodgrasse et Cie. Gellineau (P. F.). Lake (W.) et Cie. Lamy (Jules). Linch (W. E.), Joseph Gioannette et Cie. Pantin et Cie Taylor (G.).

Négts (commissionn. et consignation). Ambard (André). Burnett, Bros et Cie, vins. Campbell (A.) et Cie, relations étendues avec les Etats-Unis. Clairmonte (John L.) et Cie. Cumming (Ant.) et Cie. Havanagh (James) et Cie. Hume, Bernard et Cie. O'Connor brothers, commission, consignation. Spiers (Geo.). Spiers (John) et Cie. Turnbell, Steward et Cie. Watts (Henry) et Cie.

POSSESSIONS ANGLAISES EN OCÉANIE.

Sidney, chef-lieu du comté de Cumberland.

Consul de France. M. L.-F. Sentis ✶.
— de Prusse et de Hambourg. S. Franck.
Consul général de Belgique. Salvador Charange. Consul J. L. Montefiore.
Consul d'Italie. G. King.
— de Russie. R. M. Paul.
— des Etats-Unis. R. D. Merrit.
— de Brême. A. Lolmitz.
— de Saxe. W. J. Muller.
— des Pays-Bas. Prost.

Banques. Australian Joint Stock B. Chartered Bank of Australia. Union Bank of Australasia. English Scottish and Australian Chartered B. Bank of New-South Wales. Com B. Co. of Sydney. Oriental Banking corporation. City Bank. Australian Joint Stock Bank.

Négociants anglais. Brown et Cie. Campbell et Cie. Daniel, King et Cie. Gilchrist, Watt et Cie. Griffiths, Fanning et Cie. A. Joseph. Towns et Cie. Montefiore et Cie. Parbury et Cie. Prince, Bray et Ogg. Prost, Kohler et Cie. Rabone Feez et Cie. Scott, Henderson et Cie. Smith frères et Cie. Wilkinson brothers et Cie. Willis Merry et Cie.

Négociants français et allemands. Boyer, Martineau et Fourcade, maison à St-Denis (Réunion). Curcier, Hawke et Co, maison de commission et correspondants de Curcier et Adet de Bordeaux et Melbourne. G. Ferq, Vevret et Delarue. Frank frères. Leamonth, Dickinson et Co, représ. à Paris par Fay et Cie. Leverrier, Curcier et Cie, maison de commission, même m. à Bordeaux, et correspondants de Curcier et Adet, à Melbourne Prost Koehler et Cie. Rabone Feez et Cie. Rawack, Henriquez, Joubert et Cie. Vial d'Aram et Cie, à Paris. Wagner et Fœl.

Hobart-Town.

Agent consulaire de France. W. Boys.

Négociants. Askin Morrison. Browne (J. M. C.). Chapman (Th.) et Cie. Crosby et Cie. Mac Pherson et Cie. Walch (J.) et fils.

Launceston.

Négts. Du Croz et Cie. John Crookes et Hudson. W. Johnstone Gaunt et Cowle. Maughton (M.) et Cie.

Melbourne, capitale de la colonie Victoria.

Consul général de France. Comte de Castelnau, O, ✶.

Négociants. Bligh et Harbottle, commission. Curcier et Adet, Hawke et Cie, de Sidney. J. W. Ploos van Amstel et Cie, négts, consulat des Pays-Bas, agence des sociétés d'assurances maritimes, Ross et Spowers, représ. à Paris par Fay et Cie, J. B. Were et Cie. O. Tondeur et Cie. R. et P. Turnbull.

Adelaïde, dans le golfe de St-Vincent.

Banquiers. Bank of Australasia. Union Bank of Australia. S. Australian Banking Co National Bank of Australasia.

Négociants. Abraman Main Lindsay et Cie. Beck et Cie. Elder Smith et Cie. Gardeckens (Martin) et Cie. Goude brothers G. P. Harris. Levis et Cie. W. Morgan et Cie. J. Robin et Cie. G. et R. Wills et Cie. Stilling et Cie. Younghusband et Cie.

Perth, sur la rivière des Cygnes.

Banque. Western Australian Bank ; agents à Londres. Lubbock et Cie.

Négts. Carr (J. G. C). Faamaner. Shenton (G.).

Auckland, sur la rivière Tamise.

Négociants anglais. Bell, Dell, Beldstein et Cie. Brown et Campbell.

ANHALT (DUCHÉ D')

Dessau, capitale.

Banquiers. — Anhalt-Dessau. Landes-Bank, Cohn (J.-H.). Sonnenthal (A.).

Draps (fab. de). — Meynert.

Gants de chevreau (fab. de). — C. Lange et Cie.

Nouv. et draps. — Cahn (H.). Cahn (S.). Cahn (J.). Cohn et Cie. Hagelberg (L.). Leo. Posner. Wolffsohn.

Coethen.

Banquier. — B. Friedhem et Cie.

Nouveautés soieries. — Furstenheim (J.). Lüdicke (G.-C.).

Jessnitz.

Draps (fab. de). — Plaut et Schreiber.

Raguhn.

Draps (fab.). — Deutz (fr.). Pohle (F.). Pohle (J.).

Jerbst.

Peluches de soie et de coton pour chapeaux (fab.). — Bachorron et Vollschwitz.

Bernbourg.

Banquier. — Celm et Ahlfeldt. Levi Calm fils.

Chapeaux et feutres (fab. de). — Ernst Naeter. François Naeter.

Nég. en laines. — Levy Calm et fils. —

AUTRICHE (EMPIRE D')

Vienne, capitale.

BANQUE NATIONALE

Gouverneur. — Pipitz, conseiller intime. — *Vice-gouverneurs.* — Murmann. Wodianer.

Banquiers et négociants en gros. — Auspitz. — Back. — Berger et fils. — Biach. — Biedermonn et Cie. — Bing. — Boschan et fils. — Brüll et Horn. — Chilaiditi (C.-B.). — Cohn et fils. — Cohn (M. et A.). — Cornides et Cie. — Dreyfus (Alexis). à Paris. — Dutselka. — Englander et fils. — Epstein. — Figdor. — Figdor et fils. — Frauer et Cie. — Galatti. — Goldberger et fils. — Gutmann frères. — Hainisch. — Kanitz et fils. — Kanitz (Cart). — Kendier et Cie. — Kern fils. — Klein. — Koch et Cie. — Kohn et fils. — Kohnberger fils. — Kœnigswarter. — Ladenburg (Ludwig). — Lang fils. — Léon et fils. — Lieben et Cie. — Liebieg et Cie. — Lippmann fils. — Lœwenstein et fils. — Lœwenthal. — Mauthner et fils. — Mayer (S.). — Mayer et fils. — Maximileen Strasse, à Paris. — Meyer (J.-L.). — Mises. — Pfeiffer. — Pollak fils. — Poss. — Rasim et Cie. — Robert et Cie. — Robert-Theurer et fils. — Rosenberg. — Rothschild (de). — Scharmitzer neveu. — Schey. Schiff. — Schindler. — Schlesinger (G.). — Schelesinger (M.-S.). — Schœller. — Sina. — Société générale, J. R. P. du crédit foncier d'Autriche. — Sothen. — Spitzer. — Springer. — Sruh, Jacob et Cie. — Stametz et Cie. — Stern (L. et H.). — Todesco fils. — Weikersheim et Cie. — Weiss. — Weissweiller et Goldschmidt, à Paris et à Francfort-s.-M. — Wertheim et Cie. — Wiener. — Winkelmann fils (N.-B.). — Winter (Jean). — Wodianer. — Zimmermann et Thomas.

Aiguilles. — Bergler. Hager. Herrmann. Magius. Neuss Scherer et Storck. Pschikal frères Sclhoss.

Bonnets turcs (Fez). — Berndt. Boudy. Fürth Wolf et Cie. Gülcher. Jordan. Lenus. Prescher. Volpini et fils. Zucker et Cie.

Boucles et épingles (fab.). — Strunz (Ve de J.).

Boutons de nacre (fab.). — Astmann. Behr. Binder. Buriam. Ehlmayer. Finzel. Fuchs. Grestemberger. Habegger. Hock (J.-M.), représenté à Paris par Hauck et Eigen, rue Rambuteau, 65. Jank. Kempter. Konig. Krauss. Krohn. Lange Lowy et fils Richeter (veuve). Rosal. Ruf. Scherz. Spitzer. Steinhauser. Tentulin. Wischitz. — de corne. — Scheybeck. — de composition. — Kisler et Cie. — de soie, lasting, etc. — Anders. Olt. Paohlhofer. Paul. Salcher et fils. Wagner.

Broderies. — Binder. Bollarth. Fischer. Fribuser. Fuchs et fils. Geissler. Gottschalet et Cie. Marzy. Meinl (héritier). Richter. Rosenthal frères. Salcher et fils. Schneider et Baenziger T. et F. Winterhaler.

Cannes, parapluies, ombrelles et fournitures. — Aumüler. Biach et Cie. Braun. Bruner. Hammer. Hogendorfer. Klimant. Machalla. Nazler Neg. Pfeifer. Picker. Poch. Pomie. Reiner. Robensohn. Schaller. Stranss. Tautz. Unger. Wagenknecht. Weltin. Zandra.

Caoutchouc (march. en). — Reithoffer. Rudolph. Stephan.

Châles (fab.). — Ahrens. Berger fils. Engelarth. Frimmel. Handt. Haydter. Hlawatsch et Isbary. Konrad. Lindner. May jeune. Nowothy. Paulick. Schmidt's Erben.

Chapeaux de paille (fab.). — Harack (F.). Harach (J.). Morawski.

Chapeaux de feutres et de soie (fab.). — Beck Berningerr. Bertin. Finster. Freyberger. Jerabek. Kaisser. Kraft. Kravorst. May. Mertens. Mrazek. Marsial. Reihitz. Schebek. Shrivan. Iluga, Wernet et fils. Zajic.

Chenille (fab.). Bachmaier. Holl. Meinhardt Neuhofer. Prohaska. Reichel. Schipper et fils. Schreiber. Siebert. Wolkenhauer.

Cordes (fab.). — Winter (Jean),

Coton (filat. de). — Adolph. Anhemius. Auspitzer. Pauer et Cie. Borckenstein et fils C. F. et A. Braunlich. Brevillier et Cie. Coith (de). Concadi. Czerny. Dierzer (héritier). Enzinger (héritier). Dierzer (J.). Dumba Eltz (héritier). Enzinger (héritier). Brdl. Furst. Ganahl et Cie. Getzner et Cie. Glanz. Clottu et Cie. Gradner. Grillmayer et fils. Gysi. Haas et fils. Haim sch. Hubinsky. Schimak. Lang fils. Lenk frères. Liebieg et frères. Mayr et Cie. A. et R. Mitscherlich. Mehr et fils. Montandon. Massig et Cie. Pacher. Palme. Perger. Radier. Riesch et Cie. Roulet. Schelz. Schwarz et Gracuer. Seele. Seuter et Cie. Shener. Sternickel. Guicher et Cie. Thornton (Fr. de). Ullmer et Cie.

Cotonnerie (dépot de). —Riegel.

Dentelles (fab.). — Asti. Damboeck (héritier). Fischer. Freymann. Fuchs fils. Gottschald et Cie. Kohellning et Goderidge. Krenn. Lettewitzer. Minl (héritier). Peschke. Pappenberger. Rensperger. Schlick. Schmil et fils. Schmidl. Wolf et Stuk. Zeiller.

Dessins. — Hermann. Sodoma. Staubmann.

Draps (dépôt de). — Altmann. Baur. Bell. Bernatschek. Braumann. Deutsch frères Drasche. Ebstein. Ecker et Grosse. Emerling. Fischer frères. Frank et Cie. Fuchs (Léop.). Fuchs (David). Fuchs (Herm.). Gerber. Geiringer et fils. Grossmann Grünwald frères. Hansa et Cie. Hardt. Heinrich Hierath. Hirschfeld. Hoch. Hoffmann. Horner. Kaiser. Kaldarar. Hindler. Koritschoner et fils. Kokoschineg et Nanke. Latsko. Loth et Cie. Lichtenstern. Low-Beer (L.). Lowinge. Lowe-Beer (Ph.). Lowenstein. Mandel. Maresch. Maya. Mayer. Merker. Moiszillositz et Schapovits. Moravetz. Muller (A.) et Cie. Muller (A. J.) et Cie. Noderer et fils. Ornstein et Fanto. Paneth. Pollak frères. Pollak (S.). Popper fils et Latzko. Preyssl. Purschke et Hanikirsch. Rehn et Muller Rothstern. Scadler. Schoeller frères. Schwartz. Singer frères. Siegmund. Sruh et Cie. Stiassny frères et Breslauer. Stedl. Togl. Tapolansky. Turetschek et Cie. Turnowsky et Cie. Werseles. Winarsky.

Droguistes. — Berndl et Gsell. Faukal. Fritz frères. Landtmann. Mahler et Eschenbacher Mayrhofer. Pfantner. Raabe et Rode. Strubecker et Holluber. Voigt et Cie. Willhelm et Cie.

Etoffes pour meubles. — Haas (Ph.) Hell (Gges). Schüler et Bondy.

Expédition et commission. — Beck. Buttla. Christofidi (G.). Compteur et Zetti. Friedenstein. et Gompertz. Janzuly. Kller. Koch et Cie. Kohn (P.) Kohn et Cie. Kurmayer et Cie. Kusminsky. Lanzenstorfer. Lasky. Lowenthal. Marangoni. Margulies. Mataja. Mayo de frères. Meyer. Misch. Nedelkovits. Ostersetzer. Paschinger. Plmpfinger. Pokorny. Pressburger. Raekovitz et Nicolics. Redl. Regler successeur. Reisner. Sanbinky. Schanger. Schanzer et Cie. Schmidt. Schumann et Cie. Ullmann et Seligmann. Wasser. Weber et fils. Widakovisch.

Fil (dép. de). Frantz et Max Stiasny, fils à gants. Friedrich, Weiss et Grohmann.

Fil d'estame. Dienzer (héritier). Kronstein. Low-Beer (Moses), Schmieger et Cie. Thomas. Société d'actionnaires à Voeslau.

Fils, bouillons, etc. Cornides et Cie. Miller fils. Winklet frères.

Gants (fab.). Bondy, Dansinger. Dietsch. Jaquemar.

Impressions sur étoffes. Bernhart. Bondy (Ign.) Bossi. Bracht. Dormitzer fils. Ganahl et Cie. Goldberger et fils. Granschstadten. Jenny et Schundler. Konigs. Liebieg. Mayor (V.) et fils. Muller. Part. Porges frères. Rhomberg. Richter. Rosenthal frères. Schik. Schimmer. Schreiner. Schuk. Spitzer, Gerson et Cie. Steinbrecher frères. Steiner (Vve). Taussig (S.). Thume. Ulmer, fab. à Neunkirchen.

Laines. Figdor (B.). Figdor (R.). Lippmann. Reisser. Reighmann (Heinrich), laines brutes et peignées. Sallambier Aubé, Thy et Cie.

Laines (fab.). Cornides et Cie. Dietrichstein-Mensdorff (comte). Fischer. Miller fils. Perger.

Lin (filat. de). fabrique à Pottendorf.

Linge (dépôts de). Bernard et Cie. Felbermayer. Kranner fils. Otto fils. Raunegger. Regenhart frères et Cie. Weiner.

Literie. (articles de). Brandoeiner. Goldman (de).

Métiers à la Jacquart. (fab.). Kados. Muhlberger. Schramm. Soulert.

Modes et nouveautés. Karl.

Nouveautés p. pantalons. Vonwiller et Cie.

Ornements d'église. (fab. de tissus pour). Kotsner. Krickl et Cie. Lemann et fils.

Passementerie. (fab.). Brandeis. Drachsler (Charles). Geiger. Hofbauer (Frédérik). Krek (Vve). Kuttig (Charles). Kuttig (Maurice). Leschhorn. Moschigg. Obethaner. Pachlhafer. Partenenu (de). Paul. Shimper (Vve). Schreiber (G.). Thill neveu. Wedan. Wolf et Stock.

Peignes et navettes. (fab.). Benrzi (J. B.).

Produits chimiques. (fab.). Soc. d'act. Dir. gén. G. C. Clemm. Adler. Aichner de Ponbach et Cie. Bauer (C.). Engelhart frères. Habich. Hartmann. Heindl. Kerpreiter. Krakowiser et Cie. Lumatsch. Mayer et fils. Moll. Muller (G.). Nackh. Nejedly. Piller et fils. Robert et Cie. Seybel. Voigt. Wagenmann, Seybel et Cie.

Rubans (fab. de). Adonsamer C. F. et A. Brauntich. Braun. Eder. Eiselt et Neuberth. Fashold. Franze. Gasselseder. Grobheiser Gruber frères. Grunewald (Vve). Harmer et Hoffmann. Harpke Haselman. Hetzer et fils. Hille et Hampel. Hirnschall. Hofmann. Kemperling. Kiltenwaitz. Kilnger. Korsowsky. Liebisch fils. Mauhart (Vve) et Wurin. Moering et fils. Rebel. Riedl. Ruprecht. Schmilt. Schreiber (H.). Senfelder. Silberbauer frères. Stein. Swoboda. Volly. Wathner et Nathe. Weissenberger. Wiesenburg et fils.

Rubans de velours. C. F. et A. Braunlich. Dary. Grunewalet (Vve). Harmer et Hoffmann. Heindl. Bupprecht. Schattera. Volly.

Soie. (filat. de). Andreae fils. Bareuter. Breuer et fils. Chwalla (Vve). Eibl et Krieger. Fasola et Cie. Flemmich (Vve). Franck et fils. Fries et Zeppezauer. Giani. Grunewald et fils. Guaita.

Nessi et Barberini. Santagostino et Somaini. Schapper. Weigandt et Cie.

Soie crue. (dépôts de). Grob et Cie. Mayer et (G. K.). Sehey Siess et Cie. Turri.

Soie. (œufs de vers à). Muchmayer.

Soie (négoc. en). Kelsen et Kecht.

Tapis. Edlmann. Ginzkey. Haas et fils. Lochleitner (héritier). Lichtenauer (Vve) et fils. Panhölzl et Reibeck.

Tissus de coton. (fab.) Assanek Backhausen. Garber et fils. Harter. Lang frères. Muller et Baumgartel.

Tissus de laine. (fab.). Assanek. Backhausen. Bienert. Fial. Fickenscher. Fuerst. Harter. Kostrawa. Oberlender. Penker. Schinka. Westhausser. Wolff.

Tissus de soie. (fab.). Bader frères. Bujatti. Fassbender jeune. Flemmich (Vve). Franck et fils. Fiedmann. Fries et Zeppezauer. Fikenscher. Frisenling, Arbesser et Cie. Garber. Glesauf et fils. Grünewalde et fils. Gaus et fils. Harter. Hartmann. Holl. Hentsch. Hersig. Hirsch (Vve) et fils. Hornbostel et Cie. Mayer et fils. Mayer (F.). Methwurf. Oberlander. Paltinger (Vve). Roder. Rejchert fils. Schipper. Schlee. Schlick. Schopper. Sigmund. Spauratt. Staudinger. Trebitsch et fils. Wachka et fils.

Toiles. (march. de). Bendele (F.). Felbermayer et Cie. Dusl (Ig.) et Cie. Kramer (A.) fils. Kramer (Jos) fils. Krazer et Cie. Raunegger (W.), Rogenhart frères et Cie. Vogel et Salzmann.

Toiles et taffetas cirés. Engelmann. Groll frères. Paget. Schulz et Bernfeld. Syring (Vve). Zell.

Baden.

Commerçants. Huber. Koch. Reich. Schemel. Schratt. Vaccano.

Cotons. (filat.). Société de Trumau.

Braunau.

Comm. N. Bggmuller. J. Schudl. R. Spechtenhauser. B. Zinter.

Bruck.

Commerçants. Fiby. Friebeis. Gunther. Lasslitz. Schmiedl. Serhoeck.

Hainburg.

Aiguilles (fab. d'). Schloss (M.-G.).

Commerç. Eder. Holdhaus. Jahn. Kottenbach.

Hallein.

Commerçants. Barbarino. Hintner. Horwarter. Carl. Leitner.

Produits chimiq. Robert et Cie, maison à Vienne.

Haslach.

Toiles de lin et de coton, nouveautés p. pantalons et gilets. (fab.). Foesler (L.). Wonviller et Cie.

Hellenberg.

Toiles et étoffes de coton, de laine et de soie. (fab. de). les frères Simonetta, raison Pietro Simonetta.

Hernals.

Toiles et taffetas cirés. Wurz.

Linz.

Banquier. Raison Scheibenpogen's Eldam, chef de la raison Charles Planck de Planckburg-Cummerer B. G.

Coton (filat. de). Dierzer (J.). Grillmayor et Cie (J.). Grimm et Muller. Kubo et Schinnack. Ruedler (M.). Siller (J.).

Draps. (nég. en). Kœnig (C.). Kœnig (Ed.). Hartwagner (J.). Rudler (M.). Schalk (S.). Vater (F.).

Étoffes de laine. (fab. d'). Honauer (F.).

Fil de lin et de coton (négts en). Berthold (O.). Hartmayer (S.).

Imprimeries d'étoffes. Enderlin et Toricelli. Hoffmann (A. M.).

Laine (filat. de). Dierzers. Erben (J.). Fisner (J.).

Lin (filat. méc. de). à Lambach.

Tapis (fab. de). Dierzer (J.). dépôt à Milan.

Marienthal.

Coton (filat. de). Todœsco (M.).

Neunkirchen.

Impressions sur étoffes. Du Pasquier. Fatton et Cie.

Neumarkt.

Tapis (fab. de). Wurm (J. et C.). dépôt à Milan.

Oberndorf.

Coton (filat. de). Sitter (J.).

Penzing.

Tisseurs de laine imprimée (fab.). Bracht (F.-W.). Eder (C.). Goldstein (J.-A.).

Pottendorf.

Coton (filat. de). Société d'actionnaires.

Lin (filat. de). Sina et Reyer.

Saint-Veit.

Impression sur étoffes Bossi.

Theresienthal.

Cotons et laines (filat.). Diezer (les héritiers de J.).

Laines. Petri (C.-A.).

Weintenegg.

Outremer et rouge de garance. (fab.). Seltzer (J.).

Wiener-Neustadt.

Commerçants. Hainisch (M.). Hainisch (J. B.). Scranzhofer (J.). Sieg (C.).

Coton (filat.). Kuschel (C.). Mohr (J.). Braunlinch (C. F.).

Soie et velours. Andrene (Chr.) fils.

BOHÊME (ROYAUME DE).

Prague, capitale.

Banquiers. Bloch (M.) et fils. Goldschmitd (Sigismond). Jacob Freund. Grund (Fr. J.) et Söhne. Læme (L.). Lippmann Söhne. Moriz. Zdekauer. Rosenfeld.

Calicots et fils de coton. (comm.). Hail et Seutter. Hellmann (N.). Hezner (P. H.) et Cie. Kauffmann (M.). Kubinsky (Fried.). Marbach et Riecken. Reldhammer et Wagdelin. Sobotka (S. L.) et Cie.

Chapeaux de paille. (fab. de). Erlsbacher (J.). Gebruder Kleinlercher. Thomas Payr.

Cordages (fab.). Jeger (F.).

Coton (filature de). Richter (F.).

Coton (imprimeries de). Dormizer (L.). Porges frères. Przibram (A. B.). Schimmer (V.). Wien (J. J.).

Cotons (tissage de). Porges (Bruder). Przibram (A. B.).

Couleurs : indigo, cochenille, garance, etc. (comm.). Dotzauer (J.) et Cie. Geiller (J.). Haasche (A.). Michlstetter (Gottlieb).

Dentell. (comm.). Bauer frères. Wenzel (J.).

Draps (comm.). Franick (A.). Gehenmacher (S. Simon). Goldschmitt (B.). Hollay (M.) et fils. Kallmus (W. S.) et Cie. Kiesweter et Butta.

Gants (fab.). Beuker (U.). Budas (J.). Fou (Ant.). Frese (A.). Haberkorn (G.). Klezanda (J.). Mahllng (C.). Raddy (Ch.). Trojan (A.).

Laine. Altschul (M.). Buschbeck (H. C.). Feldmann et fils. Thorsch (M.) fils. Wolf frères.

Laine (étoffes de). (comm.). Blaschka et Cie. Geipel et Jæger. Heintschel (C.) et Cie. Liebig (Fr.). Liebig (J.) et Cie. Loewenfeld (W.). Schmitt (Fr.). Schmitts (J. M.) sel. Erben et Cie. Seidel (R.). Ungers (Vve G.).

Lin (toiles de) (fab.). Daniel Pick et fils.

Lin (toiles de) (comm.). Dietrich (A.). Schmidt (E. F.). Sedmik (J. G.) fils.

Machines (fab.). Breitfeld et Evans. Danck et Cie. Haase (Gottlieb) fils. Janouschek (G.). Lusse, Marky et Bernard. Muller et Nabe. Ringhoffer (F.). Ruston et Cie.

Modes (comm.). Feigel (G.). Dickles (D. W.). Foges (J.). Hecht (G.). Mencik (Fr.). Muller et Schutz. Neustadtl (S. D.) fils. Pleschner (J. F.). Schitz (F. C.).

Plumes. Perelis et Pollak. Herschmann L. Saar et fils.

Produits chimiques. (fab. de). Brosche (J.). Brosche (F. X.) fils. Brosche (W.). Dollfus frères. Kreidl (A.). Popp et Cie. Rademacker et Cie. Vsetecka et Krausner.

Rubans (comm.). Liegert (F. C.). Pereles (S.). *Soie* (comm.). Lechleitner frères. Lechleitner (Fr.). Przibik et fils.

Toiles cirées et roul. (fab.). Mildner (A.).

Vêtements p. dames. (fab. de). Doleschek Wenzeslas. Fischer (J.).

Vêtements p. hommes (fab. de). Burggraf (J.). Krach frères. Lang (G.). Mottl (M.) fils. Romisch C.).

Asch.

Bonneterie (fab. de). Unger (J. G.).

Etoffes de coton, laine et soie p. meubles et vêtem. Adler frères, nouveautés p. robes. Bareuther (J. C.). Geipel et Jaeger.

Berauw.

Coton (filat. de). Kubensky frères.

Bohm-Leipa.

Coton (principaux filateurs de). Altschul's fils (Raphaël) Richters (Vve). Thume (Ignatz). Wensel (Wederich).

Brodez.

Coton (filat. de). Waldo (G.).

Budweis.

Commerçants. Kail (C.). Schweiggofer frères. J. Schier. A. Knapp. Taschek (W.).

Machines et draps (fab. de). Pierre Steffens.

Cosmanos.

Impress. sur coton. Franz Leintenberger, dépôt à Vienne (Autriche).

Eger.

Coton (filat. et tissage de). Bachmayer et Cie à Schloppenhof.

Commerçants. Gabriel (J.). Pistorius (Ch.) et fils. Schak (G.). Schroedl (E.).

Gablontz.

Boutons et perles. Anton Weiss. Hagemann et Fritz Meyer. Langenbach (S. J.). m. à Paris

Goldenkron.

Draps et machines (fab.). Steffens (P.).

Graslitz.

Coton (filat.). Dotzauer (Ig.). Pilz (Th.).

Etoffes de laine (fab.). Thomas (Léop.).

Dentelles, tulles et broderies (fab.). Fuchs et fils ; dépôt à Vienne. Rolz (J.).

Hohenelbe (Bohenelbe).

Batistes, linons et toiles (fab.). Ehinger (A.), à Oberlangenau, May et Czerweny Mohr. Les héritiers de F. Peldrian.

Lin (filature méc. de). Jeric (W.). G. Ritschel et F. Stoezek.

Izna.

Coton (filat.). — Hilz (Ch.).

Joachimsthal.

Commerç. — Beck (L.). Haidmann (J.). Hocltzl (Vve J.). Macassi (F.).

Fil et soie. — Kuhn (F.).

Coton (filat.). — Miesel (J.). Vogel frères.

Mécanicien. — Vogl.

Karlsbad.

Banquiers. — Benedict frères. Seifert (A. F.). Th. Lederer. Schwalb (R.).

Draps (négts). — Benedict (L.). Moser D.

Epingles (fab.). — Hein (R.). Heyer (Ed.). Heyer (Jul.). Heyer (R.). Zimmermann (K.).

Mercerie et nouveautés. — Bleyer et Cie. Buschbaum (N.).

Karolinenthal.

Laines peig. (filat. de). — Forcheimer (L.). fils.

Prod. chimiq. (fab.). — Huber (S.). Kral (P. J.).

Tapis (fab.). — Prohaska (W.).

Toiles de coton imprimées (fab.). — Schik et Leppmann.

Koenigsberg.

Coton et lingerie (fab.). — Lenk frères.

Krumau.

Draps (fab.). — Wotzelka (N.).

Kuttenberg.

Coton (filat.). — Breuer et fils.
Imprimerie de coton. Breuer (A.).

Leibitschgrund.

Coton (filat.). — Richter (F.).

Lodenitz.

Coton (filat. de). — Goldstein (Ch.) neveu.

Maffersdorf.

Ignaz Ginzkey, fab. de couvertures de laine, représ. à Paris.

Neugedein.

Etoffes de laine (fab. d'). — Smid (J. M.) et Cie.

Neuenberg.

Coton (filat.). — Schindler frères.

Neubistriz.

Coton (filat. de). — Lang (A.). Poelsëh (G.). Bobelle (J.).

Neuhaus.

Draps (fab.). — Marawetz (J.).

Neuötting.

Draps (fabr.). — Frebitzky (J.).

Niedergrund.

Tissus de lin et de coton (fab.). — Klauss (J. E.). Richter (Ign.) et fils, velours.

Peterswalde.

Boutons de cuivre jaune, boucles, boutons (fab. de). — Weigend et Pœschner.

Pilsen.

Draps et étoffes (march.). — Becher (G.). Dlauhi (C.). Exle (P. A.). Feierseil (J. P.). Hlauschka (J. L.). Klotz (Fr.). Romareck (J.), Rzimeck (J. E.). Scholz (J. W.). Schwanberg (A.). Zint (J.).

Reichenberg.

Banquier. — Kittel (P. H.).

Bonneter. (fabr.). — Klamt (G.), à Neuharzdorf.

Cordes et cordages (fab. de). — Haussman (F.). Haussmann (G.). Sieber.

Coton (filat.). — Herzig (J.) et fils. Liebieg (J.) et Cie. Pfeiffer (J.) et Cie, à Gablonz. Priebsch (J.), à Reinowitz. Schneider (C. E.), à Kratzau. Slametz (J. H.) et Cie, à Tannwald.

Draps (fab. de). — Demuth (A.) et fils. Demuth frères. Elger (J.). Ginzel (A.) fils. Ginzel (B. C.). Gunzer (B.). Hartelt (H.) et fils. Horn (A.). Hoffmann (J.). Horn (G.). Hubner (Fr.). Kasper (F.). Kasper (J.). Keil (A.) Vve. Leubner (Fr.). Neuhaeuser (S gm.) et Cie. Posselt (A.) fils. Salomon (B.) Salomon (F. A.). — Salomon (Fr.). Salomon (Ign.). Schmidt (Fr.). Schmidt (L.). Schmidt (J. Ph.). Schmidt (Ph.). Schutz (Ad.). Siebeneicher (L.). Siegmund (J.). Siegmund (W.). Trenkler (A.) et fils, nouv. p. pantalons. Ulrich (A.). Ulrich (F.). Siegmund Neub et Cie.

Laines (filat.). — Horn (Ed.). Liebieg (J.) et Cie, tissus laine et châles imprimés, représ. à Paris par Léon Cubain.

Marchandises de laine (fab. de). — Herzig (J.) et fils. Liebieg (J.) et Cie, Liebig (Fr.). Schmitt (Fr.).

Mécaniciens - constructeurs. — Kahl' (B.). Scheffel (F.). Tugemann (Ph.). Vœlkelt Fei, à Haydorf. Herzig (Alex.), à Neuwald.

Modes et nouveautés. — Appelt (A.). Gube (C.). Hartl (J.). Hartl (E. B.). Hebel (J.). Horn (G.). Preuss (J. Vve). Preuss (R.). Trenkler (J.). Schellerick (W.). Tugemann et Cie.

Tissus de coton à la main et à la mécanique. — Herzig (J.) et fils. Bogner (J.). Redelhammer (W. E.). Seykora (V.), à Skuhrow.

Rostok.

Bois de teinture (fab. d'extraits de). — Oesinger (Ch. et E.), m. à Strasbourg.

Rumbourg.

Tissus en laine et coton (fab. de). — Boehme (J.). Donat, à Georgswalde. Eyssert (A.) jeune. Foerster (J.) aîné. Foerster (J.). Hohlfeld (F.), à Georgswalde. Kejster (J.). Kluiger (J.) aîné et Cie, bonneterie à Zeidler. Liebisch (J.). Muller (Jos.). Muller (J.) fils. Munzel (F.). Mussil (W.), à Georgswalde. Neuberg (C. G.), à Georgswalde. Otto (F. P.). Patzelt (J.). Peischmann (F.). Salomon (A.). Salomon (J.). Sauermann (J.). Sauermann (F.) jeune. Sieber (E.). Sieber (Ch.). Tritschel (A.). Tritschel (F.). Wunsch (A.), à Ehrenberg.

Saint-Georgenthal.

Velours de coton (fab.). — Lang (F.) et Cie.

Saint-Yvan.

Coton. (filat. de). — Kubinsky frères.

Schlan.

Coton (filat. de). — Société anonyme.

Salseblrow.

Coton (filat.). — Dortmizer (J.).

Schluckenau.

Sparterie, chapeaux et tapis de table (fab.). — Kump (Ign.).

Senflenberg.

Draps et tissus de laine (fab.). — Wonviller et Cie.

Teplitz.

Bonneterie (fab.). = Heinberger (Vve), à Klostergrab.
Boutons (fab.). Heller (B. J.).

Tetschen.

Orseille et indigo (préparation d'). — Heinzeln frères.

Wamberg.

Dentelles (fab.). = Krsek (J.).
Peignes à tisser (fab.). = Suchanek (J.).
Tissus de coton (fab.). = Suchaneck (J.).

Warnsdorf.

Tissus de coton, de toile et de linge de table (fab. de). = G. A. Fröhlich fils. H. Inngmichel Vve. Franz Liebisch fils. Johann Liebisch et Cie. Florian Theissig. Franz Hanisch. Witschel et Reinisch. Carl Sieber. Bernhard Luttna. Wilhelm Luttna. H. C. Thiele. J. A. Burger.

CROATIE.

Agram.

Banquiers. — Popovic (A.). Mallin (N.). Pongratz (G.). Stankovic (Ch.).
Comm. expéd. — Leutzendorf et Cie. Schivitz (F.). Weiss.

DALMATIE.

Raguse.

Négociants. = Boscorich frères. Eovacevich (P.). Scuglievich et Millacovich.

Spalato.

Banquiers et nég. en gros. — Basso (A.) et frères. Dimirovich (G.). Gentilomo (Abr.). Gentilomo (S.). Gesurum (A.). Gesurum (A. E.). Machloro (D.). Tuzlich (Ch.). Ventura (V.).
Comm. et expéd. pour la Turquie. — Montoglia (L.). Pietro Viajo. Lullich et Cie.
Négociants. — Cambes (P.). Devossi (G.). Jellicich (T.). Nicolich (V.). Terracini. Signorelli (Fr.) et Cie. Bugliari (V.).

ESCLAVONIE.

Essek, capitale.

Commissionnaires expéditeurs. — Csordasich. Epstein. Folk. Hitter, banquier. Lay. Lekitsch, banquier. Spissich. Taicsevich. Thurner.
Soies. — Piriedberg (J.).

Semlin.

Comm. expéd. = Lolis Kyriak (D.). Paunkewits (St.). Peskar (N.). Zacho (A.). Zaphir et Timoleon, banq.

GALICIE ET BUKOWINE.

Brody.

Manufactur. = Benjanwurtz. Franzos. Reich.
Négociants-banquiers. Hausner et Violland, m. à Léopol. Wolf (Fr. A.), m. à Cracovie.
Négociants en produits du pays. — Halberstain et Nirenstein. Krapsnopolski frères. Lazar Kallir et fils. Nathansohn's Erbe et A. Kallir. D. A. Sigall.

Biala.

Draps (fab. de). — Sternickel et Gülcher. Chr. Schulz et fils. Strzykowski et fils.

Bojan.

Négociants. — Weiser et Lutzmann.

Cracovie.

Banquiers. — Hoelzel (A.). Kirchmayey (F. J.). Wolff (F. A.).
Draps. — J. Fiderkiewicz.
Négociants. — Siermontowski. Sroczynski.
Soiries. — Seifert (F.). Schwarz (A.). Wojczynski (A.).

Czernowitz, capitale de la Bukowine.

Commerçants. — Amster (M.). Cruczawa et Tabakar. Rubenstein et Rosenzweig. Schnirch (J.). Tittinger. Zuker et Braun. Zuker (M.).

Lemberg ou Leopol (pol. Lwow), capitale de la Galicie.

Banquiers. — Halberstam et Nierenstein. Hausner et Violland. Mises (M. R.). Singer (J. L.) et Cie.
Draps. — Wallach.
Etoffes et articles de modes. — Adamski (F.). Uzieblo et Towarnicki.
Laines. — Bach (A. L.). Kronstein (J.). Samueli (S. et M.).

Przemysl.

Commissionnaires-expédit. — Machalski (E.). Praczynski (V.).
Draps et laines. — Schwarz (J.). Stener.
Mercerie, soieries. — Adolf. Bross. Stener. Unger et (H.). Katz.

Sambor.

Nég. en draps. — Frischmann (A.). Futernik (J.). Kohn (héritiers), Leiner (S.). Majer (S.).

Stanislawow.

Commissionn.-expéditeur. — Abraham Halpern.
Négociants. — Czuczawa frères. Adalbert Gryziecki. Majewski. Lubini.

Mercerie et soieries. — Kubinstein. Anger-mann (H.).

———

HONGRIE (ROYAUME DE).

—

Bude, siége du gouvernement.

Teinturiers. — Finaly (F.). Gerson, Spitzer et Cie. Goldberger (Samuel F.) et fils.

Caschau, capitale de la Haute-Hongrie.

Commerçants en draps, nouveautés. — Demsky et Lassgallner. Dendely. E. Eschwig. Hader et Cie. Lentz. Kollman (W.). Moll. J. Pollack et Sœhne. Schehovitz (E.). Schœnhofer. Spielmann (J.). Szent-Isvanyi. Weber.

Funf-Kirchen (Cinq-Églises).

Merceries et modes. — Hartmann (A.). Blau (Hermann). Spierer (J.). Wiener Mayer.

Ketskemet.

Draps, étoffe. — Kozma (Em.) et Haris.

Neusohl.

Négoc. — Eisert (A.). Eisert (J.). Eisert (C.). Puschmann aîné (Jos.). Szumrak (P.), draps. Szumrak (S.), draps.

Neutra.

Négociants en nouveautés. — Bernhard Krauss. Sruh (Léopold).

Papa.

Etoffes et produits. — Hartzer et fils (S.). Spetzer (S.).

Laines et draps. — Mayer (J. G.).

Modes et nouv. — Hirsch (S.).

Pancsova.

Négts. — De Joanovits (E.). Blaschuty (J.). Knotz (Fr.). Krainesevits (P.). Raushau (C.). Zaivanovits (Dem.).

Pesth.

Consul de France. — Cte de Castelanne. O. ✳.

Chapeaux (fab. de). Skrivan (J.). Karezag.

Draps (négts en). Dorner et Slamminger. Grabovzky (G.). Nadossy et Vaghy. Vatsey (Aless.). Macho et Fulop. Guggenberger (M.).

Laines. — Pollak fils. Fleichel et fils, à Pesth, Leipsick et Londres. Hersfelder (H.). Simmonyé.

Lin (négts en). Birnbaum (J.). Pessl (J.).

Linge (négts en). — Achly (A.). Haris, Zeilinger et Cie. Hugmayer.

Négociants manufacturiers. — Alter (A.). Alttmann (B.) et Roth (B.). Blass (M.) et fils. Boscovitz (L.) et Cie. Bœhm et Kanya. Breisach (E.) et Gullmann. Breisach (H.). Breuer (I.) et fils. Dainoky frères. Deutsch (A.) et fils. Eisler frères et Cie. Englander (H.) et Cie. Figdor (S.). (spéc. en laines). Friedmann (S.) fils et Grun. Frœch et Jenney. Fuchs (S.) et Cie. Goldeber-

ger (S. F.) et fils. Harrer et Scmollinger. Compers frères. Hirschler (M.) et fils. Hecht et Schœnaug (I.). Hertzka (N.). Hœnig (A.). Itzeles (E.). Itzer (W. W.). Jonas (S.). Cadelburger (G.). Kann (H.). Klein (C.). Kollinszky (S.). Krauss (E.). Kunz (J. J.) et Cie. Laszb (M.) et Cie. Le Breton (J.), m. française, laines. Leitner et Greger. Lichtenstern (J.). Mandl. (I. K.). Matzel (C.) et fils. Maurice (M.) et Cie. Monasterly et Kurmik. Muller (I.). Nrerelkovics (P.) et fils. Oppenheimer (B.). Oppenheim frères. Pollak (J.) Pollak (H.) et Herz (J.). Pontsen (L.). et fils. Reis (S.). Rosenfeld (M. L.) et fils. Rosenweit frères. Rœmer et Heckenast. Schlesinger (I.) et fils. Schneider et Czeides. Schiller (C. A.). Schœnfeld (H.). Sebastiani (F.). Sgalitzer (G.). Simonyi (A. M.). Singer frères. Singer (J.) et frère. Spitzer (G.) et Cie. Stern (L.). Unger (W. F.). Vogel (L.) et Cie. Wahrmann (M. W.).

Presbourg.

Fabriques. — J. P. Duranszky, soie. Ph.

Négoc.-commerçants. — Finaly (H.) et Cie, banque et commission. Fischer. Jurenak. Rocmer. Scherz. Wimmer.

Soie, toiles, etc. (négts). — Ch. Rosenkrantz. Edl. Zerneck (A.).

Tapis (fab. de). — Ernest Ecker.

Stuhlweissembourg.

Négociants. de Bauer. Flitsch. Gebhardt. Kirschmayer. Koetse. Kovatz. Kirovits. Orssety. Rossnagel. Russwurn. Schober. Spehar. Theiler. Tchida. Ybl.

Tyrnau.

Draps. — Nowak (J. N.). Nyilassy (J.). Richter (E.). Stanzel (E.). Wolf et fils.

———

ILLYRIE ET CARINTHIE.

—

Gorice ou **Gœrz.**

Négts. — Catinelli. Moll (A.). Zamaro (Ve).

Soie et rubans (fabr.). — Ascoli (H.), à Poagora. Buffulin (Fr.). Lenassi (R. A.).

Klagenfurt.

Draps et soie. — Dolaz. Kleinberger (Al.). Ledi, Ertel et Cie. Meinsinger. Monner et Nagl (J. G.). Mors frères. Nagl (Victor). Ohzfandl (Jos.). Orfandl (Ant.). Uzich.

Krainburg.

Commerç. — Bisiak. Goschel. Killer. Lappaine. Marentschitsch. Nastran. Omann. Fayer Pteiweiss. Pretner. Stroy. Terpinz. Tenschel. Wagentruz.

Draps et couvertures (fabr.). — Plorian (Ch.).

Tissus de crin (fabr.). — Benedig, tapis à strassich. Locker frères, pour tamis.

Laybach, capitale.

Banquiers. — Mallner et Mayer. G. Heimann. J. C. Luckmann.

Trieste.

Consul général de France. = Baron Michaud ✱.

Consul général d'Angleterre.=Lever (Charles).

Vice-consul d'Angleterre. = E. W. Brock.

Consul d'Amérique. = N.
- — de Bavière. = Stettner (Julius).
- — de la Belgique. = Joseph Morpurgo.
- — de la Confédération de l'Allemagne du Nord. = Baron E. Lutteroti.
- — des Etats-Romains. = Mosca (Nicolas).
- — d'Espagne. = Garcia Miranda (Don Joaquin).
- — de Grèce. = Canello.
- — de Hamburg. = Schrooter (Alessandro).
- — d'Italie. = Domenico Bruno.
- — d'Oldenbourg. = Gulbhard.
- — de Portugal. = Sartirio (Pietro).
- — de Russie. = Hirsch (Auguste).
- — du royaume de Saxe. = Chevalier (J.-G.), de Sartorio.
- — de Turquie. = Cazzait Spiridione.

Banques. — Banque commerciale de Trieste. Filiale della Priv. Banca Nazionale Austriaca.

Principales maisons de commerce. = Acquaroli frères. — Adami (G. A.) et Cie. = Adamo Giovanni. — Afendull Giorgio, (avec le Levant). — Alimonda Mitri et Cie. — Alprea (Girolamo). — Amodéo (eredi di F.). — Anagnosti (G.). = Ascreto (Marco). — Backoff (Giuseppe). = Daraux et Cie. — Basch et Cie. — Battanovich et Papovich. — Battistella (G.). — Baumgartner frères, export. — Bayer (J.). — Bazzochi (Ferdinando). — Bazzoni (G.). — Behar frères, (avec le Levant). — Behr et Cie, successeurs, drogueries. — Belluschi (Rinaldo). — Bernholmer (S.), banquier. — Bertos (G.). — Bortunné (G.), avec le Levant. — Besso (Moïse di G.), Bideleux, Daurand et Cie, banquiers. — Blotta (Anns), avec le Levant. — Bochmer (J.), représ. à Paris. = Bois de Chosne frères et Cie, nég. ar. — Bejenachi (Jacques), nég. import. — Braida et Teglio, banquiers. — Brocchi (A.). — Brucker (L. M.) et Cie. — Brüll (Ignace), m. à Venise. = Brunner, manuf. diver. — Buchler et Cie. = Buchreiner (L.). — Bühler (G.). = Burgstaller (G. B.). = Burgstaller (Paolo). = Bussi (Ernesto). = Caligaris (G.). — Cambiera (A.). — Carcassonne (A.). — Cardahi (R.) et Cie, avec le Levant. = Carli (G.). = Caruso (D. A.). = Casari, Comar et Cie, manuf., Cassano (Pdi) G.). — Cavallaret et Cie. — Cavalléri frères. — Cavalléri (Isaac). = Cerf (Gmo). — Chevesich (N.). — Chiesa frères. = Chiriasopulo (G.). — Clotta (Eugenio), Cittanovo. — Cleotta et Schwarz. — Coen (Jacob). — Coen et Nonk, nég. et fab. de crème de tartre. — Cokino. — Colonna. — Colussi (Gius. D.). = Comer (F.). — Contum à Solone. — Corradini (C.). — Costi (figli di G. H.). — Coulombel frères et Desvismes. — Covacevich (Al. André). — Cricco (Michele). — Crisicopulo (G.), Curiel (Simeone). — Curro (Rosario). — Cutti (Guiseppe). — Czorzi (D.). — Daurant et Schulze. — Davis (G. G.). — Defeo (G.), manuf. — Dajak (Ant. junior). — Dell'Acqua (G.). — Delles (M.). — Dendrino. — Deseppi (D.). — Dessilla (S. S.). — Diana (Léonardo). — Diana (Michele di Vito). — Diana (P. di Vito). — Diona et Luzzato. — Dina. — (G.). — Dimmer. — Dompieri (L.). — Donnesberg et

Jachlich. — Dornig (E. et F.). — Dragovina (C.). = Dubich (M.). — Duma (T.). — Dutilh (D. P.) et Cie. — Eckhel frères. = Economo (D. A.). — Ehrlich (S. J.). = Eichhof (E.). — Eisner (Julius). — Engel. — Eram. — Ernst. — Errera. — Cesire et Cie, banquiers. — Escher (E.). — Fabiani (Ant. Carlo). — Faidiga. — Falkner et Cie. — Fegitz et Leban. — Fano (G.). — Fano et Morpurgo, banquiers. — Ferlugu (A.). — Ferruri (Charles de F.). — Finzi et Ascoli. — Finzi (Moïse). — Florio (Stanis). — Fontuna (C. d'Ottva.). = Friedenfal. — Funk (A.). = Galatti (And. S.). — Galatti fils de Tom. — Galatti (D.) et fils. = Galvani (And.). = Garofolo (M. D.). = Ganzoni (A.), manufact. = Ganzoni frères. = Gasteiger (Ed.). — Gatterno (F.). — Gelcich (Tomaso). = Genel (Agostino). = Genel (Giovanni). = Gentille (A. V.). = Gentille (Ces). = Gentilli (D.). = Gentilimo (D.) et Cie. = Gentilimo et Covacich, p. l'Allemagne. = Gerzabeck (Gius). = Giannette (Gius). = Cideni (Giacomo). = Giorgueopulo (E. et C.). = Girardelli fratelli et Muzatti. = Glasser et Scholtz. = Cleyre (C.), dépôt de manuf. = Goldemann e Paris. = Goldschmiedt (N.) et nipote. = Gerzalini (V.). = Gossleth (F.), nég. et fabr. de prod. chimiq. = Grablevitz (Carlo). = Grandi (Ant.). = Gretzler et Duede. = Grieni (A.). = Guetta (A.). = Guidicelli (G. D.). = Gutman (Edmond). = Gwinner (G.) et Cie. = Hagenauer (J.). = Hammerer (F. J.). = Harrer (G. F.). = Hattinger (Fug.). = Helland et Neymen. — Hell (Eug.). — Heller (Leone). = Herman (Ange). = Hertrum (J.). = Holt (Thomas). = Hutterott (C.). — Israël Vito. = Jachia (Jacob de M.). = Jayet (G. et Cie). = Jelene (Domenico). = Idone (G. Om R.). = Idone Rocco. = D'Italia (Enrico). = D'Italia (Giue). = D'Italia et Schiff, banquiers. = Jellersitz (C.). — Judtmann (Matteo). — Junz (F. Carlo). = Keller et Gebhart. = Kesel (Th.), expédit. et comm. = Kessissoglu (P.). = Kexeck (A.) et Cie. — Koch et Zobel. = Keffer (C.). = Kohen (Philippo), banquier. = Konew (T.). = Keschier-Primo. = Kosher et Cie. = Kupezoglu (Elin). — Kupezoglu (M.). — Lallace (G.). — Latard (I. P.) et Cie. — Lavison (Gustave). = Luzzari (G. G.). — Leban figli di Luigi. = Leis (Cesare). = Leipziger (Carlo.) = Levy fratelli. = ❡ Levi (Michel) et Cie. — Lichtensteiger (A.), manuf. = Loessel-Rist et Cie. = Logarrewi (O.) = Loria (S. A.). = Loser (M.). = Lutteroth et Cie. = Luzzati (J.). = Luzzatto (G.) et (A.). = Macchioro (M.) et fils. — Machlig (A. et C.). = Maffei (Ruf). = Maffei et Martinidez. = Magnifico (Greg.). = Malabotich et Pattera. = Malalam (P.-O.). = Mandel (A.) et Cie. = Mandussich (Gius). = Maraspin et Verona. = Marconetti frères. = Marina (A.) et Cie. = Matteo (J.). = Mayer (G.-L.). = Mazzocato (C.). = Mazzucato (Gio Ant.). = Megari Spiridione. = Melcon Oscon, à Smyrne (Syrie). = Merli (Ant.). = Mettel frères, Mincola (Nicolo). = Millanich et Cie. = Miller et Cie, en droguerie. = Mistrovachi (Constantino). = Moll (E.). = Monti (Luigi). = Moore et Cie. = Morosini (N.). = Morpurgo (Pacifico). = Morpurgo et Parente, banq. et négoc. = Motta frères. = Mudanoff. = Panajotti, banquier. = Muller (G. F.). = Musani (Giac). = Musizza (G.). = Nadah (Matteo). = Nado (A.). = Narducci (G.-C.). = Neumaun (Ig.). = Neumark (Ed.). = Neysenfols et Cie. = Norsa (G.-A.). = Nustorer. = Oblasser (F.). =

Obressa (C.). = Ofeinheimer. = Olivetti et Comuzzi. = Opuich (A.). = Opuich (Stephano). = Padovan frères. = Palmisano (Giov.). = Papunzio (M.-L.). = Pappadopulo (M.-L.). = Pardo (G.). = Pardo et Machiero. = Pardo (S. de A.). = Parente (A. I.), correspondant avec Gueden et Leloutre. = Paris et Cie. = Parisi (Fraca). = Paruzza (G.). = Paltuna (G.). = Passe (P.). = Pelz (Carlo). = Penzo Ventura et Cie, nég. comm. = Pettinello et Cie. = Petz et Terpin, nég. en manufact. div. = Pfeiffer (F.). = Pick (Ed.). = Pincherle et Morpugo. = Pirona (Giuseppe). = Plancher (G.). = Plaut et Cie. = Plesche (A.). = Pollick Guilio. = Pollitzer Auguste. = Peppevich (Spirid), armateur. = Perenta (Antonio). = Pozzi (G. N.). = Premuda frères, nég. et banq. = Radesich (Alex.). Radich (Marco). = Ralli (A. de Cost.). = Ralli Amb. de Stef.). = Ramann fili. = Rankin (F.). = Reitz et Cie, négt en manuf. = Ravasini (A.). = Reisden (A.). = Revoltella (Pasq.), banq. et nég. = Ritter (J. G.) et Cie. = Rittmeyer (F. E.) et Cie. = Rodocanachi et Franchiadi. = Romano et Homero. = Rosenkart (S. C.). = Rosenthal (Mayer). = Rossi (G.) et Cie. = Rossmann (And.). = Russo Moeses, manufact. = Ruzzier (Ant.). = Salem Vita. = Salvari (Costantin). = Salvari (Demetrio). = Sambo (A.). = Samengo (L.), cotons, tous les prod. d'Amérique. = Scaramanga (G.). = Scardy (A. di G.-P.). = Schachner (Jean), représ. p. m. étrangères. = Schiffmann et Nersa, manuf. = Schlœpfer et Sicherl. = Schnitz et Cie, m. à Venise. = Schroeder (A. et C. M.). = Senglievich (Giov.). = Seetigmann et Neef. = Segnian (Sim.), expert. = Sevastopulo (N.). = Sideriadi (Demet). = Sideriacadi (Cristof). = Siegl et Hartmann. = Sirk et Cohn, comm. et produits du pays. = Snirecker et Cie, expédit. = Supf, Mattèo, Dubich et De Lévy. = Stallitz (G.-M.). = Stalitz (nipoti di Giovanni). = Stamo et Cie. = Stecher (Franc), droguerie. = Steffanutti (Vincenzo), Steinkuhl (L.) et Cie. = Stettner (J.), = Stramline (Ferd.), banquier. = Tunzi (A.). = Tedeschi (S. de V.) et Cie. = Tedeschi et Prister. = Tosio et Cie. = Tozzi (Antonio), en chanvre. = Trevisan (Fee) et Poche. = Tropeani (Paolo et Fee). = Usiglio et Piazza. = Varduca et neveu. = Venezian (F.). = Venezian (Ang. Gm Felice) et Cie. = Venezian (Gues di Felice). = Venier (Franco). = Ventura (Aug.) et Cie. = Ventura (S.) et Cie. = Verderber et Marchetti, dépôt de manuf. = Vernoulle (Carlo) et Cie. = Vicco (A.) et Cie. = Vieilli (And.), Vivante (Félix). = Voelkl (G.). = Vlassopulo (D.-M.). = Weisenfeld (J.). = Weilheim et Cie. = Wostri et Cie. = Zanetti (Carlo), en drogueries. Zanier (Giac di Gio.). = Zebul (Nicolo). = Zingg (Roberto). = Zacchi (B.-C.). = Zundel (E.-M. et C.).

Chapeaux de paille. — Costoll (F.). Muradel. Raguzzi.

Cordiers. — Angeli (G.). Marina Alexandre et Cie. Olivetti et Commuzzi. Tozzi (Ant.).

Filat. à Carra. — Luzzatto (A.). Luzzatto (R.).

Matières premières p. filatures. — Cabari (G.). Danziger (F.). Fayenz (C.). Mauro (G.). Maroni (G. B.). Schott (A.). Zanella (L.).

Mercerie, draperie, soierie, tollerie. — Barzilai (S.). Zoll (Lorenzo).

Toiles (fab.). — Borghi frères, à Canale.

Villach.

Teinturiers en rouge d'Andrinople. — Rikli frères, à Seebach.

MORAVIE ET SILÉSIE.

Bielitz.

Cachemires (fab. de). — Becher. Trostorf (Ed.).

Cardes (fab.). — Volf frères.

Cordage et filat. de chanvre. — Heusler et fils. Bartelmuss (J.). Menhardt (R.) et frères.

Commiss.-expéditeurs. — Hollander (D.). Sennewald (C.).

Draps (fab. de). — Baum (J.). Baum (L.). Baum (G.). Foerster (G. J.). Kolbenheyer frères. Paneth (S.). Schaller frères et Goldschmidt. Schwarz (A.).

Filateurs de laine. — Bathelt (J. G.). Bathelt (S.). Fusek (J.). Josephi (G.). Maenhardt (A.).

Négociants. — Feldhaendler (D.). Goldschmid (N.). Hanke (J.). Mai (H.). Sennewald (G.). Zwilling (A. et F.).

Brunn.

Agent consulaire de France. — Otto de Bauer.

Banquiers. — Bauer (Th.). Gompertz (Ph.). Haupt (L.). Herring (J.).

Bois de teinture. — Ripka (J. M.) et Cie. Steinbrecher (F. V.).

Cardes (fab.). — Gierke (Ed.). Struck et Beer.

Chapeaux de feutre et de soie (fab.). — Janowitz (S.).

Filatures de laine. — Godhair frères. Keller (J.). Kafka (M. et Cie.). Belle (Leop.). Loiv (Dav. N. et Cie). Seidl et Schdara. Leidenfrost et fils. Steinbach (Ant. et Cie). Teuber et fils.

Draps (fab.). — Auspitz-Enckel (L.). Bauer (Otto). Engel (D. et Cie). Herschemann (H.). Kafka (H.). Loiv et Schmal. Popper (frères). Redlich (Fr.). Offermann (J. H.). Pintner (Wenzel). Schonfeld (S.). Schuller (frères). Schuller (A. et fils). Kregey (frères). Milde (Ch.). Neumeister (J.). Slama (F.). Redlich (M.). Schoeller (A.). Schoeller frères. Stanischtic (G.) et Cie. Bum (Max). Loiv-Beer (M.). Loiv-Beer (A. J.). Hecks (J. et fils). Hoffmann (A.) et Cie. Kohn (Kalm fils). Hirsch (F. J.). Kohu (Max). Spitzer (D.). Spitz (S.). Strakosch frères. Strakosch (Sal fils). Skene et Cie. Wawrzin (J.).

Gants (fab.). — Hauer (Ch.). Wiener (R.). Barthelmes (A.). Neuhauser.

Indigo et couleurs. — Gloeckler (G.).

Négociants commissionnaires. — Bauer (Sim). Benedikt (J.). Bittner (F. L.). Blau (M.). Bodendorfer (héritiers de) et Cie. Bohm (Ed.). Breza (Ch.). Bum (et frères). Cohn (M. et fils). Deychs (R.). Doller (J.). Drucker (Ign.). Drucker (Jos.). Eisenmann (Ign.). Flesch (I. V. et Cie). Gach (A.). Glassner et Schreinzer. Comperz (J. M.). Grunfeld (M.). Grunhus (J.). Grutler (M.). Haas (G. et Cie). Heller (H.). Herzfelder (L. et Cie). Heyderich (A.). Kohn (Raph.). Kramer (Em.). Low-Beer (Sam.). Ripka (J. M. et Cie). Samuely

(D.). Schoell (Aug.). Schwarz (M. E.). Singer (M. L. et fils). Sopuch (J. H.). Sorer (L. et Cie). Spitzer et Ernst. Staehlin (G. A.). Steinbrecher (F. A.). Stummer (Ch.). Tiel (Fr.). Waschitz (W. A.).

Nouveautés pour pantalons. — O. Baner.

Produits chimiques (fab. de). — Hochstetter et Schickard.

Teinturiers. — Beyer (M.). Breunlich (F.). Jusa. Offerman (T.). Selb. Neumister (F.). Drucker (M.). Springer (G.). Tschorner (L.) Umgelter (G.). Schwab (W. et fils).

Toiles à voiles (fab.). — Butscheck (Ch. et Cie).

Brusau (Moravie).

Tissus de coton (fabr. de). — Sigmund aîné.

Butschowitz.

Draps (fab. de). — Popper (Ad.). Pliasny (H.). Spitzer (D.). Strakosch (R.).

Deutsch-Liebau, près d'Olmütz.

Cotonnades et étoffes de lin (fab. de). — Siégel.

Endersdorf (Silésie).

Négts en laines. — Keil (J.) et Fd. Rudczinski.

Frankstadt, près Mistek.

Cotonnades et étoffes de lin (fab. de). — Bumbala (L.). Ianda (L.). Krenck. Koniakowski (L.). Kosselniz (V.).

Freiberg, près d'Olmütz.

Draps (fabr. de). — Raschka aîné, Raschka jeune.

Freudenthal.

Couvertures et housses (fab. de). — Les successeurs de Cyrill Riedel.

Produits chimiques. — Kurziweil (F.).

Toiles et fils (fabts de). — Grohmann et Weis, à Wurbenthal. Heinz (F. et A.). Kuhnel, à Engelsberg. Wurst.

Toiles et damas (fab.). — Harbauder aîné, Harbauder jeune. Kratky (J. J.). Neumayer, à Wurbenthal. Plischke (J.). Pohly (M.). Schneider (F.). Walter (W.).

Friedland, près Mistek.

Lin (filat. mécanique de). — Société par actions.

Fulnek, près d'Olmütz.

Draps (fab.). — Gerlich (F.). Heinz et fils. Regnier (F.).

Gross-Meseritsch (Moravie).

Lin. — Fischer (S.).

Tissus de laine (fab.). Kallab (F.) et fils.

Heidenpiltsch, près d'Olmütz.

Lin (filat. mécan. de). — Société par actions.

Hof.

Cotonnades et étoffes de lin (fab. de). Vagner (E.).

Hussowitz, près de Bruun.

Draps (fab. de). — Schwartz (L.).

Iglau.

Cardes de filat. (fab.). — Alle (J.) et fils.

Draps (fab. de). — Hellmann (E.). Loeco et Schmal, Kern, à Altenberg, Gonner et Hoffmann, à Beranau.

Négts. — Barger (F. J.), Christ (J. J.), Czap (F. G.), Engl (J. G.), Killian (Fr.), Langhans (J.), Leupold de Lowenthal (P. E.), Mayer (V.), Patzol (J. Fr,), Pfeifer (J.), Raab (Ad.), Schlarbaum (Ed.), Suchy (H.), Wollschak (Fr.), Zdeborsky (J. A.), Heller, Mathcyka, Pleva, Mayer (J. G.).

Jaegerndorf (Silésie).

Bonneterie (fab.). — Kreuzinger, Weigl (J.).

Draps et autres tissus de laine (fab.). — Alscher (J.), Heide, Foerster (Ed.), Horny (J.), Larisch (Al.), Pauler jeune (J.), Wilsch (J.).

Laines. — Samuely.

Négts. — Barroch, Bernatzki, Gross, Kienel, Schindler.

Kanitz, près d'Eibenschitz.

Tissus de coton (fab. de). — Balzar (Fr.).

Leipnick.

Laine de mouton (fab. de). — Ziak.

Mayres, près de Zlabings.

Tissus de coton (fab.). — Steinbrecher frères.

Négts. — Holzmeister (J.), Taussig frères.

Mistek, près d'Olmütz.

Cotonnades et étoffes de lin. (fab. de). — Zischka (K.).

Namiest (Moravie).

Société pour la fabrication draps fins.

Neutitschein, cercle de Prerau.

Tissus de laine (fab. de). — Doepper (A. F.), Preisenhammer (N.), Weiss.

Odrau (Silésie).

Draps (fab.). — Gerlicht (J. et V.), Malcher Martin, Tempus (F.), Zimmermann (J.).

Laine (filat.). — Gerlich (J.).

Négociants. — Bernhard, Gerlich (M.), Scherzer, Wladarz.

Oels (Moravie).

Tissus de coton. — Mully (H.).

Olmutz.

Banquiers. — Hirsch (W. C.), Primavesi (P.).

Négts. — Engel (V.), Bischoff (R.), Heidenreich (A. A.), Hirsch (W. C.), Hubl (V.), Mandelbluh (A.), Nagy (A.), C. A. Paul, Rischawy (V.), Si-

mon (A.), Werner (F. V.), Wawrosch, Trautmann, Pertusini.

Modes. — Kloss, Ramsel (J.), Richter (J.),
Zweig (C.).

Draps. — Hantmann (W.), Strobl (G.), Sholl
Madec.

Premislowitz, près d'Olmütz

Cotonnades et étoffes de lin (fab. de). —
Hirsch.

Prossnitz

Cotonnades et étoffes de lin (fab. de). —
Czerny (C.), Czerny (F.), Spitzer (B.), Zimmer
(C.), Zweig (S.).

Romerstadt, près d'Olmütz.

Cotonnades et étoffes de lin (fab. de). —
Klaner.

Rothwasser, près d'Olmütz.

Cotonnades et étoffes de lin (fab. de). —
Lubich.

Rudolsdorf, près d'Olmütz.

Cotonnades et étoffes de lin (fab. de). —
Sieber.

Schildberg, près d'Olmütz.

Cotonnades et étoffes de lin (fab. de). —
Schmiedt (A.) et fils.

Teinture de coton garance. — Lensor.

Schoenberg.

Fabrique de toiles de lin.

Cotonnades et étoffes de lin (fab. de). — Siegel et Cie, Hœnig et fils, Oberleishner (E.), et fils,
Seild (J.).

Lin (filat. mécan. de). — Société par actions.

Sohlapanith (Moravie).

Laine cardée (filat. de). — Scholl (Ck.).

Sternberg.

Cotonnades et étoffes de lin (fab. de). — Augustin (Carl.), Augustin (Edm.), Friedler (Jos.),
Groger frères, Gromann (J.) et fils, Heeg et Friedmann, Jan's (J.), Sohn, Langer et fils, Langer
(N. W.) et Palm, Meisel frères, Mittag frères,
Hoppenberger frères, Stazke (Wilh.), Schawar-
zer (Flor.).

Laines (agents et commiss.). — Bill (Ad.),
Czerny (Frz.), Kunze (Théod.), Kohn et Zweig,
Otto-Pitschmann, Pollak (Em.), Preisinger (Em.),
Wizencz (Léop.).

Mercerie. — Axmann (Ed.), Balzarck (J.).

Rubans (fab. de). — Langer (Frz.).

Soie (fab. de). — Zweig (J. G.).

Stramberg, près d'Olmütz.

Cotonnades et étoffes de lin (fab. de). —
Prossek (J.).

Teltsch (Moravie).

Draps et autres tissus (fab.). — Biedermann
(M. L.) et Cie.

Teschen, sur l'Oelsa.

Lins bruts et teillés. — L'établissement archi-
ducal.

Négociants. — Bernatzik, Floh, Scriba, Holler
(C.), Klemens (E.), Kohl (J.), Rosner (J.).

Triesch, près d'Iglau.

Draps (fab.). — Heller et fils, Munch (Ad.),
Schumpeter (É.).

Troppau, capitale de la Silésie autrichienne.

Laines. — Berl jeune, Marburg.

Manuf. de draps. — Springer (J.), Quitner.

Teinturiers. — Gambs, Gessner, Ladisch.

Wagstadt (Silésie).

Draps (fab. de) *et filat. de laines.* — Baier
(F.), Gebauer (A. et L.), Halenta et Schivider,
Hirt fils, Schweder et Schmidt jeune, Zimmer-
mann (F.), Zimmermann (W.).

Négociants. — Beinhauer, Czekan, Kutscher
(L.), Lesch, Lux, Markus (J.), Nidetzki, Riess
(Ch.), Steiner (M.), Werner.

Wigstadtl (Silésie).

Lin et demi-lin (manuf. de). — Habel (F.),
Habel, Lubowsky (J.).

Négociants. — Habel (J.), Mohr, Pillhatsch,
Pohl.

Weiskirchen, chef-lieu du cercle de Prerau.

Draps (fab.). — Blaschke (J.).

Laine de mouton (fab. de). — C. Schildo.

Laine (filat. de). — Warlawik.

Rosolio (fabr. de). — Wolf (S.) et Cie.

Wiesenberg, près d'Olmütz.

Lin (filature mécan. de). — Société par actions.

Wischau (Moravie).

Draps (fabr. de). — Werner (J.).

Zlin, près d'Olmütz.

Soies filées. — Bresson (le baron).

Znnym, chef-lieu du cercle.

Négociants. — Baumann (J.), Ehlinger frères,
Haase (Alois) fils.

SALZBOURG (DUCHÉ DE).

Salzbourg.

Draps, merceries, modes. — Auer, Biebi (R.),
Gschnitzer (Fr.), Hackenbuchner, Leuze et Koch,
Schatfentroh, Spangler (J.), Weizner et fils,
Gœschl (F.), Heffter frères.

Expéditeurs - banquiers. — Weikl-Hafner, Spangler et Trauner, Gschnitzer (M.), Spath, Rehm.

Négociants. — Haffner (S.), Spaengler et Trauner, Gschnitzer (M.), Spaeth jeune, Saullich (A.), Weikl (G.), Guggenbichler, Obpacher (J. E.), Weizner et fils, Scheibl (M. F.), Volderauer (G.), Hofer (A.).

Tapis (fab. de). — Baumgartner.

Hallein.

Commerçants. — Barbarino, Hintner, Hœvarter, Carl. Leitner, Reichl, Nunnewieser.

Oberalm (Près de Hallein).

Produits chimiques. — Robert et Cie, m. à Vienne.

STYRIE.

Graz, capitale.

Banquiers. — Greinitz (Carl.), Morocutti (J.), Kessler et Roxer, Koppitsch (Fit.), Kleinoscheg, Joh, Korlin. — Banque d'escompte de Syrie.

Négociants. — Achtschin (J.), Afsman (A.), Bergman (J.), Bleichsteiner, Bolter et Lupfer-Burger (A.), Ecker, Engelhofer (H.), Endres (J.), Fechtl (J.), Fischer (A.), Fitz (M.), Frey, Fritsche (J.), Geymayer (A.), Geymaye (P. M. J.), Grabner, Hagner (J.), Hartmann (A.), Holzer (K.), Hœller frères, Jeller, Ingruber et Moschna (J. et A.), Jossek, Kaiser (J.), Kaspar (J.), Kessler et Roxer, Klabinus (M.), Kleinoscheg et Bochenek, Koch (G.), Kotzbeck, Kroath (A.), Kronaus (F. C.), Kuschel (J.), Macht (F.), Marginder (J.), Mai (J.), Mischan (J. et J.), Oberangmeyer (Fr.), Neuhold (A.), Poslunawtschitsch, Prinz (G.), Prinz (J.), Prandstraller (F.), Rastner (J.), Rochel (T.) et Cie, Rochel, Rosenberg (G.), Rotsch (J.), Schiefner (F.), Schwinger (J.), Sinzinger (K.), Stecklasa (F. M.), Streinz (S.), Syllaber, Tungl (J. G.), Vodnitscher (J.), Vorbeck, Wallner (M.), Wangga, Wick (F.), (J.), Zeiller (A.).

Soie (filat.). — Hoepfner (J.).

Sodium (fab.). — Sailer (J.).

Tissus de laine (fab.). — Fels (J.), Kirps (Al.), à Gradwein, Neumann (F.).

TRANSYLVANIE.

Hermannstadt, chef-lieu du pays des Saxons.

Banquiers. — Capdebo, F. Thallmayer.

Commis. expédit. — Nendwich (P.), Thallmayer (J.), Zurner (F.), Roth, Mathias (J.).

Draps, étoffes. — Haggi (G. N.), Mathey (G.), Nuridsan-Baumont (W.), (J. et A.), Popp (A.), Etter, Sukosd, Pfingstgraf (F.), Scholtis (E.), Steinner (A.), Stos (J.), Zerbes (C.).

Marchands de div. articles. — Bechnitz (A.), Hartmann, Popovits frères, Reschner (H.), Stengl (J.), Schneider (J. F.), Schœn (D.), Wlad (G.), Zohrer (F.).

Négociants grecs et valaques en articles de l'Orient. — Vurar frères.

Carlsbourg.

Modes et nouv. — Fürst (H.), Handl (R.), Reiner (G.), Publig (J.), Rield (J.), Lukata (E.) et Eoetves.

Forgarasch.

Chanvre et licous. — Essigmann (G.).

Nouveautés. — Akoncz (J.), Akoncz (Et.), Balbnon Gall (J.), Gnai (Ed.), Gajzago, Markovits, Mesko, Merza (Ed.), Megyesi, Pap, Todorfi, Totter.

Cronstadt.

Banquiers. — Schmidt (C. et A.), Manson, Sotir, Sotir (S.), Feller (A.), Commandite de la banque autrichienne de Vienne, Conot, Sterm, Denicher (N.).

Cordes et cordons (fab.). — Reich (G.).

Cotons (filat.). — Joanovitz (C.).

Couvertures de laines (fab.). — Diamandi (G. A.), Tartler (M.), Kummer (Fr.), Stenner (G.), Tartler (M.), (M.), Kummer Stenner (Fr.).

Draps et nouveautés. — Bœmcher (L.), Bogdan (J.), Clourpés (veuve) et fils, Fabricius (C.) et fils, Fabricius (F.), Fronius (F. D.), Gaspar (L.), De Gyertynafly (J.) et fils, Haimen, Heinzi et Temesvari, Lapio frères, Kindler, Nussbacher (F.), De Remenyik (J.) et fils, Rhemenyik (Gust.), Stenner (F.), Szava (G.), Temesvari (J.), Temesvari (L.), Wagner (F.).

Flanelles (fab.). — Gunther (M.), Klein (T.), Perr (Chr.), Schreiber (Fr.).

Laine et couvertures de laine. — Diamandi (G. A.), Manuel (G.), Tatler (M.).

Négts en gros. — Aron Loebel, Aron Loebel fils, Cogdau, Gyertynafly.

Négts en articles d'Orient. — Alesu (G.), Balenier (A.), Bangai (B.), Belditschan (B.) et Manole (J.), Crepeseu (B.), Guncu (J. H. G.), Jerdatye (David), Geitenar (N.), Jancovits (N.), Juga (G.) et fils, Juga (J.), Kretzeeseu (D.) et Mineu (P.), Leca (G. R.), Leca (J. R.), Matsuka (N.), Manole (J.), Marinovits (J.), Nicolaus (D. G.), Orgidan (N. F.), Orgidan (R.), Pantazy (J.), Pantazy (J. J.), Paseu Radu, Paseu (G. J.), Peteu (F.), Petrevits J. et Cie, Popovits (A. A.), Poppazu (G.), Popovitz (J. F.), Sasu (J.), Sotir, Stefan, Sterin (J.), Vajnesu (H.), Wladimir (Alex.), Zippa (J.), Alexi (J.), Arseniu (G.), Diamandi, Dossios (J.), Jeanides (G.), Karakassy (D. Th.), Karpovits (G.), Leka (T. N.), Manuel (G.), Mantsu, Sotis, Safranu (A.), Schmidt (G. et A.), Feller (A.).

Teinturier en fils de coton. — Wallinger (F. G.).

Maros Vasarhely.

Modes et nouveautés. — Baruch et Richtzeit, Bucheir (M.), Guzez et Grehe, Oettres (A.).

TYROL ET VORARLBERG.

Inspruck, capitale du Tyrol.

Courtiers et représentants de maisons étrangères. — Habtmann (F. J.), Kapferer (J. S.), Lowe (M.).

Lin. — Christof (J.).

Manufacturiers. — Gugler et Cie, Habtmann (F. J.), Uffenheimer.

Négociants. — Tschurschenthaler (Js.), et banque, Tschurschenthaler (J. G.), Tschurschenthaler (S.), Tschurschenthaler (M.) et Strasser.

Botzen.

Bourre de soie (filat.). — Kofler, Hermann et Cie, à St-Antoine.

Négociants. — Auchenthaler (Fr.) et Cie. Kofler (Fr.), Holghamer (J. A.).

Dornbirg.

Filat. de soie et fab. de coton. — Fusseneggen (D.), Haemmerle (F. M.), Herrburger et Rhomberg. Rhomberg (Wilh.), Rhomberg (Franz), Salzmann (J. G.), Winder (J. A.).

Feldkirch.

Commis. expéd. — Blum, Gysinger (G.), Leone fils de feu S. Schatzmann.

Coton (fab.). — Douglass (J.), à Thuringen, Elmer et Cie, à Satteins, Ganahl et fils, Getzner-Mutter et Cie, à Bludenz, Getzner et Cie, Muller et fils, à Gais, Rosenthal, à Rankweil.

Fugen.

Aiguilles et épingles (fab.). — Doennhof (comte de).

Hall.

Commerçants en divers articles. — Feistenberger (J. C.), Fritz (F.), Hinterseber (J.).

Commiss. expéd. — Aichinger (Fr. J.) (bureau à Vienne chez G. Vittorelli).

Coton et lin à coudre (fab.). — Bechtoldt frères.

Laine (fab. de tissus de). — Bechtold frères.

Nouveautés. — Atthmayer (J.), Leuze fils.

Hoechst (Voralberg).

Broderies (fab.). — Scheider et Baenzinger.

Roveredo.

Epingles (fab.). — Ferrari (L.) et Cie.

Soie. — Bettini (D.), Pross (H.), Stoffella (D. A.), Candlberger (A.), Colle (A.), Keppel (J.), Marsilli (F.), Ranzi (Fr.), Tacchi (J. B.)

Soie torse. — Gitra (A.), Pischl (A.).

Trente, sur l'Adige.

Banquiers. — Gerloni, Kargruber frères, Steger (G.).

Chanvre, lin, grains. — Bernardelli (B.), Dorigoni (J.), Gressel (S. D.), Hofer frères, Tambosi (L.), Tomasi (J. A.).

Soie torse. — Salvadori (J.) et frères, Salvadori (V. G.), Tabachi (C.).

BADE (GRAND-DUCHÉ DE)

Carlsruhe.

Banquiers. — Haas frères, Homburger, Muller (H.), Kœlle (E.), Rosenfeldt, Seeligmann fils, Veit (L.).

Bonneterie (fab. de). — Weiss (L.).

Broderies (fab.). — Dreyfuss (A.), Himmelheber (A.), Kindler, Leibheimer (G.), Oehl (L.), Ruh (A.).

Chapeaux en feutre (fab. de). — Nagel père, Nagel fils, Schweinfurt.

Chapeaux de paille (fab. de). — Bernauer-Dessart, Oréans.

Chemisiers. — Himmelheber (O.), Hofmann fils et Cie, Lembke (E.), Mombert frères, Urbino (M.).

Corsets (fab.). — Willmann sœurs.

Draperie et nouveautés. — Dreyfuss, Haas et Cie, Heirmann, Hirsch, Leipheimer (G.), Levinger, Schnabel, Sexauer, Stuber, Weber (Jules), Seeligmann, Willstaetter, Wormser, et fils.

Droguerie. — Fels et Cie, Hauser, Jost frères, Moog.

Lingerie et damas. — Himmelheber, Hofmann, Lembke, Mombert, Stuber, Urbino.

Machines à coudre (fab. de). — Haid et Neu, Himmelheber et Cie, Ruh (A.).

Nouveautés. — Denison, Dreyfus, Leibheimer (G.), Léon fils, Model, Weber.

Passementerie. — Kley, Voit.

Toiles et linge de table (fab.). — Himmelheber (O.), Hofmann (H.), Urbino.

Arlen, près Singer.

Filature et tissage de coton. — J. H. Ten Briuck.

Atzenbach, près Zell.

Coton (grande filat. de). — Société par actions, comptoir à Schopfheim.

Baden-Baden.

Banquiers. — Joerger (F. C.), Meyer, Muller (G.) et Cie, Strohmeyer, Wolff frères.

Lingerie, nouveautés, robes et trousseaux. — Berger. Etienne (Mme). Lechat et Drouet, m. à Paris, Schafer.

Nouveautés et soieries. — Berguer, Beck. Durr. Haf et Boquet. Huber et Manz. Lechat et Drouet. Moppert. et Schafer.

Brombach, près Loerrach.

Coton (filat. et tissus de). — Grossmann frères.

Candern, dans le Wiesenthal.

Coton (filat.). Zurcher (W.).

Laine (filat. de). Zurcher (Aug.), et draps.

Constance.

Banquiers. Macaire et Cie. Sulborger.

Impress. d'indienne. Macaire et Cie. — de cotonnades. Hérose.

Mouchoirs en fil imprimés. — Herose (G.).

Tapis (manuf.).— Voegelin et Cie.

Durlach.

Boutons (fab.). Gebers (C. E.).

Emmendingen.

Cartonnages (fab.). — Hetzel et Mackenroth.

Lin (filat. et tis.).—société par actions, direct. Helbing.

Etlingen.

Velours de coton (fab.). — Société p. filature et tis.

Fribourg-en-Brisgau, chef-lieu du cercle de Fribourg.

Banquiers. — Dütler (A. S.), Kapferer frères, Krebs (J. A.). Mez (Chr.). Montfort (Th.). Sautier (J.).

Boutons (fab. de). — Risler et Cie, boutons de porcelaine et perles orientales.

Broderies, bonnetterie et lingerie. = Blust (Léo). Durst (Joh.). Federer et Finnweg. Fischer (J. B.). Guerlacher, Heissler (Vve). Herr (W.). Dietler (S. A.). Mengler frères. Pollack (L.).) Schuster fr. Stenzel (F. H.).

Chanvre (fab. de) = Bgohmann (A. G.). Schwary (G.).

Chapeaux (fabr. de). = Gloekner (H.). Merger et Kramer.

Confections d'hommes. = Brecht et Wurstlin. Leser (L.). Pelhack (S.).

Draperie étoffes. = Bartenstein (J. D.) fils. Bartenstein (Vve). Deckel (F. X.). de Herman et Armbruster. Gaës frères. Herzog (Th.). Kapferer. Kapferer frères. Krebs (J. A.). Mammel e Schub. (W.). Montfort (Ch.). Müller Oster. Haisser (M. L.). Williard (E.).

Fabriques. = Dreher (Joh), fabr. et filat. de coton. Krumeich (J. H.) et fils, filat. de coton, fils teints et retors. Metz (Ch.) et Cie, rubans de soie et fil à coudre. Metz père et fils. Schweickhardt (J. E.), rubans de coton.

Nouveautés. = Bartenstein (J. D.) fils. Herkog (Jos). Kapferer (J. H.). Krebs (J. H.). Mammel et Schuh. Montfort (Charles) Montfort (Charles) fils. Reiss (S.). Thoma (J. G.), en gros Deckel (F. X.).

Haaggen, près Loerrach.

Coton. (filat. de).= Sarasin (Félix) et Heussier; comptoir à Dâle.

Heidelberg.

Bleu d'outremer de Heidelberg. (fab.). — Société par actions, représentée à Paris.

Bonneterie. = Carlebach (H.). Ehrmann (L. et S.). Kayer (Vve), en gros. Mayer (G.).

Confection. (Mds de). = Carlebach (H.) Ehrmann (L. et S.). Kalligs (H.). Mayer (L.). Wormen (L.).

Draperie articles de modes. — Abenheimer (C.). Kaufmann. Petri-Kohlhagen. Krausmann. Lindau. Spitzer. Reiffel. Karsch. Kolligs. Stern. Rupprecht. Mayer. Abenheimer (M.) et Cie. en gros. Henrici. Jungmann. Keller. Lœwenthal. et Cie. Maurer-Cunslo. Oppenheim. Ritz-haupt. Trau (Ferd.). Werner frères. Wolf. Zimmerman.

Fleurs artificielles. — Rupprecht.

Literie. (fab. de). — Reiss. (A.).

Tapis. — Leers (C.). Schœrer (V.), en gros.

Toiles. — Lowenthal et Cie. Reiss (S.). Zimmermann (Ph.).

Hoellstein, près Loerrach.

Coton (filat. et tissage de). — Merian (Louis).

Machines (constr. de). — Merian Louis).

Hoenstein, près Schitach.

Filature et fils retors en toutes couleurs. — Passavant et Cie.

Kehl.

Aniline. — Brunschvig (Charles), fabr. de couleurs d'aniline p. teinture et impres.

Tricots (fab.). — Herbin, Schumberger et Morret Krapp (E. F.).

Lahr.

Banquiers. — Stoesser-Fischer. Unger (M.) Wagner (J. J.) jeune.

Chapellerie, — Krammer fils, fab. Venator (E).

Chaussure de laine (fab. de).—Meurer et Burkhardt.

Crins et Chanvres. — Meurer (C. F.).

Etoffes de laine et de coton (négts d'). — Hassler (C.) Kopp (Jac.) et Cie. Lang (C. L.). Lang et Tingado. Stoess (G. A.). Stoesser. Fischer. Venator (Ed.).

Tissus de laine et de coton (fab. de). — Kopp (F.) et Cie. Nestler et Reimbold. Schott (M.)

Lenzkirch.

Banque. — Schropp et Cie.

Chapeaux et ouvrages de paille (fab.). — Faller, Tritscheller et Cie.

Loerrach.

Châles et tissus imprimés (fab.) — Kœchlin Baumgartner et Cie.

Coton (filat. et fab. d'étoffes de). — Grosmann frères et à Brombach.

Laine (filat. et fab. d'étoffes de). — Vom Hove et Cie.

Rubans de soie (fab.). — Sarasin et Cie

Tissus élastiques (fab.). — Ghrether (G.).

Mannheim.

Consuls.—De France. Goepp (Rh.). ✳—d'Autriche. Eissenhardt.— de Belgique. Moll (Ed.).—Etats-Unis d'Amérique. Stoll (L.). agent-consul.—de Hollande. de Menton-Bako. — d'Italie. Traumann.—République Argentine. Koster.—de Turquie. Hartogensis.

Banquiers. Hohenemser (H. L.) et fils. Kahn et fils. Koster et Cie. m. à Heidelberg. Ladenburg (W. H.) et fils. S. Maas. Oppenheim (D.).

Articles de Paris. — Aberle fils. Burck, étoffes pour meubles.

Draps étoffes nouveautés. — Algardi. Erhst. Gypss. Hieronimus et Cie. May (F. H.) Weltner.

Draps et tissus des manuf. en gros. — Darmstadter (Jos.) fils. Gerson Stettenheimer.

Gants (fab. de). — Quisling (J. J.) Scharnberger. Stolz (E. C. et J.).

Machines (fab.). — Bassermann et Mondt, à coudre. Beck (L.), à coudre.

Nouveautés tissus et soieries. — Carlebach. Ciolina frères. Ettlinger (J. A.). Gross May (F.-H.). Nœther et Bonné, m. à Paris. Sammet (C. et E.). Wachenheim (Gabr.). Wolf.

Plumes-duvet (fab. de). — M. Kahn fils. Reis.

Produits chimiques (fab.). — Société Bad, fabrique d'aniline et soda, Union des fabriques de produits chimiques, Wohlgelegen, Zimmer (Geog. Carl.).

Toile de coton (fabrique de). — Fabris (Aug.).

Tulles et dentelles. — Nœther et Bonné, maison à Paris, r. Bergère, 26.

Maulburg, près Loerrach.

Filature et tissage mécanique. — Geigg et Cie.

Neustadt.

Draps (fab.). — Jean Merz.

Offenbourg, chef-lieu de cercle.

Cotonnades (fab. de). — Loffler (G. A.).

Filature et tissage d'Offenbourg (nouvel établissement par actions).

Fournit. pour chapellerie en gros. — Stoeckle (Ed.) et Cie.

Pforzheim.

Banquiers. — Ungerer (Aug.) et Cie.

Rastadt.

Banquier. F. S. Meyer.

Roettlen.

Coton (filat. de). — Sarasin (Félix) et Heussler.
Toiles peintes (fab. de). — Dolfus-Mieg et Cie.

Saeckingen.

Bretelles (fab. de). — Bully et Cie.

Impression sur tissus. — Berberich et Cie.
Négoc. — Ignatz Berberich.
Rubans de soie (fab.). — F. Ulrich, Bally fils.

Schœnau, dans la Forêt-Noire.

Coton (filat. et tissage de). — Iselin et Cie.

Schopfheim, près Loerrach.

Coton (filat. de). — Gottschalk et Grether.

Singen, cercle du Lac.

Coton (filat.). — Troetschler et Wolff.

Staufen.

Draps (fab.). — Johann Brodbeck, F.-X. Gyssler, L.-J. Groschupf, Frères Mutterer.

Steinen, près Loerrach.

Coton (filat. et tissage de). — Geigy (W.) et Cie.

Thiengen, près Waldshut.

Filature de coton. — Laufenmuehle.

Todtnau, dans la Forêt-Noire.

Coton (filat. de). Meinrad (Th.), fils retors et teinture.

Villingen, dans la Forêt-Noire.

Banquier. — Butta (F.), Dold (F. J.).
Draps (fab.). — Dold frères.
Laines (filat.). — Dold frères.
Marchands et négociants. — Ackermann, Binder, Burkardty, Butta, Kammerer, Meder (J.), Mullenberg, Otto (C.), Rasina, Reutter, Schupp, Stern (L.), Stocker (F.) Zapf.

Waldkirch, près Fribourg.

Bourre de soie (filat.). — J.-P. Sonntag.
Tissages et teinture. — Charles Kapferer-Gramm.

Waldshut.

Coton (filat. de). — Lucas Schmidt et fils.
Teinture de fils de coton et de soie. — Wild (J.).

Zell, dans le Wiesenthal.

Coton (tissage de). — Kœchlin (Albert), Lanz (Samuel).

BAVIÈRE

Munich, capitale.

Banquiers. — Berliner, Feuchtwanger, Froelich (de) et Cie, Gutleben et Weidert, Hirsch (J. de), Oberdorffer (Simon), Prinoth, Rau, Schulmann, Schulmann, Squindo et Scheurer, Wassermann, Wild, Zang.

Broderies. — Buchner (C. A.), Cohen (A.), Gros-Jean (J.), Hage et Poelt, Roman, Meyer.

Buse. — Eichthal (De), Schwarzmann (A.), Schwarzmann (F. X.), Streicher.

Draps. — Levinger, Lorey et Krempelhuber, Rœckenschuss, Rosipal, Schubart, Schulze (M.).

Expéd.-commiss. — Bleicher et Andreis, Buchner (C.) Flossmann (W.), Gutleben et Weidert, et banque, Roerl, Squindo et Scheurer, Stiessberger (F. H.).

Fil d'or et d'argent. — De Bary-Kross, Wiedemann.

Fleurs. — Heckel-Billing.

Gants et peaux. — Barthelmes (L.), Gros-Jean, Holste. Mainz. Pfeiffer, Pieau, Roeckl.

Ansbach.

Banquiers. — Guttmann frères, Gutmann (W.).

Aschaffenbourg.

Banquiers. — Doelger (A.), Wolfsthal (M.).

Chapeaux de paille (fab. de). — Jamor (II.).

Augsbourg.

Banquiers. — Baur (G. Chr.), Bauer (H.), Bonnet (R.), Erzberger et fils, Euringer (F. S.), Fordran et Cie, Frohlion et fils, Heinrehmann et Cie, Hypotheken und Wechsel-Bank, Filiale Augsbourg, Obermayer (J. J.), Schmidt (F.) et Cie, V. Stetten (P.), Wittmersdorffer, (N.), Epstein (A.) et Gons, Hirsch (H.), Lomenstein, Rosenbusch et Heymann, Uhl (Adolph) et Cie.

Bonneterie et mercerie. — Keck (C.) et fils, Klemmer (Alois) en gros, Klemmer (Andrea) en gros, Landauer jeune, en gros, Schlesinger (H.).

Broderies (fab. de). — Ammann (W.), Lehman (A.).

Chapeaux de paille (fab. de). — Felheimer (E.).

Chapellerie en gros. — Kisselstein (W.).

Coton (manufact.). — Chur et fils, Schiffmacher et Cie, Schoppler et Hartmann, Schurer (J.), Augsburger Kammgar, Spinnerei.

Draps (fab. de). — Alt (C. O.), Dormer (G.), Draperie d'Augsbourg, société par actions, gérant, Pflaumer.

Draps et soie. — Bachmann (B.), Dick (J.), Fichtner (J. G.), Gerber (L.), Glavina (B.), Glogger (Joh. N.), Hirsch (J.), Hochstadter (A.), Keck (C.) et fils, Kohn frères, Laire (P.) et Cie, Lehman, Vatterer, Stadler, Kolb (Ch.), Braun, Gossenz, Vogel.

Fleurs. — Heckel-Billing.

Gants et peaux. — Barthelmes (L.), Gros-Jean, Holste, Mainz, Pfeiffer, Pieau, Roeckl.

Indiennes (fab. d'). — Schoeppler et Hartmann.

Laine (fab. de). — Bachmann, Paulin (J. L.), Chur et fils, Filature de laine du Stadtbach, gérant, Hugo Frommel, Filature de laine fine, société par actions, gérant, Osswald (D.), Filature de laine, Senkelbach, gérant, de Rudder, Filature et tissage mécanique de laine à Augsbourg, société par actions, gérant, G. Frommel, Rugendas et Cie.

Linge (négts en gros et en détail). — Butz (W.). Gerber (L.). Schlesinger (G.F.) et Cie. Schlesinger (H.) et Cie. Keck (F.A.). Knode Rieder. Sailer.

Machines (fab. de). — Fabrique de machines d'Augsbourg, société par actions. Gérant, H. Buz. Haag (J.). Riedinger (L.-A.).

Négociants en divers. — Euringer (F.S.) frères et Gotz (M.). Klopfer frères. Lendorfer (L.F.). Mayer (L.). Pedrone (J.B.). Quanté (H.). Redlinger (J.C.) et Cie. Rozenbusch et Heymann. Schenzenhofer (J.). Seidenschwang (Alois). Seidl (C.). Stadler (Benno). Steiger (A.). Thomm (J.). Uhl et Cie. Wagenseil (C. W.) et fils. Wermecker et Farnbacher.

Parapluies (fabr. et marchands de). — Genève (St.).

Passementerie or et argent. — Stocker (J. A.). Schneider. Schmuck.

Soierie. — Brentano-Mezzegra. Zamponi et Sésiani. Payez-Meyer. Gossenz.

Tissage mécanique. — Société par action de Fichtelbach. Gérant, Reh (A.).

Toiles cirées. — Mittler (F.).

Baireuth.

Coton (fab. de). — Kolb (J. G.). Krauss (Ch.).

Négociants. — Dilchert. Keim (F.). Felbinger (G.). Vogel (J.G.). Feustel.

Nouveautés et draps. — Bayerlein (J.C.). Kolb. Casm, Wursburger. Wilmenodœufer.

Bamberg.

Banquiers. — Banque royale. Wassermann et Cie. Keilholz (F.).

Draps et étoffes. — Dotterweich. Henzenknecht. Hesslein. Keilholz (J.G.). Wolff. Grill. Dinkler. Eger (B.).

Culmbach.

Peluches p. voitures, pantoufles, etc. — Eck (J. W), représenté à Paris par Gosttschalk et Cie.

Deux-Ponts, (Zweibrücken).

Banquiers. — Frolich. G. Liller.

Draps et filature de laine. — Lang et Sohn.

Négoc. — E. Zovn. Henigst. Schuler. Culmann. *Peluches* (fab.). — Escales frères. Simon (H.). Herch.

Tréfilerie. — Roth, Schwinn et Heck, à Ixheim. Schmidt frères.

Dillingen.

Coton (manufact. de). — Sieber (Ch. Max.), à Zœschingsweiler près Dillingen.

Edenkoben.

Plumes à lits, duvets et crins. — Wolff (B.), fabr. pour l'épuration et le triage des plumes.

Erlangen.

Banquiers nég. — Schmidt (P.).

Bas (fab. considér. de). — C. Fischer. Eifflaender. Birkner. Hertlein (J.L.). Huhnerkopf. Hoffmann.

Gants (fab. de). — Berthe. Beer. Bencker (G. H.). — Bertalod. Cnopf. Koenigsreuter. Mengin. Vve Schmidt. Weiss. Werthhammer. Wiessner. Wuhrmann (Vve).

Laine (filature de). — Hertlein.

Forchheim.

Draps et modes.—Meyer frères. Leiler (Max.). Zeiler (S.).

Freysing.

Banquiers. — Mussinano (P.). Oberlindober (J.B.).

Furth.

Banquiers.—Rindskopf. Natan. J. W. Seidel. J.E. Wertheimer.

Bonneterie fil et coton.— J.B. Ochs.

Coton, laine, soie (manuf.). — Berolzheimer, héritiers. J.J. Brandeis, J.P. Heilbronn, Ph. Heilbronn fils. W.M. Weikersheimer.

Négoc.-commiss.—Fils de J. V. Albrecht. Vve de G.H. Benda et fils, L. Bertin, Meyer et Tauber. Brandeis, Daniel Ley, M. Besels, Keck, D. Ley, Rosenthal et Ullmann.

Guntzbourg.

Manuf. de toiles de lin.— Frères de Rebay.

Hafnerzell.

Draps.— J. Friedl, Jos, Sefeblner, Job. Thurnwalder.

Filerie de coton. — J. Maurer.

Hof.

Banquiers.— Lossov (C.) et Cie, A. Waltz.

Coton (filat. mécan. de).—Deux sociétés par actions. Lienhard-Prinzing et Cie, Stockel et Berchthold.

Cotonnades (fab. de) pour l'exportation transatlantique, Franck, Hager jeune, Gebhardt frères, Frères Lienhardt, Munch (G.) et Cie, Steinhauser.

Draps (fab. de). — Ad. Fiscker, Guilh, Horn, Eug. Unger, G. Martius.

Tissage mécanique.— Gesellschaft, C. Hager, G. Munch et Cie, Nétien.

Tissage à bras.—H. Gebhardt. Lampert, Langraf et Hofmann. Walh et Wolfrum.

Kaiserslautern.

Bleu d'outremer.—La fabrique de Kaiserslautern.

Coton (filat. de).—A. Orth.

Lin (filat. et peignage de). — La fabrique de Kaiserslautern.

Négoc. — Karcher frères, Jacob (J.W.), Raab frères.

Kaufbeuren.

Tapis (fabr. par mécan.). — G.A. Reichel, A. Lampart.

Toiles de coton (fabr.). — J.M. Elch, C. Haffner, G. Heinzolmann, et blanchisserie, Frères Heinzelmann, J. D. Schaefer. Wagenseil et Schrader.

Kempten.

Coton (filature et tissage mécan.). — Société fondée par actions. Georges Roth, filat. à Blaichach.

Nouveautés, draps, soieries, etc., etc., gros et détail. — A. Greuber. O. Rist, Glaude Genève. Flach, Chrétienne, Blenck, Frey, Dobler, A. Wagner.

Toiles en gros.— J.U. Bartikeith, à Waltenhofen, filat. et tiss. mécan. de coton à Kottin. Sandholtz et fils, M. Kuhne jeune, Jacob Loher, George Roth.

Landau (cercle du Rhin).

Banquiers. — Muller et Weyland.

Chapeaux (fab.). — Koller frères.

Comm.-expéd.—Appel.

Coton (filat.).— Ad. Schultz.

Crin frisé.—R. Stern et Cie.

Crin (tissage).— Zeiter, Rehn.

Draperie, soieries, nouveautés. — Ch. Feldbausch. Demetz et Stack.

Mercerie en gros. — Arnaud fils (F.-B. Neuberger.

Toiles de coton (fab.).—Capeller L. Lob. Rossi.

Landshut.

Coton (manuf. de).— Liebherr. Koniger.

Lindau.

Banque. — Succursale de la banque des hypothèques de Bavière.

Ludwigshafen, (sur-le-Rhin).

Vice-consulat de France. — Frédéric Kaufmann, vice-consul.

Banque. —Seybold, directeur.

Cotons et tissus, principalement le velours (fab. de). — Kaufmann (Fréd.), directeur.

Lingerie (art. de). — Lefo et Cie.

Manufactures. — Charles Baer, nouveautés draps, tissus.

Memmingen.

Amidon (fabr. d'). — Bischler et Mayer. Doemm et fils. F. Kerler.

Banquiers. — J. Mayr.

Noerdlingen.

Banquiers. — Hager (J. J.) Weinmann (G.).

Draps (fab.) Hausmann. Strauss (Ch.). Strauss (Gg.) Wœrlen (Aug.).

Duvet (march.). — Beyschlag (G.).

Etoffes de laine (fab.). — Goschenhofer (J.B.).

Tapis (manufact. de). — Goschenhofer (J. B.).

Nuremberg.

Banquiers. — Berotzheimer et Blocht. Cnopf (C. C.) et fils. Cnopf (P.). Gutmann (J. G.). Gutmann frères, Kalb (L.). Krohn (M.) Lœdel et Merkel. Mayer. Kohn. Schmitt frères. Wertheimber.

Aiguilles à coudre (fab. d'). — Wiss (J. D.)

Crochets pour robes (fabr. de). — Distel et Cie. Toberer (F.).

Expéd. des art. des manufact. de Nuremberg. — Amon et Caspart. Bechmann et Cie. Beckh et Koehler. Berger et Ziegler. Eckart et

Cie. Fuchs (C.). Gugler et Cie. Insam et Prinoth, et mercerie en gros, m. à Groeden (Tyrol). Bauerreis et Muller. Fendler. (G. G.) et Cie, représentés à Paris par Gottschalk et Cie. Hager (J.). Haggi (J. G.). Landmann (J. J.). Huber (M. C.) Morhhart père et Zahn. Paraviso. Rœhser. Wahnschaffe. Wiss (J. D.).

Traits dorés et argentés. — Ammon (J. P.). Kuhn (E.). Stieber et fils. Beckh (G. A.).

Passau.

Banquiers. — Banque royale filiale. Limmer et Cie. Pummerer (J.). Rothbauer (Vve).

Pirmasens.

Fab. de chapeaux de paille d'Italie et de fantaisie. — Buger et Cie.

Négt., comm. et expédit. — Q. Diehel.

Pantoufles (fab.). — Diehel frères. Verdell (W.) et Cie, manufacture de pantoufles et chaussons, spéc. p. l'expor. à Paris.

Ratisbonne (Regensburg).

Banquiers. — Filiale de la banque royale. Hammerschmidt. Seidam. Rümelein (et négoc.). Hayman et Cie. S. Weif-Uhlfelder. Ulfelder-Wertheimber.

Draps (fab. de). — Brunschwein. Nussbaum. Urwam. Zendl.

Etoffes (march. en gros, — Eismann et Hochstatter. Muhleisen. Wiener (J.).

Gants et bas tricotés (fab. d'). — Douaner.

Ornements d'église (fab. d'). — Lutzenberger. et Gotz.

Toiles et crêpes de soie pour bluteaux. — Baeumler (F.), à Ploessberg.

Rothenbourg.

Banquier-négt. — L. M. Beck.

Calottes grecques (fab. de). — Roth. Fr. Suessmann.

Draps et soieries. — F. Busch, L. Haas. S. Haffner.

Schwabach.

Aiguilles à coudre et autres (fab.). — Arnsperger et Staedler. J. C. Arnspetger. J. G. Arnsperger. G. C. Betzold. J. Betzold. G. D. Betzold. J. G. Deisinger. C. Dippold. Egeres et Herr. J. F. Franck. Friess et Knoellnger. J. M. Griess et Strahlwitz. Jacobi. F. A. Kretb. J. G. Kundinger. C. F. Lechner. C. Lindmann. J. F. Meyerhoefer. H. Meyerhoefer. Obermayer. Odoerffer. Schmauser. J. D. Schmidt. J. C. Staedtler. J. F. Stahlwitz. Uhl. J. S. Vallenreuther. Vogelreuther. Winter.

Bas (fab.). — J. J. Gunther, J. C. Hassold, M. Schneider, H. Weinhardt.

Wurtzbourg (sur-le-Mein).

Banquiers. — Banque royale, J. J. de Hirsch, F. Benkert-Vornberger, Gregor Oehninger, J. M. Edenfeld, Félix Hein, Joseph Mayer Wolf, Mayer, Reulinger.

Draps fins (magasins de). — Bulgano (Ch.), Breiting et Zwanziger, G. Dumlein, Fraukel ainé, Neudorffer et Held, Ch. Knobel, Ch. Roder, S. Rosenthal. P. Schnos, T. Schmidt, Rom et Wagner.

Magasins de draps fins. — C. Messerer, Neundoerffer et Held, Ph. Rossat-Geller, Ch. Ziegler.

Manufacture de laine. — J. Thaler.

Wunsiedel.

Bas (fab. de). — Meyer, Klughardt, Seifert, Vetter, Sohricker. Wunschel, Schoberth.

Coton (filat. de). — De Glas, à Welsau, Ebenauer, à Elisenfels.

Draps (fab.). — Muller (C.), Ziegler (W.), Ziegler (Ch.) et fils, Joh. Ziegler.

Laine (filat. de). — Schoberth, à Wunsiedel.

BELGIQUE

PROVINCE DE BRABANT.

Bruxelles, capitale de la Belgique.

Chambre de commerce. — Président. Verreyt. Vice-président. Vandevin. Membres. De Rongé. Lannoy. Cans (L.). Capouillet. Cappellemans (J.-B.). Collart (L.). Dartevelle (L. C.). Dedecker. Fortamps. Godefroy (P. J.). Jamar (A.) Keymolen (T.). Tournay-Stevens. Vanhemelryck. Washer. Secrétaire. N... Demolinari.

Tribunal de commerce. Président. Dansaert (A.). — Juges. De Rongé. Bauffe. De Reine. Huart. Martin-Stevens. Vanhumbeeck. Wallaert. Tournay (O.). — Juges suppléants. Bruylant Cristophe. Becquet. Cels. Cluydts. Cuttier. Desmarets. Stembert. Triest. — Greffier. N... Delcoigne. — Commis-greffier. Rivière.

Consulats.

Argentine, rue des Bouchers 46.
Brésil, rue Marie-Thérèse 10.
Chili, boulev. rue Royale 5.
Costa-Ricca. Godefroy-de-Bouillon 111.
Danemarck, rue des Arts 50.
Equateur, rue de l'Abattoir 4.
Espagne, rue du Marais 57.

COMMERCE INDUSTRIE.

Aiguilles.

Couteaux frères, rue des Hirondelles 10.
Gravet (A.). frère et sœur, épingles, art. p. gantiers, et mach. à coudre, rue du Marché-aux-Poulets 64.
Letellier et Cie, rue Quatre-Vents 77, à Molembeck-St-Jean.

Penon et Shier, rue de la Fourche, 4

Amidonneries.

Cherrier, q. Au-Four 47.
De Schampheleer (Julien) et frère, rue de Berchem 15, vis-à-vis de l'Etang noir, à Molenbeck-St-Jean.

Bâches (fab.).

Fetu, fils aîné (J.-G.-J.) et Cie rue Fleuriste 4.
Sirejacob, rue de l'Hôpital 25.

Banques.

Banque de Belgique, directeur: F. Fortamps, sénateur, rue Neuve 32.
Banque nationale, gouverneur: de Haussy; secrétaire. G. Vigneron, rue de Berlaimont, 11 et rue Bois-Sauvage.
Banque de l'Uunion, Jacobs frères et Cie, rue du Marais 57.
Caisse hypothécaire, rue des Cyprès 8.
Caisse industrielle, rue Fossés-aux-Loups 30.
Caisse des propriétés, rue Léopold 7.
Sécurité commerciale; renseignements commerciaux, escompte, rue Ecuyer 40.
Société générale pour favoriser l'industrie nationale, Ch. Liedts, ministre d'Etat, gouverneur, r. Montagne-du-Parc 3.
Société des actions réunies, Fortamps, sénateur, président, rue Neuve 32.
Société anonyme de l'Union du crédit, rue Peuplier 12.
Société du Crédit communal, rue Fossé-aux-Loups 59.
Société du Crédit foncier et industriel, rue Royale 28.
Société du Crédit foncier international, rue Royale 28.
Société des Capitalistes réunis dans un but de mutualité industrielle, rue Isabelle 75.

Banquiers.

Achard, bd. de l'Observatoire 23.
Adan (A.-J.). r. Montagnes-aux-Herbes-Potagères 29.
Bauchau (A.). r. Barthelmys 7.
Bigwood et Morgan (J.), r. Royale 8.
Bischoffseins et de Hirsch, rue de la Loi 22.
Brugmann fils, r. Arenberg 9.
Cahen (A.-J.), rue du Marché 58.
Cassel (G.) et Cie, r. Fossé-aux-Loups 81.
Coûteaux (Gust.) et Cie, r. Neuve 115.
Crooy et Cie, r. Montagne-de-la-Cour 77.
Delloye-Tiberghien (J.) et Cie, r. des Longs-Chariots 9.
Dereine-Idstein, r. du Pont-Neuf 56.
Dusart (Jos.), pl. du Luxembourg, r. d'Arlon.
Fermont et Cie, r. Royale 70.
Fieulaine-Leriche et Cie, r. du Fossé-aux-Loups 30.
Gouverneur (Ch.) fils et Cie, r. St-Jean 44.
Hettema frères, change, passage de la Monnaie 7.
Jacobs frères et Cie, banque de l'Union, r. du Marais 57.
Jouet Rey (E.), r. de la Montagne 75.
Lambert (S.), r. Neuve 18 et 20.
Langrand Dumonceau, r. Joseph II 34.
Leborne (J.), r. Blanchisserie 20.

Lomer et Cie, pl. des Baricades 5.
Matthieu (J.) et fils, r. Royale 36.
Oppenheim (J.), r. des Choux 3 bis.
Vandamme (A.), r. des Charbonniers 35.
Van der Merghel et Cie, r. des Comédiens 33.
Van Dooren (G. J.), r. Rouppe 8.
Vam Humbéeck, r. du Rempart-des-Moines 14.
Wachter (Alfred), boul. du Midi 22.
Yates (S.), r. Montagne-de-la-Cour 70.

Batistes (fab. de).

Buchholtz et Cie, r. Léopold 3.
Grouzelle (J.), r. de la Blanchisserie 9.
Hay père et fils, r. du Fossé-aux-Loups 17.

Batteurs d'or.

Camis (Ad.) et Cie, r. des Dominicains 2.
De Coen (J. B.) et Cie, r. de la Bergère 10.
Lemahieu (Vve S.), r. du Marché-aux-Fromages 8.
Pettel (Aug.) et Cie, r. de l'Hôpital 37.
Vandyck, r. Coppens 15.

Bonneterie (fabr. et march.).

Arquin-Verlat, r. du Marché-aux-Herbes 6.
Closset frère et sœurs, r. des Paroissiens 35.
Communaut-Schnitzius (H.), r. du Midi 66.
Coquillon, r. du Marché-aux-Herbes 110.
Crick, rue de la Montagne-aux-Herbes-Potagères 21.
Demey-Reding, r. du Lavoir 20
Despret (J.-B.), r. de la Montagne-aux-Herbes-Potagères 23.
Ducroquet, r. de la Terre-Neuve 153.
Dujardin-Deoos, r. du Fossé-aux-Loups 12.
Equipart (Vve), r. de St-Jean 3.
Godiniaux-Balot (F.), boul. du Midi-extérieur 45.
Goldenberg et Cie, r. St-Christophe 11.
Grooters frères, r. des Grands-Carmes 33.
Hecquet (A.), r. Souveraine.
Laurent sœurs, r. du Marché-aux-Herbes 77.
Ludot (H.), r. Evêque 34.
Malfait (F. C.), r. Royale 9.
Meremans-Wittock (L.), pl. St-Jean 5
Monnier (Jules), r. Escalier 38; fab. à Peruwelz (Hainaut).
Nys (Vve) et Cie, r. des Fossés-aux-Loups 7.
Poly, r. de la Madeleine 8.
Raes (J.), r. Fiancée 3.
Soiron, r. de la Chaussée-d'Ixelles 59.
Tison (A.), r. du Marché-aux-Herbes 102.
Vin Vanderborght, bonneterie et ganterie en gros, r. Etuve 63.

Boutons (fab. de).

Cocquyt fils, r. de la Chaussée-de-Warterloo 109.
Hartog et Aronstein, en t. genres, pl. Ste-Gudule 20.
Lambermont et Dereooster, livrées d'uniformes, pl. des Martyrs 17.

Broderies spéciales (fab. de).

Biénez, fab., genre de Nancy, r. Ruysbroek 39.

Broderies (fab. de), voy. Dentelles.

Broderies (négoc. en).

Demunter (Mlle A. M.), pl. Sablon 6.

Broderies en or.

Denis (Mlle J.), r. du Midi 125.
Philippe (L.), r. Ruysbroeck 88.

Châles et cachemires de l'Inde.

Bouilliot-Wasson, r. de la Montagne 71.
Toussaint frères et sœur, r. du Midi 122.
Van Sulper, châles de l'Inde, r. Neuve 30.

Chapeliers en gros.

Hofmann et Cie, de Londres (gérant L. H. Wolff), 2, q. à la Houille.
Remiche (J. B.) fab. de chapeaux de feutre en t. genres, r. Kappens 7.
Vimenet fils, fab. de chapeaux de feutre et loutre p. l'expor. r. de la Chaussée-de-Mons 172.
Vimenet (Jules), feutre, export. r. Ransfort 10.
Vimenet père et fils, r. de la Chaussée-Nilvone.
Volff (L. H.), dépôt de J. A. Hofmann et Cie à Londres, 2, q. à la Houille.

Chapellerie (fourniture de).

Brukmann (Vve A.), r. Rempart-des-Moines 108.
Dehenau (J.), r. aux Choux 37 A.
Delcoigne-Lacroix, r. de la Chaussée-de-Gand 233, à Koekelberg.
De Rappard, pl. Ninove 4.
Dewit (P.), formes, r. du Camusel 10.
Donner (F.) et Cie, matières premières p. la chapellerie r. Ransfort, 15.
Dubreuq-Detraux, casquettes, r. Broguies 15.
Durlet-Boelpaepe (A.), r. Cuerens 20.
Latteur et Noël, r. d'Artois 60.
Lepage Vander Elst (V.), r. Jériche 2.
Mayer-Hartogs et Quitmann frères, r. des Commerçants 27.
Mayer sœurs, r. des Teinturiers 27.
Mouthuy père, fabr. de maroquins et cuirs pour chapellerie, r. Ransfort 56.
Nyssen (Ch.), r. du Midi 134.
Priou et Vercammen, r. Laeken 32.
Schmitz (F.-A.) et Cie, r. de Terre-Neuve 78.
Simon (Vve), r. Fontaine 10.

Chapeaux de paille (fab.).

Baudet (J.), r. Midi 33.
Bertrand (G.), r. Empereur 12.
Burthoul frères, r. des Finances 4.
Contempré, r. Putterie 30.
Donnay (A.-J.), r. Cantersteen 14.
Dosim-Hardy, r. St-Jean 19.
Dupont, r. Madeleine 18.
Lepage-Vanderelts (V.), r. Jériche 2.
Marchal (N.), r. de l'Impératrice 18.
Nivard-Honzia (J.), r. de l'Hôpital 35.
Robert (Emile), r. Blaes 31, maison à Paris.

Chemisiers.

Arquain-Verlat, Marché-aux-Herbes 6.
Costier (G.), r. Madeleine 79.
Delnay-Lannoy, r. Ecuyer 53.
Doffe (D.), r. Persil 14 bis.
Clein et Collin, r. Montagne-de-la-Cour 6.
Laurent sœurs, Marché-aux-Herbes 77.
Lenoir, r. Galerie-de-la-Reine 26.
Matthysen-Crabbe, r. des Frippiers 15.
Meunier-Dubois, r. de l'Hôpital 15.
Moens-Verhoye, r. Madeleine 71.
Niguet frères, r. Montagne-de-la-Cour 2.

Overloop, r. Neuve 106.
Poly, r. Madeleine 8; m. à Ostende.
Rignon (Ch.), galerie du Roi 18.
Tison (A.), Marché-aux-Herbes 102.
Winnen frère et sœur, r. Frontispice 71.

Cols-Cravattes (fab. de).

Abts, r. Marché-aux-Herbes 88.
Blyckaerts (G.), r. Grands-Carmes 21.
Crick frères, r. Montagne-aux-Herbes-Potagères 21.
De Bruycker (T.), r. Lombard 14.
Hayem (S.) aîné (succursale de sa maison de Paris), r. des Bouchers 56.
Lebon (Mme), r. des Fripiers 47.
Préat (H.-J.), r. Montagne-aux-Herbes-Potagères 22.
Vermœlen, r. du Progrès 12.

Commissionnaires en Marchandises.

Arnold, r. Neuve 76.
Brazetto (Alex.), r. Marché-aux-Poulets 68.
Cherrier, q. au Foin.
Christisens (Louis), et repré. p. drogueries, teintures, etc., r. T'Kint 12.
Coles (G.) et Haussens, commission p. les gommes, les produits chim. résines et essences, amidons. p. l'expor. boul. Anderlect 69.
De Contreras (F.) fils, r. de Vienne 13.
Depage-Depotter, quai aux Briques 52.
De San (G. L.) et Em. Dietz, rue des Palais 35.
Doize (Frans) et Cie, r. Fossé-aux-Loups 64.
Durant (E.), r. Grands-Carmes 10.
Fourdin (H.), r. Senne 31.
Fritz et Cie, r. du Chemin-de-Fer 36.
Fritzweiler (G.), r. Chaussée-d'Anvers 40.
Godchaux (Charles), agent commiss. en marchandises de Manchester et Bradford, r. Schavye 14.
Grenier (E.), manuf. anglaise, française et suisse, r. de la Montagne 5.
Heynemann (Vve A.), r. Marché-aux-Charbons 80.
Izolphe (P.), r. Berlaimont 22.
Joly-Senault (V.), r. de la Madeleine 13.
Lebacq (Ed.), r. de Schaerbeek 85.
Lefebure (J.J.), manufact. angl. et indig., r. du Chêne 11.
Melmer (Charles), représentant de Muller, Block et Cie, Birmingham, 17, r. Cantersteen.
Millot (A.), r. des Gds-Carmes 6.
Mogin (J.G.), agent de fabriques de rubans, velours et soleries, r. Bodeghem 62.
Paris (P.), r. Ste-Gudule 9.
Pettens (P.), boul. d'Anvers 12.
Piscé (F.), r. de Flandre 44.
Posselt (E.) et Cie, r. des Ursulines 22.
Rey et Penard, r. Ursulines 33.
Rosenberg (Benjamin), r. des Charbonniers 9.
Rueff fils (P.-L.), r. Grand-Hospice 36.
Schutz, r. Grand-Hospice 7.
Siegmond (A.), boul. d'Anderlecht 7.
Thomas (J.), r. de l'Arbre-Bénit 73.
Travailleur, commission en soleries, mousselines et manufactures, r. du Marché.
Vanderborgt (G.), r. au Beurre 46.
Van Hees (Henri), r. Annessens 24.
Verboeck et Bruch, r. Arenberg 14.
Vogler (Gme), pl. d'Anvers 122.
Wallon (Henri) fils, r. du Midi 110.
Wauters (J.-F.), r. Infirmerie 2.

Confections pour dames.

Boulanger et Parmentier, parvis Ste-Gudule 3.
Boulet-Meyns, rue Loxum 2.
Bouvret et Lebègue, r. Madeleine 4.
Buisseret, r. Madeleine 30.
Carmouche (A.), r. Marché-aux-Herbes 96.
Costermans et Cie, r. du Commerce 14.
Couvreur soeurs (Mlles), r. Petits-Carmes 31.
Duchateau et Maricq (Mmes), robes, r. de la Régence 4.
Gall (Élisa), r. Royale 11.
Hamesse (Valérie), pl. Ste-Gudule 10.
Lenoir (Mlle), r. Montagne-aux-Herbes-Potagères 16 bis.
Pauwels-Beyens, r. Montagne 31.
Vandenbaern et Cie, r. Marché-aux-Herbes 48.
Van Swae (Mme L.), r. Pepin 21.
Verhaeren, r. Fripiers 14.
Wouters soeurs, r. du Midi 6.

Confections pour hommes (magas. de).

Balasse et fils, r. Arenberg 1.
Bemis (Louis), r. Neuve 62.
Cabu frères, r. Galerie-du-Roi 3.
Colard (J.-N.) et Cie, r. Neuve 11 export.
Dardenne frères et Nathan, r. Ecuyer 40.
Dastel (E.), rue Neuve 1.
Dumas et fils, r. Berlaimont 3.
Jenart (C.), pl. Royale 14.
Lefèvre (R.), r. Madeleine 17.
Navir (L.), r. Montagne 90 bis.
Vahez (Ad.), r. du Marronnier 3.
Vaxelaire, r. Neuve 87 et 89.
Verboekaven (Jh.), rue Neuve 21.
Verboekaven frères, r. Neuve 30.
Vanhorebeek, r. Lombards 20.
Verstraete, r. de la Reine 15.

Corsets (fab.).

Antheine, r. Neuve 100.
Bartheleyns (Vve), r. des Paroissiens 10.
Berger, r. Montagne-de-la-Cour 53.
Deblevre, r. Royale 10.
De Brender (Mme), r. des Douze-Apôtres 2.
Devaux-Sanbain, pl. St-Jean 10.
Guilmard (Mmes), r. Marché-au-Bois 2.
Geandel (Mme), r. de Laeken 45.
Lainglet, r. Eperonniers 11.
Loutrel-Bastin (Vve), r. Marais 40.
Massen-Feuquet (Mme), r. Régence 28.
Pariss (L.), r. des Eperonniers 8.
Peters soeurs, r. Marché-au-Bois 29.
Rolin (P.), r. de l'Etuve 2.
Van Beneden (Vve), galerie de la Reine 27.
Van Beneden-Bruers (J.-C.), r. des Paroissiens 21.
Willems (Vve), r. du Bois-Sauvage 4.

Cotons bruts (commiss.).

Breuer (Guillaume), boul. Anvers 27.
Delstanche (H.), r. Blanchisserie 12.
Kips (Ad.), r. de la Rivière 40.
Triest frères, r. Laeken 121.

Cotons (filat. de).

Center (Alph.), r. des Sables 6.
Chilin (Vin), à Obourg, r. des Gr.-Carmes 20.
Vanhoegarden (Ch.) et Vaudevin, r. de Berlaimont 14.

Cotons filés (négts en).

Avanzo-Torreborro (F.), r. du Poinçon 53.
Breuer, r. des Fabriques 28.
Breuer (Guillaume), boul. d'Anvers 27.
Defuys (A.), rue des Croisades 35.
Dehoux, rue Camusel 16.
Delstanche (H.), rue Blanchisserie 12.
Chilin (V.), r. Gds-Carmes 20.
Kips (Ad.), rue de la Rivière 40.
Tiberghien (H.), rue des Ursulines 37.
Triest frères, rue Laeken 121.

Cotons retors.

Vallée (J.), fab. de cotons à broder, à coudre.
Vanopstal (A.), et Cie, rue Chaussée-de-Ninove 84.

Coupeurs de poils.

Blanc-Kaert-de-Roover (J.-B.) rue Saint-Martin 70.
Kœnisworther (H.), quai au Bois-à-Brûler 33.
Savonet (Joseph), rue des Chartreux 27.

Couvertures (fab. de).

Cattoir (A.) rue Terre-Neuve 105.
Courmont (E.), Chaussée-de-Mons 28.
Dains frères et Cie, rue des Tanneurs 52.
Dewit (F.), Grande-Ile 14.
Soc.-anonyme belge lainière, rue Saint-Christophe 10.
Jacobs, Poelaert et Cie, rue de Berlaimont 24.
Winnen frère et soeurs, fab. de couvertures coton et coton-laine en tous genres, rue Frontispice 71.

Crins (négts en).

Berlemont (Ph.), rue des Fabriques 8.
Hanssens-Hap (B.), rue de l'Ecuyer 9.
Mingers frères, usine, rue de la Chaussée-d'Anvers, 146.
Savonet (Joseph), rue des Chartreux 27.

Crins (fab. de tissus en).

Faut-Quartier (Mme), rue aux Porcs 12.

Dentelles, blondes, broderies et applications de Bruxelles (fab. de).

Aers (E.) et Cie, rue du Progrès 59.
Asselberghs soeurs, rue Nevraumont 48.
Baeart (P.) et Cie, fabr., r. Fossé-aux-Loups 75.
Bastien (Mme Hortense), r. Fossé-aux-Loups 78.
Boval-de-Beck, rue Royale 74.
Bouton (Mlle Camille), rue de la Poste 26.
Brunfaut-Carniaux, rue de la Ligne 32.
Buschholtz et Cie, rue Léopold 3, fabr. de dentelles, choix immense, fab. de batiste, à Valenciennes (Nord), maison à Londres.
Byl frères, rue Fossés-aux-Loups 23 (maison à Grammont).
Carpentier (Marie) et soeur, dentelles application de Bruxelles, point gaze, r. des Paroissiens 13.
Clément-Lambln, rue des Charbonniers 1.
Colle (Edouard), fab. de dentelles et guipures noires, rue de la Madeleine 18.
Compagnie des Indes.
Verdé-Delisle ✱ frères et Cie, r. Régence 1.
Manuf. de dentelles noires, blanches et guipures, à Alençon, Bayeux, Caen, Paris.

Choppin (Ch.), blanches et noires, rue du Progrès 18.
Daimeries-Petit-Jean, manufacture de dentelles noires et blanches, rue du Marché-aux-Herbes 25.
Dartevelle (Léon), rue des Plantes 5.
De Clippeile (Mme C.), spécialité de dentelles de gaze et points d'Alençon, r. Notre-Dame-aux-Neiges 3.
Defooz, rue des Moineaux 14.
Defrenne (Sophie), rue Laeken 58.
Detige-Beuret (H.), rue Vieille-Halle-au-Blé 23.
Divoire-Bawin (Vve), rue de la Montagne-de-la-Cour 20.
Duchêne-Piéron, rue Royale 86.
Ducos-Minet, tulles, crêpes, blondes, rubans, velours, soieries, export., rue Ste-Gudule 1.
Duden frères, rue Fossés-aux-Loups 85.
Duhayon-Brunfaut ✳ et Cie, applications de dentelles de Bruxelles, et dentelles Valenciennes, r. Royale 109.
Durand (Mme), rue Fossés-aux-Loups 65.
Everaert (Julie) et sœurs, rue Royale 69.
Frainais-Gramagnac, Normand et Chandon, suc., r. de Malines 21; m. à Paris.
Francfort et Elie, pl. de la Monnaie 1, maison à Paris.
Fuérison (Ch.), r. Nouveau-marché-aux-grains.
Goemans (L.), r. Madeleine 89.
Grégoir-Geloen (N.J.), r. Fossé-aux-Loups 56.
Guioth (Mme Emilie), r. Chasseurs 5.
Hintheel (Mme) et sœur, r. de la Madeleine, 34.
Hoorickx et Cie, application valenciennes, point d'Alençon. export., r. Chancellerie 5, maison à Paris.
Houtmans et Christaens. export. m. à Paris.
Hutellier, r. Montagne-aux-Herbes-Potagères 4.
Joly Senault, r. Madeleine 15.
Junckers sœurs, r. du Midi 132.
Keymeulen (Hte), r. d'Assaut 5.
Keymolen (Eugénie), boul. Waterloo 101.
Ladouce (Vor), pl. des Martyrs 4.
Lava (J.), fab. de dentelles, r. des Cendres 4.
Lavalette (A.) et Cie, export., r. Hogier 127.
Lenoir (T.) sœurs, r. des Choux 11.
Le Roy (Mme), r. de Brabant 96, m. à Paris.
Lupar, broderies, r. St-Jean 30.
Martiny (Edmond), r. Ligne 9.
Minne-Dansaert, r. Béguinage 5.
Patte-Hannot, r. Royale 58.
Pettens (E.), r. Fripiers 25.
Pigache, boul. Waterloo 99, m. à Paris.
Plucker, r. Vieille-Halle-aux-Blés 7.
Puyenbroeck (Ed) et Janssens, r. Leiderkerke 60.
Ray (Mme S.), et application, r. Marquis 16.
Robyt (L.) fils, r. Ligne 36.
Robyt (Constantin et Jean), r. Ligne 43.
Rombouts (P.), r. Laekens 76.
Schuormans et Ihro, r. du Boulevard 18.
Sieron (A. et G.) frères, r. de l'Impératrice 2.
Simon (A.), r. Montagne-de-la-Cour 71 bis.
Strehler (Jacques), r. Poinçon 24, dentelles et applications gaze, valenciennes et broderies.
Surmont-Everaert (S.), rue des Dominicains 23.
Thomée (Mme Charlotte), r. des Alexiens 43.
Van Caulaert-Stiénon (Eugénie), r. Ligne 44.
Vanderkelen, Bresson (O. Devergnies et sœurs success.), r. des Paroissiens 26.
Verdermeylen et Cie, r. de la Blanchisserie 4.
Vander-Smissen frères, r. de la Blanchisserie 8.
Van Moorsel sœurs, r. T.-Neuve 46.

Van Raffelghem (C.), Petite-Rue-du-Musée 3.
Verdé-Delisle ✳ frères et Cie.
Vinck-Vandensteen (M.), r. de Spa 85.
Violard frères, rue Terre-Neuve 118, à Paris.
Vons-Vranckx, rue du Pont-Neuf 31.
Washer, rue des Croisades 26.
Washer (Victor) ✳, rue des Croisades 26.

Dessinateurs en broderies et dentelles.

Cornélis (O.), q. Pierre-de-Taille 1.
Debast, rue Saint-Jean 17.
Deligne (E.), rue de la Paille 10.
De Waele (J.), sur étoffes, r. Teinturiers 4.
Houtmans (Adr.), boul. Abattoir 1.
Houtmans (Ch.), rue Querelle 24.
Legé (S.), rue Putterie 14.

Draps, gilets et étoffes de laine (négts).

Baert (P.), galerie de la Reine 31.
Baudine, rue des Fabriques 17 *bis*.
Bellefontaine fils (P.-J.) art. anglais, rue du Progrès 82.
Biollay (François) et fils, rue du Chêne 12.
Brunet (I.), rue Montagne 45.
Burgeon de Brabant, rue Ruysbroek 36.
Cabra-Goenraets et Isbecque, boul. de la Botanique 4.
Calvet et Vandamme, rue St-Christophe 47.
Chaussette (G.), r. des Comédiens 14.
Clermont (E.), rue du Poinçon 9.
Cloquet-Devis (A.-J.), rue de Malines 7.
Comer (Paul), rue de l'Ecuyer 38.
Degroux (Lievin), rue du Boiteux 13.
Dehem et Cie, pl. des Nations 14.
Dejong-Descrimes (H.), Marché-aux-Herbes 31.
Delacroix et sœur, pl. de la Nation.
Delattre et Waucquez, rue de l'Etuve 11.
Deprez et Brunard, rue de l'Ecuyer 11.
Dewette, rue Montagne 65.
Donies (Eug.), rue de Senne 30.
Ducombu (G.), rue du Rouleau 3.
Erard (A.-J.), rue aux Fleurs 37.
Feron et fils, rue de la Paille 12.
Gauthier-Paulet, rue Marché-aux-Herbes 24.
Gillet (P.-J.), Vieux-Marché-aux-Grains 6.
Guingout (L.), rue Neuve-Pepin.
Goffin et Duchâteau, rue de l'Assaut 6.
Granshoff fils, rue des Pierres 54.
Gros frères, rue d'Arenberg 9 bis.
Hartogs (G.), r. de Laeken.
Heck (Vve) et Gernet, rue Brédérode 9.
Iwan-Simonis, rue du Boiteux 6.
Jacob de Munter (Vve), r. Montagne-aux-Herbes-Potagères 34.
Jacobs (J.) fils, rue Berlaimont 24.
Jacobs (Louis et Cie, rue Amusel 26.
Jacquart-Sandoz, rue du Poinçon 44.
Keutter (P.), rue du Boiteux 7 *bis*.
Lemaire, rue de la Fiancée.
Lancau (D.), rue des Hirondelles 21.
Lavallée (P.), rue Ruysbroek 41.
Libotte, rue des Tanneurs 74.
Lieutenant, rue de la Montagne-aux-Herbes-Potagères 43.
Mathieu frères, rue Lombard 1.
Meganck (J.), rue St-Michel 30.
Mersman (F.), et Steens, q. au Bois-à-Brûler 5.
Michiels, r. Lombard 22.
Mignot (Pierre), r. Blanchisserie, 19.
Mommaer, r. des Six-Jetons 47.

Müller (F.), r. Lombard, 18.
Nerinck et Castaigne, r. Berlaimont 2.
Nocke et Herssens, r. des Cendres 8.
Ouvry (J.), r. de la Blanchisserie 23.
Page (Ad.) et H. Wauters, r. Bois-Sauvage 8.
Paulus, r. du Midi, 57.
Pelgrims (A), r. du Fossé-aux-Loups 83 bis.
Peltzer et fils, r. de Berlaimont 12.
Peten-Devylder, r. Arenberg 26.
Rucloux (A.), r. du Vieux-Marché-aux-Grains.
Sandoz (Charles), r. de l'Etuve 54.
Stembert (A.) et Van der Bruggen, r. du Pont-
 Neuf 52.
Stevens-Dehertogh (L.), boul. d'Anvers 10.
Streel (Ed.), r. du Fossé-aux-Loups 72.
Surlemont (N. M.), r. l'Evêque 24.
Taelemans (Jean), r. de Berlaimont 8.
Thiéry (François) et Cie, r. du Marché-aux-Pou-
 lets 21.
Timmermans-Coosemans (J.), r. du Marché-
 aux-H. 60.
Van Cleemputte (Ad.) fils, r. du Houblon 1.
Vancutsem (J. B.), r. des Fabriques 29.
Vanden Berghen (L.), r. Fiancée 4.
Vanden Boorn et Cie, r. du Marché-aux-H. 48.
Vander Maesen (L. C.), r. Fiancée 1 ter.
Vander Meerschen (G.), r. Ste-Catherine 2.
Vande Voorde (C.) et Cie, r. de la Blanchis-
 serie 17.
Vandionant (R.), r. du Boulevard 4.

Drogueries, couleur et teinture (négts en).

Racle (F.), r. Harmonie 18.
Buisseret (E.), r. de Flandre 26.
Caluwaerts (C. X.), r. du Marché-aux-Poulets 47.
Cluydts (Ed.), quai au Bois-à-Brûler 53.
Coles (G.) et Haussens, indigo, teintures pro-
 duits chimiques, boul. Anderlecht 60.
Custers (J.-G.), q. au Bois-à-Brûler 11.
De Becker (J.), r. de Flandre 85.
Delvaux (J.), r. Haute 83.
Doms (J. F.), r. du Marché-au-Charbon 95.
Doms (A. J.), r. Colline 20.
De Vaele-Vauderstichel, r. Haute 21.
Durant (G.) et fils, r. du Fer 3.
Droeshout (Vve Em.) et fils, r. St-Christophe 10.
Fosse (A.), r. de Namur 72.
Gierts (J.-F.), r. du Midi 41.
Haager-Nihoul (J.), r. Beurre 46.
Van Puyenbroeck, r. de la Chaussée-d'Ixel-
 les 49.
Henry (L.), r. St-Alphonse 39.
Holemans (A.), r. du Gd-Moulin 37.
Jacobs (X.), r. Anderlecht 74.
Kern (J.-E.), r. Mâchoire 16.
Laureys (B.), r. Ransfort 28.
Lauwers (A.), r. Pacheco 107.
Malherbe fils, fab. de produits chimiques, dro
 gueries et teintures, place Communale (Mo-
 lenbeck).
Michiels (B.-A.), r. des Chapeliers 19 et 21.
Missoten (J.) et Cie, drog., r. Grand-Hospice 38.
Naegels (T. G.), r. de la Montagne 10.
Neybergh aîné (L. J.), r. Etuve 43.
Pourbaix (Alfred), r. Brabant 30.
Renou (Louis), r. de la Vieille-Halle-au-Blé 39.
Rombouts-Poot, r. de la Vieille-Halle-au-Blé 37.
Rombouts (C. L.), r. Laeken 8.
Rombouts (C.), r. Anderlecht 23.
Routier (Eug.), r. du Marché 65.
Stiers (P.), r. des Grands-Sablons 21.

Thys (J. B.), r. Laeken 92.
Temmermans (E.), r. Schavye 12.
Trappeniers aîné, b. du Midi 48 et 49.
Van-Bever-Michiels, r. du Palais 81.
Van Dalem (P.J.), indigos, q. aux Briques 24.
Vandenschrieck (T.) et Cie, Chaussée-de-Gand
 85.
Van Dyck (Joss), boul. d'Anvers 20.
Vanboeck (F.), r. Louvain 28.
Vanhoebroeck (H.), r. Montagne 59.
Vankherkhoven (L.), r. Petit-Ecuyer 33.
Van-Leeuw (J.), Chaussée de Mons 30 k.
Vanzéeland (G.), r. Batterie 24.

Epingles, agrafes et aiguilles à tricoter (fab.).

Letellier et Cie, r. des Quatre-Vents 77.

Etoffes pour ameublements.

Derèze et Cie, spécialité, pl. de la Chancellerie.
Fontaine (Sophie), r. Marché-aux-Herbes.
Journez (L.), rue d'Assaut 18.
Lorsont (A. et E.), étoffes p. meubles, tapis en
 t. genres, toiles cirées, r. de l'Ecuyer 38.
Müsch (Franz), boul. Botanique 8.
Van Cleemputte fils, r. du Houblon 1.
Vanden Kerckhove (Mme), r. de l'Ecuyer 55.

Fils d'écosse.

Gravet (A.) frère et soeur, spéc. de fils p. gantiers, r. Marché-aux-Poulets 64.

Fleurs (fab. de).

Bataille, rue Madeleine 77.
Betzy-Drassens soeurs, rue Eperonniers 28.
Collard (Jules) et Cie, r. du Bois-Sauvage 5.
Demoulin (Marie), r. Paroissiens 15.
Devos, r. d'Arenberg 18.
Didet fils, r. Madeleine 54.
Dieutegard (Vve), r. St-Jean 20.
Ferdinand (Charles-Michel), r. Madeleine 25.
Fyer (Alfred), r. St-Gilles.
Germon-Didiet, r. Etuve 4.
Hessel (A.M.), r. Madeleine 18.
Lair (H. J.), r. Boiteux 3.
Lambert et Cie, r. des Paroissiens 7.
Lairen (Jules), r. Montagne 40.
Lamotte-Walle, r. Montagne-de-la-Cour 16.
Landa (Ad.), r. Eperonniers 10.
Liboton (H.), r. Eperonniers 56.
Lignier (Mme H.), r. Fripiers 9.
Loosfelt-Libotton (P.), r. Putterie 4.
Loosfelt aîné (Th.), r. Marché-aux-H. 17.
Naidet-Mommaert, r. Ecuyer 41.
Parent, rue des Bouchers 37.
Ro_enbaum (Ph.), r. Chapelle 22.
Wettrens-Vandevyver (J.A.), fleurs fines, r. Ma-
 deleine 13.
Worms frères, r. St-Jean 13.

Gants (fab.).

Andru, r. Longs-Chariots 25.
Berthoin fils, r. Fiancée 51.
Bloc frères et soeurs, r. Royale 140.
Bulté (L.), gants Bulté, export., r. Neuve 64.
Catteaux (A.C.), r. Allard 17.
Colin frères, r. Dominicains 25.
Colin-Renson (H.), r. Montagne-de-la-Cour 92.
Descans (Ed.), r. Nevraumont 28.
Deslandes (J.), r. de l'Ecuyer 7.
Durand, r. Grétry 7.

Froy, gants de chevreaux, exportation, r. des
  Croisades 33.
Gehlen-Theisen, r. St-Jean 41.
Harens (S.), export., r. Fiancée 6.
Hegle, r. Poinçon 12.
Jonniaux (E.) ✳ et Cie, manufacture de gants de
  peau, export., m. à Paris.
Joubert (H.), r. Louvain 17.
Lebrun (Mlle F.), r. Evêque 25.
Lechein, r. de l'Impératrice 3.
Lévy frères, r. Commune 28.
Luyck, r. St-Jean 18.
Mahieu-Malfeson (P.), r. Etuve 40.
Marchal (J.), r. Namur 57.
Mommaerts (G.), manuf. de gants chevreau et
  agneau, q. des Charbonnages 20, export.
Nicolet, r. Montagne-de-la-Cour 33.
Nys (Vve), r. Fossés-aux-Loups 7.
Parent (V.), Poly succ., r. Madeleine 8.
Raes (J.), r. Fiancée, 3.
Schoonzans (A.), export., r. Madeleine 65.
Vanderplaetsen (P.), r. des Croisades 1.
Wéraassel, fab. de gants de peau, pl. du Palais-
  de-Justice 2.

Impressions sur étoffes.

Degieter (Jh), r. Haberman 1.
Van Sinsveld (Vve), av. de l'Ecole 5.
Winterbeeck (A.), Chaussée-d'Eterbeeck 26.

Indiennes (fab. de).

Berleinont-Rey, r. Malines 22.
Eloy (J.) et Cie, r. Fossés-aux-Loups 70.
Société anonyme de Stalle, pour le blanchiment
  et l'impression des tissus, rue de la Blanchisserie 18.

Laines brutes (négts en).

Breuer (Guillaume), boul. d'Anvers 27.
Carlier (J.B.), boul. du Midi 126.
Lyon (S.) et Cie, r. du Canal 54.
Sablon-Waltens (A.), laines étrangères et indi-
  gènes, r. de la Princesse (Cureghem).
Société anonyme de la fabrique belge des laines
  peignées, r. Ruysbroek 44.

Laines filées (négts en).

Avanzo-Torreborre (F.), r. du Poinçon 53.
Bochart et Cie, boul. Abattoir 8.
Breuer (Guillaume), boul. d'Anvers 27.
Coumont (P. et E.), r. Etuve 64.
Defays (A.), r. des Croisades 35.
Hehmann (Henri), r. des Longs-Chariots 32.

Laine (filat. de).

Berlemont-Delvaux, r. des Marais 31.
Conter (Alph.), r. Sables 6.
Defays (A.), r. Croisades 35.
Gillet (P.J.), r. Vieux-Marché-aux-Grains 6.
Michel frères et Cie, Chaussée-d'Anvers 85.

Lin et chanvre (travail méc.).

Lefebure (J.I.), sans rouissage, r. du Chêne 11.

Lin et étoupes (filat. de).

Société linière de Bruxelles et fab. de toiles, av.
  de la Toison-d'Or 102.

Lingerie (march. de).

Aughuet, rue Loxum, 20.
Baudet-Vanhemelrick, rue de la Violette, 25.
Bauffe frères et Vanswal, rue d'Arenberg, 41.
Blampoix (J.), rue Montagne-de-la-Cour, 63.
Bonnevie et Absalon (Mlles), rue Patterie, 84.
Collard (Jules) et Cie, rue du Bois-Sauvage, 5.
De Backer (J.), rue Montagne, 9.
Dejardin (J.), gros exportat., rue Brabant, 230.
Desutter (Mathilde), r. Madeleine, 43.
Devaddor, r. St-Jean, 43.
Dubois-Coenen, r. St-Jean 4.
Ducamp, r. des Fripiers, 31.
Janssens (Mme), r. Impératrice 46.
Leborgne (G.), r. Madeleine, 80.
Lemiez-Goffin, r. Montagne, 44.
Malfait (F. C.), r. Royale, 9.
Mertens sœurs, r. Mont.-aux-H.-Potagères 50.
Michotte sœurs, r. Grands-Carmes, 6.
Mommens (Victoire) et sœur, r. Canterstcen 8.
Mottin (G.), r. Montagne, 49.
Ost (Louise), r. Montagne 77.
Patte-Hannot (L.), r. Royale 58.
Plet (H. Vve) et F. de Mahieu, r. Madeleine 52.
Polet et Deissier, r. de la Ligne 34.
Renard (Mme), r. Duquesnoy, 10.
Simon (A.) Mmes, r. Montagne-la-Cour 71.
Soxhlet sœurs, r. Empereur 27.
Theillier (V.), r. Grétry, 10.
Van Capellen (Ch.), rue Montagne-aux-Herbes-
  Potagères, 46.
Vanderstichele sœurs, r. Marais, 36.
Voog (Vve), galerie du Roi 15.

Linge de table.

Clairtfayts et Mercier, r. Montagne-aux-Herbes-
  Potagères 40.
Franchomme (L.), rue des Chanteurs, 25.
Mercier (Oscar) et sœurs, r. Chêne 15.
Rey aîné, rue Fossé-aux-Loups, 20.
Sire Jacob (E.), r. Hôpital, 25.
Sober (Jules) et Cie, r. Marché-aux-Poulets, 62.
Surmont-Everaert, r. Dominicains 23.
Wauters et Vanhamme, rue du Marché-aux-
  Poulets 57.

Machines à coudre (fab.)

Blandre (J.), breveté, q. aux Briques, 60.
Dailly et Desmalines, (export.), r. Lombard, 3.
Honoré (R.), rue Madeleine 47.
Dondelinger (A.), manufacture belge de machi-
  nes à coudre américaines en gros, export. rue
  des Six-Jetons, 73.
Donner (F.), machines à vapeur Hickz, r. Rans-
  fort, 15.
Kerrels (N.) et Cie, rue de l'Ecuyer, 24.
Ladrange (C. H.), rue Verte, 40.
Petit (H.-J.) ✳ ✳, onze brevets, r. Croisades 14.
Mignot (Firmin), rue de la Limite 12.
Sorelle, mécanic., dépôt central, r. du Midi 56.

Mèche à bougie (fabts de)

Bullot aîné, rue des Pierres, 41.
Mertens (G.), rue Notre-Dame-du-Sommeil 47.
Van den Benden et Cie, rue de la Princesse 20.
Vanopstal (A.) et Cie, Chaussée-de-Ninove 84.

Mercerie en gros.

Adam-Mogin, r. des Pierres 55 et 57.

Allard (Vve) et fils, r. des Paroissiens, 14.
Cammaerts (Vve Ch.), rue des Chartreux, 16.
Colson et Lengelé, rue Grétry, 12.
Dailey (M.), rue de l'Escalier, 6.
Dandelooq-Hohrath, r. Rempart-des-Moines 71.
D'Aoust (F.) et Carlier, boul. du Midi 20.
Debecker-Vanderborght, r. du Marché-aux-Poulets 33.
Delgouffre (L.), r. Montagne-aux-Herbes 47.
Demunter (F.), rue de la Braie, 22.
De Sterke-Doignon, rue Laeken 89 A.
Devolder-Lenaerts, rue Anderlecht 14.
Disy-Denys (H.), r. des Croisades 35.
Dujardin-Lammens, rue St-Jean 32.
Fraipont (Ch.), rue des Ursulines 31.
Frambach, rue Marché-aux-Poulets, 41.
Furne-Saulé (L.), r. du Midi, 14.
Godiniaux-Balot (F.), boul. du Midi extérieur 45.
Guislin (J.), rue de l'Étuve 33.
Hecquet (A.), rue Souveraine.
Hohrath (J.-F.), rue du Pont-Neuf 20.
Huens-Dekeyn, r. Marché-aux-Poulets 43.
Huens-Vandenkerckhoven, rue Montagne, 67.
Jossin (L.), rue de l'Or 42.
Kessels-Romkens, rue Plattesteen 16.
Lelerc frères, rue Accolay 6.
Lehmann (H.), rue des Longs-Chariots 32.
Leete et Baillon (Millot Gérant), rue des Grands-Carmes, 6.
Lemaire (L.), rue du Grand-Hospice 2.
Lévêque-André, et passementerie rue Terre-Neuve 89.
Locadie-Pieret, rue St-Jean 4.
Mahieu-Dewilde (A.), r. des Hirondelles, 13.
Malfait (F. C.), rue Royale, 9.
Mogin-Bragers, rue du Midi, 28.
Morren (Vve E.), rue des Pierres 54.
Paternoster (R.), rue de Berlaimont 21.
Petit-Marschouw, rue de Pépin 33 bis.
Poelaert-Colin, rue du Midi 124.
Ringoir (Jean), et tissus rue des Ursulines 9 bis.
Schulte (F.-G.), rue du Chêne 11 bis.
Thiroux (E.), rue du Boiteux, 8.
Thomée et Cie, rue des Ursulines, 26 a.
Vandeborggt sœurs, rue Laeken 8.
Vanden Hoven (F.), r. des Alexiens 36.
Vanderput sœurs, r. Montagne-de-la-Cour, 21.
Van Grenderbeek (F.) et G. Van Mechelen, rue des Chapeliers 20.
Vansteenkiste (E.), rue de Senne 6.
Weber (H.), rue de Senne 41.

Modes (fourn. de).

Bertrand (C.), rue de l'Empereur, 12.
Bodart Bellefroid (Aug.), r. Eperonniers 41.
Collard (Jules) et Cie, rue du Bois-Sauvage 5.
Cretor (Mme), rue des Bateaux, 65.
Demasy-Delacroix, rue Montagne 58.
Jauné (Mlle), rue Marché-au-Fromage 29.
Laurent (Alexandre), rue Eperonniers 56.
Parent et André, rue des Bouchers 37.
Thibault (A.), rue Marquis 18.
Thomas-Goris (A.), rue Madeleine, 18.
Vanlaer (Fél.), r. Fossés-aux-Loups, 8.

Mousselines, tulles et marchandises anglaises (négociants).

Afchain (J.), rue Loxum 13.
Afchain (Louis), place de la Grue 10.
Anciaux (Ad.), rue Pierres 46.

Barbier (B.), rue Or, 34.
Barthelous, rue Poinçon, 20.
Bauffe frères et Van Swae, r. d'Arenberg 11.
Becker (J.-B.), rue de l'Étuve 36.
Benoit (Auguste), articles blancs suisses et anglais, fabrique de toiles à Courtrai, rue du Midi 118.
Blyckaerts (Ch.), rue de la Vierge-Noire 15.
Bricout fils (F.), rue Marché-aux-Charbons 61.
Collard (Jules) et Cie, rue du Bas-Sauvage 5.
Crevecœur (A.) et Cie, rue de l'Évêque 37.
Dellange et Thys, dépôt r. des Longs-Chariots 7.
Dubuisson frères, rue de la Madeleine 13.
Huughe-Denis, rue du Midi 139.
Isbecque-Desmons, boulevard du Midi 46.
Joostens (L.), rue des Semences 1.
Laurent (W.), rue des Boiteux 4.
Lengrand et Buelens, rue Marcq 21.
Merché (X. et L.), r. du Marché-aux-Herbes 113.
Milcamp (Émile), étoffes, rideaux et rubans, rue Poinçon 41.
Moerman, rue du Fossé-aux-Loups 66.
Nocquet frères, rue Vielle-Halle-aux-Blés 21.
Pettens (Ed.), rue des Fripiers 25.
Barthelous, rue Poinçon 20.
Raviart (Fl.), rue du Marché-aux-Poulets 52.
Rutten (L.) et A. Patte, rue du Chêne 21.
Saneke (J.-E), rue du Fossé-aux-Loups 26.
Stordeur-Dereine (V.), rue de la Fontaine 12.
Streel (D.), rue du Fossé-aux-Loups 74.
Tobler (H.), articles blancs suisses, rideaux, stores et vitrage brodé, rue du Marché 9.
Travailleur fils, rue de la Blanchisserie 6.
Triboulois et Hurtret, rue des Comédiens 40.
Tscharner-Bastien (G.), rue de l'Escalier 14.
Triest (Félix), rue des Fossés-aux-Loups 32.
Vanhulst-Serraris, rue de l'Étuve 38.
Vanlaer (Félix), rue des Fossés-aux-Loups 8.
Van Maesbroeck, rue du Marché-aux-Poulets 49.
Varlomont-Beckers, rue du Poinçon 55.
Zellweger et Travailleur, rue des Fripiers 24.

Nouveautés en gros.

Boisserie, rue de la Putterie 35.
Bauffe-Baudelet, rue de l'Empereur 20.
Borreman et Kips, rue de la Madeleine 12.
Bouilliot-Wasson, rue Montagne 71.
Bourgogne (Claret et Lerat, successeurs), r. Marché-aux-Herbes 108.
Coquillon, r. Marché-aux-Herbes 110.
Carmouche (A.), r. Marché-aux-Herbes 96.
Casse-Vandenhove (Mme), r. Mar.-aux-Herbes 85.
De Pachtere (E.), rue Royale 25.
De Reine (Émile) et Cie, rue des Plantes 23.
Doize et Cie, rue des Fossés-aux-Loups 64.
Ghysbrecht-Winckelmans, r. M.-aux-Poulets 38.
Hurbain-Martin, rue de la Mont.-de-la-Cour 34.
Jacob (P.), Chaussée-de-Mons 30.
Kissing (J.-H.) et ses fils, rue des Longs-Chario's 38.
Koning (Maurice), rue des Fripiers 26.
Landauer (J.), rue des Eperonniers 61.
Laneau (D), rue des Hirondelles 21.
Lartigue et Yvon, rue de l'Ecuyer 47.
Lemoine et Chomgnet, rue Steenport 7.
Libert (F.), rue du Chêne 19.
Malfait (F.-C.), rue Royale 9.
Masset, r. Marché-aux-Poulets 26.
Mathys-Janssens, rue de la Montagne 38.
Moulin-Peters, rue du Pont-Neuf 14.
Moyaux-Otlet, rue Saint-Jean 24.

Poly, rue de la Madeleine 8; maison à Ostende.
Peemans, r. Marché-aux-Herbes 72.
Pierret, r. Marché-aux-Herbes 45.
Plumier-Kever, rue Royale 146.
Ramioul aîné, r. Marché-aux-Herbes 44.
Ravois (J.), r. Marché-aux-Herbes 8.
Schoenmaker, Chaussée-de-Mons 4.
Sandrin (E.), rue de l'Etuve 69.
Severin et Cie, rue Montagne-de-la-Cour 25.
Thiery et Cie, rue du Marché-aux-Poulets 21.
Toussaint frères et sœurs, châles, r. du Midi 122.
Travailleur fils, rue de la Blanchisserie 6.
Van Campenhout, rue des Fripiers 2.
Vanderdonckt, rue des Fripiers 36.
Vandermeren, rue du Marché-aux-Herbes 70.
Van Sulper (Aug.), rue du Persil 2.
Vauchez, rue de la Montagne 51.
Waroquier-Dupont, rue de la Madeleine 4.

Ornements d'église.

Decorte (Ch.-J.), rue de la Station 5.
De la Rue (D.), successeur de l'ancienne maison Jouve frères; soierie et dorures pour ornements d'église et ameublements, r. Galilée 14 (boulevard de l'Observatoire); maison à Lyon, rue de l'Arbre-Sec 3.
Denis (Mlle), rue du Midi 125.
Detrie et Janssens, rue de la Chaussée-de-Ninove 30.

Ouate (fabricants d').

Cousin-Baugniet, quai aux Pierres-de-Taille 62.
Demey-Reding, rue du Lavoir 20.

Passementerie (fabricants de).

Adam-Mogin, rue des Pierres 55 et 57.
Belloni-Ance, rue de l'Etuve 1.
Bellout, rue de l'Ecuyer 5.
Blondel (J.), rue de l'Hôpital 23 bis.
Bricot (Louis), ameublements, nouveautés pour dames, gros et détail, rue Treurenberg 3.
Cammaerts (Vve Ch.), rue des Chartreux 16.
Coeckelbergh-Vanhoey (A.), rue du Marché-aux-Herbes 75.
Cocquyt (Mlle S.), Ch. de Waterloo 109.
De Bontridder (A.), rue Montagne-aux-Herbes-Potagères 20.
Debruyne, r. des Fripiers 9.
Depatoul, r. Montagne-aux-Herbes 8.
D'Haenens (P.), rue du Méridien 29.
Durant (Léon), rue d'Or 13 bis.
Golderidge (F.), rue de l'Etuve 44 bis.
Gouverneur (Ch.) fils, rue Saint-Jean 44.
Hoogaerts (J.), rue des Comédiens 27.
Levêque-André, mercerie, rue Terre-Neuve 80.
Leder (C.), rue du Lavoir 29.
Lion (L.) frères, rue de Malines 23.
Lotar (A.), rue Montagne-de-Sion 13.
Melotte (E.), rue Montagne-de-la-Cour 14.
Mingers frères, articles pour voitures, rue des Commerçants 39.
Mommaert-Herinckx, rue d'Argent 31.
Motte (L.), rue de la Madeleine 17.
Paulin et Cie, rue de la Violette 6.
Pennink (F.), rue des Bouchers 35.
Ravet (P.), rue Violette 29.
Ravet frères (J. et H.), rue de l'Assaut 8.
Vanderperre (E.), rue de la Violette 28.
Welmer (J.), rue des Douze-Apôtres 6.

Produits chimiques (fab. et négots).

Barbanson (P.), rue Malines 30.
Bollu (F.), q. de l'Industrie 4.
Cappellemans, Rommel et Cie, rue du Grand-Hospice 9, usine à Laeken.
Chuydts (Ed.), rue Gros-Bois-à-brûler 33.
Clongh (T.), rue Chaussée-de-Jette.
Coles (G. et Haussens), teintures, droguer., commiss., consgnate. boul. d'Anderlecht 69.
Cottem (J.) et Cie, anilines, produits chimiques, teintures, acide, rue Chaussée-d'Anvers 5.
Courtois (F.) et Van Roy, sels de soude, chlorures de chaux, etc., rue Angle 11.
Decat (G.), r. Chauss.-de-Jette 15.
De Coninck frères et Martel, quai au Briques 36.
Dehemptinne fils (A.), quai Willebreek 10.
Delerue (Emile) et Cie, rue Frère-Orban.
Deltenre-Walker)P. L.), r. (Ste-Gudule 16.
Demete (Félix) et Cie, rue Cuillier-à-Pot.
Doncker (E de), rue Fappens 2.
Doms (A. J.), rue Colline 20.
Gecelle-Sebastiano, r. Marché-aux-Herbes 86.
Gripekoven (J. M.), r. Marché-aux-Poulets 60.
Laroche (C.) et Cie, rue Intendant 17.
Lomer et Cie, place des Barricades 5.
Martel, q. aux Briques 36.
Rave aîné (N.), avenue de l'Ecole 14, à Curcghem.
Spinael (Ch.) et Cie, rue Pont-du-Canal-de-Charleroy 11.
Van Damme (E. J.), quai Willebroeck 5.
Vander Elst (P. et D.), r. Chauss. Waterloo 312.
Van Gestel, quai de l'Industrie 11.
Verbert et Stroobauls, potasse de betterave, production de soude, rue du Ruisseau 1, à Motembeck St-Jean.

Rubans de fil et de coton (fab. de).

Avannzo-Torreborre (F.), rue Poinçon, 53.

Rubans en gros.

Afchain (J.), r. Loxum 13.
Afchain fils, Marché-aux-Fromages 15.
Afchain (L.), place de la Grue 10
Alexandre (Vve), rue Arsaut 19 bis.
Anciau-Kinart (J. B.), rue Madeleine 56 bis.
Bertholin et Bert, rue Madeleine 26.
Bodart-Bellefroid, r. Marché-aux-Fromages 28.
Bricout fils (F.), r. Marché-aux-Charbons 64
Collard (Jules) et Cie, rue du Bois-Sauvage 5.
Clybow, rue des Paroissiens 32.
Dubuisson frères, rue Madeleine 13.
Havelette et Bisiaux, rue du Midi 88.
Keymolen (G.), rue de Fer 30.
Landauer (H.), aîné, r. Marché-aux-Herbes 7 4.
Landauer jeune, rue Artois 84.
Lartigue et Yvon, rue de l'Ecuyer 47.
Lazard, rue des Fripiers 23.
Lotz (H.), rue Persil 12.
Maatens (E.), rue Cantersteen 7.
Milcamps (Emile), rue du Poinçon 41.
Morrman, rue des Fossés-aux-Loups 66.
Mogin (J. G.) commis, rue Bodegmen 62.
Penninck (F.), rue des Bouchers 35.
Ralet (J.), rue Montagne-de-la-Cour 21.
Schemidt-François, rue Madeleine 45.
Stordeur-Dereine (V.), rue de la Fontaine 12.
Vanderboght-Charels, r. Marché-aux-Poulets 22.
Vermeeren (Mme), r. des Fripieos 44.

Soieries (fab. de.).

Romkens (J M.), Rolleboek 20.

Soierie en gros.

Aoust (J) aîné, rue du Chêne 26, dépôt des fabriques de Lyon , châles brochés.
Beelaers (A.), rue des Petits-Carmes 31.
Berholin et Bert, rue Madeleine, 26.
Borel (J.) fils, rue des Comédiens 45.
Bouilliot-Wasson, rue de la Montagne 71.
Brulé (Vve J.) rue des Comédiens 34.
Burgeon de Brahant, rue Ruysbroek 36.
Carmouche (A.), rue Marché-aux-Herbes 96.
Collard (Jules) et Cie, rue du Bois-Sauvage 5.
Dartevelle-Rue de la Madeleine 72.
De la Rue (D.), successeur de l'ancienne maison Jouve frères, soieries et dorures pour ornements d'église et ameublements, rue Galiléer 14, boulevard de l'Observatoire, maison à Lyon rue de l'Arbre-sec 3.
Deburges (M.), rue Fiancée 22.
De Wattinne sœurs, rue Montagne 33.
Doize (Frans) et Cie, rue Fossé-aux-Loups 64.
Faelens Delfosse et Rocourt, soieries et merinos en gros, rue des Hirondelles 16.
Faglin (Vve), rue Marché-aux-Herbes 90.
Fevrier et Duvinage, rue du Lombard 23.
Gabet (Jules), rue de l'Ecuyer 27.
Gallet, rue Arenberg 1.
Harvent (A.), rue du Midi 151.
Havelette et Bisiaux, rue du Midi 88.
Jesse (P. H.) rue Impériale 7.
Kissing (J. H.) fils, rue des Longs-Charriots 38.
Koning et Wyngaard, rue du Chêne 18.
Laandauer (A.) fils, rue du Midi 92.
Lannoy-Bissuel, rue des Chartreux 22.
Laup Schwenger et Cie, place St-Géry 20.
Marien (A.), rue des Douze-Apôtres 19.
Moerman rubans, nouveautés, tulles, blondes, mousselines (en gros), rue Fossé-aux-Loups 66.
Mogin (G.), rue Rodeghem 62.
Moyaux-Ollet, rue St-Jean 24.
Peser-Leclerq, rue Madeleine 14.
Schmidt-François, rue Madeleine 45.
Thoreau (A.), soieries en gros,, rue Léopold 13.
Toussaint frères et sœur, châles, rue du Midi 122.
Travailleur, rue du Marché 24.
Van Sulper, rue Persil.
Van Themsche-Codron, rue du Marais 50.
Van Volckxson et Prévot, châles et nouveautés, r. Montagne-aux-Herbes-Potagères 31.
Vauchez (C.), r. Montagne 51.
Voss (Vve) et Cie, r. Montagne 2 et 4.
Voustton, r. Ruysbrouck 7.
Winance (E.), r. du Marais 109.
Wuillot (V.), r. Chancellerie 26.

Soies (négts en).

David (H.) frères, r. d'Argent 32.
Delhez (V.), r. Or 17.
Ghilain (V.), r. des Grands-Carmes, 29.
Gravet (A.) frère et sœur, spéc. de soies Avignon à coudre p. gantiers, r. Marché-aux-Poulets 64.
Thys (Charles), soies écrues, ouvrées et teintes, fantaisies schappes, r. Lombard 19.

Tapis (fab. et mag. de).

Crepin et Van-Nec, fabr. de smyrnes veloutés-flches (haute laine) écossais, etc, r. du Grd-Hospice 32.

Derèse et Cie, pl. de la Chancellerie 2.
Dumortier et Dejardin, r. Montagne-aux-Herbes-Potagères 6.
Fontaine (Sophie), r. Marché-aux-Herbes 80.
Journez (L.), tapis, toiles cirées et étoffes pour ameublements, r. Assaut 18.
Lebègue-Cammaerts (Th.), r. Neuve 35.
Lorsont (A.-E.), r. Ecuyer 38.
Manufacture royale de tapis de Tournay, Borel (J.), directeur-gér., pl. de Louvain 10.
Metdepenningen (F.), r. du Marché 70.
Michel frères et Cie, r. Chaussée-d'Anvers, 91.
Moyersoen-Cammaerts (R.), chaus. d'Anvers 91.
Vandenkerkhove (Mme), r. Ecuyer, 45.
Van Praag frères, r. de la Montagne 90.

Tapisseries.

Demunter (Mlle A. M.), pl. Sablon 6.
Dujardin-Lammens, r. St-Jean 32.
Frambach sœurs, r. Madeleine 10.
Gally (Caroline), r. du Bois-Sauvage 1.
Vandenscrieck et Merckx, r. Madeleine 70.
Vial-Girardin, r. Ligne 41.

Teintures (négts en).

Bemont (A.) et Cie, chaus. d'Anvers 98.
Custers (J.G.), q. Bois-à-Brûler 11.
Delerue (Emile) et Cie, r. Frère-Orban.
Durant (G.) et fils, r. Fer 3.
Janquet, r. Chaussée-de-Waterloo 70.
Lyon (S.) et Cie, rue du Canal 51, indigo, laines brutes.
Minet (Ernest), q. aux Bois-de-Construction 44.
Renou (E.), r. Vieille-Halle-aux-Blés 39.
Switser, r. Remparts-des-Moines 27.
Vaudenberghe et Titeca, r. du Pont-Neuf 9.

Teinturiers.

Brugelman (Ch.) et Cie, r. Nieuw-Molen 1.
Cammaerts (J.-B.), r. Roses 33.
Cooreman (A.), r. Terre-Neuve 59.
Cournont (Emile), r. Chaussée-de-Mons 28.
De Clou (J.), r. Gendarmerie.
De Decker (G.) et Cie, r. Montagne-aux-Herbes-Potagères 10.
Hardman et Cie, r. des Comédiens 17.
Lemoine (A.), r. Woeringen 2, boul. du Midi.
Lombaer (Louis), r. Billard 30.
Michel frères et Cie, r. Chaussée-d'Anvers 91.
Rave aîné (N.), ch. de Mons 46, à Cureghem.
Seret frères, r. Six-Jetons 73.
Sdindler (Ve), r. Caserne 26.
Société anonyme de Stalle, p. le blanchiment et l'impression, r. de la Blanchisserie 18.
Steenberghe, r. Haberman 7.
Van Hoegarden (J. et Ch.), r. Chaussée-de-Mons 100.
Wyns (H.), r. Chaussée-de-Mons 99.

Tissus de coton et de laine, dimittes, pilous, siamoises, cotonnettes, calicots, basins, indiennes, orléans, paramata et lainages (fab.).

Berlemont-Delvaux, r. des Marais 31.
Bihler (B.), boul. du Midi 125.
Cattoir (A.), r. Terre-Neuve 105.
Chatel et Lauwens, r. Anneessens 19.
Collart (L.), r. Fossé-aux-Loups 16 et 18.
Couche (Anatole), r. Chaussée-de-Mons.

Coumont (Emile), r. Chaussée-de-Mons 28.
Coumont (P. et E.), r. de l'Étuve 64.
Dams frères et Cie, r. des Tanneurs 52.
Deburges-Rey (H.), r. Neuve 103.
De Decker (C. et G.), r. des Marais 44.
De Haye (A. J.), rue d i Canal 53.
De Leeuw (H.), r. Marq 22.
De Lom de Berg (Ch.) et Cie, r. Chartreux 17.
De Reine, r. des Plantes 23.
De Rongé et V. Van Hoegaerden, r. Loxum 12.
Dewit (Fr.), boul. Abattoir, 35.
Dubois-Wauters (A. H.), rue du Midi 77.
Duchamps (G.), boul. Botanique 11.
Dujardin et Malpertuis, r. Fossés-aux-Loups 12.
Dumonceau (F.), r. Fossés-aux-Loups 41.
Fauconier et Marlier, r. Blanchisserie 21.
Fontaine et Cie, r. des Chartreux 59.
Franchomme (L.), r. Chanteurs 23.
Gerard frères. r. de Flandre 181.
Jacobs, Poelaert et Cie, r. de Berlaimont, 24.
Joniaux frères, r. Terre-Neuve 5.
Laup Schwenger et Cie, pl. St-Géry 20.
Lavallée (P.), r. Ruysbrock 41.
Leblicq (J. B.), r. des Teinturiers 14.
Lefebure (J. I.), r. du Chêne 11.
Lemayeur frères, r. Neuve 94.
Lons (Oscar) et soeurs, r. Grd-Carme 9.
Lorent (H.), r. des Hirondelles 18.
Martin (J.), pl. St-Géry 12.
Masquillier (J. B.), r. Fabriques 21 bis.
Masson et Seghers. r. Pont-Neuf 24.
Masson (E.) aîné, r. Malines 32.
Masson et Cerf, r. St-Christophe 35.
Masson et Tison, place du Nouveau-Marché-aux-
  Grains 26.
Mertens (J.), r. Chaussée-de-Merchtem 30.
Moens (Clément), r. des Commerçants 33.
Orts-Vandenberghem, r. Rempart-des-Moines 33
Peemans (C.), r. Terre-Neuve 173.
Seret frères, r. Six-Jetons 73.
Simon (J.), boul. du Midi 120.
Société anonyme de Stalle, pour le blanchiment
  et l'impression, r. de la Blanchisserie 18.
Société anonyme lainière belge, rue St-Christo-
  phe 20.
Steube-Vandesteene, rue Camusel 14.
Taelemans (Jean), rue Berlaimont 8.
Tournay (O.), rue Neuve 57.
Vandenberghem (L.), rue Fiancée 4.
Vau Effen soeurs (H.), boul. d'Anderlecht 12.
Vanhoter (P.), rue Haute 192.
Vanhoren (L.), rue des Chartreux 3
Vau Leynseele-Dedoncker, rue Laeken 80.
Verbrugghem (J. C.), cotons, rue Fabriques 7.
Verhulst (Emile), rue de Jette 15.
Wolversperges (P.), rue Rempart-des-Moines 11.

Tissus de coton et de laine
(négociants en).

Bauffe frères et Van Sroue, rue d'Aremberg 11.
Biebuyck-Romagny, rse de Berlaimont 14.
Chomé-Defosse (A.), rue Chaussée-d'Anvers.
Cluzeau-Brûlé, rue du Boiteux 12.
Cornélis, rue des Fabriques 31.
De Bood-Balfour (A.), rue Neuve 107.
Declercq-Pecqueriau (A.), rue Rouppe 8.
Dekoninck (L.), pl. Communale 18. à Molenbeek.
Delaveleye, boul. Barthélemy 32.
Demont (C.), rue Senne 20 a.
De Lom de Berg (Ch.), rue Boulet 21.
De Reine (Emile) et Cie, rue des Plantes 23.

Desmets-Bevière, rue d'Artois 78.
Dewilde (A.), rue Grétry 20.
Duwaerts et Buelens, rue des Sœurs-Noires 34.
Feron et fils, rue de Berlaimont 17.
Franchomme (L.), rue des Chanteurs 23.
Goffin (J. J.) et Cie rue Marcq 14.
Gros frères, rue Aremberg 9.
Heymann-Haesbeyt (Ch.), rue Neuve 111.
Houssière (Em.), rue des Comédiens 26.
Jamaer frères, rue Laeken 50.
Joostens (L.), quai aux Semences 1.
Kissing (J. H.) fils, rue Longs-Charriots 38.
Koning (M.), rue des Fripiers 24.
Lamme (Louis), rue Evêque 31.
Le Bacq (J. B.). rue Jéricho 6.
Leclercq (B.), Petite-rue-des-Longs-Charriots 3.
Legrand, rue Poinçon 22.
Schodey (P.), rue Terre-Neuve 107.
Lihert, rue du Chêne 19.
Lobé-Cool (A.), rue St-Christophe 43.
Masson-Steenberge, rue Chaussée-de-Mons 24.
Masuy, rue du Marché 4.
Milcamps (Emile), rue du Poinçon 41.
Monnier (Jules), rue de l'Escalier 38.
Neuhaus et Cie, rue Boulet 8.
Parmentier (V. J. B.), Petite-rue-des-Longs-
  Charriots 5, manufactures.
Parmentier, Van Hægærden et Cie, filat. de co-
  ton et fab. de tissus de coton, rue Loxum 12.
Riepe frères, rue Laeken 61.
Ringoir (Jean), rue des Ursulines 9 bis.
Schmitz-Desmets, rue Ruysbrock 24.
Seghers-Legrand, pl. d'Anvers 137.
Stievens (J. D.), Nouveau-Marché-aux-Grains 24.
Stevens-Geerts. rue St-Christophe 6.
Stevens (N J..), rue Blaes 8.
Stienon (I.), rue Cendres 18.
Succusale de Jean Schmid, d'Anvers, rue St-
  Christophe 11.
Tabutaut et Derveau, rue Rouppe 18.
Thiberghien (H.), rue des Ursulines 37.
Thomée (Henri), et Cie, rue St-Christophe 4.
Tydgapt (F.) et Bouchez (A.), rue des Hirondel-
  les 15.
Vandenbranden frères, r. du Poinçon 16, nou-
  veautés pour robes et mérinos.
Vanderheyden r. Fossé-aux-Loups 35.
Van de Weghe (Clément), nouveautés rue de
  l'Assaut 1.
Veldekens (Gve), rue Neuve 22.
Verhaheren (Ad.) aîné, r. du Marais 61.
Walckiers (E.-J.) et Cie, r. des Comédiens 17.

Tissus élastiques, Bretelles, Jarretières et Cein-
tures. (fab. de).

Deppe-Goyer, r. Senne, 10.

Toiles (fab.).

Benoit (Auguste), fab. et blanchissage de toile
  rue du Midi 118 (maisons à Courtraict Nottin-
  gham, Angleterre).
Clairfayts et Mercier, rue Montagne-aux-Herbes-
  Potagères 40.
Collin-Gallien, r. Brogniez 32, tissage à Roulers
Cuvelier L. Decastiau et Cie (Louis Decastiau
  ass.), r. des Chartreux, 57.
Génard frères, r. Terre-Neuve, 132.
Hay père et fils, r. Fossés-aux-Loups 17.
Lestgarens (Ch.), rue Chaussée-d'Anvers 137.
Lodrioor-Lemaire, r. Fossés-aux-Loups, 34.

Maes (E.), r. du Marais 99.
Mercier Oscar et sœur, r. du Chêne, 15.
Renier, r. des Croisades, 14.
Rey aîné, rue Fossés-aux-Loups, 20.
Sirejacob (E.), r. Hôpital, 25.
Systermans (O.) et Zelis, r. Ruysbroeck 43.
Société Linière de Bruxelles, avenue de la Toison-d'Or 100.
Suppes (J.), r. Laeken 89 a.

Toiles (négts).

Bernier (H.), r. de l'Escalier, 3.
Claes (G.), r. Marché-aux-Herbes 17.
Debeuck De Bast, r. Tanneurs 67.
Delcoigne (Adolphe), r. des Hirondelles, 3.
Demyttenaer-Peeters, rue de la Vieille-Halle-au-Blé 2.
Desmets-Bevière, r. d'Artois, 78.
Destrée-Vergote (J.), r. au Beurre, 49.
Dedwindt (Prudence) et Cie, rue Marché-aux-Herbes 15.
Druaert et Frenay, rue Etuve, 71.
Duquesne frères, rue Grands-Carmes 26.
Dulieu, place Rouppe.
Grenier (Vve), rue Montagne, 5.
Heffinck frères, r. Bogards, 32.
Joly (M.), r. Montagne 47.
Lodrioor, r. Fossés-aux-Loups 34.
Limbosch (P.), r. du Beurre 23.
Magerman-Michaux, q. au Sel, 4.
Marmillon (L. A.), rue Marché-aux-Herbes 23.
Martens, r. Marché-aux-Herbes 53.
Meunier-Dubois (exportation), r. Hôpital 15.
Mullier (A.) et H. Varlez, r. St-Lazare, 42.
Parys (Mme), q. au Sel 2.
Schuermans (F.), r. Marché-aux-Herbes 7.
Surmont-Everaert, r. Royale, 99.
Vandermessen et Cie, r. de la Fiancée.
Vanlerberghe (H.), r. Verté 92.
Van Meldert-Claeys, r. Marché-aux-Poulets 15.
Waucomont-Billen, r. Marché-aux-Poulets 48.
Wauters-Charlet, r. Longs-Chariots 13.

Toiles cirées, Tapis et cuirs américains vernis (fab.).

Delcogne-Lacroix, r. Chaussée-de-Gand 233.
Dumortier et Dejardin, rue Montagne-aux-Herbes-Potagères, 6.
Ferdinand (Vve L.), r. du Lavoir 25.
François (C.) et J. Luyten, r. Poterie, 4.
Goossens-Ferdinand (L.), r. des Quatre-Vents 63.
Jorez (L.) fils, rue Neuve 99.
Journez (L.), rue d'Assaut 18.
Lorsont (A.-E.), r. de l'Ecuyer 38.
Mayer-Hartogs et Quittmann, rue des Commerçants 27.

Tréfilerie d'or et d'argent.

Gouverneur (Ch.) fils, rue St-Jean 44.

Tulles (fabr. et négoc.).

Benoît (Auguste), rue du Midi 118, à Nottingham.
Coosemans frères, r. du Pont-Neuf 5.
Derche (Vt), r. Granvelle 50.
Godchaux-Morel, rue Schavye 14.
Legrand (Ed.), rue des Fabriques 10.
Legrand (L. et A.), spécialité de tulles guipures, exportation, r. de la Fiancée 26, maison à Paris.

Loewenstein, Polak et Cie, r. Chancellerie 19.
Stordeur (E.), rue de la Régence 26.
Washer (Vve), rue Terre-Neuve 1.
Wuillot (V.), rue de la Chancellerie 26.

Tulles (blanchisseries de).

Derche (Vt), r. Granvelle 50.
Godchaux-Morel, r. Schavye 14.
Legrand (L. et A.), r. de la Fiancée 26.
Legrand (Ed.), rue des Fabriques 10.

Aerschot.

Bonneterie (fabr.). — Mertens (J.). Berlingen (E.). Verduyckt (A.).
Dentelles (fabr.). — Charles (M.) et sœurs. Paridant (E.). Perey (M.).

Clabecq.

Laine (filat.). — Taminian (B.).
Teillage et rouissage de lin. — Moerman Lanbuhr.

Diest.

Banquiers. — Versluysen (C.). Voor Deckers.
Laine (fabr.). — Brughmans (H.). Gilsor. Keusters. Polaster. Uten.

Forest.

Teinturier en rouge d'Andrinople. — Momm (Louis).
Toile cirée (fabr.). — Stas (F. et P.).
Tulle (fabr.). — Bailly et Cie.

Jodoigne.

Banquier. — Aury (L.), directeur de la Banque de Huy.
Laine cardée (filat.). — Blyckaerts (H.).
Lin (filat.). — Herpin (Alex.).

Louvain.

Amidon (fab.). — Remy (E.) et Cie, m. à Bruxelles et à Anvers.
Banquiers. — Martin (L.) et Cie. Terwagne et Deswert. Verstraeten (J.).
Draps (march.). — Hulin-Raucq. Raucq-Hermans. Thiry et Labbé. Van Ermengen.
Toiles (négts et fab.). — Brion (Armand). Brion (Frédéric) aîné. Debecker (J.L.). De Coster (E.). Deneef-Vanmeldert. Deneef-Maertens. Everaerts (A.). Massart (F.). Remy-Joars. Servranckx (Ed.). Siegrist-Vanbillone. Staes (J.B.). Staes Vrancken. Staes-Remy. Staes-Maréchal. Van Gobbelschroy et Humblé. Verjauw (G.) et Snellaers.

Nivelles.

Banquiers. — Bauthier (F.); comptoir de la Banque Nationale. Comptoir de l'Union. Huet-Lisart. Vaupée et Cie.
Tissus (fab.). — Bauthier frères. Gilain frères et filat. Hautain (P. et J.B.). Laurent (L.). Mercier (A.). Meur (L.).

Tirlemont.

Banquier. — Banque de Tirlemont. Blyckaerts frères, Defovent fils et Cie.

13 a — 3

Flanelle et bure (fab.). — Betz frères. Dehertogh frères. Maes (J.). Michiels fr. et Vanherberghen. Molinet (J.).

Laine cardée (filat.de.).—Gilain (J.J.).

Laines (négts). — Dehertogh frères. Marneff (G.).

Lin (filat.).—De Ste-Marie-Geest, Alex. Herpin.

Vilvorde.

Etoffes de crin (fab.). — De Bontridder. Haussens-Hap, crins frisés et passementerie militaire.

Teinturier.— Gobert, en soie, laie et coton.

Wavre.

Banquiers. — Dewit-Clerfeyt (J.B.). Poncelet (P.). Pourbaix. Brabant. Comptoir d'escompte (agence de la Banque Nationale) : agent, Art (E.). Banque de Wavre. Direct. : Desprez (E.).

Coton mèche (fab.). — Rayée frères et sœur. Ingeboe (X.). Cosmont (M.).

Merceries en gros. — Anciaux frères. Dewit-Clerfeyt (J.-B.), Feront et Goossens. Pourbaix-Brabant.

Ouate (fab.).—Dene (H.). Foureau (J.-B.). Orval (E.). Rayée frère et sœur.

PROVINCE D'ANVERS.

Anvers (capitale).

Chambre de commerce.

Prés. : Foulon. Vice-président : Gunther (O.). Membres : Bamberger (H.). Bennert (J.). Bruynsersede. Bunge. De Roubaix. Falcon. Gilliot. Glenisson. Herry. Joffroy. Jaostens. Josson-Dubois. Kempeneers. Kreglinger. Lodevicka. Lynen. Maquinay. Vanden Abeele. Westriek. Secrétaire : De Gottal.

Consuls.

France, De Segur du Peyron, O. ✳, c. g.
Angleterre, Grattan (E.A.).
Autriche, Kreelinger (Th.).
Bade, Weber de Treuenfels (L.).
Bavière, Coomans (C.).
Bolivie, Haine (Denis).
Brésil, Van Montenaecken, v.-c.
Brunswick, Bruyusersede (Ed.).
Buenos-Ayres, Vanden Eynut (Alph.).
Chili, Lyden (V.).
Danemark, Nottebohm (G.), c.-g. Nottebohm (E.), v.-c.
Espagne, Santamarino, c.; Rey, v.-c.
Etats-Pontificaux, Kramp.
Etats-Unis, Crawfort, c.; Vandenbegh, v.-c.
Grand-duché de Saxe-Welmar, Stein (A.).
Grèce, Vanden-Begh-Elsen.
Guatemala, Cateaux (J.).
Haïti, Kramp (M.).
Hesse, Heim (J.-A.).
Hollande, Cankrien (R.-C.).
Iles Havaïennes, Levita (G.-H.), r. Amman 5.
Italie, Verhoustraeten (C.).
Mecklembourg, Ellerman (A.).
Mexique, Donnet (P.), c.; Fuchs (L.), v.-c.
Nouvelle-Grenade, David (L.).
Oldenbourg, Fuchs (J.).
Portugal, baron de Terwangne.
Prusse, Otto Gunther.
Répub. de Costa Rical, baron L. de Terwangne.
République du Pérou, D'Hanis (F.).
République de l'Equateur, Lysen (Eug.).
République orientale de l'Uruguay, Vande Berbe (C.).
Russie, Agie (F.).
Saxe, Hartrodt (F.).
Saxe-Cobourg-Gotha et Confédération argentine, Kums.
Saxe-Meiningen, Van-Stratum.
Suède-et Neivège, Berg (O.), c.; Schul, v.-c.
Suisse, Tschander.
Turquie, Posne (P.-J.).
Venezuela, Vinkelmann (J.F.).
Villes hanséatiques, Flemmich (J. F.).
Wurtemberg, Hung (Louis).

Banques.—Banque d'Anvers, Administrateurs: J. Fuchs et Verhoustraeten. Succursale de la banque nationale de Bruxelles : J. Piéron et Albert Herry, administ.

Commandiet-Kas, comptoir d'Anvers, Valgalier, directeur.

Banquiers. — Baschwitz et Cie. Bischoffsheim. Dekinder (G.). De Lhoneux frères. Chislain. Cahn, Painvain et Drion. Godderis frères, banque et échange. De Wolf (C. J. M.). Havenith et Cie. Lambert (S.). Lemmé (J.L.) et Cie. Legrelle (L.J.). Lysen (G.) et Cie. Lysen frères et Cie. Pelgrims (N.). Terwangne (baron Léon de); fondé de pouvoirs : L. D. Lauduens. Vanhose (F.). Vankerkhove, direct. (A. Penter, s.-dir.) de la succurs. de la banque de l'Union (Jacobs frères et Cie).

Blanchiss., teintures, apprêts de manufactures en général.— Wood (William).

Blancs (art.) broderies.—Christiaensen (G. H. J.)· De Bom sœurs. Robyns-Pierson. Van Ham sœurs. Vandermalen (Livine).

Bonneterie (fab.). — Beauvois-Courtay. Corstiaens (J.-E.). Denorman (J.-J.). Schmidt (Jean). Van Dick (J.).

Châles-tartans (fab.). — Cou-Kelbergh Paridaens, spécialité de châles brochés imprimés et unis.

Cotons filés, laines filées et fils de lin. — Dekker-Bernaerts. Schmidt (Jean).

Dentelles. — Cassiers-Percq. Dekinder-Verberi. Delen sœurs. Leva (I.) sœurs. Loos (Ch.). Mendes (T.). Mertens sœurs. Moentaeck-Mesmaekers. Piéron. Steenveld (l'Epouse H), place de Meir 58. Stappaerts-Bertrand. Van Dombergen (Jh). Veed (W.).

Draps et manufactures. — Bosschaert fils et Cie. Cassiers de Deckers. Coekelberg (J. et G.). Gortebeke. Colard (J.N.) et Cie. Cortiaens (C.). Denis de Courtoy (en gros). Devos-Joris De Mey (Jacques). Devolder (Ch.). Flameng (J.). Gyssels sœurs. Nys. Jacobs-Debrakeleer (J.). Plattels (J.Br). Thiery (F.) et Cie. Thiery ainé. Vandyck, Delbecq et Cie. Vanendert-Hanegraeff. Van Geertruyen fils. Vanhaegendoren. Vanden Wyngaert-Cassiers. Van Volksom (J. E.). Verhagen (J.). Veroft (P.). Wouters (Vve).

Fleuristes.— Bonnie. Mons. Pont.

Fil de lin et d'étoupes, (négts en). — Fleck et Meyer.

Indiennes, soieries et nouveautés (mar. d').— Aerts-Cassiers. Beauvois-Courtoy. De Boom (Annette). De Lauw-Waterkeyn (Ve.). Dequinze-Herdies. Duyvenstein et Cie. Gyssels, Moris et Nyssens. Kryn (H..) fils. Lebaudy-Werbrouck, châles des Indes. Coulomb. Fleury-Direhx, Néeck. Pauwels-Roevers. Godding (A.), Oedenkoven et sœurs. Proost (Mme). Vancampen sœurs. Thibaut van Dionant. Verschueren. Willems (Ed.).

Laines éffilochées. — Gits et Cie, usine au Keil-lès-Anvers. Vervoort (Louis) et Cie.

Laine (filat.). — Vanderschrieck frères, et fab.

Laines artificielles (fab.). Gits et Cie.

Lin (négt en). — Corneille-David. Duvivier et Cie. Maingay (Thomas) et Cie. Muller (L. A.) et Cie. Lins exportation, r. Ste-Anne, 34. van Oye van Duerne (Eug.).

Lingeries confectionnées. — De Cortezsen (J.). Dedecker-Cassiers. De Roy sœurs. Lefebure-Leysen. Reusen-Vanderhulst (F.).

Nouveautés (magas. de). — van Campen sœurs (proприt. J. Favresse).

Ornements d'église et broderies (fab. d'). — Léonard (B.). Numan et van Develden, maison à Bruxelles. van Esch (H.).

Produits chimiques (fab. d'). — Coosemans et Cie, à Berchem. Dewyndt, Aerts et Cie. Sieger frères, Martens (Ch.) Vanhal. Vandenabeele (G.).

Rotins, Eug. van Oye, van Duerne (manufactures à vapeur de). — pour parapluies, tapis nattes en rotins, à Paris et Hambourg.

Rubans et soieries. — Devries-Peeters, Fleury. Genicot-de-van. Lauwers et Vanden Broeck. van Hamberg (M.). Willems (Ed.).

Soieries noires d'Anvers (fab. de). — Bosscha fils et Cie, — Breziers (J. F.). — Devries-Peeteers. — Maus (C.). — Rogé (Vr). — et velours.— van Bellinghen (J.) et Max Suremont, Marché au Linge, 9. — van Heureq (P. F.).

Soies écrues et teintes (fab. de fil de). — J. Albes-Vanderlaat, — Gouy (A.) Halsberge et Cie.— Hermanns (J.). Longue rue de Claires, 21. — Metdepenninghen (G.). — Polhaus (J. L.). — Rogé (Vr). — Suremont (Max) et Cie. — Thys (Fd.). — van Geetruyen (J. H.). — van Bombergen (J.). — van Rompaey (J.).

Tapis (fab. de). — Atelier du bureau de bienfaisance. Ekkart. Lefebure-Leysen (Jh.). Vandervliet frères. van Loon (J. H.). Vannuffel et Covelier. Werbrouck sœurs.

Teinturiers en toiles. — Noé (G.) Vanden Brande (P. J.).

Teinturiers en soie. — van Noten (P. J.)

Tissus (fab.). — Vanderschrieck frères.

Toiles, toiles à voiles et tisus de lin (fab. de).— Bongaerts frères. — Copoens-Vanesche (J. J.).— De Grooff (Jean. — Maas (J. B.). — Meulebroeck et Smidt. — Pittoors (Ch.). — Schmdit (Jean). — Strybos (G. A.). — Tuner (W.). van Aerden (Ch.). — Vanderschrieck (H.). — Vandonghen (H.). — van Dick (J. B.). — van-Geetruye fils. — Vriens-Degenaert.

Tulles, broderies, etc,. — Dedecken-Cassiers, de Pooter (P.). Fesinger-Franken. Franck-Gys. Gilis (C. et A.). Lauwers et Vanden Broeck. Paraye (L.). van Stappen (J.). van Tichels (Ed.). Loos-Claessens (F.) Wood (W.). Zollikofer (T.).

Lierre.

Dentelles fab. de). — Delahaye (C.). Dierckx (Ch.). Finet. Kennis. Laenens. Timmermans père. Timmermans fils. Verhaegen.

Ouate et couvertures en coton. — Commers et Marchal.

Soieries (fab.).— Duysters frères. Van Reussel (Ch.).

Tapis et nattes en tissus végétaux. — Mathot et Cie.

Malines.

Amidon (fab.).— Ooms-Demez.

Banque, succursale de la Banque Nationale.— Ketelaere (E. A. F.). Wildey et Cie.

Bleu d'azur (fab.). — Segers.

Cardes (fab.). — Borgers. Keuleers.

Chapeaux feutres (fab. de).— Dieudonné. Liévain (L:). Vandemert.

Chap. (four.). — Hegh (F.) et A. Dugniolle.

Chapeaux de paille. — Duchateau. De Belva.

Coupeur de poils.— Van der Auwera.

Couvert. de laine (fab.).—Andries et Wauters.

Dentelles (fab. de). — Dœms sœurs. Smets. Vandeuren (Vve). Van Geel. van Gobbeslachroy. — Vermeulen. Vankiel. Vermeulen-Vanhaecht.

Draps (fab. de). — Hegh (H. et F.), boul. Ste-Catherine.

Epingles (fab. d').— Dewinter. van Turnhout·

Etoffes de laine (fab.). Andrus et Vauthers. Geens (H. Vve) et fils. Hegh (H. et J.), fabr. de drapr, Polfvliet.

Lin (filat. de). Société anonyme pour la filature du lin et du chanvre à la mécanique.

Soieries (fab. de).—Geurts et Lynen. Rappard. et Rieppe, maison à Bruxelles. Gewets.

Teint.—Ruysscher. Teugels (A.) Vandendries.

Toiles (fab.) — Loussberg (F.) Teugels (H.).

Tulle (fab.). — Compagnie Malinoise pour la fabrication du tulle, Lambellin (E. B.) et Cie.

Turnhout.

Banque nationale. Succurs.—Smaelen, agent.

Banquier. — Cools (J.).

Coutils (fab.).— Borghs (J.) et Cie. Cools (J.). Hendrickx (C.). Leenaerts. van Gorp.

Fab. de coutils. — Marynen-Vues. Mertens-Vanhees. Roosenthaler (J. F.). Steenacskers (F.). Vandamme. Vandoeren (Vve P.). Van Pelt (Frédéric) fils. Verheyen (P. J.) et Cie.

Dentelles (fab.) — Borhs et Cie. Cools. Mertens. Verheyen. Nuyens-Borgs. Van Loko. Wyns-Vanden Broek.

Epingles (fab.). — Hollemans (P.). Hollemans (A.).

Fils (négociants en). — Verheyren (P. J.) et

Cie, blanchisseurs de fils et toiles, et de coutils p. matelas.

PROVINCE DE LA FLANDRE OCCIDENTALE

Bruges, chef-lieu.

Banquiers. — Augustinus et Valkenaere. Baye (Ch.) banque et change. Comptoir de la Banque nationale, Devos-Reylandt (Vve.) Félix du Jardin. Ed. Vander Hofstadt V. De Vos et Vanderhofstadt.

Coton (filat. de). — Dujardin (Félix).

Dentelles (fab. et march.). — Allaert-Verpoorter. Anthiersens, Apold (G.) Augustinus, Bergeron, Boeteman, Bousson, Dejonghe-Herman. De Meulenare Robyn (Mme) et Cie. Defoort. De Zutter-Staelens, Everaert, Giard-Annez. Guilleman. Laureyns (A.). Lebrun-Massez. Lecomte (Céralie et Léocadie). Loverius (Mme). Mazeman. Meulaert. Plesens-Rykaseys. Pottevyn. Ryckaseys (Mlle). Snauwert. Steyaert. Valcke. van Langermeersch. Vandammek van Lungebleck. Vanuxem sœur. van Reghem, van Renterghem (Mme). van Rolleghem. Vanspeybrouck. De la Rue (Mme) Veys-Pavot. Vergaert Vitse-Allaert.

Draps et étoffes. — Mumet-van Heerswynghels (E.) Stegaert-van Walleghem (C.) Vantroostenberghe-vantyghem.

Fleurs (fab.). — Bulcke (Elisa) et Cie.

Gants (fab.). — Lemesureur.

Laine cardée (filat. de). — Vindevogel (Ch.).

Lin (mds de). — Laviollette-Demoor. Taulez-Bottelier (Ch.).

Lin (teillage mécanique). — Huybrecht.

Lin (filat. de). — Mamet-van Heerswynghels.

Nouveautés soleries, etc. — De Schutter (L.). Mostrey sœurs. Mullier (C.) et Cie. Mullier-vandenherreweghe. vandenberghe.

Négociants et commiss. en march. — Chantrell de Stappens. De Lescluze (Ed.). Jonckeere (H.). Dewulf. Plesens-Tuflin. Popp-Maswiens, tissus. Roels-Vroome (B.). van den Brande (Iven). Van Langermeersch. van Lede. Wielmaecker (J.-B.).

Ornements d'église. — Grossé (L.).

Passementerie (fab. de). — Cocquyt-Grossé. Grossé (Louis). Lebret.

Soleries damassées (fab.). — Grossé (L.).

Teinturiers. — Jooris-Bernard. Lemaire-Declercq. Marlier (E.). Rossel-Phalempin.

Tissus (fab.). — Burde (C.) et Cie. Derantère et Cie. Delescluze (L.) Delplace-Devooght. Dhondt-Decaluwe. Kauwers et Cie, à Bruxelles. Lorthiois (Fr.) fils. Mazeman (F.). Montaye-Brackmans. Mullier (C.) et Cie. Swerberghe (F.). van Nesle Debrauwere. Vindevogel (Ch.).

Toiles en gros, fab. toiles à carreaux en tous genres p. l'export. — Bouchez (P.). Coucke. Sonck et Cie, m. à Lille. Defoort. Dumortier. Marlier. Noël-Fonteyne. Plesens (Vve). Plesens-Ryckaseys. Rey aîné, m. à Bruxelles.

Tulles, mousselines, soleries et rubans. — van den Berghe (J.).

Asschbroucke.

Coton (fab.) — Dujardin (F.)

Dentelles (fab. de). — Monteyne (Amélie).

Laines (fab.). — De Lescluze. van Ibecke (J.).

Comines.

Fil retors (fab.). — Masson.

Lin (fab.). — Debuisson. Demade.

Rubans de fil (fab. de). — Dennetières-Forge (Vve). Dewulf frères.

Courtrai.

Vice-Consul de France. — Aug. Dathis.

Banquiers. — Bertrand-van Dalpe, comptoir de la Banque Nationale. Quillot (F.). van Ruymbeke (Paul). Verschoore (E.).

Blanch. de toiles. — Benoît (A.), et de fil, coton, tulles et apprêts. Boutry van Isselsteyn et Cie, Deny (F.), et teint. Descamps et verschuere. Toye frères. vercruysse Carpentier.

Bleu d'azur (fab.). — vandenpereboom-Delacroix.

Coton filat. — vanden Berghe frères.

Coton et laine (fab. de tissus, art. de pantalons). — Bulthauw-Dujardin. Catteau (J. M. et E.). Catteaux-Gauquié. De Bien et Destoop, représ. à Paris par Mrs Halle et Delage. Deltour-vermoulen (Aug.). Demyttenaere-d'Heygere. Deny-Steyaert, représ. à Paris par Ferd. Kellner. Deny (F.) fils. Devos (C.) et Herrinck (C.), représ. à Paris par M. Koun, 33 (cotonnades). Desalimon-Buyse. Desalmon fr. et s. Devettère (Ed.). Diagre-Leuridan et Cie. Dorp et Grymonprez. Heldenberg-Coucke. Hooreman-Cambier, maison à Gand. Jongles-Delcroix. Marcelli-Steyaert. Musquelle-Delchambre. Roelandts (F.). Schaelstraete L.). Struyen et Desalimon. vandamme Hoornaert. vandenberghe (Ed.). vandenberghe (Henri). vanden-Bulcke (Ed.). vanneste-Ghequiere. van Liere (F.). vanleynseele (E.). verschuere (Vve).

Coutils (fabts). — Devos (C.) et Herrinck (C.). De Bien et Destoop. Deny (F.) fils. Droubaix (H.). Dewittevisage (Ernest).

Dentelles (mds de). — Hoornaert. Begerem-Christianen, gros. Decupere. Bossaert-Derho. Brulet (P. J.). Coucke-Lefebvre. Crommelinke. Benoît frères. Deblauve-Peel. Debouvry. Debrauwere. Delaveley (A.) et sœurs. Devos. Felhoen-van Thiegem. Gernay frères. Gillon-Steyaert (Mlle L.). Hage jeune (Vve). Hoornaert sœurs. Masquelier-Devos. Mullier-Truffaut. Sabbe sœurs. Salembier. valcke-Lefebvre. van Costenoble aîné (P.). vander Plancke sœurs. vandezande-Goemaere. vandorhe (J.). vincq-Pacco. Vitael-Hoornaert.

Draps. — De Bien (I.). Glorieux-vantomme (J.). Scholstraete (L.).

Fils à la main (fab.). — Bertrand-Milcent. Bonte-Nys, fabr. de fil de lin filé à la main pour batistes et linons. Devos et Decoene (H.), fils filés à la main et à la mécanique, maison à Cambrai (Nord).

Fil (fab. de). — Dammeel (C.-J.). Delaoutre (F.). Ekelsbeke (J.). Felhoen frères. Felhœn-Aubry. vanden-Berghe (H.).

Fils de lin et d'étoupes (négts). — Blervack (E.), Bonte-Nys, fabr. pour batistes et linons. De Muyler, Gillon-Capon. Janssens frères, commiss. en fils angl. Devos et (H.). Decoene, fils à la main. Kolkenbeck frères. vanderghinsté (A.). Putman (Vve). Steyaert. van Brabander (H.). Viseur et Feckedey, à Lille.

Fils à dentelles. — Raikain-Casterman. Vanderpe-Planckaert (L.).

Laine cardée (filat.). — Jonglez.

Laines filées. — Jonglez Florimond.

Lin (filateurs). — Goethels et Cie, Boutry van et Isselsteyn et Cie.

Lins (négts). — Biebuck (Vr.). Brulez (P.). Felheen (Paul) teill. méc. Bonte-Nys. De Boé (J.) et van Braoant. Depoortère-Gobin. Duvivier et Cie. Janssens frères, négts en lins et étoupes. Kolkenbeck frères. Lahousse (J.), m. à Lille. Leroy Crepeaux, Lille. Harker Thomas Maingay et Cie. Vercruysse-Carpentier.

Mécaniciens. — Bogaert, Dewyndt et Lis. Dewerat frères.

Toiles (fab. de). — Baut (Léopold). Beckt père et fils. Berlemont et Bossaert. Bertrand-Milcent, fab. fines et batistes (mds. à Cambrai). Boutry van Isselsteyn et Cie. Bulli (Félix), et mouchoirs. Carette (Paul), Comer (H.) et Cie, tissage à la main, toiles en tous genres. Crombet (L.). Dathis (Aug.), toiles unies et blanches. Deny Steyaert, spécialité pour l'export. De Jaeghere (Aug.) et Bruneel, mouchoirs et linge de table, toiles écrues et blanches. Denys (Ernest), négts, blanches, écrues, export. Deroubaix (H.), toiles, mouchoirs, coutils, damassés, etc. Deblaut (J.). Desalmon Buyge. Desurmont (J.-Baptiste), toiles blanches et genres français à teindre. Devertel (D.). Devos (J.). Dewitte-Visage (Ernest), fabr. de coutils. Felhoen de Boye (J.). Janssens-Vercruysse, fab. de toiles et mouchoirs. Janssens frères, spécialité de toiles blanches. Lagua (Victor) et (L.) Carton. Lava (Félix), toiles unies fab. à Thielt. Libert et Cie, Loqeet et Cie, fabr. à Desselghem, toiles blanches et écrues, spécialité de grosses toiles et de sacs confectionnés. Menard (Aug.) et Dendietel. Raikem (Félix) et sœur. Scherls-Mesquelié. vanackere (J.-C.), batistes et mouchoirs. vanbrabander (H.), van Thiegem et Cie. van Linselle, van Rolleghem-Cools. Vandal-Crombet (J.), vercruysse, verhoest frères, fabr. de toiles en tous genres. Verriest (P.).

Toiles damassées et linge de table (fab. de). — Berlemont-Libaert (H.). Truffaux-Vervée. Raikem (Félix) et sœur. Verriest (P.).

Toiles (mds de). — Crombet-Felhoen-Coucke. Vandaele-Derickere.

Tulles et mousselines (fab. de). — Benoit (Aug.) et teinturerie, m. à Nottingham. Coucke ainé (Aloïs), et en rubans, négt.

Velours (fab.). — Sloen-Lust.

Dixmude.

Banquier. — Vanderheyde (P.).
Tissus (fabr. de bonneterie). — Feys (J.).
Toiles (fabr.). — Feys-Kesteloot (N.).

Cheluwe.

Lin (march. de) — Degrave (V.). Delforterie (A. et L.). Deschamps (J.-B.). Dessein-Huys (J.). Plovier (F.). Pollie fils. Vandamme (Félix). Vandamme (Fr.). Vanraes (A.). Vanraes (L.).

Ingelmunster.

Tapis-Gobelins (fabr.). — Braquenié frères et Cie.
Tapis de Hollande. — van Ooteghem (A.).
Toile (fabr. de). — Bruneel frères. Catulle et Boose. Lybert et Cie.

Iseghem.

Nouveautés. — Dierik (Ed.).
Teinturier en toiles. — Messiaen.
Tissage mécanique. — Lefebvre, Aghe et Cie.
Tissus de coton et laine (fabr.). — Ameel (Ant.). Parisse (P.-J.).
Toiles (fabr. de). — Carlier et De Buert. Dewulf et Busschop. Lahousse. Maes-Van-Compenhoudt. Paret (Ch. et fils); blanches et écrues Paret (Flor.). Parmentiere (P.). Root-suert-Haestebroucq. Van-Compenhoudt et Fruttaert. Van-Mellaerts-Ameye. Boone Sichel. Van-wt-Berghe et De Keyser. Vercruysse.
Toiles à la main (négociants.). — Paret-Van-Mellaerts.
Toiles (négociants). — Angillis. Deryekere fr. Deryeke ainé (Ed.).

Menin.

Banquier. — Chesquiere (J.-L.).
Bleu d'azur (fabr.). — Vandermers h-Rousselle-Vaniermersch. Vanhoucq.
Broderies (fabr. de). — Dewerdt sœurs.
Dentelles. — Alsberghe-Maleur (Vve). Delaroyère-Pille. Delva-Ghequière. Deweerdt (Vve). et application. Gryspeert-Maertens. Hautrive. Malingié. Nys. Pille. Serruys. Staes-Stock. Vandamme-Maïeur.
Draps et nouveautés. — Goddaer (Vve). Goddaer-Van Moerkerke. Rembry (fr. et sœurs). Trachez sœurs. Vanheule (Vve).
Lins. — Dals (Pierre). Becquart (Ed.). Buyse (Ch.). Buyse (Fr.). Buyse (Jean). Cappelle (H.). Bowyn (Jean). Dalloy (Louis). Casier (Ed.). Casier (J.). Casier (Fréd.). Casier (L.). Casier (Vve). Deleforterie (Ase). Foulon (H.). Lecomte (Cyrle). Masquilier (Mln). Pinoy (Jh.). Quartier (Ct). Trentseaux (Léon). Valeke (H.). Vanassche (P.). Vanden Bulcke (L.). Vandaele (Ed.). Van-Mareke (Fd.). Van-Moerkerker (E.). Vanneste (Fréd.). Vanneste (P.). Vandecusteele (Fréd.). Vervenne (Fréd.). Vervenne (P.). Wallecam (H.). Wallecani (T.). Watteigne (A.).
Tissage mécanique. — Dewen et Waleke. Lambert et Cie. Lesaffre (Ch.). Van-Ruymbeke et Cie ; toiles en tous genres.
Tissus, art. pantalons ; tartans, etc. (fabr. de). — Delaroyère (J.-B.). Delaroyère-Pille. Deny-Bauwens. Duquesnoy-Bourgeois. Michel. Costelsin (H.).

Mouscron.

Banquiers. — Pollet et Cie.

Cotons filés. — Lerouge (J.-B.). Carette-Delobel. Deschamps-Terrein. Deschamps (P.). Catteaux (J.-P.). Marquant (Lucien).

Dentelles. — Brunfaut sœurs.

Filateur de coton.— Carrette-Delobel (retordage de coton).

Laines filées. — Marquant (Lucien). Deschamps (P.). Catteaux (J.-B.).

Teinturiers. — Bille-Morelle. Carette-Delmotte. Mariage.

Tissus de coton et laine (fabr. de). — Catteaux (J.-B.). Couteau, à Luingne. Corne (André). Crommelanck fils. Delhaye. Deltour-Debaere. Deltour-Delhaye. De Mitenaere. Desprets frères, pour l'Amérique du Sud. Despretz-Delannoy. Du jardin (L.). Duquenne-Nollet. Duquenne-Pollet. Fouret-Lepers. Hage (L.). Hauwel (Jacquart). Herrinck frères et Cie. Hollebecq (J. L.). Honoré frères. Hospied. Jacquart. Heldenbergh. Labarre-Glorieux. Labis-Delbecque. Nys-Slosset. Labis-Delecœucillerie (P.). Liagre-Roussel. Maes et Cie. Marhem (A.). Mullier fils. Nys-Slosset-Parmentier-Dubois. Parmentier frères. Parmentier (J.). Petit-Noël. Prévost-Vanhée, à Luingne. Saffre et Graveline. Saffre frères. Tienrien-Nys. Vanhée frères.

Ostende.

Banquiers. — Lanszweert (A.). Duclos-Assandri. Samyn (J.). van Iseghem (A. et J.), et agents de la Banque nationale.

Consul de France. — Hennequin O. ✳, r. Plate-Forme 4.

Consulats. — D'Angleterre, E. Thompson-Curry; de Prusse, A. Bach; de Russie, J. Brasseur; de Hollande, J. van Iseghem; de Portugal, Aug. Duclos; des Villes Hanséantiques : Espagne, Hanovre, Etats-Unis, Danemark, Bade, Brunswick, Hesse-Darmstadt et Mecklenbourg-Schwerin, A. van Iseghem; de Saxe-Cobourg-Gotha, Ch. van Iseghem; Suède et Norwège, N...

Chemises (mag.). — Parent (V.) et bonnet; maison à Bruxelles.

Dentelles (fabr.). — Bondue sœurs. Coucke (Vve). Govaerts sœurs. Ocket-Govaerts. Questier.

Nouveautés. — Daivd-Duvivier. De Pach (E).

Toiles à voiles. — Borgers. Lanszweert (F.). Vroome (Albert).

Toiles et linge de table.— David-Duvivier. David (Vve). Vanderheyde-Baele. Mesure Scorssery (Mme). van Welsenaere-Bondue.

Poperinghe.

Carderie de laine. — Lava (P.). Ryckewaert (J.). Vesayze.

Draps (négociants). — De Breyne-Bordeyne (H.). Fiers (O.). Lefever (R.). Maerten (A.). Marant (C.). Rommens (A.).

Filateurs. — Devos et Cie.

Roulers.

Banq. — Herman. et Cie — Banque nationale.

Blanchisseries. — Callebert-Deleye. Diels et Cie. Verburgh et Vangheluwe.

Bleu (fabr.). — Dejonckheere-Callebert. Hunghe. Rodenbach (Vve). Rodenbach-de-St-Mars. van Beveren. Vanneste-Vangheluwe.

Coton, cotonnettes et lainages. — Bonten. Rupts. Moerman. Rommelaere. van Gheluwe. van Gheluwe-Lenoir. van Lede. Verburgh-Vandenberghe. Vermeersch-Caytan.

Dentelles (fabr. de). — Biebuyck (Vve). Buyse-D'Hulst. Denys-Delodder. Fieuw. Latour. Lietaert (Vve). Plaisance. van Calleberg-Fieuw. van den Borse-Vanhee. Vandenweghe-Termote. van Gheluwe. van Rapenbusch.

Lainages, orléans, etc. (fabr. de). — Bouten-Holvoet. van Lede.

Lin (écangueurs de). — Lobelle-Bouquet. Thomas. Wyckhuyse.

Lin (filature de). Debrouckere frères. Delbeke et Cie. Ritter (Fr.), société linière de Bruxelles. Tant. van Outrive et Carlier.

Lin (négoc.). — Billiau (P.). Bourgeois-Declercq. Devriendt. Dewulf. D'Haene (Am.). Lobelle-Bouquer. Pieters-Soëte. Rambout. Surmont (Am.). Vandenberghe.

Ornements d'église.—Waghenaere (Vve).

Peignes à tisser (fab. de).— Houttave-Stragier Daels. Vandekerkhove. Verbrugghe.

Rubans (fab. de).—Billiau.

Toiles (fab. de). — Coussement-Denys. Decock (Vve). Degryse et Depuyd. Delabeau et Cie. Delefortrie et sœurs. Haese (Vve). Horrie et Demeester. Jaussens et Deblanwe. Datour-Van-Isacker. Lenoir-Delacre. Lenoir frères. Plaisance et Cie. Société linière de Bruxelles. Stock frères. Taut-Verlinde. Vandamme frères. van Gheluve-Lenoir. van Lede. van Maele frères. Vanbesieu (P.). Verburgh-Vandenberghe. Vervaeke-Vandekerkhove.

Rumbeke.

Toiles (fab.). — Beheyt (P.). Delannoy et Cie. Delyoye. Demuynk. Janssens. Lein-Declerck. Rommel.

Thourout.

Draps.—Bartholomeus. Demeurisse (C.). Haeck Lauwers sœurs. Maes (enf.). Rons (Louise). Saus (Julie). van Thournout (enf.).

Laines (fab. de). — Denys (Ch.).

Lin (march. de). — Coolman (L.). Derceper-Vaubesien (F.). Derceper-Staelens (L.). Kesteloot (P.). Osaer (A.). Vaubesieu (Ch.). Vercruyse (Jh.). Versyck (J.).

Toiles (fab. de). — Bartolomeus. Denys (Ch.). van Oye.

Waereghem.

Toiles (fab. de).— Boulez et Vindevogel.

Draps (march. de). — Dehaene (L.). Delannoy (E.). Delmotte (L.). Desimpel soeurs.

Lin (march. de).— Hauquart (L.). Hersch (E.). Provost (Vve). Thévelin (C.). Vercruysse (M.). Béghin (F.).

Wervico.

Draps, nouv. — Blieck-Vuylsteke. Debruyne (V.). Desmet (Ch.). Nolf Boudry.

Lin (fab. de).— Berten-Dumont. Biarez frères. Casier (Ch.). Ostyn-Reynaert. Ostyn-Taupe. Ostyn-Vrambour. Reynaert.

Lin (teill. méc.de).—Backelandt (frères).Courouble et Renier. Demyttenaere frères.

Ypres.

Banquiers. — Herman. Strüye De Brabandere.

Dentelles (fab.).—Bergerem. Bossaert soeurs. Brunfaut-Van Alleynnes. Dewaeghenaere. Dahayon, Brunfaut et Cie, maison à Bruxelles.Joye. Lafonteyne. Annoy. Navez-Joye-Pironon-Cornette. Smaelen-Ferriex. Vandelanoitte. Vandezande-Barbier. Verhaeghe soeurs (Mlles).

Tissus (fab.).— Barbier-Mulier. Denis de Buss chop. Seys.

Toiles (mds de). — Barbier-Muller. Leleup-Giet. Gillebert. Decoene soeurs.

Toiles fab. de).—Wyckhuyse-Nollet.

PROVINCE DE LA FLANDRE ORIENTALE

Gand, chef-lieu.

Chambre de commerce.

Grenier-Lefebvre, prés. De Cock de Meulemeester, v.-prés. Jacquemyns (E.). Scribe (G.). Van Duyn (Ch.). Mechelinck (Fid.). De Bast (Cam.). Delva (Amb.). De Meulemeester (Ch.). Vergaert (Aug.). De Smet-Leirens (E.). De Semet (A.).Rosseel (J.). Verhaeghe (C.). Secrétaire : Groverman (O.).

Consulats.

Angleterre, Heyman-Hye, v.-c.
Autriche, Verhæghe (C.), consul.
Brésil, Verhæghe (C.), v.-c.
Danemark, Levison (D.), consul.
Espagne, Neyt, v.-c.
Etats-Unis, D.Levison, consul.
France, De Cock (Aug.), v.-c.
Pays-Bas, Grenier (A.).
Prusse, van Loo-de-Serret.
Russie, Verhaeghe (Aug.).
Saxe-Cobourg-Gotha, Aug. Verhaeghe, v.-c.
Suède et Norwège, Verhæghe (I.), consul.
Turquie, De Buck (C.), v.-c.
Uruguay (répuplique orientale de l'), Ad.Brasseur, v.-c.

Amidon. — Thienpont et Colens, r. Pêcherie 7. Deprince (P.), spéc. p. tous genres d'apprêts.

Banque de Flandre. Prés.: Fid. Mechelinck. Secrét.: van Robays.

Banquiers.—G.Canfyn. A.Daele. Ad.de Buck De Buck van Overstræten. De Grœt frères. J. Gonthyn. Maertens-Pelckmans. Plouvier et Dewilde. Union du Crédit. A. J. Vandenhende et Cie. Verhaeghe de Naeyer et Cie.

Blanchisseries de toiles et tissus de coton. — Béïart. Coryn (L.) et Cie,de fils. De Beer-Beaems Jeurrissen-Vandersmissen et Cie. Segaert frères. Schoutteten-Lutens et fils.Tiberghien (L.) et Cie. Vandewynkele frères et Alsberge.

Blancs, calicots (art.).— Bricout-Hebbelynck. Centerick (Th.) et de Cock, fab. Haesaert fr: Heynderyckx et Schoappe. Maenhaut. Missotten (J.). Noffet-Van-Temsche (H.). Schruers (F.). Tauniniau et soeurs. Vallaeys et Loempens.

Bleu d'outremer (fab.).— Brasseur (E.), m. à Paris. Missotten (P.), et bleu d'azur.

Bobines (fab.).— Martiny (J.).

Bonneterie (fab. de). — De Cezel-Van-Loo (G. L.). Delvoye (Ch.-L.). Dutry-Vervaert. Godtschalck-Motte. Motte (J.) et Maillard. Pottier et Cie. Vincke et Trionné.

Caoutchouc et gutta-percha (fab.). Dujardin Morlinghem.

Cardes et rubans (fab.). — De France (L.). Prayon de Pauw. Ward (John).

Chapeaux (fab.). — A. Labit et Wilpart. Verschoren (A.).

Chapeaux de paille (fab. de).—Freson-Coucke. N. Wild et frères, et ouates et déchets.

Coton en laine (négts. en). Bauwens (Ferd.) et Cie. — Bauvens (Alph.),—Carregha. — Claes (E.) et frère.—Levison (J.) et fils.—Otten (J. B.), commiss.. — Moerman-Laubuhr Paddenburg.— Prevost (Edem). — De Buck (C.). De Meulemeester (Ch. A.). et Cie.— Le Revert, et filés.— Serbruyns (J.) Vanderwuestyne (J.). van Meldert. (Liévin). — Vereycken-Grenier. — Verhaeghe. De Nayer et Cie. — Vincent (A. E.).

Coton (filat.). — Burgraeve (G.). — De Coster (J.). — De Hemptinne (Jules). — Demot frères.— De Smet (E.) et Cie. — Devos (C.) et O. Onghena. — Gheldoff (F.). — Guecquier et Cie.—Lutens-Delise. — Ottevaere (Aug).— (E.). — van Caneghem (Emile) et Cie. — Vandemaute (J, B.). — van Dinter. — van Iseghem et Van-dinter. — Vauhecke (F.) et G. Vanderneyden. — van heu vers Wyn. (F.).— Walley et Simpson.

Coton (filat. et tissage d'art. de). — calicots etc. Barsoen (P. J.). —Bracq-Vercruysse, p. Toquet.— Brasseur (Eug.)— Coppens (Vve et J.).— Coppens De Breyne. — De Bas (Camille).— De Hemptinne (F.).—Desmet frères, et impressions. —Dierman-Seth. Duquesnoy, — Hebbelinck frères et sœurs, lainages, orléans. — Heyman (A,) Hooreman.Cambier et fils, exportat. — Hosten (J. B.) et fils, art. coton de tissus mécan.de toiles. — Lousbergs (Ferd.), tissus unis et façonnés.— Malfait-Van Loo. — Manilius (Ferd.), Marrissal (Vve).— Parmentier, Vanhoehgarden et Cie.— Rosseet-Delise, p. l'export.—Rychx (F.).—Rychx et Vespeyen. — van Acker, de Coster et Cie. — van Acker et Vincent. — Vanden Broecke-Grenier (Vve). — van de Kerckove (Jos.). — Vandenhove-Muys. — van Heuverswyn (F.) et Cie. — Vanloo (J.). — Vanloo (Christophe). — Voortman (A.).

Coton (tiss. méc. de toiles et tissus de). — Buysse (Aug.). Ceuterick (Th.). van Hove et Cie. — Curman (V.). — Declerck (F). — Delecroix (L.). — Delin-Deruelle. — Deng-Christiaens. — De Rœve (Jean), façonn. — Dewaele-Vanden-Bossche (J.-C.). — De Wolf et Ph. Monckarnie, façonnés. — Duckers et Cie. — Duquesnoy, et lainages. — Fykens (L.). — Hebbelinck (L.), piqués et jupons. — Lamotte. Grenier (E). — Legrand-Loof, toiles pour l'exportation, remp. St-Jean, 21. — Leirens-Claes.

— Moerman van Laere (J.), tissage méc. de toiles pour l'exportation. — Morel et Eyben. — Rossel-Delise, toiles et toiles mexter. — Storme-Brasseur. — van Ceulebroeck (F.). — Vanden Bemden (A), fabr. de tissus coton, laine, fil de lin et teinture. — Vandenhove (A.). — Vandeputte et sœurs. — Wille (P.).

Cotonnettes et siamoises (fabr. de). — Bontinck (J.). — Declerck-Amand (J.). — De Maestelaere. — Maesereel Bombeke (Ch.). — Marisal (Vve). — Onghena (L.-F.). — Riem (L.). — Suppes (J.), pour l'export. en coton fil. — Uyttendael de Pauw (G.). — Vandecatsyen (J.-B.). — Vanderschueren (L.).

Coton, laine, etc. (négociants en tissus de). — (Voy. Fabr. de coton et indiennes.) — Dubois (E.). — Gyselinck (G.). — Le Revert. — négoc. commerç. en aunages, représ. plusieurs fabr. — Mees (F.). — Migeon (J.-G.), coton brut. — Mauerman-Laubahr (Jh). — Segers-Van Laer (L.) et tapis. — Vandemale-Lanszweer et A. Verbeke.

Couvertures de coton (fabr. de). — Desmet-Desmet, à Escloo. Verbruggen fils. Verbruggen-Dal (J.-B.). Verhulst et Du Moulin, success. de P. Verbruggen Verhulst; ouates en toutes couleurs, mèches tissues en tous genres. Verstraet et Cie; couvert. en laine et coton. Wild (N.) et frères.

Crins (fabr. de). — Vandecasteele (G.) et Dabar, fabr. de crins frisés (export.), crins bruts, frisés et longs; dépôt de plumes et duvets.

Déchets de lin. — Vandenkerckhove-Vanden Broecke.

Dentelles (fabr. de). — Balcaen (F.) Brunel-Parez, d. noires. Bytebier (Mlle). Caztis sœurs. De Back. De Busscher. De Meyer sœurs. Bevos-Herinx (V.). Dewinne (Charlotte). D'Havé (Mme). Atelier de bienfaisance. D'Hont (Benoit). Doublet sœurs et Cie. Eeman sœurs. Ghysbrecht-Remaet. Gleesener-Dalayon. Gaellette-Bergeron. Gysels-Bonvier. Mabilde-Plettinck (Mme). Peeters-Vandenbossche. Robbe (A.) et sœurs. Schaetsaert sœurs. Symays (A.). Stoop-Broëta. Strobbe (Mlle). Tricot (Mme). van Biesbrouck. Vanden Bos-Rooms. Vandensteen. Vandevelde (Prosper); dépôt à Paris. Vanhollebeke (Pauline). Van-Hove-Sablon. Van-Meldert. Van-Ooteghem. Yves Willequet; applications.

Draps pour cylindres (fab.). — van Maerkerke et Cie.

Draps et manufactures. — Bruneel-Laperre. Bruneel-Ceuterick. Buys (L.). Dekezel-Van-Loo (G.-L.). De Meulemeester (Ch.) et Bodart. Derreva ax (Alph.). Desmedt-Alexis. Erard et Cottigine. Guillemyn (C.). Latour-Desmedt. Motte-Debock (E.). Motte (J.) et Maillard. Rullens (L.). Sengier-Aelterman (L.). Thery et Casy, et nouveautés. van Gend (Ed.).

Fils de lin. — Grenier Wambersie (A et E.) fils. Gruloos (J.-L.). Lahousse (J.); maison à Lille. Moerman-Laubahr. Vandemale-Lantzwert et A. Verbeke, et fils de laine et coton.

Gants (fabr. de). — Bouchain (A.). Pellat frères.

Habillements confectionnés (fabr.). — Colard (N.) et Cie; maison à Bruxelles.

Impressions sur tissus. — Migeon (G.. Spatz) et Cie.

Indiennes (fabr.). — Bruneel-Laperre, négoc. De Hemptinne (F.). De Smet frères. De Weweirne père. De Weweirne fils. Knockaert-Richebé. Migeon (G.). Parmentier et Cie. Quinart (P.-J.). Voortmann.

Laines (négts). Bouché-Gallet. Carpentier-Pappens (P.). Carpentier-Deconinck (J.). Herman-Lamotte Lannuthecre (Jh.) Levison (Jh.) et fils, m. à Verviers.

Laine cardée (filat.). — van Moerkerke (J.) et Cie.

Laine peignée (filat.). — De Smet et Dhanis, Vandemale Lanszweert et A. Verbeke.

Laine mixte (filat. de). — Gallet (R.).

Lins (négts). — Berthe (G.). Bonne frères. Claeys (E.) et frère. Gallet (J. B.) étoupes, Grenier-Wambersie fils (A. et E.). Hayman-Bracy (Richard). Hye-Hoys frères. La ousse (J.), m. à Lille. Levison (Jh.) et fils. Moerman-Laubahr (Th.). Paton et Pelizaeus. Verspieren (M.). Veesaert (D.). Wierne (E.).

Lin et étoupes (filat. de). — La Société anonyme Linière Gantoise. Adm.-dir.-gér. A. de Smet. — La Société anonyme Linière de la Lys, Adm.-dir.-gér. Eug. Morel. — Allonsius-Fiévé (F.). Boene frère. Burdot (S.). Casier frères. E. de Clercq et Cie. De Breyne-Brasseur. De Smet et Dhanis. Feyerickx (N.). Gallet (J. B). De Breyne-Brasseur. Grenier (L.) et frères. Maertens et Cie. Moermann-Vanlaere. Morel et Verbeke. Paton frères. Pyn et Cie. Rigaux frères. Schouetteten (E.) et H. Storyscribe fils. van Grombrugghe (H.) Vanden Bulcke-Fiévé (L.). Vandemale. van Effenterre (L.). van Tiéghem (It.). Vermeersch frères.

Linge de table damassé en fils de lin (fab. — Thienpont (L.) fils.

Malfil (fab.). — De Temmerman.

Négociants-commissionnaires. — spéculateurs. Bowe-Waterloo, coton filés. — Brasseur de Crom. — Canon (L.). — Claeys (Ed.) Croq. et frères B. — fab. filat., — De Bock (Ad.) et Cie. — De Breuck (Ed.). — De Coorebyter (Valentin. — De Meulemester (C. A.) et Cie, cotons et potasses, graines de lin. — Dutry-Joos (Edm.). — Haeck (J.). — Heughebaert-Peeters. — Hye-Hoys et Cie. — Janssens-Bresous (J.). — Lantheere (Jh.). — Le Revert, cotons et laine filés, tissus de coton. — Levison (Jh.) et fils. — Lowener (S.), lin. graine de lin. — Mechelinck (Aug.). — Mees (Fes), negt, représ. plusieurs fabr. Moermann-Laubarh (C.). — Migeon (J. G.) negt. en coton brut, lin. — Mullendor. — Odberg. — Pelgrom (Jh. J). — Serbrayns (J.). — Springael (J.). — van Beneden. — Stoffels (H.). — van Brabant (H.). — Vanden Kerckhove et van Dooren. van Hove de Caigny et Cie. — Vandewaele (F.). — Vanderwoestyne (J. D.). — van Leo-Puls. (Th.). — van Rullen (E.). Vervaset (Fl.).

Nouv. — Butterworth et Cie. Cockuyt-Baert. Declercq-Cornélis, Pauw sœurs. Auevnaert-Faliau. Bell et Cie. Dumont-Van Haverbeke. Papillon et Cie. Vanheuverswyn-Wille-David.

Ouates (fab.). Bontinck (J.). Wild (N.). et frères, et déchets de coton.

Peignes art. de filature (fab.). — Paton (W.). et Cie. Ward (Jhonq), maison à Lille.

Produits gommeux pour impress. et appr., P. Depince fils.

Rots et lames (fab.). — Schelestraete (Ch.). Schmid-Steyaert.

Rubans en fil, coton et laine (fab.). — Van-Leaucourt et Cie.

Tapis (magasin). — Dubois (J.). Hauff (Aug. Vve). Venderbeecke (J.). van Mierbeke.

Teinturiers. — Deweweirne père. Deweweirne fils (J). Knocekaert-Richebé Michiels. De Muynck. Tiberghien (L.). et Cie. van Damme. van Hoecke-Van Damme Hoœke-Lowe Verkercke (Jules).

Tissus élast., bretelles (fabr.). — Herman (F.).

Toiles (négoc. en). — Bultinck (P.-J.), et fab. Christiaens. van Waesberghe. Daeye. De Maeyere. Dubois (F.). Gruloos (J.-L.). Hauff (Vve Aug.). Latour-Desmedt, Maere (L.). Marchand (Vr.). Nuytens (J.). Plaimont (J.). Schaetsaert (Vve). Segers-Vanlaer (L.), et calicots. Vallaeys et Lampens. van Beneden. van Dorpe. Vanneste-Note.

Toiles et tissus de coton (fabr.). — Voir Coton.

Toiles (tiss. méc.). — Buysse (Aug.). Desmet (D.), en tous genres. De Wulf (Martin) et Cie. Dierman-Seth. Dobbelaere-Hulin (P.). Hosten (J.-B.) et fils. Lamotte-Grenier (E.). Migeon (G.). Moerman-Vanlaere. Morel et Eyben. Suppes (J.). Vandekerkhove. Vanden Broecke. Vandenhove (A.), r. Traversière. Vandeputte (L. et A.). Vandeputte et sœurs. Vervaeke-Vandekerckhove.

Toile cirée (fab. de). — Vervaet.

Toiles à voiles (fabr. de). — Desmet (D.), et autres. Dobbelaere-Hulin (P.-B.). Moerman-Van Laere.

Toiles damassées et coutils (fab.). — Carpentier. Transaert. De Vos (L.-C.). D'Hondt (Ed.). Dobbelaere-Hulin (P.). Rysenaert et Cie. Thienpont (L.) fils, et linge de table, mouchoirs, export. Trensaert-Hollart.

Tulles (fabr.). — Froost. Legrand (L.).

Tulles, mousselines, rubans (négoc.). — Ammerlinck (T.). Hogger (C.). Hogger (J.-J.). Nisel (F.). Tant-Debuck (C.). van Bambeke-Leonard (E.). van Geluwe-Steppe.

Alost.

Amidon (fabr.). — Van Assche.

Banquiers. — Lienaert-Pauwe-Iaert. van Langenhove (C. et Alex.).

Coton (filature de). — Vandermissen frères.

Dentelles, valenciennes et applications. — Borreman (T.). Causiau sœurs. De Miltenaere. De Breemacker. De Saedeleer. De Bremmacker (Mia.). Govaert fils (L.). Limpens. Megauck sœurs. Notteris. Teurlings. Vandermissen. Vanderspecten. van Vaerenberghe.

Fils de lin et étoupes. — Lefebvre (V.). Vandersmissen. Plas.

Fils retors (fab.). — Cumont-Declercq. Jelie (J.-B.). Eliaert-Cools.

Indiennes (fabr.). — (M.-F.). van Santen van de Weil, industriel. V. Blondiau.

Linge de table et tapis (fabr.). — Noël (J. et P.). De Brandt (Jacques). Von Meldert frère et sœurs.

Soieries, cravates, etc. (fabr.). Fonteyn frères. Levionnois-Dekens.

Tissus de coton et laine (fab.). — Gehot (A.). Fonteyn frères. Gehot (Emile), molletons. Meert.

Toiles (fabr.). — De Coninck-Moyersoen, nég. Gehot (Emile). Noël frères (J. et P.). Vanderdoodt frères. Schelkens (P.). van Achter. van Ghyseghem-Dekegel, tiss. méc. Van Meldert et sœur.

Audenarde.

Amidon (fabr. d'). — Detemmerman (D.). Vandamme (Ch.). Vanden Abeele.

Dentelles. — Senesol. Vanderbanck. Vander Meeren. Vanhuffel (Fl.

Laine (négoc.). — Calant (J.-B.). Vandenhende (L.).

Lins et étoupes. — De Bleckere. Vanhuffel. J. Vespieren.

Lins et étoupes (filat. de). — T. Carlier. Vandamme (Ed. et Em.). frères.

Tissus de coton, lin et coton et laine. — Boelaert (Vve). Glet-Delagache. (F-H.).

Toiles (fabr.). — Giet-Delagache (P.-H.). Vanderstraeten.

Deynze.

Amidon (fabr.). Calewaert (E.). Debacker (P.). Declerck (Ch.). Priem. Valcke. Vandermeersch. van Temsche. Verhaest. Verpoest.

Bretelles. — Gerard Pilteryst.

Soieries (fabr.). — De Smet. Lagrange frères. Lagrange-Piéters. Roelens (A.).

Tissus élastiques, bretelles (fab.). Bilteryst.

Eecloo.

Amidon (fabr.). — Piessens (B.). Ryffranck (Vve).

Dentelles (fabr. de). — Les sœurs de Charité et de Saint-Vincent de Paul. van Han (A.-B.). Verhé.

Laine (filat.). — Baudts. Dekeyser (S.) Neelemans (J.-B.).

Laines et coton (fabr. de tissus de). — Baudts. Commerga. Dannels (J.). De Keyser (S.). Dhavé Goethals (F.). Goethals (P.). Goethals (J.) fils. Goethals-Laforce. Lyvyn (B). Neelemans (J. et Vve J.-B.) Reynekinck (F.) père et fils. Timmerman (L.). van Wassenhove (Vve).

Toiles (fabr.). — Standaert. Vandoorne.

Grammont.

Banque nationale (succurs). — Schoutte, agent.

Banquiers. — Spitaels (C.). Spitaels (D.). Spitaels (P.) et Cie. T'Sas.

Coton (filat. de). — Caron-Robyn.

Coton et laine (fabr. tissus). — Caron-Robyn. De Merlier (C.). Liottier-Dooms et fils. Mahy. van Trimpont. van Welter.

Couvertures (fab.). — van Trimpont.

Dentelles, façon Lille et Valenciennes, de toutes espèces (fabr.). — G. Breck-Dara. N. Byl-Crusener. Byl-Vanacter. Caron-Robyn. Colas (J.-B) et fils, filat. et ouvraison de soies ; maison à Caen (Calvados) et au Puy (Haute-Loire). De l'Arbre-Vranck. Delestré (Ph.). Deruyter-Vanderdonckt. D'Hont (C.). D'Hont (Vve). Dierycx (P.-J.). Dierycx (Vve J.-B.) et fils. Druwé frères et sœur. Fontaine-Liottier. Ghys (Vve P.). G. Chysbrecht. Jouret sœurs. Vve Leclercq, Lepage-Kina. Vve J. Mallet. Minaert enfants. Paquay-Deruyter. Saligo-Vanden Berghe. Silva (V.). Stocquart frères. Stocquart sœurs P. van Belleghem-Lepage. G. van Combrugghe. van Caezeele et Cie. Vansteen Damme. vans Varemberg. Wittocx (H.). De Keyser. Byl frères. Raingeard (A.). Roemaët Ghysbrecht, de Brobanter (Vve). van Trimpont-Jouzet (A.).

Soies pour blondes et dentelles. — Colas (J.-B.) et fils. Duval (Aug.), représenté à Grammont par Praet.

Haeltert.

Broches (fabr.). — Renneboogh.

Dentelles. — Lauwerys (D.). Lauwerys (S.). van den Bruele (B.).

Toiles de lin et d'étoupes (fabr. et blanchis.). — Callebaut. van Meldert frère et sœur, et linge de table.

Hamme.

Amidon (fabr.). — De Jager (Félix). De Loose (J.-D.). van Bogaert (Louis). van Driessche (Jean). van Driessche (J.-F.). van Geetruyen (J.-F.). Vertongen frères. Vertongen (Pierre).

Corderies. — Bocklandt frères. De Corte. De Grève. Eyckerman (C.). Paylaert-Eyckermann. van Geetruyen Heirebant. van Hauto frères. Vermeire (F.). Vermeire-Hellebant.

Lacets (fabr.). — Van Damme (F.). Vermeire et Cie.

Rubans de coton et fil (fabr. de). — De Lestrée, enfants. van Damme (Ferd.). van Duyse Laureys. Vermeire et Cie. Vermeire Van Rensel.

Ledeberg.

Fabrique et filatures de lin. — Bonne frères et de Bruyn. Bracq. Rey ainé. Somme Stevens.

Lokeren.

Banquiers. — Boeckart (E.).

Blanc, de toiles. — Baetens (enfants). Baetens-Nelis. Boelens Deconinck (E.) Deconinck (P.) De Rouck-Roels. Dewilde-Thirie. Simais-Speelman (Vve), Themon frères. Vermeulen. Van Damme frères et s. van Hoymisen frères. van Hoymissen Nobels. van Kerch Kove-Baes. Willems. Picavet. Walgraeve-Baert. Walgrave (J.).

Chanvre (fils de). — Blancquaerts et Cie). Cock (Ch. et Cie). Roggeman.

Coutils fins et corsets (fab. de) Jacquot-Hugue.

Lin et chanvre (filat. de). Blanquaert (Al.) et Cie. Cock (Ch.) et Cie. Demoor-Muys.

Lins et chanvres bruts et préparés (fab.). — Blanquaert ainé. Blanquaert (Al.) et Cie, Baert. Batens. Neysens. Bockaert. De Cock (Ch.) et Cie. Eyers. Goosses et Hermé frères. Roggeman Schanfelaer. Verstraeten.

Tissus de laine et de coton (fab. de). — Degeest-Blondel. Desmet. Muys-Vandenplas-Trouvriez (Ch.). Vanhoof (J. B.).

Toiles (nég.) Sergoyne.

Toiles d'emballage (fab.). — De Castro (fr. et sœurs). De Noes Kindt. C. Vvt.

Ninove.

Banquiers. — Deken (D.) van Steenberghe. — De Coen (C.),

Dentelles (fab.). — Braeckmans (L.). Cuemps (Mlle F.). Etablissement du Sacré-Cœur et de St-Vincent-de-Paul. Haelterman (Fr.). Soeten (Vve). van den Bone (Ch.). van Dessel (Ch.). van Oounhove Frausman (Vve).

Fil de lin (fab.). — Agnessens. Decooman frères. De Mol (frères). De Mol van Droghenbroeck. Deroeck frères. Eliaert (J. B.). Soetens (Vve). Stichelmans (frères). Vanden Bossche. van Impe Penne. van Opdenbosch-Beekman. van Droogenbroecke et Delalande. Van-Droogenbroecke et Heymans. van Steenberque et van Vreekem.

Gants (fab.). — De Haen (V.) De Troyer (D.). Bruck (F.). Haelterman (Fr.). Meert. Birman. Loetens (Ed.). van Dalem (J. B.). Vanden Bosch-Van Dessel (Ch.). Verbroeckhouven (Ed.). Wasteels (J.). Wymeersch.

Mécanicien. — Jacobs. Wachtlaan.

Toiles. — Braeckman (L.). De Boodt. De Mol Ringoot. De Mour de Mol. Demest. De Pril. van Ham. van der Tehneren (Jh.). Violon (L.).

Rennaix.

Banquiers. — Parent-Pecher et Cie.

Couvertures (fab.) — Coupez (Ch.).

Sacs (fab.). Vanbustsele (F.), fabrique de sacs sans couture, expéditions.

Teinturiers en Bleu. — Bauters frères. Bauters (Vve), Cappenolle (L.). Minair-Clément. Menair (Vve).

Tissus de coton et laine, cotonnettes, siamoises et molletons (fab. — Bascle ainé (Th.). — Bouchez. — Bruneel-Leenaert. — Cambon. — Cambier frères. — Canfyn-Nunegeers. — Canfyn frères. — Carpentier-Dupont. — Coupez (Ch.). Coutermann (Ve). — Dekeyser-Merry, — Deman-Duvivier (Vve). Demets (E.). — Deparis-Vanherde, — De St-Mortier-Vander-Geynst. — Dopchio-Crocq. — Dopchie-Delhaye. — Dopchie-Denoine. — Febvrier-Deman. — Febvrier-Fontaine. — Gillemain, — Lejour (L.). — Loix, fab. et négt. — Loyers (Ch.). Maghermann. — Massez (M.). — Minair (Vve.). Minair Clément. — Mollet, coutils. — Narens (O.). et sœurs. — Peutte frères et sœurs. — Sanspeur-Ghenens. — Sanspeur-Puissant—Vandeurme (Ch.). — Vandevelde-Surquin. — Vandevelde Loinx. — Qandevelde-Thienpont. — van Wyrmerschelde-Deparis. Verlinden-Vlaminck. — Wain-Laurent. — Wleignet,

Toiles (fab.), — Beatse-Meert. Cranwart (Vve) Delbar-Romain, Sanspeur (J.).

Toiles (négoc). — Delagache. Desmet. Morel (Léopold). Mouroit frères. Portois (L.). frères. Sanspeur. (L.).

St-Gilles-lez-Termonde.

Chanvres et lins. — De Bruyn (J.).

St-Nicolas.

Apprêteurs d'étoffes. — Disbecq et Dhaenens.

Banquiers. — Comptoir de la banque nationale, Talboom-Joss.

Bonneterie (fabr. de). — van Dan (J.-B.).

Cotons filés. — Talboom frères. van Tenten-van Puyvelde.

Épingles (fabr. d'). — De Cuyper. Herdewell (Vve J.-F). Truyens (L.).

Laines (filat. de). — Janssens-Dedecker.

Laines peignées, cardées et filées. — van Havere (Alph.), et soies. van Tenten-Van Puyvelde.

Soies, schappes filés et teintes. — Deloose, dépôt. van Havere (Alph.); soies et laines, commission. van Tenten-Van Puyvelde.

Soieries et rubans (négoc.). — van Havere (Ant.).

Tissus laine, coton, soies, châles-tartans, etc. (fabr.). — De Baer de Group. — De Boudt-Staes. — Decock (P.). — Decuyper (J.-F.). — De Haes (P.-J.). — De Juer (Gustave); commiss. en châles et tissus pour robes. — De Maere et fils. — De Maesschalck frères et sœurs.—De Merlier-Stoop. — De Scheppers (Vve) et fils.— De Schepper-Rubens. — De Schepper-Vanstappen. — De Wolf frères et Esprit.— Dhanis-Debondt.—Fromauz-de-Cock. — Gevaert et van Craenenbrock. — Heyndrickx-Demaere.— Huybrechts frères et sœurs. — Janssens-Dedecker. — Lummens-Dewit. — Lyssen-Vandam, et dépôt de tapis. — Meert-De Schepper. — Mesot (Aug.) et Cie. — Nys et Castoels. — Reychler-Vanderstallen.— Rubens-Bodaux. — Rodrigo-Heyvaert. — Rollin (H.) fils. Rombaut-Kokkel-berg. — Ruys-Van Damme. — Simais de Merlier. — Staes et Denis. Stoopp-Rumbeke et Togen (Vve).—Vaerendonck (Ch.) et Hochsten. — Vlaecke-Meul. — van Bel-De Grave. — Vanden-Bosch-Cap et fils aîné. — Vanden Broek-Van-Namen. — Vanderstallen-Desulter (J.).—Vandionant (H. et G.), et couvert. van Eyck-De Block. — van Haelst (L.). — van Haute-Denis. — van Landegbem (A.), tartans.— van Meervenne-Van Wolvelaer. — van Messche-Borré (Ch.). — van Wittberghe-Vanhese.— Varenwyck-Kokkelberg. — Vercauteren-D'Haenens. — Verellen-Rodrigo (Ed.). — Verhoyen-Festraest.

Toiles à voiles (fabr.). — van Naemen-Boegé.

Tamise.

Coton (filat.). — Talboom frères.

Cotonnettes (fab.). — Stuer (Vve).

Dentelles (fabr. de). — Nys-en-D'hoghe. Ver Caminen (Ch.).

Lin et étoupes (filat.).—Andries. Bryes et Cie. Flick (F.-A.).

Mécanicien. — Flick (F.-A.).

Tissus de laine et de coton, châles-tartan. — Wauters (Aug. et Ad.).

Toiles à voiles de lin et de chanvre (fabr. de). — Wilford (W.), représenté à Paris par E. F. Krauss. Wittock-Van Landeghem.

Termonde.

Banque nationale, caissier de l'Etat (agent). — Bosquet.

Blanchisseries de toile.— Degwote (J.). Lancksweert (Ch.). Vauderjenght.

Cordages (fabrique de). — Vandesteen (Ch.). Verlongen-Goens.

Couvertures en coton (fabr.).— Brabants (J.). Deblock (P.). Demey (J.). Demey (F.). Demey-Opalfvens. Philips. Glazer. Philips-Mather. Tamlot. Roos Saeys frères. van Bolle (Ch.). Vauderhaege (E.).

Dentelles. — Decaluwe. Dedecker sœurs. Libeert (Vve). Devrocy.

Wetteren.

Lin (march. de). — Baetens. Soetaert frères.

Tissus de laine et de coton (fabr.). — Delise-Scribe.

Tulles (apprêts de). — Legrand et Cie.

Zèle.

Amidon (fab.). De Meuleneir (Ad). Famaey, (César). Hermans (Jh.). Vercauteren (Ch. L.).

Couvertures d'étoupes (fab.) Coppietters (L.). De Boeck (J.). De Kimpe (J.) (De Kimpe (P. F.). Kindt (Ch.). Neles (Guil.). van de Cruysse (fr. et sœur. van Exter (Vve J.). van Mingeroet (B.).

Lin et étoupes. — D'Haese-Nelis et Cie. Nelis (Fr.). Permentier (P.). Rodrigues. Tabbant (E.).

Lin (filat.) Melchior. Singelyn et Cie.

Seranceurs de chanvre. — Vander Cruyssen (J.). van Haeken (J. A.).

Teinturiers en bleu. — Couvent (Ad.)

Toiles à sacs (fab.). — De Block (B.) De Walsche (Aug.). De Walsche (L.). Caessens (Vr.). Haegens. Heirwegh (B.). Heirwegh (F. H.). Moerman (Vve J. B.). Schepens (B.) van Mingeroet (J. B.) van Overloop (André).

Toiles à voiles (fabr de). — Bosteels (Jh.) Meuleneir, Nelis (Em.). Vermoire. van Langenhove.

Toiles d'emb. (fab. de). De Bock (Ch. L.) De Douder (B.) De Kimpe (J. F.). De Kimpe (J. J.). Staes (Ch. L.). Skindt (Ch.). van Cauteren.(Vve.). van Genabelh (Corneille). van Overloop. Cornelis (Jh.). Heirwegh (F. N.). Nelis (Fr.). Nelis (Emman.). Schepens (B.). van Mingerock (J. B.).

PROVINCE DU HAINAUT

Mons, chef-lieu.

Banque nationale. — Duvivier fils, agent.

Banquiers. — Coppée (D.).
Corbière (F.).
Dessigny (Vve).
Dugnolle.
Knappen (D.).
Paternostre-Guillochin, Emile Sirant et Cie.
Tercellin-Goffint et Tercelin-Monjot.

Confections p. dames (fab.).— Cocq Lammertyn.

Coton (filat.). — Tiberghlen et Leman, à St-Denis.

Draps et confections. — Balasse (Ch.). Coppée (Alex.). Cornette frères. Delnay-Deneufcourt. Delodder-Jambart (F.) et Cie. Falloise ainé. Falloisse Baeyens (H.). Franeau. Lebrun-Deback. Thiéry (F.) et Cie.

Mousselines anvlaise et suisse, tulles et rubans. — Belinne. Dehaut-Guissez. Derély. Michel-Marlier. Quinet (A.). Roabert-Thiriar.

Ornements d'église. — Vincent Simon.

Teinturier. Hanarte (Gve), ingén. civil (procédés tincoriaux),

Tissus (magas.). de manufactures anglaises, française et belges. — Agullion (Ch.) Becasseau. Gauthier-Lessines, Gerard-Garin. Dosin-Sury. Dupont-Gilbert. Holzapfel-Dubois. Latteur-Rossignol. Manderlier (S.). Rouvez (L. J.). Rouvez (Th.). Scauflaire et Declève. Voituron-Holzapfel.

Toiles. — Dupont-Declerq. Dupont-Gilbert. Grenier frères. Lejeune-Carlier. Lemaire-Masson. Poissonniez-Jaupart. Vanhassel (J.).

Ath.

Banquiers. — Boutique (Aug.) Duhniole (G.). Labrique (Jules). Parent, Pecher et Cie.

Indienne. (fab.). Descy frères.

Laines brutes. — Ooghe (J. B.).

Lins. — Desmet. Dubois-Delaunoy. Lefranq. Loiselet.

Lins (filat. de) — Descamps. Wauters Descamps, Ritter et Cie, filature de lin et d'étoupes.

Soies schappes (peignage et filat. de). — Simon Philippart.

Tissus manuf. (nég.). — Gilbert (O). et Rousselle.

Tissus (fab.). — Lemaire (Ch.).

Toiles (fab. — Delacuvellerie (A.). Delacuvellerie (X.). Jaupin fils et Laurent. Lequeux-Février. Sadoine (J. B.). et frères.

Binche.

Banquiers. — Lebleu (Emile). Martin.

Draps. — Colman. Demaret. Deprez. Dubray père. Dubray fils. Lecrenier. Menart. Navir. Ramboux.

Nouveautés. — Degueldre (E.) Laurent-Lessine. Nicolas-Lavandamme.

Ornements d'église. — Demaret-Durieux.

Braine-le-Comte.

Banquiers. — Durand et Dehaye, Vve Colet. F. Vubrulle. Jurion et Cie.

Coton (fil de). — Duray (Vve Ch.). Duray (L. Vve). Flameng fils. Flameng frères et Cie. Flameng (L.). Flameng (Vve B.).

Charleroi.

Banques (succursales de). — Banque nationale. Société générale.

Banque de Charleroi (société anonyme Brichard frères et Cie). Caisse indust. et commer. du Hainaut. Delloye (J. et C.). E. Detilleux et Cie. Drion, Charles et Cie, Ghislain, Cahn, Painvin et Drion.

Coul., teint. et prod. chim. — Lottin et Narens.

Tissus en gros. — Leborne (Léonard).

Chatelet.

Banquiers. — Baliseau-Lebeau, Leborne (J.). et Cie. Banque de Charleroi. Brichard et Cie. Firmin Charles.

Leuze.

Banquier. — Walnier (Adolphe). Ribaucourt.

Bonnetterie de laine et coton (fab. de). — Bertouille (Charles). Bouzin-Dumont. Castiaux-Destecke (G.). Delville-Paris. Devos-Loiselet. Dujardin-Devos. Dujardin frères. Haulem et Dubois. Loiselet-Rouvart. Petit-Auvertin. Régibo-Dureulx. Schmidt, Goldenberg et Cie.

Laine peignée (filat. de). — Boucaut fr. et sœurs. Bourgeois-Ansart. Dupire-Theys. Lemyé-Dumont et Cie. Placquet-Lemonnier. Plaquet-Foucart.

Mercerie. — Castiaux-Desterke (G.),

Tissus de laine (fab.). — société anonyme de Loth, peign., filat. et tissage méc.

Toiles, tissus de fils de lin. à la main (vieille industrie des Flandres). — Degueld (Jh.) fils,

Péruwelz.

Aiguilles pour bonnet (fabr.). — Denis (Vve).

Banquiers. — Deflinne-Duez et Duez-Delannoy. Tondreau et fils.

Bas et bonneterie (fabr. de). — Bascourt-Delhaye. Bouton (Désiré). Chéron-Dupont. Devriendt-Museur. Duez-Chéron frères et sœurs. Dubuisson. Dupont frères. Harlez. Mahieu (Ant.). Mahieu frères et sœurs. Museur. Pétillon-Désirs. Petillon (Jos.). Petillon-Tampan. Sauvage et Desclée.

Draperie, soierie et toiles. — Filet-Carlier. Lemyé (S.). Nicaise-Ravez. Simon (H.).

Laines (filat. de). — Museur, Duez et Petillon. Mahieu frères et sœur.

Métiers à tricoter (fabr.). — Molle (Jh.) fils.

Tournay.

Banque nationale (succursale). — Cornit, agent.

Banquiers. — Delvingni, Pirson (A.) et Cie. H. Leman. Parent Pecher et Cie. Sacqueleu-Macau.

Bonneterie (fabr.). — Angelo (B.). Bertouille. Bertouille. Canler-Chotteau. Casse (Jean); bas pour varices. Dechaux. Delye-Hebbelinck. Delye-Roussel. De Loos-Inglebert. Desplanque (J.-B. Vve). Duquesne-Marescaux. Francotte-Nimal. Haverland (E.). Haubourdin-Leclercq. Helbo-Sébille-Inglebert-Lefebvre. Leclercq-Stelys et fils; maison à Bruxelles. Lemaire-Dupres et Demeunynck. Picquet et Quitmann. Poneau-Meugen. Soyer (Ch.). Vandris-Freniau. Vanderborgt (J.). Wattiez (Philippe).

Coton (filat. de). — Bossu, Roussel et Cie, chaines écrues et jaspées.

Dentelles noires, points de Chantilly et applications de Bruxelles (fabr. de). — Tonnelier (Victor) et Semet ; maison à Lille.

Draps. — Cazy (A.) et Cie. Sandoz (H.).

Fils de coton et de laine. — Sagehomme et Lemaire.

Laine cardée et mixte (filat. de). — Strat-Duvillier.

Lin (filat.). — Rose-Boucher et fils, et fab. de toiles. Bouchez (Simon), Warchin, Bou her-Feyerick.

Lin (march. de). — Masse (J.-B.).

Nouveautés. — Beckx-Tonnelier (Vve). Brochette-Planté. Delbecque-Lezy, Glorieux-Verbecke. Gonez. Ghysbrecht-Gonez. Logie-Beckers. Maquest-Nis (B.). Piéters (Oct.). Singer (Max.).

Ouates et mèches (filat.). — Dandois (J.).

Tapis de pieds (fabr.). — Manufacture royale de tapis et filature de laine ; directeur gérant, Lachez, siége à Bruxelles. Dumortier (Paul) et fils, fabricants de tapis. Grymonprez-Casse. Vansprangh et Michel. Verdure-Bergé.

Tissus pour pantalons (fabr.). — Allard (Benoît). Asou (Jh). Bertouille (Louis), laine et coton, exportat. représ. à Paris par Kraus. Bertouille-Poutrain. Bossut, Roussel et Cie, tous genres, coton pur fil, fil et coton, et laine et coton, repr. à Paris par F. Kellaer. Depoorter (A.). Dequinemar (J.-B.). Devaux (F.) et Jh. Vanderbuecken ; robes. Favart-Dujardin. Isbecque. Lemaire, Descamps et Plissart. Liénart-Chaffaux (Vve) ; coton et fil, laine et coton, exportation. Masquelie-Barbieux. Piron (J.); robes, représ. à Paris par Ferd. Kellner. Verdure (Ch.) et Cie.

Teinturiers. — Vve Florin. Vve Hernould. Leray. Philippart-Gransart. Pipart. Singer (Max).

Toiles. — Berluteau. Crombach. Dewolf (Aug.). Duhem (Edmond). Fumière (Vve). Lempereur. Rose Boucher et fils. Vallez-Tacquet. Wuylsteke-Kimpe.

Tulles. — Adins. Boulogne-Bochard.

PROVINCE DE LIÉGE

Liége, chef-lieu.

Chambre de commerce. — Président : Pastor (G.), à Seraing. Vice-président : Closset (M.). Membres : Capitaine (U.) fils. Dawans (A.). Lemille (P.-J.). Brixhe, à Huy. Chaudoir-Van Nelle (C.). Closset (E.). Dehasse de Grand'Ry. Delloye-Mathieu, à Huy. Godin-Gillard, à Huy. Lamarche. Dandrimont-Demet (J.). Terwangne (V.) D'Autrebande-Huy. Borgnet. Pirlot. Bernimolin. St-Paul de Sincay, à Angleur. Nagelmackers. Orban. Ortmans (J.-B.). Secrétaire · Lion (E.).

Autriche. — J. Begasse, consul.

Consuls. — France : L. Chapey, ✳, v.-c.

Russie. — Louis Falisse ✳, v.-c.

Espagne. — A. Nagelmackers, v.-c.

États-Unis. — Gernaert.

Turquie. — A. Dupont, consul.

Pays-Bas. — De Rossius-Orban, consul.

Portugal. — D'Andrimont de Moffarts, consul.

Italie. — De Lonneux (A.), c.; De Lonneux (C.), v.-c.

Brésil. — Nagelmackers (J.), consul.

Perse. — V. Gulikers Maquinay.

République argentine. — E. Hanquet, v.-c.

Suéde et Norwége. — Braconnier, v.-c.

Tribunal de commerce. — Président : C. Hechat. — Juges : Ansiaux-Rutten. Dawans. Colin. Closset. Braconier. — Suppléants : Lemaire. Deliége. Delbouille. Collin-Dumoulin. Nagelmackers (E.). Capitaine fils. Pirlot. — Greffier : Renier.

Amidon (fabr. d'). — Lobry (G.). Urback (G.).

Aunages. — Chaudoir-Herpin. Cleirens-Genard. Dufresne (Jh). Engelander ; châles, soieries, nouveautés. Fayn-Receveur, Kersten (R.). Laumont-Joffin. Lenoir (J.) et fils. Léonard (Vve). Malherbe (L. et F.). Meuffel-Nyst. Plucker (A.). Rouma. Thimister (Vve). Smeets (Th.). Staes (D).

Banque liégeoise. — Directeur : Bellefroid (Vor).

Banque nationale (agence de la). — Nagelmackers (Jules).

Société générale (agence de la). — Nagelmackers (Edouard).

Crédit génér. liégeois. — Joseph Fraipont et Cie.

Comptoir d'escompte de Liége. — Clément (L.) et Bellefroid et Cie.

Banquiers. — Anciaux-Rutten et Cie. Bellefroid (Paul) et Cie. De Sauvage-Vercour et Cie. Vve Ch. Dubois et Cie. Goethals (J.) et Cie. Meuffeh (E.), Sarens et Cie; Caisse de l'industrie et du commerce de la province de Liége. Frésart. Nagelmackers et fils. G. Oury et Cie. Tart et Cie. Victor Terwangue et Cie. Union du crédit, Gérard, directeur.

Bonneterie. — Aussens sœurs. Baar-Lecharlier. Blumelin (A.) et Cie. Breuer (J.-B.). Carez-Ziegler. Charlier. Chaudoir-Herpin. Criquelion-Morel. Jadot (Louise). Vanhengen (M. et J.).

Cardes (fab). — Falisse et Trapmann, pour laine et coton. Fetu (A). et Deliége. Garentures. Horstmann frères.

Chemisiers. — Charlier. Gallant. Larroque (E.) et Cie.

Confection pour hommes (fabr.). — Carzy et Cie. Colard (J. N.) et Cie.; m. à Bruxelles. Galond Bertrand. Goblep (J.-P.). Henrolay (G.-L.). Nancy (F.) fils. Thiery frères et Dagneaux.

Corsets (fabr.). — Mathies.

Couleurs et prod. chim. — Berard (J.) et frère ; teintures. Cardissalle-Pirotte. Chaudoir (Ed.). David (P.). Devos (L.) et Cie.; teintures (gros).Dumont. Goujon-Jonniaux. Joniaux (G.B). Lahaye (F.); fabr. de blanc d'ivoire (brev.). Matthys. Reuleaux frères. Reuleaux (J.). Servais.

Couvertures (fabr.). — Begasse (Ch.); fabr. en laine, fils de laine. Hainel (Henri). Déchamps-Taziaux. Sarton-Dehasse. Truillet (Jos.) et Cie.

Crins frisés. — Somzé-Mahy. Somzé cadet.

Draps (fabriq.). — Dechamps-Taziaux. Dehasse-Comblen ; spécialité de couvert., draps et de confections militaires.

Draps (négociants). — Becquart et Delleuse. Closset (S.-J. Vve). Fayn-Receveur. Société des fabricants réunis. Simon (Vve). Surlemont (N.-M.). Thiery (F.) et Cie.

Fleurs artificielles. — Biget (Victorine). Cruls sœurs. Faust-Marlin, Formier-Gerards (D.).

Gants (fabr.) — Rivet (L.).

Laines brutes. — Clerdent (F.). Vercken (Aug.).

Laine cardée (filat.). — Closset et Vellekens ; laines artific. Dehasse-Comblen. Dreze frères. Lecluze (J.-J.). Itahier (P.-F.). Vanderstraeten (Victor) et Cie. Vanderstraeten (A.), à Vaux-sur-Ollene. Vercken et Neef Xhaflaire frères.

Laines et cotons filés. — Bruer (J.-B.). Closset (Vve S.-J.).

Laines artific. (fabr.). — Closset et Vellekens ; filat. de laines cardées. Thys (R. et Ed.).

Lin (filat.). — Société linière Saint-Léonard. Administr.. délég. : Vanden. Bulcke-Fiévé.

Mécaniciens, construct. — Bellefroid (Jh.) fils. Berchmans et Fallize. Darrien aîné. Falisse et Trapinaun. Fraigneux frères. Fetu (A.) et Deliége, fabr. de cardes pour filatures de coton et de laines, représentés à Paris par H. Everling. Jaspar (Joseph).

Modes (fournit.). — Chaudoir sœurs. Maghuin (Elisa).

Mousselines, tulles, rubans. — Delame père et fils. Delame (Ed.).

Nouveautés et soieries. — F. Ancion. Bécasseau-Grandjean (Vve). Bertrand (M.). Chartier-Dezat. Closon (E.) et sœur. Delame père et fils. Ch. Delame. Dufrène-Vigoureux. Fallize-Beyne. Fayn-Receveur. Firket (P.-C.). Gasquy. Laumont-Joflin. Léonard (Vve H.-J.-C.). Léonard. Lechat frères. Lejeune-Jehotte. Parisienne (à la), Grand-Bazar. Quarez-Ogis (Mme), toiles et nouveautés. Plucker (R.). Remy-Borguet. Rackem-Lomhienne et Systermons. Rosa (Juliette) et Cie. Ruyster. Théodore-Coumont.

Ornements d'église. — Dehiu (J.-J.). Leonard (J.). Guillaume-Marie-Statz. Wilmotte fils.

Tissus laine et coton (fab.). — Closset (S.-J. Vve). Deschamps-Faziaux. Decharneux-Galopin (N.). Defrenne (J.-J.) père et fils. Lejeune-Rosa Lenoir et fils. Meuffels-Nyst. Montul et père. Montulet-Defrenne (J.). Truillet (Jos.) et Cie, molleton, flanelle. baie. Vilvoye-Brochart.

Toiles en gr. — Ancion (Vve). Bonjour et Houtapel. Chaudoir-Herpin.
Closon (E.) et sœurs.
Lahaye (F.), toiles imperméables et bâches (fabr. de). Liben (Mme). Lemonnier (Emile). Matthys (F.) et Cie, d'Olost. Nossent. Poncin frères. Staes.

Dison.

Apprêteurs. — Crickboom (M.). Lebe frères. Linders (J.). Molingen (M.). Paschal frères. Xhauflaire-Deschêne.

Bourre tontisse. — Brouwers (F.). Tiquet (N.).
Carderie. Lejeune. Thomard. Martin.
Commissionnaires en marchandises. — Cont-

ner fils. Benselm-Colette. Colette frères. Hardt et Cie. Roucou (L.). Velporte (P.).

Draps et étoffes de laine (fab.). — Bragard-Baudon. Cardolle-Sagehomme. Caro. Chandelle-Hannotte. Chandelle (J.-C.). Chat'en (M.) et Cie. Colard (J.-J.). Debesve-Blaise. Delbez frères. Dernier. Dewerixhas. Desonay (A.). Devosse-Blaise. Drèze (H. et J.). Drèze frères. Fabry (A). Fonsny frères. Henrion. Franquet (F.). Franquet (P.). Grégoire (Jules et Jacques). Hotermans-Demonceau. Kournoth (J.-G.). Lassaux fils. Leclercq (N.). Lecloux-Lecloux. Lecloux (J.). Lefort (Ch.). Lejeune-Vincent (H.). Lejeune-Vincent (C.J.). Loudemant (Robert). Lutaster. Malhonet (Ant.). Mathieu (D. Dré.). Minor-Paschal. Moreau (F.). Pirenne (B.). Sagehomme-Lutastér. Sagehomme-Stokis. Steinbert (J.-N.). Thinnister-Beatrix. Winandy (Vve H.). Winandy-Veuster (J.). Xhrouet. Debaar (A. S.). Sagehomme.

Draps (presseurs, décatisseurs et entrepositaires de). — Cornet-Lambert. David-Lassaux. Deby (Ch.). Deby-Gillet. Deforge (J.-J.). Delporte (P.). Luicé (F.). Lutaster (Vve H.). Rensonnet-Donneux (Vve). Rensonnel (N.) et Cie. Rensonnet-Lutaster (C.).

Filateurs. — Demonty (M.) fils. Dossin-Dabry. Gumotte (Ed.). Lincé (François). Palery (Ant.). Hannotte-Lejeune. Hoterman (Fl.). Hoterman (A. et V.). Montenaix-Goffin.

Laines (déchets). — Dernard (M.). Hoterman (E.).

Mécaniciens. — Beaumont frères. Beringer (J.) Biet-Grandjean. Cornet-Lotaster (P.). Josten-Tribut. Lemoine (J.).

Teinturiers. — Juspin. Bernare. Lejeune. Moré. Olivier (O.).

Verviers.

Chambre de commerce. — Présid. : Zurstrassen. — Vice-présid. : Fruhl (Jos.). — Membres : Rensonnet (N.). Martin (E.). Hauzeur (G.). Hansu. Robert. Contner. Gouvy. Fayen. Garot (J.). Offermann (O.). Mali (J.). Mullendorff.

Apprêteurs. — Fanchamps (V. et L.) frères. Fanchamps (P. H.). Fanchamps (P.). Lemaire frères.

Banquiers. — Comptoir de la Banque nationale.
Brouet (Is.). Defawe frères. De Lhonneux frères et Cie. Muller (A.) et Cie.

Cardes (fab.). — Baltus (M.). Collard (Vve A. fils. Delrez. Dethiou et Cie. Dumont (Adr.). George (Edouard). Lejeune (Nicolas). Lejeune-Turselle. Lejeune-Thonnar. Martin (T.-J.). Leonard et Ronson. Pirenne et Cie. Yonck (J.-N.).

Déchets de laine (négts). — Bouhon et Cie, en tous genres, dégraissage et échardonnage, rue du Canal. Lange (H.), route d'Ensival. Poiret et Valentin, et à Paris, r. Lafayette 127.

Dentelles (fab.). — L'établiss. de St-Joseph.

Draps et étoffes de laine (fab.).

Baras-Navaux. Betonville. Biolley frères, à Ensival. Biolley (Fr.) et fils. Bovries, à Ensival. Chapuis (Alex.). Coumont (Ad.). Croufer-Houssat. Dechaineux-Moreau. Dehaye-Nissen (G.).

Dechesselle (Arm.). Del Marmol. Desonay (A.). Dethion et Cie. Dewez (Emile). Dicktus-Lejeune. Doret (Léonard). Dubois. Fonsny-Schloss. Garot (L. et P.). Gathoye (Simon). Granjean (H.-F.). Guinotte (Ernest) et Cie. Hauzeur fils aîné et Cie. à Ensival. Hauzeur (Paul) et Wigand frères, à id. Hauzeur (F.) et Cie. Hauzoul-Lahaye. Heister et Cie. Henrion (J.-J.). Henrotay-Maréchal, à Ensival. Joiris (N.). Lahaye (M. et Cie. Lange (Emile). Laoureux (G.-J.). Lefort (Ch.). Lespir (F.) fils. Lhoest et Devaux. Loudemant Vandermaesen et Cie. Société Verviétoise; gérant : Vandersten. Malevez (Nestor). Meunier (H.) et Cie. Moxhet (A.) et Cie. Navaux (R.) fils. Olivier (J.-J.). et fils. Olivier (Jules). Peltzer, à Bruxelles. Pirenne et Duesberg. Piron-Thimister, à Ensival. Pollet (Ed.) et Cie. Rensonnet frères, à Amsterdam, oude zyds Vooburgwal. Renouprez, à Hodimont. Rosemberg (Louis). Sagehomme frères, dépôt à Bruxelles.. Ed. Lenaert. Sauvage (A.J.), à Francomont, près Verviers. Seghaie (P.), à Hodimont.

Simonis (Ivan), fab. de draps et nouveautés, r. de Limbourg, dépôt à Bruxelles, agent à New-York, Henry W. T. Mali et Cie. Sirtaine (F.). Snoeck Mathieu (Vve), à Ensival, filature, repr. à Paris, Pastourelle. Tasté (J.) et Cie, à Gerardchamp. Toussaint frères. Toussaint (G.) et Cie. Vandermaesen (L.C.). Voos (J.-J.).

Draps et étoffes de laine (commiss.-achet.). — Bocquart-Delleuse. Centner (R.) fils. Couvreur (A.) et Cie. Defave frères. Falloise. Grandjean (L.-A.). Grégoire (A.). Grizay (A.). Hauzeur (Jules). Hardt et Cie. Kambert (G.) et Cie, même maison à Constantinople. Kretz (D.J.). Leonard (Ct). Leusch (Jules). Mennecken. Pélecheid (Ed), commiss. Roucour (L.). Scholler et Knaut. Thiel et Dartois. Thiéry (François) et Cie. Vandersavel (A.) fils. Valentin (Th.). Weber (Charles) et Cie, r. de Dison.

Draps (presseurs, décatisseurs et dépôts de).— Duesberg (O.-C.). Feys. Franguinet (Vve). Mathey (L.-J.). Rensonnet-Donneux. Zell (M.).

Droguerie et teintures. — Beaurang (Laurent). Couvreur (P.Q.). Léonard (N.-J.).

Etoffes de laine et de coton (fabr.).

(Voir aussi *Fabr. de draps*).

Baras-Navaux. Biolley frères. Charles (G.-Ch.). Charles (E.). Coumont-Petit. Garot (Jules). Moxhet (A.) et Cie. Petit (J.-L.). Rahier (Eugène). Ymart.

Laines et déchets de laine (négts. en. — Adolphy (L.). Basa et Graeser, pl. des Récollets. Béaurang (Laurent). Bertrand (Ch.), à Ensival. Bocking (Albert et Jules), et à Anvers. Bocking et Godin. Bonvoisin (M.) fils. Brunninghausen (M.). Bürsch et Neef. Byrom (J.). Centner (R.) fils. Clermont (G.). Croisier (Ve) et fils, Crosset-Winand, à Hodimont-Verviers. Crouffer (M. J.). Davreux et Schwachhofer. David-Lejeune. Debrus (Louis) et Cie, négts en laines. Dechesne (L. J.). Dedyn (Paul). Delcour (Aug.). Delcour (P. J.). Deharenne (L. J.). Delcour et Genet, r. de Dison, 54, Deleval. Delrez (Ed.), Bastin (Emile). Delrez (Edouard), laines et déchets de laine, r. Neuve, 15. Dresse et Laplanche, r. des Gérard-Champs, 6. Fey (L.) et Cie. Fischer et François Arnold. Follet (N.). et Cie. Fosny et Meunier. Frémery (Bruno). Goffard (Louis). Goffin (Ed.). Gottschalk (Joseph), négt. en laine. Granjean (J.). Granjean-Berger. Granjean et Herck. Granjean (Prosper). Grégoire (Arm.), laines et déchets. Grisay (A.), r, Schval. Hager-Ortmans. Hilmar Luedicke, négt. en laine. Jean Lelheu, Monhet (P.). J. de Moerloose, rue Chapuis. Lange (Henri), bouts et déchets p. fab. Lecloux (J. N.). Lecoq (H.). L. de Grand Ry et J. Xhoffer. Lehane frères et Cie. Delotte (H.) et Cie. Leloup (J. J.). Léonard (N. J.). Leusch (Jul.), rue Tranchée. Louhienne (Julien). Louon et Grisay, Deru frères. Mallender (S.). Paulis-Quairier (Ch.). Paulis (Ch.), négt. en laines brutes et lavées, déchets de soie. Petit (J. L.). Helmar Luedicke. Plounions, à Ensival. Ponty (Julien.). van Hagen fils. Renkin-Hauzeur. Sirtaine (Richard). Vandersavel (A.) fils. Vervier (Martin). Zurstrassen (Jos.).

Laine cardée (filat. de).

Bonvoisin (M.) fils. Cornesse (Ad.). Creischer et Bastin. David (J. N.), à Ensival. De Grand Ry (André-Jules.). Chapuis et Van Nitsen. Creischer-Leclerc. Deleval. Dicktus-Lejeune. Doret (Victor). Duckerts-Navaux. Frédérici frères. Gouvy (Louis). Granjean (H. F.). Gueury (B. J.). à Ensival. Hauzeur-Gérard fils. Henrotay (Emile). H. Lange, r. Gerard-Champ. Laoureux (G. J.). Lehane frères et Cie. Leret et Perard. Marbaise père et fils (Hodimont). Mullendorff et Cie. Pelzer et fils. Seret et Pirard. Sirtaine et Desart. Société anonyme dite fabrique Belge. Valentin-Ferbeck. Voos. (Fr.). Voos (J. J.).

Laines filées en gros. — Clermont (G.), Maréchal (Math.). Centner fils. H. Leusch, Ponty (J.). Defawre frères.

Mécaniciens. — Bosson (J. J.). Debial et Cie, fabr. de lames de tondeuses. Friron (Vve J.). Houget et Teston, construct. p. fils et tissus de laines cardées. Laoureux (G. J.). Leroy (F. J.), machines p. la fabr. des draps et étoffes de laine. Martin (Célestin), machines à carder et filer la laine, métiers à filer automates, et filat. de laines cardées. Neubarth et Longtain. Nicolaï (F.). Troupin (J. L.). Troupin (J. Ph.).

Mercerie. — Gilon-Francotte. Gilot-Crayet. Stoquis sœurs. Lepas (H.) et sœurs, gros et détail. Liégeoeois-Venster. Lonhienne-Delcour (J.). Yonck-Levaillable (L.).

Navettes pour tisserands. — Centner fils, Duvivier (A.). Lexhime (A.).

Nouveautés, soieries. — Morenas-Baer-Winckel. Lepa (H.) et sœurs, gros et détail. Laphanche-Loudemant, Adam Legrand, Cormeau Lemaire. Sues sœurs.

Teinturiers en laine, draps et étoffes de laine. — Aluffi et Cie. Bosard et Cie. Coopman. Delnaye-Talbot. Feetweis. Flagontier (Aug.). Grenade (Vr). Mottet frères. Olivier (Henri). Ortmans-Hauseur. Sirtaine et Melen. Weydmann-Rensonnet.

Toiles et couvertures.—Dolne frères et sœurs. Grisay (F.). Lepas (H.) et sœurs, gros et détail. Mullendorf sœurs, Domken.

BRÉSIL (EMPIRE DU)

Rio-Janeiro, capitale de l'empire.

Banques. — Banque du Brésil, capital garanti par le gouvernement, 30,000 contos de reis. London and Brazilian Bank, capital, 1,500,000. — Englisch Bank of Rio-Janeiro, capit. 1,000,000. — Banque rurale et hypothécaire, cap. 8,000 contos de reis. Banque commerciale, cap. 12,000 contos de reis.

Chapeliers. — C. Felipe, Correa. Mesquita-Castro Costa. Braga et Bie. Bernarpis et Raythe-Braga. Costa et Cie. Maret.

Chapellerie (fourn. de). — Chastel (L.), m. à Paris. Ruch (V.).

Consul. — France : Th. Taunay O. ✳, cons. honoraire.

Magasins de marchandises en demi-gros. — Fonseca et frères. Drumond. Amoral Bernardis et Cie. Guimaraës Ribeiro et Cie. Joao Jose dos Reis et Cie. Hime Zenha et Silveira. Mendes Fillio et Lemos. Mendes et Silva. Joaquin. Carlos Maximo Pereira. M. J. d'Aranjo Costa et Cie. A. A. Bastos.

Modes françaises. — Decapa Autéage. F. Oeticker. Didot et Grasset. E. Furre et Cie. Layns-Chevallier et Cie.

Négts brésiliens. — Amaral Bernardes et Cie. manufacturiers. Antonio Ubelhovdt Leimgruber. Bernardo. Casimira de Freytas. Coutinho Vianna et Bosisio Antonio Pinto. Gomes. Baron do Rio Preyto, Vicomte d'Ipanema. Baron Mano. Domingos. Louvenco Gomes de Carvalho. Joao Severino da Silva. Jose Barges da Costa Colonel. Jose Joao da Cunha. Felles. Le Cocq, Oliveira et Cie, m. à Paris. Francisco de Figueiredo et Cie. Targini Joze da Cruz. Manoel Gaspar de Magalhais. Miranda et Filgueyras. Pinto et Filgueyras. Pachecco et Hill. Pedro. Augusto Vieira. Raphael Jozé d'Azevedo fils. Santos Irmaos. Pristao Ramos da Silva, Vicomte d'Ipanemo. Zeferino Fareira de Favia.

Négociants français. — Albert (E. J.) et Cie. Berr et Cie, m. à Paris. Binoche (A.) et Cie, exportations, m. à Paris. Chastel et Cie, fabrica de chapeos de patent, et bonneterie, m. à Paris. Costrejean (A. et T.), ameublements, m. à Paris. Dreyfus (N.) aîné ✳ et Cie, m. à Paris. Florita et Tavolara, soleries d'Italie et Mercerie, m. à Paris. Godchaux et Haas, import. Hérail (V. L.) et Cie, nouveautés p. modes, m. à Paris. Heyman (A.) et Aron, m. à Paris. Koch et Leverd, m. à Paris. La Rivière (Félix) ✳ et Cie, m. à Paris.

Lartigues et Pourailly.

Layus, Chevallier et Cie, m. à Paris. Lecomte et Cie, maisons au Havre et à Paris. Leherley (Aug.) et Cie, export. Madel (J. M.), art. de Paris, anglais, allemands et américains, m. à Paris. Musset (Ch.) et Cie, mais. à Paris. Milliet (A.) et Cie. Mounier (J.), m. à Paris. Naura et Cie, m. à Paris. Opigey (Oct.) fils, et à Paris. Pécher (Ed.) et Cie, exp. et imp. Salvatelli (C. F.) et Cie, m. à Paris. Sauphar (Eduardo) et Cie, m. à Paris. Tribouillet et Cie, m. à Paris, export. et import. Vogel et Cie, mais. à Paris. Wille, Lübbers et Cie, négts importat. et exportat., consulat général de Hambourg, repr. par U. E. de la Fléchère jeune, à Lyon, rue Bât-d'Argent.

Négo iants étrangers. — Posno et Lacombe. Silva et Mendes. Lampe et Cie. Stumpfmeyer Jose Romaguera. Koch et Liverd. L. Laureys. Joyne et Romaguera. Conseiller Faria. Haamann et Cie. C. Pfuhl. Joaquim Pereira de Favia. Alex. Wagner. Aramaga Hijo. Fratelli Zignago. Firmino Ribeiro Ermida. Réo Irmaös, m. à Paris.

Anglais. — Brandon et Harral. Daglish Thompson and Co Finnie brothers. Fox, Gepp et Cie. Harding (Guillaume) et Cie. Mosse (Arthur) et Cie. Newlands brothers and Co. Sharp Nicolson and Co. Shaw Hawkers et Cie. Spence (Ch.) et Cie. Steele. Morissy et Cie. Samuels brothers et Cie. Edward Preestley et Cie. Stephan Busk et Cie. Durham (Ch.) et Cie. Schusters. Stern et Cie. William Moon et Cie. George Last et Cie. Marsch et Cie. John Moore et Cie. Samuels Brothers et Cie. Phipps Brothers et Cie. Alexandre Fry et Cie. Bradshaw et Cie. Rudge Darbyshire et Cie. Wm. Holland.

Allemands. — Backheuser et Meyer, représ. à Paris par Faye et Cie. Wm. Sibeth. Boje et Cie. Kerstein et Rücke. Gerber et Cie. Luckemann et Cie. Klingelhœter et Cie. G. W. Heymann. Beuttenmöller (G.-J.), agent de J. Michel et Cie ; maison à Paris. Réo Irmaös, m. à Paris. Laemmert (E. et H.). Ulrich (William). Vogel et Cie. Wille Schmilinsky. Oscar Philippe et Cie.

Américains. — Charles N. Rowley. George Rudge et Cie. Ces. Coleman et Cie. Colemann (Ch.) and Co. Hett. Wilson et Cie. Rudge (George) et Cie.

Suisses. — J.-J. Tissot. Emile Raffard. Dubois. Favre, Denz et Cie. David Huber et Cie. Lucho (Aug.) et Cie.

Passementerie militaire. — Domingo José Moreira de Silva. J.-M. Palhares-Rocha.

Bahia.

Banques. — Succursale de la Banque du Brésil. Caisse économique. Caisse commerciale. London and Brazilian bank. Banque de Bahia. — Sociedade commercio. Ant. Pereira de Carvalho.

Négociants brésiliens. — Antonio Cardoso et Cie. Agostino Diaz Lima. Cunua e Feitas Jose Pinto. Novaes. Machado filtros (J.-J.). Gomes (T.-T.). Pedrosa de Albuquerque (A.).

Négociants allemands. — Bolat. Katen Kamp et Cie, représ. à Paris par Fay et Cie. Lohman et Cie. Oldach et de Hase. Schmidt et Brulmb. Schramm Wylie et Cie. Witt (J.-T.) et Cie.

Négociants français. — Beer (A.). Martin et Cie ; maison à Paris. Meurou et Cie. Morat et

Borel.Pinchemel Barboza et Cie. Rumpf (M.-H.). et Cie ; maison à Paris.

Négociants italiens. — Colombo (Gustavo). Costa (Bartolomeo) et Cie. Ferrari fils. Gevazza frères.

Négociants portugais. — Chenaud, Souza et Cie. Joaq. Lopes de Carvalho et Cie. Pereira Marinno (J.). Lacerda (V.-F.). Velloso frères et Cie. Vianna et Lima. Moreira frères et Cie. Carvalho et Rodrigues.

Négociants suisses. — Bruderer frères. Champion (E.). Jezler. Kronauer et Cie. Steffen et Cie; commiss.-importat., représentés à Lyon, rue Bât-d'Argent, par U.-E. de la Flechèrejeune, Seyfried et Cie.

Négociants anglais. — Benn et Cie. Comber (J.) et Cie. Harding et Mahkay. Schwind, Greenup et Cie. Vaughan (C.) et Cie. Wilson Hett et Cie.

Courtiers. — Antonio Benicio Ferreira. Leal (Teicera). Leonardo Pereira. Schloussner (U.).

Maranhao ou St-Louis de Maragnan, capitale de la province de Maranham.

Banque du Brésil (succursale), président. — J. Lopes.

Banque de Marabanham. — Directeur Nina.

Négociants brésiliens et portugais. — J⁰ Fernans Lima et Cie. Clemno de Macedo J⁰ Modeira da Silva et Cie. Ribeiro et Hoyer. Lima et Reis. Ferreira Vinhaes et Conto. Joao Luitz da Silva et Cie. Minoel Nina et Irmao.

Anglais Bingham et Cie. Gunston Ede et Cie. Seoson. William Wilson et Cie. W. Youle.

Français. — Birbé (Jules) et Cie. F. Parcoz et Cie. Duchemiu et Cie. L. Thouverez. D. Guilon, et liqueurs.

Négociants suisses. — Naef et Nadler.

Para (Ste-Marie de Belem au), capitale de la vaste province de ce nom.

Banque du Para, 2,000,000 fr., escompte 10 p. 100.

Maisons.

Françaises Denis Crouan et Cie. Louis frères et Cie, représ. à Paris par Louis (E.).

Américaines. — Samuel G. Pond. Cornings Moran et Cie. Jam Ristrop et Cie.

Allemandes. — Tappenbeck Branberk et Cie. F. Viennet.

Anglaises. — Arch.. Campbell et Cie. Singlihinst Brocklhehurst et Cie. F. Viounée.

Brésiliennes. João Augts Corrêa et Cie.

Portugaises — Ant. Xavier da Silva Leite et Filho Elias, Jose Nunes da Silva et Cie. Gerardo Ant. Alvès et Filho. Fço Gaudencio da Costa et filhos. João Pinto d'Araujo et filho. Jose.Corrêa. d'Oliveira et Cie. Gualter Jose Ribeiro. Manoel. Joso de Carvalho et Cie. Manoel Jm de Faria et Cie. Manoel Jm de Freitas et Irmão Miguel Jose Raio et Cie. Saraïva et Cie.

Suisse. — Jacques Gaënsby.

Pernambuco, chef-lieu de la province de ce nom.

Banques. — Banque filiale de la banque du Brésil. — English bank of Rio de Janeiro. Loudon Brazilian Bank.

Banquiers. — Schaffer et Cie.

Nég. nationnaux. — Amorin Irmaos. Balta et Oliveira. Christiani et Irmao. De Souza Ribeiro. Ferreira da Costa. Gnimaraes e Alcoforado. Henrique et Azevedo. Joao Pinto de Lemos Junior. Luiz Antonio de Siqueira. Mauoel Gonsalves Taborda. Miguel Ignacio d'Oliveira e filos. Manoel Joaquim Ramos e Silva e genros. Marques da Costa soares. Veuve Manoel Gonsalves da Silva. Mello. Lobo et Cie. Monteiro. Miguel José Alvei. Silva. Rego e Silva. Tesso Irmaos. Valle Porto et Cie. Viana Barrosa.

Négociants étrangers. — Adamson, Howie et Cie. Ballar et Oliveira. Bravo et Filho. Dencker et Barrozo. Du Mont (A.). Gibson (Vor) et Cie. Greenup, Schwind et Cie. Henry Foster, James Ryder et Cie. Johnson, Peters et Cie. Keller (J.) et Cie. Lynden. Weydmann et Cie. Lopes et Oliveira. Marques, Barros et Cie. Matheus Austin. Monbard. Mettler et Cie. Mills Lathany et Cie. Otto Bohres. Paton. Nach et Cie. Shaw, Hawkers et Cie. Samuel, Johnson et Cie. Saunders, Brothers et Cie. Schaphoitlin et Cie. Shipps brothers and Co. Von Sohsten et Cie.

Négoc. français. — Burle (E. A.) et Cie. m. à Paris, sous la raison Truchon et Cie. Hyvernat (A.) et Cie, à Rio, et à Paris. Léger (H.), articles tissus. Magalhaés frères, à Paris. Manuel et Cie, fab. de parapluies. Tisset ✳ frères à Paris.

Rio-Grande-do-Sul.

Négoc. — Gerson (A.) frère et Cie ; maison à Paris.

San-Paulo chef-lieu de la province.

Banquiers. — Succursale de la Banque du Brésil. Gaviao Ribeira et Gaviao. Maua et Cie. Th. Reitcher.

Négoc. français. — A.-L. Garraux ; art. de Paris. Célestin Bourroul ; modes et nouv. Pierre-Bourgade, confections. Pascouau, confections.

Négoc. étrangers. — Rudge et Steidel. Spietzler. Th.Will, import. de l'Allemagne et de l'Angleterre.

BRUNSWICK-WOLFENBUTTEL (DUCHÉ DE)

Brunswick (Braunschweig), capitale.

Banquiers. — Ebeling. Hilzheimer. Jurgens.

Banque brunswiquoise. — Lilienthal. Lœbbecke frères et Cie. Nathalion (héritiers). Oppenheimer et fils.

Laines. — Falkenstein. Reinecke. E. Seeliger.

Négoc. — Bartelset fils. Bierbaum et fils. Clasen. Dannenbaum. Forker-Krummel. Grassau et fils. Günther et Gelpke. Hauswaldt (J.-G.). Hornig (F.). Jonas et fils. Kaiser. Krause et fils. Lefeld jeune et Cie. Lissebon frères. Lœbbecke frères et Cie. Mencke (E.). Meyer (G.). Meyer (J.-C.). Müller et Weigel. Overlach. Paulsseu. Salomon et Cie. Schaare. Seeliger. Sonnenberg et Cie. Stoltze et fils. Wantzelius. Wasmus (E.). Willies.

Rubans et fils. — Langkopf. Pfeiffer et Schmidt.

Soie (negoc. en). — Gerstner (H.). Helm. Schade.

Toiles (fabr. de). — Becker. Winter (C.). Winter fils. Zwilgmeyer. Zwilgmeyer fils.

Schoeningen.

Négoc. — Heckner. Hoffmann. Thielz.

Toiles, treillis et sacs sans couture (fabr. de). — Hermann (A.-T.).

CHILI (RÉPUBLIQUE DU)

Santiago de **Chili**, capitale.

Consulat. — France : Flory, O. ✱, consul général, chargé d'affaires.

Banquiers. — Banque nationale du Chili. Crédit foncier. Macklure et Cie. Ossa et Cie. Ossa et Escobar.

Commissionnaires. — Conit (Ad.) et Cie, maison à Paris.

Maisons d'importation. — J. Ellies. Guillermo Paepke. Limozin (A.) et Cie.

Maisons de confections, tailleurs et chapeliers. — Aruut. Bayle. H. Caut. Chana et Rujo. A. Dupuy. Labeyrie et Zamulot. Latapie. Levy et Cie. Pujo et Lehner. H. Simon.

Négoc. nationaux. — Besa et Salinas. S. Bordali. Brieba. N. Carballo. R. Contador et Cie. Garcia. Lorie. Infante hermanos. Tomaz. Martinez. Jose Rodriguez.

Négoc. français, nouveautés et articles de Paris. — Annat. Barnay et Cie. H. Chessé. Conil et Cie, m. à Paris. Couve et Cie. Dainey et Cie. Guérin frères. Jacob-Levy. H. Simon et Cie. Jouve et Cie, m. à Paris. Mme Kreist. Limozin (A.), maison à Paris. Moussie frères. Musard, Tardan et Chopis. Thomas ✱. La Chambre ✱ et Cie de Paris.

Représentants des maisons de Valparaiso. — M. R. Bascunan. A. Blin. L. Claro. Eastman. J. Ellies. Frederick Sen. Junge. N. Marcoleta et Cie. Millan. A. Mourgues. Paulhsen. J. Penas. Precht. Swiburn.

Valparaiso.

Consul de France, Girardot ✱.

— d'Angleterre, H. Rouse.

— de Belgique, Jules Grisar.

Banque, armement et commission. — Lequellec et Bordes. G. Hermanos. Thomas. La Chambre et Cie. H. Fauché-Goyeneche et Cie.

Chapellerie (nég.). — Cretens et frères, m. à Paris.

Négoc. français. — Adelsdorfer et Cie, maison à Paris. Antony et Schneider, m. à Paris. Blanchard et Cie. Bonnemain (Victor, Bonnaud et Cie, m. à Paris. Chessé (H.), modes et soieries. Conil et Cie, nouveautés, m. à Paris. Couve et Rondanelli. Devès frères, m. à Paris. Fauché (H.), Scheffler, Sacé, m. à Bordeaux. Germain-Hermanos, m. à Paris, au Havre et à Santiago. Grisar (J.), Schuchard et Cie. Guérin, m. à Paris. Jouve (A.) et Cie, m. à Paris. Jacob-Levy, H. Simon et Cie. Lehorquain (Léon), nouveautés. Lequellec et Bordes, m. à Bordeaux. Momus (E.), m. à Bordeaux. Paeptre et Cie, modes et soieries. Ramondoux (J.J.). Queille (P.J.) et Bilwiller. Thomas ✱, La Chambre ✱ et Cie, m. à Paris et au Havre.

Walzberg (C.), modes et soieries.

Anglais. — Cross et Cie. Dickson, Harker et Cie. W. Gibbs et Cie. Granham Rowe et Cie. Green, Nicholson et Cie. Heatley, Evans et Cie. F. Huth Gruning et Cie. Myers-Bland et Cie. Templemann et Cie. Thompson. Walson et Cie. Gunston, Ledward et Cie. A. G. Miller et fils. Bettley et Cie. Rose Sunes et Cie. Ravenscroff. Fox et Cie.

Américains. — Alsop et Cie. Hemmen, way et Cie.

Allemands. — Zahn et Cie. Mack et Cie. Droste et Cie. Juchter et Cie, représ. à Paris par Faye et Cie. Worwerk et Cie. Adelsdorfer et Cie. Weber et Cie. Fehrmann, Fischer et Cie.

Belges. — Schuchard, Grisar et Cie.

Boliviens. — Dorado et Pero. Pascual. Soruco et Cie.

Danois. — Nicolas C. Schuth.
Espagnols. — Jose Cervero. Salvador Vidal.
Italiens. — Solari Brignardelli et Cie.
Nationaux. — A. Edvards. Ossa et Escabar.

J. T. Ramos. Sanchez hermanos. F. Cawalho. Hermenejildo Macenli. Subercasseaux hermanos.
Péruviens. — Ruiz (J.M.). Ruiz (Manuel).

CHINE.

Pékin (capitale).

Amoy (E-mouï).

Nég.-Boyd et Cie, agent sor. Lloids. Lloyd Netterlands marin et fire. Insur. Comp. of Batavia. Amicable Insur. Comp. of Calcutta Royal insur. Comp. Liverpool. Bremen marin insur. Company. Bombay native insur. Company. Underwriters Unional Amsterdam. H. C. Brown et Cie, agents. D. Laynaik, Coosting steamers. Edes et Cie. agents. Alliance fire insur. Comp. Union insur. society of canton. Canton insur. Comp. Bombay insur. Society. Bengal insur. Society, Océan marine insur. Comp. John Forster et Cie. tea merch. Kielmann et N. Alisch, Pasedag et Cie, agents for. Colonial sea and fire insur Company. Agents to the Underwriters of Hambourg. Tait et Cie. agts of Peninsular and Oriental steam nav. Comp. Hongkong insur. Comp. China fire insur Comp. of Schanghäi. North. China insur. Comp. of Schanghai. Northern Assurance Comp. of London. North British and Mercke fire insur. Comp. of London, London and Oriental steam transit insur.Comp.

Négoc. parsis. — Dauver et Cie. Eug. Wast Bros et Cie.

Canton.

Consul. de France.—Baron de Trinquelaye ✱.
Banque de la corporation orientale.
Banque commerciale de l'Inde.
Banque d'Agra.
Banque mercantille de l'Inde.
Chambre anglaise de commerce.—D. W. Mackensie, secrétaire.
Hongs. Anciens négts chinois responsables.— How-qua. Chiou-qua. Fat-qua. Hiu-qua. Howqua. Man-hop. Man-qua.Min-qua. Panqué-qua-Quin-qua. Sao-qua. Tin-qua.

Négoc. anglais. — Birley et Cie. Dent et Cie. Fletcher et Cie. Gibb. Livingston et Cie. Gilman et Cie. Holliday, Wise et Cie. Jamieson, Gifford et Cie. Jardine, Matheson et Cie. Lindsay et Cie. Lyall, Still et Cie. Neave, Murray et Cie. Reiss et Cie. A. Scott. Turner et Cie. Wilkinson et Cie. Evrard L. H. Crace. Coare Lind et Cie.

Négoc. américains. — Augustin. Heard et Cie. Henry Olyphaus et Cie. J. Purdon et Cie. Russell Wetmore et Cie.

Négoc. allemands. Carlowitz et Cie. Harkort et Cie. L. G. Lebert et Oxford. W. Pustau et Cie. Siemssen et Cie. Mestern Hülse.

Négoc suisses. — Bovet frères et Cie. Dimier frères et Cie.

Négoc. portugais. — Brandao et Cie. Carvalho et Cie.

Négo: péruviens. W. M. Robinet et Cie.

Négoc. arméniens. — G. L. Agabeg et Cie. S. A. Sath.

Négoc, parsis. — Burjorgee Sorabjee. Byramjee, Cooverjee Bhatha. P. et D. N. Camajee et Cie. C. G. Camajee et Cie. Cowasjee, Pallanjee et Cie. Coswajes. Saporoojee. Dadabhoy. Nesserwanjee Mody et Cie. Phunjeebhoy Novrajee. Dinshawjee Franjee Cash. Eduljee Framjee et Cie. Jamsetjee Eduljee. Prilanjee Nasserwanjee Patell. Pestonjee Framjee Cama et Cie. Pestonjee et J. Byramjee Colah. Rustomjee Byramjee et Cie. R. Ruttunjee et Cie.

Négoc. mahométans. — Abdoolally. Ebrahim et Cie. Ahmedbhoy Rahamutoollah. Alladbingbhoy Habibhoy et Cie. Ameerodeen, Jafferbhoy et Cie. Cassumbhoy Nathabhoy et Cie. Deveebhoy Goolamhusein. Dhurumsey Poonjabhoy. Dossabhoy Parpia. Goolambusein Hussunally et Cie. Habibhoy Allandinbhoy. Hajee Elias Hassan. Hajee Mahmood Espahanee. Hubibhoy Ebrahim fils et Cie. Kessowjee Sewjee et Cie. Mohomedbhoy Thaverbhoy et Cie. Tuhey et Ally. Yacoob Thader.

Négoc. juifs.— Ezra et Judah. D. Sassoon fils et Cie.

Fou-Chov-Foo.

Négoc. anglais. — Dent et Cie. — Gilman et Cie. — Jardine, Matheson et Cie. — Lindsey et Cie. — Moncreiff, Grove et Cie.

Négoc. américains.— Augustine Heard et Cie. — King et Cie. — Olyphaus et Cie. — Russell et Cie. — Wetmore et Cie.

Négoc. suisses. — Vaucher frères.

Négoc. juifs. — D. Sassoon fils et Cie.

Négoc. allemands. — Kupperschmidt et Cie.

Macao, colonie portugaise.

Négoc. portugais. — A. de Mello et Cie.— V. Jorge. — L. Marques. — L. Pereira. — M. Pereira.

Négoc. français. — J.-A. Durran.

Négoc. hollandais. — J. des Amorie van der Hoeven.

Négoc. allemands.—Carlowitz et Cie.—Schaeffer et Cie.

Négoc. anglais. — Dent et Cie.

Négoc. danois. — Lubeck et Cie.

Ning-Po.

Consul de France. — Simon (Eug.)

Banque. — Commercial Bank of India.

Négoc. chinois. — Kinán et Yehkinhung. — Keluhet Chingsuitan. — Yuenho et Chung Kwang-kien.

Négoc. anglais. — Davidson. — Brown et Cie. Wadman et Cie.

Négoc. américains. — Coït et Truelsen.

Négoc. allemands. — Nissen et Roberston.

Shang-Haï, dans la province de Kiansou.

Consul de France. — Vicomte Drenier de Montmorand, O. ✻.

Banque de la corporation orientale.

Banque commerciale des Indes.

Central Bank of Vestern India.

Chartred Bank of India, Australia et China.

Agra et united service Bank.

Chartred mercantile Bank of India, London et China.

Agence du Comptoir d'Escompte de Paris. — Walich, directeur.

Négoc. chinois. — Chowhooshing. — Chuenyuenjee. — Kingyuenke. — Kwowanfung. — Yaouhanguyon. — Yang-Take.

Négoc. anglais. — W. R. Adamson. — Barnes Dallas. — Birley, Worthington et Cie. — Bloin, Tate et Cie. — Bower, Hanbury et Cie. — Bradwell, Bloot et Cie. — Carter. — Chapman, King et Cie. — Dent et Cie. — Dow et Cie. — Batt E.W. — Dickmson et Cie. — Fretcher et Cie. — Gamwell et Cie. — Glower, Dow et Cie. — George Barnett et Cie. — Gibb Livingston et Cie. — Gilman et Cie. — Hargreaves et Cie. — Hogg Brothers. — Holliday Wise et Cie. — Jardine, Matheson et Cie. — Jarvie Thorburn et Cie. — Johnson et Cie. — J.-S. Robinson Esq. — Lindsey et Cie. — Mailband et Cie. — Reiss et Cie. — Remi de Montigny, maison à Londres et à Bangkok (Siam(. — Rothwell, Lowe et Cie. — Smith, Kennedy et Cie. — Tilly (A.-R.) et Cie. — Thorne frères et Cie. — Shaw Brothers et Cie. — Turner et Cie. — Watson et Cie. — Wilkinson (Alfred et Cie.

Négoc. américains. — Augustine Heard et Cie. — Ball, Purdon es Cie. — R. Fogg et Cie. — Frazer et Cie. — Howard et Cie. — Olyphant et Cie. — Russell et Cie. — Wetmore et Cie. — Wheelock et Cie.

Négoc. parsis. — D. Burjorjee. — P. D. N. Camajee et Cie. — K. R. Camajee et Cie. — Cowasjee. — Pallanjee et Cie. — Eduljee, Franjee et Cie. — Pestonjee, Franjee, Camu et Cie.

Négoc. mahométans. — Aladinbhoy Habelhoy Ameeroodeen Jafferbhoy et Cie. — Cassumbhoy Nathabhoy et Cie. — Dhurumsey Poonjabhoy. — Hagee, Abdoolah, Matha. — Mahomed, Thaver et Cie.

Négoc. allemands. — Bourjau, Hukner et Cie. — W. Dato et Cie. — Kurkort et Cie. — Oppert et Cie. — Nachtrieb (A.) et Cie. — Overbeck et Cie, représentés à Paris par Fay et Cie. — W. Siemssen et Cie. — Pustau et Cie. — Borutraöyer et Cie. — Scheibler, Mathaël et Cie. — Textor et Cie. — Trautmann et Cie.

Négoc. français. — Millot (E.) et Guernet (C.), maison à Paris et à Shang-Haï. — Laidrich-Vrard. — Remi de Monttgny, maison à Londres, à Shang-Haï (Chine), à Bangkok (Siam), à Kanagava (Japon). — Meynard. — Cousin et Cie.

Négoc. suisses. — Bovet frères et Cie. — Fierz et Bachmann. — Jumet et Cie. — Vaucher frères.

Négoc. juifs. — David Sassoon fils et Cie.

DANEMARK (ROYAUME DE)

Copenhague.

Consul de France (résidant à Elseneur). — Vicomte Brenier de Montmorand ✻.

Banquiers et négociants. — Adler (D. B.) et Cie. Adolphs (Vve F.T.). Bendix (B.). Broberg (C.) et fils. Curod et Cie. De Coninck (P.). M. E. Groen et fils. Frolich et Cie. Gotschalk (F. et E). Hansen (A.N.) et Cie. J. H. Knight. J. Oven et fils. Moses et fils. G. Melchior. Petersen (E. F.). Puggaard (H.) et Cie. Reiersens Nephew et Cie. Ryan (G.). Schmidt et Hansen. Schmidt et Lemaire. Suhr (J.P.) et fils. Svitzer (E.Z.). Tutein et Cie. L. G. Furst. J. J. Hansen. Groothoff H.). Bloch et Behrens. Erichseh (J. F.) et fils. Frier (Adolphe). Nohr et Kjaer. Kjoerboe. Larsen et Cie.

Caoutchouc manufacturé. — Meyer (Ch. O.).

Châles (fab.). — Drewsen (A.).

Coutils (fab. de). — Salmonsen (J.).

Crins et art. de literie. — Haunstrup (J.C.).

Draps (fab.). — Modeweg. A. V. Muller.

Gants de peau (fab. de). — Lander (P.). Larsen (N. F.). Verdier (And.).

Laines. — Larsen et Cie. Topp (A.I.).

Toiles cirées et tapis de pieds imprimés (fab.). Meyer (J.-E.).

ÉGYPTE.

Caire (Le), capitale.

Consul de France. — A. Tricou ✳.

Banquiers français. — Aubanel (E.) et Cie. — Oppenheim neveu et Cie, directeur, Bayerli. — Société financière d'Egypte, directeur, Bravais. — Montgolfier. — Sakakini (Maximos).

Banquiers étrangers. — Banque Ottomane, directeur, Mistrovaki. — Bank of Egypt, directeur, Carbonaro. — Crédit Autrichien, agent, Mayer Caprara Mondolfo et Cie. — Cattawi. — Ménasée et Cie. — Castelnuovo. — Calvo et Cie.

Cotons et laine (commission en). — Schadegg et Blattner, représ. à Paris par Faye et Cie.

Négociants français. — Adalmi et Jallien. — Billaudeau et Cie, m. à Alexandrie, agence à Tahta et à Akmin. — Barthe Dejean. — Bleton (Alcide). — Bircher (A.). — Boisramey. — Ch. Droayu. — Fourrey et Girard. — Fleurant-Petot, nouveautés, rubans, blondes, dentelles et mercerie. — Eugène Gros. — Jourdan (Louis). — Kienast — Lommertz Coutelier et Cie. — Mégy (Hyppte). — Ménager (Eugène). — Mourès. — Musso (J. A). — Paschal et Cie, mais. à Paris. — Schadegg et Blattner. — Wetter (O.). — Wild-Buoffer et Cie. — Zollikofer.

Négoc. étrangers. — Bigiavi. — Casavetti. — Paschal et Cie, m. à Paris. — Cavaffi. — Cohen (G.). — Contoumas. — Del Mar, Fotiadis et Cie. — Frangidis et Cie.

Alexandrie.

Consul de France. — Eug. Poujade, C. ✳, consul gén.

Banques, — Banque d'Egypte. Coronel. E. Dervieu. Hallun et fils. Menasce. Figle et Cie. Nachmand frères. H. Oppenheim neveu et Cie, m. à Paris. Société financière d'Egypte. Leroy et Fortes, directeurs. Turin, frères et Cie. Thurbun. Valentin et Cie.

Coton et laine (commission en). — Schadegg et Blattner, représentés à Paris par Fay et Cie.

Négoc. français. — Aïde. — Biéton (J. R.✳), frères, m. à Marseile. — Schutz. — Bicha et Cie. — A. Bernard. — Billaudeau (E) et Cie, m. au Caire, agence à Tahta et à Akmim. — F. Bourgogne et Cie. — Bouyer (Prosper) et Cie. — François Bravay. — Brillet (V.), art. de Paris. — Burnat et Cie. — Caire et Cie. — Cassoutte et Puget. — Camoin (E.) fils. — Cordier, nouveautés. — Custot (J. D.). — Dauphin. — Didier G. Dervieu et Cie, m, à Paris. — Escoffier ainé. — Gros (E.), Carle et Fischer, transit. — Hubidos, Dergon et C. — A. Dufeu, commerce en coton. — Jules Farfouillon, quincailler. — Glaser (Ch). et Weisman. et au Caire. — A. Marquet et Cie, consignaiion. — Moss et Cie. — Lombard (F.). — Marie-Maroque (Met). — Nicquet (Félix), export. Egypte, Haïti, Brésil, m. à Paris. — Nortier. — Paschal et Cie, m. à Paris. — Piffard et Cie, nouveautés. — Pastré frères. — Peel et Cie. — Richard-Koenig. — Regis-Bletton. — Scheffte (C.) et Cie, m. à Paris. — Schmitt (Charles . négociant, pour les cotons, m. à Marseille). — Schutz de Gérard. — Stievenard frères, m. à Paris. — Tammam et Sabbat. — Teissié frères. m. à Paris. — Tivoli. — L. L. Valensin. — Vigne ainé. — Wachter, Muller et Cie. — Zivy frères.

Négoc. allemands. — Kloepe. — Lüttich et Cie.

Négoc. anglais. — Barker et Cie. — J. Bensilun et Cie. — Briggs et Cie. — Bulekeley — Cannelly. — Carvert frères et Gill. — Cassaveti et Cie. — Cavafy et Cie. — Dixon frères et Cie. Faiemair et Cie, négts et banquiers au Caire et à Mansourah. — B. Georgala et Cie. — Hug. — Thurburn. — Thurbun. A. Minotto. — J. Minotto. — T. Minotto. — R. Mosset et Cie. — Nictita Zanni A. Nicolopulo. — S. Peel et Cie. — Ralli. — Shililzzy et Liddel. — C. Sinano. — Smart frères. — Taylor et Cie. — Tod-Barthbon et Cie.

Négoc. autrichiens. — Levi frères. — Nachman frères G. Ruscowich.

Négoc. grecs. — A. Abbet et Cie. — Antoniadis. — G. Arevoff. G. di Demetrio. — Chiriacopulo (E.) et Cie. — C. Galatti. — S. Georgala. R. Giovanidi. — M. Mauro. — L. Mavrogordata. — C. Nazzio. — M. Negreponte. — D. Nicolopulo. — D. Papo. — E. Petrochcoino. — M. Pitaridi. — A. Pringo. — T. Ralli. — Th. Rodeanachi. — P. Sagraudi. — G. Sinadino. — T. Stavrinachi. — Stratiadis. — E. Tamvaco. — S. Timba. — A. Trapauzali, — N. Saccali. — C. Zervudachi,

Négoc. hollandais. — Pollak et Grégoire, succursale au Caire, correspondant à Paris.

Négoc. italiens. — Elli Arbib. — Rubens Arbib. — Avoscani. — A. Biagini et Cie. — Cameo. — Caprara. — Ciccolani. Coronel. — Ferrari. G. Haken et fils. — Mansueto Pensa. — Montecorboli. — A. Pacho et Cie. — E. Pacho. — A. Petrachi. — D. Piazzi. — Rizzo Go, m. à Paris. Solutore. — Temelachi. — Turin frères.

Négoc. levantins. — Ardile. — Bedredin. — Houry. — Mametalla et Cie.

Négoc. portugais. — Saba (Protégé).

Négoc. prussiens. — Aghion frères. — Menshausen-Holstein et Cie. — Ch. Reuter. — Ruppreich et Pirona. — J. P. Planta. — E. Walters.

Négoc. suisses. — Bettin. —. Morel (L. T.) et Cie, représent. de fabriques. — Netter.

Nouveautés. — Ciolani (D.). Labattut. — Paschall. et Cie,

Damiette, chef-lieu.

Principaux commerçants. — Chrétiens : Jean Dimitri. — — Gerasimo frères. — Nahouin Cosséry. — Elias Cosséry. — Miqué. — Mangaki-Sari. — Antoine Razouk. — Selim Salamé. — Soliman Menassé. — Constantin Passiour. — Banoub Farah. — Elias Soliman. — Antoune Mikaïl.

Musulmans.— Naaman Pakri.— Achour Abou Hessen. — Saïd El Zalat. — Sliman El Badri.— Essen Ero. — Saïd El Lozi. — Attia Aboud. — Ali Bey Haffagul. — Mohamed El Farral. — Ali El Merkabi. — Abdou Moucharrafa. — Mustafa Cotema.

Mansourah.

Négoc — G. Athanasiadi. — C. Beltram. — J. Beltram. — Fairmair et Cie, négoc. et banq. à Alexandrie. — G. Massoud. — J. Molpurgo. — S. Savignon. — E. Succi. — L. Vincon.

ÉQUATEUR (RÉPUBLIQUE DE L')

Quito, capitale de la république et chef-lieu de la province de Pichincha.

Filature mécanique de coton. — Aguirre frères.

Négoc. français. — Dugard frères et Cie, m. à Guyaquil. — F. Gouin et Cie, soieries et nouveautés.

Négoc. nationaux. — Manuel Palacios. — José Cornejo. — Cevallos. — Pablo Bascones. — Romeroti Carrion. — Andrade Vargas. — Pedro Flores. — Louis Paredes, etc.

Guayaquil.

Banquiers. — Manuel (A.) de Luzarraga. —

Banco particular (Banque formée par les commerçants). — Banco del Ecuador.

Négoc. français. — Edouard Roudavigne et Cie, succursale à Quito, sous la raison A. Cousin et Cie. — Gault (J.) et Cie, produits chimiques. — Dugard hos et Cie, draperies et nouveautés.

Négoc. étrangers. — E. W. Garbe. — Norero (Nicolas) et Cie, maison à Paris. — Carton et Roditi, maison à Paris. — Armand Albertini Nyrantia et Cie.— Planas Perez et Obarrio, m. à Paris. — Viungro Juanola et Cie. — Maeer. — Eder. Sockel.

Négoc. nationaux. — Ildefonzo Coronel. — J. Rosales et Cie. — J. Vivero y hos. — M. S. Rendon. — P.-P. Garcia Moreno. — Millan Ballen et Cie. — F.-J. Riofrio.

ESPAGNE

NOUVELLE-CASTILLE
(CAPITAINERIE GÉNÉRALE DE LA)

Madrid, capitale.

Assurances contre les faillites ou suspensions de paiements.

El Aval, Casadesus et Navarro, directeurs-gérants, calle de la Montera 7.

Banques.

Banco de España, calle de Atocha 15, Gobernador, Exmo Senor dn Juan Bta Trupita. = Sub-gobernadores, Exmo senor dn Manuel de Nectota ; Exmo senor dn Manuel Mamerle Secades. — Secretario, Ilmo Sr dn Jese de Adaro. — Interventor, Sr dn Lorenzo Martin Gomez. — Cajero de efectivo, Sr dn Manuel Diaz, Moreno de Vivar. — Cajero de efectes en custodia, Sr dn Juan José Maria.

Banco de Economias, calle de Pizarro 10.

Compania général de crédito, déposites y temento. —Director, S. E. don Gregorio Lopez de Mollinedo.

Banco Peninsular hypotécario, Maria Seldevilla y Perez, direct.-général ; Puerta del Sol 13.

Entreprise générale du crédit au travail, direct., M. le baron de Villa-Atardi, calle de Cervantes 16.

La Bienhechora, grande caisse universelle et de prévoyance, calle de la Montera 20 Pral.

Sociedad Española de crédito commercial, calle de Alcala 30.

Crédito mercantil é industrial, calle de la Palud 9.

Sociedad général de crédito mobiliaro Espanol, calle de Fuencarral 2.

Banco de propriétarios, calle del Principe.

Sociedad général Española mercantil é industriel, calle del Baño 2.

Banco de Crédito, directeurs-gérants, MM. Barreda et Calderon frères, siége social, Costallina de los Angeles 4.

Banque hypothécaire de crédit mutuel, Villagarcia et Ce, calle del Principe 10.

Banco de prévision y Séguridad.—Directeur, Frederico de Satide, José Mur-Villanova, c. Espoz y Mina.

Banco Universal de Aheros, calle del Lion 27.

Credito territorial Espanol, Directeurs, M. Cuendia, Morales y Cie, calle del Prado 12.

La Probidad, Caja de Ahorros, calle de Espoz y Mina 1.

Tesoro de Madrid, J. M. Bianco Gonzales, direct., calle del Desengano 12.

Banquiers.

Aecho (Hijos y Sob), calle Sta-Clara.

Barberia (M.-C.), calle Espoz y Mina 2.
Barreda y Calderon, constanilla de los Ange-
  les 1.
Burrington y Cia, calle Alcala 36-préal.
Bayo, Mora y Cia, calle de la Greda 3.
Bertran de Lis (Rafail), calle Florin 2.
Boix (J.) y Cia, calle Preclados 7, maison à Mar-
  seille ; à Paris, J. Boix, Lagrange et Cie, rue
  de la Bourse 4.
Cahen (José), paseo de Recoletos.
Cantero (M.), calle Mayor 26.
Cascajo (P.) y Cia, r. de Lope de Vega 55.
Crespo (Fco. P.), calle del Principe. 7.
Deffés et Roy, maison à Paris, Faubourg Saint=
  Denis 132.
Degeilh (J.) y Cia, consignation, calle Jaco-
  metrezo 62.
De Herrera (N.), calle de las Infantas 7.
Fabra (Ponte) y Cia, calle Greda 20.
Finat, Coll et Cie, calle de las Infantas 1.
Gaviria (Antonio), calle del Mayor 14.
Gommès (E.) y Cia, calle Pontejos 4.
Gonzalez (J.-R.), calle Arenal 15.
Hernan (Angel), calle del Carmen 4.
Herrera (N. de), calle de las Infantas 7.
Hubbard et Cie, calle de Cervantes 16.
Jimenez (C.), calle Alcala 36.
Jugo (Ignacio), calle Fuentes 10.
Lafitte (Léon-Adolphe), calle Alcala 58.
Manzanedo (J.-M.), calle Alcala 12.
Mayer (Simon), calle de la Montera 12.
Miqueletorena hermanos, portigo San Mar-
  tin 10.
Miranda é hijo, calle de la Salud, 13.
Morena (viuda é hijo de A.-G.), carrera de San
  Géronimo 17.
Najera Pelayo (F.) y Cia, calle del Principe 17.
Norzagaray é hijo, calle de Esparteros 20.
Ojero (Fabino), calle de Hortaleza 40.
Ortueta (José), calle de la Montera 40.
Retortillo (Fco de P.), calle Sordo, 43.
Rivas (Simon), carrera San-Geronimo 42.
Rolland (Gmo), calle Tetuan.
Sainz (E.), calle Sto-Tomas 3.
Salamanca (José), passeo de Recoletos.
Soldevilla (Mariano), calle Jardines 15.
Vincent y Vives (Antonio), calle San-Marcos 3.
Weisweiller y Bauer, plaza Sta-Maria 2.

Boutons (fabr. de).

Pelegrin (feu), calle de la Montera 7, maison à
  Barcelone.

Chapellerie (fournitures pour).

Guillet y Caillard, calle de la Montera 35.

Cols et cravates.

Barrio (Teodoro), calle de Carretas 19.
Clément Hermanos (R.), calle de Carretas 15.
Riva (F. de), calle de Carretas 19.

Commissionnaires.

Arce Mazon (Ignacio de), plaza de Principe Al-
  fonse 4.
Blanchetti et Geranzani, maison à Paris.
Larfeuil et Cie, calle Jesus del Valle 34.
Pesselt (E.) et Cie, de Paris, gér. Vor Caillaous,
  10, Huratos 1°.

Cravates.

Barrio (Teodoro), calle Carretas 19.
Riva (F. de), calle Carretas 19.

Dentelles et tulles.

Margarit y Navaro, calle del Carmen 41.
Morenas (G.), plaza Sta-Cruz.
Munecas (José de la), calle de Gerona.
Perez (J.), calle de Gerona.
Puig (José), calle del Carmen 18.

Draperies.

Bacque (Alejandro), calle de la Montera 18.
Bernaldez (Tiburcio), calle de la Montera 2.
Duchs Rovira y Compania, plazuela de la Lena 6.
Garma (Viuda de Franco G. de la), calle de la
  Montera 7.
Gomez (Rodulpho), calle Imperial 1.
Gonzales (D.J. Ramos), à l'isthme de Suez, car-
  rera de San-Géronimo 4.
Lozano (J.) y hermano, calle del Arenal 11.
Martinez Ortiz (Manuel), calle Conception Gero-
  nima 16.
Mayer (Simon), calle de la Montera 12.
Miarons y Doria, plazuela del Angel 14, maisons
  à Barcelone.
Mitjavila (Ventura), calle Pontejos 4.
Munoz Mexia y Cia, gros et détail, carrera de S.
  Geronimo 34.
Rodriguez y Rodriguez-tejidos por Mayor, calle
  Imperial 6.
Terol (Joaquin) y Pascual, calle de Esparteros 6.
Terradas (Ramon), Barrio-Nuevo 5 prnl.
Vidal hermanos, calle de Preciados 4.
Ybarra (Felipe), Moralez et Matienza, calle de la
  Montera 6.

Fleuristes.

Barrère, calle de Lobo 8.
Elias Lopez, calle Montera 13.

Gants (fab. de).

Avenier (Emile), calle Montera 22.
Clément hermanos, gros et détail, calle Carre-
  tas 13.
Cocat (Frédéric), calle de Fuencarral 3.
Dubost (Pierre Toussaint), calle de Carretas 41.
Elias hermanos, de Tejeda y hermano, calle del
  Arenal 7.
Jourdan (Juan), calle de Fuencarral 3.
Lafin (Claude), calle Montera 18.
Mendez, calle Montera 38.
Nespolet (José), calle de Caretas 7.
Toranje é hyjos, calle Horno de la Mata 10.

Habillements confectionnés.

Isem (Thomas), (à la Villa y Corte de Madrid), carrera San Géronimo 5, 7 y 9.

Lingeries.

Astudillo (Mariano), à la Ciudad de Londres), cal.
  del Principe 12.
Atanasio Magdalena, chemises d'hommes et ca-
  leçons, Carmen 18.
Augustino (Mme), Puerta del Sol.
Bernaudad (E.), calle Montera 14.
De Velasco y Corral.

Hernandez (Adrian), calle Espoz y Mina 10.
Hernandez (Pablo), (la Princesa), lingerie, calle del Principe 10.
Hermandez de Tejada hermos (Elias), calle del Arena 15.
Mignon (Catalina Mme), calle Carmen 7.
Millet (Louise Mme), calle de Arenal 22.
Phosilli (Felipe Herrero de), calle de la Montera 31.
Sachse (Ed.), calle Mayor 12.

Machines à coudre.

Anglada (Augustias), providora de la Réal Casa, calle Principe 16.
Lacour et Lesage, calle da Preciados 6.
Michel (C.), calle Canizares 1.
Oruno (Vicente), todos sistemas.

Mantilles.

Carlos Hervy, calle de Capellanes, 5.

Mercerie.

Alegre y Sevillano, calle de Garretas 35.
Balboa (Guillermo), calle de Jacometrezo, 37 et 39.
Bernaudad (E.), calle Montero 14.
Bernheim (Julio), calle de la Montera 12.
Borgognon (J.), Puerta del Sol 15.
Carlos Hervy, représentant de fabriques, agent des Docks de Madrid.
Deffès y Roy, en gros, calle del Correo 2 (Puerta del Sol), maison à Paris.
Elias (Frederico), calle Preciados 9.
Escalante (Ignacio), calle de Esparteros 3.
Gongora (Manuel de), rubans, passement., aros. Pontejos 1.
Granda (Baltazar de), calle de Preciados 15.
Lepine y Gonhara, calle Pontejos 1.
Ordonez (Kauriano), Esparteros 3.
Orué (Manuel de), en gros, calle de Carretas 31.
Ostoloza hermano, calle del Principe 1.
Pereda y Neyla, Espoz y Mina 18.
Quintana (Vinda de), en gros, calle Pontijos 10.
Rivas (F. de), calle del Principe 11.
Rodriguez Angel, calle Homo de la Mata 5.
Saenz (Lucas), calle Esparteros 1.
Zugasti (Victor), Hortaleza 1.

Modes.

Alvarez (Raphaël) (la Florentina), calle de Preciados 15.
Antonine, calle del Olivo 6 y 8.
Carolina, pl. de Santa-Cruz 3.
Chavany (Mme), calle de Esparteros 1.
Conti (Mlle), exportations, calle Desengano 15.
Debuena (Francisca), calle de Carretas 39.
Fleuri (Mme E.), calle de Preciados 5.
Garcia (Alexandro) y Cachena, calle Concepcion Geronima 11.
Grenet (Elisa), Puerta del Sol 4.
Honorine, calle de la Victoria 1.
Huard (Alejandro), carrera de San-Geronimo 2.
Huet (Dolorès), calle del Carmen, 32.
Martin (Juliana), carrera de San-Geronimo 5.
Petibon (Célestine), modes et nouveautés, calle de Preciados 9.
Roger (Joséphine), calle de la Montera 23.

Modes (fournitures pour).

P. Barrère, calle del Lobo, 8, pral, à Madrid.

Négociants.

Boix (J.) et Cie, banquiers, calle Preciados 7, m. à Marseille.
Despeyloux (Romeo), calle de la Magdelena 38.
Fabre (B.), plaza de Bilbao 6, pral.
Meulman (Enrique), calle de Preciados 17.
Mayer (Simon), draperie et recouvrements, calle de la Montera 12.
Miota (Bernardo de), calle de Atocha 92.
Nègre, Alland et Cie, rue de Séville 6, maison à Paris.
Ramon Simo, agent en douanes, Casas de Mata 4, à Escalera.
Steinfeld (Enrique), articles anglais, allemands. calle del Prado 19.
Targebayle et Gimas, calle Espiritu Santo 14.

Nouveautés.

Aguirre (H.), calle del Carmen, y Puerta del Sol 11 y 13.
Carmena (Viuda de) e hijos, calle Espoz y Mina 5.
Cruzado de la Cruz (Enrique) (La Nueva Corte), calle del Carmen 33.
Equiluz (Sobrinos de), calle Mayor 21.
Ginés Bruguera, calle del Carmen 16.
Guizer Clavell y Coma.
Isern (Tomas), carrera San-Geronimo 5, 7 y 8.
Mayer frères, calle de la Montera 12.
Morales (José), calle Espoz y Mina 8.
Niceto (Ubierna), calle Espoz y Mina 6.
Paz (Pablo), C. San-Felipe-Neri 2.
Perrard (M.), calle Mayor 1.
Serafin (Navarro), calle Espoz y Mina 6, Triplicado.
Rodriguez (Alonso) y Hernandez, calle de Espoz y Mina 7.
Villaverde (F.), hermanos, calle Mayor 1.

Ornements d'église.

Jourdan et Cie, carrera San-Geronimo 6.
Tallazac ainé, Caballero de Gracia 46.

Passementerie.

Astier e hijo, calle Esparteros 1.
Deffès y Roy, calle de Corjeo 2 (Puerta del Sol), maison à Paris, rue du Faub.-Saint-Denis 132.
Pret (Viuda de) e hijo, calle de Carretas 35.
Villasante (José Fernandez), merc., rubans, etc., maison de gros, calle San-Felipe de Neri 2, pral.

Plumassiers.

Merino (Antonio) y viant, plumes fines, calle de la Montera 25.
Rodriguez-Zurdo (J.).

Représentants de commerce.

Bernaudad (E.), représ. de Flers'eim, Feilmann et Cia, de Nottingham, calle Montera 14.
Catarineu (Mateo), c. Magdalena 2.
Guillard, calle de la Farmacia 13.
Meulman (E.), calle Montera 14.
Milans (Candido), calle Postas 46.
Stenfiel (Enrique), calle del Prado 19.
Strünz (Enrique), calle de la Paz 9.

Rubans de soie.

Deffès et Roy, calle del Correo 2 (Puerta del Sol), m. à Paris.

Milans (Candido), cordons et rubans de soie, art. de coton, calle Postas 46.

Soieries.

Aguirre (H.), Puerta del Sol 11 et 12.
Andrés (Julian), c. de Espoz y Mina 3.
Clavé hermanos et Cie. fabricantes de sederias, San Geronimo 34.
Bruzado de la Cruz, c. del Carmen 33.
Eguilluz (Sobinos de), calle Mayor 21.
Franco Gonzalez, calle Mayor 1.
Garcia Montalvan y Alvarez Id. c. de Espoz y Mina 6.
Guixé et Clavell, calle de Espoz y Mina 2.
Guttierrez (José), calle del Carmen 22.
Hermandez (José), calle del Carmen 5.
Moralès (José), Espoz y Mina 8.

Tapis.

Burg de Velasco (B.) y Cia.

Tissus.

Alonzo y Cia, calle de Tetuan 3.
Avial (Bastio), calle Mayor 14.
Escola Hermanos y Romen, calle Concepcion-Geronimo 21.
Gomez hermanos calle Pontéjos 1.
Gomez Rodulfo (Juhan), c. Pontejos 2.
Gommes (Ernesto) y Compania, mais. de gros, calle de Correo 4.
Mansilla (A.) y compagnia, en gros, calle de Santo-Thomas.
Moralès y Cia, calle de la Audiencia 2.
Moretones (Rafaél), calle del Arenal 11.
Oliver (José) y Matheu, en gros, pl. del Angel 11.
Pinede (P.) et Compania, tissus étrangers en gros, calle Pontejos 1, à Paris.
Pondevida Castello, gros, calle de Esparteros 11.
Rafael Moretones y hermano, m. de gros, calle de Arenal 10.
Rodriguez (Candido) y Compagnia, en gros, calle de la Audiencia 4.
Ruiz (Franc.) e hijos, del Arenal 4.
Sole e hijos y Matabosh, calle Concepcion Géronima 7, m. à Barcelonne.
Taberner y Olozobal, calle de Carretas 20.
Tabra Malagrava y Cia, calle de Capellannes 10.
Zuaznavar (A.) y Compania, Puerta del Sol 9.

Toiles.

Schsé (Edouard), calle del Arenal 1 y 3.

Toiles cirées.

Broin (Alphonso), calle de Carretas 16.

Talavera de la Reyna.

Soies (filat. et tissage). — Alcala é hijos (Viuda de). — Iturria (J.). — Tarrivas (Grégorio de B.).

Tolède.

Soies (filat. de) — Bajo (Juhan). — Bringas (José).

Soies (fabr. de tissus de). — Albarran (Pedro). — Alcantara (José). — Arroyo (Antonio). — Crux (Mariano). — Fernandez (C.). — Fernandez (Nemesio). — Garcia (A.). — Gimenez (T.). — Guarda (Angel de la). — Hernandez (L.) Librado (E.). — Montès (Juhan). — Ramirés. — Lodriguez (Ramon). — Ruedas (M.).

VIEILLE-CASTILLE.
(CAPITAINERIE-GÉNÉRALE DE LA)

Valladolid, chef-lieu de la province de ce nom.

Banquiers. — Redondo hermanos, correspondants à Paris. — Fould et Cie.

Commissionaires. — Guérineau (J. R.), maison à Paris. — Léon Posso, m. à Bayonne et à Paris. — Touchard (Jules), négt en garance, et autres articles, calle de Da Maria de Molina 4.

Gants (fab.). — Ronchelli hermanos. — A. Villardell.

Garance. — G. Badieller, à Arrabal de Portillo. — Chancel père et fils, et garancine.

Négoc. — Pedro Lopez Lombera, garance et autres produits. — Touchard (Jules). — Ysar.

Tissus. — Fernandez (Mano). — Fernandez (V.). — Guerrera y hermano. — Lorrenzo Aguirre. — Lozano Sobrino y Jolivet. — Manuel Castanon. — Ocejo (Maria). — Perez Saenz y Vicente, m. de gros. — Vidal Sembrun et Cie, fab. de tissus de coton à la vapeur.

Santander.

Banque de Santander. — A. del Diestro, direct.-gérant.

Chapelier. — J. Massol, fabr. en tous genres.

Principaux magasins de vente en gros, demi-gros. — Draps, soieries, modes. — Barba et Bahisa. — J. M. Zovilla. — Inocencio. — Sanchez. — V. Solar y herms. — Pasaral et Cortasa.

Quincaillerie. — A. Muller. — Arrechaederra. — Predari frères Vda de Wünsch. — T. Ubierna. — I. Gurtubay.

Chapellerie. — Massol. — Besset et Campo.

ESTRAMADURE.
(CAPITAINERIE GÉNÉRALE DE L'.)

Badajoz, chef-lieu.

Banquiers. — Benito Riucon é hijos. — Hijos de Aranzana y Cia. — Sinforiano Vacas y Garcia.

Négociants en produits du pays. — Benito Rincon é hijos. — Hijos de Arenzana y Cia. — Sinforiano Vacas y Garcia.

Nouveautés. — Antonio Alvarez Saenz (Célestino). — Benito Rincon é hijos, gros et détail. — Hijo de Arenzana y Cia.

ANDALOUSIE.
(CAPITAINERIE GÉNÉRALE DE L'.)

Séville, chef-lieu.

Banques. — Crédit commercial, direct., Manuel Le Roy. S. D. Domingo de Norzagaray é hijo, à Paris. — B. Badel, à Londres. — C. J. Hambro é hijo.

Banco de Sevilla, directeurs, D. José M. Ibarra.— C. Manuel Maria Munilla. — D. Matias Ramon Calonge.

Banquiers.— Buisset (Emilio).—H. Buisson et Monpribat. — Cahill White y Beck. — Daguerre Dospital frères.—Camara hermanos.—Hartley et Cie.—Lacave et Cie (J.P.).—Pedro L. Huidobro e hijo. Noël et Cie. — Gonzalo Segovia. — Simon de Onativia.

Ceintures (fabr.). — José Rodriguez, laine et coton.

Chapeaux (fab.).— A. Pedro Bimout.— Antonio Gil.—José Polera.—A. Vissières.— Gregorio Sartou.

Droguistes.—José Mo de Coya, teinture.—Manuel D. Fernandez.—Pedro L. Huidobro e hjio.—Lopez Blesa et Cie.

Gants (fab.).—Frédéric et Paul Gely frères.—Gely hermanos et Cie.—F. Gely.— Juan Perier.

Habillements confectionnés. Pedro Lerba (La Aquitta).

Machines à coudre. — Coucha (Lno). — José Maria Patino.

Négociants. — José de Pando Alvarez. Arcimis (Thre).
Julio Beauchy. — Juan Parodi Bordas (La Abeja), Narcisse. — Bonaplatta. —Bouisset (Emile). Buisson (H.) y Montpribat.—Cahil White y Beck. Mathias Calonge. — Manuel Calvo y Olasagare. — Camara hermanos. — Joaquin Casanovas. — Auguste Casenave, succursale de la maison. Cazenave père et fils de Carcassonne, laines. — Thomas de la Calzada. — Juan Cimmingham et Cie. — François Clauzel. — Coma (hijos de Antonio). — Comas et Cie. — Conchas (Laureano). José Pagés Del Carro. — Luis de Cuardra.
Daguerre d'Hospltal frères. — Francisco Delgade y Serrano.—Diosdado (Paschal). P. M. Domingo. — Pedro M. Duran.
Damborgez (Pablo), représent. de fabriques.
Ercoreca Sains et Cie.— Bernado R. Estrado.
Victor Garcia Gaston. — Juan Poblo Gomez-Gomez y M. Pherson. — Nartley et Cie, négts et banquiers. — Marceline de la Hera.—José Maria de la Paran. — Pedro Luis Hui Pebro. — José Maria de Ibarra. — Marcos Romero Izquierdo.
J. P. Lacave et Cie. — Manuel le Roy, banquier. — Leygonnier y Pando.
Masferrer et Cie.—Mariano Calderon y Ochoa. — Francisco Monasterio. — F. Monge. — Antonio H. Moreno.— Carlos Murphy. — Murphy et Cie.
Noel, Vasserot et Cie.
Jose Odena.— Vve de Olea et fils, et banque
Pedro Pagis. — Juan Paz et Cie. — F. Pebernad et Cie. — Tomas Pereyra y Somaza. — Jose R. Gonzalez Perez.
Rodriguez y Adriaensens.
Santalo frères et Cie, — Santos Alonso e hijo.
Tobia Toresano y Cia, fab. de tissus de fils. — Juaquia L. Tourné, banque.
Uhagon hermanos et Cie.
Antonio Maria de Vera, représ. m. étrangères.

Parapluies.— Michel de la Puente y Pellon.

Passementerie. — Blanco y Garcia.

Soieries. Diaz y Perez, hautes nouveautés.

Soies à coudre (fab.). — Angel de la acena et Cie, — Justinoz-Martinez. — Urgate frères.

Teinture. — Aastet hijos.

Tissus nouveautés. Stanasio Barron et hermano. — Juan Betuich. — Basilio del Camino et Hermanos.—M. Carrascosa. — Martinez Casades et Cie. — Manuel del Castillo. — Casilhoy-Povea,— S. J. Lazaro Crespo et Cie, fab. de tissus de fil, ceintures, galons p. voitures. — Edel.— Fort et Margarit. — Gonzalez et Maquera. — Juan Herrera et Hermanos.— Lopez et Martinez. Martinez Asena y Altadill. — Timoteo Merino.— Pastor et Cie. — Pons et Cie. — Damian Rodriguez.— Pedro Subira et Crat et Cie. — Vasquez et Campos.
Faustino Delguardo y Cia.
Lanzos et Cie. — Marin Hermanos.

Cadix.

Banques.— Banque de Cadix, Abarzuza (José), directeur. — Change universel, Meneses (Manuel), directeur du Change universel, succursale de Madrid.
Compagnie du Crédit de Cadix, Guilloto (Miguel), directeur.
Le crédit commercial, directeur, Conte (A.-F.).

Banquiers, négociants et armateurs. — Abarzuza et Cie, banquiers, négociants. — Alberti hermanos. — Alcon (Aurelio), négoc. — Alcon (Luciano). — Alvarez (A.). — Arana (Juan). — Arcimis (T.). — Arrigunaga è hio. — Aurioles y Chiappino.
Balugas (J.). — Bensusan (Joseph). — Blazquez (M.) et Cie. — Boom (J.-M.). — Butler frères.
Cadilla, Baquiola, Trava y Cie. — Cagigas Ignacio y Vicente. — Casanova Jose y Hermano. — Castrisiones Angel (M. de). — Collet (E.). — Coma hijos de Antonio, banquier et négociant. — Condon Patricio e hijos. — Cordero Lopez y Cia (Viuda de). — Crosa (L.). — Cuadra (Eug.). — Cuesta y Cia.
Diez (Luis). — Dominguez e Hijo Rufino. — Duarte (Antonio), négoc.
Elorza (Jose de). — Esteves (Jose).
Fages (Pedro Ant.). — Fedriani (Federico). — Fernandez (M.). — Fernandez de Castro y Cia Ignacio.— Ferrer (Francisco).— Gallardo (Francisco), soie. — Garcia de la Mata y Hermanos.— Gargollo (Vinda ó Hijos de A.). — Gargollo (F.). — Gaston frères, négociants.— Genovés (E.-J.). — Gil y Saenz José. — Goicoéchéa (J. R. de). — Gomez José Estehan. — Gomez Hemas y Cia. — Gonzalez y Kropf, banque et commerce avec le Brésil. — Gonzalez de la Sierra (F.). — Guelfo Vicente. — Gutierrez Alcantara José. — Gutierrez y Cia José.
Harmony et Cie (Viuda de X.). — Hernaez y Garcia Manuel. — Hernandez Hermanos. —Herrero y Cuesta Nicomedes.
Isorna Andrés.
Jimenez y Corona Antonio.
Lacave et Echecopar, banq.-négoc. — Lagergren (G.-R.) et Cie, commission. — La Mera (Pedro José). — Lasanta é hijo (J. de Dios). — Lavalle (J. de). — Lloret (Manuel), négociant. — Longuet (Juan P.). — Lopez (A.) et Cie, banq. et négoc.. — César Lowenthal et Cie. — Luchi (Joaquin Franco de). — Luengas (Manuel de). — Luengas y Bosch. — Lutteroth et Cie.

Mc Pherson, banq.-négoc.— Martinez é hijos. — Martinez di Pinillos (M.). — Matia (J.). — Menacho (E.). — Mendaro (José S.). — Mendaro (Lorenzo). — Mendiberri y Ugarte. — Mendoza (Viuda de). — Mora (A.).

Nolasco de Soto (Pedro), négoc.

Oneto (D.A.Jourdan et Cie), commiss. et banq.

Pascual (Francisco).— Paul (M. F. de). — Penasco et Marzan. — Peredo (Juan Gonzales).— Picardo (Benito). — Plaza y Cuesta Benito. — Portilla (Viuda de).

Ramos (Manuel.— Ravina (Guillermo). — Remorino hermanos, négoc.-commiss. — Retortillo frères.— Revello (A.). — Rodriguez (D.) et Cie. — Rodriguez (A.) é hijo. — Roudolph (Frederico.)— Roman (José San), négoc. — Ruiz. — Tagle Manuel. — Ruiz de Somavia Juan.

Saenz de Tejada Manuel. — Sainz Manuel. — Sainz (Vinda de D. Pedro Manuel).

Salesse et Cie, quincaillerie.— Sanchez Pedro).— Sanchez de Lamadrid Miguel. — Sanchez de la Concha Manuel. — San Roman José. — Shaw (J.-D.). — Tiere (Ant.-Louis), négociant, banque. — Sierra (Francisco Gonzales de la). — Sievert (J.).— Siloniz (José y Juan de). — Sobrino et Cie, négoc.-commiss. — Soto (Pedro Nolasco de). — Subira (G.) et Cie.

Taconnet y Cia. — Terry-Villa (Louis) é hijo, négociants.— Toro Parraga y Martinez. — Tosso (Pablo). — Tovia y Gomez.

Uhthoff (Fred.). — Urmenta (Francisco de P. de Urteleguy y Colom.

Vallejo (Luis). — Varella Francisco. — Vargas (Juan Antonio de).—Vela (Pedro Pascual), com. et banque. — Verdugo, Morillas et Cie.—Viesca (Aug. de la). — Vignau Pedro. — Villalba y Arroyo Santiago.

Villa (Luis Terry), é hijo, négoc. et commissionnaires.

Gants (fabr.). — Frederico et Pablo Gely.

Habillements. — L'Aigle. — Lucas Herce. — Juan José Junco.

Négociants.— Lowe frères. — Gomez de Mier et Cie. — Ignacio Fernandez de Castro y Cia, soies, graines de vers à soie, commerce avec la Chine. — Taconnet (A.), agent de m. étrang.

Passementerie. — Jimenez-Molina.

Tissus-nouveautés. — Hipolito Aranjo, tissus du pays et étrangers. — Alvarez hermanos. — Pedro Berrera et Cueto. — Blasquez (Martin) et Cie. Cadilla, Caquiola, Trava et Cie, en gros. — Castro (A.). — Juan de Carvajal. — José Elorza. — Echave Gomez Lopez y Moreno. — Granados y Perez de Léon. — Lucas Herce. — Hernandez hermanos.— José Ramon Lopez-Juan Antonio Martinez. — Benito Plaza et Cuesta, tissus de Chine et d'Europe. — Portilla hermanos, tissus d'Europe et de Chine. — Marcos Santarelli et Aguado. — Gabriel Subira et Cie. — Tavia et Gomez. — Villanueva (F.) et Cie. Viniégra (Dionisio).

GRENADE.
(CAPITAINERIE GÉNÉRALE DE).

Grenade, chef-lieu.

Banquiers—Joaquim Agrela-José all Rodriguez y Acosta.

Draperies (fabr. de). — Pedro Roges. Franco Garcia.

Soieries (fab.).—Joaquim Agrela José.Salvador Moreno.

Tissus en gros. — Garcia Campos et Cantos. Echevaria Hermanos. Ramirez et Martinez.

Almeria.

Nouveautés. — Sicluna y Balonga. —José Casinello. Esteban Imenez, soieries.

Quincaillerie.—Henrique Lopez De la Camara, art. de Paris, mercerie et banque. — Fernandez Mariano, art. de Catalogne et passementerie. — Jeronimo Abad, mercerie et art. du pays.—Terriza (Luis), passementerie. art. de Paris, etc.

Malaga.

Banco de Malaga. — Directeur : Hernandez (H.).

Banquiers.

A. Barba.
Bolin et Cie, change sur toutes places.
Dor (Guillermo).
Grund (Constantino).
Hernandez Hos.
Hourcade (Clément).
Huelin (Guillermo)et fils.
Huelin (Mathias).
Loring Hermanos.
Naunyn Elster et Cie.
Prat Barrera (J.).
Pries (A.), banque sur toutes places.
Ramos, Tellez (Fco) et fils.
Scholtz frères.

Chapeaux (fab.). — Enrique Lopez de Uralde.

Chemises (fab.).— Los Dos Amigos.

Tissus nouveautés.—Bartholomo et BaulioMurciano.— Galle et Cie.— Diez.— Felizar et Valle. — Gomez y Alonzo. — Pedro Sanchez. — Sensat Domingo.

VALENCE.
(CAPITAINERIE GÉNÉRALE DE).

Valence, chef-lieu.

Notaires au tribunal de commerce. — Timoteo Liern.—Carlos Abella.

Banques. — Succursale de Valence, direct., Illustr.Senor Manuel Ciudad, control., Sr. D.Julian Llorente y Lazaro.—Caissier, Sr. D.Mariano Marzal y Serrano.

Caja mercantil de Valence. — Directeurs, D. José Saumandreu; Pedro Morand; secrétaire, D. Antonio Polo de Bernabé.Marcuard,André et Cie. — Sociedad det credito Valenciano: — Sociedad Mercantile y Banco. — Sociedad Valenciana de Credito y Fomento. Directeur, Senor D. Jose Campo.

Banquiers, commissionnaires et spéculateurs. — Carbajosa y Cia; change sur toutes places. — Caruana Hermanos y Cia. — Colomina y Dominguez.—Devesa Antonio.—Ferrer y Vallés (Vda é hijo de). — Formosa (Fco de Paul). — Fuster (Ignacio).—Gustierez Hos y Domine.— Hijos de

Reig en Ca.—Jaumán Dreu y Cia, pl. Sn-Nicolas.
— Maupoey hermanos. Mirand é hijo. Viuda de
Piscopó.Juan Bautista Remero.—Sagrista e hijo.
J.-B. Sequeiros. — Trenor y Cia. Viuda Pujals et
Cie.—White Llano y Morand.

Chapeliers (fabr.). — Apolinar (Acevedo), fabr.
gros et détail.—Louis Ferret.—Baltasar Settier.
—Sotero Nino.

Cochenille. — Corset. — Juan Bautista Ron-
da.

Commissionnaires.—Janini (J.B.),m. à Paris.
—Camille Montaignac, parapluies, ombrelles.

Couvertures.— Tello Federico (Al Cordero).

Draperies, cotonnades, étoffes de fil et soie.—
Aranau hermanos.—Arnet hermanos.—Beltran
y Berdeguer. Carreras hermanos. —Casamit ja-
na Jover y Cie. — Angel Domenech, Errando y
Cia. — Fundos. Gal y Navarro, Garcia y Atienza.
—Joachim Izquierdo. Jorge Miralles y Cie. Juan
Bayona.—Juan Desfils.—Juan Pinol. — Julian de
la Cruz. Angel Miphsut.—Nolla y Sagrera.—Pascual Garcia hijo.— Pedro Vidal. — Pignol.—Vicente Çanizares.

Fils. — Viuda de Pujals y Cia. — Curet Jose.

Gants (fabr.de).— Cubells (V.).— Jueri (J.).—
Masfarner (J.). — Perez (Manuel).

Nouveautés. — Narbou (Felipe), tissus en nouveautés du pays et de l'étranger.

Ornements d'église.—Garin (M.) é hijo.

Parapluies (fab.de).—Colomina y Dominguez,
gran fabrica de paraguas, sombrillas. — Mayor y
Menor, export.

Aguilas.

Négoc. — Alexandre Marin, vice-consul de
France.—W. Gris et Cie.—M. Acuña.—Sanchez.
— Fortum frères. — Sebastian Cerdan, Patricio
Gil. — Vidal et Quiñonez.

Sparterie (fabr.).—Scipion Bouvet.—Rocour.

Alcoy.

Courtiers en marchandises pour la vente et l'a-
chat des laines, draps, etc., du pays et de l'étranger. —José Soler y Llopis. — Manuel Gisbert y
Pastor.—Vicente Gisbert Nunez.

Draps (fabr. de). — Iorda Carbonell, exportation.

Droguiste.—Fiol (Eduardo), prod.chim.p.tein-
tures de toutes espèces, mercerie.

Alicante, chef-lieu de la province de ce nom.

Banco de Espana (succursale).—Directeur, Il.
Sr Jose Ciudad. — Contrôleur, Sr D. Francisco de
la Sota.—Caissier, Sr D. Santiago Alvarez.

Banquiers.— Antonio Lopez et Cie, négts.

Chapeliers.— Pedro Beluderas, fabr.

Tissus. — Itier frères, tissus et nouveautés. —
Sabas Penillos.

Carthagène.

Mercerie et modes de Paris.— Isidro Perez.

Négoc. français. — Gall (sparteries), H. Roux.
Jame Coulon.

Négoc. espagnols.— Bichert Sobrino. — Bosch
hermanos.—Bres y Pico.— Calandre y Lizana.
Francisco Dorda y Cie.
Juan Mir é hijo.
Viuda é hijos de A. Vularino. Andres Pedreno,
banque.— José Maria y Pelegrin, et banque. —
Lopez y Gal.
Rolandi e hijos, banq. et négts.
Vve D.P. Vall et fils.—J.M. Vera.

Négoc. allemand.—Ehlers (W.), sparterie.

Nouveautés. — Roig et Cie, tissus du pays. —
Francisco Galvache.

Sparterie.— José Sanchez y Sanchez.—Lopez
y Gal, fabr., exportation.— Jame Coulon.—Ar-
dit et Cie.

Tailleurs. — Leandro. — Sampo. — Pedro de
Mula, tissus du pays et de l'étranger.

Tissus.—Joaquin Valiente.

Murcie, chef-lieu.

Banque d'Espagne.—Eduardo Marin Baldo, représentant.

Banquiers. — José Casalius. — Eleuterio Pe-
nafield.—Viuda et hijos de Sebastiani Servet.

Commis. en soies et marchandises. — Marin
Baldo Eduardo. — Rufino Marin Baldo, soies et
cocons.—José Garcia Baeza.—José Calafat.—José Casalius.—Joaquin Costa hijo.—Miguel Herrera y Martinez, soie ordinaire, brute, etc.— Eleuterio Penafiel. — José Hertram de Rosall y Mas.
—Viuda é hijos de D. Sebastiani Sevet.—Antonio
Aliman Torrès.

Soie (filatures de). — José Bertram de Rescill y
Mas.— José Calofat, commiss., export. — Viuda
de José Hillasistach, filat. de soies p.coudre, exportation.

Tissus. — Francisco Crespo hermanos, gros et
détail. — Fermin Dominguez Alonso, tissus du
pays et de l'étranger. Luis Grech.— Antonio Seiquer, soie, toile, lainage, etc. — Miguel Seiquer.
— Viuda et hijos de D. Sébastia Servet, tissus en
tous genres, fabr. de soies.

CATALOGNE
(CAPITAINERIE GÉNÉRALE DE LA).

Barcelone, chef-lieu de la province de ce nom.

Consul.

France. — Vicomte de Vallat, C.✻, consul général.

Agrafes et boutons (fab. de).

Camps (Juan).

Ameublements.

Escuder Juan, plaza de San-Pedro 4.

Amidon (fab.de).

Caballero (P.).—Torra (A.).

Apprêteurs sur étoffes.

Auxiliar de la Industria, apprets, blanchissage

et teintures.—Bonet (José).—Claramunt y Cia.—Industrial aprestadora, Soria (Fco), dir.

Banques et Banquiers.

Banco de Barcelona. — Escelano (Ant.), administrateur.

Banco Peninsular hipotécaria (succursale de), sous-directeur à Barcelone. E. S. Kirchner, représ. de m. étrangères.

Biada frères..

Blanchetti et Geranzani.

Caisse mutuelle sous la direction de Castella Manté Mouner y Cia.

Caja catauana industrial y mercantil. Caisse d'escompte, administrateur N. Moragas. — Codin (Ant. José).

Compagnie générale de crédit mutuel; gérants, Estach Reig Rabot, Marsalles, Coobeda.

Crédit mobilier Barcelonais ; administrateur, Rosell Vincent.—Fontanellas (Lamberto), rambla Santa Monica. — Freixa (Ant.)

Gil ((José.). — Girona hermanos.

Industrial Harinera Barcelonesa; directeur. Esteve Ignacio.

Marti y Codola (Viuda de).

Mataro (Viudaé hijos de).

Ripol (D.) et Cie.

Roger et Vidal frères.

Sociedad Gral Espanola de descuentos caja de Barcelona, direction générale, Madrid Blauchin Félix, directeur.

Sociétad Mercantille y Banco, Westhoff (J.) y Cia,

Société catalane géuérale de crédit, directeurs. Juan Fabra, Francisco Puig y Bory, Jose Jover.

Sota (hijos de B.) y Arnet.

Villaveschia (Ignacio); Vidal y Quadras Hermanos, Vidal y Ribas.

Blondes et Dentelles.

Holl y Jacob, art. de Suisse et autres en gros.

Fermin Antonia Grajales y Cia.

Fiter (Jose), fab. — Margarit (José) et Lleonart, à Madrid. — Vivès (J.).

Bonneterie.

Alomar (Felipe) y hermanos.—Bouvier (Vtor.). — Castanys (Miguel) y Masoliver. —Cuchet (Fr.). — Gelbert et Cie.

Holl y Jacob. — Nogues y Cia. — Torrents y Bruguera. — Torrents (Vicente).

Broderies en or.

Cayetano Ros é hijo.

Cardes.

Manufactura de Cardas y objetos de cuero : Cardas para lana y algodon, Cueros para Suela y Correas. Camps. Ramon Ant., directeur.

Chales (manufacture de).

Comas P. y Cia. — Garcia hermanos. — Quer (J.) y Cia. — Mante (J.).— Ramis (hermanos).— Sola (Buenaventura).

Chapeaux (fab. de).

Francisco de Asis Ferer y Alcdo, fab. de tous genres. — Jose Jmenez Chavaria fabr. y efetos militares. — Corteventiladora. — E. Devaux. — Jube y Arno.—Jube (Francisco).—Tussell (José).

Chemisiers.

Garcerie, hermanos. — Grau hermanos.— Ravetllat Jose y Brases. — Rigall (Anna), — Tussel (José).

Commissionnaires.

L. Carles, E. Chacon. — Clavé hermanos.— Cosines (J.), Giber et Cia. — Cougnenc (José) y Cia. mat. premières, laines, coton, fils, chanvre. —Duhamel (Edmond).—Echevarria hermanos.— Escoleu y Romeo, — Garcia y Cia (Ramon). — Guasch (André) y Cia, — Guisset (Jacques), et Cie. — Lanne (E.). — La.roudé y Cia. — Maignon, et recouvr. — Pealomar Cebrian hermanos. — Nolla e hijo (Franisco). — Oliart y Somenta (J.). — Raynal (Th.), et recouvr. — Ripold (D.) et Cie, vente et achat.—Simo (Francisco).— Hijos de R. Sola y Amat. — Tucht (viuda de Julio) et Vohmar hermanos. dép. de t. art. étrangers.

Corsets (fabr. de).

Nicolay (Mme). — Rouvière et Ysart, sans couture.

Coton (filat.).

Canadell hermanos. — Castells y Cia. — Delmuns et Villamala.

La Espana industrial, filat. et tissage, Muntada. J.-E. hermanos, directeurs.

Igualadina algodonera, filat. et tiss. de coton ; directeur, J. Valls et Battlori.

Juncadella (Sal.), tissage de filat.— Llanas (J.) y Sobrinos.— Malats y Guardiola.— Plana Pedro y Cia. — Pradts (Alherto). — Rodes (Martin) y Cia. — Rosich (Isidore) et Cie. — Sole (Jose) e hijo.—Sargatal frères.

Cravates.

Roque de Nueda. — Verderau (Luis).

Draps (Manufactures).

Barrau (Jacinthe). — Capmany (Juan) y Cia. — Gaillardo (Jose). — Ventallo (Ant.).

Draps (Négoc.).

Bosch (F.) y Labans y Cia, calle Pedrio 6.—Bulhena (Juan) et Cia, gros et détail.— Carol (Fr.) e hijo. — Castella (Fernando) et Cia. — Escucibar y Cia. — Iglesias (J.). — Lanpère (Luis). — Miarons y Doria. — Nogués (Jose) y Cerda. — Pujol Cabanach y Cia., dep. de fab., export. — Ramis (Saturnino).— Rexach y Blanch hermanos. — Sargatal frères. — Tort (Miguel).— Xipell (Manuel).

Droguistes.

Albiana (Fco). — Amadeo hijo de Juan. — Arus (Pedro). — Bertran (Sigismundo). — Busquets y A. Purau. — Baldomero Capella.

Catala (Viuda é hijo de J.). — Cataumbert (Joaquin).
Cross (T.).
Enrich y Planell (Pedro). — Felin (Fco).
Jordi (Juan).
Leconte (D.), en gros, prod. chimiques.
Lllobateras (Sebast.). — Mir y hermanos. — Roja (Manuel). — Bombardo Ventura. — Pedro Ventura y Prats.
J. Vidal y Ribas, art. de teintures et prod. chim. en gros.
Vila (José), représenté par A. Baillart. — Virgilii (José). — Xanco (Frco).

Fil (Filature de).

Marques de Caral y Cia.

Fleurs artificielles (Fabr.).

Carreras (Rafael). — Madriguera (José Maria). — Madriguera (Francisco). — Ensenat (Miguel). Ritu Ensenat. — Roviva (Maria). — Ruiz (Ramon). — Tio (Juan) y Costas.

Garance.

Mollaris (Paul), y Cia.

Habillements confectionnés.

El Aguila. — Bonis Hermenejildo. — Genis y Curi. — Isern (Tomas). — Rodo (Antonio).

Imprimeurs sur étoffes.

Torelli y Cia (M.).

Laines (Négociants en).

Capmany y Cia, laines et dépôt de tissus, draps et nouveautés. — Marin Valentin. — Miguel (Alexandre), lavées et en suin, export. — Ventallo (Ant.).

Laine (Filature).

Coma (Tomas), laine peignée.

Laine (Fabr. d'étoffes de).

Ubach (Ricardo).

Laines à broder.

Ignacio Carreras y Cia, laines et fil à broder, à tricoter et à tisser.

Linge de table.

Sado (Jaime), fabr. de linge damassé en gros.

Lingerie.

Catala e Hipolit. — Planque (Mlles). — Sado (Jaime), gros.

Machines à coudre.

Escuder (Miguel), Lacour y Lesage, 3, plaza Real.

Mercerie et passementerie.

Salinas (Eduardo), gros et détail.

Négociants.

Alhareda hermanos. — Alesan hermanos. — Allier y Cia. — Amell (Juan) y Mila. — Amell hermanos. — Amell (José). — Anglada (Andrès). — Astrup y Cia. — Avino hermanos.
Barrau (Antonio) y hermano. — Barrau. — Baudilio Roig. — Bergé (Alessandro). — Bertrand (Manuel). — Biada hermanos, et banque. — Bohigas, Millé y Pinos. — Bohigas (Pedro). — Borras y Bofarull (Manuel). — Boy hermananos. — Braendlen, Muller y Bonsoms. — Brunet y Brighiboul. — Canela y Cia. — Cano y Cercos. — Capella (Timoteo). — Capoly Freixas. — Carbajosa y Cia, exportation de soies, etc. — Carceras (Rafael) y Gatell. — Carsi (Juan). — Carsi (Va e hijos de). — Caruana hermanos y Cia, exportation. — Casamitjana-Cayetrno. — Castella Mante, Monner y Cia. — Castell (Luis). — Casades (Martinez) y Cia. — Calafell y Cia, Santiago M. — Claramunt (José) y Amat. — Clariana (Salvador). — Clave hermanos y Cia. — Clot hermanos. — Coll y Montells (Va de Juan). — Coll hermanos y Barba. — Collado y Sala. — Comas (Joaquin) y Cia. — Coma Cuiro y Clavell. — Comas (Ramon) y Salitre. — Credito mutuo Fabril y mercantil de Vilumara, Bianchy y Cia. — Cros (Amadeo). — Cros y Casulleras.
Dart et Cie, commission, spartes, export. — Dauner (Enrique). — Daurella y Baixeras. — Descosmes (F.) et Cie. — Dotras (José) y hermanos. — Echauz (José). — Escagliota (Guillermo). — Estève (Juan) y Vila. — Estopina y Selma, au Grao. — Estruch y Sinno. — Estruch Reig Corbella Babot Tomas Sabadelly y Cia.
Fabregas, Fortoll y Cia. — Fages y Cia. — Ferran (Simon). — Ferrer herm. — Ferrer y Vallés (Vuidas é hijo de). — Ferrer (J.) Bonaljes y Cia. — Flores (G.). — Font y Riudor. — Fontanellas hermanos. — Formosa (Fco de Paul), commission. — Francoli Jaime. — Freixa (Antonio).
Galofre (Juan Francisco). Garcia hermanos. — Garriga (José) y hermanos. — Garriga y Baldiris. — Gavila y Collado (Mariano), au Grao. — Gibert y Cisneros. — Mil (José). — Girona (Ignazio) y Agrafel. — Guille hermanos. — Guille (Ricarso) y Casanes. — Guillemi (Juan) y Nicolau. — Gusi hermanos.
Hohl y Jacob, art. de la Suisse et autres en gros. — Homs Ramon, chanvres et agent de maisons étrang.
Huelin (G. J.).
Jorda y Gilabert. — Jover (Juan) y Serra. — Julia (Juan) y Brell.
Lecomte (Domingo). — Liasat (Mateo). — Lléo y Ruis. — Llopart imosas y Cia. — Lluch (Mariano).
Magro y Villanueva. — Mailhol (hijos de). — Mares h. (F.) y hermano. — Marin (V.), négoc. en lalne et art. de manufactures. — Marti (Va de) y Codolar. — Marti (Jaime), Alegret, Zubibaro y Cia. — Marti Alegret (Sébastian). — Malga (Victor). — Martorell y Boffil. — Masso y Cia. — Massa y Navarro. — Mataro (Va é hijos de). — Maten y Faralt. — Miquel (José). — Miralles (D.) y hijos. — Molina José Me (socio gerente). — Monegal (Esteban). — More (Jaime) y Bosch. — Moreu hermanos.
Nadal (J.-A) y Cia. — Nadal y Ribo. — Nicolau Pujol y Castella. — Nogues (Ramon) y Tapis. — Noveli (Juan). — Novelle (F.).
Olive (F.) y Alsina. — Oller (Lorenzo). — Ortenbach y Cia.
Pagès (Pedro). — Palau José Admor de la Porcelzna. — Palousar (Narciso). — Rascual (Vicente), y Tort. — Pascual (Miguel). — Pascual (Joaquin) y Bosch. — Pisaca (Carlos). — Plandolit hermanos.

—Patxot y Civils.—Poch (F.) y Jover.—Pornès y Bardas.— Prat (Peuro). — Prats (José) y Felice. —Prax hermanos.— Puigoriol (Camillo).— Pujol Cabanach y Cia.—Quer (F.).— Quer (J.). Rahola (F.) y Ballesta.—Ramon, Ramon.—Regas (Va de Joaquin).— Renom (A.).—Riba y Cia. — Ribas (R.). — Ribera (L.) y Aulet. — Ripol (Daniel) y Cia.— Rodes (Juan). — Roget Fontrodona y Castella.— Rodriguez y Cia.—Roger hermanos y Vidal. — Romeu (Manuel) y Casanes. — Roset (Antonio) (centro Universal), calle San-Ramon 6.—Rovira (F.) y Regas.—Rusinol (Jaime). Rusinol (Va de José.)

Safont (Jaime).—Sama y Cia.— Saniora, Cosba y Cia.— Samso, Grau y Cia.—Saupere (Viuda v hered.de) y Torrès.—Schindler (A.), représ.de Peret y hijos de Lyon.—Seller hermanos.—Serra hermanos.— Serra (Juan) y Tautesaus. — Serra (M.) y Cia. — Serra (J.-M.) e hijo.—Serra (José) y Calsina. — Serratosa hermanos. — Serraclara (J.).— Servet (Iquazio).

Sola (A.) y Amat.—Sola (hijos de Bra) y Amat. —Soler (S.).— Soler y Argemi.

Taulina (hijos de). — Taltabull y Borra.—Tintoré (Pablo) Me.— Torrens (F.) y Satorras.—Torrens (Vua de Carlos y Miralda. — Trinchet y Camalo. Turull (Juan) y Olivier.—Vehils (G.) y Cia. —Ventos y Culletl.—Verdalet (R.).—Verges (P.). et Cie. — Vidal (J.) y Ribas. — Vidal y quadras hermanos.—Vieta (Ignazio).—Vilaro (A.).—Villa hermanos.—Vicia et Cie.— Villavechia (Y.). — Virgili et Cie.—Viuda de Langle hermana.

Nouveautés.

Boada y Prats.—Boxo.—Capmang (Francisco). —Camps hermanos. — Dotti (Jean). — Escuder (Viuda e hijo de). — Escuder hermanos. — Fradera (Lorenzo).— Garriga Balagué et Cie.—Hernandez Rodriguez. — Margurit (Viuda et hijo).— Giralto, Cuado y Sagrista.—Nohet (José). — Ortelli (Fco).— Pasarius (Antonio) et fils. — Pons hermanos.— Sandimenge y Campamny.—Selles y Ruys.— Soldevila (Pedro).—Trilla (Pedro).

Ornements d'église.

Isaura.—F. de Paula.

Parapluies et ombrelles.

Cuadros (Bruno), fab.,maison de gros, exp. — Ségur.—José Solé y Sauta Susaua.—Tutau (Fernando).

Passementerie.

Vinets (Georges). — Sala (François). — Sitjas (Francisco).—Torra (Cristofe).—Vinets (Gaspar).

Produits chimiques.

Berrens (Hipolito). — Cros (Amadeo hijo de Juan T.).—Lecomte (Domingo).—Manoury Grau et Cie. — Mielot y Bel. — Monroige Morell. — Monroige (José) y Valls.—Urgellés (F.) é hijo.

Rubans.

Arquimbau (Francisco). — Llach Portabella et Cie.

Soie (Négociants en).

Formesa (Fco de Paul), commission. Fermaud (Emile), commission. Gavilla y Collado (M.), export. — Maupoëy frères, soies grèges, export. Vve Pujals et Cie, filature export., bourre de soie. Rubia Hermanos y Cia (Rosario), filat. tissus, commissions en soieries, export. Terruel (Lamberto), filat., export. Trenor à (Villanuesa), filat.

Soies (filat.).

G. Ciadini. — Dotrés et Cie, à Jésus. — Gonzalez frères. — Gonzalez Salvador.— Henri Palloat et Testenoire. — Manuel Torner Ortis. — Rubio hermanos. — A Villanesa, Trenor y Cia.— Magin y Torner. — Vve Pujals et Cie.— Vicente Ordouna e hijos.

Soies et Soieries.

Berini (Louis). — Borrel y Pujadas. — Dotrés (G.). Clavé Hermanos y Cia, fab. de cederias.— Clavé et Fabra ; à Lyon, sous la raison : Clavé, Kabra et Guix. — Ferrier (Joaquin) y Cia. — Escuder (Viuda e hijo de Juan). — Garriga (José). — Pujals y Cia. (Vinda de), fab. de commission. — Reig (José). — Ribas José. — Vilumara hermanos y Cia.

Sparterie (fab. de).

Marcel Mas e hijos

Tailleurs.

Coquilllat y Vicent. — Manuel Ballesteros.— Mestres Réoés (Jaime). — Pons y Maspere. — Vila. — Vizcaino (Jose).

Teinturiers.

Bois (J.), teinture et nettoyage de tissus.— Bonet (José). — Chambeyron et Champin. — Duran (Francisco). — Grau (Vda) e hijo. — Liena(Francisco) y Duran. — Viuda Archirel y Cia. Torija et hijo, impression et apprêt. teintures de de couleurs fines.

Tissus (fab. de).

Agulla (Benito), de coton, laine, soie et fil. Alsina y Postius. Angel y Soler. Arguès Tey y Baulanas, de coton. Aullard y hermanos Marcos. Baduell y Cia (Pedro). Balmes (Ant.), fab. de tis. de coton. Barrès y Junte. de coton. Batlloh ermanos, filat. et manuf. de coton. Baurier hermanos. Beneseit (Ramon). Biada frères, fabts et banquiers. Bonifacio (Félix). Bosch F. y Cia, tis. étrangers, en gros. Bouvier (Vor), laine et coton. Brugarolas (Vicente), tis. de coton. Burens (Cayetano, fab. de coton imprimés. Busanya y Cia, de coton. Buxeda hermanos. Camillieri (Vicente), laine. Camprobi y Casas, fil et coton.. Cañadell hermanos, tis. de coton et filat. Capmany y Cia. laine et nouv. Casadès (Pablo).

Casamiljana, Jover y Cia. m. de gros.
Casao (Ramon).
Castellet (Domingo. tis. mélangés.
Castells (Théodoro), soie laine et coton.
Castels y Sola.
Cayetano y Louis Arano.
Cendra hermanos.
Clavé hermanos y Cia, tis. soie.
Cirici (Juan).
Clerch Pedro, tis. de coton.
Conti Osso y Cia, nouv.
Escubos (A.), y Cia.
La Espana industrial, de coton.
Estruch y Regordosa.
Fabrega (Félix) y Cia, soie, laine, coton.
Fabregas Ant. y Cia.
Fabre (Fructuoso). coton et rubans.
La fabrica Algodonera de Reus.
Floura (Antonio), tissus coton.
Ferrer (José) et Cie, filat. tiss.
Flaquet (E.) y Cia, soie, laine et coton.
Fleta y Medrano, tis. étrang. en gros.
Fortun Pedro, laine, coton et fil).
Garcia y Cia (Ramon), fab. export. aux Antilles.
Gascon (Manuel), laine.
Gascon (Miguel), laine.
Gelbert et Cie, laine et fil, bonneterie.
Gines Vehil, de fil de coton.
Giralt (Juan) y Artigas.
Gonzalez (Estebal) y Cia, cotonnades.
Gonzalez (Viuda de), soie.
Guell y Sapira, fab. de divers articles.
Guell hermanos.
Hohl (Juan).
Ignal (Juan), laine.
La Industrial Algodonera.
Iuncadella (Geronimo), filat. et tiss.
Juan Majen.
Julbe (Atilano), laine.
Junoy (José y Mariano), fab. de châles et gilets.
Jutglar (Manuel), coton.
Lladoy (José), Cie, coton, laine.
Llusá Raphael et Cie, laine, coton et fil.
Llusa (Luis) et Cie.
Madorell y Grau, tis. de coton.
Mana Cunill et Cie, laine et coton.
Manen Carru et Cie, fils et coton.
La Manufacturera, manuf. de coton à Reus et à
    Barcelone; Jose Maria Pamies, direct.
March (Damian), fab. et commissionn.
Mas hermanos.
Matu (Isidore) et Cie, coutil.
Montadas (Bernardo) y Canellas et Cie.
Morull y Pi (José), laine et coton.
Nivella (Félix).
Nogues (Ramon) et Cie, étoffes, coton, laine et
    fil export.
Oliva (Josefa Vda de), coton.
Olive (José), soie, laine et coton.
Oliveras Solá Arango et Cie.
Oller (Buenaventura), coton.
Ortega (Leandro), coton, fil en laine.
Pinol (Feliu) et Cie, tissus de laine et de coton.
Plana (Pedro) et Cie, tissage et filat.
Poal et hijo (Miguel).
Pons Erich (A. Pedro).
Poudevida y Castello, laine et coton.
Puig (Michel), fil et coton imprimés.
Puig y Carsi, coton et filat.
Puigmarti (José), laine et coton.
Puigmarti (Ramon Hermano).

Quatre Casas, laine et coton.
Quilbier (Alexis) et Cie, p. ameubl.
Ramon Battles et Cie.
Ramon Vilaro.
Ramoneda (Rafael), imprimés.
Ribas (Feo) et Cie, divers tissus.
Ricary (Jaime) é hijo, manuf., filat. et impr.
Ricardo (Ubach), laine, coton et fil.
Rodez (Martin) et Cie, fab. et filat.
Roma (Juan) et Cie, coton imprimés.
Romeu (Francisco), coton.
Rosario Piscope (Viuda de), laine.
Roses et Cie, filat. et manuf. fil et coton, export.
Sado (Jaime), manuf. de tissus.
Sagrera y Santing, tissus de fil.
Sala (Lorenzo) y hermanos, spéc. de châles.
Saullehi hermanos, coton et laine.
Samromer (Francisco) et Cie.
Sansuno (Joaquin), laine.
Sant et Cie.
Santonja Sudl et Cie, laine et coton.
Sargatal hermanos.
Serda (Jose) et Cie.
Sola y Roqueta, coton en t. genres.
Torner et Cie, laine, coton et fil.
Ubach (Ricardo), laine et coton.
Valadia J, fabr. de molletons.
Valla (Jose), industrie cotonnière.
Vicente Xirau, coton.
Vila (Juan) y Jove, coton.
Vilaregut Pablo, coton et laine.
Volart hermanos.

Tissus de soie.

Viuda da Casesnoves. — Luis Catala. — Jorge Chornet. — Viuda de Gonzalez.— N. Merolo.— J. Miguel de St-Vicente.— P. Miguel de San Vicente. — Vicente Orduna e hijos. — Juan Bta Romero.— Bubio hermanos.— Pamplo.

Toiles.

Boada (Maras). — Brunet y Serrat. — Monné José.— Safont (Jacques), fab.

Toiles peintes (fab. de).

Achon (M.-J.), Biosca et Cie.
Carbonell (Lucena) et Cie.
Casas (Mariano) e hijo.
Codina (Ramon).
Darthez (G.) et Cie.
Jaumandreu (A.) et Cie.
Lorenzo y (Eusebio), Serra et Cie.
Menendez (Manuel).
Monteys hermanos.
Padros (Felipe).
Paul hermanos.
Ribas (Manuel) et Cie, indiennes et foulards.
Ribas (F.) et Cie.
Sansalvador, fichus et mouchoirs impr.
Silva hermanos y Freis, manuf. à Villabona.
Torello (Mateo), imprimées.

Reus.

Banquiers. —J. Borras. — Pedro Bove.

Coton (manufact. de). — La fabrica al cotonnière de Reus, M. Vila, direct. m. à Barcelone. — La manufacture de coton, J. M. Pamies, directeur. — Solé Robira et Cie, filature et retorderie.

— Antonio Suqué, fabr. de tissus de coton mélangés.

Gants (fabr.). — Alphonse Guichard.

Soieries (fab. de). — Montaner (Tomas).

Tissus de soie (fabr.). — Miarons hermanos. — Tomas Montaner. — Vuida de V. Marti et Nieto.

Sabadel.

Draps (fab.). Barrau y Volta. — Bratau Dural et Cie. — Brujas (Augustin), é hijo. — Bulbena (Pedro). — Buxeda hermanos, exportation. — Casanovas (Joaquin) nouveautés p. pantalons et paletots, export. Casanovas y Turull. — Corominas Salas et Cie. — Doria Vilaseca. — Duran (J.) et Cie. — Folguera hermanos. — Giralt (Juan) y Saladrigas. — Girbau (Franc.) et Cie. — Gorina (Juan). — Gorina (Juan) é hijo. — Gorina (José). — Julia (Jaimé). — Lleng (Rafael). — Sodamilans (Juan). — Sallarès (Juan). — Salarès. — Salvador, Mestres y Arajul. — Selvas (Antonio). — Serrafusá (José). — Serret (Antonio). — Torras (Fidel) y Bons. — Turull (Pedro).

Négt. — Francisco Cirera.

Teinturiers. — Amade (Juan-Bte) é hijo. — Buxo (José). — Doria (Buenaventura). — Sanmiguel y Faliu.

Vich.

Blondes et dentelles (fab.). — J. A. Cavanas. — J. Fites. — D. Margarit et Cie.

Bretelles et jarretières en gome (fab.). — Company.

Coton à coudre (fab.). F. Puig.

Coton (fab.). — Gerbert Llanas et Cie. B. Liusa et Cie.

Gants (fab.). — J. D. Illuch.

Laine (fab. de tissus en laine et laine et coton). — Gelbert, Lianos et Cie.

Toiles de lin (fab.). — P. Mas.

Villa-Nueva y Geltru.

Tissus (fabr. de). — Amigo Numcunill et Cie. filat. et tis. — José Ferrer et Cie, filat. et tis. de coton. — Nadal et Ribo.

Puig Rafecas Marques et Cie, filat. et tis. — Santacana et Cie. — Gispert Soucheiron et Cie, tis. et blanchissage.

ARAGON (capitainerie générale d')

Saragosse, chef-lieu de la province de ce nom.

Consuls de France. — Marquis de Boyssenin.

Banques. — Banco de Zaragoza ; directeurs : Exmo S. D., Joan Briul ; sous-directeur : José Palomar ; secrétaire · D. Victor Marinosa ; correspondants à Paris : Marcuard, André et Cie.

Banque d'Espagne. — Agent, S. D. Benito Farena.

Chemisiers. — Miguel Menal. — Eusenio Presa.

Commissionnaires en marchandises. — Borderas Mariano.

Drogueries. — Bernado Marquet, gros détail. — Ramon Jordan.

Mercerie. — Aruej (Antonio), quincaillerie, passementerie, gros. — Dupla hermanos, gros.

Négociants français. — Fourcade frères, laines. — Lavigne frères, laines. — Loubet (A.) et fils. — Marquet (Bernard).

Parapluies (fabr. de). — Fabregas (Fco).

Soies (march. de). — Damasco Mercadal, pass. de Tores Secas, 8.

Tissus et nouveautés. — Cardera et Cie (J.), en gros. — Fortea (Viuda de). — José Maria Hueso. — Juncosa (Joaquin). — Narbonde et Roger. — Navarro. — Ondeviela et Cia. — Palacio (Jacinto). — Palomar et Cia.

Barbastro.

Soies (filat.). — A. Lopès.

GUIPUSCOA
(CAPITAINERIE GÉNÉRALE DES PROVINCES BASQUES, ET SITUÉE DANS LE).

Saint-Sébastien.

Consul de France. — Petit de Meurville ✳.

Banque locale. — Manuel Irajabal, directeur.

Banquiers-négociants. — B. Alcain. — G. Artola. — Alcain. — J.-M. Arcelus. — Joaquin Aristiguieta. — J. Aurrecœchea. — Roberto Aurrecœchea. — Brunet. — David Delvaille et Cie. — Dionisio Echeverria. — Echague et Martinez. — Faurto Echeverria. — M. Erana. — Ant. Got et Sola. — José Gros. — Angel Iberro. — Isaac Léon et fils ainé. — Léon ainé et frères. — Lirasoain frères. — Mercader Blasco Machimbarrena. — J. Minondo. — Olosagasty. — D. M. Queheille. — E. Villanueva.

ILES BALÉARES.

Palma, capitale des Baléares.

Maisons françaises. — Canut et Mugnerot, banquiers. — Lassale frères. — Espagne : Banco Balear (Banque baléare), Gregorio Oliver. — Mayol et fils. — Sans et Serra. — Veuve Humbert et fils. — A Mulet et Mas, banquiers. — J. Miro Granada. — Fuster frères. — Rosich et Frau. — Pina, étoffes. — J. Burghard, articles de Paris. — Baltazard Cortes. — Salva et Cardell. — Manuel Salas.

POSSESSIONS DE L'ESPAGNE
DANS LES AUTRES PARTIES DU MONDE.

EN AFRIQUE.

Archipel des Canaries.

Sainte-Croix-de-Tenerille, capitale de tout l'archipel.

Négociants. — Alfaro. — Ballester. — Bellanger (E.), m. à Paris. — Bruce et Hamilton. — Buchlé et Lemaitre, m. à Paris. — Cumella (Jean).

— J. Foronda. — Guimera. — Hardisson frères. — Laroche. — Lebrun et Cie. — Davidson et Cie. — Martin et sœur. — Oramas, Vve de Ramos et fils, Ballester et Marti. — F. Soto.

Manille.

Négociants français consignataires de navires et marchandises. — Guichard et fils, m. à Paris. — Petel (P.-G.). — Saly Baer et Cie.

Négociants espagnols. — Aguirre et Cia. — Tomas Balbas et Castro. — Jose Gonzalez et Castro. — Munoz (F.). — Reyes (F.) et Cia. — Jose M. Tuason et Cie. — J. Cucullu et Cia. — Cembrano et Cia. — L. Galvo. — Blanco Domingo et Cia.

Négociants étrangers. — Andrews (H.-J.) et Cie. — Baretto et Cie. — Holliday=Wise et Cie. — Ker et Cie. — Martin, Dyce et Cie. — Peele Hubbell et Cie. — Russel-Sturgis. — Jenny et Cie. — Peters et Cie. — Eugster et Cie. — Labharth et Cie. — Findlay Richardson et Cie. — Smith Bell et Cie. — Tilson, Hermann et Cie. — C. Lutz et Cie.

EN AMÉRIQUE

Antilles espagnoles.
ILE DE CUBA.

Havane (La).

Consul général de France. — Marquis de Forbin Janson, O. ✻.

Banque espagnole de la Havane, avec succursale à Matanzas et à Cienfuegos. — Banque Industrielle. — Banque du Commerce. — Banque la Allianza. — Caisse d'Épargne. — Banque de San-José.

Négoc. — Adot, Spalding et Cie. — Alemany et Dols. — Allmiral et Cie. — Altamira, Pocy et Cie. — Amenbar (G. de) et Cie. — Andreu et Cie. — Aquecho hermano et Cie. — Arana, Rigolde et Cie. — Arango (Ramon). — Arntz (G.). — Argudin (J.-A.-S.) et Cie. — Autran, Salmones et Cie.

Baguer y Hermano. — Ramos (J.A.). — Bandujo y Hermano. — Barbon (Luciado Garciade). — Barrenachea et Cie. — Beckel Hermano et Cie. — Beissner (C.L.) et Cie. — Benjamin et Low. — Berndes, Murfeldt et Cie. — Borrel. — Blandin (Ramon). — Brook, Douglas et Cie. — Broschell et Cie. — Brunet y hermano. — Burnham (S. G.) et Cie. — Busing et Cie. — Bustamante, Herms et Cie. — Bustamante (J.R.).

Cabarga (A. de) et Cie. — Campbell et Cie. — Camara (J. de la). — Carnate y Musica. — Carasa, Castanon et Cie. — Carbajosa (Valentin A.). — Carega Zubiana et Cie. — Carrera (José Joaquin.). — Catala (F.). — Chacon (J.M.) et Cie. — Champmann (Santiago G.). — Clarke et Cie. — Conil (Juan). — Coppinger et Cie. — Corp (F.). — Crawfort (J. V.). — Cruz (J. de la) et Cie.

Davis y Toscano. — Delgado (Manuel). — Demestre (J.) et Cie. — Desvernine (P.E) et Cie. — Deulofeu (N.). — Dix et Cie. — Drayn (F. P.). — Dupray (C.) et Cie. — Durraty, Chaffraix et Cie.

Echarte, Lavié et Cie. — Elmenhorst (P.). — Enslin (G.) et (C.). — Erdmann (Didérico).

Falk (M.) et Cie. — Fernandez, Lopez et Cie. — Fernandez (Rosendo). — Fernandez (V.) et Cie. — Ferrain (Ant.). — Ferrer (A.) et Feliu et Cie. — Ferrer, Suarez et Cie. — Ferrer, Goicouria et Cie. — Fesser et Cie. — Finlay et Cie. — Fiol (A. et Cie.). — Fischer (C.P.) et Cie. — Francia (J.M.). — Franck et Cie.

Galbraith, Brown et Cie. — Galdo (Domingo). — Gandara (J. A.) et Cie. — Garcia (Ramon) et Cie. — Garcia (Hermanos). — Gassol Pardo et Cie. — Gatke (H.). — Gili Rohira et Cie. — Gilledo Hermanos. — Goicouria et Cie. — Goyenechea (E. de). — Gonzalez (L.) et Cie. — Gomez (N.J.) et Cie.

Hamel (J.B.). — Helberg et Cie. — Héquet (G.). et Cie. — Herrera (M.A.) et Cie. — Herrera (Ramon de). — Hevia et Cubas. — Heymann et Cie. — Hurtado y hermano.

Jacobi (F.) et Cie. — Jimenez Sobrino et Cie.

Kirch (Carlos). — Knihht (Jose) et Cie. — Kobbe (A.), Luling et Cie.

Lanza et Cie. — Lastres et Cie. — Lestres (J.F.). — Lounda et Betelle. — Levis (Carlos) et Cie. — Lamusa (José). — Lamusa et Cie. — Lopart, Veguer et Cie. — Lopez, Trapagna et Cie. — Loredo (F.). — Lawton (Santiago M.).

Marquette (J. R.). — Marsden (J.). — Martinez (D.) et Cortés. — Marzan Rodriguez et Cie. — Mathias Gerson et Cie. — Mayoz et Cie. — Meck, Taylor, Dix et Cie. — Meert (Ed.) et Cie. — Mejer et Tapia. — Mendiolea et Cordova. — Mendoza (F.). — Merino, Gilledo et Cie. — Merrick et fils. — Meyer et Cie. — Meyer et Sanciprian. — Millet (Anastasio). — Meltjans et Cie. — Meltjans et Coll. — Moll, Martinez et Cie. — Mora (Alfonso) et Cie. — Morales (J. M.) et Cie. — Morales, Peyra et Cie. — Moré, Ajuria et Cie. — Moré, Ronsart et Cie. — Morison Hermanos. — Mourgue Hermanos. — Muller et Cie. — Musset (J.J. de).

Neilson (Guillermo). — Neis et Aubery. — Newcomb (Fr.D.). — Ney et Stocker. — Noriega, Olma et Cie.

Offrand (Domingo), agent de Leon Crespo de Matanzas. — Ohmstedt Herms et Cie.

Pagés et Cie. — Palacid (F.). — Patrick et Cie. — Patterso (Jacobo). — Payeken (A.). — Pequeno Darr et Cie. — Perez (Santa Maria Rafael). — Perez (Pedro P.). — Pla (José). — Plassan, Avilós et Cie. — Pollmann (A.). — Ponton (José). — Portilla (José de la). — Pozo (Vi da de) et Cie. — Puente (José de la).

Quevedo et Cie.

Rafecas (J.) et Cie. — Raldiris (Ramon). — Ramsay (C. G.). — Rasch (Jorge). — Rausch (F.) et Cie. — Regato (Genaro del) et Cie. — Rigal et Dardet. — Rivera (R.). — Rodriguez et Cie. — Rodriguez, Ortiz et Cie. — Ross (Guillermo H.). — Ruiz, Cué et Cie. — Riux, Belaunxaran et Cie. — Runge, Balbiani et Cie.

Subatés Hermanos et Cie. — Salmon (Marcos). — Sama, Sotolongo et Cie. — San Pelayo, Pardo et Cie. — Santélices (M. D.). — Scharfenberg, Tolomé et Cie. — Scherrer, Richardson et Cie. — Schmidt et Stern. — Schneidan (O. A.) et Cie. — Serpa (Antonio) et Cie. — Sola Carbonell et Cie. — Solá Hermano et Cie. — Solis, Pola et Cie. — Soto et Luna. — Sotolongo (Antonio). — Suarez, Lienau et Cie. — Susini (Commandeur Joseph de), chef de la maison Louis Susini et fils.

Teneyro et Hermano. — Tijero et Hermano. — Toriente (Ant. de la). — Troncozo (N.). et Cie. —

Troneze Primo et Cie. — Trotcha, Fornaguera et Cie.

Unamuno et Cie. — Ulrici et Barroxo. — Upman (H.) et Cie.

Val (Fr. del) et Sobrino. — Vegner et Cie, représ. à Paris par Fay et Cie. — Villaverde (Santos).

Wade (E.). — Walker, Hermano et Heidruch. Warmby (Ch.). — Witmann (J. E.). — Will (Luis) et Cie.

Ybanez (F. de) et Cie. — Ybarra et Villar. — Ynclan, Eschauzier et Cie.

Zaldua, Ceruelos et Cie. — Zangronitz (J. M.) et Cie. — Zalueta (Julian de) et Cie. — Zabula (B.).

ÉTATS BARBARESQUES

ÉTAT DE TUNIS.

Tunis.

Maisons françaises. — Carcassonne aîné ✻, agent. = Alf. Chapelié et Cie. — David (Pierre), représ. = Erlanger et Cie, banquiers, m. à Paris. = Gandolphe fils. — L. Lambert fils aîné. — F. Monge ✻. = E. Rousseau et fils. — Valensi (Mic), repr. comm. = Valensi (Gabriel), banquier. = Vangarer et Gandolphe. — Ventre et Cie.

Maison espagnole. — Th. de Montés et Cie.

Maisons italiennes. — Peluffo et Cie. — S. Traverso-Fratelli. — Vignale et Cie. — P. Cassanello. — G. Fedriani. — R. Sgarrallino.

Maisons anglaises. — Sensino (Jules). — Levy et Guttiarez.

RÉGENCE DE TRIPOLI.

Tripoli.

Négoc. français. — Fl. Lévi. — Ricard (Aug.). — Gilles Second.

Négoc. anglais. — Arbib (Ange D.), plumes d'autruche, représent. à Paris, rue d'Enghien 8. — Labi (Saul). — Cassar (V.). — Said (G.). — Perry Bury.

Négoc. autrichien. — Morpugo.

     — italien. — Rossoni (Ph.).

ÉTAT DU PAPE

Rome, capitale.

Chambre de commerce. — Président : Valerio Trocchi. — Vice-président : Joseph Guerrini. — Membres : Fr. Fajella. — Jh. Gentili. — J. Guidi. — P. Luigioni. — P. Albertazzi. — Jh. Costa. — Thomas del Grande. — B. Tallongo. — P. Tomassini. — Vincent Cortesi. — Vincent Galletti. — Louis Mazzocchi. — Fr. Terwagne.

Consul d'Angleterre, Joseph Severn.

    Ambassadeur d'Autriche, le baron de Bach ✻.

     = gén. de Suisse, Martin Hoz.

     = de Belgique, F. Terwangne.

     = de Danemark et Suède, Jean (Chev.). Bravo.

     = de Prusse, Marstaller.

     = de Wurtemberg, Kolb (Charles) ✻.

Banque de l'État du Pape (banco dello stato Pontificio).

Banquiers. — G. et G. Albertazzi. — Baldini (Giusep e). — Berlinelli frères. — Antoine Cerasi. — Gaetan Cecchi. — Ditta Freeborn et Cie. — Giuseppe Baldini. — Flamini Spado et Cie. — Guerrini et Cie. — Charles Kolb, et commission. — Macbean et Cie. — Maquay. — Pakenham et Hooker. — Marignolli et Tommasini. — Plowden-Cholmeley et Cie. — Righetti et Cie. — Schlatter frères. — Schweizer et Cie, banquiers et exportateurs de laines, soies, etc. — François Terwangne. — Trocchi (Valerio). — Wuillaume.

Amidon (fab. d'). — Baini (L.). — Benzi (F.). — Devighi (T.). — Lana (F.).

Bas de soie (fab. de). — Favetti (A.). — Gentili (N.). — Matoschi (V.). — Stefanelli (C.). — Tanni (C.).

Broderies et ornements d'église. — C. Blanconi. — Noël Conti. — Doria et Cie. — F. Kiestaller. — Ph. Perro. — Joseph Romanini. — Tanfani (Ange).

Dentelles (fab. de). — Etablissement pénitentiaire aux Termes de Dioclétien.

Draps, toiles et cotonneries (nég. en). — Alairi. — Albini. — Barghiglioni. — Del Monte. — Efrati. — Francioni. — Nataletti (P.). — Oddi. — Pucinelli. — Olivieri frères. — De Paolis. — Prosperi. — Sestieri frères. — Tagliacozzo. — Uber.

Draps (fabr. de). — Bellini (S.). — Buttarelli (G.). — Devecchi (D.). — Guglielini (J.). — Planciani frères. — Tavani (G.). — Tavani (M.).

Fleurs artificielles (fabr. de). — B. et A. Ricciani.

Gants (fab. de). — Amendola (F.).

Machines à coudre (fabr. de). — Ruynat frères.

Manufactures (négts en gros et dépositaires de).— V. Alatri Jacob.— Francois Capoccetti.— Crous et Kleinknecht.— B.Gabriac, commiss.— Martin Hoz. — M. et H. Hoz frères.— Schlatter frères.— Henry Wagnière.

Négoc. commissionnaires.—A. Auquière et C. —Albertazzi (G. et G.), salaisons.—G.Dalleizette et Cie.— Hte Giraud et Cie. — Louis Paterni. — Joseph Ranucci.—Bernardin Zaconi.— A. Schachenmayer.—Tonetti P.et P. — Cristino Rubini et Cie.—Trambusti (F.) et Cie, m. à Naples et à Civita-Vecchia.—Vincenze Operti.

Passementerie.—Doria et Cie. — Gagliardi.— Sudrie, article militaire.—Suscipi, art. militaire, au Corso.

Soieries, écharpes romaines (fab.). — Arvotti (Joseph). — Bianchi (Ange). — Amadori (M.). —

Feoli (A.), filature de soie. — Fantacchiotti. — Stefoni.

Tapis de Veroli et de la Pergola (dépôt de). — Corso.— Merico Cagiati.

Civita-Vecchia.

Consul de France.—De Tallenay ✻.

Courtiers de commerce. — Albert (V.). — Albert (P.).

Négoc.— Alibrand (Louis).—Annovazzi et Cie. — Arata. — Balsamo et Baroni. — Bucci (Constantino). — Contardo (B.J.B.). — Contardo (B.-Louis) fils.— De Philippi (P.). — Frederici (P.). Graziosi (V. et L.), fabr.de cotons imprimés. — Guglielmotti (A.-M.).—Mangano (And.).—Manzi (Louis). — Mazzanich et Cie. — Ricci (Joseph) et Cie.—Trambusti (F.) et Cie, maisons à Rome et à Naples.

ÉTATS DE L'AMÉRIQUE CENTRALE

RÉPUBLIQUE DE GUATEMALA.

Guatemala, capitale.

Filature et tissage de coton.—Samayod.

Négociants en articles de Paris.—F.Matheu.—Norberto Zinza.—Rosner et Cie.—Sanchez et Cie.

Négts en articles étrangers.—P. Barros, Hockmeyer, Ritscher et Cie. — Klée (G.). — Keller, Niederer et Cie, importat.et export. de tous les art.—Ortiz frères. — Rieper, Augener et Cie.— A.Sinibaldi.—M. Suarès. — Uruela frères. — T. Valenzuela.

RÉPUBLIQUE DE SALVADOR.

San-Salvador , capitale.

Négoc. français.—Claude (E.). — D'Aubuisson, Bouineau et Cie.— Figeac (Timoléon).

Négociants anglais.— Kerfeld, Sinclair et Cie.

Négoc. espagnols.—G.M. de Urisste. — Reyes Arrieta.

Négoc. italiens.—Vandelli, Jean-Mathey, Narducci et Cie, m. à Paris.

ÉTATS DE L'AMÉRIQUE DU SUD

RÉPUBLIQUE ARGENTINE.

Buenos-Ayres, capitale de la République.

Consul de France, Doazan, O.✻, consul.

Négoc. français.— Aspetigny frères, négts armateurs, maisons à Montevidéo, Bayonne et Bordeaux.—Audrin (Ch.), laines.— Ardouin (P.) et Cie, m. à Bordeaux.—Barran (A.) et A.Brieftag. de Mouy A. Eyquem de Bordeaux.—Bax (J.) frères, m. à Bordeaux. — Bemberg, Heimendahl et Cie, m. à Montevidéo, Rosario, et à Paris sous la raison O.Bemberg et Cie.—-Bonnemaison et Heydecker.—Bourcier et Cie, m.à Paris.—Challe et Puy, exportation, m. à Paris. — Cocqueteaux et Cie, m. à Paris. — Cormouls-Houles ✻ père et fils, succursale de leur fabrique de draps de Mazamet (Tarn). — Corti Riva et Cie. —Daireaux, Rimbaud et Girault, m. à Paris.— Darte et Gerbe, consignation. — Deschamps (E.) fils et Cie, laines, comptoir à Paris.—Ducalte (Alcide),commiss. et consign., m. à Bordeaux.—Dupuy (J.B.) et Cie, nouveautés en gros, m. à Paris.—Dupuy-Monier.—Dussaud père (P.J.), m. à Bordeaux.—Eloy (Alfred), mécanicien, représ.— Furst (E.). — Garnaud frères et Guillemette, m. à Paris.— Guerrico frères.—Griet fr., ameublem., mais. à Paris et à Montevidéo.—Guiod (Paul), m. à Paris. —Jacob (J.).—Jolly (A.), laines et crins, représ. à Paris par Ed. Lagrange.—Lacroze (Frédéric).— Lafont et Cie.—Laplane (M.). — Lesperon et Cie. —Lopez et Cie, m. à Bordeaux.—G.B. Loubet et Cie, représ. de manufactures françaises et angl. —Louton et Lezica.— Magnan et Poutingon (H.), m. à Montevideo et à Marseille. — Mallmann et

Cie, m. à Paris. — Nouguier (P.M.), m. à Paris, Paul Guiod. — Payras et Cie, laines. — Pequin (Constant), J. Petit, Laroche et Cie, mais. à Bordeaux. — Perié (Aug.) et Cie, négts en laines. — Ruscheweyh (G.) et Cie, représ. à Paris par Fay et Cie. — Sallano et Gabaston, m. à Bordeaux. — St-Jean Solanot. — Senet, Portes et Caillou, m. à Paris. — Servant frères. — Soulas (Henri), laines. — F. Teisserenc-Vallat. — L. F. Thiriot.

Négoc. nationaux et espagnols. — Curutchet (R); m. à Paris. — Francisco Berdier. — J. Klappenbach. — J. Llavallol et fils. — J. Manuel Saenz de la Maza. — P. Sanchez. — H. Ochoa et Cie. — Saturino Soriano. — A.C. Santamaria. — Llambi et Cambacérès. — Ambrosio P. Leriza. — Zumaran et Cie. Jn Higgenbothom. — Casare et fils. — J.P. Pereda (Eduardo). — Vallet frères et Cie, m. à Paris. — Villanueva.

Négociants suisses. — Fels et Cie. — Samuel Hesse.

Négoc. anglais. — Anderson, Mac Crac et Cie. Jorge Bell. — Bieber. — Brownell Gray et Cie. — Bates Scokes et Cie. — Dugnid Barton et Cie. — Dickson et Cie. — Parlane Macalister et Cie. — Best frères. — James. — E. Thompson. — Gifford. — Carlisle (L. et J.). — Atkinson. — Barber et Orr. — Rennie M. Farlam et Cie. — Rivotta Hugues Stokes. — Thomas Armstrong. — John Galt. — Smith et Cie. — Wedekind. — Lind et Cie.

ÉTATS-UNIS DE COLOMBIE
(ANCIENNE NOUVELLE-GRENADE).

Bogota, capitale de l'Union Colombienne.

Négociants. — Bonnet et Cie, maison à Paris. — J. M. Gomez Restrepo-Lorenzana é Hijos. — Samper y Cie. — Pereira, Gamba et Cie. — Diego Uribe. — J. A. Ducruet. — Portocarrero é Hijos. — Posada Munoz et Cie. — Silva. — Suarez. — Vargas é Hijos.

Maisons françaises. — Bedout Monnier et Cie, m. à Paris. — Bonnet et Cie, m. Paris.

Panama, capitale de l'État de ce nom.

Consul de France. — Chevrey-Rameau.

Maisons du pays. — Perez, Planas et Obarrio. — Lafaurie Bravo. Arosemena frères. — Jose Juan Icaza.

Maisons françaises. — Dauphinot Thierard et Cie, m. à Colon-Aspinwal. — Hourquet. — Poylo et Cie. — Hue Merino et Cie. — Heurtematte et Cie. — J.-W. Mathy et Cie. Massé.

Maisons étrangères. — P. N. Merino e Hijo. — Samuel Piza et Cie. — N. Brandon et Cie. — Manuel Cabrero. — Ferrari Delatorre et Cie. — Carlos Brilli. — Goldschmidt. — M.K. Cocke.

ÉTATS-UNIS DE L'AMÉRIQUE DU NORD

MASSACHUSETTS (ÉTAT DE).

Boston, capitale de l'État de Massachusetts.

Banques. — City, 5,000,000 francs ; Roston, 4,500,000 fr.; Merchants, 25,000,000 fr.; State, 9,400,000 francs ; Massachusetts, 4,000,000 fr., etc., etc.

Importateurs et négociants en gros, soieries, gants, fleurs artificielles, articles de goût de France. — Andrew (C.) et Cie. — Chace (D. K.). Lane, Lampson et Cie, m. à Paris. — Little, Aden et Cie. — Pierce (S. H.) et Cie. — Stoddard (Ch.) et Lowering (J. S.). — Williams (John). — Wyman et Akley.

Principaux détaillants de marchandises françaises ; soieries, objets de nouveautés. — Warren (G.W.) et Cie. — Chauden et Cie.

RHODE-ISLAND (ÉTAT DE).

Newport.

Vice-consul de France. — Fauvel-Gouraud.

Filature de coton. — Perry. C'est une des plus belles des États-Unis ; on en compte trois.

Négociants. — Nathaniel. Ruggels (S.). Stephen (Robert).

Providence.

Banques. — Américan Bank. — Arcade Bank. — Atlantic Bank. — Atlas Bank. — Bank of America. — Bank of Commerce. — Bank of North América. — Blackstone Canal Bank. — Butchers and Orovers Bank. — City-Bank. — Commercial-Bank. — Continental-Bank. — Eagle Bank. — Exchange Bank. — Globe Bank. — Grocers and Producers Bank. — High street Bank. — Jackson Bank. — Liberty Bank. — Lime Rock Bank. — Manufacturers Bank. — Marine Bank. — Mechanics Bank. — Mechanics and manufacturers Bank. — Mercantile Bank. — Merchants Bank. — National Bank. — Thé Northern Bank in Providence. — Pawtuset Bank. — Phenix Bank. — Providence Bank. — Roger Williams Bank. — State Bank. — Traders Bank. — Union Bank. — Westminster Bank. — Weybosset Bank. — What Cheer Bank.

Caisses de prévoyance. — City Savings Bank. — Franklin institution for Savings. — Mecanics Savings Bank. — People's Savings Bank.

Banquiers. — Jackson et Butts. — Vaughan (D. W.) et Cie. — Wall (A.) et Son.

Coton (manufact. de). — Allen (C.) et Co. — Ballou (George C.) et son. — Burgess (J. D.). — Fletcher Brothers et Co. — Forster (S. et W.). — Goddard Brothers, agents. — Harris et Lippitt. — Hutchins (S.) et Co. — Knight (B. B. et

R.). — Lippitt (Henry) et Co. — Lyman (H. B.). — Lyman (John W.). — Morse Milton (S.) et Co. — Parker et Webster. — Randali (Stephen). — Robinson (W. A.) et Co. — Slater Samuel et Sons. — Smith A. D. et Co. — Sprague (A. et W.). — Taft Orray et Co. — Williams (A. A.) et Co.

Laines (manufacture d'étoffes de). — Armstrong (S. C.) et Son. — Ballou (F. M.) et Co. — Bradfort, Taft et Co. — Burroug (Georg. A.). — Day et Chapin. Draper (L.). — Durfel (Elisha A.). Evans et Seagrave. — Goodmann et Reynolds. — Hudson (William). Olney et Metcalf. — Valley Mills (William Hudson).

Négts commissionnaires. — Bailey et Eaton. — Boon Charles et Co. — Bourróug (Geo A. S.) Burroughs (R. S.) et Co. — Cleveland (Henry). — Draper (Lucian). — Drowne (G.). — Ferrin (H. F.). — Fogg Ezra (D.). — Gay Sherdan. — Hutchins (S.) et Cie. — Kelton David (H.). — Larned (Wm.). — Mason (John H.) et Son. — Parsons et Kelley. — Phetteplace et Seagrave. — Potter (J. A.). — Rathbone et Gardner. — Robinson (W. A.) et Cie. — Sheldon Tellinghast. — Steere John. — True Samuel (Lumbert). — Wheatons et Whitford.

NEW-YORK (ÉTAT DE).

New-York.

Banques. — 34 en activité dont le capital réuni s'élève à 150 millions de francs.

Banquiers. — Brayer, de Pennevet et Cie, banque et commiss. Brown brothers, Belmont (Aug.). Dennistonn brothers. Deerham et Moore. Duncan Sherman et Cie. Meyer (Moritz); m. à Paris, 10. Munroe (John) et Cie, m. à Paris. Schuchardt et Gebhard, représ. en France, par H. Laurand, à Lille. Von Hoffmann (L.).

Corsets sans contures. — Ottheimer brothers, tiss. mécan. en France, à Corbeil (Seine-et-Oise).

Fleurs et plumes. — Hue (Paul) et J. L. Pezet, m. à Paris. Lecomte. Picaut (A.). Tilman.

Fleurs artificielles. — Angenaud. Ch. de Petigny Meurisse. Fauconnier (E.). Guerin. Lacy. Loppin.

Gants (fab. de). — Jugla (D.), ganteries, nouveautés, fabr. à Paris.

Manufacturiers. — Adams (W.). Boyd (J.). Elliot-Robert. Grinsby-Henri. Ibbotson, Peace et Cie. Irvin (D.). Knox. Langdon. Dare et Cie. Lockart (Th.). M'Ewing-Duncan. Marshall. Pierce et Lockwood. Rogers (George). Tait (John).

Négociants-commiss.-importateurs. — Adelsdorfer frères, m. à Paris. Agreda-Jove (S de) et Cie. — Alléoud. — Allex et Paxon. — Amson (Louis) et Cie, m. à Paris. — Anderson-Hiram. — Arnold, Constable et Cie, nouveautés. m. à Paris et à Manchester. — Asiel et Ardmann, représ. à Paris par Noether et Bonné. — Asthon. — Auflmord (C. A.) et Cie; m. à Paris, Lyon, St-Etienne et à Zürich.

Babad et Cie. — Barbey (A.), Barbev (Henry) et Cie. — Benjamin (W.) et Cie. — Benkard et Hutton. — Bernard et Fabreguettes Junior. — Bishop (Vor). — Blank et Cie. — Bleedorn (H.), représ. au Havre par Th. Kopp. — Bocker (H.). — Bonnefoux. — Born. — Boscher (A.), import. — Bossange (Paul). — Bouguereau (A.), Bossange et fils. — Boy et Hincken.

Campagnac, Courchet et Cie, drogueries. — Castillon (C. E.). — Caylus (E.), de Ruyter et Cie ; m. à Bordeaux et à Paris, sous la raison Ch. Montagut et Cie. — Claflin (H. B.) et Cie, m. à Paris et à Manchester. — Cousinery. — Cowdin (Elliot C.) et Cie. — Coyswel (N.). — Cook et Schevard. — Crépin et Payen; manufact. à Valenciennes (France). — Curtis (L. et B.) et Cie, m. à Paris.

Dambmann (F.) et Cie, m. à Lyon. — Daniel Saint-Amant, import.; à Bordeaux, représ. par M. A. Eyquem. — Déchaux. — De Goer (Hte), consignation; m. à Paris. — Delaunay. — Després (Eug.), m. à Lyon, q. de Retz, 8. — Domiquez y Avenzana.

Elliot (C.), Cawdin et Co, m. à Lyon, r. d'Algérie, 21. — Emeric (Joseph). — Engler (Ch.). — Fieldet Kellog. — Hoben (L. C. de), représ. les principales mais. du Havre et de l'Allemagne.

Gilbert, Bailey et Draper. — Glenard et Laraque. — Godillot et Stevens. — Graveley et Wreaks. — Greiff (A. de) et Cie. m. à Paris. — Griffin et Pullman. — Grison. — Grosholz (P.).

Haviland frères. — Haviland et Cie. — Henderson, Smyth et Cie. — Hennequin et Cie. — Henschel et Unkart. — Hughes et Créhange, m. à Paris. — Hutchinson (B.).

Iselin (A.) et Cie, agent à Paris.

Jaffray (E. S.) et Cie, m. à Paris.

Kahl et Gorrisen, représ. au Havre par Th. Kopp. — Kessler et Cie. — Knauth, Nachod et Kühne, m. à Leipsick. — Kinnilly. — Kobbe et Cie. — Krinitz et Ahlborn. — Kutter, Luckemeyer et Cie, art. de Paris, Lyon, Suisse, Saxe et Prusse Rhenane, m. à Lyon, à Zurich et à Leipsick.

Labrodet Ives. — Lahens (E.) et Cie. — Lachaise et Fauché. — Lane, Lampson et Cie, m. à Paris. — Larue (E. et F.). — Lenghi et Cie. — Lenghi-Moss et Cie. — Lorut, Lyon, Tutzer et Cie.

Maillard (L.) et Cie, m. à Paris. — Marcotte et Cie, m. à Paris. — Marshall (J.). — Moore et Horsfall. — Moran et Isselin. — Morlot (C.) et Cie, m. à Paris.

Nègre. — Norwood, Macy et Hall.

Passavant et Cie. — Paton et Cie. — Perrin (P. A.). — Peltier-Valentine. — Person (A.), Harriman et Cie, maison à Paris et à Zurich. — Petrie (J.). — Peyrin et Cie, soieries. — Plate et Duncan. — Poirier (Ed.), agent à Paris.

Ramée et Dowrer. — Raymon (H.). — Read et Taylor. — Redlich (Louis). — Rees et Peircey. — Renard et Cie, fabr. à Amiens. — Richard (C.B.). — Richards (Ch.). — Riedel, Volckmann et Cie. — Riva. — Rohler et Cie. — Rorke et de Girardin. — Rosenfelo et frères. — Roux (F.), ameublements, m. à Paris.

Schuck et Hotop, m. à Paris. — Schneider et Heidlauff, représ. à Paris, par Th. Silbermann. — Schrage, Kopp et Cie. — Seager et Cie. — Simpson frères. — Sipzy (Jacob). — Sopers (D.), mais. à Bruxelles. — Stewart (A. T.) et Cie, m. à Paris. — Strange-Brother. m. à Paris. — Strasburger et Nuhn, art. de Paris. — Süssfeld, Lorsch et Cie. m. à Paris.

Taylor (J.). — Thompson (Lucas) et Cie, mais. à

Paris.Tiffany et Cie, m. à Paris. — Timmerman (J.-B.).—Tournade (J.) fils.

Underhill, Haviland et Cie, m.à Limoges.

Van Sennep et Quinan, réprés. au Havre par Théodore Kopp.—Vogel (F.) et Cie, mais. à Paris.— Vogt (John) et Cie, m. à Paris,John (F.H.). — Vogt.

Walter-Berger.—Ward et Cie.— Watson (J.). —Watson (William) et Cie, m. à Philadelphie.— Whiley.— Wolde et Degener, représ.à Paris par Tripot frères et Cie.—Woodhead.

Nouveautés.—Arnold,Constable et Cie, mais.à Paris et à Manchester. — Clarke (Theresa). — Demmead (J.).—Fijus. — Henry (Jane et Charlotta). — Hills Pierce. — Ivans (J.). — Wood-Wortte.

Passementiers. — Albers et Born. — Weitling (W.), et rubans.

Rubans. — Thouron frères et Després, mais. à Lyon et à Philadelphie.

Soieries. — Albers et Born. — Adrews Robert (W.).—Carter (B.).—Christ, Jay et Hess, repr. à Lyon par L.Tresca. — Denmead (John), fabr.— Doe Masson et Cie.— Legrain (H.E.), m. à Lyon. —Sorchan, Allien et Diggelmann, nég. en soieries, m. à Lyon.

Tapis. — Higgins (A. et E.).—Morison (fab.). —Stewart (Rob.).

Teinturiers.—Davinroy (A.).—Dumont (Eug.). Euler.—Jolly (A.), m.à Paris.—Maximilien (K.). —Parette.— Segod.—Suireau.

Toiles (fab.de).—William Spotten et Cie, fab. de toiles à Belfast (Irlande).

PENSYLVANIE (ÉTAT DE).

Philadelphie.

Agents de change et banquiers. — Brown frères. — Clarck (E.W.). — Cook (Jay). — Drexel (Charles) et Henry Borie.

Négoc. français, importateurs. — Baylard junior. — Brugière (C.) et Cie, m.à New-York. — Castillon (C. E.), Chaperon et Nidelet.

Coquentin (A.), m. à Paris.

Destouet brothers.

Grosholz (W.) et Cie, m.à Paris.

Guillaume Fargis et Cie, commissionnaires en soieries, maisons à New-York et à Lyon, sous la raison Mayet-Paturle, pl. des Cordeliers.

Latour (J.).

Monestier (Adolphe), boot maker from Paris.

Perrot (A.S.), m. à New-York.

Pelletat.

Prat (H.).

Schnievind et Cie, m.française et suisse; agent spécial à Lyon : A.Meyer,Grande-Rue-des-Feuillants, 4.

Weber (Godefroy), soieries et art. de Paris.

With, Werner et Cie.

Négoc. allemands. — Peters, Campion et Linder.—Halbach (A.). — Mecke et Pate Vesin (C.). et Von Longerck.—Wicht.—Werner et Cie.

Passementiers.—Cornet.—Renard.

Soieries et étoffes. — Grosholz. — La Fourcade et Irvin. — Léa (Joseph). — Vezin (Charles).

Soies (négts).— Thouron frères et Després,m. à Lyon et à New-York.

MARYLAND (ÉTAT DE).

Baltimore.

Négoc. français.—Boury.—Dandelet.—Lapouraille.—Merceret.

Négoc. américains.—Fitz-Gerald frères et Cie. — Birkead frères. — Howell et fils. — Lambert Gittings.—Writridge.—Guest et Gilmor.—Santos et Broadbent, m.à Paris.

Négoc. étrangers.—Rodgers et Cie.— Barreda frères, du Pérou.— Tucker et Cie, d'Angleterre. — Boninger frères,de Prusse.—OElrichs et Lurman.—Schumacker.— Brauns et Cie, des villes Hanséatiques.

CAROLINE DU SUD (ÉTAT DE LA).

Charlestown.

Bank of State of South-Carolina. — C.M.Furman.

Bank of Charlestown.—A.G.Rose.

First National Bank.

Planter's aed Marchant's-Bank.—Daniel Ravenel.

Union-Bank.—Henri Ravenel.

Bank of South-Carolina.—William Birnie.

South - Western Rail-Rood - Bank. — Jame Rose.

State-Banks.—Edward Sebring.

Andreu Simons people's national Bank.—D.L. Mac Kay.

Farmer et Exchange Bank.—W.M. Martin.

Négoc. en coton. — Mottet, Huchet et Cie.— Hopley et Cie.—J. Fraser et Cie.—James Adger. Wn.Noach.—Gourdin, Mathiessen.— Euslow (J. A.).— Wilkins (B.G.).— Treuholmandson.

Négoc. faisant le commerce des colonies.— Street et frères.— Hull. — Salas. — Euslow (J. A.).

ALABAMA (ÉTAT DE L.').

Mobile (la).

Banques de Mobile. — Southern Bank of Alabama.— National Bank of Mobile.—Saving Bank. —Mobile Bank.

Banquiers. — Dorance (C.W.). — Miller (J.-P.) et Co.— St-John Powers et Co.

Coton. Brown Begouen et Cie.— A. Balloc.— Bayers. — Lamotte (A.). — Leisy et Lorber. — Philippe (J.).—Martin et Co. — Wheeler et Co. Low et Harrisson.—Fitter et Cie.— Fowler, Stanard et Co.— Ingersoll et Co.

Nouveautés. — Delanière. — Douglas (John). —Frohlichtein.—Goldstücker et Strauss.—Hann et Cie.— Kennedy.—Marx.— Molone et Conoly. —Molloy et Horgan.—Pepper (P.-H.) et Cie.

LOUISIANE (ÉTAT DE LA).

Nouvelle-Orléans (la).

Banques.—De la Louisiane.—Du Canal.—De l'État de la Louisiane. — Des Citoyens. — Des Marchands et Artisans.— Du Sud. — De l'Amérique.—De la Nouvelle-Orléans.— Du Commerce.— Du Crescent City. — Des Mecanic et Trader's.— De l'Union.

Banquiers.—Pick Lapeyre frères ✳. — Elliott et Mc Keever.—Hillmann et Cie. — Selligmann, Smith, Newan et Cie.—Withers poor et Halsey.

Courtiers et facteurs de coton. — Beraud et Gilbert. Bouligny et Sclapon. Charpentier (B.). Cobb et Dolhoude. Masson. Millaudoun (B. L.). Miltinberger (A.). Miltenberger (Ar.). Sabatier (G.). Fête (H.). Cranford et Cie.

Importateurs de marchandises françaises. — J. Albert. C. A. Bailly-Blanchard (T.), coton. Darvillier et Cie. Barrière. Holmes et Cie. Levois (J.) et Cie, m. à Paris. Léon Pierre et Cie, à Paris. — Lion et Pinsard, et à Paris, Rochereau (A.) et Cie. Couturie (A.) et Cie. Couturie et Bordelais. Clostermann et Bayl. Rimailho et Espenau. Staa. Value et Cie. Moignon et Laborde. Cavaroc. Mioton (E. F.). Moreau (T.), m. à Paris. Olympe. Palmer et Cie. Richard. Sturzenegger et Éternod. Woolonghan, Bruyère et Cie.

Toiles (fab. de). — William Spotten et Cie. fabr. de toiles à Belfast (Irlande).

CALIFORNIE (ETAT DE LA).

San-Francisco (le port).

Consul de France. — De Cazotte O. ✳. — Chancelier. — Jules Belcour.

Banquiers. — Alfred Borel Wells. Davidson et May. Drexel, Fretz et Ralston. Furgo et Cie. Abel Guy, agent de la m. Sellière de Paris. Hentsch et Berton. Meyer (Daniel); m. à Paris. Otto et Cie. Parrott et Cie. Ritter et Cie. Sather et Church. Tallant et Cie. Tucker.

Nouveautés. — Austin et Schmitt. Verdier (E.) Kaindler, Scellier et Cie, m. à Paris.

GRÈCE ET ILES IONIENNES

Athènes, capitale.

Banque nationale de Grèce. — G. Stauros, gouverneur.

Banquiers. — A. Constantin Bersis. Durutti (A. G.) et Cie. Georges. P. Notara (G.). Saraudi (A. L.). Sconloudi. Scouzé. Stamati Decosi Vuro. Philip frères.

Calottes rouges (fab. de). — Papajonopoulos. Tsaoutsopouli frères.

Garance. — L. Malandannos et Drosos.

Négociants Allemands. — Bucherer et Alter. — Franck (Fréd.), agent du Lloyd Autrichien. — Français. — Demilleville. — Philip frères. — Grecs. — Charocopo frères, m. à Paris. — A. Cocoli, agent de fab. de France, d'Angleterre, d'Allemagne et Belgique. — Dourouti. — Georgoula. — S. Chinacca, fils et Cie; m. à Paris.— Hazzillo frères, m. à Paris.— Hieropoulo (N.K.). — Malandrinos et Palli. — Papiolakis. — Saran. — Descouzé. Vouro.

Nouveautés. — Demilleville fils. — Economopoulo et Paulidès.— Mme Jacob.— Mme Lizier. — George Papageorge. — Saratzoglou frères. — D. Vassilosoulo.

Soie (filat. de). — Durutti (A. G.) et Cie, directeurs de la Société séricicole.

Patras, chef-lieu.

Banques. — Succursale de la Banque nationale grecque. — Succursale de la Banque Ionienne.

Coton (filatde).— G. Congos.— C. Kiritzopoulos.

Syra, chef-lieu.

Banquiers. — Rodocanachi (Jean). — Vapiadaki (Demetrius). — S. C. Proï. — S. J. Proï.

Tinos, chef-lieu de l'île.

Cocons (pourvoyeurs de). — N. Collaro. — J. Luizi. — M. Paleocapa. — N. A. Vitale. — A. Vitale-Bailly.

Négociants. — D. Bournia. — L. Gaffo. — G. Michel. — Ch. Naso. — A. Vitale-Bailly.

ILES IONIENNES.

Corfou (île).

Consul de France. — Favre Clavairoz ✳. — Consul général.

Banque Ionienne. — Loughnan, direct.

Maisons de commerce faisant la banque. — Yarak et Olivetti. — James. — W. Taylor. — Sabato Todesco. — E. et R. di D. Mordo. — Rietti et Foulde.

Négociants. — Ralli et Mavrojauni. — Dima, Candoni et Serementi.— Demètre. — N. Damiri. — S. V. Levy de feu Benjamino. — M. G. Paramithiatti. — A. Vasselia frères. — Courage et Swaun.

Zante (île).

Vice-consul de France. — J. Reinaud.

Banque Ionienne. — Succursale de celle d'Athènes.

Maisons de commerce. — Barff et Co. N. G. di Basilio. — S. Levy et fils.— George Crenderopulo. — George Bagdadopulo et fils.— D. Carabini.— Fels et Cie. — Georges Baffa. — John Bulzo. — Nicolas Babassi. — Stravopoli (A.-J.). Georges Zacasiano.—Georges Morakis et D. Liare.

HESSE-DARMSTADT (GRAND-DUCHÉ DE)

PROVINCE DE STARKENBOURG.

Darmstadt, capitale.

Chambre de commerce. — Président : Weber.

Banques. — Banque pour l'Allemagne du Sud. Banque pour le commerce et l'industrie.

Banquiers. — Benjamin (S.). — Ettling (M.).— Gerst (E.-G.). — Hummerde frères. — Mainzer (J.). — Messel (A.— Neustadt (H.). — Sander (F.). — Wolfskehl (G.). — Wolfskehl (H.). — Wolfskehl (M.). — Wolfkehl (O.).

Boutons (fabr. de). — Geiss (J.). — Hachenbourger (B.). — Schneider (G.).

Chapeaux (fabr. de). — Gelfins frères. — Schuchard (H.).

Corsets (fabr. de). — Frank (S.). — Kloos (L.). Schulz (G.).

Magnanerie et filature. — Netz (Carl.).

Tapis (fabr. de). — Hochstadter. — Hochstadter (F.).

Offenbach.

Aiguilles (fabr.). — A. Eichhorn. — Werner, successeur.

Banque, change et recouvr. — Bankverein.— Francke et Crauze. — Fulder (H.). — S. Merzbach.

Chapeaux fins (fabr.). — Darcis (A.), paille.— G.-W. Martini et fils, Merck frères, et magasin à Francfort.

Fileria d'argent et d'or et fabr. de tresses. — F.-C. Anselm.

Laine (filat. de). — Tanner (T.-A).

Teinturiers. — André fils. — Paltz. — F. Tanner.

Toile cirée (fabr.). — F. Ihm. — Schaefer aîné. — Thonen (A.).

Toiles de coton et toiles peintes (fabr. de). — J.-Chr. Hauff. Ihm (F.). — Reist (F.-W.).

Tricots (fabr. de). — Adler (J.) et Cie. —

Kares (H.). — Rust (F.-A.). — Sohne. — P. Klein.

PROVINCE DE LA HESSE RHÉNANE.

Mayence.

Chambre de commerce. — Président, Lauteren (C.).

Banquiers. — Bamberger et Cie. — Carlbach et Cahn. — Fuisa. — Goldschmidt (S.-B.). — Koch frères. — Model Schmitz et Cie. — Nachmann et Cie.— Oppenheim frères.—Pollitz (H.).

Cotons filés. — Hambourg frères. — Kopp et Klurg. — J. Mohr.

Draperies. — Fecher et Hartmann. — Friedberg (J.) et Cie.— Günther (J.-M.). — Lazar (J.). — Lorch (Leop.). — Mayer (Vve M.). — Mos et Kock Niederwiesen (S.). — Reis (Gust.). — Sauerbach (H.).—Schlessinger (L.-L.).—Schoppler (F.).—Strauss (S.). — Thielmann (Ph.).

Mercerie. — Deutsch frères. — Friedberg (J.) et Cie. — Ganz (Beny) et Cie. — Ganz (H.). — Godecker (C.-S.). — Goldschmidt (Nath.). — Haas (Ab.). — Hamburg frères. — Humburg (J.-B.). — Hamburg (L.). — Hecht (Alb.). — Hofmann fils (G.).—Hofmann (W.).—Koch (M.). Lorch frères. — Mayer (M.-S.).— Nathan (M.) et Cie. — Reinach (B.). — Ring (Ch.). — Schachleiter (N.). — Schwab (B.). — Thielmann (Ph.). — Zuckmeyer.

Nouveautés, broderies et dentelles. — Becker (F.). — Friedberg et Cie. — Friedberg (J.). — Ganz (B.). — Geisenheimer. — Goldschmidt (Nath.). — Hamburg (L.). — Hecht (Alb.). — Kopp et Klürg. — Krug (J.). — Leo et Eichbaum. — Lev. (A.) et fils. — Meyer frères. — Meyrat Nathan (M.) et Cie.— Zuckmayer.

Tapis (fabr. de). — Brazy's. — Jourdan (S.).— Thuquet (J.).

Toiles (négoc. en). — Becker (H. et F.). — Becker frères.—Boemper (Joh.).— Moser (Charlotte). — Thomas (C.-S.).

<hr>

ITALIE

TOSCANE

Florence, capitale.

Banquiers. — Arduin et Cie.—L. de Sam Ambron.— Borgheri.—Brini Charles.— Cureil (M.). — David Levi et Cie. — Duresne frères. — Fair-

mann et Cie.— Em. Fenzi et Cie. — Finzi (J.).— Maquay et Pakenham.—Modigliani (Elie).—Nesti Ciardi et Cie.— French.—Schmitz (Tacite).— Schmitz et Cappezuoli.— Serviado (G.). — Vitta Anselme.— Wagnière (F.) et Cie.— Vieli Schott frères.

Chapeaux de peluche (fab. de). — Blan (Au-

guste.—Corti frères.—Pierotti.—Guerra (Vor.).
—Volpini (Léopold).

Chapeaux de soie et feutre. — Graziosi (Philippe).— Bârli (Ant.).—Biagi (Joseph).—Gambi (Ferd.).

Chapeaux de paille (fab.de).—Bacciotti (Ele). — Cecchi (G. B.) et fils, m.à Paris.— Doney (J. B.), fab.de tresses et chapeaux. — Bruggisser et Cie.— Finzi Joaquim et fils. — Eymard Lucien. —Gonin Ant., dépôt à Paris.—J.Grell fils. — J. B. Kubly, à St-Jacopino, près de Florence.—Marigliani Joseph.—Nannucci (A.). — Orsucci Disma.—Orsucci.—Panta (Antonio del), fab. à Sesto, dép.à Paris.— T. Vyse et fils, à Prato.— Vettori et Lucaccini.

Chapellerie (fournitures pour).—Dragoni (Angelo), fab.de coiffes.

Laine (filat. et tissus de).—Dattilo Calvo.

Modes et nouveautés.—Belloni (Sé).— Dukase, (à la ville de Lion), soieries, châles, etc. — Ferrand (J.).— Gallyot et Levasseur (Mme). — Kienerk (Joseph). — Quadry (Mme). — Noël.— Lamarre (Aglaé). — Prévost (Edouard), soieries p. ameubl.— Sarrazin (C.).— Usigli (Raph.).—Variglia.

Négociants de manufactures en gros.—Berner et Schmitter.—Borghi (Salomon).—Carnuli (S.). —Falcini (E.).— Domini (B.).—Dufresne frères. —Francia (Edmo) et Cie.—J. Jérôme Guidi.—Galetti et Reni. — Gouttebarge (François). — Faccioni et Martelli, fourn. p. parapluies et chapellerie.—Hachner (Guillaume) et Cie, draperies.— Levi A. et F. et Cie, tissus. — Orefici et Cie. — Orefici et Caen.— Orefici Maggron.— Peyron.— Prévost (Edouard),dépôt p.ameublements.—Rocca frères et Cie. — Schmitz et Cappezzuoli. — —Tobia Castelli.—Wagnière (F.).

Négoc.-commissionn. — Cardoni et Cie. —J. Coppi.—Federer (Jacques).—Giraud (F.). — Haskard et fils.— Graziano et Cesar Levi. — Janin (A.) et fils.—Padovani (A.).— A.Papini.— Piacenti (Ant. de).— Louis.— Sabatini (A.) et Cie. — Sacchi (Ange).— Santi Borgheri fils et Cie.— J. Sarazin et Cie, articles de France et d'Angleterre.—Sodini (F.) et Cie. — Speranza frères.— Taddei (A.).— Tough (J.), et banque.—Vinzenzo Restivo.

Quincaillerie et mercerie en gros. — Beni et Galletti. — Carnelli. — Couture (Jules). N. Gozzini. — E. Falcini. — Janetti. — Jean Golchi feu Joseph. — C. Buonajuti fils. — Orefice et Coen frères. — F. Pasqui. — Pinelder (Francesco Giuseppe). — G. Moro.—A. Salle.—L. Salle. — Viviani et Grazzini.

Soie (filat.). — Bartholommei (marquis F.), à Montevettolini. — Fossi et Bruscoli. — Santi Borgheri fils et Cie, soies grèges. — Cantini Borgognini et Cie.

Soieries (fab.). — Borgagni. — A. R. Fiorentino. — Fossi et Bruscoli. — Fr. Frullini. — J. Lensi et fils, à Saint-Eusèbe. — Paradisi et Cie.

Tissus de coton et de lin et coton (fabr.). — Lensi (Jean).— Pellegrinetti (Fr.).— Pierri (Ag.). — Maffei (B.). — Morelli (F.). — Tantini (Jérôme).

Teinturiers. — Bauquel. — Bonini frères. — Bucelli (Vve) et fils.— J. Catanzaro.— A. Pons.

Toiles cirées (fabr.). — Ch. Gualtorotti. — Taccioni et Cianferoni. — Tantini. — Andreini (Ange). — Briondi (Louis). — Cianferoni (A.). — Solbiati (A.) et Cie.

Velours damassé (nég.). — Tortorelli (Ant.).

Livourne.

Chambre de commerce.—Maurogordato (Gge), président.— F. Uzielli, directeur.—Dr Salvestri, secrétaire.

Banquiers. — Bastogii et fils. — Bondi et Soria. — Adami (D.-P.) et Cie. — Alhaique (Angelo). — Arbib (E.) et Cie. — Dr Salvestri.— E. Moïse Levi di Vita.— Felix de Joseph Modena.— Maquay et Pakenham.— Petric (P. E.) et Cie.— Coen (M.). — Eminente frères. — Heukensfeld Slahek. — Rodecanachi et fils. — Saul. — Salmon. — Uzielli (Ange). — Uzielli (Felix).

Commissionnaires. — Bastogi et fils. — Paul Biliotti et Recouly, agents de fabr. —Bujard (Louis). — Pietro Capanna. — Caparro frères.— Carocci (Charles). —Carrocci (Dario), peaux et poils. — Nicolas Caterini F. Philippe de Filippi, laines brutes. — Enriquès (A.) et Cie. — Fontanieu (Jules). — Galetti (Antonio). — Jonard (P.). — Kayser et Cie. — Martin Kempter, en manuf. et cotons filés. — Klein (E.) et Cie. — Kotzian (A.) et Cie. — Macbean et Cie. — Malenchini (Carlo).— Manillier frères, représ.— Misso (Giuseppe). — Modiano et Lumbroso, représentants. — Gustave Muller et Cie. — Charles Orvieto. — Pacho (François). — Pate (Thomas) et Cie. — Petri (P.-E.) et Cie. — Pini di Ranieri (F.). — Recouly (Louis), agent de fabr.. — Rignano (Joseph). — Saisi (G.) et Cie. — Sberro Léon et neveu. — Viola (Dom.). — Vollerin (Alexandre).

Cotons filés et bonneterie en laine (négoc.).— Ange Abela, cotons de l'île de Malte. — Charles et fils, articles anglais. — Padova (Jacques). — Joseph Perti. — Charles Kaemmerer et Cie.

Manufactures (négoc. en gros).— Joseph Apellius.—Cristian Appellius.— Abrial et Cie, soieries, rubans, passementeries. — Bassano frères. — Belliti Pfister et Cie. — Boccini et Marten.— Cave et Bondi.—Chimichi-Vitale.— Cojoli (Emilio), dépôt. — Décugis et Cauro. — Deyme (Vor). Donegani (Louis). — Enriques (A. de G.). — Francia (Edmo) et Cie, draperie et péruviennes. — Franchesi (A.) et Cie, tissus. — Franco Guillaume). — Guiraud (A.) et Cie, châles, soieries, rubans, etc. — Felh frères, draperies. — Fontanieu (J.) et Cie. — Hanner et Cie. — Hoffmann et Becke, coton.— Kaemmerer (Charles) et Cie, cotons filés. — Remaggi (P.). — Kayser et Cie. — Klein (C.). — Senior. — Kundert (Matthieu). — Moro (Sam.). Moro, L. di Elia.— Rocca frères. Romer (G.). — Kotzian et Cie.— Saisi (G.) et Cie, fleurs, rubans. — Schmitz et Stoltenhoff, dépôt de draperies. — Swincey et Cie, manufact. angl. — Meyer et Lieber. — Vachter et Cie.

Lucques.

Banquiers. — Francesconi (Joseph de P.). — Gori (L.).

Soies (négoc.). — Bevillacqua. — Gemignani Gori et Cie.

Soie (filat.). — Niéri. — Lenci.

Marradi.

Soie (filat.). — Baldesi frères. — A. Bandini. — Ravagli.

Modigliana

Soie (filat.). — Bedronici frères. — Cairanfi. — Th. Lepori. — F. Mazzotti. — Ronceng frères. — M. Samorri. — C. Valgimigli. — Zauli et Sienani.

Pescia.

Chapeaux (fabr.). — Pistoresi (Max).
Franges, galons et agréments (fabr.). — L. Del Beccario.
Soie (filat. de). — E. Magnani. — Gentilini (Ag.). — Scotti. — Mejean et Cie. — Taruffi (Louis).

Pise.

Banque et commission. — Maguay et Pakenham. — Perroux (C.).
Boutons (fab.). — Giovannetti (Jean).
Coton (filat., tissage mécanique et teinture de). — Calamini. — Modigliani et Cie. — Dumas père et fils. — Gentiluomo (Isach) et Cie. — Nissim (Jacques). — Zeppini (F.), à Ponderata. — Huber et Keller, à Rigoli. — Manetti. — Padredii (F.). — Paoletti. — Pieri. — Pozzolini. — Remaggi, à Navacchio.
Produits chimiques. — Bagnani. — Petri (G.). — Deakin (Joseph). — Wedard.
Soie (filat.). — Della Croce (B.). — Roncioni (F.). — Ruschi frères. — Dell'Ebro (François). — D'Achiardi (Joseph). — Masi (Olivo), à Capannoli. — Ruschi frères, à Calci.

Pistoie.

Soie (filat.). — Arcangioli (A.). — Bartoli (Michel) et Cie. — Bellini (S.). — Cuvinini (Lud.). — Giannetti (Justin) et frères. — Grassi (V.). — Montemagni et Civinni. — Pastacaldi (Fred.). — Tesi (Leup). — Vannucci (Joseph). — Bolognini-Rimediotti (A.).

Prato.

Chapeaux de paille (fabr.). — N. Mazzoni. — Onorato Giunti. — Vyse (T.) et fils. — Francini (Marta). — Grassi (frères).
Commissionnaires. — C. Aureliano. — Miuliani.
Soie (filat.). — Franceschini. — Cecconi (Ange).
Tissus de coton et de laine (fabr.). — Calvo et Cie. — Cavaciocchi (An.). — Cai (frères). — Benassai (L.). — Cecconi (Louis). — Martini (Jh). — Bessi (Pierre). — Bianchi (Michel) et fils. — Viviani (Joseph).

San Sepolcro.

Soie. (filat.). — Ph. Lombezzi.

Sienne.

Banquiers nég-commiss. — Bonneli frères, Metz Salvadore. — G. Mugniani. — L. Nencici.
Chapeliers (fab.). — A. Lurini et — Landi. A. Fadeli. A. Mancini. — Q. Rustici.
Cotons (fab.). — E. Sadun.

Nouveautés (march.). — Socci frères. — Ducci. — P. Chiusarelli — G. Chiusarelli — G. Muganini.
Produits chimiques. — Belardi (Philippe et César.) — Mencarelli (Narciso). — Parenti Galgano. — Valenti frères. — Petrucci (Chev. Celso).
Soies (filat.). — Gori (comte Aug.). — C. Petrucci. — Pieri (Comte J.).
Soie et velours (fab. d'étoffes.). — Brachetti. Lunghetti. — Masotti. — G. Nencici.

Signa.

Chapeaux de paille (fab.). — Baroni (Antonio), et feutre. — Bertholla (Jh.), fab. et tresses, à Marseille.
Soieries (fab. de) — Cappiradi frères.

PROVINCE DE TURIN.

Turin.

Chambre de commerce. président. — J. B. Tasca ✱. — Secrétaire. — Avocat Joseph Ferrero ✱.
Consul général de France. — Dieudé-Delly, ✱. O.

Banquiers et marchands de soie.

Andreis et Barberis. — Arduin ✱ et Cie, — Barbaroux et Cie. — Bernè (F.) et Cie. — Blanchetti (C.) Brianco N et Cie. — Blumenthal et Cie. — Boch (J. C.). — Bolens. — Bravo (Joseph). — Bravo (M.) et fils. — Ceresole et Montu. — Ceriana. frères. — Chiarini (B.). — De Fernex (Ch.). De Fernex et Cie. — Denina (Vincent). — Dumontel et Crapone. — Dupré père et fils. — Finzi Perrier. — Fontana (Benoit) et Cie. — Fontana (A.). — Fubini (Samuel). — Gaydou (A.) et Cie. — Genero. — Keller (Chev. Albert). — Lévi frères, feu David. — Malvano Olivetti et Cie. — Montalti (P.) et Cie. — Nigra frères. — Piaggio de Pierre frères. — Pogliani (Joseph) et Cie. — Roland, Maison et Cie. — Musso Rolle et Cie. — Rolle (P.). — Sinigaglia (héritiersS.) et Lattes. — SoldatiRobert. — Soldati (Ph.) et fils. — Teja (Vincent) et Cie. — Todros et Cie.

Chapeaux (fab. de) — L. Argan. — Bessé. G. Bianchi. — Caviglione et Cie. — Della Rocca. — Félix Gaudina. — Marchisio frères. — Stephan. — Mantellero frères. — Morand (B.) et Chaventone Félix Rayneri. — Varrone (J. B.). — Montu (G. C.) et Cie.

Commissionnaires en soies et marchandises. — Arduin ✱ et Cie, en soies. — Ballor (G) et Cie. — Barelli (A) tissus, etc. — Bandana (A.) et Cie. — Bolens et Cie. — Bollati (François). — Buvard (E.). Affarel (Aug.). — Calosso (Serafino), fab. de fleurs et apprêts. Chercot (Louis). — Colombell (Florent.) et Cie. — Combrison (Emile), draperies, soieries et mat. premières p. chapellerie. — Galli (C. G.) frères. — Gaudin (E.) et Cie, commiss. en soie. — Genicoud (M.) et Cie. — Geuna père et fils. — Giuliani Gaétan. — Ghirardi (J. B.). — Gurlino (B.) et Cie. — Haid (L.) et Cie, mat. premières p. chapellerie. — Kempter (J. A.). — Lachaise et Ferrero.

— Lancia Vincent. — Malvano, Olivetti et Cie, et recouvrements. — Mauret (Jean), fournit. p. chapellerie. — Musso et Ronchetti. — Mylius, La Nica et Cie. — Ottolenghi (Léon). — Pirola (L.) — Ronco et Charbonier, laines. — Rusterholtz (J. H.). — Savarino (M.), en manuf. — Soldati Robert et Cie, en soie. — Tardy frères et Cie. — Torelli (Charles) feu Jacques. — Turin Boër (G. M.). — Vialleton frères et Cie. — Virano (F.) et Cie. — Zunino (Jean).

Coton (filatures et négoc. en). — Bosio (Félix) et Cie. — Carisio-Brunotti (Rosalie) et fils. — Joseph Chiesa et Cie. — Costamagna (A.) et fils, tissus de coton. Costamagna (G.), tissus de coton et crin. Joseph Daniele et Cie négts. — Gonetti et Bernardi, négts. — Joseph Malan et Cie, filat. — Mazzonis (Paul). — Melano (J.-B.) et fils. — F. Plovano, négt. — M. et D. Peyrot frères, négts et filat. — L. Reinero et Cie, bonneterie en laine. — Turin (Mathieu). — Turin-Boer (G.-M.).

Courtiers pour les soies. — Abrate (Gabriel). — Boron. — Barbié. — Cumino. — Demaria (J. A.). — Dellapona. — Dubois. — Ghigo. — Giaccone. — Jachia. — Manelo (Louis). — Mandillo. — Nicolini. — Mory. — Perotti (Jean). — Mory. — Perotti. — G. Polliotti. — L. Polliotti. — Polloner — Ravotti (Félix). — Rossi (Ludovic). — Savi (Joseph). — Soldati (Joseph).

Draps (fabrique de). — Bozzalla et fils. — Jean Bozzalla et fils. — Brun père et fils. — Canova et Cie. — Lora Pivano. — Tonella (J. M.), fab. à Trivero. — Cerino Zegna frères. — Colongo Borgnana frères. — Galoppe frères. — Laclaire (J. P.). — Lora Pivano. — Piacenza frères. — Sella frères. — Ubertalli et fils. — J. B. Vercellone et fils. — Sella et Cie.

Équipements militaires (fab. d'). — Bianco (G.), — Binelli (G.), — Ceresole Bertano. — Borré et Cie. — Servadie et Castelnuovo.

Essayeurs de soie. — Daller (L.). — Borloldo (André).

Gants (fabr. de). — Fourrat (Sophie). — Giuseppe Pennano, en peau de chèvre, d'agneau et de chevreau.

Laines (négoc. en). — Boch frères. — Stallo frères d'Augustin, m. à Gênes et Bielle.

Mercerie. — Albera et Carino. — Beltino (G). — Burzio (C.). — Caffarel (C. S.). — Carena (P.). — Calligaris (Claude). — Chiara et Moriondo. — Filippi et Miletto. — Lancina (G.). — Martinet (C.). — Martinazzi et Tabaso. — Mongna et Cie. — Pio Lachia Camoletto et Abrate. — Sormani (E.). — Trivero. — Salvagno. — Trossarello, et soies à coudre, laines gros et détail.

Modes et nouveautés. — C. Ancarani — M. Audislo. — Aynard. — Belom Segre. — Benedetti et Cie. — Cesare et Cie. — Chambonnal (Aug.) ainé, tulles en gros, dépôt de dentelles. — J. B. Dasso. — Ferrero, Pagani et Bigliani. — Dom. Marengo, Joseph Moris et Cie. — Mugner et Fontana. — Napione. — Perotti et Nigra. — Poccardi frères. — P. Cerasa et Cie. — Poujet fils, tulles, dentelles. — Petit frères. — Thier ainé.

Parapluies et ombrelles (fab. de). — Cerutti Gilardini. — Gulie Iminetti frères. — Pisoni frères. — Rossi (Louis) et Cie.

Passementiers. — Brun (Vve) et fils. — J. B.

Carignano. — Gachet (Gaspard). — Germano. — Guadagnini. — Martini et Vindrola Mottura. — Mussino (Pierre), fab. de boutons. — Pantaleone (L.).

Produits chimiques. — Mazzuchetti. — B. A. Rossi. — Schiaparelli et Cie. — Sclopis frères.

Rubans (fab. de). — Fabriques réunies, rue Porta Palatina. — Bonaud frères. — Casiraghi (Pompéo). — Grassi Morelli et Pepino. — Israel Guastalla. — Tasca (L.) et Cie.

Soie (fab. de passementerie et étoffes de). — Aubert. — Chichizola (G.) et Cie, velours. — Cattaneo et Petiti, Carena. — Ghersi (veuve de Jean) et Cie, et rubans soie. — Moris Joseph et Cie, et velours. — Gallizier (Max). — Truccone (Joseph et Victor). — B. Tasca et Cie, velours soie. — Comba (G). — Costa, Siravegna et Cie. — Gamna et Gravier. — Garneri (Jacques). — Garneri (Joseph de Jules). — Praille (François) et Cie. — Rodi (Pierre). — Solej (Bernard). — Stuardi frères. — Turo (Vve).

Soie et autres étoffes (march. de). — Ategiano (Bernardin). — Bellacomba frères. — A. Brambilla. — Boglione et Giacomino. — Gravesana et Fasella. — Erede (veuve Jona) et Lattes. — Rey frères, tapis et étoffes p. ameubl. — L. Sacerdote Levi et Cie. — Rocca et Bosio. — Romano (François).

Ivrée.

Banquier. — Olivetti (J.-A.).

Commissionnaire expéditeur. — Longo père et fils.

Filature de soie et organsin. — Ceriana frères. — Jona (héritiers).

Fabrique de chapeaux. — Vanzina (V).

Soie et organsins (fab. de). — Fornelli (A.). — Forneris (P.). — Odisio (J.). — D'Emmareze.

Pignerol.

Draps (fab. de). — Brun père et fils.

Soie filat. et moulinage. — Bravo (Joseph) et Octave frères. — Cassinis. — Vagnone frères. — Vagnone (Silvestro), soies grèges. — Degiorgis-Formento. Droum.

Rivoli.

Soies grèges. — Bellino frères.

PROVINCE D'ALEXANDRIE.

Alexandrie.

Banquiers et changeurs. — Biglione (J.) et Cie. — Torre Scliolschereson. — Vitale (les héritiers).

Chapeaux (fab.). — Bassi (Ph.). — Borsalini frères. — Camagna (Seb.), en poil. — Guazzardi frères. — Massarelli (J.). — Recta. — Sampietro Roch. — Valizone. — Viazzi.

Mercerie et quincaillerie en gros. — Poggio frères. — Pugliesi et Ottolenghi. — Raiteri frères. — Savio (P.). — Vitale (A.) et Cie.

Soie (filat.). — Ceriana frères. — Delprino (M.). — Piccaluga (E. F.). — Ravassano (J.B.). — Torre frères.

Asti.

Banquiers. — Artoni frères. — Aslom (J.). — Banque du peuple. — Guglielminetti et Terrero. —Lazare. — Ottolenghi.

Chapeaux (fabr. de). — Evangéliste. - Ferraro.

Soie (filat. de) —Garbiglia.— Gastaldi.—Rustichello (Ange) et fils.

Novi-Ligure.

Commissionnaires en soie et déchets de soie. — Borgarelli (G. B.). — Cattanco (B.) et fils.

Coton (tissus de). — Ghiara (A. et J.) frères.

Soie grège blanche et jaune.—Casissa (F.) e figli.—Denegri (G.B.).— Gambarotta. — Pavese (Luigi) e figli.— Peloso (C.). — Peloso (F.).— Piccaluga (Em. de Fr.).

Tortone.

Soies grèges (fab.de). — Pedemonti et Cie.

PROVINCE DE BERGAME.

Bergame.

Banquiers.—Mioni (L.) et Cie, et change.

Commissionnaires en soie.—Caroli (L.).—Cavalieri.— Chiarri (F.). — Donadoni (A. et F.).— Donadoni (Vve) et fils. — Frizzoni et fils.— Gallina frères. — Giambarini frères. — Ginoulhiac (E.).— Granger (F.).— Merati (G.). — Palvis (G.) et Cie.— Pegurri (M.).— Riva (P.).— Rossi (G. G.).— Steiner (D.). — Steiner (G.) et fils.—Tavola (G.) et fils.— Tiraboschi.—Valli (A.).—Zuppinger, Siber et Cie.

Coton (filature et tissage de). — Zuppinger (J.-B.) et Cie.

Entrepositaire et essayeur de soie. — Berizzi (St.) et Cie.

Flanelle et laine (fabr.).—Ghirardelli (M.),fab. à Gandino.

Lin et chanvre.— Butte et Soci.

Négoc. en soie.— Caroli (L.).— Donadoni (A.-F.). — Donadoni (Vve) et fils. — Frizzoni (A.).— Fuzier (F. L. B.). — Ginoulhiac (E.). — Steiner (D.). — Steiner (G.) et fils. — Testa (P.), à Gandino. — Piccinelli frères, à Seriate. — Sozzi (G. A.), à Caprino. — Zuppinger, Siber et Cie.

Tapis et couvertures de lits (fab.).— Campana frères.—Fiori (Ferd.), fab. à Gandino.

Toiles (fabr.de).—Nulle (F.) et Cie.

PROVINCE DE BRESCIA.

Brescia.

Banquiers.—Duina (A.).— Franzini (Gaet.).— Mazzuchelli et Cie.

Chapeaux (fab.). — Daom (C.). — Ponchielli (G.).— Novi (C.), paille.

Soie (filatures de). — Calabria (St.). — Tranchi frères.

Soieries.— Baebler (G. G.). — Borghett (Bernardo).— Cadeo (M.). Carrara (G.). — Saza (F.). Maffezzoli (G.) et Cie.—Fuech (A.). — Manziana (C.).—Ruspini (Jean).— Muzzarelli (P.).—Franceschi (A.).— Filippini (P.).— Fortunato (G.).— Benedetti (A.). — Magnocavallo (G.), Smenza à Verolanuova.

PROVINCE DE CAGLIARI.

Cagliari.

Banquiers. — Février (fils aîné (C. W.). — Rogier (L.). — Serpieri (H.). — La Société de crédit foncier et agricole de Sardaigne.

Commission.,expédition et recouvrements. — Cherasco (Ch.). Fevrier (C. W.). — Massone (M.). Meloni (R.). — Pellas et Vinelli. —Pernis (J.). Rogier (L.). — Rossi (G.). — Thorel. — Varsi (G. A.).

Coton (négts). — Bozzo frères. — Gazia (R.), tissus. — Granata frères. — Massa frères. — Pugliese (Vve). — Rogier (L.).

Laine (tissus de). — Bafico (J. B.). — Mari (R.). Simonetti.

Laines et soie (man. de). — Bozzio frères. — Brignardetto et Serra. — Gosta. — Rossi (F.). Vignolo.

Lecco.

Soies (filat.). — Corti (Angelo), et graines de vers à soie. — Verza frères, feu Charles à Canzo.

PROVINCE DE COME.

Come.

Banque et change. — Binda (M.) et Cie. — Curti, Corti et Cie. — Mantegazza et Cie.

Coton (filat. de). — Borghi (P) et frères. — Crespi et Buscellati.

Soie (filat. de). — Casnati (A.). —Casnati (G.). Coduri frères. — Cornagio (M.). —Ferrario Nittore. — Magni. — Mondelli (G. di J.) fils et beau-père. — Nesci (G. A.). —Orsenigo frères. — Pedroni Cavadini et Cie. — Perlasca (G.). — Scalini frères.

Soie (fab. d'étoffes de). — Balzarotti (G. B.).— Bertolatti Corti, Rampoldi et Cie. — Braghenti (M.). — Bressi (G.) et Cie. — Butti (A.). — Camozzi et Cie. — Casnati (B.). — Fasola, Remigio et Cie. — Ferrario et Bonanomi. — Guaita et Cie. — Magni (G.). — Nessi et Barberini frères. — Pinchetti et Borghi. — De Rossi. — Sironi et Bianchi. — Tasca frères. — Torriani et Cie.—Castagna et Seregni.— Corti (G. B.). — Curioni.

Soie (négoc. en). — Mondelli (G. di F.) fils et beau-père. — Nessi (G. A.). — Perlasca (C.). — Perlasca (G.).

Teinturiers pour les soies. — Huth (Pierre). — Sur (Charles). — Sabo Frontini.

PROVINCE DE CRÉMONE.

Crémone.

Soie (filat. de). = Quaranta (G.).

Soie (négoc. en). = Bertarelli (E.) = Donatti et Cie. — Cesura et Gropali. — Fieschi (A.). — Gavozzi frères à San Giovanni. = Gueri (E.). — Giuletti (P.), à Sohesina. — Jacibi (G. B.), à Gazalbuitano. — Lanfranchi (G.). — Quaranta (G.). — Rizzi (A.). — Rizzi (G. B.). — Rizzini (G.), à Sorezina. — Viola (A.), à Soncino. = Viola (G.), idem. — Stzazza (F.), à Cazal. — Westa (A.), à Sorezina.

Savigliano.

Soies et organsins (filat. de). Alegg (Ch.), Alberti (J. A.). — Alberti (V.). — Franchino (C.). — Novellis (Ch.).

PROVINCE DE GÉNES.

Gênes.

Banquiers. — Astruc et Gill. = Balduino (Dominique et G.), feu Sébastien. — Bingen frères. — Castaldi frères. — Castaldi (J.) et fils. — Dapples et Cie. — De Barberi et Cie. = De la Rué et Cie. — Faye et Cie. — Figoli (Ch.), négt. et banquier. — Granet, Brown et Cie. = Muzio (G. di P.). — Nicod Carrel et Cie. = Parodi et Cie. — Parodi Barthélemi et fils. — Quartara frères. — Rondanina (A.) et Cie. — Tedeschi J. et C. — Texter, Hoffer et Cie. — Vust (Louis).

Broderies (fab.). — Costa (M.) et Cie. = Patris (J.). — Rainusso (J. B.). — Tessada (F.).

Chanvres et lin (tissus de). — Berzone (G.). = Sanata (B.). — Sanguinetti (F.), Sellacce (G.). = Solari, tis. à la méc.

Chapeaux (fab. et négts). — Arata. = Desso. Florio. Gardella.

Chenilles (fab. de). — Cavaleri (Chev. J. B.), fab. de tissus en coton fil et laines.

Commissionn., et représ. de maisons étrangères. — Alberte (F.) et Cie. = Arduser (Antoine). — Bloch fils. — Carminate (B.) et J. Tribone. — Crilanovich (Ad.). — David (J. A.). = Favrot C. et Cie. — Cristoffanini (J. B. L.). — Ogtrop et Cie. — Oppelt (Fçois). = Pellas (Jean). Valente (Nicolas).

Cotons bruts et filés. — Casa (Joseph). — De Ferrari. — Gondolfo (G. B.). — Gruber F. et Cie. — Rolla frères. — Rolla (François feu Félix.

Cotons (fabr. de tissus de). — Abazzini (Jacinthe). — Bixio (F.). — Canevaro (Vve) et fils feu Pierre. — Carattoni. — Castelli. — Cavaleri (J.-B.-Ch.). — Crocco (C. et L.) frères. — De Ferrari (Joseph feu François). — Ferrando (Joseph feu J.-B.). — Ferro (Ange-Marie). — Figari (Amb.). — Figari frères et Bixio. — Finocchietti. — Maggi (Dm.). Olcese (Jacques). — Parodi (P.) feu Félix. — Pittaluga frères. — Rolla (J.B.) feu Félix. — Rossi frères. — Samengo (Charles). — Samengo frères. — Schmieder (C.F.) et Cie, dép. de leurs fab. de Saxe. — Sciaccaluga frères.

Draps (négts en). — Conti et Bosio. — Cartier et fils. — D'Albertis (Philippe) feu Ant., av. fabr. à Voltori. — Moyse et Pitto. = Odetti. — Osella et Bosco. — Clava et Terracina. — Muller (A.). — Luling frères. — Ottinger et Cie. — Schmieder et Cie. — Cauvin frères. = Barera et Servetti. = Sacchi (François d'Ant.). — Zuzi et Glauning Ugazzini.

Gants (fab.). — Balestrero (B.). — Balestrero (P.). — Ponte frères. — Rossi. — Scorza.

Laines en nature (négts en). — Cohen (Jacques) Isnardi frères. — Rebora frères. — Stallo frères (d'Augustin). — Silvetti Rabaglietti et Cie. — Tassara (Ange) et fils.

Modes et nouveautés. — Bi agno (Jérôme). — Canopa (Dom.). — Canepa frères. — Canonero. — Levy (Marc) et Cie. — Montano frères. — Grondona (Louis). — Grondona (Vincent) et J. B. frères. — Piaggio (Benoît). — Pettinati (François) et Cie.

Négociants et commissionnaires. — Astruc et Gill. — Baratta frères. — Bayon (P.). — Bellegrand (P. et C.) frères. — Bertollo Giovanni (de G. B.), négts en tissus. — Carenzi et Bono. — Clava et Terracini. — D'Albertis (Ph.), feu Antoine, fabr. de de draps et filature de laine peignée. — David (A.). — Delvechio. — Drago frères. — Fiers et Cie. Gandolfo (L.-B.). — Ghellini (E.) et Cie, prod. chimiques. — Grondona (Vincent) et J. B. frères. soieries. — Jerand (Hry), tissus. — Lertora frères. — Luling frères, tissus. — Madiener Pendola et Cie. — Mylius (H.) et Cie, négociants et banq. — Mina (Pierre). — Mewinckel et Hüffer. — Muller (Arnolde). — Musso (J.-J.) et Cie. — Parodi et de Luchi. — Pasteur. — Penzolo (Andrea Augusto). — Piccardo (B.). — Peirot (B.). — Rivara frères, tissus. — Rolla frères, toilerie. — Roux (A.). — Schauff et Cie, tissus. — Schmidt, consul de Prusse. — Schmieder (C. F.) et Cie, dépôt de tissus, laine, coton et soie. — Schlatter. — Secchi (J.), p. l'Amérique et recouvrements. — Songey (W. F.) et Cie, de Liverpool. — Tedeschi (J.) et Cie, étoffes pour meubles, etc. — Thierry (Edw. de), produits chimiques. — Tissot frères. — Vanetti (Virg.) H.

Produits chimiques (fab.). — Dufour frères. — Ghellini (E.) et Cie. — Lertora (Nicolas). — Pellas (C.-P.). — Scerno (E.).

Soie, velours de soie et soieries (négts en). — Costa et Siravegna. — Deamicis. — V. Gh. frères De Ferrari. — Durante (Louis). — Fabiani. — Isaïa-Tedeschi et Cie, soieries anciennes. — Oneto. — Polleri, soies grèges. — Pescia, soies grèges et cocons. — Richini, soies à coudre. — Oberti (Louis), soies à coudre. — Sacerdote (R.), négt en châles.

Tapis d'étoffes pour meubles. — De Luchi (Ernest).

Toiles à voiles (fab. de). — Gérard (Ches et Jn) frères, à Sampierdarena.

Velours et étoffes de soie (fab. de). — De Terrari frères (F.G.B.). — Durante (Louis). — Moresco Solei et Hébert, étoffes p. ameubl. — Tedeschi (J.) et Cie, fabr. de velours de soie, damas, brocatelle, etc. — Viani frères.

Chiavari.

Banquiers et changeurs. — Ghio frères. — Rocla (J.B.).

Coton (fab. de tissus de). — Bacigalupo (Ch.). — Maggi (N.).

Laines en gros (négts). — Blanchi (L.). — Borzone (J.). — Gabaldoni (V.).

Lin et chanvres (négts). — Arnulfi (Vve). — Blanchi (L.). — Borzone (J.). — Costaz. — Devoto (L.). — Puccio (J. feu Nicolas). — Rouua (G.M.). — Siveri (Vve).

Soie grége (négts). — Bancalari (J.H.). — Bancalari (L.). — Solari (M.).

Soieries et velours (fab.). — Baflco (Angeline) à Ste-Marguerite. — Chichizola (J.) et Cie. — Janin (Jean), à Zoagli. — Pelrano (A.). — De Ferrari frères (G.F.P.).

PROVINCE DE MILAN

Milan.

Chambre de commerce et de l'Industrie. — Président : Villa-Fernice (Doct. Ange).

Consul général de France. — Bouillat.

Banquiers. — Banca Popolare. — Blanchi Fumagalli et Cie, et soie. — Brot (C.-F.) ✳. — Cavajani, Oneto et Cie. — Cozzi (Pio) et Cie. — De Vecchi (Pasc.) et Cie, banq. et négts en soie. — Maffioretti et Cie. — Mack, Wiegel et Kreutzer. — Mazzoni et Cie. — Meyer (Jacques). — Mylius (Henry) et Cie, et négts en soie. — Negri (J.-B.). — Burocco et Casanova. — Pisa (Zaccaria). — Ronchetti Calderara et Cie. — Spagliardi (G. et A.) et Cie. — Ulrich et Cie. — Vogel et Cie. — Warchox (Vve). — Caravaglia et Cie. — Weill Schott fils et Cie.

Banque (commissionnaires en). — Bert (Charles). — Ulum (Maurice) et Donn. — Laudi et Scrinzi. — Levi (L. D.) et Cie. — Nersa (Fort. feu Ange). — Tagliabue (Esiode).

Broderies (fab. de). — Biella (Ant.). — Castagneli (F.). — Marelli (P.). — Martini (Louis) feu Joseph. — Merini (J.) feu Jacques.

Cotons (filature et tissage mécaniques. — Amman et Cie, filat. et teint. en rouge. — Borghi (Pasquale) et frères. — Candiani (Louis). — Cantoni (Constant). — Crespi (Dominique) feu F.M., fab. à Busto-Asisio. — Crespi (C.). — Ferrario (Charles). — Lualdi (Hercule). — Weimann et Cie. — Plantanida et fils. — Pigny frères feu Ls. — Ponti (Ant. et André). — Thomas (Achille). — Turati (François). — Visconti (le duc).

Courtiers en soie. — Amati (P.). — Bonavia (Antonio). — Borlini (André). — Bovara (Luigi). — Crippa (Joseph). — De Magistris (Carlo). — Fumagalli (Joseph). — Garbagnali. — Mojani (Paolo). — Peverelli (Pierre). — Riva (Giuseppe).

Courtiers en denrées, coton., drogues, produits pour teinte et cire. — Lighetti (Jean-Pierre). — Vanbianchi (Maximilien).

Courtiers en coton, laines, peaux de lièvre, et manufactures diverses. — Nazari (P.). — Latada (F.).

Gants de peau (fab. de). — Berta (Ant. et Th.). — Bois (Auguste). — Cassinoni (Vincent) et Grange (Félicien). — Negri (Giacomo). — Ravelli (Eugenio). — Sala (Francesca).

Laines brutes (négoc. en). — Antongini et Schiomachen, filat., teinturerie. — Cantoni (B.) et Cie. — Castelli frères. — Decio (Héritier). — De Charles feu J.-M. — Vanzini et Sala, laines filées.

Laines (effilochage de). — Mazza et Cie. — Vita Guillaume, laines mécaniques.

Lin et chanvre (filat. de). — Butti et société. — Cusani et Cie, Maggioni (Joseph) et Cie. — Trombini et Cie, filature à Mélégnano.

Manufactures diverses (négoc. en). — Barofflo frères. — Bernasconi (Jh), fabr. toilerie. — Bonacina Dionigi et Cie, Bosisio (Et.), draperies. — Buffoni (André). — Caccia. — Cantaluppi (Louis). — Cantalupi (Ch.), filés et cotons. — Casiraghi (Pierre). — Casnedi (C.) et Cie. — Chiesa (Jh), fabr. toilerie de lin. — Colombi (L.), cotons et toileries. — Colombo, Macchi et Cie. — Colombo (Ange) et Cie, filés et manuf. — Comi (César). — Crenna (Joseph). — De l'Era. — Declo (C. feu). — J. M., laines. — De Volz (E.), laines. Dell' Uomo Macédonio. — Diena (Bonacina) et Cie. — Folcini, Zonda, Talamona et Cie. — Foppoli (François). — Gavirati (Joseph), et draps. — Gavirati et Giusepe. — Hoffmann, Goenner et Cie, manuf. de draps ; m. à Bâle (Suisse). — Guerra (D.), toilerie. — Guerrini. — Riva et Cie. — T. Guirodon et Cie. — Heichelberg et Rocca. — Gavairon et Cie, filés de coton. — Kenifech, laines. Kunewald (Sigismond), laines. — Legremanti, Pantalini et Cie. — Maccia (Ange), manuf. — Maccia (J.-B.). — Maccia (J.) et fils. — Magrini frères, cotons et toilerie. — Noerbel (M. et J.), en draps. — Oldrati (A.), toilerie. — Puricelli. — Monti (Gaétan) feu François. — Plancatelli et Lainati, soieries. — Pianranida (L.). — Piatti (Charles). — Pincharoli (Baldassare). — Ponzini. — Prada et Maniovani. — Preyssi (F.-Ch.). — Puricelli (L.). — Rebay (Ambr.). — Rotondi (Ambrogio). — Sagramora (L.). — Schneider (Rom.). — Sironi, Candiani et Cie. — Tondani (Ch.), cotons et toileries. — Tranquilini (J.-C.). — Vigentini (Vincent) et Cie, cotons filés et toiles. — Vitali (Benjamin). — Vonwiller et Cie. — Weill. — Schott frères.

Manufactures (Commissionnaires en). — Agnelli (Giuseppe). — Baroggi (A.). — Bodmer (Fr.). — Donatelli (Gaétan) et fils. — Ferrario (Louis), feu Joseph. — Gavirati (Giuseppe). — Laudi (G.). — Mazzucholli et Galetti. — Mazzurana Egide. — Mauri (Louis). — Mora (Jh). Pavesi et Bergamaschi. — Pozzi (P.-A.). — Pozzi (Claude). — Pugliesi (Ange).

Mécan. — Corti (D.). — Dell'Accqua (Ing. Charles). — Mengs (Romolo). — Rummele et Cie. — Sulfert (Rd.).

Métiers à la Jacquart (fabr.). — Bossi (L.). — Montardon (Lucas).

Négociants-commissionnaires et représentants de maisons étrangères. — Baccigaluppi (A. G.). — Bassolini (Vincenso). — Bosina (Jean). — Bremont (Hte), m. à Lyon et à Marseille. — Brioschi (Gerlanio.) — Brusa (Annibal). — Bruzzesi (G.) et Cie, dépôts des mach. à coudre. — Carcano (Gaétan) et Cie. — Carennizi (César). — Chiodera (A.). — Della Rocca (Alph.), J. Eloy de Paris, fab. de parapluies; Vanhoutte et Pernet, déposit. de la maison J. É. et W. Christy et Cie, fab de chapeaux à Londres. — Delor (F.). — Deutz et Cie, agents de fab. — Donatelli (C. E.). — Ferrari (Jean) feu Camille. — Ferrari (Joseph). — Fontana (G.) et Cie. — Fontana

(J. B.) feu Félix. — Fratelli Kitzerow. — Ganna (Ch.), soieries. — Giovanni Pradda Mélano, commerce de graines de vers à soie, chanvres, etc. — Grassi (Louis de B.). Henific i (Charles), reprès. de m. anglaises en draps et laines. — Kieffer (G. F.). — Langère (Aug.). — Lederer (Erminio). — Lederhaes et Massarani. — Manini (Ch.). — Michelotti (César). — Monti (François) et fils, art. de chapellerie. — Muller (H.) et Cie. — Neuhaus et Jæger. — Nota (Vincent) Amédée et Cie. — Paladini et Goretti. — Paleari (Ernest). —Pavesi et Bergamas hi, agents p. mach. à coudre. — Piantini (Louis). — Prada (Jean). — Creyssl (François (Ch.). — Sauvaigne (Albert). — Schoch (Jean d'Henry). — Schoil (Félix), représent. de fab. de draps. — Sieber Charles et Cie. — Virano et Pirola. — Zappellini (Eliseo).

Passementeries et bonneteires (fab. et négt) : Agnesini (Ch.). — Bertari (Charles) et Cie. — Binda (A.), fab. de boutons et fournit. militaires. — Carera (Louis). — Giussanni (Philippe). — Morandi. (Charles), fab. Mariani et Cie, filés de coton. — Preda (Pierre). — Ticcini (E.). — Lertora et Cie, et boutons. — Tiana frères. — Valtorta (J. B.). — Viganotti (Gaspard).

Soies (filature et moulinage) : Bertschinger (G.). — Bonola (Félix). — Briani (G.). — Bozzotti (César) et Cie. — Consonno (Fortez). — Bosisio (Paul) et fils, filat. à Raviola, près Molteno. — Corti (Z.). — Ferrario (François de Paul.) — Keller (Albert). — Luzzato (G.). — Ohly et Cie. Osio Nicolas et Cie, condition des soies. — Gavazzi frères, filature à Bellano, Valmadrea, et Bozzolo. — Prato frères de Joseph. — Ronchetti frères, filat. à Cambiago. — Secchi (F.). — Verza frères. — Verzegnassi (François). — Sormani (Josué). — Zappa (François). — Gavazzi Pietro, filature à Bellano, Valmadrea. — Ferri et Co. à Malèo.

Soies (condition des) : Osio (Nicolas) et Cie. — Serra, Gropelli et Cie.

Soie (négociants en). — Agudio (A.). — Alberti frères. — Bertschinger (G.). — Bonsignori frères et Cie. — Borella frères et Cie, déchets de soie. — Bosisio (Paul) et fils. — Bozzoti (César) et Cie, avec filature et moulin des soies à coudre. — Caccianiga (Etienne). — De Antoni (César). — Corbetta (Charles). — Corbetta (J. et P.) frères et déchets. — Corti (A.). — Cramer (Hry) et Cie, négoc. — Crippa (D. et A.), négociant. — De Vecchi (Pasc.) et Cie.— Dolzino (E.) et Cie. — Frova (Louis). — Fuzier (L.) et Cie. — Ghirardi frères. — Gaddum (J.-E.), déchets. — Gavazzi fils de Constantin.— Gavazzi (F.).—Gavazzi frères. — Gavazzi et Longa. — Gnecchi (F.-Jh-Ant.).—Groppetti (Charles), en graines de vers à soie. — Grossoni frères. — Isacco (Joseph) frère feu Vincent, soie et déchets. — Keller (Albert). — Lanzani (Louis) et frères, négociants-commissionnaires en déchets de soie avec filat. — Locatelli (Ambroise). — Luzatto et Cie. — Marelli (Jean). — Mezzi (Paul). — Molteni (Joseph), en vers à soie. — Mylius, Henri et Cie. — Odazio (Cyprien). — Pedroni Cavadino et Cie. — Ponzio et Cie. — Riva (François). — Zappa (Pierre). — Poss (Alexandre). — Preiswerk (J.) et fils.— Riva (Ernest). — Ronchetti frères. — Rossari (J.-B.), soie, graines et déchets de soies. — Sabbioni (Gaét.). — Sormani (François). — Wagner (Ch.) et Cie, soies à coudre. — Valtolina, frères de

Joseph).—Verza frères feu C.— Warchex (Vve), Garavaglia et Cie. — Wedenissow (Alex.).

Soie (commiss. en).— Andreani Meraviglia et Cie. — Belloni et Padda. — Belluschi (Ercole), Bonacossa (Louis). — Boni (J.). — Sranca (Michel). — Bonola (Félix), et ouvraison. — Bonsignore (Nicolas), en soies asiatiques. — Cesati (Isidore). — Cimbardi (Alexandre). — Cobelli (G.-M.). — Dolzino (E.) et Cie. — Consonno (Jules). — Conti (Alberto). — Cramer Müller et Cie. — Cova (Emile). — Cozzi (Pio) et Cie. — Dell'Acqua et Mazzucchelli.—De Montagu (Ed.). — Donner et Baumann. — Erba (Joseph). — Imholf (Ed.).— Ferrario (F. de Paul). — Ferri et Cie. — Gaitavresi (Joseph). — Gibert (Auguste). — Genouilhac (Eugène). — Gonzenbach. — Isella fratelli Cie. — Camera (Carlo).— Mack, Wiegel et Keutzer, banque et soie.— Maderna (Gaetane). — Mattiuzzi (François). — Mazzola (Henry), en versa soie. —Mazzuchetti (Jean).—Muller (J.-H.). — Nürnberger (L.). — Osnago (Joseph). — Maladini et Goretti. —Pianazzi (Benoit).— Piva (Célestin).—Preiswerk (J.) et fils.—Redaelfi (Joseph). —Ricci (A.) et Sprealico.—Rickenbach et Grob. —Rossari (J.-B.), et graines de vers à soie.—Sanvito (Joseph). — Sottocornola (J.-B.). — Steiner Becker.—Strada, Malerba et Cie.—Thinard (Claude). — Trolliet (Charles-Jules). — Gio. Careano. — Del Bianco Plogliani et Cie. — Mario Crippa.

Soieries, draps, modes et nouv. (fab. et négt). — Acquistaspace (G.) et Cie.— Beltemacchi (A.) et Cie.—Blanchi (A.S.), étoffes de soie.—Binda (A.), fab. de soieries, passementeries, etc.— Borioli (Jacques), bonneteries.—Botta et Pizzi.— Brivio (Ferdinand), fab. de soieries. — Bressi (G.) et Cie, étoffes de soie.— Galbiati (A.), fab. d'étoffes de soie.— Galletti (A.), soier.—Galli (A.), fab. de soie.— Galli (B.), fab. de soier.— Gianzana (J.B.), fab. d'étoffes de soie.—Giudici (D.), soieries.— Giussani (Philippe), fab. d'étoffes p. ornements d'église et ameubl., dorures fines et fausses. — Haas (Philippe) et fils, fab. d'étoffes à Lissone.—Leguazzi frères, fab. de soieries.— Maderna (Achille), fab. de châles de laine. — Magnacchi (C. D.), fab. de rubans de soie.—Manfredi, Zanardi et Cie, fab. d'étoffes de soies, velours rasés, taffetas, étoffes p. ameubl. — Martini (Louis) feu Joseph, fab. de soierie damassées en or et arg., ornem. d'église.— Masson (H.) et Cie, fab. de passem. — Meinl (les héritiers), dépôt de dentelles et brod. à Bœrringen (Bohême).— Merini Joseph feu Jacques, fab. de tulles et voiles brodés.— Osnago (Ambrogio di Innocent), fab. d'étoffes.— Parea frères, fab. d'étoff. de soie.— Pellegata (Fl.), fab. de soierie. — Pellegata (C.), fab. de soierie.— Pescini (Ernest), fab. de soierie, velours, brocatelle, etc.— Rossi (François), fab. de draps à Schio (Vénétie). — Sala et Porro, fab. de tulles brodés et façonnés. — Rossignol (Gdi Giovanni), fab. de soieries et velours.— Schoch, Corrade et Cie, fab. de rubans de soie.— Ségale (G. V.), fab. de soieries et velours. — Thiana frères. — Vernazzi (Fulvio), fab. d'étoffes de soie et mélangées.— Verri et Orseniga, fab. d'art. de modes.— Visconti (Michel et fils, rubans, velours.—Zanaboni (Louis), fab. d'étoffes; dépôt de draps fins.

Teint (produits pour).— Biraghi (Joseph). — Lattuada frères. — Rizzi (Louis). — Folletti, — Weiss et (C.), en rougefin.

PROVINCE DE NOVARE.

Novare.

Banques. — Succursale de la banque nationale.

Coton (filature et tissage mécanique).— Crivelli Airoldi.— Bolatti et Cie.

Soie (filat. de).— Ballatti Gidda et Cie.— Crivelli Aicoldi.— Farcida (G.).— Rossini (A.).—

Teinturiers. — Airoldi. — Clerici et Cie. — Crivelli.

Biella.

Chapeaux (fab.).— Becchia (J.), Borello (P. et frères) en feutre.

Draps (fab.).— Sella Maurice.

Soies grèges. — Mosca frères.

Intra.

Chapeaux (fab.).— Albertini (Gaëtan).

Cotons filés (fab.).— Cobianchi (P. et fils).— Oetiker (Jacques) et Cie.— Franzosini (Barth.). — Taglioni (frère de Raph.).

Soie grège et organsin. — Donner et Baumann, de Milan.

Verceil.

Boutons (fab. de). — Mazzuchelli (L.).

Chapeaux (fab. de).— Angiono (Vve) et Cie. — Bonani.

Négociants. — Barbera et Franchiotti. — Beretta. — Biglia (Vve). — Boretti. — Bosisio.— De Angeli frères.— Faccio.— Leblis et Levi.— Marco-Levi.— Minola (Vve).— Noledi.— Pellizone.— Segre.— Villa (C.).

Soie (filat. de).— Levi (E.) et Vitalevi.— Pugliese frères.— Ségre.

PROVINCES DE L'EMILIE.

Bologne.

Vice-consul de France. — Baron de Vaux.

Banquiers. — Cavazza frères. —Gilli, Altissimo, Gavaruzzi (Luigi) et Cie. — Ghillini (Francesco Ditta). — Renoli, Buggio et Cie. — Rizzoli (R.) et Cie. — Sanguinetti frères.

Chanvre écru (négoc. en) et fabr. de chanvre peigné. — Biagi et Canettoli. — Cantelli (Léonard). — Casali (Eugenio). — Buggio. — Dal Fuoco et Cie, de Marseille. — Zacchini (Ant.) et Cie, repr. — Zacchini (Ant. et C.). — Gentili (Gaëtan).— Minelli et Oppi.— Polastri (Joseph). — Roberti (Gaëtan et C.). — Société anonyme pour la filature des chanvres.—Rizzoli (le chev.), gérant. — Maccaferri (Louis). — Turin, représ. la maison Arduin.

Draps (fabr.). — Fabbri (Alex.). — Pasquini (Louis).

Manufactures diverses (négoc.). — Crema Diena et Cie.— Diena (Joseph de Moïse).— Sanguinetti (Sal.).— Deyme (Victor), art. français. Del Re frères, coton.— Osti (François), Ravenna et Modena.

Mercerie et quincaillerie en gros. — Benfenati (Philippe) et Cie. — Montalti (Frédéric). — Rizzi (Philippe). — Sabatini (Jules). — P. Pigozzi et Cie.

Passementeries (fabr.). — Montalti (Fréd.).— Sabatini (Jules). — Scagliatini (Gaetano).

Soies (filat.).— Alessandri (César). — Bononcini (Ant.). — Calza (Hercule). — Oppi (Joseph), soies grèges et ouvrées.

Soieries (march. de). — Alvisi (Jacques). — Biag (Philippe). — Bovi (Thomas). — Pollicardi (J.-M.). — Trenti (Camille). — Mannetti (François) et Cie, soieries brochées. — Gentili et Solieri.— Specioti (François).— Sabattini (Henry).

Toiles de chanvre (fabr. de). — Osti (Abramo).

Modène.

Banquiers. — Verona (Abram). — Diena (M. G.), feu Jacob.—Bulgarelli (Francesco).—Guastalla (Allegra et David). — Verona frères.

Négociants manufacturiers. — Eredi di Giovani Gilli. — Nasi et Ottani. — Geremi Urbini. — Urbini et Crema. — Carpi frères. — Diena. (Giuseppe di Moise). — Duna frères et Nipoti.— Rovatti (Gio.). — Zoccoli (Gio.). — Paolo.

Soie. (filat.). — Diena (M. G.). — Diena (feu Jacob). — Salimbeni frères, en cocons. — Manzini (P.). — Vittoni.

Teinturiers pour les soies. — Wiser (S.).

Parme.

Banquiers. —Laurent. — Ludovic. — Campolonghi (J. B.).

Chapeaux feutrés en laine et en soie.— Albertini frères. — G. Bocchi. — L. Comuni.

Fleurs artificielles (fab.).— Montecchi (E. A.). — Rossi (Caroline et Elisa).

Laines, toilerie. — Albertini. — Fontanella frères. — G. Pighini (Jacques), négt. en draps et autres tissus. — Modesti (M.). — Mantovani (Paui). — Pedrelti frères. — Rossi.

Négociants en soieries. — A. Marchi. — V. Ghia. — G. Tronchi. — G. Abbati. — G. Mistrali. — L. Orlandini. — P. Martinelli.

Soies ouvrées. — Montagna (L.). — Pizzetti (Ferd.).

Plaisance.

Banquiers. — Frères Piatti d'Hercule. — Ponti.

Chapeaux (fab. de). —J. Azzaretti.—G. Gnecchi. — E. Ranzenigo.

Draperie, toilerie et soie. (march. de). — Calegari. — Mischi. — Ag. Cella. —Dosi frères.— G. Lusignani. — A. Raggazzi. — G. Granata.— Lod. — Gioja. — Magrini. — Severino Insermini. — Torri. — C. Raffaeli. — L. Brizzocara et Cie.

Etoffes de fil et coton (fab. d'). — Apbel. — Ansaldi. — Mazzoleni. — Bonelti. — Trenchi. —Mischi Lanati. — Paganuzzi. — Pestalozza.

Soie (nég. en). — Genocchi. — Chizzoni. — A. Zerga. — P. Pestalozza. — Perinetti C. — Piatti et Cie, soieries et velours. — E Lupi. —P. Baili.

PROVINCES DES MARCHES.

Ancône.

Consul de France. — Hugues Boulard ✱.

Banquiers et négociants. — Angelo Anau. — Ragni (Carlo) et Cie. — Almagio Servadio.

Négociants de manufactures en gros. — Almagia Servadio. — Hecman (Isidore). — A. Baricra. — Morichi et Cie. — E. Brettauer. — Colonelli. — Deyme. — Dinner et Cie. — C. Canti. — Gradmann et Cie. — Mayrargues. — G. E. Roquemartine.

Soies grèges. — P. Blumer et Jenny. — C. Hox.

Soie (filat. de). — Pennacchietti.

Osimo.

Soies (filat. de). — Briganti. — Bellini frères. — Lardinelli.

Pesaro.

Vice-consul de France. — Raphaël de Billy.

Banque. — Succursale de la Banque nationale.

Soies grèges. — Domenica ed Amato. — Giovannelli. — Spinau. — Sponza. — L. Valazxi.

PROVINCES NAPOLITAINES.

Naples.

Consul général de France. — Mathieu Limperani C. ✱.

Banquiers. — Alhaique (A.). — Anselm et Marassi. — Bolognei P. — Chabert E. — Degas frères. — Ferand et fils. — Forquet frères. — Holme Stanford et Cie. — Iggulden et Cie. — Janka (G.). — Levy (Ald.) et Cie. — Meuricoftre et Cie. — Oppenheim et Cie. — Rogers frères et Cie. — Sorvillo (N. et F.). — Turenr (W. J.) et Cie.

Commission et représentation (maisons de).

Braun (Joseph), art. français et d'Allemagne.

De Ruggero (Pascal, feu J.). — Di Pompeo (Louis). — Du Challiot (Ferd.). — Du Challiot (Richard). — Du Marteau (M.).

Farraud (A.). — Fumi frères, tresses p. chap. de paille.

Gaetano Cuomo. — Gurlino (G.) et Cie, fournit. militaires.

Hepeisen (A.) et Cie.

Jué Alexandre.

Cayron et Imbert.

Mazano (V) et fils. — Masiello (Louis), dépot de laines grèges. — Mastrocinger (G. C.) et Cie. — Molfino (C.) et Cie, graine de coton.

Opitz frères. — Otto Mayer.

Pedone-Lauriel (F.) et Cie.

Randegger, Fascigloni et Cie, en manuf. — Recouly (Ls). — Ricciοli (François). — Rossi (Ernest de). — Rotondo (François).

Sisto (Vincent), nég. en manuf. — Schucany (A.). — Spasiano (Adolphe) et Cie. — Spinelli de Francesco fils aîné. — Stengelmayer (Georges).

Négociants.

Achard et Cie, en manuf. — Ainis frères, dépôt de tissus imprimés. — Alberti et Cie, banque, imp. et export. — Angeli (Dom.) et Cie, en manuf. — Ascione (Joseph), en manuf. — Auverny (A.) et Cie.

Baggio (A.) et frères, La Marra, en manuf. — Balsamo (L.) et Cie, export. — Barandson (L.), en manuf. — Barriere (Jean et fils, soie et recouv. — Bauer Georges et Cie, en manuf. — Berner (Amédée), import., export. — Bernheimer (J. M.), en manuf. — Beuf (T.) et Cie, art. de Paris. — Blanchi (Auguste). — Bied-Charreton (Ch.). — Biraghi (les fils d'Antoine), en manuf. — Bolognese (Louis) et Cie, imp. export. — Bonnet (G.) et Perret. — Boret Léonidas et Cie. — Borel et Delphin. — Boursiers frères (Alex. Aug.). — Boussard (L) et Cie, en manuf. — Bruno (Joseph feu Xavier), export.

Chomet (J.), import., exp. — Collareta. — Cottrau (Teodore). — Couture (Amédée), en tapisserie. — Creissac frères, en peaux d'agneaux. — Cricelli (V.), en soie.

De Angeli (Dom.) et Cie. — De Angelli (Joach.), en manuf. De Francesco (A.) et Cie, manuf. à Alexandrie.

Farjasse et Desarnaud, en manuf. — Frediani fratelli, maison à Florence.

Gelissen (J.), export., imp. — Gurlino (G.) et Cie.

Hermann (Félix), banque, export. — Holme Stanford et Cie. — Holterholf et Cie, en manufact.

Isong et Mokar.

Janka (G.), agent. commiss.

Kesler (Jean) et Cie, imp. exp. — Klentz, Stolte et Wolf. — Kohler et Kühn, en manufactures.

Langensée (Ch.), en manuf. — Lanni frères, en draps. — Leenen (H.), imp., exp. — Lenzi (Gaspari). — Le Riche (Paul). — Lœffler, Breyer et Cie, imp., export., et banque.

Maglione et Cie. — Maingay, Robin et Cie. — Malvezzi et Boletini, imp., export. — Martuscelli (Dom). — Mazzarelli (Gaspard) et Cie, import, export. — Merlini (L.) et Cie, export., maison à Palerme. — Meyer (S. M.). Minasi et Arlotta. — Moni (Louis). — Milosa Mignan. — Mordant (Lervis), agences anglaises. — Muller (R.) et Cie, agent de fab.

Pagliano (P. Jean de J. D.). — Palma (Giosué et Louis), dépôt de tissus et d'organdis. — Pangrati et Cie, en manuf. — Pellegrino (R. et J.). — Perrot (C.), représ. de manuf. étrang.; m. à Marseille. — Persico frères (feu Pascal). — Pitkin (J.) et fils. — Polettini.

Schwatel (C. W.), imp., exp. et banque. — Scott frères. — Sisto (Vincent). — Soleil, Hébert et Inz, étoffes pour meubles. — Squadra (J.) et Cie, transit. — Stanfort. — Sleding (A.), en manufactures.

Taglia Cozzo (D. G.). — Thuillier et fils, repr. de m. étrang. — Trambusti (F.) et Cie, à Rome et à Civita-Vecchia.

Vacca (Jh), négoc.-manuf. — Vito (Esposito), en manuf. — Vonwiller et Cie, manufact.

Nouveautés et confection pour dames. — Altamura (S.). — Auteri et Fragala (à la Ville de Lyon). — Barba. — Barberio (C.). — Brando, lingerie. — Brignoli et Claude (aux Fabriques de France). —

Cardou (P.), spéc. de fleurs. — Cilento (Ant. feu Martin), lingerie et trousseaux.—Cuosta (P.).— De Bernardo (P.). — Fiore (G.). — Fragala frères.— Giroux (J. B.).— Jourdan.— Longordo. — Massa frères. — Mathieu et Cie. — Percuoco (F.). — Perucetti (G.). — Pesce (R.). — Quaranta (Mme), spécialité pour enfants. — Rosaly Roy (G.).

Rubans.—Borelli (P.).—Callet (P. C.). — Canale (G.).— Cannetti (V.). — Dagot. — Morano (Vinc.).—Nazario (Ralph.).

Soieries et tapisseries.— Ajello (veuve).—Altamura (François). — Ascione (P.). — Auteri et Fragala, soieries de Catane. — Buonocore (S.). —Calvanese.—Colli (Ferd.). — D'Amato (L.). — Fragala frères.—Longordo.—Pavarese (N.),soies grèges.—Privat et Alleva.

Reggio de Calabre.

Filatures de soie à la vapeur.—Hallain.— G. Monsoline.—Salvatore di Dom. — Rognetta. — Saverio Melina (Cav.).

Négociants.—Fratelli de Lieto.— Salvatore di Domenico Rognetta, soies.

Nouveautés.—Aloy (P.). — Pietro Benassai.— Merlino (P.).— Pedare frères.

Tissus en gros.—Grillo frères.—G. Marano.— J. Rameo.—Scudieri frères.

PROVINCES SICILIENNES.

Palerme.

Banquiers.— Chiaramonte Bordonaro. — Ingham frères. — Damanti et fils. — Ingham et Whitaker.—Deminger (Ed.) et Cie.—Ignacio et Vincenzo Florio.— Muratori frères et Cie.—Kayser et Kresner.—Raffe frères.

Manufactures en soieries.— Aliotta frères.—Baldi.—Chiarenza.—Miraglia.—Mornillo.—Odon Berlioz.—Lo Verde. — Stagno (G.) et fils.

Négociants.—Bordonaro Chiaramonte.— Buonocore (Marione).—Bramante et Canevara—Corvaja frères. — Damanti (P.) et fils. — Donaudi (E.). — Donnet (C.) et Cie. — Florio (J. et V.).— Gardner, Rose et Cie.—Hennequin (A.). — Hirzel et Kœhler. — Ingham Wittacer et Cie. — Jung frères.— Kaiser et Kressner. — Morison, Seager et Cie.—Odon Berlioz.— Laporta Ferrara et Cie.—Pirandello (G.).—Pojero (M.).—Pocchi (D.) et Cie.—Quercioli (G.).—Rietmann, Moser et Cie.—Raffo (Nicolas) et fils.— Rocca (G.). — Salvator de Pace feu Louis. — Stagno (G.) et fils.— Thomas frères.—Urso (Salv.). —Varvaro (F.).— Wedekind et Cie.

Catane.

Banquiers.—Benedetto et Motta. — Calogero Costanzo Feratoner (Antonio) fils. — Séb. Scuto.

Manufactures en gros.—Benedetto et Motta. Dilg (Ed.) et Cie.— Fischetti (Rosario). — Russo (Ros.).—Strano (Francesco).— Velis (L.).

Soieries (fab.). — Fragala frères. — Fragala (Rosario). — Licciardello frères. — Ronsisvalle (Santi).—Russo (Bernald).

Messine.

Banquiers. — Gio Walser et Cie. — P. G. Siffreddi.— Fischer frères,—Wolf, Rabe et Cie. — Mauromati.

Négociants. — Ainis (L. et N.) frères et Cie. — Avellino et Cie.
Baller (F.) et Cie. — Bette (W.) et Cie.
Cailler et Cie. —Cetera (Th.).
De Luca (Dom.), manuf.
Falkemberg et Cie. — Florentino (Franc.) et fils.
Giorgiani (P. M.)Gonzenabach, Klostermann et Cie, manuf.
Jaeger (G.) et Cie.
Kuhne (Eug.) et Cie.
Lœffler et Desgrand, manuf. et banque.
Manganaro (D.) et fils. — Marano (M.). — Marangolo (Fr.). — Mauromati (J. et F. de D).—Moleti Migliorati (Antonino).
Nasci. — Nicolosi et Grillo.
Oates (Ed.) et neveu. — Ottoviani frères.
Pajno et fils. — Polimeni (Sa. Ve F.).—Preve (S. C.) et fils. — Polimeni (Xavier, feu Mathieu).
Rabe et Cie. imp. et exp. — Raffaele Cananzi, prod. chim. — Rizzotti (P. et A. de feu), négts et banquiers.—Romeo (Joseph di Cosimo.) — Rotella (L.) et Cie, représ.
Sanderson (G.) et fils, négts et banquiers. — Savarese (Fortunat), manuf.— Simeone (Joseph). — Songey (W. G.) et Cie de Liverpool. — Speruzza (Noël) et fils, négts commiss. — Storniolo (J.).

Soie (filat. de). — Hallain (Thomas). — Jaeger (Wm) et Cie.

Tissus de coton (fab. de). — Gaetano Ainis.— Fratelli Ruggeri.

VÉNÉTIE.

Venise.

Banquiers. — Dubois frères. —Ch. Abraham. Errera et Cie. — Leis (Ed).—Fohr (L.).—Koppel frères. — Texeiro de Mattos. — Blumenthal (S. et A.). — Schielin frères. — Todros (E.). — Levi (I.) et fils. — Treves (G.).

Soies. — Agugiano frères. — Battagia. — Papadopoli frères. — Querini (J.).

Toiles cirées (fab.). — Rocchi (D.). —Chitarin (L.).

Velours en soies (fab.). — Sartori frères.

Négociants. — Andreola (F.). — Aubinet. — Bariera. — Coen. — Bachmann.—Barbarini. — Bernheimer (G.). Bistor (L.). — Bloot (G.). — Blumenthal (S. A.) et Cie. — Boodker (L. F.). — Bon (A.) et Cie. — Bossiner (G.). Cesari (G.). Cilella (D.). — Cini. (F.). Coen. — Coletti (J.). — Colletti (E.). — Collanto (G. B.). — Corri (F.) Decoppert (E.).— De Cargo (G.). — Deyme (V.). — De Piccioli (J.). — D'Isaia (C.). — Du Bois frères. — De Koepff (C. F.). Della Vida (S.). — Domenico, Pantaleo et fils, sous la raison Gio Pantaléo feu Domenico. — Errera (A). et Cie.— Fabbio (G.). — Fanelli (S.). — Finzi (G.). — Fohr (L.). — Gaggio (R.). — Gajo (F.). — Gei (F.). — Geypes (F.). — Goldschmiedt (E.). —

Guanniotti (E.). — Heinzelmann (G.E.). — Hirschfeld (E.). — Jodesco (S.). — Ivancich (A. L.). — Levi (A. A.). — Maggioli (G.). — Mularesta (P.). — Malcolm frères. — Manzoni (A.). — Maysargues (J. A.). — Messulani (G.). — Milieni (A.). — Minola (M.). — Moro (G.). — Muzatti (G.). — Palazzi (A.). — Panizza Chitarin. — Penso (S.). — Piamonie (N.). — Piggazzi (P.). — Ricco (G. D.). — Rocca (L.). — Roma (G.). et frères. — Rosada (G.) et fils. — Rubelli (F.). — Sartosi (G.). — Savini (A.). Scarpa (A.). — Scarpa frères. — Schielin frères. — Secco (G. B.). — Spaola (F.). — Sappici (B. V.). — Todros (E.). — Toso (A.). — Treves (D.). — Triantafilo (C.). — Trinker (G.). Vianelli (D.). — Vio (E.). — Vivante (G. B.). — Wiel (G.). — Zamora (A.). — Zuliani G.). — Ruberti (G. B.). — Olivo (G. B.). — Meneghini et Giudica. — Rietti (E.). — Liva (G.). — Trevisanato (M.).

Mantoue.

Banquiers. — Bonoris erede di Gaetano. — Fano (Moise et Abram).

Filature de soie. — Bajetta (Giacomo). — Capra (Enrico). — Dina frères.

Lin et chanvre. — Colorni (Lazzaro). — Cuzzi (Israël). — Fumagalli (Giovanni). — Mortara (Angelo). — Rossi (Gaetano). — Taschera (G.).

Padoue.

Banquier. — Jacur (M. V.).

Draps (fab.). — Marcou detto Bisia (F.).

Soie (filature de). — Marcon Detto Bisia (F.). — Trieste (G.). — Zatta.

Soie (fab. de tissus de). — Marcon Detto Bisia (F.).

Schio.

Soie (filat. de). — Dal Pozzolo (A.), Piccoli Granetto (M.). — Sorichelette (eredi). — Zanella (J. B.).

Tissus de laine (fab. de). — Beretta (G.). — Conte.

Trévise.

Négoc. en soie. — Andretto (G. E.). — Brandolin (G.). — Gera (G.). — Giacomelli (S.). — Giacomelli et Clemente. — Heiman (M.). — Perni (D.). — Pion (C.). — Violetto (G.).

Udine.

Filat. de soie. — Berghinz (G.). Bianchi (A.). — Bonanni (N.). — Brunich (C.). Kircher (A. A.). — Luccardy (O.). Mazzaroli. — Morelli (V.). — Ongaro (F.). — Puppatti (Gmo.). — Puppatti (Gni.). — Rubini (V.). — Schiavi (L.). — Tisiotti (G.). — Tommasoni frères. — Zamparo (G.).

Négoc. en soie. — Berghinz (G.). — Bianchi (A.). — Bonanni (N.). — Brunich (G.). — Kircher (A.). — Lucardi (O.). — Locatelli (L.). — Luzzatto (M.). — Marcotti (G.). — Mattiuzi (G.). — Ongaro (F.). — Puppatti (G.). — Puppalti (G.). — Rubini (V.). — Schiavi (V.). — Zamparo (G.).

Vérone.

Banquiers. — Sam. di G. Bassan. — Léon Basilea. — Pincherle frères. — B. Tedesco et fils. — L. Trezza. — Bevilacqua. — Sim. A. oFrti Israël et Lazzero. — Rogger. — Frane. — Grego frères, Mazzoni (J.B.). — Laschi C.

Coton (dépôt en gros et manufacture). — Herrburger et Rhornberg. — Getzner et Cie. — F.C. Ganahl et Cie. — L. Feil Goldschmidt. — F. Turati. — Breit (G.), maison à Milan.

Filateurs de soie. — F.L. Cristani. — C. F. Galvani. — G. Malin, Previtali. — Dai Fiori et Mattiazzi. — G. Biadego. — L. Turri et Cie. — F. Turri et Cie.

Laine (draps en gros). — Vonwiller et Cie. — Hoffman, Goenner et Cie.

Manufactures (en gros). — Henking Hettembach. — Vonwiller et Cie. — Goldschmidt frères. — Nussbaum et Cie.

Soie (nég. en gros). — F. Angeli. — M. et F. Delaini. — A. Palazzoli. — Delay frères. — S. Previtali.

Vicence.

Banquiers. — Bassani figli. — A. Boschetti. — G. Orefice. — L. Peserico. — G. Rocca.

Draps et laine (nég.). — G. Manni. — G Orefice. — M. A. Recchio. — G. Zampieri. — G. Zolo.

Fab. d'étoffes de soie. — Andrea Levis.

Nég. en soie grège et ouvrée. — A.G.B. Brunello. — V. Canton et frères. — Maurice Laschi. — A. Maruzzi. G. Vaccan.

Peignage et tissage mécanique de lin et de chanvre. — Roi (Giuseppe).

Soie (filat.). — B. Bianchini. — A. Costalonga A. Maruzzi. V. Canton.

JAPONAIS (EMPIRE)

Nagha-Saki-Decima, dans l'île de Kiou-Sien.

Consulat de France. — Leureire (L.), vice-consul.

Négoc. français. — William Gaymanso. — Pignatel et Cie.

Négoc. anglais. — Dent (J.) et Cie. — Mackensie (W.).

Négoc. américain. — Walsh (J.-G.).

Négoc. hollandais. — Adrian et Cie. — Baudoin, agent de la Société néerlandaise. — Friclink. — Jestor (C.-J.). — Kniffer (L.) et Cie.

Nakodadi, dans la province de Muismaï.

Négoc. anglais. — Dent (J.) et Cie. — Flechter (C.-A.).

Négoc. américains. — Bradfort. — Wits (W. R.).

Osaka.

Négoc. allemands. — Gütschow et Co, représ. à Paris par Fay et Cie.

Yokohama-Kanagawa.

Consulat de France. — Latour du Pin, vice-consul.

Négoc. français. — Fabre (A.), Boerne et Cie ; m. à Paris sous la raison Estienne (Emile) et Cie. — Aymonin et Cie. — Brissonnet ; maison à Paris. — Garnier (F.). — Hecht, Lilienthal et Cie ; maisons à Lyon et à Paris. — Maurice Randon et Cie. — Ravel (C.) et V. Blanc. — Rémi, Schmidt et Cie.

Négoc. allemands. — Güstchow et Co. — Eciard et Raud. — Textor et Cie. — Kuiffler (L.) et Cie.

Négoc. anglais. — Adamson et Cie. — Barnet (G.) et Cie. — Dent (J.) et Cie. — Flechter (C.-D.) et Cie. — Jardine Matheson et Cie. — Macpherson et Marshall. — Rass, Barbet et Cie. — Sasson et Cie. — Aspinall, Corns et Cie. — Hooper (frères). — Stephenson, Dallas et Cie. — Walsh, Hall et Cie. — Wilkins et Robinson.

Négoc. américains. — Allemond (L. S.). — Heart (E.) et Cie. — Hooper. — Richards (C.). Robertson (S.). — Smith (R. B.). — Talbot et Cie. Walsch et Cie. — Weesmore et Cie.

Négoc. hollandais. — De Coningh. — Cos. et Lells. — Jextor et Cie. — Overwegg et Cie. — Reiss, Schulch et Cie.

Négoc. suisses. — Favre Brandt (Charles et James), maison au Locle (Suisse). — Siber et Brennwald, tous les articles.

MEXIQUE (RÉPUBLIQUE DU)

Mexico, capitale.

Banquiers. — Benecke (E.) et Cie. — Dawidson (N.), agent de la Banque de Londres et Lud-América. — Jecker (J.-B.) et Cie. — Martin Duran. = Martinez et Cie. — Pacheco.

Coton (fabr. de tissus de). — Garay et Cie. — Martinez del Rio.

Mercerie et quincaillerie. — Gutierrez (M.). — Jeugla et Cie. — Lehmann et Gutheil. — Lefèvre (A.). = Lohse (F.-A.). — Herm. — Lohse (Ag.), art. de Paris. — Meyer (M.). — Vogel et Wagener. = Walker hermanos.

Négoc. — Cancino et Cambard. — Chabert. — Croisé (A.-J.). — De Maeyer (Félix). — De Wilde et Cie. = Duclos (J.) frères. — Duport et Cie. — Garruste (J.) et Cie. — Frank frères ; m. à Paris. = Garrasse (J.) et Cie. — Guérin et Cie. ; m. à Paris. = Guérin, Laurent et Cie, nouveautés, soieries et parapluies. — Hubay Jacod (Victor). = Jecker et Cie. — Kauffmann. — Laurent (Benjamin). = Lamadrid (T.-G.). — Lefebvre (A.), m. à Paris. — Lohse (Augustin), représ. à Paris par Luckhaus. — Mayer frères et Cie, tissus ; maison à Paris. — Nagel (H.) et Cie. — Stussy, Durand et Cie. — Toscan (E.) ; m. à Paris. — Vanden Wvngaert.

Nouveautés. — Brehm et Cie. — Dousdebès et Cie. = Hanssen (Ad.) et Cie. — Heymel, Bonne et Cie. = Hulvershorn (G.). — Kauffmann (C.G.). Lascurain et Cie. Leffmann et Gutheil. — Leuthner (L.). — Martinex del Rio hermanos — Schmidt et Boujean. — Schnabel et Cie. — Sengstack et Cie. — Toscan (F.).

Puebla.

Vice-consul de France. — N...

Banque et commission. — Fornachon et Bauer, agents de la Banque de Londres, Mexico et Lud América. — Garcia Teruel (M.). — Turnbull (Edouard). — Vélasco frères, fab. de coton. — Vélasco (E.) et Cie, fabr. de coton.

Négociants. — Ayala Benito, nouveautés. — Bassols (Narciso). — Becker (Felipe J.), mercerie. — Berkembuch et Cie. — Bertheau (Auguste), chapelier. — Cardosso frères, nouveautés. — Fornachon et Bauer. — Garcia Teruel et Cie. — Garcia Fax, mercerie. — Rotales frères, mercerie. — Ruetta Manl (G.), nouveautés. — Turnbull (E.). — Velasco (D. E.) et Cie.

Tampico.

Négociants français. — Bordes frères, quincailliers. — E. Dauban, mercier. — U. Labourdette et Cie.

Pinard, mercier. — J. et J. Prom et Cie. — Gustave Boussaune.

Négts anglais. — Jolly et Cie.

Négociants allemands. — Claussen et Cie. — Droege et Cie. — Gresser et Cie. — Ruge et Cie.

Négts espagnols. — Ml. Fernandez. — Victor Garcia. — Itari. — Lastra. — Matienza. — Trapaga Vucaricio de la Sota.

PAYS-BAS (ROYAUME DES)

HOLLANDE MÉRIDIONALE.

La Haye.

Banquiers et courtiers. — Van Daehne et compl.— Keurenaer. — Der Kinderen (F. L.). — Lissa et Kahn.—Overklift et Cie.— Polak et fils. —Polak Daniel frères.—Polak (Félix).— Scheurleer et fils.—Von der Pot.

Militaires (fab. d'équip. et passem.). — Carrière (J.-W.).—Guichard (H.). — Von Heinsberger (W.-J.). — Von der Noordaa. — Van Oven frères. — Pauwels (W.) et fils. — Rietslap (F.-A.).

Rotterdam.

Banque de Rotterdam. — Société internationale du crédit et du commerce. — European Banel (de Londres).

Banquiers.—Casteel et Knight.— Chabot frères.—Kruys.—M. Ezechiels et fils.— Havelaar et fils.—R. Mees et fils.

Couleurs-teintures. — Kessel-Hagen, et mine de plomb, a Stuben (Bohême).

Garancine (fabr. de).—Mendel, Salomonsou.— J. et D. Twiss.

HOLLANDE SEPTENTRIONALE.

Amsterdam.

Chambre de commerce et de fabriques. — Président : F. Van Heukelom.— Secrétaire: Medem Tex.

Banquiers et caissiers. — Secker et Fuld. — Caisse d'association. — Caisse de recettes et de paiements. — J. Cahen. — Determeyer, Wesling et fils.— Goll et Cie. — Hollander et Lehren. — Hope et Cie. — Insinger et Cie.— Ketwich et Woomberg.— Lipman, Rosenthal et Cie. — Luden et Van Geuns. — Nypels et Cie. — Ploos Van Amstel (B.-J. et J.-P.). — Raphael et Cie. —A. H. A. Van Etten.— Berlin et Heymann.— Wertheim et Gompertz.

Broderies or et argent.— F. L. A. Feschotte. — Van Gennep et Huysman. — J.-E. Visser.

Chapeaux de paille (fabr. de).— J. Beaurieux. — H. Dothée.— Frenay frères. — L. Lacroix.— H. Le Marchand. — C.-C. Van der Niepoort.— Pisart. — C.-F. Peterman. — A. Rouhard. — R. Vivario.

Chanvre. —J.-R. Scholten.

Coton. — G.-C. Calkoen. — J.-H. Hackman Assenberg.

Crinolines (fabr. de).— Bahle et Cie.— Van de Waal et Cie.

Dentelles et tulles. — Andriesse et Cie. — Haring jr et Cie.. — Wessing et Cie.

Drogueries et teintures. — B. Z. d'Ailly.—

Vve G. Dommer et fils. — Van Eust et Dyk. — J. M. Giroldi et fils. — J. B. C. Hesterman. — — Matthes et Bormeester.— J. Ploos van Amstel. H. Punt. — Romyn et Van Eyk. — Stoffers et Cie. — Van Voorst et Andriessen. — Watering et Cie. — W. et J. Wegman.

Laines, manufactures, nouveautés. — Assler frères. — Bahlman et Cie. — Van Bokern et Co. — P. G. Bormeester. — Bruning et Muhren. — H. Brix. — C. E. Caesar. — F. Fages. — J. D. Gallois. — F. J. Giulini et fils. — B. ter Haar et fils. — A. Heyman. — Hofzumahaus-Hof. — J. et M. J. C. de Meyere. — F. E. Nagel. — H. A. Nieuwenkamp.— L. Povel. — Schade et Oldenkott. — A. Sinkel. — Stoffers et Werlemann.— P. M. Uselino et fils. — B. et H. Veltmann. — M. J. Van de Waal et Co, fabricants. — Wattiau et Cie.— Willink et Delclisur.— Zurcher et Cie.

Passementiers. — F. C. Cuno. — S. Keyzer. C. A. Kraft. — C. Metsch, Junior et Cie., pour dames, en gros. — Héritiers Viermulder.

Produits chimiques (fabr. de).— Vve Domme et fils. — Mastenbrock.—Ketjen. — Jarman.— Vve P. Smits, à Utrecht.

Soies. — J. P. Fuchs. — Metz. — Ten Broek et Van Ellekom. — P. Fages. — F. J. Giulini et fils. — Petro et Ten Kate. — Zurcher et Cie.

Tapis (fabr. de). — F. J. Bon et Cie.

Teinturiers. — J. W. Breemer. — J. Knottebelt. — J. Muller. — D. Obenhuizen. — G. Schmand. — H. A. Schmand et Cie.

Toiles. — Asseler frères.— Brockman frères. —Bruning et Guhren. — Buhrs frères. — J. Kuneman. — J. Bonnike et fils. — Hirschfeld et Smildt.— Wilmers, Zurbruggen et Strouning.— N. Salomons et fils. — J.-H. Warnaars.

GRAND-DUCHÉ DE LUXEMBOURG.

Luxembourg.

Banquiers.—Banque internationale.— Berger (F.) et Cie.—Fr. Krewinkel et Cie.—Werling et Cie.

Coton (fab. d'étoffes de). — Bauer. — Bour.— Glodt.—N. Mersch.—Mersch-Nouveau. —Tisseranderie de Remich.

Coton (filat.).—Conrot et Lamort.

Draps et molletons (fab.). — Godchaux frères, à Schleifmuhl.

Gants (fab.).—Aug. Charles et Cie, à Bonnevoie.—Gabriel Mayer.

Mercerie en gros.—Conrot-Lenoel.—Runtgen. —G.J. de Marie.

Soieries et aunages.—Debické.—Dieschburg. —Glodt-Specht.—Leick et Warnimont.—Meyer et Schweich. — Rouff. — Nathan. — Macher.— Würth. — Reuter-Mersch. — Reuter-Heuardt.— Reuter et Worms. — N. Mersch.—Seb-Mersch.

POSSESSIONS EN OCÉANIE.

ILE DE SUMATRA.

Batavia.

Consul général de France.—Duchesne de Bellecourt, C.✳.

Maisons françaises.—Loonen (W.) et Cie, m. à Paris.—Oudart frères.—L. Platon et Cie.—Wehry, Ville et Cie.

Maisons anglaises. — Borneo limited Company.—Mac-Claine Watson et Cie.—Martin Dyce et Cie.—Morgan, Melbourn et Cie.— Adam et Cie. Pitcairn Syme et Cie.

Maisons hollandaises.— B. Kopersmit et Cie. —Van Ommeren Ruel et Cie.—Dummler et Cie. —B. Van Leeuwen et Cie. — Reynst et Vinju.— Tiedeman et Van Kerchen.

Maisons américaines.— Paine Stricker et Cie.

Maisons allemandes.—Bahr et Kinder. — E. Moormann et Cie.

Négoc. français.—Leroux et Cie.

Hollandais.—Roselje frères et Cie.

Lima, capitale de la république.

Négociants français. — Bar frères. — Belloc frères, m. à San-Francisco. — Chessé, Wattecamps; et à Paris. — Choucherie et Cie. — Clément Dindabure. — Cluzon. — Costa hermanos et Cie, m. à Paris. — Cremnitz (Th. et A.) frères et Cie. —Delpy et Cie. — Dibos frères. — Dorca, Ayulo et Cie, m. à Paris. — Dreyfus frères. — Dupeyron (E.). — Dupuch et Cie. — Duval et Cie. — Excurra et Cazillau. — Erréquéta et Heudebert, m. à Paris. — Estienne, Baudouin et Cie, m. à Paris. — Harth (Th.). m. à Paris. — Herouard. — Husson et Cie. — Lacroix frères et Cie. — Lacroix (R.) et Cie. — Lapagesse (C. L.). — Larco hermanos y Arata, m. à Paris. —L. Larco. — Messier et Barlet, m. à Paris. — Michael (S.). —Ottenheim (Bernard), m. à Paris. — Poumaroux (B.). — Perret; m. à Paris. — Bosc (L.) et Cie, m. à Paris. — Rouillon (A. E.). — Rullier et Cie. — Ruttinger. — Schwalb frères, m. à Paris. — Sescau Valdeavellano et Cie. — Thomas ✳, Lachambre ✳ et Cie.

Négociants anglais. — Batio Stokes et Cie. — Bergman et Templeman. — Blacker. — Dick-

son, Coeer et Cie. — Farner et Cie. — Gibbs (G.) et Cie. — Gildemeister, Consbruch et Cie. — Grahams, Rowe et Cie. — Huth, Grunning et Cie. — Isaacs (F.) et Cie. — Lang, Pearce et Cie. — Naylors, Conroy et Cie.

Négts américains. — Alsop et Cie.

Négt équatorien. — Del Campo (J. V.).

Négts espagnols. — Juan et Ugarte. — Viuda de Sorozabal.

Négts allemands. — Dahm et Cie. — Lembecke (J. F.) et Cie, représ. à Paris. — Edouard Muller et Cie. — Ott (P.) et Cie. — Spiro et Bleker.

Négts italiens. — Carnevaro, Bardo y Barron. —Costa hermanos et Cie.—PedroDangreni.—Danegri (M.) hermanos et Cie. — Luis Figari. — Hague et Cast.—Lanazari et Cie.—Larco hermanos et Arata ; m. à Paris. — Lazare Patrone. —. Suita. — Cipriani frères.

Négts péruviens. — Barreda et frère. — Chamot et Bernales. — Cotes et Athaus. — Dorca et Ayulo. — Elias (D.). — Gordillo (F. S.). — Lasarte et Cie. — Oyague (J.) et Cie. — Zarcondegui et Cie.

Arequipa, chef-lieu.

Négociants français. — Braillard (L.) et Cie. — Chabannais. — François.— Gaussens, vice-cons. de France au Port d'Islay. — Leplatenier. — Ponsignon.

Négts anglais. — Hibbs et Cie. — Jack frères.

Tacna, chef-lieu.

Négociants français. — Blondel et Cie. — Braillard frères et Cie, m. à Paris. — Devès frères, m. à Paris. — Francisco Tirel. — Poulmaire frères et Cie, m. à Paris. — Prudhomme frères. — Deperdussin, m. à Lyon.

Négoc. anglais. — Bolton Rimmer et Cie. — Hainsworth et Cie. — George Hellmann. — G. Gibbs et Cie. — Salked.

Négoc. allemands.—Juchter Wilhelmy et Cie. Harmsen et Cie.—Zizold Brieger et Cie.— Burcpard Wiese et Cie. — Guill. Grohmann.— Ed. Sahr. Fd. Solmitz.

Négoc. nationaux et hispano-américains. — Richter Yriberry et Cie. — J. M. Gonzalez Velez. — V. Farfan et Cie. — M. P. Correa. — Pedro Collassos.— Meliton Sola. — Aguilar La Riva et Cie.

Négoc. espagnols. — Enrique G. Quijano. — Constantino Martinez.

Négociants italiens. — Forcella et Cavagnaro. —Garboni et Garzena, marchandises françaises.

PORTUGAL ET DES ALGARVES (ROYAUME DE).

PROVINCE DE L'ESTRAMADURE

Lisbonne, capitale.

Banquiers.

Blanco (J.M.), négocios de banco sobre praças d'Hespanha, largo de Sn-Antonio-da-Sé 21.

Duarte Carvalho et Cie, r. dos Fanqueiros 150.

Engestrom et Cie, (maison Suédoise), Magdalena 46.

Fonsecas, Santos é Viana, r. Capellistas 120.

Krus et Cie, correspondants à Paris, de Rothschild frères, Marcuard André et Cie, cré. Lyonnais; à Londres, Baring Brothers et Clet Craentler et Nieville; Knowles et Foster, r. das Pedras negras 1.

Oliveira (Antonio Joaquin d') et Cie, r. das Flores 7.

Pereira de Magalhaës (Antonio José de), r. Nova del Rey 95.

Piombino (Jean-Baptiste) ✳, Beco dos Apostolos 7.

Silva Campos (Francisco de Paula da), r. Sn-Juliao 139.

Sugrue (Daniel) et Cie, r. da Magdalena 201.

Terlades et Cie.

Warburg et Doitl, r. Ferregial de Cima 4.

Boutons (fab. de).

Schalek (Henry), fab. d'agrafes et boutons, export. r. Magdalena 17.

Gants (fab. de).

Cachon et Perrier, r. Nova do Carmo 34.

Graines de vers à soie.

Piombino (J.B.), graine du nord du Portugal.

Reitrezeiros, 125, 1e andar, cocons et tous art. en ce genre.

Négociants en produits du pays d'Afrique, du Brésil et autres.

Abecassis (J.), r. Oiro 165.

Adam (G.), r. Pimenta 13.

Aldosser (J.), r. S.-Paulo 250.

Ambrossy (J.Bte), r. Chiado 148.

Amourous frères, r. dos Capellistas 40, m. à Paris et à Porto.

Appleton (Daniel), imp. de tissus de laine, coton, etc., r. larga da Magdalena 85.

Ashton et Cie, r. Magdalena 34.

Dallerus et Cie, r. T. de Athaide 12.

Barber (A.), r. Nova da Palma 47.

Barroso et Cie, r. Capellistas 78.

Bastos (G.), r. Augusta 90.

Bessoné junior et Barbosa, r. Ferregial de Cima 1.

Black (A.), r. St.-Paulo 230.

Blanco (J.R.), r. Large Sn-Antonio da Sé 21.

Bobone, r. Emmenda 65.

Borel et Irmao, r. St-Juliao 140.

Burnay (Constant), importe tous produits, exp. les lainages fabriqués dans le pays, r. Rétrozeiros 55.

Burnay (Vve Jn-Bte), p. l'Afrique, r. Rétrozeiros 55.

Buzaglo e Irmao, r. S. Juliao 130.

Cairns (D.), r. Enmenda 30.

Calleya (F.-A.).

Canepa (E.), r. T. de Sta-Justa 82.

Carruthers et Cie, r. Magdalena 110.

Cordeiro (Julio), exporte p. l'Afrique, r. Arco de Bandeira 92.

Custance son and Kendall, r. de Prata 30.

Creswell and Cie, r. Fanqueiros 130.

Dangibau, r. Romulares 11.

Daenhardt (H.), art. allemands, anglais et français, r. Magdelana 75.

Da Silva Campos (Fco de Paul), r. Sn-Juliao 139.

Deggeler (Albert), maison suisse, r. Chiado 64.

Dias d'Oliveira (M. L.), agent de m. étrangères, r. Aurea 87.

Dejante et Cie, r. Nova do Almada 84.

Deshayes, r. Prata 84.

Dobson (T.), r. Oiro 180.

Dray (Judas), r. Oiro 74.

Driesel et Cie, S. Paulo 126.

Driesel (F.A.), export., r. Sn-Paulo 126.

Driesel Schroter (Ernest), art. de drogueries, r. Sn-Paulo 126.

Ellerton (J.), r. Oiro 33.

Engestrom et Cie, m. suédoise, exporte laines, fils de lin, etc., repr. a Porto par A. Jose da Silva Cunha, r. Magdalena 46.

Farinha et Cie, r. largo de Camoës 11.

Ferreira et Cie, agents de mais. étrangères, r. da Prata 84.

Fonsecas Santos é Vianna, succ. à Porto.

Gaetano simoës Afra et Cie, r. da Ouro 112.

Gallway, r. Alecrim 73.

Gardé, r. Nova do Carmo.

Garin, r. T. da Palha 40.

Garland-Laidley et Cie, vente et achat à la commission de laines, r. Alecrim 10.

Garrido-Monteiro et Cie, r. Traversa de Santa-Justa 75.

Gomés e filho, r. Magdalena 12 et 14.

Harington (Edward), r. da Prata 247.

Haurle (P.), export. et import., r. Hurea 210.

Herold (O.) et Cie, r. da Emenda 53.

Hickie Son et Dahge, r. largo de Santo-Antonio da Sé 3.

Hutchens (Carlos), Chiado, 72, 2e andar.

Hutchinson (J.-P.) et Cie, r. da Boa Vista 47.

Igleias Sobrinos, r. de S. Francisco.

Inness (Roberto), r. do Alecrim 64.

Jauncey (Carlos), r. da Boa Visita 121, 3 andar.

Juhel (H.), r. do Oiro 25.

Kempes et Cie, r. dos Capellistas 73, 2 andar.

Knowles (Ricardo), r. das Flores 19.

Kreibig et Finger, r. do Ferregial de Baixo 9.

Krus et Cie, orseille, etc.

Lambert (Ricardo), r. da Magdalena 119.

Larcher (James), traversa da Victoria 74.

Levy (Moses) et Cie, r. de S.-Paulo 20, 2 andar.
Lobo (M.) et Cie, r. Augusta 29.
Maggiolo (Francisco Antonio), calçada do Sacramento.
Maillard (J.) et Filhos, r. de S.-Bento 19.
Marsoo (A.) et Cie, r. Chiado 30.
Martin (Francisco) et Filho, r. do Alecrim 103.
Mayer (A.) junior, r. Emmenda 69.
Medlicott et Cie, travessa do Athaide 15.
Morrogh Walsh et Cie, r. da Emenda 30.
Moser (Hermano Frederico), calçada do Ferregial 23.
Munro (G. A.), r. da Escola Polytechnica 63.
Naure (Fortunato), r. da Prata 108.
O'Keffe (Joao), r. dos Fanqueiros 150.
Oliveira é Silva (Jose J.), r. Aurea 149.
Oram (William) et Cie, r. largo do Corpo-Santo 26.
Parry (Hugh), r. de S. Paulo 111.
Pauphilet et Irmao (Eduardo), r. do Crucifixo 38.
Payant (Carlos André) et Cie, r. dos Capellistas 31.
Panant (F. E.), r. dos Retrozeiros 17.
Pereira (Antonio José) de Magalhães, négociant-banquier, r. Nova del Rey 95.
Pereiraz et La Rocque, r. dos Capellistas 120.
Peters (H.), r. Boqueirao do Douro 38.
Pinto-Basto (E.) et Cie, r. Caés de Sodré 64.
Piombino (J.-B.) ✳, importe soies d'Italie.
Plantier (Edmond), r. Aurea 210.
Price (Eduardo), travessa dos Romulares, 76.
Rau (Luiz), r. do Arco do Bandeira 5.
Ricou (E.), r. Aurea 149.
Sangeter et Cie, r. dos Retrozeiros 55.
Sassetti et Cie, r. Nova do Carmo 56.
Schindler (Henrique), r. de S. Francisco 144, 2 andar.
Schmidt (Jacob), r. dos Douradores 20.
Scholtz (H. G.), r. do Ferregial de Cima 31, 3 andar.
Schonewald (Augusto), r. dos Fanqueiros 19, 2 andar.
Schroeter (A.L.), r. Emenda 30.
Seidel (George) et Silva, r. Nova de S. Mamede 37.
Sequeira Lopés (Alexandre Joaquim de) et filhos, orseille, gomme, coton en rames, . de la Magdalena 191.
Seruya (M. de S.), r. do Alecrim 40.
Seruya (Salomao), r. da Horta Secca 23, 2 andar.
Sette (Guilherme Augusto Rodrigues), r. do Amparo 82.
Shore (F.F.) et Son, r. dos Fanqueiros 12.
Siva (Manuel da), comm., r. dos Coreeiros, 4.
Successores de Jose Emmanuelis, négoc.-com. en soies d'Italie, France et Chine, soieries, soies à coudre du pays ; graines de vers à soie, r. Retrozeiros, 125.
Sugrue (Daniel) et Cie, import. et export. en commission, r. da Magdalena, 201.
Sugrue (Joao) et Cie, p. Luiz de Camoes, 6.
Turner (Archibald), r. Nova da Alfandega, 160.
Van-Zeller (Arthur), travessa do Athaide, 10.
Van-Zeller (F. et H.) et Cie, r. da Horta Secca, 23.
Van-Zeller (Theodoro), r. da Horta Secca, 23.
Vaz (Francisco) et Cie, r. dos Fanqueiros, 146.
Visconde de Orta, r. de S. José, 14.
Warburg et Dotti, r. do Ferregial de Cima, 19.
Weton (William), travessa do Athaide.
Wheelhouse (George S.), r. de S. Francisco, 32.

Wilby (Joao), r. do Ferregial de Cima, 27.
Wimmer et Cie, r. dos Douradores, 10.
Wright (Denny W.), r. da Magdalena, 109.
Zagury (Moyses), r. des Capellistas, 120. 3º andar.

Nouveautés.

Candido é Pereira, travessa San-Nicolau, 107.
Magalhães (J. F. de), Chiado 16.
Mattos et Cie, r. Nova do Almada, 86.
Mattos e Silva (J. J. de), traversa San-Nicolau, 121.
Soares (J.), r. Crucifixo, 43.
Valente (J.-L.), r. Oiro, 109 à 118.
Viuva Barreira et Cie, r. Chiado, 9.
Xavier da Silva, P. de D. r. Pedro, 11.

Soies.

Ramires filho (Viuda), fabr. de soieries et cordonnets, r. Augusta, 47.

Tissus.

Daupias (Cernardo) et Cie, fabr. de châles et tissus de laine en tous genres, exportation, r. da Prata, 6.
Graham Junior (William) et Cie, r. Nova d'Alfandsga, 160.
Grais (William), fabr. de tissus de laine pour le pays et l'export., r. Largo das Caldas, 1.
Rodriguez de Macedo (Joaquim Julio), maison de gros, r. dos Fanqueiros, 158, 168.
Homen (J.-A.), r. Fanqueiros, 17.
Loho et Cie, tissus de toute espèce, m. de gros, r. Augusta, 29.
Lopes-Dosangos (Polic.-José), r. Capellistas, 12.
Pereira e Laraujo, tissus étrangers, gros, r. dos Fanqueiros, 96.
Rodriguez (Thomaz José), r. dos Fanqueiros, 27.

Toiles et cotons (fab. de).

O'keeffe (J.-J.), maison de gros, r. dos Fanquieros, 150.

BROVINCE DU MINHO.

Porto.

Consul de France.— De Girando O. ✳, Campo pequeno, 1.

Banquiers.

Burmester (J.-W.), r. das Taypas, 11.
Carmo sobrinho et Cie, agents de la banque de Minho à Braga, r. Largo da Feira, 22.
Chamiço Filho et Silva (F.), Bateria de Torreiro 4.
Correa Leite (Eduardo da Costa), r. largo de S.-Domingos, 62.
Felqueiras et Baltar, r. S.-Joao 114.
Kalzenstein (Edward), r. Bellemonte 39.
Pinto da Fonseca (Joaquim), maison à Lisbone, Fonsecas, Santos è Vienne, P. de D. r, Pedro, 143.

Draps (fab. de).

Cie de Lanificios de Lordello, r. Laranjal, 59

Merceries.

Sanchez (Jose Antonio), mercerie et passementerie étrangère, m. de gros, r. largo do portó do Carros, 144, 2º andar.

Négociants.

Adeodato (T.) da Silva Lima, r. Piedade 55.
Afflalo (J. A.), r. Bellemonte 87.
Alario (C. Villanova), r. Fermoza 279.
Alen (Alfredo), r. Bandeirinha 49.
André do Lago, r. Danjadim 255.
Andresen (J. H.), r. largo do coronel Pacheco, r. Congostas 4.
Aranjo Lobo (Thomas Antonio), p. le Brésil, praça Sta-Teresa 52.
Archer (Arthur), r. Bandeirinha 14.
Archer (Arthur et Souza), r. Rebelleira 47.
Archer (Thomaz), r. Bandeirinha 56.
Ashworth, Wilton and Co, importars of cotton, linen, export. r. Bellemonte 87.
Atkinson (E.), r. San Francisco 21.
Azevedo e filho, (Viuva),export.r.Fogueteiros 80.
Baquet (A. Pereira), r. S.-Antonio 157.
Bathala (Irmaos), export., r. Bellemonte 93.
Baylac (Pierre), praça da Batalha 10.
Bowden (Thomaz), r. Valle de Pegas 47.
Browne (Clameuse and Co), r. Taypas, 11.
Buisson (Viuva), r. Sto-Antonio 45.
Burmester (J. G.), r. Taypas 11.
Buttler Nephew and Co, r. Inglezes, 90.
Camello (G.), agent, r. Sto-Antonio 45, à Lisboa, r. dos Coreiros 45.
Cossels (J.), r. Inglezes 35.
Cazaés e filho, r. bataria da Victoria 11.
Charles F. Wilton, r. Cedofeita 358.
Criste (G. Th.), r. S.-Antonio 157.
Clode et Baker, r. S.-Francisco.
Clokburn Smiths et Cie, aos Queimados.
Cohen (José), r. Bellemonte 60.
Correa Leite (Eduardo de Costa), Large, r. S.-Domingos 62.
Courrége (G.), pl. Da-Pedro 134.
Coverley (Charles), r. Rebolleira 40.
Croft et Cie, r. S.-Francisco 5.
Delaforce (J. F.), r. Cedofeita 465.
Dew et Cie, r. S.-Francisco 7.
Edward Silva, r. Congostas 70.
Elliers (N. H. J.), r. Entrequintas 9.
Fewherd (Diederich Matias et Cie), r. Bellemonte 99.
Félix Fernandez Torres (Sobrine), r. Taypas 70.
Filipe (Luiz), mercerie, etc., r. Bellemonte 20.
Fladgate (Joao Alexandre), traversa Alegre 9.
Fladgate (Taylor e Yeatman), r. Congostas 70.
Flower (F. W.), r. S.-Francisco 11.
Franklin (Benjamin), r. Rebolleira 55.
Gassiot (Martinez et Cie), aos Queimados.
Glama, praça Sta-Teresa 61.
Graham (Guilhermo John) et Ca, r. Inglezes 18.
Graham (Roberto), r. Inglezes 18.
Gublan (Charles Louis), Fillie et Ca, r. Taypas 80.
Guichard (Heitoo), r. Vielila da Madeira 90.
Harris (J. D.), r. Bandeirinha 8.
Hastings (G. H.), r. Congostas 58.
Henrique Riesemberg, r. Costa Cabral 209.
Hooper (brothers), r. Rebolleira 25.
John Land, Hunt Roope, Teage et Cie, r. Inglezes 19.
John Q. Murat, r. quinta da Povoa 11.
Jone (José), r. S.-Francisco 21.
Jorge H. Redpath, r. largo de S.-Domingos 74.
Jose Roberto Wright, r. Principe 271.
Katzenstein (Eduardo), r. Bellemonte 99.
Kebe (E.) et Ca, r. Viturdes 11.

Kendal et Jones, r. Inglezes 82.
Kreibig Finger et Cie, r. S.-Antonio 67.
La Roque (A. de), r. S.-Miguel 25.
Lacuona (Miguel), r. Almada 117.
Lopes et Ferreira, r. Bellemonte 6.
Mac-Lagan (Q.), r. Inglezes 15.
Miller (A. et Cie), r. largo da Aguardente 80.
Miller (A. Fleming), r. Inglezes 73.
Moller (A. G.), r. Inglezes 79.
Montagne (Robert J.), à Villanova.
Moré (Viuva), praça Dns Pedro 30.
Moser (Eduardo) *, r. Inglezes 29.
Murat (K.), r. Inglezes 13.
Murat (J. K.), quinta da Povoa de villar 11.
Niepoort (F. M. Van der), r. Viturdes 58.
Noble (C. H. et Murat), r. Inglezes 13.
Noble (C. H.), r. S.-Joho da Foz.
Nogueira Pirito (Jose), r. largo S. Jone novo.
Offley, Cramp et Forresters, r. Inglezes 77.
Pereira Penna et Cie (Manoël), pr. D. Carlos-Alberto 132.
Ruwes et Ca, r. S.-Francisco 4.
Reid (Robert), r. S.-Francisco 35.
Robertson Bros, r. Inglezes 23.
Rocher Wigham et Cie, r. Inglezes 74.
Roope (Cabel), r. quinta Amarella.
Roughton (G. J.), r. Inglezes 33.
Russel, r. Inglezes 15.
R. P. Dagge, r. Sta-Isabel 25.
Sandeman et Cie, r. Murinheiros 63.
Sandeman (Th. Claz), r. Campo dos Martyres 174.
Schalk (Henry), fab. de boutons, agrafes, r. Bellemonte 58.
Schreck (M.), p. tous art. de tissus, r. Bomjardim 80.
Schore et Cie, r. Inglezes 23.
Schmidt (A.), r. Rosario 174.
Smith Woodhouse et Cie, r. S.-Francisco 21.
Smith (G. W.), r. Bellemonte 79.
Smith (T. J.) son et Johnston, r. Bellemonte 73.
Souza Guimaraës et filho, r. Bellemonte 27.
Spratley (J.), r. S.-Francisco 4.
Stanus (W.) et Cie, r. Cima do Muro 250.
Stenr (C.), r. Restauracao 236.
Tait (William C.), r. Inglezes 23.
Thomaz C. Wigham, r. Triumpho 20.
Velho (Agostino Fco), r. Dna-Maria II 40.
Vieira da Cruz e Machado, r. Inglezes 70.
Vieira Machado (J. B.), dépôt de tissus, r. Bomjardim 100.
W. G. Roughton, r. Inglezes 33.
Wanzeller (F.), r. San-Francisco 4.
Wanzeller (R.), r. Inglezes 78.
Wanzellers et Cie, r. Sn-Francisco 4.
Warre et Cie, r. Inglezes 13.
Wigham (T.), r. Inglezes 74.
Wilby (G.), r. Congostas 33.
Wilcock (R.), à Willanova.
Wirght (W.J.), r. S. Francisco 5.

Soies.

Carneiro de Vasconcellos (Mathias) et Cie, soies à coudre, coton et fil, r. do Captivo 18.
Moser (Edouard) * *, cocons, déchets de sole, export., r. des Inglezes 29.
Perez da Silva e Alves (A. Jose), spéc. de soies à coudre, export., r. Flores 48.

Tissus en gros.

Carneiro de Vasconcellos (Mathias) et Cie, r. do Captivo 18.

Dias (Illidio Antonio) r. dos Clerigos 22.
Duarte de Oliveira (Simao), r. Clerigos 64.
Gomes, Merera Junior (Ant.), r. Ferreira-Borges 41.
Jehnsieu (J.J.), r. Bellomonte 73.
Katzenstein (Edward), r. Bellomonte 30.
Marques Braga et Cie (Ignacio José), tissus de laine et coton, export., r. Clerigos 82.

Paiva Ribeiro (Carlos Maria de), r. Bellomonte 30.
Peirera-Lima (Manoël José) et Cie, r. Clerigos 6.
Pereira d'Oliveira (J. José), r. Dn-Pedro 116.
Silva (Augusta et Guilhermo), r. Flores 314.
Spratley (Guilhermo), agent de m. étrangères, r. Sn-Francisco 4.
Tait (William C.). r. Inglezes 23.

PRUSSE (ROYAUME DE)

PROVINCE DE BRANDEBOURG.

Berlin, capitale.

Banquiers. — Abel (S.) jeune. Abel et Wittkowski. Abt et Cie. Alexander (J.). Anhalt et Wagener. Arons frères. Bamberger (L.M.). Dein et Cie. Berend frères et Cie. S. Bleichrœder et Cie. Blumberg et Gelnik. M. Borchardt jun. Deumson (A.) et Cie. Breest et Gelpke. A. Bussar Cie. J. J. Caro. Cohn et Burger et Cie. Cohn et Tietzer. Delbrück (L.) et Cie. Disconto Gesellschaft. E. Ebeling. C. N. Engelhard. Eschwe et fils. Faderstein (A.). Feig (J.). Feig et Pinkuss. H. F. Fetschow et fils. Friedlander et Cie. J. Geber et Cie. Georg frères. Goemann et Penzhorn. Goldberger (J. F.). Goldschmidt D. Gradenwitz frères. Gumpertz et Samuel. Gumprecht et Cie. Gottentag frères. M. Göterbock et Cie. Hahn (L.) et Cie. Halmauer (O.). Helfft (N.) et Cie. Henning et Kœnig. Hennoch et Goldschmidt. Henry Nicolas. Hess et Kutz. A. H. Heymann et Cie. G. Hirschfeld et Wolff. Hirschberg (H.). Jacquier et Securius. J. Jacques. S. Joachim. R. Knekel. Kaple et Henkel. Kaufmann (S.) et Cie. Kilz (G.). Krause (F.W.) et Cie. Kuezynski (L.). Leipziger (Jos.). Leipziger Richter et Cie. Levin et Goldschmidt. F. M. Magnus. Marcusson (G.). Meissner et Hisschfeld. Mendelssohn et Cie. Meyer (L. D.). Meyer et Cohn. Meyer et Cie. Meyer frères. E. J. Meyer. M. Meyer. Meyer et Jüdel. Moleneur et Cie. Moser (J.). Muller et Cie. Frères Niedlich. Oder (G.). Oppenheim et Cie. Paderstein (A.). Fils de M. Oppenheim. H. Paasch. Plathe et Wolf. Rabe (L.). Ruchmel et Bollert. Plaut. Rauff et Knorr. Riekoff (A.). Riess et Itzinger. Rosenfeld et Goldschmidt. Sachs et Edinger. Suling (J.). Suloschin (M.). Saas et Martini. Schlesinger (A.). Schiff frères. Schnœkel jeune (W.). Schüler et Cie. Schuster (H.) et Cie. Schickler frères. Schragow et Cie. S. Simonson. Schernheim et Marx. Sorgel Parisius et Cie. Sussmann et Heidenreich. Gebrüder Szkolny. Tietz (G.). Titel et Gottschalk. Valkmar et Bendix. Veit frères et Cie. Violet et Cie. R. Warschauer et Cie. Wolff et Kuczinsky. Riess (L.) et Cie.

Châles (fab. de). — Bruch et Cie, châles et étoffes p. confection, repr. à Paris. Frank Benjamin et Cie, et nouveautés en gros. J. Lattermann. Lehmann (D. J.). Russ jeune (A.), fab. de châles repres. à Paris. Saulmann frères.

Chapeaux de soie et de feutre. — Th. Müller. J. A. Schmidt.

Chapeaux de paille d'Italie. — Em. Lauffer et Cie.

Coton (fil de). — Lindon (L.). Lesser jeune (L. T.). Reimann (F. W.). Tichy (M.). Wolff (L. G.). Wolff (Jos.) et Meyer.

Coton (tissus en). — Kleben et Cie. D. J. Lehmann. Sussmann et Wiesenthal. Welgert et Cie.

Couleurs et indigo (nég.). — Buch et Landauer. J. H. Caspari. Dungs et Fromm. Fraenkel (M.) et Ruage. Gruner (C.). Heyl frères et Cie. Jacob frères. Juenecke (F.). J. Kœnig et Cie. Moewes (G. B.). Schœnlunk et fils. Société p. couleurs d'analine. Wedel et Croner.

Dessins pour broderies (édit.). — Ermisen. Francke et Sieke. Gabbe. L. Glöer. Z. A. Grünthal. Günther et Stawisinski. Hertz et Wegener. Kunechtel. Kœnig. Seiffert et Cie. B. Sommerfeld. A. Todt. Trübe. Wicht.

Draps (fabr. de). — Reichenheim (A.) fils. Tannebaum, Pariser et Cie.

Filatures de laine. — Dinglinger. S. Liebmann. Schlmucher et Rethwisch. Spatzier. Wald et fils.

Fil d'or et d'argent (fabr.). — Baumert. Boehme. Deeg. Guenther. Hanisch. Henniger et Cie. Hensche. F. W. Rolle. Schmidt. Schulze. C. Siebert. Voigt. C. L. Velekart et fils. F. Wolff et Meyer. D. J. Wulff. Zellner et Cie. Zorn.

Imprim. d'étoffes. — Breslauer, Meyer et Cie. Fournier. Goldschmidt et fils. Léonhardt. Liebermann et Cie. Liebermann et fils. Moser et Cie. Nathan Wolff et Sohn, fabr. d'impress. Seemann (J.). Ulrichs.

Laine (filat. et tissage de). — Bergmann et Cie. Cohn et Schreiner. Davie et Silber. Hahn et Huldschinsky. J. Lattermann. D. J. Lehmann. Levy et Aron. M. Marx. Rathenau (Albert), manteaux et robes en laine. Sachs et Leib. Sussmann et Wiesenthal. Weber (Edouard), Welgert frères.

Laines peignées et filées. — Bergmann et Cie, laine à tapisserie en gros. Berliner Kammgarnspinnerei von Schwendy et Cie. Berliner Meüendorfer Actien Kammgarnspinnerei.

Mercerie en gros. — Pappenheim (Julius), comm., export.

Négoc.-commiss.-expéd. — Ahrends et Veit. Anhalt et Wagner. Arnthal et Müller. Buartz et Cie. Bercht et Fricke. Bergmann, Bernhardt et Cie. Bœhme. K. Bornstein. Bramson et Cie.

Bresch et Cie. Dungs et Fromm. Gaudchau et Cie. Geber frères, Gebrüder Avenariur. C. George. J. G. Henze et Mahlowe. Hertzog (Rudolphe), tissus. Heynemann jeune et Eisenmann. Fetschow et fils. Fischer (J.-A.). Güterboek et Cie. Heyl (J.-F.) et Cie. Jordan et Berger. Koenig et Cie. J. F. Koerner. Léar, Lévy et Cie. Lampson. J. F. Lemm. Moreau Valette. Mossner (L.) et Cie. Phalandt et Dieterich. Poppe et Cie. Possart. Protzen. Salomon. Sass et Martini. Schickler frères. Simon et Cie. Sobernheim frères. Sussmann et Heidenreich. Uthemann Valette. Viebig. Warmuth. Weber (Edouard). Werckmeister et Buege. Wolff et Cie. Wolff et Braun. Zimmermann.

Nouveautés. — Hertzog (Rudolphe), gros et détail. Keben et Cie, fabr. d'étoffes, représ. à Paris.

Passementerie. — F. Ebel. G. Engel.

Peluche (fabr. de). — Kauffmann (H.). Lehmann (D. J.). Lewing et Birnholz.

Produits chimiques (fabr.). — Dahms et Barkowski Fuchs. Goldschmidt (Th.). Heyl (C. O.). Heyl frères et Cie. Jacobsen. Jordan. Kulmheim et Cie. Lomax et Cie, à Coepnik. J.-F. Luhmé. Meyerhoff frères. J. F. Luhme, I. Moldenhauer et Schulze, à Oranienburg. Rohr (L.). E. Schering. Schilde et Cie. Schippang et Cie. Schweder et Cie. Simon. Struve et Soltmann. Voigt. Zepp. Zimmemann.

Soie grége et ouvrée en gros. — Vaïsse jeune et Morel, et soie filée teinte et écrue ; m. à Saint-Quentin.

Soie et velours (fabr. et négoc.). — E. Baudoin et Cie. Gabain. Gerson. Grabenstein et Greiff, en gros. Heinitz. Heese. Itzig et Cie. H. Kauffmann. Keben et Cie. Korn et Berger. Krafft Küppers et Kindermann. Lampson et Opdenhoff. H. Landwehr. D. J. Lehmann. H. Levin. S. Lissauer. Littauer et Pickardt. C. F. Lüdemann fils. Magnus et Cie. Marcus et Cie. A. F. Meubrink. M. Meyer et Cie. A. Muller. Müller et Cie. C. W. Oehme. Schulze. Spandow. Steinhaus. V. Volckart et fils. Wegener et Cie. Weigert et Cie. Weigert frères.

Tapis (fab. de). — Beckh frères. Becker et Hofbauer. Burkhardt et fils. Caspari. Engel. Gerhardt et Cie. Kühls. Lehmann. Matthees. Neupert. Protzen (M.). Reuter. Schwerdtmann.

Tapisserie et dessins à broder (march.). — Andrea. Bergmann et Cie. Boettcher et Weigand, repr. à Paris r. de l'Echiquier, 30. De Breska. Vve Eckhardt. Hertz et Wegener, repr. à Paris. H. Kerkow. C. A. Koenig Lehmus, Maas (Ad.) et Cie ; m. à Paris. Oscar Mohr. C. F. W. Parey. Sievers et Cie. Sommerfeld. Trübe.

Toile cirée (fab. et march.). — Aron et Jacoby B. Burchhardt et fils. M. Lehmann. Pech. Protzen. Stimming.

Toiles imprimées. — Cattun Fabrick, représ. à Paris.

Toiles peintes (fabr. de). — Nathan, Wolf et Sohn.

Traits d'or et d'argent.— Collani et Cie.

Tulles et dentelles (fab.). — Bab. Bandow et Cie. Briet. Cohn et Lohnstein. Deser. Dietrich. Erck Firnhaber. Freudenberg et Meyer. Friedlaender.

Geber. Gerson. Goldschmidt. Gordon. Gruenwald. Gunther. Jacob et Richter. Jacoby et Waldow. Kannegiesser. J. Kanter. Kaesse. Landsberg et Cie. Lehmann et Lagowitz. Magnus et Cie. Oppenheim et Hausen. Rehaye. Renard et Cie. Richter. J. G. Schultheiss. Schwartz fils et Cie. Voigt. Wagner.

Potsdam.

Draps (fab. de).— Busse frères.
Négoc.—Dippold. Hormess. Krynitz. Ruhncke. Lehman. Sprotte. Stieff et Harrass, fab. de soie. Moulin royal à vapeur.
Soie (march. de).— Greinert. Parlason.

Brandebourg.

Banquiers.— W. Gumperts et fils
Draps (fab. de).— Ambelang et Domke. Baebenroth. Biell. Burckardt et Berker Dalme. Fathen et Simon. Fobiar. Forges. Gryphiander. Hampke et Schlee. Hausmann. Hintze. Holzapfel et Siegmund. Kleist. Kramwiede. Loewen. Loose. Mannheimer et Cie. Metzenthin et fils. Pintus (H.) et Cie. Robbelen. Carl. Wagner. Schmidt et Ernst.
Négociants.— Brexendorff. Eckpein. Frudruh. Giebe (Aug.). Gutshol (A.). Haedicke. Hintze et Sohn. Metz. Neumann (Vve). Putzmann.
Soie et velours (fab. de).— Heinecke. Jost et Schutze. Kehn et List. J. A. Meyer fils et Cie. Paure et Benkendorff.

PROVINCE DE SILÉSIE.

Breslau.

Banquiers.— Eichborn et Cie. Guttentag frères. E. Hehmann. J. F. Kraker. C. T. Loebbecke et Cie. S. L. Landsberger. Oppenheim et Schweitzer. G. Von Pachaly neveu. Prinz et Mark. Ruffer et Cie. Saloschin.
Coton.— Fraumann (J.), déchets de coton.
Négociants.—Bauer frères. Eichborn et Cie. Ertel. D. Immerwahr, (soieries à Paris). Kallmeyer. Loebbecke et Cie. Liehich frères. J. Molinari et fils. Moritz-Sachs, nouveautés. Ohle's (héritiers). C. F. Poser. Adolf Soechs, soieries, maisons à Paris et Lyon. Wohlfarth. H. A. Schneider. H. W. Tietze.
Passementerie. — Baum et Reyerdorss. Ersling. Hirschel.
Plumes (fab. de).— Burgfeld (Louis), p. chapeliers.
Rubans (fab. de). — Baum et Beyerdorff. Mugdan (A.J.). Mugdan (J.). Mugdan (S.). Poser et Krotowski.
Tissus de crin (fab. de). — C. E. Vunsche.
Toiles en gros. — Withelin-Regner.

PROVINCE DE WESTPHALIE.

Bielefeld.

Banquiers : F. de Harmann et Cie. — Commandite de la Banque Royale.

Lin (filat. mécanique de) : E. F. Elmendorf, Bolenius et Cie, à Isselhorst. — Bozi frères et Bolenius et Cie, à Vorwaerts. — Rasensberger.

Linge de table damassé : Ferd, Lueder et Cie. Westermann fils.

Soieries (fabr. de) : E. A. Deluis et fils. — C. et Jh. Kronig. — G. Bockemann. — Kuithau et Schlossmacher. — Bertelsman et fils.

Toiles négoc. : Bertelsmann et Rabe. — Bertelsmann et fils. — E. Bonelius, kax. — Ch. Colbrunn. — E. A. Delius et fils. — Delius et Gottwald. — Fritz Neese. — C. F. Gante et fils. — Gülker et Bergmann. — Kroenig et Jung F. W. Kroenig et fils. — Laer et Waldecker. — Lueder et Cie. S. Meyer et Cie. représ. à Paris. — H. Notte. — F. Piderit. — Rabe et Consbruch. — Sewening. — Springmann et Cie. — Weber, Laer et Niemann. — H. M. Wittgeinstein.

Toiles à voile (fabr. de) : Fr. Helling, à Borgholzhausein.

Velours et étoffes pour meubles (manuf. de) : Bertelsmann et Niemann, représ. à Paris.

PROVINCE DU RHIN.

Cologne.

Chambre et tribunal de commerce : Voss (C.), président.

Consul de France : Tolhausen ; chancelier :

Amidon (fabr. d'). — Guilleaume (C.-A.) — Klotten (P.-J.) et Cie.

Banquiers. — Camphausen (A. et L.) — Cassel (Jac.). — Cœlner Privat bank. — Deichmann et Cie. — Ducker-Embden. — Erhard (Albert). — Herstatt (D.). — Eltzbacher et Cie. — Hess et Katz. — Abraham Levy. — La Banque de A. Schaffhausen. — Kirchberg et Salmony. — Oppenheim jun. — Pollitz (Jac.-E.). Von Recklinghausen (J. D.). — Rothschild (S. et L.). — Shaetzler (George). — Seyditz et Merkens. — Solmitz et Cohen. — Seligmann (L.). Stein (J.-H.). — Hannen (B.).

Bleu d'Oatremer (fabr. de). — Levekus (Dr. C), à Leverkusen, près Cologne. — Neuen (Math.).

Boutons (fab. de). — Diel frères, fabr. de boutons, rubans, lacets, m. à Paris. Schumacher.

Chapeaux de paille (fab. de). — Botty (J. B.). Defize et Camaï frères. Lefrère et Lathuy. Spitz et Levy.

Chapeliers. — Cahn (M. J.) et fils, fab. de chapeaux feutrés. Haberfelder (Dietr.). Lahaye (Ant.). Lugino (Ant.). Mertes (M.). Schwertgen (Hub.). Stahl (Wilh). Thoratier (Charles).

Chaussons de feutre (fabr. de). — Bingen (H. J.). Haberfelder (Dietr.).

Coton (filature de). — Association de Cologne, société p. la filat. et le tissage du coton. Cassen Kappelmann. Brugelmann (J.-W.) fils. Ossendorf (P.-W.). Pilgram (Gust.). Rolffs et Cie, tis. du coton. Steup (Louis.).

Couleurs et teintures. — Backes (P.). Bauer (Huog). Bayer (J.-C.). Coblenzer (Fr.). Coblenzer (Jos.). Court et Bauer. Dienemer et Steinen (V.-D.). Eherle et Dieffenbacher. Essingh (Herm.-Jos.). Fuchs (F.-W.). Haarhaus (Friedrich.). Hagen. Hecher Lieberrherr. Hoeninghaus (Jacob). Hospelt (Wilh.). Kauhlen et Cie. Kemp et Wessel. Klein (B.). Kneeller (Louis). Koblstadt (Ferdinand) et Cie. Mayer (Gottfr.) et fils. Mertens (C.-F.). Mertens (F.-J.). Michiels et Cie. Neven (Math.). Nierstras (W.-A.). Norrenberg (M.-F.). Paas (F.-W.). Les successeurs de J.-G. Riedenger. Rostchild (J.-M.). Schmid et Hertz. Schwartz (Adam). Tillmanns (Ernest). Traine (Ph.). Vorster (Jul.). Walter (R.). Walter et Reuss.

Crins frisés, plumets et duvets. — Camper (F.). Camphausen (A. et L.). Dohrenbusch et Finkelberg. Eltzbacher (J.-L.) et Cie. Lentz (D.). Stichel (Joseph).

Draperie. — Arnts (Louis). Ballauf (C.-A.). Cramer et Urmeizer. Engels et Odbermann. Feriser (J.-H.). Diebmann (H.) et Cie. Michiels (M.). Neu (J.-P.) et fils. Pfennings frères et Cie. Rogge (Aug.). Schiffgens (Peter) et Merges. Vassolt frères. Pfennings frères et Cie. Goerrig frères.

Etoffes pour meubles et tapis. — Froehlich et Deven. Goldstein (Jos). Hallensleben et Buchhols. Nass (C.). Schramm (Jul.).

Fil de laine, lin et de coton. — Asten (A.-van). Braubach frères. Brugelmann (F.-W.) fils. Diesler (Sal.). Durst frères. Gries (C.). et Cie. Lerch et Cie. Marx (S.) et fils. Urmetzer et Primaverse. Warzburger (Léopold). Diel frères. Dürst (B.) et fils. Kastwinkel frères. Schroder (A.).

Fleurs artificielles (fabr. de). — Laus (O.) et Cie. Neumann (J.) et Cie. Ohler et Selbach.

Gants (fab. de). — Dieckhoff et Heine.

Laines (négociants en). — Beesen (Aloys). Bosson. Gerthe et Cie, p. couvertures. Gorrig frères. Jacobson (Heymann). Koch et Burmann. Libbeler (F. J.). Michels (M.). Williek (Franz.). Kaufmann (J.).

Laine (filature de). — Bredt (Carl.) et fils. — Classen-Cappelmann. — Decker. — Gust et Cie. — Hamacher (Ch.). — Siebler (F. J.).

Linge (fabr. et négociants en). — Bodewig (Arthur). — Carstaed et Thewald. — Cleff (F.). — Couturier et Bagatzky. — Halbach (H.) et Cie. Cie. — Hecht (A.). — Helwitz (L.-W.) fils. — Hieronymus et Cie. — Kistret et Hœfels. — Prale (Charles). — Ranschoff et Schitdesheim. — Rostimpfel frères. — Rothschild fils (A.-J.). — Rothschild frères. — Ruhl (Ch.). — Saarburg (J.) et Cie. — Solf (G. et A.). — Thiel et Forsbach. — Vendel (Carl.). — Bierbaum et Proenen.

Modes et nouveautés (magasin de en gros). — Frank frères. — Gaz et Rhée. — Herzbach (M.). — Katz frères. — Koppel et Franck. — Liebbann (Arm.) et Cie. — Siepermann (Th.).

Ouates (fabr. d'). — Brügelmann (F.-W.). — Durst frères. — Garthe et Cie.

Passementeries (fabr. de). — Bauermann et Schuster. — Fischer (Ferd.) et Cie. — Koenigs-Lützenkirchen. — Lützenkirchen (C.). — Reifenberg et Mastbaum.

Produits chimiques (fabr. de). — Coblenzer (Fr.). — Larivière et Stœss. — Stoess (H.). — Weiler (J.-W.) et Cie — Leybold (E.). — Decker (Ch.) et Cie. — Dr. Koehler. — Kurtz (C.). — Traine (Ph.). — Vorster et Grüneberg.

Rideaux, tulles et dentelles (mag. de). — Aram (J.). — Duffhaus (C. W.). — Geschwend (Val.). — Gidion et Vossen. — Hachshoff (H.). — Lohkampf (Th.) success. — Merfeld et Herz. — Nobe (E.). — Odée et Klauck. — Ohler et Selbach. — Rosenbaum (M.). — Zælmer et Schless.

Rubans de soie (fab. de). = Berndorff (F.-J.). = Bing frères. = Desenberg et Hammel. = Liebmann frères et Oehmé. = Lœwengard (Moritz. — Ohler et Selbach. = Reifenberg et Mastbaum. = Waldhausen (Wilh.).

Soie brute (négts en). — Braubach frères Peill et Cie.

Soieries et velours (fab. et négts en). — Braubach frères. — Bornheim et Jansen. — Herzbach (M.), Rheinausstrasse, m. à Paris. — Heuss et Krause. — Mathias (M.). — Haanen (C.-Th.). — Pape (P.). == Wallraff (Théod.).

Tissus de laine et de coton (marchands de). — Abner et Tillmann. — Aram (J.). — Baum (N.-J.). — Bemberg Wendelstadt-Buddecke (J.-W.). — De Jonge frères. — Franck frères, châles de Berlin. — Ganz et Rhée. — Heuser fils (P.-G.). — Idelt et Cie. — Katz frères. — Kappel et Franck. — Liebmann et Cie. — Montag (Joh.). — Ohler et Hasse. — Ossendorf (P.-W.). — Pilgram (Gust.). — Steup (Ludw.).

Toiles (fab. de). — Bodewig (Emil) et Freyelark, Bodenheim-s/. — Rh. — Eckhardt et Breitkopf. — Rothschild (Auguste et Fritz).

Aix-la-Chapelle.

Aiguilles (fabr. d'). — Steph. Beissel Vve et fils, représ. à Paris. Jecker. Cornélius von Guaita. Léon Emmertz, dépôt à Paris. Laurent. Korn frères. Charles Leruth et Cie, fabr. d'aiguilles à coudre. Printz (Georges) et Cie. Frantz Schmitz fils. F. Schumacher et Cie, fabr. d'épingles et aiguilles. Fois Vonpier. Zimmermann, fab. d'aiguilles et d'épingles.

Banquiers. — J. et N. Bruch, et changeurs. Ervens (J.-P.). H. Lippmann. Rosenheim frères (C.).

Boutons (fabr.) — Ferdinand Schmeitz, bout. de porcelaine ; repr. à New-York.

Boutons agathe et épingles (fabr. de). — François Schmets fils, repr. à Paris. Schmetz (Fd).

Cardes pour filatures (filat. de). — Ed. Heusch. A. Heusch et fils. J. Kern et Schervier.

Couvertures de laines (fab. de). — J. W. Kannengiesser.

Draps (fabr.). — J. A. Bischoff fils, repr. à Paris. Croon (G. H. et J.). A. Deden. C. Delius, fab., représ. à Paris. Ervens. G. von Halfern. J. Heusch. A. Hochs. F. Hooks. E. Jun bluth. A. Kayser. Al. Knops. J. H. Kesselkaul. Knetgens et fils. Leruth frères, spéc. de drap lisse, moyenne et fine. P. J. Lingens. Alb. Lob. Lob (Benjamin). J. F. Lochner. Loerssch frères. J. Marx et fils. M. Mayer et Cie. Ch. Nellessen, fils de J. M. Ollès. Neuhaus (Ferd.), exportat. pour l'Amérique. Ritz et Vogel, fabr. de draps et étoffes. Schwamborn. Spies. Thywissen frères, Wagner et fils. C. Widtfeld.

Gants de peau (fabr. de). — J. et A. Van Berlo, et gants tricot de laine.

Laines et déchets de laine. — Quintin (D.).

Laine (filat. de). — Peter Conrad Pastor.

Mécaniciens. — Beckers, construction de machines. — Hein (Gustave). Esser Hermann Hund, fabr. des draps. A. de Villeneuve. A. Moser et Cie. Neumann. Léopold Philipp Hemmes. N. Radermacher.

Modes et tissus en gros. — A. Rosenhein.

Nouveautés et articles de blanc en gros. — A. Albert. David Salomon. Marx frères. Meyerho et Salomon. A. Rosenheim.

Rubans de velours et velours-soie (fabr. de). — Lœwengard frères. Menghius frères, et à Viersen.

Barmen.

Banquiers. — Barmer. Bankverein, agence de la Banque royale. L. Werner Dahl.

Boutons en étoffes, dits Patent (fab. de). — E. Bergmann. Biermann. Stremmel et Cie. Felcker frères. Greeff-Bredt et Cie. Jesse et Eisig. Langenbeck et Wex. J. Langenbeck. Mann (Daniel). Oberhoff (J. F.) jeune. Rohde et Wierth. Sheinkühler (Fr. et A.) E. et W. Schurmann. Schœn (C.W.) et Cie. Spitz (C. Théodore), représ. à Paris. G. Wescher frères et Strassmann. C. Wechselberg. Zinn, Hackenberg et Cie.

Boutons en métal. — S. M. Caron et Cie. J. P. Greeff (P.W.) fils. Hager (Ed.) et Cie. Heegmann (H.) fils, manuf. et étoffes, m. à Paris. Wescher frères et Strassmann.

Bretelles et rubans en cautchouc (fab. de). — Brœgelmann et Dicke. Gerke et Ottenbruch. Holweg (W.) et Cie. H. Overbeck et Cie. Rœmpler et Fœlle. Sporket et Gœrtner. Vogelsang (W.).

Caoutchouc. — G. Holtring et Cie, manuf. de bretelles, tissus p. chaussures.

Chapeaux de paille (fab. de). — Jaeger (Ch.), et produits p. la teinture.

Commissionnaires-expéditeurs. — A. Baecher. H. Heuser. Heller et Ramphaets. E. Klein junior. A. Rotor E. Wiesebann.

Fils (fab. de). — Charles Barthels et fils. Barthels-Feldhoff, fil de coton. A. Bœhle et Cie. Brockelschen (H.) et Matthey. Ermen et Engels. Holken et Cie. F. W. Narrath. Ostermann (F.P.). Abr. Siebel Sœhn. P. E. Schurmann. Wolff et Haarhaus. W. Weddigen fils. Werth (E.). C. Zinn et Cie.

Galons, lacets, rubans, etc. (fabr. de). — Schuller (W.) et fils; m. à Paris.

Indigo. — Von Eynern et fils. W. Van Eynern et Cie.

Manufacturiers. — A. Beckhoff. B. Brœgelmann et Bred. C. Dietrichs-Hollmann. W. Hobrath. C. Jung et Cie. Bergmann frères. W. Hammerschmidt. Cl. Kotthaus et Cie. J. Overkamps. Molineus et Mengels. Neufels et Baer. Pieper et Preussner. Schuchard et Van Hees. R. Neuhaus. Rittershauss Ant. Carl. Schmid et Cie. Vandorp.

Négoc. en fil écru et blanc. — W. von Eynern et Cie. Ermen et Engels. Molineus et Cie. A. Siebel Sohn. J. H. Schuchard. L. Elbers. Werlé (E.) et Schlechtendahl.

Négts en soie écrue. — Vve Bredt-Rubel et fils. Aug. Engels et Cie. Gaspar Engels et fils.

Produits chimiques (fab. de). — C. Abel. Bayer (H.). Breat (O.) et Cie. Cobet et Vetter. J. Dahl et Cie. L. L. Hoesch fils. R. Jurgens. Ph. Kayser. F. Siebel et Cie. Stoekder (A. et E.). Vorberg et Cie. Ostermann (W.). Wesenfeld et Cie.

Rubans, lacets et passementerie (fab. de). — Bartels, Dierichs et Cie, nouv. en laine, coton et soie. Blank Walther et Cie. Bellingrat et Linkenbach. E. A. Borfeld et Cie. Brocke et Blecher. A. Wülfing fils. Broegelmann et Bredt. Fr. Busch. Gebr. Cleff. L. et R. Eykelshamp et Cie. Feldaus (J. C.). Geobel et Bellingrodt. Grote (H. G.). Holken et Cie. Langenbeck et Cie. Neuhoff et Hardegen. Niemann et Gunder, représ. à Paris. Vorwerk et fils. W. Werth et Cie. Bergmann fils. J. Gaspar. Engels. L. et R. Eyckelskamp. H. C. Crote. C. Henderkott fils. Carl. Karthaus et Cie. Langenbeck et Cie. Mébus et Ruebel, représ. à Paris. Richer, Molineus et Cie. Mittelstenscheid et Cie. W. Overbeck et Schiess, représ. à Paris. Osterroth et fils. Osthoff et Bente. Rœmer jne et Cie. Roeder et Quambusch. Saatweber et Cie. Scheele, Holweg et Beckmann. Ab. Siebel fils. Stoertlaender et Sardorius. Tillmanns et Cie. Vorwerk et fils. W. Weddigen fils. Werth et Cie. Trappenberg et Linder. Schlieper. Wülfing et fils. R. Wuppernann.

Soie (étoffes de). — E. Asmann. Lunkenbach. A. Kaiser. Dunckelnberg. J. Schauff. E. Frischkorn. Klein-Schlatter.

Teinturiers en rouge des Indes. — Flehinghaus (Gaspard). Heseler et Cie. Hœsterey et Gauhe. C. Lanezzari. Metzmacher. Ch. Mommer et Cie. Saatweber et Cie. N. Wittenstein. Pierre Frowein.

Crefeld.

Banquiers. — Von Beckerath. Heilmann. Molelenaar frères. Peters frères frères. Sohmann (A. et S.). Succursale de la banque royale.

Commissionnaires. — Clauss (J.). Custodis (L.). Hipp. Kauppe (F. A.). Mackes (H.). Peters frères. Rühlin (F.). Schiffer (P. et Cie. Schrœder (H.). Voorgang (J. W.). Winkelmann (P. de J.). Arlès Dufour et Cie, succursale de Lyon.

Machines (fab. de). — Dinnendahl (C.). Diepus et Nolden. Gerber (T.). Lotz (Vve E.). Massen (H.) et Cie. Fillmann Gerber. Wansleben frères.

Produits chimiques (fab. de). — Jaeger (R.) et Cie. Langenfeld frères. Von der Linde (H. W.). Müller Küchler (C.). Nesselrath (L.). Peltzer (E.). Stamm (F.). Tillmann (H.).

Soies écrues. — Arles Dufour et Cie, mais. à Lyon. Von Beckerat (H.L.). Von Beckerath (M.). Brüning (W.). Crous (W.). Desgrand père et fils, m. à Lyon, Paris, Marseille, Londres. Von Elten (G.). Engels (C.). Fiedler (E.) et Cie. Greeven (Fr.). Hauser (Ad.). Heinendahl (G.). Von der Herberg (C. H.). Heydweiler et Cie. Krebs (J.). Kuppers. Von der Leyen et Cie. Lingenbrinck (V.). Mottau (W.). Müller (G. V. H.). Ouest Kuppers. Pastor (W.). Peters frères. Reinhold (G.). Remkes (E.). Scheibler-Seufferheld. Schmitz et Laumhardt. Thomas (M.). Uhde (C.). Vellu (H.). Vielhaber et Cie. Wolff (G.) et Cie.

Soieries et velours (fab. de). — Achternbusch (M.) et Cie Andojer (P.) et Wolff. Angerhausen. von Beckerath (G. et H.). Von Beckerath (Jacques fils de Jean). Beindorff et von Beckerath. Blasberg et Gaertner. Bretthall et Cie. Vom Bruck (H.) fils. Caspers (J.) et Cie. Carstanjen et Scheidt. Casaretto (F.J.). Dahl et Cie. Deuss et Woiss. Diepers et Pelz-Leusden. Ebeling et Cie. Elfes, Andriessen et Weyermann. Engelmann et Boley. Floh (C. et P.). Florange Holmann. Flunkers (W.). Forzbeck et Corty. Freyse frères. Finckh (Ch.). Gebhardt et Cie. Goll et Reymann. Grube (C.). Grün (J. et W.). Hagemann et Baesken. Hamacher junior (J.). Hauser (Ed.). Hecker (Otto). Hellings et Wanders. Hermes frères. Hermes et Cie. Hertz fils (L.). Herzog (J.L.). Heynen (Heinr.), représ. à Paris. Hoeninghauss et de Grieff. Hollender et Schelleckes. Horn (H.). Jacobiny. Jacobs et Düsselberg. Jacobs (J. H.) et Cie. Jansen et Neuenhauss. Junkers frères. Von Kampf et Aubertin. Kamphausen (G. A.). Kamphausen et Cie. Kaufmann frères et Lucas. Krupe (W.). Von der Kerckhoff et Kreitz. Klemm et Cie. Klüpelberg (J.). Knauff et Cie. Kniffer-Siegfried. Koch (C.) et Hütteman. Koenigs (Ch.) et Cie, repr. à Paris. Krahnen (C.) et Cie. Kühler (C.) et Cie. Küppers (L.) et Cie. Küppers-Kindermann. Laurensius (J. fils de C.). Lauwenstein et Cie. Leuncnchloss frères. Von der Linde (H.) et Cie. Loeuwenstein et Cie. Maehler et Trapen, m. à Paris. Mayer et Engelmann. Mertens (J.) et Cie. Metzges et Bretthall. Meyer et Engelmann. Meyer-Wolff. Müller et Remy. Müller (A.) et Cie. Nobbres frères. Noelle (J. H.). Offenbach. Offermann (A.). Ophüls et Heil. Pastor (B.) et Cie. Peill et Amels. Pelizaens (Th.) et Cie frères. Peltzer, fab. de velours, repr. à Paris. Peters (E.). Risler et Kerner. Salter et Whiter, m. à Londres. Scheht et Thürmann. Scheibler et Cie. Scheid et Beckerath. Schmitz (J.). Schmitz et van Endert. Schmitz-Vogelsang. Schneider et Lies. Schopen et teer Meer. Schram (H.) et Cie. Schramm et von Dumm. Schrick et Engers. Schrœder (W.) et Cie. Schroers (G. et H.), repr. à Paris. Schuchmann (E.). Schüren et Corthum. Scip (A.) et fils. Successeurs de Seyffardt et T. Neués. Storck fils. Temme (A.). Tenhomssel frères. Ulrich Grüter et Cie. Voltmeyer (J.). Waldhausen et Montandou. Weberling et Wanders. Von der Westen et Cie, étoffes et rubans de velours. Winkler et Debois.

Teinturiers en coton. — Müller-Küchler (C.). Rosenbaum (J.) et Cie. Spatz (Vve J.B.).

Teinturiers en soie. — Backhaus (L.) et Cie. Von Beckerath et Cie. Von Beckerath frères. Büschgens. Minhorst et Schultes. Neuhaus (H.-J.). Reiners (H.).

Dulken.

Dents d'acier pour peignes. — Koenigs et Bucklers.

Lin (filat. de). — Koenigs et Bucklers. H. Krahnen. G. Mevissen. J. Vogelsang.

Rubans de velours (fabr. de). — Gierlings frères. Thun (J. P.).

Tissus de soie. — Specken et Weyermann.

Tissus de coton. — Gebr. Küppers. Hofmans et Proebsting. Jansen et Klingelnberg.

Elberfeld.

Banquiers. — J. H. Brink et Cie. Arthur Blanck. Von der Heydt. Kersten et fils. Ruthmeyer (C.) et Cie. A. Schüler. Sommer (S.). A. De Warth et Cie. Wichelhaus (J.) fils.

Boutons (fab. de). — Carl. Gerlich. Hemken et Roeth. C. Weyerbusch (C.) et Cie, représ. à Paris. Simons.

Boutons étoffe et métal (manuf. de). = Henken et Roethe, représ. à Paris.

Caoutchouc et articles en gomme élastique (fab.). — H. Buhlmann et Cie. Krakow et Häfert.

Commissionnaires. — G. Achenbach=Simons. Vve Busch. Abr. et frères. Frowein, rep. à Paris. Guillaume de Guérard. H. Bechem. E. Weddigen. Robert Hokelmann. H. Hütschenbeck. F. Cannegiesser. Fried. Klein junior. Adrian Kœhler. Mallinkrodt. Martin Sœnh (J. A.). Carl Neuhaus. Peill (Gustave). Peill (P. C.). P. C. Petersen. W. Pottgiesser. And. Prell. H. Schnabel. F. Schoenian. F. Schubert. Semler. J. P. Serres. F. E. Springmann. Julius Vilter. C. L. Voigt fils. Daniel Werner. Alb. Gerwin. Mechem. Ferd. Wiebel. Augte Zurlenden.

Cotons filés (nég.). — Dahlhaus (J.). F. A. Jung fils. J. C. Kost F. Schiewind. W. Morgenroth. Peill (Gustave) D. Peters et Cie. P. C. Peill.

Coton rouge dit de Turquie. — Dahlhaus (J.). J. P. Bemberg. J. C. Dunklenberg. J. H. Neuhoff. A. et F. Schœller. A. Weyermann. J. F. Wolff.

Cotonnerie, soie, mi-soie, foulards, velours et laine (fab.). — G. Beckhaus. Berthold et Cie. Blass frères. H. Bœddinghaus et fils. Bœddinghaus (Vve G.) et fils. Bœddinghaus (K.). et Cie. P. E. Bockmühl. Buhlmann et Cie. Burchartz. Klauer et Kayser. W. Dellmann-Dierichs frères. Fr. Fudickar. H. Fudickar Meckel et Cie, repr. à Paris. Alb. Grimm. Herminghaus et Cie F. Hofbauer. Hofbauer fils. Holthaus et Cie (K.). Hugo Baum. Jung et Simons. Krugmann et Haarhaus. Julius Krupp et Cie. Lowen et Nordsieck, fabr. de tissus nouveautés, repr. à Paris. Lucas frères. Ludwig et Brandt. Meckel et Cie. Wink (F.). Guillaume Mutmann et fils. D. Peters et Cie. Reymann et Meyer. Schaefer et Cie. Schaefer H. A. et fils. Schreiber et Mulinghaus. A. G. W. Pfeiffer. Schlieper et Baum. Julius Schmits et Cie, repr. à Paris. Schramm et V. Dorp. H. E. Schniewind. Les héritiers J. Simons, repr. à Paris. D. Urner et Cie. Walbrecht et Cie. C. D. Wolff. R. et E. Wolff. F. Wolff (J. F.) fils. A. von den Steinen. F. W. Wuster et Cie.

Courtiers de commerce. — Greiff (W. J.). H. W. Hermann. C. E. Kanegiesser.

Draperies, rouenneries, etc. — David Péters et Cie.

Étoffes pour meubles. — Krugmann et Haarhaus. Holtaus (W.) et Cie. Schmits (J.) et Cie, repr. à Paris.

Impression en coton. — Schlieper et Baum. J. Simons héritiers. J. A. Wülfing.

Négociants. — C. et W. Altgeht. J. P. Bemberg. Gust. Blank et fils. J. H. Brinck et Cie. J. C. Brinckmann. J. C. Brœcking et Cie. G. B. Dietze J. C. Duncklenberg. Lob (C. V.). Erbschœ. Esser (G). et Cie. H. L. Dienst Frickenhaus frères. A. et frères Frowein. H. Fudikar. J. C. Haarhaus fils. Hackenberg. Jules Gebr. Erbsloh et Voller. Gottschalk. Antoine Hanson Fr. Heimendahl. J. L. E. Muller. H. de Bury. Ferd. Wiebel. H. Jæger. Jæger (W.). Jung et Simon. F. A. Jung. J. C. Kost. Hoffmeister et Cie. J. A. Martin fils. Meckel et Cie. J. H. Neuhoff. Ostermann et Cie. P. C. Peill. D. Peters. A. G. W. Pfeiffer. Rud. Buhlhoff. C. G. Biermann. Semler. Seyd et Voget. Blank et Emmerich. Tapken et van Calker. J. C. Schæfer, jeune. C. et W. Aug. Neuburg. J. P. Ritershaus. C. G. Roentsch. Haupt-Heider. Schæfer et Cie. Schniewind (H. E.). Schmidt (P. L.). Schulte (P.). Simon (les héritiers de Jean). A. et F. Schœller. Aug. Seibels. Vve J. H. Semler. C. Seyd et fils. Ed. Friederichs. Schlœmer et Cie. L. Stœcker. J. F. Huckenberg. H. Slepermann ainé. Theile et Ounnck. J. D. Urner et Cie. Von der Heydt (A. W.). F. W. Wuster et Cie et Weddingen. Fischer et Ricke. A. Weyermann. C. D. Wolf. H. Kost et Cie. J. C. Wulfing.

Passementerie (fab. de). — Ingelbach (F.) et Schuleicher, m. à Paris.

Peignes à tisser (fab. de). — C. Hoffmann. Schleiper. L. Stœcker.

Produits chimiques (fab.). — Gessert frères. Bunge et Frische. Schuler (Dr E.). Carl. Richler. C. Heyder.

Rubans et lacets (fab.). — Frères Frowein. J. P. Priesack. W. fils. Brink. Wolff et Cie. Priesack et Stoltenhoff. H. Sturmer. J. H. Zapp. C. G. Roentsch. W. Schmidt. C. W. Siebel. Blank (W.) et Cie. Bœddingnaus (A.). H. Buhlmann et Cie. H. L. Dienst. Wulfring (E.) et Cie, fournit. de chapellerie. C. W. Ostermann. A. Platzhof et Cie. Schott et Leitmann. L. Stœcker.

Soie (négoc.). — Bunge (A.). Frickenhaus, frères. Von der Heydt-Walfing Stræcker et Cie. F. Schennis et Cie. Rob. Hockelmann. G. B. Dietze. Brink (J. H.) et Cie. De Weerth (E.)

Tapisserie (fab.). — G. Demrath. Ed. Frische. Baessler et Cie. Baum Ernenputsch.

Teinturiers.—W Bœddinghaus et Cie. (Vve G.) et Cie. Bœddinghaus (H.). st fils. Bœddinghaus fils. J. P. Hammerschmidt. J. D. Kemper. Klein frères. Lohe (J. P.). F. Morgenroth. R. Neuhoff. F. Petit. F. Schellenbeck. Schenlem (F. W.). A. Schlosser et fils. H. E. Schniedwind. Les héritiers Simons (J.). W. von Dorf. J. P. von Hagen.

Tréfileries. — G. Behren. J. P. Keller. W. Morgenvroth.

Gladbach.

Apprêteurs.—Kaulen (G.). Richartz (Edouard). Roeder. Schlafhorst et Bruel Schultze (Edouard). Schultze (H. et C.). Société par actions pour la teint., l'apprêt et l'impress. des tissus cot. Société par actions de Aug. May.

Banquiers. — Quack et Cie. Commandite de la banque royale de Créfeld.

Commissionnaires. — Bohmer Ercklentz et Prinzeo. Hotzermann frères. Kamphausen (J.P.)

et Küppers. Weber (G.W.), en coton, laine, etc., etc.

Coton (filature de). — Busch (M. Ch.), Cornely, Eggeling et Everling, Goertz et Kaulen, Greeven (J. H.), Haardt (Fr.) et Cie, Horn frères, Horn (J. H.), Koulgs (Edouard) et Cie, Langen et Gauwerky, Lamberts et Weyler, May (M.) et Cie, May et Krall, Pongs (J.) junior, Schlafhorst (G.) et Cie, Société par actions p. la filat. et tiss. de coton, Wowinckel et Cie, Wolff (F.), Croon frères, Croon et Klauser, Lambertz fils (A.).

Lin (fabr. de). — Kehren (J.), Kleinsorg, Widemann (H.), Widemann frères.

Négoc. = Cohnen (Alex.), Deussen frères, Dohmen (A.) et Cie, Gotthelf et Cie, Hager (H.), Haardt (Fr.), Katzenstein (J. et A.), Mallinckrodt frères, Nöthlings et Rüscher, Rozenberg et Cohen, Schiffer (Gust.), Stoecker frères.

Teinturiers. — Brocking, Deussen (J. F.) vom Hove (Ed.), Jansen (Joh.), Kehren (Eug.), Pongs frères, Sahlberg.

Tissus de coton (fabr. de). — Bloem et Remy, Bohmer et Ercklentz et Prinzen, Boetterling (Wm.), Brandts (Carl) et Cie, Busch frères, Busch (M. C.), Gommes (Théodore), Croon frères, Dohmen (A.) et Cie, Deussen frères, Erekens frères, Erckelentz et Fenter, Goertz et Kirch, Gotthelf (A.) et Cie, Haardt, Holzermann frères, Horn frères, Kop (Hri) Krender (Fr.), Kuppers et Kamphausen, Lambertz (A.), Lambertz et May, Langen et Gauwerky, Lennartz (L.), Mengel (G.), Panen et fils, Peltzer frères, Peltzer et Droste, Pferdmenges frères, Printzen (W.), Schiffers (G.), Schlickum et Lambertz, Schlafhorst et Brael, Thoming et Weinberg, Stern frères, Stocker frères, Vitz (G.), Wolff (Fr.).

Velours (fabr. de). — Holzermann frères.

Langenberg

Soieries (fabr. de). — Colsman frères, spéc., gros du Rhin, failles, taffetas pour parapluies et cravates de soie, repr. à Paris, Gebr. Koettgen et Conze, Feldhoff et Cie, fabr. de rubans de soie, Stein (W. et L.), Kottgen et Muller.

Mulheim.

Laine (fab. de). — Aldenbrück (Hermann).

Rubans de soie (fab. de). — Fischer frères et Cie.

Soieries et velours (fab. de). — Andrea Christ. — Langstrass Bua et Cie. — Schütte et fils. — Schmidt et Wittefeld. — Steinkauler et Cie.

Toile (fab. de). — Bodewig et Freidank.

Ronsdorf.

Galons (manufact. de). — Dtürse' en et Carnap, p. tailleurs, représ. à Paris. — A. Holtaus et Cie, représ. à Paris, p. dames. — Mohrhenn et Kreitz.

Viersen.

Apprêteurs d'étoffes. — Boetzelen (H.). — Hammers (J. W.).

Coton (filat. de). — Furmans et Goeters.

Colonnade (fab. de). — Preyer (Paul J. B.), Preyer Deussen.

Fils de lin retordu (manuf. de). — Brauers (J. C.), Wilmen et Jennen.

Laine et lin (fabr. de). = Bongartz (Gd), (Brauers (J. C.), Geneger (Ch.), La Société de Viersen p. la filat. et tis. de lin, Furmantz et Goeters, Wilmen et Jennen.

Merceries, draperies et toiles. — Schiffer sœurs, Stehen (W.), Sigmun (J.), Teisen (H.C.), Weyl et Cie.

Peignes d'acier fondu p. le tissage. — Brues (J. W.).

Peluche (fab. de). — Mengeen (Ch.).

Popeline et tissus mélanges soie, coton, laine. — Berger (J.), Breuer (H.-J.), Furmans (M.) et fils, Genneger (Ch.), Goeeres (J.), Hespers (A.), Houben frères, Kleinyunh (A.), Schleleher (A.) et fils, Schumacher (Ed.), Weyers frères, Weyers.

Soie (négts en). — Lorentz, Preyer, (J.), Preyer-Deussen.

Taffetas (manufact de). — Berger (J.), Denhard et Bender (E.), Furmans et fils, Goeres et Haas, Graef (W.), Netzer (W.), Pickhardt et Schiffer, Weyer frères.

Teinturier. — Braun (Cour.).

Velours de soie, façon d'Allemagne et de Lyon (manuf. de). — André (Ch.), Denhard et Benders, Dürselen frères, Forstmann et Cie, Greef (W.), rep. à Paris, Heitzer (W.), Houben frères, Kommertz-Hotges, Krenels-Better, Langen et Schaab, Lingenbrinck (A.), Lingenbrinck et Vennemann, Läps et Bovenschen, Mengen (C.), Pferdemenges (W. A.), rep. à Paris, Pickhardt et Schiffers, Sassé (C. J.), Schnaub et rep. à Paris, Heckmann.

Wesel

Banquiers. — W. Poppe et Schmoelder.

Soie (négts). — J. Becker, Bohnem, Hempel frères, A. Tigler.

PROVINCE DE PRUSSE.

Kœnigsberg.

Banquiers. — Oppenheim et Warschauer, J. Simon W. et S. (Wittcoe et Soehne), Jacob (E. N.), Jacobi (Joh. Cour.), Malmros et Cie, Stephan et Schmidt, Jacobsthal et Cie, Samter.

Chapeaux de feutre et de soie. — Durand, Gollinos (G.), Roth (G. A.), Loreck et Froeben, Loreck (R.), Lopoehn.

Laines (négoc. en). — Funké (Albert), Joh C. Jacobi.

Lin et chanvre (négoc. en). — Gemnich, Hoffmann et Kemcke, Edwin Fowler, Sarninski et Hoppe, Jpsen et Haubensick, M. Furstenwalde et Cie.

Tapisserie (fabr.). — Michelly frères, Wolfheim (W.).

Dantzick.

Consul de France. — De La Garde. — Chancelier : Ad. Matthey.

Banquiers. — Baum et Liepmann, Normann

(M. M.), repr. à Paris. Goldstein (Siebermann) jeune. F. Reimann.

Négociants et commissionnaires. — Behrend de Cuvry. Th. Behrend et Cie. Berger (J. J.). F. Boehm et Cie, repr. à Paris. Boritzki (H. T.). Braune (B.). Brinckmann (H.). Collas (P.) et Cie. Dirksen (modes). Dræger (modes). De Dühren. Ehrlick (C. F.) (chapeaux fabr.). Firchel (R.) (modes).. De Frantzius. Grubeck. Engler (G.). Haasclau et Stobbe. Hausmann et Cie. Hellwig (C. L.). Hepner (S. L. A.). Heydemann. Heyn (F.). Jantzen (C. F.). Kæhler (F.). De Kampen. Knemeyer (L. G.). Laubmeyer. Lemke (C. T.). Mankiewicz (S.). Matzko (L.). Mix (E. C.). Momber (A.). Muller (F.). Neumann (A.). De Niéisen. Notzel (E. H.). Otto et Cie. Pannenberg (C. F.). A. Pantzer. De Payrebrune. Petschow et Cie. Piltz (A.). Prentzell (A. H.). Prove (F.). Richter. (A). Rippke (H.). Rodenacker (Th.). Rœhr (L.). Rosenberg (S.), draps. Schaffer Scheele. Schuster. Schwarz frères. Spindler. Sommerfeld (modes). Steffens et fils. Specht (chapeaux fabr.). Spohrmann. Stark (modes). Dalkowski et Struwy. Termer. Herrmann Weinberg et Cie, représ. à Paris. Weese. Wendt (A. J.).

HANOVRE (ANC. ROYAUME DE).

Hanovre.

Banquiers. — Alexander. H. Bartels. M. Berend. Blum. L. et A.H. Cohen. Blumenthal. A. Meyer. Ezéchiel Simon.

Draps (nég. en). — Becker. Boehme. Paune. Vogel. Roehrs. Poters. A. Bahlsen. F. Halet. H. Rinck.

Indigo .—Fuchs et Schrœder.

Laines (négts en). — H.B. Rœhrs.

Rubans en gros. — Groning et Schottelius.

Soieries et modes. — Becker. Berend-Graeber et Kiepe. D. Heinemann fils. Lewing. Saeltzer. Warmbold et Pape. Werner et Linkelmann.

Toiles (fab.). — Société industrielle du royaume de Hanovre.

HESSE ÉLECTORALE OU HESSE-CASSEL.

Hanau.

Banquiers. — Benjamin. Someberg.

Chapeaux (fab.). — C. Roessier.

Draps (nég. en). — C. J. Cahn. Pellissier. L.A. Schroeter fils. Sponsel. Albert et Wagner. Wagner.

Laine (filat. de). — Leisler et Cie. J. C. Wagner fils.

Laine (fab. d'étoffe). — C. Wagner fils. Corn. Huber et Cie. Kausel et Cie. Jacob. Wiedersum. L. Hammerschmidt.

Passementiers. — Kreiss. Zircher. Tempel. Goldschmidt. . Loshmann.

Soieries. — Sponsel junior. Albert et Wagner. C.J. Cahn. Lucas et Cie, fabts.

Toiles. — Sponsel junior. L.A. Pelissier.

Velours et soie (fab.). Lucas et Cie.

FRANCFORT-SUR-LE-MEIN.

Francfort.

Banquiers. — Bass frères. Bethmann frères. J. Daltroff. Claus et Helgers. Doctor (Ferd.). Erlanger (R.). Eysen et Cie. Faber (J.W.). Fuld (F.E.) et Cie. Goll (J.) et fils. Goldschmidt (B. H.). Grunelius et Cie. Hahn (L.A.). Semai Homburger (G.). Horix (Ant.). A. Horwitz jeune. Jaeger. Kahn et Cie, m. à Paris. Koch et Renner. Kœnigswæter. — Kuchler (C.). Langenberger. Lindheimer (Jacob) jeune. Maggi-Minoprio. Mertens (Jean). Merzbach (A.). Metzler fils et Cie. Meyer frères et Cie. Muller (Emmanuel). Neufville-Mertens (de et Cie). Neufville (D. et J. de). Niederhofheim (A.). Openheim et Weill. Openheimer. Reinach (M. A. de). Rothschild (de) et fils. Schmidt (P. N.). Schwarzschild (Emm.). Siebert (A.). Speyer Ellissen (L.). Steiger et Cie. Stiabel fils (Maurice), m. à Londres. Stuebel frères. Steffens (Henri). Trier (J.N.) et Cie. Weiller (J.J.) et fils. Weisweiller et Goldschwidt. Wolfskehl (M.). D. Adolphe Zunz.

Boutons (fab. de). — Roessner (S.) et Cie. Wesel (S.).

Broderies (fab.). — Doctor fils. Franck (Albt). Leykauff (J.).

Couperie de poils et matières premières pour chapellerie. — Blumenthal (Jos.). Donner (C.). m. à Paris. Heimann et Cie. Lejeune (E.). Pfungs (Julius). m. à Londres. Seufferheld Wolff (A.).

Draps. — Bischoff. Buseck (H.). Buss et Simon. Dürlacher (A.). Edenfeld. Ettlinger (J.). Flürscheim (M. M.) et fils. Gœring frères. Goldstein (A.). Goldstein. Gottscho. Gersfeld (Jules). Hager (E.). Halle (H.) et (S. E.). Hecht. Heinemann (C.). Hessel frères. Hirschhorn et Eppstein. Jay frères. Langenbach (J.). Lochner et Hochheimer. Marcus (H.). Pelissier et Hager. Rapp fils (C. M.). Resch (A.). Rose. Rosenean (J.). Silz (J.). Spanier (J.). Strauss (D.). Wetterhan (L. et D.). Wolff, Nathan et Cie.

Etoffes en soie. — Beer (Th.). Frank (A.). Gontard et fils. Knoblauch (Charles Chr.) Meyer et Rhode. Ochs (D.). Passavant frères, en gros. Pfaff (C.). Ruttmann (J.). Schuster (W.). Schwarzschild-Ochs. Thoss.

Fils de laine et de coton. — Bonn (D.). Elkan frères. Hainebach (S.). Hentz et Kahn. Heuser (J. G.). Hiller (W.). Holterhoff et Rueg. Heimberger. Ihm. et Lotichius-Schmidt et Cie. Mayer (M.) et Cie. Oplin (L.). Kuchen frères. Maas. Mack (J. C.). (E.). Menko et Cie. Mettenheimer. Nestle et Cie. Quilling (J. F.). Seligmann frères. Staud et Jung. Stiebel (Vve). Witzel.

Gants de peau (fabr. de). — Goldschmidt-Bing (S.). Rousselot et Cie.

Indigos et cochenilles en gros. — Andreœ (J.) aîné. Andreae Bernard et fils. Beyerhach (J.). Cassella (Léopold) et Cie. Eysen et Zahn. Lüscher et Bœmper.

Laines (effiloch. de). — Les fils de Mathias Stirn, fab. Offenbacher-Landstrasse, 3.

Laines brutes. — Bethmann frères. Oppenheim (M. J.). Stein (S.). Klotz (J. J.). Buzzi. Meggi-Minoprio. L. Oppenheim. Jacob Schlesinger. Welcker (Carl) et Cie.

Mercerie. — Holderhoff et Rueg. Kuchen frères. A. S. Trier, en gros.

Modes, nouveautés. art. de Paris (comm.). — Amendt (G.). Badmann et Schiff. Beck (E.). Beer (Th.). Berg (A. G.) et Cie. Bügler (J. P.). en gros. Cahn (S.). Carl (J. A.). Conrad (J.). Dann frères. Dietz. Doctor fils (M.). Frank (Albert). Goldschmidt (M. S.) et Cie. Haas (J. D.) et Cie. Hausser. Helberger. Hertz (M.). Heuer (F.). Heuser jeune. Hoffmann-Vogel. Knoblauch (Charles Chr.). Knoblauch (L. et G.). Læmle et Dreyfuss. Lehr (G. El.), en gros. Marx. Oppenheim (Ph. M.). Passavant fr. Reiss fr. en gros. Ronnefeldt. Rosentein (M. L.) et Cie. Ruttmann (J. F.). Schloss (L.) et Cie. Schmidt (A.). Schnapper sœurs. Schottenfels-Meyer. Schwarzschild. Schuster. Schuster (W.) et fils. Schwab et Schwarzschild. Schwab (L.). Schweerz (F.) et Cie. Spier (J.). Strauss frères. Strauss frères. Strauss (B.) fils. Strohlein (Ch.). Suskind et Stern. Weiss. Witzel (C.). Wormser (D.) et Cie.

Négociants. Micoud et Cie, m. à Paris.

Rubans en gros. — Bauer, Selbach et Cie. Herz et Kahn. Heuss (E.). Meyer et Rhode. Passavant frères. Hoffmann-Vogel. Schwarlszchild. (Mayer), détail. Trier (A. S.).

Soie brute et teinte. — Heimberger. Mark. Menko et Cie. Quilling (W.) et Cie. Seufferheld (J.), soie brute. Weisser.

Tapisserie sur canevas. — Dejonge (A.) et Cie. Gamburg frères, m. à Paris. Maas frères, m. à Paris. Münch (M. A.). Quilling (J. W.) et Cie. Staudt et Young. Voltz (A.).

Teinturiers. — Bæhler (B. C.). Freiss (J. W.). Winckler.

Toiles cirées (fab.). — Dreher fils. Nothnagel. G. Trier. Ph. Hartmann.

ROUMANIE (LA)

PRINCIPAUTÉ DE VALACHIE.

Bukarest, capitale.

Agent et cons. gén. de France. — Mellinet, C. ✳.

Banquiers. — Banque de Roumanie. — Jacques Poumay. — Brd Marcus et Co. — Miron S. Vlasto. — S. Halfon et fils. — Stephan Jonnide et Cie. — Zehen.

Drap (fab. de). — Baliano. — Coemgiapolou frères. Hirch. Rossenzveig. Tugendhat frères.

Equipements militaires. — No rre, fab. passementier.

Fleurs artificielles (fab. de). — Nina. Popovici.

Graines de vers à soie. — G. Bérod et Cie, et Farjon, m. à Marseille. Grand. Heschia frères.

Laines (mds de). — Dourba. Mircouche.

Négts en gros. — Anghelesco. P. Athanassio et N. Jonnide. A. H. Elias frères. Germain Jacobson. Gubler et Cie. N. A. Hagi Panteli. Maka. Martinovitz. Manoah Léon et Cie. Panajiot et Athanasio. Stoianobitz. Hélie Zamphiresco et Cie. L. Zerlendi et C. Deroussi et Cie.

Ibraila, (Braïlow).

Consul de France. — Maurin Bié ✳.

Banquiers. — M. Klein. Nicolai. B. Micaclidi. J. Blumann et Cie. Dem. A. Carussa.

Négoc. importateurs des manuf. anglaises et françaises. — A. et L. Argenti. Frali Demetrieu. Poligroniadi frères. Minowich frères. Cavadia frères. A. Zarpas. B. Nicolaidi. Mitreglia frères. Papasovich. Spiro. Cicco. David. Schwartzmann.

RUSSIE (EMPIRE DE)

RUSSIE BALTIQUE.

Saint-Pétersbourg, capitale.

Banquiers. — Alexeyeff (Pierre). Blessig et Cie. — Bonenblust et Cie. — Carr et Cie. — Cattley et Cie. — Coudurah (Adolphe). — Egerton Hubbard et Cie. — Günzburg (J. E.) et Cie. — Gutschow (A. D.) et Cie. — Hills et Whishaw. — Kondoionaki (J. et E.) et Cie. — Loder et Cie. — Meyer (E. M.) et Cie. — Savine. — Sterkey et fils. — Thomson, Bonar et Cie. — Wyneken et fils.

Chanvre et lin. — Schreiber et Frohne, représ. à Paris.

Coton, lin (manuf. de). — Maltzoff et Cie. Stieg-Loder et Cie.

Draps (fab. et mach. de). — Kalougine. Kamarowski. Lessnikoff.

Fabriques. — Bietepage (toiles peintes). Zimmermann (chap. et soier.).

Gantier. — Fromanteau.

Impressions sur toile et coton (fab. d'). — Bietepage.

Négociants importateurs et exportateurs. — Alexeyeff (Pierre), représ. à Paris. — Anderson (Robert), représ. au Havre. — Caron et Cie. — Asmus Simonsen et Cie. — Becker (E. K.). — Benardaki (D. E.). — Bennet. — Behrens (W.). Bessow et Cie. — Birch J. — Blessig et Cie. — Bonenblust F. — Bosse (A.). — Borissowski et fils. — Bornemann (A. A.). — Brandt. — Brandt et Cie W., représ. à Lille. — Brauer (H.). — Brun (C.). — Buriam et Muralt. — Busck.

Carr et Cie. — Catoire. — Cayley Edw. — Clarck (A.) et Cie. — Clementz et Cie. — Collan et Cie.

Démidoff. — Drouguine et fils.

Feighine (J. J.). — Fehleisen (Constantin). — Fehleisen (W.). — Field (H.). — Fichsen (B.). — Flandin et Cie. — Fœrster (R.). — Froloff et Timenkoff.

Gericke (C.). — Gilbert (Eug.). — Gibson (E.). — Grommé (T.). — Gromoff (W.). — H. Grube et Cie. — Götschow (A. D.) et Cie. — Gwyer S. K. et Cie.

Harwey (T.) et Cie. — Hauff (A.) et Cie. — Henley (A. I.). — Henley (A.) et Cie. — Hills et Whishaw. — Hoth. — Hubbard (E.) et Cie. Junge (Ed.).

Kanschine et Cie. — Karali (S. W.) et Cie. — Kempe (J. B.). — Knoop (L.). — Koenigsberger et Cie. — Koenig (L.). — Kremers et Cie. — Krich (C. K.) et Cie. — Koussouff (les fils de J.). — Krohn (A. J.). — Krohn et Cie (Ch.). — Krug (R.). — Krüger (H. C.).

Lepeschkine (M. et A.) frères. — Linde et Cie.

Malloutine (P.) et Cie. — Meyer (J.). — Meissner (E. J.). — Miller (W.) et Cie. — Moberly (Th.). — Mollwo (H.). — Muller et Cie. — Muller (E.). — Muller Jr (G. E.). — Murr et Millies.

Nebee et Cie. — Nicholls et Plincke. — Nottbeck (C.). — Nouvel.

Palisen (J.). — Pogreboff (J.) et Cie. — Ponfik (M.). — Prehn (A.). — Prehn (L.) et Grabe. — Proctor (H.).

Ralli (J. K.). — Rodoconaki (J.). — Roops et Cie. — Rohermundt et Cie. — Rosenthal (N.)

Sadler et Armand. — Sapojenikoff frères. — Savine (J.). — Scaramanga et Cie. — Schiemann et Spiegel. — Schreiber et Frohne, repr. à Paris. — Schlüsser et Cie, représ. à Paris. — Siewers (J.). — Simon John. — Spiegel (C.). — Stange (N.). — Sterky et fils. — Stoll et Schmidt. — Strauss et Stridter. Stucken et Spiess.

Thomson Bonar et Cie. — Totien (J.). — Trinkler (P. J.) et Cie.

Voigt et Cie (J.). — Voelckel.

Waltz et Cie F. W. — Wachter (C.) — Wishaw (A. G.) et Cie, représ. à Lille. — Witt et Cie. — Zagemehl et Berg. — Zimmermann et Cie (T.). — Zurhosen (L.) et Luw.

Soieries et nouveautés en gros. — Coudurat. Fornier. Gaillard.

Soieries et nouveautés. — Darszesno et Cie. Harmsen, Junker, Kruys et Cie. Langhans et Cie. Le magasin anglais. Marix (Jules) et Cie. Maslinnikoff. Mentschoutkine. Po reboff. Reynaud. Rosinsky.

Riga.

Consul de France. = Allou ✱.

Banquiers-commissionnaires et négociants en gros. — Brandebour g (Jacob). Cumming et Cie. G. Deubner et Cie. Fenger et Cie. Guthann (Ed.), et Cie. Heinmann et Zimmermann. Helmsing et Grimm. Hill frères, repr. en France. A. Hill et Cie, repr. à Lille. Hopker (H.) et Cie. Jacobs et Cie. Witkowsski. Querfeldt et Cie. Kerkovius et Lubeck. A. Kriegsmann et Cie. Krueger (H. A.). Meltzer (J. G.) et Cie. Miram et Smollan. Mitchell et Cie. Th. Mychlau. W. Ruetz et Cie. Th. Renny et Cie. Kopp. Ed. Rœpervck. Joh Ant. Rucker et Cie, repr. à Paris. J. G. Schœpeler, repr. à Paris. W. Schrœder et Cie. A. Sengbusch et Cie. Siébert et Cie. Stolberg et Barchard. Weitberg et Cie. Westberg et Cie. Witkowsky, Querfeld et Cie. Wöhrmann et fils.

Chanvres. — Brandeburg (J.). Cumming et Cie. Hill (A.) et Cie. Hill frères. H. Hœpker et Cie, repr. av. Victoria à Paris. Jacobs et Cie. Kriegsmann (A.) et Cie. Mitchell et Cie. Renny (Th.) et Cie. Ruetz (W.) et Cie. Schroder (W.) et Cie. Westberg. Wœhrmann. Joh. Ant. Rucker et Cie, rep. r. Maubeuge, 60, à Paris.

Coton et laine (manuf. de). — Rob. Beck. A. Glarner. Th. Pychlau. J. Schœpeler. A. Schneidemann. A. G. Thilo.

Lin (filature de). — Compagnie Kougeragge. H. Hœpker et Cie, repr. à Paris. Joh. Ant. Rucker et Cie, repr. à Paris.

Négociants-commissionnaires. — H. Hœpker et Cie, repr. à Paris. A. Kriegsmann et Cie, repr. à Paris.

Nouveautés. — W. A. Bakaldin. E. Berg. Deeters. Freybush frères. D. Kaull. J. Kloge. Kroschky. E. W. Loesewitz. G. Scheuber. Strohkirch et Kaull. A. Thiel.

GRANDE RUSSIE.

Moscou (MOSKVA), chef-lieu.

Consul de France. = Langlet ✱.

Banquiers. — Catoiri (Vve A.). Schilling (A.). Wogau et Cie. Zenker et Cie. Achenbach et Colley jr. Knoop. Junker.

Draps (manuf. de). — Alexandroff. Goutschkoff (Eum) fils. Ribaikoff. Babkinn. Prokhoroff. Tchetverikoff.

Gants de peau (fab.). — Boissonade (L.) frères, au pont des Maréchaux, m. à Paris.

Négociants. — Achenbach et Colley jr. — Alekeeoff (W.). — Armand (E.) et fils. — Avenarius (Ludwig). — Banza (A.). — Behrmann (Alex. L.). — Birkel (Emile). — Berner (J. T.). — Borisorsky frères. — Borisorsky et fils. — Bostunjoglow (M.). — Boutenopp frères. — Chalsy L. — Emelianoff (J.) et Rochefort (V.). — Erickson (E.). — Erlanger (A.). Ferch (F.). — Flandin. — Gaivartowsky (Benoit). — Duchesne et Cie. Hoehler et Cie, m. à Odessa. — Hoyer (J. Ch.). — Kaoaline (N.). — Karnatz (C.). — Karsiakine (N.).—Klein (J.)—Kloudoff (A.) et fils. (A.). — Kuop et Pasbourg. — Koroloff frères.— Coumanine fils (A.) Kraft J. — Kremer. — Lepeschkin frères. — Louri (J.) et Cie. — Malioutin (P.) et Cie. — Mamontoff frères. — Matreeff (D.) et Cie. — Moltchanoff (E.). — Morosoff fils (S.). — Ousacheff fils (N.). — Prehn et Grabbe. — Rallet (Alph.) et Cie. — Rastorgoaeff (D.).— Saposchnikoff frères. — Schapschnikoff frères. Schuesnrum et Schpiegel. — Schilling (E.). — Schelesinger frères. — Schnemann (J.). — Schtockser frères. — Stedinge et Cie. — Stucken et Spies. —Steinbach (B.).—Tornton (D.). — Tretiakoff frères et Konchiné. — Wathson (W.). — Weber (A.). — Winkelmann. — Wolkoff (G.) et fils. — Wogau et Cie. — Zenker et Cie. — Zimmermann et Cie. — Zurhosen (C. et A.). — Vve A. Battoire et fils.

Soieries et nouv. (march. de). — Lowenslein. Picard et Cie. Kalisch. Revel. Salnihoff.

Tapis (fabr. et march. de). — Prince Nicolas. Engalitcheff.

Toiles de coton (fabr.). — Tschapoff frères.

POSSESSIONS DE LA RUSSIE EN ASIE.

Région caucasienne.

Tiflis.

Négociants français.- Bernex (E.). Hervieu. Berlemont (H.). Desolmes (J.). Richard frères, succursale à Marseille. Rouard et Albert. Rousset. Vve Tollet. Djakéli (S. et J.), m. à Marseille et Manchester.

Négociants russes. — Aleloff. Raestomoff. Tzavianof.

SAXE (ROYAUME DE)

CERCLE DE DRESDE

Dresde.

Banquiers.— Bassenge et Cie. J. Bondi. Eichler. Eisontraut et Cie. Elimeyer. Gunther et Rudolph. Kaskel. Meusel et Cie. Rocksch. Schie. Schœne. Thode et Cie. Wallerstein.

Broderies en or et argent. — Bohme. Tiez. Warwick. Westmann. Zinke.

Broderies en soie et laine et dentelles.—Bluth (fab. à Schneeberg). Dittmarsch. Dress. Hesse. Rüle et Cie. Schüchte. Simonet Ascherber. Tobias.

Chapeaux (fab. de).— Angelstein. Doring. Eitzmann, de paille. Lehmann. Mehlig, de paille. Multesch, feutres. Poes hel. Schietzold et fils. Wex. Wolf et Cie, de paille.

Chenille (fab. de). — Krause (H. T.). Krause frères. Otto (C. F.).

Couleurs et indigo. — Breschke. Bruckmann et Weingaertner. Dindorf et Hache. Haller: Heyde. Vollsack et Cie. Wetzke. Werner (H. W.).

Draps (nég.).— Grossmann. Gaspari. Greiff et fils. Henniger et Cie. Essler. Koblich. Prinz. Schmidt et Zunz. Seiffarth. Sieber. Steffen.

Linge de table (fab.). — Dressner. Frœling, successeurs. Heber et Cie. Heinsius. Hubner. Koch (L.). Kœhler et Cie. Lange. Leureritz. Mann. Münch. Proelss aîné (los fils de feu). Schrader. Winzer.

Soieries, rubans et fils.—Bœhne. Dittmarsch. Dressner. Gechter. Gleisberg et fils. Gunther et comp. Kœferstein frères. Lentz et comp. Meissner. Merseburger. Joseph Meyer. Meyer (J. H.) jeune. Pietsch. Richter (E.).

Toile cirée (fab.).—Einenckel jeune et Cie. Einenckel (J. C. C.).

Freiberg.

Banquiers. — Bram (A. F.). Gœldner et Ludwig. Rode.

Fabrique d'étoffes d'or et d'argent. Thiele et Steinert.

Lin (peignage et tisseranderie mécan. de). — Gaetzschmann. Hirt. Schulz.

CERCLE DE LEIPSIG.

Leipsig.

Consul de France.—Dervieux O. ✻, consul général.

Banquiers.—Auerbach et Cie. Becker et Cie. Frege et comp. Gerhard et Hey. Hammer et Schmidt. Harkort (Ch. et G.). Kustner (H.) et Comp. Lieberoth (A.). Lingke et Cie. Meyer et Comp. Piaut (H. C.). Sieland et Comp. Steimaller (F. W.). Schirmer et Schlick (B.). Trinius et Cie. Vetter et Comp. Heintze et Haussner.

Broderies en or et argent.— J. Alb. Hiétel.

Châles. — Lehmann (D. J.). L. Ohrtmann et Cie, m. à Paris et Lyon. Gebhard Hermann, châles de Paris. Linnemann. C. A. Putzschke, châles de Vienne, Paris et Lyon. Riesberg (Ch.), châles de Vienne. Louis Zmmerwahr, châles français.

Commission. pour les articles de Paris.— Benner frères, perles. Brandes et Bretschneider. Immerwahr (Louis), m. à Lyon. Oppenheimer.

Ohrtmann (L.) et Cie; m. à Paris et à Lyon. Pietro S. Sala. Ravené (Ch.). Wiegand (E. E.). Antonio Sala et Comp. Sala frères. Fr. Lindemann. Schwenzke (S.), reprs. de C. Peugeot et Cie, à Audincourt (Doubs), pièces détachées pour filatures, coton, lin, laine et soie. Northoff Thomsen et Cie, repr. à Paris.

Dentelles (négoc. en). — Auerbach. Baumann et Cie. Bohler et fils. Bünger et Janke. Cahnison. Carjel, Kuhn et Cie. Elsenstuck et Cie. Enders (A.). Engel et Seelig. Frankel frères. Gospel frères. Goetze (R.). Günther et Cie. Hanel (G. et Ch.). Herrmann et Gronheim. Heymann, Welter et Cie. Humnus et Ueertsch. Koster et Uhlmann. Kretzschmann. Lebegot et Lesser. Liebich (F. R.). Læmpe et Rest. Marx (M.). Munckelt (F. W.). Oldemeyer et Hartmann. Roth (B.). Topfer (E.). Treffez et fils. Werner et Roehling.

Draps. — Beck (H.). Becker (C. A.). Blumenfeld et Cie. Borsum, Holbers et Cie. Gebhard, repr. à Paris. Eckert (F.). Halberstadt (H. G.). Hansen. Hirzel et Cie. Hoppenberg et Lene. Jay frères. Krappe. Manheisdorf et Pfleger. Rigaux (H.). Schubert et Ayrer. Soehtmann. Sonnenkalb (C.). Storme. Treffz et Sohn. Zschille (O. C. et H.). Northoff Thompson et Cie.

Droguéries. — Brückner, Lampe et Cie. Cunit et Lodde. Diez et Richter. Kotze et Junge. Kluge et Pœritzsch. Lorenz. Metzner et Otto. Pezold et Fritzsche. Rivinus et Heinichen. Schimmel et Cie. Werner et Güttner.

Exportateurs pour l'Amérique. — Esche (G. M.). Harkort (C. et G.). Horfarth frères. Hulvershorn et Gilbrich; in. au Mexique. Knauth, Nachod et Kühne. Winckler et Cie. Lehmeyer frères.

Fil de laine et de coton. — Auerbach et Cie. Dürbig et Cie. Gerischer et Cie. Grohmann, Uhle et Münsing. Harkort (C. et G.). Hertwig (A. F.). Nitzsche (C. G.) et Cie. Schunck (P.) et Cie. Simon (C. A.).

Fleurs (fabr. de). — Erhardt et Grimme. Angermann. Bachmann. Beckwitz. Blume. Bœhme. Feist. Gœtze. Hunderstand. Kahler (L.). Kuhmann (A.). Lehmann. Leopold et Cie. Pohl. Rod. Sander. Scheller. Seiberlich et Besser. Unruh (A.). Wieck. Zimmer.

Laines. — Auerbach et Cie. Beck (J. G.). Cohn (M. J.). Les héritiers de Füllmich. Gürbringer (L.) et fils. Gentzel (F. W.). Grégoire (Ed.). Houget (H.). Jacobi et Funke. Kehner (M.). Lamm (E.) et Cie. Manicke. Prier (F.). Roediger (Georg.). Strüver et fils. Trinius (B.) et comp.

Manufactures anglaises (négoc. en). — Albrecht (S.). Arnhold et Cie. Auerbach (H.). Cattmann et Elsner. Gruner (Charles). Heymann. Welter et Comp. Marx (M.). Moltrecht (M.) et Cie. Reissig (C. G.) et Cie. Samson (H.). Schanck (P.) et Comp.

Modes françaises. — Forbrich (C.). Hangk, chapeaux. Herold et O. D. Weltern. Lehmann et Schmidt. Markendorf. Ohrtmann et Cie. Pflugrad (S.). Steckner.

Soie et velours (fab. de). — De Dulle (J. L.) et Cie. Scheeren (C.) et Cie.

Soie écrue. — Baerbalk et fils. Berger et Voigt.

Bergmann et Cie. Bittner (F.). Bohnert (B.). Gerischer et Cie. Herold et Wilhelm. Hertwig. Jahn (R.). Limmburger (J. B.). Longwitz et Nathusius. Teucher (H.) cadet. Zschuch (B.).

Soieries. — Baumann et successeurs de Godecke. Félix frères. Gebhard et Cie. Cochring frères. Kettemboll (Th.) et Cie. Les héritiers, J. Simons. Mackenthun et Cie. Ohrtmann (L.) et Cie. Prell (Edouard). Schadel (J. G.). Schniewind (H.).

Soies grèges et ouvrées. — Louis Plantier, filat., moulinage et teint.

Tissus d'or et d'argent (fabr.). — J. G. Dietrich. Thiémine et Fuchs. C. G. Hoecker.

Toiles blanches de lin, toiles damassées, linge de table et cotonneries, etc. (fabr.). — Becker (C. A.). Bœhme (H.). Brandstetter (Fr.). Bünger et Janke, tapisserie et linge. Friderici et Cie. Friedrich et Linke. Gros, Odier, Boman et Cie. Gruner (P.). Jænisch (G. A.). Kramsta (G. C.) et fils. Lange (F. A.). De Liagre. Schmidt (F. W.) et Cie. Schultze (Ferd.). Syfferth (L.). Zacharias (R.). Waenting (Chr. Dav.) et fils, repr. à Paris.

Toiles et étoffes cirées (fabr.). — Goehring et Bœhme. Knoen (C. F.). Quast (Fréd.). Roeller et Huste. Schulzd et Niemann. Schumann (A.). Teubner et Cie. Waenting (E. F.).

Schnuberg.

Banquiers. — Liessfeldt (A.). Müller (J. G.).

Broderies, dentelles de fil. blondes (fab.). — Bluth. Dankwardt et Cie. Gœkeritz. De Grossmann. Günther et Cie. Günther (Louis). Hænel (G. et C.). Hergert. Koch. Kœrner et Cie. Kœster et Uhlmann. Krenkel aîné. Liessfeld. Lindner. Mœnnel. Pauly et Hertwig. Pohl. Schulz et Cie. Schildbach et Cie. Schnorr. Sommer et Pauf. Tœpfer. Voigt et Lehm.

Chaussures de drap (fab.). — Bernhardt (R.). Stahl (F. W.).

Schœnhelde.

Dentelles et broderies (fabr.). — Baumann. Bischoffberger aîné et Cie. Fuchs. Gerischer et Leistner. Klœtzer. Lenk et fils. Oschatz fils. Unger. Wahnung (H. A.), reprs. à Paris.

Etoffes de laine, imprimerie sur étoffes et teinture (fab.). — Oschatz et Cie.

Plauen.

Banquiers. — Brückner. Francke. Schmidt. Schrœder.

Coton (filat.). — C. W. Weissbach. A. Facilides et Wiede.

Jacquart (métiers à la). — Burkhardt. Cramer. Dœring (C. H.) cadet. Eisenreich. Erbert. Gerber et Cie. Graf frères. Gritzner. Haller. Knabe. Knauer et Listner. Neubauer et Baumann. Pommer. Rossbach. Sommer. Strobell. Theisig. Welner.

Mousseline et filat. de coton (fabr.). — Auerbach. Baldauf et Beyer. Dauerfeind. Bahler et fils, rideaux et broderies. Dreysel. Eder et Eckhardt. Facilites et Cie. Fink. Gœpel frères. Groh et Merkel. Günther Hartenstein. Heynig et Cie. Hoffmann et Frœhlich. Horo Juhn (Carl. Aug.). Klemm. Knabe. Koch et Wichmann.

Kœchel. Krackherr et Cie. Lang. Mammen et Cie. Neinhold et Nietasche. Müller. Rossbach. Scharrubeck. Schleinitz. Schmidt (G.-A.). Schnander et Teguler. Schnorr et Steinhœuser. Schubarth. Stoffregen (C.) et Cie. Stoffregen et Strauss. Unger et Courtois. Wagner. Westphall et Zetsche. Zschiunner et Grimin. Zschwelgert frères.

Rideaux brochés et brodés (fab.). — Friedich (C. G.). Meinhold et Nietzche.

Teinturiers. — Hœppner (Vve). Presley (F. A.).

Tisseranderie mécan. — Fleischer et Pessler.

Annaberg.

Banquiers. — Gerber (C.). Kraut et Rudolph. Lipfert (Ferd.). Tasche (G.). Thieme (J.).

Blanchissage de lin. — Polemann et Eisenstuck, à Wiesenbad.

Dentelles, blondes, guipure, franges de coton et de soie, rubans de soie, cotonnades. — Bamberg et Cie. Bindrich. Brokerne (E.). Brodengeyer et Cie. Eisenstuck et Cie. Faulenbach (C.). Fie (R.) junior. Gerber (C.). Gerhard (C.). Gerischer (C. A.). Hænel et Hohl. Hænel frères. Hassler et Illing. Heiligenstadt et Schmaler. De Herzer. Hildenbrand. Huding et Knapp. Koepff (G. de), m. à Paris. Levin (J. J.). Lœtzsch. Michaelis (E.). Oehmig (F. A.). Rülke (A.). Scharr (H.). Schmidt (H.). Seltmann (F.). Sommer (A.). Stepp. Uhlig (Vve) et Junker. Uhlig (C.). Unger (E.). Weiss (E.). Wilde (G.) et Cie.

Passementerie en tous genres. — Eisenstuck et Cie, représ. à Paris.

Soie (fab.). — Rœhling. Hænel et Cie.

Buchholz.

Blanchisseries, et filat. de coton. — Kehrig (C. F.).

Chenille (fab. de). — Fischer (C. G.). Gebhardt Langer. Müller (F. W.).

Crinolines (fab. de). — Kunze (E.). Steiner (W.). Wineker (avec 400 ouvriers).

Dentelles et blondes, guipures, franges. — Elgemann (M.). Hinkel (F.). Mœckel (D.). Siegert (G. A.). Stædtler (G.). Eichler. Elgemann. Freund. Gebhardt et Langer. Grund (C.). Hammer et Schnabel. Hellwig (G.). Hoffmann (C. L.). Lœtsch. Muller. Reim (C. G.). Rein (F.). Roser (Chs). Scharr. Schneider (Jul.) et Cie. Simon (A. F.). Steiner (W.). Swoboda et Cie.

Soie crue en gros. — Bach (Ferd.).

Chemnitz.

Banquiers. — Hanse et fils. Kunath et Nieritz. Knackfuss.

Bas de coton (manuf.). — Beckert et Zenner. Beyer et Kœrner. Bothfeld et Strauss. Bretschneider et Cie. Breutznach (Ed.), successeurs. Ebert (R.). Flor et Meissner. Freyberger et Cie. Friedrich et fils. Geyer (C. J.). Gnauck (E.). Hecke. (Gottlieb) et fils. Hiller et Sohn. Hinkel (Otto). Hœhne et Meyerhoff. Jost et Funke. Kircheisen (Fr.). Leo et Liebeskind. Lowe et Cie. Nacke et Gehrenbeck. Neuberet et Nauck. Portheim. Riedel et Dreyhaupt. Schneider et Cie. Selbrig (Franz). Staerker (Hermann), m. à Paris.

Uhle et Cie. Ulrich et Pornitz. Vetter et Seyfert. Volkmar Kœdpe, repr. à Paris. Zetssch et Knieling. Wex et Sœhue, repr. à Paris.

Coton (filat. de). — Filature par actions. Bernhardt et Philipp. Bothe et Hoyn, à Oberschaar. Bruckner. Burger et Kuhne. Clauss (Ernest Iselin). Fiedler et Lechla. Gelbrich et Schmidt. Hnschild (M.). Haubold junior (G. C.). Heymann. Heymann et Cie. Hoesel et Comp. Hœsel (C.W.). Hoffmann (C.G.) et fils. Hubner. Keller et Gruber. Liedloff (Th.). Liedloff (G.). Moritz-Liedloff (E.). Oehley. Oehme (J.D.) et fils. Pfaff (Const.). ainé. Riedig (C. M.). Schmidt (W.). Schwalbe (J.S.) et fils. Seyfert et Breyer. Strauss (E.W.). Tetzner (C.A.) et fils. Trubenbach et Schneider. Weisbach (J.C.) et fils.

Etoffes pour meubles. — Sollheim.

Filateurs mécaniciens. — Se' walbe (J. S.) et Solm.

Flanelle, tricot et draps (fab.). — Mor. Seeger (Ed.).

Gants (manuf. de). — Theodor Popp.

Impressions sur tissus. — Wapler et Richter. Webers et fils. Winter (E. C.).

Machines constructeurs de). — Affolter (Jean). Boutel et Baranins. Casiraghi et Giesecke. Diehi (D.). Frenzel (M.). Rœher (H.). Hartmann (Richard). Haubold (C.). Hilscher. Kitzer (V.). Ludwig (Rich.). Merkel (G.C.). Merkel frères. Munnich (A.) et Cie. Oeser et Stieglitz. Pfaff (Constantin). Richter (A. W.). Rudolph et Bock. Schellenberg (Aug.). Schellenberg (C.). Schoenherr (Louis). Schlegel (Frz). Scawalbe (J. S.) et fils. Scroa et Cie. Sondermann et Stier. Spranger et Schimmel. Strobel (F. W.). Therkorn (M.). Ullbricht (H.). Unger (D.). Voigt (R.). Weissbach (C. H.). Wiede (Théodor). Zimmermann (Joh.).

Négts. en coton-laine. — Auerbach et Cie. Benndorff (Louis). Beyer (A.). Borkel fils. Breyer (Hermann) et Cie. Eskhardt et Fischer. Hanson (Carl. Lauckner. Scheppach et Sinner. Schubert et Schuppe. Siegfried. Wiedemann (A.). Ziesche et Oehlhey. Zschoerner frères. Zwanziger (H.).

Négts en filés. — Borkels (André) fils. Burger et Kuhne. Chalibaus et Muhlmann. Delling (J. G.). Gehrenbeck (J. F.). Heymann et Cie. Lippelt (A.). Morell. (Louis). Muller et Gareiss. Rauch (Hermann). Schlegel et Rauch. Schubert et Prosswimmer. Spindel et Krenzer. Staerker et Neumann. Wiedemann (Al.).

Tissus de laine, laine et coton, laine et soie (fab.). — Albrecht (Rob.). Arends et Rannacher. Backmann (Otto). Beckert et Schraps. Beckert (R.). Beckert et fils. Brehme. Breitfeld. Buhler (H.). Diederie (Rud.). Durfeld. (Carl.). Eckardt et fils. Eifler et Cie. Flade frères. Geyer (Rob. et Aug.). Grossmann et Cie. Hausding (W.) et Cie. Hempel (C. A.). Hœh et Aderhold. Hœsel et fils. Hœs el (Louis). Hœsel (R.) et Cie, damas et reps, repr. à Paris. Hubsch et Rummler. Hugenberg (Otto). Jacobi (F. L.). Jahnet Wachter. Kluge (C. W.) et fils. Kœhler (Frz.). Kornick (Ed.) Lehmann (A.). Lochmann (Ed.). Lohse (Ed.). Loesch (Richard). Marbach et Weigel. Matthes (F. A.). Matthes (Wilh.) Mettler et Zipper. Meyer (Otto) et Cie. Muller

(Otto) et Cie. Nowack (G.). Oppelt et Gottschald. Scheleicher (Fr.). Schmidt et Fritzsche. Sœllheim (G. F.). Steidten et Cie. Steinert et Franke. Storck (Ed.). Strauss et Grumht. Thamer. Tzschncke et Schlegel. Vogel (Wilh.). Voigt (Louis et Wilh.). Zipper (J. G.). Waldau (Ferd.). Wolff et Schmidt.

Frankenberg.

Coton, laine et demi-soie (fabr.). — Bœttcher et Lembke. Burchardt et Barthel. Gœrner (Fr.). Jeschke frères. Pelz (L.) et John Pelz (E.) et Richter. Rahmfeld er fils. Radiger et fils. Schmidt et Pfitze. Steteyer (Ferd.). Saliger et Berg. Tatge (W.). Wagner frères et Beckmann.

Soie (fab. de). — Behr et Schubert.

Glauchau.

Banquiers. — Haechel. Haertel (Otto). Heyne (Ferd.). Heyne (F.). Klinkhardt (Th.). Schiffner et Cie. Spott (H.).

Etoffes de laine, mi-laine et mi-soie. — Arnold (G. F.). Bassler et Cie, repr. à Paris. Blachut et Wiener. Boessneck et Unger. Dietel et Cie. Ernst (H. A.). Gendtner (A.). Gœtze (Ch.), rep. à Paris. Gœring (Th. et Os.). Gœtze (G.). Gœtze (E.). Grau et Paschke. Gunther (C. F.) et fils. Graner et Gœtte. Graschwitz (C. F.). Hanscke et Cie. Heimer (J. G.). Hohnstein et Hutschenrenther. Jahn (E. Fr.). Kœppel (N.). Kratz et Bark, repr. à Paris. Lautenschlager et Cie. Leaschner (L.), repr. à Paris. Liedemann et Muller. Lindenberg (C.). Mehlhorn Mende (C. G.). Mittag et Cie. Panzer (C.). Petzoldt, Schluter et Kratz. Reuther et Cie. Robolskey et Schulze Schedlich et Reissig. Schiffner et Zimmermann. Schirmer (C. A.). Schœnherr et Behr. Schulze. Schumann et Heidner. Seydel et fils. Spott et Weber. Les successeurs de G. A. Tasche, robes, pure laine, laine et coton, poil de chèvre, etc.. Zenegg et Lampe. Ziegler et Haussmann. Wartze et Richter.

Agents expéditeurs. — Cubasch. Fischer et Cie. Peter (G.). Wiefel (Fr.).

Filature de coton à tricoter. — Gœtze et fils. Glafey et Sonntag.

Passementerie. — Beck (H.).

Teinturier et imp. sur étoffes. — Buricke (Frz. Ed.) Fiernkranz (A.). Gœbel (F. A.). Hanschke. Hessler. Hasenmüller. Hahn (B.). Lorentz et Hamminger. Neubarth (W.).

SUISSE (ou CONFÉDÉRATION HELVÉTIQUE)

CANTON D'APPENZELL.

Herisau.

Banquier. — Banque pour Appenzell R. E. Alder (J. J.).

Apprêteurs. — Hohener (B.). Locher et Muller. Stazenegger et Muller. Tanner (E.). Tribelhoon et Meyer. Zellweger (J.). Zœlper et Bodenmann.

Broderies. — Alder et Meyer. Kellenberger (B.). Kœller (U.). Nef (J. J.). Schiers (H.). Staok (J.). Steiger et Cie, m. à Paris. Tanner (B. et H.) et Schies. Treund (S.) et Cie. Zæhner et Schiess.

Broderies mécaniques. — Steiger-Zœlper. Wulherich.

Coton filé (fab.). — Alder (J. J.). Steiger, Schoch et Eberhard.

Indiennes (fab. teint.). — Engster. Meyer (L.).

Mousselines et tissus de coton (fab.). — Alder et Meyer, représ. à Paris. Nef (J. J.). Schlaepfer, J. U. et Cie. Waldstatt. Steiger et Cie, m. à Paris. Tanner (B. et H.) et Schiess. Treund (S.) et Cie. Jæhner et Schiess.

Teinture. — Haaser et Schlesser. Rütz.

CANTON D'ARGOVIE.

Aarau.

Apprêteurs. — Stassler et Cie.

Banque d'Argovie. — Directeur : Welti.

Blanc (articles de). — Dolder et Schwartz, blondes, passementerie, tulles et Dentelles.

Bretelles et étoffes élastiques (fab. de). — Bally et Schmitter. J. F. et J. Frey. Rychner (Rod.) le jeune.

Commissionn. expéd. — Fischer (J.) fils.

Coton (filat. de). — Frey et Cie. Herzog et Cie.

Coton (filé en gros). — Saxer et Cie.

Cotonnades en couleurs. — Berger et Cie. Hunziker et Cie.

Draperie. — Ducrey. Dürr. Gamper. Guyer (J. J.).

Merciers. — Bell (J. A.). Billo Ehrsam, et passementerie. Boss-Heuseler.

Négociants. — Jean Herzog et fils.

Produits chimiques (fab. de). — Frey et Cie. Landolt et Cie. Schmidlin-Lutz.

Rubans de soie (fab.). — Feer (F.) et Cie. Frey (J. F. et J.) Herzog et Cie. Schmuziger (J. F.).

Soie (dévidage de). Feer. Grossmann et Cie. Schmuziger (Louis).

Soie (fab. d'étoffes de). — Schappy (C.).

Teinturiers. — Hässler (S.). Wyller-Baürlin. Wyser (A.).

Tissage mécanique. — Rychner et Oboussier.

Tissus en coton et en laine. — Cajacob et Stahel. Frey et Salzmann.

Wohlen.

Fabriques importante de tresses et chapeaux de paille. — Bacques Isler et Cie. Braye et Nanni. Geissmann (J.) et Cie. Isler (J.) et Cie. Isler (P.) et fils. Isler sœurs, représ. à Paris. Landerer. Meyer. Weidenmann et Cie. Zwilchenbart (E.). Meyer (J.) et Cie. Meyer et Muller, représ. à Paris. Wohler et Cie. Wohler (J.), frères.

Zollingue.

Banquiers. — Bryner (A.). Strael.

Commissionnaires. — Cellier (H.). Imof frères.

Coton filés. — Imhof frères: Bryner (A.).

Rubans (fab. de). — H.A. Senn et Suter.

Teinturiers en rouge. — J. R. Suter et Cie. Pluss et Schmidt. Schmidt (P.). Geiser et Blum. Geiser-Kuntz. Schenck et Zingg.

Toiles de coton (fab.). J. Breitenstein et Cie. Bryner (A.) et Cie. Muller, Plus et Cie. J. R. Lenpold. A. Ringier et Sutermeister. Hoffmann et Cie. J. C. Deppeler. J. Rotzler et Cie. Clerc et Duby.

Toiles cirées imprimées (fab. de). — Grainicher (S.).

CANTON DE BALE-VILLE.

Bâle.

Vice-consul de France. — Truy (Adolphe) ✳.

Apprêteurs. — Clavel (Alexandre), apprêts et teintures de soie. Müller-Hauser. Sagnol Vve et fils aîné. Sieder.

Banque de Bâle. — Directeur, Früh.

Banque commerciale de Bâle. — Gysin C., directeur.

Banquiers. — Bischoff de Saint-Alban. Liechtenhan (J. R.). De Speyr et Cie. Ehinger et Cie. Iselin et Stachelin. Kaufmann et Luscher. La Roche (Benoit). La Roche (Emmanuel) fils. Oswald frères et Cie, Comptoir d'escompte. Passavant et Cie. J. Steigmeyer. J. Riggenbach.

Bois de teinture (moulin de). — J. Rod. Geigy. Petit-Berthelet.

Châles et lainages, nouveautés et ameublement. — Lévy (Abraham).

Chapeaux de paille (march. de). — Schneider (Ed.), et fleurs artificielles, gros et détail. Machly, Stollberger.

Commiss. en rubans. — Kiefer (J. H.). Philippi. Schatz. Wiese.

Commiss. en soies écrues. — Amans (H. et C.). Arlès-Dufour O. ✳ ; m. à Lyon. Bard et Woringer ; m. à Lyon. Bischoff de Saint-Alban. Altwegg et Meyenrock. Heiner père et fils. Linder-Courvoisier. Preiswerk (J.) et fils. Webe.

Coton (filatures de). — Geigy (W.) et Cie. Iselin et Cie. Le Grand (Nicolas), et tiss. méc. ; manuf. à Than (Haut-Rhin) ; m. au Havre. Sarasin et Heussler.

Dentelles. — Woefflin (R.) fils.

Dessinateur. — Weiss (J. J.).

Draps (march. de). — Bicard (R. M.). Bischoff (Benoit). Braunschweig (Neph.). Fischer (J.).

Gessler. Hoffmann. Gœner et Cie. Huggenberger. Iselin frères. Montfort et Labhardt. Preiswerk (M.). Socin (A.) et fils. Wahr frères.

Droguerie et articles de teinture. — N. de J. Bernoulli et fils. Bernoulli (Léonard). Bohny-Hollinger et Cie. Geigy (Jean-Rode), fabr. d'extrait de bois de teint. ; spéc. de couleurs d'aniline. Greuter (Fred.). Heussler, et fabr. d'extr. liquide de bois de teinture. Jean de Speyr. Kaufmann frères. Petit-Cassal, fabr. de bois de teint. Werthemann (And.) et fils, indigo. Vischer et fils, art. de teinture.

Etoffes des manufact. anglaises et autres. — Bicard (R. M.). Eckhardt (G. C.). Labhardt et Cie.

Extrait de bois de teinture (fabr. d'), fabr. d'aniline pour teinture et impression. — Jean. Rod. Geigy.

Filature hydraulique de fleurets ou schappe. — Boelger (Marc), fabr. à Zell, forêt Noire (grand duché de Bade). Boelger et Ringevald, filat. à Niederschoenthal. Grossmann et Vischer. Hetzel et Cie. Ryhiner et fils. Veillon, Miville et Cie, filat. à Grellingen.

Fleurs artificielles. — Schlub Otto. Schneider (Ed.).

Laines et déchets. — Wust (Vve).

Laines écrues en gros. — Bloch et Guggenheim. Fürstenberger (Jean-Georges). Greiffenberg et Probst. Pettermand (A. C.). A. Werthemann et fils.

Lingerie. — Frischknecht (Mme). Gretner (J.) et Cie. Koch (Mme). Oswald (J.). Ostermann et Cie. Ramus (Mme).

Mécaniciens. — Aird (J. et A.), ingénieurs ; m. à Londres et à Berlin. Burckhardt, constr. de métiers pour fabr. de rubans, machines à apprêter et à moirer les rubans. Jæcklm (Bud). Kussmaul. Oehlhafen. Rudin. Socin et Wick, machines pour le tissage des étoffes, coton, laine et soie. Wahl et Claimmer.

Mercerie en gros. — Branswig fils. Brenner-Faesch. Christophe de Christophe Burckhard. Imhoff Wenk. Kiefer (G.). Ronas (Ch.). Spoerlin et Cie.

Produits chimiques (fab. de). — Clavet (Ches). Dollfus (G.) ✳. Dolli, Bercher et Cie, p. teinture et impres. Jean Rodolphe Geigy, fab. d'extrait de bois et couleurs p. teinture et impress. Gerber et Uhlmann. Rentz (C.).

Représentants de commerce. — Abt et Mieg. Bauer (F.) et Cie, teintures. Calame (Gustave). Freyvogel (E.). Goldfus (Ch.), art. p. teintures et coton. Linder-Courvoisier. Marget et Girard, Meyer et Hindenlang, Peter. Stehlein (Jérôme), m. à Zurich. Schaub et Cie. Weber (Hermann), m. à Zurich, St-Gall, sous la raison Weber et Haldinger.

Rubans en soie et filoselle (fabr. de). — Buxtorf, unis et façonnés. Bachofen (J. J.) et fils. Bernoulli (Emanuel). Bischoff frères, unis et façonnés. Burckhardt (J. B.) et fils. Bürgy (E.) et Cie. Debary (F.) et fils. Fichter et fils, façonnés nouveautés, Forcart-Weis et Burckardt-Wild, unis et petits façonnés. Frey-Thorneisen et Christ. Freyvogel et Heusler. Sarasin et Cie, représ. à Paris. Stachelin (B. de B.). (Meyer) et

Cie. Hindermann (A.) et Cie. Hoffmann (Emm.), unis et petits façonnés. Gorandt et fils, rubans façonnés. Kern et fils. Linder (J. J.). Meyer (Ed.) et Cie, unis. Paravicini. Preiswerk (D.) et Cie. unis et façonnés. Preiswerk (Luc). Richter-Linder, satins grèges, mét. mécaniques. Sarasin (Jean Franç.). Sulger et Stuckelberger Trudinger et Cie, façonnés nouveautés. Bischoff et fils, façonnds.

Rubans de velours. — Mérian et Schmidt.

Rubans en gros. — Blum et Bloch. Leaf, Sons et Cie, représ. par Ches Hall, commiss. en rubans. Picard Léon.

Rubans et fournitures de modes. — Bernoulli (Emm.). Hasler et Friedich. Kundig (Ch.). Meyer (Léop.), en gros. Siegfried et Cie. Valloton et Breitenstein, spécialité de rubans, passement., et fournit. p. modes.

Soie grèges et ouvrées. — Amann (H. et C.). Arlès Dufour, O. ✱ et Cie, m. à Lyon, Paris, Marseille, St-Etienne, Grenoble, et à Crefeld (Prusse). Bard et Woringer, m. à Lyon. Doelli Altwegg et Meyenrok. Fleiner père et fils. Lindor-Courvoisier, et commission p. les soies. Preiswerk (Jean) et fils, soies écrues et ouvrées moulinage à la Tour en Piémont ; m. à Milan. Walther et Cie.

Soies (déchets de). — Léopold Meyer. Burchardt et Dreyfus.

Soieries (fab. d'étoffes). — Bischoff (C. et J.). Von der Mühll frères.

Soieries, châles, lainages et nouveautés (march. de). — R. M. Bicard. Brenner-Gueniard. Brolly et Albiez. Lévy (Abraham). Meyer (Jean.) et fils. Rieder. Vonder Muhl et fils.

Teinture (articles pour). — Vicher et fils.

Teinturiers. — Clavel et fils, en soie. Joseph Hœring, soies. Lotz. Müller. J. Osvralla. Dolfus. Schetty, en soies.

Teinturier en coton. — Masarey (J.) fils.

Tulles, dentelles et art. de blanc en gros. — Woefflin fils.

CANTON DE BERNE.

Berne.

Chancellerie de France.—Hérite, consul honoraire chancelier.

Banque cantonale de Berne. — Directeur : Henzy.

Banque commerciale de Berne.— Directeur ; Muralt.

Banque fédérale. — Directeurs. Président : Staempfli. — Directeur, Schaller. Succursale à St-Gall.

Banquiers. — De Buren. E. Bauer et Cie. De Ernest et Cie. Gruner-Haller et Cie. Marcuard et Cie. Tschonn-Zeerleder et Cie. Wagner (Louis) et Cie.

Bonneterie (manuf. de). — Rieter-Bruner, et filature de filoselle.

Chapeaux (fab.de).—Kupfer (Ch.).

Chapeaux en tresse de paille d'Italie (fab.).— Bracher et Cie, export. Gerber (A. L.), export. Indermuhle (J.), export.

Fleurs artificielles (fab.). — Bonnel sœurs. Jung. Koch-Brendli. Scheidegger sœurs. Stengel (Mme).

Gants (fab.de).—Bein et Cie.

Laine (filat.de).—L.Bay, à Steinbach.

Nouveautés (march. de)—Ciolina (J.B.) et Cie. Ciolina et Cie. Dasen. Monteil frères. Oltramare. Rieder - Spiegelberg. Wagner (Mme). Wyttenbach.

Parapluies (fab.de).— Lombard. Monteil frères. Martin. Weis frères.

Passementerie. — Henzi. Jeker-Stachli. Lauterburg.

Représentants de commerce.— Ruetschi frères.

Rubans en gros. — Diedesheimer. Nordman (J.), fab. Nordmann (Th.). Nordmann J.B. et fils. Vixler-Nordmann.

Soieries (manuf.de). — Chrét. Simon (J.D.), et spécialité pour parapluies, repr. à Paris.

Tapis et étoffes p. meubles.—Hegel et Cie.

Teinturiers en rouge. — Bieri. Durisch. Hug (Mme). Saxer.

Tissus des manuf. anglaises, françaises et autres, en gros. — Bruner et Cie. Fetscherin (H.) et Cie. Gaudard et Forster. Luscher, Bornand et Cie.

Toiles (fab.).—Courant (Sam.).

Burgdorf.

Banque. — Scutter (B.), dir. de la succ. de la banque de Berne.

Fils de laine, coton et lin. — Bucher (Alex.). Heiniger (Jacob). Luz et Schulshess.

Lin (filat.de).—La succursale de Burgdorf.

Produits chimiques (fab.). — Langlois (G.). Ruef et fils. Schnell et Cie.

Soieries et rubans.—Wirz et Schaffter.

Teinturiers.—Fankbauser et Cie. Zollinger.

Tissus en laine, mi-laine, coton et draps (fab.).—Bari (Samuel). Glauser. Grether. Howald (R.). Parli (J.). Sommer et Stoll. Steiger et Kupferschmidt.

Tissus mi-laine (fab.). — Heiniger J.J. et fils.

Toile de lin (fab.).— Frères Fankhauser. Frères Schmidt. Strub-Kupferschmid.

Toile à matelas (fab.).— Blaser et Cie.

Herzogenbuchsee.

Laine (filat. de).— J.L. Volz, à Graben.
Rubanerie, soieries.—Moser et Cie.

Meyringen.

Soie (fab. de).—Hitz et fils. Hurlemann.

CANTON DE GENÉVE.

Genéve.

Chambre de commerce, r. du Rhône, 14, président : E.Pictet ; secrét.: L.Karcher.

Consul de France. — Chevalier ✻. — Chancelier, de Pina.

Banques (maisons de) et banquiers :

Banque générale suisse de crédit international. — Direct.: H. Behrend et H. Couriard.
Comptoir d'escompte. — Directeur : L. Duchène.
Banque du commerce. — Martin (Ch.), directeur.
Banque de Genève. — Louis Didier, dir.
Banque fédérale, comptoir de Genève, direct.: A. Largin.
Caisse spéciale de valeurs cotées et non cotées. Benoit de la Corbière.
Caisse hypothécaire de Genève. — John Viridet, direct.
Crédit foncier et commercial suisse, cap. social 60 millions ; gouvern.: Fornerod, siége administratif à Paris.
Société internationale d'escompte de change et de crédit.

Banquiers. — Baron frères. — Benoit de la Corbière. — Bonna (P.) et Cie. — Bourdillon (A.). — Brocher (Etienne) et Cie. — Brodah (H.). — Chaponnière et Cie. — Chenevière (A.) et Cie. — Cramer (E.). — Dufour jeune et Cie. — Ferrier et fils. — Galopin frères et Cie. — Hentsch et Cie. — Kœckert-Haltenhoff et Cie. — Kohler (C.) et Cie. — Kuhne et Gay. — Kunkler (H.). — Lombard, Odier et Cie. — Monod (Fréd.). — Paccard et Cie. — Pavarin (Lucien). — Pictet (Ed.) et Cie. — Pictet (Richard). — Roget et fils. — Sordet (H.) et Cie. — Strasse (Ph.). — Thomas et Schwab.

Bonneterie et ganterie en gros. — Berard et Arthaud. Bonnet, Beurrié et Cie. Chamay frères. Dumont (G.). Kockert-Haltenhoff et Cie. Laigniez aîné et Cie. Taponier et Germond.

Broderie. — Carrey (Jenny) et Weber. Depierre (F.). Hirssig et Sanguinède, en gros. Robert-Falk. Wurth (Silvio). Baumann et Friscknech.

Chanvre. — Navazza (Alexis), négociant en chanvres.

Chapeaux de paille (fab.). — Vincent (P.). Wurtlner-Cabrit, à Plainpalais.

Commissionnaires en marchandises et consignataires.

Arnaud (C.) et Cie.
Bardet (B.). — Beguet et Cie. — Bousquet fils et Cie.
Chaussard et Pache.
Damond et Coulin, mercerie. — Decrey (Louis). Dufour (E.) et Cie.
Lallemand et Menetrier. — Lémonon (E.). Ruffet (Octave).
Navazza (Alexis), fils et chanvres d'Italie.
Westermann (P.).

Corsets (fabr. de). — Clément (S.), fabr.

Couvertures en gros. — Berard et Arthaud.

Draperies et nouveautés en gros. — Brolly-Labit et Cie. Cougnard (F.) et Cie. Gaveiron. Held, Annevelle et Cie. Jaquemet (G. H.) et Cie. Kockert-Haltenhoff et Cie. Munier-Macaire (J.). Revaclier et Gros. Roth fils et Cie. Ruffet (Octave). Schradin (Aug.). Tournier frères. Tournier et Demagnin. Valfin (G.) et Schneider.

Fleurs et plumes (fabr. de). — Carey (Mme.

Fornex (Mlle). Cusin et Cie. Badin L. et Cie. Benoit-Lizon.

Gants (fabr. de). — Lubac.

Laines et cotons à tricoter et broder. — Bérard et Arthaud, gros. Chauffat et Hensel, gros. Dreyer (Nic.). Lachenal et Suliguier. Taponier et Germond, et bonneterie, gros.

Lingerie en gros. — Coderey et Cie, en gros. Delaquis (Ch.) et Cie. Druz et Cie. Giesler et Cie. Hirssig et Sanguinède. Wurth (Silvio).

Machines à coudre. — Bally (C. F.). Delay.

Mercerie en gros. — J. E. Baud et Cie. Chauffat et Hensel. Chenevard, Rojoux et Cie. Dambach (J. J.). Damond (H.). Depéry (J.). Dunand. Laigniez aîné et Cie. Picot Vve aîné et Cie. Roesch (A.), et fournit. p. tailleurs. Schaufelberger (J. G.). Veillet (J.). et Sage.

Nouveautés. Bally-Rufini. Berthelet et Cie. Golay Berseth (Mme E.). Latard (L.) et Cie. Meyer frères. Picard (Jb.) et Cie. Regard-Chapon. Weil (Alphonse). Wolf (Emile).

Ouates (fabr. de). — Zimmertin.

Soieries, rubans et nouveautés p. modes. — Arnichand (M.) et F. Valloton. Badan (L.) et Cie, gros. Bloc (Mme J.). Cusin (E.) et Cie. Forest et Cie. Gaudin et Delapraz, soieries, rubans, passementeries. Frey-Vincent. Goudard (Ches). Flegenheimer-Nordmann (M.), en gros. Kolliker-Mottu. Labarthe (Edouard), et passementerie. Latard (L.) et Cie, Long-Bousquet (Vve) et fils. Malan (J.-P.) et Cie. Marcellin, Guillermet et Cie, soieries et châles. Mussard (A.) et Cie. Rouff (Léon).

Tailleurs-confectionneurs. — Bertheim (H. et A.). Blum frères. Heymann. Uhlman.

Tissus laine, coton, etc., et toilerie en gros. — Basset (Jean). — Brolliet frères et Cie. — Diel et Lafond. — Dreyer (Nic.). — Dubouloz (A.). — Gardy, Shaufelberger et Cie. — Gay et Ducret. — Genoud (Alfred) et Meunier. — Lewein (Melchior), toilerie. — Hirssig (S.) et Sanguinède, tissus blancs. — Held, Annevelle et Cie, nég. — Hess et Chabanel, art. anglais. — Jaquemet (G. H.) et Cie, tissus en gros. — Jacobi fils et Cie, nég. — Jouard (François), m. de gros. — Mottet (Marc), commission. — Rudolph (C.) et Cie. — Vivien (John), commission. — Wetersmann (P.), tissus anglais.

Tulles, art. de blanc et dentelles. — Berard et Arthaud, en gros. Chamay frères. Chenevard, Rojoux et Cie. Coderey et Cie. Delaquis (Ch.) et Cie. Dreyfus (Martin) père et fils. Frey-Vincent. Gaden (F.). Giessler (H.) et Cie. Jouard (François). gros. Natural (Alphonse). Robert-Falk (Mlle). Vaucher (Mme). Vaucher (Marie).

CANTON DE GLARIS.

Glaris.

Commiss. en marchandises. — Riss. H. Streiff fils. F. Trümpi, expéditeur. Enderlin et Jenni. Paravicini frères.

Coton (filat. de). — Blumer frères.

Indiennes, impressions sur coton. — Blumer (H.). Brunner (H.). Glarner (M.). Heer frères.

Luchsinger, Elmer et Oertly. Muller et Knell. Steiff frères. E. Trumpi et fils. Trumpi (G.) Trumpi jeûne et Cie. H. Tschudi.

Soieries (fab. de). — Trumpi frères, Trumpi jeune et Cie. Trumpi, Heer et Cie. Trumpi (F.).

Teinturerie en rouge. — Staub et Cie.

CANTON DE LUCERNE.

Lucerne.

Banque, expéditions et change. — Balthazar, Mayer et Cie. J. Mazzola et fils. F. Knœrr et fils. S. Crivelli et Cie. J. J. Blankart. Schnyder et Mayr.

Rubans (manufact. de). — Martin Nigg, fabr. de rubans en filoselle dits padoux, lacets soie et fleurets.

CANTON DE SAINT-GALL.

Saint-Gall.

Apprêteur de mousselines. — Bischoff J. Nicolas Mesmer.

Banque cantonale, Directeur. — Baenziger.

Banque. — Crédit-Suisse-Allemand, Direct., Kussemberg.

Banque de Commerce. — Directeurs : Gonzenbach et Kursteiner.

Banque fédérale de Berne (succursale de la). — Directeur, Ritz.

Banquiers. — Brunner, Jacob. G. Kœberlin. Mayer-Finsler. J. J. Mayer fils. Weyermann (J. J.).

Blanchissage et impression sur étoffes (coton). — Tribelhorn (J.).

Cotons (impressions sur). — Kelly (J. J.). Sturzenegger-Nef (L.). Tribelhorn (J.).

Coton (nég.). — C. de J. J. Weyermann. J. J. Schlapfer. Honegger et Wuelty.

Draperies. — G. Happenzeller. Delisle et Cie. J.-R. Kradolfer. E. Rheiner. J.-A. Schuster et Stoffel.

Lin (filature de), au Sitterthal. — Seutter et Cie.

Mousselines unies et brodées et broderies fines au plumetis. — Baenziger (J. J.) et Cie, représ. à Paris. Baumann et Cie, représ. à Paris. Querette et Cie, m. à Leipzig. Brunner (J. J.). Fassler (B.). Fehr (J. C.), représ. à Paris. Gerstle (M. R.). Haussser (E.). Goetz et Kunzlé. Heinz et Staengel. Holzumahaus. Hirschfeld frères. Holderegger et Cie, représ. à Paris. Jackowsk (Isidor). Kirchhofer (J. G.), Koellreuter (Félix) et Cie. Lachez-Bleuze, m. à Paris. Mayer frères et Cie. Mons-Zublin, fab. de brod. méc. Poulez et Cie. Rittmeyer (B.) et Cie, fab. de brod. méc. Rauch et Schaeffer, m. à Paris, à Londres. Schaefer (G.) et Cie, Londjon. Schaffhauser (J.), Schiess (J.) et Cie. Scholinger (C. A.). Schlatter (G.) et Cie. Schlaepfer, Schlatter et Kursteiner, broderies ; représ. à Paris. Stierlin Zurcher (G.), représ. à Paris. Weyermann (G. de J. J.), Sulzberger et Cie.

Négoc. en tissus de coton. — Becker (F.). Bruderer frères. Durler (J. B.). Goetz et Kunzlé, représ. à Paris. Gonzenbach frères.

Soieries. — Leuze frères. A. Leuze et Rall. Sax frères. J. P. Schirmer.

Toiles de lin. — B. Baerlocher et Cie. Gozenbach frères. C. de J. J. Weyermann. Zublin frères et Cie.

CANTON DE SCHWIZ.

Einsiedeln, ou Notre-Dame des Ermites.

Fil de coton (fabr. de). — Gyr frères. Hurlemann-Buhler.

Gersau

Etoffes de soie et fleurets (fabr. d'). — Camenzind (Gaspar-Louis). Camenzind frères et Cie. Camenzind (J. M.) et fils.

CANTON DU TESSIN.

Bellinzone.

Banquiers. — Bonzanigo frères.

Soie (filature de). — Bonzanigo frères. Paganini et Molo.

Chiasso.

Soie (déchets de). — Moerlin (S.).

Lugano.

Déchets de soies gréges et cardées. — Torricelli frères.

Tissus en gros. — Brunner et Steiger. Marganti et Cie. Weber et Cie. D. Endernlin. Jeuni et Cie.

Loco.

Tresses de paille et chapeaux (fabr. de). — Dehiorgi (A.). Russo (T. M.). Schira frères. Schira (D.).

CANTON DE VAUD.

Lausanne.

Banque cantonale vaudoise. — Directeur, Cottier.

Banque fédérale (succursale de la). — Koch, gérant.

Union vaudoise (société de crédit mutuel). — Directeur, Curchod (Ls.).

Banquiers. — J. J. Alder. Bory et Hollard. Bessiere (Ch.). Brun (Jules). Bugnion (Ch.). Carrard (C.) et Cie. Clanel (F.) et Cie. Dubois-Renou et fils, commiss. Hausamann (G.). Marcel (S.). Tissot (E.).

Bonneterie (en gros). — Weith (Jean).

Caoutchouc manufacturé. — Perrenz (J.).

Chapeaux de paille (fabr. de). — Soutter-Borgeaud.

Coton (filat. de). — Renou (Alex.).

Cotons filés. —Campart (J. et C.). Juat (Ch.). Renou-Burnens fils.

Draps (fabr. de). — Renou-Burnens fils.

Draps, lainages et tissus divers en gros. — Bonnard (F.) et fils, soieries, châles, etc. Dupertuis et Robichon : m. de gros. Fabre. Frey-Curchod. Hoffmann (J. H.). Wild et Cie. Wolf, Mas et Cie.

Gants (fabr. de). — Brouillet. Lubac.

Laine (filat.).— Blanc (Phil.). Renou-Burnens fils.

Mercerie (en gros).— Faïlletaz (Louis). Giroud (Vve) A. Schepfer (P. F.). Weith (J.).

Nouveautés. — Bonnard (F.) et fils. Borgeaud. Depassel (J.) fils. Glass et Bornand. Picard (Jh). Vegman et Vaney. Vidoudez (F.).

Rubans. — Blanc (Gabriel). Lassueur (E.). Huit (Marin).

Sarraux (fabr. de). — Frick et Fugli. Juat-Sessier et Cie, en gros. Bachmann et Cie. Schaffter et Cie, manuf., export.

Toiles de fil et de coton (fabr. de).— Campart (J. C.). Renou (Alexandre).

CANTON DE ZURICH.

Zurich.

Consul des Etats-Unis d'Amérique. — J. R. Fairlamb.

Banque. (Société de crédit suisse). — Martin, directeur.

Banque (Banque de Zurich). — Directeur, Finsler.

Banque fédérale. — Directeur, Stadler.

Banquiers. — Hardmeyer (J. R.), Comptoir d'escompte. Pestalozzi (L.). Ris (A.) et Cie. Meyer et Pestalozzi. Héritiers de Schulthess (Gaspard). Tobler-Stadler.

Apprêteurs.— Faësi. Gottenkieny (H.). Blunschli-Dendliquer. Streler.

Broderies et articles de blanc suisse (fab.). — Tanner et Cie. Weil (Léopold), et dentelles.

Chapeaux de paille (fabr.). — Arbent. Dür.

Chapellerie (fournitures et matières premières). — Hanhart (J. J.).

Commissionnaires en marchandises. — Dreyfus (Louis) et Cie. Egli (J.). Eidenbenz Hermann, étoffes de laines. Escher et Pestalozzi. Freuler (B.), coton écru et tissus et filés de coton. Frey et Steiner, cotons et soies écrues. Guhl (J. H.) et Cie. Fierz (Henri), étoffes de soie, soie écrue, tissus de coton. Hirzel (J.). Krauss (G. C.). Scherb (Arnold), soieries pour le Levant. Schinz et fils. Seeburger, agent de Arlès-Dufour et Cie, de Lyon. Blattmann et Kesselring, soieries. Ehrismann (J.), coton filé. Hodieux, soierie. Ruegg-Blass, soie écrue.

Commissionnaires en soieries. — Abegg et Rubel. Auer (Jean). Baumann-Zurre. Henking et Kunkler, au Mülibach. Kutter. Luckemeyer et Cie ; m. à Lyon, à New-York et à Leipsig. Nordheim (Emile). Goedel (C.) et Goedecke ; m.

à New-York. Honegger et Lavater. Knüsly-Kappeler (J.). Loeschigk, Wesendonk et Cie. Meyer (John) jeune. Neumann frères. Papasian (H.) et Cie. Person (A.), Harriman et Cie ; m. à Paris et à New-York. Ris (D.). Randel et Abegg. Roguin, Hoffmann et Cie. Schwarzenbach Imhof, et en soies ; m. à Lyon. Warburg (R. D.) et Cie ; m. à Hambourg, à Lyon, à Paris et à Vienne (Autriche). Weber et Wild. Anrès (A.), m. à Lyon. Favier et Cie. Doebeli (T.). Gubser et Leemann. Hauser frères. Mathey (G. A.), m. à Paris.

Coton (filat. de). — Escher-Wyss et Cie. Kunz (H.) et Cie. Schmidt-Henggler et Cie. H. Strickler. Trumpler et Gysi. Wild (Jean). Doebeli (T.).

Coton écru en gros. — Bindschedler (F. R.) et cotons filés. Daeniker (G. G.). Escher et Pestalozzi. Finsler. Hanhart-Ziegler. B. Freuler, coton écru et tissus et cotons filés. Krauss (G. C.). Schultess et Tobler. Staub et Hottinger. Scherb (Arnold). Trümpler et Gysi. Witz et Boshard.

Courtiers pour la soie.— Baldy-Balber. Meyer. Pestalozzi (J.). Reinacher (H.). Reinacher (U.). Tobler. Bosch-Demser. Krauss (G.).

Déchets de soie. — Bavier et Cie, et frisons. —Oschwald (J. U.). Scherb (Arnold).

Drogueries. — Bachofen (Conrad). Gasteli (J.). Kerez et Schultz, teint. et impress. Finsler (J.). Caden (Friederich), p. teint. et impress. Mahler frères.

Filature de fleurets ou schappes. — Escher (G.). Escher (J. G.).

Gaze de soie pour blutoirs (fab. de).— Bodmer (H.). Reiff Huber.

Laines brutes en gros.—Hauhart (J.J.). Schinz (J. G.).

Laines filées. — Durot (N.). Gubser-Leemann. Wichelhausen (J.) et Cie.

Lin (filat. de). — H. Strickler, et chanvre.

Lingerie. —Bachmann (H.). Hurlimann-Hurlimann. Brunner et Hecht.

Mercerie en gros. — Bar (J. R.), fourn. p. tailleurs. Bloch-Esslinger. Kissel et Retsder. Meyer Bischoff et Cie. Schmid et Hintermeister. Schwarzenbach et Gross. Singer (Ch.). Stierlin (Louis). Sutter-Staub. Wegmann et Arnold. Widmer et Grob. Wuscher (Aug.).

Nouveautés, lainages, tissus. — Brupbacher (Salomon). Doebeli. Gugolz (J. C.). Jelmoli et Cie. Otto-Andreæ, en gros.

Passementerie. — Altorfer (F.). Altorfer (H.). Bartenfeld-Wirth (P.). Burkæer (J.). Hubert et Bryner. Locher (Conrad). Schwarzenbach et Gross. Muller (G.). Werdmuller (Guill.).

Rubans et boutons. — Bernheim et Cie.

Soies écrues en gros. — Abbegg (Jules), Seeburger agent de Arlès-Dufour et Cie, de Lyon.— Appenzeller (G.). — Bavier et Cie. — Bodmer (H.). — Bodmer frères. — Burkli frères. — Escher et Pestalozzi. — Escher (Jean-Gaspard). — Grebel et Lavater. — Henri de Daniel Muralt et fils. — Hess (Paul). — Meiss Reinhard. — Meyer (Melchior). — Muralt (H. C.) et fils. — Muralt et Ernest. — Oschwald (J. U.). — Rinacher Steiner. — Schwarzenbach-Imhof. Sieber-Waser. — Stater et Cie. — Steiner (L). et Cie.

— Usteri-Muralt et Cie. — Weber et Wild. — Zuppinger, Siber et Cie, m. à Bergame (Lombardie).

Soie (fab. en étoffes de). — Baumann aîné et Cie. — Bodmer (H.). — Bodmer-Finsler. — Brunner (H.).—Corrodi et Thomann.—Ernst (J. R.),unies au Seefeld.—Egg et Keller.— Escher (S).Finsler (G.et R.).—Hardmeyer frères.—Hirzel et Schultess. — Hüni et Zeuner. — Jost et Cie. — Meiss (Hans). — Meyer et Cie. — Meyer (John) jeune. — Naegeli, Wild et Blumer, unies et nouv. — Noz et Diggelmann, nouv. — Papasian (H.). — Ritter et Pestalozzi. — Roth (Gaspard). — Rütschi (S.) et Cie. — Schaerer (J.). — Siber (L. de J. R.). — Staub. — Stocker (J. C.). — Suter (Henri). Streiff et Cie. — Wirz et Cie, unies et cravates. — Zeller (Henri). — Zeuner et H.

Soie à coudre et moulinage de soie. — Bede (J.) et Cie. — Burkli frères. — Hauser et Biedermann à Astellen.

Teinture en soie. — Koch (J. Gaspard). Hensler (H.). Reuttinger. Zeller (Jean), toutes nuances.

Tissus anglais, français et autres en gros. — Arnold et Neukomm. Groch. Lepfi et Ledergerher. Otto-Andrae. Siehenmann (Ulysse). Steiner et Bryner. Thomann et Schupisser.

Toilerie, linge de table et tapis. — Jaeger (J. G.) et fils. Rall (G. D.). Rall et Passauer. Rall, Salzer et Koch.

Toiles peintes (fab.de).—Holfmeister.

Tulles et dentelles en gros.—Weil Léopold.

Tulles, dentelles et broderies en détail. — Flachsman (J.). Haab (H.). Brunner et Hecht. Reif (Mme).

Blumenthal.

Tissus de soie (fab.de). — Schwarzenbach frères Zeitweg.

Eichthal.

Bourre de soie (filat.mécanique de).—Brennwald.

Coton (fab. de tissus divers de). — Flecknestein-Rheyner. Heusser.

Horgen.

Bas (fab. de).—Schelling et Cie.

Cardes (fab. de). — Leuthold.

Produits chimiques. Landis frères.

Soieries (fab.de).—Baumann et Streuli. Burkhart et fils. Hohn et Staubli. Huni-Stettler. Rottenschweiler-Huni. Stapfer-Hüni et compagn. Stapfer (les fils de J.). Naegeli. Widmer-Hnn (J.-J.).

Hottingen.

Produits chimiques (fabr. de). — F. Hæpe et Cie.

Etoffes de soie (fab. de).— Rutschi (S.) et Cie.

Kilchberg.

Soieries (fab.de).—Schwarzenbach (J.J.).

Kussnacht.

Coton (filat.).—Vogt et Wild.

Soie (étoffes de). — Kaegi-Fierz (J.) et Cie. Schmidt (C.). Schultess frères.

Maennedorff.

Banquier.—G. Bindschaedler.

Coton (filatures de). — H.de J. Billeter. Brumer (A.).

Coton (fabric. de tissus de). — Billeter et Oetiker. Braendli (S.). Staub frères et Cie.J. Zuppenger.

Etoffes (march.). Gugolz frères. R. Nard.

Soierie (fab.de). — Zuppinger (J.). Zuppinger (R.) et fils. Winkler (J.).

Velours de laine et soie pour tapis et ameublement (fab. de).—Zuppinger (Th.).

Mellen.

Coton (filat.).— Kindlimann et Amsler. Reyhner (E.).

Coton (impr.).—E. Reyhner.

Soie (filat.).— Hotz frères.

Soieries (fab. de). — Fenner (G.). Sureman et Cie.

Mettmenstetten.

Soieries (fab.de).—Syfrig (J.J.), diverses qualités de marcelines, cadrillées, taffetas noir, etc.

Neumunster.

Soie à coudre et à broder.—Beder (J.) et Cie.

Soieries (fab. de).—Ernst (J.K.). Sieber (J.-F.).

Richterswell.

Coton brut en gros.—Bachmann (J.).

Coton (filat.de).— Schocs (J.R.), à Walleran.

Coton (impr.de).—Rieter. Zugles et Cie.

Coton (tissage méc.de).— Frey (T.), à Walleran.

Soieries (fab. de). — Egli (J. C.) et Cie. Landis (H.). Ruegg et Cie.

Seefeld

Soieries (fab. de). — Ernst (G. Rodolf). Lussy et Cie. Roth (Gaspard). Wirz et Cie.

Stæfa

Coton (fab.). — Hurlimann (J.).

Etoffes (march.). — Hurlimann (J.). Lehmann (S.). Lehmann (J.). Pfenninger (J.). Schuetess (A.).

Moulins à soie. — Huber (P.). Sporri (H.).

Soie (filat.). — Beuhger (J.). Engel (P.). Heitz-Weber. Næf (J.).

Soierie (fab.). — Ryffel et comp. Stapfer et Cie.

Teintures en soie. — Weber-Billiter.

Thalwyl

Filat. de coton. — Schmidt (Wieland) et Cie.

Draps de soie (fab. de). Naef et Schwarzenbach.

Soierie et coton (fab. de). — Amann (J.). Hauser. Naef et Schwarzenbach. Schmid. frères. Schwarzenbach-Landis (J.).

Toiles peintes (fab. de). Hotz frères et Cie. Koelliker. Jost et fils. Staub. Wieland et Cie.

Uetikon

Tissus de soie (fab. de). — Flury (J.).

Filoselle (fab. de). — André Bindschelder.

Uster

Filat. de coton. — Bœmgli et Bachmann. Escher. Hotz. Zangger (H.).

Filat. et atel. mécan. — Boller (J. H.). Huber (G.). Uster (N.). Trumpeler et Gysi.

Filoselle (filat. de). — André Bindschedier, dépôt à Lyon, chez Arlès Dufour et Cie, à Nimes, Hugon et Cie, à Milan, Cesare de Antoni, Maccia et Figlj, G. Mora et Cie.

Tissus de coton (fab.). — Claes (R.). J. Weber. J. N. Weiss.

Waedenschwyl

Coton (filat.). — Mantel et comp. H. de J. Billeter.

Coton (impress. sur). — Lehmann (G.).

Coton (fab. d'étoffesde). — Rensch et Hauser. G. Treichler.

Draps (manuf.). — Eleckenstein. J. Isler. Rensch el Hauser. Walder.

Ettoffes en laine et toiles (march.). — J. Brupbacher (Vve).

Produits chimiques. — Brendli et Cie. Hauser et Cie. Pestalozzi et Cie.

Soieries (fab. de). — A. Gessner. U. Hauser. Oetiker. Hurlimann. Trumpler et Cie. Zinggeler frères.

TURQUIE

ROUMÉLIE.
—

Constantinople, capitale.

Banquiers :

Ottomans.— Abdullahian Michael (B.) et fils, Zindjirli-kan, 9.
— Alfassa (N. M.) et fils, à Galata.
— Boghos-Bey Missirlioghlou, O. ✳, à Stamboul, Yénikan.
— Carapano (C.), Méhémed-Ali-Pacha-kan.
— Cristaki-Effendi-Zografos, à Kara-keuï, Méhémed-Ali-Pacha-kan.
— David, Sadok et fils, à Galata.
— Guzel (Pierre) et Cie, à Glavany-Khan 6.
— Haïm-Hettem (C.), à Stamboul.
— Hettem (A.), à Stamboul.
— Nahmias frères et Bajona, à Galata.
— Quema et Botton, à Galata.
— Samuel Tazarti, à Galata.
— Sterio (P.), à Galata.
— Tavoukgi et Pekmezian, Déalir-kan, 11 Galata.
Anglais.— Black Nixon (J.) et Cie, à Galata.
— Hanson et Cie, Perchembé-Bazar.
Autrichiens.— Badetti (S.) à Perchembé-bazar.
— Ullmann (O.), à Galata, Camondo-kan.
Français.— Caporal Abbott et Cie, à Kara-keuï, Méhémed-Ali-Pacha-kan.
— Gravier et Hayler, commission, consignation et représentation.
— Lorando, à Galata, r. Voïvode 4.
— Rigaudias (L.), à Perchembé-Bazar, r. de la Banque 2.
Grecs.— Caliyero (G.), à Galata.
— Camaro Clado et Cie, à Kara-keuï.

Grecs.— Castelli et Agelasto, à Galata, Halil-pacha-kan.
— Cosma Demetriadi, à Galata.
— Gallatti et Spiaky, à Galata, Kourchoum-kan.
— Mavrocordato Blessa et Cie, à Galata, Halil-pacha-kan.
— Nomico Ismyridès et Cie, à Kara-Keuï. Halil-Pacha-kan.
— Scalieri, à Kara-keuï, Méhémet-Ali-pacha-kan.
— Schilizzi et Eugenidi, à Galata, Kourchoum-kan.
— Sgutta (C. L.) à Kara-keuï, Mehemet-ali-pacha-kan.
— Singros, Coronio et Cie, à Galata.
— Socrate-Homère, à Galata, Halil-pacha-kan.
— Sterio (P.), à Galata.
— Zafiropulo et Zarifi, Halil-pacha-kan, à Galata.
Italiens.— Bernardo-Corpi, à Galata.
— Boccardo (F.), à Galata.
— Camondo (J.) et Cie, à Galata, Camondo-kan.
— Caro (V.), à Galata.
— Corpi (G.), à Galata.
— Luzena (G.), à Kara-keuï.
— Thalasso (G.), à Galata.
— Tubini et Corpi, à Galata, Camondo-kan.
— Viterbo (G.), à Galata.
— Lebet (D.) et fils Victor (Suisse.)

Négociants étrangers et indigènes.
(Importations et exportations en gros, commission.)

Acatos (N.), Hourchoum kan. (Grec.).— Adler (A. E.) (autrichien). — Agelasto Varo et Cie, à Galata. Halil-pachakan. (Ottomans). Agopian (M.), à Stamboul. Vaïldé-kan. (Ottoman).

Agop Margossian ; m. à Paris (ottoman). Alexiadi frères, à Stamboul, Zumbul-kan. (grecs). Ali-mansfer (A.), à Galata (français). Anastassiadi (S.), à Galata (grec). André Vagliano, à Galata, Pestelmedji-kan. (russe). Antoniadi frères, à Stamboul, Zumbul-kan (grecs). Arpagian (M.), tissus en gros, Zumbulli-Khan, 4 (russe). Artin Kapamadjian, à Stamboul, Validé-Kan. (ottoman). Artin Saxohanian, à Stamboul, Validé-kan. (ottoman). Azarian père et fils, à Galata ; m. à Boston : V. Azarian et Cie. (améric.).

Badetti (E.), à Galata, Méhémet-Ali-Pacha-kan. (italien). Baker et Hayden, rue de Péra, 720, étoffes anglaises (anglais). Balzac Helbig (Y) et Cie, à Galata (belge). Barbier (A.) (autrichien). Bassano, à Kara-keuï. (italien). Buttus (Louis) (français). Bavastro (Jean) (italien). Belli (autrichien). Belhomme (F.), commissionn. (français). Benadi et Del-Porto, à Galata (italiens). Benzonand (A.) (ottoman). Blanchet (Augustin.). Bourcieret Cie; m. à Paris (français). Bruggiotti et Cie, à Galata, Sahatji-kan (italiens). Brettners (autrich.).

Calaroni et Cie (russe). Calvocoressi (D.), à Stamboul, Validé-kan. (russe). Calvocoressi (M.L.), à Stamboul (russe). Calvocoressi (M.), à Stamboul (grec). Canuna frères, à Galata, rue Merta-bani (italiens). Curlinot frères et F. Salzani, à Stamboul, Tidjaret-Kan; m. à Paris (français). Condopulo (A.) (grec). Constantinidis (R.), à Stamboul, Zumlu-kan (grec). Cossudi (Th.), à Galata (grec). Cricozzo et Vuisamachi, à Galata (grec). Cristopoulo (G.) fils, à Stamboul, Zumla-kan (grec). Crysovoloni, à Galata (grec). Cuppa (G.), à Galata (anglais).

Dédéyan (Serkiss-O.) ; m. à Paris et à Smyrne (ottoman). Delta (G.), à Galata (russe). Diguran Kurdjian ; m. à Paris (ottoman). Dimitracopoulo (D.), à Galata, Kourchoumlou-kan (grec). Dupuis (L.) et Cie (français). Dupuis (P.) et Cie (français). Dussi (K.), Méhémet-Ali-Pacha-kan. (italien). Fachri (M. N.), à Galata (grec). Falanga (A.) (français). Falanga (Nicolas) (anglais). Fernandez (D.) et Diaz, à Galata (italien). Fernandez et Giorgiado, à Galata (italien). Fotiadés frères, à Stamboul (grecs). Francis (N. A.), à Galata (italien). Franco (K.), à Galata (italien). Frank et Adler, Perchembé Bazar (autrichiens). Frederici (M.), à Samboul, Validé-kan (autrichien). Fuchez et Cie ; m. à Paris.

Geidamberg (J.) (allemand). Georgiadhi (B.) (grec). Gerder et Guggiasi, à Stamboul, Mathieu-kan, 4 (allemand). Gienni frères, à Galata, Kourchoum-kan (grecs). Glavany (D.) fils et Cie, à Galata (français). Glavany (J.) fils et Cie, à Stamboul (français). Goll (Jean) et fils, à Stamboul (allemand). Grace (G. E.), Perchembé-Bazar (anglais). Gravier et Hayler, commission, consignation. Grombach et Ulmann, r. de Péra, 226 (français). Guggiari, à Stamboul. Chinili-kan (italien). Guidici (G.) et fils, Perchembé-Bazar (français). Gustiniani (B.), à Galata (italien).

Harentz et Cie, à Stamboul, Validé-Kan. (ottoman. — Hazzopoulo (C.), à Stamboul. (grec). — Heinemann (J.) et Cie, à Galata. (autrichien). — Hendlé (S.) et Migliaressi, commissionn., mais. à Furth (Bavière), (allemand). — Herm A. Holstein, repr. à Paris. (allemand). — Hermann Blarfeld, à Galata. (allemand). — Honneger et Pirjants, à Stamboul, Tidjaret-kan. (suisses). — Hossepian (C.), à Stamboul, Validé-kan. (ottoman). — Hunanian (K.), m. à Paris. (français).

Inglessi (A.), à Galata, Kavlar-kan. (russe). Kamber (G.) et Cie, m. à Verviers (Belgique).— Kanna frères, représentation. — Kerr (G.) et Cie. (anglais). — Kuhn, Galata. (autrichien). Lafo laine et Cie. (anglais). — Lamb (C.), Perchembé-Bazar. (anglais). — Lebet (D.) et fils Victor, à Galata. (suisses).—Linker (M.), articles de Paris. (français).—Lisenberg (C.), Péra. (autrichien).—Luzatte (F.).(français). — Lysen (A.) et Cie, à Galata, Yéni-Camondo-Kan (russe). Mariniteli (M.G.). (autrichien). — Mathieu frères et Cie, Stamboul. (français). — Mavrocordato (A. P.), à Galata, Halil-Pacha-kan. (belge). — Menshausen, Holstein et Cie, à Galata. (autrichien).—Michel (Antoine) et Cie.(français).—Michel Sverono, à Galata. (grec). — Minasian (S.M.) et Cie, américain, à Galata. — Mir frères et Cottereau, à Péra et à Paris. (français). — Monnier (Emile) et Cie, à Perchembé-Bazar. (suisses).— Morton et Bell. (anglais). — Muller (F.) et Cie. (anglais).

Nicolaidi frères, à Galata. (grecs).
Paillé (B.P.), m. à Paris et à Marseille. — Pester et Zehnder, à Stamboul (autrichiens).—Perti à Galata (italien).— Pinède (Jules). (français). — Popp et Cie, à Galata. (autrichiens).
Palamary (A.), à Galata.(grec).—Parry et Cie. (anglais). — Pasqua et Blanchet, à Galata. (italiens). — Pedemonde et Dodero, à Galata. (italiens.

Ractivand (D.), à Stamboul. (grec).—Ralli (A. A.), à Galata. (grec). — Ralli (E.), à Kara-keuï, Méhémet-Ali-Pacha-kan.(russe).—Ralli,à Stamboul, Tidjaret-kan.(russe).—Ralli (Jacques D.),à Stamboul. (grec).—Rampacher et Cie, Perchembé-Bazar. (belge).—Revelaki, à Stamboul, Achir-Effendi-kan. (anglais). — Rippen et Allen. (anglais).—Riso et Catinatis, à Galata. (grec).—Rodocanachi et Agelasto, à Stamboul, Validé-kan. (grec). — Rolli (Antoniadis), à Galata. (grec). — Rosenfeld et Cie, agents de fabriques, Perchembé-Bazar, 17. (allemands).

Riso frères, à Stamboul. (grec).
Savalan (David). (russe).—Schawb et Schildze. (anglais).—Seager (J.) et Cie, Perchembé-Bazar. (anglais). — Sechiari frères. (grecs). — Seuver (J.).(autrichien). — Sevastidi frères et Mileoff, à Stamboul. (grecs).—Sevastopoulo (G. S.), à Galata. (grec).—Sinapian (Jean) et Cie, articles p. teintures et impression, laines, coton, soie, frisons. bourres et cocons. — Sofiano (D. A.), à Stamboul. (grec). — Souvatzoglou frères et Cie, à Stamboul. (grecs).— Souvatzoglou et Spyridonidi, à Stamboul. (grecs). — Stamadi N. Agelasto, à Stamboul. (grecs).—Stamati M. Agelasto, à Galata. (grecs).—Stavro (M.), à Stamboul. (grec). Stern (N.).(autrichien).

Tamwaco (G. N.), à Galata. (anglais).—Tapino (D.), à Stamboul, Mathieu-kan. (grec).—Theologo (H.) fils, à Galata. (grecs). — Tiano (M.J.), à Galata. (autrichien). — Trano (G.), à Galata. (grec). — Trevez (S.N.), à Galata. (ottoman). — Tzola, à Stamboul, Validé-kan. (grec).

Velitz, à Galata, Yuksek-Kaldirim. (américain).— Vucciano (Z.) et Cie, à Stamboul. (autrichiens).

Wahltuch (Ch.), achats et ventes de fonds publics, à Stamboul, Mathieu-kan. (allemand). — Watzon et Cie. (anglais.). — Wehaguth. (autrichien). — Werth (F.), à Galata. (allemand). — Wilkins et Cie. (anglais). — Williams (J.). anglais).—Wollenschlæger (C.), à Stamboul. (français). — Wright. (anglais). — Yenidunia (T.), à Galata. (ottoman).— Yussofian (A.), à Stamboul. (ottoman). — Zacharoff (Z.). (russe). — Zaïloffe. (autrichien). — Zanno, Serrffi et Cie, à Galata. (grecs). — Zerlendi (M.) fils,à Stamboul.(grecs). Zerlendi (N.M.), à Stamboul. (grecs).— Zininia (N.). (français).

Andrinople.

Négociants français.— Barbusse. G. Vernazza et fils. A. Thalassinos. Louis Richard. A. Desples. Horwat. Pierre Ziptje. Skilitzi, et Argenti. Joseph Dorphoni. Tardieu.

Négociants italiens.— P.Vernazza fils et Cie. B. Badetti. Albala.

— anglais.—G. Schnell et Cie. L. W. Wilsshire. Hadji. Kiriatji.

— russes.—L. Fonton.

— juifs ou ottomans.— N. Alfosso et Cie. Niessem Avidor. B. Nissim. Sadrik. Alfassa. Erra Backar Ichoua.

ALBANIE.

Basse-Albanie.

Janina.

Consul de France. — Ernest Crampon.

Banquiers. — N. Athanasius. S. Cohen. Liambey.

Négociants. — M. Alcaley. Besso. Cipollina, vers à soie. Coffini. Lappas. Morigi. Mélas. S. Mossé.

Haute-Albanie.

Scutari.

Consul de France. — Gabriel Aubaret O. ✳.

Négociants. — Philipe Bérovich. G. Bianchi, tissus, laines, soies. André Ciobba, tissus, laines. A. Musani tissus. Giuseppe Paruzza, laines,soie. Pietro Scirocca, soie, vers à soie, Giovanni Somma, soie, bois de teinture.

Smyrne.

Banquiers. — Banque impériale ottomane.— D'Andrea. Lechner et Cie. Cousinery et fils, de Cramer frères. Maynetti frères. Sebbah et Summa.

Chapeliers. — Calicich frères.

Négociants français. — Acassoglu frères. Allioti frères. Arachtingi frères. Armao Georges. Atessoglou frères. Axarli frères. Badetti F. Balladur Jacob. Balladur frères. Bali frères. Balthazar frères. Barry frères. L. Belhomme. Bonnall. Alex. Bürnens et Cie. Castellan (J.). Castor. Corsi Ch. Corsi Fr. — Cousinéry et fils. Cuyumgian frères. N. Dromocaïti. Dutith et Cie. Elmassiann frères. Essayar frères. Faesch. Farkoa. Frédéric Giraud. Frederici et Cie. Fondra frères. Fr. Giraud Ant. Gondran. Gonzenbach. Gout brothers. Hampsi frères. Loomann Hoffmann et Cie. Mihière. A. Pagi et fils. H. Perroud. L. Pons. Raïly. Reggio et Belhomme.

Routier Jh. et Cie. Routier et Mainetti. Rueg et Cie. Salzany, Lochner et Cie. Scheitling. Ziegler et Cie. Melcon Oscon.

Négociants étrangers. — Agob Zachian. P. Aliotti. D. Amira. Arachtingi. F. Baltazzi. Sophocli. Badetti F. C. Blacker. Braggiotti Marius. Coulmassi. Cramer et Cie. Cuyumgian frères. Cuvelas. Hercule. A. Constant. Dalumi et Cie. D'Andria Jh et Cie. D'Andria A. O. Dédéyan m. à Paris, à Constantinople. Demiro. Dromocaïti Nicolaki. Ekisian H. Elmasian frères. Essayan frères. Euriques Abr. Galati. Gont. Gout frères. Aug. Honischer. Issaverdens L. Jellinghouis et Zschimmer. Knechtel et Cie. Kohler et Cie. Kottmeier. Kraüse et Cie. Kuhn. Lattran Pierre. Lattry. Lévi G. et B. Marcella et Marcopoulo. Malcozzi. Marcosoff frères. Mardetis frères. Mayer et Cie. Pagy et fils. Papasian frères. Papazoglou frères. Paterson et Cie. F. B. Rees. St et Cie. Reggio. C. Rizzi, représ. à Paris. Rose et Cie. Rousso T. et fils. J. Ruegg et Cie. Salzani, Lochner et Cie. Sava Dhimitroff. Schiffmann. Schmidt et Cie. Sévasto frères. Sidi Alex. Stoeckel J. M. Uhlich. Vemian frères. C. Whithat J. et Cie. Woolff. Wissing. Zamaria. Zerlendi.

SYRIE.

Alep.

Consul de France. — Bertrand ✳.

Maisons franç. — Altaras (A.). Altaras (H.). Altaras et Garcin. J. Pourrière. Vigoureux. L. Villecroze. D. et E. Villecroze.

Maison anglaise. — Gabbaï. C.

Maisons italiennes. — Marcopoli. Sola. Zalum. A. Sylvera. Vincent Marcopoli.

Maisons autrichiennes. — Altaras Piccioto. Hillel. Picciotto. Picciotto (M.). Poche frères et Cie.

Maisons suisses. — Streiff. Zollinger et Cie.

Maisons indigènes. — Assouad (Jh. Ant.). m. à Marseille. Bayazid. Daher. N. Homsi et fils. B. Homsi et fils. Nagoar (Ch.). Shaï.

Beyrout.

Consul général de France. — Alph. Rousseaux ✳.

Maisons françaises. — Barle. Crouzet, représ. de la m. Palluat et Testenoire de Lyon. Feautrier Galatti et Cie. Jartoux (A.). Kloëbe (Ed.) et Cie. Nicola Portalis. Reggio frères. Mourgues et fils. Pellegrin. Vautrier, représ. de la m. A Fine de Marseille. Duplan, représ. Courtot de Marseille.

Maisons protégées de France. — André Heer. Kloebe E. et Cie.

Maisons indigènes protégées françaises. — Naggiar. Nasser et Cie. Sagrandi. Yacoub. Tabet et Cie. Michel Medawar.

Maisons anglaises. — W. Black et Cie. H. Y. Hield. William Riddel. Whitechead.

Maisons italiennes.—Parodi. Pestatozza. Altina.

Maisons allemandes.—Laurella. Leith. Assad. Luticke E. Tabet. Wehner.

Maisons russes. — Boustros et neveu. Naoum Houri.

Maisons turques. — Abdallah. Beyhoum et fils. Hadji, Bekri El Aris. Hamadé frères. Zalzal frères.

Maisons indigènes. — Bextros Asfar. Malhamé. Ouakm Naggiar. Sursok. Tarrazi frères, négt. et banquiers. Tusso et Soussa. Tyan frères.

Damas.

Consul de France. — Routan ✳.

Maisons de commerce. — Daoud Farhi. Antoun Homsy. Marcopoly. Youssef Saidu. Sprtalisa Raphael Stambouli.

Jaffa.

Vice-Consul de France. — Jn. Et. Philibert ✳, chargé de la délégation consulaire d'Italie.

Négociant français. — J. E. Philibert.

Protégés de France. — Butros et Joseph Rech.

Emmanuel Diamanti. Francis Damiani. Halil-Saliba. Selim Azar. Tanous Nasser. Demitri Mussalli. Félix Pedroni.

Négociants anglais. — Haim Amzallak et Cie.

Protégés anglais. — Mathou Katato. Debbas. Ila. Zoghali.

Négociants américains. — Antoun Gdij Butros Aknouf.

— *Grecs.* — Giov. Meletio. Janni Cossena. Capit. Mikali. Pappaz.

Protégé prussien. — Metzler.

Jérusalem

Consul de France. — De Barrère, O. ✳.

Consul d'Angleterre. — James Finn.

Banquier. — M. P. Bergheim, agent et banquier.

VENEZUELA (ÉTATS-UNIS DE)

Caracas, capitale des États-Unis de Venezuela.

Consul de France. — Ch. de St-Robert, O. ✳, consul général et chargé d'affaires.

Négociants français. — R. Aradel. — H. Dubois. — A. Fleury et Cie. — J. Foucaud. — J. C. Maury. — L. Montauban et Cie. Montomat et Cie. — Nunès et Alvarado. — Pellier et Cie. — Peyers et Cie. — Tartaret et Cie.

Anglais. — H. Bulton et Cie (anglo-américaine). O'Callagham et Cie. Nevett et Cie.

Allemands. — Blokm Nolting et Cie. — Richter et Cie. — Rœhl frères. — Rueto Lesueur et Cie. — Schimmel et Cie. — L. Jarren et Cie.

Espagnols. — Marturel hermanos. — Goneli frères.

Italiens. — Boggio et Cie. — Battaro et Lasserre. M. Poggi.

Vénézuétiens. — Espino Rey et Cie. — Hernanday et Cie. — C. Léon et Cie. — Machado Elizondo. — Marcano frères. — Rojas frères. — Santana frères. — Sucre et Cie.

VILLES LIBRES HANSÉATIQUES

HAMBOURG (RÉPUBLIQUE DE).

Hambourg

Légations de France. — Bœufvé, consul-chancelier.

Banques et Banquiers. — L'Union de la banque. La Banque du Nord de l'Allemagne. Agence de la banque de Brunswig.

Cannes et joncs. — Meyer (H. C.), spécialité.

Laines (filat. de). Th. Jepson.

Négociants.

Adelsdorfer (S.), m. à Paris. — Alardus et fils. — Albrecht et Dill. — Alexander et Cie, tissus. — Anderson Hœber et Co. — Auffm, Ornt (C. A.) et fils, m. à Paris, et à New-York.

Bartels (J. P. L.) et Cie. — Bartholdy (Paul Mendels Sohn), banque. — Baur (J. H. et G. F.), à Altona. — Bauch et Durkeop. — Becker (J.). — Behn (A.). — Behrs G. et Co. — Behrens (L.) et fils, banque. — Beit (L. R.) et Co, affinerie d'or et d'argent. — Berenberg (J.), Gossler et Co. — Berenhart, Meyer et Jacoby, tulles. — Berger (P. J. H.), changeur. — Blancone, Klée et Co. — Bieber (F. D.) et fils. — Ding frères et Cie, m. à Paris. — Blause (J. D.). — Bock (H. C.), soieries. — Bollenhagen et Cie. — Brach et Schoenfeld, m. à Paris. Brandes (Jh) et Cie. — Brauss (A. H.) et Cie. — Brock et Schmars. — Brockmann et fils. — Bruckner et Albers. — Brunckhorst et Dichmann. — Ducking (J. F.), m. à Paris. — Burmester et Stavenhage. — Buss (F.) et Cie.

Caillet, Donop et Cie. — Coqui (F.). — Cordes (E. H. et D.), droguer. — Cordes (Joach.

Fr.). — Couvoisier (A.) et Co. — Crasemann (A. C.) et Cie.

Davenport (J.) et Co. — De Chapeaurouge et Co. — Del Banco (S. M.). — Del Banco (Ed.), plumes, édredons. — De Voss (H. F.). — Des Arts et Co. Dieckmann et Cie. — Donner (G. H.), à Altona. — Donner (J. C.), à Altona. — Doormann (A. C.) et fils.

Ebelling et Co. — Eck et Mailly. — Egert (B.). — Eggers (H. H.). — Eichhorn et Co. — Eiffe (F. F.), et Co. — Elmbeke et Schipman. — Eisenstuck et Co.

Esser (H.), bureau de renseignements.

Fahr (H.). — Falque et Cie. — Fischer et Sasse, drogueries. — Fraenckel (M. M.), banque.

Gubain (George). — Gerber (J.) et Cie. — Giesé (L.) et Cie. — Glaeser (J. H.) fils. — Gobert et Cie (A.), tissus. — Godefroy (Adolph). — Godeffroy (Jr Ces) et fils. — Goldschmidt et Co, export., et vrais mérinos. Gossler (Wm). — Gorrissen et Cie. — Graepel (J. H.), changeur. — Greve (Johs) et Co, import. — Grosz (J. F.). — Grossmann (P. H. W.). — Grossmann (Vve), changeur. — Grunewald (J.) et Cie, représ. à Paris. — Guilhauman et Co. — Guntrum (F.).

Hagedorn (E.). — Haller, Sœhle et Co., banque. — Hansing et Co. — Hartgen et Huba, baleine, cannes. — Harwitz, Meyer et Cie, tissus. — Hasche et Woge, drog. — Hastedt et Cie. — Heeren (Fried.) et Co. — Heine (S.), banque. — Hertz (B. J.) et fils. — Hesse Newman et Co, à Altona. — Hinsch (J. D.) et Co. Hochgreve et Vorwerk.

Idhal (Aug.).

Jackson et Beckitt. — Jacobi, Faletz et Co, représ. à Lille. — Jacobson, banque. — Jaffe frères. — Jaques (D.) et fils, banquiers. — Jenis h (M. J.), banq. — Jonas fils (H. A.) et Cie, affin. d'or et d'arg. — Johns (Ed.).

Kayser (R.). — Kœmmerer (G. H.) fils, banque. — Kielmann (Joh.), manufac. anglaise. — Kirchner, Fischer et Co. — Kleudgen et Co. Klors et Co, recouvr. — Kœhler (Wm). — Kolbe et Zimmer, m. à Paris. — Kopal (C. G.). — Kramsta et fils.

Lafrentz frères. — Lawaetz (H. F.) et Koch, à Altona. — Lieurs et Co. — Leithauser (Gust.). Lieben Konigswarter. — Lieman G. et Gelfecken, droguerie. — Loning (G.) et Kauffman. — Loesener, Nagel et Co. — Lorenzen et Dreyer. — Ludendorff (J. H.). — Kolbe et Zimmer, m. à Paris. — Lutgens (N. L.). — Luttereth et Co, banq. — Lutze (J. H.) et Co.

Martens et Baddecher. — Martienssen (G.), soieries. — Masfeld (Edouard), soieries. — Matthies (L. F.). — Matthiessen (Matth.) et Co, à Altona. — Maurice (Th.) et Cie. — Mayer (F. F.). — Meister (C. L. D.). — Meusing (C.), nacre, écaille et cannes. — Merck (H. J.) et Co. — Meyer (P. E.). — Meyer (H. C.) jeune. — Meyer Cohn et Cie, m. à Paris. — Michahelles frères. — Morgenstern (G.). — Mœring et Co. Muhle (H. L.) et Co. — Muller et Kessler. — Munchmeyer et Co. — Mutzenbecher (H.) et Co. — Mutzenbecher (J. D.) (les fils de).

Nathan (P.), fils, tissus de coton. — Nathorp Gabriel et Co. — Naldechen et Sind. Nolting (E.) et Cie.

Oberdœrffer Carstens. — Oehrens, droguerie. — Offroy (A.) et Co. — Oppenheim (A.) et Co. — Oppenheimer (H. B.). — Oswald (Wm) et Co.

Pehmœller (A. D.). — Pein (J. H.), rubans et fleurs artificielles. — Peltzer et de Bie. — Philip et Speyer; m. à San-Francisco. — Popert et von Halle. — Prencke (G. H.), gants en gros. — Raphael (H. J.), banque. — Rehardt (J. F. C.). — Reisig-Siemen et Cie. — Riege (H. N.). — Robrahn fils. — Rœck et Co. — Rœding (Vve H. L.) et fils. — Roosen (S. B.). — Rosenstern (F.) et Co. — Ross Vidal et Cie. — Rucher (F.). — Ruperti (G. A.) et Cie, laines. — Saalfeld et Israel, fils de coton et tiss., à Altona. — Salomon et Jacobson, achats d'art, allemands. — Schenck et Cie. — Scherr Wilson et Cie. — Schiller frères et Cie. — Schlüter et Maack. — Schmidt (G. F.). — Schmidt (Théod.). — Schmilinsky (H. W.) et Cie. — Schœen (A. J.) et Cie. — Schrader et Roosen. — Schrœder (J. H.) et Cie. — Schuback (J.) et fils. — Schubart frères. — Schuch et Cie, manuf. de rotins blanchis pour baleines de parapluies. — Schulte et Scheimann. — Seeger. — Siemers (G. J. H.) et Cie. — Siemsen (P.) et Cie. — Silberberg (S.); m. à Paris. — Sillem (A. H.). — Siemm (R. M.). — Smidt et Densiek. — Smith (E. J.) jeune. — Stansfield (J.). — Stuckjohann et Cie, Suse et Schwarz. — Steinhardt (J.). — Stresow (F. M. Eldans), banque. — Swaine (H. V.) et Cie.

Te Kloot (J.). — Testorp (F. J.) et fils. — Testorp frères. — Tidman, soieries. — Tiedge (Adolphe). — Tiedgens et Robertson.

Unbescheiden (J.).

Viguié (J.-F.), von der Beck (B.). — von Leesen et fils. — von Melle (T.) et fils. — Vortmann (C. M.) et Cie.

Wachsmuth et Krogmann. — Warburg (R. D. et Cie, soieries; m. à Paris, à Lyon, Zurich et Berlin. — Warburg (M. M.) et Cie, banque. — Warburg (Elias), banque. — Warburg (W.-S.), banque, à Altona. — Warneche (C.). — Wedeles (M.), soieries. — Weber et Schaer. — Weber (D. F.) et Cie. — Weinkauff et Hübener. — Weinstein (Bernhardt), agent de fabr. — Wiebe (C.) et Cie, changeurs. — Wœrman (C.). — Wolf (F. M.), tissus. — Wolf (C.-A) et Bausch.

Parapluies (fab.). — Behrens et Cie.

Rubans en gros. — Frankel et Feine. — B. Meyer et Cie. — Adolf Hinnichsen et Cie. — M. L. Samuel et Cie.

Toiles. — William Spotten et Co, fabr. de toiles à Belfast (Irlande).

Toiles cirées (fabr.). — D. Wamosy.

LUBECK (RÉPUBLIQUE DE).

Lubeck.

Consul de France. — P. Hauser.

Baleine (fab.). — J. C. Noltingk et Cordes.

Filure d'or et d'argent (fab. de). — L. W. Minlos.

Principales maisons de commerce. — Behn (A. et fils. — Behncke (W. L.). — Behrens (J.). — Boelsche (H.). — Boy (C.-H.) et fils. — De Bofries (J.-H.). — Bruhns (J. L.) et fils. — Bruhns et Fischer. — Brunswig (H.). — Bush (A.) et Cie. — Busch (Chr.) et Cie.

Caboll et Schwart hopf. — Cowalsky (W.).

Dahlberg et Cie.—Damm (H.J.) et Geslien. — Davenport (J.) et Cie.

Engelhard (J.C.) et Sohne.—Erasmi (J.) fils.—Erasmi (C.) et Cie.—Evers (J.H.).

Fehling (J.).—Fontaine et Cie.—Franck (Jh). —Freitag et Cie.

Ganslandt (W.) et Goetze.—Ganslandt et Vermehren.— Glocksien et Evers. — Gossmann et Jurgens. — Jules Grabau. — Gramman (C.). — Grotjan et Cie (success.).

Hansen (F.W.).—Hartwig (Rud.).—Hasse frères.—Haltermann et Brattstroem. — Harms (L.) et fils.—Hartwig (J.H.). — Havemann (J.-H.) et fils.—Holst (J.L.N.).

Jacobi (Daniel) et Cie.

Kahl (H.H.) et fils.—Kibbel et Wachsmuth.—Klingstroem (O.). — Koch (H.C.). — Krüger et Cie.

Lanckhals (A) et Cie. Lange et Knuth.—Lange (Th.) et Cie.—Lienau (C.D.). — Lilienthal (G.). — Lueders et Melchert.

Mann (J.S.).—Massmann et Nissen.—Matthiessen.— Minlos (W.).—Muller frères.

Noelting (G.-F.) et fils. — Noltingk (J.-G.) et Cordes.

Otto (H. C.) et Cie.

Petit (Ch.) et Cie. — Pfeiffer. — Pflüg (G. T.) jun.— Pichl et Pehling.—Platzmann fils.—Possehl (L.) et Cie.

Reddelien (J.D.) et Cie.—Rehder (A.P.). Rod-Schrœder et Cie.— Rœhl (C.M.). — Rothe (W.) et Wolpmann.— Rubeck (J.) et Sohn.

Schlick et Eckmann.—Schultz (H.J.). — Sommer et Cie.— Stiehl (W.) et Cie.

Tegtmeyer et Cie.— Tesdorpf (C.).

Wedel (J.J.).—Wennberg (J.). — Wiens (A.) et Cie.—Witte (D.G.).—Witte (Johs).— Wosien (C.H. Vve) et Torkuhl.

WURTEMBERG (ROYAUME DE)

CERCLE DU NECKER.

—

Stuttgart, capitale.

Banquiers et changeurs. — La Banque royale; direct. — R. Kaulla et Sick. Benedict frères. Stahl et Federer. Doertenbach et Cie. Schnabel et Hartel.

Broderies (fab.). — M. Bonwet ch. C. Merz. K. Merz. H. Neuburger fils.

Chapeaux de paille (fab.). —Knoblauch jeune. C. C. Paur.

Corsets sans couture (fab. de). — C. D'Ambly et Cie.

Coton et toile damass. (fab.). — Merz, J. Ney.

Draps (négts). — Rühler. Enslin. Kapff. Keller. Lang et Seitz. Ostertag. Reiniger frères. Schüle. Schwartz. Spring.

Fil de coton. — Dœrr et Eberhard. Neef.

Gants (fab.). — Splicke. Kratz.

Passementerie. — E. Kienle.

Soie (fab.).—Heyd et Spring.

Soie et coton. — Aichele Bilfinger et Hoerner. Haering. Jenisch. Kapff. Ostertag. Stammbach. Sick. D. Becker. Bühler-Kower. Faber.

Tapis de tale imperm. (manuf.). — Rapp-Schüle.

Tapis de pieds (manuf.). — Landauer.

Toiles. — Haering. C. et H. Seemann (fab.). Sick.

—

CERCLE DE LA FORÊT NOIRE
(SCHWARDZWALD).

—

Reutlingen

Banquier. — J. J. Muller, banque et produits du pays.

Bonneterie (fab.). — H. Brucklacher.

Coton (filat.). — Solvo et Fuerz, à Unterhausen.

Draps (fab.). — Dettinger. J. G. Finkh. Keim. Maier.

Filat. mécan. — Neuner et Cie.

Rubans et sangles pour bretelles. — G. Hirrlinger.

Rottweil

Bonneterie (fab.). — K. Besenfelder. H. Neher. C. Pfluger.

Coton (fab.). — Held et Teufel. Hess frères.

Soieries (manufac.). — Held. Reinwald et Cie

Tapis (manufact.). — Scheweizer et Cie,

SOMMAIRE DES TABLES DE L'INDICATEUR

DIVISÉES EN TROIS PARTIES

1º Les villes de Lyon, Paris, ainsi que leur département;
2º Les départements de la France et ses colonies;
3º L'Étranger : l'Angleterre, l'Autriche, etc., et toutes les nations du monde

―――――

TABLE DE LA PREMIÈRE PARTIE

Contenant les Administrations et Industries des villes de Lyon, Paris et leur département, classées par ordre alphabétique de villes et de professions

TABLE DE LA DEUXIÈME PARTIE

Contenant les Administrations et Industries des principales villes de la France, classées par ordre alphabétique de départements, de villes et de professions

TABLE DE LA TROISIÈME PARTIE

Contenant les Industries des principales villes de l'Étranger, classées par ordre alphabétique de nations, de villes et de professions

FIN DES TABLES

Lyon, Association Typographique. — Bouchard, rue de la Barre, 12.

www.ingramcontent.com/pod-product-compliance
Ingram Content Group UK Ltd.
Pitfield, Milton Keynes, MK11 3LW, UK
UKHW020717120726
13693UKWH00001B/25